Uma Introdução à ENGENHARIA GEOTÉCNICA

H758i   Holtz, Robert D.
        Uma introdução à engenharia geotécnica / Robert D. Holtz, William D. Kovacs, Thomas C. Sheahan; tradução : Opportunity Locação, Redação e Interpretação LTDA; revisão técnica : Paulo Cesar Pereira das Neves. – 3. ed. – [São Paulo]: Pearson; Porto Alegre : Bookman, 2025.
        xx, 858 p. ; 28 cm.

        ISBN 978-85-8260-671-1

        1. Engenharia civil. 2. Geotécnica. 3. Fundações. I. Kovacs, William D. II. Sheahan, Thomas C. III. Título.

                                          CDU 624.131

Catalogação na publicação: Karin Lorien Menoncin – CRB 10/2147

ROBERT D. HOLTZ, Ph.D., P.E., D.GE
University of Washington

WILLIAM D. KOVACS, Ph.D., P.E., D.GE
University of Rhode Island

THOMAS C. SHEAHAN, Sc.D., P.E.
Northeastern University

Uma Introdução à ENGENHARIA GEOTÉCNICA

3ª EDIÇÃO

Tradução
Opportunity Locação, Redação e Interpretação Ltda.

Revisão técnica
Paulo Cesar Pereira das Neves
Professor de Geologia de Engenharia. Mestre em Ciências pela Universidade Federal do Rio Grande do Sul (UFRGS).
Doutor em Geociências pela UFRGS. Ph.D. em Mineralogia pela Universidade de São Paulo (USP).

Porto Alegre
2025

Obra originalmente publicada sob o título *An Introduction to Geotechnical Engineering*, 3rd edition

ISBN 9780137604388

Authorized translation from the English language edition, entitled *An Introduction to Geotechnical Engineering*, 3rd edition, by Robert D. Holtz; William D. Kovacs; and Thomas C. Sheahan, published by Pearson Education, Inc., publishing as Pearson, Copyright © 2023.

All rights reserved. No part of this book may be reproduced or transmitted in any form or by any means, electronic or mechanical, including photocopying, recording or by any information storage retrieval system, without permission from Pearson Education, Inc.
Portuguese language translation copyright ©2025, by GA Educação LTDA., publishing as Bookman.

Tradução autorizada a partir do original em língua inglesa da obra intitulada *An Introduction to Geotechnical Engineering*, 3rd edition, by Robert D. Holtz; William D. Kovacs; and Thomas C. Sheahan, publicado por Pearson Education, Inc., sob o selo Pearson, Copyright © 2023.

Todos os direitos reservados. Nenhuma parte deste livro poderá ser reproduzida ou transmitida em qualquer forma ou através de qualquer meio, seja mecânico ou eletrônico, inclusive fotorreprografação, ou por qualquer sistema de armazenamento, sem permissão da editora original Pearson Education, Inc.
A edição em língua portuguesa desta obra, copyright © 2025 é publicada por GA Educação LTDA., sob o selo Bookman.

Gerente editorial: *Alberto Schwanke*

Editora: *Simone de Fraga*

Preparação de originais: *Mirela Favaretto*

Leitura final: *Francelle Machado Viegas* e *Mariana Belloli Cunha*

Capa (arte sobre capa original): *Márcio Monticelli*

Editoração: *Clic Editoração Eletrônica Ltda.*

Reservados todos os direitos de publicação, em língua portuguesa, a GA EDUCAÇÃO LTDA.
(Bookman é um selo editorial do GA EDUCAÇÃO LTDA.)
Rua Ernesto Alves, 150 – Bairro Floresta
90220-190 – Porto Alegre – RS Fone: (51) 3027-7000

SAC 0800 703 3444 – www.grupoa.com.br

É proibida a duplicação ou reprodução deste volume, no todo ou em parte, sob quaisquer formas ou por quaisquer meios (eletrônico, mecânico, gravação, fotocópia, distribuição na Web e outros), sem permissão expressa da Editora.

IMPRESSO NO BRASIL
PRINTED IN BRAZIL

Agradecimentos

É gratificante poder reconhecer todos aqueles que contribuíram nesta e nas edições anteriores. Mantivemos a prática de tentar, sempre que possível, indicar por referências ou citações, conceitos e ideias originadas na literatura ou com nossos antigos professores, especialmente os Professores B. B. Broms, A. Casagrande, R. J. Krizek, C. C. Ladd, J. K. Mitchell, J. O. Osterberg e H. B. Seed. Outros fizeram sugestões úteis ou revisaram partes do texto, aprimorando o conteúdo, incluindo o Prof. Mal Hill, da Northeastern. Somos gratos ao Prof. Alan Lutenegger, que fez consideráveis contribuições nos capítulos de engenharia de fundações, e aos Profs. Aaron Gallant e Danilo Botero Lopez, que foram fundamentais na revisão dos exemplos trabalhados e dos problemas ao final de cada capítulo. Molly Liddell desempenhou um papel inestimável ao oferecer assistência administrativa na preparação das versões finais dos capítulos revisados.

Agradecemos aos revisores desta edição: Andrew Assadollahi, Ph.D., P.E. (Christian Brothers University), Ghada Ellithy, Ph.D. (Embry-Riddle Aeronautical University), Evert Lawton, Ph.D., P.E. (University of Utah) e Anne Lemnitzer, Ph.D., M.Sc. (University of California, Irvine).

In memoriam

Lamentamos a perda de nosso querido amigo e colega, Bill Kovacs, que faleceu em março de 2020, aos 84 anos de idade. Bill era devoto à sua família, principalmente à sua esposa Eileen. Além dela, ele deixou seus 7 filhos e 19 netos. Bill será lembrado como um educador dedicado e apaixonado pela engenharia geotécnica. Em suas palestras, ele frequentemente compartilhava lições aprendidas em sua prática profissional ou em suas experiências como consultor, e sua apresentação era marcada por humor seco, trocadilhos inteligentes e piadas sutis. Ele foi um mentor excepcional, sempre generoso com seu tempo para estudantes e colegas iniciantes, nunca proferindo uma palavra negativa sobre ninguém, sendo também um verdadeiro amigo para muitos de nós. Suas contribuições para as três edições são inestimáveis tanto com o conteúdo técnico quanto com a apresentação geral do material. E, embora nunca revelemos a fonte ou mesmo reconheçamos a existência de humor no livro, esperamos que os estudantes e outros que o leiam pensem carinhosamente em Bill quando encontrarem algo para sorrir em suas páginas.

R. D. Holtz
W. D. Kovacs (Falecido)
T. C. Sheahan

Prefácio

Passou-se mais de uma década desde a publicação da 2ª edição de *Uma introdução à engenharia geotécnica*. Esta edição foi motivada pela demanda recorrente de professores e alunos por um livro que aborde tanto os fundamentos da mecânica dos solos e as propriedades do solo, quanto os princípios básicos da engenharia de fundações. Conforme observado no prefácio da 2ª edição, o conteúdo técnico nos programas de graduação em engenharia continua sendo reduzido, e muitas vezes essas três áreas da engenharia geotécnica são tratadas em uma única disciplina de graduação. Contudo, persiste a nossa convicção de que, mesmo em um curso tão abrangente, a presença de um livro sofisticado e rigoroso é imprescindível.

Ainda acreditamos que há uma demanda por uma abrangência mais ampla e atualizada das propriedades de engenharia dos geomateriais do que a oferecida pela maioria dos livros de graduação. Isso é relevante tanto para os alunos que se especializam em engenharia geotécnica quanto para os de engenharia civil em geral. Nossos alunos estarão envolvidos em projetos cada vez mais complexos, especialmente aqueles em engenharia de transporte, estrutural, construção e ambiental. Esses projetos implicarão cada vez mais restrições ambientais, econômicas e políticas, exigindo soluções inovadoras para problemas de engenharia civil. As técnicas analíticas modernas, com o auxílio de computadores digitais, têm exercido um impacto revolucionário na prática de projetos de engenharia, possibilitando a geração de diversos cenários de projeto e sua visualização gráfica. Contudo, a validade dos resultados desses procedimentos computacionais depende muito da qualidade dos parâmetros de projeto de engenharia geotécnica, bem como da geologia e das condições do local.

Esta edição destina-se a disciplinas de mecânica dos solos independente ou, como mencionado anteriormente, a uma disciplina de engenharia geotécnica que contemple fundamentos da engenharia de fundações, em geral ministrado a alunos de engenharia civil do terceiro e quarto ano. Também pode ser usada em uma aula introdutória de mecânica dos solos na pós-graduação. Supomos que os alunos tenham conhecimento prático de mecânica em nível de graduação, especialmente estática e mecânica dos materiais, incluindo fluidos. Na primeira parte do livro, introduzimos a "linguagem" da engenharia geotécnica, ou seja, a classificação e as propriedades de engenharia dos solos e rochas. Uma vez que o aluno tenha conhecimento prático do comportamento dos geomateriais, ele será capaz de prever o comportamento do solo e, por consequência, realizar o projeto de fundações simples e estruturas de terra.

Buscamos tornar o texto acessível ao estudante universitário médio. Para isso, *Uma introdução à engenharia geotécnica* é escrito em um nível considerado básico, embora o conteúdo abordado possa ser eventualmente sofisticado e complexo.

O foco principal ao longo do livro é no conhecimento prático, muitas vezes empírico, do comportamento de solos e rochas necessário para engenheiros geotécnicos projetarem e construírem fundações, aterros, estruturas de contenção de terra e obras subterrâneas. Para reforçar essa ligação entre o conceitual e o prático, buscamos destacar sempre que possível a relevância da propriedade em questão no contexto da engenharia, explicando por que ela é necessária, como é determinada ou medida e, de certa forma, como é aplicada em situações específicas do projeto. Ilustramos alguns projetos geotécnicos simples, por exemplo, determinando o escoamento, as subpressões e os gradientes de saída em problemas de percolação em 2D e estimando o recalque de fundações rasas em areias e argilas saturadas.

Um aspecto que permanece inalterado ao longo dos anos é o desafio das unidades para os engenheiros geotécnicos dos EUA. Apesar de esta edição continuar a empregar tanto as unidades britânicas quanto o Sistema Internacional (SI), decidimos descartar unidades pouco utilizadas no sistema SI, como megagramas (Mg), embora ainda apresentemos exemplos e problemas que utilizam quilogramas (kg) e quilonewtons (kN). Mantemos a preocupação em utilizar as definições precisas de densidade (massa por unidade de volume) e peso específico (força ou peso por unidade de volume) em relações de fase, assim como em cálculos de pressão geostática e hidrostática.

Se o seu curso inclui disciplinas em laboratório, consideramos isso uma parte fundamental da experiência do aluno com os solos enquanto material de engenharia único. É nesse ambiente que você começa a adquirir uma "intuição" pelos solos e pelo seu comportamento, algo fundamental para o sucesso na prática da engenharia geotécnica. Uma ênfase em ensaios laboratoriais e de campo é percebida ao longo do texto. A estrutura e a evolução do conteúdo seguem uma abordagem tradicional, em geral alinhada com a sequência comumente encontrada em disciplinas de laboratório em muitos cursos. Os primeiros capítulos apresentam a disciplina da engenharia geotécnica, relações de fase, propriedades de índice e classificação de solos e rochas, geologia, formas de relevo e a origem dos geomateriais, argilominerais, estruturas de solo e rocha e classificação de rochas. Esses capítulos fornecem o contexto e a terminologia para o restante do livro.

Seguindo uma discussão muito prática de compactação no Capítulo 4, os Capítulos 5 e 6 descrevem como a água influencia e afeta o comportamento do solo. Os tópicos apresentados no Capítulo 5 incluem água subterrânea e água vadosa, capilaridade, contração, expansão e solos colapsíveis, ação do congelamento e tensão efetiva. O Capítulo 6 discute permeabilidade, percolação e controle de percolação.

Os Capítulos 7 a 9 tratam da compressibilidade e resistência ao cisalhamento de solos e rochas. O Capítulo 7 abrange tanto o comportamento de compressibilidade de solos naturais e compactados quanto de maciços rochosos e o adensamento básico dos solos em termos de taxa de tempo. O Capítulo 8 começa com os fundamentos teóricos de tensões em uma massa de solo, seguidos por uma descrição de ensaios de laboratório e de campo que tentam modelar essas condições para medir as propriedades de tensão-deformação-resistência. O Capítulo 9 é uma introdução à resistência ao cisalhamento de solos e rochas, sendo adequado para estudantes de graduação se o cronograma do curso assim o permitir, e pode ser abordado de forma mais extensiva em um primeiro curso de mecânica dos solos na pós-graduação.

Os Capítulos 10 a 12 foram acrescentados a esta edição, abordando três áreas essenciais da engenharia de fundações: fundações superficiais, pressões laterais do solo e estruturas de contenção de terra e fundações profundas. O Capítulo 10 introduz a teoria da capacidade de carga, seguida pela sua aplicação à capacidade de carga em areias e argilas e abordagens para determinar o recalque de fundações rasas. O Capítulo 11 aborda as duas teorias de pressão lateral do solo, de Rankine e de Coulomb, e como estas são usadas para o projeto de estruturas de contenção. O Capítulo 12 descreve os métodos de estimativa para a capacidade de carga de fundações profundas, como calculamos a capacidade de carga em tração e lateral de estacas, e tópicos avançados sobre fundações profundas que frequentemente causam problemas significativos de desempenho em campo.

O Capítulo 13 detalha primeiro as aplicações avançadas de trajetórias de tensão, incluindo, ainda, seções sobre mecânica do estado crítico dos solos e uma introdução a modelos constitutivos. Em seguida, discutimos alguns tópicos avançados sobre a resistência ao cisalhamento de areias, que começam com a base fundamental de suas resistências ao cisalhamento drenada, não drenada e de deformação plana. A resistência ao cisalhamento residual de areias e argilas proporciona uma transição para o estudo da deformação sob tensão e resistência ao cisalhamento de argilas, onde discutimos definições de ruptura, parâmetros de resistência de Hvorslev, histórico de tensão, a hipótese de Jürgenson-Rutledge, métodos de adensamento para superar perturbação de amostras, anisotropia, resistência à deformação plana e efeitos de taxa de deformação. Este capítulo também traz seções sobre a resistência de solos não saturados, propriedades de solos sob carga dinâmica e teorias de ruptura para rochas.

Embora seja direcionado principalmente a estudantes iniciantes em engenharia geotécnica, aqueles mais avançados em outras disciplinas e engenheiros em busca de uma atualização nas propriedades de engenharia também podem achar este livro muito útil. Além disso, estudantes avançados, pesquisadores e profissionais provavelmente farão uso dos tópicos avançados abordados no Capítulo 13.

Com os numerosos exemplos de problemas resolvidos, os estudantes e outros leitores deste livro podem seguir os passos da solução para diversos tipos de problemas de engenharia geotécnica e avaliar sua compreensão do conteúdo. Com base nas duas edições anteriores, temos ciência de que muitos engenheiros geotécnicos em exercício acharão este livro útil em termos de revisão ao reexaminar os valores típicos fornecidos para classificação e propriedades de engenharia de diversos solos; pessoalmente, acreditamos que esse compêndio tem sido muito útil em nossa própria prática de engenharia. Esperamos que os novos capítulos sobre engenharia de fundações agreguem ainda mais valor nesse sentido.

Os autores

Sumário

Capítulo 1 **Introdução à engenharia geotécnica** 1
  1.1 Engenharia geotécnica 1
  1.2 A natureza única dos materiais de solo e rocha 3
  1.3 Escopo deste livro 4
  1.4 Desenvolvimento histórico da engenharia geotécnica 5
  1.5 Abordagem sugerida para o estudo da engenharia geotécnica 7
  1.6 Observações sobre símbolos, unidades e normas...........................7
       Atividades sugeridas 8
       Referências..8
       Leitura recomendada..8

Capítulo 2 **Propriedades de índice e classificação dos solos** 9
  2.1 Introdução 9
  2.2 Definições básicas e relações de fases para solos 9
       2.2.1 Solução de problemas de fases 14
       2.2.2 Densidade submersa ou flutuante e peso específico 22
       2.2.3 Gravidade específica 25
  2.3 Textura dos solos...27
  2.4 Dimensão dos grãos e distribuição da dimensão dos grãos.................28
  2.5 Forma das partículas 34
  2.6 Limites de Atterberg 35
       2.6.1 Ensaio de limite de liquidez de ponto único 40
       2.6.2 Observações complementares sobre os limites de Atterberg........41
  2.7 Introdução à classificação dos solos....................................43
  2.8 Sistema unificado de classificação de solos (USCS)......................44
       2.8.1 Classificação visual-manual de solos............................51
       2.8.2 Limitações da classificação USCS................................54
  2.9 Sistema de classificação de solos da AASHTO.............................55
       Problemas..55
       Referências..62
       Leitura recomendada..63

Capítulo 3 **Geologia, formas de relevo e a evolução dos geomateriais**........64
  3.1 Importância da geologia para a engenharia geotécnica....................64
       3.1.1 Geologia..64
       3.1.2 Geomorfologia...65
       3.1.3 Geologia de engenharia 65

3.2 A terra, minerais, rochas e estrutura das rochas..........66
3.2.1 A Terra..........66
3.2.2 Minerais..........66
3.2.3 Rochas..........67
3.2.4 Estrutura das rochas..........68
3.3 Processos geológicos e formas de relevo..........71
3.3.1 Processos geológicos e a origem de materiais terrosos..........71
3.3.2 Intemperismo..........71
3.3.3 Processos gravitacionais..........77
3.3.4 Processos da água superficial..........80
3.3.5 Processos do gelo e glaciação..........93
3.3.6 Processos do vento..........104
3.3.7 Processos vulcânicos..........106
3.3.8 Processos decorrentes das águas subterrâneas..........108
3.3.9 Processos tectônicos..........109
3.3.10 Processos plutônicos..........111
3.4 Geologia antropogênica..........112
3.5 Propriedades, macroestrutura e classificação de maciços rochosos..........113
3.5.1 Propriedades de maciços rochosos..........113
3.5.2 Descontinuidades em rochas..........114
3.5.3 Sistemas de classificação de maciços rochosos..........115
3.6 Produtos do intemperismo..........120
3.7 Argilominerais..........120
3.7.1 Os argilominerais 1:1..........122
3.7.2 Os argilominerais 2:1..........124
3.7.3 Outros argilominerais..........127
3.8 Superfície específica..........128
3.9 Interação entre água e argilominerais..........128
3.9.1 Hidratação de argilominerais e a dupla camada difusa..........129
3.9.2 Cátions trocáveis e capacidade de troca de cátions (CTC)..........131
3.10 Estrutura do solo e fábrica de solos de grãos finos..........132
3.11 Fábrica dos solos granulares..........135
Problemas..........139
Referências..........142
Leituras recomendadas..........145

Capítulo 4 Compactação e estabilização de solos..........146
4.1 Introdução..........146
4.2 Compactação e densificação..........147
4.3 Teoria da compactação..........147
4.3.1 Processo de compactação..........150

	4.3.2 Valores típicos; grau de saturação	152
	4.3.3 Efeito do tipo de solo e método de compactação	153
4.4	Estrutura de solos compactados de grãos finos	155
4.5	Compactação de solos granulares	156
	4.5.1 Densidade relativa ou de índice	156
	4.5.2 Densificação de depósitos granulares	157
	4.5.3 Enrocamentos	160
4.6	Equipamento e procedimentos de compactação em campo	161
	4.6.1 Compactação de solos de grãos finos	161
	4.6.2 Compactação de materiais granulares	165
	4.6.3 Resumo dos equipamentos de compactação	168
	4.6.4 Compactação de enrocamento	168
4.7	Especificações e controle de compactação	169
	4.7.1 Especificações	170
	4.7.2 Ensaios de controle de compactação	171
	4.7.3 Problemas com ensaios de controle de compactação	176
	4.7.4 Compactação mais eficiente	180
	4.7.5 Supercompactação	181
	4.7.6 GQ/CQ do enrocamento	182
4.8	Estimativa de desempenho de solos compactados	183
	Problemas	186
	Referências	190

Capítulo 5 Água hidrostática em solos e rochas ... 193

5.1	Introdução	193
5.2	Capilaridade	193
	5.2.1 Ascensão capilar e pressões capilares em solos	198
	5.2.2 Medição da capilaridade; curva característica da água nos solos	202
	5.2.3 Outros fenômenos capilares	202
5.3	Lençol freático e a zona de aeração	205
	5.3.1 Definição	205
	5.3.2 Determinação em campo	205
5.4	Fenômenos de contração em solos	208
	5.4.1 Analogia com tubo capilar	208
	5.4.2 Ensaio de limite de contração	209
	5.4.3 Propriedades de contração de argilas compactadas	211
5.5	Solos e rochas expansivos	213
	5.5.1 Aspectos físico-químicos	215
	5.5.2 Identificação e previsão	215
	5.5.3 Propriedades expansivas de argilas compactadas	218
	5.5.4 Rochas em expansão	218
5.6	Importância da contração e da expansão em termos de engenharia	222

	5.7	Solos colapsíveis e subsidência	223
	5.8	Ação do gelo	225
		5.8.1 Terminologia, condições e mecanismos da ação do gelo	226
		5.8.2 Previsão e identificação de solos suscetíveis ao gelo	230
	5.9	Tensão intergranular ou efetiva	233
	5.10	Perfis de tensão vertical	238
	5.11	Relação entre tensões horizontal e vertical	241
		Problemas	242
		Referências	246
		Leituras recomendadas	248

Capítulo 6 Escoamento de fluidos em solos e rochas 249

	6.1	Introdução	249
	6.2	Fundamentos do escoamento de fluidos	249
	6.3	Lei de Darcy para escoamento através de meios porosos	251
	6.4	Medição da permeabilidade ou condutividade hidráulica	254
		6.4.1 Ensaios de condutividade hidráulica em laboratório e em campo	257
		6.4.2 Fatores que afetam a determinação de k em laboratório e em campo	257
		6.4.3 Relações empíricas e valores típicos de k	258
	6.5	Cargas e escoamento unidimensional	262
	6.6	Forças de percolação, areias movediças e liquefação	271
		6.6.1 Forças de percolação, gradiente crítico e areias movediças	271
		6.6.2 Reservatório em areias movediças	278
		6.6.3 Liquefação	280
	6.7	Percolação e redes de escoamento: escoamento bidimensional	281
		6.7.1 Redes de escoamento	284
		6.7.2 Quantidade de escoamento, subpressões e gradientes de saída	289
		6.7.3 Outras soluções para problemas de percolação	293
	6.8	Percolação em direção a poços	294
	6.9	Percolação através de barragens e aterros	298
	6.10	Controle de percolação e filtros	300
		6.10.1 Princípios básicos de filtração	301
		6.10.2 Projeto de filtros granulares graduados	302
		6.10.3 Conceitos de projeto de filtros geotêxtis	304
		6.10.4 Procedimento de projeto de filtro da FHWA	305
		Problemas	310
		Referências	316

Capítulo 7 Compressibilidade e adensamento de solos 318

	7.1	Introdução	318
	7.2	Componentes do recalque	319

7.3 Compressibilidade de solos 320

7.4 Ensaio de adensamento unidimensional 322

7.5 Pressão de pré-adensamento e histórico de tensão................... 325

    7.5.1 Adensamento normal, sobreadensamento e pressão de pré-adensamento... 325

    7.5.2 Determinação da pressão de pré-adensamento 326

    7.5.3 Histórico de tensão e pressão de pré-adensamento 327

7.6 Comportamento de adensamento de solos naturais e compactados 329

7.7 Cálculos de recalque 329

    7.7.1 Recalque por adensamento de solos normalmente adensados 338

    7.7.2 Recalque de adensamento de solos sobreadensados 340

    7.7.3 Determinação de C_r e $C_{r\varepsilon}$ 342

7.8 Fatores que afetam a determinação de σ'_p 344

7.9 Previsão de curvas de adensamento de campo........................... 346

7.10 Métodos aproximados e valores típicos de índices de compressão 351

7.11 Compressibilidade de rochas e materiais de transição 352

7.12 Introdução ao adensamento 353

7.13 O processo de adensamento 354

7.14 Teoria de adensamento unidimensional de Terzaghi 355

7.15 Solução clássica para a equação de adensamento de Terzaghi 357

7.16 Determinação do coeficiente de adensamento c_v 368

    7.16.1 Logaritmo de Casagrande do método de ajuste do tempo 368

    7.16.2 Método de ajuste da raiz quadrada do tempo de Taylor 372

7.17 Determinação do coeficiente de permeabilidade 374

7.18 Valores típicos do coeficiente de adensamento c_v 375

7.19 Determinação *in situ* de propriedades de adensamento 376

7.20 Avaliação do recalque secundário 376

    Problemas.. 384

    Referências.. 393

Capítulo 8 Tensões, ruptura e ensaios de resistência de solos e rochas 397

8.1 Introdução 397

8.2 Tensão em ponto único... 397

8.3 Relações tensão-deformação e critérios de ruptura 405

8.4 O critério de ruptura de Mohr-Coulomb................................... 407

    8.4.1 Teoria de ruptura de Mohr 407

    8.4.2 Critério de ruptura de Mohr-Coulomb 409

    8.4.3 Relações de obliquidade 411

    8.4.4 Critérios de ruptura para rochas 413

8.5 Caminhos de tensão... 414

8.6 Ensaios laboratoriais para resistência ao cisalhamento de solos e rochas....420
    8.6.1 Ensaios de cisalhamento direto....420
    8.6.2 Ensaio triaxial....424
    8.6.3 Ensaios laboratoriais especiais de solos....427
    8.6.4 Ensaios laboratoriais para resistência de rochas....429
8.7 Ensaios *in situ* para resistência ao cisalhamento de solos e rochas....430
    8.7.1 Ensaios *in situ* para resistência ao cisalhamento de solos....431
    8.7.2 Ensaios de campo para módulo e resistência de rochas....437
    Problemas....438
    Referências....442

Capítulo 9 Introdução à resistência ao cisalhamento de solos e rochas....445

9.1 Introdução....445
9.2 Ângulo de repouso de areias....446
9.3 Comportamento de areias saturadas durante o cisalhamento drenado....447
9.4 Efeito do índice de vazios e pressão confinante na variação do volume....449
9.5 Fatores que afetam a resistência ao cisalhamento de areias....457
9.6 Resistência ao cisalhamento de areias usando ensaios *in situ*....462
    9.6.1 SPT....462
    9.6.2 CPT....463
    9.6.3 DMT....464
9.7 O coeficiente de empuxo de terra em repouso para areias....464
9.8 Comportamento de solos coesivos saturados durante o cisalhamento....467
9.9 Características de tensão-deformação e resistência adensada-drenada....468
    9.9.1 Comportamento do ensaio adensado-drenado (CD)....468
    9.9.2 Valores típicos de parâmetros de resistência drenada para solos coesivos saturados....472
    9.9.3 Uso da resistência CD na prática de engenharia....472
9.10 Características de tensão-deformação e resistência adensada-não drenada....474
    9.10.1 Comportamento do ensaio adensado-não drenado CU....474
    9.10.2 Valores típicos dos parâmetros de resistência não drenada....479
    9.10.3 Uso da resistência CU nas práticas de engenharia....480
9.11 Características de tensão-deformação e resistência não adensada-não drenada....482
    9.11.1 Comportamento do ensaio não adensado-não drenado (UU)....482
    9.11.2 Ensaio de compressão simples....485
    9.11.3 Valores típicos de resistência UU e UCC....488
    9.11.4 Outras maneiras de determinar a resistência ao cisalhamento não drenado....489
    9.11.5 Uso da resistência UU na prática de engenharia....491
9.12 Sensibilidade....494

9.13 O coeficiente de empuxo de terra em repouso para argilas 495
9.14 Resistência de argilas compactadas 499
9.15 Resistência de materiais rochosos e transicionais 503
Problemas..505
Referências..508

Capítulo 10 Fundações rasas 512
10.1 Introdução às fundações...512
10.2 Metodologias para projeto de fundações 513
10.3 Introdução à capacidade de carga..514
    10.3.1 Tipos de ruptura da capacidade de carga 515
    10.3.2 Teoria geral de capacidade de carga de Terzaghi....................516
    10.3.3 Modificações na equação básica de capacidade de carga 517
10.4 Cálculo da capacidade de carga para diferentes condições de carregamento 521
10.5 Capacidade de carga em areias – caso drenado 522
    10.5.1 Determinação de parâmetros de entrada para fundações em areias 523
    10.5.2 Efeito do lençol freático na capacidade de carga de fundações rasas em areia..525
10.6 Capacidade de carga em argilas 532
    10.6.1 Capacidade de carga em argilas – caso drenado....................532
    10.6.2 Capacidade de carga em argilas – caso não drenado 535
10.7 Capacidade de carga em solos estratificados 536
    10.7.1 Camada de argila rígida sobre argila mole 537
    10.7.2 Camada de areia sobre argila 538
10.8 Determinação da capacidade de carga admissível na prática 539
10.9 Recalque de fundações rasas..540
    10.9.1 Introdução ao recalque de fundações rasas.........................540
    10.9.2 Componentes do recalque geotécnico..............................541
    10.9.3 Distribuição de tensões sob a fundação............................542
10.10 Recalque imediato com base na teoria elástica 551
10.11 Recalque de fundações rasas em areia 554
    10.11.1 Recalques em areia com base no ensaio de penetração padrão..........555
    10.11.2 Recalques em areia a partir do método de fator de influência de deformação de Schmertmann 557
    10.11.3 Estimativa direta do recalque usando CPT.........................560
10.12 Recalque de fundações rasas em argila.................................560
10.13 Fundações combinadas 564
    10.13.1 Sapatas combinadas 565
    10.13.2 Fundações de radier 566
Problemas..567
Referências..580

Capítulo 11 Empuxos de terra laterais e estruturas de contenção...583

- **11.1** Introdução aos empuxos de terra laterais ...583
- **11.2** Empuxo de terra lateral em repouso e muro de arrimo idealizado ...584
- **11.3** Empuxo de terra ativo de Rankine ...588
    - 11.3.1 Estado ativo de Rankine para areias ...590
    - 11.3.2 Empuxo de terra ativo de Rankine para reaterro inclinado ...593
    - 11.3.3 Empuxo de terra ativo de Rankine para argilas ...596
- **11.4** Empuxo de terra ativo de Coulomb ...602
- **11.5** Empuxo de terra passivo de Rankine ...608
    - 11.5.1 Caso passivo de Rankine para areias ...608
    - 11.5.2 Caso passivo de Rankine para argilas – caso drenado ...612
    - 11.5.3 Caso passivo de Rankine para argilas – caso não drenado ...613
    - 11.5.4 Caso passivo de Rankine para reaterro inclinado ...613
- **11.6** Projeto de muros de arrimo ...615
    - 11.6.1 Introdução ao projeto de muros de arrimo ...615
    - 11.6.2 Dimensionamento inicial de muros de arrimo ...616
    - 11.6.3 Provisões para drenagem atrás de muros de arrimo ...617
    - 11.6.4 Aplicação das teorias de empuxo de terra lateral no projeto e na análise de estruturas ...619
    - 11.6.5 Verificações de estabilidade de muros de arrimo ...620
- Problemas ...628
- Referências ...639

Capítulo 12 Fundações profundas...640

- **12.1** Introdução às fundações profundas ...640
- **12.2** Tipos de fundações profundas e métodos de instalação ...641
    - 12.2.1 Fundações por estacas cravadas ...642
    - 12.2.2 Fundações por estacas instaladas por vibração ...646
    - 12.2.3 Fundações por estacas prensadas ...646
    - 12.2.4 Estacas de impacto rápido ...647
    - 12.2.5 Estacas cravadas com jato d'água ...647
    - 12.2.6 Estacas de rosca ...647
    - 12.2.7 Estacas escavadas ...647
- **12.3** Determinação da capacidade de carga e do recalque de estacas ...653
    - 12.3.1 Resistência de ação de ponta de fundações profundas ...654
    - 12.3.2 Resistência lateral de fundações profundas ...658
    - 12.3.3 Comportamento de grupo de fundações profundas ...671
    - 12.3.4 Capacidade de suporte de estacas em rochas ...674
    - 12.3.5 Recalque de estacas ...675
- **12.4** Estacas carregadas em tração e lateralmente ...678
    - 12.4.1 Capacidade de carga de estacas carregadas em tração ...678

12.4.2 Estacas carregadas lateralmente – análise de carga final 682

12.4.3 Estacas carregadas lateralmente – análise de deflexão 685

12.5 Tópicos adicionais sobre fundações profundas 691

12.5.1 Atrito lateral negativo de estacas 691

12.5.2 Verificação de capacidade de estacas 692

Problemas 694

Referências 702

Capítulo 13 Tópicos avançados em resistência ao cisalhamento de solos e rochas 704

13.1 Introdução 704

13.2 Trajetórias de tensão para ensaios de resistência ao cisalhamento 704

13.3 Parâmetros de pressão neutra 710

13.3.1 Introdução aos parâmetros de pressão neutra 710

13.3.2 Parâmetros de pressão neutra para diferentes trajetórias de tensão 713

13.4 Trajetórias de tensão durante carregamento não drenado – argilas normalmente e levemente sobreadensadas 714

13.5 Trajetórias de tensão durante carregamento não drenado – argilas altamente sobreadensadas 724

13.6 Aplicações de trajetórias de tensão na prática de engenharia 727

13.7 Mecânica do estado crítico do solo 732

13.8 Módulos e modelos constitutivos para solos 743

13.8.1 Módulo dos solos 743

13.8.2 Relações constitutivas 748

13.8.3 Modelagem constitutiva do solo 749

13.8.4 Critérios de ruptura para solos 750

13.8.5 Classes de modelos constitutivos para solos 752

13.8.6 O modelo hiperbólico (Duncan–Chang) 753

13.9 Base fundamental da resistência drenada de areias 755

13.9.1 Noções básicas de resistência ao cisalhamento por atrito 756

13.9.2 Tensão-dilatação e correções de energia 757

13.9.3 Curvatura da envoltória de ruptura de Mohr 761

13.10 Comportamento de areias saturadas em cisalhamento não drenado 762

13.10.1 Comportamento Adensado-Não Drenado 762

13.10.2 Uso de ensaios CD para prever resultados CU 766

13.10.3 Comportamento Não adensado-Não drenado 770

13.10.4 Efeitos de taxa de deformação em areias 773

13.11 Comportamento de deformação plana de areias 773

13.12 Resistência residual dos solos 779

13.12.1 Resistência ao cisalhamento residual drenado de argilas 779

13.12.2 Resistência ao cisalhamento residual de areias 781

13.13 Deformação sob tensão e resistência ao cisalhamento de argilas: tópicos especiais 782
    13.13.1 Definição de ruptura em ensaios de tensão efetiva 782
    13.13.2 Parâmetros de resistência de Hvorslev 783
    13.13.3 A razão τ_f/σ'_{vo}, histórico de tensão e hipótese de Jürgenson-Rutledge 788
    13.13.4 Métodos de adensamento para superar a perturbação de amostras 799
    13.13.5 Anisotropia 801
    13.13.6 Resistência à deformação plana de argilas 805
    13.13.7 Efeitos de taxa de deformação 806

13.14 Resistência de solos não saturados 808
    13.14.1 Sucção matricial em solos não saturados 808
    13.14.2 A curva característica solo-água 810
    13.14.3 A envoltória de ruptura de Mohr-Coulomb para solos não saturados 811
    13.14.4 Medição da resistência ao cisalhamento em solos não saturados 812

13.15 Propriedades de solos sob carregamento dinâmico 814
    13.15.1 Resposta de tensão-deformação de solos carregados ciclicamente 814
    13.15.2 Medição de propriedades dinâmicas do solo 817
    13.15.3 Estimativas empíricas de $G_{máx}$, redução do módulo e amortecimento 820
    13.15.4 Resistência de solos carregados dinamicamente 826

13.16 Teorias de ruptura para rochas 827

Problemas 831

Referências 840

Índice 851

	12.4.2	Estacas carregadas lateralmente – análise de carga final	682
	12.4.3	Estacas carregadas lateralmente – análise de deflexão	685
12.5	Tópicos adicionais sobre fundações profundas		691
	12.5.1	Atrito lateral negativo de estacas	691
	12.5.2	Verificação de capacidade de estacas	692
	Problemas		694
	Referências		702

Capítulo 13 Tópicos avançados em resistência ao cisalhamento de solos e rochas 704

13.1 Introdução 704

13.2 Trajetórias de tensão para ensaios de resistência ao cisalhamento 704

13.3 Parâmetros de pressão neutra 710

    13.3.1 Introdução aos parâmetros de pressão neutra 710

    13.3.2 Parâmetros de pressão neutra para diferentes trajetórias de tensão 713

13.4 Trajetórias de tensão durante carregamento não drenado – argilas normalmente e levemente sobreadensadas 714

13.5 Trajetórias de tensão durante carregamento não drenado – argilas altamente sobreadensadas 724

13.6 Aplicações de trajetórias de tensão na prática de engenharia 727

13.7 Mecânica do estado crítico do solo 732

13.8 Módulos e modelos constitutivos para solos 743

    13.8.1 Módulo dos solos 743

    13.8.2 Relações constitutivas 748

    13.8.3 Modelagem constitutiva do solo 749

    13.8.4 Critérios de ruptura para solos 750

    13.8.5 Classes de modelos constitutivos para solos 752

    13.8.6 O modelo hiperbólico (Duncan–Chang) 753

13.9 Base fundamental da resistência drenada de areias 755

    13.9.1 Noções básicas de resistência ao cisalhamento por atrito 756

    13.9.2 Tensão-dilatação e correções de energia 757

    13.9.3 Curvatura da envoltória de ruptura de Mohr 761

13.10 Comportamento de areias saturadas em cisalhamento não drenado 762

    13.10.1 Comportamento Adensado-Não Drenado 762

    13.10.2 Uso de ensaios CD para prever resultados CU 766

    13.10.3 Comportamento Não adensado-Não drenado 770

    13.10.4 Efeitos de taxa de deformação em areias 773

13.11 Comportamento de deformação plana de areias 773

13.12 Resistência residual dos solos 779

    13.12.1 Resistência ao cisalhamento residual drenado de argilas 779

    13.12.2 Resistência ao cisalhamento residual de areias 781

13.13 Deformação sob tensão e resistência ao cisalhamento de argilas: tópicos especiais ... 782

    13.13.1 Definição de ruptura em ensaios de tensão efetiva ... 782

    13.13.2 Parâmetros de resistência de Hvorslev ... 783

    13.13.3 A razão τ_f/σ'_{vo}, histórico de tensão e hipótese de Jürgenson-Rutledge ... 788

    13.13.4 Métodos de adensamento para superar a perturbação de amostras ... 799

    13.13.5 Anisotropia ... 801

    13.13.6 Resistência à deformação plana de argilas ... 805

    13.13.7 Efeitos de taxa de deformação ... 806

13.14 Resistência de solos não saturados ... 808

    13.14.1 Sucção matricial em solos não saturados ... 808

    13.14.2 A curva característica solo-água ... 810

    13.14.3 A envoltória de ruptura de Mohr-Coulomb para solos não saturados ... 811

    13.14.4 Medição da resistência ao cisalhamento em solos não saturados ... 812

13.15 Propriedades de solos sob carregamento dinâmico ... 814

    13.15.1 Resposta de tensão-deformação de solos carregados ciclicamente ... 814

    13.15.2 Medição de propriedades dinâmicas do solo ... 817

    13.15.3 Estimativas empíricas de $G_{máx}$, redução do módulo e amortecimento ... 820

    13.15.4 Resistência de solos carregados dinamicamente ... 826

13.16 Teorias de ruptura para rochas ... 827

Problemas ... 831

Referências ... 840

Índice ... 851

CAPÍTULO 1
Introdução à engenharia geotécnica

1.1 ENGENHARIA GEOTÉCNICA

A **Engenharia Geotécnica** concentra-se na aplicação da tecnologia da engenharia civil a algum aspecto do terreno a ser trabalhado, geralmente os materiais naturais presentes na superfície terrestre ou em suas proximidades. Os engenheiros civis e os geólogos chamam esses materiais de **solo** e **rocha**. O **solo**, no contexto da engenharia, é o aglomerado relativamente solto de materiais inorgânicos (minerais e sedimentos) e orgânicos encontrados acima do substrato rochoso. Os solos podem ser decompostos com relativa facilidade em suas partículas minerais ou orgânicas constituintes. As **rochas**, por outro lado, apresentam grandes forças coesivas internas e moleculares que mantêm unidos os seus minerais constituintes. Isso é válido tanto para rochas maciças quanto para fragmentos rochosos encontrados em solos argilosos. A linha divisória entre solo e rocha é arbitrária; portanto, pode não ser fácil classificar muitos dos materiais naturais observados na prática da engenharia. Eles podem ser tanto uma "rocha muito macia em processo de alteração" quanto um "solo muito duro".

Outras disciplinas científicas atribuem significados diferentes para os termos **solo** e **rocha**. Na geologia, por exemplo, uma **rocha** consiste em um agregado natural formado por um ou mais minerais, presente na crosta e/ou parte do manto terrestre. Para um geólogo, os **solos** são apenas rochas decompostas e desintegradas encontradas na parte superior e muito fina da crosta terrestre e, geralmente, capazes de sustentar a vida vegetal. Da mesma forma, a Pedologia (ciência do solo) e a Agronomia concentram-se apenas nas camadas superiores muito superficiais do solo, ou seja, naqueles materiais importantes para a agricultura e para a silvicultura. Os engenheiros geotécnicos podem aprender muito com a Geologia e com a Pedologia; a Engenharia Geotécnica compartilha muitos temas em comum com esses campos, especialmente com a Geologia de Engenharia e a Engenharia Geológica. Contudo, os estudantes iniciantes devem lembrar que esses campos podem ter terminologias, abordagens e objetivos diferentes dos da Engenharia Geotécnica.

A Engenharia Geotécnica apresenta vários aspectos ou ênfases. A **mecânica dos solos** concentra-se na mecânica e nas propriedades técnicas do solo, enquanto a **mecânica das rochas** lida com a mecânica e as propriedades técnicas da rocha, geralmente, sem se limitar ao substrato rochoso. A **mecânica dos solos** aplica aos solos os princípios básicos da mecânica, incluindo a cinemática, a dinâmica e a mecânica dos fluidos e dos materiais. Em outras palavras, o solo – e não a água, o aço ou o concreto, por exemplo – é o material de engenharia cujas propriedades e comportamento devemos entender para construir com ele ou com base nele. Uma afirmação semelhante também poderia ser feita para a **mecânica das rochas**.

Todavia, devido às diferenças significativas no comportamento das massas de solo em relação aos maciços rochosos, na prática, há pouca convergência entre essas duas disciplinas. Essas divergências são lamentáveis do ponto de vista do engenheiro civil em exercício. Infelizmente, o mundo não se resume apenas a solos macios ou soltos e a rochas duras; na verdade, a maioria dos geomateriais está em algum ponto intermediário entre esses extremos. Na prática profissional, você terá que aprender a lidar com uma gama de propriedades e comportamentos de materiais.

A **Engenharia de Fundações** aplica a geologia de engenharia, a mecânica dos solos, a mecânica das rochas e a engenharia estrutural ao projeto e à construção de fundações para Engenharia Civil. O engenheiro de fundações deve ser capaz de prever o desempenho ou a resposta do solo ou da rocha da fundação às cargas que a estrutura impõe. Exemplos incluem fundações para edifícios industriais, comerciais e residenciais, pontes, torres e muros de arrimo, bem como fundações para reservatórios de armazenamento de petróleo e outros tipos de reservatórios e estruturas *offshore* (técnica para extração de petróleo em águas profundas). As embarcações precisam de um dique seco durante a construção ou os reparos, e o mesmo deve ter uma fundação. Durante a construção e o lançamento, foguetes e suas estruturas relacionadas devem contar com suportes seguros. Os problemas relacionados à Engenharia Geotécnica enfrentados por um engenheiro de fundações incluem a estabilidade de taludes naturais e escavados bem como de estruturas de contenção de terra permanentes e temporárias, problemas de construção, controle do movimento e pressões da água, e até mesmo a manutenção e a reabilitação de edifícios antigos. A fundação deve não apenas suportar com segurança cargas estáticas estruturais e de construção, mas também resistir adequadamente a cargas dinâmicas devidas a vento, explosões, terremotos e outros fenômenos semelhantes.

Se pensarmos bem, não podemos projetar ou construir **qualquer** estrutura de engenharia civil, seja em terra ou fora dela, sem considerarmos, em última instância, os solos e as rochas da fundação. O desempenho, a economia e a segurança de qualquer estrutura de engenharia civil são afetados ou até mesmo controlados por sua fundação.

Substâncias do meio terrestre são frequentemente utilizadas como material de construção porque representam o material mais acessível em termos financeiros. No entanto, suas propriedades técnicas, como resistência e compressibilidade, muitas vezes são insuficientes, e medidas devem ser tomadas para densificar, fortalecer ou estabilizar e reforçar os solos, para que tenham um desempenho mais satisfatório. Aterros rodoviários e ferroviários, aeródromos, barragens de terra e rocha, diques e aquedutos são alguns exemplos de estruturas civis, e o engenheiro geotécnico é o responsável pelo seu projeto e construção. A segurança e a reabilitação de barragens antigas são aspectos importantes dessa fase da engenharia geotécnica. Uma consideração relacionada, especialmente para engenheiros rodoviários e de aeródromos, é o projeto de uma camada superficial da estrutura terrestre, denominado pavimento. Aqui, a sobreposição entre as disciplinas de transporte e geotécnica é aparente.

A **Engenharia de Rochas**, análoga à engenharia de fundações para solos, concentra-se na rocha como material de fundação e construção. Como a maior parte da superfície terrestre é coberta por solos (ou água), a engenharia de rochas geralmente ocorre no subsolo (em túneis, casas de força subterrâneas, dutos de petróleo, minas, entre outros). Contudo, alguns problemas de engenharia de rochas ocorrem na superfície, como no caso de fundações de edifícios e de barragens ou barramentos (que requerem escavações profundas até atingirem o substrato rochoso), assim como na estabilidade de taludes e assim por diante.

Nos últimos anos, os engenheiros geotécnicos têm se dedicado cada vez mais à solução de problemas ambientais envolvendo solos, águas e rochas. Este campo interdisciplinar é denominado **Engenharia Geoambiental** ou **Geotecnia Ambiental**. São especialmente desafiadores os problemas de águas subterrâneas poluídas, disposição adequada e contenção de rejeitos municipais e industriais, projetos de construção e remediação de depósitos de resíduos nucleares, além do cuidado com outros locais contaminados. Embora todos esses problemas apresentem um componente significativo de Engenharia Geotécnica, eles são interdisciplinares por natureza, e suas soluções exigem que os engenheiros geotécnicos trabalhem em colaboração com engenheiros ambientais e químicos, especialistas em saúde ambiental e pública, geo-hidrólogos, botânicos, zoólogos e representantes de órgãos reguladores.

Ao apresentar alguns dos desafios comuns enfrentados pelo engenheiro geotécnico, nosso objetivo é que você perceba, em primeiro lugar, a extensão desse campo e, em segundo, sua importância tanto para o planejamento e a construção de estruturas de engenharia civil, quanto para a saúde e segurança básicas da sociedade. De uma maneira muito real, a Engenharia Geotécnica combina as ciências físicas e matemáticas básicas, geologia e pedologia, com engenharia ambiental, hidráulica, estrutural, de transporte, de construção e de mineração. Trata-se de um campo interdisciplinar, verdadeiramente emocionante e desafiador.

1.2 A NATUREZA ÚNICA DOS MATERIAIS DE SOLO E ROCHA

Observamos anteriormente que, do ponto de vista da Engenharia Civil, o solo é a aglomeração relativamente solta de materiais minerais e orgânicos encontrados acima do substrato rochoso. Em um sentido mais amplo, até mesmo a rocha superficial é de interesse para os engenheiros geotécnicos, como ilustrado pelos exemplos mencionados.

A natureza e o comportamento dos solos e das rochas serão discutidos em mais detalhes ao longo deste livro. Por enquanto, o nosso objetivo é preparar o terreno para o que você está prestes a estudar. Presumimos que você entenda que rocha se refere a qualquer agregado sólido natural, duro ou relativamente duro, encontrado na crosta terrestre. Você também já tem uma vaga ideia sobre o que é o solo. Pressupondo que você tenha noção do que são **areia** e **cascalho**, e talvez tenha uma ideia sobre solos de grãos finos, formados por **silte** e **argila**. Esses termos têm definições técnicas bastante precisas, como veremos mais adiante, mas por enquanto o conceito geral de que solos são partículas será suficiente.

Solos são partículas de quê? Bem, os solos geralmente são partículas de matéria mineral ou, de forma mais simples, fragmentos de rochas resultantes do intemperismo e de outros processos geológicos (ver Capítulo 3) sobre depósitos e camadas rochosas maciças. Os cascalhos são pequenos fragmentos de rocha e normalmente podem conter vários minerais, enquanto as areias são fragmentos ainda menores, e cada grão consiste, em geral, em apenas um mineral, o quartzo (SiO_2). Caso seja impossível "ver" cada grão individual de um solo (a olho nu), então este é siltoso ou argiloso, ou uma mistura de ambos. Na verdade, os solos costumam ser uma mistura de vários tamanhos de partículas diferentes e podem até mesmo conter matéria orgânica. Alguns sedimentos, como a **turfa** (solos hidromórficos) podem ser quase que inteiramente orgânicos. Além disso, como os solos são um material particulado, eles apresentam vazios, e tais espaços costumam estar preenchidos com água e/ou ar. A interação física e química da água e do ar nos vazios com as partículas dos solos, bem como a interação entre as próprias partículas, tornam o comportamento deles bastante complexo e promovem algumas de suas propriedades únicas. Isso também poderá tornar o solo um material de engenharia muito interessante e desafiador de se estudar e compreender.

Devido à natureza dos materiais componentes dos solos e das rochas e à complexidade do ambiente geológico, a Engenharia Geotécnica é altamente empírica e requer tanto conhecimento fundamental quanto experiência profissional. Os solos e as rochas são, muitas vezes, bastante variáveis, mesmo que a distâncias muito pequenas. Em outras palavras, solos e rochas são materiais majoritariamente **heterogêneos** e não **homogêneos**. Isso significa que suas propriedades materiais ou técnicas podem variar muito de um ponto para o outro em um maciço de solo ou rochoso. Além disso, esses materiais em geral são **não lineares**; suas curvas de tensão-deformação não são linhas retas. Para complicar ainda mais, os solos, em particular, retêm uma "memória" de sua história de carga anterior, o que influencia de forma significativa seu comportamento técnico subsequente – ou seja, o engenheiro geotécnico deve ter conhecimento da história geológica de um depósito pretérito. Em vez de serem **isotrópicos**, solos e rochas normalmente são **anisotrópicos**, o que significa que suas propriedades materiais ou técnicas não são uniformes em todas as direções.

A maioria de nossas teorias sobre o comportamento mecânico de materiais de engenharia presume que eles são homogêneos, isotrópicos e obedecem às leis lineares de tensão-deformação. Materiais de engenharia comuns, como aço e concreto, não se desviam muito significativamente desses ideais; portanto, podemos aplicar, com discrição, teorias lineares simples para prever a resposta desses materiais às cargas de engenharia. Com solos e rochas, não temos tanta sorte. Podemos presumir uma resposta linear de tensão-deformação, para isso devemos aplicar correções empíricas ou fatores de "segurança" consideráveis aos nossos projetos para levar em conta o comportamento real dos materiais. Além disso, o comportamento de materiais de solos e rochas *in situ* muitas vezes baseiam-se em juntas, fraturas, camadas e dobras e outras "rupturas" no material, que nossos ensaios laboratoriais e métodos simplificados de análise muitas vezes não levam em conta ou não são capazes de considerar. Por isso, a prática da **Engenharia Geotécnica** às vezes é vista mais como uma "arte" do que uma ciência. O sucesso na prática depende do bom senso e da experiência do projetista, construtor ou consultor. Em outras palavras, o engenheiro geotécnico precisa aprender a "intuir" o comportamento dos solos e das rochas. Só então poderemos desenvolver um projeto seguro e econômico de fundação ou túnel, construir uma estrutura de terra de forma segura e elaborar um sistema de contenção e disposição de resíduos ambientalmente adequado ou um plano de remediação do local da obra.

Em resumo, em função do seu comportamento mecânico não linear, não conservador e anisotrópico, além da variabilidade e da heterogeneidade de depósitos naturais, devido à imprevisibilidade da natureza, solos e rochas são, de fato, materiais de engenharia e construção complexos. Nosso principal objetivo neste livro é ajudá-lo a encontrar algum sentido em meio a este caos.

1.3 ESCOPO DESTE LIVRO

Neste capítulo introdutório, o foco está **na classificação e no comportamento técnico dos materiais de solos e rochas**, seguidos por uma introdução aos aspectos mais importantes da engenharia de fundações. A prática bem-sucedida da **Engenharia Geotécnica** requer conhecimento aprofundado e compreensão das propriedades técnicas e comportamentais dos solos e das rochas *in situ*, ou seja, quando estes estão sujeitos a cargas de engenharia e condições ambientais. Portanto, o estudante iniciante deve primeiro desenvolver uma compreensão das propriedades técnicas dos geomateriais, distintas das de outros materiais comuns de Engenharia Civil, antes de aprender a analisar e projetar fundações, terraplenagens e túneis, entre outros.

Na verdade, esta primeira parte é a mais difícil. Os estudantes de engenharia (e os engenheiros) são, em sua maior parte, habilidosos em análises e cálculos de projeto. Contudo, na Engenharia Geotécnica, meros cálculos não conseguem fornecer uma visão completa. Se uma interpretação equivocada da geologia do local ou a adoção de propriedades técnicas inadequadas forem presumidas para o projeto, podem ocorrer erros significativos.

Como a maioria da prática da Engenharia Geotécnica depende da geologia do local a ser trabalhado, das formas de relevo e da natureza dos depósitos dos solos e das rochas em um determinado sítio, incluímos uma seção sobre geologia e formas de relevo no Capítulo 3. Se você já teve essa disciplina em um curso anterior, esta seção do capítulo será útil como revisão. Caso contrário, é altamente recomendável que faça um curso de Geologia Física ou de Engenharia Geológica como parte de seus estudos em Engenharia Geotécnica, e este capítulo pode oferecer informações introdutórias fundamentais.

Nos primeiros capítulos, foram introduzidas algumas definições básicas, propriedades de índice e esquemas de classificação para geomateriais que serão utilizados ao longo do livro. A **classificação** de solos e rochas é importante porque é a "linguagem" que os engenheiros usam para comunicar certos conhecimentos gerais sobre o comportamento técnico dos materiais em um local específico.

Grande parte do livro trata das **propriedades técnicas** dos solos e das rochas, ou seja, das propriedades necessárias para o projeto de fundações, estruturas terrestres e subterrâneas, além dos sistemas geoambientais. Será apresentada a forma como a água afeta o comportamento dos solos e das rochas, incluindo a condutividade hidráulica e as características de percolação. Em seguida, será abordada a compressibilidade, uma importante propriedade técnica que precisamos entender para prever a subsidência de estruturas construídas em massas de solos e rochas. Também serão descritas algumas características elementares de resistência dos materiais, tanto para solos quanto para rochas. A resistência é muito importante para a estabilidade de, por exemplo, fundações, muros de arrimo, taludes, túneis e sistemas de contenção de resíduos.

Mais adiante serão introduzidos conceitos-chave e métodos de projeto básicos da Engenharia de Fundações: fundações rasas, profundas e estruturas de contenção. De forma alguma, esta obra tem a pretenção de ser uma referência exaustiva de todos os tópicos de Engenharia de Fundações. Contudo, à medida que mais programas de Engenharia Civil oferecerem um curso de Engenharia Geotécnica "mesclado" com a mecânica dos solos e a engenharia de fundações, esses capítulos posteriores poderão fornecer os fundamentos da Engenharia de Fundações.

Finalmente, foi incluído um capítulo sobre tópicos avançados na resistência ao cisalhamento de solos e rochas, destinado principalmente a estudos de pós-graduação ou àqueles que desejam ampliar seu conhecimento além do escopo dos capítulos anteriores sobre esses temas.

De forma consistente com essa ênfase em princípios fundamentais, torna-se importante ressaltar que este é um capítulo introdutório que destaca os conceitos básicos, mas com uma abordagem voltada para as aplicações práticas que todo engenheiro civil provavelmente enfrentará. Após o estudo desta obra, você estará apto para avançar em estudos mais especializados de áreas como engenharia de fundações e terraplenagem, geotécnica ambiental, mecânica de rochas e engenharia geológica. Você terá uma noção sólida do que procurar em um local e como determinar as propriedades dos solos e das rochas necessárias para a maioria dos seus projetos. Se conseguir classificar os materiais com precisão, terá uma ideia da faixa provável de valores físicos e técnicos para uma determinada propriedade de solos ou de rochas. Você será capaz de estimar a capacidade de fundações e as tensões em uma estrutura de suporte de terra. Por fim, esperamos que você aprenda o suficiente para estar ciente de suas próprias limitações e evitar possíveis erros na sua carreira profissional.

1.4 DESENVOLVIMENTO HISTÓRICO DA ENGENHARIA GEOTÉCNICA

Desde que as pessoas começaram a edificar obras civis, elas têm usado os solos e as rochas como base ou material para isso. Os antigos egípcios, babilônios, chineses, hebreus e indianos sabiam como construir diques e barragens a partir dos solos encontrados nas planícies aluviais dos rios de suas regiões. Construções de templos e monumentos antigos em todo o mundo frequentemente incorporaram os solos e as rochas. Os gregos utilizavam argamassa em suas construções, e a eles é atribuída a ideia de adicionar cinza vulcânica à mistura, tornando os concretos bastante duros. Exemplo dessa aplicação é o aqueduto de Megara, construído em 500 a.C., onde um de seus reservatórios, ainda preservado, foi revestido com uma camada de argamassa pozolâmica de 12 mm. Os romanos foram os grandes mestres da engenharia em sua época, com palácios, anfiteatros, praças de esporte, estradas e aquedutos que, até os dias de hoje, continuam estáveis. No Século III a.C. eles aperfeiçoaram a argamassa grega, consolidando o uso da areia como "agregado" e do cimento pozolâmico como "aglomerante", provocando um avanço sem precedentes nas técnicas das construções. Uma de suas principais fórmulas, denominada de *opus caementicium*, era representada pela mistura dosada de cal, areia, cascalho, material de origem vulcânica (mistura natural de argilas, cinzas vulcânicas e fragmentos de rocha) e produtos orgânicos (leite, gordura e sangue). Mais tarde o historiador romano Plínio, "o Velho" (23-79 d.C.), deixou escrito o legado do "*traço*", até hoje utilizado em engenharia civil. Os *vikings*, na Escandinávia (793-1066 d.C.), utilizavam estacas de madeira para sustentar casas e estruturas de seus cais, em solos argilosos de sua região. Arquitetos e construtores europeus, durante a Idade Média (476-1453 d.C.), aprenderam sobre os problemas de recalque das catedrais e dos grandes edifícios. Um dos exemplos mais notáveis é a Torre de Pisa (1174), em Pisa, na Itália, que logo após sua construção começou a se inclinar devido a um problema de fundação malfeita e por estar em um solo mal consolidado, problemas esses que persistem até os dias atuais. Os astecas (1300-1521 d.C.) construíram templos e cidades nos solos muito pobres e umedecidos do antigo território que atualmente constitui o México muito antes de os espanhóis chegarem ao chamado Novo Mundo. O "projeto" de fundações e outras estruturas envolvendo solos e rochas baseou-se em regras práticas, e com pouquíssima teoria, tendo sido desenvolvido até meados do século XVIII.

Charles Augustin de Coulomb (1736-1806 – engenheiro e físico francês) é o nome exponencial da engenharia dessa época. Ele examinou os problemas relacionados às pressões dos solos contra muros de arrimo, sendo que alguns dos métodos de cálculo por ele desenvolvidos ainda são empregados atualmente. A teoria mais comum para a resistência ao cisalhamento dos solos leva o seu nome. No século seguinte, os engenheiros franceses Alexandre Collin (1808-1890), Henry Darcy (1803-1858) e o escocês William John Macquorn Rankine (1820-1872) fizeram descobertas muito importantes. Collin (1846) foi o primeiro engenheiro a examinar sistematicamente rupturas em taludes argilosos, bem como a medir a resistência ao cisalhamento nas argilas; Darcy (1856) estabeleceu sua lei para o escoamento de água através de areias e Rankine (1857) desenvolveu um método para estimar a pressão dos solos contra muros de arrimo. Na Inglaterra, o engenheiro ferroviário C. H. Gregory, em 1844, utilizou drenos horizontais e contrafortes de aterro compactados para estabilizar taludes de corte para as vias férreas.

No início do século XX, importantes desenvolvimentos no campo da engenharia geotécnica ocorreram na Escandinávia, principalmente na Suécia. Coube ao químico sueco Albert Mauritz Atterberg (1846-1916), em 1911, definir os limites de consistência para argilas que ainda são usadas nos dias de hoje. Durante o período de 1914 a 1922, em conexão com investigações de rupturas em portos e ferrovias, a "Comissão Geotécnica das Ferrovias Estatais Suecas" (*Statens Järnvägers Geotekniska Kommission*) desenvolveu muitos conceitos e dispositivos importantes para a Engenharia Geotécnica. Ela criou métodos para calcular a estabilidade de taludes e técnicas de investigações subsuperficiais, como sondagens de peso e amostradores de pistão, entre outros. Essa "Comissão" enfatizou conceitos importantes como sensibilidade de argilas e consolidação, que é a expulsão da água dos poros das argilas. Naquela época, pensava-se que as argilas eram absolutamente impermeáveis, mas os suecos fizeram medições de campo para demonstrar o contrário. A "Comissão" foi a primeira a usar a palavra "geotécnica" (em sueco, *geotekniska*) no sentido atual: a combinação de geologia e tecnologia de engenharia civil.

Mesmo com esses primeiros desenvolvimentos na Suécia, o verdadeiro pai da mecânica dos solos moderna foi um tcheco, o professor Karl von Terzaghi (1883-1963). Ele publicou o primeiro livro didático moderno sobre mecânica dos solos em 1925, e, de fato, o nome "Mecânica dos Solos" é uma tradução da palavra alemã *Erdbaumechanik*, que fazia parte do título desse livro (Terzaghi, 1925). Terzaghi foi um engenheiro excepcional e muito criativo, tendo escrito vários outros livros importantes (p. ex., Terzaghi, 1943; Terzaghi e Peck, 1967 – 2ª ed.; e Terzaghi, Peck e Mesri, 1996 – 3ª ed.) e mais de 250 artigos técnicos. Seu nome será mencionado algumas vezes neste livro. Ele foi professor no Robert College de Istambul, na Turquia; na Technische Hochschule, de Viena, na Áustria; no Michigan Institute of Technology e na Harvard University (de 1938 até sua aposentadoria, em 1956), ambos em Cambridge, Massachusetts, nos Estados Unidos da América. O cientista continuou ativo como consultor até sua morte, em 1963, aos 80 anos de idade. Uma excelente referência sobre sua vida e carreira na engenharia é a obra de Goodman (1999), que vale a pena ser lida.

Outra figura importante foi o professor austro-americano Arthur Casagrande (1902-1981), que lecionou na Harvard University de 1932 até 1969. Seu nome será muito mencionado neste livro em função de suas inúmeras e importantes contribuições para a arte e a ciência da mecânica dos solos e da engenharia de fundações.

Desde os anos 1950, o campo cresceu consideravelmente, e diversos cientistas foram responsáveis por seu rápido avanço. Entre os contribuintes significativos à temática, destacaram-se o engenheiro norte-americano Donald Wood Taylor (1900-1955), especialista em fundações; o engenheiro civil brasileiro Alberto Ortenblad (1901-1994), que desenvolveu a **técnica matemática do adensamento**; o engenheiro civil português Manuel Rocha, especialista em estradas de rodagem e diretor do Laboratório Nacional de Engenharia Civil (LNEC), considerada a maior instituição de engenharia civil do mundo; o engenheiro civil russo Gregory B. Tscherbotarioff (1889-1995), que desenvolveu a **técnica de estudos para solos expansivos e estacas pré-moldadas**; o engenheiro civil canadense Ralph Brazelton Peck (1912-2008), que escreveu sobre a **importância da observação dos terrenos nas práticas de engenharia**; o engenheiro civil norte-americano Gerald A. Leonards (1921-1997), que dedicou sua vida à **engenharia de fundações**; o engenheiro civil britânico Alec Westley Skempton (1914-2001), que elaborou **técnicas de capacidade de suporte para solos coesivos**; e o engenheiro civil britânico Harry Bolton Seed (1922-1989) que estudou **a resistência à liquefação dos solos**, entre inúmeros outros.

Tanto Terzaghi quanto Casagrande introduziram o ensino de mecânica dos solos e de geologia de engenharia na América do Norte. Antes da Segunda Guerra Mundial, o tema era lecionado apenas em poucas universidades, principalmente em cursos de pós-graduação. Após a guerra, tornou-se prática comum que pelo menos um curso sobre a matéria fosse obrigatório na maioria dos currículos de Engenharia Civil. Programas de pós-graduação em Engenharia Geotécnica foram implementados em muitas universidades. Finalmente, houve uma verdadeira explosão de informações no número de conferências, periódicos técnicos e livros didáticos publicados sobre o tema durante as últimas quatro décadas.

Em termos de engenharia de fundações, já mencionamos o papel importante que Coulomb e Rankine desempenharam no desenvolvimento de análises de estados limites das pressões laterais do solo para estruturas de contenção. Não deve ser surpresa que Terzaghi tenha sido um pioneiro nessa área também, elaborando alguns dos primeiros métodos racionais para estimar a capacidade do solo de suportar fundações rasas. Na década de 1950, os engenheiros civis canadense George Geofrey Meyerhof (1916-2003) e iugoslavo Aleksandr Sedemark Vésic (1924-1982), entre outros, começaram a formular métodos fundamentais para fundações profundas. Muitos progressos nesta área da engenharia geotécnica foram impulsionados por empreiteiras, que inovaram para construir em solos desafiadores ou utilizar materiais familiares de forma mais eficiente.

Avanços recentes e significativos para você conhecer incluem dinâmica dos solos, engenharia geotécnica de terremotos, utilização de modelagem computacional para resolver problemas complexos de engenharia, análises e projetos baseados em deformação, integração de probabilidade e estatística na análise de projetos de engenharia geotécnica, além da engenharia e tecnologia geoambientais.

No Brasil, os estudos de Geologia de Engenharia se fazem presentes a partir de 1854, com obras ferroviárias pioneiras nos estados do Rio de Janeiro, de São Paulo e do Paraná, ao longo da Serra do Mar. Em 1907, o engenheiro Miguel Arrojado Lisboa (1872-1932) aprofundou os estudos de geologia aplicada nas obras ferroviárias e criou, em 1909, o Centro de Pesquisas Geológicas da Inspetoria de Obras contra as Secas, que foi responsável pela construção de muitas barragens na região Nordeste. Além desses, são nomes de destaque os engenheiros civis Jerônymo Monteiro Filho (1889-1962), Felippe dos Santos Reis (1895-1977), Luiz Flores de Moraes Rego (1896-1940), Icarhay da Silveira (1912-1975), Tharcísio Damy de Souza Santos (1912-2005), Milton Vargas (1914-2011), Antônio José da Costa Nunes (1916-1990), Fernando Flávio Marques de Almeida (1916-2013), Fernando Emmanoel Barata (1924-2023), Dirceu de Alencar Velloso (1931-2005) e Murilo Dondici Ruiz (1940-2017); também fizeram muitas contribuições os geólogos Luciano Jacques de Moraes (1896-1968) e Arthur Wentz Schneider (1919-1992), entre outros.

1.5 ABORDAGEM SUGERIDA PARA O ESTUDO DA ENGENHARIA GEOTÉCNICA

Devido à natureza dos materiais dos solos e das rochas, tanto os ensaios de laboratório quanto os de campo são essenciais na **Engenharia Geotécnica**. Estudantes de engenharia podem começar a desenvolver uma intuição do comportamento dos solos e das rochas no laboratório, conduzindo os ensaios padrões de classificação e propriedades de engenharia em muitos tipos diferentes de solos e rochas. Dessa forma, o iniciante pode começar a construir um "banco de dados mental" sobre a aparência real de certos solos e rochas, a maneira como tais substâncias podem se comportar com diferentes quantidades de água e diferentes tipos de cargas de engenharia e a faixa de valores numéricos prováveis para os diferentes ensaios. Trata-se de um tipo de processo de auto-calibração, para que ao se deparar com um novo depósito de solo ou tipo de rocha, possa ter, antecipadamente, alguma ideia sobre os problemas de engenharia que irá encontrar naquele local. Você também pode começar a avaliar, pelo menos de forma qualitativa, a validade dos resultados dos ensaios laboratoriais e de campo para os materiais ali encontrados.

Também é importante ter conhecimento de geologia. A **Geologia** é, naturalmente, a parte geológica da engenharia geotécnica, e é fundamental que você busque o máximo de exposição possível a ela ao longo de sua trajetória acadêmica. Após um curso básico de geologia física, são recomendados cursos em geomorfologia e geologia de engenharia. A **Geomorfologia** concentra-se nas formas de relevo, que são importantes para os engenheiros geotécnicos porque os solos e as rochas em um local (e, portanto, os problemas de engenharia) estão muito relacionados com o tipo de relevo da região. A **Geologia de Engenharia** concentra-se nas aplicações da geologia, principalmente à engenharia civil, e compartilha muitos temas com a **Engenharia Geotécnica**.

Os aspectos teóricos e analíticos do projeto de engenharia geotécnica também requerem um sólido conhecimento de mecânica dos materiais, incluindo resistência dos materiais e mecânica dos fluidos. Também ajuda se você estiver familiarizado, até certo ponto, com análise estrutural básica, projeto de concreto armado e aço, engenharia hidráulica e hidrologia, topografia e medições de engenharia, engenharia ambiental básica e construção civil. Em outras palavras, praticamente todas as disciplinas de um curso específico de graduação em **Engenharia Civil**.

1.6 OBSERVAÇÕES SOBRE SÍMBOLOS, UNIDADES E NORMAS

Como na maioria das disciplinas, uma notação padrão não é universal na engenharia geotécnica; portanto, tentamos adotar os símbolos utilizados com maior frequência. Por exemplo, a Associação Brasileira de Normas Técnicas (ABNT) determina regras, padrões, medidas, termos e símbolos relacionados a solos, rochas e fluidos que você necessitará.

As unidades empregadas na Engenharia Geotécnica podem ser descritas de forma um pouco confusa e, de forma menos sutil, como algo ainda pior. Há, na temática, certa mistura de unidades métricas baseadas no sistema *cgs*, unidades inglesas ou imperiais de engenharia e unidades métricas europeias híbridas. Com a introdução do sistema universal de unidades, "Le Système International d'Unités" (SI), a profissão teve uma oportunidade ideal de trazer alguma coerência às unidades na prática da Engenharia Geotécnica. Contudo, como as unidades inglesas de engenharia, muitas vezes, ainda são bastante adotadas, os alunos precisam estar familiarizados com os valores específicos dessas unidades para fazerem a conversão para SI. Existem excelentes *sites* de conversão disponíveis na Internet, e você pode encontrar um que atenda às suas necessidades. No Brasil, temos que seguir o que a ABNT preconiza, observando as atualizações anuais. Nos Estados Unidos, a regulamentação é feita pela American Society for Testing and Materials (ASTM), onde as normas permanecem ativas por oito anos, e quando não são reaprovadas, são desativadas.

ATIVIDADES SUGERIDAS

1.1 Assista a uma palestra com um tema de Engenharia Geotécnica, seja por meio da série de seminários que eventualmente sua associação estudantil possa vir a fornecer ou por minicursos promovidos pela Sociedade Brasileira de Geologia de Engenharia ou pelo Conselho Regional de Engenharia e Agronomia de sua região. Além de aprender algo sobre um tema ou projeto de engenharia geotécnica, você também poderá conhecer o palestrante para angariar futuros estágios, expandir sua rede profissional e entender por que tal profissional se interessou pela prática ou pesquisa geotécnica.

1.2 Visite um local (aula prática de campo ou visita técnica) de projetos onde a fase geotécnica ainda esteja em andamento. Idealmente, um engenheiro ou mestre de obras responsável pela obra pode receber você e seus colegas, explicar as fases da obra e quaisquer outros detalhes relacionados ao projeto geotécnico e à construção. Isso o colocará dentro do canteiro da obra.

1.3 Converse com um dos professores de geotecnia sobre a pesquisa e/ou consultoria que estiverem realizando e, se estiver interessado, veja se há oportunidades de participar, como estagiário, da pesquisa.

REFERÊNCIAS

ATTERBERG, A. (1911). "Lerornas Förhållande till Vatten, deras Plasticitetsgränser och Plasticitets-grader," ("The Behavior of Clays with Water, Their Limits of Plasticity and Their Degrees of Plasticity"), *Kungliga Lantbruk- sakademiens Handlingar och Tidskrift*, Vol. 50, N° 2, pp. 132–158; also in *Internationale Mitteilungen für Boden-kunde*, Vol. 1, pp. 10–43 ("Über die Physikalische Bodenuntersuchung und über die Plastizität der Tone").

COLLIN, A. (1846). Recherches Expérimentales sur les Glissements Spontanés des Terrains Argileux, Accompagnées de Considerations sur Quelques Principes de la Méchanicque Terrestre, Carilian-Goeury and Dalmont, Paris. Translated by W.R. Schriever under the title "Landslides in Clays by Alexandre Collin 1846," University of Toronto Press, Canada, 1956, 161 p. (21 plates).

COULOMB, C.A. (1776). "Essai sur une application des règles de Maximus et Minimis à Quelques Problèmes de Statique, Relatifs à l'Architecture," *Mémoires de Mathématique et de Physique, Présentés a l' Académie Royale des Sciences, par Divers Savans, et lûs dans ses Assemblées*, Paris, Vol. 7 (Vol. for 1773 published in 1776), pp. 343–382.

DARCY, H. (1856). *Les Fontaines Publiques de la Ville de Dijon*, Dalmont, Paris.

GOODMAN, R.E. (1999). *Karl Terzaghi: The Engineer as Artist*, ASCE Press, 340 p.

GREGORY, C.H. (1844). "On Railway Cuttings and Embankments with an Account of Some Slips in London Clay, on the Line of the London and Croydon Railway," *Minutes and Proceedings of the Institution of Civil Engineers*, Vol. 3, pp. 135–145. Reprinted in *A Century of Soil Mechanics*, Institution of Civil Engineers, London, 1969, 482 p.

INTERNATIONAL SOCIETY FOR SOIL MECHANICS AND FOUNDATION ENGINEERING (1977). "List of Symbols, Units, and Definitions," Subcommittee on Symbols, Units, and Definitions, *Proceedings of the Ninth International Conference on Soil Mechanics and Foundation Engineering*, Tokyo, Vol. 3, pp. 156–170.

RANKINE, W.J.M. (1857). "On the Stability of Loose Earth," Abstracts of the Papers Communicated to the Royal Society of London, *Proceedings of the Royal Society*, London, Vol. VIII, pp. 185–187.

STOKOE, K.H., II AND LODDE, P.F. (1978). "Dynamic Response of San Francisco Bay Mud," *Proceedings of the Earthquake Engineering and Soil Dynamics Conference*, Los Angeles, ASCE, Vol. II, pp. 940–959.

STATENS JÄRNVÄGERS GEOTEKNISKA KOMMISSION (1922). *1914–1922 Slutbetänkande*, (*1914–1922 Final Report*), Presented to the Board of the Royal Swedish Railroads, Stockholm, 180 p. (42 plates).

TERZAGHI, K. (1925). *Erdbaumechanik auf Bodenphysikalischer Grundlage*, Franz Deuticke, Leipzig und Wien, 399 p.

TERZAGHI, K. (1943). *Theoretical Soil Mechanics*, Wiley, New York, 510 p.

TERZAGHI, K. AND PECK, R.B. (1967). *Soil Mechanics in Engineering Practice*, 2nd ed., Wiley, New York, 729 p.

TERZAGHI, K. AND PECK, R.B.; MESRI, G. (1996). *Soil Mechanics in Engineering Practice*, 3rd ed., Wiley, New York, 549 p.

LEITURA RECOMENDADA

ASSOCIAÇÃO BRASILEIRA DE NORMAS TÉCNICAS (ABNT). (2024). ABNT, Rio de Janeiro.

CAPÍTULO 2
Propriedades de índice e classificação dos solos

2.1 INTRODUÇÃO

Neste capítulo, serão introduzidos os conceitos básicos e as definições adotados por engenheiros geotécnicos para caracterizar e classificar os solos. É necessário estabelecer uma linguagem comum para que sejam determinadas essas propriedades, de modo que, quando diferentes engenheiros se referirem às mesmas e utilizarem seus valores, haja uma compreensão uniforme entre todos. Algumas dessas propriedades terão significado físico real (como densidade), enquanto outras podem ser chamadas de propriedades de "índice", que só farão sentido em relação a alguma escala comparativa. Além disso, como em muitas ciências, nosso objetivo é poder classificar os solos em algum tipo de **taxonomia** amplamente entendida. Você talvez já tenha visto esse termo no contexto da **biologia**, em que organismos biológicos são classificados em gênero e espécie. Também definiremos um sistema de classificação relativamente rigoroso para os solos. Normalmente, a determinação das propriedades físicas, de índice e de classificação é o primeiro passo para entender como os solos em questão são usados como materiais de engenharia.

2.2 DEFINIÇÕES BÁSICAS E RELAÇÕES DE FASES PARA SOLOS

Em geral, qualquer conjunto de solo é composto por partículas sólidas com vazios entre elas. Os sólidos são pequenos grãos de diferentes e/ou mesmos minerais, enquanto os vazios são diminutos espaços que podem ser preenchidos com água ou outro fluido (p. ex., um contaminante) ou com ar (ou outro gás), ou parcialmente com um pouco de cada uma dessas substâncias (Figura 2.1).

Portanto, o volume total V_t da massa de um determinado solo consiste na relação entre o volume dos sólidos V_s e o volume dos vazios V_v. O volume dos vazios é normalmente composto pelo volume de água V_w e pelo volume de ar V_a.

Um **diagrama de fases** (Figura 2.2) mostra as três fases separadamente. É como se pudéssemos "derreter" todos os sólidos em uma única camada na parte inferior, adicionássemos água sobre essa camada a partir de então, e, por fim, acrescentássemos o ar em uma única camada no topo. O diagrama de fases nos ajudará a resolver os problemas envolvendo as relações das fases do solo. No lado esquerdo do diagrama, geralmente indicamos os volumes das três fases; no lado direito, mostramos as massas ou pesos correspondentes. Embora o diagrama seja bidimensional, entende-se que o volume mostrado está representado em unidades de L^3, como **cm³** ou **pé³**. Além disso, como não somos químicos ou físicos, presumimos que a massa do ar é zero.

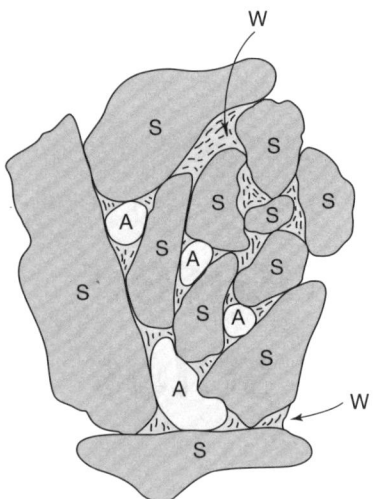

FIGURA 2.1 Esqueleto do solo contendo partículas sólidas (**S**), vazios com ar (**A**) e água (**W**).

Nas práticas da engenharia, normalmente medimos o volume total V_t, a massa de água M_a e a massa de sólidos secos M_s. Em seguida, calculamos os demais valores e as relações de massa por volume de que precisamos. Essas relações, em sua maioria, são independentes do tamanho da amostra e muitas vezes são adimensionais. Elas são muito simples e fáceis de lembrar, especialmente se você desenhar o diagrama de fases.

Três índices volumétricos muito úteis na engenharia geotécnica podem ser determinados diretamente a partir de um diagrama de fases (Figura 2.2).

1. O **índice de vazios** *e* é definido como:

$$e = \frac{V_v}{V_s} \tag{2.1}$$

onde V_v = volume dos vazios, e
V_s = volume dos sólidos.

Normalmente, o índice de vazios *e* é expresso como um **decimal** em vez de um **percentual**. A faixa máxima possível de *e* está entre **0** e ∞. No entanto, os valores típicos de índice de vazios para areias podem variar de **0,4** até cerca de **1,0**; os valores típicos para argilas variam de **0,3** a **1,5**, chegando a valores até maiores para alguns solos orgânicos:

2. A **porosidade** *n* é definida como:

$$n = \frac{V_v}{V_t} \times 100(\%) \tag{2.2}$$

onde V_v = volume dos vazios, e
V_t = volume total.

A porosidade é tradicionalmente expressa como um **percentual**. A faixa máxima de ***n*** está entre **0** e **100%**. A partir da Figura 2.2 e das Equações (2.1) e (2.2), pode-se observar que:

$$n = \frac{e}{1+e} \tag{2.3a}$$

e

$$e = \frac{n}{1-n} \tag{2.3b}$$

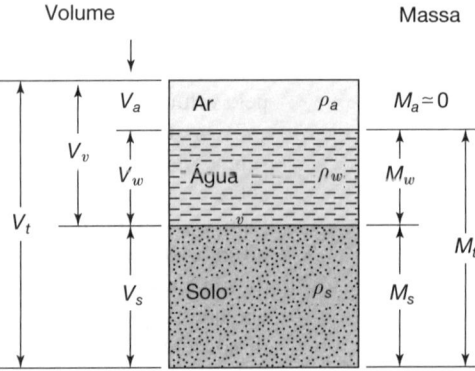

FIGURA 2.2 Relações volumétricas e de massa para um solo, mostradas em um diagrama de fases. Obs.: Os pesos *W*, também podem ser usados no lado direito.

3. O **grau de saturação** S é definido como:

$$S = \frac{V_w}{V_v} \times 100(\%) \qquad (2.4)$$

O grau de saturação indica qual **porcentagem** do espaço total dos vazios está preenchida por água. Se o solo estiver completamente seco, então $S = 0\%$, e se os poros estiverem completamente preenchidos por água, então o solo está totalmente saturado, sendo $S = 100\%$.

Agora, vamos olhar para o outro lado, o lado de massa ou peso do diagrama de fases na Figura 2.2. Em primeiro lugar, vamos definir uma relação de massa ou peso que é provavelmente a informação mais importante que precisamos saber sobre um solo: seu teor de umidade w. Este também é o único parâmetro estritamente baseado em massa ou peso que definiremos para as relações de fase. O teor de umidade indica a quantidade de água presente nos vazios em relação à quantidade de sólidos no solo, da seguinte forma:

$$w = \frac{M_w}{M_s} \times 100(\%) \qquad (2.5a)$$

onde M_w = massa de água, e
M_s = massa dos sólidos do solo,

ou, em termos de pesos,

$$w = \frac{W_w}{W_s} \times 100(\%) \qquad (2.5b)$$

onde W_w = peso da água, e
W_s = peso dos sólidos do solo.

A razão da quantidade de água presente em um volume de solo para a quantidade de grãos desse solo é baseada na sua **massa** ou **peso seco** e não na sua massa ou peso total. O teor de umidade, que normalmente é expresso em **porcentagem**, pode variar de zero (solo seco) a várias centenas percentuais. O teor de umidade natural para a maioria dos solos é bem inferior a 100%, muito embora, em alguns solos marinhos e orgânicos, esse valor possa variar em até 500% ou mais.

O teor de umidade pode ser facilmente determinado em laboratório. O procedimento padrão é especificado na norma **ASTM D 2216**. Uma amostra representativa de solo é selecionada, e sua massa ou peso total ou úmido é medido em uma balança de precisão. Em seguida, a amostra é submetida à secagem até atingir uma massa ou um peso constante em uma estufa de convecção a 110 °C. Em geral, obtém-se uma massa ou um peso constante após a amostra permanecer na estufa durante uma noite. A massa ou o peso da bandeja de secagem deve, naturalmente, ser subtraído tanto da massa ou do peso úmido quanto da massa ou do peso seco. Então, o teor de umidade é calculado de acordo com as Equações (2.5a) ou (2.5b). O Exemplo 2.1 ilustra como os cálculos para o teor de umidade são realmente feitos na prática.

Exemplo 2.1

Contexto:

Uma amostra de solo úmido em uma bandeja de secagem apresenta uma massa de 388 g. Após a secagem da amostra em uma estufa a 110 °C durante o período da noite, a amostra e a bandeja apresentaram uma massa de 335 g. A massa da bandeja individualmente é de 39 g.

Problema:

Determine o teor de umidade do solo.

Solução:
Estabeleça o seguinte esquema de cálculo: preencha as quantidades de "contexto" ou medidas **a**, **b** e **d** e faça os cálculos conforme indicado para **c**, **e** e **f**:

a. Massa total da amostra (úmida) + bandeja = 388 g;

b. Massa da amostra seca + bandeja = 335 g;

c. Massa de água (**a** − **b**) = 53 g;

d. Massa da bandeja = 39 g;

e. Massa do solo seco (**b** − **d**) = 296 g;

f. Teor de umidade (**c/e**) × 100 % = 53 g/296 g. 100 % = 17,90 %.

Em laboratório, as massas geralmente são determinadas em gramas **g** em uma balança comum. A sensibilidade necessária da balança depende do tamanho da amostra, e a norma **ASTM D 2216** fornece algumas recomendações.

O **teor de umidade** também pode ser determinado usando-se um forno de micro-ondas comum. A norma **ASTM D 4643** detalha os procedimentos. Para evitar o superaquecimento da amostra de solo, a energia do micro-ondas é aplicada apenas em intervalos breves e repetida até que a massa se torne quase constante. Um dissipador de calor, como um béquer de vidro preenchido com água, ajuda a evitar o superaquecimento do solo absorvendo a energia do micro-ondas após a água ser removida dos poros do solo. Caso contrário, o teor de umidade é determinado exatamente como indicado no Exemplo 2.1. Observe que o teor de umidade obtido no micro-ondas não substitui o teor de umidade seco na estufa, mas é utilizado quando for necessário determinar rapidamente o teor de umidade de um solo. Outros métodos ocasionalmente adotados em campo para a determinação do teor de umidade são descritos na Seção 4.7.

Outro conceito muito útil na engenharia geotécnica é a **densidade**. Com base nos estudos da física, você já sabe que a densidade equivale à massa de uma amostra por unidade de volume da mesma; portanto, suas unidades são expressas em kg/m³. A densidade é a razão que liga os campos volumétricos do diagrama de fases com o campo das massas. Diversas densidades são habitualmente empregadas na prática da engenharia geotécnica. A princípio, definimos a **densidade total úmida** ou **molhada** ρ; a densidade das partículas ou a **densidade sólida** ρ_s; e a **densidade da água** ρ_w. Também são fornecidos os **pesos específicos** correspondentes γ, obtidos substituindo-se M pelo peso correspondente W.

$$\rho = \frac{M_t}{V_t} = \frac{M_s + M_w}{V_t} \tag{2.6a}$$

$$\gamma = \frac{W_t}{V_t} = \frac{W_s + W_w}{V_t} \tag{2.6b}$$

$$\rho_s = \frac{M_s}{V_s} \tag{2.7a}$$

$$\gamma_s = \frac{W_s}{V_s} \tag{2.7b}$$

$$\rho_w = \frac{M_w}{V_w} \tag{2.8a}$$

$$\gamma_w = \frac{W_w}{V_w} \tag{2.8b}$$

Nos solos naturais, a magnitude da densidade total ρ dependerá da quantidade de água presente nos vazios, bem como da densidade dos grãos minerais em si. Assim, ρ poderá variar de ligeiramente acima de 1.000 até 2.400 kg/m³, com pesos específicos correspondentes de 9,81 kN/m³ (62,4 lb/pés³) a 23,4 kN/m³ (150 lb/pés³). O extremo superior dessa faixa seria essencialmente composto por mineral sólido, com uma razão densidade/peso específica correspondente próxima à do concreto.

Os valores típicos de ρ_s para a maioria dos solos variam de 2.500 a 2.800 kg/m³ (156 a 175 pcf). A maioria das areias possui valores de ρ_s variando entre 2.600 e 2.700 kg/m³ (162 a 169 pcf). Por exemplo, um mineral comum em areias é o quartzo (SiO_2); sua ρ_s é de 2.650 kg/m³. Já os solos argilosos apresentam um valor de ρ_s entre 2.650 e 2.800 kg/m³, dependendo do mineral predominante, enquanto os orgânicos podem apresentar um valor de ρ_s abaixo de 2.500 kg/m³. Em consequência, para a maioria dos problemas de fases, a menos que um valor específico de ρ_s seja informado, é geralmente aceitável a presunção de um valor de ρ_s entre 2.650 ou 2.700 kg/m³ para trabalhos geotécnicos. A densidade da água varia ligeiramente, dependendo da temperatura. A 4 °C, quando está em sua densidade máxima, ρ_w é exatamente igual a 1.000 kg/m³ (1 g/cm³), e essa densidade às vezes é designada pelo símbolo ρ_o. Para trabalhos de engenharia comuns, é suficientemente aceitável considerar $\rho_w \approx \rho_o = 1.000$ kg/m³.

Outras três densidades muito úteis na engenharia de solos são a **densidade seca** ρ_d, a **densidade saturada** ρ_{sat}, e a **densidade submersa** ou **flutuante** ρ' ou ρ_b e seus pesos específicos correspondentes.

$$\rho_d = \frac{M_s}{V_t} \qquad (2.9a)$$

$$\gamma_d = \frac{W_s}{V_t} \qquad (2.9b)$$

$$\rho_{sat} = \frac{M_s + M_w}{V_t} (V_a = 0, S = 100\%) \qquad (2.10a)$$

$$\gamma_{sat} = \frac{W_s + W_w}{V_t} (V_a = 0, S = 100\%) \qquad (2.10b)$$

$$\rho' = \rho_{sat} - \rho_w \qquad (2.11a)$$

$$\gamma' = \gamma_{sat} - \gamma_w \qquad (2.11b)$$

Entre outros usos, a **densidade seca** ρ_d é uma base comum para julgar o **grau de compactação** de um solo depois de aplicarmos alguma energia mecânica a ele, por exemplo, usando um rolo ou placa vibratória (Capítulo 4). A **densidade saturada** ρ_{sat}, como o nome sugere, é a densidade total do solo quando 100% de seus poros estão preenchidos com água; neste caso em particular, $\rho = \rho_{sat}$. Os alunos geralmente acham o conceito de **densidade submersa** ou **flutuante** ρ' difícil de entender; portanto, ele será discutido mais adiante, após resolvermos alguns exemplos de problemas. Contudo, talvez você já esteja familiarizado com esse conceito ao estudar agregados, em que um **cesto** de agregados é pesado enquanto está submerso na água. Os valores típicos de ρ_d, ρ_{sat} e ρ' para vários tipos de solo são mostrados na Tabela 2.1, enquanto a Tabela 2.2 detalha pesos específicos típicos em termos de kN/m³ e pcf.

A partir das definições básicas fornecidas nesta seção, outras relações úteis poderão ser inferidas, como será demonstrado nos exemplos a seguir.

TABELA 2.1 Valores típicos para diferentes densidades (kN/m³) de alguns materiais comuns nos solos

Tipo de solo	Densidade (kg/m³)		
	ρ_{sat}	ρ_d	ρ'
Areias e cascalhos	1.900 a 2.400	1.500 a 2.300	900 a 1.400
Siltes e argilas	1.400 a 2.100	600 a 1.800	400 a 1.100
Tills	2.100 a 2.400	1.700 a 2.300	1.100 a 1.400
Pedra britada	1.900 a 2.200	1.500 a 2.000	900 a 1.200
Turfas	1.000 a 1.100	100 a 300	0 a 100
Siltes e argilas orgânicas	1.300 a 1.800	500 a 1.500	300 a 800

Modificada a partir de Hansbo (1975).

TABELA 2.2 Valores típicos para diferentes **pesos específicos** γ_{sat}, γ_d e γ' de alguns materiais comuns no solo, em unidades de kN/m³ e pcf

	Peso específico					
	kN/m³	pcf	kN/m³	Pcf	kN/m³	pcf
Areias e cascalhos	19 a 24	119 a 150	15 a 23	94 a 144	9 a 14	62 a 81
Siltes e argilas	14 a 21	87 a 131	6 a 18	37 a 112	4 a 11	25 a 69
Tills	21 a 24	131 a 150	17 a 23	106 a 144	11 a 14	69 a 87
Pedra britada	19 a 22	119 a 137	15 a 20	94 a 125	9 a 12	56 a 75
Turfas	10 a 11	60 a 69	1 a 3	6 a 19	0 a 1	0 a 6
Siltes e argilas orgânicas	13 a 18	81 a 112	5 a 15	31 a 94	3 a 8	19 a 50

Obs.: os valores foram arredondados para o número inteiro mais próximo em 1 kN/m³ e 1 pcf.

2.2.1 Solução de problemas de fases

Os problemas de fases são muito importantes na engenharia de solos. Nesta seção, com a ajuda de alguns exemplos numéricos, ilustraremos como a maioria deles pode ser resolvida. Como em muitas disciplinas, a prática ajuda, pois quanto mais problemas você resolver, mais simples eles serão e mais proficiente você se tornará. Além disso, com a prática, você logo memorizará a maioria das definições e relações importantes, economizando tempo por não precisar consultá-las.

Para os alunos iniciantes, desenhar um diagrama de fases será essencial no sentido de resolver problemas dessa natureza. Evite perder tempo buscando a fórmula correta. Em vez disso, sempre **desenhe um diagrama de fases** e mostre tanto os valores conhecidos quanto as incógnitas do problema. Para alguns problemas, apenas fazer isso já o levará quase imediatamente à resolução; ou ao menos uma abordagem ideal para o problema será, com frequência, indicada. Além disso, é importante saber que geralmente existem abordagens diferentes para a solução do mesmo problema, como ilustrado no Exemplo 2.2. Os seguintes passos são recomendados para resolver esses problemas:

1. Liste as informações que você sabe (a partir do enunciado do problema).
2. Desenhe o diagrama de fases, preencha os valores conhecidos e estime as incógnitas.
3. Tente evitar fórmulas grandes.
4. Se não forem fornecidos massa ou volume, você pode presumir um volume ou uma massa.
5. Preencha um lado do diagrama de fases até que fique sem saída ou resolva-o completamente; após, "passe" para o outro lado utilizando ρ, γ ou G.
6. Escreva as equações na forma de símbolos. Em seguida, coloque o valor numérico juntamente com suas unidades na mesma ordem e resolva-as.
7. Verifique as unidades e a razoabilidade da sua resposta.

Exemplo 2.2

Contexto:

$\rho = 1.760$ kg/m³ (densidade total);

$w = 10\%$ (teor de umidade);

$\rho_s = 2.700$ kg/m³ (presumido).

Problema:

Calcule ρ_d densidade seca, e índice de vazios, n porosidade, S grau de saturação e ρ_{sat} densidade saturada de um determinado solo.

Solução:

Desenhe o diagrama de fases (Figura Ex. 2.2a). Presumimos que $V_t = 1$ m³.

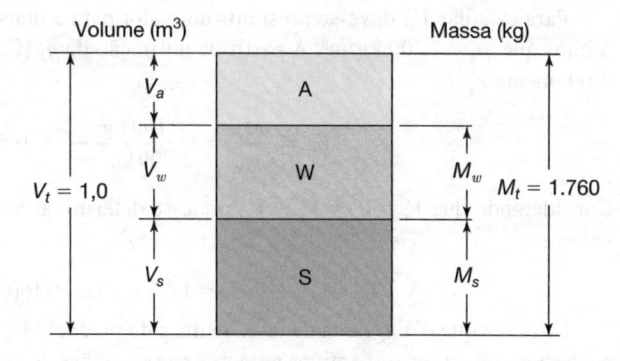

FIGURA Ex. 2.2a

A partir da definição do teor de umidade [Equação (2.5a)] e da densidade total [Equação (2.6a)], pode-se determinar M_s e M_w. Observe que, nos cálculos, o teor de umidade é expresso como um decimal.

$$w = 0,10 = \frac{M_w \text{ kg}}{M_s \text{ kg}}$$

$$\rho = 1.760 \text{ kg/m}^3 = \frac{M_t}{V_t} = \frac{(M_w + M_s) \text{ kg}}{1,0 \text{ m}^3}$$

Considerando que $M_w = 0,10\, M_s$, obteremos:

$$1.760 \text{ kg/m}^3 = \frac{(0,10 M_s + M_s) \text{ kg}}{1,0 \text{ m}^3}$$

Logo, $M_s = 1.600$ kg e $M_w = 160$ kg

Agora, esses valores são colocados ao lado da massa no diagrama de fases (Figura Ex. 2.2b), e as demais propriedades desejadas são calculadas.

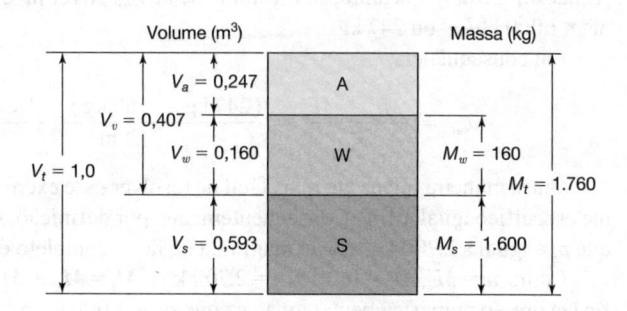

FIGURA Ex. 2.2b

A partir da definição de ρ_w [Equação (2.8a)], pode-se determinar V_w.

$$\rho_w = \frac{M_w}{V_w}$$

ou

$$V_w = \frac{M_w}{\rho_w} = \frac{0{,}16\,\text{kg}}{1.000\,\text{kg/m}^3} = 0{,}160\,\text{m}^3$$

Coloque esse valor numérico no diagrama de fases (Figura Ex. 2.2b).

Para calcular V_s, deve-se presumir um valor para a densidade dos sólidos ρ_s. Aqui, presumimos que: $\rho_s = 2.700$ kg/m³. A partir da definição de ρ_s [Equação (2.7a)], pode-se determinar diretamente V_s:

$$V_s = \frac{M_s}{\rho_s} = \frac{160\,\text{kg}}{2.700\,\text{kg/m}^3} = 0{,}593\,\text{m}^3$$

Considerando que $V_t = V_a + V_w + V_s$, pode-se determinar mc, dado que conhecemos os outros valores.

$$V_a = V_t - V_w - V_s = 1{,}0 - 0{,}593 - 0{,}160 = 0{,}247\,\text{m}^3$$

Uma vez que o diagrama de fases tenha sido preenchido, para resolver o restante do problema bastará inserir os respectivos números nas equações de definições apropriadas. Recomendamos que, ao fazer os cálculos, você escreva as equações em forma de símbolos e depois insira os números na mesma ordem em que aparecem nas equações. Além disso, é uma boa ideia incluir as unidades junto com os cálculos.

Resolver o restante dos itens necessários é fácil.

A partir da Equação (2.9a),

$$\rho_d = \frac{M_s}{V_t} = \frac{1.600\,\text{kg}}{1\,\text{m}^3} = 1.600\,\text{kg/m}^3$$

A partir da Equação (2.1),

$$e = \frac{V_v}{V_s} = \frac{V_a + V_w}{V_s} = \frac{(0{,}247 + 0{,}160)\,\text{m}^3}{0{,}593\,\text{m}^3} = 0{,}686$$

A partir da Equação (2.2),

$$n = \frac{V_v}{V_t} = \frac{V_a + V_w}{V_t}100 = \frac{(0{,}247 + 0{,}160)\,\text{m}^3}{1{,}0\,\text{m}^3}100 = 40{,}7\%$$

A partir da Equação (2.4),

$$S = \frac{V_w}{V_v} = \frac{V_w}{V_a + V_w}100 = \frac{0{,}16\,\text{m}^3}{(0{,}247 + 0{,}160)\,\text{m}^3}100 = 39{,}3\%$$

Na densidade saturada (ρ_{sat}), todos os vazios são preenchidos com água, ou seja, $S = 100\%$ [Equação (2.10a)]. Portanto, se o volume de ar V_a estiver preenchido com água, ele pesará 0,247 m³ × 1.000 kg/m³ ou 247 kg.

Em consequência,

$$\rho_{sat} = \frac{M_w + M_s}{V_t} = \frac{(247\,\text{kg} + 160\,\text{kg}) + 1.600\,\text{kg}}{1\,\text{m}^3} = 2.010\,\text{kg/m}^3$$

Outra maneira talvez até mais fácil de resolver esse exemplo é presumir que V_s seja um volume específico igual a 1m³. Consequentemente, por definição, $M_s = \rho_s = 2.700$ (quando presumido que ρ_s é igual a 2.700 kg/m³). O diagrama de fases completo é mostrado na (Figura Ex. 2.2c).

Como $w = M_w/M_s = 0{,}10$, $M_w = 2.700$ kg e $M_t = M_w + M_s = 2.970$ kg. Além disso, $V_w = M_w$ fica expresso numericamente, uma vez que $\rho_w = 1.000$ kg/m³; ou seja, 270 kg de água ocupa um volume de 0,27 m³. Antes de prosseguirmos, duas incógnitas ainda precisam ser determinadas: V_a e V_t. Para obter esses valores, deve-se usar a informação de contexto de que $\rho = 1.760$ kg/m³.

A partir da definição de densidade total [Equação (2.6a)],

Volume (m³) — $V_a = 0{,}418$ (A); $V_w = 0{,}27$ (W); $V_s = 1{,}0$ (S); $V_t = 1{.}688$

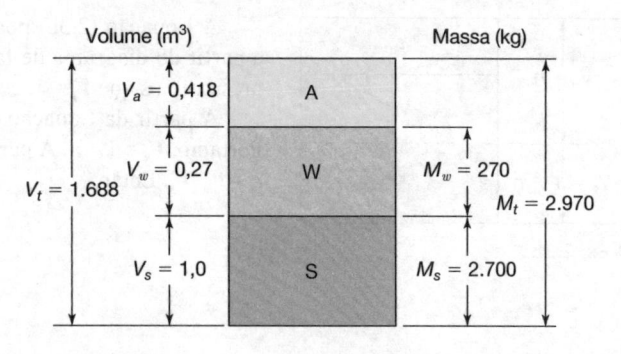

Massa (kg) — $M_w = 270$; $M_s = 2{.}700$; $M_t = 2{.}970$

FIGURA Ex. 2.2c

$$\rho = 1{.}760 \text{ kg/m}^3 = \frac{M_t}{V_t} = \frac{2{.}970 \text{ kg}}{V_t}$$

Determinando V_t,

$$V_t = \frac{M_t}{\rho} = \frac{2{.}970 \text{ kg}}{1{.}760 \text{ kg/m}^3} = 1{.}688 \text{ m}^3$$

Portanto,

$$V_a = V_t - V_w - V_s = (1{.}688 \text{ m}^3 - 0{,}27 \text{ m}^3 - 1{,}0 \text{ m}^3) = 0{,}418 \text{ m}^3.$$

Você poderá utilizar a Figura Ex. 2.2c para verificar que o restante da solução é idêntico àquela que adota os dados da Figura Ex. 2.2b. Este exemplo ilustra que muitas vezes existem abordagens diferentes para a solução dos problemas de fases.

Exemplo 2.3

Contexto:

Equações (2.3a) e (2.3b) relacionando o índice de vazios *e* e a porosidade *n*.

Problema:

Expresse a porosidade *n* em termos do índice de vazios *e* Equação (2.3a) e o índice de vazios em termos da porosidade Equação (2.3b).

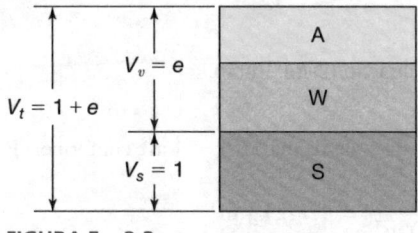

Diagrama: $V_v = e$ (A, W); $V_s = 1$ (S); $V_t = 1 + e$

FIGURA Ex. 2.3a

Solução:
Desenhe o diagrama de fases (Figura Ex. 2.3a).
Para este problema, presume-se que $V_s = 1$ (unidade arbitrária).
A partir da Equação (2.1), $V_v = e$, uma vez que $V_s = 1$. Portanto, $V_t = 1 + e$.
A partir da Equação (2.2), a definição de *n* será V_v/V_t, ou

$$n = \frac{e}{1 + e} \tag{2.3a}$$

A Equação (2.3b) pode ser derivada algebricamente ou a partir do diagrama de fases (Figura Ex. 2.3b). Neste caso, presumimos que $V_t = 1$.

A partir da Equação (2.2), $V_v = n$, uma vez que $V_t = 1$. Portanto, $V_s = 1 - n$. A partir da Equação (2.1), a definição de $e = V_v/V_s$. Então,

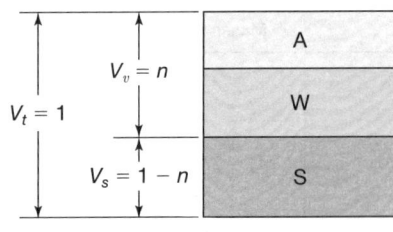

$$e = \frac{n}{1-n} \quad (2.3b)$$

FIGURA Ex. 2.3b

Exemplo 2.4

Contexto:

$e = 0{,}58$, $w = 12\%$, e $\rho_s = 2.800$ kg/m³.

Problema:

a. ρ_d
b. ρ
c. w para $S = 100\%$
d. ρ_{sat} para $S = 100\%$

Solução:
Desenhe o diagrama de fases (Figura Ex. 2.4).

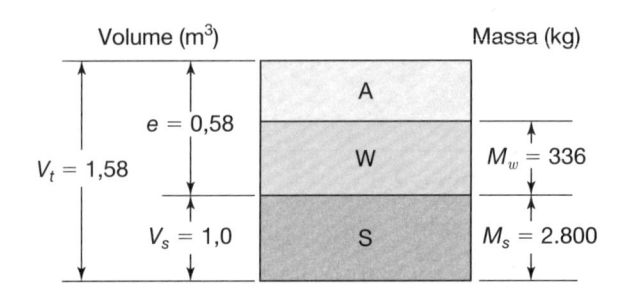

FIGURA Ex. 2.4

a. Como nenhum volume é especificado, presume-se que $V_s = 1$ m³. Assim como no Exemplo 2.3, isso faz com que $V_v = e = 0{,}58$ m³ e $V_t = 1 + e = 1{,}58$ m³. A partir da Equação (2.9a),

$$\rho_d = \frac{M_s}{V_t}$$

e, $M_s = \rho_s V_s$ a partir da Equação (2.7a). Então,

$$\rho_d = \frac{\rho_s V_s}{V_t} = \frac{\rho_s}{1+e}, \text{ desde que } (V_s) = 1 \text{ m}^3, \text{ conforme a Figura Ex. 2.4}$$
$$= \frac{2.800 \text{ kg}}{(1 + 0{,}58) \text{ m}^3} = 1.772 \text{ kg/m}^3$$

Obs: a relação

$$\rho_d = \frac{\rho_s}{1+e} \quad (2.12)$$

é frequentemente útil em problemas de fases.
b. Agora, quanto a ρ:

$$\rho = \frac{M_t}{V_t} = \frac{(M_s + M_w)\,\text{kg}}{V_t\,\text{m}^3}$$

Sabemos que

$$M_w = wM_s \text{ [a partir da Equação (2.5a)] e } M_s = \rho_s V_s$$

$$\rho = \frac{\rho_s V_s + w\rho_s V_s}{V_t} = \frac{\rho_s(1+w)}{(1+e)}, \text{ desde que } V_s = 1\,\text{m}^3.$$

Insira os números:

$$\rho = \frac{2.800\,\text{kg}(1+0{,}12)}{(1+0{,}58)\,\text{m}^3} = 1.985\,\text{kg/m}^3$$

Normalmente, é muito útil saber a seguinte relação:

$$\rho_t = \frac{\rho_s(1+w)}{(1+e)} \quad (2.13)$$

Veja:

$$\rho_d = \frac{\rho}{(1+w)}$$

$$= \frac{1.985}{1{,}12} = 1.772\,\text{kg/m}^3 \quad (2.14)$$

Você deve verificar que $\rho_d = \rho/(1+w)$ é outra relação muito útil para se lembrar.
c. Teor de umidade para $S = 100\%$:
A partir da Equação (2.4), sabemos que $V_w = V_v = 0{,}58\,\text{m}^3$. A partir da Equação (2.8a), $M_w = V_w \cdot \rho_w = 0{,}58\,\text{m}^3$.
1.000 kg/m³ = 580 kg. Portanto, w para $S = 100\%$ deve ser:

$$w_{(S=100\%)} = \frac{M_w}{M_s} = \frac{580}{2.800} = 0{,}207 \text{ ou } 20{,}7\%$$

d. ρ_{sat}:
A partir da Equação (2.10a), sabemos que $\rho_{\text{sat}} = (M_s + M_w)/V_t$, ou

$$\rho_{\text{sat}} = \frac{(2.800 + 580)\,\text{kg}}{1{,}58\,\text{m}^3}$$

$$= 2.139{,}24 \text{ ou } 2.139\,\text{kg/m}^3$$

Veja, pela Equação (2.13):

$$\rho_{\text{sat}} = \frac{\rho_s(1+w)}{1+e}$$

$$= \frac{2.800(1+0{,}207)}{1{,}58\,\text{m}^3}$$

$$= 2.139\,\text{kg/m}^3$$

Exemplo 2.5

Contexto:

As definições de grau de saturação S, índice de vazios e, teor de umidade w e densidade do sólido ρ_s [Equações (2.1), (2.4), (2.5a) e (2.7a), respectivamente].

Problema:

Deduza uma relação entre S, e, w e ρ_s.

Solução:
Consulte o diagrama de fases com $V_s = 1$. (Figura Ex. 2.5)

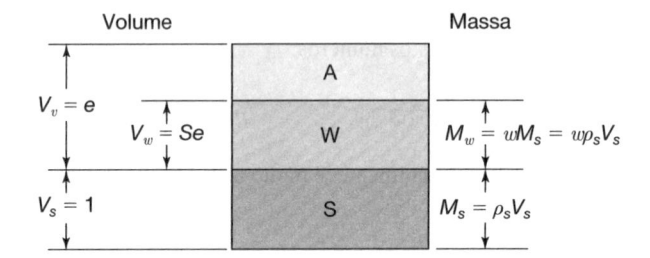

FIGURA Ex. 2.5

A partir da Equação (2.4) e da Figura Ex. 2.5, sabemos que $V_w = SV_v = Se$. A partir das definições do teor de umidade [Equação (2.5a)] e de ρ_s [Equação (2.7a)], podemos colocar os equivalentes para M_s e M_w no diagrama de fases. Considerando que, a partir da Equação (2.8a), $M_w = \rho_w V_w$, agora podemos escrever a seguinte equação:

$$M_w = \rho_w V_w = wM_s = w\rho_s V_s$$

ou

$$\rho_w Se = w\rho_s V_s$$

considerando que $V_s = 1 \text{ m}^3$,

$$\rho_w Se = w\rho_s \quad (2.15)$$

A Equação (2.15) está entre as mais úteis para problemas de fases. Também podemos verificar sua validade a partir das definições fundamentais de ρ_w, S, e, w e ρ_s.

Observe que, usando a Equação (2.15), podemos escrever a Equação (2.16) de outra forma:

$$\rho = \frac{\rho_s \left(1 + \dfrac{\rho_w Se}{\rho_s}\right)}{1 + e} = \frac{\rho_s + \rho_w Se}{1 + e} \quad (2.16)$$

Quando $S = 100\%$, a Equação (2.16) torna-se:

$$\rho_{\text{sat}} = \frac{\rho_s + \rho_w e}{1 + e} \quad (2.17)$$

Exemplo 2.6

Contexto:

Um solo contaminado com gasolina (gravidade específica = 0,90) com as seguintes características: $\rho_s = 2.800$ kg/m³, $w = 22\%$, o volume da gasolina é 18% do volume da água, e 90% do espaço vazio é preenchido com gasolina e água (adaptado de Wolff, 1989).

Problema:

a. Complete o diagrama de fases na Figura Ex. 2.6a.
b. Encontre o índice de vazios e a porosidade da amostra.
c. Encontre a densidade total e a densidade seca da amostra.

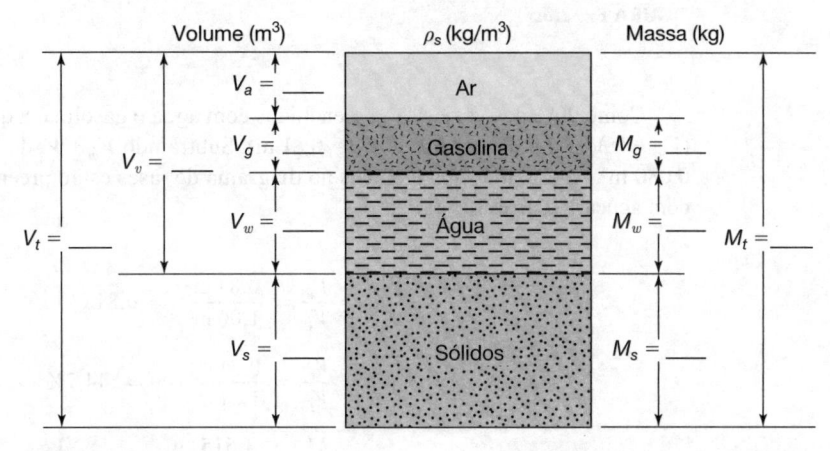

FIGURA Ex. 2.6a

Solução:

a. Assim como fizemos nos Exemplos 2.3 e 2.4, vamos presumir $V_s = 1$ m³. Em seguida, usando as definições básicas para teor de umidade, densidade e grau de saturação, preencha os espaços em branco conforme mostrado na Figura Ex. 2.6b.
b. Novamente, use as definições básicas de e e n. Descobrimos que $e = 0,81\%$ e $n = 44,7\%$.
c. Para ρ_t e ρ_d, basta usar os valores para $M_t = 3.515$ kg e $M_s = 2.800$ kg e dividir cada um deles por 1,81 m³ para obter $\rho_t = 1.945$ kg/m³ e $\rho_d = 1.549$ kg/m³. Observe que usar as Equações (2.13) e (2.14) fornecerá resultados incorretos.

Aqui estão os detalhes:
Calcule a massa de água observando que $M_w = wM_s = 0,22 \times 2.800$ kg de sólidos. (Nós presumimos que $V_s = 1$ m³, você se lembra?). Então, $M_w = 616$ kg. Adicione isso ao diagrama de fases. Além disso, o volume de água é $M_w/\rho_w = 616$ kg dividido por 1.000 kg/m³, ou $V_w = 0,62$ m³. Em seguida, o volume de gasolina = 18% de $V_w = 0,18 \times 0,62$ m³ = 0,18 m³. Porque a densidade específica (Seção 2.2.3) da gasolina é 0,9, sua densidade é $0,9 \times \rho_w$. Portanto, a massa da gasolina $M_g = 0,9 \times \rho_w \times V_g = 0,9 \times 1.000$ kg/m³ $\times 0,11$ m³ = 99 kg. Adicione esses itens ao diagrama de fases (Figura Ex. 2.6b).

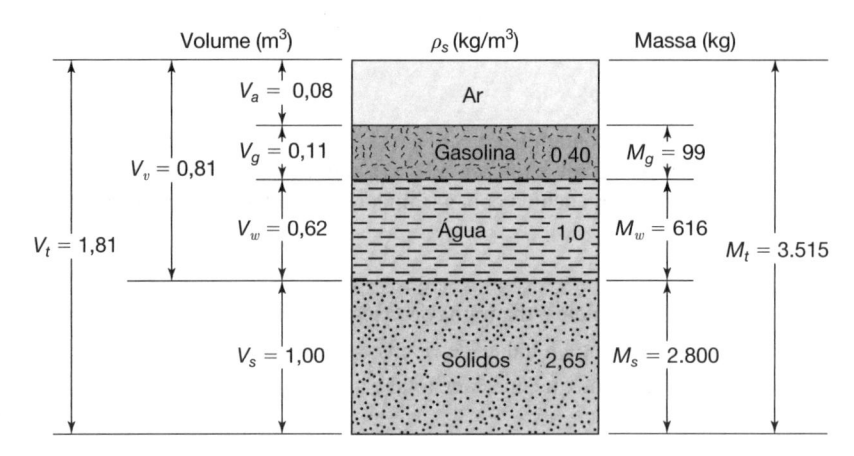

FIGURA Ex. 2.6b

Como 90% dos vazios são preenchidos com água e gasolina, a quantidade total de vazios é $(V_w + V_g)/0{,}90 = (0{,}62 + 0{,}11)/0{,}90 = 0{,}81$ m³. Subtraindo $V_w + V_g$ de V_t, determinamos que $V_a = 0{,}080$ m³. Agora, todos os **buracos** no diagrama de fases estão preenchidos. O resto é "mamão com açúcar" (partes **b** e **c**).

$$e = \frac{V_v}{V_s} = \frac{0{,}81 \text{ m}^3}{1{,}00 \text{ m}^3} = 0{,}81$$

$$n = \frac{V_v}{V_t} = \frac{0{,}81}{1{,}81} \times 100 = 44{,}7\%$$

$$\rho_t = \frac{M_t}{V_t} = \frac{3.515 \text{ kg}}{1{,}81 \text{ m}^3} = 1.945 \frac{\text{kg}}{\text{m}^3}$$

$$\rho_d = \frac{M_s}{V_t} = \frac{2.800 \text{ kg}}{1{,}81 \text{ m}^3} = 1.549 \frac{\text{kg}}{\text{m}^3}$$

2.2.2 Densidade submersa ou flutuante e peso específico

Na Equação (2.11a), simplesmente definimos a **densidade submersa** ou **flutuante** como $\rho' = \rho_{sat} - \rho_w$, sem nenhuma explicação além de fornecer alguns valores típicos de ρ' na Tabela 2.1. Sendo mais claros, a densidade total ρ deveria ser usada no lugar de ρ_{sat} na Equação (2.11a), mas, na maioria dos casos, os solos submersos também estão completamente saturados, ou pelo menos esta é uma suposição razoável.

Portanto, quando um solo está submerso, a densidade total, conforme expressa pelas Equações (2.13) e (2.16), é parcialmente equilibrada pelo efeito de flutuação da água. Você se lembrará do princípio de **Arquimedes**, segundo o qual o efeito de flutuação é igual ao peso da água deslocada pelas partículas sólidas no solo. Isso é mostrado na Figura 2.3a, em que o peso submerso (líquido) é

$$W' = W_s - F_b$$

Em termos de massas,

$$W' = M_s g - V_s \rho_w g = M'g$$

Assim, a massa submersa (líquida) será expressa por

$$M' = M_s - V_s \rho_w$$

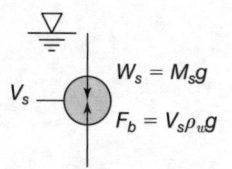

FIGURA 2.3A Diagrama de corpo livre de uma partícula de solo submersa.

Então, obteremos densidades dividindo tudo pelo volume total V_t

$$\frac{M'}{V_T} = \rho' = \frac{M_s}{V_T} - \frac{V_s}{V_T}\rho_w$$

Como $\rho_s = M_s/V_s$, ao utilizarmos a seguinte equação:

$$\rho_d = \frac{\rho_s}{1+e} \qquad (2.18)$$

obteremos:

$$\rho' = \frac{M_s}{V_T} - \frac{M_s \rho_w}{V_T \rho_s} = \rho_d\left(1 - \frac{\rho_w}{\rho_s}\right)$$
$$= \frac{\rho_s}{1+e}\left(\frac{\rho_s - \rho_w}{\rho_s}\right)$$
$$= \left(\frac{\rho_s - \rho_w}{1+e}\right) \qquad (2.19)$$

Existem vários outros modos de obter a Equação (2.19). Um deles é utilizar a Equação (2.13)

$$\rho_t = \frac{\rho_s(1+w)}{(1+e)} \qquad (2.13)$$

a partir da qual podemos obter: $\rho' = \dfrac{\rho_s(1+w)}{1+e} - \rho_w$

Utilizando a Equação (2.15), $\rho_s w = \rho_w$ e (S = 100%),

$$\rho' = \frac{\rho_s + \rho_w e - \rho_w - \rho_w e}{1+e}$$
$$\rho' = \frac{\rho_s - \rho_w}{1+e} \qquad (2.20)$$

Observe com atenção os diferentes significados das densidades descritas anteriormente. A **densidade saturada** é a densidade total do solo e da água quando S = 100%, enquanto a **densidade submersa** é, de fato, uma densidade de flutuação ou efetiva. Observe, também, que a diferença entre as densidades saturada e submersa é exatamente a densidade da água Equação (2.11a).

Alguns exemplos físicos ajudarão você a entender o conceito de densidade submersa ou de flutuação. Em princípio, considere um balde cheio de bolas de gude; a densidade relevante é, naturalmente, a densidade seca. Em seguida, encha o balde com água e a densidade relevante será ρ_{sat}. Se as bolas de gude forem colocadas em um balde submerso em um reservatório de água, com vários furos para que a água possa entrar e sair livremente, então a densidade correta das bolas de gude será a densidade submersa ou de flutuação ρ' (Figura 2.3b).

Massa saturada

Massa submersa

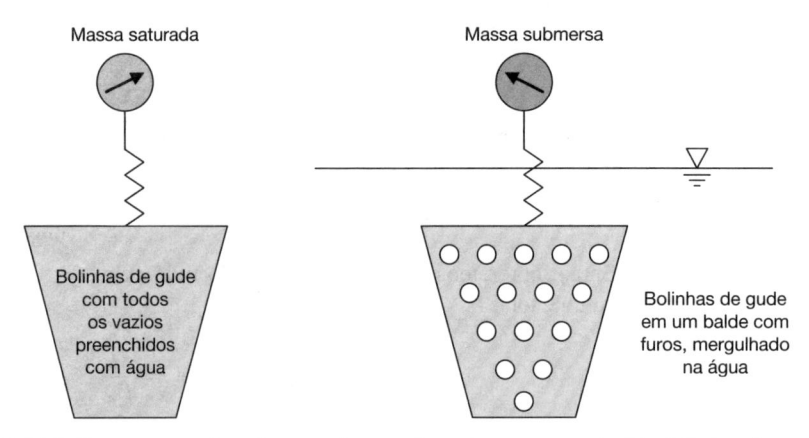

Bolinhas de gude com todos os vazios preenchidos com água

Bolinhas de gude em um balde com furos, mergulhado na água

FIGURA 2.3B Esquema mostrando a mudança relevante na massa devido à flutuação.

Se removermos o balde do reservatório mas o mantivermos completamente saturado, então a densidade apropriada será novamente (ρ_{sat}).

Um segundo exemplo, mais realista, é o caso do **esvaziamento rápido**, que ocorre quando o nível da água em um reservatório, canal ou rio baixa rapidamente. O resultado é que a densidade dos solos na barragem ou no talude adjacente aumenta de submersa ou flutuante para saturada. Isso se torna crítico para a estabilidade da barragem ou do talude adjacente, pois as forças gravitacionais no aterro praticamente dobram em magnitude, e essas forças normalmente agem para tentar desestabilizar o talude. Portanto, o esvaziamento rápido geralmente reduz pela metade o fator de segurança contra a instabilidade do talude, o que poderia levar à ruptura. Consulte a Tabela 2.1 para valores típicos de ρ_{sat} e ρ'.

Como nos parâmetros anteriores de relação de fase do solo, pesos podem ser substituídos por massas, e o peso específico saturado, γ_{sat}, bem como o peso específico de flutuação, γ', podem ser obtidos. A Tabela 2.2 mostra valores típicos de γ_{sat} e γ'.

Exemplo 2.7

Contexto:

Um solo argilo-siltoso (maior porcentagem de argila do que de silte) com ρ_s = 2.750 kg/m³, S = 100% e teor de umidade w = 42%.

Problema:

Calcule o índice de vazios, a densidade saturada e a densidade submersa ou de flutuação em kg/m³.

Solução:

Coloque as informações fornecidas em um diagrama de fases (Figura Ex. 2.7).

Vamos presumir que V_s = 1 m³; portanto, $M_s = V_s \rho_s$ = 2.750 kg. A partir da Equação (2.15), podemos determinar e diretamente:

$$e = \frac{w\rho_s}{\rho_w S} = \frac{0{,}42 \times 2.750\,\text{kg/m}^3}{1.000\,\text{kg/m}^3 \times 1{,}00} = 1.155$$

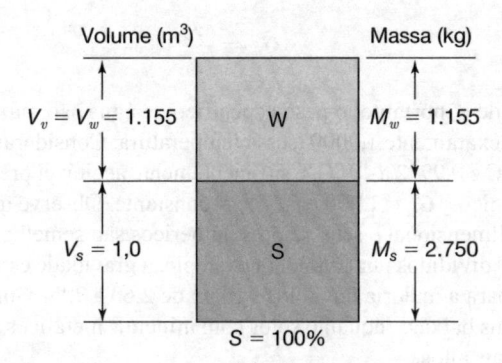

FIGURA Ex. 2.7

Volume (m³): $V_v = V_w = 1{,}155$ (W); $V_s = 1{,}0$ (S); $S = 100\%$
Massa (kg): $M_w = 1{,}155$; $M_s = 2{,}750$

Contudo, e também é igual a V_v, considerando que $V_s = 1{,}00$; e $M_w = 1{,}155$ kg, já que $M_w = V_w \rho_w$, onde $\rho_w = 1.000$ kg/m³. Agora que todas as incógnitas foram encontradas, podemos calcular facilmente a densidade saturada [Equação (2.10a)]:

$$\rho_{sat} = \frac{M_t}{V_t} = \frac{(M_w + M_s)}{(1+e)} = \frac{(1{,}155 + 2{,}750)\ \text{kg}}{(1+1{,}155)\ \text{m}^3} = 1{,}812\ \text{kg/m}^3$$

Também poderíamos definir $S = 100\%$ na Equação (2.17) para obter:

$$\rho_{sat} = \frac{\rho_s + \rho_w e}{(1+e)}$$

$$\rho_{sat} = \frac{\rho_s + \rho_w e}{(1+e)} = \frac{[2{,}750 + 1{,}000(1{,}155)]\ \text{kg}}{1+1{,}155\ \text{m}^3} = 1{,}812\ \text{kg/m}^3 \qquad (2.21)$$

A densidade de flutuação ρ' a partir da Equação (2.11a) é:

$$\rho' = \rho_{sat} - \rho_w = 1{,}812\ \text{kg/m}^3 - 1{,}000\ \text{kg/m}^3 = 812\ \text{kg/m}^3.$$

Neste exemplo, ρ' é menor que a densidade da água. Reveja a Tabela 2.1 para valores típicos de ρ'. A densidade submersa ou de flutuação do solo desempenhará um papel importante em nossas futuras discussões sobre adensamento, recalque e propriedades de resistência do solo.

2.2.3 Gravidade específica

Talvez você se lembre que, em **física**, a **gravidade específica** G de uma substância é a razão entre o seu peso específico γ e o peso específico da água (geralmente pura a 4 °C), cujo símbolo é γ_o, ou

$$G = \frac{\gamma}{\gamma_o} \qquad (2.22)$$

Embora várias gravidades específicas diferentes possam ser definidas, apenas a gravidade específica da massa G_m, a gravidade específica dos sólidos G_s e a gravidade específica da água G_w são de interesse em engenharia geotécnica. Estas são definidas como:

$$G_m = \frac{\gamma}{\gamma_o} \qquad (2.23)$$

$$G_s = \frac{\gamma_s}{\gamma_o} \qquad (2.24)$$

$$G_w = \frac{\gamma_w}{\gamma_o} \tag{2.25}$$

Como a densidade e, portanto, o peso específico da água são máximos a 4 °C, a gravidade específica da água é exatamente 1,0000 a essa temperatura. Considerando que o valor de G_w varia entre 0,9999 a 0 °C e 0,9922 a 40 °C, é suficientemente aceitável presumir que, para a maioria dos trabalhos geotécnicos, $G_w = 1.000$ e $\gamma_w \approx \gamma_o$ = constante. Observe que a gravidade específica é uma quantidade adimensional e seus valores numéricos são semelhantes aos que usamos para densidades em kg/m³ divididos por 1.000. Por exemplo, a gravidade específica do quartzo é 2,65, e os valores típicos para a maioria dos solos variam de 2,60 a 2,80. Solos orgânicos terão gravidades específicas mais baixas, enquanto solos com minerais metálicos pesados, ocasionalmente, podem ter valores mais altos.

Se você precisar determinar a gravidade específica de um solo, use a norma **ASTM D 854**.

Exemplo 2.8

Contexto:

Uma amostra de solo apresenta uma gravidade específica de massa de 1,91, uma gravidade específica de sólidos de 2,69 e um teor de umidade de 29% (adaptado de Taylor, 1948).

Problema:

Determine o índice de vazios, a porosidade, o grau de saturação e a densidade seca da amostra em: **a.** unidades inglesas de engenharia; **b.** unidades SI.

Solução:

Como antes, quando o tamanho da amostra não é indicado, presumimos qualquer peso ou volume conveniente. No caso do SI, vamos presumir que o volume total $V = 1\ p\acute{e}^3$ e, para a parte **b**, vamos supor que $V = 1\ m^3$. Desenhe o diagrama de fases para cada caso.

a. Unidades inglesas de engenharia:

A partir das Equações (2.23) e (2.6b), $G_m = W_t/V_t\gamma_w$; então
$W_t = G_m V_t \gamma_w$ (1,91)(1 ft³)(62,4 **lbf**/ft³) = 119 **lbf**. A partir da definição do teor de umidade, sabemos que $W_s + 0,29\ W_s = 119$ lbf. Portanto, $W_s = 92$ **lbf** e $W_w = 27$ **lbf**.

A partir das Equações (2.24) e (2.7b), $V_s = W_s/G_s\gamma_w$; então $92\ lbf/(2,69)(62,4\ \textbf{lbf}/p\acute{e}s^3) = 0,55\ p\acute{e}^3$.

A partir da Equação (2.8b), $V_w = W_s/G_w\gamma_w$; então 27 **lbf**/(1,0)(62,4 **lbf/pés³**) = 0,43 **pé³**.
A Figura Ex. 2.8a é o diagrama de fases completo para a parte **a** deste exemplo.

Portanto, as respostas são $e = 0,82$, $n = 45\%$, $S = 96\%$ e $\gamma_d = 92$ **pcf**.

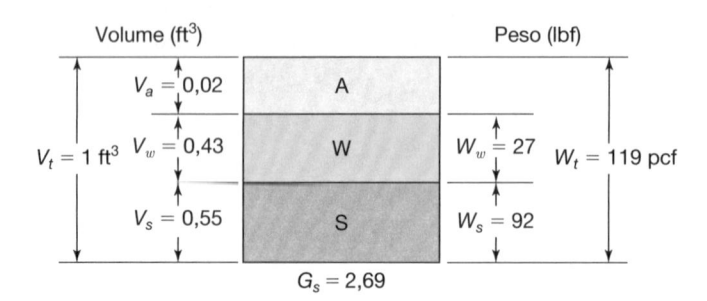

FIGURA Ex. 2.8a

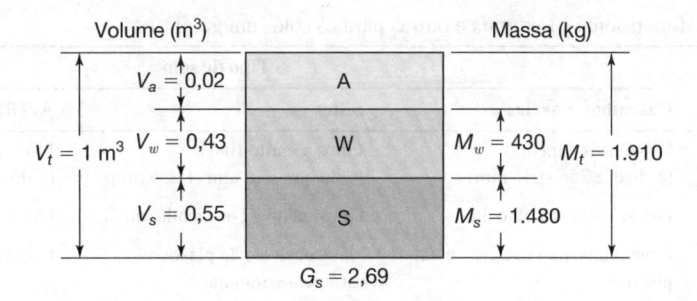

```
           Volume (m³)              Massa (kg)
         ┌─ Vₐ = 0,02    A
         │
Vₜ = 1 m³  Vw = 0,43    W      Mw = 430   Mₜ = 1.910
         │
         └─ Vₛ = 0,55    S      Mₛ = 1.480

                    Gₛ = 2,69
```

FIGURA Ex. 2.8b

b. Unidades SI:

A solução para a parte **b** é basicamente a mesma que para a parte **a**, exceto que usamos $V_t = 1$ m³ e $\gamma_w = 10{,}0$ kN/m³. As respostas para e, n e S são idênticas, e $\rho_d = 1.480$ kg/m³. Consulte a Figura Ex. 2.8b para o diagrama de fases completo.

Em resumo, para solucionar problemas de fases com facilidade, não é necessário memorizar muitas fórmulas complicadas. Muitas das fórmulas necessárias podem ser derivadas facilmente do diagrama de fases, como demonstrado nos exemplos anteriores. Basta seguir estas regras simples:

1. Comece desenhando um diagrama de fases.
2. Lembre-se das definições básicas de w, e, ρ_s, S e assim por diante.
3. Se não forem fornecidas massas ou volumes, presuma que $V_s = 1$ ou $V_t = 1$.
4. Escreva as equações na forma de símbolos. Em seguida, coloque o valor numérico juntamente com suas **unidades** na mesma ordem e resolva o problema proposto.
5. Verifique as unidades e a razoabilidade da sua resposta.

2.3 TEXTURA DOS SOLOS

Até agora não falamos muito sobre o que compõe a parte "sólida" da massa de um determinado solo. No Capítulo 1 apresentamos a definição comum de solo do ponto de vista da engenharia: aglomeração relativamente solta de resíduos minerais e orgânicos, encontrada acima do substrato rochoso. Descrevemos de forma breve como o intemperismo e outros processos geológicos atuam nas rochas, na ou próximo da superfície terrestre, para formar o solo. Assim, a parte sólida da massa do solo consiste, principalmente, em partículas de matéria mineral e orgânica em diversas dimensões e quantidades.

A **textura** de um solo é sua aparência ou "sensação", e depende dos tamanhos relativos e das formas das partículas, bem como da amplitude ou distribuição dessas dimensões. Portanto, solos compostos por grãos grosseiros, como **areias** ou **cascalhos**, naturalmente apresentam uma textura grosseira, enquanto um solo de textura fina é composto principalmente por grãos minerais diminutos, na maioria das vezes invisíveis a olho nu. Solos, **argilosos** e **siltosos** são bons exemplos de solos de textura fina.

A textura dos solos, sobretudo dos solos de grãos grosseiros, tem alguma relação com seu comportamento técnico. Na realidade, a textura tem sido a base para certos esquemas de classificação de solos, muito embora estes sejam mais comuns em agronomia do que em engenharia geotécnica. Ainda assim, termos de classificação textural (matacões, calhaus, seixos, grânulos, areias, siltes e argilas) são úteis em um sentido geral na prática da geotécnica. Uma linha divisória útil é o menor grão visível a olho nu. Solos com partículas maiores do que este tamanho (cerca de 0,0625 mm) são chamados de solos grosseiros a médios, enquanto solos mais finos que este tamanho são denominados de solos finos. Por exemplo: solos compostos por cascalhos (matacões, calhaus, seixos e grânulos) são formados por grãos grosseiros, solos compostos por areia (grossa, média e fina) são chamados de solos médios e solos formados por silte e argila são denominados solos finos.

TABELA 2.3 Características dimensionais, texturais e outras para os solos em geral

	Tipo de solo		
	Cascalhos + areias	Silte	Argila
Dimensões dos grãos	Grosseiros a médios (> do que 256–1/16 mm)	Finos a muito finos (< do que 1/16 mm–1/256 mm)	Finos a muito finos (< do que 1/16 mm–1/256 mm)
	Grãos visíveis a olho nu	Grãos não visíveis a olho nu	Grãos não visíveis a olho nu
Características	Granulares, não coesivos e não plásticos	Não coesivo, não plástico e raramente granular	Coesivo e plástico
Efeito da água no comportamento técnico	Insignificante (exceto para casos de materiais granulares soltos e saturados e de carregamentos dinâmicos)	Importante	Muito importante
Efeito da distribuição das dimensões dos grãos no comportamento técnico	Importante	Relativamente insignificante	Relativamente insignificante

Para solos de grãos finos a muito finos, a presença de água afeta significativamente sua resposta técnica, muito mais do que a dimensão ou a textura do grão em si. A água influencia a interação entre os grãos minerais, o que pode afetar sua **plasticidade** (definida, de forma geral, como a capacidade do solo de ser moldado) e sua **coesão** (sua capacidade de aderência). Enquanto as areias são não plásticas e não coesivas, as argilas são tanto plásticas quanto coesivas. Os siltes têm comportamento semelhante ao das argilas e das areias: são de grãos relativamente finos a levemente grosseiros (2 – >1/16 mm), mas não plásticos e não coesivos. Essas relações, bem como algumas características técnicas gerais, estão disponíveis na Tabela 2.3.

Observe que o termo **argila** se refere tanto a minerais específicos denominados de **argilominerais** (discutidos no Capítulo 3), quanto a solos que contêm argilominerais. O comportamento de alguns solos é altamente afetado pela presença de argilominerais. Na engenharia geotécnica, para simplificar, costumamos chamar esses solos de **argila**, mas na realidade estamos nos referindo a **solos que contenham argilas em quantidade suficiente para influenciar seu comportamento técnico**.

É uma boa ideia praticar a identificação de solos de acordo com a textura e com outras características gerais, como plasticidade e coesão. Esse procedimento é conduzido de forma mais eficaz em laboratório, e a norma **ASTM D 2488** oferece uma excelente orientação para descrever e identificar, visual e manualmente, os solos. A descrição visual-manual dos solos também será abordada quando discutirmos sua classificação, posteriormente, neste capítulo.

2.4 DIMENSÃO DOS GRÃOS E DISTRIBUIÇÃO DA DIMENSÃO DOS GRÃOS

Como sugerido na seção anterior, os tamanhos das partículas dos solos, especialmente para os granulares, afetam, em determinado nível, os seus comportamentos técnicos. Assim, para fins de classificação, com frequência estamos interessados nas dimensões das partículas ou dos grãos presentes em um solo específico, bem como na distribuição dessas dimensões.

A faixa de dimensões de partículas possíveis nos solos é ampla. Os solos podem variar o diâmetro de suas partículas de matacões (> 256 mm) ou seixos (64 – 4 mm) até materiais coloidais ultrafinos (as partículas em materiais coloidais são tão pequenas que suas interações são regidas por forças eletrostáticas em vez de forças gravitacionais). A faixa máxima possível é da ordem de 10^8; então, em geral, traçamos distribuições de dimensões de grãos em relação ao **logaritmo** do diâmetro médio do grão. Normalmente, usamos essas escalas em engenharia e em outras disciplinas para expandir os dados em pequena escala e comprimir os dados em grande escala. A Figura 2.4 indica as divisões entre os vários tamanhos texturais de acordo com três esquemas comuns de classificação técnica.

Tradicionalmente, nos Estados Unidos, as unidades para os vários tamanhos dependem das dimensões dos grãos. Para materiais maiores que cerca de 5 mm (com cerca de ¼ de polegada), unidades em polegadas ainda são comumente utilizadas, muito embora os milímetros estejam se tornando mais comuns. Os tamanhos de grãos entre 5 e 0,074 mm são classificados de acordo com o número de peneira padrão norte-americano, que é diretamente relacionado a um tamanho específico de grão, como mostrado na Figura 2.4. Solos mais finos que a peneira nº 200 (aberturas de 0,075 mm) costumam ser expressos em milímetros ou, para as partículas coloidais muito finas, em micrômetros.

Como é obtida a distribuição da dimensão das partículas? O processo é chamado de análise do tamanho das partículas, ou, às vezes, de **análise mecânica** ou **ensaio granulométrico**. Para solos de grãos grosseiros, é realizada uma **análise por peneiramento**, na qual uma amostra de solo seco é agitada mecanicamente, por vários minutos, através de uma série de peneiras de malha quadrada de arame com aberturas sucessivamente menores. Uma vez que a massa total da amostra é conhecida, a porcentagem retida ou passante por cada peneira pode ser determinada pesando-se a quantidade de solo retido em cada peneira após a agitação. Os procedimentos detalhados para este ensaio são especificados pelas normas **ASTM C 136** e **D 4822**. A norma de ensaio correspondente da **AASHTO** é **T 88**.

Os números de peneiras padrão dos Estados Unidos, comumente utilizados para a análise do tamanho de partículas dos solos, estão apresentados na Tabela 2.4. Como as partículas de

USCS	Matacão	Seixo	Cascalho		Areia			Finos (silte, argila)
			Grosso	Fino	Grosso	Médio	Fino	
	300	75	19	4,75	2,0	0,425	0,075	

AASHTO (M 146)	Matacão	Seixo	Cascalho			Areia		Silte	Argila	Coloides
			Grosso	Médio	Fino	Grosso	Fino			
	305	75	25	9,5	2,0	0,425	0,075		0,002	0,001

M.I.T., CFEM, e ISO/CEN	Matacão	Seixo	Cascalho			Areia			Silte			Argila
			Grosso	Médio	Fino	Grosso	Médio	Fino	Grosso	Médio	Fino	
	200	60	20	6	2,0	0,6	0,2	0,06	0,02	0,006	0,002	

Peneira padrão dos EUA: Nº 4, 10, 20, 40, 60, 100, 140, 200, 270

Dimensão do grão (mm): 1.000 — 100 — 10 — 1 — 0,1 — 0,01 — 0,001

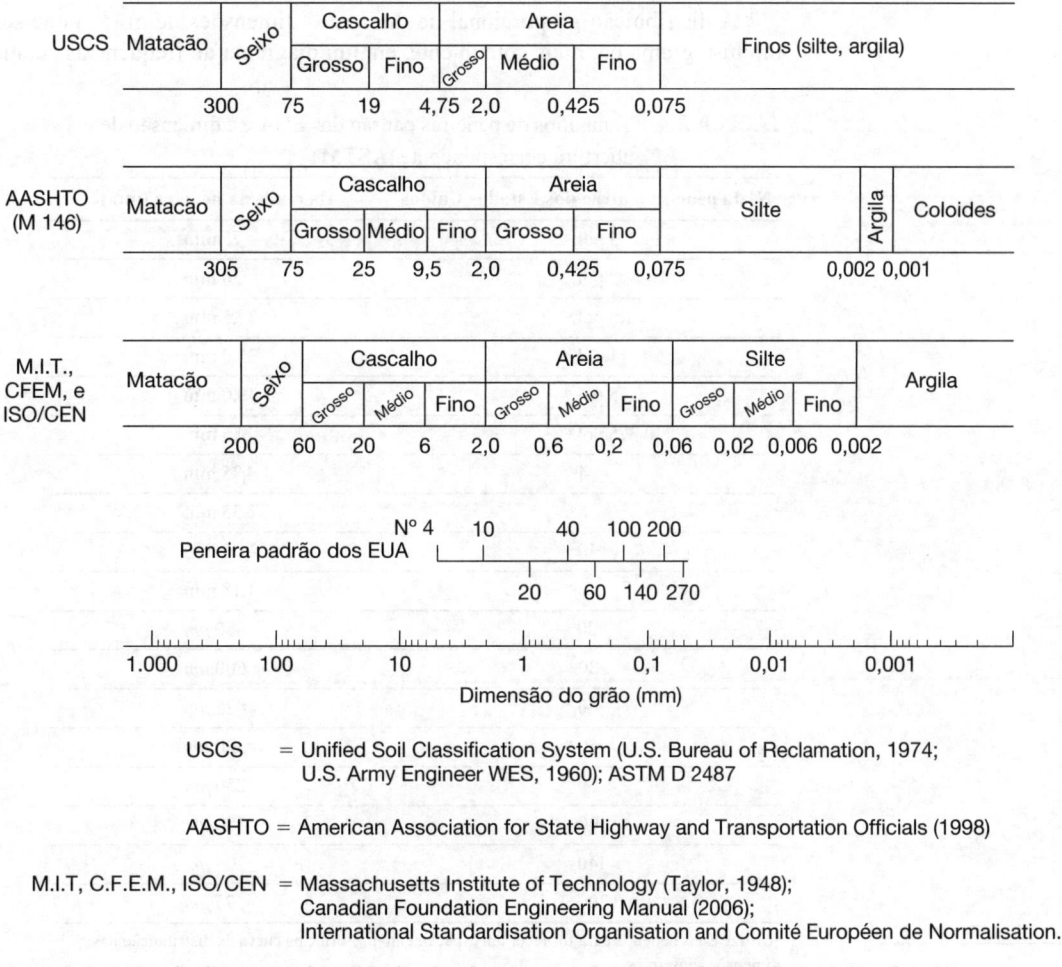

USCS = Unified Soil Classification System (U.S. Bureau of Reclamation, 1974; U.S. Army Engineer WES, 1960); ASTM D 2487

AASHTO = American Association for State Highway and Transportation Officials (1998)

M.I.T, C.F.E.M., ISO/CEN = Massachusetts Institute of Technology (Taylor, 1948); Canadian Foundation Engineering Manual (2006); International Standardisation Organisation and Comité Européen de Normalisation.

FIGURA 2.4 Faixas de dimensão de grãos de acordo com vários sistemas de classificação de solos de engenharia (adaptada de Al-Hussaini, 1977).

um solo raramente são esferas perfeitas, quando falamos de diâmetros de partículas, nos referimos, na realidade, a um diâmetro de partícula **equivalente** determinado pela análise por peneiramento.

Observe que, à medida que os números de peneiras padrão aumentam, as aberturas se tornam menores. Isso ocasionalmente causa certa confusão. As especificações devem se referir ao tamanho real das aberturas das peneiras, em vez de aos números das peneiras. Por exemplo, refira-se à peneira de 425 μm em vez de à peneira norte-americana n° 40. Assim, não haverá ambiguidade sobre quais tamanhos você estará mencionando.

A análise por peneiramento é inviável para aberturas de peneiras inferiores a cerca de 0,05 a 0,075 mm (peneira n° 200 dos Estados Unidos). Portanto, para solos de grãos finos a muito finos (siltes e argilas), a **análise densiométrica** pode ser adotada. A base para este ensaio é a Lei de Stokes para objetos esféricos em queda em um fluido viscoso. Essa lei relaciona a velocidade terminal dos grãos em suspensão, sua densidade e a densidade do fluido. Assim, podemos calcular o diâmetro do grão a partir da distância e do tempo de queda. O densímetro também define a gravidade (ou densidade) específica da suspensão, e isso nos permite calcular a porcentagem de partículas com determinado diâmetro de partícula equivalente em determinado tempo. Assim, como na análise por peneiramento, a porcentagem da amostra ainda em suspensão (ou já fora de suspensão) pode ser facilmente obtida. Procedimentos detalhados para o ensaio densiométrico são delineados pela norma **ASTM D 4822** e pelo **Método Padrão T 88** da **AASHTO**. O Department of the Interior (Departamento do Interior) (1990) e o U.S. Army Corps of Engineers (Corpo de Engenheiros do Exército) (1986), ambos dos Estados Unidos, também dispõem de procedimentos padronizados semelhantes para este ensaio.

A distribuição proporcional de diferentes dimensões de grãos pode ser mostrada como um histograma ou, mais comumente, em um diagrama de frequências acumuladas. Para cada

TABELA 2.4 Tamanhos de peneiras padrão dos EUA e a dimensão de abertura correspondente (**ASTM**)

N° da peneira padrão dos Estados Unidos	Abertura da peneira (mm)
3 pol.[a]	75 mm
2 pol.	50 mm
1,5 pol.[a]	37,5 mm
1 pol.	25,0 mm
0,75 pol.[a]	19,0 mm
0,375 pol.[a]	9,5 mm
4[a]	4,75 mm
8[a]	2,35 mm
10	2,00 mm
16[a]	1,18 mm
20	850 μm
30[a]	600 μm
40	425 μm
50[a]	300 μm
60	250 μm
100[a]	150 μm
140	106 μm
200[a]	75 μm

[a]Utilize estas peneiras para fornecer um espaçamento uniforme na curva de distribuição das dimensões dos grãos.

American Society for Testing and Materials [ASTM] (2010). Annual Book of Standards, Section 4, Construction, Vol. 4.08, Soil and Rock (I): D 420–D 4914; Vol. 4.09, Soil and Rock (II):D 4943–latest; Geosynthetics,West Conshohocken, PA.

"diâmetro" de grão (representado por um tamanho de peneira específico), a proporção da amostra capturada na peneira é traçada. Os diâmetros de grãos são traçados em uma escala logarítmica (eixo *x*), enquanto a porcentagem em massa (ou peso) do total da amostra que passa (mais fina) é mostrada em uma escala aritmética regular (eixo *y*). A Figura 2.5 mostra algumas distribuições de dimensões de grãos traçadas tanto como histogramas quanto como diagramas de frequências acumuladas. Você reconhecerá que o histograma na Figura 2.5a tem uma forma muito semelhante a uma distribuição normal; neste caso, naturalmente seria uma distribuição **logarítmica normal**. O diagrama de frequências acumuladas, em geral referido como **curva granulométrica**, indica que o solo apresenta uma representação consideravelmente abrangente em relação ao tamanho das partículas ao longo de uma faixa ampla. Cada ponto de dados na curva granulométrica indica qual a proporção da amostra total que passa por aquele tamanho específico de peneira; em outras palavras, se apenas aquela peneira fosse usada para classificar a amostra, ele informaria a porcentagem que passaria por ela.

A curva granulométrica da Figura 2.5a pode ser considerada como de um solo **bem graduado**. A Figura 2.5b é uma distribuição assimétrica, e sua curva granulométrica é menos bem graduada. Um solo **mal graduado** é aquele em que há excesso ou deficiência de determinadas dimensões. A distribuição bimodal mostrada na Figura 2.5d resulta em uma distribuição **graduada por lacunas** ou **graduada por saltos**; nesse solo específico, a proporção de tamanhos de grãos em torno de 1 a 3 mm é relativamente baixa e o solo também é mal graduado. Em geral, quanto mais íngreme a curva em determinada faixa de tamanho de partículas, mais partículas existem nessa faixa. Por outro lado, quanto mais plana a curva em determinada faixa, menos partículas existem nela.

A Figura 2.6 mostra distribuições de dimensões de grãos para três solos típicos. Observe que esta figura também poderia ser traçada com os grãos de tamanhos menores indo para a direita, e essa é uma maneira muito comum de mostrar as curvas granulométricas. Outro ponto a se observar é que mostramos os eixos *y* das Figuras 2.5 e 2.6 como o **percentual que passa** ou mais fino; eles também poderiam ser facilmente traçados como **percentual retido** ou mais grosso, sendo a diferença de porcentagem que passa ou mais fina = 100 – (percentual retido ou mais grosso).

Muitas vezes, os profissionais se referem ao percentual que passa de uma peneira específica como o percentual "menor do que o nº (número da peneira)". Por exemplo, na Figura 2.6, para a curva bem graduada, a porção menor que a peneira nº 10 é de 40%.

É possível calcular os parâmetros estatísticos convencionais (média, mediana, desvio padrão, assimetria, curtose etc.) para as distribuições de tamanho de grãos, mas esta é uma prática mais comum na **petrologia sedimentar** do que na **mecânica dos solos** e na **engenharia geotécnica**. Naturalmente, a **faixa de diâmetros** de partículas encontrada na amostra é de interesse. Além disso, usamos certos diâmetros de grãos D que correspondem a um **percentual que passa** equivalente na curva de distribuição de dimensões de grãos. Por exemplo, D_{10} é a dimensão de grão que corresponde a 10% da amostra que passa por peso. Em outras palavras, 10% das partículas são menores que o diâmetro D_{10}. Esse parâmetro localiza a curva de distribuição de dimensões de grãos (**GSD**, do inglês *grain size distribution*) ao longo do eixo da dimensão de grãos, e às vezes é chamado de **tamanho efetivo**. O **coeficiente de uniformidade** C_u é um parâmetro grosseiro, definido como

$$C_u = \frac{D_{60}}{D_{10}} \quad (2.26)$$

onde D_{60} = diâmetro do grão (mm) correspondente a 60% que passa, e
D_{10} = diâmetro do grão (mm) correspondente a 10% que passa, por peso (ou massa).

Na verdade, o nome coeficiente de uniformidade é inadequado, pois quanto menor o número, mais **uniforme** é a granulometria; portanto, é mais apropriado chamá-lo de **coeficiente de desuniformidade**. Por exemplo, um $C_u = 1$ seria o coeficiente de um solo com apenas uma dimensão de grão. Solos muito mal graduados, como areias de praia, apresentam um C_u de 2 ou 3, enquanto solos muito bem graduados podem apresentar um C_u de 15 ou mais. Ocasionalmente, o C_u pode variar até cerca de 1.000. Como exemplo, o material do núcleo de argila para a barragem de Oroville, na Califórnia, Estados Unidos, apresenta um C_u entre 400 e 500 e tamanhos relativos que variam de grandes matacões a partículas de argila muito finas.

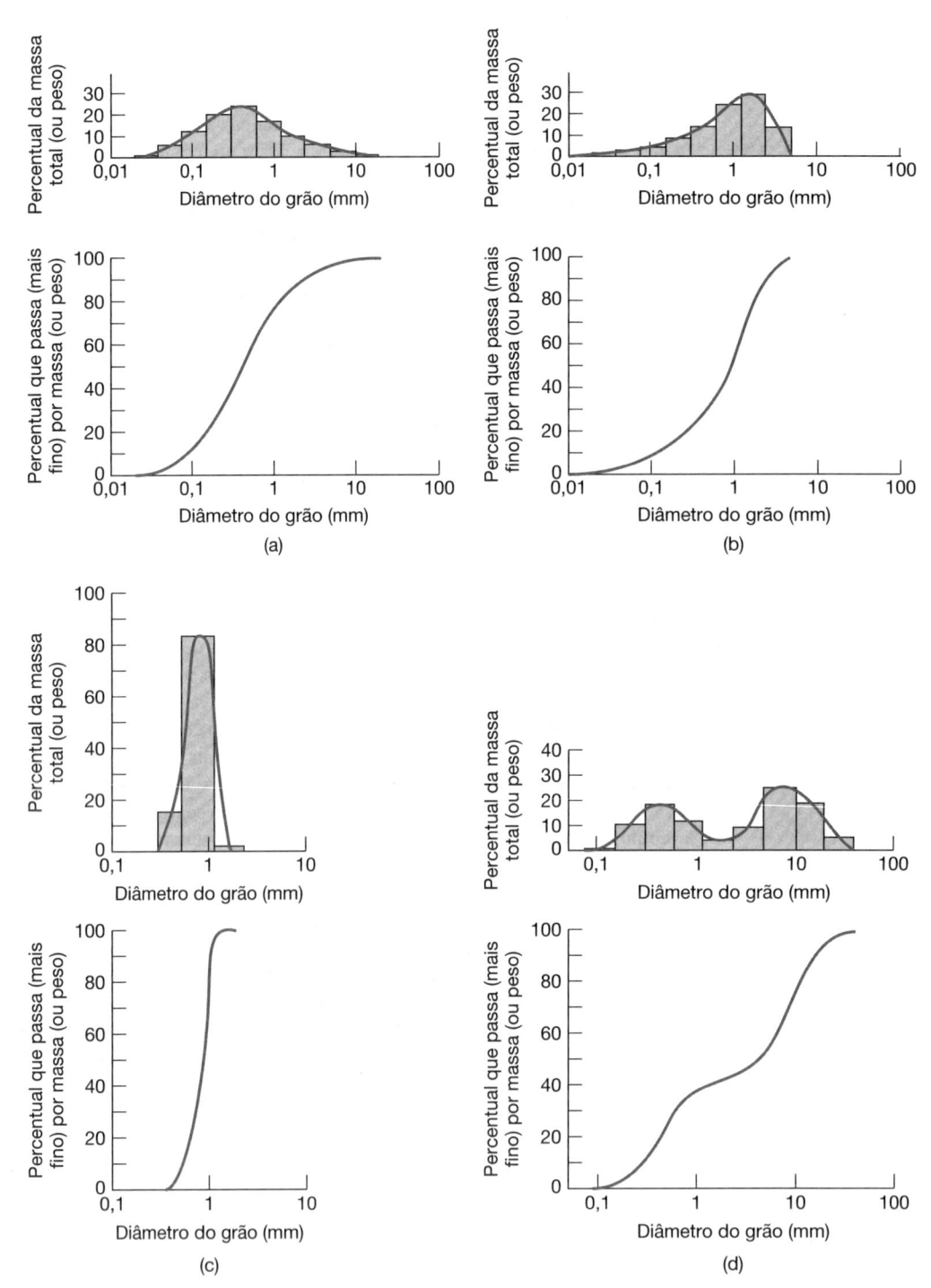

FIGURA 2.5 Histogramas e distribuições acumuladas de dimensão de grãos: (a) logaritmo normal; (b) assimétrica; (c) uniforme; (d) graduada por lacunas.

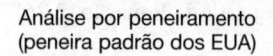

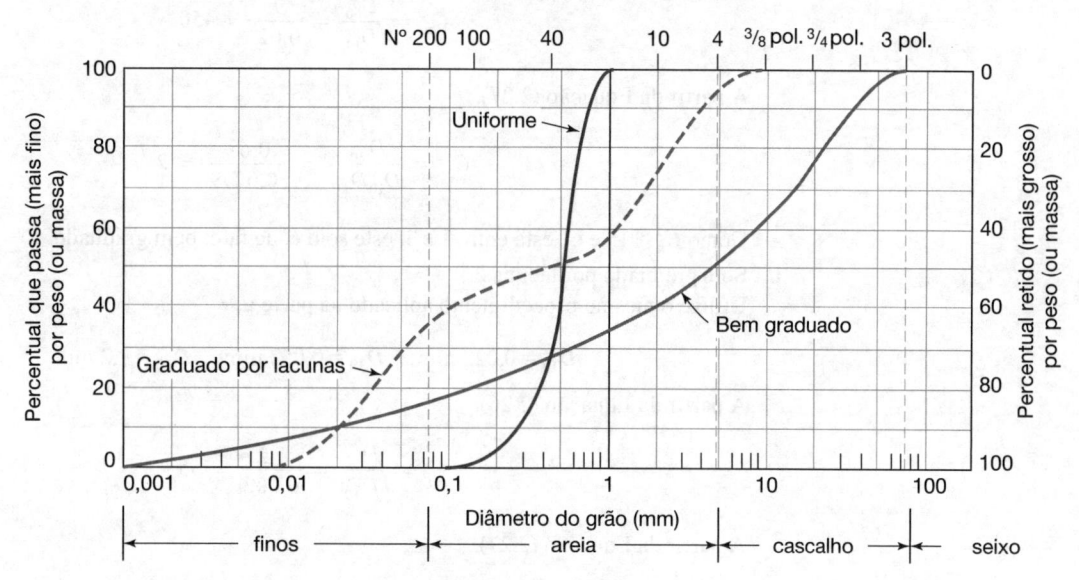

Capítulo 2 Propriedades de índice e classificação dos solos

FIGURA 2.6 Distribuições típicas de dimensões de grãos.

Outro parâmetro de forma ocasionalmente usado para classificação de solos é o **coeficiente de curvatura** C_c, definido como

$$C_c = \frac{D_{30}^2}{D_{10}D_{60}} \tag{2.27}$$

onde D_{30} = diâmetro do grão (em mm) correspondente a 30% que passa, por peso (ou massa). Os outros termos foram definidos anteriormente. Um solo com um coeficiente de curvatura entre 1 e 3 é considerado bem graduado, desde que o C_u também seja maior que 4 para cascalhos e 6 para areias.

Exemplo 2.9

Contexto:

As distribuições de dimensão de grão mostradas na Figura 2.6.

Problema:

Determine D_{10}, C_u e C_c para cada distribuição.

Solução:
Para as Equações (2.26) e (2.27), precisamos saber os valores de D_{10}, D_{30} e D_{60} para cada uma das curvas granulométricas da Figura 2.6.

a. Solo bem graduado:
   Basta selecionar os diâmetros correspondentes a 10, 30 e 60% que passam.

$$D_{10} = 0{,}02 \text{ mm}; \quad D_{30} = 0{,}6 \text{ mm}; \quad D_{60} = 9 \text{ mm}.$$

A partir da Equação (2.26),

$$C_u = \frac{D_{60}}{D_{10}} = \frac{9}{0,02} = 450$$

A partir da Equação (2.27),

$$C_c = \frac{D_{30}^2}{D_{10}D_{60}} = \frac{0,6^2}{(0,02)9} = 2$$

Como $C_u > 15$ e C_c está entre 1 e 3, este solo é, de fato, bem graduado.

b. Solo graduado por lacunas:
Utilize o mesmo procedimento aplicado na parte **a**.

$$D_{10} = 0,022 \text{ mm}; \quad D_{30} = 0,052 \text{ mm}; \quad D_{60} = 1,2 \text{ mm}.$$

A partir da Equação (2.26),

$$C_u = \frac{D_{60}}{D_{10}} = \frac{1,2}{0,002} = 55$$

A partir da Equação (2.27),

$$C_c = \frac{D_{30}^2}{D_{10}D_{60}} = \frac{0,052^2}{0,22(1,2)} = 0,0102$$

Embora, pelo critério do coeficiente de uniformidade, este solo seja bem graduado, ele não atende ao critério do coeficiente de curvatura. Portanto, ele é, de fato, mal graduado.

c. Solo uniforme:
Utilize o mesmo procedimento aplicado na parte **a**.

$$D_{10} = 0,3 \text{ mm}; \quad D_{30} = 0,43 \text{ mm}; \quad D_{60} = 0,55 \text{ mm}.$$

A partir da Equação (2.26),

$$C_u = \frac{D_{60}}{D_{10}} = \frac{0,55}{0,3} = 1,8$$

A partir da Equação (2.27),

$$C_c = \frac{D_{30}^2}{D_{10}D_{60}} = \frac{0,43^2}{(0,3)0,55} = 1,12$$

Este solo ainda é mal graduado, mesmo que o C_c seja ligeiramente maior que a unidade; o C_u é muito pequeno.

2.5 FORMA DAS PARTÍCULAS

A forma das partículas individuais desempenha um papel tão crucial quanto a distribuição da dimensão dos grãos na influência sobre a resposta técnica dos solos granulares. É possível quantificar a forma conforme as diretrizes estabelecidas por petrólogos sedimentares, mas, no contexto da engenharia geotécnica, tais refinamentos raramente são necessários. Em geral, apenas uma determinação qualitativa da forma é feita como parte da identificação visual dos solos. Os solos de grãos grossos costumam ser classificados de acordo com as formas mostradas na Figura 2.7.

Também pode ser feita uma distinção entre partículas **volumosas** e aquelas com outras formas – por exemplo, planas, alongadas, em forma de agulha ou escamosas. A norma **ASTM D 2488** estabelece alguns critérios para descrever a forma de partículas não volumosas. As lâminas

Arredondado   Subarredondado

Subangular   Angular

FIGURA 2.7 Formas típicas de partículas volumosas de grãos grossos (fotografia de M. Surendra).

das **micas** são um exemplo óbvio de partículas com forma escamosa, enquanto as partículas de areia de **Ottawa** apresentam uma forma volumosa.

Os cilindros desses solos se comportam de maneira muito diferente quando comprimidos por um pistão. A areia de grão grosso dificilmente sofre compressão, mesmo quando em um estado muito solto, enquanto as lâminas de mica se comprimem, mesmo sob pressões pequenas, até aproximadamente a metade de seu volume original. Quando discutirmos a resistência ao cisalhamento de areias, você aprenderá que a forma do grão é muito significativa para determinar as características de atrito dos solos granulares.

2.6 LIMITES DE ATTERBERG

Mencionamos na Tabela 2.3 que a presença de água nos vazios de um solo de grãos finos pode afetar drasticamente seu comportamento técnico. Além de ser importante saber a quantidade de água presente, por exemplo, em um depósito natural de solo (seu teor de umidade), é essencial podermos comparar ou avaliar esse teor em relação a algum padrão de comportamento técnico. Outra característica distintiva importante dos solos de grãos finos é sua plasticidade. Na verdade, a plasticidade é a característica física mais evidente dos solos argilosos (Casagrande, 1932). Como observado na Tabela 2.3, a plasticidade poderia ser usada para distinguir entre solos plásticos e não plásticos, ou seja, entre solos argilosos e siltosos, bem como para classificar as argilas pelo seu grau de plasticidade. Por fim, a plasticidade depende do teor de umidade de um solo argiloso.

E isso nos leva aos limites de Atterberg: os **teores de umidade limítrofes** nos quais determinados tipos de comportamento técnico podem ser esperados. Esses limites de teor de umidade são únicos para cada solo; contudo, o comportamento do solo em questão é o mesmo. Se soubermos os teores de umidade dos solos em um local em relação aos seus limites de Atterberg, então já saberemos muito sobre seu comportamento técnico. Juntamente com o teor de umidade natural, os limites de Atterberg são os itens mais importantes na descrição de solos de grãos finos. Eles são adotados e são úteis na classificação de tais solos porque se correlacionam com as propriedades técnicas e o comportamento técnico dos solos de grãos finos.

Os limites de Atterberg foram desenvolvidos no início do século XX por um cientista de solos sueco, Albert Atterberg (1846-1916). Sua extensa pesquisa sobre as propriedades de consistência dos solos de grãos finos remoldados é a base do nosso entendimento atual de como a água influencia a plasticidade desses solos. Atterberg definiu vários limites do comportamento dos solos de grãos finos e desenvolveu testes manuais simples para determiná-los. A saber:

1. Limite superior de fluido viscoso.
2. Limite inferior de fluido viscoso.
3. Limite de liquidez – limite inferior de fluido viscoso.
4. Limite de aderência – argila perde sua aderência a uma lâmina de metal.
5. Limite de coesão – os grãos perdem a coesão entre si.
6. Limite de plasticidade – limite inferior do estado plástico.
7. Limite de contração – limite inferior da mudança de volume.

Após muitos experimentos, Atterberg percebeu que pelo menos dois parâmetros eram necessários para definir a plasticidade das argilas: os limites superior e inferior de plasticidade. Ele também definiu o **índice de plasticidade**, que é a faixa de teor de umidade onde o solo é plástico, e foi o primeiro a sugerir que isso poderia ser usado para classificação de solo. Posteriormente, no final dos anos 1920, K. Terzaghi e A. Casagrande (1932), trabalhando para o U.S. Bureau of Public Roads (Departamento de Estradas Públicas dos Estados Unidos), padronizaram os limites de Atterberg para que pudessem ser facilmente utilizados para fins de classificação dos solos. Na prática atual da engenharia geotécnica, geralmente usamos o limite de liquidez (**LL** ou w_L), o limite de plasticidade (**PL** ou w_P) e, às vezes, o limite de contração (**SL** ou w_S). Os limites de aderência e coesão são mais úteis em contextos de cerâmica e agricultura.

Uma vez que os limites de Atterberg são **teores de umidade** onde o comportamento dos solos muda, podemos mostrar esses limites em um contínuo de teor de umidade, como na Figura 2.8. Esta também apresenta o estado de comportamento para uma determinada faixa de teor de umidade. Conforme o teor de umidade aumenta, o estado dos solos muda de sólidos quebradiços para plásticos e, em seguida, para um líquido viscoso. Também podemos mostrar, no mesmo contínuo de teor de umidade, a resposta material generalizada (curvas tensão-deformação) correspondente a esses estados.

Talvez você se lembre das curvas mostradas na Figura 2.9, da mecânica dos fluidos, em que o gradiente de velocidade de cisalhamento é traçado em relação à tensão de cisalhamento. Quando essa relação é linear, o líquido é chamado de newtoniano, e a inclinação da linha é, naturalmente, a viscosidade. Se a viscosidade não for constante, então o material é um líquido

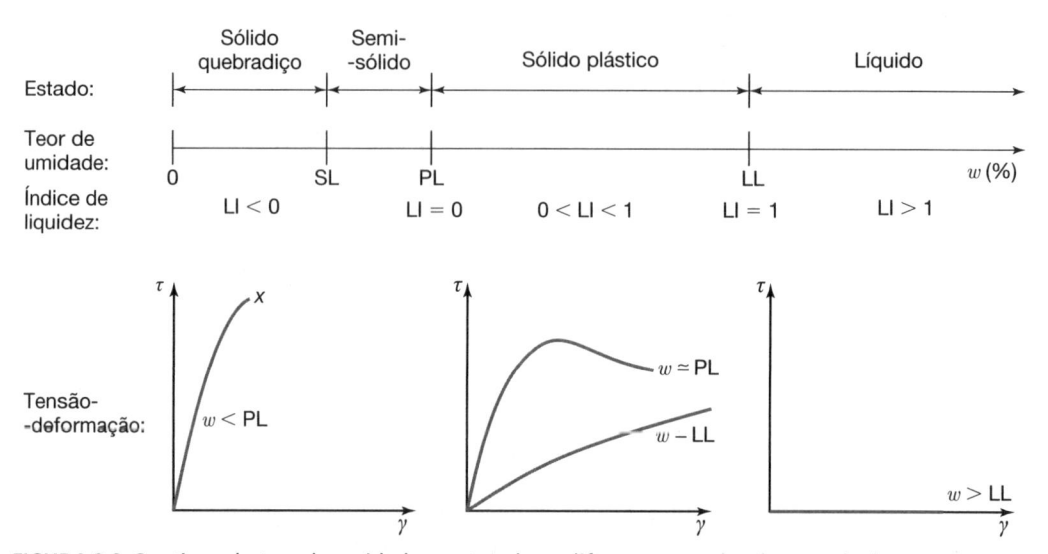

FIGURA 2.8 Contínuo de teor de umidade mostrando os diferentes estados de um solo, bem como sua resposta de tensão-deformação geral.

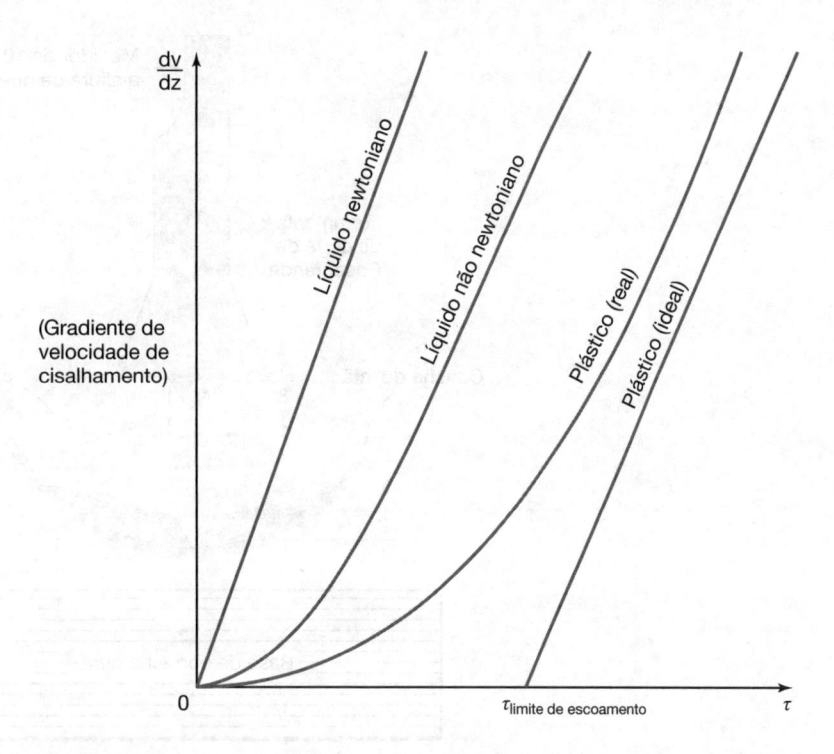

FIGURA 2.9 Comportamento de diversos materiais, incluindo solos, ao longo de uma faixa de teores de umidade.

real ou não newtoniano. Lembre-se também que um líquido é definido como um material que não suporta uma tensão de cisalhamento estática; assim, como mostrado na Figura 2.9, quando $v = 0$, $\tau = 0$ para ambos os líquidos. Dependendo do teor de umidade, é possível que os solos apresentem uma resposta representativa para todas essas curvas, exceto o líquido newtoniano ideal. Observe, também, como essa resposta é diferente do comportamento tensão-deformação de outros materiais de engenharia, como aço, concreto ou madeira.

Os ensaios iniciais dos limites de consistência de Atterberg eram consideravelmente arbitrários e não facilmente reproduzíveis, sobretudo para operadores inexperientes. Conforme mencionado, Casagrande (1932; 1958) trabalhou para padronizar os ensaios e projetou o dispositivo de limite de liquidez (Figura 2.10) para tornar o ensaio menos dependente do operador. Ele definiu o **LL** como o teor de umidade no qual um sulco padrão, cortado na amostra de solo remoldado por uma ferramenta de corte (Figuras 2.10a e 2.10b), se fecha ao longo de uma distância de 13 mm (½ polegada) após 25 golpes da concha de **LL** caindo 10 mm em uma base de borracha plástica dura (Figura 2.10c). Na prática, é difícil misturar o solo de modo que o fechamento do sulco ocorra exatamente aos 25 golpes; portanto, geralmente misturamos e testamos o solo com cinco a seis teores de água diferentes, cada um resultando no fechamento do sulco de ½ polegada em contagens de golpes superiores e inferiores a 25. Casagrande descobriu que, se você traçar os teores de umidade em relação ao logaritmo do número de golpes, obterá uma relação ligeiramente curva chamada de **curva de escoamento**. Quando a curva de escoamento cruza 25 golpes, esse teor de umidade é definido como o limite de liquidez.

O ensaio de limite de plasticidade é um pouco mais arbitrário e requer alguma prática para a obtenção de resultados consistentes e reproduzíveis. O **PL** é definido como o teor de umidade no qual um cilindro de solo **se desfaz** quando é cuidadosamente enrolado até um diâmetro de 3 mm (⅛ pol.). Ele deve se romper em segmentos de cerca de 3 a 10 mm (⅛ a ⅜ pol.) de comprimento. Se os cilindros puderem ser enrolados em um diâmetro menor, então o solo está muito úmido (ou seja, acima do **PL**. Se ele se desfizer antes de atingir 3 mm (⅛ pol.) de diâmetro, então o solo

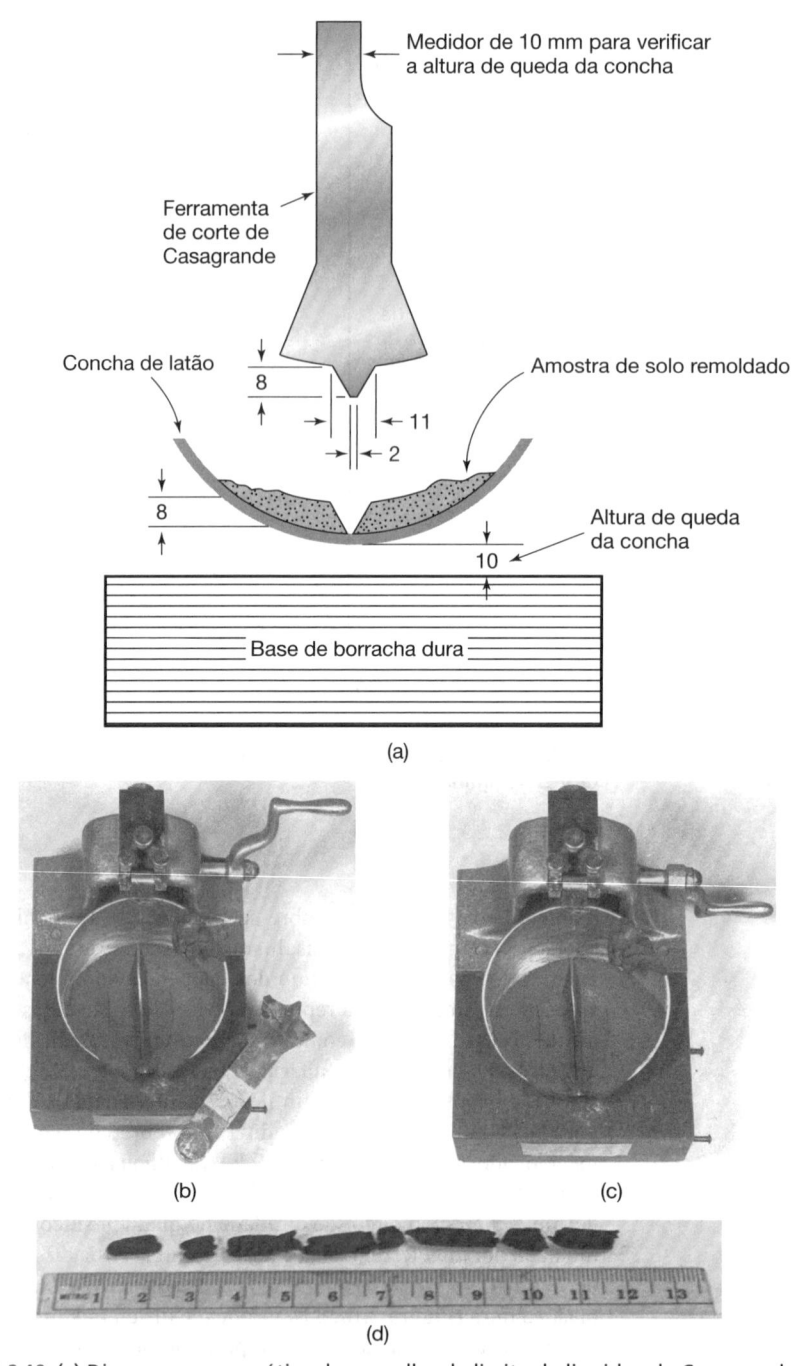

FIGURA 2.10 (a) Diagrama esquemático do aparelho de limite de liquidez de Casagrande e sua ferramenta de corte; dimensões em milímetros. (b) Sulco cortado antes de girar a manivela. (c) Depois de girar a manivela para aplicar golpes suficientes da concha para fechar o sulco em 13 mm. (d) Cilindros de limite de plasticidade. Partes (a) a (c) baseadas no estudo de Hansbo (1975).

está muito seco e você está abaixo do **PL**. Os cilindros de **PL** enrolados corretamente devem se parecer com os que são mostrados na Figura 2.10d.

Descrições detalhadas de preparação da amostra, calibração do aparelho de **LL**, especificações da ferramenta de corte e condução dos ensaios de **LL** e **PL** são fornecidas na norma **ASTM D 4318**, Dept. of the Interior (Departamento do Interior) (1990) e Army Corps of Engineers (Corpo de Engenheiros do Exército) (1986), dos Estados Unidos.

Os ensaios devem ser conduzidos em material que passe pela peneira nº 40 (425 μm) e que não tenha sido previamente seco ao ar ou em estufa. Embora estejamos caracterizando tecnicamente os materiais de grãos finos que passam pela peneira nº 200 (0,075 mm), a dificuldade em separar materiais especiais e altamente plásticos nessa peneira é tão significativa que optamos pela peneira nº 40, pois é o tamanho de peneira mais fino e prático. Por mais que esses ensaios pareçam simples, é necessária alguma prática para se obter resultados precisos e consistentes. A mistura inadequada e a distribuição não uniforme do teor de umidade são as principais razões para a falta de confiabilidade nos resultados do **LL**. Elas causam dispersão nos pontos de dados usados para traçar a curva de escoamento, e isso torna a determinação do **LL** ambígua. As dificuldades com o ensaio de **PL** geralmente surgem de erros por parte do operador e de pesagem, sendo especialmente desafiador para estudantes iniciantes obterem resultados confiáveis. Como medida de validade de **PL**, a seguinte faixa aproximada para resultados válidos pode ser utilizada:

$$PL = PL_{avg} \pm 0,05\, PL_{avg} \tag{2.28}$$

Onde PL_{avg} é a média de todas as tentativas de ensaios de **PL**.

Por exemplo, se a média de todos os seus ensaios de **PL** for 20,0, então todas as tentativas válidas devem estar entre 19 e 21. Quaisquer determinações de teor de umidade fora desse intervalo devem ser descartadas e excluídas da média. Um critério ainda mais rigoroso é 0,02 de PL_{avg}, o que significa que, para este exemplo, todos os **PLs** devem estar dentro da faixa de 19,6 e 20,4 para serem válidos. Um resultado como esse geralmente só pode ser alcançado por técnicos muito experientes. Observe que a norma **ASTM D 4318** possui uma abordagem estatística para a precisão dos resultados do ensaio de **PL** que parece fornecer, aproximadamente, o mesmo resultado que a Equação (2.28) para solos com **PLs** em torno de 20. Também incluído como opção na norma **ASTM D 4318** está um aparelho de rolamento mecânico de **PL** recentemente desenvolvido, que deve facilitar a obtenção de resultados de **PL** repetíveis.

Uma observação sobre ferramentas de corte: as dimensões mostradas na Figura 2.10 são especificadas para que a forma do sulco possa ser controlada com precisão. Outra ferramenta ocasionalmente encontrada em laboratório apresenta uma seção transversal piramidal e é curvada como um gancho curto. Trata-se da ferramenta de corte da **AASHTO** (norma T 89 da **AASHTO**). O problema com ela é que a altura do sulco não é controlada, o que pode levar a resultados errôneos. É recomendável que você utilize sempre a ferramenta de Casagrande--ASTM e, ocasionalmente, verifique suas dimensões para garantir que estejam de acordo com as especificações.

Um ensaio com cone de queda foi desenvolvido na Suécia para determinar o limite de liquidez (Hansbo, 1957); ele parece ter fornecido resultados mais consistentes do que os do aparelho de Casagrande, especialmente para determinadas argilas com cimentações entre as partículas em seu estado natural, além de ser um pouco mais simples de se usar. Karlsson (1977) apresenta uma excelente discussão sobre a confiabilidade de ambos os procedimentos.

Um cone metálico de 60 g com um ângulo de ápice de 60° é suspenso em um dispositivo e posicionado de modo que a ponta do cone toque levemente a superfície de uma amostra de solo remoldado; em seguida, o cone é liberado e sua penetração no solo macio é mensurada. O ensaio é repetido com diferentes teores de umidade, e o **LL** do cone é definido como o teor de umidade no qual a penetração do cone é exatamente 10 mm. O limite de liquidez do cone também é o procedimento padrão no Reino Unido (**BS 1377**), muito embora os ingleses usem um cone de 80 g com um ápice de 30°. A partir de um gráfico (muito semelhante à curva de escoamento) de penetração do cone em relação ao teor de umidade, o **LL** do cone é definido como o teor de umidade a 20 mm de penetração. De acordo com Hansbo (1994), os procedimentos britânicos e suecos forneceram resultados muito semelhantes.

Assim sendo, em que aspectos o **LL** do cone e o **LL** de Casagrande (percussão) são semelhantes e em que se diferenciam? Karlsson (1977) e Head (2006) relatam que eles se assemelham muito bem até valores de **LL** de cerca de 100; acima de 100, o **LL** do cone tende a fornecer valores mais baixos do que o **LL** de Casagrande. Ao relatar resultados de **LL**, recomenda-se distinguir entre o **LL** do cone e o **LL** de Casagrande.

2.6.1 Ensaio de limite de liquidez de ponto único

Ao utilizar o aparelho de Casagrande, podemos usar a curva de escoamento aproximadamente linear para nos ajudar a obter uma estimativa consideravelmente boa do **LL** a partir do ensaio de limite de liquidez de ponto único. Basta preparar uma amostra de ensaio de **LL** em um teor de umidade, para que o sulco se feche com um número de golpes *N* entre 20 e 30, obter o teor de umidade w_N e usar a relação:

$$(\text{LL}) = w_N \left(\frac{N}{25}\right)^a \quad (2.29)$$

A base **a** é uma **constante** empírica que varia de 0,115 a 0,13 e apresenta um valor médio de 0,121 (U.S. Army Engineer Waterways Experiment Station, 1949; Lambe, 1951; U.S. Army Corps of Engineers, 1986; U.S. Department of Interior, 1990). A Equação (2.29) foi desenvolvida a partir de uma análise de regressão do logaritmo *w versus* o logaritmo *N*, determinada em 767 tipos diferentes de solos pelo U.S. Army Corps of Engineers, na Estação de Experimentação de Hidrovias de Vicksburg, Mississipi. Observe que existem procedimentos de ensaio de ponto único semelhantes para o LL de cone (Karlsson, 1977; Head, 2006).

Exemplo 2.10

Contexto:

Dados de limite de liquidez na tabela a seguir (adaptado do U.S. Department of the Interior, 1990.)

	Tentativa n°			
	1	2	3	4
N° de golpes	16	21	29	34
w (%)	23,3	22,5	21,8	21,5

Problema:

a. A partir dos dados na tabela acima, trace a curva de escoamento e determine o LL do solo.

b. Determine o índice de escoamento (definido como a inclinação da curva de escoamento)

c. Calcule o LL utilizando a Equação (2.29) e compare os resultados.

Solução:

a. Trace o teor de umidade em relação ao logaritmo do número de golpes, como mostrado na Figura Ex. 2.10. A partir da curva, determine que o teor de água a 25 golpes é de 22,2%.

b. Para determinar o índice de escoamento, encontre a inclinação da curva de escoamento. Se o gráfico se estender por um ciclo logarítmico, a abordagem mais fácil a considerar é a variação no teor de umidade ao longo de um logaritmo de golpes ou de 10 a 100 golpes. No entanto, no caso da Figura Ex. 2.10, simplesmente estenda a curva de escoamento aos limites do gráfico (mostrado em tracejado) e obtenha os seguintes pontos: com teor de

Curva de escoamento

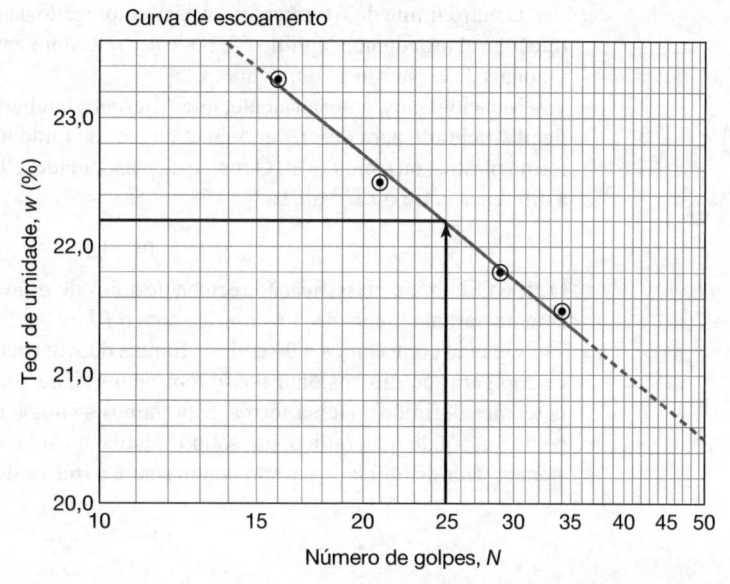

FIGURA Ex. 2.10 Teor de umidade em relação ao número logarítmico de golpes.

umidade = 23,6%, o número de golpes = 13,8. Na outra extremidade da linha, onde o número de golpes é 50, o teor de umidade = 20,55%; portanto, a inclinação é:

$$\text{inclinação} = \frac{\Delta w}{\log\frac{(N_2)}{(N_1)}} = \frac{23,6 - 20,55}{\log\frac{50}{13,8}} = \frac{3,05}{0,56} = 5,45$$

Portanto, o índice de escoamento é 5,45. Observe que geralmente ele está entre 2 e 20.

c. Use a Equação (2.29) para calcular o **LL** de ponto único. Se seguirmos a norma **ASTM**, devemos usar os dados para um número de golpes entre 20 e 30, ou apenas para as Tentativas 2 e 3.

$$LL = w_N \left(\frac{N}{25}\right)^{0,12} = 22,5\left(\frac{21}{25}\right)^{0,12} = 22,0\%$$

$$LL = 21,8\left(\frac{29}{25}\right)^{0,12} = 22,2\%$$

Observe que o ensaio de **LL** de ponto único não oferece tanta precisão quanto a extração do **LL** diretamente da curva de escoamento; no entanto, para a maioria dos solos, as discrepâncias serão mínimas.

2.6.2 Observações complementares sobre os limites de Atterberg

A faixa de limites de liquidez pode variar de 0 a 1.000, mas a maioria dos solos apresenta **LLs** inferiores a 100. O limite de plasticidade pode variar de 0 a 100 ou mais, com a maioria sendo inferior a 40. Apesar de os limites de Atterberg representarem, na prática, teores de umidade, eles também delimitam diferentes comportamentos técnicos. Casagrande (1948) sugere que os valores sejam relatados **sem** o símbolo de porcentagem. Como mostraremos posteriormente neste capítulo, eles são **números** a ser usados para classificar solos de grãos finos e fornecem um índice do comportamento do solo. No entanto, você verá os limites relatados em ambas as formas e usando tanto os símbolos **LL** e **PL** quanto w_L e w_p com um símbolo de porcentagem (como você já pode ter deduzido, os engenheiros civis nunca foram modelos de consistência quando se trata de unidades e símbolos).

O outro limite de Atterberg por vezes empregado na engenharia geotécnica, o limite de contração, é abordado no Capítulo 5 e pode ser relevante em áreas onde os solos passam por ciclos sazonais de expansão e contração.

Mencionamos, anteriormente, que Atterberg também definiu um índice chamado de **índice de plasticidade** para descrever a faixa de teor de umidade sobre a qual um solo se comporta de forma plástica ou é moldável. O índice de plasticidade, *PI* ou I_p, portanto, é numericamente igual à diferença entre o *LL* e o *PL*:

$$PI = LL - PL \tag{2.30}$$

O *PI* é útil para a classificação técnica de solos de grãos finos, e muitas propriedades técnicas demonstraram ter correlação empírica com o *PI*.

Quando começamos a discutir os limites de Atterberg, dissemos que queríamos ser capazes de comparar ou dimensionar nosso teor de umidade com alguns limites, fronteiras ou resposta técnica definidos. Dessa forma, saberíamos se nossa amostra provavelmente se comportaria como um sólido quebradiço, um sólido plástico ou até mesmo um líquido. O índice para dimensionar o teor de umidade natural de um solo é o **índice de liquidez**, *LI* ou I_L, definido como:

$$LI = \frac{w_n - PL}{PI} \tag{2.31}$$

onde w_n é o teor de umidade natural do solo em questão. Se o *LI* for < 0, então, a partir do contínuo do teor de umidade da Figura 2.8, você verá que o solo se comporta de forma friável ou quebradiça quando cortado. Se o *LI* estiver entre 0 e 1, então o solo se comportará de maneira plástica ou moldável. Se o *LI* for > 1, o solo será essencialmente um líquido muito viscoso quando cortado. Tais solos podem ser extremamente sensíveis ao colapso de sua estrutura. Desde que não sejam perturbados de forma alguma, podem ser relativamente fortes, mas se forem cortados por algum motivo e sua estrutura se desintegrar, podem literalmente fluir como um líquido. Existem depósitos de argilas muito **sensíveis** (ou "ultrassensíveis") no leste do Canadá e na Escandinávia (Seção 9.12). A Figura 2.11 mostra uma amostra de argila Leda de Ottawa,

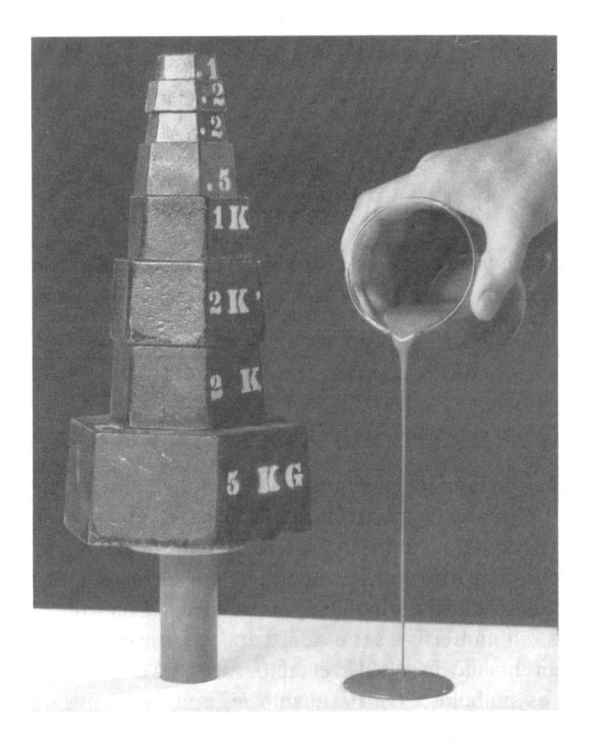

FIGURA 2.11 (à esquerda) Amostra não perturbada e (à direita), amostra completamente remoldada de argila Leda de Ottawa, Ontário (fotografia cortesia da Divisão de Pesquisa em Construção do National Research Council of Canada, tirada por D. C. MacMillan).

Ontário, em estados não perturbados e remoldados de mesma umidade. A amostra não perturbada pode suportar uma tensão vertical de mais de 100 kPa; quando completamente remoldada, comporta-se como um líquido. Tais argilas, e até mesmo aquelas com muito menos sensibilidade, podem causar problemas significativos de projeto e construção, pois perdem grande parte de sua resistência ao cisalhamento quando escavadas ou carregadas para além de sua tensão de escoamento.

Ressaltamos, neste ponto, que os limites são conduzidos em solos completamente **remoldados**. Quando discutirmos a estrutura das argilas no Capítulo 3, veremos que a estrutura natural de um solo rege fortemente seu comportamento técnico. Então, por que os limites de Atterberg continuam sendo úteis para os engenheiros geotécnicos? Como muitas propriedades na engenharia geotécnica, eles funcionam empiricamente. Isto é, eles se correlacionam com propriedades e comportamentos técnicos, porque **tanto os limites de Atterberg quanto as propriedades técnicas são afetados pelas mesmas coisas**. Entre essas "coisas" estão os argilominerais, os íons na água intersticial e a história geológica do depósito de solo. Esses fatores serão discutidos com detalhes no Capítulo 3. Por enquanto, aceite que os limites de Atterberg, muito simples, arbitrários e empíricos, são os mais úteis na classificação de solos para fins de engenharia e se correlacionam consideravelmente bem com o comportamento técnico dos solos.

2.7 INTRODUÇÃO À CLASSIFICAÇÃO DOS SOLOS

A partir de nossa discussão anterior sobre textura dos solos e distribuições de dimensões de grãos, você já deve ter uma ideia geral de como os solos são classificados. Por exemplo, na Seção 2.3, descrevemos areias e cascalhos como solos de grãos grosseiros, enquanto siltes e argilas, como de grãos finos. Na Seção 2.4, mostramos as faixas de dimensões específicas para esses solos em uma escala de dimensões de grãos (Figura 2.4) de acordo com as normas de **USCS**, da **AASHTO**, entre outras. Em geral, no entanto, termos como areia ou argila incluem uma gama de características técnicas, de modo que subdivisões ou modificadores adicionais são necessários para tornar os termos mais úteis na prática da engenharia. Esses termos são agrupados em **sistemas de classificação dos solos**, geralmente com algum propósito específico de engenharia em mente.

Um sistema de classificação de solos representa, efetivamente, uma linguagem de comunicação entre engenheiros. Ele fornece um método sistemático de categorização de solos de acordo com seu provável comportamento técnico, permitindo que os engenheiros tenham acesso à experiência acumulada de outros colegas. Um sistema de classificação não elimina a necessidade de investigações detalhadas do solo ou de ensaios mais sofisticados das propriedades técnicas. No entanto, as propriedades técnicas têm se mostrado consideravelmente correlacionadas com as propriedades de índice e classificação de um determinado depósito de solo. Assim, ao conhecer a classificação do solo, o engenheiro já tem uma boa compreensão geral da adequação do mesmo para uma aplicação específica e de seu comportamento durante a construção, sob cargas estruturais e em outras circunstâncias.

A Figura 2.12 ilustra o papel de um sistema de classificação de solos na prática da engenharia geotécnica.

Durante os últimos 75 anos, aproximadamente, foram propostos muitos sistemas de classificação de solos. Como Casagrande (1948) apontou, a maioria dos sistemas usados na engenharia civil tem suas raízes na ciência do solo agrícola. É por isso que os primeiros sistemas usados pelos engenheiros civis classificavam o solo por dimensão de grão ou textura

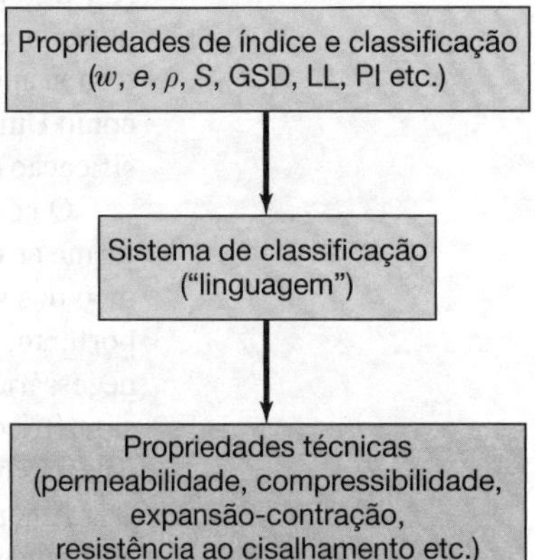

Propriedades de índice e classificação (w, e, ρ, S, GSD, LL, PI etc.)

↓

Sistema de classificação ("linguagem")

↓

Propriedades técnicas (permeabilidade, compressibilidade, expansão-contração, resistência ao cisalhamento etc.)

↓

Propósito de engenharia (rodovias, aeródromos, fundações, barragens etc.)

FIGURA 2.12 Papel dos sistemas de classificação na engenharia geotécnica.

do solo. Atterberg (1905) aparentemente foi o primeiro a sugerir que algo além da dimensão de grão poderia ser usado para a classificação do solo. Para isso, em 1911 ele desenvolveu seus limites de consistência para o comportamento de solos de grãos finos (Seção 2.6), embora, naquela época, para fins agrícolas. Na década de 1920, o U.S. Bureau of Public Roads (Departamento de Estradas Públicas dos Estados Unidos), começou a classificar solos de subleitos de rodovias como de grãos finos usando os limites de Atterberg e outros ensaios simples. Casagrande (1948) descreveu vários outros sistemas que foram usados em engenharia de rodovias, construção de aeródromos, agricultura, geologia e ciência do solo.

Atualmente, na América do Norte, apenas o Unified System of Soils Classification (**USCS**) e o sistema da American Association of State Highway and Transportation Officials (**AASHTO**) são comumente usados na prática da engenharia civil. O sistema **USCS** é de longe o mais comum dos dois, sendo usado por órgãos de engenharia do governo dos Estados Unidos (p. ex., U.S. Army Corps of Engineers, U.S. Bureau of Reclamation, Federal Aviation Administration) e por praticamente todas as empresas de consultoria geotécnica e os laboratórios de ensaios de solo dos Estados Unidos e do Canadá. O sistema **USCS** também é o sistema de classificação de solos mais conhecido e amplamente utilizado no mundo.

O único outro sistema de classificação usado na América do Norte é o sistema da **AASHTO**, desenvolvido principalmente para avaliar solos de subleito sob pavimentos de rodovias e ainda usado para esse fim pelos departamentos estaduais de transporte norte-americanos. Depois que você se familiarizar com os pormenores, tanto o sistema **USCS** quanto o **AASHTO** irão se tornar fáceis de serem utilizados nas práticas da engenharia. No Brasil, por tradição, ainda se usa o **USCS**, mas também temos o Sistema Brasileiro de Classificação dos Solos (**SIBCS**), estruturado em seis níveis de categorias de solos e gerado pela Empresa Brasileira de Pesquisas em Agropecuária (Embrapa), já em sua quinta edição. Como essa classificação é dirigida para a Agronomia, é preferível utilizar, então, o sistema norte-americano.

2.8 SISTEMA UNIFICADO DE CLASSIFICAÇÃO DE SOLOS (USCS)

Devido às dificuldades encontradas com outros sistemas de classificação de solos para projetos diversos e para construção de aeródromos militares, durante a Segunda Guerra Mundial o professor A. Casagrande desenvolveu o Sistema de Classificação de Aeródromos **AC**. Coincidentemente, este carregou suas iniciais, e o sistema foi feito para o U.S. Army Corps of Engineers (Casagrande, 1948). Em 1952, o sistema **AC** foi modificado pelo Department of the Interior norte-americano e pelos engenheiros militares. Em consultoria com o professor Casagrande, se tornou aplicável a barragens, fundações e outras obras civis. Esse sistema expandido é conhecido como Unified Soil Classification System (**USCS**) ou, em português, Sistema Unificado de Classificação de Solos (U.S. Army Engineer Waterways Experiment Station, 1960).

O conceito básico do **USCS** é que os solos de grãos grossos podem ser classificados conforme as dimensões e as distribuições de dimensões de grãos, enquanto o comportamento técnico dos solos de grãos finos está relacionado principalmente com sua plasticidade. No **USCS**, portanto, apenas os resultados de uma análise por peneiramento e os limites de Atterberg são necessários para classificar completamente um solo. Isso também significa que um ensaio densiométrico, que pode ser relativamente demorado e passível de erros por parte do operador, não é necessário para classificar solos.

A norma **ASTM D 2487**, do Department of the Interior (1990), a Designação **USBR 5000** e a Engineer Waterways Experiment Station (1960) dos Estados Unidos, são as melhores referências sobre o sistema **USCS** existentes. Elas definem os termos dos solos utilizados no sistema, explicam como amostrar o solo e preparar as amostras para classificação e ainda fornecem um procedimento **passo a passo** para classificar solos. Os procedimentos da **ASTM** e da **USBR** podem ser resumidos da seguinte forma:

Inicialmente, o sistema define os vários componentes dos solos de acordo com suas dimensões de grãos e outras características (Tabela 2.5). Estas são definições estritas de engenharia. Os solos de grãos finos, como **silte**, **argila**, **silte orgânico**, **argila orgânica** e **turfa**, são definidos não de acordo com as dimensões dos grãos, mas com certas características visuais e manuais. Essas definições serão apresentadas a seguir, quando descrevermos a classificação dos solos de grãos finos.

TABELA 2.5 Definições do sistema **USCS** de tamanho de partícula, faixas de tamanho e símbolos

Fração ou componente do solo	Símbolo	Faixa de tamanho
Matacão	Nenhum	> 300 mm
Seixo	Nenhum	75 mm a 300 mm
(1) Solos de grãos grossos:		
Cascalho	G	75 mm a peneira nº 4 (4,75 mm)
Cascalho Grosso		75 mm a 19 mm
Cascalho Fino		19 mm a peneira nº 4 (4,75 mm)
Areia	S	peneira nº 4 (4,75 mm) a nº 200 (0,075 mm)
Grosso		peneira nº 4 (4,75 mm) a nº 10 (2,0 mm)
Médio		peneira nº 10 (2,0 mm) a nº 40 (0,425 mm)
Fino		peneira nº 40 (0,425 mm) a nº 200 (0,075 mm)
(2) Solos de grãos finos:		
Finos		< do que a peneira nº 200 (0,075 mm)
Silte	M	(Adimensional; usar os limites de Atterberg)
Argila	C	(Adimensional; usar os limites de Atterberg)
(3) Solos orgânicos:	O	(Adimensional)
(4) Turfa:	***Pt***	(Adimensional)
Símbolos de granulometria		*Símbolos de Limite de Liquidez*
Bem graduado, W		Alto LL, H
Mal graduado, P		Baixo LL, L

As características básicas do sistema **USCS** são apresentadas na Tabela 2.6. Reserve alguns minutos para examinar a tabela e suas notas de rodapé, e você notará uma série de características importantes sobre este sistema. Em primeiro lugar, como mostrado na Coluna 1, existem três divisões principais de solos: (1) **solos de grãos grossos**, (2) **solos de grãos finos** e (3) **solos altamente orgânicos**. Estes são subdivididos em 15 grupos básicos de solo (ver Coluna 5) e nomes de grupos (Coluna 6). Observe que a classificação de um solo específico depende apenas da distribuição da dimensão dos grãos e dos limites de Atterberg, e, para uma classificação completa e não ambígua, tanto o nome quanto o símbolo do grupo (Coluna 5) devem ser fornecidos.

A classificação é realizada para o material que passar pela peneira de 75 mm. Partículas maiores são chamadas de **seixos** (com diâmetro equivalente de 75 a 300 mm) e **matacões** (maiores que 300 mm).

Se mais de 50% do solo for mais grosseiro do que a peneira nº 200 (ou menos da metade passar pela peneira nº 200 ou for mais fino que 0,075 mm), o solo é de grãos grosseiros. Os solos de grãos grosseiros são subdivididos (Coluna 2) em cascalhos (símbolo G) e **areias** (símbolo S). Esta é, talvez, a parte mais complicada do sistema USCS: decidir se um solo é composto por cascalho ou areia. Deve-se examinar a fração grosseira. Cascalhos são os solos que apresentam mais de 50% da fração grosseira (partículas maiores que 4,75 mm de diâmetro) retidas na peneira nº 4, enquanto as areias são aquelas que apresentam 50% ou mais de fração grosseira que passa pela peneira nº 4. Além desse nível de classificação, é necessário observar o percentual que passa pela peneira nº 200, sendo, este, dividido em três categorias:

- **Menos de 5%**: determinar o C_u Equação (2.26) e o C_c Equação (2.27). Se o C_c estiver entre 1 e 3 e o C_u for maior que 4 para cascalho e 6 para areia, então o solo é bem graduado; símbolo seria ***GW*** ou ***SW***. Se os requisitos de granulação não forem atendidos, então o solo é mal graduado; o símbolo seria ***GP*** ou ***SP***.

TABELA 2.6 Sistema Unificado de Classificação de Solos

Critérios para atribuição de símbolos do grupo e nomes do grupo usando ensaios laboratoriais[a]				Classificação do solo	
				Símbolo do grupo	Nome do grupo[b]
(1)	(2)	(3)	(4)	(5)	(6)
SOLOS DE GRÃOS GROSSEIROS Mais de 50% de grãos retidos na peneira nº 200	CASCALHO Mais de 50% da fração grosseira retida na peneira nº 4	CASCALHO LIMPO Menos de 5% de grãos finos[c]	$C_u \geq 4$ e $1 \leq C_c \leq 3$[e]	**GW**	Cascalho bem graduado[f]
			$C_u < 4$ e/ou $[C_c < 1$ ou $C_c > 3]$[e]	**GP**	Cascalho mal graduado[f]
		CASCALHO COM FINOS Mais de 12% de grãos finos[c]	Os grãos finos são classificados como **ML** ou **MH**	**GM**	Cascalho siltoso[f,g,h]
			Os grãos finos são classificados como **CL** ou **CH**	**GC**	Cascalho argiloso[f,g,h]
	AREIAS 50% ou mais da fração grosseira passa pela peneira nº 4	AREIAS LIMPAS Menos de 5% de grãos finos[d]	$C_u \geq 6$ e $1 \leq C_c \leq 3$[e]	**SW**	Areia bem graduada[i]
			$C_u < 6$ e/ou $[C_c < 1$ ou $C_c > 3]$[e]	**SP**	Areia mal graduada[i]
		AREIAS COM FINOS Mais de 12% de grãos finos[d]	Os grãos finos são classificados como **ML** ou **MH**	**SM**	Areia siltosa[g,h,i]
			Os grãos finos são classificados como **CL** ou **CH**	**SC**	Areia argilosa[g,h,i]
SOLOS DE GRÃOS FINOS 50% ou mais dos grãos passam pela peneira nº 200	SILTES E ARGILAS Limite de liquidez inferior a 50	Inorgânico	**PI** > 7 e traça sobre ou acima da linha "A"[j]	**CL**	Argila magra[k,l,m]
			PI < 4 e traça abaixo da linha "A"[j]	**ML**	Silte[k,l,m]
		Orgânico	$\dfrac{(LL_{\text{seco}})_{\text{em estufa}}}{(LL_{\text{natural}})} < 0{,}75$	**OL**	Argila orgânica[k,l,m,n] Silte orgânico[k,l,m,o]
	SILTES E ARGILAS Limite de liquidez de 50 ou mais	Inorgânico	**PI** traça sobre ou acima da linha "A"	**CH**	Argila gorda[k,l,m]
			PI traça abaixo da linha "A"	**MH**	Silte elástico[k,l,m]
		Orgânico	$\dfrac{(LL_{\text{seco}})_{\text{em estufa}}}{(LL_{\text{natural}})} < 0{,}75$	**OH**	Argila orgânica[k,l,m,p] Silte orgânico[k,l,m,q]
SOLOS ALTAMENTE ORGÂNICOS		Principalmente matéria orgânica, de cor escura, com odor orgânico		**Pt**	Turfa

[a]Com base no material que passa pela peneira de 3 pol. (75 mm).
[b]Se a amostra de campo contiver seixos e/ou matacões, adicione "com seixos e/ou matacões" ao nome do grupo.
[c]Cascalhos com 5 a 12% de grãos finos requerem símbolos duplos:
    GW-GM – Cascalho bem graduado com silte.
    GW-GC – Cascalho bem graduado com argila.
    GP-GM – Cascalho mal graduado com silte.
    GP-GC – Cascalho mal graduado com argila.
[d]Areias com 5 a 12% de grãos finos requerem símbolos duplos:
    SW-SM – Areia bem graduada com silte.
    SW-SC – Areia bem-graduada com argila.
    SP-SM – Areia mal graduada com silte.
    SP-SC – Areia mal graduada com argila.
[e]$C_u = D_{60}/D_{10}$ [Equação (2.26)];
$C_c = (D_{30})^2/(D_{10} \times D_{60})$ [Equação (2.27)].
[f]Se o solo contiver ≥ 15% de areia, adicione "com areia" ao nome do grupo.
[g]Se os finos forem classificados como **CL-ML**, use o símbolo duplo **GC-GM** e **SC-SM**.
[h]Se os finos forem orgânicos, adicione "com finos orgânicos" ao nome do grupo.
[i]Se o solo contiver ≥ 15% de cascalho, adicione "com cascalho" ao nome do grupo.
[j]Se o limite de liquidez e o índice de plasticidade traçarem na área sombreada no gráfico de plasticidade, o solo é uma argila siltosa **CL-ML**.
[k]Se o solo contiver de 15 a 19% mais nº 200, adicione "com areia" ou "com cascalho", o que for predominante.
[l]Se o solo contiver ≥ 30% mais nº 200, predominantemente areia, adicione "arenoso" ao nome do grupo.
[m]Se o solo contiver ≥ 30% mais nº 200, predominantemente cascalho, adicione "cascalhoso" ao nome do grupo.
[n]PI ≥ 4 e traça sobre ou acima da linha "A".
[o]PI < 4 ou traça abaixo da linha "A".
[p]PI traça sobre ou acima da linha "A".
[q]PI traça abaixo da linha "A".

Com base na norma **ASTM D 2487**

- **Entre 5 e 12%**: Novamente, C_u e no C_c precisam ser avaliados, mas agora há grãos finos suficientes para realizar, também, os ensaios de limites de Atterberg no material menor que a peneira nº 40. O solo é classificado como *W* ou *P* com base no C_u e no C_c, e os grãos finos são classificados usando o gráfico de plasticidade (Figura 2.13). Um símbolo duplo é então atribuído, sendo que cada parte do símbolo começa com *G* ou *S*. Esses símbolos duplos são:

  GW-GC   *GP-GC*
  GW-GM   *GP-GM*
  SW-SC   *SP-SC*
  SW-SM   *SP-SM*

  Observe que o *L* e o *H* do gráfico de plasticidade não entram na classificação, mas podem ser incluídos na descrição verbal do solo.

- **Mais de 12%**: os limites de Atterberg são realizados no material menor que a peneira nº 40, e o símbolo primário é modificado por *C* ou *M*, conforme segue:

  GC, *GM*, *SC*, *SM*

Em todos os casos citados para solos de grãos grosseiros, *O* pode ser substituído por *C* ou *M* se for determinado que os grãos finos são primariamente orgânicos.

Os solos de grãos finos, siltes e argilas, são aqueles que passam em 50% ou mais pela peneira nº 200 (0,075 mm); são classificados de acordo com seus limites de Atterberg e se contêm ou não uma quantidade significativa de matéria orgânica. Com base no gráfico de plasticidade de Casagrande (Figura 2.13), faz-se uma distinção entre solos com LL menor ou maior que 50 (símbolos *L* e *H*) e entre solos inorgânicos acima ou abaixo da **linha A**. A **linha A** geralmente separa solos argilosos de solos siltosos (símbolos *C* e *M*). Observe que o símbolo *M* vem dos termos suecos *mo* (= areia muito fina) e *mjäla* (= silte).

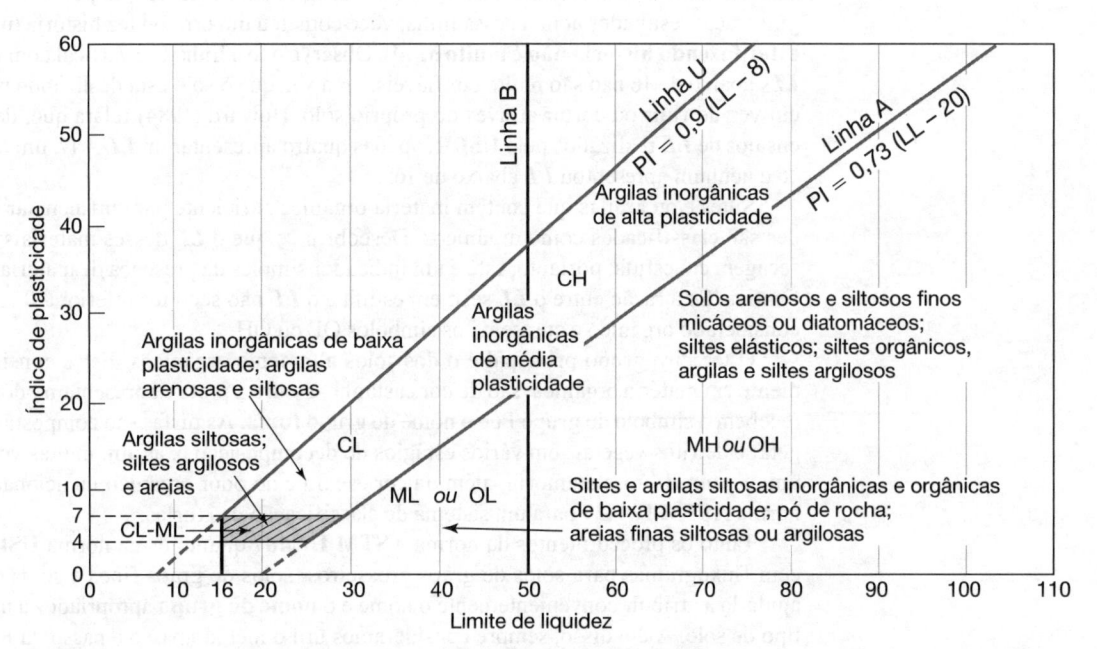

FIGURA 2.13 Vários tipos representativos de solos mostrados no gráfico de plasticidade de Casagrande (desenvolvido a partir do estudo de Casagrande, 1948; Howard, 1984).

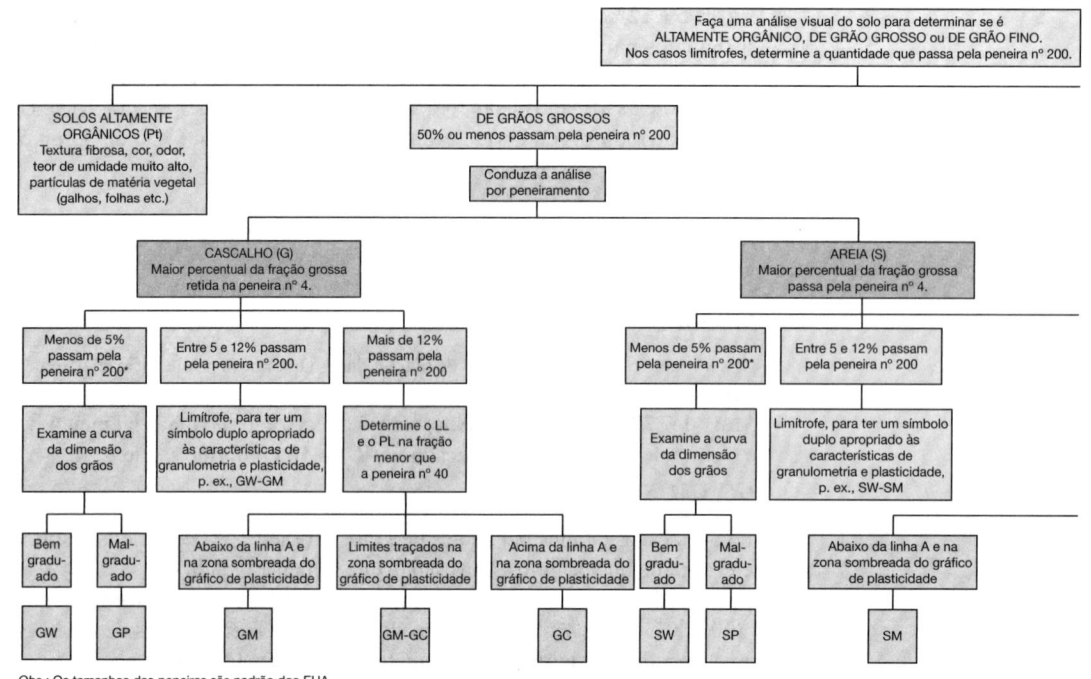

FIGURA 2.14 Procedimento auxiliar de identificação em laboratório (adaptado da USAEWES, 1960). (*Continua*)

A linha U é uma linha de limite superior. Casagrande desenvolveu seu gráfico traçando resultados de limite de Atterberg de vários tipos de solos ao redor do mundo, e descobriu que nenhum deles estava acima dessa linha (A. Casagrande, comunicação pessoal, 1966). Se conseguir traçar resultados acima dessa linha, você cometeu um erro ou fez história (**mas a chance de estar fazendo história não é muito alta!**). Observe que a linha U é vertical com LL = 16, porque LLs abaixo de 16 não são muito confiáveis, uma vez que o solo está deslizando na concha de LL em vez de fluir ou cortar através do próprio solo. Howard (1984) relata que, de mais de 1.000 ensaios de LL realizados pelo **USBR**, apenas quatro apresentaram LL = 17, um apresentou LL = 16 e nenhum apresentou LL abaixo de 16.

Siltes e/ou argilas que contêm matéria orgânica suficiente para influenciar suas propriedades são classificados como orgânicos. Descobriu-se que o LL desses materiais diminui após a secagem em estufa; portanto, este é um indicador simples da presença de matéria orgânica significativa. Se a razão entre o LL seco em estufa e o LL não seco for inferior a 0,75, então o solo é considerado orgânico e apresenta os símbolos OL ou OH.

O terceiro grupo principal é o dos solos altamente orgânicos. Estes consistem principalmente em matéria orgânica, são de cor castanho-escura a preta e apresentam odor orgânico. Eles recebem o símbolo de grupo Pt e o nome de grupo **turfa**. As turfas são compostas de matéria vegetal e detritos vegetais em vários estágios de decomposição e, assim, muitas vezes apresentam uma textura fibrosa a amorfa, além da cor escura e do odor orgânico mencionados. Consulte a norma **ASTM D 4427** para um sistema de classificação das turfas.

Tanto os procedimentos da norma **ASTM D 2487** quanto os da norma **USBR 5000** fornecem fluxogramas para solos de grãos grosseiros, solos de grãos finos e solos orgânicos, para ajudá-lo a atribuir convenientemente o nome e o **nome do grupo** apropriados a um determinado tipo de solo. Além disso, sempre consideramos útil o método passo a passo da Figura 2.14, pois conduz a uma eliminação progressiva de todas as opções até que reste apenas a classificação correta. O método da Figura 2.14 deve sempre ser usado junto com a Tabela 2.6.

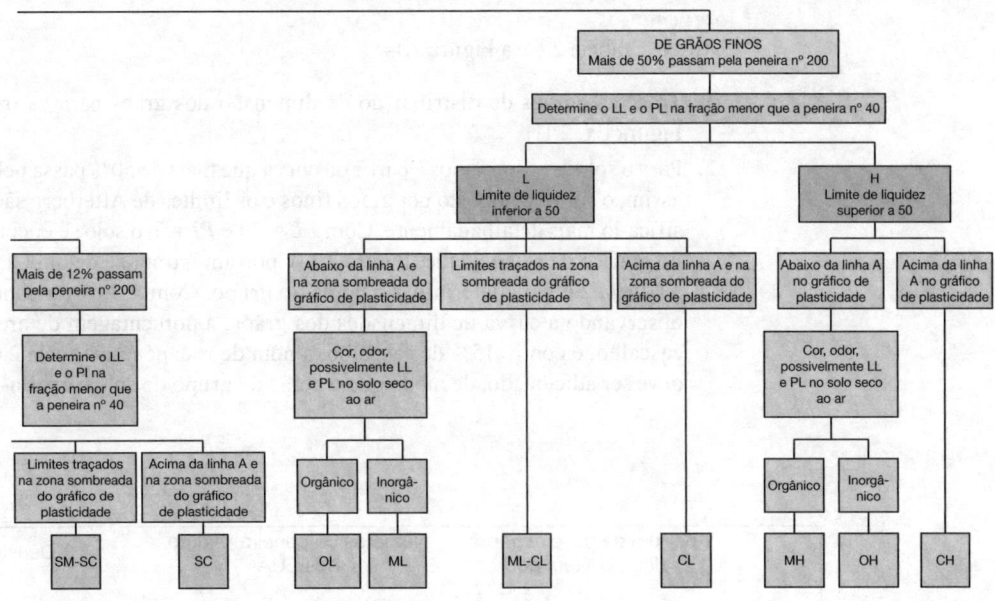

FIGURA 2.14 *Continuação*

Exemplo 2.11

Contexto:

Análise por peneiramento e dados de plasticidade dos três solos a seguir:

Tamanho da peneira	Solo 1% mais fino	Solo 2% mais fino	Solo 3% mais fino
Nº 4	99	97	100
Nº 10	92	90	100
Nº 40	86	40	100
Nº 100	78	8	99
Nº 200	60	5	97
LL	20	—	124
PL	15	—	47
PI	5	NP[a]	77

[a]Não plástico.

Problema:

Classifique os três solos de acordo com o Sistema Unificado de Classificação de Solos e forneça-lhes um nome de grupo.

Solução:
Utilize a Tabela 2.6 e a Figura 2.14.

1. Trace as curvas de distribuição de dimensão dos grãos para os três solos (mostradas na Figura Ex. 2.11).
2. Para o solo 1, observamos a partir da curva que mais de 50% passa pela peneira n° 200 (60%); assim, o solo é composto por grãos finos e os limites de Atterberg são necessários para classificá-lo mais detalhadamente. Com **LL** = 20 e **PI** = 5, o solo se encontra na zona sombreada do gráfico de plasticidade (Figura 2.13); portanto, trata-se de um CL-ML. Continue usando a Tabela 2.6 para determinar o nome do grupo. Com > 30% passando pela peneira n° 200, observando a curva de dimensões dos grãos, a porcentagem de areia é ≥ porcentagem de cascalho, e com < 15% de cascalho, a nota de rodapé *l* na Tabela 2.6 indica que "arenoso" deve ser adicionado, de modo que o nome de grupo do solo é **argila-síltico-arenoso**.

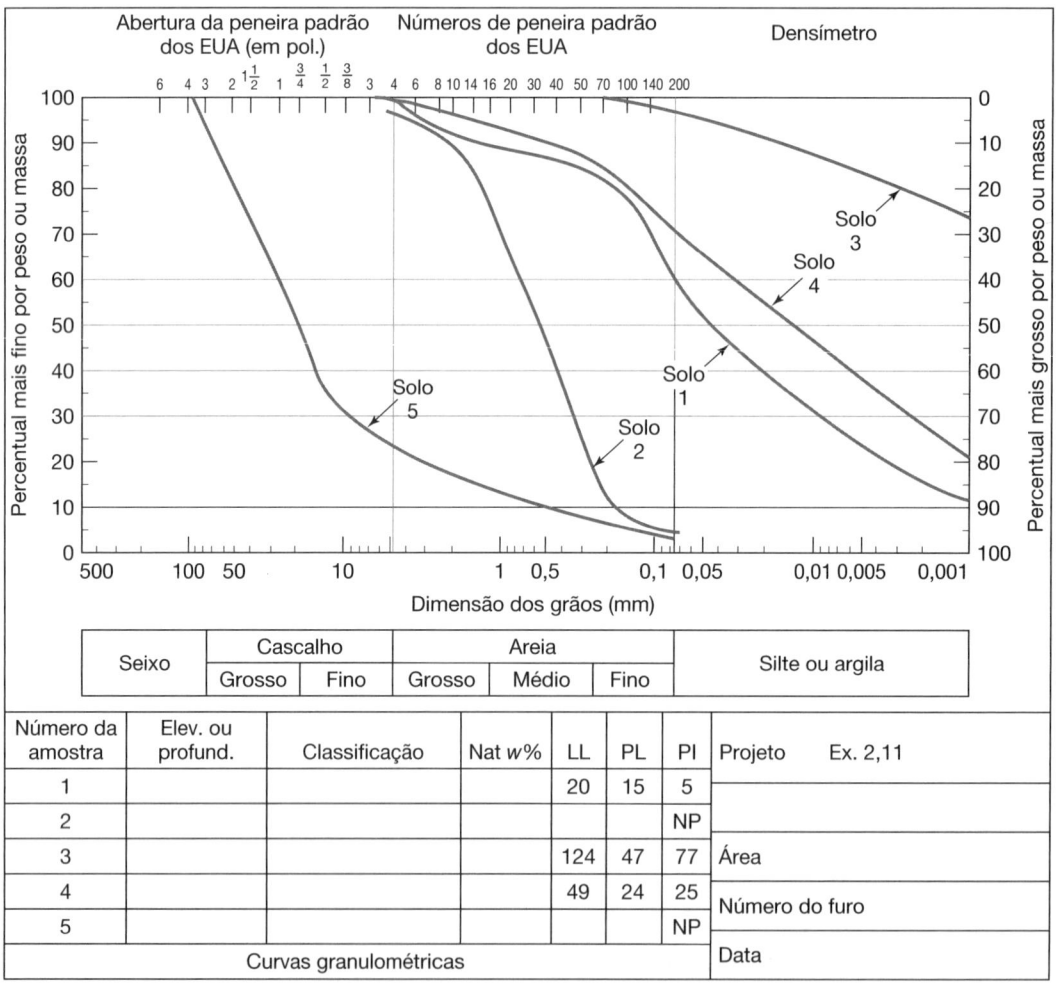

Número da amostra	Elev. ou profund.	Classificação	Nat w%	LL	PL	PI
1				20	15	5
2						NP
3				124	47	77
4				49	24	25
5						NP

Projeto Ex. 2,11

Área

Número do furo

Data

Curvas granulométricas

FIGURA Ex. 2.11

3. O solo 2 é imediatamente identificado como de granulometria grosseira (grãos grossos ou grosseiros), já que apenas 5% dos grãos passam pela peneira nº 200. Como 97% passam pela peneira nº 4, o solo é uma areia e não um cascalho. Em seguida, observe a quantidade de material que passa pela peneira nº 200 (5%). A partir da Figura 2.14, o solo é "limítrofe" e, portanto, possui um símbolo duplo – como SP-SM ou SW-SM – dependendo dos valores de C_u e C_c. A partir da curva de distribuição das dimensões dos grãos (Figura Ex. 2.11), descobrimos que D_{60} = 0,71 mm, D_{30} = 0,34 mm e D_{10} = 0,18 mm. O coeficiente de uniformidade C_u é

$$C_u = \frac{D_{60}}{D_{10}} = \frac{0,71}{0,18} = 3,9 < 6$$

e o coeficiente de curvatura C_c é: C_c = ... = 0,91.

$$C_c = \frac{(D_{30})^2}{D_{10} \times D_{60}} = \frac{(0,34)^2}{0,18 \times 0,71} = 0,91$$

Para um solo ser considerado bem graduado, ele deve atender aos critérios apresentados na Coluna 4 da Tabela 2.6; se não atender, então o solo é considerado como mal graduado e sua classificação é SP-SM. (O solo é SM porque os grãos finos são não plásticos e provavelmente siltosos.)

Para o nome do grupo, a partir da nota de rodapé *d* na Tabela 2.6, um solo com o símbolo SP-SM é uma "areia mal graduada com silte". Como este solo está quase no limite com < 5% de finos, também poderia ter um nome de grupo de areia mal graduada SP. Mesmo um pequeno percentual de finos muda consideravelmente as propriedades técnicas.

4. Uma rápida análise das características do solo 3 revela que ele é composto predominantemente de grãos finos, com 97% passando pela peneira nº 200. Uma vez que o *LL* é maior que 100, não podemos usar diretamente o gráfico de plasticidade (Figura 2.13). Adotamos, em seu lugar, a equação para a linha "A" da Figura 2.13 para determinar se o solo é um CH ou um MG.

PI = 0,73(LL – 20) = 0,73(124 – 20) = 75,9

Como o *PI* é 78 para o solo 3, ele está acima da linha "A" e, portanto, é classificado como CH.

A partir da Tabela 2.6, no símbolo do grupo CH, com 97% passando, apenas 3% são retidos naquela peneira e nenhuma das notas de rodapé (*k*, *l* ou *m*) se aplica. Portanto, o nome do grupo é informalmente chamado de **argila gorda** ou, mais tecnicamente, de argila de alta plasticidade.

É importante observar que a única forma de encontrar o símbolo de classificação adequado, e principalmente o nome do grupo, é conduzindo tanto os ensaios de limites de Atterberg quanto a análise de dimensões de grãos. Do contrário, será apenas um **palpite** educado, a menos que você tenha ampla experiência com o método de classificação visual-manual.

2.8.1 Classificação visual-manual de solos

Embora os símbolos e nomes de grupo no sistema **USCS** sejam convenientes, eles não descrevem completamente um solo ou um depósito de solo. Por esse motivo, termos descritivos também devem ser usados para uma classificação completa do solo. É creditada a Burmister (1948) a introdução do conceito de descrição sistemática dos solos, e a "U.S. Engineer Waterways Experiment Station" (1960), Howard (1984), a **ASTM D 2488**, diversos órgãos públicos e empresas de consultoria desenvolveram variações das categorias descritivas básicas. Estes são chamados de procedimentos **visuais-manuais** porque empregam apenas observações e manipulação manual para descrever e identificar solos. Não são usadas peneiras ou limites de Atterberg, apenas os olhos e os dedos.

Características como cor, odor, condição de umidade e homogeneidade do depósito devem ser observadas e incluídas na descrição da amostra. Um padrão comum de cores de solos abrange as seguintes tonalidades: cinza, castanho, amarelo, castanho manchado, amarelado, castanho-avermelhado, castanho-acinzentado e outras combinações das cores fundamentais. O vocábulo "misturado" é usado se o material for um aterro composto por vários componentes de solos de diferentes fontes. O odor é importante, uma vez que pode ser usado para avaliar a presença de materiais orgânicos e contaminantes; na verdade, deve-se ter cautela ao manusear e "cheirar" um solo que se acredita estar gravemente contaminado. A descrição da condição de umidade pode ser tão simples quanto seca (empoeirada), úmida (embebida) ou molhada (água livre).

Para solos predominantemente compostos por grãos grosseiros e sem coesão, devem ser observados e incluídos aspectos como forma dos grãos, teor mineralógico, grau de intemperismo, densidade *in situ* e presença ou ausência de finos. Adjetivos como arredondado, angular e subangular são comumente usados para descrever a forma dos grãos (ver Figura 2.7). A densidade *in situ* é normalmente obtida usando o ensaio de penetração padrão ou um penetrômetro de cone. Contudo, uma versão mais rudimentar desse ensaio consiste em usar uma peça de aço de reforço nº 4 (½ polegada de diâmetro): solos muito soltos podem ser penetrados com a barra empurrada manualmente, enquanto para penetrar solos muito densos, mesmo alguns milímetros podem exigir uma marreta. Termos como **muito solto**, **solto**, **medianamente solto**, **denso** e **muito denso** são usados para descrever a densidade *in situ*.

Para solos de grãos finos, a consistência, a consistência remoldada e certo grau de plasticidade devem ser observados na descrição da amostra. A **consistência** no estado natural corresponde, em alguns aspectos, à densidade *in situ* em solos de grãos grossos, e geralmente é avaliada observando-se a facilidade com que o depósito pode ser penetrado. Termos como **muito macio**, **macio**, **medianamente macio**, **rígido** (ou **firme**), **muito rígido** e **duro** são empregados para descrever a consistência. A Tabela 2.7 descreve quatro métodos para ensaio em campo de solos e sua relação com tipos específicos de solos de grãos finos e plásticos.

Talvez você tenha percebido que a classificação visual-manual de solos é muito mais subjetiva do que a classificação com o sistema USCS, o que significa que a classificação descritiva dependerá mais da experiência da pessoa responsável. Portanto, obter uma classificação descritiva consistente para um determinado solo requer uma prática considerável. No entanto, o método mencionado anteriormente, bem como os ensaios descritos na Tabela 2.7, fornecem um ponto de partida para esta parte da classificação de solos.

Quando discutimos a textura dos solos na Seção 2.3 e no início desta seção, sugerimos que você pratique a identificação de solos de acordo com a textura e com outras características. Algumas excelentes diretrizes para isso são fornecidas pela norma **ASTM D 2488** e pelo Procedimento **USBR 5005** do Department of the Interior dos Estados Unidos (1990). Apesar de compartilharem semelhanças com o sistema **USCS** e de utilizarem os mesmos nomes e símbolos de grupos, esses procedimentos se baseiam exclusivamente em observações visuais e ensaios manuais simples, dispensando a necessidade de ensaios laboratoriais para distribuição de dimensão de grãos e limites de Atterberg na descrição e identificação dos solos. Eles também dispõem de fluxogramas para ajudá-lo a determinar o nome de grupo correto e a classificação visual-manual. Sugere-se adquirir uma cópia desses procedimentos (em geral disponíveis eletronicamente por meio de bibliotecas universitárias e da *Web*) e utilizá-la como orientação para aprender a classificar visual e manualmente uma grande gama de solos. Os procedimentos são simples e, com um pouco de prática em diversos tipos de solos, sobretudo com a orientação de um especialista experiente em classificação de solos, você pode ficar muito bom nisso.

A Tabela 2.8 é uma lista de verificação dos itens que devem ser incluídos em uma descrição visual-manual dos solos. Naturalmente, nem todos esses itens serão requeridos para todos os solos; são necessários somente os que forem pertinentes à amostra de solo em questão. Certifique-se também de incluir todas as informações relevantes sobre a origem ou a fonte da amostra, o nome e o número do projeto ou trabalho, o número do furo de sondagem ou poço de teste, o número da amostra e quaisquer outras marcas e informações de identificação apropriadas.

TABELA 2.7 Procedimentos de identificação em campo para solos de grãos finos ou frações[a]

Propriedade testada	Procedimentos de ensaio e interpretação dos resultados
Dilatação (reação ao agitar)	• Prepare uma quantidade de solo úmido com um volume de cerca de 5 cm^3. • Adicione água suficiente para deixar o solo macio, mas não aderente. • Coloque-o na palma de uma mão e a agite vigorosamente contra a outra, por várias vezes. • Uma reação positiva consiste no surgimento de água na superfície do solo, que fica brilhante e lustroso. Em seguida, ao apertá-lo entre os dedos, a água e o brilho desaparecem, o solo endurece e, por fim, racha ou se desfaz. **Interpretação dos resultados:** areias muito finas e limpas apresentam uma reação mais rápida e dramática, enquanto uma argila plástica não apresenta reação. Siltes inorgânicos mostram uma reação moderadamente rápida.
Resistência do material seco (propriedades de esmagamento)	• Modele uma quantidade de solo até obter uma consistência de massa, adicionando água se necessário. • Deixe o solo secar completamente em estufa, ao sol ou a ar, e então teste sua resistência quebrando-o e esfarelando-o entre os dedos. • A resistência do material seco aumenta com o aumento da plasticidade. **Interpretação dos resultados:** a alta resistência do material seco é característica de uma argila *CH*. Um silte inorgânico típico geralmente possui resistência de material seco muito baixa. As areias finas siltosas e os siltes apresentam resistência de material seco aproximadamente semelhante. No entanto, após a quebra, a areia fina tende a parecer granulada, enquanto um silte típico parece mais suave e semelhante ao pó.
Tenacidade (consistência próxima ao limite plástico)	• Modele um espécime de solo do tamanho de um cubo de açúcar (com cerca de 12 mm de aresta) até obter uma consistência de massa, adicionando água ou secando-o ligeiramente, se necessário. • Enrole o espécime manualmente em uma superfície lisa ou entre as palmas das mãos, em um cilindro com cerca de 3 mm de diâmetro. Dobre e redobre o cilindro repetidamente até que perca a umidade; o espécime endurece, perde finalmente sua plasticidade e se desfaz quando atinge o limite plástico. • Depois que o cilindro se desfizer, reúna os pedaços, amassando-os até que o agrupamento se desfaça. • Quanto mais tenaz o cilindro, próximo ao limite plástico, mais rígido será o agrupamento quando finalmente se desfizer, e mais eficaz será a fração de argila do solo em induzir plasticidade. **Interpretação dos resultados:** a fragilidade do cilindro no limite plástico, bem como a rápida perda de coesão do agrupamento abaixo do limite plástico, indicam argila inorgânica de baixa plasticidade ou materiais – como argilas do tipo caulinita e argilas orgânicas – que ocorrem abaixo da linha "A". Argilas altamente orgânicas apresentam uma sensação muito fraca e esponjosa no limite plástico.
Plasticidade (estimativa de plasticidade natural)	• Modele uma amostra de solo com umidade natural em um agrupamento. • Enrole o espécime manualmente, em uma superfície lisa ou entre as palmas das mãos, até obter o menor cilindro possível, sem causar rachaduras ou esfarelamento excessivo. • Quanto menor for o fio que puder ser enrolado, mais plástico será o solo. **Interpretação dos resultados:**

Grau de plasticidade	Tipo de solo	Diâmetro mínimo do cilindro
Não plástico	SILTE	Nenhum
Leve	SILTE argiloso	6 mm
Baixo	SILTE e ARGILA	3 mm
Médio	ARGILA e SILTE	1,6 mm
Alto	ARGILA siltosa	0,8 mm
Muito alto	ARGILA	0,4 mm

Obs.: O tipo de solo em letras maiúsculas é o tipo de solo predominante.

[a]Todos os ensaios são para solos ou frações de solo menores do que a peneira nº 40.
Com base em dados da U.S. Army Engineer Waterways Experiment Station (1960) e no estudo de Howard (1984).

TABELA 2.8 Lista de verificação para descrição de solos

1. Nome do grupo
2. Símbolo do grupo
3. Percentual de seixos e/ou matacões (em volume)
4. Percentual de cascalho, areia e/ou finos (por massa seca)
5. Faixa de tamanho das partículas: cascalho – fino, grosso; areia – fina, média, grossa
6. Angularidade das partículas: angular, subangular, subarredondada, arredondada
7. Forma das partículas (se aplicável): plana, alongada, plana e alongada
8. Tamanho ou dimensão máxima das partículas
9. Dureza da areia grossa e partículas maiores
10. Plasticidade dos finos: não plástico, baixo, médio, alto
11. Resistência de material seco: nenhuma, baixa, média, alta, muito alta
12. Dilatação: nenhuma, lenta, rápida
13. Tenacidade: baixa, média, alta
14. Cor (em condição úmida)
15. Odor (mencionar apenas se for orgânico ou incomum)
16. Umidade: seco, úmido, molhado
17. Reação com HCl: nenhuma, fraca, forte

Para amostras intactas:

18. Consistência (apenas para solos de grãos finos): muito macia, macia, firme, dura, muito dura
19. Estrutura: estratificada, laminada, fissurada, escorregadia, lenteada, homogênea
20. Cimentação: fraca, moderada, forte
21. Nome local
22. Interpretação geológica

Observações complementares:

- Presença de raízes ou orifícios de raízes
- Presença de mica, gesso etc.
- Revestimentos superficiais em partículas de grãos grossos
- Desmoronamento ou descamação do furo do trado ou das laterais da vala
- Dificuldade em perfurar ou escavar

Com base em dados de U.S. Dept. of the Interior (1990).

2.8.2 Limitações da classificação USCS

Conforme observado por Galster (1992), o sistema **USCS** tem algumas limitações. Para começar, ele não considera a origem geológica ou a fonte dos materiais que serão classificados. Como será observado no Capítulo 3, a natureza dos solos e suas propriedades técnicas são, com frequência, altamente influenciadas por sua origem geológica. Portanto, ao classificar um depósito de solo, seria prudente mencionar a origem geológica dos materiais com os quais se está trabalhando, além do nome e do símbolo do grupo no **USCS** (item 22 na Tabela 2.8).

Outra dificuldade com o sistema **USCS** é que ele não oferece muitas informações sobre materiais maiores que cascalhos, como seixos e matacões. Além disso, a angularidade de seixos e matacões não é mencionada, embora, como veremos mais adiante, a forma das partículas influencie fortemente na resistência dos materiais granulares.

Embora o sistema **USCS** seja destinado a classificar solos minerais e orgânicos que ocorrem de forma natural, Howard (1984) observa que esse sistema é frequentemente utilizado para classificar materiais como folhelho, siltito, argilito, arenito, pedra britada, escória, jorra e concha, que não ocorrem naturalmente como solos. Se esses materiais forem britados ou, de alguma forma, fragmentados durante atividades de construção, ainda é aceitável classificá-los como solos conforme o sistema **USCS** (consulte as normas **ASTM D 2488** e **USBR 5005**). No entanto, certifique-se de indicar que os materiais não surgiram naturalmente nesse estado.

2.9 SISTEMA DE CLASSIFICAÇÃO DE SOLOS DA AASHTO

No final dos anos 1920, o Bureau of Public Roads dos Estados Unidos (atualmente Federal Highway Administration, FHWA, de Washington, D. C.) conduziu extensas pesquisas sobre o uso de solos na construção de estradas locais ou secundárias, as chamadas estradas "do interior para a cidade grande". Essa pesquisa levou ao desenvolvimento do Public Roads Classification System (PRCS), ou, em português, Sistema de Classificação de Estradas Públicas (Hogentogler e Terzaghi, 1929), com base nas características de estabilidade dos solos usados como superfície de estradas ou cobertos apenas por uma fina camada de alcatrão ou asfalto. Esse sistema foi modificado diversas vezes para subleitos sob pavimentos mais espessos. A última revisão ocorreu em 1942, e este é essencialmente o sistema **AASHTO** adotado atualmente. Suas informações estão estabelecidas na Designação **AASHTO M 145** e na norma **ASTM D 3282**. Embora a **AASHTO** afirme que o sistema "é útil para determinar a qualidade relativa do material do solo para uso em aterros, subleitos, sub-bases e bases", você deve ter em mente o seu propósito original. (Ver Casagrande, 1948, para alguns comentários sobre esse ponto.)

O sistema **AASHTO** classifica os solos em sete grupos – A-1 a A-7 – e inclui vários subgrupos. Os solos dentro de cada grupo são avaliados de acordo com o **índice do grupo**, que é calculado por uma fórmula empírica. Os únicos ensaios necessários são a análise por peneiramento e os limites de Atterberg.

Existem várias diferenças significativas entre os sistemas de classificação de solos da **USCS** e da **AASHTO**, o que não é surpreendente, considerando as diferenças em suas histórias e propósitos. Al-Hussaini (1977) e Liu (1970) comparam os dois sistemas em termos dos prováveis grupos de solos correspondentes.

PROBLEMAS

Relacionamentos de fase

2.1 Elabore um gráfico com a planilha de densidade seca em kg/m³ como a ordenada em relação ao teor de umidade em percentual como a abscissa. Vamos presumir que ρ_s = 2.750 kg/m³ e que o grau de saturação S varie de 100 a 40% em incrementos de 10%. Um teor de umidade máximo de 50% deve ser suficiente (exceto para argilas muito moles, a serem definidas em breve). (*Obs*.: este gráfico é extremamente útil para verificar os problemas abordados neste capítulo, já que contém uma relação única entre a densidade seca, o teor de umidade e o grau de saturação para qualquer densidade específica de sólidos. O índice de vazios, a densidade úmida e assim por diante são prontamente calculados. Gráficos semelhantes para densidade de outros sólidos podem ser facilmente calculados e traçados.) Registre todas as suas equações como comentários em sua planilha para fins de consulta.

2.2 Elabore um gráfico como o do Problema 2.1; use apenas unidades de densidade seca de **kN/m³** e ***lb/pé³***.

2.3 Elabore um gráfico como o do Problema 2.1 apenas para S = 100%, e varie a densidade dos sólidos de 2.600 a 2.800 kg/m³. Decida o tamanho dos incrementos necessários para avaliar **satisfatoriamente** a relação à medida que ρ_s varia. Elabore uma declaração conclusiva de suas observações.

2.4 A densidade seca de uma areia compactada é de 19,5 kN/m³ e a densidade dos sólidos é de 27,1 kN/m³. Qual é o teor de umidade do material quando S = 50%? Elabore um diagrama de fases!

2.5 Um solo completamente saturado apresenta uma densidade total de 2.050 kg/m³ e um teor de umidade de 20%. Qual é a densidade dos sólidos? Qual é a densidade seca do solo? Elabore um diagrama de fases!

2.6 Qual é o teor de umidade de um solo completamente saturado com uma densidade seca de 1.750 kg/m³? Vamos presumir que ρ_s = 2.820 kg/m³.

2.7 Uma areia de quartzo seca apresenta uma densidade de 1.675 kg/m³. Determine sua densidade quando o grau de saturação é de 65%. A densidade dos sólidos para o quartzo é de 2.680 kg/m³.

2.8 O peso específico seco de um solo é de 15,7 kN/m³, e os sólidos apresentam um peso específico de 26 kN/m³. Presumindo que o solo está saturado, encontre (a) o teor de umidade, (b) o índice de vazios e (c) o peso específico total.

2.9 Um depósito natural de solo apresenta um teor de umidade de 20% e está 90% saturado. Qual é o índice de vazios deste solo?

2.10 Um pedaço de solo apresenta um peso úmido de 62 *lb* e um volume de 0,56 *pé³*. Quando seco em estufa, o solo pesa 50 *lb*. Se a gravidade específica dos sólidos G_s = 2,64, determine o teor de umidade, o peso específico úmido, o peso específico seco e o índice de vazios do solo.

2.11 No laboratório, um recipiente com solo saturado apresentava uma massa de 115,5 g antes de ser colocado na estufa e 102,4 g depois que o solo secou. O recipiente sozinho apresentava uma massa de 49,31 g. A gravidade específica dos sólidos é 2,70. Determine o índice de vazios e o teor de umidade da amostra de solo original.

2.12 Determinou-se que o teor de umidade natural de uma amostra retirada de um depósito de solo era de 20%. Calcula-se que a densidade máxima do solo será obtida quando o teor de umidade atingir 25%. Calcule quantos gramas de água devem ser removidos a cada 1.000 g de solo (em seu estado natural) para diminuir o teor de umidade até 25%.

2.13 Um metro cúbico de areia de quartzo seco G_s = 2,65 com porosidade de 60% é imerso em um banho de óleo com densidade de 0,92 g/cm³. Se a areia contém 0,27 m³ de ar aprisionado, quanta força é necessária para impedir que ela afunde? Vamos presumir que uma membrana permeável e sem peso envolve a amostra.

2.14 Uma amostra de solo retirada de uma área de escavação de empréstimo apresentou um índice de vazios natural de 0,89. O solo será usado para um projeto rodoviário que requer um total de 100.000 m³ de solo em seu estado compactado; seu índice de vazios compactado é de 0,69. Quanto volume deve ser escavado da área de empréstimo para atender aos requisitos do trabalho?

2.15 Uma amostra de solo úmido apresentou as seguintes características:

> Volume total: 0,0138 m³
> Massa total: 28,31 kg
> Massa após secagem em estufa: 23,40 kg
> Gravidade específica dos sólidos: 2,71

Encontre a densidade, o peso específico, o índice de vazios, a porosidade e o grau de saturação para o solo úmido.

2.16 Uma argila siltosa cinza *CL* é amostrada de uma profundidade de 12,5 pés. O solo "úmido" foi extrudado de um revestimento de latão de 6 pol. de altura com diâmetro interno de 7,18 cm e pesava 823 g.
   a. Calcule o peso específico úmido em *lb/pés³*
   b. Um pequeno pedaço da amostra original apresentava um peso úmido de 154,3 g e pesava 74,3 g após a secagem. Calcule o seu teor de umidade, usando o número correto de algarismos significativos.
   c. Calcule a densidade seca em kg/m³.

2.17 Uma amostra cilíndrica de solo foi testada em laboratório. As seguintes propriedades foram obtidas:

Diâmetro da amostra	3 *pol.*
Comprimento da amostra	6 *pol.*
Peso antes da secagem em estufa	2,95 *lb*
Peso após a secagem em estufa	2,54 *lb*
Temperatura da estufa	110 °C
Tempo de secagem	24 horas
Gravidade específica dos sólidos	2,65

Qual é o grau de saturação dessa amostra?

2.18 Uma amostra de silte saturado apresenta 10 cm de diâmetro e 2,5 cm de espessura. Seu índice de vazios neste estado é de 1,42, e a gravidade específica dos sólidos é de 2,68. A amostra é comprimida até obter uma espessura de 2 cm sem alteração no diâmetro.
   a. Encontre a densidade da amostra de silte, em g/cm³, antes de ser comprimida.
   b. Determine o índice de vazios após a compressão e a mudança no teor de umidade do estado inicial para o final.

2.19 Uma amostra de areia apresenta as seguintes propriedades: massa total M_t = 182 g; volume total V_t = 90 cm³; teor de umidade w = 14%; gravidade específica dos sólidos G_s = 2,71. Quanto o volume da amostra teria que mudar para atingir 90% de saturação, presumindo que a massa total M_t permanece a mesma?

2.20 Uma amostra de solo e seu recipiente pesam, juntos, 413,7 g quando o teor de umidade inicial é de 9,5%. O recipiente pesa 258,7 g. Quanta água precisa ser removida da amostra original se o teor de umidade for reduzido em 4,2%?

2.21 Uma amostra de solo é seca em uma estufa de micro-ondas para determinar seu teor de umidade. A partir dos dados a seguir, avalie o teor de umidade e tire suas conclusões. O teor de umidade após secagem em estufa é de 19,4%, e a massa da bandeja é de 131,2 g.

Tempo na estufa (min.)	Tempo total na estufa (min.)	Massa de solo + bandeja (g)
0	0	231,62
3	3	217,75
1	4[a]	216,22
1	5	215,72
1	6	215,48
1	7	215,32
1	8	215,22
1	9	215,19
1	10	215,19

[a]Este tempo total de 4 minutos é de 3 minutos antes e mais um minuto, resultando em uma massa de solo + bandeja = 216,22 g, e assim por diante.

2.22 O volume de água em uma amostra de solo com $S = 85\%$ é de 0,32 m³. O volume de sólidos V_s é de 0,34 m³. Dado que a densidade dos sólidos do solo ρ_s é de 2.690 kg/m³, encontre (a) o teor de umidade, (b) o índice de vazios, (c) a porosidade, (d) a densidade total ou úmida e (e) a densidade seca. Forneça suas respostas em **kg/m³** e **lb/ft³**.

2.23 Um volume de 592 cm³ de areia úmida pesa 1.090 g. Seu peso seco é de 920 g, e a densidade dos sólidos é de 2.680 kg/m³. Calcule o índice de vazios, a porosidade, o teor de umidade, o grau de saturação e a densidade total em kg/m³.

2.24 O peso específico saturado γ_{sat} de um solo é de 128 **lbf/ft³**. Encontre o peso específico submerso deste solo em **lbf/ft³** e a densidade submersa em kg/m³.

2.25 Uma areia é composta de constituintes sólidos com um peso específico de 168,5 **lbf/ft³**. O índice de vazios é 0,62. Calcule o peso específico da areia quando seca e quando saturada e compare-o com o peso específico quando submersa.

2.26 Uma amostra de *till* glaciar natural foi retirada abaixo do lençol freático. Verificou-se que seu teor de umidade era 43%. Estime a densidade úmida, a densidade seca, a densidade submersa, a porosidade e o índice de vazios. Informe claramente quaisquer suposições necessárias.

2.27 O índice de vazios do solo argiloso é 0,58, e o grau de saturação é de 80%. Presumindo que a gravidade específica dos sólidos é 2,69, calcule (a) o teor de umidade e (b) as densidades seca e úmida em unidades *SI* e unidades inglesas.

2.28 Verificou-se que os valores de *n* mínimo e *n* máximo para uma areia de sílica pura G_s = 2,7 eram de 35 e 42%, respectivamente. Qual é a faixa correspondente no peso específico saturado em **lbf/ft³**?

2.29 Calcule a porosidade máxima possível e o índice de vazios para um conjunto de (a) bolas de basquete (9 pol. de diâmetro), (b) bolas de tênis (2,7 pol.) e (c) rolamentos de esferas pequenas (0,01 pol. de diâmetro). Escreva uma frase sobre o que causa as diferenças entre essas "partículas" de tamanho.

2.30 Um ensaio de limite de plasticidade apresenta os seguintes resultados:

Peso úmido + recipiente	= 24,75 g
Peso seco + recipiente	= 19,37 g
Peso do recipiente	= 1,46 g

Calcule o *PL* do solo.

2.31 Durante um ensaio de limite de liquidez, os seguintes dados foram obtidos para uma das amostras:

Peso úmido + recipiente	= 24,29 g
Peso seco + recipiente	= 17,62 g
Peso do recipiente	= 1,50 g

Além disso, o sulco na concha de Casagrande fechou em ½ pol. com 22 golpes. Qual é o *LL* do solo?

2.32 O método de **densidade de pedaço** é com frequência utilizado para determinar o peso específico (e outras informações necessárias) de um material geológico de forma irregular, especialmente encontrado em amostras friáveis. O espécime, em seu teor de umidade natural, é (1) pesado, (2) pintado com uma fina camada de cera ou parafina (para evitar que a água entre ou saia dos poros), (3) pesado novamente $W_t + W_{wax}$ e (4) pesado em água (para obter o volume da amostra + revestimento de cera).

Lembra de **Arquimedes**?). Finalmente, o teor de umidade natural da amostra é determinado. Uma amostra de areia siltosa cimentada é tratada dessa maneira para obter-se sua **densidade de pedaço**. A partir das informações fornecidas a seguir, determine:
a. A densidade úmida
b. A densidade seca
c. O índice de vazios
d. O grau de saturação da amostra

Contexto:

Peso da amostra em seu teor de umidade natural no ar	= 181,8 g
Peso da amostra + revestimento de cera no ar	= 215,9
Peso da amostra + cera em água	= 58,9
Teor de umidade natural	= 2,5%;
Densidade sólida do solo ρ_s	= 2.650 kg/m³
Densidade sólida da cera, ρ_{wax}	= 940 kg/m³

Digrama de fase!

2.33 Um solo argiloso vulcânico sensível foi testado em laboratório e apresentou as seguintes propriedades:
a. $\rho = 1.280$ kg m³
b. $e = 9,0$
c. $S = 95\%$
d. $\rho_s = 2.750$ kg m³
e. $w = 311\%$

Ao analisar os valores, observou-se que um deles era inconsistente com os demais. Identifique o valor inconsistente e expresse-o corretamente. Mostre todos os seus cálculos e diagramas de fases.

2.34 Um cilindro de 15 cm de altura contém 847 cm³ de areia seca solta, pesando 1.229 g. Sob uma carga estática de 200 **kPa**, o volume é reduzido em 3%, e depois, por vibração, é reduzido em 12% em relação ao volume original. Vamos presumir que a densidade sólida dos grãos de areia é de 2.710 kg/m³. Calcule o índice de vazios, a porosidade, a densidade seca e a densidade total correspondente a cada um dos seguintes casos:
a. Areia solta.
b. Areia sob carga estática.
c. Areia vibrada e carregada.

Classificação do solo

2.35 Em papel semilogarítmico de cinco ciclos, trace as curvas de distribuição de dimensão de grãos a partir dos seguintes dados de análise mecânica em seis solos, de A até F. Para cada solo, determine a dimensão efetiva, bem como o coeficiente de uniformidade e o coeficiente de curvatura. Determine também os percentuais de cascalho, areia, silte e argila de acordo com os sistemas (a) **ASTM**, (b) AASHTO, (c) USCS e (d) a norma inglesa.

Peneira padrão EUA Nº ou tamanho da partícula	Percentual que passa por peso					
	Solo A	Solo B	Solo C	Solo D	Solo E	Solo F
75 mm (3 pol.)	100		100			
38(1-½)	70		—			
19(¾)	49	100	91			
9,5(⅜)	36	—	87			
Nº 4	27	88	81		100	
Nº 10	20	82	70	100	89	
Nº 20	—	80	—	99	—	
Nº 40	8	78	49	91	63	

Peneira padrão EUA Nº ou tamanho da partícula	Percentual que passa por peso					
	Solo A	Solo B	Solo C	Solo D	Solo E	Solo F
Nº 60	—	74	—	37	—	
Nº 100	5	—	—	9	—	
Nº 140	—	65	35	4	60	
Nº 200	4	55	32	—	57	100
40 μm	3	31	27		41	99
20 μm	2	19	22		35	92
10 μm	1	13	18		20	82
5 μm	<1	10	14		8	71
2 μm	—	—	11		—	52
1 μm	—	2	10		—	39

Obs.: Os dados ausentes são indicados por um traço na coluna.

2.36 a. O que acontece se você traçar curvas de distribuição de dimensões de grãos com o diâmetro do grão em uma escala aritmética em vez de logarítmica? Qual parte da curva recebe menos ênfase, e por que isso é importante?

b. C_u e C_c têm o mesmo significado quando a distribuição de dimensões de grãos é traçada aritmeticamente? Explique.

2.37 Os solos do Problema 2.35 apresentam os seguintes limites de Atterberg e teores de umidade naturais. Determine o *PI* e o *LI* para cada solo e faça observações sobre sua atividade geral.

Propriedade	Solo A	Solo B	Solo C	Solo D	Solo E	Solo F
w_n, %	27	14	14	11	8	72
LL	13	35	35	—	28	60
PL	8	29	18	NP	NP	28

2.38 Comente sobre a validade dos resultados dos limites de Atterberg nos solos G e H.

	Solo G	Solo H
LL	55	38
PL	20	42
SL	25	—

2.39 Os dados a seguir foram obtidos a partir de um ensaio de limite de liquidez em argila siltosa.

Nº de golpes	Teor de umidade (%)
33	38,4
28	40,2
22	41,6
17	43,3

Duas determinações de limite de plasticidade apresentaram teores de umidade de 24,2 e 23,5%. Determine o *LI* e o *PI*, o índice de escoamento e o índice de tenacidade. O índice de escoamento é a inclinação do teor de umidade em relação ao logaritmo do número de golpes no ensaio de limite de liquidez, e o índice de tenacidade é o *PI* dividido pelo índice de escoamento.

2.40 Classifique os seguintes solos de acordo com o sistema USCS:
  a. Uma amostra de cascalho bem graduado com areia apresenta 73% de cascalho fino a grosso subangular, 25% de areia subangular fina a grossa e 2% de finos. O tamanho máximo das partículas é de 75 mm. O coeficiente de curvatura é 2,7, enquanto o coeficiente de uniformidade é 12,4.
  b. Um solo castanho-escuro e úmido, de odor orgânico, passa 100% pela peneira n° 200. O limite de liquidez é 32% (não seco, e 21% quando seco em estufa!) e o índice de plasticidade é 21% (não seco).
  c. Esta areia apresenta 61% de areia fina predominantemente, 23% de finos siltosos e 16% de cascalho fino subarredondado. O tamanho máximo é de 20 mm, o limite de liquidez é 33% e o limite de plasticidade é 27%.
  d. Este material apresenta 74% de areia avermelhada e subangular fina a grossa e 26% de finos orgânicos e siltosos marrom-escuros. O limite de liquidez (não seco) é 37%, enquanto é de 26% quando secado em estufa. O índice de plasticidade (não seco) é 6.
  e. Embora este solo apresente apenas 6% de finos siltosos e não plásticos, ele tem todo o resto! Possui um teor de 78% de cascalho fino a grosso, subarredondado a subangular, e 16% de areia fina a grossa subarredondada a subangular. O tamanho máximo dos seixos subarredondados é de 500 mm. O coeficiente de uniformidade é 40, enquanto o coeficiente de curvatura é apenas 0,8.

2.41 Você sabe o que está por vir. Classifique os cinco solos da questão anterior de acordo com o método de classificação de solo da **AASHTO**. Os procedimentos para fazer isso estão disponíveis nas referências fornecidas na Seção 2.8 ou na Internet.

2.42 Os resultados do ensaio por peneiramento abaixo fornecem o percentual que passa pela peneira.
  a. Usando uma planilha, trace a distribuição granulométrica.
  b. Calcule o coeficiente de uniformidade.
  c. Calcule o coeficiente de curvatura.

Peneira	Percentual mais fino por peso
½ pol.	83
N° 4	52
N° 10	40
N° 20	32
N° 40	17
N° 60	10
N° 100	8

2.43 Para os dados a seguir, classifique os solos de acordo com o sistema USCS. Para cada solo, indique tanto o símbolo em letras quanto a descrição narrativa.
  a. 65% de material retido na peneira n° 4, 32 % retido na peneira n° 200. $C_u = 3$, $C_c = 1$.
  b. 100% de material passou pela peneira n° 4, 90 % passou pela peneira n° 200. $LL = 23$, $PL = 17$.
  c. 70% de material retido na peneira n° 4, 27 % retido na peneira n° 200. $C_u = 5$, $C_c = 1,5$.

2.44 Uma amostra de solo foi testada em laboratório, e os seguintes resultados de análise granulométrica foram obtidos.

Peneira n°	Abertura da peneira (mm)	Percentual mais grosso por peso
4	4,75	28
10	2,00	46
20	0,85	55
40	0,425	58
60	0,25	64
100	0,15	69
200	0,075	85
Bandeja	—	100

$LL = 34$, $PL = 21$, 28% são mais grossos do que a peneira de ½ pol. Classifique este solo de acordo com o sistema USCS, indicando o símbolo do grupo correspondente.

2.45 Um material menor que a peneira nº 40 apresentou um índice de liquidez de 0,67, um teor de umidade natural de 38,7% e um índice de plasticidade de 18,9. Classifique este solo de acordo com o sistema USCS, indicando o símbolo do grupo correspondente. Você não precisa representar graficamente esses dados; use interpolação linear se precisar de valores específicos não fornecidos.

2.46 Uma amostra de solo foi testada em laboratório, e os seguintes resultados de análise granulométrica foram obtidos:

Peneira nº	Abertura da peneira (mm)	Percentual mais grosso por peso
4	4,75	37
10	2,00	52
20	0,85	64
40	0,425	69
60	0,25	71
100	0,15	77
200	0,075	90
Bandeja	—	100

$LL = 60$, $PL = 26$. Classifique este solo de acordo com o sistema USCS, indicando o símbolo do grupo correspondente.

2.47 Uma amostra de solo foi testada em laboratório, e os seguintes resultados de análise granulométrica foram obtidos:

Peneira nº	Abertura da peneira (mm)	Percentual mais fino por peso
4	4,75	100
10	2,00	92
20	0,85	85
40	0,425	79
60	0,25	71
100	0,15	58
200	0,075	42
Bandeja	—	0

Limites de Atterberg em material menor que a peneira nº 40: $LL = 38$, $PL = 19$. Determine o símbolo de classificação do USCS para este solo.

2.48 Ensaios laboratoriais foram realizados para duas amostras de solo (A e B), e os dados estão resumidos na tabela.

Peneira nº e/ou tamanho da abertura	Percentual que passa da Amostra A	Percentual que passa da Amostra B
3 pol. (76,2 mm)	100	
1,5 pol. (38,1 mm)	98	
0,75 pol. (19,1 mm)	96	
4 (4,75 mm)	77	100
10 (2,00 mm)	Não usado	96
20 (0,85 mm)	55	94
40 (0,425 mm)	Não usado	73
100 (0,150 mm)	30	Não usado
200 (0,075 mm)	18	55
Limite de liquidez	32	52
Limite de plasticidade	25	32

Determine a classificação USCS para as amostras "A" e "B". Use a interpolação de logaritmo conforme necessário.

2.49 Uma amostra de solo foi testada em laboratório, e os seguintes resultados de análise granulométrica foram obtidos:

Peneira n°	Abertura da peneira (mm)	Percentual mais grosso por peso
4	4,75	0
10	2,00	7,2
20	0,85	12,7
40	0,425	28,9
60	0,25	47,6
100	0,15	70,3
200	0,075	84,2
Bandeja	—	100

Limites de Atterberg em material menor que a peneira n° 40: $LL = 56$, $PL = 25$. Determine o símbolo alfabético do sistema USCS (p. ex., GP) para este solo.

2.50 Uma amostra de argila arenosa marrom foi obtida para determinar seus limites de Atterberg e, então, classificar seu tipo de solo de acordo com o Sistema Unificado de Classificação de Solos. Para uma das determinações de PL, o peso úmido + bandeja = 11,53 g, e o peso seco + bandeja = 10,49 g; a bandeja sozinha pesava apenas 4,15 g. Calcule o limite de plasticidade. Outra determinação do limite de plasticidade foi 16,9%. Três determinações do limite de liquidez foram feitas: para 17 golpes, o teor de umidade foi de 49,8%; para 26 golpes, o teor de umidade foi de 47,5%; e para 36 golpes, o teor de umidade foi de 46,3%. Avalie o tipo de solo, indique as informações em um gráfico de plasticidade e atribua-lhe um símbolo do **Sistema Unificado de Classificação de Solos**.
Obs: procure nos livros modernos de Geotécnica as conversões de unidades para os diferentes sistemas classificatórios.

REFERÊNCIAS

Aashto (2010). *Standard Specifications for Transportation Materials and Methods of Sampling and Testing*, 30th ed., American Association for State Highway and Transportation Officials, Washington, D.C. Part I, Specifications, 828 p.; Part II, Tests, 998 p.

Al-Hussaini, M.M. (1977). "Contribution to the Engineering Soil Classifications of Cohesionless Soils," *Final Report*, Miscellaneous Paper S-77-21, U.S. Army Engineer Waterways Experiment Station, Vicksburg, MS, 61 p.

Atterberg, A. (1905). "Die Rationelle Klassifikation der Sande und Kiese," *Chemiker-Zeitung*, Vol. 29, pp. 195–198.

Atterberg, A. (1911). "Lerornas Förhållande till Vatten, deras Plasticitetsgränser och Plasticitets-grader," ("The Behavior of Clays with Water, Their Limits of Plasticity and Their Degrees of Plasticity"), *Kungliga Lantbruk-sakademiens Handlingar och Tidskrift*, Vol. 50, No. 2, pp. 132–158; also in *Internationale Mitteilungen für Boden-kunde*, Vol. 1, pp. 10–43 ("Über die Physikalische Bodenuntersuchung und über die Plastizität der Tone").

Atterberg, A. (1916). "Konsistensläran – En Ny Fysikalisk Lära" ("Consistency Science–A New Physical Science"), *The Swedish Journal of Chemistry*, Vol. 28, pp. 29–37.

Burmister, D.M. (1948). Discussion of "Classification and Identification of Soils" by A. Casagrande, *Transactions*, ASCE, Vol. 113, pp. 971–977.

Canadian Geotechnical Society (2006). *Canadian Foundation Engineering Manual*, 4th ed., Canadian Geotechnical Society, BiTech Publishers, Richmond, British Columbia, 488 p.

Casagrande, A. (1932). "Research on the Atterberg Limits of Soils," *Public Roads*, Vol. 13, No. 8, pp. 121–136.

Casagrande, A. (1948). "Classification and Identification of Soils," *Transactions*, ASCE, Vol. 113, pp. 901–930.

Casagrande, A. (1958). "Notes on the Design of the Liquid Limit Device," *Géotechnique*, Vol. VIII, pp. 84–91.

Galster, R.W. (1992). Notes on Engineering Geology, CESM 599B, University of Washington, EG 2: "*Origin and Classification of Geologic Materials*," EG3/4, 11 p.; *Geologic Processes and Their Importance in Civil Engineering*, 18 p.

HANSBO, S. (1957). "A New Approach to the Determination of the Shear Strength of Clay by the Fall-Cone Test," *Proceedings No. 14*, Swedish Geotechnical Institute, 47 p.

HANSBO, S. (1975). *Jordmateriallära*, Almqvist & Wiksell Förlag AB, Stockholm, 218 p.

HANSBO, S. (1994). *Foundation Engineering*, Elsevier Science B.V., Amsterdam, 519 p.

HEAD, K.H. (2006). *Manual of Soil Laboratory Testing*, 3rd ed., Whittles Publishing, 416 p.

HOGENTOGLER, C.A. AND TERZAGHI, C. (1929). "Interrelationship of Load, Road, and Subgrade," *Public Roads*, Vol. 10, No. 3, pp. 37–64.

HOWARD, A.K. (1984). "The Revised ASTM Standard on the Unified Soil Classification System," *Geotechnical Testing Journal*, ASTM, Vol. 7, No. 4, pp. 216–222.

KARLSSON, R. (1977). "Consistency Limits," in cooperation with the Laboratory Committee of the Swedish Geotechnical Society, Swedish Council for Building Research, Document D6, 40 p.

LAMBE, T.W. (1951). *Soil Testing for Engineers*, Wiley, New York, 165 p.

LIU, T.K. (1970). "A Review of Engineering Soil Classification Systems," *Special Procedures for Testing Soil and Rock for Engineering Purposes*, 5th ed., ASTM Special Technical Publication No. 479, pp. 361–382.

TAYLOR, D.W. (1948). *Fundamentals of Soil Mechanics*, Wiley, New York, 712 p.

U.S. DEPARTMENT OF THE INTERIOR (1990). *Earth Manual*, Part 1, 3rd ed., Materials Engineering Branch, 311 p.

U.S. ARMY CORPS OF ENGINEERS (1986). "Laboratory Soils Testing," *Engineer Manual EM 1110-2-1906*, 282 p.

U.S. ARMY ENGINEER WATERWAYS EXPERIMENT STATION (1949). "Simplification of the Liquid Limit Test Procedure," *Technical Memorandum* No. 3–286, Correlations of Soil Properties with Geologic Information, Report Nº 1, Corps of Engineers, U.S. Army, 48 p.

U.S. ARMY ENGINEER WATERWAYS EXPERIMENT STATION (1960). "The Unified Soil Classification System," *Technical Memorandum* No. 3–357; Appendix A, Characteristics of Soil Groups Pertaining to Embankments and Foundations, 1953; Appendix B, Characteristics of Soil Groups Pertaining to Roads and Airfields, 1957.

U.S. BUREAU OF RECLAMATION (1974). *Earth Manual*, 2nd ed., Denver, 810 p.

LEITURA RECOMENDADA

WOLFF, T.H. (1989). "Pile capacity prediction using parameter function," *Predicted and Observed Axial Behavior of Piles, Results of a Pile Prediction Symposium*, ASCE, No. 23, pp. 96-106.

CAPÍTULO 3
Geologia, formas de relevo e a evolução dos geomateriais

3.1 IMPORTÂNCIA DA GEOLOGIA PARA A ENGENHARIA GEOTÉCNICA

A engenharia geotécnica é o ramo da engenharia civil que aplica a sua tecnologia a determinados aspectos da terra. O conhecimento de geologia é muito importante para a prática bem-sucedida da engenharia geotécnica e é útil em várias outras áreas da engenharia civil. Portanto, neste capítulo, apresentaremos aspectos relevantes da geologia. Acreditamos que os alunos devem ter algum conhecimento sobre a origem e a natureza dos materiais geológicos antes de começarem a estudar engenharia geotécnica.

Engenheiros civis, geotécnicos e geólogos se encontrarão em desvantagem e terão inúmeras dificuldades em suas atividades profissionais se não conhecerem a origem dos depósitos com os quais estão trabalhando, pois, além da geologia, a mecânica das rochas e a dos solos são ciências correlatas à geotecnia e à geologia de engenharia, tornando-se, então, imperiosas as atividades de inter-relacionamento entre esses profissionais.

Além disso, abordaremos a geologia e a mineralogia dos solos ao nível das partículas, incluindo a estrutura do solo e os fundamentos da interação entre partículas de solo e água.

Embora este capítulo forneça algumas noções básicas, ele não substitui cursos reconhecidos de geologia física, geomorfologia, geologia de engenharia e mineralogia de solos. Sugerimos que você se matricule no maior número possível desses cursos, de acordo com a sua disponibilidade de tempo. Se você já fez um ou mais cursos de geologia, este capítulo será útil como uma revisão.

3.1.1 Geologia

Basicamente, a **geologia** (do grego: *ge* = terra + *logos* = palavra, pensamento, ciência) é a ciência que se preocupa em decifrar a história geral da Terra, desde o momento em que se consolidaram as primeiras rochas até o momento atual. Também é preocupação da geologia a história evolutiva da vida em nosso planeta, desde as primeiras formas surgidas nos oceanos primitivos até as formas atuais, através de um ramo das geociências denominado Paleontologia. Trata-se de uma ciência filosófica--interpretativa na qual os geólogos usam evidências descritivas – muitas vezes incompletas – registradas nas rochas, complementadas com diversos métodos científicos avançados (p. ex., ensaios químicos, radiocronologia) para deduzir processos presentes e passados que afetaram e/ou afetam o nosso planeta. É um campo extremamente amplo que inclui o estudo de rochas (petrologia e petrografia), minerais (mineralogia), geologia estrutural, geofísica, geoquímica, geologia ambiental, geologia histórica, paleontologia (estudo de fósseis), geologia econômica, geomorfologia, geotectônica, geotecnia, prospecção e hidrogeologia. Processos geológicos como vulcanismo, glaciações, sedimentação, bem como os depósitos materiais associados a esses processos, também fazem parte da geologia. Os ramos da geologia mais relevantes para a engenharia civil são a geologia física, a geomorfologia, a geotecnia e a hidrogeologia. A petrologia e a mineralogia são importantes na engenharia de materiais de construção civil e na metalurgia, e alguns aspectos da geologia estrutural se aplicam à mecânica das rochas, à engenharia de rochas e à engenharia sísmica.

Além da hidrogeologia, a geoquímica e a geologia ambiental são aspectos importantes da engenharia geoambiental. Embora a geologia de engenharia às vezes seja considerada outro ramo da geologia, consideramos que é um campo interdisciplinar entre geologia e engenharia civil significativamente atrelado à prática da engenharia geotécnica.

3.1.2 Geomorfologia

A **geomorfologia** é o ramo da geologia que se concentra na forma ou no formato da superfície da Terra. A geomorfologia envolve o estudo das formas de relevo específicas: sua origem, os processos geológicos envolvidos em sua formação e sua composição.

Por que estudar formas de relevo? Bem, se pudermos identificar a(s) forma(s) de relevo específica(s) em determinada área, então saberemos como ela foi gerada e os processos geológicos envolvidos, quais solos e rochas provavelmente existem no local e quais são suas prováveis propriedades técnicas. Essas informações nos ajudam a predizer problemas de engenharia que podem ocorrer nesse local. Essencialmente, é assim que a geomorfologia é aplicada na prática geotécnica. Por consequência, a equação básica para engenheiros geotécnicos é:

$$\text{geologia} \Rightarrow \text{forma de relevo específica} \Rightarrow \text{solos/rochas} \Rightarrow \text{informações de engenharia e problemas potenciais em um local} \quad (3.1)$$

Em geral, qualquer forma de relevo é uma função de:

1. rochas ou solos originais (composição e relação estrutural);
2. processos atuantes nessas rochas e solos (p. ex., transporte por água); e
3. período em que esses processos ocorrem.

Neste capítulo, discutiremos esses fatores, as formas de relevo produzidas, bem como as rochas e os solos típicos geralmente encontrados nessas formas de relevo. Também observaremos as características técnicas importantes e os problemas advindos, frequentemente associados às formas de relevo.

3.1.3 Geologia de engenharia

A **geologia de engenharia** é um campo interdisciplinar entre a engenharia e a geologia, intimamente relacionado, na prática profissional, à engenharia geotécnica. Os geólogos de engenharia obtêm as informações e os dados geológicos necessários para descrever as características e os processos geológicos pertinentes, assim como a estrutura e as características das rochas e de outros depósitos em um local ou projeto, e interpretam essas informações para o uso de engenheiros civis (geotécnicos, de materiais ou de construção). Os geólogos de engenharia desempenham um papel importante no planejamento, projeto e construção de grandes projetos de engenharia civil. Como Galster (1992) observou, a geologia de engenharia oferece

> uma descrição geológica completa e precisa de um local e áreas relevantes, determinando a adequação das condições geológicas para o projeto pretendido e disponibilizando orientação apropriada ao engenheiro/projetista ao longo do período de planejamento, construção e operação do projeto.

Nos últimos anos, os geólogos de engenharia têm se tornado cada vez mais ativos nos aspectos ambientais da engenharia geotécnica (também conhecida como **engenharia geoambiental**). Um bom exemplo é o papel importante que as condições geológicas desempenham na determinação do movimento das águas subterrâneas e no projeto de instalações como aterros sanitários.

Como engenheiro civil, você deve reconhecer as limitações de sua própria formação e experiência, especialmente no que diz respeito à geologia, e, quando apropriado, estar preparado para recorrer aos serviços de um geólogo de engenharia profissional.

3.2 A TERRA, MINERAIS, ROCHAS E ESTRUTURA DAS ROCHAS

3.2.1 A Terra

A Terra é um sistema muito complexo e dinâmico, consolidado há cerca de 4,6 bilhões de anos e que vem, durante esse longo tempo geológico, sofrendo mudanças contínuas. É um elipsoide de rotação com diâmetro de rotação de 12.756.824 m e diâmetro polar de 12.73.824 m, sendo constituída do interior para o exterior por subsistemas complexos (camadas concêntricas): núcleo, manto, litosfera, biosfera, hidrosfera e atmosfera.

O **núcleo interno** (denso e fundido) é composto por Fe +10-20% de Ni, com temperatura em torno de 5.000 °C; já em sua parte mais externa, é composto por Fe + 12% de S, Si, O_2, Ni e K, com temperatura em torno de 2.500 °C. O **manto,** com temperatura em torno de 2.000 °C, é composto por rochas denominadas peridotitos, ricas em Fe-S-Mg. Entre o manto e a litosfera, há uma camada plástica/fluidal (dúctil) denominada **astenosfera** (entre 100-150 km de espessura), onde os materiais se movimentam impulsionados por correntes de convecção, por onde circula o calor interno da Terra, sendo a mesma responsável pelos terremotos e pelo vulcanismo ativo. Acima dela está a **litosfera**, com 5 a 90 km de espessura e temperaturas entre 800 e 1.000 °C; sua crosta oceânica é composta por gabro + basalto, enquanto sua crosta continental é formada por granioides. Na superfície da crosta temos a **biosfera** (animais e vegetais), a **hidrosfera** (lagos, rios, mares e oceanos) e, envolvendo tudo isso, a **atmosfera**: camada gasosa com 78,1% de N_2, 21% de O_2, 4% de $H_2O_{(v)}$, 0,039% de CO_2 e 0,03% de gases nobres (principalmente argônio).

A maior parte da atividade vulcânica e de formação de montanhas na superfície terrestre ocorre onde as grandes placas litosféricas (denominadas **placas tectônicas** – fundos oceânicos e continentes) se encontram, colidem ou se movem – lado a lado ou uma sobre ou sob a outra. As interseções das placas também parecem ser os principais pontos de atividades sísmicas (terremotos) registradas. O estudo das placas e de seus movimentos, um aspecto importante da geologia e da geofísica modernas, é chamado de **tectônica de placas**.

Na prática da engenharia civil, focamos principalmente nas rochas, nos solos e nos materiais feitos pelo homem encontrados na crosta terrestre. Somente no caso da **engenharia sísmica** está o domínio de interesse mais profundo da tectônica de placas e da geofísica. A engenharia sísmica trata do projeto, do desempenho e da operação de estruturas de engenharia civil e outras instalações que possam ser submetidas a terremotos e abalos sísmicos durante suas vidas úteis.

3.2.2 Minerais

Mineral é qualquer sólido natural formado por processos geológicos na Terra ou em corpos extraterrestres, com composição química e propriedades cristalográficas bem definidas e que merece um nome único. Os minerais são sólidos nas **CNTP** (condições normais de temperatura e pressão), com exceção do mercúrio nativo Hg, que é líquido.

Foram identificadas, até o momento, 6.064 espécies minerais. Em torno de 40 dessas espécies (andaluzita, "attapulgita", barita, "bentonita", bórax, "cabazita", calcita, caolinita, celadonita, cianita, clinoptilolita, criolita, crisotila, diamante, dolomita, "erionita", fluorita, gipsita, "granada", hematita, magnetita, magnesita, molibdenita, montmorillonita, mordenita, mullita, muscovita, ortoclásio, "phillipsita", pirofilita, pirolusita, quartzo, rutilo, sepiolita, sillimanita, talco, trona, vermiculita e wollastonita) são importantes no contexto da indústria da engenharia civil.

Os principais minerais formadores das rochas ígneas são os silicatos. A identificação desses é bastante variável. Alguns demandam análises visuais de suas principais propriedades cristalográficas, físicas e ópticas por meio de tabelas que caracterizam cada um deles; já os de mais difícil identificação demandam análises químicas e de difração de raios X. Por exemplo, a montmorillonita, um dos minerais mais problemáticos para a engenharia civil (devido às suas características expansivas), só pode ser diferenciada de outros argilominerais por essas análises.

Um pequeno número de minerais é responsável pela maioria dos problemas de engenharia. Por exemplo, alguns minerais são solúveis (p. ex., calcita, dolomita, gipsita, anidrita e halita), enquanto outros liberam ácido sulfúrico quando se degradam (p. ex., pirita) e outros, ainda, apresentam baixos coeficientes de atrito (p. ex., argilominerais, talco, "cloritas", "serpentinas", micas e grafita). Os minerais potencialmente expansíveis incluem a anidrita e alguns argilominerais (p. ex., montmorillonita, vermiculita). É possível que você já esteja ciente, devido aos seus estudos sobre concretos, que diversos minerais que podem integrar a composição do agregado (como quartzo – variedade "sílex", gipsita e micas, além de algumas rochas vulcânicas) reagem de forma desfavorável com o cimento Portland presente no concreto.

3.2.3 Rochas

Rocha é um agregado natural formado por um (monominerálicas) ou mais minerais (poliminerálicas) encontrados na crosta terrestre ou próximo dela. Petrologistas (geólogos que se especializam em rochas) geralmente classificam as rochas, de acordo com sua gênese ou origem, em três grupos principais: **ígneas**, **sedimentares** e **metamórficas**.

As rochas ígneas (também chamadas magmáticas) são aquelas formadas por fusões no interior do planeta (por isso são chamadas de **plutônicas**) devido à consolidação do magma (p. ex., granitos). O líquido magmático que ascende e extravasa na superfície da crosta terrestre, ou próximo dela, e vem a cristalizar nesses ambientes forma as denominadas rochas ígneas vulcânicas (p. ex., basalto).

As rochas sedimentares são aquelas originadas a partir da desagregação de outras rochas preexistentes (ígneas, metamórficas e até mesmo sedimentares mais antigas). A desagregação se dá por erosão e o material resultante é transportado pelos agentes dinâmicos da atmosfera até serem depositados em ambientes especiais; também se formam por precipitação de sais nos ambientes deposicionais da superfície da Terra (lagos, pântanos, manguezais, desertos, rios, mares e oceanos). As dimensões dos agregados podem variar desde os fragmentos mais grosseiros até as menores partículas coloidais (Pettijohn, 1975).

As rochas metamórficas são aquelas (de origem ígnea ou sedimentar e, também, metamórficas preexistentes – retrometamorfismo) levadas por processos geológicos a condições geológicas deferentes daquelas em que se formaram. Assim, elas sofrem transformações sob novas condições de temperatura, pressão, agentes voláteis e atritos com outras rochas, mudando suas características texturais, mas nem sempre sua composição mineralógica.

O seguinte esquema de classificação das principais rochas parece ser prático para engenheiros civis.

I. Rochas ígneas
 A. Plutônicas (cristalinas com textura grosseira):
  • granito; granodiorito; diorito; quartzo diorito; sienito; gabro.
 B. Rochas vulcânicas (cristalinas com textura fina):
  • basalto; diabásio; andesito; riolito; traquito; além de material vulcanoclástico, ejeções vulcânicas, tufo, brecha, obsidiana (vidro vulcânico), lava ("aa", pahoehoe).

II. Rochas sedimentares
 A. Químicas (precipitações):
  • sílex; calcário; dolomito; sal-gema (halita + sylvita); gipsita; anidrita.
 B. Clásticas:
  • arenito; folhelho; siltito; argilito; lamito; conglomerado; brecha sedimentar.
 C. Biológicas:
  • carvão fóssil; calcário de recifes de coral; calcário de giz; diatomito.

III. Rochas metamórficas
 A. Não foliadas maciças:
  • quartzito; cornubianito (*hornfels*); anfibolito; granulito; mármore.
 B. Foliadas:
  • xisto; filito; ardósia; serpentinito; gnaisse.

Obs.: algumas definições adicionais são necessárias. A textura **clástica** refere-se a rochas compostas por fragmentos quebrados de rochas preexistentes e minerais diversos, unidos ou cimentados por outro mineral ou por algum produto químico natural. Assim, **vulcanoclásticas** são rochas clásticas de origem vulcânica, enquanto rochas clásticas sedimentares são aquelas transportadas, sedimentadas e, em seguida, transformadas em rochas sedimentares clásticas por cimentação química, pressão e/ou temperatura. Em relação às rochas ígneas, **lava** é um nome genérico para a rocha fundida entre 700-1.350°, que, ao resfriar-se em superfície, forma as rochas efusivas ou vulcânicas (p. ex., basalto); já uma rocha plutônica é aquela que se resfria lentamente no interior da crosta terrestre, gerando os granitoides. O nome "plutônica" se refere à forma de plútons que esses reservatórios apresentam em subsuperfície, em estruturas que lembram cogumelos.

A textura cristalina significa que as rochas são compostas, principalmente, por minerais que se desenvolveram nelas próprias. Devido ao resfriamento rápido na superfície, as rochas vulcânicas contêm minerais diminutos, não visíveis a olho nu. Por outro lado, as rochas plutônicas resfriam de forma muito lenta em profundidade e, portanto, são grosseiramente cristalinas, pelo fato de que seus minerais têm tempo para se nuclearem.

Rochas resultantes da **precipitação de sais** são aquelas rochas sedimentares resultantes da precipitação química em um ambiente marinho ou de evaporação (evaporitos). Os sedimentos e as rochas biológicas têm, naturalmente, uma origem orgânica. As rochas metamórficas **foliadas** são bandadas ou laminadas; elas resultam do achatamento dos grãos minerais constituintes devido às temperaturas e pressões extremas que causam metamorfismo. As rochas metamórficas não foliadas são aquelas que não desenvolveram foliação como resultado de seu metamorfismo.

Existem muitos exemplos de problemas de engenharia associados diretamente a tipos específicos de rochas. Por exemplo, barragens já sofreram rupturas e reservatórios já vazaram quando foram construídos sobre rochas solúveis como carbonatos e sulfatos, e tais depósitos também podem causar sumidouros, sobretudo quando há água subterrânea quimicamente agressiva presente (p. ex., de resíduos de mineração ou rejeitos). Folhelhos podem se expandir ou amolecer quando expostos à água ou até mesmo ao ar, podendo tornar-se frágeis e compressíveis. As rochas expansivas causam sérios problemas na construção de túneis quando os materiais são aliviados da tensão durante a escavação. As rochas foliadas e estratificadas frequentemente apresentam planos de fraqueza que podem causar deslizamentos de terra e problemas de estabilidade em escavações. Kiersch e James (1991) descrevem uma série de falhas inacreditáveis de estruturas de engenharia civil diretamente relacionadas a essas e outras condições geológicas, bem como à atividade humana. Essas falhas, muitas delas causando fatalidades às populações próximas, destacam a importância de os engenheiros civis identificarem condições geológicas potencialmente perigosas o mais cedo possível no ciclo de projeto e construção. Exemplos no Brasil podem ser observados em **Geologia de Engenharia: conceitos, método e prática** (2009) e em **Diálogos com a Terra: é preciso conversar mais com a Natureza** (2008), de Álvaro Rodrigues dos Santos, citado nas referências.

3.2.4 Estrutura das rochas

Quando maciços rochosos são submetidos a diferentes condições de tensão, como compressão, tração e cisalhamento, eles podem se dobrar, se deslocar e se romper, mesmo sob condições de altas pressões confinantes e temperatura. Esses processos resultam em características como juntas, dobras e falhas, todas elas influenciando fortemente o comportamento técnico dos maciços rochosos.

As **juntas** são superfícies de fratura regulares e relativamente planares, com espaçamentos variando de alguns milímetros a vários metros, ao longo dos quais pouco ou nenhum movimento ocorreu. As juntas ocorrem devido a tensões de tração ou cisalhamento no maciço rochoso e são extremamente importantes em mecânica de rochas e engenharia de rochas. Mesmo se a rocha estiver íntegra entre as juntas e for muito resistente e impermeável, estas, em geral, tornam o maciço rochoso mais fraco e permeável. Consulte os estudos de Goodman (1989) para detalhes sobre como as juntas de rochas são observadas, medidas e testadas quanto às características de resistência e atrito. Quando camadas e estratos, especialmente de rochas sedimentares, são submetidos à flexão sem ruptura, a deformação dos leitos cria uma série de estruturas, como diferentes tipos de **dobras**, **domos**, **bacias** e **arcos**. Algumas dessas estruturas são muito grandes e podem cobrir centenas de quilômetros quadrados da superfície terrestre. Os estilos de dobras são mostrados na Figura 3.1.

Uma **falha** ocorre quando o maciço rochoso se rompe e ocorre um movimento ou deslocamento relativo de cisalhamento dos blocos ao longo da superfície de ruptura. Vários tipos de falhas foram identificados, dependendo de como ocorre o movimento, e estas são apresentadas na Figura 3.2. Uma série de falhas espaçadas e aproximadamente paralelas é chamada de **zona de cisalhamento** ou de **falha**.

A orientação espacial de características geológicas como camadas, juntas, dobras e falhas de rochas é descrita pelos termos mergulho e direção, como ilustrado na Figura 3.3 para um

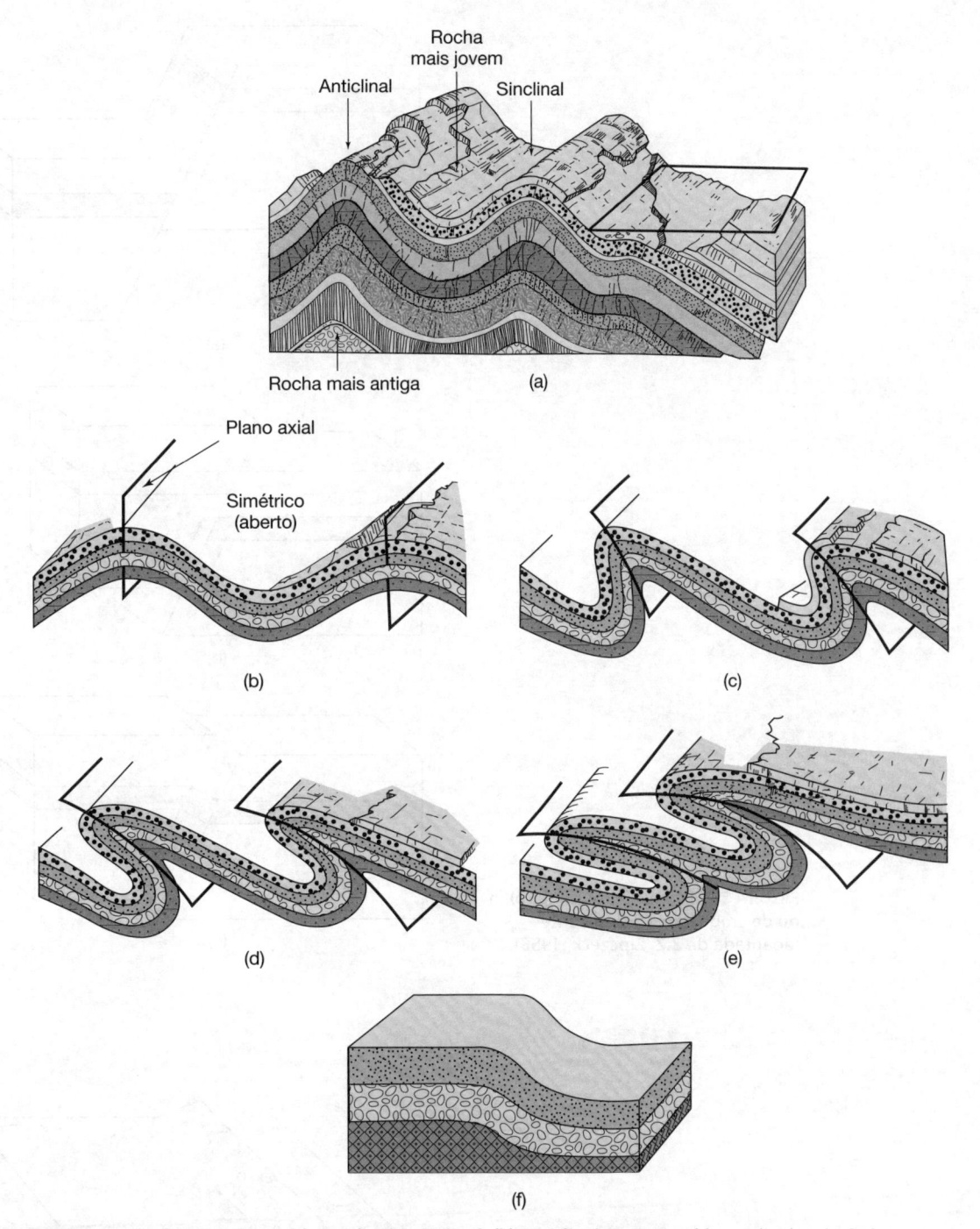

FIGURA 3.1 Estilos de dobras: (a) anticlinal e sinclinal; (b) anticlinal simétrico; (c) anticlinal assimétrico; (d) anticlinal invertido; (e) anticlinal tombado; (f) monoclinal (adaptada de Chernicoff e Venkatakrishnan, 1995).

estrato inclinado. O mergulho ou ângulo de mergulho de uma feição geológica é o ângulo agudo entre a mesma e algum plano de referência, geralmente o horizontal. A direção de uma falha é o azimute da feição no plano horizontal. Observe que o mergulho e a direção estão em ângulos retos entre si.

As estruturas rochosas produzem uma série de formas de relevo interessantes. Algumas das mais significativas serão discutidas na Seção 3.3.9.

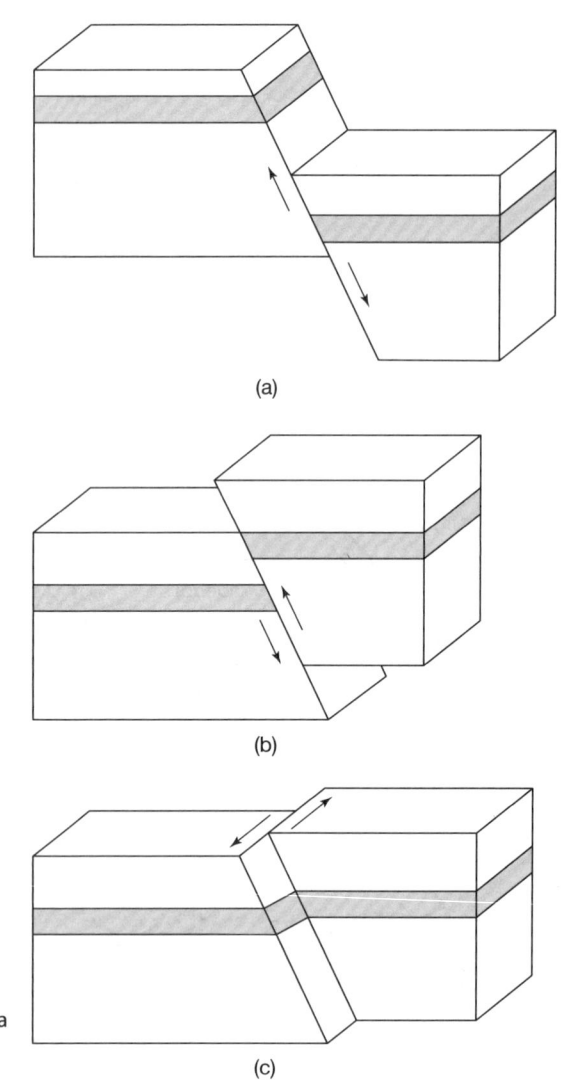

FIGURA 3.2 Falhas: (a) normal; (b) inversa ou de empurrão; (c) deslizante (adaptada de Z.Z. Zipczeck, 1956).

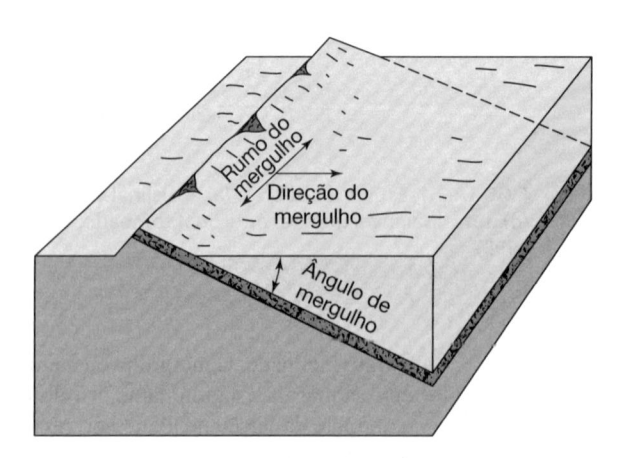

FIGURA 3.3 Definição de direção e mergulho (adaptada de Emmons et al., 1955).

3.3 PROCESSOS GEOLÓGICOS E FORMAS DE RELEVO

Anteriormente, mencionamos que a geomorfologia trata das formas do relevo: sua origem, os processos geológicos envolvidos em sua formação e sua composição. Como formas de relevo específicas indicam os processos geológicos que as produziram, é importante conseguir reconhecer as diferentes formas de relevo e seus materiais terrestres comumente associados, além dos problemas potenciais de projeto e construção.

Os três fatores que controlam a formação de uma determinada forma de relevo são: (1) os materiais terrestres (sua composição e relação estrutural); (2) os processos geológicos atuando nos materiais terrestres; (3) o período de tempo durante o qual esses processos ocorrem.

O tempo geológico (contado em milhões ou bilhões de anos), para a maioria dos humanos, é algo incompreensivelmente longo. Ainda assim, possui aspectos que precisamos entender. Alguns processos geológicos são de longa duração; outros podem ocorrer em um período relativamente curto de tempo – por exemplo, durante um projeto de construção. Tanto os processos contemporâneos quanto os antigos e suas formas de relevo resultantes podem influenciar, de forma significativa, em projetos de engenharia. Para os engenheiros civis, a idade relativa de um depósito ou a forma de relevo é normalmente mais importante do que a idade absoluta, muito embora esta possa ser importante para entendermos os processos contemporâneos. A Tabela 3.1 ajudará você a entender a escala de tempo geológico.

Nesta seção, descreveremos um processo geológico específico, as formas de relevo produzidas, os solos e as rochas típicos envolvidos e algumas das preocupações de engenharia associadas a cada forma de relevo.

3.3.1 Processos geológicos e a origem de materiais terrosos

Os processos geológicos podem ser descritos de acordo com a origem de sua atividade, ou seja: (1) na superfície terrestre; (2) abaixo da superfície terrestre; (3) em casos raros, extraterrestres.

Os processos geológicos que se originam na superfície terrestre incluem intemperismo, gravidade, água superficial, gelo (geleiras), vento, atividade vulcânica, ação de organismos (plantas e animais, incluindo seres humanos) e combinações desses processos. Os processos geológicos superficiais também podem ser classificados de acordo com seus resultados, como agregacionais (deposicionais ou de construção) ou degradacionais (erosivos ou de desgaste). A maioria dos processos é tanto degradacional quanto agregacional ao mesmo tempo, se não no mesmo local geográfico. Rios e geleiras, por exemplo, podem estar erodindo em um lugar e depositando-se em outro, tudo dentro do mesmo sistema fluvial ou glacial. Vulcões podem ser tanto degradacionais quanto agregacionais no mesmo evento. Na erupção do Monte Santa Helena (em Washington, nos Estados Unidos), em maio de 1980, cerca de 400 m do topo do vulcão foram destruídos (processo degradacional), enquanto grandes volumes de cinzas vulcânicas com espessuras variando de alguns metros a uma leve camada de poeira foram depositados (processo agregacional).

Os processos geológicos subsuperficiais de interesse para engenheiros geotécnicos incluem processos de águas subterrâneas, tectônicos e plutônicos. Estes serão descritos no final do capítulo.

Objetos extraterrestres (queda de meteoritos) que impactam a superfície terrestre podem deixar crateras localmente importantes, mas não costumam ser relevantes para engenharia, como a Meteor Crater, em Winslow, Arizona, Estados Unidos.

A Tabela 3.2, adaptada do estudo de Galster (1992), lista a origem de diferentes sedimentos e materiais superficiais juntamente com o processo geológico específico que os produziu.

A identificação da origem é importante, porque conhecer a origem de um determinado depósito de solo ajuda você a estimar sua distribuição, variação e até mesmo alguns de seus usos e limitações potenciais, como fundação ou material de construção. Um exemplo especial é de materiais depositados pelos ventos ou eólicos. Como as partículas transportadas pelo vento são pequenas e não têm coesão suficiente, geralmente consistem em materiais argilosos e/ou arenosos que são depositados de maneira solta. Isso os torna inadequados para servir como fundação e os tornam propensos ao transporte.

3.3.2 Intemperismo

O **intemperismo** é a alteração da composição ou da estrutura das rochas na superfície terrestre ou próxima dela por processos físicos, químicos ou biológicos. O **intemperismo físico** causa a desintegração mecânica das rochas por mudanças na temperatura (variação de temperatura,

TABELA 3.1 Tempo geológico para engenheiros civis

Éon	Era	Período	Época	Duração (anos AP × 10⁶)	Limite de idade (anos AP × 10⁶)	Tradução para os engenheiros
Fanerozoico	Cenozoica	Quaternário	Holoceno	0,015		**Muito** jovem
			Pleistoceno	1,6	1,6	Jovem
		Terciário[1]	Plioceno	3,7		
			Mioceno	18,4		
			Oligoceno	12,9		Não tão jovem
			Eoceno	21,2		
			Paleoceno	8,6	66,4	
	Mesozoica	Cretáceo		78		
		Jurássico		64		Velho
		Triássico		37	245	
	Paleozoica	Permiano		41		
		Carbonífero		74		
		Carbonífero		74		
		Devoniano		48		Mais velho
		Siluriano		30		
		Ordoviciano		67		
		Cambriano		65	570	
Pré-cambriano	Proterozoica			1.930		
	Arqueana			1.300		**Muito** velho
	Hadeana			800		
					~ 4.600	

[1]Atualmente, o termo "terciário" é mais comumente dividido nos períodos "Paleógeno" (Oligoceno, Eoceno e Paleoceno) e "Neógeno" (Plioceno e Mioceno).
Adaptada de Chernicoff e Venkatakrishnan (1995)

cristalização de sais e congelação) e ação de agentes como geleiras, ondas e ventos. A atividade biológica inclui as ações de plantas (crescimento de raízes e ação de ácidos húmicos) e animais (incluindo o homem, roedores, cupins, formigas etc.) e os processos podem ser físicos e/ou químicos.

O **intemperismo químico** causa a total decomposição das rochas por ação química, ou seja, oxidação, redução, hidrólise, carbonização e ação de ácidos orgânicos. Em geral, o intemperismo químico domina em climas temperados e tropicais, enquanto o intemperismo físico tende a ser mais importante em climas árticos e em altitudes elevadas nas zonas temperadas.

TABELA 3.2 Processos geológicos superficiais e materiais produzidos

Processo superficial	Descrição	Material produzido [nome do solo, se houver]
Intemperismo	Material intemperizado *in situ*	Residual [resíduo]
Gravidade	Deposição devido à gravidade; lavagem de encostas	Coluvial [colúvio]
Água superficial	Deposição fluvial (corrente)	Aluvial [alúvio]
Marinho e costeiro	Deposição marinha e costeira	Marinho e costeiro
Lacustre	Deposição em lagos	Lacustre
Gelo	Deposição associada ao gelo glacial e ao solo congelado	Glacial
Vento	Deposição pelo vento	Eólico
Vulcânico	Deposição pelo vulcanismo	Vulcânico
—	Atividades humanas	Antrópico (aterro artificial)

Baseado no estudo de Galster (1992).

Os produtos finais do intemperismo são todos os tipos de solos, às vezes chamados de resíduos. O intemperismo físico tende a produzir solos de granulação mais grossa, variando de matacões e seixos a cascalhos, areias e siltes (essas dimensões de grãos são definidas com precisão no Capítulo 2). O intemperismo químico produz vários tipos de argilominerais. Por exemplo, a hidrólise de minerais feldspáticos e micas ("biotita") em rochas graníticas produz o argilomineral caulinita, um constituinte importante de solos de grãos finos. Outros tipos de argilominerais são produzidos a partir de diferentes minerais de rochas sob diferentes condições químicas, climáticas e de drenagem. Os argilominerais e outros produtos do intemperismo são discutidos em detalhes na Seção 3.6.

O **carste** (do alemão: *karst*; e do esloveno: *kras*) **e as características cársticas** – algumas vezes, formas de relevo específicas resultam do intemperismo. O exemplo mais conhecido e importante é o desenvolvimento da topografia **cárstica** e das características cársticas em rochas carbonáticas solúveis, conforme mostrado na Figura 3.4.

O nome "carste" vem de um planalto calcário particular localizado na costa da Dalmácia, na Croácia, que se estende pela Eslovênia e pela Itália ao longo do mar Adriático. Como o calcário e outras rochas carbonáticas são comuns em todo o mundo, as características e a topografia cárstica são muito importantes, do ponto de vista geotécnico, onde tais rochas ocorrem. No Brasil, um clássico acidente ocorrido nessas morfologias deu-se na cidade de Cajamar, em São Paulo, em 1986, quando vários quarteirões sofreram subsidência e as construções caíram dentro das dolinas formadas pelo colapso do carste.

A água pluvial é ligeiramente ácida porque dissolve o dióxido de carbono da atmosfera, produzindo ácido carbônico, e pode se tornar ainda mais ácida devido à poluição do ar e aos solos enriquecidos com matéria orgânica. Níveis extremos de acidez da água subterrânea podem resultar de operações de mineração e dos resíduos (ou rejeitos) produzidos. As rochas carbonáticas

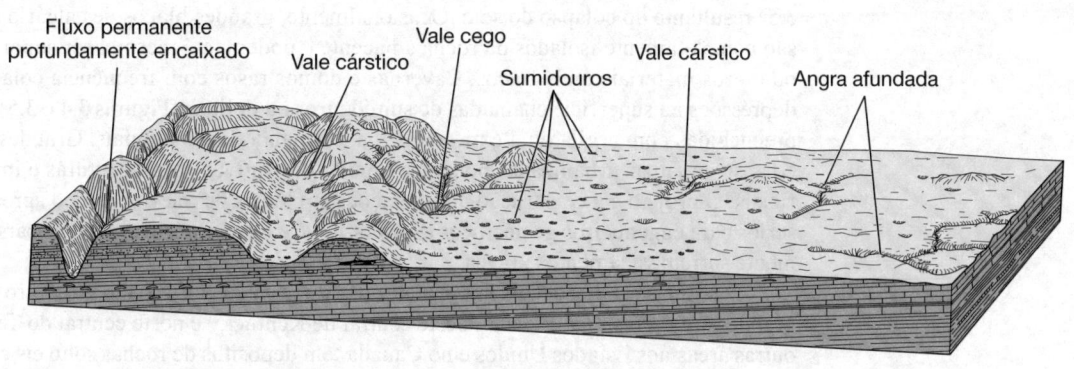

FIGURA 3.4 Características típicas da paisagem cárstica (Thornbury, 1954).

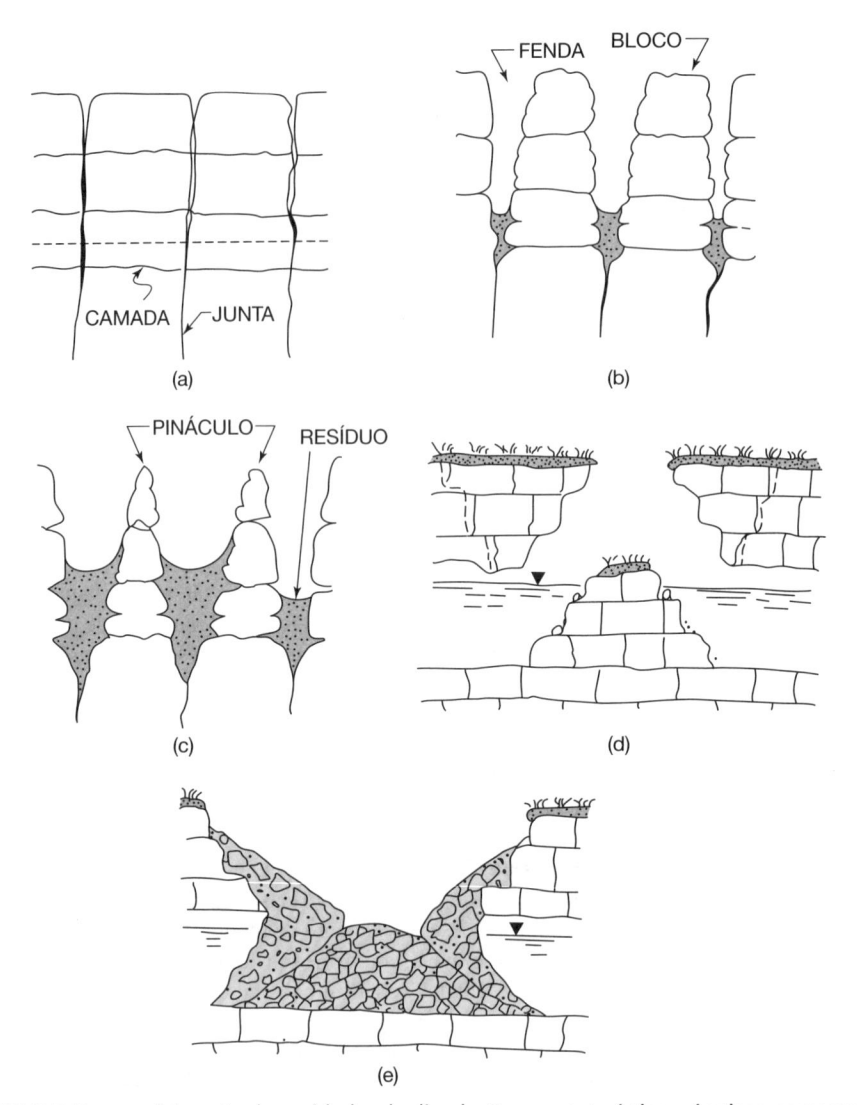

FIGURA 3.5 Desenvolvimento de cavidades de dissolução e características cársticas, começando com (a) fissuras de dissolução, levando a (b) fendas e blocos, e eventualmente a (c) pináculos e resíduo. Formação de um sumidouro de colapso em uma caverna rasa; (d) colapso inicial com saliência rochosa e subsequente (e) colapso da borda e montículo de detritos (Sowers, 1996).

são atacadas por essa água subterrânea ácida e se dissolvem lentamente, deixando cavidades de dissolução, cavernas e grutas subterrâneas, juntas verticais ampliadas (em geral preenchidas com solo argilo-arenoso) e uma superfície de substrato rochoso extremamente irregular (Figura 3.5) resultante do colapso do solo. Ocasionalmente, grandes blocos de calcário mais resistentes são completamente isolados da rocha adjacente e podem, até mesmo, ser suportados por argila ou outros materiais mais fracos. Cavernas e domos rasos com frequência colapsam, deixando depressões na superfície chamadas de sumidouros ou dolinas (Figuras 3.4 e 3.5), que podem ser preenchidas com argila ou até mesmo água, formando lagos pluviais. Grandes sumidouros de colapso em áreas urbanizadas podem ser muito destrutivos para estruturas e instalações superficiais. O projeto e a construção de fundações em locais de relevo cárstico apresentam desafios sérios para engenheiros geotécnicos (Sowers, 1996). Reservatórios em áreas cársticas frequentemente sofrem vazamentos graves.

As regiões cársticas mais importantes na América do Norte estão no centro da Flórida e nas grandes áreas do sul de Indiana, oeste central de Kentucky e norte central do Tennessee. Várias outras áreas nos Estados Unidos e no Canadá têm depósitos de rochas solúveis com características de dissolução, como cavernas e grutas.

No Brasil, esses terrenos situam-se na região de Tejuçuoca, Farias Brito e Altaneira, no Ceará; Vale do Ribeira, entre Paraná e São Paulo; Chapada Diamantina (Lençóis, Mucugê, Rio de Contas), na Bahia; Serra do Bodoquema (Bonito, Jardim e Bodoquema), no Mato Grosso do Sul; Serra das Águas Quentes (Cantagalo), no Rio de Janeiro, entre outros.

Solos residuais e tropicais são aqueles que resultam do intemperismo *in situ* de rochas ou outros materiais terrosos e não são transportados posteriormente. Eles podem se desenvolver a partir de praticamente qualquer tipo de substrato rochoso. O enfraquecimento e a decomposição progressivos e graduais ocorrem da superfície do solo até o material não intemperizado (Figura 3.6). Muitas vezes não há limite definido entre rocha e solo, seja vertical ou horizontalmente, porque o intemperismo geralmente segue as juntas e os planos de estratificação na rocha. O grau de desintegração e a espessura da zona de solo residual dependem do tipo de substrato rochoso (rocha-mãe), do clima, das condições de drenagem e da topografia. Goodman (1993) e Wesley e Irfan (1997) discutem o complexo problema de classificar perfis de rochas intemperizadas e solos residuais no contexto da engenharia.

Conforme observado por Mitchell e Soga (2005), devido às altas temperaturas e precipitações pluviométricas nas regiões tropicais, ocorre um intenso intemperismo químico e decomposição do substrato rochoso original, juntamente com uma alteração química significativamente complexa dos minerais no substrato rochoso. Processos químicos de hidratação, hidrólise, dissolução e carbonatação resultam na alteração dos minerais nas rochas, e novos minerais, sobretudo argilominerais (Seção 3.7), são formados devido à água, ao oxigênio, ao dióxido de carbono e aos ácidos orgânicos derivados da vegetação em decomposição. O processo é conhecido como "laterização". Os solos resultantes, chamados **lateritas** (do latim: *later* = tijolo), são vermelhos, devido à alta concentração de óxidos de alumínio e ferro (porque os silicatos foram intemperizados).

Os perfis de intemperismo (Figura 3.6a) podem ser extensamente profundos nos trópicos, muitas vezes com dezenas de metros de profundidade. A zona argilosa superior pode ter um metro ou dois de espessura, sendo revestida por uma zona siltosa ou arenosa, que, por sua vez, transita para uma zona intemperizada altamente irregular e, finalmente, para a rocha sã. A espessura dessas zonas varia consideravelmente, mesmo em um local específico, e essa variabilidade na espessura e nas propriedades do solo cria problemas difíceis para o projeto e a construção de fundações.

Saprólitos (do grego: $\sigma\alpha\pi\rho\acute{o}\varsigma$ = podre + $\lambda\acute{\iota}\theta o\varsigma$ [lithos] = rocha) também são solos residuais intemperizados, em geral ricos em argilas, que resultam da decomposição química do substrato rochoso, formando-se principalmente em climas úmidos temperados ou subtropicais. Ocasionalmente, os saprólitos mantêm a textura e a estrutura originais (relictos) do substrato rochoso, sobretudo quando se formam em substratos gnáissicos e xistosos (Figura 3.6c).

Outro solo residual que é localmente importante nos Estados Unidos, no sudoeste desértico, em altitudes mais elevadas da Sierra Nevada e em outras cadeias de montanhas ocidentais, é o **granito decomposto** (também conhecido como **GD**). Ele se forma principalmente devido ao intemperismo químico do substrato granítico *in situ* e promove perfis de solo e rocha altamente variáveis e irregulares. Os GDs são predominantemente granulares (areias e cascalhos finos) em tamanho, mas podem conter blocos relictos. No Brasil, são comuns nas regiões de escudos cristalinos, como Serra do Sudeste no Rio Grande do Sul e a porção sudeste da Serra da Borborema, entre Sergipe e Ceará.

Os possíveis problemas de engenharia em áreas de rochas altamente intemperizadas e solos residuais são resumidos por Jennings e Brink (1978) e por Blight (1997). Esses problemas frequentemente levam a taludes instáveis, incluindo deslizamentos de terra e escoamento de detritos (descritos na próxima seção), reservatórios que vazam e dificuldades com a exploração, a construção e o desempenho de fundações. Por exemplo, ao fazer escavações em locais com rochas profundamente intemperizadas, o que é considerado rocha e o que é considerado solo, para fins de pagamento por quantidade, pode gerar conflitos custosos entre o proprietário e o contratante. As fundações profundas para estruturas pesadas, como pontes, podem ser consideravelmente problemáticas devido ao comprimento variável das estacas, às condições de suporte inferior e à instalação (ver Capítulo 12). Os solos residuais também costumam ser difíceis de compactar quando usados como base para estradas. Eles podem parecer arenosos e de drenagem livre quando escavados, mas quando a energia de compactação é aplicada, os grânulos se quebram, resultando em um material quase argiloso que é difícil de compactar e não possui boa drenagem. Além disso, a presença de micas tanto no saprólito quanto no GD pode resultar em densidades compactadas mais baixas (Capítulo 4) e em mais compressibilidade do que o desejável.

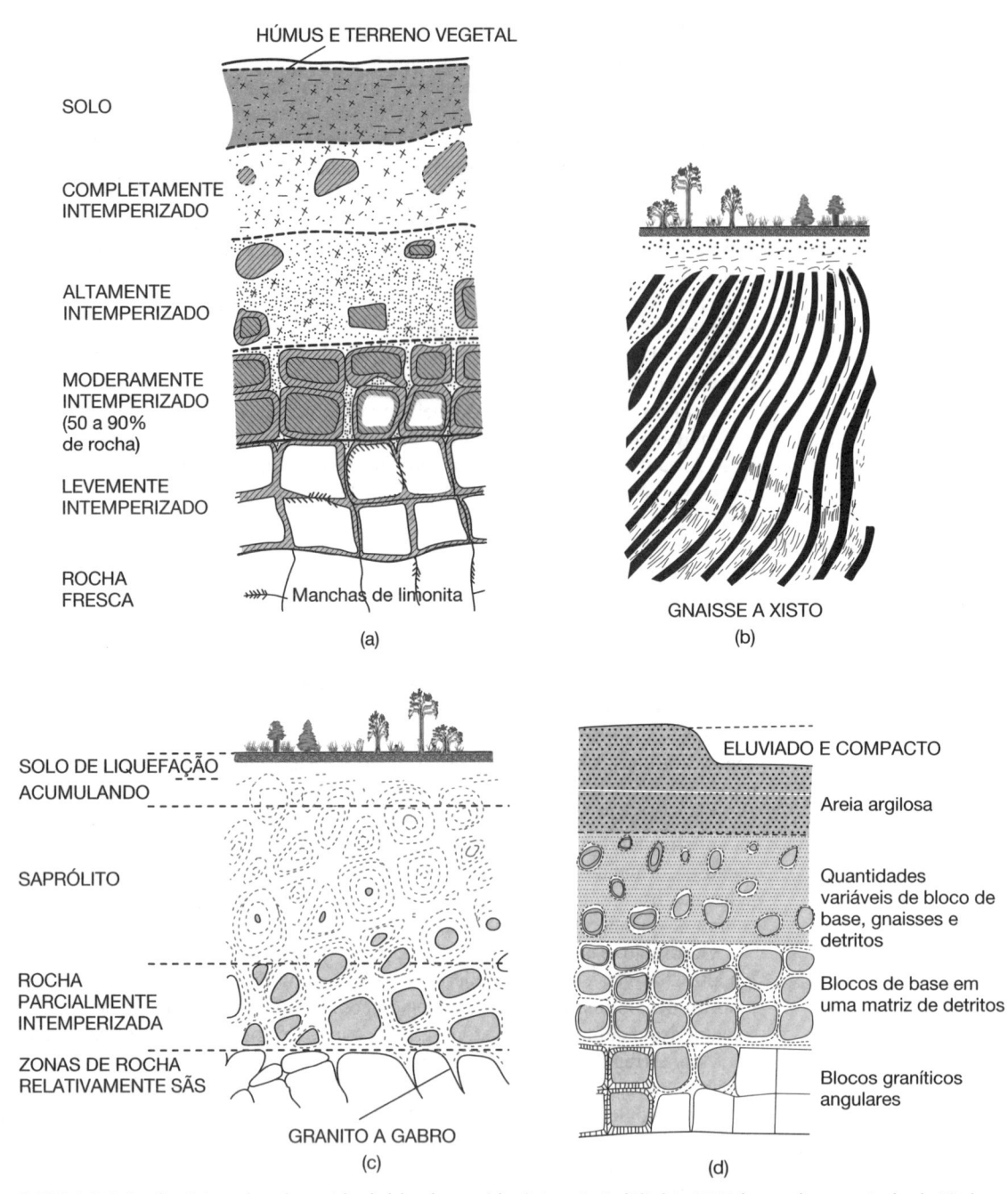

FIGURA 3.6 Perfis típicos de solo residual: (a) solos residuais tropicais (Blight, 1997, baseado no estudo de Little, 1969); (b) regiões úmidas temperadas em rocha ígnea (Sowers e Richardson, 1983; reproduzido com permissão da National Academy of Sciences, cortesia da National Academies Press, Washington, D.C.); (c) regiões úmidas temperadas em rocha metamórfica (Sowers e Richardson, 1983; reproduzido com permissão da National Academy of Sciences, cortesia da National Academies Press, Washington, D.C.); e (d) granito decomposto (Mitchell e Soga, 2005).

Devido à extensa erosão pela glaciação (Seção 3.3.5) no norte dos Estados Unidos, os solos residuais são encontrados principalmente ao sul do limite de gelo continental: nos estados das Grandes Planícies centrais e do sul; nos estados do sudeste nas Montanhas Apalaches; no Havaí; no Planalto do Colorado, na área dos "quatro cantos" do sudoeste; e nas áreas costeiras da Califórnia, do Oregon, de Washington e da Colúmbia Britânica. Informações adicionais sobre os problemas de engenharia de solos residuais podem ser encontradas nos estudos de Blight (1997) e de Edelen (1999).

No Brasil, os solos residuais são bastante comuns nas regiões Sul e Centro-Oeste do país. No Rio Grande do Sul, ocorrem sobre rochas do Escudo Sul-Rio-Grandense, em Encruzilhada do Sul – sendo excelentes para uso no revestimento primário de estradas de terra –, e sobre rochas vulcânicas ácidas (riodacitos) e arenitos na região do Planalto Médio, em Passo Fundo e Tupanciretã, respectivamente. No centro do país, são bastante estudados os solos residuais da cidade de São Paulo – região da construção do Rodoanel e arredores.

3.3.3 Processos gravitacionais

Movimentos gravitacionais de massa (ou desgaste de massa) é um termo geológico para uma variedade de processos que resultam no deslocamento de massas de rocha e solo encosta abaixo sob a influência da gravidade. O termo genérico para isso é **deslizamento de terra**. Os movimentos descendentes nas encostas incluem queda de blocos, escoamentos, propagações, rastejos de solo, solifluxões e carreamento de depósitos de detritos. O colapso do solo também é discutido brevemente nesta seção, uma vez que o processo geológico é gravitacional. Embora haja várias maneiras possíveis de identificar e classificar movimentos nas encostas, seguimos Cruden e Varnes (1996), que classificam os deslizamentos de terra de acordo com (1) o tipo de movimento (2) e o tipo de material. Os movimentos de deslizamento possíveis são queda, desmoronamento, escorregamento, propagação, escoamento (mostrados na Figura 3.7) ou possíveis combinações destes.

Os materiais de deslizamento podem ser rocha, detritos ou terra (solo). Quando se trata de rocha, nos referimos a um maciço rochoso que estava intacto e em sua posição natural antes do deslizamento. No Brasil, em 1922, na região de Capitólio, Minas Gerais, uma queda de bloco vitimou cerca e 10 pessoas que se banhavam no lago de Furnas; detritos contêm uma quantidade significativa de materiais grosseiros (cascalho e materiais maiores); e solo é composto principalmente de areias, siltes e argilas. Assim, por exemplo, um deslizamento de terra pode ser uma queda de rocha, um escoamento de detritos ou um deslizamento de solo. Termos complementares podem ser adicionados a esses nomes para uma descrição mais precisa.

A Tabela 3.3 é um glossário para formação de nomes de deslizamentos de terra. Ela contém adjetivos para descrever o estado, a distribuição e o estilo do deslizamento, bem como descrições de taxa de movimento, teor de umidade, tipo de material e tipo de deslizamento. A tabela também apresenta uma indicação dos danos que o deslizamento de terra pode causar, bem como definições detalhadas e ilustrações dos termos – fornecidas por Cruden e Varnes (1996). Portanto, daremos apenas alguns exemplos de certos tipos de deslizamentos de terra mais comuns.

Como o termo "lama" não tem uma definição precisa no contexto da engenharia (sendo uma mistura de terra [silte + argila] e água), ele deve ser evitado em discussões técnicas. As expressões deslizamento de lama ou corrida de lama são frequentemente usadas por não engenheiros (principalmente geólogos) para descrever vários tipos diferentes de deslizamentos de terra. Esses deslizamentos podem envolver rocha, terra ou detritos; podem ser úmidos ou molhados, complexos ou compostos em estilo. Alguns deslizamentos de lama são simplesmente deslizamentos de solo, enquanto outros podem ser deslizamentos de rochas compostas ou deslizamentos de terra progressivos, úmidos e lentos. As corridas de lama frequentemente são, por exemplo, escoamentos de detritos ou deslizamentos de terra ativos, progressivos, complexos, rápidos a moderados e muito úmidos. Portanto, para evitar confusão, é importante saber descrever um deslizamento de terra precisamente.

As **propagações** podem ocorrer em encostas bastante suaves e, após o início do movimento, podem progredir ou retroceder muito rapidamente. As propagações são comuns em camadas de areia e de silte que retêm água e estão sobrepostas por rochas relativamente competentes, argilas homogêneas ou aterros de terra construídos. As propagações podem resultar da liquefação (Capítulo 6) das camadas de areia e silte desencadeadas por terremotos, explosões ou cravação de estacas nas proximidades.

Também foram identificados vários **escoamentos** importantes. Estes incluem **escoamentos de detritos**, *lahars* (escoamentos de detritos provenientes de vulcões; do indonésio, de *laharisa* = lama quente) e **avalanches de detritos** (escoamentos de detritos extremamente rápidos, ativos e progressivos). **Geleiras rochosas**, acumulações de rochas quebradas, alguns materiais de grãos finos e gelo, que se movem lentamente em direção à encosta em áreas montanhosas, são "escoamentos de detritos muito lentos e úmidos". A **solifluxão** (*creep*) é o fluxo lento ou "rastejo" das camadas superficiais de solo saturado em direção à encosta. Na nova terminologia, a solifluxão é um "escoamento de solo muito lento e úmido". Como o termo **rastejo** é ambíguo, ele deve ser substituído pelos modificadores de taxa apropriados (muito lento ou extremamente lento) na Tabela 3.3.

Como os materiais terrosos foram perturbados, as formas de relevo dos deslizamentos de terra apresentam uma superfície irregular, em geral com uma ou mais cristas, onde o material do deslizamento se agrupou. Devido ao movimento repentino do material, costuma haver um padrão anormal de drenagem da superfície. Normalmente, há uma **escarpa** (a encosta íngreme no topo da área de deslizamento; ver Figuras 3.7c e 3.7e) que indica a extensão lateral mais ampla e superior da área do deslizamento. O tamanho dos deslizamentos de terra varia de alguns metros quadrados a quilômetros quadrados. Os problemas de engenharia associados aos deslizamentos de terra incluem condições variáveis de lençol freático e condições de fundação altamente variáveis e, com frequência, precárias. Provavelmente, o problema mais difícil é determinar o potencial para movimentos e deslizamentos adicionais, seja do próprio material do deslizamento ou de materiais intactos nas proximidades. Taludes submetidos à solifluxão podem conter árvores com troncos dobrados ou postes de energia tortos, uma indicação certa de que o movimento em

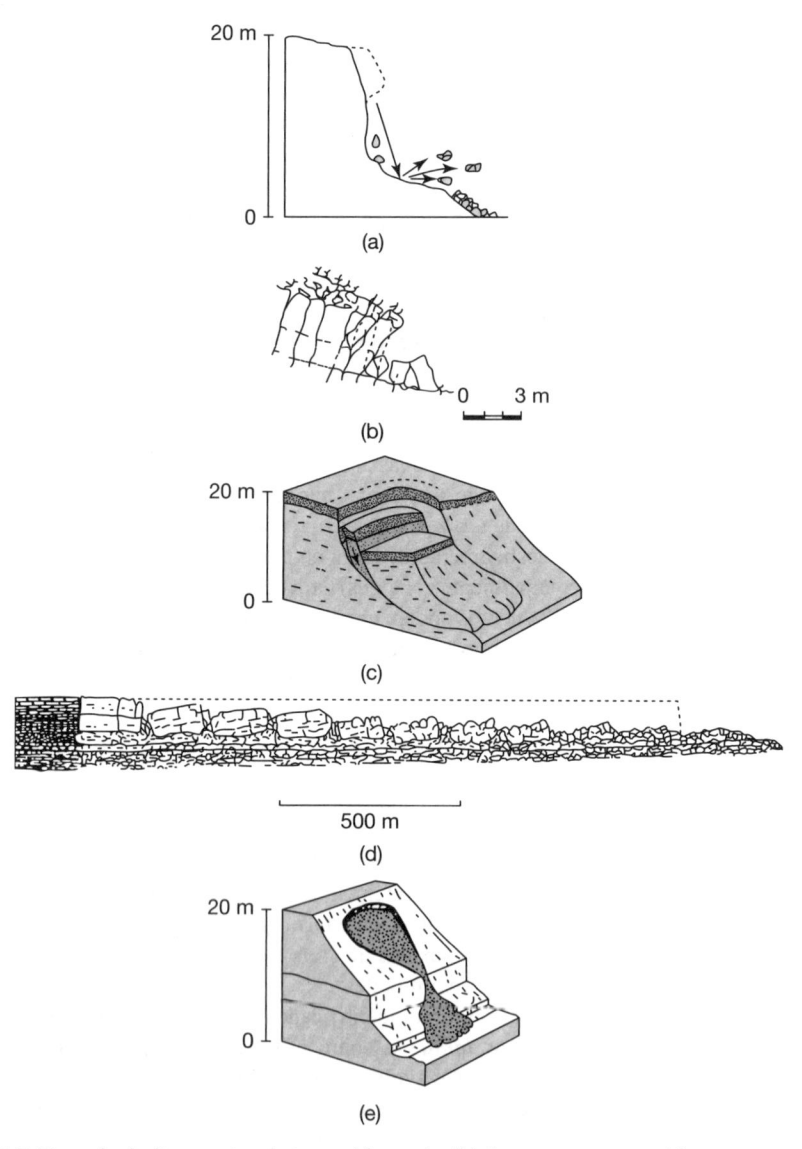

FIGURA 3.7 Tipos de deslizamentos de terra: (a) queda; (b) desmoronamento; (c) escorregamento; (d) propagação; e (e) escoamento (adaptada de Cruden e Varnes, 1996; reproduzido com permissão da National Academy of Sciences; cortesia da National Academies Press, Washington, D.C.).

TABELA 3.3 Glossário para a formação de nomes de deslizamentos de terra e taxas de movimento de deslizamento

Estado da atividade	Distribuição da atividade	Estilo da atividade	Taxa do movimento	Velocidade	Teor de umidade	Material	Tipo	Exemplo
Ativo	Progressivo	Complexo	Extremamente rápido	> 5 m/s	Seco	Rocha	Queda	Catástrofe maior
Reativado	Retrogressivo	Composto	Muito rápido	> 3 m/min	Úmido	Terra	Desmoronamento	Algumas fatalidades
Suspenso	Ampliante	Múltiplo	Rápido	> 1,8 m/hora	Molhado	Detritos	Escorregamento	Evacuação possível; estruturas destruídas
Inativo	Alargante	Sucessivo	Moderado	> 13 m/mês	Muito úmido		Propagação	Manutenção possível
(Dormente)	Confinado	Único	Lento	> 1,6 m/ano	Chacoalhamento		Escoamento	Construção corretiva possível
(Abandonado)	Diminuto		Muito lento	> 16 mm/ano				Algumas estruturas permanentes não danificadas
(Estabilizado)	Móvel							Imperceptível sem instrumentos
(Relicto)			Extremamente lento	< 16 mm/ano				

Modificado do estudo de Cruden e Varnes (1996); reproduzido com permissão da National Academy of Sciences, cortesia da National Academies Press, Washington, D.C.

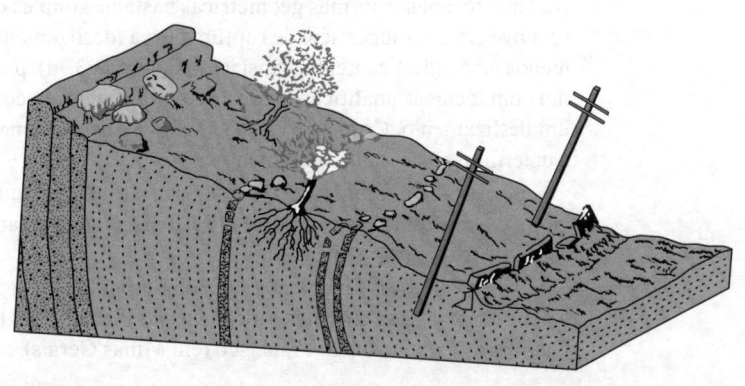

FIGURA 3.8 Esquema ilustrando um talude submetido à solifluxão (adaptada de Lambert, 1988).

direção à encosta é lento e contínuo e de que a encosta não é muito estável (Figura 3.8). No entanto, a solifluxão pode ocorrer em zonas de clima frio (p. ex., Islândia) onde árvores de raízes profundas são inexistentes; portanto, nem sempre podem servir como indicador. Já no Alasca, 40% do seu território é coberto por florestas boreais (taiga), com coníferas de raízes muito profundas.

Outras formas de relevo induzido pela gravidade – bastante comuns em taludes montanhosos – são os depósitos de tálus e as escombreiras de talude. O **tálus** representa o acúmulo de fragmentos rochosos (variando, em tamanho, desde matacões até cascalhos) provenientes e depositados na base de um penhasco ou de um talude rochoso muito íngreme. O tálus é formado pelo intemperismo físico (alternância entre congelamento e degelo) de uma face de rocha exposta. As **escombreiras de talude** são depósitos de cascalho formados em inclinações de 30 a 50 graus, e podem se estender montanha acima por dezenas a centenas de metros. Essas estruturas são chamadas **ativas** se continuarem a rastejar gradualmente e **inativas** se estiverem estabilizadas, em geral pela vegetação. Ao se construir instalações próximas ou através de escombreiras de talude, é importante saber se o talude ainda está ativo ou não, e se uma escavação ou construção no talude causará instabilidade e movimentos indesejáveis. As informações de engenharia necessárias para a estabilização do tálus incluem o tamanho das partículas de rocha no talude, se há materiais mais finos nos vazios das rochas e como se dá o comportamento da água subterrânea ao longo desse talude.

Os materiais soltos e frequentemente incoerentes de solo e rocha depositados montanha abaixo devido à ação da gravidade são chamados de **colúvio**. Este compreende todos os detritos de deslizamentos de terra, independentemente do tipo de movimento do talude, incluindo o rastejamento. Observe que os materiais no tálus são um exemplo de colúvio.

O colapso do solo, outro processo gravitacional, depende da perda de suporte subterrâneo devido às operações de mineração ou dissolução de rochas carbonáticas e outras rochas solúveis. As formas de relevo produzidas incluem depressões superficiais, ou **sumidouros**, que podem se encher de água subterrânea ou superficial. Os sumidouros com frequência se formam repentinamente, sem sinais prévios, e causam danos à propriedade e à infraestrutura. Eles são bastante comuns em regiões cársticas, como discutido na Seção 3.3.2. O principal problema de engenharia nessas regiões é o potencial para a formação de sumidouros adicionais ou a ampliação de um sumidouro existente. Holzer (1991) oferece uma descrição detalhada da subsidência não tectônica e de seus efeitos em obras de engenharia.

Desgastes de massa, deslizamentos de terra e outras formas de relevo e características gravitacionais ocorrem na maioria das regiões da América do Norte. Grandes deslizamentos e movimentos de massa são, naturalmente, mais comuns em áreas montanhosas, mas deslizamentos podem ocorrer mesmo em topografias relativamente planas, por exemplo, devido à erosão das margens dos rios ou a escavações para construção. Fleming e Varnes (1991) discutem como os riscos do talude podem ser avaliados e descrevem sua relevância para obras de engenharia. Sowers (1992) fornece uma excelente descrição das causas, dos impactos, da previsão e do controle de deslizamentos naturais. Turner e Schuster (1996) também trazem uma riqueza de informações sobre deslizamentos e seu impacto nas instalações de transporte. A análise da estabilidade de taludes naturais e escavados é um aspecto importante da prática de engenharia geotécnica. No entanto, apenas formas geométricas bastante simples em terra relativamente homogênea, que se move em uma superfície de ruptura curva (deslizamentos rotacionais, Figura 3.7c) ou mais ou menos plana (deslizamento translacional, Figura 3.7d), podem ser analisadas normalmente, mesmo com técnicas analíticas modernas e programas de computador. Se for necessário investigar um deslizamento, Cruden e Varnes (1996) fornecem uma lista de verificação que pode ajudá-lo a determinar a causa do movimento.

Se um talude for instável ou inseguro, ele deve ser aplainado ou estabilizado de outra forma. Holtz e Schuster (1996) e Wyllie (1996) discutem a estabilização e a remediação de taludes de solo e de rocha, respectivamente.

No Brasil, esses fenômenos são comuns ao longo da Serra do Mar (do Rio Grande do Sul ao Rio de Janeiro), nas encostas vulcânicas do Planalto Sul Brasileiro (do Rio Grande do Sul a São Paulo) e na Província São Francisco (em Minas Gerais).

3.3.4 Processos da água superficial

A água superficial é um agente geológico ubíquo e importante. A erosão, o transporte e a deposição de sedimentos por córregos, rios, lagos e oceanos influenciaram e continuam a causar a formação de muitas das características geológicas superficiais da Terra. A água é responsável por muitas formas de relevo e depósitos de solo de interesse para engenheiros civis.

Nesta seção, após uma breve discussão sobre infiltração, escoamento e padrões de drenagem, descreveremos formas e processos de relevo fluvial (córregos, estuários e rios), marinho, costeiro e lacustre (lagos, lagunas e lagoas). Também serão mencionados as formas de relevo e os depósitos de solo especiais encontrados em áreas desérticas.

Infiltração, escoamento, padrões de drenagem e formas de ravinas – quando a precipitação cai na superfície da terra, a água pode se infiltrar nos materiais superficiais ou se tornar um meio de escoamento superficial. Embora tanto a infiltração quanto o escoamento possam causar erosão e deposição, o escoamento é, de longe, o mais importante dos dois fatores como agente geológico. A quantidade relativa de escoamento em relação à infiltração depende dos seguintes fatores:

1. dimensão predominante dos grãos do solo no local;
2. vegetação e cobertura do solo;
3. teor de umidade;
4. densidade e grau de compactação dos solos superficiais;
5. se a superfície está congelada ou não;
6. inclinação da superfície.

Destes seis fatores, a dimensão dos grãos é o mais importante. Em geral, solos de grãos mais finos, como siltosos, argilosos e síltico-argilosos, apresentam resistência relativamente baixa à erosão e infiltração relativamente baixa também. Portanto, tendem a desenvolver um padrão bastante intensivo de sulcos, canais de drenagem e ravinas. O oposto também ocorre para solos de grãos mais grosseiros. Eles são muito mais resistentes à erosão, apresentam infiltração muito maior e, portanto, tendem a desenvolver relativamente poucos canais de drenagem. Uma exceção a esta regra geral é o solo de grão fino chamado loesse (do alemão: *löss*), um sedimento de coloração amarelada (pela presença de óxido de ferro), composto por finíssimas partículas de quartzito, calcário e dolomito, transportados e depositados pelo vento (Seção 3.3.6). Os depósitos de loesse apresentam altas taxas de infiltração vertical e, portanto, desenvolvem relativamente poucos canais de drenagem.

Conforme a água flui por uma inclinação ou canal de corrente, sua energia potencial (por estar em uma elevação mais alta) é convertida em energia cinética à medida que sua velocidade aumenta. Algumas perdas de energia, no entanto, ocorrem por turbulência interna e atrito da camada limite; energia adicional também é consumida pela erosão ou escavação do canal e pelo transporte de sedimentos. Fatores que influenciam a erosão de corrente são a velocidade da água, o tipo e a quantidade de sedimento e a natureza do leito (independentemente de ser rocha ou solo). Em um canal de substrato rochoso, a natureza e o espaçamento das estruturas rochosas, como juntas e planos de estratificação, também influenciam a erosão. A perda de energia e a

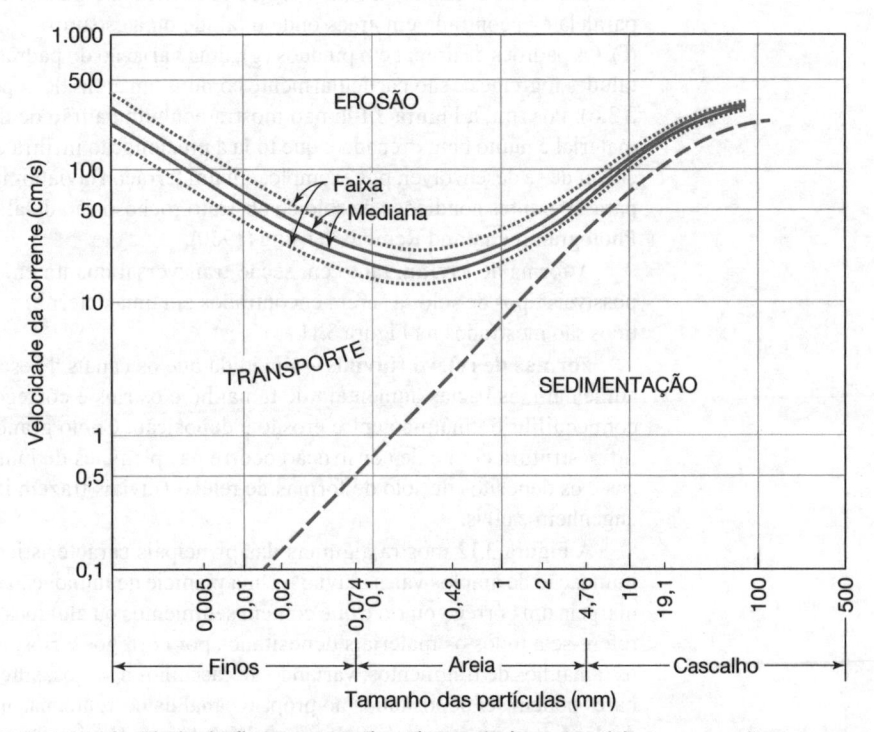

FIGURA 3.9 Velocidade do fluxo e tamanhos de partículas necessários para erosão, transporte e deposição (adaptada de Hjulström, 1935).

erosão são aproximadamente proporcionais ao quadrado da velocidade da corrente, e isso explica por que chuvas intensas, alto escoamento e inundações muitas vezes causam erosão excessiva do solo.

O sedimento transportado pela corrente inclui a carga suspensa e a carga de leito. A carga suspensa é o sedimento transportado em suspensão acima do leito, enquanto a carga de leito é o sedimento transportado, principalmente, por rolamento ou saltitação (saltos curtos) ao longo do leito. Como você pode imaginar, há uma grande diferença na erodibilidade de um canal de corrente em solo em relação a um predominantemente em rocha. Para canais de solo, a Figura 3.9 mostra quando a erosão, o transporte ou a deposição são prováveis de ocorrer, dependendo da velocidade de corrente e do tamanho das partículas do solo no leito. Solos compostos por areias finas são naturalmente os mais erodíveis. Solos de grãos mais grosseiros requerem mais velocidade (energia) para que sejam erodidos, uma vez que as partículas são maiores e mais pesadas. Por outro lado, solos de grãos mais finos (siltosos, argilosos e síltico-argilosos) geralmente apresentam uma considerável coesão interna, o que os torna mais resistentes à erosão. Rios erodem canais no substrato rochoso principalmente por abrasão, devido ao sedimento em suspensão e na carga do leito e pelo "arrasto" de blocos rochosos soltos pela ação hidráulica. A erosão causada por esses fenômenos pode ocorrer até mesmo em corredeiras e cachoeiras.

Padrões de drenagem determinados a partir de mapas e fotografias aéreas podem fornecer muitas informações úteis sobre os tipos de solo e rocha, as estruturas de substrato rochoso, entre outros, em uma determinada área. Recursos *on-line* como o Google Earth e o USA National Atlas Online agora fornecem visualizações fotográficas aéreas de quase todas as áreas ao redor do mundo. Oito padrões de drenagem típicos, mas muito característicos, são esboçados na Figura 3.10.

Os padrões de drenagem dendríticos [parte (a) da Figura 3.10] são muito comuns; eles se desenvolvem em rochas sedimentares quase horizontais ou em rochas ígneas maciças, onde não há controle estrutural significativo. Por outro lado, um padrão de treliça (b) se desenvolve onde há controle significativo por substrato rochoso ou estrutura, como em rochas dobradas ou inclinadas e com falhas paralelas. Os padrões de drenagem retangulares (c) seguem sistemas de juntas ou falhas em rochas fraturadas. Os padrões radiais (d) se desenvolvem em domos, cones, e assim por diante. A drenagem complexa ou desordenada (e) se desenvolve em depósitos muito recentes – por exemplo, em uma região recentemente glaciarizada (Seção 3.3.5). A drenagem paralela é encontrada em áreas onde o talude ou a estrutura controla a drenagem desenvolvida (f). Os padrões de drenagem pinados (g), uma variação do padrão dendrítico, se desenvolvem em taludes íngremes e são particularmente comuns em áreas de depósitos espessos de loesse (Seção 3.3.6). Por fim, a Figura 3.10h não mostra nenhum padrão de drenagem, o que significa que o material é muito bem drenado e que toda a precipitação infiltra diretamente no solo. Essa condição pode se desenvolver, por exemplo, em um terraço fluvial limpo de cascalhos. Outros padrões para diferentes condições de solo e substrato rochoso são detalhados pela American Society of Photogrammetry and Remote Sensing (1960).

A forma de **ravina**, tanto em seção transversal quanto em perfil, também pode indicar os possíveis tipos de solos a serem encontrados em uma determinada área. Três padrões característicos são mostrados na Figura 3.11.

Formas de relevo fluviais – à medida que os canais de escoamento se fundem e os fluxos aumentam, as bacias aumentam de tamanho e os rios e córregos se desenvolvem em sistemas com equilíbrio dinâmico entre erosão e deposição. Como grande parte do desenvolvimento de infraestrutura civil e de construção ocorre nas planícies de inundação dos rios, as características e os depósitos de solo de formas de relevo fluviais trazem importantes implicações para os engenheiros civis.

A Figura 3.12 mostra algumas das principais características encontradas nas planícies de inundação de amplos vales aluviais. Uma planície de inundação é a área relativamente plana que margeia um córrego ou rio e que contém sedimentos ou aluviões depositados pela água. **Aluvião** refere-se a todos os materiais depositados por córregos e rios, e pode consistir em quase todos os tamanhos de fragmentos, variando de cascalhos a seixos, siltes e argilas. Os depósitos aluvionares podem ser depositados no próprio canal da corrente, nas margens do rio (sendo chamados de **depósitos em áreas alagadas**) e no leito do vale fluvial. Os depósitos de planícies de inundação são frequentemente retrabalhados à medida que a corrente **serpenteia em meandros**, tanto durante o fluxo normal quanto nas inundações. Os meandros são uma característica interessante de um sistema fluvial bem desenvolvido, e seu desenvolvimento é mostrado na Figura 3.13. Qualquer desvio do fluxo tenderá a fazer o canal erodir no exterior do meandro ou depositar-se em seu interior. A erosão ocorre no lado de fora do meandro devido ao gasto de energia em desviar o fluxo de volta para o canal; a erosão da margem contribui para o desenvolvimento do meandro (Figura 3.13b). A deposição de areias ocorre no interior dos meandros, porque a velocidade

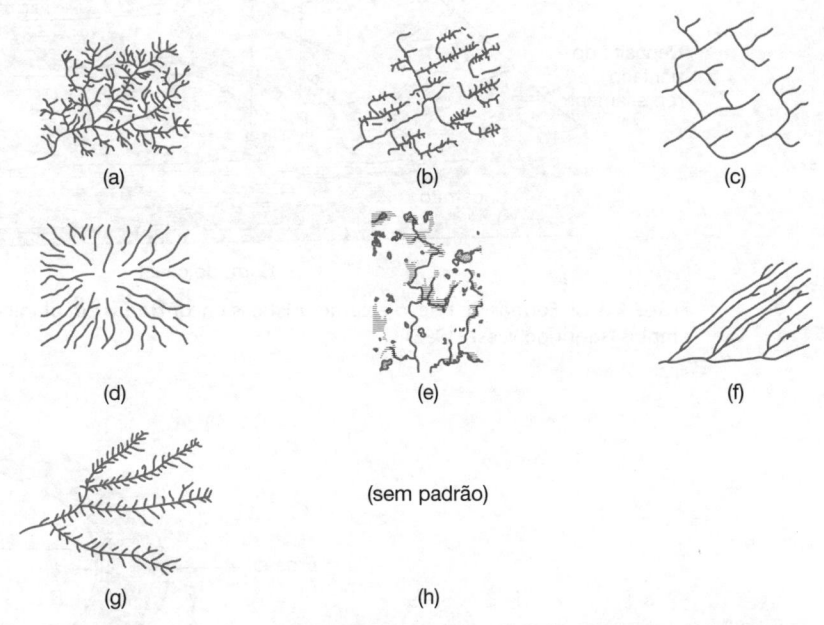

FIGURA 3.10 Padrões de drenagem: (a) dendrítico; (b) treliça; (c) retangular; (d) radial; (e) complexo ou desordenado; (f) paralelo; (g) pinado; e (h) nenhum padrão de drenagem (adaptada de Krynine e Judd, 1957, e Thornbury, 1969).

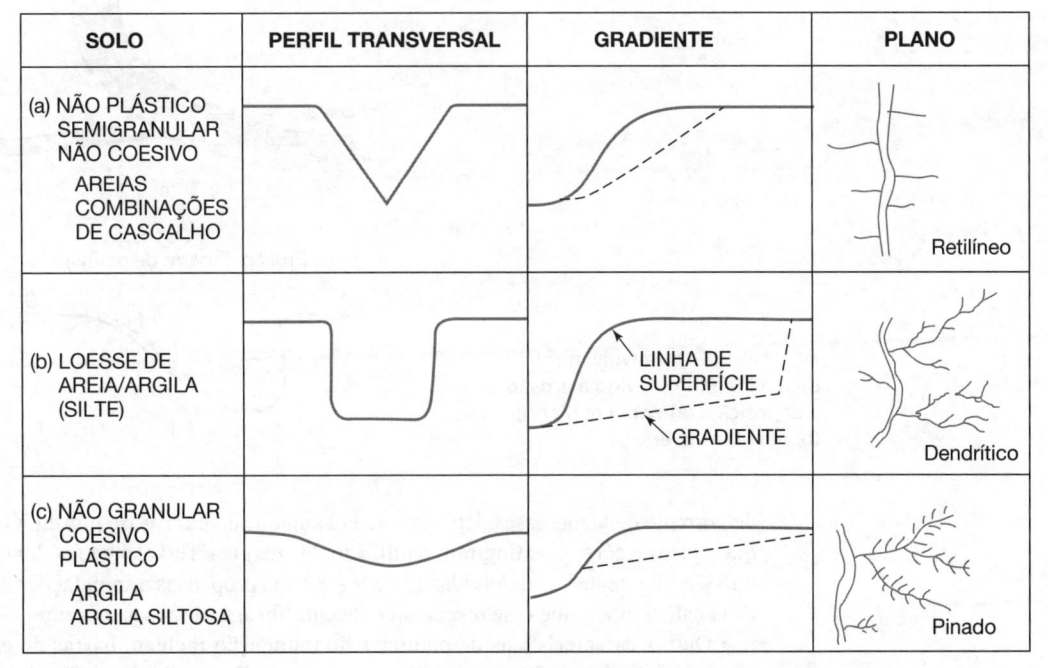

SOLO	PERFIL TRANSVERSAL	GRADIENTE	PLANO
(a) NÃO PLÁSTICO SEMIGRANULAR NÃO COESIVO — AREIAS COMBINAÇÕES DE CASCALHO			Retilíneo
(b) LOESSE DE AREIA/ARGILA (SILTE)		LINHA DE SUPERFÍCIE / GRADIENTE	Dendrítico
(c) NÃO GRANULAR COESIVO PLÁSTICO — ARGILA ARGILA SILTOSA			Pinado

FIGURA 3.11 Formas de ravinas características para vários tipos de solo (reproduzido com permissão da American Society for Photogrammetry & Remote Sensing, asprs.org).

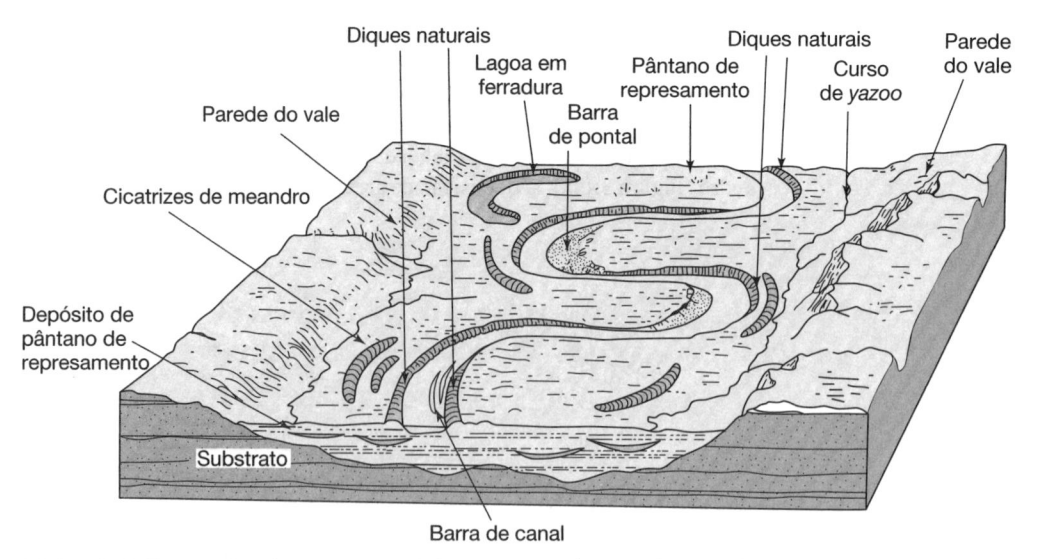

FIGURA 3.12 Formas de relevo e características encontradas em planícies de inundação de vales aluviais amplos (segundo West, 1995).

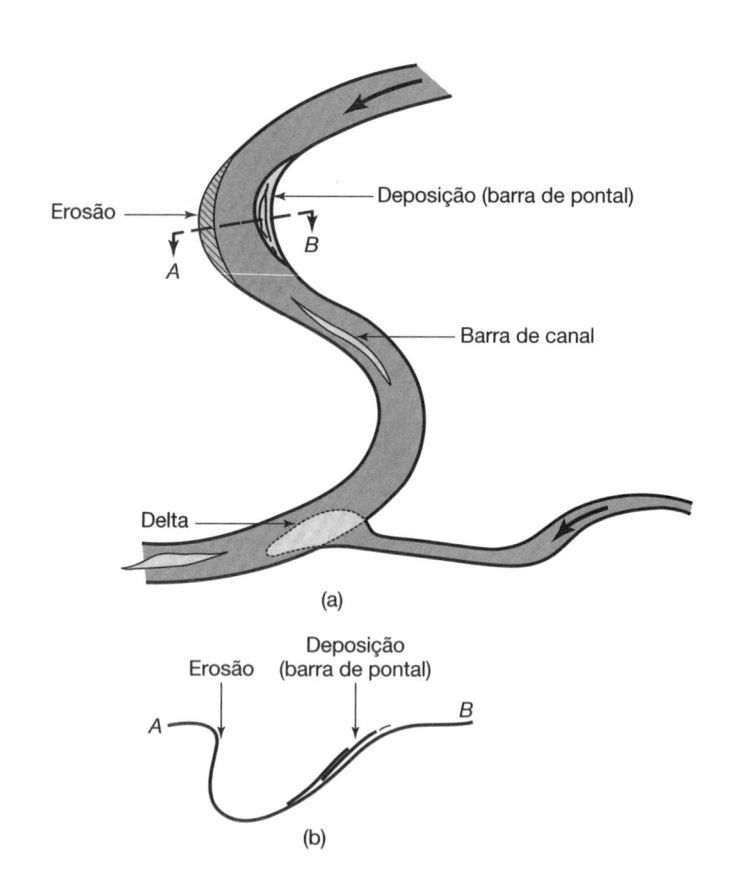

FIGURA 3.13 Desenvolvimento de um meandro devido à erosão e deposição: (a) vista em plano; (b) perfil transversal.

de corrente é menor; esses depósitos são chamados de **barras de pontal**. Os meandros indicam que os rios e córregos atingiram equilíbrio de energia e fluxo; áreas ao longo dos cursos d'água que são altamente desenvolvidas podem ser mais propensas a inundações e à erosão/deposição de canal, uma vez que esse mecanismo de equilíbrio natural seja restrito.

Outras características de planícies de inundação incluem barras de canal, deltas, diques naturais e depósitos de pântano de represamento (Figuras 3.12, 3.13 e 3.14). **Barras de canal** contêm areia e cascalho depositados no canal de corrente. **Deltas** se formam quando areias e

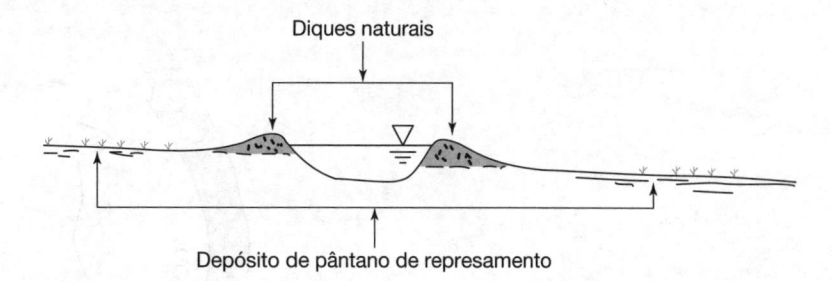

FIGURA 3.14 Diques naturais e depósito de pântano de represamento.

cascalhos são depositados nas fozes de córregos tributários que entram no canal principal do rio. As elevações baixas e paralelas às margens do canal principal do rio são chamadas de **diques naturais** (Figuras 3.12 e 3.14). Eles se formam especialmente em planícies de inundação mais antigas e bem desenvolvidas, durante inundações, quando a corrente começa a sair do canal principal. Devido à diminuição da velocidade, materiais mais grosseiros (areias e siltes) são depositados primeiro, adjacentes ao canal principal. Mais distante do canal principal, sedimentos mais finos (siltes e argilas) são depositados na área alagada da planície de inundação, conforme mostrado na Figura 3.12 e na seção transversal da Figura 3.14. Os **depósitos de pântano de represamento** geralmente são muito macios e contêm materiais orgânicos. Embora esses depósitos sejam úteis para fins agrícolas, são impróprios como fundações e não são boas fontes de materiais de construção. Por outro lado, as planícies de inundação podem ser boas fontes de água subterrânea, dependendo da espessura e do caráter do aluvião.

Os meandros se movem continuamente, para frente e para trás, pela planície de inundação e em vales fluviais muito antigos e largos; até mesmo o chamado cinturão de meandros pode serpentear. Eventualmente, um meandro pode se tornar tão grande e sinuoso que o canal do rio acaba por septá-lo, gerando uma feição denominada meandro abandonado ou **lago em ferradura** (do aborígene australiano "*boolabong*") (Figuras 3.12 e 3.15). Os materiais depositados atrás da barragem do dique natural, nos pontos de corte, efetivamente selam o lago. Os lagos em ferradura eventualmente podem se encher de sedimentos siltosos e de argilas orgânicas muito macias e compressíveis. Assim como os depósitos de pântano de represamento, os lagos em ferradura cheios são impróprios como locais de construção e, quando identificados, devem ser evitados. Outra característica indicada na Figura 3.15 é o padrão em forma de espiral dos antigos depósitos de barra de pontal. Por serem formados por materiais mais grosseiros do que os de depósitos de pântano de represamento ou de lago em ferradura, eles parecem apresentar cores mais claras quando vistos do alto ou em fotografias aéreas.

Nos Estados Unidos, o vale do baixo rio Mississippi (Figura 3.15) é um exemplo clássico de um sistema fluvial antigo bem desenvolvido, com uma planície de inundação muito ampla (> 130 km), um cinturão de meandros serpenteante, muitos lagos em ferradura, depósitos de barra de pontal em forma de espiral, diques naturais e depósitos de pântano de represamento. O extenso sistema de diques protetores ao longo do rio Mississippi foi construído para ajudar a proteger as terras adjacentes contra inundações; no entanto, esses sistemas também impedem o desenvolvimento natural do canal e tendem a aumentar, em última análise, as velocidades de fluxo, especialmente durante inundações. No Brasil, essas feições são bastante comuns nos rios de substratos não rochosos da Bacia Amazônica e nos rios ao longo das planícies costeiras.

Os **rios entrelaçados** são um fenômeno fluvial interessante, que ocorre quando o leito do rio é muito grande em relação ao seu fluxo hidrológico e o canal principal fica obliterado com areias e cascalhos. Muitos canais e ilhas se formam, com diversos ramos e junções de canais, até que o rio aparente ser entrelaçado. Os rios entrelaçados são frequentes em vales situados abaixo de geleiras, que transportam muitos sedimentos grosseiros, assim como em regiões desérticas, onde as inundações esporádicas e os fenômenos erosivos intensos fornecem grandes volumes de materiais granulares a serem transportados pelo canal.

Os **terraços fluviais** são remanescentes relativamente planos, semelhantes a bancos, de planícies aluviais mais antigas, encontrados nas paredes do vale acima da planície de inundação atual. Os terraços fluviais podem ser cortados por rocha ou por solo (Figuras 3.16a, b). Em geral, consistem predominantemente em materiais granulares mais grosseiros, mas também podem conter **bolsões** de silte e argila, onde a velocidade de fluxo diminui. Os depósitos de terraços

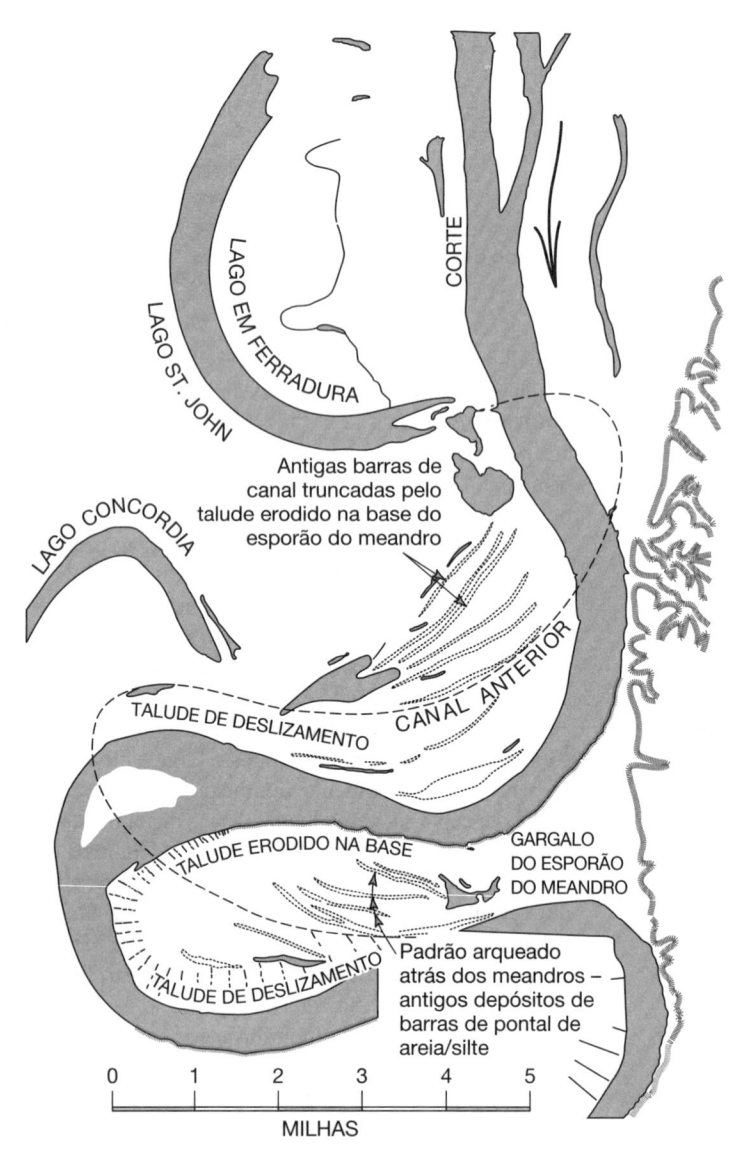

FIGURA 3.15 O rio Mississippi acima de Natchez, Mississippi, mostrando meandros e cortes de meandros, canais antigos, lagos em ferradura e depósitos de barras de pontal de areia (adaptada de Lobeck, 1939).

geralmente tendem a se tornar mais siltosos longe do canal principal, próximo às paredes do vale, onde as velocidades de fluxo são menores. Os terraços aluviais são comumente emparelhados (Figura 3.16c); isto é, existem terraços correspondentes na mesma elevação em lados opostos do vale. Ocasionalmente, no entanto, os terraços são não emparelhados ou cíclicos (Figura 3.16d); isto é, não estão na mesma elevação devido à inclinação da planície de inundação ou à erosão lateral diferencial. Terraços de aterro e terraços cortados muitas vezes servem como fontes ideais de agregados para construção, e com frequência oferecem excelentes reservas de água subterrânea.

Os **deltas** são formados quando materiais de aluviões são depositados nas fozes de rios e córregos ao entrarem em um vale ou corpo d'água maior, como um lago ou oceano. Em vista plana, os deltas normalmente apresentam uma forma semelhante à letra grega Δ. Conforme o rio entra no corpo d'água de maior densidade (lagos e oceanos), a velocidade de suas águas diminui consideravelmente, devido a uma mudança no gradiente, e os sedimentos em suspensão se depositam. Materiais mais grossos são depositados primeiro, e, em seguida, os mais finos são depositados ao longo da foz do rio.

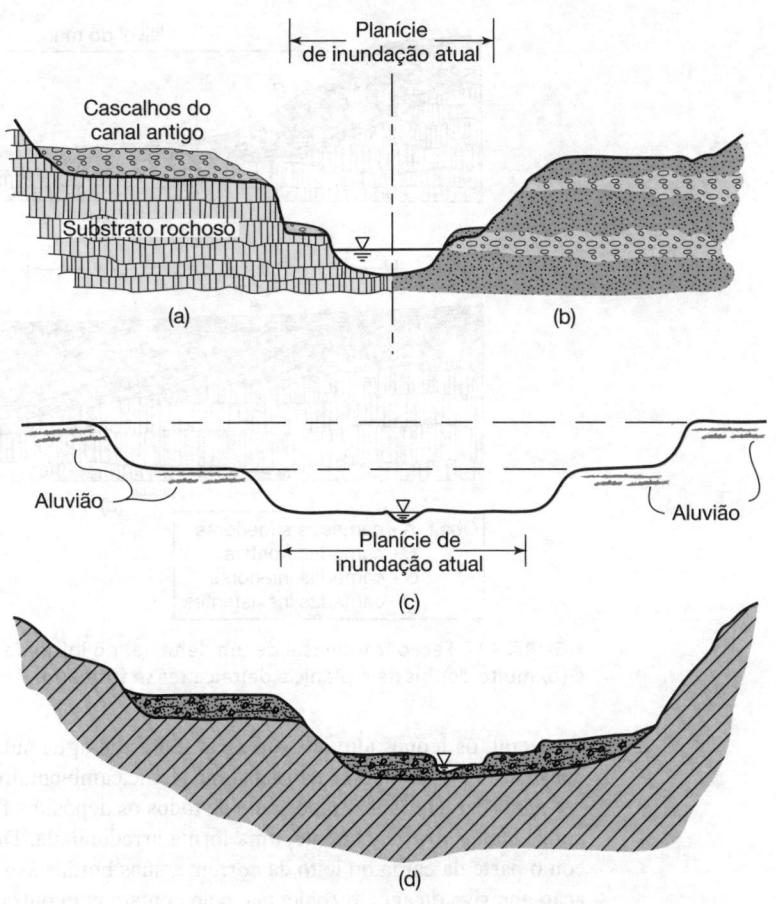

FIGURA 3.16 Terraços fluviais cortados em (a) rocha e (b) solo; (c) terraços emparelhados e (d) não emparelhados.

No Brasil, temos exemplos clássicos como o delta do Jacuí, nos municípios de Porto Alegre, Eldorado do Sul, Triunfo e Charqueadas, no Rio Grande do Sul, que, ao adentrar o estuário do Guaíba, desenvolve um agrupamento de ilhas longitudinais. Também o delta do rio Amazonas, entre os estados do Pará e do Amapá, é digno de nota, além dos deltas do rio São Francisco, entre os estados de Sergipe e Alagoas, e do rio Parnaíba, entre os estados do Piauí e do Ceará.

O delta gradualmente se acumula em espessura à medida que a deposição continua com o tempo (Figura 3.17a), e, por fim, uma **planície deltaica** (Figura 3.17b) se forma. O canal principal e os secundários do rio cortam a planície deltaica, sendo o material depositado na própria planície apenas na época das inundações.

O que encontraremos se fizermos uma seção vertical em um delta típico de um grande rio? Na parte inferior da seção estão camadas quase horizontalizadas, denominadas camadas inferiores, consistindo principalmente de siltes e argilas. As camadas frontais são encontradas no meio da seção; elas são predominantemente formadas por areia e cascalho e, portanto, conseguem se manter em uma inclinação um pouco mais íngreme do que os materiais de granulação mais fina, próximos do fundo. No topo da seção estão camadas dispostas quase que horizontalmente, as camadas superiores; elas são uma continuação do aluvião ou da planície de inundação do sistema fluvial principal. Essas camadas são ilustradas na Figura 3.17.

Uma característica relacionada a um delta é um leque aluvial. Os **leques aluviais** são formados quando correntes que carregam sedimentos de uma montanha ou área montanhosa fluem para um vale ou uma planície. A rápida diminuição da inclinação do canal da corrente resulta em diminuição na velocidade da água e, portanto, na capacidade de transporte de sedimentos da corrente. Materiais mais grosseiros, principalmente cascalho e areia, se depositam primeiro; materiais mais finos são transportados para mais longe na planície (Figura 3.18). Com frequência, a corrente na porção mais plana do leque aluvial se entrelaça com um canal principal mal definido.

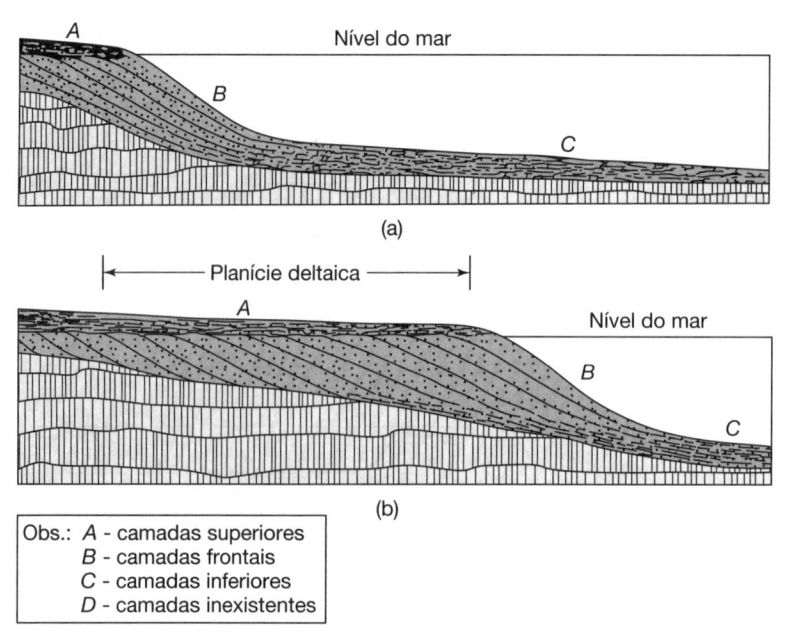

FIGURA 3.17 Seção transversal de um delta: (a) no início de sua atividade de deposição; e (b) muito depois de a planície deltaica ter se formado.

Obs.: A - camadas superiores
B - camadas frontais
C - camadas inferiores
D - camadas inexistentes

Em geral, os leques aluviais são boas fontes de água subterrânea, bem como agregados para construção – embora essa não seja uma técnica ambientalmente sadia.

Uma característica importante de todos os depósitos fluviais de grãos grosseiros é que eles apresentam, invariavelmente, uma forma arredondada. Durante o transporte dessas partículas como parte da carga do leito da corrente, suas bordas ásperas e quebradas são suavizadas pela ação abrasiva da água turbulenta e pelo contato com outras partículas na corrente. A forma das partículas é discutida na Seção 2.5.

Formas de relevo marinhas e costeiras – as linhas costeiras ao longo de grandes corpos d'água, como oceanos, estão sujeitas à ação das ondas das marés, ao vento (em especial durante tempestades) e, raramente, a **tsunâmis** (do japonês: *tsunami* = "onda de porto"). As ondas são a principal causa da erosão das linhas costeiras, e, portanto, você pode pensar que elas produzem apenas formas de relevo erosivas. No entanto, várias características costeiras importantes são resultado da deposição de sedimentos causada pela ação das ondas.

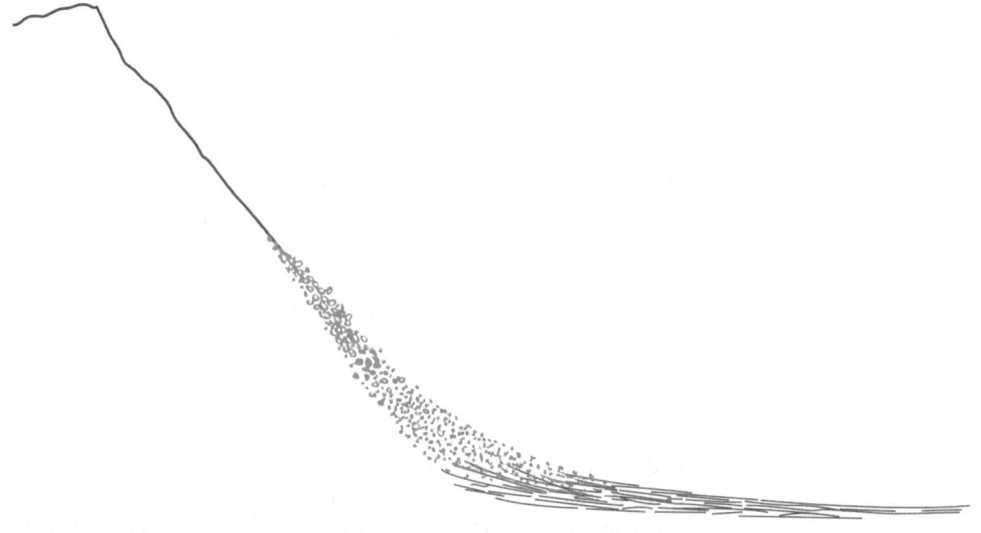

FIGURA 3.18 Seção transversal de um leque aluvial.

Em águas profundas, a velocidade e o comprimento das ondas permanecem essencialmente constantes. Conforme as ondas entram em águas rasas, o aumento do atrito com o fundo as desacelera até o ponto em que se tornam instáveis e se quebram na costa. Quando as ondas quebram, sua energia é dissipada pela turbulência, e o trabalho (de erosão e transporte de sedimentos) é realizado no fundo do mar. Finalmente, depois que a onda quebra, a água continua a subir pela praia, gastando a energia restante da onda. O **comprimento da subida** depende da altura da onda e da rugosidade e inclinação da praia. A Figura 3.19 mostra um perfil idealizado de uma praia junto com algumas características e terminologias costeiras, de praia e litorânea (Henry et al., 1987). Ao avaliar a condição de uma área costeira específica, precisamos saber se a linha costeira é emergente, submergente ou estável, assim como os motivos para essa avaliação. Essas condições levam a linhas costeiras que são destrutivas (erosivas), construtivas (acrecionárias) ou, como é comum em muitas linhas costeiras, uma combinação estável composta de processos erosivos e acrecionários.

A reflexão e a refração das ondas que se chocam na costa, bem como as correntes longitudinais, provavelmente contribuem em maior parte para a erosão costeira e o transporte de sedimentos (Henry et al., 1987). Algumas das formas de relevo erosivo mais importantes das linhas costeiras são mostradas na Figura 3.20. A maioria dessas características depende da litologia dos promontórios; a rocha maciça é, naturalmente, muito mais resistente à erosão do que rochas e solos moles. Mudanças no nível do mar, seja causadas por mudanças climáticas ou por atividades tectônicas, também influenciam fortemente na formação de formas de relevo costeiras. Um problema difícil associado às linhas costeiras erosivas é a previsão de sua taxa de recuo, o que é obviamente importante na proteção da infraestrutura contra deslizamentos costeiros e outros danos.

Nas linhas costeiras construtivas, a praia continuamente recebe materiais erodidos – de alguma outra área da costa, ou até mesmo de alto-mar – e transportados pela ação das ondas e correntes litorâneas. Esse processo resulta de peculiaridades na direção predominante dos ventos e das ondas, assim como da topografia local e da disponibilidade de materiais para serem erodidos em outro lugar e depois transportados. Formas de relevo comuns em linhas costeiras construtivas são mostradas na Figura 3.21. Se a terra estiver subindo em relação ao nível do mar ou do lago, ou se houver um excesso de material litorâneo ou de praia presentes, então uma sucessão de cristas ou terraços de praia podem se formar; essas formas de relevo geralmente desenvolvem dunas de areia e outras características eólicas (Seção 3.3.6). Ilhas-barreira são barras costeiras muito longas; formas de relevo importantes ao longo das costas ao sul do Atlântico e do Golfo do México.

Lagoas de praia e marismas são comumente encontradas atrás de ilhas-barreira, cristas de praia, barreiras à entrada de baías, e assim por diante, como mostrado na Figura 3.21. Essas características são importantes, do ponto de vista geotécnico, porque frequentemente acumulam siltes e argilas orgânicas macias, que são materiais de fundação inadequados.

Os materiais encontrados em linhas costeiras e praias variam de rochas e seixos a areias muito finas; naturalmente, as partículas mais finas produzidas pela erosão já foram levadas pela

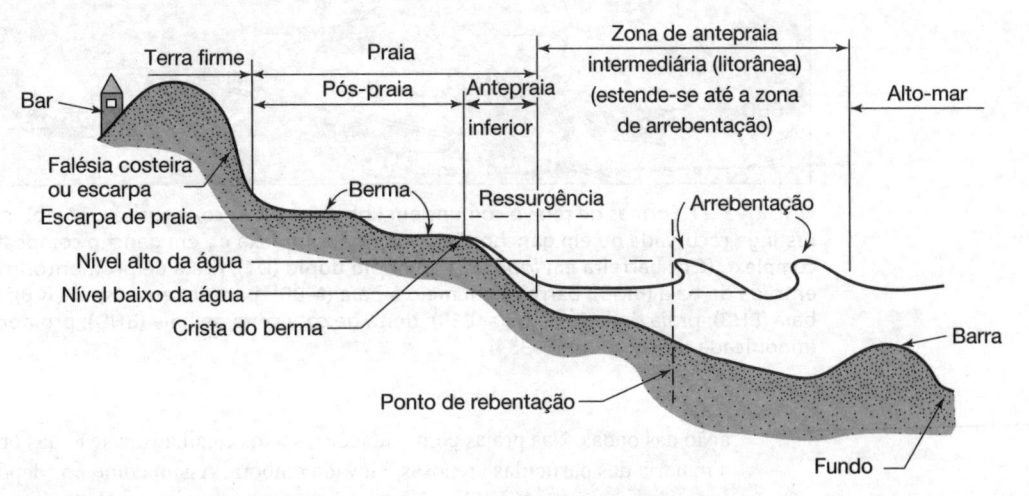

FIGURA 3.19 Perfil idealizado da praia ilustrando terminologia costeira, de praia e litorânea (Henry et al., 1987).

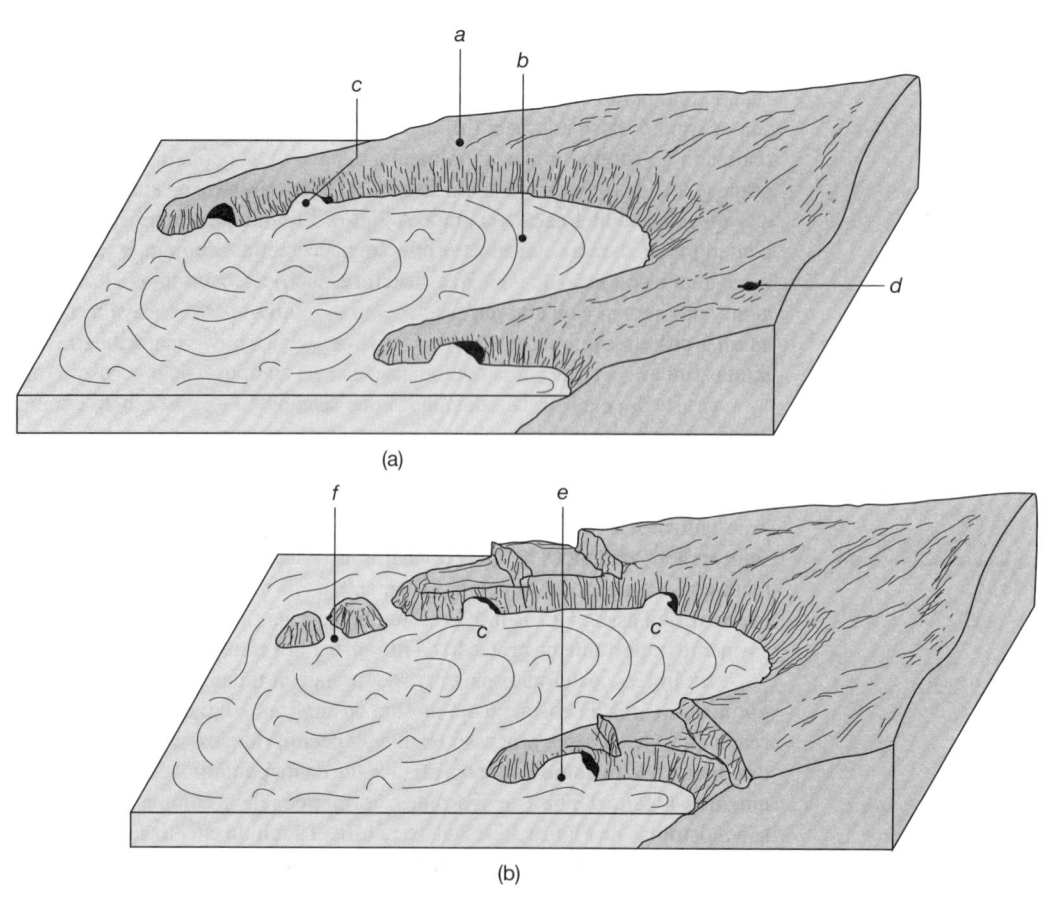

FIGURA 3.20 Formas de relevo comuns de uma linha costeira erosiva em rocha resistente: (a) estágio inicial mostrando promontório *a*, baía *b*, cavernas marinhas *c* e gêiser marinho no topo do penhasco *d*; (b) em um estágio posterior, a erosão da caverna causa arcos marinhos *e* e relevos *f* (adaptada de Lambert (1988).

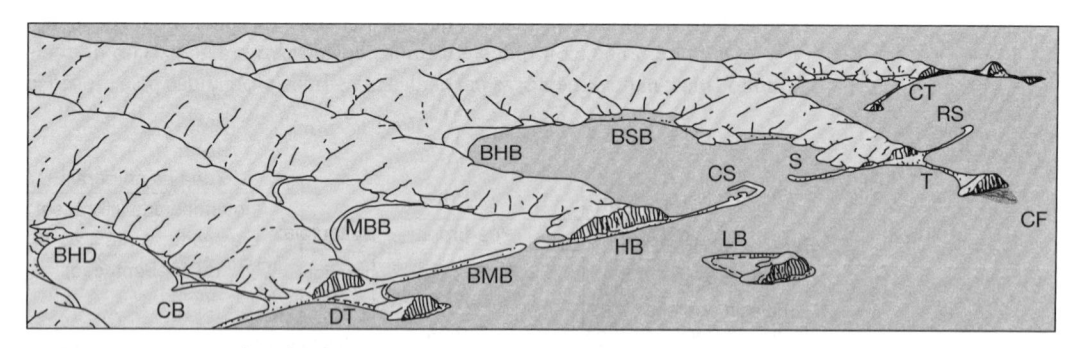

FIGURA 3.21 Formas de relevo comuns em linhas costeiras construtivas. Tômbolo (T); restinga (S); restinga recurvada ou em gancho (RS); restinga complexa ou em gancho composto (CS); tômbolo complexo (CT); barreira em *loop* (LB); tômbolo duplo (DT); praia de promontório (HB); barreira à entrada da baía (BMB); barreira em meio à baía (MBB); barreira em cúspide (CB); praia de cabeceira de baía (BHB); praia do lado da baía (BSB); delta de cabeceira de baía (BHD); promontório em cúspide (CF) (modificada de Thornbury, 1954).

ação das ondas. Nas praias com matacões, seixos e calhaus, a ação das ondas é tão forte que até a maioria das partículas arenosas é levada embora. Assim como nos depósitos fluviais de grãos grosseiros, essas partículas mais grosseiras costumam apresentar formas arredondadas e suaves, devido à ação abrasiva das ondas e das marés.

O material predominante encontrado em cristas e terraços de praia é a areia, uma vez que as partículas mais finas são levadas pela ação das ondas. As areias mais grosseiras tendem a ser encontradas mais próximas do topo das cristas, enquanto, mais próximos da água, os materiais tendem a ser mais finos em textura. Os depósitos costeiros inorgânicos são adequados para uso em aterros. No entanto, como as áreas costeiras também são ambientalmente sensíveis, elas podem não ser fontes lógicas de materiais de construção. Em geral, as áreas costeiras de baixa altitude, em especial as próximas dos oceanos e mares interiores, são fontes pobres de água subterrânea devido à intrusão de água salgada nos aquíferos adjacentes.

Formas de relevo lacustres – assim como nas linhas costeiras dos oceanos, as margens dos lagos também estão sujeitas à ação das ondas causadas pelo vento ou pelo raro **efeito de seixa** (determinada onde de longo período formada em corpos d'água confinados – lagos, estuários e bacias portuárias; fenômeno causado principalmente pela amplificação da energia de ondas incidentes). Embora a energia das ondas seja menor, os mesmos tipos de formas de relevo erosivas e deposicionais podem se desenvolver nas margens dos lagos. O termo **lacustre** refere-se tanto aos processos associados quanto aos materiais depositados nos lagos. O padrão natural de desenvolvimento para pequenos lagos rasos, sobretudo em regiões glaciais (Seção 3.3.5), é que eles gradualmente acumulem sedimentos e materiais orgânicos e se transformem em pântanos e pauis (regiões mais baixas onde se aculumam águas estagnadas, com cobertura vegetal própria), mesmo sem uma superfície de água exposta. Esse processo é denominado eutrofização (do eslavo antigo: *eutropikosz* = "pântano fétido").

Os depósitos lacustres assumem uma grande importância geotécnica devido à sua composição predominante de silte e argila, com frequência apresentando características de maciez e compressibilidade, além de quantidades consideráveis de matéria orgânica. Se este for o caso, os depósitos lacustres são materiais de fundação inadequados – embora, em alguns casos, devido à dessecação e à subsequente glaciação (Seção 3.3.5), eles possam ser suficientemente resistentes para suportar fundações estruturais. Em materiais macios, pode haver problemas com a estabilidade de taludes e escavações. As oscilações nos níveis de água em lagos e reservatórios também podem causar instabilidade nas margens desses depósitos.

Depósitos lacustres importantes associados à última Era do Gelo, no final do Pleistoceno (115.000 AP a 11.500 AP; Tabela 3.1), são encontrados ao redor dos Grandes Lagos e em Manitoba (em Saskatchewan, no Canadá) e em Dakota do Norte e Dakota do Sul (nos Estados Unidos). Os vales dos rios Ottawa e St. Lawrence, no Canadá, contêm espessos depósitos de argilas moles e sensíveis, em grande parte de origem lacustre, embora as argilas no vale inferior do St. Lawrence tenham sido depositadas em águas salobras a salgadas. Nos Estados Unidos, argilas varvíticas são encontradas no vale do rio Connecticut, na Nova Inglaterra (que era, anteriormente, coberto pelo lago glacial Hitchcock); na bacia do estuário Puget Sound, no estado de Washington, e em muitas outras áreas anteriormente glaciais. As argilas varvíticas contêm camadas finas alternadas de solos siltosos e argilosos; as camadas mais grosseiras foram depositadas quando os lagos estavam sem gelo, enquanto os sedimentos mais finos se depositaram mais lentamente (seguindo a lei de Stokes), quando os lagos estavam congelados e as águas mais tranquilas. Por fim, importantes depósitos lacustres são encontrados nas bacias do oeste de Nevada e Utah, no sudeste do Oregon e da Califórnia, em um remanescente do delta do rio Colorado nos Estados Unidos. Durante o Pleistoceno, grandes lagos se formaram e persistiram, por muito tempo, devido às condições topográficas e climáticas particulares dessas áreas.

Também associados aos lagos pleistocênicos estão as cristas e os terraços de praia que se formaram durante diferentes estágios ou níveis dos lagos. Essas formas de relevo são comuns ao redor dos Grandes Lagos e das bacias ocidentais, em especial na bacia do Grande Lago Salgado. Elas costumam ser fontes adequadas de areias e cascalhos e, dependendo das condições locais, também podem fornecer reservas limitadas de água subterrânea.

No Brasil, embora a Era do Gelo tenha se manifestado com menor intensidade na região mais meridional do país (Rio Grande do Sul, Santa Catarina, Paraná, São Paulo e Minas Gerais), não ocorreram depósitos significativos derivados desta, a não ser alguns pavimentos estriados preservados em algumas rochas.

Condições especiais em áreas desérticas – como as condições em áreas desérticas são diferentes daquelas em climas temperados e mais úmidos, formas de relevo e depósitos de solo especiais se desenvolveram. Existem quatro razões para esse desenvolvimento. Primeiro, contrariando a opinião popular, chove nos desertos, embora obviamente com pouca frequência. Quando as chuvas ocorrem, elas geralmente são muito intensas e provocam escoamento e erosão significativos. A ausência de cobertura vegetal também contribui para a erosão. Em segundo lugar, a drenagem nos desertos, em geral, ocorre principalmente na parte interna, através dos materiais mais grossos encontrados nos solos e nas montanhas dessas regiões. Isso leva ao desenvolvimento de padrões de drenagem bem definidos (discutidos anteriormente nesta seção). Em terceiro lugar, as taxas de evaporação são muito maiores do que as taxas de precipitação; então, se houver água parada após uma chuva, ela evapora rapidamente. Em quarto lugar, o intemperismo físico (ação mecânica), sobretudo devido à ação do vento (Seção 3.3.6), é mais significativo do que em climas mais úmidos (onde o intemperismo químico predomina). Todas essas condições levam ao desenvolvimento de formas de relevo e depósitos de solo especiais nos desertos. A Figura 3.22 ilustra as diversas formas de relevo comuns encontradas em regiões desérticas.

Os **leques aluviais**, discutidos anteriormente, são muito comuns em áreas desérticas. Quando vários leques aluviais se unem no fundo do vale ou na **planície de pé-de-monte** abaixo, formam o que é chamado de parte inferior ou "baixada" (*bajada*, em espanhol). Devido aos materiais

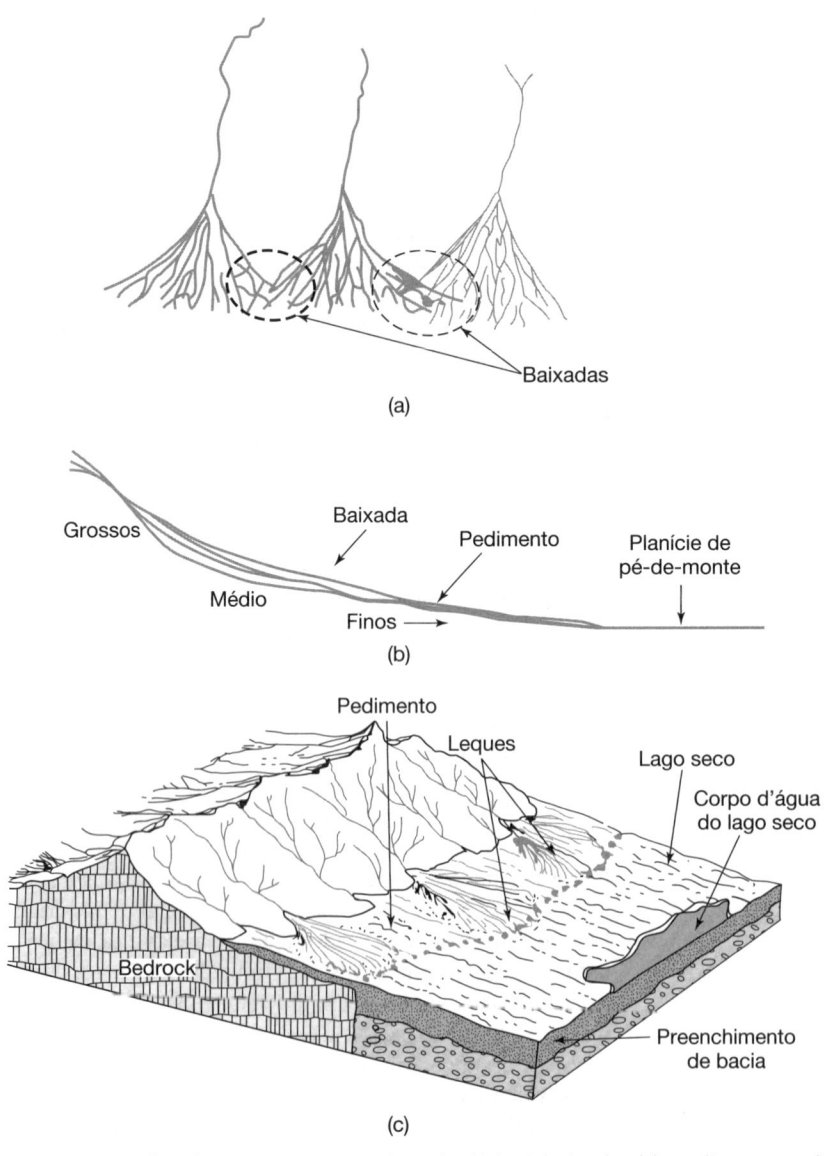

FIGURA 3.22 Formas de relevo comuns em regiões desérticas: baixadas (a); pedimento e planície de pé-de-monte (b); e leques e *playas* (c) (adaptada de West, 1995).

mais grosseiros encontrados nas porções superiores dos leques aluviais, eles demonstram ser boas fontes de água subterrânea em áreas desérticas. A superfície erosiva ampla e suavemente inclinada na base de uma encosta de montanha é chamada de pedimento. Os pedimentos podem conter formas de relevo eólicas (descritas na Seção 3.3.6) e inselbergues. Um *inselberg* (do alemão: *bornhardt, nonadnock* = "montanha-ilha") é uma elevação isolada que se eleva abruptamente acima da superfície da porção da rocha erodida (núcleo mais duro e preservado desta).

Lagos secos, quase secos ou ocasionalmente sazonais em planícies de pé-de-monte em desertos são chamados de *playas*. No sudoeste dos Estados Unidos, as *playas* muitas vezes não apresentam desembocadura e, devido à alta taxa de evaporação, a água, se houver, tende a ser muito salgada. Os solos secos do leito do lago ou da *playa* também são frequentemente encrostados, devido à precipitação de sais dissolvidos nas águas do lago efêmero; tais áreas costumam ser chamadas de **planícies alcalinas**.

Um tipo de solo comumente encontrado em regiões desérticas é o **caliche** ("lasca de cal" em espanhol), uma camada dura e muito variável cimentada, principalmente, por carbonato de cálcio ($CaCO_3$) encontrado nos perfis dos solos. O caliche costuma ser encontrado no nível do solo ou logo abaixo de sua superfície, e é bastante variável em espessura, abrangendo desde alguns centímetros até alguns metros. Sua dureza também varia consideravelmente, o que pode tornar uma escavação difícil, às vezes. Onde existe, trata-se de um excelente material de suporte para fundações de estradas e edifícios, embora a dissolução seja um problema com o aumento da presença de água subterrânea. West (1995) apresenta duas hipóteses para a origem do caliche. Uma é que a água que percola para baixo da superfície do solo deposita carbonato de cálcio próximo do fundo do perfil do solo. A outra é que a capilaridade (Seção 5.2) atrai a água rica em minerais para cima, em direção à superfície, onde a alta taxa de evaporação faz os sais se precipitarem e cimentarem as partículas dos solos, deixando-as juntas.

O potencial de inundação e invasão da infraestrutura apresenta problemas difíceis para os engenheiros civis em regiões desérticas. Os canais de corrente podem mudar rapidamente e, devido às chuvas de maior intensidade, à erosão e ao escoamento superficial, as águas de inundação com maior frequência carregam grandes quantidades de detritos e sedimentos. Como esses eventos podem ser bastante raros, muitas vezes é difícil obter os dados de engenharia de alta qualidade necessários para o projeto de bueiros, pontes, diques, e assim por diante.

No Brasil, essas feições são mais prováveis de ocorrência na região Nordeste – principalmente no semiárido (sertão), após o Planalto da Borborema.

3.3.5 Processos do gelo e glaciação

A formação, o movimento e o subsequente derretimento de grandes massas de gelo são processos geológicos importantes, que resultam em uma série de formas de relevo e depósitos de solos significativos. Uma **geleira** é uma extensa camada de gelo que se forma em terra por meio da compactação e recristalização da neve, revelando sinais de movimento tanto no passado quanto no presente. As geleiras são agentes erosivos e deposicionais importantes, e seus efeitos se estendem bem além dos limites da glaciação. Embora uma das últimas glaciações continentais significativas tenha ocorrido durante o Pleistoceno (2×10^6 anos AP a 15.000 anos AP; Tabela 3.1), determinados graus de glaciação ainda ocorrem nos dias de hoje, em locais restritos da Terra. Também são importantes, geológica e geotecnicamente, o **pergelissolo** (solo permanentemente congelado) e o solo sazonalmente congelado. Embora as mudanças climáticas estejam alterando de forma rápida e significativa a extensão dessas regiões, cerca de um quarto do continente norte-americano, por exemplo, atualmente ainda contém pergelissolos, enquanto cerca de dois terços estão sujeitos sazonalmente à ação do gelo. A ação do gelo nos solos é discutida na Seção 5.8.

Nesta seção, iremos descrever a origem e as características das geleiras, as formas de relevo e os depósitos de solo que produzem, além das características geotécnicas dessas formas de relevo e depósitos de solos.

Origem e características das geleiras – as geleiras começam sua gênese como um acúmulo de neve que, anualmente, é maior do que a perda que ocorre durante o verão, devido ao derretimento e à evaporação (chamados de **desgaste**). À medida que a neve se acumula, ela se comprime, se recristaliza sob seu próprio peso e, gradualmente, se transforma em gelo que começa a fluir plasticamente em direção ao talude abaixo (Figura 3.23) ou para fora deste, devido ao seu próprio peso. De certa forma, o gelo glacial se comporta como um líquido muito viscoso.

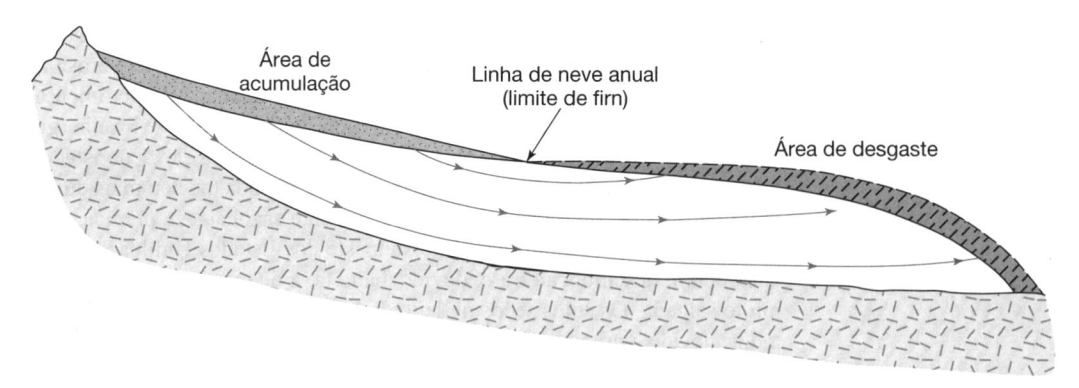

FIGURA 3.23 Seção transversal através de uma geleira de vale mostrando a relação entre as áreas de acúmulo e desgaste; as linhas de fluxo em direção ao talude abaixo também são mostradas esquematicamente (adaptada de Sharp, 1960).

Os sistemas glaciais são essencialmente autossustentáveis, desde que não ocorram mudanças climáticas drásticas. Tais mudanças ocorreram nos últimos 800 anos e agora são mensuráveis em períodos relativamente mais curtos. A elevação da superfície da geleira aumenta à medida que a neve se acumula, e isso tende a causar mais queda de neve; a neve também aumenta a reflectividade da área, o que significa menos calor solar e temperaturas mais baixas. As geleiras existem em um quadro de equilíbrio de massa entre as contribuições de precipitação e acumulação de neve no inverno e de **desgaste** (Figura 3.23) durante os meses de verão. Para que uma geleira se desenvolva e qualquer avanço se observe, o regime de precipitação/acumulação precisa exceder o **desgaste**, enquanto as geleiras que recuam apresentam o desequilíbrio oposto. Mudanças climáticas de longo prazo podem causar tanto (1) avanços, por meio da adição de novas deposições de neve, maior formação de gelo e menor derretimento (tendência climática mais fria) quanto (2) recuos, quando o derretimento supera a adição de gelo (tendência climática mais quente). Por exemplo, há evidências de que, durante o período de 1300 a 1850 (entre as idades Média e Contemporânea), as temperaturas globais eram mais frias e as geleiras avançaram para áreas onde não estavam presentes há centenas de anos (Fagan, 2000). Desde 1850, tem ocorrido um fenômeno inverso, e embora haja alguma controvérsia sobre se isso se deve a um ciclo natural de temperatura ou à atividade humana, é inegável que as geleiras estão derretendo em uma medida sem precedentes na história recente.

As geleiras podem ter origem em montanhas ou em continentes. As geleiras montanhosas estão ativas em muitas áreas da América do Norte (nas Montanhas Rochosas, entre os Estados Unidos e o Canadá, no Alasca e na ilha da Groenlândia), na América do Sul (ao longo da Cordilheira dos Andes), na Europa (nos Alpes) e na Ásia (na Cordilheira do Himalaia). As geleiras continentais eram altamente comuns durante o Pleistoceno em todos os continentes; hoje, grandes geleiras ou mantos de gelo continentais existem apenas na ilha da Groenlândia e na Antártica (com alguns remanescentes no Alasca e na Sibéria). Observações feitas nessas geleiras, juntamente com estudos de depósitos glaciais do Pleistoceno, oferecem informações importantes sobre o comportamento e os efeitos das mesmas durante o Pleistoceno.

A Figura 3.24 ilustra tanto as geleiras montanhosas quanto as continentais. Como a maioria das geleiras montanhosas ocorre em vales, o termo **geleira de vale** pode ser mais apropriado. Onde duas ou mais geleiras de vale se fundem na frente da montanha, elas formam uma geleira de pé-de-monte. Também mostradas na Figura 3.24 estão as **calotas de gelo**, as **geleiras de anfiteatro** e as **geleiras das marés**.

As camadas de gelo continentais podem ser muito espessas, tendo até mais de 4 km de profundidade, e seu peso deprime a crosta terrestre sob elas. Conforme as camadas de gelo do Pleistoceno derreteram (no final do último período glacial), a crosta terrestre se elevou elasticamente – em alguns casos, em vários metros – no Canadá, no norte dos Estados Unidos e na península fino-escandinava. Por exemplo, na bacia do Puget Sound (em Washington, Estados Unidos), a elevação líquida inferida varia de 40 a 130 m. O aumento da crosta também causou muitos efeitos locais interessantes. Na Suécia, os portos se tornaram rasos e ilhas começaram a aparecer em lagos e no Mar Báltico. Algumas dessas mudanças ocorreram tão rapidamente

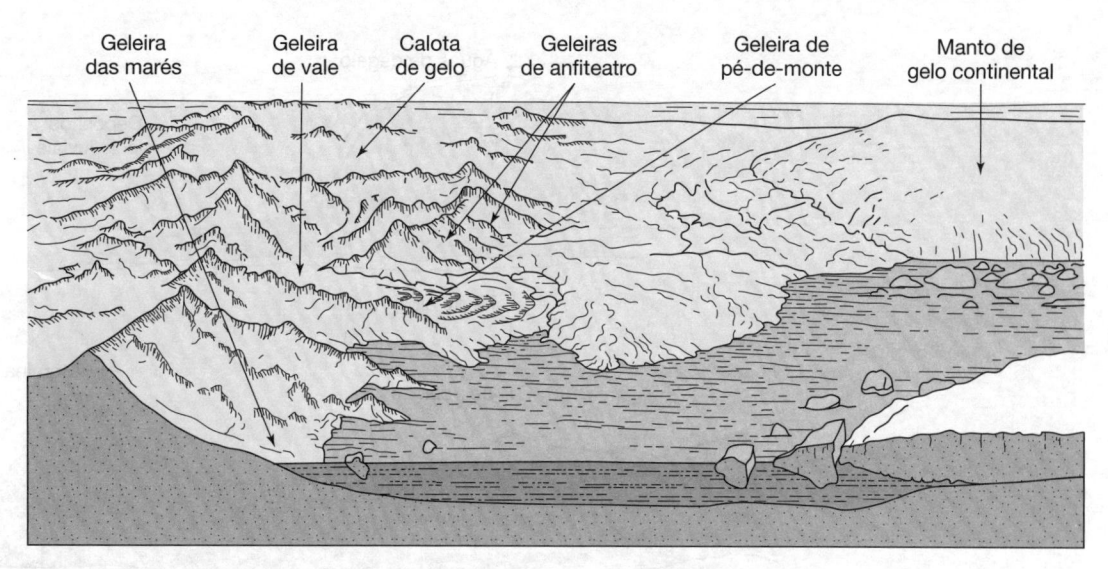

FIGURA 3.24 Tipos de geleiras (adaptada de Chernicoff e Venkatakrishnan, 1995).

que até mesmo as pessoas que residiam na região puderam testemunhá-las em vida. Tensões residuais provenientes do carregamento de gelo são encontradas no substrato rochoso, e falhas, abalos sísmicos de menor intensidade e ruptura de placas de rocha durante escavações têm sido atribuídos a essas tensões (Nichols e Collins, 1991).

Formas de relevo glaciais – geleiras e ação glacial produzem formas de relevo tanto erosivas quanto deposicionais. À medida que o gelo avança em geleiras de vale e continentais, ele erode os solos e as rochas adjacentes por abrasão e escavação, e pela extração de blocos de rocha fraturada. Os materiais erodidos são incorporados no gelo, com a maior concentração próxima do fundo da geleira. Todo o detrito transportado e, posteriormente, depositado pela ação glacial é chamado de **deriva glacial**, um termo geral que inclui tanto os materiais depositados diretamente pelo gelo quanto aqueles depositados por águas de degelo que carregam solos e rochas para longe do gelo.

A deriva não estratificada depositada diretamente pela geleira em si é chamada de *till* ("terra grossa e obstinada" em escocês). O *till* **basal ou de alojamento** (Figura 3.25a) é depositado diretamente sob a geleira, enquanto o material depositado à medida que a geleira derrete é chamado de *till* **de ablação** (Figura 3.25b). Os *tills* basais são caracteristicamente depósitos densos, enquanto os *tills* de ablação muitas vezes são menos densos. Por outro lado, a deriva depositada pelas águas de degelo das geleiras é estratificada e forma depósitos **glaciofluviais** (Figura 3.25a). Os depósitos **glaciolacustres** são comuns onde lagos pequenos e efêmeros ou grandes e mais duradouros se desenvolveram.

A Figura 3.26 ilustra algumas das formas de relevo e características erosivas associadas à glaciação de montanha e de vale. Em contraste com os vales fluviais comuns em áreas montanhosas, que apresentam formato de V em seção transversal, os vales glaciais apresentam **forma de U**, devido aos processos erosivos descritos anteriormente. Mesmo depois que o gelo desaparece, é fácil dizer até onde, no vale, a geleira progrediu durante sua atividade. O Vale de Yosemite (na Califórnia, nos Estados Unidos), é um exemplo clássico de um vale glacial que começa em forma de U e se transforma em V aproximadamente na metade de sua trajetória. Ocasionalmente, nas partes altas das paredes do vale, **vales suspensos** são formados onde geleiras tributárias menores cruzam com o vale glacial principal. Muitas vezes, as correntes que fluem em vales suspensos formam cachoeiras espetaculares quando mergulham no vale principal. Tais cachoeiras são comuns nos Estados Unidos (no vale do Yosemite, na Califórnia; nas Montanhas Rochosas e na Cascade Range, no estado de Washington; no Alasca) e no Canadá (nas Montanhas Rochosas e na Colúmbia Britânica). Outras características erosivas da glaciação de montanhas são ilustradas na Figura 3.26.

Em áreas costeiras, os **fiordes** (e **chevys**) se formaram quando vales glaciais profundamente erodidos foram inundados – à medida que o nível do mar subiu drasticamente após o

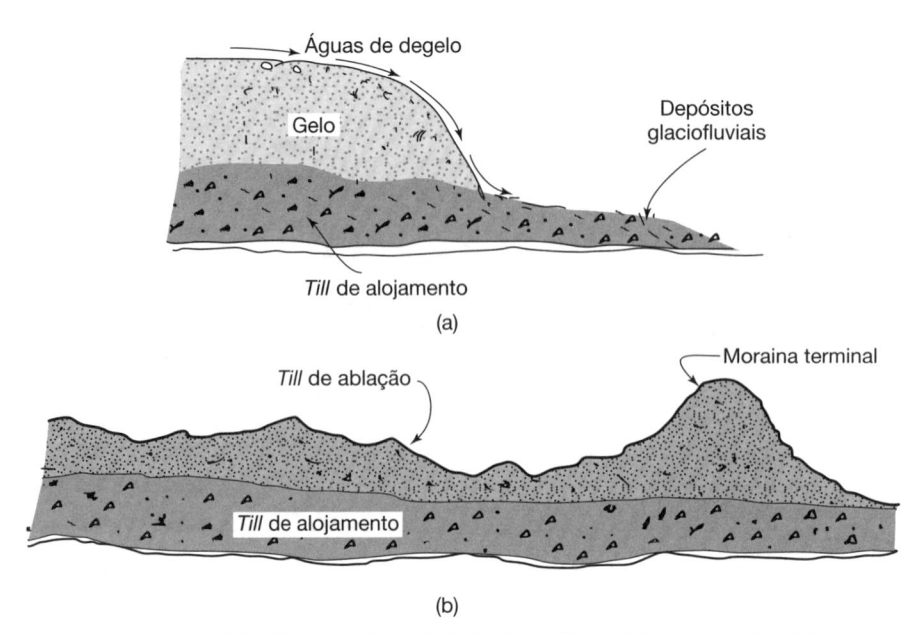

FIGURA 3.25 Deriva glacial, *till* e depósitos glaciofluviais: *till* de alojamento e depósitos glaciofluviais (a); *till* de ablação (incluindo uma moraina terminal) (b).

último período glacial. Alguns exemplos clássicos estão na Noruega, mas na Nova Zelândia, no Alasca e na Colúmbia Britânica essas feições também ocorrem (p. ex., no porto de Vancouver na Colúmbia Britânica, e em Puget Sound, no estado norte-americano de Washington). Outras características erosivas semelhantes incluem os Grandes Lagos, entre o Canadá e os Estados Unidos da América; os Finger Lakes, em Nova York; e os milhares de lagos menores do Escudo Canadiano, em Ontário e Quebec.

As **morenas** ou **morainas** (do italiano: *savoiardo morena* = "monte de terra") são formas de relevo dominadas por *tills* que foram depositadas diretamente pela própria geleira. Exemplos incluem **morainas de solo**, depositadas no solo sob a geleira, e **morainas marginais** ou **laterais**, formadas nas bordas das geleiras. À medida que as geleiras recuam, **morainas recessivas** são depositadas. Quando uma geleira estagna por um tempo, isto é, quando as taxas de derretimento e acúmulo são aproximadamente iguais, uma **moraina terminal** é formada por depósitos de deriva glacial na extremidade ou borda principal do gelo. Ocasionalmente, as geleiras avançam e recuam várias vezes, formando várias morainas terminais, mas o avanço máximo do gelo é marcado por uma **moraina terminal**. Morainas recessivas ou terminais muitas vezes atuam como barragens nas extremidades dos vales, e permitem a formação de lagos glaciais em várias de suas localizações e elevações.

Na glaciação continental, uma forma de relevo comum é uma moraina de solo, às vezes chamada de planície de *till* ou manto de *till*, composta por *tills* de alojamento depositados diretamente sob a geleira. Bons exemplos de planícies de *till* são encontrados no centro de Illinois, em Indiana, Ohio (Estados Unidos) e no sul de Ontário (Canadá). Morainas marginais ou laterais, formadas nas bordas das geleiras continentais, também são encontradas, assim como morainas recessivas e terminais; estas são ilustradas na Figura 3.27. Alguns exemplos importantes de morainas recessivas e terminais nos Estados Unidos estão na Nova Inglaterra, começando em Staten Island e continuando por Long Island, em Nova York, Block Island, Martha's Vineyard e Nantucket Island. Uma moraina recessiva importante se estende por Long Island, sul de Connecticut, Rhode Island até Cape Cod, em Massachusetts.

Outra forma de relevo comum em áreas de glaciação continental é o *drumlin* (do gaélico: *druim* = "cume de uma colina"), uma colina arredondada e aerodinâmica de 5 a 50 m de altura, composta principalmente de *tills*. A direção do movimento do gelo é indicada pela inclinação mais suave e pela forma alongada do *drumlin* (Figuras 3.27 e 3.28). Em geral, essas feições se formam em campos de centenas ou até milhares, e bons exemplos são encontrados no oeste de

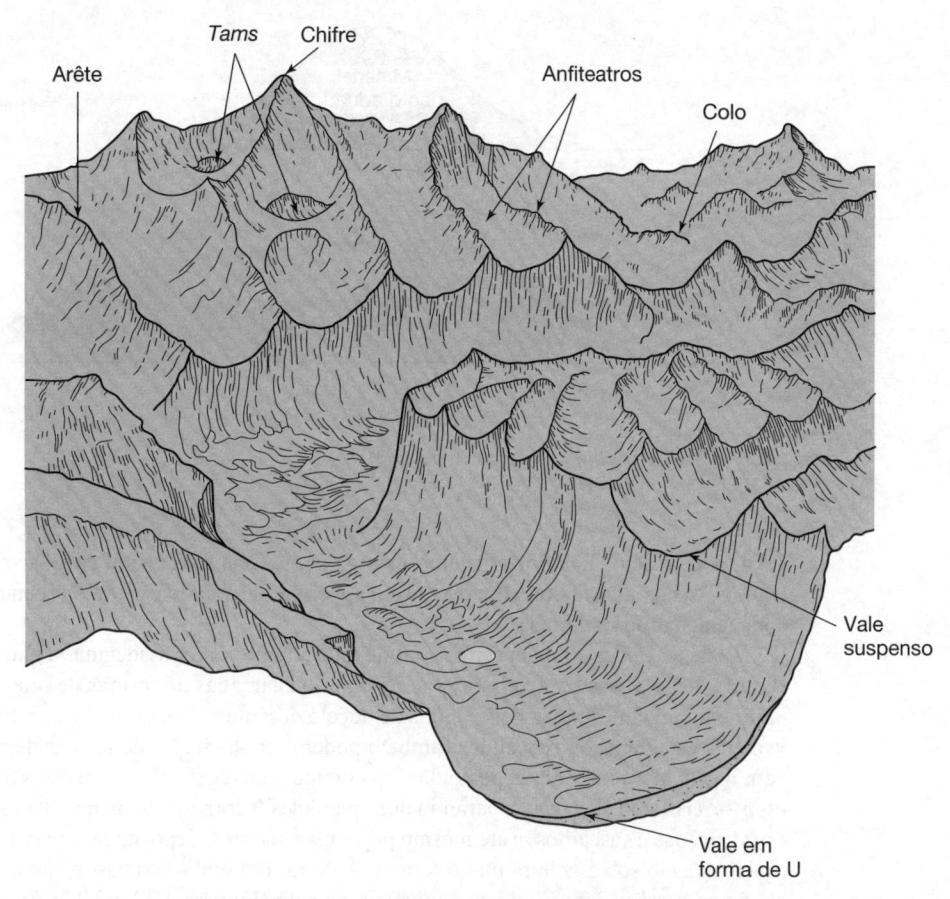

FIGURA 3.26 Formas de relevo glaciais de vale (adaptada de Chernicoff e Venkatakrishnan, 1995).

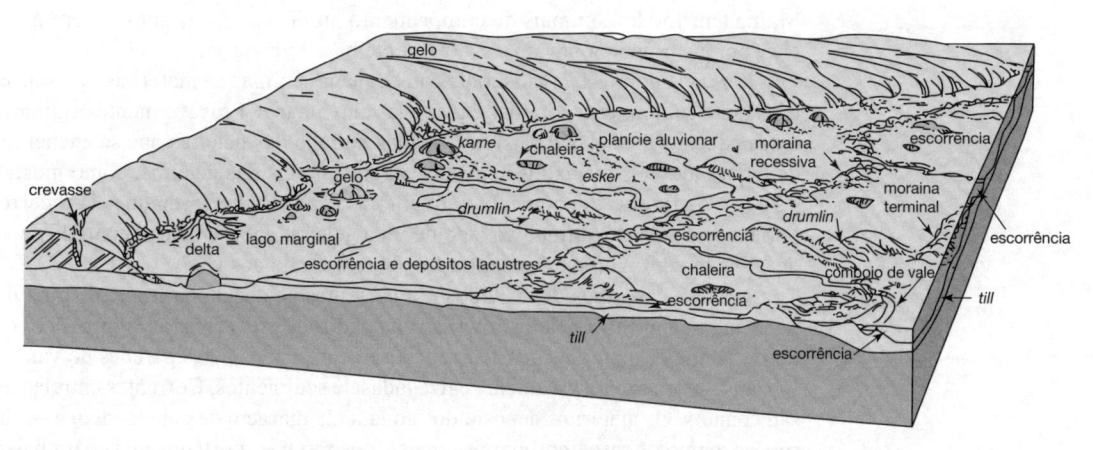

FIGURA 3.27 Formas de relevo de glaciação continental (adaptada de West, 1995).

Nova Escócia, no centro-oeste de Nova York, no norte de Michigan, no leste de Wisconsin, no centro de Minnesota (nos Estados Unidos), no sul de Manitoba e em Saskatchewan (no Canadá). Ocasionalmente, também é possível encontrar **chaleiras** em morainas de solos e terminais. Elas são depressões ou cavidades formadas quando blocos de gelo se desprendem da geleira principal, posteriormente derretem e deixam uma depressão devido ao colapso. As chaleiras com frequência se enchem de água e se tornam pequenos lagos; mais tarde, como descrito na Seção

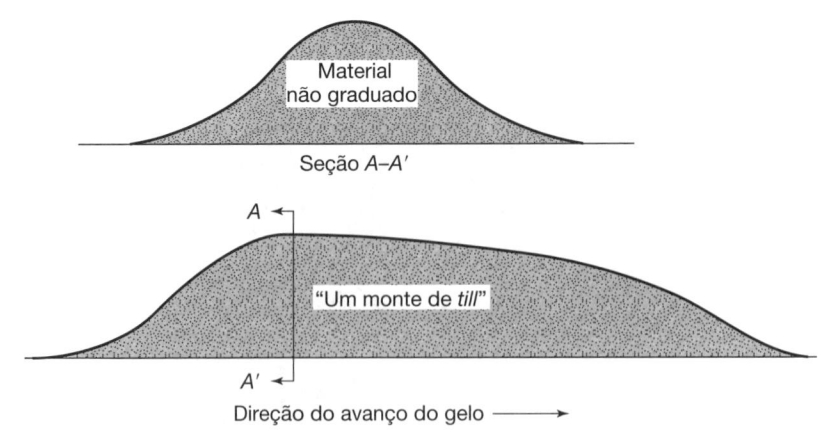

FIGURA 3.28 *Drumlin* ("um monte de *till*").

3.3.4, podem acumular finos e materiais orgânicos. Uma área no sul de Wisconsin, nos Estados Unidos, é chamada de **moraina de chaleira**, porque sua planície de *till* é preenchida literalmente com centenas de chaleiras.

Eskers e *kames* também são formas de relevo importantes associadas à glaciação continental (Figura 3.27). Essas características às vezes são chamadas de formas de relevo **glaciofluviais**, porque foram depositadas pelas águas de degelo durante períodos em que a geleira estava relativamente estagnada ou recuando. Também podem ser chamadas de formas de relevo **de contato com o gelo**, porque foram depositadas em contato com o gelo glacial. *Eskers* (do irlandês antigo *escir* = "crista ou elevação separando duas planícies") correspondem a cristas sinuosas de areias estratificadas e cascalhos, e até mesmo partículas maiores, depositadas em correntes fluindo em túneis de gelo sob a geleira ou no topo da geleira. Em ambos os casos, quando o gelo derrete, ele deixa o *esker* depositado na superfície do solo (Figuras 3.27 e 3.29). *Eskers* podem medir até 30 m de altura e quilômetros de comprimento, embora geralmente não sejam contínuos ao longo dessas distâncias; eles são relativamente comuns no sul do Canadá e no Maine, Michigan, Wisconsin, Minnesota e nas Dakotas do Sul e do Norte (nos Estados Unidos). Alguns *eskers* no Maine têm 150 km ou mais de comprimento; muitas estradas antigas foram construídas sobre eles, porque proporcionavam uma excelente base rodoviária.

Kames (Figura 3.27) são montes ou pequenas colinas de materiais grosseiros mal graduados e bastante comuns em morainas e planícies aluvionares. Provavelmente originaram-se de crevasses (pequenas fendas naturais) localizadas no topo das geleiras que se encheram de detritos, ou de leques aluviais formados na frente ou nas laterais das geleiras, como mostrado nas Figuras 3.30a, b. As figuras também mostram um **terraço de *kame*** formado pela escorrência depositada por águas de degelo fluindo ao lado de uma geleira, entre o gelo e a parede do vale. Os terraços de *kame* são normalmente encontrados sobre o fundo dos vales.

Areias e cascalhos depositados por correntes de degelo na frente de uma moraina terminal ou na margem de uma geleira ativa são chamados de **escorrência** (Figuras 3.27 e 3.30). Nas montanhas, onde os materiais de escorrência são confinados pelas paredes do vale, as correntes que os transportam são relativamente carregadas de sedimentos. Correntes entrelaçadas (Seção 3.3.4) são comuns. Os materiais depositados ao lado da margem de gelo tendem a ser bastante grosseiros, enquanto os cascalhos e areias mais finos são transportados mais para baixo no vale. Esses depósitos formam o que é conhecido como um **comboio de vale** (Figuras 3.27 e 3.30). Nas geleiras continentais, onde não há paredes confinantes de vales, os materiais de escorrência são geralmente depositados em uma forma de relevo chamada **planície aluvionar** (Figura 3.27). Planícies aluvionares também podem conter outras formas de relevo glaciofluviais, como *eskers* e *kames*.

Significado geotécnico de formas de relevo glaciais e depósitos de solo – em regiões glaciais, os engenheiros geotécnicos devem sempre ter em mente as características particulares das formas de relevo glaciais e dos depósitos de solo. Provavelmente, a característica mais importante é que a maioria dos depósitos glaciais é muito variável em relação às suas propriedades de material, mesmo em distâncias muito curtas, tanto horizontal quanto verticalmente. Dentre todos os

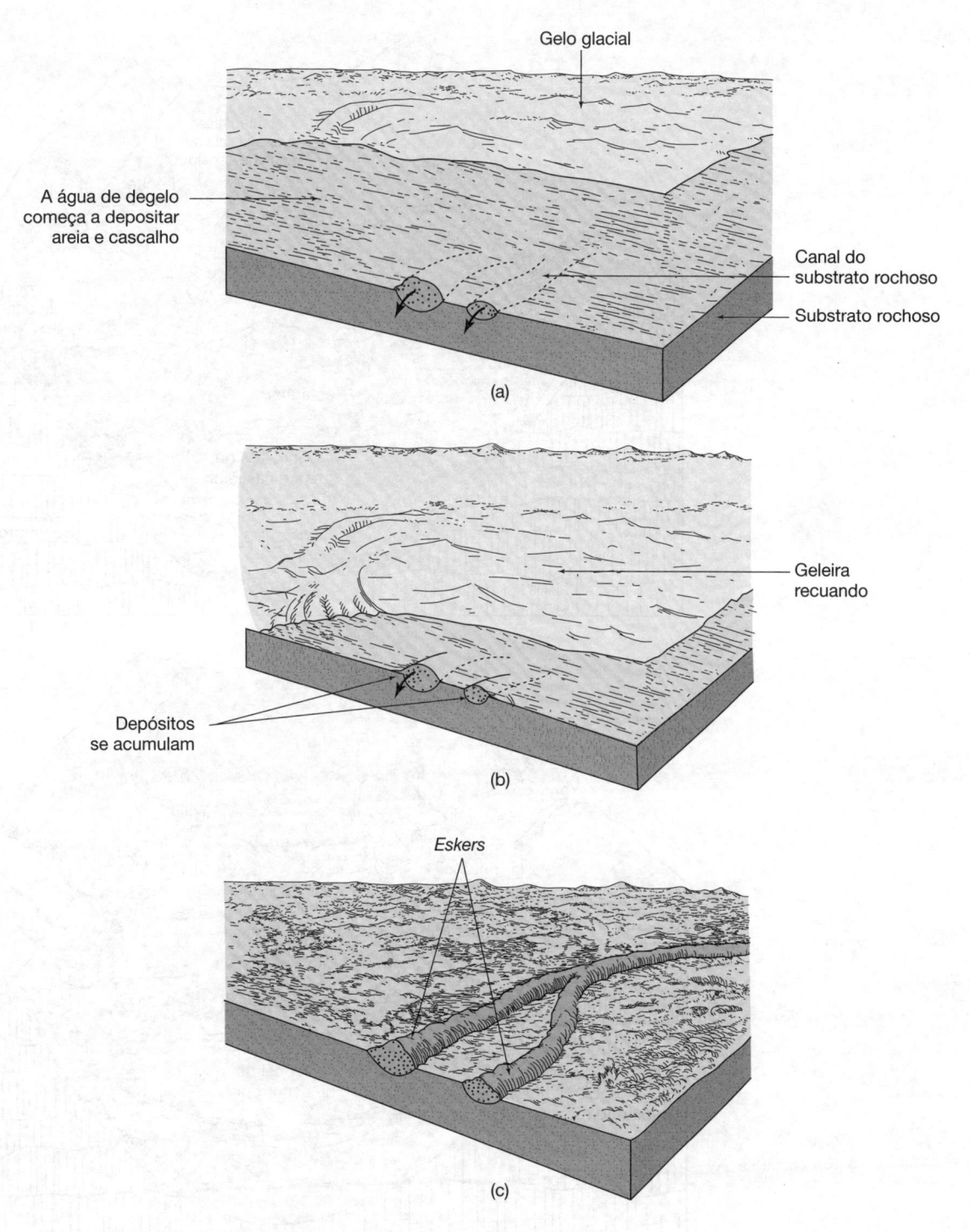

Capítulo 3 Geologia, formas de relevo e a evolução dos geomateriais 99

FIGURA 3.29 Formação de *eskers* (Chernicoff e Venkatakrishnan, 1995).

materiais geológicos, os depósitos glaciais são dos mais complexos e provavelmente mais desafiadores de se caracterizar e trabalhar. Para praticamente todos os canteiros de obras de engenharia civil em regiões de origem glacial, é necessário saber, no mínimo, a distribuição, a espessura e a complexidade do *till*, a complexidade do sistema de água subterrânea e as profundidades de congelamento sazonais. Naturalmente, essa informação precisará ser complementada por dados

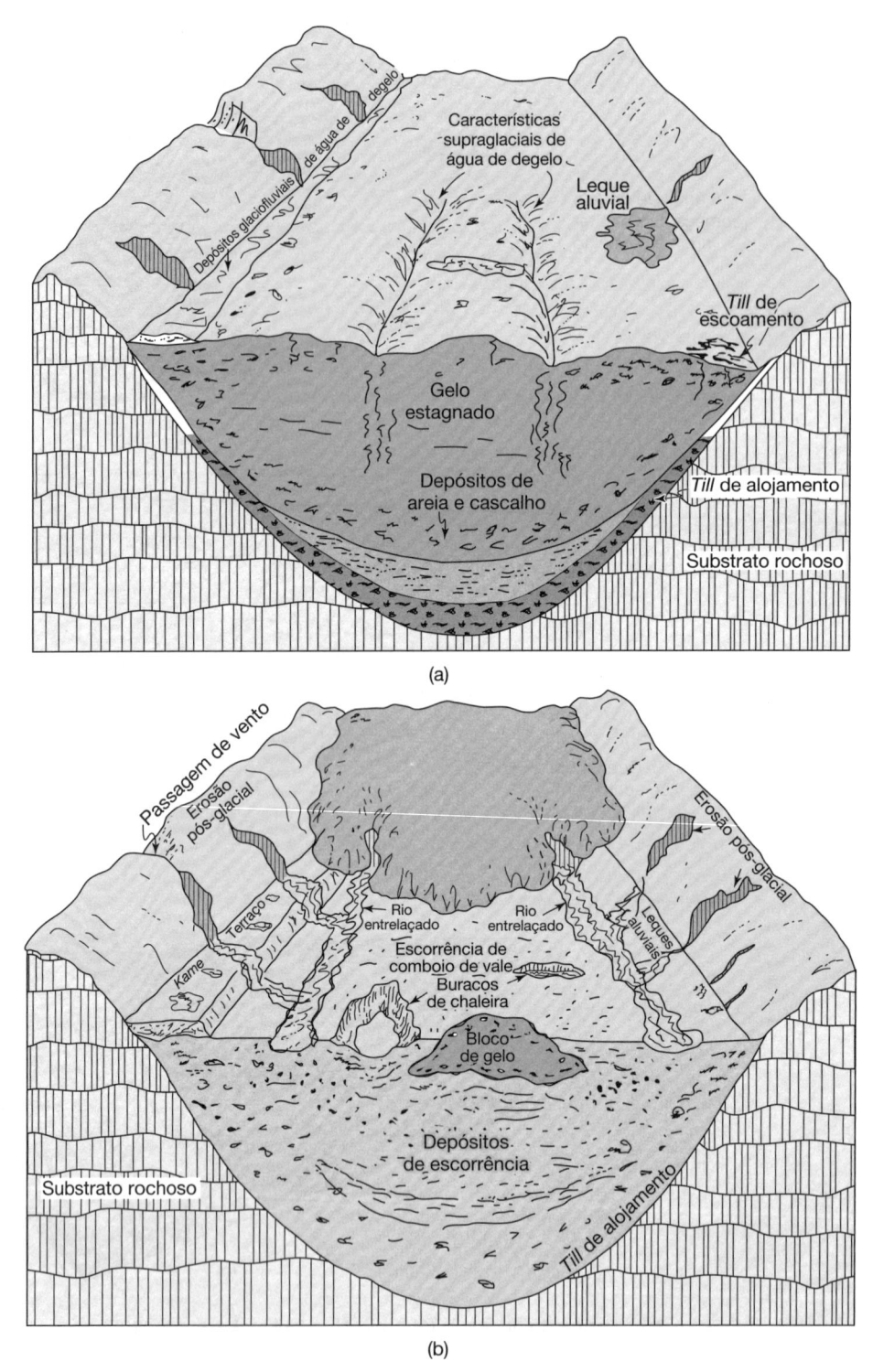

FIGURA 3.30 Uma geleira estagnada, mostrando fase inicial de deglaciação (a) e alguns depósitos e formas de relevo em contato com o gelo e de escorrência (b) (adaptada de Coats, 1991).

específicos do projeto sobre as propriedades do solo. É importante salientar que os termos **till** e **deriva glacial** são nomes genéricos dos materiais glaciais, e não das formas de relevo glaciais.

Lembre-se de que a deriva não estratificada depositada diretamente pela geleira é chamada de *till*. Os *tills* são caracterizados pela falta de graduação por dimensão e pela ausência de qualquer estratificação significativa no depósito, muito embora depósitos estratificados possam ser encontrados em um *till* devido a correntes de água de degelo e lagos efêmeros. Praticamente todas as dimensões de grãos são possíveis, variando de matacões ou mesmo de blocos maiores, chamados **blocos erráticos glaciais**, até fragmentos rochosos (seixos, cascalhos), areias, assim como siltes e argilas, em geral todos misturados de forma aleatória. A mineralogia e a litologia dos *tills* refletem fortemente sua origem e, até certo ponto, a distância de sua fonte. Por exemplo, como os *tills* no centro-norte dos Estados Unidos e nas províncias canadenses adjacentes são derivados principalmente de rochas sedimentares (folhelho, calcário e/ou dolomito), eles são predominantemente argilosos; também são um pouco rígidos e fissurados devido à descarga, à dessecação e à direção do movimento do gelo. Os *tills* tendem a ser progressivamente mais siltosos, por exemplo, à medida que se avança para o leste de Ohio (Estados Unidos) e ao norte de Alberta (Canadá), em razão das fontes rochosas mais finas. Os *tills* da Nova Inglaterra e das províncias marítimas, derivados de granitos e outras rochas ígneas, são consideravelmente cascalhentos e repletos de matacões (como na Escócia e na Inglaterra, com suas argilas ou *tills* com matacões), além de rígidos e fissurados devido às cargas de gelo e dessecação. Os *tills* na porção noroeste do Oceano Pacífico (Washington – Estados Unidos e Colúmbia Britânica – Canadá) muitas vezes são granulares e muito siltosos (porque são predominantemente derivados de rochas ígneas e metamórficas e de depósitos detritais); eles também são muito densos devido às cargas de gelo muito altas. Outra característica das partículas mais grossas encontradas no *till* é que, em geral, elas são de formatos subangulares a angulares (Figura 2.7) e apresentam superfícies ásperas e bordas quebradas.

As morainas de solo e as planícies de *tills* costumam ser adequadas para fundações, sobretudo para estruturas menores e mais leves. Escavações podem ser um problema por causa das **fissuras** em alguns *tills*; as fissuras representam pontos de fraqueza e, se inclinadas de forma desfavorável, podem causar instabilidade em encostas. Como fontes de materiais de construção, as morainas de solo são de má qualidade. Morainas terminais e laterais em áreas montanhosas geralmente proporcionam boas fundações e podem ser fontes adequadas de materiais para aterros rodoviários e barragens de terra, dependendo de suas propriedades técnicas específicas.

Lagos glaciais formados atrás de morainas recessivas ou terminais em montanhas e no final de vales glaciais frequentemente contêm argilas lacustres moles, siltes e materiais orgânicos. Depósitos semelhantes, incluindo turfa, são comumente encontrados em chaleiras. Depósitos glaciolacustres muitas vezes são varvíticos, como descrito na Seção 3.3.4. Se forem macios e compressíveis ou orgânicos, os depósitos glaciolacustres são materiais de fundação de má qualidade. No entanto, em alguns locais, devido à dessecação ou à carga glacial subsequente, os depósitos glaciolacustres podem ser muito rígidos e, portanto, bons materiais de suporte de fundação, sobretudo para estruturas mais leves e para estradas. Embora os motivos sejam diferentes, esses materiais podem causar problemas de estabilidade em encostas e escavações assim como os depósitos moles.

Devido ao meio de transporte ser a água, o *till* depositado por águas de degelo de geleiras em forma de relevos glaciofluviais ou de escorrência tende a ser estratificado e bem graduado por dimensão de grãos. Esses materiais tende a ser mais grosseiros e podem variar de matacões a areias finas; no entanto, há predominância de areias e cascalhos. As partículas mais finas de silte e argila são, naturalmente, carregadas pelas águas de degelo. Assim como ocorre com depósitos fluviais comuns, os materiais glaciofluviais de grãos grosseiros tendem a apresentar a forma de partículas arredondadas. Os *eskers* são importantes para os engenheiros porque são excelentes fontes de areias e cascalhos limpos, bem graduados e estratificados. Eles também podem ser excelentes materiais de fundação, embora escavações ao longo de seus flancos possam apresentar problemas devido à presença de matacões e seixos. *Eskers* podem ser boas fontes de água subterrânea em regiões glaciais.

Tanto *kames* quanto terraços de *kame* são boas fontes de areias e cascalhos, embora tendam a ser mais arenosos e geralmente não tão **limpos** (livres de silte e argila) quanto *eskers* ou depósitos de comboios de vale. Como *kames* e terraços de *kame* tendem a ser mais variáveis do que *eskers* e podem conter chaleiras, são menos úteis como fundações do que *eskers*. Muitas vezes, *kames* e terraços de *kame* são fontes adequadas de água subterrânea.

As planícies aluviais e os comboios de vale tendem a ser bastante arenosos, embora também possam conter alguns cascalhos e partículas mais finas. Em geral, são bons para fundações, exceto onde existir materiais orgânicos – por exemplo, em chaleiras e canais. Também são fontes razoáveis de água subterrânea. Terraços de aterro (Seção 3.3.4) em vales glaciais são compostos, principalmente, de areias grossas e cascalhos; eles também são fontes adequadas de água subterrânea.

Para informações geológicas e geotécnicas complementares sobre depósitos glaciais, consulte o estudo de Coates (1991).

Pergelissolo e formas de relevo periglacial – O **pergelissolo** é o solo permanentemente congelado. Devido aos invernos longos e frios e aos verões curtos e frescos, o solo não descongela por completo durante o ano. A Figura 3.31 mostra a extensão do pergelissolo no Hemisfério Norte em 2017. Engenheiros geotécnicos que trabalham nessas áreas podem esperar mudanças contínuas e relativamente rápidas nas zonas de pergelissolo devido às mudanças climáticas globais. Nessas regiões, o pergelissolo é contínuo ou descontínuo. Nas zonas de **pergelissolo contínuo**, este existe em todos os lugares, exceto sob lagos e rios que não congelam completamente até o fundo; nas zonas de **pergelissolo descontínuo**, existem numerosas áreas livres de pergelissolo que aumentam progressivamente, em tamanho e número, à medida que se avança de norte a sul. A presença ou ausência de pergelissolo na zona descontínua é influenciada pela vegetação e pela profundidade da cobertura de neve presente no inverno. As profundidades máximas de pergelissolos variam de cerca de 1.600 m na Sibéria (Rússia) e 1.000 m no Ártico canadense a cerca de 740 m no norte do Alasca (Estados Unidos). No verão, mesmo no extremo norte, os primeiros 1 a 6 m do pergelissolo descongelam e, devido ao alto teor de umidade proveniente do gelo derretido, tornam-se muito instáveis. Esta **camada ativa** contribui para o desenvolvimento de muitos dos aspectos e das formas de relevo características encontradas em regiões de pergelissolo e **periglaciais** (ou seja, próximas a geleiras). Como mencionado anteriormente, devido ao aumento drástico da temperatura global em comparação com as tendências históricas, muitas regiões de pergelissolo estão sofrendo eventos significativos na camada ativa (dados do U. S. Department of the Interior, 1994).

O alto teor de umidade da camada ativa, o congelamento e o descongelamento recorrentes, a elevação diferencial por gelo, a solifluxão e a vegetação local contribuem para o **solo poligonal**, os polígonos de gelo, as faixas de pedra e os círculos graduados encontrados em regiões periglaciais e de pergelissolo. As **cunhas de gelo**, às vezes com até 3 m de diâmetro e 10 m de profundidade, são relativamente comuns; quando descongelam, as cavidades podem se encher de cascalho e areia que, posteriormente, se densificam para formar os moldes de cunhas de gelo. Entre as características mais curiosas do pergelissolo estão **pingos** (do inuíte: *pinguq* ou *pingu* = pequena colina), que são cones ou domos de gelo e sedimentos que variam de menos de um metro de altura e diâmetro a mais de 50 m de altura e 400 m de diâmetro. Eles são muito comuns no norte do Alasca ao norte da Cordilheira Brooks, nos Estados Unidos, e no norte do Canadá, sobretudo no delta do rio Mackenzie. O maior pingo conhecido tem 70 m de altura e 600 m de diâmetro, estando localizado próximo de Tuktoyaktuk, nos Territórios do Noroeste do Canadá.

Durante a Era do Gelo, as áreas periglaciais estavam presentes ao longo da frente das geleiras continentais da América do Norte; portanto, atualmente é comum observar características periglaciais desde Nova Jersey até as Dakotas do Sul e do Norte, nos Estados Unidos. Além disso, o clima mais frio e úmido contribuiu, sem dúvida, para o desenvolvimento dos grandes lagos pleistocênicos no que hoje é o sudoeste desértico norte-americano, conforme descrito na Seção 3.3.4.

Segundo Péwé (1991), os quatro principais problemas associados à infraestrutura no pergelissolo são: (1) o descongelamento de pergelissolo rico em gelo, com subsidência posterior da superfície sob estruturas não aquecidas, como estradas e aeródromos; (2) a subsidência do solo sob estruturas aquecidas; (3) a ação do gelo, geralmente intensificada por drenagem inadequada causada pelo pergelissolo; (4) o congelamento de tubulações subterrâneas de esgoto, água e óleo. Provavelmente, o mais importante e mais destrutivo é o primeiro: o descongelamento de pergelissolo rico em gelo e cunhas de gelo. Quando o solo está congelado, ele tem excelente capacidade de suporte e compressibilidade muito baixa. Quando descongela, no entanto, o resultado é um solo com alto teor de umidade, o que causa uma diminuição na resistência do solo simultânea a um aumento na compressibilidade. O amolecimento dos solos de fundação leva ao recalque diferencial, à subsidência e até mesmo à ruptura da capacidade de suporte das fundações de edifícios, estradas, ferrovias e aeródromos.

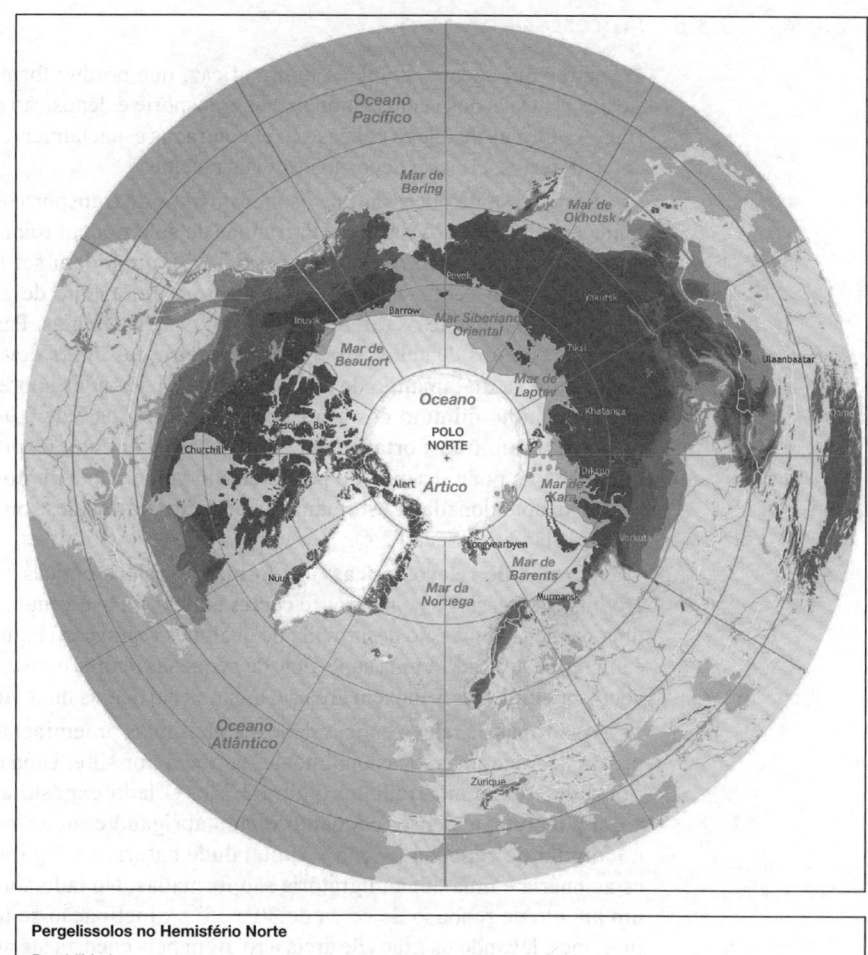

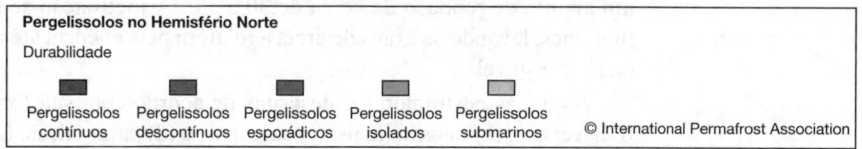

FIGURA 3.31 Distribuição de pergelissolos no Hemisfério Norte até 2017 (mapa circumpolar de pergelissolos e condições de gelo do solo por Brown et al. [1997]).

O enfraquecimento dos solos de descongelamento superficiais também leva à instabilidade de encostas, tanto de taludes naturais quanto de escavações em solo congelado.

Como a superfície dos pergelissolos descongelados é muito irregular e contém características como pequenos lagos, pântanos, poços e cavernas, existe certa semelhança com a topografia cárstica (Seção 3.3.2), sendo, então, denominada topografia **termocárstica**. Ocasionalmente, características locais de subsidência são chamadas de termocársticas.

Para a engenharia no ártico e subártico, é importante conhecer a distribuição dos solos congelados sazonal e/ou permanentemente, saber se os solos congelados estão saturados ou secos, e se cunhas e lentes de gelo existem no local. Consulte os estudos de Péwé (1991) e de Andersland e Ladanyi (2004) para obter informações sobre o impacto do pergelissolo na construção e no desempenho da infraestrutura civil.

No Brasil, estes solos de origem glacial não são registrados, pois tais eventos se deram aqui em tempos geológicos muito remotos. As mais significativas feições de um vale glaciogênico preservadas no Brasil são o Vale do Galvão, Inhaí, Serra do Espinhaço Meridional e Diamantina, em Minas Gerais, que data do Pré-Cambriano e os pavimentos estriados do Grupo Itararé, em Salto (Devoniano), em São Paulo; além das feições do período Permocarbonífero presentes em Passo das Mulas e Cachoeira do Sul, no Rio Grande do Sul; e Calembre e do Brejo do Piauí, no Piauí.

3.3.6 Processos do vento

O vento é um agente geológico muito eficaz, que produz formas de relevo **eólicas** (do grego: *Aeolus* = "Deus dos ventos") por erosão, transporte e deposição de materiais de granulação mais fina. As formas de relevo eólicas são encontradas especialmente em áreas de vegetação escassa, como desertos, praias e depósitos fluviais recentes.

É interessante observar que os mecanismos de transporte e deposição pelo vento são bastante semelhantes aos da água. Partículas de solo podem rolar e saltar ao longo da superfície do solo (do latim: *saltare* = "saltar, saltitar"), ou podem ser levantadas e transportadas em suspensão pelo vento. Além disso, o vento é um agente de graduação muito eficaz; isto é, ele separa facilmente os diferentes tamanhos de partículas. Para que a suspensão ocorra com minerais comuns de solos e rochas, o diâmetro dos grãos deve ser inferior a 0,01 mm, que é uma partícula do tamanho do silte (Capítulo 2). Estudos sobre dunas de areia demonstraram que o tamanho mínimo dos grãos nelas encontrados é de 0,08 mm, sugerindo que os grãos menores foram transportados em suspensão pelo vento. Como o limite superior da faixa de tamanho que pode ser movido por forças do vento não é muito maior do que o limite inferior, as areias abandonadas costumam ser bastante uniformes; ou seja, têm aproximadamente o mesmo diâmetro (Seção 2.4).

Formas de relevo eólicas – as formas de relevo eólicas erosivas incluem cavernas rasas erodidas de falésias e penhascos, e **cortes eólicos** onde o vento remove o terreno vegetal e causa uma pequena depressão desprovida de qualquer vegetação (Figura 3.32a). **Pavimento desértico** é um termo aplicado a uma superfície de pequenas pedras e cascalhos, deixados para trás quando ventos muito fortes removem areias e todas as partículas mais finas da superfície do solo.

As formas de relevo eólicas deposicionais mais proeminentes são as **dunas**, em geral compostas de areia, mas, ocasionalmente, também por silte. Uma seção transversal de uma duna típica de areia é mostrada na Figura 3.32b. O lado exposto ao vento é relativamente plano e um pouco mais denso, enquanto o lado abrigado é muito mais íngreme, solto e inclinado no **ângulo de repouso** (Seção 9.2) ou talude natural. A Figura 3.32c mostra como uma duna estacionária e uma duna migratória são formadas. No lado abrigado de cada tipo, a duna terá um ângulo de repouso de cerca de 30 a 35°. A inclinação se torna instável em ângulos mais íngremes, levando os grãos de areia a rolarem pela encosta até atingirem um ângulo de repouso que seja estável.

As dunas costumam ser descritas de acordo com sua forma. As formas comuns são: (a) transversais; (b) longitudinais; (c) barcanas; e (d) parabólicas. Cada estilo é determinado principalmente pelo tipo de areia presente, o clima, as condições locais do vento (direção e intensidade) e a vegetação, se houver. As **dunas transversais**, mostradas na Figura 3.33a, são uma série de cristas paralelas que se formam perpendicularmente à direção do vento predominante. Tendem a se formar onde os ventos são relativamente fracos e sopram na mesma direção, a vegetação é escassa, e a fonte de areia está próxima e é abundante. No deserto do Saara (norte da África), as dunas transversais podem ser enormes, com cerca de 100 a 200 m de altura, de 1 a 3 km de largura e mais de 100 km de comprimento; também são comuns ao longo das margens sul e leste do Lago Michigan, nos Estados Unidos.

As **dunas longitudinais** (também chamadas de *seifs* – do árabe: "espada"), mostradas na Figura 3.33b, se formam paralelas, em vez de transversais à direção predominante do vento, quando a disponibilidade de areia é moderada. Em geral, elas têm apenas alguns metros de altura, mas algumas, nos desertos do Saara e da Arábia, podem chegar a 100 m de altura e a até 100 km de comprimento. A **barcana** (de um dialeto turco oriental: "avançando, progredindo") é a clássica duna de areia em forma de lua crescente, como mostra a Figura 3.33c. Barcanas se formam perpendicularmente aos ventos predominantes, quando a direção do vento é constante e a disponibilidade de areia é limitada. A vegetação também tende a ancorar barcanas em seus topos. Nos ambientes de praias, elas são fixadas pela vegetação (ou por outro objeto qualquer). A areia começa a se acumular junto às matinhas litorâneas, compostas por espécies de Myrtaceae especializadas, que servem de anteparo; após recobrirem essas matinhas (os vegetais são adaptados a ficarem em dormência até que a duna migre) tudo volta ao estado anterior e a duna segue seu caminho. As **dunas parabólicas** (Figura 3.33d) apresentam uma forma semelhante à

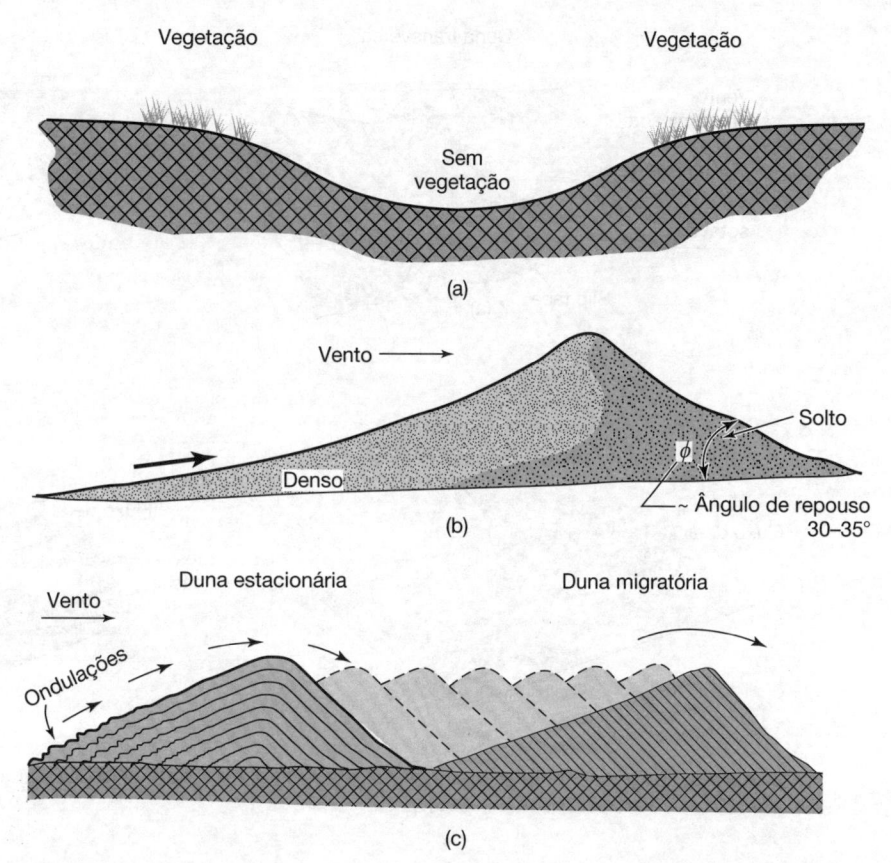

FIGURA 3.32 Formas de relevo eólicas: corte eólico (a); seção transversal de uma duna (b); formação de dunas estacionárias e migratórias (c) (adaptada de von Bandat, 1962).

das barcanas, exceto por se formarem com seus topos na direção oposta. Provavelmente se desenvolvem a partir de dunas transversais, após a remoção da vegetação, e são comuns ao longo das costas arenosas de oceanos e lagos.

Os principais problemas de engenharia em áreas com extensas dunas de areia estão associados à proteção da infraestrutura (de estradas, canais, oleodutos) contra as dunas migratórias, que podem, algumas vezes, apresentar sérios problemas de manutenção e recobrirem completamente obras civis. A estabilização por meio de cercas e vegetação é uma das formas mais eficazes de contenção das dunas.

Ocasionalmente, dunas mais antigas são estabilizadas pela vegetação natural e se tornam bases adequadas para rodovias e pequenas estruturas. Como as areias são soltas, estruturas mais pesadas podem exigir fundações especiais ou estabilização da areia para evitar recalques diferenciais indesejados. A estabilidade do talude é um problema apenas se forem feitas escavações nas dunas que forem mais íngremes do que o ângulo de repouso.

Loesse – outro importante depósito eólico é o loesse. Como descrito anteriormente, partículas finas de silte são transportadas em suspensão pelo vento e então depositadas. As fontes de silte incluem vales fluviais, planícies aluviais glaciais e afloramentos de siltito e arenito que podem ser erodidos pelo vento. Como você já pode esperar, a espessura do loesse é maior mais próximo à fonte e diminui à medida que a distância da fonte aumenta. Por exemplo, a planície de inundação do rio Mississippi inferior (Louisiana) produziu depósitos de loesse com até 30 m de espessura no lado leste do vale (os ventos predominantes originam-se do Oeste). Normalmente, depósitos importantes de loesse estão associados às atividades do Pleistoceno (Era do Gelo) ou pós-glaciais. Alguns dos principais depósitos de loesse nos Estados Unidos incluem uma grande área do Nebraska, Kansas, Iowa, norte do Missouri, leste do estado de Washington e sul de

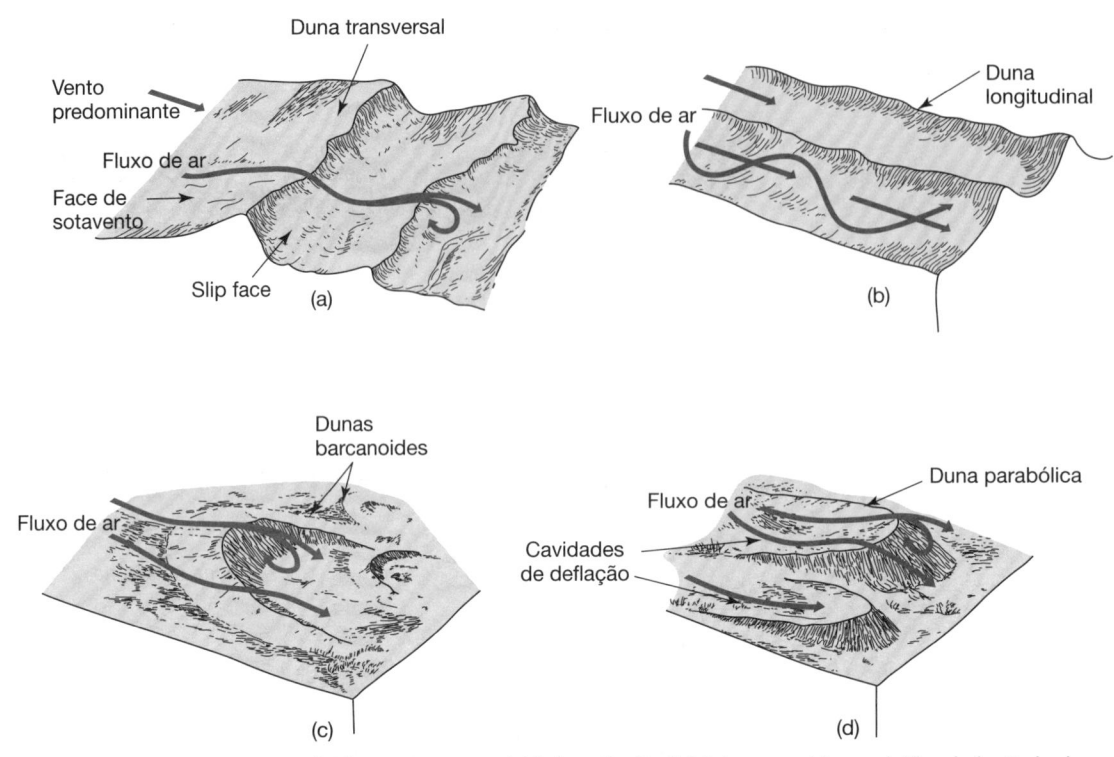

FIGURA 3.33 Formas comuns de dunas: transversal (a); longitudinal (b); barcana (c); parabólica (adaptada de Chernicoff e Venkatakrishnan, 1995).

Idaho, a leste do vale do rio Mississippi, desde Minnesota até o sul de Illinois, e até a foz do rio Mississippi, na Lousiânia.

Por terem sido depositados pelo vento em vez da água, os depósitos de loesse apresentam uma estrutura muito aberta e porosa. Além disso, as partículas de loesse são levemente cimentadas por montmorillonita (um argilomineral descrito na Seção 3.7) ou calcita. Devido à sua estrutura porosa, o loesse tende a apresentar condutividade hidráulica vertical e drenagem significativamente altas, e esse fato, junto com a cimentação, significa que ele é capaz de se manter em taludes altos e muito íngremes, quase que verticalizados. Os taludes de loesse podem ser bastante estáveis mesmo sem proteção especial contra a erosão e a vegetação. No entanto, se, por exemplo, o desmonte para construção de estradas for feito em um talude inclinado, o loesse pode erodir muito facilmente, os taludes podem se achatar rapidamente, e valas e canais de drenagem podem ficar cheios de silte.

A estrutura porosa e aberta do loesse também pode entrar em colapso quando molhada e carregada, como pode acontecer com um reservatório de água construído sobre loesse. O reservatório provavelmente seria bastante estável em fundações rasas. No entanto, se ocorresse vazamento acidental do reservatório, a estrutura do loesse entraria em colapso e ocorreriam recalques prejudiciais na fundação do reservatório. Algumas vezes, esses depósitos são pré-molhados para induzir seu colapso antes da construção, a fim de reduzir os recalques pós-construção. Consulte a Seção 5.7 para observações complementares sobre solos colapsíveis.

3.3.7 Processos vulcânicos

Os processos geológicos que resultam na extrusão de **magma** (rocha fundida, provavelmente do manto) na superfície da Terra são coletivamente chamados de **vulcanismo**. O vulcanismo produz **vulcões** e uma série de outras características e depósitos que são de grande preocupação para engenheiros civis que trabalham na Bacia do Pacífico e em outras áreas com atividade vulcânica.

Algumas das montanhas mais espetaculares da Terra são vulcões. Alguns exemplos notáveis incluem o monte Fujiyama, no Japão; os montes Etna e Vesúvio, na Itália; o monte Shasta e o pico Lassen, na Califórnia, o monte Hood no Oregon, os montes St. Helen's, Rainier e Baker em Washington, o monte McKinley e as ilhas aleutas, no Alasca, nos Estados Unidos; e o monte Garibaldi, na Colúmbia Britânica, no Canadá. As ilhas havaianas, territórios ultramarinos norte-americanos, têm origem vulcânica, e alguns vulcões na ilha principal do Havaí ainda são muito ativos. A Antártida, a Nova Zelândia, a Indonésia, as Filipinas, a Cordilheira das Cascatas do Noroeste do Pacífico, a América Central e os Andes da América do Sul possuem intensos vulcões ativos. Outras áreas vulcânicas importantes incluem a Islândia (22 ativos), muitas ilhas do Caribe, o sul do Pacífico e a África.

Quando os vulcões entram em erupção, materiais como lava, rochas piroclásticas e outros detritos são extrudados ou ejetados, e esses depósitos podem produzir formas de relevo de interesse para engenheiros civis. A **lava** é, essencialmente, rocha fundida que flui viscosamente do vulcão em uma **erupção fissural** (Figura 3.34) e produz **derrames de lava** na superfície do solo. Bons exemplos das formas de relevo de escoadas lávicas podem ser vistos, por exemplo, por todas as ilhas do Havaí e no centro do estado do Oregon, nos Estados Unidos.

Dependendo da força da erupção e de outros fatores locais, a lava ejetada pode resfriar à medida que é impulsionada pelo ar, e coletivamente esses **detritos piroclásticos** são chamados de **tefra** (do grego: *téfra* = "cinza"). A tefra pode conter desde grandes rochas (**bombas vulcânicas**), detritos do tamanho de cascalho chamados **bagacina** ou *lapilli*, **escórias** e **pedra-púmici** até **cinzas vulcânicas** (na dimensão de silte e argila). Os tipos de erupções vulcânicas e seus vulcões resultantes (formas de relevo) são mostrados na Figura 3.34.

Se a erupção produzir principalmente escórias, é formado um **cone de escórias** de laterais íngremes (Figura 3.34b) devido ao ângulo de repouso (Seção 9.2) dos detritos piroclásticos.

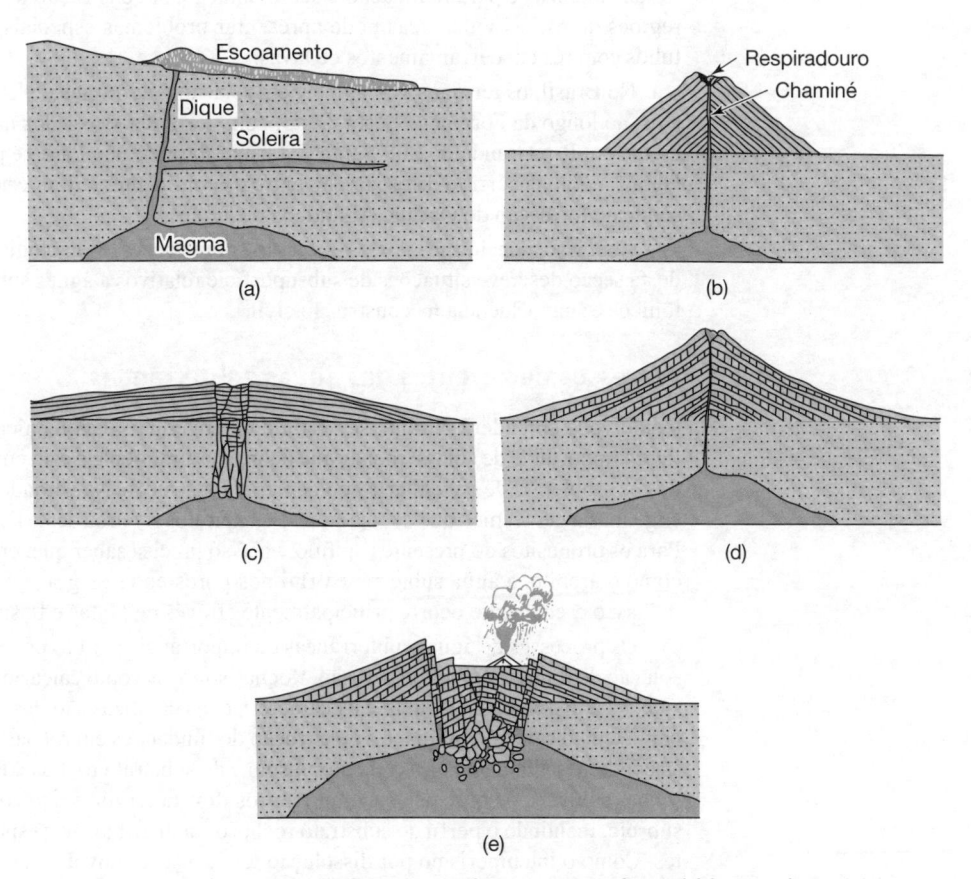

FIGURA 3.34 Tipos de erupções vulcânicas e vulcões: erupção fissural (a); cone de escórias (b); vulcão escudo (c); cone composto (d); caldeira (e) (adaptada de West, 1995).

Um cone de escórias clássico é a cratera do Pôr do Sol, Flagstaff, no norte do Arizona. Por outro lado, os **vulcões-escudo** são muito largos e consideravelmente planos, uma vez que a lava que produzem é fundida e bastante líquida (Figura 3.34c). Alguns exemplos de vulcões-escudo incluem o Mauna Loa e o Mauna Kea na ilha do Havaí, Estados Unidos. **Cones compostos**, às vezes chamados de **estratocones**, são formados por erupções alternadas de lava e piroclastos (Figura 3.34d). Exemplos clássicos de cones compostos são o Monte Fujiyama no Japão e os vulcões na Cordilheira das Cascatas entre Califórnia, Oregon e Washington. Uma **caldeira** é uma enorme cratera vulcânica colapsada ou explodida (Figura 3.34e); exemplos incluem o Monte Katmai no Alasca e o Lago Crater, Oregon, ambos nos Estados Unidos.

Além de serem potencialmente fatais para praticamente todas as formas de vida, as erupções vulcânicas podem criar sérios problemas para engenheiros civis. As erupções podem destruir ou interromper redes de transporte, além de obstruírem rios e lagos com detritos vulcânicos e causar terremotos, tsunâmis, deslizamentos de terra e corridas de lamas vulcânicas chamadas *lahares*. *Lahares* são misturas de detritos piroclásticos de todas as dimensões com água, que é facilmente obtida no derretimento de neve e geleiras no vulcão ou em chuvas intensas. Os *lahares* movem-se com alta velocidade rio abaixo e pelos canais fluviais, muitas vezes por distâncias muito grandes, e são particularmente danosos para a vida humana e para infraestruturas. Alguns exemplos de erupções que produziram *lahares* (corridas de lama) prejudiciais são as do monte Santa Helena em Washington, nos Estados Unidos; do monte Pinatubo, nas Filipinas; e do Nevado del Ruiz, na Colômbia. A erupção deste último e suas consequentes corridas de lama levaram cerca de 23.000 pessoas à morte, à jusante do vale.

O efeito da atividade vulcânica real e potencial em obras de engenharia é descrito por Schuster e Mullineaux (1991). Alguns problemas incluem a localização de instalações nas trajetórias potenciais da lava e de detritos piroclásticos, bem como o projeto para condições transitórias de cinzas e para inundação e sedimentação. A construção de estruturas subterrâneas em regiões de rochas vulcânicas pode apresentar problemas especiais devido a juntas, fissuras e tubos comuns em derramamentos de lavas.

No Brasil, os terrenos vulcânicos, em relação a derrames de lavas, se restringem ao sul do país, ao longo da Formação Serra Geral, com derrames ocorridos na Era Mesozoica, principalmente em Rio Grande do Sul, Santa Catarina, Paraná, São Paulo e pequenas porções de Minas Gerais, tendo decorrido da separação entre os continentes sul-americano e africano, com a consequente formação do Oceano Atlântico no Cretáceo.

Com isso, concluímos nossa discussão sobre processos geológicos de superfície. O restante desta seção descreve situações de subsuperfície relativos a águas subterrâneas, tectônicos e plutônicos e sua influência na construção civil.

3.3.8 Processos decorrentes das águas subterrâneas

Como você aprenderá durante seu estudo de engenharia geotécnica, a água é um componente muito importante de solos e rochas que ocorre naturalmente e está envolvida em praticamente todos os problemas de engenharia geotécnica e construção. Na verdade, a água é tão importante na engenharia geotécnica que dedicamos dois capítulos inteiros deste livro aos seus vários aspectos. Para os propósitos do presente capítulo, você só precisa saber que, em solos e em rochas porosas como o arenito, a água subterrânea flui nos poros entre os grãos minerais; em outros tipos de rochas, o escoamento ocorre principalmente através de juntas e fissuras.

Os processos de águas subterrâneas de importância para os engenheiros civis incluem a dissolução de rochas solúveis e a erosão. Rochas solúveis como calcário, dolomito e evaporito estão sujeitas à dissolução. O carste e as características cársticas são descritos na Seção 3.3.2. Assim como com o carste, o projeto e a construção de fundações em rochas solúveis são difíceis devido às condições altamente variáveis do subsolo e do substrato rochoso. Em projetos em regiões com rochas solúveis, os projetistas e empreiteiros **devem** ter um vasto conhecimento da geologia do subsolo, incluindo o perfil do substrato rochoso e a distribuição e espessura dos solos sobrejacentes. Como o intemperismo por dissolução tende a se desenvolver ao longo de juntas e planos de estratificação, informações sobre esses aspectos também devem ser determinadas. As condições das águas subterrâneas e sua variabilidade, bem como quaisquer mudanças prováveis causadas pela construção, também devem ser consideradas. Consulte o estudo de James (1992) para soluções práticas para os problemas de rochas solúveis.

Outros dois processos de águas subterrâneas que também podem causar problemas locais de engenharia são o *sapping* e o *piping*, que ocorrem quando a água subterrânea sai de nascentes, geleiras e taludes. O *sapping* refere-se ao processo de erosão de materiais mais macios na base de um penhasco, causando a quebra de blocos de rocha no topo deste, enquanto o *piping* geralmente se refere ao movimento de partículas de solo mais finas, como areias finas e siltes. (O *piping* também é discutido no Capítulo 6.) A instabilidade de taludes, a perda de suporte das fundações, o avanço e o potencial de inundações, são os principais problemas de engenharia associados.

3.3.9 Processos tectônicos

Os **processos tectônicos**, originados na crosta terrestre e no manto superficial, têm consequências importantes, especialmente em áreas com atividade sísmica, e produzem uma série de formas de relevo que trazem importantes implicações para a engenharia. O **diastrofismo**, às vezes chamado de tectonismo, refere-se a deformações crustais em grande escala e ao surgimento de montanhas resultantes da atividade da tectônica das placas. Outro processo tectônico é o rebote da crosta devido ao recuo das grandes geleiras continentais, descrito na Seção 3.3.5 e por Nichols e Collins (1991).

A estrutura geológica é, com frequência, um fator dominante no desenvolvimento das formas de relevo, e várias características topográficas importantes estão associadas a juntas, dobras e falhas, conforme descrito na Seção 3.2.4 sobre estruturas rochosas. Estruturas de dobras como **domos**, **arcos**, **bacias**, **sinclinais** e **anticlinais** podem produzir paisagens distintas, e algumas delas são mostradas na Figura 3.35. Um exemplo conhecido e muito antigo de um domo com um testemunho de rocha cristalino é a formação das Black Hills, em Dakota do Sul, Estados Unidos. Alguns exemplos de dobramento com anticlinais e sinclinais incluem as montanhas Apalaches, no leste do território norte-americano.

Como era de se esperar, as **falhas** também produzem formas de relevo e características topográficas distintas. Quando uma falha normal ou inversa (Figura 3.2a, b) se estende até a

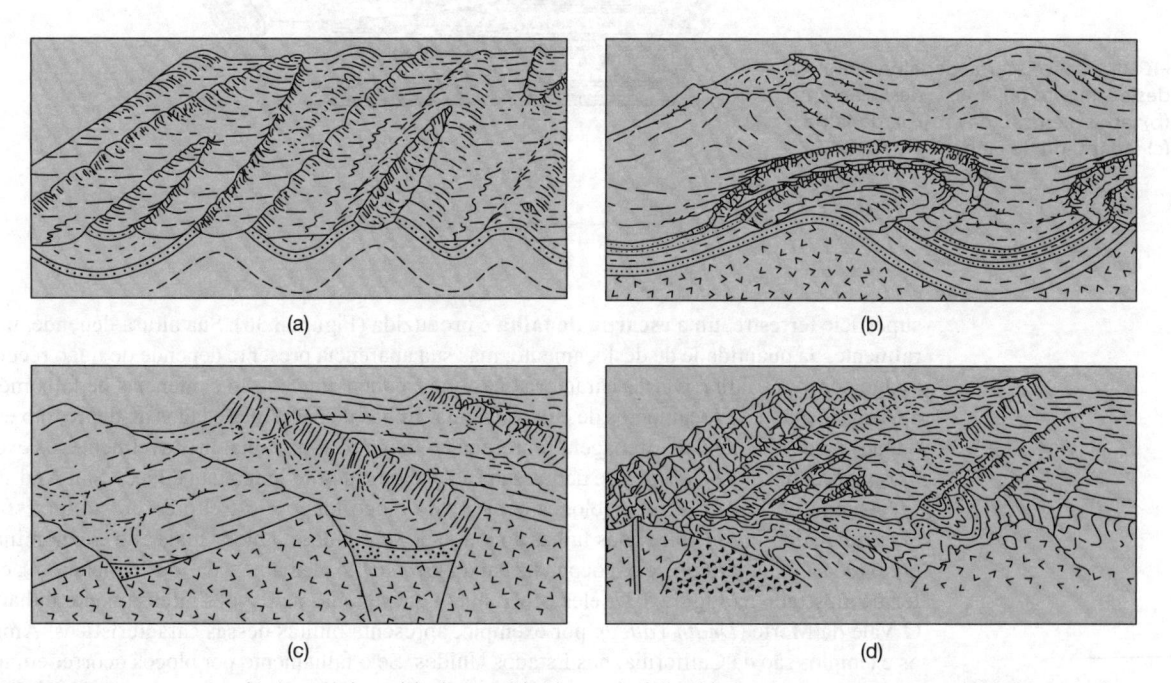

FIGURA 3.35 Estruturas geológicas: dobras (a); domos (a); blocos de falha (c); e estruturas complexas (d) (adaptada de Thornbury, 1954).

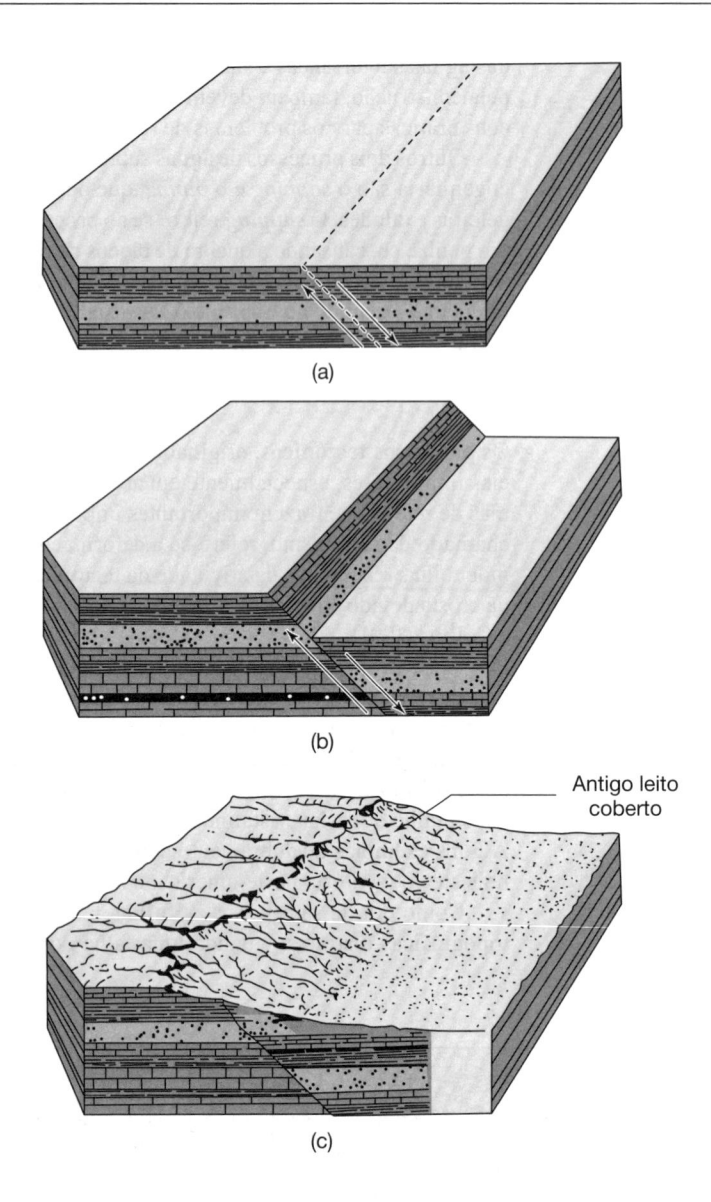

FIGURA 3.36 Escarpa de falha: antes do deslocamento (a); após o deslocamento (b); após a erosão da escarpa de falha (c) (adaptada de Emmons et al., 1955).

superfície terrestre, uma **escarpa de falha** é produzida (Figura 3.36). Sua altura depende, naturalmente, da quantidade de deslocamento, mas sua aparência presente depende do quão recentemente ocorreu a falha. Outras características que frequentemente são evidências de falhamento anterior incluem deslocamentos de cursos d'água, linhas de nascentes e lagos de depressão e pequenos lagos que indicam drenagem represada ao longo de uma falha. Provavelmente, os exemplos mais conhecidos de lagos de depressão são encontrados ao longo da Falha de San Andreas.

Quando o falhamento por blocos ocorre, um bloco longo e estreito da crosta terrestre é elevado ou deprimido entre duas falhas ao longo de seus lados. O bloco mais alto é denominado *horst* (do alemão: refúgio), e o bloco mais baixo, *graben* (do alemão: "vala" ou "trincheira"), conforme mostrado na Figura 3.37; eles ocorrem em quase todas as regiões intensamente falhadas. O Vale da Morte (*Death Valley*), por exemplo, apresenta muitas dessas características. Ambos os exemplos são da Califórnia, nos Estados Unidos. Se o falhamento por blocos ocorrer em uma

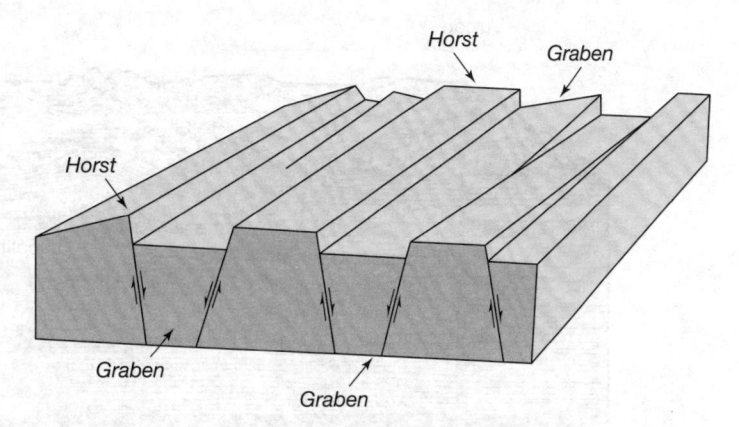

FIGURA 3.37 Falhamento por blocos com *horsts* e *grabens* (West, 1995).

escala muito grande, montanhas falhadas por blocos são produzidas; estas são muito comuns na área da Grande Bacia de Nevada e Utah, também nos Estados Unidos da América.

Em áreas com atividade sísmica, a localização de falhas é importante por dois motivos. O primeiro é que você poderá evitar a localização de uma estrutura ou instalação em uma falha potencialmente ativa; o segundo é que uma movimentação das falhas em tempo geológico recente é um indicador útil de possíveis futuras atividades sísmicas. Assim, para o projeto sísmico de estruturas de engenharia civil, a distância entre uma instalação e uma falha potencialmente ativa, a geologia do substrato rochoso e superficial entre a falha e a instalação, e o período de retorno do terremoto, são fatores utilizados para estimar a intensidade da vibração causada por um sismo. Essas considerações de projeto são particularmente críticas para instalações de saúde, como hospitais, que desempenham um papel vital durante os terremotos, e para infraestruturas de longa duração, como depósitos de resíduos e usinas nucleares. O estudo de Kramer (1996) é uma fonte de referência adequada para todos os aspectos da engenharia geotécnica de terremotos (engenharia sísmica).

Se você planeja trabalhar em áreas sísmicas, será necessário ter conhecimento sobre a tectônica regional, os movimentos locais do solo e o potencial de instabilidade do solo, além dos possíveis problemas induzidos por terremotos, como deslizamentos de terra, liquefação (Capítulo 6) e subsidência. Consulte o estudo de Bonilla (1991) para uma descrição dos efeitos do falhamento e de terremotos em barragens, usinas, oleodutos e outros projetos de engenharia civil.

3.3.10 Processos plutônicos

A atividade vulcânica subterrânea ou o **plutonismo** ocorre quando o magma é intrudido em rochas mais antigas sobrejacentes. Embora o plutonismo produza uma série de características interessantes (Figura 3.38), a maioria delas só aparece na superfície após a remoção das rochas sobrejacentes pela erosão ou por outros processos geológicos. As rochas e estruturas plutônicas podem ser localmente importantes na construção de túneis e casas de força subterrâneas. A atividade plutônica também pode resultar em alterações hidrotermais de rochas e sedimentos adjacentes. Soluções quentes ascendentes podem alterar os minerais na rocha original, resultando em uma rocha completamente diferente. A **alteração hidrotermal** pode ser encontrada em áreas de atividades intrusivas passadas ou de vulcanismo contemporâneo. As rochas hidrotermalmente alteradas são mais erodíveis, mais variáveis e mais fracas do que as rochas não alteradas e, portanto, são materiais de fundação e construção mais pobres.

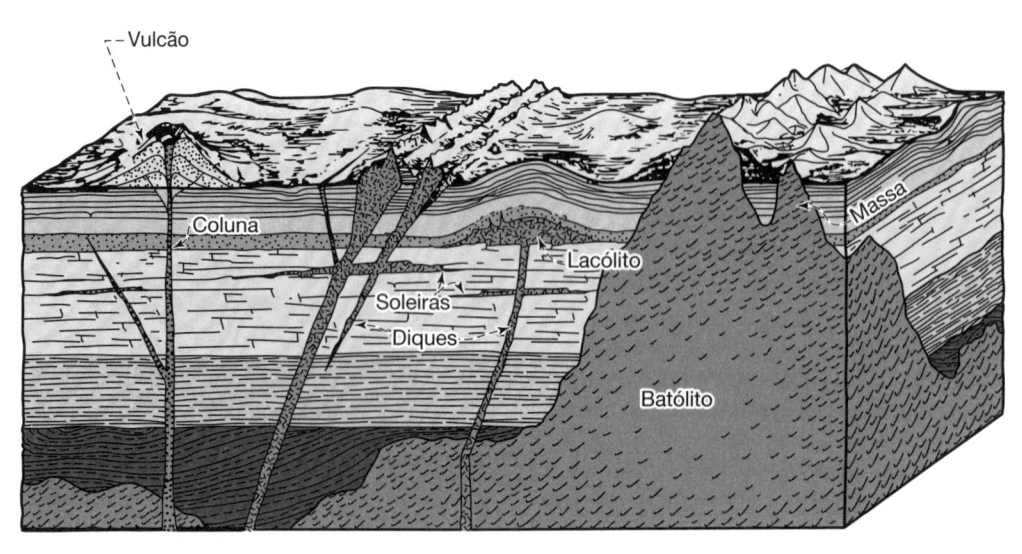

FIGURA 3.38 Formas plutônicas (adaptada de Krynine e Judd, 1957).

3.4 GEOLOGIA ANTROPOGÊNICA

Na história geológica recente, incluindo períodos associados a algumas civilizações chamadas de "antigas", os seres humanos adquiriram a capacidade de utilizar energia em larga escala, causando impactos significativos na geologia local e regional, e possivelmente em áreas mais amplas. Esse fenômeno se intensificou ainda mais desde o início da Revolução Industrial (1760 d.C.), quando começamos a converter vastas quantidades de energia térmica em energia mecânica para mover e redistribuir grandes volumes de materiais terrosos. Da mesma forma, o uso de materiais explosivos nos permitiu mudar o tempo e os processos geológicos de maneira significativa, resultando em novas geometrias de terra e corpos d'água e na aceleração de processos geológicos normalmente muito lentos. O crescimento dos centros urbanos também levou ao remodelamento de nosso ambiente natural de maneira que continua a alterar profundamente o que teria sido a paisagem natural dessas regiões. Na verdade, os seres humanos agora movem mais sedimentos do que todos os outros processos geomórficos combinados (ou seja, de rios, geleiras, ventos e outros mecanismos de transporte; Wilkinson, 2005).

Talvez uma das práticas mais antigas e generalizadas para alterar a geologia seja a modificação do canal fluvial. Os seres humanos desviaram, obstruíram, interceptaram e aprofundaram inúmeros rios e outros cursos d'água para mitigação de enchentes, geração de energia, agricultura e outras necessidades de abastecimento de água e de navegação fluvial. Essas intervenções afetaram o ciclo natural de vida de um curso d'água e, em muitos casos, ao longo do trajeto de um único corpo d'água, podem ter efeitos que se complementam ou se contradizem. Considere o rio Mississippi, nos Estados Unidos (entre muitos rios de engenharia pesada, incluindo o Ganges, na Índia, e o Columbia, em Washington, também nos Estados Unidos), sobre o qual foram construídos diques de controle de inundações; isso reduziu a reposição natural do solo que tornava das áreas agrícolas circundantes férteis e diminuiu a carga de sedimentos no curso dos rios. A dragagem agora é necessária em muitas áreas onde os canais artificiais estão fazendo o sedimento ser "despejado", obstruindo a navegação de barcaças e navios.

E falando de projetos hídricos, é comum que, na construção de um grande projeto de armazenamento de água de superfície (como uma represa ou um reservatório), abalos sísmicos sejam desencadeados no subsolo devido ao aumento da pressão da água nos poros ou fraturas sob o reservatório, enfraquecendo a rocha já sob tensão o suficiente para lhe provocar rupturas. A prática atual de fraturamento hidráulico, ou *fracking*, na qual fluidos de alta pressão são injetados em depósitos de rocha para facilitar a extração de petróleo e gás, também foi responsabilizada pelo aumento da atividade sísmica em certas partes dos Estados Unidos e em outras partes do mundo (dados de McGarr e Barbour, 2018).

Entre os maiores projetos de movimentação de terra estão aqueles relacionados a operações de mineração a céu aberto, onde os cumes de montanhas (e muitas vezes o restante delas) são literalmente removidos para a extração de reservas minerais. É relativamente comum observar uma mina a céu aberto madura ou abandonada em imagens de satélite do espaço, como uma característica geológica significativa.

Ocasionalmente, os seres humanos tentaram mitigar os impactos de corridas de lava iminentes para reduzir o dano potencial ou simplesmente dar às pessoas mais tempo para evacuar. Esses esforços variam desde extremos, como bombardear um derrame no Havaí, nos Estados Unidos (New York Times, 2020), até medidas mais moderadas, como tentar resfriar rapidamente esses derrames com jateamentos d'água.

Por fim, há um interesse crescente no sequestro de carbono no armazenamento subterrâneo para reduzir os efeitos dos gases de efeito estufa. Em um caso, espera-se que o CO_2 se ligue ao vidro vulcânico ou a minerais ricos em Ca. Ainda não está claro como isso pode impactar em grande escala o comportamento geológico desses depósitos (Alfredsson et al., 2011).

3.5 PROPRIEDADES, MACROESTRUTURA E CLASSIFICAÇÃO DE MACIÇOS ROCHOSOS

Assim como nos depósitos de solo, a macroestrutura de um maciço rochoso tem uma influência importante no seu comportamento técnico. Isso ocorre porque os maciços rochosos quase sempre contêm descontinuidades e outros "defeitos" que, dependendo de suas características físicas e geométricas, podem ter uma influência significativa na estabilidade e no desempenho. Sempre que construímos uma fundação sobre rocha ou escavamos um túnel na rocha, a estabilidade e o desempenho dessa fundação ou túnel são altamente influenciados pelas características das **descontinuidades** na rocha (as descontinuidades incluem juntas, falhas, planos de estratificação, planos de clivagem, zonas de cisalhamento, cavidades de dissolução etc., e constituem planos ou zonas de fraqueza que podem reduzir significativamente a resistência e a deformabilidade do maciço rochoso.) Mesmo que a rocha íntegra seja muito resistente, o comportamento geral da fundação ou do túnel é regido pelas descontinuidades. Elas devem ser localizadas e suas características determinadas como parte das investigações geológicas e geotécnicas que precedem o projeto e a construção. Se essas descontinuidades forem ignoradas na investigação do local ou não forem adequadamente consideradas no projeto, podem ocorrer falhas.

Nesta seção, descreveremos algumas das propriedades técnicas dos maciços rochosos, algumas das características das descontinuidades na rocha e, por fim, como os engenheiros consideram as propriedades e descontinuidades na classificação de maciços rochosos.

3.5.1 Propriedades de maciços rochosos

A determinação de resistência, rigidez (quantidade de deformação sob cargas aplicadas) e outras propriedades técnicas da rocha sã é uma parte amplamente desenvolvida da mecânica das rochas e da engenharia geotécnica. Os ensaios comuns de mecânica das rochas, na maioria, agora são ensaios-padrão da ASTM e são discutidos na Seção 8.6.4.

As rochas íntegras podem ser classificadas de acordo com suas características geológicas (tipo rochoso, mineralogia, cristalografia, textura etc.; ver Seção 3.2.3) e/ou suas propriedades técnicas (resistência à compressão e módulo). Em geral, apenas a resistência à compressão é adotada para classificar a rocha íntegra, e a Tabela 3.4 apresenta a classificação da International Society for Rock Mechanics (**ISRM**), a classificação de resistência, a identificação de campo e a faixa aproximada de resistência à compressão uniaxial da rocha íntegra.

Talvez você se lembre, da nossa discussão sobre a estrutura rochosa na Seção 3.2.4, que o dobramento, deslocamento ou falha dos maciços rochosos causam características estruturais como juntas, dobras e falhas (as estruturas rochosas também produzem várias formas de relevo interessantes, como discutido na Seção 3.3.9). Em qualquer caso, o maciço rochoso inclui os blocos de material são, bem como características estruturais e descontinuidades.

TABELA 3.4 Resistência da rocha integra

Grau da ISRM	Descrição ou classificação	Faixa aproximada de resistência à compressão uniaxial		Índice de carga pontual		Estimativa em campo da resistência	Exemplos
		MPa	Psi	MPa	Psi		
R6	Rocha extremamente resistente	> 250	> 36.000	> 10	> 1.500	A rocha só pode ser lascada com um martelo geológico	Basalto fresco, sílex, diabásio, *gnaisse*, granito, quartzito
R5	Rocha muito resistente	100 a 250	15.000 a 36.000	4 a 10	600 a 1.500	Requer muitos golpes de martelo geológico para causar fratura	Anfibolito, arenito, basalto, gabro, *gnaisse*, granodiorito, peridotito, riólito, tufo
R4	Rocha resistente	50 a 100	7.000 a 15.000	2 a 4	300 a 600	Requer mais de um golpe de martelo para causar fratura	Calcário, mármore, arenito, xisto
R3	Rocha de resistência média	25 a 50	3.500 a 7.000	1 a 2	150 a 300	Não pode ser raspada ou descascada com uma faca de bolso; pode ser fraturada com um único golpe de martelo geológico	Concreto, filito, xisto, siltito
R2	Rocha fraca	5,0 a 25	725 a 3500	*a*	*a*	Pode ser descascada com dificuldade por uma faca de bolso; indentações rasas feitas por golpe com a ponta do martelo geológico	Giz, argilito, potássio, marga, siltito, folhelho, sal-gema
R1	Rocha muito fraca	1,0 a 5,0	150 a 725	*a*	*a*	Desmorona-se sob golpes firmes com a ponta do martelo geológico	Rocha altamente intemperizada ou alterada, folhelho
R0	Rocha extremamente fraca	0,25 a 1,0	35 a 150	*a*	*a*	Indentada pelo polegar	Goiva de falha rígida

*a*Os resultados do ensaio de carga pontual em rocha com uma resistência à compressão uniaxial inferior a cerca de 25 MPa (3.600 psi) são altamente ambíguos.

Usado com permissão da Springer Nature, de "Estimating the Geotechnical Properties of Heterogeneous Rock Masses Such as Flysch", Bulletin of the Engineering Geology and the Environment (IAEG), MARINOS, P. e HOEK, E., Vol. 60, páginas 85 a 92 e 2001; permissão concedida por meio do Copyright Clearance Center, Inc.

3.5.2 Descontinuidades em rochas

As **juntas** são de longe a descontinuidade mais comum em maciços rochosos, e o conhecimento de suas orientações, comprimento, espaçamento, características de superfície e a natureza de qualquer preenchimento são fatores essenciais para qualquer projeto de engenharia de rochas. Goodman (1989) e Wyllie (1999) oferecem detalhes sobre como as juntas de rocha são observadas, medidas e testadas quanto a resistência e características de atrito.

A International Society for Rock Mechanics (1981) desenvolveu um procedimento muito abrangente para descrever quantitativamente um maciço rochoso (ver também os estudos de Wyllie, 1999, e Sabatini et al., 2002). O procedimento fornece detalhes sobre cinco itens:

1. Material rochoso
   - Tipo
   - Resistência à compressão
   - Grau de intemperismo
2. Descontinuidades
   - Tipo (p. ex., falha, estratificação, foliação, clivagem, xistosidade, juntas)
   - Orientação (ângulo de mergulho e direção)

TABELA 3.5 Espaçamento de descontinuidades em maciços rochosos

Descrição	Espaçamento (m)
Extremamente amplo	> 6
Muito amplo	2 a 6
Amplo	0,6 a 2
Moderado	0,2 a 0,6
Próximo	0,06 a 0,2
Muito próximo	0,02 a 0,06
Extremamente próximo	< 0,02

Adaptada da International Society for Rock Mechanics (1981), Wyllie (1999).

- Rugosidade (p. ex., liso, polido, escalonado, ondulado etc.)
- Largura da abertura (aberta ou fechada etc.)
3. Natureza do preenchimento (tipo/largura)
   - Mineralogia, tamanhos de partículas, teor de umidade, condutividade hidráulica, fraturamento das paredes rochosas etc.
4. Descrição do maciço rochoso (p. ex., maciço, blocado, tabular, colunar, britado etc.)
   - Espaçamento entre juntas (próximo, moderado, amplo etc.)
   - Persistência (extensão areal ou tamanho dentro de uma área plana)
   - Número de conjuntos de juntas
   - Tamanho e forma dos blocos (pequenos a grandes)
5. Condições de água subterrânea (percolação) (quantidades provenientes de juntas e do maciço rochoso)

Como exemplo, a Tabela 3.5 apresenta os termos usados para descrever o espaçamento de juntas em um maciço rochoso. O procedimento da ISRM faz isso para todos os itens anteriores, mas a tabela mostrará como o sistema funciona.

3.5.3 Sistemas de classificação de maciços rochosos

Vários sistemas foram desenvolvidos para classificar os maciços rochosos. A diretriz da norma **ASTM D 5878** para classificação de maciços rochosos lista oito desses sistemas, e um deles, o sistema da Japan Society of Engineering Geology, possui sete subsistemas dependendo da aplicação específica (p. ex., túneis ferroviários, túneis e taludes rodoviários, túneis de água). Talvez o desenvolvimento de tantos sistemas de classificação não seja surpreendente, dada a variedade de condições geológicas prováveis de serem encontradas na prática, os diferentes procedimentos de escavação e exploração em uso comum e as aplicações de engenharia específicas (túneis, fundações, escavações, mineração etc.).

O **índice de qualidade da rocha**, ou **RQD**, tenta quantificar o grau de fraturamento e outras alterações do maciço rochoso original. O **RQD** foi desenvolvido pelo professor Don Deere, da Universidade de Illinois, no início da década de 1960 (Deere, 1963). Ele é baseado nos testemunhos de rocha recuperados de barriletes obtidos durante o programa de exploração. Os testemunhos de rocha são obtidos por perfuração diamantada (preferencialmente com um barrilete de "tubo triplo" para obter os melhores testemunhos). Os testemunhos são colocados em caixas, como no exemplo mostrado na Figura 3.39. Em seguida, os comprimentos dos fragmentos íntegros são medidos e o **RQD** é obtido somando o comprimento total dos pedaços de testemunho que apresentam 10 cm (4 pol.) ou mais de comprimento, e dividindo essa soma pelo comprimento da coluna de testemunhagem. Geralmente o valor obtido é expresso como um percentual.

A Figura 3.40a ilustra o processo; deve-se ter cautela para distinguir entre descontinuidades naturais e aquelas causadas pelo processo de perfuração. Como mostrado nas Figuras 3.39b e 3.40, às vezes os defeitos da rocha estão em um ângulo com a direção da perfuração, e assim pode ser difícil determinar o comprimento do testemunho. A Figura 3.40b mostra como fazer medições corretas de comprimento para o obter o **RQD**. Deere e Deere (1988) fornecem algumas

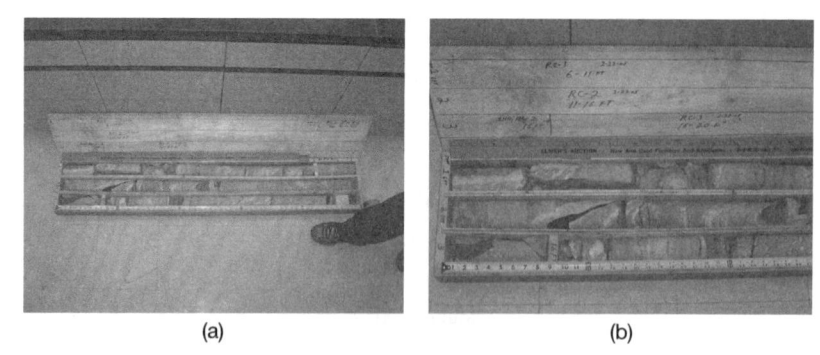

FIGURA 3.39 Caixa de testemunho de rocha de Cumberland, Rhode Island, mostrando grau de intemperismo e fraturas (a); detalhe da caixa de testemunho de rocha (b).

Cálculo da recuperação do testemunho

$L = 250$ mm
$L = 200$ mm
$L = 250$ mm
$L = 190$ mm
$L = 60$ mm
$L = 80$ mm
Ruptura mecânica causada pelo processo de perfuração
$L = 120$ mm
$L = 0$ mm

Cálculo RQD

$L = 250$ mm
$L = 0$ Muito intemperizado não atende ao requisito de solidez
$L = 0$ Pedaços da linha central <100 mm e altamente intemperizados
$L = 190$ mm
$L = 0$ < 100 mm
$L = 200$ mm
$L = 0$ Sem

Corrida de testemunhagem total 1.200 mm

$$\text{Recuperação do testemunho, CR} = \frac{\text{Comprimento total da rocha recuperada}}{\text{Comprimento total da corrida de testemunhagem}}$$

$$CR = \frac{(250 + 200 + 250 + 190 + 60 + 80 + 120) \text{ mm}}{1200 \text{ mm}}$$

$$CR = 96\%$$

$$RQD = \frac{\sum \text{Comprimentos dos pedaços sonoros} > 100 \text{ mm}}{\text{Comprimento total da corrida de testemunhagem}}$$

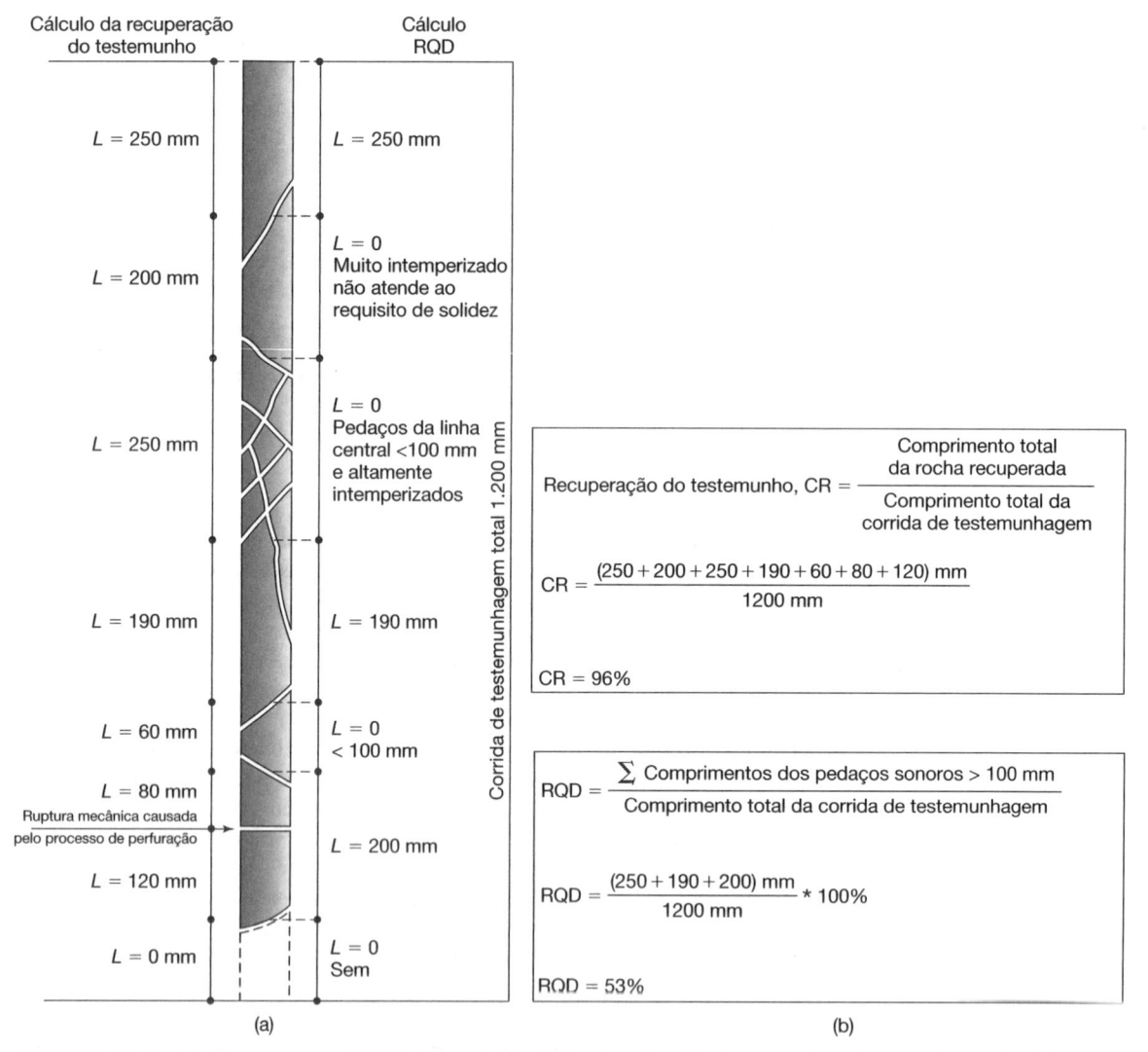

$$RQD = \frac{(250 + 190 + 200) \text{ mm}}{1200 \text{ mm}} * 100\%$$

$$RQD = 53\%$$

(a)   (b)

FIGURA 3.40 Ilustração de como o RQD é determinado (a); determinação do comprimento do testemunho (b) (adaptada de Samtani e Nowatski, 2006).

informações adicionais e usos em engenharia do **RQD**. O método de ensaio padrão para determinar o **RQD** dos testemunhos de rocha é o **ASTM D 6032**.

Exemplo 3.1

Contexto:

Uma caixa de testemunho contendo uma corrida de 4,7 pés (1.433 mm) de testemunho de rocha, conforme mostrado na Figura Ex. 3.1.

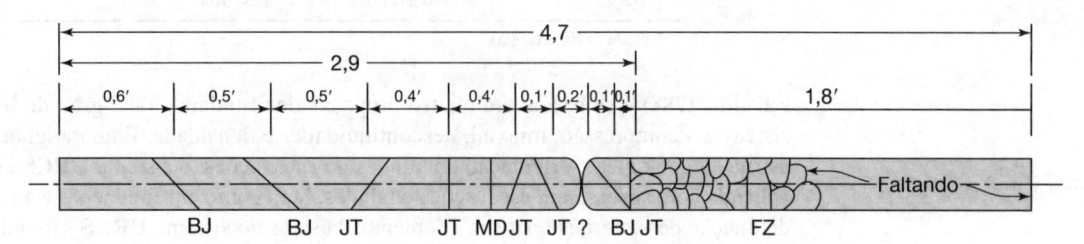

FIGURA Ex. 3.1 (Adaptada de U. S. Department of Interior, 1998).

Problema:

Calcule o RQD.

Solução:
Os dados do campo estão indicados na Figura Ex. 3.1. Observe os símbolos usados: BJ (junta de estratificação), JT (junta), MB (ruptura mecânica) e FZ (zona de fratura). Outros símbolos que podem ser usados são: IJ (junta incipiente), IF (fratura incipiente) e RF (fratura aleatória).

$$\text{RQD} = \frac{\text{Soma dos comprimentos dos pedaços} > 0{,}33 \text{ pés (4 pol.)}}{\text{(comprimento total da corrida de testemunhagem)}} \times 100 = \frac{2{,}4}{4{,}7} \times 100 = 51\%$$

A partir da Figura Ex. 3.1, os comprimentos do testemunho ao longo da linha central maiores que 4 pol. (100 mm) são 0,6 + 0,5 + 0,5 + 0,4 + 0,4, ou um total de 2,4 pés. Com uma corrida de testemunhagem total de 4,7 pés, o RQD é 2,4/4,7 × 100 = 51%.

Hunt (2005) agrupou sistemas de classificação de rochas em relativamente simples, dependentes de uma ou duas propriedades, e aqueles com algoritmos mais complexos. Os sistemas de classificação "simples" dependem principalmente do índice de qualidade da rocha e do índice de velocidade. O **índice de velocidade** é calculado dividindo a velocidade *in situ* (reduzida por defeitos na rocha) pela velocidade sísmica medida em laboratório em um fragmento são da rocha, e elevando esse valor ao quadrado. Esse índice e, portanto, o seu quadrado, serão menores ou iguais a um. Existe uma relação razoavelmente bem definida entre o índice de velocidade e o **RQD**. A Tabela 3.6 mostra classificações típicas baseadas no **RQD** e no índice de velocidade. Observe que esses tipos de classificações gerais não podem ser usados para qualquer avaliação detalhada das propriedades técnicas de rocha.

Antes de desenvolver a Diretriz da Norma **ASTM D 5878**, a **ASTM** patrocinou um simpósio focado nos diferentes sistemas de classificação de maciços rochosos em uso na época (Kirkaldie, 1988). A justificativa para cada sistema foi explicada por seus desenvolvedores, e seus pontos fortes, bem como seus pontos fracos, foram descritos. Nesta seção, resumimos quatro desses sistemas. Para obter detalhes, consulte a diretriz de norma **ASTM D 5878** e os artigos no estudo de Kirkaldie (1988).

O Sistema Unificado de Classificação de Rochas (**URCS**, do inglês *Unified Rock Classification System*) foi modelado a partir do Sistema Unificado de Classificação de Solos (Williamson

TABELA 3.6 Classificações de maciços rochosos baseadas no RQD e no índice de velocidade

RQD, %	Índice de velocidade	Descrição da qualidade da rocha
90 a 100	0,80 a 1,00	Excelente
75 a 90	0,60 a 0,80	Adequada
50 a 75	0,40 a 0,60	Razoável
25 a 50	0,20 a 0,40	Inadequada
0 a 25	0 a 0,20	Péssima

Adaptada de Hunt (2005).

e Kuhn, 1988) e se baseia em quatro propriedades fundamentais: grau de intemperismo, resistência à compressão uniaxial, descontinuidades e densidade. Embora ignore a relação entre estrutura geológica e orientação de taludes ou escavações, o sistema **URCS** aparentemente foi aplicado com sucesso em escavações e taludes, bem como em fundações e às características de detonação de materiais terrosos. Elementos básicos do sistema **URCS** são indicados na norma **ASTM D 5878**.

O sistema de avaliação de maciços rochosos (**RMR**, de *Rock Mass Rating*), às vezes chamado de Classificação Geomecânica, foi desenvolvido pelo professor Z. T. Bieniawski no início dos anos 1970 (Bieniawski, 1988). O **RMR** é baseado em seis parâmetros: resistência à compressão uniaxial da rocha, **RQD**, espaçamento, condição e orientação das descontinuidades e condições de água subterrânea. Para cada categoria, é atribuído um total de pontos ou uma classificação, e isso é usado para categorizar a rocha. A classificação do RMR pode, então, ser correlacionada com práticas de engenharia do solo, como requisitos para suporte de escavação e suporte de túneis, bem como parâmetros de resistência da rocha. Ele foi originalmente desenvolvido para túneis, mas também foi aplicado com sucesso a minas, taludes, fundações, capacidade de escavação e ancoragem de rochas. O sistema de classificação **RMR** também inclui ajustes que consideram o efeito das orientações de direção e mergulho em escavações de túneis e ajustes para aplicações de mineração.

O Sistema Q ou Sistema NGI foi desenvolvido por Nick Barton, no Norwegian Geotechnical Institute, para seleção de sistemas de reforço e suporte para túneis em rocha. O "Q" vem da qualidade do maciço rochoso e é baseado em seis parâmetros de entrada: **RQD**, número de conjuntos de juntas, rugosidade das juntas, alteração das juntas (preenchimento), quantidade de água e um fator de redução de tensão. Este sistema foi desenvolvido a partir de históricos de casos de túneis na Escandinávia (Noruega, Suécia e Dinamarca), onde as rochas são predominantemente graníticas, mas também foi usado para requisitos de suporte de câmaras subterrâneas, estabilidade sísmica de rochas de cobertura e capacidade de escavação e desempenho de rochas mais macias.

Marinos e Hoek (2004) apontam que os sistemas **RMR** e Q funcionam bem quando o comportamento é influenciado por deslizamento e rotação em superfícies de descontinuidade, com poucas rupturas na rocha sã. No entanto, eles enfrentaram mais dificuldades ao tentar aplicar esses sistemas de classificação a rochas maciças em grandes profundidades e a maciços rochosos muito frágeis. Eles sugerem que o Índice de Resistência Geológica (**GSI**, de *Geological Strength Index*) fornece estimativas mais confiáveis da resistência e deformabilidade de maciços rochosos para túneis.

O sistema GSI, desenvolvido por Hoek e Brown (1997) e complementado por Marinos e Hoek (2000), é baseado em uma matriz de estrutura rochosa em relação às condições de superfície. Um maciço rochoso é caracterizado de acordo com a interseção desses dois critérios. A **estrutura** é definida como o grau de interligação entre fragmentos de rocha, e esses fragmentos podem incluir rocha relativamente sã, apenas com planos de descontinuidade separando-as. As condições de superfície dizem respeito à rugosidade, ao grau de intemperismo e à natureza de quaisquer preenchimentos (p. ex., rocha quebrada ou argila) em fraturas.

Um excelente exemplo do uso do sistema **GSI** para um maciço rochoso heterogêneo (*flysch*) é dado por Marinos e Hoek (2000) (ver Tabela 3.7).

TABELA 3.7 Sistema de classificação de índice de resistência geológica

ÍNDICE DE RESISTÊNCIA GEOLÓGICA PARA ROCHAS FRATURADAS (Hoek e Marinos, 2000) A partir da litologia, da estrutura e das condições de superfície das descontinuidades, estime o valor médio do GSI. Não tente ser muito preciso. Citar um intervalo de 33 a 37 é mais realista do que afirmar que GSI = 35. *Observe que a tabela não se aplica a falhas controladas estruturalmente.* Quando planos estruturais fracos estão presentes em uma orientação desfavorável em relação à face de escavação, esses dominarão o comportamento do maciço rochoso. A resistência ao cisalhamento das superfícies em rochas que são propensas à deterioração devido a mudanças no teor de umidade será reduzida se houver presença de água. Ao trabalhar com rochas nas categorias de qualidade de razoável a muito ruim, pode-se considerar um deslocamento para a direita para condições úmidas. A pressão da água é tratada por meio da análise de tensões efetivas.	CONDIÇÕES DA SUPERFÍCIE	MUITO BOA Superfícies muito ásperas, frescas e não intemperizadas	BOA Superfícies ásperas, levemente intemperizadas e manchadas de ferro	RAZOÁVEL Superfícies lisas, moderadamente intemperizadas e alteradas	RUIM Superfícies altamente intemperizadas, lisas e escorregadias, com revestimentos ou preenchimentos compactos ou fragmentos angulares	MUITO RUIM Superfícies altamente intemperizadas, lisas e escorregadias, com revestimentos ou preenchimentos de argila macia
ESTRUTURA		DIMINUIÇÃO DA QUALIDADE DA SUPERFÍCIE ⟶				
INTEIRA OU MACIÇA – amostras de rocha inteiras ou maciças in situ com poucas descontinuidades amplamente espaçadas.	⬇ DIMINUIÇÃO DA INTERLIGAÇÃO DOS FRAGMENTOS DE ROCHA	90 / 80			N/A	N/A
BLOCADA – maciço de rocha não perturbado e bem interligado, composto por blocos cúbicos formados por três conjuntos de descontinuidades que se cruzam.			70 / 60			
MUITO BLOCADA – maciço interligado, parcialmente perturbado, com blocos angulares multifacetados formados por 4 ou mais conjuntos de juntas.				50		
BLOCADA/PERTURBADA/FENDILHADA – dobrados com blocos angulares formados por muitos conjuntos de descontinuidades que se cruzam. Persistência de planos de estratificação ou xistosidade.				40 / 30		
DESINTEGRADA – pouco interligado, maciço rochoso altamente fragmentado com uma mistura de peças angulares e arredondadas.					20	
LAMINADA/CISALHADA – falta de blocos devido ao espaçamento próximo de xistosidade fraca ou planos de cisalhamento.		N/A	N/A			10

De Marinos e Hoek (2000).

3.6 PRODUTOS DO INTEMPERISMO

Na Seção 3.3.2, definimos **intemperismo** como a alteração da composição ou estrutura das rochas devido a processos físicos, químicos ou biológicos. O intemperismo produz todos os tipos de solos (chamados **solos residuais** ou **resíduos**). A desintegração mecânica das rochas pelo intemperismo físico tende a produzir solos de grãos mais grosseiros, variando em dimensão desde matacões e seixos até cascalhos, areias e siltes. Por outro lado, o intemperismo químico tende a produzir vários tipos de argilominerais. Por exemplo, a hidrólise de minerais de feldspatos e micas ("biotita" e/ou muscovita) em rochas graníticas produz o argilomineral caulinita, um constituinte importante de solos de grãos finos. Outros tipos de argilominerais são produzidos a partir de diferentes minerais formadores de rocha que são submetidos a diferentes condições químicas, climáticas e de drenagem. Os argilominerais serão discutidos em detalhe na Seção 3.7.

Na Seção 2.3, mencionamos que o termo **argila** pode se referir tanto a um tipo de solo quanto a argilominerais específicos. Normalmente, em engenharia civil, quando dizemos "argilas", nos referimos a solos que contém alguns **argilominerais** juntamente com outros constituintes minerais; que são "coesos" e apresentam plasticidade em teores de umidades apropriados; e que endurecem quando secos. Contudo, como observou Hatheway (2000), usar a palavra "argila" sem um qualificador ou modificador é ambíguo e confuso e pode levar a sérios equívocos.

Como mostraremos na próxima seção, os argilominerais são partículas muito pequenas, cristalinas, que são muito ativas eletroquimicamente. Assim, até mesmo a presença de uma pequena quantidade de argilominerais pode afetar de forma significativa as propriedades técnicas de uma massa de solo. À medida que a quantidade de argila aumenta, o comportamento do solo é cada vez mais regido pelas propriedades dela. Quando o teor de argila é de cerca de 25 a 35%, os grãos mais grosseiros (siltes, areias ou cascalhos) flutuam em uma matriz de argila e têm pouco efeito no comportamento técnico do solo. Outra característica dos solos argilosos é que a água afeta seu comportamento de forma drástica, mas a distribuição da dimensão dos grãos tem relativamente pouca influência.

Em contraste, determinadas características dos solos granulares, como a distribuição da dimensão dos grãos e a forma dos grãos, afetam muito seu comportamento técnico, mas a presença de água, com algumas exceções importantes, tem relativamente pouco efeito.

Talvez você se lembre, da Seção 2.3, que os siltes são partículas de grãos finos. Seus grãos individuais, assim como os das argilas, são invisíveis a olho nu, mas os siltes são não coesos e não plásticos. A água afeta seu comportamento, uma vez que eles são **dilatantes**; contudo, apresentam pouca ou nenhuma plasticidade ($PI \cong 0$), e sua resistência, como a das areias, é essencialmente independente do teor de umidade. O pó de pedra é outro exemplo de um solo sem coesão e com grãos muito finos.

Este pode ser um bom momento para voltar à Seção 2.3 e revisar rapidamente a discussão sobre a influência da água no comportamento dos solos.

3.7 ARGILOMINERAIS

Os **argilominerais** são substâncias cristalinas produzidas pelo intemperismo químico de determinados minerais formadores das rochas. Quimicamente, são constituídos por **silicatos de alumínio hidratados** e outros íons metálicos, e pertencem à classe de minerais denominada **filossilicatos**. Seus cristais apresentam granulometrias diminutas (diâmetro inferior a 1 μm), chegando algumas a parículas coloidais, e só podem ser visualizados com um microscópio óptico de alta resolução, bem como só são determinados por difração de raios X ou microscopia eletrônica de varredura (**MEV**). Eles se assemelham a pequenos pratos ou flocos, e a partir de estudos de difração de raios X, mineralogistas determinaram que esses flocos consistem em muitas folhas cristalinas com uma estrutura atômica repetitiva. Na verdade, existem apenas duas folhas cristalinas fundamentais: a folha **tetraédrica** (de **sílica**) e a folha **octaédrica** (de **alumina**). As formas particulares em que essas folhas são empilhadas, com diferentes ligações e diferentes íons metálicos na estrutura cristalina, caracterizam os vários argilominerais.

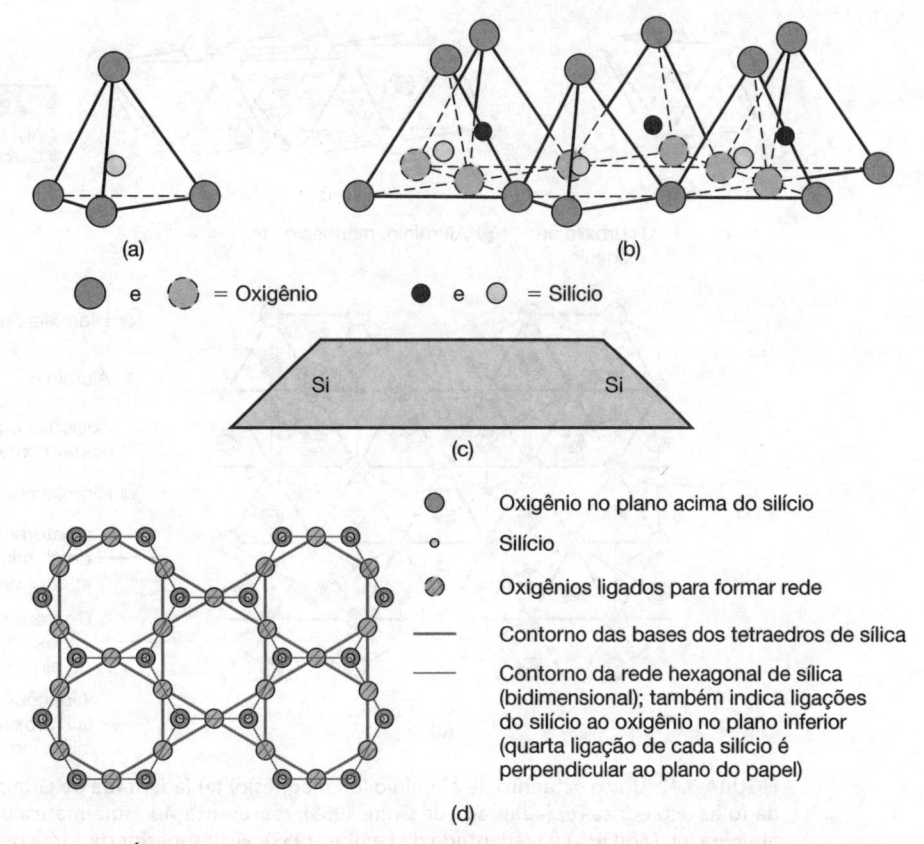

FIGURA 3.41 Único tetraedro de sílica (a) (adaptada de Grim, 1959); vista isométrica da folha tetraédrica ou de sílica (b) (adaptada de Grim, 1959); representação esquemática da folha de sílica (c) (adaptada de Lambe, 1953); vista superior da folha de sílica (d) (adaptada de Warshaw e Roy, 1961).

A folha tetraédrica é basicamente uma combinação de unidades tetraédricas de sílica, consistindo em quatro átomos de oxigênio nos vértices, cercando um único átomo de silício (Figura 3.41a). A Figura 3.41b mostra como os átomos de oxigênio na base de cada tetraedro se combinam para formar uma estrutura de folha em que todos os oxigênios, na base de cada tetraedro, estão em um plano e os ápices dos tetraedros apontam todos na mesma direção. Uma representação esquemática comum da folha tetraédrica é mostrada na Figura 3.41c. Uma vista superior da folha tetraédrica (de sílica) (Figura 3.41d) ilustra como os átomos de oxigênio na base de cada tetraedro pertencem a dois tetraedros e como os átomos de silício adjacentes estão ligados. Observe os "vazios" hexagonais na folha.

A folha octaédrica é basicamente uma combinação de unidades octaédricas que consistem em seis oxidrilas (OH⁻) envolvendo um átomo de alumínio, magnésio, ferro ou outro metal. Um único octaedro é mostrado na Figura 3.42a, enquanto a Figura 3.42b mostra como os octaedros se combinam para formar uma estrutura de folha. As fileiras de oxigênios ou hidroxilas na folha estão em dois planos. A Figura 3.42c é uma representação esquemática da folha octaédrica. Para uma vista superior da folha octaédrica, mostrando como os diferentes átomos são compartilhados e ligados, ver Figura 3.42d.

A substituição de diferentes cátions na folha octaédrica é razoavelmente comum e resulta em diferentes argilominerais. Como os íons substituídos apresentam quase o mesmo raio atômico, essa substituição é chamada de **isomórfica**. Ocasionalmente, nem todos os octaedros contêm um cátion, o que resulta em uma estrutura cristalina um pouco diferente, com propriedades físicas ligeiramente diferentes e um argilomineral diferente.

(a) (b) (c)

○ e ◎ = Hidroxila ou oxigênio   ● Alumínio, magnésio etc.

(d)

◎ Hidroxila no plano superior

● Alumínio

○ Posições octaédricas vagas (seriam preenchidas na camada de brucita)

◉ Hidroxila no plano inferior

―― Contorno das faces dos octaedros de alumina paralelas ao plano inferior da hidroxila

---- Contorno das faces dos octaedros vagos paralelas ao plano inferior da hidroxila

―― Ligações do alumínio à hidroxila (6 de cada alumínio)

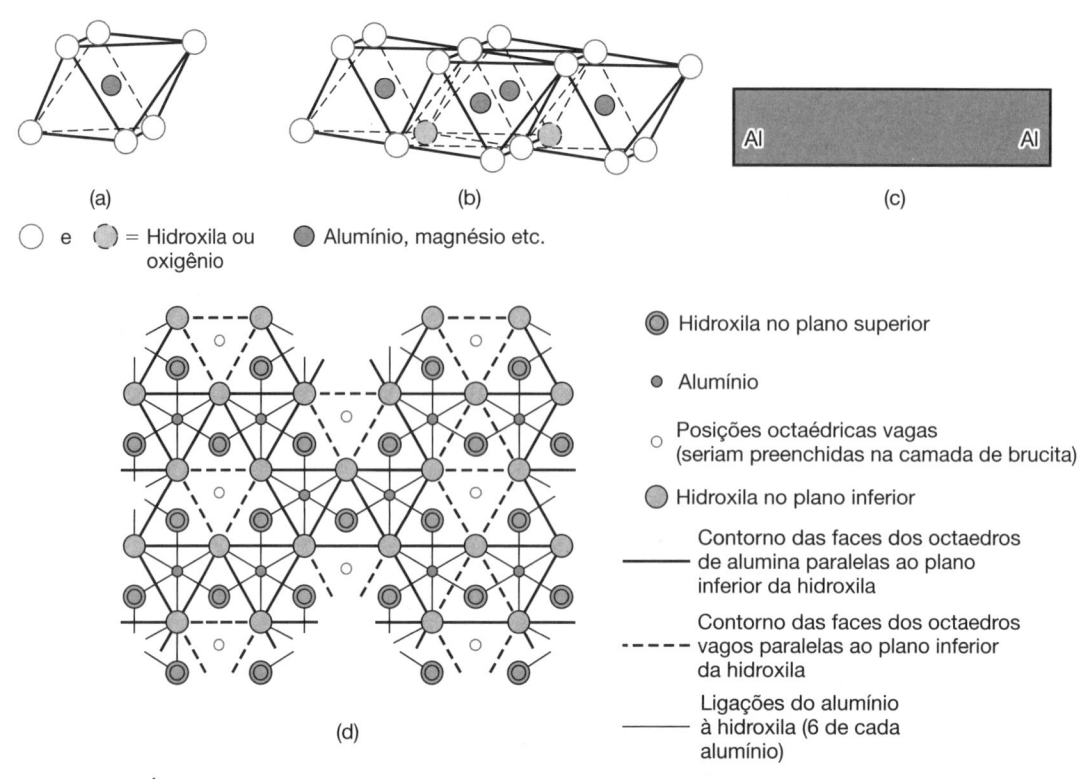

FIGURA 3.42 Único octaedro de alumínio (ou magnésio) (a) (adaptada de Grim, 1959); vista isométrica da folha octaédrica (b) (adaptada de Grim, 1959); representação esquemática da folha octaédrica ou de alumina (ou Mg[OH]$_2$) (c) (adaptada de Lambe, 1953); vista superior da folha octaédrica (d) (adaptada de Warshaw e Roy, 1961).

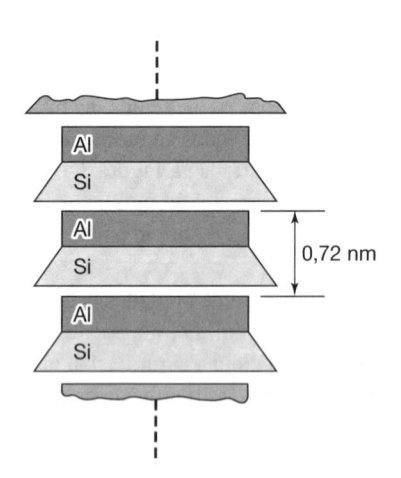

FIGURA 3.43 Diagrama esquemático da estrutura da caulinita (adaptada de Lambe, 1953).

0,72 nm

Por exemplo, se todos os ânions da folha octaédrica forem hidroxila e dois terços das posições catiônicas forem preenchidos com alumínio, então o mineral é chamado de **gibbsita**. Se o magnésio substituir o alumínio e preencher todas as posições catiônicas, então o mineral é chamado de **brucita**.

Todos os argilominerais consistem nas duas folhas básicas, tetraédrica e octaédrica, que são empilhadas de maneiras únicas e apresentam determinados cátions presentes. As variações nas estruturas das folhas básicas constituem dezenas de argilominerais que foram identificados. No contexto da engenharia, geralmente é suficiente descrever apenas alguns dos argilominerais mais comuns encontrados em solos argilosos.

3.7.1 Os argilominerais 1:1

O grupo da **caulinita-serpentina** contém 20 espécies minerais (alofânio, amesita, antigorita, berthierita, brindleyíta, caulinita, caryopilita, crisotila, cronstedtita, dickita, fraipontita, greenalita, guidottiíta, halloysita, kellyíta, lizardita, manandonita, nacrita, népouíta, odinita e pecoraíta), dos quais a **caulinita** é a mais importante do ponto de vista da engenharia geotécnica. Os minerais deste grupo consistem em camadas repetidas ou pilhas de uma folha tetraédrica (sílica) e uma folha octaédrica (alumina ou hidróxido de magnésio), sendo assim chamados de argilominerais 1:1 (Figura 3.43). As folhas são mantidas unidas de tal forma que os átomos de oxigênio nas pontas da folha de sílica e uma camada de oxigênios da folha octaédrica são compartilhados e formam uma única camada 1:1, como mostrado na Figura 3.44. Esta camada básica tem cerca de 0,72 nm de espessura e se estende indefinidamente nas outras duas direções. Um cristal de caulinita, então, é composto por uma pilha de várias camadas da camada básica de 0,72 nm. Camadas sucessivas, da camada básica, são mantidas unidas por ligações de hidrogênio entre as hidroxilas (OH$^-$) da folha octaédrica e os oxigênios da folha tetraédrica. Como a ligação de hidrogênio é muito forte, ela impede a hidratação e permite que as camadas se empilhem para formar um cristal consideravelmente grande. Um cristal típico de caulinita pode ter de 70 a 100 camadas de espessura.

A caulinita resulta do intemperismo (hidrólise e lixiviação ácida) de feldspatos e micas (biotita e/ou muscovita) em rochas graníticas. De acordo com Mitchell e Soga (2005), as caulinitas tendem a se desenvolver em áreas com precipitações pluviométricas relativamente altas, mas com boa drenagem que permita a lixiviação de cátions de Mg, Ca e Fe. Nessas áreas, a alumina (Al_2O_3) é abundante e a sílica escassa; o pH e a concentração de eletrólitos são relativamente baixos. A caulinita é o principal constituinte da argila chinesa, e na verdade o nome **caulim** (do inglês: *kaolin*) vem de uma colina na província de Jiangsi, na República Popular da China, chamada Kao-ling, que significa **pico alto** ou **colina alta**. A caulinita também é usada nas indústrias do papel, de tintas e farmacêutica.

Outro mineral 1:1 que é ocasionalmente importante na prática é a **halloysita**, formada pela lixiviação de feldspatos por ácido sulfúrico (H_2SO_4), uma condição comum em áreas com materiais de origem vulcânica e altas precipitações (Mitchell e Soga, 2005). Difere da caulinita no sentido de que, quando se forma, de alguma maneira ocorre hidratação entre as camadas, distorcendo a rede cristalina de tal modo que o mineral apresenta uma forma tubular. A água pode ser facilmente removida por aquecimento ou mesmo secagem ao ar, de modo que os tubos se desenrolem e aparentem ser uma caulinita comum. O processo é irreversível; a halloysita não se reidratará e formará rolos se a água for adicionada posteriormente. Essa característica

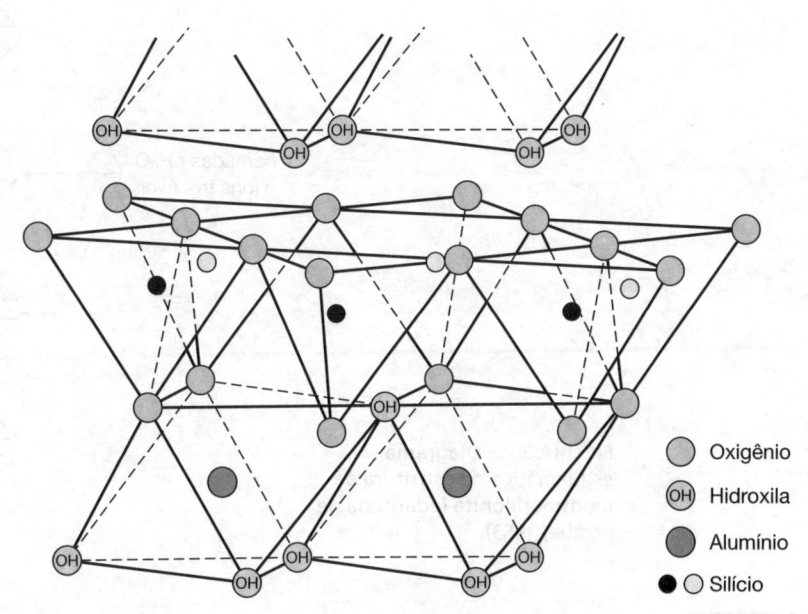

FIGURA 3.44 Estrutura atômica da caulinita (adaptada de Grim, 1959).

ocasionalmente tem consequências importantes na prática de engenharia civil. Ensaios de classificação e compactação (ver Capítulo 4) em amostras secas ao ar ou em estufa podem fornecer resultados muito diferentes dos ensaios em amostras em seu teor de umidade natural. Se o solo não for seco em campo, é muito importante que os ensaios laboratoriais sejam realizados (teor de umidade) em campo, para se obter resultados válidos.

3.7.2 Os argilominerais 2:1

Os argilo-minerais 2:1 formam um grande grupamento, com mais de 40 minerais identificados. Além dos argilominerais, provavelmente os membros mais conhecidos deste grupo são o talco e as micas, "biotita" e muscovita. Em todos os casos, esses minerais são compostos por duas folhas tetraédricas (sílica) e uma folha octaédrica (alumina) no meio (Figura 3.45). Existem três subgrupos 2:1 que incluem argilominerais razoavelmente comuns com características técnicas importantes. Um subgrupo 2:1 é o das **esmectitas**, e seu membro mais importante e comum é a **montmorillonita** (em homenagem à vila de Montmorillon, na França, onde o mineral foi primeiramente encontrado). Na montmorillonita, as pontas dos tetraedros compartilham oxigênio e hidroxilas com a folha octaédrica para formar uma única camada, como mostrado na Figura 3.46. A espessura de cada camada 2:1 é de cerca de 0,96 nm, e, assim como na caulinita, as camadas se estendem indefinidamente nas outras duas direções. A ligação (por forças de van der Waals) entre os topos das folhas de sílica é fraca (em comparação, por exemplo, com as ligações por pontes de hidrogênio na caulinita), e há uma deficiência líquida de carga negativa na folha octaédrica. A água e os íons trocáveis podem entrar e separar facilmente as camadas básicas, como mostrado esquematicamente na Figura 3.45. Assim, os cristais de montmorillonita podem ser muito pequenos, mas apresentam uma atração muito forte pela água. Os solos que contêm montmorillonita são muito suscetíveis à expansão conforme seu teor de umidade muda (aumenta), e as pressões de expansão desenvolvidas podem facilmente danificar estruturas leves e pavimentos de rodovias. Esses solos constituem o exemplo mais clássico de solos expansivos.

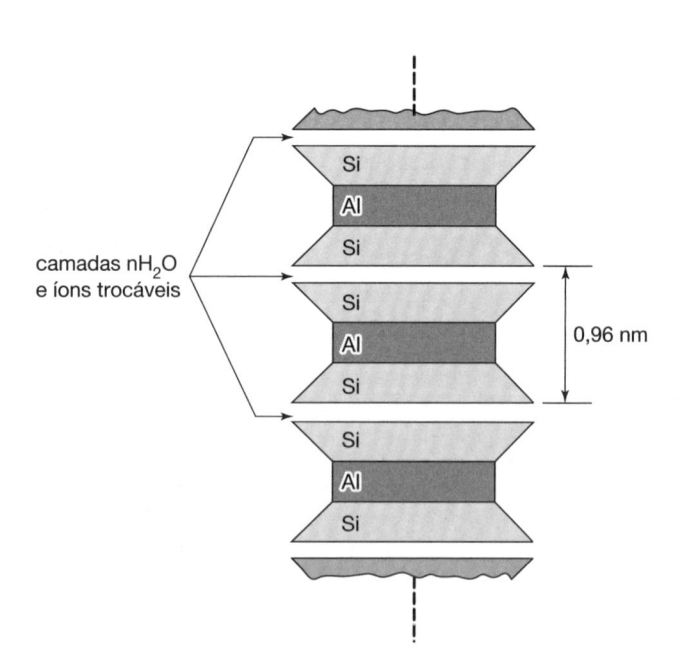

FIGURA 3.45 Diagrama esquemático da estrutura da montmorillonita (adaptada de Lambe, 1953).

Camadas nH₂O e íons trocáveis

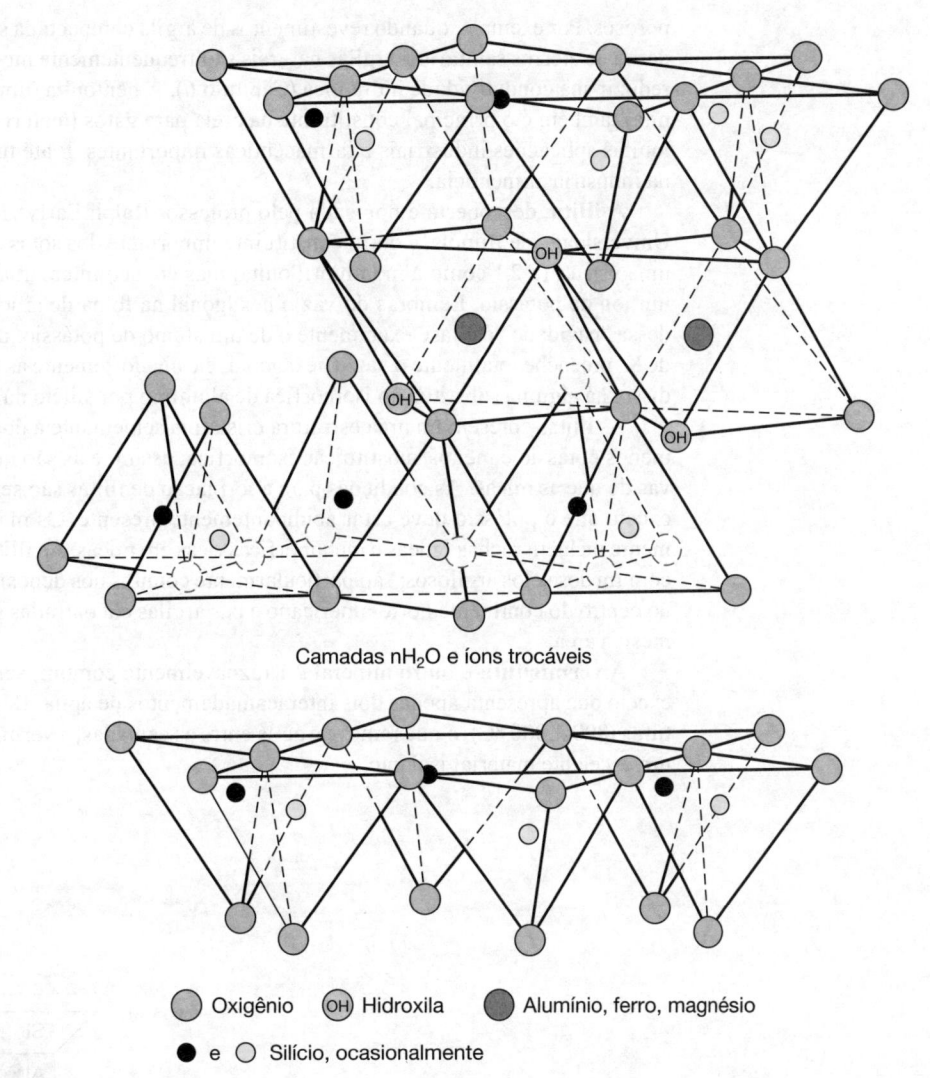

○ Oxigênio ⊙ Hidroxila ● Alumínio, ferro, magnésio
● e ○ Silício, ocasionalmente

FIGURA 3.46 Estrutura cristalina da montmorillonita (adaptada de Grim, 1959).

De acordo com Mitchell e Soga (2005), as esmectitas (mistura de montmorillonita e saponita e outros argilominerais) tendem a se formar onde a sílica é abundante, o pH e o teor de eletrólitos são altos e onde há mais íons Mg^{++} e Ca^{++} do que íons Na^+ e K^+. Rochas ígneas básicas como o gabro e o basalto, além das cinzas vulcânicas, que podem produzir **esmectitas** em áreas áridas ou semiáridas nas quais a evaporação excede a precipitação e há uma lixiviação deficiente.

A **bentonita** é uma mistura de argilo-minerais onde predomina a montmorillonita com outras esmectitas. É produzida pela alteração química das cinzas vulcânicas (ignimbritos) e da devitrificação da obsidiana. Devido às suas características de expansão, é usada na prática geotécnica como fluido de perfuração ou "lama" para estabilizar furos de sondagem e trincheiras de lama, para selar furos de sondagem e para reduzir as taxas de escoamento através de solos porosos. Por exemplo, quando revestimentos de argila compactada são usados na construção moderna de aterros sanitários, argilas naturais são frequentemente modificadas com bentonita para reduzir sua condutividade hidráulica (Capítulo 6). A bentonita (uma variedade da montmorillonita) também é o principal constituinte na areia para gatos (material absorvente da urina) e tem muitas aplicações industriais e farmacêuticas importantes. É até usada em barras de chocolate, na indústria alimentícia.

A **illita**, descoberta e nomeada pelo professor Ralph Early Grim (1902-1989), geólogo da Universidade de Illinois, é outro constituinte importante dos solos argilosos. Também apresenta uma estrutura 2:1 como a montmorillonita, mas em seu intercamadamento a ligação se dá por um íon de potássio. Lembras do vazio hexagonal na folha de sílica (Figura 3.4d)? O diâmetro dessa "cavidade" é quase exatamente o de um átomo de potássio, de modo que quando o átomo de K^+ preenche totalmente o vazio hexagonal, ele une fortemente as camadas (Figura 3.47). Além disso, há alguma substituição isomórfica de alumínio por silício na folha de sílica.

As illitas apresentam uma estrutura cristalina semelhante à dos minerais de mica, mas com menos potássio e menos substituição isomórfica; assim, elas são quimicamente muito mais ativas do que as micas. As condições para a formação de illitas são semelhantes às das esmectitas, exceto que o potássio deve estar abundantemente presente. Os materiais de origem frequentemente incluem rochas ígneas e metamórficas ricas em micas. As illitas são um constituinte muito comum dos solos argilosos; são particularmente comuns nos depósitos de argilas glaciolacustres no centro do continente norte-americano e nas argilas encontradas sob camadas de carvão nessa mesma área.

A **vermiculita** é outro mineral 2:1 razoavelmente comum, semelhante à montmorillonita, exceto que apresenta apenas dois interacamadamentos de água. Depois de seca a altas temperaturas (800-1.000 °C), o que remove a água entre as camadas, a vermiculita "**expandida**" torna-se um excelente material isolante.

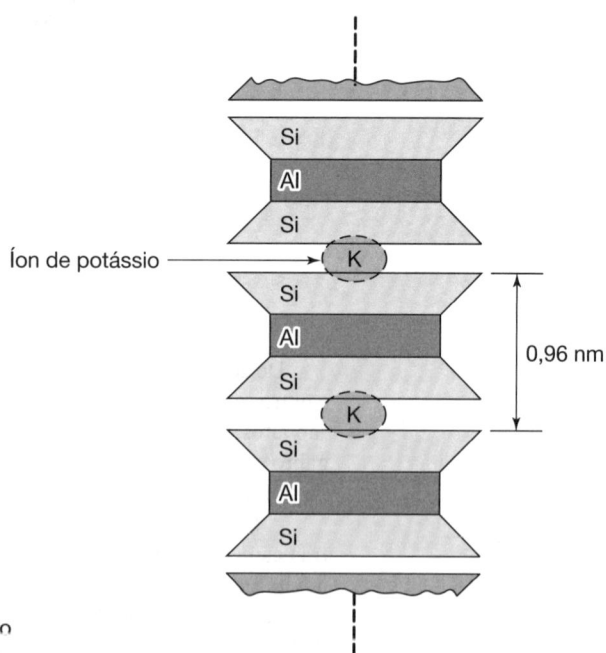

FIGURA 3.47 Diagrama esquemático da illita (adaptada de Lambe, 1953).

3.7.3 Outros argilominerais

A **cloritas** consistem em um grupo de minerais composto por bayleicloro, borocookeíta, chamosita, clinocloro, cookeíta, donbassita, franklinfurnaceíta, gonyerita, nimita, pennantita e sudoíta, comumente encontrados em solos argilosos. Suas estruturas consistem em camadas repetidas de uma folha de sílica, uma folha de alumina, outra folha de sílica, e por fim, uma folha composta por gibbsita (Al[OH]$_3$) ou brucita (Mg[OH]$_3$) (Fig. 3.48). Podem ser consideradas como argilo-minerais do tipo 2:1:1. Alguns cristais de clorita sofrem uma considerável substituição isomórfica e, ocasionalmente, pode estar ausente de camada de brucita ou gibbsita, o que os tornam suscetíveis à expansão, uma vez que a água pode penetrar entre as camadas. Em geral, no entanto, as cloritas são significativamente menos ativas do que a montmorillonita e a illita. De acordo com Mitchell e Soga (2005), a clorita se forma pela alteração das esmectitas na presença de Mg^{++} suficiente para formar a intercamada de brucita. As cloritas com frequência estão presentes em rochas metamórficas e em solos formados a partir dessas rochas.

Como mencionado, os argilominerais são numerosos e apresentam praticamente todas as combinações concebíveis de íons substituídos, água intercamada e cátions trocáveis. Alguns deles podem ser interessantes para os engenheiros. A **atapulgita** apresenta uma estrutura em cadeia em vez de folha; por consequência, tem uma aparência de agulha ou bastão. Os minerais de **camada mista** são relativamente comuns; incluem, por exemplo, a montmorillonita misturada com clorita ou illita. O **alofânio** é um filossilicato, muitas vezes confundido com um argilomineral. No entanto, ele é **amorfo**, ou seja, não apresenta uma estrutura cristalina regular, por isso não é detectado na difração de raios-X.

Sob condições especiais de intemperismo (sobretudo em solos de origem vulcânica), pode ser um constituinte localmente importante de solos argilosos. Esses minerais possuem partículas em forma de bastão ou agulha que podem dificultar sua compactação ou estabilização.

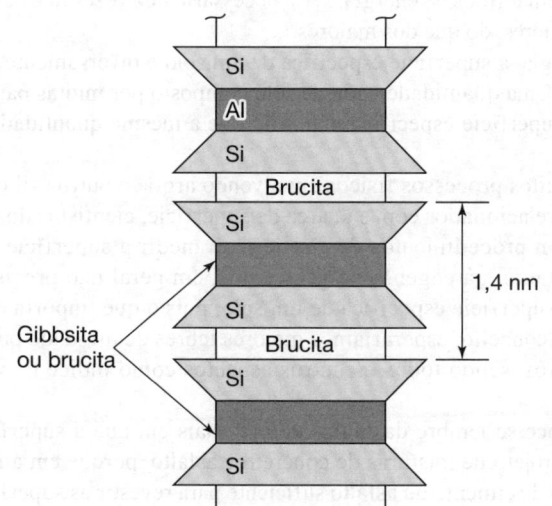

FIGURA 3.48 Diagrama esquemático da clorita (adaptada de Mitchell e Soga, 2005).

3.8 SUPERFÍCIE ESPECÍFICA

A razão entre a área de superfície de um material e sua massa ou volume é chamada de **superfície específica**.

$$\text{superfície específica} = \text{área da superfície/unidade de volume} \qquad (3.2)$$

A importância física da superfície específica pode ser demonstrada usando um cubo de 1 × 1 × 1 cm:

$$\text{superfície específica} = \frac{6(1\,\text{cm}^2)}{1\,\text{cm}^3} = 6/\text{cm} = 0{,}6/\text{mm}$$

Se o cubo tiver 1 mm de lado, a superfície específica seria

$$\frac{6(1\,\text{mm}^2)}{1\,\text{mm}^3} = 6/\text{mm}$$

Se o cubo tiver 1 µm de lado, a superfície específica seria

$$\frac{6(1\,\mu\text{m}^2)}{1\,\mu\text{m}^3} = 6/\mu\text{m} = 6000/\text{mm}$$

Esses três exemplos ilustram que partículas grandes, sejam cubos ou solo, apresentam áreas superficiais menores por unidade de volume e, portanto, superfícies específicas menores do que partículas pequenas. Para obter a superfície específica em termos de massa, basta dividir o valor em termos de volume pela densidade de massa ρ_s; e as unidades seriam então m²/g ou m²/kg.

Agora, vamos adicionar água suficiente para revestir finamente a área de superfície de cada cubo nos exemplos apresentados. Observe que será necessário dez vezes mais água para umedecer as superfícies de todos os cubos quando eles tiverem 1 mm de lado do que quando o mesmo volume for ocupado por um único cubo de 1 cm³. Além disso, se estivéssemos tentando remover água, haveria dez vezes mais água para remover das superfícies dos cubos menores do que dos maiores. Ou, em termos de energia, seria necessário dez vezes mais energia para remover a água dos cubos menores, do que dos maiores.

Por analogia, a superfície específica de um solo é inversamente proporcional à sua dimensão de grãos. Uma quantidade dada de solo composto por muitas partículas pequenas teria, em média, uma superfície específica maior do que a mesma quantidade composta por partículas grandes.

Como muitos processos físicos envolvendo argila e outros silicatos de camada que estão intimamente relacionados com sua área de superfície, cientistas do solo e outros especialistas desenvolveram procedimentos de ensaio para medir a superfície específica. (Carter et al., 1986). No entanto, na engenharia geotécnica, em geral não precisamos conhecer um valor numérico da superfície específica de um solo, pois o que importa é o conceito. Por exemplo, a partir desse conceito, esperaríamos maiores teores de umidade para solos finos do que para solos grosseiros, sendo todos os outros aspectos como índice de vazios e estrutura do solo iguais.

Talvez você se lembre das aulas de materiais em que a superfície específica é um fator primário no projeto de misturas de concreto e asfalto, porque em ambos os casos é necessário fornecer pasta de cimento ou asfalto suficiente para revestir as superfícies do agregado.

3.9 INTERAÇÃO ENTRE ÁGUA E ARGILOMINERAIS

Como mencionado anteriormente, a água em geral tem pouco efeito sobre o comportamento dos solos granulares. Por exemplo, a resistência ao cisalhamento de uma areia é aproximadamente a mesma, quer esteja seca ou saturada. Uma exceção importante é o caso de depósitos soltos de areia saturada sujeitos a cargas dinâmicas, como abalos sísmicos ou explosões.

TABELA 3.8 Dimensões típicas, superfícies específicas e capacidade de troca catiônica dos argilominerais comuns

Argilomineral	Espessura típica (nm)	Diâmetro típico (nm)	Superfície específica (km²/kg)	Capacidade de troca catiônica[a] (meq/100 g)
Montmorillonita	3	100 a 1.000	0,7 a 0,84	80 a 150
Illita	30	10.000	0,065 a 0,1	10 a 40
Clorita	30	10.000	0,08	10 a 40
Caulinita	50 a 2.000	300 a 4.000	0,01 a 0,02	2 a 15

[a]Definido na Seção 3.9.2
Adaptada de Yong e Warkentin (1975) e Mitchell e Soga (2005).

Por outro lado, os solos de grãos finos, sobretudo os argilosos, são bastante influenciados pela presença de água. A variação do teor de umidade dá origem à plasticidade, e os limites de Atterberg são um indicativo dessa influência. A distribuição da dimensão dos grãos raramente rege o comportamento dos solos de grãos finos.

Por que a água é importante em solos de grãos finos? A partir da discussão anterior, você sabe que quanto menor a partícula, maior a superfície específica. Dado que os argilominerais são partículas diminutas, é natural que tenham grandes superfícies específicas. Com isso, podemos esperar que essas superfícies sejam bastante ativas na interação com íons e moléculas polares, como a água, quando todas as outras variáveis são iguais. De fato, o tamanho, a superfície específica e a interatividade dos argilominerais se relacionam consideravelmente bem.

As dimensões e as superfícies específicas de quatro argilominerais comuns são mostradas na Tabela 3.8. A caulinita, o maior cristal de argilomineral, apresenta uma espessura ou dimensão da borda de cerca de 1 μm, enquanto a montmorillonita, o menor argilomineral, possui apenas alguns nanômetros. Uma vez que os cristais possuem aproximadamente o mesmo "diâmetro" médio, pelo menos dentro de uma ordem de magnitude, não é surpreendente que suas superfícies específicas sejam tão diferentes. Naturalmente, dependendo do intemperismo e de outros fatores, há variações bastante amplas nos tamanhos dos cristais, e a Tabela 3.8 fornece apenas valores médios. Uma vez que a atividade superficial está relacionada ao tamanho da partícula, fica claro o porquê de a montmorillonita, por exemplo, ser muito mais ativa do que caulinita. Da mesma forma, a atividade superficial de um grão de areia ou silte é muito baixa.

Pelos motivos descritos adiante, existem campos de força desequilibrados nas superfícies dos argilominerais, e essa é a base físico-química para a interação entre água, íons dissolvidos e argilominerais. A interação desses campos de força leva a várias associações ou arranjos de partículas do solo chamados de estrutura dos solos argilosos, que controlam, em última análise, seu comportamento geotécnico.

3.9.1 Hidratação de argilominerais e a dupla camada difusa

Como observado por Yong e Warkentin (1975), parece que as partículas de argila na natureza estão quase sempre hidratadas; isto é, camadas de moléculas de água envolvem cada cristal de argila. Essa água é chamada de **água adsorvida**. Como a água é adsorvida na superfície de uma partícula de argila? Primeiro, talvez você se lembre das aulas de química ou materiais que a água é uma molécula **dipolar** (Figura 3.49). Embora seja eletricamente neutra, a água possui dois centros de carga separados, um positivo e um negativo. Assim, a molécula de água é atraída eletrostaticamente para a superfície do cristal de argila. Segundo, a água é mantida no cristal de argila por meio de **pontes de hidrogênio** (o hidrogênio da água é atraído pelos átomos de oxigênio ou por moléculas de hidroxila na superfície da argila). Terceiro, a superfície de argila carregada negativamente atrai cátions presentes na água. Como todos os cátions são hidratados em algum grau, dependendo do íon, os cátions também contribuem para a atração da água para a superfície da argila. Dos três fatores, as pontes de **hidrogênio,** provavelmente, é o mais importante.

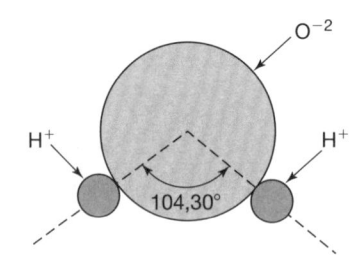

FIGURA 3.49 Diagrama esquemático de uma molécula de água (adaptada de Lambe, 1953).

A atração da água para a superfície da argila é muito forte próximo da superfície e diminui com a distância. Parece que as moléculas de água diretamente na superfície são retidas de forma bastante firme e altamente orientadas. Medidas mostram que a densidade e algumas propriedades termodinâmicas e elétricas da água próxima à superfície da argila são diferentes daquelas da "água livre" (Yong e Warkentin, 1975; Mitchell e Soga, 2005).

Como é uma partícula de argila com água adsorvida nela? A Figura 3.50 mostra esquematicamente cristais de montmorillonita e caulinita com camadas de **água adsorvida**. Observe que a espessura da água adsorvida é aproximadamente a mesma, mas devido às diferenças de tamanho, não é surpreendente que a montmorillonita apresente atividade muito maior, maior plasticidade, maior expansão, mais retração e maior alteração de volume devido ao carregamento do que a caulinita.

Como os cátions nas camadas de água adsorvida são mais concentrados próximo das superfícies dos cristais de argila, eles difundem termicamente para longe das superfícies na tentativa de igualar as concentrações de cátions dentro da água adsorvida. Contudo, essa difusão é contrabalançada pela atração elétrica dos cátions positivamente carregados para as superfícies dos cristais de argila negativamente carregados. Esses dois componentes, a superfície das partículas de argila e a camada difusa de cátions, juntos formam a **dupla camada difusa**. Essa camada, mostrada esquematicamente na Figura 3.51, também inclui ânions que são, naturalmente, repelidos do campo de força negativa dos cristais de argila.

O desenvolvimento e as equações matemáticas que descrevem a dupla camada difusa são explicados por, entre outros, Yong e Warkentin (1975), van Olphen (1991) e Mitchell e Soga (2005). Eles também discutem a influência de fatores como concentração do eletrólito, valência do cátion, constante dielétrica do fluido poroso, temperatura, tamanho iônico, pH e absorção de ânions na dupla camada difusa. A dupla camada difusa é um conceito importante para entender

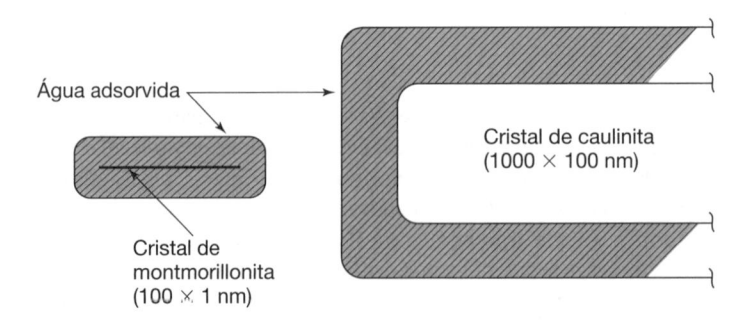

FIGURA 3.50 Tamanhos relativos das camadas de água adsorvidas na montmorillonita sódica e na caulinita sódica (adaptada de Lambe, 1958).

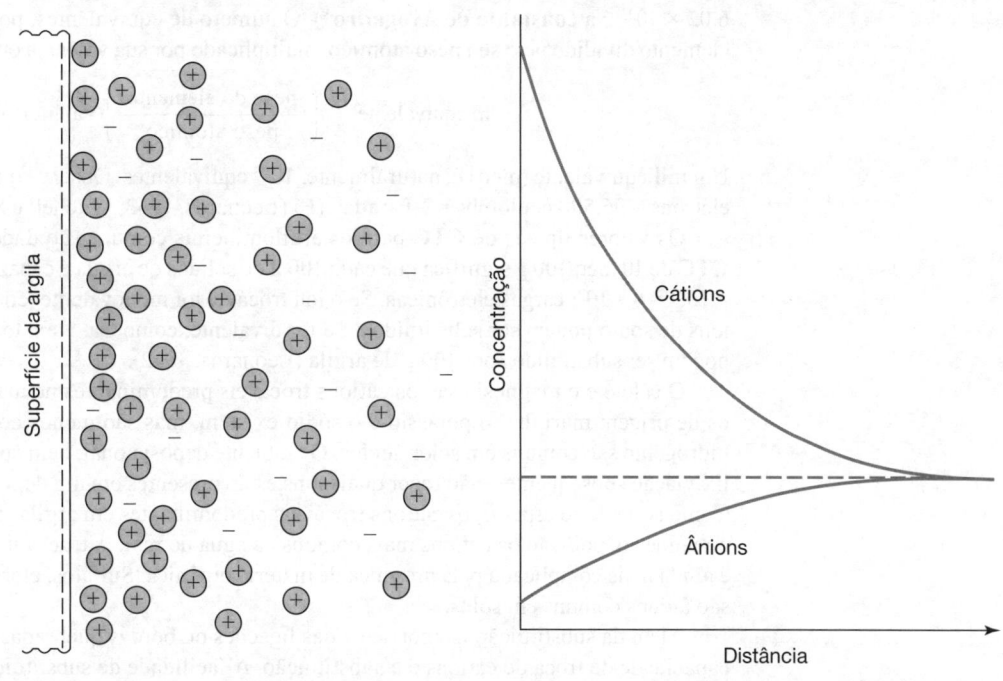

FIGURA 3.51 Dupla camada difusa em um sistema argila-água mostrando esquematicamente a distribuição de íons ao lado da superfície do cristal de argila (Fundamentals of Soil Behavior, MITCHELL, J.K. AND SOGA, K. (2005), 3rd ed., Wiley, 577 p. Reproduzido com permissão da Wiley Publishing, Inc.).

o comportamento dos sistemas argila-água-eletrólito e ajuda a explicar propriedades da argila como plasticidade, expansão e interação das partículas de argila.

3.9.2 Cátions trocáveis e capacidade de troca de cátions (CTC)

A carga negativa na superfície dos cristais de argila é resultado tanto da substituição isomórfica, mencionada anteriormente, quanto das imperfeições na rede cristalina, sobretudo próximo das superfícies minerais. As bordas "quebradas" contribuem muito para as cargas de valência insatisfeitas nas bordas dos cristais. Como estes visam ser eletricamente neutros, cátions na água podem ser fortemente atraídos para as argilas, dependendo da quantidade de cargas negativas presentes. Diferentes argilas apresentam deficiências de cargas diferentes e, portanto, tendências diferentes para atrair os cátions trocáveis. Eles são chamados de **trocáveis** porque um cátion pode facilmente ser trocado por outro com a mesma valência, ou por dois com metade da valência do cátion original. Como seria de se esperar de seus tamanhos relativos e superfícies específicas, a montmorillonita apresenta uma deficiência de carga muito maior e, portanto, uma atração muito maior por cátions trocáveis do que a caulinita. A illita e a clorita são intermediárias nesse aspecto.

A quantidade de cátions trocáveis pode ser determinada analítica ou experimentalmente (Yong e Warkentin, 1975; van Olphen, 1991; Fang, 1997; e Mitchell e Soga, 2005). A **capacidade de troca de cátions** (**CTC**) das argilas é, em geral, expressa em unidades de miliequivalentes (meq) por 100 g de argila seca. Ocasionalmente, essa quantidade é referida como capacidade de troca básica (**CTB**) ou capacidade de troca de íons (**CTI**).

Então, o que é um equivalente? Um **equivalente** é o número de íons ou cargas eletrônicas em um mol de solução e equivale a $6,02 \times 10^{23}$ cargas (talvez você se lembre que o número

$6{,}02 \times 10^{23}$ é a **constante de Avogadro***). O número de equivalentes, portanto, é o peso de um elemento dividido pelo seu peso atômico, multiplicado por sua valência ou em forma de equação:

$$\text{um equivalente} = \left(\frac{\text{peso do elemento}}{\text{peso atômico}}\right)(\text{valência})$$

Um miliequivalente (meq) é, naturalmente, 10^{-3} equivalentes. Observe que $6{,}02 \times 10^{23}$ cargas de elétrons = 96.500 coulombs = 1 Faraday (F) (Leonards, 1962; Mitchell e Soga, 2005).

Os valores típicos de **CTC** para os argilominerais comuns são dados na Tabela 3.8. Uma **CTC** de 10 meq/100 g significa que cada 100 g de sólidos de argila é capaz de trocar $10 \times 10^{-3} \times 6 \times 10^{23} = 6 \times 10^{21}$ cargas eletrônicas. Se o íon trocável for monovalente (como Na^+), então 6×10^{21} íons de sódio podem ser substituídos. Se for divalente, como Ca^{++}, então 3×10^{21} íons de cálcio podem ser substituídos por 100 g de argila (Leonards, 1962).

O cálcio e o magnésio são os cátions trocáveis predominantes na maioria dos solos, exceto os de origem marinha; o potássio e o sódio existem, mas são menos comuns. O alumínio e o hidrogênio são comuns em solos ácidos. O ambiente deposicional, bem como o intemperismo e a lixiviação subsequentes, vão reger quais íons estão presentes em um depósito de solo específico. Como seria de se esperar, os cátions trocáveis predominantes em argilas marinhas são o sódio e o magnésio, pois são os cátions mais comuns na água do mar. A troca ou substituição de cátions é ainda mais complicada pela presença de matéria orgânica. Sulfatos, cloretos, fosfatos e nitratos são ânions comuns em solos.

Além da substituição isomórfica e das ligações ou bordas quebradas, uma terceira fonte de capacidade de troca de cátions é a substituição. A facilidade de substituição ou troca de cátions depende de vários fatores, principalmente a valência do cátion. Os cátions de valência mais alta substituem facilmente cátions de valência inferior. Para íons da mesma valência, o tamanho do íon hidratado torna-se importante; quanto maior o íon, maior o poder de substituição. Uma complicação adicional é o fato de que o potássio, mesmo sendo monovalente, se encaixa nos furos hexagonais na folha de sílica. Assim, ele será retido muito fortemente na superfície da argila e terá maior poder de substituição do que o sódio, por exemplo, que também é monovalente. Os cátions podem ser listados em ordem **aproximada** de sua capacidade de substituição. A ordem específica depende do tipo de argila, do íon que está sendo substituído e da concentração dos vários íons na água. Em ordem crescente de poder de substituição da esquerda para a direita, em geral, os íons são:

$$Li^+ < Na^+ < H^+ < K^+ < NH_4^+ < Mg^{++} < Ca^{++} < Cu^{++} < Al^{+++} < Fe^{+++}$$

Em alguns casos, a ordem específica pode diferir ligeiramente, dependendo das condições locais e variações na concentração. As séries de substituição também podem incluir diferentes elementos, como césio, bário, tório e rubídio.

Existem várias consequências práticas da troca de íons. Por um lado, isso torna possível o uso de produtos químicos para estabilizar ou fortalecer solos. A cal (CaO) estabiliza um solo argiloso de sódio substituindo os íons de sódio na argila porque o cálcio tem um poder de substituição maior do que o sódio. A expansão das argilas montmorilloníticas pode ser significativamente reduzida pela adição da cal (Capítulo 5).

Esta seção apresentou apenas uma visão geral breve do tema muito complexo da interação entre a água e os argilominerais. Para informações complementres, consulte os estudos de Yong e Warkentin (1975), van Olphen (1991) e Mitchell e Soga (2005) e as referências contidas neles.

3.10 ESTRUTURA DO SOLO E FÁBRICA DE SOLOS DE GRÃOS FINOS

A estrutura de um solo de grãos finos afeta altamente ou, alguns diriam, até rege o comportamento técnico desse solo. Todas as estruturas de argila encontradas na natureza e descritas na próxima seção resultam de alguma combinação da natureza do argilomineral, do ambiente

---

*Lei de Avogadro: recebeu este nome em homenagem a Lorenzo Romano Amedeo Carlo Avogadro (1776-1856), um matemático italiano, que propôs que volumes iguais de todos os gases contêm o mesmo número de moléculas nas mesmas pressão e temperatura.

geológico na deposição e do histórico subsequente de tensão geológica e técnica do depósito. São fatores muito complicados, contudo, os estudamos porque afetam fundamentalmente o comportamento e as propriedades técnicas do solo. Quando solos coesivos são encontrados na prática da engenharia, os engenheiros geotécnicos devem considerar pelo menos qualitativamente a estrutura do solo.

Na engenharia geotécnica, definimos a **estrutura** de um solo para incluir o arranjo geométrico ou a **fábrica** das partículas ou grãos minerais, bem como as forças intermoleculares que podem agir entre eles. A fábrica do solo, portanto, refere-se apenas ao arranjo geométrico das partículas. Como a atividade superficial dos grãos individuais nos solos granulares é muito pequena, as forças intermoleculares também são muito pequenas. Assim, tanto a fábrica quanto a estrutura de cascalhos, areias e, até certo ponto, siltes são iguais. Por outro lado, no entanto, as forças intermoleculares são relativamente grandes em solos coesivos de grãos finos, e assim a estrutura desses solos consiste tanto nessas forças, quanto na fábrica do solo.

Uma descrição completa da estrutura de um solo coesivo de grão fino requer conhecimento tanto dessas forças quanto da fábrica das partículas. Como é extremamente difícil, se não impossível, medir-se diretamente os campos delas em torno de partículas de argila, a maioria dos estudos de estruturas de solos coesivos envolve apenas a fábrica. Naturalmente, a partir da fábrica desses solos, certas inferências podem ser feitas sobre suas forças intermoleculares.

Como observamos e estudamos as fábricas do solo? Devido às suas dimensões de grãos relativamente grandes, as fábricas de areias e cascalhos podem ser observadas visualmente. Às vezes, são preparadas lâminas finas a partir de espécimes de materiais granulares estabilizados com epóxis ou resinas que são, depois, visualizadas sob um microscópio óptico. As fábricas dos solos de grãos finos exigem uma ampliação significativa, e os métodos para isso fornecem apenas medidas numéricas rudimentares da fábrica. Consulte o estudo de Mitchell e Soga (2005) para uma descrição detalhada do estudo da fábrica usando microscópio polarizante, microscopia eletrônica de varredura (**MEV**), difração de raios X, radiografia de raios X, distribuição de tamanho de poros e diversos métodos indiretos.

Apesar de ser amplamente conhecido que os solos de grãos finos ocasionalmente apresentavam comportamentos distintos após o amolgamento (como serem espalhados, terem água adicionada ou serem secados e compactados), a importância da estrutura do solo no seu comportamento não era reconhecida até meados dos anos 1920. Terzaghi (1925a, b) descreveu o processo de sedimentação e formação de solos de grãos finos, e seus modelos de sedimentação e a estrutura de solos de grãos finos são mostrados na Figura 3.52. Casagrande (1932), baseando-se nos conceitos de Terzaghi, postulou que durante a sedimentação, as partículas de argila em suspensão se floculam e se depositam no fundo junto com os grãos de silte maiores. Conforme mostrado na Figura 3.53a, os sedimentos formam uma estrutura aberta em forma de favo de mel com teor de umidade e índice de vazios muito elevados.

Com a deposição adicional, a estrutura do solo se comprime nos pontos de concentração de tensão elevada, como mostrado na Figura 3.53b (Casagrande, 1932). As ligações entre as partículas de argila floculadas são bastante frágeis, especialmente aquelas formadas em água do

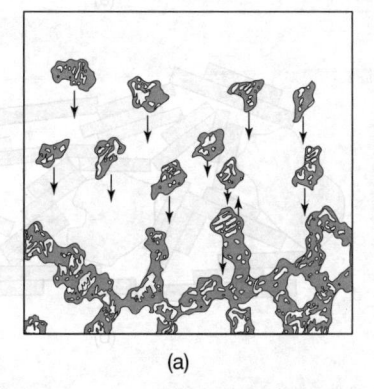

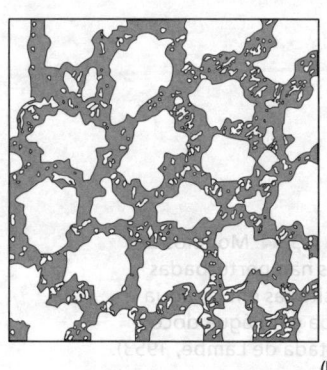

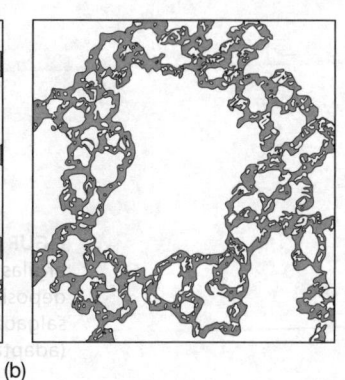

FIGURA 3.52 Modelos de Terzaghi (1925b) para a fábrica de sedimentos de grãos finos: processo de sedimentação (a); estrutura do sedimento floculado (b).

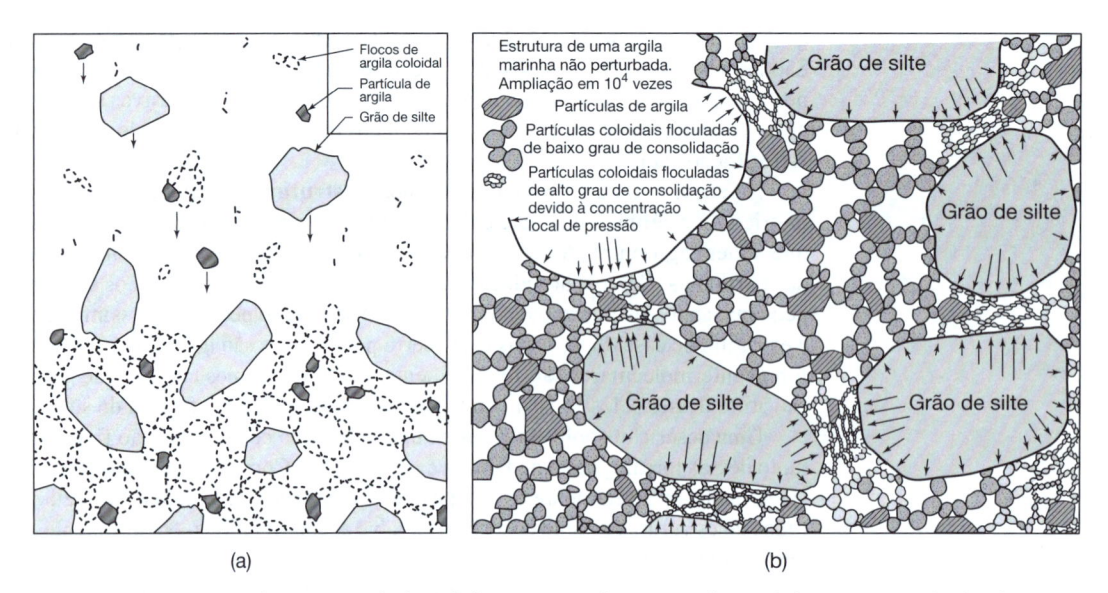

FIGURA 3.53 Conceito de Casagrande (1932) da estrutura de uma argila marinha não perturbada: durante a sedimentação (a); após compressão e densificação do sedimento (b).

mar; quando amostras dessas argilas são testadas em compressão, a deformação na ruptura é de apenas 1% ou menos, e as deformações são quase elásticas (ver Seção 8.3).

Na década de 1950, devido ao aumento do interesse no comportamento físico-químico dos solos de argila, foram propostos diversos modelos de fábrica. Dois dos mais conhecidos foram propostos por Lambe (1953) e Tan (1957) e são mostrados nas Figuras 3.54 e 3.55.

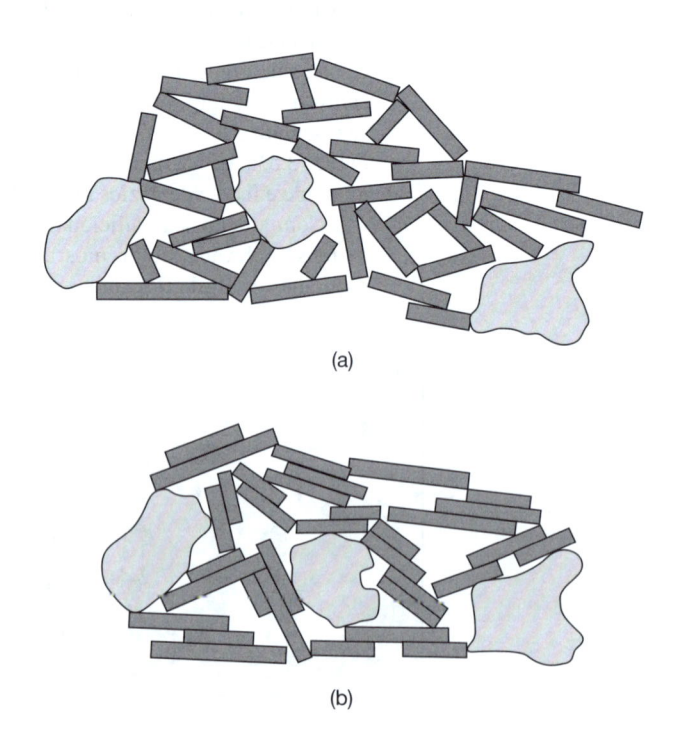

FIGURA 3.54 Modelos de argilas não perturbadas depositadas em (a) água salgada e (b) água doce (adaptada de Lambe, 1953).

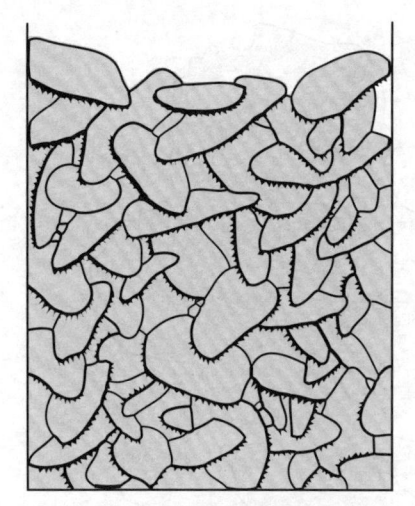

FIGURA 3.55 Diagrama esquemático de uma argila proposto por Tan (1957).

A representação de fábricas de solo de grãos finos por apenas algumas partículas de argila, no entanto, não é muito realista. Unidades de grão único ou de partícula única ocorrem raramente na natureza e apenas em sistemas argila-água muito diluídos sob condições ambientais especiais. A partir de estudos de solos de argilas reais com o microscópio eletrônico de varredura (**MEV**), as partículas de argila individuais parecem sempre estar agregadas ou floculadas juntas em unidades de fábricas submicroscópicas chamadas **domínios**. Os domínios, por sua vez, se agrupam para formar *clusters*, que são grandes o suficiente para serem vistos com um microscópio de luz polarizada. Os *clusters* se agrupam para formar **peds** e até grupos de *peds*. Os *peds* podem ser vistos sem um microscópio, e eles, juntamente com outros aspectos visíveis grandes, como juntas e fissuras, constituem o sistema de **macrofábrica** dos solos. Um esboço esquemático desse sistema proposto por Yong e Sheeran (1973) é mostrado na Figura 3.56; uma representação microscópica de uma argila marinha também está incluída (Pusch, 1973).

Collins e McGown (1974) sugerem um sistema um pouco mais elaborado para descrever características de macrofábrica em solos naturais. Eles propõem três tipos de características:

1. **Arranjos de partículas elementares** consistindo em formas únicas de interação de partículas no nível de partículas individuais de argila, silte ou areia (Figuras 3.57a; b) ou interação entre pequenos grupos de plaquetas de argila (Figura 3.57c) ou partículas de silte e areia "vestidas" (Figura 3.57d).
2. **Aglomerados de partículas**, que são unidades de organização de partículas com limites físicos definidos e uma função mecânica específica. Os aglomerados de partículas consistem em uma ou mais formas de arranjos de partículas elementares ou aglomerados de partículas menores.
3. **Espaços porosos** dentro e entre arranjos de partículas elementares e aglomerados de partículas.

Collins e McGown (1974) mostram microfotografias de vários solos naturais que ilustram seu sistema proposto. Outros sistemas para classificar a fábrica do solo foram desenvolvidos por pedologistas e cientistas do solo. Um bom exemplo é o sistema proposto por Brewer (1976).

3.11 FÁBRICA DOS SOLOS GRANULARES

Os solos granulares, compostos por areia e cascalho, possuem realmente uma fábrica? À primeira vista, você pode pensar que não, ou, se houver, que suas fábricas são bastante simples em comparação com depósitos de solos de grãos finos. Acontece que, quando os materiais granulares são depositados, seja pelo vento ou pela água, eles podem ter fábricas relativamente complexas que, em alguns casos, influenciam significativamente seu comportamento técnico. Volte e revise a Seção 3.3.4 para uma descrição da deposição do solo pela água (rios, praias etc.) e a Seção 3.3.6 para depósitos de vento (depósitos de loesse e dunas de areia; dimensões de grãos geralmente < 0,05 mm) e as formas de relevo que resultam desses processos geológicos.

Grãos de solos maiores que 0,01 a 0,02 mm se depositam de uma suspensão solo-fluido independentemente de outras partículas, porque seu peso os faz se depositarem e alcançarem o equilíbrio no fundo do fluido assim que a velocidade não pode mais sustentá-los em suspensão. Nesse caso, sua fábrica é de **grão único**. Esta é a fábrica de, por exemplo, uma pilha de areia ou cascalho, e algumas misturas de areia-silte. As fábricas de grão único podem ser "frouxas" (alto índice de vazios ou baixa densidade), como mostrado na Figura 3.58a, ou "densas" (baixo índice de vazios ou alta densidade), como mostrado na Figura 3.58b. Uma fábrica em forma de **favo de mel** é metaestável; ou seja, os arcos de grãos podem suportar cargas estáticas, mas a estrutura é

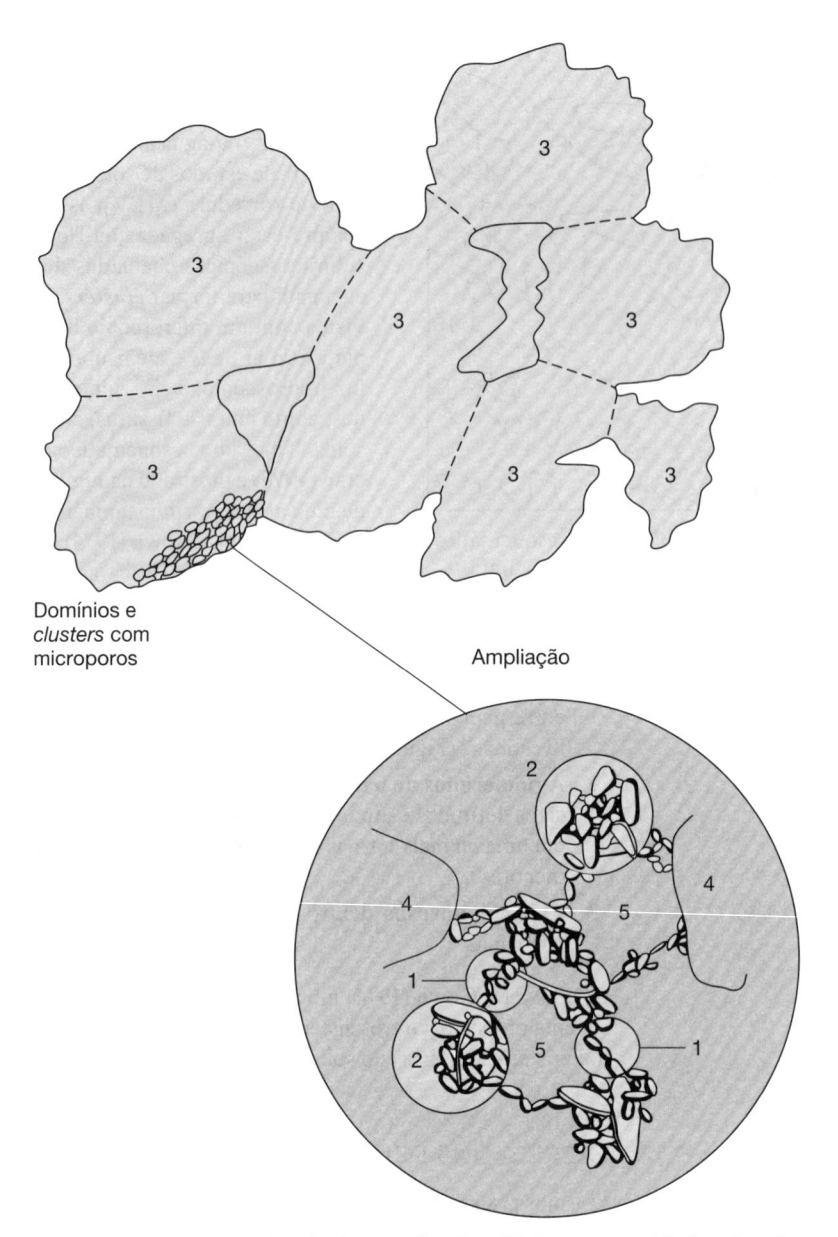

FIGURA 3.56 Diagrama esquemático do sistema de microfábrica e macrofábrica do solo proposto por Yong e Sheeran (1973) e Pusch (1973): domínio (1); *cluster* (2); *ped* (3); grão de silte (4); microporo (5); macroporo (6).

muito sensível ao colapso, sobretudo quando vibrada ou carregada dinamicamente. A presença de água em fábricas granulares muito frouxas também pode influenciar significativamente seu comportamento técnico. Bons exemplos são o **inchamento**, um fenômeno capilar discutido no Capítulo 5, e **areia movediça** e **liquefação**, descritos no Capítulo 6.

As fábricas de depósitos naturais de solos granulares geralmente são muito mais complexas do que as mostradas na Figura 3.58. Por consequência, assim como com a estrutura de depósitos de solo de grãos finos, o engenheiro geotécnico deve investigar com cautela a macrofábrica ou estrutura dos depósitos de solos granulares. Os critérios descritivos estão resumidos na Tabela 3.9.

Dependendo da forma dos grãos, da distribuição, da dimensão, do empacotamento ou do arranjo dos grãos (fábrica), os solos granulares podem apresentar uma gama de índice de vazios. O maior índice de vazios possível ou condição mais frouxa possível de um solo é chamado de **índice de vazios máximo** ($e_{máx}$). Da mesma forma, o **índice de vazios mínimo** ($e_{mín}$) é a condição mais densa possível que um determinado solo pode atingir. As faixas dos possíveis índices de vazios e porosidades para solos granulares típicos são indicadas na Tabela 3.10. Os índices de vazios máximo e mínimo geralmente são determinados em laboratório adotando procedimentos descritos nas normas **ASTM D 4253** e **D 4254**.

O índice de vazios ou densidade sozinho não é suficiente para caracterizar com precisão a fábrica e, portanto, as propriedades técnicas dos solos granulares. É possível, por exemplo, que dois tipos de areia apresentem o mesmo índice de vazios, mas fábricas significativamente diferentes (e diferentes densidades relativas; ver Capítulo 4) e, consequentemente, comportamentos

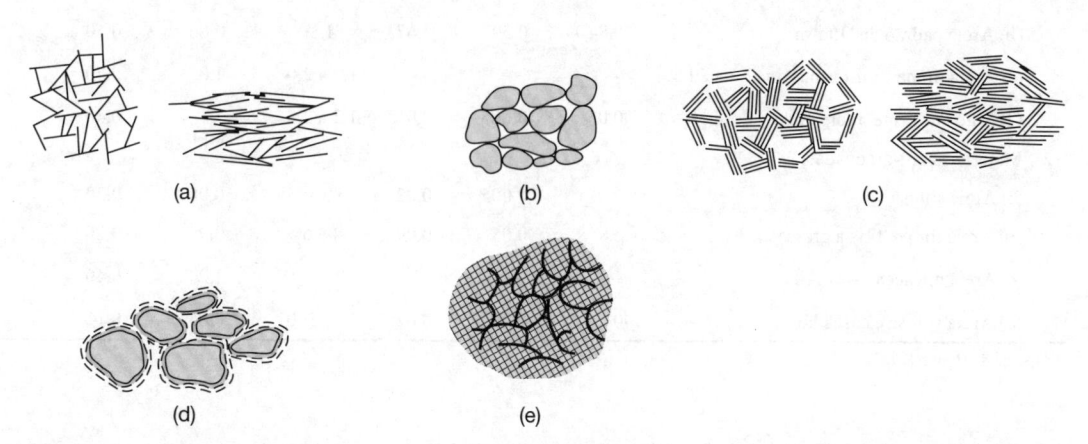

FIGURA 3.57 Representações esquemáticas de arranjos de partículas elementares: interação individual de plaquetas de argila (a); interação individual de partículas de silte ou areia (b); interação de grupo de plaquetas de argila (c); interação de partícula de silte ou areia "vestida" (d); interação de partícula parcialmente discernível (e) (adaptada de Collins e McGown, 1974).

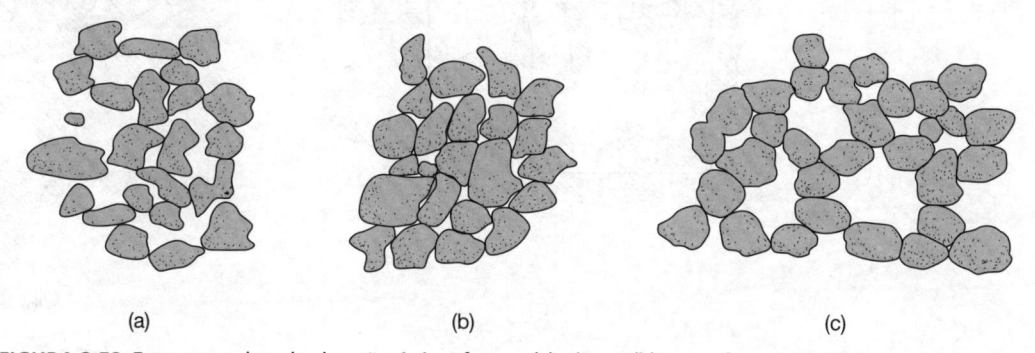

FIGURA 3.58 Estruturas de solo de grão único: frouxa (a); densa (b); e em favo de mel (c).

TABELA 3.9 Critérios para descrever a estrutura de solos de grão grosso em sua condição natural ou *in situ*

Uniforme	Partículas do mesmo tamanho
Heterogênea	Mistura de tamanhos, formas, dureza ou composição mineral diferentes
Estratificada	Camadas de solos diferentes; observe espessura, direção e mergulho das camadas
Lentes ou veios	Camada ou estrato fino; observe a espessura
Cimentação	Detectada por inspeção visual-manual e/ou o ensaio de ácido
Grau de "compactação"	Solto (vazios altos, assenta com sacudidas); denso (sem movimento com vibração)

Dados da California DWR (1962).

TABELA 3.10 Valores típicos de índice de vazios e porosidade de solos granulares

Tipo de solo	Tamanho das partículas e graduação				Índice de vazios		Porosidade (%)	
	≈ faixa de tamanho (mm)							
	$D_{máx}$	$D_{mín}$	≈ D_{10}	≈ C_u	$e_{máx}$ (solto)	$e_{mín}$ (denso)	$n_{máx}$ (solto)	$n_{mín}$ (denso)
1. Materiais uniformes:								
(a) Esferas iguais	—	—	—	1,0	0,92	0,35	48	26
(b) Areia padrão de Ottawa	0,84	0,59	0,67	1,1	0,80	0,50	44	33
(c) Areia limpa e uniforme (fina ou média)	—	—	—	1,2 a 2,0	1,0	0,40	50	29
(d) Silte uniforme, inorgânico	0,05	0,005	0,012	1,2 a 2,0	1,1	0,40	52	29
2. Materiais bem-graduados:								
(a) Areia siltosa	2,0	0,005	0,02	5 a 10	0,90	0,30	47	23
(b) Areia limpa, fina a grossa	2,0	0,05	0,09	4 a 6	0,95	0,20	49	17
(c) Areia micácea	—	—	—	—	1,2	0,40	55	29
(d) Areia siltosa e cascalho	100	0,005	0,02	15 a 300	0,85	0,14	46	12

Adaptada de Hough (1969).

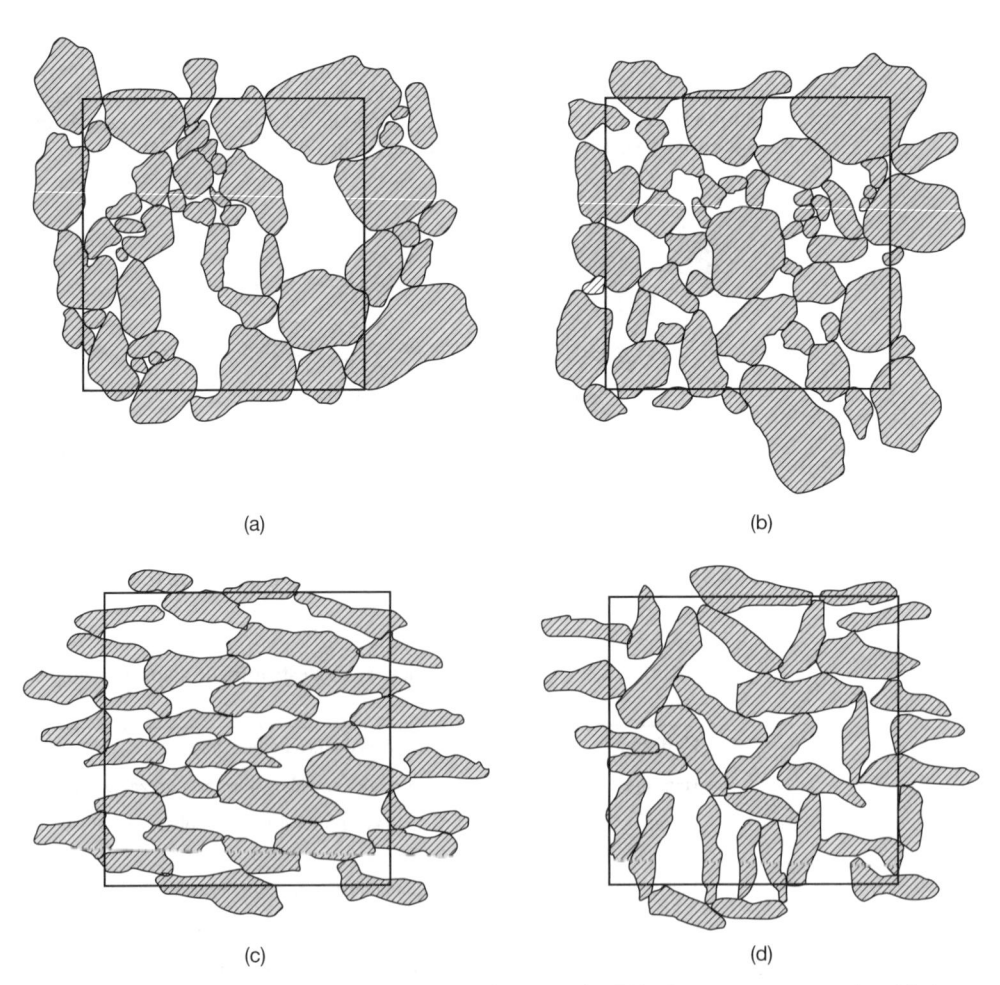

FIGURA 3.59 Faixas potenciais de compactação de partículas idênticas com a mesma densidade relativa (a) *versus* (b) (comunicação pessoal de G. A. Leonards) e orientações de partículas (c) *versus* (d) de partículas idênticas com o mesmo índice de vazios (adaptada de Leonards et al., 1986).

técnicos muito diferentes. A Figura 3.59 mostra alguns exemplos bidimensionais do que queremos dizer. Ambas as "areias" nas Figuras 3.59a, b são idênticas; elas apresentam a mesma distribuição de dimensões de grãos e o mesmo índice de vazios, mas seus arranjos de partículas ou fábricas são claramente muito diferentes. As Figuras 3.59c, d mostram o efeito da forma e orientação das partículas. Novamente, ambas as "areias" têm a mesma distribuição de dimensões de grãos e o mesmo índice de vazios, mas a orientação de suas partículas e suas fábricas são claramente muito diferentes. Se os materiais ilustrados na Figura 3.59 fossem areias reais, suas propriedades técnicas, como condutividade hidráulica, compressibilidade e resistência ao cisalhamento, sem dúvida seriam muito diferentes.

Por fim, o histórico de tensão é outro fator que deve ser considerado ao lidar com areias e cascalhos na prática da engenharia. Depósitos de materiais granulares que foram pré-carregados pela natureza ou atividades humanas terão propriedades de tensão-deformação muito diferentes e, portanto, respostas de compressibilidade e recalque muito diferentes (Lambrechts e Leonards, 1978; Holtz, 1991).

PROBLEMAS

Geologia e formas de relevo

3.1 Faça uma pesquisa *on-line* e busque um ou mais mapas geotécnicos e geológicos que representem sua universidade ou cidade natal. Forneça a URL da fonte onde encontrou o mapa e liste cinco características no mapa que podem ser importantes para o engenheiro geotécnico (formações rochosas e depósitos, recursos hídricos etc.), com explicações de quaisquer símbolos usados no mapa.

3.2 Use a *Internet* para encontrar o mapa topográfico dos sistemas **USGS** ou **GSC** que contenha sua universidade ou localidade de origem. No mapa, determine (a) as elevações mais alta e mais baixa, e a distância entre elas; (b) a maior distância na mesma elevação; e (c) a localização da colina mais íngreme.

3.3 Use o Google Earth para localizar sua universidade ou cidade natal. Quais características visíveis do terreno claramente afetaram o *layout*? Por exemplo, as estradas foram construídas de modo a evitar certos cursos d'água ou colinas íngremes? Liste o máximo que puder dessas características. Localize o mapa de solos agrícolas mais recente do **USDA** ou **CDA** para seu município ou bairro de origem. O relatório fornece alguma informação útil no contexto da engenharia? Se sim, comente como essas informações seriam úteis para vários tipos de construção.

3.4 Faça uma pesquisa *on-line* por um artigo em periódico que descreva a geologia de uma grande cidade no mundo. Por exemplo, "A Geologia de Paris." Escreva um breve resumo deste artigo e como ele moldou os prédios e outras infraestruturas naquela cidade.

3.5 A missão do National Earthquake Information Center (**NEIC**) é determinar rapidamente a localização e o grau de todos os terremotos destrutivos em todo o mundo e disseminar imediatamente essas informações para órgãos nacionais e internacionais, cientistas e o público em geral. O *site* do **NEIC** dispõe de uma variedade de dados que você pode usar para entender a sismicidade em qualquer região do mundo. Usando esse *site*, encontre os 10 maiores terremotos que ocorreram (a) na última semana, (b) no mês anterior e (c) até agora neste ano (adaptado de S. L. Kramer).

3.6 As anticlinais são dobras para cima e as sinclinais são dobras para baixo. No entanto, muitas vezes encontramos cristas sinclinais e vales anticlinais. Explique como cada um destes poderia ser formado.

3.7 O rio São Lourenço transporta muito mais água para o mar do que o rio Colorado. Dê duas razões pelas quais o primeiro termina em um estuário quase sem sedimentos enquanto o Colorado vem construindo um delta enorme por milhares de anos. Recorra à *Internet* se estiver em dúvida.

3.8 Engenheiros fizeram cortes artificiais (ver Figura P3.8) no baixo rio Mississippi e em outros rios sinuosos. Considerando a natureza das correntes sinuosas, você pode sugerir razões para empreender esses projetos?

3.9 Uma bacia de captação de água pluvial será construída em terreno de loesse. A bacia, que será revestida de asfalto, servirá como armazenamento temporário de água pluvial proveniente de bueiros pluviais antes que a água escoe para a estação de tratamento de águas residuais.
Quais as principais considerações sobre o desempenho geotécnico do loesse você teria que fazer:
a. durante a construção da bacia?
b. durante a operação da bacia?

3.10 Você tem a opção entre dois locais de construção em um talude natural, ambos assentados sobre um folhelho fraco. Em um local, as camadas mergulham na encosta (Figura P3.10a); no outro, as camadas mergulham paralelamente ao talude (Figura P3.10b). (a) Se você não pudesse modificar o talude de forma alguma, qual local você preferiria e por quê? (b) Se você tivesse que construir em cada local, que possíveis soluções de engenharia poderia considerar para aumentar a estabilidade de cada talude?

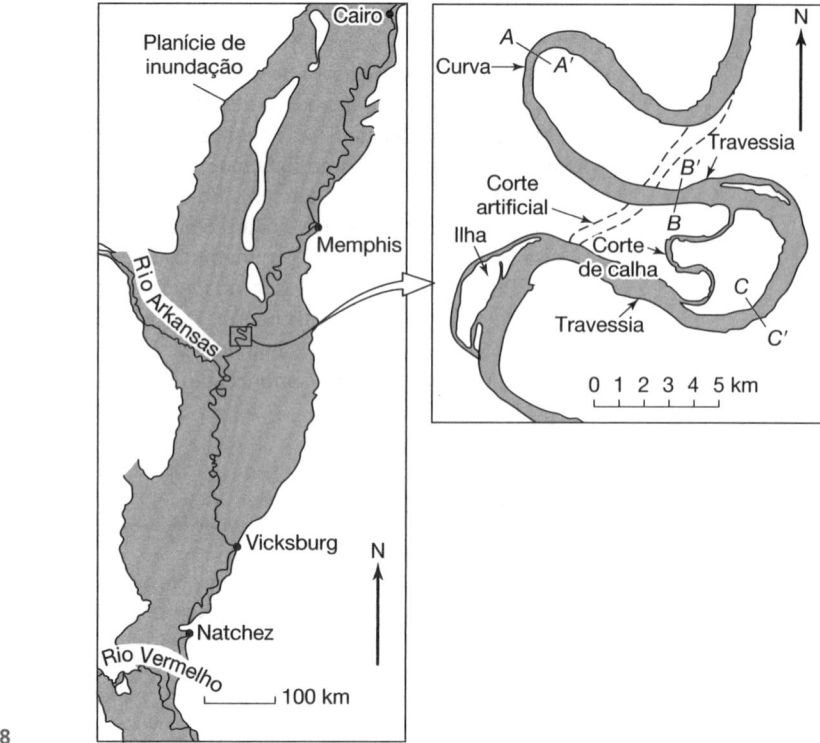

FIGURA P3.8

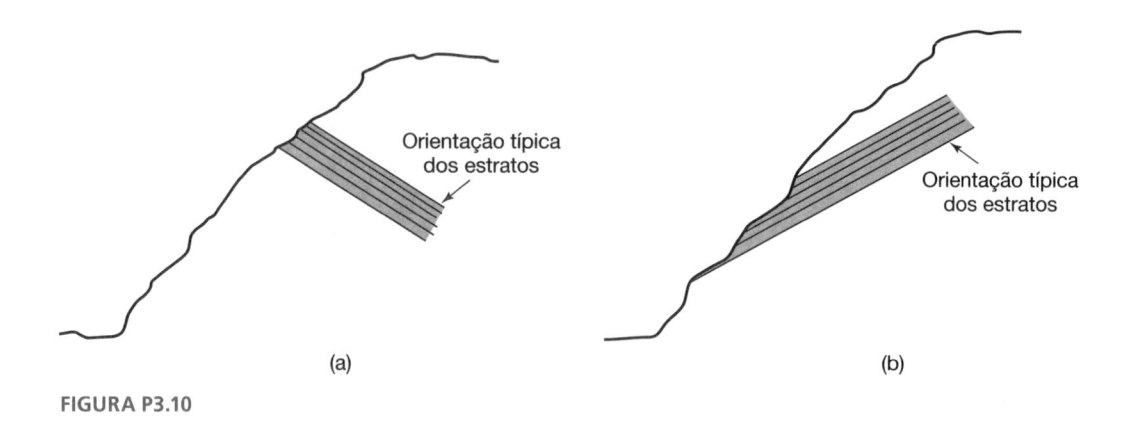

FIGURA P3.10

(a)   (b)

3.11 Por que as areias das dunas tendem a variar tão pouco em dimensão dos grãos? Por que estão, em sua maior parte, isentas de argila?

3.12 Você foi escolhido para conduzir uma investigação de campo de uma moraina terminal. Quais características da topografia ou da composição do *till* você usaria para distingui-lo de uma moraina de superfície, por um lado, e de uma escorrência, por outro? Como você poderia distingui-lo de um *esker*?

3.13 Uma bacia de fiorde geralmente apresenta uma elevação ou soleira característica em sua entrada, como mostrado na Figura P3.13. Com base no que você sabe sobre sua origem geológica, explique como tal soleira se desenvolve.

3.14 Busque na *Internet* dois exemplos (além dos citados no capítulo) nos quais os seres humanos são especificamente identificados como agentes de mudança geológica.

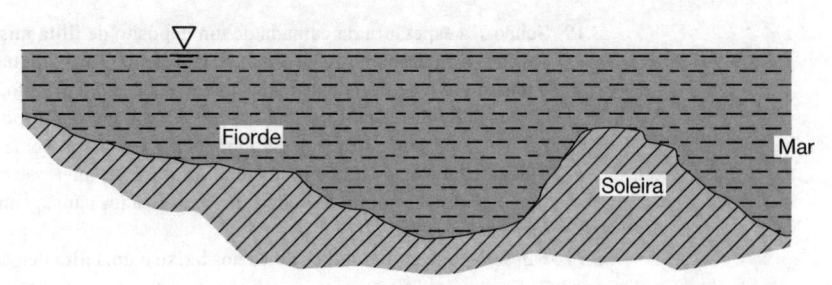

FIGURA P3.13

Propriedades de maciços rochosos, partículas de solo

3.15 Em uma corrida de testemunhagem de 1.500 mm selecionada de testemunhos obtidos durante perfuração para uma fundação de ponte em calcário duro, as seguintes informações de recuperação do testemunho foram obtidas:

Recuperação do testemunho (mm)	Comprimento dos pedaços do testemunho > 100 mm
250	150
50	
50	
75	
100	100
125	125
75	
100	100
150	150
100	100
50	
125	125
Soma =	Soma =

Determine (a) o percentual de recuperação do testemunho e (b) o **RQD**. Com base neste **RQD**, qual é a qualidade da rocha? Por quê?

3.16 Calcule a superfície específica de um cubo com (a) 25 mm, (b) 2,5 mm, (c) 2,5 μm e (d) 2,5 nm de lado. Calcule a superfície específica em termos de áreas e m²/kg. Vamos presumir, para o último caso, que $\rho_s = 2.710$ kg/m³.

3.17 Descreva os seguintes tipos de mecanismos de ligação encontrados entre diferentes minerais argilosos: (a) ligação de hidrogênio, (b) ligação covalente e (c) ligação de van der Waals.

3.18 Uma argila especialmente processada apresenta partículas com 600 nm de espessura e 12.000 nm × 12.000 nm de largura. A gravidade específica dos sólidos é 2,72. As partículas estão perfeitamente paralelas com um espaçamento de borda a borda de 375 nm (ou seja, assemelham-se a tijolos finos empilhados perfeitamente paralelos).

a. Inicialmente, a valência do cátion na camada dupla é +1, resultando em um espaçamento de face a face de 1.500 nm. Quantas partículas por cm³ haverá neste espaçamento? Qual é o índice de vazios e o teor de umidade, presumindo que o solo esteja a 100% de saturação?

b. Outra amostra da argila é misturada de modo que a valência do cátion é +2. Quais são o novo índice de vazios e o teor de umidade nessas condições? Vamos presumir que o espaçamento de borda a borda permaneça 375 nm e que $S = 100\%$ (adaptado de C. C. Ladd).

3.19 Sendo T a espessura da camada de um depósito de illita misturada com caulinita que foi depositada em água salgada com pH = 3. Qual seria o efeito sobre T (aumentar, diminuir, permanecer o mesmo) se a mistura tivesse sido depositada em água doce com pH alto? Determine o efeito em T observando os efeitos individuais na illita e na caulinita. Explique sua resposta.

3.20 Na região próxima à Baía de São Francisco, o lodo proveniente da própria baía foi dragado e, em seguida, redepositado como uma lama. Agora, há o interesse em fortalecer esse material dragado. Que tipos de aditivos químicos poderiam ser utilizados para aprimorar a resistência e outras características técnicas dessa lama?

3.21 Um solo pode ter um índice de vazios **baixo** e uma **alta** densidade ao mesmo tempo? Explique.

REFERÊNCIAS

ALFREDSSON, P-H.; ÖRLÙ, R.; SEGALINI, A. A new formulation for the streamwise turbulence intensity distribution in wall-bounded turbulent flows. *European Journal of Mechanics*. 10.1016/j.euromechflu.2012.03.015

AMERICAN SOCIETY OF CIVIL ENGINEERS (1982). *Proceedings of the ASCE Geotechnical Engineering Division Specialty Conference*, Honolulu, HI, USA, Jan. 11–15, 735 p. 978-0-87262-292-0 (ISBN-13).

AMERICAN SOCIETY OF AEROPHOTOGRAMMETRY & REMOTE SENSING (1960) *Manual of Photographic Interpretation*. COLWELL, R. N. (Ed.), Denver, 869 pp.

ANDERSLAND, O. B.; LADANY, B. (2004) *Frozen Ground Engineering*. Hoboken: John Wiley & Sons, 363 pp.

BIENAWSKI, Z. T. (1988) The rock mass rating (RMR) system (geomechanics classification) in engineering pratice. *KIRKALDIE, L. Rock classification systems for engineering purposes*. Philadelphia: ASTM STP 984, p. 17-34.

BLIGHT, G. E. (1997) *Mechanics of Residual Soils*. Rotterdam: BAKEMA, 237 pp.

BONILLA, M. G. (1991) Faulting and seismic activity. In: Kiersch, G.A., (ed.), *The heritage of engineering geology*; The first hundred years: Boulder, Colorado, Geological Society of America, Centennial Special Volume 3.

BREWER (1976). *Fabric and Mineral Analysis of Soils*, Krieger, 482 p.

BROWN, J.; FERRIANS JR., O. J; HEGINBOTTOM, J. A.; MELINKOV, E. S. (1997) Circum-Arctic map of permafrost and ground-ice condictions. Circum-Pacific map. n. 45, *U.S. Geological Survey*, Reston, Virginia.

CARTER, D. L.; MORTLAND, M.; KEMPER, W. (1986) Specific surface. In: A. Klute (ed.). *Methods of soil analysis. Physical and mineralogical methods*. Agronomy 9. Part 1. Soil, p. 413-423. Science Society of America. Madison, WI, USA.

CALIFORNIA DWR (1962). "Review of the Visual Method of Classification and Description of Soils in Foundations and Borrow Areas Based on the USBR Earth Manual Designation E-3, DWR Designation S-4," *Manual of Testing Procedures for Soils*, California Department of Water Resources, Sacramento, 7 p.

CANADIAN GEOTECHNICAL SOCIETY (2006). *Canadian Foundation Engineering Manual*, 4th ed., Canadian Geotechnical Society, BiTech Publishers, Richmond, British Columbia, 488 p.

CASAGRANDE, A. (1932). Research on the Atterberg Limits of Soils, *Public Roads*, Vol. 13, No. 8, pp. 121–136.

CHERNICOFF, S.; VENKATAKRISHNAN, R. (1995) *An introduction to Physical Geology*. New York: Worth Publ.672 pp.

COATS, D.R. (1991). "Glacial Deposits," Chapter 15 in *The Heritage of Engineering Geology: The First Hundred Years*, G.A. Kiersch (Ed.), Centennial Special Vol. 3, Geological Society of America.

COLLINS, K.; MCGOWN, A. (1974) The form and function of microfabric features in a variety of natural soils. *Géotechnique*, v. 24, n. 2, p. 223-254 doi:10.1680/geot.

CRUDEN, R. W.; VARNES, D. J. (1996) Landstide types and processes. *Tansportation Research Board*. Special Report, n. 247, p. 36-75.

DEERE, D. U. (1963) Technical description of rock cores for engineering purposes Felsmechanik und Inginicurgcologic, v. 1, n. 1, p. 16-22.

DEERE, D. U.; DEERE, W. (1988) The Rock Quality Designation (RQD) Index in Pratice. Rock Classification Systems for Engineering Purposes. In: *American Society for Testing and Materials*, Philadelphia, p. 91-101.

EDELEN, B. (1999) Behavioral characteristics of Residual Soils. In: *Proceedings of sessions of Geo-Congress*, October/1999 – Geotechnical Special Publication.

EMMONS, W.H., THIEL, G.A., STAUFFER, C.R., AND ALLISON, I.S. (1955). *Geology: Principles and Processes*, McGraw-Hill, New York, 638 p.

FAGAN, B. (1997) *A pequena idade do gelo*. Lisboa: Alma dos Livros, 288 pp.

FANG, H. Y. (1997) *Introduction to environmental geotechnology of new directions in civil engineering*. vol.14, CRC Press. (document).

FLEMING, R. W.; VARNES. D. J. (1991) *The Heritage of Egineering Geology: the first hundred years*. KIERSCH, G. A. (Ed.), The Geological Society of America, V. 3 (https://doi.org/10.1130/DNAG-CENT-v3).

FOX, R.F. AND HILL, T.P. (2007). "An Exact Value for Avogadro's Number," *American Scientist*, Vol. 95, No. 2, pp. 104–107.

FEDERAL HIGHWAY ADMINISTRATION (FHWA) (1991). Rock and Mineral Identification for Engineers, U.S. Department of Transportation, Washington, 50 p. (useful color pamphlet).

GALSTER, R. W. (1992) The role of engeneering geology in slope and embakment stability analysis, in stability and performance os slopes and embakments. SEED, R. B. and BOULANGER, R. W (ed.)., ASCE, *Geotechnical Special Publication*, n.31, p. 70-94.

GOODMAN, R. E. (1989) *Introduction to rocks mechanics*. New York: John Wiley & Sons, 289 pp.

GOODMAN, R. E. (1993) Engineering Geology: *Rock in Engineering* Construction. New York: John Wiley & sons, 432 pp.

GRIM, R. E. (1959) *Physico-Chemical properties of soils: Clay minerals*. Journal of the Soil Mechanics and Foundations Division, ASCE, v. 85, n. SM2, p. 1-17.596 pp.

HANDY, R.L. (1995). *The Day the House Fell: Homeowner Soil Problems–From Landslides to Expansive Clays and Wet Basements*, ASCE Press, Reston, VA, 230 p.

HATHEWAY, A.W. (2000). 'Clays'; Never Use the Term by Itself," *AEG News*, Vol. 43, No. 2, pp. 13–26.

HEIM, G.E. (1990). "Knowledge of the Origin of Soil Deposits Is of Primary Importance to Understanding the Nature of the Deposit," *Bulletin of the Association of Engineering Geologists*, Vol. XXVII, No. 1, pp. 109–112.

HENRY, V.J., DEAN, R.G., AND OLSEN, E.J. (1987). *Coastal Engineering: Processes, Practices and Impacts*, Symposium Series, No. 3, Association of Engineering Geologists, pp. 1–58.

HJULSTRÖM, F. (1935) Studies of morphological activity of rivers as illustrated by the river Fyris. *Bulletin of the Geological University of Uppsala*. V. 25, p. 221-527.

HOECK, E.; BROWN, E. T. (1997) Practical estimates of rock mass strength.*International Journal of Rock Mechanics Mining Science*, v. 34, p. 1165-1186.

HOLTZ, R.D. (1991). "Pressure Distribution and Settlement," Chapter 5, *Foundation Engineering Handbook*, 2nd ed., H.Y. Fang (Ed.), Van Nostrand Reinhold, New York.

HOLTZ, R. D. E SCHUSTER, R. L. (1996) Stabilization of Soil Slopes. In: Landslides investigations and mitigation, Turner, A. K. and Schuster, R. L. (eds.), Chapter 17, p. 439-573..

HOLZER, T.L. (1991). "Nontectonic Subsidence," Chapter 10 in *The Heritage of Engineering Geology: The First Hundred Years*, G.A. Kiersch (Ed.), Centennial Special Vol. 3, Geological Society of America, pp. 219–232.

HOUGH, B.K. (1969). *Basic Soils Engineering*, 2nd ed., The Ronald Press Company, New York, 634 p.

HUNT, R.E. (2005). *Geotechnical Engineering Investigation Manual*, 2nd ed., McGraw-Hill, New York.

INTERNATIONAL SOCIETY FOR ROCK MECHANICS (1981). "Suggested Methods for the Quantitative Description of Discontinuities in Rock Masses," in *Rock Characterisation and Testing and Monitoring–ISRM Suggested Methods*, E.T. Brown (Ed.), Pergamon Press, 215 p.

JAMES, A.N. (1992). *Soluble Materials in Civil Engineering*, Ellis Horwood, 434 p.

JENNINGS, J. E. B..; BRINK, A. B. A. (1978) Problems of Soils in South Africa – State of Art: structure to the soil which provides its support. *Proceedings of the Geoterminology Workshop*. Natal: ABA Print & RMH Bruin, 47 pp.

KIERSCH, G.A. AND JAMES, L.B. (1991). *The Heritage of Engineering Geology: The First Hundred Years*, G.A. Kiersch (Ed.) (1991), Centennial Special Vol. 3, Geological Society of America, 605 p.

KIRKALDIE, L. (1988) *Rock Classification Systems for engineering purposes*. Philadelphia, ASTM, STP984.

KRAMER, S. L. (1996) Geotechnical Earthquauquer Engineering. Upper Saddle River: Prentice-Hall, 651 pp.

KRYNINE, D. P.; JUDD, W. R. *Principles of Emgineering Geology and geotechnichs*. New York: McGraw-Hill, 730 pp.

LAMBE, T.W. (1953). "The Structure of Inorganic Soil," *Proceedings of the ASCE*, Vol. 79, Separate No. 315, 49 p.

LAMBE, T. W. (1958) The Structure of Compacted Clay. *Journal of the Soil Mechanics and Foundations Division*, ASCE, v. 84, n. SM2, p. 1-35.

LAMBERT, D. AND THE DIAGRAM GROUP (1988). *The Field Guide to Geology*, Facts On File, Inc., New York, 256 p.

LAMBRECHTS, J.R.; LEONARDS, G. A. (1978) Effects of stress history of deformation os sand. *Journal of the Geotechnical Engineering Division*. v. 70, n. 11, p. 1371-1387.

LEONARDS, G.A., ALARCON, A., FROST, J.D., MOHAMEDZEIN, Y.E., SANTAMARINA, J.C., THEVANAYAGAM, S., TOMAZ, J.E., AND TYREE, J.L. (1986). Discussion of "Dynamic Penetration Resistance and the

Prediction of the Compressibility of a Fine-Grained Sand–A Laboratory Study," by C.R.I. Clayton, M.B. Hababa, and N.E. Simons, *Géotechnique*, Vol. XXXVI, No. 2, pp. 275–279.

LEONARDS, G.A. (ED.) (1962). *Foundation Engineering*, McGraw-Hill, New York, 1136 p.

LEONARDS, G.A. (1976). "Estimating Consolidation Settlements of Shallow Foundations on Overconsolidated Clays," Special Report 163, Transportation Research Board.

LITTLE, A.L. (1969). "The Engineering Classification of Residual Tropical Soils," *Proceedings of the Specialty Session on the Engineering Properties of Lateritic Soils*, Vol. 1, Seventh International Conference on Soil Mechanics and Foundation Engineering, Mexico City, pp. 1–10.

LOBECK, A. K. (1939) *Geomorphology: An Introduction to the Study of Landscapes*, McGraw-Hill Book Company, New York, 731 p.

LYONS ASSOCIATES (1971). *Laterite and Lateritic Soils and other Problem Soils of Africa*, An Engineering Study for the Agency for International Development, Lyon Associates Inc., Baltimore, MD, and Building and Road Research Institute, Kumasi, Ghana, 290 p.

MARINOS, P. AND HOEK, E. (2000). "GSI–A Geologically Friendly Tool for Rock Mass Strength Estimation," *Proceedings of the GeoEngineering 2000 Conference*, Melbourne, Australia, pp. 1422–1442.

MARINOS, P. AND HOEK, E. (2001). "Estimating the Geotechnical Properties of Heterogeneous Rock Masses Such as Flysch," *Bulletin of the Engineering Geology and the Environment (IAEG)*, Vol. 60, pp. 85–92.

MARINOS, P. AND HOEK, E. (2004). "Discussion of Rock Mass Characterization," presented at the Forty--Seventh Annual Meeting, Association of Engineering Geologists, Dearborn, MI (abstract).

MCGARR, A.; BARBOUR, A. J. (2018) Injection-induced moment release can also be aseismic. *Geophysical Research Letters*, https://doi.org/10.1029/2018GL078422

MITCHEL, J. K.; SOGA, K. (2005) *Fundamentals of Soil Behavior*. New York: John Wiley & Sons, 577 pp.

NEW YORK TIMES (2020). "The Army Bombed a Hawaiian Lava Flow. It Didn't Work," byline: Robin George Andrews, https://www.nytimes.com/2020/03/12/science/volcano-bomb-hawaii.html

NICHOLS, T.C. AND COLLINS, D.S. (1991). "Rebound, Relaxation, and Uplift," Chapter 13 in *The Heritage of Engineering Geology: The First Hundred Years*, G.A. Kiersch (Ed.), Centennial Special Vol. 3, Geological Society of America, pp. 265–276.

PÉWÉ, T.L. (1991). "Permafrost," Chapter 14 in *The Heritage of Engineering Geology: The First Hundred Years*, G.A. Kiersch (Ed.), Centennial Special Vol. 3, Geological Society of America, pp. 277–298.

PUSCH, R. (1973). General Report on "Physico-Chemical Processes which Affect Soil Structure and Vice Versa," *Proceedings of the International Symposium on Soil Structure*, Gothenburg, Sweden, Appendix p. 33.

SABATINI, P. J.; BACHUS, R. C.; MAYNE, P. W. SCHNEIDER, T. E.; ZETTLER, T. E. (2002). Evaluation of soil and rock properties, *Geotechnical Engineering Circular* No. 5, 385 p.

SAMTANI, N.C. AND NOWATSKI, E.A. (2006). Soils and Foundations Workshop Reference Manual, NHI Course No. 132012, Federal Highway Administration, Publication No. FHWA-NHI-06-088, 944 p.

SCHUSTER, R.L. AND MULLINEAUX, D.R. (1991). "Volcanic Activity," Chapter 11 in *The Heritage of Engineering Geology: The First Hundred Years*, G.A. Kiersch (Ed.), Geological Society of America, Boulder, CO, Vol. 3, pp. 233–250.

SHARP, M. (1960). *Glaciers*, Condon Lectures, Oregon State System of Higher Education, Eugene, 78 p.

SOWERS, G.F. (1992). "Natural Landslides," in *Stability and Performance of Slopes and Embankments-II, Proceedings of a Specialty Conference*, R.B. Seed and R.W. Boulanger (Eds.), Geotechnical Special Publication No. 31, ASCE, pp. 804–833.

SOWERS, G. F. (1996) *Building on Shinkoles Design and contruction of Foundations in karst terrain*. New York: ASCE Press, 202 pp.

SOWERS, G. F.; RICHARDSON, T. L. (1983) "Residual Soils of the Piedmont and Blue Ridge," *TRR 919*, National Academy Press, Washington, D.C., pp. 10–16.

TAN, T.K. (1957). "Structure Mechanics of Clays," *Academia Sinica*, Soil Mechanics Laboratory, Institute of Civil Engineering and Architecture, Harbin, China, pp. 1–17.

TERZAGUI, K. (1925a) *Erdbaumechnik auf Bodenphysikalischer Grundlage*. Franz Deuticke, Leipzig and Wien, 399 pp.

TERZAGUI, K. (1925b). "Modern Conceptions Concerning Foundation Engineering," *Journal of the Boston Society of Civil Engineers*, Vol. 12, No. 10; also published in Contributions to Soil Mechanics 1925–1940, BSCE, pp. 1–43.

THORNBURY, W. D. (1954) *Principles of Geomorphology*. New York: John Wiley & Sons, 618 pp.

THORNBURY, W. D. (1969). *Principles of Geomorphology*, 2nd ed., Wiley, New York, 594 p.

TURNER, A. K. E SCHUSTER, R. L. Landslides: investigation and mitigaton. Special Report n. 247, *Transportation Research Board*, The National Academy Press, Washington, D. C.

U.S. DEPARTMENT OF THE INTERIOR (1994). *Permafrost, the Active Layer, and Climate Change*, Report 94-694, A.H. Lachenbruch, 43 pp.

U.S. Department of the Interior (1998). *Earth Manual*, Part 2, 3rd ed., Materials Engineering Branch, 1270 p.

Van Olphen, H. (1991). *An Introduction to Clay Colloid Chemistry: For Clay Technologists, Geologists, and Soil Scientists*, 2nd ed., Krieger Publ. Co., Malabar, FL, 318 p.

Von Bandat, H.F. (1962). *Aerogeology*, Gulf Publishing Company, Houston, TX, 350 p.

Warschaw, C. M.; Roy, R. Classification and a scheme for the Identification of Layer silicates. *GSA Bulletin*, v.72, n. 10, p. 1455-1492.

Wesley, L. D.; Irfan, T. Y. (1997) *Mechanical of residual soils – Chaper 2: Classification of Residual Soils*. Rotherdam: BALKEMA.

West, T.R. (1995). *Geology Applied to Engineering*, Prentice-Hall, Englewood Cliffs, NJ, 560 p.

Wilkinson, B. H. (2005) Humans as geologic agents: A deep-time perspective. *Geology*. v. 33, n.3, p. 161-164.

Williamson, D. A.; Kuhn, R. C. (1988) *The Unified Rock Classification System*. West Conshohocken: ASTM INTERNATIONAL, 10 pp.

Wyllie, D.C. (1996). "Stabilization of Rock Slopes," Chapter 18 in *Landslides: Investigation and Mitigation*, Special Report 247, Transportation Research Board, National Academy Press, Washington, pp. 474–504.

Wyllie, D. C. (1999) *Foundations on Rocks*. London: CRC Press, 432 pp.

Yong, R.N. and Warkentin, B.P. (1975). *Soil Properties and Behaviour*, Elsevier, New York, 449 p.

Yong, R.N. and Sheeran, D.E. (1973). "Fabric Unit Interaction and Soil Behaviour," *Proceedings of the International Symposium on Soil Structure*, Gothenburg, Sweden, pp. 176–183.

Zipczeck, Z.Z. (1956). "Soknak csak szemét, ami nekünk Kenyér meg vaj," ("Some People Call It Dirt, We Call it Bread & Butter"), *Proceedings of the Hungarian Academy of Sciences*, Vol. 104, pp. 47–65 (in Hungarian).

LEITURAS RECOMENDADAS

Atencio, D, (2023) *Type-minerals of Brazil – a book in progress*. São Paulo: SOLARIS, 384 pp.

Back, M. (2018) *Fleischer's Guide of Mineral Species*. Tucson: The Mineralogical Record, 410 pp.

Chang, L. L. Y. (2002) *Industrial Mineralogy – materials, process and uses*. Upple Saddle River: Prentice Hall, 472 pp.

Deer, W. A.; Howie, R. A.; Zussman, J. (1982) *Rock forming minerals: disilicates and silicates, and ring silicates*. London: Longmans, Green and Co., 558 pp.

Fettes, D.; Desmons, J. (2014) Rochas Metamórficas – classificacão e glossário. São Paulo: Oficina de Textos, 334 pp.

Gehling, W. Y. Y. *Estudo dos solos residuais do Planalto Meridional do Rio Grande do Sul*. (1982), Dissertação (Mestrado em Engenharia Civil), Escola de Engenharia, Universidade Federal do Rio Grande do Sul, UFRGS – 161 pp.

Gill, R. (2010) *Rochas e processos ígneos – um guia prático*. Porto Alegre: Bookman, 414 pp.

Neves, P. C. P. das; Atenco, D. (2025) Enciclopédia dos Minerais do Brasil – Nesossilicatos. São Paulo: SOLARIS (no prelo).

Neves, P. C. P. das; Schenato, F.; Bachi, F. A. *Introdução à Mineralogia Prática*. Canoas: ULBRA, 360 pp.

Nickel, E, H.; Grice, J. D. (1998) The IMA Comission on New Minerals Names and guidelines on mineral nomenclature. *The American Mineralogist*, v. 72, 1031-1042.

Pettijhon, F. J. (1975). *Sedimentary rocks*. New York: International, 628 pp.

Pozzebon, B. H. *Parâmetros de solos residuais compactados da região metropolitan de São Paulo comparação com dados de outras regiões do Brasil*. (2017), Dissertação (Mestrado em Ciências), Escola Politécnica da Universidade de São Paulo, USP – 284 pp.

Santos, A. R. dos (2008). *Diálogos geológicos – é preciso converser mais com a Terra*. São Paulo: O Nome da Rosa: ABGE, 184 pp.

Santos, A. R. dos (2009). *Geologia de Engenharia – conceitos, métodos e práticas*. São Paulo: O Nome da Rosa: ABGE, 205 pp.

Wicander, R.; Monroe, J. S. *Geologia*. São Paulo: Cengage Learning, 449 pp.

Wyllie, D. C.; Norrish, N. (1996) Rock strength properties and their measurements. In: *Landslides: investigation and mitigation*. Special Report n. 247, Transportation Research Board, National Research Conseil, Washington, D. C., p. 372-425.

CAPÍTULO 4
Compactação e estabilização de solos

4.1 INTRODUÇÃO

Com frequência na prática de engenharia civil, os solos em uma determinada área não são ideais para a construção pretendida. Eles podem ser fracos, altamente compressíveis ou apresentar uma condutividade hidráulica mais alta do que o desejável do ponto de vista técnico ou econômico. Nesses casos, poderia parecer razoável simplesmente realocar a estrutura ou instalação. Contudo, outros fatores além dos geotécnicos costumam determinar a localização de uma estrutura, exigindo que o engenheiro civil projete de acordo com o espaço disponível. Uma possibilidade é adaptar as fundações da estrutura às condições geotécnicas da área, com frequência contornando os solos inadequados e suportando cargas por meio de depósitos de solo ou rocha mais profundos. Outra possibilidade é tentar **estabilizar** ou melhorar as propriedades técnicas dos solos no local. A definição de qual abordagem proporciona a solução mais econômica dependerá das circunstâncias específicas do projeto.

Os métodos de estabilização em geral são **mecânicos** ou **químicos**, no entanto, até as estabilizações térmica e elétrica são ocasionalmente usadas ou consideradas. Neste capítulo, abordaremos em mais detalhes a estabilização mecânica, ou densificação, também chamada de **compactação**. A estabilização química inclui a injeção ou mistura no solo de substâncias químicas como cimento Portland, cal, asfalto ou cloreto de cálcio. A estabilização química do solo geralmente é objeto de estudo em cursos avançados de engenharia de pavimentos rodoviários e de aeródromos e em cursos de pós-graduação de engenharia geotécnica.

A compactação e a estabilização são especialmente importantes quando o solo é usado como material de engenharia; ou seja, a própria estrutura é feita de solo. Exemplos de **estruturas de terra** incluem aterros e preenchimentos de rodovias e ferrovias, barragens de terra e diques ao longo de rios. Se solos ou rochas forem despejados de forma solta ou colocados de forma aleatória em um aterro, o aterro resultante terá pouca estabilidade e provavelmente apresentará recalques grandes e indesejáveis. De fato, antes dos anos 1920, os aterros eram, em geral, construídos despejando-se solos de vagões ou caminhões. Havia muito pouco esforço para compactar ou densificar os solos e as rochas, e rupturas mesmo em aterros moderadamente altos eram comuns. Naturalmente, obras de terraplenagem como diques e barragens de desvio foram construídas por milhares de anos. Contudo, essas estruturas, por exemplo, na antiga China ou Índia, foram montadas por pessoas carregando pequenos cestos de terra e despejando-os no aterro. As pessoas costumavam caminhar sobre os materiais despejados para compactar e, assim, densificar os solos. Em alguns países, até elefantes foram usados para compactar solos, mas algumas pesquisas mostraram que eles não são muito bons nisso (Meehan, 1967).

4.2 COMPACTAÇÃO E DENSIFICAÇÃO

A **compactação** é a densificação de solos e rochas pela aplicação de energia mecânica. Também pode envolver uma modificação do teor de umidade, bem como da graduação do solo. Solos granulares são compactados de forma mais eficiente por vibração. No campo, placas vibratórias operadas manualmente e rolos vibratórios motorizados de vários tamanhos são muito eficazes na compactação de solos de areia e cascalho. Equipamentos pneumáticos também podem ser usados para densificar areias. Até mesmo grandes pesos em queda livre foram usados para compactar dinamicamente depósitos e preenchimentos granulares soltos. Essas técnicas são descritas mais adiante neste capítulo (Seção 4.5).

Solos de grãos finos podem ser compactados em laboratório por pesos em queda e martelos e por compactadores especiais de "amassamento", e podem até ser comprimidos estaticamente em uma prensa ou máquina de carga de laboratório. No campo, esses processos são conduzidos por apiloadores manuais, rolos de "pé de carneiro", rolos pneumáticos e outros tipos de equipamentos de compactação motorizados (Seção 4.6). Assim, como nos casos mencionados anteriormente envolvendo pessoas e elefantes, ainda confiamos na rotação adequada do equipamento de transporte sobre o aterro durante a construção para garantir a aplicação de energia de compactação de forma repetitiva.

O objetivo geral da compactação é a melhoria das propriedades técnicas da massa de solo. Especificamente, pela compactação:

- Recalques prejudiciais podem ser reduzidos ou prevenidos.
- A resistência do solo pode ser elevada, e a estabilidade do talude aprimorada.
- A capacidade de suporte de sub-bases de pavimento pode ser aumentada.
- A condutividade hidráulica pode ser reduzida.
- Mudanças de volume indesejáveis causadas, por exemplo, por ação do gelo, expansão e contração de solos finos podem ser controladas.

4.3 TEORIA DA COMPACTAÇÃO

A nossa compreensão dos fundamentos da compactação de solos é relativamente nova. O engenheiro civil norte-americano Ralph Roscoe Proctor (1894-1962), no início da década de 1930, estava construindo barragens para o antigo Departamento de Águas e Abastecimento da cidade de Los Angeles, na Califórnia (EUA), e desenvolveu os princípios da compactação em uma série de artigos na *Engineering News-Record* (Proctor, 1933). Em sua homenagem, o ensaio laboratorial padrão de compactação desenvolvido por ele é comumente chamado de ensaio de **Proctor**.

Proctor observou que a compactação é uma função de quatro variáveis: (1) densidade seca ρ_d; (2) teor de umidade w; (3) esforço de compactação; (4) tipo de solo (graduação, presença de argilominerais etc.). A densidade seca e o teor de umidade você já revisou no Capítulo 2. Elas são determinadas em laboratório e em campo conforme necessário.

O **esforço de compactação** é uma medida da energia mecânica aplicada a uma massa de solo. Ele apresenta unidades de energia por unidade de volume, ou $N\text{-}m/m^3$ (*Obs.:* 1 N-m) = 1 Joule). Em unidades inglesas de engenharia, o esforço de compactação é expresso em $ft\text{-}lbf/ft^3$. No campo, o esforço de compactação é o número de passagens ou "coberturas" do rolo de determinados tipo e peso em determinado volume de solo. Em laboratório, geralmente são empregadas as compactações **estática**, **vibratória**, de **impacto** (ou **dinâmica**) ou de **amassamento**. Durante a compactação de **impacto**, a abordagem mais comum em laboratório, um malho de aço é solto várias vezes em um espécime de solo em um molde (Figura 4.1).

São especificados a massa do malho, a altura da queda, o número de quedas por camada, o número de camadas de solo e o volume do molde; em consequência, o esforço de compactação é facilmente calculado, como mostrado no Exemplo 4.1. Primeiro, é importante saber que normalmente adota-se dois ensaios laboratoriais padrão de compactação: o ensaio **normal** de Proctor (mostrado na Figura 4.1) e o ensaio **modificado** de Proctor. As especificações da **ASTM** para cada ensaio são fornecidas na Tabela 4.1. Durante a II Guerra Mundial, o ensaio modificado foi elaborado pelo U.S. Army Corps of Engineers para melhor refletir a compactação exigida em pistas de pouso, a fim de suportar o peso de aeronaves de grande porte.

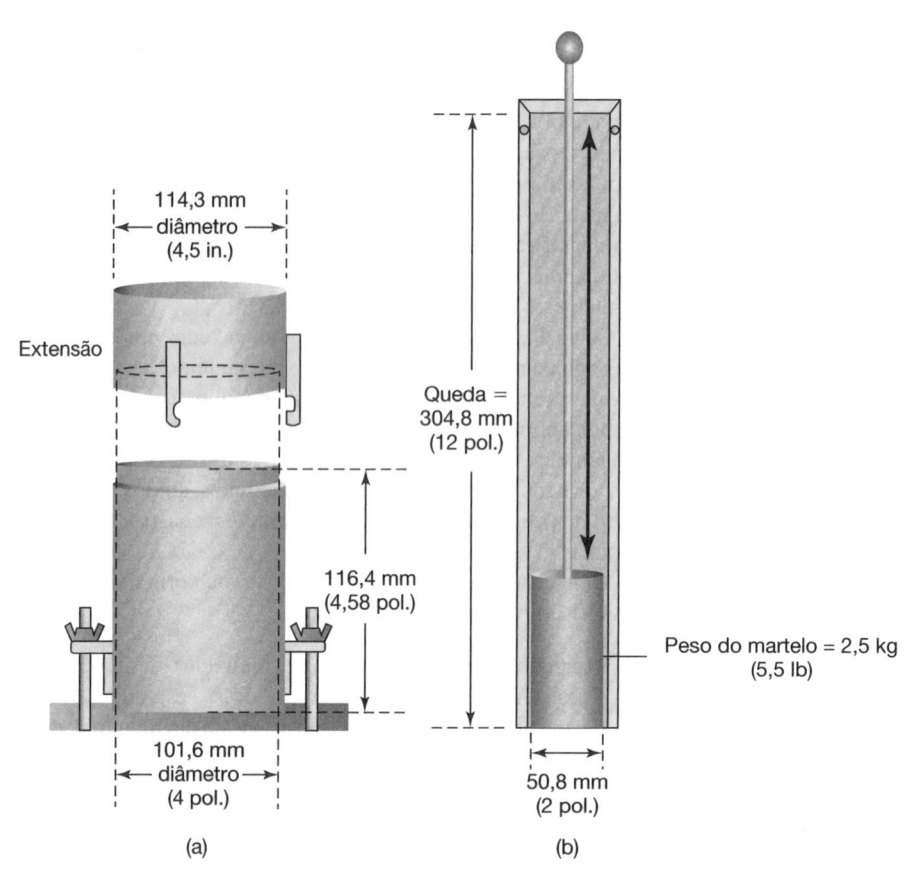

FIGURA 4.1 Equipamento para ensaio de compactação de impacto conhecido como ensaio normal de Proctor: molde de solo (a); martelo de queda de impacto (b) (adaptada de Salahudeen et al., 2018).

Conforme indicado na Tabela 4.1, os ensaios normais e modificados diferem apenas em termos de peso do malho, altura da queda e número de camadas de solo colocadas no molde. Os métodos A, B e C dependem apenas da graduação dos solos a serem compactados. A **AASHTO** também estabelece dois ensaios de compactação padrão, **Designação T 99** e **T 180**, que são muito semelhantes aos dois ensaios de compactação **ASTM, D 698** e **D 1557**, para esforço normal e modificado, respectivamente. Em vez de três métodos (A, B e C), a **AASHTO** estabeleceu quatro métodos (A, B, C e D) para diferentes tamanhos de molde e tamanho máximo de partícula da amostra de solo. Consulte as normas **AASHTO T99** e **T180** para obter detalhes. Existe também um método conhecido como **compactação de amassamento** usado para solos de grãos finos que emprega o chamado compactador miniatura de Harvard (Wilson, 1950). Um bastão com mola é usado para compactar o solo em um molde muito menor (altura de 2,8 pol., diâmetro de 1,3 pol.) do que o dos ensaios normal e modificado de Proctor. Esse método destina-se a simular pressões de compactação mais altas usadas para compactar solos de grãos finos em campo empregando o que é conhecido como **rolo pé de carneiro** (ver Seção 4.6).

A norma **ASTM D 4718** fornece detalhes sobre o cálculo de densidades e teores de umidade de solos que contenham partículas *oversize*, quando se dispõe dos dados relativos à fração de solo após a remoção dessas partículas. Ocasionalmente, isso é chamado de fator de **correção de rocha**. A prática é válida para solos com até 40% de material retidos na peneira nº 4, e pode ser aplicável a solos com até 30% de material retidos na peneira de 19 mm.

TABELA 4.1 Especificações dos dois ensaios laboratoriais de compactação de Proctor

Ensaio	Esforço normal (método de ensaio ASTM D 698)			Esforço modificado (método de ensaio ASTM D 1557)		
Método	A	B	C	A	B	C
Peso do malho	5,5 lbf (24,4 N)	5,5 lbf (24,4 N)	5,5 lbf (24,4 N)	10 lbf (44,5 N)	10 lbf (44,5 N)	10 lbf (44,5 N)
Altura da queda	12 pol. (305 mm)	12 pol. (305 mm)	12 pol. (305 mm)	18 pol. (457 mm)	18 pol. (457 mm)	18 pol. (457 mm)
Diâmetro do molde	4 pol. (102 mm)	4 pol. (102 mm)	6 pol. (152 mm)	4 pol. (102 mm)	4 pol. (102 mm)	6 pol. (152 mm)
Volume do molde	0,0333 pé^3 (944 cm^3)	0,0333 pé^3 (944 cm^3)	0,075 pé^3 (2124 cm^3)	0,0333 pé^3 (944 cm^3)	0,0333 pé^3 (944 cm^3)	0,075 pé^3 (2124 cm^3)
Material	Passa pela peneira nº 4 (4,75 mm)	Pasa pela peneira de 3/8 pol. (9,5 mm)	Pasa pela peneira de 3/4 pol. (19 mm)	Passa pela peneira nº 4 (4,75 mm)	Pasa pela peneira de 3/8 pol (9,5 mm)	Pasa pela peneira de 3/4 pol. (19 mm)
Camadas	3	3	3	5	5	5
Golpes por camada	25	25	56	25	25	56
Esforço de compactação	12.400 pés-lbf/pés^3 (600 kN-m/m^3)	12.400 pés-lbf/pés^3 (600 kN-m/m^3)	12.400 pés-lbf/pés^3 (600 kN-m/m^3)	56.000 pés-lbf/pés^3 (2.700 kN-m/m^3)	56.000 pés-lbf/pés^3 (2.700 kN-m/m^3)	56.000 pés-lbf/pés^3 (2.700 kN-m/m^3)
Uso	25% em peso retido na peneira nº 4	25% em peso retido na peneira de 9,5 mm	< 30% em peso retido em peneira de 19 mm	25% em peso retido na peneira nº 4	25% em peso retido na peneira de 9,5 mm	< 30% em peso retido em peneira de 19 mm

Adaptada da **ASTM**.

Exemplo 4.1

Contexto:

Especificações do ensaio modificado de Proctor (ver a Tabela 4.1).

Problema:

Calcule o esforço de compactação em unidades SI e inglesas de engenharia. Faça isso para o molde de diâmetro de 102 mm.

Solução:

Como o diâmetro do molde é 102 mm, significa que o método é o A ou o B.

a. Unidades SI:

A partir da Tabela 4.1, sabemos que o peso do malho é de 44,5 N (a massa do malho é de 4,54 kg × 9,81 m/s^2 = 44,5 N), e a altura da queda do malho é de 457 mm. O solo é colocado em cinco camadas, e cada uma é apiloada 25 vezes. O volume do molde de diâmetro de 102 mm é 944 cm^3. Portanto, o esforço de compactação é

$$\frac{(44,5 \text{ N})(457 \text{ mm})(5 \text{ camadas})(25 \text{ golpes/camada})}{944 \text{ cm}^3} = 2.963 \text{ kN-m/m}^3$$

ou, conforme arredondado pela **ASTM**, 2.700 kN-m/m^3. Este valor é, naturalmente, equivalente a 2.700 kJ/m^3.

b. Unidades inglesas de engenharia:

$$\text{esforços de compactação} = \frac{10 \text{ lbf } (1,5 \text{ pés}) \ (5)(25)}{0,0333 \text{ pés}^3} = 56.250 \text{ pés-lbf/pés}^3$$

ou, conforme arredondado pela **ASTM**, 56.000 pés-lbf/pés³.

Para outros tipos de compactação, o cálculo do esforço de compactação não é tão simples. Na compactação por amassamento, por exemplo, o apiloador aplica uma pressão dada por uma fração de segundo. A ação de amassamento supostamente simula a compactação produzida por um rolo "pé de carneiro" e outros tipos de equipamentos de compactação de campo. Na **compactação estática**, o solo é simplesmente pressionado em um molde sob uma tensão estática constante em uma máquina de ensaio laboratorial.

4.3.1 Processo de compactação

O processo de compactação dos solos pode ser mais bem compreendido ao observarmos o ensaio laboratorial de compactação comum, ou ensaio de Proctor. Vários espécimes da mesma amostra de solo são preparados com diferentes teores de umidade. Em seguida, cada espécime é compactado de acordo com as especificações do ensaio de compactação de Proctor fornecidas na Tabela 4.1. Em geral, são medidos a densidade total ou úmida e o teor de umidade real de cada espécime compactado. A densidade seca para cada amostra pode então ser calculada a partir das relações de fase que desenvolvemos no Capítulo 2. Usamos a densidade seca como nossa medida de compactação, pois ela representa a massa ou o peso das partículas sólidas por volume, indicando o quão densamente o solo está empacotado. A densidade úmida, ou o peso específico, pode ser enganosa nesse sentido, já que o teor de umidade irá variar entre os espécimes, e essa massa ou peso da água, embora contribua para a densidade ou peso específico geral, não é indicativa do empacotamento das partículas (apenas a quantidade de água existente nos espaços porosos).

$$\rho = \frac{M_t}{V_t} \quad (2.6a)$$

$$\rho_d = \frac{\rho}{1 + w} \quad (2.14)$$

Quando as densidades secas de cada espécime são determinadas e traçadas em relação aos seus respectivos teores de umidade, obtém-se uma curva chamada **curva de compactação** para o esforço de compactação de Proctor específico. Por exemplo, na Figura 4.2, a curva A mostra os resultados de um ensaio normal de Proctor conduzido com uma amostra de *till* de Indiana, Estados Unidos. Cada ponto de dados na curva representa um único ensaio de compactação, e geralmente são necessários pelo menos quatro ou cinco ensaios de compactação individuais para determinar completamente a curva de compactação. Essa curva é única para determinados tipo de solo, método de compactação e esforço de compactação (constante). O ponto de pico da curva de compactação é um ponto importante. O teor de umidade correspondente à densidade seca máxima é conhecido como **teor de umidade ótimo** (w_{opt}). Observe que a densidade seca máxima representa apenas um valor máximo para um esforço de compactação e um método de compactação específicos. Isso não reflete necessariamente a densidade seca máxima que pode ser obtida em laboratório ou em campo.

A curva B na Figura 4.2 é a curva de compactação obtida pelo ensaio de compactação modificado de Proctor com o mesmo solo de *till*. Lembre-se da Tabela 4.1 que esse ensaio utiliza um martelo mais pesado (4,5 kg ou 10 lb), uma altura de queda maior (457 mm ou 18 pol.) e cinco camadas apiloadas 25 vezes em um molde de Proctor de 102 mm (4 pol.) ou 152 mm (6 pol.) de diâmetro. Observe que intensificar o esforço de compactação eleva a densidade seca máxima, como esperado (já que mais energia aplicada aumentará a densidade de empacotamento de partículas), mas essa densidade aumentada requer menos teor de umidade. Esta é uma observação importante que usaremos posteriormente neste capítulo.

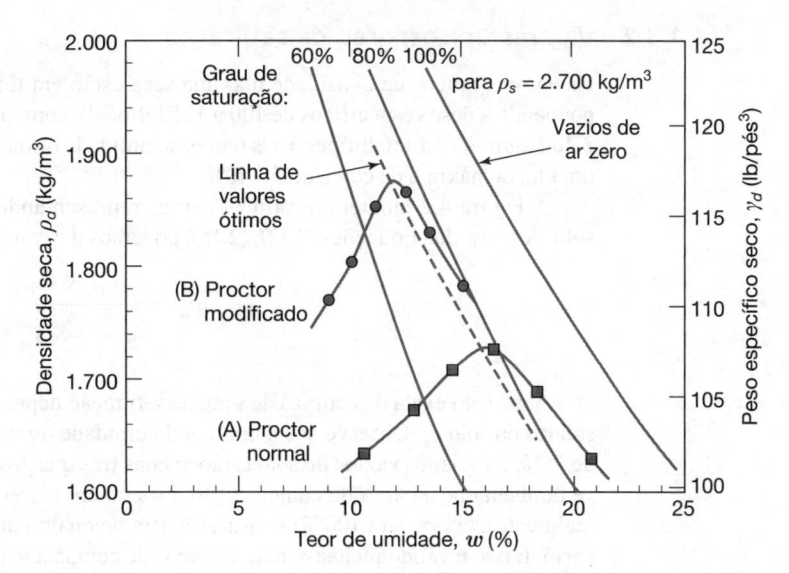

FIGURA 4.2 Curvas de compactação de Proctor normal e modificada para o solo de *till* de Crosby B.

Por que obtemos curvas de compactação como as mostradas na Figura 4.2? Começando com um baixo teor de umidade, à medida que o teor de umidade aumenta, películas de água cada vez maiores se desenvolvem ao redor das partículas de solo. Esse processo tende a "lubrificar" as partículas e torna mais fácil movê-las e reorientá-las para uma configuração mais densa. No entanto, eventualmente chegamos a um teor de umidade em que a densidade não aumenta mais. Neste ponto, a água começa a substituir as partículas de solo no molde, e como $\rho_w \ll \rho_s$ a curva de densidade seca começa a cair, como mostrado na Figura 4.3.

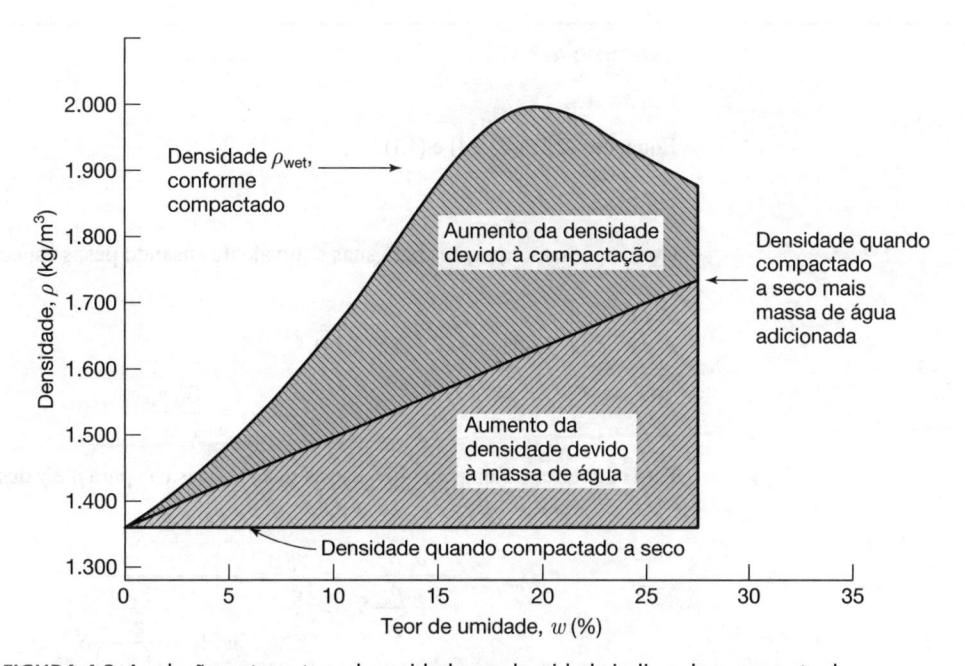

FIGURA 4.3 A relação entre o teor de umidade e a densidade indicando o aumento da densidade resultante da adição de água e aquela devido ao esforço de compactação aplicado. O solo é uma argila siltosa, LL = 37, *PI* = 14, compactação normal de Proctor (adaptada de Johnson e Sallberg, 1960).

4.3.2 Valores típicos; grau de saturação

Os valores típicos de densidade máxima seca estão em torno de 1.600 a 2.000 kg/m³ (correspondendo a pesos específicos de 100 a 125 lbf/pés³), com uma faixa máxima de cerca de 1.300 a 2.400 kg/m³ (80 a 150 lbf/pés³). Os teores de umidade ótimos típicos variam entre 10 e 20%, com uma faixa máxima de cerca de 5 a 40%.

A Figura 4.2 também mostra as curvas representando diferentes **graus de saturação do solo**. A partir das Equações (2.12); (2.15), podemos derivar a equação para essas curvas teóricas.

$$\rho_d = \frac{\rho_w S}{w + \frac{\rho_w}{\rho_s} S} \quad (4.1)$$

A posição exata das curvas de grau de saturação depende apenas do valor da densidade dos sólidos do solo ρ_s. Observe que a um teor de umidade ótimo para o solo na Figura 4.2, S é cerca de 75%, ou seja, os vazios do solo estão apenas três quartos preenchidos com água w_{opt}. Observe também que a curva de compactação, mesmo em teores de umidade elevados, nunca atinge realmente a curva para 100% de saturação (tradicionalmente chamada de curva de **vazios de ar zero**). E isso é válido inclusive para esforços de compactação mais elevados, por exemplo, a curva B na Figura 4.2. Mesmo ao continuar adicionando água à amostra, ela nunca ficará completamente saturada, devido à presença de ar retido durante a aplicação de energia de compactação ao solo.

A **linha dos valores ótimos** (na verdade, uma curva na maioria dos casos) também é mostrada na Figura 4.2. Este é o lugar geométrico dos pontos de **pico** das curvas de compactação determinadas com diferentes esforços de compactação, mas no mesmo solo. A linha dos valores ótimos será quase equidistante da curva de S a 100% em seu comprimento.

Muitas vezes, na prática geotécnica, as propriedades de compactação são fornecidas em termos de pesos específicos em vez de densidades. Na verdade, ambos os termos podem ser usados indistintamente, sobretudo em discussões sobre compactação e ensaios de campo. Por exemplo, usando a Equação (2.6b), a Equação (2.14) se torna $\gamma_d = \gamma/(1 + w)$.

Exemplo 4.2

Contexto:

Equações (2.12), (2.24) e (4.1).

Problema:

Converta essas equações para suas equivalentes usando pesos específicos.

Solução:
A partir das Equações (2.12) e (2.24),

$$\gamma_d = \frac{G_s \gamma_w}{1 + e}$$

Para converter a Equação (4.1), use as relações básicas para ρ e γ desenvolvidas na Seção 2.2.1,

$$\rho_d = \frac{\rho_w S}{w + \frac{\rho_w}{\rho_s} S} = \frac{\gamma_d}{g} = \frac{\frac{\gamma_w}{g} S}{w + \frac{g}{G_s \left(\frac{\gamma_w}{g}\right)} S} = \gamma_d = \frac{\gamma_w S}{w + \frac{S}{G_s}} \quad (4.2)$$

Se $S = 100\%$, a Equação (4.2) torna-se

$$\gamma_d = \frac{\gamma_w G_s}{w_{sat} G_s + 1} \tag{4.3}$$

As Equações (4.2) e (4.3) podem ser facilmente rearranjadas para fornecer relações úteis para w_{sat} como função de γ_d, γ_w, G_s e S.

4.3.3 Efeito do tipo de solo e método de compactação

Curvas de compactação típicas para diferentes tipos de solo são ilustradas na Figura 4.4. Observe como uma areia bem graduada com silte (Solo SW-SM, nº 1) apresenta uma densidade seca mais alta do que uma areia mais uniforme (SP, nº 8). Para solos argilosos, a densidade máxima seca tende a diminuir à medida que a plasticidade aumenta.

Revise a Tabela 4.1 e observe as limitações em termos de tamanhos de partículas para o uso dos ensaios de compactação de Proctor (última linha da tabela). O que você faz se o percentual de material grosso ou "*oversize*" for maior que 30%? Uma possibilidade é usar o procedimento de ensaio de compactação desenvolvido pela U.S. Bureau of Reclamation, método **USBR 5515**, que

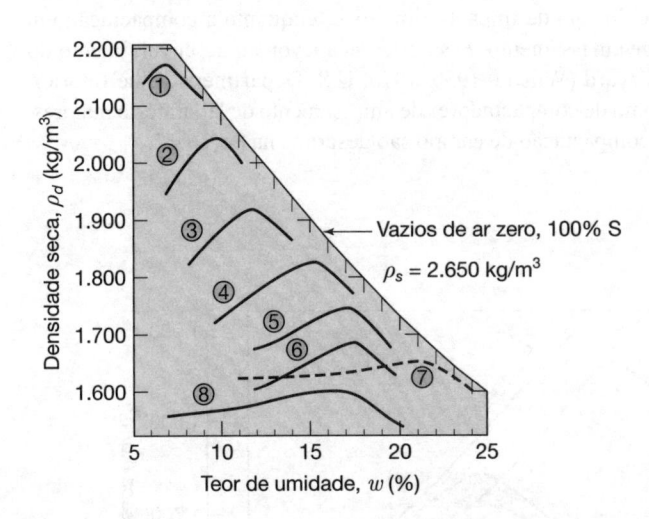

FIGURA 4.4 Relações entre teor de umidade e densidade seca para oito solos compactados de acordo com o método normal de Proctor (adaptada de Johnson e Sallberd, 1960).

Solo nº	Descrição e símbolo USCS	Areia	Silte	Argila	LL	PI
1	Areia bem-graduada com silte, SW-SM	88	10	2	16	NP
2	Silte bem-graduado, SM	72	15	13	16	NP
3	Areia argilosa, SC	73	9	18	22	4
4	Argila arenosa magra, CL	32	33	35	28	9
5	Argila siltosa magra, CL	5	64	31	36	15
6	Silte loessial, ML	5	85	10	26	2
7	Argila gorda, CH	6	22	72	67	40
8	Areia malgraduada, SP	94	6	–	NP	–

utiliza um grande molde de compactação com um volume de cerca de 0,04 m³ (U.S. Department of the Interior, 1990). Nunca substitua a fração mais grossa por uma massa equivalente de solo mais fino, uma vez que isso fornecerá resultados incorretos (Torrey e Donaghe, 1994). A presença de uma quantidade significativa de material *oversize* em aterros e aterros rochosos causa problemas tanto nos ensaios de projeto quanto no controle de compactação em campo (discutido na Seção 4.7.2). Outro problema com os ensaios de compactação em solos residuais especialmente mais grossos (ver Seção 3.3.2) é que as partículas do solo se desintegram ou se degradam devido ao impacto do martelo de Proctor durante a compactação.

Esse fenômeno causa um aumento na densidade máxima seca à medida que o material se torna mais fino. O problema é que o valor do ensaio pode não ser representativo das condições de campo. Entre parênteses, esta é a razão pela qual tanto a norma **ASTM D 698** quanto a norma **D 1557** especificam que o solo compactado não pode ser reutilizado para ensaios de compactação subsequentes. Solos com graduação por lacunas também apresentam problemas para ensaios de compactação e sua interpretação. O comportamento de compactação de solos finos é típico para compactação tanto de campo quanto de laboratório.

As curvas terão formas e posições diferentes no gráfico de ρ_d em relação a w, mas, em geral, a resposta será semelhante à mostrada na Figura 4.5, na qual o mesmo solo é compactado em diferentes condições.

Os ensaios laboratoriais de Proctor normal e modificado foram desenvolvidos como um padrão de comparação para a compactação em campo, ou seja, com o objetivo de verificar se a rolagem ou compactação foi suficiente.

A aproximação à compactação em campo não é exata, como mencionado, porque a compactação em laboratório padrão é do tipo de impacto dinâmico, enquanto a compactação em campo é essencialmente do tipo de amassamento. Essa diferença levou ao desenvolvimento do compactador em miniatura de Harvard (Wilson, 1950, 1970; U.S. Department of the Interior, 1990, Procedimento 5510), bem como de compactadores de amassamento de laboratório maiores. Os procedimentos de controle de compactação de campo são descritos na Seção 4.7.

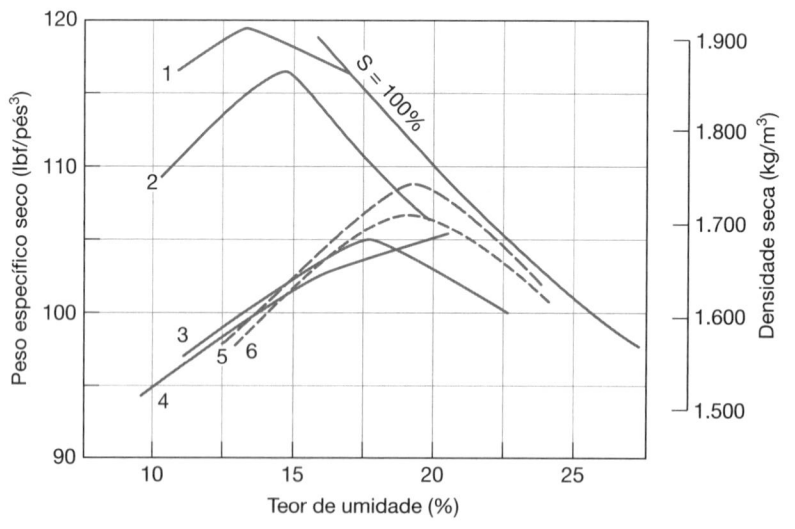

FIGURA 4.5 Comparação entre compactação em campo e em laboratório. (1) Compactação estática de laboratório, 2.000 psi; (2) Proctor modificado; (3) Proctor normal; (4) compactação estática de laboratório, 200 psi; (5) compactação de campo, carga pneumática, 6 passadas; (6) compactação de campo, rolo pé de carneiro, 6 passadas.
Obs.: Compactação estática do topo e da base da amostra de solo. (Adaptada de Turnbull, 1950, e citado por Lambe e Whitman, 1969.) (Ver também USAE WES 1949.)

4.4 ESTRUTURA DE SOLOS COMPACTADOS DE GRÃOS FINOS

A estrutura resultante da compactação de solos de grãos finos depende do método ou tipo de compactação, do esforço de compactação aplicado, do tipo de solo e do teor de umidade de moldagem. Em geral, o teor de umidade dos solos compactados é referenciado ao teor de umidade ótimo para determinado tipo de compactação. Dependendo de sua posição na curva de compactação, os solos são chamados de **secos em relação ao ótimo**, **próximos ou no ótimo**, ou **úmidos em relação ao ótimo**. Pesquisas com argilas compactadas mostraram que quando elas são compactadas secas em relação ao ótimo, a estrutura do solo é essencialmente independente do tipo de compactação (Seed e Chan, 1959). Para solos úmidos em relação ao ótimo, no entanto, o tipo de compactação tem um efeito significativo na sua estrutura e, portanto, nas propriedades técnicas resultantes do solo.

A estrutura real e a fábrica das argilas compactadas são tão complexas quanto a fábrica das argilas naturais descritas no Capítulo 3. Com o mesmo esforço de compactação, à medida que o teor de umidade aumenta, a fábrica do solo se torna cada vez mais orientada. Solos finos secos em relação ao ótimo estão sempre **floculados**, ao passo que para os úmidos em relação ao ótimo a fábrica se torna mais orientada ou **dispersa**. Na Figura 4.6, por exemplo, a fábrica no ponto C está mais orientada do que no ponto A. Agora, se o esforço de compactação for aumentado, o solo tenderá a se tornar mais orientado, mesmo seco em relação ao ótimo. Novamente, referindo-se à Figura 4.6, uma amostra no ponto E está mais orientada do que no ponto A. Para os úmidos em relação ao ótimo, a fábrica no ponto D será um pouco mais orientada do que no ponto B, embora o efeito seja menos significativo do que no seco em relação ao ótimo. Como um solo argiloso compactado seco em relação ao ótimo apresenta uma deficiência de água, sua estrutura é mais sensível à mudança do que se fosse compactado úmido em relação ao ótimo.

As propriedades técnicas de solos de grãos finos compactados dependem muito da estrutura e da fábrica do solo, porque, como vimos, a estrutura depende do teor de umidade de moldagem, do esforço de compactação e do tipo de compactação. Discutimos os efeitos da compactação nas características de contração e expansão dos solos no Capítulo 5. A condutividade hidráulica das argilas compactadas é descrita no Capítulo 6, enquanto a compressibilidade das argilas compactadas é discutida no Capítulo 7. Por fim, as propriedades de resistência ao cisalhamento de solos de grãos finos compactados são discutidas nos Capítulos 9 e 13.

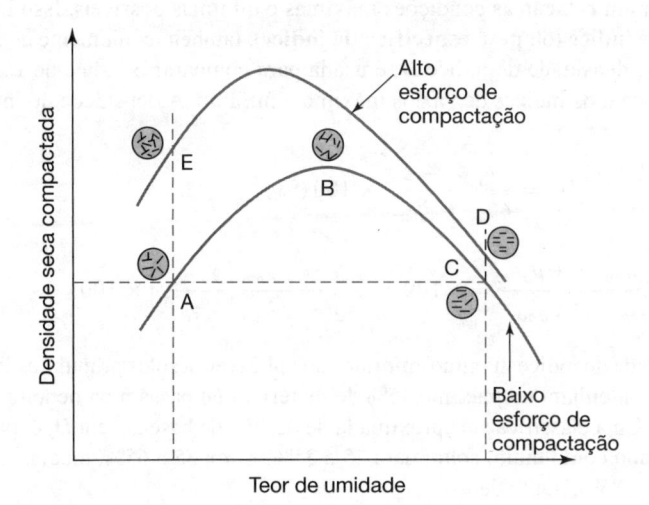

FIGURA 4.6 Efeito da compactação na estrutura do solo (adaptada de Lambe, 1958).

4.5 COMPACTAÇÃO DE SOLOS GRANULARES

Mencionamos anteriormente neste capítulo que os solos granulares são compactados ou densificados de forma mais eficiente por vibração. Isso é válido tanto em laboratório quanto em campo. Essas partículas não apresentam coesão inerente; elas são grandes o suficiente para que as forças gravitacionais entre as partículas sejam maiores do que as forças superficiais (Capítulo 3). Elas são facilmente movidas de uma configuração mais solta para uma mais densa ou compacta por meio da vibração.

As variáveis que influenciam a densificação vibratória são as características do (1) solo e do (2) equipamento e (3) os procedimentos usados em campo. As características do solo incluem densidade inicial, distribuição da dimensão dos grãos, forma das partículas e teor de umidade. A partir de nossa discussão anterior sobre a natureza dos solos granulares, deve ser óbvio que a densificação se aplica apenas a materiais granulares soltos; materiais densos normalmente não precisam de compactação adicional. Materiais bem graduados em geral são mais fáceis de compactar do que materiais uniformes; da mesma forma, solos secos são mais fáceis de densificar do que solos úmidos. A espessura da camada ou depósito também influencia a densificação.

As características do equipamento incluem a massa e o tamanho do equipamento vibratório e sua frequência e amplitude de vibração. Algumas vezes, a frequência e a amplitude de vibração são variadas para melhorar a densificação. O equipamento de compactação em campo é discutido na Seção 4.6.

4.5.1 Densidade relativa ou de índice

Lembre-se da Seção 3.11 que os solos granulares podem apresentar uma ampla faixa de índices de vazios e densidades. A faixa real depende da forma dos grãos, da distribuição da dimensão dos grãos e da estrutura dos solos. Também definimos o índice de vazios máximo $e_{máx}$ ou a densidade mínima $\rho_{d\,mín}$ como a condição mais solta possível de um solo granular seco. A condição mais densa possível correspondente desse solo é o índice de vazios mínimo $e_{mín}$ e a densidade máxima seca $\rho_{d\,máx}$.

A determinação dos valores máximos e mínimos não é tão simples. Os resultados dos ensaios laboratoriais muitas vezes são altamente variáveis e dependem do operador (Selig e Ladd, 1973). Mesmo ensaios usando as normas **ASTM D 4253** para densidade máxima e **D 4254** para densidade mínima não necessariamente fornecem os valores absolutos máximos ou mínimos de densidade; portanto, são chamados de densidades máxima e mínima de **índice**. Os índices de vazios correspondentes são $e_{mín}$ – o índice de vazios mínimo de **índice** – e $e_{máx}$ – o índice de vazios máximo de **índice**. Para fins de completude, os pesos específicos de índice máximo e mínimo também são definidos.

Muitas vezes, na prática, é útil saber quão solto ou quão denso é um espécime de areia ou depósito de solo granular em **relação** às condições máximas e mínimas possíveis. Isso leva ao conceito de **densidade de índice** (ou **peso específico de índice**), também comumente chamada de **densidade relativa**. A densidade de índice D_r é usada para comparar o índice de vazios e de um determinado solo com os índices de vazios máximo e mínimo. A densidade de índice é definida como

$$D_r = \frac{e_{máx} - e}{e_{máx} - e_{mín}} \times 100\,(\%) \tag{4.4}$$

$$D_r = \frac{1/\rho_{d\,mín} - 1/\rho_d}{1/\rho_{d\,mín} - 1/\rho_{d\,máx}} = \times 100 = \frac{\gamma_d - \gamma_{d\,mín}}{\gamma_d - \gamma_{d\,mín}} \left(\frac{\gamma_{d\,máx}}{\gamma_d}\right) \times 100 \tag{4.5}$$

Os ensaios de densidade de índice máximo-mínimo são aplicáveis a solos granulares limpos e de boa drenagem que contenham no máximo 15% de material que passam na peneira de 75 μm ou na peneira nº 200. Uma classificação aproximada de densidade baseada em D_r é: para D_r < 15%, o solo é classificado como muito solto; para 15 a 35%, solto; 35 a 65%, medianamente denso; 65 a 85%, denso; e >85%, muito denso.

A densidade relativa de um depósito de solo natural afeta altamente seu comportamento geotécnico. Por consequência, é importante conduzir ensaios laboratoriais com espécimes de areia com a mesma densidade relativa que no campo.

A amostragem de materiais granulares soltos, especialmente com profundidades maiores do que alguns metros, é muito difícil. Como esses materiais são muito sensíveis até mesmo à menor vibração, nunca se tem certeza se a amostra tem a mesma densidade do depósito natural de solo. Portanto, diferentes tipos de penetrômetros são usados na prática de engenharia que testam o solo enquanto ele ainda está no solo (ou *in situ*), sob a suposição de que não foi perturbado de forma significativa. Os valores de resistência à penetração estão correlacionados aproximadamente com a densidade relativa. Para depósitos em profundidades rasas onde o acesso direto é possível, outras técnicas foram desenvolvidas para medir a densidade no local de solos compactados. Essas técnicas são discutidas em detalhes na Seção 4.7.

4.5.2 Densificação de depósitos granulares

Quando estruturas são fundadas em depósitos profundos de materiais granulares soltos, geralmente são os recalques que controlam o projeto. Em áreas propensas a terremotos, se o lençol freático estiver alto, esses depósitos são suscetíveis à liquefação (Capítulo 6). As fundações profundas sempre podem ser usadas, mas são relativamente caras, e muitas vezes é mais econômico densificar os subsolos para diminuir os recalques e mitigar o potencial de liquefação. Uma vez que a densificação por rolos vibratórios pesados de superfície costuma ser insuficiente, como veremos na próxima seção, outras técnicas devem ser empregadas para transportar a energia vibratória a maiores profundidades. Essas técnicas incluem compactação dinâmica, densificação por explosão, técnicas de vibrocompactação e vibrossubstituição, inundação com água (para depósitos colapsíveis, ver Capítulo 5) e estacas de compactação. Todas essas técnicas são obviamente aplicáveis apenas a novas construções, e a explosão é usada apenas em locais muito remotos que precisam de densificação.

Nesta seção, discutimos apenas as técnicas mais comuns: compactação dinâmica, vibrocompactação e vibrossubstituição. Para uma discussão detalhada desses e outros métodos de melhoria do solo, consulte os estudos de Hausmann (1990) e de Holtz et al. (2001), entre outros.

Compactação dinâmica – O método consiste basicamente em soltar repetidamente um grande peso (de 10 a 40 toneladas de massa) de uma determinada altura (de 10 a 40 m) sobre o local. O impacto produz ondas de choque que causam a densificação de solos granulares não saturados. Em solos granulares saturados, as ondas de choque podem produzir liquefação parcial da areia, uma condição semelhante à areia movediça (discutida no Capítulo 6), seguida de adensamento (discutido no Capítulo 7) e rápida densificação. As variáveis incluem energia (altura de queda e peso do pilão), o número de quedas em um único ponto (3 a 10), e o padrão das quedas na superfície (de 5 a 15 m de centro a centro). A Figura 4.7 mostra um pilão acabando de impactar a superfície de uma camada de areia solta. Por fim, este local apresentará um padrão organizado semelhante a crateras lunares. As crateras podem ser preenchidas com areia e adicionalmente apiloadas, ou a área entre elas pode ser nivelada pelo próprio pilão.

A compactação dinâmica aparentemente foi usada pela primeira vez na Alemanha em meados da década de 1930 durante a construção das Autobahns (Loos, 1936). Seu uso também foi relatado na antiga União das Repúblicas Socialistas Soviéticas (URSS) para compactar solos de loess até 5 m de profundidade (Abelev, 1957). Nos Estados Unidos, Bob Lukas da STS Consultants, por volta de 1970, usou uma bola de demolição para compactar os escombros soltos de construção em Chicago. Ele logo descobriu que um peso de fundo plano (seja um conjunto de placas de aço, ou uma caixa de aço cheia de concreto) era mais eficaz. Por volta da mesma época, a compactação dinâmica foi ainda mais refinada e promovida na França e em outros lugares por Louis Ménard (Ménard e Broise, 1975). Ménard também desenvolveu pilões muito pesados (até 200 toneladas métricas de massa) e guindastes tripé maciços para levantá-los a alturas de queda de até 40 m. As melhorias foram observadas em profundidades de até 40 m. Na América do Norte, a compactação dinâmica foi usada em uma escala mais modesta por empreiteiros com

FIGURA 4.7 Compactação dinâmica de um local usando compactação de impacto rápido (fotografia cortesia de Patrick Allen/Dreamstime.com).

equipamentos comuns (Leonards et al., 1980; Lukas, 1980 e 1995). Profundidades modestas podem ser densificadas por guindastes de construção comuns, mas para pesos maiores e alturas de queda maiores, são necessários cabos especiais, garras de guindaste e lanças mais resistentes para evitar danificar o guindaste.

A profundidade de influência **D**, em metros, do solo em processo de compactação é estabelecida por Lukas (1995) como

$$D = n\,(W \times H)^{1/2} \tag{4.6}$$

onde D = profundidade de melhoria em metros;

n = um coeficiente empírico que é menor que 1,0;

W = massa do apiloador em megagramas;

H = altura da queda em metros.

O valor de **n** varia de cerca de 0,35 a 0,6 dependendo do tipo de solo, da facilidade com que a água fluirá através dos solos e do grau de saturação. Leonards et al. (1980) recomendaram **n = 0,5**.

Quanto maior o peso e/ou a altura da queda, maior a profundidade da compactação, e diversos pesquisadores têm tentado desenvolver relações entre a energia aplicada e a área superficial tratada. Leonards et al. (1980) também descobriram que a quantidade de melhoria devido à compactação na zona de melhoria máxima correlaciona-se melhor com o produto da energia por queda vezes a energia total aplicada por unidade de área de superfície.

Lukas (1995) observou que a massa do apiloador, a altura da queda, o espaçamento da grade e o número de quedas em cada ponto da grade influenciavam a energia aplicada e, portanto, a eficácia da densificação. A pesquisa mostrou que há um limite para quanto a melhoria é possível, mesmo com pesos e alturas de queda maiores.

Nem todos os depósitos de solo são propícios para a compactação dinâmica, especialmente se uma porcentagem significativa de finos estiver presente ou se os solos apresentaram determinado grau de plasticidade. Depósitos granulares limpos, rejeitos de minas, aterros soltos e até mesmo lixões foram densificados com sucesso com compactação dinâmica. O tratamento de depósitos de silte tem sido menos bem-sucedido, e o método não é recomendado para depósitos de argila ou turfa. A densificação de locais estratificados também não foi muito bem-sucedida. Por exemplo, mesmo uma camada fina de argila absorverá grande parte da energia dinâmica e impedirá a densificação das areias soltas abaixo dela.

Lukas (1995) fornece informações detalhadas sobre o projeto de compactação dinâmica. A construção real é realizada com maior frequência por empreiteiros de fundações especializados.

Vibrocompactação – A vibrocompactação refere-se à densificação de depósitos granulares com algum tipo de sonda vibratória que é vibrada, jateada ou de outra forma inserida no solo. As sondas são geralmente suportadas por um guindaste, e vários tipos diferentes foram desenvolvidos por empreiteiros e engenheiros. Elas podem ser tubos ou tubulações, fechados ou abertos, hastes com aletas ou lâminas fixas, ou vigas ou placas de várias formas, algumas com furos na aba. As sondas cilíndricas apresentam diâmetros típicos de 300 a 450 mm, e essa é a largura aproximada das sondas do tipo placa e alerta. Alguns sistemas possuem o motor vibratório na parte inferior da sonda, enquanto outros possuem o vibrador preso à parte superior da unidade. A maioria dos sistemas usa um vibrador de frequência constante, normalmente de 12 a 20 Hz, mas alguns têm vibradores variáveis que permitem ao engenheiro ajustar a frequência à ressonância do depósito de areia.

Com frequência, um cone de recalque ocorre na superfície do solo ao redor da sonda devido à densificação; por consequência, o empreiteiro adiciona areia limpa para preencher a área ao redor da sonda. Conforme a areia é adicionada, a sonda é levantada e abaixada repetidamente no furo da sonda e é gradualmente retirada à medida que a areia adicionada e a área ao redor da sonda se densificam.

Vibroflotação – Este é provavelmente o mais antigo sistema de vibrocompactação, foi desenvolvida na Alemanha na década de 1930 para a construção do metrô de Berlim. Ela possui um vibrador na parte inferior da sonda e usa jatos de água para escavar o buraco à frente da sonda. Até a década de 1970, a vibroflotação era o único sistema de vibrocompactação disponível. Desde então, vários sistemas foram desenvolvidos.

Os depósitos de solo aptos para vibrocompactação incluem areias e cascalhos com menos de cerca de 20% de finos, rejeitos de minas e aterros despejados, dependendo da natureza do material. É menos eficaz em depósitos siltosos, e não é apropriada para argilas, turfas e lixo.

O projeto começa com uma investigação geotécnica detalhada do local e um programa de ensaios laboratoriais para determinar a graduação dos solos e sua variabilidade, incluindo macrofábrica (Capítulo 3). A partir de uma análise de recalque, o engenheiro geotécnico estabelece os requisitos de compactação, incluindo previsões numéricas de desempenho, e desenvolve o esquema de vibrocompactação. Por exemplo, você densifica toda a área, ou apenas sob colunas e sapatas? Esse padrão e o grau desejado de melhoria dependerão dos requisitos do projeto e da experiência e do critério do engenheiro geotécnico. O passo final é desenvolver planos de controle de qualidade/garantia de qualidade, e isso geralmente envolve os ensaios *in situ* comuns (discutidos nos Capítulos 8 e 9).

O espaçamento típico dos centros vibratórios varia de cerca de 1 a 3,5 m. A densidade, naturalmente, aumenta à medida que o espaçamento do centro vibratório diminui. O padrão da sonda é quadrado ou triangular. A profundidade de melhoria dependerá da necessidade e da capacidade do equipamento; no entanto, as profundidades típicas são de 10 a 20 m.

A vibrocompactação é realizada com maior frequência por empreiteiros que se especializam nesse tipo de trabalho.

Vibrossubstituição – A vibrossubstituição é um pouco mais complicada do que a vibrocompactação porque parte do subsolo menos desejável é efetivamente substituída, ou deslocada, com materiais granulares de alta qualidade ou até mesmo concreto. A depender das condições do local e da economia, a substituição pode ser feita apenas com areia (colunas de areia), areia e cascalho (colunas de areia-cascalho), colunas de cascalho, com frequência chamadas de **colunas de pedra**, e colunas de concreto (colunas de vibroconcreto).

A vibrossubstituição costuma ser utilizada em locais onde apenas a vibração não será suficiente. Parece especialmente apropriada para depósitos de areias e siltes estratificados soltos para mitigar o potencial de liquefação. Também é aplicável a locais com solos predominantemente coesivos, porque os materiais granulares adicionados reforçam o subsolo, aumentam a resistência e diminuem a compressibilidade e os recalques. No entanto, se os subsolos forem muito moles (p. ex., argilas sensíveis muito moles, solos orgânicos e turfas), as colunas de pedra podem ficar muito caras, porque podem exigir tanta pedra que os materiais moles são deslocados em vez de substituídos. As colunas de pedra também são boas para rejeitos de minas e aterros despejados, mas inapropriadas para aterros sanitários. Para conferir uma resistência compressiva adicional, ocasionalmente adiciona-se cimento Portland à pedra, criando colunas de vibroconcreto.

O projeto de vibrossubstituição é muito semelhante ao projeto de vibrocompactação descrito anteriormente. O engenheiro geotécnico precisará: realizar uma investigação geotécnica do local e um programa de ensaios laboratoriais; prever recalques e potencial de liquefação, se necessário; estabelecer os requisitos de melhoria, incluindo previsões numéricas de desempenho; projetar o esquema de vibrossubstituição; e estabelecer os critérios de controle de qualidade/garantia de qualidade para o empreiteiro.

O projeto do esquema de vibrossubstituição (padrão, espaçamento, profundidade, relação de substituição etc.) é frequentemente feito por um empreiteiro especializado como parte de um projeto de construção ou como subcontratado. Nesse caso, a engenharia geotécnica do projeto deve estar intimamente envolvida, pois o grau desejado de melhoria dependerá dos requisitos do projeto. Em projetos típicos de colunas de pedra, entre 15 e 35% do volume de solo é substituído. Como antes, as colunas são instaladas em um padrão triangular ou retangular com um espaçamento típico de centro a centro de 1,5 a 3,5 m. Os comprimentos das colunas em geral variam de 6 a 12 m, mas podem ser instalados até 20 m.

4.5.3 Enrocamentos

Assim como os sistemas de classificação de rochas (Seção 3.5.3), as definições e metodologias relacionadas aos enrocamentos evoluíram consideravelmente ao longo dos últimos 40 anos. Hoje, os enrocamentos são definidos como os preenchimentos granulares que apresentam pelo menos 30% em peso seco de rocha limpa (ou seja, excluindo finos e matéria orgânica) retidos na peneira de ¾ de polegada (19 mm) e que contêm menos de 15% de material menor que a peneira nº 200 (0,075 mm) (Breitenbach, 1993). O objetivo é obter um enrocamento com drenagem livre, com uma estrutura de contato rocha a rocha que será efetivamente compactada por dispositivos de compactação vibratória (Seção 4.6.2). Os materiais de enrocamento geralmente são obtidos por desmonte ou detonação de depósitos de rocha, ou podem ser derivados de resíduos de mineração, conhecidos como rejeitos. Assim como outros preenchimentos compactados, os enrocamentos bem graduados tenderão a proporcionar a estrutura mais densa e, portanto, mais estável, menos suscetível a futuros recalques.

Inicialmente, os primeiros aterros construídos com enrocamento consistiam em grandes leitos únicos com profundidades variando de 10 a 50 metros (35 a 165 pés). Esses leitos não eram compactados mecanicamente, mas sim inundados com água mais tarde, em uma tentativa de aumentar sua densidade. Esse método, conhecido como "*sluicing*", pode ter tido suas origens na era da mineração de ouro da Califórnia na década de 1850 (Sherard et al., 1963). O outro método que se tornou comum com o surgimento de equipamentos de compactação consiste em colocar a rocha em camadas de 1 a 1,5 m (3 a 5 pés) de espessura que eram compactadas por um rolo de aço não vibratório ou rolos pneumáticos. No início dos anos 1960, o Corps of Engineers conduziu ensaios em enrocamentos compactados usando compactadores vibratórios na represa Cougar, com 136 m (445 pés) de altura, próximo de Eugene, Oregon. Esses ensaios resultaram em classificações de graduação de enrocamento mais objetivas e forneceram dados de desempenho sobre a utilização de espessuras de camada menores para enrocamentos compactados.

Atualmente, o enrocamento é colocado em camadas ainda mais finas de 0,3 a 0,9 m (1 a 3 pés), e rolos vibratórios são usados para obter resultados de compactação mais eficazes. Essa estabilização dos enrocamentos resulta em projetos de aterro mais seguros e econômicos.

4.6 EQUIPAMENTO E PROCEDIMENTOS DE COMPACTAÇÃO EM CAMPO

4.6.1 Compactação de solos de grãos finos

O solo a ser utilizado em um aterro compactado é escavado de uma **área de empréstimo**. **Pás mecânicas, escavadeiras de arrasto** e **raspadores** autopropelidos ou "pás" são usados para escavar o material de empréstimo. Um raspador autocarregável é mostrado na Figura 4.8. Ocasionalmente, "tratores" de esteira são necessários para ajudar a carregar o raspador. Os raspadores têm a capacidade de atravessar camadas de diferentes materiais, o que possibilita a mistura de tipos de solo, por exemplo. A pá mecânica mistura o solo cavando ao longo de uma superfície vertical, enquanto o raspador mistura o solo atravessando uma superfície inclinada onde diferentes camadas podem ser expostas.

A área de empréstimo pode estar no local ou a vários quilômetros de distância. Raspadores, que podem operar na estrada e fora dela, são frequentemente usados para transportar e espalhar o solo em camadas chamadas de **leitos** na área de aterro. Caminhões também podem ser usados, na estrada ou fora dela, e podem **despejar pelo topo**, **pelo lado** ou **pelo fundo** o material de aterro (Figura 4.9a). O empreiteiro de transporte em geral tenta espalhar o material de aterro no despejamento para reduzir o tempo de espalhamento. Quando possível, o empreiteiro direciona o equipamento de movimentação de terra sobre solo previamente não compactado, reduzindo, assim, a quantidade de esforço de compactação necessário posteriormente.

FIGURA 4.8 Raspador de escavação convencional ou autocarregável (fotografia cortesia de Avalon/Construction Photography/Alamy Stock Photo).

Uma vez que o material de empréstimo tenha sido transportado para a área de aterro, **tratores de esteira** ou **buldôzeres***, pás carregadeiras e **motoniveladoras**, chamadas de **lâminas** (Figura 4.9b), espalham o material até a espessura desejada do leito. A espessura do leito pode variar de 15 a 50 cm (6 a 20 pol.), dependendo do tamanho e do tipo de equipamento de compactação e da dimensão máxima dos grãos do material de aterro. A menos que os materiais de empréstimo já estejam dentro da faixa de umidade desejada, o solo pode precisar ser umedecido, secado ou retrabalhado de outra forma. Em geral, niveladoras e tratores de esteira são usados para espalhar o solo, facilitando a secagem ou mistura, embora ocasionalmente os empreiteiros empreguem implementos agrícolas, como grades de discos, para esse fim.

(a)

(b)

FIGURA 4.9 Exemplos de equipamentos usados para transportar e espalhar materiais de aterro: (a) material de aterro sendo transportado por um caminhão basculante; (b) motoniveladora espalhando e preparando a sub-base do aterro (fotografias cortesia de (a) Olha Solodenko/Shutterstock; (b) Alvey & Towers Picture Library/Alamy Stock Photo).

*Gênero bovino masculino sonâmbulo.

Capítulo 4 Compactação e estabilização de solos

O tipo de equipamento compactador ou de **rolos** utilizados em uma obra dependerá do tipo de solo a ser compactado. Existem equipamentos disponíveis para aplicar pressão, impacto, vibração e amassamento. A Figura 4.10 mostra dois tipos de rolos.

Um **rolo de rodas lisas**, ou **tambor**, (Figura 4.10a) oferece uma cobertura de 100% sob a roda, com pressões de contato com o solo de até 400 kPa (55 psi), e pode ser utilizado em todos os tipos de solo, exceto solos rochosos. O uso mais comum para rolos de rodas lisas de grande porte é no **controle de nivelamento** de sub-bases e compactação de pavimentos asfálticos.

(a)

(b)

FIGURA 4.10 Tipos de rolos: (a) rolo de rodas lisas; (b) rolo pneumático (fotografias cortesia de (a) Juan Enrique del Barrio/Shutterstock; (b) Chris24/Alamy Stock Photo).

O **rolo pneumático** ou **com pneus de borracha** (Figura 4.10b) tem aproximadamente 80% de cobertura (80% da área total é coberta por pneus), e as pressões dos pneus podem chegar a cerca de 700 kPa (100 psi). Uma carroça pesadamente carregada com várias fileiras de quatro a seis pneus espaçados bem próximos é autopropelida ou rebocada sobre o solo a ser compactado. Assim como o rolo de rodas lisas, o rolo pneumático pode ser utilizado tanto para aterros granulares quanto para terraplenos de grão fino, bem como para a construção de barragens de terra.

Provavelmente o primeiro rolo desenvolvido e talvez o tipo mais comum de compactador usado atualmente para solos de grão fino é o **rolo pé de carneiro**. Em geral, é rebocado em tandem por tratores de esteira ou é autopropelido, como mostrado na Figura 4.11. O rolo pé de carneiro, como o próprio nome sugere, possui muitas protuberâncias redondas ou retangulares, ou "pés", conectados a um tambor de aço. A área de cada protuberância varia de 30 a 80 cm^2 (5 a 12 pol.^{2}). Com uma cobertura de 8 a 12%, o rolo pé de carneiro pode gerar altas pressões de contato, que variam de 1.400 a 7.000 kPa (200 a 1.000 psi), dependendo do tamanho do tambor e se ele é preenchido com água. Os tambores podem variar em diâmetro e peso. O rolo pé de carneiro inicia a compactação do solo abaixo da base dos pés (com uma projeção de cerca de 150 a 250 mm do tambor) e avança gradualmente pela camada a cada passagem subsequente do rolo. Por fim, o rolo "sai" do aterro conforme a parte superior da camada é compactada. O rolo pé de carneiro é mais adequado para compactar solos de grão fino.

Foram desenvolvidos outros tipos de rolos com saliências para alcançar altas pressões de contato, resultando em uma melhor capacidade de esmagamento, amassamento e compactação de uma gama de tipos de solo. Esses rolos podem ser rebocados ou autopropelidos. Os **rolos de apiloamento** (Figura 4.12) oferecem uma cobertura de cerca de 40% e produzem altas pressões de contato, que variam de aproximadamente 1.500 a 8.500 kPa (200 a 1.200 psi), dependendo do tamanho do rolo e se o tambor é preenchido para adicionar peso. Os pés articulados especiais do rolo de apiloamento aplicam uma ação de amassamento ao solo. Esses rolos procedem à compactação de maneira semelhante ao rolo pé de carneiro, pois o rolo eventualmente "sai" de um leito bem compactado. Os rolos de apiloamento são mais adequados para compactar solos de grão fino.

Outro tipo é o rolo com **padrão de malha**, ou **grade**, com cerca de 50% de cobertura e pressões de cerca de 1.500 a 6.500 kPa (200 a 900 psi) (Figura 4.13). O rolo de malha é ideal para compactar solos rochosos, cascalhos e areias. Com alta velocidade de rebocagem, o material é vibrado, esmagado e impactado. Outro desenvolvimento também adequado para uma grande variedade de materiais é o rolo "quadrado" ou de impacto desenvolvido na Austrália pela Broons. Os compactadores pesam de 13.800 a 18.200 kg e possuem de 1,3 a 1,95 m de largura, todos projetados para serem rebocados por um trator.

FIGURA 4.11 Rolo pé de carneiro autopropelido (primeiro plano) (fotografia cortesia de bogdanhoda/Shutterstock).

FIGURA 4.12 Compactador de apiloamento autopropelido (fotografia cortesia de TFoxFoto/Shutterstock).

FIGURA 4.13 Rolo de malha ou grade (fotografia cortesia de Historical Construction Equipment (HCEA), conforme publicado em OEMOffHighway.com).

4.6.2 Compactação de materiais granulares

Muitos fabricantes de equipamentos de compactação têm acoplado vibradores verticais a rolos de rodas lisas e rolos de apiloamento para adequá-los melhor à densificação de solos granulares. A Figura 4.14 mostra um tambor vibratório em um rolo de rodas lisas compactando um material cascalhoso. Em áreas onde os rolos maiores não podem operar, a compactação é realizada por **compactadores de percussão** ("sapos") e **placas vibratórias** de diversos tamanhos e pesos. Os compactadores de percussão são motorizados, mas guiados manualmente e pesam entre 50 e 150 kg; eles possuem uma placa de compactação de cerca de 60 a 100 cm². As placas vibratórias autopropelidas, mas guiadas manualmente, pesam de 50 a 3.000 kg (100 a 6.000 lb) e possuem áreas de placa típicas de 0,4 m² a 1 m². A profundidade efetiva de compactação, mesmo para as placas maiores, é inferior a 1 m.

Broms e Forssblad (1969) listaram os diferentes tipos de compactadores de solo vibratórios, sua massa e frequência de operação, e suas aplicações práticas (Tabela 4.2).

FIGURA 4.14 Rolo vibratório com tambor de pé de carneiro (fotografia cortesia da Dynapac, Inc.).

TABELA 4.2 Tipos e aplicações de compactadores de solo vibratórios

Tipo de máquina	Massa, kg (Peso, lb)	Frequência (Hz)	Aplicações
Apiloadores vibratórios (malhos):			
Guiados manualmente	50 a 150 (100 a 300)	≈10	Reparo de ruas. Preenchimentos atrás de pilares de pontes, muros de arrimo e paredes de porões etc. Preenchimentos de vala.
Compactadores de placas vibratórias:			
Autopropelidos, guiados manualmente	50 a 3.000 (100 a 600)	12 a 80	Compactação de base e sub-base para ruas, calçadas etc. Reparo de ruas. Preenchimentos atrás de pilares de pontes, muros de arrimo e paredes de porões etc. Preenchimentos abaixo de pisos. Preenchimentos de vala.
Múltiplos tipos, montados em tratores etc.	200 a 300 (400 a 600)	30 a 70	Compactação de base e sub-base para rodovias.
Montados em guindastes[a]	Até 20.000 (20 toneladas)	10 a 15	
Rolos vibratórios:			
Autopropelidos, guiados manualmente (um ou dois tambores)	250 a 1.500 (500 a 3.000)	40 a 80	Compactação de base, sub-base e asfalto para ruas, calçadas, áreas de estacionamento, garagens etc. Preenchimentos atrás de pilares de pontes e muros de arrimo. Preenchimentos abaixo de pisos. Preenchimentos de vala.
Autopropelidos, tipo tandem	700 a 10.000 (0,7 a 10 toneladas)	30 a 80	Compactação de base, sub-base e asfalto para rodovias, ruas, calçadas, áreas de estacionamento, garagens etc. Preenchimentos abaixo de pisos.
Autopropelidos, pneumáticos	4.000 a 25.000 (4 a 25 toneladas)	20 a 40	Compactação de base, sub-base e aterro para rodovias, ruas, áreas de estacionamento, aeródromos etc. Barragens de enrocamento. Preenchimentos (de solo ou rocha) usados como fundações para edifícios residenciais e industriais.
Rebocado por trator	1.500 a 15.000 (1,5 a 15 toneladas)	20 a 50	Compactação de base, sub-base e aterro em rodovias, ruas, áreas de estacionamento, aeródromos etc. Barragens de terra e enrocamento. Preenchimentos (de solo ou rocha) usados como fundações para edifícios residenciais e industriais. Compactação profunda de depósitos naturais de areia.

[a]Apenas uso limitado.
Adaptada de Broms e Forssblad (1969).

Conforme discutido na Seção 4.5, diversas variáveis regem a compactação vibratória e a densificação de solos granulares, como:

1. Características do compactador
   - Massa
   - Tamanho
   - Frequência de operação e faixa de frequência
   - Amplitude de vibração
2. Características do solo
   - Densidade inicial
   - Distribuição da dimensão dos grãos
   - Formato dos grãos
   - Teor de umidade
3. Procedimentos de construção:
   - Número de passadas do rolo
   - Espessura do leito
   - Modificação da frequência do vibrador durante a compactação
   - Velocidade de reboque

As características do compactador influenciam o nível de tensão, o aumento da densidade e a profundidade de influência da força dinâmica. Por exemplo, como mostrado na Figura 4.15, quando a oscilação é adicionada a um componente estático, a densidade aumenta significativamente.

As condições do solo também são importantes. A densidade inicial, em particular, influencia altamente a densidade final. Por exemplo, os primeiros 300 mm de areia média densa podem nunca se tornar mais densos do que a densidade inicial, enquanto areias densas se tornarão mais soltas nos primeiros 300 mm.

Após a escolha do compactador, os procedimentos de construção essencialmente regem os resultados. A densidade aumenta conforme o número de passadas ou coberturas aumenta, até certo ponto, e para um número dado de passadas, uma densidade mais alta é obtida se o vibrador for rebocado mais de forma mais lenta.

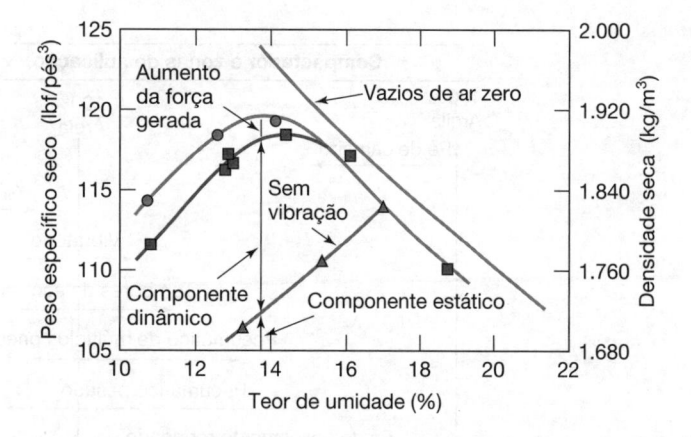

FIGURA 4.15 Resultados de compactação em camadas de 30 cm (12 polegadas) de areia siltosa, com e sem vibração, usando um rolo vibratório rebocado de 7.700 kg (17.000 lb) (adaptada de Parsons et al., 1962, citado por Selig e Yoo, 1977).

4.6.3 Resumo dos equipamentos de compactação

A Figura 4.16 resume a aplicabilidade de vários tipos de equipamentos de compactação como uma função do tipo de solo, expresso em percentuais de argila para areia para rocha. Essas "zonas" não são absolutas, e é possível que um determinado equipamento proceda à compactação de forma satisfatória mesmo fora da zona indicada.

4.6.4 Compactação de enrocamento

Se disponível, rocha sólida, dura e durável é a melhor para enrocamentos. No entanto, quando devidamente compactados, aterros satisfatórios podem ser construídos com rochas de qualidade inferior. Folhelhos e outras rochas sedimentares mais macias ou mal cimentadas podem ser suscetíveis ao intemperismo e à degradação em serviço, mesmo quando parecem estar sólidas no momento da escavação e colocação. Esses materiais precisam ser identificados no início e evitados, se possível.

Conforme discutido na Seção 4.5.3, os métodos para colocação e compactação de enrocamentos evoluíram consideravelmente nos últimos 40 anos, sobretudo devido ao desenvolvimento de compactadores vibratórios. Esse equipamento permite aos engenheiros produzirem aterros mais estáveis, aumentando a resistência do preenchimento. As espessuras de leitos soltos (ou seja, após a colocação e antes da compactação) geralmente são de 0,3 a 0,9 m (1 a 3 pés), mas devem ser mais espessas do que o diâmetro nominal do tamanho máximo de rocha. Uma regra geral é que o tamanho máximo de rocha deve ser dois terços da espessura do leito solto. Os rolos vibratórios de tambor de aço liso têm se mostrado mais eficazes para compactar enrocamentos, operando a 20 a 25 Hz e a uma velocidade de rolamento de cerca de 3 quilômetros por hora (Breitenbach, 1993). Além disso, pesos de rolos estáticos de 8.000 kg em terreno nivelado e uma força dinâmica mínima de 80.000 kN são recomendados, com 4 a 6 passadas por seção de leito como cobertura ótima. Um equipamento desenvolvido pela LandPac especificamente para compactação de enrocamentos é um compactador rebocado de 12.000 kg com um rolo não cilíndrico. O rolo possui três lóbulos, e a forma lembra um trevo de três folhas. Observou-se uma melhoria em profundidades de até 5 m no enrocamento.

Para informações adicionais sobre o tratamento de enrocamentos, consulte os estudos do U.S. Dept. of the Interior (1987, 1998), Hilf (1991), Jansen (1988), U.S. Army Corps of Engineers (1999) e Breitenbach (2021).

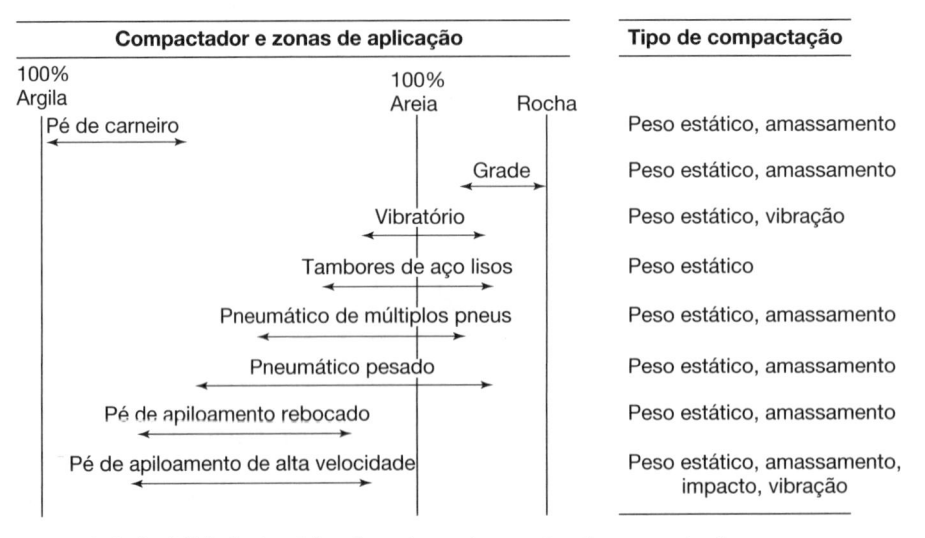

Compactador e zonas de aplicação	Tipo de compactação
100% Argila — Pé de carneiro — 100% Areia — Rocha	Peso estático, amassamento
Grade	Peso estático, amassamento
Vibratório	Peso estático, vibração
Tambores de aço lisos	Peso estático
Pneumático de múltiplos pneus	Peso estático, amassamento
Pneumático pesado	Peso estático, amassamento
Pé de apiloamento rebocado	Peso estático, amassamento
Pé de apiloamento de alta velocidade	Peso estático, amassamento, impacto, vibração

FIGURA 4.16 Aplicabilidade de vários tipos de equipamentos de compactação para um determinado tipo de solo (adaptada de Caterpillar, Inc., 1977).

4.7 ESPECIFICAÇÕES E CONTROLE DE COMPACTAÇÃO

Para terraplanagem e outros tipos de compactação, o controle do processo de compactação do empreiteiro é essencial para obter um projeto satisfatório e seu desempenho desejado. O controle apropriado do processo de compactação depende das especificações de compactação – cuja elaboração é responsabilidade do engenheiro projetista. O engenheiro projetista também deve ser responsável pela construção, inspeção e garantia de qualidade (**GQ**) da compactação a fim de assegurar que o empreiteiro tenha, de fato, executado satisfatoriamente o trabalho de compactação.

A Figura 4.17 ilustra o "sistema" comumente usado hoje para projetos de terraplanagem e outros tipos de projetos de compactação. Dependendo do problema de projeto, determinados ensaios laboratoriais são conduzidos com amostras dos materiais de empréstimo propostos a fim de definir as propriedades técnicas necessárias para o projeto do aterro ou outra estrutura terrosa. Após o projeto da estrutura terrosa, o engenheiro também elabora as especificações de terraplanagem e compactação que regem os processos e procedimentos de construção. As boas especificações garantirão ao engenheiro (e assim ao proprietário) a construção de um aterro satisfatório. As especificações também incluem **ensaios de controle de compactação** em campo, e os resultados desses ensaios se tornam o padrão para reger o projeto. Em seguida, os inspetores de controle de construção conduzem esses ensaios para garantir a adesão do empreiteiro às especificações de compactação. As setas bidirecionais entre algumas caixas na Figura 4.17 indicam que esses itens são interdependentes e que a comunicação bidirecional é essencial para obter um projeto bem-sucedido.

Talvez você já saiba que existe uma distinção entre garantia de qualidade e controle de qualidade (**CQ**). A **GQ** é responsabilidade do engenheiro como representante do proprietário para garantir que o empreiteiro esteja fazendo um bom trabalho. Se o empreiteiro conduzir seus próprios ensaios para garantir que seus procedimentos de compactação estejam conformes, esse seria um exemplo de **CQ**. Apenas a **GQ** é comum para a maioria dos trabalhos de compactação; no entanto, em alguns projetos grandes de terraplanagem, como diques e barragens de terra, ambos são feitos.

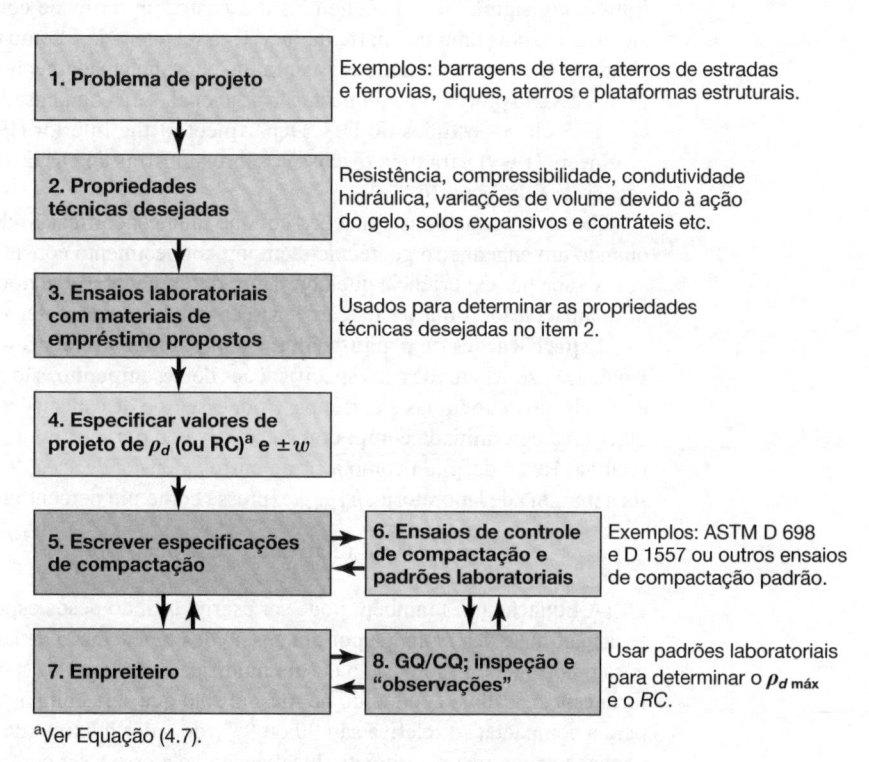

1. Problema de projeto	Exemplos: barragens de terra, aterros de estradas e ferrovias, diques, aterros e plataformas estruturais.
2. Propriedades técnicas desejadas	Resistência, compressibilidade, condutividade hidráulica, variações de volume devido à ação do gelo, solos expansivos e contráteis etc.
3. Ensaios laboratoriais com materiais de empréstimo propostos	Usados para determinar as propriedades técnicas desejadas no item 2.
4. Especificar valores de projeto de ρ_d (ou RC)[a] e $\pm w$	
5. Escrever especificações de compactação	
6. Ensaios de controle de compactação e padrões laboratoriais	Exemplos: ASTM D 698 e D 1557 ou outros ensaios de compactação padrão.
7. Empreiteiro	
8. GQ/CQ; inspeção e "observações"	Usar padrões laboratoriais para determinar o $\rho_{d\,máx}$ e o RC.

[a]Ver Equação (4.7).

FIGURA 4.17 O "sistema" de compactação na prática de engenharia civil.

Nesta seção, discutimos os tipos de especificações de compactação e os ensaios de campo usados para controlar a compactação. Em seguida, fornecemos algumas sugestões para alcançar a compactação mais eficiente e descrevemos brevemente o fenômeno da supercompactação e GQ/CQ para enrocamentos.

4.7.1 Especificações

Basicamente, existem dois tipos de especificações de terraplanagem: (1) **especificações de método ou procedimento** e (2) **especificações de produto final**, às vezes chamadas de especificações de **desempenho**. Com ambos os tipos, os requisitos para preparação do local, em geral referidos como **limpeza** e **destocamento**, tratamento de tocos de árvores e raízes, outros materiais orgânicos, matacões etc., costumam ser os mesmos. Um tamanho máximo permitido de material a ser compactado e uma espessura máxima do leito não compactado também podem ser especificados. Os requisitos de construção periférica, como, por exemplo, drenagem do local e controle de escoamento, horas de trabalho e outros requisitos contratuais, também podem ser semelhantes.

Especificações de método – Com especificações de método, o tipo e peso do compactador ou rolo, o número de passadas desse rolo, bem como as espessuras dos leitos são especificados pelo engenheiro. Um tamanho máximo permitido de material também pode ser definido. Com especificações de método, a responsabilidade pela qualidade da terraplanagem recai sobre o proprietário ou o engenheiro do proprietário. Se os ensaios de controle de compactação (discutidos na Seção 4.7.2) realizados pelo engenheiro não atenderem a um determinado padrão, então o empreiteiro é compensado financeiramente pela compactação adicional.

Especificações de método requerem conhecimento prévio dos materiais de empréstimo para prever quantas passadas, por exemplo, de um certo tipo de rolo produzirão uma compactação adequada e desempenho de preenchimento. Isso significa que, durante o projeto, devem ser construídas amostras de ensaio ou seções de ensaio dos materiais de empréstimo propostos empregando diferentes equipamentos, esforços de compactação, espessuras de leitos etc., a fim de determinar quais equipamentos e procedimentos serão os mais eficientes na produção das propriedades desejadas. Devido ao custo elevado dos programas de ensaio, especificações de método só podem ser justificadas para projetos de compactação muito grandes, como barragens de terra e enrocamento. Entretanto, significativas economias nos custos unitários de construção de terraplanagem são alcançadas, pois uma boa parte da incerteza relacionada à compactação é eliminada para o empreiteiro. O empreiteiro pode estimar muito bem antecipadamente quanto custará a construção; se for necessário proceder à compactação adicional, será compensado de forma adequada.

Consulte os estudos do U.S. Department of the Interior (1998) e do U.S. Army Corps of Engineers (1999) para uma discussão sobre amostras de ensaio e seções para projetar especificações de compactação.

Existem outras duas situações em que uma especificação de método é apropriada. Uma é quando um engenheiro geotécnico tem um conhecimento considerável dos solos locais em uma área e sabe por experiência que obterá um desempenho satisfatório após certa quantidade e tipo de compactação. A outra situação é para compactação de reaterros em valas de utilidade.

Especificações de produto final e compactação relativa – As especificações de **produto final**, às vezes chamadas de especificações de **desempenho**, são comumente usadas para aterros de fundação de rodovias e edifícios. Com esse tipo de especificação, o empreiteiro é obrigado a obter uma determinada **compactação relativa** ou **percentual de compactação**. A compactação relativa, **RC**, é definida como a razão entre a densidade seca de campo, $\rho_{d\,campo}$, e a densidade seca máxima de laboratório, $\rho_{d\,máx}$, expressa como um percentual ou

$$\text{compactação relativa ou percentual } (RC) = \frac{\rho_{d\,campo}}{\rho_{d\,máx}} \times 100\,(\%) \tag{4.7}$$

A Equação (4.7) também pode ser escrita usando pesos específicos secos, γ_d. A densidade seca máxima é determinada por um ensaio de compactação de laboratório especificado, como o ensaio normal de Proctor ou o ensaio modificado de Proctor. Naturalmente, o ensaio de laboratório especificado é conduzido no mesmo solo que será compactado em campo. Valores típicos para a compactação relativa são 90 ou 95% do valor máximo de laboratório; o valor específico depende de natureza do projeto, localização do aterro a ser compactado, experiência e tradição. Como mencionado anteriormente, a espessura do leito e o tamanho máximo permitido do material a ser compactado também são incluídos nas especificações do produto final.

Com esse tipo de especificação, desde que o empreiteiro consiga obter a compactação relativa mínima especificada, não importa quais equipamento ou procedimentos são empregados. O orçamento do projeto supostamente garante que o empreiteiro utilizará os procedimentos de compactação mais eficientes (discutidos mais adiante). Como a densidade seca de campo e a compactação relativa são obtidas na prática é descrito na Seção 4.7.2.

4.7.2 Ensaios de controle de compactação

Como observado na Figura 4.17, praticamente todos os projetos de compactação requerem algum tipo de ensaio de controle de qualidade para determinar se o aterro foi compactado corretamente. Os resultados desses ensaios fornecem a densidade seca de campo, $\rho_{d\,campo}$. Por consequência, a compactação relativa do aterro pode ser determinada pela Equação (4.7).

O procedimento de ensaio é o seguinte: Um local de ensaio é selecionado que seja representativo ou típico do leito compactado e do material de empréstimo.

As especificações típicas exigem que um ensaio de campo seja realizado a cada 1.000 a 3.000 m³ (1.500 a 40.00 jardas³) ou mais, ou quando o material de empréstimo muda de forma significativa. Também é aconselhável realizar o ensaio em pelo menos um ou talvez dois leitos compactados abaixo da superfície já compactada, especialmente quando rolos de pés de carneiro são usados ou em solos granulares. Como o objetivo da compactação é estabilizar os solos e melhorar seu comportamento técnico, é importante ter em mente as propriedades técnicas desejadas do aterro, não apenas sua densidade seca e teor de umidade. Esse ponto muitas vezes é ignorado no controle de construção de terraplanagem. Normalmente, é dada uma ênfase significativa em alcançar a densidade seca e a compactação relativa especificadas, e pouca consideração é dispensada às propriedades técnicas desejadas do aterro compactado. A densidade seca e o teor de umidade se correlacionam bem com as propriedades técnicas, e assim são parâmetros de controle de construção convenientes.

Os ensaios de controle de compactação podem ser **destrutivos** ou **não destrutivos**. Os ensaios destrutivos envolvem escavação e remoção de parte do material de aterro, enquanto os ensaios não destrutivos determinam indiretamente a densidade e o teor de umidade do aterro.

Ensaios de controle de compactação destrutivos – As etapas necessárias para os ensaios destrutivos comuns são as seguintes:

1. Escavar um buraco no aterro compactado na elevação de amostragem desejada. O tamanho do buraco dependerá do tamanho máximo do material no aterro e do equipamento usado para medir o volume do buraco. Determinar a **massa** M_t do material escavado.
2. Coletar uma amostra do teor de umidade e determinar o teor de umidade do solo no aterro. Este valor é o teor de umidade de campo, w_{campo}.
3. Medir o **volume** V do material escavado.
4. Calcular a **densidade total**. Sabendo M_t, a massa total do material escavado do buraco, e o volume V do buraco, podemos calcular a densidade total de campo, ρ_{campo}. Como também conhecemos o teor de umidade de campo, w_{campo}, podemos obter a densidade seca de campo do aterro, $\rho_{d\,campo}$, a partir da Equação (2.14).
5. Comparar $\rho_{d\,campo}$ com $\rho_{d\,máx}$ e calcular a compactação relativa usando a Equação (4.7).

As medidas necessárias geralmente são feitas por um inspetor de campo ou engenheiro de materiais. Em projetos grandes, com laboratórios de campo totalmente equipados no local ou próximo a ele, o pessoal de campo realiza a escavação e as medições de volume no aterro compactado. Após colocar o material escavado em recipientes selados, eles retornam ao laboratório, pesam o material escavado e determinam seu teor de umidade. Em projetos menores, os inspetores de campo podem dispor de uma van ou outro veículo que serve como laboratório móvel. Em ambos os casos, são usadas balanças ou medidores laboratoriais comuns para determinar a massa do material escavado.

O teor de umidade do solo escavado pode ser determinado por secagem convencional em estufa (**ASTM D 2216**), conforme descrito no Capítulo 2. Embora esse procedimento seja o padrão, ele é lento. Muitas vezes leva de 16 a 24 horas para obter um peso seco constante da amostra. Outra desvantagem para laboratórios móveis é que as estufas de laboratório em geral são elétricas. Por esses motivos, são utilizados ocasionalmente métodos rápidos de teor de umidade no campo (p. ex., aquecedores a gás propano e fornos de micro-ondas; Seção 4.7.3) em vez de secagem em estufa.

Técnicas comumente empregadas para medir o volume do buraco incluem o cone de areia, o método do balão ou o despejo de água ou óleo de densidade conhecida no buraco (Figura 4.18). No método do cone de areia, permite-se que areia seca de densidade seca conhecida escoe através de um dispositivo cônico de despejo para o buraco. O volume do buraco pode então ser facilmente determinado a partir do peso da areia no buraco e da densidade seca da areia despejada

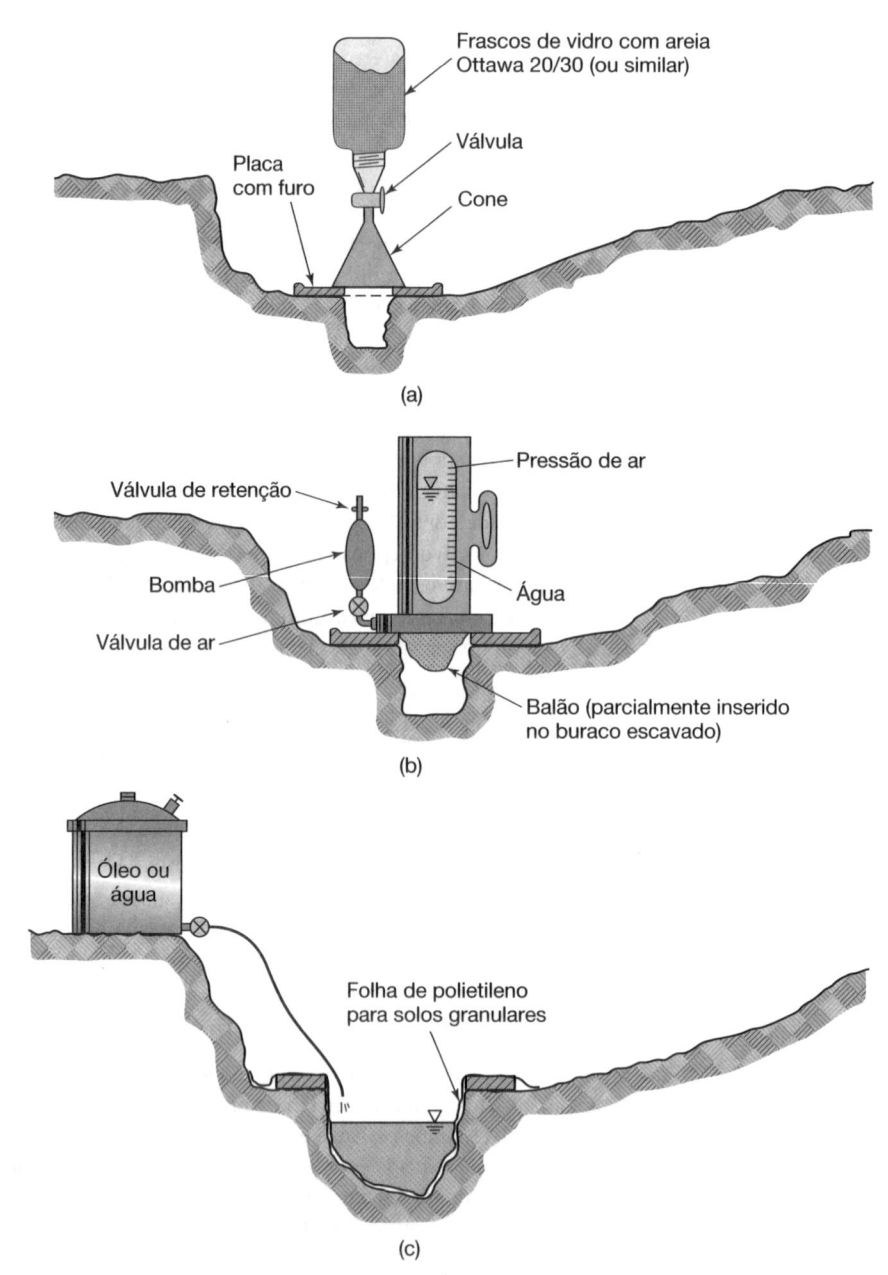

FIGURA 4.18 Alguns métodos destrutivos *in situ* para determinar a densidade no campo: (a) cone de areia; (b) balão; (c) método do óleo (ou água).

(requer calibração). No método do balão, o volume é determinado diretamente pela expansão de um balão no buraco (Figura 4.18b). Outros métodos para determinar o volume do buraco escavado são discutidos mais adiante nesta seção.

Exemplo 4.3

Contexto:

Um ensaio de densidade de campo é realizado pelo método do cone de areia (Figura 4.17a). Os seguintes dados são obtidos do ensaio:

Massa do solo removido + bandeja	= 1.440 g
Massa da bandeja	= 125 g
Massa do aparato do cone de areia (areia G_s = 2,70)	
Antes	= 2.956 kg
Depois	= 1.227 kg
Informações sobre teor de umidade:	
Massa do solo úmido + bandeja	= 432,1 g
Massa do solo seco + bandeja	= 329,3 g
Massa da bandeja	= 122,0 g

Problema:

a. Determine a densidade seca e o teor de umidade do solo.
b. Usando a curva B da Figura 4.2 como padrão laboratorial, calcule a compactação relativa.

Solução:

a. Calcule o volume do solo $V_s = \dfrac{M_s}{\rho_s}$

$$V_s = \frac{2.956 - 1.227\,\text{g}}{2,7\,\text{g/cm}^3} = \frac{1.729\,\text{g}}{2,7\,\text{g/cm}^3} = 640,4\,\text{cm}^3$$

Em seguida, calcule a densidade úmida,

$$\rho = \frac{M_t}{V_s} = \frac{1.440 - 125\,\text{g}}{640,4\,\text{cm}^3} = \frac{1.315\,\text{g}}{640,4\,\text{cm}^3} = 2{,}053\,\frac{\text{g}}{\text{cm}^3} = 2{.}053\,\text{kg/m}^3$$

Determinação do teor de umidade:

1. Massa do solo úmido + bandeja = 432,1 g
2. Massa do solo seco + bandeja = 329,3 g
3. Massa de água M_w (**1** – **2**) = 102,8 g

4. Massa da bandeja = 122 g
5. Massa do solo seco M_s (2 − 4) = 207,3 g
6. Teor de umidade $(M_w/M_s) \times 100(3 \div 5) = 49,6$

Para o cálculo da densidade seca, use a Equação (2.14):

$$\rho_d = \frac{\rho}{1+w} = \frac{2.053 \text{ kg/m}^3}{1+0,49} = 1.372,7 \text{ kg/m}^3$$

b. Para o cálculo da compactação relativa, use a Equação (4.7):

$$\text{R.C.} = \frac{\rho_{d\,\text{campo}}}{\rho_{d\,\text{máx}}} = \frac{1.372,7}{1.875} \times 100 = 73\%$$

Métodos não destrutivos – Devido a alguns problemas com ensaios de campo destrutivos, os ensaios não destrutivos de densidade e teor de umidade usando isótopos radioativos se tornaram bastante populares nos últimos 40 anos. Os métodos nucleares têm várias vantagens sobre as técnicas tradicionais destrutivas. Os ensaios nucleares podem ser realizados rapidamente, e os resultados obtidos em questão de minutos. Resultados erráticos podem ser verificados duas vezes com facilidade e rapidez. Portanto, o empreiteiro e o engenheiro conhecem os resultados dos ensaios de imediato, e ações corretivas podem ser tomadas antes que mais material de preenchimento seja colocado. Como os ensaios nucleares podem ser realizados de forma rápida e simples, mais ensaios podem ser conduzidos, obtendo-se um melhor controle estatístico de qualidade do material de preenchimento. Um valor médio da densidade e do teor de umidade é obtido sobre um volume significativo de material de preenchimento, e, portanto, a variabilidade natural dos solos compactados pode ser considerada até certo ponto.

As desvantagens dos métodos nucleares incluem o custo inicial relativamente alto do equipamento, a documentação regulatória necessária para possuir um equipamento contendo material nuclear e o perigo potencial de exposição à radioatividade para o pessoal de campo. Normas estritas de segurança radiológica devem ser aplicadas quando dispositivos nucleares são usados, e apenas operadores devidamente treinados e licenciados são autorizados a usar equipamentos de densidade nuclear. Por outro lado, nos equipamentos nucleares modernos, as fontes radioativas são blindadas e protegidas de forma adequada por invólucros altamente resistentes; portanto, os ensaios nucleares não são mais perigosos do que qualquer outra atividade de monitoramento de construção.

Basicamente, dois tipos de fontes ou emissores são necessários para determinar tanto a densidade quanto o teor de umidade. A radiação gama, fornecida pelo rádio ou um isótopo radioativo de césio, é dispersada pelas partículas do solo; a quantidade de dispersão é proporcional à densidade total do material. O espaçamento entre a fonte e o captador, em geral um contador de cintilação ou um **contador Geiger**, é constante. Os átomos de hidrogênio na água intersticial dispersam nêutrons, proporcionando um meio pelo qual o teor de umidade possa ser determinado. As fontes típicas de nêutrons são isótopos de amerício-berílio.

Os instrumentos de ensaio nuclear devem ser calibrados corretamente, tanto internamente (calibração do sistema e da fábrica) quanto contra materiais de densidade conhecida. Os materiais podem ser solos compactados ou concreto asfáltico ou até mesmo concreto de cimento Portland. Três técnicas nucleares de uso comum são mostradas na Figura 4.19. O método de **transmissão direta** é ilustrado esquematicamente na Figura 4.19a, e a técnica de **retrodifusão** na Figura 4.19b. O método menos comum de **espaço de ar** (Figura 4.19c) é ocasionalmente usado quando a composição dos materiais próximos à superfície afeta adversamente a medição de densidade. No entanto, a presença de um espaço de ar não controlado na superfície do material

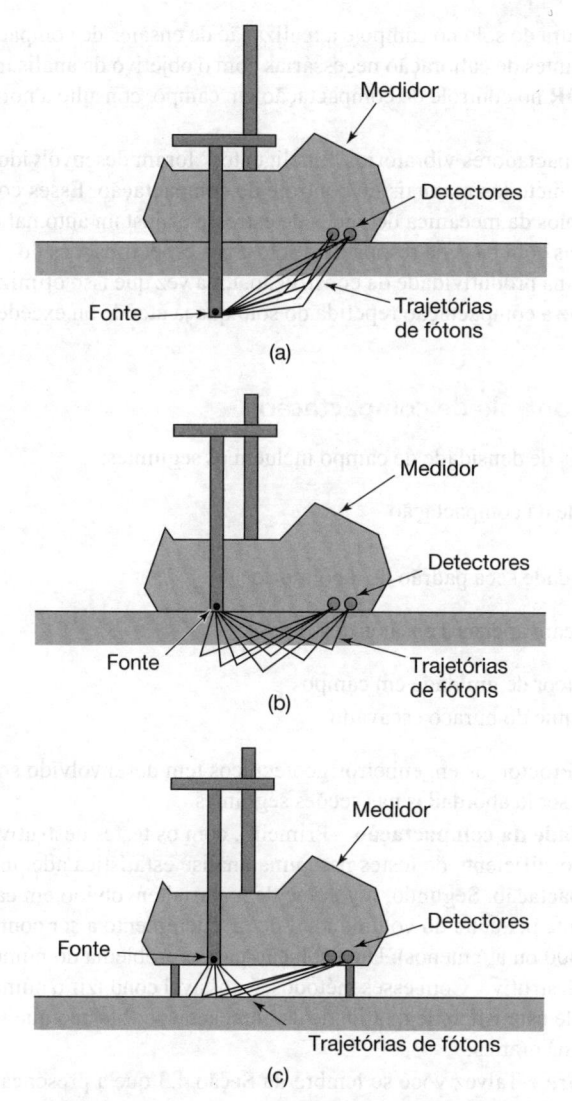

FIGURA 4.19 Determinação da densidade nuclear e teor de umidade: (a) transmissão direta; (b) retrodifusão; e (c) espaço de ar (adaptada de Troxler Electronic Laboratories, Inc., Research Triangle Park, Carolina do Norte).

pode afetar de forma significativa as medições. Preencher o espaço com areia seca ajuda a reduzir, mas não elimina esse efeito.

A presença de partículas *oversize* pode influenciar adversamente os resultados, sobretudo se um ensaio de densidade for realizado usando a técnica de retrodifusão diretamente sobre um grande seixo ou matacão. Estruturas, tubos enterrados e cabos mais próximos do que 3 m do ponto de ensaio também podem gerar leituras equívocas se não forem ajustados de forma correta.

Outro fator que pode influenciar adversamente os resultados é a presença de determinados minerais portadores de água, como gipsita e outros sais de evaporitos no solo, uma ocorrência bastante comum nas regiões mais secas do oeste da América do Norte. O teor de umidade nuclear medido será muito maior do que o teor de umidade seco em estufa, e, a menos que calibrado corretamente, o medidor fornecerá uma leitura incorreta da compactação relativa.

Procedimentos detalhados de calibração e ensaio são fornecidos na norma **ASTM D 6938**.

Devido a preocupações observadas com a saúde e a segurança associadas aos densímetros nucleares, bem como à sobrecarga administrativa necessária para documentar sua propriedade, houve recentemente um desenvolvimento considerável de novos dispositivos alternativos de controle de compactação de campo. Dois tipos principais de dispositivos foram desenvolvidos. O primeiro é um dispositivo de medição de rigidez do solo que utiliza tecnologia geofísica para determinar o módulo de materiais compactados. Ele teve suas origens em dispositivos de detecção de minas terrestres usados pelos militares (Sawangsuriya et al., 2003). Ondas de estresse são geradas por um equipamento colocado na superfície do material compactado. Deflexões do solo e outras respostas de ondas de estresse do solo são usadas para calcular a rigidez ou o módulo do solo. No entanto, a densidade seca do material compactado só pode ser obtida quando uma medição independente do teor de umidade também é obtida, seja usando um medidor nuclear ou coletando amostras de solo (Edil e Sawangsuriya, 2006).

O outro tipo de dispositivo não destrutivo que foi adaptado para controle de compactação em campo é baseado em reflectometria no domínio do tempo (**TDR**). Trata-se de uma técnica eletromagnética que mede a constante dielétrica aparente do solo, indicando sua capacidade de polarizar um campo elétrico (Benson e Bosscher, 1999). Muito parecido com os métodos nucleares e geofísicos, o **TDR** envolve a transmissão de um pulso (neste caso, um eletromagnético) e o monitoramento da velocidade com que as reflexões retornam à fonte da transmissão. Para algumas aplicações, isso pode ser feito usando um cabo coaxial, de modo que quando o pulso atinge uma mudança nas propriedades do cabo devido à flexão (p. ex., se estiver sendo usado para detectar movimento de uma falha de rocha), parte do pulso reflete de volta para o gerador.

Para simular um cabo coaxial em solos compactados, uma sonda de três ou quatro pontas é colocada no solo. A ponta central é o condutor central no cabo coaxial, o solo é o meio dielétrico que o envolve, e as duas ou três pontas externas servem como condutor de blindagem. Foram desenvolvidas equações de correlação para determinar o teor de umidade e a densidade seca a partir dessa medição. No entanto, ainda existem limitações nos tipos de solos para os quais esse método fornece resultados válidos (Yu e Drnevich, 2004). Esse método também requer a realização de medições de temperatura do solo no campo e a realização de ensaios de compactação em laboratório para obter constantes de calibração necessárias com o objetivo de analisar os dados de **TDR**. Para empregar o **TDR** no controle de compactação em campo, consulte a norma **ASTM D 6780**.

É importante ressaltar que compactadores vibratórios "inteligentes" foram desenvolvidos e podem eventualmente substituir os métodos manuais de controle de compactação. Esses compactadores são baseados nos princípios da mecânica de ondas de estresse e ajustam automaticamente suas características vibratórias com base na resposta do solo e nas especificações do projeto. Os defensores apontam ganhos na produtividade da construção, uma vez que isso otimiza o desempenho do equipamento e reduz a compactação repetida do solo que já atende ou excede as especificações do projeto.

4.7.3 Problemas com ensaios de controle de compactação

Os problemas associados aos ensaios de densidade de campo incluem os seguintes:

- Controle estatístico de qualidade da compactação
- Presença de partículas *oversize*
- Falta de conhecimento da densidade seca padrão de laboratório

Os dois próximos problemas se aplicam apenas a ensaios destrutivos:

- Tempo necessário para obter o teor de umidade em campo
- Determinação incorreta do volume do buraco escavado

Ao longo dos anos desde Ralph R. Proctor, os engenheiros geotécnicos têm desenvolvido soluções para esses problemas, as quais serão abordadas nas seções seguintes.

Controle estatístico de qualidade da compactação – Primeiro, com os testes destrutivos, é difícil e caro conduzir um número suficiente de testes para uma análise estatística adequada dos resultados dos ensaios de compactação. Segundo, o volume de material envolvido em cada ensaio é um percentual extremamente pequeno do volume total de preenchimento a ser controlado (em geral, uma parte em 100.000 ou até menos). Uma solução para o problema do número reduzido de ensaios é o ensaio não destrutivo. Com esses métodos, é possível conduzir o número de ensaios necessário para o controle estatístico de qualidade da compactação. Mesmo que seja possível, isso não costuma ser feito na prática.

Presença de partículas *oversize* – Talvez você se lembre da Seção 4.3 que a presença de uma quantidade significativa de cascalho e seixos no preenchimento de terra causa problemas com os ensaios de compactação em laboratório. Por consequência, os procedimentos-padrão limitam a quantidade de partículas *oversize* permitidas (Tabela 4.1).

Ensaios de controle de compactação em campo acarretam problemas semelhantes, como mencionado brevemente na discussão do ensaio de densidade nuclear. Se houver um percentual muito alto de material *oversize*, a densidade de laboratório será menor do que a obtida em campo. Uma possibilidade é usar um ensaio de preenchimento para determinar procedimentos de compactação em campo e, em seguida, adotar uma especificação de método para controlar a compactação ou aplicar os procedimentos de controle de preenchimentos de rocha sugeridos na Seção 4.7.6. Você também pode corrigir os resultados do ensaio de compactação para até cerca de 50% de cascalho usando um procedimento sugerido pela norma **ASTM D 4718**.

Outro problema com ensaios destrutivos de controle de qualidade em preenchimentos de terra contendo material *oversize* é o tamanho do buraco escavado e como determinar seu volume. Uma solução é usar poços de ensaio entre 0,03 e 2,55 m^3 (1 e 90 pés^3) de volume, que são escavados manualmente ou por máquina. O volume do material escavado é determinado pelo método de substituição de areia, norma **ASTM D 4914**, ou pelo método de substituição de água, norma **D 5030**. Embora estes sejam procedimentos-padrão, nenhum deles é barato ou simples de realizar.

Falta de conhecimento da densidade padrão de laboratório – Idealmente, seria desejável saber a curva de compactação completa para cada ensaio em campo, mas isso consome tempo e dinheiro. Como resultado, a densidade máxima em laboratório pode não ser conhecida exatamente.

Não é incomum, sobretudo na construção de estradas, que uma série de ensaios de compactação em laboratório seja conduzida com amostras representativas dos materiais de empréstimo para a estrada. Por consequência, quando o ensaio de controle de compactação em campo é realizado, seu resultado é comparado com os resultados de um ou mais desses solos em "padrão" do projeto. Se os solos no local forem altamente variáveis, este procedimento é inadequado.

Como alternativa, você pode empregar o "método de ponto único com uma família de curvas" (Designação T 272 da **AASHTO**), ocasionalmente chamado de método de **ponto de verificação de campo**. Ele fornece uma determinação relativamente rápida da densidade máxima e do teor de umidade ótimo do solo escavado durante o ensaio de densidade em campo. Nessa abordagem, uma família de curvas de compactação é desenvolvida para o projeto combinando uma série de curvas de Proctor para os vários solos encontrados nas áreas de empréstimo do projeto. Uma quantidade adicional de solo suficiente para realizar um único ensaio de compactação em laboratório é removida do material compactado durante o ensaio de densidade em campo. Em seguida, é realizado um ensaio de Proctor de ponto único com este material, e os resultados fornecem o "ponto de verificação" de campo. As únicas restrições necessárias para determinar o ponto de verificação de campo são que:

1. Durante a compactação, o molde deve ser colocado em uma massa sólida lisa de pelo menos 100 kg, um requisito que pode ser difícil de alcançar em campo. O pavimento de asfalto ou o solo compactado **não** devem ser utilizados. (Esta é uma boa prática, não importa onde você faça o ensaio de compactação.)
2. O solo a ser compactado deve estar seco em relação ao ótimo (a **AASHTO** recomenda cerca de 4% de seco) para o esforço de compactação utilizado, e saber quando o solo está seco em relação ao ótimo requer alguma experiência.

A Figura 4.20 ilustra como o método de ponto único funciona. Três curvas de compactação são mostradas para os solos A, B e C de uma determinada área de empréstimo de construção. O solo recém-testado para densidade de campo, conforme identificado pelo engenheiro de campo, não corresponde a nenhum dos solos para os quais existem curvas de compactação do projeto; portanto, um ensaio de compactação de "ponto de verificação" em campo é realizado. Se, após a escavação, o solo não estiver bem seco em relação ao ótimo, então será necessário secá-lo, misturá-lo completamente e compactá-lo de forma adequada. O resultado do ensaio de "ponto de verificação" de campo é plotado como ponto X no gráfico. Traçando uma linha paralela ao lado seco em relação ao ótimo das curvas A, B e C e atingindo um máximo na "linha dos valores

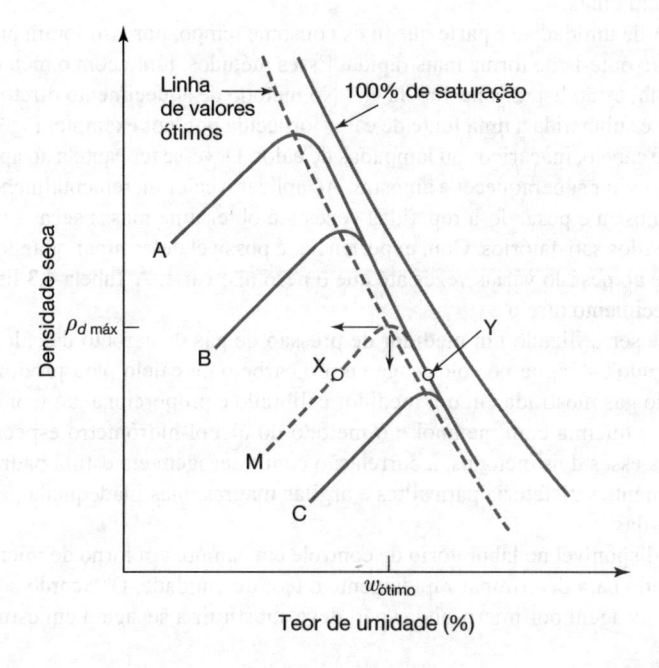

FIGURA 4.20 Princípio do ensaio do ponto de verificação.

ótimos", pode-se obter uma aproximação razoável da densidade seca máxima do solo. Se o solo está muito úmido ao ser compactado, um ponto como Y seria obtido. Por consequência, seria difícil distinguir a qual curva de laboratório o solo pertence, e uma estimativa da densidade seca máxima do solo seria quase impossível. É necessária alguma experiência para desenvolver uma "intuição" de quando o solo está suficientemente seco para que o teor de umidade do ponto de verificação de campo seja menor do que o OMC.

Outro método para determinar rápida e eficientemente a compactação relativa de solos finos é o **método rápido**. Desenvolvido na década de 1950 pela U.S. Bureau of Reclamation (Hilf, 1961 e 1991), ele é atualmente um método de ensaio da norma **ASTM, D 5080**. O método rápido possibilita determinar com precisão a compactação relativa de um preenchimento, bem como uma aproximação muito precisa da diferença entre o teor de umidade ótimo e o teor de umidade do preenchimento sem secagem em estufa. Observou-se, com experiências passadas, que é possível obter os valores necessários para o controle da construção em cerca de 1 a 2 horas a partir do momento em que o ensaio de densidade de campo é realizado pela primeira vez.

Em resumo, o procedimento é o seguinte: as amostras do material de preenchimento são compactadas de acordo com o padrão de laboratório desejado a um teor de umidade do preenchimento e, dependendo de uma estimativa de quão próximo o solo de preenchimento está em relação ao ótimo, é adicionada ou subtraída água da amostra (ver Figura 4.21). Com um pouco de experiência, é relativamente fácil estimar se o material de preenchimento está próximo do ótimo, ligeiramente úmido ou ligeiramente seco em relação ao ótimo. A partir da curva de densidade úmida, pode-se obter o percentual exato de compactação relativa com base na densidade seca. Apenas um teor de umidade, o teor de umidade do preenchimento, precisa ser determinado, e isso é usado apenas para documentar o que foi usado como teor de umidade de referência. A principal vantagem do **método rápido** é que o empreiteiro obtém os resultados de compactação em um período relativamente curto de tempo.

Tempo necessário para determinar o teor de umidade – Um grande problema com os procedimentos comuns de ensaio destrutivo de densidade é que determinar o teor de umidade em campo leva tempo (várias horas ou durante a noite de acordo com a norma **ASTM D 2216**). O tempo é sempre valioso em um projeto de compactação. Se levar um dia ou mesmo algumas horas para obter os resultados dos ensaios de compactação, vários leitos de preenchimento podem ter sido aplicados e compactados sobre uma área de teste considerada "ruim" ou "deficiente". Portanto, é responsabilidade do engenheiro exigir que o empreiteiro remova uma quantidade significativa de preenchimento, mesmo que seja potencialmente adequado, para garantir que a compactação relativa da área "ruim" atenda aos requisitos do contrato. Naturalmente, os empreiteiros relutam em fazer isso, mas quantas áreas de compactação insatisfatória um aterro pode ter? A resposta é simples: nenhuma!

A determinação do teor de umidade é a parte que mais consome tempo, por isso foram propostos diversos métodos para obtê-la de forma mais rápida. Esses métodos, junto com o método padrão de secagem em estufa, estão listados na Tabela 4.3. No método de aquecimento direto, a amostra de teor de umidade é submetida a uma fonte de calor fornecida por, por exemplo, fogões portáteis a gás, secadores de cabelo, maçaricos ou lâmpadas de calor. Deve-se ter cautela ao aplicar o calor uniformemente e evitar superaquecer a amostra. Ao aplicar o calor incrementalmente, mexendo com cuidado a amostra e pesando-a repetidas vezes até obter uma massa seca constante, é possível obter resultados satisfatórios. Com experiência, é possível determinar quando o solo está seco pela sua cor e ao pesá-lo várias vezes até que o peso não varie. A Tabela 4.3 lista algumas limitações do aquecimento direto.

Como alternativa, pode ser utilizado um medidor de pressão de gás de carbeto de cálcio, o medidor de umidade "rápido". A água no solo reage com o carbeto de cálcio para produzir gás acetileno, e a pressão do gás mostrada em um medidor calibrado é proporcional ao teor de umidade. Ocasionalmente, a queima com metanol e o método do álcool-hidrômetro especial também são utilizados. Para esses dois métodos, a correlação com a secagem em estufa padrão é aproximada, sendo geralmente satisfatória para siltes e argilas magras, mas inadequada para solos orgânicos e argilas gordas.

Se houver eletricidade disponível no laboratório de controle em campo, um forno de micro-ondas comum pode ser usado para determinar rapidamente o teor de umidade. De acordo com a norma **ASTM D 4643**, a secagem por micro-ondas não deve substituir a secagem em estufa

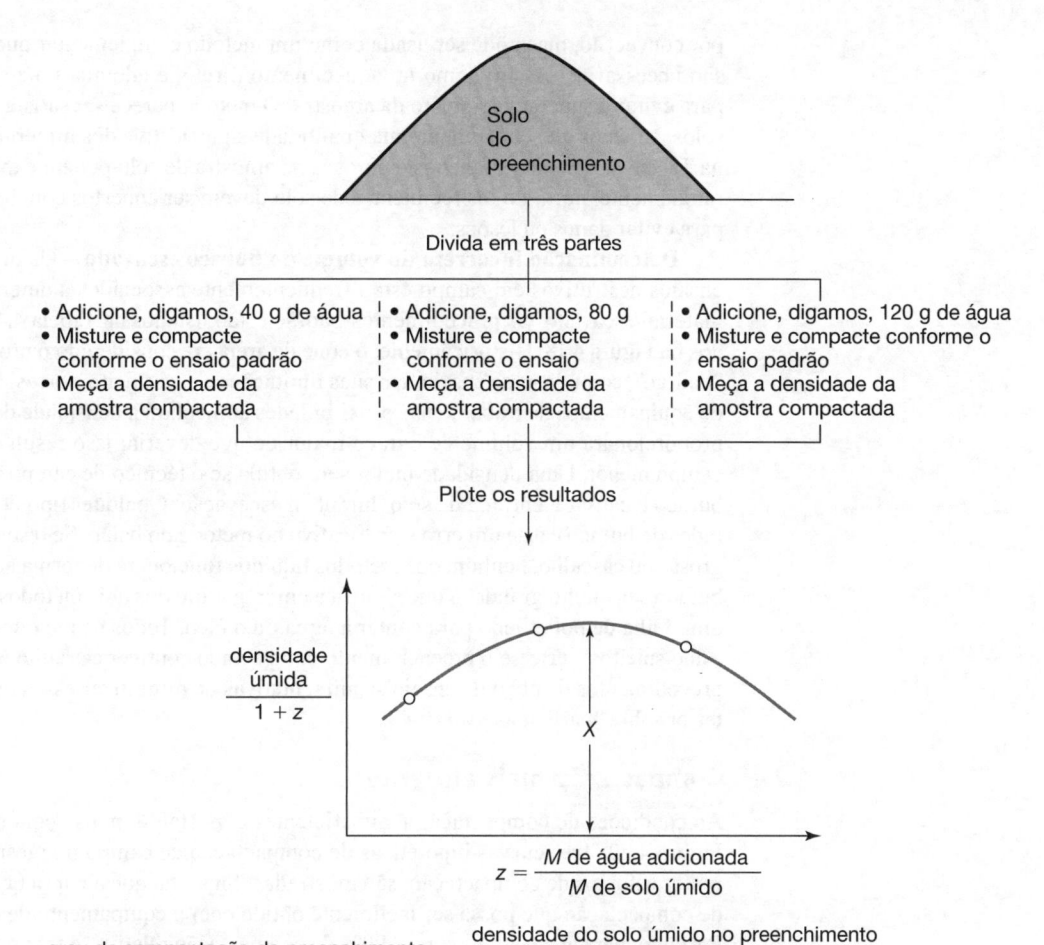

Capítulo 4 Compactação e estabilização de solos

```
                    Solo
                    do
                preenchimento

              Divida em três partes
   ┌───────────────────┼───────────────────┐
• Adicione, digamos,   • Adicione, digamos,   • Adicione, digamos,
  40 g de água           80 g                   120 g de água
• Misture e compacte   • Misture e compacte   • Misture e compacte
  conforme o ensaio      conforme o ensaio      conforme o
  padrão                 padrão                 ensaio padrão
• Meça a densidade da  • Meça a densidade da  • Meça a densidade da
  amostra compactada     amostra compactada     amostra compactada
   └───────────────────┼───────────────────┘
                Plote os resultados
```

$$\frac{\text{densidade úmida}}{1+z}$$

$$z = \frac{M \text{ de água adicionada}}{M \text{ de solo úmido}}$$

$$\text{grau de compactação do preenchimento} = \frac{\text{densidade do solo úmido no preenchimento}}{\text{densidade máxima dimensionada a partir do gráfico acima, } X}$$

FIGURA 4.21 Procedimento para método rápido de determinação do grau de compactação do preenchimento (adaptada de Seed, 1959).

TABELA 4.3 Procedimentos para determinação do teor de umidade do material escavado

Método do ensaio	ASTM	AASHTO	USBR	Observações e limitações
Secagem em estufa	D 2216	T 265	5300	O padrão pelo qual todos os outros métodos são avaliados
Aquecimento direto	D 4959	–	–	Não deve ser usado para solos que contenham quantidades significativas de haloisita, montmorillonita ou gesso; solos altamente orgânicos ou depósitos marinhos
Medidor de pressão de gás de carbeto de cálcio	D 4944	T 217	5310	Não deve ser usado para argilas altamente plásticas; solos orgânicos, gesso
Forno de micro-ondas	D 4643	–	5315	Não deve ser usado para solos que contenham quantidades significativas de haloisita, montmorillonita ou gesso; solos altamente orgânicos, solos contaminados por hidrocarbonetos; solos marinhos

Adaptada de Normas da ASTM, AASHTO e USBR.

por convecção, mas pode ser usada como um método complementar quando resultados rápidos são necessários. Assim como no aquecimento direto, é adotada uma abordagem incremental para evitar o superaquecimento da amostra. O método parece ser satisfatório para a maioria dos solos, a menos que contenham uma quantidade significativa dos minerais e substâncias listados na Tabela 4.3. Seixos pequenos e porosos na amostra de solo podem explodir quando aquecidos rapidamente; portanto, os recipientes de solo devem ser cobertos com toalhas de papel pesadas para evitar danos ou lesões.

Determinação incorreta do volume do buraco escavado – Os outros problemas com os ensaios destrutivos em campo estão frequentemente associados à determinação do volume do material escavado. Os procedimentos-padrão estão listados na Tabela 4.4; três deles são mostrados na Figura 4.18. Historicamente, o cone de areia era considerado o procedimento volumétrico "padrão", contudo, esse ensaio tem suas limitações e está sujeito a erros. Por exemplo, a vibração de equipamentos de trabalho nas proximidades aumentará a densidade da areia no buraco, o que proporcionará um volume de buraco maior do que deveria; isso resulta em uma densidade de campo menor. Uma densidade maior será obtida se o técnico de campo ficar muito próximo do buraco e causar a entrada de solo durante a escavação. Qualquer tipo de irregularidade nas paredes do buraco causa um erro significativo no método do balão. Se o solo for composto de areia grossa ou cascalho, nenhum dos métodos líquidos funcionará de forma adequada, a menos que o buraco seja muito grande, o que significa empregar um dos dois métodos de poço de ensaio com uma folha de polietileno para conter a água ou o óleo. Todos os métodos volumétricos comuns estão sujeitos a erro se o preenchimento compactado contiver cascalho e seixos, embora os dois procedimentos de poço de ensaio sejam tentativas de minimizar esse efeito (ver a discussão anterior sobre "partículas *oversize*").

4.7.4 Compactação mais eficiente

As condições de compactação mais eficientes e, portanto, mais econômicas são ilustradas na Figura 4.22. Três curvas hipotéticas de compactação de campo do mesmo solo, mas com diferentes esforços de compactação, são mostradas. Suponha que a curva ① represente um esforço de compactação que possa ser facilmente obtido com o equipamento de compactação existente. Portanto, para alcançar, digamos, 90% de compactação relativa, o teor de umidade de colocação do preenchimento compactado deve ser maior do que o teor de umidade **a**, mas menor que o teor de umidade **c**. Esses pontos são encontrados onde a linha de 90% de R.C. intercepta a curva de compactação ①. Se o teor de umidade de colocação estiver fora da faixa de **a** a **c**, será muito difícil, se não impossível, alcançar o percentual de compactação relativa especificado, não importa o quanto o empreiteiro compacte esse leito. Por isso, pode ser necessário umedecer ou secar (retrabalhar) o solo antes de proceder à compactação por rolo em campo.

Agora que estabelecemos a faixa de teores de umidade de colocação, o empreiteiro pode perguntar: "Qual é o melhor teor de umidade de colocação a ser usado?" Do ponto de vista puramente econômico, o teor de umidade mais eficiente estaria em **b**, onde o empreiteiro fornece o esforço de compactação mínimo para alcançar os 90% de compactação relativa necessários. Para alcançar consistentemente a compactação relativa mínima para o projeto, o empreiteiro em geral usará um esforço de compactação ligeiramente maior, por exemplo, como mostrado pela curva ② da Figura 4.22. Assim, os teores de umidade de colocação mais eficientes existem entre o teor de umidade ótimo e **b**.

TABELA 4.4 Procedimentos para determinar o volume do buraco escavado nos ensaios destrutivos de densidade em campo

Método do ensaio	Norma ASTM	Limitações
Cone de areia	D 1556	Para solos de grão fino sem cascalho grosso apreciável
Balão de borracha	D 2167	Para solos de grão fino sem agregados angulares pontiagudos
Cilindro de impacto	D 2937	Para solos de grão fino com cascalho
Substituição de areia no poço de ensaio	D 4914	Para solos com cascalho e seixos
Substituição de água no poço de ensaio	D 5030	Para solos com cascalho e seixos

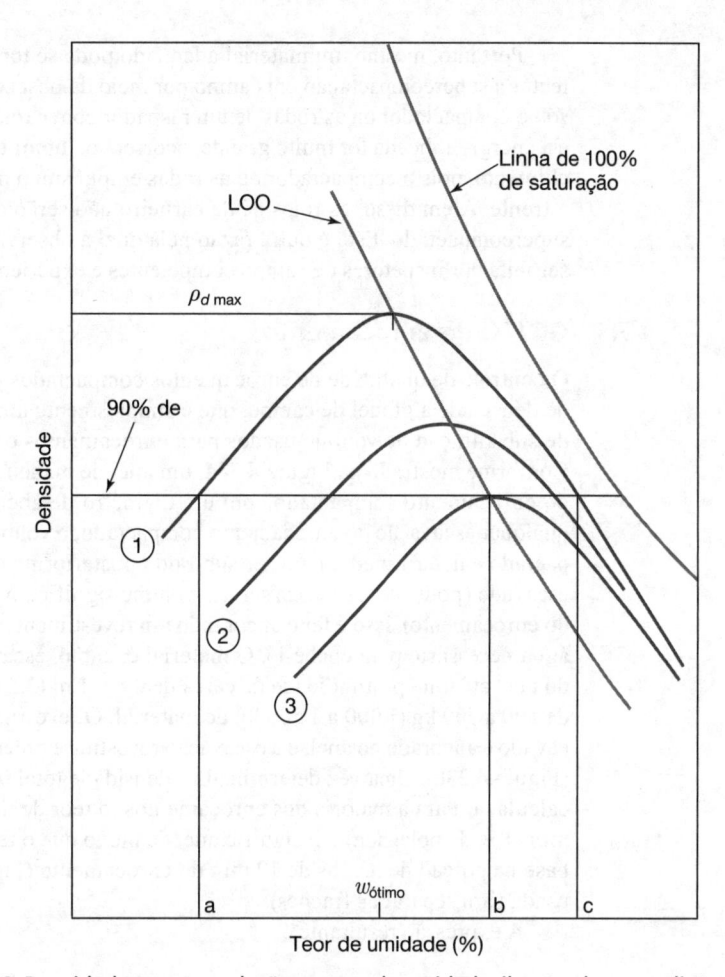

FIGURA 4.22 Densidade seca em relação ao teor de umidade, ilustrando as condições mais eficientes para compactação de campo (adaptada de Seed, 1964).

No entanto, o que pode ser melhor do ponto de vista do empreiteiro pode não resultar em um preenchimento com as propriedades técnicas desejadas. Compactar um solo no lado úmido geralmente resulta em menor resistência e maior compressibilidade, por exemplo, do que compactar o solo no lado seco do teor de umidade ótimo. Outras características, como permeabilidade e potencial de contração-expansão, também serão diferentes. Assim, uma **faixa de teores de umidade de colocação** também deve ser especificada pelo projetista, além do percentual de compactação relativa. Este ponto ilustra por que o desempenho técnico desejado do preenchimento, em vez de apenas do percentual de compactação, deve ser considerado ao elaborar especificações de compactação e projetar procedimentos de controle de campo (ver Figura 4.17).

4.7.5 Supercompactação

As Figuras 4.22 e 4.2 ilustram que densidades especificadas podem ser alcançadas com teores de umidade mais altos se mais esforço de compactação for aplicado, seja empregando rolos mais pesados ou mais aplicações do mesmo rolo. Contudo, como mencionado antes, com teores de umidade mais altos, por exemplo, úmidos em relação ao ótimo, uma resistência menor será obtida com energias de compactação mais altas. Esse efeito é conhecido como **supercompactação**. A supercompactação pode ocorrer em campo quando solos úmidos em relação ao ótimo são **compactados** com um rolo muito pesado e de rodas lisas (Figura 4.10a), ou um número excessivo de passadas é aplicado no leito (Mills e DeSalvo, 1978).

Portanto, mesmo um material adequado pode se tornar mais fraco. Também é possível detectar a supercompactação em campo por meio da observação cuidadosa do solo imediatamente sob o compactador ou as rodas de um raspador com carga pesada. Se o solo estiver muito úmido e a energia aplicada for muito grande, ocorrerá o "**bombeamento**" ou o **deslocamento** do preenchimento, pois o compactador ou as rodas empurram o preenchimento úmido e mais fraco para a frente. Além disso, os rolos pé de carneiro não serão capazes de "sair" de um solo úmido ou supercompactado. Esta é outra razão pela qual a observação do processo de compactação deve ser feita por inspetores de campo competentes e experientes.

4.7.6 GQ/CQ do enrocamento

O controle de qualidade de enrocamentos compactados pode ser realizado adotando um ensaio de densidade a granel de campo, que é simplesmente uma versão em grande escala dos ensaios de substituição de volume usados para enrocamentos compactados (Figura 4.18 e Tabela 4.4). Conforme mostrado na Figura 4.23a, um anel de madeira compensada é colocado na superfície do enrocamento compactado com um diâmetro de abertura típico de 3 pés (0,9 m). Antes de qualquer escavação do enrocamento compactado, o volume do anel acima do enrocamento compactado é determinado, para ser subtraído posteriormente do volume total do anel e do buraco escavado (podendo, às vezes, ser um volume significativo devido à irregularidade da superfície do enrocamento). Isso é feito ancorando um revestimento plástico no anel e medindo o volume de água necessário para enchê-lo. O material é, então, escavado manualmente dentro do diâmetro do anel até uma profundidade de cerca de 0,8 a 1 m (2,5 a 3 pés), de modo que se obtenha cerca de 500 a 700 kg (1.000 a 1.500 lb) de material. O revestimento plástico é colocado no buraco escavado e ancorado no anel, e a escavação revestida é preenchida com um volume de água medido (Figura 4.23b). Uma vez determinada a densidade total *in situ*, a densidade seca *in situ* pode ser calculada. Para a maioria dos enrocamentos, o teor de umidade do enrocamento de mais de 19 mm (+ ¾ de polegada) é insignificante, de modo que o teor de umidade pode ser calculado com base na porção de menos de 19 mm do enrocamento (Figura 4.23a) mostra a peneira de campo usada para separar as frações).

A expressão resultante é

$$\rho_d = \text{massa total úmida do material de enrocamento}$$
$$= 1 + (w_{-¾}/100) \times (\% \text{ que passa } ¾ \text{ de polegada}/100) \qquad (4.8)$$

onde $w_{-¾}$ = teor de umidade do material de menos de 19 mm. Breitenbach (1993) discute cálculos de densidade seca para enrocamentos nos quais os materiais de mais de 19 mm possuem algum teor de umidade apreciável, como rochas intemperizadas, folhelhos, argilitos ou outros tipos de rochas absorventes.

(a) (b)

FIGURA 4.23 Ensaio de substituição de água para determinar a densidade *in situ* do enrocamento: (a) anel de madeira compensada para uso como modelo de buraco; (b) buraco revestido com plástico preenchido com água para determinação do volume (fotografias de A. Breitenbach de www.geoengineer.org/rockfill.htm).

4.8 ESTIMATIVA DE DESEMPENHO DE SOLOS COMPACTADOS

Como um determinado solo se comportará em um preenchimento, suportando uma fundação, contendo água ou sob um pavimento? A ação do gelo será um fator crítico? Para referência futura, apresentamos a experiência do U.S. Army Corps of Engineers sobre características de compactação aplicáveis a estradas e aeródromos (Tabela 4.5) e a experiência do U.S. Department of the Interior, Bureau of Reclamation, para vários tipos de estruturas terrosas.

Na Tabela 4.5, os termos **base**, **sub-base** e **subgrade** (Colunas 7, 8 e 9) referem-se a componentes de um sistema de pavimentação, e eles são definidos na Figura 4.24. Na Coluna 16, o termo **CBR** representa o índice de suporte Califórnia. O **CBR** é usado pelo U.S. Army Corps of Engineers para o projeto de pavimentos **flexíveis**. Eles utilizam o módulo de reação da sub-base (Coluna 17) para o projeto de pavimentos **rígidos**. As camadas superiores de pavimentos flexíveis geralmente são construídas de concreto asfáltico, enquanto os pavimentos rígidos são feitos de concreto de cimento Portland. Uma referência adequada para o projeto de pavimentos é o livro de Papagiannakis e Masad (2008).

O uso desta tabela na prática de engenharia é demonstrado com mais eficiência por meio de exemplos. Ela é muito útil para fins de projeto preliminar, para selecionar o equipamento de compactação mais adequado e para verificar rapidamente os resultados de ensaio em campo e laboratório.

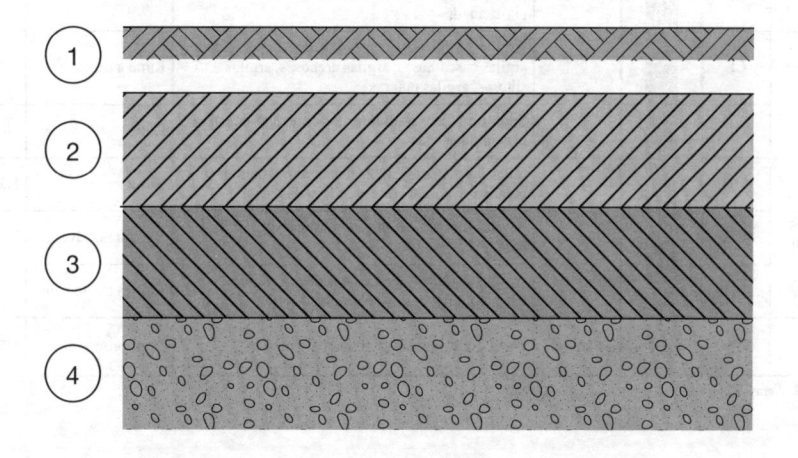

(1) Superfície de desgaste: 20 a 25 cm de concreto de cimento Portland ou 2 a 8 cm de concreto asfáltico.

(2) Base: 5 a 10 cm de concreto asfáltico, 15 a 30 cm de base de areia e cascalho, 20 a 30 cm de solo e cimento ou 15 a 20 cm de areia

(3) Material da sub-base (esta camada pode ser omitida): 15 a 30 cm de areia e cascalho.

(4) Sub-base: O solo natural no local. Os primeiros 0,15 a 0,5 m geralmente são compactados antes da colocação das outras camadas do pavimento.

FIGURA 4.24 Definições de termos comuns a sistemas de pavimentação, com dimensões e materiais típicos para cada componente.

TABELA 4.5 Características pertinentes a estradas e aeródromos

Principais divisões (1)	(2)	Símbolo Letra (3)	Símbolo Hachura (4)	Símbolo Coloração (5)	Nome (6)	Valor como sub-base quando não sujeito à ação do gelo (7)	Valor como sub-base quando não sujeito à ação do gelo (8)	Valor como base quando não sujeito à ação do gelo (9)
SOLOS DE GRÃO GROSSO	CASCALHO E SOLOS CASCALHOSOS	GW		Vermelho	Cascalhos ou misturas de areia e cascalho bem-graduados, com poucos ou nenhum fino	Excelente	Excelente	Bom
		GP			Cascalhos ou misturas de areia e cascalho malgraduados, com poucos ou nenhum fino	Bom a excelente	Bom	Razoável a bom
		GM d		Amarelo	Cascalhos siltosos, misturas de areia, cascalho e silte	Bom a excelente	Bom	Razoável a bom
		GM u				Bom	Razoável	Ruim a não apropriado
		GC			Cascalhos argilosos, misturas de areia, cascalho e argila	Bom	Razoável	Ruim a não apropriado
	AREIA E SOLOS ARENOSOS	SW		Vermelho	Areias ou areias cascalhosas bem-graduadas, com poucos ou nenhum fino	Bom	Razoável a bom	Ruim
		SP			Cascalhos ou areias cascalhosas malgraduadas, com poucos ou nenhum fino	Razoável a bom	Razoável	Ruim a não apropriado
		SM d		Amarelo	Cascalhos siltosos, misturas de areia e silte	Razoável a bom	Razoável a bom	Ruim
		SM u				Razoável	Ruim a razoável	Não apropriado
		SC			Areias argilosas, misturas de areia e argila	Ruim a razoável	Ruim	Não apropriado
SOLOS DE GRÃO FINO	SILTES E ARGILAS LL MENOR QUE 50	ML		Verde	Siltes inorgânicos e areias muito finas, pó de pedra, areias finas siltosas ou argilosas com leve plasticidade	Ruim a razoável	Não apropriado	Não apropriado
		CL			Argilas inorgânicas de baixa a média plasticidade, argilas cascalhosas, argilas arenosas, argilas siltosas, argilas magras	Ruim a razoável	Não apropriado	Não apropriado
		OL			Siltes orgânicos e silte-argilas orgânicas de baixa plasticidade	Ruim	Não apropriado	Não apropriado
	SILTES E ARGILAS LL MAIOR QUE 50	MH		Azul	Siltes inorgânicos, solos micáceos ou diatomáceos, arenosos finos ou siltosos, siltes clásticos	Ruim	Não apropriado	Não apropriado
		CH			Argilas inorgânicas de alta plasticidade, argilas gordas	Ruim a razoável	Não apropriado	Não apropriado
		OH			Argilas orgânicas de média a alta plasticidade, siltes orgânicos	Ruim a muito ruim	Não apropriado	Não apropriado
SOLOS ALTAMENTE ORGÂNICOS		Pt		Laranja	Turfa e outros solos altamente orgânicos	Não apropriado	Não apropriado	Não apropriado

Com base em dados da U.S. Army Waterways Experiment Station (1960).

Obs.:
1. Na Coluna 3, a divisão dos grupos GM e SM em subdivisões d e u é apenas para estradas e aeródromos. A subdivisão é baseada nos limites de Atterberg; o sufixo d (p. ex., GMd) será usado quando o limite de liquidez for 25 ou menos e o índice de plasticidade for 5 ou menos; o sufixo u será usado caso contrário.
2. Na Coluna 13, o equipamento listado geralmente produzirá as densidades necessárias com um número razoável de passadas quando as condições de umidade e a espessura do leito forem adequadamente controladas. Em alguns casos, vários tipos de equipamentos são listados, porque as características do solo variáveis dentro de um dado grupo de solo podem exigir equipamentos diferentes. Em alguns casos, uma combinação de dois tipos pode ser necessária.
    a. **Materiais de base processados e outros materiais angulares**. Rolos de pneus de aço e pneumáticos são recomendados para materiais duros e angulares com poucos finos ou peneiramentos. Equipamentos pneumáticos são recomendados para materiais mais macios sujeitos a degradação.
    b. **Acabamento**. Equipamentos pneumáticos são recomendados para rolagem durante as operações de modelagem final para a maioria dos solos e materiais processados.

TABELA 4.5 (Continuação)

Potencial de ação de gelo (10)	Compressibilidade e expansão (11)	Características de drenagem (12)	Equipamento de compactação (13)	Densidades secas específicas		Valores de projeto típicos	
				1 libra/pé^3 (14)	kg/m^3 (15)	CBR (16)	Módulo de subleito K (1 libra/pol.^{3}) (17)
Nenhum a muito leve	Quase nenhum	Excelente	Trator de esteira, rolo pneumático, rolo com rodas de aço	125 a 140	2.000 a 2.240	40 a 80	300 a 500
Nenhum a muito leve	Quase nenhum	Excelente	Trator de esteira, rolo pneumático, rolo com rodas de aço	110 a 140	1.760 a 2.240	30 a 60	300 a 500
Leve a médio	Muito leve	Razoável a ruim	Rolo pneumático, rolo pé de carneiro, controle rigoroso da umidade	125 a 145	2.000 a 2.320	40 a 60	300 a 500
Leve a médio	Leve	Ruim a praticamente impermeável	Rolo pneumático, rolo pé de carneiro	115 a 135	1.840 a 2.160	20 a 30	200 a 500
Leve a médio	Leve	Ruim a praticamente impermeável	Rolo pneumático, rolo pé de carneiro	130 a 145	2.080 a 2.320	20 a 40	200 a 500
Nenhum a muito leve	Quase nenhum	Excelente	Trator de esteira, rolo pneumático	110 a 130	1.760 a 2.080	20 a 40	200 a 400
Nenhum a muito leve	Quase nenhum	Excelente	Trator de esteira, rolo pneumático	105 a 135	1.680 a 2.160	10 a 40	150 a 400
Leve a alto	Muito leve	Razoável a ruim	Rolo pneumático, rolo pé de carneiro, controle rigoroso da umidade	120 a 135	1.920 a 2.160	15 a 40	150 a 400
Leve a alto	Leve a médio	Ruim a praticamente impermeável	Rolo pneumático, rolo pé de carneiro	100 a 130	1.600 a 2.080	10 a 20	100 a 300
Leve a alto	Leve a médio	Ruim a praticamente impermeável	Rolo pneumático, rolo pé de carneiro	100 a 135	1.600 a 2.160	5 a 20	100 a 300
Médio a muito alto	Leve a médio	Razoável a ruim	Rolo pneumático, rolo pé de carneiro, controle rigoroso da umidade	90 a 130	1.440 a 2.080	15 ou menos	100 a 200
Médio a alto	Médio	Praticamente impermeável	Rolo pneumático, rolo pé de carneiro	90 a 130	1.440 a 2.080	15 ou menos	50 a 150
Médio a alto	Médio a alto	Ruim	Rolo pneumático, rolo pé de carneiro	90 a 105	1.440 a 1.680	5 ou menos	50 a 100
Médio a muito alto	Alto	Razoável a ruim	Rolo pé de carneiro, rolo pneumático	80 a 105	1.280 a 1.680	10 ou menos	50 a 100
Médio	Alto	Praticamente impermeável	Rolo pé de carneiro, rolo pneumático	90 a 115	1.440 a 1.840	15 ou menos	50 a 150
Médio	Alto	Praticamente impermeável	Rolo pé de carneiro, rolo pneumático	80 a 110	1.280 a 1.760	5 ou menos	25 a 100
Leve	Muito alto	Razoável a ruim	Compactação não prática				

    c. **Tamanho do equipamento**. Os seguintes tamanhos de equipamentos são necessários para garantir as altas densidades requeridas para a construção de aeródromos: Trator tipo esteira – peso total superior a 30.000 lb (14.000 kg).

    Equipamento pneumático – carga na roda superior a 15.000 lb (7.000 kg); cargas nas rodas de até 40.000 lb (18.000 kg) podem ser necessárias para obter as densidades requeridas para alguns materiais (com base na pressão de contato de aproximadamente 65 a 150 psi ou 450 kPa a 1.000 kPa).

    Rolo pé de carneiro – pressão específica (em 6 a 12 pol^2 ou 40 a 80 cm^2 de pé) deve ser superior a 250 psi (1.750 kPa); pressões específicas de até 650 psi (4.500 kPa) podem ser necessárias para obter as densidades requeridas para alguns materiais. A área dos pés deve ser pelo menos 5% da área periférica total do tambor, usando o diâmetro medido até as faces dos pés.

3. Nas Colunas 14 e 15, as densidades são para solo compactado com teor de umidade ótimo para esforço de compactação modificado da AASHTO.
4. Na Coluna 16, o valor máximo que pode ser usado no projeto de aeródromos é, em alguns casos, limitado por requisitos de graduação e plasticidade.

Exemplo 4.4

Contexto:

Um solo, classificado como **CL** de acordo com o Sistema **USCS**, é proposto para um preenchimento compactado.

Problema:

Considere o solo a ser utilizado como:

a. Sub-base
b. Barragem de terra
c. Suporte de fundação para uma estrutura

Use a Tabela 4.5 e comente sobre:

1. A adequação geral do solo
2. Problemas potenciais do gelo
3. Propriedades técnicas significativas
4. Equipamento de compactação apropriado para uso

Solução:

	a. Sub-base	b. Barragem de terra	c. Fundação estrutural
1. Adequação	Ruim a razoável	Útil como testemunho central	Aceitável se compactado a seco em relação ao ótimo e se não estiver saturado durante a vida útil
2. Potencial de ação de gelo	Médio a alto	Baixo se coberto por solo não sujeito a ação do gelo, com profundidade suficiente	Médio a alto se não controlado por temperatura e disponibilidade de água
3. Propriedades técnicas	Compressibilidade média, resistência razoável CBR < 15	Baixa permeabilidade, compactação para baixa permeabilidade e alta resistência, mas também para flexibilidade	Potencial para baixa resistência e, portanto, baixo desempenho
4. Equipamento de compactação apropriado	Rolo pé de carneiro e/ou pneumático	Rolo pé de carneiro e/ou pneumático	Rolo pé de carneiro e/ou pneumático

PROBLEMAS

4.1 Para os dados na Figura 4.1:
  a. Estime o peso específico máximo e o teor de umidade ótimo tanto para a curva padrão quanto para a curva de Proctor modificada.
  b. Qual é a faixa de teor de umidade para alcançar 90% de compactação relativa para a curva de Proctor modificada e 95% de compactação relativa para a curva de Proctor normal?
  c. Se um esforço de compactação mais alto do que o Proctor modificado foi usado e alcançou um peso específico máximo de 120 lb/pés^3, qual é a sua estimativa do teor de umidade com o qual isso foi alcançado?

4.2 É sabido que o teor de umidade natural de um material de empréstimo é de 12%. Considerando que 4,75 kg de solo **úmido** são utilizados para ensaios de compactação em laboratório, calcule a quantidade de água a ser adicionada a outras 4,75 amostras para alcançar umidades de 14, 17, 20, 23 e 26%.

4.3 Para o solo mostrado na Figura 4.1, um ensaio de densidade em campo forneceu as seguintes informações:
   a. Teor de umidade = 13%
   b. Peso específico úmido = 115 lbf/pés³
   c. Calcule o percentual de compactação relativa com base nas curvas de Proctor modificada e normal.

4.4 Para os dados abaixo, ρ_s = 2.710 kg/m³:
   a. Trace as curvas de compactação.
   b. Estabeleça a densidade seca máxima e a umidade ótima para cada ensaio.
   c. Calcule o grau de saturação no ponto ótimo para os dados na Coluna A.
   d. Trace a curva de saturação de 100% (zero vazios de ar). Também trace as curvas de saturação de 70, 80 e 90%. Trace a linha dos valores ótimos.

A (modificado)		B (normal)		C (baixa energia)	
ρ_d (kg/m³)	w (%)	ρ_d (kg/m³)	w (%)	ρ_d (kg/m³)	w (%)
1.873	9,3	1.691	9,3	1.627	10,9
1.910	12,8	1.715	11,8	1.639	12,3
1.803	15,5	1.755	14,3	1.740	16,3
1.699	18,7	1.747	17,6	1.707	20,1
1.641	21,1	1.685	20,8	1.647	22,4
		1.619	23,0		

4.5 Os seguintes dados de umidade-densidade são resultados de ensaios de compactação em laboratório com um determinado solo usando o mesmo esforço de compactação:

Teor de umidade (%)	Peso específico úmido (lb/pés³)
10	122
13	128
15	132
17	134
19	132

Obs.: G_s = 2,68.

   a. Usando uma planilha, trace a curva de peso específico seco em relação ao teor de umidade e indique o peso específico seco máximo e o teor de umidade ótimo.
   b. Qual faixa de teor de umidade seria aceitável se as especificações exigirem 98% de compactação relativa e um teor de umidade seco em relação ao ponto ótimo? Indique como você calculou a compactação relativa e mostre no gráfico a faixa de teor de umidade.
   c. Qual é o nível máximo de saturação alcançado durante os ensaios de compactação que foram realizados?

4.6 Um ensaio de Proctor foi realizado em um solo que possui uma gravidade específica de sólidos de 2.68. Para os dados de teor de umidade e peso específico total γ_t a seguir:
   a. Usando uma planilha, calcule e trace a curva de umidade-densidade seca.
   b. Encontre o peso específico seco máximo e o teor de umidade ótimo.
   c. Determine a faixa de umidade permitida caso um empreiteiro pretenda alcançar 95% de compactação relativa.
   d. Que volume de água, em pés³, deve ser adicionado para obter 20 pés³ de solo no peso específico seco máximo se o solo estiver originalmente com 10% de teor de umidade?

Teor de umidade (%)	Peso específico úmido (pcf)
10	95
13	105
16	115
18	122
20	126
22	125
25	121

4.7 Existem duas opções de solo de empréstimo disponíveis:

Empréstimo A		Empréstimo B
115 pcf	Peso específico *in situ*	120 pcf
?	Peso específico no transporte	95
0,92	Índice de vazios no transporte	?
25%	Teor de umidade *in situ*	20%
$0,20/jarda³	Custo para escavar	$0,10/jarda³
$0,30/jarda³	Custo para transportar	$0,40/jarda³
2,7	G_s	2,7
112 pcf	Peso específico seco máximo de Proctor	110

Obs.: In situ indica quando o solo estava em sua localização original e natural.

Será necessário preencher uma depressão de 250.000 jardas³, e o material de preenchimento deve ser compactado a 90% da densidade máxima de Proctor (normal). Um teor de umidade final de 15% é desejado em ambos os casos. (a) Qual é o volume mínimo de empréstimo necessário de cada local para preencher a depressão? (b) Qual é a quantidade mínima (volume) de material de cada local para transportar? (c) Qual solo seria mais barato de usar?

4.8 Consulte os seguintes dados:

Peso específico seco no poço de empréstimo	87,0 pcf
Teor de umidade no poço de empréstimo	13,0%
Gravidade específica das partículas do solo	2,70
Teor de umidade ótimo de Proctor modificado	14,0%
Densidade seca máxima de Proctor modificado	116,0 pcf

Vamos presumir que 50.000 jardas³ do solo do poço de empréstimo serão entregues a um aterro em um canteiro de obras com um teor de umidade de 9%. Com compactação a um mínimo de 90% da densidade seca máxima de Proctor modificado, determine o volume total de água (em galões) que deve ser adicionado ao solo para aumentar o teor de umidade para o nível ótimo.

4.9 Verificou-se que os valores de e_{min} e $e_{máx}$ para uma areia de sílica pura ρ_s = 2.680 kg/m³ eram de 0,38 e 0,74, respectivamente.
  a. Qual é a faixa correspondente de densidade seca?
  b. Se o índice de vazios *in situ* for de 0,55, qual é a densidade relativa?

4.10 Verificou-se que o peso específico úmido de uma areia em um aterro era de 118 pcf e o teor de umidade de campo era de 14%. Em laboratório, observou-se que o peso específico dos sólidos era 169 pcf, e os índices de vazios máximo e mínimo eram de 0,67 e 0,35, respectivamente. Calcule a densidade relativa da areia em campo.

4.11 Os resultados dos ensaios laboratoriais com uma areia são $e_{máx}$ = 0,89, $e_{mín}$ = 0,45 e G_s = 2,69.
  a. Qual é o peso específico seco (em lb/pés³) desta areia quando sua densidade relativa é de 62% e seu teor de umidade é de 12%?
  b. Como você classificaria a densidade deste solo?

4.12 Com base em dados de campo, você determinou que a densidade relativa de uma areia está na linha de limite entre "média" e "densa", e seu índice de vazios é de 0,91. Para este solo, se a diferença entre $e_{mín}$ e $e_{máx}$ for de 0,25, qual é $e_{mín}$?

4.13 Para um solo granular, observou-se que γ_t = 108 pcf, D_r = 75%, w = 11% e G_s = 2,68. Para este solo, se $e_{mín}$ = 0,39, qual seria o peso específico seco no estado mais "frouxo"?

4.14 Os resultados dos ensaios laboratoriais com uma areia são o seguinte: $e_{máx}$ = 0,91, $e_{mín}$ = 0,48 e G_s = 2,67. Qual seria o peso específico seco e úmido desta areia, em lb/pés³, quando densificada a um teor de umidade de 10% para uma densidade relativa de 65%?

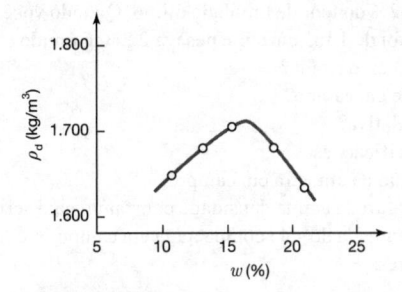

FIGURA P4.16

4.15 Uma amostra de areia apresenta uma densidade relativa de 47% com uma gravidade específica dos sólidos de 2,69. O índice de vazios mínimo é 0,41, e o índice de vazios máximo é 0,94.
  a. Qual é o peso unitário (em unidades de kg/m³) desta areia na condição saturada?
  b. Se a areia for compactada para uma densidade relativa de 62%, qual será a diminuição na espessura de uma camada de 1,5 m de espessura?

4.16 Um ensaio de controle de compactação de campo foi conduzido em um leito compactado. A massa do material removido do buraco era de 1.820 g, determinando-se que o volume do buraco era de 955 cm³. Uma pequena amostra do solo perdeu 17 g no ensaio de secagem, e a massa restante após a secagem era de 94 g. Os resultados do ensaio laboratorial de controle são mostrados na Figura P4.16.
  a. Se a especificação do produto final requer 100% de compactação relativa e w = (ótimo − 3%) a (ótimo + 1%), determine a aceitabilidade da compactação em campo e explique por que isso ocorre.
  b. Se não for aceitável, o que deve ser feito para melhorar a compactação de forma que atenda à especificação?

4.17 Explique por que a compactação relativa de campo medida diminui se houver vibração durante o ensaio do cone de areia (p. ex., devido a equipamentos pesados operando nas proximidades)?

4.18 Em um ensaio de densidade em campo usando o método de substituição de água (norma **ASTM 5030**, Figura 4.17c), a massa úmida do solo removido de um buraco no aterro era de 365 lb. O peso da água necessário para preencher o buraco era de 180 lb, observando-se que o teor de umidade de campo era de 22%. Se γ_s dos sólidos do solo for de 167 pcf, quais são a densidade seca e o grau de saturação do aterro?

4.19 Um ensaio de densidade em campo foi realizado usando o método de substituição de água. Uma amostra de aterro compactada foi escavada, e o buraco foi revestido e preenchido com água. A massa úmida do solo removido do buraco era de 1.590 kg. A massa da água necessária para preencher o buraco era de 900 kg, e o teor de umidade do campo do aterro era de 25%. Se ρ_s = 2.700 kg/m³, quais são a densidade seca e o grau de saturação do aterro?

4.20 Você é um inspetor de controle de construção de terraplanagem verificando a compactação em campo de uma camada de solo. A curva de compactação em laboratório para o solo é mostrada na Figura P4.20. As especificações exigem que a densidade compactada seja pelo menos 95% do valor máximo

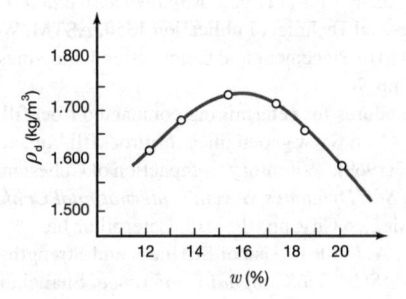

FIGURA P4.20

de laboratório e dentro de ±2% do teor de umidade ótimo. Quando você fez o ensaio do cone de areia, o volume de solo escavado foi de 1.165 cm³. Ele pesava 2.230 g úmido e 1.852 g seco.
- **a.** Qual é a densidade seca compactada?
- **b.** Qual é o teor de umidade em campo?
- **c.** Qual é a compactação relativa?
- **d.** O ensaio atende às especificações?
- **e.** Qual é o grau de saturação da amostra em campo?
- **f.** Se a amostra estivesse saturada a uma densidade constante, qual seria o teor de umidade?

4.21 Você está verificando uma camada de solo compactada em campo. A curva de controle em laboratório apresenta os seguintes valores:

ρ_d (lb/pés³)	w (%)
104	14
105,5	16
106	18
105	20
103,5	22
101	24

A especificação para compactação afirma que o solo compactado em campo deve ser pelo menos 95% da densidade máxima de controle e dentro de 2% do teor de umidade ótimo para a curva de controle. Você escava um buraco de 1/30 pés³ na camada compactada e extrai uma amostra que pesa 3,8 lb úmida e 3,1 lb seca.
- **a.** Quais são: o γ_d compactado? O w de compactação? O percentual de compactação? A amostra atende às especificações?
- **b.** Se o peso específico dos sólidos é de 170 pcf, qual é o grau de saturação compactado? Se a amostra estivesse saturada a uma densidade constante, qual seria o teor de umidade? (Adaptado de C. W. Lovell.)

4.22 Contexto: Os dados mostrados na Figura 4.4. Os tipos de solo 3 e 4 são misturados na área de empréstimo até certo ponto desconhecido. Depois que uma amostra representativa do material combinado é seca ao ar com um teor de umidade uniforme (de preferência no lado seco em relação ao ótimo), é realizado um ensaio de compactação, sendo obtido um valor de densidade seca de 1.850 kg/m³ com um teor de umidade de 12,5%.
- **a.** Estime a densidade seca máxima dos solos combinados.
- **b.** Se uma densidade seca em campo de 1.540 kg/m³ é obtida após a compactação por um rolo pé de carneiro, calcule a compactação relativa.

REFERÊNCIAS

Abelev, Y.M. (1957). "The Stabilization of Foundations of Structures on Loess Soils," *Proceedings of the Fourth International Conference on Soil Mechanics and Foundation Engineering*, London, Vol. I, pp. 259–263.

Benson, C.H. and Bosscher, P.J. (1999). "Time-Domain Reflectometry (TDR) in Geotechnics: A Review," in W.A. Marr and C.E. Fairhurst (Eds.), *Nondestructive and Automated Testing for Soil and Rock Properties*, ASTM Special Technical Publication 1350, ASTM, West Conshohocken, PA.

Breitenbach, A.J. (1993). "Rockfill Placement and Compaction Guidelines," *Geotechnical Testing Journal*, ASTM, Vol. 16, No. 1, pp. 76–84.

Breitenbach A.J. (2021). "Procedures for determining compacted Rockfill Lift Thickness & compactive effort in large scale test fills," on www.geoengineer.org/rockfill.htm, accessed July 2021.

Broms, B.B. and Forssblad, L. (1969). "Vibratory Compaction of Cohesionless Soils," *Proceedings of the Specialty Session No. 2 on Soil Dynamics, Seventh International Conference on Soil Mechanics and Foundation Engineering*, Mexico City, pp. 101–118. Caterpillar Inc.

Edil, T.B. and Sawangsuriya, A. (2006). "Use of Stiffness and Strength for Earthwork Quality Evaluation," *Proceedings of the ASCE GeoShanghai Conference*, Shanghai, China, H. Zui, F. Zhang, E. Drumm, and C.T. Chin (Eds.), pp. 80–87.

Hausmann, M.R. (1990). *Engineering Principles of Ground Modification*, McGraw-Hill, New York, 632 p.

HILF, J.W. (1961). "A Rapid Method of Construction Control for Embankments of Cohesive Soils," Engineering Monograph No. 26, revised, U.S. Bureau of Reclamation, Denver, 29 p.

HILF, J.W. (1991). "Compacted Fill," Chapter 8 in *Foundation Engineering Handbook*, 2nd ed., H.Y. Fang (Ed.), pp. 249–316.

HOLTZ, R.D., SHANG, J.Q., AND BERGADO, D.T. (2001). "Foundation Soil Improvement," Chapter 15 in *Geotechnical and Geoenvironmental Engineering Handbook*, R.K. Rowe (Ed.), Springer, New York, pp. 429–462. Hilf, 1961.

JANSEN, R.B. (Ed.) (1988). *Advanced Dam Engineering for Design, Construction, and Rehabilitation*, Van Nostrand Reinhold, New York, 811 p.

JOHNSON, A.W. AND SALLBERG, J.R. (1960). "Factors that Influence Field Compaction of Soils," *Bulletin 272*, Highway Research Board, 206 p.

LAMBE, T.W. (1958). "The Structure of Compacted Clay," *Journal of the Soil Mechanics and Foundations Division*, ASCE, Vol. 84, No. SM2, pp. 1654-1 to 1654-34.

LAMBE, T.W. AND WHITMAN, R.V. (1969). *Soil Mechanics*, Wiley, New York, 553 p.

LEONARDS, G.A., CUTTER, W.A., AND HOLTZ, R.D. (1980). "Dynamic Compaction of Granular Soils," *Journal of the Geotechnical Engineering Division*, ASCE, Vol. 106, No. 1, pp. 35–44.

LOOS, W. (1936). "Comparative Studies of the Effectiveness of Different Methods for Compacting Cohesionless Soils," *Proceedings of the First International Conference on Soil Mechanics and Foundation Engineering*, Cambridge, Vol. III, pp. 174–179.

LUKAS, R.G. (1980). "Densification of Loose Deposits by Pounding," *Journal of the Geotechnical Engineering Division*, ASCE, Vol. 106, No. GT4, pp. 435–446.

LUKAS, R.G. (1995). "Dynamic Compaction," *Geotechnical Engineering Circular No. 1*, FHWA Publication No. 1, Report No FHWA-SA-95–037, Office of Technology Applications, Washington, 105 p.

MEEHAN, R.L. (1967). "The Uselessness of Elephants in Compacting Fill," *Canadian Geotechnical Journal*, Vol. IV, No. 3, pp. 358–360.

MÉNARD, L.F. AND BROISE,Y. (1975). "Theoretical and Practical Aspects of Dynamic Consolidation," *Géotechnique*, Vol. XXV, No. 1, pp. 3–18.

MILLS, W.T. AND DE SALVO, J.M. (1978). "Soil Compaction and Proofrolling," *Soils*, Newsletter of Converse, Ward, Davis, and Dixon, Inc., Pasadena, CA, and Caldwell, NJ, Autumn, pp. 6–7.

PAPAGIANNAKIS, A.T. AND MASAD, E.A. (2008). *Pavement Design and Materials*, Wiley, Hoboken, NJ, 542 p.

PARSONS, A.W., KRAWCZYK, J., AND CROSS, J.E. (1962). "An Investigation of the Performance on an Vibrating Roller for the Compaction of Soil," Road Research Laboratory, Laboratory Note No. LN/64/AWP. JK. JEC.

PROCTOR, R.R. (1933). "Fundamental Principles of Soil Compaction," *Engineering News-Record*, Vol. 111, Nos. 9, 10, 12, and 13.

SALAHUDEEN, A.B. & IJIMDIYA, THOMAS & EBEREMU, ADRIAN. OSHIONAME & OSINUBI, K. (2018). "Artificial Neural Networks Prediction of Compaction Characteristics of Black Cotton Soil Stabilized with Cement Kiln Dust," *Journal of Soft Computing in Civil Engineering*, Vol. 2, pp. 50–71.

SAWANGSURIYA, A., EDIL, T.B., AND BOSSCHER, P.J. (2003). "Relationship Between Soil Stiffness Gauge Modulus and Other Test Moduli for Granular Soils," *Transportation Research Record No. 1849*, Transportation Research Board, Washington, DC, pp. 3–10.

SEED, H.B. (1964). Lecture Notes, CE 271, "Seepage and Earth Dam Design," University of California, Berkeley (recorded by W.D. Kovacs, April 13).

SEED, H.B. AND CHAN, C.K. (1959). "Structure and Strength Characteristics of Compacted Clays," *Journal of the Soil Mechanics and Foundations Division*, ASCE, Vol. 85, No. SM5, pp. 87–128.

SELIG, E.T. AND LADD, R.S. (Eds.) (1973). "Evaluation of Relative Density and Its Role in Geotechnical Projects Involving Cohesionless Soils," *Proceedings of a Symposium*, ASTM Special Technical Publication No. 523, 510 p.

SELIG, E.T. AND YOO, T.S. (1977). "Fundamentals of Vibratory Roller Behavior," *Proceedings of the Ninth International Conference on Soil Mechanics and Foundation Engineering*, Tokyo, Vol. 2, pp. 375–380.

SHERARD, J.L., WOODWARD, R.J., GIZIENSKI, S.F., AND CLEVENGER,W.A. (1963). *Earth and Earth-Rock Dams; Engineering Problems of Design and Construction*, Wiley, New York, 725 p.

TORREY, V.H. AND DONAGHE, R.T. (1994). "Compaction Control of Earth-Rock Mixtures: A New Approach," *Geotechnical Testing Journal*, ASTM, Vol. 17, No. 3, pp. 371–386.

TURNBULL, W.J. (1950). "Compaction and Strength Tests on Soil," presented at Annual Meeting, ASCE, January, as cited by Lambe, T.W. and Whitman, R.V. (1969), *Soil Mechanics*, Wiley, New York, 517 p.

U.S. ARMY CORPS OF ENGINEERS (1999). *Construction Control for Earth and Rockfill Dams*, Technical Engineering and Design Guides as adapted from the U.S. Army Corps of Engineers, No. 27, ASCE Press, 100 p.; also published as U.S. Army Corps of Engineers Engineering Manual. EM-1110–2–1911.

U.S. Army Corps of Engineers Waterways Experiment Station (1949). *Compaction Studies on Silty Clays*, Report No. 2 of Technical Memorandum 3–271, 49 p.

U.S. Army Engineer Waterways Experiment Station (1960). "The Unified Soil Classification System," *Technical Memorandum No. 3–357*; Appendix A, Characteristics of Soil Groups Pertaining to Embankments and Foundations, 1953; Appendix B, Characteristics of Soil Groups Pertaining to Roads and Airfields, 1957.

U.S. Department of the Interior (1987). *Design of Small Dams*, 3rd ed., Bureau of Reclamation, U.S. Government Printing Office, Denver, 860 p.

U.S. Department of the Interior (1990). *Earth Manual*, Part 1, 3rd ed., Materials Engineering Branch, 311 p.

U.S. Department of the Interior (1998). *Earth Manual*, Part 2, 3rd ed., Materials Engineering Branch, 1270 p.

Wilson S.D. (1950). "Small Soil Compaction Apparatus Duplicates Field Results Closely," *Engineering News-Record*, Vol. 145, No. 18, pp. 34–36.

Wilson, S.D. (1970). "Suggested Method of Test for Moisture-Density Relations of Soils Using Harvard Compaction Apparatus," *Special Procedures for Testing Soil and Rock for Engineering Purposes*, 5th ed., ASTM Special Technical Publication 479, pp. 101–103.

Yu, X. and Drnevich, V.P. (2004). "Soil Water Content and Dry Density by Time Domain Reflectometry," *Journal of Geotechnical and Geoenvironmental Engineering*, ASCE, Vol. 130, No. 9, pp. 922–934.

CAPÍTULO 5
Água hidrostática em solos e rochas

5.1 INTRODUÇÃO

Com base nas discussões anteriores sobre limites de Atterberg, classificação de solos, processos geológicos e estruturas de solo e rocha, você já deve ter percebido que a presença da água em solos e rochas é muito importante. Ela afeta consideravelmente o comportamento técnico da maioria dos solos, sobretudo os de grãos finos, assim como muitos maciços rochosos. A água é um fator importante na maioria dos projetos de *design* e construção de engenharia geotécnica. Alguns exemplos incluem capilaridade, expansão e ação do gelo nos solos, que serão discutidos neste capítulo, e a percolação através de barragens e diques e em direção a poços, conforme será discutido no Capítulo 6. Como indicação da importância prática da água na engenharia geotécnica, estima-se que mais pessoas perderam suas vidas como resultado de falhas de barragens e diques devido a percolação e ao *piping* (Capítulo 6) do que todas as outras falhas de obras de engenharia civil combinadas. Nos Estados Unidos, os danos causados por solos expansivos causam uma perda econômica anual maior do que inundações, furacões, tornados e terremotos juntos.

Em geral, a água nos solos pode ser considerada estática ou dinâmica. O lençol freático, apesar de flutuar ao longo do ano, é considerado estático para a maioria dos fins de engenharia. A água adsorvida (Capítulo 3) costuma ser estática. Da mesma forma, a água capilar é considerada estática, embora também possa flutuar, dependendo das condições climáticas e de outros fatores. Neste capítulo, vamos nos concentrar em problemas de água hidrostática na engenharia geotécnica.

5.2 CAPILARIDADE

A **capilaridade** surge de uma propriedade dos fluidos conhecida como **tensão superficial**, que ocorre na interface entre diferentes materiais. Para solos e rochas, ocorre entre superfícies de água, grãos minerais e ar. A tensão superficial resulta de diferenças nas forças de atração entre as moléculas dos materiais na interface.

O fenômeno da capilaridade pode ser demonstrado de muitas maneiras. Ao mergulhar a ponta de uma toalha seca em uma banheira de água, ela ficará completamente saturada.

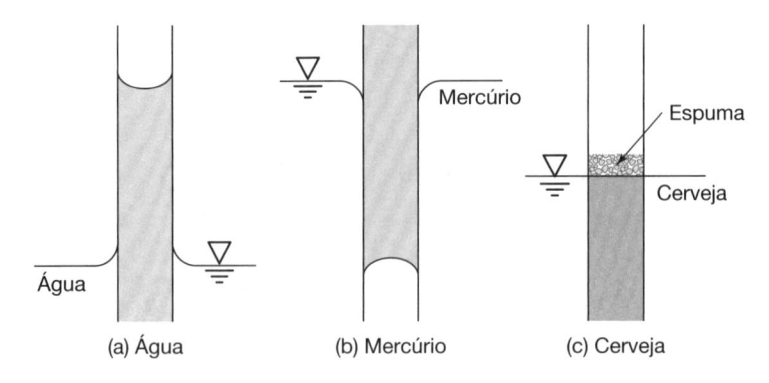

FIGURA 5.1 Meniscos em tubos de vidro em água (a), mercúrio (b) e cerveja (c).

Para ilustrar os efeitos da capilaridade em materiais porosos como solos e rochas, podemos usar a analogia dos tubos de vidro de pequeno diâmetro para representar os vazios entre os grãos minerais. Os tubos capilares demonstram que as forças de aderência entre as paredes de vidro e a água fazem a água subir nos tubos e formar um **menisco*** entre o vidro e as paredes do tubo. A altura de ascensão é inversamente proporcional ao diâmetro dos tubos; quanto menor o diâmetro interno, maior a altura da ascensão capilar. O menisco formado é côncavo para cima, com a água "suspensa", por assim dizer, nas paredes do tubo de vidro (Figura 5.1a).

Se observarmos mais de perto a geometria do menisco para a água em um tubo capilar fino (Figura 5.2), podemos escrever equações para as forças atuantes na coluna de água. A força atuando para baixo, considerada positiva, é o peso W da coluna de água ou

$$\sum F_{\text{baixo}} = W = \text{volume}(\rho_w)g = h_c\left(\frac{\pi}{4}d^2\right)\rho_w g \tag{5.1}$$

A força para cima é o componente vertical da reação do menisco contra a circunferência do tubo ou

$$\sum F_{\text{cima}} = \pi dT \cos \alpha \tag{5.2}$$

onde T é a **tensão superficial** da interface água-ar, que atua ao redor da circunferência do tubo. A tensão superficial possui dimensões de força por unidade de comprimento. Os outros termos são funções da geometria do sistema e estão definidos na Figura 5.2.

Para o equilíbrio $\sum F_v = 0$ e

$$-(h_c)\frac{\pi}{4}d^2\rho_w g - \pi dT \cos \alpha = 0 \tag{5.3}$$

ao determinar a altura da ascensão capilar, h_c obtemos:

$$h_c = \frac{-4T \cos \alpha}{d\rho_w g} \tag{5.4a}$$

---

*Em alusão a Giacomo Meniscus (1449–1512), médico veneziano e amigo de Leonardo da Vinci. Somos gratos ao Prof. Milton E. Harr, Professor Emérito, Purdue College of Engineering, West Lafayette, Indiana, Estados Unidos da América, por este fato pouco conhecido. Do grego, μενισκσσ = **menisco** (pequena lua ou crescente).

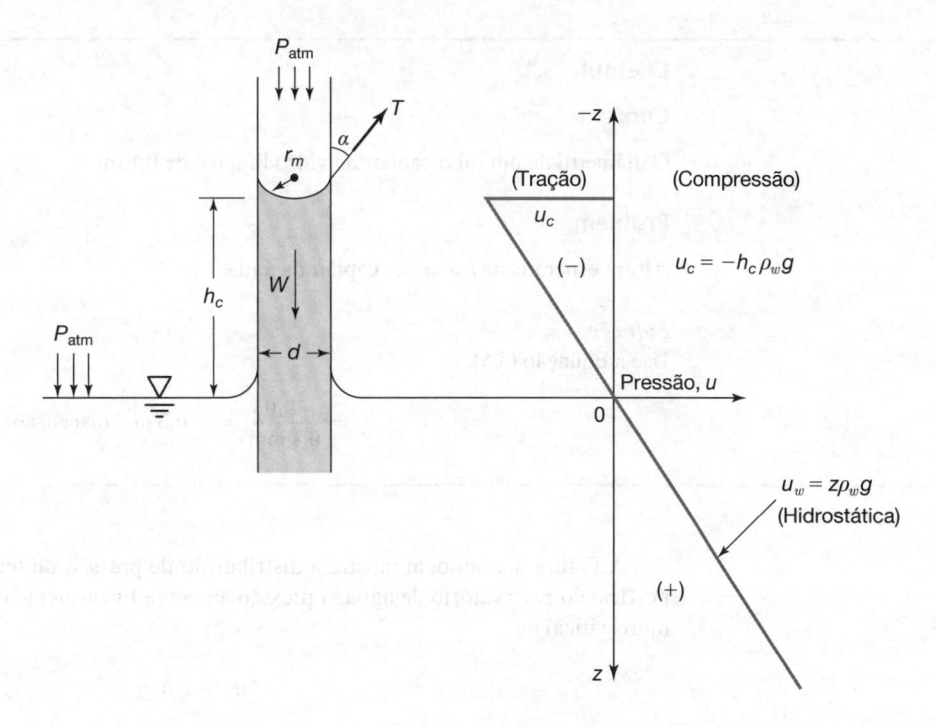

FIGURA 5.2 Geometria do menisco da ascensão capilar da água em um tubo de vidro.

Onde

$$d = 2 \cos \alpha \, r_m \quad (5.4b)$$

Para tubos de vidro limpos e água pura, $\alpha \to 0$ e $\cos \alpha \to 1$,

$$h_c = \frac{-4T}{d \rho_w g} \quad (5.4c)$$

A ascensão capilar é ascendente, acima da **superfície livre da água**, mas apresenta um valor negativo devido à convenção de sinal mostrada na Figura 5.2. A tensão superficial T é uma propriedade física da água. De acordo com *Handbok of Chemistry and Physics* (2008), a 20°C, T é aproximadamente 73 dinas/cm ou 73 mN/m. Como ρ_w = 1.000 kg/m³ e g = 9,81 m/s², para água pura em tubos de vidro limpos, a Equação (5.4c) se reduz a

$$h_c = \frac{-0{,}03}{d} \quad (5.5)$$

onde h_c = altura da ascensão capilar, m
d = diâmetro do tubo capilar, mm

Esta fórmula é fácil de lembrar. Para a altura da ascensão capilar em metros, divida 0,03 pelo diâmetro em milímetros.

Toda a discussão anterior refere-se a tubos de vidro limpos e água pura em condições de laboratório. Na realidade, a altura real da ascensão capilar provavelmente será um pouco menor devido à presença de impurezas e superfícies imperfeitamente limpas.

Exemplo 5.1

Contexto:

O diâmetro de um tubo capilar de vidro limpo é de 0,1 mm.

Problema:

Altura esperada da ascensão capilar da água.

Solução:
Use a Equação (5.5).

$$h_c = \frac{-0,03}{0,1 \text{ mm}} = -0,3 \text{ m} \quad \text{(ascensão)}$$

A Figura 5.2 também mostra a distribuição de pressão ou tensão na água. Abaixo da superfície do reservatório de água, a pressão aumenta linearmente com a profundidade (pressão hidrostática) ou

$$u_w = z \, \rho_w g \tag{5.6a}$$

onde u_w = pressão da água em alguma profundidade e
z = profundidade abaixo da superfície livre da água.

Acima da superfície do reservatório, a pressão da água no tubo capilar é negativa ou menor que zero em relação à pressão atmosférica. A partir da Equação (5.4c), a magnitude da pressão capilar u_c é

$$u_c = -h_c \rho_w g = -\frac{4T}{d} = -\frac{2T}{r_m} \tag{5.6b}$$

A forma do menisco é, na verdade, esférica (uma condição de energia mínima), com raio r_m (Figura 5.2). O raio é maior ou igual ao raio do tubo, dependendo do ângulo de contato α. Quando α é aproximadamente zero, então $r_m = d/2$.

Qual é a pressão negativa máxima que pode ser alcançada? Em tubos grandes, a limitação é a pressão de vapor da água. Conforme a pressão se torna cada vez mais negativa (ou seja, menor que a atmosférica), a água irá cavitar ou "ferver" quando a pressão ambiente atingir a pressão de vapor. Isso ocorre quando a coluna de água possui cerca de 10 m de comprimento, que é aproximadamente a altura máxima que uma bomba de sucção pode atingir. Quando a água cavita na pressão de vapor, ou cerca de –1 atm de pressão, bolhas de vapor da água se formam, e a coluna de água se rompe. Em termos absolutos, a pressão de vapor d'água é de 17,54 mmHg ou 2,34 kPa absolutos a 20 °C [segundo *Handbok of Chemistry and Physics* (2008)].

As relações entre pressão absoluta, relativa e de vapor da água são mostradas na Figura 5.3. O diâmetro equivalente do tubo capilar na pressão de vapor é de cerca de 3 µm. Agora, se o tubo for menor do que este diâmetro, a água não pode cavitar, porque a tensão superficial é muito alta e uma bolha não pode se formar. Neste caso, a altura da ascensão capilar em tubos menores depende apenas do diâmetro do tubo, e assim a ascensão pode ser muito maior do que 10 m. Da mesma forma, a pressão capilar (tensão da água intersticial) neste caso pode ser muito maior do que –1 atm ou –100 kPa.

Em resumo, lembre-se de que, para **tubos grandes**, a tensão ou sucção máxima permitida na água depende apenas da pressão atmosférica e não tem nada a ver com o diâmetro do tubo. A ascensão capilar em **tubos pequenos**, por outro lado, é uma função apenas do diâmetro do tubo e, teoricamente, não tem relação com a pressão atmosférica (Terzaghi; Peck, 1967; Sowers, 1979).

```
            Pressão de vapor da água a 20 °C
                    2,34 kPa·abs
                   0,01754 mHg·abs
                     0,34 psia
```

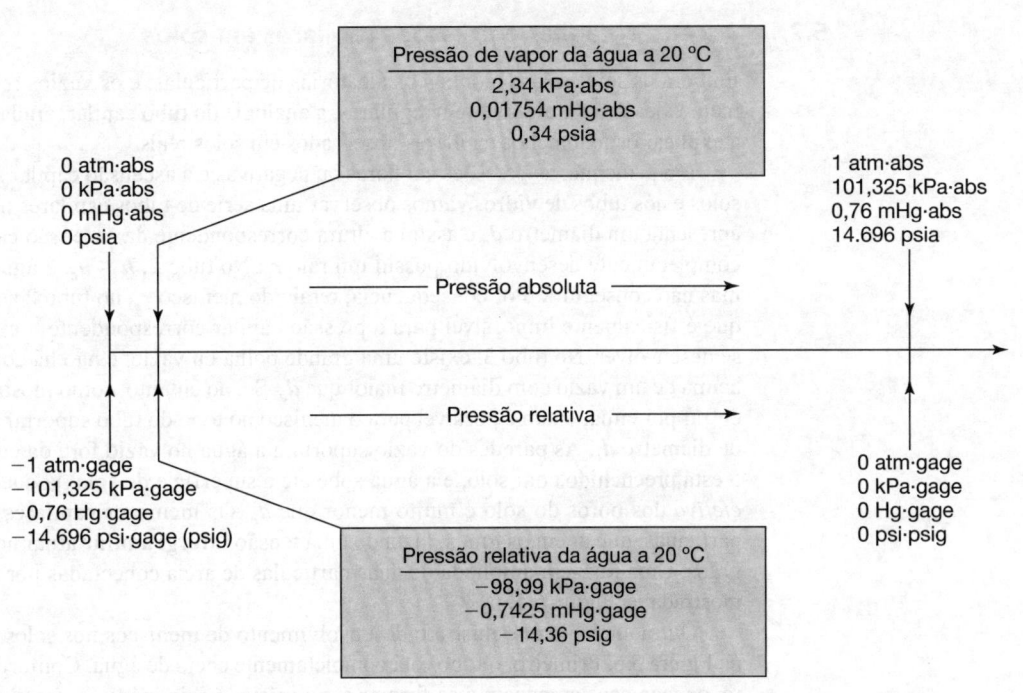

```
 0 atm·abs                                                    1 atm·abs
 0 kPa·abs                                                    101,325 kPa·abs
 0 mHg·abs                                                    0,76 mHg·abs
 0 psia                                                       14.696 psia
                  ──────── Pressão absoluta ────────▶

                  ──────── Pressão relativa ────────▶
 −1 atm·gage                                                  0 atm·gage
 −101,325 kPa·gage                                            0 kPa·gage
 −0,76 Hg·gage                                                0 Hg·gage
 −14.696 psi·gage (psig)                                      0 psi·psig
            Pressão relativa da água a 20 °C
                   −98,99 kPa·gage
                   −0,7425 mHg·gage
                    −14,36 psig
```

FIGURA 5.3 A relação entre as pressões atmosférica e de vapor da água em termos de pressões absoluta (abs) e relativa (rltv).

Exemplo 5.2

Contexto:

As relações de pressão mostradas na Figura 5.3.

Problema:

a. Mostre que a altura máxima de uma coluna de água em um tubo grande é de cerca de 10 m.
b. Mostre que o diâmetro de poro equivalente na pressão de vapor é de cerca de 3 μm.

Solução:

a. Em tubos grandes, a altura máxima de uma coluna de água é determinada pela pressão de vapor ou pela máxima pressão negativa na água. A partir da Figura 5.3, na pressão de vapor, a pressão é de −98,99 kPa. Como 1 kPa = 10^3 kg · m/s² /m² e usando a Equação (5.6), temos

$$h_c = \frac{u_c}{\rho_w g} = \frac{-98{,}99 \text{ kPa}}{(1.000 \text{ kg/m}^3)(9{,}81 \text{ m/s}^2)}$$
$$= -10{,}1 \text{ m} \quad (\text{ascensão})$$

b. Use a Equação (5.5) e determine d_c

$$d_c = \frac{-0{,}03}{h_c} = \frac{-0{,}03}{-10{,}1 \text{ m}} = 3(10^{-3}) \text{ mm} = 3(10^{-6}) \text{ m}$$

5.2.1 Ascensão capilar e pressões capilares em solos

Embora os solos sejam montagens aleatórias de partículas, e os vazios resultantes sejam igualmente aleatórios e altamente irregulares, a analogia do tubo capilar, ainda que imperfeita, ajuda a explicar os fenômenos capilares observados em solos reais.

Em princípio, as pressões capilares ou negativas e a ascensão capilar serão semelhantes nos solos e nos tubos de vidro. Vamos observar uma série de tubos capilares na Figura 5.4. O tubo 1 apresenta um diâmetro d_c e assim a altura correspondente da ascensão capilar é h_c. O menisco completamente desenvolvido possui um raio r_c. No tubo 2, $h < h_c$; a água tentará subir até h_c, mas não conseguirá. Por consequência, o raio do menisco r_m no tubo 2 será *maior* do que r_c, já que é fisicamente impossível para a pressão capilar correspondente – e, portanto, o r_c – vir a se desenvolver. No tubo 3, existe uma grande bolha ou vazio, e não há como a água ser puxada acima de um vazio com diâmetro maior que d_c. Se, no entanto, como mostrado no tubo 4, a água entrar por cima, então é possível para o menisco no topo do tubo suportar toda a coluna de água de diâmetro d_c. As paredes do vazio suportam a água no vazio fora da coluna de água. O tubo 5 está preenchido com solo, e a água sobe até a superfície do solo, já que o diâmetro médio ou *efetivo* dos poros do solo é muito menor que d_c. Os meniscos capilares ficam suspensos nas partículas, que unem os grãos, fazendo uma tensão **intergranular** atuar no contato entre os dois grãos. Uma imagem ampliada de duas partículas de areia conectadas por meniscos de raio r_m é mostrada na Figura 5.5.

Outra analogia que ilustra o desenvolvimento de meniscos nos solos é mostrada pelo tubo na Figura 5.6. Primeiro, o tubo está completamente cheio de água. Conforme a evaporação ocorre, os meniscos começam a se formar e, no início, o raio máximo possível é o da extremidade maior r_ℓ. Na extremidade menor, o raio também é igual a r_ℓ. Ele não pode ser menor que isso, porque então a pressão teria que ser mais baixa (mais negativa), e isso não pode ocorrer. Pela hidrostática, a pressão na água deve ser a mesma em ambas as extremidades, caso contrário o fluxo ocorreria em direção à extremidade com a pressão mais baixa (mais negativa). Conforme a evaporação continua, os meniscos recuam até que ocorra a condição indicada pela seção hachurada do tubo. Neste momento, os meniscos apresentam raios iguais a r_s, o raio da seção menor do tubo capilar. A pressão capilar não pode diminuir mais que isso (ou seja, ficar mais negativa), e corresponde à pressão que pode ser suportada pelos raios de diâmetro menor. Essa pressão é dada pela Equação (5.6). Se a evaporação continuar, o tubo ficará vazio.

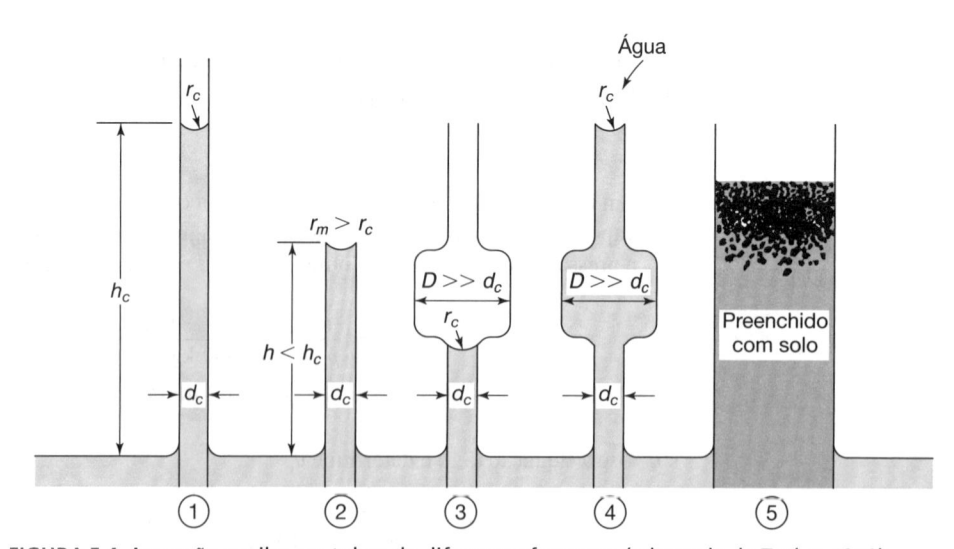

FIGURA 5.4 Ascensão capilar em tubos de diferentes formatos (adaptada de Taylor, 1948).

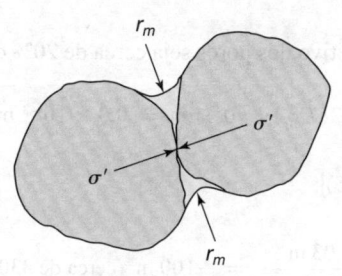

FIGURA 5.5 Dois grãos de solo mantidos juntos por uma película capilar.

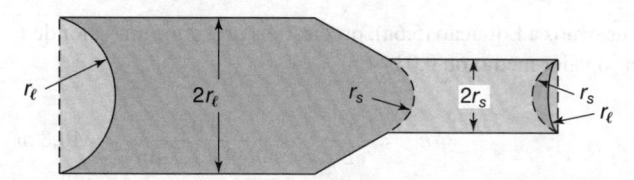

FIGURA 5.6 Capilaridade em um tubo de raios desiguais (adaptada de Casagrande, 1938).

Embora a analogia do tubo capilar seja imperfeita, ainda é útil, porque reconhece que os fenômenos capilares dependem do tamanho ou volume dos poros e de sua distribuição nos solos. Existe uma norma **ASTM (D 4404)** para a determinação do volume de poros e a distribuição de volume de poros por porosimetria de intrusão de mercúrio. No entanto, como essa determinação requer equipamentos e procedimentos especiais, além do uso de mercúrio, uma potente toxina, ela não é feita rotineiramente. É mais prático medir a dimensão dos grãos nos solos, e por isso costumamos usar o tamanho efetivo dos grãos D_{10} e presumimos que o diâmetro efetivo dos poros é uma fração do D_{10}. Por exemplo, Sowers (1979) sugeriu usar cerca de 20% da dimensão efetiva do grão. Com base nesta premissa e nas Equações (5.5) e (5.6), podemos estimar uma altura teórica de ascensão capilar e a pressão capilar correspondente em um solo de grãos finos.

Como alternativa, poderíamos usar uma equação sugerida por Terzaghi et al. (1996) para a altura de ascensão capilar h_c (m) que depende do D_{10} (mm) e do índice de vazios e ou –XZ.

$$h_c = \frac{C}{eD_{10}} \tag{5.7}$$

O coeficiente empírico C varia entre 0,01 e 0,05, e é função do formato dos grãos e das impurezas superficiais (Terzaghi et al., 1996).

Exemplo 5.3

Contexto:

Uma amostra de solo argiloso com D_{10} de 1,5 μm e índice de vazios de 0,49.

Problema:

a. Calcule a altura teórica de ascensão capilar na argila.
b. Estime a pressão capilar na argila.

Solução:
Vamos presumir que o diâmetro efetivo dos poros seja cerca de 20% de D_{10}. Assim,

$$D_{poro} \approx 0{,}2(D_{10}) = 0{,}3\,\mu m = 0{,}3 \times 10^{-3}\,mm$$

a. Ascensão capilar [Equação (5.5)]:

$$h_c = \frac{-0{,}03\,m}{0{,}3 \times 10^{-3}\,mm} = -100\,m \quad (\text{cerca de 330 pés})$$

Se usarmos a Equação (5.6a), precisamos presumir um valor de **C**. Para este exemplo, vamos usar o valor médio ou 0,03.

$$h_c = \frac{C}{eD_{10}} = \frac{0{,}03}{(0{,}49)(1{,}5\,\mu m)} = 40{,}8\,m$$

b. Pressão capilar [Equação (5.6b)]:

$$u_c = h_c \rho_w g = -100\,m\,(1.000\,kg/m^3)(9{,}81\,m/s^2)$$
$$\approx -1.000\,kPa \approx -10\,atm \approx -145\,psi$$

Embora teoricamente seja possível, é raro que, nos depósitos naturais de solos, as alturas de ascensão capilar atinjam aquelas sugeridas pelo Exemplo 5.3. Alguns dos vazios nos solos naturais são grandes o suficiente para que a água possa vaporizar e formar bolhas. Isso resulta na destruição dos meniscos e na redução da altura real da ascensão capilar. Ainda assim, as alturas de ascensão capilar podem ser significativas, particularmente em solos de grãos finos. A Tabela 5.1 lista algumas alturas típicas de ascensão capilar para alguns tipos de solo.

As pressões capilares que estimamos no Exemplo 5.3 são muito grandes de fato, mas são definitivamente possíveis em poros muito pequenos de solos e rochas. Isto significa ainda que a tensão intergranular resultante que atua entre os grãos dos solos é da mesma ordem de grandeza. Lembre-se do esboço conceitual ampliado dos dois grãos de areia unidos por meniscos mostrado na Figura 5.5. Nesta figura, a tensão de contato intergranular recebe o símbolo **σ'**. Esta tensão, chamada de **tensão efetiva**, tem um significado especial na engenharia geotécnica e é discutida com mais detalhes posteriormente neste capítulo. Por enquanto, vamos apenas definir a tensão efetiva como a tensão total **σ'**. menos a pressão da água intersticial **u**,

$$\sigma' = \sigma - u \tag{5.8}$$

TABELA 5.1 Altura aproximada de ascensão capilar em diferentes solos

	Faixa de dimensão do grão (mm)	Solto	Denso
Areia grossa	2 a 0,6	0,03 a 0,12 m	0,04 a 0,15 m
Areia média	0,6 a 0,2	0,12 a 0,50 m	0,35 a 1,10 m
Areia fina	0,2 a 0,06	0,30 a 2,0 m	0,40 a 3,5 m
Silte	0,06 a 0,002	1,5 a 10 m	2,5 a 12 m
Argila	< 0,002	≥ 10 m	

Adaptada de Beskow (1935) e Hansbo (1975 e 1994).

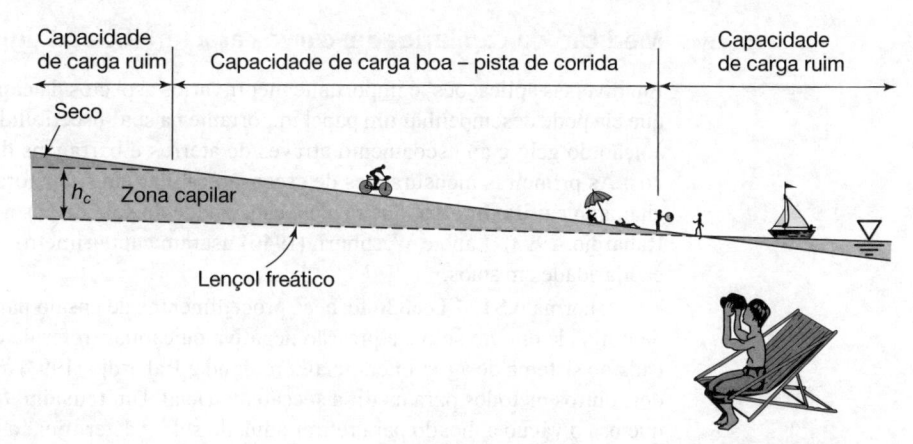

FIGURA 5.7 Seção transversal da pista de corrida em Daytona Beach, Flórida, Estados Unidos.

No Exemplo 5.3, a amostra de argila, se estiver em laboratório, sofre a ação da pressão atmosférica, ou neste caso, da tensão total $\sigma = 0$ (pressão relativa zero). Portanto, a partir da Equação (5.8), $\sigma' \approx + 1.000$ kPa. Por consequência, a tensão efetiva em materiais com poros pequenos pode ser muito grande, devido às pressões capilares que essencialmente **unem** as partículas.

No topo de uma coluna de água no solo – por exemplo, no tubo 5 da Figura 5.4 – os meniscos capilares unem os grãos do solo, conforme ilustrado na Figura 5.5. Quanto menor o menisco, maior a tensão capilar e maior a tensão de contato intergranular entre as partículas. A tensão de contato intergranular causa o desenvolvimento de uma resistência ao atrito entre os grãos. O efeito é semelhante ao que acontece quando um pouco de areia é colocado em uma membrana de borracha, selada, e vácuo é aplicado à amostra. A diferença de pressão entre a pressão atmosférica externa (pressão relativa zero) e o vácuo aplicado (algum valor de pressão relativa negativa) mantém os grãos firmemente unidos e, assim, aumenta de forma considerável sua resistência ao atrito. Neste caso, quanto maior for o vácuo aplicado, maior será a resistência ao atrito.

Outra consequência importante do aumento da tensão intergranular ou efetiva que ocorre devido à capilaridade é ilustrada pela pista de corridas de Daytona Beach, Flórida, nos Estados Unidos (Figura 5.7). As areias, naquele local, são muito finas e foram um pouco densificadas pela ação das ondas. A zona capilar, relativamente ampla devido ao talude plano típico de regiões litorâneas, proporciona excelentes condições de condução devido às elevadas pressões capilares. Tal como no tubo 5 da Figura 5.4, a pressão confinante resulta das colunas de água suspensas nos meniscos, na superfície da praia. Nas áreas onde a água do oceano destrói os meniscos, a capacidade de carga é muito fraca, como qualquer pessoa que já tentou escapar de uma maré alta na praia de carro sabe!

Da mesma forma, acima da zona de ascensão capilar, a areia é seca e tem uma capacidade de carga relativamente fraca, sobretudo para veículos em movimento. A densidade relativa em toda a zona da praia é essencialmente a mesma, mas a capacidade de carga é muito diferente pela simples razão da capilaridade.

Tenha em mente que simplificamos a nossa discussão ao presumir que a ascensão capilar representa uma fronteira entre solo completamente saturado e solo completamente seco. Na verdade, se o solo estiver originalmente seco e depois for exposto a uma superfície freática (p. ex., colocando um tubo cheio de solo seco em banho-maria), o grau de saturação pode não ser 100% **em nenhum ponto** da zona capilar, uma vez que os vazios do solo são descontínuos, impedindo o caminho da migração da água da superfície freática para cima através do solo. Isso pode ser verificado com facilidade em ensaios capilares especiais com areia fina que estava originalmente seca; por exemplo, Lambe (1950) observou que o grau de saturação estava em torno de 75% na zona capilar, exceto próximo do limite capilar, onde caiu para cerca de 65%. Por outro lado, se o solo estiver originalmente saturado ou molhado por cima (ação das chuvas), esses valores serão completamente diferentes e, em geral, mais elevados (Terzaghi, 1943; Lambe e Whitman, 1969).

5.2.2 Medição da capilaridade; curva característica da água nos solos

Em diversas aplicações, é importante medir vários aspectos da **capilaridade dos solos**, uma vez que ela pode desempenhar um papel importante na sua suscetibilidade à expansão e à contração, à ação do gelo e ao escoamento através de aterros e barragens de terra, entre outros fenômenos. As primeiras mensurações de ascensão capilar em solos foram feitas com um dispositivo chamado **capilarímetro**, que mede a capacidade do solo de absorver ar sob tensão (Fredlund e Rahardjo, 1993). Lane e Washburn (1946) usaram capilarímetros e solo em tubos para medir a capilaridade em solos.

A norma **ASTM D 6836** fornece procedimentos de ensaio para medir a relação entre o teor de umidade em um solo e a pressão negativa ou capilar (referida como **sucção matricial**) aplicada ao sistema de água intersticial. Fredlund e Rahardjo (1993) apresentam informações sobre dois outros métodos para medir a sucção matricial. Um **tensiômetro** é um dispositivo de campo que usa o vácuo aplicado para retirar água do solo e determinar a sucção matricial. Um método indireto para medir a sucção matricial é conhecido como a técnica de translação de eixo; ela envolve a utilização de um bloco poroso feito de um material que apresenta uma relação teor de umidade/sucção conhecida. O bloco poroso é colocado em contato com o solo, e o equilíbrio é alcançado entre a sucção matricial do bloco e o solo. Ao medir o teor de umidade do bloco, pode--se inferir a sucção matricial com base na curva de calibração do bloco.

A sucção matricial é igual à quantidade ($u_a - u$), onde u_a é a pressão do ar nos poros e u é a pressão da água intersticial. A sucção matricial é naturalmente negativa ou inferior a zero da pressão relativa (Figura 5.3), exceto quando o solo está saturado. Uma forma de visualizar a sucção matricial é por meio da curva característica da água nos solos, mostrada esquematicamente na Figura 5.8a. Segundo Fredlund e Rahardjo (1993), a sucção matricial tende a um valor-limite de cerca de 590 Mpa, com teor de umidade zero para muitos solos. No outro extremo da curva, quando a sucção matricial é zero, o solo está saturado. Como os solos de grãos muito finos apresentam uma série de tamanhos e volumes de poros muito diferentes, o teor de umidade muda de forma não linear à medida que a sucção aumenta. Além disso, conforme um solo seco satura ou um solo saturado drena, ele não segue a mesma curva mostrada na Figura 5.8a. Mitchell e Soga (1995) oferecem uma explicação detalhada para esse comportamento histerético.

Como pode ser observado na Figura 5.8b, o formato real da curva característica da água nos solos irá depender do tipo de solo. A distribuição das dimensões dos grãos, a fábrica do solo e o ângulo de contato entre eles (Figura 5.2) também influenciam a forma. Observe que a abcissa da Figura 5.8b é o **teor de umidade volumétrico**, θ_w, que é definido como V_w/V. Naturalmente, θ_w não é o mesmo que o teor de umidade utilizado na engenharia geotécnica (os cientistas do solo chamam o nosso teor de umidade de **teor de umidade gravimétrico**). A partir das relações de fase e da Equação (2.15), reescrita como $Se = wG_s$, a relação entre os dois teores de umidade é:

$$\theta_w = \frac{SwG_s}{S + wG_s} \tag{5.9}$$

Um teor de umidade gravimétrico aproximadamente equivalente para os solos da Figura 5.8b é mostrado abaixo da escala de teor de umidade volumétrico. Ele foi calculado para $G_s = 2{,}70$ e $S = 100\%$.

5.2.3 Outros fenômenos capilares

Outro fenômeno causado pela capilaridade é o **aumento de volume**. Quando a areia úmida é despejada de forma solta, ela forma uma estrutura em favo de mel muito solta (semelhante à Figura 3.58c), como mostrado na Figura 5.9. Os grãos são todos mantidos unidos por películas capilares, e a película de umidade que envolve os grãos individuais causa uma "coesão aparente". Não é a verdadeira coesão no sentido físico. A estrutura resultante, embora tenha uma densidade relativa muito baixa, é consideravelmente estável enquanto os meniscos capilares estiverem presentes. Se eles forem destruídos, por exemplo, por inundação ou evaporação, a estrutura do favo de mel entra em colapso e o volume da areia diminui de forma significativa. Entretanto, desde que haja

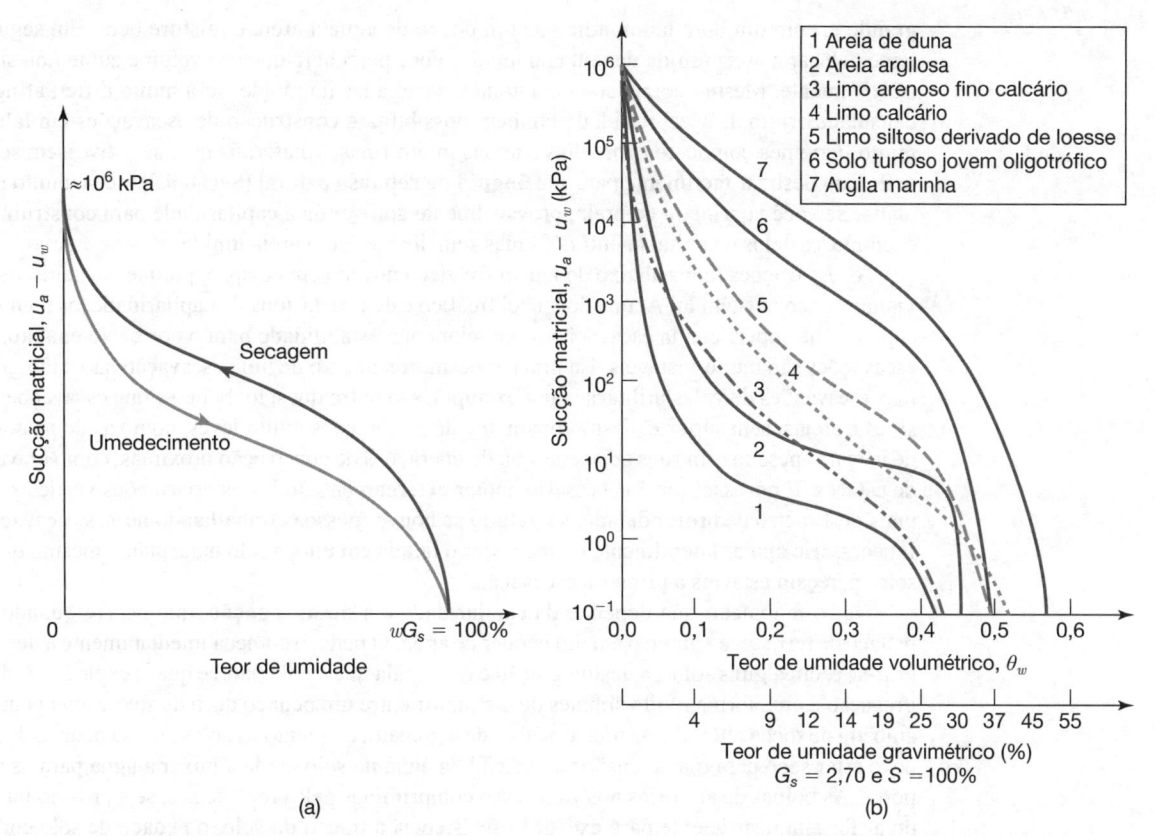

FIGURA 5.8 Curva característica da água nos solos – sucção matricial em relação ao teor de umidade: esquema para uma argila plástica que apresenta histerese devido ao umedecimento e à secagem (a) (adaptada de Blight, 1980); curvas para diferentes solos (b) (adaptada de Koorevaar et al., 1983, citado por Mitchell; Soga, 2005).

alguma umidade presente, a areia ficará volumosa e ocupará um volume maior do que se ela estivesse seca. O aumento de volume pode ocorrer com teores de umidade de apenas alguns por cento até cerca de 15 ou 20%, dependendo da distribuição das dimensões dos grãos e do teor de silte na areia. A Figura 5.9 também mostra por que não é uma boa ideia comprar areia úmida em volume, pois pode-se acabar comprando muito ar!

Como as areias volumosas apresentam uma estrutura em favo de mel solta, elas são muito compressíveis e podem até ser suscetíveis ao colapso (discutido na Seção 5.7). Se forem utilizadas para reaterro, por exemplo, devem ser densificadas para evitar recalques indesejados pós--construção. Talvez você se lembre da Seção. (4.5) que as areias são densificadas de forma mais eficaz por vibração.

As areias úmidas volumosas necessitarão de mais energia para se densificar do que as areias secas, uma vez que é necessária energia adicional para destruir as películas capilares que circundam os grãos de areia. Ocasionalmente, empreiteiros tentam usar inundações para destruir os meniscos; no entanto, as inundações não são a maneira ideal de aumentar a densidade de um aterro de areia. A densidade relativa dos aterros inundados ainda será de apenas 40 ou 50% e, portanto, eles ainda serão suscetíveis a recalques significativos se carregados ou vibrados.

É possível demonstrar o volume de areias em um simples experimento de laboratório. Preencha um molde de compactação Proctor comum com areia seca, vibre-o, batendo em sua lateral, e, em seguida, nivele-o na parte superior. Despeje a areia em uma bandeja

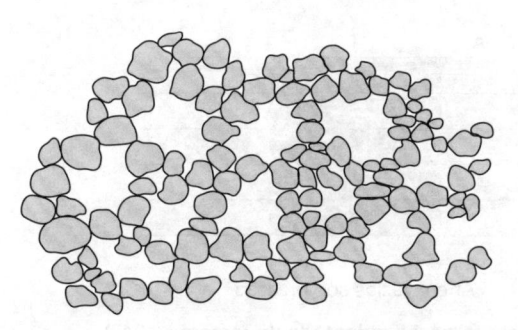

FIGURA 5.9 Estrutura de aumento de volume em areia.

grande e, com um borrifador, adicione um pouco de água à areia e misture bem. Em seguida, tente colocar a areia úmida de volta no molde. Você perceberá que seu volume aumentou significativamente. Mesmo compactando a areia em camadas no molde, será muito difícil atingir a densidade original. A capilaridade também possibilita a construção de escavações em taludes muito íngremes compostos por siltes e areias muito finas – materiais que, se estivessem secos, poderiam deslizar facilmente para seu **ângulo de repouso** natural (Seção 9.2), que é muito mais plano. Se você já brincou na praia, provavelmente aproveitou a capilaridade para construir, por exemplo, castelos de areia ou outras formas semelhantes com areia úmida.

As escavações feitas abaixo do lençol freático entrarão em colapso, porque os meniscos obviamente não existem lá! Acima do lençol freático e dentro da zona de capilaridade, os meniscos capilares na superfície da escavação proporcionam a estabilidade para o corte. No entanto, tais escavações são muito instáveis. Na praia, o desmoronamento de uma escavação não é tão grave, mas escavações de valas utilitárias, por exemplo, são outra questão. Sabe-se que escavações em siltes e areias, sem suporte, desmoronam devido a vibrações muito leves, como as de passagem de veículos pesados em ruas adjacentes ou de operações de construção próximas, como cravação de estacas. É por isso que é necessário apoiar externamente todas as escavações verticais com mais de 1 metro de profundidade, sobretudo se houver pessoas trabalhando nessas escavações. É necessário apoiar lateralmente ou recolocar o talude em um ângulo mais plano, mesmo que os solos pareçam estáveis à primeira escavação.

Outro fenômeno que depende da capilaridade é a **desagregação**, que ocorre quando um pedaço de terra seca é imerso em um béquer de água. O pedaço começa imediatamente a desintegrar-se e, em alguns solos, a desintegração é tão rápida que o solo parece quase explodir. A desagregação é uma forma muito simples de distinguir entre um pedaço duro de solo e uma pequena amostra de rocha alterada; as rochas não se desagregam, enquanto os solos sim. O pedaço de solo deve estar seco para que a tensão superficial da água no solo tenda a puxar a água para os seus poros. As bolhas de ar presas nos vazios são comprimidas pelos meniscos e, se a pressão interna do ar for alta o suficiente para exceder a resistência à tração do solo, o pedaço de solo entrará em colapso. Em um fragmento de rocha, a coesão interna é suficientemente forte para resistir às pressões de ar aprisionadas resultantes, e a desagregação não pode ocorrer.

Terzaghi (1943) usou a analogia do tubo capilar para ilustrar a desagregação. Os tubos capilares são inicialmente secos e depois submersos; os meniscos capilares agora tentam puxar água para os vazios, como mostrado na Figura 5.10. Ao desenhar um diagrama de corpo livre das paredes do tubo, você pode perceber que elas estão sob tensão e, se a resistência à tração for menor que a tensão aplicada pelos meniscos, elas irão fraturar, que é exatamente o que ocorre quando um solo se contrai.

A capilaridade também desempenha um papel importante na formação de lentes de gelo em solos de grãos finos. O resultado pode ser alterações significativas de volume, capazes de

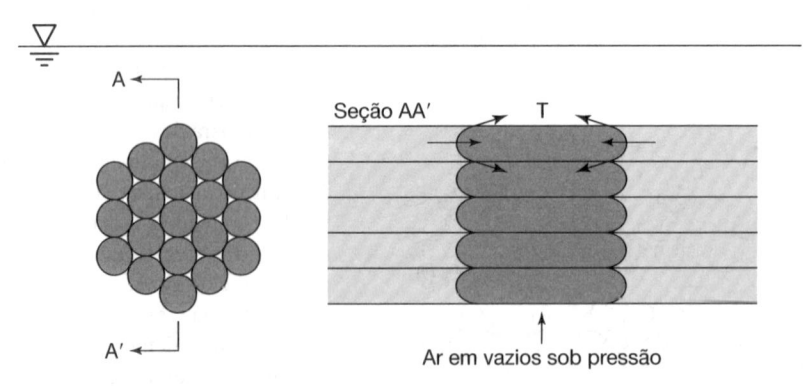

FIGURA 5.10 Analogia do tubo capilar para desagregação (adaptada de Terzaghi, 1943).

danificar infraestruturas (particularmente estradas que são suscetíveis ao chamado **empolamento de gelo**), mesmo em áreas onde o lençol freático está bem abaixo da superfície do solo. A ação do gelo será discutida posteriormente neste capítulo.

5.3 LENÇOL FREÁTICO E A ZONA DE AERAÇÃO

5.3.1 Definição

De uma perspectiva geotécnica, o **lençol freático** pode ser definido como o estado estacionário ou a cota de equilíbrio da água livre em um furo de exploração escavado ou perfurado. Mais especificamente, é a cota do estado estacionário na qual a pressão da água intersticial é igual à pressão atmosférica. Esse **lençol**, como é comumente chamado, é na verdade uma superfície de pressão atmosférica (pressão relativa zero). Abaixo do lençol freático, presume-se que o grau de saturação seja (e geralmente é) 100%. Dependendo da dimensão dos grãos do solo acima do lençol freático, ele pode estar saturado devido à capilaridade ou pode tornar-se insaturado próximo à superfície. Acima da zona de capilaridade, o solo está **insaturado**. O grau de saturação pode variar de 100% até quase zero, se o solo estiver quase seco próximo à sua superfície. O solo acima do lençol freático é chamado de **zona de aeração** e inclui a **zona capilar** ou **franja capilar** (se houver) e solos com outras condições de umidade acima dela. Essas definições são ilustradas na Figura 5.11. Observe que a zona capilar ainda é considerada parte da zona de aeração.

5.3.2 Determinação em campo

Existem vários métodos para medir o nível do lençol freático e, portanto, a espessura da zona de aeração. A primeira e mais simples é simplesmente estabelecer um poço de exploração aberto, a partir do qual o nível da superfície da água livre é medido em relação à superfície do solo ou algum outro dado. Normalmente, esse poço é chamado de **poço de observação**. Um poço de teste ou exploração é útil apenas se o lençol freático estiver próximo da superfície do solo. Mais comumente, um furo de 2 a 4 pol. (50 a 100 mm) de diâmetro é perfurado com profundidade suficiente para interceptar o nível freático (a profundidade pode ser estimada com base na experiência ou em pesquisas em mapas geológicos locais). Em geral, um pequeno tubo ou revestimento perfurado é instalado no furo; caso contrário, ele poderá colapsar com o tempo. Esse tipo de poço de

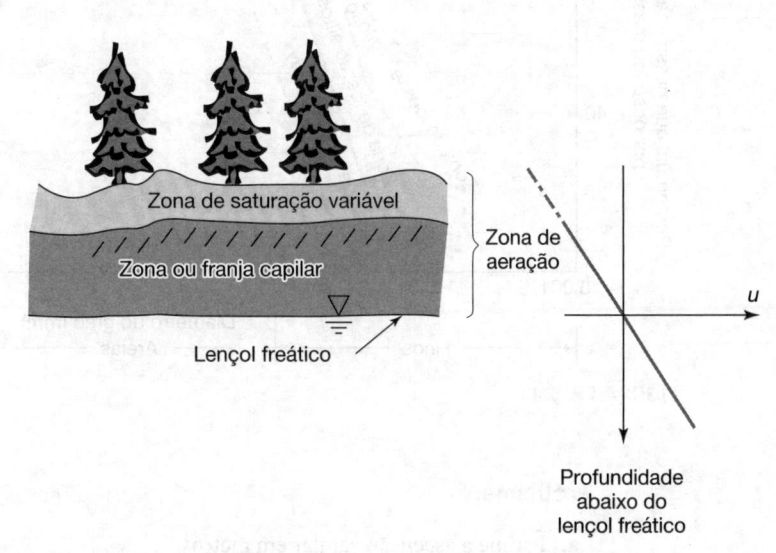

FIGURA 5.11 Ilustração da zona de aeração localizada acima do lençol freático e da distribuição da pressão intersticial com a profundidade.

observação é um tubo vertical aberto, e a profundidade até o lençol freático é determinada por uma simples medição com fita métrica. Outro método é instalar no furo um **piezômetro**, que mede a pressão da água na profundidade do ponto do piezômetro. Observe que o ponto do piezômetro deve ser vedado de outras fontes de pressão de água para determinar a pressão da água no ponto de instalação.

Um piezômetro pode ser um tubo vertical hidráulico ou aberto (como o piezômetro do tipo Casagrande, que consiste em um tubo com uma ponta porosa), que permita que a água suba até um determinado nível em um tubo aberto a partir de uma ponta selada. Isso possibilita a dedução da pressão da água na localização da ponta. Atualmente, a maioria dos piezômetros consiste em dispositivos eletromecânicos que produzem sinais elétricos proporcionais à pressão da água no ponto de medição. Dunnicliff (1993) apresenta um amplo levantamento de dispositivos de medição de pressão nos poros.

Exemplo 5.4

Contexto:

A cota da água subterrânea em um depósito de loesse é determinada por um piezômetro vertical a uma profundidade de 4,5 m. Ensaios laboratoriais com amostras de loesse mostram curvas típicas de distribuição de dimensões de grãos semelhantes à Curva A na Figura Ex. 5.4a (adaptada de U.S. Depatment of the Interior, 1990).

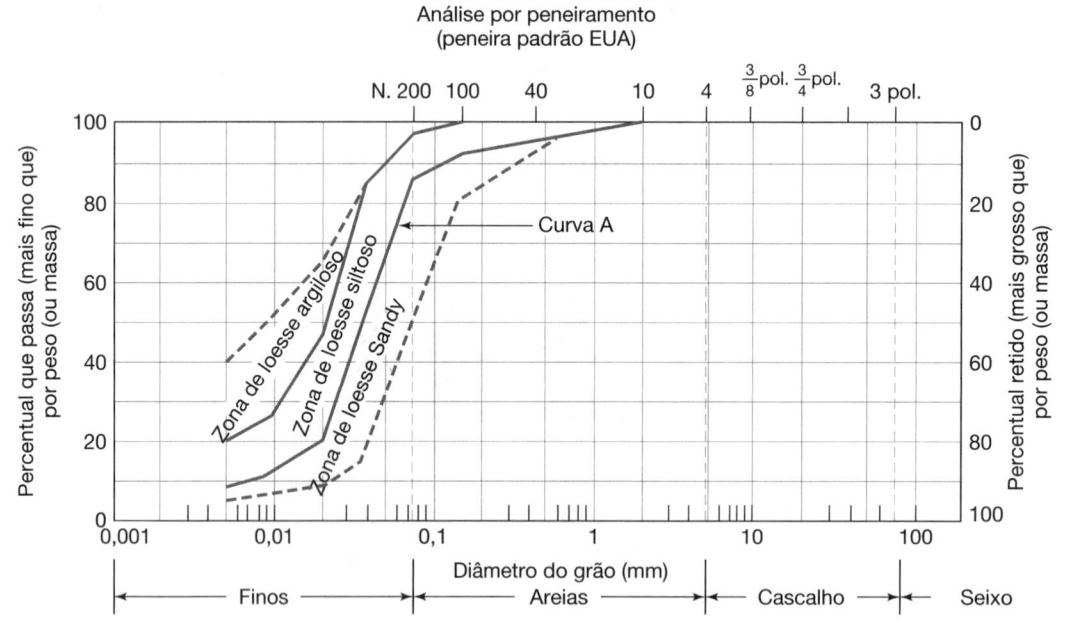

FIGURA Ex. 5.4a

Problema:

a. Estime a ascensão capilar em metros.
b. Trace a distribuição da pressão estática da água desde a superfície do solo até uma profundidade de 8 m.

Solução:

a. Vimos na Seção 5.2.2 que o tamanho efetivo dos poros é comumente presumido como sendo 20% do D_{10}. A partir da Figura Ex. 5.4a, D_{10} é estimado em cerca de 0,008 mm. Portanto, $0,2 \times 0,008 = 1,6 \times 10^{-3}$ mm. Usando a Equação (5.5), a altura da ascensão capilar é aproximadamente

$$h_c = -0,03/d \text{ (em mm)} = -0,03/(1,6 \times 10^{-3} \text{ mm}) = 18,75 \text{ m}$$

Como o lençol freático está a apenas 4,5 m abaixo da superfície do solo, o loesse acima do lençol freático deve estar saturado ou quase saturado. No entanto, próximo da superfície do solo, os solos podem estar insaturados devido à evaporação.

b. Use a Equação (5.6a) para determinar a distribuição da pressão da água com a profundidade abaixo do lençol freático. Lembre-se de que a profundidade do lençol freático é de –4,5 m. Portanto, a uma profundidade de 8 m, $z = z_w = 3,5$ m e

$$u_w = z_w \rho_w g = 3,5 \text{ m} \times 9,81 \text{ kN/m}^3 = 34 \text{ kPa}$$

Com $z = -4,5$ m, u_w é igual a zero, e a distribuição de pressão é linear.

Existe pressão da água acima do lençol freático? Sim, mas é negativa devido à capilaridade. Podemos calculá-la usando a Equação (5.6b). Com a altura de ascensão capilar $h_c = 4,5$ m, a pressão capilar máxima é

$$u_c = h_c \rho_w g = -4,5 \text{ m} \times 9,81 \text{ kN/m}^3 = -44 \text{ kPa}$$

O diagrama de pressão completo é mostrado na Figura Ex. 5.4b.

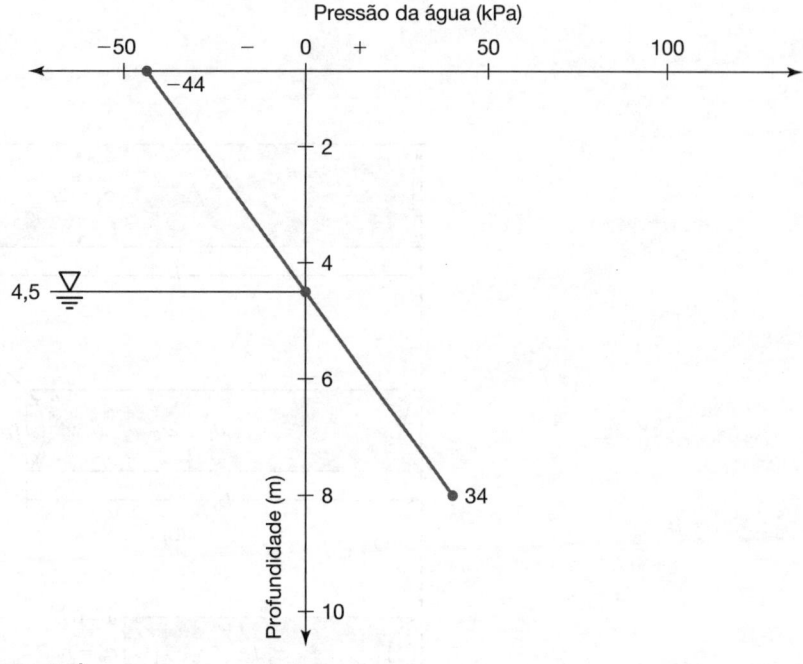

FIGURA Ex. 5.4b

Para informações mais detalhadas sobre as águas subterrâneas e a zona de aeração, consulte os estudos de Freeze e Cherry (1979), Todd (1980), Cedergren (1989) e do U.S. Department. of the Interior (1995). Como mencionado, Dunnicliff (1993) é uma boa referência sobre instrumentação e medições piezométricas.

5.4 FENÔMENOS DE CONTRAÇÃO EM SOLOS

A contração de solos de grãos finos pode ter um significado prático considerável. Rachaduras e fissuras causadas pela contração dos solos são zonas de fraqueza que podem reduzir consideravelmente a estabilidade dos taludes argilosos e a capacidade de carga das fundações. As alterações de volume causadas pela evaporação e dessecação podem danificar edifícios pequenos e pavimentos de estradas. Os solos contratíveis também podem aumentar de volume ou expandirem-se se tiverem acesso à água, possivelmente causando mais danos. Os solos expansivos são discutidos na próxima seção deste capítulo. A contração e a expansão causam prejuízos de **bilhões** de dólares anualmente nos Estados Unidos.

5.4.1 Analogia com tubo capilar

Podemos ter uma ideia de como as tensões capilares causam a contração em solos argilosos estudando a analogia de um tubo horizontal com paredes elásticas compressíveis (Terzaghi, 1927). Na Figura 5.12a, no início, o tubo está completamente cheio de água, e os raios dos meniscos, que ainda não atingiram sua forma final, são muito grandes. À medida que ocorre a evaporação, a pressão na água diminui e os meniscos começam a se formar (Figura 5.12b). Conforme a evaporação continua, os raios tornam-se cada vez menores, a compressão nas paredes compressíveis do tubo aumenta e o tubo encolhe em comprimento e diâmetro. O caso-limite, ilustrado na Figura 5.12c, ocorre quando os raios dos meniscos são mínimos (equivalentes à metade do diâmetro do tubo) e estão totalmente desenvolvidos. A pressão negativa no tubo capilar é então equivalente ao valor calculado a partir da Equação (5.6b), e as paredes do tubo encolhem até atingir uma condição de equilíbrio entre a rigidez das paredes e as forças capilares. Se o tubo for imerso em água, os meniscos serão destruídos e o tubo poderá se expandir, porque as forças capilares não atuam mais nas paredes do tubo.

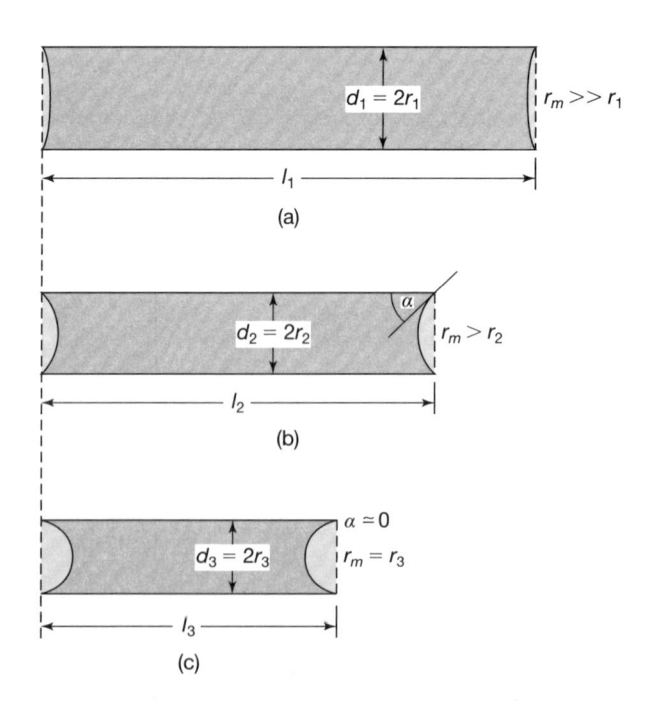

FIGURA 5.12 Contração do tubo capilar elástico compressível devido à evaporação e à tensão superficial (adaptada de Terzaghi, 1927).

A menos que as paredes do tubo sejam perfeitamente elásticas, o tubo não retornará por completo ao comprimento e diâmetro originais.

Outra analogia simples foi usada por Terzaghi para ilustrar os efeitos das pressões capilares em um material poroso (Casagrande, 1938). Uma bola solta de algodão absorvente é submersa em um copo e deixada saturar por completo. Se a bola for comprimida e depois liberada, as fibras se expandirão de novo rapidamente. No entanto, se a bola comprimida for removida da água e liberada, vai essencialmente manter a sua forma comprimida devido aos meniscos capilares que se formam em torno das fibras. Na verdade, a bola ficará consideravelmente firme, desde que não seque muito. Se a bola de algodão for novamente imersa em água, os meniscos serão destruídos e as fibras voltarão a ficar extremamente soltas e macias. Um comportamento semelhante ocorre quando o algodão seco é comprimido; ele é bastante elástico e se soltará assim que as forças compressivas forem liberadas.

Veja novamente o tubo mostrado na Figura 5.6. Se for presumido que há paredes compressíveis, a analogia com a contração dos solos é muito útil. Uma amostra de solo que seca lentamente (i.e., sofre dessecação) formará meniscos capilares entre os grãos individuais do solo. Como resultado, as tensões entre os grãos (tensões intergranulares ou efetivas) aumentarão e o volume do solo diminuirá. À medida que a contração continua, os meniscos tornam-se menores, as tensões capilares aumentam e o volume diminui ainda mais. É alcançado um ponto onde não ocorre mais diminuição de volume, mas o grau de saturação ainda é essencialmente 100%. O teor de umidade no qual isso ocorre é definido como o **limite de contração** (*SL*, *shrinkage limit*, ou w_s), e é um dos limites de Atterberg mencionados na Seção 2.6. Neste ponto, os meniscos capilares começam a recuar abaixo da superfície do solo, e a coloração da superfície muda de brilhante para opaca (o mesmo efeito é observado quando um solo dilatante é tensionado; os meniscos recuam abaixo da superfície, cuja aparência se torna opaca porque a refletividade da superfície muda. Ver Seção 2.8.1.

5.4.2 Ensaio de limite de contração

Como é determinado o limite de contração? O trabalho original de Atterberg (1911) envolvia pequenas barras ou prismas de argila, que ele deixou secar lentamente. Ele observou o ponto em que a cor mudava e, ao mesmo tempo, notou que o comprimento era essencialmente mínimo naquele ponto. Terzaghi descobriu que seria igualmente possível medir o volume seco e a massa seca e calcular novamente o teor de umidade no ponto de volume mínimo. A Figura 5.13 ilustra esse procedimento. Uma pequena quantidade de solo de massa total M_i é colocada em um prato pequeno de volume conhecido V_i e deixada secar lentamente. Após a obtenção da massa seca em estufa M_s, o volume do solo seco V_{seco} é determinado e o limite de contração *SL* é calculado a partir de:

(a) $$\mathrm{SL} = \left(\frac{V_{seco}}{M_s} - \frac{1}{\rho_s}\right)\rho_w \times 100\,(\%) \tag{5.10}$$

ou

(b) $$\mathrm{SL} = w_i - \left(\frac{(V_i - V_{seco})\rho_w}{M_s}\right) \times 100\,(\%) \tag{5.11}$$

As duas equações correspondem às duas partes da Figura 5.13. Ambas podem ser facilmente derivadas da figura e das relações de fase do Capítulo 2.

Embora o limite de contração fosse um ensaio de classificação popular durante a década de 1920, ele está sujeito a uma incerteza considerável e, portanto, não é mais comumente realizado. No ensaio descontinuado da norma **ASTM D 427**, o volume da amostra de solo seco era determinado pesando a quantidade de mercúrio que a amostra seca desloca. Como o mercúrio é uma substância perigosa, foram necessários procedimentos laboratoriais especiais de manuseio e descarte. Por consequência, um procedimento de deslocamento de água foi desenvolvido e padronizado em 1989 (**ASTM D 4943**). Para evitar a absorção de água pela amostra de solo seco,

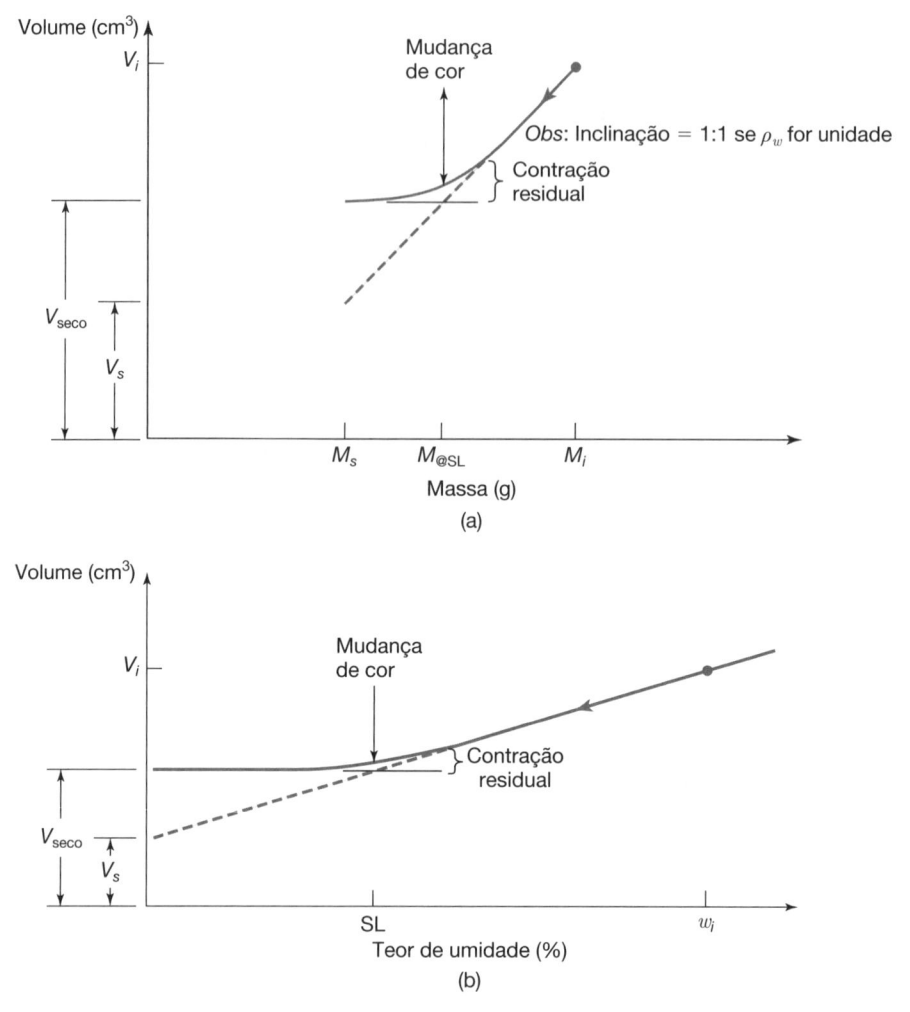

FIGURA 5.13 Determinação do limite de contração com base em massa total (a); e teor de umidade (b).

ela é primeiro revestida com cera antes de ser submersa em água para determinar seu volume seco. O British Geological Survey desenvolveu um aparelho automatizado chamado "Shrinkit", que utiliza um *laser*, uma plataforma móvel 3D e uma balança digital para medir a contração 3D de uma amostra de 100 mm de altura e 100 mm de diâmetro (Hobbs e Jones, 2006).

Um dos maiores problemas com ambos os ensaios de limite de contração é que a quantidade de contração e, portanto, o **SL** depende da fábrica inicial do solo. Os procedimentos-padrão começam com o teor de umidade acima do limite de liquidez. No entanto, especialmente com argilas arenosas e siltosas, isto com frequência resulta em um limite de contração superior ao limite plástico, o que é irrelevante, uma vez que o **SL** deve ser inferior ao **PL** (Figura 2.8). Casagrande sugeriu que o teor de umidade inicial fosse ligeiramente superior ao **PL**, se possível, mas é certo que é difícil evitar o aprisionamento de bolhas de ar em solos com teores de umidade mais baixos. Além das bolhas de ar aprisionadas na amostra de solo seco, outros problemas com o ensaio de **SL** incluem erros resultantes da quebra da amostra durante a secagem, bem como erros de pesagem e outros erros de medição.

Se seguirmos o conselho de Casagrande e começarmos o ensaio ligeiramente acima do limite plástico, então os limites de Atterberg para a parcela do solo próximo da linha A no gráfico de plasticidade (Figura 2.13) e o limite de contração estarão muito próximos de 20. Se os limites forem plotados acima da linha A, então o **SL** será menor que 20 em um valor aproximadamente igual à distância vertical Δp_i acima da linha A. Da mesma forma, para solos **ML** e **MH** (e **OL** e **OH**), o limite de contração é maior que 20 em um valor quase igual a Δp_i abaixo da linha A, onde os limites são plotados. Portanto

$$\text{SL} = 20 \pm \Delta p_i \tag{5.12}$$

Este procedimento e equação foram considerados tão precisos quanto o próprio ensaio de limite de contração, devido a todos os problemas com o ensaio.

Exemplo 5.5

Contexto:

Solo argiloso com limite de contração de 11.

Problema:

Presumindo que ρ_s = 2.720 kg/m³ e S = 100%, calcule o índice de vazios e a densidade seca do solo no limite de contração.

Solução:
Use as Equações (2.12) e (2.15)

$$e = \frac{w\rho_s}{\rho_w} = \frac{0,11(2.720 \text{ kg/m}^3)}{1.000 \text{ kg/m}^3} = 0,30$$

$$\rho_d = \frac{\rho_s}{1+e} = \frac{2.720 \text{ kg/m}^3}{1,30} = 2.093 \text{ kg/m}^3$$

A densidade do concreto é de cerca de 2.400 kg/m³. Portanto, você pode perceber que as pressões capilares devem ser muito grandes para fazer o solo se tornar tão denso no **SL**. Não deveria surpreender, então, que alguns solos argilosos tenham resistência à seca muito elevada, e que a resistência do material seco seja um bom indicador da presença de argilominerais ativos. Na verdade, na Seção 2.8.1, sobre a classificação visual-manual do solo, afirmamos que a alta resistência do material seco é característica de uma argila **CH**.

Uma forma de demonstrar a existência de altas pressões capilares nos solos é deixar que um solo argiloso gordo **CH** com alto teor de umidade seque lentamente na pele. As altas pressões de contração causarão alguma dor; na verdade, esse processo foi usado na antiguidade como sistema de tortura. Um corpo humano coberto com argila que seca lentamente ao sol tem, em última análise, muito pouca resistência a pressões que podem atingir várias atmosferas! (Ver Exemplo 5.3.)

5.4.3 Propriedades de contração de argilas compactadas

Conforme mostrado na Figura 5.14, amostras de solo compactadas a úmido em relação ao nível ótimo apresentam maior contração do que aquelas compactadas a seco em relação a esse mesmo nível. Conforme ilustrado na parte superior da figura, diferentes métodos de compactação influenciam a magnitude da contração, porque produzem diferentes fábricas de solo. Revise a Seção 4.4 sobre a estrutura das argilas compactadas.

Os resultados dos ensaios de contração realizados com um silte compactado e em um *till* são mostrados na Figura 5.15 (Ho e Fredlund, 1989). Ao traçar o índice de vazios *e* em relação ao produto do teor de umidade e gravidade específica wG_s, a figura mostra que a contração ocorre à medida que o teor de umidade e o grau de saturação diminuem. Observe também que a quantidade de contração depende do tipo de solo e do teor de umidade inicial. O *till* com **PI** mais alto

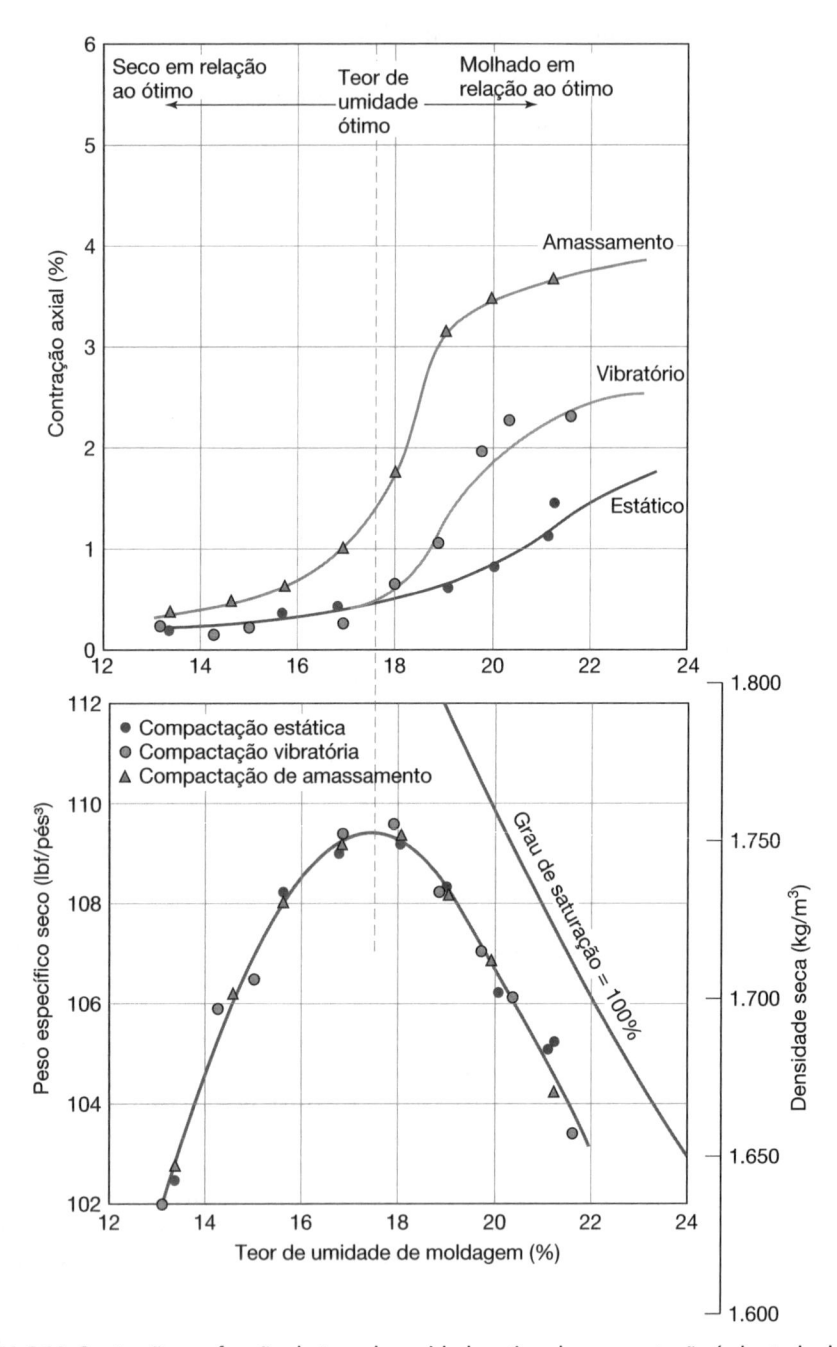

FIGURA 5.14 Contração em função do teor de umidade e tipo de compactação (adaptada de Seed e Chan, 1959).

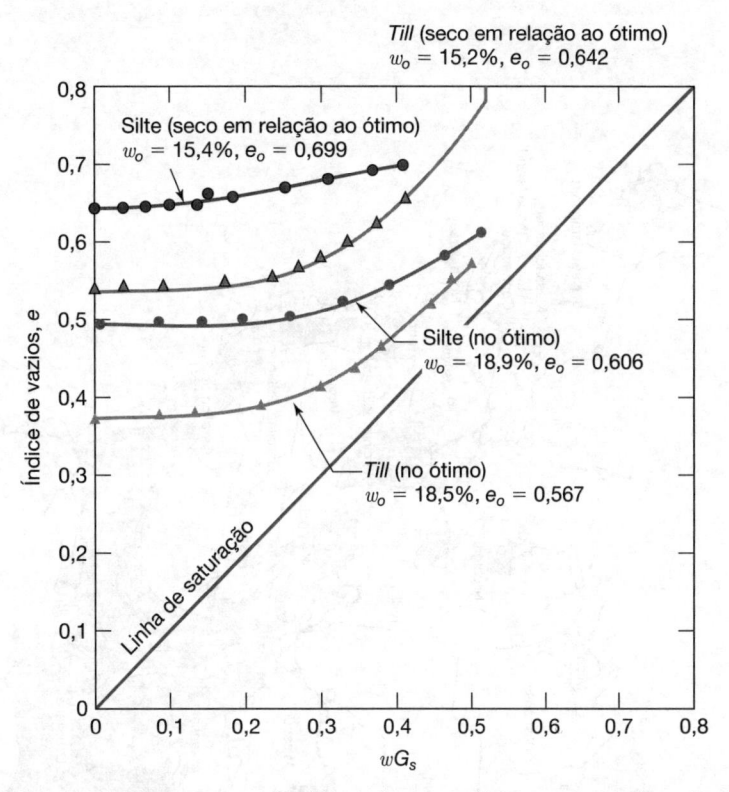

FIGURA 5.15 Características de contração de um silte e um *till* compactados (Ho e Fredlund, 1989).

se contrai mais do que o silte, e ambos os solos apresentam mais contração quando compactados com teor de umidade ótimo do que quando compactados a seco em relação ao ótimo. Para obter informações adicionais sobre contração e procedimentos de ensaio de contração, consulte o estudo de Fredlund e Rahardjo (1993).

5.5 SOLOS E ROCHAS EXPANSIVOS

Qualquer solo ou material rochoso que tenha potencial para alterações significativas de volume devido a um aumento no teor de umidade é chamado de **solo expansivo** (Nelson e Miller, 1992). Ocasionalmente, esses materiais são chamados de solos ou rochas incháveis. Como mencionado, em áreas onde são abundantes, os solos expansivos causam prejuízos em bilhões de dólares por ano em estruturas leves e pavimentos. As rochas expansivas também causam sérios problemas durante a construção de escavações e túneis.

Os solos expansivos são encontrados em todo o mundo. Eles são muito comuns em grandes áreas dos continentes norte e sul-americanos, na África subsaariana, em grandes partes da Austrália, no oeste da Índia e no Oriente Médio. Nos Estados Unidos, os solos expansivos são importantes em áreas de solos de grãos finos desidratados e altamente sobreadensados e de folhelhos intemperizados. Isso inclui as Dakotas, Montana, o leste de Wyoming e do Colorado, a área de Four Corners no sudoeste, partes da Califórnia e o leste do Texas. Nas províncias ocidentais do Canadá, entre as Montanhas Rochosas e os Grandes Lagos, existem enormes áreas de folhelhos argilosos e argilas do Cretáceo que contêm quantidades significativas de argilominerais ativos, particularmente do grupo da esmectita. Com frequência, esses depósitos são muito expansivos, assim como os depósitos de argila lacustre encontrados nos grandes lagos glaciais do Pleistoceno, como os Lagos Glaciais Agazziz e Regina, em Saskatchewan e Manitoba, no Canadá.

Considerando que o clima na maior parte do interior do continente norte-americano é árido ou semiárido, o regime natural de umidade é frequentemente modificado por intervenção humana, construção, irrigação e vegetação, o que acarreta problemas com estruturas leves e pavimentação.

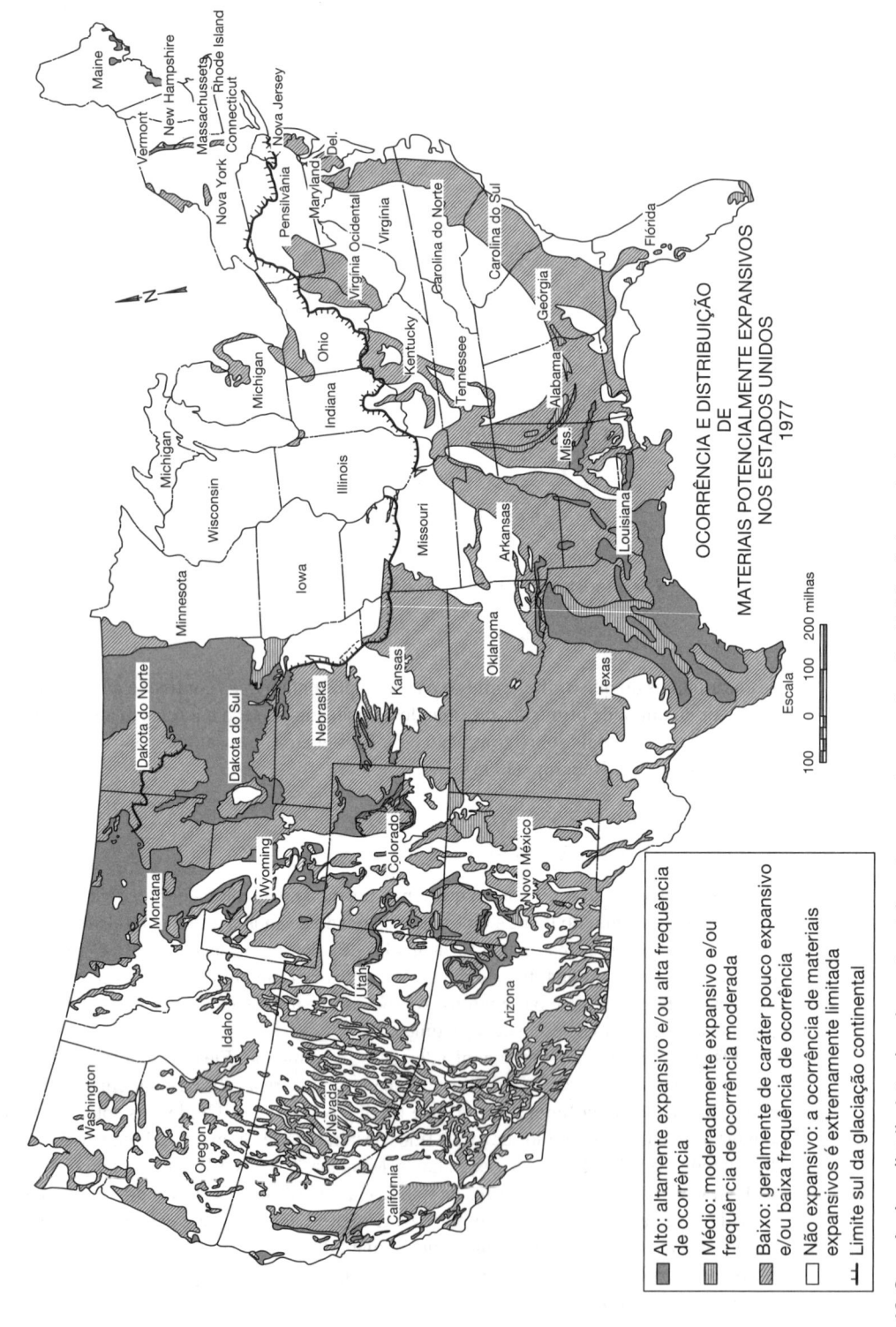

FIGURA 5.16 Ocorrência e distribuição de solos potencialmente expansivos nos Estados Unidos (adaptada de U.S. Army Engineer Waterways Experiment Station, conforme apresentado por Nelson e Miller, 1992).

A Figura 5.16 mostra a extensão dos solos potencialmente expansivos nos Estados Unidos. Devido à sua escala reduzida, esses mapas podem fornecer apenas uma visão geral das áreas potencialmente problemáticas, mas pelo menos é possível observar que, em muitas regiões, a expansão do solo pode representar um problema sério. Portanto é importante que você entenda algumas das características dos solos expansivos, como identificá-los e o que fazer se tiver a infelicidade de encontrá-los em um de seus projetos.

5.5.1 Aspectos físico-químicos

Embora fundamentalmente relacionada à contração, a expansão dos solos costuma ser tratada como um tema separado, em grande parte porque a expansão é um processo um pouco mais complexo do que a contração (Yong e Warkentin, 1975). Lembre-se de que, para um solo contrair, é necessário que ele perca água por meio da dessecação. Isso é exatamente o oposto de um solo expansivo; ele precisa de acesso à água e precisa conter minerais que absorvam a água.

Solos expansivos, em geral, contêm argilominerais do grupo da esmectita, como a montmorillonita e a vermiculita, por exemplo (Capítulo 3), embora outros minerais ativos, como minerais de camadas mistas, também possam contribuir para a expansão. Esses solos demonstram resistência de material seco e plasticidade consideravelmente elevadas; muitas vezes têm uma aparência brilhante quando cortados com lâmina de faca; apresentam fissuras de contração relativamente profundas; e, quando molhados, apresentam uma resistência ao cisalhamento muito baixa (Capítulo 9). Todas essas condições são indicativas de um solo potencialmente expansivo.

A quantidade de expansão e a magnitude da pressão de expansão resultante dependem dos argilominerais presentes no solo, da estrutura e da fábrica do solo e de vários aspectos físico-químicos do solo que foram discutidos no Capítulo 3. Isso inclui fatores como capacidade de troca catiônica, valência catiônica, concentração de sais, cimentação e presença de matéria orgânica. Se todo o restante for igual, solos com montmorillonita são mais expansivos do que os que contém illita, e estes expandem mais do que os que contêm caulinita. Solos com fábricas aleatórias tendem a expandir mais do que solos com fábricas orientadas. A perturbação ou amolgamento de argilas naturais antigas pode aumentar a quantidade de expansão. Os cátions monovalentes em uma argila (p. ex., a montmorillonita Na^+) expandirão mais do que os cátions divalentes (p. ex., a saponita Ca^{2+}). A cimentação e as substâncias orgânicas tendem a reduzir a expansão.

Na prática, os três ingredientes necessários para que ocorra uma expansão potencialmente prejudicial são (1) a presença de argilominerais expansivos, em especial a montmorillonita, nos solos; (2) o teor de umidade natural aproximadamente no *PL*; (3) uma fonte de água para a argila potencialmente expansiva (Gromko, 1974). Nelson e Miller (1992) também apontam que o potencial de expansão é aumentado pela presença de cátions salinos (p. ex., sódio, cálcio, magnésio e potássio) na água intersticial, uma vez que a hidratação desses cátions pode levar a grandes quantidades de água entre as partículas de argila. Para informações adicionais sobre os aspectos físico-químicos das argilas expansivas, consulte os estudos de Mitchell e Soga (2005) e Fredlund e Rahardjo (1993).

5.5.2 Identificação e previsão

Como os engenheiros sabem se os solos e as rochas de um local são expansivos? Muitos métodos e procedimentos foram desenvolvidos ao longo dos anos para identificar geomateriais expansivos e prever o seu potencial de expansão. Esses métodos incluem análises químicas e mineralógicas, correlações com as propriedades de classificação e índice, e ensaios laboratoriais que medem a pressão de expansão e as alterações de volume. Um método empírico (critério de campo) é a observação do aspecto dos solos argilosos em relação ao ressecamento. Por exemplo, se o solo apresentar rachaduras poligonais (formas que lembram trapezoides) após o ressecamento, denominadas de **gretas de contração**, isso será um sinal inequívoco de aquele solo é expansivo.

Mencionamos antes que os minerais do grupo da esmectita (p. ex., a montmorillonita e a vermiculita) são os mais altamente expansivos e, conforme descrito na Seção 3.7, esses minerais podem ser identificados por difração de raios X (**DRX**), análises térmicas diferenciais, microscopia eletrônica de varredura (**MEV**) e capacidade de troca catiônica. Os solos que contêm esses minerais geralmente ficam bem acima da linha A e logo abaixo da linha U no gráfico de plasticidade. Uma vez identificados, é importante avaliar o seu potencial de expansão e, provavelmente, a maneira mais comum de fazer isso é empregar ensaios de classificação e índice. A Tabela 5.2 resume a experiência do U.S. Department of the Interior com base em suas pesquisas sobre argilas expansivas e solos expansivos (Holtz, 1959). A Figura 5.17 mostra quatro outros procedimentos de previsão de expansão baseados em índices e outras propriedades.

TABELA 5.2 Potencial de expansão dos dados do ensaio de classificação

Grau de expansão	Expansão provável como percentual da alteração total do volume (condição seca para saturada)[†]	Teor coloidal (% −1 μm)	Índice de plasticidade, PI	Limite de contração, SL
Muito alto	> 30	> 28	> 35	< 11
Alto	20 a 30	20 a 31	25 a 41	7 a 12
Médio	10 a 20	13 a 23	15 a 28	10 a 16
Baixo	< 10	< 15	< 18	> 15

[†]Sob uma sobrecarga de 6,9 kPa (1 psi).
Adaptada de U.S. Department of the Interior (1998) e Holtz (1959).

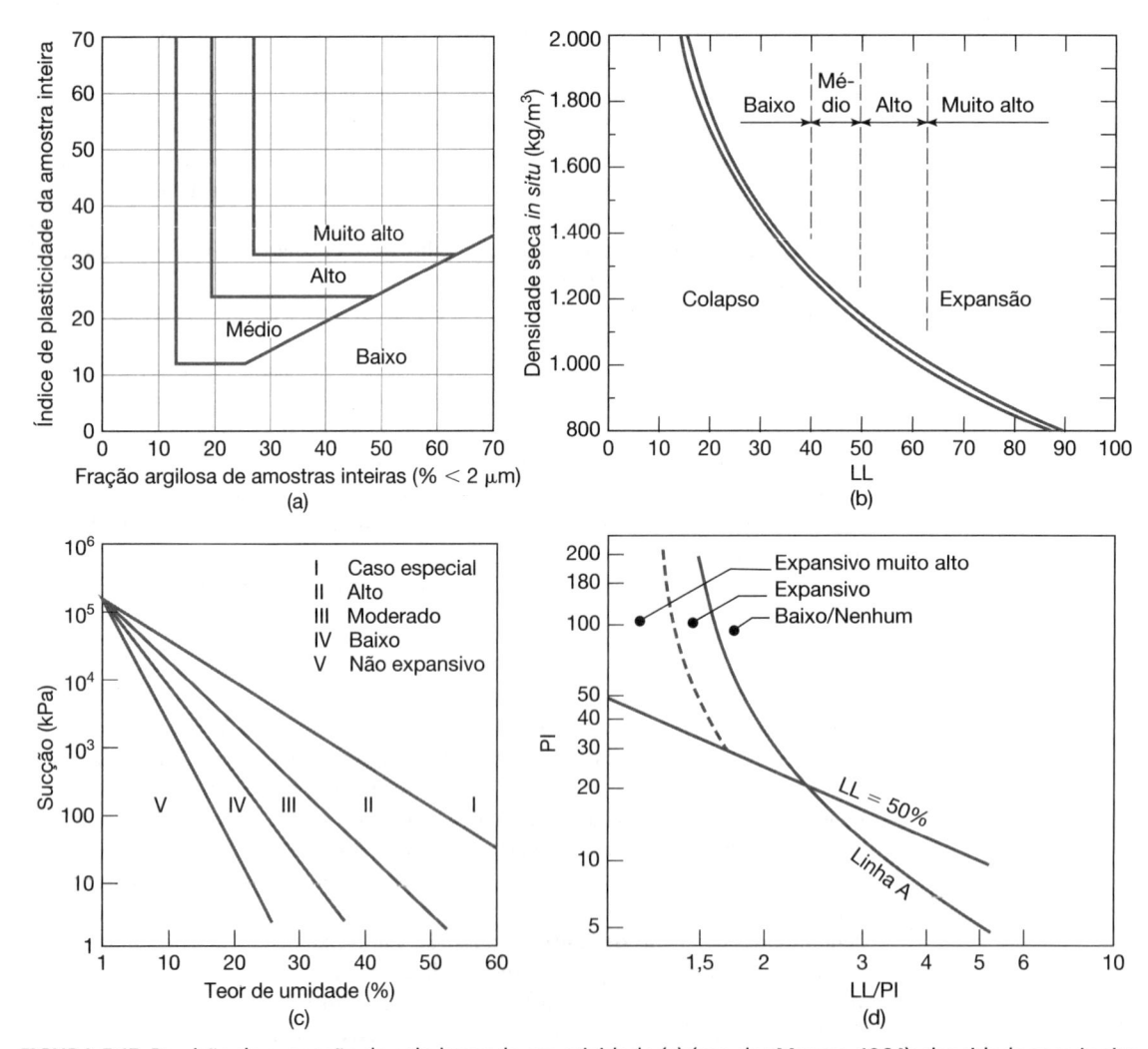

FIGURA 5.17 Previsão da expansão do solo baseada em atividade (a) (van der Merwe, 1964); densidade seca *in situ* e limite de liquidez (b) (adaptada de Mitchell e Gardner, 1975; Gibbs, 1969); sucção em relação ao teor de umidade (c) (McKeen, 1992); *PI* logarítmico em relação ao *LL/PI* logarítmico (d) (Marin-Nieto, 1997 e 2007).

Por exemplo, Kay (1990) demonstrou que o percentual de expansibilidade de um solo está correlacionado ao limite de liquidez. (faixa: 20 < **LL** < 100) para solos expansivos no sudeste da Austrália. Gromko (1974) e Nelson e Miller (1992) fornecem correlações adicionais com propriedades de classificação do solo que têm sido utilizadas com sucesso para prever o potencial de expansão.

Vários ensaios laboratoriais foram desenvolvidos para medir a expansibilidade dos solos, tanto em solos compactados quanto em amostras de solos não perturbados ou naturais. Descreveremos apenas alguns dos ensaios mais comuns; para informações sobre outros ensaios laboratoriais, consulte o estudo de Nelson e Miller (1992).

Um ensaio consideravelmente simples de identificação de expansão é o **ensaio de expansão livre** desenvolvido pela U.S. Bureau of Reclamation (Holtz e Gibbs, 1956). O ensaio é realizado despejando-se lentamente 10 cm³ de solo seco, que passou pela peneira de 425 mm (nº 40), em um cilindro graduado de 100 cm³ cheio de água e observando-se o volume expandido de equilíbrio. A expansão livre, expressa em percentual, é definida como:

$$\text{expansão livre} = \frac{(\text{volume final}) - (\text{volume inicial})}{\text{volume inicial}} \times 100\,(\%) \qquad (5.13)$$

Por exemplo, "bentonitas" altamente expansivas (alto teor em montmorillonita) terão valores de expansão livre superiores a 1.200%. Mesmo solos com expansões livres de 100% podem causar danos a estruturas leves quando molhados; descobriu-se que solos com expansões livres inferiores a 50% apresentam apenas pequenas alterações de volume.

Embora o ensaio de expansão livre pareça muito simples, ele apresenta alguns problemas e não é mais um ensaio padrão do **USBR**. Sridharan e Prakash (2000) apontam que obter exatamente 10 cm³ de solo não é fácil e sugerem usar 10 g de solo seco em tetracloreto de carbono ou querosene, bem como água destilada para comparação.

O **ensaio de índice de expansão** (**EI**, *expansion index*) foi desenvolvido para solos compactados no sul da Califórnia, Estados Unidos, sendo a base para a norma **ASTM D 4829**. O solo é passado pela peneira nº 4 e umedecido até atingir um teor de umidade próximo ao ponto ótimo. Ele é compactado em um anel de aço muito rígido com cerca de 25 mm de altura por 100 mm de diâmetro, e uma pressão confinante vertical de 6,9 kPa (1 psi) é aplicada a ele; em seguida, a amostra de solo é inundada com água destilada. A deformação (expansão) da amostra é registrada por 24 horas ou até que a taxa de deformação atinja um valor mínimo. O índice de expansão, **EI**, é definido como 1.000 vezes a mudança na altura da amostra dividida pela altura inicial. A Tabela 5.3 apresenta o potencial de expansão para diversas faixas de índice de expansão.

A norma **ASTM D 4546** é outro ensaio para determinar o potencial de expansão de amostras de solo compactadas, bem como de amostras de solo não perturbadas. Este ensaio permite pressões verticais aplicadas constantes ou variáveis e diferentes tempos de inundação. O aparelho utilizado é o medidor de adensamento unidimensional descrito no Capítulo 7. Uma amostra de solo é confinada em um anel rígido de latão ou aço inoxidável, em geral com cerca de 20 a 25 mm de altura e 50 a 100 mm de diâmetro. Para o ensaio de expansão livre, a amostra é carregada com uma pequena carga de assentamento de 1 kPa, inundada, e a mudança na altura é observada. Os resultados são relatados como **deformação de expansão livre** para uma determinada pressão vertical.

TABELA 5.3 Potencial de expansão para determinadas faixas de índice de expansão

EI	Potencial de expansão
0 a 20	Muito baixo
21 a 50	Baixo
51 a 90	Médio
91 a 130	Alto
> 130	Muito alto

Com base na norma **ASTM D 4829**; adaptada de Nelson e Miller (1992).

Uma variação do ensaio de expansão livre é continuar carregando a amostra após ela ser inundada, de modo que a altura da amostra permaneça constante, e medir a pressão necessária para manter um volume também constante. Outra variação consiste em aplicar uma tensão inicial equivalente à pressão vertical estimada *in situ* e então, após a inundação, aplicar incrementos de carga necessários para evitar qualquer alteração na altura da amostra. A tensão vertical necessária para manter a variação zero do volume é relatada como **pressão de expansão**. Os ensaios das normas **USBR 5705** e **5715** são semelhantes em conceito ao da norma **ASTM D 4546**, mas diferem em alguns detalhes, como procedimentos de carga e descarga.

Outro método para quantificar o potencial de expansão dos solos é por meio da utilização do ensaio do **coeficiente de extensibilidade linear** (**COLE**, *coeficient of linear extensibility*), descrito por Nelson e Miller (1992) e utilizado pelo U.S. Natural Resources Conservation Service. Esse ensaio basicamente determina a deformação linear (contração ou expansão) de uma amostra de argila natural seca em condições não confinadas de sucção de 33 kPa (5 psi) até sucção seca em estufa ($\approx$ 1.000 MPa). O valor de **COLE**, expresso em percentual, é utilizado para prever o potencial de expansão de solos com argilominerais ativos.

5.5.3 Propriedades expansivas de argilas compactadas

O comportamento expansivo de solos compactados de grãos finos não é tão simples. Tal como acontece com os depósitos naturais de solo, a tendência dos solos compactados para se expandirem depende da sua fábrica, e a sua fábrica depende se eles são compactados úmidos ou secos em relação ao teor de umidade ótimo. Talvez você se lembre de ver no Capítulo 4 que o teor de umidade ótimo é uma função da energia mecânica aplicada (**esforço de compactação**) durante a compactação. Em geral, um solo compactado a seco em relação ao ótimo terá uma fábrica mais aleatória (ou floculada) do que aqueles compactados a úmido em relação ao ótimo. Contudo, a fábrica também depende do método de compactação. Se o solo for repetidamente cisalhado durante a compactação – por exemplo, na compactação por impacto (**Proctor**) – em vez de simplesmente comprimido estaticamente, a fábrica tende a ser mais orientada do que aleatória, e isto acontece com mais frequência quando o solo está úmido em relação ao ótimo do que seco.

Então, como tudo isso afeta a expansão? Os solos de grãos finos compactados a seco, em relação ao ótimo, expandem-se mais do que se fossem compactados a úmido. Isso ocorre porque eles apresentam uma deficiência hídrica relativamente maior e, portanto, têm maior tendência a adsorver água e se expandirem mais. Maiores pressões capilares nos macroporos de uma fábrica aleatória de um solo seco em relação ao ótimo também desempenham um papel. Se o solo for compactado a úmido em relação ao ótimo, a expansão será quase a mesma (ou seja, uma fábrica aleatória se comportará de maneira semelhante a uma fábrica orientada), porque a afinidade pela água já estará satisfeita. Portanto, há geralmente menos expansão no lado úmido do que no lado seco (floculado), e isso é mostrado na Figura 5.18 para um solo de alta plasticidade compactado pelo método de compactação normal de Proctor. Solos compactados a seco em relação ao ótimo são, em geral, mais sensíveis às mudanças ambientais, como alterações no teor de umidade. A quantidade de expansão também depende de a argila estar sobrecarregada e da magnitude da carga relativa à pressão de expansão. Isto é mostrado nos resultados de ensaios com amostras compactadas de uma argila altamente expansiva do vale central da Califórnia (Figura 5.19).

Seed et al. (1962) desenvolveram as relações mostradas na Figura 5.20 para misturas artificiais de areias e argilas compactadas até a densidade máxima pela compactação normal de Proctor e expandidas contra uma sobrecarga de 6,9 kPa (1 psi). Essas relações entre a atividade (PI/(%) fração argilosa) e o percentual de tamanhos de argila também demonstraram ser consideravelmente apropriadas para muitos solos naturais. O objetivo da Figura 5.20 é identificar um solo compactado que esteja potencialmente em expansão e que possa exigir investigação adicional e mais ensaios laboratoriais. A Figura 5.20 não deve ser usada para projetos.

5.5.4 Rochas em expansão

Segundo Goodman (1989), apenas alguns minerais são responsáveis pela expansão das rochas e por problemas de engenharia associados. Como seria de esperar, os argilominerais montmorillonita e vermiculita representam problemas quando encontrados em juntas rochosas. Outro mineral problemático é a anidrita (ou, mais precisamente, o sulfato de cálcio anidro, $CaSO_4$). Além disso, alguns basaltos (rochas vulcânicas de grãos finos) e sais encontrados em depósitos de evaporitos podem expandir-se o suficiente até criar problemas para estruturas sobrejacentes ou adjacentes.

Já estamos familiarizados com a montmorillonita (Capítulo 3) e com sua capacidade de adsorver água muitas vezes maior que sua própria espessura de partículas (ver Figura 3.50). Quando a montmorillonita é o principal argilomineral encontrado em argilitos e folhelhos e tem acesso a um suprimento adequado de água, ela pode superar as forças de cimentação e expandir-se consideravelmente. A anidrita está contida em depósitos evaporíticos e capeamento de domos salinos; em rochas vulcânicas em cavidades associada às zeolitas, e se converte em gesso quando exposta à água. A vermiculita resulta da hidratação de determinados basaltos e possui diversas aplicações comerciais.

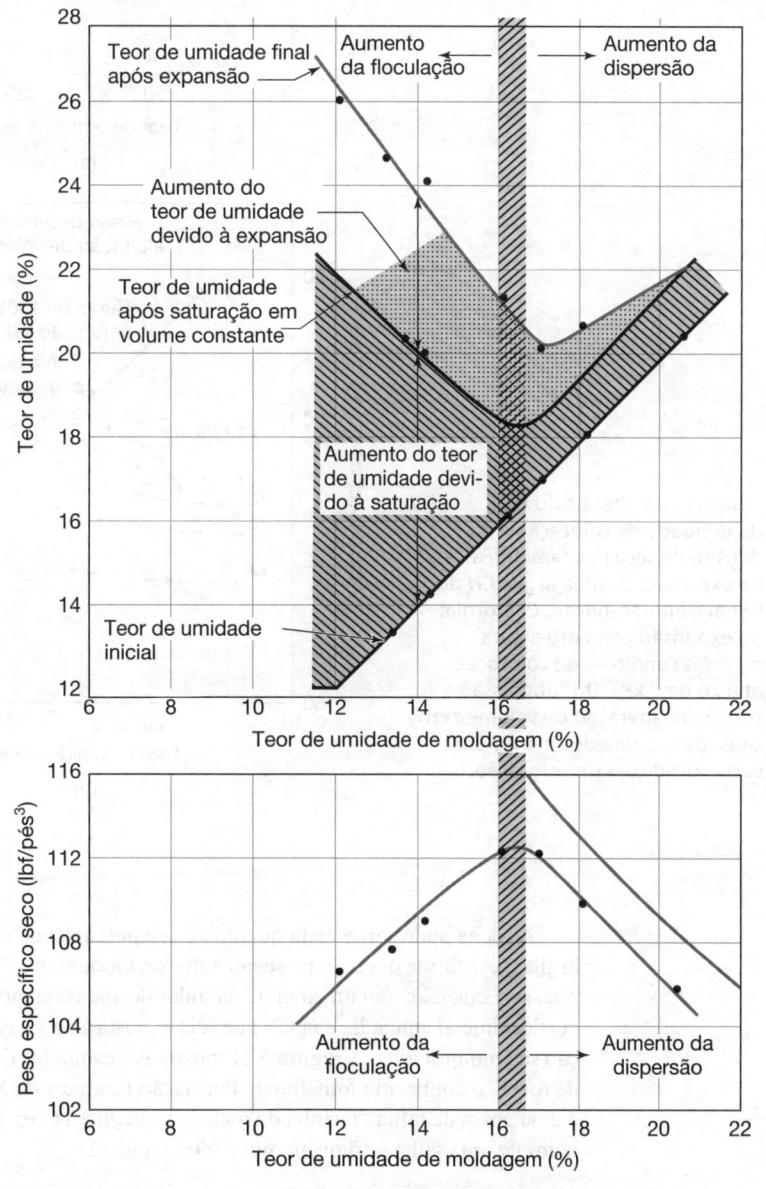

FIGURA 5.18 Influência do teor de umidade de moldagem e da estrutura do solo nas características de expansão de uma argila arenosa (Seed e Chan, 1959).

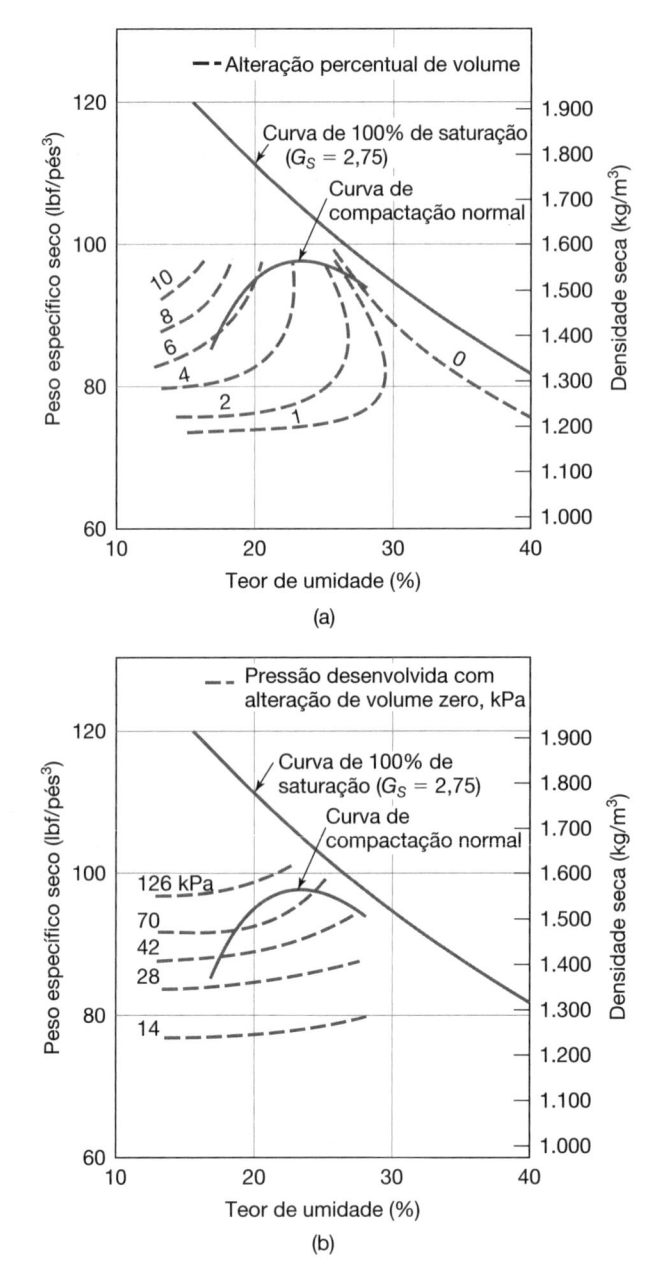

FIGURA 5.19 Efeitos do teor de umidade de colocação e da densidade seca nas características de expansão de uma argila *CH* do Canal Delta-Mendota, Califórnia: (a) expansão percentual para diversas condições de colocação abaixo de 7 kPa; (b) subpressão total com alteração de volume zero causada por umedecimento para várias condições de colocação.

A rocha pode ser testada quanto ao seu potencial de expansão de maneira semelhante à das argilas, conforme descrito na seção anterior. Goodman (1989) propõe que uma amostra de rocha seca seja colocada em um anel de medidor de adensamento rígido com uma determinada tensão vertical inicial aplicada, e então que seja exposta à água, enquanto a tensão vertical e a deformação são monitoradas. A Figura 5.21 mostra os resultados dos ensaios de expansão com dois tipos de rocha, o conhecido folhelho da Formação Bearpaw de Montana e Wyoming, Estados Unidos, e uma goiva de falha "farinha de rocha" norueguesa (a rocha pulverizada produzida quando dois lados de uma falha se movem, um contra o outro).

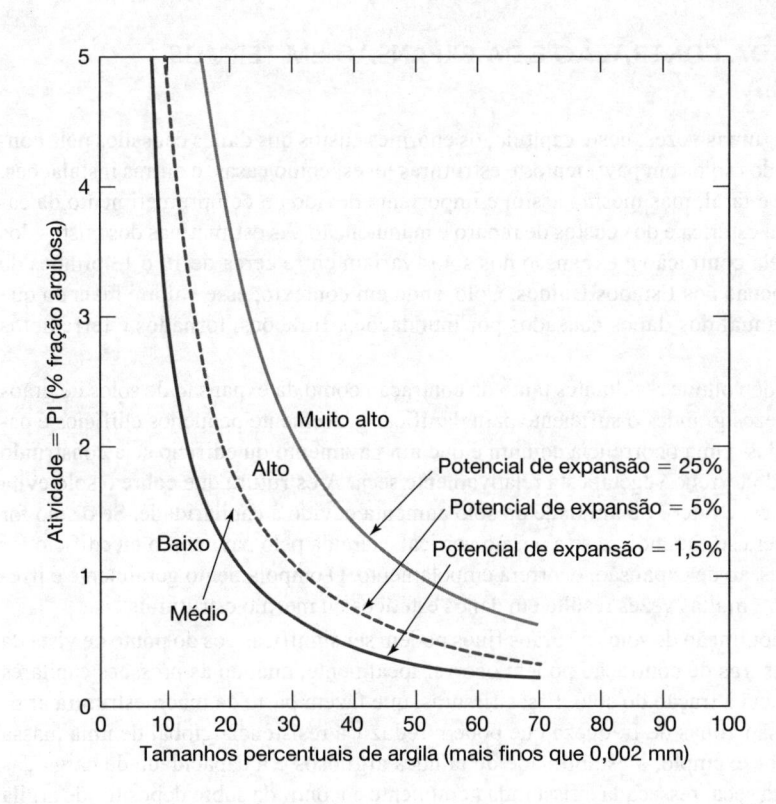

FIGURA 5.20 Tabela de classificação para potencial de expansão de argilas compactadas (adaptada de Seed et al., 1962).

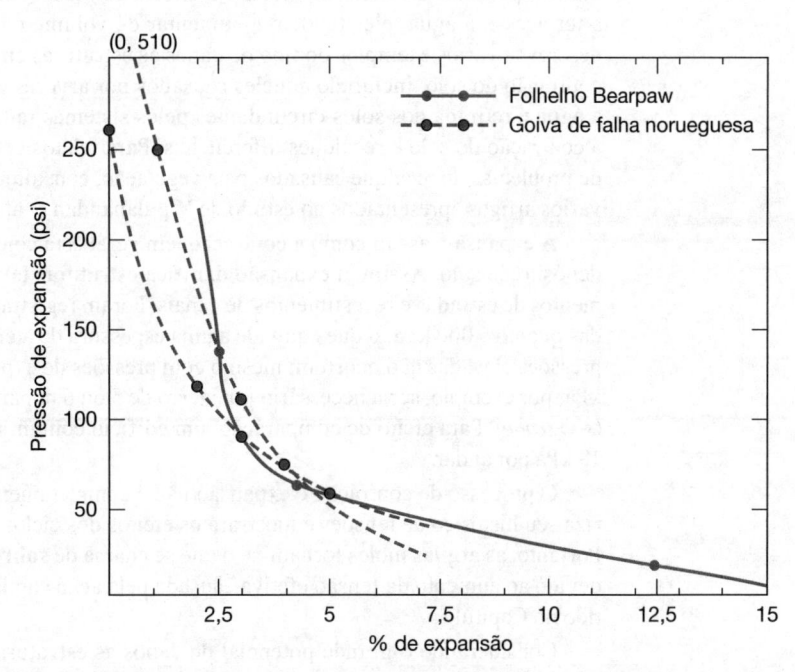

FIGURA 5.21 Resultados do ensaio de expansão para o folhelho Bearpaw e a goiva de falha (farinha de rocha) norueguesa (Goodman, 1989).

5.6 IMPORTÂNCIA DA CONTRAÇÃO E DA EXPANSÃO EM TERMOS DE ENGENHARIA

Mencionaremos algumas vezes, neste capítulo, os enormes custos dos danos causados pela contração e expansão dos solos em pavimentos e estruturas leves, como casas, e outras instalações. O dano raramente é fatal, mas mesmo assim é importante devido ao comprometimento da capacidade de uso, da estética e dos custos de reparo e manutenção. As estimativas dos custos dos danos causados pela contração e expansão dos solos variam entre cerca de 10 e 13 bilhões de dólares por ano apenas nos Estados Unidos. Colocando em contexto, esse valor é mais do que o dobro do custo anual dos danos causados por inundações, furacões, tornados e terremotos combinados!

As alterações de volume resultantes tanto da contração como da expansão de solos de grãos finos são muitas vezes grandes o suficiente para danificar gravemente pequenos edifícios e pavimentos de estradas. Uma ocorrência comum é que um pavimento ou edifício seja construído quando a camada do terreno vegetal está relativamente seca. A estrutura que cobre o solo evita maiores evaporações, e o teor de umidade do solo aumenta devido à capilaridade. Se o solo for expansivo, ele poderá se expandir, e se a tensão vertical exercida pelo pavimento ou edifício for menor do que a pressão de expansão, ocorrerá empolamento. O empolamento geralmente é irregular e diferencial, e muitas vezes resulta em danos estéticos ou mesmo estruturais.

Os efeitos da contração de solos de grãos finos podem ser significativos do ponto de vista da engenharia. As fissuras de contração podem ocorrer localmente, quando as pressões capilares excedem a resistência à tração do solo. Essas fissuras, que fazem parte da macroestrutura argilosa (Capítulo 3), são zonas de fraqueza que podem reduzir a resistência global de uma massa de solo e afetar, por exemplo, a estabilidade de taludes argilosos e a capacidade de carga das fundações. A crosta seca, ressecada e fissurada geralmente encontrada sobre depósitos de argila mole afeta a estabilidade dos aterros rodoviários e ferroviários construídos sobre esses depósitos. A contração e as fissuras de contração são causadas pela evaporação da superfície em climas secos, pelo rebaixamento do lençol freático e até pela dessecação do solo por árvores e arbustos durante períodos de seca temporária em climas úmidos. Quando o clima muda e os solos voltam a ter acesso à água, eles tendem a aumentar de volume ou a expandirem-se. Bozozuk (1962) descreveu vários exemplos do tipo de danos às estruturas em fundações argilosas causados pela contração do solo, incluindo aqueles causados por árvores e vegetação. Devido à transpiração, a água é retirada dos solos circundantes pelos sistemas radiculares das plantas, o que provoca a contração do solo e recalques diferenciais. Para relatos de casos de tratamento bem-sucedido de problemas de recalque causados pela vegetação, consulte o estudo de Wallace e Otto (1964) e vários artigos apresentados no estudo de Vipulanandan et al. (2001).

A expansão, assim como a contração, em geral está confinada às porções superiores de um depósito de solo. Assim, a expansão danifica estruturas leves, como pequenos edifícios, pavimentos de estradas e revestimentos de canais. Foram registradas pressões de expansão tão elevadas quanto 1.000 kPa, o que equivale a uma espessura de aterro de 40 a 50 m. Normalmente, tais pressões elevadas não ocorrem; mesmo com pressões de expansão mais modestas de 100 ou 200 kPa, por exemplo, seria necessário um aterro de 5 ou 6 m para evitar toda a expansão do subleito (*subgrade*). Para efeito de comparação, um edifício comum impõe uma tensão da magnitude de 10 kPa por andar.

O processo de contração e expansão não é completamente reversível; o solo sempre memoriza seu histórico de tensões e mostrará os efeitos dos ciclos anteriores de contração e secagem. Portanto, as argilas moles tornam-se o que se chama de **sobreadensadas** e menos compressíveis devido ao aumento da tensão efetiva causada pela ação capilar. O sobreadensamento será discutido no Capítulo 7.

Considerando o grande potencial de danos às estruturas leves e aos pavimentos devido à contração e à expansão dos solos, o engenheiro deve dedicar especial atenção a esse problema caso suspeite da presença desses solos em determinado local.

O que os engenheiros podem fazer para evitar danos às estruturas devido à contração e à expansão dos solos? Se for inviável simplesmente evitar solos expansivos ou escavá-los e substituí-los por um aterro adequado sem expansão, as alternativas são (1) estruturais; (2) algum tipo de tratamento do solo.

A alternativa estrutural é um projeto de fundação que isole a superestrutura das deformações do solo, ou uma fundação que seja rígida o suficiente para resistir a recalques diferenciais que possam danificar a superestrutura. Por exemplo, a estrutura pode ser colocada em estacas cravadas ou escavadas que se estendem através do solo expansivo até um estrato subjacente estável. Ocasionalmente, as estacas escavadas se abrem "em sino" ou são alargadas na parte inferior para servir como âncoras e evitar que a fundação se levante durante a expansão do solo sobrejacente (Capítulo 12). Para reduzir as tensões de cisalhamento de subpressão na parte superior das estacas, elas podem ser isoladas da zona de expansão. Além disso, às vezes é construído um vão entre esse tipo de fundação e a estrutura, para permitir que a superfície do solo se mova sem levar consigo a superestrutura.

Quanto ao tratamento do solo, existem três formas de modificar o comportamento dos solos expansivos: (1) controle de umidade; (2) pré-umedecimento; (3) estabilização química.

Se os solos expansivos se deformarem devido a oscilações sazonais de umidade, então uma forma de minimizar esse movimento é utilizar um sistema de drenos em volta da fundação para canalizar as águas superficiais e subterrâneas para longe da área. Barreiras horizontais e/ou verticais também podem ser instaladas para minimizar o movimento da água no solo problemático. O pré-umedecimento de solos supostamente problemáticos permitirá que uma expansão potencialmente prejudicial ocorra antes da construção. Barreiras contra umidade e membranas impermeáveis têm sido utilizadas para evitar que a água atinja o solo expansivo. A estabilização química, realizada normalmente com a cal (CaO), também tem sido empregada com sucesso para reduzir a expansão, sobretudo de argilas montmoriloníticas. A razão pela qual funciona é discutida no Capítulo 3. Outros agentes estabilizantes, como o cimento Portland, às vezes são utilizados. Contudo, é importante ressaltar que nem toda estabilização com a cal e o cimento é bem-sucedida, sobretudo se sulfatos também estiverem presentes nos solos expansivos. Um mineral denominado **ettringita** $[Ca_6Al_2(SO_4)_3(OH)_{12}.26H_2O]$ é naturalmente gerado, e isso causa empolamentos subsequentes indesejáveis em lajes e outras estruturas leves (Puppala et al., 2005). O empolamento pode ocorrer meses ou até anos após uma estabilização aparentemente bem-sucedida da fundação.

Para informações práticas adicionais sobre todos os tipos de construção em solos expansivos, consulte os estudos de Chen (1988), de Nelson e Miller (1992), do U.S. Department of the Army (1983) e de Noe et al. (2007).

5.7 SOLOS COLAPSÍVEIS E SUBSIDÊNCIA

Existem alguns solos que são estáveis e capazes de suportar cargas estruturais significativas quando secos. Contudo, se o seu teor de umidade aumentar muito, eles sofrerão uma redução considerável em volume, mesmo sem alteração na carga superficial. Esses solos são chamados de **solos colapsíveis**. Como você pode imaginar, recalques repentinos e inesperados podem ser muito prejudiciais para estruturas fundadas em solos colapsíveis. Portanto, é importante, antes da construção, identificar locais que provavelmente apresentem esse tipo de solo, para que possam ser instituídas medidas de tratamento adequadas.

Exemplos de solos colapsíveis incluem loesses (siltes e areias transportadas pelo vento, Seção 3.3.6), areias e siltes fracamente cimentados e determinados solos residuais. Outros solos colapsíveis são encontrados em planícies e em leques aluviais, como restos de corridas de lama e escorregamentos de taludes e encostas coluvionares. Muitos, mas não todos, depósitos de solos colapsíveis estão associados a regiões áridas ou semiáridas (como na Califórnia e no sudoeste dos Estados Unidos). Alguns materiais dragados são colapsíveis, assim como aqueles depositados sob a água, nos quais os sedimentos se formam a taxas de deposição muito lentas (Rogers, 1994). Como consequência da sua deposição, esses depósitos apresentam índices de vazios excepcionalmente elevados e baixas densidades. Todos os depósitos de solo com potencial de colapso têm uma coisa em comum. Eles possuem uma estrutura em **favo de mel** solta e aberta (Figura 3.58c), na qual os grãos maiores e volumosos são mantidos unidos por películas capilares, montmorilonita ou outros argilominerais ou sais solúveis como halita, gipsita ou carbonatos.

Um exemplo do comportamento de solo colapsível é mostrado na Figura 5.22. Duas amostras de loesse, uma com densidade seca baixa e outra com densidade seca mais alta, são gradualmente carregadas até cerca de 700 kPa. Em seguida, é adicionada água, e, conforme mostrado na figura, ocorre o colapso. Isso resulta em uma diminuição considerável no índice de vazios e

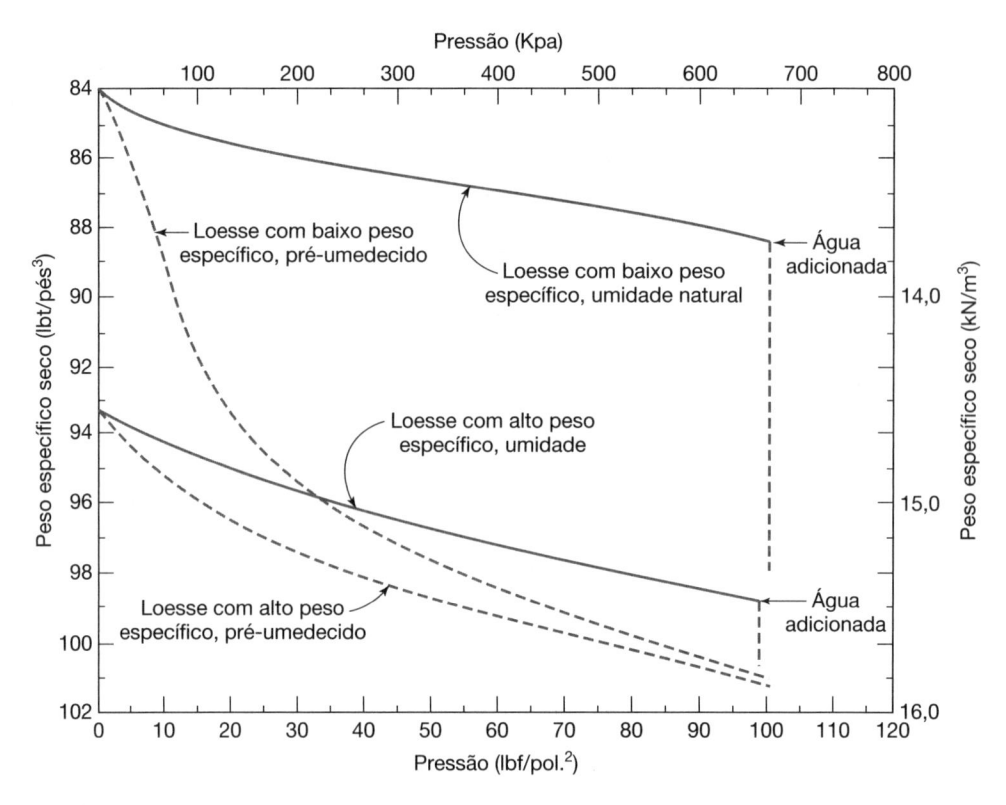

FIGURA 5.22 Efeito do carregamento e umedecimento de fundações de solo de loesse de alto e baixo peso específico (U.S. Heritage Secretary, 1998).

em um aumento simultâneo na densidade seca. Como esperado, a amostra de menor densidade apresenta recalques maiores do que a amostra mais densa.

Uma forma de avaliar o potencial de colapso de vários solos, com base na experiência do **USBR**, é mostrada na Figura 5.23. Solos com densidade seca *in situ* ρ_d e limite de liquidez **LL** à esquerda das duas linhas devem ser investigados com mais detalhes quanto ao seu potencial de colapso. A curva inferior é para solos com gravidade específica G_s de 2,60 e a curva superior é para $G_s = 2,70$.

Uma extensa revisão da identificação e do tratamento de solos colapsíveis é fornecida por Dudley (1970) e por Houston e Houston (1989). El-Ehwany e Houston (1990) propuseram recomendações para investigações locais para depósitos de solos colapsíveis. Bara (1978) também resumiu alguns dos métodos para prever a diminuição do índice de vazios após umedecimento, assim como Clemence e Finbarr (1981) e Houston et al. (1988). Um relato de caso útil envolvendo a previsão de um preenchimento compactado colapsível é fornecido por Kropp et al. (1994) e por Noorany e Stanley (1994).

Se for identificado um local com potencial de colapso significativo, o que os engenheiros podem fazer para melhorar os solos do local e reduzir o impacto do possível colapso? A escolha do método depende da profundidade de tratamento necessária e da natureza da cimentação ou ligação entre os grãos do solo. Para profundidades modestas, a compactação com rolos, a inundação ou a escavação excessiva e recompactação, às vezes com estabilização química, são frequentemente empregadas. A compactação dinâmica (Seção 4.5.2) também seria viável. Para depósitos mais profundos, a formação de represas ou inundações é eficaz e é, muitas vezes, o método de tratamento mais econômico (Bara, 1978). Dependendo da natureza da ligação entre os grãos do solo, a inundação pode resultar em uma compressão de até 8 ou 10% da espessura da camada de solo colapsível. Compactação dinâmica, detonação, vibrocompactação-substituição e injeção são técnicas de melhoria potencialmente viáveis. Grande parte desse trabalho é resumido por Holtz (1989) e Holtz et al. (2001).

Outro risco geológico é a subsidência, que pode resultar em grandes danos às estruturas e outras infraestruturas na superfície dos solos ou próximo dela. Um tipo importante de

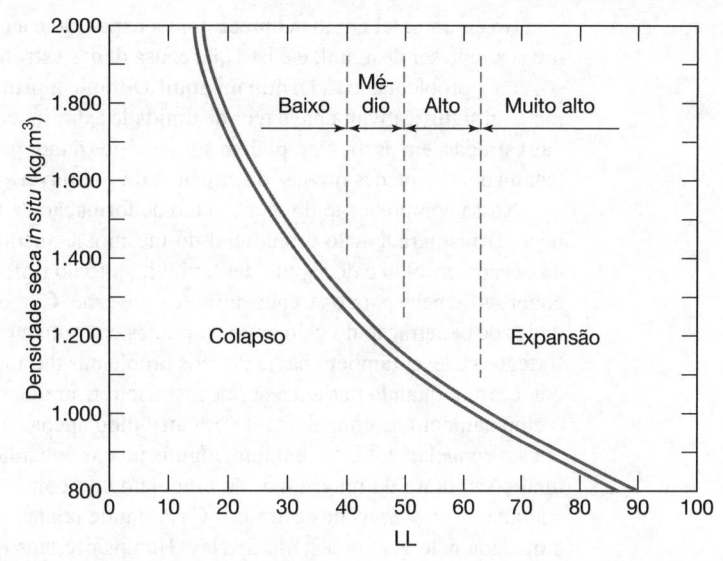

FIGURA 5.23 Colapsibilidade baseada na densidade seca *in situ* e no limite de liquidez (adaptada de Mitchell e Gardner, 1975, e Gibbs, 1969).

subsidência ocorre em terreno cárstico, e talvez você se lembre, da Seção. 3.3.2, que os aspectos cársticos estão associados ao substrato rochoso calcário. Cavidades de dissolução subterrânea podem colapsar e causar grandes sumidouros em áreas construídas, sendo muito destrutivos para estruturas superficiais. O terreno cárstico apresenta problemas complexos e desafiadores na exploração do local, no projeto e na construção de fundações e na remediação de estruturas existentes danificadas (Sitar, 1988; Sowers, 1996). Outra fonte de subsidência é o colapso de minas subterrâneas abandonadas.

No Brasil, fenômenos de subsidências e colapsos por dissolução em áreas cársticas foram registrados no estado de São Paulo (1986), onde parte do bairro Lavrinhas, em Cajamar, foi engolido pela rápida evolução de uma dolina; o mesmo ocorreu em Mairinque, dias após. Também ocorreram colapsos em Sete Lagoas e Vazant, MG, Almirante Colombo e Almirante Tamandaré, PR, Teresina, PI e Lapão, BA.

A subsidência regional devido à compactação de sedimentos não adensados causada pela retirada de fluidos subterrâneos (água, petróleo e gás) pode ser muito prejudicial para estruturas e outras infraestruturas à superfície. A Cidade do México é um caso clássico em engenharia geotécnica, porque grandes áreas da cidade assentaram mais de 10 m devido ao bombeamento de água subterrânea de um aquífero encontrado convenientemente cerca de 30 m abaixo da cidade. As razões para recalques tão grandes são explicadas no Capítulo 7. Subsidências menos graves, mas ainda assim localmente importantes, ocorreram em Bangkok, na Tailândia, e Las Vegas, Nevada, Estados Unidos; nesses casos, porém, devido ao bombeamento de águas subterrâneas. A subsidência regional devido ao bombeamento de petróleo e gás causou subsidência significativa em Long Beach, Califórnia, na década de 1920. Para informações adicionais sobre subsidência regional de terras, consulte os estudos de Holzer (1991) e Borchers (1998).

5.8 AÇÃO DO GELO

Sempre que a temperatura do ar cai abaixo de zero graus Celsius, sobretudo por mais de alguns dias, é possível que a água intersticial do solo congele. A ação do gelo nos solos pode ter várias consequências importantes para a engenharia. Primeiro, o volume do solo pode aumentar imediatamente cerca de 10% apenas devido à expansão volumétrica da água após o congelamento. Um segundo fator, mas significativamente mais importante, é a formação de cristais e lentes de gelo no solo. Essas lentes podem crescer até vários centímetros de espessura e causar empolamentos e danos às estruturas superficiais leves, como pequenos edifícios e pavimentos de estradas. Se os solos simplesmente congelassem e se expandissem de maneira uniforme, as estruturas seriam deslocadas de modo uniforme, uma vez que o solo congelado é consideravelmente resistente e facilmente capaz de suportar estruturas leves.

No entanto, tal como acontece com a expansão e a contração dos solos, a alteração de volume costuma ser desigual, e é isto que causa danos estruturais, entre outros tipos.

E os problemas não terminam aqui! Durante a primavera, as lentes de gelo derretem e aumentam significativamente o teor de umidade e diminuem a resistência dos solos. Os pavimentos das estradas, em particular, podem sofrer sérios danos estruturais durante o degelo da primavera (chamado, por razões óbvias, de **ruptura da primavera**).

Nossa compreensão do mecanismo de formação de lentes de gelo, bem como das condições necessárias para a ação prejudicial do mesmo, avançou há relativamente pouco tempo. Antes da década de 1920 e do rápido desenvolvimento do tráfego automobilístico, as estradas ficavam cobertas de neve para os trenós durante o inverno. Como a neve é um bom isolante, as profundidades de penetração do gelo eram limitadas e raramente ele representava um problema. Como o tráfego era leve, também havia poucos problemas durante o degelo da primavera. Os problemas começaram quando passou a ser necessário retirar a neve para passagem dos carros. No início, o empolamento de congelamento era atribuído apenas à expansão volumétrica de 10% da água após o congelamento. No entanto, alguns jovens engenheiros empreendedores fizeram algumas medições, tanto da magnitude do empolamento como do teor de umidade das camadas compactadas (*subgrades*) das estradas. Casagrande relata que, em um trecho de uma estrada muito empolada pelo gelo no estado de New Hampshire, nos Estados Unidos, medições durante o inverno de 1928 a 1929 mostraram que a profundidade da penetração do gelo era de cerca de 45 cm (cerca de 1,5 pés), e o empolamento total da superfície era de cerca de 13 cm. O teor de umidade, normalmente entre 8 e 12%, aumentou de forma significativa e variou entre 60 e 110%. Quando um poço de teste foi escavado, o *subgrade* estava cheio de lentes de gelo com uma espessura total de (adivinha?) 13 cm! O lençol freático estava localizado a cerca de 2 m de profundidade no outono, mas durante a primavera ficava logo abaixo do pavimento. Quando o solo começou a descongelar na primavera, as camadas superiores ficaram saturadas de água e muito macias. A água ficou presa no *subgrade* entre a camada superficial descongelada e o terreno vegetal ainda congelado abaixo. Agora a questão era: como a água chegou lá? Ela não estava lá antes do inverno. Além disso, observou-se que havia muito pouco gelo nas areias limpas e nos cascalhos. Mas, com solos argilosos, as lentes de gelo eram abundantes, e este fato sugeria que a capilaridade estava de alguma forma envolvida. Investigações posteriores mostraram que a formação de lentes de gelo também dependiam da taxa de congelamento do solo. Se o solo congelasse rapidamente, como poderia ocorrer durante uma onda de frio no início do inverno, antes que houvesse neve significativa, havia uma tendência menor de formação de lentes de gelo. Com uma taxa de congelamento mais lenta, havia mais lentes de gelo, e lentes mais espessas tendiam a se formar mais próximas da parte inferior da camada congelada. Portanto, uma condição para a formação de lentes de gelo deve ser a existência de uma fonte de água próxima. Todos esses fatores serão discutidos nas seções a seguir.

Pesquisas durante os últimos 80 anos explicaram muitos dos fenômenos observados associados ao congelamento do solo e à ação do gelo. Como seria de esperar, o processo, sobretudo com solos de grãos finos, é um problema relativamente complicado de difusão de calor (termodinâmica) e química da água intersticial, e está relacionado com o potencial da água no solo e o movimento da água em solos congelados (Yong e Warkentin, 1975; Mitchell e Soga, 2005).

As primeiras pesquisas sobre a ação do gelo e o empolamento de congelamento encontram-se, atualmente, compiladas em um relatório especial do U.S. Army Cold Regions Research & Engineering Laboratory (**CRREL**) (Black e Hardenberg, 1991). Esse relatório contém reimpressões dos primeiros trabalhos de Beskow, na Suécia, e de Taber, nos Estados Unidos.

5.8.1 Terminologia, condições e mecanismos da ação do gelo

A terminologia comum para solo congelado é definida na norma **ASTM D 4083**, e alguns desses termos são mostrados na Figura 5.24.

Basicamente, devem existir três condições para a ação do gelo e a formação de lentes de gelo nos solos:

- temperaturas abaixo de zero;
- fonte de água suficientemente próxima para fornecer água capilar à linha de gelo;
- tipo de solo suscetível ao gelo e à distribuição da dimensão dos grãos (poros).

As temperaturas de congelamento dependem, naturalmente, das condições climáticas da região. Se a profundidade máxima de penetração do gelo durante a parte mais fria do inverno for inferior a cerca de 300 mm, isso não causa impacto suficiente na infraestrutura para ser motivo de preocupação. No entanto, a maior parte do continente norte-americano passa por invernos suficientemente frios para que a penetração do gelo ocorra em profundidades consideráveis, o que é de interesse para os engenheiros. A Figura 5.25 mostra as profundidades típicas de penetração do gelo no território continental dos Estados Unidos. Observa-se que, com as alterações climáticas globais, é provável que estes dados de Floyd (1979) tenham mudado de forma significativa em algumas regiões.

Embora a nossa discussão tenha focado nos efeitos da ação do gelo em estradas de terra e rodovias, outras infraestruturas, como sistema de distribuição de água e sapatas para pequenas estruturas, também podem ser afetadas negativamente se não estiverem localizadas muito abaixo da profundidade de penetração do gelo. Para ambos os casos, é recomendável considerar a experiência local e seguir estritamente os códigos de construção.

Mesmo que as temperaturas do ar no inverno estejam acima de zero graus Celsius durante o dia, o subsolo pode permanecer congelado durante grande parte do inverno devido à baixa condutividade térmica do sistema solo-água. À medida comum da gravidade das temperaturas do inverno é o **índice de congelamento** (Burn, 1976), que é definido como o número de graus-dias abaixo de zero. Além do índice de congelamento, a cobertura do solo, a topografia, a presença de neve e outros fatores afetam localmente a taxa e a profundidade da penetração do gelo. As profundidades máximas de gelo na Figura 5.25 referem-se a invernos extremamente frios, sem muita cobertura de neve. Se houver neve, sobretudo no início do inverno, a profundidade do gelo será muito menor. É provável que esses valores presumidos sejam modificados à medida que as alterações climáticas continuarem.

Conforme indicado na Figura 3.31, uma grande parte do Hemisfério Norte, incluindo o Canadá e o Alasca (Estados Unidos), contém áreas de solo permanentemente congelado chamadas de **pergelissolos** (*permafrost*). Os pergelissolos podem ser **contínuos** ou **descontínuos** como mostrados nas Figuras 5.24 e 3.31. As construções em áreas de pergelissolos são particularmente desafiadoras e exigem procedimentos especiais de projeto e construção. Para obter mais informações, consulte os estudos do U.S. Department of the Army (1987), de Davis (2001) e de Andersland e Ladanyi (2004).

Além das temperaturas de congelamento, uma fonte de água subterrânea na altura da ascensão capilar fornece a água necessária para alimentar as lentes de gelo em crescimento. Os solos devem ser finos o suficiente para que se desenvolvam pressões capilares relativamente altas e, ainda assim, não tão finos a ponto de restringirem o fluxo de água nos seus poros. Conforme

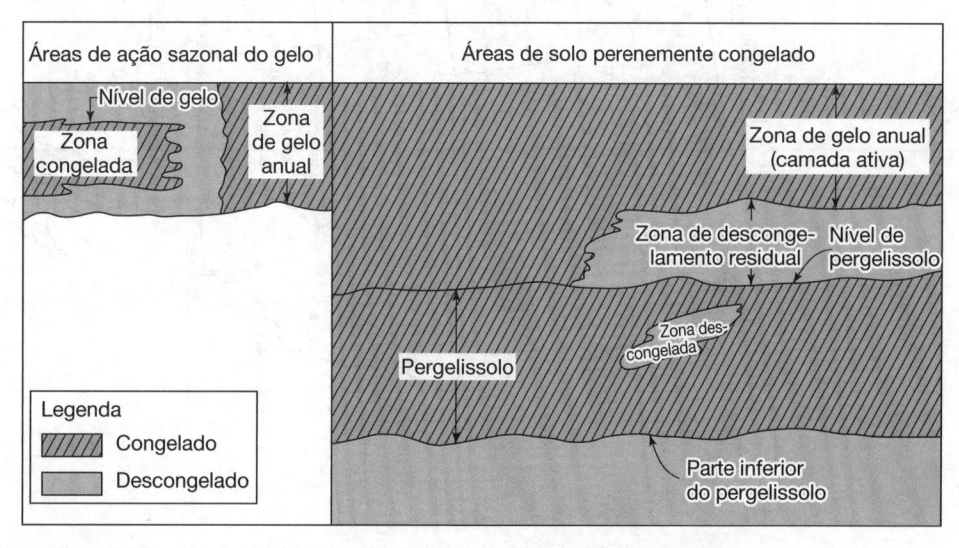

FIGURA 5.24 Terminologia de solos congelados (da norma **ASTM D 4083**).

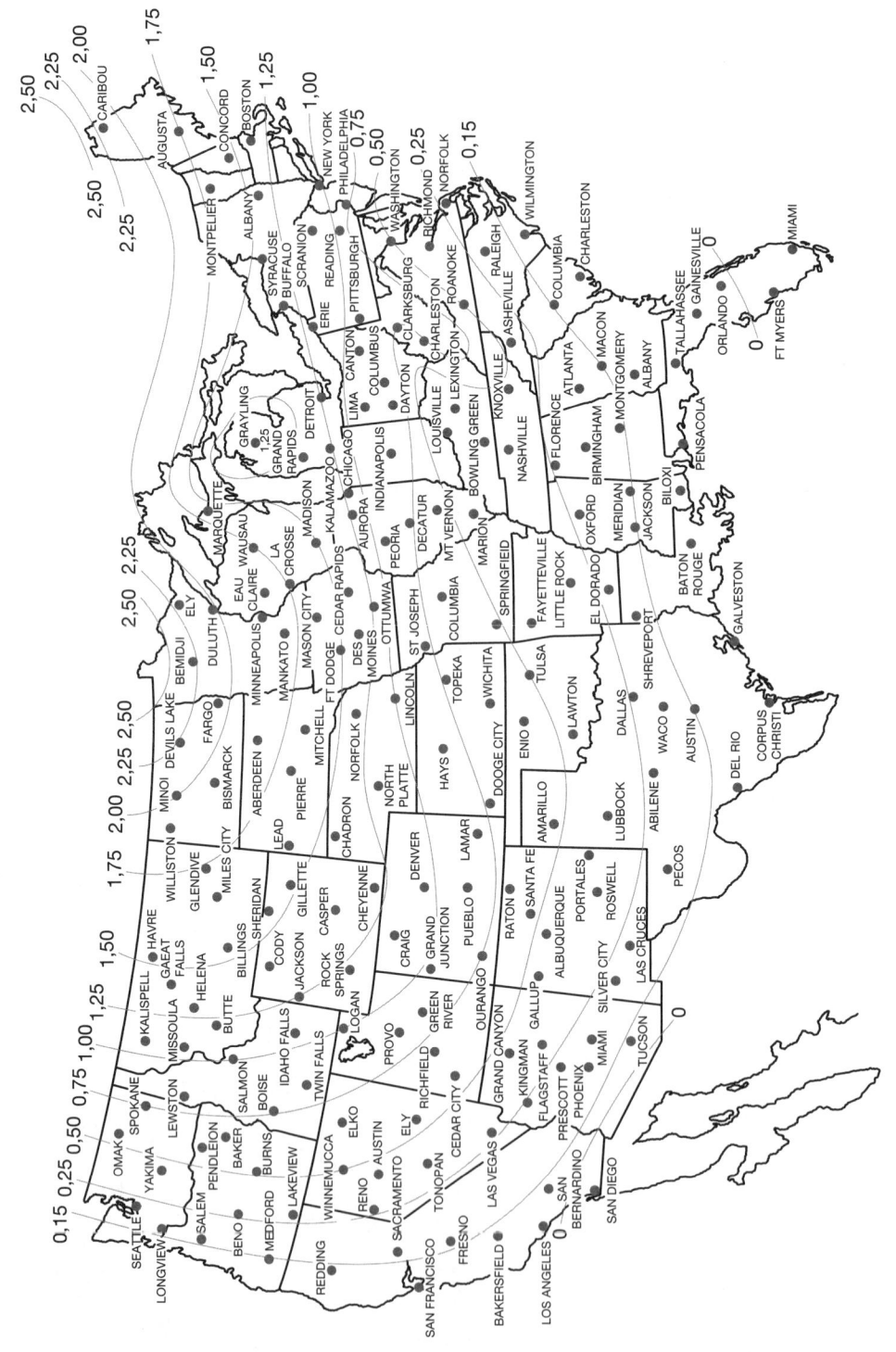

FIGURA 5.25 Profundidades máximas em metros de penetração de gelo no território continental dos Estados Unidos (adaptada de Floyd, 1979).

será discutido no Capítulo 6, a condutividade hidráulica ou permeabilidade dos solos argilosos é muito baixa.

Embora as pressões capilares sejam muito altas, a menos que a argila seja relativamente arenosa ou siltosa, a quantidade de água que pode fluir durante um período de congelamento é tão pequena que existem poucas possibilidades para as lentes de gelo se formarem. No entanto, na prática, os solos argilosos próximos da superfície com frequência apresentam rachaduras e fissuras, conforme descrito anteriormente, o que pode permitir algum movimento da água para a linha de gelo.

Assim como acontece com outros fenômenos capilares, são os tamanhos dos poros, e não as dimensões dos grãos, que efetivamente controlam a ação do gelo. Reed et al. (1979) mostraram que um solo intrinsecamente suscetível ao gelo, conforme previsto pela textura e/ou graduação, pode, na verdade, ter muitos níveis de suscetibilidade, que dependem da fábrica do solo resultante da compactação.

Na Figura 5.26, visualiza-se uma amostra de argila fissurada que congelou de cima para baixo. Observe como o teor de umidade aumentou dentro da zona congelada e a sua comparação com o valor antes do congelamento. Como a argila contém fissuras permanentes, a superfície da água subterrânea é real (i.e., o nível onde as fissuras contêm água livre) e é, portanto, percebida como um desvio na curva de distribuição de água. Observe também como as lentes de gelo se desenvolveram na zona congelada. Elas eram continuamente abastecidas pelo lençol freático através das fissuras e rachaduras da argila.

Qual é o processo que permite a formação de lentes de gelo e a ocorrência de empolamento de congelamento no campo? Vamos presumir que temos uma área com solos suscetíveis ao gelo. A Figura 5.27a mostra as condições durante o outono, após algumas noites com temperaturas abaixo de zero graus Celsius. Também é mostrado o lençol freático, **GWT** (*groudwater table*), e a altura da ascensão capilar h_c. As camadas superiores do solo estão congeladas, mas abaixo da

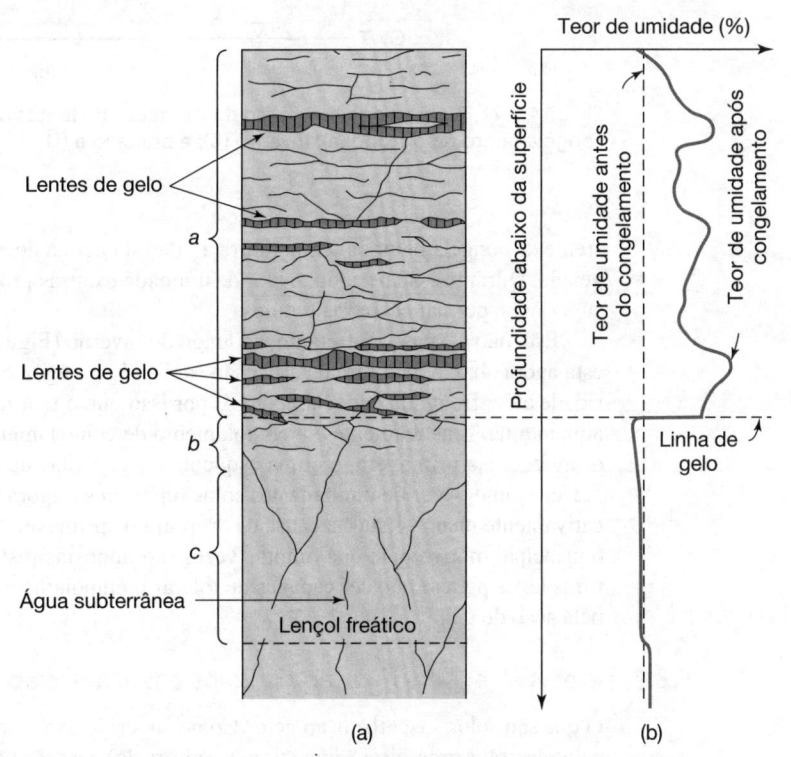

FIGURA 5.26 Diagrama mostrando a relação entre diferentes camadas de gelo em solo congelado (a) e a curva de distribuição do teor de umidade (b). O solo é considerado argiloso médio com fissuras permanentes:
a = parte congelada;
b = zona seca abaixo da linha de gelo (adaptada de Beskow, 1935).

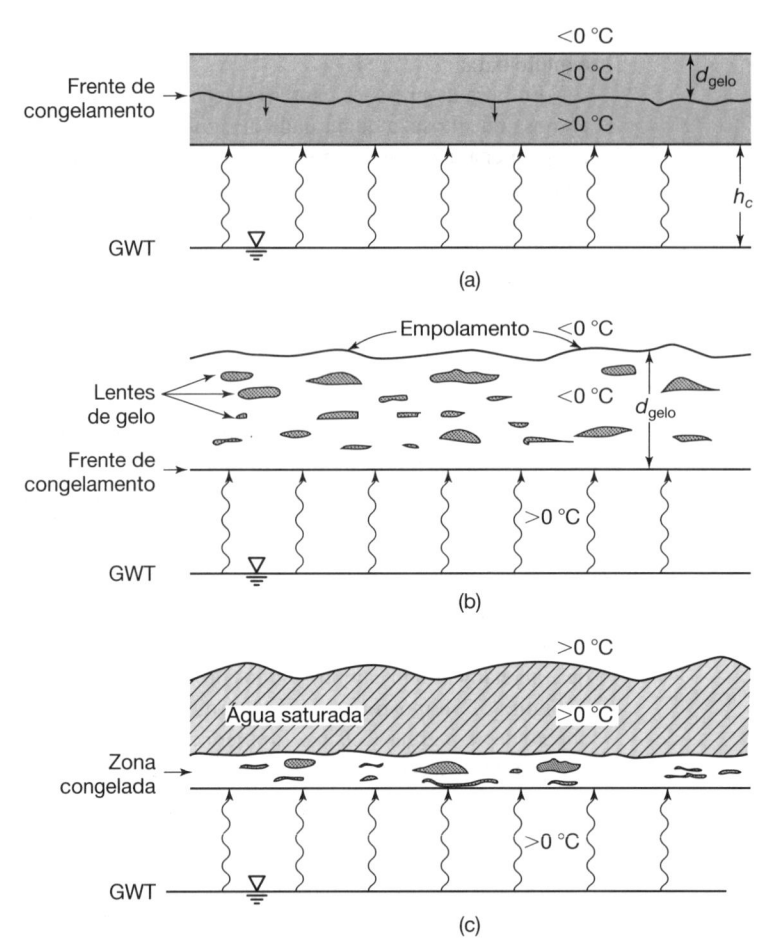

FIGURA 5.27 Diagrama esquemático da formação de lentes de gelo e empolamento de congelamento no outono (a); inverno (b); e primavera (c).

frente de congelamento, a temperatura ainda está acima de zero graus Celsius, e o solo, descongelado. Durante esse período, o teor de umidade e outras propriedades do solo, de suas camadas superiores, permanecem inalterados.

Este não é o caso, entretanto, ao longo do inverno (Figura 5.27b). A frente de congelamento está agora abaixo da altura de ascensão capilar h_c e a água é continuamente puxada pela capilaridade até a frente de congelamento. É por isso que o teor de umidade nas camadas superiores aumenta tão drasticamente e o empolamento de congelamento continua a ocorrer durante todo o inverno. Na primavera, o clima esquenta e a camada superior começa a descongelar (Figura 5.27c). Como o teor de umidade dos solos superiores é agora muito alto, sua resistência é significativamente menor. Esta é a causa da "ruptura da primavera" que ocorre nos pavimentos, sendo o principal motivo pelo qual muitas vezes são impostas restrições de carga. Além disso, estruturas leves podem não ser capazes de tolerar o empolamento e o recalque diferencial causados pela ação do gelo.

5.8.2 Previsão e identificação de solos suscetíveis ao gelo

O que são solos suscetíveis ao gelo? Como sugerido antes, lentes de gelo não irão se formar em solos de grãos grosseiros, uma vez que a altura da ascensão capilar nesses solos é muito pequena. Casagrande (1932) e outros pesquisadores, como Beskow (1935), na Suécia, descobriram que a formação de lentes de gelo em solos de grãos finos dependia tanto das dimensões críticas dos grãos quanto da distribuição das dimensões dos grãos existentes nos solos. Beskow observou que 0,1 mm era a dimensão máxima que permitiria a formação de lentes de gelo sob quaisquer condições. Casagrande descobriu que 0,02 mm é uma dimensão crítica dos grãos; mesmo cascalhos com apenas 5 a 10% de silte de 0,02 mm eram suscetíveis ao gelo. Observou ainda que, com solos bem graduados, apenas 3% do material mais fino que 0,02 mm era necessário para produzir gelo, enquanto solos relativamente uniformes devem apresentar pelo menos 10% desse tamanho para serem problemáticos. Parece que solos com menos de 1% e menores do que 0,02 mm raramente sofrem de empolamento de congelamento.

Aparentemente, esses critérios funcionam. Por exemplo, depois que o Rhode Island Department of Transportation, nos Estados Unidos, começou a limitar a quantidade de 0,02 mm permitida a 1% ou menos, não houve mais problemas de empolamento de congelamento em suas obras (Chamberlain et al., 1982).

A Tabela 5.4 apresenta o sistema de classificação de projetos com gelo do U.S. Army Corps of Engineers com base no trabalho de Casagrande (1932). É por isso que é utilizado o critério do percentual mais fino que 0,02 mm. Com base nos percentuais típicos dessa dimensão de grãos, obtém-se uma boa estimativa do tipo de solo e, portanto, do símbolo do Sistema Unificado de Classificação de Solos. O sistema de classificação foi desenvolvido pelo Army Corps of Engineers para projetos de pavimentos e está definido em ordem de aumento da suscetibilidade ao gelo e de perda da resistência do *subgrade* após o descongelamento. Existe alguma sobreposição de suscetibilidade ao gelo entre os grupos na Tabela 5.4. Por exemplo, os solos dos Grupos F1 e

TABELA 5.4 Classificação de solos de projetos com gelo do U.S. Army Corps of Engineers

Grupo de gelo	Suscetibilidade ao gelo	Tipo de solo	Percentual mais fino que 0,02 mm	Classificação típica do USCS
NFS[a]	Insignificante a baixo	a. Cascalhos, pedra britada, rocha britada	0 a 1,5	GW, GP
		b. Areias	0 a 3	SW, SP
PFS[b]	Possivelmente	a. Cascalhos, pedra britada, rocha britada	1,5 a 3	GW, GP
		b. Areias	3 a 10	SW, SP
S1	Muito baixo a médio	Solos cascalhosos	3 a 6	GW, GP, GW-GM, GP-GM
S2	Muito baixo a médio	Solos arenosos	3 a 6	SW, SP, SW-SM, SP-SM
F1	Muito baixo a alto	Solos cascalhosos	6 a 10	GM, GW-GM, GP-GM
F2	Médio a alto	a. Solos cascalhosos	10 a 20	GM, GM-GC, GW-GM, GP-GM
	Médio a alto	b. Areias	6 a 15	SM, SW-SM, SP-SM
F3	Médio a muito alto	a. Solos cascalhosos	> 20	GM, GC
	Médio a muito alto	b. Areias, exceto areias siltosas muito finas	> 15	SM, SC
	Baixo	c. Argilas, PI > 12	–	CL, CH
F4	Baixo a muito alto	a. Todos os siltes	–	ML, MH
	Baixo a muito alto	b. Areias siltosas muito finas	> 15	SM
	Baixo a alto	c. Argilas, PI < 12	–	CL, CL-ML
	Muito baixo a muito alto	d. Argilas varvíticas e outros sedimentos bandados de grão fino	–	CL e ML; CL, ML e SM; CL, CH e ML; CL, CH, ML e SM

[a]Não suscetível ao gelo.
[b]Possivelmente suscetível ao gelo, mas requer um ensaio laboratorial para determinar a classificação de projeto de solo congelado.
Com base nos estudos de Johnson et al. (1986), U.S. Army Corps of Engineers (1987) e Andersland e Ladanyi (2004).

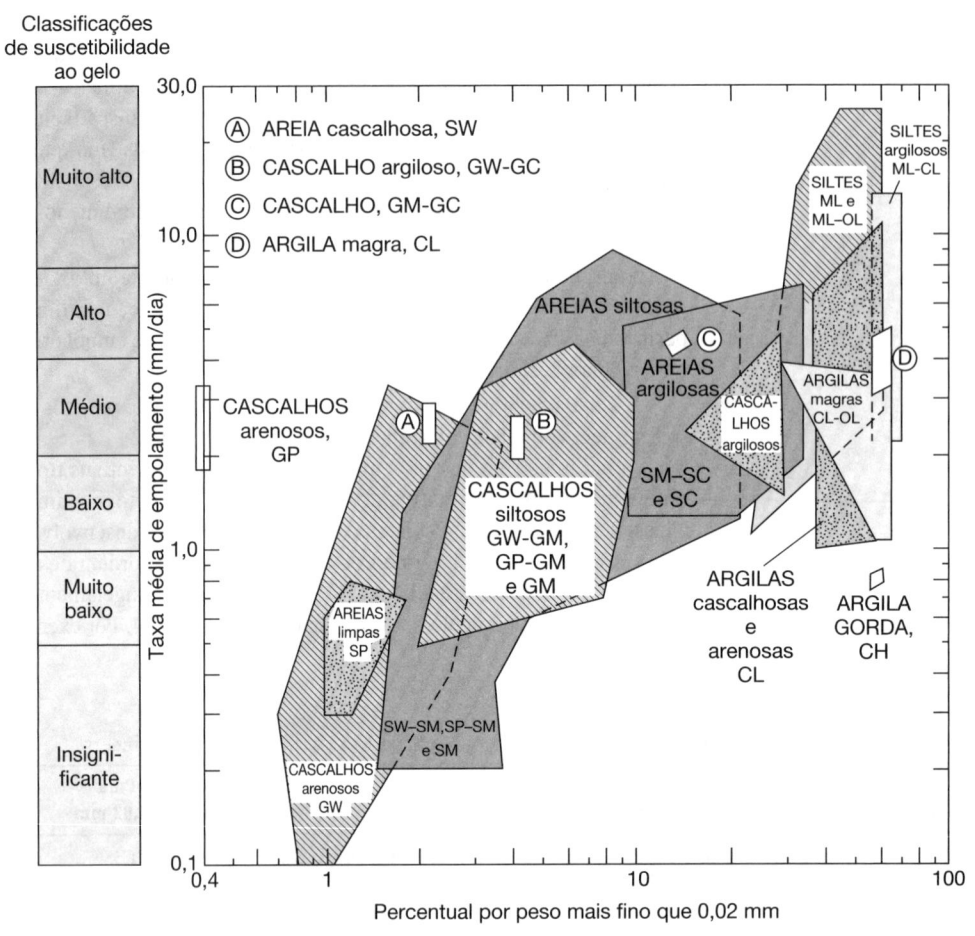

FIGURA 5.28 Taxas de empolamento em ensaios de congelamento em laboratório com solos amolgados (U.S. Department of the Army, 1984).

F2 são semelhantes, mas os solos F2 têm maior probabilidade de apresentar menor resistência durante o degelo. Os solos do grupo F4 são bastante suscetíveis ao gelo. Solos potencialmente suscetíveis ao gelo na Tabela 5.4 provavelmente desenvolverão segregação significativa de gelo se forem congelados em taxas observadas em sistemas de pavimento (2,5 a 25 mm/dia) e se houver água livre disponível (menos de 1,5 a 3 m abaixo da frente de congelamento).

A Figura 5.28 mostra as taxas de empolamento de congelamento em relação ao percentual mais fino que 0,02 mm para os tipos de solos e grupos de gelo na Tabela 5.4. A Figura 5.28 baseia-se em ensaios laboratoriais com amostras amolgadas, e existe uma sobreposição considerável entre os vários tipos e grupos de solos. Como os ensaios laboratoriais são relativamente rigorosos, as taxas de empolamento previstas mostradas na Figura 5.28 são, em geral, maiores do que as esperadas em condições normais de campo. Os solos que empolam em ensaios laboratoriais padrão a taxas médias de até 1 mm/dia são provavelmente aceitáveis para uso sob pavimentos em áreas de gelo, a menos que condições excepcionalmente severas sejam previstas. Mesmo os solos que se aproximam de taxas de empolamento de 1 mm/dia em ensaios laboratoriais provavelmente apresentarão determinado nível de empolamento de congelamento mensurável sob condições médias de campo. Tenha esses fatos em mente se você se deparar com práticas de pavimentação fora do comum e lembre-se de que uma boa drenagem do pavimento é essencial para garantir um desempenho adequado.

Técnicas especiais de construção devem ser utilizadas em climas árticos. Para obter informações, consulte os estudos do U.S. Department of the Army (1987), de Andersland e Ladanyi (2004) e da Canadian Geotechnical Society (2006). Como mencionado, o desempenho adequado de qualquer tipo de infraestrutura em regiões de pergelissolos exige procedimentos muito especiais de projeto, construção e manutenção. Para mais informações fundamentadas, consulte as referências mencionadas anteriormente e o estudo de Davis (2001).

5.9 TENSÃO INTERGRANULAR OU EFETIVA

O conceito de tensão intergranular ou **tensão efetiva** foi introduzido na Seção 5.2.1. Por definição,

$$\sigma = \sigma' + u \qquad (5.14)$$

onde σ = tensão normal total;
σ' = tensão normal intergranular ou efetiva; e
u = pressão de água intersticial ou neutra.

Quando as densidades (ou pesos específicos) e espessuras das camadas do solo e a localização do lençol freático são conhecidas, tanto a tensão total quanto a pressão da água intersticial podem ser facilmente estimadas ou calculadas. A tensão efetiva não pode ser medida; só pode ser calculada!

A tensão vertical total é ocasionalmente chamada de **tensão corporal**, porque é gerada pela massa (que age pela gravidade) no corpo. Para calcular a tensão vertical total σ_v em determinado ponto de uma massa de solo, basta somar as densidades de todo o material (sólidos do solo + água) acima desse ponto, multiplicadas pela constante gravitacional g ou

$$\sigma_v = \int_0^h \rho g \, dz \qquad (5.15a)$$

Se ρg é uma constante em toda a profundidade, então

$$\sigma_v = \rho g h \qquad (5.15b)$$

Normalmente, dividimos a massa do solo em n camadas e avaliamos a tensão total de forma incremental para cada camada ou

$$\sigma_v = \sum_{i=1}^{n} \rho_i g z_i \qquad (5.15c)$$

Por exemplo, se um solo pudesse ter zero vazios, então a tensão total exercida em determinado plano seria a profundidade até o ponto dado vezes a densidade do material – ou, neste caso, ρ_s vezes a constante gravitacional g. Se o solo estivesse seco, você usaria ρ_d em vez de ρ_s.

A tensão neutra ou pressão da água intersticial é calculada de forma semelhante para condições estáticas da água. Ela é simplesmente a profundidade abaixo do lençol freático até o ponto em questão z_w vezes o produto da densidade da água ρ_w e g ou

$$u = \rho_w g z_w \qquad (5.16)$$

Na mecânica dos sólidos, a pressão da água intersticial u é chamada de tensão neutra porque não possui componente de cisalhamento. Lembre-se da mecânica dos fluidos que, por definição, um líquido não pode suportar tensão de cisalhamento estática. Ele possui apenas tensões normais, que atuam igualmente em todas as direções. Por outro lado, as tensões totais e efetivas podem apresentar componentes normais e de cisalhamento. Pela Equação (5.8), a tensão efetiva σ' é simplesmente a diferença entre as tensões total e neutra.

Qual é o significado físico da tensão efetiva? Primeiro, vamos discutir o próprio conceito de tensão. Talvez você se lembre de ver em mecânica básica que a tensão é, na verdade, uma quantidade fictícia. Ela é definida como uma força diferencial dividida por uma área diferencial, à medida que a área diminui até um ponto no limite. Esse conceito é útil, embora, na realidade, na microescala, não tenha significado físico. Por exemplo, o que aconteceria com uma areia ou cascalho quando a área diferencial específica que você escolheu terminasse em um vazio? Naturalmente, a tensão teria que ser zero. No entanto, mesmo ao lado, onde duas partículas de cascalho podem estar em contato ponto a ponto, a tensão de contato pode ser bastante elevada; poderia até exceder a resistência ao esmagamento dos grãos minerais. A tensão realmente exige um material contínuo, ao passo que, dependendo da escala, os materiais reais não são efetivamente contínuos. Os solos, em especial, não são contínuos, como vimos no Capítulo 3. Mesmo solos argilosos de grãos finos são coleções de partículas minerais discretas mantidas unidas por forças gravitacionais, iônicas, de van der Waals e muitos outros tipos. Ainda assim, o conceito de tensão em macroescala é útil na prática da engenharia e é por isso que o utilizamos.

Então, o que significa tensão efetiva fisicamente? Em um material granular, como areia ou cascalho, ela é às vezes chamada de **tensão intergranular**. Contudo, não é realmente o mesmo que a tensão de contato grão a grão, uma vez que a área de contato entre partículas granulares pode ser muito pequena (como no cenário anterior). Portanto, a tensão de contato real pode ser muito grande. Em vez disso, a tensão intergranular é a soma das forças de contato dividida pela área total ou bruta (de engenharia), conforme mostrado na Figura 5.29. Se olharmos para as forças, a força vertical total ou carga P pode ser considerada como a soma das forças de contato intergranulares P' mais a força hidrostática $(A - A_c)u$ na água intersticial. Como a tensão neutra pode obviamente atuar apenas sobre a área de vazios ou poros, para obter a força, a tensão neutra u deve ser multiplicada pela área dos vazios $(A - A_c)$ ou

$$P = P' + (A - A_c)u \qquad (5.17a)$$

onde A = área total ou bruta (engenharia);
A_c = área de contato entre grãos.

Dividindo pela área bruta A para obter tensões, temos:

$$\frac{P}{A} = \frac{P'}{A} + \left(\frac{A - A_c}{A}\right)u \qquad (5.17b)$$

ou

$$\sigma = \sigma' + \left(1 - \frac{A_c}{A}\right)u \qquad (5.17c)$$

ou

$$\sigma = \sigma' + (1 - a)u \qquad (5.17d)$$

onde a = área de contato entre partículas por unidade de área bruta do solo (Skempton, 1960).

Em materiais granulares, como as áreas de contato se aproximam das áreas pontuais, a se aproxima de zero. Portanto, a Equação (5.17d) é reduzida à Equação (5.8) ou $\sigma = \sigma' + u$. Essa equação, que define a tensão efetiva, foi proposta pela primeira vez na década de 1920 por Terzaghi, considerado o pai da Mecânica dos Solos. A Equação (5.8) é extremamente útil e importante. Em geral, é aceito que as tensões efetivas em uma massa de solo, de fato, controlam ou regem o comportamento técnico dessa massa. A resposta de uma massa de solo às mudanças nas tensões aplicadas (compressibilidade e resistência ao cisalhamento) depende quase exclusivamente das tensões efetivas nessa massa de solo. O princípio da tensão efetiva é provavelmente o conceito mais importante na engenharia geotécnica.

Discutimos tensões efetivas para materiais particulados granulares. O que o conceito significa para solos coesos de grãos finos? A partir da discussão no Capítulo 3, é improvável que os

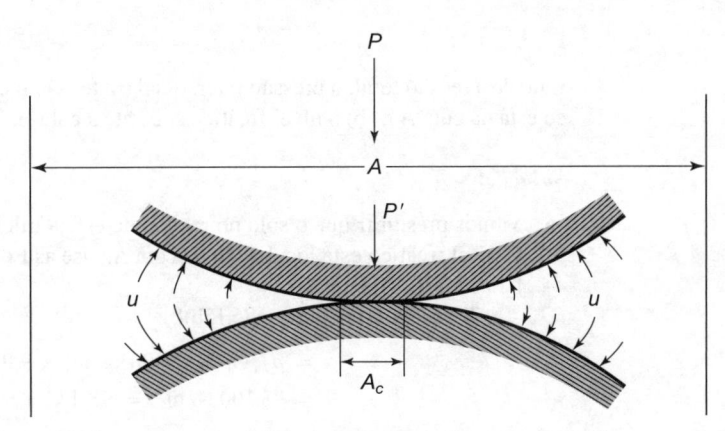

FIGURA 5.29 Partículas em contato sólido (adaptada de Skempton, 1960).

minerais estejam em contato físico real, uma vez que estão rodeados por uma película de água fortemente ligada. Na microescala, os campos de força interpartículas que contribuiriam para a tensão efetiva são muito difíceis de serem interpretados e filosoficamente impossíveis de serem medidos.

Qualquer inferência sobre esses campos de força decorre de algum estudo sobre a fábrica do solo. Portanto, em vista dessa complexidade, que lugar ocupa uma equação tão simples como a 5.8 na prática da engenharia? Evidências experimentais, bem como uma análise rigorosa de Skempton (1960), mostraram que, para areias e argilas saturadas, o princípio da tensão efetiva é uma excelente aproximação da realidade. Entretanto, não é tão eficaz para solos não saturados ou rochas e concretos saturados. Seja o que for fisicamente, a tensão efetiva é definida como a diferença entre uma tensão técnica total e uma tensão neutra mensurável (pressão da água intersticial). O conceito de tensão efetiva, como veremos em capítulos posteriores, é muito útil para a compreensão do comportamento dos solos, a interpretação de resultados de ensaios laboratoriais e a realização cálculos de projetos de engenharia. O conceito funciona – e é por isso que o usamos.

Agora trabalharemos com alguns exemplos para mostrar como calcular a tensão total, a pressão intersticial e a tensão efetiva em massas de solo.

Exemplo 5.6

Contexto:

O recipiente com solo é mostrado na Figura 5.6. A densidade saturada é de 2.000 kg/m^3.

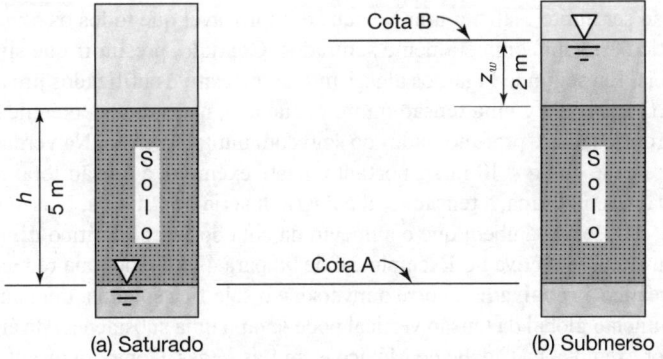

FIGURA Ex. 5.6

Problema:

Calcule a tensão total, a pressão intersticial e a tensão efetiva na cota A quando (a) o nível freático está na cota A e (b) o nível freático sobe até a cota B.

Solução:

a. Vamos presumir que o solo no recipiente esteja inicialmente saturado (mas não submerso). O nível freático está localizado na cota A. Use as Equações (5.15b), (5.16) e (5.8) para calcular as tensões na cota A.

Tensão total [Equação (5.15b)]:

$$\sigma = \rho_{sat}gh = 2.000 \, kg/m^3 \times 9{,}81 \, m/s^2 \times 5 \, m$$
$$= 98.100 \, N/m^2 = 98{,}1 \, kPa$$

Pressão intersticial [Equação (5.16)]:

$$u = \rho_w g z_w = 1.000 \, kg/m^3 \times 9{,}81 \, m/s^2 \times 0 = 0$$

A partir da Equação (5.8):

$$\sigma' = \sigma = 98{,}1 \, kPa$$

Lembre-se de que 1 N = 1 kg · m/s² e que 1 N/m² = 1 Pa.

b. Se elevarmos o nível freático até a cota B, ocorre uma mudança nas tensões efetivas na cota A, uma vez que o solo saturado fica submerso ou flutuante. As tensões na cota A, devido ao solo e à água acima, são as seguintes:

Tensão total:

$$\sigma = \rho_{sat}gh + \rho_w g z_w$$
$$= (2.000 \times 9{,}81 \times 5) + (1.000 \times 9{,}81 \times 2)$$
$$= 117{,}7 \, kPa$$

Pressão intersticial:

$$u = \rho_w g(z_w + h)$$
$$= 1.000 \times 9{,}81 \times (2 + 5)$$
$$= 68{,}7 \, kPa$$

Tensão efetiva na cota A:

$$\sigma' = \sigma - u = (\rho_{sat}gh + \rho_w g z_w) - \rho_w g(z_w + h)$$
$$= 117{,}7 - 68{,}7 = 49{,}0 \, kPa$$

Existem várias coisas que você deve saber sobre este exemplo. Primeiro, o exemplo pode não ser muito realista, uma vez que é improvável que todos os 5 m de areia acima do nível freático estejam completamente saturados. Contudo, presumir que sim torna os cálculos mais fáceis. Em segundo lugar, os algarismos significativos utilizados provavelmente não são realistas. Afinal, 1 kPa é uma tensão muito pequena e, na prática geotécnica, raramente conhecemos as propriedades e profundidades do solo com muita precisão. Na verdade, a prática com frequência presume que $g \approx 10$ m/s², portanto, neste exemplo, a tensão total na parte **a** seria de 100 kPa. Da mesma forma, a tensão total na parte **b** seria de 120 kPa. E assim por diante.

Observe também que o aumento da cota do lençol freático **diminui** a pressão intergranular ou a tensão efetiva no Exemplo 5.6 de 98 para 49 kPa, ou uma redução de 50%! Quando o lençol freático é **rebaixado**, ocorre o inverso, e o solo fica sujeito a um aumento na tensão efetiva. Esse aumento global da tensão vertical pode levar a uma subsidência de área substancial, como ocorre, por exemplo, na Cidade do México e em Las Vegas. Como foi discutido na Seção 5.7, nessas cidades em rápido crescimento, as águas subterrâneas são bombeadas para abastecimento municipal, e os recalques resultantes causaram danos substanciais em ruas, edifícios e serviços subterrâneos.

Outra maneira de calcular a tensão efetiva na parte **b** do Exemplo 5.6 é usar a densidade submersa ou flutuante [Equação (2.11a)]. Observe que

$$\sigma' = (\rho_{sat} gh + \rho_w g z_w) - \rho_w g(z_w + h)$$
$$= (\rho_{sat} - \rho_w)gh$$
$$= \rho'gh \qquad (5.18)$$

Exemplo 5.7

Contexto:

Os dados do Exemplo 5.6.

Problema:

Use a Equação (5.18) para calcular a tensão efetiva na cota A quando o nível freático está na cota B.

Solução:

$$\rho' = \rho_{sat} - \rho_w = 2.000 - 1.000 = 1.000 \text{ kg/m}^3$$
$$\sigma' = \rho'gh = 1.000 \times 9{,}81 \times 5 = 49{,}0 \text{ kPa}$$

Presumindo que $g \approx 10$ m/s^2, então $\sigma' = 50$ kPa.

Exemplo 5.8

Contexto:

O perfil do solo mostrado na Figura 5.8.

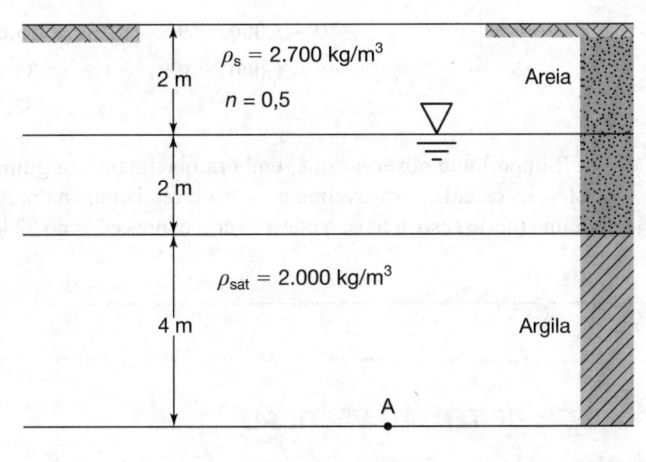

FIGURA Ex. 5.8

Problema:

Quais são as tensões totais e efetivas no ponto A?

Solução:
Primeiro encontre ρ_d e ρ_{sat} da areia. Esta será uma revisão das relações de fase. Se $V_t = 1$ m^3; então $n = V_v$ e

$$V_s = 1 - V_v = 1 - n$$

A partir da Equação (2.7a),

$$M_s = \rho_s (1 - n)$$
$$M_s = 2.700 \text{ kg/m}^3 (1 - 0,5) \text{m}^3 = 1.350 \text{ kg}$$
$$\rho_d = \frac{M_s}{V_t} = \frac{1.350 \text{ kg}}{1 \text{ m}^3} = 1.350 \text{ kg/m}^3$$
$$\rho_{sat} = \frac{M_s + M_w}{V_t} = \frac{M_s + \rho_w V_v}{V_t}$$
$$\rho_{sat} = \frac{1.350 \text{ kg} + 1.000 \text{ kg/m}^3 (0,5 \text{ m}^3)}{1 \text{ m}^3} = 1.850 \text{ kg/m}^3$$

A tensão total em A é $\sum \rho_i g h_i$:

$$1.350 \text{ kg/m}^3 \times 9,81 \text{ m/s}^2 \times 2 \text{ m} = 26,49 \text{ kN/m}^2$$
$$+ 1.850 \text{ kg/m}^3 \times 9,81 \text{ m/s}^2 \times 2 \text{ m} = 36,30 \text{ kN/m}^2$$
$$+ 2.000 \text{ kg/m}^3 \times 9,81 \text{ m/s}^2 \times 4 \text{ m} = \underline{78,48 \text{ kN/m}^2}$$
$$141,27 \text{ kN/m}^2 \text{ ou } 141,3 \text{ kPa}$$

A tensão efetiva em A é

$$\sigma' = \sigma - \rho_w g h$$
$$= 141,3 - (1.000 \text{ kg/m}^3 \times 9,81 \text{ m/s}^2 \times 6 \text{ m}) = 82,4 \text{ kPa}$$

A tensão efetiva também pode ser calculada pelo $\sum \rho g h$ acima do nível freático e pelo $\sum \rho' g h$ abaixo do nível freático ou

$$1.350 \text{ kg/m}^3 \times 9,81 \text{ m/s}^2 \times 2 \text{ m} = 26,49 \text{ kPa}$$
$$+ (1.850 - 1.000) \times 9,81 \times 2 \text{ m} = 16,68 \text{ kPa}$$
$$+ (2.000 - 1.000) \times 9,81 \times 4 \text{ m} = \underline{39,24 \text{ kPa}}$$
$$82,41 \text{ kPa} \text{ (bate)}$$

É importante observar que, embora obtenhamos algumas casas decimais em exemplos e tarefas, os cálculos provavelmente seriam realizados na prática apenas até o kPa inteiro mais próximo (neste caso, a tensão efetiva seria expressa como 82 kPa).

5.10 PERFIS DE TENSÃO VERTICAL

Na engenharia de fundações, muitas vezes é útil dispor de um gráfico da tensão total, da pressão intersticial e da tensão efetiva com a profundidade em uma área. Esses gráficos são utilizados para avaliação da capacidade de carga e recalque de fundações rasas e profundas, bem como da estabilidade de escavações. Como esses perfis são de fato importantes na prática geotécnica, é recomendável ter proficiência para calculá-los com precisão. Os exemplos a seguir ilustram como esses perfis são estabelecidos e apresentam algumas das informações muito úteis que podem ser obtidas a partir deles.

Exemplo 5.9

Contexto:

O perfil do solo do Exemplo 5.8.

Problema:

Trace a tensão total, a pressão intersticial e a tensão efetiva com profundidade para todo o perfil do solo.

Solução:
Ver Figura Ex. 5.9. Verifique se os valores numéricos mostrados na figura estão corretos. Como no exemplo anterior, os cálculos para o kPa inteiro mais próximo costumam ser suficientemente precisos.

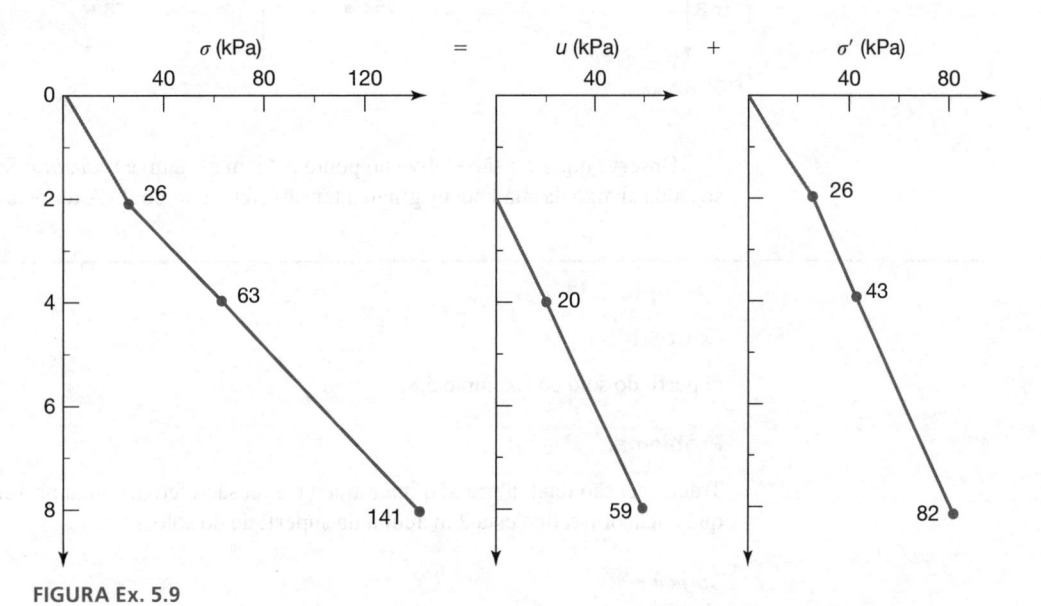

FIGURA Ex. 5.9

Observe como as inclinações dos perfis de tensão mudam à medida que a densidade muda. Na prática geotécnica, as informações básicas sobre os solos provêm de investigações e perfurações no local, que determinam as espessuras das camadas significativas do solo, a profundidade do lençol freático e os teores de umidade e densidades dos vários materiais. Os perfis de tensão também são úteis para ilustrar e compreender o que acontece com as tensões no solo quando as condições mudam, por exemplo, quando o lençol freático sobe ou desce como resultado de alguma operação de construção, bombeamento ou inundação. Alguns desses efeitos são ilustrados nos exemplos a seguir.

Exemplo 5.10

Contexto:

O perfil do solo do Exemplo 5.8.

Problema:

Trace a tensão total, a pressão intersticial e a tensão efetiva com a profundidade se o lençol freático subir até a superfície do solo.

Solução:
Ver Figura Ex. 5.10.

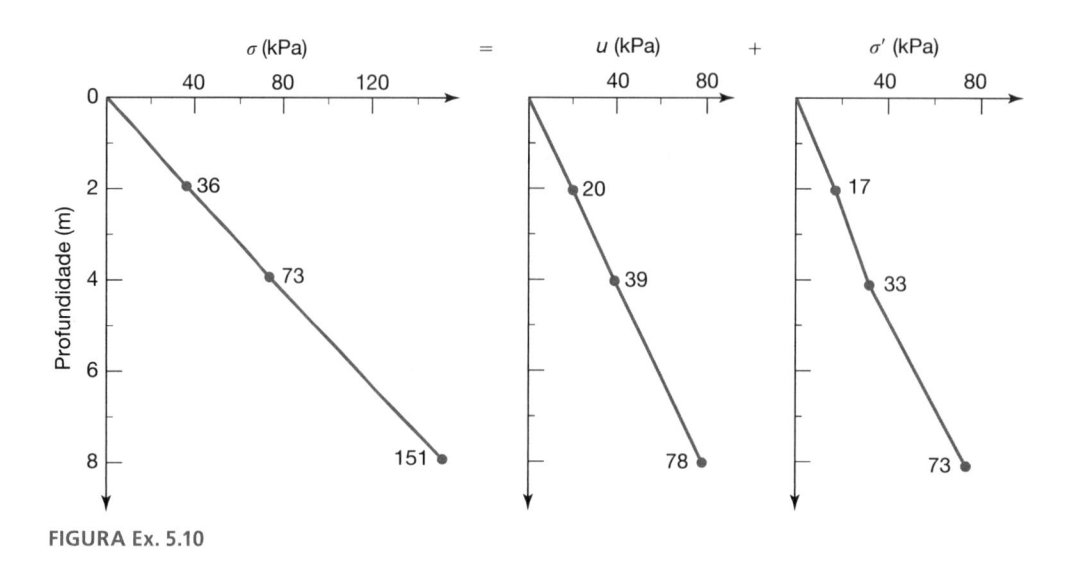

FIGURA Ex. 5.10

Observe que a tensão efetiva no ponto A (com $z = 8$ m) é *reduzida*! Se o lençol freático tivesse caído abaixo da sua cota original, a tensão efetiva no ponto A teria aumentado.

Exemplo 5.11

Contexto:

O perfil do solo do Exemplo 5.8.

Problema:

Trace a tensão total, a pressão intersticial e a tensão efetiva com a profundidade para o caso em que o lençol freático está 2 m acima da superfície do solo.

Solução:
Ver Figura Ex. 5.11.

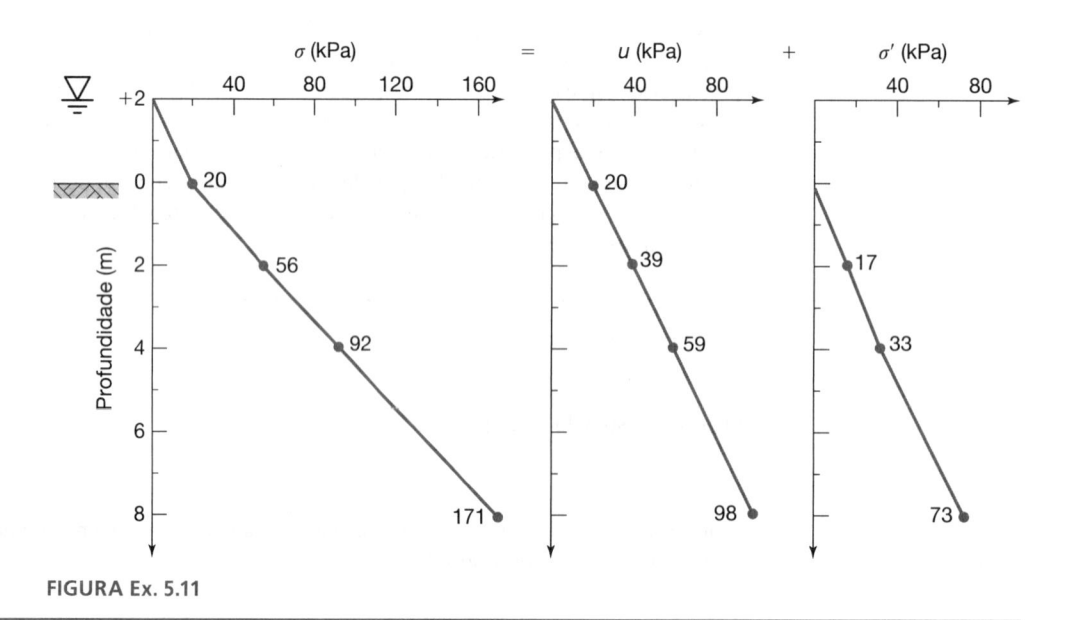

FIGURA Ex. 5.11

Considere com atenção como os perfis de tensão mudam à medida que a cota do lençol freático muda. Observe especialmente como as tensões efetivas diminuem à medida que o lençol freático sobe (Exemplo 5.9 em relação ao 5.10) e, depois, como a tensão efetiva não é alterada mesmo quando o lençol freático está acima da superfície do solo (Exemplo 5.11). Naturalmente, nesse caso, tanto a tensão total como a pressão intersticial aumentam à medida que o lençol freático se eleva acima da superfície do solo, mas as tensões efetivas permanecem inalteradas. A razão pela qual as tensões efetivas permanecem inalteradas é um conceito muito importante, e você deve ter certeza de que entende por que isso acontece.

Mudanças semelhantes, mas opostas, nas tensões efetivas ocorrem quando o lençol freático é rebaixado. Isto pode ocorrer devido a uma seca, ao bombeamento de água da camada de areia ou mesmo a uma escavação próxima que possa drenar a areia. Discutimos algumas dessas condições no Capítulo 6. A questão aqui é que, se o lençol freático for reduzido, pode-se esperar que as tensões efetivas na camada de argila aumentem. Se a argila for compressível, um aumento na tensão efetiva causa recalques superficiais. Esse processo não acontece da noite para o dia; na verdade, pode levar várias décadas para que a compressão e o recalque ocorram. Esses processos serão discutidos em detalhes no Capítulo 7.

Outros perfis de tensão de interesse geotécnico surgem durante o bombeamento em estado estacionário de uma camada anterior ou **aquífero** abaixo da camada de argila. Um aquífero é simplesmente uma fonte de água subterrânea que pode ser retirada por bombeamento de poços (Capítulo 6). Às vezes, a pressão da água no aquífero é maior do que a pressão causada pelo lençol freático local; isso é chamado de condição **artesiana**. Para conhecer as condições reais da água subterrânea em uma área, precisaríamos usar um piezômetro para medir o valor da pressão da água intersticial em determinada altitude.

Já mencionamos o possível impacto negativo da redução do lençol freático devido ao bombeamento, o que aumenta a tensão efetiva. No caso de uma condição artesiana, a pressão inicial da água intersticial está acima do lençol freático estático. Devido ao aumento da pressão da água intersticial, ocorre uma diminuição correspondente na tensão efetiva, e isso pode resultar na perda de estabilidade de um talude ou fundação.

5.11 RELAÇÃO ENTRE TENSÕES HORIZONTAL E VERTICAL

Talvez você se lembre, do estudo da hidrostática, que a pressão num líquido é a mesma em qualquer direção, seja para cima, para baixo, lateralmente ou em qualquer inclinação. No entanto, isso não ocorre com os solos. É raro em depósitos naturais de solos que a tensão horizontal seja exatamente igual à tensão vertical. Em outras palavras, as tensões *in situ* não são necessariamente hidrostáticas. Podemos expressar a razão entre a tensão efetiva horizontal e vertical nos solos como

$$K_o = \frac{\sigma'_{ho}}{\sigma'_{vo}} \quad (5.19)$$

O parâmetro K_o é um coeficiente muito importante na engenharia geotécnica. Ele é chamado de **coeficiente de pressão lateral da terra em repouso** e expressa as condições de tensão no solo em termos de tensões efetivas, sendo independente da localização do lençol freático. Mesmo que a profundidade mude, K_o será uma constante enquanto estivermos na mesma camada de solo e a densidade permanecer a mesma. Contudo, esse coeficiente é muito sensível ao histórico de tensões geológicas e técnicas, bem como às densidades das camadas sobrejacentes do solo (consulte o exemplo no estudo de Massarsch et al., 1975). O valor de K_o é importante na análise de tensões, na avaliação da resistência ao cisalhamento de camadas específicas dos solos e em problemas geotécnicos como o projeto de estruturas de contenção de terra (Capítulo 11), barragens de terra e taludes, e muitos problemas de engenharia de fundações (Capítulos 10 e 12).

O K_o em depósitos naturais de solos pode ser tão baixo quanto 0,4 ou 0,5 para solos compostos por sedimentos que nunca foram pré-carregados ou até 3,0 ou superior para alguns depósitos excessivamente pré-carregados. Valores típicos de K_o para diferentes condições geológicas são fornecidos no Capítulo 9.

Exemplo 5.12

Contexto:

As condições de tensão do Exemplo 5.8. Vamos presumir que K_o para este depósito de solo seja 0,6.

Problema:

Calcule as tensões horizontais total e efetiva nas profundidades de 4 m e 8 m no depósito. Além disso, determine o valor de K nessas profundidades.

Solução:

A partir da Figura Ex. 5.9, a 4 m, σ'_v é 43 kPa. A partir da Eq. (5.19), $\sigma'_h = 0{,}6 \times 43$ kPa = 26 kPa. A 8 m, $\sigma'_h = 0{,}6 \times 82 = 49$ kPa. Para as tensões horizontais totais, não podemos usar a Equação (5.18) diretamente, porque não conhecemos K. Então usamos a Eq. (5.8) para obter σ'_h ou $\sigma_h = \sigma'_h + u$. A 4 m, $\sigma_h = 26 + 20 = 46$ kPa. A 8 m, $\sigma_h = 49 + 59 = 108$ kPa. Usando a Equação (5.18), podemos determinar o valor do coeficiente de tensão total K.

A 4 m,

$$K = \frac{\sigma_h}{\sigma_v} = \frac{46}{63} = 0{,}73$$

A 8 m,

$$K = \frac{\sigma_h}{\sigma_v} = \frac{108}{141} = 0{,}77$$

Observe que K não é necessariamente igual a K_o. Para obter K, temos que passar por K_o e adicionar a pressão de água intersticial à tensão efetiva para a profundidade em questão.

PROBLEMAS

5.1 A extremidade de um tubo de vidro limpo é inserida em água pura. Qual é a altura de ascensão capilar se o tubo tem (a) 0,12 mm, (b) 0,012 mm e (c) 0,0012 mm de diâmetro?

5.2 Calcule a pressão capilar na metade da ascensão capilar para cada um dos tubos do Problema 5.1.

5.3 Para cada um dos três solos cuja distribuição de dimensão de grãos é mostrada na Figura 2.6, calcule (a) a altura teórica da ascensão capilar e (b) a pressão capilar no topo da ascensão.

5.4 A Figura P5.4 mostra um tubo capilar de vidro angulado com diâmetro de 105 μm. Outras dimensões são mostradas.
  a. Onde estará o topo da ascensão capilar?
  b. Qual é a pressão da água na seção horizontal do tubo, em kPa?
  c. Que pressão de ar deve ser aplicada à abertura superior do tubo para que o nível da água fique 12 cm acima da superfície livre da água?

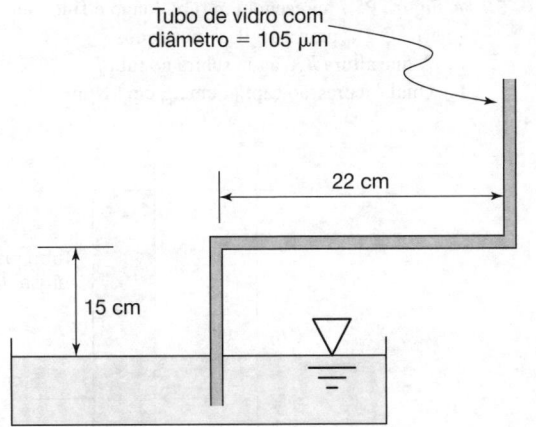

FIGURA P5.4

5.5 Um tubo de vidro com diâmetro interno de 125 μm é colocado em banho-maria.
   a. Até que altura a água subirá dentro do tubo? Expresse sua resposta em cm.
   b. Qual será a pressão da água a ¾ do caminho desde a superfície livre da água até o nível da água no tubo (i.e., a 3 h_c/4)? Expresse sua resposta em kN/m².
   c. Se o tubo se destina a modelar o tamanho dos vazios do solo, qual seria a dimensão efetiva dos grãos do solo?
   d. Que pressão de ar (+ ou –) teria que ser aplicada ao tubo para que a água no tubo subisse 30 cm acima da superfície livre da água? Expresse sua resposta em kN/m².

5.6 A Figura P5.6 apresenta um tubo com duas seções, cada uma com diâmetro diferente, d_1 e d_2. O tubo é colocado em banho-maria conforme mostrado.
   a. A que altura acima da superfície freática a água subirá no tubo devido à capilaridade? Qual é a pressão intersticial na superfície da ascensão capilar?
   b. Se a ascensão capilar que você encontrou no item (a) ocorresse em um solo, qual valor você estimaria para o D_{10} do solo?

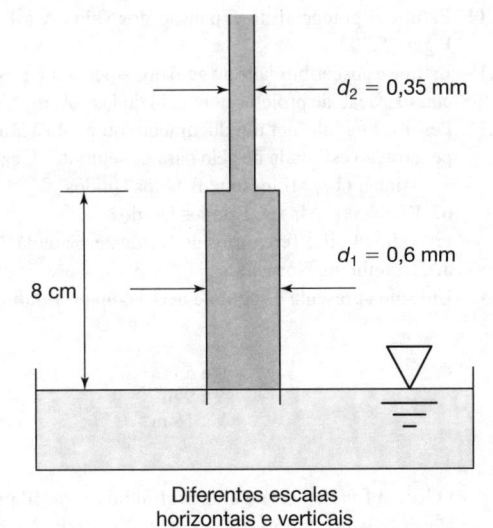

FIGURA P5.6

5.7 A Figura P5.7 apresenta um tubo longo e fino, que foi preenchido com argila e colocado em banho-maria. O D_{10} para a argila é mostrado.
  a. A que altura h_c a água subirá no tubo?
  b. Qual é a pressão capilar em h_c, em kN/m²?

Tubo preenchido com argila, $D_{10} = 195$ μm

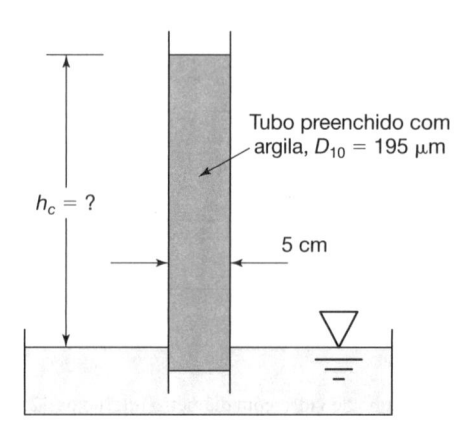

$h_c = ?$

5 cm

FIGURA P5.7

5.8 a. O limite de contração de uma argila seria diferente se a água nos vazios fosse substituída por algum outro líquido com *maior* nível de tensão superficial? Por quê?
  b. Haveria mais ou menos contração para este caso no item (a)? Por quê?

5.9 Estime os limites de contração dos solos A a F no Problema 2.37.

5.10 Durante um ensaio de limite de contração em uma argila siltosa, o volume da camada de solo seco era de 12,42 cm³ e sua massa seca era de 25,32 g. Se o limite de contração era 9,3, qual é a densidade dos sólidos do solo?

5.11 Estime a variação de volume de uma argila siltosa orgânica com $LL = 70$ e $PL = 34$, quando seu teor de umidade for reduzido de 52 para 16%.

5.12 Uma amostra saturada de argila com SL de 18 possui um teor de umidade natural de 38%. Qual seria o seu volume seco como percentual do seu volume original se $G_s = 2,71$?

5.13 O limite de contração de uma amostra de argila de 0,15 m³ é 10 e seu teor de umidade natural é 32%. Presuma que a densidade dos sólidos do solo seja 2.680 kg/m³ e estime o volume da amostra quando o teor de umidade for 8,2%.

5.14 Estime o potencial de expansão dos solos A a F nos Problemas 2.35 e 2.37. Use a Tabela 5.2 e a Figura 5.20.

5.15 Estime a suscetibilidade ao gelo dos solos A a F nos Problemas 2.35 e 2.37, de acordo com o sistema de classificação de projetos com gelo do U.S. Army Corps of Engineers (Tabela 5.4).

5.16 Pesquise na internet um documento ou publicação oficial do governo norte-americano que mostre a penetração estimada de gelo para os seguintes locais:
  a. Mineápolis, Minnesota, Estados Unidos
  b. Fairbanks, Alasca, Estados Unidos
  c. Yellowknife, Territórios do Noroeste, Canadá
  d. Trondheim, Noruega

5.17 Um solo apresenta o seguinte perfil com profundidade de:

0 a 5 m	$\gamma_t = 18,5$ kN/m³
5 a 9 m	$\gamma_t = 16,1$ kN/m³
9 a 16 m	$\gamma_t = 17,4$ kN/m³

O lençol freático está a uma profundidade de 10 pés. Represente graficamente a tensão total, as tensões efetivas e a pressão intersticial em relação à profundidade. Apresente todos os seus cálculos. Vamos presumir que não há capilaridade.

5.18 A Figura P5.18 mostra o perfil do solo no local de um armazém (ou seja, cobre uma grande área) que causa uma carga superficial de 2.500 psf. Desenhe os perfis σ_v, σ'_v e u em profundidade. Apresente os valores a uma profundidade de 0, 12, 25, 38 e 48 pés.

FIGURA P5.18

Profundidade (pés) — 2.500 psf
- 0 a 12: Areia fina e siltosa, $\gamma_t = 118$ pcf, $\gamma_d = 110$ pcf (nível freático em 12)
- 12 a 38: Argila, $\gamma_t = 120$ pcf
- 38 a 48: Areia densa, $\gamma_t = 122$ pcf

FIGURA P5.19

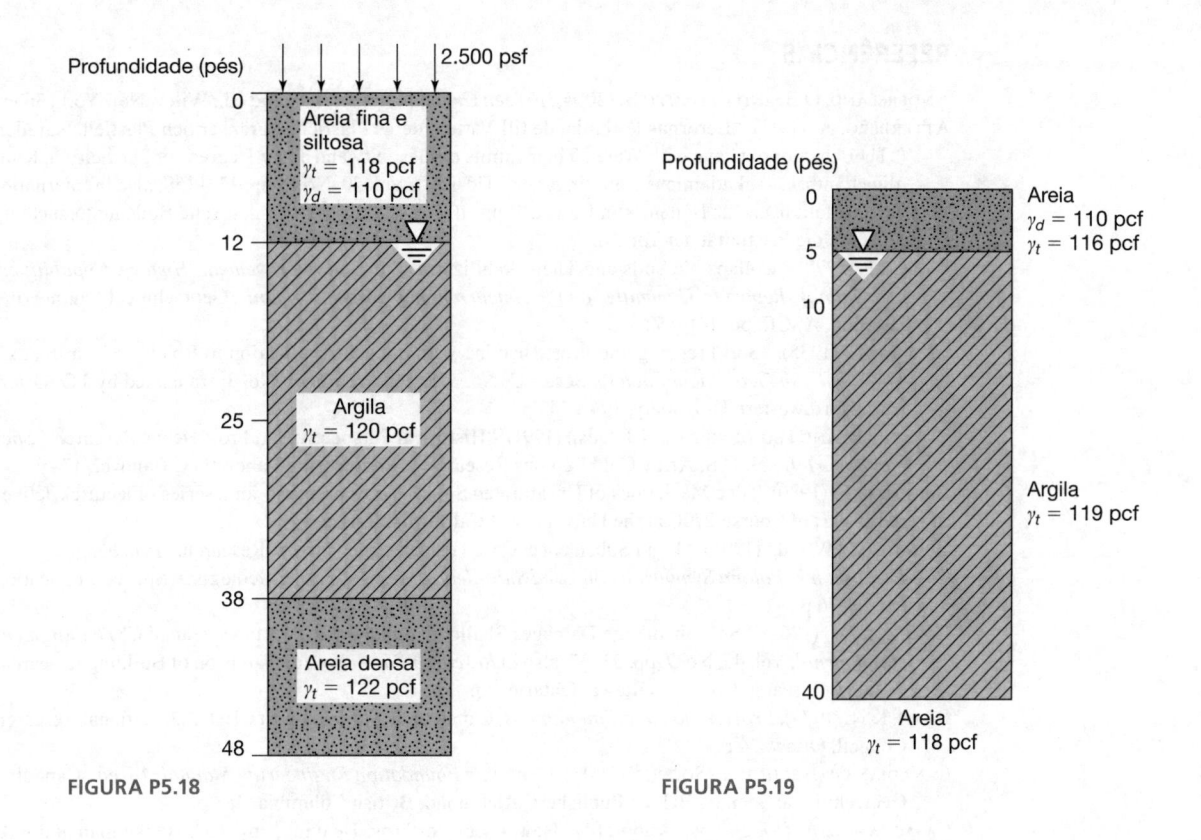

Profundidade (pés)
- 0 a 5: Areia, $\gamma_d = 110$ pcf, $\gamma_t = 116$ pcf (nível freático em 5)
- 5 a 40: Argila, $\gamma_t = 119$ pcf
- abaixo de 40: Areia, $\gamma_t = 118$ pcf

5.19 a. Para as condições mostradas, calcule os valores de σ_v, σ'_v e u na superfície do solo, no nível freático e em todas as interfaces da camada do solo. Consulte o perfil do solo mostrado na Figura P5.19.

b. Durante a primavera, a água sobe até 4 pés acima da superfície do solo. Determine os valores de σ_v, σ'_v e u a uma profundidade de 25 pés para esta condição. Não é necessário calcular valores com outras profundidades.

5.20 Para o perfil do solo do Exemplo 5.8, represente graficamente as tensões totais, neutras e efetivas com a profundidade se o lençol freático for *rebaixado* 3,5 m abaixo da superfície do solo.

5.21 Perfurações de solo feitas em uma área próxima a Chicago, Illinois, nos Estados Unidos, indicam que os 6 m superiores são areia solta e preenchimento diverso ($\gamma_d = 16,5$ kN/m³, $\gamma_{sat} = 18,0$ kN/m³) com o lençol freático a 3 m abaixo da superfície do chão. Abaixo disso há uma argila siltosa de coloração azul-acinzentada razoavelmente macia ($\gamma_{sat} = 18,7$ kN/m³), com um teor médio de umidade de 30%. A perfuração terminou a 16 m abaixo da superfície do solo, quando foi encontrada uma argila siltosa razoavelmente rígida. Calcule as tensões totais e efetivas e as pressões intersticiais a 3, 7, 12 e 16 m abaixo da superfície do solo e represente-as graficamente com a profundidade.

5.22 Um perfil de solo consiste em 5 m de argila arenosa compactada seguida por 5 m de areia de densidade média. Abaixo da areia, há uma camada de argila siltosa compressível com 20 m de espessura. O lençol freático inicial está localizado na parte inferior da primeira camada (5 m abaixo da superfície do solo). As densidades são 2.050 kg/m³ (ρ), 1.940 kg/m³ (ρ_{sat}) e 1.220 kg/m³ (ρ') para as três camadas, respectivamente. Calcule a tensão efetiva em um ponto a meia profundidade da camada de argila compressível. Em seguida, presumindo que a areia de densidade média permanece saturada, calcule novamente a tensão efetiva na camada de argila no ponto médio, quando o lençol freático desce 5 m até o topo da camada de argila siltosa. Explique a diferença na tensão efetiva.

5.23 Especifique as condições sob as quais é possível que K_o seja igual a K.

5.24 Para o perfil do solo do Problema 5.21, calcule as tensões horizontais total e efetiva a uma profundidade de 3, 7, 12 e 16 m, presumindo que (a) K_o é 0,37 e (b) K_o é 1,4.

5.25 O valor de K_o para a camada de argila siltosa compressível do Problema 5.23 é 0,75. Quais são as tensões horizontais total e efetiva a uma profundidade média da camada?

REFERÊNCIAS

Andersland, O.B. and Ladanyi, B. (2004). *Frozen Ground Engineering*, 2nd ed., Wiley, New York, 363 p.

Atterberg, A. (1911). "Lerornas Förhållande till Vatten, deras Plasticitetsgränser och Plasticitetsgrader, ("TheBehavior of Clays with Water, Their Limits of Plasticity and Their Degrees of Plasticity"), Kungliga Lantbruk- sakademiens Handlingar och Tidskrift, Vol. 50, No. 2, pp. 132–158; also in Internationale Mitteilungen für Boden- kunde, Vol. 1, pp. 10–43 ("Über die Physikalische Bodenuntersuchung und über die Plastizität der Tone").

Bara, J.P. (1978). "Collapsible Soils and Their Stabilization," in *Soil Improvement, History, Capabilities, and Outlook, Report by Committee on Placement and Improvement of Soils*, Geotechnical Engineering Division, ASCE, pp. 141–152.

Beskow, G. (1935). "Soil Freezing and Frost Heaving with Special Application to Roads and Railroads," *The Swed- ish Geological Society*, Series C, No. 375, 26th Yearbook No. 3; translated by J.O. Osterberg, Northwestern University, 1947, 145 p.

Black, P.B. and Hardenberg, M.J. (eds.) (1991). "Historical Perspectives in Frost Heave Research," *Special Report 91–23*, U.S. Army Cold Regions Research & Engineering Laboratory, Hanover, 174 p.

Blight, G.E. (1980). "The Mechanics of Unsaturated Soils," Notes prepared for a series of lectures delivered as part of Course 270C at the University of California, Berkeley.

Borchers, J.W. (ed.) (1998). "Land Subsidence: Case Histories and Current Research," *Proceedings of the Dr. Joseph F. Poland Symposium on Land Subsidence*, Assn. of Eng.'g Geologists, Special Publication No. 8, 576 p.

Bozozuk, M. (1962). "Soil Shrinkage Damages Shallow Foundations at Ottawa, Canada," *The Engineering Journal*, Vol. 45, No. 7, pp. 33–37; also in *Research Paper No. 163*, Division of Building Research, National Research Council, Ottawa, Ontario, 7 p.

Burn, K.N. (1976). *Frost Action and Foundations*, Canadian Building Digest CBD-182, National Research Council, Ottawa, 4 p.

Canadian Geotechnical Society (2006). *Canadian Foundation Engineering Manual*, 4th ed., Canadian Geotechni- cal Society, BiTech Publishers, Richmond, British Columbia, 488 p.

Casagrande, A. (1932). Discussion of "A New Theory of Frost Heaving," by A.C. Benkelman and F.R. Ohlmstead, *Proceedings of the Highway Research Board*, Vol. 11, pp. 168–172.

Casagrande, A. (1938). "Notes on Soil Mechanics—First Semester," Harvard University (unpublished), 129 p.

Cedergren, H.R. (1989). *Seepage, Drainage, and Flow Nets*, 3rd ed., Wiley, New York, 465 p.

Chamberlain, E.J., Gaskin, P.N., Esch, D., and Berg, R.L. (1982). "Identification and Classification of Frost Sus- ceptible Soils," Preprint, ASCE Spring Convention, Las Vegas, NV, April, 38 p.

Chen, F.H. (1988). *Foundations on Expansive Soils*, 2nd ed., Elsevier, Amsterdam, 298 p.

Clemence, S.P. and Finbarr, A.O. (1981). "Design Considerations for Collapsible Soils," *Journal of the Geotechni- cal Engineering Division*, ASCE, Vol. 107, No. GT3, pp. 305–317.

Davis, T.N. (2001). *Permafrost: A Guide to Frozen Ground in Transition*, University of Alaska Press, Fairbanks, 368 p.

Dudley, J.G. (1970). "Review of Collapsing Soil," *Journal of the Soil Mechanics and Foundation Engineering Divi-sion*, ASCE, Vol. 96, No. SM3, pp. 925–947.

Dunnicliff, J. (1993). *Geotechnical Instrumentation for Monitoring Field Performance*, Wiley, New York, 608 p.

El-ehwany, M. and Houston, S.L. (1990). "Settlement and Moisture Movement in Collapsible Soils," *Journal of Geotechnical Engineering*, ASCE, Vol. 116, No. 10, pp. 1521–1535.

Floyd, R.P. (1979). *Geodetic Bench Marks*, NOAA Manual NOS NGS 1, National Oceanic and Atmospheric Administration, 58 p.

Fredlund, D.G. and Rahardjo, H. (1993). *Soil Mechanics for Unsaturated Soils*, Wiley, New York, 517 p.

Freeze, R.A. and Cherry, J.A. (1979). *Groundwater*, Prentice-Hall, Upper Saddle River, NJ, 604 p.

Gibbs, H.J. (1969). Discussion, *Proceedings of the Specialty Session No. 3 on Expansive Soils and Moisture Move- ment in Partly Saturated Soils*, Seventh International Conference on Soil Mechanics and Foundation Engineer- ing, Mexico City.

Goodman, R.E. (1989). *Introduction to Rock Mechanics*, 2nd ed., Wiley, New York, 562 p.

Gromko, G.J. (1974). "Review of Expansive Soils," *Journal of the Geotechnical Engineering Division*, ASCE, Vol. 100, No. GT6, pp. 667–687.

Handbook of Chemistry and Physics (2008). (89th ed.) D.R. Lide (Ed.), CRC Press, Boca Raton, FL.

Hansbo, S. (1975). *Jordmateriallära*, Almqvist & Wiksell Förlag AB, Stockholm, 218 p.

Hansbo, S. (1994). *Foundation Engineering*, Elsevier Science B.V., Amsterdam, 519 p.

Ho, D.Y.F. and Fredlund, D.G. (1989). "Laboratory Measurements of the Volumetric Deformation Moduli for Two Unsaturated Soils," *Proceedings of the Forty-Second Canadian Geotechnical Conference*, Winnipeg, pp. 50–60.

Hobbs, P. and Jones, L. (2006). "Shrink Rethink," *Ground Engineering*, Vol. 39, No. 1, pp. 24–25.

Holtz, R.D. (1989). "Treatment of Problem Foundations for Highway Embankments," *Synthesis of Highway Practice 147*, National Cooperative Highway Research Program, Transportation Research Board, 72 p.

Holtz, R.D., Shang, J.Q., and Bergado, D.T. (2001). "Foundation Soil Improvement," Chapter 15 in *Geotechnical and Geoenvironmental Engineering Handbook*, R.K. Rowe (Ed.), Springer, New York, pp. 429–462.

Holtz, W.G. and Gibbs, H.J. (1956). "Engineering Properties of Expansive Clays," *Transactions*, ASCE, Vol. 121, pp. 641–677.

Holtz, W.G. (1959). "Expansive Clays—Properties and Problems," *Quarterly of the Colorado School of Mines*, Vol. 54, No. 4, pp. 89–125.

Holzer, T.L. (1991). "Nontectonic Subsidence," Chapter 10 in *The Heritage of Engineering Geology: The First Hundred Years*, G.A. Kiersch (Ed.), Centennial Special Vol. 3, Geological Society of America, pp. 219–232.

Houston, S.L., Houston, W.N., and Spadola, D.J. (1988). "Prediction of Field Collapse of Soils Due to Wetting,"*Journal of Geotechnical Engineering*, ASCE, Vol. 114, No. 1, pp. 40–58.

Houston, W.N. and Houston, S.L. (1989). "State-of-the-Art-Practice Mitigation Measures for Collapsible Soil Sites," *Proceedings of the Foundation Engineering Congress*, ASCE, Evanston, pp. 161–175.

Johnson, T.C., Berg, R.L., Chamberlain, E.J., and Cole, D.M. (1986). Frost Action Techniques for Roads and Airfields: A Comprehensive Survey of Research Findings, U.S. Army Cold Regions Research and Engineering Laboratory Report No. 86–18.

Kay, J.N. (1990). "Use of the Liquid Limit for Characterisation of Expansive Soil Sites," *Civil Engineering Transac- tions*, Institution of Engineers, Australia, Vol. 32, No. 3, pp. 151–156.

Koorevaar, P., Menelik, G., and Dirksen, C. (1983). *Elements of Soil Physics*, Elsevier, Amsterdam, 228 p.

Kropp, A.L., McMahon, D.J., and Houston, S.L. (1994). "Case History of a Collapsible Soil Fill," *Vertical andHorizontal Deformations of Foundations and Embankments*, A.T. Yeung and G.Y. Felio (Eds.), Geotechnical Special Publication No. 40, ASCE, Vol. 2, pp. 1531–1542.

Lambe, T.W. (1950). "Capillary Phenomena in Cohesionless Soil," ASCE, Separate No. 4, January.

Lambe, T.W. and Whitman, R.V. (1969). *Soil Mechanics*, Wiley, New York, 553 p.

Lane, K.S. and Washburn, S.E. (1946). "Capillarity Tests by Capillarimeters and by Soil Filled Tubes," *Proceedings of the Highway Research Board*, Vol. 26, pp. 460–473.

Marin-Nieto, L. (1997). "Some Experiences with Clay Soil in Southwestern of Ecuador," *Proceedings of the Four- teenth International Conference on Soil Mechanics and Geotechnical Engineering*, Hamburg, Germany, Vol. 1, pp. 157–160.

Marin-Nieto, L. (2007). "Correlación Entre los Parámetros Climáticos y los Movimientos de una Zapata Cimetada en Rocas Expansivas, al Suroeste del Ecuador" ("Correlation Between Climatic Parameters and the Move- ments of a Footing on Expansive Rock, Southwest Ecuador"), *Proceedings of the Thirteenth Panamerican Con- ference on Soil Mechanics and Geotechnical Engineering*, Isla de Margarita, Venezuela, pp. 54–58 (CD-ROM).

Massarsch, K.R., Holtz, R.D., Holm, B.G., and Fredricksson, A. (1975). "Measurement of Horizontal In Situ Stresses," Proceedings of the ASCE Specialty Conference on In Situ Measurement of Soil Properties, Raleigh, NC, Vol. I, pp. 266–286.

McKeen, R.G. (1992). "Investigating Field Behavior of Expansive Clay Soils," *Expansive Clay Soils and Vegetative Influence on Shallow Foundations*, C. Vipulanandan, M.B. Addison, and M. Hasan (Eds.), Geotechnical Spe- cial Publication No. 115, ASCE, pp. 82–94.

Mitchell, J.K. and Gardner, W.S. (1975). "In Situ Measurement of Volume Change Characteristics,"State- -of-the-Art Report, *Proceedings of the ASCE Specialty Conference on In Situ Measurement of Soil Prop- erties*, Raleigh, NC, Vol. II, 333 p.

Mitchell, J.K. and Soga, K. (2005). *Fundamentals of Soil Behavior*, 3rd ed., Wiley, 577 p.

Nelson, J.D. and Miller, D.J. (1992). *Expansive Soils: Problems and Practice in Foundation and Pavement Engineering*, Wiley, New York, 259 p.

Noe, D.C., Joachim, C.L., and Rodgers, W.P. (2007). *A Guide to Swelling Soils for Colorado Homebuyers and Homeowners*, 2nd ed., Special Publication No. 43, Colorado Geological Survey, Denver, 76 p.

Noorany, I. and Stanley, J.V. (1994). "Settlement of Compacted Fills Caused by Wetting," *Vertical and Horizontal Deformations of Foundations and Embankments*, Geotechnical Special Publication No. 40, ASCE, Vol. 2, pp. 1516–1530.

Puppala, A.J., Intharasombat, N., and Vempati, R.K. (2005). "Experimental Studies on Ettringite-Induced Heav- ing in Soils," *Journal of Geotechnical and Geoenvironmental Engineering*, ASCE, Vol. 131, No. 3, pp. 325–337.

Reed, M.A., Lovell, C.W., Altschaeffl, A.G., and Wood, L.E. (1979). "Frost Heaving Rate Predicted from Pore Size Distribution," *Canadian Geotechnical Journal*, Vol. 16, No. 3, pp. 463–472.

Rogers, C.D.F. (1994). "Types and Distribution of Collapsible Soils," in *Proceedings of the NATO Advanced Research Workshop on Genesis and Properties of Collapsible Soils*, E. Derbyshire, T. Dijkstra, and I.J. Smalley (Eds.), pp. 1–17.

Seed, H.B. and Chan, C.K. (1959). "Structure and Strength Characteristics of Compacted Clays, *Journal of the Soil Mechanics and Foundations Division*, ASCE, Vol. 85, No. SM5, pp. 87–128.

Seed, H.B., Woodward, R.J., and Lundgren, R. (1962). "Prediction of Swelling Potential for Compacted Clays," *Journal of the Soil Mechanics and Foundations Division*, ASCE, Vol. 88, No. SM4, pp. 107–131.

Sitar, N. (ed.) (1988). *Geotechnical Aspects of Karst Terrains: Exploration, Foundation Design and Performance, and Remedial Measures*, Geotechnical Special Publication No. 14, ASCE, 165 p.

Skempton, A.W. (1960). "Effective Stress in Soils, Concrete and Rocks," in *Proceedings of the Conference on Pore Pressure and Suction in Soils*, Butterworths, London, pp. 4–16.

Sowers, G.F. (1979). *Introductory Soil Mechanics and Foundations: Geotechnical Engineering*, 4th ed., Macmillian, New York, 621 p.

Sowers, G.F. (1996). *Building on Sinkholes: Design and Construction of Foundations in Karst Terrain*, ASCE Press, 202 p.

Sridharan, A. and Prakash, K. (2000). "Classification Procedures for Expansive Soils," *Geotechnical Engineering*, Proceedings of the Institution of Civil Engineers, Vol. 143, pp. 235–240.

Taylor, D.W. (1948). *Fundamentals of Soil Mechanics*, Wiley, New York, 712 p.

Terzaghi, K. (1927). "Concrete Roads—A Problem in Foundation Engineering," *Journal of the Boston Society of Civil Engineers*, May; reprinted in *Contributions to Soil Mechanics 1925–1940*, BSCE, pp. 57–58.

Terzaghi, K. (1943). *Theoretical Soil Mechanics*, Wiley, New York, 510 p.

Terzaghi, K. and Peck, R.B. (1967). *Soil Mechanics in Engineering Practice*, 2nd ed., Wiley, New York, 729 p.

Terzaghi, K., Peck, R.B., and Mesri, G. (1996). *Soil Mechanics in Engineering Practice*, 3rd ed., Wiley, New York, 549 p.

Todd, D.K. (1980). *Groundwater Hydrology*, 2nd ed., Wiley, New York, 535 p.

U.S. Department of the Army (1983). *Foundations in Expansive Soils*, Technical Manual No. TM 5–818–7, Office of the Chief of Engineers, Washington, D.C., 98 p.

U.S. Department of the Army (1984). *Engineering and Design – Pavement Criteria for Seasonal Frost Conditions – Mobilization Construction*, Engineer Manual EM 1110–3–138, 98 p.

U.S. Department of the Army (1987). *Arctic and Subartic Construction—General Provisions*, Vol. 1, Technical Manual TM 5–852–1, 55 p.

U.S. Department of the Interior (1990). *Earth Manual*, Part 1, 3rd ed., Materials Engineering Branch, 311 p.

U.S. Department of the Interior (1995). *Ground Water Manual*, 2nd ed., Bureau of Reclamation, U.S. Govern- ment Printing Office, Washington, 661 p.

U.S. Department of the Interior (1998). *Earth Manual*, Part 2, 3rd ed., Materials Engineering Branch, 1270 p.

Van der merwe, D.H. (1964)."The Prediction of Heave from the Plasticity Index and the Percentage Clay Fraction of Soils," *Civil Engineering in South Africa*, Vol. 6, No. 6, pp. 103–107; as referenced in Nelson and Miller (1992) and Canadian Geotechnical Society (2006).

Vipulanandan, C., Addison, M.B., and Hasen, M. (eds.) (2001). "Expansive Clay Soils and Vegetative Influence on Shallow Foundations," *Proceedings of the Geo-Institute Shallow Foundations and Soil Properties Committee Sessions and the ASCE 2001 Civil Engineering Conference*, Geotechnical Special Publication No. 115, ASCE, 265 p.

Wallace, G.B. and Otto, W.C. (1964). "Differential Settlement at Selfridge Air Force Base," *Journal of the Soil Mechanics and Foundations Division*, ASCE, Vol. 90, No. SM5, pp. 197–220; also in *Design of Foundations for Control of Settlement*, ASCE, pp. 249–272.

Yong, R.N. and Warkentin, B.P. (1975). *Soil Properties and Behaviour*, Elsevier, New York, 449 p.

LEITURAS RECOMENDADAS

Augusto Filho, O.; Virgili, J. C. (1998). Estabilidade de taludes. *In*: Oliveira, A. M. S.; Brito, S. N. A. (Orgs.) *Geologia de Engenharia*, Oficina de Textos, ABGE, São Paulo, pp. 242-281.

Santos, A. R. (2008). *Diálogos geológicos: é preciso conversar com a Terra*, O Nome da Rosa, São Paulo, 184 p.

Santos, A. R. (2009). *Geologia de Engenharia*, O Nome da Rosa, ABGE, São Paulo, 208 p.

CAPÍTULO 6
Escoamento de fluidos em solos e rochas

6.1 INTRODUÇÃO

A importância da água nos solos em termos da engenharia civil foi mencionada no início do Capítulo 5. A maior parte dos problemas na engenharia geotécnica está de alguma forma relacionada à água, seja pelo seu escoamento através dos vazios e poros dos solos, seja pelo estado de tensão ou pressão decorrentes da água intersticial. No Capítulo 5, descrevemos os efeitos da água estática nas propriedades do solo e das rochas (daí o nome **hidrostático**) e, neste capítulo, descreveremos os efeitos do escoamento da água através dos solos e das rochas nas suas propriedades e comportamento técnico. Observe que não usamos o termo correspondente **hidrodinâmico**, pois, na maioria dos casos que envolvem geomateriais, a água se move de forma relativamente lenta.

6.2 FUNDAMENTOS DO ESCOAMENTO DE FLUIDOS

O escoamento de fluidos, como você deve se lembrar das aulas introdutórias de mecânica dos fluidos, pode ser descrito ou classificado de diversas maneiras. O escoamento pode ser **estacionário** ou **instável**, correspondendo a condições que são constantes ou que variam com o tempo. O escoamento também pode ser classificado como **unidimensional**, **bidimensional** ou **tridimensional**. No escoamento unidimensional, todos os parâmetros do fluido, ou seja, pressão, velocidade, temperatura etc., são constantes em qualquer seção transversal perpendicular à direção do escoamento. Naturalmente, esses parâmetros podem variar de seção para seção ao longo da direção do escoamento, como na percolação vertical da água pluvial através do solo. No escoamento bidimensional (p. ex., escoamento sob uma barragem), os parâmetros do fluido são os mesmos em planos paralelos, de modo que uma "fatia" através de qualquer parte do perfil do solo apresenta o mesmo padrão de escoamento. No escoamento tridimensional, os parâmetros do fluido variam nas três direções coordenadas. Por exemplo, quando uma pluma contaminante se espalha a partir de uma fonte concentrada, como um reservatório de armazenamento subterrâneo com vazamento, normalmente há expansão tanto em área quanto expansão vertical da pluma. Entretanto, para efeitos de análise, é comum presumir que a maioria dos problemas de escoamento na engenharia geotécnica é unidimensional ou bidimensional, o que geralmente se mostra adequado para situações práticas.

Como as mudanças na densidade do fluido podem ser negligenciadas em níveis normais de tensão para a maioria das aplicações de engenharia geotécnica, o escoamento de água nos solos pode ser considerado **incompressível**.

O escoamento também pode ser descrito como **laminar**, quando o fluido escoa em camadas paralelas sem mistura, ou **turbulento**, quando oscilações aleatórias de velocidade resultam na mistura do fluido e na dissipação de energia interna. Também pode haver estados intermediários ou transitórios entre os escoamentos laminar e turbulento.

Esses estados são ilustrados na Figura 6.1, que mostra como o **gradiente hidráulico** muda com o aumento da velocidade do escoamento. O gradiente hidráulico i, é um conceito muito importante e pode ser definido como a energia ou perda de carga h por unidade de comprimento l ou

$$i = \frac{h}{l} \tag{6.1}$$

A energia ou perda de carga aumenta linearmente com o aumento da velocidade, desde que o escoamento seja laminar. Uma vez ultrapassada a zona transitória, devido às correntes parasitas internas e à mistura, a energia é perdida a uma taxa muito maior (zona III, Figura 6.1) e a relação é não linear. Uma vez na zona turbulenta, se a velocidade diminuir, o escoamento permanece turbulento na zona transitória até que o escoamento se torne novamente laminar.

O escoamento, na maioria dos solos, é tão lento que pode ser considerado laminar. Assim, a partir da Figura 6.1, poderíamos deduzir que v é proporcional a i ou

$$v = ki \tag{6.2}$$

A Equação 6.2 é uma expressão para a **Lei de Darcy**, que será discutida mais adiante neste capítulo.

Outro conceito importante da mecânica dos fluidos é a **lei da conservação de massas**. Para escoamentos estacionários incompressíveis, essa lei se reduz à **equação de continuidade** ou, quando se considera a vazão em quaisquer dois pontos ou seções no caminho do escoamento,

$$q = v_1 A_1 = v_2 A_2 = \text{constante} \tag{6.3}$$

onde q = taxa de descarga (unidades: volume/tempo, m³/s);

v_1, v_2 = velocidades nas seções 1 e 2;

A_1, A_2 = áreas da seção transversal nas seções 1 e 2.

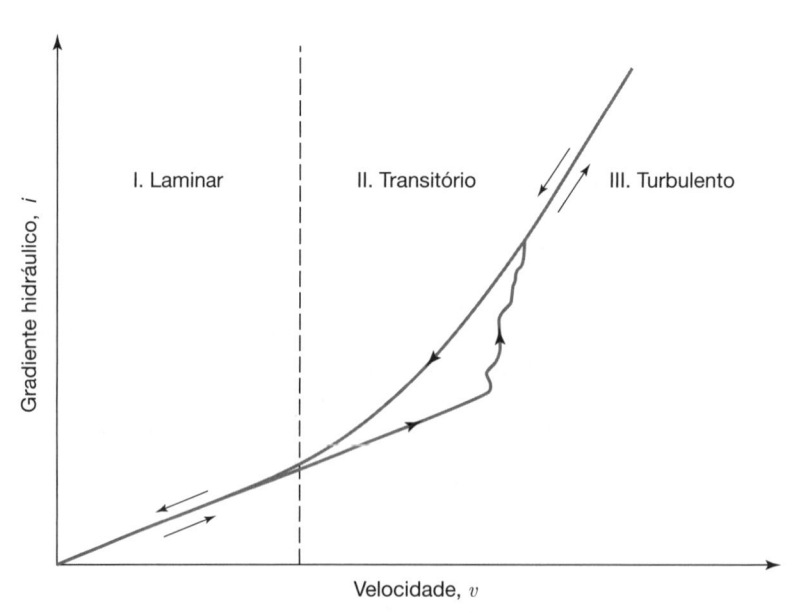

FIGURA 6.1 Zonas de escoamento laminar e turbulento (adaptada de Taylor, 1948).

A outra equação bem conhecida da mecânica dos fluidos que usaremos é a **equação da energia unidimensional** (às vezes chamada incorretamente de equação de Bernoulli) para escoamento estacionário incompressível de um fluido:

$$\frac{v_1^2}{2} + \frac{p_1}{\rho_w} + gz_1 = \frac{v_2^2}{2} + \frac{p_2}{\rho_w} + gz_2 = \text{energia constante} \qquad (6.4\text{a})$$

v_1, v_2 = velocidades nas seções 1 e 2;
g = aceleração da gravidade;
ρ_w = densidade do fluido (presumidamente água);
p_1, p_2 = pressões nas seções 1 e 2;
z_1, z_2 = distância acima de algum plano de referência arbitrário nas seções 1 e 2.

Essa equação é a equação de energia de escoamento estacionário em termos de energia por unidade de massa de fluido (unidades SI: J/kg). Em hidráulica, entretanto, é mais comum expressar a Equação (6.4a) em termos de energia por unidade de peso, dividindo cada termo da equação por g, a aceleração da gravidade, ou

$$\frac{v_1^2}{2g} + \frac{p_1}{\rho_w g} + z_1 = \frac{v_2^2}{2g} + \frac{p_2}{\rho_w g} + z_2 = \text{carga total constante} \qquad (6.4\text{b})$$

A Equação (6.4b) demonstra que a **energia** ou **carga total** no sistema é a soma da **carga de velocidade** $v^2/2g$, a **carga de pressão** $p/\rho_w g = P/\gamma_w$ e a **carga potencial (posição)** z. Independentemente de o escoamento se dar em tubulações, canais abertos ou através de meios porosos, ocorrem perdas de energia ou de carga. Normalmente, um termo de perda h_f é adicionado à segunda parte da Equação (6.4b); assim

$$\frac{v_1^2}{2g} + \frac{p_1}{\rho_w g} + z_1 = \frac{v_2^2}{2g} + \frac{p_2}{\rho_w g} + z_2 + h_f \qquad (6.4\text{c})$$

Por que dizemos **carga** para cada termo na equação de energia unidimensional? As unidades de comprimento utilizadas para carga correspondem à altura de uma coluna de água disponível como energia para promover o escoamento. Para a maioria dos problemas de escoamento de solos, a carga de velocidade é comparativamente pequena e costuma ser negligenciada.

6.3 LEI DE DARCY PARA ESCOAMENTO ATRAVÉS DE MEIOS POROSOS

Já mencionamos que, na maioria dos casos, o escoamento de água pelos poros ou vazios de uma massa de solo pode ser considerado laminar. Afirmamos também que, para o escoamento laminar, a velocidade é proporcional ao gradiente hidráulico, ou seja, $v = ki$ [Equação (6.2)]. Um engenheiro hidráulico francês chamado Darcy* (1856) mostrou experimentalmente que a taxa de escoamento em **areias limpas** é proporcional ao gradiente hidráulico [Equação (6.2)].

---

* Henry Darcy (1803–1858) foi responsável pelo abastecimento de água da cidade de Dijon, no sul da França, nas décadas de 1830 e 1840. Atualmente, Dijon é mais conhecida pela mostarda Grey Poupon. Consulte o estudo de Philip (1995) para uma história interessante sobre Darcy e suas muitas contribuições importantes.

A Equação (6.2) é geralmente combinada com a equação de continuidade [Equação (6.3)] e a definição de gradiente hidráulico [Equação (6.1)]. Usando a notação definida na Figura 6.2, a **Lei de Darcy** é geralmente escrita como

$$q = vA = kiA = k\frac{\Delta h}{L}A \qquad (6.5)$$

Onde q é a taxa total de escoamento através da área da seção transversal A, e a constante de proporcionalidade k é chamada de **coeficiente de permeabilidade de Darcy**. Em geral, na engenharia civil, ela é chamada simplesmente de **coeficiente de permeabilidade** ou, apenas **permeabilidade**.

Nos campos da geologia, geohidrologia e hidrogeologia, a nossa permeabilidade (em termos de engenharia geotécnica) é referida como **condutividade hidráulica**. O termo permeabilidade nesses outros campos refere-se à **permeabilidade intrínseca**, K_i, que apresenta unidades de comprimento ao quadrado (m²) e é definida como

$$K_i = \frac{k\mu}{\rho g} = \frac{k\mu}{\gamma} = \frac{kv}{g} \qquad (6.6)$$

onde g = constante gravitacional, 9,81 m/s²;

k = permeabilidade ou condutividade hidráulica, m/s;

y = peso específico por volume, N/m³;

μ = viscosidade absoluta ou dinâmica, Pa-s;

v = viscosidade cinemática, μ/ρ, m²/s;

ρ = densidade, kg/m³.

À medida que os engenheiros geotécnicos passaram a se envolver na limpeza de solos e águas subterrâneas contaminadas, nos projetos de instalações de contenção de resíduos e em outros problemas geoambientais, o termo condutividade hidráulica tornou-se quase sinônimo de permeabilidade na prática geotécnica. Usar a condutividade hidráulica em vez de a permeabilidade também evita mal-entendidos por parte de pessoas que não são engenheiros civis.

O coeficiente de permeabilidade, k, de um solo ou de uma rocha é uma função das propriedades dos solos (densidade e índice de vazios) e da densidade e viscosidade do fluido poroso (água, óleo, ou contaminante químico), que dependem da temperatura. Outros fatores que influenciam k serão discutidos adiante.

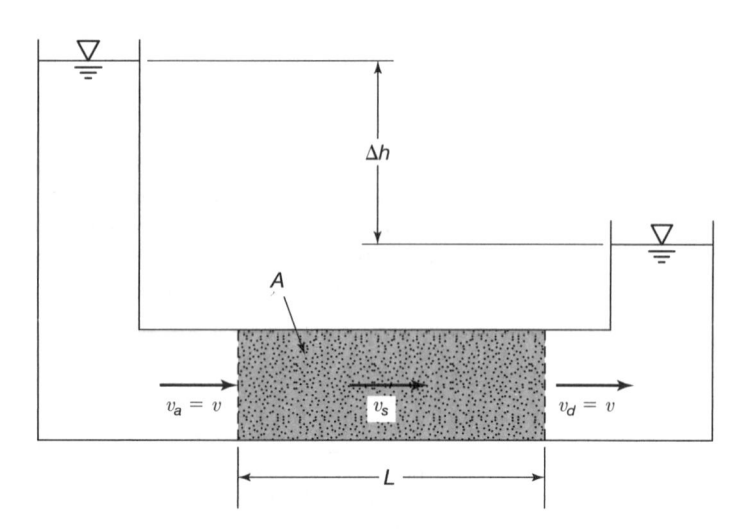

FIGURA 6.2 Velocidades superficiais e de percolação em escoamento uniforme (adaptada de Taylor, 1948).

Por que usamos a área total da seção transversal na Equação (6.5)? Obviamente, a água não pode escoar através das partículas sólidas, mas apenas através dos vazios ou poros, entre os grãos. Então por que não utilizamos essa área e calculamos a velocidade do fluxo com base na área dos vazios? Seria relativamente fácil calcular a área dos vazios a partir do índice de vazios e [Equação (2.1)], embora e seja um índice volumétrico. Para uma largura unitária da amostra na Figura 6.2, $e = V_v/V_s$ (volume de vazios/volume de sólidos do solo) $= A_v/A_s$ (área de vazios/área de sólidos do solo).

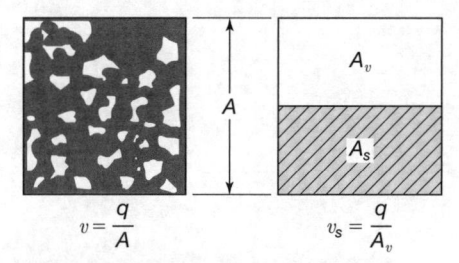

FIGURA 6.3 Diagrama de fase para percolação e velocidades superficiais do escoamento (o escoamento é perpendicular à página).

Contudo, a velocidade de aproximação v_a e a velocidade de descarga v_d na Figura 6.2 são ambas iguais a $v = q/A$, (a descarga q dividida pela área transversal total A). Assim, v nesta relação é, de fato, uma velocidade **superficial** ou em macroescala, enquanto a velocidade real de **percolação** v_s da água escoando nos vazios é maior do que a velocidade superficial. Podemos mostrar isso aplicando nosso princípio de continuidade de escoamento de uma maneira diferente:

$$q = v_a A = v_d A = vA = v_s A_v \tag{6.7}$$

A partir da Figura 6.3 e da Equação (2.2), $A_v/A = V_v/V = n$, então

$$v = nv_s \tag{6.8}$$

Como $0\% \leq n \leq 100\%$, observa-se que a velocidade de percolação é sempre maior do que a velocidade superficial ou de descarga.

Com base na discussão anterior, percebe-se que o índice de vazios ou de porosidade de um solo afeta a maneira como a água escoa através do mesmo e, portanto, o valor da permeabilidade de um solo específico. A partir de relações teóricas para escoamento através de tubos capilares, método desenvolvido a partir da Lei Hagen-Poiseuille por volta de 1840 (Gotthilff Heinrich Ludwig Hagen, engenheiro hidráulico alemão, e Jean Léonard Marie Poiseuille, físico francês), e da equação de Kozeny-Carman para modelos de raio hidráulico, desenvolvida mais tarde (1927) pelos físicos austríaco Josef Alexander Kozeny e francês Philip Carman, sabemos que vários outros fatores também afetam a permeabilidade. Leonards (1962), Capítulo 2, apresenta um excelente resumo desses desenvolvimentos.

A dimensão efetiva dos grãos (ou, melhor, a dimensão efetiva dos poros) tem uma influência importante aqui, assim como na altura da ascensão capilar (Seção 5.2). As formas dos vazios e dos caminhos de escoamento pelos poros dos solos, chamadas de **tortuosidade**, também afetam k. Toda a discussão anterior sobre permeabilidade referia-se apenas a solos saturados, e o grau de saturação S influencia a permeabilidade real. Por fim, como observado anteriormente, o escoamento é afetado também pelas propriedades do fluido, como a sua viscosidade (que depende da temperatura) e a sua densidade.

Originalmente, Darcy desenvolveu sua relação para areias limpas; quão eficaz ela é para outros solos? Experimentos rigorosos mostraram que a Equação (6.5) é válida para uma ampla gama de tipos de solos com gradientes hidráulicos de engenharia razoáveis. Em cascalhos muito limpos e enrocamentos abertos sob gradientes relativamente altos, o escoamento pode ser turbulento, e a Lei de Darcy seria inválida. No outro extremo do espectro, investigações minuciosas de Hansbo (1960) descobriram que, em argilas com gradientes hidráulicos muito baixos, a relação entre v e i não é linear (Figura 6.4). Medições de campo (Holtz e Broms, 1972) mostraram que o expoente n tem um valor médio de cerca de 1,5 em argilas suecas típicas. Contudo, de forma alguma há compatibilidade absoluta com o conceito mostrado na Figura 6.4. Mitchell e Soga (2005) resumem diversas investigações sobre este ponto e concluem que a Lei de Darcy é válida, **desde que todas as variáveis do sistema sejam mantidas constantes**.

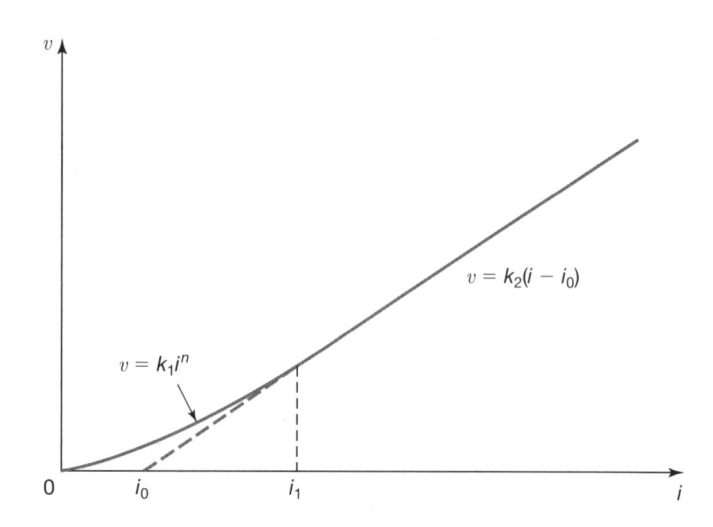

FIGURA 6.4 Desvio da Lei de Darcy observado em argilas suecas (adaptada de Hansbo, 1960).

6.4 MEDIÇÃO DA PERMEABILIDADE OU CONDUTIVIDADE HIDRÁULICA

Como é determinado o coeficiente de permeabilidade ou a condutividade hidráulica de um solo ou rocha? Um dispositivo chamado **permeâmetro** é usado em laboratório, sendo realizado um **ensaio de carga constante** ou um **ensaio de carga variável** (Figuras 6.5a e b). Em campo, ensaios de bombeamento ou ensaios de percolação são utilizados para medir a permeabilidade. Os ensaios de percolação podem ser de carga constante ou de carga variável, enquanto os outros tipos são um pouco mais complexos.

No ensaio básico e unidimensional e de carga constante, o volume de água Q coletado no tempo t (Figura 6.5a) é

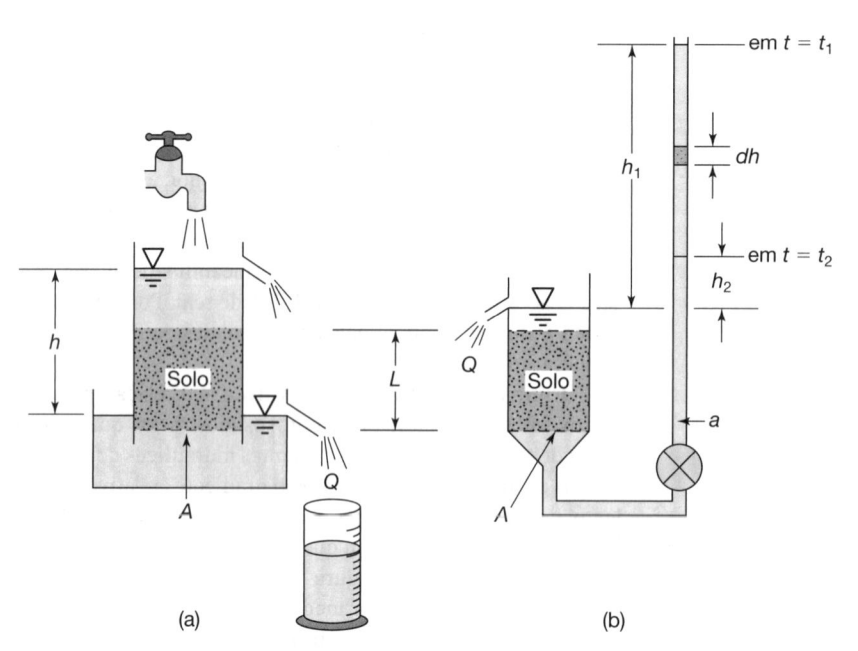

$$Q = Avt$$

FIGURA 6.5 Determinação do coeficiente de permeabilidade em laboratório: ensaio de carga constante (a); ensaio de carga variável (b).

A partir da Equação (6.5),

$$v = ki = k\frac{h}{L}$$

então,

$$k = \frac{QL}{hAt} \quad (6.9)$$

onde Q = volume total de descarga, m³, no tempo t, s, e
A = área da seção transversal da amostra de solo, m².

Exemplo 6.1

Contexto:

Uma amostra de solo cilíndrica, com 7,6 cm de diâmetro e 17,8 cm de comprimento, é testada em um aparelho de permeabilidade de carga constante. Uma carga constante de 85 cm é mantida durante o ensaio. Após 2 minutos de ensaio, foi coletado um total de 1.054 g de água. A temperatura era de 20°C. O índice de vazios do solo era de 0,52.

Problema:

Calcule o coeficiente de permeabilidade em centímetros por segundo e em estádios por quinzena.

Solução:
Primeiro, calcule a área da seção transversal da amostra:

$$A = \frac{\pi D^2}{4} = \frac{\pi}{4}(7,6\text{ cm})^2 = 45,4\text{ cm}^2$$

A partir da Equação (6.9), determine k:

$$k = \frac{QL}{hAt}$$

$$= \frac{1.054\text{ cm}^3 \times 17,8\text{ cm}}{85\text{ cm} \times 45,4\text{ cm}^2 \times 2\text{ min} \times 60\text{ s/min}}$$

$$= 0,04\text{ cm/s}$$

Para converter em estádios por quinzena:

$$k = \left(0,08\frac{\text{cm}}{\text{s}}\right)\left(60\frac{\text{s}}{\text{min}}\right)\left(60\frac{\text{min}}{\text{h}}\right)\left(24\frac{\text{h}}{\text{d}}\right)\left(14\frac{\text{d}}{\text{quinzena}}\right)$$

$$\times \left(\frac{1\text{ pol.}}{2,54\text{ cm}}\right)\left(\frac{1\text{ pés}}{12\text{ pol.}}\right)\left(\frac{\text{mi}}{5.280\text{ pés}}\right)\left(\frac{8\text{ estádios}}{\text{mi}}\right)$$

$$= 2,4\frac{\text{estádios}}{\text{quinzena}}$$

Para o ensaio de carga variável (Figura 6.5b), a velocidade de queda no tubo vertical é

$$v = -\frac{dh}{dt}$$

e o escoamento para dentro da amostra é

$$q_{dentro} = -a\frac{dh}{dt}$$

A partir da Lei de Darcy [Equação (6.5)], o escoamento para fora é

$$q_{fora} = kiA = k\frac{h}{L}A$$

Pela Equação (6.3) (continuidade), $q_{dentro} = q_{fora}$ ou

$$-a\frac{dh}{dt} = k\frac{h}{L}A$$

Separando variáveis e integrando além dos limites,

$$a\int_{h_2}^{h_1}\frac{dh}{h} = k\frac{A}{L}\int_{t_1}^{t_2}dt$$

obtemos

$$k = \frac{aL}{A\,\Delta t}\ln\frac{h_1}{h_2} \qquad (6.10a)$$

onde ($\Delta t = t_2 - t_1$). Em termos de logaritmo de base 10 ($\log_{10}$),

$$k = 2{,}3\frac{aL}{A\,\Delta t}\log_{10}\frac{h_1}{h_2} \qquad (6.10b)$$

onde a = área do tubo vertical;

A, L = área e comprimento da amostra de solo;

Δt = tempo para a carga do tubo vertical diminuir de h_1 para h_2.

Exemplo 6.2

Contexto:

Um ensaio laboratorial de permeabilidade de carga variável foi realizado com uma areia cascalhosa cinza-claro (SW), e os seguintes dados foram obtidos:

$a = 7{,}25$ cm^2

$A = 11{,}43$ cm^2

$L = 17{,}62$ cm

$h_1 = 171{,}4$ cm

$h_2 = 79{,}3$ cm

$\Delta t = 110$ s. para a carga cair de h_1 para h_2

Temperatura da água = 20 °C

Problema:

Calcule o coeficiente de permeabilidade em cm/s.

Solução:
Use a Equação (6.10b) e determine k = 0,08 cm/s a 20°C

$$k = 2,3 \times \frac{7,25}{11,43} \times \frac{17,62}{110} \log \frac{171,14}{79,3}$$
$$= 0,08 \text{ cm/s a } 20°C$$

Obs.: Se a temperatura da água for diferente de 20°C, é feita uma correção para diferenças no valor da viscosidade.

6.4.1 Ensaios de condutividade hidráulica em laboratório e em campo

Embora os dois exemplos dados antes sejam para ensaios em laboratório, as equações básicas para ensaios de carga constante e variável também se aplicam a ensaios em campo. Esta seção detalha os ensaios comuns em laboratório e em campo k padronizados pela **ASTM**.

O ensaio laboratorial de permeabilidade de carga constante padrão é especificado pela norma **ASTM D 2434**. Esse ensaio utiliza um permeâmetro de parede rígida e, por consequência, o mesmo tem aplicação apenas para solos granulares. Para solos de grãos finos, o **D 5084** refere-se ao ensaio laboratorial adequado, pois utiliza um permeâmetro de parede flexível que elimina a tendência de ocorrer escoamento entre a amostra e a parede do permeâmetro. Além disso, a amostra pode ser saturada pelo uso de contrapressão (Capítulo 9). A norma de ensaio **D 5084** possui seis métodos possíveis: dois com carga constante aplicada, três métodos de carga variável e um método de taxa constante de escoamento.

Devido aos recentes desenvolvimentos da engenharia geoambiental e do monitoramento de águas subterrâneas para fins ambientais, a **ASTM** elaborou diversos procedimentos e ensaios para monitoramento de águas subterrâneas e investigações de zonas de areação. Algumas diretrizes para comparação desses métodos de campo, incluindo ensaios de bombeamento e de *slug* (espaçamento), são preconizadas nas normas **D 4043, D 4044 e D 5126**.

Nos ensaios de bombeamento em campo, que normalmente são realizados em furos, a água é retirada de um poço central a uma taxa constante, e os níveis freáticos a várias distâncias do poço central são monitorados em poços ou por piezômetros. Em um ensaio de *slug*, um volume de água é removido ou adicionado a um poço subterrâneo, e a mudança no nível da água, com o tempo, é monitorada (isso também é chamado de ensaio de *"perc"*, pois mede a percolação da água dentro ou fora do solo). Os ensaios de bombeamento são uma versão mais complexa do ensaio unidimensional de carga constante, e os ensaios de *slug* são, de forma semelhante, uma versão tridimensional do ensaio de carga variável. Outro tipo de ensaio de permeabilidade em campo é o ensaio de infiltrômetro de anel **D 3385**, que pode ser realizado com carga constante ou carga variável em solos na superfície do solo ou próximos a ela.

6.4.2 Fatores que afetam a determinação de k em laboratório e em campo

Vários fatores influenciam a confiabilidade do ensaio de permeabilidade em laboratório. Bolhas de ar podem ficarem presas na amostra ou o ar pode sair da solução da água. O grau de saturação poderia, portanto, ser inferior a 100%, o que afetaria de forma significativa os resultados do ensaio. Deve sempre ser usada água desaerada, e não água da torneira, para ensaios laboratoriais k. Em ensaios de carga constante em solos granulares, vários volumes de poros de água desaerada devem ser passados através da amostra até que um valor constante de k seja obtido. No ensaio de condutividade hidráulica de parede flexível, a amostra pode ser saturada pelo uso de contrapressão (Capítulo 9).

A migração de finos nos ensaios de areias e siltes afeta os valores medidos. Em particular, ao testar amostras granulares muito soltas, é difícil manter um índice de vazios constante; no entanto, se o índice de vazios mudar durante o ensaio, os valores medidos estão obviamente incorretos. A variação de temperatura, sobretudo em ensaios de longa duração, pode afetar as medições, e se a temperatura do solo for significativamente menor que a temperatura do ensaio laboratorial, uma correção de viscosidade deverá ser feita.

Embora as pequenas amostras utilizadas em laboratório sejam consideradas representativas das condições de campo, é difícil duplicar a estrutura dos solos *in situ*, especialmente de depósitos granulares e de materiais estratificados e outros materiais não homogêneos. (Lembre-se do que você leu no Capítulo 3.) Para considerar de forma adequada a variabilidade natural e a falta de homogeneidade nos depósitos de solos, bem como as dificuldades inerentes aos ensaios laboratoriais, é comum recorrer a ensaios de campo, como ensaios de bombeamento de poços ou de infiltração, para medir o coeficiente médio geral de permeabilidade. Esses ensaios enfrentam seus próprios desafios, como custos elevados, porém a vantagem de proporcionar uma medida média geral da condutividade hidráulica em uma área torna os ensaios de campo frequentemente valiosos em termos de tempo e investimento.

O coeficiente de permeabilidade também pode ser obtido indiretamente por meio de um ensaio laboratorial de compressão (adensamento) unidimensional (Capítulo 7) ou por um ensaio de uma amostra de solo na cela triaxial, uma variação do ensaio de *k* de parede flexível da norma **ASTM D 5084**. Os ensaios triaxiais são discutidos no Capítulo 8.

6.4.3 Relações empíricas e valores típicos de *k*

Além da determinação direta da permeabilidade ou condutividade hidráulica em laboratório, existem fórmulas empíricas úteis e valores tabulados de *k* para vários tipos de solos e rochas.

Uma equação empírica muito popular relaciona o coeficiente de permeabilidade com D_{10}, a **dimensão efetiva do grão**. Essa relação foi proposta pelo pesquisador inglês Allen Hazen (1911) para areias **limpas** (com menos de 5% de material passando pela peneira n.º 200) e com tamanhos de D_{10} entre 0,1 e 3,0 mm ou

$$k = CD_{10}^2 \tag{6.11}$$

onde as unidades de *k* são expressas em cm/s, e as da dimensão efetiva do grão em mm. A constante *C* varia de 0,4 a 1,2; portanto, presume-se normalmente um valor médio de 1, e esta constante leva em consideração a conversão de unidades. A equação é válida para $k \geq 10^{-3}$ cm/s.

Como já foi mencionado acima, a equação de Hazen é muito popular e com frequência é aplicada ao estudo dos solos, bem como das suas limitações especificadas. Carrier (2003) propôs uma alternativa baseada na equação mais fundamental de Kozeny-Carman mencionada antes. Embora a abordagem de Carrier seja um pouco mais complicada do que a simples equação de Hazen, ela é mais precisa porque leva em consideração a distribuição completa das dimensões dos grãos (não apenas D_{10}), o formato das partículas e o índice de vazios dos solos. Um ponto pequeno, mas interessante: Carrier (2003) observa que Hazen desenvolveu sua equação para uso a 10 °C, e não a 20°C como comumente se supõe; portanto, deveríamos, de fato, multiplicar *C*. Na Equação (6.11) por 1,3 (a viscosidade da água a 10 °C é cerca de 1,3 vezes superior à de 20 °C, sendo mais fácil para a água escoar à temperatura mais elevada).

Para estimar *k* com índices de vazios diferentes do índice de vazios de ensaio, Taylor (1948) propôs a relação

$$k_1 : k_2 = \frac{C_1 e_1^3}{1+e_1} : \frac{C_2 e_2^3}{1+e_2} \tag{6.12}$$

onde os coeficientes C_1 e C_2, que dependem da estrutura do solo, devem ser determinados de forma empírica. Para solos arenosos, $C_1 \approx C_1$. Isto significa que se alguém tiver determinado C para uma tipo particular de solo arenoso usando a Equação (6.11), pode-se presumir que é quase o mesmo para qualquer outro tipo de solo arenoso semelhante. Outra relação considerada útil para areias é

$$k_1 : k_2 = C_1' e_1^2 : C_2' e_2^2 \qquad (6.13)$$

Como antes, **aproximadamente para areias**, $C_1' \approx C_2'$

Para siltes e argilas, nenhuma dessas três relações, Equações (6.11) a (6.13), funciona muito bem. Para caulinitas em uma faixa bastante **estreita** de permeabilidades (digamos, uma ordem de magnitude), descobriu-se que e em relação a k de $\log_{10}$ é aproximadamente linear, sendo todos os outros fatores iguais (Taylor, 1948; Mesri et al., 1994). Para siltes compactados e argilas siltosas, entretanto, Garcia-Bengochea et al. (1979) descobriram que a relação entre o índice de vazios e e o logaritmo da permeabilidade k está longe de ser linear (Figura 6.6). Eles mostraram que os parâmetros de distribuição do tamanho dos poros proporcionam uma melhor relação com o índice para alguns solos compactados.

Por exemplo, a Figura 6.7 é útil. O coeficiente de permeabilidade é representado graficamente aqui em uma escala logarítmica, uma vez que a faixa de permeabilidades nos solos é muito grande. Observe que certos valores de k, ou seja, 1,0, 10^{-4} e 10^{-9} cm/s (10^{-2}, 10^{-6} e 10^{-11} m/s), são enfatizados. Estes são os **valores referenciais** de permeabilidade de Casagrande e são valores úteis para o comportamento técnico. Por exemplo, 1,0 cm/s (10^{-2} m/s) é o limite aproximado entre escoamento laminar e turbulento e separa cascalhos limpos de areias limpas e cascalhos arenosos. Um k de 10^{-4} cm/s ou 10^{-6} m/s é o limite aproximado entre solos permeáveis e mal drenados sob baixos gradientes. Solos em torno desse valor também são bastante suscetíveis à migração de finos, ou *piping*. O próximo limite, 10^{-9} cm/s (10^{-11} m/s), é aproximadamente o limite inferior da permeabilidade de solos e concreto, embora algumas

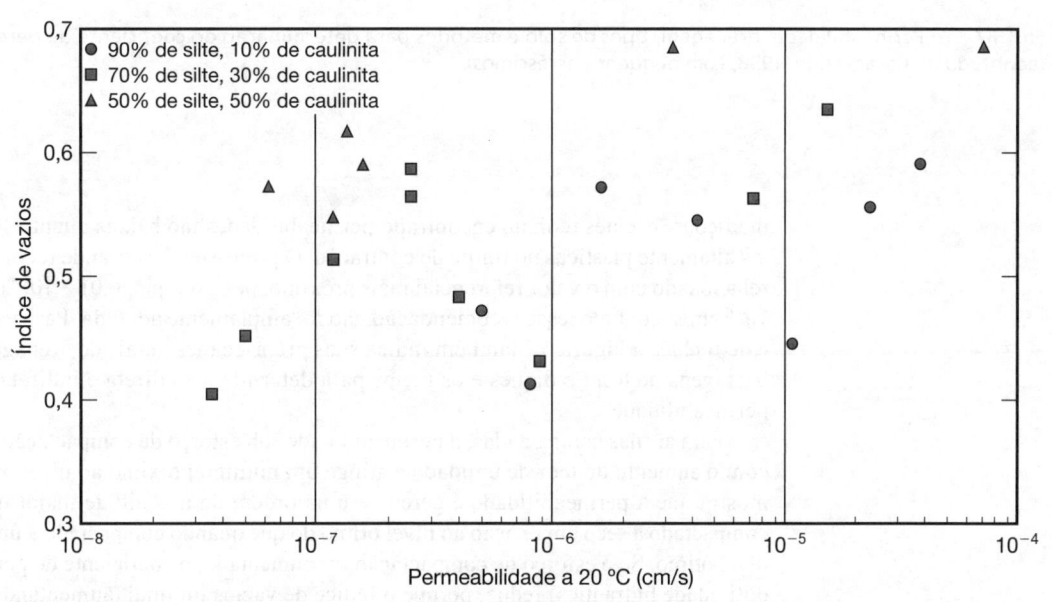

FIGURA 6.6 Índice de vazios e em relação à permeabilidade k para diversos solos compactados (adaptada de Garcia-Bengochea et al., 1979).

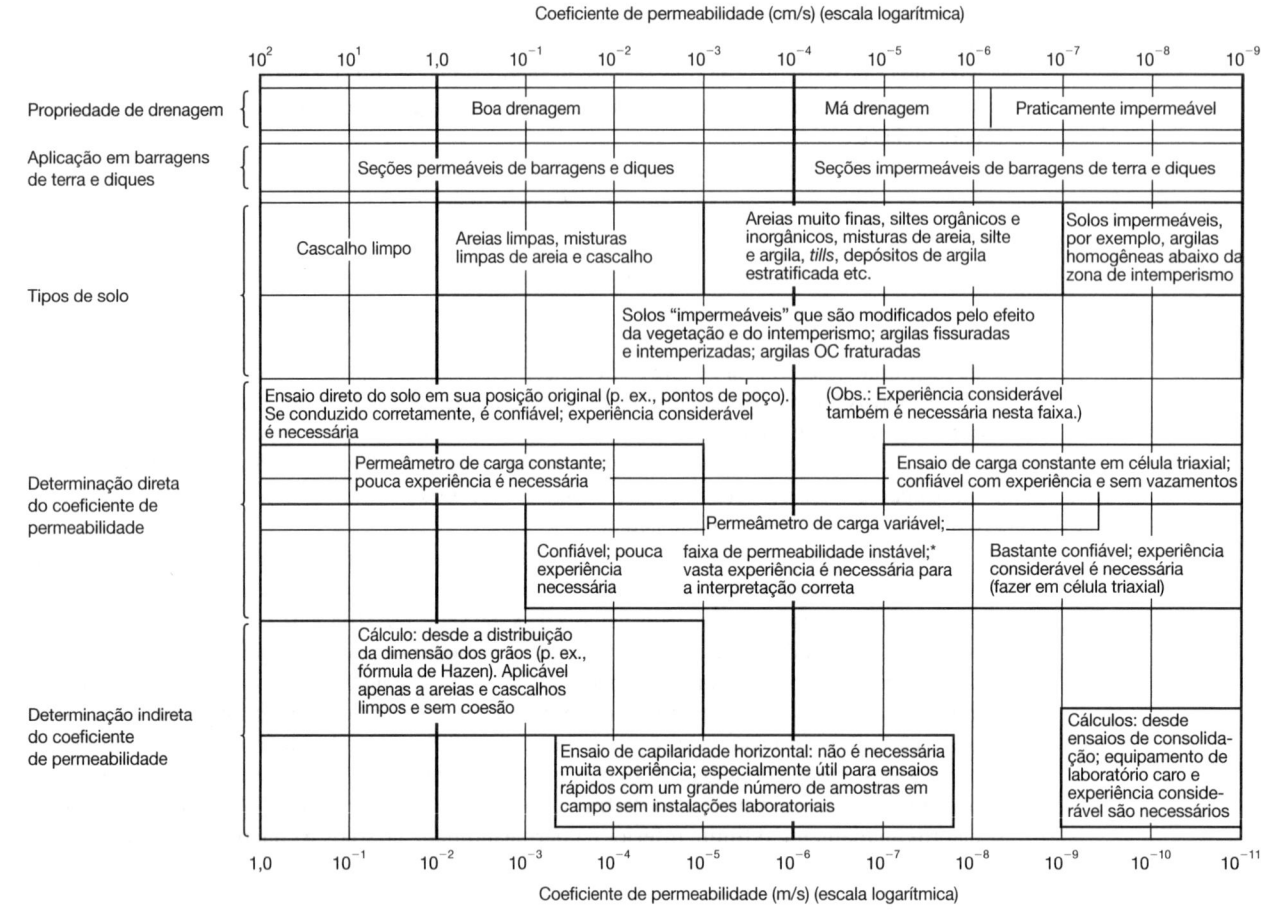

FIGURA 6.7 Permeabilidade, drenagem, tipos de solo e métodos para determinação do coeficiente de permeabilidade (adaptada de Casagrande, 1938, com pequenos acréscimos).

*Devido à migração de finos, canais e ar em vazios.

medições recentes tenham encontrado permeabilidades tão baixas quanto 10^{-13} m/s para argilas altamente plásticas no limite de contração. O professor Casagrande recomendou que k fosse relacionado com o valor referencial mais próximo, por exemplo, $0,01 \times 10^{-4}$ cm/s em vez de 1×10^{-6} cm/s; contudo, essa recomendação não foi amplamente adotada. Para vários tipos de solos e de rochas, a Figura 6.7 também indica suas propriedades gerais de drenagem, aplicações em barragens de terra e diques e os meios para determinação direta e indireta do coeficiente de permeabilidade.

Para argilas compactadas, a permeabilidade sob esforço de compactação constante diminui com o aumento do teor de umidade e atinge um mínimo próximo ao nível ótimo. A Figura 6.8 mostra que a permeabilidade é cerca de uma ordem de magnitude maior quando esse solo é compactado a seco em relação ao nível ótimo do que quando compactado a úmido em relação ao nível ótimo. Se o esforço de compactação for aumentado, o coeficiente de permeabilidade (condutividade hidráulica) reduz, porque o índice de vazios diminui (aumentando a densidade seca

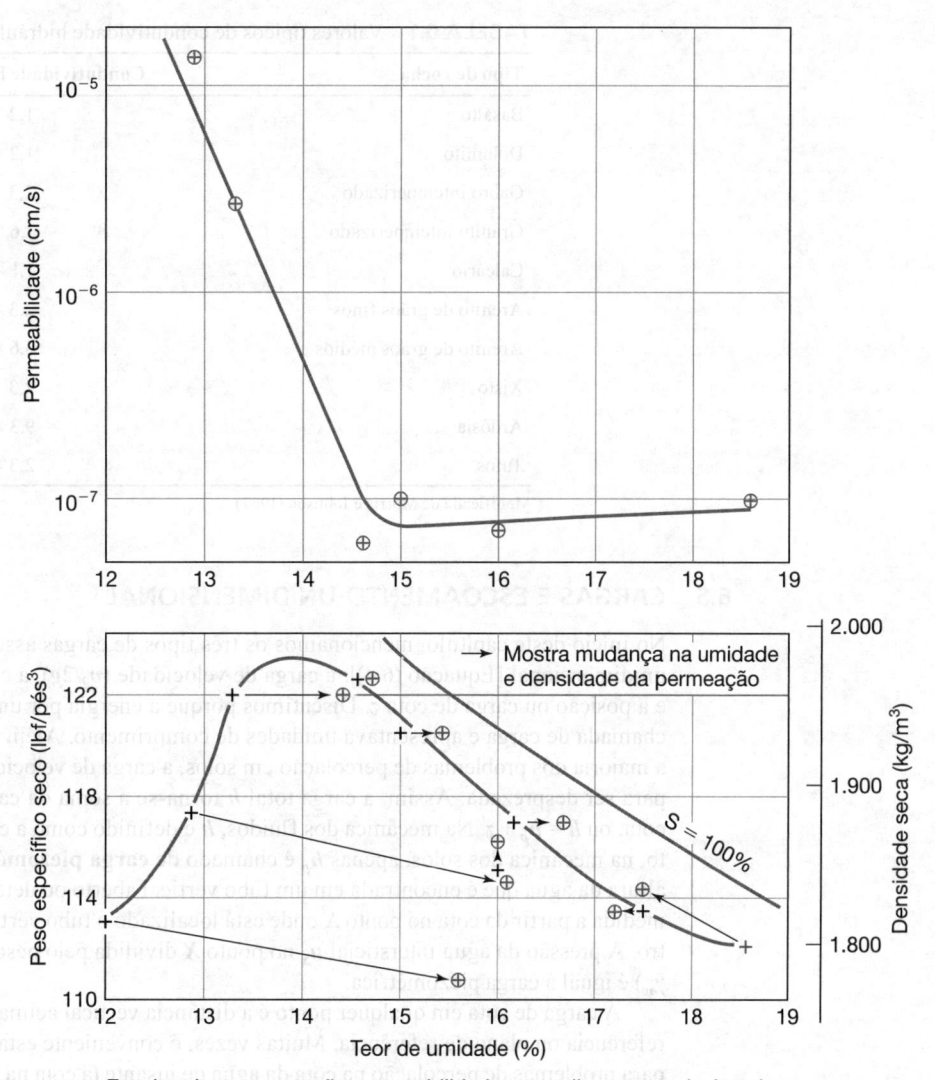

FIGURA 6.8 Mudança na permeabilidade com o teor de umidade de moldagem (adaptada de Lambe, 1958).

ou o peso específico). Segundo Lambe (1958), a permeabilidade de solos compactados no lado seco do nível ótimo reduz com o tempo devido à permeação, enquanto para solos compactados úmidos em relação ao nível ótimo, a permeabilidade permanece mais ou menos constante com o tempo.

A Tabela 6.1 fornece alguns valores adicionais de condutividade hidráulica para diferentes tipos de rochas. É importante observar que a condutividade hidráulica é uma das propriedades mais difíceis de determinar, especialmente para rochas, e que os valores na Tabela 6.1 são apenas uma aproximação grosseira e devem ser usados com cautela. Muitas vezes, as juntas e fraturas regem a condutividade hidráulica *in situ* e não a rocha íntegra em si.

TABELA 6.1 Valores típicos de condutividade hidráulica para rochas

Tipo de rocha	Condutividade hidráulica (m/s)
Basalto	$1,2 \times 10^{-7}$
Dolomito	$1,2 \times 10^{-8}$
Gabro intemperizado	$2,3 \times 10^{-6}$
Granito intemperizado	$1,6 \times 10^{-5}$
Calcário	$1,1 \times 10^{-5}$
Arenito de grãos finos	$2,3 \times 10^{-6}$
Arenito de grãos médios	$3,6 \times 10^{-5}$
Xisto	$2,3 \times 10^{-6}$
Ardósia	$9,3 \times 10^{-10}$
Tufos	$2,3 \times 10^{-6}$

Modificada de Morris e Johnson (1967).

6.5 CARGAS E ESCOAMENTO UNIDIMENSIONAL

No início deste capítulo, mencionamos os três tipos de cargas associadas à equação de energia unidimensional [Equação (6.4)]: a carga de velocidade ($v_2/2g$), a carga de pressão ($h_p = p/\rho_w g$) e a posição ou carga de cota z. Discutimos porque a energia por unidade de massa (ou peso) era chamada de carga e apresentava unidades de comprimento. Além disso, foi afirmado que, para a maioria dos problemas de percolação em solos, a carga de velocidade era pequena o suficiente para ser desprezada. Assim, a carga total h torna-se a soma da carga de pressão e da carga de cota, ou $h = h_p + z$. Na mecânica dos fluidos, h é definido como a carga piezométrica. No entanto, na mecânica dos solos, apenas h_p é chamado de **carga piezométrica**. Isso ocorre porque é a altura da água que é encontrada em um tubo vertical aberto ou determinada por um piezômetro, medida a partir da cota no ponto X onde está localizado o tubo vertical ou a entrada do piezômetro. A pressão da água intersticial u_x no ponto X dividida pelo peso específico da água ($\rho_w g$ ou γ_w) é igual à carga piezométrica.

A carga de cota em qualquer ponto é a distância vertical acima ou abaixo de alguma cota de referência ou plano de referência. Muitas vezes, é conveniente estabelecer o plano de referência para problemas de percolação na cota da água de jusante (a cota na parte inferior das duas superfícies freáticas); no entanto, também é possível usar a rocha ou alguma outra cota conveniente como referência. A vantagem de usar uma referência na superfície freática inferior é que a água neste local terá carga total zero ($h_p = 0$ e $z = 0$). A carga de pressão é simplesmente a pressão da água dividida por ($\rho_w g$) [Equação (6.4)].

Esses conceitos são ilustrados na Figura 6.9. Aqui, temos um cilindro de solo aberto semelhante ao permeâmetro da Figura 6.5a. O escoamento para dentro do cilindro é suficiente para manter a cota da água em A, e a água a jusante é constante na cota E. Toda energia ou carga é perdida no solo.

Observe que para o piezômetro c na figura, a carga de pressão h_p é a distância AC, e a carga de cota z é a distância CE. Portanto, a carga total no ponto C é a soma dessas duas distâncias, ou AE. As determinações das cargas piezométricas nos demais pontos da Figura 6.9 são feitas de maneira semelhante e são mostradas na tabela abaixo da figura. Certifique-se de entender como cada uma das cargas, incluindo a perda de carga através do solo, é obtida na Figura 6.9. Observe que é possível que a carga de cota (assim como a carga de pressão) seja negativa, dependendo da geometria do problema. O importante é que a carga total seja sempre igual à soma da carga de pressão e cota.

Conforme mencionado, presumimos que toda a energia ou carga perdida no sistema é perdida ao escoar através da amostra de solo da Figura 6.9. Portanto, na cota C ainda não ocorreu nenhuma perda de carga; em D, o ponto médio da amostra, perde-se metade da carga ($½AE$); e em F toda a carga foi perdida AE.

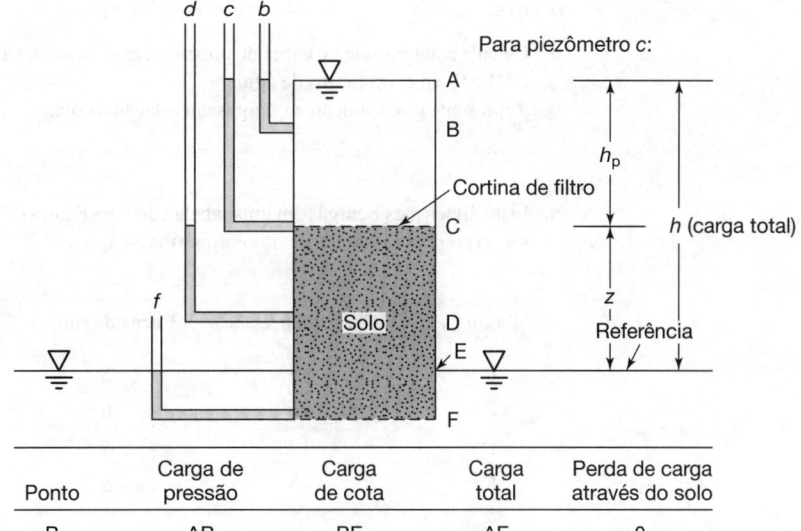

Capítulo 6 Escoamento de fluidos em solos e rochas

Ponto	Carga de pressão	Carga de cota	Carga total	Perda de carga através do solo
B	AB	BE	AE	0
C	AC	CE	AE	0
D	CD	DE	CE	½AE
F	EF	−EF	0	AE

FIGURA 6.9 Ilustração de tipos de carga (adaptada de Taylor, 1948).

Os exemplos a seguir ilustram como determinar os vários tipos de cargas e perdas de carga em alguns sistemas de escoamento unidimensionais simples.

Exemplo 6.3

Contexto:

A preparação do ensaio da Figura 6.9 apresenta as dimensões mostradas na Figura Ex. 6.3a

(a)

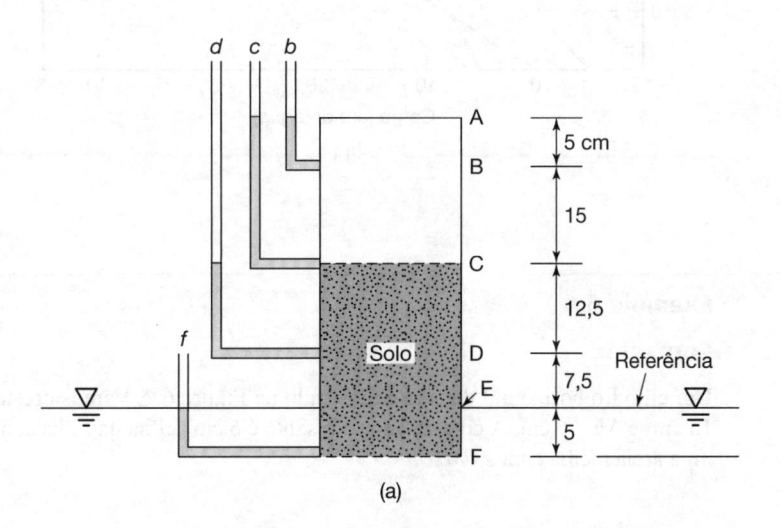

FIGURA Ex. 6.3a

Problema:

a. Calcule a magnitude de carga de pressão, carga de cota, carga total e perda de carga nos pontos B, C, D e F, em centímetros de água.
b. Represente graficamente as cargas em relação à cota.

Solução:
a. Liste dimensões e cargas em uma tabela como na Figura 6.9, conforme mostrado a seguir; as cargas são expressas em unidades de centímetros de água.

Ponto	Carga de pressão	Carga de cota	Carga total	Perda de carga
B	5	35	40	0
C	20	20	40	0
D	12,5	7,5	20	20
F	5	−5	0	40

b. Ver Figura Ex. 6.3b.

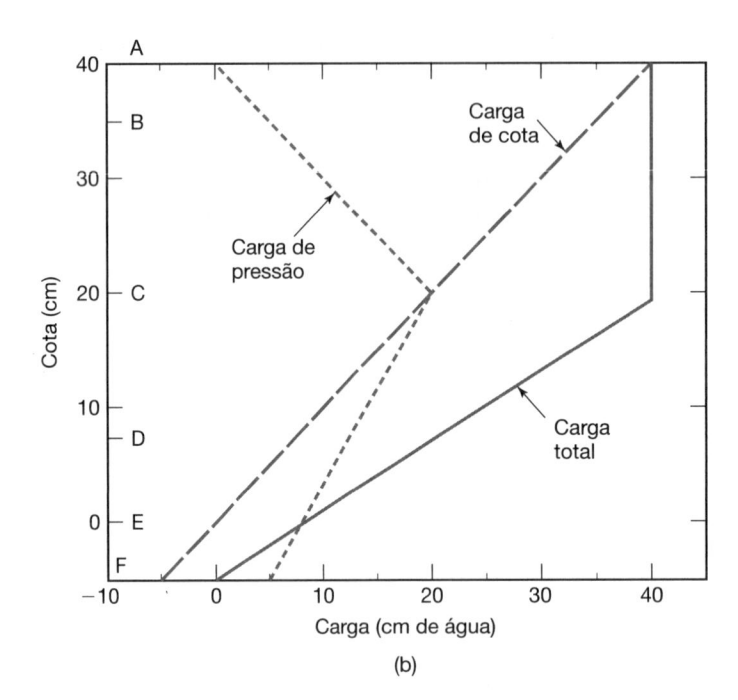

FIGURA Ex. 6.3b

Exemplo 6.4

Contexto:

Um cilindro horizontal do solo é mostrado na Figura 6.2. Vamos presumir que L = 15 cm, A = 15 cm² e Δh = 6 cm. A cota da água a jusante é 6 cm acima da linha central do cilindro. O solo é uma areia média com e = 0,57.

Problema:

Determine a pressão, a cota e a carga total em pontos suficientes para poder representá-las em função da distância horizontal.

Solução:

Redesenhe a Figura 6.2 na Figura Ex. 6.4a com as principais dimensões. Estime as outras dimensões necessárias. Identifique os pontos-chave conforme mostrado. Vamos presumir que a referência seja a cota da água a jusante. Prepare uma tabela como na Figura 6.9 e preencha os espaços em branco. As unidades são expressas em centímetros de água.

Ponto	Carga de pressão (cm)	Carga de cota (cm)	Carga total (cm)	Perda de carga (cm)
A	12	−6	6	0
B	12	−6	6	0
C	9	−6	3	3
D	6	−6	0	6
E	6	−6	0	6

O gráfico de cargas em relação à distância horizontal encontra-se na Figura Ex. 6.4b para a linha central do cilindro.

FIGURA Ex. 6.4a

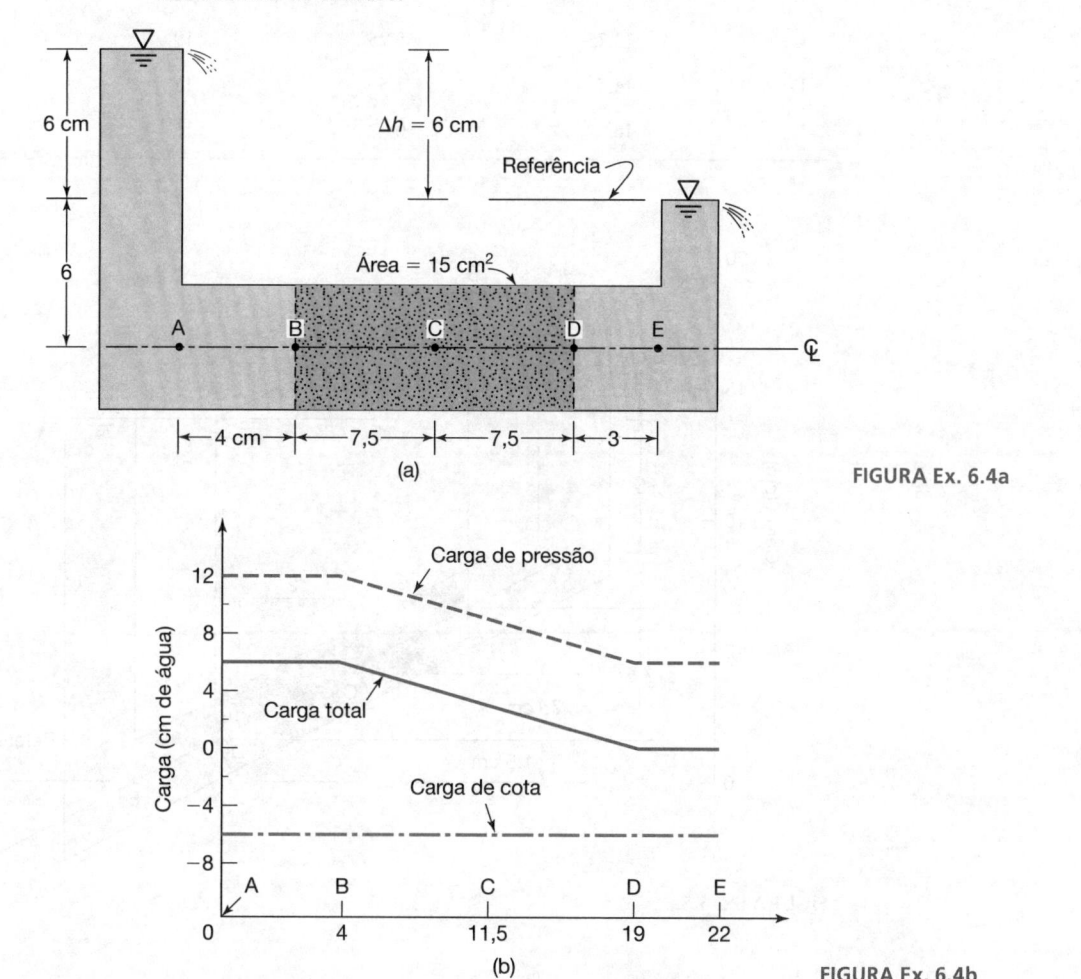

FIGURA Ex. 6.4b

Exemplo 6.5

Contexto:

Um cilindro semelhante ao Exemplo 6.4, exceto pela linha A–E, inclina-se para baixo em 2H:1V.

Problema:

Determine a pressão, a cota e a carga total em pontos suficientes para poder representá-las em função da distância horizontal.

Solução:
Redesenhe a Figura 6.2 na Figura Ex. 6.5a com a inclinação apropriada. Estime as outras dimensões necessárias. Identifique os pontos-chave conforme mostrado. Vamos presumir que o ponto de referência passe pelo ponto **E**. Prepare uma tabela como na Figura 6.9 e preencha os espaços em branco. As unidades são expressas em centímetros de água. O gráfico de cargas em relação à distância horizontal encontra-se na Figura Ex. 6.5b para a linha central do cilindro.

Ponto	Carga de pressão (cm)	Carga de cota (cm)	Carga total (cm)	Perda de carga (cm)
A	11	11	22	0
B	13	9	22	0
C	13,75	5,25	19	3
D	14,5	1,5	16	6
E	16	0	16	6

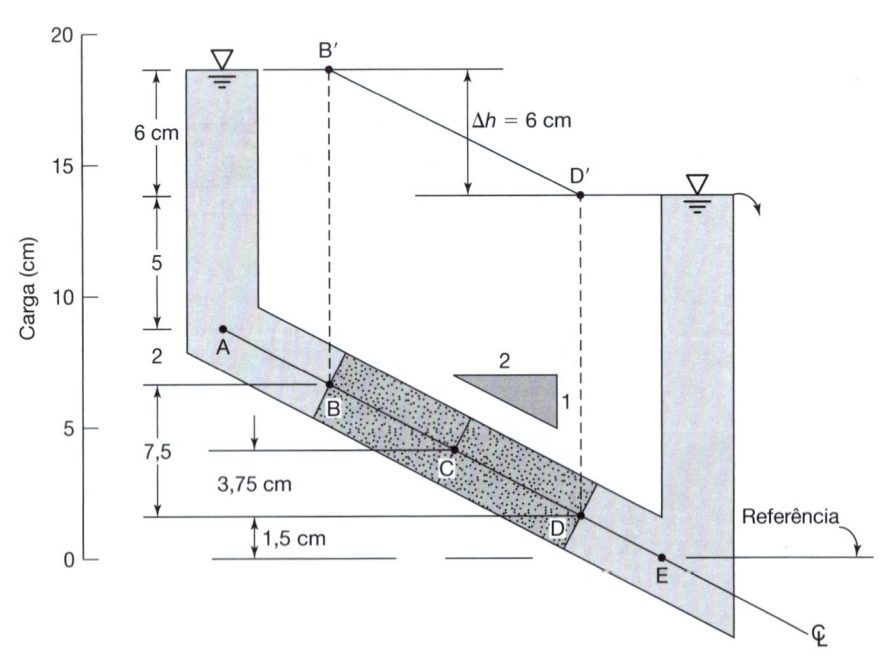

FIGURA Ex. 6.5a

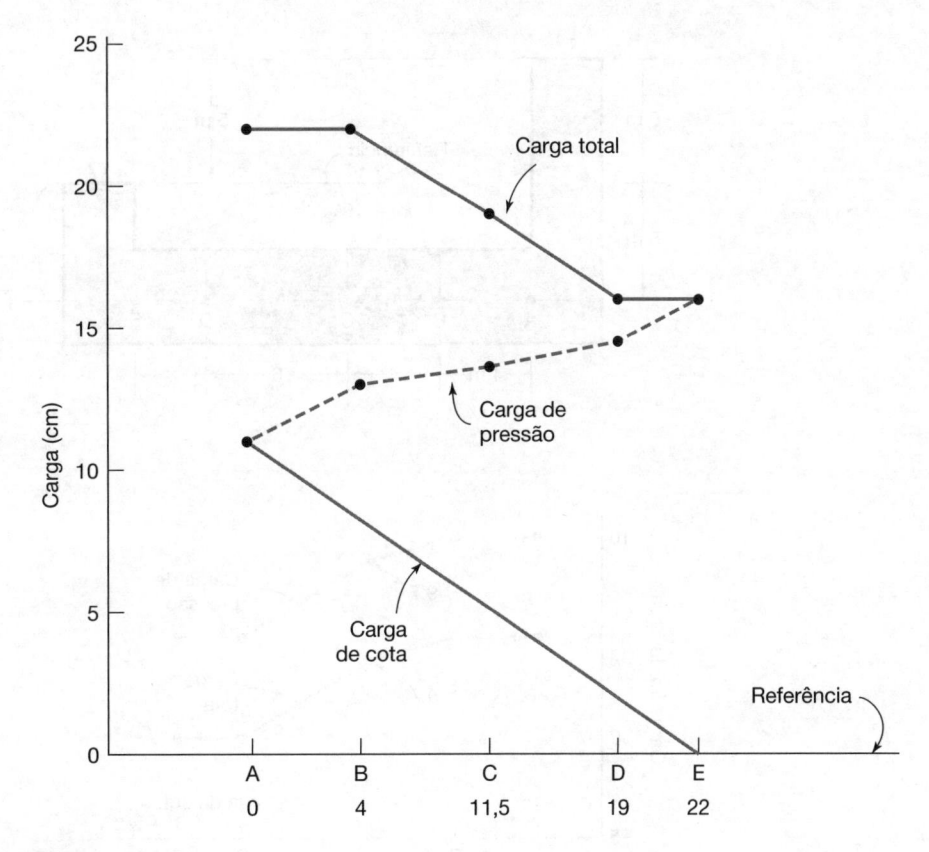

```
                    25

                    20                        Carga total

              ─
              E
              u
              ─
               ro
               o
               _
               ro
               U      15
                                              Carga de
                                              pressão
                    10

                     5          Carga
                                de cota
                                                              Referência
                     0
                           A      B       C        D    E
                           0      4      11,5      19   22
```

FIGURA Ex. 6.5b

Exemplo 6.6

Contexto:

Configuração semelhante ao Exemplo 6.4 com duas exceções: (1) as unidades expressas em **metros**; e (2) os dois solos no cilindro horizontal têm permeabilidades diferentes; e $k_1 = 10k_2$. Vamos presumir que $L_1 = 4$ m e $L_2 = 6$ m. Observe que a perda de carga em toda a extensão do solo não será linear.

Problema:

Determine a pressão, a cota e a carga total em pontos suficientes para poder representá-las em função da distância horizontal.

Solução:

Redesenhe a Figura 6.2 como na Figura Ex. 6.6a. Estime as outras dimensões necessárias. Identifique os pontos-chave conforme mostrado. Vamos presumir que o ponto de referência passe pelos pontos A–E. Prepare uma tabela como na Figura 6.9 e preencha os espaços em branco. As unidades são expressas em metros de água. O gráfico de cargas em relação à distância horizontal encontra-se na Figura Ex. 6.6b para a linha central do cilindro.

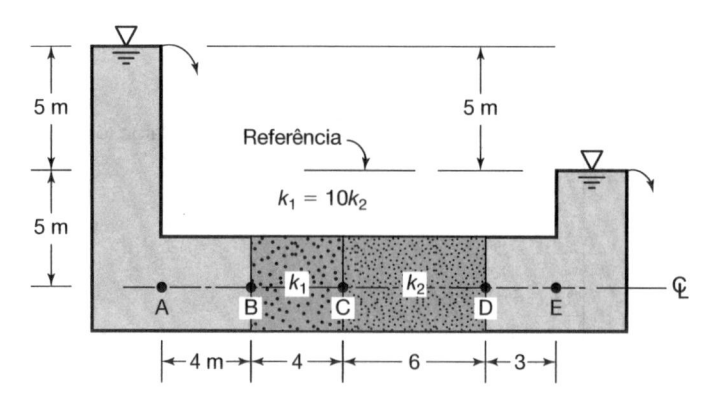

FIGURA Ex. 6.6a

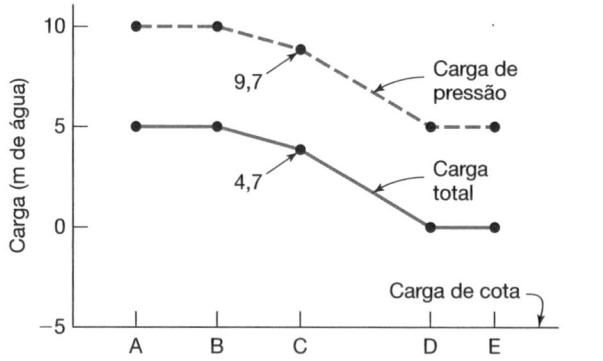

FIGURA Ex. 6.6b

Agora temos as ferramentas para resolver este problema. Use a Equação (6.5) e perceba que o escoamento está em série. Assim, a quantidade de escoamento em um solo precisa ser a mesma que no segundo solo. Então,

$$q_1 = k_1 i_1 A_1 = q_2 = k_2 i_2 A_2$$

Como as áreas são iguais, $q_{1,2} = k_1 i_1 = k_2 i_2$ com $k_1 = 10k_2$ e $i = \Delta h/l$. Substituindo,

$$q_{1,2} = 10k_2 \frac{\Delta h_1}{L_1} = k_2 \frac{\Delta h_2}{L_2}$$

Além disso, a perda total de carga, $\Delta h = \Delta h_1 + \Delta h_2$. Então, $\Delta h_1 = \Delta h - \Delta h_2$, e obtemos

$$q_{1,2} = 10k_2 \frac{(\Delta h - \Delta h_2)}{L_1} = k_2 \frac{\Delta h_2}{L_2}$$

Rearranjando e multiplicando,

$$L_2 10k_2 \Delta h - L_2 10k_2 \Delta h_2 = k_2 \Delta h_2 L_1$$

Rearranjando e cancelando os k_2,

$$10 L_2 \Delta h = \Delta h_2 (L_1 + 10 L_2)$$

Determinando Δh_2,

$$\Delta h_2 = \frac{10 L_2 \Delta h}{L_1 + 10 L_2}$$

$$= \frac{10 \times 6 \text{ m} \times 5 \text{ m}}{(4 \text{ m} + 10 \times 6 \text{ m})} = \frac{300 \text{ m}^2}{64 \text{ m}}$$

$$= 4{,}69 \text{ m}$$

$$\therefore \Delta h_1 = \Delta h - \Delta h_2 = 5 - 4{,}69 = 0{,}31 \text{ m}$$

Ponto	Carga de pressão (m)	Carga de cota (m)	Carga total (m)	Perda de carga (m)
A	10	−5	5	0
B	10	−5	5	0
C	9,7	−5	4,7	0,31
D	5	−5	0	5
E	5	−5	0	5

Como a permeabilidade do solo 2 é muito menor que a do solo 1, a maior parte da carga é perdida no solo 2.

Exemplo 6.7

Contexto:

Mesma configuração física do Exemplo 6.6, exceto que os dois solos são paralelos um ao outro. Defina $k_1 = 5k_2$ e, naturalmente, $L_1 = L_2$. O solo 1 possui área A_1 e o solo 2, A_2. Observe que a referência na Figura 6.7 está na linha central do cilindro e passa pelos pontos (A–E).

Problema:

Determine a pressão, a cota e a carga total em pontos suficientes para poder representá-las em função da distância horizontal. Determine a quantidade de escoamento em cada solo.

Solução:
Neste problema, ao contrário do exemplo anterior, o gradiente é o mesmo, mas a quantidade de escoamento é diferente nos dois solos devido às diferentes permeabilidades. A configuração física é mostrada na Figura Ex. 6.7a, enquanto uma seção transversal ($X - X'$) é dada na Figura Ex. 6.7b. Independentemente da forma como a estratificação é presumida (lado a lado, verticalmente ou horizontalmente), vamos supor que a referência esteja ao longo da linha central entre os dois solos. Isto elimina a necessidade de duas soluções separadas.

A partir da Figura Ex. 6.7a, estime as outras dimensões necessárias. Identifique os pontos-chave conforme mostrado. Prepare uma tabela como na Figura 6.9 e preencha os espaços em branco. As unidades são expressas em metros de água. O gráfico de cargas em relação à distância horizontal encontra-se na Figura Ex. 6.7c para a linha central do cilindro. Como os dois solos são paralelos entre si e com permeabilidades diferentes, o escoamento total em cada camada de solo será a soma de q_1 e q_2. A quantidade de escoamento em cada camada do solo é definida como

$$q_1 = k_1 i A_1 \text{ e } q_2 = k_2 i A_2$$

e

$$q = q_1 + q_2$$

Neste exemplo, os **ks** e **As** são diferentes, mas o gradiente é o mesmo. Cancelamos os **is** e substituímos $k_1 = 5k_2$ ou

$$q_1 = k_1 A_1$$
$$q_2 = k_2 A_2$$
$$q = (q_1 = 5k_2 A_1) + (q_2 = k_2 A_2)$$
$$q = 5k_2 A_1 + k_2 A_2 + k_2 (5A_1 + A_2)$$

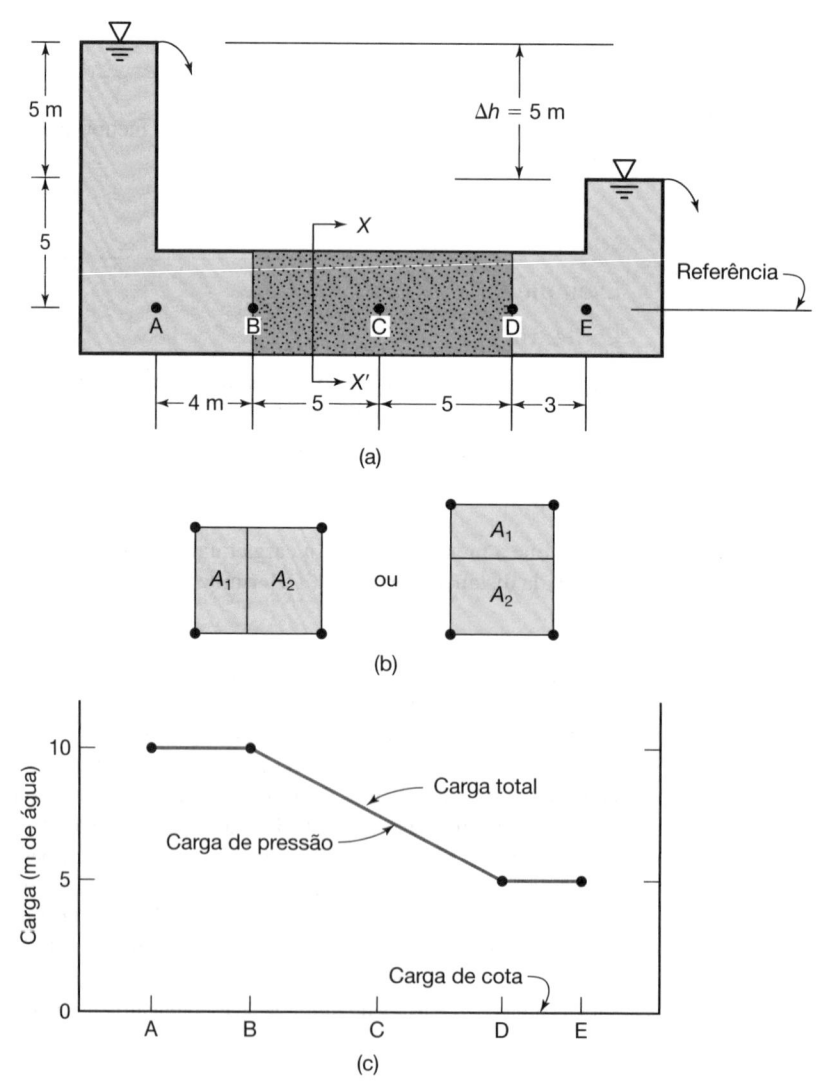

FIGURA Ex. 6.7

Cada tipo de solo tem a mesma perda de carga, mas o solo 1 apresenta cinco vezes a quantidade de escoamento que o solo 2. Portanto, podemos apenas desenhar o resto da perda de carga entre os pontos B e D como uma linha reta. Como o ponto de referência encontra-se ao longo da "linha central" dos dois solos, a carga total é igual à carga de pressão.

Ponto	Carga de pressão (m)	Carga de cota (m)	Carga total (m)	Perda de carga (m)
A	10	0	10	0
B	10	0	10	0
C	7,5	0	7,5	2,5
D	5	0	5	5
E	5	0	5	5

Se você entender os exemplos acima, deverá ser capaz de resolver uma ampla variedade de problemas de carga e de escoamento unidimensional, como sistemas de escoamento horizontal e inclinado, múltiplas camadas de solo em série ou paralelo ou uma combinação desses aspectos.

6.6 FORÇAS DE PERCOLAÇÃO, AREIAS MOVEDIÇAS E LIQUEFAÇÃO

Quando a água escoa através dos solos (como nos ensaios de permeabilidade já discutidos), ela exerce **forças de percolação** nos grãos individuais dos mesmos. Além disso, como você pode imaginar, as forças de percolação afetam as tensões intergranulares ou efetivas na massa dos solos, o que, sob certas condições, pode ter consequências práticas importantes. Se as forças de percolação forem grandes o suficiente, a tensão efetiva pode chegar a zero e o solo se comporta essencialmente como um líquido denso chamado de **areia movediça**. Outra consequência importante é a **liquefação** causada por vibrações de abalos sísmicos e outras fontes dinâmicas. Nesta seção, discutiremos as forças de percolação, como elas são calculadas e os fenômenos de areia movediça e liquefação.

6.6.1 Forças de percolação, gradiente crítico e areias movediças

Vamos reconsiderar a coluna de solo de 5 m do Exemplo 5.6. Conectando um tubo ascendente ao fundo da amostra, podemos escoar água para dentro da coluna de solo, conforme mostra a Figura 6.10. Quando o nível da água no tubo ascendente está na cota B, temos novamente o caso estático e todos os tubos verticais estão na cota B. Se a água no tubo ascendente estiver abaixo da cota B, a água escoará **para baixo** através do solo; quando está acima da cota B, o inverso ocorre. Este é o mesmo caso do ensaio de permeâmetro de carga variável da Figura 6.5b, no qual a água escoa **para cima** através do solo. Quando isso acontece, a água perde parte de sua energia por meio do atrito. Quanto maior a carga *h* acima da cota B na Figura 6.10, maior será a energia ou perda de carga e maiores serão as forças de percolação transmitidas ao solo. À medida que as forças de percolação aumentam, elas superam gradualmente as forças gravitacionais que atuam na coluna do solo e, eventualmente, ocorrerá uma condição **movediça**, ou **ebulição**. Outro nome para esse fenômeno é **areia movediça**. Para ter uma massa de areia em condições movediças, as tensões efetivas em toda a amostra devem ser zero.

A que altura *h* acima da cota B o solo se torna movediço? Primeiro, a partir da Figura 6.10 podemos calcular a tensão total, neutra e efetiva na cota A quando o nível da água no tubo ascendente está na cota B. Desprezaremos quaisquer perdas por atrito no tubo ascendente. A tensão total na parte inferior da amostra (cota A) é:

$$\sigma = \rho_{sat}\, gL + \rho_w\, gh_w = \rho'gL + \rho_w g\,(L + h_w) \qquad (a)$$

A pressão neutra nesse ponto é

$$u = \rho_w\, g(L + h_w) \qquad (b)$$

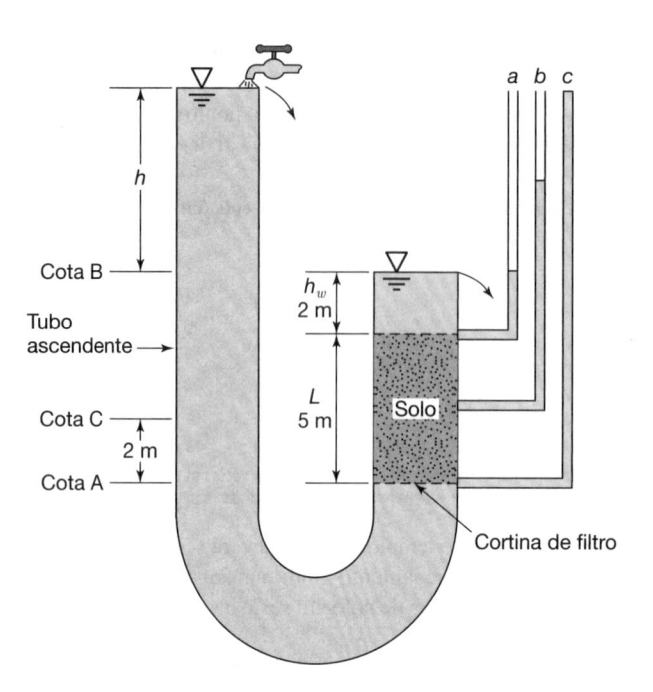

FIGURA 6.10 Amostra de solo do Exemplo 5.6, mas com um tubo ascendente conectado ao fundo da amostra. Os tubos verticais são mostrados para o caso em que o nível da água no tubo ascendente está a uma distância **h** acima da cota B.

Portanto, a tensão efetiva é [Equações (a) – (b)]:

$$\sigma' = \sigma - u = \rho'gL \tag{c}$$

Deixe o nível da água subir uma distância **h** acima da cota B (Figura 6.10). Agora a pressão da água intersticial na parte inferior da amostra é

$$u = \rho_w g (L + h_w + h) \tag{d}$$

ou a diferença de pressão neutra atuando na parte inferior da amostra é [Equações (d) – (b)]:

$$\Delta u = \rho_w g \tag{e}$$

A tensão efetiva na parte inferior da coluna do solo (cota A) é agora [Equações (a) – (d)]:

$$\sigma' = [\rho'gL + \rho_w g(L + h_w)] - [\rho_w g(L + h_w + h)]$$

ou

$$\sigma' = \rho'gL - \rho_w g \tag{f}$$

Portanto, a tensão efetiva diminuiu exatamente pelo aumento da pressão da água intersticial Δu na base da amostra [Equações (f) – (c) = (e)].

O que acontece quando a tensão efetiva na parte inferior da coluna do solo é zero? (Observe que σ' não pode ser menor que zero.) Defina a Equação (f) igual a zero e determine a Equação (h), que é a carga acima da cota B que causa uma condição **movediça** ou

$$h = \frac{L\rho'}{\rho_w}$$

Rearranjando,

$$\frac{h}{L} = i = \frac{\rho'}{\rho_w} = i_c \qquad (6.14)$$

Pela Equação (6.1), a carga h dividida pelo comprimento da amostra L igual ao gradiente hidráulico i. O valor i quando ocorre uma condição movediça é chamado de **gradiente hidráulico crítico** i_c.

Na Seção 2.2.2, obtivemos a seguinte relação para a densidade submersa ρ':

$$\rho' = \frac{\rho_s - \rho_w}{1 + e} \qquad (2.20)$$

Combinando as Equações. (6.14) e (2.20), obtemos uma expressão para o gradiente hidráulico crítico necessário para o desenvolvimento de uma condição movediça:

$$i_c = \frac{\rho_s - \rho_w}{(1 + e)\rho_w} \qquad (6.15)$$

ou

$$i_c = \frac{1}{1 + e}\left(\frac{\rho_s}{\rho_w} - 1\right) \qquad (6.16)$$

A abordagem usada para obter i_c está baseada na premissa de que condições movediças ocorrem quando a tensão efetiva na parte inferior da coluna de solo é zero.

Outra maneira de obter a fórmula para o gradiente crítico é considerar a **pressão total da água intersticial no limite** e o **peso total** de todo o material acima desse limite. Consequentemente, condições movediças ocorrem se essas forças forem iguais. Na Figura 6.10, a força ascendente é igual à pressão da água intersticial que atua na cortina do filtro na cota A na parte inferior da coluna do solo, ou

$$F_{\text{água}} \uparrow = (h + h_w + L)\rho_w g A$$

onde A é a área da seção transversal da amostra.

O peso total do solo e da água atuando para baixo na parte inferior da amostra (cota A) é

$$F_{\text{solo + água}} \downarrow = \rho_{\text{sat}} g L A + \rho_w g h_w A$$

Igualando essas duas forças, obtemos:

$$(h + h_w + L)\rho_w g A = \rho_{\text{sat}} g L A + \rho_w g h_w A \qquad (g)$$

Use a Equação (2.17) para ρ_{sat} e faça os cálculos para se certificar de que a Equação (g) é reduzida à Equação (6.15). Portanto, ambas as abordagens, total e efetiva, darão os mesmos resultados.

Podemos calcular valores típicos do gradiente hidráulico crítico, presumindo um valor de $\rho_s = 2.680$ kg/m³ e índices de vazios representativos de condições soltas, médias e densas. Os valores de i_c são apresentados na Tabela 6.2. Portanto, para fins de estimativa, i_c é frequentemente considerado como algo relacionado à unidade, que é um número relativamente fácil de lembrar.

TABELA 6.2 Valores típicos de i_c para $\rho_s = 2.680$ kg/m³

Índice de vazios	Densidade relativa aproximada	i_c
0,5	Denso	1,12
0,75	Médio	0,96
1,0	Solto	0,84

Exemplo 6.8

Contexto:

A amostra de solo e as condições de escoamento da Figura 6.10 e do Exemplo 5.6.

Problema:

a. Encontre a carga necessária para causar condições movediças.
b. Encontre o gradiente hidráulico crítico.

Solução:

a. A partir da Equação (6.14),

$$h = \frac{\rho' L}{\rho_w} = \frac{\rho_{sat} - \rho_w}{\rho_w} L$$

$$= \left(\frac{2.000 - 1.000}{1.000}\right) 5 \text{ m} = 5{,}0 \text{ m}$$

b. O gradiente hidráulico crítico [Equação (6.14)], é

$$i_c = \frac{\rho'}{\rho_w} = \frac{(2.000 - 1.000)}{1.000} = 1{,}0$$

Também poderíamos usar a Equação (6.15), se soubéssemos o valor de ρ_s e e. Vamos presumir que $\rho_s = 2.650$ kg/m³. Usando a Equação (2.17), considere $e = 0{,}65$. Portanto,

$$i_c = \frac{(2{,}65 - 1{,}0)}{(1 + 0{,}65)(1{,}0)} = 1{,}0$$

As forças de percolação, que podem causar o desenvolvimento de areia movediça (mas não necessariamente), estarão sempre presentes em solos onde existe um gradiente que promova o escoamento de água. As forças de percolação afetam mais as areias do que as argilas, porque as areias não têm coesão, ao passo que os solos argilosos apresentam alguma coesão inerente que mantém as partículas unidas. Para avaliar as forças de percolação, vejamos novamente a Figura 6.10. Para que condições movediças se desenvolvam, a força ascendente da água devido à carga h no lado esquerdo da figura deve ser exatamente igual à força descendente efetiva exercida pela coluna de solo submersa no lado direito da figura, ou

força ascendente = força descendente

$$\rho_w g h A = \rho' g L A \tag{6.17a}$$

Substituindo a Equação (2.20) nesta equação, obtemos

$$\rho_w g h A = \frac{\rho_s - \rho_w}{1 + e} g L A \qquad (6.17b)$$

Após manipulação algébrica, esta equação é idêntica à Equação (6.16). No escoamento uniforme, a força ascendente **ρghA** No lado esquerdo da Equação (6.17a) é distribuída (e dissipada) uniformemente por todo o volume **LA** da coluna de solo. Assim,

$$\frac{\rho_w g h A}{L A} = \rho_w g i = j \qquad (6.17c)$$

O termo $i\rho_w g$ é a **força de percolação por unidade de volume**, comumente representada pelo símbolo j. O valor dessa força em condições movediças é igual a $i_c \rho_w g$ e atua na direção do escoamento do fluido em um solo isotrópico.

Se o lado direito da Equação (6.17a) é dividido por **LA**, a unidade de volume, então obtemos

$$j = \rho' g \qquad (6.17d)$$

Essas expressões, as Equações (6.17c) e (6.17d), podem ser mostradas como idênticas quando ocorrem condições movediças [ver Equação (6.15)].

Exemplo 6.9

Contexto:

A amostra de solo e as condições de escoamento da Figura 6.10 e do Exemplo 5.6.

Problema:

a. Encontre a carga necessária para causar uma condição movediça.
b. Calcule a força de percolação por unidade de volume em condições movediças.
c. Usando forças de percolação, mostre que condições movediças, de fato, se desenvolvem sob a carga da parte a.
d. Calcule a força total de percolação na cota A.

Solução:

a. No Exemplo 6.8, **h** acima da cota B que causa uma condição movediça é de 5,0 m.
b. A força de percolação por unidade de volume é calculada a partir da Equação (6.17c).

$$j = i\rho_w g = \frac{5m}{5m} \times 1.000 \frac{kg}{m^3} \times 9{,}81 \frac{m}{s^2} = 9{,}81 \frac{kN}{m^3}$$

Também poderíamos usar a Equação (6.17d) se soubéssemos o valor de ρ_s ou e. Vamos presumir, como no Exemplo 6.8, que ρ_s = 2.650 kg/m³. Em seguida, presuma que e = 0,65. Portanto,

$$j = \frac{2.650 - 1.000}{1{,}65} g = 9{,}81 \frac{kN}{m^3}$$

Observe que as unidades batem (F/L³ = ML⁻² T⁻²).

c. Condições movediças se desenvolvem quando a força de percolação ascendente é igual à força de empuxo descendente do solo. Ou, a partir das Equações (6.17c) e (6.17d):

$$\frac{j}{\text{vol}}(\text{vol})\uparrow = \rho'g(\text{vol})\downarrow$$

$$9{,}81\frac{\text{kN}}{\text{m}^3} \times 5\text{m} \times 1\text{m}^2 = (2.000 - 1.000)\frac{\text{kg}}{\text{m}^3} \times 9{,}81\frac{\text{m}}{\text{s}^2} \times 5\text{m} \times 1\text{m}^2$$

$$49{,}05\text{ kN}\uparrow = 49{,}05\text{ kN}\downarrow$$

d. A força total de percolação na cota A é

$$j(\text{vol}) = 9{,}81\frac{\text{kN}}{\text{m}^3} \times 5\text{m} \times 1\text{m}^2 = 49\text{ kN}$$

Esta força é distribuída uniformemente pelo volume da coluna de solo.

A força de percolação é uma força real e é adicionada vetorialmente ao corpo ou às forças gravitacionais, promovendo a força resultante que atua nas partículas do solo. Podemos representar essas forças de duas maneiras diferentes que dão resultados idênticos. No Exemplo 6.9, tratamos o problema considerando forças de percolação e densidades submersas. O resultado foi uma condição movediça porque a densidade efetiva ou submersa do volume do solo (atuando para baixo) igualou-se à força de percolação (atuando para cima). Isto é chamado, ocasionalmente, de **método de solução interna** para obter a solução, uma vez que se baseia numa força de percolação que atua no solo.

Uma abordagem alternativa é considerar o peso saturado **total** do solo e as forças limítrofes da água que atuam no solo, na parte superior e inferior, como mostrado no Exemplo 6.10. Isso, algumas vezes, é chamado de **método de solução externa**, uma vez que se baseia em forças limítrofes que atuam fora do solo.

Exemplo 6.10

Contexto:

A amostra de solo e condições da Figura 6.10 e dos Exemplos 5.6 e 6.9.

Problema:

Mostre, usando o peso total (saturado) do solo acima da cota A e as forças limítrofes da água, que condições movediças se desenvolvem quando a carga **h** é de 5 m.

Solução:
Para uma condição movediça, $\sum F_v = 0$

$$F_{\text{solo}}\downarrow = \rho_{\text{sat}}gLA$$

$$= 2.000\frac{\text{kg}}{\text{m}^3} \times 9{,}81\frac{\text{m}}{\text{s}^2} \times 5\text{ m} \times 1\text{ m}^2 = 98{,}1\text{ kN}$$

$$F_{\text{superior água}}\downarrow = \rho_w g h_w A$$

$$= 1.000\frac{\text{kg}}{\text{m}^3} \times 9{,}81\frac{\text{m}}{\text{s}^2} \times 5\text{ m} \times 1\text{ m}^2 = 19{,}6\text{ kN}$$

$$F_{\text{inferior água}} \uparrow = \rho_w g(L + h_w + h)A$$
$$= 1.000\,\frac{\text{kg}}{\text{m}^3} \times 9{,}81\,\frac{\text{m}}{\text{s}^2} \times (5 + 2 + 5)\,\text{m}$$
$$= 118\,\text{kN}$$

Portanto, $\sum F_{\text{baixo}} = \sum F_{\text{cima}}$ para uma condição movediça (ou seja, 118 kN = 118 kN).

Exemplo 6.11

Contexto:

As condições de solo e escoamento da Figura 6.10, exceto que o tubo ascendente esquerdo está na cota C, ou 2 m acima da cota A. Vamos presumir que o nível da água seja mantido constante na cota C.

Problema:

Calcule:

a. o gradiente hidráulico;

b. a tensão efetiva;

c. a força de percolação na cota A.

Solução:

Neste caso, o escoamento da água é descendente através do solo. Vamos presumir que o plano de referência esteja na cota da água a jusante ou na cota B.

a. Use a Equação (6.1), uma vez que a perda de carga é de –5 m (abaixo da cota B),

$$i = \frac{H}{L} = \frac{-5}{5} = -1$$

b. A tensão efetiva na cota A pode ser calculada das duas maneiras que acabamos de descrever.

1. Usando forças **limítrofes** da água e densidades saturadas, obtemos (as unidades são as mesmas do Exemplo 6.10

$$F_{\text{solo}} \downarrow = \rho_{\text{sat}} gLA$$
$$= 2.000\,(9{,}81)(5)(1) = 98{,}1\,\text{kN} \downarrow$$
$$F_{\text{superior água}} \downarrow = \rho_w g h_w A$$
$$= 1.000\,(9{,}81)(2)(1) = 19{,}6\,\text{kN} \downarrow$$
$$F_{\text{inferior água}} \uparrow = \rho_w ghA$$
$$= 1.000\,(9{,}81)(2)(1) = 19{,}6\,\text{kN} \uparrow$$
$$\sum F_v = 19{,}6 + 98{,}1 - 19{,}6$$
$$= 98\,\text{kN} \downarrow \ (\text{força resultante ou efetiva})$$
$$\text{tensão efetiva} = \frac{F}{A} = 98\,\text{kN/m}^2$$

Assim, a cortina do filtro na cota A deve suportar uma força de 98 kN por unidade de área ou uma tensão de 98 kN/m² neste caso.

2. A outra maneira de calcular a tensão efetiva na cota A é usar forças de percolação, densidades submersas e a Equação (6.17). Observe que $h = -5$ m referenciado à cota B.

$$j = \rho_w g i (\text{vol}) = 1.000(9,81)\left(\frac{-5}{5}\right)(5)(1)$$
$$= 49 \text{ kN atuando no sentido do escoamento}$$

Para isso, somamos o peso efetivo ou submerso:

$$F_{\text{baixo}} \downarrow = \rho' g L A = (\rho_{\text{sat}} - \rho_w) g L A$$
$$= (2.000 - 1.000)(9,81)(5)(1) = 49,05 \text{ kN} \downarrow$$

Portanto, somando vetorialmente essas duas forças, obtemos a força de percolação mais a força efetiva do solo que atua na área A ou $49 + 49 = 98$ kN por unidade de área, como antes. Ou a tensão efetiva em $A = 98$ kN/m². Observe que esta segunda abordagem também oferece automaticamente a solução para a parte c, a força de percolação em A. Veja que a força de percolação na parte superior do solo é zero e aumenta linearmente para 49 kN na cota A.

6.6.2 Reservatório em areias movediças

Um aparelho ocasionalmente usado em laboratórios de ensino de mecânica dos solos para demonstrar o fenômeno da areia movediça é mostrado na Figura 6.11. Em vez de um tubo vertical, como na Figura 6.10, uma bomba é usada para criar o escoamento ascendente no reservatório de areia movediça. A água escoa através de uma pedra porosa para distribuir a pressão uniformemente no fundo da massa de areia. Piezômetros em vários níveis no reservatório permitem que as cargas sejam observadas e medidas. Conforme a válvula 1 é gradualmente aberta, a carga aplicada ao fundo da massa de areia aumenta, tornando-se eventualmente suficiente para fazer toda a massa de areia ferver ou se **liquefazer**. Como nos Exemplos 6.9 e 6.10, as forças de percolação atuam para cima e apenas equilibram as forças gravitacionais que atuam para baixo. As tensões efetivas entre os grãos de areia são zero, e o solo não apresenta resistência ao cisalhamento. Recomendamos que você pesquise no Google "tanque de liquefação" ou "tanque de areia movediça", e certamente encontrará vídeos de areia movediça se desenvolvendo em tal aparelho.

Alguns exemplos práticos de condições movediças incluem escavações em materiais granulares atrás de ensecadeiras ao longo dos rios. Para escavar e prosseguir com a construção, o lençol freático da área é rebaixado por um sistema de poços e bombas. A água fluvial invariavelmente penetra na escavação e deve ser bombeada para mantê-la seca. Se os gradientes ascendentes se aproximarem da unidade, a areia pode tornar-se movediça e a ensecadeira pode falhar. Tais falhas são geralmente catastróficas, portanto fatores de segurança elevados devem ser adotados para o projeto. O Exemplo 6.12 ilustra essa situação de forma simples.

Outro local onde ocorrem frequentemente condições movediças é atrás dos aterros de diques para controle das enchentes durante as cheias. A água percola sob o dique e, como no caso da ensecadeira, se o gradiente for suficientemente elevado, pode ocorrer condições movediças localizadas. Esse fenômeno é conhecido como **fervura de areia** e deve ser interrompido rapidamente (em geral empilhando sacos de areia em um anel ao redor da fervura); caso contrário, a erosão pode se espalhar e minar o dique. Condições movediças também são passíveis de ocorrer em qualquer local onde existem pressões **artesianas** no regime de águas subterrâneas, isto é, onde a carga é maior do que a que resultaria da pressão estática usual da água. Essas pressões ocorrem onde um estrato subterrâneo permeável é contínuo e conectado a um local onde a carga é maior.

Ao contrário da crença popular, não é possível afogar-se em areia movediça, a menos que você se esforce para isso (se ficar em pé fazendo uma força à normal), porque a densidade da areia movediça é muito maior do que a da água. Assim como você consegue quase flutuar na água, você poderá flutuar facilmente na areia movediça.

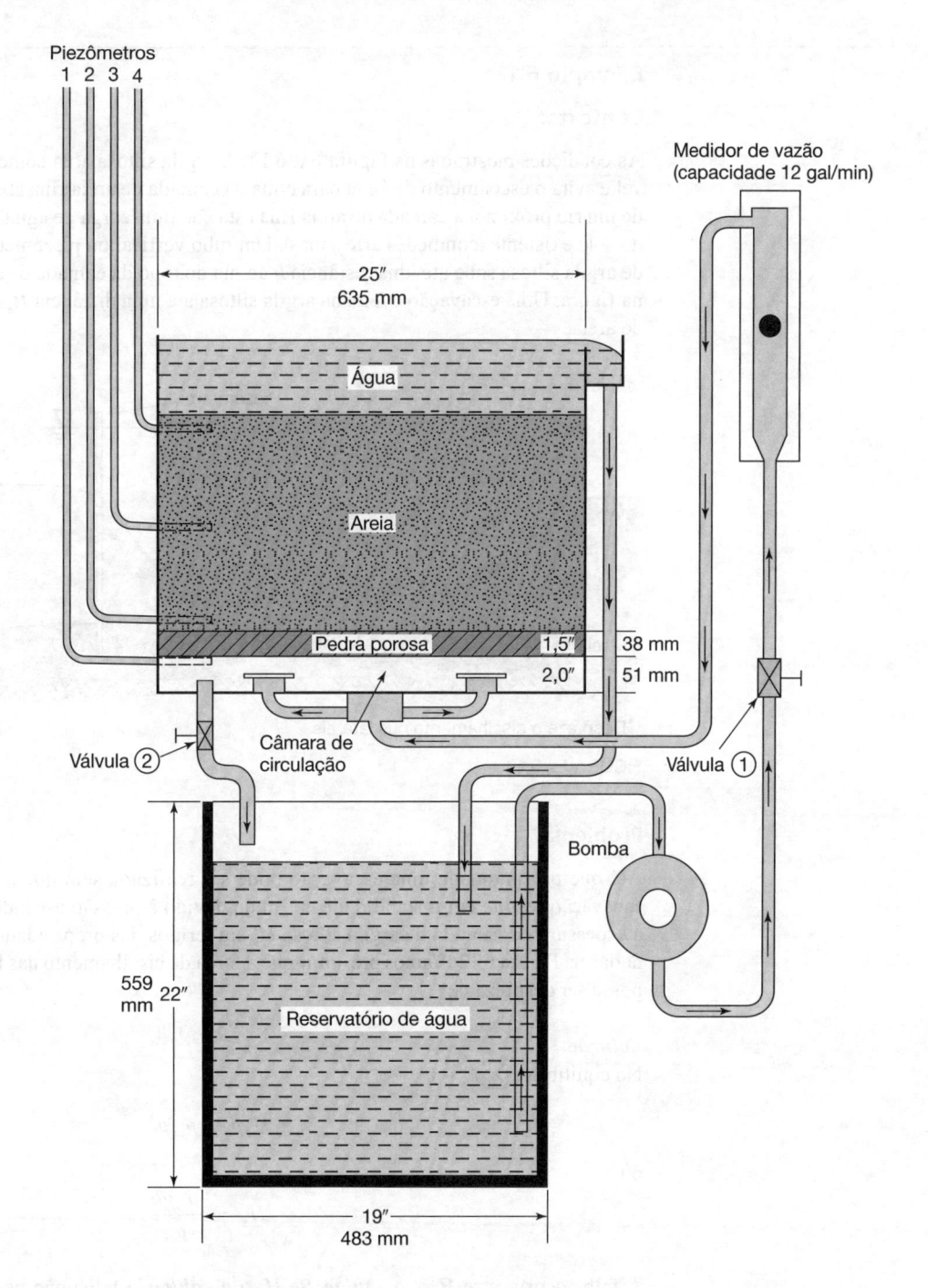

Capítulo 6 Escoamento de fluidos em solos e rochas

FIGURA 6.11 Diagrama de um reservatório de areia movediça (cortesia de J. O. Osterberg, Northwestern University).

Exemplo 6.12

Contexto:

As condições mostradas na Figura Ex. 6.12. A argila siltosa atua como uma camada impermeável e evita o escoamento de água para cima da camada de areia fina abaixo da mesma. Por causa de um rio próximo, a camada de areia fina está sob uma carga de água maior do que a superfície do solo existente (condições artesianas). Um tubo vertical ou piezômetro instalado pela camada de argila siltosa sobe até uma distância h acima do topo da camada de areia, conforme mostrado na figura. Uma escavação é feita na argila siltosa até uma distância H_s acima do topo da camada de areia.

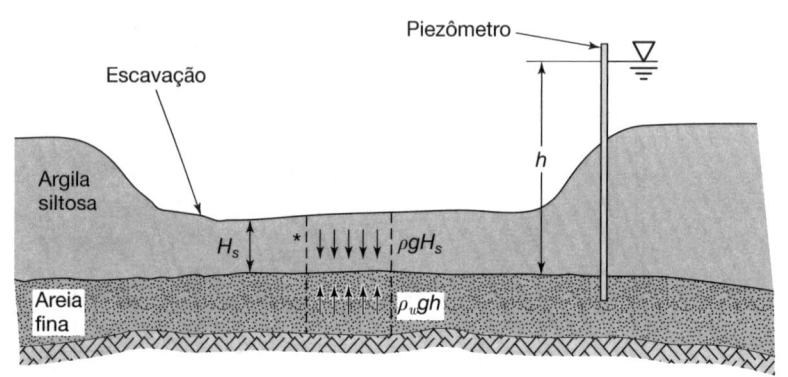

*Despreze o cisalhamento nas laterais.

FIGURA Ex 6.12

Problema:

Até que profundidade uma escavação pode ser realizada sem que a subpressão no centro da escavação resulte em instabilidade no fundo devido à pressão ascendente da água? Determine a espessura da camada de argila siltosa H_s em termos das propriedades do solo e da geometria dadas na Figura 6.12. Vamos presumir que a força de cisalhamento nas laterais do tampão de solo possa ser desprezada.

Solução:
No equilíbrio, $\sum F_v = 0$

$$H_s \rho g = \rho_w g h$$

ou

$$H_s = \frac{\rho_w g h}{\rho g}$$

A falha ocorrerá se $H_s < \rho_w gh/\rho g$. Se $H_s > \rho_w gh/\rho g$, a falha não pode acontecer e o fator de segurança é maior do que a unidade. Na prática, o fator de segurança mínimo aceitável contra falhas catastróficas deveria ser significativamente elevado ($\gg 1{,}0$), uma vez que, se ocorrerem, podem ser devastadoras.

6.6.3 Liquefação

Outro fenômeno relacionado à areia movediça é a **liquefação**, que pode ser demonstrada em um reservatório de areia movediça Figura 6.11. Depois que a areia fica movediça e bem solta, o escoamento é invertido e o nível da água diminui. Quando o nível da água no reservatório atinge um ponto pouco abaixo da superfície da areia, todas as válvulas são fechadas e todo o escoamento cessa. Agora temos um depósito de **areia solta e saturada**, pronto para um sismo! Se aplicarmos um golpe forte na lateral do reservatório, instantaneamente toda a massa do solo se liquefaz e a areia perde toda a capacidade de carga. Novamente, sugerimos pesquisar no *Google* vídeos dessas demonstrações de reservatórios, pois há vários disponíveis.

Quando um depósito de areia solta e saturada é submetido a cargas de duração muito curta, como ocorre durante abalos sísmicos, cravação de estacas e detonação, a areia solta tenta se densificar durante esse cisalhamento induzido, e isso tende a espremer a água para fora dos poros. Normalmente, sob carga estática, a areia apresenta permeabilidade suficiente para que a água possa escapar e qualquer pressão induzida pela água nos poros possa se dissipar. No entanto, em uma situação dinâmica, como o carregamento ocorre em um tempo tão curto, a água não tem tempo de escapar e a pressão da água nos poros aumenta. Como as tensões totais não aumentaram durante o carregamento, as tensões efetivas tendem então para zero [Equação (5.8)], e o solo perde toda a resistência.

A presença de excesso de pressão de água intersticial abaixo da superfície do solo indica que está ocorrendo escoamento ascendente, promovendo a liquefação. Todos esses eventos acontecem quase ao mesmo tempo. Durante e imediatamente após muitos sismos, observou-se água esguichando pelo solo até cerca de um metro de altura, às vezes até 20 minutos após as ondas de choque iniciais. Assim, são criadas **fervuras de areia** onde o escoamento ascendente da água carrega a areia consigo para a superfície do solo.

Casagrande (1936) foi o primeiro a explicar a liquefação em termos da mecânica dos solos, e também descreveu (1950, 1975) algumas situações na prática onde ocorreu a liquefação. Entre elas estão a ruptura da Represa Fort Peck em Montana, Estados Unidos, em 1938, e os **escorregamentos de fluxo** ao longo do baixo rio Mississippi. Aqui as areias são depositadas durante as cheias em um estado muito solto. De alguma forma, são induzidas tensões nesses depósitos, e parece que eles se liquefazem quase espontaneamente e escoam para o rio. O problema é que muitas vezes eles levam consigo diques e outras obras de proteção contra inundações, e os reparos são caros. A erosão das margens que leva à liquefação progressiva, as pressões de percolação dos lençóis freáticos elevados e até as vibrações do tráfego têm sido responsabilizadas pelos escorregamentos de fluxo. Os escorregamentos de fluxo também ocorrem em barragens de rejeitos de minas. Essas estruturas com frequência são muito grandes e construídas utilizando métodos hidráulicos para colocar areias e sedimentos muito soltos. Como são essencialmente depósitos de resíduos, muitas vezes com taxas de deposição muito rápidas e com engenharia e inspeção de construção inadequadas, as rupturas são relativamente comuns. Esse tipo de liquefação é às vezes chamado de **liquefação estática**.*

Desde os graves danos que ocorreram devido à liquefação durante os terremotos de Niigata, no Japão, e Anchorage, no Alasca, Estados Unidos, em 1964, tem havido pesquisas consideráveis e documentação de estudos de caso relacionados à liquefação. Em laboratório, comprovou-se que mesmo em areias moderadamente densas após aplicação repetida ou cíclica de tensão de cisalhamento, ou seja, se um terremoto durasse tempo suficiente, mesmo areias saturadas moderadamente densas poderiam se liquefazer. Esse fenômeno é ocasionalmente chamado de **mobilidade cíclica**.

Para alguns antecedentes históricos sobre liquefação e mobilidade cíclica, consulte os estudos de Casagrande (1975) e Seed (1979). O estudo de Kramer (1996) é uma excelente fonte sobre engenharia geotécnica de terremotos.

6.7 PERCOLAÇÃO E REDES DE ESCOAMENTO: ESCOAMENTO BIDIMENSIONAL

O conceito de carga e perda de energia à medida que a água escoa através dos solos foi mencionado diversas vezes neste capítulo. Quando a água escoa através de um meio poroso como o solo, a energia ou a carga são perdidas por atrito, assim como no escoamento através de tubulações e em canais abertos. Como no ensaio de permeabilidade em laboratório descrito anteriormente, por exemplo, perdas semelhantes de energia ou de carga ocorrem quando a água escoa através de uma barragem de terra ou sob uma ensacadeira de estacas-prancha (Figura 6.12).

---

*N. de R.T. No Brasil, nos últimos anos, acidentes gravíssimos desse tipo, com perda de centenas de vidas, ocorreram nas minas da Vale do Rio Doce, em Minas Gerais, nas regiões de Brumadinho e Mariana.

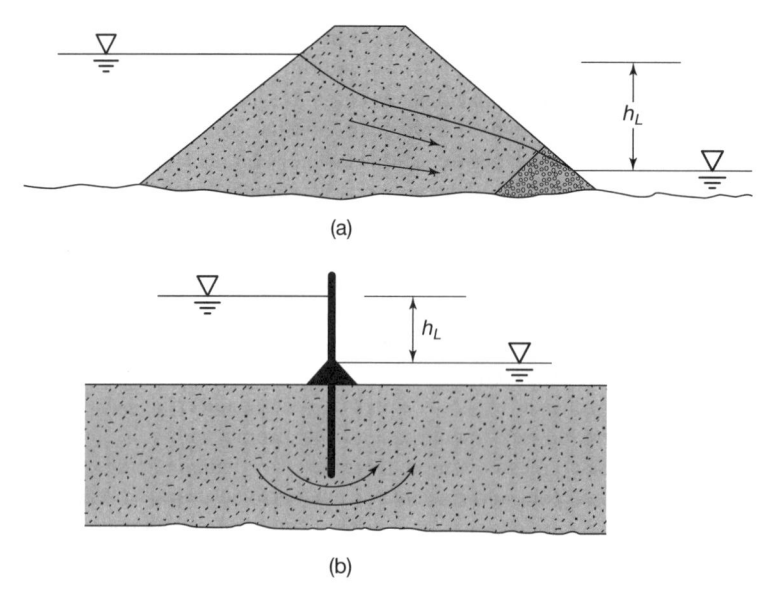

FIGURA 6.12 Exemplos de engenharia de perda de carga devido à percolação através do solo.

Dois tipos de condições de escoamento, **confinado** e **não confinado**, são ilustrados na Figura 6.13. Observe que a superfície freática não está "confinada" na camada A por uma fronteira impermeável, mas é livre para buscar sua própria localização. Por outro lado, a camada B é um exemplo de escoamento confinado, porque o **aquífero** (uma camada ou formação de permeabilidade elevada) e a superfície freática estão confinados por um **aquitardo** (uma camada de permeabilidade muito menor). Um aquífero permite prontamente escoamento sob gradientes normais, enquanto um aquitardo não permite e é, na verdade, impermeável. Em termos de dificuldade relativa de bombear água de uma formação geológica (solo(s) ou camada(s) rochosa(s)), um **aquitardo** é menos permeável do que um aquífero, mas mais do que um aquífugo. Observe as diferentes cotas de água subterrânea nos dois piezômetros da Figura 6.13. Se a camada B estivesse sob condições artesianas, o nível da água no piezômetro B poderia estar bem acima da

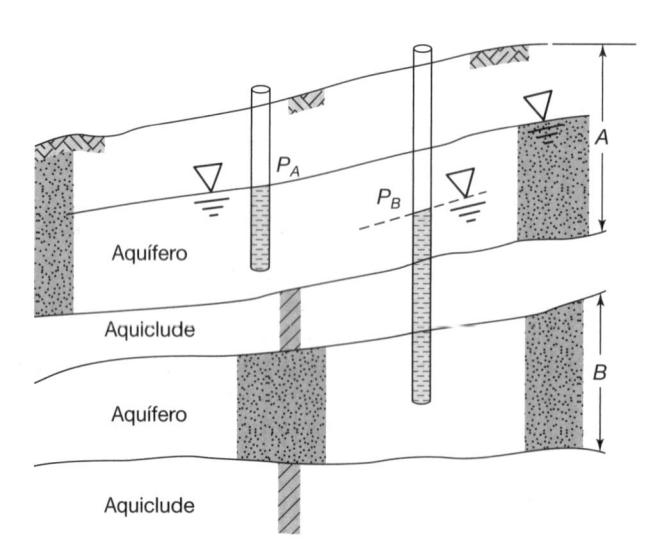

FIGURA 6.13 Exemplos de escoamento não confinado no aquífero A e escoamento confinado no aquífero B.

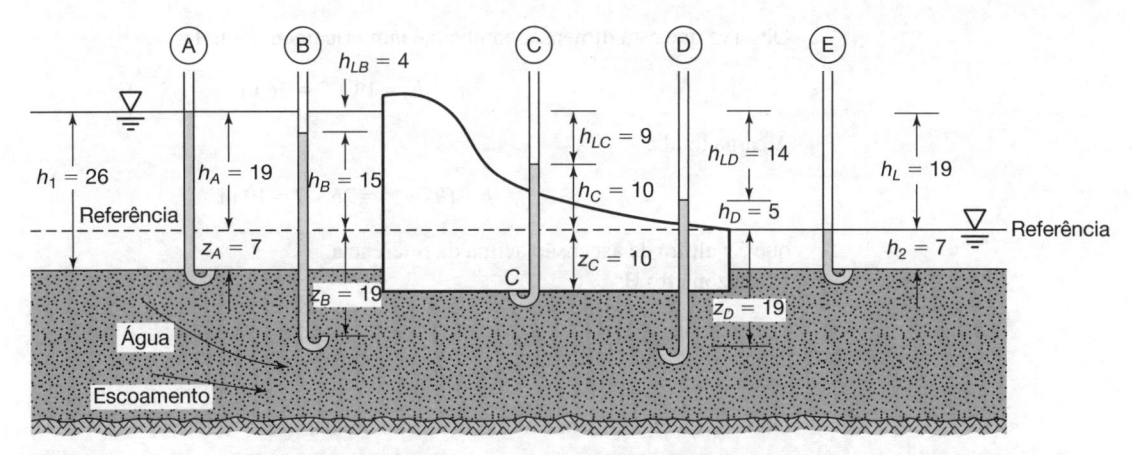

FIGURA 6.14 Exemplo de cargas e perdas de carga devido à percolação sob uma barragem. Todas as dimensões são expressas em metros.

superfície do solo. Observe que todos os exemplos na Seção 6.5 eram confinados porque seus limites eram impermeáveis.

O bombeamento de aquíferos pode ser livre ou confinado, dependendo da geologia. Se um poço penetra apenas na camada A da Figura 6.13, o escoamento em direção ao poço não está confinado. Por outro lado, se o poço penetra no aquífero da camada B, a percolação para o poço fica confinada. A percolação em direção aos poços é descrita na Seção 6.8. Quando a água escoa através de barragens de terra e diques, como mostrado na Figura 6.12a, o escoamento é definitivamente não confinado, porque existe uma superfície livre à pressão atmosférica. Conforme explicado na Seção 6.9, o principal problema de projeto é estabelecer o formato da linha superior de percolação.

Diferentes tipos de cargas e perdas de carga foram descritas na Seção 6.5, e pode ser uma boa ideia revisar esse material antes de prosseguir com a leitura desta seção.

A Figura 6.14 mostra como a carga total ($h_p + z$) pode ser determinada a partir das posições e cotas dos níveis de água nos tubos verticais. A figura também mostra como a energia ou carga é perdida no escoamento sob uma barragem. Observe como os níveis de água em cada piezômetro sucessivos diminuem à medida que a água escoa de um lado da base da barragem para o outro. O Exemplo 6.13 explica em detalhes como são feitos os cálculos de carga.

Exemplo 6.13

Contexto:

A barragem com piezômetros mostrada na Figura 6.14. A perda total de carga é de 19 m h_L.

Problema:

a. Calcule as cargas de pressão h_p e as cargas totais h para os piezômetros de A a E.
b. Determine a subpressão atuando na base da barragem no ponto C.

Solução:

a. Pressão e cargas totais.

Piezômetro A: A carga de pressão é o comprimento

$$h_P = h_A + z_A = h_1 = 19 + 7 = 26 \text{ m}$$

Observe que esta dimensão também é numericamente igual a

$$h_L = h_2 = 19 + 7 = 26 \text{ m}$$

A carga total é

$$h = (h_P + z) = 26 - 7 = 19 \text{ m}$$

que é a altura de ascensão acima da referência.
Piezômetro B:

$$h_P = h_B + z_B = 15 + 19 = 34 \text{ m}$$
$$h = (h_P + z) = 34 - 19 = 15 \text{ m}$$

Observe que **h** também é numericamente igual a

$$h_L - h_{LB} \quad \text{ou} \quad h = 19 - 4 = 15 \text{ m}$$

Piezômetro C:

$$h_P = h_C + z_C = 10 + 10 = 20 \text{ m}$$

(Usaremos esta carga de pressão para calcular a subpressão no ponto C, abaixo.)

$$h = (h_p + z) = 20 - 10 = 10 \text{ m}$$

(Verifique: $\boldsymbol{h} = \boldsymbol{h_L} - \boldsymbol{h_{LC}} = 19 - 9 = 10$ m.)
Piezômetro D:

$$h_P = h_D + z_D = 5 + 19 = 24 \text{ m}$$
$$h = h_D + z_D - z_D = 5 \text{ m}$$

(Verifique: $\boldsymbol{h} = \boldsymbol{h_L} - \boldsymbol{h_{LC}} = 19 - 14 = 5$ m.)
Piezômetro E:

$$h_P = h_2 = 7 \text{ m}$$
$$h = h_P - z_E = 7 - 7 = 0$$
$$h_L = 19 \text{ m}$$

Observe que na água a jusante toda a carga foi perdida. Portanto, a carga total neste ponto é zero.

b. Subpressão no ponto C:

$$p_C = h_p \rho_w g = (h_C + z_C)\rho_w g = (h_L - h_{LC} + z_C)\rho_w g$$
$$= 20 \text{ m } (1.000 \text{ kg/m}^3)(9,81 \text{ m/s}^2) = 196 \text{ kPa}$$

6.7.1 Redes de escoamento

Poderíamos representar o escoamento de água através da fundação sob a barragem na Figura 6.14 por **linhas de escoamento**, o que representaria um caminho médio de escoamento de uma partícula de água desde o reservatório a montante até a água a jusante. Da mesma forma, poderíamos representar a energia do escoamento por linhas de igual potencial, chamadas, naturalmente, de **linhas equipotenciais**, ou contornos de carga total constante. Ao longo de qualquer linha equipotencial, a energia disponível para causar escoamento é a mesma; inversamente, a energia perdida pela água ao chegar a essa linha é a mesma ao longo de toda a linha. A rede de linhas de escoamento e linhas equipotenciais é chamada de **rede de escoamento**, conceito que ilustra disponível para causar escoamento é a mesma; inversamente, a energia perdida pela água ao chegar a essa linha é a mesma ao longo de toda a linha. A rede de linhas de escoamento e

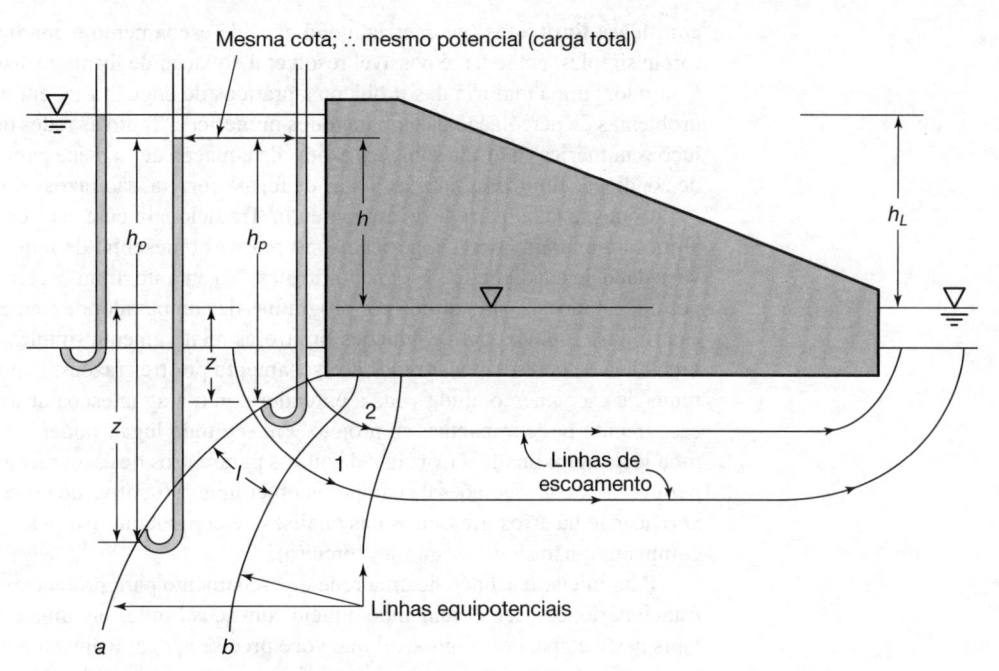

FIGURA 6.15 Linhas equipotenciais e de escoamento (apenas algumas mostradas).

linhas equipotenciais é chamada de rede de escoamento, conceito que ilustra graficamente como a carga ou energia é perdida à medida que a água escoa através de um meio poroso, conforme mostrado na Figura 6.15.

Talvez você perceba que poderíamos, se quiséssemos, desenhar um número infinito de linhas de escoamento e linhas equipotenciais para representar a percolação mostrada na Figura 6.15, mas é mais conveniente selecionar apenas algumas linhas representativas de cada tipo. O gradiente hidráulico entre quaisquer duas linhas equipotenciais adjacentes é a queda de potencial (carga) entre essas linhas dividida pela distância percorrida. Ou seja, na Figura 6.15 ao longo da linha de escoamento 2, o gradiente entre as linhas equipotenciais a e b é a queda de carga entre essas linhas dividida por *l*. Como em um solo **isotrópico** (o que na verdade é bastante raro devido à predominância da deposição do solo em camadas horizontais) o escoamento deve seguir caminhos de maior gradiente, as linhas de escoamento devem cruzar as linhas equipotenciais em ângulos retos, como mostrado na Figura 6.15. Observe que, à medida que as linhas equipotenciais se aproximam, *l* diminui e o gradiente aumenta Equação (6.1).

A Figura 6.15 representa uma seção transversal típica da barragem e do solo de fundação. Portanto, assim como em todos os problemas de percolação considerados neste texto, a condição de escoamento é **bidimensional**. O escoamento tridimensional é uma situação mais generalizada em muitos problemas geotécnicos; no entanto, as análises de percolação desses problemas são mais complicadas, por isso muitas vezes simplificamos o problema para duas dimensões.

As redes de escoamento são muito úteis na resolução de problemas de percolação na prática de engenharia, por exemplo, para estimar perdas por percolação de reservatórios, elevar subpressões sob barragens e verificar pontos de erosão potencialmente prejudicial onde $i \rightarrow i_{cr}$. Explicaremos as técnicas nesta seção.

Uma rede de escoamento é, na verdade, uma solução gráfica da **equação de Laplace** (Pierre-Simon, Marquês de La Place, físico e astrônomo francês, 1749-1827) em duas dimensões,

$$\frac{\partial^2 h}{\partial x^2} + \frac{\partial^2 h}{\partial y^2} = 0 \tag{6.18}$$

onde *x* e *y* são as duas direções coordenadas, e *h* é a carga em qualquer ponto (*x*, *y*). A equação de Laplace é muito importante na física e na matemática, pois ela representa a perda de energia por meio de qualquer meio resistivo. Por exemplo, além do escoamento de água pelos solos, ela descreve o fluxo de elétrons, o fluxo de pessoas para os hospitais e assim por diante. Se as

condições limítrofes (geometria, condições de escoamento e condições de carga nos limites) forem simples, então é até possível resolver a equação de forma fechada, ou seja, com exatidão. Contudo, para a maioria dos problemas práticos de engenharia, em geral, é mais fácil resolver problemas de percolação usando métodos numéricos. Tanto as redes de escoamento como as soluções numéricas não são soluções exatas da equação de Laplace para um determinado conjunto de condições limítrofes, mas, se feitas de forma correta, são razoavelmente satisfatórias.

Como se faz uma rede de escoamento? Tradicionalmente, elas eram desenhadas à mão e os alunos aprendiam com a experiência, ao praticar o desenho de redes de escoamento para uma variedade de condições de fluxo e limítrofes. No entanto, trata-se, em grande parte, de uma arte perdida, tendo sido substituída por programas de computador de elementos finitos ou de diferenças finitas. Todavia, para condições limítrofes relativamente simples, ainda é recomendável ter uma ideia de como esboçar redes de escoamento por três razões. Primeiro, aprender a desenhar redes de escoamento ajuda você a entender como a água escoa através dos solos e como esse escoamento pode impactar seu projeto. Em segundo lugar, poderá ser necessário obter apenas uma ideia aproximada da vazão e de outros parâmetros de escoamento (p. ex., gradiente crítico) para verificar as medições de campo ou obter uma estimativa do escoamento. A terceira razão é verificar se há erros grosseiros nas análises de computador (só pelo fato de ser uma solução de computador não significa que seja precisa).

Para iniciar o esboço de uma rede de escoamento para problemas bidimensionais de estado estacionário, comece desenhando o meio com seus limites em uma escala adequada (utilize um lápis nesta etapa, pois é possível que você precise apagar e ajustar a rede de escoamento várias vezes até acertar). Após algumas tentativas e erros (principalmente erros, até você adquirir alguma prática!), esboce uma rede de linhas de escoamento e linhas equipotenciais espaçadas de modo que as figuras fechadas se assemelhem a "quadrados" (a presença de muitos elementos com lados curvos ou cantos que não estão exatamente em ângulos de 90° é inevitável). Seus lados se cruzam em ângulos retos. Volte para a Figura 6.15, especificamente o "quadrado" delimitado pelas linhas de escoamento 1 e 2 e pelas linhas equipotenciais *a* e *b*. Nem todos os "quadrados" de uma rede de escoamento precisam ser do mesmo tamanho. Observe que uma linha de escoamento não pode cruzar um limite impermeável; na verdade, um limite impermeável é uma linha de escoamento. Observe também que todas as linhas equipotenciais devem encontrar limites impermeáveis em ângulos retos. Nem o número de **canais de escoamento** (canais entre linhas de escoamento), nem o número de **quedas equipotenciais** (representadas pela diminuição da carga Δ*h* de uma linha equipotencial para a seguinte) precisam ser um número inteiro; quadrados fracionários são permitidos.

A Figura 6.16 explica alguns dos termos associados às redes de escoamento. Observe o "quadrado" com dimensões *a* × *b*. Observe que o gradiente é

$$i = \frac{\Delta h}{\Delta l} = \frac{\Delta h_{1-2}}{d} = \frac{\Delta h_{2-3}}{f} = \frac{\Delta h_{4-5}}{b} = \frac{h_L/N_d}{b} \qquad (6.19a)$$

onde o comprimento do caminho de escoamento em um quadrado é $b = \Delta l$. A queda equipotencial entre duas linhas de escoamento é $\Delta h = h_L/N_d$, onde N_d é o número total de quedas de potencial, e h_L é a carga total perdida no sistema.

A partir da lei de Darcy e da Figura 6.16, sabemos que o escoamento em cada canal de escoamento é

$$\Delta q_1 = k \frac{\Delta h_{1-2}}{d}$$
$$\Delta q_2 = k \frac{\Delta h_{1-2}}{g} \qquad (6.19b)$$
$$\Delta q_3 = k \frac{\Delta h_{1-2}}{m}$$

ou, em geral,

$$\Delta q = k \frac{\Delta h}{\Delta l} A = k \left(\frac{h_L/N_d}{b}\right) a \qquad (6.19c)$$

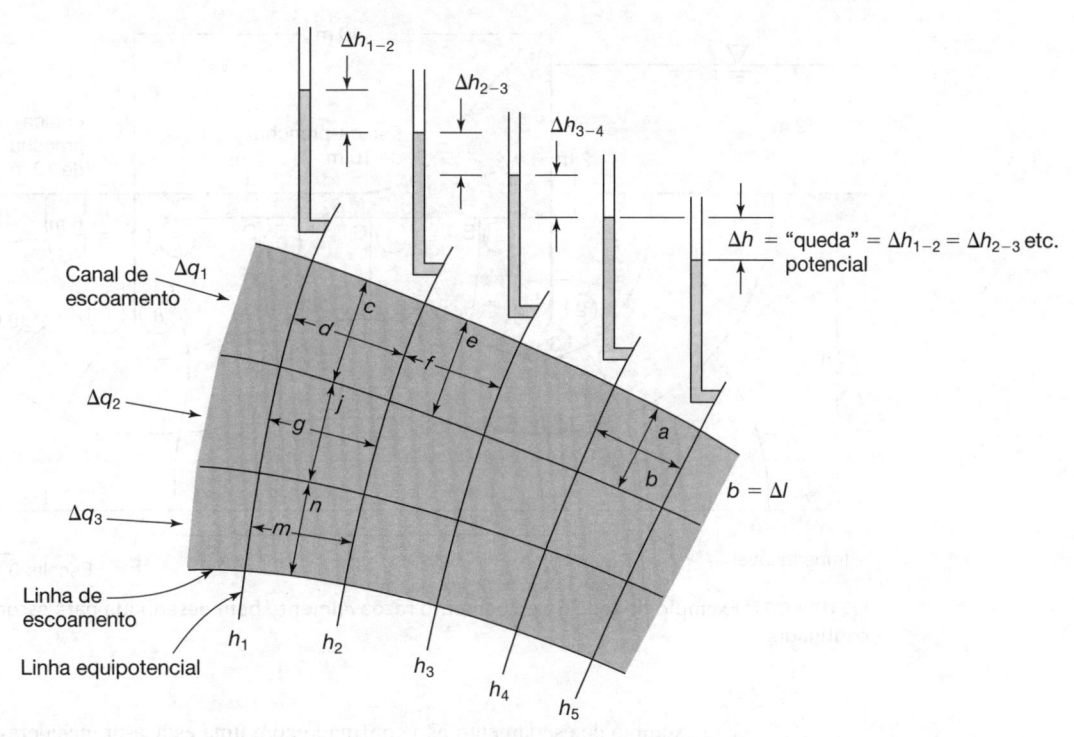

FIGURA 6.16 Rede de escoamento ilustrando algumas definições.

e a descarga total **q** por unidade de profundidade (perpendicular ao papel) é

$$q = q_1 + q_2 + q_3 + \cdots \tag{6.19d}$$

$$q = \Delta q N_f = k h_L \left(\frac{a}{b}\right)\left(\frac{N_f}{N_d}\right) \tag{6.19e}$$

onde N_f é o número total de canais de escoamento na rede de escoamento. Se esboçarmos "quadrados" em nossa rede de escoamento, então $a = b$. Assim, podemos estimar prontamente a quantidade de escoamento **q** simplesmente contando o número de **quedas** potenciais N_d e o número de canais de escoamento N_f, se conhecermos a **k** do material e a perda total de carga h_L. A Equação (6.19e) torna-se

$$q = k h_L \frac{N_f}{N_d} \tag{6.20}$$

A razão N_f/N_d é chamada de **fator de forma**, porque depende apenas da geometria do problema. Além da quantidade de escoamento, outros produtos de redes de escoamento são descritos na Seção 6.7.2.

Com problemas de escoamento confinados, onde não há superfície freática (livre), esboçar uma rede de escoamento não é tão difícil. Comece com um esboço, em escala, da massa do solo, limites e assim por diante. Mantenha o esboço pequeno para que você possa observar a imagem inteira à medida que ela se desenvolve. Desenhe os limites com caneta no verso da folha. Comece com, no máximo, apenas três ou quatro linhas. Por tentativa e erro, esboce a rede (levemente) até obter "quadrados" em toda a região do escoamento. É mais fácil se você conseguir manter a quantidade de canais de escoamento em um número inteiro. As linhas de escoamento e linhas equipotenciais devem ser curvas suaves e graduais, todas se cruzando em ângulos retos. Conforme mencionado, você deve ser capaz de subdividir cada quadrado para criar pequenos quadrados adicionais. A rede de escoamento mostrada na Figura 6.17 é um exemplo de rede de escoamento razoavelmente bem desenhada para escoamento confinado.

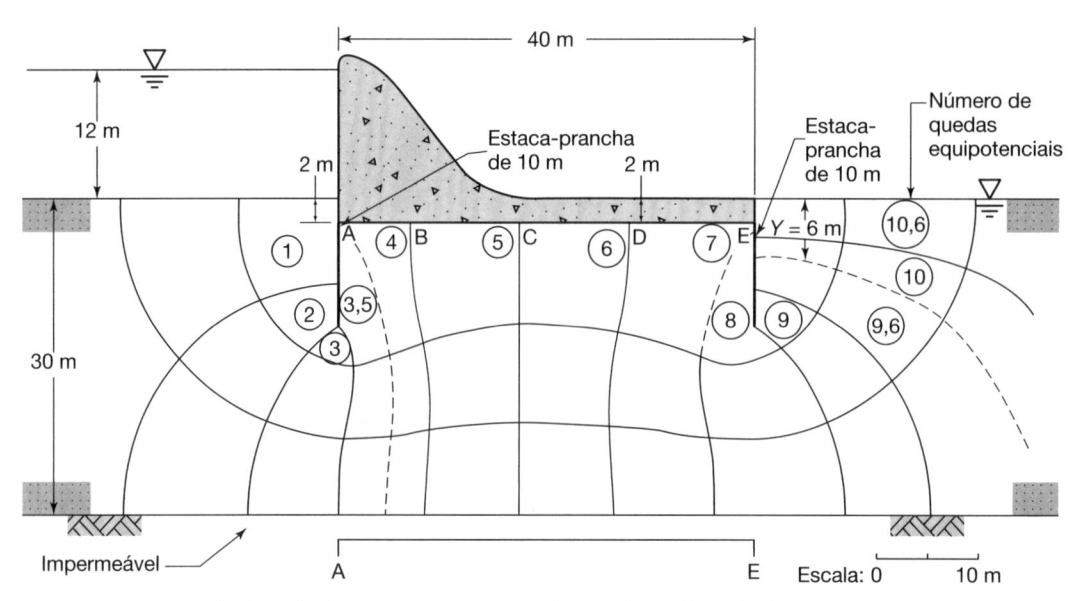

FIGURA 6.17 Exemplo de rede de escoamento razoavelmente bem desenhada para escoamento confinado.

Um exemplo de escoamento não confinado com uma estaca-prancha cravada até a metade de um aquífero é mostrado na Figura 6.18. A rede de escoamento é horizontalmente simétrica, desde que as linhas de escoamento superior e inferior (bordas) sejam paralelas e a penetração da estaca-prancha seja exatamente metade da profundidade do aquífero. Observe que o número de canais de escoamento N_f é 3 e o número de quedas equipotenciais N_d é 6. Independentemente de quantos canais de escoamento você utilizar, a relação N_f/N_d, ou o fator de forma, será sempre ½ para a geometria deste exemplo!

Se a geometria for diferente, você terá uma solução diferente, e a relação N_f/N_d não será necessariamente a mesma.

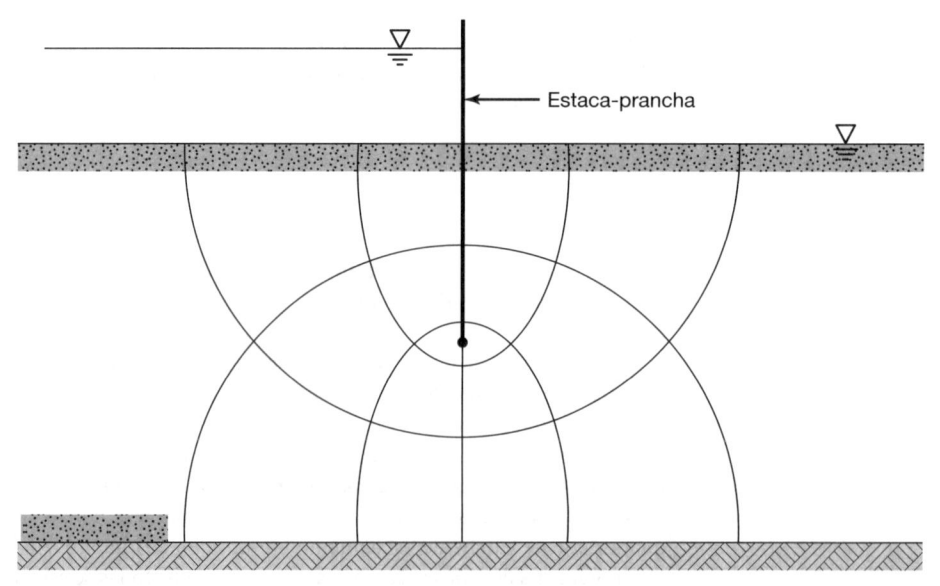

FIGURA 6.18 Exemplo de rede de escoamento simétrica mostrando uma estaca-prancha cravada até a metade em um aquífero. Observe que o número de canais de escoamento N_f é 3 e o número de gotas equipotenciais N_d é 6 (adaptada de Casagrande, 1937, desenhada por W. Kovacs).

6.7.2 Quantidade de escoamento, subpressões e gradientes de saída

Mostramos no desenvolvimento da Equação (6.20) que a quantidade de percolação ou vazão é obtida de forma fácil a partir de uma rede de escoamento bem-construída. Mesmo uma rede de escoamento grosseira fornece uma estimativa razoavelmente precisa das quantidades de escoamento! Isso ocorre porque, em geral, não conhecemos a condutividade hidráulica k, sobretudo em campo, com qualquer grau de precisão.

O Exemplo 6.14 indica como são calculadas as subpressões sob uma barragem. A partir da rede de escoamento, não é difícil determinar o h_p em vários pontos do fundo da barragem. Por consequência, a distribuição das subpressões pode ser desenhada. Esta distribuição é importante para analisar a estabilidade de barragens gravimétricas de concreto. O procedimento é ilustrado no Exemplo 6.14.

Outro uso importante das redes de escoamento é determinar gradientes, especialmente em determinados pontos críticos, por exemplo, na base de uma barragem ou em qualquer local por onde sai água de percolação. Com base na Seção 6.6, você já sabe que quando o gradiente se aproxima da unidade, podem ocorrer condições críticas, o que leva ao **piping** e à **erosão** e possivelmente à ruptura completa da estrutura. O *piping* é um fenômeno em que a água da percolação corrói ou lava progressivamente as partículas do solo, deixando grandes vazios (cavidades em formas de tubo) no solo. Esses vazios simplesmente continuam a sofrer erosão e retroceder sob a estrutura ou podem entrar em colapso. De qualquer forma, se o *piping* não for interrompido imediatamente, a ruptura será iminente. O local crítico para o *piping* em geral se encontra bem no canto da base de uma barragem. Podemos compreender a importância de estudar o amplamente da rede de escoamento na base (Figura 6.19).

Para o caso da barragem colocada (tolamente) bem na superfície do solo (Figura 6.19a), se continuarmos subdividindo os quadrados, l rapidamente se aproxima de zero enquanto Δh ainda

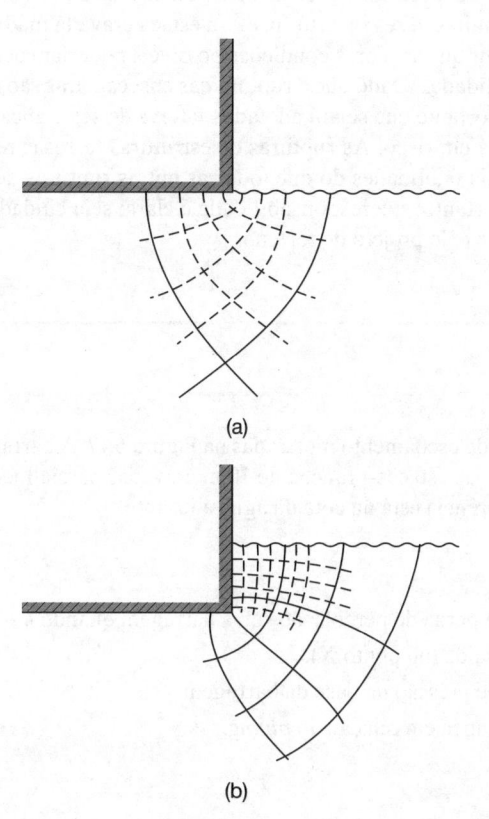

FIGURA 6.19 Gradientes de saída na base das barragens: barragem construída diretamente na superfície do terreno (a); barragem colocada abaixo da superfície do solo (b).

é finito. Por consequência, o gradiente aumenta de forma rápida e atinge o gradiente crítico i_{cr}. Se isso realmente acontecesse em uma estrutura real, ocorreria *piping* e provavelmente ruptura da estrutura (por enfraquecimento).

Para o exemplo mostrado na Figura 6.19b, a barragem é um pouco mais segura do que na Figura 6.19a, uma vez que, para casos típicos, o gradiente de saída é muito) menor do que o crítico. A partir da Equação (6.19a), o gradiente de saída i_E é igual a $\Delta h_L /\Delta l$, onde Δh_L é igual à perda de carga h_L dividida pelo número de quedas equipotenciais N_d. Assim, se todas os outros fatores forem iguais, uma fundação embutida terá mais quedas equipotenciais e um menor gradiente de saída. Lembre-se de que a rede de escoamento ampliada da Figura 6.19 mostra apenas a **concentração** de escoamento. À medida que os quadrados ficam cada vez menores, a tendência é pensar que o gradiente de saída está aumentando constantemente! Não é bem assim. Conforme o número de quedas equipotenciais aumenta, Δh_L também diminui por queda, e a razão de $\Delta h_L/\Delta l$ permanece aproximadamente a mesma. Neste exemplo, você também pode ver por que o local crítico fica bem próximo ao dedo da base a jusante. Lá, o Δl é o menor valor para um determinado Δh_L. O próximo canal de escoamento, por exemplo, é mais seguro, pois a mesma carga Δh_L é perdida em um comprimento maior (maior distância entre linhas equipotenciais).

Para problemas práticos, nos quais existe o perigo de i se aproximar de i_c, é prudente ser conservador em seu projeto. Recomenda-se utilizar um fator de segurança de pelo menos 5 ou 6 nesses casos, já que as rupturas tendem a ser catastróficas e ocorrem rapidamente, muitas vezes sem aviso prévio suficiente. Além disso, é muito difícil saber exatamente o que se passa no subsolo, sobretudo em nível local. Defeitos locais, bolsões de cascalho, entre outros, podem alterar de forma significativa o regime de escoamento e concentrar o escoamento, por exemplo, onde você pode não querer e não estar preparado para isso. A concentração de escoamento ocorre também em cantos de estruturas temporárias como ensecadeiras. Conforme enfatizam Terzaghi (1929) e Taylor (1948), todo o regime de escoamento pode ser muito diferente daquele presumido na nossa rede de escoamento (idealizada). Pode existir variação considerável nas permeabilidades horizontal e vertical de ponto a ponto sob uma fundação; o escoamento pode não ser totalmente bidimensional; anomalias geológicas nos subsolos subjacentes podem proporcionar rotas preferenciais para a água se concentrar e escoar sob e fora de uma fundação. Se forem usadas estacas-prancha, o corte é muitas vezes incerto (p. ex., a estaca cravada inadvertidamente em rochas), e seria sensato presumir que as piores condições possíveis poderiam acontecer, portanto, prepare-se para tais eventualidades. Dado que a ruptura das ensecadeiras são muitas vezes catastróficas, é extremamente importante que sejam adotados fatores de segurança altos, sobretudo quando a vida das pessoas está em risco. As rupturas de estruturas terrosas resultantes do *piping* foram responsáveis por mais fatalidades do que todas as outras rupturas de estruturas de engenharia civil combinadas. Portanto, sua responsabilidade é clara: seja cuidadoso e conservador e tenha certeza das condições e do projeto do terreno.

Exemplo 6.14

Contexto:

A barragem e a rede de escoamento mostradas na Figura 6.17. A barragem tem 120 m de comprimento (no papel) e duas estacas-prancha de 10 m cravadas parcialmente na camada granular do solo. O ponto de referência está na cota da água a jusante.

Problema:

a. A quantidade de perda de percolação sob a barragem quando $k = 20 \times 10^{-4}$ cm/s.
b. O gradiente de saída (no ponto X).
c. A distribuição de pressão na base da barragem.
d. O fator de segurança em relação ao *piping*.

Solução:

a. A partir da Equação (6.20), a quantidade de percolação é × comprimento

$$q = k h_L \left(\frac{N_f}{N_d}\right) \times \text{comprimento}$$

$$= \left(20 \times 10^{-4} \frac{\text{cm}}{\text{s}}\right)\left(\frac{\text{m}}{100 \text{ cm}}\right) 12 \text{ m} \frac{3}{10,6} 120 \text{ m}$$

$$= 8,15 \times 10^{-3} \text{ m}^3/\text{s}$$

b. No ponto X, o gradiente de saída não é crítico

$$i_E = \frac{\Delta h_L}{L} = \frac{1,13}{6,0} = 0,19, \text{ o que não é crítico}$$

Obs.: $\Delta h_L = h_L / N_d = 12$ m/10,6 = 1,13 m. $L = 6,0$ m, na escala da Figura 6.17, é o comprimento do quadrado Y.

c. As cargas de pressão são avaliadas para os pontos A a E ao longo da base da barragem na Figura Ex. 6.14.

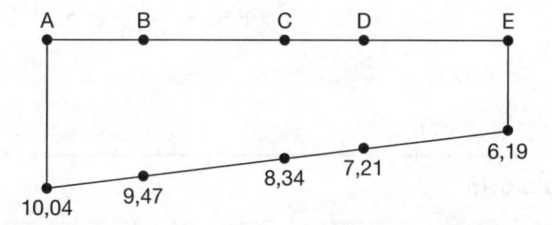

FIGURA Ex. 6.14 Carga de pressão para locais A a F.

A carga de pressão no ponto A, na base da barragem e logo à direita da estaca-prancha esquerda, é obtida da seguinte forma: o percentual da perda de carga é proporcional ao número de quedas equipotenciais. Do total de 10,6 quedas para toda a rede de escoamento, apenas 3,5 ocorreram pelo ponto A. Assim, a carga de pressão no ponto A é

$$h_A = 12 \text{ m} - 12 \text{ m} \times \frac{3,5}{10,6} + 2 \text{ m}$$

$$= 12 - 3,96 + 2 = 10,04 \text{ m}$$

Os 2 m extras trazem a carga da interface água-solo até a base da barragem. De maneira semelhante, podemos calcular a carga no ponto E:

As cargas em todos os pontos sob a barragem são as seguintes:

$$h_D = 12 - 12 \times \frac{6,9}{10,6} + 2 = 6,19 \text{ m}$$

As cargas em todos os pontos sob a barragem são as seguintes:

Local	Carga (m)	Pressão (kPa)
A	10,4	98
B	9,47	93
C	8,34	82
D	7,21	71
E	6,19	60

Esses valores de carga estão representados graficamente na Figura Ex. 6.14. Para calcular as **subpressões** na base da barragem, multiplicamos a carga pelo produto $\rho_w g$. As pressões são dadas acima. Se o peso específico do concreto for 23,5 kN/m³, então a pressão exercida por 2 m de concreto é

$$23{,}5 \text{ kN/m}^3 \times 2 \text{ m } 47 \text{ kPa}$$

Consequentemente, em qualquer ponto ao longo da base da barragem, do ponto C até E, a força de subpressão excede o peso da barragem, de modo que a barragem é **instável** com este projeto.

d. O fator de segurança em relação ao *piping* é definido como

$$\text{F.S.} = \frac{i_c}{i_E}$$

onde i_c = o gradiente crítico, Equação (6.15), e é aproximadamente igual à unidade. Com o gradiente de saída encontrado na parte b, descobrimos que o fator de segurança é

$$\text{F.S.} = \frac{1}{0{,}19} = 5{,}3$$

Exemplo 6.15

Contexto:

A rede de escoamento da Figura 6.18. Vamos presumir que a condutividade hidráulica seja 10^{-4} cm/seg. A estaca-prancha tem 13 m de comprimento (no papel). A espessura da camada de solo é de 10 m, e a estaca-prancha penetra até a metade. Uma carga de 5 m h_L de água separa ambos os lados da estaca-prancha.

Problema:

a. Calcule a quantidade de escoamento sob a estaca-prancha em todo o seu comprimento em unidades de m³/s.
b. Avalie o gradiente de saída e calcule o fator de segurança em relação a uma condição movediça.
c. Explique quais opções um projetista tem para aumentar o fator de segurança na parte **b**.

Solução:

a. A quantidade de escoamento é dada pela Equação (6.20).

$$q = k \Delta h \frac{N_f}{N_d} \text{ por m de parede} \times \text{comprimento da parede}$$

$$q = 10^{-4} \text{ cm/sec} \times 0{,}01 \text{ m/cm} \times 5 \text{ m} \times \frac{3}{6} \times 13 \text{ m}$$

$$q = 3{,}25 \times 10^{-5} \text{ m}^3/\text{sec} = 2{,}8 \text{ m}^3/\text{dia}$$

b. O gradiente de saída é definido como

$$i_E = \frac{\Delta h}{L} = \frac{h_L/N_d}{L}$$

$$i_E = \frac{5\text{ m}/6\text{ quedas}}{2{,}5\text{ m}}$$

$$i_E = \frac{1}{3}$$

onde L = ao comprimento da escala indicada na Figura 6.18. A distância L é mostrada logo abaixo de E a F e é de aproximadamente 2,5 m. O fator de segurança em relação à fervura ou areia movediça é

$$\text{F.S.} = \frac{i_c}{i_E}$$

onde i_c é o gradiente crítico conforme dado nas Equações (6.15) ou (6.16). O valor aproximado do gradiente crítico é a unidade. Então,

$$\text{F.S.} = \frac{1}{1/3} = 3$$

c. Opções disponíveis para aumentar o fator de segurança na parte b.

Primeiro, o fator de segurança é adequado? Se for maior que um, ele é aceitável? Como não conhecemos todos os detalhes sobre as propriedades do solo em subsuperfície e potenciais anomalias geológicas, para não mencionar as consequências da ruptura. Os projetistas devem ser muito conservadores nesta situação, pois um fator de segurança de 5 a 10 não seria irracional.

6.7.3 Outras soluções para problemas de percolação

Foram desenvolvidos diversos métodos, além do esboço, para obter redes de escoamento e encontrar soluções para problemas de percolação. Eles incluem soluções matemáticas exatas e aproximadas para a equação de Laplace (Harr, 1962), modelos de escoamento viscoso Hele-Shaw (método criado pelo engenheiro mecânico inglês Henry Selby Helle-Shaw, em 1898) para modelos de escoamento de laboratório em pequena escala, modelos elétricos analógicos e o método dos fragmentos (Harr, 1962 e 1977).

Entretanto, a abordagem mais comum adotada pelos profissionais atualmente para obter redes de escoamento e resolver problemas de percolação em uma gama de condições limítrofes complexas e propriedades variáveis dos solos é o uso de programas de computador baseados em elementos finitos ou diferenças finitas. Vários desses programas, alguns com versões para estudantes, estão disponíveis comercialmente para *download* nos *sites* das empresas. Os recursos desses programas em geral incluem vazões, cargas, gradientes, subpressões e outras informações úteis. A Figura 6.20 é uma análise computacional da barragem da Figura 6.17 e do Exemplo 6.14. O valor do escoamento calculado na seção de 50 m é de $\times\ 10^{-5}$ m³/s por metro de seção transversal. Se multiplicarmos este valor pelo comprimento da barragem de 120 m, obtemos um escoamento total de $8{,}28 \times 10^{-3}$ m³/s, que é muito próximo do valor obtido na análise da rede de escoamento no Exemplo 6.15.

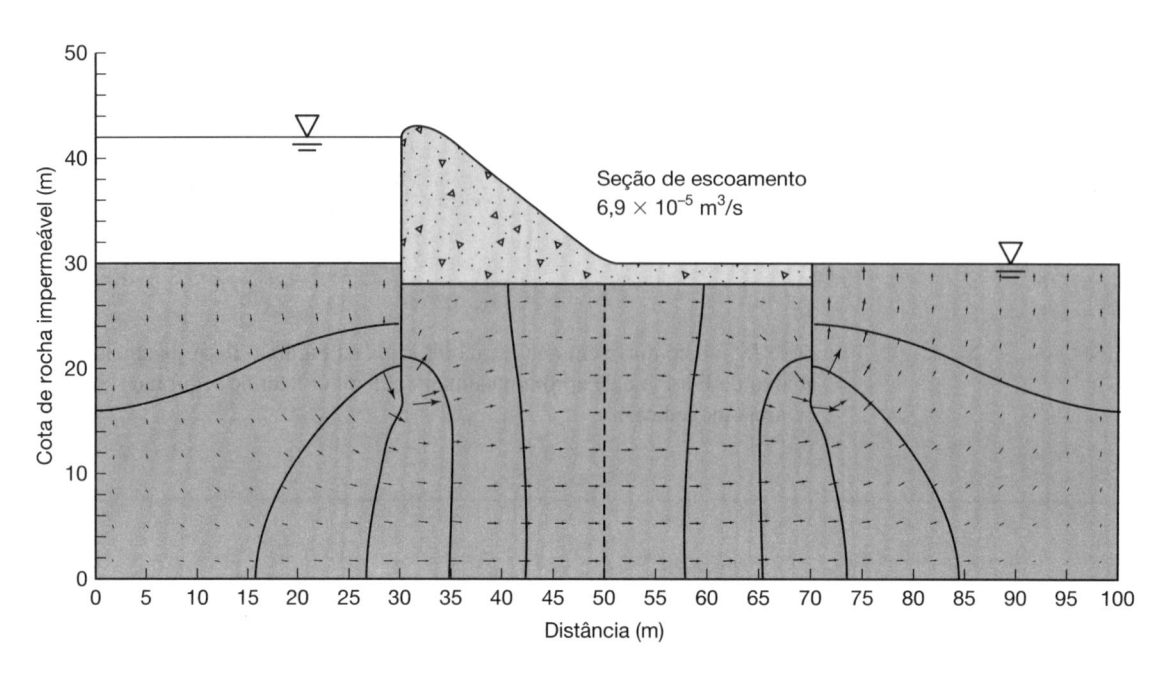

FIGURA 6.20 Exemplo de resultados de uma análise do *software* SEEP/W da barragem na Figura 6.17.

6.8 PERCOLAÇÃO EM DIREÇÃO A POÇOS

Mencionamos na Seção 6.4.1 que os poços são usados para determinar a condutividade hidráulica *in situ* ou o coeficiente de permeabilidade k dos solos em uma área. Os poços também são comumente usados para abastecimento de água doméstica e irrigação. Em áreas com lençol freático alto, são utilizados poços para esgotar a água do local, a fim de que a construção possa ocorrer em solo seco. Ao instalar uma barragem em uma fundação aluvial, se houver a preocupação de que água em excesso possa escoar sob a barragem, o escoamento da água poderá ser calculado, desde que o coeficiente de permeabilidade seja conhecido. Ensaios com amostras laboratoriais são úteis, mas essas amostras relativamente pequenas representam apenas, talvez, um milionésimo da quantidade de solo que estará presente no escoamento da água. Portanto, um ensaio de bombeamento em campo em escala real proporcionaria uma maneira útil de estimar o valor global de k.

Para determinar a condutividade hidráulica, é realizado um ensaio de bombeamento de poço. Um poço é instalado (consulte o estudo de Driscoll, 1986, para detalhes) e então bombeado até que condições de estado estacionário sejam alcançadas. As leituras do nível da água são feitas em poços de observação próximos. O **rebaixamento** do lençol freático inicial nos poços de observação é usado em uma fórmula apropriada para calcular a condutividade hidráulica *in situ*.

Muito embora formulações estejam disponíveis para condições transitórias e de estado estacionário, para escoamento radial não confinado e confinado a poços e fendas, apenas duas situações simples de escoamento radial e de estado estacionário são apresentadas nesta seção.

Uma seção transversal típica que ilustra o escoamento em estado estacionário em um aquífero **não confinado** é mostrada na Figura 6.21. A quantidade de escoamento é obtida por meio da lei de Darcy [Equação (6.5)], mas com condições limítrofes apropriadas, ou

$$q = kiA = k\frac{dh}{dr}2\pi rh$$

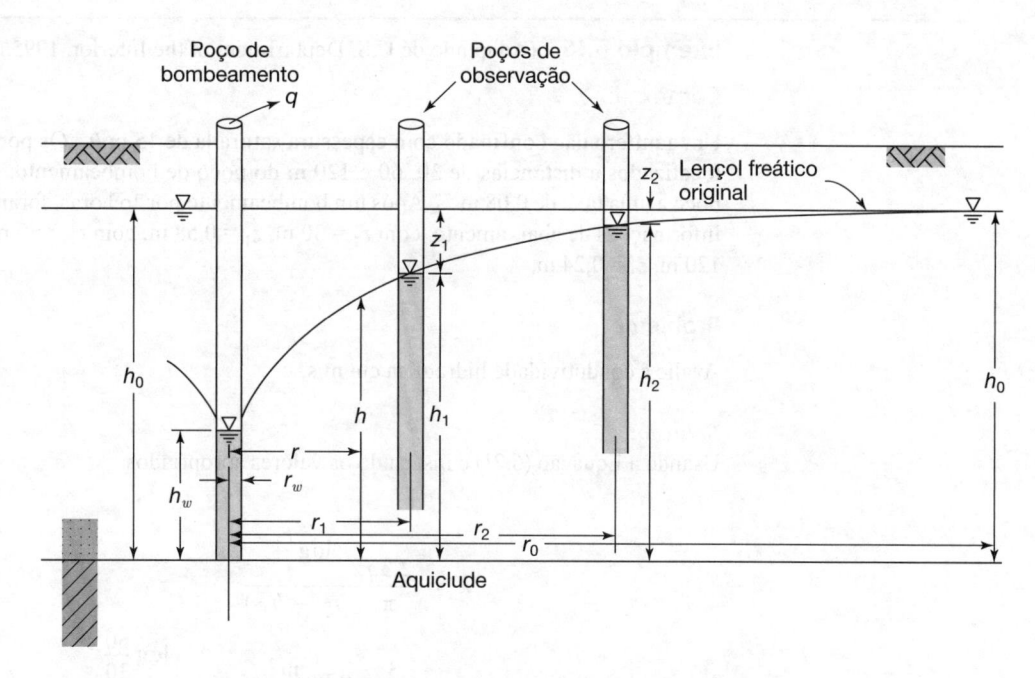

FIGURA 6.21 Escoamento radial não confinado em direção ao poço de bombeamento.

Rearranjando

$$\frac{dr}{r} = \frac{k}{q} 2\pi h \, dh$$

Integrando entre os limites de r de r_1 a r_2 e de h de h_1 a h_2 (consulte a Figura 6.21 para definições desses parâmetros) e determinando k, obtemos

$$\ln \frac{r_2}{r_1} = \frac{k\pi}{q}(h_2^2 - h_1^2)$$

Determinando k,

$$k = \frac{q}{\pi} \frac{\ln \frac{r_2}{r_1}}{(h_2^2 - h_1^2)} = \frac{2{,}3q}{\pi} \frac{\log \frac{r_2}{r_1}}{(h_2^2 - h_1^2)} \qquad (6.21)$$

Os poços de observação são frequentemente construídos em uma linha radial a partir do poço de bombeamento.

Exemplo 6.16 (Adaptado de U.S. Deptartment of the Interior, 1995.)

Contexto:

Um aquífero não confinado com espessura saturada de 15 m h_o. Os poços de observação estão localizados a distâncias de 30, 60 e 120 m do poço de bombeamento. A água é bombeada do poço a uma taxa de 0,08 m³/s. Após um bombeamento por 16 horas, foram coletadas as seguintes informações de abaixamento: com $r_1 = 30$ m, $z_1 = 0{,}58$ m; com $r_2 = 60$ m, $z_2 = 0{,}41$ m; com $r_2 = 120$ m, $z_3 = 0{,}24$ m.

Problema:

Avalie a condutividade hidráulica em m/s.

Solução:

Usando a Equação (6.21) e inserindo os valores apropriados,

$$k = \frac{2{,}3 q}{\pi} \frac{\log \frac{r_2}{r_1}}{(h_2^2 - h_1^2)}$$

$$= \frac{2{,}3}{\pi} \times 0{,}08 \frac{\text{m}^3}{\text{sec}} \frac{\log \frac{60}{30}}{(14{,}59^2 - 14{,}42^2)\text{m}^2}$$

$$= 0{,}003 \text{ m/s}$$

De onde veio o 14,59? Você pega a espessura da camada (15 m), subtrai o abaixamento (0,41 m) e obtém h_2. Ver Figura 6.21 para a definição de h_2.

Outra situação típica é realizar um ensaio de bombeamento em um aquífero confinado. A curva de abaixamento deve estar sempre acima da camada confinante. Usando as definições da Figura 6.22 como guia e começando com a Lei de Darcy, a Equação (6.5), e com condições limítrofes apropriadas, obtemos

$$q = ki(A) = k\frac{dh}{dr}(2\pi rt)$$

Rearranjando

$$\frac{dr}{r} = k 2\pi t \, dh$$

Integrando e inserindo as condições limítrofes de quando $h = h_w$, $r = r_o$ e de quando $h = h_o$, $r = r_o$, obtemos

$$\ln \frac{r_2}{r_1} = \frac{k 2\pi t}{q}(h - h_w)$$

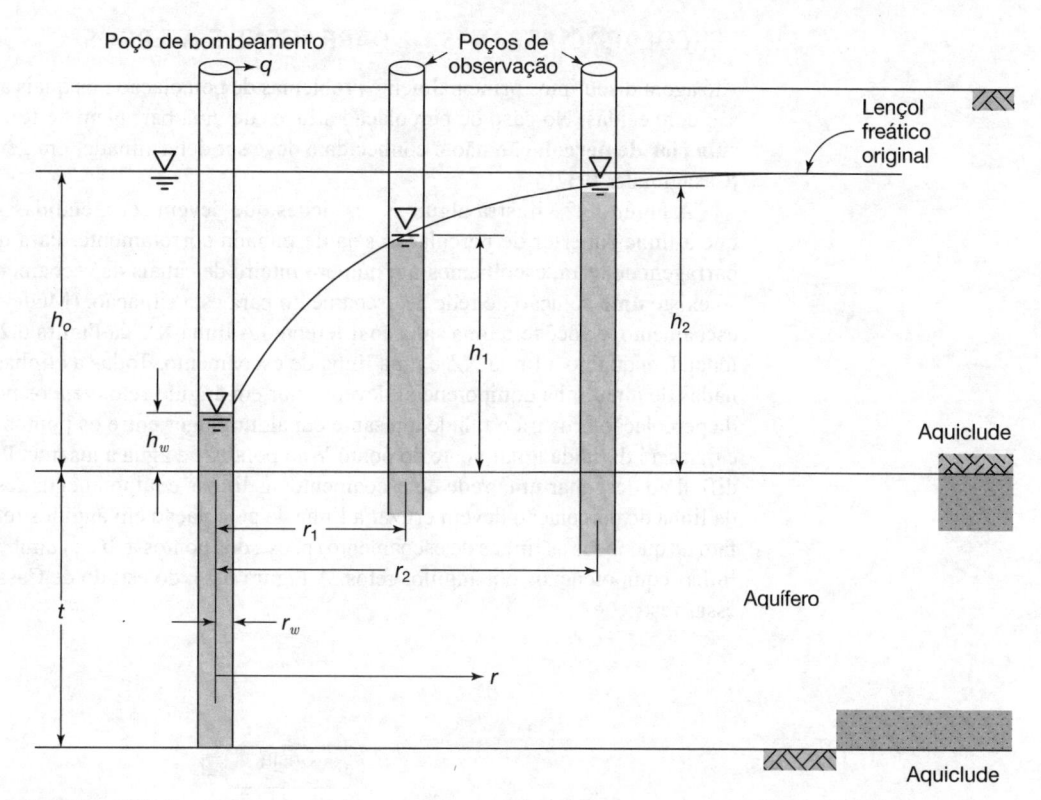

FIGURA 6.22 Escoamento radial em aquífero confinado com poço totalmente penetrante.

Determinando k,

$$k = \frac{q}{2\pi t} \frac{\ln \frac{r_o}{r_w}}{(h_o - h_w)}$$

Para o caso geral:

$$k = \frac{q}{2\pi t} \frac{\ln \frac{r_2}{r_1}}{(h_2 - h_1)} \qquad (6.22)$$

Se multiplicarmos ambos os lados da Equação (6.22) por t, o produto de $k \times t$ torna-se a **transmissividade** (ou transmissibilidade) T, com unidades L^2/T ou m²/dia. Transmissividade e **armazenabilidade** são termos que você usará em cursos e estudos de hidrologia de águas subterrâneas.

Até agora discutimos apenas o bombeamento em estado estacionário para escoamento radial e poços totalmente penetrantes. Existem soluções disponíveis para outras situações e condições, por exemplo, escoamento para fendas e trincheiras e poços parcialmente penetrantes. Às vezes também pode ocorrer escoamento instável ou transitório, e devemos usar outros modelos matemáticos, como o método de Theis (desenvolvido em 1935), para resolver esses problemas. Para essas e outras condições de bombeamento não ideais, consulte os estudos de Mansur e Kaufman (1962), dos U.S. Departments of the Army, Navy, and Air Force (1971), de Driscoll (1986), de Freeze e Cherry (1979), do U.S. Department of the Interior (1995), de Reddi (2003) e de Todd e Mays (2004).

6.9 PERCOLAÇÃO ATRAVÉS DE BARRAGENS E ATERROS

Até agora discutimos principalmente problemas de percolação nos quais as condições limítrofes são conhecidas. No caso de percolação através de uma barragem de terra homogênea, a **linha superior de percolação** não é conhecida e deve ser determinada, em geral por tentativa e erro (Casagrande, 1937).

A Figura 6.23 ilustra algumas restrições que devem ser atendidas simultaneamente para que a linha superior de percolação seja desenhada corretamente. Para qualquer geometria de barragem de terra, escolhemos um número inteiro de canais de escoamento. Por consequência, só existe **uma** solução de rede de escoamento para esta situação. (Mude o número de canais de escoamento, e você terá uma solução diferente.) A linha XY da Figura 6.23 é uma linha equipotencial, enquanto a linha XZ é uma linha de escoamento. Todas as linhas de escoamento emanadas de uma linha equipotencial devem estar em ângulo reto; veja os pontos **a**, **b** e **c**. A linha de percolação cruzará o talude a jusante em algum lugar entre os pontos D e Z, de modo que a carga será dividida igualmente do ponto Y ao ponto Z, a água a jusante. Por fim, e esta é a parte difícil ao desenhar uma rede de escoamento, as linhas equipotenciais resultantes que emanam da linha de percolação devem cruzar a linha de percolação em ângulos retos. Agora considere o fato de que todas as linhas de escoamento (p. ex., dos pontos a, b e c) também devem cruzar essas linhas equipotenciais em ângulos retos. A Figura 6.24, do estudo de Casagrande (1937), ilustra essas restrições.

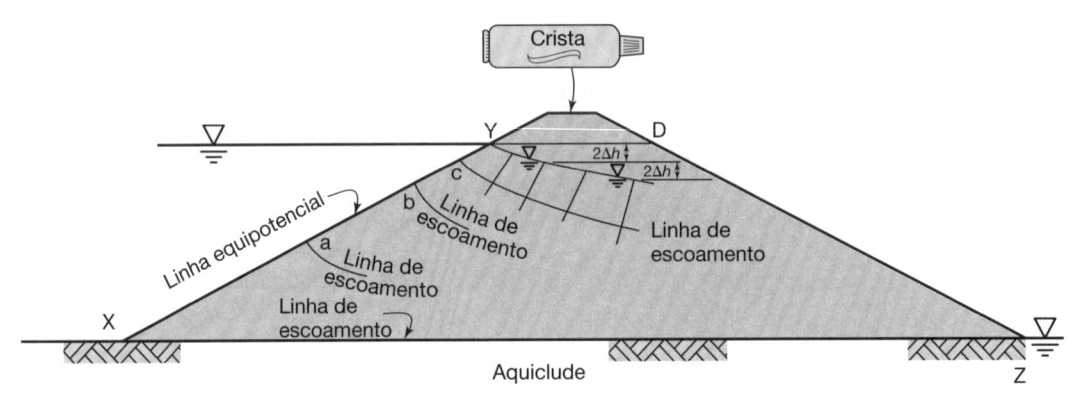

FIGURA 6.23 Exemplo de início de construção de rede de escoamento através de uma barragem de terra homogênea sobre fundação impermeável.

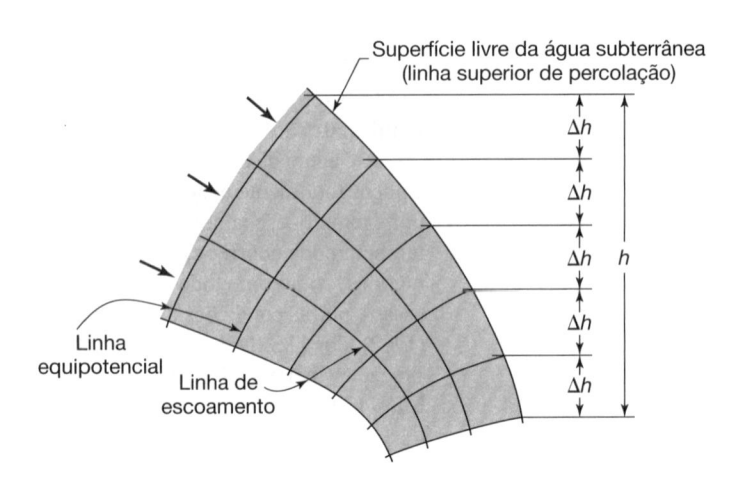

FIGURA 6.24 Condições gerais da linha superior de percolação para escoamento não confinado (adaptada de Casagrande, 1937).

Depois de estabelecida a rede de escoamento, é encontrado o ponto de saída ao longo da superfície a jusante. Pensando bem, você não quer o ponto de saída ao longo da linha DZ. Conforme mencionado na Secção 6.7.2, a erosão interna, ou *piping*, ocorrerá na face a jusante e a barragem poderá, eventualmente, sofrer uma ruptura. Portanto, filtros internos ou recursos especiais de drenagem são construídos dentro da barragem para que a linha de percolação desponte bem abaixo da superfície superior da barragem. A Figura 6.25 ilustra alguns desses recursos de drenagem que permitem que a percolação saia sem erosão. Observe como os vários drenos (filtro de base, tapete drenante horizontal e dreno vertical) alteram a superfície freática para

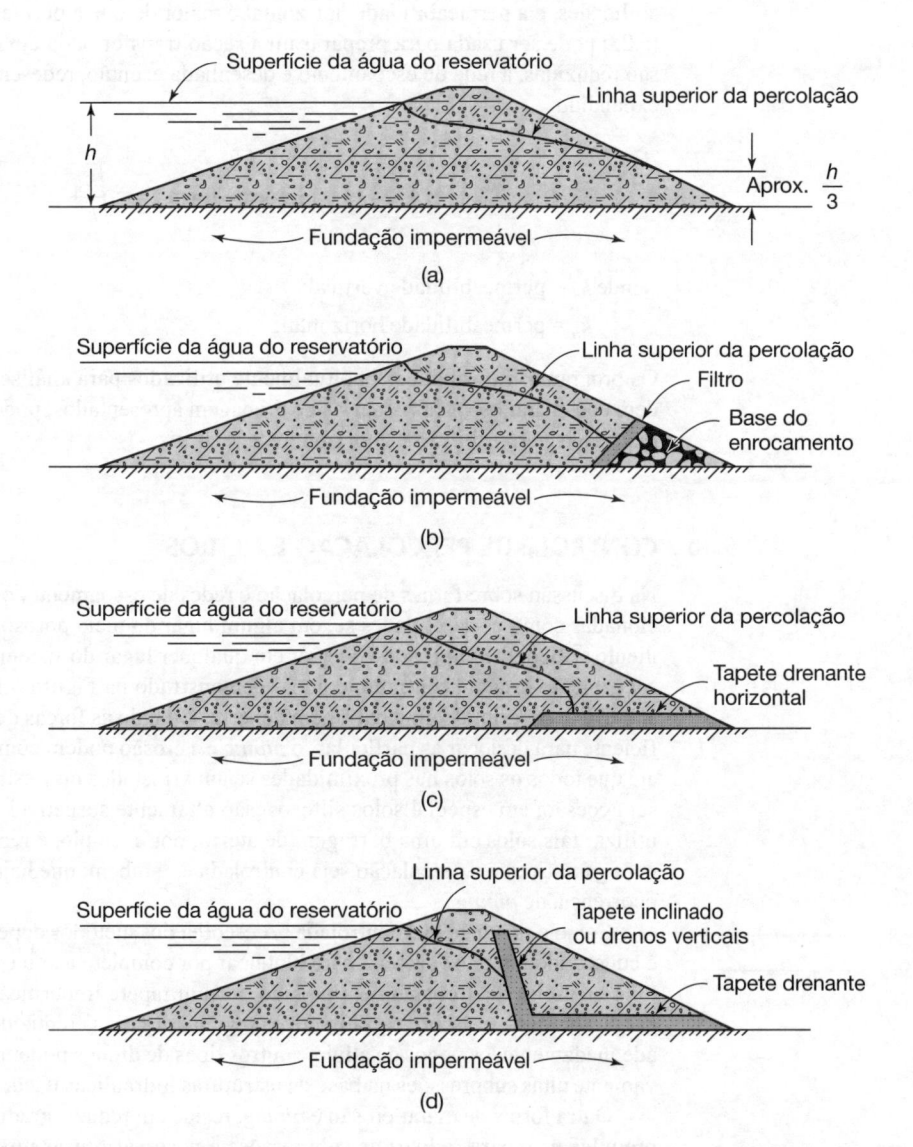

FIGURA 6.25 Efeito de dispositivos de drenagem interna na linha de percolação em barragem de terra homogênea: sem drenagem interna (a); com base de enrolamento (b); com tapete drenante horizontal (c); com dreno vertical (d) (adaptada de U.S. Department of the Interior, 1987).

uma posição bem abaixo da superfície a jusante. A barragem pode apresentar fugas excessivas (não necessariamente econômicas); contudo, desde que a água esteja límpida, não há erosão, e, portanto, a barragem é segura nesse aspecto.

O estudo de Casagrande (1937) é considerado a referência clássica de redes de escoamento para barragens de terra e apresenta muitos exemplos. Consulte também os estudos de Taylor (1948), Perloff e Baron (1976) e Cedergren (1989). Do ponto de vista da engenharia, a rede de escoamento não precisa ser perfeita para se obter uma estimativa razoável da quantidade de escoamento ou das subpressões abaixo de uma estrutura. Por outro lado, você realmente precisa de uma solução muito boa para avaliar o fator de segurança em relação ao *piping* ou **fervura**. Pequenas diferenças no quadrado de saída crítica podem causar diferenças significativas no fator de segurança. Tudo remonta a: quais são as consequências da ruptura? Em geral, as estruturas terrosas raramente são homogêneas, mas são compostas por várias seções de diferentes permeabilidades, e a permeabilidade horizontal é maior do que a permeabilidade vertical. A Equação (6.23) pode ser usada para preparar uma seção transformada em que as dimensões horizontais são reduzidas, a rede de escoamento é desenhada e, então, redesenhada para o tamanho original expandido:

$$\text{fator de forma} = \sqrt{\frac{k_v}{k_h}} \qquad (6.23)$$

onde k_v = permeabilidade vertical;

k_h = permeabilidade horizontal.

Os programas informáticos habitualmente utilizados para análises de redes de escoamento podem considerar os vários cenários de drenagem apresentados, podendo também incorporar diferenças nas permeabilidades horizontais e verticais

6.10 CONTROLE DE PERCOLAÇÃO E FILTROS

Na discussão sobre forças de percolação e redes de escoamento, o *piping* e a erosão foram mencionadas como possibilidades se, em algum lugar do meio poroso, o gradiente excedesse o gradiente crítico. O *piping* pode ocorrer em qualquer lugar do sistema, mas costuma se dar onde o escoamento está concentrado, como é demonstrado na Figura 6.19, ou se o escoamento sai na superfície superior de uma barragem de terra. Quando as forças de percolação são grandes o suficiente para deslocar as partículas, o *piping* e a erosão podem começar, geralmente continuando até que todos os solos nas proximidades sejam arrastados ou a estrutura entre em colapso. Solos sem coesão, em especial solos siltosos, são altamente suscetíveis ao *piping*, e se você precisar utilizar tais solos em uma barragem de aterro, por exemplo, é recomendável ter muito cuidado para garantir que a percolação seja controlada e, também, que haja redução na probabilidade de ocorrência de *piping*.

Como a percolação é controlada? A escolha dos métodos depende da situação, mas às vezes é construído um muro ou vala para bloquear por completo a água da percolação. Ocasionalmente, o caminho de drenagem é alongado por um tapete impermeável, de modo que uma maior carga é perdida, e, assim, o gradiente na região crítica seja reduzido. Se projetados e construídos adequadamente, os poços de alívio e outros tipos de drenos podem ser usados para aliviar positivamente altas subpressões na base de estruturas hidráulicas (Cedergren, 1989).

Outra forma de evitar erosão e *piping*, reside em reduzir gradientes de saída potencialmente prejudiciais e para reduzir as subpressões é necessário usar um **filtro protetor**. Tradicionalmente, os filtros que consistem em uma ou mais camadas de materiais granulares de drenagem livre que são colocados em fundações ou materiais de base menos permeáveis afim de evitar o movimento de partículas de solos suscetíveis ao *piping*. Os filtros permitem que a água de percolação escape com relativamente pouca perda de carga, reduzindo, assim, as forças de percolação dentro do próprio filtro. Atualmente – em especial para aplicações de drenagem de rotina –, são indicados os geopolímeros ou filtros de geotêxteis não tecidos e produtos de drenagem de geocompósitos que são comumente usados para substituir filtros granulares. Contudo, em barragens de terra e outras estruturas importantes de contenção de água, a maioria dos projetos ainda exige filtros granulares graduados. Em qualquer caso, para projetar de forma adequada ambos os tipos de filtros, você precisa compreender os princípios básicos de filtragem.

Hazen (1911), enquanto trabalhava com filtros de tratamento de água por volta da virada do século passado, descobriu que a **dimensão efetiva** de um filtro era de D_{10} como exemplificado na Equação (6.11); ou seja, esse tamanho controlou o desempenho de uma areia filtrante tanto quanto os 90% restantes das dimensões.

6.10.1 Princípios básicos de filtração

Em 1922, Terzaghi delineou os requisitos para um filtro granular graduado com base nas distribuições de dimensões dos grãos do filtro e do material a ser protegido. Embora os requisitos tenham sido ligeiramente modificados com base em ensaios laboratoriais realizados pelo U.S. Army Corps of Engineers e pelo U.S. Bureau of Reclamation, os princípios básicos ainda são os mesmos. O filtro deve ser capaz de:

1. reter as partículas de solo no lugar e evitar sua migração (*piping*) através do filtro (se algumas partículas de solo se deslocarem, elas deverão ser capazes de passar pelo filtro sem entupir o dreno durante a vida útil do projeto); e
2. permitir que a água escoe através do filtro para o dreno durante toda a vida útil do projeto.

O primeiro critério é denominado critério de retenção ou *piping*; e o segundo, critério de permeabilidade ou escoamento. O critério subsidiário de que o desempenho a longo prazo deve ser mantido é algumas vezes referido como critério de durabilidade ou obstrução, porque se o filtro se obstruir, a capacidade de escoamento do mesmo será reduzida, podendo ocorrer a instabilidade. Esses princípios se aplicam a filtros granulares graduados, bem como a filtros geotêxteis. Ambos exigem um projeto de engenharia adequado, ou o filtro e o dreno podem não funcionar conforme desejado.

A Figura 6.26 ilustra o princípio do critério de retenção ou prevenção de *piping*. Como uma aproximação grosseira, modelemos o filtro e o solo como esferas perfeitas. Se três esferas iguais do filtro se tocarem, como mostrado na Figura 6.26, então elas serão 6,5 vezes maiores do que a maior partícula de solo que pode passar entre elas. Este modelo destina-se a empacotamentos densos ou condições densas. Se o solo a ser filtrado fosse mais solto, você pensaria que partículas de solo ainda maiores seriam capazes de passar pelo filtro. No entanto, ensaios laboratoriais mostraram que a dimensão dos grãos de um material filtrante uniforme pode ser tão grande quanto 10 vezes a dimensão de um determinado grão de um solo de fundação uniforme e ainda impedir o movimento das partículas.

Isto provavelmente ocorre porque duas partículas do mesmo tamanho não conseguem passar pelo filtro ao mesmo tempo, e as partículas maiores do solo formam uma **ponte filtrante** sobre o furo, que, por sua vez, filtra as partículas menores do solo, fazendo uma retenção do mesmo e evitando o *piping*. Outros fatores, como formato da partícula, densidade relativa e porosidade do material do filtro, também afetam o tamanho limite. Para o projeto, provavelmente é melhor limitar esse número a 4 ou 5. Pelo menos foi isso que Terzaghi (Taylor, 1948) fez. Como é mais fácil obter as dimensões dos grãos de um solo do que os tamanhos dos poros, usamos as dimensões dos grãos como um substituto para os tamanhos dos poros no desenvolvimento de critérios de filtro.

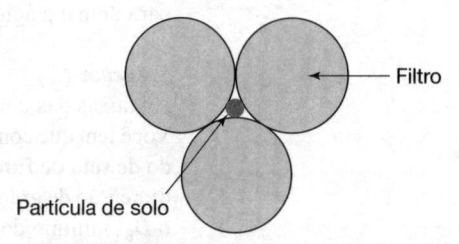

FIGURA 6.26 Partícula de solo retida por um filtro ideal.

6.10.2 Projeto de filtros granulares graduados

O critério de retenção (*piping*) de Terzaghi é

$$D_{15 \text{ filtro}} < (4 \text{ a } 5) D_{85 \text{ solo}} \tag{6.24}$$

e o critério de permeabilidade de Terzaghi é

$$D_{15 \text{ filtro}} > (4 \text{ a } 5) D_{15 \text{ solo}} \tag{6.25}$$

onde D_{15} e D_{85} são as dimensões de 15 e 85% de materiais que passam, respectivamente, para o filtro e o solo a ser protegido.

Lembre-se de que a dimensão efetiva é D_{10} e não D_{15}, mas realmente não importa qual você usa. O importante é reconhecer que a porção mais fina da graduação rege a condutividade hidráulica do dreno e do filtro. O critério de permeabilidade garante que haja escoamento adequado **através** do filtro e que quaisquer forças de percolação que se desenvolvam sejam pequenas. O número (4 a 5) é, na verdade, um fator de segurança na condutividade hidráulica, pois tudo de que precisamos é que o k do filtro seja um pouco maior do que o do solo. Contudo, uma diferença em k de quatro ou cinco vezes é muito mais segura e, de qualquer forma, provavelmente conhecemos o valor de k apenas até a ordem de magnitude mais próxima Seção 6.4. O U. S. Bureau of Reclamation também especificou que o filtro construído não deve conter mais de 5% de material que passa pela peneira de 0,075 mm (U.S. Department of the Interior, 1987). Além disso, recomenda que o filtro seja graduado **uniformemente**. Como os filtros com frequência utilizados adjacentes a drenos de tubos ranhurados ou perfurados, o U.S. Bureau of Reclamation adicionou o seguinte critério:

$$D_{85 \text{ filtro}} \geq 2 \times \text{aberturas máximas no tubo} \tag{6.26}$$

O critério do U.S. Army Corps of Engineers para tubos com furos circulares e ranhurados é um pouco mais conservador do que o do U.S. Bureau of Reclamation, de acordo com o estudo de Cedergren (1989). Para tubo ranhurado

$$D_{85 \text{ filtro}} \geq 1{,}2 \times \text{largura da ranhura} \tag{6.27}$$

$$D_{85 \text{ filtro}} \geq 1 \times \text{diâmetro do furo para furos circulares} \tag{6.28}$$

Exemplo 6.17 (Adaptado de U.S. Department of the Interior, 1998.)

Contexto:

A curva de distribuição de dimensão de grão A, mostrada na Figura Ex. 6.17.

Problema:

Projete o Filtro 1 para proteger o solo de base, curva (faixa) A, e projete o Filtro 2 para proteger o Filtro 1. Um tubo de polímero (um geotubo) com aberturas circulares de 6,4 mm será utilizado para drenar a água dos filtros.

Solução:

As faixas das curvas de dimensão de grãos efetivas também são mostradas na Figura Ex. 6.17. Você tem que começar com um solo **base** ou com o **solo a ser protegido**. Às vezes, isso é chamado de **solo de fundação**. O solo base pode ser uma única linha em uma curva de distribuição de dimensão de grãos ou um intervalo conforme mostrado na figura. A partir desta figura, encontre o D_{85} mínimo do solo ou base = 0,10 mm. Na mesma curva, encontre D_{15} = 0,03 mm. Observe que o D_{15} está no tamanho **maior** da curva. Por quê? Porque se a condutividade hidráulica do filtro for boa para o o D_{15} maior, então certamente será aceitável para solos de grãos mais finos. Você precisa começar com esses dois pontos D_{85} e D_{15} para projetar um filtro. Usando as Equações (6.24) e (6.25), determine D_{15} do Filtro 1.

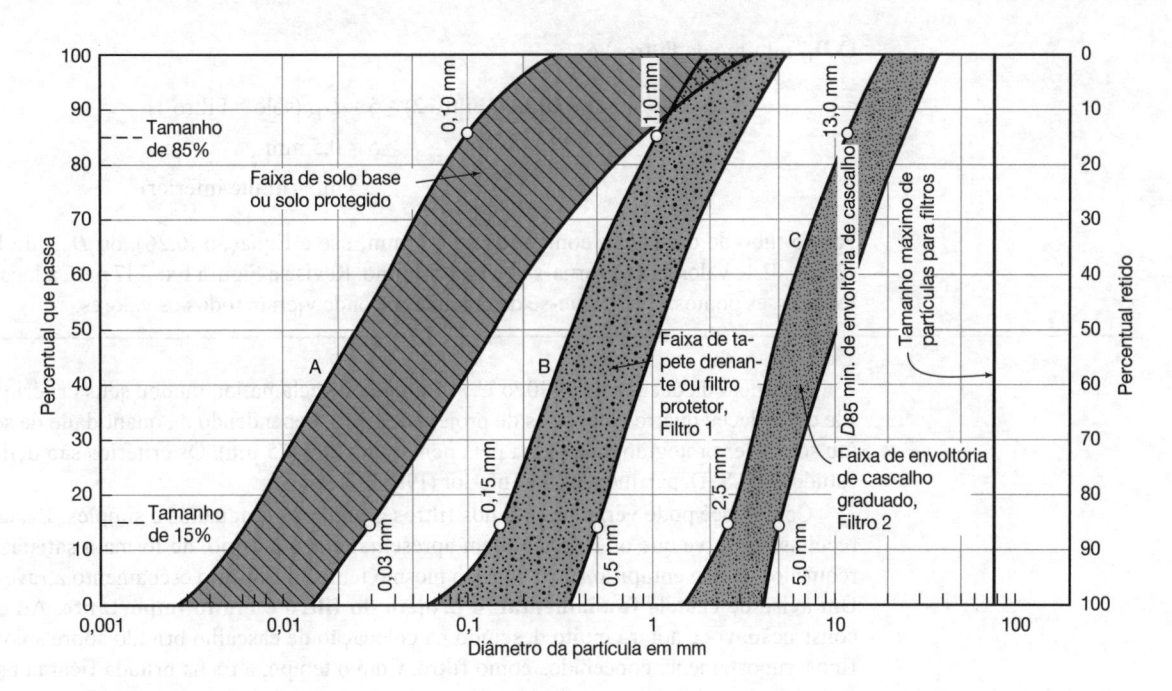

FIGURA Ex. 6.17

O valor **máximo** de D_{15} é definido como

$$D_{15\,\text{filtro}} \leq 5\,D_{85\,\text{solo}}$$
$$\leq 5 \times 0{,}10 \text{ mm}$$
$$\leq 0{,}50 \text{ mm (limite superior)}$$

O D_{15} do Filtro 1 representa o valor **mínimo**

$$D_{15\,\text{filtro}} \geq 5 \times D_{15\,\text{solo}}$$
$$\geq 5 \times 0{,}03 \text{ mm}$$
$$\geq 0{,}15 \text{ mm (limite inferior)}$$

Represente graficamente esses valores na Figura Ex. 6.17, e com a **faixa** de curvas de dimensão dos grãos desenhadas (com alguma licença) para serem geralmente paralelas ao solo que o filtro deve proteger. Para que um solo seja considerado bem-graduado, o coeficiente de uniformidade $C_u = D_{60}/D_{10}$ fica na faixa de 1,5 a 8. Para o Filtro 1, $C_u = D_{60}/D_{10} = 0{,}45$ mm/0,12 mm = 4, portanto, é aceitável. Observe que < 5% passam na peneira de 0,075 mm.

A Equação (6.26) indica que o Filtro 1 deve apresentar $D_{85} = 2 \times$ abertura de furo de 6,4 mm ou cerca de 13 mm. A Figura Ex. 6.17 mostra que o D_{85} do Filtro 1 apresenta apenas 0,10 mm. (Lembre-se de que o D_{85} resultante à esquerda da faixa do Filtro 1, ou faixa de B, ocorre porque a faixa de B foi desenhada usando alguma licença artística para torná-la um tanto paralela à curva A.) Portanto, é necessário um segundo filtro, o Filtro 2.

Repetindo as equações acima, o valor máximo de D_{15} é

$$D_{15}\text{ (do Filtro 2)} \leq 5 \times D_{85}\text{ (solo = Filtro 1)}$$
$$\leq 5 \times 1{,}0 \text{ mm}$$
$$\leq 5{,}0 \text{ mm (limite superior)}$$

O D_{15} mínimo do Filtro 2 é

$$D_{15} \text{ (do Filtro 2)} \geq 5 \times D_{15} \text{ (solo = Filtro 1)}$$
$$\geq 5 \times 0{,}5 \text{ mm}$$
$$\geq 2{,}5 \text{ mm (limite inferior)}$$

Para o tubo de drenagem com furos de 6,4 mm, use a Equação (6.26), ou D_{85} (do Filtro 2) $\geq$ 13 mm. Este valor de D_{85} torna-se o valor mínimo. Revise a Figura Ex. 6.17 para a localização de todos esses pontos. Certifique-se de entender de onde vieram todos os valores.

No início da década de 1990, o U.S. Bureau of Reclamation mudou seus critérios de filtro. Ele estabeleceu quatro categorias de projeto de filtro, dependendo da quantidade de solo "base" (ou solo a ser protegido) que passa pela peneira n.º 200 (75 μm). Os critérios são delineados no estudo do U.S. Department of the Interior (1995).

Como você pode ver, o projeto dos filtros granulares graduados é simples. Basta seguir as receitas. Observe que os filtros podem apresentar filtro próprio, de forma a satisfazer os dois requisitos de não entupir o filtro, mas ao mesmo tempo permitir o escoamento através do filtro. Um aviso de cautela **fundamental: o projeto do filtro é muito importante**. Ao observar a construção, você notará muito descuido na colocação de cascalho britado sobre solos de grãos finos, supostamente concebidos como filtro. Com o tempo, a rocha britada ficará obstruída e a água intersticial se acumulará, talvez levando à ruptura. Por outro lado, o escoamento pode ser restringido com o mesmo resultado. Se os filtros granulares forem depositados abaixo da água, as partículas mais pesadas se depositam primeiro, o que arruína as graduações de filtro cuidadosamente projetadas. Mais rupturas nas fundações ocorrem em função da água do que em relação a outras causas.

6.10.3 Conceitos de projeto de filtros geotêxtis

A concepção de filtros geotêxteis é muito semelhante à de filtros granulares graduados. Um geotêxtil é semelhante a um solo porque possui vazios (poros) e partículas (filamentos e fibras). No entanto, devido à forma e à disposição dos filamentos e à estrutura compressível dos geotêxteis, as relações geométricas entre os filamentos e os vazios são mais complexas do que nos solos. Uma vez que é possível medir diretamente os tamanhos dos poros dos geotêxteis, pelo menos em teoria, foram desenvolvidas relações relativamente simples entre os tamanhos dos poros do geotêxtil e os tamanhos das partículas dos solos a serem retidas para o projeto.

Os princípios básicos de filtração delineados na Seção 6.10.1 são a base para o projeto de filtros geotêxteis. Especificamente, o geotêxtil deve reter as partículas do solo (**critério de retenção**) e permitir a passagem da água (**critério de permeabilidade**) ao longo da vida útil da estrutura (**critério de resistência à obstrução**). Para ter um desempenho eficaz, o geotêxtil também deve sobreviver à instalação (**critério de sobrevivência ou construtibilidade**) e durar por toda a vida útil do projeto ou sistema (**critério de durabilidade**).

Com base em um estudo detalhado de pesquisas norte-americanas e europeias sobre filtros, Christopher e Holtz (1985) desenvolveram o que hoje é chamado de procedimento de projeto de filtro da **FHWA** (U.S. Federal Highway Administration) para filtros geotêxteis usados em aplicações de drenagem e controle de erosão. O nível de concepção e ensaios necessários depende da natureza crítica do projeto e da gravidade das condições hidráulicas e dos solos (Tabela 6.3). Especialmente para projetos críticos, a consideração dos riscos e das consequências de uma ruptura no filtro geotêxtil exige muita cautela na seleção do geotêxtil apropriado. Para tais projetos e para condições hidráulicas graves, recomendamos o uso de projetos muito conservadores. Como o custo do geotêxtil costuma ser relativamente baixo em comparação com os demais componentes e os custos gerais de construção de um sistema de drenagem, não é aconselhável fazer cortes de custos optando por um geotêxtil mais barato ou dispensando os ensaios laboratoriais de desempenho solo-geotêxtil, quando exigidos pelo procedimento de projeto da **FHWA**.

TABELA 6.3 Diretrizes para avaliação da natureza crítica ou da gravidade das aplicações de drenagem e controle de erosão

A. Natureza crítica do projeto

Item	Crítico	Menos crítico
1. Risco de perda de vidas e/ou danos estruturais devido à ruptura de drenagem:	Alto	Nenhum
2. Custos de reparo em relação aos custos de instalação de dreno:	Muito maiores	Menos que ou igual a
3. Evidência de obstrução de drenos antes de uma potencial ruptura catastrófica:	Nenhuma	Sim

B. Gravidade das condições

Item	Grave	Menos Grave
1. Solo a ser drenado:	Graduado por lacunas, canalizável ou dispersível	Bem-graduado ou uniforme
2. Gradiente hidráulico:	Alto	Baixo
3. Condições de escoamento:	Dinâmico, cíclico ou pulsante	Estado estacionário

Adaptada de Carroll (1983).

6.10.4 Procedimento de projeto de filtro da FHWA

Com base nos conceitos que acabamos de descrever, o procedimento de projeto de filtro da **FHWA** possui três critérios: retenção, permeabilidade e resistência à obstrução. A capacidade de sobrevivência e a durabilidade também fazem parte do projeto.

Critério de retenção – Como são impostas exigências diferentes ao filtro geotêxtil, duas condições de escoamento – (1) estado estacionário e (2) dinâmico – são consideradas para retenção.

1. Para **condições de escoamento em estado estacionário**:

$$AOS \text{ ou } O_{95 \text{ geotêxtil}} \leq BD_{85 \text{ solo}} \tag{6.29}$$

onde AOS = tamanho aparente da abertura (mm); ver norma **ASTM D 4751**;

O_{95} = tamanho da abertura no geotêxtil para o qual 95% são menores (mm); $AOS \approx O_{95}$;

B = um coeficiente (adimensional);

D_{85} = tamanho de partícula do solo para o qual 85% são menores (mm).

O coeficiente B varia de 0,5 a 2 e é função do tipo de solo a ser filtrado, da sua densidade, do coeficiente de uniformidade C_u se o solo for granular, do tipo de geotêxtil (tecido ou não tecido) e das condições do escoamento.

Para **areias**, **areias cascalhosas**, **areias siltosas** e **areias argilosas** (solos com menos de 50% de passagem na peneira de 0,075 mm), B é função do coeficiente de uniformidade, $C_u = D_{60}/D_{10}$. Portanto, para

$$C_u \leq 2 \text{ ou } \geq 8: \quad B = 1 \tag{6.30a}$$
$$2 \leq C_u \leq 4: \quad B = 0{,}5\, C_u \tag{6.30b}$$
$$4 < C_u < 8: \quad B = 8/C_u \tag{6.30c}$$

Solos arenosos que não são uniformes tendem a formar pontes nas aberturas; assim, os poros maiores podem, na verdade, ser até duas vezes maiores ($B \leq 2$) do que as partículas maiores do solo, porque, muito simplesmente, duas partículas não podem passar pelo mesmo buraco ao mesmo tempo. Portanto, o uso do critério $B = 1$ seria bastante conservador para a retenção e, de fato, este critério tem sido utilizado pelo U.S. Army Corps of Engineers. Se os solos granulares protegidos contiverem finos apreciáveis, use apenas a porção que passa pela peneira de 4,75 mm para selecionar o geotêxtil (ou seja, retire o material de + 4,75 mm e use apenas a distribuição granulométrica para o restante do solo em seus cálculos).

Para **siltes** e **argilas** (solos com mais de 50% de material que passam pela peneira de 0,075 mm), B é função do tipo de geotêxtil:

para geotêxteis tecidos, $B = 1$: $\qquad O_{95} < D_{85}$ (6.31)

para geotêxteis não tecidos, $B = 1,8$: $\qquad O_{95} < 1,8 D_{85}$ (6.32)

e para ambos: $\qquad AOS$ ou $O_{95} < 0,3$ mm (6.33)

Devido às suas características de poros aleatórios e superfície semelhante a feltro, alguns tipos de geotêxteis não tecidos geralmente retêm partículas mais finas do que um geotêxtil tecido do mesmo **AOS**. Portanto, o uso de ($B = 1$) será ainda mais conservador para geotêxteis não tecidos. Se você precisar de uma revisão dos tipos e propriedades dos geotêxteis, consulte os estudos de Holtz et al. (1997 e 2008) e Koerner (2006).

2. Para **condições de escoamento dinâmico**:

Se o geotêxtil não estiver devidamente pesado e em **contato íntimo** com o solo a ser protegido, ou se condições de cargas dinâmicas, cíclicas ou pulsantes produzirem altos gradientes hidráulicos localizados, então as partículas do solo podem se mover atrás do geotêxtil. Por consequência, o uso de $B = 1$ não é conservador, porque a rede de pontes não se desenvolverá e o geotêxtil será obrigado a reter partículas ainda mais finas. Quando a retenção for o critério principal, B deverá ser reduzido para 0,5 ou:

$$O_{95} \leq 0,5 D_{85} \qquad (6.34)$$

Condições de escoamento dinâmico podem ocorrer em aplicações de drenagem de pavimentos e em algumas situações de controle de erosão. Para inverter situações de escoamento de entrada e saída ou de alto gradiente, certifique-se de que seja mantido peso suficiente sobre o filtro geotêxtil para evitar que ele se mova.

O critério de retenção citado pressupõe que o solo a ser filtrado seja internamente estável; ou seja, ele não será canalizado internamente. Se forem verificadas condições de solos **instáveis**, devem ser realizados ensaios de desempenho para selecionar geotêxteis adequados. Segundo Kenney e Lau (1985, 1986) e LaFleur et al. (1989), solos com graduação ampla ($C_u > 20$) com distribuições de dimensão de grão côncavas para cima tendem a ser internamente instáveis.

Critério de permeabilidade – Consideramos duas condições ao projetar para permeabilidade: (1) condições menos críticas/menos graves e (2) condições críticas/graves.

1. Para **aplicações menos críticas e condições menos graves**:

$$k_{\text{geotêxtil}} \geq k_{\text{solo}} \qquad (6.35a)$$

2. Para **aplicações críticas e condições graves**:

$$k_{\text{geotêxtil}} \geq 10\, k_{\text{solo}} \qquad (6.35b)$$

Onde $k_{\text{geotêxtil}}$ = coeficiente de permeabilidade de Darcy do geotêxtil (m/seg).

Para a capacidade real de escoamento, o critério de permeabilidade para aplicações não críticas é conservador, uma vez que uma quantidade igual de escoamento leva significativamente menos tempo através de um geotêxtil relativamente fino do que através de um filtro granular espesso. Mesmo assim, alguns poros do geotêxtil podem ficar bloqueados ou obstruídos com o tempo. Portanto, para aplicações críticas ou graves, use a Equação (6.35b), porque com um fator de segurança de 10, ela proporciona um grau adicional de conservadorismo. A Equação (6.35a) pode ser usada onde a redução do escoamento não é considerada um problema, como em areias e cascalhos limpos, médios a grossos.

Qualificadores de geotêxteis adicionais, como a **permissividade**, são frequentemente usados em projetos de filtração e drenagem (Holtz et al., 1997 e 2008). A permissividade, definida como o coeficiente de permeabilidade de Darcy dividido pela espessura do geotêxtil, é um bom indicador da capacidade de escoamento e, portanto, é útil para garantir que o filtro geotêxtil tenha capacidade de escoamento suficiente para um determinado solo em uma aplicação específica. Muitos fabricantes fornecem o valor de permissividade para seus produtos de acordo com a norma **ASTM D 4491**, e estão disponíveis produtos que atendem ou excedem os valores de permissividade recomendados nos estudos de Holtz et al. (1997 e 2008).

Resistência à obstrução – Para resistência à obstrução, consideramos as mesmas duas condições que consideramos para os critérios de permeabilidade: (1) condições menos críticas/menos graves e (2) condições críticas/graves.

1. Para condições **menos críticas/menos graves**:

$$O_{95 \text{ geotêxtil}} \geq 3D_{15 \text{ solo}} \quad (6.36)$$

A Equação (6.36) aplica-se a solos com $C_u > 3$. Para $C_u \leq 3$, selecione um geotêxtil com o valor máximo de **AOS** baseado na retenção. Em casos em que a obstrução é uma possibilidade (p. ex., solos graduados por lacunas ou siltosos), os seguintes qualificadores opcionais podem ser aplicados:

Para geotêxteis **não tecidos**:

$$\text{porosidade do geotêxtil, } n \geq 50\% \quad (6.37)$$

Para geotêxteis **monofilamentares tecidos**:

$$\text{percentual de área aberta, } POA \geq 4\% \quad (6.38)$$

Os geotêxteis não tecidos mais comuns apresentam porosidades muito superiores a 70%, e a maioria dos monofilamentos tecidos atende facilmente ao critério da Equação (6.38). Os laminetes tecidos não atendem e, portanto, não são recomendados para aplicações de drenagem subterrânea.

Para condições **menos críticas/menos graves**, uma forma simples de evitar obstruções, especialmente em solos siltosos, é permitir que partículas finas já em suspensão passem através do geotêxtil. Em consequência, a ponte de filtro mencionada antes, formada pelas partículas maiores, retém as partículas menores. A ponte filtrante deve desenvolver-se de forma bem rápida, e a quantidade de partículas finas que efetivamente passam através do geotêxtil é por via de regra bem pequena. É por isso que o critério de resistência à obstrução menos crítico/menos grave requer um **AOS** (O_{95}) suficientemente maior do que as partículas mais finas do solo D_{15}. Essas são as partículas que passarão pelo geotêxtil. Infelizmente, o valor de **AOS** indica apenas o tamanho e não o número de furos de tamanho O_{95} disponíveis. Assim, as partículas mais finas do solo serão retidas pelos furos menores do geotêxtil, e, se houver finos suficientes, poderá ocorrer uma redução significativa na vazão.

Em consequência, para controlar o número de furos no geotêxtil, pode ser desejável aumentar outros qualificadores, tais como a porosidade e os requisitos de área aberta. Deve haver sempre furos suficientes no geotêxtil para manter a permeabilidade e a drenagem, mesmo que alguns deles fiquem obstruídos. Os ensaios de filtragem oferecem outra opção a ser considerada, especialmente por usuários inexperientes.

2. Para condições **críticas/graves**:

Para condições críticas/graves, selecione primeiro geotêxteis que atendam aos critérios de retenção e permeabilidade anteriores. Segundo, conduza ensaios de filtração em laboratório que simulem ou modelem as condições hidráulicas de campo e utilizem amostras de solos locais. Estes são chamados ensaios de **desempenho**, porque modelam o desempenho real do geotêxtil e do solo sob condições de campo reais.

Para solos arenosos com $k > 10^{-6}$ m/seg, recomendamos o ensaio de razão de gradiente, norma **ASTM D 5101**. Esse ensaio utiliza um permeâmetro de parede rígida com conectores de piezômetros que permitem a medição simultânea das perdas de carga no solo e na interface solo/geotêxtil (Figura 6.27). A razão entre a perda de carga através desta interface (nominalmente 25 mm) e a perda de carga através de 50 mm de solo é denominada razão de gradiente. Se as partículas finas do solo se moverem e obstruírem o filtro geotêxtil, a razão de gradiente **GR** aumentará

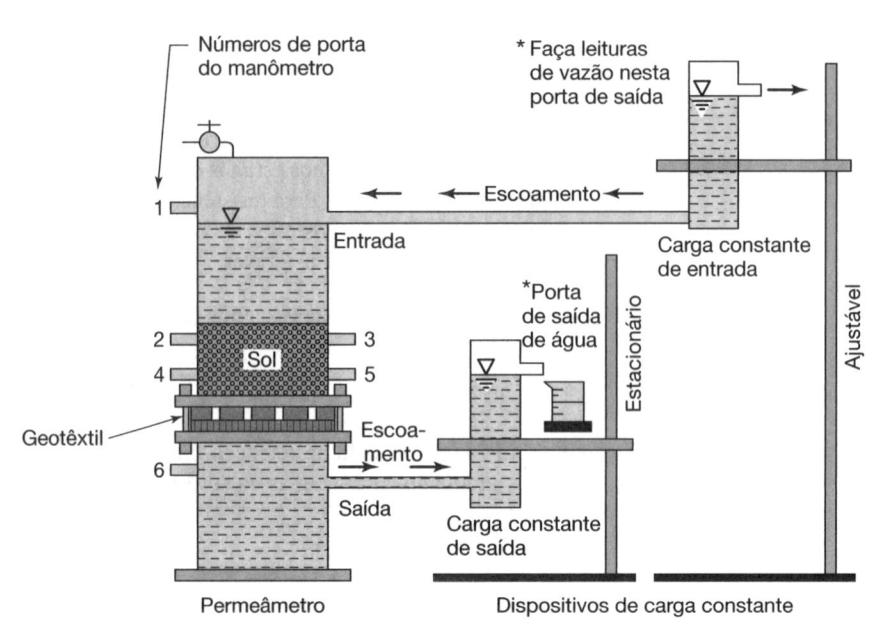

FIGURA 6.27 Dispositivo de ensaio de razão de gradiente do U.S. Army Corps of Engineers (Holtz et al., 2008).

acima do valor máximo recomendado de três. A experiência tem demonstrado que, enquanto o *GR* for inferior a três, ocorrerá um desempenho satisfatório a longo prazo.

Para solos com permeabilidade inferior a cerca de 10^{-6} m/seg, os ensaios de filtração devem ser realizados em um aparelho de parede flexível para garantir que a amostra esteja 100% saturada e que o escoamento ocorra através do solo e não ao longo dos lados da amostra. O ensaio de *GR* de parede flexível combina as melhores características do ensaio de *GR* (norma **ASTM D 5101**) e do ensaio de permeabilidade de parede flexível (norma **ASTM D 5084**). Assim como no ensaio de *GR*, múltiplas portas ao longo da coluna de solo determinam com precisão as perdas de carga. As pesquisas de Harney e Holtz (2001) e Bailey et al. (2005) indicaram que o *GR* de parede flexível produziu resultados consistentes e precisos, e em tempo significativamente menor que o *GR*.

Critérios de sobrevivência e durabilidade – Mencionamos anteriormente que a capacidade de sobrevivência e a durabilidade fazem parte do projeto do filtro geotêxtil. Para ter certeza de que o geotêxtil sobreviverá ao processo de construção e não se deteriorará no ambiente em campo, são necessárias certas propriedades de resistência e durabilidade. Provavelmente, as melhores especificações de materiais disponíveis para filtros geotêxteis são as Especificações da **AASHTO** para Geotêxteis: a Norma **M 288**. Os valores mínimos de resistência à tração e resistência ao rasgo e à perfuração são especificados para diferentes condições de campo, como a condição do subleito, a angularidade do agregado e a forma como os materiais de drenagem e reaterro são instalados e compactados. Os ensaios da norma **ASTM** estão disponíveis para todas as propriedades de sobrevivência exigidas.

A durabilidade do geotêxtil está relacionada à sua longevidade. Os geotêxteis demonstraram ser materiais basicamente inertes para a maioria dos ambientes e aplicações. No entanto, certas aplicações podem expor o geotêxtil a atividades químicas ou biológicas capazes de influenciar drasticamente as suas propriedades de filtração ou durabilidade. Por exemplo, em drenos, filtros granulares e geotêxteis podem ficar quimicamente obstruídos por precipitados de ferro ou carbonato e biologicamente obstruídos por algas, musgos e assim por diante. A obstrução biológica é um problema potencial quando filtros e drenos são periodicamente inundados e, em seguida, expostos ao ar. A obstrução química e biológica excessiva pode influenciar de forma significativa o desempenho do filtro e do dreno. Essas condições estão presentes, por exemplo, nos aterros municipais de resíduos sólidos.

Para informações adicionais sobre os ensaios de sobrevivência e durabilidade, consulte os estudos de Koerner (2006) e Holtz et al. (1997 e 2008).

Exemplo 6.18 (Adaptado de Holtz et al., 1997 e 2008.)

Contexto:

Percolação indesejável e rupturas ocasionais em taludes rasos são atualmente um problema de manutenção para uma estrada rural de duas pistas. A solução proposta é construir um dreno interceptador na ponta do talude para rebaixar permanentemente o lençol freático elevado. É proposta uma vala de drenagem envolta em geotêxtil com cerca de 1 m de profundidade, sendo obtidas amostras representativas de solo ao longo do alinhamento de drenagem proposto. Todas as três amostras de solo eram não plásticas. As graduações de três amostras são fornecidas na tabela e mostradas na Figura Ex. 6.18. Use o procedimento de projeto do filtro geotêxtil da **FHWA** para projetar o filtro geotêxtil para o dreno.

Tamanho da peneira (mm)	Percentual que passa, por peso		
	Amostra A	Amostra B	Amostra C
25	99	100	100
13	97	100	100
4,76	95	100	100
1,68	90	96	100
0,84	78	86	93
0,42	55	74	70
0,15	10	40	11
0,074	1	15	0

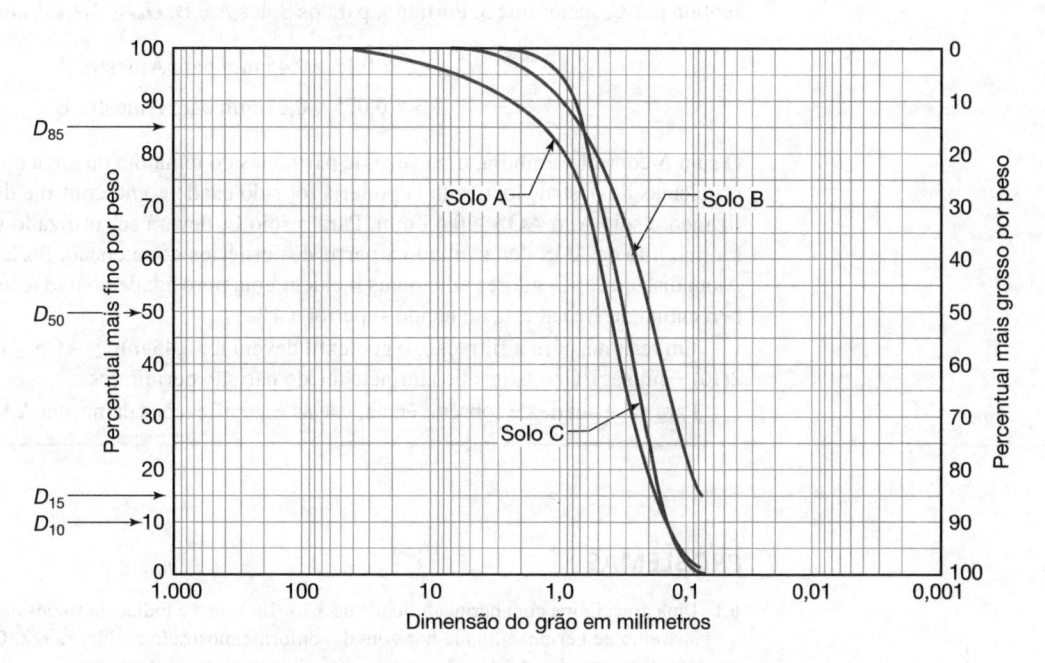

FIGURA Ex. 6.18 Curva de distribuição dimensional de grãos para solos A, B e C.

Solução:
Determine as propriedades geotêxteis necessárias para o tamanho aparente da abertura **AOS** e permeabilidade. Por exemplo, vamos presumir que as propriedades de sobrevivência podem ser obtidas a partir das especificações da norma **AASHTO M-288**.

A partir dos dados fornecidos, trata-se de uma aplicação não crítica. Os solos são razoavelmente bem graduados, os gradientes hidráulicos são baixos e as condições de escoamento são estáveis para este tipo de aplicação.

Para retenção, usamos as análises de dimensão de grão na Figura Ex. 6.18 para determinar os tamanhos D_{60}, D_{10} e D_{85} para as Amostras A, B e C. Determine o coeficiente de uniformidade C_u, coeficiente B o **AOS** máximo. Na tabela a seguir, observe que o pior cenário de solo para retenção (ou seja, o menor $B \times D_{85}$) é o "solo C". Qualquer geotêxtil que retenha o solo C também reterá os solos A e B. Portanto, para os requisitos do geotêxtil, **AOS** ≤ 0,72 mm.

Amostra de solo	$D_{60} \div D_{10} = C_u$	B	AOS (mm) ≤ $B \times D_{85}$
A	0,48 ÷ 0,15 = 3,2	$0,5 C_u = 0,5 \times 3,2 = 1,6$	1,6 × 1,0 = 1,6
B	0,25 ÷ 0,06 = 4,2	$8 C_u = 8 / 4,2 = 1,9$	1,9 × 0,75 = 1,4
C	0,36 ÷ 0,14 = 2,6	$0,5 C_u = 0,5 \times 2,6 = 1,3$	1,3 × 0,55 = 0,72

Por se tratar de uma aplicação não crítica e os solos serem predominantemente arenosos, podemos usar a equação de Hazen [Equação (6.11)] para estimar a permeabilidade. O maior D_{10} controla a permeabilidade; portanto o solo A com $D_{10} = 0,15$ mm controla

$$k \approx (D_{10})^2 = (0,15)^2 \approx 2(10)^{-2} \text{ cm/seg} = 2(10)^{-4} \text{ m/seg}$$

Como esta aplicação é menos crítica/menos grave, $k_{geotêxtil} \geq k_{solo}$. Portanto, $k_{geotêxtil}$ só precisa ser maior que $2(10)^{-4}$ m/seg.

Para obstruções, trata-se de uma aplicação menos crítica/menos grave, e os solos A e B apresentam um C_u maior que 3. Portanto, para os Solos A e B, $O_{95} \geq 3 D_{15}$. Então,

$$O_{95} \geq 3 \times 0,15 = 0,45 \text{ mm para Amostra A}$$
$$\geq 3 \times 0,075 = 0,22 \text{ mm para Amostra B}$$

O solo A controla, embora, uma vez que partículas do tamanho da areia normalmente não criam problemas de obstrução, o solo B poderia ter sido usado como controle do projeto. Assim, utilizando o solo A, o **AOS** ≥ 0,45 mm. Para o solo C, deverá ser utilizado um geotêxtil com valor máximo de **AOS** determinado a partir dos critérios de retenção. Portanto **AOS** ≈ 0,72 mm. Além disso, qualificadores adicionais incluem uma porosidade do não tecido superior a 50% e o percentual de área aberta do tecido superior a 4%.

Em resumo, para a filtração, o geotêxtil deverá ter 0,45 mm ≤ **AOS** ≤ 0,72 mm; e ($k_{geotêxtil} \geq 2(10)^{-2}$ cm/seg). Geotêxteis de laminete tecido não são permitidos.

Para capacidade de sobrevivência, use as especificações da norma **AASHTO M 288**.

PROBLEMAS

6.1 Uma areia limpa com permeabilidade de $3,7 \times 10^{-3}$ cm/s e índice de vazios de 0,52 é colocada em um aparelho de permeabilidade horizontal, conforme mostrado na Figura 6.2. Calcule a velocidade de descarga e a velocidade de percolação à medida que a carga Δh varia de 0 a 70 cm em incrementos de 10 cm. A área da seção transversal do tubo horizontal é de 85 cm², e a amostra de solo possui 0,50 m de comprimento.

6.2 Uma amostra de areia média composta basicamente por quartzo é testada em um permeâmetro de carga constante. O diâmetro da amostra é 75 mm, e seu comprimento é 150 mm. Sob uma carga aplicada de 80 cm, 131 cm³ escoam através da amostra em 5 min. O M_s da amostra é 410 g. Calcule (a) o coeficiente de permeabilidade de Darcy, (b) a velocidade de descarga e (c) a velocidade de percolação. (Adaptado de A. Casagrande.)

6.3 Um ensaio de permeabilidade foi realizado com uma amostra compactada de cascalho arenoso sujo. A amostra tinha 200 mm de comprimento, e o diâmetro do molde de 150 mm. Em 1,2 min, a descarga sob carga constante de 60 cm era de 510 cm³. A amostra possuía massa seca de 4.675 g e seu ρ_s era de 2.680 kg/m³. Calcule: (a) o coeficiente de permeabilidade, (b) a velocidade de percolação e (c) a velocidade de descarga durante o ensaio.

6.4 Durante um ensaio de permeabilidade de carga variável, a carga caiu de 54 para 29 cm em 5,1 min. A amostra possuía 10 cm de diâmetro e 75 mm de comprimento. A área do tubo vertical era de 0,40 cm². Calcule o coeficiente de permeabilidade do solo em cm/seg, m/seg e pés/d. Qual foi a classificação provável do solo testado? (Adaptado de A. Casagrande.)

6.5 Um ensaio de permeabilidade com carga variável deve ser realizado com um solo cuja permeabilidade é estimada em $9,7 \times 10^{-7}$ m/seg. Que diâmetro de tubo vertical você deve usar se quiser que a carga caia de 35,4 cm para 21,8 cm em cerca de 5 minutos? A seção transversal da amostra é de 15 cm², e seu comprimento é de 10 cm. (Adaptado de Taylor, 1948.)

6.6 Pesquise na Internet de que maneira fazer uma correção de temperatura em um ensaio de permeabilidade se a água não estiver exatamente a 20°C. Faça um breve resumo do conteúdo e cite o URL.

6.7 No Exemplo 6.1, o índice de vazios é especificado como 0,52. Se o índice de vazios do mesmo solo for 0,32, avalie seu coeficiente de permeabilidade. Verifique sua resposta perguntando-se se deveria ser maior ou menor com base no que você sabe sobre escoamento através do solo.

6.8 Um ensaio de permeabilidade de carga variável com uma amostra de areia fina com 15 cm² de área e 12 cm de comprimento resultou em um k de $8,7 \times 10^{-3}$ cm/seg. A massa seca da amostra de areia acusou 215 g, e seu ρ_s era de 2.690 kg/m³. A temperatura do ensaio era de 25°C. Calcule o coeficiente de permeabilidade da areia para um índice de vazios de 0,59 e a temperatura padrão de 20°C. (Adaptado de A. Casagrande.)

6.9 Um ensaio de permeabilidade com carga constante é realizado em um solo com 4 cm x 4 cm quadrados e 5 cm de comprimento. A diferença de carga aplicada durante o ensaio é de 25 cm, sendo coletados 8 cm³ em um tempo de 1,8 min.

    a. Calcule a permeabilidade com base nessas condições e resultados de ensaio.

    b. Um ensaio de carga variável deve ser feito com a mesma amostra de solo ao mesmo tempo $t_1 - t_2 =$ 1,8 min, e o diâmetro do tubo vertical é de 0,7 cm. Se a carga média durante o ensaio for de 20 cm $(h_1 + h_2) = 20$, quais são os valores de h_1 e h_2, respectivamente?

6.10 O coeficiente de permeabilidade de uma areia limpa era de 433×10^{-3} cm/seg com um índice de vazios de 0,32. Estime a permeabilidade deste solo quando o índice de vazios for 0,67.

6.11 Os ensaios de permeabilidade com um solo forneceram os seguintes dados:

Nº de ciclo	e	Temp. (°C)	k (cm/seg)
1	0,65	25	$0,40 \times 10^{-4}$
2	1,0	35	$1,65 \times 10^{-4}$

Estime o coeficiente de permeabilidade a 20°C e um índice de vazios de 0,80. (Adaptado de Taylor, 1948.)

6.12 6.12 A areia é apoiada sobre um disco poroso e uma tela em um cilindro vertical, conforme mostrado na Figura P6.12. Estas são condições de equilíbrio.

    a. Para cada um dos cinco casos, represente graficamente as tensões total, neutra e efetiva em relação à altura. Esses gráficos devem estar aproximadamente em escala.

    b. Derive fórmulas para essas três tensões em termos das dimensões mostradas e e, ρ_{sat} e ρ_w para cada caso, tanto na parte superior quanto na parte inferior da camada de areia. Para o caso IV, vamos presumir que a areia esteja 100% saturada na superfície superior por capilaridade. Para o caso V, vamos presumir que a areia acima do nível h_c esteja completamente seca e abaixo de h_c esteja completamente saturada. (Adaptado de A. Casagrande.)

Caso I

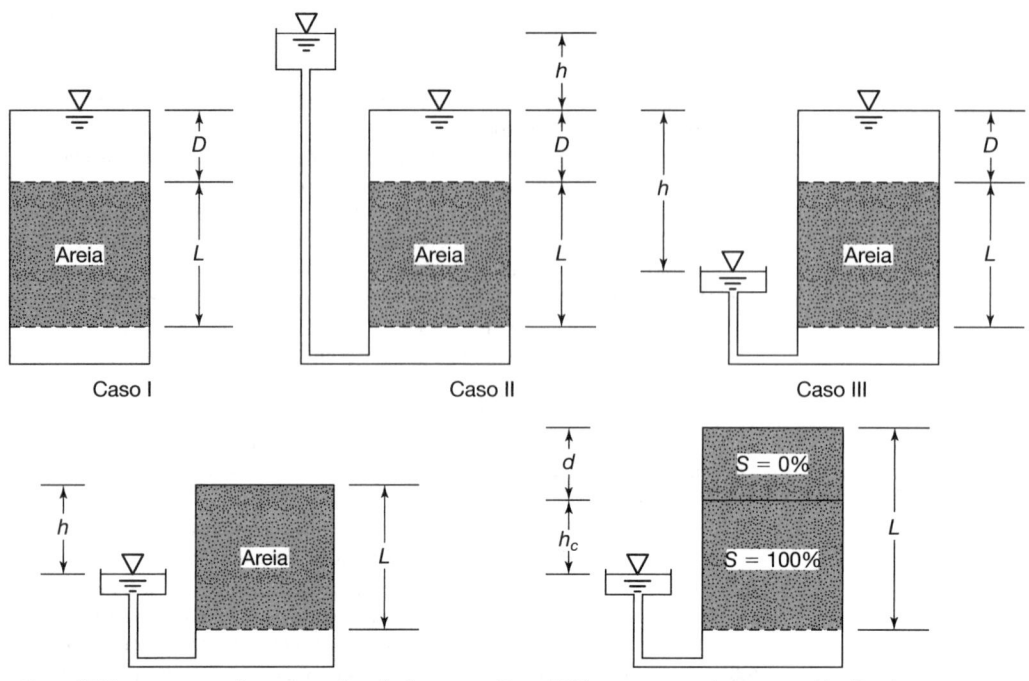

Caso II

Caso III

Caso IV. Vamos presumir que a areia seja fina o suficiente para permanecer 100% saturada até a superfície superior por capilaridade.

Caso V. Vamos presumir um caso idealizado em que a altura do capilar aumenta h_c. Todo solo abaixo dessa altura está 100% saturado, e todo solo acima dessa altura está 0% saturado.

FIGURA P6.12

6.13 Para cada um dos casos I, II e III da Figura P6.13, determine a pressão, a cota e a carga total na extremidade de entrada, na extremidade de saída e no ponto A da amostra. (Adaptado de Taylor, 1948.)

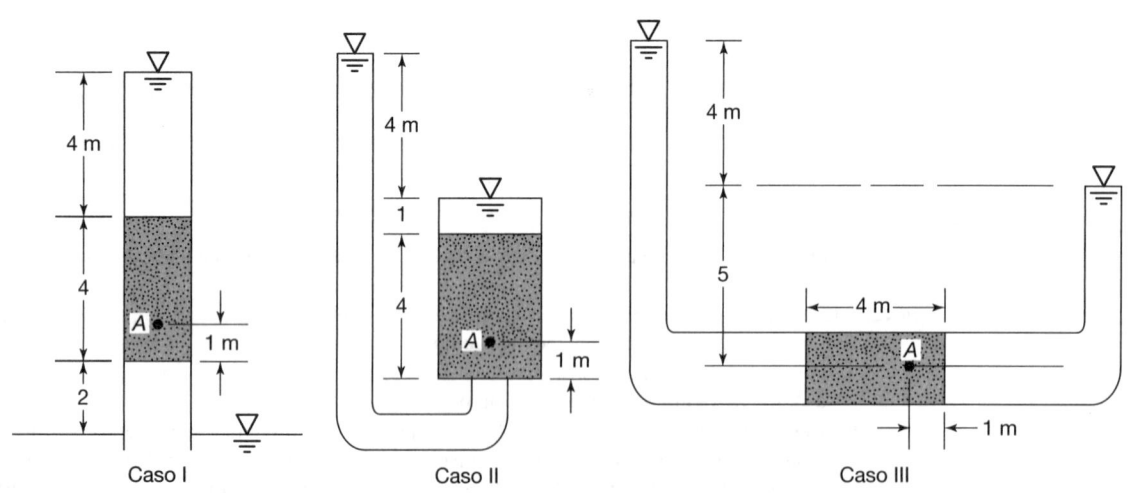

Caso I

Caso II

Caso III

FIGURA P6.13

6.14 Para cada um dos casos mostrados na Figura P6.13, determine a velocidade de descarga, a velocidade de percolação e a força de percolação por unidade de volume para (a) uma permeabilidade de 0,18 cm/s e uma porosidade de 52% e (b) uma permeabilidade de 0,0986 cm/s e um índice de vazios de 0,75. (Adaptado de Taylor, 1948.)

6.15 Um tubo permeamétrico inclinado a 45° é preenchido com três camadas de solo de diferentes permeabilidades (onde $k_1 = 0{,}5 \times 10^{-5}$ pés/s), como na Figura P6.15. Expresse a carga nos pontos A, B, C e D (em relação ao ponto de referência indicado) para $H_1 = 6$ pés, $D = 2$ pés, $L = 0{,}5$ pés e $H_2 = 2$ pés. (a) Resolva o problema primeiro presumindo que $k_1 = k_2 = k_3$. (b) Em seguida, faça os cálculos presumindo que $3k_1 = k_2 = 2k_3$. Faça um gráfico das várias cargas em relação à distância horizontal para ambas as partes (a) e (b). (Adaptado de A. Casagrande.)

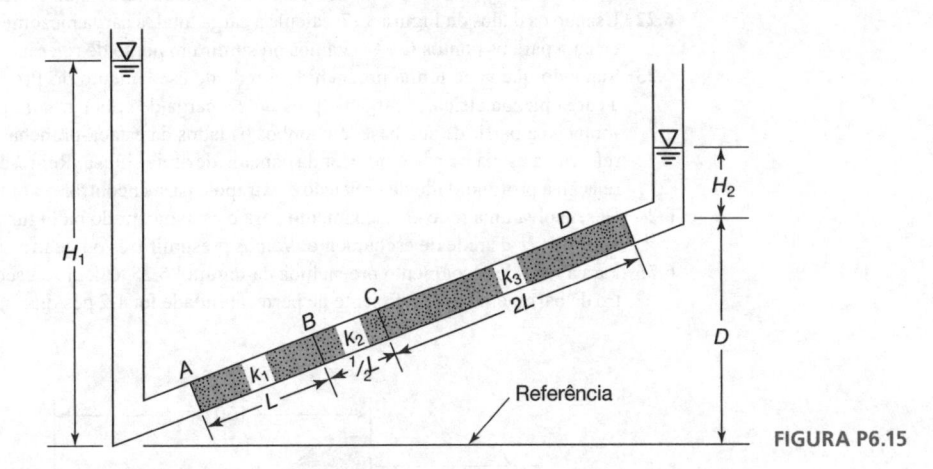

FIGURA P6.15

6.16 Vamos presumir que o solo da Figura 6.10 apresente uma densidade saturada de 1.810 kg/m³. Se a carga de água h acima da cota B for 1,94 m, calcule a tensão efetiva na cota A, no fundo da amostra de solo durante o escoamento. Qual é a tensão efetiva sob essas condições a meia altura da coluna do solo durante o escoamento em estado estacionário?

6.17 O solo de fundação na base de uma barragem de alvenaria apresenta uma porosidade de 35% e um γ de 169 lb/pés³. Para garantir a segurança contra *piping*, as especificações estabelecem que o gradiente ascendente não deve exceder 25% do gradiente em que ocorre uma condição movediça. Qual é o gradiente ascendente máximo permitido? (Adaptado de Taylor, 1948.)

6.18 Em alguns filmes, as pessoas são mostradas afundando em poços de areia movediça, muitas vezes até o pescoço (ou pior). Supondo que uma pessoa média pesa 68 kg e se desloca aproximadamente 62.000 cm³, estime até que ponto uma pessoa realmente afundaria na areia movediça, presumindo que sua densidade é de 2 g/cm³. Inclua um diagrama de corpo livre para respaldar sua resposta.

6.19 Um empreiteiro planeja uma escavação conforme mostrado na Figura P6.19. Se o rio estiver no nível A, qual é o fator de segurança contra condições movediças? Despreze qualquer cisalhamento vertical. Até que cota a água pode subir antes que uma condição movediça se desenvolva? (Adaptado de D. N. Humphrey.)

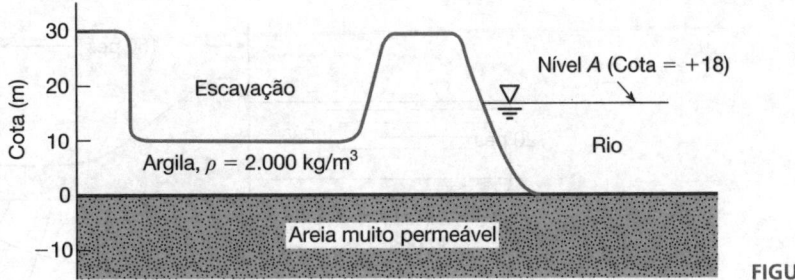

FIGURA P6.19

6.20 Dada a escavação mostrada no Exemplo 6.12, com $h = 18$ m e $\rho = 1.915$ kg/m³, calcule o H_s mínimo permitido.

6.21 Um muro de estacas-prancha foi instalado parcialmente através de uma camada de areia siltosa, semelhante à mostrada na Figura 6.12b. Vamos presumir que uma estaca-prancha de 36 pés de comprimento penetre 20 pés (até a metade) na camada de areia siltosa de espessura de 40 pés. Para esta condição:
   a. Desenhe uma rede de escoamento utilizando três (ou quatro no máximo) canais de escoamento. Observe que a rede de escoamento é completamente simétrica em relação ao fundo da estaca-prancha.
   b. Se a altura da água no lado a montante for 15 pés e no lado a jusante 4 pés, calcule a quantidade de escoamento de água sob a estaca-prancha por metro de muro se o coeficiente de permeabilidade for 0,88 pés/dia.
   c. Calcule o gradiente hidráulico máximo no lado a jusante da estaca-prancha.

6.22 Usando os dados da Figura 6.17, calcule a carga total, a carga piezométrica, a carga de pressão e a carga da cota para os pontos C e C'. Vamos presumir um ponto de referência conveniente qualquer.

6.23 Supondo que você tenha preenchido a rede de escoamento do Problema 6.21, calcule a carga total, a carga piezométrica, a carga de pressão e a carga de cota para um ponto a meio caminho da estaca-prancha a partir de sua base, em ambos os lados da estaca-prancha. Vamos presumir que o ponto de referência esteja na parte inferior da camada de areia siltosa. Represente graficamente o gradiente em relação à profundidade da cravação e extrapole para encontrar o gradiente de saída.

6.24 Desenvolva uma rede de escoamento para o caso mostrado na Figura P6.24 usando métodos manuais ou *software* de rede de escoamento. Vamos presumir três ou quatro canais de escoamento.

6.25 Para a rede de escoamento preenchida da Figura P6.25, calcule o escoamento sob a barragem por metro de barragem se o coeficiente de permeabilidade for 1,2 pés/dia.

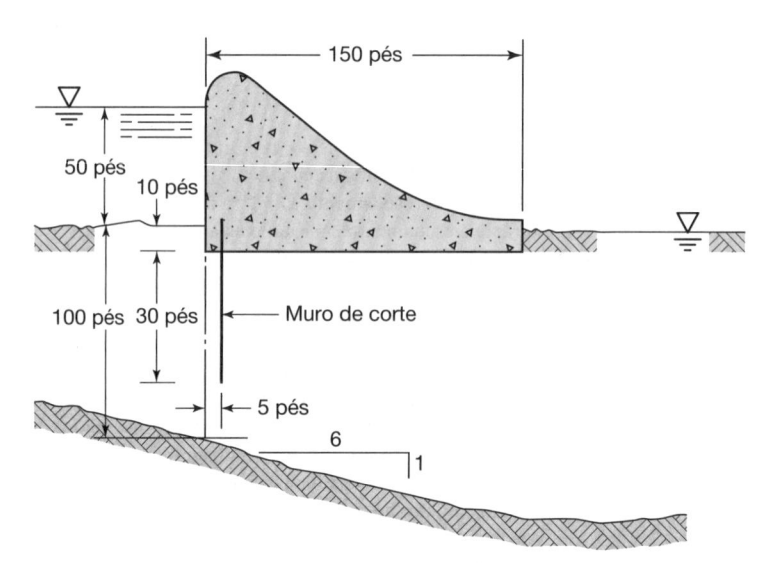

FIGURA P6.24 (Adaptada de Taylor, 1948.)

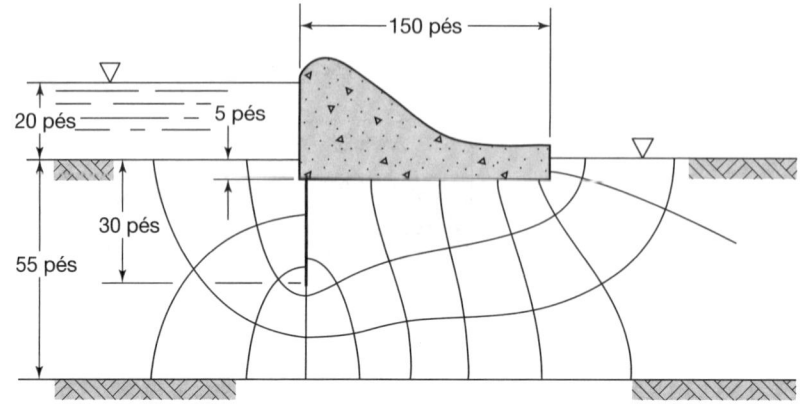

FIGURA P6.25 (Adaptada de Taylor, 1948.)

6.26 Se uma das fileiras de estacas-prancha tivesse que ser removida para o problema dado na Figura 6.17:
   a. Qual estaca-prancha, quando removida, causaria o maior aumento no escoamento?
   b. Qual estaca-prancha, quando removida, causaria o maior aumento na subpressão? Expresse sua resposta em termos de metros de carga.
   Use métodos manuais ou *software* de rede de escoamento.

6.27 Um filtro protetor de três camadas é proposto entre a fundação e o dreno localizado próximo à base de uma barragem de terra compactada. Amostras foram coletadas, e as dimensões dos grãos dos materiais foram determinadas da seguinte forma:

	D_{15} (mm)	D_{85} (mm)
Fundação, amostras mais finas	0,024	0,1
Fundação, amostras mais grossas	0,12	0,9
Camada de filtro nº 1	0,3	1,0
Camada de filtro nº 2	2,0	3,5
Camada de filtro nº 3	5,0	10,0
Dreno rochoso	15,0	40,0

Este filtro é aceitável? Caso contrário, faça observações sobre quaisquer consequências práticas. (Adaptado de Taylor, 1948.)

6.28 Na tentativa de reduzir instabilidades superficiais menores e problemas de manutenção nos taludes de uma estrada rural, drenos interceptores de trincheira serão instalados no topo do talude para interceptar água superficial e infiltração de águas subterrâneas provenientes das encostas acima da estrada. Os drenos possuem de 1 a 1,5 m de profundidade e a trincheira de drenagem é revestida com filtro geotêxtil. Um tubo de drenagem perfurado é colocado no fundo da trincheira, e a trincheira é preenchida com agregados de drenagem grossos.

Foram realizadas análises por peneiramento com amostras de solos típicos das áreas problemáticas ao longo do traçado da estrada, e foram obtidos os seguintes dados médios (percentual que passa):

Peneira padrão EUA nº	Solos		
	A	B	C
³/₄ pol.	99	100	100
³/₈ pol.	88	100	99
Nº 4	68	96	78
10	52	57	65
20	34	5	62
40	21	1	61
100	6	0	25
200	1	0	20

Projete o filtro geotêxtil para os drenos interceptadores.

REFERÊNCIAS

Bailey, T.D., Harney, M.D., and Holtz, R.D. (2005). "Rapid Assessment of Geotextile Clogging Potential Using the Flexible Wall Gradient Ratio Test," *Proceedings of the GRI-18 Conference*, ASCE, Austin, TX (CD-ROM).

Carrier, W.D., III (2003). "Goodbye, Hazen; Hello, Kozeny-Carman," *Journal of Geotechnical and Geoenvironmental Engineering*, ASCE, Vol. 129, No. 11, pp. 1054–1056.

Carroll, R.G. (1983). "Geotextile Filter Criteria," Engineering Fabrics in Transportation Construction, Transportation Research Record No. 916, pp. 46–53.

Casagrande, A. (1936). "Characteristics of Cohesionless Soils Affecting the Stability of Slopes and Earth Fills," *Journal of the Boston Society of Civil Engineers*, January; reprinted in *Contributions to Soil Mechanics 1925–1940*, BSCE, pp. 257–276.

Casagrande, A. (1937). "Seepage Through Dams," *Journal of the New England Water Works Association*, Vol. 51, No. 2; Reprinted in *Contributions to Soil Mechanics 1925–1940*, BSCE, pp. 295–336.

Casagrande, A. (1938). "Notes on Soil Mechanics—First Semester," Harvard University (unpublished), 129 p.

Casagrande, A. (1950). "Notes on the Design of Earth Dams," *Journal of the Boston Society of Civil Engineers, October; reprinted in Contributions to Soil Mechanics 1941–1953*, BSCE, pp. 231–255.

Casagrande, A. (1975). "Liquefaction and Cyclic Deformation of Sands, a Critical Review," *Proceedings of the Fifth Panamerican Conference on Soil Mechanics and Foundation Engineering*, Buenos Aires; reprinted as *Harvard Soil Mechanics Series*, No. 88, 27 p.

Cedergren, H.R. (1989). *Seepage, Drainage, and Flow Nets*, 3rd ed., Wiley, New York, 465 p.

Christopher, B.R. and Holtz, R.D. (1985). *Geotextile Engineering Manual*, U.S. Federal Highway Administration, Washington, D.C., FHWA-TS-86/203, 1044 p.

Darcy, H. (1856). *Les Fontaines Publiques de la Ville de Dijon*, Dalmont, Paris.

Driscoll, F.G. (Ed.) (1986). *Groundwater and Wells*, 2nd ed., Johnson Well Screen Co., St. Paul, MN, 1089 p.

Freeze, R.A. and Cherry, J.A. (1979). *Groundwater*, Prentice-Hall, Upper Saddle River, NJ, 604 p.

Garcia-Bengochea, I., Lovell, C.W., and Altschaeffl, A.G. (1979). "Pore Distribution and Permeability of Silty Clays," *Journal of the Geotechnical Engineering Division*, ASCE, Vol. 105, No. GT7, pp. 839–856.

Hansbo, S. (1960). "Consolidation of Clay with Special Reference to Influence of Vertical Sand Drains," *Proceedings No. 18*, Swedish Geotechnical Institute, pp. 45–50.

Harney, M.D. and Holtz, R.D. (2001). "Flexible Wall Gradient Ratio Test," *Proceedings of the Geosynthetics Conference 2001*, Portland, OR, pp. 409–422.

Harr, M.E. (1962). *Groundwater and Seepage*, McGraw-Hill, New York, 315 p.

Harr, M.E. (1977). *Mechanics of Particulate Media*, McGraw-Hill, New York, 543 p.

Hazen, A. (1911). Discussion of "Dams on Sand Foundations," by A.C. Koenig, *Transactions*, ASCE, Vol. 73, pp. 199–203.

Holtz, R.D. and Broms, B.B. (1972). "Long-Term Loading Tests at Skå-Edeby, Sweden," *Proceedings of the ASCE Specially Conference on Performance of Earth and Earth-Supported Structures*, Purdue University, Vol. I, Part 1, pp. 435–464.

Holtz, R.D., Christopher, B.R., and Berg, R.R. (1997). *Geosynthetic Engineering*, BiTech Publishers, Vancouver, British Columbia, 451 p.

Holtz, R.D., Christopher, B.R., and Berg, R.R. (2008). *Geosynthetic Design and Construction Guidelines*, U.S. Federal Highway Administration, National Highway Institute, Washington, D.C., Publication No. FHWA-NHI-07-092, 553 p.

Kenney, T.C. and Lau, D. (1985). "Internal Stability of Granular Filters," *Canadian Geotechnical Journal*, Vol. 22, No. 2, pp. 215–225.

Kenney, T.C. and Lau, D. (1986). "Internal Stability of Granular Filters," Reply to discussions, *Canadian Geotechnical Journal*, Vol. 23, No. 3, pp. 420–423.

Koerner, R.M. (2006). *Designing with Geosynthetics*, 5th ed., Prentice-Hall, Upper Saddle River, NJ, 816 p.

Kramer, S.L. (1996). *Geotechnical Earthquake Engineering*, Prentice Hall, Upper Saddle River, NJ, 653 p.

Lafleur, J., Mlynarek, J., and Rollin, A.L. (1989). "Filtration of Broadly Graded Cohesionless Soils," *Journal of Geotechnical Engineering*, ASCE, Vol. 115, No. 12, pp. 1747–1768.

Lambe, T.W. (1958). "The Engineering Behavior of Compacted Clay," *Journal of the Soil Mechanics and Foundations Division*, ASCE, Vol. 84, No. SM2, pp. 1655-1 to 1655-35.

Leonards, G.A. (Ed.) (1962). *Foundation Engineering*, McGraw-Hill, New York, 1136 p.

Mansur, C.I. and Kaufman, R.I. (1962). "Dewatering," Chapter 3 in *Foundation Engineering*, G.A. Leonards (Ed.), McGraw-Hill, pp. 241–350.

Mesri, G., Feng, T.W., Ali, S., and Hayat, T.M. (1994). "Permeability Characteristics of Soft Clays," *Proceedings of the Thirteenth International Conference on Soil Mechanics and Foundation Engineering*, New Delhi, Vol. 1, pp. 187–192.

Mitchell, J.K. and Soga, K. (2005). *Fundamentals of Soil Behavior*, 3rd ed., Wiley, 577 p.

Morris, D.A. and Johnson, A.I. (1967). "Summary of Hydrologic and Physical Properties of Rock and Soil Materials," as analyzed by the Hydrologic Laboratory of the U.S. Geological Survey, U.S. Geology Survey of Water-Supply Paper 1839-D, 42 p.

Perloff, W.H. and Baron, W. (1976). *Soil Mechanics—Principles and Applications*, The Ronald Press Company, New York, pp. 359–361.

Philip, J.R. (1995). "Desperately Seeking Darcy in Dijon," *Soil Science Society of America Journal*, Vol. 59, No. 2, pp. 319–324.

Reddi, L.N. (2003). *Seepage in Soils: Principles and Applications*, Wiley, 448 p.

Seed, H.B. (1979). "Soil Liquefaction and Cyclic Mobility Evaluation for Level Ground During Earthquakes," *Journal of the Geotechnical Engineering Division*, ASCE, Vol. 105, No. GT2, pp. 201–255.

Taylor, D.W. (1948). *Fundamentals of Soil Mechanics*, Wiley, New York, 712 p.

Terzaghi, K. (1929). "Effect of Minor Geologic Details on the Safety of Dams," American Institute of Mining and Metallurgical Engineers, *Technical Publication No. 215*, pp. 31–44.

Todd, D.K. and Mays, L.W. (2004). *Groundwater Hydrology*, 3rd ed., Wiley, New York, 656 p.

U.S. Department of the army, navy, and air force (1971). "Dewatering and Groundwater Control for Deep Excavations," Chapter 6 in *Army Technical Manual No. 5–818–5/NAVFAC Manual P-418/Air Force Manual 88–5*, 187 p.

U.S. Department of the Interior (1987). *Design of Small Dams*, 3rd ed., Bureau of Reclamation, U.S. Government Printing Office, Denver, 860 p.

U.S. Department of the Interior (1998). *Earth Manual*, Part 2, 3rd ed., Materials Engineering Branch, 1270 p.

U.S. Department of the Interior (1995). *Ground Water Manual*, 2nd ed., Bureau of Reclamation, U.S. Government Printing Office, Washington, 661 p.Modified after Morris and Johnson (1967).

CAPÍTULO 7

Compressibilidade e adensamento de solos

7.1 INTRODUÇÃO

Você sem dúvida já sabe que, quando materiais são carregados ou tensionados, eles se deformam ou sofrem desgaste. As deformações podem ser uma mudança ou em termos de forma (**distorção**) ou em termos de volume (em solos, em geral trata-se de uma **compressão**). Enquanto em alguns materiais a deformação ou o desgaste ocorre imediatamente após receber uma carga, essa resposta pode levar um tempo relativamente longo em outros. Na engenharia geotécnica, essa segunda resposta, que depende do tempo, ocorre sobretudo em solos argilosos. A maior parte deste capítulo será dedicada à compressibilidade desses tipos de solos.

O tipo mais simples de relação tensão-deformação se refere a materiais **elásticos**, nos quais as tensões e deformações ocorrem simultaneamente, e, se a carga for removida, o material retorna à sua forma original. As relações tensão-deformação elásticas podem ser **lineares** (quando a lei de Hooke – formulada em 1657 pelo cientista inglês Robert Hooke – é usada para explicar o comportamento de uma mola) ou **não lineares**. Alguns materiais elásticos especiais não respondem imediatamente ao carregamento e são chamados de **viscoelásticos**, onde "visco" se refere à influência do tempo na resposta. Em geral, quanto mais rápido um material viscoelástico é carregado, mais rígido ele se torna; em outras palavras, quando uma carga é aplicada rapidamente a um material viscoelástico, ele se deforma menos do que quando a carga é aplicada mais lentamente. No entanto, com os solos ocorre uma complicação adicional – pois a maioria não retorna à sua forma original quando a carga é retirada, retendo alguma deformação ou desgaste que pode ser permanente. Chamamos isso de comportamento **plástico**. Por exemplo, o Silly Putty™ (massa boba) é um material quase que perfeitamente plástico – quando recebe carga suficiente para causar alguma deformação e essa carga é retirada, quase nenhuma parte do desgaste é recuperada e o material mantém seu formato deformado.

Outra característica importante dos solos é que eles são materiais **não conservativos**, o que significa, na terminologia da engenharia mecânica, que eles têm uma "memória". Se um solo for carregado e depois descarregado, ele retém parte desse **histórico de tensões**, o que pode influenciar o comportamento do solo se receber uma carga posteriormente.

Os solos são, portanto, materiais extremamente complexos em termos do seu comportamento tensão-deformação-tempo. Por consequência, eles são alguns dos materiais de engenharia mais difíceis de modelar, tanto em termos mecânicos quanto em códigos de computador, uma vez que frequentemente possuem todas as características que acabamos de mencionar. Em resumo, os solos têm:

- relações tensão-deformação não lineares;
- resposta ao carregamento dependente do tempo (a parte – **visco**);
- algumas deformações recuperáveis quando carregados e depois descarregados (a parte elástica);
- algumas deformações irrecuperáveis quando carregados e descarregados (a parte plástica);
- uma memória que resulta de seu histórico de tensão.

A primeira parte deste capítulo trata de todas as questões mecânicas e comportamentais que acabamos de mencionar: não linearidade, dependência do tempo e resposta elástica e plástica à carga-descarga e o efeito do histórico de tensões. Na segunda parte, abordaremos a velocidade com que os solos passam pelo processo de adensamento e recalque. Como a maioria dos problemas de recalque na prática geotécnica estão associados aos solos argilosos, eles serão o foco principal deste capítulo.

7.2 COMPONENTES DO RECALQUE

Deformações ocorrem quando um depósito de solo recebe carga – por exemplo, de uma estrutura ou aterro feito pela ação humana. A deformação vertical total na superfície resultante da carga é chamada de **recalque**. O movimento pode ser voltado para baixo com um aumento na carga ou para cima (denominado **inchaço**) com uma diminuição na carga. Escavações de construções temporárias e escavações permanentes, como cortes em rodovias, causarão redução na tensão e poderão resultar em inchaço. Conforme mostrado no Capítulo 5, um rebaixamento do lençol freático também causará um aumento nas tensões efetivas no solo, o que levará a recalques. Outro aspecto importante sobre os recalques, em especial em solos de granulações finas, é que eles são frequentemente dependentes do tempo.

Ao projetar bases para estruturas de engenharia, temos interesse em saber quanto recalque ocorrerá e com que velocidade o fenômeno se dará. O excesso de recalque pode causar danos estruturais, além de outros danos, sobretudo se ocorrer rapidamente. O recalque total s_t de um solo carregado tem três componentes, ou

$$s_t = s_i + s_c + s_s \tag{7.1}$$

onde s_i = o recalque imediato;

s_c = o adensamento (dependente do tempo) do recalque;

s_s = a compressão secundária (também dependente do tempo).

O recalque imediato, embora não seja de fato elástico, costuma ser estimado usando a teoria elástica em solos argilosos. As equações para esse componente de recalque são, em princípio, semelhantes às da deformação de um pilar sob uma carga axial **P** onde a deformação é igual a **PL/AE**. Na maioria das bases, entretanto, a aplicação de carga costuma ser tridimensional, causando certa distorção dos solos de base, motivo pelo qual às vezes chamamos isso de recalque por **distorção**.

A maioria dos recalques que ocorrem em solos de granulações grosseiras é imediata. O motivo é que esses solos costumam ter uma permeabilidade tão alta que qualquer água ou ar que precise escapar para que os solos se comprimam podem se manifestar muito rapidamente. O assentamento por distorção pode ser apreciável em certos solos de granulações finas, mesmo que não ocorra compressão – a permeabilidade é baixa demais para que a água escape rapidamente e permita que os mesmos fiquem comprimidos. Os recalques imediatos devem ser considerados ao projetarmos bases rasas, sobretudo para estruturas que são sensíveis a recalques rápidos.

Os métodos para calcular o recalque imediato de bases rasas em solos argilosos são apresentados no Capítulo 10.

O recalque de adensamento é um processo dependente do tempo que ocorre em solos saturados de granulações finas e com baixo coeficiente de permeabilidade. A velocidade do recalque depende da velocidade de drenagem da água nos poros. A compressão secundária, que também depende do tempo, ocorre sob tensão efetiva constante e sem alterações subsequentes na pressão da água nos poros. A compressibilidade dos geomateriais é discutida na primeira parte deste capítulo, enquanto a taxa de tempo de adensamento e a compressão secundária serão discutidas a partir da Seção 7.12.

7.3 COMPRESSIBILIDADE DE SOLOS

Suponhamos, por enquanto, que as deformações da nossa camada compressível de solo ocorrem em apenas uma dimensão. Um exemplo seria a deformação causada por um aterro que cobre uma grande extensão areal. Mais adiante, discutiremos o que acontece quando uma estrutura de tamanho finito aplica uma carga ao solo e produz deformação.

Quando um solo recebe uma carga, ele se comprimirá devido a

1. deformação dos grãos do solo;
2. compressão de ar e água nos espaços vazios; e/ou
3. expelir a água e o ar para fora dos espaços vazios.

Em cargas típicas de engenharia, a quantidade de compressão dos grãos minerais dos solos é pequena e geralmente pode ser desprezada. Com frequência, solos compressíveis são encontrados abaixo do lençol freático e podem ser considerados totalmente saturados (em geral, assumimos 100% de saturação para a maioria dos problemas de recalque). Assim, a compressão do fluido poroso pode ser desprezada. Portanto, o item 3 é o que mais contribui para a variação volumétrica dos depósitos de solo carregados. À medida que o fluido dos poros é expelido, os grãos do solo se reorganizam em uma configuração mais estável e mais densa, resultando em diminuição no volume e no assentamento da superfície. A rapidez com que esse processo ocorre depende principalmente da permeabilidade do solo. A quantidade de rearranjo e compressão que ocorrerá depende da rigidez do esqueleto do solo, que é uma função da estrutura do mesmo. A estrutura do solo, conforme discutido no Capítulo 3, depende do histórico geológico e de engenharia do depósito.

Considere o caso em que materiais granulares são comprimidos unidimensionalmente. A curva mostrada na Figura 7.1a é típica para areias em compressão em termos de tensão-deformação; a Figura 7.1b mostra os mesmos dados de uma curva de razão de espaços vazios *versus* pressão. Observe que é comum girar os eixos coordenados 90° ao plotar e em relação a σ_v. A Figura 7.1c mostra a compressão contra o tempo; note a rapidez com que a compressão ocorre. As deformações ocorrem em um tempo muito curto devido à permeabilidade relativamente alta dos solos granulares. É muito fácil que a água (e o ar) dos espaços vazios sejam espremidos para fora. Com frequência, em termos práticos, a compressão das areias ocorre durante a construção, e, como resultado, a maior parte dos recalques já ocorreu no momento da conclusão da estrutura. No entanto, por ocorrerem tão rapidamente, mesmo os recalques totais relativamente pequenos das camadas granulares podem ser prejudiciais para uma estrutura que seja sensível a recalques rápidos. O recalque de solos granulares é estimado usando-se a Equação (7.1) com s_c e s_s desconsiderados. Detalhes dessas análises podem ser encontrados no Capítulo 10.

Quando as argilas são sujeitas a cargas, devido à sua permeabilidade relativamente baixa, a sua compressão é controlada pela velocidade com que a água é expelida dos poros. Esse processo, denominado **adensamento**, é um fenômeno estresse-deformação-tempo. A deformação pode continuar por meses, anos ou até décadas. Esta é a diferença fundamental e única entre a compressão de materiais granulares e o adensamento de solos coesos: a compressão das areias ocorre quase instantaneamente, enquanto o adensamento é um processo muito dependente do tempo. A diferença nas velocidades de recalque depende da diferença nas permeabilidades.

O adensamento das argilas é facilmente explicado pela analogia da mola e do pistão mostrada na Figura 7.2. Um pistão P é carregado por uma tensão vertical (σ_v) e comprime uma mola dentro da câmara, que está cheia de água. A mola é análoga ao esqueleto mineral dos solos, enquanto a água no cilindro representa a água nos espaços vazios dos mesmos. A válvula V no topo do pistão representa a permeabilidade dos solos. No equilíbrio, quando a válvula está aberta, nenhuma água flui para fora porque a mola suporta a tensão completamente. Isto é análogo à situação em que uma camada de solo está em equilíbrio com o peso de todas as demais camadas de solo (chamadas de **capeamento**) acima dela. Um manômetro está conectado ao cilindro e mostra a pressão hidrostática u_o neste ponto específico do solo. Agora, a camada de solo é carregada por um incremento de tensão adicional $\Delta\sigma$ (Figura 7.2b). No início do processo de adensamento, suponhamos que a válvula V esteja fechada. Após a aplicação da tensão, a pressão é imediatamente transferida para a água dentro do cilindro. Como a água é relativamente incompressível e a válvula está fechada para que nenhuma água possa sair, não há deformação do pistão, e o manômetro indica $u_o + \Delta u$, onde $\Delta u = \Delta\sigma$, a tensão adicional agregada (Figura 7.2b). A pressão da água nos poros Δ é chamada de **excesso de pressão da água nos poros**, uma vez que excede a pressão hidrostática original u_o.

Para simular um solo coeso de granulação fina com baixa permeabilidade, podemos abrir a válvula e permitir que a água saia lentamente do cilindro sob o excesso de pressão inicial Δu. Com o tempo, à medida que a água flui para fora, a pressão da água diminui e gradualmente a tensão $\Delta\sigma$ é transferida para a mola, que é comprimida sob essa tensão. Finalmente, no equilíbrio (Figura 7.2c), nenhuma água mais é espremida para fora do cilindro, a pressão da água nos poros é novamente hidrostática e a mola está em equilíbrio com o capeamento e a tensão aplicada, $\sigma_v + \Delta\sigma$.

Embora o modelo seja bastante rudimentar, o processo é análogo ao que acontece quando solos coesos são carregados no campo e no laboratório. Inicialmente, toda a tensão externa é transferida para o excesso de pressão de água nos poros. Assim, a princípio não há alteração na tensão efetiva no solo, uma vez que a tensão total adicional é exatamente igual à quantidade de pressão dos poros adicionais [Equação (5.8)]. Gradualmente, à medida que a água é expelida sob um gradiente de pressão, o esqueleto do solo se comprime e as tensões efetivas aumentam.

A compressibilidade da mola é análoga à compressibilidade do esqueleto do solo. Eventualmente, o excesso de pressão nos poros torna-se zero e a pressão da água nos poros é igual à pressão hidrostática antes do carregamento.

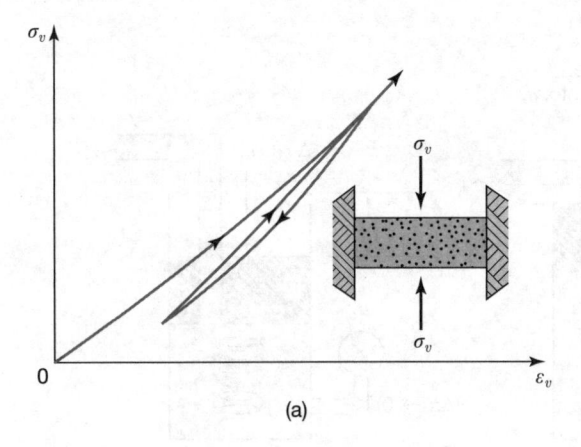

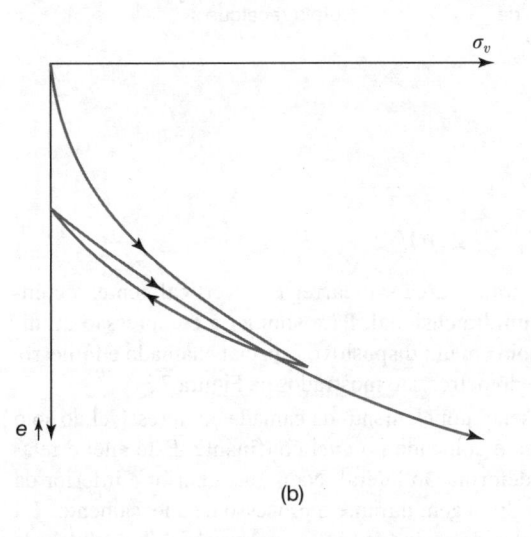

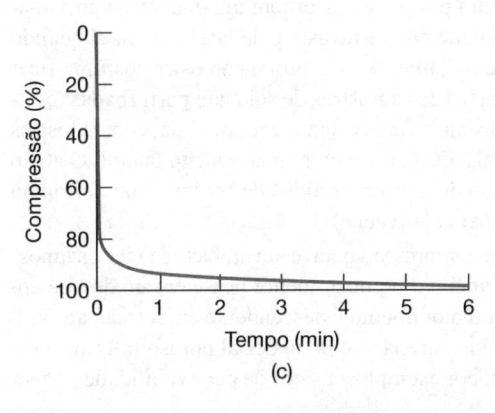

FIGURA 7.1 Curvas tensão-deformação e tensão-tempo para uma areia típica: tensão *versus* deformação (a); índice de vazios *versus* pressão (b); compressão *versus* tempo (c) (adaptada de Taylor, 1948).

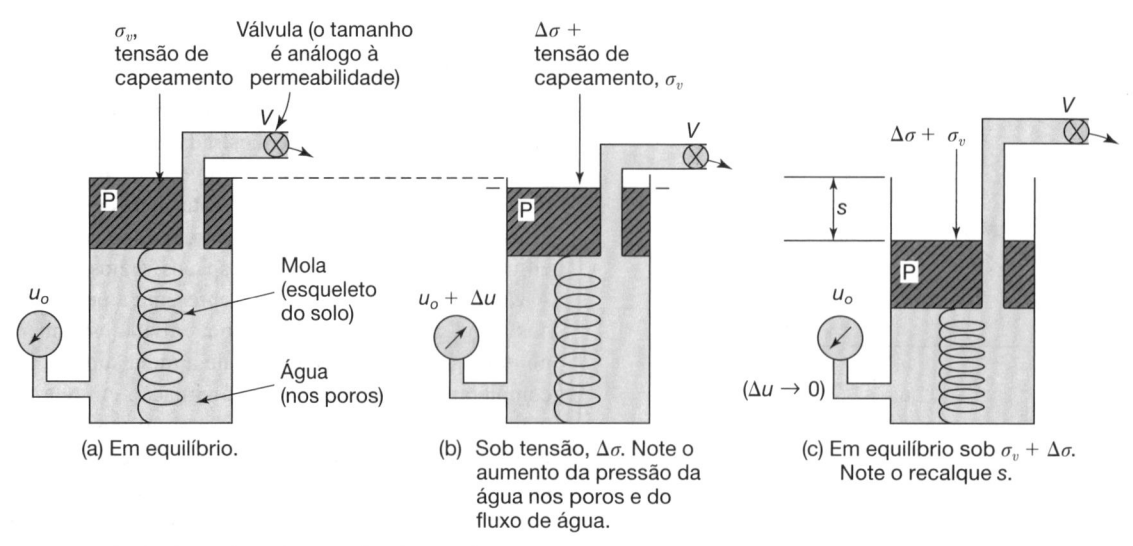

FIGURA 7.2 Analogia de mola e pistão aplicada ao adensamento.

7.4 ENSAIO DE ADENSAMENTO UNIDIMENSIONAL

Quando camadas de solo que cobrem uma grande área são carregadas verticalmente, a compressão pode ser interpretada como sendo unidimensional. Para simular a compressão unidimensional em laboratório, comprimimos o solo em um dispositivo especial chamado **edômetro**. Os componentes principais de dois tipos de edômetros são mostrados na Figura 7.3.

Uma amostra de solo intacta, que representa um elemento da camada compressível do solo sob investigação, é cuidadosamente aparada e colocada no anel confinante. Este anel é relativamente rígido, de modo que não ocorre deformação lateral. Na parte superior e inferior da amostra, há cristais porosos que permitem a drenagem durante o processo de adensamento. Tal material consiste, na realidade, em discos feitos de coríndon (Al_2O_3) sinterizado. Também pode ser utilizado latão muito poroso. Em geral, a pedra porosa superior tem um diâmetro aproximadamente 0,5 mm menor do que o anel, de modo que não se arrasta pela lateral do anel quando a amostra está sendo carregada. A relação entre o diâmetro e a altura da amostra costuma ficar entre 2,5 e 5 mm, e o diâmetro depende do diâmetro das amostras de solo não perturbadas testadas. Há mais perturbações de corte com amostras mais finas e, em menor medida, com amostras de menor diâmetro; por outro lado, amostras mais altas apresentam maior atrito lateral. O atrito lateral pode ser reduzido até certo ponto pelo uso de anéis revestidos de cerâmica ou Teflon ou pela aplicação de um lubrificante (p. ex., graxa para alto vácuo).

No **ensaio do anel flutuante** (Figura 7.3a), a compressão ocorre em ambas as faces da amostra de solo. Segundo Lambe (1951), o atrito do anel é um pouco menor nesse ensaio do que em um **ensaio de anel fixo** (Figura 7.3b), em que todo movimento é descendente em relação ao anel. A principal vantagem do ensaio de anel fixo é que a drenagem do material poroso inferior pode ser medida ou controlada de outra forma. Assim, por exemplo, ensaios de permeabilidade podem ser realizados no edômetro.

Durante o ensaio de adensamento, para estabelecer a relação entre carga e deformação do solo que está sendo testado, a carga aplicada e a deformação da amostra são cuidadosamente medidas. A tensão é, obviamente, calculada dividindo a carga aplicada pela área da amostra.

Na América do Norte, é comum carregar a amostra de forma incremental, seja por meio de um sistema mecânico de braço de alavanca ou por um cilindro pneumático ou de pressão

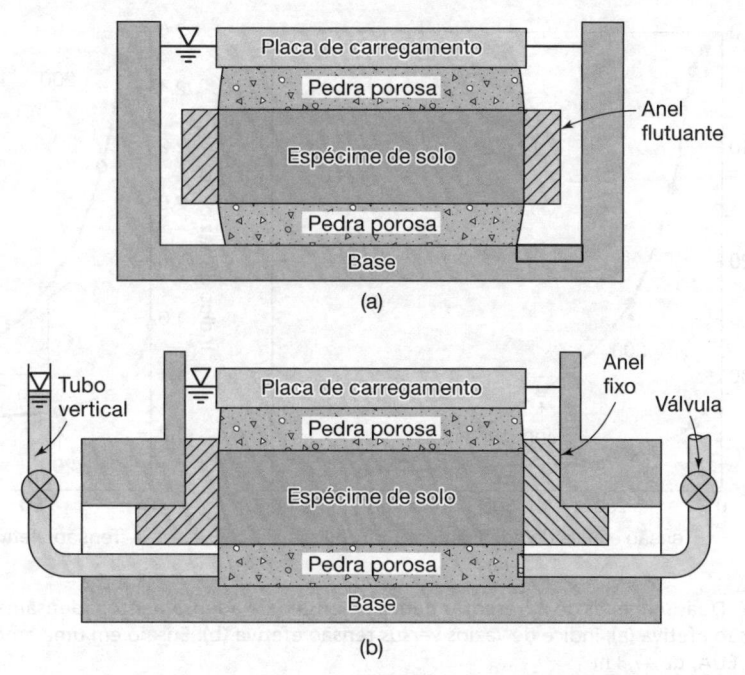

FIGURA 7.3 Seção transversal esquemática do aparelho de ensaio de adensamento, ou edômetro: edômetro de anel flutuante (a); edômetro de anel fixo (b) (adaptada de U.S. Army Corps of Engineers, 1986).

pneumático-hidráulico. Este ensaio é chamado de **ensaio de adensamento de carga incremental**, e o procedimento padrão é **ASTM D 2435**. Após cada incremento de tensão ser aplicado, a amostra pode adensar e chegar ao equilíbrio com pouca ou nenhuma deformação adicional e com o **excesso** de pressão de água nos poros dentro da amostra aproximadamente igual a zero. Assim, a tensão final ou de equilíbrio é uma **tensão efetiva**. O processo é repetido, em geral duplicando o incremento aplicado anteriormente, até que sejam obtidos pontos suficientes para definir de forma adequada a curva tensão-deformação.

O **edômetro de velocidade constante de deformação** também pode ser usado para determinar propriedades de adensamento (**ASTM D 4186**; Gorman et al., 1978). Nesse dispositivo, a amostra é carregada continuamente a uma velocidade constante de deformação ou desgaste, e a drenagem normalmente é permitida apenas na parte superior da amostra. Como resultado, o excesso de pressão dos poros existe na base e diminui gradualmente até zero na superfície superior. A taxa de deformação é controlada de modo que a pressão dos poros na base tenha entre 3 e 15% da carga aplicada no final do carregamento. A carga, a deformação e o excesso de pressão dos poros na base são medidos, e existem métodos analíticos (Smith e Wahls, 1969; Wissa et al., 1971) para interpretar os resultados. No entanto, esse ensaio tem certas limitações no tipo de dados que podem ser extraídos.

O objetivo do ensaio de adensamento é simular a compressão do solo sob determinadas cargas externas. O que estamos de fato medindo é o módulo do solo em compressão confinada (Figura 7.1a). Ao avaliarmos as características de compressão de uma amostra **representativa não perturbada**, poderemos prever o recalque da camada de solo no campo.

Os engenheiros usam vários métodos para apresentar dados de tensão-deformação. Dois deles são mostrados na Figura 7.4. No primeiro, a **porcentagem de adensamento** ou **deformação**

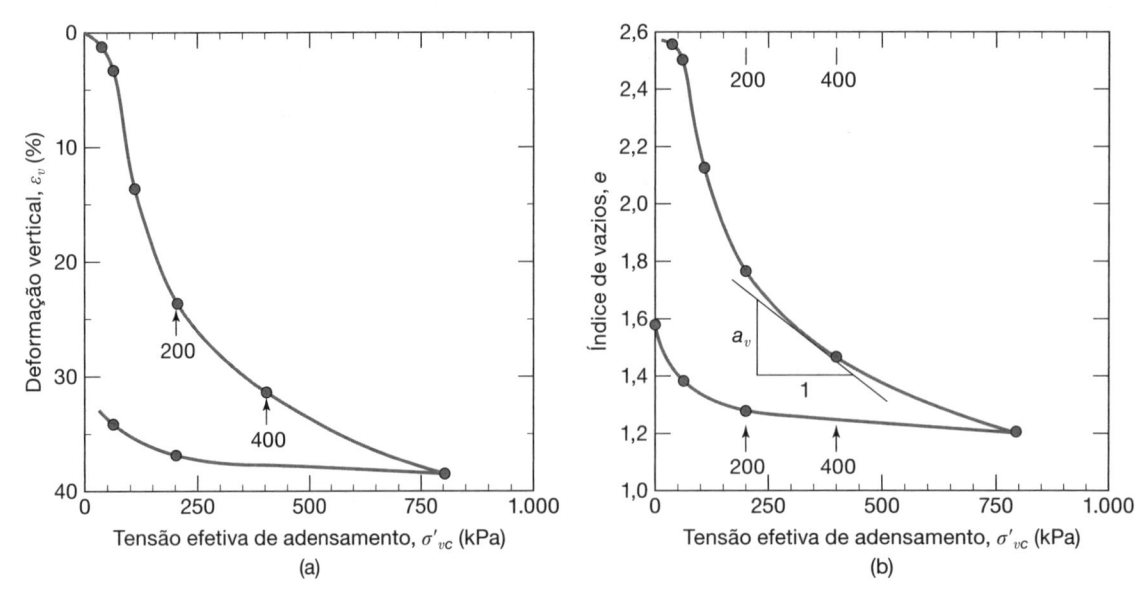

FIGURA 7.4 Duas maneiras de apresentar dados de ensaio de adensamento: adensamento percentual (ou deformação) *versus* tensão efetiva (a); índice de vazios *versus* tensão efetiva (b). Ensaio em uma amostra de lama da Baía de São Francisco, Califórnia, EUA, de −7,3 m.

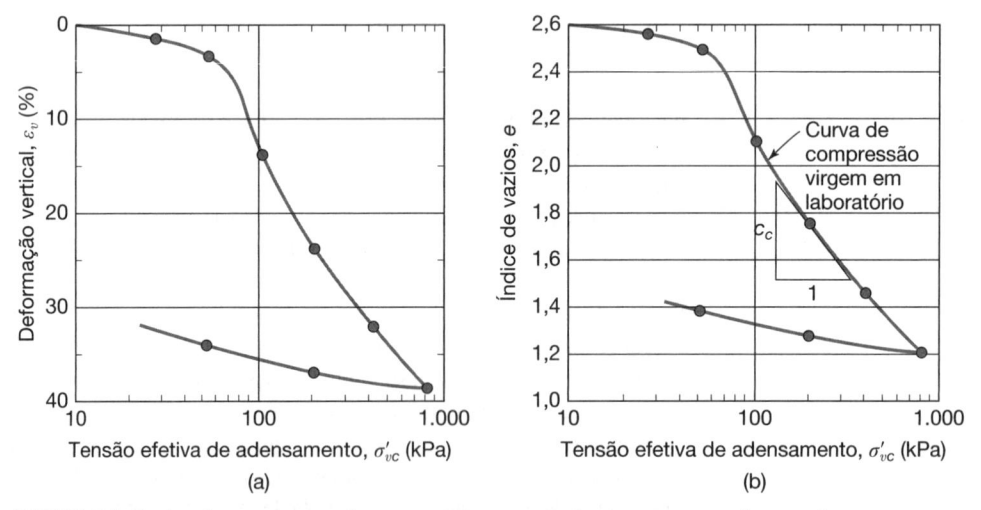

FIGURA 7.5 Dados do ensaio de adensamento apresentados como: porcentagem de adensamento (ou deformação) *versus* log de tensão efetiva (a); índice de vazios *versus* tensão efetiva logarítmica (b) (mesmos dados da Figura 7.4).

vertical é plotada em relação à tensão de equilíbrio ou de **adensamento efetivo**, σ'_{vc}. (Os subscritos *vc* referem-se ao adensamento vertical, ou a tensão efetiva.)

Uma segunda maneira de apresentar dados de tensão-deformação é relacionar o **índice de vazios** com a **tensão efetiva de adensamento**. Ambos os gráficos mostram que o solo é um material que endurece por deformação; isto é, o módulo (instantâneo) aumenta à medida que as tensões aumentam.

Como as relações tensão-deformação mostradas na Figura 7.4 são altamente não lineares, formas mais convencionais de apresentar os resultados de um ensaio de adensamento são mostradas na Figura 7.5. Os dados mostrados na Figura 7.4 são agora apresentados como porcentagem de adensamento (ou deformação vertical) e índice de vazios *versus* o **logaritmo** (base 10) da tensão efetiva de adensamento.

Pode-se observar que ambos os gráficos possuem duas porções aproximadamente retas conectadas por uma curva de transição suave. A tensão na qual ocorre a transição ou "quebra" nas curvas mostradas na Figura 7.5 é uma indicação da tensão máxima de sobrecarga vertical que esta amostra específica suportou no passado; essa tensão, que é muito importante na engenharia geotécnica, é conhecida como **pressão pré-adensamento**, σ'_p. Às vezes o símbolo p'_c ou o σ'_{vm} são utilizados, onde o *m* subscrito indica pressão máxima anterior. O σ'_p nos solos é análogo à tensão de escoamento nos metais.

7.5 PRESSÃO DE PRÉ-ADENSAMENTO E HISTÓRICO DE TENSÃO

Conforme já mencionado os solos têm uma "memória", por assim dizer, das tensões e de outras mudanças que ocorreram desde que foram depositados. Essas alterações fazem parte do histórico de tensões do solo e são preservadas na sua estrutura (Casagrande, 1932). Quando uma amostra de laboratório ou um depósito de solo no campo é carregado a um nível de tensão superior ao que alguma vez sofreu no passado, a estrutura do solo já não é capaz de sustentar o aumento da carga e começa a se decompor. Dependendo do tipo de solo e do seu histórico geológico, esta degradação pode resultar em uma diferença bastante drástica nas inclinações das duas porções da curva de adensamento. Em outras palavras, a região de transição pode ser pequena, e tais solos são frequentemente muito sensíveis até mesmo a pequenas mudanças nas tensões aplicadas. Com outros solos menos sensíveis, como os solos siltosos, nunca há realmente uma **quebra** na curva, porque o tecido altera-se gradualmente e ajusta-se à medida que a tensão aplicada aumenta. A porção inicial mais plana da curva de adensamento do índice de vazios-pressão logarítmica é chamada de porção de **readensamento**, e a parte após a mudança na inclinação é chamada de porção de **compressão virgem** (Figura 7.5b). Como o último nome indica, o solo nunca experimentou antes uma tensão maior do que a tensão ou pressão de pré-adensamento.

7.5.1 Adensamento normal, sobreadensamento e pressão de pré-adensamento

Dizemos que um solo é **normalmente adensado** quando a pressão de pré-adensamento σ'_p é exatamente igual à pressão de sobrecarga vertical efetiva atualmente existente σ'_{vo}, ou seja, $\sigma'_p = \sigma'_{vo}$. Se tivermos um solo cuja pressão de pré-adensamento é maior do que a pressão de capeamento existente, ou seja, $\sigma'_p > \sigma'_{vo}$, então dizemos que o solo está **sobreadensado** (ou **pré-adensado**). Podemos definir o **índice de sobreadensamento** (**OCR**, *overconsolidation ratio*), como a razão entre a tensão de pré-adensamento e a tensão de capeamento vertical efetiva existente, ou

$$\text{OCR} = \frac{\sigma'_p}{\sigma'_{vo}} \tag{7.2}$$

Os solos que são adensados normalmente têm um **OCR** = 1, e os solos com um **OCR** > 1 são sobreadensados. Também é possível encontrar um solo com **OCR** < 1, caso em que o solo estaria **subadensado**. O subadensamento pode ocorrer, por exemplo, em solos que foram depositados apenas recentemente, quer geologicamente ou pela atividade humana, e que ainda estão se adensando sob o seu próprio peso. Por exemplo, deslizamentos de terra submarinos geologicamente recentes, movimentos gravitacionais de massa, rejeitos de minas e lagoas de rejeitos com frequência são subadensados. Se a pressão da água nos poros fosse medida sob condições de subadensamento, a pressão seria superior à hidrostática.

Existem muitas razões pelas quais um solo pode estar sobreadensado. A causa pode ser uma mudança na tensão total ou uma mudança na pressão da água nos poros; ambas as mudanças alterariam a tensão efetiva. A deposição geológica seguida de erosão subsequente é um exemplo de uma mudança na tensão total que vai pré-consolidar os solos subjacentes. A dessecação das camadas superiores devido à secagem superficial também produzirá sobreadensamento. Às vezes, um aumento em σ'_p ocorre devido as mudanças havidas na estrutura dos solos e alterações no ambiente químico dos depósitos. A Tabela 7.1 lista alguns dos mecanismos que levam ao pré-adensamento dos solos (ver também Holtz, 1991).

TABELA 7.1 Mecanismos que causam pré-adensamento

Mecanismo	Observações e referências

Mudança na tensão total devido a:
    Remoção de sobrecarga
    Estruturas passadas
    Glaciação
	Erosão geológica ou escavação humana

Mudança na pressão da água nos poros devido a:
    Mudança na elevação do lençol freático
    Pressões artesianas
    Bombeamento profundo; fluxo para túneis
    Dessecação devido à secagem da superfície
    Dessecação devido à vida vegetal
	Kenney (1964) apresenta mudanças no nível do mar
	Comum em áreas glaciais
	Comum em muitas cidades
	Pode ter ocorrido durante a deposição
	Pode ter ocorrido durante a deposição

Mudança na estrutura do solo devido a: Compressão secundária (envelhecimento)[a]	Raju (1956) Leonards e Ramiah (1959) Leonards e Altschaefl (1964) Bjerrum (1967, 1972)
Mudanças ambientais, como pH, temperatura e concentração de sal	Lambe (1958a e b)
Alterações químicas devido ao intemperismo, precipitação, agentes cimentantes, trocas iônicas	Bjerrum (1967)
Mudança da taxa de deformação no carregamento[b]	Lowe (1974)

[a] A magnitude de (σ'_p/σ'_{vc}) relacionada à compressão secundária para depósitos naturais maduros de argilas altamente plásticas pode atingir valores de 1,9 ou superiores.
[b] Mais pesquisas são necessárias para determinar se este mecanismo deve substituir a compressão secundária.
Adaptada de Brumund et al. (1976). Reproduzida com permissão da National Academy of Sciences, cortesia de National Academies Press, Washington, D.C.

7.5.2 Determinação da pressão de pré-adensamento

Como é determinada a pressão de pré-adensamento? Diversos procedimentos foram propostos para determinar o valor de σ'_p. O mais popular é a construção de Casagrande (1936), ilustrada na Figura 7.6, em que uma curva típica de índice de vazios *versus* log-pressão é traçada para um solo argiloso. O procedimento também é aplicável a curvas (ε_v - *versus*-log- σ'_{vc}). O procedimento de Casagrande é o seguinte:

1. Escolha a olho nu o ponto de raio mínimo (ou curvatura máxima) na curva de adensamento (ponto A na Figura 7.6).
2. Desenhe uma linha horizontal a partir do ponto A.
3. Desenhe uma linha tangente à curva no ponto A.
4. Divida o ângulo feito nas etapas 2 e 3.
5. Estenda a parte reta da curva de compressão virgem até onde ela encontra a linha bissetriz obtida na etapa 4. O ponto de interseção dessas duas linhas é a tensão de pré-adensamento (ponto B da Figura 7.6).

Alguns engenheiros utilizam um método ainda mais simples para estimar a tensão de pré-adensamento. As duas porções lineares da curva de adensamento são estendidas; a sua intersecção define outra pressão de pré-adensamento "mais provável" (ponto C da Figura 7.6). Se pararmos para pensar, o σ'_p máximo possível está no ponto D, o σ'_p mínimo possível está no ponto E, a interseção da curva de compressão virgem estendida com uma linha horizontal desenhada a partir de e_o.

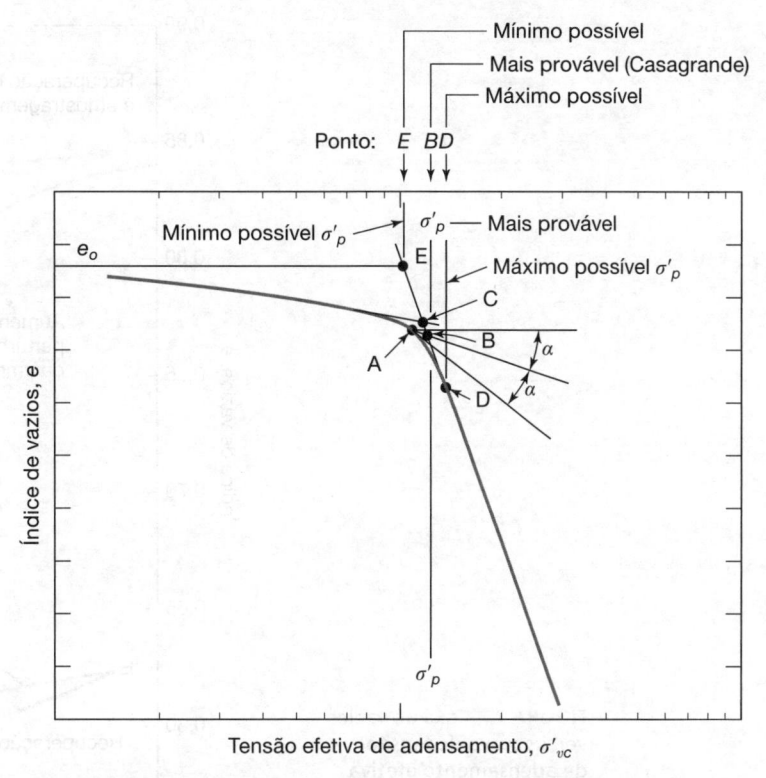

FIGURA 7.6 A construção de Casagrande (1936) para determinação da tensão de pré-adensamento. Também são mostradas as tensões de pré-adensamento mínimas possíveis, as mais prováveis e as máximas possíveis.

7.5.3 Histórico de tensão e pressão de pré-adensamento

Como é possível que os procedimentos gráficos simples descritos prevejam a pressão de pré-adensamento? Para entender o motivo, vamos acompanhar o histórico completo de tensão-deformação de um solo argiloso sedimentar durante a deposição, a amostragem e, finalmente, o recarregamento em laboratório pelo ensaio de adensamento. Esse histórico é mostrado na Figura 7.7. A linha OA representa a relação entre o índice de vazios e o logaritmo da tensão efetiva de um determinado elemento no solo durante a deposição. Nesse caso, o material adicional é depositado acima do nosso elemento, e o processo consolida o elemento no ponto A. Este ponto representa as coordenadas *in situ e versus* log σ'_{vc} do elemento de argila normalmente adensado. Quando uma sondagem é feita para amostrar o solo, as tensões de sobrecarga são removidas pela operação de amostragem, e a amostra se recupera ou incha ao longo da curva (tracejada) AB.

Quando a amostra de solo é transferida do tubo de amostragem para um anel edômetro e então recarregada no ensaio de adensamento, a curva de recarga (sólida) BC é obtida. Perto do ponto C, a estrutura do solo começa a quebrar e, se o carregamento continuar, a curva de compressão virgem de laboratório CD é obtida. Eventualmente, as curvas de campo e de laboratório OAD e BCD convergirão para além do ponto D. Se você realizar a construção de Casagrande na curva da Figura 7.7, descobrirá que a pressão de pré-adensamento mais provável está muito próxima do ponto A no gráfico, que é a pressão passada máxima real. Observações desse tipo permitiram a Casagrande desenvolver o seu procedimento gráfico para encontrar a tensão de pré-adensamento. Se a operação de amostragem fosse de má qualidade e ocorresse uma perturbação mecânica na estrutura do solo, uma curva diferente BC'D (pontilhada) resultaria no recarregamento da amostra no edômetro. Observe que, com a curva "perturbada", a tensão de

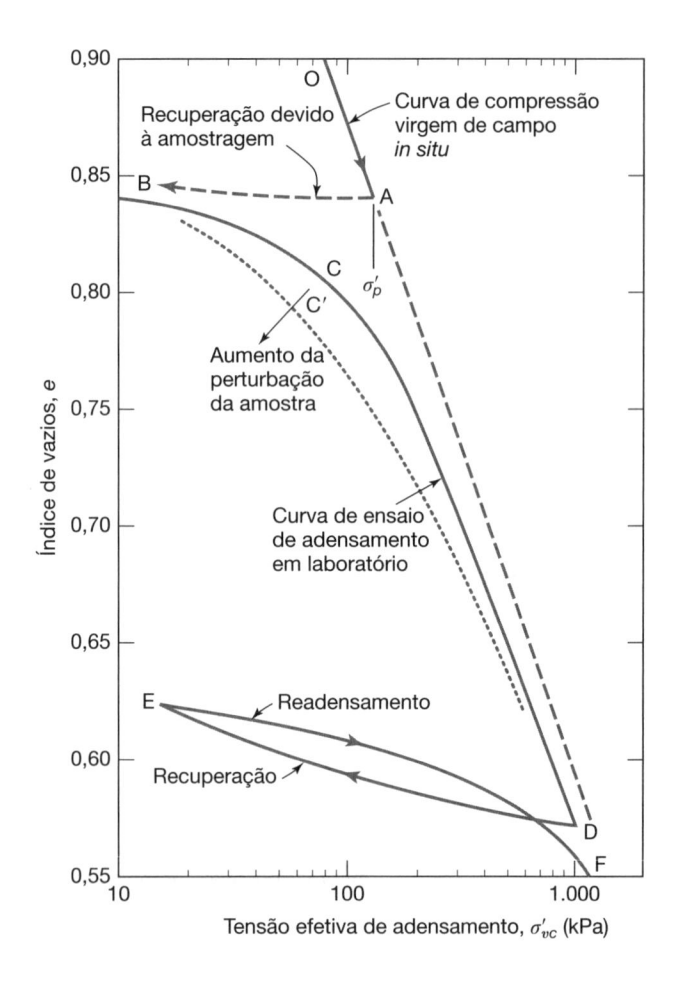

FIGURA 7.7 Taxa de vazios *versus* curva de tensão de adensamento efetiva logarítmica, ilustrando deposição, amostragem (descarga) e readensamento no aparelho de ensaio de adensamento.

pré-adensamento praticamente desapareceu com o aumento da perturbação mecânica; a curva de recarga se afastará do ponto A na direção da seta. A pressão de pré-adensamento é muito mais difícil de definir, porque a perturbação da amostra alterou a estrutura do solo, e o "ponto de ruptura" na curva de adensamento tornou-se mais obscuro.

No ensaio de adensamento, depois que a tensão máxima é atingida, a amostra é rebatida incrementalmente até a tensão essencialmente zero (pontos D a E da Figura 7.7). Esse processo permite determinar a taxa de vazios final, necessária para traçar toda a curva *e versus* log σ'_c. Às vezes, outro ciclo de recarga é aplicado, como as curvas E a F da Figura 7.7. Assim como acontece com a curva de readensamento inicial (BCD), esta curva de carregamento eventualmente se junta à curva de compressão virgem.

Exemplo 7.1

Contexto:

Os resultados do ensaio laboratorial de adensamento da Figura 7.7.

Problema:

Para a curva de compressão laboratorial (BCD): (a) determine a tensão de pré-adensamento utilizando o procedimento de Casagrande; (b) encontre os valores mínimo e máximo possíveis desta tensão; e (c) determine o OCR se a tensão efetiva de sobrecarga *in situ* for 80 kPa.

Solução:

a. Seguir as etapas da construção de Casagrande conforme mostrado na Figura 7.6. O σ'_p está em torno de 130 kPa.

b. Suponha que $e_o = 0{,}84$. O σ'_p mínimo possível é de cerca de 90 kPa, e o σ'_p máximo possível é de cerca de 200 kPa.
c. Use a Equação (7.2).

$$\text{OCR} = \frac{\sigma'_p}{\sigma'_{vo}} = \frac{130}{80} = 1{,}6$$

Devido às incertezas na determinação de σ'_p e σ'_{vo}, **OCRs** geralmente são dados com apenas uma casa decimal.

7.6 COMPORTAMENTO DE ADENSAMENTO DE SOLOS NATURAIS E COMPACTADOS

Curvas de adensamento típicas para uma ampla variedade de solos são apresentadas nas Figuras 7.8a até 7.8d. Você deve se familiarizar com os formatos gerais dessas curvas, especialmente em torno da tensão de pré-adensamento, para os diferentes tipos de solo. Além disso, estude a quantidade de compressão Δe, bem como as inclinações das várias curvas.

Os resultados do ensaio na Figura 7.8a são típicos de solos do baixo vale do rio Mississippi, perto de Baton Rouge, Louisiana, EUA. Esses solos, em especial siltes e siltes arenosos com estratos argilosos, são ligeiramente sobreadensados devido aos ciclos de molhagem e secagem durante seus ciclos deposicionais (Kaufman e Sherman, 1964). As Figuras 7.8b e 7.8c mostram resultados de ensaios de argilas fortemente sobreadensadas. Note as taxas de vazios muito baixas para os solos glaciais pré-comprimidos do Canadá na Figura 7.8b (MacDonald e Sauer, 1970). Os efeitos da perturbação nas amostras de tilitos predominantemente argilosos são mostrados na Figura 7.8c. Observe como as curvas de adensamento se movem para baixo e para a esquerda (ver Figura 7.7) à medida que a perturbação aumenta (Soderman e Kim, 1970). Curvas de compressão para outra argila canadense, uma argila marinha sensível chamada **laurentiana** ou **argila leda**, são mostradas na Figura 7.8d (Quigley e Thompson, 1966). Tanto a curva não perturbada quanto a remodelada são mostradas. A "ruptura" ou queda muito acentuada na curva não perturbada na tensão de pré-adensamento é típica de argilas muito sensíveis. Até então, a curva de compressão é muito plana, mas uma vez atingida esta tensão "crítica" ou de escoamento, a estrutura do solo quebra rápida e drasticamente.

A compressibilidade das argilas compactadas se dá em função do nível de tensão imposto à massa do solo. Em níveis de tensão relativamente baixos, as argilas compactadas a úmido são mais compressíveis. Em níveis elevados de tensão, o oposto é verdadeiro. Na Figura 7.9 pode-se observar que uma alteração maior na taxa de vazios (uma diminuição) ocorre no solo compactado a seco para uma determinada alteração (aumento) na pressão aplicada.

7.7 CÁLCULOS DE RECALQUE

Como os recalques são calculados? A Figura 7.10 mostra uma camada de solo de altura H composta por sólidos e vazios, conforme demonstrado no centro da figura. A partir das relações de fases descritas no Capítulo 2, podemos assumir que o volume dos sólidos V_s é igual à unidade e, portanto, o volume dos vazios e_o é igual ao índice de vazios inicial ou original. Finalmente, após a conclusão do adensamento, a coluna de solo teria a aparência mostrada no lado direito da Figura 7.10. O volume dos sólidos permanece o mesmo, é claro, mas o índice de vazios diminuiu na quantidade Δe. Como sabemos, a deformação linear é definida como uma mudança no comprimento dividida pelo comprimento original. Da mesma forma, podemos definir a deformação vertical em uma camada de solo como a razão entre a mudança na altura e a altura original da nossa coluna de solo. A deformação vertical ε_v, pode ser relacionada ao índice de vazios usando a Figura 7.10, ou

$$\varepsilon_v = \frac{\Delta L}{L_o} \text{ ou } \frac{\Delta H}{H_o} = \frac{s}{H_o} = \frac{\Delta e}{1 + e_o} \quad (7.3)$$

Resolvendo o cálculo *s* em termos de índice de nulidades, obtemos:

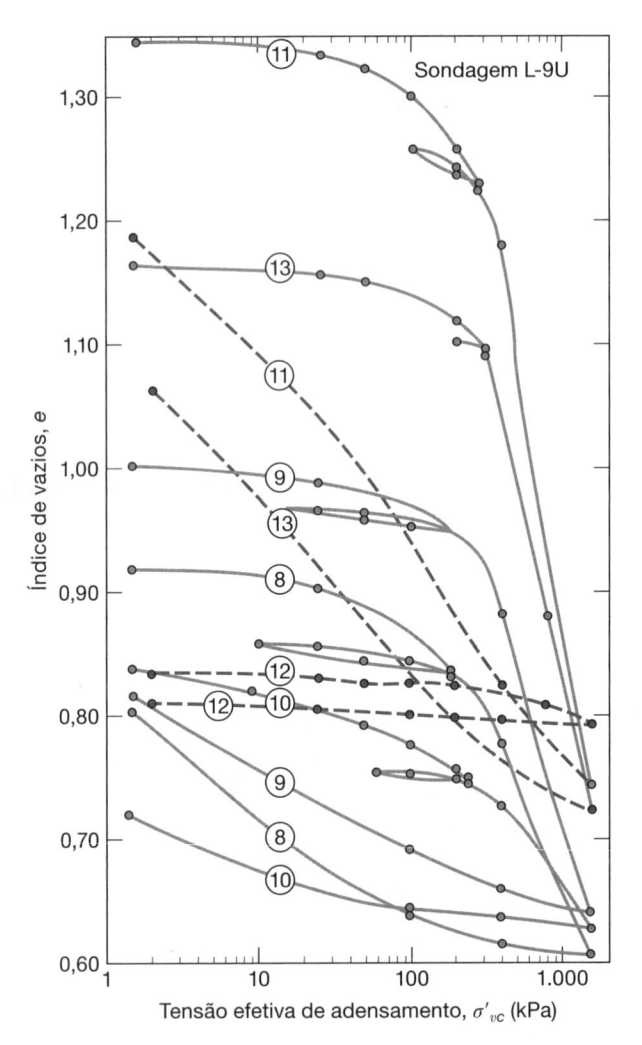

N° do ensaio	Elev. (m)	Classificação	Limites de Atterberg			w_n (%)	e_o	σ'_{vo} (kPa)	σ'_p (kPa)	C_c
			LL	PL	PI					
8	−8,8	CL-argila, macia	41	24	17	34,0	0,94	160	200	0,34
9	−9,8	CL-argila, firme	50	23	27	36,4	1,00	170	250	0,44
10	−17,1	ML-silte arenoso	31	25	6	29,8	0,83	230	350	0,16
11	−20,1	CH-argila, macia	81	25	56	50,6	1,35	280	350	0,84
12	−23,2	SP-areia	Não plástico			27,8	0,83	320	−	−
13	−26,2	CH-argila com estratos de silte	71	28	43	43,3	1,17	340	290	0,52

(a)

FIGURA 7.8a Argilas e siltes quase normalmente adensados (adaptada de Kaufman e Sherman, 1964).

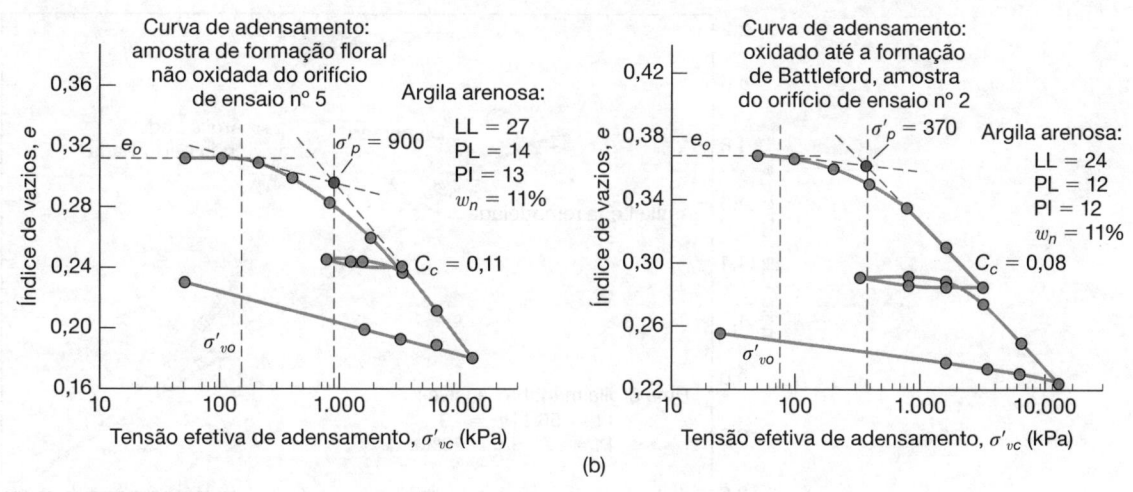

FIGURA 7.8b Tilito argiloso sobreadensado (adaptada de Macdonald e Sauer, 1970).

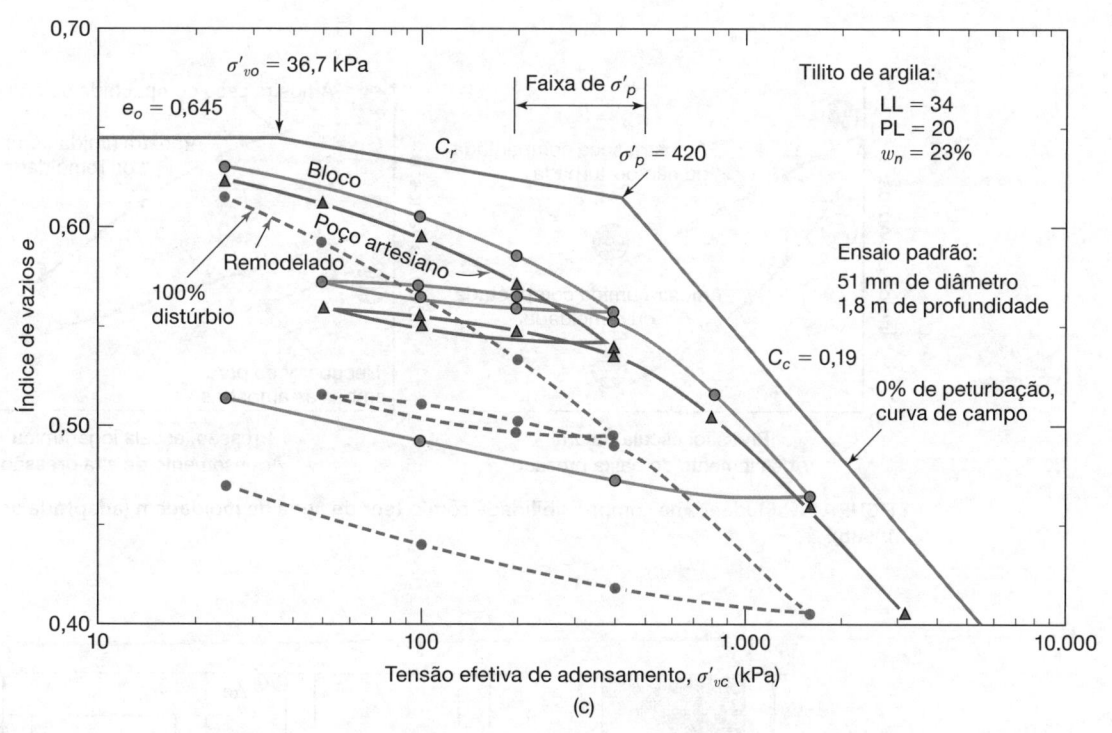

FIGURA 7.8c Tilitos argilosos sobreadensados, mostrando efeitos de diferentes tipos de amostragem (adaptada de Soderman e Kim, 1970).

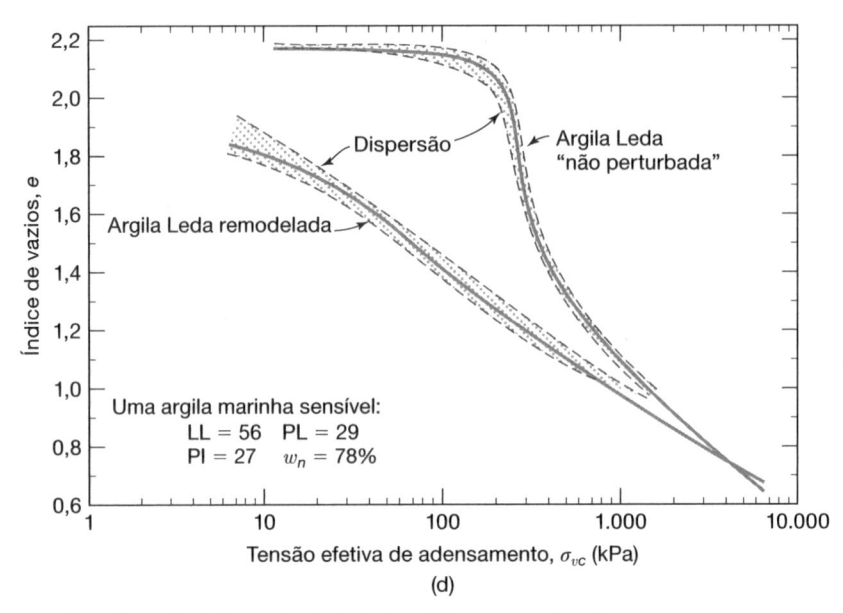

FIGURA 7.8d Argila Leda (adaptada de Quigley e Thompson, 1966).

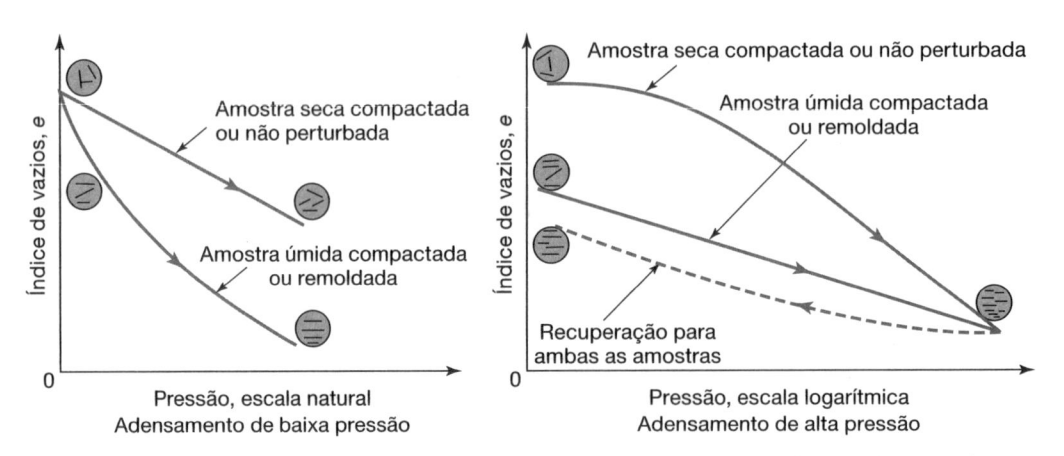

FIGURA 7.9 Mudança na compressibilidade com o teor de água de moldagem (adaptada de Lambe, 1958b).

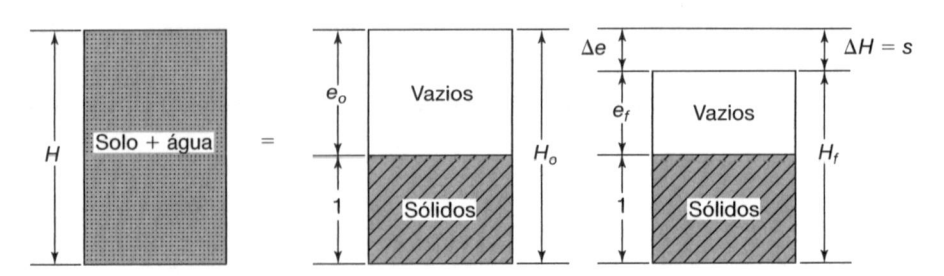

FIGURA 7.10 Cálculo de recalque a partir do diagrama de fases.

$$s = \frac{\Delta e}{1 + e_o} H_o = \varepsilon_v H_o \qquad (7.4)$$

Observe que a Equação (7.4) baseia-se apenas em relações de fases e aplica-se a todos os tipos de solo.

Exemplo 7.2

Contexto:

Antes da colocação de um aterro cobrindo uma grande área em um local, a espessura da camada compressível do solo era de 40 pés. Seu índice de vazios *in situ* original era de 0,85. Algum tempo após a construção do aterro, as medições indicaram que a razão média de vazios era de 0,78.

Problema:

Estime o recalque da camada de solo.

Solução:
Use a Equação (7.4).

$$s = \frac{\Delta e}{1 + e_o} H_o = \frac{0{,}85 - 0{,}78}{1 + 0{,}85} 0{,}40 \text{ pés} = 1{,}51 \text{ pés}$$

Quando conhecemos a relação entre índice de vazios e tensão efetiva, podemos calcular o recalque de uma camada compressível devido à tensão aplicada. Esta relação é, obviamente, determinada a partir de um ensaio unidimensional de compressão ou adensamento, e já mostramos diversas maneiras de exibir os resultados do ensaio. A inclinação da curva de compressão, quando os resultados são plotados aritmeticamente, é chamada de **coeficiente de compressibilidade** a_v, ou

$$a_v = \frac{-de}{d\sigma'_v} \qquad (7.5a)$$

como a curva não é linear (ver Figuras 7.1b e 7.4b), a_v é aproximadamente constante apenas em um pequeno incremento de pressão, σ'_1 a σ'_2 ou

$$a_v = \frac{-\Delta e}{\Delta \sigma'_v} = \frac{e_1 - e_2}{\sigma'_2 - \sigma'_1} \qquad (7.5b)$$

onde os índices de vazios e_1 e e_2 correspondem às respectivas pressões σ'_1 e σ'_2.

Exemplo 7.3

Contexto:

A curva de compressão mostrada na Figura 7.4b.

Problema:

Calcule o coeficiente de compressibilidade a_v para o incremento de carga de tensão de 250 a 500 kPa.

Solução:
Na Figura 7.4b, descobrimos que os índices de vazios correspondentes a essas tensões são $e_1 = 1.66$ e $e_2 = 1,37$. Usando a Equação (7.5b), temos

$$a_v = \frac{1,66 - 1,36}{500 - 250} = -0,00116 \text{ por kPa}$$

Note que as unidades de a_v são **recíprocas** em relação às da tensão, ou 1/kPa ou m²/kN (ou pés²/lb); a_v poderia ser relatado como 1,16 m²/N.

Quando os resultados do ensaio são plotados em termos da porcentagem de adensamento ou deformação, como na Figura 7.4a, então a inclinação da curva de compressão é o coeficiente de mudança de volume m_v ou

$$m_v = \frac{d\varepsilon_v}{d\sigma'_v} = \frac{\Delta\varepsilon_v}{\Delta\sigma'_v} = \frac{a_v}{1+e_o} = \frac{1}{D} \quad (7.6)$$

onde ε_v é a compressão vertical ou desgaste [Equação (7.3)], e D é o **módulo restrito**. Na compressão unidimensional, ε_v é igual a $\Delta e/(1+e_o)$.

Exemplo 7.4

Contexto:

A curva de compressão mostrada na Figura 7.4a.

Problema:

a. Calcule o coeficiente de variação de volume m_v para o incremento de carga de tensão de 250 a 500 kPa.
b. Determine o módulo restrito D.

Solução:

a. Na Figura 7.4a, ε_v correspondente a σ'_v de 250 kPa é 26,1% e ε_v correspondente a 500 kPa é 33,6%. Use a Equação (7.6)

$$m_v = \frac{0,336 - 0,261}{500 - 250} = 0,0003 \text{ por kPa}$$

Tal como acontece com a_v, as unidades de m_v são recíprocas em relação às de tensão.

b. O módulo restrito é o recíproco de m_v, ou

$$D = 3.342 \text{ kPa}$$

Exemplo 7.5

Contexto:

Os resultados dos Exemplos 7.3 e 7.4.

Problema:

Mostre que $m_v = a_v/(1+e_o)$ para o incremento de 250 a 500 kPa.

Solução:
Dos Exemplos 7.3 e 7.4, $a_v = 0{,}0015$ por kPa e $m_v = 0{,}0003$ por kPa. Da Figura 7.4b, $e_o = 2{,}60$

$$m_v = \frac{a_v}{1 + e_o} = \frac{0{,}00116}{1 + 2{,}6} = 0{,}0003 \text{ ou igual ao anterior.}$$

Quando os resultados dos ensaios são plotados em termos do índice de vazios *versus* o logaritmo da tensão efetiva (Figura 7.5b), então a inclinação da curva de compressão virgem é chamada de índice de compressão, C_c, ou

$$C_c = \frac{-de}{d \log \sigma_v} = \frac{e_1 - e_2}{\log \sigma_2' - \log \sigma_1'} = \frac{e_1 - e_2}{\log \frac{\sigma_2'}{\sigma_1'}} \qquad (7.7)$$

Exemplo 7.6

Contexto:

Os dados do ensaio de adensamento da Figura 7.5b.

Problema:

Determine o índice de compressão deste solo (a) pela Equação (7.7) e (b) graficamente.

Solução:

a. A curva de compressão virgem da Figura 7.5b é aproximadamente linear de 100 a 800 kPa. Pelo menos podemos determinar a inclinação média entre esses dois pontos. Portanto, da Equação (7.7) temos

$$C_c = \frac{2{,}10 - 1{,}21}{\log \frac{800}{100}} = 0{,}99$$

Note que C_c é adimensional.

b. Para determinar C_c graficamente, notamos que

$$\log \frac{\sigma_2'}{\sigma_1'} = \log \frac{1{.}000}{100} = \log 10 = 1$$

Portanto, se encontrarmos a diferença no índice de vazios da curva de compressão virgem ao longo de **um ciclo logarítmico**, automaticamente teremos o C_c pelo fato do denominador da Equação (7.7) ser 1. Se você fizer isso para o ciclo logarítmico de 100 a 1.000 kPa, por exemplo, descobrirá que Δe é ligeiramente menor que 1,0 para uma linha paralela à inclinação média entre 100 e 800 kPa. Portanto C_c é um pouco menor que 1,0, o que verifica o cálculo da parte a.

Exemplo 7.7

Contexto:

Os dados do ensaio de adensamento da Figura 7.8a.

Problema:

Determine o C_c dos ensaios 9 e 13.

Solução:
Podemos usar a Equação (7.7) ou fazer isso graficamente. Para o ensaio 9, usa-se também a Equação (7.7),

$$C_c = \frac{0{,}88 - 0{,}64}{\log\frac{1500}{400}} = 0{,}42$$

Isto está próximo do que Kaufman e Sherman (1964) obtiveram (0,44), conforme mostrado na Figura 7.8a. Como a curva de compressão virgem não é exatamente uma linha reta além de σ'_p, o valor de C_c depende de onde você determina a inclinação.

Para o ensaio 13, encontre Δe para o ciclo logarítmico de 300 a 1.000 kPa:

$$\Delta e = 1{,}09 - 0{,}83 = 0{,}26; \quad \text{logo} \quad C_c = 0{,}50$$

A inclinação da curva de compressão virgem quando os resultados do ensaio são plotados como porcentagem de adensamento ou deformação vertical *versus* logaritmo da tensão efetiva (Figura 7.5a) é chamado de **índice de compressão modificado** $C_{c\varepsilon}$. Isso é expresso como:

$$C_{c\varepsilon} = \frac{\Delta \varepsilon_v}{\log\frac{\sigma'_2}{\sigma'_1}} \quad (7.8)$$

Às vezes $C_{c\varepsilon}$ é chamado de **taxa de compressão**. A relação entre o índice de compressão modificado $C_{c\varepsilon}$ e o índice de compressão C_c é dado por

$$C_{c\varepsilon} = \frac{C_c}{1 + e_o} \quad (7.9)$$

Observe que não há realmente nada **modificado** em $C_{c\varepsilon}$; em vez disso, o termo é usado para diferenciá-lo do índice de compressão C_c. O termo **modificado** vem da prática da mecânica dos solos na Califórnia, EUA, no início da década de 1940.

Exemplo 7.8

Contexto:

Os dados de adensamento da Figura 7.5a.

Problema:

Determine o índice de compressão modificado deste solo (a) pela Equação (7.8) e (b) graficamente. (c) Verifique o C_c do Exemplo 7.6 e da Equação (7.9).

Solução:
Resolva este problema exatamente como no Exemplo 7.6.

  a. Considere a curva de compressão virgem como sendo aproximadamente uma linha reta na faixa de tensão de 100 a 800 kPa. Assim, usando a Equação (7.8), temos

$$C_{c\varepsilon} = \frac{0{,}38 - 0{,}14}{\log\frac{800}{100}} = 0{,}27$$

  b. Para encontrar $C_{c\varepsilon}$ graficamente, escolha qualquer ciclo logarítmico conveniente; neste caso utilize o ciclo 100 a 1.000 kPa. Então o $\Delta\varepsilon_v$ para este ciclo é 38 – 10 = 28%, ou $C_{c\varepsilon} = 0{,}28$, o que marca a parte a adequadamente.

c. Suponha que $e_o = 2{,}60$ da $C_{c\varepsilon}$. Use a Equação (7.9). Portanto,

$$C_c = C_{c\varepsilon}(1 + e_o) = 0{,}27(1 + 2{,}6) = 0{,}97,$$

que está próximo do valor C_c do Exemplo 7.6.

Exemplo 7.9

Contexto:

O índice de vazios *versus* dados logarítmicos de pressão efetiva mostrados na Figura Ex. 7.9.

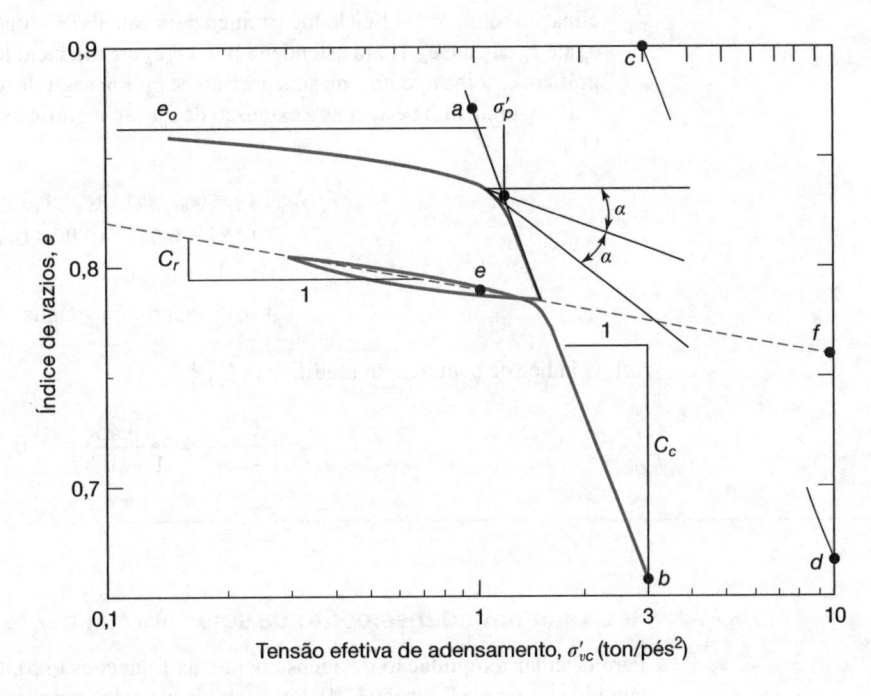

FIGURA Ex. 7.9

Problema:

Determine a pressão pré-adensamento σ'_p (a); o índice de compressão C_c (b); e o índice de compressão modificado $C_{c\varepsilon}$ (c).

Solução:

a. Execute a construção de Casagrande de acordo com o procedimento descrito na Seção 7.5 e encontre $\sigma'_p \approx 1{,}2$ ton/pés².

b. Por definição [Equação (7.7)],

$$C_c = \frac{\Delta e}{\log \dfrac{\sigma'_2}{\sigma'_1}}$$

Usando os pontos "a" e "b" da Figura Ex. 7.9, $e_a = 0{,}87$, $e_b = 0{,}66$, $\sigma'_a = 1$ ton/pé², e $\sigma'_b = 3$ ton/pés². Portanto,

$$C_c = \frac{e_a - e_b}{\log \frac{\sigma'_b}{\sigma'_a}} = \frac{0{,}87 - 0{,}66}{\log \frac{3}{1}} = \frac{0{,}21}{0{,}477} = 0{,}44$$

Uma segunda forma gráfica é encontrar Δe ao longo de um ciclo; por exemplo,

$$\log \frac{1.000}{100} = \log 10 = 1$$

Feito isso, $C_c = \Delta e$. Na Figura Ex. 7.9, a escala vertical não é suficiente para estender uma inclinação sobre $\Delta \sigma' = 1$ ciclo logarítmico para calcular C_c, mas pode ser feito em duas etapas, e_a até e_b e e_c até e_d. (Para estender a linha $\overline{e_a e_b}$ até um ciclo logarítmico completo no **mesmo** gráfico, escolha e_c com a mesma pressão de e_b. Em seguida, trace a linha $\overline{e_c e_d}$ paralela a $\overline{e_a e_b}$. Esta segunda linha é apenas a extensão de $\overline{e_a e_b}$ se o gráfico se estender abaixo do mostrado.) Ou,

$$\Delta e = C_c = (e_a - e_b) + (e_c - e_d)$$
$$= (0{,}87 - 0{,}66) + (0{,}90 - 0{,}66)$$
$$= 0{,}215 + 0{,}236$$
$$= 0{,}45, \text{ ou próximo a igual ao anterior}$$

c. O índice de compressão modificada $C_{c\varepsilon}$ é

$$C_{c\varepsilon} = \frac{C_c}{1 + e_o} = \frac{0{,}45}{1 + 0{,}87} = 0{,}24$$

7.7.1 Recalque por adensamento de solos normalmente adensados

Para calcular a liquidação de adensamento, as Equações (7.5), (7.6) ou (7.7) e (7.8) podem ser combinadas com a Equação (7.4). Por exemplo, usando as Equações (7.7) e (7.4), obteremos:

$$s_c = C_c \frac{H_o}{1 + e_o} \log \frac{\sigma'_2}{\sigma'_1} \tag{7.10}$$

Se o solo for normalmente consolidado, então σ'_1 seria igual à tensão de sobrecarga vertical existente σ'_{vo} e σ'_2 incluiria a tensão adicional $\Delta \sigma_v$ aplicada pela estrutura, ou

$$s_c = C_c \frac{H_o}{1 + e_o} \log \frac{\sigma'_{vo} + \Delta \sigma_v}{\sigma'_{vo}} = C_c \frac{H_o}{1 + e_o} (\log \sigma'_{vf} - \log \sigma'_{vo}) \tag{7.11}$$

Ao calcular o recalque por meio do adensamento percentual em relação à curva de tensão efetiva logarítmica, Equação (7.8), é combinada com a Equação (7.4) para obtermos

$$s_c = C_{c\varepsilon} H_o \log \frac{\sigma'_2}{\sigma'_1} \tag{7.12}$$

ou, análogo à Equação (7.11), para argilas normalmente consolidadas,

$$s_c = C_{c\varepsilon} H_o \log \frac{\sigma'_{vo} + \Delta \sigma_v}{\sigma'_{vo}} = C_{c\varepsilon} H_o (\log \sigma'_{vf} - \log \sigma'_{vo}) \tag{7.13}$$

Outras equações de liquidação semelhantes podem ser derivadas se usarmos a_v e m_v. Nesse caso, deve ser utilizada a tensão média para um determinado incremento de tensão, uma vez que as curvas de compressão são não lineares.

Exemplo 7.10

Contexto:

Os resultados dos ensaios mostrados nas Figuras 7.4 e 7.5 são representativos da compressibilidade de uma camada de 45 pés de lama normalmente consolidada da Baía de São Francisco, Califórnia, EUA. A taxa de vazios inicial é de cerca de 2,6.

Problema:

Estime o recalque de adensamento de um grande aterro no local se o aumento médio da tensão total na camada de argila for 200 psf.

Solução:

Primeiro estime a tensão de pré-adensamento em cerca de 70 kPa (ou 1.462 psf). Como a argila é normalmente adensada, $\sigma'_p \approx \sigma'_{vc}$. Use os resultados dos Exemplos 7.6 e 7.8. C_c é 0,99 e $C_{c\varepsilon}$ é 0,27. Use a Equação (7.11).

$$s_c = 0,99\left(\frac{45 \text{ pés}}{1 + 2,6}\right)\log\frac{1.462 + 200}{1.462} = 0,67 \text{ pé}$$

Use a Equação (7.13).

$$s_c = 0,27(45 \text{ pés})\log\frac{1.462 + 200}{1.462} = 0,67 \text{ pé}$$

Com um lençol freático alto, o recalque real seria ainda um pouco menor, uma vez que o aterro que estava acima do lençol freático logo ficaria submerso. Assim, a carga de enchimento resultante seria reduzida. Para levar esse aspecto em consideração, são necessários cálculos de tentativa e erro.

Existem algumas razões para a popularidade na prática de engenharia do uso da porcentagem de adensamento ou deformação vertical *versus* curva de tensão efetiva logarítmica para calcular recalques. Primeiro, estimar os recalques do campo é simples. É possível ler a porcentagem de compressão diretamente no gráfico, depois de ter uma boa estimativa da tensão de sobrecarga vertical *in situ*.

Outra razão pela qual os gráficos de porcentagem de adensamento *versus* tensão efetiva logarítmica são populares é que, **durante** o ensaio de adensamento, é muitas vezes desejável saber qual é o formato da curva de compressão, para poder obter uma avaliação antecipada da pressão de pré-adensamento. A curva de índice de vazios *versus* log de tensão efetiva não pode ser plotada durante o ensaio, porque devemos conhecer os valores inicial e final do índice de vazios. Esse cálculo requer a determinação da massa seca de sólidos, que só pode ser determinada no **final** do ensaio. Portanto, a curva de *e versus* log σ'_{vc} não pode ser plotada durante o ensaio. No entanto, a curva percentual de adensamento *versus* pressão logarítmica pode ser traçada enquanto o ensaio está **sendo** realizado. Outra vantagem é que quando se aproxima a pressão de pré-adensamento, os incrementos de carga colocados na amostra podem ser reduzidos para definir com mais cuidado a transição entre a curva de recarga e a curva de compressão virgem. Além disso, o ensaio pode ser interrompido quando dois ou três pontos definem a parte reta da curva de compressão virgem. Finalmente, como Ladd (1971) apontou, duas amostras podem mostrar gráficos *e versus* log σ'_{vc} muito diferentes, mas terem curvas de deformação vertical *versus* log de tensão efetiva semelhantes devido às diferenças no índice de vazios inicial.

Exemplo 7.11

Contexto:

Os dados do Exemplo 7.10.

Problema:

Estime o recalque *diretamente* da Figura 7.5a.

Solução:

Se a tensão de pré-adensamento for de cerca de 70 kPa (ou 1.462 psf), a tensão final após o carregamento será de 80 kPa (~ 200 psf de aumento de tensão). Consulte a Figura 7.5a. Em σ'_p que é igual a σ'_{vo} uma vez que é normalmente adensado, ε_v é cerca de 5,5%. Em $\sigma'_v = 80$ kPa, ε_v é cerca de 7,5%. Portanto, $\Delta\varepsilon_v$ é 2%, então o recalque estimado será

$$s_c = 0{,}02(45 \text{ pés}) = 0{,}9 \text{ pés}$$

O recalque é maior neste exemplo porque a inclinação da curva de compressão virgem é mais acentuada de 70 a 80 kPa do que de 100 a 800 kPa (ver Exemplo 7.6).

Todas as equações de recalque apresentadas foram para uma única camada compressível. Quando as propriedades de adensamento ou o índice de vazios variam significativamente com a profundidade ou são diferentes para camadas distintas do solo, então o recalque total de adensamento é meramente a soma dos recalques das camadas individuais, ou

$$s_c = \sum_{i=1}^{n} s_{ci} \tag{7.14}$$

onde s_{ci} é o recalque da *i*-ésima camada do total de *n* camadas, conforme calculado pelas Equações (7.10) a (7.13).

7.7.2 Recalque de adensamento de solos sobreadensados

Você deve se lembrar de que um solo sobreadensado é aquele em que a tensão efetiva vertical atual é menor que σ'_p. Solos sobreadensados são encontrados com mais frequência na prática de engenharia do que solos normalmente adensados, por isso é importante saber como fazer cálculos de recalque para esta importante classe de depósitos de solo.

A primeira coisa a fazer é verificar se o solo foi pré-adensado e, portanto, está em estado sobreadensado. Fazemos isso comparando a pressão de pré-adensamento σ'_p de um ensaio de adensamento em laboratório com a pressão de sobrecarga efetiva vertical calculada existente σ'_{vo}. No Capítulo 5, aprendemos a calcular σ'_{vo}. Se a camada de solo estiver definitivamente sobreadensada, então você deve verificar se a tensão adicionada pela estrutura de engenharia, $\Delta\sigma_v$ mais σ'_o excede a pressão de pré-adensamento σ'_p. O fato de isso acontecer ou não pode fazer uma grande diferença no valor do recalque calculado, conforme mostrado na Figura 7.11. Note que as ordenadas na Figura 7.11 poderiam muito bem ser uma deformação vertical.

Se você tem o caso mostrado na Figura 7.11a – ou seja, se $\sigma'_{vo} + \Delta\sigma_v \leq \sigma'_p$ –, então use as Equações (7.11) ou (7.13), mas com os índices de recompressão C_r ou $C_{r\varepsilon}$ no lugar de C_c e $C_{c\varepsilon}$, respectivamente. O **índice de recompressão** C_r é definido exatamente como C_c, exceto que é a inclinação média da parte de recompressão da curva "*e*" *versus* log σ'_{vc} (Figura 7.8). Se os dados forem plotados em termos de ε_v *versus* log σ'_{vc}, então a inclinação da curva de recompressão é chamada de **índice de recompressão modificado** $C_{r\varepsilon}$ (às vezes também chamado de taxa de recompressão). C_r e $C_{r\varepsilon}$ estão relacionados assim como C_c e $C_{c\varepsilon}$ [Equação (7.9)], ou

$$C_{r\varepsilon} = \frac{C_r}{1 + e_o} \tag{7.15}$$

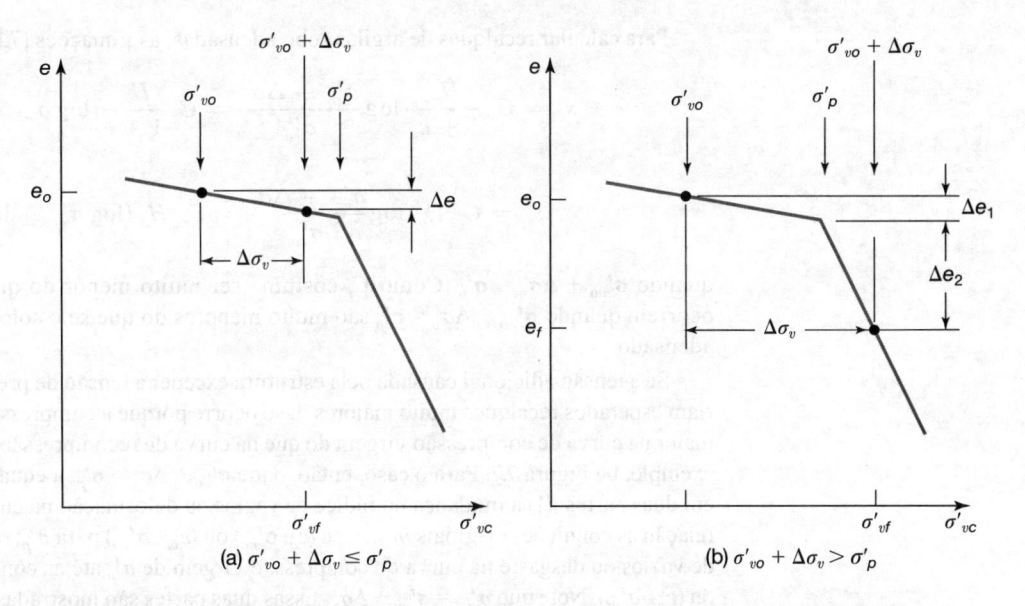

FIGURA 7.11 Princípio de cálculo de recalque para solos sobreadensados (adaptada de Perloff e Baron, 1976).

Exemplo 7.12

Contexto:

O índice de vazios *versus* dados logarítmicos de tensão efetiva mostrados na Figura 7.9.

Problema:

Calcule o índice de recompressão C_r (a) e o índice de recompressão modificado $C_{r\varepsilon}$ (b).

Solução:

a. O índice de recompressão C_r é encontrado de modo semelhante ao C_c Equação (7.7). Usando os pontos "e" e "f" ao longo de um ciclo logarítmico, descobrimos que:

$$C_r = e_e - e_f = 0{,}79 - 0{,}76 = 0{,}03$$

b. O índice de recompressão modificado $C_{r\varepsilon}$ é encontrado na Equação (7.15).

$$C_{r\varepsilon} = \frac{C_r}{1 + e_o} = \frac{0{,}030}{1 + 0{,}87} = 0{,}016$$

Note que nenhum desses termos possui unidades.

Para calcular recalques de argilas sobreadensadas, as Equações (7.11) e (7.13) tornam-se:

$$s_c = C_r \frac{H_o}{1+e_o} \log \frac{\sigma'_{vo} + \Delta\sigma_v}{\sigma'_{vo}} = C_r \frac{H_o}{1+e}(\log \sigma'_{vf} - \log \sigma'_{vo}) \tag{7.16}$$

$$s_c = C_{r\varepsilon} H_o \log \frac{\sigma'_{vo} + \Delta\sigma_v}{\sigma'_{vo}} = C_{r\varepsilon} H_o (\log \sigma'_{vf} - \log \sigma'_{vo}) \tag{7.17}$$

quando $\sigma'_{vo} + \Delta\sigma_v \leq \sigma'_p$. Como C_r costuma ser muito menor do que C_c, os recalques que ocorrem quando $\sigma'_{vo} + \Delta\sigma_v \leq \sigma'_p$ são muito menores do que se o solo estivesse normalmente adensado.

Se a tensão adicional causada pela estrutura exceder a tensão de pré-adensamento, então seriam esperados recalques muito maiores. Isso ocorre porque a compressibilidade do solo é muito maior na curva de compressão virgem do que na curva de recompressão, como foi mostrado, por exemplo, na Figura 7.7. Para o caso, então, onde $\sigma'_{vo} + \Delta\sigma_v > \sigma'_p$, a equação de recalque consiste em duas partes: (1) a mudança no índice de vazios ou deformação na curva de recompressão em relação às condições originais *in situ* de (e_o, σ'_{vo}) ou $(\varepsilon_{vo}, \sigma'_{vo})$ para σ'_p; e (2) a mudança no índice de vazios ou desgaste na curva de compressão virgem de σ'_p até as condições finais de (e_f, σ'_{vf}) ou $(\varepsilon_{vf}, \sigma'_{vf})$. Note que $\sigma'_{vf} = \sigma'_{vo} + \Delta\sigma_v$. Essas duas partes são mostradas graficamente na Figura 7.11b. A equação de recalque completa torna-se então:

$$s_c = C_r \frac{H_o}{1+e_o}(\log \sigma'_p - \log \sigma'_{vo}) + C_c \frac{H_o}{1+e_o}(\log \sigma'_f - \log \sigma'_p) \tag{7.18a}$$

Essa equação também pode ser escrita como:

$$s_c = C_r \frac{H_o}{1+e_o} \log \frac{\sigma'_p}{\sigma'_{vo}} + C_c \frac{H_o}{1+e_o} \log \frac{\sigma'_{vo} + \Delta\sigma_v}{\sigma'_p} \tag{7.18b}$$

Pode-se argumentar que no termo direito da Equação (7.18) deveremos utilizar o índice de vazios correspondente à pressão de pré-adensamento na curva de compressão virgem verdadeira. Embora isto seja tecnicamente correto, não faz nenhuma diferença significativa na resposta.

Em termos dos índices modificados, temos:

$$s_c = C_{r\varepsilon} H_o (\log \sigma'_p - \log \sigma'_{vo}) + C_{c\varepsilon} H_o (\log \sigma'_f - \log \sigma'_p) \tag{7.19a}$$

$$s_c = C_{r\varepsilon} H_o \log \frac{\sigma'_p}{\sigma'_{vo}} + C_{c\varepsilon} H_o \log \frac{\sigma'_{vo} + \Delta\sigma_v}{\sigma'_p} \tag{7.19b}$$

Às vezes, o grau de sobreadensamento varia ao longo da camada compressível. Seria possível aplicar a Equações (7.16) ou (7.17) à parte onde $\sigma'_{vo} + \Delta\sigma_v < \sigma'_p$ e as Equações (7.18) ou (7.19) à parte onde $\sigma'_{vo} + \Delta\sigma_v > \sigma'_p$. Na prática, entretanto, geralmente é mais fácil simplesmente dividir todo o estrato em diversas camadas, aplicar a equação apropriada para calcular o recalque médio para cada camada e então somar os recalques pela Equação (7.14).

7.7.3 Determinação de C_r e $C_{r\varepsilon}$

Qual a melhor maneira de obter C_r e $C_{r\varepsilon}$ para usar nas Equações (7.16) a (7.19)? Devido à perturbação da amostra, a inclinação da porção inicial de recompressão da curva de adensamento laboratorial (Figura 7.7) que é acentuada demais e produziria valores muito grandes para esses índices, Leonards (1976) informou as razões pelas quais os valores *in situ* são geralmente menores do que aqueles obtidos em medições laboratoriais: (1) perturbação durante a amostragem, armazenamento e preparação de amostras; (2) recompressão de bolhas de gás nos vazios; e (3) erros nos procedimentos de ensaio e métodos de interpretação dos resultados dos ensaios. Este último item inclui o problema de reproduzir o estado de tensão *in situ* na amostra.

Capítulo 7 Compressibilidade e adensamento de solos **343**

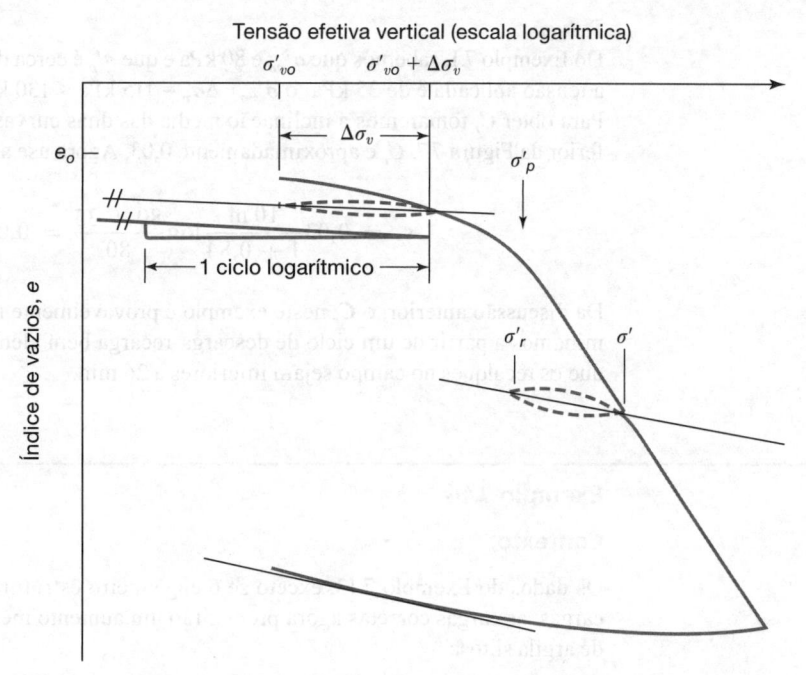

FIGURA 7.12 Curva de adensamento típica mostrando o procedimento recomendado para determinar o C_r (adaptada de Leonards, 1976).

Leonards recomenda que o σ'_{vo} seja aplicado à amostra e que ela seja inundada e então deixada chegar ao equilíbrio por pelo menos 24 horas antes de iniciar o carregamento incremental. Qualquer tendência a inchaço deve ser controlado. Em seguida, o ensaio de adensamento continua com incrementos de carga relativamente grandes. Para reproduzir o mais próximo possível do estado de tensão *in situ*, a amostra deve ser adensada a um valor ligeiramente inferior a σ'_p e depois deixada se recuperar. Este é o primeiro ciclo mostrado na Figura 7.12. Se você não tem uma boa ideia do σ'_p, então consolide inicialmente até $\sigma'_{vo} + \Delta\sigma_v$ somente, que presumivelmente é menor que σ'_p. A determinação de C_r ou $C_{r\varepsilon}$ se dá na faixa de $\sigma'_{vo} + \Delta\sigma_v$, conforme mostrado na Figura 7.12. O $\Delta\sigma_v$ é a tensão estimada aplicada pela estrutura. É prática comum calcular a inclinação média das duas curvas. A partir dos resultados de ensaio típicos mostrados na Figura 7.12, é possível ver que os valores reais do índice de recompressão dependem da tensão na qual o ciclo de recuperação-recarga começa, especialmente se ele começa com uma tensão menor ou maior que σ'_p. Veja a diferença nas inclinações das curvas de recuperação mostradas na Figura 7.12. O valor de C_r também depende do **OCR** no qual ocorrem a recuperação e o recarregamento – por exemplo, a razão de σ'/σ'_r na Figura 7.12. A consideração final que afeta o valor de C_r é a presença de bolhas de gás nos poros do solo. O uso de contrapressão (Capítulo 9) às vezes pode resolver esse problema.

Exemplo 7.13

Contexto:

Os dados do Exemplo 7.1 e da Figura 7.7 são representativos de uma camada de argila siltosa com 10 m de espessura.

Problema:

Estime o recalque de adensamento se as cargas estruturais na superfície aumentarem a tensão média na camada em 35 kPa.

Solução:
Do Exemplo 7.1, sabemos que σ'_{vo} é 80 kPa e que σ'_p é cerca de 130 kPa; e_o é cerca de 0,84. Como a tensão aplicada é de 35 kPa, o $\sigma'_{vo} + \Delta\sigma_v = 115$ kPa < 130 kPa. Portanto, use a Equação (7.16). Para obter C_r tomaremos a inclinação média das duas curvas "DE" e "EF" próximas à parte inferior da Figura 7.7. C_r é aproximadamente 0,03. Agora use a Equação (7.16).

$$s_c = 0,03 \frac{10 \text{ m}}{1 + 0,84} \log \frac{80 + 35}{80} = 0,026 \text{ m ou } 26 \text{ mm}$$

Da discussão anterior, o C_r neste exemplo é provavelmente muito grande, uma vez que o determinamos a partir de um ciclo de descarga-recarga bem além de σ'_p. É portanto muito provável que os recalques no campo sejam inferiores a 26 mm.

Exemplo 7.14

Contexto:

Os dados do Exemplo 7.13, exceto se o engenheiro estrutural cometeu um erro no cálculo das cargas; as cargas corretas agora produzirão um aumento médio de tensão de 90 kPa na camada de argila siltosa.

Problema:

Estime o recalque de adensamento devido às novas cargas.

Solução:
Agora, a tensão aplicada é muito maior do que $\sigma'_{vo} + \Delta\sigma_v$, ou $80 + 90 = 170 > 130$ kPa. Portanto, devemos usar a Equação (7.18). Além do C_r, precisamos do índice de compressão C_c. Na Figura 7.7 descobrimos que C_c é cerca de 0,25. A substituição na Equação (7.18b) dá

$$\begin{aligned} s_c &= 0,03 \frac{10 \text{ m}}{1 + 0,84} \log \frac{130}{80} + 0,25 \frac{10 \text{ m}}{1 + 0,84} \log \frac{80 + 90}{130} \\ &= 0,034 \text{ m} + 0,158 \text{ m} \\ &= 0,193 \text{ m} \end{aligned}$$

Este valor deve ser relatado como "cerca de 20 cm" devido às incertezas na amostragem, nos ensaios e na estimativa de σ'_p, do aumento da tensão aplicada e de C_r e C_c.

7.8 FATORES QUE AFETAM A DETERMINAÇÃO DE σ'_p

Brumund et al. (1976) discutem três fatores que influenciam significativamente a determinação de σ'_p a partir de ensaios de adensamento em laboratório (Tabela 7.1). Já mencionamos um – o efeito da perturbação da amostra na forma da curva de adensamento (Figura 7.7). Mostramos como a "quebra" na curva tornou-se menos bem definida com o aumento da perturbação. Você pode ver esses efeitos na Figura 7.13a. Especialmente com argilas sensíveis, como por exemplo na Figura 7.8d, o aumento da perturbação da amostra diminui o valor de σ'_p. Ao mesmo tempo, o índice de vazios diminui (ou a deformação aumenta) para qualquer valor de σ'_{vc}. Por consequência, a compressibilidade cai quando $\sigma'_{vc} < \sigma'_p$ e aumenta quando $\sigma'_{vc} > \sigma'_p$.

A **taxa de incremento de carga (LIR)** usada em ensaios de adensamento de carga incremental é importante para uma medição válida das propriedades de adensamento. O **LIR** é

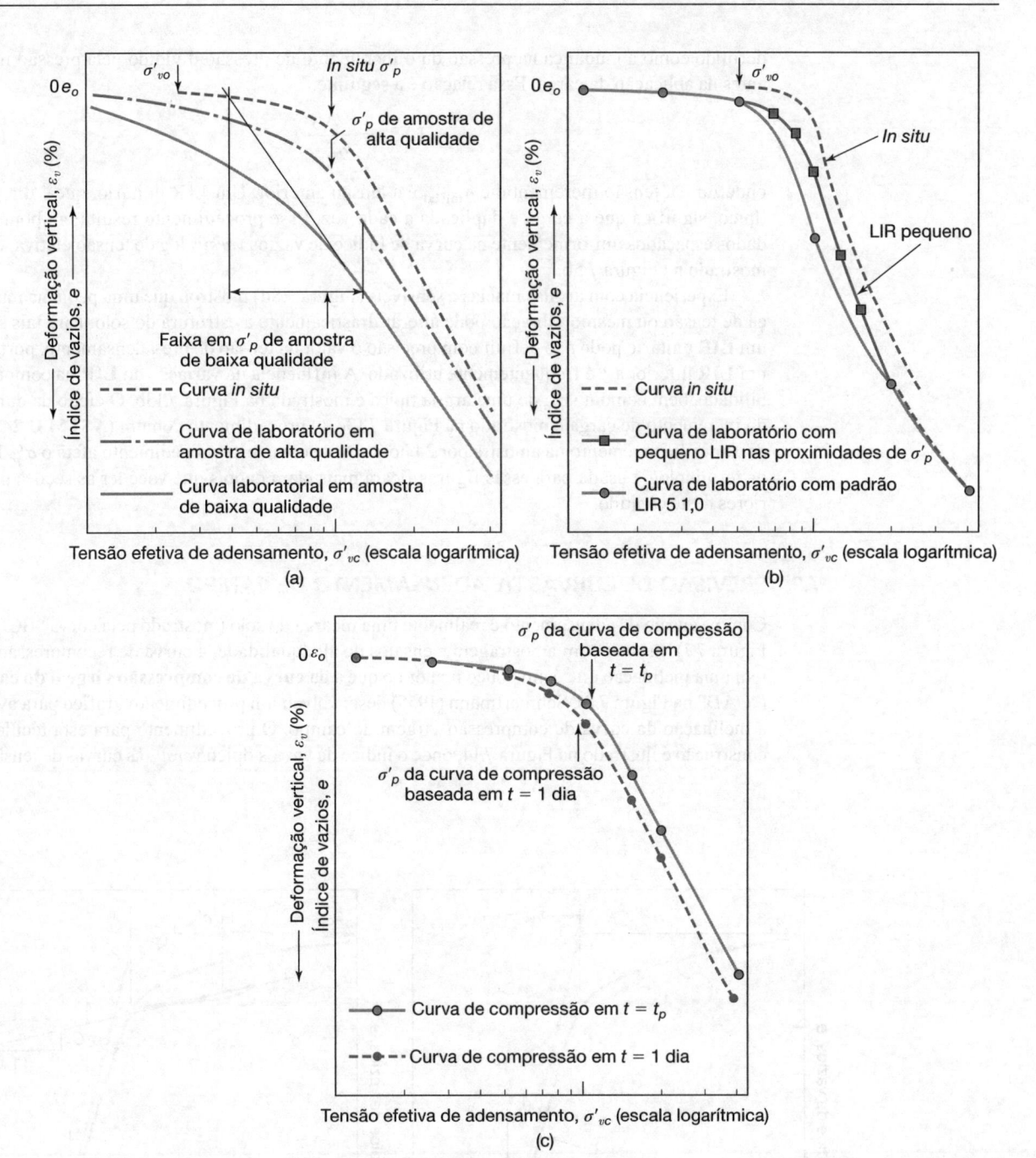

FIGURA 7.13 Fatores que afetam a determinação laboratorial de σ'_p: efeito da perturbação da amostra (a); efeito da razão de incremento de carga (b); efeito da duração do incremento de carga t (Seção 7.16) (c) (adaptada de Brumund et al., 1976).

definido como a mudança na pressão ou o incremento de pressão dividido pela pressão inicial antes da aplicação da carga. Essa relação é a seguinte:

$$\text{LIR} = \frac{\Delta\sigma}{\sigma_{inicial}} \quad (7.20)$$

onde $\Delta\sigma$ é a tensão incremental e $\sigma_{inicial}$ é a tensão anterior. Um **LIR** unitário, que é um valor típico, significa que a carga é duplicada a cada vez. Esse procedimento resulta em pontos de dados espaçados uniformemente na curva de índice de vazios *versus* log de tensão efetiva, como mostrado na Figura 7.5b.

Experiência com argilas macias e sensíveis (Figura 7.8d) mostrou que uma pequena mudança de tensão ou mesmo vibração pode alterar drasticamente a estrutura do solo. Para tais solos, um **LIR** unitário pode não definir com precisão o valor da tensão de pré-adensamento, portanto, um **LIR** inferior a 1 é frequentemente utilizado. A influência da variação do **LIR** na compressibilidade, bem como no σ'_p de uma argila típica é mostrada na Figura 7.13b. O efeito da duração do incremento de carga é mostrado na Figura 7.13c. O procedimento comum (**ASTM D 2435**) é deixar cada incremento na amostra por 24 horas. Note como este procedimento afeta o σ'_p. Parte da terminologia usada para essas figuras ficará mais clara depois que você ler as seções posteriores deste capítulo.

7.9 PREVISÃO DE CURVAS DE ADENSAMENTO DE CAMPO

Como o ensaio de adensamento é realmente uma recarga do solo (mostrado pela curva "BCD" da Figura 7.7), mesmo com amostragem e ensaios de alta qualidade, a curva de recompressão real tem uma inclinação que é um pouco menor do que a da **curva de compressão virgem do campo** ("OAD" na Figura 7.7). Schmertmann (1955) desenvolveu um procedimento gráfico para avaliar a inclinação da curva de compressão virgem do campo. O procedimento para esta técnica de construção é ilustrado na Figura 7.14, onde o índice de vazios típico *versus* as curvas de tensão de

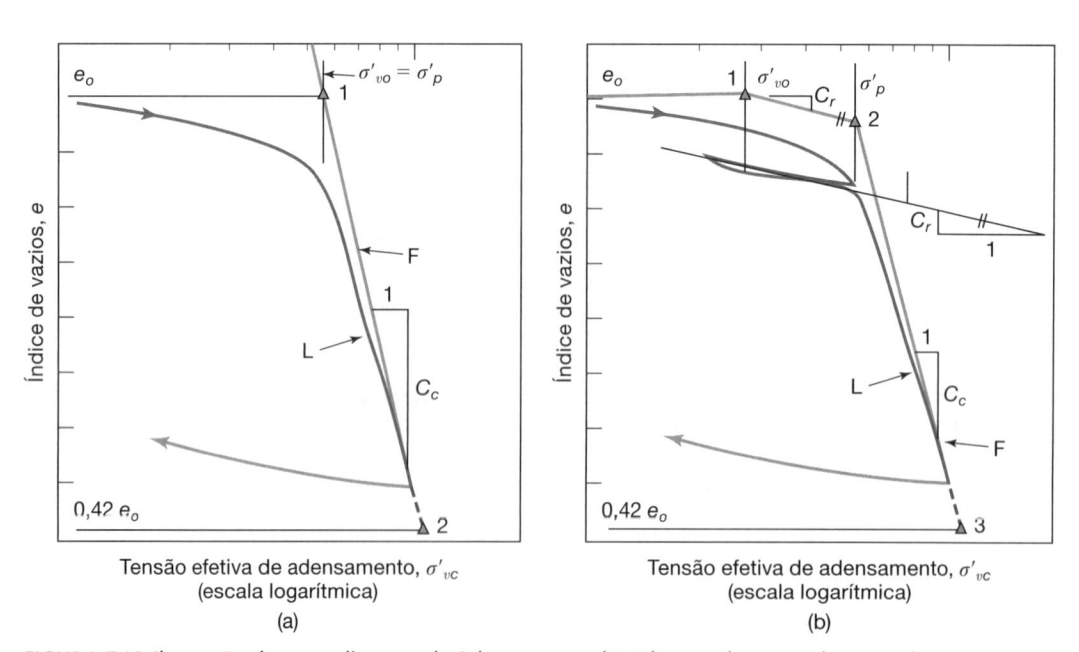

FIGURA 7.14 Ilustração do procedimento de Schmertmann (1955) para obtenção da curva de compressão virgem do campo: solo normalmente adensado (a); solo sobreadensado (b).

adensamento de perfil vertical efetivo são traçadas. Para corrigir a curva de compressão virgem de laboratório para um solo normalmente consolidado no campo, proceda da seguinte forma:

1. Execute a construção de Casagrande e avalie a pressão de pré-adensamento σ'_p.
2. Calcule o índice de vazios inicial e_o. Desenhe uma linha horizontal de e_o, paralela ao eixo logarítmico de tensão efetiva, até a pressão de pré-adensamento σ'_p. Isto define o ponto de controle 1, ilustrado pelo pequeno triângulo 1 na Figura 7.14a.
3. A partir de um ponto no eixo do índice de vazios igual a 0,42 e_o, desenhe uma linha horizontal, e onde a linha encontra a extensão da curva de compressão virgem de laboratório L, defina outro ponto de controle, conforme mostrado pelo pequeno triângulo 2. Você deve notar que o coeficiente de e_o não é um **número mágico**, mas é o resultado de muitas observações em diferentes argilas.
4. Conecte os dois pontos de controle por uma linha reta. A inclinação desta linha "F", define o índice de compressão C_c que provavelmente existe no campo. A linha "F" é a **curva de compressão virgem do campo**. A correção de Schmertmann permite a perturbação da argila devido à amostragem, ao transporte e ao armazenamento da amostra, além de posterior corte e recarregamento durante o ensaio de adensamento.

Exemplo 7.15

Contexto:

Os dados de *e versus* log σ da Figura Ex. 7.15. Esses dados de adensamento são de uma amostra de argila não perturbada retirada do ponto médio de uma camada compressível de 35 pés de espessura. **OCR** = 1,0.

Problema:

a. Determine a inclinação da curva de compressão virgem do campo usando o procedimento de Schmertmann.

b. Calcule o recalque desta camada de argila se a tensão aumentar de 2,75 para 8,00 ton/pés². Use as curvas de compressão virgem de laboratório e de campo.

c. Comente a diferença, se houver, no recalque calculado.

Solução:

a. Primeiro, estabeleça a curva de compressão virgem do campo de acordo com o procedimento de Schmertmann descrito acima. Execute a construção de Casagrande na curva mostrada na Figura Ex. 7.15 para descobrir que a pressão de pré-adensamento é de cerca de 2,75 ton/pés². Desenhe uma linha horizontal de e_o = 0,91 até o ponto onde ela cruza a pressão de pré-adensamento para estabelecer o ponto de controle "1", mostrado pelo triângulo "1". Estenda a curva de compressão virgem para 0,42 e_o (0,42 × 0,91) ou 0,38, para estabelecer o ponto de controle "2". Conectar os dois pontos de controle "1" a "2" cria a curva de compressão virgem do campo.

Você determina o valor de C_c a partir da curva de compressão virgem do campo, assim como fez para a curva de adensamento de laboratório (ver Exemplos 7.6, 7.7 e 7.9). Para o ciclo logarítmico de 10 a 100 ton/pés², e_{10} = 0,705 e e_{100} = 0,329; portanto C_c = 0,705 − 0,329 = 0,376. A inclinação da curva de compressão virgem de laboratório é encontrada da mesma maneira e é igual a 0,31. Precisaremos desse valor mais tarde.

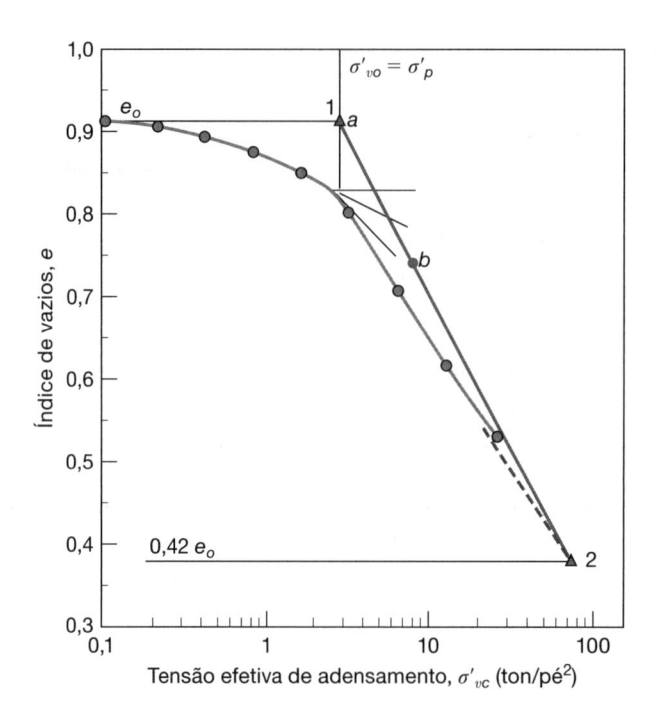

FIGURA Ex. 7.15

b. Para calcular o recalque, podemos usar as Equações (7.4) ou (7.11). Use a Equação (7.4) primeiro.

$$s_c = \frac{\Delta e}{1 + e_o} H_o$$

A mudança na taxa de vazios Δe é meramente a diferença na taxa de vazios para $\sigma = 2{,}75$ ton/pés² e $\sigma = 8{,}0$ ton/pés². Esses valores são 0,912 no ponto "a" e 0,744 no ponto "b" na Figura Ex. 7.15 na curva de compressão virgem do campo. Portanto,

$$s_c = \frac{0{,}912 - 0{,}744}{1 + 0{,}912} 35 \text{ pés} = 3{,}07 \text{ pés}$$

Usando a Equação (7.11):

$$s_c = \frac{C_c}{1 + e_o} H_o \log \frac{\sigma'_{vo} + \Delta \sigma_v}{\sigma'_{vo}}$$

$$= \frac{0{,}376}{1 + 0{,}912} (35 \text{ pés}) \log \frac{8}{2{,}75} = 3{,}19 \text{ pés}$$

A ligeira diferença nos valores calculados do recalque de assentamento s_c deve-se a pequenos erros na leitura dos pontos de dados da Figura Ex. 7.15.

Se calcularmos o recalque de adensamento usando a curva de compressão virgem de laboratório para estabelecer C_c, obtemos na Equação (7.11):

$$s_c = \frac{0{,}31}{1 + 0{,}912} \ (35 \text{ pés}) \log \frac{8}{2{,}75} = 2{,}63 \text{ pés ou } 16\% \text{ menor}$$

c. Comente a diferença. Dezesseis por cento (16%) poderiam ser significativos em alguns casos, em especial se a estrutura proposta for particularmente sensível a assentamentos. Ladd (1971) descobriu que a correção de Schmertmann aumentará os índices de compressão em cerca de 15% para amostras razoavelmente boas de argila macia a média. Como o procedimento é simples, parece prudente utilizá-lo para fazer as melhores estimativas possíveis da compressibilidade do campo. Por outro lado, tome cuidado com o excesso de precisão nos cálculos de recalque. Quando os engenheiros de bases apresentam os seus resultados em um relatório de engenharia, normalmente reportam o recalque esperado como, por exemplo, "aproximadamente 3,1 pés", porque a inclusão de números mais significativos implicaria mais do que a precisão real. Muitas vezes é ainda melhor fornecer uma gama de recalques possíveis, junto com o valor previsto "mais provável" calculado.

O procedimento de Schmertmann para um solo sobreadensado é ilustrado na Figura 7.14b. Se houver suspeita de que um solo sobreadensado está sendo testado, então é uma boa prática seguir o procedimento de ensaio sugerido na Seção. 7.7 e na Figura 7.12. Um ciclo de descarga e recarga parcial é mostrado na Figura 7.14b e nas Figuras. 7.8a, b, c. A inclinação média da curva de recuperação-recarga estabelece C_r. As etapas restantes do procedimento Schmertmann são as seguintes:

1. Calcule o índice de vazios inicial e_o. Desenhe uma linha horizontal de e_o, paralela ao eixo logarítmico de tensão efetiva, até a pressão de sobrecarga vertical existente σ'_{vo}. Isto estabelece o ponto de controle "1", como mostrado pelo pequeno triângulo "1" na Figura 7.14b.

2. Do ponto de controle "1", desenhe uma linha paralela à curva de recuperação-recarga até a pressão de pré-adensamento σ'_p. Isto estabelecerá o ponto de controle "2", conforme mostrado pelo pequeno triângulo "2" na Figura 7.14b.

3. De forma semelhante à utilizada para o solo normalmente adensado, trace uma linha horizontal a partir de um índice de vazios igual a 0,42 e_o. Onde esta linha interceptar a curva de compressão virgem de laboratório L, estabeleça um terceiro ponto de controle, como mostrado pelo triângulo "3" na Figura 7.14b. Conecte os pontos de controle ("1" e "2" e "2" e "3") por linhas retas. A inclinação da linha "F", que une os pontos de controle "2" e "3", define o índice de compressão C_c para a curva de compressão do campo virgem. A inclinação da linha que une os pontos de controle "1" e "2" representa, obviamente, o índice de recompressão C_r. Um exemplo de curva de compressão de campo é mostrado na Figura 7.8c.

Exemplo 7.16

Contexto:

A taxa de vazios *versus* dados de pressão é mostrada a seguir. A taxa de vazios inicial é de 0,725, e a pressão vertical efetiva de sobrecarga existente é de 130 kPa.

Índice de vazios	Pressão (kPa)
0,708	25
0,691	50
0,670	100
0,632	200
0,635	100
0,650	25
0,642	50
0,623	200
0,574	400
0,510	800
0,445	1.600
0,460	400
0,492	100
0,530	25

Problema:

a. Plote os dados como e versus $\log \sigma'_{vc}$.
b. Avalie o índice de sobreadensamento.
c. Determine o índice de compressão de campo usando o procedimento de Schmertmann.
d. Se este ensaio de adensamento for representativo de uma camada de argila com 12 m de espessura, calcule o recalque desta camada se for adicionada uma tensão adicional de 220 kPa.

Solução:

a. Os dados estão plotados na Figura 7.16.
b. O valor dado de σ'_{vo} é plotado no gráfico, e a construção de Casagrande é realizada para avaliar σ'_p. Um valor de 190 kPa é encontrado

$$\text{OCR} = \frac{\sigma'_p}{\sigma'_{vo}} = \frac{190}{130} = 1{,}46$$

Assim, o solo fica ligeiramente sobreadensado.

c. Utilizando o procedimento de Schmertmann para argilas sobreadensadas, os pontos de controle "1", "2" e "3" são estabelecidos, conforme mostrado na Figura 7.16. Os valores de C_r e C_c são avaliados diretamente na Figura 7.16 em um ciclo logarítmico. $C_r = 0{,}611 - 0{,}589 = 0{,}022$, e $C_c = 0{,}534 - 0{,}272 = 0{,}262$. (Note que $C_r \approx 10\%$ de C_c).

d. Usando a Equação (7.18b), o recalque é calculado:

$$s_c = \frac{C_r}{1 + e_o} H_o \log \frac{\sigma'_p}{\sigma'_{vo}} + \frac{C_c}{1 + e_o} H_o \log \frac{\sigma'_{vo} + \Delta\sigma}{\sigma'_p}$$

$$= \frac{0{,}022}{1 + 0{,}725}(12\,\text{m}) \log \frac{190}{130} + \frac{0{,}262}{1 + 0{,}725}(12\,\text{m}) \log \frac{130 + 220}{190}$$

$$= 0{,}025\,\text{m} + 0{,}484\,\text{m}$$

$$= 0{,}509\,\text{m} \approx 0{,}5\,\text{m}$$

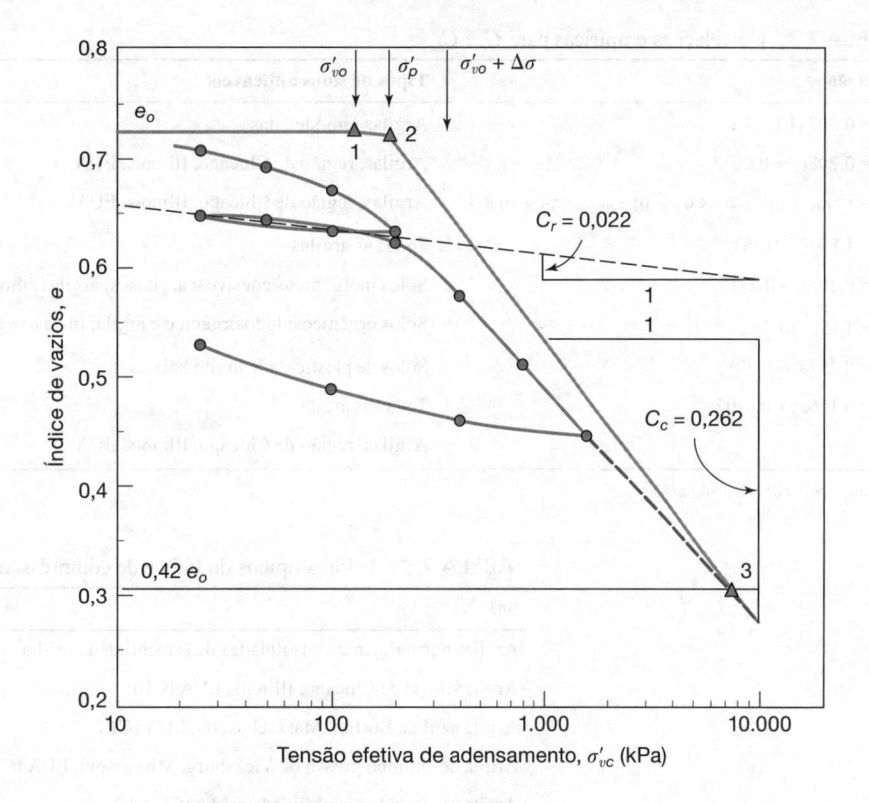

FIGURA Ex. 7.16 (Dados modificados de Soderman e Kim, 1970.)

7.10 MÉTODOS APROXIMADOS E VALORES TÍPICOS DE ÍNDICES DE COMPRESSÃO

Devido ao tempo e aos custos envolvidos nos ensaios de adensamento, às vezes é desejável poder relacionar os índices de compressão com as simples propriedades de classificação dos solos. Essas relações também são comumente usadas para projetos e estimativas preliminares e para verificar a validade dos resultados dos ensaios.

A Tabela 7.2 é uma lista de algumas equações publicadas para a previsão de índices de compressão (Azzouz et al., 1976). Algumas dessas correlações refletem o descompasso entre a precisão das análises de regressão em comparação com a dos parâmetros geotécnicos. Terzaghi e Peck (1967) propuseram a seguinte equação, baseada em pesquisas em argilas não perturbadas de baixa a média sensibilidade, que tem uma faixa de confiabilidade de cerca de ± 30%:

$$C_c = 0,009 \, (LL - 10) \tag{7.21}$$

Essa equação é amplamente utilizada, apesar de sua ampla faixa de confiabilidade, para fazer estimativas iniciais de recalque de adensamento. A equação não deve ser utilizada se a sensibilidade da argila for superior a 4, o **LL** for superior a 100 ou a argila contiver uma elevada percentagem de matéria orgânica. Alguns valores típicos do índice de compressão, baseados na nossa experiência e na literatura geotécnica, estão listados na Tabela 7.3.

TABELA 7.2 Correlações empíricas para C_c e $C_{c\varepsilon}$

Equação	Tipos de solos aplicáveis
$C_c = 0{,}007 \, (LL - 7)$	Argilas remodeladas
$C_{c\varepsilon} = 0{,}208 e_o + 0{,}0083$	Argilas, região de Chicago, Illinois, EUA
$C_c = 17{,}66 \times 10^{-5} w_n^2 + 5{,}93 \times 10^{-3} w_n - 1{,}35 \times 10^{-1}$	Argilas, região de Chicago, Illinois, EUA
$C_c = 1{,}15 (e_o - 0{,}35)$	Todas as argilas
$C_c = 0{,}30 (e_o - 0{,}27)$	Solos inorgânicos coesivos: argilosos; argilas siltosas; lodo, um pouco de argila
$C_c = 1{,}15 \times 10^{-2} w_n$	Solos orgânicos: lodo orgânico e argila; turfas; orgânicos do prado
$C_c = 0{,}75 \, (e_o - 0{,}50)$	Solos de plasticidade muito baixa
$C_{c\varepsilon} = 0{,}156 e_o + 0{,}0107$	Todas as argilas
$C_c = 0{,}01 w_n$	Argilas, região de Chicago, Illinois, EUA

Nota: w_n = teor natural de água.

TABELA 7.3 Valores típicos do índice de compressão C_c

Solo	C_c
Argilas normalmente consolidadas de sensibilidade média	0,2 a 0,5
Argila siltosa de Chicago, Illinois, EUA (**CL**)	0,15 a 0,3
Argila azul de Boston, Massachusetts, EUA (**CL**)	0,3 a 0,5
Argila de chumbo grosso de Vicksburg, Mississippi, EUA (**CH**)	0,5 a 0,6
Argilas suecas de sensibilidade média (CL-CH)	1 a 3
Argilas Leda canadenses (CL-CH)	1 a 4
Argila da Cidade do México, México (MH)	7 a 10
Argilas orgânicas (OH)	4 e acima
Turfas (Pt)	10 a 15
Silte orgânico e lodo argiloso (ML-MH)	1,5 a 4,0
Lama da Baía de São Francisco, Califórnia, EUA (CL)	0,4 a 1,2
Argilas de Old Bay de São Francisco, Califórnia, EUA (CH)	0,7 a 0,9
Argila de Bangkok, Tailândia (CH)	0,4

Com frequência, assume-se que C_r é 5 a 10% de C_c, mas essa suposição pode levar a valores demasiado elevados de C_r. Os valores típicos de C_r variam de 0,015 a 0,035; valores mais baixos são para argilas de menor plasticidade e baixo **OCR**. Valores de C_r fora da faixa de 0,005 a 0,05 devem ser considerados questionáveis (Leonards, 1976). Reconheça que se você usar um valor alto demais de C_r, você vai superestimar os recalques. Embora grandes previsões exageradas possam não ser perigosas, elas podem significar fundações excessivamente caras.

Correlações adicionais entre C_c e C_r são resumidas em Kulhawy and Mayne (1990), onde C_c versus LL, e_o e w_n e C_r versus PI, são apresentados. Uma dispersão considerável é evidente nessas correlações.

7.11 COMPRESSIBILIDADE DE ROCHAS E MATERIAIS DE TRANSIÇÃO

Relativamente falando, materiais rochosos e semelhantes a rochas têm baixa compressibilidade quando comparados aos solos. Gostamos de pensar que estamos sobre uma base **sólida** e que não precisamos realmente nos preocupar com o recalque. Na maior parte dos casos, isso é verdade, exceto no caso de cargas muito pesadas ou rochas fracas ou mal-articuladas. Às vezes é difícil determinar exatamente onde termina o solo e começa a rocha. Este problema torna-se grave quando proprietários e empreiteiros discordam sobre os custos de escavações diretamente relacionados com o tipo de material.

O recalque e a capacidade de suporte da rocha dependem do tipo de rocha, da quantidade e largura das juntas e da sua orientação, e empiricamente do **RQD (índice de qualidade da rocha** – [Seção 3.5]). A deformação é determinada quando o módulo é conhecido. O módulo pode ser obtido a partir de ensaios de laboratório ou de campo. Com equipamentos de ensaio muito especializados, ensaios **triaxiais** (Capítulo 8) são realizados, enquanto ensaios de refração sísmica de campo, ensaios de carga de placa e ensaios de pressiômetro (Baguelin et al., 1978) podem ser feitos para obter o módulo. Para materiais geotécnicos naturais, uma relação entre o **módulo de Young máximo** e a resistência à compressão pode ser usada para obter o módulo. Um valor típico para a razão $E_{máx}/q_u$ para solos não cimentados é 1.000 para rochas moles e cerca de 500 para rochas duras. Saiba mais sobre a resistência à compressão q_u de solos e rochas no Capítulo 9. Para informações adicionais sobre a resistência e deformação das rochas, consulte Barton et al. (1974), Bieniawski (1976), Hoek e Brown (1980), Tatsuoka e Shibuya (1992) e Wyllie (1999).

7.12 INTRODUÇÃO AO ADENSAMENTO

Anteriormente neste capítulo, mostramos como calcular o recalque de adensamento de uma camada de argila abaixo de uma estrutura quando ela atinge o equilíbrio com a tensão externa. Descrevemos como a pressão da água nos poros que excede a pressão hidrostática se dissipa com o tempo (adensamento) e como o aumento na tensão efetiva da camada acaba se tornando igual à tensão aplicada. Foi mencionado que a velocidade de recalque dependeria, entre outras coisas, da permeabilidade do solo.

Esse processo de dissipação do excesso de poropressão é chamado de **adensamento primário**, para distingui-lo do outro componente dependente do tempo do recalque total, a **compressão secundária**. Lembre-se da Seção 7.2 que a compressão secundária ocorre após essencialmente todo o excesso de pressão da água dos poros ter sido dissipado; isto é, ocorre sob tensão efetiva constante, razão pela qual é frequentemente chamada de fluência drenada (**fluência** é o termo usado na engenharia de materiais para descrever a deformação sob tensão aplicada constante). Em alguns solos, em especial argilas inorgânicas, o adensamento primário é o maior componente do recalque total, enquanto a compressão secundária pode constituir uma parte importante do recalque total de turfas e outros solos altamente orgânicos. Nas seções seguintes, serão discutidas as teorias para estimar a taxa de tempo tanto do adensamento primário quanto da compressão secundária de solos de granulação fina.

Por que é importante saber a rapidez com que uma estrutura vai recalcar sob a carga aplicada? Por exemplo, se a vida útil projetada de uma estrutura for de 50 anos, e se for estimado que serão necessários 500 anos para que todo o recalque ocorra, então o engenheiro de base esperaria apenas pequenos problemas de recalque durante a vida da estrutura. Por outro lado, se formos esperar que o recalque demore aproximadamente o tempo necessário para construir a estrutura, então a maior parte, se não a totalidade, terá ocorrido no momento em que a mesma estiver concluída. Se a estrutura for sensível a recalques rápidos (p. ex., estruturas de concreto armado ou pavimento de concreto), poderão ocorrer danos estruturais. A maioria das estruturas sobre fundações de argila sofre recalques graduais durante a sua vida útil, o que pode ou não prejudicar o seu desempenho. Além disso, às vezes provocamos intencionalmente o recalque de uma camada de argila antes da construção, normalmente por meio da construção de um aterro temporário (um processo conhecido como **pré-carga**). Nesses casos, é importante saber em quanto tempo ocorrerá esse processo de recalque para fins de programação da obra. Apresentaremos procedimentos para estimar a taxa de recalque da fundação. O engenheiro pode então decidir que efeito, se houver, o recalque pode ter na integridade estrutural, bem como no uso pretendido da estrutura.

7.13 O PROCESSO DE ADENSAMENTO

É útil retornar à analogia da mola apresentada na Figura 7.2. A Figura 7.15a mostra uma mola com um pistão e uma válvula em um único cilindro. Um diagrama de pressão *versus* profundidade é mostrado na Figura 7.15b. O solo, representado pela mola, está em equilíbrio com uma tensão efetiva inicial σ'_{vo}. Por enquanto, assumiremos que toda a tensão aplicada no pistão $\Delta\sigma$, é inicialmente transferida para o excesso de pressão da água dos poros Δu (excesso acima da pressão hidrostática ou inicial u_o). Este é o caso do carregamento unidimensional, mas (como veremos mais tarde) não do carregamento tridimensional.

Com o tempo, a água é espremida através da válvula e o excesso de pressão da água nos poros diminui. Assim, há uma transferência gradual de tensão da água dos poros para o esqueleto do solo e um aumento simultâneo na tensão efetiva. A Figura 7.15c mostra a tensão efetiva inicial σ'_{vo}, a mudança (aumento) na tensão efetiva, $\Delta\sigma'$, e a poropressão ainda a ser dissipada Δu, em ($t = t_1$). As linhas tracejadas verticais, denominadas ($t_1, t_2, \ldots$), representam os tempos desde

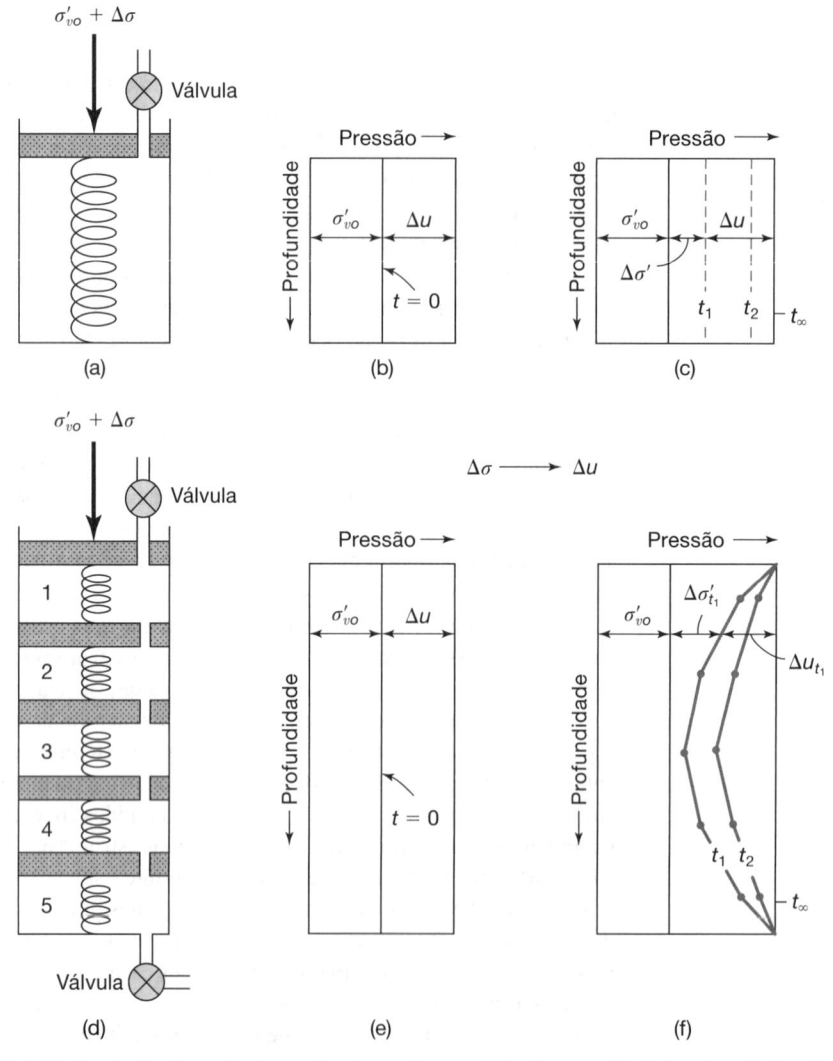

FIGURA 7.15 Analogia de mola para adensamento: modelo de camada única de solo (a–c); modelo de múltiplas camadas de solo (d–f).

o início da aplicação da carga. Elas são chamadas de **isócronas*** porque são retas de tempos iguais. Finalmente, em $t \to \infty$, todo o excesso de poropressão Δu será dissipado, e a tensão efetiva será igual à tensão inicial σ'_{vo} mais o incremento de tensão aplicado $\Delta \sigma$. Durante esse tempo, o pistão terá adensado uma quantidade que está diretamente relacionada à quantidade de água espremida para fora do cilindro.

Uma camada típica de solo é muito mais complexa do que o modelo simples mostrado nas Figuras 7.15a–c. Vamos aumentar o número de molas, pistões e válvulas conforme mostrado na Figura 7.15d. Assim como antes, podemos mostrar a tensão efetiva inicial σ'_{vo} dentro da camada do solo, e a correspondente pressão induzida da água nos poros Δu, devido à tensão externa nos pistões $\Delta \sigma$, na Figura 7.15e. Vamos permitir que a drenagem ocorra através de cada pistão e válvula para que tenhamos drenagem interna, bem como drenagem superior e inferior. Para que a água seja espremida dos cilindros "2", "3" e "4", parte da água dos cilindros "1" e "5" deve escapar antes. Da mesma forma, antes que a água possa ser espremida do solo no cilindro "3", parte da água nos cilindros "2" e "4"deve ser espremida primeiro, e assim por diante. Como todas as válvulas estão abertas, após a aplicação da tensão externa $\Delta \sigma$, a água começará a fluir imediatamente dos cilindros superior e inferior. Isto resultará em redução imediata do excesso de pressão de água nos poros e em aumento na tensão efetiva nos cilindros "1" e "5", e assim por diante. Como mostrado na Figura 7.15f, com o tempo as isócronas de poropressão se movem para a direita e são linhas segmentadas devido ao número finito de pistões e válvulas. Com um número infinito de pistões, as isócronas seriam curvas suaves que representariam com bastante precisão o que ocorre fisicamente com o tempo em um depósito de solo em adensamento. No centro de uma camada **duplamente drenada**, modelada pelas Figuras 7.15d–f, pode-se observar que a diminuição na pressão induzida da água nos poros, por exemplo, em t_1, é pequena comparada à mudança nas partes superior e inferior da camada. Isto ocorre porque o **caminho de drenagem** para o cilindro central é consideravelmente mais longo do que para os cilindros "1" e "5". Como resultado, leva mais tempo para o centro de uma camada duplamente drenada (ou a parte inferior de uma camada drenada individualmente) dissipar o excesso de poropressão.

O fluxo de água para fora dos cilindros (vazios do solo) é fisicamente devido ao gradiente i, que é igual a $h/l = (\Delta u / \rho_w g)/\Delta z$. A inclinação das isócronas segmentadas na Figura 7.15f é $\Delta u / \Delta z$. Exatamente no centro da camada de argila o fluxo é zero, porque o gradiente $\Delta u / \Delta z$ é zero. Nas extremidades, o gradiente se aproxima do infinito e, portanto, o fluxo é maior nas superfícies de drenagem.

O processo que acabamos de descrever é chamado de **adensamento**. A quantidade de recalque que o sistema mola-pistão (ou camada de argila) experimenta está diretamente relacionada à quantidade de água que foi expelida dos cilindros (ou vazios na argila). A quantidade de água expelida e, portanto, a mudança na proporção de vazios da argila é, por sua vez, diretamente proporcional à quantidade de excesso de pressão de água nos poros que se dissipou. Assim, a **taxa** de recalque está diretamente relacionada à *taxa* de dissipação do excesso de poropressão. O que precisamos para prever a taxa de recalque de uma base é uma equação ou teoria que faça a previsão da pressão dos poros e o índice de vazios em qualquer ponto no tempo e no espaço na camada de argila em adensamento. Então, a mudança na espessura ou recalque da camada após qualquer tempo de carregamento pode ser determinada pela integração da equação sobre a espessura da camada de argila. A teoria de adensamento mais comumente utilizada na mecânica dos solos é unidimensional. Foi desenvolvida pela primeira vez por Terzaghi na década de 1920, e sua derivação e solução estão resumidas nas seções a seguir.

7.14 TEORIA DE ADENSAMENTO UNIDIMENSIONAL DE TERZAGHI

Nesta seção, apresentamos a equação de adensamento unidimensional de Terzaghi (1925) e discutimos algumas das suposições necessárias para derivá-la. Para utilizar a teoria de Terzaghi com alguma confiança, é necessário compreender os seus pressupostos e, portanto, as suas limitações.

---

* **Isóbaras** são linhas ou curvas de nível de igual pressão atmosférica encontradas em um mapa meteorológico; **isópacas** são linhas que representam a espessura real de um depósito geológico em um mapa; e **isótacas** são linhas de igual velocidade em mapas meteorológicos de vento.

A camada compressível do solo é considerada homogênea (mesma composição em todos os pontos) e completamente saturada com água, e os grãos minerais no solo e a água nos poros são considerados incompressíveis. Considera-se que a lei de Darcy (Seção 6.3) rege a saída de água dos poros do solo e, em geral, tanto a drenagem quanto a compressão são consideradas unidimensionais. Normalmente a drenagem é fornecida tanto na parte superior como na parte inferior da camada compressível, mas também poderia facilmente ocorrer apenas em uma superfície. A teoria de Terzaghi é uma teoria de **pequenas deformações** em que se presume que o incremento de tensão aplicado produz apenas pequenas deformações no solo; portanto, tanto o coeficiente de compressibilidade a_v da Equação (7.5) quanto o coeficiente de permeabilidade de Darcy k, permanecem essencialmente constantes durante o processo de adensamento. Se a_v for uma constante ao longo do incremento da tensão aplicada, então existe uma relação única entre a mudança no índice de vazios Δe e a mudança na tensão efetiva $\Delta \sigma'$. Isso também implica que não há **compressão secundária**; caso contrário, a relação entre Δe e $\Delta \sigma'$ não seria única, por definição, uma vez que mais de um valor de razão de vazio seria possível em um dado $\Delta \sigma'$ em momentos diferentes (lembre-se de que a compressão secundária é a mudança no índice de vazios que ocorre com o tempo sob tensão efetiva constante.)

A derivação da equação de Terzaghi considera o volume de água que sai de um elemento de solo compressível diferencial. Pela lei de Darcy, sabemos que a quantidade de fluxo depende do gradiente hidráulico, bem como da permeabilidade do solo. O gradiente hidráulico que causa o fluxo pode estar relacionado ao excesso de poropressão da água no elemento por $u/\rho_w g$. Como a água é considerada incompressível, por consequência a variação de volume no elemento deve ser a diferença entre o fluxo que entra e sai do elemento em um tempo diferencial dt. Esta parte da equação pode ser escrita como:

$$\frac{-k}{\rho_w g} \frac{\partial^2 u}{\partial z^2} dz\, dt$$

onde z é a variável de espaço ou profundidade no elemento solo. Todo o resto é conforme definido anteriormente. Diferenciais parciais devem ser usados porque u é função da posição z e do tempo t.

A outra parte da equação é obtida relacionando a variação do volume ou variação do índice de vazios do esqueleto do solo com a variação da tensão efetiva por meio do coeficiente de compressibilidade a_v que determinamos no ensaio de adensamento (assim, a_v é na verdade a relação tensão-deformação ou "módulo" do nosso solo). A partir do princípio da tensão efetiva, podemos equiparar a mudança na tensão efetiva à mudança na poropressão. Em outras palavras, enquanto a tensão total for constante, à medida que o excesso de poropressão se dissipa com o tempo, há um aumento simultâneo na tensão efetiva, ou $\Delta \sigma' = -\Delta u$. Como antes, u é uma função de z e t. Esta metade da equação é geralmente escrita como:

$$\frac{-a_v}{1 + e_o} \frac{\partial u}{\partial t} dt\, dz$$

Juntando as duas partes, obtemos

$$\frac{-k}{\rho_w g} \frac{\partial^2 u}{\partial z^2} dz\, dt = \frac{-a_v}{1 + e_o} \frac{\partial u}{\partial t} dt\, dz \qquad (7.22)$$

Reorganizando, obtemos:

$$c_v \frac{\partial^2 u}{\partial z^2} = \frac{\partial u}{\partial t} \qquad (7.23)$$

Onde

$$c_v = \frac{k}{\rho_w g} \frac{1 + e_o}{a_v} \qquad (7.24)$$

O coeficiente c_v é denominado coeficiente de adensamento porque contém as propriedades do material que regem o processo de adensamento. Se você realizar uma análise dimensional da Equação (7.30), você descobrirá que c_v tem dimensões de $L^2 T^{-1}$ ou m²/s.

A Equação (7.23) é a **equação de adensamento unidimensional de Terzaghi**. Ela poderia facilmente ser escrita em três dimensões, mas na maioria das vezes na prática da engenharia pressupõe-se um adensamento unidimensional. Basicamente, a equação é uma forma da equação de difusão da física matemática. Muitos fenômenos de difusão física são descritos por esta equação – por exemplo, fluxo de calor em um corpo sólido. A "constante de difusão" para o solo é c_v. Observe que estamos nos referindo a c_v como uma constante. Na verdade não é, mas devemos assumir que é – ou seja, que k, c_v e e_o são constantes – para tornar a equação linear e facilmente solucionável.

Então, como resolvemos a equação de adensamento de Terzaghi? Usando os mesmos métodos que usamos para resolver todas as outras equações diferenciais parciais de segunda ordem com coeficientes constantes. Existem várias maneiras, algumas matematicamente exatas e outras apenas aproximadas. Por exemplo, Harr (1966) apresenta uma solução aproximada utilizando o método das diferenças finitas, assim como Perloff e Baron (1976), entre outros. Começamos com uma solução matematicamente rigorosa desenvolvida por Terzaghi (1925) da sua própria equação de adensamento.

7.15 SOLUÇÃO CLÁSSICA PARA A EQUAÇÃO DE ADENSAMENTO DE TERZAGHI

Uma solução matematicamente rigorosa de Terzaghi (1925) foi refinada e desenvolvida por Terzaghi e Fröhlich (1936) em termos de uma expansão em séries de Fourier. Aqui apenas damos um esboço da solução, seguindo Taylor (1948).

Primeiro, as condições de contorno e iniciais para o caso de adensamento unidimensional são as seguintes:

1. Há drenagem completa na parte superior e inferior da camada compressível.
2. O excesso inicial de pressão hidrostática $\Delta u = u_i$ é igual ao incremento aplicado de tensão no limite $\Delta \sigma'$.

Podemos escrever essas condições da seguinte forma:

$$\text{Em } z = 0 \text{ e } z = 2H \to u = 0$$
$$\text{Em } t = 0 \to \Delta u = u_i = \Delta \sigma = (\sigma'_2 - \sigma'_1)$$

Normalmente consideramos a espessura da camada de adensamento como **2H**, de modo que o **comprimento do caminho de drenagem mais longo** seja igual a H, ou H_{dr}. É claro que, em $t = \infty$, $\Delta u = 0$, ou a dissipação completa da poropressão em excesso terá ocorrido.

Terzaghi (1925) estava obviamente familiarizado com trabalhos anteriores sobre transferência de calor e adaptou essas soluções de forma fechada ao problema do adensamento. A solução surge em termos de uma expansão em séries de Fourier da forma

$$u = (\sigma'_2 - \sigma'_1) \sum_{n=0}^{\infty} f_1(Z) f_2(T) \tag{7.25}$$

Onde Z e T são parâmetros adimensionais (ver também Taylor, 1948). O primeiro termo, Z, é um parâmetro geométrico e é igual a z/H ou a profundidade real abaixo do topo da camada dividida pela distância de drenagem. O segundo termo, T, é conhecido como **fator tempo** e está relacionado ao coeficiente de adensamento c_v por

$$T = c_v \frac{t}{H_{dr}^2} \tag{7.26}$$

Onde t = tempo, e

H_{dr} = comprimento do caminho de drenagem mais longo.

Já mencionamos que c_v tem dimensões de $L^2 T^{-1}$ ou unidades de m²/s (ou equivalente).

A partir da Equação (7.24), o fator tempo também pode ser escrito como:

$$T = \frac{k(1+e_o)}{a_v \rho_w g} \frac{t}{H_{dr}^2} \qquad (7.27)$$

Observe que t tem as mesmas unidades de tempo que k. Isto é, se k estiver em centímetros por segundo, então t deverá estar em segundos. O caminho de drenagem para drenagem dupla seria igual à metade da espessura H da camada de argila, ou $2H/2 = H_{dr}$. Se tivéssemos apenas uma camada drenada, o caminho de drenagem ainda seria H_{dr}, mas seria igual a toda a espessura da camada.

O progresso do adensamento após algum tempo t e em qualquer profundidade z na camada de adensamento pode ser relacionado ao índice de vazios naquele momento e à mudança final no índice de vazios. Essa relação é chamada de índice de adensamento, expresso como:

$$U_z = \frac{e_1 - e}{e_1 - e_2} \qquad (7.28)$$

Onde e é algum índice de vazios intermediário, conforme mostrado na Figura 7.16. Note que na Figura 7.16, $\sigma' - \sigma_1' = (\sigma_2' - \sigma_1') - u = u_i - u$. O que estamos vendo graficamente nessa figura é a proporção de ordenadas correspondentes a "AB" e "AC". Em termos de tensões e por opressões, a Equação (7.28) torna-se:

$$U_z = \frac{\sigma' - \sigma_1'}{\sigma_2' - \sigma_1'} = \frac{\sigma' - \sigma_1'}{\Delta\sigma'} = \frac{u_i - u}{u_i} = 1 - \frac{u}{u_i} \qquad (7.29)$$

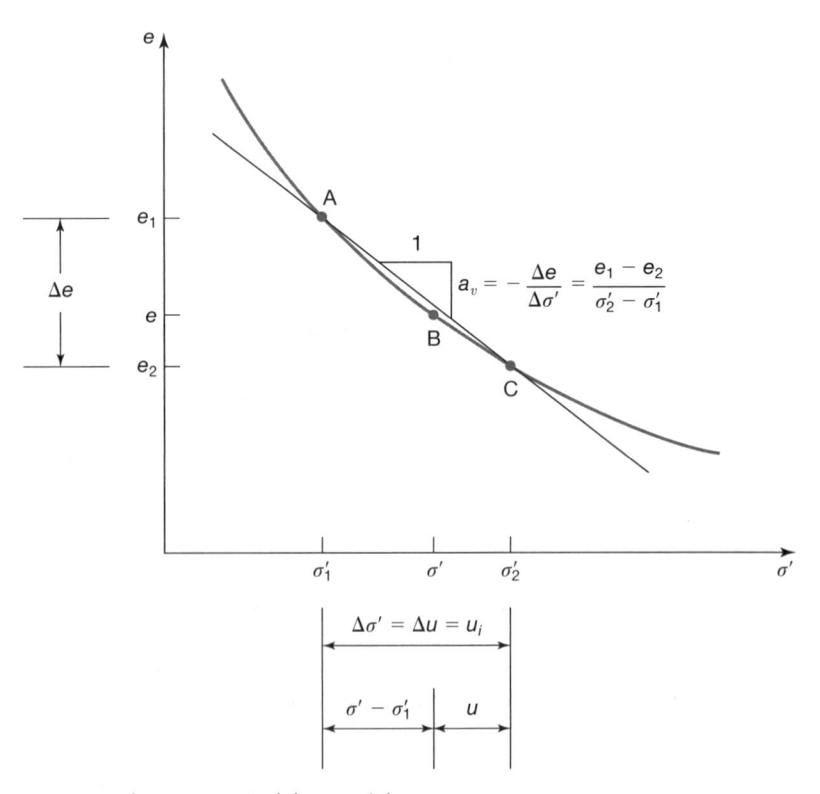

FIGURA 7.16 Curva de compressão laboratorial.

onde σ' e u são valores intermediários correspondentes a e na Equação (7.28), e u_i é a poropressão inicial excessiva induzida pela tensão aplicada $\Delta\sigma'$. Você deve se certificar de que essas equações estão corretas a partir das relações mostradas na Figura 7.16 e de $\Delta\sigma' = -\Delta u$.

A partir das Equações (7.28) e (7.29), é evidente que U_z é zero no início do carregamento e aumenta gradualmente até 1 (ou 100%) à medida que o índice de vazios diminui de e_1 até e_2. Ao mesmo tempo, é claro, enquanto a tensão total permanece constante, a tensão efetiva aumenta de σ'_1 a σ'_2 à medida que a tensão maior que a hidrostática (pressão da água nos poros) dissipa de u_i até zero. O índice de adensamento U_z é às vezes chamado de grau ou porcentagem de adensamento e representa condições em um ponto da camada de adensamento. Agora podemos colocar nossa solução para u na Equação (7.25) em termos do índice de adensamento, Equações (7.29) ou (7.30).

$$U_z = 1 - \sum_{n=0}^{\infty} f_1(Z) f_2(T) \qquad (7.30)$$

A solução desta equação é mostrada graficamente na Figura 7.17 em termos dos parâmetros adimensionais já definidos. Os tediosos cálculos envolvidos na resolução da Equação (7.30) não são mais necessários. Na Figura 7.17, é possível encontrar a quantidade ou grau de adensamento (e portanto u e σ' para qualquer momento após o início do carregamento e em qualquer ponto da camada de adensamento. Tudo o que você precisa saber é o c_v do depósito de solo específico, a espessura total da camada e as condições de drenagem limite. Com esses itens, o fator tempo T pode ser calculado a partir da Equação (7.26). É aplicável a qualquer situação de carregamento

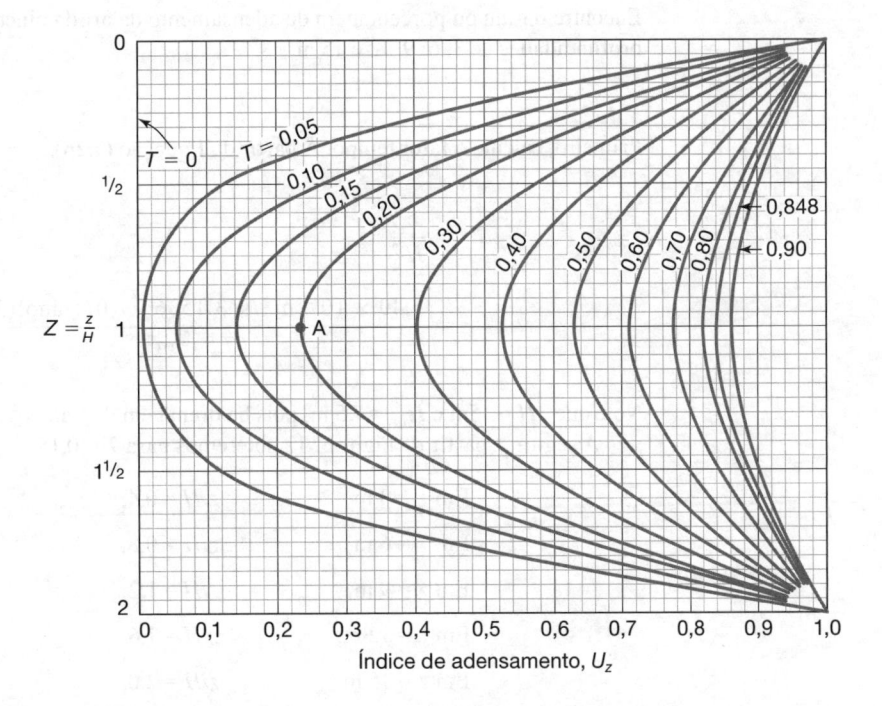

FIGURA 7.17 Índice de adensamento para qualquer fator de localização e tempo em uma camada duplamente drenada (adaptada de Taylor, 1948).

unidimensional em que as propriedades do solo podem ser assumidas como iguais em toda a camada compressível.

A Figura 7.17 também ilustra o **progresso do adensamento**. As **isócronas** (linhas de constante T) na Figura 7.17 representam o grau ou porcentagem de adensamento para um determinado fator de tempo em toda a camada compressível. Por exemplo, a porcentagem de adensamento a meia altura de uma camada duplamente drenada (espessura total = $2H$) para um fator de tempo igual a 0,2 é de aproximadamente 23% (ver ponto "A" na Figura 7.17. Ao mesmo tempo (*e* fator tempo), em outros locais da camada do solo, no entanto, o grau de adensamento é diferente. A 25% da profundidade, por exemplo, $z/H = 1/2$ e $U_z = 44\%$. Da mesma forma, próximo às superfícies de drenagem em $z/H = 0,1$, para o mesmo fator de tempo, pelo fato dos gradientes serem muito maiores, a argila já está 86% adensada, o que significa que naquela profundidade e tempo, 86% do excesso original da poropressão se dissipou e a tensão efetiva aumentou em uma quantidade correspondente.

Exemplo 7.17

Contexto:

Uma camada de argila Chicago com 15 m de espessura é **duplamente drenada** (isso significa que existe uma camada muito permeável em comparação com a argila acima e abaixo da camada de argila de 15 m). O coeficiente de adensamento $c_v = 5,4 \times 10^{-8}$ m²/s.

Problema:

Encontre o grau ou porcentagem de adensamento da argila cinco anos após o carregamento nas profundidades de 3, 6, 9, 12 e 15 m.

Solução:
Primeiro, calcule o fator tempo. A partir da Equação (7.26),

$$T = \frac{c_v t}{H_{dr}^2}$$

$$= \frac{5,40 \times 10^{-8} \text{m}^2/\text{s}(3,1536 \times 10^7 \text{s/ano})(5 \text{ anos})}{(7,5)^2 \text{m}^2} = 0,15$$

Note que $2H = 15$m e $H_{dr} = 7,5$ m, pois há drenagem dupla.
A seguir, a partir da Figura 7.17 obteremos para $T = 0,15$:

Em $z = 3$ m,	$z/H = 0,4$,	$U_z = 46\%$
Em $z = 6$ m,	$z/H = 0,8$,	$U_z = 18\%$
Em $z = 9$ m,	$z/H = 1,2$,	$U_z = 18\%$
Em $z = 12$ m,	$z/H = 1,6$,	$U_z = 46\%$
Em $z = 15$ m,	$z/H = 2,0$,	$U_z = 100\%$

Exemplo 7.18

Contexto:

As condições do solo do Exemplo 7.17.

Problema:

Se a estrutura aplicou um aumento médio de tensão vertical de 100 kPa à camada de argila, estime o excesso de pressão de água nos poros remanescente na argila após cinco anos para as profundidades na camada de argila de 3, 6, 9, 12 e 15 m.

Solução:

Assumindo carregamento unidimensional, o excesso de pressão da água dos poros induzido no início do adensamento é de 100 kPa. A partir da Equação (7.29),

$$U_z = 1 - \frac{u}{u_i}$$

ou

$$u = u_i(1 - U_z)$$

da solução do Exemplo 7.17 obteremos:

Em $z = 3$ m,	$U_z = 46\%$	$u = 54$ kPa
Em $z = 6$ m,	$U_z = 18\%$	$u = 82$ kPa
Em $z = 9$ m,	$U_z = 18\%$	$u = 82$ kPa
Em $z = 12$ m,	$U_z = 46\%$	$u = 54$ kPa
Em $z = 15$ m,	$U_z = 100\%$,	$u = 0$ kPa

A Figura Ex. 7.18 mostra esses valores comparados à profundidade. Observe que elas são pressões excessivas nos poros – ou seja, estão acima da pressão hidrostática da água.

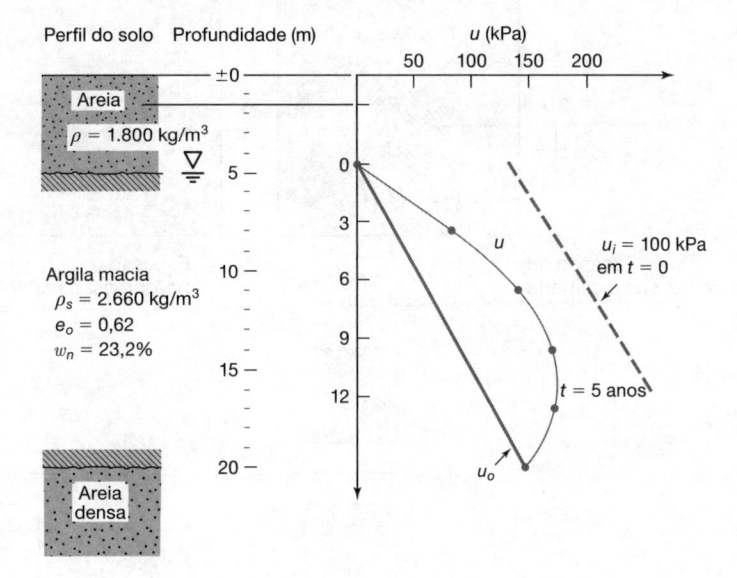

FIGURA Ex. 7.18

Na maioria dos casos, não estamos interessados em quanto adensamento ocorreu em um determinado ponto de uma camada. O interesse mais prático é entender o **grau médio** ou a **porcentagem de adensamento** da camada inteira. Este valor, denotado por U ou U_{avg}, é uma medida de quanto toda a camada adensou e, portanto, pode estar diretamente relacionado ao **recalque total** da camada em determinado momento após o carregamento. Observe que U pode ser expresso como decimal ou como porcentagem.

Para obter o grau médio de adensamento ao longo de toda a camada correspondente a um determinado fator de tempo, temos que encontrar a área sob a curva T da Figura 7.17 (na verdade, obtemos a área fora da curva T, conforme mostrado na Figura 7.18). A Tabela 7.4 apresenta os resultados da integração para o caso em que é assumida uma distribuição linear do excesso de pressão da água dos poros.

Os resultados da Tabela 7.4 são mostrados graficamente na Figura 7.19. Na Figura 7.19a, a relação é mostrada aritmeticamente, enquanto na Figura 7.19b a relação entre U e T é mostrada semilogaritmicamente. Outra forma de relacionamento é encontrada na Figura 7.19c, onde U é plotado *versus* $\sqrt{T}$ Conforme discutido na próxima seção, as Figuras 7.19b e 7.19c mostram certas características da relação teórica U-T com melhor vantagem do que a Figura 7.19a. Observe que à medida que T se torna muito grande, U se aproxima de modo assintótico de 100%. Isto significa que, na teoria, o adensamento nunca para e continua indefinidamente. Deve-se ressaltar também que a solução para U *versus* T é adimensional e se aplica a todos os tipos de problemas onde $\Delta\sigma = \Delta u$ varia **linearmente** com a profundidade.

Soluções para casos em que a distribuição inicial de poropressão é senoidal, semissenoidal e triangular, foram apresentadas por Taylor (1948) e Leonards (1962) e os resultados em termos de U *versus* T para essas várias distribuições iniciais de poropressão são na verdade bastante similares. Quando consideramos as muitas suposições da teoria de Terzaghi e a possibilidade real de uma drenagem que não seja apenas unidimensional, uma distribuição inicial linear uniforme da pressão dos poros não é tão imprecisa quanto se imaginaria. É por isso que é a única que apresentamos.

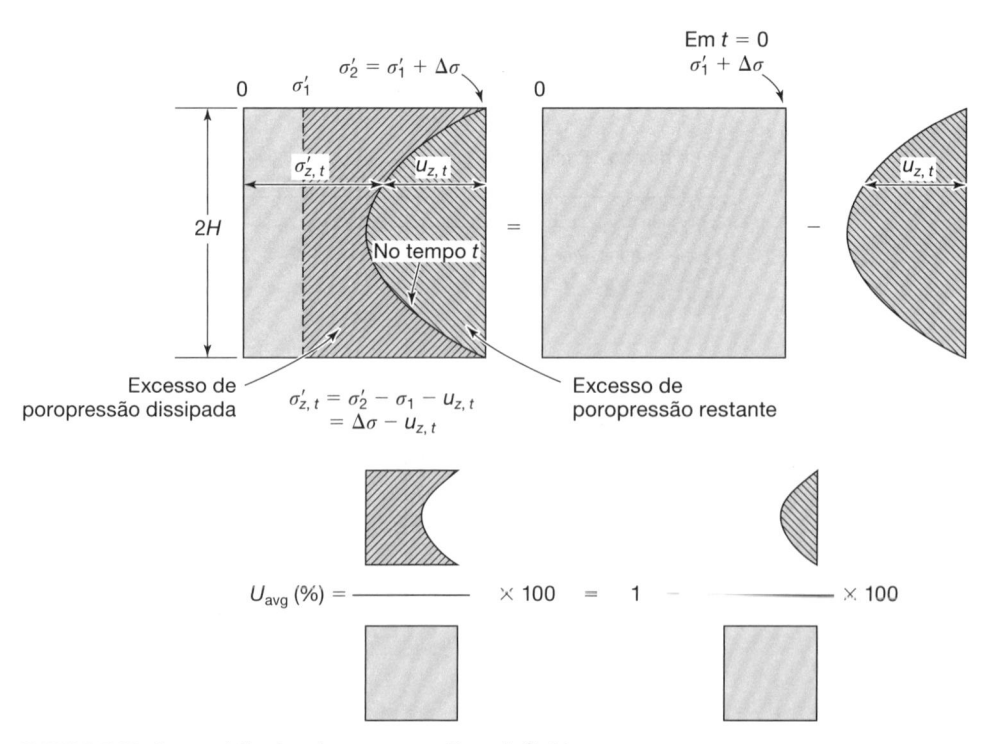

FIGURA 7.18 Grau médio de adensamento, U_{avg}, definido.

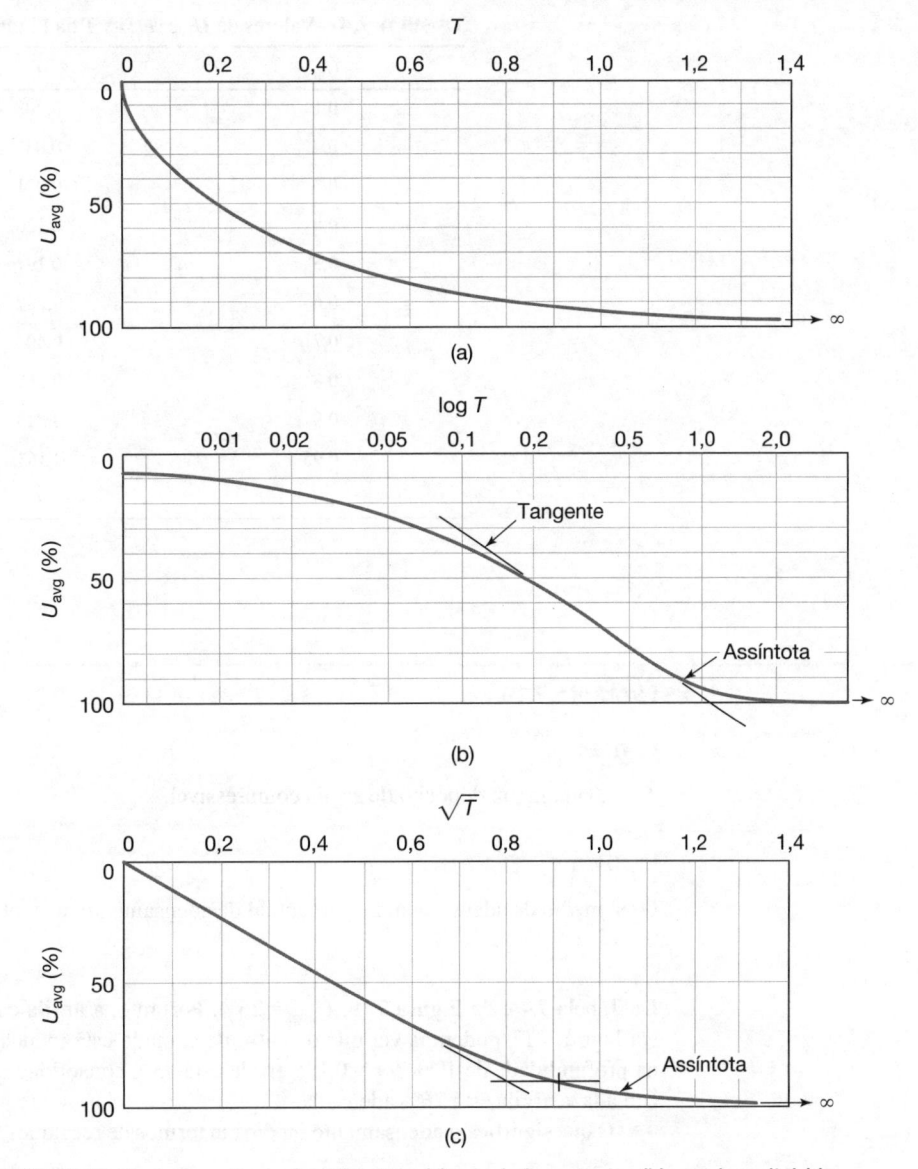

FIGURA 7.19 U_{avg} *versus T*: escala aritmética (a); escala logarítmica (b); escala radial (c).

Casagrande (1938) e Taylor (1948) fornecem as seguintes aproximações úteis:
Para $U < 60\%$,

$$T = \frac{\pi}{4}U^2 = \frac{\pi}{4}\left(\frac{U\%}{100}\right)^2 \tag{7.31}$$

Para $U > 60\%$,

$$T = 1{,}781 = 0{,}933 \log(100 - U\%) \tag{7.32}$$

TABELA 7.4 Valores de U_{avg} versus T da Figura 7.19

U_{avg}	T
0,1	0,008
0,2	0,031
0,3	0,071
0,4	0,126
0,5	0,197
0,6	0,287
0,7	0,403
0,8	0,567
0,9	0,848
0,95	1,163
1,0	∞

Exemplo 7.19

Contexto:

$T = 0,05$ para um depósito de argila compressível.

Problema:

Grau médio de adensamento e percentual de adensamento no centro e em $z/h = 0,1$.

Solução:

Da Tabela 7.4 e da Figura 7.19, $U_{avg} = 26\%$. Portanto, a argila está 26% adensada, em média. Na Figura 7.17, podemos ver que o centro da camada está menos de 0,5% adensado, enquanto na profundidade de 10% $z/h = 0,1$; a argila está 73% consolidada. Mas, em média, ao longo da camada, a argila está 26% adensada.

O que significa o adensamento médio em termos de recalques? U_{avg} pode ser expresso como:

$$U_{avg} = \frac{s(t)}{s_c} \qquad (7.33)$$

onde $s(t)$ é o recalque a qualquer momento, e s_c é o recalque de adensamento final ou último (primário) em $t = \infty$.

Exemplo 7.20

Contexto:

Os dados do Exemplo 7.19.

Problema:

Encontre o recalque quando U_{avg} for 32%, se o recalque final do adensamento for 1,2 pé.

Solução:
Da Equação (7.33), $s(t) = U_{avg} (s_c)$. Portanto
$s(t)$ = 32% (1,2 pé) = 0,38 pé = 4,6 pol.

Exemplo 7.21

Contexto:

O perfil e propriedades do solo dos Exemplos 7.17 e 7.18. O aumento de tensão na camada de argila é de 100 kPa.

Problema:

Calcule o tempo necessário para a camada de argila recalcar em 0,25 m.

Solução:
Para calcular o grau médio de adensamento, o recalque de adensamento final s_c deve ser estimado como fizemos na Seção 7.7. Da Figura Ex. 7.18, H_o = 15 m e e_o = 0,62. Para argila de Chicago, o valor de C_c pode ser encontrado usando a última relação na Tabela 7.2, $C_c = 0,01 \times (w_n$ = 23,2%) = 0,23. C_c também pode ser encontrado a partir da segunda expressão, conhecendo o índice de vazios inicial, resolvendo para $C_{c\varepsilon}$ e multiplicando por $(1 + e_o)$, dando C_c = 0,22, ou um valor semelhante. Determine ρ para a argila macia e calcule σ'_{vo} na profundidade média da camada a partir das Equações (5.15c) e (5.16). Suponha que a argila esteja normalmente adensada. Use as técnicas do Capítulo 2 para calcular ρ_{argila}. Então,

$$\sigma'_{vo} = \rho_{areia} g z_1 + (\rho_{argila} - \rho_w) g z_2$$
$$\sigma'_{vo} = 1.800 \text{ kg/m}^3 \times 9,81 \text{ m/s}^2 \times 5\text{m} + (2.024 - 1.000)\text{kg/m}^3 \times 9,81 \text{ m/s}^2 \times 7,5 \text{ m}$$
$$= 164 \text{ kPa}$$

A partir da Equação (7.10),

$$s_c = 0,23 \frac{15 \text{ m}}{1 + 0,62} \log \frac{164 \text{ kPa} + 100 \text{ kPa}}{164 \text{ kPa}} = 0,44 \text{ m}$$

O grau médio de adensamento U_{avg} quando a camada de argila recalca 0,25 m é Equação (7.33):

$$U_{avg} = \frac{s(t)}{s_c} = \frac{0,25 \text{ m}}{0,44 \text{ m}} = 0,57, \text{ ou } 57\%$$

Para obter T podemos usar a Tabela 7.4 ou a Figura 7.19. Ou, uma vez que $U_{avg} < 60\%$, podemos usar Equação (7.31):

$$T = \frac{\pi}{4}(0,57)^2 = 0,25$$

Da Equação (7.26), $t = TH_{dr}^2/c_v$, onde $H_{dr} = 7,5$ m para drenagem dupla; ou

$$t = \frac{0,25 \times (7,5\text{ m})^2}{5,4 \times 10^{-8} \text{ m}^2/\text{s} \times 3,1536 \times 10^7 \text{ s/ano}}$$
$$= 8,4 \text{ ano}$$

Exemplo 7.22

Contexto:

Os dados dos Exemplos 7.17 e 7.21.

Problema:

Quanto tempo seria necessário para que ocorresse um recalque de 0,25 m se a camada de argila fosse drenada individualmente?

Solução:
Use a Equação (7.26) diretamente

$$c_v = 5,40 \times 10^{-8} \text{ m}^2/\text{s} \times 3,1536 \times 10^7 \text{ s/ano} = 1,703 \text{ m}^2/\text{ano}$$
$$t = \frac{TH_{dr}^2}{c_v}$$

onde $H_{dr} = 15$ m para drenagem única

$$t = \frac{0,25 \times (15\text{ m})^2}{1,703 \text{ m}^2/\text{ano}} = 33 \text{ anos}$$

ou **quatro vezes mais do que** com drenagem dupla.

Exemplo 7.23

Contexto:

Uma camada de argila de 35 pés de espessura com drenagem única recalca 3,9 polegadas em 4,2 anos. O coeficiente de adensamento para esta argila foi de $8,43 \times 10^{-4}$ pol.^{2}/s.

Problema:

Calcule o recalque de adensamento final e descubra quanto tempo levará para recalcar 75% desse valor.

Solução:
Da Equação (7.26) resolva para T:

$$T = \frac{tc_v}{H^2}$$
$$= \frac{4,2 \text{ ano} \, (8,43 \times 10^{-4}) \text{ pol.}^2}{(35 \text{ pés}^2)^2 \text{ s}} \frac{1 \text{ pé}^2}{144 \text{ pés}^2} \left(3,1536 \times 10^7 \frac{\text{s}}{\text{ano}}\right)$$
$$= 0,63$$

Na Tabela 7.4 vemos que o grau médio de adensamento está entre 0,8 e 0,9. Portanto podemos usar a Equação (7.32) ou Figura 7.19a, ou podemos interpolar a partir da Tabela 7.4. Usando a Equação (7.32), temos

$$0,63 = 1,781 - 0,933 \log(100 - U\%)$$
$$1,23 = \log(100 - U\%)$$

ou

$$U = 82,91\%, \text{ ou } 83\%.$$

Assim, se 3,9 polegadas de recalque representam 83% do recalque total, então o recalque de adensamento total é como na Equação (7.33):

$$s_c = \frac{s(t)}{U_{avg}} = \frac{3,9 \text{ pol.}}{0,83} = 4,7 \text{ pol.}$$

Para o tempo necessário para que ocorra o recalque de 90%, encontre $T = 0,848$ para $U_{avg} = 0,9$, da Tabela 7.4. Usando a Equação (7.32) e resolvendo o valor para t, descobrimos que:

$$t = \frac{TH_{dr}^2}{c_v} = \frac{0,848\ (35\ \text{pés})^2}{8,43 \times 10^{-4}\ \text{pol.}^2/\text{s}} \frac{144\ \text{pol.}^2}{1\ \text{pé}^2}$$

$$= 1,77 \times 10^8\ \text{s} \frac{\text{ano}}{3,1536 \times 10^7\ \text{s}}$$

$$= 5,63\ \text{anos}$$

Exemplo 7.24

Contexto:

Os dados do Exemplo 7.23.

Problema:

Encontre a variação no grau de adensamento ao longo da camada quando $t = 4,2$ anos.

Solução:

Quando $t = 4,2$ anos, o fator de tempo correspondente = 0,63, do Exemplo 7.23. Encontre a curva para $T = 0,6$ na Figura 7.17 (para uma camada com drenagem única, utilizamos a metade superior ou a metade inferior, dependendo de onde a camada é drenada. Suponha para este problema que a camada seja drenada na parte superior). A curva para $T = 0,63$ representa o grau de adensamento em qualquer profundidade z. Usando a Equação (7.26), descobrimos que a isócrona $T = 0,63$ mostra a variação de U_z para $t = 4,2$ anos. Pode-se observar que na parte inferior da camada, onde $z/H = 1$, $U_z = 72\%$. A meia altura da camada de 17,5 pés de espessura, onde $z/H = 0,5$, $U_z = 81\%$. Assim, o grau de adensamento varia de acordo com a profundidade da camada de argila, mas o grau médio de adensamento para toda a camada é de 83% (Exemplo 7.23). Outro ponto interessante sobre a Figura 7.17 é que a área à esquerda da curva $T = 0,63$ representa 83% da área de todo o gráfico, *2H versus U_z*, enquanto a área à direita da curva $T = 0,63$ representa 17%, ou a montante do adensamento ainda a ocorrer (ver também a Figura 7.18).

Caso você tenha um problema com diversas camadas compressíveis com diferentes permeabilidades e coeficientes de adensamento, ou se você encontrar camadas de drenagem intermediárias no estrato compressível, então o grau médio de adensamento de todo o estrato U_T é

$$U_T = \frac{1}{s_c}(U_1 s_{c1} + U_2 s_{c2} + \cdots + U_n s_{cn}) \tag{7.34}$$

onde $U_1, U_2,\ldots$ e U_n são os graus médios de adensamento de cada camada, e $s_{c1}, s_{c2}, \ldots$ e s_{cn} são os recalques de adensamento de cada camada. O recalque s_c é, obviamente, o recalque de adensamento de todas as camadas.

7.16 DETERMINAÇÃO DO COEFICIENTE DE ADENSAMENTO c_v

Como obtemos o coeficiente de adensamento c_v? Esse coeficiente é a única parte da solução da equação de adensamento que leva em conta as propriedades do solo que regem a taxa de adensamento. Na Seção 7.4 descrevemos o procedimento para realização de ensaios de adensamento de carga incremental para obtenção da compressibilidade do solo. Mencionamos que cada incremento de carga geralmente permanece na amostra por um período de tempo arbitrário, até que (ou ao menos esperamos que) essencialmente todo o excesso de poropressão tenha se dissipado. As leituras do mostrador de deformação ou as leituras convertidas do transdutor são obtidas durante esse processo, e o coeficiente de adensamento c_v é determinado a partir dos dados de tempo *versus* deformação.

As curvas de leituras de deformação reais *versus* tempo real para determinado incremento de carga muitas vezes têm formas muito semelhantes às curvas U-T teóricas mostradas na Figura 7.19. Aproveitaremos essa observação para determinar o c_v pelos chamados **métodos de ajuste de curva** desenvolvidos por Casagrande e Taylor. Esses procedimentos empíricos foram elaborados para ajustar aproximadamente os dados de ensaios laboratoriais observados à teoria de adensamento de Terzaghi. Descobriu-se que muitos fatores, como perturbação da amostra, razão de incremento de carga (**LIR**), duração, temperatura e uma série de detalhes de ensaio, afetam fortemente o valor de c_v obtido pelos procedimentos de ajuste de curva (Leonards e Ramiah, 1959; Leonards, 1962). Entretanto, os estudos de Leonards e Girault (1961) mostraram que a teoria de Terzaghi é aplicável ao ensaio de laboratório se grandes **LIR(s)** [Equação (7.20)], em geral em torno da unidade, forem usados.

Os procedimentos de ajuste de curvas descritos nesta seção permitirão determinar valores do coeficiente de adensamento c_v a partir de dados de ensaios laboratoriais. Eles também permitirão separar a compressão secundária do adensamento primário.

Provavelmente a maneira mais fácil de ilustrar os métodos de ajuste de curva é trabalhar com dados de deformação no tempo provenientes de um ensaio de adensamento real. Usaremos os dados do incremento de carga de 100 a 200 kPa para o ensaio mostrado na Figura 7.5. Esses dados são mostrados na Tabela 7.5 e plotados nas Figuras 7.20a, b, c. Observe como as formas dessas curvas são semelhantes às curvas teóricas das Figuras 7.19a, b, c.

7.16.1 Logaritmo de Casagrande do método de ajuste do tempo

Neste método, as leituras do mostrador de deformação (ou transdutor convertido) são plotadas *versus* o logaritmo do tempo, como mostrado na Figura 7.20b e em escala maior na Figura 7.21. A ideia é encontrar R_{50} e assim t_{50}, o tempo para 50% de adensamento, aproximando R_{100}, a leitura de deformação correspondente ao tempo para 100% de adensamento primário, t_{100} ou t_p. Consulte a Figura 7.19b, a curva U–T teórica, por um momento. Observe que a interseção da tangente e da assíntota com a curva teórica define U_{avg} = 100%. O tempo para adensamento de 100%, é claro, ocorre em $t = \infty$. Casagrande (1938) sugeriu que R_{100} poderia ser aproximada de forma bastante arbitrária pela intersecção das duas tangentes correspondentes à curva de adensamento

TABELA 7.5 Dados de tempo de deformação para incremento de carga de 100 a 200 kPa (Figura 7.20)

Tempo decorrido (min)	$\sqrt{t}$ ($\sqrt{\min}$)	Leitura do mostrador ou do transdutor convertido, R (mm)	Deslocamento (mm)
0	0	6,627	0
0,1	0,316	6,528	0,099
0,25	0,5	6,480	0,147
0,5	0,707	6,421	0,206
1	1,0	6,337	0,290
2	1,41	6,218	0,409
4	2,0	6,040	0,587
8	2,83	5,812	0,815
15	3,87	5,489	1,138
30	5,48	5,108	1,519
60	7,75	4,775	1,852
120	10,95	4,534	2,093
240	15,5	4,356	2,271
480	21,9	4,209	2,418
1.382	37,2	4,041	2,586

do laboratório (Figura 7.21). Pesquisas posteriores (p. ex., Leonards e Girault, 1961) mostraram que este procedimento define com uma boa aproximação a leitura de deformação na qual o excesso de pressão de água nos poros se aproxima de zero, especialmente quando o **LIR** é grande e a tensão de pré-adensamento é excedida pelo incremento de carga aplicado. Após R_{100} ser definida, o próximo passo é encontrar R_o, o dial inicial ou a leitura convertida do transdutor.

Como determinamos R_o, a leitura correspondente à adensamento de zero por cento, em um gráfico *semilog*? Como T é proporcional a U_{avg}^2 até $U = 60\%$ [Equação (7.31)], a primeira parte da curva de adensamento deve ser uma parábola. Para encontrar R_o, escolha dois tempos quaisquer, t_1 e t_2, na proporção de 4 para 1, e anote suas leituras de deformação correspondentes. Em seguida, marque uma distância acima de R_1 igual à diferença $R_2 - R_1$; isso definirá o ponto zero corrigido R_o. Na forma de equação,

$$R_o = R_1 - (R_2 - R_1) \tag{7.35a}$$

Várias tentativas são geralmente aconselháveis para obter um bom valor médio de R_o, ou

$$R_o = R_2 - (R_3 - R_2) \tag{7.35b}$$

e

$$R_o = R_3 - (R_4 - R_3) \tag{7.35c}$$

Na Figura 7.21, três tentativas diferentes são mostradas para determinar R_o a partir de R_1, R_2, R_3, e R_4. As distâncias x, y e z estão marcadas acima das ordenadas correspondentes aos tempos t_2, t_3 e t_4, respectivamente. Você deve estar convencido de que o uso do procedimento gráfico e das Equações (7.35a–c) indica aproximadamente o mesmo valor para R_o (6,62 mm neste caso).

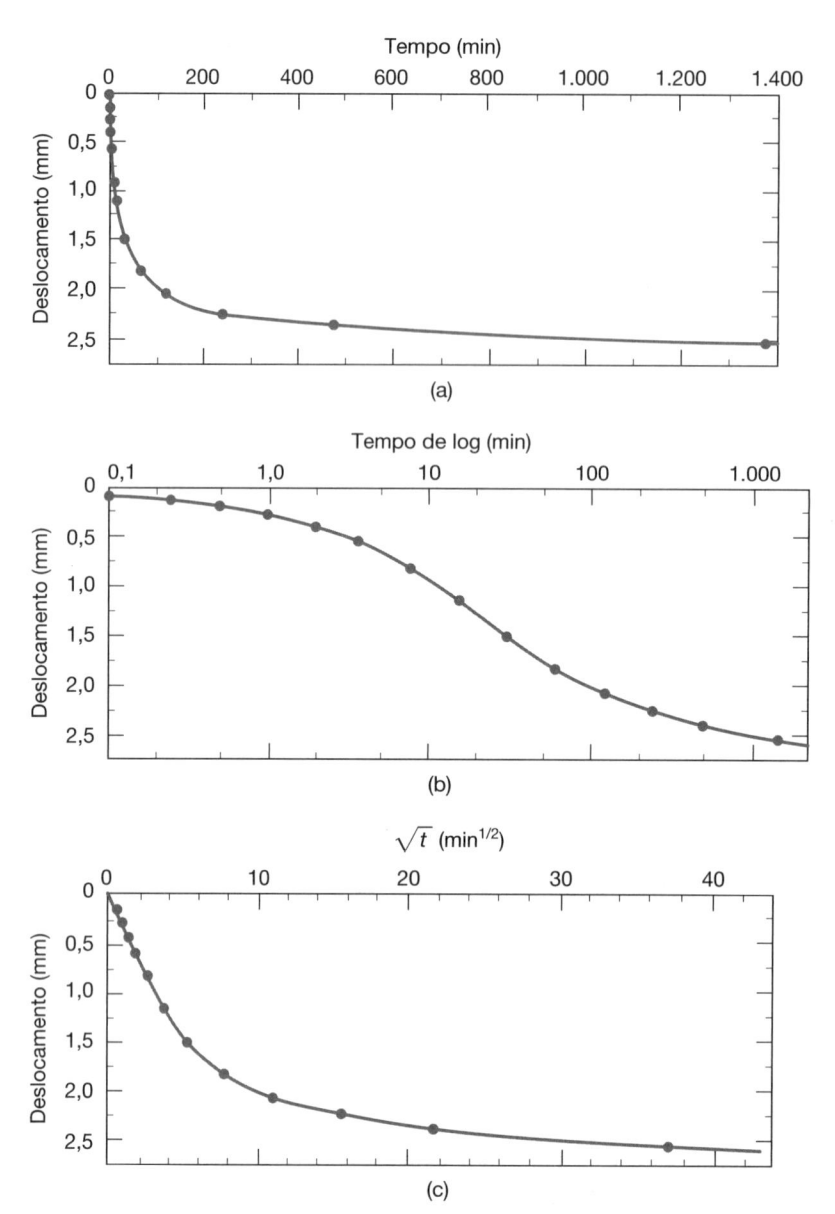

FIGURA 7.20 Curvas de tempo de deformação para dados da Tabela 7.5: escala aritmética (a); escala de tempo logarítmica (b); raiz quadrada da escala de tempo (c).

Após a determinação dos pontos de adensamento iniciais e 100% primários, encontre t_{50} subdividindo a distância vertical entre R_o e R_{100} [ou $R_{50} = ½ (R_o + R_{100})$]. Então t_{50} é simplesmente o tempo correspondente à leitura de deformação R_{50}. Na Figura 7.22, $t_{50} = 13,6$ min. Para avaliar c_v, usamos a Equação (7.26) com $t_{50} = 0,197$ (Tabela 7.4). Também precisamos da altura média da amostra durante o incremento de carga. No início deste incremento, H_o era 21,87 mm. A partir dos dados da Tabela 7.5,

$$H_f = H_o - \Delta H = 21,87 - 2,59 = 19,28 \text{ mm}$$

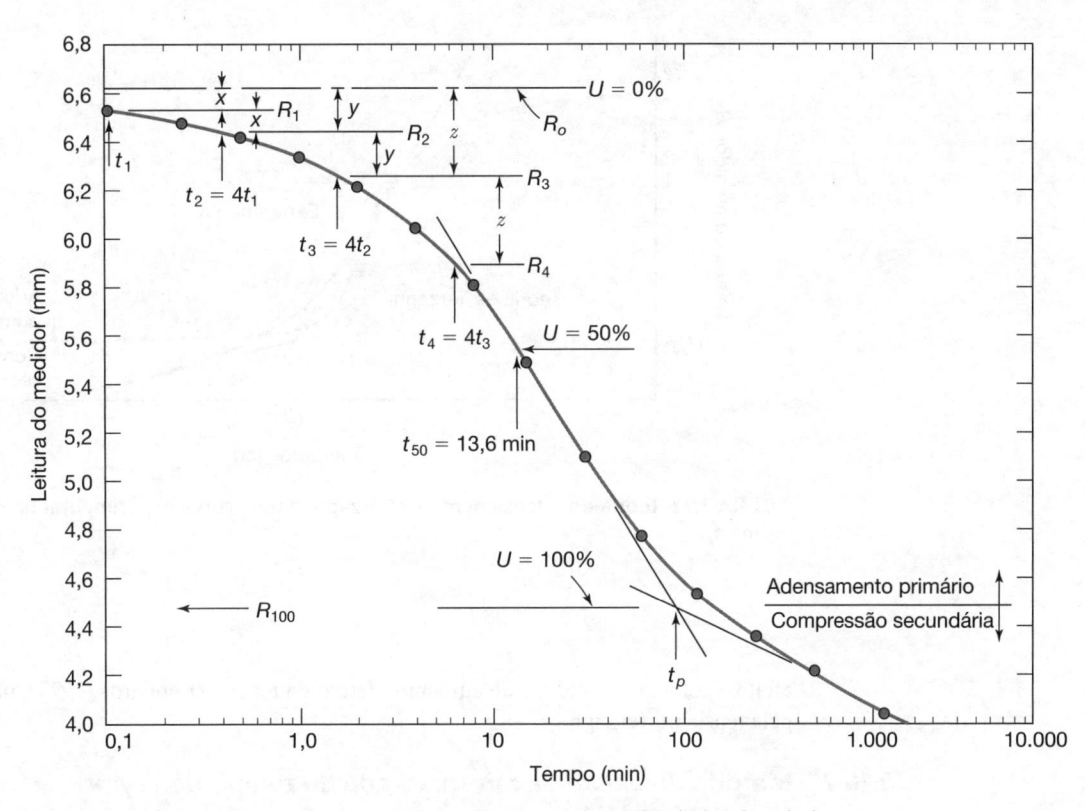

FIGURA 7.21 Determinação de t_{50} usando o método Casagrande; dados da Tabela 7.5.

Assim, a altura média da amostra durante o incremento é de 20,58 mm (2,06 cm). Lembre-se de que, no ensaio de adensamento padrão, a amostra é duplamente drenada; portanto, utilize $H_{dr} = 2{,}06/2$ na Equação (7.26). Assim, temos

$$c_v = \frac{TH_{dr}^2}{t} = \frac{T_{50}H_{dr}^2}{t_{50}}$$

$$= \frac{0{,}197\left(\frac{2{,}06}{2}\right)^2 \text{cm}^2}{13{,}6 \text{ min}\left(60\frac{\text{s}}{\text{min}}\right)}$$

$$= 2{,}56 \times 10^{-4} \frac{\text{cm}^2}{\text{s}} \left(3{,}1536 \times 10^7 \frac{\text{s}}{\text{ano}}\right)\left(\frac{\text{m}^2}{10^4 \text{ cm}^2}\right)$$

$$= 0{,}81 \text{ m}^2/\text{ano}$$

Lembre-se de que o procedimento de ajuste de Casagrande encontrou R_{50} e, portanto, t_{50} aproximando R_{100}. Este procedimento não encontrou t_{100} pois o tempo para qualquer outro grau de adensamento deve ser obtido a partir da teoria clássica de adensamento, na qual $t_{100} = \infty$. No entanto, o procedimento define um t chamado t_p ("primário"), que é um tempo prático necessário para obter um valor bom e utilizável de R_{100}. Na prática, o t_p é frequentemente chamado de t_{100}. O desvio da curva experimental em relação à curva teórica é mostrado na Figura 7.22. As diferenças nas curvas são o resultado da compressão secundária e de outros

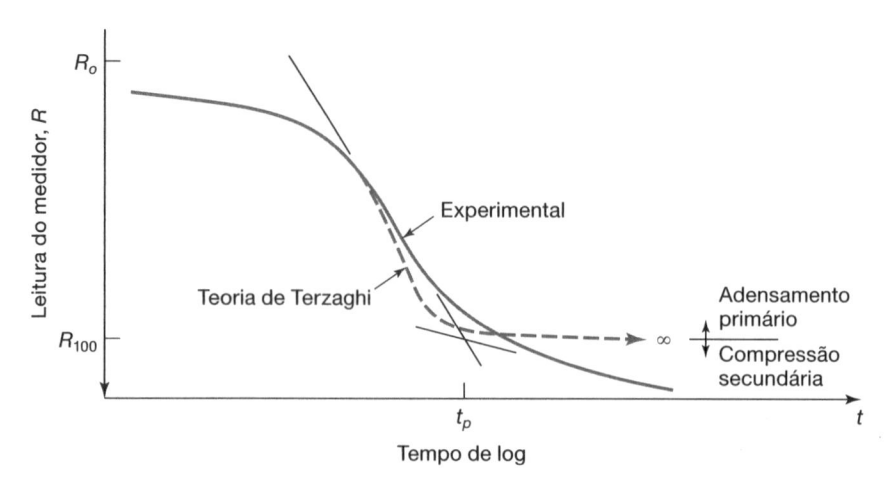

FIGURA 7.22 Teoria do adensamento de Terzaghi e uma curva experimental típica usada para definir t_p.

efeitos, como a velocidade de aumento efetivo da tensão (Leonards, 1977), não considerados pela teoria de Terzaghi.

7.16.2 Método de ajuste da raiz quadrada do tempo de Taylor

Taylor (1948) também desenvolveu um procedimento para avaliar c_v, usando a raiz quadrada do tempo. Tal como o método de ajuste de curvas de Casagrande, o procedimento de Taylor baseia-se na semelhança entre as formas das curvas teóricas e experimentais quando traçadas contra a raiz quadrada de T e t. Consulte a Figura 7.19c e compare-a com a Figura 7.20c. Observe que, na Figura 7.19c, a curva teórica é uma linha reta para ao menos $U \cong 60\%$ ou mais. Taylor notou que a abscissa da curva a 90% de adensamento era cerca de 1,15 vezes a abscissa da extensão da linha reta (Figura 7.19c). Assim, ele pôde determinar o ponto de 90% de adensamento na curva de tempo do laboratório.

Usaremos os mesmos dados de antes (Tabela 7.5) para ilustrar o método de ajuste de $\sqrt{t}$. Esses dados estão plotados na Figura 7.23. Normalmente, uma linha reta pode ser traçada através dos pontos de dados na parte inicial da curva de compressão. A linha é projetada para trás até o tempo zero para definir R_o. O ponto comum em R_o pode ser ligeiramente inferior à leitura de deformação inicial (no tempo zero) observada no laboratório devido à compressão imediata da amostra e do aparelho. Desenhe uma segunda linha a partir de R_o com todas as abscissas 1,15 vezes maiores do que os valores correspondentes na primeira linha. A interseção desta segunda linha com a curva do laboratório define R_{90} e é o ponto de 90% de adensamento. O tempo, consequentemente, é t_{90}.

O coeficiente de adensamento é, como antes, determinado usando a Equação (7.26). A partir da Tabela 7.4, $T_{90} = 0,848$. A altura média da amostra também é usada, como antes. Portanto,

$$c_v = \frac{0,848(2,06/2)^2 \text{ cm}^2}{52,6 \text{ min } (60 \text{ s/min})}$$
$$= 2,85 \times 10^{-4} \text{ cm}^2/\text{s ou } 0,90 \text{ m}^2/\text{ano}$$

Este valor é razoavelmente próximo daquele obtido pelo método de Casagrande. Como ambos os métodos de ajuste são aproximações da teoria, não se deve esperar que eles concordem com precisão. Com frequência, o c_v determinado pelo método t é um pouco maior do que o c_v pelo método de ajuste ao log de t, a um fator de 1,5 a 2.

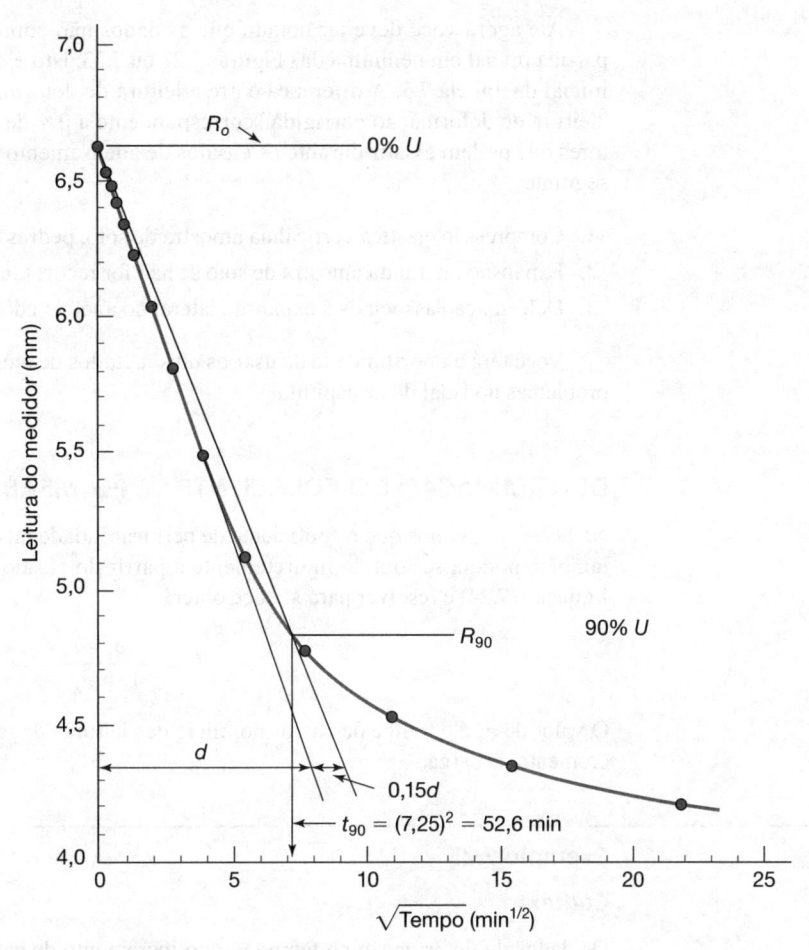

FIGURA 7.23 Determinação de c_v usando o método da raiz quadrada do tempo de Taylor; dados da Tabela 7.5.

Também é importante notar que c_v não é uma constante para um ensaio em determinado solo, dependendo muito da taxa de incremento de carga e de se a tensão de pré-adensamento foi excedida (Leonards e Girault, 1961). Para incrementos de carga inferiores à tensão de pré-adensamento, o adensamento ocorre muito rapidamente e os valores de c_v podem ser bastante elevados. Contudo, as determinações de t_p para esses incrementos costumam ser difíceis porque as curvas de recalque no tempo não têm as formas "clássicas" das Figuras 7.21 e 7.23. Para argilas não perturbadas, c_v é geralmente um mínimo para incrementos próximos à pressão de pré-adensamento (Taylor, 1948). Esse valor mínimo é, com frequência, usado para projetos. No entanto, em algumas situações pode ser mais apropriado utilizar o c_v para o incremento de carga previsto no campo.

Uma vantagem importante do método de ajuste $\sqrt{t}$ para ensaios de carga incremental é que é possível determinar t_{90} sem precisar manter a carga atual muito além de t_p. Se as leituras de deslocamento forem plotadas durante o ensaio, então o próximo incremento de carga poderá ser adicionado assim que t_{90} for alcançado. Não só o tempo para ensaio é significativamente menor do que quando os incrementos convencionais de 24 horas são usados, mas a contribuição da compressão secundária para a curva e versus log σ' pode ser efetivamente minimizada (ver Leonards, 1976).

Até agora você deve ter notado que os dados não coincidem exatamente com o ponto de partida inicial em nenhuma das Figuras 7.21 ou 7.23; isto é, R_o não é exatamente igual à leitura inicial da Tabela 7.5. A diferença entre a leitura de deformação inicial em laboratório e R_o, a "leitura de deformação corrigida" correspondente a 0% de adensamento, deve-se a vários fatores que podem existir durante os ensaios de adensamento em laboratório. Isso pode incluir o seguinte:

1. Compressão elástica vertical da amostra de solo, pedras porosas e aparelhos.
2. Expansão lateral da amostra de solo se não for recortada exatamente no diâmetro do anel.
3. Deformação associada à expansão lateral do anel do edômetro.

Você terá a oportunidade de usar os dois métodos de ajuste de curva para determinar c_v nos problemas no final deste capítulo.

7.17 DETERMINAÇÃO DO COEFICIENTE DE PERMEABILIDADE

Na Seção 7.4, vimos que o coeficiente de permeabilidade ou condutividade hidráulica k, do solo também poderá ser obtido indiretamente a partir do ensaio de adensamento. Se você tomar a Equação (7.24) e resolver para k, você obterá

$$k = \frac{c_v \rho_w g a_v}{1 + e_o} \qquad (7.36)$$

O valor de e_o é o índice de vazios no início das leituras da taxa de tempo para determinado incremento de carga.

Exemplo 7.25

Contexto:

Os dados de deformação no tempo para o incremento de carga de 100 a 200 kPa do ensaio na Figura 7.4. A partir da Tabela 7.5 e da Figura 7.21, um valor de c_v de 0,81 m²/anos (2,56 × 10⁻⁴ cm²/s) pode ser determinado.

Problema:

Calcule o coeficiente de permeabilidade, assumindo que a temperatura da água é 20°C.

Solução:

Primeiro, é necessário calcular o coeficiente de compressibilidade da Equação (7.5) e usando a Figura 7.4b:

$$a_v = \frac{e_1 - e_2}{\sigma'_2 - \sigma'_1} = \frac{2,12 - 1,76}{(200 - 100)\,\text{kPa}}$$

$$= 0{,}0036/\text{kPa} = 3{,}6 \times 10^{-6} \frac{\text{m}^2}{\text{N}}$$

Da Equação (7.24),

$$k = \frac{c_v \rho_w g a_v}{1 + e_o}$$

$$= \frac{2{,}56 \times 10^{-4} \frac{\text{cm}^2}{\text{s}} \times 1.000 \frac{\text{kg}}{\text{m}^3} \times 9{,}81 \frac{\text{m}}{\text{s}^2} \times 3{,}6 \times 10^{-6} \frac{\text{m}^2}{\text{N}} \cdot \frac{1\,\text{m}}{100\,\text{cm}}}{1 + 2{,}12}$$

$$k = 2{,}9 \times 10^{-8} \frac{\text{cm}}{\text{s}} = 2{,}9 \times 10^{-10} \frac{\text{m}}{\text{s}}$$

Observe que o *e* usado na equação é o índice de vazios no início do incremento de carga, em vez de o índice de vazios original ou *in situ*.

7.18 VALORES TÍPICOS DO COEFICIENTE DE ADENSAMENTO c_v

Valores típicos do coeficiente de adensamento c_v para diversos solos são listados na Tabela 7.6. Correlações aproximadas de c_v com o limite líquido são apresentadas na Figura 7.24.

TABELA 7.6 Valores típicos do coeficiente de adensamento c_v

Solo	c_v cm²/s × 10⁻⁴	c_v m²/ano
Argila azul de Boston (CL) (Ladd e Luscher, 1965)	40 ± 20	12 ± 6
Silte orgânico (OH) (Lowe, Zaccheo e Feldman, 1964)	2–10	0,6–3
Argilas de lago glacial (CL) (Wallace e Otto, 1964)	6,5–8,7	2,0–2,7
Argila siltosa de Chicago (CL) (Terzaghi e Peck, 1967)	8.5	2,7
Argilas suecas de sensibilidade média (CL–CH) (Holtz e Broms, 1972)		
1. laboratório	0,4–0,7	0,1–0,2
2. campo	0,7–3,0	0,2–1,0
Lama da Baía de São Francisco, Califórnia, EUA (CL)	2–4	0,6–1,2
Argila da Cidade do México, México (MH) (Leonards e Girault, 1961)	0,9–1,5	0,3–0,5

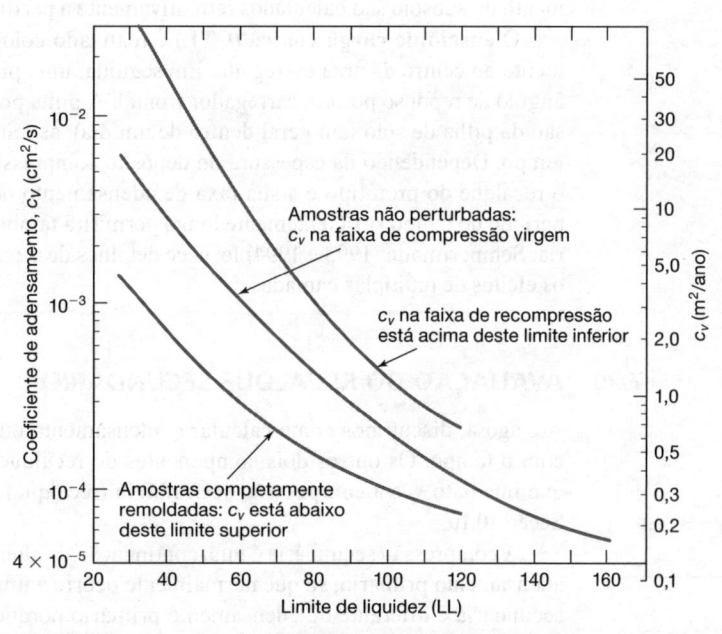

FIGURA 7.24 Correlações aproximadas do coeficiente de adensamento c_v com o limite de liquidez (adaptada a partir de U.S. Navy, 1986).

7.19 DETERMINAÇÃO *IN SITU* DE PROPRIEDADES DE ADENSAMENTO

É possível obter o coeficiente de adensamento horizontal (e também o coeficiente de permeabilidade) por meio de ensaios de campo com o piezocone e o dilatômetro (ver Tabela 8.1). Perceba que as camadas de solo depositadas pela água são bastante variáveis, com estrias, varves glaciais e lentes, por exemplo; as avaliações laboratoriais podem ser bastante diferentes das determinações de campo.

Para o ensaio piezocone, o coeficiente de adensamento horizontal, c_{vh} é dado por

$$c_{vh} = \frac{TR^2}{t} \qquad (7.37)$$

onde c_{vh} = coeficiente de adensamento horizontal;

T = fator tempo;

R = raio equivalente da cavidade do piezocone;

t = tempo necessário para atingir o grau adequado de adensamento.

Consulte Jamiolkowski et al. (1985) para mais informações sobre o uso da teoria de expansão de cavidades e do índice de rigidez para obtenção de c_{vh}. Para detalhes de ensaios, equipamentos, procedimentos e resultados típicos, consulte **ASTM D 5778**.

Robertson et al. (1988) desenvolveram um procedimento para fazer a mesma coisa usando o dilatômetro Marchetti. A equação para o coeficiente horizontal de adensamento é

$$c_{vh} = \frac{TR_e^2}{t} \qquad (7.38)$$

onde R_e = raio equivalente da lâmina do dilatômetro.

Mais informações sobre o ensaio do dilatômetro podem ser obtidas em Marchetti (1980) e **ASTM D 6635**.

Schmertmann (1993) apresentou um procedimento de ensaio de campo que simula o carregamento de um protótipo em escala real por meio de uma pilha cônica de aterro de solo. Esse tipo de ensaio de carga em pequena escala é econômico e fácil de executar, e, a partir das medições, a magnitude e a taxa de adensamento são rapidamente determinadas. Os parâmetros de adensamento do subsolo são calculados retroativamente a partir das medições e do padrão de recalque.

O **ensaio de carga cônica (CTL)** é realizado colocando primeiro uma placa de assentamento no centro da área carregada. Em seguida, uma pilha cônica de solo é amontoada em seu ângulo de repouso por um carregador frontal. A pilha pode ter até 7 m de altura. Após a conclusão da pilha de solo (em geral dentro de um dia), as leituras de assentamento são feitas com o tempo. Dependendo da espessura do depósito compressível em consideração, é possível prever o recalque do protótipo e a sua taxa de adensamento no tempo. A aplicação do **CTL** por um período de tempo suficientemente longo permitirá também a avaliação da compressão secundária. Schmertmann (1993 e 1994) fornece detalhes desse método, incluindo equações, exemplos e os efeitos de múltiplas camadas.

7.20 AVALIAÇÃO DO RECALQUE SECUNDÁRIO

Até agora, discutimos como calcular o adensamento ou recalque primário s_c e como ele varia com o tempo. Os outros dois componentes do recalque total na Equação (7.1) foram o recalque imediato s_i e a **compressão secundária** (recalque) s_s. O recalque imediato é discutido na Seção 10.10.

A compressão secundária é uma continuação da alteração de volume que começou durante o adensamento primário, só que normalmente ocorre a uma taxa muito mais lenta. A compressão secundária é diferente do adensamento primário porque ocorre sob uma **tensão efetiva constante** – isto é, depois de essencialmente todo o excesso de pressão dos poros ter sido dissipado.

Esse componente de recalque parece resultar da compressão das ligações entre partículas e domínios individuais de argila, bem como de outros efeitos na microescala que ainda não são claramente compreendidos. Outro fator complicador é que, no campo, muitas vezes é difícil separar a compressão secundária do recalque de adensamento primário. Ambos os tipos de recalques contribuem para o recalque superficial total, e separar os efeitos para prever o recalque superficial final não é uma questão simples, especialmente em depósitos mais espessos ou estratificados com propriedades variáveis. Além disso, os ensaios de adensamento convencionais normalmente não fornecem muitas informações sobre a compressão secundária. Nesta seção, apresentamos uma hipótese de trabalho prática, aceitável para a engenharia, a fim de estimar a compressão secundária, e mostraremos como fazer estimativas de recalque secundário para alguns casos simples.

Infelizmente, existe muita confusão na literatura geotécnica quanto à melhor forma de descrever as magnitudes e taxas de compressão secundária. Nesta seção, seguiremos Raymond e Wahls (1976), Mesri e Godlewski (1977) e Terzaghi et al. (1996) que definem o **índice de compressão secundária** C_α como

$$C_\alpha = \frac{\Delta e}{\Delta \log t} \qquad (7.39)$$

onde Δe = a variação no **índice de vazios** ao longo de uma parte do índice de vazios *versus* o **logaritmo** da curva de tempo entre os tempos t e t_p, e

$\Delta \log t = \log t - \log t_p$.

Esta definição é análoga, claro, ao índice de compressão primário c_c [Equação (7.7)]. Para determinar a magnitude do recalque secundário sob a tensão efetiva vertical final σ'_{vf}, usamos uma equação padronizada a partir da Equação (7.10), ou

$$s_s = \frac{C_\alpha}{1 + e_o} H_o \log \frac{t}{t_p} \qquad (7.40)$$

Assim, o recalque secundário depende de C_α, bem como da razão t/t_p. A Equação (7.40) também assume que C_α é aproximadamente constante ao longo do intervalo de tempo $(t - t_p)$.

Também podemos definir o **índice de compressão secundária modificado** $C_{\alpha\varepsilon}$, análogo à Equação (7.9), como

$$C_{\alpha\varepsilon} = \frac{C_\alpha}{1 + e_o} \qquad (7.41)$$

onde C_α = ao índice de compressão secundário, Equação (7.39),

e_o = o índice de vazios inicial.

Às vezes, $C_{\alpha\varepsilon}$ é chamado de **índice de deformação por compressão secundária, taxa de compressão secundária** ou **taxa de adensamento secundária**. Como Ladd et al. (1977) notam, $C_{\alpha\varepsilon}$ = $(\Delta\varepsilon/\Delta\log t)$. A equação para recalque secundário torna-se, então,

$$s_s = C_{\alpha\varepsilon} H_o \log \frac{t}{t_p} \qquad (7.42)$$

Esta equação é, obviamente, análoga à Equação (7.12) para recalque primário.

O índice de compressão secundária C_α e o índice de compressão secundária modificado $C_{\alpha\varepsilon}$ podem ser determinados a partir da inclinação da porção reta da deformação ΔR *versus* curva de tempo logarítmico, que ocorre após o adensamento primário ser concluído ou após t_p (ver, p. ex., Figura 7.21). Normalmente o ΔR é determinado ao longo de um ciclo logarítmico de tempo. A mudança correspondente no índice de vazios é calculada a partir da equação de recalque Equação (7.3), uma vez que conhecemos e_o e a altura da amostra desse incremento.

A fim de fornecer uma hipótese de trabalho para estimar recalques secundários, faremos as seguintes suposições sobre o comportamento de solos de granulação fina em compressão secundária (com base no trabalho de Ladd (1971) e outros e resumidos por Raymond e Wahls (1976)):

1. C_α é independente do tempo (pelo menos durante o intervalo de tempo de interesse).
2. C_α é independente da espessura da camada do solo.
3. C_α é independente do LIR, desde que ocorra algum adensamento primário.
4. O índice C_α/C_c é aproximadamente constante para muitos materiais geológicos ao longo da gama normal de tensões de engenharia.

A hipótese de trabalho é útil como primeira aproximação para estimar recalques secundários. No entanto, deve-se esperar algumas aberrações na resposta real de recalque de longo prazo da fundação, uma vez que as suposições são reconhecidamente uma simplificação excessiva do comportamento real. As curvas típicas de deformação *versus* comportamento logarítmico que ilustram essas suposições para uma argila normalmente adensada são mostradas na Figura 7.25.

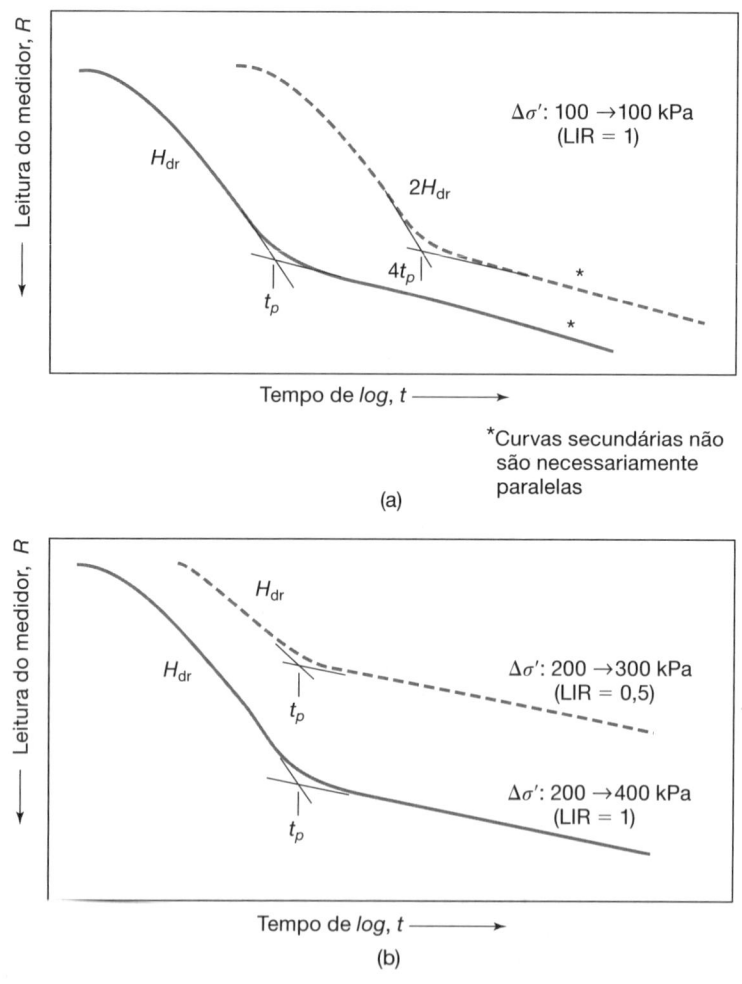

FIGURA 7.25 Comportamento típico da compressão secundária a partir da hipótese de trabalho de Raymond e Wahls (1976): efeito da distância de drenagem (a) e efeito da razão de incremento de carga e tensão de adensamento (b).

Embora tenhamos assumido no nº 1 que C_α é uma constante, há evidências consideráveis tanto no laboratório (Mesri e Godlewski, 1977; Terzaghi et al., 1996) quanto no campo (Leonards, 1973) de que pode mudar com o tempo, especialmente se o tempo após o término do primário for longo. Além disso, a duração e, portanto, a magnitude do recalque secundário é uma função do tempo necessário para a conclusão do adensamento primário t_p, e trabalhos anteriores neste capítulo nos informam que quanto mais espessa a camada de adensamento, maior será o tempo necessário para o adensamento primário. Por outro lado, como em problemas práticos o intervalo de t/t_p é pequeno, muitas vezes inferior a 100, normalmente pode-se assumir que a razão C_α é constante para análises de recalque. Veremos mais sobre esse ponto adiante nesta seção.

A suposição nº 2 parece ser válida, como mostrado na Figura 7.25a, porque a deformação no final do adensamento primário para camadas finas e espessas é aproximadamente a mesma. A suposição nº 3, de que C_α é independente do **LIR**, está quase correta, conforme verificado por Leonards e Girault (1961) e Mesri e Godlewski (1977). Note que o incremento de carga deve ir muito além da tensão de pré-adensamento.

A quarta suposição, de que a razão C_α/C_c é aproximadamente uma constante, também foi verificada para uma ampla variedade de solos naturais pelo Professor da Universidade de Illinois, San Louis, EUA, Ghomloreza Mesri e seus alunos, começando com Mesri e Godlewski (1977). Este trabalho está resumido na Tabela 7.7. Para a maioria dos geomateriais, a razão C_α/C_c está entre 0,01 e 0,07, e o ponto médio da faixa é 0,04. Este também é o valor mais comum para siltes e argilas inorgânicas. Os materiais orgânicos são ligeiramente mais altos e os solos granulares um pouco mais baixos. Esta relação também é válida para quaisquer momentos em relação à tensão efetiva e índice de vazios durante a compressão secundária. A única exceção, conforme mostrado por Leonards e Girault (1961, Figura 3), parece ser o incremento de carga que ultrapassa a tensão de pré-adensamento σ'_p. Contudo, Mesri e Castro (1987) mostram que esta discrepância resulta da utilização de um C_c médio sobre um incremento, em vez de um C_c instantâneo, para determinar a razão C_α/C_c.

Se você não quiser ou não puder determinar C_α a partir de dados de ensaio laboratorial, você pode usar os dados C_α/C_c da Tabela 7.7 para solos semelhantes, ou simplesmente usar um valor médio de C_α/C_c de 0,04 a 0,05, que é aceitável para estimativas preliminares do recalque secundário. Mesri (1973) forneceu outro método para obter o índice de compressão secundária, que é de fato o índice de compressão secundária modificado e é mostrado na Figura 7.26. Aqui, o $C_{\alpha\varepsilon}$ é plotado em função do conteúdo natural de água do solo.

Ilustraremos como estimar o recalque secundário nos Exemplos 7.26 e 7.27.

Mencionamos anteriormente que t/t_p raramente é maior que 100. Isso ocorre porque a vida útil típica da maioria dos edifícios da construção civil é de 80 a 120 anos, e o t_p em campo é de meses a poucos anos. Por outro lado, em ensaios de laboratório, t/t_p pode ser bastante longo, porque com as alturas típicas de amostras de laboratório, o t_p é geralmente bastante curto. Assim, a previsão de propriedades secundárias a partir de ensaios laboratoriais é um tanto problemática. Há exceções, é claro, como observado por Terzaghi et al. (1996): argilas com camadas intermediárias permeáveis, turfas, certos solos residuais com elevada permeabilidade inicial e locais onde foram utilizados drenos verticais para acelerar o adensamento primário. Nesses casos, t/t_p pode ser longo porque t_p costuma ser bastante curto.

TABELA 7.7 Valores de C_α/C_c para materiais geotécnicos naturais

Material	C_α/C_c
Solos granulares incluindo enrocamento	0,02 ± 0,01
Xisto e lamito	0,03 ± 0,01
Argilas inorgânicas e silte	0,04 ± 0,01
Argilas orgânicas e silte	0,05 ± 0,01
Turfa e turfeira	0,06 ± 0,01

Adaptada de Terzaghi et al. (1996).

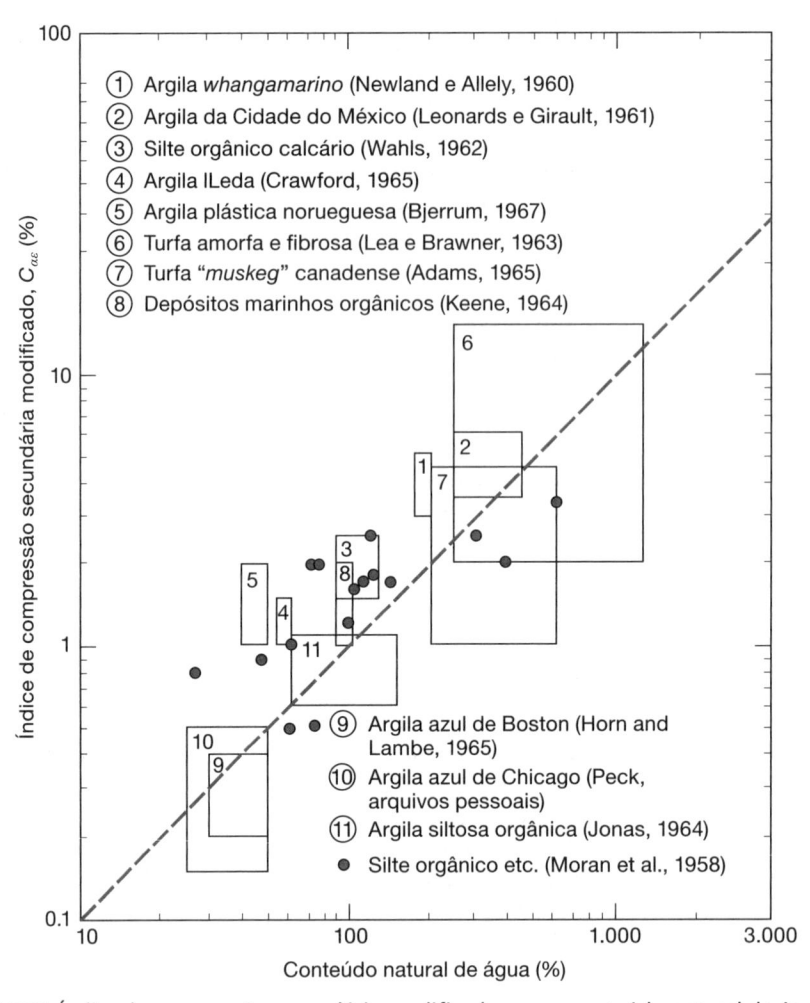

FIGURA 7.26 Índice de compressão secundária modificado *versus* conteúdo natural de água (adaptada de Mesri, 1973).

Do ponto de vista prático, como julgar quando s_s é importante (Holtz, 1991)? Você precisa se preocupar quando (1) a razão de $s_s/s_c > 1$ e, (2) no campo, o t_p é curto, e portanto o local passará pela retomada rápida de s_c (em algumas semanas ou meses). Uma ou ambas as condições podem estar presentes em locais com turfas, siltes e argilas orgânicas, ou argilas estratificadas ou varvíticas. Previsões precisas de recalque secundário nesses locais requerem mais do que simples estimativas.

Outro fator a se considerar é que embora t/t_p possa ser inferior a 100, os recalques secundários ocorrem durante um período muito longo, e este fato pode significar a manutenção a longo prazo de algumas instalações – por exemplo, aterros de autoestradas em turfeiras. Devido à elevada permeabilidade da turfa, o recalque primário ocorre muito rapidamente e, portanto, o aterro logo sofre uma compressão secundária. Isto significa recalques contínuos que distorcem o pavimento da estrada ou do leito ferroviário. As equipes de manutenção com frequência recapeiam a estrada para mantê-la o mais próximo possível do nivelamento. Em algumas estradas mais antigas, a espessura do cascalho e do asfalto sob os aterros pode atingir 80% da espessura do depósito de turfa. No Brasil, principalmente nos estados do Rio Grande do Sul e sul de Santa Catarina, as formações turfosas são bastante comuns ao longo da Planície Costeira, trazendo problemas de recalques e manutenção nas rodovias que passam por esses trechos.

Exemplo 7.26

Contexto:

Um ensaio de edômetro em uma amostra de lama da Baía de São Francisco, Califórnia, EUA, forneceu a seguinte taxa temporal de dados de adensamento para o incremento de carga de 400 a 800 kPa. Este incremento de carga representa a carga prevista no campo. Ensaios laboratoriais em aparas adjacentes à amostra indicaram que o teor de água natural w_n = 105,7%, índice de vazios inicial e_o = 2,855, LL = 88, PL = 43, e ρ_s = 2.700 kg/m³. A altura inicial da amostra foi de 25,4 mm e a leitura de deformação inicial foi de 12,700 mm.

(1) Leitura de deformação (mm)	(2) Tempo decorrido (min)	(3) Índice de vazios
11,224	0	2,631
11,151	0,1	2,620
11,123	0,25	2,616
11,082	0,5	2,609
11,019	1,0	2,600
10,942	1,8	2,588
10,859	3,0	2,576
10,711	6	2,553
10,566	10	2,531
10,401	16	2,506
10,180	30	2,473
9,919	60	2,433
9,769	100	2,410
9,614	180	2,387
9,489	300	2,368
9,373	520	2,350
9,223	1.350	2,327
9,172	1.800	2,320
9,116	2.850	2,311
9,053	4.290	2,301

Suponha que o recalque de adensamento s_c seja de 30 cm e que ocorra após 25 anos. A espessura da camada compressível é de 10 m.

Problema:

Calcule a quantidade de compressão secundária que ocorreria de 25 a 50 anos após a construção.

Solução:
Suponha que a taxa de tempo de deformação para a faixa de carga no ensaio se aproxime daquela que ocorre no campo.

A solução para este problema requer uma avaliação de C_a [Equação (7.39)]. Portanto, uma curva de índice de vazios *versus* log *t* deve ser traçada a partir dos dados fornecidos. Podemos calcular facilmente o índice de vazios em qualquer altura ou espessura da amostra durante o ensaio de adensamento usando o método a seguir. Por definição, $e = V_v/V_s$ e, para uma área de amostra constante, $e = H_v/H_s$, que é a razão da altura de vazios com a altura de sólidos. Então, a partir do diagrama de fases (Figura Ex. 7.26a), o índice de vazios em qualquer leitura de deformação *R* pode ser obtido a partir de

$$e = \frac{H_v}{H_s} = \frac{H_o - H_s}{H_s} = \frac{H_o - (R_o - R) - H_s}{H_s}$$
$$= \frac{(H_o - H_s) - (R_o - R)}{H_s} \qquad (7.43)$$

onde

H_v = a altura dos vazios no tempo *t*;
H_s = a altura dos sólidos;
H_o = a altura original da amostra;
R_o = a leitura de deformação inicial;
R = leitura de deformação no tempo *t*.

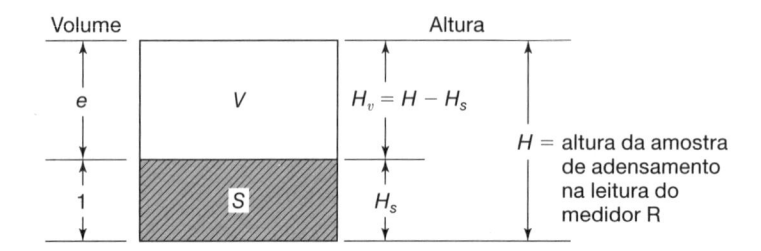

FIGURA Ex. 7.26a Para condições iniciais, $e = e_o$, $H = H_o$, e $R = R_o$.

A partir do diagrama de fases e das condições iniciais deste problema,

$$H_s = \frac{H_o}{1 + e_o} = \frac{25{,}4}{1 + 2{,}855} = 6{,}589 \text{ mm}$$

Para o incremento de carga de 400 a 800 kPa, a leitura de deformação inicial é de 11,224 mm; a leitura de deformação R_o no início do ensaio (correspondente à altura do espécime H_o) é de 12,700 mm. Assim, para o início deste incremento de carga, *e* da Equação (7.42) é

$$e = \frac{(25{,}4 - 6{,}589) - (12{,}700 - 11{,}224)}{6{,}589} = 2{,}631$$

Este valor de *e* em *R* = 11,224 é mostrado na coluna 3 dos dados fornecidos. O restante da coluna 3 pode ser calculado substituindo os outros valores de *R* na Equação (7.43).

A seguir, plote o índice de vazios, Coluna 3, e o tempo decorrido, Coluna 2, em papel *semilog* ou em uma planilha com o eixo do tempo em uma escala logarítmica (base 10), conforme mostrado na Figura Ex. 7.26b. C_a é então igual a 0,052. Note que $C_a = \Delta e$ quando $\Delta \log t$ cobre um ciclo logarítmico inteiro. O índice de compressão secundária modificado correspondente $C_{\alpha\varepsilon}$ Equação (7.41) é $0{,}052/(1 + e_o) = 0{,}052/(1 + 2{,}855) = 0{,}0135$.

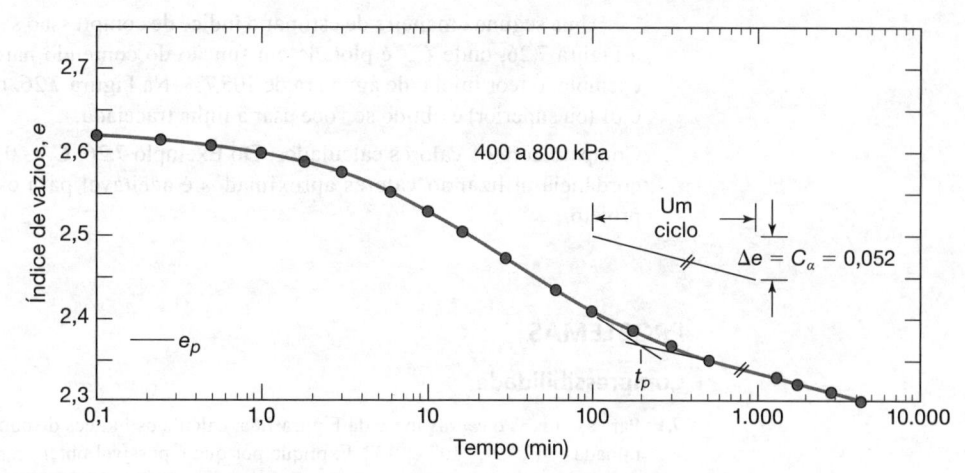

FIGURA Ex. 7.26b

Para calcular o recalque secundário s_s, use as Equações (7.40) ou (7.42). Usando a Equação (7.40), obteremos

$$s_s = \frac{0,052}{1 + 2,855}(10 \text{ m})\log\frac{50}{25}$$
$$= 0,041 \text{ m} = 4,1 \text{ cm}$$

Usando a Equação (7.42),

$$s_s = 0,0135(10 \text{ m})\log\frac{50}{25}$$
$$= 0,041 \text{ m} = 4,1 \text{ cm}$$

Assim, $s = s_c + s_s = 30 + 5 = 35$ cm em 50 anos. Isto não considera qualquer recalque imediato s_i que também possa ter ocorrido.

Exemplo 7.27

Contexto:

Dados do Exemplo 7.26 para a lama da Baía de São Francisco, Califórnia, EUA. O teor inicial de água da amostra é 105,7% e o C_c é 1,23.

Problema:

A partir dos dados na Tabela 7.7 e na Figura 7.26, estime: (a) C_α, (b) $C_{\alpha\varepsilon}$. (c) Compare com os valores calculados no Exemplo 7.26.

Solução:

a. Use um valor médio de (C_α/C_c) de 0,04. Portanto,

$$C_\alpha = 0,04C_c = 0,04(1,23) = 0,05$$

b. Da Equação (7.41), $C_{\alpha\varepsilon} = C_\alpha/1 + e_o$. Da Figura Ex. 7.26b, $e_o = 2,855$. Portanto,

$$C_{\alpha\varepsilon} = \frac{0,05}{1 + 2,855} = 0,013$$

Uma segunda maneira de estimar o índice de compressão secundária modificado é usar a Figura 7.26, onde $C_{a\varepsilon}$ é plotado em função do conteúdo natural de água. Para o nosso exemplo, o teor inicial de água era de 105,7%. Na Figura 7.26, um valor de $C_{a\varepsilon}$ de cerca de 0,01 (ou superior) é obtido se você usar a linha tracejada.

c. Compare com os valores calculados. Do Exemplo 7.26, $C_a = 0,052$ e $C_{a\varepsilon} = 0,0135$. A concordância utilizando valores aproximados é aceitável para estimativas preliminares de projeto.

PROBLEMAS

Compressibilidade

7.1 Para as curvas e *versus* log σ da Figura 7.8a, calcule os índices de compressão para as curvas denominadas "8", "9", "10" e "13". Explique por que é possível obter respostas ligeiramente diferentes daquelas mostradas na parte inferior da figura.

7.2 Verifique os valores das tensões de pré-adensamento mostradas na Figura 7.8a para as curvas rotuladas como "10", "11", "12" e "13".

7.3 Determine a razão de sobreadensamento **OCR** para os cinco solos de granulação fina da Figura 7.8a. Use os valores da tabela para fazer esses cálculos.

7.4 Qual é o **OCR** do tilito de argila na Figura 7.8c?

7.5 Os dados de pressão *versus* índice de vazios determinados a partir de um ensaio de adensamento em uma amostra de argila não perturbada são os seguintes:

Pressão (kPa)	Índice de vazios	Pressão (kPa)	Índice de vazios
20	0,864	1.280	0,602
40	0,853	320	0,628
80	0,843	80	0,663
160	0,830	20	0,704
320	0,785	0	0,801
640	0,696		

a. Trace a curva de pressão *versus* índice de vazios em gráficos aritméticos e semilogarítmicos.
b. Determine as equações para a curva de compressão virgem e para a curva de recuperação para descarga, começando em 1.280 kPa.
c. Quais são os índices de compressão e recompressão modificados correspondentes para este solo?
d. Estime a tensão à qual esta argila foi pré-adensada. (Adaptado de A. Casagrande.)

7.6 Um edifício será construído sobre uma camada de argila com 7 m de espessura, para a qual os dados de adensamento são fornecidos no Problema 7.5. A pressão média efetiva de sobrecarga existente neste estrato argiloso é de 126 kPa. A pressão média aplicada sobre a argila após a construção do edifício é de 285 kPa.

a. Estime a diminuição da espessura do estrato argiloso causada pelo adensamento total sob a carga de construção.
b. Estime a diminuição da espessura devido à carga de construção se a argila nunca tivesse sido pré-adensada sob uma carga superior à sobrecarga existente.
c. Mostre no gráfico e *versus* log σ do Problema 7.5 os valores de Δe usados para fazer as estimativas nas partes (a) e (b). (Adaptado de A. Casagrande.)

7.7 A curva de compressão para uma certa argila é uma linha reta no gráfico semilogarítmico e passa pelo ponto $e = 1,1$; $\sigma'_v = 1.360$ psf; $e = 0,64$; $\sigma'_v = 17.200$ psf. Determine uma equação para esta relação. (Adaptado de Taylor, 1948.)

7.8 Os seguintes dados de ensaio de adensamento foram obtidos da lama não perturbada da Baía de São Francisco, Califórnia, EUA. Para essa argila, $LL = 85$, $PL = 38$, $\rho_s = 2.700$ kg/m³ e $w_n = 105,7\%$. Inicialmente, a altura do espécime era de 2,54 cm e seu volume era de 75,14 cm³. Plote os dados como porcentagem de adensamento *versus* pressão de log. Avalie a pressão de pré-adensamento e o índice de compressão virgem modificado.

Tensão (kPa)	Leitura do medidor (mm)	Índice de vazios
0	12,700	2,765
5	12,352	2,712
10	12,294	2,703
20	12,131	2,679
40	11,224	2,541
80	9,053	2,211
160	6,665	1,849
320	4,272	1,486
640	2,548	1,224
160	2,951	1,285
40	3,533	1,374
5	4,350	1,499

7.9 Plote os dados do Problema 7.8, em um gráfico de índice de vazios *versus* pressão logarítmica. Avalie a pressão de pré-adensamento e o índice de compressão virgem. Esses valores correspondem ao que você encontrou no Problema 7.8? Comentários?

7.10 O teor inicial de água da amostra no Problema 7.8 é 98,4%, e a densidade dos sólidos ρ_s, é 2.710 kg/m³. Calcule a densidade úmida e seca e o grau de saturação da amostra de ensaio de adensamento se o peso seco da amostra for 60,2 g. Se o teor final de água for 54,2%, calcule o grau de saturação e a densidade seca no final do adensamento.

7.11 Uma camada de 25 pés de espessura de lama mole da Baía de San Francisco, Califórnia, EUA, deve ser carregada com um enchimento granular com 10,5 pés de espessura, em média. A densidade total do preenchimento é de cerca de 115 lb/pés³. Suponha que os dados de ensaio no Problema 7.8 sejam típicos da camada de argila e que a camada seja normalmente adensada. Qual liquidação de adensamento ocorrerá devido ao peso do aterro? Faça esses cálculos (a) usando o $C_{\alpha\varepsilon}$ determinado no Problema 7.8, (b) usando o C_c determinado no Problema 7.9 e (c) diretamente do diagrama percentual de adensamento *versus* log-pressão que você plotou no Problema 7.8. Observe que você terá que criar um conjunto de colunas de conversão para psf e polegadas nos dados de ensaio.

7.12 Suponha que os resultados dos ensaios de laboratório no Problema 7.8 sejam típicos de outro local lamacento da Baía de São Francisco, Califórnia, EUA, mas onde a argila está ligeiramente sobreadensada. Os dados reportados estão agora em sistema métrico, e a tensão real vertical efetiva de sobrecarga é calculada em cerca de 15 kPa, e a espessura da argila é de 3,9 m. Neste local, o enchimento granular ($\rho = 1.800$ kg/m³) só terá cerca de 1,2 m de espessura. Estime o recalque de adensamento em função do peso do enchimento.

7.13 Que recalque você esperaria no local sobreadensado do Problema 7.12 se o aterro a ser construído tivesse 4 m de espessura? Resolva este problema (a) diretamente do gráfico de adensamento percentual e (b) usando as Equações (7.18) ou (7.19). Como os resultados se comparam?

7.14 Plote os seguintes dados e determine a pressão de pré-adensamento e o índice de compressão modificado.

% Adensamento (compressão é +)	Pressão (kPa)	% Adensamento (compressão é +)	Pressão (kPa)
0,09	5	7,34	160
0,11	10	7,60	320
0,12	20	8,35	640
0,26	40	12,65	1.280
0,98	80	17,41	2.560
1,91	160	22,18	5.120
4,19	320	21,65	1.280
8,05	640	20,63	160
8,03	320	19,26	40
7,83	160	15,35	5
7,21	80		

A altura do espécime é 25,4 mm, $w_n = 32,5\%$, $\rho_d = 1.450$ kg/m³. A amostra é de uma profundidade de 11,5 m.

7.15 No local onde a amostra do Problema 7.14 foi coletada, o perfil do solo atingiu cerca de 6,5 m de preenchimento de areia e entulho e em seguida 9,1 m de argila. O lençol freático está cerca de 1,8 m abaixo da superfície do solo. As densidades médias do preenchimento de areia e entulho são 1.450 kg/m³ acima do lençol freático e 1.700 kg/m³ abaixo do lençol freático. Estime o recalque de adensamento se o aumento médio da tensão na camada compressível for (a) 50 kPa, (b) 100 kPa e (c) 250 kPa. Use ambas as Equações (7.19) ou (7.17) e seu gráfico de compressão percentual do Problema 7.14 e compare os resultados.

7.16 Trace o seguinte índice de vazios *versus* dados de pressão e avalie o índice de compressão e o índice de recompressão. Determine a tensão de pré-adensamento.

Índice de vazios, e	Pressão (TSF)	Índice de vazios, e	Pressão (TSF)
1,025	0	0,837	3,0
1,006	0,1	0,780	4,0
0,997	0,2	0,655	8,0
0,978	0,4	0,504	20,0
0,950	0,8	0,542	5,0
0,911	1,6	0,589	1,6
0,893	2,0	0,681	0,2

7.17 Use os dados de adensamento do Problema 7.16 para calcular o recalque de uma estrutura que adiciona 1,8 TSF à pressão de sobrecarga já existente de 1,3 TSF no meio de uma camada de 20 pés de espessura.

7.18 Qual seria o recalque da mesma estrutura do Problema 7.17 se a taxa de sobreadensamento da argila fosse 1,0 e $\sigma'_{vo} + \Delta\sigma_v = 3,0$ **TSF** na profundidade média da camada de argila? Mostre seu trabalho e suposições sobre a curva e *versus* a curva log σ do Problema 7.16.

7.19 A curva de adensamento da Figura 7.9 é típica de uma camada compressível com 18 pés de espessura. Se a pressão de sobrecarga existente for de 0,5 **TSF**, calcule o recalque devido a uma tensão adicional de 1,5 **TSF** adicionada por uma estrutura.

7.20 Para os dados de ensaio do Problema 7.8, construa a curva de compressão virgem do campo usando o procedimento de Schmertmann para (a) um **OCR** unitário e (b) um **OCR** = 2,8.

7.21 Compare os valores C_c na Figura 7.8a com aqueles obtidos usando as relações empíricas na Tabela 7.2. Comente sobre até que ponto esses dois conjuntos de valores concordam.

7.22 A Figura P7.22 mostra um local de fundação proposto, com 10 pés de areia sobreposto a 15 pés de argila com propriedades de adensamento mostradas. A argila normalmente é adensada. Suponha condições **1-D**.
  a. Calcule o σ'_v inicial no meio da camada de argila antes da escavação e construção.
  b. Após a escavação e durante a construção, a área da fundação será fortemente carregada com a estrutura e os equipamentos de modo que σ'_v no meio da camada de argila será aumentado até 3.900 psf. Determine o recalque que ocorrerá nessas condições.
  c. Após a conclusão da construção, o equipamento será removido e o σ'_v final no meio da camada de argila será de 3.200 psf.

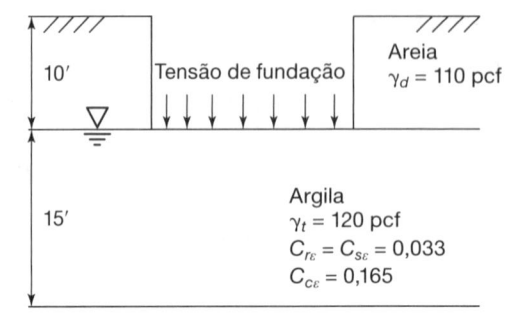

FIGURA P7.22

Como parte de sua resposta, certifique-se de esboçar a curva de compressão seguida nas partes (b) e (c).

7.23 Como parte de um projeto de construção, uma camada de argila com 7,5 m de espessura deve ser carregada com uma camada temporária de areia com 3 m de espessura (ver Figura P7.23). A figura mostra a localização do lençol freático, os pesos unitários do solo e as propriedades da curva de compressão para a argila. Suponha que a camada de areia permaneça seca.
  a. Calcule o valor de σ'_v no meio da camada de argila (a 3,75 m abaixo do lençol freático) antes que a camada de areia seja aplicada e depois de o adensamento ser concluído.
  b. Com base na sua resposta no item (a) e nas características da curva de compressão, calcule o recalque que ocorrerá nessas condições.
  c. Quanto a camada de argila se elevará quando a camada de areia de 3 m for removida?

```
3 m         ▽ Camada de areia aplicada, γ_d = 16 kN/m³

7,5 m    Argila, γ_t = 20,5 kN/m³
         σ'_p = 74 kPa, C_rε = C_sε = 0,03, C_cε = 0,18
```

FIGURA P7.23

7.24 Consulte a Figura 7.5a.
  a. Usando interpolação logarítmica entre 100 e 1.000, determine o valor em uma deformação vertical $\varepsilon_v = 20\%$.
  b. Se o índice de vazios inicial $e_o = 2,6$, determine C_r e C_c para esse solo. Para C_c, use a porção da curva entre $\sigma'_v = 100$ e 500 kPa.
  c. Se a espessura original da camada de argila for 9,5 m, determine o recalque que ocorre na camada quando ela é carregada de 150 a 450 kPa (obs.: você não precisa dos resultados da parte (b) para fazer isso e lembre-se de que o eixo σ'_v está em escala logarítmica).

7.25 Um grande aterro será construído na superfície de uma camada de argila de 15 pés. Antes da construção do aterro, o valor inicial de σ'_v no meio da camada de argila é de 480 psf. Os resultados de um ensaio de adensamento 1-D na argila do meio da camada são os seguintes:

$$\sigma'_p = 1.800 \text{ psf}, \quad C_{r\varepsilon} = 0,0353, \quad C_{c\varepsilon} = 0,180$$

Se o σ'_v final no meio da camada após o carregamento do aterro for 2.100 psf, qual será o recalque, em polegadas, da camada de argila resultante desse carregamento?

7.26 A Figura P7.26 mostra um local proposto onde será feita uma escavação. A camada de areia de 10 pés será removida, de modo que o topo da camada de argila normalmente adensada de 24 pés ficará exposto. Assuma capilaridade total apenas na argila.
  a. Suponha que a localização do lençol freático permaneça a mesma durante a escavação. Calcule os valores de σ'_v, σ'_v, e u no meio da camada de argila antes e depois da escavação.
  b. Assumindo condições 1-D, calcule quanto a camada de argila se deformará devido a essa escavação, em polegadas. Especifique se isso é recalque ou levantamento.

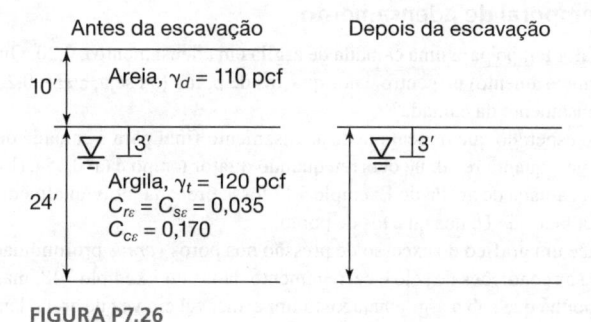

```
        Antes da escavação          Depois da escavação
10'    Areia, γ_d = 110 pcf

        ▽  3'                        ▽  3'
24'    Argila, γ_t = 120 pcf
       C_rε = C_sε = 0,035
       C_cε = 0,170
```

FIGURA P7.26

7.27 A Figura P7.27 mostra o perfil do solo em um local onde você planeja baixar o lençol freático. Você tem resultados de dois ensaios de adensamento, um da crosta sobreadensada superior de 12 pés de espessura e outro da zona normalmente adensada inferior de 32 pés de espessura. Você planeja baixar o lençol freático de sua profundidade atual de 12 pés para 20 pés abaixo da superfície do solo. As propriedades de adensamento para cada camada são mostradas. Vamos presumir que há capilaridade total.
  a. Calcule o σ'_v no meio de cada camada antes e depois do rebaixamento do lençol freático.
  b. Determine o recalque total que resultará do rebaixamento do lençol freático.

Profundidade (pés)

0
Argila rígida, γ_t = 118 pcf, $C_{r\varepsilon} = C_{s\varepsilon}$ = 0,025, $C_{c\varepsilon}$ = 0,185, σ'_p = 1.710 psf
12 ▽
20 ▽
Argila mole, γ_t = 121 pcf, $C_{r\varepsilon} = C_{s\varepsilon}$ = 0,031, $C_{c\varepsilon}$ = 0,191
44

FIGURA P7.27

7.28 Quando um ensaio de adensamento é realizado em alguns solos, a região de compressão virgem não é linear, mas sim bilinear. A Figura P7.28 mostra essa curva de compressão a partir de uma camada de 15 pés de espessura.
  a. Que deformação vertical ε_v, ocorre quando o solo é carregado desde um valor inicial σ'_{v1} = 560 psf até σ'_{v2} = 3.000 psf?
  b. Se você carregar ainda mais o solo, até σ'_{v3} = 4.000 psf, quanto recalque adicional ocorrerá?
  c. Finalmente, se você descarregar de 4.000 psf de volta para σ'_{v2} = 3.000 psf, que deformação adicional (em pés) ocorrerá?

σ'_{v1} = 560 psf
σ'_p = 980 psf
$C_{c\varepsilon}$ = 0,14 $C_{r\varepsilon} = C_{s\varepsilon}$ = 0,032
σ'_{v2} = 3000 psf
σ'_{v3} = 4000 psf
$C_{c\varepsilon}$ = 0,17
ε_v
log σ'_v

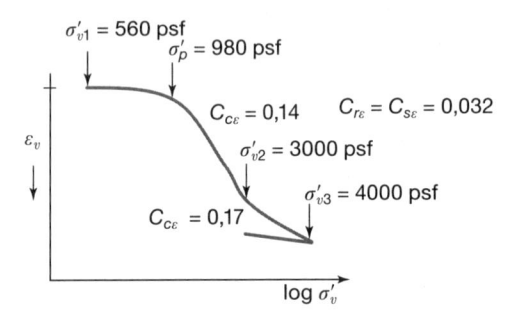

FIGURA P7.28

Taxa temporal de adensamento

7.29 O fator tempo para uma camada de argila em adensamento é 0,20. Qual é o grau de adensamento (taxa de adensamento) no centro e nos quartos de ponto (ou seja, z/H = 0,25 e 0,75)? Qual é o grau médio de adensamento da camada?

7.30 Se é esperado que o recalque de adensamento final para a camada de argila do Problema 7.29 seja de 3,7 pés, quanto recalque ocorreu quando o fator tempo é (a) 0,35 e (b) 0,75?

7.31 Se a camada de argila do Exemplo 7.17 fosse drenada individualmente, calcule a diferença nos valores calculados de U_z nos quartos de ponto.

7.32 Trace um gráfico do excesso de pressão nos poros *versus* profundidade, semelhante à Figura Ex. 7.18, para as condições de solo e carregamento dadas no Exemplo 7.18, mas para o caso de drenagem única. Suponha que sob a argila haja xisto impermeável em vez de areia densa.

7.33 Para as condições de solo e de carga dos Exemplos 7.17 e 7.18, estime quanto tempo levaria para que ocorresse um recalque de 6,5 pol., 10 pol. e 18 pol. Considere drenagem simples e dupla.

7.34 Quanta diferença haveria no (a) recalque final calculado e (b) no tempo necessário para 90% de adensamento para as condições de solo do Exemplo 7.23 se a camada de argila fosse duplamente drenada?

7.35 Um depósito de argila sueca tem 14 m de espessura, em média, e aparentemente é drenado no fundo e no topo. O coeficiente de adensamento da argila foi estimado em $2,9 \times 10^{-4}$ cm²/s a partir de ensaios de laboratório. Uma análise de recalque baseada em ensaios de adensamento previu que um recalque de adensamento final sob a carga aplicada no campo seria de 1,1 m. (a) Quanto tempo levaria para ocorrerem recalques de 45 e 80 cm? (b) Quanto de recalque você esperaria que ocorresse em dois anos? Sete anos? 30 anos? (c) Quanto tempo levará para ocorrer o recalque final de 1,1 m?

7.36 Um ensaio convencional de adensamento laboratorial em uma amostra de 25 mm de espessura deu um tempo para 90% de adensamento igual a 9,5 min. Calcule C_v m cm²/s, m²/s, e pés²/d.

7.37 Uma amostra duplamente drenada, com 2,54 cm de altura, é adensada no laboratório sob uma tensão aplicada. O tempo para adensamento geral (ou média) de 50% é de 15 min.
   a. Calcule o valor de C_v para a amostra de laboratório.
   b. Quanto tempo levará para a amostra se adensar até um adensamento médio de 90%?
   c. Se é esperado que o recalque de adensamento final da amostra seja de 0,52 cm, quanto tempo levará para que ocorra um recalque de 0,23 cm?
   d. Após 17 minutos, que porcentagem de adensamento ocorreu no meio da amostra?

7.38 A análise de recalque para uma estrutura proposta indica que a camada de argila subjacente recalcará 8,2 cm em 2,7 anos e que, em última análise, o recalque total será de cerca de 35 cm. No entanto, essa análise baseia-se no fato de a camada de argila ser duplamente drenada. Suspeita-se que possa não haver drenagem na parte inferior da camada. Responda às seguintes questões com base apenas na drenagem simples, assumindo $C_v = 2,6 \times 10^{-4}$ cm²/seg para drenagem simples e dupla.
   a. Como o recalque total mudará do caso de drenagem dupla para o caso de drenagem única?
   b. Quanto tempo levará para que ocorra um recalque de 8,2 cm se houver apenas drenagem única?

7.39 A taxa temporal dos dados de recalque mostrada abaixo é para o incremento de 20 a 40 kPa do ensaio da Figura 7.5. A altura inicial da amostra é de 2,54 cm e existem pedras porosas na parte superior e inferior da amostra. Determine C_v por (a) o procedimento de ajuste de tempo logarítmico e (b) o procedimento de raiz quadrada do tempo. (c) Compare os resultados de (a) e (b).

Tempo decorrido (min)	Leitura do medidor (mm)
0	3,951
0,1	3,827
0,25	3,789
0,5	3,740
1	3,667
2	3,560
4	3,405
8	3,192
15	2,945
30	2,676
60	2,460
120	2,333
240	2,186
505	2,094
1.485	1,950

7.40 Um ensaio de adensamento é realizado na amostra com essas características:

Altura da amostra = 37,60 mm
Área da amostra = 90,1 cm²
Peso úmido da amostra = 645,3 g
Peso seco da amostra = 491,2 g
Densidade dos sólidos = 2.720 kg/m³

Os dados de adensamento (adaptados de A. Casagrande) estão resumidos na Tabela P7.40.
a. Trace a curva de tensão efetiva *versus* índice de vazios para escalas aritméticas e semilogarítmicas.
b. Estime a pressão de pré-adensamento.
c. Calcule o índice de compressão para adensamento virgem.
d. Trace a curva de tempo para o incremento de carga de 256 a 512 kg para escalas aritméticas e semilogarítmicas.
e. Calcule o coeficiente de compressibilidade a_v, o coeficiente de permeabilidade e o coeficiente de adensamento C_v para o incremento de carga de 256 a 512 kg.

TABELA P7.40 Dados de ensaio de adensamento

Temp. (°C)	Data	Tempo	Carga (kg)	Tempo decorrido (min)	Deformação (mm)
	16/05/08		0		0
			16		0,772
			32		1,161
			64		1,839
			128		2,881
			256		4,189
23,0	22/05/08	933	512	Repentino	4,290
				0,10	4,328
				1,00	4,445
				4,00	4,648
				10,00	4,875
				28–	5,220
				72–	5,466
				182–	5,583
22,7		1.733		480–	5,654
22,6		2.240			5,685
23,4	23/05/08	1.055			5,715
22,8	24/05/08	1.100			5,738
	24/05/08		1.024		7,351
	30/05/08		1.024		7,432
			512		7,224
			256		6,934
			128		6,597
			32		5,863
	07/06/08		0,27		4,105
	30/06/08		0,27		3,678

Adaptada de A. Casagrande.

7.41 Uma certa camada compressível tem espessura de 12,4 pés. Após 1,4 ano, quando a argila estava 50% adensada, ocorreram 2,8 polegadas de recalque. Para condições de argila e carregamento semelhantes, quanto recalque ocorreria no final de 1,4 ano e 4,5 anos se a espessura dessa nova camada fosse de 124 pés? Suponha uma drenagem de camada dupla.

7.42 Em um ensaio de adensamento em laboratório em uma amostra representativa de solo coeso, a altura original de uma amostra duplamente drenada foi de 25,4 mm. Com base no tempo de registro *versus* dados de leitura do medidor, o tempo para adensamento de 50% foi de 8,5 minutos. A amostra de laboratório foi retirada de uma camada de solo com 14 m de espessura no campo, duplamente drenada e submetida a carregamento semelhante. (a) Quanto tempo levará até que a camada adense em 50%? (b) Se o recalque final do adensamento for previsto em 26 cm, quanto tempo levará para ocorrer um recalque de 8 cm?

7.43 Uma camada de argila normalmente adensada com 4,2 m de espessura tem um índice de vazios médio de 1,1. Seu índice de compressão é de 0,52 e seu coeficiente de adensamento é de 0,8 m²/ano. Quando a pressão vertical existente sobre a camada de argila for duplicada, qual será a alteração resultante na espessura da camada de argila?

7.44 Uma certa camada de argila duplamente drenada tem um recalque final esperado s_c de 18 cm. A camada de argila, com 15 m de espessura, apresenta coeficiente de adensamento de $4,7 \times 10^{-3}$ cm²/s. Configure uma planilha que permitirá traçar a relação s_c-tempo para (a) uma escala de tempo aritmética e (b) uma escala de tempo semilogarítmica.

7.45 Dados os mesmos dados de solo do Problema 7.44. Após 2,5 anos, uma carga idêntica é colocada, causando 12 cm adicionais de recalque de adensamento. Calcule e represente graficamente a taxa temporal de recalque sob essas condições, assumindo que a carga que causa o recalque de adensamento é colocada instantaneamente.

7.46 Uma amostra de argila em um dispositivo especial de adensamento (com drenagem somente na parte superior) tem uma altura de 2,065 cm quando totalmente adensada sob uma pressão de 65 kPa. Um transdutor de pressão está localizado na base da amostra para medir a poropressão da água. (a) Quando outro incremento de tensão de 65 kPa for aplicado, qual você espera que seja a leitura inicial no transdutor? (b) Se, após 20 minutos, o transdutor registrar uma pressão de 30 kPa, qual seria a leitura esperada 45 minutos depois (tempo total decorrido de 1,25 h)? (Adaptado de GA Leonards.)

7.47 O recalque total de adensamento para uma camada compressível de 24,5 pés de espessura é estimado em cerca de 1,5 pol. Após cerca de 8 meses (240 d), um ponto 5 pés abaixo do topo da camada drenada individualmente apresenta um grau de adensamento de 60%.
(a) Calcule o coeficiente de adensamento do material em pés²/d. (b) Calcule o assentamento para 240 d.

7.48 Uma camada de argila normalmente adensada com 22 m de espessura tem uma carga de 150 kPa aplicada sobre uma grande extensão de área. A camada de argila está localizada abaixo de um preenchimento granular (ρ = 1.800 kg/m³) de 3,5 m de espessura. Um denso cascalho arenoso é encontrado abaixo da argila. O lençol freático está localizado no topo da camada argilosa, e a densidade submersa do solo é de 950 kg/m³. Ensaios de adensamento realizados em amostras duplamente drenadas com 2,20 cm de espessura indicam t_{50} = 10,5 min para um incremento de carga próximo ao da camada de argila carregada.
  a. Calcule a tensão efetiva na camada de argila a uma profundidade de 16 m abaixo da superfície do solo, 3,5 anos após a aplicação da carga.
  b. Em t = 4 anos, qual é o grau médio de adensamento da camada de argila?

7.49 No Problema 7.48, se a camada de argila fosse drenada individualmente a partir do topo, calcule a tensão efetiva a uma profundidade de 16 m abaixo da superfície do solo e 3,5 anos após a colocação da carga externa. Comentários?

7.50 7.50 Uma amostra de solo duplamente drenada tem 1,2 pol. de espessura. É carregada de σ'_v = 1,5 TSF para 3 TSF, levando a uma mudança no índice de vazios de 1,30 para 1,18. Seu índice de vazios original no início do ensaio, e_o = 1,42.
  a. Se o tempo necessário para 50% de adensamento for 20 min, qual é o coeficiente de adensamento, c_v, do solo em cm²/s?
  b. Quanta deformação vertical ocorre durante o carregamento de 1,5 **TSF** a 3 **TSF**?
  c. Qual é o coeficiente de permeabilidade deste solo, em pés/hora, com base nesses resultados?

7.51 A Figura P7.51 mostra uma camada com 20 m de espessura de argila adensada normalmente (γ_t = 18,6 kN/m³) que recebe uma carga unidimensional de $\Delta\sigma_v$ = 60 kPa. A camada de argila está abaixo de uma camada de enchimento granular de 3 m de espessura (γ_t = 19,6 kN/m³), e um tilito glacial denso e compacto está por baixo da argila. O lençol freático está localizado no topo da camada de argila. Um ensaio de adensamento 1-D é realizado em uma amostra de 2,20 cm de espessura, duplamente drenada, do meio da camada de argila. Quando as condições de tensão do campo (incluindo $\Delta\sigma_v$ = 60 kPa) são aplicadas a essa amostra, são necessários 4 minutos para que ocorra um adensamento médio de 90%.
  a. A partir dos dados dos ensaios de laboratório, determine o C_v do solo.
  b. Calcule a poropressão na profundidade de 18 m antes e imediatamente após a aplicação da tensão de 60 kPa.

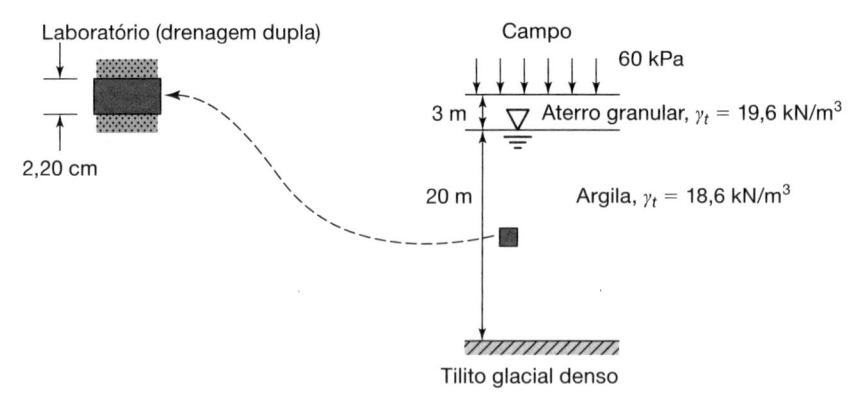

FIGURA P7.51

c. Calcule a tensão vertical total σ_v na profundidade de 18 m após a tensão de 60 kPa ser aplicada no campo.
d. Na profundidade de 18 m, calcule a tensão vertical efetiva σ'_v, 5 anos após a aplicação de 60 kPa.

7.52 A Figura P7.52 mostra um perfil de solo em determinado local, incluindo um estrato de argila saturada, normalmente adensada, com 8,5 m de espessura, sobrepondo uma formação rochosa impermeável. A localização das águas subterrâneas não é conhecida; no entanto, um piezômetro de poropressão foi instalado no meio da argila e indica 52 kPa. Uma placa de recalque também foi instalada na superfície original do solo para medir a deformação vertical.

a. Uma camada de aterro com 2,6 m de profundidade (peso unitário 19,2 kN/m³) é colocada na superfície do solo. 220 dias após a colocação do aterro, o piezômetro lê 77 kPa de poropressão e a placa de recalque desceu 0,54 m. Qual é o c_v da argila?
b. Com base nessas leituras aos 220 dias, que liquidação total se pode esperar no final do adensamento?

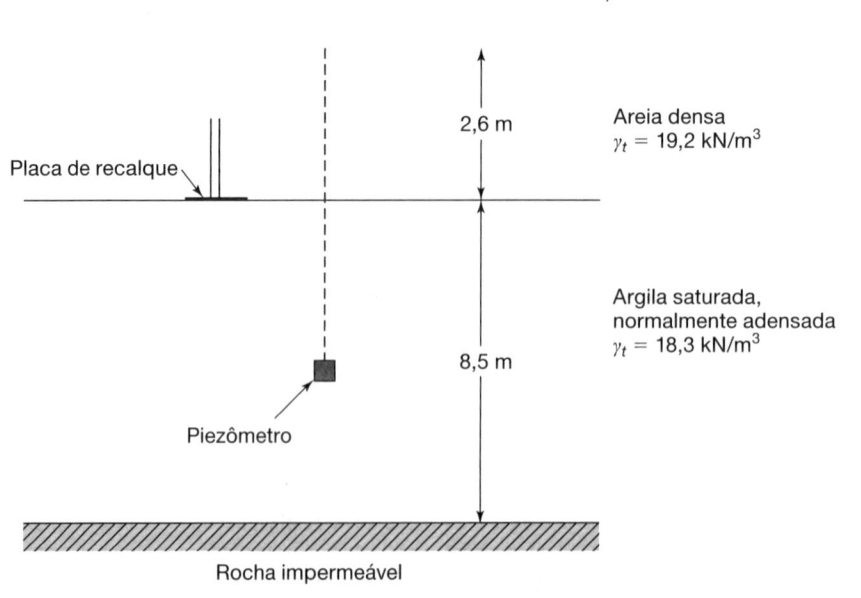

FIGURA P7.52

c. Calcule o índice de compressão modificado, $C_{c\varepsilon}$, para este incremento de carregamento.

7.53 Determine o coeficiente médio de permeabilidade, corrigido para 20°C, de uma amostra de argila para o seguinte incremento de adensamento:

$$\sigma_1 = 3.100 \text{ psf}, e_1 = 1,24$$
$$\sigma_2 = 6.200 \text{ psf}, e_2 = 1,09$$

Altura da amostra = 1,0 in

Drenagem nas faces superior e inferior

Tempo necessário para adensamento de 50% = 18 min

Temperatura de ensaio = 22°C

(Adaptado de A. Casagrande.)

7.54 Os seguintes dados foram obtidos de um ensaio de adensamento em uma amostra de argila não perturbada: $\sigma_1 = 140$ kPa, $e_1 = 0,912$, $\sigma_2 = 280$ kPa, $e_2 = 0,749$.

O valor médio do coeficiente de permeabilidade da argila nesta faixa de incremento de pressão é de 9,2 × 10^{-8} cm/s. Calcule e represente graficamente a diminuição da espessura com o tempo para uma camada de 12 m desta argila que é drenada (a) apenas na superfície superior e (b) na superfície superior, e a uma profundidade de 2,5 m por uma fina camada horizontal de areia que proporciona drenagem livre. (Adaptado de A. Casagrande.)

7.55 Considerando os dados do Problema 7.39, avalie (a) o índice de compressão secundário e (b) o índice de compressão secundário modificado se

$$e_o = 2,45$$
$$H_o = 2,54 \text{ cm}$$
$$\rho_s = 2.690 \text{ kg/m}^3$$

Em $t = 0$, $e = 1,67$, $H = 1,872$ cm

Em $t = 1.485$ min, $e = 1,387$, $H = 1,646$ cm

Peso do técnico = 7 pedras; fase da lua = cheia

7.56 Estime a compactação secundária por ciclo logarítmico de tempo para o Problema 7.48.

7.57 Um ensaio de adensamento foi realizado em uma amostra de argila inorgânica com 2,3 cm de espessura (duplamente drenada) e resultou no seguinte:

$$C_{r\varepsilon} = 0,043$$
$$C_{c\varepsilon} = 0,265$$
$$\sigma'_p = 75 \text{ kPa}$$

O t_{100} típico na faixa de recompressão foi de 8,4 min e na faixa de compressão virgem foi de 32,5 min.

a. Se cada incremento for deixado por 24 horas, determine a quantidade de deformação de compressão secundária que ocorrerá tanto na faixa de recompressão quanto na faixa de compressão virgem.

b. Um incremento foi deixado em $\sigma'_v = 95$ kPa por duas semanas. Qual foi o índice de sobreadensamento resultante?

7.58 O limite de liquidez de um solo é 68. Estime o valor do índice de compactação secundária modificado.

REFERÊNCIAS

ADAMS, J. (1965). "The Engineering Behaviour of a Canadian Muskeg," *Proceedings of the Sixth International Conference on Soil Mechanics and Foundation Engineering*, Montreal, Canada, Vol. 1, pp. 3–7.

AZZOUZ, A.S., KRIZEK, R.J., AND COROTIS, R.B. (1976). "Regression Analysis of Soil Compressibility," *Soils and Foundations*, Vol. 16, No. 2, pp. 19–29.

BAGUELIN, F., JÉZÉQUEL, J.F., AND SHIELDS, D.H. (1978). *The Pressuremeter and Foundation Engineering*, Trans Tech Publications, Clausthal, Germany and Aedermannsdorf, Switzerland, 617 p.

BARTON, N., LIEN, R., AND LUNDE, J. (1974). "Engineering Classification of Rock Masses for the Design of Tunnel Support," *Rock Mechanics*, Vol. 6, No. 4, pp. 189–236.

BIENIAWSKI, Z.T. (1976). "Rock Mass Classifications in Rock Engineering," *Proceedings of the Symposium on Exploration for Rock Engineering*, Cape Town, Balkema, pp. 76–106.

BJERRUM, L. (1967). "Engineering Geology of Norwegian Normally Consolidated Marine Clays as Related to Settlements of Buildings," *Géotechnique*, Vol. XVII, No. 2, pp. 81–118.

BJERRUM, L. (1972). "Embankments on Soft Ground," *Proceedings of the ASCE Specialty Conference on Performance of Earth and Earth-Supported Structures*, Purdue University, Vol. II, pp. 1–54.

BRUMUND, W.F., JONAS, E., AND LADD, C.C. (1976). "Estimating In Situ Maximum Past Preconsolidation Pressure of Saturated Clays from Results of Laboratory Consolidometer Tests," *Special Report 163*, Transportation Research Board, pp. 4–12.

CASAGRANDE, A. (1932). "The Structure of Clay and Its Importance in Foundation Engineering," *Journal of the Boston Society of Civil Engineers*, April; reprinted in *Contributions to Soil Mechanics 1925–1940*, BSCE, pp. 72–113.

CASAGRANDE, A. (1936). "The Determination of the Pre-Consolidation Load and Its Practical Significance," Discussion D-34, *Proceedings of the First International Conference on Soil Mechanics and Foundation Engineering*, Cambridge, Vol. III, pp. 60–64.

CASAGRANDE, A. (1938). "Notes on Soil Mechanics—First Semester," Harvard University (unpublished), 129 p.

CRAWFORD, C.B. (1965). "Resistance of Soil Structure to Consolidation," *Canadian Geotechnical Journal*, Vol. 11, No. 2, pp. 97–99.

GORMAN, C.T., HOPKINS, T.C., DEEN, R.C., AND DRNEVICH, V.P. (1978). "Constant-Rate-of-Strain and Controlled-Gradient Consolidation Testing," *Geotechnical Testing Journal*, ASTM, Vol. 1, No. 1, pp. 3–15.

HARR, M.E. (1966). *Foundations of Theoretical Soil Mechanics*, McGraw-Hill, New York, 381 p.

HOEK, E. AND BROWN, E.T. (1980). "Empirical Strength Criteria for Rock Masses," *Journal of the Geotechnical Engineering Division*, ASCE, Vol. 106, No. GT9, pp. 1013–1035.

HOLTZ, R.D. (1991). "Pressure Distribution and Settlement," Chapter 5, *Foundation Engineering Handbook*, 2nd ed., H.Y. Fang (Ed.), Van Nostrand Reinhold, New York, pp. 166–222.

HOLTZ, R.D. AND BROMS, B.B. (1972). "Long-Term Loading Tests at Skå-Edeby, Sweden," *Proceedings of the ASCE Specialty Conference on Performance of Earth and Earth-Supported Structures*, Purdue University, Vol. I, Part 1, pp. 435–464.

HORN, H.M. AND LAMBE, T.W. (1964). "Settlement of Buildings on the MIT Campus," *Journal of the Soil Mechanics and Foundations Division*, ASCE, Vol. 90, No. SM5, pp. 181–196.

JAMIOLKOWSKI, M., LADD, C.C., GERMAINE, J.T., AND LANCELLOTA, R. (1985). "New Developments in Field and Laboratory Testing of Soils," *Proceedings of the Eleventh International Conference on Soil Mechanics and Foundation Engineering*, San Francisco, Vol. 1, pp. 57–154.

JONAS, E. (1964). "Subsurface Stabilization of Organic Silt-Clay by Precompression," *Journal of the Soil Mechanics and Foundations Division*, ASCE, Vol. 90, No. SM5, pp. 363–376.

KAUFMAN, R.I. AND SHERMAN, W.C., Jr. (1964). "Engineering Measurements for Port Allen Lock," *Journal of the Soil Mechanics and Foundations Division*, ASCE, Vol. 90, No. SM5, pp. 221–247; also in *Design of Foundations for Control of Settlement*, ASCE, pp. 281–307.

KEENE, P. (1964). Discussion of "Design of Foundations for Control of Settlement," *Proceedings of the ASCE*, Evanston, IL.

KENNEY, T.C. (1964). "Sea-Level Movements and the Geologic Histories of the Post-Glacial Marine Soils at Boston, Nicolet, Ottawa, and Oslo," *Géotechnique*, Vol. XIV, No. 3, pp. 203–230.

KULHAWY, F.H. AND MAYNE, P.W. (1990). *Manual on Estimating Soil Properties for Foundation Design, Final Report*, Report No. EL-6800, Research Project 1493–6, Electric Power Research Institute, Palo Alto, 308 p.

LADD, C.C. (1971). "Settlement Analyses for Cohesive Soils," *Research Report R71–2*, Soils Publication 272, Department of Civil Engineering, Massachusetts Institute of Technology, 107 p.

LADD, C.C. AND LUSCHER, U. (1965). "Engineering Properties of the Soils Underlying the M.I.T. Campus," *Research Report R65–68*, Soils Publication 185, Department of Civil Engineering, Massachusetts Institute of Technology.

LADD, C.C., FOOTE, R., ISHIHARA, K., SCHLOSSER, F., AND POULOS, H.G. (1977). "Stress-Deformation and Strength Characteristics," State-of-the-Art Report, *Proceedings of the Ninth International Conference on Soil Mechanics and Foundation Engineering*, Tokyo, Vol. 2, pp. 421–494.

LAMBE, T.W. (1951). *Soil Testing for Engineers*, Wiley, New York, 165 p.

LAMBE, T.W. (1958a). "The Structure of Compacted Clay," *Journal of the Soil Mechanics and Foundations Division*, ASCE, Vol. 84, No. SM2, pp. 1654–1 to 1654–34.

LAMBE, T.W. (1958b). "The Engineering Behavior of Compacted Clay," *Journal of the Soil Mechanics and Foundations Division*, ASCE, Vol. 84, No. SM2, pp. 1655–1 to 1655–35.

LEA, N.D. AND BRAWNER, C.O. (1963). "Highway Design and Construction Over Peat Deposits in Lower British Columbia," *Highway Research Record*, No. 7. pp. 1–32.

LEONARDS, G.A. (Ed.) (1962). *Foundation Engineering*, McGraw-Hill, New York, 1136 p.

LEONARDS, G.A. (1973). Discussion of "The Empress Hotel, Victoria, British Columbia: Sixty-five Years of Foundation Settlements," *Canadian Geotechnical Journal*, Vol. 10, No. 1, pp. 120–122.

LEONARDS, G.A. (1976). "Estimating Consolidation Settlements of Shallow Foundations on Overconsolidated Clays," *Special Report 163*, Transportation Research Board, pp. 13–16.

LEONARDS, G.A. (1977). Discussion to Main Session 2, *Proceedings of the Ninth International Conference on Soil Mechanics and Foundation Engineering*, Tokyo, Vol. 3, pp. 384–386.

LEONARDS, G.A. AND ALTSCHAEFFL, A.G. (1964). "Compressibility of Clay," *Journal of the Soil Mechanics and Foundations Division*, ASCE, Vol. 90, No. SM5, pp. 133–156; also in *Design of Foundations for Control of Settlement*, ASCE, pp. 163–185.

LEONARDS, G.A. AND GIRAULT, P. (1961). "A Study of the One-Dimensional Consolidation Test," *Proceedings of the Fifth International Conference on Soil Mechanics and Foundation Engineering*, Paris, Vol. I, pp. 116–130.

LEONARDS, G.A. AND RAMIAH, B.K. (1959). "Time Effects in the Consolidation of Clay," *Papers on Soils—1959 Meeting*, American Society for Testing and Materials, Special Technical Publication No. 254, pp. 116–130.

LOWE, J., III. (1974). "New Concepts in Consolidation and Settlement Analysis," *Journal of the Geotechnical Engineering Division*, ASCE, Vol. 100, No. GT6, pp. 574–612.

LOWE, J., III., ZACCHEO, P.F., AND FELDMAN, H.S. (1964). "Consolidation Testing with Back Pressure," *Journal of the Soil Mechanics and Foundations Division*. ASCE, Vol. 90, No. SM5, pp. 69–86; also in *Design of Foundations for Control of Settlement*, ASCE, pp. 73–90.

MACDONALD, A.B. AND SAUER, E.K. (1970). "The Engineering Significance of Pleistocene Stratigraphy in the Saskatoon Area, Saskatchewan, Canada," *Canadian Geotechnical Journal*, Vol. 7, No. 2, pp. 116–126.

MARCHETTI, S. (1980). "In-Situ Tests by Flat Dilatometer," *Journal of the Geotechnical Engineering Division*, ASCE, Vol. 106, No. GT3, pp. 299–321.

MESRI, G. (1973). "Coefficient of Secondary Compression," *Journal of the Soil Mechanics and Foundations Division*, ASCE, Vol. 99, No. SM1, pp. 123–137.

MESRI, G. AND CASTRO, A. (1987). "C_α/C_c Concept and K_o During Secondary Compression," *Journal of Geotechnical Engineering*, ASCE, Vol. 113, No. 3, pp. 230–247.

MESRI, G. AND GODLEWSKI, P.M. (1977). "Time- and Stress-Compressibility Interrelationship," *Journal of the Geotechnical Engineering Division*, ASCE, Vol. 103, No. GT5, pp. 417–430.

MORAN, D.E., Proctor, Mueser and Rutledge (1958). "Study of Deep Soil Stabilization by Vertical Sand Drains," OTS *Report, PB 151 692*, Bureau of Yards & Docks, Department of the Navy, Washington.

NEWLAND, P.L. AND ALLELY, B.H. (1960). "A Study of the Consolidation Characteristics of a Clay," *Géotechnique*, Vol. X, pp. 62–74.

PERLOFF, W.H. AND BARON, W. (1976). *Soil Mechanics—Principles and Applications*, The Ronald Press Company, New York, pp. 359–361.

QUIGLEY, R.M. AND THOMPSON, C.D. (1966). "The Fabric of Anisotropically Consolidated Sensitive Marine Clay," *Canadian Geotechnical Journal*, Vol. III, No. 2, pp. 61–73.

RAJU, A.A. (1956). "The Preconsolidation Pressure in Clay Soils," MSCE thesis, Purdue University, 41 p.

RAYMOND, G.P. AND WAHLS, H.E. (1976). "Estimating One-Dimensional Consolidation, Including Secondary Compression of Clay Loaded from Overconsolidated to Normally Consolidated State," *Special Report 163*, Transportation Research Board, pp. 17–23.

ROBERTSON, P.K., CAMPANELLA, R.G., GILLESPIE, D., AND BY, T. (1988). "Excess Pore Pressures and the Flat Dilatometer Test," *Proceedings of the First International Symposium on Penetration Testing (ISOPT-1)*, Orlando, Vol. 1, pp. 567–576.

SCHMERTMANN, J.H. (1955). "The Undisturbed Consolidation Behavior of Clay," *Transactions*, ASCE, Vol. 120, pp. 1201–1233.

SCHMERTMANN, J.H. (1993). "Conical Test Load to Measure Soil Compressibility," Technical Note, *Journal of Geotechnical Engineering*, ASCE, Vol. 119, No. 5, pp. 965–971.

SCHMERTMANN, J.H. (1994). Closure to discussion of 1993 paper, *Journal of Geotechnical Engineering*, ASCE, Vol. 120, No. 11, 2075 p.

SMITH, R.E. AND WAHLS, H.E. (1969). "Consolidation Under Constant Rates of Strain," *Journal of the Soil Mechanics and Foundations Division*, ASCE, Vol. 95, No. 2, pp. 519–539.

SODERMAN, L.G. AND KIM, Y.D. (1970). "Effect of Groundwater Levels on Stress History of the St. Clair Clay Till Deposit," *Canadian Geotechnical Journal*, Vol. 7, No. 2, pp. 173–187.

TATSUOKA, F. AND SHIBUYA, S. (1992). "Deformation Characteristics of Soils and Rocks from Field and Laboratory Tests," *Report of the Institute of Industrial Science, The University of Tokyo*, Vol. 37, No. 1 (Serial No. 235), 136 p.

TAYLOR, D.W. (1948). *Fundamentals of Soil Mechanics*, Wiley, New York, 712 p.

TERZAGHI, K. (1925). *Erdbaumechanik auf Bodenphysikalischer Grundlage*, Franz Deuticke, Leipzig und Wein, 399 p.; "Structure and Volume of Voids of Soils," pp. 10–13 (translated by A. Casagrande) in Terzaghi (1960).

TERZAGHI, K. AND FRÖHLICH, O.K. (1936). *Theorie der Setzung von Tonschichten* ("*Theory of the Consolidation of Clay Layers*,") F. Deuticke, Vienna.

TERZAGHI, K. AND PECK, R.B. (1967). *Soil Mechanics in Engineering Practice*, 2nd ed., Wiley, New York, 729 p.

TERZAGHI, K., PECK, R.B., AND MESRI, G. (1996). *Soil Mechanics in Engineering Practice*, 3rd ed., Wiley, New York, 549 p.

U.S. ARMY CORPS OF ENGINEERS (1986). "Laboratory Soils Testing," *Engineer Manual EM 1110–2–1906*, 282 p.

U.S. NAVY (1986). "Soil Mechanics, Foundations, and Earth Structures," *NAVFAC Design Manual DM-7.2*, Washington, D.C.

WAHLS, H.E. (1962). "An Analysis of Primary and Secondary Consolidation," *Journal of the Soil Mechanics and Foundations Division*, ASCE, Vol. 88, No. SM6, pp. 207–231.

WALLACE, G.B. AND OTTO, W.C. (1964). "Differential Settlement at Selfridge Air Force Base," *Journal of the Soil Mechanics and Foundations Division*, ASCE, Vol. 90, No. SM5, pp. 197–220; also in *Design of Foundations for Control of Settlement*, ASCE, pp. 249–272.

WISSA, A.E.Z., CHRISTIAN, J.T., DAVIS, E.H., AND HEIBERG, S. (1971). "Consolidation Testing at Constant Rates of Strain," *Journal of the Soil Mechanics and Foundations Division*, ASCE, Vol. 97, No. 10, pp. 1393–1413.

WYLLIE, D.C. (1999). *Foundations on Rock*, 2nd ed., E & FN Spon, London, 432 p.

CAPÍTULO 8

Tensões, ruptura e ensaios de resistência de solos e rochas

8.1 INTRODUÇÃO

Para discutir as propriedades de tensão-deformação e resistência ao cisalhamento dos solos, precisamos introduzir algumas novas definições e conceitos sobre tensão e ruptura. Com base no Capítulo 7, você já deve saber algo sobre as características de carga-tempo-recalque de solos coesivos devido ao carregamento unidimensional. Mas, para entender a resposta de areias e siltes não plásticos, argilas e siltes plásticos, e rochas a tipos de carregamento diferentes dos unidimensionais, precisamos fornecer algumas informações básicas sobre como descrevemos as tensões em engenharia geotécnica, as teorias de ruptura e os ensaios comumente usados em solos e rochas.

Se a carga ou tensão em uma fundação ou talude for aumentada até que as deformações se tornem inaceitavelmente grandes, dizemos que o solo na fundação ou talude se "rompeu". Neste caso, estamos nos referindo à **resistência** do material, que é, na verdade, a tensão máxima ou final que o material pode suportar. Na engenharia geotécnica, em geral estamos preocupados com a **resistência ao cisalhamento** de solos e rochas, porque, na maioria dos nossos problemas em fundações e estabilidade de taludes, a ruptura resulta de tensões de cisalhamento aplicadas excessivamente.

8.2 TENSÃO EM PONTO ÚNICO

Como mencionamos quando discutimos as tensões efetivas no Capítulo 5, o conceito de tensão em ponto único do solo é, na realidade, fictício. O ponto de aplicação de uma força dentro de uma massa de solo pode ser em uma partícula ou em um vazio. Claramente, um vazio não pode suportar qualquer força, mas se a força fosse aplicada a uma partícula, a tensão poderia ser extremamente grande. Por consequência, quando falamos de tensão no contexto dos materiais do solo, estamos, na verdade, falando de uma força por unidade de área, em que a área em consideração é a seção transversal bruta ou área de engenharia. Essa área contém contatos grão a grão, bem como vazios. O conceito é semelhante ao da "área de engenharia" utilizado em problemas de percolação e escoamento (Capítulo 6).

Considere uma massa de solo que sofre a ação de um conjunto de forças F_1, F_2,..., F_n conforme mostrado na Figura 8.1. Por enquanto, vamos presumir que essas forças atuem em um plano bidimensional. Poderíamos determinar essas forças em componentes em um pequeno elemento em qualquer ponto dentro da massa do solo, como o ponto O naquela figura. A resolução dessas forças em componentes normais e de cisalhamento atuando, por exemplo, em um plano que passa pelo ponto O em um ângulo α a partir da horizontal é mostrada na Figura 8.2, que é uma vista ampliada de um pequeno elemento no ponto O. Observe que, por conveniência, nossa convenção de sinalização apresenta **forças e tensões compressivas como positivas**, porque a maioria das tensões normais na engenharia geotécnica é compressiva. Esta convenção exige, então, que tensões de cisalhamento **positivas** produzam pares no sentido **anti-horário** em nosso elemento (Perloff e Baron, 1976). Em outras palavras: o cisalhamento **positivo** produz momentos no sentido **horário** em torno de um ponto **fora** do elemento, como mostrado pela inserção na Figura 8.2. Os ângulos no sentido **horário** também são considerados **positivos**. Essas convenções são o **oposto** daquelas normalmente presumidas na mecânica estrutural.

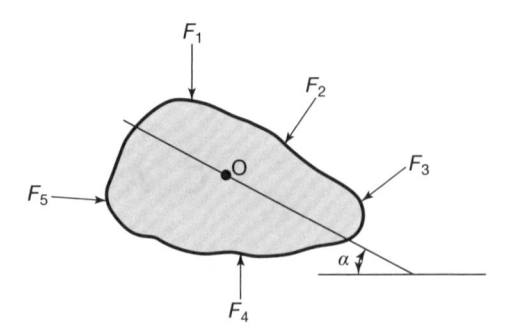

FIGURA 8.1 Uma massa de solo influenciada por diversas forças.

Para começar, vamos presumir que a distância AC ao longo do plano inclinado na Figura 8.2 apresente um comprimento específico e que a figura tenha uma profundidade específica perpendicular ao plano do papel. Assim, o plano vertical BC tem a dimensão de 1 · sen α, e a dimensão horizontal de AB tem uma dimensão igual a 1 · cos α. No equilíbrio, a soma das forças em qualquer direção deve ser zero. Portanto, somando nas direções horizontal e vertical, obteremos

$$\sum F_h = H - T \cos \alpha - N \operatorname{sen} \alpha = 0 \tag{8.1a}$$

$$\sum F_v = V + T \operatorname{sen} \alpha - N \cos \alpha = 0 \tag{8.1b}$$

Dividindo as forças na Equação (8.1) pelas áreas sobre as quais atuam, obtemos as tensões normais e de cisalhamento (denotamos a tensão normal horizontal por σ_x e a tensão normal vertical por σ_y; as tensões no plano α são a tensão normal σ_α e a tensão de cisalhamento τ_α).

$$\sigma_x \operatorname{sen} \alpha - \tau_\alpha \cos \alpha - \sigma_\alpha \operatorname{sen} \alpha = 0 \tag{8.2a}$$

$$\sigma_y \cos \alpha - \tau_\alpha \operatorname{sen} \alpha - \sigma_\alpha \cos \alpha = 0 \tag{8.2b}$$

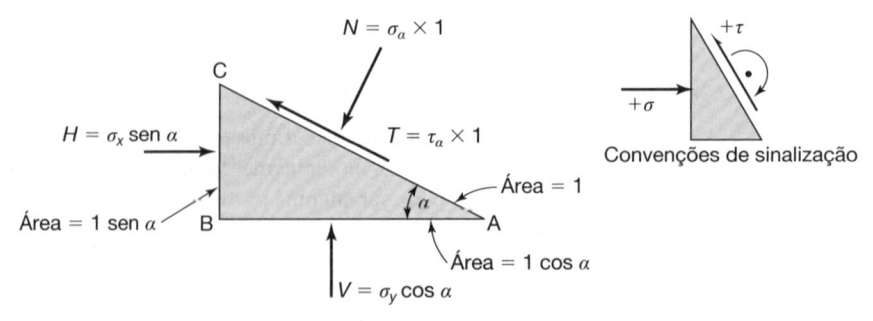

FIGURA 8.2 Resolução das forças da Figura 8.1 em componentes em um pequeno elemento no ponto O. As convenções de sinalização são mostradas na figura pequena inserida.

Ao resolver as Equações (8.2a) e (8.2b) simultaneamente para σ_a e τ_a, obtemos

$$\sigma_\alpha = \sigma_x \operatorname{sen}^2 \alpha + \sigma_y \cos^2 \alpha = \frac{\sigma_x + \sigma_y}{2} + \frac{\sigma_x - \sigma_y}{2} \cos 2\alpha \qquad (8.3)$$

$$\tau_\alpha = (\sigma_x - \sigma_y) \operatorname{sen} \alpha \cos \alpha = \frac{\sigma_x - \sigma_y}{2} \operatorname{sen} 2\alpha \qquad (8.4)$$

Ao elevar ao quadrado e somar essas equações, você obterá a equação para um círculo com raio de $(\sigma_x - \sigma_y)/2$ e seu centro em $[(\sigma_x + \sigma_y)/(2, 0)]$. Quando esse círculo é traçado no espaço $\tau - \sigma$, como mostrado na Figura 8.3b para o elemento na Figura 8.3a, ele é conhecido como **círculo de tensão de Mohr** (estabelecido pelo engenheiro ferroviário alemão Christian Otto Mohr, em 1887). Ele representa o estado de tensão **em ponto único de equilíbrio** e aplica-se a qualquer material, não apenas ao solo. Observe que as escalas para τ e σ devem ser as mesmas para obter um círculo a partir dessas equações.

Como os planos vertical e horizontal nas Figuras 8.2 e 8.3a não apresentam tensões de cisalhamento atuando sobre eles, eles são, por definição, **planos principais**. Assim, as tensões σ_x e σ_y são, na verdade, **tensões principais**. Talvez você se lembre do seu estudo de mecânica dos materiais em que as tensões principais atuam em planos onde $\tau = 0$. A tensão com a maior magnitude algébrica é chamada de **tensão principal maior** e denotada pelo símbolo σ_1. A menor tensão principal é chamada de **tensão principal menor**, σ_3, e a tensão na terceira dimensão é a **tensão principal intermediária**, σ_2. Na Figura 8.3b, σ_2 é desprezada, pois nossa derivação foi para condições bidimensionais (tensão plana). Poderíamos, no entanto, construir dois círculos de Mohr adicionais, um para σ_1 e σ_2 e outro para σ_2 e σ_3, a fim de formar um diagrama de Mohr completo, como mostrado na Figura 8.3c.

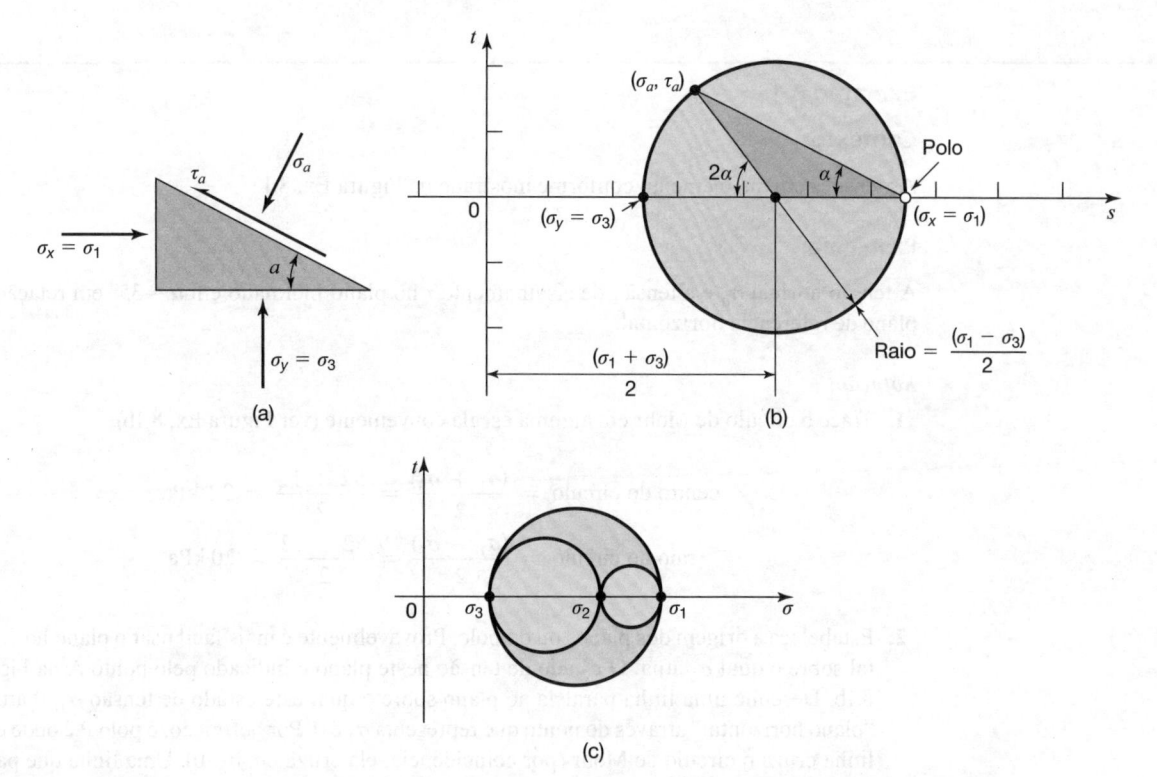

FIGURA 8.3 Círculo de tensão de Mohr: elemento em equilíbrio (a); o círculo de Mohr (b); círculos de Mohr incluindo σ_2 (c).

Agora podemos escrever as Equações (8.3) e (8.4) em termos de tensões principais:

$$\sigma_\alpha = \frac{\sigma_1 + \sigma_3}{2} + \frac{\sigma_1 - \sigma_3}{2} \cos 2\alpha \tag{8.5}$$

$$\tau_\alpha = \frac{\sigma_1 - \sigma_3}{2} \operatorname{sen} 2\alpha \tag{8.6}$$

Aqui presumimos arbitrariamente que $\sigma_x = \sigma_1$ e $\sigma_y = \sigma_3$. Você deve verificar se as coordenadas de σ_α, τ_α na Figura 8.3b podem ser determinadas pelas Equações (8.5) e (8.6). A partir dessas equações, verifique também se as coordenadas do centro do círculo são $[(\sigma_1 + \sigma_3)/(2, 0)]$, e que o raio é $(\sigma_1 - \sigma_3)/2$.

Agora é possível calcular a tensão normal σ_α e a tensão de cisalhamento τ_α em qualquer plano α, desde que conheçamos as tensões principais. Na verdade, poderíamos quase facilmente derivar equações para o caso geral onde σ_x e σ_y não são planos principais. Essas equações, conhecidas como **equações de ângulo duplo**, são aquelas geralmente apresentadas em livros didáticos de mecânica de materiais. O procedimento analítico é, por vezes, difícil de usar na prática devido aos ângulos duplos; preferimos usar um procedimento gráfico baseado em um ponto único no círculo de Mohr denominado **polo** ou **origem dos planos**. Esse ponto apresenta uma propriedade muito útil: qualquer linha reta traçada através do polo cruzará o círculo de Mohr em um ponto que representa o estado de tensão em um plano inclinado na mesma orientação no espaço que a linha. Esse conceito significa que se você conhece o estado de tensão σ e τ, em algum plano no espaço, é possível traçar uma linha paralela a esse plano através das **coordenadas** de tensão σ e τ no círculo de Mohr. O polo então é o ponto onde essa linha cruza o círculo de Mohr. Uma vez conhecido o polo, as tensões em **qualquer plano** podem ser facilmente encontradas simplesmente traçando uma linha do polo paralela a esse plano; as coordenadas do ponto de intersecção com o círculo de Mohr determinam as tensões nesse plano. Alguns exemplos ilustrarão como funciona o método do polo.

Exemplo 8.1

Contexto:

As tensões em um elemento conforme mostrado na Figura Ex. 8.1a.

Problema:

A tensão normal σ_α e a tensão de cisalhamento τ no plano inclinado em $\alpha = 35°$ em relação ao plano de referência horizontal.

Solução:

1. Trace o círculo de Mohr em alguma escala conveniente (ver Figura Ex. 8.1b).

$$\text{centro do círculo} = \frac{(\sigma_1 + \sigma_3)}{2} = \frac{52 + 12}{2} = 32 \text{ kPa}$$

$$\text{raio do círculo} = \frac{(\sigma_1 - \sigma_3)}{2} = \frac{52 - 12}{2} = 20 \text{ kPa}$$

2. Estabeleça a origem dos planos ou do polo. Provavelmente é mais fácil usar o plano horizontal sobre o qual σ_1 atua. O estado de tensão neste plano é indicado pelo ponto A na Figura 8.1b. Desenhe uma linha paralela ao plano sobre o qual este estado de tensão σ_1, 0 atua o "plano horizontal" através do ponto que representa σ_1 e 0. Por definição, o polo P é onde essa linha cruza o círculo de Mohr (por coincidência, ela cruza em σ_3, 0). Uma linha que passa

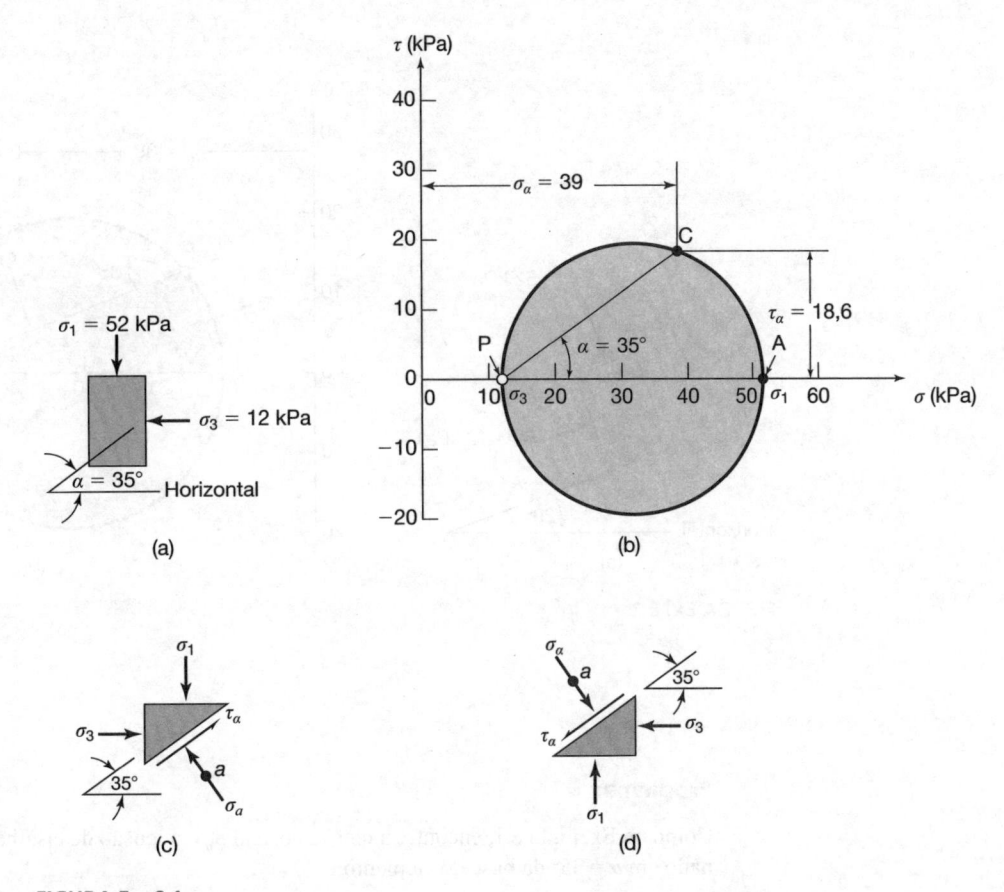

Capítulo 8 Tensões, ruptura e ensaios de resistência de solos e rochas **401**

FIGURA Ex. 8.1

pelo polo inclinada em um ângulo $\alpha = 35°$ do plano horizontal, seria paralela ao plano do elemento na Figura Ex. 8.1a, e este é o plano no qual necessitamos da tensão normal e de cisalhamento. A interseção está no ponto C na Figura Ex. 8.1b, e descobrimos que $\sigma_a = 39$ kPa e $\tau_a = 18,6$ kPa.

Você deve verificar esses resultados usando as Equações (8.5) e (8.6). Observe que τ_a é positivo, pois o ponto C ocorre acima da abcissa. Portanto, o sentido de τ_a no plano de 35° é determinado conforme indicado nas Figuras Ex. 8.1c e d, que representam as partes superior e inferior de um determinado elemento. Para ambas as partes, a direção ou o sentido da tensão de cisalhamento τ_a é igual e oposto (como deveria ser). No entanto, ambas são tensões de cisalhamento positivas, o que é consistente com a nossa convenção de sinalização (Figura 8.2).

Exemplo 8.2

Contexto:

O mesmo elemento e tensões da Figura Ex. 8.1a, exceto que o elemento é girado 20° em relação à horizontal, conforme mostrado na Figura Ex. 8.2a.

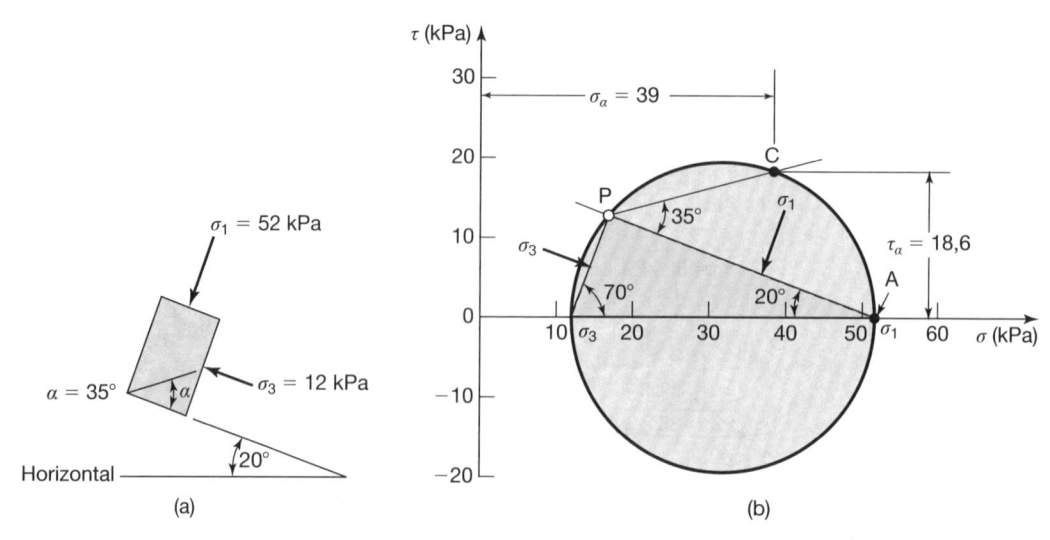

FIGURA Ex. 8.2

Problema:

Como no Exemplo 8.1, encontre a tensão normal σ_α e a tensão de cisalhamento τ_α no plano inclinado em $\alpha = 35°$ da base do elemento.

Solução:

1. Trace o círculo de Mohr (Figura Ex. 8.2b). Como as tensões principais são iguais, o círculo de Mohr será igual ao do Exemplo 8.1.
2. Encontre o polo do círculo. Como no exemplo anterior, desenhe uma linha paralela a um plano no qual você conhece as tensões. Se começarmos novamente com o plano principal maior, este plano está inclinado em um ângulo de 20° em relação à horizontal. Comece no ponto A, e onde a linha cruza o círculo de Mohr define o polo P deste círculo.
3. Agora encontre as tensões no plano σ, que, como antes, está inclinado 35° em relação à base do elemento. A partir da linha AP, gire um ângulo na mesma direção do elemento, 35°, e as tensões nesse plano são definidas pelo ponto de interseção da linha com o círculo de Mohr (neste caso no ponto C). Reduza as coordenadas do ponto C para determinar σ_α e τ_α. Observe que essas tensões são as mesmas do Exemplo 8.1. Por quê? Porque nada mudou exceto a orientação no espaço do elemento.

Para o passo 2, poderíamos muito bem ter utilizado o plano principal menor como ponto de partida. Neste caso, uma linha de σ_3, 0 poderia ser traçada a 70° da horizontal (paralela ao plano σ_3 e cruzaria o círculo de Mohr no mesmo ponto de antes, o ponto P. Agora colocamos o passo em prática; se tivermos feito tudo corretamente, devemos obter o mesmo polo. Como a linha AP é paralela ao plano principal maior, podemos mostrar a direção de σ_1 diretamente nesta linha na Figura 8.2; da mesma forma, a linha tracejada do polo até σ_3 é paralela ao plano σ_3.

Capítulo 8 Tensões, ruptura e ensaios de resistência de solos e rochas

Agora você provavelmente pode começar a ver o que realmente está acontecendo com o polo. É apenas uma forma de relacionar o círculo de tensão de Mohr com a geometria ou orientação do nosso elemento no mundo real. Poderíamos muito bem girar os eixos τ-σ para coincidir com as direções das tensões principais no espaço, mas tradicionalmente τ *versus* σ é plotado com os eixos horizontal e vertical.

Exemplo 8.3

Contexto:

A tensão mostrada no elemento na Figura Ex. 8.3a.

Problema:

a. Avalie σ_a e τ_a quando $\alpha = 30°$.
b. Avalie σ_1 e σ_3 quando $\alpha = 30°$.
c. Determine a orientação dos planos principais maior e menor.
d. Encontre a tensão de cisalhamento máxima e a orientação do plano em que ela atua.

Solução:

Construa o círculo de Mohr, conforme mostrado na Figura Ex. 8.3, de acordo com os seguintes passos:

1. Represente graficamente o estado da tensão no plano horizontal (80, 25) (Figura Ex. 8.3b) no ponto A. Observe que a tensão de cisalhamento cria um momento no sentido anti-horário em relação ao ponto A e, portanto, é positiva.

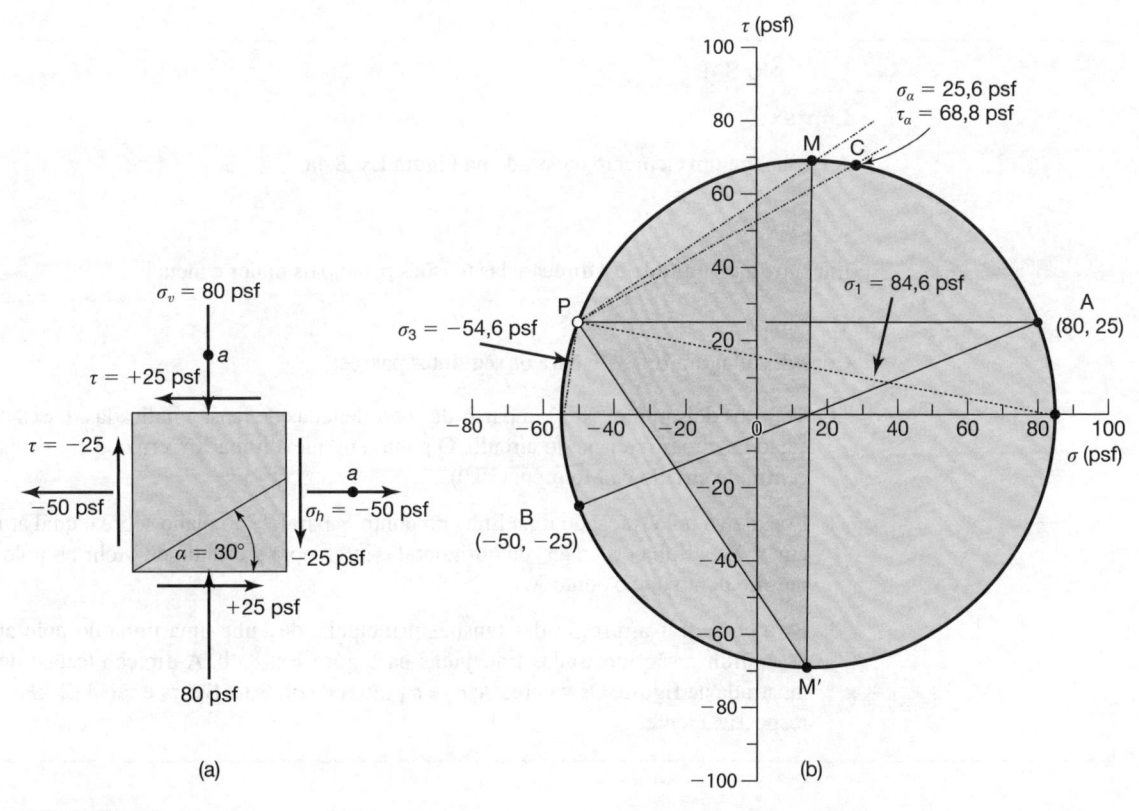

FIGURA Ex. 8.3

2. De maneira semelhante, trace o ponto B (−50, −25). A tensão de cisalhamento no plano vertical é negativa, pois produz um momento no sentido horário.

3. Os pontos A e B são dois pontos em um círculo (neste caso, um diâmetro, já que seus planos estão separados por 90°); o centro do círculo apresenta coordenadas de $[(\sigma_x + \sigma_y)/(2, 0)]$. Construa o círculo de Mohr com centro em (15,0).

4. Para encontrar o polo, lembre-se de que uma linha traçada paralelamente ao plano (horizontal neste exemplo) sobre o qual atua um estado conhecido de tensão, o ponto A, intercepta o círculo de Mohr no polo P. Para fins de verificação, é possível também desenhar um linha na direção vertical do ponto B (−50, −25) e encontrar o mesmo polo.

5. Para encontrar o estado de tensão no plano inclinado em um ângulo $\alpha = 30°$ a partir da horizontal, desenhe a linha PC em um ângulo de 30° a partir da horizontal (ver Figura Ex. 8.3b). O estado de tensão neste plano é dado pelas coordenadas no ponto C (25,6, 68,8) psf.

6. As linhas traçadas de P a σ_1 e σ_3 estabelecem a orientação dos planos principais maior e menor. Os valores de σ_1 e σ_1 são determinados automaticamente assim que o círculo é desenhado; aqui eles são −54,6 e 84,6 psf, respectivamente. Naturalmente, σ_1 e σ_1 são perpendiculares aos seus respectivos planos, que estão orientados a 11° e 101° em relação à horizontal, respectivamente.

7. A tensão de cisalhamento máxima pode ser calculada pela Equação (8.6) quando $2\sigma = 90°$. Isto é $(\sigma_1 - \sigma_3)/2$ ou ± 69,6 psf (ver os pontos M ou M′). Também é possível simplesmente reduzir o valor máximo de τ do diagrama de Mohr. A orientação de $\tau_{máx}$ é a linha (PM ou PM′) dependendo de qual plano mutuamente perpendicular que você deseja (na verdade, $\tau = -69,6$ psf é a tensão de cisalhamento mínima).

Exemplo 8.4

Contexto:

A tensão em um elemento mostrado na Figura Ex. 8.4a.

Problema:

Encontre a magnitude e a direção das tensões principais maior e menor.

Solução:

Consulte a Figura Ex. 8.4b para os seguintes passos:

1. Trace os dois pontos X e Y a partir das coordenadas de tensão indicadas. Esses dois pontos estão na circunferência do círculo. O ponto em que a linha XY cruza o eixo σ estabelece o centro do círculo de Mohr em (30,0).

2. Localize o polo traçando uma linha do ponto Y paralela ao plano sobre o qual atua a tensão em Y. Esta linha está a 45° da horizontal e intercepta o círculo de Mohr no polo P, que é o mesmo ponto que o ponto X.

3. Para encontrar a direção das tensões principais, desenhe uma linha do polo até σ_1 e σ_3; essas linhas são mostradas tracejadas na Figura Ex. 8.4b. A direção (setas) de σ_1 e σ_3 é mostrada na figura. Os valores de σ_1 e σ_3 são reduzidos na figura e são 44,1 kPa e 15,8 kPa, respectivamente.

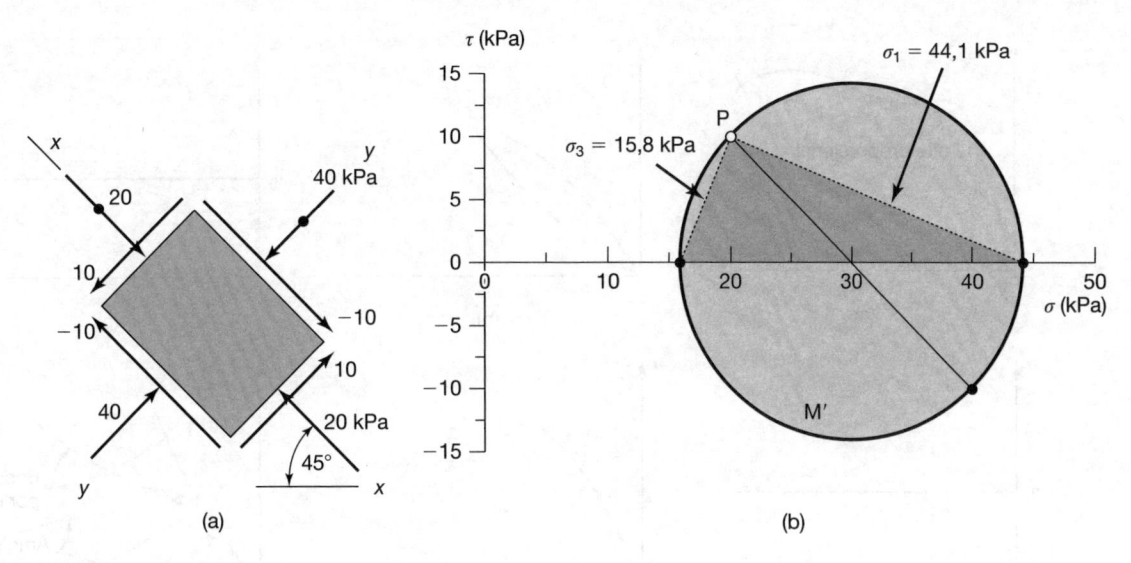

FIGURA Ex. 8.4

Agora você pode perceber que o círculo de tensão de Mohr representa o estado bidimensional completo de tensão em equilíbrio em um elemento ou ponto. O polo simplesmente liga o círculo de Mohr à orientação do elemento no mundo real. O círculo de Mohr e o conceito de polo são muito úteis em engenharia geotécnica; vamos usá-los ao longo do restante deste texto.

8.3 RELAÇÕES TENSÃO-DEFORMAÇÃO E CRITÉRIOS DE RUPTURA

Na introdução do Capítulo 7, mencionamos brevemente algumas relações tensão-deformação. Agora queremos elaborar e ilustrar algumas dessas ideias. A curva tensão-deformação para aço baixo carbono é mostrada na Figura 8.4a. A porção inicial até o limite proporcional ou ponto de escoamento é **linearmente elástica**. Isto significa que o material retornará à sua forma original quando a tensão for aliviada, desde que a tensão aplicada esteja abaixo do limite de escoamento. É possível, entretanto, que um material tenha uma curva tensão-deformação **não linear** e ainda seja **elástico**, como mostrado na Figura 8.4b. Observe que ambas as relações tensão-deformação são independentes do tempo. Se o tempo for uma variável, então o material é chamado de viscoelástico. Alguns materiais reais, como a maioria dos solos e polímeros, são viscoelásticos. Por que, então, não usamos uma teoria viscoelástica para descrever o comportamento dos solos? O problema é que os solos apresentam um comportamento tensão-deformação-tempo altamente não linear, e a representação de tal comportamento viscoelástico é complexa.

Perceba que até agora não falamos nada sobre ruptura ou escoamento. Mesmo materiais linearmente elásticos cedem, como indicado na Figura 8.4a se for aplicada tensão suficiente. No limite proporcional, diz-se que o material se torna **plástico** ou **cede plasticamente**. O comportamento de materiais reais pode ser idealizado por diversas relações tensão-deformação plásticas, como mostrado nas Figuras 8.4c, d, f. Materiais **perfeitamente plásticos** (Figura 8.4c), ocasionalmente chamados de **plásticos rígidos**, podem ser tratados matematicamente com relativa facilidade e, portanto, é um tema popular de estudo por engenheiros mecânicos e matemáticos. Uma relação tensão-deformação mais realista é a **elastoplástica** (Figura 8.4d). O material é linearmente elástico até o limite de escoamento σ_y; então torna-se perfeitamente plástico a partir daí.

Observe que tanto os materiais perfeitamente plásticos quanto os elastoplásticos continuam a sofrer deformação mesmo sem qualquer tensão adicional aplicada. A curva tensão-deformação

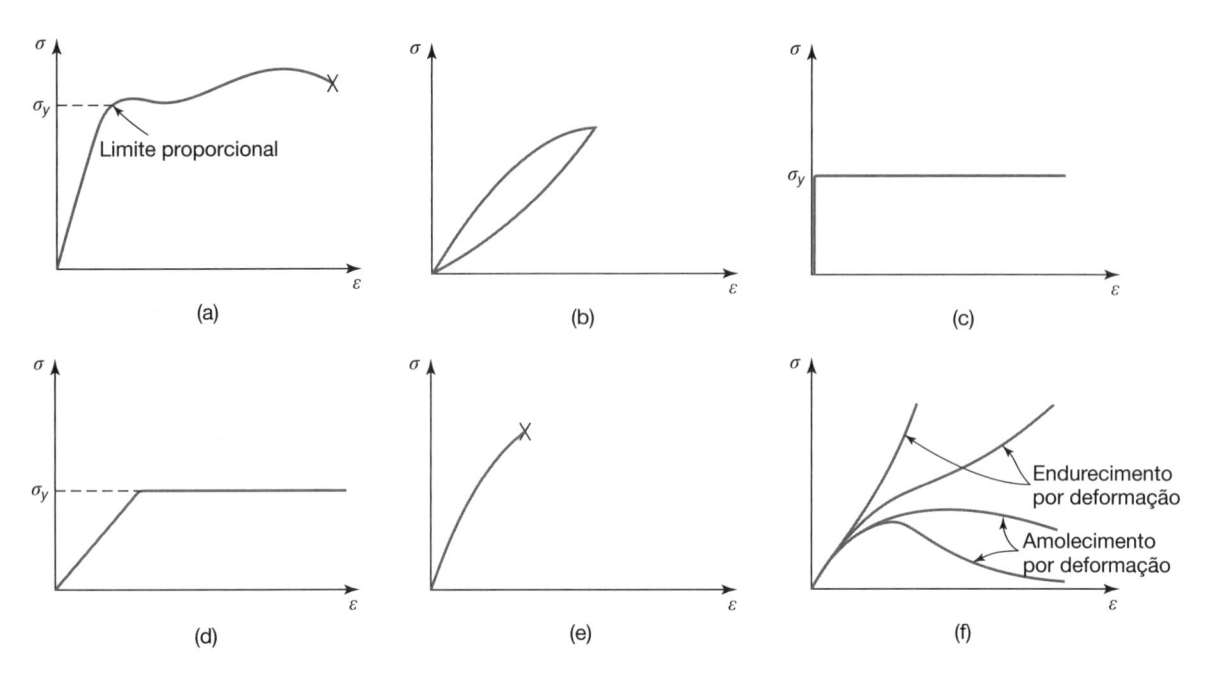

FIGURA 8.4 Exemplos de relações tensão-deformação para materiais ideais e reais: aço baixo carbono (a); elástico não linear (b); perfeitamente plástico (c); elastoplástico (d); quebradiço (e); e endurecimento e amolecimento por deformação (f).

para aço baixo carbono pode ser aproximada por uma curva tensão-deformação elastoplástica, e esta teoria é muito útil, por exemplo, em trabalho, puncionamento e usinagem de metais.

Ocasionalmente, materiais como ferro fundido, concreto e muitas rochas são **quebradiços**, pois apresentam muito pouca deformação à medida que a tensão aumenta. Então, em algum momento, o material de repente entra em colapso ou se quebra (Figura 8.4e). Mais complexas, mas também realistas para muitos materiais, são as relações tensão-deformação mostradas na Figura 8.4f. Os materiais **endurecidos por deformação**, como o nome indica, tornam-se mais rígidos (módulo mais alto) à medida que são tensionados ou "trabalhados". A pequena protuberância na curva tensão-deformação do aço baixo carbono após o escoamento (Figura 8.4a) é um exemplo de endurecimento por deformação. Muitos solos também são endurecidos por deformação, por exemplo, as argilas compactadas e as areias soltas. Materiais **amolecidos por deformação** (Figura 8.4f) mostram uma diminuição na tensão à medida que são tensionados além de um pico de tensão. Solos argilosos sensíveis e areias densas são exemplos de materiais que amolecem por deformação.

Em que ponto da curva tensão-deformação ocorre a ruptura? Poderíamos chamar o ponto de escoamento de "ruptura" se quiséssemos. Em alguns casos, se um material é tensionado até o seu limite de escoamento, as deformações ou deflexões são tão grandes que, para todos os efeitos práticos, o material sofre ruptura. Isto significa que o material não pode continuar a suportar satisfatoriamente as cargas aplicadas. A tensão na "ruptura" é muitas vezes significativamente arbitrária, sobretudo para materiais não lineares. Com materiais quebradiços, entretanto, não há dúvida de quando ocorre a ruptura; é óbvio. Mesmo com materiais que amolecem por deformação (Figura 8.4f), o pico da curva ou a tensão máxima é geralmente definido como ruptura. Por outro lado, com alguns materiais plásticos isso pode não ser óbvio. Onde você definiria a ruptura se tivesse uma curva tensão-deformação de endurecimento por deformação (Figura 8.4f)? Com materiais como estes, em geral definimos a ruptura com alguma deformação percentual arbitrária, por exemplo, 15 ou 20%, ou com uma extensão ou deformação na qual a função da estrutura pode ser prejudicada.

Agora também podemos definir a **resistência** de um material. Trata-se da tensão máxima ou de escoamento, ou a tensão em alguma deformação que definimos como "ruptura".

Conforme sugerido pela discussão, existem muitas maneiras de definir a ruptura em materiais reais ou, em outras palavras, existem muitos **critérios de ruptura**. A maioria deles não funcionam para solos e, na verdade, aquele que usamos, que é o tema da próxima seção, também nem sempre funciona tão bem. Mesmo assim, o critério de ruptura mais comum aplicado aos solos é o **critério de ruptura de Mohr-Coulomb**.

8.4 O CRITÉRIO DE RUPTURA DE MOHR-COULOMB

8.4.1 Teoria de ruptura de Mohr

Mohr já foi mencionado anteriormente no estudo do círculo de Mohr. Coulomb (Charles Augustin de Coulomb, físico e engenheiro francês) é conhecido pelo atrito coulombiano e pela lei da atração e repulsão eletrostática, entre outras coisas. Por volta da virada do século XX, Mohr (1900) formulou a hipótese de um critério de ruptura para materiais reais, na qual afirmou que os materiais sofrem ruptura quando **a tensão de cisalhamento no plano de ruptura na ruptura atinge alguma função única da tensão normal naquele plano** ou

$$\tau_{ff} = f(\sigma_{ff}) \tag{8.7}$$

com τ sendo a tensão de cisalhamento e σ a tensão normal. O primeiro f subscrito refere-se ao plano no qual a tensão atua (neste caso, o **plano de ruptura**) e o segundo f significa "na ruptura".

τ_{ff} é chamado de resistência ao cisalhamento do material, e a relação expressa pela Equação (8.7) é mostrada na Figura 8.5a. A Figura 8.5b mostra um elemento em ruptura com as tensões principais que causaram a ruptura e as tensões normais e de cisalhamento resultantes no plano de ruptura.

Por enquanto, vamos presumir que existe um plano de ruptura, o que não é uma suposição irreal para solos, rochas e muitos outros materiais. Além disso, não nos preocuparemos agora sobre como as tensões principais na ruptura são aplicadas aos elementos (amostras ou elementos representativos em campo) ou como são medidas.

De qualquer forma, se conhecermos as principais tensões na ruptura, poderemos desenhar ou esboçar um círculo de Mohr para representar este estado de tensão especificamente para este elemento. Do mesmo jeito, poderíamos realizar vários ensaios até a ruptura ou poderíamos medir as tensões em vários elementos na ruptura e construir círculos de Mohr para cada ensaio ou elemento na ruptura. Isso é representado graficamente na Figura 8.6. Observe que apenas a metade superior de cada círculo de Mohr é desenhada, o que é feito convencionalmente em mecânica

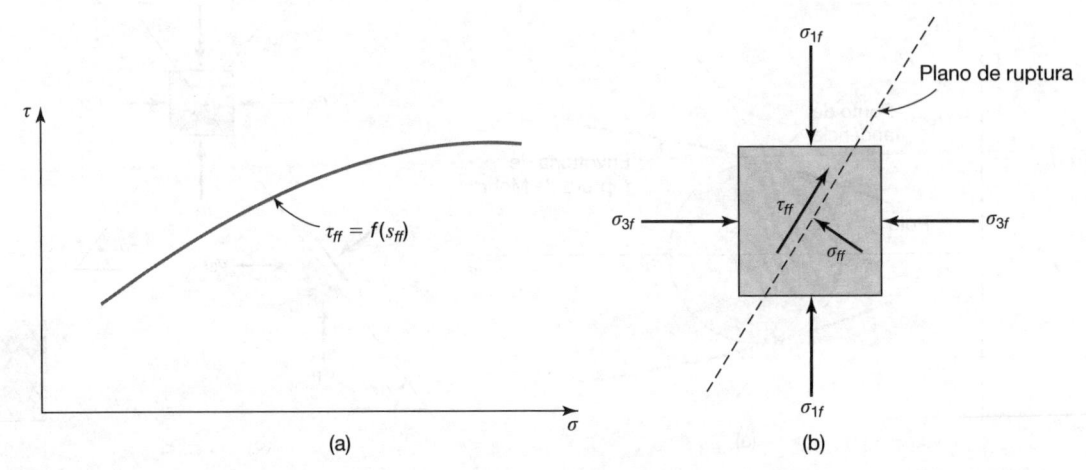

FIGURA 8.5 Critério de ruptura de Mohr (a); elemento na ruptura, mostrando as tensões principais e as tensões no plano de ruptura (b).

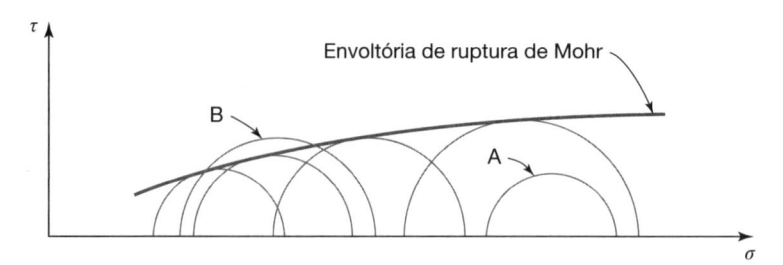

FIGURA 8.6 Os círculos de Mohr na ruptura definem a envoltória de ruptura de Mohr.

dos solos apenas por conveniência. Como os círculos de Mohr são determinados na ruptura, é possível construir a envoltória limite ou de ruptura da tensão de cisalhamento. Esta envoltória, denominada **envoltória de ruptura de Mohr**, expressa a relação funcional entre a tensão de cisalhamento τ_{ff} e a tensão normal σ_{ff} na ruptura [Equação (8.7)].

Observe que qualquer círculo de Mohr situado abaixo da envoltória de ruptura de Mohr (como o círculo A na Figura 8.6 representa uma condição estável. A ruptura ocorre somente quando a combinação de cisalhamento e tensão normal é tal que o círculo de Mohr é **tangente** à envoltória de ruptura de Mohr. Observe também que os círculos situados acima da envoltória de ruptura de Mohr (como o círculo B na Figura 8.6 não podem existir). O material sofreria ruptura antes de atingir esses estados de tensão. Se esta envoltória for única para um determinado material, então o ponto de tangência da envoltória de ruptura de Mohr fornece as condições de tensão no plano de ruptura no momento da ruptura. Usando o método do polo, podemos, portanto, determinar o ângulo do plano de ruptura a partir do ponto de tangência do círculo de Mohr com a envoltória de ruptura de Mohr. A hipótese de que o ponto de tangência define o ângulo do plano de ruptura no elemento ou amostra é a **hipótese de ruptura de Mohr**. Você deve distinguir esta hipótese da teoria da ruptura de Mohr. A hipótese de ruptura de Mohr é ilustrada na Figura 8.7a para o elemento em ruptura mostrado na Figura 8.7b. Em outras palavras: a hipótese de ruptura de Mohr diz que o ponto de tangência da envoltória de ruptura de Mohr com o círculo de Mohr na ruptura determina a inclinação do plano de ruptura.

Outra coisa que você deve observar na Figura 8.7a é que, embora na mecânica dos solos normalmente desenhemos apenas a metade superior do círculo de Mohr, há uma metade inferior e também uma envoltória de ruptura de Mohr na metade inferior. Isto também significa que, se a

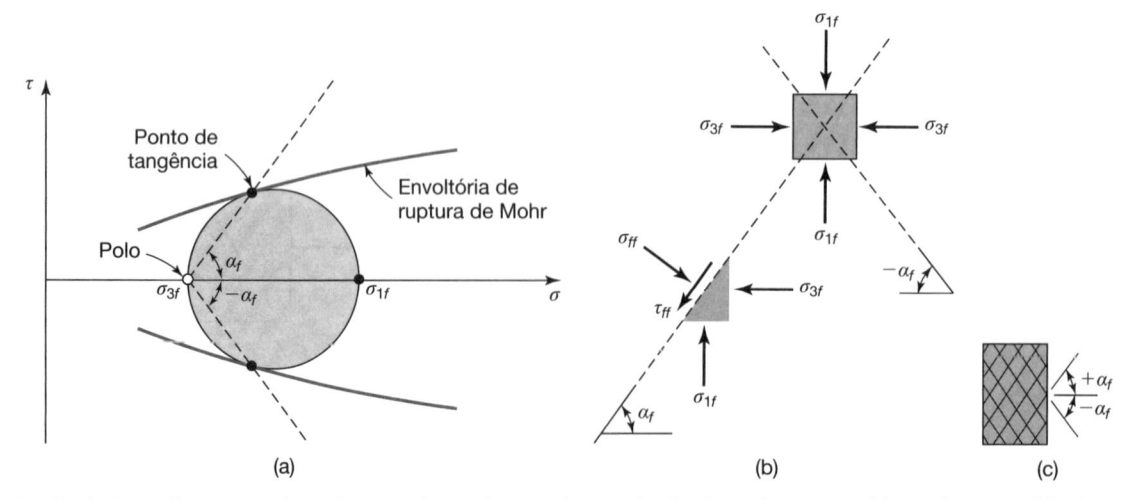

FIGURA 8.7 Hipótese de ruptura de Mohr para determinação do ângulo do plano de ruptura (a) no elemento (b); planos de ruptura conjugados (c).

hipótese de ruptura de Mohr for válida, é igualmente provável que um plano de ruptura se forme em um ângulo de $-\alpha_f$ como mostrado na Figura 8.7a. Na verdade, são as condições de tensão não uniformes nas extremidades de uma amostra e pequenas heterogeneidades dentro da própria amostra que acreditamos serem a causa da formação de um único plano de ruptura em uma amostra. Você já se perguntou por que um cone se forma na ruptura na parte superior e inferior de um cilindro de concreto quando ele sofre ruptura na compressão? As tensões de cisalhamento entre a máquina de ensaio e os estopins da amostra causam o desenvolvimento de tensões não uniformes dentro da amostra. Se tudo for homogêneo e condições de tensão uniformes forem aplicadas a uma amostra, então múltiplos planos de ruptura se formarão em ângulos conjugados $\pm\alpha_f$, como mostrado na Figura 8.7c.

8.4.2 Critério de ruptura de Mohr-Coulomb

Agora vamos envolver Dr. Coulomb em nossa história. Além de suas famosas experiências com peles de gato e varas de ébano, Coulomb (1736-1806) também se preocupou com obras de defesa militar, como revestimentos e muralhas de fortalezas. Naquela época, essas construções eram construídas por regra e, infelizmente para as defesas militares francesas, muitas sofreram ruptura. Coulomb interessou-se pelo problema dos empuxos laterais exercidos contra muros de arrimo e desenvolveu um sistema para análise de empuxos de terra contra estruturas de contenção que ainda é usado atualmente (mais sobre isso no Capítulo 11). Uma das coisas que ele precisava para projetar era a resistência ao cisalhamento do solo. Como também estava interessado nas características de atrito de deslizamento de diferentes materiais, ele montou um dispositivo para determinar a resistência ao cisalhamento de solos. Ele observou que havia um componente independente da tensão na resistência ao cisalhamento e um componente dependente da tensão. O componente dependente da tensão é semelhante ao atrito de deslizamento em materiais sólidos, então ele chamou esse componente de ângulo de atrito interno, denotando-o pelo símbolo ϕ. O outro componente parecia estar relacionado com a coesão intrínseca do material e é comumente atribuído ao símbolo c. A equação de Coulomb é, portanto,

$$\tau_f = \sigma \operatorname{tg} \phi + c \tag{8.8}$$

com τ_f sendo a resistência ao cisalhamento do solo, σ a tensão normal aplicada (ambas quando o solo está em estado de ruptura, portanto o f subscrito) e ϕ e c são chamados de **parâmetros de resistência** do solo, conforme definido antes. Essa relação produz uma linha reta e é, portanto, fácil de trabalhar. Conforme explicado no Capítulo 9, nem ϕ nem c são propriedades inerentes ao material; pelo contrário, dependem das condições operantes no ensaio. Poderíamos, assim como provavelmente fez Coulomb, representar graficamente os resultados de um ensaio de cisalhamento no solo para obter os parâmetros de resistência ϕ e c (Figura 8.8). Observe que qualquer parâmetro de resistência pode ser zero para qualquer condição de tensão específica; isto é, $\tau = c$ quando $\phi = 0$ ou $\tau = \sigma \operatorname{tg} \phi$ quando $c = 0$. Como veremos no Capítulo 9, essas relações são válidas para determinadas condições de ensaio específicas para alguns solos.

Embora não se saiba quem foi o primeiro a fazer isso, parece razoável combinar a equação de Coulomb [Equação (8.8)], com o critério de ruptura de Mohr [Equação (8.7)]. Os engenheiros tradicionalmente preferem trabalhar com linhas retas, uma vez que qualquer coisa além de uma equação de primeira ordem (linha reta) é mais complicada. Portanto, a coisa natural a fazer era endireitar aquela envoltória de ruptura de Mohr curva (Figuras 8.6 e 8.7a), ou pelo menos aproximar a curva por uma linha reta ao longo de determinada faixa de tensão; então a equação para essa linha em termos dos parâmetros de resistência de Coulomb poderia ser escrita.

Assim nasceu o **critério de resistência de Mohr-Coulomb**, que é de longe o critério de resistência mais popular aplicado aos solos. O critério de Mohr-Coulomb pode ser escrito como

$$\tau_{ff} = \sigma_{ff} \operatorname{tg} \phi + c \tag{8.9}$$

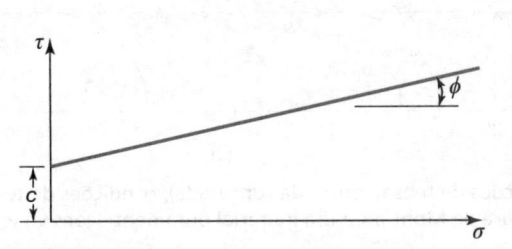

FIGURA 8.8 A equação de resistência de Coulomb apresentada graficamente.

Esses termos foram definidos anteriormente. Este critério simples e fácil de usar apresenta muitas vantagens distintas sobre outros critérios de ruptura. É o único que prevê as tensões no plano de ruptura na ruptura, e como foi observado que massas de solo sofrem ruptura em superfícies significativamente distintas, gostaríamos de poder estimar o estado de tensão na ruptura em superfícies potencialmente deslizantes. Portanto, o critério de Mohr-Coulomb é muito útil para análises da estabilidade de taludes e fundações de terra.

Antes de discutirmos os tipos de ensaios usados para determinar os parâmetros de resistência de Mohr-Coulomb, deveríamos olhar com um pouco mais de atenção para alguns círculos de Mohr, tanto antes da ruptura quanto na ruptura. Eles possuem diversas características interessantes que serão úteis posteriormente. Para os propósitos de nossa discussão, vamos presumir uma condição inicial onde as tensões principais maior e menor atuam nos planos horizontal e vertical, respectivamente, e então σ_1 é aumentado até a ruptura, mantendo σ_3 constante (Figura 8.9a).

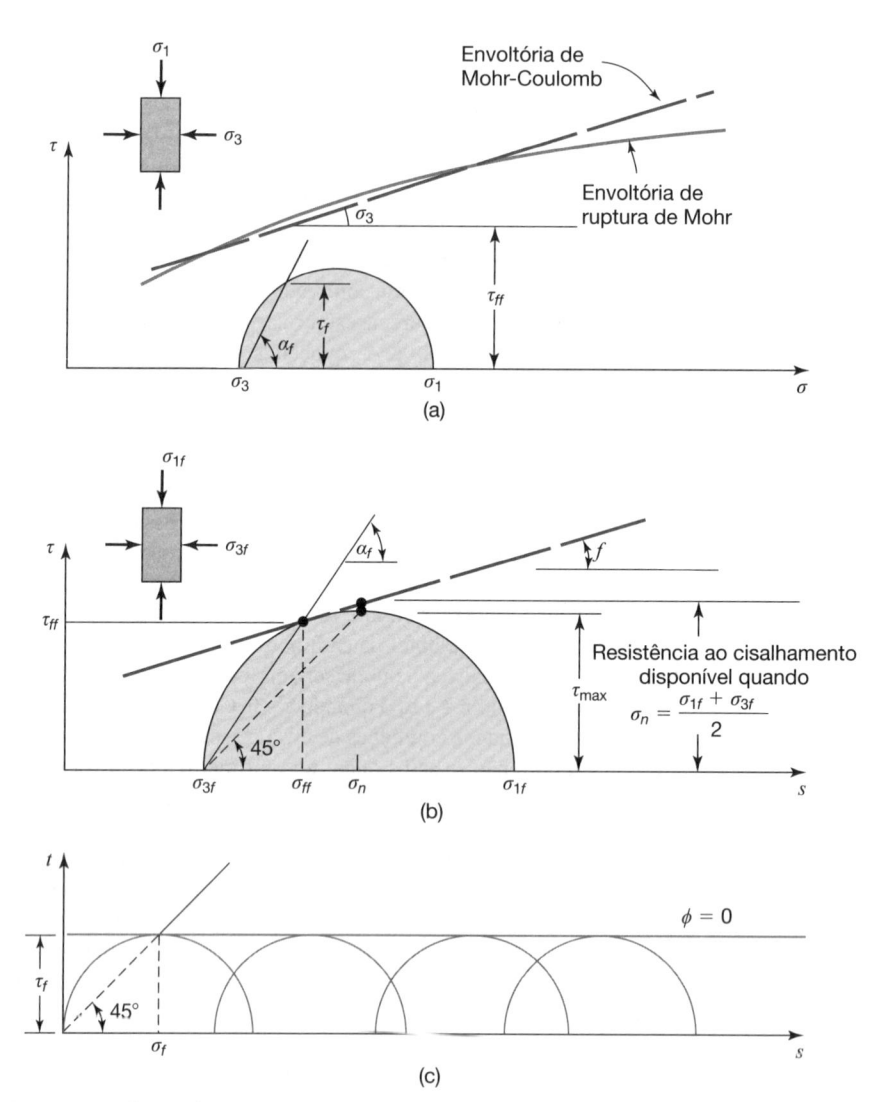

FIGURA 8.9 Condições de tensão antes da ruptura (a); condições de tensão na ruptura (b); envoltória de ruptura de Mohr para um material puramente coesivo (c) (adaptada de Hirschfeld, 1963).

Se conhecermos o ângulo de inclinação da envoltória de ruptura de Mohr ou o tivermos determinado a partir de ensaios laboratoriais, então é possível escrever o ângulo do plano de ruptura α_f em termos da inclinação ϕ da envoltória de ruptura de Mohr. Para fazer isso, temos que invocar a hipótese de ruptura de Mohr e identificar o polo σ_3, 0. Então o ângulo de ruptura medido em relação ao plano da tensão principal maior é

$$\alpha_f = 45° + \frac{\phi}{2} \tag{8.10}$$

Se o elemento do solo estiver sujeito a tensões principais menores que as tensões necessárias para causar a ruptura, tal estado de tensão pode ser representado pelo círculo de Mohr mostrado na Figura 8.9a. Neste caso, τ_f é a resistência ao cisalhamento **mobilizada** no plano de ruptura **potencial**, e τ_{ff} é a resistência ao cisalhamento disponível no plano de ruptura final. Como ainda não atingimos a ruptura, resta alguma resistência de reserva. Poderíamos mobilizar essa resistência à tensão adicional aumentando o σ_1.

Agora, se as tensões aumentarem de modo que a ruptura ocorra, então o círculo de Mohr torna-se tangente à envoltória de ruptura de Mohr. De acordo com a hipótese de ruptura de Mohr, a ruptura ocorre no plano inclinado em α_f e com tensão de cisalhamento nesse plano de τ_{ff}. Observe que esta não é a tensão de cisalhamento elementar maior ou máxima! A tensão de cisalhamento máxima atua no plano inclinado a 45° e é igual a

$$\tau_{máx} = \frac{\sigma_{1f} - \sigma_{3f}}{2} > \tau_{ff} \tag{8.11}$$

Por que a ruptura não ocorre no plano de 45°? Bem, ela não pode ocorrer porque nesse plano a resistência ao cisalhamento disponível é maior que $\tau_{máx}$. Essa condição é representada pela distância do ponto máximo no círculo de Mohr até a envoltória de ruptura de Mohr na Figura 8.9b. Essa seria a resistência ao cisalhamento disponível quando a tensão normal σ_n no plano de 45° for $(\sigma_{1f} + \sigma_{3f})/2$.

A única exceção à discussão acima seria quando a resistência ao cisalhamento é independente da tensão normal; isto é, quando a envoltória de ruptura de Mohr é horizontal e $\phi = 0$. Esta situação, mostrada na Figura 8.9c, é válida para condições especiais, que são discutidas no Capítulo 9. Tais materiais são frequentemente chamados de **puramente coesivos** por razões óbvias. Para o caso mostrado na Figura 8.9c, a ruptura **teoricamente** ocorre no plano de 45° (na verdade não ocorre, como é explicado no Capítulo 9. A resistência ao cisalhamento é τ_f, e a tensão normal no plano de ruptura teórico na ruptura é $(\sigma_{1f} + \sigma_{3f})/2$.

8.4.3 Relações de obliquidade

Outra coisa útil que devemos fazer antes de prosseguir é escrever o critério de ruptura de Mohr--Coulomb em termos das tensões principais na ruptura, em vez de como na Equação (8.9) em termos de τ_{ff} e σ_{ff}. Observe a Figura 8.10 e observe que sen $\phi = R/D$, ou

$$\text{sen } \phi = \frac{\frac{\sigma_{1f} - \sigma_{3f}}{2}}{\frac{\sigma_{1f} + \sigma_{3f}}{2} + c \cot \phi}$$

ou ainda $(\sigma_{1f} - \sigma_{3f}) = (\sigma_{1f} + \sigma_{3f}) \text{ sen } \phi + 2c \cos \phi$. Se $c = 0$, então $(\sigma_{1f} - \sigma_{3f}) = (\sigma_{1f} + \sigma_{3f}) \text{ sen } \phi$, que pode ser escrito como

$$\text{sen } \phi = \frac{(\sigma_{1f} - \sigma_{3f})}{(\sigma_{1f} + \sigma_{3f})} \tag{8.12}$$

Reorganizando, temos

$$\frac{\sigma_1}{\sigma_3} = \frac{1 + \text{sen } \phi}{1 - \text{sen } \phi} \tag{8.13}$$

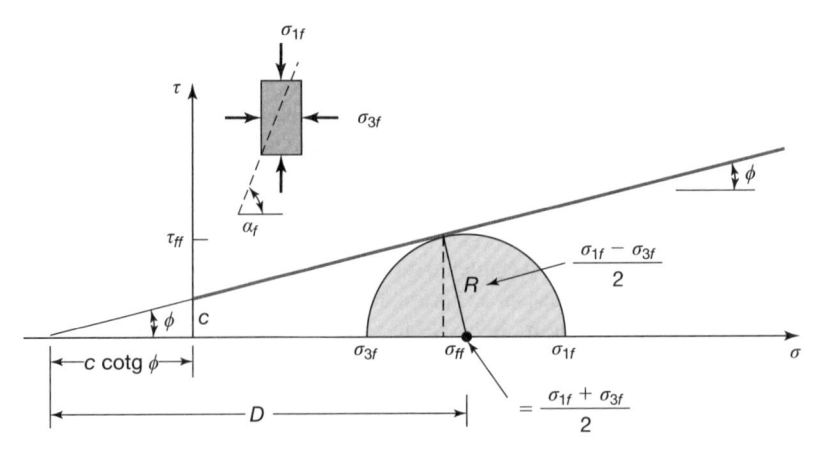

FIGURA 8.10 Envoltória de resistência de Mohr-Coulomb com um círculo de Mohr na ruptura.

ou o recíproco é

$$\frac{\sigma_3}{\sigma_1} = \frac{1 - \operatorname{sen} \phi}{1 + \operatorname{sen} \phi} \qquad (8.14)$$

Usando algumas identidades trigonométricas, podemos expressar as Equações (8.13) e (8.14), como

$$\frac{\sigma_1}{\sigma_3} = \operatorname{tg}^2\left(45° + \frac{\phi}{2}\right) \qquad (8.15)$$

$$\frac{\sigma_3}{\sigma_1} = \operatorname{tg}^2\left(45° - \frac{\phi}{2}\right) \qquad (8.16)$$

As Equações (8.13) a (8.16) são chamadas de **relações de obliquidade**, porque relacionam as tensões principais, maior e menor, na ruptura quando o ângulo de obliquidade é máximo. A obliquidade em solos pode ser explicada por analogia com o comportamento de atrito de deslizamento de um bloco sobre uma superfície rígida sujeita a forças normais e de cisalhamento, ou podemos usar um caso mais realista de um bloco de fundação apoiado na superfície de terreno natural. Como demonstrado na Figura 8.11a, o bloco de fundação apresenta apenas uma tensão normal σ atuando sobre ele.

O diagrama de Mohr para essa condição está no lado direito da Figura 8.11a. Na Figura 8.11b, uma tensão de cisalhamento τ_a é aplicada à base do bloco, e o movimento do mesmo para a esquerda é resistido pela resistência de atrito τ_r. O R resultante atua em um ângulo θ a partir da vertical, e a tangente de θ é, naturalmente, τ_a/σ, como mostrado no diagrama de Mohr à direita para essa condição estável ($\tau_r > \tau_a$). Finalmente, na Figura 8.11c, a tensão de cisalhamento aplicada é igual à resistência máxima ao atrito ($\tau_a = \tau_r = \sigma \tan \phi$), e o bloco está em ruptura incipiente ou apenas começa a deslizar. O ângulo θ torna-se, então, igual ao coeficiente de atrito entre o bloco e a superfície do terreno natural, e o atrito estático torna-se o atrito de deslizamento. O gráfico de Mohr é mostrado à direita, na condição de ruptura, e o **ângulo de obliquidade máxima**, $\theta_{máx}$, é igual ao ângulo de atrito interno ϕ. As relações de obliquidade são úteis para avaliar dados de ensaios laboratoriais e no projeto e análise de fundações.

O último fator que devemos considerar é o efeito da tensão principal intermediária σ_2 nas condições de ruptura. Como, por definição, σ_2 está em algum lugar entre as tensões principais maior e menor, os círculos de Mohr para as três tensões principais se assemelham àqueles mostrados na Figura 8.3c e novamente na Figura 8.12. Naturalmente, σ_2 não pode ter influência nas condições de ruptura para o critério de ruptura de Mohr, independentemente da magnitude que tenha. A tensão principal intermediária σ_2 provavelmente tem alguma influência em solos reais, mas a teoria da ruptura de Mohr-Coulomb não a considera.

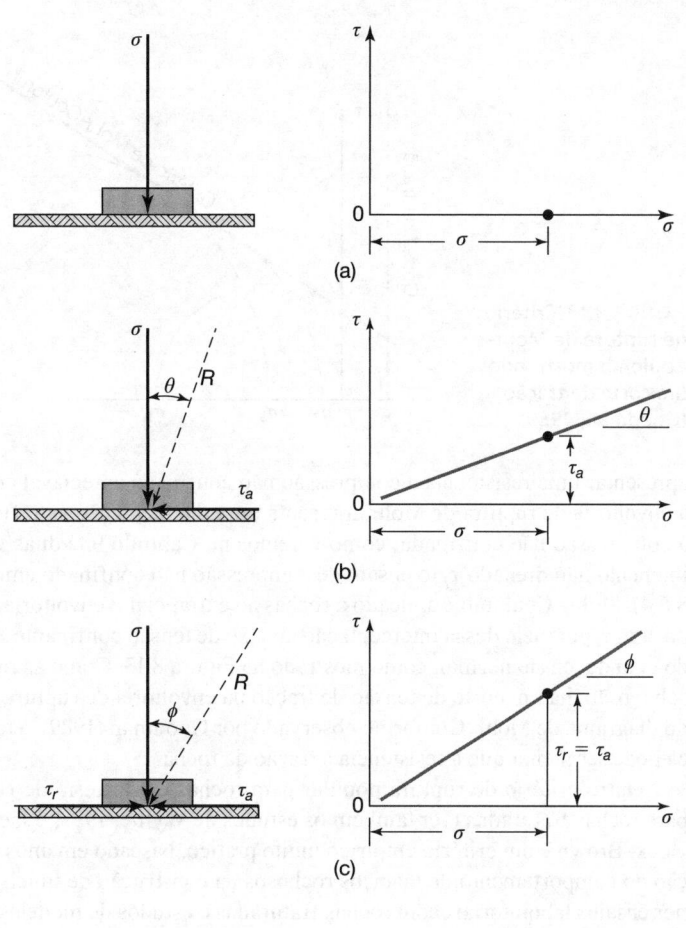

FIGURA 8.11 Bloco de fundação sob tensões normais e de cisalhamento aplicação apenas de tensão normal (a); adição de tensão de cisalhamento ao bloco em "a" (b); aumento da tensão aplicada ao ponto de deslizamento (ruptura incipiente) e $\theta = \phi$, ângulo de obliquidade máxima (c).

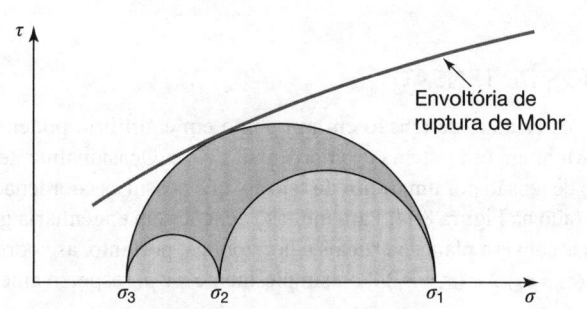

FIGURA 8.12 Círculos de Mohr para um estado tridimensional de tensão.

8.4.4 Critérios de ruptura para rochas

Quando testadas em compressão, a maioria das rochas, exceto aquelas que são muito macias, apresentarão uma ruptura do tipo muito quebradiça. Sua resposta tensão-deformação é semelhante àquela mostrada na Figura 8.4e. Provavelmente a teoria mais conhecida para prever rupturas quebradiças e o desenvolvimento de fissuras por tração em rochas e outros materiais quebradiços é a teoria de fissuras de Griffith, do engenheiro civil inglês Alan Arnold Griffith, em 1921. Embora preveja consideravelmente bem o comportamento de tração da rocha, ela é relativamente complicada (Jaeger et al., 2007) e não é muito prática de usar. A teoria de Mohr-Coulomb, por outro lado, é simples e prática e, embora longe de ser perfeita, é provável que seja a teoria de ruptura mais usada na mecânica das rochas (Goodman, 1989). Como a rocha íntegra costuma

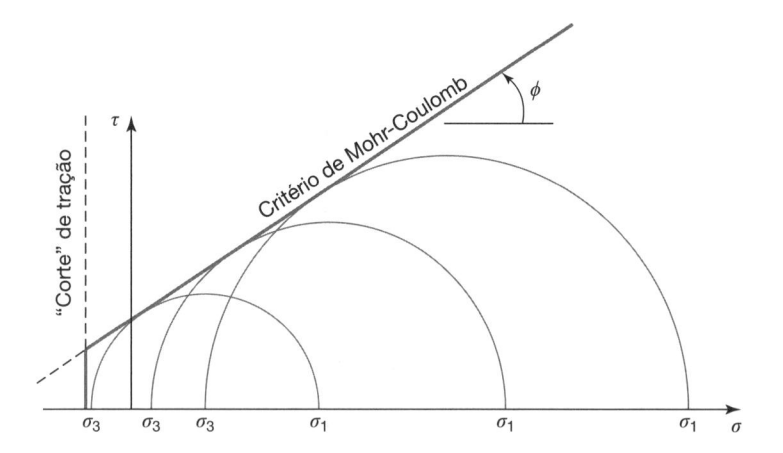

FIGURA 8.13 Critério de ruptura de Mohr-Coulomb mostrando um corte de tração (Goodman, 1989).

apresentar uma resistência à compressão não confinada apreciável com tensão confinante zero, a envoltória de ruptura de Mohr apresenta uma interceptação significativa, porque a resistência à compressão não confinada, como veremos no Capítulo 9, é duas vezes a resistência ao cisalhamento não drenado τ_f (o ensaio de compressão não confinado em rocha é discutido na Seção 8.6.4). Mohr–Coulomb é aplicado a rochas ao extrapolar a envoltória de ruptura para a esquerda do eixo τ, por meio dessa interceptação no eixo de tensão confinante zero, e para o lado de tração do eixo de tensão normal, como mostrado na Figura 8.13. Como as rochas podem sofrer ruptura sob tensão, há um corte de tensão de tração na envoltória de ruptura de Mohr no lado de tração do diagrama de Mohr. Conforme observado por Goodman (1989), a tensão principal menor nunca pode ser menor que a resistência à tração da rocha.

Outro critério de ruptura popular para rochas é o critério de Hoek e Brown (1980; 1988) para rochas fraturadas (ver também os estudos de Wyllie, 1999, e Jaeger et al., 2007). O critério Hoek–Brown é um critério empírico muito prático, baseado em anos de experiência na observação do comportamento de maciços rochosos na construção de túneis e taludes, complementado por ensaios laboratoriais com rochas fraturadas e estudos de modelos de rochas fissuradas.

8.5 CAMINHOS DE TENSÃO

Vimos que os estados de tensão em um ponto em equilíbrio podem ser representados por um círculo de Mohr em um sistema de coordenadas $\tau - \sigma$. Ocasionalmente, é conveniente representar esse estado de tensão por um **ponto de tensão**, que possui as coordenadas $(\sigma_1 - \sigma_3)/2$ e $(\sigma_1 + \sigma_3)/2$, como mostrado na Figura 8.14. Para muitas situações em engenharia geotécnica, vamos presumir que σ_1 e σ_3 atuam em planos verticais e horizontais, portanto, as coordenadas do ponto de tensão tornam-se $(\sigma_v - \sigma_h)/2$ e $(\sigma_v + \sigma_h)/2$ ou simplesmente q e p, respectivamente, ou

$$q = \frac{\sigma_v - \sigma_h}{2} \tag{8.17}$$

$$p = \frac{\sigma_v + \sigma_h}{2} \tag{8.18}$$

Tanto q quanto p poderiam, naturalmente, ser definidos em termos das tensões principais. Por convenção, q é considerado positivo quando $\sigma_v > \sigma_h$; caso contrário, é negativo.

Muitas vezes queremos mostrar estados sucessivos de tensão que uma amostra ou um elemento típico no campo sofre durante carregamento ou descarregamento.

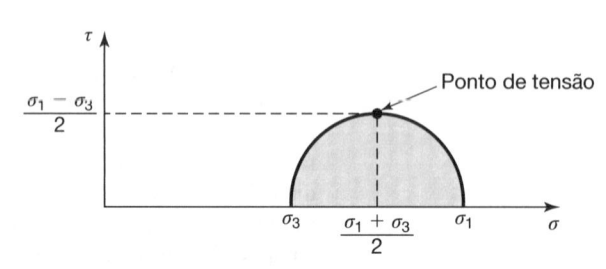

FIGURA 8.14 Um círculo de tensão de Mohr e seu ponto de tensão correspondente.

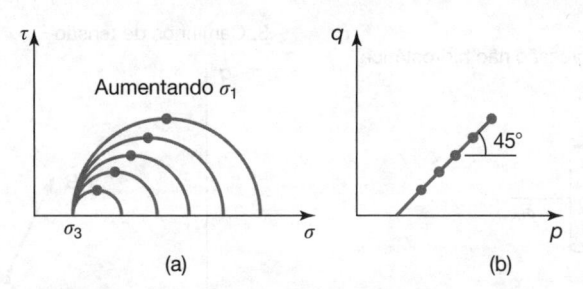

FIGURA 8.15 Círculos de Mohr sucessivos (a); caminho de tensão para σ_3 constante e σ_1 crescente (b) (adaptada de Lambe e Whitman, 1969).

Um diagrama mostrando os estados sucessivos com uma série de círculos de Mohr poderia ser usado (Figura 8.15a), contudo, isso pode ser confuso, especialmente se o caminho de tensão for complicado. É mais simples mostrar apenas o lugar geométrico dos pontos de tensão. Esse lugar geométrico, denominado **caminho de tensão**, é traçado no que chamamos de **diagrama** p–q (Figura 8.15b). Observe que tanto p quanto q podem ser definidos em termos de tensões totais ou tensões efetivas. Como antes, uma marca de plica é usada para indicar tensões efetivas. Portanto, a partir das Equações (8.17) e (8.18) e a equação de tensão efetiva [Equação (5.8)] sabemos que $q' = q$ enquanto $p' = p - u$, sendo u o excesso de pressão hidrostática ou pressão neutra.

Embora o conceito de caminho de tensão já exista há muito tempo, o Professor T. William "Bill" Lambe, do *M.I.T.*, Cambridge, Massachusetts, EUA, demonstrou sua utilidade como dispositivo de ensino (Lambe e Whitman, 1969) e desenvolveu o método em uma ferramenta prática de engenharia para a solução de problemas de estabilidade e deformação (Lambe, 1964 e 1967; Lambe e Marr, 1979). Muitas vezes, na prática da engenharia geotécnica, se você compreender o caminho completo das tensões do seu problema, estará na direção certa para a solução.

Um caso simples para ilustrar os caminhos de tensão é o ensaio triaxial comum no qual σ_3 permanece fixo à medida que aumentamos σ_1. Alguns círculos de Mohr para este ensaio são mostrados na Figura 8.15a, juntamente com seus pontos de tensão. O caminho de tensão correspondente mostrado na Figura 8.15b é uma linha reta em um ângulo de 45° em relação à horizontal, porque o ponto de tensão representa o estado de tensão no plano orientado a 45° dos planos principais (observe que este é o plano de tensão de cisalhamento máxima).

Alguns exemplos de caminhos de tensão são mostrados nas Figuras 8.16 e 8.17. Na Figura 8.16, as condições iniciais são $\sigma_v = \sigma_h$, um estado de tensão igual ou hidrostático. Aqueles na

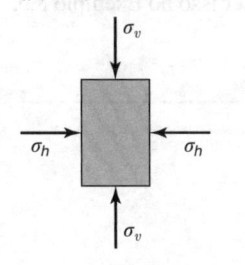

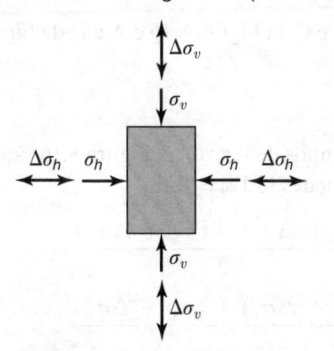

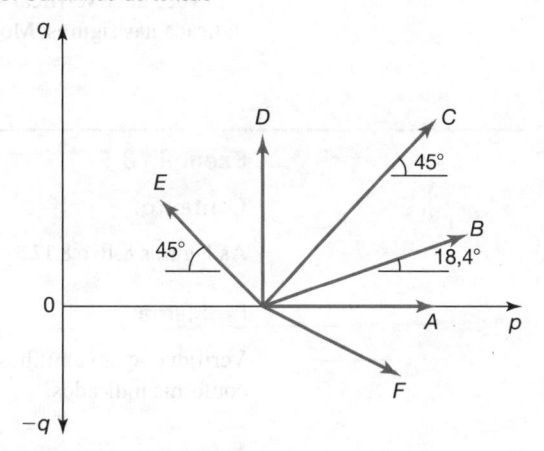

Caminho A: $\Delta\sigma_h = \Delta\sigma_v$

B: $\Delta\sigma_h = \frac{1}{2}\Delta\sigma_v$

C: $\Delta\sigma_h = 0$, $\Delta\sigma_v$ aumenta

D: $\Delta\sigma_h = -\Delta\sigma_v$

E: $\Delta\sigma_h$ diminui, $\Delta\sigma_v = 0$

F: $\Delta\sigma_h$ aumenta, $\Delta\sigma_v$ diminui

FIGURA 8.16 Diferentes caminhos de tensão para condições de tensão inicialmente hidrostática (adaptada de Lambe e Whitman, 1969).

FIGURA 8.17 Diferentes caminhos de tensão para condições de tensão inicialmente não hidrostáticas (adaptada de Lambe e Whitman, 1969).

1. Condições iniciais:
   $\sigma_v \neq \sigma_h \neq 0$ (compressão não hidrostática)

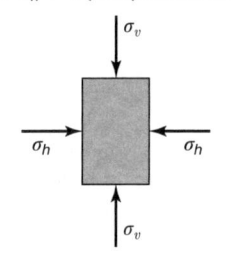

2. Durante o carregamento (ou descarregamento)

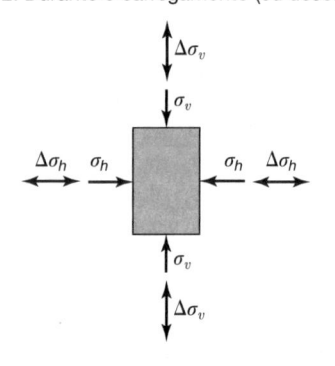

3. Caminhos de tensão

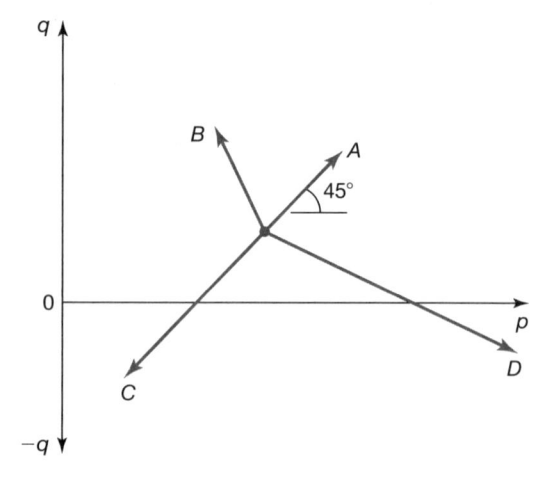

Caminho A: $\Delta\sigma_v$ aumenta, $\Delta\sigma_h = 0$
B: $\Delta\sigma_v$ aumenta, $\Delta\sigma_h$ diminui
C: $\Delta\sigma_v$ diminui, $\Delta\sigma_h = 0$
D: $\Delta\sigma_v$ diminui, $\Delta\sigma_h$ aumenta

Figura 8.17, onde a tensão vertical inicial não é igual à tensão horizontal inicial, representam um estado de tensão não hidrostático.

Você deve verificar se cada caminho de tensão nas Figuras. 8.16 e 8.17 tem de fato a direção indicada nas figuras. Mostraremos como fazer isso no Exemplo 8.5.

Exemplo 8.5

Contexto:

As Figuras 8.16 e 8.17.

Problema:

Verifique se os caminhos de tensão A, B e C da Figura 8.16 e A e D da Figura 8.17 estão corretos conforme indicados.

Solução:

As condições iniciais para todos os caminhos de tensão na Figura 8.16 são $p_o = (\sigma_v + \sigma_h)/2 = \sigma_v = \sigma_h$ e $q_o = 0$. As condições finais são Equações (8.17) e (8.18).

$$q_f = \frac{(\sigma_v + \Delta\sigma_v) - (\sigma_h + \Delta\sigma_h)}{2}$$

$$p_f = \frac{(\sigma_v + \Delta\sigma_v) + (\sigma_h + \Delta\sigma_h)}{2}$$

Capítulo 8 Tensões, ruptura e ensaios de resistência de solos e rochas

Para o caminho de tensão A, $\Delta\sigma_v = \Delta\sigma_v$; portanto,

$$q_f = \frac{\sigma_v + \Delta\sigma_v - \sigma_v + \Delta\sigma_v}{2} = 0$$

$$p_f = \frac{\sigma_v + \Delta\sigma_v + \sigma_v + \Delta\sigma_v}{2} = \sigma_v + \Delta\sigma_v$$

Consequentemente, o caminho de tensão A se move no eixo p por uma quantidade $\Delta\sigma_v = \Delta\sigma_h$. Para o caminho de tensão B, $\Delta\sigma_h = \frac{1}{2}\Delta\sigma_v$; portanto,

$$q_f = \frac{\sigma_v + \Delta\sigma_v - \sigma_v - \frac{1}{2}\Delta\sigma_v}{2} = \frac{1}{4}\Delta\sigma_v$$

$$p_f = \frac{\sigma_v + \Delta\sigma_v + \sigma_v + \frac{1}{2}\Delta\sigma_v}{2} = \sigma_v + \frac{3}{4}\Delta\sigma_v$$

Esses valores são as coordenadas p, q do final do caminho de tensão B. Assim, q e p aumentam em uma quantidade $\Delta q = \frac{1}{4}\Delta\sigma_v$ e $\Delta p = \frac{3}{4}\Delta\sigma_v$, o que significa que o caminho de tensão apresenta uma inclinação de ⅓ ou está inclinado em 18,4°, conforme mostrado na Figura 8.16.

Para o caminho de tensão **C**, $\Delta\sigma_h = 0$, e $\Delta\sigma_v$ aumenta em alguma quantidade.

$$q_f = \frac{\sigma_v + \Delta\sigma_v - \sigma_v}{2} = \frac{1}{2}\Delta\sigma_v$$

$$p_f = \frac{\sigma_v + \Delta\sigma_v + \sigma_v}{2} = \sigma_v + \frac{1}{2}\Delta\sigma_v$$

Portanto, $\Delta q = \frac{1}{2}\Delta\sigma_v$ e $\Delta p = \frac{1}{2}\Delta\sigma_v$. Assim, a inclinação do caminho de tensão deve ser 1 ou inclinada em 45°. Esta solução também é válida para o caminho de tensão A na Figura 8.17. Aqui as condições iniciais são não hidrostáticas, então

$$q_o = \frac{\sigma_v - \sigma_h}{2}$$

$$p_o = \frac{\sigma_v + \sigma_h}{2}$$

As coordenadas finais do caminho A são:

$$q_f = \frac{\sigma_v + \Delta\sigma_v - \sigma_h}{2}$$

$$p_f = \frac{\sigma_v + \Delta\sigma_v + \sigma_h}{2}$$

Portanto, $\Delta q = \frac{1}{2}\Delta\sigma_v$ e $\Delta p = \frac{1}{2}\Delta\sigma_v$, que é o mesmo que para o caminho de tensão C na Figura 8.16.

Para o caminho de tensão D na Figura 8.17, $\Delta\sigma_v$ diminui enquanto $\Delta\sigma_h$ aumenta. As condições iniciais p_o, q_o são iguais ao caminho A nesta figura, enquanto os valores finais de p_f, q_f são:

$$q_f = \frac{(\sigma_v - \Delta\sigma_v) - (\sigma_h + \Delta\sigma_h)}{2}$$

$$p_f = \frac{(\sigma_v - \Delta\sigma_v) + (\sigma_h + \Delta\sigma_h)}{2}$$

Então,

$$\Delta q = -\tfrac{1}{2}\Delta\sigma_v - \tfrac{1}{2}\Delta\sigma_h \quad \text{e} \quad \Delta p = -\tfrac{1}{2}\Delta\sigma_v + \tfrac{1}{2}\Delta\sigma_h$$

A inclinação real do caminho de tensão depende das magnitudes relativas de $\Delta\sigma_v$ e $\Delta\sigma_h$, mas em geral, ela tende para baixo e para fora, como mostrado na Figura 8.17.

Muitas vezes, é conveniente considerar as razões de tensão. A razão de tensão lateral **K** é a razão entre a tensão horizontal efetiva e a tensão vertical efetiva,

$$K = \frac{\sigma_h}{\sigma_v}$$

e no Capítulo 5, introduzimos o caso especial de $\boldsymbol{K_o}$, que definimos como:

$$K_o = \frac{\sigma'_{ho}}{\sigma'_{vo}} \tag{5.19}$$

onde $\boldsymbol{K_o}$ é chamado de coeficiente de empuxo de terra lateral em repouso para condições sem deformação lateral ou a condição presumida no solo. Finalmente, podemos definir uma razão $\boldsymbol{K_f}$ para a razão de tensão na ruptura:

$$K_f = \frac{\sigma'_{hf}}{\sigma'_{vf}} \tag{8.19}$$

onde σ'_{hf} = a tensão efetiva horizontal na ruptura, e

σ'_{vf} = a tensão vertical efetiva na ruptura.

Normalmente, $\boldsymbol{K_f}$ é definido em termos de tensões efetivas, mas também pode ser expresso em termos de tensões totais. As razões de tensão constante aparecem como linhas retas em um diagrama p–q (Figura 8.18).

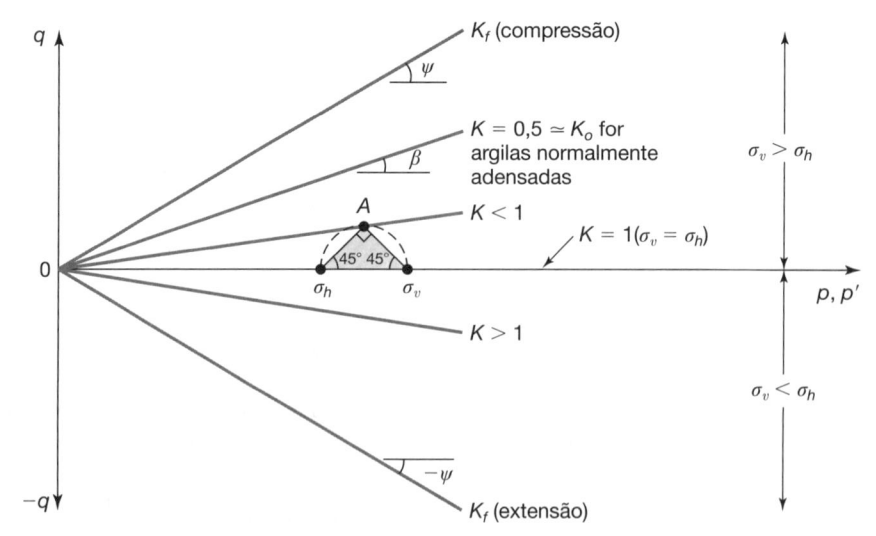

FIGURA 8.18 Diferentes razões de tensão constante e exemplos de caminhos de tensão, começando em $\Delta\sigma_v = \Delta\sigma_h = 0$ (adaptada de Lambe e Whitman, 1969).

Essas linhas também poderiam ser caminhos de tensão para condições iniciais de $\sigma_v = \sigma_h = 0$ com cargas de K iguais a uma constante (ou seja, constante σ_h/σ_v). Outras condições iniciais são, naturalmente, possíveis, como as mostradas nas Figuras 8.16 e 8.17.

Observe que

$$\frac{q}{p} = \text{tg}\,\beta = \frac{1-K}{1+K} \tag{8.20}$$

ou em termos de K

$$K = \frac{1 - \text{tg}\,\beta}{1 + \text{tg}\,\beta} \tag{8.21}$$

onde β é a inclinação da reta da constante K quando $K < K_f$. Na ruptura, a inclinação da linha K_f é indicada pelo símbolo ψ. Observe também que para qualquer ponto onde você conhece p e q (p. ex., ponto A na Figura 8.18), σ_h e σ_v podem ser facilmente encontrados graficamente; isto é, linhas a 45° do ponto de tensão cruzam o eixo σ em σ_h e σ_v. Finalmente, não há razão para que σ_v deva ser sempre maior que σ_h. Em geral é, mas em muitas situações importantes em engenharia geotécnica, $\sigma_h > \sigma_v$. Nesses casos, por convenção, q é negativo e $K > 1$, como mostra a Figura 8.18.

É importante fornecer um exemplo de como usamos caminhos de tensão para representar processos geotécnicos. Quando os solos são depositados em um ambiente sedimentar como um lago ou o mar, há uma acumulação gradual de tensão de sobrecarga à medida que material adicional é depositado de cima. Conforme esta tensão aumenta, os sedimentos adensam-se e diminuem de volume (Capítulo 7). Se a área de deposição for relativamente grande comparada com a espessura do depósito, parece razoável que a compressão seja essencialmente unidimensional. Neste caso, a razão de tensões seria constante e igual a K_o, e o caminho das tensões durante a sedimentação e adensamento seria semelhante ao caminho AB na Figura 8.19. Os valores típicos de K_o para materiais granulares variam de cerca de 0,4 a 0,6; já para argilas normalmente adensadas, o K_o pode ser de um pouco menos de 0,5 até talvez tão alto quanto 0,8. Um valor médio ideal seria cerca de 0,5. Quando uma amostra do solo é coletada, ocorre uma diminuição da tensão, pois a tensão de sobrecarga σ_{vo} tem que ser removida para chegar à amostra. O caminho da tensão segue aproximadamente o caminho BC na Figura 8.19, e a amostra de solo termina em algum lugar no eixo hidrostático $\sigma_h = \sigma_v$ ou $K < 1$. Este caminho de tensão e a sua relação com a

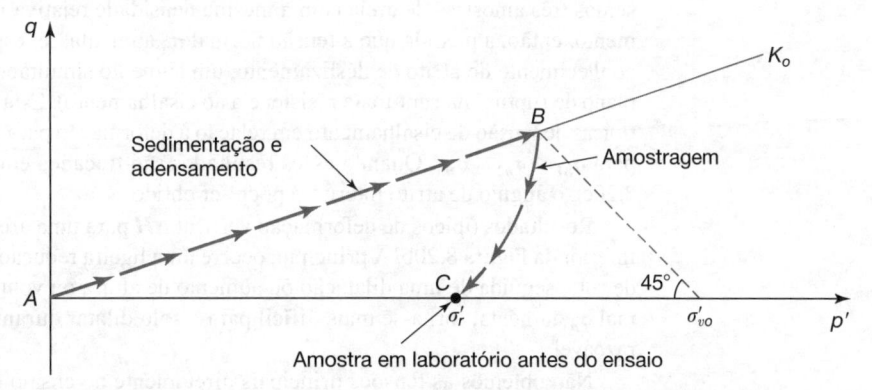

FIGURA 8.19 Caminhos de tensão durante a sedimentação e amostragem de argila normalmente adensada, onde $K_o < 1$.

resistência das argilas é discutido no Capítulo 13 e mais extensivamente no estudo de Ladd e De Groot (2003).

Se, em vez de por amostragem, a tensão de sobrecarga fosse diminuída pela erosão ou por algum outro processo geológico, um caminho de tensão de descarga semelhante ao BC na Figura 8.19 seria seguido. Se a tensão vertical continuasse a ser removida, o caminho poderia se estender até um ponto bem abaixo do eixo p. O solo seria então sobreadensado, e K_o seria maior que 1.

8.6 ENSAIOS LABORATORIAIS PARA RESISTÊNCIA AO CISALHAMENTO DE SOLOS E ROCHAS

Nesta seção, descreveremos brevemente alguns dos ensaios laboratoriais mais comuns para se determinar a resistência ao cisalhamento de solos e rochas. Alguns dos testes são relativamente complicados, e para obter informações você deve consultar manuais e livros sobre ensaios laboratoriais de solos, como os estudos do U.S. Army Corps of Engineers (1986), do U.S. Department of the Interior (1990), de Bardet (1997), Head (1996 e 1998) e Germaine e Germaine (2009). Para ensaios com rochas, consulte os estudos de Goodman (1989), Wyllie (1999), Jaeger et al. (2007), e o livro da The International Society for Rock Mechanics (**ISRM**) de métodos de ensaio sugeridos pela **ISRM** (ISRM, 2007). Muitos testes de rotina para solos e rochas são agora ensaios padrão da **ASTM**.

8.6.1 Ensaios de cisalhamento direto

O ensaio de cisalhamento direto é provavelmente o ensaio de resistência mais antigo existente para solos. Coulomb usou um tipo de ensaio de caixa de cisalhamento há quase 250 anos atrás a fim de determinar os parâmetros necessários para sua equação de resistência. O ensaio, em princípio, é relativamente simples. Em resumo, existe um recipiente de amostra, ou "caixa de cisalhamento", que é separado horizontalmente em metades. Uma metade é fixa; em relação a essa metade, a outra é empurrada ou puxada horizontalmente. Uma carga normal é aplicada à amostra de solo na caixa de cisalhamento por um estopim de carga rígida. A carga de cisalhamento, a deformação horizontal e a deformação vertical são medidas durante o ensaio. Dividindo a força de cisalhamento e a força normal pela área **nominal** da amostra, obtemos a tensão de cisalhamento, bem como a tensão normal no plano de ruptura. Lembre-se de que um plano de ruptura horizontal é **imposto** à amostra ao usar este aparelho (em vez de permitir que a amostra sofra a ruptura ao longo do plano mais fraco, que pode ou não ser horizontal).

Um diagrama em corte transversal das características essenciais do aparelho é mostrado na Figura 8.20a, enquanto a Figura 8.20b mostra alguns resultados de ensaios típicos. O diagrama de Mohr–Coulomb para condições de ruptura aparece na Figura 8.20c. Por exemplo, se testássemos três amostras de areia com a mesma densidade relativa imediatamente antes do cisalhamento, então, à medida que a tensão normal σ_n aumentasse, esperaríamos, com base em nosso conhecimento do atrito de deslizamento, um aumento simultâneo na tensão de cisalhamento no plano de ruptura na ruptura (a resistência ao cisalhamento). Esta condição é mostrada nas curvas típicas de tensão de cisalhamento em relação à deformação para uma areia densa na Figura 8.20b para $\sigma_{n1} < \sigma_{n2} < \sigma_{n3}$. Quando esses resultados são traçados em um diagrama de Mohr (Figura 8.20c), o ângulo de atrito interno ϕ pode ser obtido.

Resultados típicos de deformação vertical ΔH para uma areia densa são mostrados na parte inferior da Figura 8.20b. A princípio, ocorre uma ligeira redução na altura ou volume da amostra de solo, seguida de uma dilatação ou aumento de altura ou volume. À medida que a tensão normal σ_n aumenta, torna-se mais difícil para o solo dilatar durante o cisalhamento, o que parece razoável.

Não obtemos as tensões principais diretamente no ensaio de cisalhamento direto. Em vez disso, se forem necessários, podem ser inferidos se a envoltória de ruptura de Mohr–Coulomb for conhecida. Então, como veremos no Exemplo 8.6, o ângulo de rotação das tensões principais pode ser determinado.

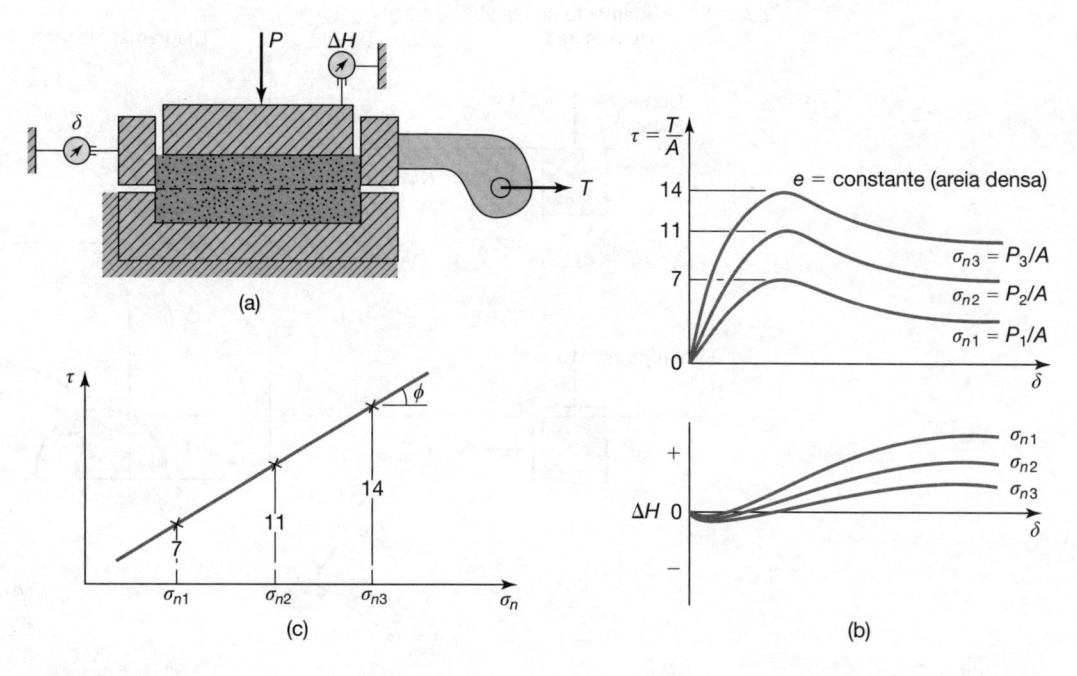

FIGURA 8.20 Diagrama esquemático em corte transversal de um aparelho de cisalhamento direto (a); resultados de ensaios típicos (areia densa) (b); e diagrama de Mohr para amostras na mesma densidade relativa (c).

Por que há rotação dos planos principais? Inicialmente, o plano horizontal (plano de ruptura potencial) é um plano principal (sem tensão de cisalhamento), mas após a aplicação da tensão de cisalhamento e na ruptura, por definição, não pode ser um plano principal. Portanto, os planos principais devem girar no ensaio de cisalhamento direto. Quanto eles giram? Depende da inclinação da envoltória de ruptura de Mohr, mas é bastante fácil de determinar, como mostrado no Exemplo 8.6, se você fizer algumas suposições simples.

Exemplo 8.6

Contexto:

As condições iniciais e de ruptura em um ensaio de cisalhamento direto, conforme mostrado na Figura Ex. 8.6.

Problema:

Trace os círculos de Mohr para as condições iniciais e de ruptura, presumindo que ϕ é conhecido. Encontre as tensões principais na ruptura e seus ângulos de rotação na ruptura.

Solução:

Os círculos de Mohr tanto para condições iniciais quanto para ruptura são mostrados no lado direito da Figura Ex. 8.6. Na ruptura, você sabe que a tensão normal no plano de ruptura, σ_{ff}, é igual à tensão normal inicial, σ_n. Como ϕ é conhecido (vamos presumir que c seja pequeno ou zero), a partir da hipótese de ruptura de Mohr (Figura 8.7), a tensão de cisalhamento no plano de ruptura na ruptura é determinada pelo ponto de tangência do círculo de Mohr na ruptura.

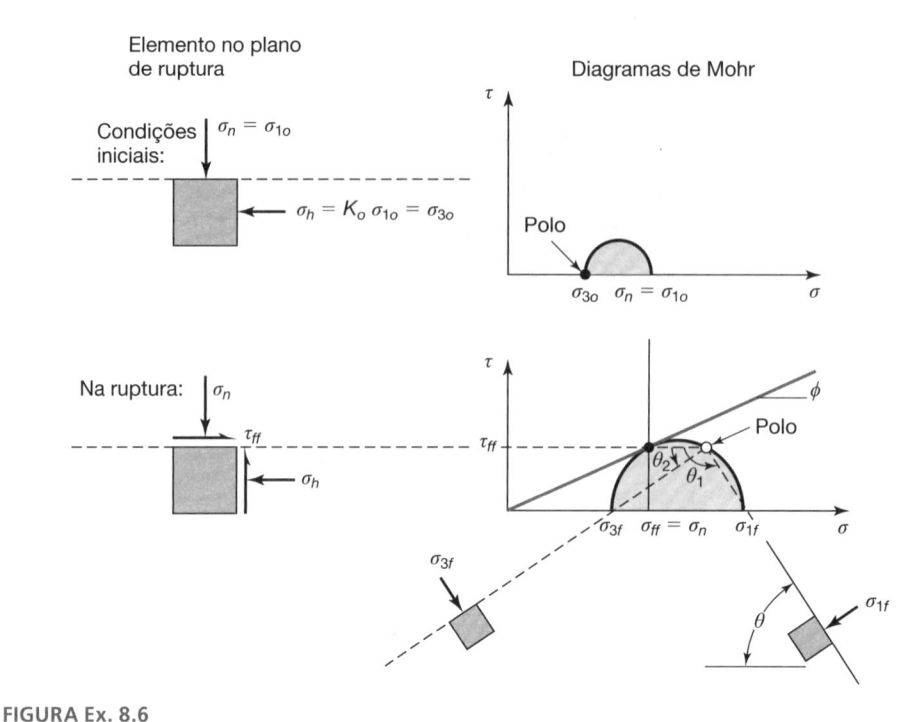

FIGURA Ex. 8.6

O centro do círculo de ruptura pode ser encontrado traçando uma perpendicular à envoltória de ruptura de Mohr a partir do ponto de tangência. A distância radial é, obviamente, igual a [($\sigma_{1f} - \sigma_{3f}$)/2].

Outra maneira de encontrar o círculo de Mohr na ruptura é graficamente por tentativa e erro. Encontre o único círculo que é tangente em σ_{ff}, τ_{ff} e cujo diâmetro está no eixo σ. Uma vez desenhado o círculo de ruptura, os valores de σ_{1f} e σ_{3f} podem ser dimensionados. A partir do método dos polos, os ângulos de rotação dessas tensões são facilmente encontrados, conforme mostrado na Figura 8.6.

Existem, naturalmente, diversas vantagens e desvantagens no ensaio de cisalhamento direto. O lado positivo é que o ensaio é econômico, rápido e simples, sobretudo para materiais granulares. Ao observarmos planos de cisalhamento e zonas de ruptura finas na natureza, nos parece adequado cisalhar uma amostra de solo ao longo de algum plano para determinar quais são as tensões nesse plano. As desvantagens incluem o problema de controlar a drenagem; é muito difícil, senão impossível, especialmente para solos de grãos finos. Por consequência, o ensaio é mais adequado para condições completamente drenadas. Além disso, quando forçamos o plano de ruptura a ocorrer em determinadas orientação e localização, como podemos ter certeza de que é a direção mais fraca ou a mesma direção crítica que ocorre em campo? Nós não sabemos. Outra falha no ensaio de cisalhamento direto é que existem concentrações de tensão relativamente graves nas bordas da amostra, o que leva a condições de tensão altamente não uniformes dentro da própria amostra. E, por fim, como demonstrado no Exemplo 8.6, ocorre uma rotação descontrolada dos planos principais e das tensões entre o início do ensaio e a ruptura. Para modelar com precisão as condições de carregamento *in situ*, a quantidade dessa rotação deveria ser conhecida e considerada, mas não o é. Os círculos de Mohr para o ensaio de cisalhamento direto são ilustrados posteriormente no Exemplo 8.7.

Exemplo 8.7

Contexto:

Um ensaio de cisalhamento direto é conduzido com um silte arenoso de densidade média, com tensão normal $\sigma_n = 1.360$ psf. $K_o = 0,4$. Na ruptura, a tensão normal ainda é 1.360 psf, e a tensão de cisalhamento é 900 psf.

Problema:

Desenhe os círculos de Mohr para as condições iniciais e de ruptura e determine:

a. As tensões principais na ruptura.
b. A orientação do plano de ruptura.
c. A orientação do plano principal maior na ruptura.
d. A orientação do plano de tensão de cisalhamento máxima na ruptura.

Solução:

a. As condições iniciais são mostradas na Figura Ex. 8.7 pelo círculo *i*. Como $K_o = 0,4$, a tensão horizontal inicial é 544 psf. A tensão normal na amostra é mantida constante em 1.360 psf durante o ensaio, então σ_{1i} também é σ_{ff}. Como a tensão de cisalhamento na ruptura é 900 psf, o ponto de ruptura (como na Figura 8.13 é traçado como ponto F. O ϕ é determinado como sendo 33,5°. O que acontece entre o círculo de Mohr inicial *i* e a ruptura *f* é desconhecido. A construção do círculo *f* foi descrita no Exemplo 8.6. O centro do círculo *f* é calculado como (1.955,6 psf, 0). Portanto, $\sigma_{1f} = 3.034,8$ psf e $\sigma_{3f} = 876,4$ psf.

b. O estado de tensão no ponto de ruptura F é (1.360, 900) psf, e o plano de ruptura é presumido como horizontal, uma boa suposição para o ensaio de cisalhamento direto.

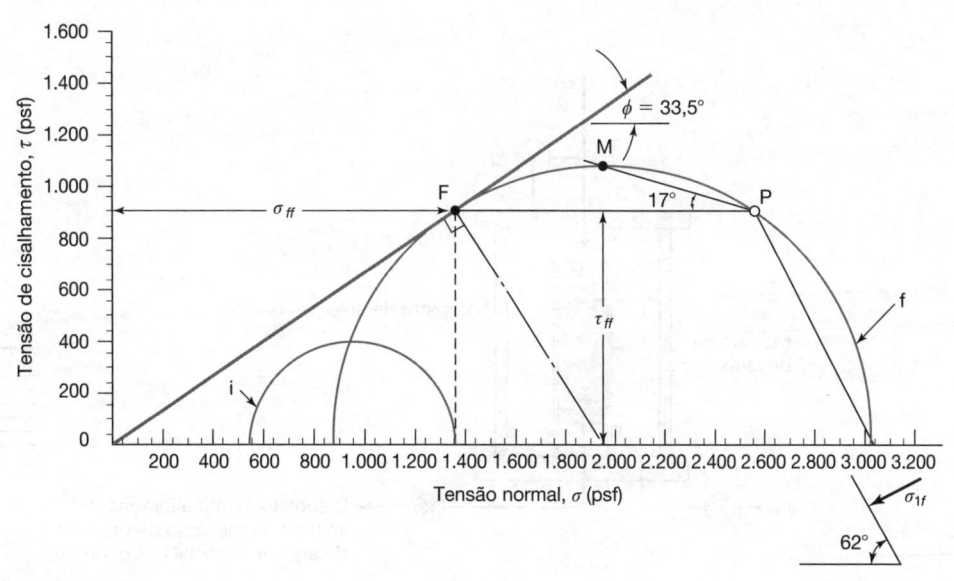

FIGURA Ex. 8.7

c. Uma linha traçada horizontalmente a partir do estado conhecido de tensão no ponto F cruza o círculo de Mohr em P, o polo. A linha $\overline{P\sigma_{1f}}$ indica a orientação do plano principal maior. Ela faz um ângulo de cerca de 62° com a horizontal.

d. A linha $\overline{PM}$ é a orientação do plano de tensão de cisalhamento máxima; está a cerca de 17° da horizontal. Observe que, neste exemplo, se não presumíssemos que a envoltória de ruptura de Mohr passou pela origem do diagrama de Mohr, seria necessário mais de um ensaio em σ_{1i} diferentes para estabelecer a envoltória de Mohr.

8.6.2 Ensaio triaxial

Durante o início da história da mecânica dos solos, o ensaio de cisalhamento direto foi um dos ensaios mais comuns para medir a resistência ao cisalhamento do solo. Então, por volta de 1930, A. Casagrande, enquanto estava no M.I.T., iniciou pesquisas para o desenvolvimento de um ensaio de compressão cilíndrica na tentativa de superar algumas das sérias desvantagens daquele ensaio de cisalhamento direto. Hoje, este ensaio, comumente chamado de **ensaio triaxial**, tornou-se o mais popular entre os dois. É muito mais complicado do que o cisalhamento direto, mas também muito mais versátil. Podemos controlar relativamente bem a drenagem, e não há rotação de σ_1 e σ_3 durante o processo. As concentrações de tensão ainda existem, mas são significativamente menores do que no de cisalhamento direto. Além disso, o plano de ruptura pode ocorrer em qualquer lugar. Uma vantagem adicional: podemos controlar razoavelmente bem os **caminhos de tensão** (Seção 8.5) até a ruptura, ou seja, caminhos de tensão complexos em campo podem ser modelados de forma mais eficaz em laboratório com o ensaio triaxial.

O princípio do ensaio triaxial é mostrado na Figura 8.21a. A amostra de solo costuma ser envolta em uma membrana de látex para evitar que o fluido celular pressurizado (em geral água) penetre nos poros do solo. A carga axial é aplicada através de um pistão, e muitas vezes a mudança de volume da amostra durante um ensaio drenado ou a pressão induzida da água intersticial durante um ensaio não drenado é medida. Conforme mencionado antes, podemos controlar a drenagem da e para a amostra, e é possível, com algumas suposições, controlar os caminhos de tensão aplicados à amostra. Basicamente, presumimos que as tensões na borda da amostra são tensões principais (Figura 8.21b).

Isto não é verdade devido a algumas pequenas tensões de cisalhamento que atuam nas extremidades da amostra. Além disso, como mencionado anteriormente, o plano de ruptura não

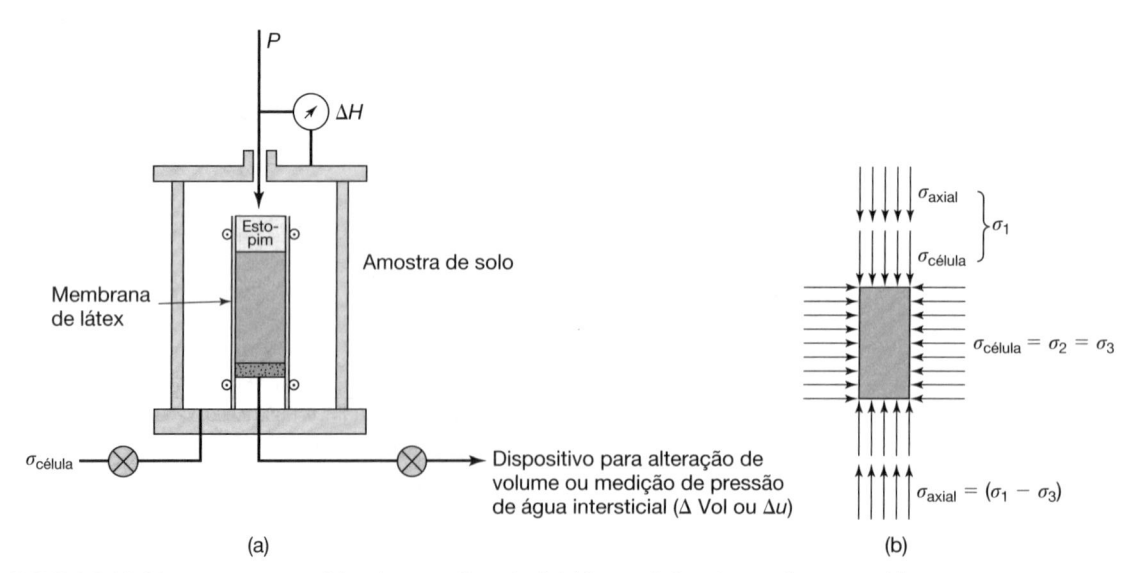

FIGURA 8.21 Diagrama esquemático do aparelho triaxial (a); condições de tensão presumidas na amostra triaxial (b).

é forçado; a amostra está livre para sofrer ruptura em qualquer plano fraco ou, como às vezes ocorre, simplesmente inchar.

Você notará que o σ_{axial} na Figura 8.21b é a diferença entre as tensões principais, maior e menor; ela é chamada de **diferença de tensão principal** (ou, às vezes, incorretamente, de tensão desviadora). Observe também que para as condições mostradas na figura, $\sigma_2 = \sigma_3 = \sigma_{cela}$. Ocasionalmente, presumiremos que $\sigma_{cela} = \sigma_1 = \sigma_2$ para tipos especiais de ensaios de caminho de tensão aplicados.

Conforme mencionado, o ensaio triaxial é muito mais complexo do que o ensaio de cisalhamento direto; livros inteiros foram escritos sobre detalhes de ensaios e a interpretação dos resultados (ver, p. ex., o estudo de Bishop e Henkel, 1962), bem como inúmeros artigos acadêmicos, documentos de conferências e teses.

As condições de drenagem no ensaio triaxial são modelos de situações críticas específicas de projeto necessárias para a análise de estabilidade na prática da engenharia geotécnica. Elas são comumente designadas por um símbolo de duas letras. A primeira letra refere-se ao que acontece **antes do cisalhamento**, ou seja, se a amostra está adensada. A segunda refere-se às condições de drenagem **durante o cisalhamento**. Os três caminhos de drenagem admissíveis no ensaio triaxial são os seguintes:

Caminho de drenagem antes do cisalhamento–durante o cisalhamento	Símbolo
Não adensado–não drenado	UU
Adensado–não drenado	CU
Adensado–drenado	CD

O ensaio não adensado–drenado desafia a interpretação e, portanto, é irrelevante. Os resultados dos ensaios triaxiais para os outros dois tipos são abordados nos Capítulos 9 e 13.

Exemplo 8.8

Contexto:

Um ensaio triaxial convencional drenado–adensado (**CD**) é realizado com areia. A pressão da célula é de 125 kPa, e a tensão axial aplicada na ruptura é de 250 kPa.

Problema:

a. Trace os círculos de Mohr para as condições de tensão (1) inicial e (2) de ruptura.
b. Determine ϕ (presuma que = 0).
c. Determine (3) a tensão de cisalhamento no plano de ruptura na ruptura τ_{ff} e encontre (4) o ângulo teórico do plano de ruptura na amostra. Além disso, (5) determine o ângulo de obliquidade máxima.
d. Determine (6) a tensão de cisalhamento máxima na ruptura $\tau_{máx}$ e (7) o ângulo do plano sobre o qual ela atua; calcule (8) a resistência ao cisalhamento disponível neste plano.

Solução:

a. Consulte a Figura 8.20b e a Figura Ex. 8.8. (1) As condições iniciais são mostradas na parte superior da Figura Ex. 8.8 para o ensaio triaxial convencional. A tensão inicial é igual à pressão da célula σ_{cela} e é igual em todas as direções (hidrostática). Portanto, o círculo de Mohr para as condições de tensão inicial é um ponto em 125 kPa, como mostrado no diagrama de Mohr da Figura Ex. 8.8.

Condições iniciais:

$\sigma_{cela} = \sigma_{3o} = 125$ kPa

$\sigma_{cela} = \sigma_{3o} = 125$ kPa

Na ruptura:

$\left.\begin{array}{l}\sigma_{axial} = 250 = (\sigma_1 - \sigma_3)_f \\ \sigma_{cela} = 125\end{array}\right\} \sigma_{1f} = 375$ kPa

$\sigma_{cela} = \sigma_{3f} = 125$ kPa

Diagrama de Mohr:

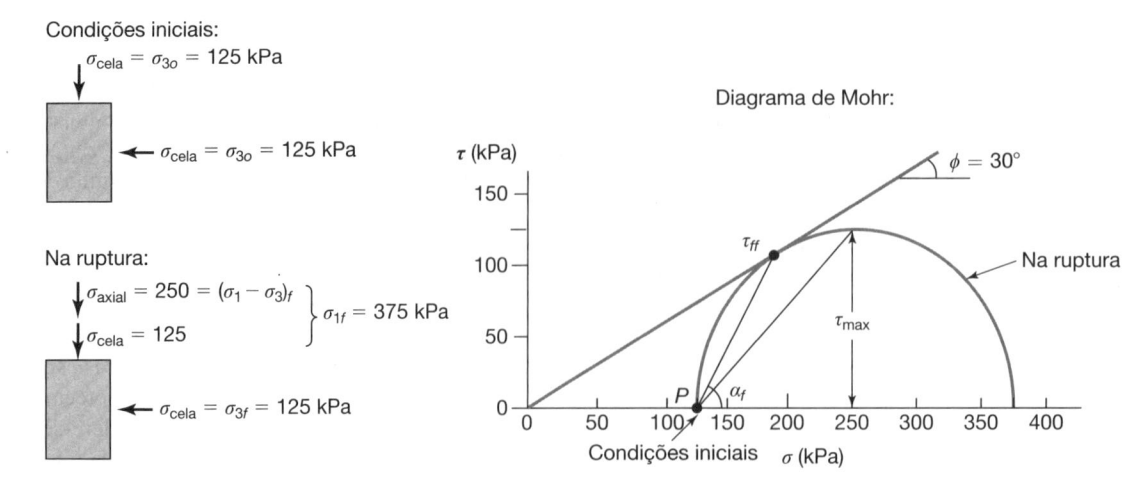

FIGURA Ex. 8.8

(2) Na ruptura, o $\sigma_{axial} = (\sigma_1 - \sigma_3)f = 250$ kPa, e a pressão da célula $\sigma_{cela} = 125$ kPa são mantidos constantes durante o ensaio convencional. Então,

$$\sigma_{1f} = (\sigma_1 - \sigma_3)_f + \sigma_{3f} = 250 + 125 = 375 \text{ kPa}$$

Agora podemos traçar o círculo de Mohr na ruptura; $\sigma_{1f} = 375$ e $\sigma_{3f} = 125$. O centro está em $(\sigma_1 + \sigma_3)/2 = 250$ e o raio é $(\sigma_1 - \sigma_3)/2 = 125$. O círculo na ruptura é mostrado na Figura Ex. 8.8.

b. Descobrimos que ϕ graficamente é 30°. Também podemos usar a Equação (8.12) se preferirmos uma solução analítica. Assim,

$$\phi = \text{arc sen}\frac{\sigma_{1f} - \sigma_{3f}}{\sigma_{1f} + \sigma_{3f}} = \text{arc sen}\frac{250}{500} = 30°$$

c. (3) A partir da hipótese de ruptura de Mohr, as coordenadas do ponto de tangência da envoltória de ruptura de Mohr e do círculo de Mohr na ruptura são σ_{ff}, τ_{ff}. A partir da Equação (8.9), sabemos que $\tau_{ff} = \sigma_{ff}$ tg ϕ, mas diferentemente do ensaio de cisalhamento direto não conhecemos σ_{ff} no ensaio triaxial. Observe atentamente a Figura 8.10. O pequeno ângulo próximo ao topo do círculo de Mohr é ϕ (por um teorema da geometria do ensino médio). Portanto, como $c = 0$, e determinando σ_{ff}, obteremos

$$\sigma_{ff} = \frac{\sigma_{1f} + \sigma_{3f}}{2} - \frac{\sigma_{1f} - \sigma_{3f}}{2}\text{sen }\phi$$
$$= 250 - 125 \text{ sen } 30° = 187,5 \text{ kPa}$$
$$\tau_{ff} = \sigma_{ff} \text{ tg } \phi = 187,5 \text{ tg } 30° = 108,25 \text{ kPa}$$

(4) O ângulo de inclinação teórico do plano de ruptura pode ser determinado graficamente pelo método dos polos ou analiticamente. A partir das condições de tensão na ruptura mostradas na Figura Ex. 8.8, o polo está em (125, 0) e α_f pode ser medido como 60°.

Para a solução analítica, use a Equação (8.10);

$$\alpha_f = 45° + \frac{\phi}{2} = 60°$$

(5) A inclinação da envoltória da ruptura de Mohr é de 30°, e o ponto de tangência determina a condição de obliquidade máxima. Em outras palavras, a razão τ_{ff}/σ_{ff} é máxima neste ponto do círculo de Mohr e, portanto, o ângulo de obliquidade máximo $\theta_{máx} = \phi$.

d. (6) $\tau_{máx} = \dfrac{\sigma_{1f} - \sigma_{3f}}{2} = 125 \text{ kPa}$.

(7) A partir do polo, o plano de $\tau_{máx}$ está inclinado a 45° em relação à horizontal.

(8) O τ disponível (ver Figura 8.9b) pode ser determinado a partir de

$$\tau_{disponível} = \sigma_n \text{ tg } \phi = \dfrac{\sigma_{1f} + \sigma_{3f}}{2} \text{tg } \phi$$
$$= 250 \text{ tg } 30° = 144,3 \text{ kPa}$$

que é maior que $\tau_{máx} = 125$ kPa.

8.6.3 Ensaios laboratoriais especiais de solos

Outros tipos de testes laboratoriais de resistência dos quais você pode ouvir falar incluem **ensaios de cilindro oco**, **ensaios de deformação plana** e os chamados **ensaios de cisalhamento triaxial** ou **cuboidal verdadeiros**. Estes são ilustrados esquematicamente na Figura 8.22. No ensaio triaxial comum, a tensão principal intermediária pode ser igual apenas à tensão principal maior ou menor; nada intermediário. Com esses outros testes, é possível variar σ_2, o que provavelmente modela com maior precisão as condições de tensão em problemas reais. Esses ensaios são usados principalmente para pesquisa, e não para aplicações práticas de engenharia.

Alguns outros ensaios do tipo cisalhamento direto também devem ser mencionados. Ensaios **de torção** ou **cisalhamento anelar** (Figura 8.23a) foram desenvolvidos para que a amostra de ensaio possa ser cisalhada com deformações relativamente grandes. Isto às vezes é necessário para obter a **resistência ao cisalhamento residual** ou **final** de certos materiais, e é mais fácil fazer

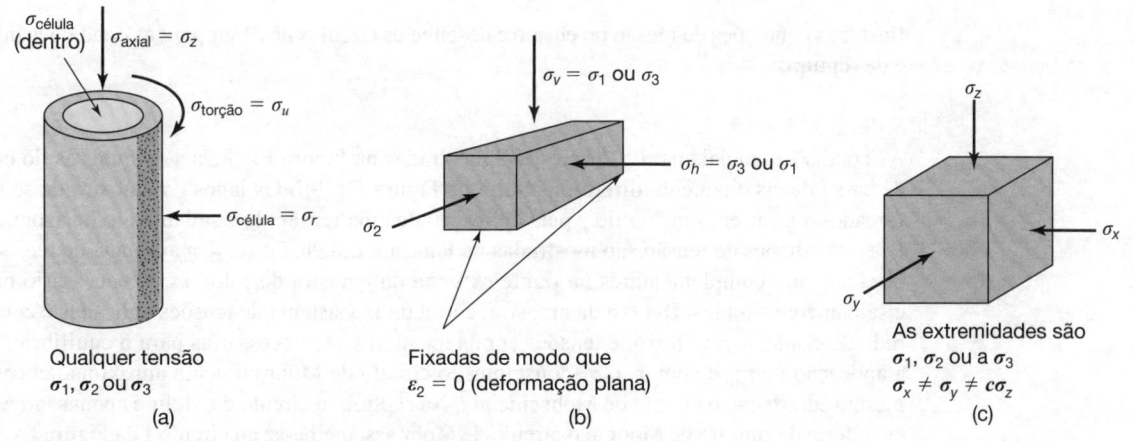

FIGURA 8.22 Diagramas esquemáticos para: ensaio de cilindro oco (a); ensaio de deformação plana (b); e ensaio de cisalhamento triaxial ou cuboidal verdadeiro (c).

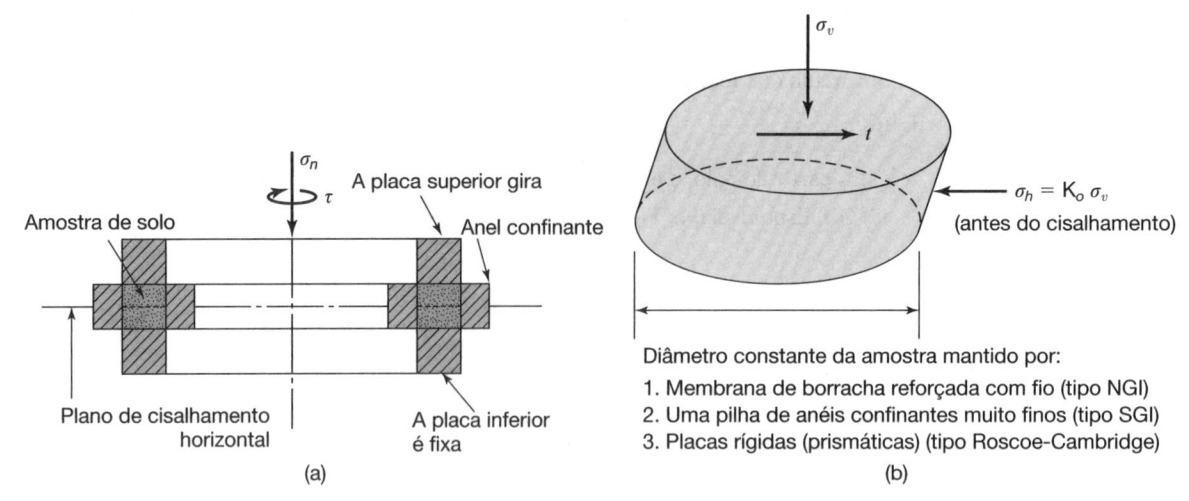

FIGURA 8.23 Diagramas esquemáticos de: cisalhamento de torção ou anelar (a); aparelho de cisalhamento simples direto (b).

isso com um dispositivo de cisalhamento em anel do que invertendo repetidamente uma caixa de cisalhamento direto. Um ensaio mais comum usado na Escandinávia, no Japão e na América do Norte, para ensaios estáticos e dinâmicos é o ensaio de **cisalhamento direto simples** (**DSS**, *direct simple shear*) (Figura 8.23b). Neste, um estado relativamente homogêneo de tensão de cisalhamento é aplicado, evitando, assim, as concentrações de tensão que existem no aparelho de cisalhamento direto comum. Como as condições de tensão no ensaio **DSS** não são as mesmas mostradas nos Exemplos 8.6 e 8.7 para a caixa de cisalhamento direto, elas são descritas no Exemplo 8.9.

Exemplo 8.9

Contexto:

O ensaio **DSS**.

Problema:

Ilustre as condições de tensão no ensaio e desenhe os círculos de Mohr para as condições iniciais e de ruptura.

Solução:
As condições iniciais para o ensaio **DSS** mostradas na Figura Ex. 8.9a são iguais às do ensaio de caixa de cisalhamento direto mostrado na Figura Ex. 8.7. Os lados da amostra de solo são forçados a girar em um ângulo γ pela aplicação de uma tensão de cisalhamento horizontal τ_{hv}. Essas condições de tensão são mostradas na Figura Ex. 8.9b. Observe a ausência de tensões de cisalhamento complementares na **parte externa** da amostra de solo; isso é necessário para o cisalhamento simples. **Dentro** da amostra, entretanto, o sistema de tensões aplicadas é considerado de cisalhamento **puro**, e tensões complementares são necessárias para o equilíbrio. Com a aplicação de τ_{hv} e com σ_v e σ_h constantes, o círculo de Mohr aumenta aproximadamente no mesmo centro que o círculo de Mohr inicial *i*. Na ruptura, o círculo de Mohr é apenas tangente à envoltória de ruptura de Mohr, e o círculo de Mohr assemelha-se ao círculo f da Figura Ex. 8.9c.

Para essa condição de ruptura, o polo P é encontrado estendendo-se uma linha de $(\sigma_v, -\tau_{hv})$ horizontalmente (o plano no qual essas tensões atuam) até onde ela cruza o círculo de Mohr. As linhas traçadas a partir do polo representam as orientações dos diferentes estados de tensão na amostra de solo. A linha PM corresponde ao plano de tensão de cisalhamento máxima (valor absoluto); a linha PF representa a orientação do plano de ruptura; não é horizontal como no

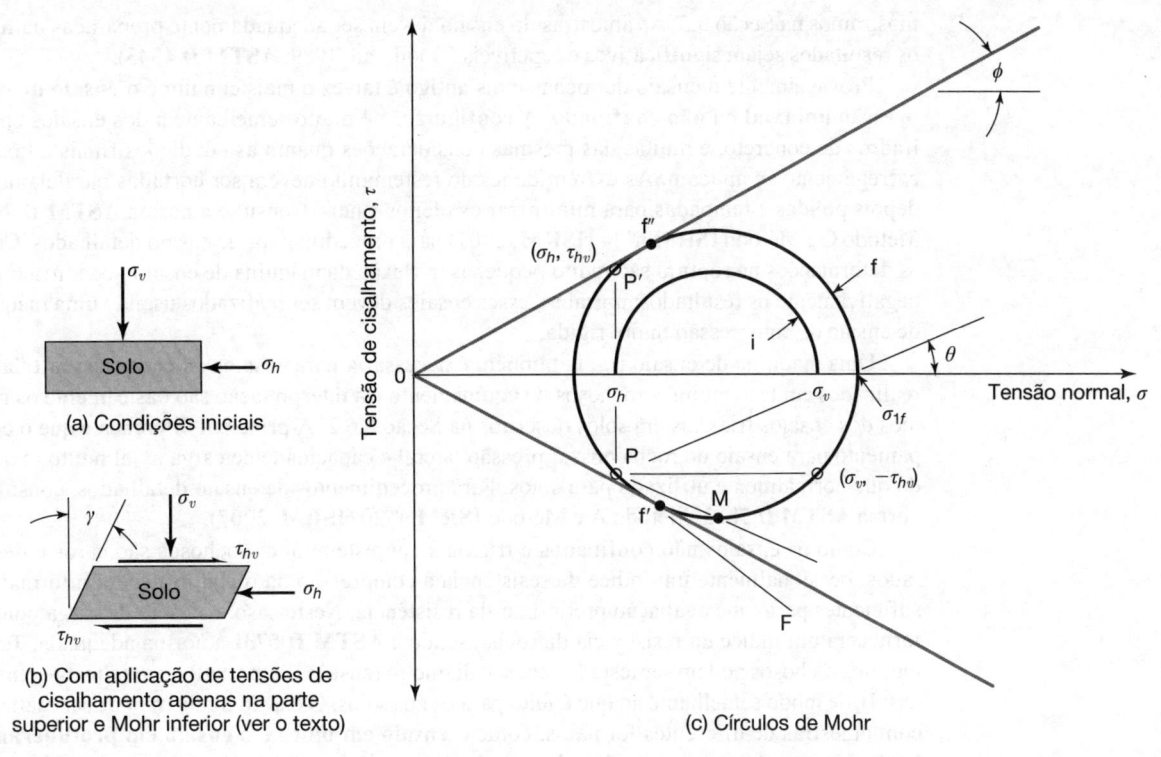

FIGURA Ex. 8.9

(a) Condições iniciais

(b) Com aplicação de tensões de cisalhamento apenas na parte superior e Mohr inferior (ver o texto)

(c) Círculos de Mohr

ensaio de cisalhamento direto. A linha $\overline{P\sigma_{1f}}$ denota a orientação dos planos σ_1 quando τ_{hv} é negativo na superfície horizontal. Quando (e se) o sinal de τ_{hv} se torna positivo no plano horizontal, como em um ensaio de cisalhamento simples cíclico, então o polo está localizado em P' para aquela parte do círculo. A linha $\overline{P\sigma_{1f}}$ torna-se a nova orientação do plano principal com um θ negativo, o ângulo de rotação da tensão principal.

8.6.4 Ensaios laboratoriais para resistência de rochas

No Capítulo 3, descrevemos como, na mecânica e na engenharia das rochas, são os defeitos (juntas, fraturas, falhas, planos de estratificação etc.) nas rochas e o que regem seu comportamento. Mesmo que a rocha sã entre os defeitos seja muito resistente e impermeável, eles geralmente tornam o maciço rochoso mais fraco e mais permeável. No entanto, ainda estamos interessados na resistência e em outras propriedades mecânicas de amostras de rochas sãs. Tal como acontece com os depósitos naturais de solos, os maciços rochosos com frequência apresentam propriedades muito variáveis, e conhecer apenas o tipo de rocha dá apenas uma ideia muito geral das suas propriedades técnicas. Ensaios laboratoriais com amostras de rochas auxiliam os engenheiros a caracterizarem a variabilidade do maciço rochoso e também fornecem informações de projeto. Nesta seção, discutiremos alguns dos testes laboratoriais mais comuns para a resistência das rochas e propriedades mecânicas relacionadas. Ensaios *in situ* para rochas serão mencionados na próxima seção. Para uma descrição adequada do equipamento e dos procedimentos para perfuração e amostragem de rochas, consulte a norma **ASTM D 2113**.

Os ensaios laboratoriais são conduzidos principalmente com testemunhos rochosos de vários tamanhos, obtidos a partir de barriletes amostradores de perfuratrizes. As amostras do ensaio são selecionadas a partir de testemunhos em caixas de testemunho semelhantes ao que mostramos na Seção 3.5. As amostras do ensaio devem ser adequadamente preparadas para que os resultados sejam significativos e repetíveis (Goodman, 1989; **ASTM D 4543**).

Provavelmente o ensaio de rochas mais antigo e talvez o mais comum é o **ensaio de compressão uniaxial** ou **não confinado**. A configuração é muito semelhante à dos ensaios em cilindros de concreto, e muitas das mesmas considerações quanto às condições finais e taxa de carregamento se aplicam. As extremidades do testemunho devem ser cortadas paralelamente, depois polidas e tampadas para minimizar os efeitos finais. Consulte a norma **ASTM D 7012**, Método C e Método **ISRM** nº 14 (**ISRM**, 2007) para procedimentos de ensaio detalhados. Como as deformações na ruptura são muito pequenas, a flexão da máquina de ensaio pode influenciar negativamente os resultados; portanto, esses ensaios devem ser realizados usando uma máquina de ensaio de compressão muito rígida.

Uma máquina de ensaio rígida também é necessária para ensaios de **compressão triaxial** realizados em testemunhos rochosos. O equipamento e a interpretação são basicamente os mesmos dos ensaios triaxiais em solos descritos na Seção 8.6.2. A principal diferença é que o equipamento para ensaio de rocha possui pressão lateral e capacidade de carga axial muito maiores do que normalmente utilizado para solos. Para procedimentos de ensaio detalhados, consulte a norma **ASTM D 7012**, Método A e Método **ISRM** nº 20 (**ISRM**, 2007).

Como os ensaios não confinados e triaxiais em testemunhos rochosos são caros e demorados, ocasionalmente um índice da resistência à compressão da rocha fornecerá informações suficientes para uma avaliação preliminar da resistência. Neste caso, o ensaio de carga pontual fornecerá um índice da resistência da rocha, sendo a **ASTM D 5731** a norma adequada. Testemunhos rochosos podem ser testados em seu diâmetro (**ensaio diametral**) ou axialmente (**ensaio axial**), de modo semelhante ao que é feito para os aos solos. O ensaio também pode ser realizado com amostras de diferentes formatos, como o **ensaio em bloco** e o **ensaio em protuberância irregular**, para fornecer um índice da resistência da rocha.

A resistência ao cisalhamento da rocha pode ser testada em um dispositivo de **cisalhamento direto** semelhante ao usado para ensaio de solos, mas muito mais fortes e pesados.

A área mínima da seção transversal deve ser de 1.900 mm² (cerca de 3 pol.²). O procedimento de ensaio está descrito na norma **ASTM D 5607** e no Método **ISRM 15** (**ISRM**, 2007).

A resistência à tração da rocha sã também é de interesse para os engenheiros que trabalham com rochas, porque, dependendo das condições de carregamento em campo, ela pode reger o projeto. A resistência à tração pode ser determinada diretamente ou por ensaios de índice. O procedimento de ensaio para a **resistência à tração direta** de testemunhos rochosos está delineado na norma **ASTM D 2936**. Outro ensaio de resistência à tração realizado em testemunhos rochosos é o ensaio de tração de divisão, às vezes chamado de ensaio brasileiro; o procedimento está delineado na norma **ASTM D 3967**. Ver também o Método **ISRM** nº 21 (**ISRM**, 2015).

As propriedades elásticas dos testemunhos rochosos podem ser obtidas a partir dos resultados do ensaio **ultrassônico**. Ao aplicar uma compressão em estado estacionário ou um pulso de cisalhamento de alta frequência à extremidade de uma amostra de rocha, os tempos de percurso medidos e as dimensões da amostra determinam a velocidade do pulso, e, a partir da teoria elástica, as constantes elásticas ultrassônicas, como o módulo de Young, o módulo de cisalhamento e o coeficiente de Poisson, podem ser determinados. Para obter informações, consulte o Método **ISRM** nº 19 (**ISRM**, 2007).

Para mais detalhes sobre o ensaio laboratorial de rochas e especialmente a interpretação dos resultados do ensaio, consulte os estudos de Goodman (1989), Wyllie (1999) e Jaeger et al. (2007).

8.7 ENSAIOS *IN SITU* PARA RESISTÊNCIA AO CISALHAMENTO DE SOLOS E ROCHAS

A obtenção de amostras não perturbadas de alta qualidade de solos e rochas subterrâneas é cara e muitas vezes difícil, e alguns depósitos, como argilas rígidas fissuradas, areias soltas e rochas altamente fraturadas, são quase impossíveis de amostrar. Outra consideração é que a amostragem de solo e rocha de má qualidade é, infelizmente, muitas vezes o caso, e não a exceção nos Estados Unidos da América e outros locais mundo afora. Já discutimos o efeito da perturbação da amostra nas propriedades de adensamento das argilas (Seção 7.5.3); da mesma forma, a perturbação da amostra pode afetar significativa e negativamente a resistência ao cisalhamento medida em ensaios laboratoriais. Testemunhos rochosos feitos por perfuração de barriletes amostradores únicos com frequência se quebram e são perturbados pelo processo de perfuração, e, portanto, as propriedades de resistência medidas em testes laboratoriais subsequentes nessas amostras são seriamente comprometidas. Além disso, no caso das rochas, pode ser impossível obter amostras para ensaio laboratorial de, por exemplo, descontinuidades em maciços rochosos ou rochas moles, fracas ou, como mencionado, altamente fraturadas. Muitas vezes, os ensaios *in situ* são realizados na rocha – por exemplo, nas paredes de um túnel ou em outra escavação subterrânea.

Devido a todas essas considerações, nos últimos anos tem havido um interesse crescente na determinação da resistência do solo e da rocha *in situ*, isto é, enquanto o geomaterial está no seu estado natural e não perturbado (ou tanto quanto possível nesse estado). Nos solos, isto é realizado por diversas sondas e instrumentos que são inseridos de forma relativamente fácil e rápida no subsolo. A grande desvantagem dos ensaios *in situ* é que as propriedades são obtidas apenas indiretamente por meio de correlações com testes laboratoriais ou por cálculo retroativo a partir da teoria ou de rupturas reais. Por outro lado, existem vantagens estatísticas significativas em ter muitas informações subterrâneas, mesmo indiretas, obtidas de forma rápida e a um custo relativamente baixo, em comparação com alguns ensaios laboratoriais caros com amostras do que podem nem ser os estratos mais fracos ou mais críticos no local. Por fim, algumas propriedades, como K_o, módulo de deformação e resistência ao cisalhamento de descontinuidades nas rochas, podem ser determinadas de forma confiável apenas em campo.

8.7.1 Ensaios *in situ* para resistência ao cisalhamento de solos

A Tabela 8.1 lista os ensaios comuns para determinar a resistência ao cisalhamento *in situ* e as propriedades relacionadas dos solos. Isso lhe dará uma ideia geral de quais técnicas estão disponíveis, bem como algumas de suas limitações. As referências também estão listadas na tabela caso você precise de detalhes adicionais sobre esses ensaios e sua interpretação.

TABELA 8.1 Métodos de campo para determinação da resistência ao cisalhamento *in situ*

Ensaio	Observações	Fig. nº	Melhor para	Limitações	Referências
Ensaio de penetração padrão (SPT)	Um amostrador padrão bipartido é acionado por um martelo de 63,5 kg, que cai 0,76 m. O número de golpes necessários para conduzir o amostrador em 0,3 m é chamado de resistência à penetração padrão ou contagem de golpes, N. Amostra perturbada obtida.	8.24	Solos arenosos	Boas estimativas de densidade e resistência das areias. Correlação muito grosseira com τ_f para argilas duras. Não confiável para argilas macias e sensíveis. Cascalhos e seixos podem causar problemas. Os resultados são sensíveis aos detalhes do ensaio e à estabilidade do furo de sondagem. Várias correções necessárias.	**ASTM D 1586**; de Mello (1971); Schmertmann (1975); Kovacs et al. (1977); Sabatini et al. (2002)
Ensaio de cisalhamento de palhetas (VST)	Quatro palhetas giradas; torque máximo medido; τ_f partir de fórmula teórica ou correlações empíricas.	8.25	Argilas macias a médias	Não confiável se houver camadas de areia, cascalhos varvíticos etc., ou se a palheta girar muito rapidamente. Correções podem ser necessárias, a menos que sejam calibradas para solos locais.	**ASTM D 2573**; Cadling e Odenstad (1950); Bjerrum (1972); Schmertmann (1975); Ladd et al. (1977); Jamiolkowski et al. (1985); Richards (1988)

(continua)

TABELA 8.1 Métodos de campo para determinação da resistência ao cisalhamento *in situ* (*continuação*)

Ensaio	Observações	Fig. n°	Melhor para	Limitações	Referências
Penetrômetro de cone holandês (CPT)	Um cone de 60° (área projetada de 10 cm²) empurrado a 1 a 2 m/min. A resistência pontual q_c e o atrito na luva de atrito f_s são medidos elétrica ou mecanicamente em intervalos de 5 a 20 cm.	8.26	Todos os tipos de solo, exceto solos granulares muito grossos	O cascalho causa problemas. Requer correlação local para argilas moles.	**ASTM D 3441** e **D 5778**; Sanglerat (1972); *ESOPT* (1974); Schmertmann (1975, 1978); Ladd et al. (1977); Meigh (1987); Lunne et al. (1997); Mayne (2007)
Penetrômetro piezocone (CPTu)	Um penetrômetro de cone holandês com um piezômetro incluído na ponta.	8.26d	O mesmo que CPT; muito eficaz com depósitos coesivos estratificados	O mesmo que para CPT	**ASTM D 5778**; Lunne et al. (1997); Mayne (2007)
Medidor de pressão (PMT)	Uma sonda cilíndrica é inserida em um furo (pode ser autoperfurante). A pressão lateral é aplicada incrementalmente na lateral do furo.	8.27	Todos os tipos de solo, desde que um furo de sondagem estável e constante possa ser escavado	Requer uma correlação entre P_l e τ_f.	**ASTM D 4719**; Ménard (1956, 1975); Schmertmann (1975); Ladd et al. (1977); Baguelin et al. (1978); Mair e Wood (1987); Briaud (1992); Clarke (1995)
Ensaio de dilatômetro de placa plana (DMT)	Pá plana de 96 × 15 mm, afiada na ponta, com disco inflável de aço de 60 mm de diâmetro em uma das faces.	8.28	Todos os tipos de solo sem partículas de propriedades do solo a partir de cascalho	Base teórica em teoria elástica; correlações empíricas, nem todas igualmente confiáveis.	**ASTM D 6635**; Marchetti (1980); Schmertmann (1986); Briaud e Miran (1992); Sabatini et al. (2002)

Como a resistência ao cisalhamento é determinada indiretamente, os ensaios *in situ* fornecem apenas um **índice** da resistência ao cisalhamento real do solo. No entanto, extensos esforços para modelar a interação entre o dispositivo e o solo circundante levaram a uma compreensão mais fundamental do que esses dispositivos estão realmente medindo (p. ex., Baligh, 1986a, 1986b; Whittle e Aubeny, 1992). Quando executados corretamente nas condições adequadas do solo, os resultados podem ser muito úteis para engenheiros geotécnicos. Para obter informações sobre como interpretar resultados de ensaios *in situ* e selecionar parâmetros de projeto na prática de engenharia geotécnica, consulte os estudos de Ladd et al. (1977), Jamiolkowski et al. (1985), Sabatini et al. (2002) e da Canadian Geotechnical Society (2006), bem como as referências na Tabela 8.1.

O **ensaio de penetração padrão** (**SPT**, *standard penetration test*) (Figura 8.24) existe há mais de um século e é provavelmente o ensaio *in situ* mais comum no mundo. O equipamento é relativamente simples, e o ensaio pode ser realizado com uma perfuratriz geotécnica convencional na maioria dos tipos de solo. No entanto, é mais adequado para testar solos arenosos, porque a contagem de golpes N do ensaio **SPT** se correlaciona bem com a densidade e indiretamente com o ângulo de atrito da areia. O ensaio **SPT** é por vezes utilizado para solos coesivos, mas é muito menos preciso, e, na verdade, os resultados são insignificantes para argilas moles e sensíveis. Outra grande vantagem do ensaio **SPT** é que, ao se obter uma amostra, mesmo que

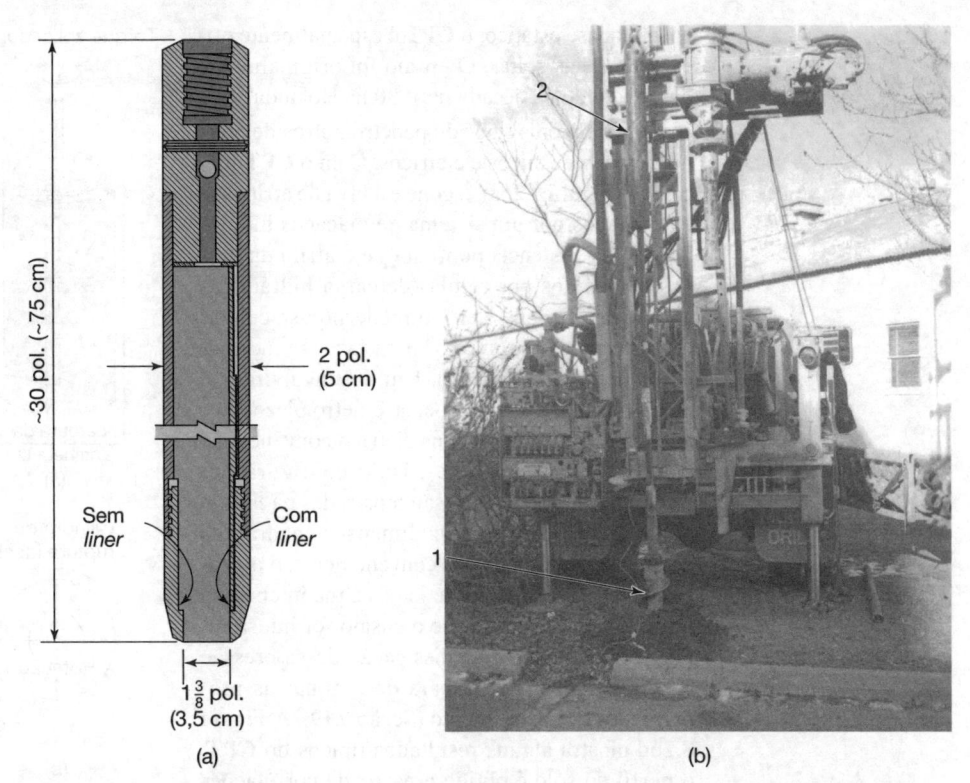

FIGURA 8.24 Ensaio de penetração padrão (**SPT**): amostrador bipartido (a); perfuratriz com amostrador inserido dentro do trado de haste oca em 1. A luva envolve o martelo de 63,5 kg. O martelo na posição levantada é mostrado em 2 (b) (desenho cortesia da Mobile Drilling Co., Indianápolis, Indiana. Fotografia de W. D. Kovacs.)

ela esteja muito perturbada, pode ser utilizada para ensaios de classificação visual e de índice. Os resultados do ensaio **SPT** são significativamente dependentes dos detalhes do equipamento e até mesmo da pessoa que realiza o ensaio (Kovacs et al., 1977) portanto, para obter resultados razoavelmente repetíveis, o N medido deve ser corrigido para energia aplicada, comprimento da haste e diâmetro do furo de sondagem (Sabatini et al., 2002). Outra consideração importante são os *liners* (forros) que devem ser usados dentro do amostrador, e muitas vezes são deixados de fora pelo perfurador, o que leva a subestimações da contagem de golpes em cerca de 20%.

Um dos melhores ensaios *in situ* para argilas moles a médias é o **ensaio de cisalhamento de palhetas** (**VST**, *vane shear test*; Tabela 8.1). Como mostrado na Figura 8.25a, o torque é aplicado às hastes das palhetas, e, após determinada rotação da palheta, o solo cisalha ao longo de uma superfície de ruptura cilíndrica (Figura 8.25b). A maioria das palhetas em campo apresenta uma relação altura/diâmetro (H/D) de 2; os tamanhos comuns são 76 × 38 mm, 100 × 50 mm e 130 × 65 mm [palheta padrão do Swedish Geotechnical (**SGI**)]. A resistência ao cisalhamento é obtida a partir de correlações empíricas ou de fórmulas teóricas (Figura 8.25c) relacionando o torque a uma distribuição de tensão de cisalhamento presumida nas laterais das pás. Ambas as abordagens podem não ser confiáveis, a menos que sejam calibradas para as condições locais. Cadling e Odenstad (1950) descrevem o processo de calibração para o **VST** do **SGI**. Outra possibilidade é aplicar um fator de correção para argilas muito moles com base em rupturas de aterro (conforme resumido por Ladd, 1975 e Ladd et al., 1977).

Conforme indicado na Tabela 8.1, o **ensaio de penetrômetro de cone** (**CPT**, *cone penetrometer test*) holandês pode ser usado em solos arenosos, bem como em locais com argilas moles a duras, desde que nenhum deles apresente muitos cascalhos e partículas maiores. Por ser um ensaio quase estático, o **CPT** é especialmente eficaz em areias soltas. O ensaio foi originalmente desenvolvido na década de 1930 na Holanda.

Existem dois tipos de penetrômetros de cone holandês, mecânicos e elétricos. Com o **CPT** mecânico (Figura 8.26a), o cone e a luva de atrito são empurrados por um sistema de macacos hidráulicos, e a resistência pontual q_c e o atrito da luva f_s são medidos por células de carga hidráulicas calibradas. O cone elétrico moderno usa células de carga de extensômetros para fazer as mesmas medições (Figura 8.26b). Um desenvolvimento ainda mais moderno é o penetrômetro piezocone, que é basicamente um cone elétrico convencional com portas piezométricas. Duas configurações diferentes de piezocones são mostradas na Figura 8.26c, juntamente com as dimensões padrão do cone. Além das medições convencionais, o **piezocone** mede a pressão induzida da água intersticial durante a penetração e, se o ensaio for interrompido periodicamente, a dissipação dessa pressão neutra pode ser usada para determinar as propriedades de adensamento (Seção 7.19). A Figura 8.26d mostra alguns resultados típicos do **CPT**; o perfil do solo é obtido a partir de correlações com q_c e f_s ou de uma sondagem de solo próxima, porque nenhuma amostra do subsolo é obtida com o **CPT**.

As principais características do ensaio de pressiômetro (**PMT**, *pressuremeter test*) são mostradas na Figura 8.27. O pressiômetro de Ménard original possui três células, conforme mostrado na Figura 8.27b; a célula de medição está entre as duas células de guarda externas. O pressiômetro de **OYO** (testador de carga lateral, **LLT**) do Japão, usa uma única célula longa que aparentemente fornece resultados semelhantes. Após a escavação do furo de sondagem, a sonda é baixada até a profundidade de ensaio desejada e inflada com incrementos equivalentes de pressão (Figura 8.27c) ou volume e mantida por 60 seg. O processo continua até que o furo de sondagem ceda ou a pressão ou o volume máximo do dispositivo seja atingido. Os resultados são traçados conforme mostrado na Figura 8.27d. Embora a pressão limite p_l dependa da resistência ao cisalhamento do solo no furo de sondagem, ela tende a superestimar a resistência ao cisalhamento não drenada, conforme determinado em amostras de laboratório por outros ensaios *in situ*.

Assim, é aconselhável algum tipo de correlação local (ver referências na Tabela 8.1). Existem problemas em muitos depósitos de solos com a estabilidade do furo de sondagem, e um **pressiômetro autoperfurante** (**SBPMT**, *self-boring pressumeter*) ajuda a superar algumas dessas dificuldades. No entanto, o **SBPMT** é relativamente complexo e requer experiência considerável

(c) Fórmulas teóricas:

$$\frac{H}{D} = 1: \quad t_f = \frac{3}{2}\frac{T_{max}}{pD^3}$$

$$\frac{H}{D} = 2: \quad t_f = \frac{6}{7}\frac{T_{max}}{pD^3}$$

FIGURA 8.25 Princípio do ensaio de cisalhamento de palhetas (a); vista final da palheta, mostrando a provável zona de perturbação e a superfície de ruptura (b) (adaptada de Cadling e Odenstad, 1950); fórmulas teóricas para τ_f presumindo uma distribuição uniforme de tensões (c).

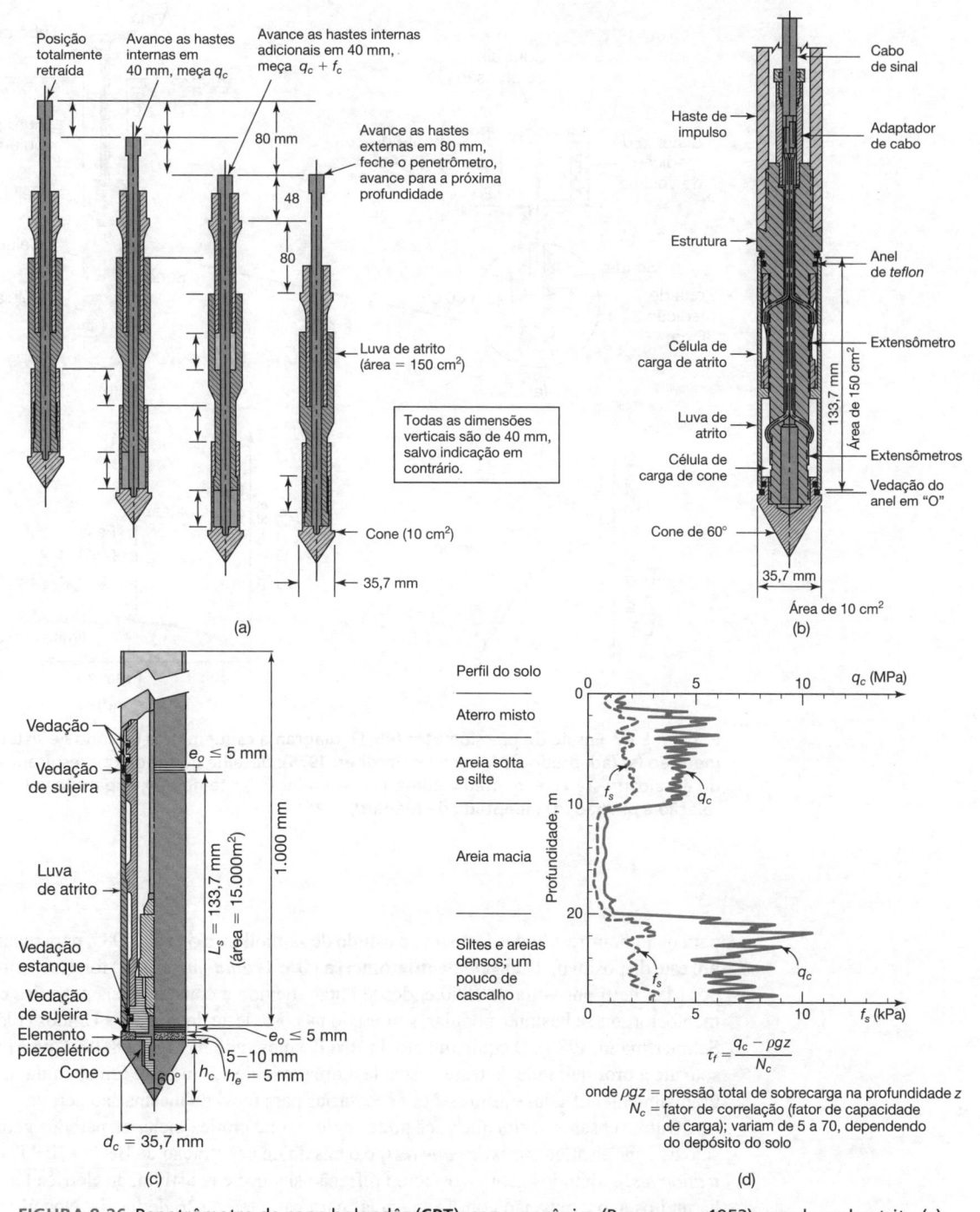

FIGURA 8.26 Penetrômetro de cone holandês (**CPT**): cone mecânico (Begemann, 1953), com luva de atrito (a); seção transversal de um penetrômetro elétrico moderno com células de carga de extensômetros para medir tanto a resistência pontual quanto o atrito da luva (b) (adaptada de Holden, 1974); configurações holandesas de cone e piezocone (c) (adaptada de **ASTM D 3441**); resultados típicos do ensaio do penetrômetro cônico correlacionados com o perfil do solo e a fórmula para cálculo de τ_f a partir dos resultados do penetrômetro cônico (d).

$$\tau_f = \frac{q_c - \rho g z}{N_c}$$

onde $\rho g z$ = pressão total de sobrecarga na profundidade z
N_c = fator de correlação (fator de capacidade de carga); variam de 5 a 70, dependendo do depósito do solo

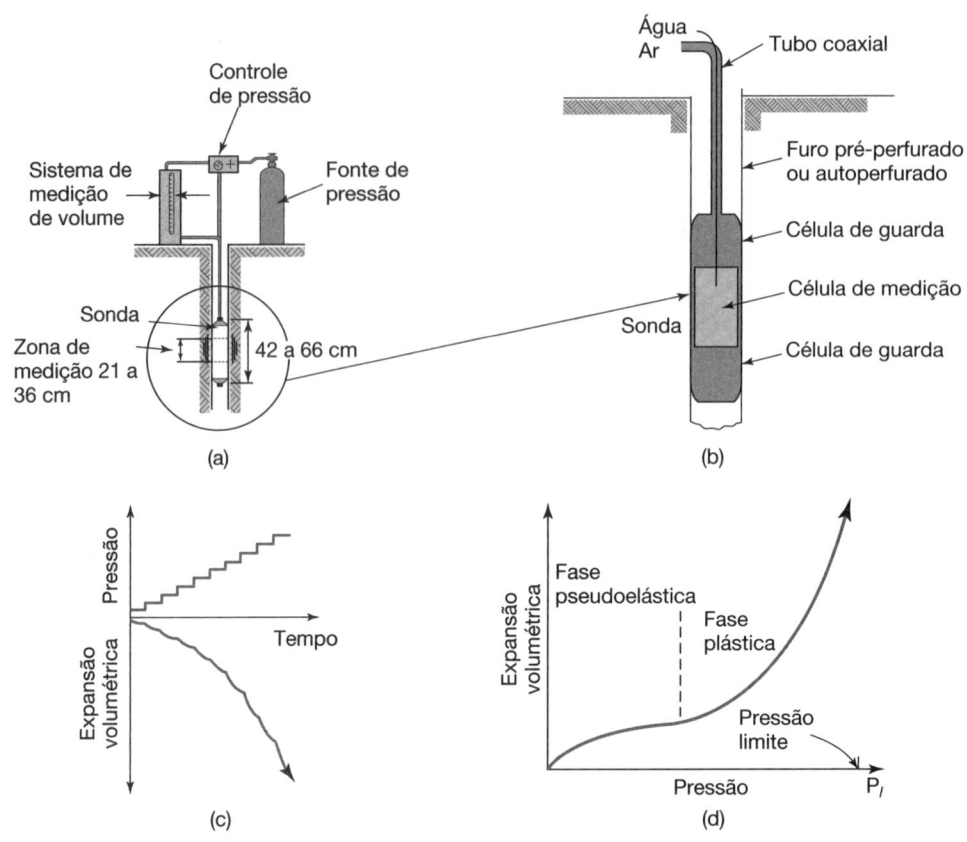

FIGURA 8.27 Ensaio de pressiômetro (**PMT**): diagrama esquemático da sonda e sistema de medição (a) (adaptado de Mitchell e Gardner, 1975); detalhe da sonda (b); resultados típicos do ensaio: pressão e expansão volumétrica em relação ao tempo (c); expansão volumétrica em relação à pressão (d) (adaptada de Ménard, 1975).

para obter bons resultados (consulte o estudo de Jamiolkowski et al., 1985, para mais detalhes sobre este dispositivo). O **ensaio de dilatômetro** (**DMT**, *dilatometer test*) foi desenvolvido na Itália por Marchetti por volta de 1980 e, desde então, devido a consideráveis pesquisa e desenvolvimento, tornou-se bastante popular, sobretudo na costa leste dos Estados Unidos (Flórida) (p. ex., Schmertmann, 1986). O equipamento de **DMT** é mostrado na Figura 8.28. A pá é empurrada no solo até a profundidade de teste desejada a uma taxa de 1,2 m/min. Em seguida, a membrana é gradualmente inflada, e as pressões necessárias para mover a mesma são geradas.

Outros ensaios *in situ* que você pode encontrar na prática incluem métodos geofísicos, o ensaio de cone sísmico (*seismic cone test*) e o ensaio de penetração de Becker (**BPT**, *Becker penetration test*). Métodos geofísicos como refração sísmica e resistividade elétrica têm sido usados há muitos anos, mas não com frequência, para caracterização de locais. Nos últimos anos, no entanto, técnicas como radar de penetração no solo, **SASW** (análise espectral de ondas superficiais – *spectral analysis of surface waves*), geotomografia e diversas técnicas de perfilagem de poços foram desenvolvidas até se tornarem viáveis e econômicas. Muitos desses desenvolvimentos são descritos nos artigos de Woods (1994). O **SCPT** fornece informações sobre a velocidade e o amortecimento das ondas de cisalhamento subterrâneas, propriedades úteis para a engenharia geotécnica de terremotos. O ensaio de penetração de Becker foi desenvolvido no final da década de 1950 em Alberta, no Canadá, para exploração de petróleo em áreas predominantemente

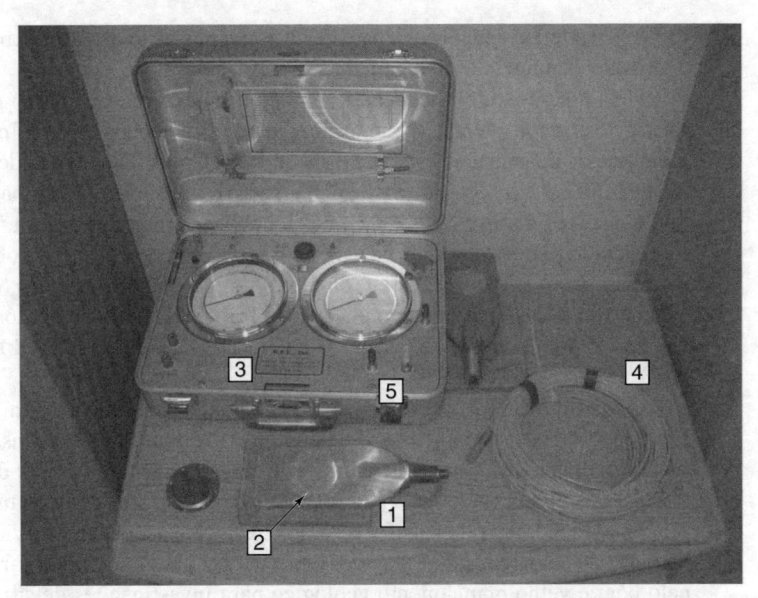

Capítulo 8 Tensões, ruptura e ensaios de resistência de solos e rochas **437**

FIGURA 8.28 Equipamento de ensaio de dilatômetro de placa plana (**DMT**): (1) pá; (2) membrana de aço expansível; (3) unidade de controle mostrando manômetros de baixa e alta pressão; (4) tubulação e cabeamento para controle de fundo de poço; e (5) válvulas para controle e ventilação de gás (fotografia cortesia de Prof. Paul Mayne).

cobertas por cascalhos (Canadian Geotechnical Society, 2006). O **BPT** utiliza um martelo de cravação de estacas movido a diesel de dupla ação (energia nominal de 11 kJ) para cravar rapidamente um tubo de revestimento fechado de parede dupla de até 3 m de comprimento e 230 mm de diâmetro através de depósitos de cascalhos. A resistência de condução ou as contagens de golpes do ensaio **BPT** estão aproximadamente correlacionadas com o N do ensaio **SPT** (Harder e Seed, 1986 e Canadian Geotechnical Society, 2006).

8.7.2 Ensaios de campo para módulo e resistência de rochas

Dependendo do tipo e tamanho da construção, pode ser necessário testar as rochas em um local *in situ* e não em laboratório. As rochas de um local podem estar tão fraturadas ou fracas que a perfuração do testemunho e a amostragem sem perturbações são impossíveis. Às vezes, o tamanho do projeto de construção envolve grandes áreas carregadas, por exemplo, barragens e pontes, e, se as juntas estiverem muito espaçadas ou preenchidas com rocha altamente desgastada, poderão ocorrer recalques indesejáveis da estrutura. Nesses casos, para fornecer informações de projetos realistas, seria necessário testar grandes amostras da rocha, o que é inviável e muito caro.

Para rochas mais fracas (**RQD** < 50%), um **ensaio de compressão uniaxial** *in situ* pode ser realizado formando uma amostra quadrada de material natural em um túnel, por exemplo. A rocha é carregada por um macaco adequado usando a rocha circundante como reação. Consulte o estudo de Wyllie (1999) para informações adicionais e detalhes do ensaio.

Os ensaios de **macaco plano** são realizados em maciços rochosos naturais geralmente paralelos ao longo do eixo de um pequeno túnel ou galeria, a fim de fornecer informações sobre o estado *in situ* das tensões (normais ao macaco plano) na rocha e obter o módulo de deformação como um subproduto. O macaco plano consiste em duas placas de aço soldadas entre si, com uma área superficial de cerca de 600 cm². Os pontos de medição são construídos na face da rocha. Uma fenda é perfurada na face da rocha por meio de furos sobrepostos, e o macaco plano é inserido e cimentado no lugar.

Uma pressão hidráulica é aplicada no interior do macaco plano para superar a causa da deformação criando a fenda, e isso fornece as tensões iniciais *in situ*. Empregando a teoria elástica, o módulo de deformação também é encontrado. Consulte o estudo de Goodman (1989), a norma **ASTM D 4729** e o Método **ISRM** nº 33 (**ISRM**, 2007) para obter mais detalhes.

O macaco de furo (ou macaco de Goodman) é inserido em um furo de sondagem na rocha e expandido diametralmente, às vezes em várias orientações (para obter uma estimativa de anisotropia). A pressão aplicada e o diâmetro do furo são observados, e o módulo de deformação é calculado. Ocasionalmente, o macaco de furo é chamado de dilatômetro rígido. Detalhes adicionais e o procedimento de ensaio são delineados na norma **ASTM D 4971** e no Método **ISRM** nº 38 (**ISRM**, 2007).

O Método **ISRM** nº 35 (**ISRM**, 2007) é um procedimento para determinar a deformabilidade de rochas usando um ensaio de dilatômetro flexível. Outros ensaios *in situ* para módulo de rochas incluem vários tipos de ensaios de carga de placa e ensaios de elevação (com macacos) radial; consulte o estudo de Wyllie (1999) para informações complementares.

Finalmente, métodos geofísicos como refração sísmica, resistividade elétrica e radar de penetração no solo, têm sido utilizados com sucesso para complementar as informações fornecidas pelo bom e velho mapeamento geológico para investigações de sítios geotécnicos (consulte o estudo de Mayne et al., 2001, para um levantamento desses métodos).

PROBLEMAS

8.1 Dado um elemento com tensões conforme indicado na Figura P8.1. Encontre:
  a. As tensões principais maior e menor e os planos em que atuam.
  b. As tensões em um plano inclinado de 35° em relação à horizontal.
  c. A tensão de cisalhamento máxima e a inclinação do plano sobre o qual atua.

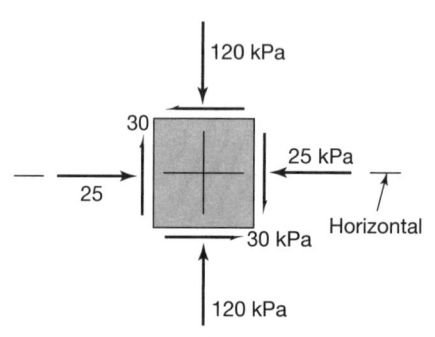

FIGURA P8.1

8.2 Resolva o Problema 8.1 com o elemento girado 30° no sentido horário a partir da horizontal.

8.3 Com o elemento do Problema 8.1 girado 45° em relação à horizontal no sentido horário, encontre a magnitude e a direção das tensões no plano horizontal.

8.4 Resolva o Exemplo 8.1 com o elemento girado 30° no sentido anti-horário a partir da horizontal. Além disso, encontre as tensões (magnitude e direção) no plano vertical.

8.5 O estado de tensão plana em um corpo é descrito pelas seguintes tensões: $\sigma_1 = 7.500$ kN/m² de compressão, $\sigma_3 = 1.300$ kN/m² de tração. Determine por meio do círculo de Mohr a tensão normal e a tensão de cisalhamento em um plano inclinado de 20° em relação ao plano sobre o qual atua a tensão principal menor. Verifique os resultados analiticamente. (Adaptado de A. Casagrande.)

8.6 Em determinado ponto crítico de uma viga de aço, em um plano vertical, a tensão de compressão é de 1.200 toneladas/pé² e a tensão de cisalhamento é de 330 tsf. Não há tensão normal no plano longitudinal (horizontal). Encontre as tensões que atuam nos planos principais e a orientação dos planos principais com a horizontal. (Adaptado de Taylor, 1948.)

8.7 Uma amostra de solo está sob um estado de tensão biaxial. No plano 1, as tensões são (13, 4), enquanto no plano 2, as tensões são (5,8, –2) MPa. Encontre as tensões principais maior e menor.

8.8 Para o elemento mostrado na Figura P8.8: encontre a magnitude das tensões desconhecidas σ_h e τ_h no plano horizontal (a); encontre a orientação das tensões principais e indique claramente sua orientação em um pequeno esboço (b); mostre a orientação dos planos de cisalhamento máximo e mínimo (c).

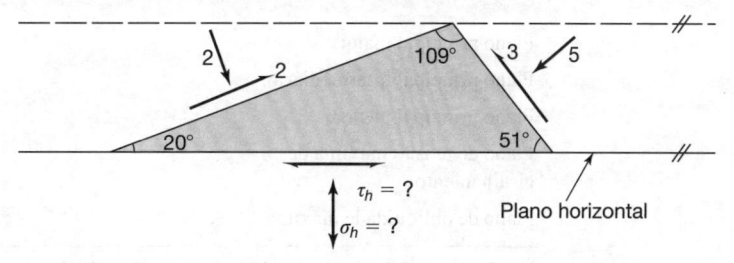

FIGURA P8.8

8.9 Dado o elemento com tensões conforme mostrado na Figura P8.9: (a) Encontre a magnitude e a direção de σ_H e τ_H. (b) Encontre a magnitude e a direção de σ_1 e σ_3. Certifique-se de indicar claramente essas tensões e suas direções em um esboço separado.

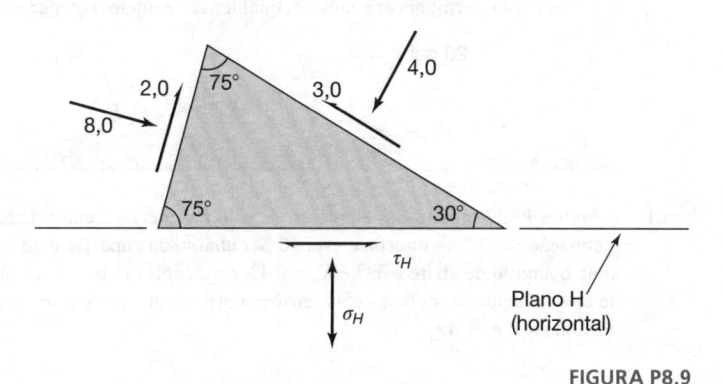

FIGURA P8.9

8.10 Considerando os dados do Exemplo 8.4. (a) Encontre a magnitude e a direção das tensões no plano vertical que passa por esse ponto. (b) Encontre a tensão de cisalhamento máxima e determine o ângulo entre o plano no qual ela atua e o plano principal maior.

8.11 O estado de tensão em um elemento pequeno é $\sigma_v = 32$ kPa, $\sigma_h = 13$ kPa, e a tensão de cisalhamento no plano horizontal é +6 kPa. (a) Encontre a magnitude e as direções das tensões principais maior e menor. (b) Se o material for areia, você pode determinar se o elemento está em estado de ruptura? Se não for, quanta tensão de cisalhamento adicional pode ser adicionada aos planos horizontal e vertical se as tensões normais não mudarem? (Vamos presumir que $\phi = 32°$ para a areia.)

8.12 Dadas as tensões normais vertical e horizontal do Problema 8.11. Encontre os valores máximos de tensão de cisalhamento nos planos horizontal e vertical para causar ruptura em uma areia mais densa. Presuma que o ângulo de atrito interno da areia seja 35°.

8.13 O plano de estado de tensões em uma massa de areia densa e sem coesão é descrito pelas seguintes tensões:

Tensão normal no plano horizontal = 325 kPa

Tensão normal no plano vertical = 150 kPa

Tensão de cisalhamento nos planos horizontal e vertical = ± 58 kPa

Determine por meio do círculo de Mohr a magnitude e a direção das tensões principais. Este estado de tensão é seguro contra rupturas, presumindo que $\phi = 36°$? (Adaptado de A. Casagrande.)

8.14 Um cubo de 1 m dentro de uma massa de solo tensionado apresenta uma tensão de 200 kPa nas faces superior e inferior, 100 kPa em um par de faces verticais e 60 kPa no outro par de faces verticais. Não há tensão de cisalhamento em nenhuma face. Preencha os valores numéricos para cada tensão e ângulo na tabela a seguir. (Adaptado de Taylor, 1948.)

	σ (kPa)	τ (kPa)	α
Plano principal maior:			
Plano principal intermediário:			
Plano principal menor:			
Plano de tensão máxima de cisalhamento:			
Plano de obliquidade máxima:			

Obs.: α é o ângulo de orientação do plano requerido em relação ao plano horizontal.

8.15 No Problema 8.14, qual é o valor de ϕ, presumindo que $c = 0$?

8.16 A Figura P8.16 mostra tensões em um ponto.
   a. Desenhe o círculo de Mohr para este ponto, mostrando a localização do polo.
   b. Quais são as tensões que atuam em um plano horizontal que passa por esse ponto?
   c. A interceptação de coesão para este solo é $c = 5$ psi, e o ângulo de atrito é $\phi = 30°$. Se a tensão principal maior permanecer a mesma, qual tensão principal menor causaria uma ruptura?

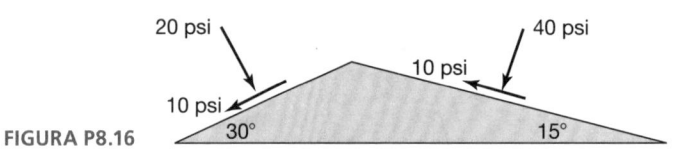

FIGURA P8.16

8.17 A Figura P8.17 mostra um elemento de solo na interface entre duas camadas de areia seca em uma inclinação de 28°. A interface está 10 pés abaixo da superfície do solo, e para ambas as camadas de areia o ângulo de atrito é 33° e $K_o = 0{,}42$. Se a ruptura ocorrer no plano de 28°, quais são as tensões de cisalhamento associadas e as tensões normais que atuam nos planos horizontal e vertical? Dica: presuma que $\sigma_v = d\gamma_d$.

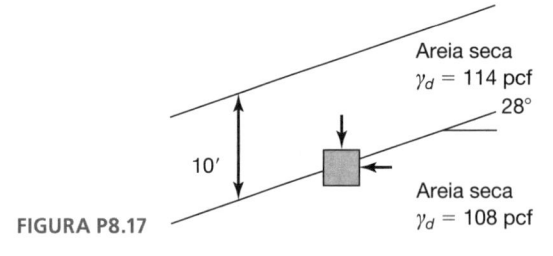

FIGURA P8.17

8.18 Mostre que a Equação (8.12) é idêntica à Equação (8.13).

8.19 Se as condições de tensão iniciais em uma amostra de solo forem $\sigma_v = 10$ MPa e $\sigma_h = 5$ MPa, desenhe os caminhos de tensão para σ_v sendo mantidos constantes enquanto: (a) σ_h aumenta para 10 MPa e (b) σ_h diminui para 0 MPa.

8.20 Para as condições iniciais dadas no Problema 8.19, no mesmo conjunto de eixos, desenhe os caminhos de tensão para as seguintes mudanças de tensão:
   a. σ_v aumenta para 20 MPa e σ_h aumenta para 12 MPa
   b. σ_v aumenta para 20 MPa e σ_h permanece constante em 5 MPa
   c. σ_v diminui para 5 MPa e σ_h aumenta para 15 MPa
   d. σ_v e σ_h diminuem para 5 MPa

8.21 Uma amostra de solo é submetida a um estado inicial de tensão hidrostática geral igual de 50 kPa. Esboce os caminhos de tensão para as condições de carregamento quando (a) σ_h permanece constante e σ_v aumenta para 100 kPa; (b) σ_v é mantido constante enquanto σ_h aumenta para 100 kPa; (c) tanto σ_h quanto σ_v são aumentados para 100 kPa; (d) σ_h permanece constante enquanto σ_h diminui para 10 kPa; e (e) σ_v é aumentado para 75 kPa ao mesmo tempo que σ_h é diminuído em 25 kPa.

8.22 Dadas as mesmas condições iniciais do Problema 8.21, desenhe os caminhos de tensão para o carregamento quando (a) $\Delta\sigma_h = \Delta\sigma_v/3$ e (b) $\Delta\sigma_h = \Delta\sigma_v/4$.

8.23 Uma amostra triaxial de areia solta é testada usando um método de compressão no qual a tensão principal maior é mantida a mesma, enquanto a tensão principal menor é reduzida até que ocorra a ruptura (descarga de compressão). A amostra é primeiro adensada de forma não hidrostática, com $\sigma_1 = 15$ kPa e $\sigma_3 = 10$ kPa. Na ruptura, o ângulo de atrito interno é 30° ($c = 0$). (a) Desenhe os círculos de Mohr para as condições iniciais e durante a ruptura. (b) Quais serão as tensões principais maior e menor na ruptura?

8.24 Outra amostra da mesma areia testada no Problema 8.23 é testada no que é conhecido como modo de carregamento de extensão. Isto é feito mantendo o σ_v igual e aumentando o σ_h, de modo que, na ruptura, a amostra pareça ter sido puxada axialmente, mas na verdade foi comprimida pelo aumento de σ_h. (a) Desenhe os círculos de Mohr para as condições iniciais e durante a ruptura. (b) Quais serão as tensões principais maior e menor na ruptura?

8.25 Em um ensaio de cisalhamento direto em uma amostra de areia sem coesão, a tensão normal vertical na amostra é 5.000 psf e a tensão de cisalhamento horizontal na ruptura é 3.300 psf. (a) Presumindo uma distribuição uniforme de tensões dentro da zona de ruptura e uma envoltória de ruptura de linha reta que passa pela origem, determine por meio do círculo de Mohr a magnitude e a direção das tensões principais na ruptura. (b) Explique por que não é possível determinar as tensões principais em uma amostra de cisalhamento direto para uma tensão de cisalhamento horizontal aplicada que não é grande o suficiente para causar a ruptura. (Adaptado de A. Casagrande.)

8.26 Uma amostra de areia é testada sob cisalhamento simples direto. As condições de tensão no ensaio são mostradas na Figura Ex. 8.9.

Condições iniciais:

$$\sigma_v = 3{,}12 \text{ kg/cm}^2, \quad K_o = 0{,}5$$

Na ruptura:

$$\sigma_v = 3{,}12 \text{ kg/cm}^2, \quad \tau_{hv} = 1{,}80 \text{ kg/cm}^2$$

a. Desenhe os círculos de Mohr para as condições de tensão inicial e final.
b. Mostre claramente a localização dos polos desses círculos.
c. Determine a magnitude e a orientação das tensões principais no momento da ruptura.
d. Qual é a orientação do plano de ruptura?
e. Se a deformação cisalhante na ruptura for 10°, como mostrado na figura, quais são as tensões σ_s e τ_s nas laterais da amostra no momento da ruptura?
(Obs.: $\tau_s \neq \tau_{hv}$).

8.27 Dois ensaios convencionais de compressão triaxial CD foram conduzidos com uma areia seca angular densa com o mesmo índice de vazios. O Ensaio A apresentou pressão confinante de 150 kPa, enquanto no ensaio B a pressão confinante foi de 600 kPa; essas tensões foram mantidas constantes durante todo o ensaio. Na ruptura, os ensaios A e B apresentaram diferenças máximas de tensões principais de 600 e 2.550 kPa, respectivamente.

a. Trace os círculos de Mohr para ambos os ensaios nas condições iniciais e na ruptura.
b. Presumindo que $c = 0$, determine ϕ.
c. Qual é a tensão de cisalhamento no plano de ruptura na ruptura para ambos os ensaios?
d. Determine a orientação teórica do plano de ruptura em cada amostra.
e. Qual é a orientação do plano de obliquidade máxima?

8.28 Dois ensaios triaxiais adensados-drenados foram realizados com amostras da mesma argila, com os seguintes resultados na ruptura:

Ensaio N°	σ_3' (psi)	σ_1' (psi)
1	26,6	73,4
2	12,0	48,0

Determine a envoltória de ruptura de Mohr-Coulomb efetiva (c' e ϕ) com base nesses resultados do ensaio.

8.29 Uma amostra triaxial de areia solta é primeiro adensada de forma não hidrostática, com $\sigma_1 = 20$ kPa e $\sigma_1 = 11$ kPa. A amostra sofre, então, ruptura mantendo a tensão vertical constante e diminuindo a tensão horizontal (este é um ensaio de extensão lateral). O ângulo de atrito interno é 34° ($c = 0$). (a) Desenhe os círculos de Mohr para as condições iniciais e durante a ruptura. (b) Quais serão as tensões principais maior e menor na ruptura?

8.30 Outra amostra da mesma areia testada no Problema 8.29 é testada mantendo a tensão vertical constante e aumentando a tensão horizontal (este é um ensaio de compressão lateral). Complete as partes (a) e (b) solicitadas no Problema 8.29 para este ensaio.

REFERÊNCIAS

BAGUELIN, F., JÉZÉQUEL, J.F., AND SHIELDS, D.H. (1978). *The Pressuremeter and Foundation Engineering*, Trans Tech Publications, Clausthal, Germany and Aedermannsdorf, Switzerland, 617 p.

BALIGH, M.M. (1986a). "Undrained Deep Penetration, I: Shear Stresses," *Geotechnique*, Vol. 36, No. 4, pp. 471–485.

BALIGH, M.M. (1986b). "Undrained Deep Penetration, I: Shear Stresses," *Geotechnique*, Vol. 36, No. 4, pp. 487–501.

BARDET, J.P. (1997). *Experimental Soil Mechanics*, Prentice-Hall, 583 p.

BEGEMANN, H.K.S.PH. (1953). "Improved Methods of Determining Resistance to Adhesion by Sounding through a Loose Sleeve Placed Behind the Cone," *Proceedings of the Third International Conference on Soil Mechanics and Foundation Engineering*, Zurich, Vol. I, pp. 213–217.

BISHOP, A.W. AND HENKEL, D.J. (1962). *The Measurement of Soil Properties in the Triaxial Test*, 2nd ed., Edward Arnold Ltd., London, 228 p.

BJERRUM, L. (1972). "Embankments on Soft Ground," *Proceedings of the ASCE Specialty Conference on Performance of Earth and Earth-Supported Structures*, Purdue University, Vol. II, pp. 1–54.

BRIAUD, J.L. (1992). *The Pressuremeter*, Balkema, Rotterdam, 322 p.

BRIAUD, J.L. AND MIRAN, J. (1992). "The Flat Dilatometer Test," U.S. Federal Highway Administration, Report No. FHWA-SA-91–044, 102 p.

CADLING, L. AND ODENSTAD, S. (1950). "The Vane Borer," *Proceedings No. 2*, Royal Swedish Geotechnical Institute, pp. 1–88.

CANADIAN GEOTECHNICAL SOCIETY (2006). *Canadian Foundation Engineering Manual*, 4th ed., Canadian Geotechnical Society, BiTech Publishers, Richmond, British Columbia, 488 p.

CLARKE, B.G. (1995). *Pressuremeters in Geotechnical Design*, Blackie, London, 364 p.

COULOMB, C.A. (1776). "Essai sur une application des règles de Maximus et Minimis à Quelques Problèmes de Statique, Relatifs à l'Architecture," *Mémoires de Mathématique et de Physique, Présentés a l'Académie Royale des Sciences, par Divers Savans, et lûs dans ses Assemblées*, Paris, Vol. 7 (Vol. for 1773 published in 1776), pp. 343–382.

DE MELLO, V.F.B. (1971). "The Standard Penetration Test," State of the Art Paper, *Proceedings of the Fourth Panamerican Conference on Soil Mechanics and Foundation Engineering*, Vol. I, pp. 1–86.

ESOPT (1974). *Proceedings of the European Symposium on Penetration Testing*, Stockholm, Swedish Council for Building Research, Vols. 1, 2.1, 2.2, and 3.

GERMAINE, J.T. AND GERMAINE, A.V. (2009). *Geotechnical Laboratory Measurements for Geotechnical Engineers*, John Wiley & Sons, New York, 368 p.

GOODMAN, R.E. (1989). *Introduction to Rock Mechanics*, 2nd ed., Wiley, New York, 562 p.

HARDER, L.F. AND SEED, H.B. (1986). "Determination of the Penetration Resistance for Coarse-Grained Soils Using the Becker Penetration Resistance," *Report No. UCB/EERC-86/06*, University of California, Berkeley, 119 p.

HEAD, K.H. (1996). *Manual of Soil Laboratory Testing, Vol. 2: Permeability, Shear Strength and Compressibility Tests*, 2nd ed., Wiley, 454 p.

HEAD, K.H. (1998). *Manual of Soil Laboratory Testing, Vol. 3: Effective Stress Tests*, 2nd ed., Wiley, 428 p.

HIRSCHFELD, R.C. (1963). "Stress-Deformation and Strength Characteristics of Soils," Harvard University (unpublished), 87 p.

HOEK, E. AND BROWN, E.T. (1980). "Empirical Strength Criteria for Rock Masses," *Journal of the Geotechnical Engineering Division*, ASCE, Vol. 106, No. GT9, pp. 1013–1035.

HOEK, E. AND BROWN, E.T. (1988). "The Hoek–Brown Failure Criterion—A 1988 Update," *Rock Engineering for Underground Excavations*, Proceedings of the Fifteenth Canadian Rock Mechanics Symposium, J.C. Curran (Ed.), Toronto, pp. 31–38.

HOLDEN, J.C. (1974). "Penetration Testing in Australia," *Proceedings of the European Symposium on Penetration Testing* (ESOPT), Vol. 1, pp. 155–162.

INTERNATIONAL SOCIETY FOR ROCK MECHANICS (ISRM) (2007). *The ISRM Suggested Methods for Rock Characterization, Testing and Monitoring: 2007–2014*, Ulusay, R. (ed.), Springer Cham, Heidelberg.

INTERNATIONAL SOCIETY FOR ROCK MECHANICS (2015). *The ISRM Suggested Methods for Rock Characterization, Testing and Monitoring: 2007–2014*, R. Ulusay, R. (ed.). Cham, Switzerland: Springer.

JAEGER, J.C., COOK, N.G.W., AND ZIMMERMAN, R.W. (2007). *Fundamentals of Rock Mechanics*, 4th ed., Blackwell, Malden, MA, 488 p.

JAMIOLKOWSKI, M., LADD, C.C., GERMAINE, J.T., AND LANCELLOTA, R. (1985). "New Developments in Field and Laboratory Testing of Soils," *Proceedings of the Eleventh International Conference on Soil Mechanics and Foundation Engineering*, San Francisco, Vol. 1, pp. 57–154.

KOVACS, W.D., EVANS, J.C., AND GRIFFITH, A.H. (1977). "Towards a More Standardized SPT," *Proceedings of the Ninth International Conference on Soil Mechanics and Foundation Engineering*, Tokyo, Vol. 2, pp. 269–276.

LADD, C.C. (1975). "Foundation Design of Embankments Constructed on Connecticut Valley Varved Clays," *Research Report R75–7*, Geotechnical Publication 343, Department of Civil Engineering, Massachusetts Institute of Technology, 438 p.

LADD, C.C. and Degroot, D.J. (2003). "Recommended Practice for Soft Ground Site Characterization: The Arthur Casagrande Lecture," *Proceedings of the Twelfth Panamerican Conference on Soil Mechanics and Foundation Engineering*, Cambridge, MA, Vol. 1, pp. 3–57.

LADD, C.C., Foote, R., Ishihara, K., Schlosser, F., and Poulos, H.G. (1977). "Stress-Deformation and Strength Characteristics," State-of-the-Art Report, *Proceedings of the Ninth International Conference on Soil Mechanics and Foundation Engineering*, Tokyo, Vol. 2, pp. 421–494.

LAMBE, T.W. (1964). "Methods of Estimating Settlement," *Journal of the Soil Mechanics and Foundations Division*, ASCE, Vol. 90, No. SM5, pp. 43–67; also in *Design of Foundations for Control of Settlement*, ASCE, pp. 47–72.

LAMBE, T.W. (1967). "Stress Path Method," *Journal of the Soil Mechanics and Foundations Division*, ASCE, Vol. 93, No. SM6, pp. 309–331.

LAMBE, T.W. AND MARR, W.A. (1979). "Stress Path Method: Second Edition," *Journal of the Geotechnical Engineering Division*, ASCE, Vol. 105, No. GT6, pp. 727–738.

LAMBE, T.W. AND WHITMAN, R.V. (1969). *Soil Mechanics*, Wiley, New York, 553 p.

LUNNE, T., ROBERTSON, P.K., AND POWELL, J.J.M. (1997). *Cone Penetration Testing in Geotechnical Practice*, Chapman & Hall, London.

MAIR, R.J. AND WOOD, D.M. (1987). *Pressuremeter Testing: Methods and Interpretation*, CIRIA-Butterworths, London, 160 p.

MARCHETTI, S. (1980). "In-Situ Tests by Flat Dilatometer," *Journal of the Geotechnical Engineering Division*, ASCE, Vol. 106, No. GT3, pp. 299–321.

MAYNE, P.W. (2007). "Cone Penetration Testing," *Synthesis of Highway Practice 368*, National Cooperative Highway Research Program, Transportation Research Board, 162 p.

MAYNE, P.W., CHRISTOPHER, B.R., AND DEJONG, D.J. (2001)."Manual on Subsurface Investigations," National Highway Institute, Federal Highway Administration, Publ. No. FHWA NHI-01-031, 394 p.

MEIGH, A.C. (1987). *Cone Penetration Testing: Methods and Interpretation*, CIRIA-Butterworths, London, 141 p.

MÉNARD, L.F. (1956). "An Apparatus for Measuring the Strength of Soils in Place," MSCE thesis, University of Illinois.

MÉNARD, L.F. (1975). "The Ménard Pressuremeter," *Les Éditions Sols-Soils*, No. 26, pp. 7–43.

MITCHELL, J.K. AND GARDNER, W.S. (1975)."In Situ Measurement of Volume Change Characteristics," State-of-the-Art Report, *Proceedings of the ASCE Specialty Conference on In Situ Measurement of Soil Properties*, Raleigh, NC, Vol. II, 333 p.

MOHR, O. (1887). "Über die Bestimmung und die Graphische Darstellung von Trägheitsmomenten ebener Flächen," *Civilingenieur*, columns 43–68; also in *Abhandlungen aus dem Gebiete der Technischen Mechanik*, 2nd ed., W. Ernst u. Sohn, Berlin, pp. 90 and 109 (1914).

MOHR, O. (1900). "Welche Umstände Bedingen die Elastizitätsgrenze und den Bruch eines Materiales?" *Zeitschrift des Vereines Deutscher Ingenieure*, Vol. 44, pp. 1524–1530; 1572–1577.

PERLOFF, W.H. AND BARON, W. (1976). *Soil Mechanics—Principles and Applications*, The Ronald Press Company, New York, pp. 359–361.

RICHARDS, A.F. (Ed.) (1988). *Vane Shear Strength Testing in Soils: Field and Laboratory Studies*, ASTM Special Technical Publication No. 1014, 378 p.

SABATINI, P.J., BACHUS, R.C., MAYNE, P.W., SCHNEIDER, J.A., AND ZETTLER, T.E. (2002). Evaluation of Soil and Rock Properties, *Geotechnical Engineering Circular No. 5*, Federal Highway Administration, Report No. FHWA-IF-02-034, 385 p.

SANGLERAT, G. (1972). *The Penetrometer and Soil Exploration*, Elsevier, Amsterdam, 464 p.

SCHMERTMANN, J.H. (1975). "Measurement of In Situ Shear Strength," State-of-the-Art Report, *Proceedings of the ASCE Specialty Conference on In Situ Measurement of Soil Properties*, Raleigh, NC, Vol. II, pp. 57–138.

SCHMERTMANN, J.H. (1978). *Guidelines for Cone Penetration Test, Performance and Design*, Federal Highway Administration, Report FHWA-TS-78-209, 145 p.

SCHMERTMANN, J.H. (1986). "Suggested Method for Performing the Flat Dilatometer Test," *Geotechnical Testing Journal*, ASTM, Vol. 9, No. 2, pp. 93–101.

TAYLOR, D.W. (1948). *Fundamentals of Soil Mechanics*, Wiley, New York, 712 p.

U.S. ARMY CORPS OF ENGINEERS (1986). "Laboratory Soils Testing," *Engineer Manual EM 1110-2-1906*, 282 p.

U.S. DEPARTMENT OF THE INTERIOR (1990). *Earth Manual*, Part 1, 3rd ed., Materials Engineering Branch, 311 p.

WHITTLE, A.J. AND AUBENY, C.P. (1992). "The Effects of Installation Disturbance on Interpretation of In-situ Tests in Clays," *Predictive Soil Mechanics, Proceedings of the Wroth Memorial Symposium*, Oxford, England, Thomas Telford Ltd., London, pp. 742–767.

WOODS, R.D. (Ed.) (1994). *Geophysical Characterization of Sites*, ISSMFE Technical Committee No. 10, Oxford & IBS Publishing, 141 p.

WYLLIE, D.C. (1999). *Foundations on Rock*, 2nd ed., E & FN Spon, London, 432 p.

CAPÍTULO 9
Introdução à resistência ao cisalhamento de solos e rochas

9.1 INTRODUÇÃO

A resistência ao cisalhamento de solos e rochas é um dos aspectos mais importantes da engenharia geotécnica. A capacidade de carga de fundações rasas ou profundas, a estabilidade dos taludes, o projeto do muro de arrimo e, indiretamente, o projeto do pavimento são todos eles afetados pela resistência ao cisalhamento dos solos em um talude, atrás de um muro de arrimo ou no suporte de uma fundação ou pavimento. As estruturas e os taludes devem ser estáveis e protegidos contra o colapso total quando submetidos às cargas máximas aplicadas previstas. O estado de colapso ou ruptura é chamado de **estado final** ou **limite**, e os métodos de análise de equilíbrio limite são convencionalmente utilizados para os projetos de fundações e taludes. Esses métodos requerem a determinação da resistência ao cisalhamento final ou limite (resistência ao cisalhamento) dos solos e das rochas.

No Capítulo 8, definimos a resistência ao cisalhamento de um solo como a tensão de cisalhamento final ou máxima a que determinado solo pode suportar. Mencionamos que, às vezes, o valor limite da tensão de cisalhamento é baseado em uma deformação ou extensão máxima admissível. Muitas vezes, essa deformação admissível rege, na verdade, o dimensionamento de uma estrutura, porque, com os grandes fatores de segurança que utilizamos, as tensões de cisalhamento reais nos solos, produzidas pelas cargas aplicadas são muito menores do que as tensões que causam o colapso ou a ruptura.

A resistência ao cisalhamento pode ser determinada de diversas maneiras; já foram descritos alguns dos ensaios de laboratório e de campo mais comuns nas Seções 8.6 e 8.7. Mencionamos que os ensaios laboratoriais fornecem a resistência ao cisalhamento diretamente, enquanto os métodos *in situ*, como o ensaio de cisalhamento de palhetas ou penetrômetros, evitam alguns dos problemas de perturbação associados à extração de amostras de solo da superfície do terreno natural. No entanto, os ensaios *in situ* determinam a resistência ao cisalhamento apenas indiretamente por meio de correlações com resultados laboratoriais ou calculadas retroativamente a partir de rupturas reais. Além disso, os ensaios laboratoriais fornecem informações valiosas sobre o comportamento tensão-deformação e o desenvolvimento de pressões neutras durante o cisalhamento. Neste capítulo, ilustraremos a resposta fundamental à tensão-deformação e à resistência ao cisalhamento dos solos usando os resultados de ensaios laboratoriais para solos típicos. Dessa forma, esperamos que você possa compreender como os solos realmente se comportam quando cisalhados.

Neste capítulo, recorremos em grande parte ao trabalho dos nossos professores e colegas. Reconhecemos com gratidão as importantes contribuições de A. Casagrande, R. C. Hirschfeld, C. C. Ladd, K. L. Lee, G. A. Leonards, J. O. Osterberg, H. G. Poulos e H. B. Seed. Outros pioneiros na área da engenharia geotécnica também são citados, incluindo L. Bjerrum, T. William Lambe, J. K. Mitchell, R. B. Peck e A. W. Skempton. Nossa discussão sobre a resistência ao cisalhamento dos solos começa com as areias e é seguida pelas propriedades de resistência dos solos coesivos.

9.2 ÂNGULO DE REPOUSO DE AREIAS

Se depositássemos um solo granular despejando-o de um único ponto acima do solo, formaríamos uma pilha cônica. À medida que mais e mais material granular é depositado na pilha, o declive durante um curto período poderia parecer mais íngreme, mas depois as partículas do solo escorregariam e deslizariam pelo declive até o **ângulo de repouso** (Figura 9.1). Esse ângulo da inclinação em relação ao plano horizontal permaneceria constante em algum valor **mínimo**. Dado que esse ângulo é o declive **estável** mais íngreme para areia muito pouco compactada, o ângulo de repouso representa o ângulo de atrito interno do material granular no seu estado mais **solto**.

As dunas de areia são um exemplo natural do ângulo de repouso. Talvez você se lembre da Seção 3.3.6 que as dunas de areia são formas de relevo resultantes do vento (transporte eólico) como um processo geológico denominado sedimentação. A Figura 9.2 mostra como são formadas uma duna estacionária (fixa) (**SD**) e uma duna migratória (viva) (**MD**). No lado de sotavento (**LS**), a inclinação da duna terá um ângulo (de repouso) que varia de 30 a 35°, dependendo de fatores discutidos posteriormente neste capítulo. Se a inclinação a sotavento se tornar mais íngreme do que 30 a 35°, então a inclinação é instável e os grãos de areia rolarão pelo declive até que o ângulo de repouso seja alcançado. Uma condição instável é mostrada no declive do lado direito da Figura 9.2; eventualmente, uma inclinação suave no ângulo de repouso se formará.

FIGURA 9.1 Ilustração do ângulo de repouso (fotografia de M. Surrendra).

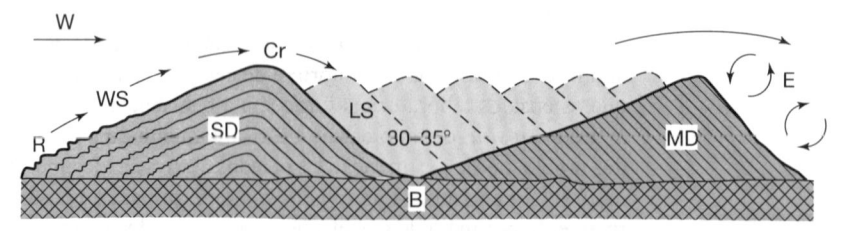

FIGURA 9.2 Formação de dunas de areia e ilustração do ângulo de repouso (adaptada de von Bandat, 1962). Deposição de areia pelo vento. Estrutura ideal de dunas estacionárias ou fixas (SD) e dunas vivas migratórias (MD). As setas indicam a direção das correntes de ar (W). E mostra redemoinhos. WS é a inclinação da duna a barlavento, LS é a inclinação a sotavento ou a favor do vento. R marca as ondulações, e Cr é a crista da duna. As linhas tracejadas mostram as posições anteriores da duna viva MD. B é a rocha-base ou embasamento (adaptada de A. Holmes).

O ângulo de repouso depende dos tipos de materiais e de outros fatores, e representa o ângulo de atrito interno ou resistência ao cisalhamento ϕ em seu estado mais solto. Lembre-se de que os termos solto ou denso são apenas termos relativos (ver Seção 3.11), especialmente no que diz respeito ao seu comportamento em cisalhamento. Como veremos em breve, a resposta de tensão-deformação e variação volumétrica depende da pressão confinante, bem como da densidade de índice. Observe que na Seção 4.5.1 definimos a densidade relativa D_r, às vezes chamada de densidade de índice.

9.3 COMPORTAMENTO DE AREIAS SATURADAS DURANTE O CISALHAMENTO DRENADO

Para ilustrar o comportamento das areias durante o cisalhamento, vamos começar analisando duas amostras de areia, uma com índice de vazios muito alto, a **areia solta**, e a outra com índice de vazios muito baixo, a **areia densa**. Poderíamos realizar ensaios de cisalhamento direto (Figura 8.20a), mas para melhor medir as variações de volume utilizaremos o aparelho triaxial, conforme mostrado nas Figuras 8.21a e 9.3. Executaremos os dois ensaios sob condições de **drenagem adensada** (**CD**, *consolidated drained*) o que significa que permitiremos que a água entre ou saia livremente da amostra durante o cisalhamento sem interferência. Se tivermos uma amostra saturada, podemos facilmente monitorar a quantidade de água que entra ou sai dela e igualar isso à variação volumétrica e, portanto, à mudança no índice de vazios na amostra. A saída de água da amostra durante o cisalhamento indica uma diminuição de volume e vice-versa. Em ambos os nossos ensaios, a pressão confinante, σ_c igual a σ_3 é mantida constante, e a tensão axial é aumentada até ocorrer a ruptura. A ruptura pode ser definida como:

1. Diferença máxima de tensão principal, $(\sigma_1 - \sigma_3)_{máx}$.
2. Razão máxima de tensão efetiva principal, $(\sigma'_1/\sigma'_3)_{máx}$.
3. $\tau = [(\sigma_1 - \sigma_3)/2]$ em uma deformação prescrita.

Na maioria das vezes, definiremos a ruptura como a **diferença máxima de tensão principal**, que é igual à **resistência à compressão** da amostra. As curvas tensão-deformação típicas para areia solta e densa são mostradas na Figura 9.4a, enquanto as curvas correspondentes de razão de tensão em relação ao índice de vazios são apresentadas na Figura 9.4b.

Quando a areia solta é cisalhada, a diferença de tensão principal aumenta gradualmente até um valor máximo ou final $(\sigma_1 - \sigma_3)_{final}$. Ao mesmo tempo, à medida que a tensão aumenta,

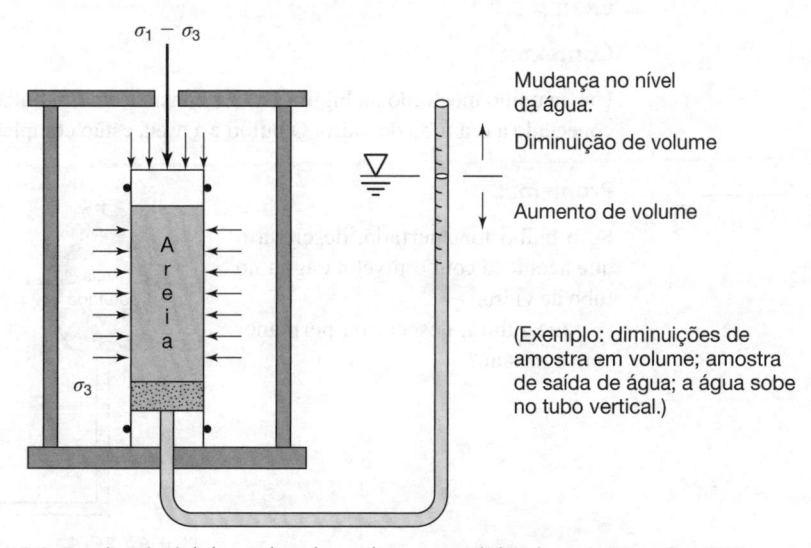

FIGURA 9.3 Ensaio triaxial drenado adensado com medidas de variação volumétrica.

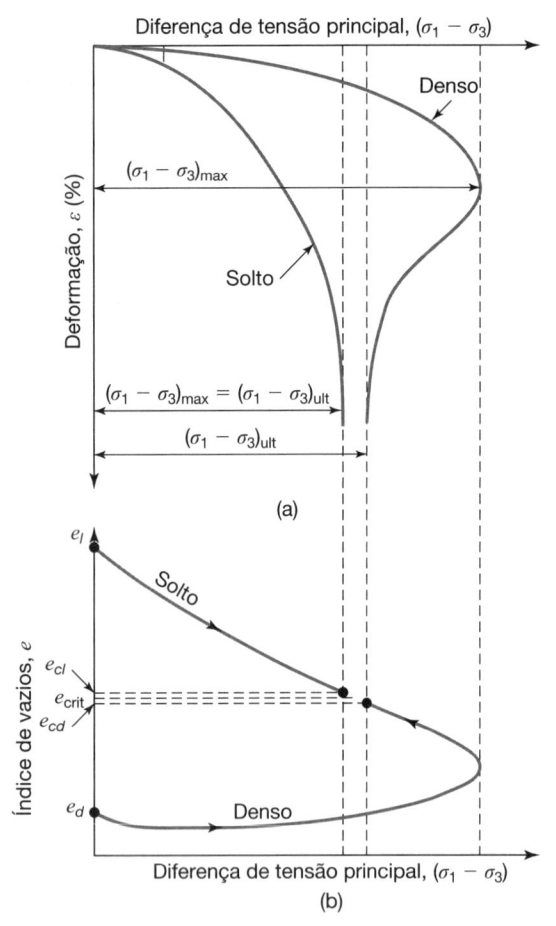

FIGURA 9.4 Ensaios triaxiais em amostras "soltas" e "densas" de uma areia típica: curvas tensão de formação (a); mudanças no índice de vazios durante o cisalhamento (b) (adaptada de Hirschfeld, 1963).

O índice de vazios diminui de e_l (e-solto) até e_{cl} (e_c-solto), que está muito próximo do **índice de vazios crítico**, $e_{crít}$, definido por Casagrande (1936) como o índice de vazios final no qual ocorre deformação contínua sem alteração na diferença de tensão principal.

Quando a amostra densa é cisalhada, a diferença de tensão principal atinge um pico ou máximo, após o qual diminui para um valor muito próximo de $(\sigma_1 - \sigma_3)_{final}$ para a areia solta.

A curva de índice de vazios-tensão mostra que a areia densa diminui ligeiramente em volume no início, depois se expande ou dilata até e_{cd} (e_c densa). Observe que o índice de vazios na ruptura e_{cd} é muito próximo de e_{cl}. Teoricamente, ambos deveriam ser iguais ao índice de vazios crítico $e_{crít}$. Da mesma forma, os valores de $(\sigma_1 - \sigma_3)_{final}$ para ambos os ensaios devem ser iguais. As diferenças são geralmente atribuídas a dificuldades na medição precisa dos índices de vazios finais, bem como das distribuições de tensões não uniformes nas amostras (Hirschfeld, 1963). A evidência deste último fenômeno é ilustrada pelas diferentes maneiras pelas quais as amostras geralmente sofrem ruptura. A amostra solta apenas **incha**, enquanto a amostra densa muitas vezes sofre ruptura ao longo de um plano distinto orientado aproximadamente $45° + \phi'/2$ da horizontal (ϕ' é, naturalmente, o ângulo **efetivo** de resistência ao cisalhamento da areia densa). Observe que é pelo menos teoricamente possível configurar uma amostra com um índice de vazios inicial tal que a alteração do volume na ruptura seja zero. Este índice de vazios seria, obviamente, o índice de vazios crítico $e_{crít}$.

Exemplo 9.1

Contexto:

Um aparelho mostrado na Figura Ex. 9.1 consiste em um bulbo de borracha cheio de areia densa conectado a um tubo de vidro. O bulbo e a areia estão completamente saturados de água.

Problema:

Se o bulbo for apertado, descreva o que acontece com o nível da água no tubo de vidro.

Ele subirá, descerá ou permanecerá o mesmo?

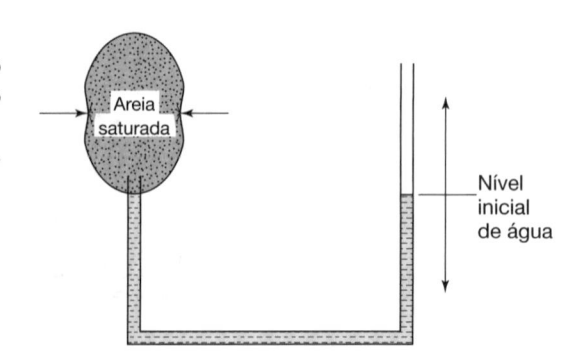

FIGURA Ex. 9.1

Solução:
Como a areia é densa, ela tende a dilatar ou expandir quando cisalhada. Esta ação cria uma pressão ligeiramente negativa na água, que puxa a água para os vazios e faz o nível no tubo de vidro descer.

Exemplo 9.2

Contexto:

O mesmo aparelho do Exemplo 9.1, só que agora o bulbo está cheio de areia solta.

Problema:

Preveja o comportamento do nível da água no tubo de vidro quando o bulbo é pressionado (Figura Ex. 9.1).

Solução:
Quando a areia solta é cisalhada, o solo tende a diminuir de volume. Essa ação cria uma pressão positiva na água, que expulsa a água dos vazios. Assim, o nível da água no tubo subirá.

Segue-se que se a areia no bulbo estiver em seu índice de vazios crítico, então ao apertar (cisalhar) o bulbo, o nível da água pode inicialmente diminuir ligeiramente, mas com a compressão contínua ele retornará ao seu nível original; isto é, nenhuma alteração líquida no volume ocorrerá quando a areia estiver no nível $e_{crít}$.

9.4 EFEITO DO ÍNDICE DE VAZIOS E PRESSÃO CONFINANTE NA VARIAÇÃO DO VOLUME

Até agora, ao descrever o comportamento dos dois ensaios triaxiais drenados em areias soltas e densas mostrados na Figura 9.4, mencionamos os seguintes parâmetros:

- diferença de tensão principal;
- deformação;
- variação volumétrica;
- índice de vazios crítico $e_{crít}$; e, indiretamente,
- densidade relativa ou de índice [Equações (4.4) e (4.5)].

Evitamos propositalmente definir os termos solto e denso porque o comportamento da variação volumétrica durante o cisalhamento depende não apenas do índice de vazios inicial e da densidade relativa, mas também da pressão confinante. Nesta seção, consideramos o efeito da pressão confinante nas características de tensão de formação e variação volumétrica das areias em cisalhamento drenado.

Podemos avaliar os efeitos de σ_3 (e, lembre-se, em um ensaio drenado $\sigma_3 = \sigma'_3$, já que o excesso de pressão de água intersticial é sempre zero) preparando várias amostras com o mesmo índice de vazios e testando-as com diferentes pressões confinantes. Descobriremos que a resistência ao cisalhamento aumenta com σ_3. Uma maneira conveniente de representar graficamente a diferença de tensão principal em relação aos dados de deformação é normalizá-la traçando a razão de tensão principal σ_1/σ_3 em relação à deformação. Para um ensaio drenado, naturalmente, $\sigma_1/\sigma_3 = \sigma'_1/\sigma'_3$. Na ruptura, a razão é $(\sigma'_1/\sigma'_3)_{máx}$. A partir das Equações (8.13) e (8.15),

$$\left(\frac{\sigma'_1}{\sigma'_3}\right)_{máx} = \frac{1 + \operatorname{sen} \phi'}{1 - \operatorname{sen} \phi'} = \operatorname{tg}^2\left(45° + \frac{\phi'}{2}\right) \tag{9.1}$$

onde ϕ' é o ângulo efetivo de atrito interno. A diferença de tensão principal está relacionada à razão de tensão principal por

$$\sigma_1 - \sigma_3 = \sigma'_3\left(\frac{\sigma'_1}{\sigma'_3} - 1\right) \tag{9.2}$$

Na ruptura, a razão é

$$(\sigma_1 - \sigma_3)_f = \sigma'_{3f}\left[\left(\frac{\sigma'_1}{\sigma'_3}\right)_{máx} - 1\right] \qquad (9.3)$$

Vejamos primeiro o comportamento da areia solta. Resultados típicos de ensaios triaxiais drenados são mostrados para areia solta do rio Sacramento na Figura 9.5a. A razão de tensão principal é traçada em relação à deformação axial para diferentes pressões efetivas de adensamento σ'_{3c}. Observe que nenhuma das curvas apresenta um pico distinto, e elas possuem um formato semelhante à curva livre mostrada na Figura 9.4a. Os dados de variação volumétrica também são normalizados dividindo a variação volumétrica ΔV pelo volume original V_o para obter a deformação volumétrica, ou

$$\text{Variação volumétrica, \%} = \frac{\Delta V}{V_o} \times 100 \qquad (9.4)$$

Para entender melhor o que está acontecendo na Figura 9.5a, vamos calcular a diferença de tensão principal ($\sigma_1 - \sigma_3$) a uma deformação de 5% para $\sigma'_{3c} = 3{,}9$ MPa e $\sigma'_{3c} = 0{,}1$ MPa.

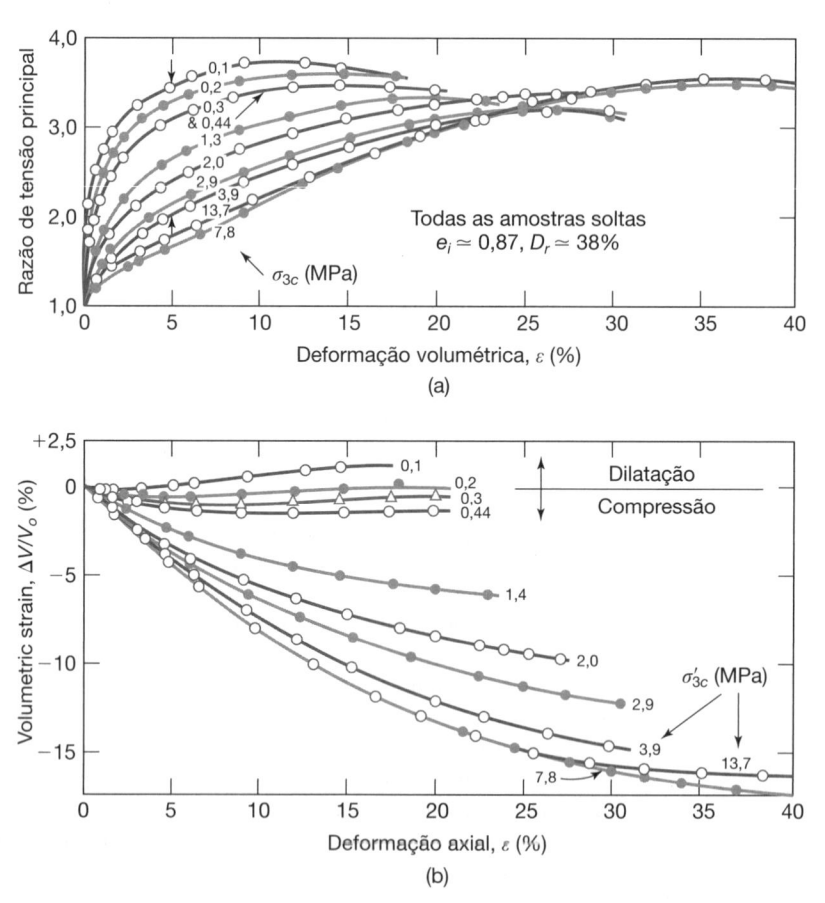

FIGURA 9.5 Resultados típicos de ensaios triaxiais drenados na areia solta do rio Sacramento, Califórnia, EUA: razão de tensão principal em relação à deformação axial (a); deformação volumétrica em relação à deformação axial (b) (adaptada de Lee, 1965).

As razões de tensão principal para essas condições são 2,0 e 3,5, respectivamente, conforme indicado pelas setas na Figura 9.5a. Utilizando a Equação (9.2), obtemos os seguintes resultados:

σ'_{3c} (MPa)	σ'_1/σ'_3 —	$\sigma'_1 - \sigma'_3$ (MPa)	σ'_1 (MPa)
0,1	3,5	0,25	0,35
3,9	2,0	3,9	7,8

É interessante observar os formatos das curvas de deformação volumétrica em relação à deformação axial na Figura 9.5b. À medida que a deformação aumenta, a deformação volumétrica diminui na maior parte. Isto é consistente com o comportamento de uma areia solta, como mostrado na Figura 9.4b. Contudo, em baixas pressões confinantes (p. ex., 0,1 e 0,2 MPa), a deformação volumétrica é positiva ou está ocorrendo dilatação! Assim, mesmo uma areia inicialmente solta comporta-se como uma areia densa; isto é, sofre dilatação se σ'_{3c} for suficientemente baixo!

Agora, vejamos o comportamento da areia densa. Os resultados de vários ensaios triaxiais drenados na areia densa do rio Sacramento são apresentados na Figura 9.6. Embora os resultados

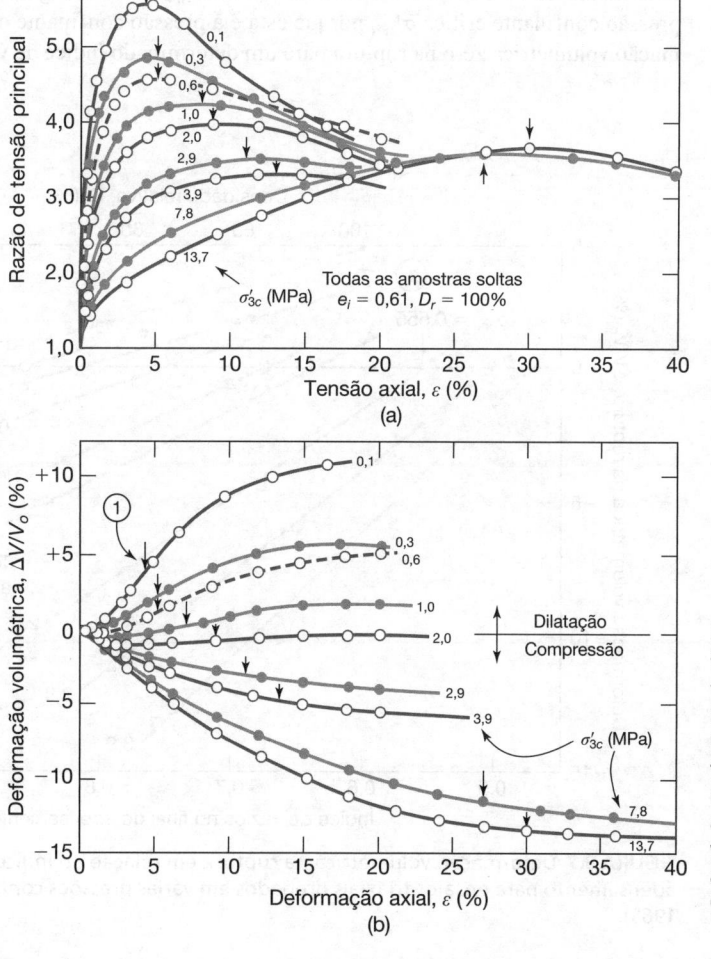

FIGURA 9.6 Resultados típicos de ensaios triaxiais drenados na areia densa do rio Sacramento: razão de tensão principal em relação à deformação axial (a); deformação volumétrica em relação à deformação axial (b) (adaptada de Lee, 1965).

se assemelhem aos da Figura 9.5, existem algumas diferenças significativas. Primeiro, picos definidos são vistos nas curvas de deformação σ'_1/σ'_3, que são típicas de areias densas (compare com a Figura 9.4a). Em segundo lugar, são observados aumentos consideráveis de deformação volumétrica (dilatação). No entanto, em pressões confinantes mais elevadas, a areia densa exibe o comportamento da areia solta, apresentando uma diminuição no volume ou na compressão com deformação.

Ao testar amostras da mesma areia com os mesmos índices de vazios ou densidades, mas com diferentes pressões efetivas de adensamento, podemos determinar a razão entre a deformação volumétrica na ruptura e o índice de vazios ou densidade relativa. Poderíamos definir a ruptura como o máximo $(\sigma_1 - \sigma_3)$ ou o máximo σ'_1/σ'_3. Para ensaios drenados, a ruptura ocorre na mesma deformação de acordo com ambos os critérios. Os pontos de ruptura são mostrados como pequenas setas na Figura 9.6. A deformação volumétrica na ruptura em relação ao índice de vazios no final do adensamento, a partir dos dados das Figuras 9.5b e 9.6b para várias pressões confinantes (outros dados também foram adicionados), é mostrada na Figura 9.7. Por exemplo, o ponto 1 na Figura 9.6b é traçado como ponto 1 na Figura 9.7. Pode-se observar que, para uma determinada pressão confinante, a deformação volumétrica diminui (torna-se mais negativa) à medida que a densidade diminui (o índice de vazios aumenta). Por definição, o índice de vazios crítico é o índice de vazios na ruptura quando a deformação volumétrica é zero. Assim, para os vários valores de σ'_{3c} na Figura 9.7, $e_{crít}$ é o índice de vazios quando $\Delta V/V_o = 0$. Por exemplo, $e_{crít}$ para $\sigma'_{3c} = 2,0$ MPa é 0,555.

Podemos ver como o $e_{crít}$ varia com a pressão confinante tomando os índices de vazios críticos da Figura 9.7 e traçando-os em relação ao σ'_{3c}, como na Figura 9.8. Aqui chamamos σ'_{3c} de pressão confinante crítica $\sigma'_{crít}$ porque esta é a pressão confinante efetiva na qual ocorre deformação volumétrica zero na ruptura para um determinado índice de vazios.

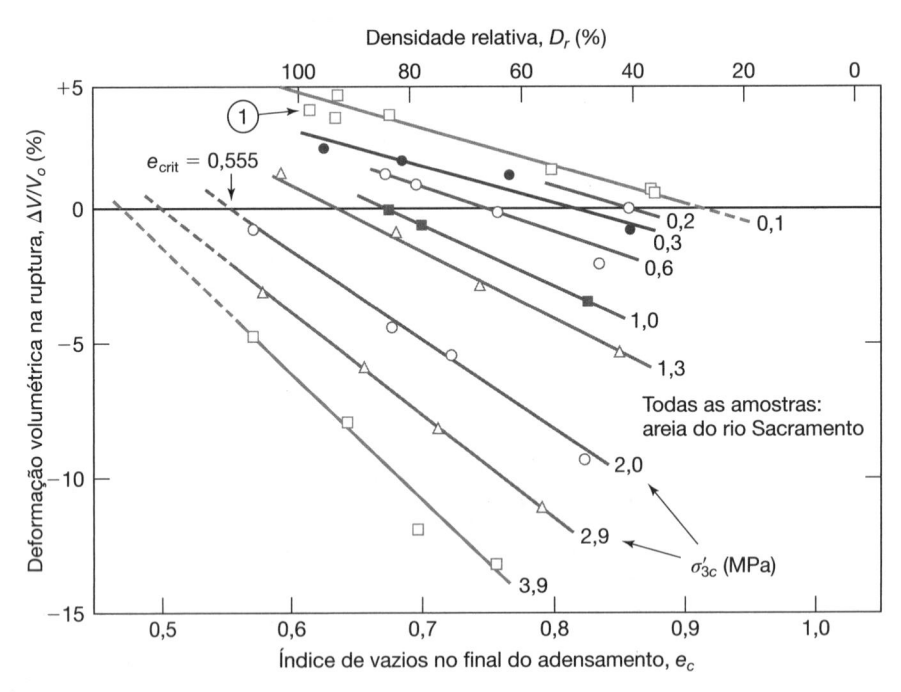

FIGURA 9.7 Deformação volumétrica na ruptura em relação ao índice de vazios no final do adensamento para ensaios triaxiais drenados em várias pressões confinantes (adaptada de Lee, 1965).

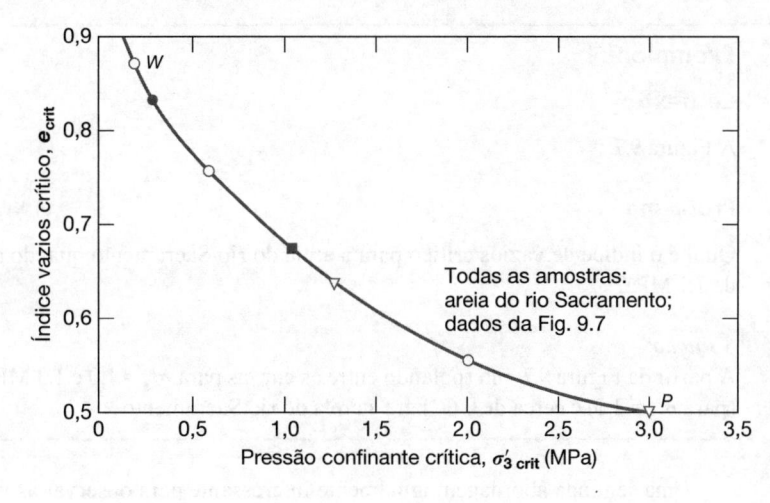

FIGURA 9.8 Índice de vazios crítico em relação às condições de pressão em ensaios triaxiais drenados. (adaptada de Lee, 1965).

Exemplo 9.3

Contexto:

Um ensaio **CD** triaxial é realizado com um solo granular. Na ruptura, $\sigma'_{1f}/\sigma'_{3f} = 3{,}5$. A tensão principal menor efetiva na ruptura é de 90 kPa.

Problema:

a. Calcule ϕ'.
b. Determine a diferença de tensão principal na ruptura.
c. Trace o círculo de Mohr e a envoltória de ruptura de Mohr.

Solução:

a. A partir das Equações (8.13), (8.15) ou (9.1), sabemos que

$$\frac{\sigma'_{1f}}{\sigma'_{3f}} = \frac{1 + \operatorname{sen} \phi'}{1 - \operatorname{sen} \phi'} = \operatorname{tg}^2\left(45° + \frac{\phi'}{2}\right) = 3{,}5$$

Determinando ϕ', obtemos $\phi' = 34°$.

b. A partir da Equação (9.3),

$$(\sigma_1 - \sigma_3)_f = \sigma'_3\left(\frac{\sigma'_{1f}}{\sigma'_{3f}} - 1\right)$$
$$= 90 \text{ kPa } (3{,}5 - 1)$$
$$= 225 \text{ kPa}$$

c. Ver a Figura Ex. 9.3.

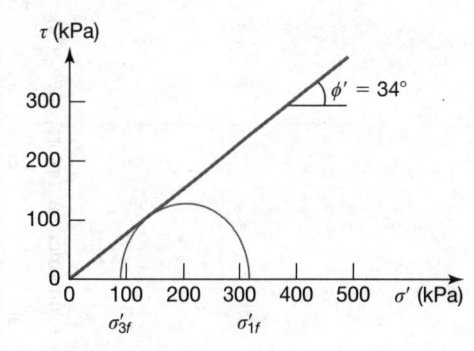

FIGURA Ex. 9.3

Exemplo 9.4

Contexto:

A Figura 9.7.

Problema:

Qual é o índice de vazios crítico para a areia do rio Sacramento quando a pressão confinante é de 1,1 MPa?

Solução:
A partir da Figura 9.7, interpolando entre as curvas para $\sigma'_3 = 1,0$ e 1,3 MPa, descobrimos que e_c (para $\sigma'_3 = 1,1$) é cerca de 0,66 para a areia do rio Sacramento.

Uma segunda abordagem igualmente interessante para observar as variações volumétricas durante o cisalhamento é usar os dados mostrados nas Figuras 9.5b e 9.6b (além de outros dados em índices de vazios intermediários) e traçar a relação entre a deformação volumétrica na ruptura e a pressão confinante para vários valores de índice de vazios após o adensamento. Tal gráfico é mostrado na Figura 9.9, embora os índices de vazios indicados sejam índices de vazios iniciais e não aqueles após o adensamento. Observe que o valor de σ'_{3c} em $\Delta V/V_o = 0$ é a pressão confinante crítica, σ'_{crit}. Por serem ensaios drenados, $\sigma'_{3c} = \sigma'_{3f}$. Esta razão também pode ser obtida a partir da Figura 9.7, observando os valores de deformação volumétrica em índices de vazios constantes e traçando $\Delta V/V_o$ em relação ao σ'_{3c}. Mostramos as relações das Figuras 9.7 e 9.9 idealizadas com linhas retas na Figura 9.10.

Uma vez que ambas as Figuras 9.7 e 9.9 apresentam um eixo comum, é possível combiná-las em um único gráfico tridimensional conhecido como diagrama de Peacock (adaptado de William Hubert Peacock, que elaborou tal diagrama pela primeira vez em 1967), conforme mostrado na Figura 9.11.

Com o diagrama de Peacock, somos capazes de prever o comportamento da areia com qualquer índice de vazios após o adensamento e_c e em qualquer pressão confinante σ'_3. Por exemplo, se a pressão confinante efetiva for dada no ponto C na Figura 9.11, que é maior que σ'_{3crit} para este dado índice de vazios e_c, então esperaríamos uma diminuição no volume ou um $\Delta V/V_o$ negativo, que é igual à ordenada **BS**. Por outro lado, se σ'_3 for menor que σ'_{3crit}, como o ponto A para o valor dado de e_c, então ocorrerá uma dilatação ou mudança positiva de volume igual à ordenada **RD**. Como o índice de vazios após o adensamento varia ao longo do eixo do índice de

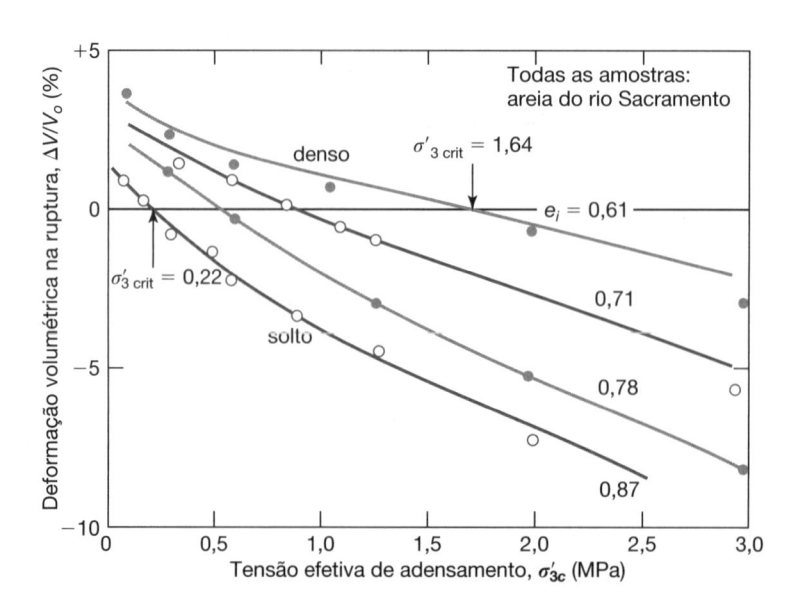

FIGURA 9.9 Deformação volumétrica na ruptura em relação à tensão efetiva de adensamento para diferentes índices de vazios iniciais (adaptada de Lee, 1965).

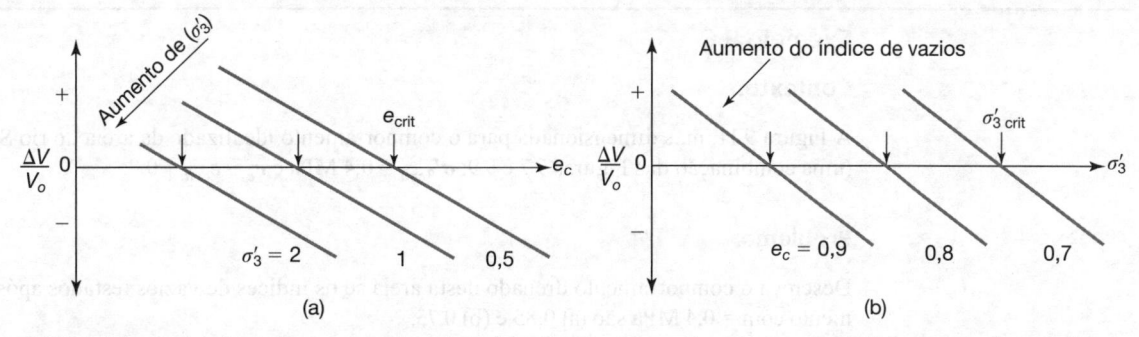

FIGURA 9.10 Dados de deformação volumétrica idealizados de ensaios triaxiais drenados: em relação ao e_c (a); $\Delta V/V_o$ versus σ'_3 (b).

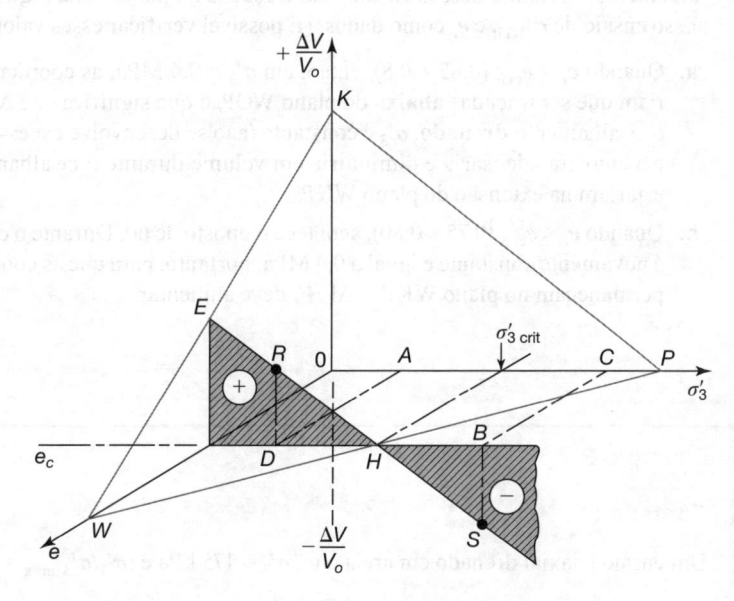

FIGURA 9.11 Diagrama de Peacock, que combina as Figuras 9.10a e b em um gráfico idealizado para mostrar o comportamento de ensaios triaxiais drenados em areia.

vazios σ'_{3crit} varia, e o mesmo acontecerá com as alterações volumétricas em caso de ruptura. Para uma areia real, o diagrama de Peacock possui superfícies curvas. Por exemplo, a linha KP na Figura 9.11 deve se assemelhar a uma das curvas da Figura 9.9. A linha PW na Figura 9.11 também é curva. Veja a linha PW na Figura 9.8; aqui você está olhando para um plano no diagrama de Peacock onde $\Delta V/V_o = 0$.

Exemplo 9.5

Contexto:

A Figura 9.9.

Problema:

Qual é a pressão confinante crítica para a areia do rio Sacramento se o índice de vazios for igual a 0,65?

Solução:
A partir da Figura 9.9, poderemos interpolar entre as curvas para $e_i = 0{,}61$ e $0{,}71$ para o valor de σ'_3 quando $\Delta V/V_o =$ zero. Obtemos um σ'_3 de cerca de 1,3 MPa.

Exemplo 9.6

Contexto:

A Figura 9.11, mas dimensionada para o comportamento idealizado da areia do rio Sacramento (uma combinação das Figuras 9.7 e 9.9; $\sigma'_{3crít} = 0{,}4$ MPa e $e_c = e_{crít} = 0{,}8$.

Problema:

Descreva o comportamento drenado desta areia se os índices de vazios testados após o adensamento com = 0,4 MPa são (a) 0,85 e (b) 0,75.

Solução:

Como σ'_3 e e_c estão em níveis críticos, por definição não há variação volumétrica durante o cisalhamento. Portanto, nossos ensaios são traçados no ponto H na Figura 9.11, com os valores no nosso ensaio de $\sigma'_{3crít}$ e e_c como dados. (É possível verificar esses valores nas Figuras 9.7 e 9.9.)

a. Quando $e_c > e_{crít}$ (0,85 > 0,8), então, em $\sigma'_3 = 0{,}4$ MPa, as coordenadas do nosso ensaio teriam que ser traçadas **abaixo** do plano WOP, o que significa que $\Delta V/V_o$ é negativo. Durante o cisalhamento **drenado**, σ'_3 é constante (não se desenvolve excesso de pressão intersticial), e a amostra adensaria e diminuiria em volume durante o cisalhamento. Suas coordenadas estariam na extensão do plano WKP.

b. Quando $e_c < e_{crít}$ (0,75 < 0,80), acontece o oposto de (a). Durante o cisalhamento drenado, σ'_3 é novamente constante e igual a 0,4 MPa, portanto, para que as coordenadas do nosso ensaio permaneçam no plano WKP, o $\Delta V/V_o$ deve aumentar.

Exemplo 9.7

Contexto:

Um ensaio triaxial drenado em areia com $\sigma'_3 = 175$ kPa e $(\sigma'_1/\sigma'_3)_{máx} = 4{,}1$.

Problema:

a. σ'_{1f}
b. $(\sigma_1 - \sigma_3)_f$
c. ϕ'

Solução:

a. Como sabemos que $\sigma'_3 = \sigma'_{3f}$ (para ensaio drenado) e $(\sigma'_1/\sigma'_3)_f = 4{,}1$, podemos determinar:
$\sigma'_{1f} = \sigma'_{3f}(\sigma'_{1f}/\sigma'_{1f}) = 175(4{,}1) = 717{,}5$ kPa.
b. $(\sigma_1 - \sigma_3)_f = (\sigma'_1 - \sigma'_3)_f = 717{,}5 - 175 = 542{,}5$ kPa.
c. Vamos presumir que para a areia $c' = 0$. Consequentemente, a partir da Equação (8.12),

$$\phi' = \text{arc sen}\left(\frac{\sigma'_{1f} - \sigma'_{3f}}{\sigma'_{1f} + \sigma'_{3f}}\right) = \text{arc sen}\frac{542{,}5}{892{,}5} = 37{,}4°$$

Obs.: Poderíamos também determinar ϕ' graficamente a partir do círculo de Mohr traçado para condições de ruptura, como mostrado na Figura Ex. 9.7.

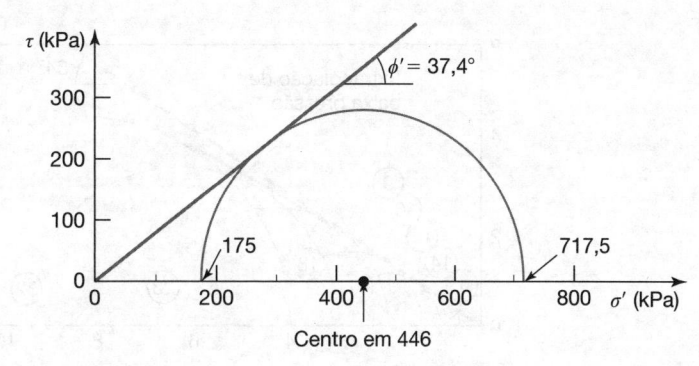

FIGURA Ex. 9.7

(Gráfico: τ (kPa) vs σ' (kPa); φ' = 37,4°; círculo de Mohr com extremidades em 175 e 717,5; centro em 446)

9.5 FATORES QUE AFETAM A RESISTÊNCIA AO CISALHAMENTO DE AREIAS

Como a areia é um material proveniente de um meio **atrítico**, era de se esperar que os fatores que aumentam a resistência ao atrito da areia levassem a aumentos no ângulo de atrito interno. Primeiro, vamos resumir os fatores que influenciam ϕ:

1. Índice de vazios ou densidade relativa.
2. Forma das partículas.
3. Distribuição das dimensões dos grãos.
4. Rugosidade da superfície das partículas.
5. Água.
6. Tensão principal intermediária.
7. Tamanho das partículas.
8. Sobreadensamento ou pré-tensão.

O índice de vazios, relacionado à densidade da areia, é talvez o parâmetro mais importante que afeta a resistência das areias. De modo geral, para ensaios drenados, tanto no aparelho de cisalhamento direto quanto no aparelho de ensaio triaxial, quanto menor o índice de vazios (**maior densidade ou maior índice ou densidade relativa**), maior será a resistência ao cisalhamento. Os círculos de Mohr para os dados do ensaio triaxial apresentados anteriormente são mostrados na Figura 9.12 para várias pressões confinantes e quatro índices de vazios iniciais. Perceba que, à medida que o índice de vazios diminui ou a densidade aumenta, o ângulo de atrito interno ou ângulo de resistência ao cisalhamento ϕ aumenta.

Outra coisa que você deve observar é que as envoltórias de ruptura de Mohr na Figura 9.12 são curvas; isto é, ϕ não é uma constante se a faixa de pressão confinante for ampla. Em geral, falamos de ϕ' como se fosse uma constante, mas como observamos no Capítulo 8, entendemos que a envoltória de ruptura de Mohr é realmente curva. Na prática, aproximamos a envoltória curva por uma linha reta e, portanto, por uma constante ϕ' ao longo da faixa de **tensões de trabalho** previstas em campo.

Os efeitos da densidade relativa ou índice de vazios, formato dos grãos, distribuição da dimensão dos grãos e tamanho das partículas em ϕ são resumidos por Casagrande na Figura 9.1. Os valores foram determinados por ensaios triaxiais com amostras saturadas a pressões confinantes moderadas. De modo geral, com todo o resto constante, ϕ aumenta com o aumento da angularidade (Figura 2.7). Se duas areias apresentam a mesma densidade relativa, o solo com melhor graduação (p. ex., um solo **SW** em oposição a um solo **SP** apresenta um ϕ maior. (Como um lembrete, duas areias com o mesmo índice de vazios podem não ter necessariamente a mesma densidade relativa.) O tamanho de uma partícula, com índice de vazios constante, **não** parece influenciar o ϕ de forma significativa. Assim, uma areia fina e uma areia grossa com o mesmo

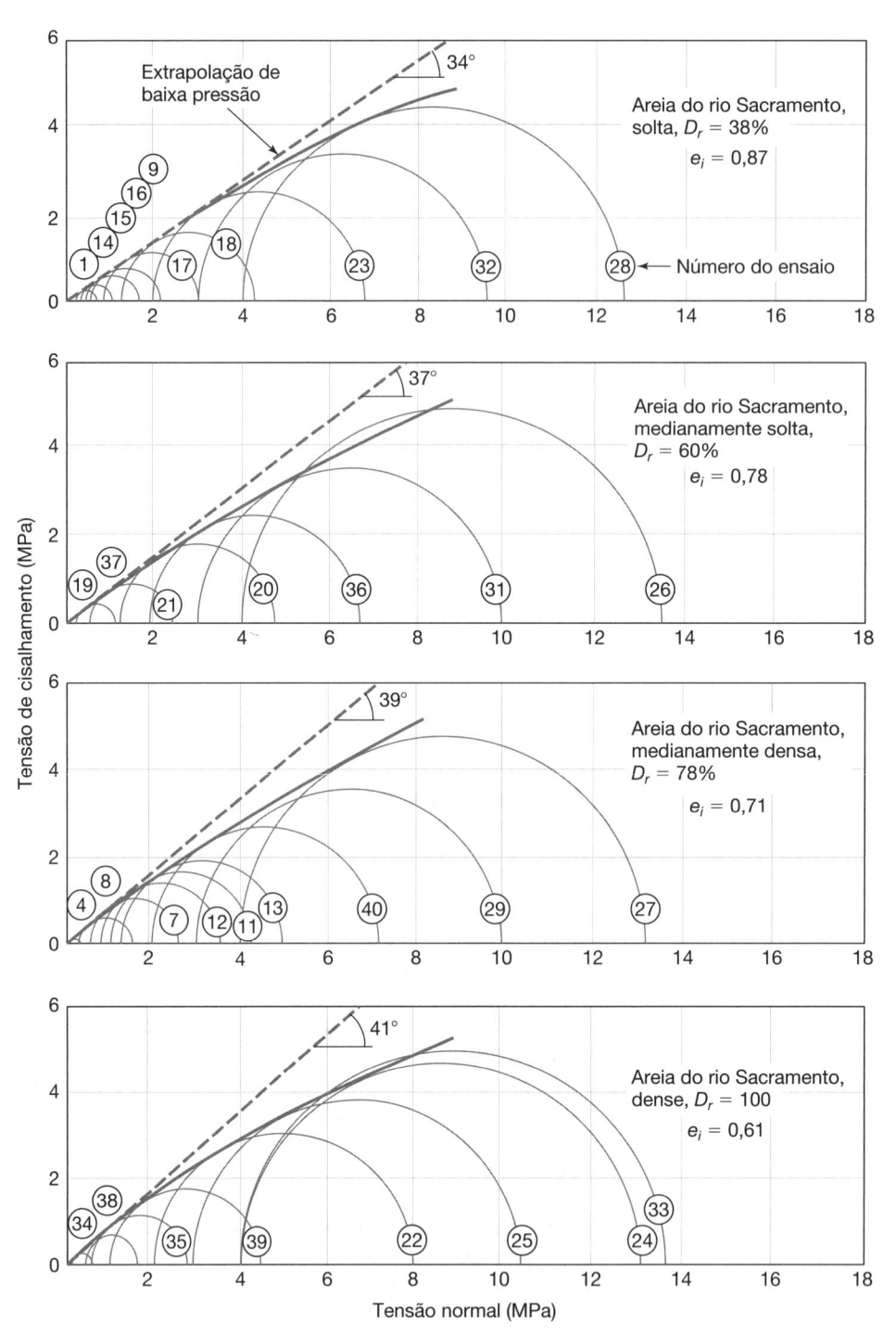

FIGURA 9.12 Círculos de Mohr e envoltórias de ruptura de ensaios triaxiais drenados, ilustrando os efeitos do índice de vazios ou densidade relativa na resistência ao cisalhamento (adaptada de Lee, 1965; também adaptado de Lee e Seed, 1967).

TABELA 9.1 Ângulo de atrito interno de solos sem coesão

N°	Descrição geral	Formato dos grãos	D_{10} (mm)	C_u	Solto		Denso	
					e	ϕ (graus)	e	ϕ (graus)
1	Areia padrão de Ottawa	Bem-arredondado	0,56	1,2	0,70	28	0,53	35
2	Areia do arenito de St. Peter	Arredondado	0,16	1,7	0,69	31	0,47	37[a]
3	Areia da praia de Plymouth, MA	Arredondado	0,18	1,5	0,89	29	—	—
4	Areia siltosa do local da barragem de Franklin Falls, NH	Subarredondado	0,03	2,1	0,85	33	0,65	37
5	Areia siltosa das proximidades da represa John Martin, CO	Subangular a subarredondado	0,04	4,1	0,65	36	0,45	40
6	Areia ligeiramente siltosa dos taludes da Barragem de Ft. Peck, MT	Subangular a subarredondado	0,13	1,8	0,84	34	0,54	42
7	Areia glacial peneirada, Manchester, NH	Subangular	0,22	1,4	0,85	33	0,60	43
8	Areia da praia da barragem de aterro hidráulico, Projeto Quabbin, MA	Subangular	0,07	2,7	0,81	35	0,54	46[b]
9	Mistura artificial e bem-graduada de cascalho com areias n° 7 e n° 3	Subarredondado a subangular	0,16	68	0,41	42	0,12	57
10	Areia para aterro do Grande Lago Salgado (poeira arenosa)	Angular	0,07	4,5	0,82	38	0,53	47
11	Pedra britada bem-graduada e compactada	Angular	—	—	—	—	0,18	60

[a] O ângulo de atrito interno do arenito de St. Peter não perturbado é maior que 60°, e sua coesão é tão pequena que uma leve pressão ou atrito dos dedos, ou mesmo um sopro forte em uma amostra com a boca, vai destruí-la.
[b] Ângulo de atrito interno medido por ensaio de cisalhamento direto para o n° 8, por ensaios triaxiais para todos os demais.
Adaptada de A. Casagrande (Hirschfeld, 1963).

índice de vazios provavelmente terão aproximadamente o mesmo ϕ. Casagrande também publicou um gráfico muito útil do ângulo de atrito efetivo em relação ao índice de vazios, mostrado na Figura 9.13, citado no estudo de Means e Parcher (1963). Observe os limites para solos granulares **naturais** indicados na figura. Como esperado, os dados apresentados na Tabela 9.1 enquadram-se perfeitamente à figura.

A Figura 9.14 mostra a correlação entre o ângulo de atrito efetivo dos resultados do ensaio de compressão triaxial e a densidade seca, densidade relativa e do sistema unificado de classificação de solos. As escalas de porosidade, do índice de vazios e da densidade seca são baseadas em uma gravidade específica de 2,68 (observe que as três escalas também atuam como um nomógrafo, essencialmente uma calculadora gráfica, para esses três parâmetros inter-relacionados).

Podemos combinar as Figuras 9.13 e 9.14, pois elas estão relacionados pelo ângulo de atrito interno e pelo índice de vazios. A nova figura combinada parece diferente porque a Figura 9.13 está agora invertida, já que a escala de índice de vazios é diferente entre os dois gráficos originais. A Figura 9.13 foi traçada novamente usando-se a escala de índice de vazios da Figura 9.14 na nova Figura 9.15.

Nesta figura, é interessante notar que a metade direita da Figura 9.14 não contém nenhum o ídice de vazios e nem dados inferiores a 0,4 do gráfico de Casagrande como mostrado na Figura 9.13. Existem duas razões para estas ausências. Uma pode ser que o gráfico de Casagrande lide com muitos **grãos naturais** (dos solos); e a segunda é que normalmente não encontramos muitos solos na natureza com índices de vazios inferiores a 0,4. Além disso, muitos solos granulares **despejados** apresentam densidades relativas de ~80%, e é incomum que os solos *in situ* apresentem densidades secas superiores a 125 lbf/pés³ (ou ~2.000 kg/m³) (com uma densidade seca tão elevada, será difícil, por exemplo, cravar uma estaca nestes solos).

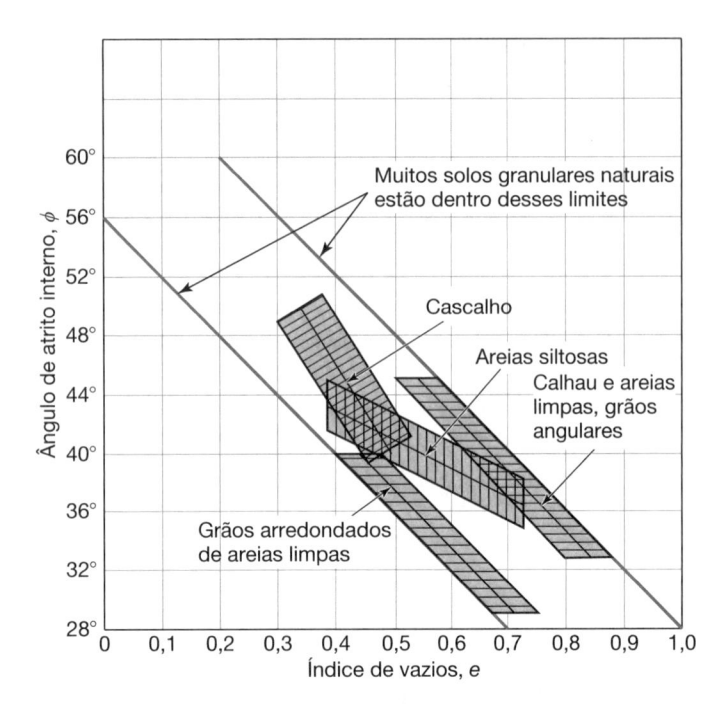

FIGURA 9.13 Faixa de ângulo de atrito interno de solos granulares naturais em função de índice de vazios (adaptada de Casagrande, citada por Means e Parcher, 1963).

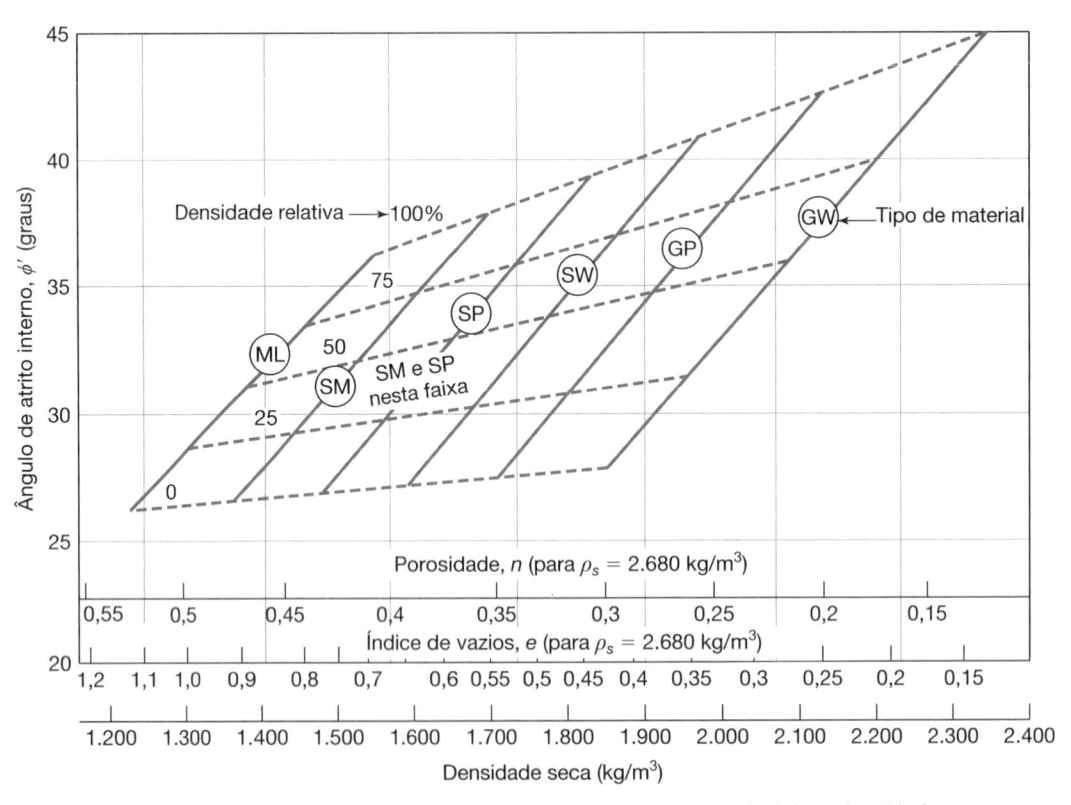

FIGURA 9.14 Correlações entre o ângulo de atrito efetivo na compressão triaxial e a densidade seca, densidade relativa e classificação do solo. A correlação aproximada é para materiais sem coesão sem finos plásticos (adaptada de U.S. Department of the Navy, 1986).

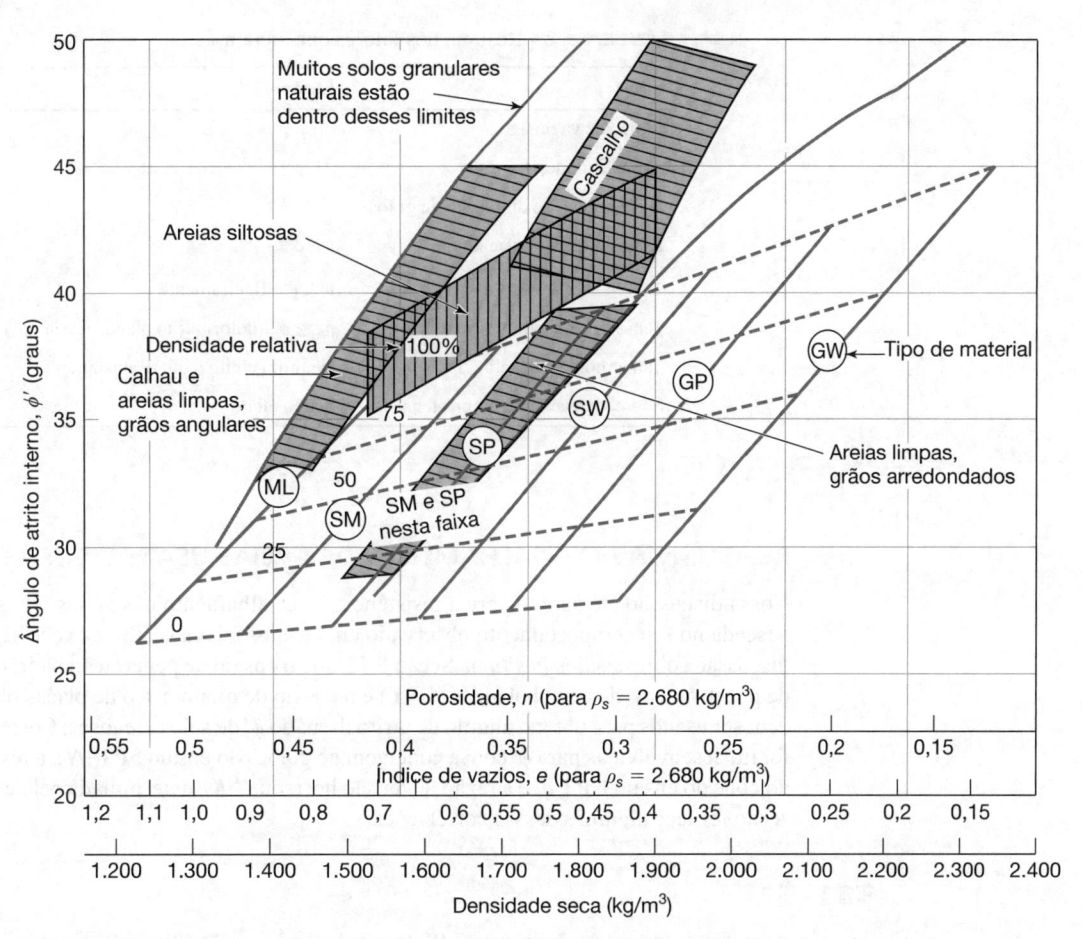

FIGURA 9.15 Correlações entre o ângulo de atrito efetivo na compressão triaxial e a densidade seca e classificação do solo (adaptada de U.S. Department of the Navy, 1971, 1986) com a Figura 9.13 invertida sobreposta. Observe a mudança de escala devido à relação não linear entre densidade seca e o índice de vazios.

Outro parâmetro, não incluído na Tabela 9.1, é a rugosidade superficial, que é relativamente difícil de medir. No entanto, ela terá um efeito sobre ϕ. Em geral, quanto maior a rugosidade da superfície, maior será ϕ. Também foi descoberto que os solos úmidos apresentam um valor de ϕ 1° a 2° menor do que se as areias estivessem secas.

Todos os fatores mencionados acima estão resumidos na Tabela 9.2. Algumas correlações entre ϕ' e densidade seca, densidade relativa e classificação do solo são mostradas na Figura 9.13. Esta figura e a Tabela 9.1 são muito úteis para estimar as características de atrito de materiais granulares. Se você tiver uma classificação visual completa dos materiais na área pretendida, juntamente com alguma ideia da densidade relativa *in situ*, você já terá uma boa ideia sobre o comportamento da resistência ao cisalhamento dos solos antes de executar um programa de ensaios laboratoriais. Para projetos pequenos, essas estimativas podem ser tudo o que você precisa.

TABELA 9.2 Resumo dos fatores que afetam ϕ

Fator	Efeito
Índice de vazios, e	$e\uparrow, \phi\downarrow$
Angularidade, A	$A\uparrow, \phi\uparrow$
Distribuição de dimensão de grãos	$C_u\uparrow, \phi\uparrow$
Rugosidade superficial, R	$R\uparrow, \phi\uparrow$
Teor de umidade, w	$w\uparrow, \phi\downarrow$ ligeiramente
Tensão principal intermediária	$\phi_{ps} \geq \phi_{tx}$ (deformação plana vs. triaxial)
Tamanho de partícula, S	Nenhum efeito (com e constante)
Sobreadensamento ou pré-tensão	Pouco efeito

9.6 RESISTÊNCIA AO CISALHAMENTO DE AREIAS USANDO ENSAIOS *IN SITU*

Nossa discussão até agora sobre a resistência ao cisalhamento das areias tem sido amplamente baseada no seu comportamento observado em ensaios triaxiais. Talvez você se lembre de nossa discussão sobre ensaios *in situ* na Seção 8.7.1 que o ensaio de penetração padrão (**SPT**), o ensaio de penetrômetro de cone holandês (**CPT**) e o ensaio de dilatômetro de placas planas (**DMT**) podem ser usados para obter o ângulo de atrito drenado ϕ' de solos arenosos. Correlações empíricas foram desenvolvidas para ϕ' com a contagem de golpes do ensaio **SPT** (N), a resistência da ponta do cone do ensaio **CPT** q_c e a razão de tensão horizontal K_D determinada pelo ensaio **DMT**. Esta seção fornece algumas dessas correlações.

9.6.1 SPT

A contagem de golpes N do ensaio **SPT** correlaciona-se consideravelmente bem com a densidade relativa e o ângulo de atrito, desde que sejam feitas correções adequadas para a energia aplicada, o comprimento da haste e o diâmetro do furo de sondagem (Sabatini et al., 2002). Uma relação comum é mostrada na Tabela 9.3 para areias limpas. Para areias argilosas, o ϕ' na tabela deve ser reduzido em cerca de 5°, e para areias cascalhentas, aumentado em 5°. Se o valor de N do ensaio **SPT** for determinado em areias muito finas ou siltosas abaixo do lençol freático e se for superior a cerca de $N = 15$, então o valor de N medido deve ser corrigido para dilatância. Uma abordagem é usar $N = 15 + (N' - 15)/2$ onde o N' medido > 15.

TABELA 9.3 Correlação entre densidade relativa, N do ensaio **SPT** e ângulo de atrito

Descritores de densidade relativa	Densidade relativa (%)	N de SPT (golpes/pol.)	Ângulo de atrito, ϕ' (graus)
Muito solto	< 20	< 4	< 30
Solto	20 a 40	4 a 10	30 a 35
Médio	40 a 60	10 a 30	35 a 40
Denso	60 a 80	30 a 50	40 a 45
Muito denso	> 80	> 50	> 45

Adaptada de Meyerhoff (1956) e Sabatini et al. (2002).

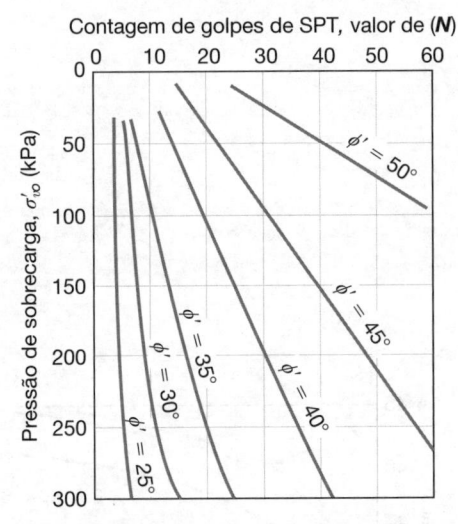

FIGURA 9.16 Correlação entre ϕ' e N corrigida para tensão efetiva de sobrecarga (adaptada de Schmertmann, 1975).

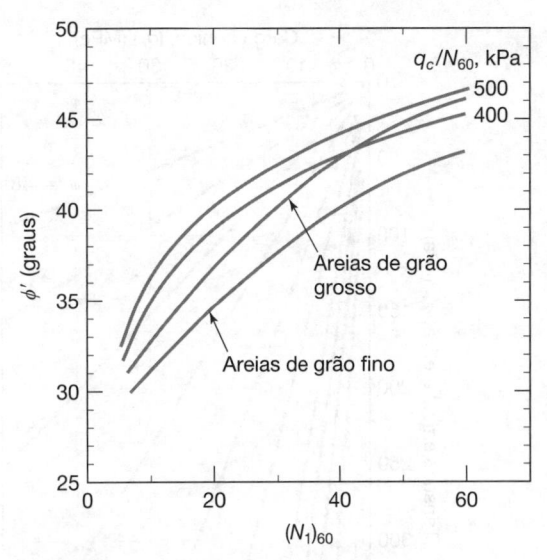

FIGURA 9.17 Correlação entre ϕ' e valor de N (Terzaghi et al., 1996).

Como o valor de N depende da tensão de sobrecarga, Schmertmann (1975) propôs a correlação mostrada na Figura 9.16, com base em ensaios de câmara de calibração. De acordo com Kulhawy e Mayne (1990), esta correlação pode ser aproximada por

$$\phi' \approx \mathrm{tg}^{-1}\left[\frac{N}{\left(12{,}2 + 20{,}3\dfrac{\sigma'_{vo}}{p_a}\right)}\right]^{0{,}34} \tag{9.5}$$

onde p_a = pressão de referência (atmosférica, $\approx$100 kPa).

Terzaghi et al. (1996) afirmam que este valor subestima o ϕ' para **areias calcárias** (formadas por grãos de calcita e/ou dolomita) com partículas britáveis e areias sobreadensadas. A Figura 9.17 mostra uma correlação melhorada entre ϕ' e a contagem de golpes, $(N_1)_{60}$, que é o valor de N corrigido para energia aplicada, comprimento da haste e diâmetro do furo de sondagem (Sabatini et al., 2002).

9.6.2 CPT

Como o **CPT** é um ensaio quase estático, ele é especialmente eficaz em areias soltas sem muito cascalho. Provavelmente, a correlação mais conhecida entre a resistência da ponta do cone q_c e o ângulo de atrito drenado ϕ' é mostrada na Figura 9.18 para areias de quartzo limpas não cimentadas e normalmente adensadas.

Segundo Sabatini et al. (2002), as correlações na Figura 9.18 podem ser aproximadas por

$$\phi' \approx \mathrm{tg}^{-1}\left[0{,}1 + 0{,}38\,\log\left(\frac{q_c}{\sigma'_{vo}}\right)\right] \tag{9.6}$$

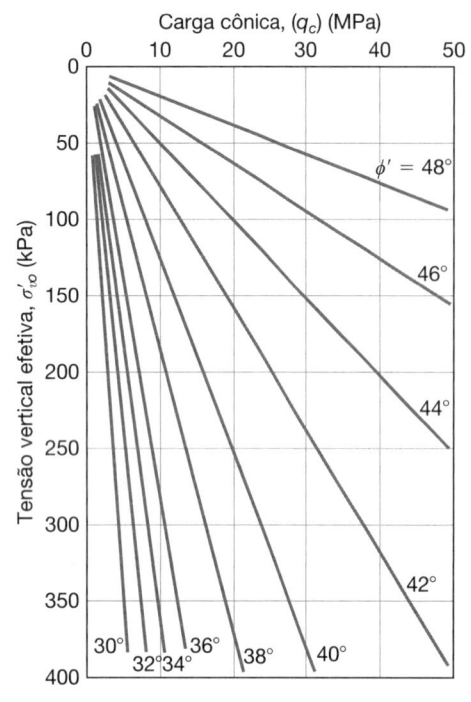

FIGURA 9.18 Ângulo de atrito drenado ϕ' em função da resistência da ponta do cone q_c e tensão de sobrecarga vertical efetiva (Robertson Marchetti, 1997; Sabatini et al., 2002).

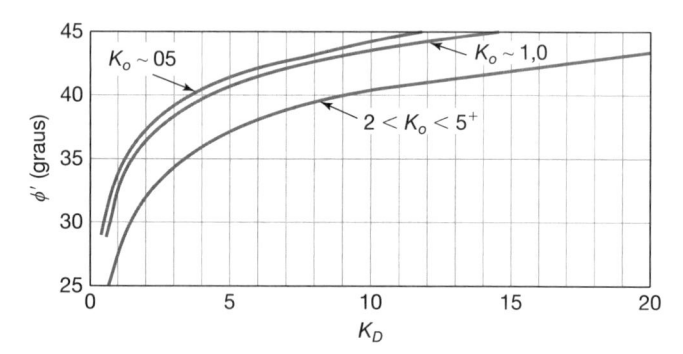

FIGURA 9.19 Correlação de ϕ' com a razão de tensão horizontal K_D para areias limpas (adaptada de Campanella e Robertson, 1991; Campanella, 1983).

9.6.3 DMT

Os resultados do ensaio **DMT** são usados para desenvolver razões de tensão material e lateral que foram correlacionadas a várias propriedades dos solos, incluindo o ângulo de atrito para areias e siltes. Uma correlação para areia limpa ocorre por meio da razão de tensão horizontal K_D proposta por Campanella e Robertson (1991) e modificada por Marchetti (1997). Segundo Sabatini et al. (2002), a Equação (9.7) é o limite inferior proposto por Marchetti (1997). Está traçada na Figura 9.19 e, de acordo com a correlação de Campanella e Robertson (1991), parece destinar-se a areias sobreadensadas.

$$\phi' = 28° + 14,6 \log K_D - 2,1 \log^2 K_D \qquad (9.7)$$

9.7 O COEFICIENTE DE EMPUXO DE TERRA EM REPOUSO PARA AREIAS

Na Seção 5.11, definimos o coeficiente do empuxo de terra em repouso como

$$K_o = \frac{\sigma'_{ho}}{\sigma'_{vo}} \qquad (5.19)$$

onde σ'_{ho} = a tensão horizontal efetiva *in situ*; e
σ'_{vo} = tensão vertical efetiva *in situ*.

Mencionamos que o conhecimento de K_o é muito importante para o projeto de estruturas de contenção de terras e muitas fundações, como veremos nos Capítulos 10 e 11. Também influencia o potencial de liquefação. Assim, se a sua avaliação das tensões iniciais *in situ* no solo for imprecisa, você pode estar equivocado na sua previsão do desempenho de tais estruturas.

Você já aprendeu na Seção 5.9 como estimar σ'_{vo} a partir das densidades dos materiais sobrejacentes, por exemplo, sem causar alguma perturbação e densificação das areias ao redor da cela, e isso altera o campo de tensão no próprio ponto de medição. Por consequência, a abordagem geralmente adotada é estimar K_o a partir da teoria ou de ensaios laboratoriais e, em seguida, calcular σ'_{ho} a partir de σ'_{vo} da Equação (5.19).

A equação mais conhecida para estimar K_o, derivada por Jáky (1944, 1948), é uma relação teórica entre K_o e o ângulo de atrito interno ϕ', ou

$$K_o = 1 - \operatorname{sen} \phi' \tag{9.8}$$

Esta relação, conforme mostrado na Figura 9.20, parece ser um preditor adequado de K_o para areias normalmente adensadas. Dado que a maioria dos pontos se situa entre 0,35 e 0,5 para estas areias, K_o de 0,4 a 0,45 seria um valor médio razoável a utilizar para fins de um projeto preliminar.

Se a areia foi pré-carregada, então K_o é um pouco maior. Schmidt (1966, 1967) e Alpan (1967) sugeriram que o aumento de K_o poderia estar relacionado à razão de sobreadensamento (**OCR**) por

$$K_{o-oc} = K_{o-nc} (\mathbf{OCR})^h \tag{9.9}$$

onde $K_{o-oc} = K_o$ para o solo sobreadensado;
$K_{o-nc} = K_o$ para o solo normalmente adensado; e
h = é um expoente empírico.

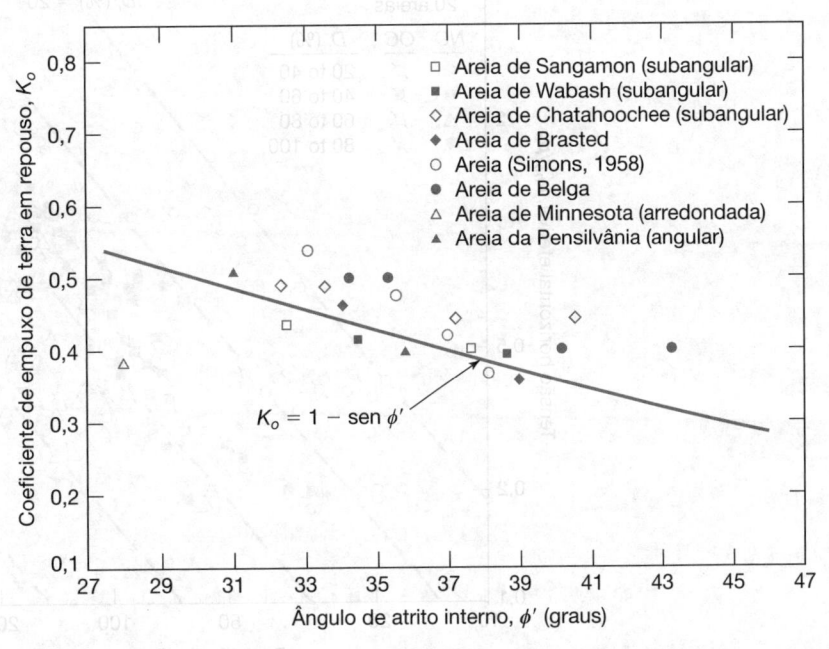

FIGURA 9.20 Relação entre K_o e ϕ' para areias normalmente adensadas (adaptada de Al-Hussaini e Townsend, 1975).

Os valores de **h** variam entre 0,4 e 0,5 (Alpan, 1967; Schmertmann, 1975) e até 0,6 para areias muito densas (Al-Hussaini e Townsend, 1975). Schmidt (1966) sugeriu que $h = \text{sen } \phi'$. Ladd et al. (1977) apontaram que este próprio expoente varia com o **OCR** e parece depender da direção das tensões aplicadas. Por exemplo, Al-Hussaini e Townsend (1975) encontraram um K_o significativamente menor durante o recarregamento do que durante o descarregamento em ensaios laboratoriais em areia média uniforme. Portanto, K_o parece ser significativamente sensível ao histórico preciso de tensões do depósito.

Kulhawy et al. (1989) fornecem uma avaliação provisória de ensaios de penetração de cone em uma câmara de calibração onde a densidade relativa é conhecida. A Figura 9.21 mostra como a resistência da ponta do cone q_c varia com a tensão horizontal efetiva σ'_{ho} para uma determinada densidade relativa. Observe que tanto σ'_{ho} quanto q_c (também tensão) são normalizados em relação à pressão atmosférica p_a de modo a fornecer parâmetros adimensionais. O valor de p_a em unidades *SI* é 101,3 kPa, mas usar 100 kPa é suficientemente preciso. Conhecendo a resistência normalizada da ponta e a densidade relativa D_r, encontramos a tensão efetiva normalizada. O valor de K_o é calculado de acordo com a Equação (5.19). A Equação (9.10) fornece a inter-relação na figura

$$\frac{\sigma'_{ho}}{p_a} = \frac{(q_c/p_a)^{1,25}}{35e^{(D_r/20)}} \tag{9.10}$$

onde σ'_{ho} = a tensão horizontal efetiva;

q_c = resistência da ponta do cone;

p_a = pressão de referência (atmosférica, ≈100 kPa).

Falaremos mais sobre este assunto quando discutirmos K_o para argilas na Seção 9.13.

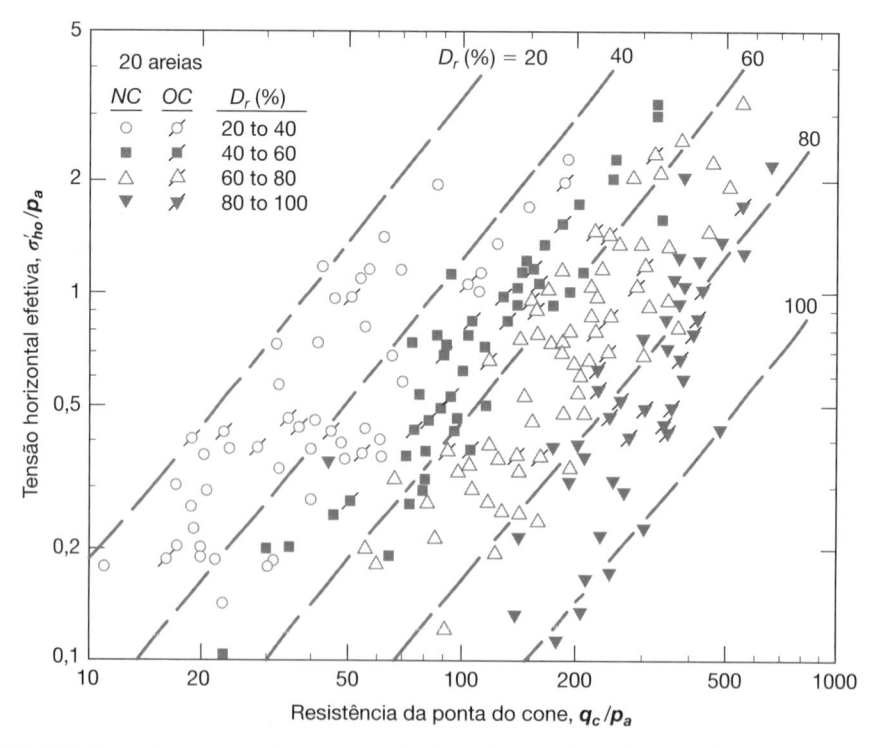

FIGURA 9.21 Resistência normalizada da ponta do cone em relação à tensão horizontal efetiva normalizada em função da densidade relativa (adaptada de Kulhawy et al., 1989).

9.8 COMPORTAMENTO DE SOLOS COESIVOS SATURADOS DURANTE O CISALHAMENTO

O que acontece quando tensões de cisalhamento são aplicadas a solos coesivos saturados? A maior parte do restante deste capítulo aborda essa questão. Mas, primeiro, vamos rever brevemente o que acontece quando as areias saturadas são cisalhadas.

Com base em nossa discussão anterior, você já sabe que as variações volumétricas ocorrem em um ensaio drenado e que a direção das variações volumétricas, seja dilatação ou compressão, depende da densidade relativa, bem como da pressão confinante. Se o cisalhamento ocorrer sem drenagem, então os mecanismos que produzem variações volumétricas sob condições drenadas tendem a produzir alterações correspondentes nas pressões neutras na areia. Quando as areias são carregadas estaticamente, por apresentarem uma permeabilidade tão alta em comparação com siltes e argilas, as mesmas drenam tão rapidamente quanto a carga é aplicada, de modo que o carregamento não drenado em condições estáticas acontece apenas em laboratório. O carregamento dinâmico é outra questão. O comportamento das areias saturadas sob cargas dinâmicas, por exemplo, devido a detonações, cravação de estacas ou terremotos, pode ser relativamente complexo sob certas condições.

No ensaio triaxial em laboratório, simplesmente fechando os valores de drenagem (Figuras 8.21 e 9.3) durante o carregamento axial, não é permitida nenhuma variação volumétrica e a areia é cisalhada sem drenagem. No entanto, a menos que a pressão confinante esteja a $\sigma'_{3crít}$, a areia **tenderá a mudar de volume** durante o carregamento. Uma amostra de areia solta **tenderia** a diminuir em volume, mas não pode, e, como resultado, uma pressão neutra **positiva** é induzida, o que causa uma **redução** na tensão efetiva. O oposto acontece com amostras densas. Elas tendem a dilatar, então uma pressão neutra **negativa** é induzida, o que causa um **aumento** na tensão efetiva.

Basicamente, as mesmas coisas acontecem quando solos argilosos são cisalhados. No cisalhamento drenado, se as variações volumétricas são dilatação ou compressão depende não apenas da densidade e da pressão confinante, mas também do histórico de tensões do solo. Da mesma forma, no cisalhamento não drenado, as pressões neutras desenvolvidas dependem muito de o solo ser normalmente adensado ou sobreadensado.

Normalmente, as cargas de engenharia são aplicadas muito mais rápido do que a água consegue escapar dos poros de um solo argiloso e, por consequência, são produzidas pressões neutras excessivas. Se o carregamento for tal que a ruptura não ocorra, então as pressões neutras se dissipam e as variações volumétricas se desenvolvem pelo processo de adensamento (Capítulo 7). A principal diferença no comportamento entre areias e argilas, conforme mencionado quando discutimos a compressibilidade dos solos, está no **tempo** que leva para que essas variações volumétricas aconteçam. O aspecto temporal depende estritamente ou é função da diferença de permeabilidade entre areias e argilas. Como os solos coesivos apresentam uma permeabilidade muito menor do que areias e cascalhos, leva muito mais tempo para a água fluir para dentro ou para fora de uma massa de solo coesivo.

Agora, o que acontece quando o carregamento é tal que uma ruptura por cisalhamento é iminente? Uma vez que (por definição) a água intersticial não pode suportar qualquer tensão de cisalhamento estática, toda a tensão de cisalhamento aplicada deve ser resistida pela estrutura do solo. Em outras palavras, a resistência ao cisalhamento do solo depende **apenas das tensões efetivas** e não das pressões da água intersticial. Isto não significa que as pressões neutras induzidas no solo não sejam importantes. Pelo contrário, à medida que as tensões totais são alteradas devido a algumas cargas de engenharia, as pressões da água intersticial também mudam e, até que ocorra o equilíbrio das tensões efetivas, a instabilidade é possível. Essas observações levam a duas abordagens fundamentalmente diferentes para a solução de problemas de estabilidade em engenharia geotécnica: (1) a **abordagem da tensão total** e (2) a **abordagem da tensão efetiva**.

Na abordagem de tensão total, não permitimos que nenhuma drenagem ocorra durante o ensaio de cisalhamento e adotamos a suposição, reconhecidamente grande, de que a pressão da água intersticial e, portanto, as tensões efetivas na amostra são idênticas às do campo. O método de análise de estabilidade é denominado análise de tensão total e utiliza a **resistência ao cisalhamento total** ou não drenado τ_f do solo. A resistência ao cisalhamento não drenado ser determinada por ensaios em laboratório ou em campo. Se ensaios de campo como o ensaio de cisalhamento de palhetas, penetrômetro de cone holandês ou ensaio de pressiômetro forem empregados, eles devem ser conduzidos com rapidez suficiente para que as condições não drenadas prevaleçam *in situ*.

A segunda abordagem para calcular a estabilidade de fundações, aterros, taludes etc. utiliza a resistência ao cisalhamento em termos de **tensões efetivas**. Nesta abordagem, temos que medir ou estimar as pressões neutras, tanto em laboratório como em campo. Por consequência, se soubermos ou pudermos estimar as tensões totais, inicial e aplicada, poderemos calcular as tensões efetivas atuantes no solo. Como acreditamos que a resistência ao cisalhamento e o comportamento tensão-deformação dos solos são realmente regidos ou determinados pelas tensões efetivas, esta segunda abordagem é filosoficamente mais satisfatória (e alguns argumentariam que é a única abordagem correta). Contudo, ela apresenta seus problemas práticos. Por exemplo, estimar as pressões neutras em campo durante o projeto e antes da construção não é fácil. Esse método de análise de estabilidade é chamado de **análise de tensão efetiva** e utiliza a resistência ao cisalhamento em termos de tensões efetivas. Isto normalmente é determinado apenas por ensaios laboratoriais.

Talvez você se lembre da nossa descrição dos ensaios triaxiais na Seção 8.6.2 que existem condições limitantes de drenagem nos ensaios que modelam situações reais de campo. Mencionamos que você poderia ter condições drenadas-adensadas (**CD**), condições não drenadas-adensadas (**CU**) ou condições não drenadas-não adensadas (**UU**). Também é conveniente descrever o comportamento de solos coesivos nessas condições limitantes de drenagem. Não é difícil traduzir essas condições de ensaio em situações específicas de campo com condições de drenagem semelhantes.

Mencionamos na Seção 8.6 que o ensaio drenado-não adensado (**UD**) não é um ensaio relevante. Primeiro, ele não modela nenhuma situação real de projeto de engenharia. Em segundo lugar, o ensaio não pode ser interpretado porque a drenagem ocorre durante o cisalhamento e não é possível separar os efeitos da pressão confinante e da tensão de cisalhamento.

Assim como fizemos com as areias, discutiremos o comportamento ao cisalhamento de solos coesivos com referência ao seu comportamento durante ensaios de cisalhamento triaxial. Você pode pensar na amostra na célula triaxial como representativa de um elemento típico do solo em campo sob diferentes condições de drenagem e submetido a diferentes cargas ou caminhos de tensão. Desta forma, esperamos que você obtenha algumas ideias sobre como os solos coesivos se comportam ao cisalhamento, tanto em laboratório quanto em campo. Tenha em mente que a discussão a seguir é um tanto simplificada e que o comportamento real do solo é muito mais complexo. Nossas principais referências são Leonards (1962), Hirschfeld (1963) e Ladd (1964 e 1971b), bem como as palestras dos professores B. B. Broms (Bengt Baltzar Broms – diretor do *Swedish Geotechnical Institute*), H. B. Seed (Harry Bolton Seed – engenheiro civil inglês, especialista e obras em zonas de terremotos) e S. J. Poulos (Steve J. Poulos, engenheiro civil norte-americano, professor da Universidade de Harward, especialista em mecânica dos solos).

9.9 CARACTERÍSTICAS DE TENSÃO-DEFORMAÇÃO E RESISTÊNCIA ADENSADA-DRENADA

9.9.1 Comportamento do ensaio adensado-drenado (CD)

Descrevemos o ensaio **CD** quando discutimos a resistência das areias no início deste capítulo. Resumidamente, o procedimento consiste em adensar a amostra sob algum estado de tensão apropriado à situação de campo ou de projeto. As tensões de adensamento podem ser **hidrostáticas** (iguais em todas as direções, às vezes chamadas de **isotrópicas**) ou **não hidrostáticas** (diferentes em direções diferentes, às vezes chamadas de **anisotrópicas**). Outra maneira de ver este segundo caso é que uma diferença de tensão ou (a partir do círculo de Mohr) uma tensão de cisalhamento é aplicada ao solo. Terminado o adensamento, a parte do adensamento do ensaio **CD** está concluída.

Durante a parte da drenagem, as válvulas de drenagem permanecem abertas e a diferença de tensão é aplicada muito lentamente, de modo que essencialmente não se desenvolva excesso de pressão de água intersticial durante o ensaio.

A Figura 9.22 mostra as condições de tensão total, de pressão neutra e de tensão efetiva em um ensaio de compressão axial **CD** no final do adensamento, durante a aplicação de carga axial

No final do adensamento (adensamento hidrostático, $\sigma_{hc} = \sigma_{vc}$, ou adensamento não hidrostático), $\sigma_{hc} \neq \sigma_{vc}$:

Total, σ = u + Efetiva, σ'

σ_{vc} 0 $\sigma'_{vc} = \sigma_{vc}$
σ_{hc} $\sigma'_{hc} = \sigma_{hc}$

Δs

Durante o aumento da tensão axial: Vamos presumir um ensaio de compressão axial (AC), com σ_{hc} mantido constante:

σ_{vc} ≈ 0 $\sigma'_v = \sigma_{vc} + \Delta\sigma = \sigma'_1$
σ_{hc} $\sigma'_h = \sigma'_{hc} = \sigma'_3$

A diferença de tensão é aplicada muito lentamente para que o excesso de pressão de água intersticial $\Delta u \approx 0$ através do ensaio

$\Delta\sigma_f = (\sigma_1 - \sigma_3)_f$

Na ruptura:

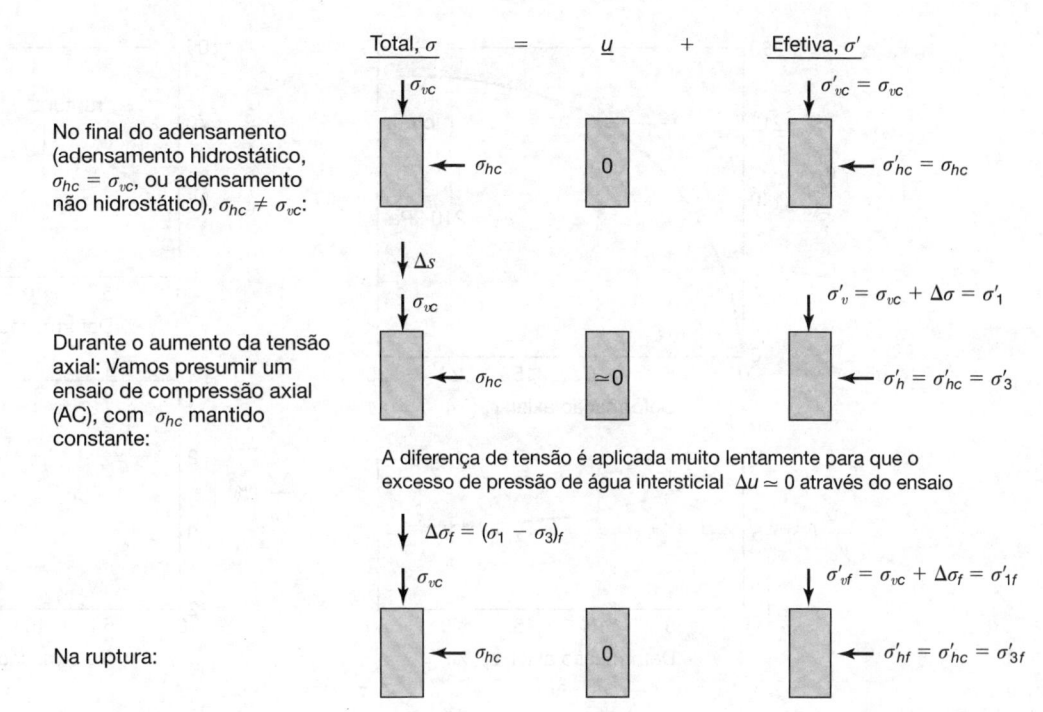

σ_{vc} 0 $\sigma'_{vf} = \sigma_{vc} + \Delta\sigma_f = \sigma'_{1f}$
σ_{hc} $\sigma'_{hf} = \sigma'_{hc} = \sigma'_{3f}$

FIGURA 9.22 Condições de tensão no ensaio triaxial de compressão axial adensado-drenado (CD).

e na ruptura. Os v e h subscritos referem-se a vertical e horizontal, respectivamente; (c) significa adensamento (do inglês, *consolidation*). Para ensaios de compressão axial convencionais, as tensões iniciais de adensamento são hidrostáticas.

Assim, $\sigma_v = \sigma_h = \sigma'_{3c}$ (pressão da cela), que geralmente é mantida constante durante a aplicação da tensão axial, $\Delta\sigma$ No ensaio de compressão axial, $\Delta\sigma = \sigma_1 - \sigma_3$ e na ruptura $\Delta\sigma_f = (\sigma_1 - \sigma_3)_f$. A tensão axial pode ser aplicada aumentando a carga no pistão de forma incremental (carga **controlada por tensão**) ou por meio de um sistema que deforma a amostra a uma taxa constante (chamada **taxa constante de deformação** ou ensaio controlado por deformação). Observe que em todos os momentos durante o ensaio **CD**, a pressão da água intersticial é essencialmente zero.

Isto significa que as tensões totais no ensaio drenado são sempre iguais às tensões efetivas. Portanto, $\sigma_{3c} = \sigma'_{3c} = \sigma'_{3f} = \sigma'_{3f}$ e $\sigma'_{3f} = \sigma'_{1f} = \sigma'_{3c} + \Delta\sigma_f$. Se tensões de adensamento não hidrostáticas fossem aplicadas à amostra, então σ_{1f} seria igual a $\sigma'_{1c} + \Delta\sigma_f$.

Curvas típicas de tensão-deformação e curvas de variação volumétrica em relação à deformação para uma argila amolgada ou compactada são mostradas na Figura 9.23. Embora as duas amostras tenham sido testadas na mesma pressão confinante, a amostra sobreadensada apresenta maior resistência do que a argila normalmente adensada. Observe também que ela possui um módulo maior e que a ruptura (o $\Delta\sigma$ máximo, que para o ensaio triaxial é igual a $[\sigma_1 - \sigma_3]_f$) ocorre com uma deformação muito menor do que para a amostra normalmente adensada. Observe ainda a analogia com o comportamento drenado das areias. A argila sobreadensada se **expande** durante o cisalhamento, enquanto a argila normalmente adensada **comprime** ou adensa durante o cisalhamento. Portanto, as argilas normalmente adensadas comportam-se

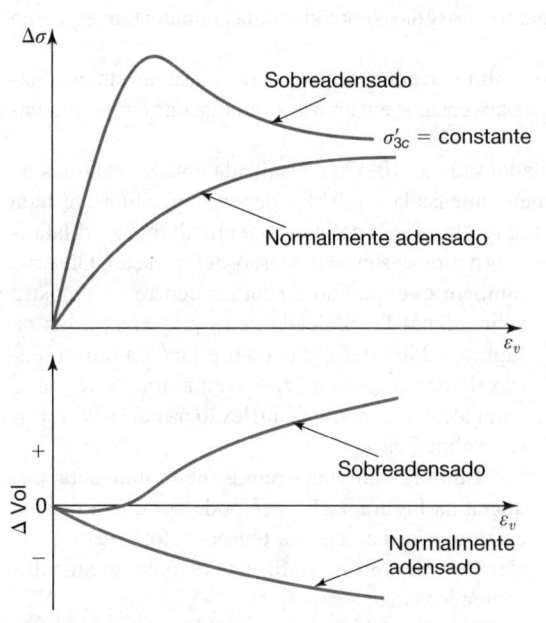

FIGURA 9.23 Curvas típicas de tensão-deformação e variação volumétrica em relação à deformação para ensaios de compressão axial CD em argila compactada na mesma tensão de confinamento efetiva.

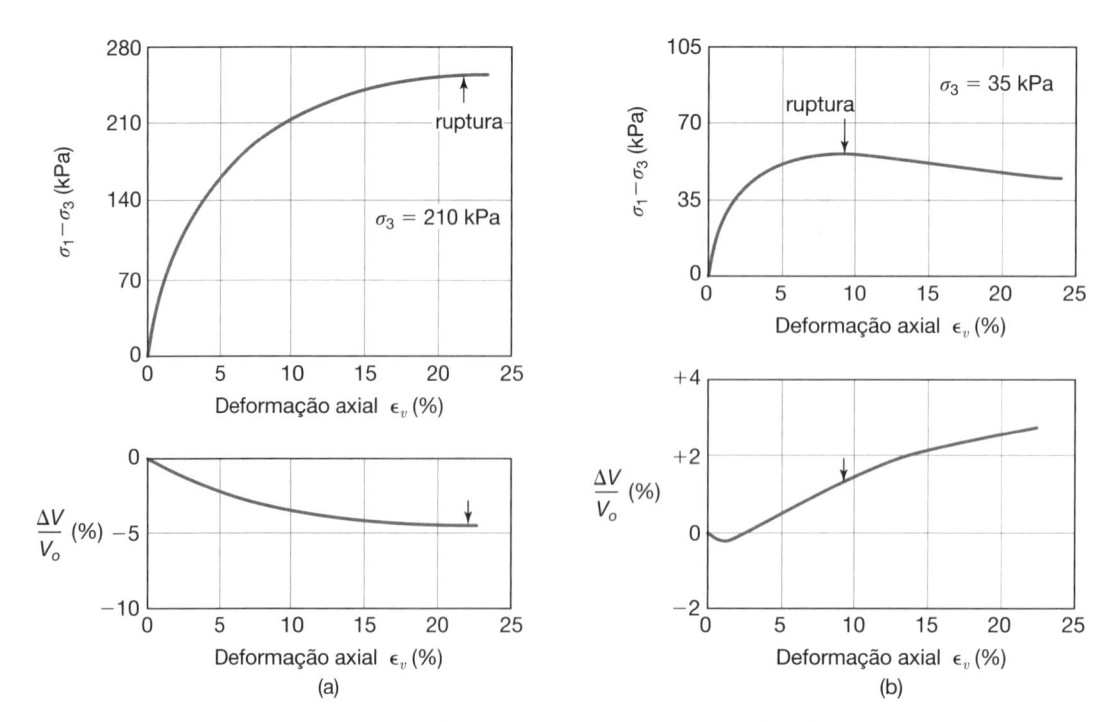

FIGURA 9.24 Ensaios triaxiais adensados-drenados a uma taxa constante de deformação em amostras normalmente adensadas (a) e sobreadensadas (OCR = 24) amolgadas e ressedimentadas de argila de Weald (b) (adaptada de Henkel, 1956).

de forma semelhante às areias soltas, enquanto as argilas sobreadensadas comportam-se como areias densas.

A dilatação e a expansão de argilas normalmente adensadas e sobreadensadas em cisalhamento drenado são mostradas na Figura 9.24 para ensaios em amostras amolgadas e ressedimentadas de argila de Weald (Henkel, 1956).

A amostra normalmente adensada foi adensada a 210 kPa e cisalhada com as válvulas de drenagem abertas. A outra amostra foi primeiro adensada a 840 kPa, depois expandida e testada a uma pressão de célula de 35 kPa (**OCR** = 24). Observe o comportamento altamente dilatativo na amostra sobreadensada e os diferentes formatos das curvas tensão-deformação. Observe também que quando a ruptura ocorre na amostra sobreadensada (indicada pelas pequenas setas na Figura 9.24b), definida como o pico da curva tensão-deformação ou o $(\sigma_1 - \sigma_3)$ máximo, este ponto coincide com o ponto de inflexão na curva de variação volumétrica.

Embora não mostremos nenhuma seta pequena na Figura 9.23, você pode ver que a mesma coisa ocorre nas curvas tensão-deformação e variação volumétrica-deformação para a amostra sobreadensada.

A envoltória de ruptura de Mohr para um ensaio **CD** em um solo argiloso normalmente adensado é mostrada na Figura 9.25.

Embora apenas um círculo de Mohr (representando as condições de tensão na ruptura na Figura

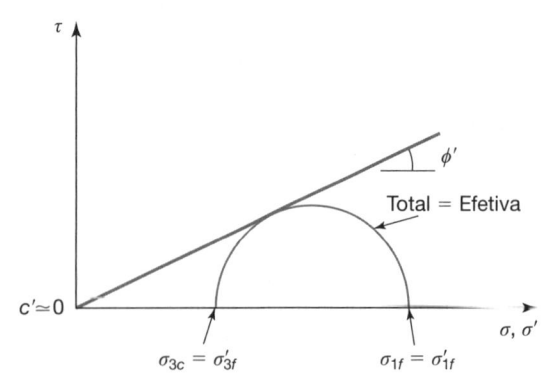

FIGURA 9.25 Envoltória de ruptura de Mohr para uma argila normalmente adensada em cisalhamento drenado.

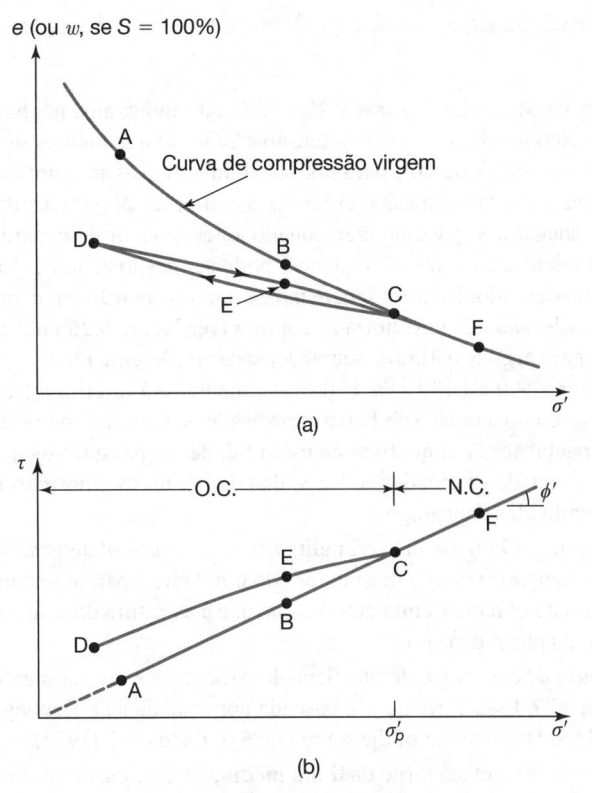

FIGURA 9.26 Curva de compressão (a); envoltória de ruptura de Mohr (DEC) para uma argila sobreadensada (b).

9.22 seja mostrado, os resultados de três ou mais ensaios **CD** com amostras idênticas em diferentes pressões de adensamento normalmente seriam necessários para traçar a envoltória de ruptura de Mohr completa.

Se a faixa de tensão de adensamento for grande ou as amostras não tiverem exatamente os mesmos teores de umidade, densidade e histórico de tensão iniciais, os três círculos de ruptura não definirão exatamente uma linha reta, e uma linha média de melhor ajuste a olho nu será desenhada. A inclinação da linha determina o parâmetro de resistência de Mohr-Coulomb ϕ', naturalmente, em termos de tensões efetivas. Quando a envoltória de ruptura é extrapolada para o eixo de cisalhamento, ela mostrará uma interceptação surpreendentemente pequena. Portanto, presume-se, em geral, que o parâmetro c' para argilas não cimentadas normalmente adensadas é essencialmente zero para todos os efeitos práticos.

O comportamento das argilas sobreadensadas é um pouco mais complicado, como ilustrado na Figura 9.26b. Para facilitar a visualização, mostramos a envoltória de ruptura de Mohr sem os círculos de Mohr. O parâmetro c' é maior que zero porque a porção sobreadensada da envoltória de resistência (DEC) fica acima da envoltória normalmente adensada (ABCF). A explicação para esse comportamento é mostrada na curva e em relação a σ' da Figura 9.26b. (Lembre-se da Figura 7.4, em que a curva de compressão virgem, quando traçada aritmeticamente, apresenta concavidade para cima.)

Para entender todo o comportamento mostrado na Figura 9.26, vamos presumir que iniciamos o adensamento de uma argila sedimentar com um teor de umidade muito alto e um índice de vazios alto.

À medida que continuamos a aumentar a tensão vertical, quando alcançamos o ponto A na curva de compressão virgem, realizamos um ensaio triaxial **CD** (poderíamos, naturalmente, fazer a mesma coisa com um ensaio de cisalhamento direto **CD**). A resistência da amostra adensada no ponto A na curva virgem corresponde ao ponto A na envoltória de ruptura de Mohr normalmente adensada na Figura 9.26b. Se adensarmos e testarmos outra amostra idêntica que é carregada no ponto B, então obteremos a resistência, novamente normalmente adensada, no ponto B na envoltória de ruptura na Figura 9.26b.

Se repetirmos o mesmo processo até o ponto C (σ'_p, a tensão de pré-adensamento), expandindo a amostra até o ponto D e cisalhando, obtemos a resistência mostrada no ponto D na figura inferior. Se repetirmos o processo até o ponto C, expandirmos até D, recarregarmos até E e cisalharmos, obteremos a resistência mostrada no ponto E na figura inferior. Observe que as resistências ao cisalhamento das amostras D e E são maiores que suas resistências correspondentes normalmente adensadas, embora sejam testadas nas mesmas tensões efetivas de adensamento. A razão para a maior resistência de, por exemplo, E do que B é que E apresenta um teor de umidade mais baixo e um índice de vazios menor e, portanto, é mais denso que B, como mostrado na Figura 9.26a. Se outra amostra fosse carregada até C, expandida até D, recarregada além de E e C e até F, ela apresentaria a resistência mostrada na figura no ponto F. Observe que, neste ponto, ela agora está de volta à curva de compressão virgem e à envoltória de ruptura normalmente adensada. Os efeitos da expansão e do readensamento foram, na verdade, **apagados** pelo aumento da carga até o ponto F. Uma vez que o solo tenha sido carregado bem além de sua pressão de pré-adensamento σ'_p, ele não **memoriza** mais seu histórico de tensões.

9.9.2 Valores típicos de parâmetros de resistência drenada para solos coesivos saturados

Para as envoltórias de ruptura de Mohr das Figuras 9.25 e 9.26, não indicamos nenhum valor numérico para os parâmetros efetivos de resistência à tensão ϕ'. Os valores médios de ϕ' para argilas não perturbadas variam de cerca de 20°, para argilas altamente plásticas normalmente adensadas, até 30° ou mais, para argilas siltosas e arenosas. O valor de ϕ' para argilas compactadas é 25° ou 30° e pode chegar a 35°. Como mencionado antes, o valor de c' para argilas não cimentadas normalmente adensadas é muito pequeno e pode ser desprezado em trabalhos práticos. Se o solo estiver sobreadensado, então ϕ' será menor, e a interceptação em c' maior, do que para a parte normalmente adensada da envoltória de ruptura (ver Figura 9.26b novamente). De acordo com Ladd (1971b), para argilas naturais, sobreadensadas e não cimentadas, com tensão de pré-adensamento inferior a 500 a 1.100 kPa, c' provavelmente será inferior a 5 a 10 kPa em tensões baixas. Para argilas compactadas sob baixas tensões, c' será muito maior devido à pré-tensão causada pela compactação. Para análises de estabilidade, os parâmetros de tensão efetiva de Mohr-Coulomb ϕ' e c' são determinados ao longo da faixa de tensões normais efetivas que provavelmente serão determinadas em campo.

Foi observado (p. ex., Kenney, 1959) que não há muita diferença entre ϕ' determinado em amostras não perturbadas ou amolgadas com o mesmo teor de umidade. Aparentemente, o desenvolvimento do valor máximo de ϕ' requer tanta deformação que a estrutura do solo é quebrada e quase amolgada na região do plano de ruptura.

Correlações empíricas entre ϕ' e o índice de plasticidade para argilas normalmente adensadas são mostradas na Figura 9.27. Essa correlação é baseada nos trabalhos de Kenney (1959), Bjerrum e Simons (1960), do U.S. Department of the Navy (1986) e Ladd et al. (1977).

Como há uma dispersão considerável em torno da **linha média**, deve-se usar essa correlação com bastante cautela. Contudo, a Figura 9.27 é útil para estimativas preliminares e para verificação de resultados laboratoriais.

9.9.3 Uso da resistência CD na prática de engenharia

Onde empregamos os pontos fortes determinados no ensaio **CD**? Conforme mencionado anteriormente, as condições limites de drenagem modeladas no ensaio triaxial referem-se a situações reais em campo. As condições de **CD** são as mais críticas para o caso de percolação constante a longo prazo para barragens de aterro e para a estabilidade a longo prazo de escavações ou taludes em argilas moles e duras. As condições de **CD** são muito críticas em argilas com índices de sobreadensamento mais elevados, normalmente **OCR** > 4. Isto ocorre porque as argilas rígidas sobreadensadas tendem a se expandir e absorver água ao longo do tempo, reduzindo, assim, a sua resistência ao cisalhamento. Exemplos de análises de **CD** são mostrados na Figura 9.28.

Você deve estar ciente de que, na prática, não é fácil realizar um ensaio triaxial **CD** com uma argila em laboratório. Para garantir que nenhuma pressão neutra seja realmente induzida na amostra durante o cisalhamento para materiais com permeabilidades muito baixas, a taxa de carregamento deve ser muito lenta. O tempo necessário para que ocorra a ruptura da amostra varia de alguns dias a várias semanas (Bishop e Henkel, 1962). Um período tão longo leva a problemas práticos em laboratório, como vazamento de válvulas, das vedações e da membrana que envolve a amostra. Como consequência, uma vez que for possível medir as pressões neutras induzidas em um ensaio adensado-não drenado (**CU**) e, assim, calcular as tensões efetivas na amostra, e como os ensaios **CU** com pressões neutras medidas podem ser conduzidos mais rapidamente do que os ensaios **CD** e ainda fornecer resultados razoáveis, eles são mais práticos para a obtenção dos parâmetros efetivos de resistência à tensão. Portanto, os ensaios triaxiais de **CD** em solos argilosos são muito raramente, ou nunca, realizados na prática.

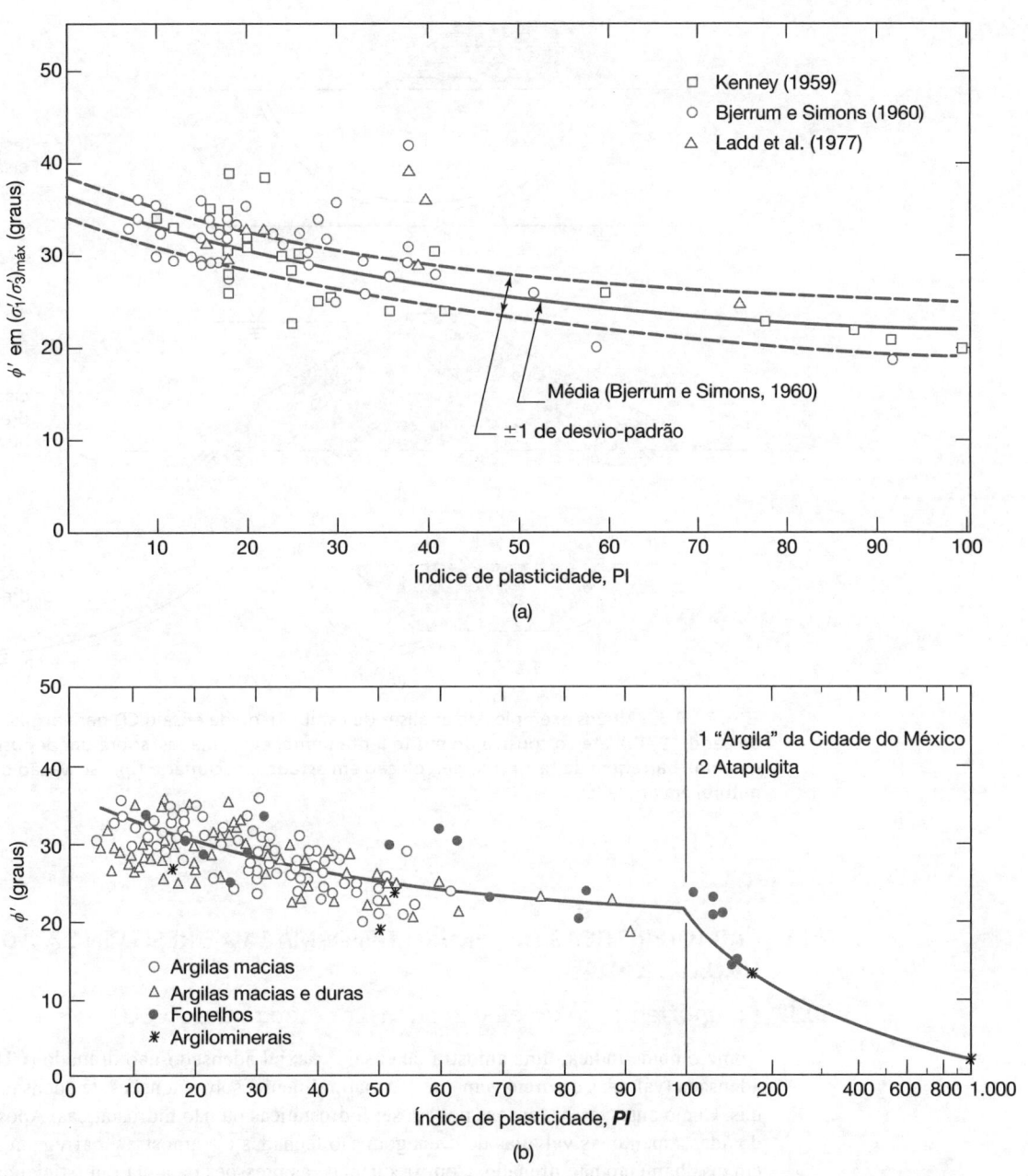

FIGURA 9.27 Correlação empírica entre ϕ' e *PI*: de ensaios de compressão triaxial em argilas não perturbadas normalmente adensadas (a) (adaptada do U.S. Department of the Navy, 1986; Ladd et al., 1977); para uma gama de argilominerais e diferentes solos (b) (adaptada de Terzaghi et al., 1996).

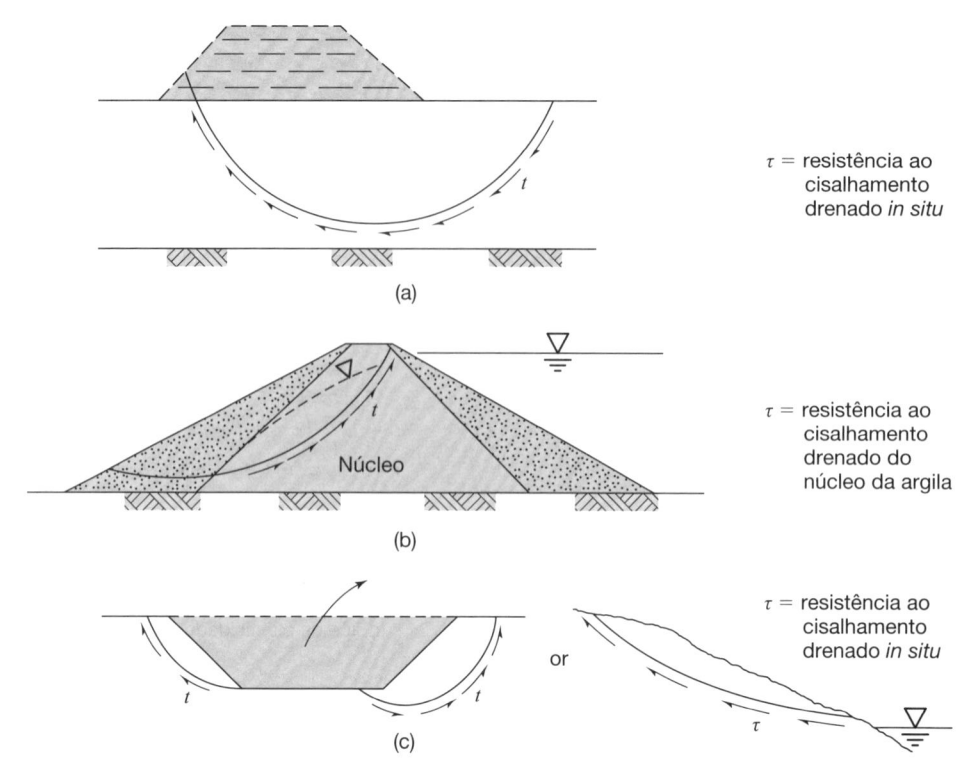

FIGURA 9.28 Alguns exemplos de análises de estabilidade de ensaio CD para argilas (adaptada de Ladd, 1971b): aterro construído muito lentamente, em camadas, sobre um depósito de argila mole (a); barragem de terra com percolação em estado estacionário (b); escavação ou talude natural em argila (c).

9.10 CARACTERÍSTICAS DE TENSÃO-DEFORMAÇÃO E RESISTÊNCIA ADENSADA-NÃO DRENADA

9.10.1 Comportamento do ensaio adensado-não drenado CU

Como o nome indica, uma amostra de ensaio triaxial adensado-não drenado (**CU**) é primeiro adensada (válvulas de drenagem abertas, naturalmente) sob as tensões de adensamento desejadas. Como antes, essas tensões podem ser hidrostáticas ou não hidrostáticas. Após a conclusão do adensamento, as válvulas de drenagem são fechadas e a amostra é carregada até a ruptura em cisalhamento não drenado. Com frequência, as pressões da água intersticial desenvolvidas durante o cisalhamento são medidas, e tanto a tensão total quanto a tensão efetiva podem ser calculadas durante o cisalhamento e na ruptura. Portanto, este ensaio pode ser um ensaio de tensão total ou efetiva.

As condições de tensão total, de pressão neutra e de tensão efetiva na amostra durante as diversas fases do ensaio **CU** são mostradas na Figura 9.29. Os símbolos são os mesmos que usamos antes na Figura 9.22. O caso geral de adensamento desigual é mostrado, mas normalmente para ensaios triaxiais de rotina a amostra é adensada hidrostaticamente sob uma pressão de célula que permanece constante durante o cisalhamento. Assim, presumindo que não há pressão neutra inicial na amostra (escreveremos mais sobre isso mais tarde),

$$\sigma_{cela} = \sigma_{vc} = \sigma_{hc} = \sigma'_1 c = \sigma'_3 c = \sigma_{3f} \neq \sigma'_{3f}$$
$$\Delta\sigma_f = (\sigma_1 - \sigma_3)_f$$

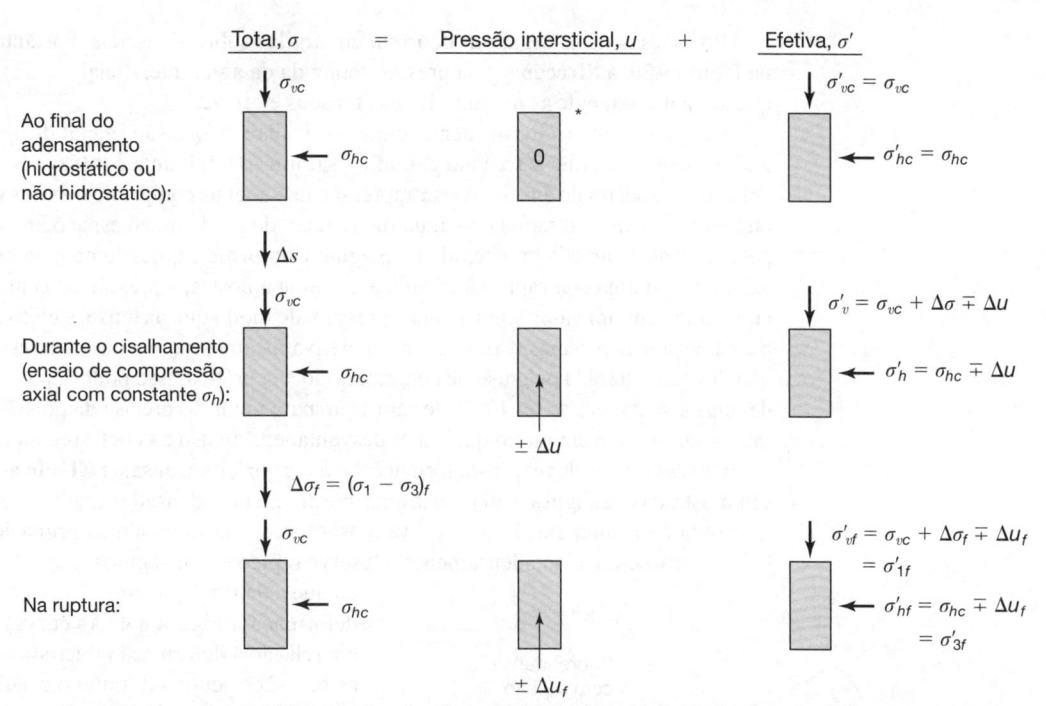

Capítulo 9 Introdução à resistência ao cisalhamento de solos e rochas

	Total, σ	=	Pressão intersticial, u	+	Efetiva, σ'

Ao final do adensamento (hidrostático ou não hidrostático):

$\downarrow \sigma_{vc}$ ← σ_{hc} ; 0* ; $\downarrow \sigma'_{vc} = \sigma_{vc}$ ← $\sigma'_{hc} = \sigma_{hc}$

$\downarrow \Delta s$

Durante o cisalhamento (ensaio de compressão axial com constante σ_h):

$\downarrow \sigma_{vc}$ ← σ_{hc} ; ± Δu ; $\downarrow \sigma'_v = \sigma_{vc} + \Delta\sigma \mp \Delta u$ ← $\sigma'_h = \sigma_{hc} \mp \Delta u$

$\downarrow \Delta\sigma_f = (\sigma_1 - \sigma_3)_f$

Na ruptura:

$\downarrow \sigma_{vc}$ ← σ_{hc} ; ± Δu_f ; $\downarrow \sigma'_{vf} = \sigma_{vc} + \Delta\sigma_f \mp \Delta u_f = \sigma'_{1f}$ ← $\sigma'_{hf} = \sigma_{hc} \mp \Delta u_f = \sigma'_{3f}$

*Na prática, para garantir 100% de saturação, necessária para uma medição ideal da pressão da água intersticial, uma contrapressão é aplicada à água intersticial. Para manter constantes as tensões efetivas de adensamento, as tensões totais durante o adensamento são aumentadas em uma quantidade exatamente igual à contrapressão aplicada, o que é o mesmo que aumentar a pressão atmosférica em uma quantidade constante; as tensões efetivas na argila não mudam.

Exemplo: Condições iniciais com contrapressão:

$\downarrow \sigma_{vc} = \sigma'_{vc} + u_o$ ← $\sigma_{hc} = \sigma'_{hc} + u_o$; u_o ; $\downarrow \sigma'_{vc}$ ← σ'_{hc}

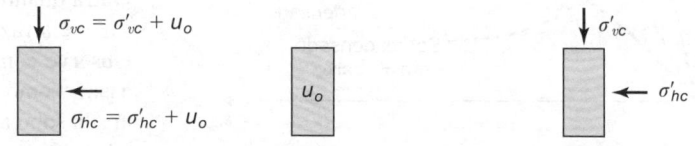

FIGURA 9.29 Condições na amostra durante um ensaio de compressão axial adensado-não drenado (CU).

Assim como no ensaio **CD**, a tensão axial pode ser aumentada de forma incremental ou a uma taxa de deformação constante. Na ruptura, então, o ensaio ilustrado na Figura 9.29 é um ensaio de compressão axial convencional em que a tensão axial é aumentada até a ruptura.

Observe que o excesso de pressão de água intersticial Δu desenvolvido na amostra durante o cisalhamento pode ser positivo (i.e., aumento) ou negativo (i.e., redução). Isso acontece porque a amostra tenta contrair ou expandir durante o cisalhamento. Lembre-se, não permitimos qualquer variação volumétrica (um ensaio não drenado) e, portanto, nenhuma água pode fluir para dentro ou para fora da amostra durante o cisalhamento. Como as alterações de volume são evitadas, a tendência à variação volumétrica induz uma pressão na água intersticial. Se a amostra **tende** a contrair ou adensar durante o cisalhamento, então a pressão induzida da água intersticial é **positiva**. Ela quer contrair e espremer a água intersticial, mas não consegue; portanto, a pressão induzida da água intersticial é positiva. Pressões neutras positivas ocorrem em argilas normalmente adensadas. Se a amostra **tende** a expandir ou inchar durante o cisalhamento, a pressão induzida da água intersticial é **negativa**. Ela quer se expandir e atrair água para os poros, mas não consegue; assim, a pressão da água intersticial diminui e pode até ficar negativa (ou seja, abaixo da pressão manométrica zero ou abaixo da pressão atmosférica).

Pressões neutras negativas ocorrem em argilas sobreadensadas. Portanto, como observado na Figura 9.29, a **direção** (±) da pressão induzida da água intersticial Δu é importante, uma vez que afeta diretamente as magnitudes das tensões efetivas.

Como aludimos anteriormente, em ensaios reais, a pressão inicial da água intersticial normalmente é maior que zero. Para garantir a saturação total, uma **contrapressão** u_o é geralmente aplicada à amostra de ensaio. A contrapressão não apenas comprime o ar nos vazios do solo, mas também faz o ar se dissolver na água intersticial, de modo que o espaço anteriormente ocupado pelas bolhas de ar seja preenchido com água. Conforme explicado na nota de rodapé da Figura 9.29, quando uma contrapressão é aplicada a uma amostra, a pressão da célula também deve ser aumentada em um valor igual à contrapressão, de modo que as tensões efetivas de adensamento permaneçam as mesmas. Como a tensão efetiva na amostra não muda, a resistência da amostra não deve ser alterada pelo uso de contrapressão. Na prática, isso pode não ser exatamente verdade, mas a vantagem de ter 100% de saturação para medição precisa da pressão induzida da água intersticial supera em muito quaisquer desvantagens do uso da contrapressão.

Curvas típicas de tensão-deformação, Δu e σ'_1/σ'_3 para ensaios **CU** em argilas compactadas são mostradas na Figura 9.30 para argilas normalmente adensadas e sobreadensadas. Também é mostrada para comparação uma curva tensão-deformação para uma argila sobreadensada com baixa tensão efetiva de adensamento. Observe o pico e, em seguida, a queda da tensão à medida que a deformação aumenta (material amolecido por deformação, Figura 8.4. As curvas de pressão neutra em relação à deformação ilustram o que acontece com as pressões neutras durante o cisalhamento. A amostra normalmente adensada desenvolve pressão neutra positiva. Na amostra sobreadensada, após um ligeiro aumento inicial, a pressão neutra torna-se **negativa**; neste caso, negativa em relação à contrapressão u_o. Outra quantidade útil para analisar resultados de ensaios é a razão de tensão principal (efetiva), σ'_1/σ'_3. Observe como essa relação atinge o pico mais cedo, assim como a curva de diferença de tensão, para a argila sobreadensada. Amostras de ensaio semelhantes com comportamento semelhante em uma base de tensão efetiva apresentarão curvas de σ'_1/σ'_3 de formato semelhante. Elas são simplesmente uma forma de normalizar o comportamento da tensão em relação à tensão principal efetiva menor durante o ensaio. Por vezes, ainda, o valor máximo dessa razão é utilizado como critério de ruptura. No entanto, continuaremos a definir a ruptura como a diferença máxima de tensão principal. Observe que esse valor também é a resistência à compressão da amostra de ensaio.

A Figura 9.31 mostra resultados de ensaios adensados-não drenados em amostras amolgadas e ressedimentadas de argila de Weald (Henkel, 1956).

Esses dados são provenientes de ensaios complementares com o mesmo solo que os ensaios **CD** na Figura 9.24. As amostras de ensaio foram preparadas exatamente da mesma maneira que esses ensaios, com uma amostra normalmente adensada e a outra altamente sobreadensada. Em seguida, os ensaios de **CU** foram, naturalmente, cisalhados sem drenagem e com pressão neutra medida. Observe que os formatos das curvas tensão-deformação podem ser muito diferentes, dependendo da estrutura do solo e se as amostras de ensaio eram argilas naturais compactadas ou não

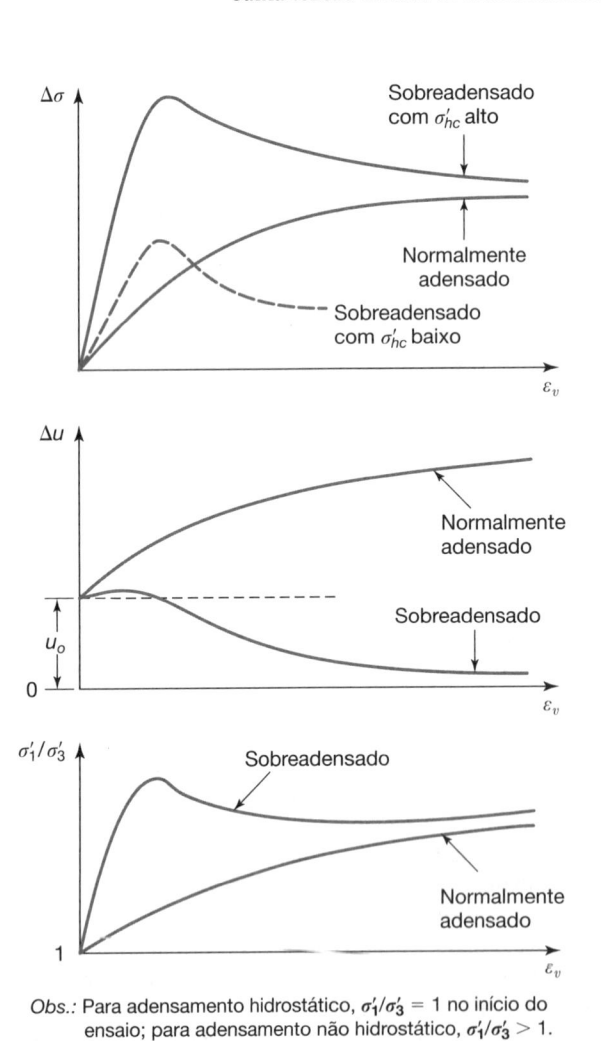

Obs.: Para adensamento hidrostático, $\sigma'_1/\sigma'_3 = 1$ no início do ensaio; para adensamento não hidrostático, $\sigma'_1/\sigma'_3 > 1$.

FIGURA 9.30 Curvas típicas de ε, Δu e σ'_1/σ'_3 para argilas compactadas normalmente adensadas e sobreadensadas em cisalhamento não drenado (ensaio CU).

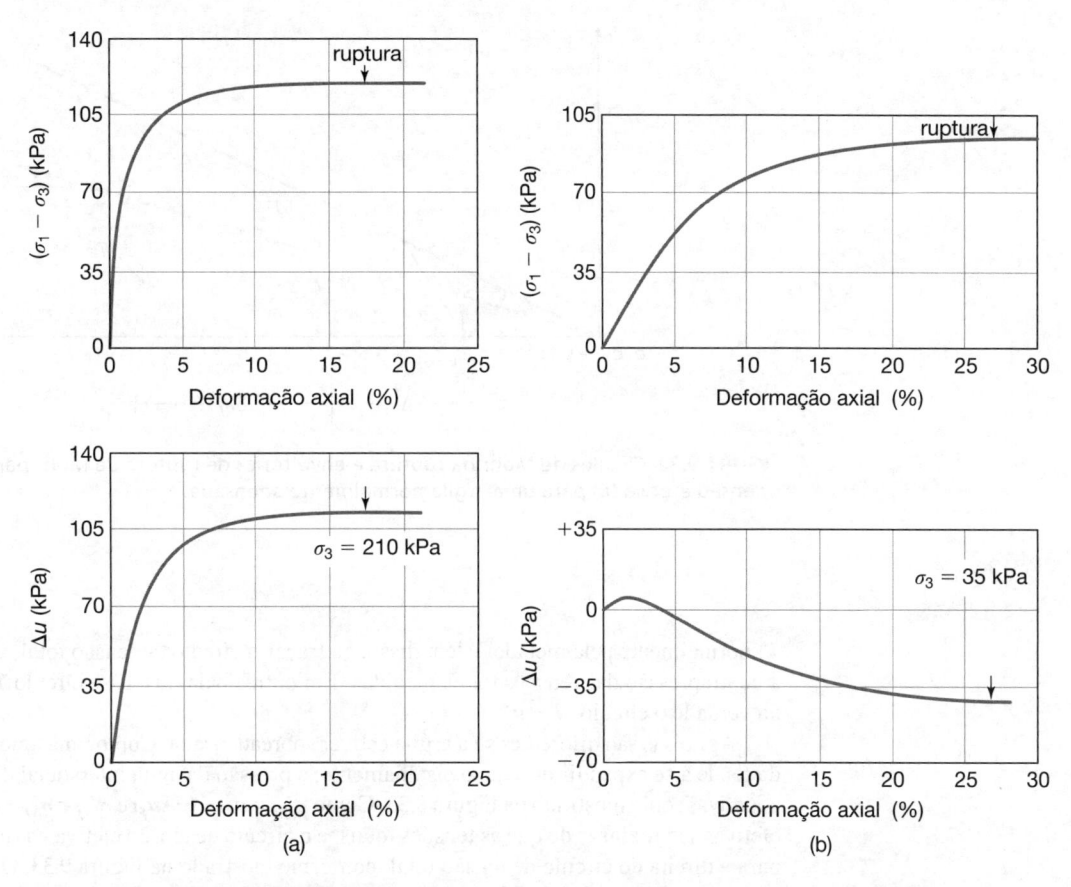

FIGURA 9.31 Ensaios triaxiais adensados-não drenados a uma taxa constante de deformação em amostras amolgadas e ressedimentadas de argila de Weald: normalmente adensadas (a); e sobreadensadas, OCR = 24 (b) (adaptada de Henkel, 1956).

perturbadas. O comportamento tensão-deformação do ensaio **CU** pode ser complicado, e discutiremos isso com mais detalhes no Capítulo 13.

Como são as envoltórias de ruptura de Mohr para ensaios de **CU**? Uma vez que podemos obter os círculos de tensão total e efetiva na ruptura para um ensaio **CU** quando medimos as pressões de água intersticial induzidas, é possível definir as envoltórias de ruptura de Mohr em termos de tensões total e efetiva. Isto é ilustrado na Figura 9.32 para uma argila normalmente adensada. Para maior clareza, apenas um conjunto de círculos de Mohr é mostrado. Esses círculos são simplesmente traçados a partir das condições de tensão no momento da ruptura na Figura 9.29. Observe que o círculo de tensões efetivas está deslocado para a esquerda, em direção à origem, para o caso normalmente adensado. Isto ocorre porque as amostras desenvolvem pressão neutra positiva durante o cisalhamento e $\sigma' = \sigma - \Delta u$ Observe que ambos os círculos apresentam o **mesmo diâmetro** devido à nossa definição de ruptura no máximo $(\sigma_1 - \sigma_3) = (\sigma'_1 - \sigma'_3)$. Você deve verificar se esta equação é verdadeira.

Pelo menos três ensaios triaxiais são normalmente realizados com amostras idênticas em uma faixa de tensões, a fim de definir as envoltórias de ruptura de Mohr.

A partir dessas envoltórias, os parâmetros de resistência de Mohr-Coulomb são prontamente determinados em termos de tensões totais (c, ϕ ou às vezes c_T, ϕ_T) e efetivas (c', ϕ'). Novamente, como no ensaio **CD**, a envoltória para argila normalmente adensada passa essencialmente pela origem e, portanto, para fins práticos, c' pode ser considerado zero. O parâmetro de tensão total c ainda é bastante pequeno para uma argila normalmente adensada. Observe que ϕ_T é menor que

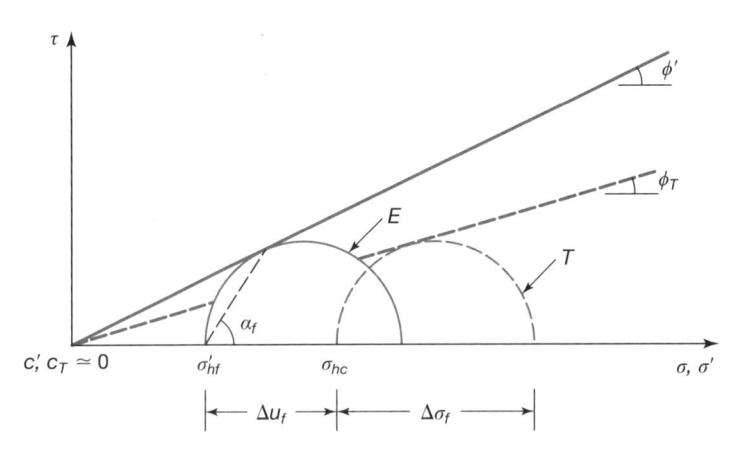

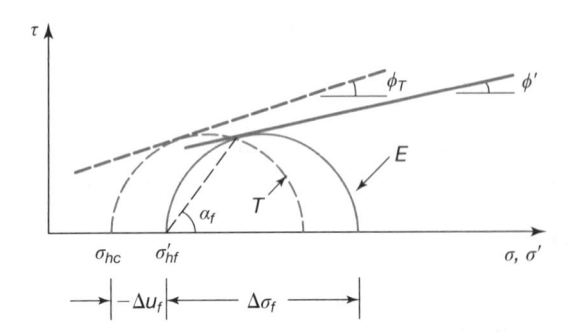

FIGURA 9.32 Círculos de Mohr na ruptura e envoltórias de ruptura de Mohr para tensão total (**T**) e tensão efetiva (**E**) para uma argila normalmente adensada.

ϕ', normalmente pela metade. Além disso, ao traçar o círculo de tensão total, você deve subtrair a contrapressão das tensões totais medidas. Em outras palavras, esse círculo **T** na Figura 9.32 é na verdade o círculo ($T - u_o$).

As coisas são diferentes se a argila estiver sobreadensada. Como uma amostra sobreadensada tende a se expandir durante o cisalhamento, a pressão da água intersticial diminui ou até fica negativa, como mostrado na Figura 9.33. Como $\sigma'_{3f} = \sigma_{3f} - (-\Delta u_f)$ e $\sigma'_{1f} = \sigma_{1f} - (-\Delta u_f)$, as tensões efetivas são **maiores** do que as tensões totais, e o círculo de tensão efetiva na ruptura é deslocado para a direita do círculo de tensão total, conforme mostrado na Figura 9.33. O deslocamento do círculo de tensão efetiva na ruptura para a direita às vezes significa que ϕ' é menor que ϕ_T. Observe também que, neste caso, ambos os parâmetros c' e c não são pequenos. Como mencionado anteriormente, as envoltórias de ruptura de Mohr completas são determinadas por ensaios em três ou mais amostras adensadas ao longo da faixa de tensão de trabalho do problema de campo.

A Figura 9.34 mostra as envoltórias de ruptura de Mohr em uma ampla faixa de tensões que abrangem a tensão de pré-adensamento. Assim, algumas das amostras estão sobreadensadas e outras normalmente adensadas. Observe que a "quebra" na envoltória de tensão *total* (ponto z) ocorre cerca de duas vezes o σ'_p para argilas típicas (Hirschfeld, 1963). Os dois conjuntos de círculos de Mohr na ruptura mostrados na Figura 9.34 correspondem aos dois ensaios mostrados na Figura 9.30 para a amostra "normalmente adensada" e a amostra marcada como **sobreadensada com σ'_{hc} baixo**.

Você deve ter notado que um ângulo α_f foi indicado nos círculos de Mohr de tensão efetiva das Figuras 9.32, 9.33 e 9.34. Lembre-se da hipótese de ruptura de Mohr, em que o ponto de tangência da envoltória de ruptura de Mohr com o círculo de Mohr na ruptura definiu o ângulo do plano de ruptura na amostra.

Caso contrário, releia a Seção 8.4. Como acreditamos que a resistência ao cisalhamento é regida pelas tensões efetivas na amostra no momento da ruptura, a hipótese de ruptura de Mohr é válida **apenas** em termos de **tensões efetivas**.

FIGURA 9.33 Círculos de Mohr na ruptura e envoltórias de ruptura de Mohr para tensão total (**T**) e tensão efetiva (**E**) para uma argila sobreadensada.

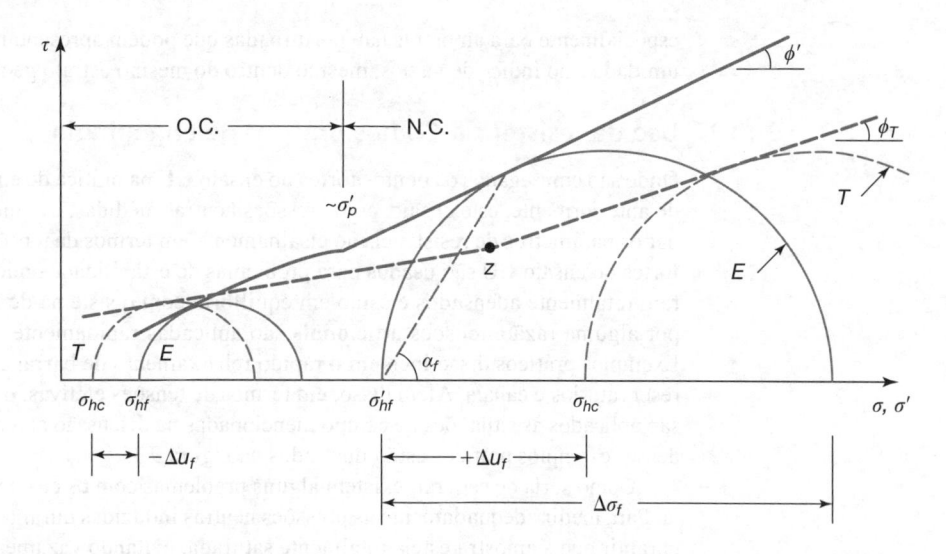

FIGURA 9.34 Envoltórias de ruptura de Mohr em uma faixa de tensões que abrangem a tensão de pré-adensamento σ'_p.

9.10.2 Valores típicos dos parâmetros de resistência não drenada

Na Seção 9.9.2, fornecemos alguns valores típicos para c' e ϕ' determinados por ensaios triaxiais **CD**. A faixa de valores indicada também é típica para tensões efetivas determinadas em ensaios **CU** com medições de pressão neutra, com a seguinte ressalva. Em nossa discussão até agora, presumimos tacitamente que os parâmetros de resistência de Mohr-Coulomb em termos de tensões efetivas determinadas por ensaios **CU** com medições de pressão neutra seriam os mesmos que aqueles determinados por ensaios **CD**. Usamos os mesmos símbolos, c' e ϕ', para os parâmetros determinados nos dois sentidos. Embora esta suposição faça sentido do ponto de vista teórico, pode não ser estritamente correta por uma série de razões. Primeiro, como mencionamos na Seção 9.9.3, é muito difícil realizar um ensaio **CD** em uma argila saturada. Em segundo lugar, os ensaios complementares de **CD** e **CU** no mesmo solo não são apenas muito raros, mas também são sempre suspeitos devido a pequenas diferenças na estrutura do solo, possíveis perturbações nas amostras e diferenças nos procedimentos de ensaio. O problema é complicado por definições alternativas de ruptura e escoamento em ensaios triaxiais não drenados.

A Figura 9.27 mostrou correlações empíricas para ϕ' e *PI* para muitos solos diferentes, a maioria normalmente adensados. Na verdade, a maioria dos ensaios utilizados para desenvolver esta figura foi de ensaios **CU** com pressões neutras medidas. A Figura 9.27 ainda pode ser usada para estimativas preliminares e para verificação de resultados de ensaios laboratoriais, porque as diferenças em ϕ', dependendo de como a ruptura é definida, são menores que a dispersão nas figuras.

Para os parâmetros de resistência de Mohr-Coulomb em termos de tensões totais, o problema de definir a ruptura não ocorre. A ruptura é definida na resistência máxima à compressão $(\sigma_1 - \sigma_3)_{máx}$. Para argilas normalmente adensadas, ϕ parece ser cerca de metade de ϕ'; assim, valores de 10° a 15° ou mais são típicos, e a tensão total c é muito próxima de zero.

Para argilas sobreadensadas e compactadas, ϕ pode diminuir e c será frequentemente muito maior que zero. Quando a envoltória de ruptura ultrapassa a tensão de pré-adensamento, a interpretação dos parâmetros de resistência em termos de tensões totais é difícil. Isto ocorre especialmente para amostras não perturbadas que podem apresentar alguma variação no teor de umidade e no índice de vazios, mesmo dentro do mesmo estrato geológico.

9.10.3 Uso da resistência CU nas práticas de engenharia

Onde são empregados os pontos fortes do ensaio **CU** na prática de engenharia? Como mencionado anteriormente, este ensaio, com pressões neutras medidas, é comumente usado para determinar os parâmetros de resistência ao cisalhamento em termos de tensões total e efetiva. Os pontos fortes do ensaio **CU** são usados para problemas de estabilidade onde os solos primeiro se tornaram totalmente adensados e estão em equilíbrio com o sistema de tensões existente. Portanto, por alguma razão, tensões **adicionais** são aplicadas rapidamente, sem que ocorra drenagem. Exemplos práticos disso incluem o rápido rebaixamento de barragens de aterro e os taludes de reservatórios e canais. Além disso, em termos de tensões efetivas, os resultados dos ensaios **CU** são aplicados às situações de campo mencionadas na discussão anterior dos ensaios **CD**. Alguns desses exemplos práticos estão ilustrados na Figura 9.35.

Como seria de esperar, existem alguns problemas com os ensaios **CU** conduzidos com argila. Para medir adequadamente as pressões neutras induzidas durante o cisalhamento, é essencial garantir que a amostra esteja totalmente saturada, evitando vazamentos durante o ensaio. Além

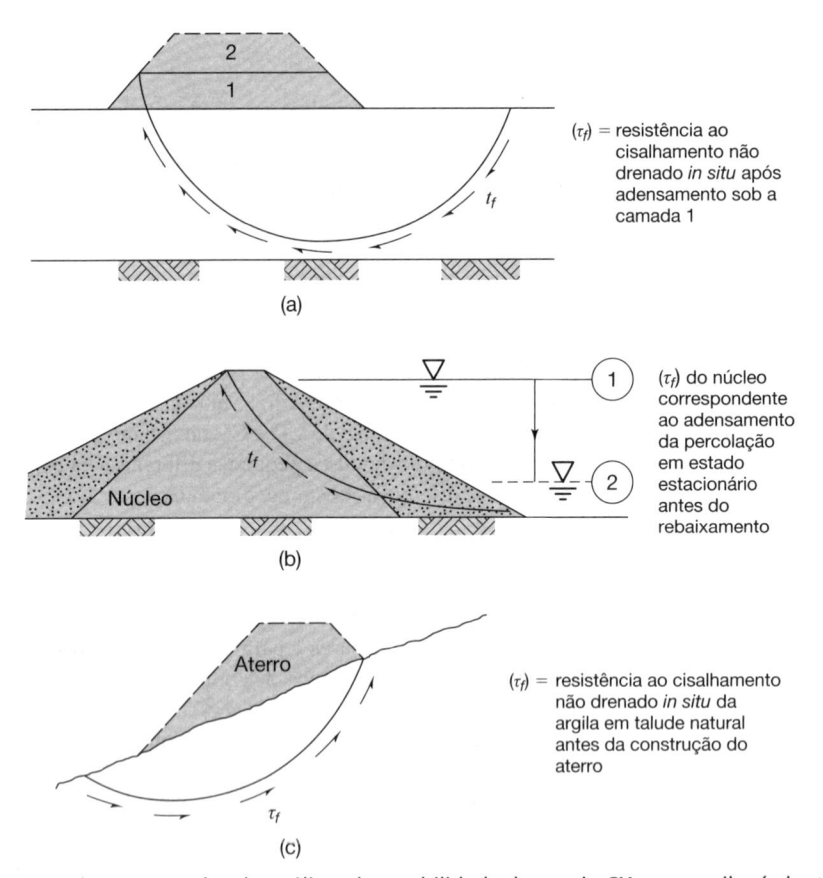

FIGURA 9.35 Alguns exemplos de análises de estabilidade de ensaio **CU** para argilas (adaptada de Ladd, 1971b): (a) aterro elevado (2) após adensamento abaixo da sua altura original, (1); (b) rebaixamento rápido atrás de uma barragem de terra. Sem drenagem do núcleo. Nível do reservatório cai de 12; (c) construção rápida de um aterro em talude natural.

disso, a taxa de carregamento (ou taxa de deformação) deve ser suficientemente lenta para que as pressões neutras medidas nas extremidades da amostra correspondam às que ocorrem nas proximidades do plano de ruptura.

Como mencionamos, o uso de contrapressão é comum para garantir 100% de saturação. Os efeitos dos outros dois fatores podem ser minimizados por técnicas de ensaio adequadas, descritas detalhadamente por Bishop e Henkel (1962).

Outro problema, não mencionado com frequência, resulta da tentativa de determinar os parâmetros de resistência à tensão efetiva ou de longo prazo e os parâmetros de resistência à tensão total ou de curto prazo da mesma série de ensaios. As taxas de carregamento ou deformação necessárias para a determinação correta da resistência à tensão efetiva podem não ser apropriadas para situações de carregamento de curto prazo ou não drenadas. A resposta à tensão-deformação e à resistência dos solos argilosos depende da taxa de carregamento; isto é, normalmente, quanto mais rápido você carrega uma argila, mais resistente ela se torna (p. ex., Sheahan et al., 1996). No caso de curto prazo, a taxa de carregamento em campo pode ser relativamente rápida, e, por isso, para uma modelagem correta da situação em campo, as taxas de carregamento na amostra laboratorial devem ser comparáveis. Portanto, os dois objetivos do ensaio de tensão efetiva **CU** são realmente incompatíveis. A melhor alternativa, embora raramente adotada na prática, seria ter dois conjuntos de ensaios, um conjunto testado sob condições **CD** modelando a situação de longo prazo e o outro conjunto **CU** modelando o carregamento não drenado de curto prazo.

Exemplo 9.8

Contexto:

Uma argila com adensamento normal é adensada sob uma tensão de 150 kPa e depois cisalhada sem drenagem em compressão axial. A principal diferença de tensão na ruptura é de 100 kPa, e a pressão neutra induzida na ruptura é de 88 kPa.

Problema:

(a) Determine os parâmetros de resistência de Mohr–Coulomb em termos de tensões total e efetiva analiticamente e (b) graficamente. Trace os círculos de Mohr total e efetivo e as envoltórias de ruptura. (c) Calcule $(\sigma'_1/\sigma'_3)_f$ e $(\sigma_1/\sigma_3)_f$. (d) Determine o ângulo teórico do plano de ruptura na amostra.

Solução:

Para resolver este problema precisamos presumir que c' e c_T são desprezíveis para uma argila normalmente adensada. Então podemos usar as relações de obliquidade [Equações (8.13) a (8.16)] para resolver ϕ e ϕ_T.

a. Para usar essas equações, precisamos de σ_{1f}, σ'_{1f}, σ_{3f} e σ'_{3f}. Sabemos que $\sigma_{3f} = 150$ kPa e $(\sigma_1 - \sigma_3)_f = 100$ kPa. Portanto

$$\sigma_{1f} = (\sigma_1 - \sigma_3)_f + \sigma_{3f} = 100 + 150 = 250 \text{ kPa}$$

$$\sigma'_{1f} = \sigma_{1f} - u_f = 250 - 88 = 162 \text{ kPa}$$

$$\sigma'_{3f} = \sigma_{3f} - u_f = 150 - 88 = 62 \text{ kPa}$$

A partir da Figura 8.12

$$\phi' = \text{arc sen } \frac{100}{224} = 26{,}5°$$

$$\phi_T = \text{arc sen } \frac{100}{400} = 14{,}5°$$

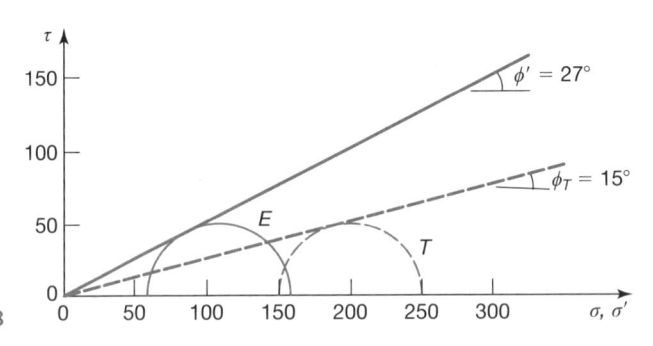

FIGURA Ex. 9.8

b. Para a solução gráfica, precisamos traçar os círculos de Mohr total e efetivo, e para fazer isso precisamos calcular σ_{1f}, σ'_{1f} e σ'_{3f}. Os centros dos círculos estão em (200, 0) para tensões totais e em (112, 0) para tensões efetivas. A solução gráfica incluindo as envoltórias de ruptura é mostrada na Figura 9.8.

c. As razões de tensão na ruptura são

$$\frac{\sigma'_1}{\sigma'_3} = \frac{162}{62} = 2{,}61$$

$$\frac{\sigma_1}{\sigma_3} = \frac{250}{150} = 1{,}67$$

Outra maneira de obter esses valores seria usar a Equação (8.13).

$$\frac{\sigma'_1}{\sigma'_3} = \frac{1 + \operatorname{sen} 26{,}5°}{1 - \operatorname{sen} 26{,}5°} = \frac{1{,}45}{0{,}55} = 2{,}61$$

$$\frac{\sigma_1}{\sigma_3} = \frac{1 + \operatorname{sen} 14{,}5°}{1 - \operatorname{sen} 14{,}5°} = \frac{1{,}25}{0{,}75} = 1{,}67$$

d. Use a Equação (8.10), em termos de tensões **efetivas**:

$$\alpha_f = 45° + \frac{\phi'}{2} = 58° \text{ a partir da horizontal}$$

9.11 CARACTERÍSTICAS DE TENSÃO-DEFORMAÇÃO E RESISTÊNCIA NÃO ADENSADA-NÃO DRENADA

9.11.1 Comportamento do ensaio não adensado-não drenado (UU)

No ensaio não adensado-não drenado (**UU**), a amostra é colocada na célula triaxial com as válvulas de drenagem fechadas desde o início. Assim, mesmo quando uma pressão confinante é aplicada, nenhum adensamento pode ocorrer se a amostra estiver 100% saturada. Então, como no ensaio **CU**, a amostra é cisalhada sem drenagem. A amostra é carregada até a ruptura em cerca de 10 a 20 min; em geral, as pressões da água intersticial não são medidas neste ensaio. Trata-se de um **ensaio de tensão total** que produz a resistência em termos de tensões totais.

As condições de tensão total, neutra e efetiva na amostra durante as diversas fases do ensaio **UU** são mostradas na Figura 9.36. Os símbolos são os usados anteriormente nas Figuras 9.22 e 9.29. O ensaio ilustrado na Figura 9.36 é relativamente convencional, pois em geral é aplicada pressão hidrostática na célula e a amostra sofre ruptura ao aumentar a carga axial, normalmente a uma taxa constante de deformação. Assim como acontece com os outros ensaios, a principal diferença de tensão na ruptura é $(\sigma_1 - \sigma_3)_{\text{máx}}$.

Capítulo 9 Introdução à resistência ao cisalhamento de solos e rochas

Total, (σ) = Pressão intersticial, (u) + Efetiva, σ'

Imediatamente após a amostragem; antes da aplicação da pressão da célula:
- Total: 0, 0
- Pressão intersticial: $-u_r$ (pressão (capilar) residual, conforme amostragem)
- Efetiva: $\sigma'_{hc} = u_r$

Após a aplicação da pressão hidrostática da célula ($S = 100\%$):
- Total: σ_c, σ_c
- Pressão intersticial: $-u_r + \Delta u_c = -u_r + \sigma_c$ (100% S, $\therefore B = 1$)
- Efetiva: $\sigma'_{vc} = \sigma_c + u_r - \sigma_c = u_r$; $\sigma'_{hc} = u_r$

Durante a aplicação de carga axial:
- Total: $\Delta\sigma$, σ_c, σ_c
- Pressão intersticial: $-u_r + s_c \pm \Delta u$
- Efetiva: $\sigma'_v = \Delta\sigma + \sigma_c + u_r - s_c \mp \Delta u$; $\sigma'_h = \sigma_c + u_r - \sigma_c \mp \Delta u$

Na ruptura:
- Total: $\Delta\sigma_f = (\sigma_1 - \sigma_3)_f$, σ_c, σ_c
- Pressão intersticial: $-u_r + \sigma_c \pm \Delta u_f$
- Efetiva: $\sigma'_{vf} = \Delta\sigma_f + \sigma_c + u_r - \sigma_c \mp \Delta u_f = \sigma'_{1f}$; $\sigma'_{hf} = \sigma_c + u_r - \sigma_c \mp \Delta u_f = \sigma'_{3f}$

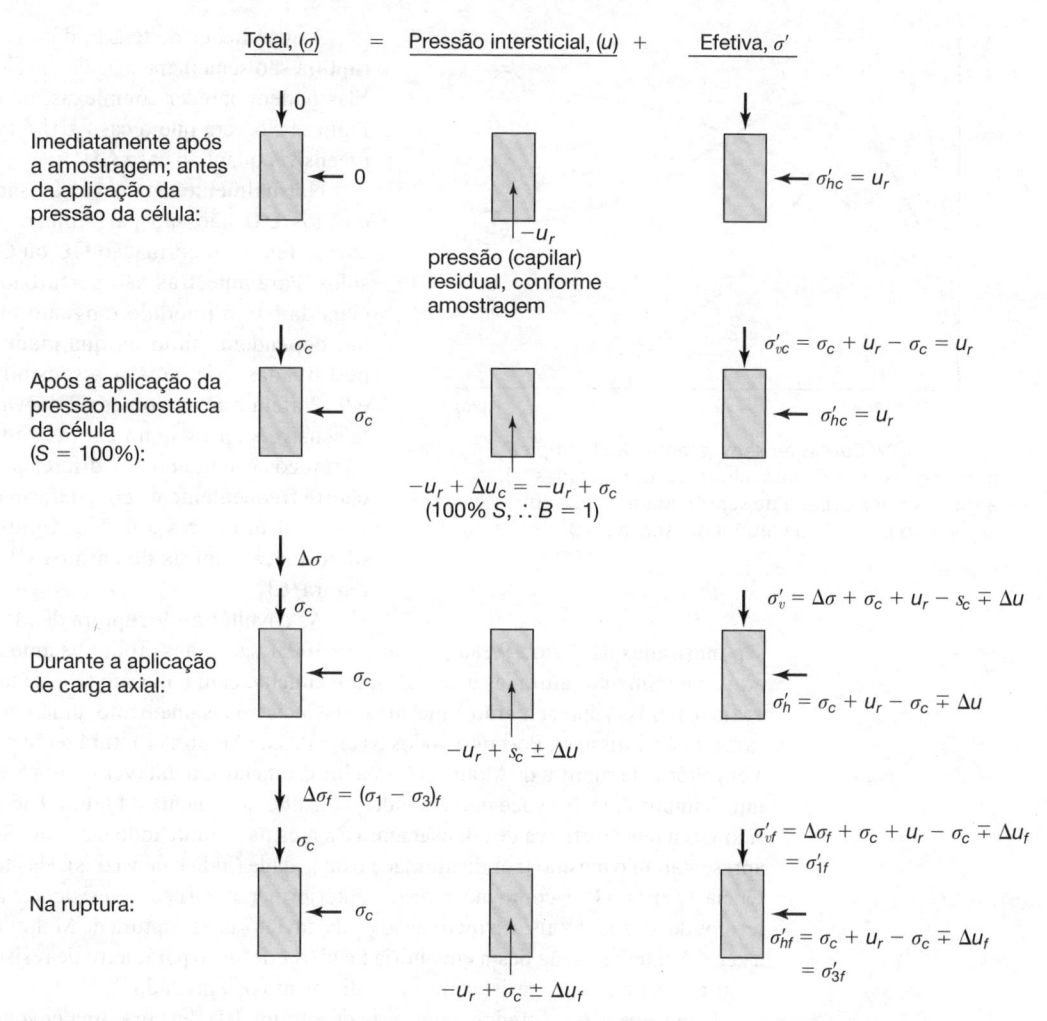

FIGURA 9.36 Condições na amostra durante o ensaio de compressão axial não adensado-não drenado (*UU*).

Observe que, inicialmente, para amostras não perturbadas, a pressão neutra é negativa e é chamada de **pressão neutra residual u_r** que resulta da liberação de tensão durante a amostragem. Como as tensões efetivas inicialmente devem ser maiores que zero (caso contrário, a amostra simplesmente se desintegraria) e as tensões totais são zero (pressão atmosférica = pressão manométrica zero), a pressão neutra deve ser negativa. Quando a pressão da célula é aplicada com as válvulas de drenagem fechadas, uma pressão neutra positiva Δu é induzida na amostra, que é exatamente igual à pressão da célula aplicada σ_c. Todo o aumento na tensão hidrostática é suportado pela água intersticial, porque (1) o solo está 100% saturado, (2) a compressibilidade da água e dos grãos individuais do solo é pequena em comparação com a compressibilidade da estrutura do solo, e (3) existe uma relação única entre a tensão hidrostática efetiva e o índice de vazios (Hirschfeld, 1963). O número (1) é óbvio. O número (2) significa que nenhuma variação volumétrica pode ocorrer a menos que a água escoe para fora (ou para dentro) da amostra, e estamos evitando que isso ocorra. O número (3) significa basicamente que não ocorre compressão secundária (variação volumétrica sob tensão efetiva constante).

Talvez você se lembre da discussão dos pressupostos da teoria do adensamento de Terzaghi (Capítulo 7) que o mesmo pressuposto era necessário, isto é, que o índice de vazios e a tensão efetiva estão intimamente relacionados. Assim, não pode haver alteração no índice de vazios sem alteração na tensão efetiva. Como evitamos qualquer alteração no teor de umidade, o índice de vazios e a tensão efetiva permanecem os mesmos.

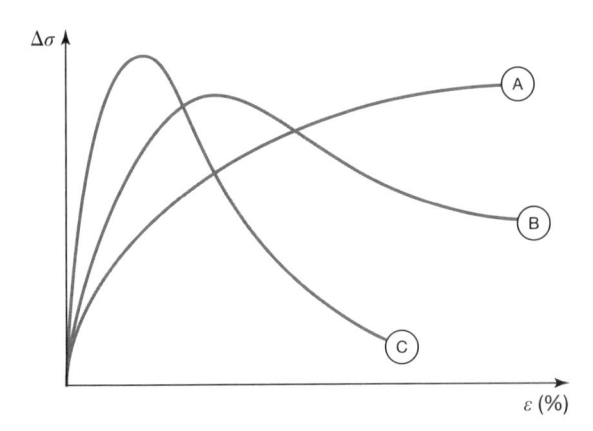

FIGURA 9.37 Curvas tensão-deformação **UU** típicas para argilas amolgadas e algumas compactadas (a); argila não perturbada de sensibilidade média (b); e argila não perturbada altamente sensível (c).

As condições de tensão durante a carga axial e na ruptura são semelhantes às do ensaio **CU** (Figura 9.29). Elas podem parecer complexas, mas se você estudar a Figura 9.36 verá que o caso **UU** é tão facilmente compreensível quanto o caso **CU**.

Normalmente, as curvas tensão-deformação para ensaios **UU** não são particularmente diferentes das curvas tensão-deformação **CU** ou **CD** para os mesmos solos. Para amostras não perturbadas, as porções iniciais da curva (módulo tangente inicial), em particular, dependem muito da qualidade das amostras não perturbadas. Além disso, a sensibilidade Seções 2.6.2 e 9.12 afeta o formato dessas curvas; argilas altamente sensíveis apresentam curvas de tensão-deformação com picos acentuados. A diferença máxima de tensão ocorre frequentemente com deformações muito baixas, em geral inferiores a 0,5%. Algumas curvas tensão-deformação típicas de ensaios **UU** são mostradas na Figura 9.37.

As envoltórias de ruptura de Mohr para ensaios **UU** são mostradas na Figura 9.38a para argilas 100% saturadas. Todas as amostras de ensaio para argilas totalmente saturadas estão presumivelmente com o mesmo teor de umidade (e índice de vazios), por isso apresentarão a mesma resistência ao cisalhamento, uma vez que nenhum adensamento é admissível. Portanto, todos os círculos de Mohr na ruptura terão o mesmo diâmetro, e a envoltória de ruptura de Mohr será uma linha reta horizontal (ver Figura 8.9c). Este é um ponto muito importante. Se você não entender, consulte novamente a Figura 9.36 para ver que no ensaio **UU** a tensão efetiva de adensamento é a mesma durante todo o ensaio. Se todas as amostras apresentarem o mesmo teor de umidade e densidade (índice de vazios), elas terão a mesma resistência. O ensaio **UU**, como mencionado anteriormente, fornece a resistência ao cisalhamento em termos de tensões totais, e a inclinação ϕ_T da envoltória de ruptura de Mohr do ensaio **UU** é igual a zero. A interceptação desta envoltória no eixo τ define o parâmetro de resistência à tensão total c, ou $\tau_f = c$) onde τ_f é a resistência ao cisalhamento não drenado.

Para solos não saturados, uma série de ensaios **UU** definirá uma envoltória de ruptura inicialmente curva (Figura 9.38b) até que a argila fique essencialmente 100% saturada devido simplesmente à pressão da cela.

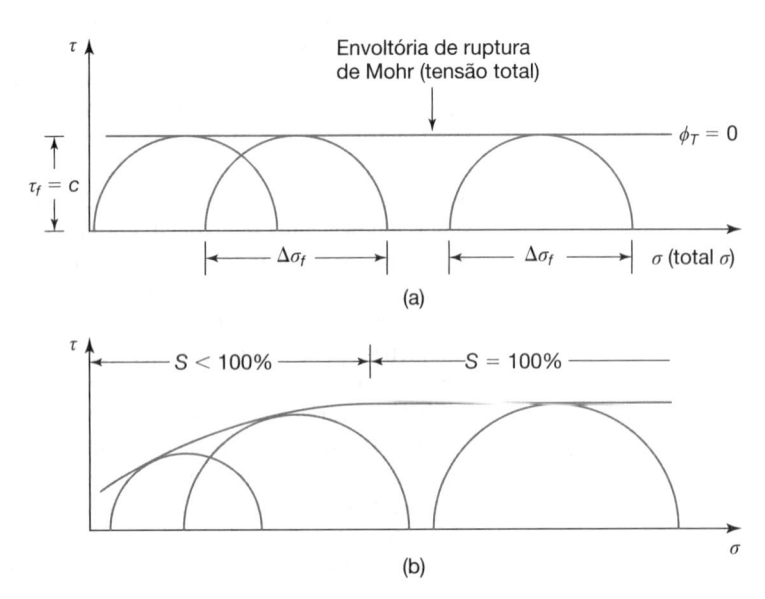

FIGURA 9.38 Envoltórias de ruptura de Mohr para ensaios **UU**: argila 100% saturada (a); argila insaturada (b).

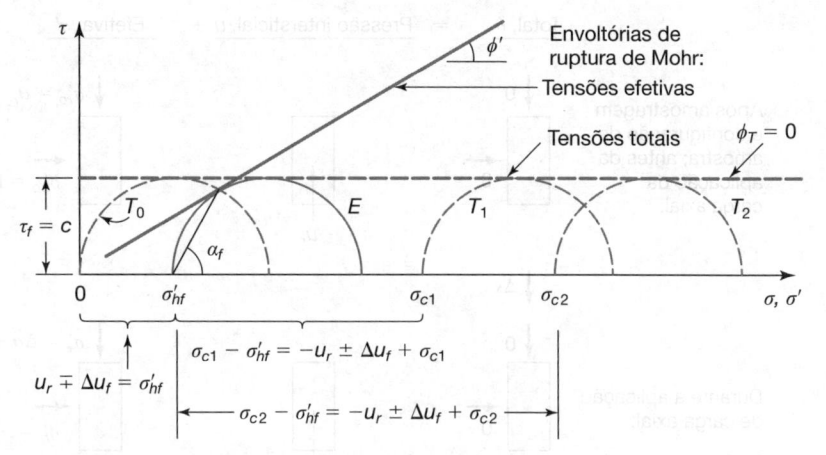

FIGURA 9.39 Resultados do ensaio **UU**, ilustrando o único círculo de Mohr de tensão efetiva na ruptura.

Obs.: (σ'_{hf}) é o mesmo para todos os três círculos de tensão total!

Mesmo que as válvulas de drenagem estejam fechadas, a pressão confinante comprimirá o ar nos vazios e diminuirá o índice de vazios. À medida que a pressão da célula aumenta, ocorre cada vez mais compressão. Eventualmente, quando é aplicada pressão suficiente, alcança-se essencialmente 100% de saturação. Portanto, como para argilas inicialmente 100% saturadas, a envoltória de ruptura de Mohr torna-se horizontal, como mostrado no lado direito da Figura 9.38b. A resistência dos solos não saturados é muito complexa, e discutiremos brevemente este tópico na Seção 13.14. Consulte o estudo de Fredlund e Radharjo (1993) para uma abordagem abrangente deste tema.

Em princípio, é possível medir as pressões de água intersticial induzidas em uma série de ensaios **UU**, embora isso não seja feito normalmente porque se trata de um procedimento complexo. Como as tensões efetivas na ruptura são **independentes** das pressões totais da célula aplicadas às diversas amostras de uma série de ensaios, existe apenas um círculo de Mohr de tensão efetiva **UU** na ruptura. Este ponto é ilustrado na Figura 9.39. Observe que não importa qual seja a pressão confinante (p. ex., σ_{c1}, σ_{c2}, etc.), existe apenas um círculo de Mohr de pressão efetiva na ruptura.

A tensão principal efetiva menor na ruptura σ'_{hf} é a mesma para **todos** os círculos de tensão total mostrados na figura. Como temos apenas um círculo efetivo na ruptura, estritamente falando, precisamos determinar ϕ' e c' antecipadamente para traçar a envoltória de ruptura de Mohr em termos de tensões efetivas para o ensaio **UU**. Poderíamos talvez medir o ângulo do plano de ruptura nas amostras de **UU** com ruptura e aplicar a hipótese de ruptura de Mohr, mas, como discutido na Seção 8.4, existem problemas práticos com esta abordagem. Deve-se observar ainda que o ângulo de inclinação do plano de ruptura α_f mostrado na Figura 9.39 é definido pela envoltória de tensões efetivas. Caso contrário, conforme indicado na Figura 8.9c e na Equação (8.10), a teoria preveria que α_f seria 45°. Uma vez que a resistência é, em última análise, controlada ou regida pelas tensões efetivas, acreditamos que as condições físicas que controlam a formação de um plano de ruptura na amostra de ensaio devem, de alguma forma, ser controladas pelas tensões efetivas que atuam na amostra no momento da ruptura. Assim, a Equação (8.10) deve ser em termos de ϕ' em vez de ϕ_T, ou $\alpha_f = 45° + \phi'/2$.

9.11.2 Ensaio de compressão simples

O **ensaio de compressão simples** é um caso especial do ensaio **UU**, mas com pressão de confinamento ou cela igual a zero (pressão atmosférica). As condições de tensão na amostra de ensaio de compressão simples são semelhantes àquelas da Figura 9.36 para o ensaio **UU**, exceto que σ_c é

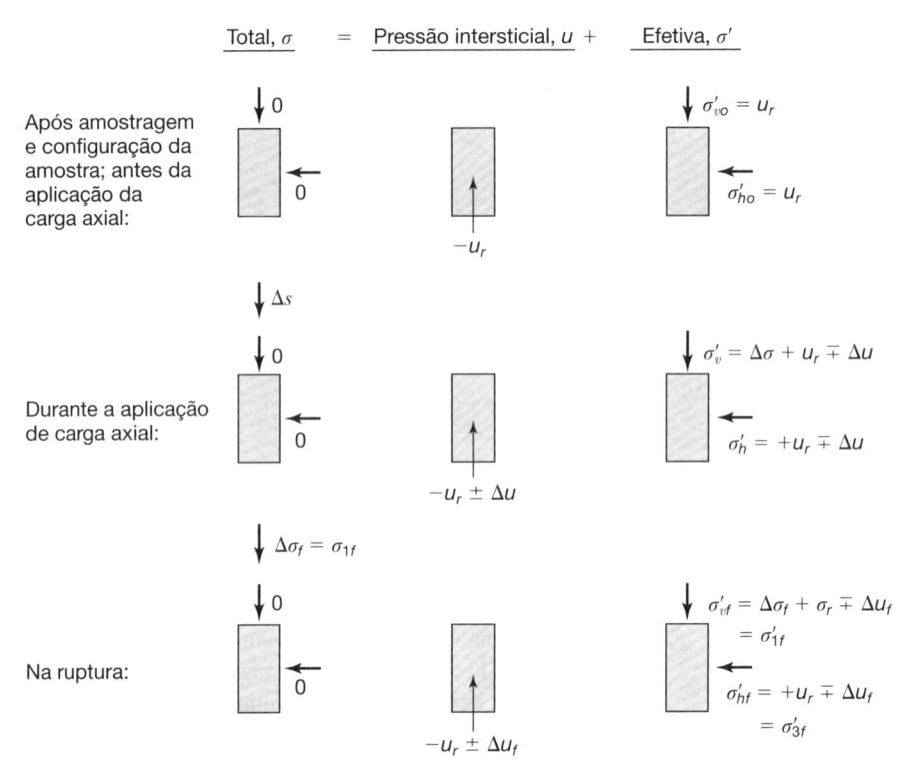

FIGURA 9.40 Condições de tensão para o ensaio de compressão simples.

igual a zero, conforme mostrado na Figura 9.40. Ao comparar esses dois números, você verá que as condições efetivas de tensão na ruptura são idênticas para ambos os ensaios. E se as condições de tensão efetiva forem as mesmas em ambos os ensaios, então as forças serão as mesmas!

Na prática, para que o ensaio de compressão simples produza a mesma resistência que o ensaio UU, diversas suposições devem ser satisfeitas. Elas são as seguintes:

1. A amostra deve estar 100% saturada; caso contrário, ocorrerá compressão do ar nos vazios, causando diminuição no índice de vazios e **aumento** na resistência.
2. A amostra não deve conter fissuras, fendas, laminações ou outros defeitos; isso significa que a amostra deve ser de argila íntegra e homogênea. Raramente as argilas naturais sobreadensadas estão íntegras, e muitas vezes até mesmo as argilas normalmente adensadas apresentam algumas fissuras e outros defeitos.
3. O solo deve ter granulação muito fina; a tensão confinante efetiva inicial, conforme indicado na Figura 9.40, é a tensão capilar residual, que é uma função da pressão neutra residual, u_r; isso geralmente significa que apenas solos argilosos são adequados para ensaios de compressão simples.
4. A amostra deve ser cisalhada rapidamente até sofrer a ruptura; trata-se de um ensaio de tensão total, e as condições não devem apresentar drenagem durante todo o ensaio. Se o tempo até a ruptura for muito longo, a evaporação e a secagem da superfície aumentarão a pressão confinante, resultando em resistência muito alta. O tempo típico até a ruptura é de 5 a 15 minutos.

Certifique-se de distinguir entre a resistência à **compressão** simples $(\sigma_1 - \sigma_3)_f$ e a resistência ao **cisalhamento** não drenado, que é $\tau_f = \frac{1}{2}(\sigma_1 - \sigma_3)_f$. Você pode ver isso na Figura 9.39, onde o círculo de tensão total mais à esquerda começa na origem, o que significa que é um ensaio de compressão simples.

Exemplo 9.9

Contexto:

Um ensaio de compressão simples é realizado com uma argila macia. A amostra é cortada da amostra do tubo não perturbada e apresenta 1,4 polegadas de diâmetro e 3,15 polegadas de altura. A carga no transdutor de força na ruptura é de 3.254 lb e a deformação axial é de 0,46 polegadas.

Problema:

Calcule a resistência à compressão simples e a resistência ao cisalhamento da amostra.

Solução:

Para calcular a tensão na ruptura, temos que conhecer a área da amostra A_s na ruptura. Contudo, A_s na ruptura não é igual à área original A_o, mas um pouco maior, porque, na compressão, a amostra diminui em altura e aumenta em diâmetro enquanto o coeficiente de Poisson (razão entre deformação horizontal e deformação vertical, $v = \varepsilon_h/\varepsilon_v$) for maior que zero. Para argilas macias em cisalhamento não drenado, o coeficiente de Poisson = 0,5, porque não há variação volumétrica, e como o volume permanece inalterado, presumimos que a amostra se deforma como um cilindro circular reto. Portanto, A_s em qualquer deformação ε é

$$A_s = \frac{A_o}{1 - \varepsilon} \qquad (9.11)$$

Agora podemos calcular a área da amostra A_s. A tensão na ruptura é $\Delta L/L_o$ = 0,46 pol./3,15 pol. = 0,146 ou 14,6%. Assim, A_s = 1,80 pol.². Agora, a tensão de compressão na ruptura é 3.254 lb/1,80 pol.² = 1.805 lb/pol.²psi. Se tivéssemos simplesmente dividido pela área original da amostra, teríamos obtido 2.114 psi, um erro significativo.

A resistência ao cisalhamento para o ensaio de compressão simples é metade da resistência à compressão, ou 902,6 psi.

Deve-se observar que a tensão de cisalhamento real no plano de ruptura na ruptura τ_{ff} é um pouco menor do que a resistência ao cisalhamento não drenado, $\tau_f = c$, porque τ_{ff} ocorre em um plano de ruptura cuja inclinação é determinada pelas tensões efetivas, conforme explicado anteriormente para o ensaio **UU**. As condições e a magnitude aproximada do erro associado são indicadas na Figura 9.41a para a amostra no momento da ruptura na Figura 9.41b. A magnitude do erro depende de ϕ', conforme indicado pelos cálculos do Exemplo 9.1.

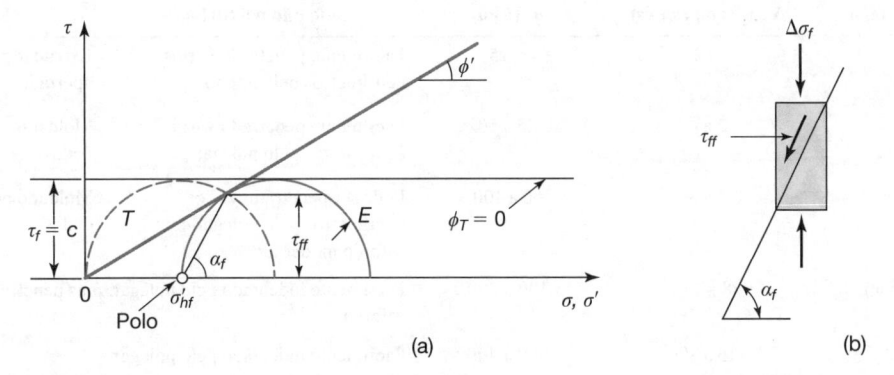

FIGURA 9.41 (a) Diferença entre τ_{ff} e $\tau_f = c$ em (b) uma amostra de ensaio de compressão simples (adaptada de Hirschfeld, 1963).

Durante a maior parte do século XX, o ensaio de compressão simples foi provavelmente o ensaio de resistência laboratorial mais comum utilizado nos Estados Unidos da América para o projeto de fundações rasas e profundas em argila, bem como outros problemas de engenharia de solos moles. Lembra-se das quatro condições indicadas na seção anterior que devem ser satisfeitas para que o ensaio **UCC** produza a mesma resistência que o ensaio **UU**? Muitas vezes, na prática geotécnica, essas condições não são atendidas, porque as argilas acima do lençol freático são insaturadas. Além disso, os depósitos de argila raramente são homogêneos, íntegros e sem fissuras ou defeitos. Em muitos casos, contudo, o ensaio **UCC** pareceu proporcionar bons resultados, provavelmente devido a **erros de compensação**. A perturbação da amostra tende especialmente a reduzir a resistência ao cisalhamento não drenado. A anisotropia também é um fator, assim como a suposição de condições de deformação plana para a maioria das análises de projeto, enquanto as condições de tensão real são mais tridimensionais Esses fatores tendem a reduzir a resistência ao cisalhamento não drenado, de modo que a diferença entre $\tau_f = c$ e τ_{ff} torna-se insignificante na prática de engenharia. Vários desses pontos foram discutidos por Ladd et al. (1977).

9.11.3 Valores típicos de resistência UU e UCC

A resistência não drenada das argilas varia bastante. Naturalmente, ϕ_T é zero, mas a magnitude de τ_f pode variar de quase zero para sedimentos extremamente macios a vários ***Mpa*** para solos muito duros e rochas macias. Com frequência, normalizamos as resistências ao cisalhamento não drenado medidas em um local em relação à tensão vertical efetiva de sobrecarga σ'_{vo} em cada ponto de amostragem. Em seguida, as relações τ_f/σ'_{vo} são analisadas e comparadas com outros dados. Este ponto será abordado com mais detalhes na Seção 9.11.5 adiante.

Quando descrevemos a classificação visual-manual dos solos na Seção 2.8.1, mencionamos que a **consistência** dos solos de grãos finos no estado natural era geralmente avaliada observando-se a facilidade com que o depósito poderia ser penetrado pelos dedos, etc. Termos como **muito macio, macio, médio, rígido (ou firme), muito rígido e duro** foram empregados para descrever a consistência dos solos. A Tabela 9.4 apresenta a relação entre consistência, resistência à penetração padrão (contagem de golpes), resistência à compressão simples e um ensaio de identificação de campo que é frequentemente usado na prática. Observe que os termos **rígido** e **firme** são usados indistintamente.

TABELA 9.4 Termos de consistência ou resistência para solos coesivos

Consistência, termo	Resistência à penetração padrão,[a] N_{SPT} (golpes/pés)	Resistência à compressão simples,[b] q_u (kPa)	Identificação em campo	
			Solo não perturbado	Visual-manual
Muito macio	< 2	< 25	Facilmente penetrado vários centímetros pelo punho	Extrudado entre os dedos quando apertado
Macio	2 a 4	25 a 50	Facilmente penetrado vários centímetros pelo polegar	Moldado por leve pressão dos dedos
Médio	4 a 8	50 a 100	Pode ser penetrado vários centímetros pelo polegar com esforço moderado	Moldado por forte pressão dos dedos
Rígido (ou firme)	8 a 15	100 a 200	Facilmente indentado pelo polegar, mas penetrado apenas com grande esforço	
Muito rígido	15 a 30	200 a 400	Facilmente indentado pelo polegar	
Duro	> 30	> 400	Indentado pelo polegar com dificuldade	

[a] A SPT não é muito confiável para argilas macias, sensíveis, e não é recomendada.
[b] Resistência à compressão simples $q_u = (\sigma_1 - \sigma_3)f = 2\tau_f$.
Adaptada de U.S. Department of the Interior (1998); U.S. Department of the Navy (1986).

9.11.4 Outras maneiras de determinar a resistência ao cisalhamento não drenado

Mencionamos antes que as condições de drenagem no ensaio triaxial são modelos de situações críticas específicas de projeto para estabilidade na prática geotécnica. Por exemplo, para o dimensionamento de fundações em solos argilosos, a condição crítica de drenagem é a **condição não adensada-não drenada (UU)**. Além do ensaio triaxial **UU** e sua variante, o ensaio de compressão simples (Seção 9.11.2), a resistência ao cisalhamento não drenado τ_f de solos coesivos pode ser estimada por alguns ensaios laboratoriais muito simples em amostras não perturbadas. Alguns desses ensaios também podem ser usados em campo, em poços de ensaio e em amostras de campo. Como o ensaio **UU** ocorre muito rapidamente, presumimos que existem condições não drenadas no solo que está sendo testado. A explicação de como esta resistência ao cisalhamento τ_f é equivalente à resistência **UU** foi dada na Seção 9.11.1.

A Tabela 9.5 resume os quatro ensaios e fornece limitações e referências. Os resultados desses ensaios simples foram correlacionados com a resistência ao cisalhamento não drenado τ_f, conforme indicado na tabela.

Embora não seja tão popular na América do Norte como no Norte da Europa, **o ensaio de cone em queda sueco** é muito útil para determinar a resistência ao cisalhamento não drenado de argilas macias e sensíveis, depósitos de lamas e lamitos macios do fundo do oceano. O ensaio do cone em queda é muito rápido e simples de realizar. Um esquema do ensaio é mostrado na Figura 9.42, juntamente às faixas de resistência ao cisalhamento para os quatro cones suecos padrão. A massa e o ângulo do cone são selecionados de acordo com uma estimativa da magnitude da resistência ao cisalhamento. O cone é posicionado tocando apenas o topo da amostra de solo e então liberado. A quantidade de penetração é medida e correlacionada com a resistência ao cisalhamento do solo, que é proporcional à massa do cone e inversamente proporcional ao quadrado da penetração. A calibração de Hansbo (1957) para argilas glaciais e pós-glaciais suecas é comumente usada até mesmo para outros solos. O ensaio também é útil para obter a **sensibilidade** do solo (Seção 9.12). Há uma boa correlação com a resistência obtida com o ensaio de cisalhamento em campo discutido na Seção 8.7.1.

Os outros três ensaios simples de resistência listados na Tabela 9.5 são o **penetrômetro de bolso Torvane** (medidor de resistência ao cisalhamento de solos não drenados e coesivos), e a versão de laboratório do **ensaio de cisalhamento de palhetas** (Figuras 9.43, 9.44 e 8.25), respectivamente). Os dois primeiros ensaios podem ser usados em laboratório para amostras

TABELA 9.5 Ensaios simples de laboratório e de campo para a resistência **UU** de argilas

Ensaio	Uso	Observações	Melhor para	Limitações	Referências
Cone em queda sueco	Laboratório	Rápido; usado em amostras de tubos; requer calibração; τ_f depende do ângulo e da massa do cone; amostra observável.	Argilas muito macias a macias	Solos coesivos sem seixos, fissuras etc. Testa apenas uma pequena quantidade de solo próximo à superfície; boa correlação com τ_f em argilas macias e sensíveis.	Hansbo (1957)
Penetrômetro de bolso	Laboratório, campo	Portátil; pistão e mola calibrada em compressão; resulta em resistência à compressão simples ($= 2\tau_f$); rápido; usado em amostras de tubos ou laterais de trincheiras exploratórias etc.; amostra observável.	Argilas muito macias a duras	O mesmo que acima, exceto calibração muito aproximada com τ_f.	
Torvane	Laboratório, campo	Portátil; mola calibrada em torção; rápido; usado em amostras de tubos ou nas laterais de trincheiras exploratórias etc.; amostra observável.	Argilas muito macias a duras	O mesmo que acima; correlação ligeiramente melhor com τ_f em argilas macias.	
Ensaio de cisalhamento de palhetas	Laboratório	Torção por mola calibrada; os tamanhos de palhetas mais comuns são 12 × 12 e 25 × 12 mm; amostra observável.	Argilas macias a duras	Não confiável se a palheta encontrar camadas de areia, laminações, pedras etc., ou se a palheta girar muito rapidamente.	ASTM D 4648

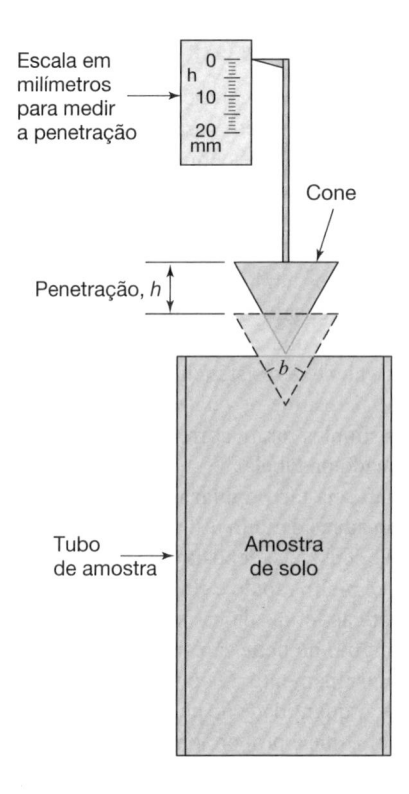

FIGURA 9.42 Esquema do ensaio do cone em queda sueco e as faixas de resistência ao cisalhamento para os quatro cones suecos padrão.

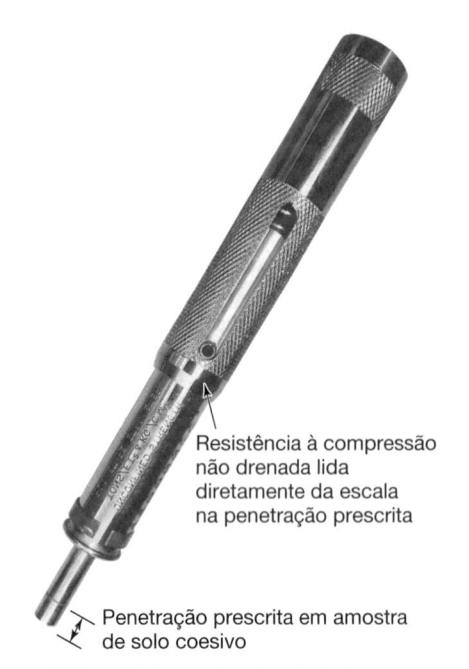

Massa (g)	Ângulo do cone β (graus)	Faixa de τ_f (kPa)
400	30	10–250
100	30	25–63
60	60	0,5–11
10	60	0,08–2

FIGURA 9.43 Penetrômetro de bolso, um dispositivo portátil que indica resistência à compressão simples (fotografia cortesia de Soiltest, Inc., Evanston, Illinois, Estados Unidos da América).

não deformadas (ou amolgadas), bem como realizados em poços de ensaio e em amostras no campo. O ensaio de cisalhamento de laboratório, como o nome indica, é apenas um ensaio laboratorial. O penetrômetro de bolso (Figura 9.43) possui um pequeno pistão com cerca de 6 mm de diâmetro que reage contra uma mola calibrada quando empurrado cerca de 6 mm para dentro da superfície do solo. As leituras na escala são de resistência à compressão simples, que é duas vezes a resistência ao cisalhamento não drenado τ_f. Tanto o Torvane (Figura 9.44) quanto a palheta de laboratório (Figura 8.25) são girados contra uma mola de torção, e o ângulo de rotação na ruptura está correlacionado com o torque na mola. No Torvane, a escala na cabeça de torque é multiplicada ou dividida adequadamente, dependendo do diâmetro das palhetas, conforme mostrado na Figura 9.44. Na palheta de laboratório, o torque na mola no momento da ruptura é usado em uma das equações teóricas mostradas na Figura 8.25c para fornecer a resistência ao cisalhamento não drenado. A vantagem de todos esses ensaios é que eles podem ser realizados a poucos centímetros um do outro, de modo a obter uma representação estatística ou um perfil contínuo de resistência ao cisalhamento com posição ou profundidade.

Vários outros ensaios *in situ* foram utilizados para determinar a resistência ao cisalhamento **UU** por meio de correlações, e estes foram descritos na Seção 8.7.1. Um dos melhores para argilas macias (Tabela 8.1) é o ensaio de cisalhamento de palhetas (**VST**) em campo. Devidamente calibrado por correlações baseadas em análises retroativas de rupturas e ensaios de campo (p. ex., Cadling e Odenstad, 1950), o **VST** pode fornecer uma

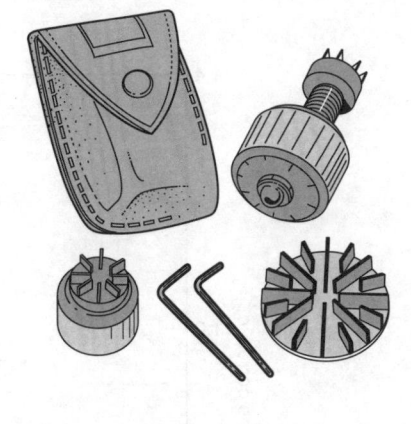

Capítulo 9 Introdução à resistência ao cisalhamento de solos e rochas

(a)

Diâmetro (mm)	Altura das palhetas (mm)	Máximo τ_f (kPa)
19	3	250
25	5	100 (padrão)
48	5	20

(b)

FIGURA 9.44 O dispositivo de Torvane para indicar a resistência ao cisalhamento não drenado: foto do Torvane sendo usado para avaliar a resistência do solo em uma amostra de tubo e desenho dos componentes do *kit* Torvane, incluindo três tamanhos de palhetas (a); especificações para as três palhetas (b) (fotografia cortesia do Prof. Don DeGroot – Universidade de Massachusetts, EUA).

boa estimativa da resistência ao cisalhamento não drenado desses materiais. Fórmulas teóricas (Figura 8.25c) são menos confiáveis. Outra possibilidade é aplicar um fator de correção empírico para argilas muito macias com base no cálculo retroativo de rupturas em aterros (Bjerrum, 1972). Um exemplo disso é mostrado na Figura 9.45.

O ensaio de penetrômetro de cone holandês (**CPT**) e seu "irmão", o ensaio de penetrômetro piezocone (**CPTu**), também podem ser usados em locais com argilas macias a duras. Por meio de correlações, ambos podem fornecer informações relativamente úteis sobre a variabilidade do perfil do solo, a resistência ao cisalhamento **UU** e outras propriedades úteis de locais de argila macia.

Embora o ensaio pressiométrico (**PMT**) tenha sido usado com argilas macias, é provavelmente mais adequado para locais com argila mais rígida. Ele pode fornecer boas estimativas do módulo do solo *in situ*, mas tende a superestimar a resistência ao cisalhamento não drenado em comparação com os resultados de ensaios de resistência laboratoriais e outros ensaios *in situ*. Da mesma forma, o ensaio de dilatômetro (**DMT**) é menos bem-sucedido em locais com argila macia, mas parece fornecer uma boa estimativa do módulo, especialmente em solos mais rígidos.

9.11.5 Uso da resistência UU na prática de engenharia

Assim como os ensaios **CD** e **CU**, a resistência não drenada ou **UU** é aplicável a certas situações críticas de projeto na prática de engenharia. Nessas situações, presume-se que o carregamento de engenharia ocorre tão rapidamente que não há tempo para que o excesso de pressão de água intersticial induzida se dissipe ou para que ocorra adensamento durante o período de carregamento. Presumimos também que a mudança na tensão total durante a construção não afeta a resistência ao cisalhamento não drenado *in situ* (Ladd, 1971b). Os exemplos mostrados na Figura 9.46 incluem fundações para aterros, núcleos de argila compactada de barragens de aterro e sapatas em argilas macias. Outro exemplo (não mostrado na figura) é a estabilidade ou capacidade de carga de fundações profundas, como estacas em argilas macias. Para todos esses casos, muitas vezes a condição de projeto mais crítica ocorre **imediatamente após a aplicação da carga (no**

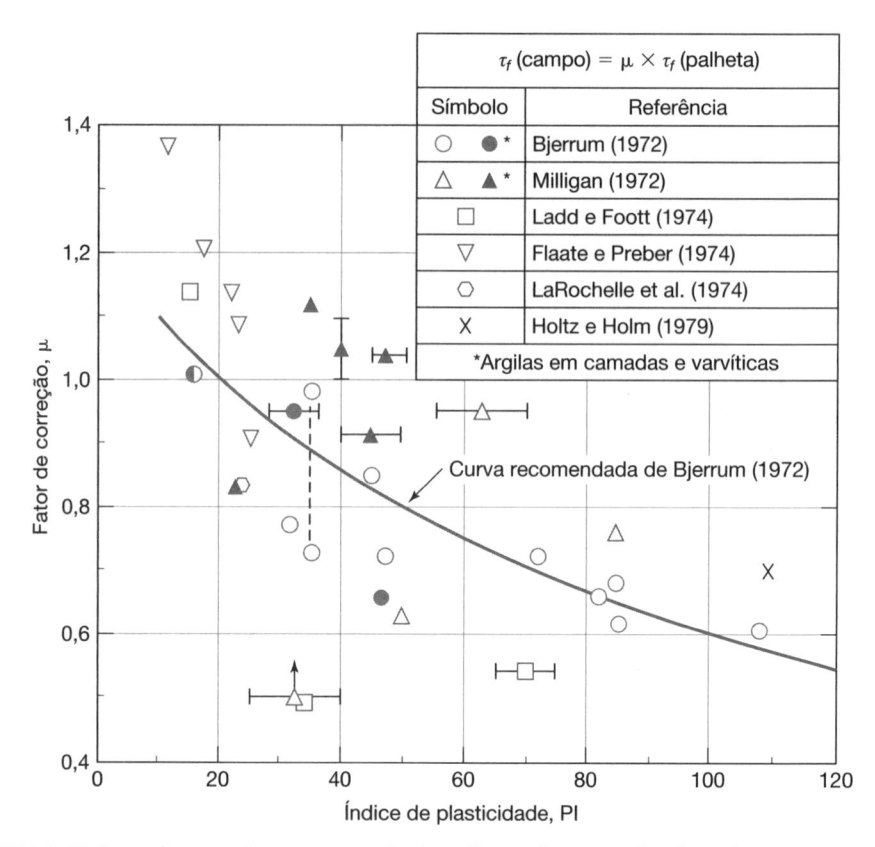

FIGURA 9.45 Fator de correção para o ensaio de palhetas de campo (VST) em função de **PI**, baseado em rupturas de aterro (adaptada de Ladd, 1975; Ladd et al., 1977).

final da construção), quando a pressão neutra induzida é maior, mas antes que o adensamento tenha tido tempo de ocorrer.

Uma vez iniciado o adensamento, o índice de vazios e o teor de umidade diminuem naturalmente e a resistência aumenta. Por consequência, o aterro ou fundação deverá tornar-se cada vez mais seguro com o tempo devido ao adensamento.

Na Seção 9.8, descrevemos brevemente as duas abordagens diferentes para a solução de problemas de estabilidade em engenharia geotécnica: (1) a **abordagem da tensão total** e (2) a **abordagem da tensão efetiva**. Mencionamos que a resistência ao cisalhamento adequada para esses casos se dá, respectivamente, em termos de tensões totais e efetivas. Para os casos da Figura 9.46, como não se presume que ocorra nenhuma drenagem e, portanto, nenhum adensamento durante a construção, é realizada uma análise de tensão total usando a resistência ao cisalhamento em termos de tensões totais, e normalmente é utilizada a resistência ao cisalhamento não drenado τ_f.

Existem, no entanto, algumas exceções das quais você deve estar ciente. A primeira envolve o carregamento da fundação (Figura 9.46a) de argilas levemente sobreadensadas. Elas podem apresentar comportamento dilatante quando cisalhadas, e isso foi observado tanto em ensaios de laboratório quanto em campo, por exemplo, em estruturas *offshore* no Mar de Beaufort, no Canadá (Crooks e Becker, 1988).

A outra exceção é o exemplo de uma barragem de terra (Figura 9.46b) construída com argila siltosa bem compactada conforme descrito por Humphrey e Leonards (1986). Eles investigaram a ruptura da face íngreme a montante de uma barragem de aterro construída sem as cascas granulares mostradas na Figura 9.46b e descobriram que uma análise de tensão total

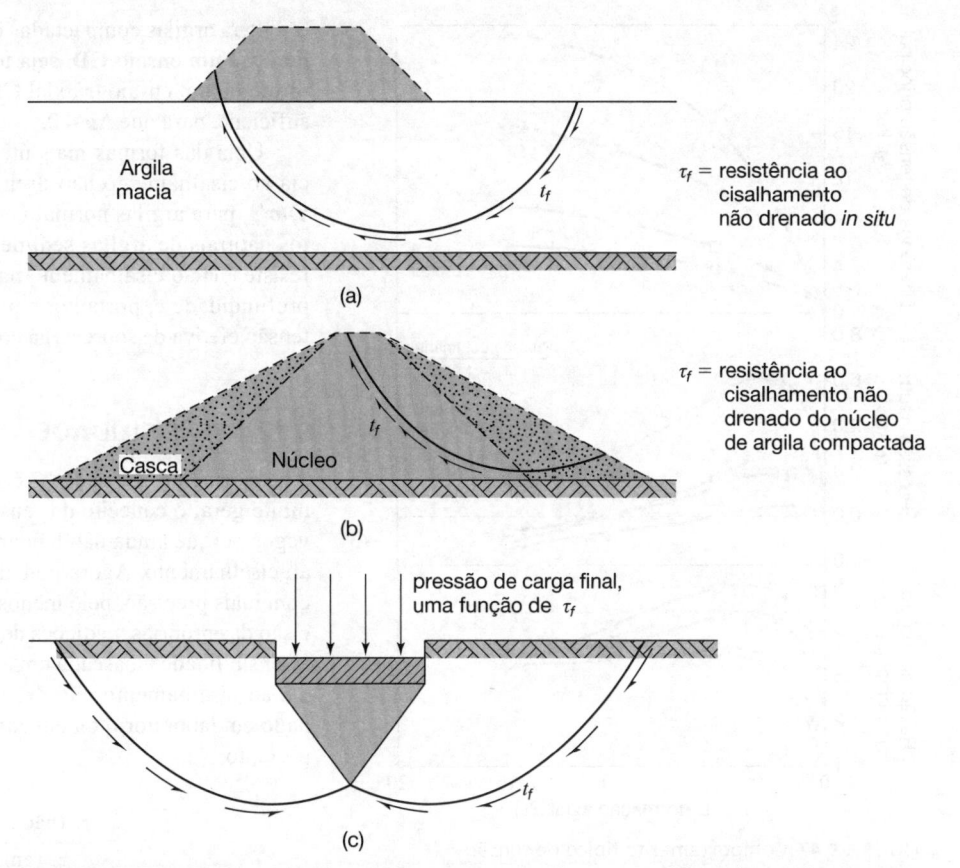

FIGURA 9.46 Alguns exemplos de análises UU para argila: aterro construído rapidamente sobre um depósito de argila macia (a); grande barragem de terra construída rapidamente sem alteração no teor de umidade do núcleo argiloso (b); sapata colocada rapidamente sobre depósito de argila (c) (adaptada de Ladd, 1971b).

não era confiável, porque o fator de segurança calculado usando a resistência **UU** tendia mais à insegurança.

Embora o relato do caso seja interessante sob vários pontos de vista, é o comportamento ao cisalhamento do material que é relevante aqui. Argila siltosa bem compactada tende a dilatar quando cisalhada, e isso causa pressões de água intersticial negativas durante o cisalhamento. Por consequência, a resistência ao cisalhamento no aterro aumenta, mas é temporária. As condições na barragem não permanecem sem drenagem por muito tempo, e a tensão normal efetiva ativa em uma superfície de ruptura potencial diminuirá, porque as pressões neutras tornam-se menos negativas rapidamente. E isso significa que as tensões efetivas diminuem de forma correspondente com relativa rapidez.

O que acontece no ensaio de laboratório da **UU** em argila siltosa compactada? A tensão de cisalhamento costuma ser aplicada rapidamente, muitas vezes atingindo a ruptura em 20 a 30 minutos. Se as pressões neutras fossem medidas, elas diminuiriam após as deformações excederem um pequeno percentual, e pressões neutras mais baixas significariam tensões efetivas mais altas e, portanto, maiores resistências ao cisalhamento não drenado. Esse efeito é mostrado na Figura 9.47. Portanto, uma análise de tensão total de uma barragem de argila siltosa compactada usando resistências **UU** não é confiável e pode ser insegura. Humphrey e Leonards (1986) recomendam, em vez disso, o uso de uma análise de tensão efetiva. Os parâmetros de resistência à tensão efetiva c' e ϕ' usados na análise de estabilidade devem ser avaliados em grandes deformações e em taxas de deformação lentas.

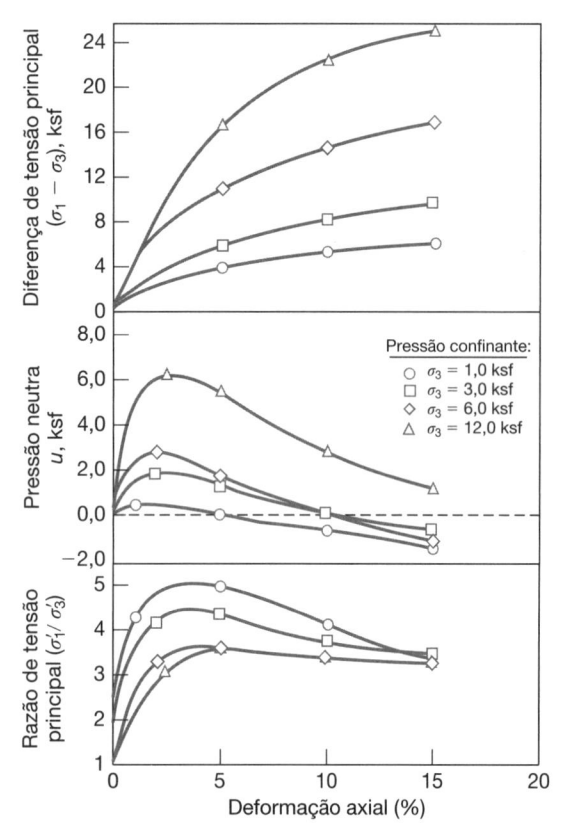

FIGURA 9.47 Comportamento típico de tensão-deformação e deformação por pressão neutra para um ensaio **UU** em argila siltosa compactada (**LL** = 19; **PI** = 7) (adaptada de Humphrey e Leonards, 1986).

Para argilas compactadas de plasticidade baixa a média, use um ensaio **CD**, seja um ensaio de cisalhamento direto ou um ensaio triaxial **CD**, conduzido lentamente o suficiente para que $\Delta u \approx 0$.

Uma das formas mais úteis de expressar a resistência ao cisalhamento não drenado é em termos da razão τ_f/σ'_{vo} para argilas normalmente adensadas. Em depósitos naturais de argilas sedimentares, descobriu-se que a resistência ao cisalhamento não drenado aumenta com a profundidade e, portanto, é proporcional ao aumento da tensão efetiva de sobrecarga com a profundidade.

9.12 SENSIBILIDADE

Anteriormente, na Seção 2.6.2, mencionamos de forma muito geral o conceito de sensibilidade da argila. Fomos vagos porque ainda não havíamos discutido a resistência ao cisalhamento. Agora podemos definir a sensibilidade com mais precisão, pelo menos dentro dos limites de precisão das próprias medições de resistência. Normalmente, a sensibilidade é baseada em alguma medida da resistência ao cisalhamento não drenado τ_f conforme determinado em laboratório ou em campo. A **sensibilidade S_t** é, portanto,

$$S_t = \frac{\tau_f \text{ (não perturbado)}}{\tau_f \text{ (amolgado)}} \qquad (9.12)$$

Deve-se observar que a determinação da resistência amolgada deve ter o mesmo teor de umidade, o teor de umidade natural w_n, que o teor de umidade da amostra não perturbada. A Tabela 9.6 indica a faixa de valores de sensibilidade comumente usados nos Estados Unidos da América, onde argilas altamente sensíveis não são tão comuns como no leste do Canadá e na Escandinávia.

Outras escalas de sensibilidade estão disponíveis além daquelas listadas na Tabela 9.6 (p. ex., Skempton e Northey, 1952; Bjerrum, 1954).

TABELA 9.6   Valores típicos de sensibilidade

Condição	Faixa de S_t		
	EUA	Canadá	Suécia
Baixa sensibilidade	2 a 4	< 2	< 10
Medianamente sensível	4 a 8	2 a 4	10 a 30
Altamente sensível	8 a 16	4 a 8	> 30
Extrassensível	16	8 a 16	> 50
Muito sensível	—	> 16	> 100
Deslizamento rápido	—	>> 16	

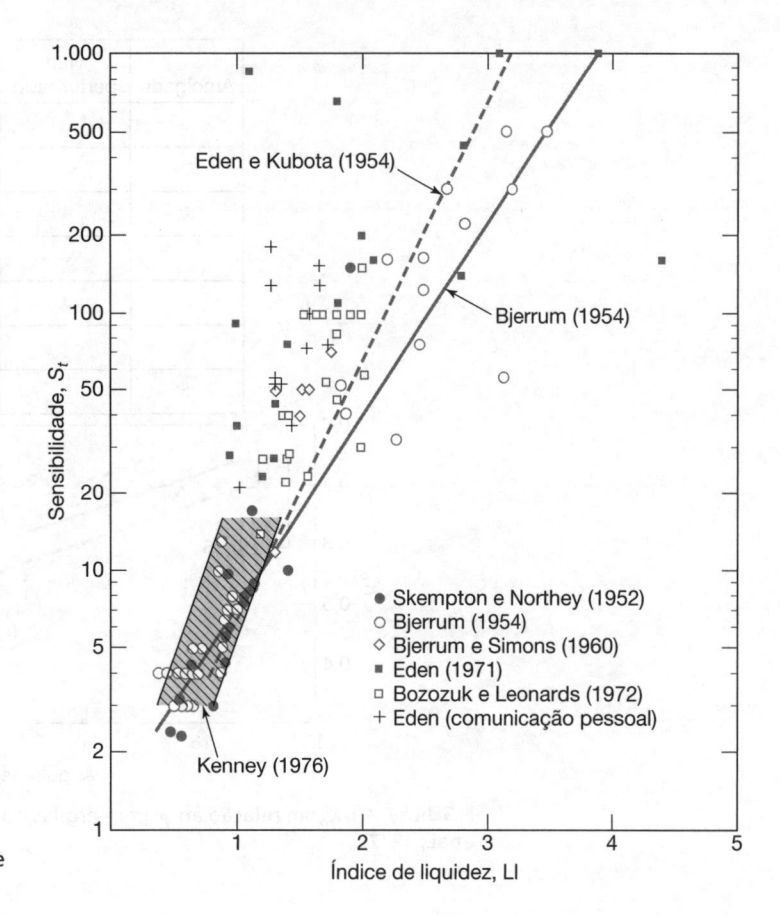

FIGURA 9.48 A relação entre sensibilidade e índice de liquidez para argilas escandinavas, britânicas, canadenses e algumas dos EUA.

A Figura 2.11 mostra o que aconteceu com uma amostra de argila Leda do leste do Canadá antes e depois da amolgamento. As argilas Leda são frequentemente muito rígidas no seu estado natural. Suas resistências à compressão simples podem ser superiores a 100 kPa, mas seus índices de liquidez [Equação (2.30)] são frequentemente 2 ou mais. Não admira que a sua resistência seja tão baixa quando são completamente amolgadas. A amostra apresentada na Figura 2.11 tinha uma sensibilidade de cerca de 1.500 (Penner, 1963), o que definitivamente a qualifica como muito sensível de acordo com a Tabela 9.6. Observe que com tais argilas deve-se usar uma palheta de laboratório muito sensível ou um ensaio de cone em queda para obter o τ_f amolgado (Eden e Kubota, 1962).

Correlações entre sensibilidade e índice de liquidez foram feitas por vários pesquisadores, como mostra a Figura 9.48.

9.13 O COEFICIENTE DE EMPUXO DE TERRA EM REPOUSO PARA ARGILAS

Assim como acontece com as areias, o conhecimento do coeficiente de empuxo de terra em repouso, K_o, para um depósito de argila costuma ser muito importante para o projeto de estruturas de contenção de terra, escavações e algumas fundações. Na Seção 9.7, fornecemos alguns valores típicos de K_o para areias. Dissemos que K_o estava empiricamente relacionado com ϕ' e com Equação (9.8) e Figura 9.20 e mencionamos que o coeficiente para depósitos de areia sobreadensada é maior do que para os de areia normalmente adensada Equação (9.9).

Correlações entre K_o e foram feitas para argilas por Brooker e Ireland (1965) e outros. Seus dados para argilas normalmente adensadas são mostrados na Figura 9.49. Brooker e Ireland

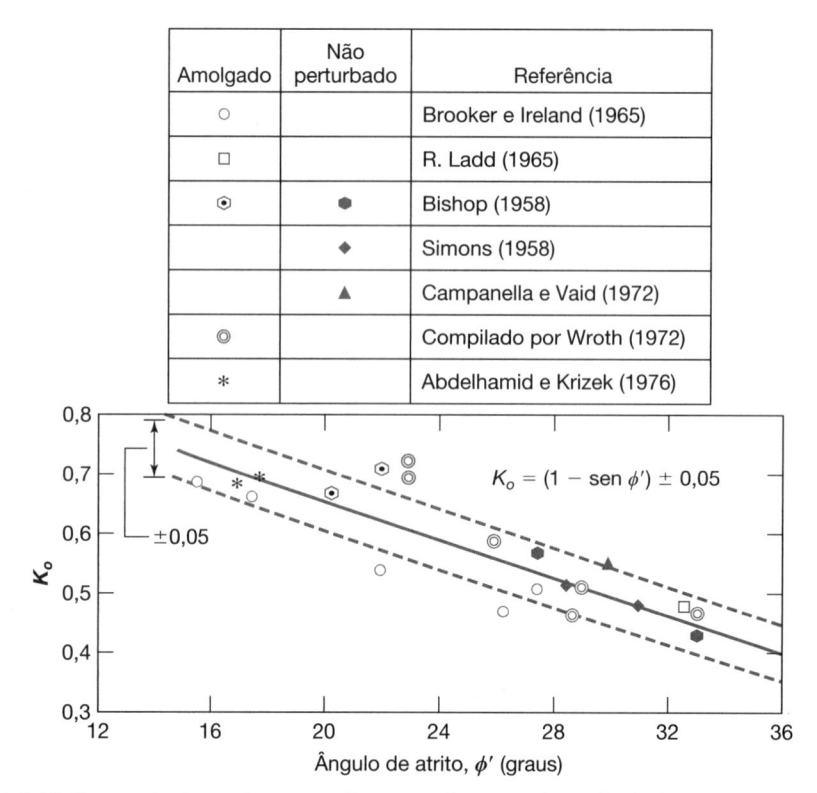

Amolgado	Não perturbado	Referência
○		Brooker e Ireland (1965)
□		R. Ladd (1965)
⊙	●	Bishop (1958)
	◆	Simons (1958)
	▲	Campanella e Vaid (1972)
◎		Compilado por Wroth (1972)
∗		Abdelhamid e Krizek (1976)

FIGURA 9.49 K_o em relação ao ϕ' para argilas normalmente adensadas (adaptada de Ladd et al., 1977).

No gráfico: $K_o = (1 - \text{sen } \phi') \pm 0,05$

(1965) também encontraram uma tendência de aumento do K_o normalmente adensado com o índice de plasticidade. Massarsch (1979) coletou os resultados de 12 pesquisas, incluindo a compilação de Ladd et al. (1977), os quais são mostrados na Figura 9.50. A equação da linha de melhor ajuste é

$$K_o = 0{,}44 + 0{,}42(\text{PI}/100) \tag{9.13}$$

Observe que o intercepto da linha de melhor ajuste, ou 0,44, está muito próximo da média de K_o para areias normalmente adensadas, conforme mostrado na Figura 9.20.

O efeito do aumento da tensão de sobrecarga e subsequente descarga em σ'_h e K_o é mostrado nas Figuras 9.5a e b, respectivamente. Durante a sedimentação, a tensão horizontal efetiva σ'_h aumenta proporcionalmente ao aumento da tensão vertical efetiva, então K_o é constante. Se ocorrer descarregamento, por exemplo, devido à erosão, então há um efeito de histerese e o valor de K_o aumenta. Dependendo de quanto o descarregamento realmente ocorre, é possível que as tensões laterais relativas a σ'_v se aproximem de um estado de ruptura;[*] isto é, a razão σ'_h/σ'_{vo} poderia ser 3,0 ou 3,5, o que corresponde a $\phi' = 30°$ ou $35°$ Equação (8.13). Se houver recarga subsequente, então o K_o tende a diminuir, como mostrado na Figura 9.51b. O efeito do sobreadensamento no K_o de uma argila sensível é mostrado na Figura 9.52. Novamente, há alguma histerese quando a argila é expandida de um **OCR** alto.

---

[*]Em termos de empuxos de terra laterais, isso é chamado de **estado passivo de ruptura** (mais sobre no Capítulo 11). A razão de tensão K_p é chamada de **coeficiente de empuxo de terra passivo** e $K_p = \sigma'_{hf}/\sigma'_{vf}$.

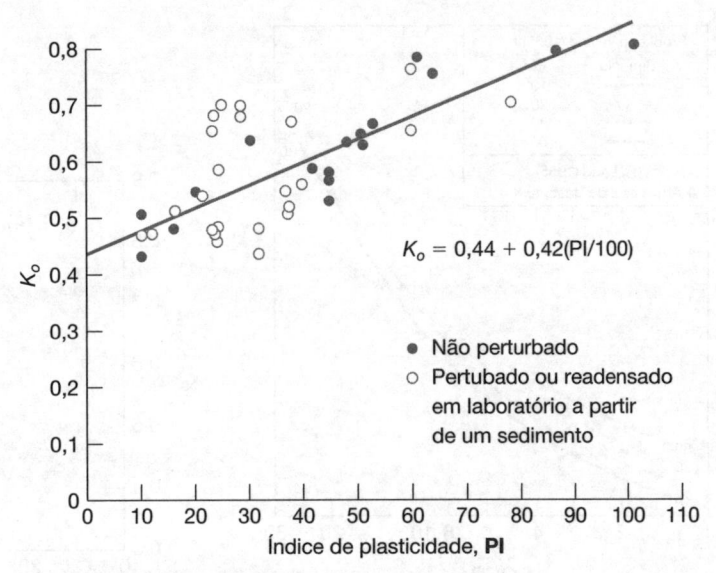

FIGURA 9.50 Correlação entre K_o de ensaios laboratoriais e índice de plasticidade *PI* (adaptada de Massarsch, 1979).

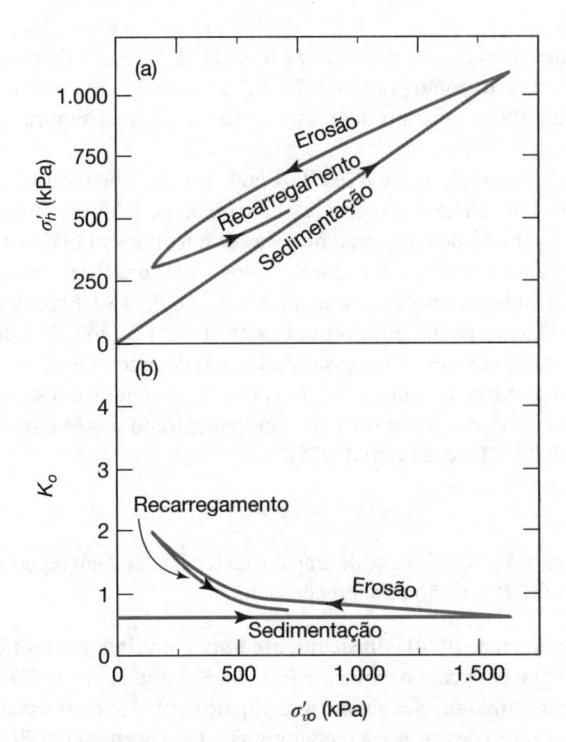

$$K_o = 0,44 + 0,42(PI/100)$$

- Não perturbado
- Pertubado ou readensado em laboratório a partir de um sedimento

FIGURA 9.51 Relações que mostram o efeito de uma mudança na tensão de sobrecarga durante a sedimentação, a erosão e o recarregamento em tensão horizontal σ'_h (a) e coeficiente de empuxo de terra em repouso K_o (b) (adaptada de Morgenstern e Eisenstein, 1970).

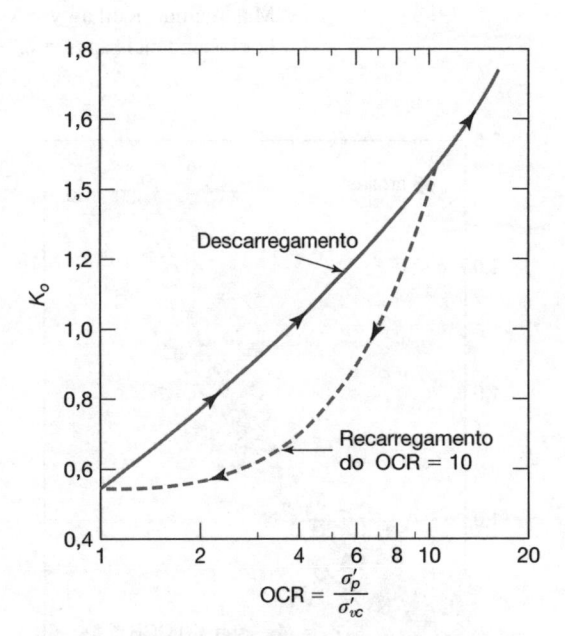

FIGURA 9.52 Efeito do sobreadensamento no K_o de uma argila sensível durante o descarregamento e o recarregamento. Os dados de Campanella e Vaid (1972) foram traçados novamente por Ladd et al. (1977).

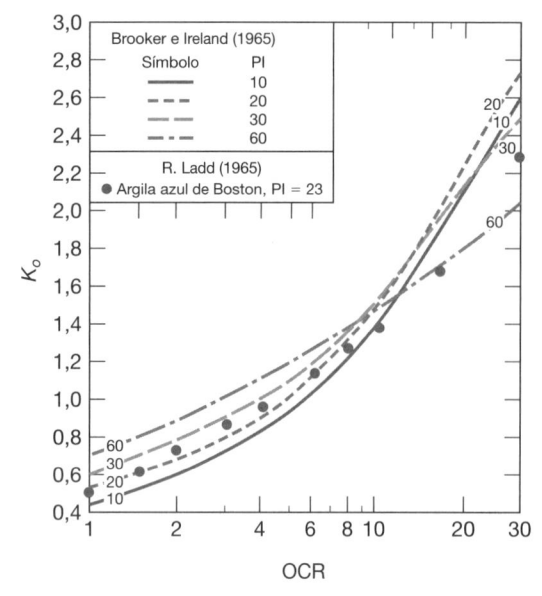

FIGURA 9.53 K_o em relação ao **OCR** para solos de diferentes plasticidades. Os dados de Brooker e Ireland (1965) sobre cinco argilas e uma areia foram traçados novamente por Ladd (1971a).

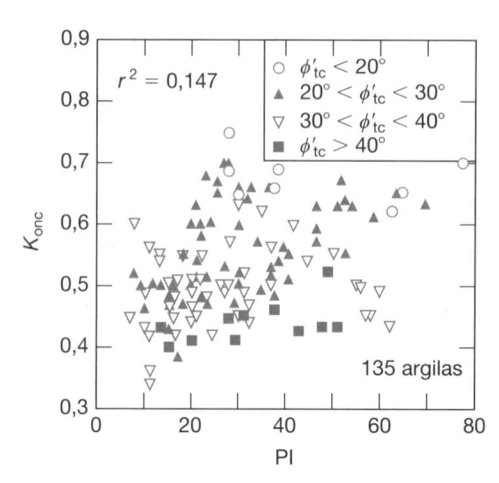

FIGURA 9.54 K_{onc} em relação a PI em 135 argilas (tc = compressão triaxial) (Kulhawy e Mayne, 1990; Kulhawy, 2005).

Brooker e Ireland (1965) sugeriram que a relação entre K_o e **OCR** dependia da plasticidade da argila, e isso foi confirmado até certo ponto por Ladd (1971a), como mostrado na Figura 9.53. Mas quando Kulhawy e Mayne (1990) traçaram dados sobre 135 argilas na Figura 9.54, não houve tendência aparente.

A relação entre K_o e **OCR** pode ser mais bem estimada usando ϕ' de ensaios de compressão triaxial de laboratório em vez de **PI**. Isto foi demonstrado por Mayne e Kulhawy (1982) a partir de dados de "48" argilas reproduzidos na Figura 9.55. Sua relação é definida com o menor valor de $h = 0{,}32$ e $PI = 80$. Esses valores de h são um pouco inferiores aos das areias (Seção 9.7). Lembre-se também de que todos esses dados são de amostras adensadas em laboratório. O comportamento em campo é muito mais errático do que os dados de laboratório, como mostrado por Massarsch et al. (1975) e Tavenas et al. (1975).

$$K_o = (1 - \operatorname{sen} \phi')\, \mathbf{OCR}^{\operatorname{sen} \phi'} \qquad (9.14)$$

onde K_o = coeficiente de empuxo de terra lateral em repouso;
OCR = razão de sobreadensamento.

A Equação (9.14) **é basicamente uma combinação** das Equações (9.8) e (9.9) com o expoente $h = \operatorname{sen} \phi'$. Ladd et al. (1977) também determinaram o expoente h na Equação (9.9) para diversas argilas durante a descarga e a recompressão. Para argilas com **PI** de cerca de 20, um valor de $h = 0{,}4$ é razoável. Então, h diminui ligeiramente à medida que **PI** aumenta, com o menor valor de $h = 0{,}32$ com **PI** = 80. Esses valores de h são um pouco inferiores aos das areias (Seção 9.7). Lembre-se também de que todos esses dados são de amostras adensadas em laboratório.

Os autores citados na Figura 9.55, além de Wroth (1975) descrevem técnicas para estimar o K_o *in situ* em depósitos de argilas macias. Wroth (1975) também discute os efeitos da erosão e de uma flutuação do lençol freático na variação de K_o com a

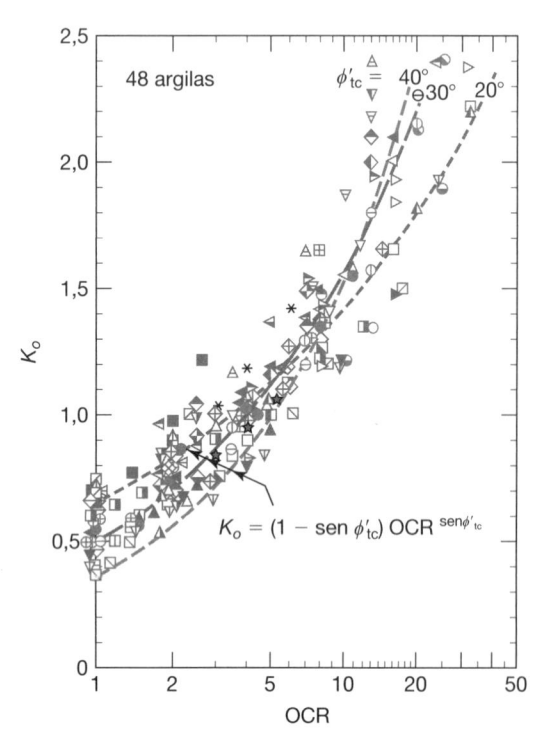

FIGURA 9.55 K_o em relação ao **OCR** para 48 argilas compiladas por Mayne e Kulhawy (1982) e traçadas por Kulhawy e Mayne (1990) e Kulhawy (2005).

profundidade. Em geral, os poucos metros superiores de um depósito de argila macia são sobreadensados (a crosta seca), e o K_o pode ser relativamente alto. Por consequência, ele diminuirá com a profundidade à medida que o **OCR** diminui, até ser igual ao valor normalmente adensado quando **OCR** = 1.

Em resumo, o coeficiente de empuxo de terra em repouso K_o é altamente dependente do histórico de tensões do depósito e, especialmente para argilas sobreadensadas com históricos de tensões complexos, pode ser muito difícil medir com precisão no campo ou estimar com base em ensaios laboratoriais. Correlações simples baseadas em *PI* e nos resultados de ensaios *in situ* são muitas vezes a única abordagem viável, mas parecem funcionar melhor em depósitos recentes com sobreadensamento causado por um ciclo de descarregamento-recarregamento (Kulhawy e Mayne, 1990; Kulhawy, 2005).

9.14 RESISTÊNCIA DE ARGILAS COMPACTADAS

Discutimos a compactação em detalhes no Capítulo 4, mas não falamos muito sobre as propriedades específicas dos solos compactados. Essa discussão foi deixada para os capítulos individuais sobre propriedades do solo. A partir de nossas discussões anteriores sobre características de contração e expansão, condutividade hidráulica e compressibilidade de argilas compactadas, você provavelmente deve imaginar que argilas compactadas não são materiais simples. A resistência das argilas compactadas não é exceção, e o seu comportamento é significativamente complexo tanto em campo como em laboratório. Em geral, amostras compactadas a seco em relação ao ótimo apresentam resistências mais altas do que aquelas compactadas a úmido em relação ao ótimo. As resistências úmidas em relação ao ótimo também dependem um pouco do tipo de compactação devido às diferenças na estrutura do solo induzidas por diferentes métodos de compactação. Se as amostras estiverem embebidas, a imagem muda devido à expansão, sobretudo se elas estiverem inicialmente secas em relação ao ótimo. Como a estrutura das argilas compactadas afeta altamente as propriedades do solo, incluindo a resistência, uma rápida revisão da Seção 4.4 sobre a estrutura de solos de grãos finos vai ajudá-lo a compreender esta seção. Observe particularmente a Figura 4.6, que mostra o efeito da compactação na estrutura do solo.

A Figura 9.56 é um exemplo da influência do teor de umidade de moldagem na estrutura do solo e no comportamento tensão-deformação da caulinita. As amostras foram compactadas com diferentes teores de umidade, mas com o mesmo esforço de compactação, e a curva de compactação resultante é mostrada na Figura 9.56c. À medida que o teor de umidade de compactação se eleva, o grau de orientação das partículas aumenta (Figura 9.56c). As curvas tensão-deformação (Figura 9.56a) determinadas por ensaios triaxiais **UU** mostram uma grande diferença na resposta de tensão-deformação, dependendo se a compactação é úmida ou seca em relação ao ótimo. Essa variação se deve às diferenças na estrutura do solo entre amostras úmidas e secas. As amostras 1 e 2, compactadas a seco em relação ao ótimo, são mais floculadas em comparação com aquelas compactadas a úmido (amostras 4 a 6). As amostras secas são mais resistentes, apresentam um módulo mais elevado e desenvolvem suas resistências máximas em deformações mais baixas do que as amostras úmidas. As amostras 4 a 6 compactadas muito úmidas apresentam curvas de tensão-deformação muito planas, e suas resistências continuam a aumentar mesmo em altas deformações.

Um equívoco comum é que o aumento da densidade com o mesmo teor de umidade deve resultar em maior resistência ao cisalhamento. No entanto, isso não é necessariamente verdade, como mostram os resultados do ensaio não drenado na Figura 9.57 com uma argila siltosa compactada por compactação por amassamento com três esforços de compactação diferentes. Na Figura 9.57a, a tensão necessária para causar deformação de 25% é traçada em relação ao teor de umidade de moldagem, enquanto a Figura 9.57b mostra a tensão necessária para causar apenas 5% de deformação para os três esforços de compactação. Observe que as resistências são aproximadamente as mesmas para amostras compactadas úmidas em relação ao ótimo, mas aumentam de forma significativa no lado seco em relação ao ótimo. Observe, também, que para um determinado teor de umidade úmido em relação ao ótimo, a tensão a 5% de deformação é, na verdade, menor para as energias de compactação mais altas.

Na Seção 4.7.5 discutimos a supercompactação, a condição em que resistências ao cisalhamento mais baixas são obtidas com teores de umidade mais elevados, por exemplo, úmido em

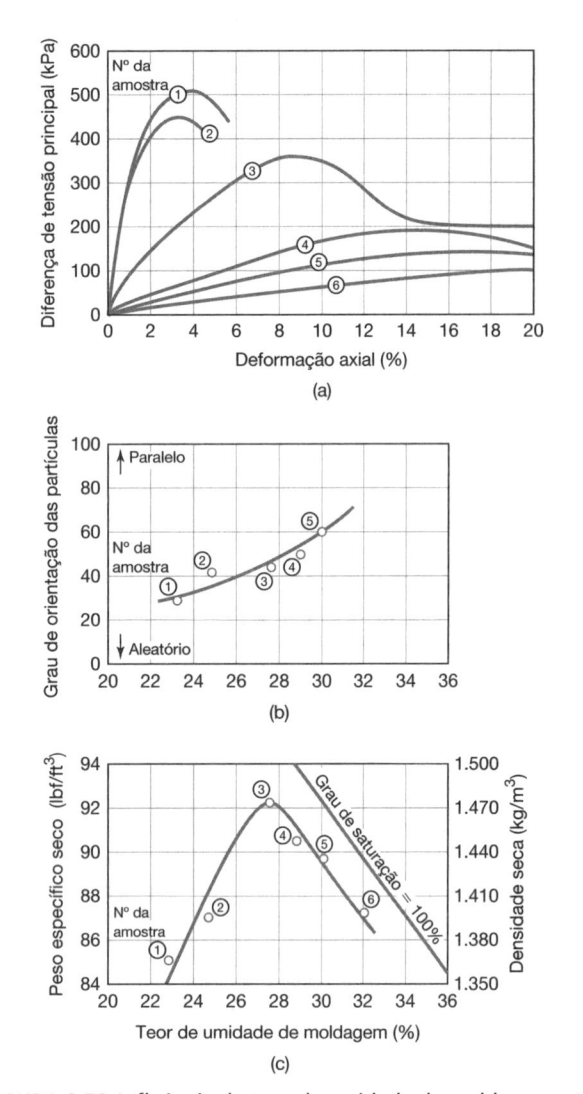

FIGURA 9.56 Influência do teor de umidade de moldagem na estrutura e tensão-deformação da caulinita com o mesmo esforço de compactação: tensão em relação à deformação em ensaios triaxiais **UU** (a); grau de orientação das partículas em relação ao teor de umidade (b); densidade seca em relação ao teor de umidade (c) (adaptada de Seed e Chan, 1959).

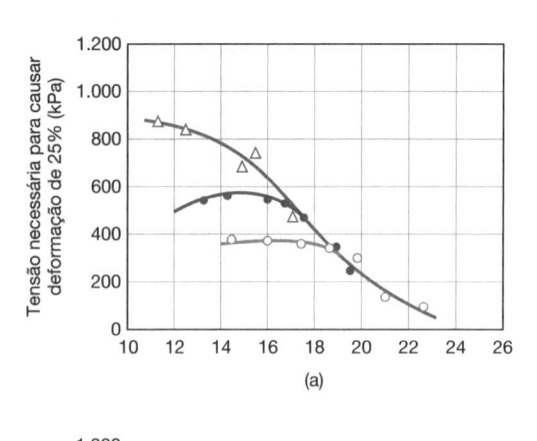

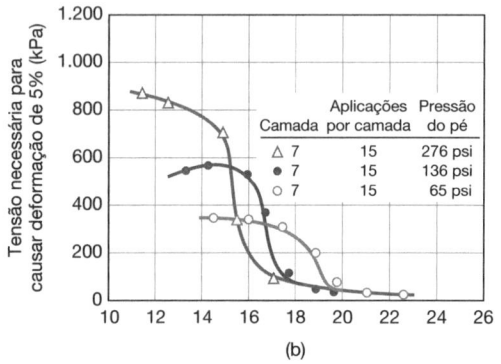

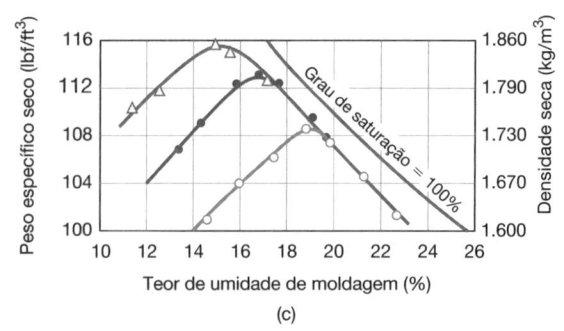

FIGURA 9.57 Relação entre densidade seca, teor de umidade e tensão necessária para causar (a) deformação de 25% e (b) deformação de 5%, em função do esforço de compactação e do teor de umidade de moldagem; (c) densidade seca em relação aos teores de umidade. Os dados provêm de ensaios não adensados-não drenados com pressão confinante = 100 kPa (adaptada de Seed e Chan, 1959).

relação ao ótimo, mesmo com energias de compactação mais altas. Um bom exemplo é mostrado na Figura 9.58, onde a resistência é medida pelo ensaio do Índice de Suporte Califórnia (**CBR**, do inglês *California bearing ratio*). Nesse ensaio, a resistência à penetração de um pistão de 3 pol.^{2} desenvolvida em uma amostra compactada é comparada àquela desenvolvida por uma amostra padrão de pedra britada densamente compactada. O **CBR** é um ensaio comum de projeto de pavimento. Na Figura 9.58, um maior esforço de compactação produz um maior índice **CBR** de seco em relação ao ótimo, como seria de esperar. Contudo, observe como o **CBR** é, na verdade, menos úmido em relação ao ótimo para energias de compactação mais altas. Como explicamos no Capítulo 4, este fato é importante no projeto e na construção adequados de um aterro compactado.

Uma comparação dos efeitos de quatro métodos diferentes de compactação na resistência relativa de uma argila siltosa é mostrada na Figura 9.59. Como esperado, o método de compactação apresenta pouco efeito na resistência das amostras compactadas a seco em relação ao ótimo. Contudo, para amostras compactadas úmidas em relação ao ótimo, o método de compactação apresenta influência considerável na resistência, especialmente em grandes deformações

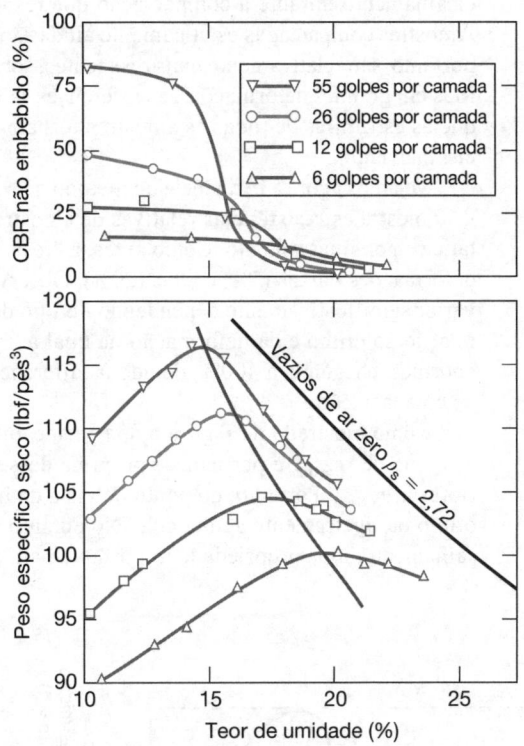

Obs: Martelo de 10 lb, queda de 18 pol. (Proctor modificado)

FIGURA 9.58 Resistência medida pelo CBR e densidade seca em relação ao teor de umidade para compactação por impacto em laboratório (adaptada de Turnbull e Foster, 1956).

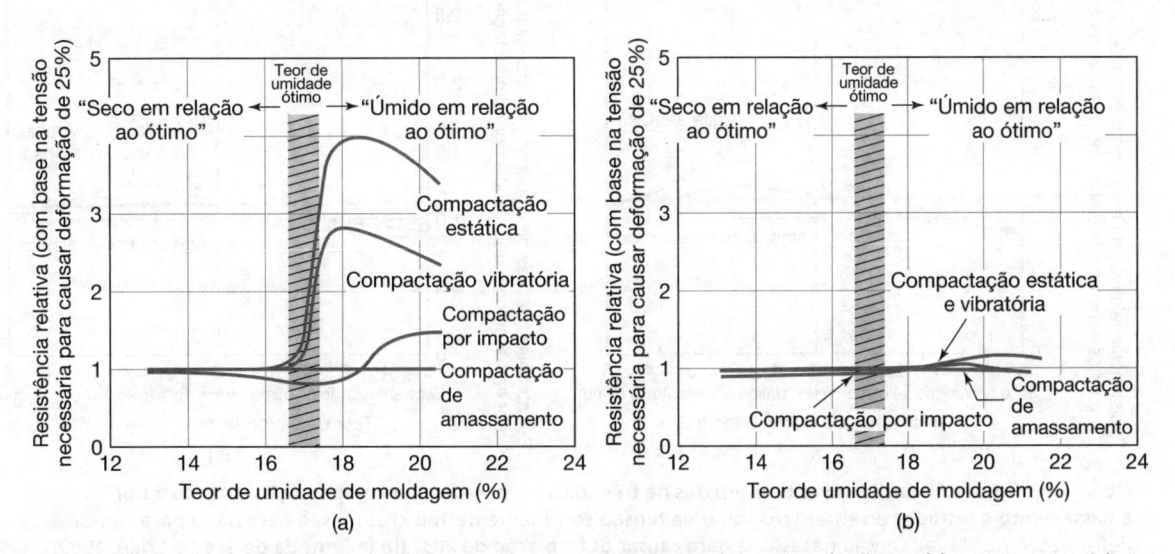

FIGURA 9.59 Influência do método de compactação na resistência relativa de uma argila siltosa: (a) tensão necessária para causar deformação de 5% (a); tensão necessária para causar deformação de 25% (b) (adaptada de Seed e Chan, 1959).

(Figura 9.59a). A razão para isto é o efeito da estrutura do solo induzido pelo método de compactação. Métodos como amassamento e impacto produzem uma estrutura do solo mais orientada do que a compactação vibratória e estática devido às deformações de cisalhamento induzidas durante a compactação. Amostras secas em relação ao ótimo sofrem pequenas deformações de cisalhamento durante a compactação, de modo que as amostras apresentam uma estrutura de solo floculada. Este não é o caso de amostras compactadas úmidas em relação ao ótimo, nas quais os métodos de compactação como por amassamento e impacto induzem deformações de cisalhamento durante a compactação que resultam em uma estrutura de solo mais orientada. Amostras compactadas estaticamente ainda são floculadas mesmo úmidas em relação ao ótimo, portanto, são relativamente mais resistentes, sobretudo em pequenas deformações (Figura 9.59a). Mas em grandes deformações, as diferenças são pequenas, como mostrado na Figura 9.59b, porque as estruturas de todas as amostras tornam-se mais orientadas em grandes deformações de cisalhamento.

Vejamos agora a influência do método de compactação em diferentes tipos de solo. A Figura 9.60 mostra as **resistências** relativas de amostras de três solos preparados por compactação estática e por amassamento. Como antes, a "resistência" é relativa à tensão necessária para causar deformações baixas (5%) e altas (20%). Observe que o efeito do método de compactação pode variar significativamente dependendo do tipo de solo, se as amostras estão úmidas ou secas em relação ao ótimo e da deformação na qual a "resistência" é definida. Algumas diferenças são enormes, chegando a 400%, devido às diferenças na estrutura do solo produzidas pelo método de compactação.

Como mostrado na Figura 6.8, a permeabilidade da argila compactada atinge um mínimo próximo de $w_{ótimo}$ e permanece próxima desse mínimo mesmo com teores de umidade superiores a $w_{ótimo}$. Portanto, do ponto de vista da barreira hidráulica, é melhor compactar no valor ótimo ou ligeiramente acima dele. No entanto, isto também leva a menores resistências ao cisalhamento, uma propriedade importante para a estabilidade de taludes. Este paradoxo exige a

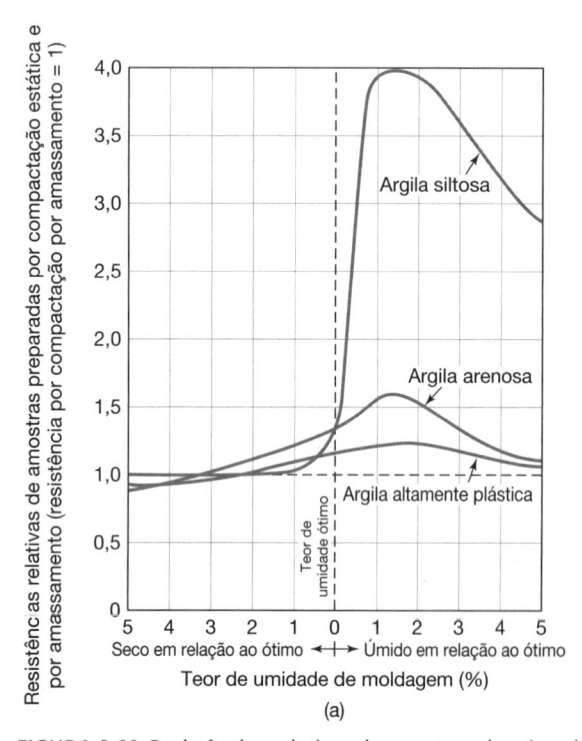

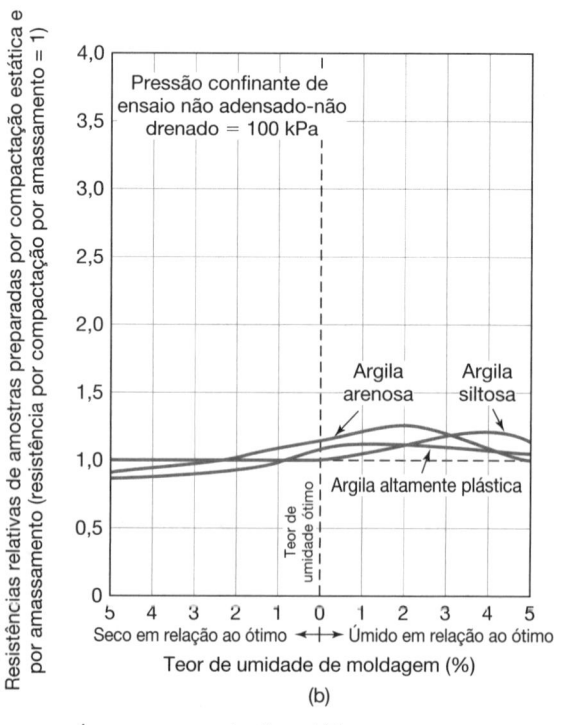

FIGURA 9.60 Resistências relativas de amostras de três solos preparados por compactação estática e por amassamento e testados ao ensaio **UU** sob uma tensão confinante de 100 kPa: tensão necessária para causar deformação de 5% (a); tensão necessária para causar deformação de 20% (b) (adaptada de Seed e Chan, 1959).

realização de análises cuidadosas de estabilidade de taludes, uma vez que têm ocorrido diversas rupturas de revestimentos devido às baixas resistências ao cisalhamento nos taludes.

9.15 RESISTÊNCIA DE MATERIAIS ROCHOSOS E TRANSICIONAIS

Ao se referir à resistência da rocha e outras propriedades mecânicas (p. ex., rigidez), é importante distinguir entre a rocha sã e o maciço rochoso. Nos Capítulos 3 e 8, mencionamos que defeitos rochosos como fraturas, juntas, planos de estratificação e rupturas menores são comuns em maciços rochosos. Tanto a rocha sã como essas descontinuidades são muito mais difíceis de caracterizar devido à grande variabilidade potencial nas condições e propriedades subsequentes. A Seção 3.5.3 descreveu os vários sistemas descritivos de classificação de maciços rochosos, sendo o mais comum o Índice de Qualidade da Rocha (**RQD**), que quantifica essencialmente a proporção do testemunho rochoso que está íntegro.

Na Seção 8.7.2, descrevemos os vários ensaios para determinar as propriedades técnicas da rocha íntegra. Provavelmente o mais comum é o ensaio de compressão uniaxial, que é fundamentalmente um ensaio de compressão simples, e a norma **ASTM D 7012** fornece detalhes do procedimento de teste. Além da resistência à compressão simples q_u, outros parâmetros medidos incluem o módulo de elasticidade e o coeficiente de Poisson. Embora os procedimentos para esse ensaio sejam simples em princípio, Goodman (1989) salienta que é difícil realizá-lo adequadamente, com resultados variando por um fator de dois à medida que os procedimentos se diferem. Outros métodos para determinar a resistência da rocha incluem o ensaio de tração dividida, o ensaio de resistência de carga pontual, e o ensaio de cisalhamento direto; estes foram brevemente descritos na Seção 8.6.4.

A Tabela 9.7 fornece a resistência à compressão uniaxial de rochas representativas. A variação no q_u entre o que parecem ser rochas do mesmo tipo é extraordinária, refletindo as amplas variações nos graus de cimentação e adensamento que são determinantes importantes da resistência da rocha íntegra. Além disso, como já mencionado, parte da variabilidade pode ocorrer em função de diferenças nos procedimentos de ensaio.

A resistência de um maciço rochoso é muito mais complicada e obviamente mais variável, uma vez que inclui descontinuidades. Existem várias correlações entre a resistência do maciço rochoso e o **RQD**, o número e as características das juntas, o nível de tensão e as condições das águas subterrâneas, entre outros fatores. Algumas dessas correlações foram descritas na Seção 3.5.3 na classificação do maciço rochoso. Uma série de relações empíricas para calcular o módulo do maciço rochoso está resumida no estudo **NCHRP** (2006, Tabela 12).

Se a resistência do maciço rochoso é complicada, então a resistência dos materiais dos maciços rochosos transicionais ou intemperizados é ainda mais problemática. Isto decorre do fato de que os materiais transicionais são altamente variáveis e, como o próprio nome indica, estão em algum estágio de transição da rocha para o solo ao longo do espectro de intemperismo. A Figura 9.61 mostra a progressão geral do material rochoso não intemperizado à medida que ele transita para um maciço rochoso intemperizado, além do qual ele sofre intemperismo para uma mistura de solo e rocha ou, em alguns ambientes, para um solo residual que muitas vezes apresenta a aparência de rocha, mas não possui coesão e resistência da rocha (Seção 3.6).

O ensaio fundamental para determinar o grau de intemperismo e degradação da resistência da rocha ao solo é a reação do material à água, ou seja, o grau de desagregação da massa na presença de água. Welsh et al. (1991) descrevem dois desses ensaios, o ensaio de desagregação ou imersão em frasco e o ensaio de índice de expansão livre. No ensaio de desagregação, são feitas observações descritivas da desagregação e uma escala qualitativa utilizada para classificar o grau de desagregação. No ensaio de expansão livre, a dilatância na presença de água é medida quantitativamente, de modo que pode ser menos propensa a erros do operador do que o ensaio de desagregação. Outro ensaio para a durabilidade de folhelhos e rochas semelhantes é o ensaio de durabilidade de desagregação, norma **ASTM D 4644**.

A rocha intemperizada e o seu produto final, seja solo residual ou solo com fragmentos de rocha, apresentam um desafio de engenharia significativo e requerem conhecimento da geologia local e das influências geo-hidrológicas.

TABELA 9.7 Resistência à compressão simples de rochas íntegras representativas

Descrição	Resistência à compressão simples (q_u)	
	MPa	psi
Arenito de Berea, Amherst, Ohio, EUA	73,8	10.700
Arenito de Navajo, Represa de Glen Canyon, Arizona, EUA	214,0	31.030
Arenito de Tensleep, Casper, Wyoming, EUA	72,4	10.500
Siltito de Hackensack, Nova Jersey, EUA	122,7	17.800
Siltito/grauvaca da Barragem de Monticello, Califórnia, EUA	79,3	11.500
Calcário de Solenhofen, Baviera, Alemanha	245,0	35.500
Calcário de Bedford, Indiana, EUA	51,0	7400
Calcário de Tavernalle, Carthage, Missouri, EUA	97,9	14.200
Dolomito de Oneota, Kasota, Minnesota, EUA	86,9	12.600
Dolomito de Lockport, Cataratas do Niágara, Nova York, EUA	90,3	13.100
Folhelho de Flaming Gorge, Utah, EUA	35,2	5100
Folhelho micáceo, Ohio, EUA	75,2	10.900
Gnaisse da Barragem Dworshak, 45° até a foliação, Idaho, EUA	162,0	23.500
Quartzo mica, para xistosidade	55,2	8100
Quartzito de Baraboo, Wisconsin, EUA	320,0	46.400
Mármore tectônico, Rutland, Vermont, EUA	62,0	8990
Mármore de Cherokee, Tate, Geórgia, EUA	66,9	9700
Granito do local de ensaio de Nevada, EUA	141,1	20.500
Granito de Pikes Peak, Colorado Springs, Colorado, EUA	226,0	32.800
Tonalito de Cedar City, Utah, EUA	101,5	14.700
Diabásio de Palisades, West Nyack, Nova York, EUA	241,0	34.950
Basalto do local de ensaio de Nevada, EUA	148,0	21.500
Basalto de John Day, Arlington, Oregon, EUA	355,0	51.500
Tufo do local de ensaio de Nevada, EUA	11,3	1650

Adaptada de Taylor (1989).

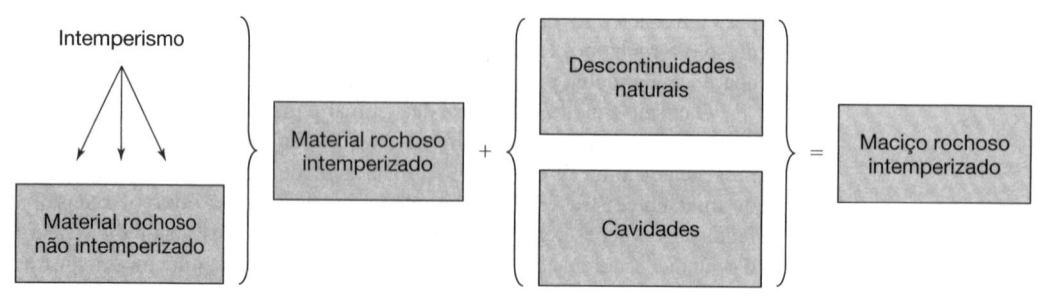

FIGURA 9.61 Progressão geral do intemperismo das rochas (adaptada de Kulhawy et al., 1991).

Capítulo 9 Introdução à resistência ao cisalhamento de solos e rochas

PROBLEMAS

9.1 Um material granular é observado sendo despejado de uma correia transportadora. Ele forma uma estaca cônica com aproximadamente o mesmo ângulo de inclinação, 1,75 horizontal para 1 vertical. Qual é o ângulo de atrito interno deste material?

9.2 O bulbo do dispositivo mostrado na Figura 9.1 é preenchido com areia medianamente arredondada no estado mais solto possível. Todo esforço é feito para manter a areia saturada. Um tubo transparente permite a observação do nível da água à medida que apertamos o bulbo. O que acontecerá com o nível da água, se houver, quando o bulbo for pressionado com muita força? Por quê? Faria diferença se a areia fosse densa? Explique.

9.3 Um ensaio de cisalhamento direto foi conduzido com uma amostra altamente densa de areia de Franklin Falls de New Hampshire, EUA. O índice de vazios inicial era de 0,668. A caixa de cisalhamento tinha 70 mm × 70 mm, e, inicialmente, a altura da amostra era de 11 mm. Os seguintes dados foram coletados durante o cisalhamento. Calcule os dados necessários e represente graficamente a (a) tensão de cisalhamento em relação à mudança no deslocamento horizontal dividido pela altura original ($\Delta H/H_o$); e a (b) variação do índice de vazios em relação à $\Delta H/H_o$.

Tempo decorrido (min)	Carga vertical (kN)	Deslocamento horizontal (mm)	Alteração de espessura (mm)	Carga horizontal (N)
0	2,61	0,00	0,00	0
0,5	(constante)	0,07	−0,02	356
1		0,26	−0,04	721
2		0,45	−0,05	1.014
3		0,97	−0,03	1.428
4		1,71	0,03	1.655
5		2,51	0,07	1.770
6		3,40	0,09	1.744

Adaptada de Taylor (1948).

9.4 Um ensaio de compressão triaxial convencional foi conduzido em uma amostra de areia densa da Barragem de Ft. Peck, Montana. A área inicial da amostra de ensaio era de 10 cm², e sua altura inicial era de 70 mm. O índice inicial de vazios era 0,605. Os dados a seguir foram observados durante o cisalhamento. Primeiro, calcule a área média da amostra, presumindo que é um cilindro circular reto em todos os momentos do ensaio. Em seguida, faça os cálculos necessários para traçar a tensão axial em relação à deformação axial e as curvas de deformação volumétrica em relação à deformação axial para este ensaio. Presumindo que $c' = 0$, qual é o valor de ϕ'?

Tempo decorrido (s)	Pressão da câmara kPa (psi)	Extensômetro (indicando ΔH) Mm	Extensômetro (10^{-3} pol.)	Bureta (indicando ΔV) cc	Carga axial N	Carga axial (lbf)
0	206,8	5,08	(200)	2,00	0	(0)
	(30)	5,21	(205)	1,91	182	(41)
		5,33	(210)	1,86	374	(84)
45		5,69	(224)	1,92	641	(144)
		6,10	(240)	2,13	787	(177)
90		7,06	(278)	2,80	921	(207)
		8,10	(319)	3,66	970	(218)
		9,12	(359)	4,56	983	(221)
240		10,21	(402)	5,40	970	(218)
		12,90	(508)	7,30	898	(202)
460		15,32	(603)	8,09	814	(183)

Adaptada de Taylor (1948).

9.5 Os resultados de dois ensaios triaxiais **CD** em diferentes pressões de confinamento com uma areia de densidade média e sem coesão estão resumidos na tabela a seguir. Os índices de vazios de ambas as amostras eram aproximadamente os mesmos no início do ensaio. Trace em um conjunto de eixos a diferença de tensão principal em relação à deformação axial e à deformação volumétrica [Equação (9.4)] em relação à deformação axial para ambos os ensaios. Estime o módulo de deformação tangente inicial, o módulo secante a 50% do pico de tensão medido e a deformação na ruptura para cada um desses ensaios.

Ensaio n° 1 (σ_c = 100 kPa)			Ensaio n° 2 (σ_c = 3.000 kPa)		
Deformação axial (%)	($\sigma_1 - \sigma_3$) (kPa)	Deformação volumétrica (%)	Deformação axial (%)	($\sigma_1 - \sigma_3$) (kPa)	Deformação volumétrica (%)
0	0	0	0	0	0
1,71	325	−0,10	0,82	2.090	−0,68
3,22	414	+0,60	2,50	4.290	−1,80
4,76	441	+1,66	4,24	5.810	−2,71
6,51	439	+2,94	6,00	6.950	−3,36
8,44	405	+4,10	7,76	7.760	−3,88
10,4	370	+5,10	9,56	8.350	−4,27
12,3	344	+5,77	11,4	8.710	−4,53
14,3	333	+6,33	13,2	8.980	−4,71
16,3	319	+6,70	14,9	9.120	−4,84
18,3	318	+7,04	16,8	9.140	−4,92
20,4	308	+7,34	18,6	9.100	−4,96
			20,5	9.090	−5,01

Adaptada de A. Casagrande.

9.6 Para os dois ensaios do Problema 9.5, determine o ângulo de atrito interno da areia no (a) pico de resistência à compressão, (b) na resistência máxima à compressão e (c) com deformação axial de 5,5%. Como você explica as diferenças nesses valores de ϕ''? O que há de diferente no estado do solo em cada um desses pontos?

9.7 A areia é adensada hidrostaticamente em um aparelho de ensaio triaxial até 9.400 psf e, em seguida, cisalhada com as válvulas de drenagem abertas. Na ruptura, ($\sigma_1 - \sigma_3$) é 23.400 psf. Determine as tensões principais maior e menor na ruptura e o ângulo de resistência ao cisalhamento. Trace o diagrama de Mohr (este problema deve ser seguido pelo próximo).

9.8 A mesma areia do Problema 9.7 é testada em um aparelho de cisalhamento direto sob uma pressão normal de 8.145 psf. A amostra sofre ruptura quando uma tensão de cisalhamento de 5.430 psf é atingida. Determine as tensões principais maior e menor na ruptura e o ângulo de resistência ao cisalhamento. Trace o diagrama de Mohr. Explique as diferenças, se houver, desses valores com aqueles obtidos no problema anterior.

9.9 Indique as orientações da tensão principal maior, da tensão principal menor e do plano de ruptura dos ensaios nos Problemas 9.7 e 9.8.

9.10 Um solo granular é testado sob cisalhamento direto sob uma tensão normal de 390 kPa. A dimensão da amostra é de 7,62 cm de diâmetro. Se o solo a ser testado for uma areia densa com um ângulo de atrito interno de 34°, qual seria a capacidade do transdutor de força necessária para medir a força cortante com um fator de segurança de 2 (ou seja, a capacidade do transdutor deve ser o dobro do necessário para cisalhar a areia)?

9.11 Uma amostra de areia densa testada em um ensaio triaxial **CD** sofreu ruptura ao longo de um plano de ruptura bem definido em um ângulo de 64° com a horizontal. Encontre a pressão confinante efetiva do ensaio se a principal diferença de tensão na ruptura for 2.395 psf.

9.12 Uma areia solta seca é testada em um ensaio triaxial de vácuo, no qual a pressão do ar nos poros da amostra é reduzida abaixo da pressão manométrica até cerca de 95% de −1 atm. Estime a diferença de tensão principal e a razão de tensão principal maior na ruptura.

9.13 Para os dados mostrados na Figura 9.5a, qual é (a) a diferença de tensão principal e (b) a razão de tensão principal para uma deformação axial de 12% para uma pressão confinante efetiva de 12.910 kPa?

9.14 Para as condições dadas no Problema 9.13, trace o círculo de Mohr.

9.15 Resolva os Problemas 9.13 e 9.14 para os dados mostrados na Figura 9.6a.

9.16 Uma amostra de areia do rio Sacramento, Califórnia, EUA, apresenta uma pressão confinante crítica de 1.000 kPa. Se a amostra for testada a uma pressão confinante efetiva de 600 kPa, descreva seu comportamento em cisalhamento drenado. Mostre os resultados na forma de razão de tensão principal não dimensionada e gráficos de deformação volumétrica em relação à deformação axial.

9.17 Para a areia do Problema 9.16, mostre os mesmos gráficos sem escala se a pressão confinante efetiva for 1.300 kPa.

9.18 Um ensaio triaxial drenado é realizado em uma areia com $\sigma'_{3c} = \sigma'_{3f} = 450$ kPa. Na ruptura, $\tau_{máx} = 594$ kPa. Encontre σ'_{1f}, $(\sigma_1 - \sigma_3)_f$ e ϕ'.

9.19 Presuma que a areia do Problema 9.18 seja a areia do rio Sacramento com um índice de vazios de 0,5. Se o volume inicial da amostra fosse 4,92 pol.^{2}, que variação volumétrica pode ser esperada durante o cisalhamento?

9.20 Uma areia siltosa é testada drenada-adensada em uma célula triaxial onde ambas as tensões principais no início do ensaio eram de 90 psi. Se a tensão axial total na ruptura for 21 toneladas/pé^2 enquanto a pressão horizontal permanecer constante, calcule o ângulo de resistência ao cisalhamento e a orientação teórica do plano de ruptura em relação à horizontal.

9.21 Uma amostra de areia sofreu ruptura por cisalhamento drenado quando $(\sigma_1 - \sigma_3)$ era 750 kPa. Se a tensão de adensamento hidrostático era de 250 kPa, calcule o ângulo de resistência ao cisalhamento da areia. Dados esses resultados, como você caracterizaria a densidade da areia?

9.22 Sabe-se que uma amostra de areia na densidade de campo apresenta um $(\sigma_1/\sigma_3)_{máx}$ de 3,8. Se tal amostra for adensada hidrostaticamente a 150 psi em um aparelho de ensaio triaxial, a que pressão confinante efetiva σ'_{3f} a amostra sofrerá ruptura se a tensão vertical for mantida constante? (Trata-se de um ensaio de extensão lateral.)

9.23 Dois ensaios triaxiais CD são realizados com amostras idênticas da mesma areia. Ambas as amostras são inicialmente adensadas hidrostaticamente a 50 kPa; então cada amostra é carregada conforme mostrado na Figura P9.23. A amostra A sofreu ruptura quando o $\Delta\sigma_1$ aplicado era de 180 kPa. Faça os cálculos necessários para (a) traçar os círculos de Mohr na ruptura para ambos os ensaios e (b) determinar ϕ' para a areia. (Adaptado de CW Lovell.)

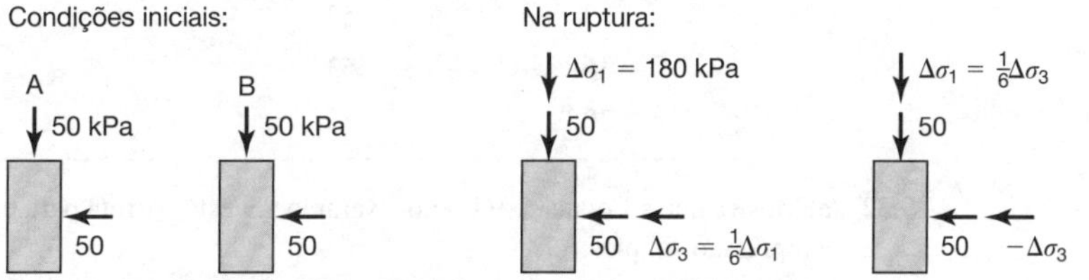

Condições iniciais:

A ↓ 50 kPa ← 50 →

B ↓ 50 kPa ← 50 →

Na ruptura:

↓ $\Delta\sigma_1 = 180$ kPa ↓ 50 ← 50 $\Delta\sigma_3 = \frac{1}{6}\Delta\sigma_1$ →

↓ $\Delta\sigma_1 = \frac{1}{6}\Delta\sigma_3$ ↓ 50 ← 50 $-\Delta\sigma_3$ →

FIGURA P9.23

9.24 Estime os parâmetros de resistência ao cisalhamento de uma areia fina (de praia) (SP). Estime os índices de vazios mínimos e máximos.

9.25 A areia subarredondada a subangular apresenta um D_{10} de cerca de 0,1 mm e um coeficiente de uniformidade de 3. O ângulo de resistência ao cisalhamento medido no ensaio de cisalhamento direto era de 47°. Consultando a Tabela 9.1, isso parece razoável? Por que ou por que não?

9.26 Estime os valores de ϕ' para (a) um cascalho arenoso (GW) bem-graduado com uma densidade de 1.850 kg/m^3; (b) areia siltosa mal-graduada com densidade de campo de 1.900 kg/m^3; (c) um material SW com 100% de densidade relativa; e (d) um cascalho mal-graduado com índice de vazios *in situ* de 0,5.

9.27 Os resultados de uma série de ensaios triaxiais CD com uma areia de densidade média e sem coesão estão resumidos na tabela abaixo. Os índices de vazios para todas as amostras de ensaio eram aproximadamente os mesmos no início do ensaio. Trace os círculos de resistência e desenhe a envoltória de ruptura de Mohr para esta série de ensaios. Qual ângulo de atrito interno deve ser usado na resolução de problemas de estabilidade nos quais a faixa de tensões normais é (a) 0 a 500 kPa;

N° do ensaio	Pressão confinante (kPa)	Resistência à compressão (kPa)
1	120	576
2	480	2.240
3	1.196	4.896
4	2.256	8.460
5	3.588	12.240
6	3.568	15.228

Adaptada de A. Casagrande.

9.28 Faça uma estimativa K_o para as areias 1, 4, 5, 6, 8 e 10 na Tabela 9.1 para duas densidades relativas: (a) 40% e (b) 85%.

9.29 O ensaio não adensado-drenado é considerado irrelevante porque não pode ser interpretado adequadamente. Consultando ambas as Seções 8.6.2 e 9.11.1, descreva brevemente por que isso acontece. Elabore sua resposta em termos de ensaios laboratoriais, bem como possíveis aplicações práticas.

9.30 Um ensaio triaxial de compressão axial **CD** com uma argila normalmente adensada sofreu ruptura ao longo de um plano de ruptura claramente definido de 52°. A pressão da célula durante o ensaio era de 180 kPa. Estime ϕ', o $\sigma'_1/\sigma'_{3\,máx.}$ e a diferença de tensão principal na ruptura.

9.31 Os resultados dos ensaios de compressão simples com uma amostra de argila tanto no estado não perturbado quanto no estado amolgado estão resumidos abaixo. Determine a resistência à compressão, o módulo de deformação tangente inicial e o módulo de deformação secante a 50% da resistência à compressão para as amostras não perturbadas e amolgadas. Determine a sensibilidade da argila. Para a solução de um problema prático de estabilidade envolvendo esta argila no estado não perturbado, que resistência ao cisalhamento você usaria se não ocorresse nenhuma alteração no teor de umidade durante a construção? (Adaptado de A. Casagrande.)

Estado não perturbado		Estado amolgado	
Deformação axial (%)	$\Delta\sigma$ (kPa)	Deformação axial (%)	$\Delta\sigma$ (kPa$_0$)
0	0	0	0
1	31	1	7
2	58	2	10
4	104	4	22
6	126	6	30
8	142	8	38
12	152	12	45
16	153	16	47
20	153	20	48

9.32 (a) Mostre que a Equação (9.11) no Exemplo 9.9 está correta para ensaios triaxiais não drenados ou de compressão simples.
(b) Derive uma expressão semelhante para a área da amostra em um ensaio triaxial drenado. [Dica: $A_s = f(A_o, H_o, \varepsilon, \Delta V)$]

9.33 Estime o K_o e a sensibilidade de uma argila com $w = 128\%$, **LL** = 85 e PL 43.

REFERÊNCIAS

ABDELHAMID, M.S. AND KRIZEK, R.J. (1976). "At Rest Lateral Earth Pressure of a Consolidating Clay," *Journal of the Geotechnical Engineering Division*, ASCE, Vol. 102, No. GT7, pp. 721–738.

AL-HUSSAINI, M.M. AND TOWNSEND, F.C. (1975). "Investigation of K_o Testing in Cohesionless Soils," *Technical Report S-75–11*, U.S. Army Engineer Waterways Experiment Station, Vicksburg, MS, 70 p.

ALPAN, I. (1967). "The Empirical Evaluation of the Coefficient K_o and K_{OR}," *Soils and Foundations*, Vol. VII, No. 1, pp. 31–40.

BISHOP, A.W. (1958). "Test Requirements of Measuring the Coefficient of Earth Pressure at Rest," *Proceedings of the Conference on Earth Pressure Problems*, Brussels, Vol. I, pp. 2–14.

BISHOP, A.W. AND HENKEL, D.J. (1962). *The Measurement of Soil Properties in the Triaxial Test*, 2nd ed., Edward Arnold Ltd., London, 228 p.

BJERRUM, L. (1954). "Geotechnical Properties of Norwegian Marine Clays," *Géotechnique*, Vol. IV, No. 2, pp. 49–69.

BJERRUM, L. (1972). "Embankments on Soft Ground," *Proceedings of the ASCE Specialty Conference on Performance of Earth and Earth-Supported Structures*, Purdue University, Vol. II, pp. 1–54.

BJERRUM, L. AND SIMONS, N.E. (1960). "Comparison of Shear Strength Characteristics of Normally Consolidated Clays," *Proceedings of the ASCE Research Conference on the Shear Strength of Cohesive Soils*, Boulder, pp. 711–726.

BOZOZUK, M. AND LEONARDS, G.A. (1972). "The Gloucester Test Fill," *Proceedings of the ASCE Specialty Conference on Performance of Earth and Earth-Supported Structures*," Purdue University, Vol. I, Part 1, pp. 299–317.

BROOKER, E.W. AND IRELAND, H.O. (1965). "Earth Pressures at Rest Related to Stress History," *Canadian Geotechnical Journal*, Vol. II, No. 1, pp. 1–15.

CADLING, L. AND ODENSTAD, S. (1950). "The Vane Borer," *Proceedings No. 2*, Royal Swedish Geotechnical Institute, pp. 1–88.

CAMPANELLA, R.G. AND ROBERTSON, P.K. (1991). "Use and Interpretation of a Research Dilatometer," *Canadian Geotechnical Journal*, Vol. 28, No. 1, pp. 113–126.

CAMPANELLA, R.G. AND VAID, Y.P. (1972). "A Simple Cell," *Canadian Geotechnical Journal*, Vol. 9, No. 3, pp. 249–260.

CASAGRANDE, A. (1936). "Characteristics of Cohesionless Soils Affecting the Stability of Slopes and Earth Fills," *Journal of the Boston Society of Civil Engineers*, January; reprinted in *Contributions to Soil Mechanics 1925–1940*, BSCE, pp. 257–276.

CROOKS, J.H.A. AND BECKER, D.E. (1988). Discussion of "Slide in Upstream Slope of Lake Shelbyville Dam" by D.N. Humphrey and G.A. Leonards, *Journal of Geotechnical Engineering*, ASCE, Vol. 114, No. 4, pp. 506–508.

EDEN, W.J. (1971). "Sampler Trials in Overconsolidated Sensitive Clay," *Sampling of Soil and Rock*, ASTM Special Technical Publication No. 483, pp. 132–142.

EDEN, W.J. AND KUBOTA, J.K. (1962). "Some Observations on the Measurement of Sensitivity of Clays," *Proceedings of the American Society for Testing and Materials*, Vol. 61, pp. 1239–1249.

FLAATE, K. AND PREBER, T. (1974). "Stability of Road Embankments," *Canadian Geotechnical Journal*, Vol. 11, No. 1, pp. 72–88.

FREDLUND, D.G. AND RAHARDJO, H. (1993). *Soil Mechanics for Unsaturated Soils*, Wiley, New York, 517 p.

GOODMAN, R.E. (1989). *Introduction to Rock Mechanics*, 2nd ed., Wiley, New York, 562 p.

HANSBO, S. (1957). "A New Approach to the Determination of the Shear Strength of Clay by the Fall-Cone Test," *Proceedings No. 14*, Swedish Geotechnical Institute, 47 p.

HENKEL, D.W. (1956). "The Effect of Overconsolidation on the Behaviour of Clays During Shear," *Géotechnique*, Vol. XI, No. 4, pp. 139–150.

HIRSCHFELD, R.C. (1963). "Stress-Deformation and Strength Characteristics of Soils," Harvard University (unpublished), 87 p.

HOLTZ, R.D. AND HOLM, G. (1979). "Test Embankment on an Organic Silty Clay," *Proceedings of the Seventh European Conference on Soil Mechanics and Foundation Engineering*, Brighton, England, Vol. 3, pp. 79–86.

HUMPHREY, D.N. AND LEONARDS, G.A. (1986). "Slide in Upstream Slope of Lake Shelbyville Dam," *Journal of Geotechnical Engineering*, ASCE, Vol. 112, No. 5, pp. 564–577; with discussion and closure, Vol. 114, No. 4, pp. 506–513.

JÁKY, J. (1944). "The Coefficient of Earth Pressure at Rest," *Magyar Mérnök és Épitész Egylet Közdönye (Journal of the Society of Hungarian Architects and Engineers)*, Vol. 78, No. 22, pp. 355–358 (in Hungarian).

JÁKY, J. (1948). "Earth Pressure in Silos," *Proceedings of the Second International Conference on Soil Mechanics and Foundation Engineering*, Rotterdam, Vol. I, pp. 103–107.

KENNEY, T.C. (1959). Discussion of "Geotechnical Properties of Glacial Lake Clays," by T.H. Wu, *Journal of the Soil Mechanics and Foundations Division*, ASCE, Vol. 85, No. SM3, pp. 67–79.

KULHAWY, F.H. (2005). "Estimation of Soil Properties for Foundation Design," Notes for a short course sponsored by the ASCE Seattle Section Geotechnical Group.

KULHAWY, F.H., JACKSON, C.S., AND MAYNE, P.W. (1989). "First-order Estimation of K_0 in Sands and Clays," in *Foundation Engineering: Current Principles and Practices*, Proc. ASCE Congress, Evanston, IL, Vol 1, pp. 121–134.

KULHAWY, F.H. AND MAYNE, P.W. (1990). *Manual on Estimating Soil Properties for Foundation Design, Final Report*, Report No. EL-6800, Research Project 1493-6, Electric Power Research Institute, Palo Alto, 308 p.

KULHAWY, F.H., TRAUTMAN, C.H., AND O'ROURKE, T.D. (1991). "The Soil-Rock Boundary: What is it and Where is it?" *Proceedings of the Symposium Detection of and Construction at the Soil/Rock Interface*, W.F. Kane and B. Amadei (Eds.), Geotechnical Special Publication No. 28, ASCE, pp. 1–15.

LADD, C.C. (1964). "Stress-Strain Behavior of Saturated Clay and Basic Strength Principles," *Research Report R64–17*, Department of Civil Engineering, Massachusetts Institute of Technology, 67 p.

LADD, C.C. (1971a). "Settlement Analyses for Cohesive Soils," *Research Report R71–2*, Soils Publication 272, Department of Civil Engineering, Massachusetts Institute of Technology, 107 p.

LADD, C.C. (1971b). "Strength Parameters and Stress-Strain Behavior of Saturated Clays," *Research Report R71–23*, Soils Publication 278, Department of Civil Engineering, Massachusetts Institute of Technology, 280 p.

LADD, C.C. (1975). "Foundation Design of Embankments Constructed on Connecticut Valley Varved Clays," *Research Report R75–7*, Geotechnical Publication 343, Department of Civil Engineering, Massachusetts Institute of Technology, 438 p.

LADD, C.C. AND FOOTT, R. (1974). "A New Design Procedure for Stability of Soft Clays," *Journal of the Geotechnical Engineering Division*, ASCE, Vol. 100, No. GT7, pp. 763–786.

LADD, C.C., FOOTE, R., ISHIHARA, K., SCHLOSSER, F., AND POULOS, H.G. (1977). "Stress-Deformation and Strength Characteristics," State-of-the-Art Report, *Proceedings of the Ninth International Conference on Soil Mechanics and Foundation Engineering*, Tokyo, Vol. 2, pp. 421–494.

LADD, R.S. (1965). "Use of Electrical Pressure Transducers to Measure Soil Pressure," *Research Report R65–48*, Soils Publication 180, Department of Civil Engineering, Massachusetts Institute of Technology, 79 p.

LAROCHELLE, P., TRAK, B., TAVENAS, F., AND ROY, M. (1974). "Failure of a Test Embankment on a Sensitive Champlain Clay Deposit," *Canadian Geotechnical Journal*, Vol. 11, No. 1, pp. 142–164.

LEE, K.L. (1965). "Triaxial Compressive Strength of Saturated Sands Under Seismic Loading Conditions," Ph.D. dissertation, University of California, Berkeley, 520 p.

LEE, K.L. AND SEED, H.B. (1967). "Drained Strength Characteristics of Sands," *Journal of the Soil Mechanics and Foundations Division*, ASCE, Vol. 93, No. SM6, pp. 117–141.

LEONARDS, G.A. (Ed.) (1962). *Foundation Engineering*, McGraw-Hill, New York, 1136 p.

MARCHETTI, S. (1997). "The Flat Dilatometer: Design Applications," *Proceedings of the Third International Geotechnical Engineering Conference*, Cairo, Egypt, pp. 421–448 (as referenced in Sabatini, et al., 2002).

MASSARSCH, K.R. (1979). "Lateral Earth Pressure in Normally Consolidated Clay," *Proceedings of the Seventh European Conference on Soil Mechanics and Foundation Engineering*, Brighton, England, Vol. 2, pp. 245–250.

MASSARSCH, K.R., HOLTZ, R.D., HOLM, B.G., AND FREDRICKSSON, A. (1975). "Measurement of Horizontal In Situ Stresses," *Proceedings of the ASCE Specialty Conference on In Situ Measurement of Soil Properties*, Raleigh, NC, Vol. I, pp. 266–286.

MAYNE, P.W. AND KULHAWY, F.H. (1982). "Relationships in Soil," *Journal of the Geotechnical Engineering Division*, ASCE, Vol. 108, No. GT6, pp. 851–872.

MEANS, R.E. AND PARCHER, J.V. (1963). *Physical Properties of Soils*, Charles E. Merrill Books, Inc., Columbus, OH, 464 p.

MEYERHOF, G.G. (1956). "Penetration Tests and Bearing Capacity of Cohesionless Soils," *Journal of the Soil Mechanics and Foundations Division*, ASCE, Vol. 82, No. SM1, pp. 1–19.

MILLIGAN, V. (1972). Discussion of "Embankments on Soft Ground," *Proceedings of the ASCE Specialty Conference on Performance of Earth and Earth-Supported Structures*, Purdue University, Vol. III, pp. 41–48.

MORGENSTERN, N.R. AND EISENSTEIN, Z. (1970). "Methods of Estimating Lateral Loads and Deformation," *Proceedings of the ASCE Specialty Conference on Lateral Stresses in the Ground and Design of Earth-Retaining Structures*, Cornell University, pp. 51–102.

NATIONAL COOPERATIVE HIGHWAY RESEARCH PROGRAM (2006). Rock-socketed Shafts for Highway Structure Foundations, *NCHRP Synthesis 360*, Transportation Research Board, Washington, D.C., 109 p.

PENNER, E. (1963). "Sensitivity in Leda Clay," *Nature*, Vol. 197, No. 4865, pp. 347–348.

ROBERTSON, P.K. AND CAMPANELLA, R.G. (1983). "Interpretation of Cone Penetration Tests. Part I: Sand," *Canadian Geotechnical Journal*, Vol. 20, No. 4, pp. 718–733.

SABATINI, P.J., BACHUS, R.C., MAYNE, P.W., SCHNEIDER, J.A., AND ZETTLER, T.E. (2002). Evaluation of Soil and Rock Properties, Geotechnical Engineering Circular No. 5, Federal Highway Administration, Report No. FHWA-IF-02–034, 385 p.

SCHMERTMANN, J.H. (1975). "Measurement of In Situ Shear Strength," State-of-the-Art Report, *Proceedings of the ASCE Specialty Conference on In Situ Measurement of Soil Properties*, Raleigh, NC, Vol. II, pp. 57–138.

SCHMIDT, B. (1966). Discussion of "Earth Pressures at Rest Related to Stress History," *Canadian Geotechnical Journal*, Vol. III, No. 4, pp. 239–242.

SCHMIDT, B. (1967). "Lateral Stresses in Uniaxial Strain," *Bulletin No. 23*, Danish Geotechnical Institute, pp. 5–12.

SEED, H.B. AND CHAN, C.K. (1959). "Structure and Strength Characteristics of Compacted Clays," *Journal of the Soil Mechanics and Foundations Division*, ASCE, Vol. 85, No. SM5, pp. 87–128.

SHEAHAN, T.C., LADD, C.C., AND GERMAINE, J.T. (1996). "Rate-dependent Undrained Shear Behavior of Saturated Clay," *Journal of Geotechnical Engineering*, ASCE, Vol. 122, No. 2, pp. 99–108

SIMONS, N.E. (1958). Discussion of "Test Requirements for Measuring the Coefficient of Earth Pressure at Rest," *Proceedings of the Conference on Earth Pressure Problems*, Brussels, Vol. III, pp. 50–53.

SKEMPTON, A.W. AND NORTHEY, R.D. (1952). "The Sensitivity of Clays," *Géotechnique*, Vol. III, No. 1, pp. 30–53.

TAVENAS, F.A., BLANCHETTE, G., LEROUEIL, S., ROY, M., AND LAROCHELLE, P. (1975). "Difficulties in the In Situ Determination of in Soft Sensitive Clays," *Proceedings of the ASCE Specialty Conference on In Situ Measurement of Soil Properties*, Raleigh, NC, Vol. I, pp. 450–476.

TERZAGHI, K., PECK, R.B., AND MESRI, G. (1996). *Soil Mechanics in Engineering Practice*, 3rd ed., Wiley, New York, 549 p.

TURNBULL, W.J. AND FOSTER, C.R. (1956). "Stabilization of Materials by Compaction," *Journal of the Soil Mechanics and Foundations Division*, ASCE, Vol. 82, No. SM2, pp. 934–1 to 934–23; also in *Transactions*, ASCE, Vol. 123, (1958), pp. 1–26.

U.S. DEPARTMENT OF THE INTERIOR (1998). *Earth Manual*, Part 2, 3rd ed., Materials Engineering Branch, 1270 p.

U.S. DEPARTMENT OF THE NAVY (1971). "Soil Mechanics, Foundations, and Earth Structures," *NAVFAC Design Manual DM-7*, Washington, D.C.

U.S. DEPARTMENT OF THE NAVY (1986). "Soil Mechanics, Foundations, and Earth Structures," *NAVFAC Design Manual DM-7.2*, Washington, D.C.

VON BANDAT, H.F. (1962). *Aerogeology*, Gulf Publishing Company, Houston, TX, 350 p.

WELSH, R.A., VALLEJO, L.E., LOVELL, C.W., AND ROBINSON, M.K. (1991). "The U.S. Office of Surface Mining (OSM) Proposed Strength-Durability Classification System," in W.F. Kane and B. Amadei (Eds.), *Detection of and Construction at the Soil/Rock Interface*, Geotechnical Special Publication No. 28, ASCE, pp. 1–15.

WROTH, C.P. (1972). "General Theories of Earth Pressures and Deformations," General Report, *Proceedings of the Fifth European Conference on Soil Mechanics and Foundation Engineering*, Madrid, Vol. II, pp. 33–52.

WROTH, C.P. (1975). "In Situ Measurement of Initial Stresses and Deformation Characteristics," *Proceedings of the ASCE Specialty Conference on In Situ Measurement of Soil Properties*, Raleigh, NC, Vol. II, pp. 181-230.

CAPÍTULO 10
Fundações rasas

10.1 INTRODUÇÃO ÀS FUNDAÇÕES

Como descrevemos no Capítulo 1, a **engenharia de fundações** é aquele aspecto da engenharia geotécnica no qual aplicamos a geologia de engenharia, a mecânica dos solos e a mecânica das rochas ao projeto, à análise e à construção de fundações e estruturas de suporte de terra para estruturas de engenharia civil e outras. O sistema de fundações faz parte de um sistema projetado que transfere cargas de uma estrutura sobrejacente ou adjacente para os solos e/ou rochas subjacentes ou adjacentes. Em muitos casos, devido a diferenças significativas nas propriedades de resistência-deformação entre materiais estruturais como aço e concreto e aqueles de solos e rochas, a fundação deve distribuir cargas estruturais concentradas e/ou transferi-las para solos ou substratos rochosos mais capazes de suportá-las.

Ao contrário do que alguns engenheiros civis podem acreditar, existem métodos racionais da mecânica dos solos que nos permitem prever a capacidade de uma fundação sob condições específicas com precisão razoável. Em outras palavras, a ideia de que o projeto de fundações é de alguma forma empírico ou carente de rigor simplesmente não é verdadeira, embora as mesmas incertezas que encontramos em outros problemas geotécnicos sejam certamente válidas. Além disso, uma vez que os materiais estruturais como o aço e o concreto apresentam níveis muito mais elevados de consistência e previsibilidade, os dados geotécnicos normalmente introduzem a uma maior incerteza no projeto de uma fundação. O engenheiro de fundações deve ser capaz de prever o desempenho ou a resposta dos solos ou das rochas da fundação às cargas impostas pela estrutura. O sistema de fundações deve não apenas suportar com segurança cargas estáticas estruturais e de construção, mas também resistir adequadamente a cargas dinâmicas, como as provenientes dos ventos, dos terremotos, ondas e o trepidar de máquinas rotativas (p. ex., grandes turbinas eólicas).

Como observamos anteriormente, enquanto houver gravidade que exija o suporte de cargas estruturais, é essencialmente impossível projetar ou construir **qualquer** estrutura de engenharia civil sem considerar o sistema de fundações. O desempenho, a economia e a segurança de qualquer estrutura de engenharia civil são, em última análise, afetados ou podem até ser controlados por sua fundação. Exemplos recentes em que fundações de baixo desempenho causaram grandes problemas à estrutura de suporte incluem a inclinação adicional da Torre inclinada de Pisa, na Itália e a Torre Millennium em São Francisco, Califórnia, EUA. Em engenharia civil devemos sempre considerar o binômio **técnica-economia**, assim é sempre relevante sob fundamentação científica fazermos a interação **estrutura-fundação-solos**.

Neste capítulo, estudaremos o tipo mais comum de fundação, que é uma fundação rasa, cuja profundidade até a base (onde o concreto ou outro material de fundação faz interface com os solos ou as rochas), normalmente, não é mais de 3 a 4 vezes a largura da fundação. A maioria das estruturas residenciais e comerciais de um só andar nos Estados Unidos da América e em outras regiões do mundo é apoiada em fundações rasas, com frequência chamadas de "sapatas".

Primeiro, abordaremos métodos para prever a capacidade de fundações rasas básicas em vários tipos de solo. Em seguida, examinaremos diferentes maneiras de prever recalques de fundações rasas, isto é, a deformação dos solos ou rochas subjacentes. Independentemente do tipo de solo, todas as fundações vão assentar até certo ponto, uma vez que todos os materiais de engenharia se deformam sob carga. O capítulo terminará com métodos de análise para fundações que suportam múltiplos pontos de carregamento, conhecidas como fundações combinadas e fundações em *radier*. Como este livro se concentra em engenharia geotécnica, estamos mais interessados na capacidade de carga do solo e na resposta de deformação a cargas estruturais. Detalhes sobre como projetar a parte estrutural da fundação são encontrados em livros didáticos de engenharia estrutural e não serão abordados.

10.2 METODOLOGIAS PARA PROJETO DE FUNDAÇÕES

Como este livro até agora se concentrou principalmente na caracterização de geomateriais e na análise de suas respostas a tensões e condições de escoamento, vale a pena dedicar alguma atenção ao processo de projeto de fundação. Ao escolher que tipo de fundação ou estrutura de contenção de terra usar em determinadas condições, os fatores descritos a seguir devem ser considerados.

Primeiro, a função da estrutura precisa ser levada em consideração, incluindo a magnitude das cargas que se espera serem suportadas pela fundação. Por exemplo, se alguém estivesse projetando uma usina nuclear ou uma instalação de saúde (como um hospital), um tipo de fundação mais conservador e mais resiliente aos perigos pode ser justificado, mesmo que o custo possa ser muito mais elevado do que as soluções mais convencionais. Naturalmente, as condições geotécnicas devem ser consideradas, o que inclui os geomateriais e as condições das águas subterrâneas presentes, bem como o potencial sísmico da área.

O projeto deve ser ambientalmente compatível com o entorno. Um exemplo poderia ser a construção de uma estrada através de um pântano ambientalmente sensível, onde um viaduto sobre estacas pode ser menos intrusivo do que a implementação de uma estrada de superfície em um aterro construído. O custo do sistema de fundações não pode exceder significativamente o custo da estrutura civil apoiada. Esta é uma das razões pelas quais as casas residenciais normalmente não são construídas sobre estacas profundas (colunas de suporte de concreto, aço ou madeira que penetram a uma profundidade significativa abaixo da superfície): além das cargas estruturais mais baixas, o custo raramente é justificado.

Por fim, o impacto de uma nova fundação ou estrutura de contenção de terras nas estruturas adjacentes também deve ser levado em consideração. Se for necessária uma escavação extensa para uma fundação próxima de um edifício existente com uma fundação pouco profunda, ele poderá ser desestabilizado pela escavação.

Existem duas abordagens para calcular as cargas de projeto da estrutura a ser suportada pelo sistema de fundações, que por sua vez são usadas para calcular o fator de segurança contra rupturas (falaremos mais sobre isso em breve). O projeto de tensão admissível (**ASD**, do inglês *allowable stress design*) é a abordagem tradicional e ainda a mais utilizada por engenheiros geotécnicos. Nesse método, a carga ou tensão final (normalmente fornecida como uma gama de níveis de tensão nos códigos de construção) é reduzida por um fator de segurança **FS** para obter uma carga ou tensão admissível. Esse nível admissível é então comparado com a carga estrutural aplicada à fundação. O projeto de fator de carga e resistência (**LRFD**, do inglês *load and resistance factor design*) é comumente usado por engenheiros estruturais em seus processos de projeto, e há uma adoção crescente dessa abordagem por engenheiros geotécnicos. A abordagem **ASD** presume fundamentalmente que a carga estrutural total aplicada e seus componentes apresentam o mesmo nível de incerteza, de modo que uma carga admissível muito simplista é calculada:

$$\text{Carga admissível} = \frac{\text{Carga final}}{\text{FS}} \tag{10.1}$$

O método **LRFD** utiliza uma abordagem probabilística mais sofisticada para atribuir fatores de carga individuais γ_i a vários tipos de cargas P_i que possuem diferentes graus de confiabilidade. Por exemplo, a carga permanente P_D, que normalmente é proveniente dos materiais de um edifício e é quantificada de forma confiável, pode ter um γ menor do que, digamos, o da carga móvel

P_L, que é devido a pessoas e equipamentos não permanentes, que são cargas muito menos previsíveis. O produto da soma dos respectivos y_s e P_s constitui a **carga fatorada** final que precisa ser apoiada pela fundação:

$$P_u = \gamma_1 P_D + \gamma_2 P_L + \ldots \quad (10.2)$$

Em outras palavras, P_u é a maior carga calculada que esperamos que seja aplicada, dadas todas as incertezas nos vários componentes dessa carga calculada. A **resistência fatorada** é então calculada multiplicando um fator de resistência, ϕ (menos que 1, e não deve ser confundido com o ângulo de atrito interno do solo), pela capacidade final do solo ou da rocha (obtida a partir de alguma análise de limite de resistência), P_n. Então, deve-se verificar que

$$P_u \leq \phi P_n \quad (10.3)$$

Em última análise, isto é fundamentalmente semelhante à formulação **ASD** da Equação (10.1), mas as entradas são mais sofisticadas em suas formulações.

10.3 INTRODUÇÃO À CAPACIDADE DE CARGA

Na Equação (10.3), usamos o termo "capacidade máxima do solo ou rocha" e afirmamos que obteríamos esse valor a partir de uma "análise de limite de resistência", mas sem muita explicação. Como engenheiros que provavelmente tiveram aulas sobre materiais, temos a sensação de que se trata de uma carga ou tensão que faz um material apresentar características de ruptura (equilíbrio limite), e aprendemos sobre a teoria de ruptura de Mohr-Coulomb para solos no Capítulo 8, entre outras seções do livro. Mas o que define a ruptura para uma fundação rasa?

Para examinar isso, podemos observar uma fundação rasa rígida e idealizada mostrada em corte transversal (semelhante a uma fundação de casa residencial; (Figura 10.1a) e a curva de tensão em relação à deformação aplicada (Figura 10.1b). Para a curva tensão-deformação, vamos girá-la 90° no sentido horário para que a deformação, S (de *settlement*, recalque), corra verticalmente para baixo a fim de corresponder ao comportamento típico da fundação. Também chamaremos de q a tensão específica em nossa fundação, que é a carga aplicada Q, dividida pela área A, da interface fundação-solo, ou seja, $q = Q/A$. Como seria de esperar, à medida que a tensão de fundação, q, aumenta, o solo abaixo da interface fundação-solo começa a deformar-se, fazendo a fundação assentar, com o aumento de S. Observe que a curva não é linear, o que é típico.

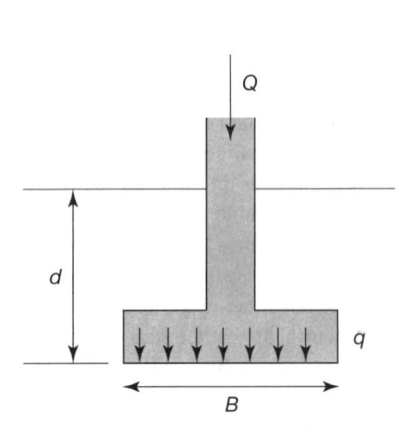

FIGURA 10.1a Fundação rasa idealizada com carga aplicada Q, e tensão aplicada q na interface do solo.

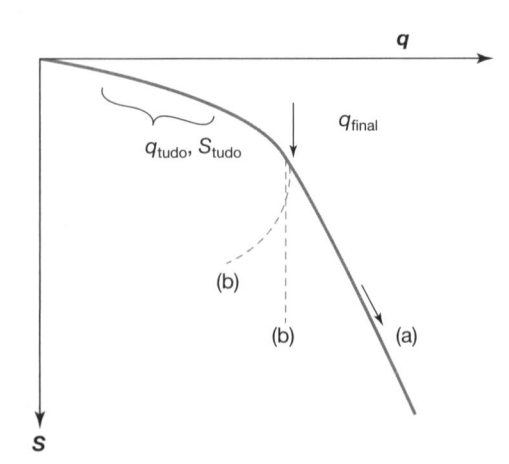

FIGURA 10.1b Tensão de fundação aplicada em relação à curva de deformação para fundação mostrada na Figura 10.1a.

Em algum ponto, uma tensão que chamamos de capacidade de carga final q_{final} é atingida, onde ocorre uma de duas condições:

A condição (a) na Figura 10.1b mostra onde a fundação pode suportar tensão adicional q mas o recalque se torna tão excessivo que a estrutura provavelmente fica inutilizável e começa a sofrer danos, ou certamente (como a Torre Inclinada de Pisa) deixa os ocupantes e observadores externos desconfortáveis com a inclinação excessiva.

As condições possíveis (b) na Figura 10.1b mostram dois dos mesmos tipos de resultados: o recalque continua sem carga adicional (a curva q-S torna-se vertical) ou a fundação deve literalmente ser aliviada para evitar rupturas catastróficas.

A tensão na qual ocorre um desses cenários é conhecida como **capacidade de carga final**, ou q_{final}. A carga de fundação correspondente na qual isso ocorre é q_{final}. Se isso parece um conceito familiar, deveria ser: q_{final} é essencialmente uma tensão de escoamento sob carregamento da fundação, semelhante a outras tensões de escoamento para materiais que você possa ter estudado.

Uma vez determinado o valor de q_{final}, um engenheiro pode usar os métodos de projeto **ASD** ou **LRFD** para determinar a tensão admissível q_{tudo} na fundação que, por sua vez, resultará em um recalque admissível, S_{tudo}, da fundação abaixo de sua posição original. Ainda é possível que mesmo no nível de tensão de q_{final}/FS, o recalque possa não ser aceitável. O engenheiro estrutural pode ter especificado um recalque máximo tolerável inferior para a estrutura. Isto significa que o q aplicado deve ser inferior a q_{tudo} para corresponder ao recalque admissível especificado.

10.3.1 Tipos de ruptura da capacidade de carga

Acontece que podemos prever com uma precisão considerável a natureza da ruptura do solo sob nossa fundação idealizada da Figura 10.1a para um determinado tipo de solo, e prever o tipo de resposta q-S esperada como na Figura 10.1b. Para areia densa e argila dura, prevemos o que é conhecido como **ruptura por cisalhamento geral**. A Figura 10.2a mostra uma seção transversal de uma fundação idealizada enquanto ela está sendo carregada. À medida que a fundação fica tensionada e, portanto, deforma o solo subjacente, o solo responde mobilizando partículas para aumentar a sua resistência. No entanto, no caso da areia densa, as partículas têm pouco espaço para se realinharem, e assim é iniciada uma reação em cadeia de movimento do solo, resultando na formação de zonas de ruptura e no deslizamento ao longo de superfícies de cisalhamento que

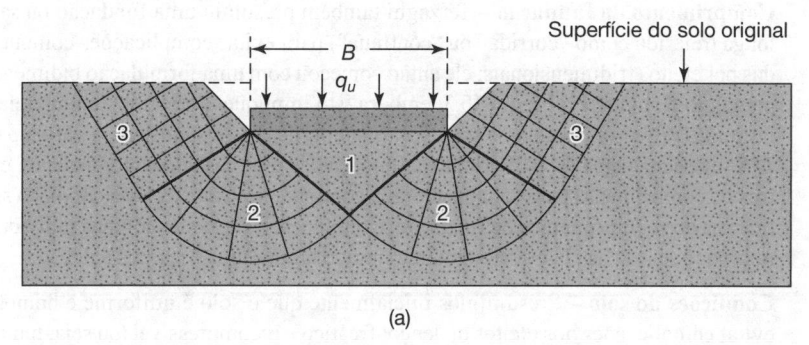

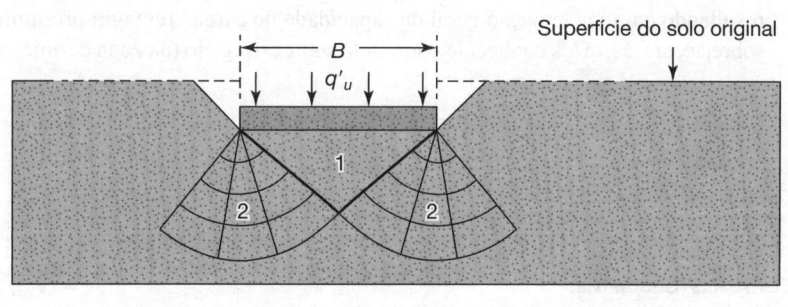

FIGURA 10.2 Zonas de ruptura para uma ruptura por cisalhamento geral de uma fundação rasa (a); zonas de ruptura para uma ruptura local ou por punção (b).

continuam a tentar resistir a esse movimento. Uma zona de ruptura triangular ou cunha diretamente abaixo da fundação empurra para baixo e, por sua vez, mobiliza zonas de ruptura adjacentes que empurram para fora e para cima. Se você estivesse na superfície do terreno natural próximo a uma fundação que sofreu uma ruptura por cisalhamento geral, você esperaria ver o empolamento do solo resultante da mobilização dessas zonas de ruptura.

Para areias médias densas e argilas médias, se conduzirmos o mesmo "experimento" de carregar uma fundação simples na superfície de tais solos, sob essas condições, as partículas do solo têm a liberdade de se reajustarem localmente para suportarem a tensão crescente até que o solo sofra o que é conhecido como ruptura por cisalhamento local, principalmente abaixo da fundação carregada. Neste caso, o diagrama q-S será como no caso da Figura 10.1b: a ruptura não será tão drástica ou catastrófica como a ruptura por cisalhamento geral, mas provavelmente será definida por uma taxa crescente de recalque, tornando a estrutura suportada inutilizável. Esperaríamos zonas de ruptura limitadas fora da área de fundação e, portanto, apenas empolamento superficial limitado em comparação com o que vimos no exemplo de areia densa/argila dura. A solução para a capacidade de carga do solo é complexa e indeterminada, mas pode ser resolvida se fizermos algumas suposições simplificadoras.

10.3.2 Teoria geral de capacidade de carga de Terzaghi

A teoria desenvolvida para quantificar a capacidade de carga sob uma carga vertical central foi elaborada novamente pelo Professor Terzaghi. Tal como fez com a teoria do adensamento, que foi adaptada das equações de transferência de calor, Terzaghi (1943), neste caso, adaptou a teoria da plasticidade desenvolvida pelo físico alemão Ludwig Prandtl (1921) para uma ferramenta de punção que penetra materiais rígidos como metais, a fim de descrever como fundações rasas podem causar rupturas nos solos de suporte subjacentes. Para começar, ele usou um conjunto de suposições básicas sobre as condições sob as quais sua equação seria válida, como segue:

Como definir "rasa" – originalmente, Terzaghi presumiu que a razão entre a profundidade até a base da fundação d, e a largura da fundação B, deveria ser menor ou igual a 1 (Figura 10.3). Sabemos agora que a teoria da capacidade de carga é geralmente válida para razões d/B de 3 a 4. Para colocar isso em perspectiva, se a fundação de uma casa típica apresentar uma largura de base de 16 pol. (1,33 pés), para ser "qualificada" como rasa, ela não poderia ser incorporada muito mais fundo do que 4 a 6 pés abaixo da superfície do terreno natural, o que é razoável na maioria das condições de construção.

Comprimento da fundação – Terzaghi também presumiu uma fundação ou sapata infinitamente longa (referida como "corrida" ou "contínua") para evitar complicações computacionais introduzidas por efeitos tridimensionais; ele então começou com uma formulação bidimensional (deformação plana). Referindo-se à Figura 10.3, embora isto implique teoricamente uma relação comprimento/largura, L/B aproximando-se do infinito, na prática, esta suposição é válida para fundações com L/B superior a cerca de 10. Portanto, a fundação de uma casa típica teria que ter em torno de 4,5 metros de comprimento para ser considerada contínua; novamente, essa condição será atendida para a maioria dos comprimentos de fundação. Contudo, sob cargas de colunas individuais, uma fundação rasa pode ser quadrada ou retangular, exigindo alguns ajustes para a solução.

Condições do solo – Presumimos inicialmente que o solo é uniforme e homogêneo, úmido para evitar complicações dos efeitos do lençol freático e incompressível (ou seja, muito denso ou rígido), resultando em uma situação geral de capacidade de carga. Terzaghi presumiu que qualquer solo sobrejacente, às vezes conhecido como solo sobrecarregado (na zona definida pela profundidade d

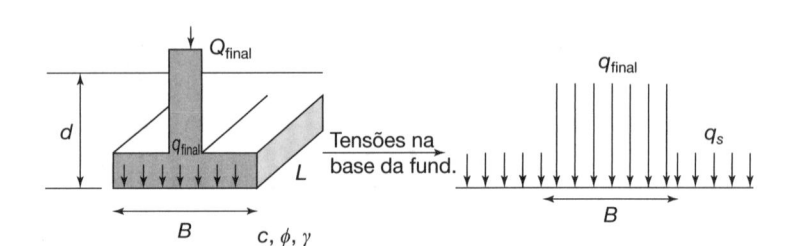

FIGURA 10.3 Geometria. de uma fundação rasa e tensões de fundações.

na Figura 10.3, não fornece qualquer resistência; ele é simplesmente um peso morto que deve ser levantado à medida que as cunhas da Figura 10.2 se movem para cima. Voltando à Figura 10.2a, à medida que ocorre a ruptura geral da capacidade de carga, este solo sobrecarregado resistirá ao erguimento adjacente das zonas de ruptura III, levando ao aumento da capacidade da fundação. A tensão do solo sobrecarregado acima da base da fundação, q_s, atuando para resistir ao erguimento para essas condições simplificadas é simplesmente $q_s = d \times \gamma_s$, onde γ_s é o peso específico do solo sobrecarregado (para distingui-lo do peso específico do solo abaixo da base da fundação; isto não deve ser confundido com o nosso peso específico de sólidos no Capítulo 2).

Terzaghi procurou desenvolver a equação para a ruptura ou tensão limite do solo sob essas condições, conhecida como capacidade de carga final q_{final}, que poderia então ser usada em uma abordagem de projeto de tensão admissível para determinar a capacidade correta da fundação. A equação desenvolvida por Terzaghi expressa as contribuições de três fatores para a capacidade de carga: coesão e atrito do solo subjacente e a resistência fornecida pela sobrecarga de terra ou sobrecarga do solo acima da base da fundação. Para uma fundação corrida:

$$q_{final} = cN_c + \tfrac{1}{2} \gamma B N_\gamma + q_s N_q \tag{10.4}$$

onde N_c, N_γ e N_q = fatores de capacidade de carga;

c = interceptação de coesão do solo abaixo da base da fundação;

q_s = tensão de sobrecarga de terra/adicional = $d \times \gamma_s$;

γ no termo médio = γ do solo abaixo da profundidade d.

Historicamente então, a Equação (10.4) consiste em um termo de "coesão", um termo de "peso" ou "largura" e um termo de "profundidade" ou "sobrecarga". Os fatores de capacidade de carga são fatores adimensionais que definem o comprimento, a profundidade e a forma da superfície de ruptura e são função apenas do ângulo de atrito ϕ', do solo abaixo da base da fundação. Acontece que os fatores de capacidade de carga de Terzaghi, N_c, N_γ e N_q, conforme ele os definiu, exigiram algum refinamento para refletir com mais precisão o comportamento real do solo sob condições de carga da fundação. Os valores tabulados das formulações originais do fator de capacidade de carga de Terzaghi são frequentemente fornecidos em muitas referências (causando confusão sobre se devem ser usados) e, embora razoáveis em precisão, não refletem o trabalho esclarecedor posterior de vários pesquisadores. Os fatores de carga agora comumente usados são os seguintes:

$$N_c = \cotg \phi' (N_q - 1) \tag{10.5a}$$

$$N_\gamma = 2 \tg \phi' (N_q + 1) \tag{10.5b}$$

$$N_q = N_\phi e^{\pi \tg \phi} \tag{10.5c}$$

onde

$$N_\phi = \frac{1 + \sen \phi'}{1 - \sen \phi'} = \tg^2(45 + \phi'/2) \tag{10.5d}$$

Esses fatores de capacidade de carga determinados usando a Equação (10.5) são calculados para o intervalo típico de valores de ϕ' na Tabela 10.1.

10.3.3 Modificações na equação básica de capacidade de carga

Mencionamos anteriormente que, assim como acontece com muitas teorias de base, havia vários pressupostos simplificadores que Terzaghi tinha elaborado para estabelecer um quadro teórico inicial a fim de prever a capacidade de carga do solo sob carregamento da fundação. Já sabemos que a suposição original de Terzaghi sobre os fatores de capacidade de carga N_c, N_γ e N_q, precisava ser modificada para representar com mais precisão o comportamento real do solo. Da mesma forma, foi necessário retornar a algumas das outras suposições originais feitas para dar conta dos casos em que os projetos reais de fundações se desviariam daquelas condições idealizadas. Os parágrafos seguintes detalham esses desvios, após os quais apresentaremos alguns exemplos de problemas.

TABELA 10.1 Fatores de capacidade de carga de fundação rasa

ϕ'	N_c	N_q	N_γ	ϕ'	N_c	N_q	N_γ
0	5,14	1,00	0,00	26	22,25	11,85	12,54
1	5,38	1,09	0,07	27	23,94	13,20	14,47
2	5,63	1,20	0,15	28	25,80	14,72	16,72
3	5,90	1,31	0,24	29	27,86	16,44	19,34
4	6,19	1,43	0,34	30	30,14	18,40	22,40
5	6,49	1,57	0,45	31	32,67	20,63	25,99
6	6,81	1,72	0,57	32	35,49	23,18	30,22
7	7,16	1,88	0,71	33	38,64	26,09	35,19
8	7,53	2,06	0,86	34	42,16	29,44	41,06
9	7,92	2,25	1,03	35	46,12	33,30	48,03
10	8,35	2,47	1,22	36	50,59	37,75	56,31
11	8,80	2,71	1,44	37	55,63	42,92	66,19
12	9,28	2,97	1,69	38	61,35	48,93	78,03
13	9,81	3,26	1,97	39	67,87	55,96	92,25
14	10,37	3,59	2,29	40	75,31	64,20	109,41
15	10,98	3,94	2,65	41	83,86	73,90	130,22
16	11,63	4,34	3,06	42	93,71	85,38	155,55
17	12,34	4,77	3,53	43	105,11	99,02	186,54
18	13,10	5,26	4,07	44	118,37	115,31	224,64
19	13,93	5,80	4,68	45	133,88	134,88	271,76
20	14,83	6,40	5,39	46	152,10	158,51	330,35
21	15,82	7,07	6,20	47	173,64	187,21	403,67
22	16,88	7,82	7,13	48	199,26	222,31	496,01
23	18,05	8,66	8,20	49	229,93	265,51	613,16
24	19,32	9,60	9,44	50	266,89	319,07	762,89
25	20,72	10,66	10,88				

De AASHTO (2014).

Fatores de forma – Na equação básica, Terzaghi presumiu uma sapata de corrida contínua, o que na prática significava que teria uma relação comprimento/largura (*L*/*B*) de 10 ou mais. Existem muitas fundações que não atendem a esta limitação, por exemplo, uma fundação quadrada com *L*/*B* = 1 ou uma fundação retangular com *L*/*B* = 2. Para explicar isso, aplicamos **fatores de forma** a cada termo da equação de capacidade de carga para dar conta da resposta tridimensional real do solo como segue (de Beer 1970):

$$q_{final} = cN_c S_c + \frac{1}{2}\gamma B N_\gamma S_\gamma + q_s N_q S_q \tag{10.6}$$

(Fatores de forma)

onde

$$S_c = 1 + (N_q/N_c)\left(\frac{B}{L}\right) \tag{10.7a}$$

$$S_\gamma = 1 - 0,4\left(\frac{B}{L}\right) \tag{10.7b}$$

$$S_q = 1 + \text{tg}\,\phi'\left(\frac{B}{L}\right) \tag{10.7c}$$

sendo ϕ' o ângulo de atrito do solo abaixo da base da fundação (em relação àquele no solo sobrecarregado acima da fundação). Você observará que os fatores de forma têm efeitos variados nos termos da equação q_{final}, com um efeito líquido que depende do valor ϕ' do solo.

Fatores de profundidade – Presumimos que o solo acima da base da fundação, ao qual nos referimos como solo sobrecarregado, tinha apenas peso e não resistência ao cisalhamento que poderia contribuir para o q_{final}. Contudo, Brinch Hansen (1970) desenvolveu fatores para explicar essa resistência adicional, o que implica que as superfícies de cisalhamento se estendem acima da base da fundação, conforme ilustrado na Figura 10.4. Como seria de esperar, se esses planos de resistência ao cisalhamento adicional atingem ou não a superfície depende da relação d/B da fundação, com relações d/B mais baixas permitindo esse "avanço" para a superfície.

Assim como acontece com os fatores de forma, os fatores de profundidade são fatorados em cada termo da equação q_{final} da seguinte forma:

$$q_{final} = cN_c d_c + \tfrac{1}{2}\gamma B N_\gamma d_\gamma + q_s N_q d_q \qquad (10.8)$$

fatores de profundidade

onde os valores dos fatores de profundidade individuais dependem da relação d/B e do ângulo de atrito ϕ', conforme mostrado na tabela a seguir.

Para $d/B \leq 1$	Para $d/B > 1$
$d_c = 1 + 0{,}4(d/B)$	$d_c = 1 + 0{,}4 \text{ arc tg}(d/B)$
$d_\gamma = 1$	$d_\gamma = 1$
$d_q = 1 + 2\tan\phi'(1-\text{sen}\phi')^2 (d/B)$	$d_q = 1 + 2\text{ tg }\phi'(1-\text{sen}(\phi'))^2 \tan^{-1}(d/B)$

Embora o trabalho por trás do desenvolvimento desses fatores não esteja em questão, eles não são recomendados para uso geral e não serão usados em soluções de problemas neste livro. Adotamos esta posição por duas razões. Primeiro, eles nunca são conservadores – sempre resultam no **aumento** do q_{final} previsto – e, talvez mais importante, dependem da integridade do solo sobrecarregado ao redor da fundação, que pode nem sempre estar intacto devido ao deslocamento durante a construção e/ou escavação subsequente. Naturalmente, isso poderia ser dito de todas as fundações onde o solo sobrecarregado faz parte do cálculo do q_{final}, mas confiar ainda mais na resistência desses materiais parece, mais uma vez, pouco conservador, na melhor das hipóteses.

Fatores de carga inclinada – Embora não tenhamos declarado explicitamente esta suposição, ao longo da nossa apresentação da equação da teoria da capacidade de carga, mostramos consistentemente que a carga da fundação é aplicada apenas verticalmente para baixo na fundação. Haverá vários casos em que tanto uma força vertical como alguma força horizontal associada serão aplicadas a uma fundação.

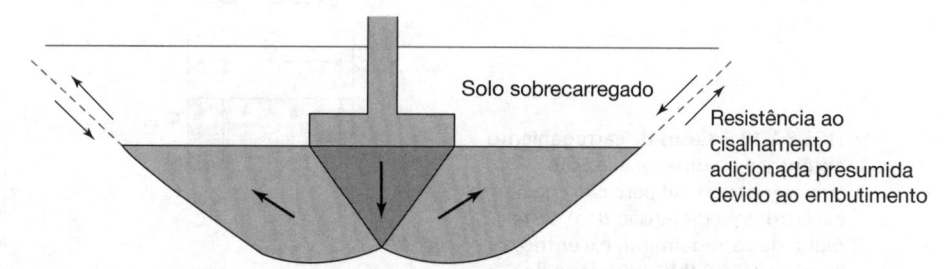

FIGURA 10.4 Resistência adicional ao cisalhamento à ruptura da capacidade de carga explicada por fatores de profundidade.

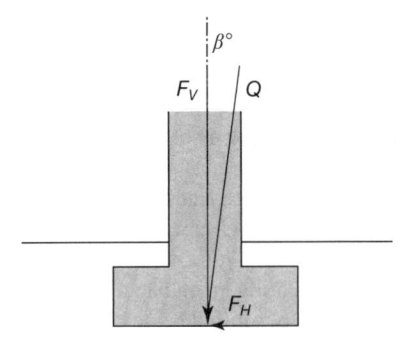

FIGURA 10.5 Definições para carregamento inclinado de uma fundação rasa.

Por exemplo, o vento lateral e as cargas sísmicas nos edifícios aplicarão forças horizontais que se traduzem na fundação, exigindo o seu apoio. Para essas situações (conforme representado na Figura 10.5, os termos da equação q_{final} são mais uma vez modificados individualmente, desta vez com fatores de carregamento inclinado introduzidos por Meyerhof (1963), e veremos que conforme o ângulo de inclinação $\beta = \mathrm{tg}^{-1}(F_H/F_V)$ aumenta, esses fatores contribuirão para uma perda significativa da capacidade de carga da fundação.

A equação modificada resultante é:

$$q_{final} = cN_c i_c + \tfrac{1}{2}\gamma B N_\gamma i_\gamma + q_s N_q i_q \qquad (10.9)$$

fatores de inclinação

onde

$$i_c = i_q = (1 - \beta°/90°)^2 \qquad (10.10a)$$

$$i_\gamma = (1 - \beta°/\phi°)^2 \qquad (10.10b)$$

Como regra geral, uma vez que o ângulo de inclinação β excede cerca de 20° fora da vertical, a capacidade de carga fica suficientemente comprometida de modo a inviabilizar uma fundação rasa como opção de projeto. Por essa razão, em aplicações onde as cargas horizontais são relativamente significativas em comparação com a carga vertical, as fundações por estacas são quase sempre escolhidas desde o início (mais sobre isso no Capítulo 12).

Correção de carga excêntrica unidirecional – Lembre-se de que outra suposição que fizemos ao apresentar a equação da teoria da capacidade de carga final é que a carga aplicada na fundação é aplicada no centro da largura e do comprimento da mesma. Há uma série de situações em que a carga resultante é aplicada fora do centro da fundação, seja na dimensão largura (B) ou comprimento (L). Para excentricidade unidirecional, a carga é descentralizada apenas em uma dimensão (abordaremos a excentricidade bidirecional na seção seguinte). Para fins ilustrativos, nas Figuras 10.6a e 10.6b, mostramos a excentricidade na dimensão B, e_B, que pode ser uma distância

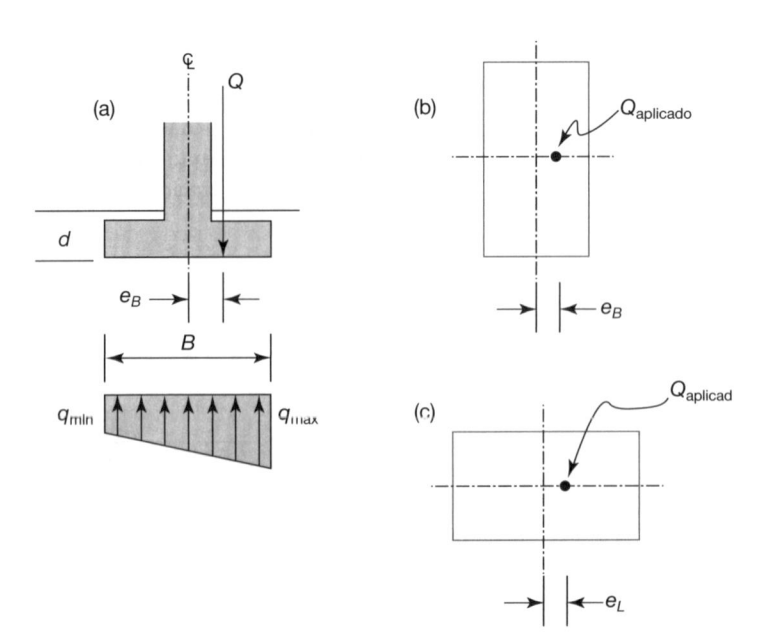

FIGURA 10.6 Casos de carregamento excêntrico unidirecional: seção transversal vertical para carregamento excêntrico na dimensão B (a); vista plana do carregamento excêntrico na dimensão B (b); vista plana do carregamento excêntrico na dimensão L (c).

explícita do ponto de aplicação resultante da linha central ou uma excentricidade calculada obtida a partir de um momento aplicado, M, dividido pela carga vertical Q. Também mostramos a distribuição de tensões resultante ao longo da interface fundação-solo para uma fundação rígida.

A partir da estática, podemos calcular a distribuição linear das tensões ao longo da base da fundação, onde

$$q_{min} = \frac{Q}{BL}(1 - 6e_B/B) \tag{10.11a}$$

$$q_{máx} = \frac{Q}{BL}(1 + 6e_B/B) \tag{10.11b}$$

Poderíamos fazer cálculos semelhantes para a distribuição apenas na dimensão L se a excentricidade existisse ali (Figura 10.6c). A abordagem em termos de cálculo da capacidade de carga final para carregamento excêntrico unidirecional é reduzir efetivamente as dimensões da fundação, de modo que a carga excêntrica seja aplicada no centro de uma dimensão reduzida presumida, seja B' ou L'.

$$B' = B - 2e_B \text{ (excentricidade na dimensão } B\text{)} \tag{10.12a}$$

ou

$$L' = L - 2e_L \text{ (excentricidade na dimensão } L\text{)} \tag{10.12b}$$

Os fatores de capacidade de carga podem ser obtidos na Tabela 10.1 como antes, mas os fatores de forma são calculados usando B' e $L' = L$ ou $B' = B$ e L'. A equação da capacidade de carga é então resolvida usando a largura ajustada da sapata (B'), como:

$$q_{final} = cN_cS_c + 1/2\gamma B'_2 N_\gamma S_\gamma + q_s N_q S_q \tag{10.13}$$

Presumindo que não há outras correções, a carga total aplicada na fundação para causar a ruptura é, então,

$$Q_{final} = q_{final} \times B' \times L'$$

Observamos que, assim como acontece com cargas inclinadas em fundações rasas, a capacidade de carga é altamente sensível a aumentos na excentricidade, ou seja, à medida que a carga é aplicada mais longe de uma linha central (seja na dimensão B ou L), a capacidade de carga pode aumentar drasticamente. Isto respalda a ideia que será enfatizada no Capítulo 12, de que as fundações profundas são mais adequadas para suportar cargas de inclinação elevadas e/ou excentricidades elevadas; em muitos casos, esses métodos para fundações rasas são usados para mostrar a inviabilidade dessa opção, e então passar ao projeto com fundações profundas.

Correção de carga excêntrica bidirecional – Quando a carga é aplicada excentricamente nas dimensões B e L, a capacidade de carga deve levar em conta essa **excentricidade bidirecional**. A abordagem mais simples para uma solução inicial e aproximada para a capacidade de carga sob carregamento excêntrico bidirecional é calcular as excentricidades e_B e e_L. Usando as Equações (10.12a) e (10.12b), calcule q_{final} usando a Equação (10.13), então determine a carga admissível final $Q_{final} = q_{final}.B' \times L'$. Highter e Anders (1985) apresentaram métodos alternativos para analisar vários casos de carregamento excêntrico bidirecional.

10.4 CÁLCULO DA CAPACIDADE DE CARGA PARA DIFERENTES CONDIÇÕES DE CARREGAMENTO

Uma parte mais complicada do projeto de fundações rasas é a consideração da taxa de carregamento, o que nos leva a apresentar os casos das chamadas condições "drenadas" e "não drenadas". Como um lembrete do Capítulo 9, um solo carregado em condições "drenadas" ocorre quando a carga é aplicada lentamente o suficiente e/ou a condutividade hidráulica do solo é alta o suficiente para que as pressões neutras permaneçam aproximadamente em seus níveis de pré-carga. Embora raras, condições de drenagem podem ocorrer em argilas. Por exemplo, quando um aterro é construído sobre um depósito de argila em camadas, e a formação dessa camada é bastante lenta ao longo do

TABELA 10.2 Parâmetros de projeto para diferentes solos e condições de carregamento

Solo	Condição de carregamento	Análise	Parâmetros de resistência do solo
Areia	Rápido	ESA	ϕ', c'
Areia	Lento	ESA	ϕ', c'
Argila (saturada ou insaturada)	Lento	ESA	ϕ', c'
Argila (saturada)	Rápido	TSA	s_u

tempo, não ocorre acúmulo significativo de pressão neutra em condições hidrostáticas de longo prazo. Quase todos os carregamentos nas areias ocorrem em condições drenadas devido à sua alta condutividade hidráulica. Por outro lado, um carregamento não é drenado quando a carga é rápida o suficiente e/ou a condutividade hidráulica é baixa o suficiente para que o excesso de pressão neutra sobre a hidrostática se acumule. A maioria das cargas nas argilas ocorre em condições não drenadas, enquanto normalmente apenas as cargas dinâmicas são aplicadas com rapidez suficiente para causar essas condições nas areias. O exemplo extremo de carregamento não drenado em areias é quando ocorre a liquefação induzida por abalos sísmicos; o solo é carregado tão rapidamente com os pulsos sísmicos que o excesso de pressões neutras não consegue se dissipar, e estas superam a tensão total do peso específico do solo, resultando em tensão efetiva zero entre as partículas.

Como discutimos na Seção 9.8, em areias podemos usar uma análise de tensão efetiva (**ESA**) e parâmetros de resistência ao cisalhamento drenados ou de tensão efetiva para estimar a capacidade de carga final. Em argilas saturadas, para carregamento lento que leva a condições drenadas, isto leva novamente a um **ESA**. No entanto, se o carregamento for rápido, como encher um reservatório de água ou um silo de grãos muito rapidamente, as pressões da água intersticial desenvolvidas a partir do carregamento rápido não têm tempo para se dissipar. Isto faz a resposta do solo não ser drenada, e utilizamos uma análise de tensão total (**TSA**). A Tabela 10.2 resume essas diferentes situações e mostra quais parâmetros do solo queremos usar no cálculo da capacidade de carga.

10.5 CAPACIDADE DE CARGA EM AREIAS – CASO DRENADO

Antes de discutirmos mais detalhes sobre o cálculo da capacidade de carga, vamos considerar alguns exemplos da capacidade de carga final de fundações rasas em areias. Presumiremos condições de drenagem e usaremos o **ESA**.

Exemplo 10.1

Contexto:

Uma sapata corrida com largura de 8 pés apoiada na superfície de uma areia limpa e úmida com $\gamma = 125$ lbs/pés³. O ângulo de atrito é $\phi' = 35°$, e o lençol freático está a uma profundidade de 20 pés.

Problema:

Calcule a capacidade de carga final da sapata.

Solução:
A partir da Tabela 10.1, para $\phi' = 35°$, $N\gamma = 48,0$. Uma vez que $d = 0$, e presumindo que $c' = 0$, poderemos usar:

$$q_{final} = 0{,}5\gamma BN\gamma = 0{,}5 \,(125 \text{ pcf})\, (8 \text{ pés})\, (48{,}0) = 24.000 \text{ psf}$$

Na maioria dos casos, não é uma boa ideia (nem uma boa prática de engenharia) colocar uma fundação diretamente na superfície do terreno natural. Normalmente, sapatas são incorporadas. E se incorporarmos esta base a uma profundidade de 4 pés e colocarmos a areia de volta com o mesmo peso específico?

Agora, a partir da Tabela 10.1 N_q = 33,3; e:

$$q_{final} = 0,5_\gamma BN_\gamma + qN_q$$
$$= 0,5 \text{ (125 pcf) (8 pés) (48,0)+(4 pés) (125 pcf) (33,3)}$$
$$= 24.000 \text{ psf} + 16.650 \text{ psf}$$
$$= 40.650 \text{ psf}$$

Trata-se de um aumento significativo na capacidade de carga final simplesmente incorporando à sapata. Portanto, neste caso, o termo largura contribui com cerca de 60% para a capacidade de carga total e a sobrecarga contribui com cerca de 40%.

E se a largura da sapata for de apenas 6 pés? Para o caso de superfície:

$$q_{final} = 0,5_\gamma BN_\gamma$$
$$= 0,5 \text{ (125 pcf) (6 pés) (48)}$$
$$= 18.000 \text{ psf}$$

Para o caso incorporado:

$$q_{final} = 0,5_\gamma BN_\gamma + qN_q$$
$$= 0,5 \text{ (125 pcf) (6 pés) (48,0) + (4 pés) (125 pcf) (33,3)}$$
$$= 18.000 \text{ psf} + 16.650 \text{ psf}$$
$$= 34.650 \text{ psf}$$

É possível começar a ver como as dimensões e a localização da fundação impactam a capacidade de carga final. Isto também ilustra que não existe uma solução única para projetar uma fundação. No entanto, existem soluções boas (razoáveis) e soluções não tão boas (não razoáveis).

E se estivéssemos errados em nossa estimativa do ângulo de atrito da areia, digamos 33° em vez de 35°? Como isso afetaria nossos cálculos? Voltemos à nossa sapata de 8 pés de largura incorporada a uma profundidade de 4 pés. Agora, a partir da Tabela 10.1, para ϕ' = 33°, N_γ = 35,2; N_q = 26,1

$$q_{final} = 0,5_\gamma BN_\gamma + qNq$$
$$= 0,5 \text{ (125 pcf) (8 pés) (35,2) + (4 pés) (125 pcf) (26,1)}$$
$$= 17.750 \text{ psf} + 13.050 \text{ psf}$$
$$= 30.800 \text{ psf}$$

Isto representa uma redução de 24% para uma diferença de apenas 2° no ângulo de atrito! Agora você pode começar a perceber a importância de fazer um esforço considerável na avaliação de ϕ' para o projeto. Mesmo com essa redução, os números da capacidade de carga final nesses exemplos são muito elevados. A capacidade de carga admissível (= q_{final}/FS) ainda é grande. Este é geralmente o caso das areias, e, portanto, o recalque (Seção 10.11) provavelmente regerá o carregamento e o projeto geral.

10.5.1 Determinação de parâmetros de entrada para fundações em areias

Nos exemplos anteriores, o ângulo de atrito foi fornecido. Todavia, na prática, o engenheiro precisará estimar o ângulo de atrito para o projeto. Como discutimos no Capítulo 8, um dos principais métodos para determinar as propriedades do solo é através de amostragem de solos e, em seguida, caracterizar e testar esses solos em um ambiente mais controlado, como em um laboratório de ensaios de solos. Também temos uma série de métodos que foram desenvolvidos para estimar as propriedades do solo *in situ*, isto é, em estado relativamente "não perturbado" (embora se possa argumentar que a perfuração até o local a ser testado, incluindo a introdução de lama de perfuração, a libertação de tensões acima da zona a ser testada etc., dificilmente pode ser chamada de "não perturbada").

Areias e muitos sedimentos são particularmente difíceis de amostrar devido à sua falta de coesão e às condições das águas subterrâneas. Além disso, a introdução de um dispositivo de amostragem, como um tubo amostrador, em um depósito de areia pode alterar significativamente a única propriedade que talvez possa afetar mais a resistência da areia: sua densidade. Areias densas tendem a ser soltas por amostragem, enquanto areias soltas são densificadas. Alguns métodos altamente especializados foram desenvolvidos para obter amostras de areia menos perturbadas (p. ex, Hofmann et al., 2000, Taylor et al., 2012), mas esses métodos são caros e raramente justificados para a maioria dos projetos.

O parâmetro mais importante necessário para aplicar nossa equação de capacidade de carga à areia é o ângulo de atrito do solo ϕ', que é então usado na Tabela 10.1 para determinar os fatores de capacidade de carga, N_γ e N_q (observe que não precisamos do fator de capacidade de carga para coesão N_c, já que presumimos $c = 0$ para fundações em areias limpas). O método mais comum ainda usado nos Estados Unidos da América é o uso de um amostrador bipartido para realizar um ensaio de penetração padrão (**SPT**), que descrevemos na Seção 8.7, e é especificado na norma **ASTM 1586**. A melhor correlação disponível para estimar o ângulo de atrito em areias é mostrada na Figura 10.7. Observe que essa correlação utilizou um valor de contagem de golpes do **SPT**, N corrigido para energia do martelo e nível de tensão, denotado por $(N_1)_{60}$.

Em outras regiões do mundo afora, o ensaio do penetrômetro de cone (**CPT**) é usado e, como apontamos na Seção 8.7, em areias é indicado caso forem soltas e com pouco cascalho, pois senão dificultaria sua aplicabilidade consideravelmente. A Figura 10.8 fornece uma correlação padrão usada para determinar ϕ' da resistência da ponta do cone q_c, normalizada pela tensão efetiva na profundidade da medição, com base em dados de uma variedade de areias (de Mayne, 2007).

Uma vez determinado o valor de ϕ', a Tabela 10.1 pode então ser usada para determinar N_γ e N_q, que por sua vez são utilizados para calcular a capacidade de carga.

Mas qual valor de ϕ' devemos usar no cálculo da capacidade de carga? Sabemos que obtemos valores diferentes de ϕ' dependendo do ensaio laboratorial que utilizamos. Isso ocorre

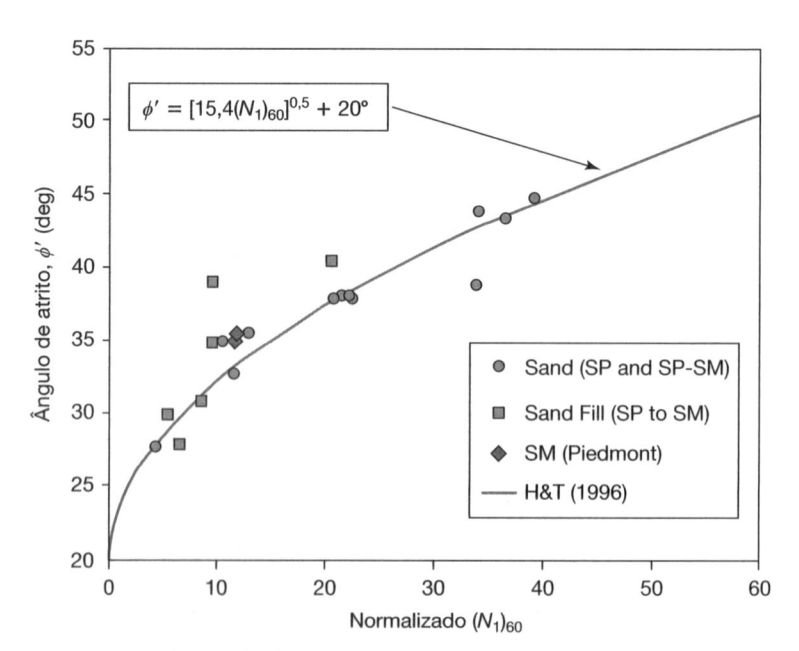

FIGURA 10.7 Estimativa do ângulo de atrito ϕ', em areias a partir de resultados de **SPT** (de **FHWA**, 2017).

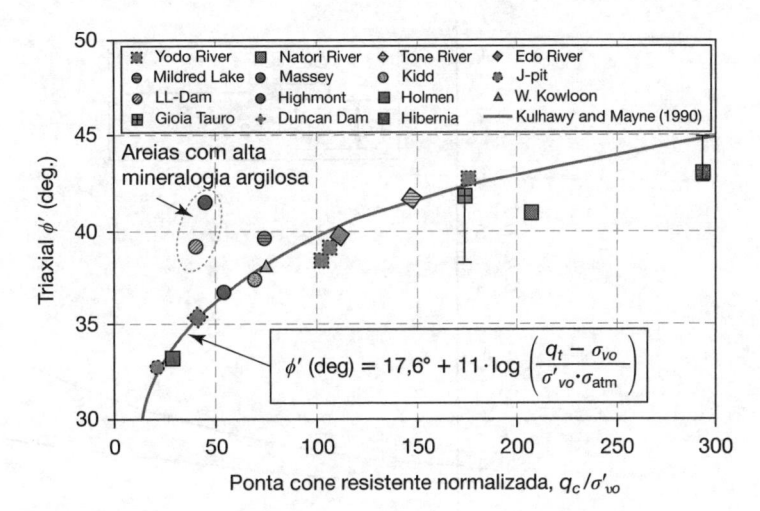

FIGURA 10.8 Correlação para estimativa do ângulo de atrito ϕ', em areias provenientes da resistência da ponta do **CPT** (adaptada de Mayne, 2007).

Equação no gráfico:
$$\phi' \text{ (deg)} = 17{,}6° + 11 \cdot \log\left(\frac{q_t - \sigma_{vo}}{\sigma'_{vo} \cdot \sigma_{atm}}\right)$$

porque diferentes ensaios usam diferentes caminhos de tensão, taxas de deformação, dimensões de amostra etc. Os ensaios de compressão triaxial representam condições de carregamento axissimétrico, enquanto a caixa de cisalhamento direto fornece resultados mais próximos das condições de deformação plana. Meyerhof (1963) sugeriu que se usarmos ensaios de compressão triaxial para obter ϕ', os resultados seriam mais aplicáveis ao projeto de sapatas quadradas e circulares. Ele recomendou um ajuste neste valor para sapatas retangulares e corridas como:

$$\phi' = 1{,}1 - 0{,}1(B/L)\, \phi'_{TR} \qquad (10.14)$$

onde ϕ'_{TR} é o ângulo de atrito efetivo obtido no ensaio triaxial. A partir de que profundidade devemos amostrar o solo no campo para determinar ϕ''? Ou seja, qual é a zona do solo que contribui para a capacidade de carga? A geometria da condição de ruptura para solos com valores de ϕ' já foi mostrada na Figura 10.2 e é definida pela cunha de ruptura ativa diretamente sob a fundação e pela zona de transição curva de Prandtl (Zona 2 na Figura 10.2) entre as cunhas ativas e passivas (Zonas 1 e 3, respectivamente na Figura 10.2). Podemos calcular a profundidade máxima da superfície de ruptura, onde a base da seção curva é tangente a um plano horizontal. Felizmente, isso já foi resolvido para nós e é mostrado na Figura 10.9 em termos adimensionais da largura da fundação **B**. Assim, por exemplo, se $\phi' = 38°$, **d/B** = 2. Em consequência, para uma largura de fundação de 10 pés, devemos concentrar a investigação do local na obtenção de tantas medições (**SPT** ou **CPT**) dentro desta zona que nos permitam estimar o ϕ'. Naturalmente, também podemos querer algumas perfurações de teste mais profundas para determinar se existem quaisquer camadas de solo problemáticas abaixo dessa profundidade que possam causar outros problemas, como recalque excessivo.

10.5.2 Efeito do lençol freático na capacidade de carga de fundações rasas em areia

O outro fator com um impacto significativo na capacidade de carga de areia é a localização do lençol freático em relação à base da fundação, onde faz interface com o solo subjacente. Como a capacidade de carga depende, em última análise, da resistência ao cisalhamento do solo, que por sua vez depende da tensão efetiva, as mudanças no lençol freático e na pressão neutra levam a alterações na capacidade de carga.

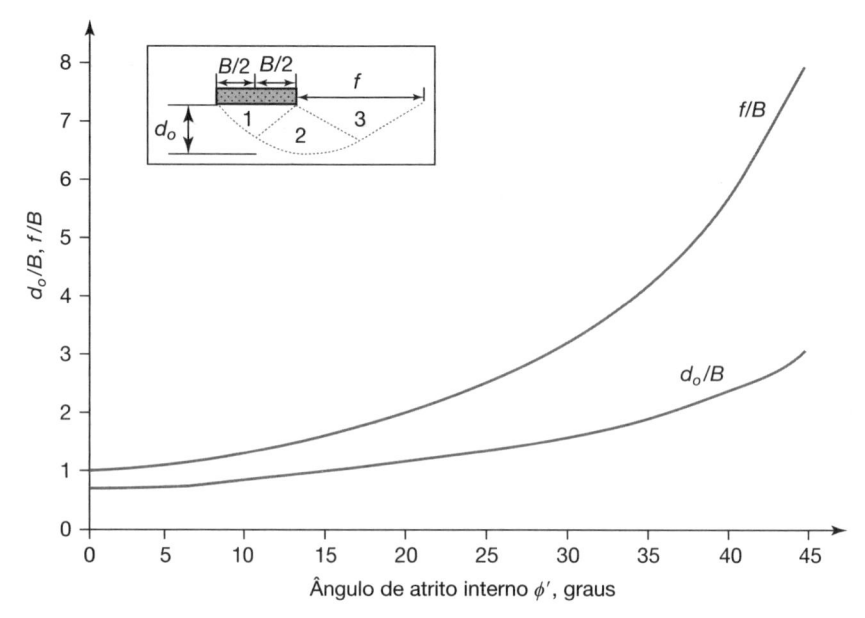

FIGURA 10.9 Profundidade e largura máximas da superfície de ruptura para uma fundação rasa em areia (de FHWA, 2017).

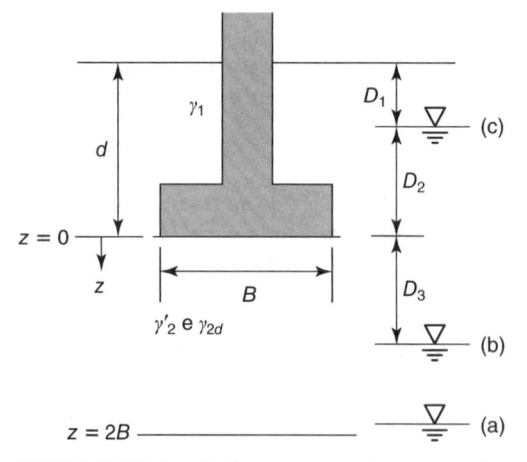

FIGURA 10.10 Fundação rasa em areia mostrando três casos de localização do lençol freático em relação à base da fundação.

A Figura 10.10 abaixo, mostra uma fundação simples e contínua com três casos diferentes de localização do lençol freático, (a) a (c). Embora areias finas e/ou siltosas possam exibir capilaridade ou sucção do solo devido a películas de umidade e coesão aparente, presumimos que não há capilaridade para essas soluções de caso, e o solo acima e abaixo da base pode ou não ser o mesmo (observe que, normalmente, devido à escavação necessária para construir a fundação, o solo acima da base da fundação é colocado e compactado, e é solo nativo que foi escavado ou um material específico trazido ao local para este fim).

Como resultado da nossa suposição de não haver (a) capilaridade, o peso específico do solo acima do lençol freático γ_1, será algum valor presumido (também pode ser medido ou calculado a partir de amostras de campo). Para os casos (a) e (b) na Figura 10.10, γ_1 estará entre o peso saturado, específico $\gamma_1 = \gamma_{úmido,sat}$, mas γ_1 para $= \gamma_{ot}$, caso e o (peso c), o específico efeito do empuxo precisará ser considerado. O peso específico do solo abaixo da base (γ'_2), será o peso específico usado para calcular a tensão efetiva vertical (σ'_v), naquela zona do nosso solo, de ($z = 0$) na base da fundação até $z = 2B$ abaixo da base (mais esclarecimentos sobre isso serão discutidos adiante); uma combinação de seu peso específico seco, γ_{2d} e peso específico submerso γ_{2b} Portanto, primeiramente este símbolo é para denotar o peso específico efetivo. Consequentemente γ'_2 é a inclinação calculada do perfil σ'_v em relação a z abaixo da base da fundação.

A tensão de sobrecarga usada na equação da capacidade de carga q'_s, é o σ'_v calculado na base da fundação ($z = 0$), e isso dependerá da unidade efetiva do solo sobrejacente. Designaremos a pressão neutra em $z = 0$ como q_w. A equação básica resultante para a capacidade de carga final que adaptaremos para todos os três casos é:

$$q_{final} = \tfrac{1}{2}\gamma'_2 BN_\gamma + q'_s N_q + q_w \tag{10.15}$$

Você pode ver que o fator de capacidade de carga da sobrecarga N_q, não é aplicado ao termo de pressão neutra. Lembre-se de que os fatores de capacidade de carga são essencialmente funções de transferência, no caso de N_q, da tensão de sobrecarga sobrejacente levando à tensão efetiva ao longo da superfície de ruptura. A pressão da água não pode gerar tensão efetiva, mas essencialmente cria uma elevação de empuxo para resistir à ruptura da capacidade de carga, portanto nenhum multiplicador é aplicado a esse parâmetro (veremos também que o termo q_w contribui relativamente pouco para a capacidade de carga geral e pode ser ignorado). Usando essas definições, os três casos podem agora ser analisados e a equação da capacidade de carga modificada para cada situação.

Caso (a): $D_3 > 2B$ – Este é o caso quando o lençol freático está a, no mínimo, duas vezes a largura da fundação abaixo da base. Uma característica que mencionamos brevemente na apresentação de nossas zonas de ruptura de capacidade de carga na Figura 10.2a é que a profundidade das zonas de ruptura abaixo da base é de aproximadamente duas larguras de fundação B. Portanto, se o lençol freático estiver abaixo dessa profundidade, presume-se que ele não terá efeito sobre a capacidade de carga, e a inclinação do perfil σ'_v em relação a z será o peso específico seco ou úmido γ_2. Assim, na Equação (10.15)

$$\gamma'_2 = \gamma_2 \text{ (peso específico úmido)}$$
$$q'_s = \gamma_1 \times d$$
$$q_w = 0$$

Caso (b): $D_3 > 2B$ – Quando o lençol freático está dentro da zona de ruptura da capacidade de carga, começará a influenciar a resistência ao cisalhamento do solo que suporta a fundação. Para este caso, precisamos considerar com mais cautela como calcular a inclinação do perfil σ'_v em relação a z abaixo da base da fundação de $z = 0$ a $z = 2B$. Fazemos isso usando uma média ponderada para γ'_2 entre o peso específico submerso do solo 2, γ_{2b}, e o seu peso específico acima do lençol freático, enquanto os valores de q_s e q_w permanecem os mesmos que no caso (a):

$$\gamma'_2 = \gamma_{2b} + D_3(\gamma_2 - \gamma_{2b})/2B$$

que pode ser simplificado, presumindo que $\gamma_2 - \gamma_{2b} \approx \gamma_w$ para

$$\gamma'_2 = \gamma_{2b} + D_3\gamma_w/2B$$
$$q'_s = \gamma_1 \times d$$
$$q_w = 0$$

Caso (c): Lençol freático acima da base da fundação – Com o lençol freático acima da base da fundação, há um solo com capacidade de carga totalmente submersa sob a base da fundação, e a sobrecarga é impactada pela pressão neutra acima da base. A inclinação do perfil σ'_v em relação a z abaixo da base é agora inteiramente γ_{2b}, mas a sobrecarga $q'_s = \sigma'_v$ na base precisa levar em conta os diferentes pesos específicos do solo, e a pressão neutra agora faz parte do suporte calculado da fundação.

$$\gamma'_2 = \gamma_b$$
$$q'_s = D_1\gamma_1 + D_2\gamma_{1b}$$
$$q_w = D_2\gamma_w$$

O que deve ficar claro (ou ficará depois de você revisar os Exemplos 10.2 a 10.4) é que, para um determinado conjunto de condições de solo e geometria de fundação, um lençol freático

TABELA 10.3 Casos de localização do lençol freático e propriedades correspondentes para rolamento final
Cálculo de Capacidade

Caso	Localização de termo de largura (W.T.)	Peso unitário para termo de largura	Peso unitário para prazo de sobretaxa
a	Mais que 2B abaixo da base	Úmido	Úmido
b	Dentro de 2B abaixo da base	Média ponderada flutuante abaixo W.T. úmido acima de W.T.	Úmido
c	Acima da base	Flutuante	Flutuante

crescente levará a uma diminuição na capacidade de carga final devido à mudança no peso específico de úmido a submerso.

É por isso que é imperativo nesses projetos que os cálculos sejam feitos com a localização do lençol freático mais alta prevista que pode ser esperada ao longo da vida útil da estrutura.

Como observação final antes de revisarmos alguns exemplos nesta área, perceba que as modificações mencionadas anteriormente para forma, carregamento inclinado etc., podem ser aplicadas à Equação (10.15). A Tabela 10.3 resume os pesos específicos apropriados a serem usados em cada um dos três casos mostrados na Figura 10.10.

Exemplo 10.2

Contexto:

A fundação do Exemplo 10.1, tem 8 pés de largura e está apoiada na superfície de uma areia com peso específico úmido de 125 lb/pés^3. No entanto, o lençol freático está agora na superfície topográfica.

Problema:

Calcule a capacidade de carga máxima para essas condições.

Solução:

O peso específico saturado para esta areia seria da ordem de 128 lbs/pés^3, dando um peso específico submerso de $\gamma' = 128$ lbs/pés^3 − 62,4 lbs/pés^3 = 65,6 lbs/pés^3.

$$q_{final} = 0{,}5\gamma' BN\gamma$$
$$= 0{,}5 \,(65{,}6 \text{ lbs/pés}^3) \,(8 \text{ pés})\,(48)$$
$$= 12.595 \text{ psf}$$

Isto representa cerca de 50% de q_{final} do caso que calculamos anteriormente para a situação em que o lençol freático era profundo e não estava dentro da zona de influência da sapata! Isso explica por que o engenheiro geotécnico deve determinar cuidadosamente a elevação do lençol freático em qualquer local.

Exemplo 10.3

Contexto:

A Figura Ex. 10.3 mostra uma sapata retangular (2,5 m × 14 m) que é carregada com uma carga inclinada de 12° em relação à vertical, mas centrada na fundação. O solo sobrecarregado é uma argila arenosa compactada. Não há capilaridade.

Problema:

Se a carga aplicada na fundação for $Q = 20.000$ kN, qual é o fator de segurança contra ruptura na capacidade de carga?

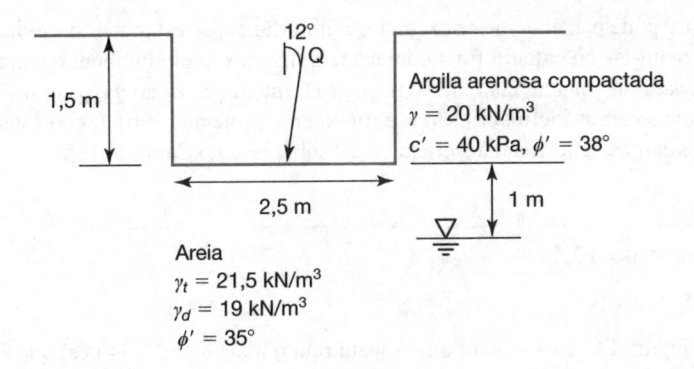

Capítulo 10 Fundações rasas   **529**

```
                    12°
                    ↓Q
    ┌─────┐    ┌─────── Argila arenosa compactada
1,5 m│     │    │         γ = 20 kN/m³
    │     ↓    │         c' = 40 kPa, φ' = 38°
    └──────────┘              ↕ 1 m
       2,5 m                  ▽
    Areia
    γₜ = 21,5 kN/m³
    γd = 19 kN/m³
    φ' = 35°
```
FIGURA Ex. 10.3

Solução:
Esta é uma capacidade de carga no caso de areia, já que toda a resistência da carga estará na camada de areia. Outros ajustes que precisaremos fazer são para a carga inclinada e a localização do lençol freático.

Primeiro, precisamos dos fatores de capacidade de carga da Tabela 10.1, para interno $\phi' = 35°$

$$N_q = 33{,}30, \ N_\gamma = 48{,}03$$

Precisamos também calcular os fatores de forma, dado que a relação *L/B* para esta fundação é $14/2{,}5 = 5{,}6$, que é menor que 10. A partir das Equações (10.7b) e (10.7c), usando *B/L* = 0,18,

$$S_\gamma = 1 - 0{,}4\left(\frac{B}{L}\right) = 1 - 0{,}4(0{,}18) = 0{,}93 \tag{10.7b}$$

$$S_q = 1 + \text{tg}\,\phi'\left(\frac{B}{L}\right) = 1 + \text{tg}\,35°(0{,}18) = 1{,}13 \tag{10.7c}$$

Para os fatores de carregamento inclinado, usamos as Equações (10.10a) e (10.10b), com $\beta = 12°$.

$$i_q = (1 - \beta°/90°)^2 = (1 - 12°/90°)^2 = 0{,}75 \tag{10.10a}$$

$$i_\gamma = (1 - \beta°/\phi'°)^2 = (1 - 12°/35°)^2 = 0{,}43 \tag{10.10b}$$

A localização do lençol freático enquadra esta fundação no caso (b) da Figura 10.10, uma vez que 1 m abaixo da base da fundação é menor que $2B = 5$ m. O peso específico efetivo a ser usado na Equação (10.15) é definido como:

$$\gamma'_2 = \gamma_{2b} + D_3 \gamma_w / 2B$$

Onde

$$\gamma_{2b} = (\gamma_2 - \gamma_w) = 21{,}5 - 9{,}81 = 11{,}7 \text{ kN/m}^3$$

sendo

$$\gamma'_2 = 11{,}7 + (1)(9{,}81)/(2)(2{,}5) = 13{,}7 \text{ kN/m}^3$$

Agora podemos colocar tudo isso junto na equação da capacidade de carga

$$\begin{aligned}
q_{\text{final}} &= \tfrac{1}{2}\gamma'_2 B N_\gamma S_\gamma i_\gamma + q_s N_q S_q i_q \\
&= \tfrac{1}{2}(13{,}7)(2{,}5)(48{,}03)(0{,}93)(0{,}43) + (1{,}5)(20)(33{,}3)(1{,}13)(0{,}75) \\
&= 329 + 847 = 1.176 \text{ kN/m}^2
\end{aligned}$$

Para que o fator de segurança para a carga de 20.000 kN seja

$$FS = \frac{(1176)(2{,}5)(14)}{20.000} = 2{,}06$$

Você pode perceber, neste exemplo, a importância de estar atento a todas as variáveis necessárias e incluí-las no cálculo final com cautela. Este exemplo também mostra o impacto significativo da carga inclinada; ela reduz o primeiro termo da equação q_{final} em mais de 50%! É por isso que muitas cargas inclinadas são eventualmente projetadas utilizando estacas, que podem suportar tais cargas de forma mais eficaz (mais sobre isso no Capítulo 12).

Exemplo 10.4

Contexto:

A Figura Ex. 10.4 mostra uma sapata retangular (8 pés × 14 pés) que é carregada com um momento, M = 500 kip-pés (1 kip = 1.000 lb), e uma carga vertical Q = 1.000 kips. Não há capilaridade na areia.

Problema:

Qual é o fator de segurança contra ruptura de capacidade de carga?

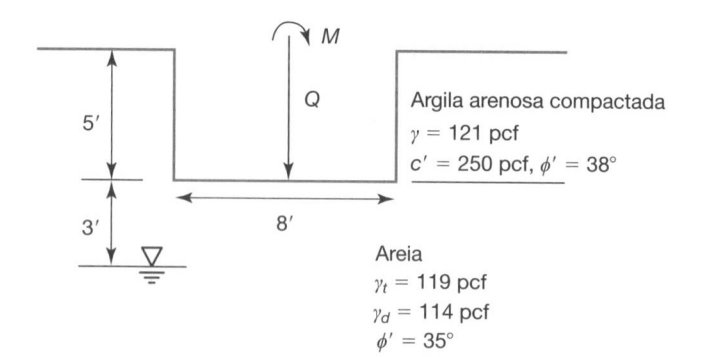

FIGURA Ex. 10.4

Argila arenosa compactada
γ = 121 pcf
c' = 250 pcf, ϕ' = 38°

Areia
γ_t = 119 pcf
γ_d = 114 pcf
ϕ' = 35°

Solução:
Primeiro, precisamos transformar M e Q em uma carga excêntrica equivalente,

$$e_B = M/Q = 500 \text{ kip-pés}/1.000 \text{ kips} = 0{,}5 \text{ pés}$$

Portanto, obtivemos novamente os fatores de capacidade de carga da Tabela 10.1, para (ϕ') = 35°

$$N_q = 33{,}30,\ N_\gamma = 48{,}03$$

seguido por nossos fatores de forma. No entanto, precisamos usar as dimensões efetivas, B' e L'. Neste caso, $L' = L$ = 14 pés, e a partir da Equação (10.12a), $B' = B - 2e_B$ = 8 – 2 (0,5 pés) = 7 pés.

Agora podemos calcular os fatores de forma com base nessas dimensões efetivas. A partir das Equações (10.7b) e (10.7c), usando B/L = 0,5

$$S_\gamma = 1 - 0{,}4\frac{B'}{L'} = 1 - 0{,}4(0{,}5) = 0{,}8 \tag{10.7b}$$

$$S_q = 1 + \text{tg}\,\phi'\frac{B'}{L'} = 1 + \text{tg}\,35°(0{,}5) = 1{,}35 \tag{10.7c}$$

E, finalmente, calculamos nosso peso específico efetivo sob a fundação, novamente para o caso (b) na Figura 10.10, e usando B'

$$\gamma'_2 = \gamma_{2b} + D_3\gamma_w/2B'$$

onde

$$\gamma_{2b} = \gamma_2 - \gamma_w = 119 - 62{,}4 = 56{,}6 \text{ pcf}$$

sendo

$$\gamma' = 56{,}6 + (3)(62{,}4)/(2)(7) = 70 \text{ pcf}$$

A capacidade de carga final para esta situação é calculada como

$$\begin{aligned} q_{final} &= \tfrac{1}{2}\gamma'_2 B'N_\gamma S_\gamma + q_s N_q S_q \\ &= \tfrac{1}{2}(70)(7)(48{,}03)(0{,}8) + (5)(121)(33{,}3)(1{,}35) \\ &= 1344 + 27197 = 28.541 \text{ psf} \end{aligned}$$

De modo que o fator de segurança para a carga de 1.000 kips = 1.000.000 lb, e usando B' e L para dimensões seja

$$FS = \frac{(28541)(7)(14)}{1.000.000} = 2{,}8$$

Neste caso, observamos o quanto é importante é a tensão de sobrecarga para a capacidade de carga global desta fundação.

Exemplo 10.5

Contexto:

A Figura Ex. 10.5a mostra a vista em cota de uma fundação de 10 pés × 15 pés que é carregada excentricamente como mostrado na Figura Ex. 10.5b. Não há capilaridade no solo abaixo ou acima da fundação.

Problema:

Determine o q_{final} para esta fundação e o fator de segurança se o Q aplicado = 800 kips.

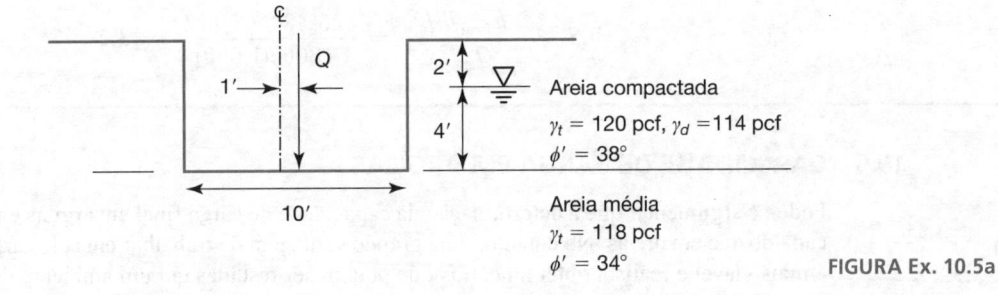

Areia compactada
$\gamma_t = 120$ pcf, $\gamma_d = 114$ pcf
$\phi' = 38°$

Areia média
$\gamma_t = 118$ pcf
$\phi' = 34°$

FIGURA Ex. 10.5a

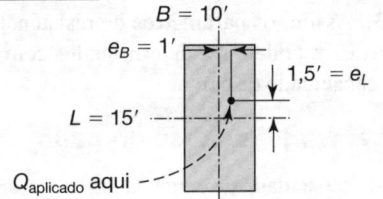

Vista de plano
$B = 10'$
$e_B = 1'$
$1{,}5' = e_L$
$L = 15'$
$Q_{aplicado}$ aqui

FIGURA EX. 10.5b

Solução:
Trata-se de uma fundação de carga excêntrica bidirecional, portanto, precisaremos usar B' e L' calculados em todos os nossos cálculos anteriores.

Os fatores de capacidade de carga são novamente obtidos na Tabela 10.1, para $\phi' = 34°$

$$N_q = 29{,}44, N_\gamma = 41{,}06$$

seguido por nossos fatores de forma. Neste caso, a partir das Equações (10.12a) e (10.12b),

$$B' = B - 2e_B = 10 - 2(1 \text{ pés}) = 8 \text{ pés}$$
$$L'L - 2e_L = 15 - 2(1{,}5 \text{ pés}) = 12 \text{ pés}$$

Agora podemos calcular os fatores de forma com base nessas dimensões efetivas. A partir das Equações (10.7b) e (10.7c), usando $B'/L' = 0{,}67$

$$S_\gamma = 1 - 0{,}4\left(\frac{B'}{L'}\right) = 1 - 0{,}4(0{,}67) = 0{,}73 \tag{10.7b}$$

$$S_q = 1 + \operatorname{tg} \phi' \left(\frac{B'}{L'}\right) = 1 + \operatorname{tg} 34°(0{,}67) = 1{,}45 \tag{10.7c}$$

A localização do lençol freático é o caso (c) na Figura 10.10, de modo que usamos os seguintes parâmetros de entrada na Equação (10.15):

$$\gamma'_2 = \gamma_b = \gamma_t - \gamma_w = 118 - 62{,}4 = 55{,}6 \text{ pcf}$$
$$q'_s = D_1\gamma_1 + D_2\gamma_{1b} = (2)(114) + 4(120 - 62{,}4) = 458{,}4 \text{ psf}$$
$$q_w = D_2\gamma_w = 4(62{,}4) = 250 \text{ psf}$$

Agora temos todos os nossos parâmetros de entrada necessários para calcular q_{final} como

$$\begin{aligned}q_{final} &= \tfrac{1}{2}\gamma'_2 B' N_\gamma S_\gamma + q'_s N_q S_q + q_w \\ &= \tfrac{1}{2}(55{,}6)(8)(41{,}06)(0{,}73) + (458{,}4)(29{,}44)(1{,}45) + 250 \\ &= 6.666 + 19.568 + 250 \\ &= 26.484 \text{ psf}\end{aligned}$$

A inclusão do q_w é tecnicamente correta, mas perceba que tem pouco significado. O fator de segurança resultante para este carregamento é, portanto,

$$\text{F.S.} = \frac{q_{final} B' L'}{Q_{aplicado}} = \frac{(26.484)(8)(12)}{(800)(1.000)} = 3{,}2$$

10.6 CAPACIDADE DE CARGA EM ARGILAS

Pode-se argumentar que a determinação da capacidade de carga final em argilas é mais complicada do que em areias. No entanto, uma grande vantagem de trabalhar em solos argilosos é que é mais viável e realista obter amostras que podem ser testadas em um ambiente de laboratório controlado, com alguma garantia razoável de que o comportamento mecânico ali medido se traduz na resposta do campo ao carregamento. Existe uma literatura considerável sobre os métodos mais eficazes para amostragem e ensaios de solos argilosos, e um excelente resumo é fornecido por Ladd e DeGroot (2003). Assim, os parâmetros de resistência à coesão c ou c'; o ângulo de atrito ϕ ou ϕ' e peso específico γ, podem ser determinados com uma precisão razoável para serem usados na equação de capacidade de carga.

10.6.1 Capacidade de carga em argilas – caso drenado

Para a nossa apresentação da capacidade de carga da argila, presumimos que a argila está saturada e que apresenta capilaridade total, o que significa que a água sobe acima do lençol freático até a superfície do terreno natural. Para muitas argilas duras, essas suposições são provavelmente menos válidas, mas o projeto nesses solos apresenta uma série de questões que estão além do escopo deste texto (ver, por exemplo, o estudo de Briaud et al. 1986).

Conforme observado na Seção 8.4, a envoltória de resistência de Mohr-Coulomb para condições de argila drenada é definida pela interceptação de coesão efetiva c' e pelo ângulo de atrito efetivo ϕ'. Além disso, devido à nossa suposição de capilaridade total, presumimos que os pesos específicos de argila acima e abaixo da base da fundação são pesos específicos saturados, γ_{sat}. Assim como fizemos para outras introduções iniciais da capacidade de carga, a Figura 10.11 mostra a nossa vista em cota idealizada da fundação rasa em argila, e podemos novamente presumir que existe um solo abaixo e outro solo acima, ambos considerados argilosos.

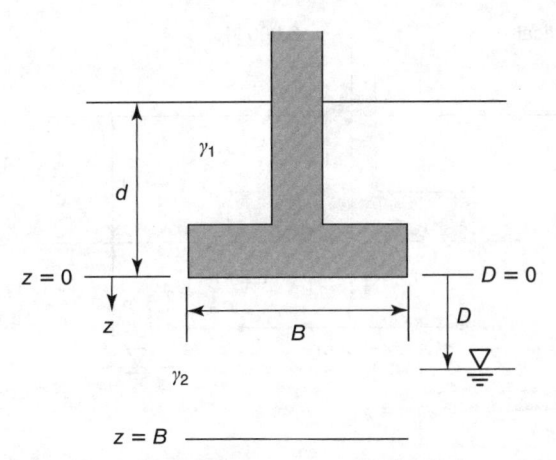

FIGURA 10.11 Fundação rasa em argila para o caso de carregamento drenado.

Podemos usar a mesma equação básica (10.4) para q_{final}, contudo, ela deve ser modificada para efeitos de capilaridade. A capilaridade fornece essencialmente resistência ao cisalhamento adicional induzida por pressão neutra ao solo sob a base da fundação, aumentando a tensão efetiva e, como consequência, a resistência ao cisalhamento ao longo da envoltória de Mohr-Coulomb. O resultado efetivo é que a interceptação de coesão da envoltória de Mohr-Coulomb c', é aumentada por

$$\Delta c' = D\gamma_w \, \text{tg} \, \phi' \quad (10.16)$$

No entanto, quando $\Delta c'$ na Equação (10.16) é multiplicado por N_c [Equação (10.5a)], a equação resultante da capacidade de carga final da argila drenada é

$$q_{final} = (c' + D\gamma_w \, \text{tg} \, \phi')N_c + \tfrac{1}{2}\gamma_b B N_\gamma + d\gamma_t N_q \quad (10.17)$$

Algumas dicas sobre como resolver problemas usando essa equação são necessárias. Primeiro, os fatores de capacidade de carga N_c, N_γ e N_q são obtidos como antes na Tabela 10.1 usando ϕ'. Fatores de forma e outras correções também são aplicados como antes, mas um erro comum é aplicar N_c e outros fatores de correção de termos de coesão apenas a c'. Esses fatores devem ser aplicados ao termo de coesão coletiva, por exemplo, $(c' + D\gamma_w \, \text{tg} \, \phi')N_c S_c i_c$ (no caso de uma fundação que exija fatores de forma e de carga inclinada). Uma observação final é que se o lençol freático estiver acima da base da fundação, D será menor que zero e o termo de coesão adicionado será negativo.

Agora que já passamos por tudo isso: na prática, muitas vezes ignoramos por completo o efeito da capilaridade e simplesmente presumimos que a argila está saturada. Os resultados serão mais conservadores. Contudo, usaremos a suposição idealizada de capilaridade total e seus efeitos para nossos exemplos.

Exemplo 10.6

Contexto:

A Figura Ex. 10.6 mostra uma fundação quadrada (3,2 m × 3,2 m) que suporta um encontro de ponte. Ela é carregada com uma carga excêntrica de 6.000 kN, a 0,2 m da linha central. Durante o carregamento, as pressões neutras são monitoradas usando um tubo vertical, conforme mostrado, e o nível de água no tubo é medido 3 m abaixo da superfície do terreno natural. Vamos presumir que há capilaridade total.

Problema:

Qual é o fator de segurança contra ruptura de capacidade de carga?

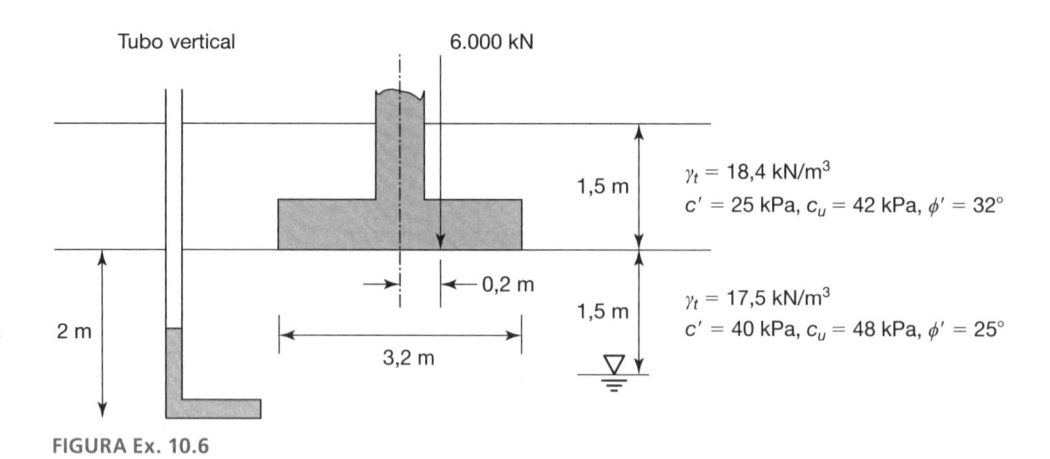

```
                Tubo vertical                6.000 kN


                                        │                          $\gamma_t = 18{,}4$ kN/m³
                                   1,5 m│                          $c' = 25$ kPa, $c_u = 42$ kPa, $\phi' = 32°$

                                    →│←─ 0,2 m
                                        │         $\gamma_t = 17{,}5$ kN/m³
                                   1,5 m│         $c' = 40$ kPa, $c_u = 48$ kPa, $\phi' = 25°$
     2 m        │←─── 3,2 m ───→│       ▽
```

FIGURA Ex. 10.6

Solução:
Trata-se de um problema de excentricidade unilateral e, como o nível do tubo vertical está no lençol freático, não há excesso de pressão neutra; isso significa que é um problema de capacidade de carga da argila "drenada".

Podemos obter nossos fatores de capacidade de carga na Tabela 10.1, para $\phi' = 25°$

$$N_c = 20{,}72,\ N_q = 10{,}66,\ N_\gamma = 10{,}88$$

contudo, novamente, precisamos de nossas dimensões efetivas para calcular fatores dessa forma.

$$B' = B - 2e_B = 3{,}2 - 2(0{,}2\text{ m}) = 2{,}8\text{ m}$$
$$L' = L = 3{,}2$$

de modo que $B'/L' = 0{,}875$. A partir da Equação (10.7),

$$S_c = 1 + (N_q/N_c)\frac{B'}{L'} = 1 + (10{,}66/20{,}72)(0{,}875) = 1{,}45$$

$$S_\gamma = 1 - 0{,}4\left(\frac{B'}{L'}\right) = 1 - 0{,}4(0{,}875) = 0{,}65$$

$$S_q = 1 + \text{tg}\,\phi'\left(\frac{B'}{L'}\right) = 1 + \text{tg}\,25°(0{,}875) = 1{,}41$$

A outra entrada que precisaremos é o peso específico submerso do solo subjacente $\gamma_b = 17{,}5 - 9{,}81 = 7{,}69$ kN/m³. A partir da Equação (10.17),

$$\begin{aligned}
q_{\text{final}} &= (c' + D\gamma_w\,\text{tg}\,\phi')N_c\,S_c + \tfrac{1}{2}\gamma_b B' N_\gamma S_\gamma + d\gamma_t N_q S_q \\
&= [40 + 1{,}5(9{,}81)\text{tg}\,25°](20{,}72)(1{,}45) + \tfrac{1}{2}(7{,}69)(2{,}8)(10{,}88)(0{,}65) + (1{,}5)(18{,}4)(10{,}66)(1{,}41) \\
&= 1.408 + 76 + 414 = 1.898\text{ kPa}
\end{aligned}$$

O fator de segurança correspondente é então calculado como

$$\text{F.S.} = \frac{q_{\text{final}} B' L'}{Q_{\text{aplicado}}} = \frac{(1.898)(2{,}8)(3{,}2)}{(6.000)} = 2{,}8$$

10.6.2 Capacidade de carga em argilas – caso não drenado

E se lhe pedissem para projetar uma fundação rasa para um grande monumento a ser colocado no centro da sua cidade, onde o solo é argiloso e com um lençol freático relativamente alto? Como você acabou de aprender sobre a capacidade de carga drenada das argilas, você decide que este projeto só será possível se o monumento for construído muito lentamente, camada por camada, e planeja monitorar a pressão neutra para garantir que o empreiteiro não carregue muito rápido, o que resultaria em excesso de valores aproximadamente hidrostáticos. Quando lhe dizem que isso não é viável em termos de custos e cronograma, você tem que descobrir como a fundação apoiará o monumento quando ele for elevado de uma só vez sobre ela. Você precisa de uma estimativa de capacidade de carga para condições não drenadas.

O uso de estimativas de capacidade de carga não drenada e análise de tensão total (**TSA**) é, na verdade, mais comum do que o daquelas para condições drenadas. Primeiro, as condições não drenadas são mais realistas, e este caso simples e hipotético ajuda a respaldar essa afirmação. O resultado também é mais conservador, e a equação resultante é mais simples: dois ingredientes-chave para uma aceitação mais ampla por parte dos profissionais e dos órgãos de código de construção. Para este caso, presumiremos novamente que todas as argilas estão saturadas e que há capilaridade total.

Para entendermos a formulação para este caso, devemos retornar brevemente à discussão da análise "$\phi' = 0$" na Seção 9.11. Devido, em grande parte, à nossa compreensão equivocada dos resultados dos ensaios laboratoriais, na década de 1950, os engenheiros geotécnicos chegaram à conclusão de que as argilas carregadas sob condições não drenadas derivavam a sua resistência apenas da coesão e não do atrito interno. Em outras palavras, independentemente do nível de tensão sob o solo, presumia-se que apenas a coesão inata do solo poderia gerar resistência ao cisalhamento. Embora tenhamos compreendido durante muitos anos que este não é realmente o caso, baseamos muitos dos nossos cálculos da resposta da argila não drenada nas formulações resultantes para a capacidade de carga e empuxo de terra lateral.

Como resultado, usamos o que é chamado de coesão não drenada (c_u) do solo (na verdade, a resistência ao cisalhamento não drenado, s_u) e presumimos o ângulo de atrito $\phi' = 0$. Consultando a Tabela 10.1, você pode ver que isso resulta nos fatores de capacidade de carga $N_c = 5{,}14$, $N_\gamma = 0$ e $N_q = 1$. Assim, a equação da capacidade de carga para a nossa fundação mais simples (sem formato ou outros fatores de correção) torna-se

$$q_{final} = c_u N_C + \gamma_t d \qquad (10.18)$$

Na verdade, mesmo se aplicássemos fatores de forma Equação (10.7), você verá que S_c está muito próximo da unidade e que S_q é igual à unidade. Acontece que o parâmetro mais importante na Equação (10.18) é a resistência ao cisalhamento não drenado. O embutimento contribui apenas com um pequeno acréscimo à capacidade de carga final total, como veremos no Exemplo 10.7.

O formato da superfície de ruptura em argila sob carregamento não drenado é mostrado na Figura 10.12, na qual, como observamos, o ângulo na base da fundação na cunha ativa é

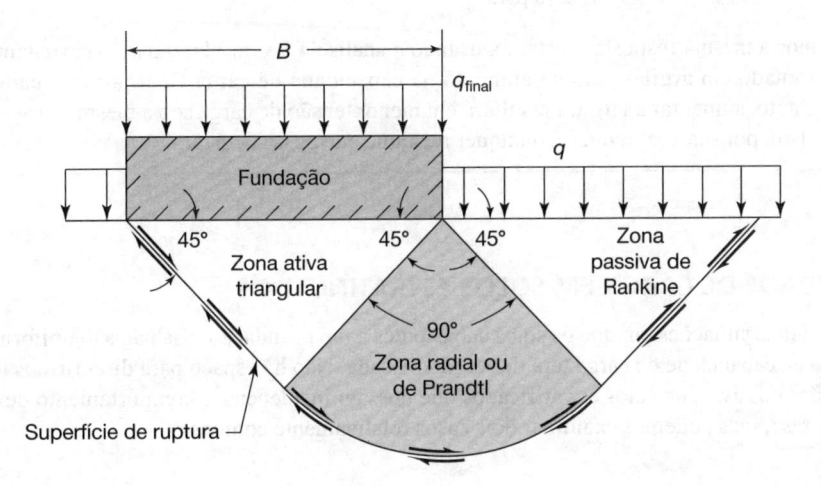

FIGURA 10.12 Zonas de ruptura sob carregamento superficial de fundação para condições de argila não drenada.

de 45°+ϕ'/2, portanto, para $\phi' = 0$, e isso reduz para 45°. Da mesma forma, na cunha passiva, o ângulo incluído é 45° − ϕ'/2, o que também resulta em 45°. Portanto, para este caso especial, as cunhas ativas e passivas são idênticas e a zona radial tem a forma de um arco circular. Podemos facilmente mostrar que a profundidade máxima de ruptura é $B(\sqrt{2}/2) = 0{,}707 \cdot B$ ou aproximadamente 1B Isto significa que, para o projeto, precisamos avaliar com cautela a resistência ao cisalhamento do solo na zona entre a base das fundações até uma profundidade de cerca de 1B abaixo disso.

Exemplo 10.7

Contexto:

Três cenários diferentes de fundações rasas. (a) Uma sapata corrida de 3 pés apoiada na superfície de uma argila saturada com c_u médio = 2.500 psf. (b) A mesma sapata, mas agora embutida a uma profundidade de 4 pés (para colocá-la abaixo da linha de gelo) e $\gamma_t = 110$ lbs/pés³. (c) A mesma sapata, mas aumentamos a largura da base para 5 pés e ainda a incorporamos a 4 pés.

Problema:

Calcule a capacidade de carga final para essas situações.

Solução:

a. A partir da Tabela 10.1, $N_c = 5{,}14$. Usando a Equação (10.18):

$$q_{\text{final}} = (2.500 \text{ psf})(5{,}14) = 12.850 \text{ psf}.$$

b. Recalcule a capacidade de carga final da seguinte forma

$$q_{\text{final}} = (2.500 \text{ psf})(5{,}14) + (4 \text{ pés})(110 \text{ lbs/pés}^3)$$
$$= 12.850 \text{ psf} + 440 \text{ psf}$$
$$= 13.290 \text{ psf}$$

Trata-se apenas de um aumento de 3,5%, o que não é muito. Portanto, embora possamos precisar de incorporação para atender aos códigos de construção e aos requisitos de profundidade de gelo, isso não contribui muito para a capacidade de carga final em argilas saturadas sob carga não drenada; certamente não como aconteceu nas areias, como mostramos antes.

c. Novamente, recalcule a capacidade de carga final

$$q_{\text{final}} = (2.500 \text{ psf})(5{,}14) + (4 \text{ pés})(110 \text{ lbs/pés}^3)$$
$$= 12.850 \text{ psf} + 440 \text{ psf}$$
$$= 13.290 \text{ psf}.$$

Obtemos a mesma resposta. Portanto, usando a análise **TSA** ou $\phi' = 0$ para o carregamento não drenado em argilas, não há aumento na capacidade de carga final por pé quadrado. No entanto, aumentar a largura resultará em menor tensão de carga sob a mesma carga aplicada. Isto, por sua vez, reduzirá qualquer recalque que possa ocorrer.

10.7 CAPACIDADE DE CARGA EM SOLOS ESTRATIFICADOS

Existem muitas situações em que os solos subjacentes a uma fundação rasa não são uniformes e a equação da capacidade de carga terá de ser modificada. Não há espaço para discutirmos todas as situações possíveis de solos estratificados que possam influenciar o comportamento de uma fundação rasa, mas podemos examinar dois casos relativamente comuns.

10.7.1 Camada de argila rígida sobre argila mole

Em muitos locais, é comum encontrar uma crosta de argila dura e desgastada sobre uma camada argilosa mais macia. As duas argilas podem, na verdade, fazer parte da mesma camada geológica; no entanto, a zona superior pode ter se tornado rígida e sobreadensada como consequência da flutuação do lençol freático, dos ciclos de congelamento e degelo ou da descarga física resultante da erosão do material que estava acima dela anteriormente. Todos esses mecanismos tendem a produzir uma zona de argila mais rígida na superfície topográfica ou próximo a ela. É tentador utilizar essa camada rígida superior para apoiar uma fundação rasa, mas precisamos nos preocupar com a possibilidade de a fundação perfurar a argila dura até a argila macia.

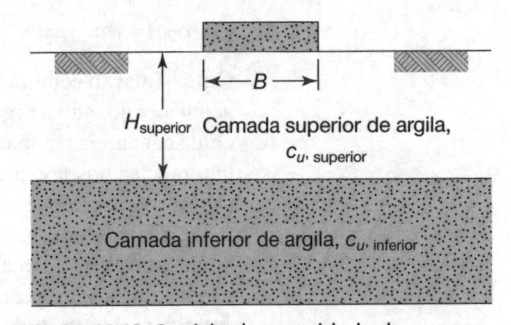

FIGURA 10.13 Cenário de capacidade de carga para fundação em camada de argila rígida sobreposta a uma camada de argila mole, $c_{u,\text{superior}} > c_{u,\text{inferior}}$.

Brown e Meyerhof (1969) e mais recentemente Benmebarek et al. (2012) estudaram essa situação, mostrada na Figura 10.13. Para uma fundação apoiada em um perfil de duas camadas com a camada superior tendo uma resistência ao cisalhamento não drenada muito maior do que a camada macia subjacente, podemos usar a abordagem **TSA** como discutimos; contudo, precisamos usar um fator de capacidade de carga modificado que leve em conta a geometria e a proporção das resistências ao cisalhamento não drenadas em cada camada. Para uma sapata corrida, o valor de N_m é obtido a partir de:

$$N_m = 1{,}5(H_{\text{superior}}/B) + 5{,}14(c_{u\,\text{inferior}}/c_{u\,\text{superior}}) \quad (10.19a)$$

onde H_{superior} = profundidade da camada superior;

$c_{u\,\text{inferior}}$ e $c_{u\,\text{superior}}$ = coesão não drenada nas camadas inferior e superior, respectivamente.

Para uma sapata circular ou quadrada, o valor de (N_m) é obtido a partir de:

$$N_m = 1{,}5(H_{\text{superior}}/B) + 6{,}05(c_{u\,\text{inferior}}/c_{u\,\text{superior}}) \quad (10.19b)$$

A equação da capacidade de carga torna-se:

$$q_{\text{final}} = c_{u\,\text{superior}} \cdot N_m + \gamma_T d \quad (10.19c)$$

Exemplo 10.8

Contexto:

Uma sapata quadrada de 8 pés repousa sobre a superfície de uma camada de argila de 3 pés de espessura com $c_{u\,\text{superior}}$ = 2.800 psf. A argila é sustentada por uma camada de argila macia de 15 pés de espessura com $c_{u\,\text{inferior}}$ = 650 psf.

Problema:

Determine a capacidade de carga final.

Solução:

Primeiro, use a Equação (10.19b) para a ruptura que se estende até a camada subjacente,

$$N_m = 1{,}5\,(3\text{ pés}/8\text{ pés}) + 6{,}05\,(950\text{ psf}/2.800\text{ psf}) = 2{,}61$$
$$q_{\text{final}} = (2.800\text{ psf})\,(2{,}61) = 7.315\text{ psf}$$

Podemos comparar isso com a capacidade de carga gerada apenas pela resistência ao cisalhamento não drenado da argila rígida superior usando a Equação (10.18), e o fator de forma S_c para uma sapata quadrada (B/L = 1) na Equação (10.7a) (que para $\phi' = 0°$ é aproximadamente 1,2):

$$q_{\text{final}} = c_u N_c S_c = 2.800\text{ psf}(5{,}14)\,(1{,}2) = 17.270\text{ psf}$$

Portanto, usaríamos o primeiro valor (7.315 psf), pois fornece um resultado mais conservador.

10.7.2 Camada de areia sobre argila

Outra situação comum é uma camada de areia sobreposta a uma camada de argila. Isso costuma acontecer quando a argila é escavada abaixo do nível da sapata proposta e a escavação é preenchida com areia compactada. A areia cria uma camada forte para apoiar a sapata. Normalmente, não precisamos nos preocupar com a capacidade de carga da areia, mas não queremos que a sapata sobrecarregue a argila e cause uma ruptura na capacidade de carga.

Uma abordagem computacional simples é presumir que a tensão na base da sapata é distribuída através da areia até o topo da camada de argila. Podemos, então, calcular a capacidade de carga admissível da camada de argila e verificar se essa tensão distribuída aplicada não excede esse valor. Um método simplificado para determinar a tensão em profundidade resultante de uma carga de fundação é o uso de uma distribuição 2:1 conforme mostrado na Figura 10.14. A suposição é que a carga total na fundação, $q \times B \times L$ é constante com a profundidade; no entanto, essa carga é distribuída por uma área que aumenta com a profundidade ao longo das linhas de inclinação 2:1, conforme mostrado. O resultado é que para cada unidade de comprimento de profundidade abaixo da fundação, as dimensões B e L aumentam em uma unidade de comprimento cada. Assim, a tensão aplicada na fundação q, é reduzida com a profundidade de modo que a tensão aplicada restante $\Delta\sigma_v$, na profundidade z é

$$\Delta\sigma_v = \frac{qBL}{(B+z)(L+z)} \tag{10.20}$$

Isto pode, então, ser comparado com o q_{final} calculado da camada de argila (incluindo a sobrecarga da areia) para determinar se a carga da fundação pode ser suportada adequadamente.

Uma solução mais rigorosa para este problema foi apresentada por Okimura et al. (1998). Os símbolos utilizados são mostrados na Figura 10.15.

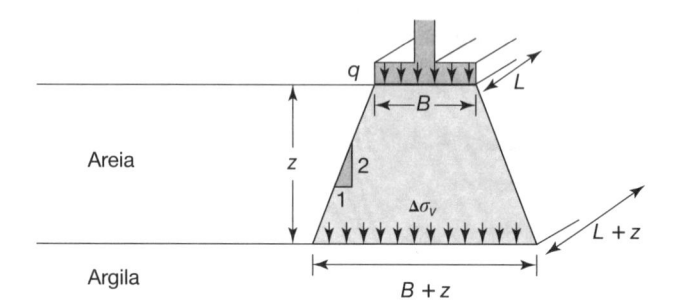

FIGURA 10.14 Esquema da distribuição de tensão através da camada de areia até o topo da camada de argila.

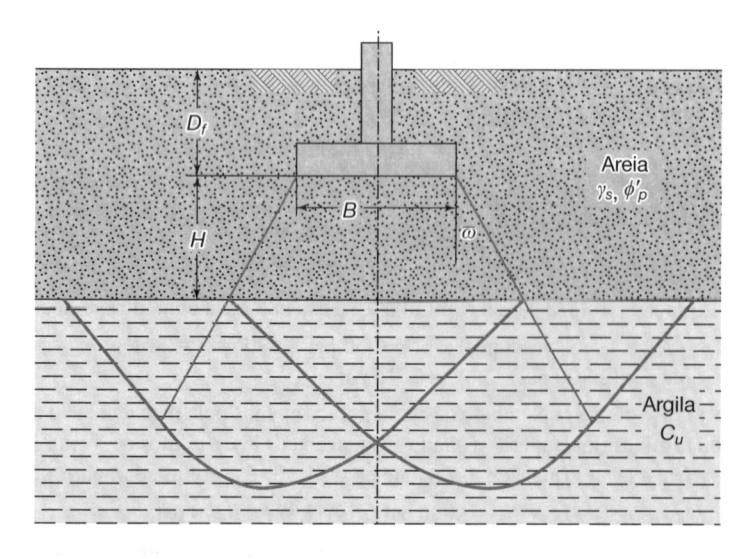

FIGURA 10.15 Geometria para a solução de Okimura et al. (1998) para capacidade de carga de fundações rasas de areia sobre argila.

Para uma fundação corrida:

$$q_u = \left(1 + \frac{H}{B}\text{tg}\,\varpi\right)(5{,}14 s_u + \gamma D_f) + \left(\frac{K_p \text{sen}(\phi'_p - \varpi)}{\cos \phi'_p \cos \varpi}\right)\left(\frac{H}{B}\gamma D_f\right) - \gamma D_f\left(1 + \frac{H}{B}\text{tg}\,\varpi\right)$$

(10.21)

onde

$$\varpi = \text{arc tg}\left[\frac{m_1 - m_2(1 + \text{sen}^2\phi'_p)}{m_2 \cos\phi'_p \text{sen}\phi'_p + 1}\right]$$

$$m_1 = 5{,}14 c_u\left(1 + \frac{1}{\lambda_c}\frac{H}{B} + \frac{\lambda_p}{\lambda_c}\right); \quad m_2 = \frac{m_1 - \sqrt{(m_1)^2 - \cos^2\phi'_p[(m_1)^2 + 1]}}{\cos^2\phi'_p};$$

$$\lambda_p = \frac{D_f}{B} \quad \text{e} \quad \lambda_c = \frac{5{,}14 c_u}{\gamma B}.$$

Para uma fundação circular:

$$q_u = \left(1 + 2\frac{H}{B}\text{tg}\,\varpi\right)^2 (6{,}17 c_u + \gamma\{D_f + H\}) + \left(\frac{4K_p \text{sen}(\phi'_p - \varpi)}{\cos \phi'_p \cos \varpi}\right)$$

$$\times \left[\frac{H}{B}\left(\gamma D_f + \frac{\gamma H}{2}\right) + \gamma D_f \text{tg}\,\varpi\left(\frac{H}{B}\right)^2 + \frac{2}{3}\gamma H \text{tg}\,\varpi\left(\frac{H}{B}\right)^2\right]$$

$$- \frac{\gamma H}{3}\left[4\left(\frac{H}{B}\right)^2 \text{tg}^2\varpi + 6\frac{H}{B}\text{tg}\,\varpi + 3\right]$$

(10.22)

onde K_p é o coeficiente de Rankine (William John Macquorn Rankine, físico escocês) do empuxo de terra passivo, que é igual a $1 + \text{sen}\,\phi'/(1 - \text{sen}\,\phi') = \text{tg}^2(45 + \phi'/2$. (Mais sobre K_p na Seção 11.5.)

Segundo Okimura et al. (1998), essas soluções são suficientes desde que $\lambda_p < 4{,}8$ e $\lambda_c > 26$.

10.8 DETERMINAÇÃO DA CAPACIDADE DE CARGA ADMISSÍVEL NA PRÁTICA

Embora tenhamos nos concentrado em métodos fundamentais para determinar a capacidade de carga da fundação, é importante compreender como os profissionais determinam a capacidade de carga admissível na prática. Na prática de engenharia, os projetistas geralmente desejam usar um padrão comumente aceito para atribuir valores como capacidade de carga da fundação e outras propriedades de resistência do material. O padrão mais comum é o Código Internacional de Construção (**IBC** – do inglês *International Building Code*), e, nos Estados Unidos, muitos estados publicaram alterações ao **IBC** que levam em conta práticas locais específicas ou preferências de projeto que resultam em desvios da linha basal deste código.

Para a capacidade de carga admissível, o **IBC** fornece uma tabela com os chamados valores de "pressão de carga vertical admissível presumível" para um determinado tipo de solo ou rocha, normalmente categorizado como uma das muitas classes de materiais. Por exemplo, um solo de fundação pode ser descrito no **IBC** como "areias e areias siltosas não plásticas com pouco ou nenhum cascalho", para o qual existem quatro valores de pressões de carga presumivelmente admissíveis que dependem da "consistência no local", ou seja, muito solto, solto, medianamente denso, denso ou muito denso. Esses valores podem ter origem na teoria da capacidade de carga, pela qual o q_{final} é determinado e um fator de segurança apropriado é aplicado. Também pode haver algum elemento de prática local envolvido na definição dos valores de pressão presumíveis. Assim, a principal responsabilidade do engenheiro geotécnico em um projeto de fundação é realizar uma investigação do local e, com base no tipo de fundação proposto, fazer uma recomendação relativamente ao tipo de solo aplicável e à capacidade correspondente de carga presumível. Pode haver mais de uma capacidade de carga em determinado local, dependendo variações geológicas e de qualquer variação nas profundidades da fundação. Normalmente, o engenheiro estrutural utiliza essas informações para determinar o tipo de fundação e o projeto para suportar as cargas estruturais propostas.

10.9 RECALQUE DE FUNDAÇÕES RASAS

10.9.1 Introdução ao recalque de fundações rasas

Até agora neste capítulo, aprendemos como calcular o estado de ruptura final ou incipiente para carregamento de fundação rasa e, na abordagem de projeto mais simples, podemos aplicar um fator de segurança a essa capacidade de carga final para obter a tensão (e a carga) admissível para a fundação nessas condições. O segundo aspecto do projeto de fundação geotécnica é determinar qual deformação do solo ocorrerá no solo de suporte como resultado da tensão aplicada ou admissível. Deformações ocorrem quando um depósito de solo recebe carga, por exemplo, de uma estrutura ou aterro feito por ação humana. A deformação vertical total na superfície resultante da carga é chamada de recalque. O movimento pode ser voltado para baixo com um aumento na carga ou para cima (chamado expansão) com uma diminuição na carga. Escavações de construção temporárias e escavações permanentes, como cortes em estradas, causarão uma redução na tensão e poderão resultar em expansão. Conforme mostrado no Capítulo 5, um rebaixamento do lençol freático também causará um aumento nas tensões efetivas no solo, o que levará a recalques. Outro aspecto importante sobre os recalques, especialmente em solos de grãos finos, é que eles com frequência são dependentes do tempo.

É importante enfatizar um fato já mencionado anteriormente neste capítulo: apesar do nosso objetivo idealista de projetar uma fundação que não se assente, na verdade, todas as fundações assentarão. Esta é simplesmente a natureza dos materiais de engenharia. Como engenheiros geotécnicos, desejamos recalques gerenciáveis (ou aceitáveis) que não comprometam a estrutura ou outros aspectos da estrutura que está sendo suportada (p. ex., serviços públicos conectados ao edifício, como tubulações de água e esgoto). Um dos desafios do engenheiro geotécnico é fazer os clientes ou proprietários compreenderem o conceito de recalque admissível (em relação a nenhum recalque). Vejamos primeiro os tipos de recalques que são normalmente observados em fundações rasas. A Figura 10.16a mostra uma visão muito simples de fundações de duas colunas i e j, apoiadas no solo na mesma profundidade, e chamaremos a distância entre elas de ℓ. Antes da carga estrutural ser colocada sobre essas colunas, ambas estão à mesma profundidade abaixo da superfície do terreno natural, que é a nossa profundidade habitual d.

Quando as colunas são carregadas, cada coluna sofre um recalque total, s_t. Para este caso simples, e para todos os outros que envolvam uma única estrutura com, digamos, múltiplas colunas com fundações individuais, haverá uma fundação com recalque máximo e outra com recalque mínimo, $s_{máx}$ e $s_{mín}$ respectivamente (Figura 10.16b). Embora o valor de $s_{máx}$ seja importante, e seja frequentemente aquele informado em documentos de projeto e construção, do ponto de vista do engenheiro estrutural, é a diferença entre esses extremos que importa. Isto é conhecido como recalque diferencial, que denotamos por Δs_{ij} e para situações em que existem mais de duas fundações de duas colunas para determinada estrutura, estamos interessados no recalque diferencial máximo entre quaisquer fundações de duas colunas, ou $\Delta_{sij, máx}$.

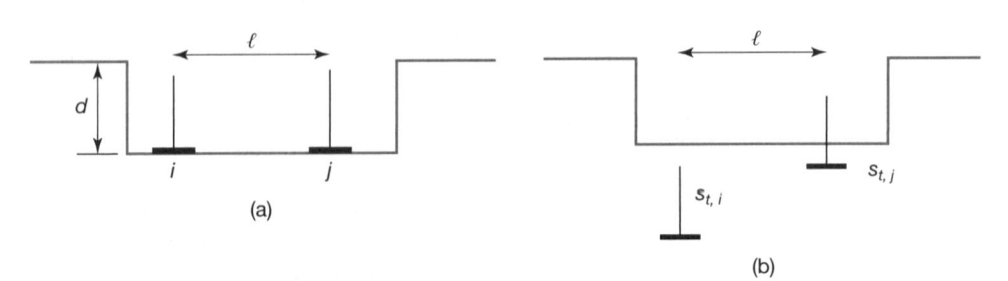

FIGURA 10.16 Modelo idealizado de duas colunas para ilustrar o recalque antes do carregamento (a) e após o carregamento e recalque subsequente (b).

Para compreender verdadeiramente o impacto do recalque diferencial, precisamos levar a nossa análise de recalque um passo adiante. Como exemplo, vamos supor que você foi contratado para investigar o recalque excessivo de um grande armazém e descobriu que o recalque diferencial máximo é de 3 pol., o que seria considerado notavelmente grande. Contudo, quando você chega ao local, descobre que esse recalque fica entre duas colunas em cada extremidade do armazém, separadas por 900 pés (3 campos de futebol americano – 329,25 m de comprimento x 146,25 m de largura). Você ainda consideraria esse recalque diferencial problemático? Talvez sim, mas essa distância entre os recalques máximo e mínimo deve ser levada em consideração utilizando a **distorção angular** (β), resultante do recalque diferencial, onde

$$\beta = \Delta s_{ij}/\ell_{ij} \tag{10.23}$$

definimos mais especificamente ℓ_{ij} como a distância entre as duas colunas em questão. É o β que determina o grau em que a arquitetura e a integridade estrutural do edifício foram impactadas pelo recalque. Os impactos arquitetônicos podem incluir portas que não abrem corretamente, fachadas de edifícios (p. ex., tijolos) que racham ou se descolam, ou comprometimento mais sério do sistema construtivo. Problemas de integridade estrutural significam que a capacidade da estrutura de suportar as cargas de projeto foi afetada, e isso geralmente requer uma distorção angular muito mais significativa.

10.9.2 Componentes do recalque geotécnico

Ao projetar fundações para estruturas de engenharia, temos interesse em saber quanto recalque ocorrerá e com que rapidez. O excesso de recalque pode causar danos estruturais, além de outros danos, especialmente se tal recalque ocorrer muito rápido. Lembre-se da Seção 7.2 que o recalque total, s_t, de um solo carregado possui três componentes:

$$s_t = s_i + s_c + s_s \tag{7.1}$$

onde s_i = o recalque imediato (elástico);

s_c = o recalque por adensamento (dependente do tempo); e

s_s = a compressão secundária (também dependente do tempo).

Esses três componentes são ilustrados esquematicamente na Figura 10.17.

Como um lembrete da Seção 7.2, o recalque imediato não é de fato elástico, mas costuma ser estimado usando a teoria elástica em solos argilosos. Na maioria das fundações, o carregamento é geralmente tridimensional e causa alguma distorção dos solos da mesma. A maioria dos recalques que ocorre em solos de grãos grossos é imediata.

Os outros dois componentes do recalque, s_c e s_s na Figura 10.17, ocorrem devido à expulsão gradual de água dos vazios e à compressão simultânea do esqueleto do solo. A distinção entre recalque por adensamento e compressão secundária baseia-se nos diferentes processos físicos que regem a taxa temporal do recalque. Explicamos esses processos no Capítulo 7. Talvez você se lembre de que a taxa de adensamento ou recalque primário é regida pela condutividade hidráulica do solo, enquanto a compressão secundária é regida pela taxa na qual o próprio esqueleto do solo escoa e se rasteja, presumivelmente depois que o excesso de pressão neutra é essencialmente zero e a tensão efetiva é constante. O momento em que isso ocorre é chamado de t_p, o fim do primário ou o tempo para adensamento de 100%, e isso é mostrado na Figura 10.17.

Como a resposta dos solos às cargas aplicadas não é linear, a superposição na Equação (7.1) não é estritamente válida. Contudo, não existe nenhuma abordagem prática alternativa e a experiência indica que essa abordagem produz previsões razoáveis de recalques para muitos tipos de solo. Observe também que a relação tempo-recalque mostrada na Figura 10.17 é aplicável a todos os solos, mas a escala de tempo e as magnitudes relativas dos três componentes podem ser diferentes em ordens de magnitude para diferentes tipos de solo. Agora revisaremos os métodos para determinar os aumentos de tensão abaixo da fundação que levam ao recalque e os métodos para determinar os principais componentes do recalque.

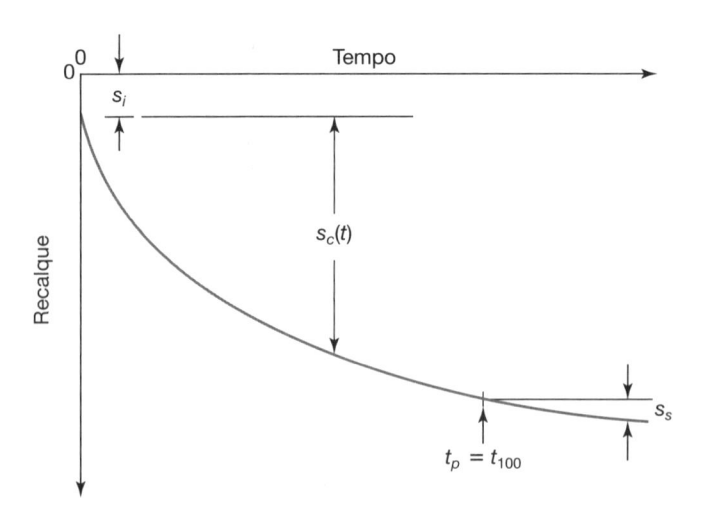

FIGURA 10.17 Esquema do histórico (s_s) de recalque de uma fundação rasa (de acordo com Perloff, 1975; Holtz, 1991).

10.9.3 Distribuição de tensões sob a fundação

Vamos presumir que uma área muito grande onde um loteamento residencial ou um *Shopping Center* será construído precise primeiro ser preenchida com vários metros de material compactado selecionado. Neste caso, o carregamento é unidimensional e o aumento da tensão sentido em profundidade seria 100% da tensão aplicada na superfície. Outra maneira de observar o carregamento unidimensional é se as dimensões da área carregada forem significativamente maiores do que a espessura da camada compressível, então o carregamento unidimensional pode ser presumido. No entanto, perto da borda ou do final da área preenchida, você pode esperar uma atenuação da tensão com a profundidade, porque nenhuma tensão é aplicada além da borda. Em consequência, com uma sapata de tamanho limitado, a tensão aplicada se dissiparia rapidamente com a profundidade porque a carga é tridimensional. O carregamento é tridimensional e as tensões superficiais aplicadas dissipam-se com a profundidade quando a largura da área carregada é igual a ou menor do que a espessura da camada compressível.

Consideramos agora dois métodos para calcular as distribuições de tensão em profundidade abaixo de uma fundação de extensão limitada em comparação com a espessura da camada subjacente, o método 2:1 e as soluções da teoria de Boussinesq (Joseph Valentin Boussinesq, físico e matemático francês), que propôs em 1885, uma equação para se obter a tensão em algum ponto de um maciço semi-infinito de solo para uma carga pontual aplicada em superfície, baseado na elasticidade, onde não há ruptura do solo.

Método 2:1 Como observamos na Seção 10.7.2, um dos métodos mais simples para calcular a dissipação de tensão com a profundidade para uma área carregada é usar o método 2 para 1 (2:1). Trata-se de uma abordagem empírica baseada na suposição de que uma carga de fundação aplicada permanece a mesma com a profundidade, mas a área sobre a qual a carga atua aumenta de forma sistemática com a profundidade (Figura 10.14); assim, a tensão aplicada imposta ao solo diminui ou se dissipa com a profundidade. É também muitas vezes o método presumido de dissipação de tensões com profundidade nos códigos de construção. Na Figura 10.14, se a sapata mostrada for uma sapata corrida ou contínua, então $L \gg B$, e presumimos uma análise por unidade de comprimento na dimensão L. A uma profundidade z, a área alargada da sapata aumenta $z/2$ em cada lado. A largura na profundidade é então $B + z$, e a tensão σ_z nessa profundidade é

$$\sigma_z = \frac{\text{carga}}{(B+z) \times 1} = \frac{q(B \times 1)}{(B+z) \times 1} \quad (10.24)$$

onde q é a tensão superficial ou de contato; $q = Q/(B \cdot L)$.

Por analogia, uma sapata retangular de largura B e comprimento L, onde L não é significativamente maior que B, teria uma área de $(B+z) \cdot (L+z)$ a uma profundidade z, conforme mostrado na Figura 10.14. A tensão correspondente na profundidade z seria

$$\sigma_z = \frac{\text{carga}}{(B+z) \times (L+z)} = \frac{qBL}{(B+z) \times (L+z)} \quad (10.25)$$

Outro detalhe importante em relação aos cálculos de recalque é que, embora tenhamos utilizado *q*, a tensão de contato total da fundação, para calcular o recalque, para fundações embutidas precisamos subtrair a tensão que já estava presente naquela profundidade, ou seja, a **tensão de sobrecarga** do solo que já estava aplicando tensão nessa profundidade. Ilustramos isso no Exemplo 10.9.

Exemplo 10.9

Contexto:

A Figura Ex. 10.9 mostra uma fundação quadrada apoiada em uma camada de areia sobreposta a um estrato de argila com 8 pés de espessura. A carga aplicada é de 50 toneladas. Consulte a Seção 7.7 para definições de parâmetros de recalque por adensamento.

Problema:

Determine $\Delta\sigma_v$ abaixo do centro da fundação no meio da camada de argila usando o método 2:1 e calcule o recalque resultante na camada de argila.

Solução:

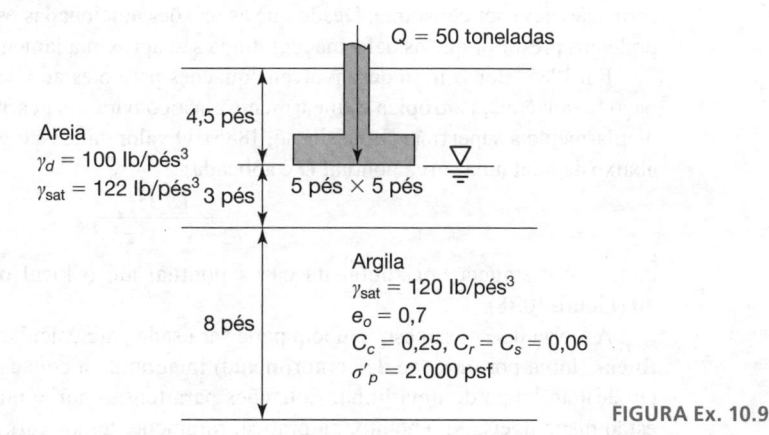

```
                            Q = 50 toneladas
                    4,5 pés      ↓
    Areia                    ┌──────┐
    γ_d = 100 lb/pés³        │      │      ▽
    γ_sat = 122 lb/pés³  3 pés  5 pés × 5 pés

                        Argila
                        γ_sat = 120 lb/pés³
              8 pés     e_o = 0,7
                        C_c = 0,25, C_r = C_s = 0,06
                        σ'_p = 2.000 psf
```

FIGURA Ex. 10.9

Primeiro, calculamos a tensão líquida aplicada que a fundação adicionará ao solo e causará o recalque. Como acabamos de discutir, esta será a tensão aplicada na fundação menos a tensão de sobrecarga que já estava presente no solo.

$$q_o = q - d\gamma = \frac{(50 \text{ tons} \times 2.000 \text{ lb/ton})}{5 \times 5 \text{ ft}^2} - (100 \text{ pcf})(4,5 \text{ pés}) = 3.550 \text{ psf}$$

Agora usamos o método 2:1 para ver quanto dessa tensão acaba no meio da camada de argila, a partir da Equação (10.25) (substituindo-se q_o por q, usando uma profundidade da base da fundação até o meio da argila de $z = 7$ pés.

$$\sigma_z = \frac{q_o B L}{(B+z)(L+z)} = \frac{(3.550)(5)(5)}{(5+7)(5+7)} = 616 \text{ psf}$$

Agora precisamos usar as propriedades de adensamento fornecidas para a camada de argila a fim de determinar a deformação vertical resultante nessa camada. Primeiro, calculamos a tensão efetiva vertical σ'_{vo}, no meio da camada de argila antes da aplicação da tensão de fundação:

$$\sigma'_{vo} = (4,5)(100) + (3)(122 - 62,4) + (4)(120 - 62,4) = 450 + 179 + 230 = 859 \text{ psf}$$

e, portanto, a tensão vertical final é

$$\sigma'_{vf} = \sigma'_{vo} + q_o = 859 + 616 = 1.475 \text{ psf}$$

Como σ'_{vo} e σ'_{vf} são menores do que a pressão de pré-adensamento σ'_p, sabemos que a argila está sobreadensada e existe apenas a porção de recompressão $\sigma'_v < \sigma'_p$ do recalque. A partir da Equação (7.18a) = 0,066 pés = 0,8 pol.

$$s_c = C_r \frac{H_o}{1 + e_o}\left(\log \sigma'_{vf} - \log \sigma'_{vo}\right)$$

$$= (0,06)\frac{8}{1 + 0,7}(\log 1475 - \log 859)$$

$$= 0,066 \text{ pés} = 0,8 \text{ pol}$$

É importante lembrar que com o método 2:1, a tensão calculada é uma tensão média. A distribuição real da tensão de contato sob uma sapata depende de sua rigidez relativa e se os solos são predominantemente coesivos ou granulares. O método 2:1 é popular porque é simples e fácil de usar. Você pode usar a calculadora do seu celular para calcular as alterações de tensão. Além disso, o método 2:1 fornece estimativas de alterações de tensão que não são muito diferentes da teoria elástica, pelo menos para casos simples de carregamento vertical.

Teoria de Boussinesq – A **teoria da elasticidade** também é usada por engenheiros de fundações para estimar tensões dentro de massas de solo. O solo não precisa ser elástico para que a teoria seja razoavelmente válida, pelo menos para tensões verticais; apenas a relação entre tensão e deformação deve ser constante. Desde que as tensões adicionadas estejam bem abaixo da ruptura, podemos presumir que as deformações ainda são aproximadamente proporcionais às tensões.

Em 1885, Boussinesq desenvolveu equações para o estado de tensão dentro de um semiespaço homogêneo, isotrópico e linearmente elástico para uma carga pontual que atuava perpendicularmente à superfície (Boussinesq, 1885). O valor da tensão vertical σ_z uma profundidade z abaixo da qual uma carga pontual Q é aplicada

$$\sigma_z = \frac{Q(3z^3)}{2\pi(r^2 + z^2)^{5/2}} \tag{10.26}$$

onde r = distância horizontal da carga pontual até o local onde o valor de σ_z é desejado (Figura 10.18).

A teoria de Boussinesq também pode ser usada para calcular a tensão devido a uma **carga linear** (força por unidade de comprimento) integrando a equação de carga pontual [Equação (10.26)] ao longo de uma linha. Equações para tensão horizontal e de cisalhamento também estão disponíveis. No entanto, na prática, raramente temos cargas que possam ser modeladas com precisão como uma carga pontual ou linear; as cargas de engenharia atuam em **áreas** e não em pontos ou linhas. Portanto, o próximo passo lógico é integrar uma carga de linha sobre uma área finita a fim de chegar a soluções para diferentes áreas carregadas, tudo a partir da solução de carga pontual original de Boussinesq. Isto foi feito por Newmark (1935) para derivar uma equação para a tensão vertical sob o **canto** de uma **área retangular uniformemente carregada**. A equação foi, depois, ligeiramente modificada por Holl (1940) e é definida como:

$$\sigma_v = \frac{q_o}{2\pi}\left[\frac{mn}{\sqrt{m^2 + n^2 + 1}}\left(\frac{1}{m^2 + 1} + \frac{1}{n^2 + 1}\right) + \text{arc tg}\frac{mn}{\sqrt{m^2 + n^2 + 1}}\right] \tag{10.27}$$

onde q_o = tensão superficial ou de contato (tensão de fundação na interface do solo), e

$$m = B/z \tag{10.28a}$$

$$n = L/z \tag{10.28b}$$

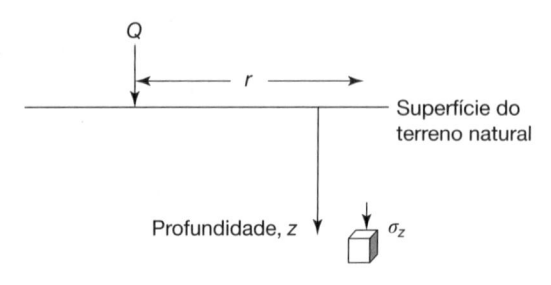

FIGURA 10.18 Ilustração dos parâmetros da solução Boussinesq.

B e *L* são a largura e o comprimento da área uniformemente carregada, respectivamente e *B* e *L* são a largura e o comprimento da área uniformemente carregada, respectivamente. Se você está se perguntando quais dimensões deve usar para *B* e para *L* nas Equações (10.28a) e (10.28b), não se preocupe. As soluções são as mesmas, independentemente de qual você atribui a *m* a *n*.

Felizmente, podemos agrupar os parâmetros na Equação (10.27) para chegar a uma forma muito mais simples

$$\sigma_z = q_o \cdot I \tag{10.29}$$

onde *I* = um valor de influência que depende de *m* e *n*. A Tabela 10.4 fornece os valores de *I* para combinações de valores *m* e *n*.

Exemplo 10.10

Contexto:

Uma sapata retangular de 3 m × 4 m colocada sobre 2 m de aterro compactado com densidade total de solo $\rho = 2.040$ kg/m³ é carregada uniformemente com uma tensão resultante de 100 kPa.

Problema:

a. Encontre a tensão vertical sob o canto da sapata a uma profundidade de 2 m.
b. Encontre a tensão vertical sob o centro da sapata a uma profundidade de 2 m.

Solução:

a. $x = 3$ m, $y = 4$ m, $z = 2$ m; portanto, a partir das Equações (10.28a) e (10.28b),

$$m = (x/z) = 3/2 = 1{,}5$$
$$n = (y/z) = 4/2 = 2$$

Na Tabela 10.4, podemos interpolar entre *m* = 1,4 e 1,6 para um valor *n* = 2 (entre *I* = 0,22058 e 0,22610) e encontrar *I* = 0,223. A partir da Equação (10.29),

$$\sigma_z = q_o I = 100 \times 0{,}223 = 22 \text{ kPa}$$

b. Para calcular a tensão sob o centro, é necessário dividir a sapata retangular de 3 m × 4 m em quatro seções de 1,5 m × 2 m. Encontre a tensão sob um canto e multiplique esse valor por quatro para levar em conta os quatro quadrantes da área uniformemente carregada. Podemos fazer isto porque, para um material elástico, a superposição é válida.

$$x = 1{,}5 \text{ m};$$
$$y = 2 \text{ m};$$
$$z = 2 \text{ m}.$$

consequentemente

$$m = x/z = 1{,}5 = 0{,}75;$$
$$n = y/z = 2/2 = 1.$$

O valor correspondente de *I* para cada um desses sub-retângulos da Tabela 10.4 é 0,159. A partir da Equação (10.29),

$$\sigma_z = 4q_o I = 4 \times 100 \times 0{,}159 = 64 \text{ kPa}$$

Assim, a tensão vertical sob o centro para este caso é cerca de três vezes aquela sob o canto. Isto parece razoável, uma vez que o centro está carregado por todos os lados, mas por baixo do canto não.

TABELA 10.4 Valor de influência para tensão vertical sob o canto de uma área retangular uniformemente carregada.

m	n=0,1	0,2	0,3	0,4	0,5	0,6	0,7	0,8	0,9	1,0	1,2	1,4
0,1	0,00470	0,00917	0,01323	0,01678	0,01978	0,02223	0,02420	0,02576	0,02698	0,02794	0,02926	0,03007
0,2	0,00917	0,01790	0,02585	0,03280	0,03866	0,04348	0,04735	0,05042	0,05283	0,05471	0,05733	0,05894
0,3	0,01323	0,02585	0,03735	0,04742	0,05593	0,06294	0,06858	0,07308	0,07661	0,07938	0,08323	0,08561
0,4	0,01678	0,03280	0,04742	0,06024	0,07111	0,08009	0,08734	0,09314	0,09770	0,10129	0,10631	0,10941
0,5	0,01978	0,03866	0,05593	0,07111	0,08403	0,09473	0,10340	0,11035	0,11584	0,12018	0,12626	0,13003
0,6	0,02223	0,04348	0,06294	0,08009	0,09473	0,10688	0,11679	0,12474	0,13105	0,13605	0,14309	0,14749
0,7	0,02420	0,04735	0,06858	0,08734	0,10340	0,11679	0,12772	0,13653	0,14356	0,14914	0,15703	0,16199
0,8	0,02576	0,05042	0,07308	0,09314	0,11035	0,12474	0,13653	0,14607	0,15371	0,15978	0,16843	0,17389
0,9	0,02698	0,05283	0,07661	0,09770	0,11584	0,13105	0,14356	0,15371	0,16185	0,16835	0,17766	0,18357
1,0	0,02794	0,05471	0,07938	0,10129	0,12018	0,13605	0,14914	0,15978	0,16835	0,17522	0,18508	0,19139
1,2	0,02926	0,05733	0,08323	0,10631	0,12626	0,14309	0,15703	0,16843	0,17766	0,18508	0,19584	0,20278
1,4	0,03007	0,05894	0,08561	0,10941	0,13003	0,14749	0,16199	0,17389	0,18357	0,19139	0,20278	0,21020
1,6	0,03058	0,05994	0,08709	0,11135	0,13241	0,15028	0,16515	0,17739	0,18737	0,19546	0,20731	0,21510
1,8	0,03090	0,06058	0,08804	0,11260	0,13395	0,15207	0,16720	0,17967	0,18986	0,19814	0,21032	0,21836
2,0	0,03111	0,06100	0,08867	0,11342	0,13496	0,15326	0,16856	0,18119	0,19152	0,19994	0,21235	0,22058
2,5	0,03138	0,06155	0,08948	0,11450	0,13628	0,15483	0,17036	0,18321	0,19375	0,20236	0,21512	0,22364
3,0	0,03150	0,06178	0,08982	0,11495	0,13684	0,15550	0,17113	0,18407	0,19470	0,20341	0,21633	0,22499
4,0	0,03158	0,06194	0,09007	0,11527	0,13724	0,15598	0,17168	0,18469	0,19540	0,20417	0,21722	0,22600
5,0	0,03160	0,06199	0,09014	0,11537	0,13737	0,15612	0,17185	0,18488	0,19561	0,20440	0,21749	0,22632
6,0	0,03161	0,06201	0,09017	0,11541	0,13741	0,15617	0,17191	0,18496	0,19569	0,20449	0,21760	0,22644
8,0	0,03162	0,06202	0,09018	0,11543	0,13744	0,15621	0,17195	0,18500	0,19574	0,20455	0,21767	0,22652
10,0	0,03162	0,06202	0,09019	0,11544	0,13745	0,15622	0,17196	0,18502	0,19576	0,20457	0,21769	0,22654
∞	0,03162	0,06202	0,09019	0,11544	0,13745	0,15623	0,17197	0,18502	0,19577	0,20458	0,21770	0,22656

m	n=1,6	1,8	2,0	2,5	3,0	4,0	5,0	6,0	8,0	10,0	∞
0,1	0,03058	0,03090	0,03111	0,03138	0,03150	0,03158	0,03160	0,03161	0,03162	0,03162	0,03162
0,2	0,05994	0,06058	0,06100	0,06155	0,06178	0,06194	0,06199	0,06201	0,06202	0,06202	0,06202
0,3	0,08709	0,08804	0,08867	0,08948	0,08982	0,09007	0,09014	0,09017	0,09018	0,09019	0,09019
0,4	0,11135	0,11260	0,11342	0,11450	0,11495	0,11527	0,11537	0,11541	0,11543	0,11544	0,11544
0,5	0,13241	0,13395	0,13496	0,13628	0,13684	0,13724	0,13737	0,13741	0,13744	0,13745	0,13745
0,6	0,15028	0,15207	0,15326	0,15483	0,15550	0,15598	0,15612	0,15617	0,15621	0,15622	0,15623
0,7	0,16515	0,16720	0,16856	0,17036	0,17113	0,17168	0,17185	0,17191	0,17195	0,17196	0,17197
0,8	0,17739	0,17967	0,18119	0,18321	0,18407	0,18469	0,18488	0,18496	0,18500	0,18502	0,18502
0,9	0,18737	0,18986	0,19152	0,19375	0,19470	0,19540	0,19561	0,19569	0,19574	0,19576	0,19577
1,0	0,19546	0,19814	0,19994	0,20236	0,20341	0,20417	0,20440	0,20449	0,20455	0,20457	0,20458
1,2	0,20731	0,21032	0,21235	0,21512	0,21633	0,21722	0,21749	0,21760	0,21767	0,21769	0,21770
1,4	0,21510	0,21836	0,22058	0,22364	0,22499	0,22600	0,22632	0,22644	0,22652	0,22654	0,22656
1,6	0,22025	0,22372	0,22610	0,22940	0,23088	0,23200	0,23236	0,23249	0,23258	0,23261	0,23263
1,8	0,22372	0,22736	0,22986	0,23334	0,23495	0,23617	0,23656	0,23671	0,23681	0,23684	0,23686
2,0	0,22610	0,22986	0,23247	0,23614	0,23782	0,23912	0,23954	0,23970	0,23981	0,23985	0,23987
2,5	0,22940	0,23334	0,23614	0,24010	0,24196	0,24344	0,24392	0,24412	0,24425	0,24429	0,24432
3,0	0,23088	0,23495	0,23782	0,24196	0,24394	0,24554	0,24608	0,24630	0,24646	0,24650	0,24654
4,0	0,23200	0,23617	0,23912	0,25344	0,24554	0,24729	0,24791	0,24817	0,24836	0,24842	0,24846
5,0	0,23236	0,23656	0,23954	0,24392	0,24608	0,24791	0,24857	0,24885	0,24907	0,24914	0,24919
6,0	0,23249	0,23671	0,23970	0,24412	0,24630	0,24817	0,24885	0,24916	0,24939	0,24946	0,24952
8,0	0,23258	0,23681	0,23981	0,24425	0,24646	0,24836	0,24907	0,24939	0,24964	0,24973	0,24980
10,0	0,23261	0,23684	0,23985	0,24429	0,24650	0,24842	0,24914	0,24946	0,24973	0,24981	0,24989
∞	0,23263	0,23686	0,23987	0,24432	0,24654	0,24846	0,24919	0,24952	0,24980	0,24989	0,25000

Adaptada de Newmark (1935).

Capítulo 10 Fundações rasas

Vamos presumir que queiramos encontrar a tensão vertical em alguma profundidade z fora da área carregada. Sob essas condições, apenas "criamos" retângulos uniformemente carregados, todos com cantos acima do ponto onde a tensão vertical é desejada, e subtraímos e adicionamos suas contribuições de tensão conforme necessário. Ilustramos esse procedimento a partir do Exemplo 10.11.

Exemplo 10.11

Contexto:

Uma área de 5 m × 10 m carregada uniformemente com uma tensão aplicada de 100 kPa.

Problema:

a. Encontre a tensão a uma profundidade de 5 m sob o ponto A na Figura Ex. 10.11.
b. Determine qual seria a tensão adicional no ponto A se a metade esquerda da área de 5 m × 10 m fosse carregada com 100 kPa adicionais.

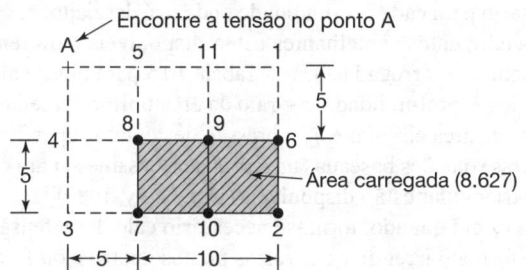

FIGURA Ex. 10.11

Solução:

a. Consulte a Figura Ex. 10.11 e os pontos numerados conforme mostrado. Adicione os retângulos da seguinte maneira (+ para áreas carregadas, – para áreas descarregadas e A mais os números denotam os pontos de limite para cada forma): + A123 – A164 – A573 + A584 resultam no retângulo carregado que desejamos, 8.627. Encontre quatro valores de influência separados da Tabela 10.4 para cada retângulo a uma profundidade de 5 m, depois adicione e subtraia as tensões calculadas. Observe que é necessário adicionar o retângulo A584 porque ele foi subtraído duas vezes como parte dos retângulos A164 e A573.

Os cálculos são mostrados na tabela a seguir.

	Área			
Item	+A123	–A164	–A573	+A584
x	15	15	10	5
y	10	5	5	5
z	5	5	5	5
$m = x/z$	3	3	2	1
$n = y/z$	2	1	1	1
I	0,238	0,209	0,206	0,180
σ_z	23,8	–20,9	–20,6	+18,0

Total $\sigma_z = 23,8 - 20,9 - 20,6 + 18,0 = 0,3$ kPa

b. Quando o retângulo $78.9\overline{10}$ é carregado com 100 kPa adicionais, precisamos seguir um processo semelhante ao que seguimos na parte **a** para determinar a tensão adicional no ponto A.

Item	Área			
	+A123	−A49$\overline{11}$	−A357	+A584
x	15	10	10	5
y	10	5	5	5
z	5	5	5	5
$m = x/z$	3	2	2	1
$n = y/z$	2	1	1	1
I	0,238	0,206	0,206	0,180
σ_z (kPa)	23,8	−20,6	−20,6	+18,0

Adicional $\sigma_z = 23,8 − 20,6 − 20,6 + 18,0 = 0,6$ kPa

Assim, é possível encontrar a tensão em qualquer profundidade z, dentro ou ao redor de uma área uniformemente carregada, ou mesmo sob uma área com carga escalonada, usando os procedimentos descritos nos Exemplos 10.10 e 10.11. Lembre-se de que um novo conjunto de cálculos é necessário para cada profundidade onde σ_z é desejado.

Procedimentos semelhantes estão disponíveis para tensões verticais sob áreas circulares uniformemente carregadas. Use a Tabela 10.5 para obter valores de influência em termos de x/r e z/r, onde z = profundidade, r = raio da área uniformemente carregada, x = distância horizontal do centro da área circular e q_o = pressão de contato superficial.

Outras soluções baseadas na teoria de Boussinesq para carregamentos de distribuição trapezoidal e triangular estão disponíveis (U.S. Navy, 1986).

De vez em quando, torna-se necessário calcular a tensão vertical devido a uma área carregada de formato irregular em vários pontos dentro e/ou fora de uma área. Para facilitar os cálculos, Newmark (1942) desenvolveu **gráficos de influência** a partir dos quais a tensão vertical

TABELA 10.5 Valores de influência, expressos em percentual da pressão de contato superficial q_o, para tensão vertical sob área circular uniformemente carregada

	$r/(B/2)$					
$z/(B/2)$	0	0,2	0,4	0,6	0,8	1,0
0	1,000	1,000	1,000	1,000	1,000	1,000
0,1	0,999	0,999	0,998	0,996	0,976	0,484
0,2	0,992	0,991	0,987	0,970	0,890	0,468
0,3	0,976	0,973	0,963	0,922	0,793	0,451
0,4	0,949	0,943	0,920	0,860	0,712	0,435
0,5	0,911	0,902	0,869	0,796	0,646	0,417
0,6	0,864	0,852	0,814	0,732	0,591	0,400
0,7	0,811	0,798	0,756	0,674	0,545	0,367
0,8	0,756	0,743	0,699	0,619	0,504	0,366
0,9	0,701	0,688	0,644	0,570	0,467	0,348
1,0	0,646	0,633	0,591	0,525	0,434	0,332
1,2	0,546	0,535	0,501	0,447	0,377	0,300
1,5	0,424	0,416	0,392	0,355	0,308	0,256
2,0	0,286	0,286	0,268	0,248	0,224	0,196
2,5	0,200	0,197	0,191	0,180	0,167	0,151
3,0	0,146	0,145	0,141	0,135	0,127	0,118
4,0	0,087	0,086	0,085	0,082	0,080	0,075

Adaptada de Foster e Alvin (1954) e da U.S. Navy (1986)

(e mesmo as tensões horizontais e de cisalhamento) podem ser calculadas. Esses gráficos de influência baseiam-se na teoria de Boussinesq, embora tenham sido preparados gráficos semelhantes para a teoria de Westergaard (Harald Malcolm Wastergaard, engenheiro civil e matemático dinamarquês, que formulou 1926, um modelo matemático que permitiu o cálculo de tensões em placas de concreto apoiadas em solos ou meios elásticos), que serão discutidos em breve. Exemplos de gráficos de influência podem ser encontrados em textos didáticos de engenharia de fundações, como por exemplo os estudos de Leonards (1962), Peck et al. (1974) e Poulos e Davis (1974). A Figura 10.19 mostra o gráfico de influência de Newmark (Nathan Mortimore Newmark, engenheiro civil norte-americano considerado "o pai da engenharia sísmica", também desenvolveu um método numérico para elucidação de equações diferenciais) para o cálculo de tensões verticais devido a uma área carregada. Pense no gráfico como um mapa de contorno que mostra um cone vulcânico, cujo topo está localizado no centro (**O**) do gráfico de influência. Se fosse possível passar uma normal a uma superfície tridimensional do gráfico, veríamos que cada uma das "áreas" ou "blocos" tem a mesma área de superfície. Vemos apenas a projeção no mapa de contorno; os blocos ficam menores à medida que o centro se aproxima.

Os gráficos são dimensionados em relação à profundidade para que possam ser utilizados para uma estrutura de qualquer tamanho, da seguinte maneira: no gráfico está a linha **OQ**, que representa a distância abaixo da superfície do terreno natural z para a qual a tensão vertical σ_v é desejada, e essa distância é usada como escala para um desenho da área carregada. O ponto no qual a tensão vertical

$I = 0{,}001$

Escala de distância **OQ** = profundidade z na qual a tensão é calculada

FIGURA 10.19 Gráfico de influência da tensão vertical na profundidade horizontal z na qual a tensão é calculada. (adaptada de Newmark, 1942).

é desejada é colocado no centro do gráfico. A tensão vertical nesse ponto é calculada simplesmente contando o número de áreas ou blocos no gráfico, dentro do limite da área carregada que está desenhada na escala adequada no gráfico. Esse número multiplicado por um valor de influência *I*, especificado no gráfico, e pela pressão de contato é usado para obter a tensão vertical na profundidade desejada. O Exemplo 10.12 ilustra o uso do gráfico de influência de Newmark.

Exemplo 10.12

Contexto:

Uma tensão uniforme de 250 kPa é aplicada à área carregada mostrada na Figura 10.12a.

Problema:

Calcule a tensão a uma profundidade de 80 m abaixo da superfície do terreno natural devido à área carregada sob o ponto O'.

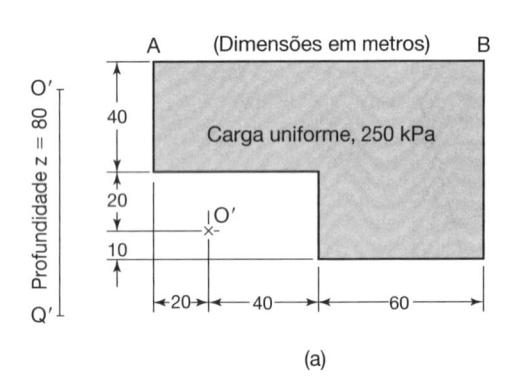

FIGURA Ex. 10.12a (Adaptada de Newmark (1942)).

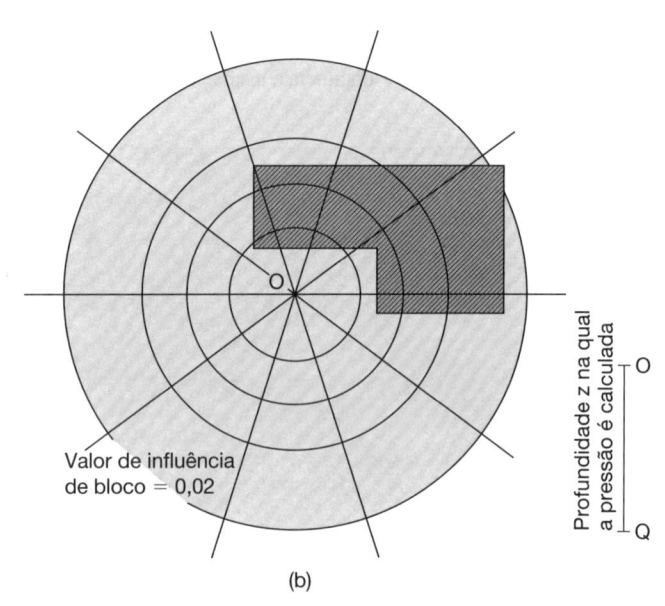

FIGURA Ex. 10.12b (Adaptada de Newmark (1942)).

Solução:
Desenhe a área carregada de modo que o comprimento da linha $\overline{OQ}$ seja dimensionado para 80 m. Por exemplo, a distância ($\overline{AB}$) na Figura 10.12a é 1,5 vezes a distância $\overline{OQ} \cdot \overline{OQ} = 80$ m e $\overline{AB} = 120$ m. Em seguida, coloque o ponto **O'** no ponto onde a tensão é necessária, sobre o centro do gráfico de influência (como mostrado na Figura Ex. 10.12b em uma escala um pouco menor). O número de blocos (e blocos parciais) é contado na área carregada. Neste caso, são encontrados cerca de oito blocos. A tensão vertical em 80 m é então indicada por:

$$\sigma_v = q_o \cdot I \times \text{número de blocos} \quad (10.30)$$

onde q_o = tensão superficial ou de contato; e
I = valor de influência por bloco (0,02 na Figura Ex. 10.12b).

Portanto,

$$\sigma_v = 250 \text{ kPa} \times 0{,}02 \times 8 \text{ blocos} = 40 \text{ kPa}$$

Para calcular a tensão em outras profundidades, o processo é repetido fazendo outros desenhos para as diferentes profundidades, mudando **a cada vez** a escala para corresponder à distância no gráfico de influência (Figura Ex. 10.12b).

O gráfico de Newmark foi desenvolvido para o caso de carregamento superficial uniforme e qualquer geometria superficial arbitrária. Se você tiver uma intensidade de carga arbitrária, bem como uma geometria de superfície arbitrária, poderá usar um dos programas de distribuição de tensão por elementos finitos (p. ex., Christian e Urzua, 1996) ou um método proposto por Thompson et al. (1987).

10.10 RECALQUE IMEDIATO COM BASE NA TEORIA ELÁSTICA

Quando discutimos os componentes do recalque na Seção 10.9, mencionamos que o recalque imediato s_i ocorre essencialmente à medida que a carga é aplicada, principalmente devido à distorção (mudança de forma, não mudança de volume) nos solos da fundação. Mencionamos que a maior parte do recalque de solos granulares é imediata porque esses solos costumam apresentar alta permeabilidade. Por outro lado, para fundações em solos argilosos, o recalque por distorção não é elástico, embora o s_i seja, com frequência, estimado utilizando-se a teoria elástica. Os recalques imediatos devem ser considerados ao projetar fundações rasas, sobretudo para estruturas que são sensíveis a recalques rápidos.

A mudança na forma da área carregada depende se a fundação é relativamente rígida ou flexível e se o solo da fundação é coesivo ou granular. A Figura 10.20 mostra as possibilidades. A distribuição de tensões sob uma sapata **rígida** em solo coesivo é teoricamente infinita nas bordas e muito menor no interior da sapata. Seguramente, em solos reais a tensão de contato é muito menor do que o infinito nas bordas e, na verdade, é limitada pela resistência ao cisalhamento do solo τ_f (Capítulos 8 e 9), como mostrado na Figura 10.20a. Naturalmente, com uma sapata rígida, o padrão de recalque é uniforme. Por outro lado, com uma fundação flexível, a tensão de contato é uniforme, mas o deslocamento sob a sapata é mínimo nas bordas e máximo em seu centro.

Quando se trata de solos granulares, a distribuição de tensões sob uma sapata rígida é máxima no centro e muito menor nas bordas (Figura 10.20a). Por que a mesma é muito menor perto das bordas da sapata? O motivo é a falta de confinamento nas bordas. Na realidade, a tensão de contato é zero nas bordas (sem sapata, sem tensão!). O padrão de recalque resultante é, obviamente, uniforme. Entretanto, com uma sapata flexível sobre material granular, a tensão de contato é uniforme, mas o padrão de recalque é côncavo para cima (Figura 10.20b) com recalque máximo nas bordas e não no centro como em solos coesivos. A razão, naturalmente, é que há mais confinamento no centro da sapata do que nas bordas. Para estimar recalques imediatos em solos granulares, a teoria elástica linear não funciona, e não temos nenhuma outra boa teoria para usar; portanto, contamos com métodos empíricos usando resultados de ensaios *in situ* para estimar recalques (p. ex., Holtz, 1991; Terzaghi et al., 1996).

Se você puder presumir que a teoria elástica é apropriada para o seu projeto, então a equação básica para o recalque elástico s_i devido a uma tensão aplicada uniforme q_o é definida como:

$$s_i = \frac{q_o B}{E_u}(1 - \nu^2)I_s \tag{10.31}$$

onde B = dimensão característica da área carregada (Figura 10.21);

ν = coeficiente de Poisson do solo;

E_u = módulo de Young do solo para condições não drenadas;

I_s = um fator de forma e rigidez.

O coeficiente I_s leva em conta a forma e a rigidez da área carregada e depende da localização do ponto de influência para o qual se deseja o recalque imediato. Os valores de I_s são dados na Tabela 10.6. Dois casos são tabulados: (a) profundidade infinita e (b) profundidade limitada sobre uma base rígida. Os perfis reais do solo não se enquadram em nenhum caso, e você deve escolher o caso que mais se aproxima da sua situação. As propriedades do solo necessárias são o coeficiente de Poisson n e o módulo de Young não drenado E_u. O coeficiente de Poisson é geralmente presumido como sendo (0,5) para locais de solo coesivo saturado, porque nenhuma mudança de volume (adensamento) ocorre durante o recalque imediato. Um valor menor, provavelmente entre 0,25 ou 0,33, é apropriado para áreas não saturadas. Por outro lado, o módulo de Young não drenado é muito mais difícil de determinar com precisão. Idealmente, você poderia

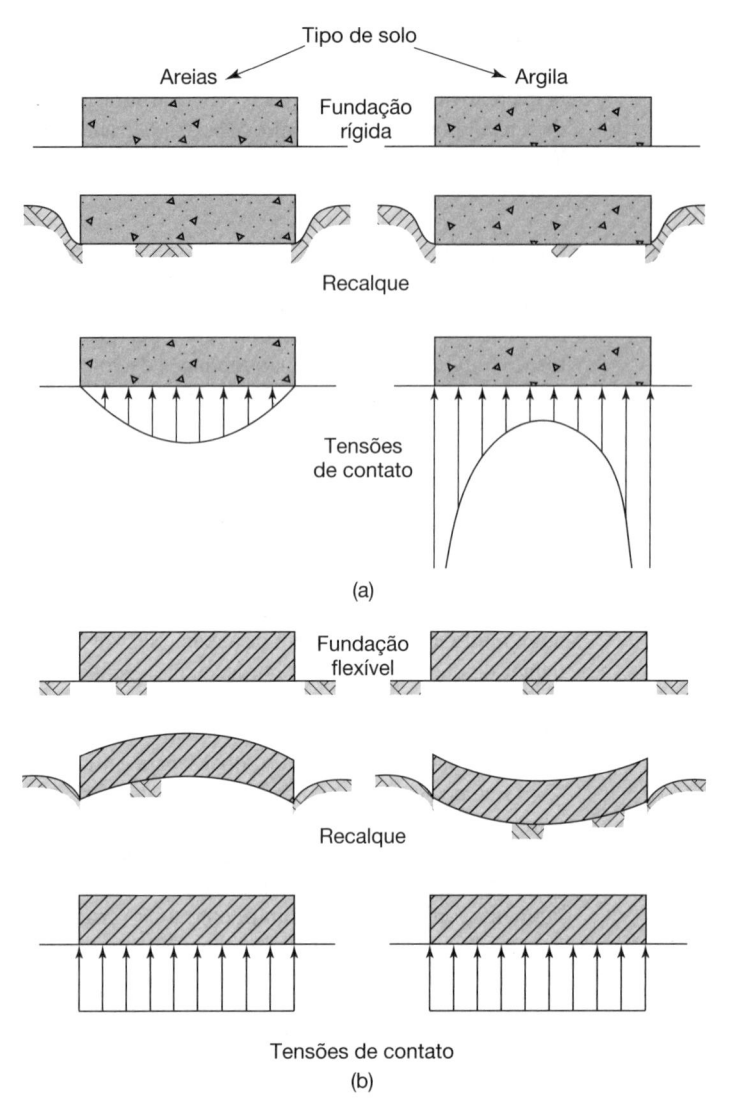

FIGURA 10.20 Distribuição de tensões de recalque e de contato para áreas carregadas (a) rígidas e (b) flexíveis em solos granulares e coesivos.

FIGURA 10.21 Notação para dimensões de áreas carregadas: vista do perfil (a); área carregada retangular em plano (b); e área circular carregada em plano (c) (adaptada de U.S. Navy, 1986).

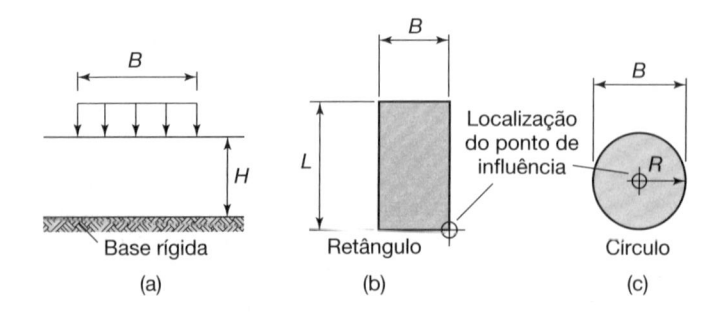

TABELA 10.6 Fatores de forma e rigidez I_s, meio-espaço elástico para Cálculo de Recalques de Pontos em áreas carregadas na superfície de um meio espaço elástico

a. Áreas carregadas na superfície de profundidade infinita

Forma e rigidez	Centro	Canto	Borda/meio do lado longo	Média
Círculo (flexível)	1,0		0,64	0,85
Círculo (rígido)	0,79		0,79	0,79
Quadrado (flexível)	1,12	0,56	0,76	0,95
Quadrado (rígido) Retângulo (flexível)	0,82	0,82	0,82	0,82
Retângulo (flexível) comprimento/largura				
2	1,53	0,76	1,12	1,30
5	2,10	1,05	1,68	1,82
10	2,56	1,28	2,10	2,24
Retângulo (rígido) Comprimento/largura				
2	1,12	1,12	1,12	1,12
5	1,6	1,6	1,6	1,6
10	2,0	2,0	2,0	2,0

b. Áreas carregadas na superfície sobre uma base rígida (ver a figura adiante)

	Centro da área circular rígida, diâmetro = B	Canto da área retangular flexível				
		$L/B = 1$	$L/B = 2$	$L/B = 5$	$L/B = 10$	$L/B = (\infty)$
H/B	Para o coeficiente de Poisson $v = 0,5$					
0	0,00	0,00	0,00	0,00	0,00	0,00
0,5	0,14	0,05	0,04	0,04	0,04	0,04
1	0,35	0,15	0,12	0,10	0,10	0,10
1,5	0,48	0,23	0,22	0,18	0,18	0,18
2,0	0,54	0,29	0,29	0,27	0,26	0,26
3,0	0,62	0,36	0,40	0,39	0,38	0,37
5,0	0,69	0,44	0,52	0,55	0,54	0,52
10	0,74	0,48	0,64	0,76	0,77	0,73
H/B	Para o coeficiente de Poisson $v = 0,33$					
0	0,00	0,00	0,00	0,00	0,00	0,00
0,5	0,20	0,09	0,08	0,08	0,08	0,08
1,0	0,40	0,19	0,18	0,16	0,18	0,16
1,5	0,51	0,27	0,28	0,25	0,25	0,25
2,0	0,57	0,32	0,34	0,34	0,34	0,34
3,0	0,64	0,38	0,44	0,46	0,45	0,45
5,0	0,70	0,48	0,56	0,60	0,61	0,61
10	0,74	0,49	0,66	0,80	0,82	0,81

Adquirida da Marinha dos EUA (1986)

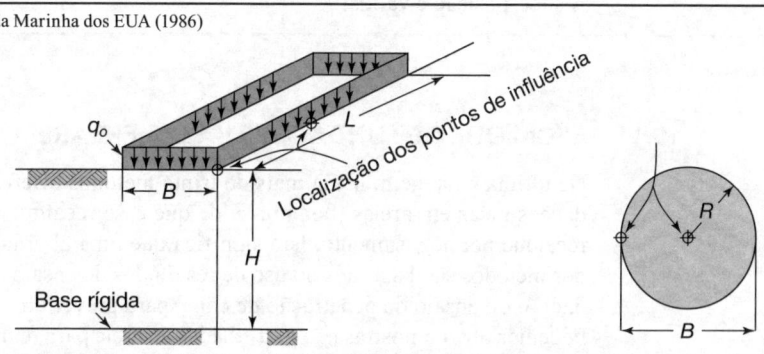

usar a inclinação inicial ou módulo tangente da curva tensão-deformação de ensaios de compressão triaxial ou não confinada em amostras de solo não perturbadas. Infelizmente, a perturbação da amostra reduz drasticamente o módulo de Young, e, portanto, o recalque imediato calculado será consideravelmente grande. Ensaios *in situ*, como ensaios de carga de placa, podem ser usados para estimar o módulo não drenado, mas, na maioria das vezes, os engenheiros geotécnicos usam correlações simples com a resistência ao cisalhamento não drenado, conforme descrito no Capítulo 9. Consulte o estudo de Holtz (1991) para obter informações adicionais sobre a determinação do recalque imediato e sua importância no projeto de fundações.

Exemplo 10.13

Contexto:

Uma sapata retangular com largura de 2 m e comprimento de 3 m suporta uma carga de coluna de 1.800 kN sobre um depósito muito profundo de argila saturada. Estima-se que o módulo de Young não drenado da argila subjacente seja de 36 MPa.

Problema:

Calcule o recalque imediato para o centro e o canto da sapata.

Solução:

Uma carga de coluna de 1.800 kN sobre uma sapata de 6 m² produz uma tensão de contato de 300 kPa. Como as argilas de fundação estão saturadas, podemos presumir que o coeficiente de Poisson é (0,5). Em seguida, determine a forma e o fator de rigidez I_s.

A relação comprimento/largura da sapata = 3/2 = 1,5, ou a meio caminho entre dois valores fornecidos na Tabela 10.6a, portanto, é necessário interpolar. A partir da Tabela 10.6a, encontre I_s = 1,12 e 1,6 para L/B = 2 e 5, respectivamente. Ou, neste caso, I_s é 1,04. Presumimos que a sapata é rígida, porque suporta uma carga de coluna e, para evitar cisalhamento na sapata de concreto armado, ela terá que ser relativamente espessa. Assim, os recalques no centro e no canto serão iguais.

Usando a Equação (10.31), calculamos

$$s_i = \frac{q_o B}{E_u}(1 - \nu^2)I_s$$
$$= 300\,\text{kPa}(2\,\text{m})(1 - 0,25)(1,04)/36.000$$
$$= 0,013\,\text{m ou 13 mm}$$

Se a sapata fosse flexível, então, a partir da Tabela 10.6a, os dois valores de I_s para L/B = 1 e 5 são 1,52 e 2,10, respectivamente. Portanto, para L/B = 1,5, I_s = 1,42, e o centro s_i seria 1,78 ou 18 mm. Os recalques dos cantos deveriam ser cerca de metade desse valor, e o são; I_s = 0,71, portanto, s_i = 9 mm.

Se essa sapata estivesse sobre uma camada de solo com profundidade limitada, então a Tabela 10.6a seria usada para uma determinada relação H/B. Lembre-se de que a Tabela 10.6a fornece apenas o recalque sob o canto. Se você quisesse o recalque sob o centro, teria que resolver o recalque sob o canto de quatro bases ou quadrantes e depois multiplicar o resultado por 4. A superposição é válida!

10.11 RECALQUE DE FUNDAÇÕES RASAS EM AREIA

Na última contagem, havia mais de trinta métodos diferentes para estimar o recalque de fundações rasas em areias. Lembre-se de que esse recalque é considerado "elástico" e não é um recalque por adensamento. Isto significa que uma abordagem elástica pode ser usada. Muitos dos métodos são baseados no uso de resultados de ensaios *in situ*, como o ensaio de penetração padrão ou ensaio de penetração de cone, para prever um módulo apropriado, uma vez que não podemos obter amostras não perturbadas de areia para realizar ensaios laboratoriais com o objetivo de determinar o módulo.

10.11.1 Recalques em areia com base no ensaio de penetração padrão.

Um método para estimar o recalque da areia é fazer uso do ensaio de ensaio de penetração padrão (**SPT**) que foi descrito no Capítulo 8 e usado anteriormente neste capítulo (Seção 10.5.1) para estimar empiricamente o ângulo de atrito de uma areia ϕ' a ser usado para determinação do fator de capacidade de carga. Uma vez obtidos os valores de campo da contagem de golpes N do **SPT**, eles precisam ser corrigidos para condições de campo que incluem energia aplicada, comprimento da haste e diâmetro do furo de sondagem usando a seguinte equação:

$$N_{60} = \frac{N \cdot \eta_H \cdot \eta_B \cdot \eta_S \cdot \eta_R}{60} \qquad (10.32)$$

Onde, η_H = eficiência do martelo;

η_B = correção para diâmetro do furo de sondagem;

η_S = correção do tipo de amostrador;

η_R = correção para comprimento da haste.

A Tabela 10.7 mostra os valores dessas correções para as condições de campo mais comuns (Seed et al., 1985; Skempton, 1986).

TABELA 10.7 Variações de η_H, η_B, η_S e η_R para correção de **SPT**

1. Variação de η_H

País	Tipo de martelo	Liberação do martelo	η_H (%)
Japão	Donut	Queda livre	78
	Donut	Corda e polia	67
Estados Unidos da América	Segurança	Corda e polia	60
	Donut	Corda e polia	45
Argentina	Donut	Corda e polia	45
China	Donut	Queda livre	60
	Donut	Corda e polia	50

2. Variação de η_B

Diâmetro

Mm	pol.	η_B
60 a 120	2,4 a 4,7	1
150	6	1,05
200	8	1,15

3. Variação de η_S

Variável	η_S
Amostrador padrão	1,0
Com *liner* para areia densa e argila	0,8
Com *liner* para areia solta	0,9

4. Variação de η_R

Comprimento da haste (m)	η_R
>10	1,0
6 a 10	0,95
4 a 6	0,85
0 a 4	0,75

Uma vez calculados esses valores corrigidos, uma abordagem sugerida é determinar o N_{60} médio em cada furo de sondagem até a profundidade abaixo da interface fundação-solo $z = B$ ou L (o que for maior), onde B e L são a largura e o comprimento da fundação. O valor mais baixo desses valores médios de N_{60} é então usado na seguinte equação (Lambe e Whitman, 1969; adaptado de Terzaghi e Peck, 1948), que resulta na equação de recalque altamente empírica

$$s_i = \frac{q_o}{6N_{60}} \times f(B) \times (1 - d/4B)\,[s_i \text{ em pés}] \qquad (10.33)$$

onde q_o = tensão líquida aplicada na fundação = (tensão total da fundação − σ_v na profundidade da fundação d), em toneladas/pé^2;

  d = profundidade da fundação;

  $f(B)$ = correção para o tamanho da fundação com base na média baixa de N_{60} utilizada.

N_{60}	$f(B)$
>50	$\left(\dfrac{2B}{1+B}\right)^2$
30 ± 20	$\left(\dfrac{2.5B}{1.5+B}\right)^2$
<10	$\left(\dfrac{5B}{4+B}\right)^2$

Exemplo 10.14

Contexto:

Uma fundação de 30 pés × 30 pés repousa 12 pés abaixo da superfície do terreno natural em uma areia com lençol freático a 14 pés abaixo da superfície do terreno natural, com $\gamma_d = 112$ pcf e $\gamma_t = 118$ pcf (Figura Ex. 10.14). A fundação será carregada com 5.400 kips.

Problema:

Com base na contagem de golpes não corrigida $N = 42$, a partir de 20 pés abaixo da superfície do terreno natural, estime o recalque da fundação sob esta carga.

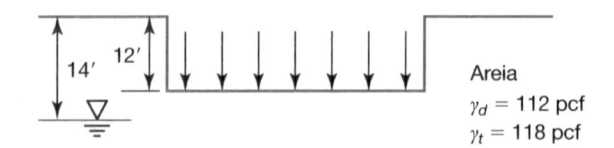

FIGURA Ex. 10.14

Solução:
Primeiro, calcule a tensão líquida aplicada na fundação.

$$q_o = q - d\gamma = \frac{(5.400 \text{ kips} \cdot 1.000 \text{ lb/kip})}{(30 \text{ pés} \cdot 30 \text{ pés})} - (12)(112)$$
$$= 4.656 \text{ psf} = 2,33 \text{ TSF}$$

Agora precisamos de outras entradas para a Equação (10.33), especificamente $f(B)$. Para $N = 42$ golpes/pés = 5,67.

$$f(B) = \left(\frac{2,5\,B}{1,5 + B}\right)^2 = \left(\frac{(2,5)(30)}{1,5 + 30}\right)^2 = 5,67$$

Portando, a partir da Equação (10.33)

$$s_i = \frac{q_o}{6N_{60}} \times f(B) \times (1 - d/4B) \qquad (10.33)$$

$$= \frac{2,33}{6(42)}(5,67)[1 - (12)/(4)(30)] = 0,047 = 0,57 \text{ pol}$$

Como alternativa, Viswanath e Mayne (2013) mostraram que o recalque relativo de sapatas rasas em areias poderia ser expresso em termos de tensão aplicada normalizada por **SPT**. Para uma série de relatos de casos de ensaios de carga de sapatas rasas em areias, eles encontraram:

$$q/N_{representativo} = 0,3(s/B)0,5 \qquad (10.34)$$

onde:

q = tensão aplicada (MPa);

s = recalque;

B = largura da sapata;

$N_{representativo}$ = valor de N médio do **SPT** entre a parte inferior da sapata e uma profundidade de $1,5B$.

Isto significa que o recalque para qualquer tensão aplicada pode ser estimado diretamente a partir dos resultados do **SPT**. Se a capacidade final for definida como a tensão que produz um recalque de 10% da largura da sapata, então, fazendo as substituições na Equação (10.34), a relação entre a capacidade de carga final (MPa) e o valor $N(q_{final}/N)$ é de aproximadamente 0,10.

10.11.2 Recalques em areia a partir do método de fator de influência de deformação de Schmertmann

Outro método para estimar o recalque de fundações rasas em areias é o método do fator de influência de deformação de Schmertmann (John H. Schmertmann, engenheiro civil norte-americano, criador de métodos universais de geotecnia, principalmente em relação a recalques), com base nos trabalhos de Schmertmann (1970) e Schmertmann et al. (1978). Esse processo identifica a deformação desenvolvida em camadas individuais abaixo da fundação como resultado da tensão aplicada na mesma e o somatório todas as deformações para obter o recalque total. Ele se adapta perfeitamente ao uso de uma planilha simples, várias das quais podem ser encontradas na Internet. O recalque é calculado a partir de:

$$s = C_1 C_2 C_3 (q_{líquido}) \Sigma (I_{zi} H_i)/E_{si} \qquad (10.35)$$

C_1 = fator de profundidade (ajuste para embutir uma sapata);

C_2 = fator de tempo (para permitir rastejo de areias a longo prazo);

C_3 = fator de forma (para permitir que o método seja usado para qualquer forma de sapata);

$q_{líquido}$ = tensão líquida aplicada à sapata;

I_{zi} = fator de influência de deformação adimensional no meio de qualquer camada i;

H_i = espessura de qualquer camada de solo i abaixo da fundação;

E_{si} = módulo elástico da camada i.

Apresentaremos o procedimento passo a passo e, em seguida, daremos um exemplo de como ele é utilizado.

Passo 1. Use registros de perfuração ou dados de ensaio *in situ* para identificar diferentes camadas abaixo da fundação e obter espessuras de camada individuais H_i.

Passo 2. Calcule a tensão líquida aplicada $q_{\text{líquido}} = q_o - \sigma'_{vo}$

onde:

q_o = tensão real aplicada na fundação = Carga/Área;

σ'_{vo} = tensão vertical inicial na base da fundação.

Passo 3. Calcule o fator de influência de deformação máxima I_{zp} A partir de:

$$I_{zp} = 0{,}5 + 0{,}1(q_{\text{líquido}}/\sigma'_{vo})^{0,5}$$

I_{zp} ocorre a uma profundidade de $0{,}5B$ abaixo da base de uma sapata para uma fundação quadrada e a uma profundidade B abaixo da fundação para uma fundação corrida.

Passo 4. Desenhe o diagrama de influência da deformação.

Para uma fundação quadrada, o fator de influência de deformação começa em um valor de 0,1 com $z = 0$, atinge um máximo em uma profundidade de $0{,}5B$ e é igual a 0 a $2B$.

Para uma fundação corrida, o fator de influência de deformação começa em um valor de 0,2 com $z = 0$, atinge um máximo na profundidade B e é igual a 0 a $4B$.

A Figura 10.22 mostra essas distribuições triangulares.

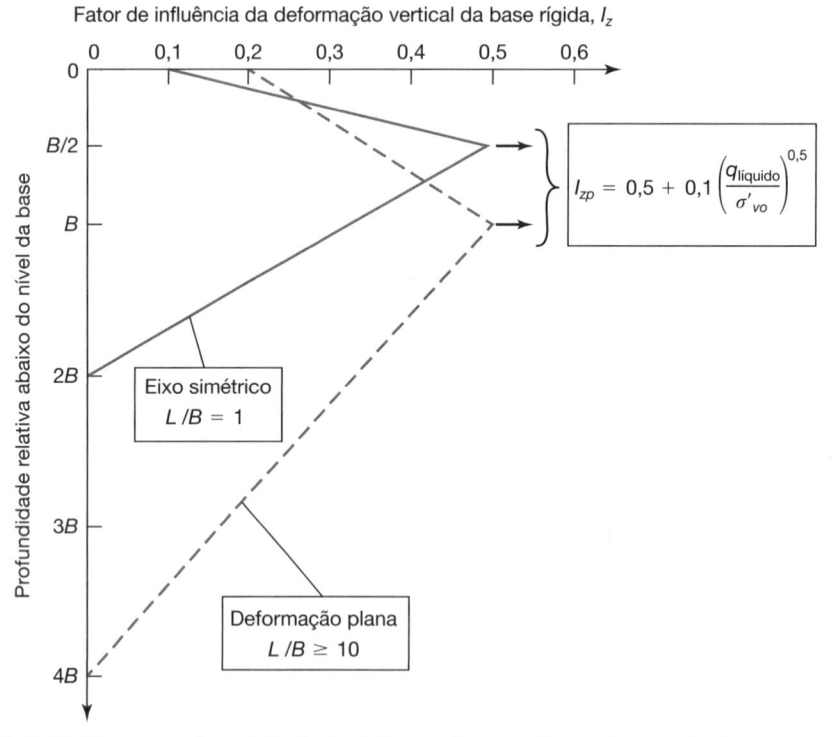

FIGURA 10.22 Diagramas de influência de deformações para fundações quadradas e retangulares.

Passo 5. Obtenha o fator de influência da deformação I_z, no ponto médio de cada camada.

Passo 6. Obtenha o módulo de elasticidade E_i, para cada camada.

Passo 7. Calcule o recalque usando a Equação (10.35).

Obs.:

$C_1 = 1 - 0{,}5(\sigma'_{ZD})/(q_{\text{líquido}})$
$C_2 = 1 + 0{,}2 \log(t/0{,}1) \quad t =$ tempo após a construção em anos
$C_3 = 1{,}03 - 0{,}03(L/B)$

Exemplo 10.15

Contexto:

Uma sapata de 10 pés × 10 pés deve ser colocada a uma profundidade de 3 pés em uma região do Arizona, EUA. O solo do local consiste em: Camada 1 de areia SP de densidade média de 0 a 8 pés; Camada 2 de areia SP densa de 8 a 15 pés; Camada 3 de areia densa SW de 15 a 30 pés. A sapata terá uma tensão aplicada de 5.820 psf. A areia ao longo dos 30 pés superiores é úmida com um peso específico úmido médio de 126 lbs/pés^3. Não há lençol freático no local.

Problema:

Calcule o recalque após 10 anos.

Solução:
Já fizemos isso.

Passo 1. Existem três camadas na zona de 0 a $2B$ abaixo da fundação. Por que $2B$? Pelo fato da sapata ser quadrada.

Passo 2. Calcule a tensão líquida aplicada $q_{\text{líquido}} - q_o - \sigma'_{vo} = 5.820$ psf $-(126$ pcf$)(3$ pés$) = 5.442$ psf.

Passo 3. Calcule o fator de influência de deformação máxima I_{zp}. Como a sapata é quadrada, I_{zp} ocorre a uma profundidade de 5 pés abaixo da base da fundação $(0{,}5B)$ ou 8 pés abaixo da superfície do terreno natural.

$$I_{zp} = 0{,}5 + 0{,}1\,[(5442\text{ psf})/((8\text{ pés})(126\text{ pcf}))]^{0{,}5} = 0{,}5 + 0{,}1\,(2{,}32) = 0{,}73$$

Passo 4. Desenhe o diagrama de influência da deformação. Como a fundação é quadrada, o diagrama de influência de deformação começa em 0,1 a 0 (3 pés abaixo da superfície do terreno natural); atinge um máximo de 0,73 a 5 pés $(0{,}5B)$ abaixo da base da fundação (8 pés abaixo da superfície do terreno natural); e termina no valor 0 a uma profundidade de 20 pés $(2B)$ abaixo da base da fundação (23 pés abaixo da superfície do terreno natural).

Passo 5. Obtenha o fator de influência de deformação $I_{\varepsilon i}$ no ponto médio de cada camada. Desenhamos o diagrama de influência de deformação e determinamos os valores de $I_{\varepsilon i}$ no ponto médio de cada camada. Uma tabela é mostrada abaixo.

Passo 6. Obtenha o módulo de elasticidade E_i para cada camada. Podemos estimar o módulo E_s a partir de correlações empíricas com a resistência da ponta do cone do **CPT** ou valores de N do **SPT**. Durante a investigação do local, foram obtidos os seguintes valores médios de contagens de golpes de **SPT**, N_{60}: Camada 1 $N_{60} = 18$; Camada 2 $N_{60} = 26$; Camada 3 $N_{60} = 30$.

Uma correlação empírica simples entre N_{60} e E_s (Bowles, 1995) é:

$$E_s = \beta_0(\text{OCR})^{0{,}5} + \beta_1 N_{60} \qquad \beta_0 = 100.000;\ \beta_1 = 24.000 \text{ para } E_s \text{ em psf}$$

Os valores de E_s para cada camada são fornecidos na tabela a seguir.

Camada	H_i (pés)	$I_{\varepsilon i}$	E_s (psf)	$I_z H_i / E_s$
1	5	0,415	532.000	0,0000468
2	7	0,560	724.000	0,0000054
3	8	0,194	820.000	0,00000189

$\Sigma = 0{,}0000541$

Passo 7. Calcule o recalque usando a Equação (10.35).

$C_1 = 1 - 0{,}5(\sigma'_{vi}/q_{\text{líquido}}) = 1 - 0{,}5(378\ \text{psf}/5.442\ \text{psf}) = 0{,}97$

$C_2 = 1 + 0{,}2\log(t/0{,}1)$ t = tempo após a construção em anos $1 + 0{,}2\log(10/0{,}1) = 1{,}4$

$C_3 = 1{,}03 - 0{,}03(L/B) = 1{,}03 - 0{,}03(10\ \text{pés}/10\ \text{pés}) = 1{,}0$

$s = C_1 C_2 C_3\ (q_{\text{líquido}})\Sigma(I_{zi}H_i)/E_{si} = (0{,}97)(1{,}4)(1{,}0)(5.442\ \text{psf})(0{,}0000541) = 0{,}294\ \text{pés} = 3{,}5\ \text{pol.}$

Observe que, neste exemplo, a incorporação da sapata ajuda a reduzir o recalque (C_1 é menor que 1), mas o recalque continua ao longo do tempo (C_2 é maior que 1).

Mostramos os diagramas de influência de deformação para uma fundação quadrada e corrida. E quanto às formas intermediárias, por exemplo, sapatas retangulares? Poderíamos interpolar entre as sapatas quadrada e corrida, mas isso já foi feito. A Tabela 10.8 fornece os valores dos diferentes parâmetros necessários para desenhar o diagrama de influência de deformações para fundações com diferentes formatos, com L/B variando de 1 a maior que 10.

10.11.3 Estimativa direta do recalque usando CPT

Uma abordagem de projeto direto para estimar a capacidade de carga e o recalque de fundações rasas em areias foi apresentada usando o recalque relativo da sapata (Mayne e Illingworth 2010; Mayne et al., 2012). Os resultados coletados de um grande número de ensaios de carga de sapatas com uma ampla variedade de areias com diferentes formatos de sapatas mostraram que:

$$q/q_c = 0{,}585(s/B)^{0{,}5} \qquad (10.36)$$

onde

q = tensão aplicada;

q_c = resistência média da ponta do cone abaixo da sapata para uma profundidade de $1{,}5B$ (Seção 8.7);

s = recalque;

B = largura da sapata.

Também podemos usar essas análises para estimar a capacidade de carga final do CPT. A definição da capacidade de carga final como a tensão que produz um recalque relativo de 10% da largura da sapata fornece:

$$q_{\text{final}} = 0{,}18 q_c \qquad (10.37)$$

10.12 RECALQUE DE FUNDAÇÕES RASAS EM ARGILA

Para prever o recalque de uma fundação rasa sobre argila, geralmente são necessários os seguintes passos:

Passo 1. Usando informações da investigação do local, determine a estratigrafia do subsolo e verifique as condições iniciais.

☐ Perfil do solo:

σ_{vo} = tensão total vertical existente;

u_o = pressão da água intersticial existente;

σ'_{vo} = tensão efetiva vertical existente.

☐ Propriedades do solo em cada camada:

σ'_p = pressão de pré-adensamento;

C_c ou $C_{c\varepsilon}$ = índice de compressão ou índice de compressão modificado;

C_r ou $C_{r\varepsilon}$ = índice de recompressão ou índice de recompressão modificado

C_v = coeficiente de adensamento;

C_α ou $C_{\alpha\varepsilon}$ = índice de compressão secundária ou índice de compressão secundária modificado.

TABELA 10.8 Valores dos parâmetros utilizados no método de recalque de Schmertmann.

L/B	I_Z na base da sapata, I_{ZB}	Profundidade até I_{zp}, D_{IP} Obs. 1	Profundidade de I_z Diagrama D_1 Obs. 1	L/B	I_Z na base da sapata, I_{ZB}	Profundidade até I_{zp}, D_{IP} Obs. 1	Profundidade de I_z Diagrama D_1 Obs. 1
1,00	0,100	0,500	2.000	6,00	0,156	0,778	3.111
1,25	0,103	0,514	2.056	6,25	0,158	0,792	3.167
1,50	0,106	0,528	2.111	6,50	0,161	0,806	3.222
1,75	0,108	0,542	2.167	6,75	0,164	0,819	3.278
2,00	0,111	0,556	2.222	7,00	0,167	0,833	3.333
2,25	0,114	0,569	2.278	7,25	0,169	0,847	3.389
2,50	0,117	0,583	2.333	7,50	0,172	0,861	3.444
2,75	0,119	0,597	2.389	7,75	0,175	0,875	3.500
3,00	0,122	0,611	2.444	8,00	0,178	0,889	3.556
3,25	0,125	0,625	2.500	8,25	0,181	0,903	3.611
3,50	0,128	0,639	2.556	8,50	0,183	0,917	3.667
3,75	0,131	0,653	2.611	8,75	0,186	0,931	3.722
4,00	0,133	0,667	2.667	9,00	0,189	0,944	3.778
4,25	0,136	0,681	2.722	9,25	0,192	0,958	3.833
4,50	0,139	0,694	2.778	9,50	0,194	0,972	3.889
4,75	0,142	0,708	2.833	9,75	0,197	0,986	3.944
5,00	0,144	0,722	2.889	10,00	0,200	1,000	4.000
5,25	0,147	0,736	2.944	>10	0,200	1,000	4.000
5,50	0,150	0,750	3.000				
5,75	0,153	0,764	3.056				

Obs.:

Passo 1. As profundidades são obtidas multiplicando o valor desta coluna pela largura da sapata B_f.

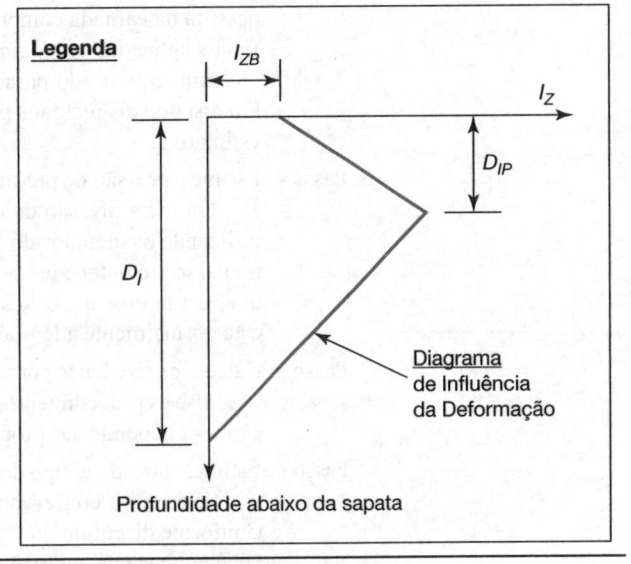

A partir do programa de exploração do solo e dos registros de perfuração, determine o perfil do solo e a localização do lençol freático. Determine a tensão vertical total de sobrecarga existente, a pressão da água intersticial e a tensão vertical efetiva com a profundidade (Seção 5.10). Decida quais camadas ou estratos do solo são compressíveis. As propriedades do solo são encontradas em ensaios de laboratório em amostras não perturbadas. As propriedades de classificação foram discutidas no Capítulo 2, e as propriedades de adensamento no Capítulo 7. Depois que todos esses resultados de ensaio estiverem disponíveis, você terá uma boa ideia do que é compressível.

Passo 2. Determine a geometria e a magnitude das cargas na fundação.

Para edifícios, a localização da área útil e das colunas é fornecida pelo arquiteto. Para pontes, o tamanho e a localização dos elementos de fundação são determinados pelo engenheiro da ponte.

Os diâmetros e as localizações dos reservatórios de armazenamento dependem do tipo de projeto e localização; da mesma forma, as dimensões do aterro são determinadas pelo *layout* do projeto. Estime a magnitude e a taxa de aplicação de carga à fundação, tanto durante a construção quanto durante a vida útil do projeto. As cargas não fatoradas deverão ser utilizadas para análise de recalque; caso contrário, um fator de segurança estará contido na análise de recalque. Para estruturas convencionais, como edifícios e pontes, o engenheiro estrutural geralmente fornece as cargas previstas para colunas, paredes, cais, encontros e assim por diante. Para aterros e reservatórios, o engenheiro de fundação costuma estimar as cargas.

Passo 3. Estime a mudança na tensão na (ou dentro da) camada compressível.

☐ Se for carregamento unidimensional: $\Delta \sigma_v = q_o$
☐ Se for carregamento tridimensional, use:
Teoria da elasticidade

Método 2:1

Se o carregamento for de natureza unidimensional (i.e., se a largura da área carregada for significativamente maior que a espessura da camada compressível), então o carregamento unidimensional poderá ser presumido. Nesse caso, a mudança na tensão com a profundidade é igual à tensão aplicada na superfície.

Se, por outro lado, a largura da área carregada for igual a ou menor do que a espessura da camada compressível, o carregamento é tridimensional, e as tensões superficiais aplicadas dissipam-se com a profundidade. A teoria elástica ou o método (2:1) é comumente usado para estimar a mudança na tensão com a profundidade, mas estão disponíveis métodos probabilísticos que também podem ser usados para fazer essa estimativa.

Passo 4. Estime a pressão de pré-adensamento.

Estime a pressão de pré-adensamento σ'_p ou a razão de sobreadensamento **OCR** utilizando os métodos do Capítulo 7. Compare com o perfil de tensão efetiva calculado no Passo 1 e determine se o solo é normalmente adensado ou sobreadensado. Observe que, em muitos depósitos, parte da camada compressível está sobreadensada e parte está normalmente adensada. Ver a Seção 5.10 para exemplos.

Passo 5. Calcule os recalques por adensamento s_c.

Use os procedimentos discutidos na Seção 7.7 para fazer esses cálculos. Qual equação usar depende das propriedades do solo determinadas no Passo 1 e no **OCR**.

Passo 6. Estime a taxa de tempo de recalque por adensamento.

Seja muito conservador em suas estimativas da taxa de tempo do adensamento. Conforme discutido no Capítulo 7, a precisão de suas previsões depende de quão bem você conhece as condições de drenagem limítrofe e intermediária das camadas compressíveis, e esse conhecimento depende da qualidade do programa de investigação do subsolo.

Passo 7. Estime a magnitude e a taxa de compressão secundária s_s.

Use os procedimentos descritos na Seção 7.20.

Exemplo 10.16

Contexto:

Um *radier* rígido em concreto de 24 pés × 24 pés está sendo usado para apoiar uma estrutura de reservatório na superfície do terreno natural no Texas, EUA. A tensão aplicada na base do *radier* será de 2.825 psf. O *radier* repousa sobre uma camada de argila de 3,6 metros de espessura, sustentado por um substrato rochoso duro de folhelho argiloso. O lençol freático está na superfície do terreno natural. As propriedades médias da argila são: **OCR** = 6,2; C_c = 0,31; C_r = 0,024; E_u = 185,2 ksf; e_o = 0,626; ρ_{sat} = 126 pcf; w = 21,6%.

Problema:

Calcule o recalque total médio sob o centro da fundação.

Solução:
Recalque imediato:
Use a Equação (10.31) para calcular o recalque imediato.

$$s_i = \frac{q_o B}{E_u}(1 - \nu^2) I_s \qquad (10.31)$$

A partir da Tabela 10.6b, para H/B = 0,5, presuma o coeficiente de Poisson de 0,5. A fundação é dividida em quadrados iguais, cada um com 12 pés × 12 pés, ou L/B = 1. O I_s resultante = 0,05, o que dá um total de 0,2 para as quatro formas contribuintes. Consequentemente,

$$s_i = (2.825,24/185.200)(1 - 0,5^2)(0,2) = 0,05 \text{ pés} = 0,66 \text{ pol.}$$

Recalque de adensamento:
Calcule a tensão efetiva inicial no ponto médio da camada de argila:

$$\sigma'_{vo} = (6 \text{ pés})(126 \text{ pcf}) = (6 \text{ pés})(62,4 \text{ pcf}) = 382 \text{ psf}$$

Calcule a mudança de tensão no ponto médio da camada de argila:
Usando o método aproximado 2:1:

$$\Delta\sigma'_v = [(24 \text{ pés})^2 (2.825 \text{ psf})]/[(24 \text{ pés} + 6 \text{ pés})]^2 = 1.808 \text{ psf}$$

Agora podemos comparar a tensão efetiva vertical final com a tensão de pré-adensamento:

$$\sigma'_{vf} = \sigma'_{vo} + \Delta\sigma'_v = 382 \text{ psf} + 1.808 \text{ psf} = 2.190 \text{ psf}$$

Uma vez que o **OCR** = 6,2, σ'_p = 6,2(382 psf) = 2.368 psf.
Como a tensão efetiva final é menor do que a tensão de pré-adensamento, todo o recalque do adensamento neste caso ocorre ao longo da inclinação de recompressão da curva de adensamento C_r.

$$s_c = [C_r/(1 + e_0)](H_0) \log(\sigma'_f/\sigma'_{vo}) = [0,024/(1 + 0,626)](12 \text{ pés}) \log(1808 \text{ psf}/382 \text{ psf})$$
$$= 0,12 \text{ pés} = 1,4 \text{ pol.}$$

Precisamos ajustar o recalque de adensamento calculado para efeitos tridimensionais, uma vez que a área carregada possui dimensões finitas e não é um carregamento unidimensional. Fazemos isso usando a correção de Skempton-Bjerrum (1957). Aplica-se apenas ao recalque de adensamento calculado e não ao recalque imediato.

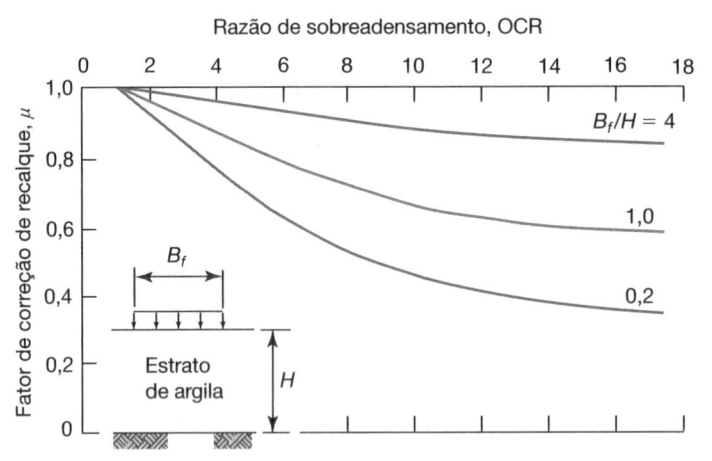

FIGURA 10.23 Fatores de correção sugeridos por Skempton-Bjerrum para recalque de adensamento 3D (de Skempton e Bjerrum, 1957).

Os fatores de correção sugeridos são mostrados na Figura 10.23, que apresenta a correção em termos de **OCR** e geometria. Neste caso, o valor de $\psi = 0{,}85$. Isto dá:

$$s_c = 1{,}4 \text{ pol.} \times 0{,}85 = 1{,}19 \text{ pol.}$$

Portanto, agora temos $s_t = 0{,}66$ pol. $+ 1{,}19$ pol. $= 1{,}85$ pol.
Agora devemos verificar se precisamos adicionar alguma compactação secundária a isso.

Lembre-se de que o recalque imediato ocorre muito rapidamente. No entanto, o recalque de adensamento ocorre ao longo do tempo à medida que a água é expelida. O recalque de adensamento que calculamos é o total. Realisticamente, precisamos definir um período de tempo que nos interesse para determinar quanto do recalque calculado ocorreria após um determinado período, digamos cinco anos, 50 anos ou 100 anos.

A correção 3D de Skempton-Bjerrum é mais importante para solos com alta **OCR** e para camadas com espessura limitada.

10.13 FUNDAÇÕES COMBINADAS

Em muitos casos, torna-se inviável construir fundações separadas para cada coluna ou outra carga discreta de uma estrutura. As cargas discretas podem ser suficientemente grandes em relação à capacidade de carga do solo subjacente disponível, de modo que as áreas úteis da fundação resultantes fiquem estreitamente espaçadas ou se sobreponham umas às outras. Uma ou mais fundações projetadas também podem entrar em conflito com uma estrutura adjacente, tubulações de serviços públicos ou linhas de propriedades. Como alternativa, a excentricidade de algumas cargas nas fundações superficiais teria um impacto severo na sua capacidade de suportar eficientemente essas cargas (lembre-se da redução da capacidade de carga final devido à excentricidade fora das linhas centrais). Nesses casos, uma opção de projeto é fundir as fundações de suporte em uma única estrutura que sustente múltiplas cargas discretas. Estas são conhecidas coletivamente como **fundações combinadas** e consistem em dois tipos: **sapatas combinadas** são fundações que suportam duas ou mais cargas ao longo da mesma linha de colunas (ou outros elementos de carga da estrutura); e as **fundações em *radier*** que são fundações de suporte único para cargas aplicadas sobre múltiplas linhas de coluna, em torno de um anel (p. ex., um reservatório de água com paredes apoiadas) ou uma estrutura de formato irregular. Em todos os casos de fundações combinadas, o objetivo do ponto de vista do engenheiro geotécnico é atingir uma tensão tão uniforme quanto possível em toda a área destas fundações. Isto minimiza o recalque diferencial que pode resultar e, do ponto de vista da engenharia estrutural, também minimiza as tensões de cisalhamento no material de fundação (normalmente concreto).

10.13.1 Sapatas combinadas

Para efeitos de apresentação de conceitos de sapatas combinadas, consideramos uma situação de duas colunas em que as sapatas de colunas individuais foram excluídas. Vamos presumir que essas sapatas individuais teriam de ser suficientemente grandes para interferirem umas com as outras. Além disso, vamos presumir que existe uma linha de propriedade que não pode ser cruzada com a nossa fundação, complicando ainda mais o nosso projeto. Consideraremos primeiro o uso de uma sapata combinada retangular, conforme mostrado na planta simplificada (Figura 10.24).

Como podemos ver nesta figura, as fundações individuais para essas colunas estariam muito próximas umas das outras, e a fundação para a coluna 1 cruzaria a linha da propriedade (se carregada concentricamente) ou seria carregada de uma forma severamente excêntrica para evitar cruzar com esta linha. Uma sapata combinada resolve o problema de construtibilidade de ter fundações tão próximas umas das outras (fundindo-as em uma única sapata) e também usa a coluna 2 para neutralizar a excentricidade da coluna 1.

Sapatas combinadas trapezoidais (Figura 10.25) podem ser usadas para o mesmo propósito fundamental, mas são configuradas para diferentes cargas de coluna, reduzindo potencialmente o custo dos materiais.

Para cargas de coluna inferiores em relação à capacidade de carga disponível, mas com o mesmo problema em relação à excentricidade significativa em uma ou mais colunas, uma sapata de divisa pode ser usada (Figura 10.26). Nesse caso, sapatas individuais são viáveis, mas uma viga alavanca conecta-se entre as sapatas para transferir o momento de tombamento criado pela excentricidade da coluna 1.

Deve-se observar que a viga alavanca é um elemento estrutural crítico devido ao potencial de transferência de alto momento que suporta. Isto difere de uma viga de fundação, que pode parecer muito semelhante, mas tem uma função muito diferente no sistema construtivo; vigas de fundação normalmente fornecem suporte para a parede de sustentação de uma estrutura, que é então transmitida para as fundações adjacentes.

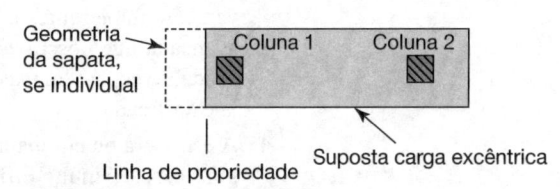

FIGURA 10.24 Vista plana de uma sapata combinada retangular para suportar duas cargas de colunas aproximadamente iguais.

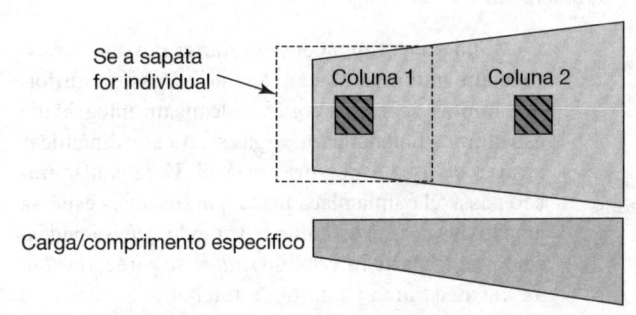

FIGURA 10.25 Vista plana de uma sapata combinada trapezoidal para suportar duas cargas desiguais de coluna e a carga resultante por unidade de comprimento aplicada ao solo subjacente.

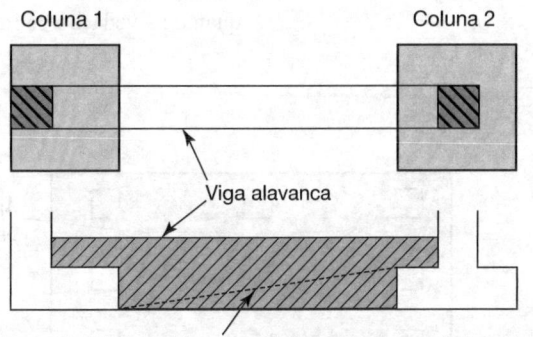

FIGURA 10.26 Vistas planas e em cota de fundações individuais conectadas por meio de uma viga de fundação estrutural.

10.13.2 Fundações de radier

Conforme observado anteriormente, uma fundação em radier é considerada quando há múltiplas cargas estruturais que não estão necessariamente alinhadas, como havíamos presumido na seção anterior para sapatas combinadas. As fundações em *radier* podem ser utilizadas para várias colunas, paredes ou uma estrutura inteira, podendo também ser referidas como ensoleiramento geral, fundação compensada ou flutuante. Esses termos alternativos implicam que a estrutura atua de alguma forma como um **barco** que sustenta a estrutura no solo, o que quase nunca é uma analogia precisa. Existe uma versão de fundação em *radier* conhecida como **fundação em radier totalmente compensada**, na qual a tensão aplicada na fundação q, é aproximadamente igual à tensão de sobrecarga do solo no nível da fundação. Como você pode imaginar, essa situação normalmente surge apenas em casos com cargas de construção muito leves (p. ex., um armazém com cargas de piso relativamente pequenas), portanto, um *radier* **parcialmente compensado** é muito mais provável.

Existem vários motivos pelos quais uma fundação em *radier* pode ser escolhida como a melhor opção de projeto.

1. O solo subjacente tem **baixa capacidade de carga** em relação às cargas aplicadas. Assim como acontece com sapatas combinadas, essa condição faz com que sapatas separadas se tornem muito grandes e possam levar a áreas úteis próximas umas das outras ou sobrepostas.
2. O **depósito geotécnico subjacente é irregular**. Pode haver bolsões ou uniões macias e duras e lentes de material intercaladas no local, resultando em uma capacidade de carga inconsistente. A fundação em *radier* seria capaz de atravessar essas zonas e reduzir recalques diferenciais. Atualmente, é mais provável que escavemos esse material e o substituamos por um aterro projetado, mas isso pode estourar o orçamento em comparação com o custo total do projeto. A topografia cárstica (Seção 3.3) pode apresentar essas condições irregulares e pode exigir diferentes tratamentos do solo antes de qualquer construção.
3. A estrutura suportada **é altamente sensível a recalques diferenciais**. Pode haver equipamentos sensíveis ou configurações de máquinas e/ou serviços públicos que sejam relativamente intolerantes a recalques diferenciais. Por exemplo, uma instalação de fabricação avançada que possui equipamentos pesados pode ter cada peça de equipamento em uma fundação separada, mas para mantê-los precisamente alinhados, eles são colocados em uma laje unificada.
4. A estrutura ou equipamento suportado possui um **tamanho ou formato estranho**. Em alguns casos, é muito difícil definir estruturas de uma forma que conduza às fundações convencionais. Um bom exemplo disso é um reservatório grande de armazenamento circular com paredes laterais e um piso interior que deve ser apoiado, novamente com o objetivo de minimizar o recalque diferencial entre os componentes.
5. Fundações **abaixo do lençol freático**. Se a fundação ficar abaixo do lençol freático, uma fundação em *radier* realmente atua como um "barco", tanto no suporte às cargas estruturais quanto na vedação do interior contra a infiltração de água.

Embora as fundações em *radier* possam ser essencialmente uma placa plana de espessura uniforme, muitas vezes, os *radiers* alcançam integridade estrutural adicional para cargas estáticas e dinâmicas através de uma espessura variável. Uma configuração possível é uma placa plana que fica mais espessa abaixo das cargas da coluna, de modo que, se pudéssemos ver a parte inferior do *radier*, se pareceria com as travas de uma chuteira de futebol ou o fundo de uma caixa de ovos. Uma viga e uma laje bidirecionais são, na verdade, espessadas sob ambas as linhas de coluna e, para continuar nossa analogia alimentar, assumem a aparência de um *waffle* (Figura 10.27).

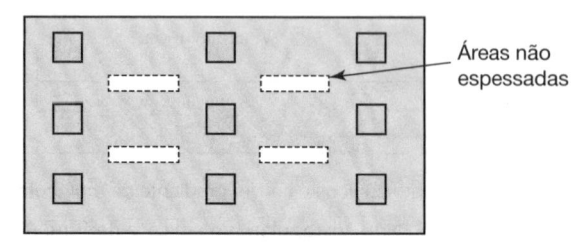

FIGURA 10.27 Vista plana de viga bidirecional e fundação em radier.

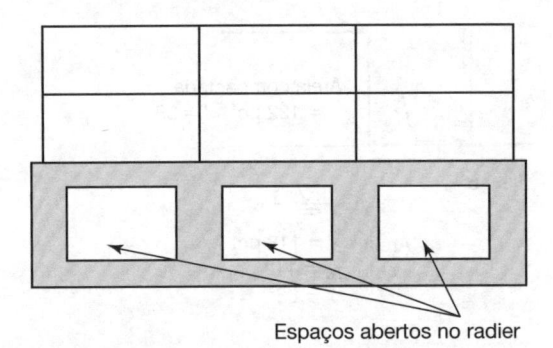

FIGURA 10.28 Vista em conta da fundação em radier de construção celular.

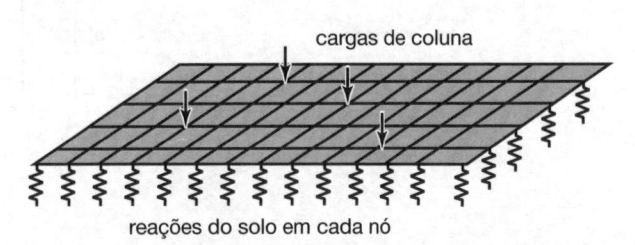

FIGURA 10.29 Representação da carga do radier e da reação do solo para análise de elementos finitos de deformações e tensões do radier e avaliação da tensão de carga aplicada ao solo.

Há também casos em que o porão é de construção celular, e o *radier* é, na verdade, uma laje muito grossa com espaço aberto para porões. Esta é normalmente uma solução muito cara e raramente justificada. A Figura 10.28 mostra o esquema em cota desse tipo de fundação.

Os *radiers* são projetados primeiro proporcionando-os com base na pressão de carga admissível do solo de fundação e com a contribuição do engenheiro estrutural. Uma vez estabelecidos os detalhes iniciais do projeto, o projeto geralmente é analisado usando um programa de interação solo-estrutura baseado na análise de elementos finitos. Como qualquer abordagem de método de elementos finitos (**FEM**), os programas de *software* de análise de *radier* dividem o mesmo em uma grade de elementos com carregamento nos nós da grade (p. ex., como mostrado na Figura 10.29).

A reação do solo é representada por um valor de rigidez ou módulo, bem como uma pressão de carga admissível. O programa passa a desenvolver uma solução, se possível, para atingir o equilíbrio entre as cargas aplicadas, a estrutura e o solo, com verificações se a estrutura ou o solo atingem a ruptura. Os resultados do programa consistem na deformação e na pressão do solo aplicadas em cada nó, normalmente com gráficos para compreender os padrões gerais de carga/deflexão a fim de procurar zonas críticas que podem exigir revisão do projeto. Alguns pacotes de análise de *radier* disponibilizam produtos educacionais gratuitos ou de preço reduzido com recursos limitados, e talvez seja interessante pesquisar na Internet por um deles para testar seus recursos de solução.

PROBLEMAS

Capacidade de carga de fundação rasa

10.1 Uma sapata quadrada de 1,2 m e 0,4 m de profundidade é sustentada por um solo com as seguintes propriedades: $\gamma = 19{,}2$ kN/m³, $(c) = 5$ kPa, $\phi = 30°$. O lençol freático encontra-se a uma profundidade considerável. Calcule a capacidade de carga final para essa fundação.

10.2 Você deverá determinar a capacidade de carga final para as seguintes características da fundação e do solo (use as equações fornecidas em aula para os fatores de capacidade de carga):
  a. Largura $B = 5$ pés, comprimento de 50 pés, profundidade até a base da fundação, $d = 4$ pés, peso específico do solo acima e abaixo da sapata, $\gamma = 110$ lb/pés³, ângulo de atrito $\phi = 20°$ e $c = 300$ lb/pés².
  b. Largura, $B = 2$ m, comprimento de 12 m, $d = 1{,}5$ m, $\gamma = 18$ kN/m³, $\phi = 32°$, $c = 0$.

10.3 Uma fundação retangular com relação L/B de 2 suportará uma carga de coluna $Q = 900$ kN. O solo subjacente é uma areia seca com peso específico, $\gamma_d = 17{,}5$ kN/m³ e um ângulo de atrito interno de 35°. É necessário um fator de segurança de 3. Encontre as dimensões da fundação se: (a) a fundação for colocada na superfície do terreno natural; e (b) a fundação for colocada 1 m abaixo da superfície do terreno natural. Para a parte (b), use uma planilha para resolver a equação de B. A equação deve ter a forma $0 = f(B)$. Tente usar $B = 0{,}4$ m até $B = 1{,}5$ m, adotando incrementos de 0,1 m. Entregue a planilha como parte de sua solução.

10.4 A Figura P10.4 mostra uma sapata retangular (6 pés × 31 pés) que é carregada com uma carga vertical, $V = 500$ *kips* e uma carga horizontal, $H = 125$ *kips*. Não há carregamento excêntrico. O solo subjacente é uma areia com o lençol freático 2 pés abaixo da base da fundação. O solo sobrecarregado é uma areia argilosa e compactada. As propriedades do solo são mostradas, e não há capilaridade. Qual é o fator de segurança contra ruptura de capacidade de carga?

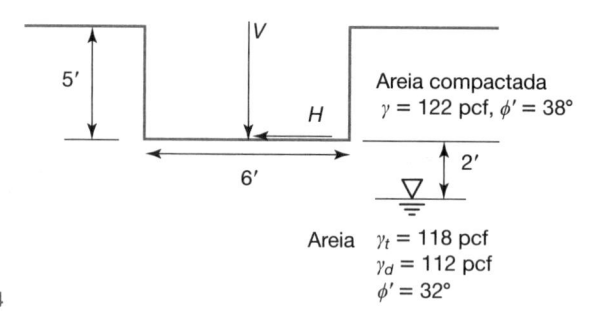

FIGURA P10.4

(Figura: escavação com 5' de profundidade, 6' de largura, carga V e H aplicadas; areia compactada $\gamma = 122$ pcf, $\phi' = 38°$; nível freático 2' abaixo da base; areia $\gamma_t = 118$ pcf, $\gamma_d = 112$ pcf, $\phi' = 32°$.)

10.5 A Figura P10.5 mostra uma fundação de 10 pés × 20 pés com uma carga inclinada de 15°. O lençol freático está 4 pés abaixo da base da fundação. Não há capilaridade.
  a. Determine a capacidade de carga final para esta fundação sob essas condições.
  b. Qual é a carga vertical máxima que poderia ser aplicada, dada esta inclinação? Vamos presumir que o **FS** = 1.

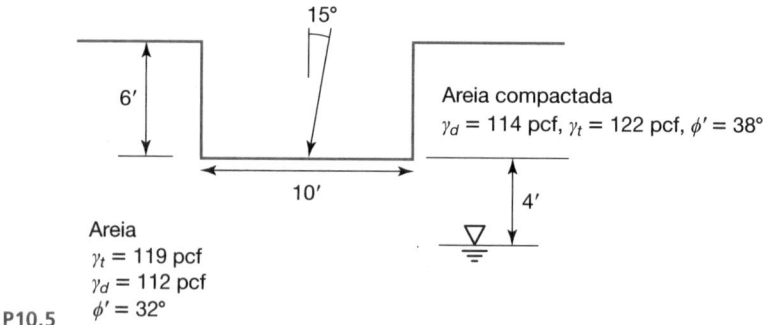

FIGURA P10.5

(Figura: fundação a 6' de profundidade, 10' de largura, carga inclinada 15°; areia compactada $\gamma_d = 114$ pcf, $\gamma_t = 122$ pcf, $\phi' = 38°$; nível freático 4' abaixo da base; areia $\gamma_t = 119$ pcf, $\gamma_d = 112$ pcf, $\phi' = 32°$.)

10.6 Uma sapata contínua de largura **B** será carregada a 25.000 lb por pé linear de comprimento. Como mostra a Figura P10.6, a sapata será colocada 3 pés abaixo da superfície de um depósito de areia, com o lençol freático 2 pés abaixo da superfície do terreno natural. Outras propriedades do solo são mostradas. Qual largura da sapata será necessária para atingir um fator de segurança de 3,0?

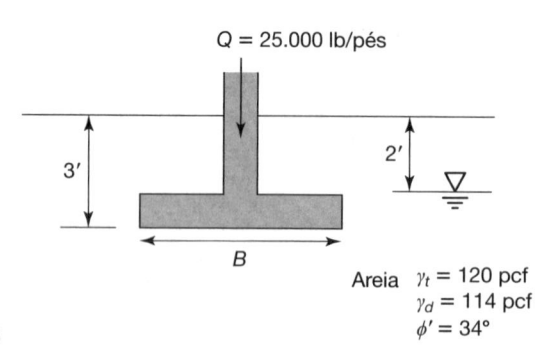

FIGURA P10.6

(Figura: sapata de largura B, profundidade 3', $Q = 25.000$ lb/pés; nível freático 2' abaixo da superfície; areia $\gamma_t = 120$ pcf, $\gamma_d = 114$ pcf, $\phi' = 34°$.)

10.7 Você está tentando determinar se a fundação de um muro de arrimo vai sofrer uma ruptura durante uma tempestade de 100 anos. A Figura P10.7 mostra as condições de carregamento da fundação, com o lençol freático 2 m acima da fundação. A carga aplicada, aplicada inclinada a 10°, é $Q = 1.200$ kN/m. Determine o q_{final} e o fator de segurança para este carregamento.

FIGURA P10.7

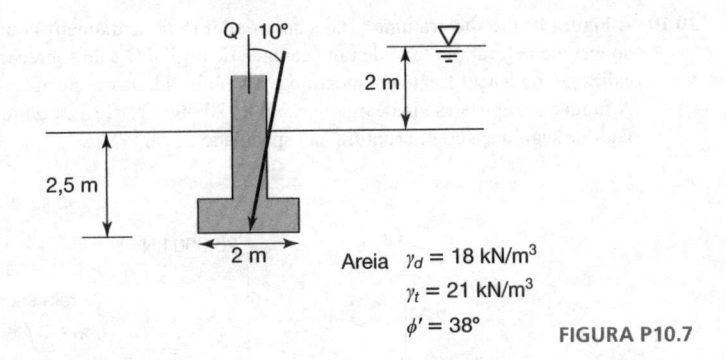

- Q, 10°
- 2 m (nível d'água)
- 2,5 m
- 2 m (base)
- Areia: $\gamma_d = 18$ kN/m³, $\gamma_t = 21$ kN/m³, $\phi' = 38°$

10.8 A Figura P10.8 mostra uma fundação quadrada (3 m × 3 m) carregada excentricamente. A carga será aplicada a 0,4 m da linha central da fundação, que está 2 m abaixo da superfície do terreno natural, em uma camada de argila. A localização do lençol freático é mostrada, e há capilaridade total. Um tubo vertical que mede a pressão neutra a uma profundidade de 5 m sobe até a base da fundação, como mostrado.
  a. Determine se o carregamento é drenado ou não drenado e, para o caso escolhido, determine a carga Q_{final}, que causará uma ruptura à fundação.
  b. Outro dispositivo mede a pressão do solo em um dos lados da fundação. Para uma força aplicada de 1.450 kN, que pressão este dispositivo vai ler?

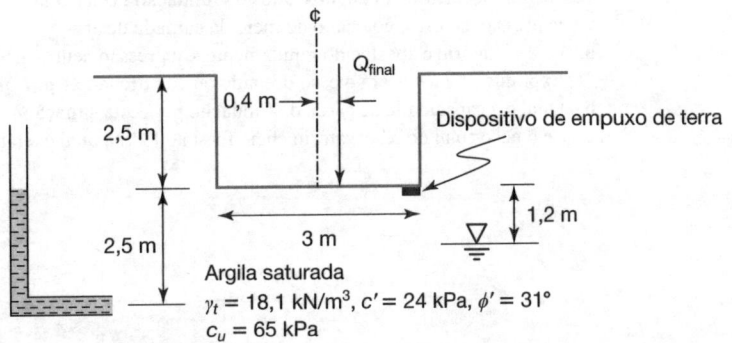

FIGURA P10.8

- Q_{final}, 0,4 m da linha central
- 2,5 m + 2,5 m
- 3 m (largura)
- Dispositivo de empuxo de terra
- 1,2 m
- Argila saturada: $\gamma_t = 18,1$ kN/m³, $c' = 24$ kPa, $\phi' = 31°$, $c_u = 65$ kPa

10.9 Uma grande máquina de forjar (usada para formar peças de automóveis) pesando 30.000 kN foi colocada em uma fundação de 12 m × 16 m e embutida 2 m em um solo compactado (Figura P10.9). O lençol freático está 3 m abaixo da superfície do terreno natural. Um dispositivo é colocado 1 m abaixo do lençol freático para monitorar a pressão neutra no solo. Vamos presumir capilaridade total. Após a instalação da máquina, a leitura da pressão neutra é de 42 kPa. Qual é o fator de segurança em relação à capacidade de carga para esta situação?

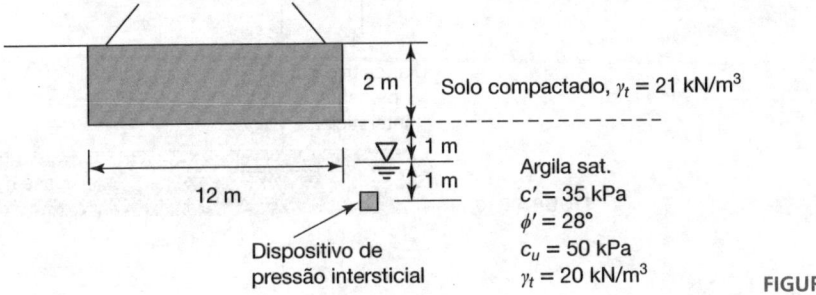

FIGURA P10.9

- 2 m (embutimento)
- Solo compactado, $\gamma_t = 21$ kN/m³
- 1 m + 1 m
- 12 m
- Dispositivo de pressão intersticial
- Argila sat.: $c' = 35$ kPa, $\phi' = 28°$, $c_u = 50$ kPa, $\gamma_t = 20$ kN/m³

10.10 A Figura P10.10 mostra uma fundação circular (5 m de diâmetro) que está 2 m abaixo da superfície do terreno natural, no topo de uma camada de argila. O solo sobrecarregado é uma areia seca. A localização do lençol freático é mostrada, e a capilaridade ocorre apenas no topo da camada de argila. A fundação suportará uma carga vertical de 20.000 kN. Se a carga for aplicada lentamente, qual é o fator de segurança contra ruptura na capacidade de carga?

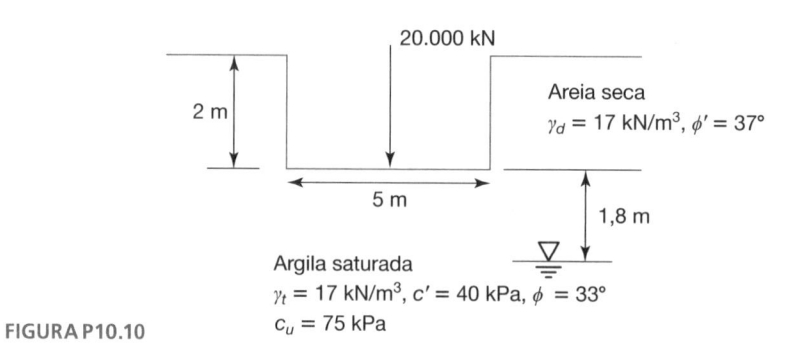

20.000 kN

2 m

5 m

1,8 m

Areia seca
$\gamma_d = 17$ kN/m³, $\phi' = 37°$

Argila saturada
$\gamma_t = 17$ kN/m³, $c' = 40$ kPa, $\phi = 33°$
$c_u = 75$ kPa

FIGURA P10.10

10.11 A Figura P10.11 mostra um reservatório de óleo sobre uma fundação circular sobre argila. Uma estação de bombeamento em um dos lados da fundação faz a carga ser excêntrica em 1,5 m. Um dispositivo de pressão neutra é colocado no meio da camada de argila.
  a. O reservatório é abastecido rapidamente, e a pressão neutra medida na argila é de cerca de 126 kPa. Explique se você usará o caso drenado ou não drenado **e por quê**.
  b. Qual é a capacidade de carga da fundação para esta situação?
  c. Se o peso final do reservatório cheio for 45.000 kN, qual é o fator de segurança para esta situação?

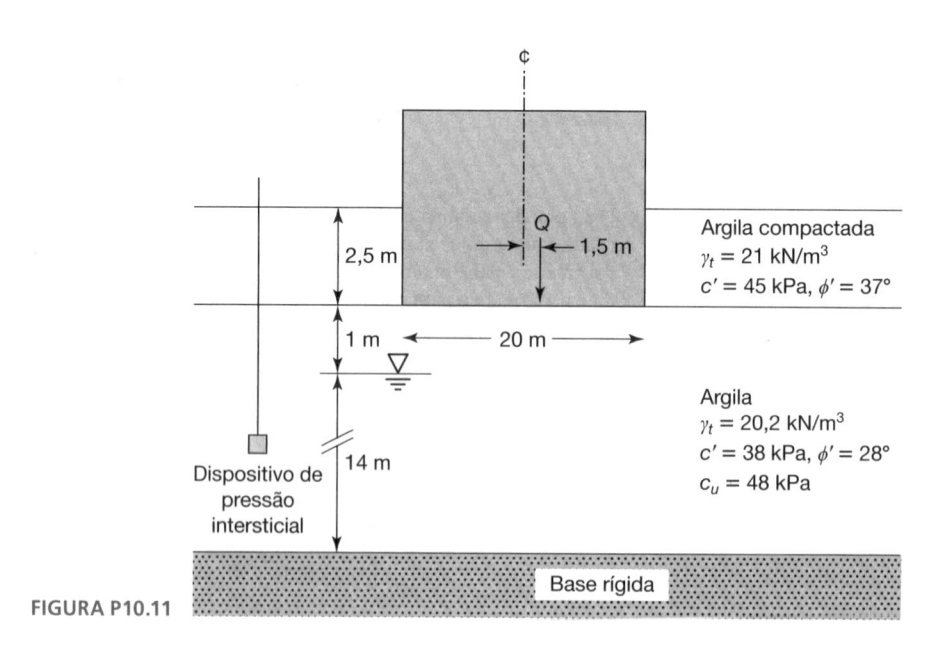

2,5 m

Q
1,5 m

1 m
20 m

14 m

Dispositivo de pressão intersticial

Argila compactada
$\gamma_t = 21$ kN/m³
$c' = 45$ kPa, $\phi' = 37°$

Argila
$\gamma_t = 20,2$ kN/m³
$c' = 38$ kPa, $\phi' = 28°$
$c_u = 48$ kPa

Base rígida

FIGURA P10.11

10.12 A partir da mesma situação do Problema 10.11:
  a. A medida da pressão neutra no meio da camada de argila é de cerca de 64 kPa. Explique se você usará o caso drenado ou não drenado **e por quê**.
  b. Qual é a capacidade de carga da fundação para esta situação?
  c. Se o peso final do reservatório cheio for 350.000 kN, qual é o fator de segurança para esta situação?

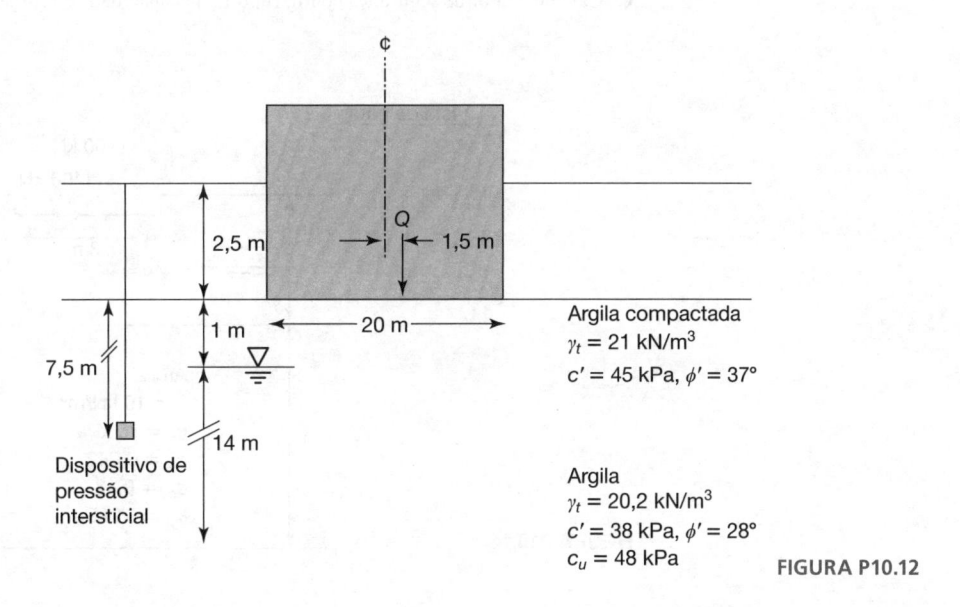

Dimensões e propriedades (Figura P10.12):
- 2,5 m | Q | 1,5 m
- 20 m (largura da fundação)
- 1 m, 7,5 m, 14 m
- Dispositivo de pressão intersticial

Argila compactada
$\gamma_t = 21$ kN/m³
$c' = 45$ kPa, $\phi' = 37°$

Argila
$\gamma_t = 20{,}2$ kN/m³
$c' = 38$ kPa, $\phi' = 28°$
$c_u = 48$ kPa

FIGURA P10.12

10.13 A Figura P10.13 mostra as condições em que uma sapata de 2 m × 3 m deve ser construída. A carga será aplicada com excentricidades $e_B = 0{,}2$ m e $e_L = 0{,}1$ m. Que carga pode ser aplicada a esta fundação para um **FS** = 3, presumindo condições não drenadas?

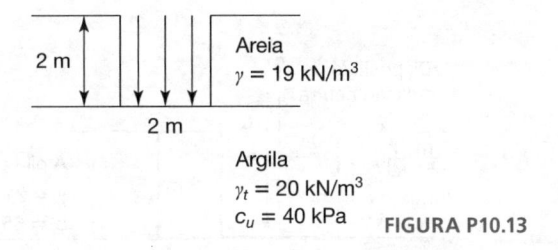

Dimensões e propriedades (Figura P10.13):
- 2 m (profundidade), 2 m (largura)

Areia
$\gamma = 19$ kN/m³

Argila
$\gamma_t = 20$ kN/m³
$c_u = 40$ kPa

FIGURA P10.13

10.14 A Figura P10.14 mostra uma sapata retangular (3 m × 3 m) que é carregada conforme mostrado. O solo é composto por 3,2 m de areia sobrepostos a 4 m de argila, com o lençol freático 1,8 m abaixo da superfície do terreno natural. Não há capilaridade, e as propriedades do solo são as mostradas.

a. Determine a capacidade de carga da fundação se a ruptura ocorrer devido à perfuração da fundação através da areia e da argila. Indique quaisquer suposições.

b. Determine a capacidade de carga da fundação se a ruptura ocorrer apenas na areia. Faça esta análise usando cálculos convencionais de capacidade de carga para areias.

c. Calcule o fator de segurança contra ruptura na capacidade de carga.

Vista da cota

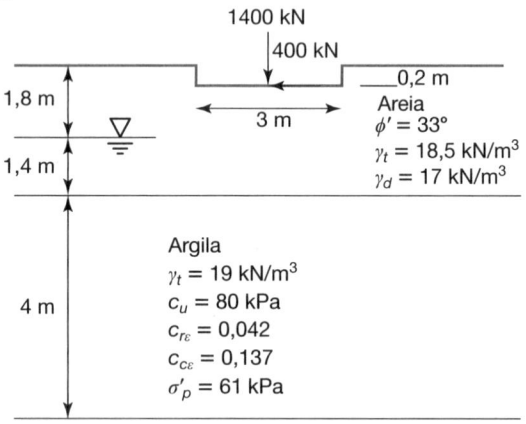

1400 kN
400 kN
0,2 m
1,8 m
Areia
$\phi' = 33°$
3 m
$\gamma_t = 18,5$ kN/m³
1,4 m
$\gamma_d = 17$ kN/m³

Argila
$\gamma_t = 19$ kN/m³
4 m
$c_u = 80$ kPa
$c_{r\varepsilon} = 0,042$
$c_{c\varepsilon} = 0,137$
$\sigma'_p = 61$ kPa

FIGURA P10.14

10.15 A Figura P10.15 mostra uma fundação em argila de 1,5 m × 8 m que é carregada com uma carga excêntrica. As pressões neutras são monitoradas a 1 m abaixo da superfície do terreno natural (2 m acima do lençol freático), sendo cerca de 10 kPa durante o carregamento da fundação. Vamos presumir que há capilaridade total.

a. Qual caso deve ser usado, drenado ou não, e por quê?

b. Que carga pode ser aplicada à fundação se for necessário um **FS** = 3?

Dispositivo de pressão neutra
1 m
0,15 m
Q
2 m
3 m
1,5 m

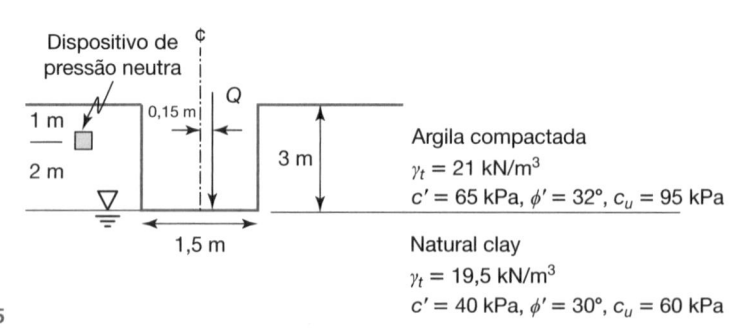

Argila compactada
$\gamma_t = 21$ kN/m³
$c' = 65$ kPa, $\phi' = 32°$, $c_u = 95$ kPa

Natural clay
$\gamma_t = 19,5$ kN/m³
$c' = 40$ kPa, $\phi' = 30°$, $c_u = 60$ kPa

FIGURA P10.15

10.16 A Figura P10.16 mostra uma fundação contínua.
   a. Se $H = 1{,}5$ m, determine a capacidade de carga final q_{final}.
   b. A que valor mínimo de H/B a camada de argila não terá qualquer efeito na capacidade de carga final da fundação?

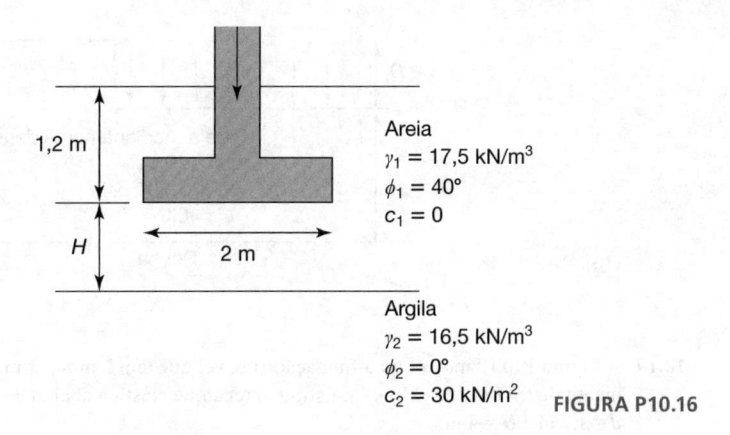

```
           ↓
    ┌──────────┐
1,2 m│          │      Areia
    │          │      γ₁ = 17,5 kN/m³
    └──┐    ┌──┘      φ₁ = 40°
       │    │          c₁ = 0
 H  ←──┤2 m ├──→
       │    │
    ───┴────┴───
                     Argila
                     γ₂ = 16,5 kN/m³
                     φ₂ = 0°
                     c₂ = 30 kN/m²
```

FIGURA P10.16

Recalque de fundações rasas

10.17 A Figura P10.17 mostra uma fundação quadrada apoiada em uma camada de areia sobreposta a um estrato de argila com 2,5 m de espessura. A carga líquida aplicada é $Q_o = 900$ kN. Determine $\Delta\sigma_v$ abaixo de um canto da fundação no meio da camada de argila pelos seguintes métodos:
   a. Usando o gráfico de influência de Newmark (anexe uma cópia do gráfico que você usou).
   b. O método 2:1.

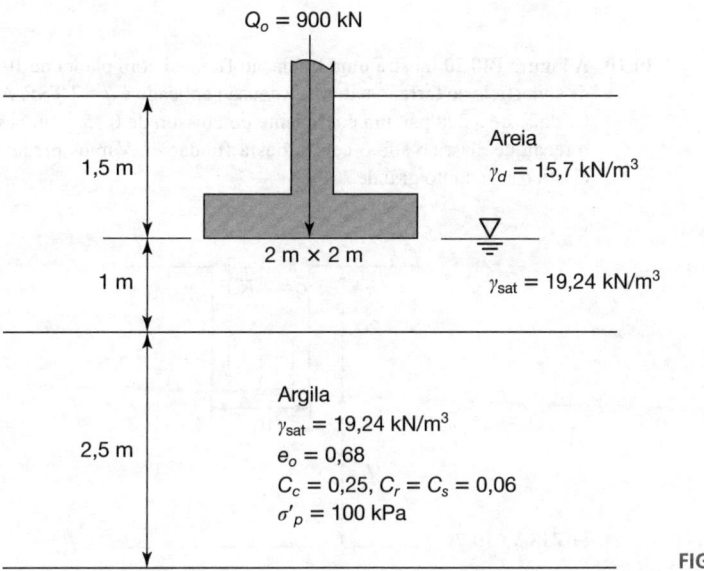

```
                Q_o = 900 kN
                    ↓
                 ┌──┴──┐
                 │     │
    1,5 m        │     │         Areia
                 │     │         γ_d = 15,7 kN/m³
              ┌──┘     └──┐
              │  2 m × 2 m│      ▽
              └──┬─────┬──┘      ═
    1 m          │     │         γ_sat = 19,24 kN/m³
    ─────────────┴─────┴──────────
                                  Argila
                                  γ_sat = 19,24 kN/m³
    2,5 m                         e_o = 0,68
                                  C_c = 0,25, C_r = C_s = 0,06
                                  σ'_p = 100 kPa
    ──────────────────────────────
```

FIGURA P10.17

10.18 A Figura P10.18 mostra uma fundação em um depósito de areia de densidade média, indicando as propriedades do solo. As dimensões da fundação são 6,4 pés × 11,5 pés, e a profundidade da fundação é $d = 2,5$ pés. A profundidade da base da fundação ao estrato rígido $H = 32$ pés. Determine o recalque elástico sob um canto da fundação para uma tensão aplicada $q = 3.000$ psf.

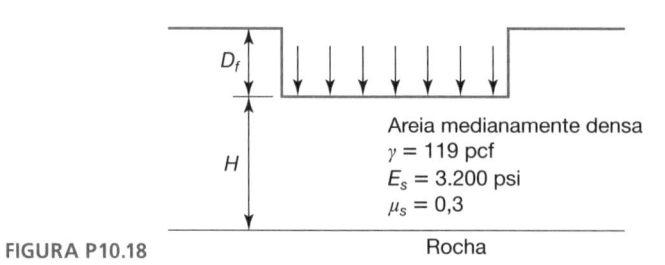

Areia medianamente densa
$\gamma = 119$ pcf
$E_s = 3.200$ psi
$\mu_s = 0,3$

Rocha

FIGURA P10.18

10.19 A Figura P10.19 mostra uma fundação flexível que tem 2 m × 3,2 m e suporta uma tensão uniformemente distribuída $q = 210$ kPa. Estime o recalque elástico abaixo do centro da fundação presumindo $d = 1,2$ m e $H = 4$ m.

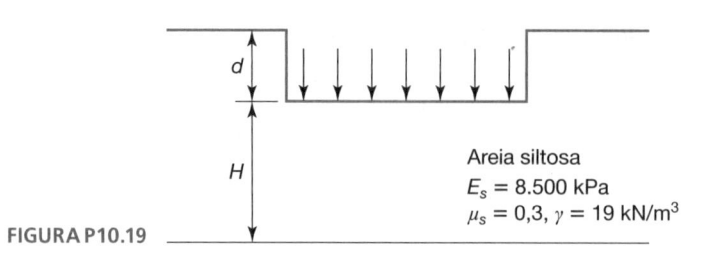

Areia siltosa
$E_s = 8.500$ kPa
$\mu_s = 0,3$, $\gamma = 19$ kN/m³

FIGURA P10.19

10.20 A Figura P10.20 mostra uma fundação flexível com planta de 10 pés × 25 pés apoiada 20 pés abaixo da superfície do terreno natural. A tensão aplicada é $q = 2$ **TSF**. A areia apresenta um módulo de elasticidade de 3.200 psi, um coeficiente de Poisson de 0,35 e um peso específico de 120 pcf. Determine o recalque elástico sob o centro desta fundação. Vamos presumir que a profundidade do material elástico seja muito grande.

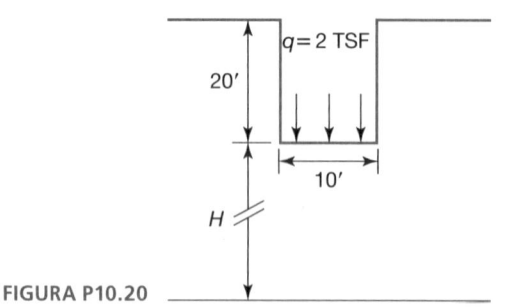

$q = 2$ TSF
20'
10'
H

FIGURA P10.20

10.21 Uma fundação flexível com planta de 10 pés × 25 pés está apoiada 2,95 pés abaixo da superfície do terreno natural. A tensão aplicada é $q = 2$ **TSF**. A areia apresenta um coeficiente de Poisson de 0,3, um módulo de elasticidade de 3.200 psi e um peso específico de 120 pcf. Determine o recalque elástico médio da fundação em sua área.

10.22 Uma fundação circular flexível na superfície de uma camada de argila apresenta um diâmetro de 10,5 pés e está sujeita a uma tensão uniformemente distribuída de 3.000 psf. Determine o aumento da tensão $\Delta\sigma_v$, em dois pontos: 8 pés abaixo do centro da fundação; e 4 pés abaixo da borda da fundação.

10.23 Uma fundação flexível com planta de 4 m × 7 m está apoiada 2 m abaixo da superfície de um depósito de areia de densidade média. A tensão líquida aplicada é de 450 kPa e $\gamma = 19,4$ kN/m³ para a areia. Utilize parâmetros elásticos apropriados, dada a estimativa mais conservadora do recalque sob um canto desta fundação para essas condições.

10.24 Uma área circular flexível na superfície de uma camada de argila apresenta diâmetro de 2 m e está submetida a uma tensão uniformemente distribuída de 100 kPa. Determine o aumento da tensão $\Delta\sigma_v$, na massa de solo em pontos localizados nas profundidades 1,5 m e 3 m abaixo do centro da área carregada.

10.25 A Figura P10.25 mostra um perfil de solo para um canteiro de fundação. A fundação apresenta 32 pés × 40 pés e uma tensão aplicada de 400 psf. No meio da camada de argila, o $\sigma'_v = \sigma'_p$ inicial (denominado "normalmente adensado"). Determine o recalque na argila no centro da fundação a partir desta tensão aplicada usando o método de Boussinesq.

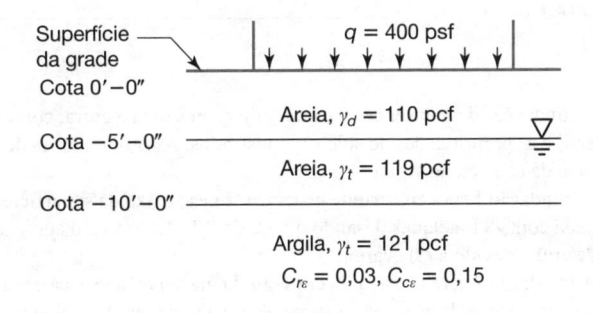

```
Superfície              q = 400 psf
da grade        ↓ ↓ ↓ ↓ ↓ ↓ ↓ ↓
Cota 0'–0"
                Areia, γ_d = 110 pcf
Cota –5'–0"  ─────────────────────── ▽
                Areia, γ_t = 119 pcf
Cota –10'–0" ───────────────────────

                Argila, γ_t = 121 pcf
                C_{rε} = 0,03, C_{cε} = 0,15


Cota –30'–0" ───────────────────────     FIGURA P10.25
```

10.26 A Figura P10.26 mostra um edifício de equipamentos e um reservatório de armazenamento que serão construídos um ao lado do outro. Os solos subjacentes apresentam 2 pés de areia e 16 pés de argila, indicando as propriedades. O reservatório circular apresenta 30 pés de diâmetro e está embutido 2 pés abaixo da superfície do terreno natural. A carga de fundação do reservatório é de 240 toneladas. O edifício de equipamentos retangular apresenta 40 pés × 40 pés e fica na superfície do terreno natural. A carga total da fundação para esta área é de 4.200 toneladas.

Usando os métodos de Boussinesq, encontre o aumento da tensão vertical sob o ponto A (no centro do reservatório) no meio da camada de argila.

FIGURA P10.26

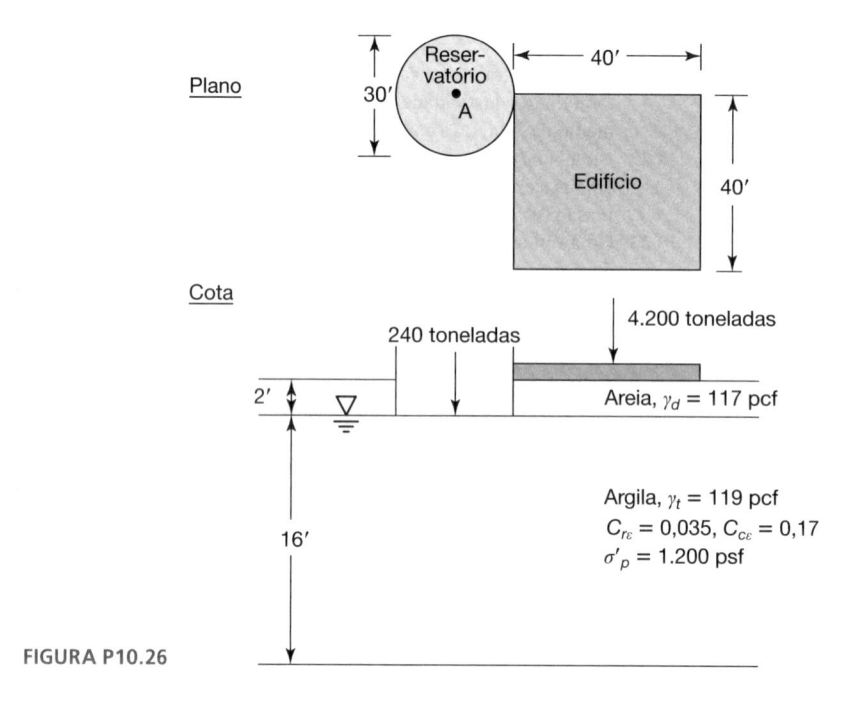

Plano — Reservatório A (30'), 40' × 40' Edifício

Cota:
- 240 toneladas
- 4.200 toneladas
- 2' acima do N.A.
- Areia, $\gamma_d = 117$ pcf
- 16'
- Argila, $\gamma_t = 119$ pcf
- $C_{r\varepsilon} = 0{,}035$, $C_{c\varepsilon} = 0{,}17$
- $\sigma'_p = 1.200$ psf

10.27 Duas fundações devem ser construídas adjacentes uma à outra, conforme mostrado na Figura P10.27. O perfil e as propriedades do solo são mostrados. As propriedades de adensamento da argila ocorrem no meio da camada de argila.

   a. A Fundação 1 será construída primeiro, 2 pés abaixo da superfície do terreno natural, e será carregada com 48 toneladas. Usando o método 2:1, determine o aumento da tensão no meio da camada de argila devido a esta carga.

   b. A Fundação 2 será construída em seguida, na superfície, e carregada com 288 toneladas. Utilizando o método de Boussinesq, estime o aumento da tensão adicional **no meio da Fundação 1** devido a essa carga de fundação no meio da camada de argila.

   c. Qual é o recalque da camada de argila devido a essas duas fundações?

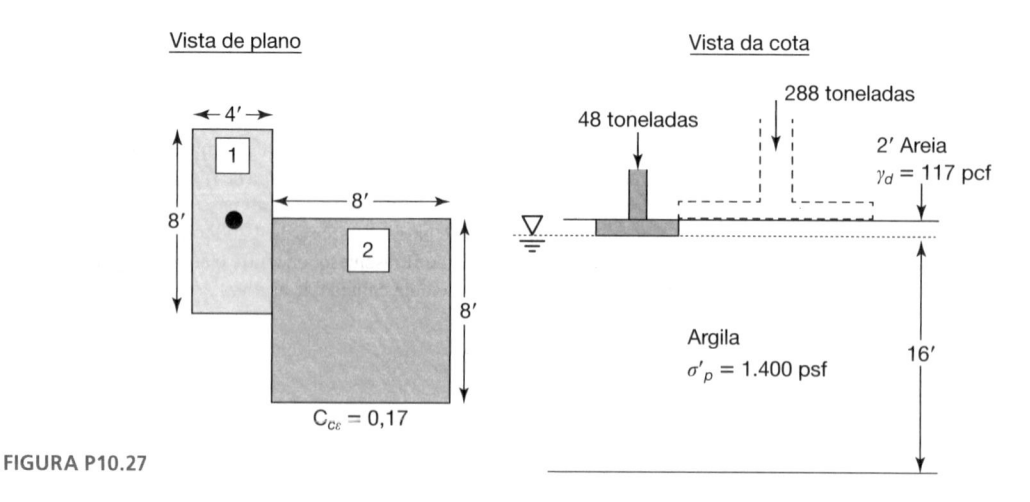

FIGURA P10.27

Vista de plano: Fundação 1 (4' × 8'), Fundação 2 (8' × 8'), $C_{c\varepsilon} = 0{,}17$

Vista da cota: 48 toneladas, 288 toneladas, 2' Areia $\gamma_d = 117$ pcf, Argila $\sigma'_p = 1.400$ psf, 16'

10.28 A Figura P10.28 mostra a planta e as vistas em cota de uma arena de basquete proposta. A arena será circular (300 pés de diâmetro), com uma quadra de basquete retangular no meio (60 pés × 100 pés). A área sombreada fora da quadra será carregada com $q = 0,75$ **TSF**, enquanto a área dentro dos limites da quadra não apresentará nenhuma tensão significativa aplicada.

  a. Que aumento de tensão ocorrerá no meio da camada de argila mostrada sob um canto da quadra de basquete (Ponto O)? Obs.: Você não pode usar 2:1 para isso.

  b. Dadas as propriedades de adensamento do meio da camada de argila, que recalque da camada de argila ocorrerá devido à construção da arena?

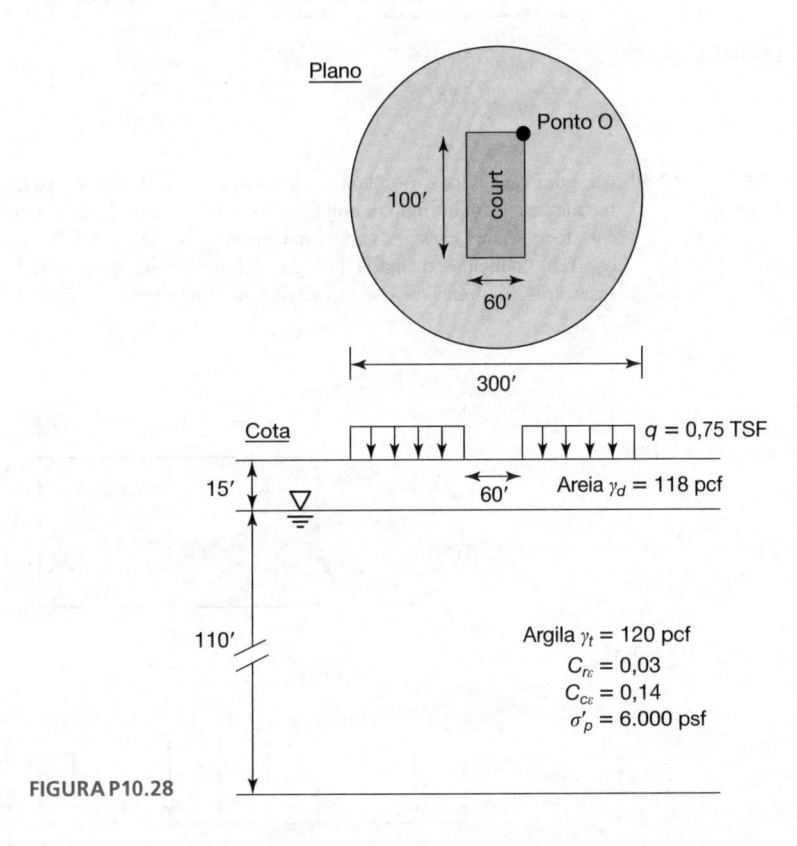

Plano

Ponto O

100′

court

60′

300′

Cota $q = 0,75$ TSF

15′   60′   Areia $\gamma_d = 118$ pcf

110′   Argila $\gamma_t = 120$ pcf
$C_{r\varepsilon} = 0,03$
$C_{c\varepsilon} = 0,14$
$\sigma'_p = 6.000$ psf

FIGURA P10.28

10.29 A Figura P10.29 mostra a planta e o perfil de uma fundação retangular (3 m × 5 m) que está embutida 2 m em uma camada de areia que fica sobre 5 m de argila. Também são mostrados $C_{r\varepsilon}$, $C_{c\varepsilon}$ e σ'_p no meio da camada de argila. A tensão aplicada na fundação $q = 200$ kPa.

  a. Determine o σ'_v inicial (antes da construção da fundação) no meio da camada de argila.

  b. Use o método de Boussinesq para encontrar o aumento da tensão sob o ponto O no meio da camada de argila. O ponto O está na linha central da fundação, 2 m fora da fundação.

  c. Determine quanto recalque ocorrerá na camada de argila após a construção da fundação no ponto O.

FIGURA P10.29

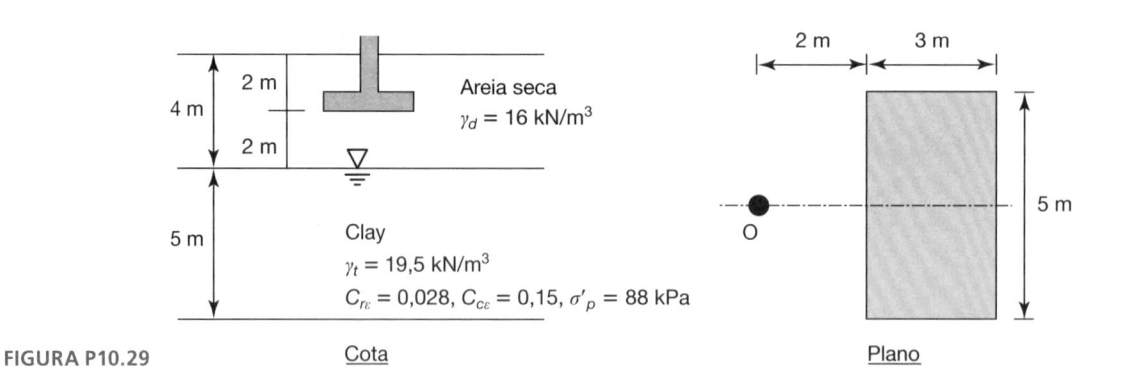

Cota:
- 4 m (2 m + 2 m), Areia seca, $\gamma_d = 16$ kN/m³
- 5 m, Clay, $\gamma_t = 19{,}5$ kN/m³, $C_{r\varepsilon} = 0{,}028$, $C_{c\varepsilon} = 0{,}15$, $\sigma'_p = 88$ kPa

Plano: 2 m + 3 m × 5 m, ponto O

10.30 A Figura P10.30 mostra a planta e as vistas em cota de um museu que consistirá em um edifício circular anexado a um edifício retangular. A fundação fica 14 pés abaixo da superfície do terreno natural e é uniformemente carregada com uma tensão aplicada $q = 4$ **TSF**. Que aumento de tensão vertical ($\Delta\sigma_v$) ocorrerá no meio da camada de argila sob o ponto O (onde os dois edifícios se encontram) devido a essa carga de fundação? Use os métodos de Boussinesq.

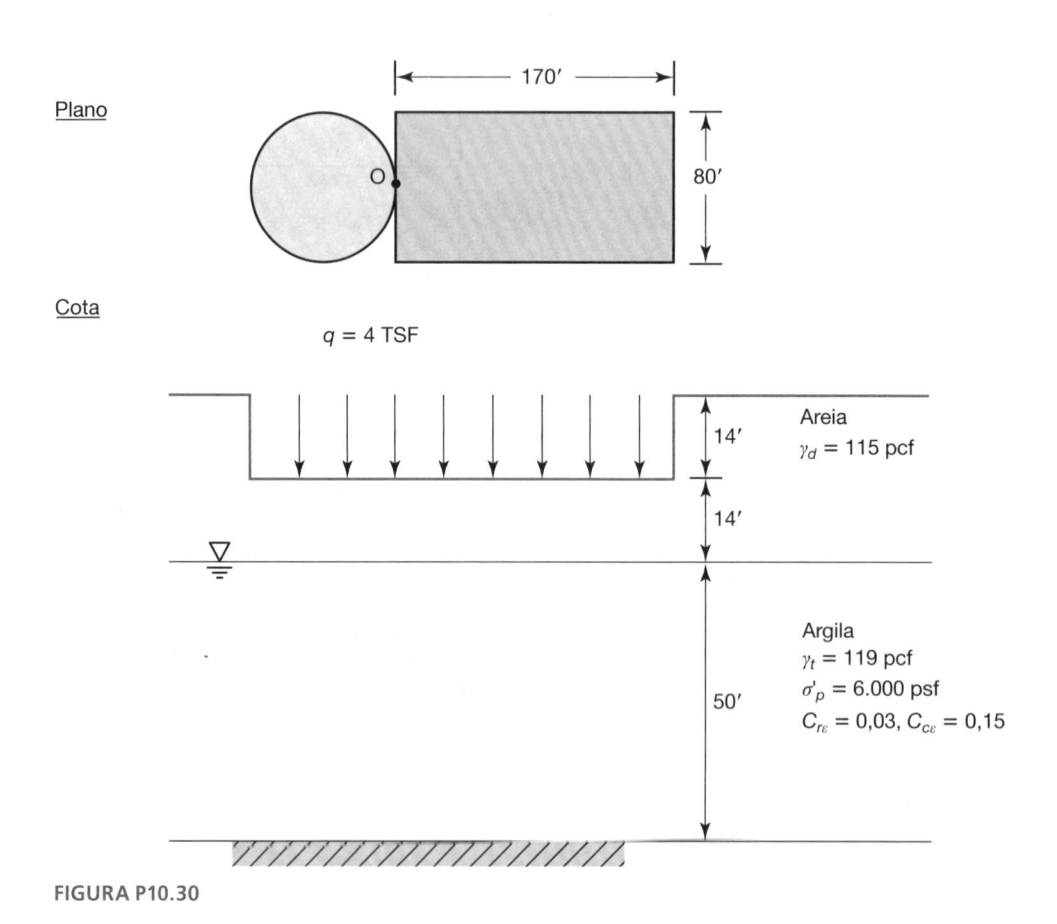

FIGURA P10.30

Plano: 170′ × 80′, ponto O

Cota:
- $q = 4$ TSF
- 14′, Areia, $\gamma_d = 115$ pcf
- 14′ (até NA)
- 50′, Argila, $\gamma_t = 119$ pcf, $\sigma'_p = 6.000$ psf, $C_{r\varepsilon} = 0{,}03$, $C_{c\varepsilon} = 0{,}15$

10.31 Uma fundação de 25 pés × 50 pés é construída 20 pés abaixo da superfície do terreno natural em uma areia com lençol freático 25 pés abaixo da superfície do terreno natural com as unidades de peso mostradas na Figura P10.31. A fundação será carregada com uma carga aplicada Q = 8.500 kips. Também são mostradas as informações de contagem de golpes do ensaio **SPT** na areia. Estime o recalque que ocorrerá com base nos dados do ensaio **SPT**.

Profundidade abaixo da superfície do terreno natural	N não corrigido
10 pés	36 golpes/pés
20	42
30	44
40	37
50	35

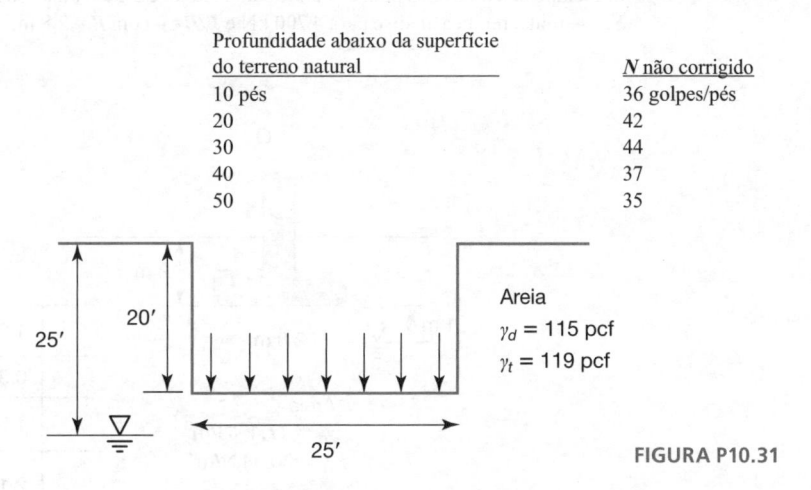

Areia
γ_d = 115 pcf
γ_t = 119 pcf

FIGURA P10.31

10.32 Uma fundação de 30 pés × 30 pés repousa 12 pés abaixo da superfície do terreno natural em uma areia com lençol freático a 14 pés abaixo da superfície do terreno natural, com γ_d = 112 pcf e γ_t = 118 pcf (Figura P10.32). A fundação será carregada com 5.400 kips. Com base na contagem de golpes não corrigida N = 42, a partir de 20 pés abaixo da superfície do terreno natural, estime o recalque da fundação sob essa carga.

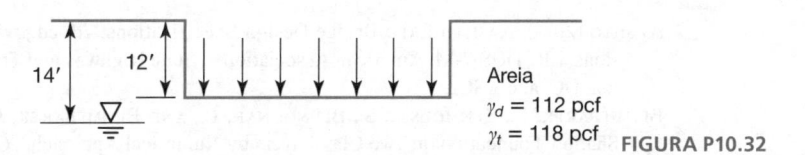

Areia
γ_d = 112 pcf
γ_t = 118 pcf

FIGURA P10.32

10.33 A Figura P10.33 mostra um reservatório de óleo circular (diâmetro = 60 pés) que repousa 10 pés abaixo da superfície do terreno natural em uma areia seca com γ_d = 117 pcf. O reservatório será testado abastecendo-o parcialmente com água, resultando em uma tensão na fundação, q = 3.000 psf. Se os valores médios corrigidos de N do ensaio **SPT** variarem de 40 a 50 golpes/pé, estime o recalque que ocorrerá.

Se o lençol freático subir até a base da fundação, que recalque adicional poderia ser esperado (para a areia, γ_t = 123 pcf)?

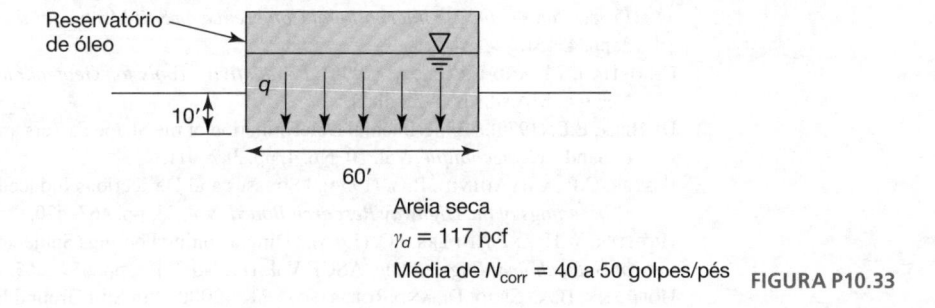

Reservatório de óleo

Areia seca
γ_d = 117 pcf
Média de N_{corr} = 40 a 50 golpes/pés

FIGURA P10.33

10.34 A Figura P10.34 mostra um projeto de fundação proposto (2,8 m × 2,8 m) em areia. As medições de módulo foram feitas em quatro locais abaixo da fundação; estes são indicados na figura. Crie uma planilha que estimará o recalque usando a técnica de influência de deformação. Essa planilha deve permitir ao usuário variar o formato da fundação (dimensões e valor de *L/B*, a carga da fundação e o tempo utilizado na correção do rastejo. Primeiro, analise o recalque para uma carga de fundação de 800 kN, um tempo de cinco anos para a correção do rastejo, e utilize uma espessura de camada de 0,3 m. Em seguida, repita a análise para 4.700 kN e *L/B* = 4 com *B* = 2,8 m.

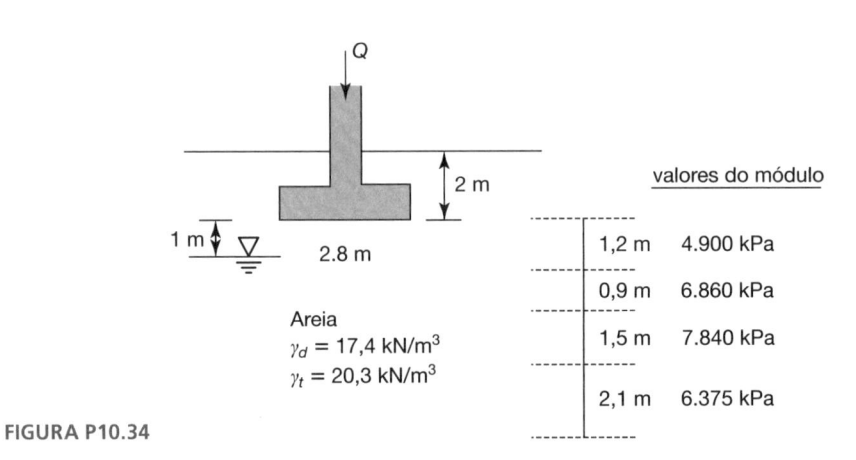

FIGURA P10.34

Areia
$\gamma_d = 17{,}4 \text{ kN/m}^3$
$\gamma_t = 20{,}3 \text{ kN/m}^3$

valores do módulo

1,2 m	4.900 kPa
0,9 m	6.860 kPa
1,5 m	7.840 kPa
2,1 m	6.375 kPa

REFERÊNCIAS

Aashto (2014). Aashto Lrfd Bridge Design Specifications, 7th ed., with 2015 and 2016 Interim Revisions, LRFDUS-7-M. American Association of State Highway and Transportation Officials, Washington, DC, and ASCE 7.

Benmebarek, S., Benmoussa, S., Belnounar, L., and Benmebarek, N. (2012). "Bearing Capacity of Shallow Foundation on Two Clay Layers by Numerical Approach," *Geotechnical and Geological Engineering*, Vol. 30, pp. 907–923.

Boussinesq, J. (1885). *Application des Potentiels à l'Étude de l'Équilibre et due Mouvement des Solides Élastiques*, Gauthier-Villars, Paris.

Bowles, J.E. (1995). *Foundation Analysis and Design*, 5th ed., McGraw-Hill, 1024 p.

Briaud, J.-L., Tand, K.E., and Funegard, E.G. (1986). *Pressuremeter and Shallow Foundations on Stiff Clay*, Transportation Research Record No. 1105, pp. 1–14.

Brinch Hansen, J.A.(1970)."Revised and Extended Formula for Bearing Capacity," Bulletin No. 28, Danish Geotechnical Institute Copenhagen, pp. 5–11.

Brown, J.D. and Meyerhof, G.G. (1969). "Experimental Study of Bearing Capacity in Layered Clays," *Proceedings of the 7th International Conference on Soil Mechanics and Foundation Engineering*, Vol. 2, pp. 45–51.

Christian, J.T. and Urzua, A. (1996). *Productivity Tools for Geotechnical Engineers*, Magellan Press, Newton, MA, 181 p. (with disk).

De Beer, E.E. (1970). "Experimental Determination of the Shape Factors and the Bearing Capacity Factors of Sand," *Géotechnique*, Vol. 20, No. 4, pp. 387–411.

Foster, C.R. and Ahlvin, R.G. (1954). "Stresses and Deflections Induced by a Uniform Circular Load," *Proceedings of the Highway Research Board*, Vol. 33, pp. 467–470.

Highter, W.H. and Anders, J.C. (1985). "Dimensioning Footings Subjected to Eccentric Loads," *Journal of Geotechnical Engienering*, ASCE Vol. 111, No. GT 5, pp. 659–665.

Hofmann, B.A., Sego, D., and Robertson, P.K. (2000). "In Situ Ground Freezing to Obtain Undisturbed Samples of Loose Sand," *Journal of Geotechnical and Geoenvironmental Engineering*, Vol. 126, No. 11, pp. 979–989.

Holl, D.L. (1940)."Stress Transmission in Earths," *Proceedings of the Highway Research Board*, Vol. 20, pp. 709–729. Holtz, R.D. (1991). "Pressure Distribution and Settlement," Chapter 5 in *Foundation Engineering Handbook*, 2nd ed., H.Y. Fang (Ed.),Van Nostrand Reinhold, New York, pp. 166–222.

Kazuo T. and Kaneko S. (2006). "Undisturbed Sampling Method Using Thick Water-Soluble Polymer Solution Tsuchi-to-Kiso," *Journal of the Japanese Geotechnical Society* [In Japanese],Vol. 54, No. 4, pp. 145–148.

Kulhawy, F.H. and Mayne, P.W. (1990). *Manual on Estimating Soil Properties for Foundation Engineering*, Elec. Power Res. Inst. (EPRI) Rpt. EL-6800.

Ladd, C.C. and Degroot, D.J. (2003). "Recommended Practice for Soft Ground Site Characterization: The Arthur Casagrande Lecture," *Proceedings of the Twelfth Panamerican Conference on Soil Mechanics and Foundation Engineering*, Cambridge, MA, Vol. 1, pp. 3–57.

Lambe, T.W. and Whitman, R.V. (1969). *Soil Mechanics*, Wiley, New York, 553 p.

Leonards, G.A. (Ed.) (1962). *Foundation Engineering*, McGraw-Hill, New York, 1136 p.

Mayne, P.W. (2007). "The Second James K. Mitchell Lecture, Undisturbed Sand Strength from Seismic Cone Tests," *Geomechanics and Geoengineering*, Vol. 1, No. 4, pp. 239–257.

Mayne, P.W., and Illingworth, F. (2010). "Direct CPT Method for Footing Response in Sands Using a Database Approach," *Proceedings of the 2nd International Symposium on Cone Penetration Testing*, 8 pp.

Mayne, P.W., Uzielli, M., and Illingworth, P. (2012). Shallow Footing Response on Sands Using a Direct Method Based on Cone Penetration Tests. ASCE GeoCongress, Oakland, CA.

Meyerhof, G.G. (1963). "Some Recent Research on the Bearing Capacity of Foundations," *Canadian Geotechnical Journal*, Vol. 1, No. 1, pp. 16–26.

Newmark, N.M. (1935)."Simplified Computation of Vertical Pressures in Elastic Foundations," University of Illinois Engineering Experiment Station Circular 24, Urbana, IL, 19 p.

Newmark, N.M. (1942)."Influence Charts for Computation of Stresses in Elastic Foundations," University of Illinois Engineering Experiment Station Bulletin, Series No. 338, Vol. 61, No. 92, Urbana, IL, Reprinted 1964, 28 p.

Okimura, M., Takemura, J., and Kimura, T. (1998). "Bearing Capacity Predictions of Sand Overlying Clay Based on Limit Equilibrium Methods," *Soils and Foundations*, Vol. 38, No. 1, pp. 181–194.

Peck, R.B., Hanson, W.E., and Thornburn, T.H. (1974). *Foundation Engineering*, 2nd ed., Wiley, New York, 514 p.

Perloff, W.H. (1975). "Pressure Distribution and Settlement," Chapter 4 in *Foundation Engineering Handbook*, 1st ed., H.F. Winterkorn and H.Y. Fang (Eds.), Van Nostrand Reinhold, New York, pp. 148–196.

Poulos, H.G. and Davis, E.H. (1974). *Elastic Solutions for Soil and Rock Mechanics*, Wiley, New York, 411 p.

Prandtl, L. (1921). "Über die Eindringungsfestigkeit (Härte) plastischer Baustoffe und die Festigkeit von Schneiden," *Zeitschrift für angewandte Mathematik und Mechanik*, Vol. 1, No. 1, pp. 15–20.

Schmertmann, J.H. (1970)."Static Cone to Compute Static Settlement over Sand," *Journal of the Soil Mechanics and Foundations Division*, ASCE, Vol. 96, No. 3, pp. 1011–1043.

Schmertmann, J.H., Hartman, J.P., and Brown, P.R. (1978). "Improved Strain Influence Factor Diagrams," *Journal of the Geotechnical Engineering Division*, ASCE, Vol. 104, GT8, pp. 1131–1134.

Seed, H.B., Tokimatsu, K., Harder, L.F., and Chung, R.M. (1985). "Influence of SPT Procedures in Soil Liquefaction Resistance Evaluations," *Journal of Geotechnical Engineering*, Vol. 111, No. 12, pp. 1425–1445.

Skempton, A. (1986). "Standard Penetration Test Procedures and the Effects in Sands of Overburden Pressure, Relative Density, Particle Size, Ageing and Overconsolidation," *Géotechnique*, Vol. 36, No. 3, pp. 425–447.

Skempton, A.W. and Bjerrum, L. (1957). "A Contribution to the Settlement Analysis of Foundations on Clay," *Geotechique*, Vol. 7,No. 4, pp. 168–178.

Taylor, M.L., Cubrinovski, M., and Haycock, I. (2012). Application of new "Gel-push sampling procedure to obtain high quality laboratory test data for advanced geotechnical analyses," *New Zealand Society for Earthquake Engineering*, Paper no. 123.

Terzaghi, K. (1943). *Theoretical Soil Mechanics*, Wiley, New York, 510 p.

Terzaghi, K. and Peck, R.B. (1948). *Soil Mechanics in Engineering Practice*, Wiley, Hoboken, 534 pp.

Terzaghi, K., Peck, R.B., and Mesri, G. (1996). *Soil Mechanics in Engineering Practice*, 3rd ed., Wiley, New York, 549 p.

Thompson, J.C., Lelievre, B., Beckie, R.D., and Negus, K.J. (1987). "A Simple Procedure for Computation of Vertical Soil Stresses for Surface Regions of Arbitrary Shape and Loading," *Canadian Geotechnical Journal*, Vol. 24, No. 1, pp. 143–145.

U.S. FEDERAL HIGHWAY ADMINISTRATION (2006). *Soils and Foundations Reference Manual*, Volume II, Publication No. FHWA-NHI–065–089.

U.S. FEDERAL HIGHWAY ADMINISTRATION (2017). Geotechnical Engineering Circular No. 5. Publication No. FHWANHI–16–072.

U.S. NAVY (1986)."Soil Mechanics, Foundations, and Earth Structures," NAVFAC Design Manual DM-7.2, Washington, D.C.

VISWANATH, M. AND MAYNE, P. (2013). "Direct SPT Method for Footing Response in Sands Using a Database Approach," *Proceedings of the 4th International Symposium on Geotechnical and Geophysical Site Characterization*, Vol. 2, pp. 1131–1136.

CAPÍTULO 11
Empuxos de terra laterais e estruturas de contenção

11.1 INTRODUÇÃO AOS EMPUXOS DE TERRA LATERAIS

Os engenheiros geotécnicos estão, com frequência, envolvidos no projeto de sistemas de suporte de terra permanentes e temporários, como muros de arrimo e escavações.

Sabemos pela Seção 5.11 que o solo a alguma profundidade com determinada pressão vertical atuando em um plano horizontal raramente apresenta a mesma pressão em outros planos de orientação nessa mesma profundidade. Isto ocorre para a maioria dos materiais de engenharia, e normalmente apenas líquidos (p. ex., água) apresentam consistentemente tal propriedade **hidrostática**, com as mesmas tensões em todos os planos em determinada profundidade. Na Seção 5.11, definimos o parâmetro K como a razão entre as tensões horizontais e verticais em um ponto (Equação [5.19]) e definimos, ainda, uma versão especial de $K = K_o$, conhecida como coeficiente de empuxo de terra **em repouso**, como:

$$K_o = \sigma'_{ho}/\sigma'_{vo} \tag{5.19}$$

onde σ'_{ho} e σ'_{vo} são as tensões efetivas horizontal e vertical *in situ*, respectivamente, em um ponto da massa de solo em seu estado natural.

Neste capítulo, expandiremos esse princípio para entender como projetar estruturas de contenção de terra que suportem tensões horizontais em uma massa de solo, como em muros de arrimo e suportes de escavação. Como vimos na Seção 10.2 sobre fundações rasas, projetaremos com base no início da ruptura do solo e, em seguida, aplicaremos um fator de segurança para levar em conta as incertezas nas respostas mecânicas do material, bem como nas interações entre o solo e o sistema de suporte.

As estruturas de contenção de terra costumam ser divididas em duas categorias distintas. Os **muros de arrimo** são estruturas relativamente rígidas e permanentes e podem desempenhar um papel duplo para suportar também forças verticais, por exemplo, como fundação de uma estrutura ou encontro de ponte. Os **sistemas de suporte de escavações**, como o nome indica, têm a função principal de reter o solo durante uma escavação, para que a construção possa ocorrer abaixo da superfície do terreno natural. Tradicionalmente, o suporte de escavação deveria ser temporário, de modo a ser concebido para ser menos dispendioso e mais flexível (menos rígido mecanicamente). Por exemplo, a estaca-prancha é essencialmente uma chapa metálica ondulada inserida no solo e costuma ser removida após a escavação ser reaterrada ao fim da construção da estrutura permanente. No entanto, a linha entre essas duas categorias principais não é tão distinta como antes. Os tipos mais recentes de sistemas de suporte de escavação, como muros de lama, diafragma ou secantes, podem apresentar rigidez e resistência suficientes para serem posteriormente incorporados na estrutura permanente, e isto pode levar a uma maior eficiência na construção em comparação com sistemas separados para suporte de escavação seguidos de estruturas permanentes separadas para suporte de carga lateral ou vertical.

Neste capítulo, após apresentar os modos de carregamento fundamentais para muros de arrimo, consideraremos o caso idealizado de um muro de arrimo que suporta empuxos laterais que já conhecemos: empuxos de terra em repouso, conforme definido pela Equação (5.19). Nesse ponto, métodos mais realistas de análise são introduzidos para diferentes tipos de cargas nas paredes: aquelas que estão retendo o solo (que é o que normalmente observamos em muros de arrimo), conhecidas como caso **ativo**, e aquelas que estão resistindo a uma força externa empurrando o muro, conhecidas como caso **passivo**. Também consideramos esses dois casos para diferentes tipos de solo, tanto arenosos quanto argilosos. Concluímos com abordagens mais específicas de projeto e análise para sistemas de muros de arrimo. Devido à rápida evolução dos sistemas de suporte de escavação e pelo fato de os proprietários serem altamente orientados pelos empreiteiros, não serão abordados esses sistemas nesta obra. Os leitores são recomendados a consultarem uma variedade de textos e manuais excelentes para este tema, como o estudo da FHWA de 2010.

11.2 EMPUXO DE TERRA LATERAL EM REPOUSO E MURO DE ARRIMO IDEALIZADO

Consultando novamente a Equação (5.19), já aprendemos como calcular os empuxos de terra laterais a uma determinada profundidade para a chamada condição "em repouso" que encontramos na natureza antes de o solo ter sido perturbado. Analisando a Figura 11.1, vamos examinar um elemento de solo a uma determinada profundidade z abaixo da superfície do terreno natural com as propriedades indicadas. Além disso, presumimos uma pressão neutra u_o na profundidade desse elemento.

A tensão vertical total e efetiva nessa profundidade é definida como:

$$\sigma_v = q + \gamma_t z \tag{11.1a}$$

$$\sigma'_v = \sigma_v - u \tag{11.1b}$$

e presumindo que existem pressões de repouso no solo, a partir da Equação (5.19), a tensão efetiva horizontal é:

$$\sigma'_h = K_o \sigma'_v \tag{11.2}$$

Nas Seções 9.7 e 9.13, discutimos correlações para determinação do valor de K_o para areias e argilas, respectivamente. Para solos normalmente adensados, K_o é normalmente considerado como $K_o = 1 - \text{sen } \phi'$, onde ϕ' é o ângulo de atrito efetivo do solo, embora trabalhos posteriores de Mayne e Kulhawy (1982) tenham descoberto que um banco de dados abrangente de areias e argilas normalmente adensadas resulta em $K_o = 0{,}95 - \text{sen } \phi'$. Solos sobreadensados são mais complicados, e o valor de K_o depende da razão de sobreadensamento (**OCR**) (Seção 7.5.1):

$$K_{o,oc} = K_{o,NC}(\text{OCR})^{0{,}5}. \tag{11.3}$$

Agora que sabemos como calcular essas tensões laterais ou horizontais em repouso, podemos considerar quais são as tensões e a força resultante correspondente que atuariam em um muro de arrimo que suportaria tais tensões. Faz-se referência a este caso como um muro "idealizado", uma vez que é praticamente impossível construir um muro de arrimo em um depósito de solo sem perturbar o mesmo de forma

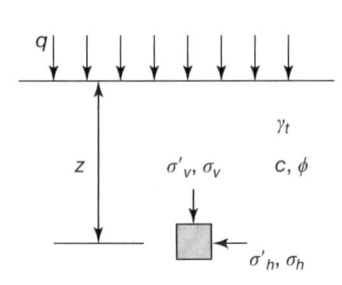

FIGURA 11.1 Perfil do solo mostrando tensões em um ponto na profundidade z devido à sobrecarga superficial e ao peso do solo.

significativa. As condições de repouso ou tensão K_o mostradas na Figura 11.1 serão quase que certamente alteradas devido à escavação do solo adjacente ao local do muro, à construção do muro, ao reaterro e ao movimento resultante do solo. Acontece que a maioria dos projetos de muros de arrimo irão se beneficiar dessa perturbação do solo e do desvio resultante das condições de tensão K_o; isso será abordados em detalhes na Seção 11.3. Por enquanto, presumiremos que o muro pode ser inserido mantendo as condições de repouso.

A Figura 11.2a apresenta um "muro" (mostrado como uma linha vertical) que suporta as tensões horizontais do depósito de solo arenoso adjacente, bem como uma tensão superficial uniforme (q). A profundidade da superfície até o lençol freático é H_1, e a distância restante até a base do muro é H_2, com pesos específicos seco e total (úmido) resultantes γ_d e γ_t, respectivamente.

Usando a Equação (11.1), as tensões efetivas horizontais e as pressões neutras podem ser calculadas na superfície do terreno natural, no lençol freático e na base do muro da seguinte forma:

Na superfície do terreno natural: $\sigma'_{ho} = \sigma_h = K_o q$; $u = 0$. (11.4)
No lençol freático: $\sigma'_{ho} = \sigma_h = K_o(q + \gamma_d H_1)$; $u = 0$
Na base do muro: $\sigma'_{ho} = K_o(q + \gamma_d H_1 + \gamma_t H_2 - \gamma_w H_2) = K_o(q + \gamma_d H_1 + \gamma_b H_2)$;
$u = \gamma_w H_2 \sigma_h = \sigma'_h + u$;

onde γ_b = peso específico submerso do solo abaixo do lençol freático; e
γ_w = peso específico da água.

A distribuição das tensões horizontais que atuam contra o "muro" de cada componente é mostrada na Figura 11.2b. Observe que a contribuição da pressão neutra é adicionada ao perfil σ'_h para resultar no limite mais à direita dessa distribuição representando o perfil σ'_h. Novamente, observe que as tensões mostradas neste gráfico atuam horizontalmente no muro.

A próxima etapa para o projeto do muro de arrimo é determinar a magnitude da força resultante e o ponto de aplicação no mesmo. Se você virar o livro (ou página *on-line*) 90° no sentido anti-horário, ficará aparente que os cálculos de força resultantes serão os mesmos estabelecidos para uma tensão distribuída ao longo de uma viga horizontal. A força resultante (P_o) será a soma das áreas sob várias partes da distribuição de tensões, onde P'_o é a soma das contribuições σ'_h (áreas 1 a 4 na Figura 11.2), e P_w é a contribuição da pressão neutra para tensões no muro (área 5).

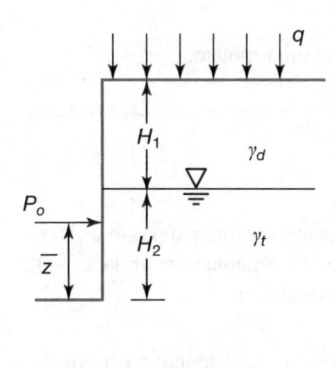

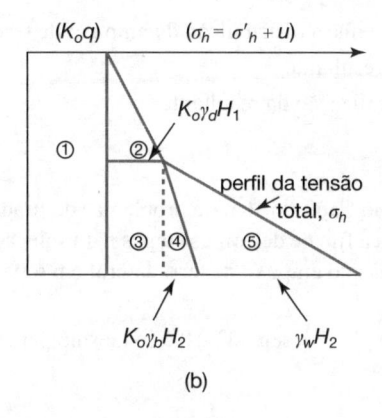

$$P_o = P'_o + P_w \qquad (11.5)$$

FIGURA 11.2 Condições de muro idealizado para calcular os empuxos de terra laterais na interface solo-muro. (a) Perfil do solo, e (b) empuxos de terra laterais resultantes no muro devido ao solo e ao lençol freático.

Assim, para este caso, os elementos contribuintes para a Equação (11.5) são:

$$P_o = K_o q(H_1 + H_2) + \tfrac{1}{2} K_o \gamma_d H_1^2 + K_o \gamma_d H_1 H_2 + \tfrac{1}{2} K_o \gamma_b H_2^2 + \tfrac{1}{2} \gamma_w H_2^2 \quad (11.6)$$

$$\underbrace{①\qquad\qquad ②\qquad\qquad ③\qquad\qquad ④}_{P'_o}\qquad \underbrace{⑤}_{P_w}$$

Como costumava acontecer com os problemas estáticos que você já resolveu, na Figura 11.2a, P_o é mostrado atuando de forma igual e oposta à resultante da distribuição de tensões horizontais, demonstrando a força necessária para equalizar essas tensões. Outro aspecto muito importante do cálculo da resultante do empuxo de terra horizontal, seja ele do solo ou da pressão neutra: as unidades são expressas em força/unidade de comprimento do muro no papel ou na tela do computador. Isso significa que estamos pegando uma "porção" de largura específica do muro e calculando as forças de empuxo de terra lateral apenas para a mesma.

Para obter a localização de P_o, que é $\bar{z}$ acima da base do muro, são utilizados novamente os métodos de análise de vigas rígidas. O momento causado por P_o, que é $\bar{z} \cdot P_o$, deve ser igual à soma dos momentos causados pelos componentes da distribuição de tensões, da área 1 a 5. Os momentos são medidos em relação à base do muro no ponto A, mostrado na Figura 11.2b. Ou,

$$\bar{z} \cdot P_o = A_①(H_1 + H_2)/2 + A_②(H_2 + H_1/3) + A_③(H_2/2) + A_④(H_2/3) + A_⑤(H_2/3) \quad (11.7)$$

a partir da qual podemos resolver para ($\bar{z}$). Mais adiante neste capítulo, também aprenderemos a calcular separadamente as localizações das resultantes para as porções σ'_h e u da distribuição. A porção resultante de σ'_h será obtida usando esse mesmo método de soma das contribuições de momento, enquanto a porção u é sempre triangular, portanto, P_w sempre atua a um terço da distância acima da base do muro até a localização do lençol freático ($H_2/3$ na Figura 11.2a).

O Exemplo 11.1 fornece prática com esse método.

Exemplo 11.1

Contexto:

Para o muro mostrado na Figura Ex. 11.1, $H = 10$ pés, $H_1 = 4$ pés, $H_2 = 6$ pés, $\gamma_d = 105$ pcf, $\gamma_t = 122$ pcf, $\phi' = 30°$, $c' = 0$ e $q = 300$ psf.

Problema:

a. Determine e desenhe a distribuição do empuxo de terra lateral em repouso.
b. Calcule a força resultante.
c. Determine a localização da resultante.

Solução:

a. Como fizemos no Capítulo 10 para problemas de fundações rasas, o primeiro passo é classificar o problema a fim de definir as etapas para solução. Isto é obviamente uma areia ($c' = 0$), e usaremos o caso do empuxo de terra lateral em repouso, de modo que:

$K_o = 1 - \text{sen } \phi' = 1 - \text{sen } 30° = 0{,}5$ (o mesmo para acima e abaixo do lençol freático).

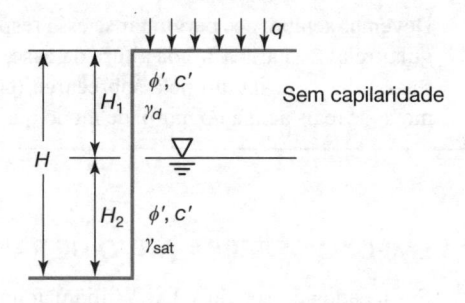

FIGURA Ex. 11.1

As tensões laterais no topo e na base do muro e no lençol freático podem agora ser calculadas usando a Equação (11.4). Como não há capilaridade, a pressão neutra u é zero acima do lençol freático.

Na superfície do terreno natural: $\sigma'_{ho} = \sigma_h = K_o q = (0,5)(300 \text{ psf}) = 150$ psf (11.4)

No lençol freático: $\sigma'_{ho} = \sigma_h = K_o(q + \gamma_d H_1) = (0,5)[300 + (105)(4)] = 360$ psf

Na base do muro: $\sigma'_{ho} = K_o(q + \gamma d H_1 + \gamma_t H_2 - \gamma_w H_2) = K_o(q + \gamma_d H_1 + \gamma_b H_2)$
$= (0,5)[300 + (105)(4) + (122)(6) - (62,4)(6)] = 539$ psf
$u = \gamma_w H_2 = (62,4)(6) = 374$ psf

b. Para a resultante, calculamos as áreas de todos os componentes da distribuição de tensões na parte A.

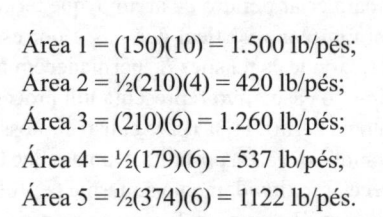

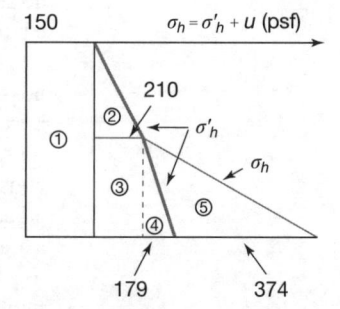

Área 1 = (150)(10) = 1.500 lb/pés;
Área 2 = ½(210)(4) = 420 lb/pés;
Área 3 = (210)(6) = 1.260 lb/pés;
Área 4 = ½(179)(6) = 537 lb/pés;
Área 5 = ½(374)(6) = 1122 lb/pés.

Assim, a resultante da distribuição de σ'_h, P'_o, é a soma das áreas 1 a 4 = 3.717 lb/pés; a resultante da distribuição de u, P_w, é a área 5 = 1.122 lb/pés; e $\cdot P_o = P'_o + P_w = 4.839$ lb/pés. Como observamos anteriormente, as unidades para esses resultados são expressas por **unidade de comprimento do muro no papel ou na tela**. Se você quisesse saber toda a resultante atuando no muro, precisaria multiplicar pelo comprimento do muro.

c. Onde essa resultante atua no muro? Como observamos acima, precisamos pegar os "momentos de área" dos nossos pedaços contribuintes de tensão lateral em relação à base do muro e depois dividir a soma desses momentos de área pela área total da distribuição. Consequentemente, a localização do resultado seria:

$\bar{z} \cdot P_o = 1.500(5) + (420)(6 + 4/3) + (1.260)(3) + (537)(6/3) + (1.122)(6/3)$
$= 75.00 + 3.080 + 3.780 + 1.074 + 2.244 = 17.678$ pés-lb/pés (novamente, isso é expresso por comprimento de muro).

Portanto, $\bar{z} = 17.678/4.839 = 3,65$ pés.

Devemos sempre nos perguntar se essa resposta faz sentido. Se houvesse uma distribuição triangular reta, $\bar{z}$ estaria a 1/3 da altura da base, ou 3,33 pés. No entanto, com a influência do pedaço retangular contribuído pela sobrecarga (com o centroide a 5 pés da base), o nosso centroide move-se mais acima no muro, de modo que a nossa resposta de 3,65 pés faz sentido.

11.3 EMPUXO DE TERRA ATIVO DE RANKINE

Em meados do século XIX, William John Macquorn Rankine (1820–1872)*, um engenheiro mecânico escocês, desenvolveu teorias para o equilíbrio plástico dos solos (Rankine, 1857), o que significa que todos os pontos da massa do solo são considerados à beira da ruptura. Essa suposição de ruptura incipiente é importante e fará mais sentido quando considerarmos como ela se relaciona com o círculo de tensão de Mohr e o critério de ruptura de Mohr-Coulomb que foi discutido no Capítulo 8.

Para iniciar esta apresentação dos estados de tensão de Rankine, existem algumas suposições que serão feitas para simplificar a abordagem inicial da teoria. A teoria de Rankine presume que: (1) o muro não apresenta atrito (caso contrário, haveria tensões de cisalhamento ao longo da interface solo-muro que complicariam as coisas); (2) o solo atrás do muro é nivelado (poderemos lidar com terrenos inclinados mais tarde); e, (3) como mencionamos, o solo está em estado de ruptura. Também começaremos com o caso da areia normalmente adensada, de modo que a coesão $c' = 0$, para as propriedades de Mohr-Coulomb.

A Figura 11.3a mostra uma massa de solo com uma face vertical que deve ser sustentada por um muro de arrimo como no nosso cenário de repouso. Um ponto situado dentro dessa massa de solo, representado como um elemento, apresenta tensões no solo atuando nos planos vertical e horizontal.

Na Figura 11.3b, mostramos o círculo de Mohr para o elemento de solo antes de fazermos nosso corte vertical virtual para criar o muro de arrimo, que teria a tensão σ'_v atuando no plano horizontal, e $\sigma'_h = K_o \sigma'_v$ em um plano vertical que passa por esse ponto. Em contraste com o muro idealizado na Seção 11.2, onde as tensões K_o permanecem no solo durante a escavação e a construção do muro de arrimo, o caso ativo representa um processo mais realista. A escavação adjacente ao elemento de solo na Figura 11.3a (para construir nosso muro) provavelmente levaria a alguma deformação horizontal externa e, portanto, a uma redução na tensão horizontal enquanto a tensão vertical permanece aproximadamente a mesma (a profundidade z até o elemento não muda de forma significativa com a pequena deformação externa). É aqui que o círculo de Mohr para o elemento da Figura 11.3b nos ajuda a entender o que está acontecendo com o estado de tensão do elemento.

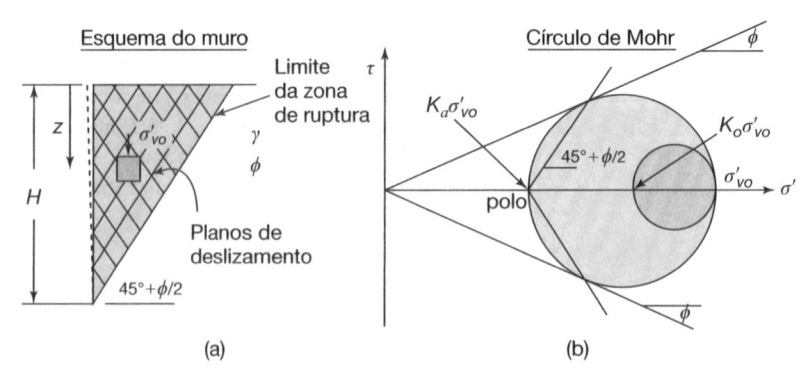

FIGURA 11.3 Condições do solo atrás de um muro de arrimo que está sofrendo ruptura ativa de Rankine. Vista em cota idealizada de um "muro" que sustenta a massa de solo (a); e representação do círculo de Mohr da massa de solo submetida à ruptura (b).

---

*Você pode pesquisar na Internet para descobrir mais sobre os muitos interesses e conquistas do professor Rankine durante sua relativamente curta vida (o professor era considerado um polímata) – e, ainda, pode conferir a barba verdadeiramente impressionante que ele tinha.

Com a liberação da tensão horizontal σ'_h começa a diminuir do seu estado K_o enquanto σ'_v permanece em seu valor original. Isso resulta no círculo de Mohr neste ponto da massa do solo expandindo em tamanho, continuando teoricamente até que o círculo de Mohr fique grande o suficiente para entrar em contato com a envoltória de ruptura de Mohr-Coulomb, ponto em que o elemento do solo chega ao equilíbrio plástico (ruptura) de Rankine. Esta é a **condição de tensão de ruptura ativa** para o solo, assim chamada porque o solo estará se movendo ativamente para fora em direção ao muro de arrimo. A tensão efetiva horizontal nessa condição é calculada como:

$$\sigma'_h = K_a \sigma'_v \qquad (11.8)$$

onde K_a é o coeficiente de empuxo de terra ativo. Para um solo sem coesão, o valor de K_a é calculado como:

$$K_a = \text{tg}^2(45° - \phi'/2) = \frac{1 - \text{sen } \phi'}{1 + \text{sen } \phi'} \qquad (11.9)$$

A Tabela 11.1a fornece valores tabulados de K_a para diferentes valores de ϕ'. Observe que ϕ' e K_a estão inversamente relacionados; à medida que ϕ' aumenta, K_a diminui e vice-versa. Isto faz sentido intuitivamente, uma vez que um valor mais elevado de ϕ' implica que o solo é mais capaz de se suportar e, portanto, aplicar menos tensão horizontal ao muro quando a condição de ruptura é atingida. Observe que, novamente, pelo menos por enquanto, a inclinação do nosso reaterro $\alpha = 0°$ (abordaremos isso posteriormente).

Esse processo e a expansão do círculo de Mohr associados são importantes, uma vez que estão diretamente ligados ao projeto do muro de arrimo. A realidade é que o solo não precisa do suporte de um muro de arrimo, para se sustentar, até que o seu círculo de Mohr atinja a envoltória de Mohr-Coulomb.

TABELA 11.1a Coeficiente de empuxo de terra ativo K_a para vários ϕ' e ângulo de inclinação de reaterro (α)

	ϕ' (graus)→						
↓(α) (graus)	28	30	32	34	36	38	40
0	0,361	0,333	0,307	0,283	0,260	0,238	0,217
5	0,366	0,337	0,311	0,286	0,262	0,240	0,219
10	0,380	0,350	0,321	0,294	0,270	0,246	0,225
15	0,409	0,373	0,341	0,311	0,283	0,258	0,235
20	0,461	0,414	0,374	0,338	0,306	0,277	0,250
25	0,573	0,494	0,434	0,385	0,343	0,307	0,275

TABELA 11.1b Coeficiente de empuxo de terra passivo K_p para vários ϕ' e ângulo de inclinação de reaterro (α)

	ϕ' (graus)→						
↓(α) (graus)	28	30	32	34	36	38	40
0	2,770	3,000	3,255	3,537	3,852	4,204	4,599
5	2,715	2,943	3,196	3,476	3,788	4,136	4,527
10	2,551	2,775	3,022	3,295	3,598	3,937	4,316
15	2,284	2,502	2,740	3,003	3,293	3,615	3,977
20	1,918	2,132	2,362	2,612	2,886	3,189	3,526
25	1,434	1,664	1,894	2,135	2,394	2,676	2,987

Antes disso, embora ocorra uma pequena deformação horizontal, o solo não está sofrendo ruptura; se projetássemos um muro de arrimo com base nesses estados de tensão pré-ruptura, estaríamos, de fato, superdimensionando o muro para valores de σ'_h mais altos do que os realmente existentes. Portanto, como aludimos na Seção 11.2, projetar um muro para tensões K_o, embora seja seguro, é quase sempre excessivo e, portanto, mais caro.

Voltando à condição de ruptura no estado ativo, também podemos determinar a orientação das linhas de ruptura usando o método de "polos" para o círculo de Mohr, descrito anteriormente na Seção 8.2. O polo do círculo de Mohr inicial nas condições K_o está no ponto σ'_h do círculo. Durante a redução em σ'_h levando à ruptura ativa, o polo se desloca com σ'_h. Na ruptura, a orientação dos planos de ruptura, como mostrado na Figura 11.3b, é $\theta = 45° \pm \phi'/2$. Esses planos são representados em nossa seção transversal da massa do solo na Figura 11.3a, e são com frequência chamados de **planos de deslizamento** ou **linhas de deslizamento** que deveriam corresponder aproximadamente ao ângulo θ previsto pela teoria de Mohr-Coulomb. Talvez o plano de deslizamento mais importante seja aquele que se estende desde a base do muro, uma vez que define a extensão da zona de ruptura global. Fora desse limite, esperamos que o solo ainda esteja mais próximo das condições K_o, ou pelo menos não em um estado de ruptura (entre K_o e K_a), como está o solo dentro desse limite. Isto será importante quando se considerar vários sistemas de suporte de muro, como âncoras embutidas atrás do muro.

11.3.1 Estado ativo de Rankine para areias

Com base na seção anterior, você já sabe essencialmente como analisar as tensões ativas de Rankine para areia, portanto, esta seção consistirá em dois cenários simples, um para areia seca e outro para areia com lençol freático atrás da parte do muro, bem acima da base do muro.

Areia seca – A Figura 11.4 mostra o agora familiar muro idealizado que suporta uma areia seca com peso específico γ_d, e ângulo de atrito efetivo ϕ'. Sem a presença de um lençol freático, a distribuição de σ'_v (e, portanto, a distribuição do empuxo de terra ativo $\sigma'_h = K_a \sigma'_v$) ao longo do muro é linear, uma vez que $\sigma'_v = z \cdot \gamma_d$, e o σ'_n na base do muro será $\sigma'_n = K_a \gamma_d H$. Portanto, a resultante total do empuxo de terra ativo, às vezes chamado de **empuxo ativo total**, será calculada como a área deste triângulo de distribuição de tensões que atua no centroide da distribuição triangular, a uma altura ($H/3$) da base do muro de arrimo.

$$P_a = \tfrac{1}{2} K_a \gamma_d H^2 \tag{11.10}$$

Areia com água. – Um cenário mais realista envolve areia acima do lençol freático, que pode estar úmida ou seca, e areia saturada abaixo do lençol freático, que está numa determinada profundidade abaixo da superfície do terreno natural. Ao iniciarmos esta análise, precisamos reconhecer que, na realidade, para uma areia limpa, provavelmente não haveria um lençol freático estático atrás do muro, uma vez que o solo provavelmente já teria sido drenado. A Figura 11.5a mostra este exemplo, desta vez com alguns valores numéricos adicionados para ilustrar o processo de solução.

Na Tabela 11.1a, o valor de K_a para $\phi' = 34°$ é 0,283, e agora podemos calcular as tensões em vários pontos ao longo da altura do muro

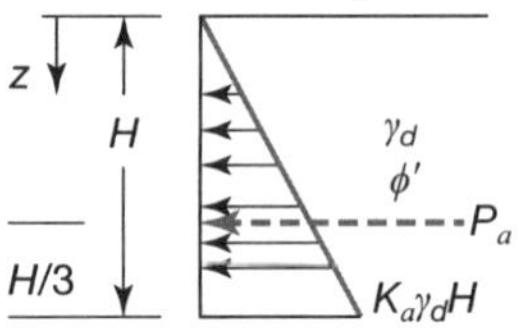

Na parte superior do muro: $\sigma'_v = q = 425$ psf
$u = 0$
$\sigma'_h = K_a \sigma'_v = (0,283)(425 \text{ psf}) = 120$ psf

No lençol freático: $\sigma'_v = q + \gamma H_1 = 425$ psf $+ (7 \text{ pés})(110 \text{ pcf}) = 1.195$ psf
$u = 0$
$\sigma'_h = K_a \sigma'_v = (0,283)(1.195 \text{ psf}) = 338$ psf

FIGURA 11.4 Distribuição horizontal de tensões contra um muro de arrimo para o caso ativo de Rankine em areia seca.

Na base do muro: $\sigma'_v = q + \gamma H_1 + \gamma_t H_1 - u = 425$ psf + (7 pés)(110 pcf)
$+ (9\text{ pés})(118\text{ pcf}) - (9\text{ pés})(62,4\text{ pcf}) = 1.695$ psf

$u = (9\text{ pés})(62,4\text{ pcf}) = 562$ psf

$\sigma'_h = K_a \sigma'_v = (0,283)(1695\text{ psf}) = 480$ psf

A Figura 11.5b mostra a distribuição de tensões resultante atuando na face vertical. Para determinar a resultante $P_a = P'_a + P_w$, as áreas das distribuições σ'_h e u são calculadas, e a localização desta resultante também pode ser determinada como antes.

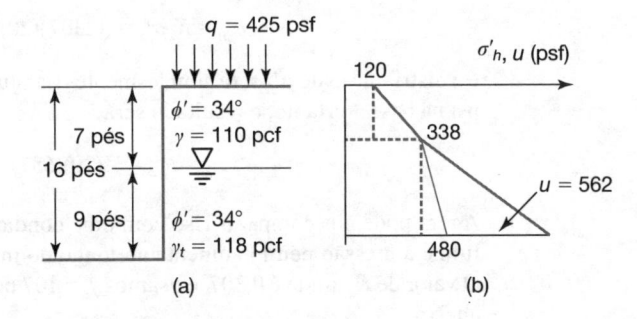

FIGURA 11.5 (a) Exemplo de seção transversal em cota de areia atrás de um muro de arrimo com lençol freático estático. (b) Valores de σ'_v e u, por exemplo, mostrados na Figura 11.5a.

Exemplo 11.2

Contexto:

A Figura Ex. 11.2a mostra um muro de arrimo que foi originalmente projetado para reaterro granular de drenagem livre com subdrenos adequados. Após vários anos de operação, os subdrenos ficaram obstruídos e o lençol freático sobe até 3 metros da parte superior do muro.

Problema:

Encontre a força resultante e sua localização para (a) condições drenadas (conforme projetado) e (b) obstruídas. Presuma o estado ativo de Rankine.

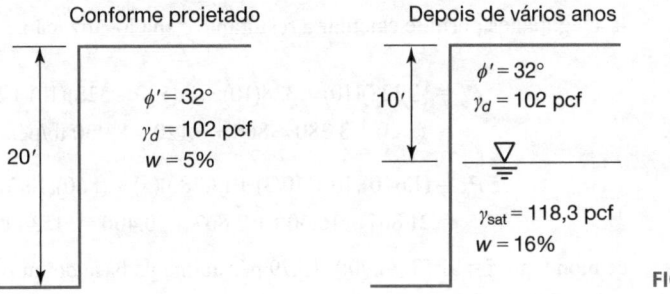

FIGURA Ex. 11.2a

Solução:

a. Para a condição "conforme projetado" ou totalmente drenado na Figura Ex. 11.2a, presumimos que nenhuma pressão neutra se acumulará ou atuará no muro. Para o estado ativo de Rankine, para $\phi' = 32°$ e sem reaterro inclinado, a partir da Tabela 11.1a, $K_a = 0,307$.

Embora não haja pressão neutra a considerar, a areia está úmida ($w = 5\%$), então precisamos calcular o peso específico total do solo como localizado a 1/3 da altura do muro a partir da base, ou $z = 20/3 = 6,7$ pés da base:

$$\gamma_t = \gamma_d \cdot (1 + w) = 102 \cdot (1 + 0,05) = 107 \text{ pcf} \tag{2.14}$$

de modo que o σ'_h calculado na base do muro seja

$$\sigma'_h = K_a \sigma'_v = (0,307)(20)(107) = 657 \text{ psf},$$

e a distribuição de σ'_h será simplesmente triangular a partir de $(\sigma'_h) = 0$ no topo até $\sigma'_h = 657$ psf na base. Portanto, o resultado será

$$P_o = P'_o = \tfrac{1}{2}(20)(657) = 6.570 \text{ lb/pés}$$

b. Agora podemos comparar isso com uma condição em que a drenagem do muro sofre ruptura e a pressão neutra aumenta ao longo do muro, com um lençol freático a meia altura. O valor de K_a ainda é 0,307, e usamos $\gamma_t = 107$ pcf acima do lençol freático e $\gamma_{sat} = 118,3$ pcf abaixo.

Na parte superior do muro, novamente não temos tensões laterais, uma vez que não há sobrecarga. No lençol freático,

$$\sigma'_h = K_a \sigma'_v = (0,307)(10)(107) = 328 \text{ psf}$$

Em seguida, passamos para a base do muro, onde agora temos contribuições de σ'_h e u

$$\sigma'_h = K_a \sigma'_v = (0,307)[(10)(107) + (10)(118,3) - (10)(62,4)] = 500 \text{ psf}$$
$$u = (10)(62,4) = 624 \text{ pcf}$$

de modo que nossa distribuição seja como mostrada na Figura Ex. 11.2b.

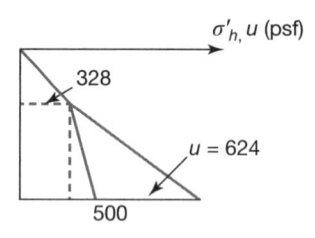

FIGURA Ex. 11.2b

Isso agora nos permite calcular a resultante e sua localização,

$$P_o = \tfrac{1}{2}(328)(10) + 328(10) + \tfrac{1}{2}(500 - 328)(10) + \tfrac{1}{2}(624)(10)$$
$$= 1.640 + 3.280 + 860 + 3.120 = 8.900 \text{ lb/pés}$$

$$\bar{z} \cdot P_o = (1.640)(10 + 10/3) + (3.280)(5) + (860)(10/3) + (3.120)(10/3)$$
$$= 21.867 + 16.400 + 2.867 + 10.400 = 51534 \text{ lb-pés/pés}.$$

de modo que $\bar{z} = 51.534/8.900 = 5,79$ pés acima da base do muro.

Então quando o sistema de drenagem sofre ruptura, a força suportada é cerca de 35% maior (8.900 lb/pés em relação a 6.570 lb/pés), e essa resultante mais alta atua um pouco mais abaixo (5,79 pés em relação a 6,7 pés) no muro devido à influência da pressão da água.

11.3.2 Empuxo de terra ativo de Rankine para reaterro inclinado

Nesta seção e na próxima, expandiremos a aplicabilidade do estado de Rankine e suas premissas originais na Seção 11.3.1, considerando primeiro o reaterro inclinado e, depois, na Seção 11.3.3, considerando os casos especiais para solos argilosos.

A Figura 11.6 mostra as condições gerais para um solo arenoso com reaterro inclinado em um ângulo α com a horizontal atrás do muro. Para as condições mostradas, presumiremos que não há lençol freático, apenas areia seca ou úmida com peso específico (γ) e ângulo de atrito efetivo (ϕ').

A equação mais generalizada para K_a é definida como:

$$K_a = \cos\alpha \cdot \frac{\cos\alpha - (\cos^2\alpha - \cos^2\phi')^{\frac{1}{2}}}{\cos\alpha + (\cos^2\alpha - \cos^2\phi')^{\frac{1}{2}}} \qquad (11.11)$$

A Tabela 11.1a fornece valores para combinações de ϕ' e α, e pode-se observar que para um dado ϕ', à medida que o valor de α aumenta, o valor correspondente de K_a também aumenta. Por exemplo, para $\phi' = 32°$, o valor de K_a sobe de 0,307 quando o reaterro está nivelado para 0,374 quando ele está inclinado em um ângulo de 20°. Um K_a maior significa que quanto mais inclinado o reaterro, mantendo-se todas as outras condições iguais, maior será o empuxo de terra lateral que será exercido sobre o muro de arrimo (tendo que ser suportado por ele). Isto faz sentido quando consideramos a nossa explicação anterior do estado de ruptura ativa de Rankine: à medida que o solo se deforma para fora, ele necessita de suporte no momento da ruptura, quando a deformação atinge um determinado nível. Com o reaterro inclinado, o solo sofrerá ruptura com menos deformação, uma vez que a massa extra de solo introduzida pela superfície inclinada tornará o solo instável muito antes. Isto significa que o círculo de Mohr para esta situação não será capaz de se ampliar tanto (Figura 11.3b) antes da ruptura, e o σ'_h será maior na ruptura, correspondendo ao nosso K_a maior.

Além do aumento do valor de K_a para esta condição, a distribuição das tensões e a resultante P'_a são entendidas como atuando na mesma inclinação do reaterro (α) (Figura 11.6). Esta tensão inclinada e resultante também leva a uma melhor compreensão de por que K_a é maior do que para o caso de reaterro nivelado: P'_a atuando em α alinha-o mais próximo do plano de ruptura de $\theta = 45° + \phi'/2$ (Figura 11.3a), tornando-o mais "eficiente" na promoção de rupturas nesse plano.

Observa-se que a inclinação do reaterro pode, na verdade, ser inferior à horizontal, como ocorre frequentemente na aproximação a uma ponte. Em outras palavras, o reaterro inclina-se **para cima** em direção ao muro. Isso resulta em um valor negativo de α e, portanto, reduz o K_a, σ'_h e P'_a resultantes.

Vale ressaltar dois pontos de esclarecimento relacionados aos esforços no muro com reaterro inclinado. Um envolve o cálculo de σ'_v para o caso de reaterro inclinado. Como visto na Figura 11.6, σ'_v é calculado no ponto presumido de interação entre o muro e o solo, usando a profundidade z do topo do muro. Outro esclarecimento é para o caso em que haja um lençol freático presente. Embora se presuma que P'_a atue em um ângulo igual ao do reaterro, a distribuição da pressão neutra no muro permanece atuando horizontalmente.

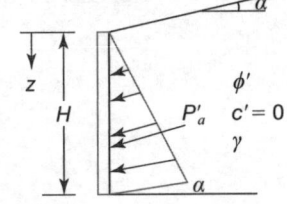

FIGURA 11.6 Distribuição de tensões atuando no muro de arrimo para areia seca atrás de um muro de arrimo.

Isso ocorre porque uma P'_a inclinada implica que há, na verdade, uma tensão de cisalhamento vertical atuando no muro além de uma tensão normal (sim, isso vai contra a suposição de um muro sem atrito com a qual começamos para as condições de Rankine, mas a vida é cheia de contradições). Como a pressão neutra hidrostática criada pelo lençol freático não pode aplicar tensão de cisalhamento (apenas tensão normal), a distribuição u e sua resultante (P_w), permanecem horizontais. Esses detalhes de cálculo serão ilustrados no Exemplo 11.3.

Exemplo 11.3

Contexto:

A Figura Ex. 11.3 mostra um muro de arrimo que suporta um reaterro de areia inclinado e sobrecarga com as propriedades do solo e localização do lençol freático conforme indicado. Presuma as condições de Rankine.

Problema:

a. Calcule e represente graficamente a distribuição de tensões laterais no muro para uma ruptura ativa. Apresente todos os cálculos para a parte inferior superior do muro e para o lençol freático.

b. Calcule o módulo e a orientação da resultante (P_a), para a distribuição que você desenvolveu no item a.

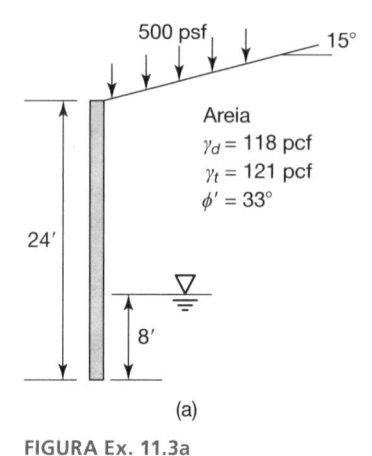

FIGURA Ex. 11.3a

Solução:

a. Este problema é um reaterro de areia inclinado, caso ativo de Rankine. A partir da Tabela 11.1a, para $\phi' = 33°$ e $\alpha = 15°$, $K_a = 0{,}326$. Primeiro, calcularemos a distribuição de σ'_h com profundidade e, em seguida, calcularemos a distribuição de u para os 8 pés inferiores do muro. Os cálculos seguem a mesma abordagem do reaterro nivelado; entretanto, no final, inclinaremos a distribuição de σ'_h no ângulo α e manteremos o nível de distribuição de u.
Na parte superior do muro;

$$(\sigma'_h) = (K_a q) = (0{,}326)(500) = 163 \text{ psf}$$

No lençol freático,

$$\sigma'_h = K_a(q + \gamma_d q H_1) = (0{,}326)[500 + (118)(16)] = 778 \text{ psf}$$
$$u = 0$$

Na base do muro.

$\sigma'_h = K_a(q + \gamma_d qH_1 + \gamma_t H_2 - y_w H_2) = (0{,}326)[500 + (118)(16) + (8)(121) - (8)(62{,}4)]$
$= (0{,}326)(2857) = 931$ psf
$u = (8)(62{,}4) = 499$ psf

Novamente, isso resulta em uma distribuição inclinada de σ'_h e uma distribuição horizontal (nivelada) de u:

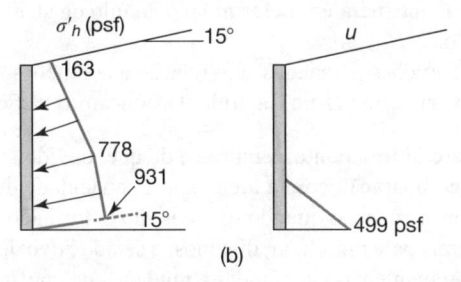

FIGURA Ex. 11.3b

b. A resultante dessas distribuições é calculada como antes, e essencialmente ignoramos a inclinação da distribuição de σ'_h ao calcular a sua área.

$$P'_a = \tfrac{1}{2}(163 + 778)(16) + \tfrac{1}{2}(778 + 931)(8) = 7528 + 6.836 = 14.364 \text{ lb/pés a } 15°$$
$$P_w = \tfrac{1}{2}(499)(8) = 1.996 \text{ lb/pés a } 0°$$

Agora, podemos calcular as componentes horizontal e vertical de P'_a e combiná-las com P_w para obter a resultante global P_a e a sua orientação. A componente horizontal de P'_a é

$$P'_{a,h} = P'_a \cos 15° = 14.364 \cos 15° = 13.874 \text{ lb/pés,}$$

e o componente vertical é

$$P'_{a,v} = P'_a \operatorname{sen} 15° = 14.364 \operatorname{sen} 15° = 3.718 \text{ lb/pés.}$$

Portanto, a componente horizontal total da força resultante no muro é

$$P'_{a,h} = P'_{a,h} + P_w = 13.874 + 1996 = 15.870 \text{ lb/pés}$$

e a componente vertical da força resultante é apenas

$$P'_{a,v} = P'_{a,v} = 3.718 \text{ lb/pés.}$$

Isso resulta em uma resultante total

$$P'_a = (P_{a,v}{}^2 + P'_{a,h}{}^2)^{1/2} + [(15.870)^2 + (3718)^2]^{1/2} = 13.600 \text{ lb/pés}$$

atuando em um ângulo de

$$\operatorname{tg}^{-1}(P'_{a,v}/P_{a,h}) = 13°$$

o que parece razoável, dado que a maior parte da resultante vem do P'_a inclinado a 15°, e apenas uma quantidade relativamente pequena de tensão é contribuída por u a 0°, o que reduz apenas ligeiramente a inclinação.

11.3.3 Empuxo de terra ativo de Rankine para argilas

O caso ativo de Rankine fica mais complicado para solos argilosos devido a três condições associadas introduzidas por estes solos:

- a capilaridade, apresentada na Seção 5.2, resulta na presença de água intersticial no solo acima do lençol freático devido aos efeitos da tensão superficial. Isto leva a uma pressão neutra negativa acima do lençol freático, impactando, assim, as tensões efetivas naquela zona. Para simplificar, vamos presumir que há capilaridade total, o que significa que a água pode saturar o espaço vazio do solo acima do lençol freático até a superfície do terreno natural.
- a coesão do solo, que, para um determinado ângulo de atrito efetivo ϕ', fornece resistência adicional ao solo.
- o conceito de condições "drenadas" em relação a condições "não drenadas" em argilas que abordamos pela primeira vez no Capítulo 9 e aplicamos na Seção 10.6 a fundações rasas.

Em relação a este último ponto, lembre-se de que, devido à permeabilidade relativamente baixa da argila em comparação com a areia, a sua capacidade de transmitir água intersticial é muito menor. Isto entra em ação quando os solos são deformados ou carregados (como no caso de deformações laterais para mobilizar, digamos, o estado ativo de Rankine), e a água intersticial fluirá correspondentemente para acomodar a mudança de configuração do solo. Se a carga for aplicada de forma rápida, esse escoamento não pode ocorrer em argilas com rapidez suficiente, e a pressão neutra pode desviar-se significativamente das condições hidrostáticas; isto é conhecido como o caso "não drenado", uma vez que a água intersticial não pode "drenar" de espaço poroso para espaço poroso com rapidez suficiente. Para condições de carregamento relativamente lento, as deformações ocorrem durante um período de tempo longo, e a água intersticial, mesmo na argila, tem tempo para se mover para onde os gradientes internos a levam, sem alterar de forma significativa a pressão hidrostática (desde que a localização do lençol freático permaneça a mesma). Este caso é chamado de "drenado" por esse motivo.

Talvez você se pergunte se a areia pode ser carregada com rapidez suficiente até ser submetida ao caso "não drenado", e há dois casos bem conhecidos para isso: terremotos, abalos sísmicos e vibrações de explosões. Sob as condições certas, ambos os carregamentos especiais são rápidos o suficiente para induzirem pressões neutras não hidrostáticas nas areias. A manifestação mais conhecida do carregamento de areia não drenada é a liquefação (Seção 6.6).

Caso drenado para empuxo de terra ativo de Rankine – A fim de apresentar os conceitos básicos para este caso, voltamos ao reaterro nivelado, tendo em mente as suposições acima. Como este é o caso drenado, as pressões hidrostáticas intersticiais são presumidas como permanecendo as mesmas durante a inserção de um muro de arrimo. O caso que consideramos é mostrado na Figura 11.7a, e observa-se que, devido à suposição de capilaridade total, o peso específico da argila é considerado o mesmo acima e abaixo do lençol freático (γ_t). A coesão efetiva é denotada por c'. A Equação (11.9) e a Tabela 11.1a podem continuar sendo usadas para calcular K_a para um determinado ϕ'. Contudo, os efeitos da coesão e da capilaridade agora mostram ao que vieram.

No estado ativo de Rankine para argilas, qual é a sua previsão de como a coesão afeta a magnitude de σ'_h? Intuitivamente, a coesão parece ajudar a manter o solo unido e, assim, a reduzir a tensão lateral que precisa ser suportada pelo muro de arrimo. Esta intuição está correta. Mais analiticamente, voltando à Figura 11.3b, para um determinado ϕ', a envoltória de Mohr-Coulomb se desloca para cima como resultado da interceptação de coesão, permitindo que o círculo de Mohr

FIGURA 11.7 Análise de tensão do muro de arrimo para empuxos de terra laterais ativos com argila drenada. Seção transversal em cota simplificada (a); perfil σ'_h (b); perfil u (c).

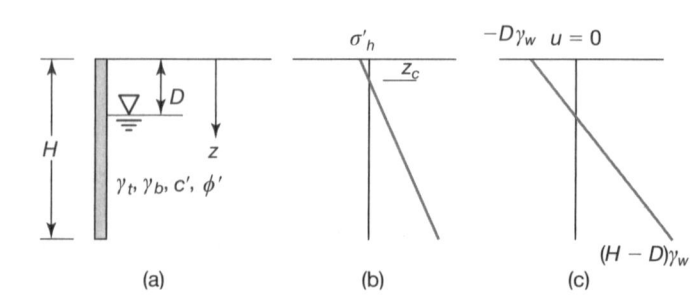

ativo de Rankine aumente (para um determinado ϕ', reduzindo, assim, o σ'_h na ruptura. Portanto, nossa intuição é respaldada pela teoria. A equação resultante para σ'_h é

$$\sigma'_h = K_a \sigma'_v - 2c'\sqrt{K_a} \qquad (11.12)$$

Nas argilas normalmente adensadas, o valor de c' é próximo de zero. No entanto, argilas sobreadensadas podem apresentar coesão substancial dependendo do grau de sobreadensamento.

As tensões efetivas no solo com profundidade no muro serão, como sempre, o resultado de tensões totais e pressões neutras. Para as condições indicadas, é importante observar que a pressão neutra u será negativa acima do lençol freático; na superfície do terreno natural $u = -D\gamma_w$. Para o exemplo simples da Figura 11.7, isso resultará em uma tensão vertical, σ'_v, na superfície do terreno natural de $\sigma'_v = \sigma_v - u = 0$; $-(-D\gamma_w) = D\gamma_w$ que é então usada na Equação (11.12) para calcular a tensão horizontal σ'_h na superfície topográfica. Cálculos semelhantes podem ser feitos no lençol freático ($u = 0$) e na base do muro.

Se os procedimentos detalhados nas Seções 11.1 e 11.2 forem então seguidos, P'_a e P_w poderiam ser calculados tomando as áreas de suas respectivas distribuições de tensão, e essas resultantes poderiam ser adicionadas para encontrar a resultante total (bem como sua localização).

Infelizmente, acontece que continuar neste caminho teórico para calcular as resultantes P'_a e P_w não reflete a realidade em campo. Primeiro, tensões efetivas negativas ou tensões de tração, incluindo $\sigma'_h < 0$, não podem ser sustentadas nos solos por um longo prazo e, eventualmente, resultam em fissuras por tensão; você provavelmente já observou isso em "rachaduras" dos solos secos na superfície do terreno natural quando ele fica muito seco. Trata-se do solo sofrendo ruptura sob tensões de tração. Portanto, a zona de $\sigma'_h < 0$ na Figura 11.7b é teoricamente correta, mas não sustentável na realidade. O outro resultado teórico, o de pressões neutras inferiores a zero ($u < 0$), é possível em vazios muito pequenos de solos coesivos (e algumas partículas de silte), mas não pode ser sustentado na interface solo-muro. Portanto, enquanto as Figuras 11.7b e c nos fariam acreditar que o solo e a água intersticial podem "puxar" para reduzir o carregamento no muro, logo a teoria não corresponde à realidade.

Para explicar esses fenômenos, corrigimos empiricamente os efeitos da tensão a fim de chegar a um projeto conservador que não depende dos valores teóricos negativos de σ'_h e u. Primeiro, a ruptura de tensão devido a um σ'_h negativo é abordada. Consultando a Figura 11.7b, o local em que σ'_h passa de negativo para positivo, z_c é chamado de **profundidade crítica**, e, acima dessa profundidade, pode-se esperar a observação de fissuras, uma vez que os solos são fracos quando submetidos à tensão. Para um perfil σ'_h típico como o da Figura 11.7b, essa profundidade pode ser determinada usando:

$$z_c = \frac{2c'\sqrt{K_a} - D\gamma_w K_a}{K_a \gamma_b} \qquad (11.13)$$

Embora essa profundidade não seja particularmente importante para a correção para calcular P'_a de uma maneira mais conservadora (mais sobre essa questão será abordado abaixo), z_c pode desempenhar um papel na determinação do nível de suporte lateral que pode ser usado em muros de arrimo (p. ex., tirantes, que são tendões inseridos no solo atrás do muro). Observa-se também que, sob certas condições do solo e do lençol freático, σ'_h pode ser positivo ao longo de toda a altura do muro; não presuma que isso sempre se torna negativo em algum ponto.

Se houver uma porção negativa da distribuição de tensão horizontal σ'_h, existem duas maneiras de corrigir isso empiricamente e chegar a um valor de P'_a corrigido, $P'_{a,\,corrig}$. Tenha em mente que "empírico" significa que não são necessariamente baseados em teoria, mas sim em observações e julgamentos de engenharia.

1. Primeiro, poderíamos simplesmente ignorar a parte negativa da distribuição de σ'_h para o cálculo de P'_a, de modo que $P'_{a,\,corrig}$ seja calculado como:

$$P'_{a,\,corr} = \tfrac{1}{2}(\sigma'_h \text{ base})(H - z_c) \qquad (11.14)$$

Isso deixa a distribuição como a área abaixo de z_c, com um centroide 1/3 da altura do triângulo menor acima da base (Figura 11.8a).

FIGURA 11.8 Abordagens para a correção do pivô e a distribuição da altura (σ'_h) em argila drenada levando-se em conta a fissuração por tensão. Correção ignorando a porção negativa da distribuição de σ'_h ao calcular (a); pivotando a distribuição definindo $\sigma'_h = 0$ no topo do muro (b).

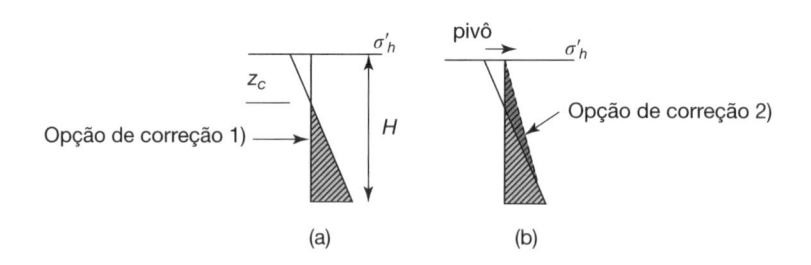

2. A segunda abordagem é simplesmente "girar" a distribuição de modo que ela seja definida como σ'_h no topo do muro e o valor original de σ'_h na base (triângulo sombreado na Figura 11.8b). Isso fornece um valor um tanto conservador (ficando fácil de calcular) de $P'_{a,\,corrig.}$ com um centroide 1/3 da altura do muro a partir da base.

$$P'_{a,\,corrig.} = \tfrac{1}{2}\,(\sigma'_h \text{ base})(H) \tag{11.15}$$

Esta segunda abordagem é o método preferencial do nosso ponto de vista, dada a sua simplicidade e seu resultado conservador.

A mesma situação pode surgir para a distribuição de pressão neutra atuando no muro se o lençol freático estiver abaixo do topo do muro (resultando em $u < 0$ no topo), e o cálculo de P_w. Voltando à Figura 11.7c, as duas abordagens de correção para obter $P_{w,\,corrig.}$ são:

1. Presuma que a água intersticial acima do lençol freático não possa manter seu valor negativo, após o que a água do topo do muro escoando para baixo contribui para a pressão hidrostática descendo pelo muro, resultando em $u = H\gamma_w$ na base do muro, de modo que a resultante corrigida seja:

$$P'_{w,\,corrig.} = \tfrac{1}{2}H^2\,\gamma_w \tag{11.16}$$

e o centroide apresenta 1/3 da altura do muro a partir da base. Isto poderia aumentar muito o P_w calculado.

2. Tal como acontece com o nosso método preferencial para correção de σ'_h, podemos dinamizar a distribuição de modo que seja $u = 0$ no topo, e o u original $= (H - D)$ na parte inferior, levando a

$$P_{w,\,corrig.} = \tfrac{1}{2}(H - D)H\,\gamma_w \tag{11.17}$$

e o centroide apresenta novamente 1/3 da altura do muro a partir da base. Trata-se de novo de nosso método preferencial. Deve-se também observar que o projeto do muro de arrimo inclui arranjos para mitigar que tais pressões neutras atuem no muro através do projeto de drenagem. No entanto, os piores cenários ainda devem ser considerados. Por exemplo, e se a drenagem sofrer ruptura? Ou o que aconteceria se um empreiteiro escavasse um oleoduto em frente ao muro?

Exemplo 11.4

Contexto:

A Figura Ex. 11.4a mostra um muro de arrimo com uma sobrecarga uniforme, 200 psf, aplicada à superfície. As propriedades do solo e a localização do lençol freático são conforme indicadas. Vamos presumir que há capilaridade total e condições ativas drenadas de Rankine.

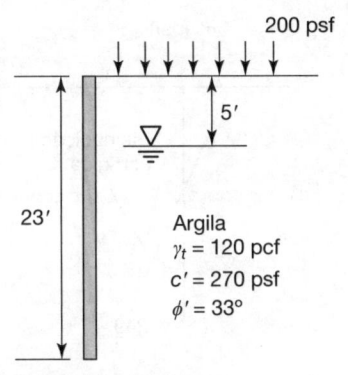

FIGURA Ex. 11.4a

Problema:

a. Calcule e represente graficamente as distribuições de σ'_h e u não corrigidas ao longo do muro. Indique os valores na parte superior e inferior do muro e no lençol freático. Apresente todos os cálculos.

b. Determine o empuxo ativo resultante no muro P_a, que você usaria para o projeto. Aplique correções se necessário.

Solução:

$$K_a = \text{tg}^2\left(45 - \frac{\phi'}{2}\right) = 0,295$$

Na parte superior do muro,

$$\sigma'_h = 200 \text{ psf}$$

a. O valor de K_a obtido na Tabela 11.1a para $\phi' = 33°$ é 0,295 (interpolando entre 32° e 34°). Agora, calculamos a distribuição σ'_h usando a Equação (11.12) nos três pontos ao longo da altura do muro, mas primeiro precisamos dos valores de σ'_v na parte superior e inferior do muro e no lençol freático.

Na parte superior do muro, $\sigma'_v = \sigma_v - u = 200 - (-5)(62,4) = 512$ psf [devido à capilaridade total]

No lençol freático, $\sigma'_v = \sigma_v = 200 + (5)(120) = 800$ psf

Na parte inferior do muro, $\sigma'_v = 200 + (23)(120) - (18)(62,4) = 1.837$ psf

Portanto, para os valores σ'_h e u.

Na superfície do terreno natural,

$$\sigma'_h = K_a \sigma'_v - 2c'\sqrt{K_a} = (0,295)(512) - 2(270)(0,295)^{1/2} = -142 \text{ psf}$$
$$u = (-5)(62,4) = -312 \text{ psf}$$

No lençol freático,

$$\sigma'_h = (0,295)(800) - 2(270)(0,295)^{1/2} = -57 \text{ psf}$$
$$u = 0.$$

Na parte inferior do muro,

$$\sigma'_h = (0,295)(1.837) - 2(270)(0,295)^{1/2} = 249 \text{ psf}$$
$$u = (18)(62,4) = 1.123 \text{ psf.}$$

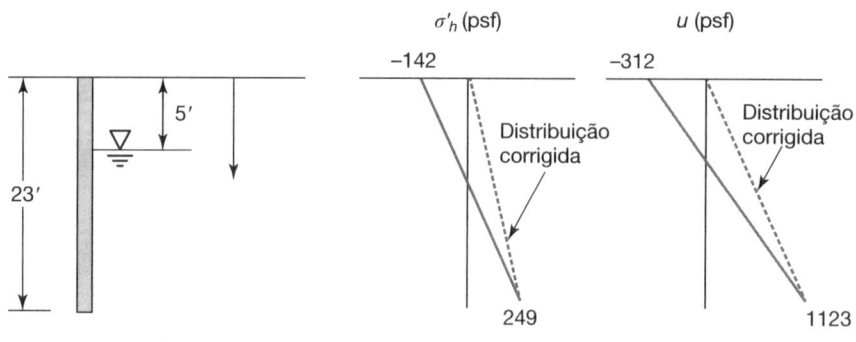

FIGURA Ex. 11.4b

σ'_h (psf): −142, 249 (Distribuição corrigida)
u (psf): −312, 1123 (Distribuição corrigida)
23', 5'

b. Para obter a resultante que queremos usar no projeto, usamos o método de "pivô" para girar ambas as distribuições conforme mostrado na Figura Ex. 11.4b, então calculamos as áreas sob ambas as distribuições corrigidas.

$$(P'_{a,\text{corrig.}}) = \tfrac{1}{2}(249)(23) = 2.864 \text{ lb/pés.}$$
$$(P_{w,\text{corrig.}}) = \tfrac{1}{2}(1.123)(23) = 12.915 \text{ lb/pés.}$$

Fornecendo uma resultante geral de P_a = 15.779 lb/pés. Isto ilustra a importância de reduzir os efeitos da pressão neutra no muro.

Caso não drenado para empuxo de terra ativo de Rankine – Para o caso de carregamentos não drenados, ou seja, aqueles que são aplicados com rapidez suficiente para induzir pressões neutras não hidrostáticas, devemos lembrar um pouco da nossa compreensão do comportamento do solo não drenado do passado, abordada no Capítulo 9. Devido, em grande parte, à nossa compreensão equivocada dos resultados dos ensaios laboratoriais na década de 1950, os engenheiros geotécnicos chegaram à conclusão de que as argilas carregadas sob condições não drenadas derivavam a sua resistência apenas da coesão e não do atrito. Em outras palavras, independentemente do nível de tensão sob os solos, presumia-se que apenas a coesão inata do solo poderia gerar resistência ao cisalhamento.

Embora tenhamos compreendido durante muitos anos que este não é realmente o caso, porque os métodos são fácil aplicação e conservadores nos seus resultados, baseamos muitos dos nossos cálculos de resposta da argila nas formulações não drenadas resultantes da capacidade de carga e empuxo de terra nas laterais da fundação. Mais especificamente, se for presumido que um material (como o solo) sofre ruptura pelos critérios de Mohr-Coulomb, quando a resistência ao cisalhamento é presumida independente da tensão normal, isso implica um ângulo de atrito, $\phi' = 0°$, e esta é a premissa subjacente de análises não drenadas para argilas. Consultando novamente a Equação (11.9), isso significa que, para condições não drenadas K_a é = 1. Outra peculiaridade da análise não drenada é que esta é uma **análise de tensão total** (**TSA**, como já nos referimos no Capítulo 10), portanto, não há necessidade de decompô-la em P'_a e P_w; calcularemos P_a apenas com base no peso específico total do solo e na **coesão não drenada** do solo, c_u ou s_u. Adaptando a Equação (11.12), e consultando a Figura 11.9, a tensão horizontal total em qualquer ponto é

$$\sigma'_h = \sigma_v - 2c_u \tag{11.18}$$

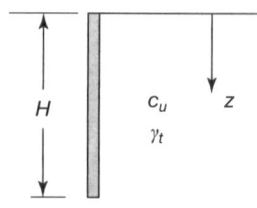

FIGURA 11.9 Seção transversal em cota simplificada para análise de muro de arrimo não drenado.

Como você já deve ter imaginado, é possível que a Equação (11.18) resulte em $\sigma_h < 0$ (e definitivamente resultará isso na superfície do terreno natural, a menos que haja uma sobrecarga significativa o suficiente aplicada na superfície para aumentar σ_v). E, assim, como as tensões efetivas, as tensões totais negativas não podem ser sustentadas no solo, de modo que devemos mais uma

Capítulo 11 Empuxos de terra laterais e estruturas de contenção

vez corrigir as distribuições com valores negativos no topo do muro. Tal como acontece com o caso drenado, recomendamos o "método do pivô": isto é, manter o σ_h original na base do muro, mas defini-lo no topo do muro igual a zero para uma resultante conservativa P_a, e uma localização facilmente determinada da resultante (um terço da altura do muro acima da base).

Exemplo 11.5

Contexto:

A Figura Ex. 11.5a mostra um muro de arrimo que suporta um reaterro de argila saturada e sobrecarga com as propriedades do solo e localização do lençol freático conforme indicado. Vamos presumir que há capilaridade total e condições ativas não drenadas de Rankine.

Problema:

a. Calcule e represente graficamente a distribuição de tensão lateral não corrigida no muro. Apresente todos os cálculos e valores na parte superior e inferior do muro.
b. Calcule a resultante P_a, que você usaria para o projeto.

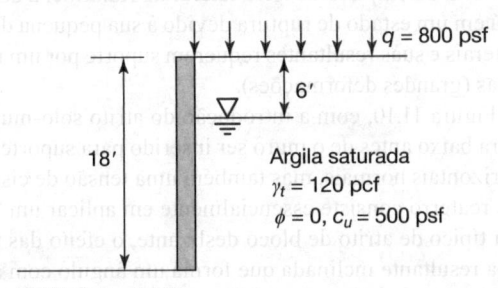

[Figura: muro de 18' com lençol freático a 6' do topo; $q = 800$ psf; Argila saturada, $\gamma_t = 120$ pcf, $\phi = 0$, $c_u = 500$ psf]

FIGURA Ex. 11.5a

Solução:

a. Como se trata do caso não drenado, nos preocupamos apenas com a distribuição de tensão total calculada usando a Equação (11.18), e só precisamos fazer isso na parte superior e inferior do muro.

Na parte superior do muro, $\sigma_h = \sigma_v - 2c_u = 800 - (2)(500) = -200$ psf.

Na parte inferior do muro, $\sigma_h = \sigma_v - 2c_u = 800 + (18)(120) - (2)(500) = 1.960$ psf.

Isso leva à distribuição de σ_h na Figura Ex. 11.5b.

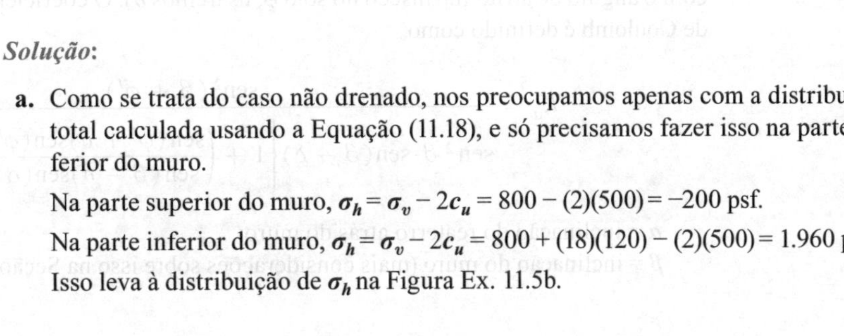

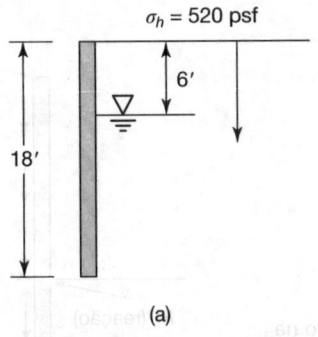

[Figura (a): muro de 18' com $\sigma_h = 520$ psf a 6' do topo. Figura (b): distribuição de σ_h (psf) de -200 no topo a 1960 na base, com distribuição corrigida indicada]

(a)   (b)

FIGURA Ex. 11.5b

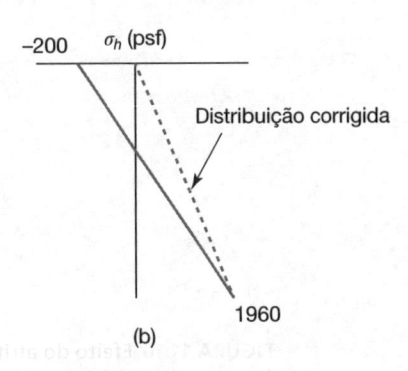

b. Podemos aplicar novamente nossa correção de pivô conforme mostrado na Figura Ex. 11.5b para a distribuição de σ_h e calcular a tensão total resultante

$$P'_{a,\,corrig.} = \tfrac{1}{2}\,(1960)(18) = 17.640\ \text{lb/pés}.$$

Para reaterro inclinado, o caso drenado pode ser tratado da mesma forma que fizemos para areias; a distribuição de σ'_h é inclinada no mesmo ângulo que o reaterro e a distribuição de u não é inclinada. Para o caso não drenado, a distribuição de σ_h é inclinada no mesmo ângulo do reaterro; entretanto, o K_a permanece na unidade ($K_a = 1$).

11.4 EMPUXO DE TERRA ATIVO DE COULOMB

Cerca de 80 anos antes do trabalho de Rankine, Charles-Augustin de Coulomb, um engenheiro militar francês mais conhecido por seu trabalho sobre atração-repulsão eletrostática entre partículas ("Lei de Coulomb"), desenvolveu uma teoria de empuxo de terra lateral que incluía o atrito entre o solo granular e a parte de trás do muro para compensar a rugosidade do muro e o reaterro inclinado. Como a teoria do empuxo de terra lateral de Rankine, a abordagem de Coulomb presume que o solo está em um estado de ruptura devido à sua pequena deformação externa e, neste ponto, as tensões laterais e suas resultantes requerem suporte por um muro de arrimo para evitar rupturas catastróficas (grandes deformações).

Consultando a Figura 11.10, com a introdução do atrito solo-muro, à medida que o solo se move para fora e para baixo antes de o muro ser inserido para suporte, este não apenas precisará suportar tensões horizontais normais, mas também uma tensão de cisalhamento ao longo de sua interface. O solo de reaterro consiste essencialmente em aplicar um "atrito negativo" no muro. Como um problema típico de atrito de bloco deslizante, o efeito das tensões normais e de cisalhamento leva a uma resultante inclinada que forma um ângulo com a horizontal, normalmente simbolizada como δ (algumas referências bibliográficas o trazem como ϕ_w; para evitar confusão com o ângulo de atrito intrínseco do solo ϕ, usaremos δ). O coeficiente de empuxo de terra ativo de Coulomb é definido como:

$$K_a = \frac{\operatorname{sen}^2(\beta + \phi')}{\operatorname{sen}^2\beta \cdot \operatorname{sen}(\beta - \delta)\left\{1 + \left(\dfrac{\operatorname{sen}(\phi' + \delta)\operatorname{sen}(\phi' - \alpha)}{\operatorname{sen}(\beta - \delta)\operatorname{sen}(\alpha + \beta)}\right)^{\frac{1}{2}}\right\}^2} \tag{11.19}$$

α = inclinação do reaterro atrás do muro;
β = inclinação do muro (mais considerações sobre isso na Seção 11.6).

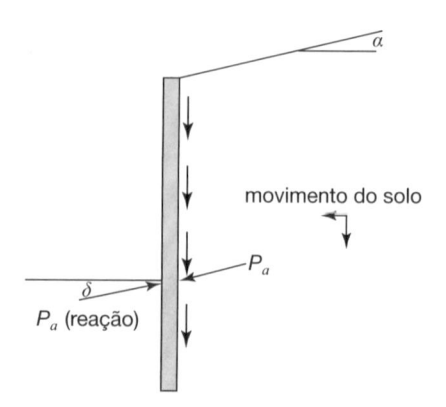

FIGURA 11.10 Efeito do atrito do muro na força resultante ativa que atua no muro de arrimo para condições de Coulomb.

Se o valor de δ for desconhecido, pode-se presumir que seja entre metade até dois terços do ϕ' do solo de reaterro. A Tabela 11.2 mostra os valores de K_a de Coulomb para diversas combinações de inclinação do reaterro, inclinação do muro e ângulo de atrito, presumindo que $\delta = 2/3 \; \phi'$.

TABELA 11.2 Valores de K_a de Coulomb para diversas combinações de inclinação do reaterro, inclinação do muro e ângulo de atrito, presumindo que $\delta = 2/3 \; \phi'$

		β (graus)					
α (graus)	ϕ' (graus)	90	85	80	75	70	65
0	28	0,3213	0,3588	0,4007	0,4481	0,5026	0,5662
	30	0,2973	0,3349	0,3769	0,4245	0,4794	0,5435
	32	0,2750	0,3125	0,3545	0,4023	0,4574	0,5220
	34	0,2543	0,2916	0,3335	0,3813	0,4367	0,5017
	36	0,2349	0,2719	0,3137	0,3615	0,4170	0,4825
	38	0,2168	0,2535	0,2950	0,3428	0,3984	0,4642
	40	0,1999	0,2361	0,2774	0,3250	0,3806	0,4468
	42	0,1840	0,2197	0,2607	0,3081	0,3638	0,4303
5	28	0,3431	0,3845	0,4311	0,4843	0,5461	0,6191
	30	0,3165	0,3578	0,4043	0,4575	0,5194	0,5926
	32	0,2919	0,3329	0,3793	0,4324	0,4943	0,5678
	34	0,2691	0,3097	0,3558	0,4088	0,4707	0,5443
	36	0,2479	0,2881	0,3338	0,3866	0,4484	0,5222
	38	0,2282	0,2679	0,3132	0,3656	0,4273	0,5012
	40	0,2098	0,2489	0,2947	0,3458	0,4074	0,4814
	42	0,1927	0,2311	0,2753	0,3271	0,3885	0,4626
10	28	0,3702	0,4164	0,4686	0,5287	0,5992	0,6834
	30	0,3400	0,3857	0,4376	0,4974	0,5676	0,6516
	32	0,3123	0,3575	0,4089	0,4683	0,5382	0,6220
	34	0,2868	0,3314	0,3822	0,4412	0,5107	0,5942
	36	0,2633	0,3072	0,3574	0,4158	0,4849	0,5682
	38	0,2415	0,2846	0,3342	0,3921	0,4607	0,5438
	40	0,2214	0,2637	0,3125	0,3697	0,4379	0,5208
	42	0,2027	0,2441	0,2921	0,3487	0,4164	0,4990
15	28	0,4065	0,4585	0,5179	0,5869	0,6685	0,7671
	30	0,3707	0,4219	0,4804	0,5484	0,6291	0,7266
	32	0,3384	0,3387	0,4462	0,5134	0,5930	0,6895
	34	0,3091	0,3584	0,4150	0,4811	0,5599	0,6554
	36	0,2823	0,3306	0,3862	0,4514	0,5295	0,6239
	38	0,2578	0,3050	0,3596	0,4238	0,5006	0,5949
	40	0,2353	0,2813	0,3349	0,3981	0,4740	0,5672
	42	0,2146	0,2595	0,3119	0,3740	0,4491	0,5416
20	28	0,4602	0,5205	0,5900	0,6715	0,7690	0,8810
	30	0,4142	0,4728	0,5403	0,6196	0,7144	0,8303
	32	0,3742	0,4311	0,4968	0,5741	0,6667	0,7800
	34	0,3388	0,3941	0,4581	0,5336	0,6241	0,7352
	36	0,3071	0,3609	0,4233	0,4970	0,5857	0,6948
	38	0,2787	0,3308	0,3916	0,4637	0,5587	0,6580
	40	0,2529	0,3035	0,3627	0,4331	0,5185	0,6243
	42	0,2294	0,2784	0,3360	0,4050	0,4889	0,5931

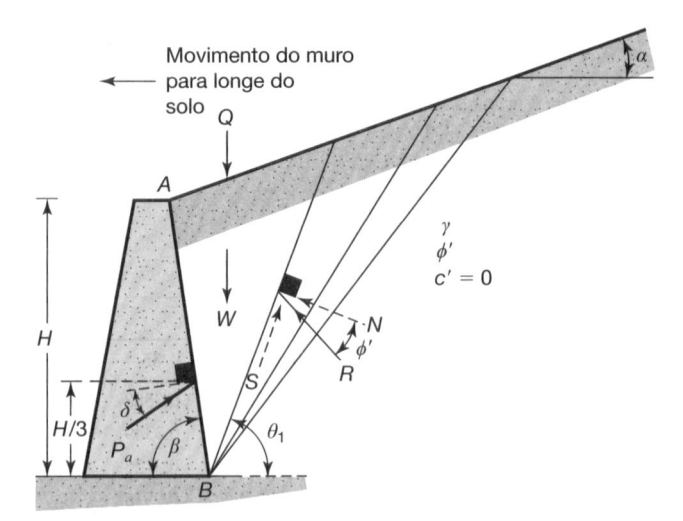

FIGURA 11.11 Vista em cota da seção transversal do muro de arrimo e do solo com tensões e forças de cunha mostradas, solução de empuxo de terra ativo de Coulomb (adaptada de Das, 2004).

Caso ativo de Coulomb para areias – método da cunha – A complicação com a solução de empuxo de terra ativo de Coulomb é que, devido à sua natureza multiparamétrica, é difícil determinar onde está o plano de ruptura para um determinado conjunto de entradas (ele não está mais necessariamente em $\theta = 45° + \phi'/2$ como para o caso ativo de Rankine) e, como resultado, é mais difícil determinar o empuxo ativo resultante (P_a) no muro. Consultando a Figura 11.10, esses múltiplos parâmetros incluem propriedades de reaterro (ϕ'), α, peso específico do solo γ, atrito da interface solo-muro de sobrecarga (q), δ e, voltando à Figura 11.11, o ângulo da face posterior do muro de arrimo (aquele que faz interface com o solo; β). Para uma face de muro vertical, $\beta = 90°$. Como resultado, o método primário e generalizado de solução para este caso é conhecido como **método da cunha**. Ele é útil para a compreensão da mecânica do muro e, atualmente, pode ser entendido usando uma solução de planilha que é resolvida para múltiplos ângulos possíveis do plano de ruptura (diferentes valores de θ).

A "cunha" no método da cunha é a massa de solo entre o muro e o plano de ruptura, e a Figura 11.12a mostra a versão simplificada da Figura 11.11, tendo todos unidades de força por unidade de comprimento de parede, visualizáveis no papel ou na tela de vídeo de um computador.

Q = sobrecarga resultante
W = peso da cunha do solo
R = força do solo adjacente ao plano de ruptura

P_a = força igual e oposta do solo em ruptura que deve ser aplicada pelo muro para evitar a ruptura.

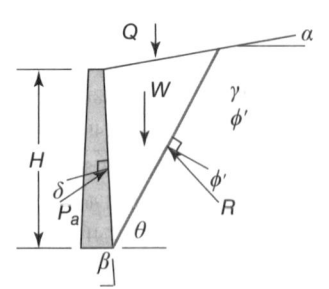

FIGURA 11.12a Equilíbrio de forças para cunha, solução ativa de Coulomb.

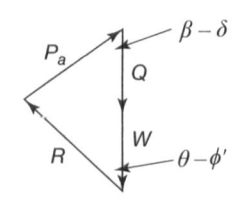

FIGURA 11.12b Polígono de forças da Figura 11.12a, solução ativa de Coulomb.

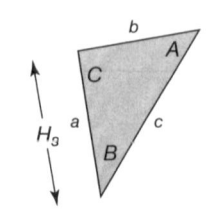

FIGURA 11.12c Dimensões da cunha, solução ativa de Coulomb.

Todos esses parâmetros vão variar dependendo da orientação do plano de ruptura presumida (ou experimental) (*θ*). O *Q* resultante é calculado multiplicando a tensão de sobrecarga pelo comprimento da superfície do terreno natural que limita a cunha no topo, e *W* é o peso específico do solo vezes a área da cunha. No entanto, tanto *R*, quanto P_a são desconhecidos. Isso pode ser resolvido usando o conceito de polígono de forças – o diagrama do vetor de forças para esta cunha, que deve ser um polígono fechado para estar em equilíbrio. A Figura 11.12b mostra o polígono de forças para a cunha, incluindo os ângulos entre os vetores, que são definidos em termos dos ângulos mostrados (*β*, *δ*, *ϕ'* e *θ*). Assim, o método de solução para determinar P_a na Figura 11.12b, que pode ser configurado em uma planilha, é realizar cálculos experimentais para vários valores de *θ*, como segue:

1. Isole a cunha de solo conforme mostrado na Figura 11.12c. Fornecemos designações genéricas para os vários ângulos (*A*, *B* e *C*) e comprimentos dos lados da cunha (*a*, *b* e *c*), todos os quais podem ser calculados. O lado *a* (comprimento da superfície interna do muro), conhecido como **altura inclinada** (H_s), é calculado como:

$$H_s = \frac{H}{\operatorname{sen}\beta} \quad (11.20a)$$

O ângulo $B = 180° - (\beta - \theta)$ e o ângulo $A = (\theta - \alpha)$.

2. Agora a lei dos senos pode ser usada para encontrar os outros ângulos e as dimensões laterais da cunha de solo na Figura 11.12c.

$$\frac{a}{\operatorname{sen} A} = \frac{b}{\operatorname{sen} B} = \frac{c}{\operatorname{sen} C} \quad (11.20b)$$

A área da cunha encontrada pode ser calculada usando-se uma das seguintes combinações de duas dimensões laterais adjacentes e o ângulo interno entre elas;

$$\text{área da cunha} = \tfrac{1}{2}ab\operatorname{sen} C = \tfrac{1}{2}bc\operatorname{sen} A = \tfrac{1}{2}ac\operatorname{sen} B \quad (11.20c)$$

O comprimento *b* e a área da cunha podem ser usados para encontrar *Q* e *W*, novamente, em força por unidade de comprimento de muro.

3. Os resultados do Passo 2 podem agora ser usados para resolver o polígono de forças mostrado na Figura 11.12b, usando as Equações (11.20b) e (11.20c). Isso fornece um valor de P_a para o valor experimental *θ*.

Uma vez encontrado um conjunto de valores experimentais de *θ* e os valores P_a resultantes; o P_a máximo dos testes é usado como o valor correto na ruptura do solo.

É melhor começar com valores experimentais de *θ* que estejam em torno do valor de Rankine de 45° + *ϕ'*/2 e, em seguida, variar o valor de *θ* em, digamos, entre 1° a 2°; muito embora, uma vez configurada a planilha, muitos ângulos experimentais possam ser testados, contudo sem nenhum esforço adicional. O Exemplo 11.6 ilustra o uso deste método.

Caso ativo de Coulomb para areias (método simplificado) – Embora seja ilustrativo entender como a força ativa muda no método da cunha, tal abordagem raramente é justificada. Alguns exemplos onde pode ser útil são quando há uma geometria de muro única, uma superfície de reaterro não linear, sobrecarga altamente variável e/ou diferentes propriedades do solo no reaterro. Se as condições limítrofes forem simples, é possível um cálculo direto de P_a para o caso de Coulomb. O valor de K_a foi fornecido pela Equação (11.19).

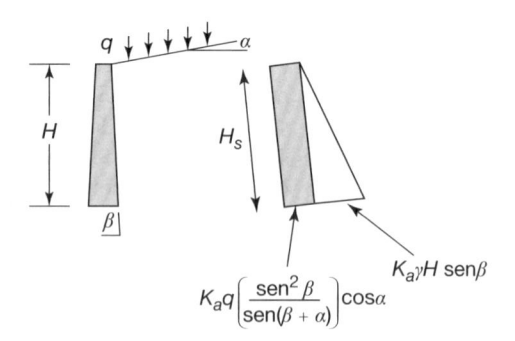

FIGURA 11.13 Distribuição dos empuxos de terra ativos de Coulomb na areia contra um muro de arrimo.

Já o P_a resultante é dado por:

$$P_a = \left(\frac{\text{sen}^2\beta}{\text{sen}(\beta+\alpha)}\right)K_a qH_s \cos\alpha + \tfrac{1}{2}\gamma H^2 K_a \qquad (11.21)$$

Para uma face de muro vertical e reaterro nivelado, a Equação (11.21) reduz a

$$P_a = K_a qH_s + \tfrac{1}{2}\gamma H^2 K_a \qquad (11.22)$$

A Tabela 11.2 fornece um conjunto abrangente de valores de K_a para diferentes combinações de α, β e ϕ' para a suposição de que o ângulo de atrito da interface solo-muro/δ = 2/3 e ϕ'. Também estão disponíveis tabelas apresentando valores de K_a para a suposição de que δ = 1/2 ϕ'.

As distribuições de tensão contra a face posterior do muro são apresentadas na Figura 11.13, e pode-se presumir que essas distribuições atuam em um ângulo δ em relação à superfície interna normal do muro.

A abordagem de Coulomb também pode ser aplicada a argilas. Consulte o estudo de Coduto (2000) para uma apresentação desta abordagem.

Exemplo 11.6

Contexto:

Um muro de arrimo de 5 m de altura com $\beta = 85°$ e ângulo de atrito solo-muro $\delta = 20°$ suporta uma areia seca com $\phi' = 30°$ e $\gamma_d = 18{,}2$ kN/m³. O reaterro inclina-se em um ângulo $\alpha = 15°$, e há uma sobrecarga de 10 kPa.

Problema:

a. Encontre os componentes verticais e horizontais do empuxo ativo de Coulomb no muro usando o método da cunha. Desenhe um exemplo de polígono de força para ajudá-lo a configurar uma planilha para calcular valores de P_a para sete ângulos θ (45, 50, 55, 60, 65 e 70°). Selecione o valor de P_a que você usará para o projeto.

b. Use o método de cálculo para determinar P_a e compare o valor com a resposta que você encontrou no item a.

Solução:

a. A primeira parte da solução de cunha é a configuração física da cunha, conforme mostrado na Figura 11.12c para cada valor de θ na Figura 11.12a. A referência à Figura 11.12c envolve:

- o cálculo do comprimento da inclinação, indicado como b, de modo que a sobrecarga (Q) por metro no papel possa ser calculada (b vezes a sobrecarga);
- a área da cunha para que o peso da cunha (W), por metro no papel possa ser calculado.

Uma vez calculadas essas duas forças por comprimento, podemos consultar a Figura 11.12b para "construir" computacionalmente nosso polígono de forças para resolver P_a. Como conhecemos a magnitude do lado $W + Q$ e os ângulos do triângulo, usamos trigonometria para calcular P_a. Observe que não precisamos de R para fazer esses cálculos. O resultado é que terminamos com uma planilha de valores de P_a em relação a valores de θ, da qual selecionamos o valor máximo de P_a. Abaixo está a planilha resultante que foi criada:

TABELA Ex. 11.6

Alt.	5	m
Ps. espc. solo	18,2	kN/m³
ϕ	30	°
δ	20	°
q	10	kN/m²
α	15	°
β	85	°
Alt. incl.	5,02	M

θ (°)	θ (Radianos)	Compr. da inclinação (m)	Área da cunha (m²)	W (kN/m)	Q (kN/m)	$W+Q$ (kN/m)	Pa (kN/m)
40	0,698	9,73	24	438	97	535	96
45	0,785	7,69	19	346	77	423	111
50	0,873	6,19	15	278	62	340	117
55	0,960	5,02	12	226	50	276	117
60	1,047	4,07	10	183	41	224	112
65	1,134	3,28	8	147	33	180	105
70	1,222	2,59	6	116	26	142	95
80	1,396	1,43	4	64	14	79	67

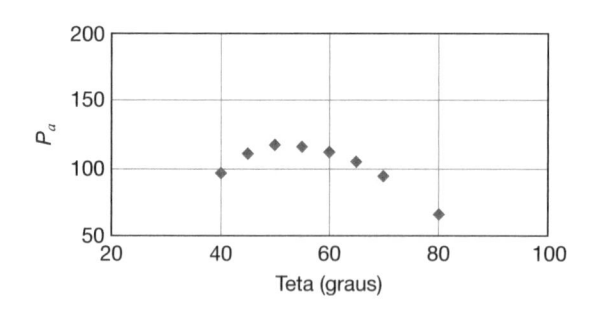

FIGURA Ex. 11.6

A partir da Figura Ex. 11.6, podemos determinar que o P_a máximo = 117 kN/m ocorre em $\theta = 50°$.

b. Agora vamos ver como isso se compara ao nosso resultado computacional usando as Equações (11.19) e (11.21),

$$K_a = \frac{\text{sen}^2(\beta + \phi')}{\text{sen}^2\beta \cdot \text{sen}(\beta - \delta)\left\{1 + \left(\frac{\text{sen}(\phi' + \delta)\text{sen}(\phi' - \alpha)}{\text{sen}(\beta - \delta)\text{sen}(\alpha + \beta)}\right)^{\frac{1}{2}}\right\}^2} \quad (11.19)$$

$$K_a = \frac{\text{sen}^2(85 + 30)}{\text{sen}^2 85 \cdot \text{sen}(85 - 20) \cdot \left\{1 + \left(\frac{\text{sen}(30 + 20)\text{sen}(30 - 15)}{\text{sen}(85 - 20)\text{sen}(15 + 85)}\right)^{\frac{1}{2}}\right\}^2}$$

$= 0{,}42$ (que poderíamos apresentar um valor aproximado usando a Tabela 11.2, aliás!)

$$P_a = \left(\frac{\text{sen}^2\beta}{\text{sen}(\beta + \alpha)}\right) K_a q H_s \cos\alpha + \tfrac{1}{2}\gamma H^2 K_a \quad (11.21)$$

$$P_a = \left(\frac{\text{sen}^2 85}{\text{sen}(85 + 15)}\right)(0{,}42)(10)(5{,}02)\cos 15 + \tfrac{1}{2}(18{,}2)(5)^2(0{,}42)$$

$= 116$ kN/m

Portanto, este método é apenas ligeiramente inferior à nossa abordagem de cunha, o que demonstra a utilidade desta abordagem computacional para condições de muro e carregamento relativamente simples.

11.5 EMPUXO DE TERRA PASSIVO DE RANKINE

11.5.1 Caso passivo de Rankine para areias

Acabamos de ver como o caso de empuxo de terra ativo é responsável pela ruptura do solo à medida que ele se deforma **para fora**, normalmente devido a um corte vertical ou quase vertical (escavação) do solo. O projeto do muro de arrimo para o caso ativo é baseado no suporte às pressões horizontais do solo naquele ponto de ruptura. Agora, examinaremos um modo de ruptura muito diferente; o caso **passivo** ocorre quando empurramos o muro para dentro contra a massa de solo, essencialmente comprimindo o mesmo horizontalmente, ou, de forma mais técnica, aumentando a tensão horizontal até que a massa de solo sofra ruptura. Quando tal situação aconteceria em campo? Sempre que o solo (e o muro) estiverem sendo usados como reação a uma força externa, o caso passivo provavelmente prevalecerá. Um exemplo seria a cravação de tubos, um método de instalação de tubos em que segmentos de tubo são empurrados através do solo com macacos

FIGURA 11.14 Uso de um muro de reação para inserir seções de tubos usando o método de cravação de tubos (foto cortesia de Rupert Oberhäuser/Alamy Stock Photo).

hidráulicos de alta pressão (Figura 11.14), e um muro de arrimo de concreto que é usado como reação para essa força de elevação. Talvez um caso mais extremo (e dinâmico) seria uma barreira no final de uma linha de metrô que pararia trens que, por exemplo, tenham perdido a capacidade de frenagem e colidiram com o muro para parar. Independentemente da fonte da força externa, o estado passivo envolve o aumento de σ'_h até o ponto de ruptura na massa de solo, o que novamente se torna a base para o projeto do muro de arrimo.

Como fizemos para o caso ativo, primeiro consideramos as condições ideais presumidas para o caso passivo de Rankine, ou seja, muro sem atrito, solo granular (coesão – $c'=0$) e superfície horizontal do solo. Então, recorremos aos princípios de ruptura dos círculos de Mohr e de Mohr-Coulomb para compreender as condições de tensão à medida que a ruptura passiva é mobilizada no solo. Consultando a Figura 11.15a, consideramos essas condições idealizadas e um muro idealizado que foi implantado. Como foi o caso do círculo de Mohr ativo de Rankine e conforme mostrado na Figura 11.15b, antes de qualquer escavação ou construção de muro, obtém-se a tensão horizontal inicial em repouso ($\sigma'_{ho} = K_o \sigma'_{vo}$), e o círculo de Mohr em repouso. Como antes, a escavação e a construção do muro podem fazer σ'_h diminuir em direção à condição de empuxo de terra ativo ($\sigma'_h = K_a \sigma'_v$), devendo-se verificar o muro para que também possa suportar o caso ativo.

Para mobilizar o caso passivo, uma força externa é agora aplicada ao muro e à massa do solo para que possa empurrar efetivamente o muro no solo. Quanto ao caso ativo, presume-se que σ'_v permanece constante durante este processo, enquanto σ'_h começa a aumentar. Em algum ponto,

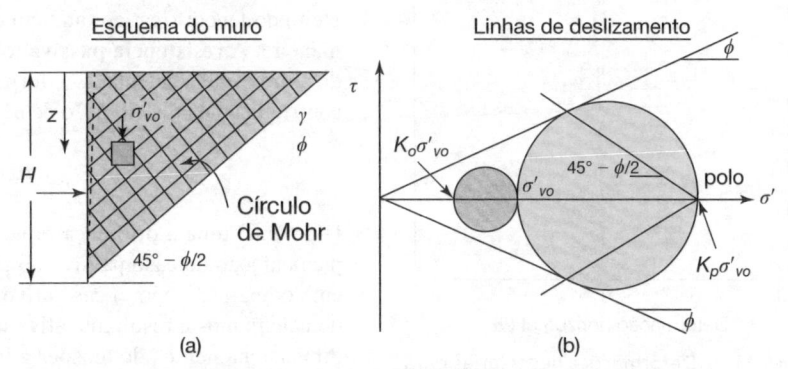

FIGURA 11.15 Condições do solo atrás de um muro de arrimo que está sofrendo ruptura passiva de Rankine. Vista em cota idealizada de um "muro" resistindo à força empurrando a massa de solo (a); e representação do círculo de Mohr da massa de solo submetida à ruptura (b).

o círculo de Mohr se torna um ponto único (quando $\sigma'_h = \sigma'_{vo}$) e então cresce à medida que σ'_h se torna maior que σ'_{vo}. Eventualmente, quando σ'_h aumenta o suficiente, o círculo de Mohr resultante entra em contato com a envoltória de Mohr-Coulomb e o estado de equilíbrio plástico ou ruptura incipiente é alcançado. Neste ponto,

$$\sigma'_h = k_p \sigma'_v \tag{11.23a}$$

onde

$$K_p = \text{Coeficiente de empuxo passivo de terra de Rankine.} \tag{11.23b}$$
$$= \text{tg}^2(45° + \phi'/2)\frac{1 + \text{sen } \phi'}{1 - \text{sen } \phi'}$$

Esses valores também estão tabulados na Tabela 11.1b, e você observará que k_P é simplesmente o inverso de k_a, e ambos dependem apenas do ângulo de atrito do solo (ϕ').

Com relação aos planos de ruptura para o caso passivo de Rankine, a Figura 11.15b mostra que, assim como para o caso ativo de Rankine, o polo do círculo migrou com o valor de σ'_h até a ruptura. Portanto, o ângulo dos planos de ruptura, definido pelas linhas do polo até a intersecção círculo-envoltória, é 45° – $\phi'/2$, que é um ângulo muito mais plano do que aquele para o caso ativo de Rankine, definido por 45° – $\phi'/2$. O resultado visto na Figura 11.15a é que uma zona muito maior de solo está envolvida na ruptura passiva de Rankine (i.e., mais solo sofreu ruptura atrás do muro) do que no caso ativo.

Além da maior extensão da zona de solo submetido à ruptura, existem algumas outras diferenças muito importantes entre os casos ativo e passivo de Rankine. Primeiro, o tamanho do círculo de Mohr na ruptura passiva de Rankine é naturalmente muito maior do que os círculos de Mohr para os estados k_o ou k_a. Isto significa que o solo pode desenvolver uma resistência reativa muito grande a forças externas. Além disso, para mobilizar este σ'_h relativamente alto, são necessários níveis mais elevados de movimento dos muros e deformações do solo do que os do caso ativo; isto não nos deveria surpreender, dado o tamanho do círculo de Mohr em comparação com o seu estado de k_o original. A Figura 11.16 mostra a diferença relativa nas deformações de mobilização para essas duas condições de ruptura. Tais movimentos grandes raramente se desenvolvem em campo, e as tensões reais situam-se em algum lugar entre as condições de k_o e k_p.

Para um coeficiente de Rankine passivo em areias, o desenvolvimento do perfil σ'_h ao longo do muro na ruptura é semelhante ao que foi feito para o caso ativo de Rankine, e o efeito do lençol freático também é contabilizado da mesma maneira. A **resistência passiva** total resultante do solo atrás do muro é então calculada de forma semelhante, onde P'_p é a contribuição da distribuição de σ'_h.

$$P_p = P'_p + P_w \tag{11.24}$$

Isto traz à tona a diferença talvez mais importante na implementação do caso passivo no projeto do muro de arrimo em comparação com o caso ativo. Lembre-se de que quando calculamos a resultante ativa no muro, como em muitos dimensionamentos de tensões admissíveis (**ASD**) multiplicamos essa resultante teoricamente derivada por um fator para chegar à carga de projeto. Isto levou a um projeto mais

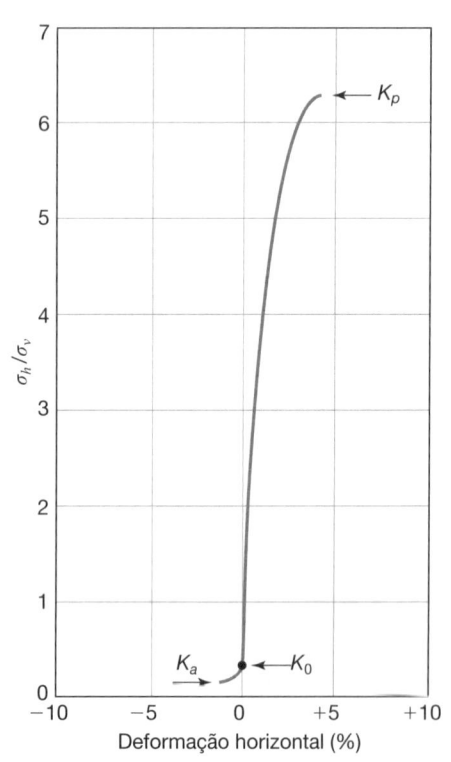

FIGURA 11.16 Deformações necessárias para atingir estados ativos e passivos em areia densa (adaptada de Lambe e Whitman, 1969).

Capítulo 11   Empuxos de terra laterais e estruturas de contenção   **611**

conservador para o muro que suportaria algum múltiplo da nossa resultante calculada. Para o caso passivo, como estamos usando o muro para resistir a uma força externa, tomamos a resultante calculada na Equação (11.24) e a **dividimos** pelo fator de projeto para sermos conservadores. Isso significa que estamos, na verdade, reduzindo nossa estimativa da resistência fornecida pelo muro para garantir a segurança. O Exemplo 11.7 ilustra muitos desses princípios.

Exemplo 11.7 (adaptado de Bowles, 1996).

Contexto:

Consulte a Figura Ex. 11.7a. O muro apresentado, que suporta um reaterro de areia, deve ser usado para resistir a uma força que empurra o muro. Presuma as condições de Rankine.

Problema:

a. Calcule os valores de σ'_h e u na parte superior e na base do muro e no lençol freático.
b. Calcule a resistência total que o muro pode oferecer, presumindo um $FS = 2,0$

Solução:
Caso passivo.

$$K_p = \text{tg}^2\left(45° + \frac{\phi'}{2}\right)$$

Na parte superior: $\sigma'_h = \sigma'_h = K_p q$.

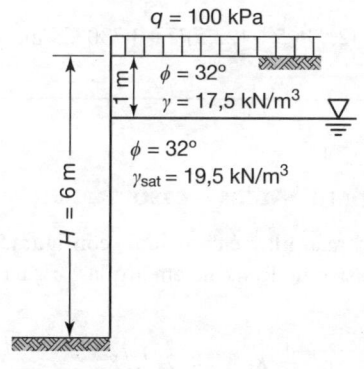

$q = 100$ kPa
$\phi = 32°$
$\gamma = 17{,}5$ kN/m³
$\phi = 32°$
$\gamma_{sat} = 19{,}5$ kN/m³
$H = 6$ m
1 m

FIGURA Ex. 11.7a

a. O processo de solução é muito semelhante ao que fizemos no Exemplo 11.2. O valor de K_p obtido na Tabela 11.1b para $\phi' = 32°$ é 3,255.

Agora, calculamos σ'_h usando a Equação (11.23a) e u nos três pontos ao longo da altura do nosso muro.

Na superfície do terreno natural: $\sigma'_h = K_p \sigma'_v = (3{,}255)(100) = 325{,}5$ kN/m².

$u = 0$.

No lençol freático: $\sigma'_h = (3{,}255)[100 + (1)(17{,}5)] = 382{,}5$ kN/m².

$u = 0$.

Na parte inferior do muro: $\sigma'_h = (3{,}255)[100 + (1)(17{,}5) + (5)(19{,}5 - 9{,}81)] = 540$ kN/m².

$u = (5)(9{,}81) = 49$ kPa.

b. A distribuição de σ'_h no muro é trapezoidal, e a distribuição de u, como você sabe, é triangular a partir do lençol freático, mostrado na Figura Ex. 11.7b.

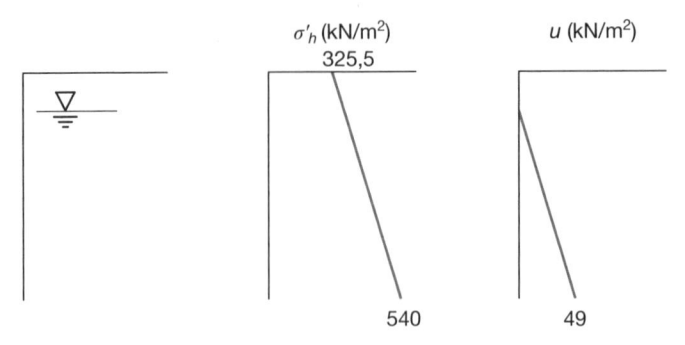

FIGURA Ex. 11.7b

σ'_h (kN/m²): 325,5; 540
u (kN/m²): 49

de modo que os componentes da resultante sejam:

$$P'_p = \tfrac{1}{2}(325,5 + 540)(6) = 2.596,6 \text{ kN/m}.$$

$$P_w = \tfrac{1}{2}(5)(49) = 122,5 \text{ kN/m},$$

de modo que a resistência de cálculo é a soma dessas duas resultantes **dividida** por 2, uma vez que essas forças de resistência calculadas ocorrem na ruptura e não queremos atingir esse nível de tensão ou força.

Assim, a resistência passiva de projeto é:

$$P_p = (2.596,5 + 122,5)/2 = 1.330 \text{ kN/m}.$$

11.5.2 Caso passivo de Rankine para argilas – caso drenado

Para o caso passivo de Rankine para argilas, é usada uma configuração física idêntica mostrada na Figura 11.17a. Para o caso passivo de Rankine em argilas, σ'_h na ruptura é calculado da seguinte forma:

$$\sigma'_h = K_p \sigma'_v + 2c'\sqrt{K_p} \tag{11.25}$$

onde K_p pode ser calculado usando a Equação (11.23b), ou ser obtido a partir da Tabela 11.1b. A Figura 11.17 também mostra conceitualmente a natureza das distribuições de σ'_h e u, com especial atenção voltada para o topo do muro, onde se vê que σ'_h é sempre maior que zero devido à composição da Equação (11.25).

FIGURA 11.17 Análise de tensão do muro de arrimo para empuxos passivos de terra laterais drenados. Seção transversal (ϕ') em cota simplificada (a); perfil σ'_h (b); perfil u (c).

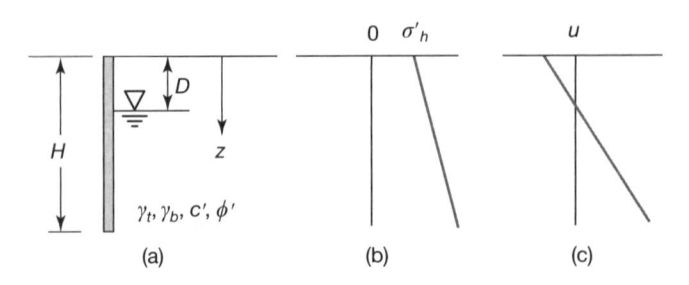

Calculamos as áreas sob cada uma das distribuições de σ'_h e u para obter P'_p e P_w. Você pode estar se perguntando se precisamos corrigir a distribuição de u como fizemos no caso ativo de Rankine para argilas drenadas. A resposta é que não. No caso ativo de Rankine, o solo estava deformando-se para fora, e nos casos em que se o σ'_h calculado for < 0, faz-se necessário levar em conta o fato de que isso não é, na realidade, sustentável devido às fissuras de tensão que se formariam. Da mesma forma, no caso ativo de Rankine para argilas drenadas, calculamos um u negativo na face do muro acima do lençol freático, e isso também não é sustentável; implica que a "sucção" da água reduziria a pressão no muro; tal sucção não pode existir por muito tempo, se é que existe. No entanto, para o caso passivo, o movimento do solo é para dentro, comprimindo lateralmente o mesmo até a ruptura, para que não ocorram fissuras de tensão. Além disso, na realidade, o solo atrás do muro é, muitas vezes, empurrado para cima, de modo que a superfície se "empola" no caso passivo.

Portanto, para o caso passivo de Rankine, não precisamos corrigir a distribuição de σ'_h, pois ela não pode ser negativa devido à composição da Equação (11.25). Para a distribuição da pressão neutra, é conservador simplesmente usar a área da distribuição abaixo do lençol freático (onde $u > 0$) para calcular P_w.

11.5.3 Caso passivo de Rankine para argilas – caso não drenado

Quando o caso não drenado é aplicável em argilas, o coeficiente de empuxo de terra passivo de Rankine, K_p (como com K_a) para $\phi' = 0°$ é a unidade, ou $K_a = K_p = 1$, e novamente calculamos apenas as tensões horizontais totais ao longo da altura do muro:

$$\sigma'_h = \sigma_v + 2c_u \qquad (11.26)$$

onde c_u = coesão não drenada da argila (às vezes designada como s_u a resistência não drenada).

Tal como acontece com a distribuição de σ'_h no caso drenado (Figura 11.17b), nenhuma correção da distribuição de tensões σ_h no caso não drenado é necessária, uma vez que não pode ser menor que zero em qualquer ponto do muro.

11.5.4 Caso passivo de Rankine para reaterro inclinado

Podemos tratar o caso passivo para reaterro inclinado da mesma forma que para o caso ativo de Rankine. É possível calcular K_p para várias combinações de ϕ' e inclinação de reaterro α usando

$$K_p = \cos\alpha \cdot \frac{\cos\alpha + (\cos^2\alpha - \cos^2\phi)^{\frac{1}{2}}}{\cos\alpha - (\cos^2\alpha - \cos^2\phi)^{\frac{1}{2}}} \qquad (11.27)$$

e esses valores estão tabulados na Tabela 11.1b. Perceba, na tabela, que para determinado ϕ', à medida que α aumenta, a resistência do solo a uma força externa que exerce pressão sobre a massa do solo na verdade diminui. Isto é intuitivamente diferente do caso ativo de Rankine para reaterro inclinado, no qual uma inclinação maior resultou em valores de K_a mais elevados (uma vez que mais solo teve que ser suportado com a inclinação).

Então, por que a resistência passiva **diminuiria** com maior inclinação do reaterro? Assim como acontece com o caso ativo, presumimos que a resistência passiva resultante atua no mesmo ângulo que a inclinação da superfície. No entanto, isto significa que a força externa empurra o solo nessa inclinação. À medida que a inclinação aumenta, a força externa aplicada fica mais alinhada com a nossa superfície de ruptura, $\theta = 45° - \phi'/2$, e é, portanto, mais "eficiente" na ruptura do solo; é necessária menos força para submeter o solo à ruptura ao longo daquela superfície do que se estivéssemos aplicando um P'_p horizontal. Ou, olhando isto do ponto de vista da função e do projeto do muro, aumentar a inclinação do reaterro reduz a resistência do muro a uma força que o empurra.

Você pode estar se perguntando quando chegaremos aos casos passivos de Coulomb para nossos diferentes tipos de solo. Acontece que o uso da abordagem de Coulomb para análise passiva fornece um resultado não conservador para P'_p (areias e argila drenada) e P_p (argila não drenada); isto resulta na estimativa da resistência do solo que será maior do que no caso de Rankine, por isso não o apresentamos como um método de análise passiva.

Exemplo 11.8

Contexto:

Um muro de arrimo vertical possui 25 pés de altura, e o reaterro de argila está inclinado a 10°. O lençol freático está na altura média do muro, e as propriedades do solo são as seguintes: $c' = 450$ psf, $\phi' = 30°$, $\gamma_t = 121$ pcf. Vamos presumir que há capilaridade total.

Problema:

a. Calcule e desenhe a distribuição de empuxo passivo de Rankine (σ'_h e u) para condições drenadas.
b. Encontre o componente horizontal de P_p.

Solução:

a. O esquema simplificado do muro é mostrado na Figura Ex. 11.8, inclusive o lençol freático na meia altura do muro. O valor de K_p obtido na Tabela 11.1b para $\phi' = 30°$ e inclinação $\alpha = 10°$ é 2,775.

Agora, como feito nos exemplos anteriores, podemos calcular σ'_h (incluindo calcular σ'_v primeiro como valor de entrada) e u nos três pontos ao longo da altura do nosso muro, neste caso usando a Equação (11.25) para σ'_h.

Na superfície do terreno natural,

$\sigma_v = 0$, mas σ'_v é positivo em função da capilaridade (não há sobrecarga);
$\sigma'_v = 0 - (-12,5)(62,4) = 780$ psf.
$\sigma'_h = K_p \sigma'_v + 2c' \sqrt{K_p} = (2,775)(780) + 2(450)(2,775)^{1/2} = 3.664$ psf
$u = -780$ psf.

No lençol freático,

$\sigma'_h = (2,775)(12,5)(121) + 2(450)(2,775)^{1/2} = 5.696$ psf.
$u = 0$.

Na parte inferior do muro,

$\sigma'_h = (2,775)[(12,5)(121) + (12,5)(121 - 62,4)] + 2(450)(2,775)^{1/2} = 7.729$ psf.
$u = (12,5)(62,4) = 780$ psf.

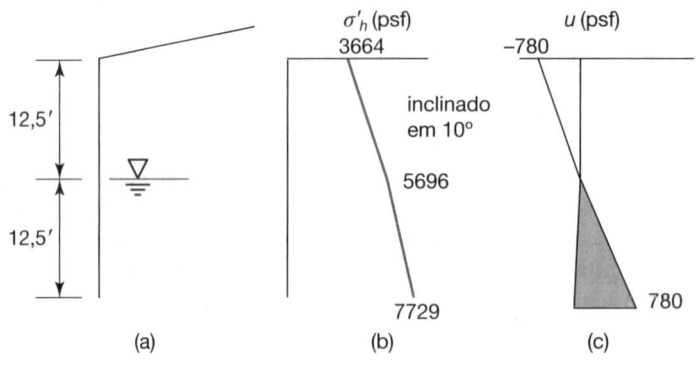

FIGURA Ex. 11.8

b. Para a componente horizontal da resistência passiva total = $P'_p + P_w$, podemos calcular a área sob a distribuição de σ'_h para P'_p inclinada a 10°, bem como a porção positiva da distribuição de P_w. A distribuição de P'_p é a soma de duas peças trapezoidais mostradas na Figura 11.8b.

$P'_p = \frac{1}{2}(3664 + 5696)(12,5) + \frac{1}{2}(5696 + 7729)(12,5) = 58.500 + 83.906 = 142.406$ lb/pés.

$P_w = \frac{1}{2}(780)(12,5) = 4.875$ lb/pés (o que é essencialmente insignificante, mas incluiremos para fins de completude).

Consequentemente,

$$P_{p,h} = P'_p \cos \alpha + P_w = 142.406 \cos 10° + 4875 = 145.117 \text{ lb/pés}.$$

Esta é uma resistência passiva relativamente alta. Um passo adicional neste problema seria calcular a resistência **não drenada** mais conservadora usando a Equação (11.26), e uma coesão não drenada presumida $c_u = 800$ psf. Nesse caso, não precisamos calcular u, mas apenas os valores de σ_h na parte superior e inferior do muro, sendo a distribuição uma linha reta.

Na parte superior $\sigma_h = \sigma_v + 2c_u = 0 + 2(800) = 1.600$ psf.

Na parte inferior $\sigma_h = (25)(121) + (2)(800) = 4.625$ psf.

Portanto, a resistência passiva horizontal para este caso seria a área sob esta distribuição, multiplicando-a então por cos 10°, para contabilizar a inclinação

$$P_{p,h} = [\tfrac{1}{2}(1.600 + 4.625)(25)] \cos 10° = 76.630 \text{ lb/pés}$$

ou, cerca de metade da resistência que obtivemos para o caso drenado. Agora você pode ver por que, no caso das argilas, não só é mais fácil, mas também relativamente conservador, analisar o caso não drenado.

Isto conclui nossa análise fundamental do empuxo de terra lateral. Essas ferramentas podem agora ser aplicadas à aplicação prática do projeto de muros de arrimo para suportar empuxos de terra ativos e resistir às forças passivas aplicadas à massa de solo.

11.6 PROJETO DE MUROS DE ARRIMO

11.6.1 Introdução ao projeto de muros de arrimo

Além das fundações estruturais para suportar principalmente carregamentos verticais, os sistemas de contenção de terras são a estrutura mais comum que faz interface com solo ou maciços rochosos. As três funções fundamentais dos muros de arrimo são: suportar solos ou maciços rochosos instáveis, ou que tenham fatores de segurança muito baixos que possam tornarem-se instáveis no futuro; suportar cortes verticais ou quase verticais no solo, que novamente podem exigir sustentação lateral imediata ou futura; e, em muito menor grau, acomodar a resistência da massa do solo às forças externas como as que descrevemos para o caso passivo.

Muitas vezes, assim como acontece com os sistemas de fundação, os muros de arrimo são projetados em colaboração entre o engenheiro geotécnico e o estrutural; o primeiro fornece o empuxo de terra lateral e as recomendações de capacidade de carga admissível da fundação, e o último projetando o concreto armado ou outro projeto de material para o muro. Observa-se, ainda, que muitos códigos de construção especificam de forma simplista a tensão lateral em termos de pressão hidrostática equivalente do fluido em vez de usar os métodos que descrevemos anteriormente neste capítulo para calcular σ'_h, u e σ_h e suas resultantes; essas especificações simplesmente presumem que a tensão lateral em um muro é uma distribuição triangular derivada da multiplicação da distância e altura do muro pelo peso específico do fluido presumido. Essa abordagem e os pesos específicos equivalentes indicados aproximam-se da distribuição de tensões obtida usando o valor de K_a de Rankine do solo, mas conduzem claramente a uma simplificação excessiva do empuxo de terra e da pressão neutra que atuam no muro.

Nesta seção, nos concentraremos na aplicação das teorias de empuxo de terra lateral das seções anteriores ao projeto básico do muro, sob a suposição de que o material do muro em si é rígido e será posteriormente projetado/especificado por um engenheiro estrutural. O outro aspecto importante da nossa abordagem de projeto é que analisaremos os muros por unidade de comprimento no papel ou na tela do computador. Em outras palavras, resolveremos o problema de projeto bidimensional e presumiremos que o muro é suficientemente longo no papel ou na tela para ignorar os efeitos das extremidades do muro. Naturalmente, essa suposição precisará ser revista para comprimentos de muro menores.

11.6.2 Dimensionamento inicial de muros de arrimo

Como parte da atribuição de algumas dimensões iniciais ao muro que está sendo projetado, é importante aprender os termos usados para partes do muro. Consultando a Figura 11.18, as partes principais do muro são a **base**, que faz interface com o solo de sustentação (ou rocha), ou talvez com um bloco estrutural se o muro for sustentado por estacas, como em alguns encontros de pontes. A base possui um **talão** sob a massa de solo apoiada e uma **ponta** na parte externa do muro. O muro em si, estendendo-se a partir da base, é o **fuste** do muro e deve ser capaz de suportar grandes tensões de flexão potenciais do solo adjacente suportado. Em muitos aspectos, o muro de arrimo é um problema de viga em balanço girada em 90°. Por esta razão, como vemos esquematicamente nesta figura, o fuste tende a apresentar uma forma cônica desde a sua interseção com a base estreitando-se até à superfície do reaterro suportado.

Em termos de dimensionamento inicial, as diretrizes gerais aceitas ou "regras práticas" são as seguintes:

Para o fuste

- Espessura de pelo menos 1 pé de largura no topo;
- Espessura de pelo menos 10% da altura do muro (*H* na Figura 11.18) onde o fuste encontra a base.

Para a base

- Espessura vertical mínima de pelo menos 10% de *H*;
- Comprimento horizontal da ponta ao talão de pelo menos 50 a 70% de *H*;
- Comprimento da ponta (da frente até o ponto onde o fuste encontra a base na frente) de pelo menos 10% de *H*;
- Outras especificações relacionadas a fundações rasas para a região em que está sendo construída ou a coxins sobre estacas.

A Figura 11.19 mostra como fica o esquema da Figura 11.18 enquanto está sendo construído.

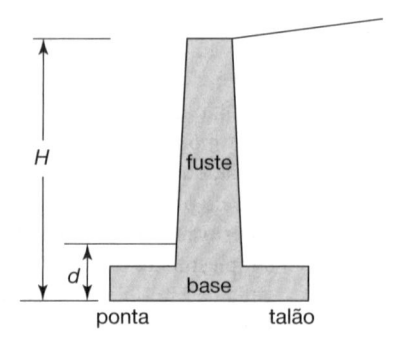

FIGURA 11.18 Dimensionamento e terminologia para partes de um muro de arrimo em balanço.

FIGURA 11.19 Muro de arrimo em balanço em construção (cortesia de A.J. Lutenegger).

Observe que muitas vezes as pontas dos muros de arrimo são relativamente curtas em comparação com o comprimento do talão. Como veremos na Seção 11.6.5, o solo que recobre o talão desempenhará um papel importante na estabilidade de tombamento do muro, e o comprimento do talão contribuirá para isso.

11.6.3 Provisões para drenagem atrás de muros de arrimo

Além dos aspectos geotécnicos/estruturais do projeto do muro de arrimo, o próximo aspecto mais importante do projeto é acomodar a drenagem adequada no reaterro atrás do muro. Em última análise, o objetivo é proporcionar uma drenagem tão eficiente que as pressões neutras no muro sejam reduzidas a zero, aumentando, assim, o fator de segurança do mesmo. No entanto, durante o projeto, muitas vezes presume-se que a drenagem não é eficaz no pior caso, e, como resultado, as pressões neutras aumentariam, como vimos nas seções anteriores, devido aos níveis do lençol freático, seja de curto prazo, devido a tempestades, ou de longo prazo, devido às condições sazonais ou estacionárias das águas subterrâneas. Capítulos inteiros de livros podem ser escritos sobre os diferentes tipos de sistemas de drenagem para muros de arrimo, e novos produtos estão sendo disponibilizados constantemente. Entretanto, existem quatro esquemas básicos para minimizar a água parada (e, portanto, a pressão neutra) atrás dos muros, que são mostrados esquematicamente na Figura 11.20.

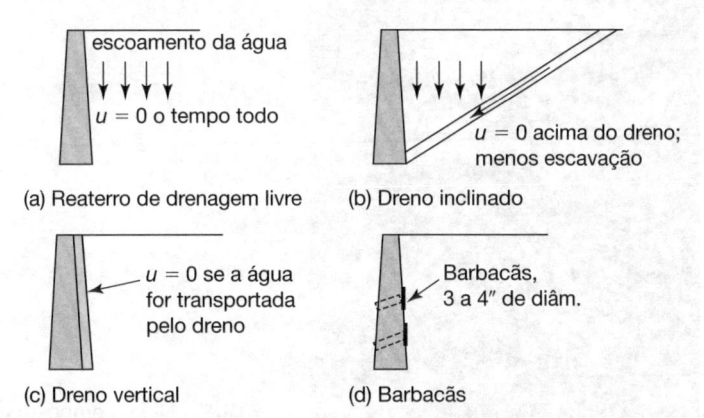

(a) Reaterro de drenagem livre — escoamento da água, $u = 0$ o tempo todo

(b) Dreno inclinado — $u = 0$ acima do dreno; menos escavação

(c) Dreno vertical — $u = 0$ se a água for transportada pelo dreno

(d) Barbacãs — Barbacãs, 3 a 4" de diâm.

FIGURA 11.20 Opções para fornecer drenagem atrás do muro de arrimo.

Desde que não haja um lençol freático permanente atrás do muro, a maneira mais eficaz de reduzir a pressão da água no local é simplesmente construir um reaterro de grão grosso e drenagem livre (Figura 11.20a). Esse reaterro ocorre naturalmente ou por meio da escavação do solo nativo e sua substituição por esse material. A Seção 6.10 forneceu informações que podem detalhar esse tipo de projeto de drenagem. Um tecido filtrante pode ser colocado na superfície desse material de drenagem livre para evitar incrustações e entupimento dos espaços porosos no reaterro. A Figura 11.20b mostra uma versão ligeiramente modificada; em vez de material de drenagem livre em toda a extensão do reaterro, um tubo de drenagem perfurado pode ser colocado para capturar a água drenada pelo menos em toda a zona de ruptura ativa de Rankine (Figura 11.3a) onde a drenagem é mais crítica. Essa água coletada escoa posteriormente para uma captação na base do muro quer no lado interior (reaterro) do muro, quer fora dele, depois de passar por um sistema de "barbacãs"; voltaremos a isto mais adiante.

Muitas vezes é colocado um dreno na face interna do muro, como mostrado na Figura 11.20c. Isto é frequentemente preferível a qualquer um dos esquemas mostrados nas Figuras 11.20a e b, uma vez que requer apenas uma escavação mínima do material natural atrás do muro. Essa escavação quase sempre tem que ocorrer para a instalação de formas (para construção de muros de concreto moldado no local) ou outros elementos estruturais do muro. O dreno vertical era tradicionalmente uma coluna de cascalho grosso colocada em uma trincheira adjacente e em toda a altura do muro. Naturalmente, com o tempo, esse cascalho inevitavelmente obstrui-se à medida que a água transporta sedimentos mais finos para o solo adjacente. Hoje, é mais provável que uma manta geotêxtil seja fixada ao muro e que tenha capacidade de escoamento em uma camada plástica texturizada rígida (Figura 11.21) e seja protegido contra obstruções por uma camada anexada de tecido filtrante; por isso a natureza composta desse tipo de material.

Cada um desses métodos de drenagem é, com frequência, combinado com o uso de barbacãs, essencialmente um sistema de aberturas de diâmetro relativamente pequeno através do muro, desde o reaterro até a sua face frontal. As barbacãs existem para simplesmente retirar a água do reaterro e levar a um sistema de drenagem na base do muro, dentro ou fora dele. Barbacãs podem ser colocadas na base do muro, como pode ser visto para o dreno inclinado da Figura 11.20b, ou em vários intervalos ao longo da altura do muro, como mostrado na Figura 11.20d. Muitas vezes, é possível observar o escoamento de barbacãs em muros de arrimo ao longo de muitas estradas, sobretudo em condições úmidas. Muros mais antigos podem apresentar descoloração em suas faces expostas ao redor das barbacãs devido a depósitos minerais (geralmente óxidos) acumulados associados à água ou ao tubo da barbacã.

FIGURA 11.21 Composto geotêxtil (tecido filtrante no topo da camada de drenagem) frequentemente colocado no lado do solo do muro de arrimo para drenagem (foto cortesia de lusia599/Shutterstock).

11.6.4 Aplicação das teorias de empuxo de terra lateral no projeto e na análise de estruturas

Ao longo de nossa explicação das teorias de empuxo de terra lateral (Rankine e Coulomb), tratamos o muro como uma placa plana essencialmente sem fundação. No entanto, a configuração do muro e o guia de dimensionamento fornecidos na Seção 11.6.2 mostraram que os muros de arrimo possuem uma geometria mais complexa. Esta seção fornece um breve guia sobre como aplicar as teorias de empuxo de terra lateral a muros reais.

Teoria de Rankine aplicada ao projeto e à análise de muros – Conforme mostrado na Figura 11.22a, quando a teoria de empuxo de terra de Rankine é usada (ativo ou passivo), ela presume que o solo sobre o talão do muro (a parte da fundação do muro que fica sob o reaterro) atue como parte do muro. Os empuxos de terra de Rankine atuam em um plano imaginário que se estende desde a borda do talão até a superfície do reaterro. O peso do solo de reaterro sobre o talão (W_{solo}) adicionará determinada carga a ser suportada pela fundação do muro, mas, como observado anteriormente, também proporcionará normalmente uma vantagem considerável à estabilidade do muro contra outros modos de ruptura (Seção 11.6.5) ao aplicar uma carga vertical na base do muro. O outro impacto deste plano de ação presumido para as tensões de Rankine é para o caso de reaterro inclinado, como mostrado na Figura 11.22a. Em vez da altura do muro H, usamos uma altura efetiva de "muro" de H' que é H mais a altura adicional do plano de ação devido ao reaterro inclinado, como mostra a Figura 11.22a.

Teoria de Coulomb aplicada à análise de projeto de muros – A Figura 11.22b mostra que a teoria de empuxo de terra ativo de Coulomb é aplicada à análise de muro de uma maneira diferente da de Rankine e, como observado anteriormente, a de Coulomb é usada apenas para o caso ativo. Como Coulomb presume o atrito na interface solo-muro, as tensões atuam nessa interface, e não no plano de ação presumido usado na aplicação da teoria de Rankine. Por consequência, a altura efetiva do muro sobre a qual atuam as tensões de Coulomb será $H' < H$, sendo a diferença a espessura da base da fundação.

Observa-se também que o projeto e a análise iniciais não devem presumir nenhuma drenagem de água intersticial do reaterro; em outras palavras, como observamos anteriormente, um projeto conservador deve presumir que a água não drena do reaterro. Isto pode presumir a forma de um lençol freático estagnado ou, pelo menos, de solo úmido no reaterro.

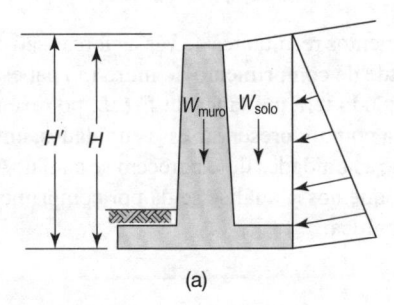

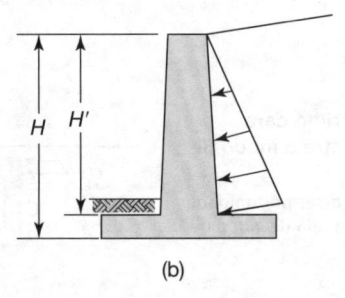

FIGURA 11.22 Teorias de empuxo de terra ativo aplicadas ao projeto de muros de arrimo. Ativo de Rankine (a); ativo de Coulomb (b).

11.6.5 Verificações de estabilidade de muros de arrimo

Uma vez realizado o dimensionamento inicial do muro e selecionada a teoria do empuxo de terra lateral a ser aplicada, um conjunto de verificações de estabilidade do muro precisa ser realizado para determinar fatores de segurança contra possíveis modos de ruptura para as condições do muro. Devido ao seu uso generalizado e à facilidade de aplicação, o caso ativo de Rankine será presumido para ilustrar essas verificações de estabilidade. Por consequência, os empuxos de terra laterais atuarão no plano descrito na seção anterior que se estende verticalmente desde o talão do muro até onde intersecta a superfície do solo. Supõe-se também que o muro de arrimo é sustentado por uma fundação rasa, e apontaremos potenciais diferenças na análise para o caso de um muro suportado em estacas.

Estabilidade contra tombamento – A Figura 11.23 mostra as forças e tensões na unidade de muro (muro mais o solo sobre o talão) para o primeiro modo de instabilidade potencial, que é o tombamento ou rotação no sentido anti-horário (para a esquerda) em torno do ponto C (o contorno tracejado do muro que mostra a rotação é exagerado para fins ilustrativos). A distribuição total do empuxo de terra ativo de Rankine atuando no plano de ação a partir do talão é P_a, e isso inclui tanto a resultante do empuxo de terra lateral efetivo (P'_a), quanto a resultante da pressão da água (P_w). O P_a resultante apresenta um componente horizontal ($P_{a,h}$), que contribui para o tombamento, e um componente vertical ($P_{a,v}$), que atua no talão e ajuda a resistir ao tombamento. O peso do muro (W_{muro}), que inclui o peso da sapata, e o peso do solo sobre o talão (W_{solo}), também contribuem para resistir ao tombamento. À medida que o muro gira, é possível que alguma resistência passiva se desenvolva na ponta (mostrada pela resultante P_p), mas vamos ignorar isso, uma vez que é provavelmente pequena e pode não ser totalmente mobilizada como uma força de resistência. Também ignoraremos o efeito do solo de reaterro sobre a ponta. Por fim, a Figura 11.23 mostra a reação do solo ao carregamento da fundação ao longo da largura da fundação B. Isto não contribuirá nem resistirá ao tombamento; no entanto, no caso de um muro suportado em estacas integradas à base do mesmo, é possível que as estacas resistam ao tombamento, uma vez que elas podem apresentar capacidade de levantamento. As tensões de reação na Figura 11.23 são mostradas como não uniformes (aumentando em direção à ponta), uma vez que, como será apresentado a seguir, o muro normalmente aplica uma carga excêntrica resultante à fundação.

O fator de segurança (**FS**) contra tombamento do muro é obtido comparando a soma dos momentos de tombamento (ΣM_o) com a soma dos momentos resistentes (ΣM_R), ou

$$FS_{tombamento} = \Sigma M_R / \Sigma M_o \qquad (11.28)$$

Observa-se que quando os momentos resultantes de várias forças são calculados, uma vez que as forças são expressas por unidade de comprimento do muro (no papel ou na tela de vídeo de um computador), o momento calculado terá unidades de **F-L/L**, por exemplo lb-pés/pés (ou lb-pés por pé de muro). É uma prática comum preservar essas unidades, embora seja tentador apenas chamar as unidades de **F**, já que as unidades de **L** parecem se anular. Ao preservar a unidade por comprimento, isso nos lembra que nossa análise se dá por comprimento de muro para o papel. O Exemplo 11.9 ilustrará esta prática.

FIGURA 11.23 Forças no muro de arrimo para determinar o fator de segurança contra o modo de ruptura por tombamento.
Obs.: Todas as forças mostradas são expressas por unidade de comprimento do muro no papel ou na tela de vídeo de um computador.

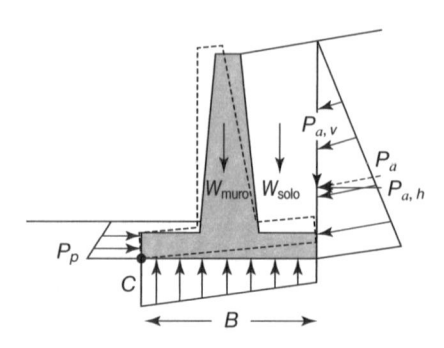

A única contribuição para a soma dos momentos de tombamento (ΣM_o) será de $P_{a,h}$, e seu **braço de momento** será a distância vertical do fundo da base até o ponto de aplicação de $P_{a,h}$. As outras forças W_{muro}, W_{solo} e $P_{a,v}$, contribuem para resistir ao tombamento e terão cada uma seu próprio braço de momento, a alguma distância horizontal do ponto C.

Estabilidade contra deslizamento – Neste modo de ruptura do muro, como mostrado no diagrama de corpo livre da Figura 11.24, o muro translada horizontalmente para a esquerda deslizando ao longo do solo subjacente (novamente, a forma do muro com linha tracejada mostra translação exagerada do muro). Nesta figura, W_{muro}, W_{solo} e $P_{a,v}$, foram agrupados como a soma das forças verticais (ΣF_v) e não mostramos a reação subjacente à capacidade de carga do solo como foi feito na Figura 11.23. A tensão passiva na ponta é novamente ignorada; entretanto, se o fator de segurança for inadequado, muitas vezes é adicionada uma "chaveta" sob a base do muro, conforme mostrado na Figura 11.24. A chaveta geralmente é colocada na parte de trás do talão, mas também pode ser colocada diretamente abaixo do centro do muro. É uma peça integrada no muro de concreto que atua como âncora ou grampo, auxiliando na resistência ao deslizamento ao aumentar a resistência passiva, com o P_p resultante modificado.

O fator de segurança contra deslizamento é encontrado ao se comparar a soma das forças horizontais atuantes que "impulsionam" o deslizamento do muro (ΣF_d) e as forças horizontais que fornecem resistência ao deslizamento (ΣF_R).

$$FS_{deslizamento} = \Sigma F_R / \Sigma F_d \quad (11.29a)$$

onde

$$\Sigma F_R = R'(+ P_p)$$
(P_p incluído se houver chaveta) $\quad (11.29b)$

e

$$R' = \Sigma F_v \, \text{tg} \, \delta + Bc' \quad (11.29c)$$

onde

δ = ângulo de atrito da interface entre o material de fundação e o solo

c' = coesão efetiva do solo subjacente, se coesivo

A única força motriz neste caso é $\Sigma F_d = P_{a,h}$. Se o muro fosse suportado em estacas, haveria uma força resistente adicional calculada para explicar a sua interação com o muro. A força resistente R' na base da sapata representa a resistência ao deslizamento entre a sapata e o solo subjacente e inclui tanto a resistência ao atrito quanto a resistência coesiva, conforme observado na Equação (11.29b). O valor de δ é frequentemente considerado como ½ a ⅔ ϕ', mas pode ser tão alto quanto ϕ' para uma superfície de muro muito rugosa.

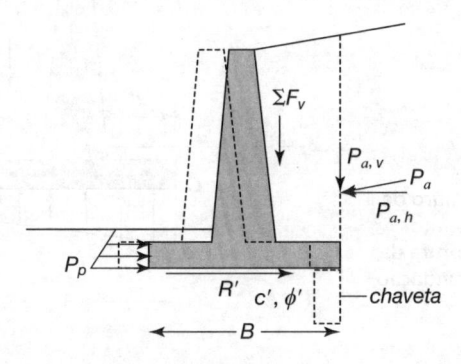

FIGURA 11.24 Forças no muro de arrimo para determinar o fator de segurança contra o modo de ruptura por deslizamento.

Estabilidade contra a capacidade de carga de uma fundação rasa – Supondo que o muro esteja suportado em uma fundação rasa, o fator de capacidade de carga contra esse modo de ruptura precisa ser considerado. Um muro de arrimo geralmente resultará em um carregamento inclinado e excêntrico na fundação rasa; portanto, tanto a excentricidade da linha central quanto o ângulo de carregamento precisam ser determinados. A Figura 11.25 mostra o diagrama de força simplificado para cargas aplicadas de capacidade de carga, bem como a reação resultante do solo sob a base devido ao que se prevê ser uma carga excêntrica.

O primeiro passo para esta análise é calcular Q, a força resultante aplicada à fundação. Isto é determinado simplesmente usando

$$Q = \left[(\Sigma F_v)^2 + (P_{a,h})^2 \right]^{\frac{1}{2}} \tag{11.30}$$

onde ΣF_v é calculado como antes a partir dos pesos do muro e do solo por unidade de comprimento (mais a resultante de qualquer carregamento superficial) e do componente vertical de P_a. Para encontrar o local onde Q é aplicado na base da fundação, o momento líquido ($M_{líquido}$) em relação ao ponto de rotação C precisa ser calculado. A boa notícia é que provavelmente já calculamos os elementos necessários para isso quando a análise de tombamento foi realizada:

$$M_{líquido} = \Sigma M_R - \Sigma M_O \tag{11.31a}$$

o que leva ao cálculo da distância x' do ponto C ao ponto de aplicação de Q

$$x' = M_{líquido}/\Sigma F_v \tag{11.31b}$$

a partir do qual pode ser encontrada a excentricidade necessária para a capacidade de carga da fundação.

$$e_B = B/2 - x' \tag{11.31c}$$

Uma verificação intermediária importante neste ponto é se a localização de Q está no terço médio da fundação. Lembre-se de que se a fundação estiver localizada fora desta zona, a tensão mínima aplicada na fundação ($q_{mín}$) será menor que zero, implicando a elevação da fundação a partir do solo. Para encontrar a inclinação de Q, que denotaremos por β, simplesmente usamos

$$\beta = \mathrm{tg}^{-1}(P_{a,h}/\Sigma F_v) \tag{11.32}$$

Com a excentricidade e a inclinação agora determinadas, as equações de capacidade de carga de fundação rasa fornecidas no Capítulo 10 podem ser usadas para calcular a capacidade de carga

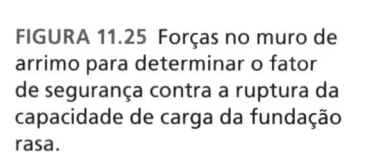

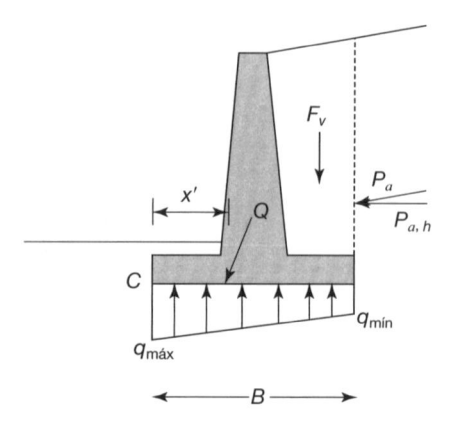

FIGURA 11.25 Forças no muro de arrimo para determinar o fator de segurança contra a ruptura da capacidade de carga da fundação rasa.

final para essas condições (ou a capacidade de carga será fornecida pelo código de construção aplicável). Para a largura efetiva da fundação, $B' = B - 2e_B$, com e_B obtido da Equação (11.31c); sendo o β calculado na Equação (11.32) usado para fatores de inclinação. Como presumimos que os muros de arrimo são relativamente longos no papel ou na tela de vídeo do computador em comparação com sua largura B (ou largura efetiva B'), os fatores de forma normalmente não são usados. O fator de segurança é determinado por

$$FS_{BC} = q_{final}/q_{máx} \tag{11.33}$$

onde q_{final} é calculado a partir dos métodos apresentados no Capítulo 10 e $q_{máx}$, a tensão máxima aplicada ao solo de fundação, é obtida a partir da Equação (10.11b)

$$q_{máx} = (Q/B)(1 + 6\,e_B/B) \tag{11.34}$$

Para aumentar este e outros fatores de segurança, podem ser feitos ajustes no tamanho da base da fundação e no seu alinhamento em relação ao muro. Também é possível que seja necessário utilizar estacas, caso em que a mesma análise é utilizada para determinar a localização e a inclinação de Q e, em seguida, é utilizada a análise da capacidade de carga da estaca (conforme descrito no Capítulo 12).

Exemplo 11.9

Contexto:

A Figura Ex. 11.9a apresenta um muro de arrimo de concreto que suporta um reaterro de areia com lençol freático, conforme mostrado. Presuma as condições ativas de Rankine.

Problema:

a. Calcule a distribuição de tensão lateral (σ'_h e u) que você usaria para análise, mostrando os valores na parte superior e inferior da distribuição e no lençol freático.
b. Calcule as resultantes P'_a e P_w.
c. Calcule os fatores de segurança contra tombamento, deslizamento e ruptura da capacidade de carga do muro. Ignore a resistência passiva.

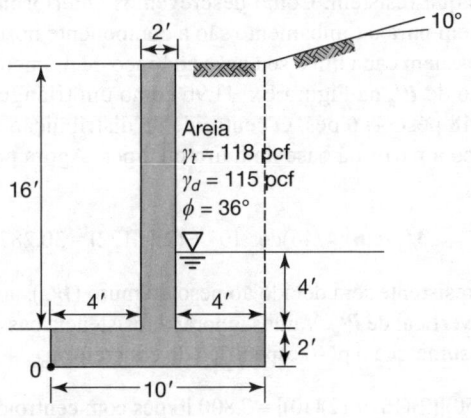

FIGURA Ex. 11.9a

Solução:

a. Para as distribuições de σ'_h e u usando o caso de Rankine, como na Figura 11.22a, presumimos que essas tensões atuam em um plano imaginário que se estende verticalmente para cima a partir do talão do muro. Como resultado, **o reaterro é tratado como inclinado**, embora o reaterro sobre o talão esteja nivelado. A partir da Tabela 11.1a, para $\phi' = 36°$ e $\alpha = 10°$, $K_a = 0{,}270$. Sem sobrecarga ou capilaridade, no topo do plano $\sigma'_h = u = 0$. As outras tensões na distribuição podem ser calculadas da seguinte forma:

No lençol freático,

$\sigma'_h = K_a (\gamma_d H_1) = (0{,}270)(115)(12) = 373$ psf
$u = 0$

Na base do muro,

$\sigma'_h = K_a (\gamma_d H_1 + \gamma_t H_2 - \gamma_w H_2) = (0{,}270)[(115)(12) + (6)(118 - 62{,}4)] = 463$ psf
$u = (6)(62{,}4) = 374$ psf

As distribuições resultantes atuando contra o plano acima do talão são mostradas na Figura Ex. 11.9b.

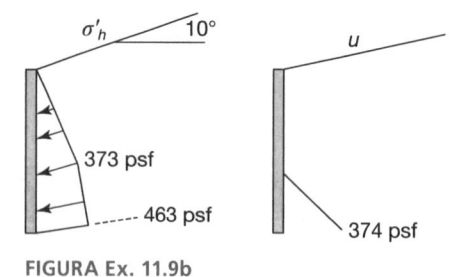

FIGURA Ex. 11.9b

b. Os resultados são as respectivas áreas sob as distribuições mostradas na Figura Ex. 11.9b.

$P'_a = \frac{1}{2}(12)(373) + \frac{1}{2}(6)(373 + 463) = 4.746$ lb/pés atuando a 10°;
$P'_w = \frac{1}{2}(6)(374) = 1.122$ lb/pés atuando horizontalmente.

c. Para o fator de segurança contra tombamento, consultamos a Figura 11.23 e precisamos calcular e comparar os momentos em torno da ponta do muro que causa o tombamento com aqueles que resistem. Como descrevemos anteriormente, as únicas forças no muro que contribuem para o tombamento são a componente horizontal de P'_a ($P'_{a,h}$) e P_w, onde $P'_{a,h}$ e P_w possuem cada um o seu próprio braço de momento. Para simplificar, trataremos a distribuição de P'_a na Figura Ex. 11.9b como um triângulo com centroide a 1/3 da base do muro ou 18 pés/3 = 6 pés. O centroide da distribuição P_w está a 1/3 do caminho até o lençol freático a partir da base do muro ou 2 pés. Agora podemos calcular o momento de tombamento,

$\Sigma M_o = (6)(4746)\cos 10° + (2)(1.122) = 30.287$ lb-pés/pés.

O momento resistente será devido ao peso do muro (W_w), ao peso do solo sobre o talão e ao componente vertical de P'_a. Vamos ignorar a resistência passiva devido ao solo sobre a ponta do muro. Presuma que o peso específico do concreto $\gamma_{conc} = 150$ pcf, então,

$W_w = (150)[(2)(16) + (2)(10)] = 7.800$ lb/pés com centroide a 5 pés da ponta do muro

e o peso do solo sobre o talão.

$W_{solo} = (12)(4)(115) + (4)(4)(118) = 7.408$ lb/pés com centroide a 8 pés da ponta do muro

de modo que o momento resistente seja

$$\Sigma M_R = (10)[4.746 \text{ sen } 10°] + (5\,(7.800) + (8)(7.408) = 106.505 \text{ pés-lb/pés}.$$

Portanto, $FS_{tombamento} = 106.505/30.287 = 3{,}5$.

Para o fator de segurança contra deslizamento, usamos a Equação (11.29a) como referência,

$$FS_{tombamento} = \Sigma F_R / \Sigma F_d \tag{11.29a}$$

onde combinando as Equações (11.29b) e (11.29c), e ignorando a resistência passiva sobre a ponta,

$$\Sigma F_R = \Sigma F_v \text{ tg } \delta \text{ (já que o termo de coesão é zero para este muro)}$$

e a soma das forças verticais é $W_{muro} + W_{solo} + P'_{a,\,h}$ e δ presumido como $\frac{1}{2}\phi' = 18°$. Portanto, a soma das forças resistentes ao deslizamento é

$$\Sigma F_R = [7.800 + 7.408 + 4.746 \text{ sen } 10°] \text{ (tg } 18°)] = [16.032 \text{ lb/pés(tg } 18°)] = 5.209 \text{ lb/pés}$$

A força motriz é apenas a componente horizontal de P'_a mais a força da água intersticial P_w

$$\Sigma F_d = P'_{a,\,h} + P_w = 4.746 \cos 10° + 1.122 = 5.796 \text{ lb/pés}$$

de modo que $FS_{tombamento} = 5.209/5.796 = 0{,}9$. Assim, precisaríamos considerar se devemos alongar a base ou instalar uma chaveta como na Figura 11.24.

Finalmente, calculamos o fator de segurança contra ruptura da capacidade de carga de fundações rasas. Usando a Equação (11.30), primeiro calculamos a força aplicada que compararemos com a capacidade de carga final

$$Q = \left[(\Sigma F_v)^2 + (P_{a,\,h})^2 \right]^{\frac{1}{2}} = \left[(16.032)^2 + (4674)^2 \right]^{\frac{1}{2}} = 16.699 \text{ lb/pés}$$

A capacidade de carga final é para o caso de carregamento excêntrico e inclinado. A excentricidade é obtida utilizando o momento resultante na fundação, que, a partir da Equação (11.31a), é

$$M_{líquido} = \Sigma M_R - \Sigma M_O = 106.505 - 30.287 = 76.218 \text{ pés-lb/pés}$$

que é aplicado a uma distância x' da ponta igual a

$$x' = M_{líquido}/\Sigma F_v = 76.218/16.032 = 4{,}75 \text{ pés,}$$

o que significa que a excentricidade da linha central é

$$e_B = B/2 - x' = 10/2 - 4{,}75 = 0{,}25 \text{ pés.}$$

A inclinação da carga aplicada, para fins de cálculo dos fatores de carregamento inclinado para nossa equação de capacidade de carga de fundação rasa, é, a partir da Equação (11.32).

$$\beta = \text{tg}^{-1}(P'_{a,\,h}/\Sigma F_v) = \text{tg}^{-1}(4.674/16.032) = 16{,}3°.$$

Portanto, agora usamos a equação da capacidade de carga para uma base de fundação submersa e carga excêntrica inclinada na areia. Vamos presumir que nenhuma sobrecarga é conservadora; um lado tem apenas 60 centímetros de areia acima da base. A partir da Equação (10.9), sem coesão ou termo, e sem fator de forma já que o muro é considerado contínuo,

$$q_{final} = \tfrac{1}{2}\gamma B' N_\gamma i_\gamma$$

onde

$$B' = B - 2e_B = 10 - 2(0,25) = 9,5 \text{ pés};$$
$$\gamma = \gamma_b = \gamma_t - \gamma_w = 118 - 62,4 = 55,6 \text{ pcf};$$
$$N_\gamma = 56,3 \text{ (a partir da Tabela 10.1)};$$
$$i_\gamma = (1 - \beta/\phi)^2 = (1 - 16,3/36)^2 = 0,3 \tag{10.10b}$$

Portanto,

$$q_{final} = \tfrac{1}{2}(55,6)(9,5)(56,3)(0,3) = 4.461 \text{ psf}$$

Isso agora pode ser comparado com a tensão aplicada máxima calculada devido ao carregamento excêntrico,

$$q_{máx} = \frac{Q}{BL}(1 + 6e_B/B) \tag{10.11b}$$

Usamos o Q calculado acima e presumimos um pé linear de comprimento da fundação, ou $L = 1$,

$$q_{máx} = \frac{16699}{(10)(1)}[1 + (6)(0,25)/10]$$
$$= 1.920 \text{ psf}$$

de modo que o fator de segurança resultante contra ruptura na capacidade de carga seja:

$$FS = q_{final}/q_{máx} = 4.461/1.920 = 2,3$$

Recalque – Os mesmos métodos de análise usados para fundações rasas ou estacas devem ser usados para estimar o recalque da fundação do muro.

Estabilidade geral ou global – Uma causa da ruptura do muro de arrimo que é frequentemente ignorada e que resultou em ruptura inesperada é a **instabilidade global***, na qual o muro sofre ruptura pelo seu movimento dentro de uma massa maior de solo instável, como mostrado na Figura 11.26. Ao realizar as verificações de estabilidade anteriormente mencionadas, os engenheiros podem esquecer que, ao construir um muro de arrimo, estamos muitas vezes criando o equivalente a um declive muito íngreme (quase vertical) no solo. A ruptura do muro pode ocorrer

FIGURA 11.26 Ruptura no muro de arrimo devido à instabilidade global do solo circundante.

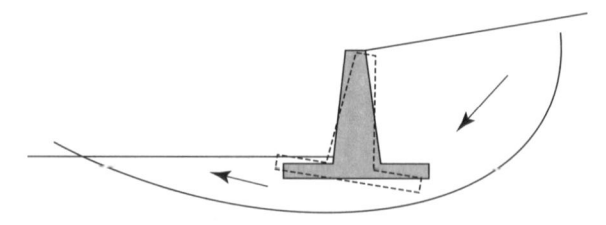

*Não confundir com a oscilação de Chandler (Seth Chandler, astrônomo norte-americano que descobriu a oscilação do eixo rotatório da Terra, em 1891), também indicativa de instabilidade global.

porque os solos subjacente e adjacente sofrem ruptura sob e ao redor do muro. A evidência de tal ruptura pode ser quando o topo do muro parece realmente estar se movendo em direção ao reaterro, enquanto a base do muro está se movendo para fora; este é o resultado da rotação do muro no sentido horário enquanto o solo se move sob ele na direção indicada, tão oposto ao que esperamos de uma ruptura ativa do empuxo de terra lateral. Este tipo de ruptura pode resultar de uma camada fraca de solo no depósito subjacente. A estabilidade de taludes e os métodos de análise são abordados em vários textos, incluindo os estudos de Duncan et al. (2014) e Abramson et al. (2002).

Então, o que poderemos fazer se nossos projetos e análises levarem a um ou mais fatores de segurança inaceitáveis em um muro de arrimo proposto? Como deveria ser óbvio a partir dos nossos métodos de análise que acabamos de abordar, precisaremos: (1) reduzir as forças de atuação; (2) aumentar as forças de resistência; ou (3) implementar alguma combinação entre as duas. Os seguintes ajustes podem ser considerados no nosso projeto de muro ou nas condições geotécnicas.

Reduzir a altura do muro – Lembre-se de que empuxo de terra horizontal e a resultante aumentam com o quadrado da altura do muro. Isto significa que mesmo uma pequena redução na altura pode produzir uma redução substancial na pressão do solo. No entanto, esta nem sempre é uma solução viável simplesmente devido à geometria do problema.

Reduzir a pressão da água atrás do muro – Como vimos anteriormente, o aumento da pressão da água atrás dos muros de arrimo não é ideal. Precisamos proporcionar drenagem, conforme descrito e mostrado antes, na Figura 11.20, para aumentar a estabilidade. Mesmo que existam barbacãs na base do muro, com o tempo elas poderão ficar obstruídas e a pressão da água poderá aumentar. Elas devem ser verificadas periodicamente para garantir que a drenagem esteja funcionando de forma correta.

Aumentar o comprimento da base da fundação – Aumentar o comprimento da base do muro é uma solução simples, desde que haja espaço, pois impacta diversos componentes de força. Ao aumentar o comprimento da base, o solo de reaterro adicional contribui para a força vertical e aumenta o braço de momento dessa força resistente ainda mais a partir do ponto de rotação. Além disso, quanto maior for o comprimento da base, maior será a força de resistência ao deslizamento entre a base e o solo subjacente.

Aumentar o comprimento da ponta do muro – Aumentar o comprimento da ponta do muro fornece alguma resistência adicional semelhante ao aumento da base. Isto reforça a estabilidade contra tombamento e deslizamento.

Colocar uma chaveta na base do muro – Ilustramos a influência do uso de uma chaveta abaixo da base do muro na Figura 11.24. Trata-se de uma solução simples que pode ser facilmente incorporada durante a construção. No entanto, lembre-se que a chaveta é uma parte estrutural do muro e, portanto, deve ser projetada com reforço adequado pelo engenheiro estrutural. A profundidade da chaveta pode ser aumentada para fortalecer a resistência passiva ao deslizamento, que pode ser substancial. Em geral, a profundidade da chaveta só precisa ser de cerca de 20 a 30% da altura do muro para ter uma grande influência.

Fornecer tirantes ancorados ou ancoragens – Os tirantes podem ser inseridos através da face do muro e podem ser instalados horizontalmente ou podem ser inclinados (batidos). As ancoragens fornecem uma força de resistência adicional que melhora a estabilidade contra o tombamento e o deslizamento. No entanto, para ser eficaz, a âncora deve estender-se o suficiente para ir muito além do plano de ruptura e atingir um solo estável; lembre-se de que para construir o muro, em primeiro lugar, o solo diretamente atrás do mesmo é provavelmente escavado e depois substituído após a conclusão da construção desta estrutura (ver Figura 11.27). As ancoragens instaladas em uma massa proporcionam um componente de resistência horizontal e vertical – em geral, uma única fileira de âncoras ou múltiplas fileiras (três fileiras na Figura 11.27), com âncoras espaçadas ao longo do comprimento do muro (no papel) em intervalos apropriados.

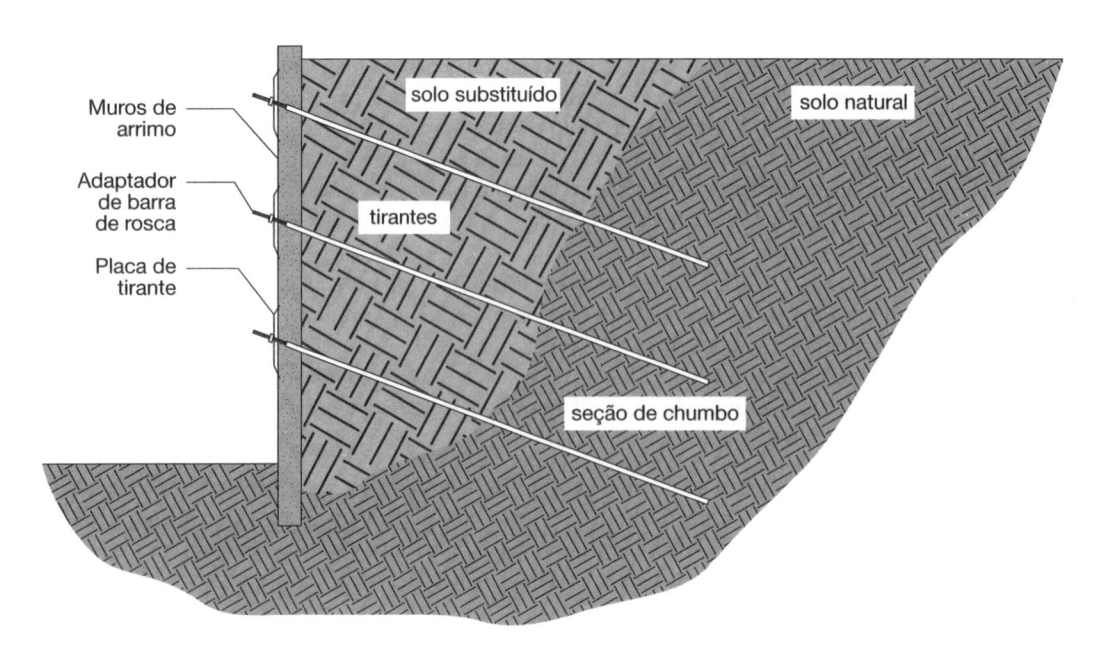

FIGURA 11.27 Muro de arrimo assegurado por suportes de tirante para estabilidade adicional.

PROBLEMAS

11.1 Para o muro mostrado na Figura P11.1, $H = 12$ pés, $H_1 = 4$ pés, $H_2 = 8$ pés, $\gamma_d = 105$ pcf, $\gamma_t = 122$ pcf, $\phi' = 32°$, $c' = 0$ e $q = 230$ psf.
   a. Determine e desenhe a distribuição do empuxo de terra lateral em repouso.
   b. Calcule a força resultante.
   c. Determine a localização da resultante.

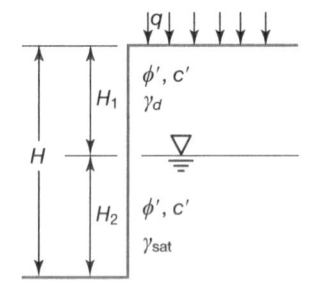

FIGURA P11.1

11.2 A Figura P11.2 mostra um muro de arrimo com reaterro de areia e localização do lençol freático conforme indicado.
  a. Desenhe as distribuições de σ'_h e u no muro, presumindo condições ativas de Rankine.
  b. Determine a resultante P_a no muro e sua localização no mesmo.

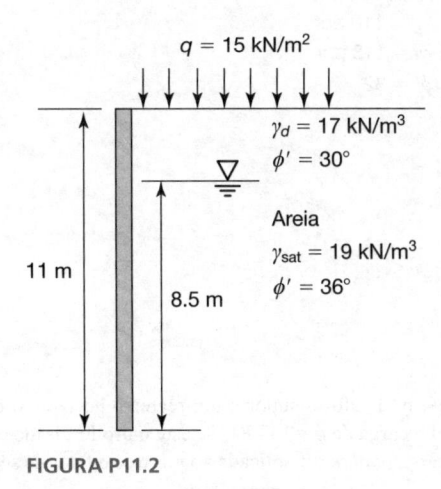

$q = 15 \text{ kN/m}^2$

$\gamma_d = 17 \text{ kN/m}^3$
$\phi' = 30°$

Areia
$\gamma_{sat} = 19 \text{ kN/m}^3$
$\phi' = 36°$

11 m

8.5 m

FIGURA P11.2

11.3 A Figura P11.3 mostra um muro de arrimo que foi originalmente projetado para reaterro granular de drenagem livre com subdrenos adequados. Após vários anos de operação, os subdrenos ficam obstruídos e o lençol freático sobe até 3 metros da parte superior do muro. Encontre a força resultante e sua localização para ambas as condições drenadas e obstruídas. Presuma o estado ativo de Rankine.

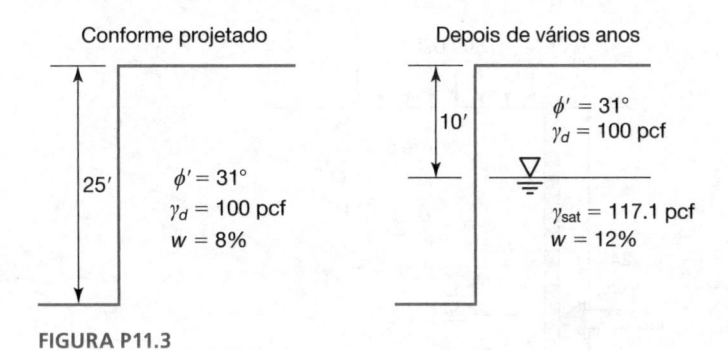

Conforme projetado

25′
$\phi' = 31°$
$\gamma_d = 100 \text{ pcf}$
$w = 8\%$

Depois de vários anos

10′
$\phi' = 31°$
$\gamma_d = 100 \text{ pcf}$

$\gamma_{sat} = 117.1 \text{ pcf}$
$w = 12\%$

FIGURA P11.3

11.4 Você deve determinar a estabilidade de uma longa trincheira de lama na areia, conforme mostrado na Figura P11.4. A lama fluida na trincheira precisa resistir tanto à tensão horizontal efetiva quanto à pressão neutra no solo circundante. Presuma que não haja capilaridade e que o peso específico da lama, γ_f, seja igual a 70 pcf. Presuma que exista uma barreira impermeável entre a lama e o solo.
  a. Calcule e desenhe a distribuição do empuxo de terra lateral (σ'_h e u) contra a lateral da trincheira resultante do solo e da pressão neutra. Presuma as condições ativas de Rankine. Indique os valores na superfície do terreno natural, no lençol freático e na base da trincheira.
  b. Calcule e desenhe a distribuição da pressão do fluido contra a lateral da trincheira devido à lama.
  c. Calcule o fator de segurança da trincheira comparando as resultantes atuando no muro da trincheira.

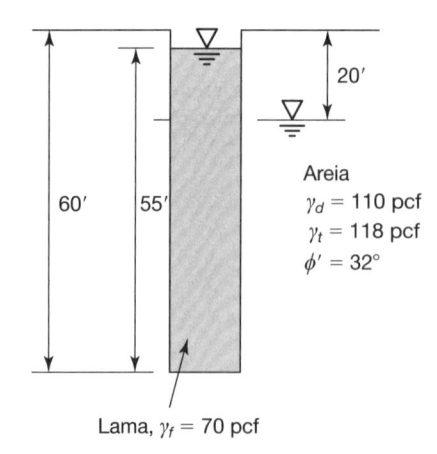

FIGURA P11.4

(Muro: 60' altura total, 55' marca interior, 20' no topo/nível d'água direito)
Areia: $\gamma_d = 110$ pcf, $\gamma_t = 118$ pcf, $\phi' = 32°$
Lama, $\gamma_f = 70$ pcf

11.5 Um muro sem atrito de 4 m de altura suporta um reaterro horizontal de areia seca com $\gamma_d = 17{,}5$ kN/m³, $\phi = 32°$ e uma sobrecarga de $q = 10$ kPa. Se este muro for usado como reação em um poço de cravação de tubos, que carga poderá ser aplicada ao muro se o fator de segurança desejado for 2,0?

11.6 A Figura P11.6 mostra um muro de arrimo que será usado como reação contra uma força horizontal externa de cravação. Presuma as condições de Rankine.
   a. Calcule e esboce a distribuição de tensões laterais no muro para uma ruptura passiva. Apresente todos os cálculos para a parte superior e inferior do muro e para o lençol freático.
   b. Qual é a força máxima de cravação por comprimento de muro, $F_{aplicado}$, que pode ser aplicada para um $FS = 2$?
   c. Para a força de cravação calculada no item (b), onde essa força deve ser aplicada para minimizar a rotação potencial do muro?

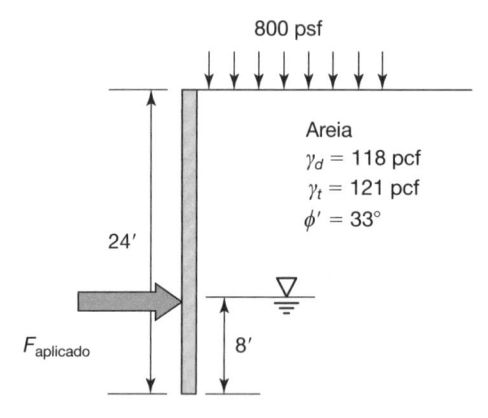

FIGURA P11.6

(800 psf sobrecarga; muro 24' acima do N.A., 8' abaixo)
Areia: $\gamma_d = 118$ pcf, $\gamma_t = 121$ pcf, $\phi' = 33°$

11.7 A Figura P11.7 mostra um muro de arrimo que suporta um reaterro de areia inclinado e sobrecarga com as propriedades do solo e localização do lençol freático conforme indicado. Presuma as condições de Rankine.
   a. Calcule e represente graficamente a distribuição de tensões laterais no muro para uma ruptura ativa. Apresente todos os cálculos para a parte superior e inferior do muro e para o lençol freático.
   b. Calcule o módulo e a orientação da resultante (P_a) para a distribuição que você desenvolveu no item (a).

FIGURA P11.7

500 psf, 15°

Areia
$\gamma_d = 118$ pcf
$\gamma_t = 121$ pcf
$\phi' = 33°$

24'
8'

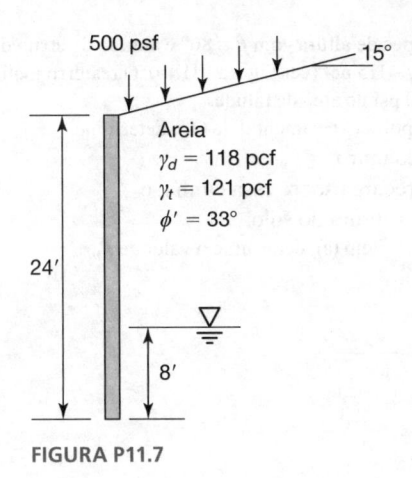

11.8 A Figura P11.8 mostra um muro de 26 pés de altura que contém um reaterro de areia inclinado com inclinação de 12°. A areia apresenta densidade seca de 96 pcf, densidade saturada de 121 pcf e ângulo de atrito de 36°. O lençol freático está 10 pés abaixo do topo do muro. O muro será usado para resistir a uma força horizontal externa que empurra o muro.
  a. Calcule os valores de σ'_h e u na parte superior e na base do muro e no lençol freático.
  b. Calcule a resistência total que o muro pode oferecer, presumindo um $FS = 2{,}0$. Onde está o centroide dessa resistência?
  c. Supondo que o nível do lençol freático caia 2 pés até a parte inferior do muro, qual seria a mudança na força externa admissível que pode ser aplicada?

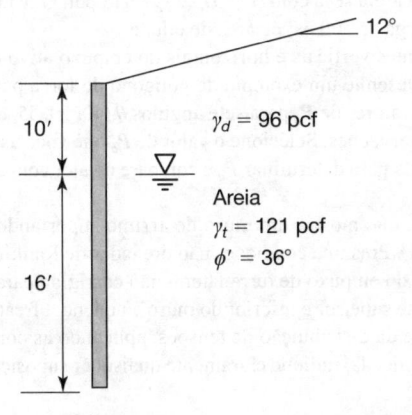

12°

10'
$\gamma_d = 96$ pcf

Areia
$\gamma_t = 121$ pcf
$\phi' = 36°$

16'

FIGURA P11.8

11.9 Um muro de arrimo de 20 pés de altura com $\beta = 80°$ e ângulo de atrito solo-muro, $\phi_w = \frac{1}{2}\phi'$, suporta uma areia seca com $\phi' = 37°$ e $\gamma_d = 115$ pcf. O reaterro inclina-se em um ângulo $\alpha = 15°$, e há uma sobrecarga de 500 psf.
  a. Determine o coeficiente de empuxo de terra ativo de Coulomb.
  b. Calcule a resultante no muro P_a, para o caso de Coulomb usando o método simplificado.
  c. Determine o ângulo da horizontal em que esta resultante atuará (dica: Não é 15°).

11.10 Um muro de arrimo de 20 pés de altura com $\beta = 80°$ e ângulo de atrito do muro $\delta = 28°$ suporta uma areia seca com $\phi' = 37°$ e $\gamma_d = 115$ pcf (ver Figura P11.10). O reaterro inclina-se em um ângulo $\alpha = 15°$, e há uma sobrecarga de 500 psf de área de talude.
   a. Para um ângulo θ de ruptura experimental de 60°, determine:
   - a altura inclinada do muro;
   - a resultante da sobrecarga sobre essa cunha; e
   - o peso da cunha de ruptura do solo.
   b. Para a cunha analisada no item (a), determine o valor de P_a.

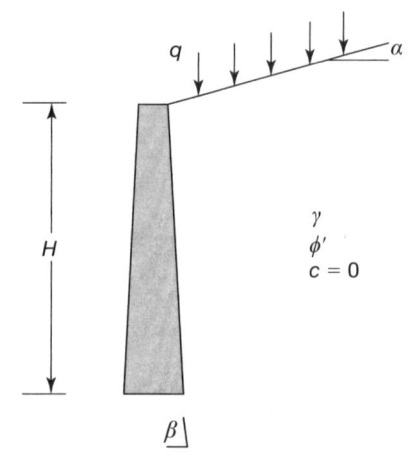

FIGURA P11.10

11.11 Consulte a Figura P11.10. Um muro de arrimo de 20 pés de altura com $\beta = 80°$ e ângulo de atrito do muro $\delta = 28°$ suporta uma areia seca com $\phi' = 37°$ e $\gamma_d = 115$ pcf. O reaterro inclina-se em um ângulo $\alpha = 15°$, e há uma sobrecarga de 500 psf de área de talude.
   a. Encontre os componentes verticais e horizontais do empuxo ativo de Coulomb no muro usando o método da cunha. Desenhe um exemplo de polígono de força para ajudá-lo a configurar uma planilha para calcular valores de P_a para sete ângulos θ (40, 50, 55, 60, 65, 70 e 80°). O ângulo θ é definido como nas observações. Selecione o valor de P_a que você usará para o projeto.
   b. Use o método de cálculo para determinar P_a e compare o valor com a resposta que você encontrou no item (a).

11.12 Consulte a Figura P11.12, que mostra um muro de arrimo suportando uma camada de argila com sobrecarga $q = 0{,}5$ kips/pé². Presuma condições não drenadas de Rankine.
   a. Calcule a distribuição do empuxo de terra lateral não corrigida para as condições mostradas, incluindo valores na parte superior e inferior do muro e no lençol freático.
   b. Determine a resultante da distribuição de tensões, aplicando as correções conforme necessário. Se uma correção for aplicada, indique claramente quaisquer suposições.

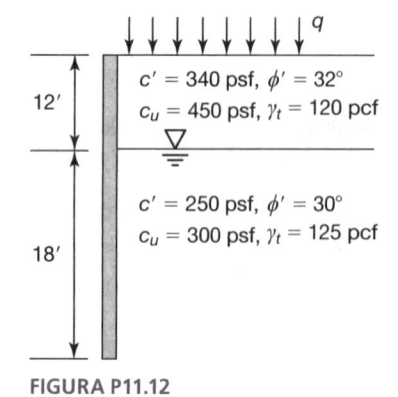

FIGURA P11.12

11.13 A Figura P11.13 mostra um muro de arrimo com uma sobrecarga uniforme, 200 psf, aplicada à superfície. As propriedades do solo e a localização do lençol freático são conforme indicadas. Vamos presumir que há capilaridade total e condições ativas drenadas de Rankine.
   a. Calcule e represente graficamente as distribuições de σ'_h e u não corrigidas ao longo do muro. Indique os valores na parte superior e inferior do muro e no lençol freático. Apresente todos os cálculos.
   b. Determine o empuxo ativo resultante no muro (P_a), que você usaria para o projeto. Aplique correções se necessário.

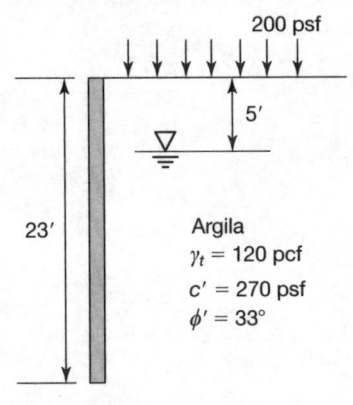

FIGURA P11.13

Dados: sobrecarga 200 psf; profundidade total 23'; lençol freático a 5' do topo; Argila: $\gamma_t = 120$ pcf; $c' = 270$ psf; $\phi' = 33°$

11.14 A Figura P11.14 mostra um muro de arrimo em balanço de concreto que suporta um reaterro de argila inclinado com a localização do lençol freático indicada. O muro deve ser projetado presumindo uma ruptura de drenagem de Rankine devido ao movimento do muro para fora do reaterro.
   a. Calcule e represente graficamente com profundidade a distribuição de tensão lateral não corrigida (tanto tensão efetiva quanto pressão neutra) para essas condições. Indique os valores na parte superior e inferior da distribuição e no lençol freático. Vamos presumir que há capilaridade total.
   b. Determine a resultante no muro que você usaria para o projeto. Aplique as correções conforme necessário. Além disso, determine a orientação da resultante.

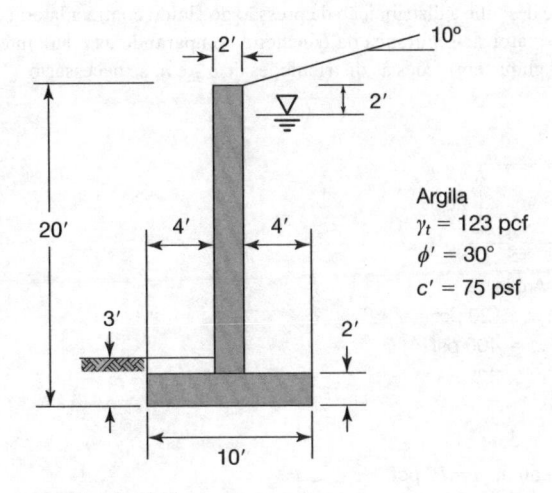

FIGURA P11.14

Dados: muro 20' de altura; topo do muro 2' de largura; base 10' de largura (4' + 4'); lençol freático a 2' do topo; inclinação do reaterro 10°; Argila: $\gamma_t = 123$ pcf; $\phi' = 30°$; $c' = 75$ psf

11.15 A Figura P11.15 mostra um muro de arrimo em balanço de concreto que suporta um reaterro de argila inclinado com a localização do lençol freático indicada. Presuma uma ruptura de drenagem de Rankine devido ao movimento do muro para fora do reaterro. Vamos presumir que há capilaridade total.
  a. Represente graficamente as distribuições de σ'_h e u não corrigidas com profundidade para essas condições. Indique os valores na parte superior e inferior da distribuição.
  b. Determine a resultante no muro que você usaria para o projeto. Aplique as correções conforme necessário.

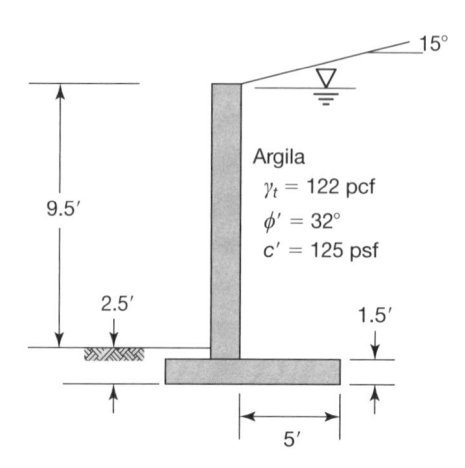

Argila
$\gamma_t = 122$ pcf
$\phi' = 32°$
$c' = 125$ psf

9.5′
2.5′
1.5′
5′
15°

FIGURA P11.15

11.16 Você deve determinar a estabilidade de uma longa trincheira de lama na argila, conforme mostrado na Figura P11.16. A lama na trincheira precisa resistir tanto à tensão horizontal efetiva quanto à pressão neutra no solo circundante. Presuma que haja capilaridade total e que o peso específico da lama, γ_f, = 70 pcf. Presuma que exista uma barreira impermeável entre a lama e o solo.
  a. Calcule e desenhe a distribuição de empuxo de terra lateral não corrigida contra a lateral da trincheira (σ'_h e u) a partir do solo e da pressão neutra. Presuma as condições ativas de Rankine drenadas. Indique os valores na superfície do terreno natural, no lençol freático e na parte inferior da trincheira.
  b. Calcule e desenhe a distribuição da pressão do fluido contra a lateral da trincheira devido à lama.
  c. Calcule o fator de segurança da trincheira comparando as resultantes atuando no muro da trincheira. Aplique correções às distribuições de σ'_h e u, se necessário.

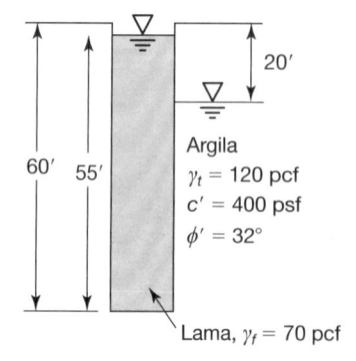

20′
60′ 55′

Argila
$\gamma_t = 120$ pcf
$c' = 400$ psf
$\phi' = 32°$

Lama, $\gamma_f = 70$ pcf

FIGURA P11.16

11.17 A Figura P11.17 mostra um muro de arrimo que suporta um reaterro de argila saturada e sobrecarga com as propriedades do solo e localização do lençol freático conforme indicado. Vamos presumir que há capilaridade total e condições não drenadas de Rankine.
   a. Calcule e represente graficamente a distribuição de tensão lateral não corrigida no muro. Apresente todos os cálculos e valores na parte superior e inferior do muro.
   b. Calcule a resultante (P_a) que você usaria para o projeto.
   c. Calcule a profundidade em que fissuras de tensão seriam esperadas.

$q = 800$ psf

6'

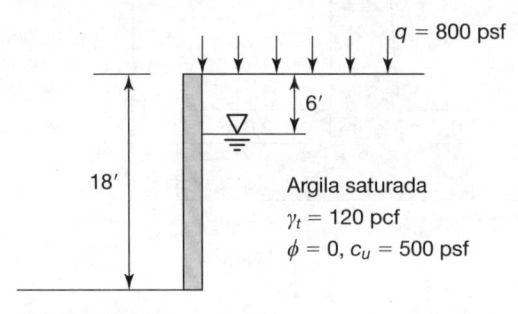

18'

Argila saturada
$\gamma_t = 120$ pcf
$\phi = 0$, $c_u = 500$ psf

FIGURA P11.17

11.18 A Figura P11.18 mostra um muro de arrimo que suporta um reaterro de argila saturada e sobrecarga com as propriedades do solo e localização do lençol freático conforme indicado. Vamos presumir que há capilaridade total e condições drenadas de Rankine.
   a. Calcule e represente graficamente a distribuição de tensão lateral não corrigida no muro. Apresente todos os cálculos e valores na parte superior e inferior do muro.
   b. Calcule as resultantes (P'_a e P_w) que você usaria para o projeto. Aplique quaisquer correções.
   c. Qual é o centroide da resultante global corrigida P_a?

$q = 20$ kPa

3 m

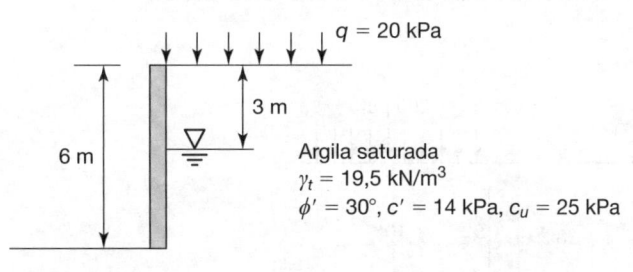

6 m

Argila saturada
$\gamma_t = 19,5$ kN/m³
$\phi' = 30°$, $c' = 14$ kPa, $c_u = 25$ kPa

FIGURA P11.18

11.19 Um muro de arrimo vertical possui 21 pés de altura, e o reaterro de argila está inclinado a 10°. O lençol freático está na altura média do muro, e as propriedades do solo são as seguintes: $c' = 240$ psf, $\phi' = 30°$, $\gamma_t = 118$ pcf. Vamos presumir que há capilaridade total.
   a. Calcule e desenhe a distribuição de empuxo passivo de Rankine (σ'_h e u) para condições drenadas.
   b. Encontre o componente horizontal de P_p.

11.20 A seção transversal de um muro de arrimo em balanço é mostrada na Figura P11.20. Presuma que a pressão neutra seja zero em todo o reaterro. Obs.: $\gamma_{concreto} = 23,6$ kN/m³.
   a. Calcule e esboce a distribuição do empuxo de terra lateral que você usará para análises de estabilidade.
   b. Calcule o fator de segurança contra deslizamento. Ignore a resistência passiva e presuma que $\phi_w = 2/3\phi$.

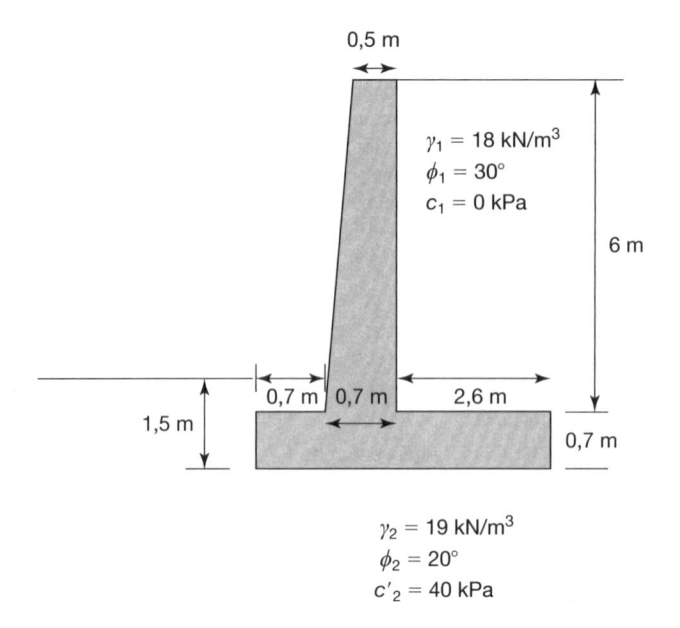

FIGURA P11.20

$\gamma_1 = 18$ kN/m³
$\phi_1 = 30°$
$c_1 = 0$ kPa

$\gamma_2 = 19$ kN/m³
$\phi_2 = 20°$
$c'_2 = 40$ kPa

11.21 A Figura P11.21 mostra um muro de arrimo de concreto suportando um reaterro de argila e uma sobrecarga uniforme $q = 200$ psf, aplicada à superfície. Presuma condições de Rankine drenadas e capilaridade total.
  a. Calcule e represente graficamente as distribuições de tensões laterais não corrigidas (σ'_h e u) na parte superior e inferior do muro e no lençol freático.
  b. Determine as resultantes P'_a e P'_w. Faça as correções necessárias.
  c. Qual é o momento total que resiste ao tombamento?

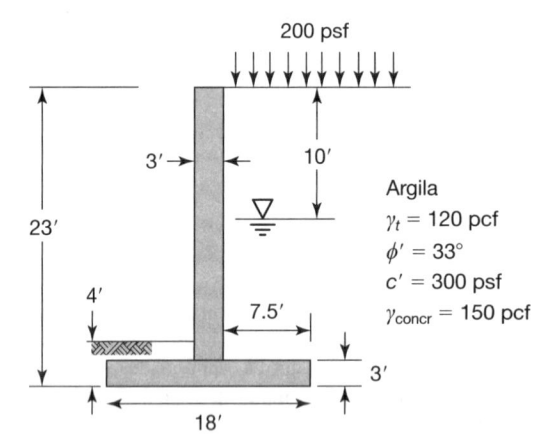

Argila
$\gamma_t = 120$ pcf
$\phi' = 33°$
$c' = 300$ psf
$\gamma_{concr} = 150$ pcf

FIGURA P11.21

11.22 A Figura P11.22 mostra um muro de arrimo de concreto suportando um reaterro de argila e uma sobrecarga uniforme, $q = 150$ psf, aplicada à superfície. Também são mostradas as distribuições de tensões laterais não corrigidas (σ'_h e u) para condições de Rankine drenadas e capilaridade total, com valores indicados no topo e na base do muro.
  a. Determine as resultantes P'_a e P'_w. Faça as correções necessárias.
  b. Determine os fatores de segurança contra tombamento e deslizamento. Ignore a resistência passiva. Presume que $\phi_w = 20$ e $c_a = 0$.

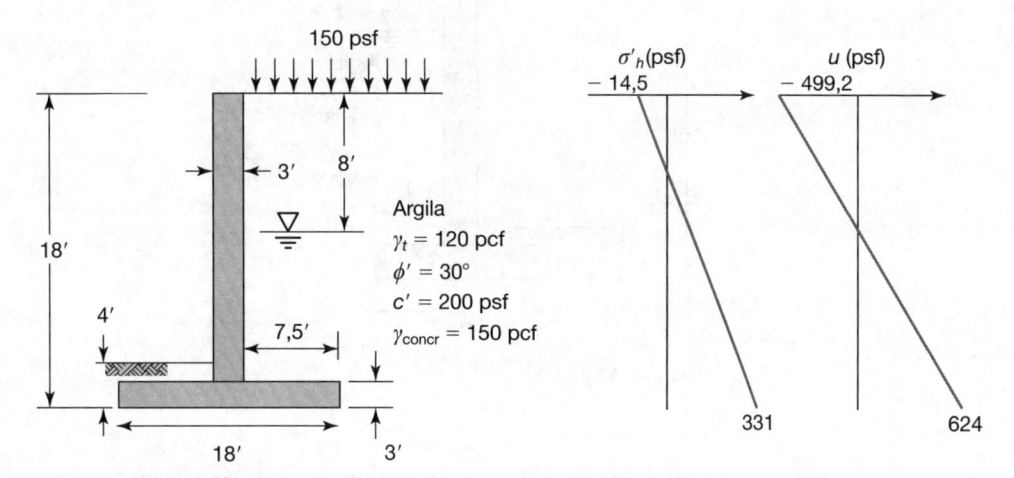

FIGURA P11.22

11.23 A Figura P11.23 mostra um muro de arrimo de concreto. Para construir o muro, o solo natural foi retirado até o talão. Após a construção do muro, foi colocado um solo compactado na zona acima do talão, formando um declive até ao solo natural, que é uma areia. Presuma as condições ativas de Rankine. Os empuxos de terra laterais são analisados, e as resultantes são $P'_a = 10.232$ lb/pés atuando a 8,6 pés da base, e $P_w = 1.123$ lb/pés atuando a 2 pés da base. Calcule os fatores de segurança contra tombamento, deslizamento e ruptura da capacidade de carga.

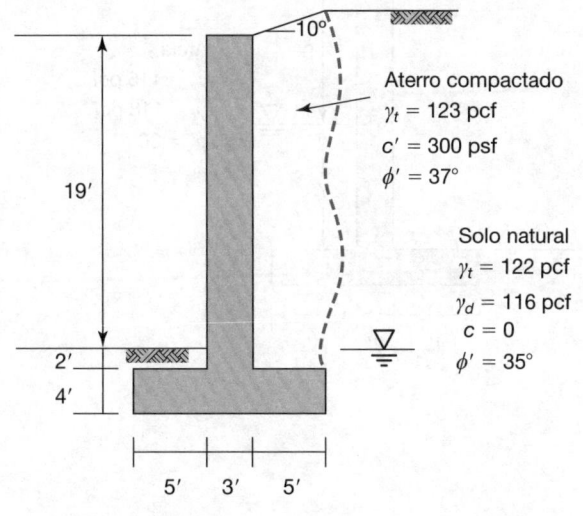

FIGURA P11.23

11.24 A Figura P11.24 mostra um muro de arrimo em balanço de concreto que suporta um reaterro de argila com a localização do lençol freático indicada. Presuma as condições ativas de Rankine e capilaridade total.
  a. Represente graficamente a distribuição de tensões laterais (σ'_a e u) que você usará para projeto sob condições drenadas. Determine a resultante e sua localização. Inclua quaisquer correções.
  b. Determine o **FS** contra tombamento e deslizamento.

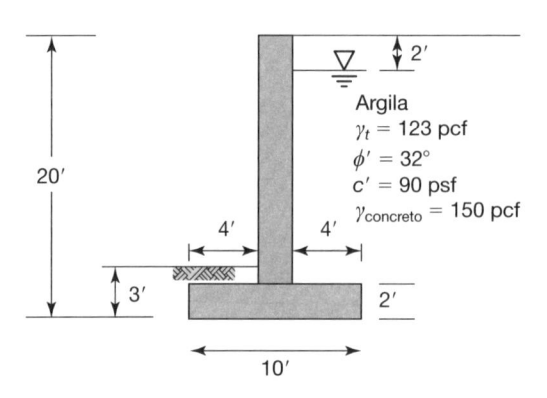

Argila
$\gamma_t = 123$ pcf
$\phi' = 32°$
$c' = 90$ psf
$\gamma_{concreto} = 150$ pcf

FIGURA P11.24

11.25 A Figura P11.25 mostra um muro de arrimo de concreto usado como encontro de uma ponte. O reaterro é uma areia seca conforme indicado. Presuma as condições ativas de Rankine.
  a. Calcule e represente graficamente a distribuição de tensões laterais que você usaria para o projeto. Determine a magnitude e a orientação da resultante.
  b. Determine o fator de segurança contra tombamento se o tabuleiro da ponte causar um momento de tombamento de 10.750 pés-lb/pés. Ignore a resistência passiva para esta parte.
  c. Determine o fator de segurança contra deslizamento. Presuma um ângulo de atrito solo-muro de 27°. Ignore o peso do tabuleiro da ponte.

Tabuleiro da ponte

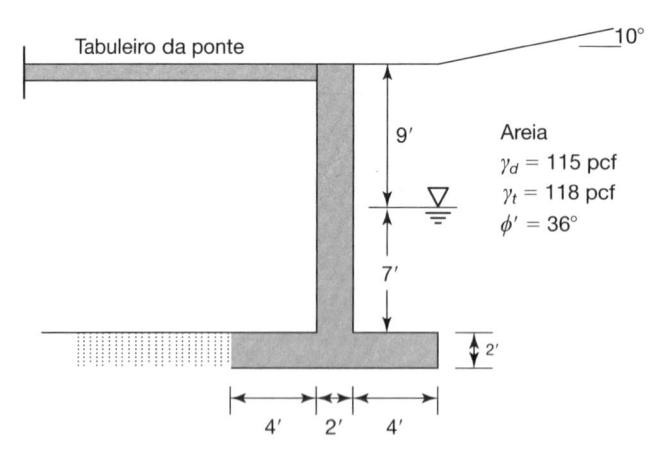

Areia
$\gamma_d = 115$ pcf
$\gamma_t = 118$ pcf
$\phi' = 36°$

FIGURA P11.25

REFERÊNCIAS

Abramson, L.W., Lee, T.S., Sharma, S., and Boyce, G.M. (2002). *Slope Stability and Stabilization Methods*, 2nd ed., Wiley, New York, 736 p. ISBN-13 978-0471384939

Bowles, J.E. (1996). *Foundation Analysis and Design*, 5th ed., New York, McGraw-Hill, 1175 p.

Coduto, D.P. (2000). *Foundation Design: Principles and Practices*, 2nd ed., Prentice-Hall, 883 p.

Das, B.M. (2004). *Principles of Foundation Engineering*, Brooks/Cole-Thomson Learning, Pacific Grove, CA, 743 p.

Duncan, J.M., Wright, S.G., and Brandon, T.L. (2014). *Soil Strength and Slope Stability*. Wiley, Hoboken, NJ, 336 p. ISBN-13 978-1118651650

Lambe, T.W. and Whitman, R.V. (1969). *Soil Mechanics*, Wiley, New York, 553 p.

Mayne, P.W. and Kulhawy, F. H. (1982). "K_0-OCR Relationships in Soil." *Journal of the Geotechnical Engineering Division*, ASCE, Vol. 108, GT6, pp. 851–872.

Rankine, W.J.M. (1857). "On the Stability of Loose Earth," Abstracts of the Papers Communicated to the Royal Society of London, *Proceedings of the Royal Society*, London, Vol. VIII, pp. 185–187.

U.S. Federal Highway Administration (FHWA) (2010). *Design of Mechanical Stabilized Earth Walls and Rein-forced Slopes*, Vols. I and II, National Highway Institute, Washington, D.C. FHWA-NHI-10-024.

CAPÍTULO 12
Fundações profundas

12.1 INTRODUÇÃO ÀS FUNDAÇÕES PROFUNDAS

No Capítulo 10, descrevemos métodos de projeto para fundações em profundidades de 3 a 4 vezes a largura da fundação ($d/B \leq 3$ a 4). Esses métodos eram adequados para casos em que os solos próximos à superfície topográfica têm capacidade de carga suficiente para suportar cargas estruturais, ou quando essas cargas são relativamente baixas, por exemplo, nas construções residenciais. Contudo, em muitas regiões, as condições superficiais do solo não proporcionarão capacidade de carga adequada para as cargas aplicadas (ou terão outras características problemáticas, abordadas adiante), nem serão capazes de fornecer suporte para cargas estruturais elevadas ou cargas combinadas. Nessas situações, é necessário projetar e construir **fundações profundas** que transmitam cargas estruturais para solos ou estratos rochosos mais profundos e mais competentes, a fim de aproveitar suas maiores capacidades de suporte de carga. Embora as fundações rasas sejam geralmente muito menos dispendiosas do que as fundações profundas, pode ser necessário utilizar um sistema dessas fundações em alguns projetos.

Mais especificamente, as principais razões pelas quais as fundações profundas são usadas em vez de fundações rasas incluem o seguinte:

1. Conforme indicado, as camadas superiores do solo no local proposto apresentam **resistência e/ou rigidez inadequadas** em relação às cargas estruturais aplicadas. Isto é representado em menor capacidade de carga (que é uma função da resistência ao cisalhamento do solo) e/ou em maior compressibilidade do que o necessário para as condições de projeto. Assim, fundações profundas são usadas para penetrar essas camadas superiores e transmitir cargas para solos de suporte mais profundos e mais desejáveis.

2. As camadas superiores do solo podem apresentar outras características indesejáveis, que especificamente podem consistir em argilas que apresentam **expansões e contrações severas** ou **sofrem colapso** (p. ex: *loess*, um depósito arrastado pelo vento ou eólico descrito na Seção 3.3.6). De modo semelhante ao primeiro conjunto de condições, as fundações profundas permitem-nos evitar a influência desses solos em favor de solos menos problemáticos.

3. As cargas estruturais podem incluir **forças verticais e horizontais significativas**, que as fundações rasas não são capazes de suportar. Sabemos pelo Capítulo 10 que forças horizontais relativamente grandes podem levar a resultantes inclinadas, com subsequente perda significativa de capacidade de carga pelos nossos fatores de carregamento inclinado (Seção 10.3.3). Cargas eólicas e sísmicas em estruturas, como grandes turbinas eólicas, podem gerar grandes forças laterais transmitidas às suas fundações.

4. Cargas estruturais podem fazer **forças líquidas de subpressão significativas** serem aplicadas à fundação ("líquido" refere-se ao estado após o peso da estrutura ser considerado). Esse caso nem sequer foi mencionado no contexto das fundações rasas, uma vez que elas são simplesmente incapazes de suportar tais forças. No entanto, fundações profundas são capazes, devido ao atrito com o solo ao longo das suas superfícies laterais. Estruturas *offshore* (fixadas ao fundo do oceano e estruturas flutuantes ancoradas) e torres de transmissão (energia e telefonia celular) são dois exemplos de estruturas que podem transmitir forças líquidas de subpressão.

5. Nos casos em que a **fundação de uma estrutura pode sofrer erosão (por vezes solapamento, se for causada por riachos e rios)**, o que prejudicaria uma fundação pouco profunda. Encontros e pilares de pontes, ou outras estruturas adjacentes a cursos de água, são exemplos onde essa situação pode ocorrer.

Não há dúvida de que as fundações profundas estão sendo usadas mais do que nunca. Em primeiro lugar, as cargas estruturais aplicadas – desde cargas muito elevadas em estruturas como edifícios altos até cargas mais complexas que podem incluir elevadas forças laterais ou de subpressão – exigem um desempenho mais robusto das fundações que só pode ser obtido por fundações profundas. Além disso, a tecnologia para instalação de fundações profundas é mais avançada, tornando sua instalação mais viável sob diversas condições difíceis do local. E, por fim, a expansão do desenvolvimento em certas áreas significa que terrenos anteriormente considerados inutilizáveis ou economicamente inviáveis estão, hoje, em fase de desenvolvimento. Isso muitas vezes significa usar os chamados terrenos recuperados (em geral por aterro) e/ou construir estruturas com suporte de fundação profundo.

No entanto, embora a utilização de fundações profundas esteja mais difundida do que nunca, pode-se afirmar com razão que os nossos métodos para prever racionalmente o seu desempenho, relativamente a fundações rasas, ainda são bastante incertos e não mudaram de forma significativa nos últimos 50 anos, apesar dos avanços em outras tecnologias. Como prova dessa incerteza, em muitas jurisdições de construção, ainda existe um requisito em muitos casos para realizar um **teste de carga de estaca**: uma estaca típica a ser usada em um local é instalada, e, em seguida, um carregamento de teste é aplicado a essa estaca para medir comportamento carga-deformação. Essa estaca de teste deve atender a certas características de desempenho antes que as demais estacas da estrutura possam ser instaladas. Esse tipo de teste experimental é praticamente inédito em outras aplicações de engenharia civil. Na verdade, isso só demonstra a incerteza associada ao projeto de fundações em geral.

As fundações profundas podem obter suporte de diferentes maneiras, dependendo dos materiais do subsolo do local, do material da estaca, do método de instalação e da geometria da estaca. Podem ser: fundações de **ação de ponta** em que a maior parte (ou a totalidade) do suporte é desenvolvida pela ponta ou extremidade da estaca; fundações de **atrito** em que a maior parte do suporte é desenvolvida a partir da resistência lateral ao longo do comprimento; ou uma combinação de ação de ponta e atrito em que o suporte vem de uma combinação de extremidade e lateral.

Neste capítulo, abordaremos os vários tipos de fundações profundas, métodos de análise para carregamento vertical descendente e recalque de estacas, e ainda o comportamento de estacas tracionadas e sob cargas laterais. Concluiremos o texto com a discussão de alguns tópicos avançados em fundamentos profundos.

12.2 TIPOS DE FUNDAÇÕES PROFUNDAS E MÉTODOS DE INSTALAÇÃO

Esta seção tem como objetivo descrever os tipos básicos de estacas, e há inúmeras variações desses tipos, que dependem do fabricante, da prática regional e das inovações do empreiteiro. Portanto, esta não pretende ser de forma alguma uma lista exaustiva de cada tipo de estaca. Pode ser conveniente considerar diferentes tipos de estacas pelo seu método de instalação. Diversos materiais podem ser usados para uma fundação profunda e, em alguns casos, os mesmos materiais podem ser usados para mais de um método de instalação.

12.2.1 Fundações por estacas cravadas

A maioria das estacas de aço, concreto pré-moldado e madeira são instaladas cravando-as ou vibrando-as no solo. Atualmente, a cravação costuma ocorrer por meio de um martelo a diesel de dupla ação, onde o aríete é cravado na estaca e retorna à posição de prontidão por ações de combustão consecutivas. Isto permite uma cravação rápida e intensa, uma vez que a combustão de ação ascendente retorna rapidamente o aríete para o próximo ciclo de cravação. Os "golpes" do aríete são normalmente contados por polegada ou por pé para monitorar o progresso, e os golpes por polegada são com frequência usados no final da cravação para determinar quando parar; isso, em geral, faz parte das especificações do projeto de cravação de estacas.

Estacas de madeira cravadas – As estacas de madeira cravadas remontam, no mínimo, ao tempo dos antigos romanos. As legiões de Júlio César (*Gaius Iulius Caesar* –líder militar e político romano) construíram uma ponte de madeira sobre o rio Reno em 55 a.C., suportada em estacas de madeira cravadas. As estacas foram cortadas de florestas locais e instaladas com um simples peso em queda com o tronco voltado para cima. Isso resultou na parte superior mais estreita do tronco da árvore cravada no solo, com a parte mais larga na superfície do terreno natural. Elas não foram cravadas muito fundo, mas, novamente, pretendia-se que fosse uma estrutura militar temporária, sendo removidas quando o exército cruzou o Reno vários meses depois.

As estacas de madeira ainda são amplamente utilizadas em muitas partes do mundo. Duas limitações principais são a sua capacidade de suporte de carga relativamente baixa, incluindo a sua incapacidade de suportar cravação intensa; e sua suscetibilidade à deterioração por vários mecanismos possíveis. A cravação intensa leva ao "aspecto de vassoura", tanto na ponta quanto na extremidade cravada da estaca, onde a madeira se rompe e se torna relativamente compressível. Se mantidas abaixo do lençol freático, essas estacas em geral podem permanecer em boas condições, mas se expostas, são frequentemente atacadas por insetos e podridão seca. Em um ambiente marinho, os organismos perfurantes comprometem a madeira, de modo que os revestimentos de superfície e o tratamento sob pressão costumam ser utilizados para evitar danos extensos. As estacas de madeira têm a vantagem de serem econômicas e estarem disponíveis em muitas regiões, serem esteticamente agradáveis se parcialmente expostas e serem emendadas com relativa facilidade para criar uma estaca mais longa, conforme necessário.

Estacas de aço cravadas – Além das estacas de madeira, o próximo tipo de estaca cravada mais antigo em uso é o daquelas feitas de aço; elas têm sido usadas desde o início até meados do século XIX, desde que o aço foi produzido para substituir o ferro fundido e forjado na construção. Essa classificação geralmente inclui as chamadas estacas "tubulares" e seções de estacas em "H". As estacas tubulares, como o nome indica, são, na verdade, apenas tubos de aço de paredes espessas e podem ser abertas nas extremidades ou ter suas extremidades cobertas por uma placa ou ponta cônica fundida; elas podem variar de 3 pol. a 120 pol. de diâmetro. Quando elas são abertas, como seria de se esperar, o solo inicialmente preenche o tubo à medida que ele é inserido; entretanto, dentro de uma profundidade relativamente curta, o solo fica preso na parede interna do tubo e nenhum solo adicional avança pelo tubo. As estacas tubulares também podem ser preenchidas com concreto antes de serem instaladas (em geral de diâmetro pequeno, às vezes chamadas de colunas *lally*) ou após a instalação para tubos de diâmetro maior. Isto proporciona capacidade de compressão adicional e ajuda a evitar flambagem localizada. A Tabela 12.1 detalha propriedades selecionadas de estacas tubulares para tamanhos típicos. As estacas tubulares são facilmente ampliadas por soldagem em comprimentos adicionais. Em alguns casos, a placa final pode ser superdimensionada a fim de facilitar a cravação em materiais de sobrecarga quando a estaca for cravada em uma camada dura para atuar como uma estaca de suporte final.

As estacas de aço em "H" apresentam uma variedade de tamanhos e ainda podem possuir uma placa ou ponta cônica fixada em uma extremidade. A ponta de cravação ajuda a reduzir a resistência à cravação e, tanto a placa quanto a ponta, também evitam a distorção da extremidade da estaca à medida que ela avança. A Tabela 12.2 lista os tamanhos típicos da seção em "H" e diversas propriedades geométricas.

As estacas de aço têm vantagens significativas sobre outros tipos de estacas, incluindo a capacidade de serem cortadas facilmente nos comprimentos desejados, antes ou depois da

TABELA 12.1 Dimensões selecionadas da seção da estaca tubular

Diâmetro externo (pol.)	Espessura da parede (pol.)	Área de aço (pol.²)
8⅝	0,125	3,34
	0,188	4,98
	0,219	5,78
	0,312	8,17
10	0,188	5,81
	0,219	6,75
	0,250	7,66
12	0,188	6,96
	0,219	8,11
	0,250	9,25
16	0,188	9,34
	0,219	10,86
	0,250	12,37
18	0,219	12,23
	0,250	13,94
	0,312	17,34
20	0,219	13,62
	0,250	15,51
	0,312	19,30
24	0,250	18,7
	0,312	23,2
	0,375	27,8
	0,500	36,9

De Das (2004).

cravação, ou emendadas para criar comprimentos de estaca que podem exceder 200 pés; capacidade para suportar cargas elevadas durante a cravação e posteriormente decorrentes de cargas estruturais em serviço; e capacidade de penetração em camadas duras. No entanto, a sua instalação é relativamente dispendiosa, sendo principalmente pela cravação por impacto, o que pode causar ruído inaceitável e vibração do solo, além de requererem espaço aéreo suficiente para a plataforma de cravação das estacas. As estacas de aço podem ficar geometricamente distorcidas ou desalinhadas durante a instalação, levando a uma perda imprevisível de capacidade de carga; não existem métodos atuais para determinar a integridade da condição ou o alinhamento da estaca após a instalação. Em relação a este último ponto, como acontece em qualquer projeto geotécnico, é importante ter uma compreensão tão completa quanto possível das condições do subsolo de uma área, para evitar obstruções como a presença de matacões ou de camadas duras.

Estacas de concreto pré-moldado cravadas – As estacas de concreto pré-moldado talvez tenham sofrido a maior evolução desde seu surgimento no começo do século XX devido aos avanços significativos na tecnologia do concreto, dos materiais, dos métodos de reforço e dos equipamentos de instalação. As estacas de concreto são trazidas para o local de trabalho como elementos pré-moldados, tendo sido fabricadas fora da área, ou são moldadas no local, colocando concreto úmido em um furo perfurado ou escavado de outra forma (ver Seção 12.2.7). As estacas

TABELA 12.2 Seções comuns de estaca em "H" utilizadas nos Estados Unidos da América com definições de dimensão abaixo

Tamanho da designação (pol.) × peso (lb/pés)	Profundidade d_1 (pol.)	Área da seção (pol.²)	Espessura do flange e da alma w (pol.)	Largura do flange (d_2) (pol.)	Momento de inércia (pol.⁴)	
					I_{xx}	I_{yy}
HP 8 × 36	8,02	10,6	0,445	8,155	119	40,3
HP 10 × 57	9,99	16,8	0,565	10,225	294	101
× 42	9,70	12,4	0,420	10,075	210	71,7
HP 12 × 84	12,28	24,6	0,685	12,295	650	213
× 74	12,13	21,8	0,610	12,215	570	186
× 63	11,94	18,4	0,515	12,125	472	153
× 53	11,78	15,5	0,435	12,045	394	127
HP 13 × 100	13,15	29,4	0,766	13,21	886	294
× 87	12,95	25,5	0,665	13,11	755	250
× 73	12,74	21,6	0,565	13,01	630	207
× 60	12,54	17,5	0,460	12,90	503	165
HP 14 × 117	14,21	34,4	0,805	14,89	1220	443
× 102	14,01	30,0	0,705	14,78	1050	380
× 89	13,84	26,1	0,615	14,70	904	326
× 73	13,61	21,4	0,505	14,59	729	262

De Das (2004).

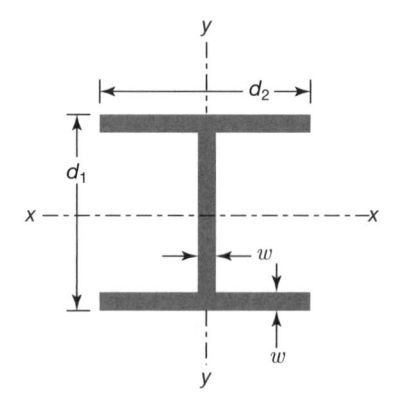

pré-moldadas apresentam formato quadrado ou octogonal e geralmente são protendidas: ou tendões de aço de alta resistência (semelhantes a cabos) ou barras de reforço são colocados na forma e recebem tensões de tração aplicadas à medida que o concreto é vazado (Figura 12.1). Após a cura do concreto, o pré-esforço é liberado, causando compressão ao longo do comprimento da estaca. Isto proporciona capacidade de flexão adicional à mesma, que é necessária para a elevação durante o transporte e ainda pode ser usada para resistir às forças laterais em serviço sobre a estaca. As estacas pré-moldadas podem resistir à cravação intensa e à corrosão (importante em aplicações químicas agressivas de águas subterrâneas ou aplicações marítimas), mas podem ser problemáticas do ponto de vista logístico; são frequentemente muito difíceis de transportar em ambientes urbanos densos devido ao seu comprimento.

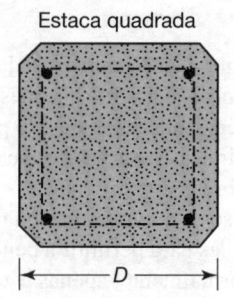

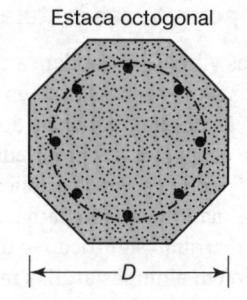

FIGURA 12.1 Seções transversais de estacas pré-moldadas quadradas e octogonais com localizações de reforço indicadas.

Para a maioria das aplicações, as estacas pré-moldadas são cravadas, de modo que, assim como as estacas de aço, a vibração e o espaço aéreo podem apresentar desafios inaceitáveis para um determinado local. As estacas pré-moldadas também podem quebrar devido a tensões de cravação; empreiteiros experientes e engenheiros geotécnicos geralmente podem detectar isso pelo comportamento de cravação observado da estaca. Assim como acontece com as estacas de aço cravadas, as estacas pré-moldadas implicam uma instalação "às cegas"; não podemos inspecionar a superfície de suporte sobre a qual a estaca assenta ou a condição da estaca posteriormente. A Tabela 12.3 mostra dimensões e propriedades para seções típicas de estacas de concreto quadradas e octogonais.

TABELA 12.3 Dimensões típicas de seções de estacas de concreto pré-moldado, quantidades de reforço e propriedades

Forma de estaca[a]	D (pol.)	Seção transversal (pol.^{2})	Perímetro (pol.)	Número de fios ½ pol. de diâmetro	Número de fios 7/16 pol. de diâmetro	Mínima efetiva de pré-esforço (kip)	Módulo da seção (pol.^{3})	Capacidade de carga projetada (kip) Resistência do concreto 5.000 psi	Capacidade de carga projetada (kip) Resistência do concreto 6.000 psi
S	10	100	40	4	4	70	167	125	175
O	10	83	33	4	4	58	109	104	125
S	12	144	48	5	6	101	288	180	216
O	12	119	40	4	5	83	189	149	178
S	14	196	56	6	8	137	457	245	295
O	14	162	46	5	7	113	300	203	243
S	16	256	64	8	11	179	683	320	385
O	16	212	53	7	9	148	448	265	318
S	18	324	72	10	13	227	972	405	486
O	18	268	60	8	11	188	638	336	402
S	20	400	80	12	16	280	1333	500	600
O	20	331	66	10	14	234	876	414	503
S	22	484	88	15	20	339	1775	605	727
O	22	401	73	12	16	281	1166	502	602
S	24	576	96	18	23	403	2304	710	851
O	24	477	80	15	19	334	2123	596	716

S = seção quadrada; O = seção octogonal
De Das (2004).

12.2.2 Fundações por estacas instaladas por vibração

Os bate-estacas vibratórios ajudam a evitar a vibração do solo causada pela instalação de estacas cravadas, que pode ser indesejável em alguns locais. Observe que mesmo para instalações vibratórias, a vibração de alta frequência do solo decorrente desse método pode ser inaceitável para os proprietários e ocupantes das propriedades vizinhas. Esses bate-estacas possuem um mecanismo para "agarrar" o topo da estaca e aplicar uma força vertical senoidal a fim de forçá-la para baixo. Esse método é mais adequado para solos siltosos e arenosos nos quais pode ocorrer liquefação localizada ou rearranjo significativo de partículas para permitir a penetração da estaca; também pode ser usado em algumas argilas moles. Normalmente, apenas estacas de aço são instaladas por vibração. As estacas de concreto pré-moldado não são adequadas às vibrações, e as estacas de madeira normalmente não são utilizadas. As estacas de vibração tendem a ser mais rápidas de ser instaladas do que as estacas cravadas, mas há muito pouco monitoramento realizado durante a instalação para prever a capacidade de carga.

12.2.3 Fundações por estacas prensadas

Para algumas aplicações especializadas, como sustentar um edifício para estabilizar sua fundação, a prensa de estacas pode ser um método eficaz. Este tipo de instalação também é conhecido como "estacas prensadas" e foi desenvolvido no início do século XX na cidade de Nova York, quando foi necessária uma grande sustentação como resultado da construção do sistema de metrô e logo após a invenção do macaco hidráulico. Como o nome indica, um mecanismo de elevação pressurizado hidraulicamente utiliza um ponto de reação (como a estrutura de um edifício sobrejacente [Figura 12.2]) para empurrar seções curtas e unidas de estacas no solo. As seções da estaca são geralmente segmentadas e podem ser unidas para alcançar um estrato de suporte firme. As estacas podem ser feitas de aço ou de concreto pré-moldado. As seções podem ser unidas por meio de extremidades roscadas ou por soldagem, ou podem vir com luvas internas para que cada seção se acople na seção anterior. Seções abertas de tubos podem ser preenchidas com argamassa de cimento para aumentar a rigidez.

As seções da estaca normalmente apresentam diâmetro de 3 pol. a 6 pol. Profundidades de até 100 pés foram observadas para estacas prensadas. Na maioria dos casos, uma placa final superdimensionada é fixada ao primeiro segmento da estaca para reduzir a resistência lateral durante a instalação, quando a estaca for usada principalmente na ação de ponta. Esse tipo de estaca está se tornando cada vez mais popular e tem a vantagem de ser o único tipo em que a carga durante a instalação é monitorada direta e continuamente, fornecendo uma indicação imediata da capacidade de carga.

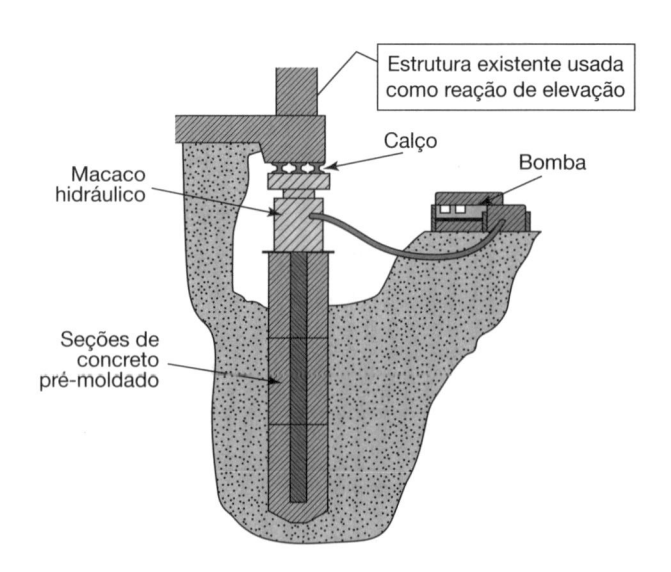

FIGURA 12.2 Esquema de cravação de tubos usando estrutura sobrejacente como força de reação.

12.2.4 Estacas de impacto rápido

Um tipo relativamente novo de estaca é denominado tubo de ferro dúctil (**DIP**), fabricado com ferro dúctil de alta resistência usando um processo de fundição centrífuga. As estacas variam em diâmetro de cerca de 4 ½ pol. a 6 ½ pol. e são produzidas em seções de cerca de 16 pés de comprimento. Em uma extremidade, a estaca apresenta um encaixe alargado que aceita a extremidade cônica da seção seguinte para criar a seção completa da estaca com quase qualquer comprimento necessário. As estacas são instaladas usando-se um martelo de impacto de alta energia e alta frequência, que é essencialmente o mesmo martelo usado em rompedores de pavimentos montados em uma escavadeira.

As estacas (**DIP**) simples são normalmente usadas como estacas de ação de ponta, e a lacuna entre a parte externa do fuste e o solo circundante também pode ser preenchida com argamassa durante a cravação para produzir resistência lateral. Como a maioria das outras fundações profundas, o monitoramento da construção é importante para garantir a instalação adequada e avaliar a penetração das estacas através de estratos individuais do solo. Uma técnica simples usada para monitorar a instalação da estaca (**DIP**) é registrar o tempo para cada incremento de avanço, digamos 1 pé ou 5 pés. Dado que o martelo de impacto apresenta uma energia e uma taxa de golpes constantes, o tempo de avanço deve estar relacionado com as características do solo para uma determinada geometria da estaca. No entanto, assim como acontece com muitos aspectos da previsão do desempenho da estaca, esses métodos são empíricos.

12.2.5 Estacas cravadas com jato d'água

Outro método para instalação de estacas de aço e concreto pré-moldado é o jateamento. Um tubo de pequeno diâmetro formado no concreto pré-moldado ou preso à estaca é usado para fornecer água em alta pressão até a ponta da estaca. Isto faz o solo na ponta se liquefazer (no caso de solos siltosos ou granulares) ou amolecer (argilas) para reduzir a resistência à inserção da estaca.

12.2.6 Estacas de rosca

Outro tipo de fundação profunda que se tornou popular nos últimos 20 anos é a **estaca de rosca**, que consiste em um fuste central de aço (geralmente um tubo aberto) com uma ou mais placas helicoidais soldadas ao fuste, conforme mostrado na Figura 12.3. Sua popularidade decorre de uma série de vantagens. Elas podem ser fabricadas em uma grande variedade de tamanhos e, diferentes combinações de diâmetros de placa helicoidal e de fuste. Elas podem ser instaladas rapidamente usando-se uma cabeça de torque hidráulico e, também, não produzem cortes no solo. A capacidade de carga é desenvolvida por meio de uma combinação de resistência lateral do fuste e o suporte das placas helicoidais, e tanto a carga de compressão quanto a de tração podem ser aplicadas. Embora tenham sido inventadas em meados de 1800 para suportar pequenos faróis *offshore* (elas eram originalmente fabricadas em ferro), elas perderam lugar à medida que mais tipos de estacas e o martelo de estacas foram inventados e cresceram em popularidade. Atualmente, elas foram "redescobertas" como uma base profunda econômica com a utilização de aço mais leve. A capacidade de carga está disponível logo após a instalação (não se necessita mais utilizar argamassa, ou fazer a cura do concreto), e, no caso de obras provisórias, essas estacas podem ser removidas por rotação reversa e utilizadas em outros locais.

12.2.7 Estacas escavadas

Existem vários tipos de fundações profundas que são construídas perfurando um buraco e depois preenchendo-o com concreto ou argamassa de cimento. São ocasionalmente chamadas de estacas "moldadas no furo perfurado" (*bored pills*) (**CIDH**) ou simplesmente estacas "moldadas no local". Analisaremos a seguir alguns tipos comuns de estacas perfuradas:

Estacas perfuradas com furo aberto (*bored pills*) – As estacas perfuradas são normalmente construídas com trados de aço usados para criar um furo aberto até a profundidade desejada, semelhante ao uso de trados de haste sólida ao realizar uma investigação do local. Os trados são,

FIGURA 12.3 Ilustração de um trado rotativo montado em um trator instalando uma fileira de estacas de rosca.

então, removidos, e o furo aberto é preenchido com concreto, muitas vezes precedido pela inserção no furo de uma gaiola de aço de reforço. Os sedimentos da cavidade que chegam à superfície do terreno natural devem ser descartados. Os tamanhos típicos de estacas escavadas variam de 14 pol. a 30 pol. Naturalmente, um dos problemas desse tipo de investigação é que o furo deve permanecer aberto, ou seja, as paredes laterais não podem desmoronar, para que quando a perfuração for concluída e o trado retirado, o concreto possa ser colocado corretamente e as integridades dimensional e estrutural da estaca não sejam comprometidas. Além disso, qualquer solo que possa se desprender das paredes laterais vai para o fundo do buraco onde ficará a extremidade da estaca; esse solo solto acumulado pode levar a recalques adicionais e indesejáveis e perda de capacidade de ação de ponta. Portanto, furos abertos sem suporte lateral normalmente não são usados em areias ou argilas muito moles, e não podem ser usados em areias abaixo do lençol freático. Nesses solos, um método de furo revestido pode ser especificado; falaremos mais sobre isso em breve. O método de buraco aberto funciona melhor em argilas duras.

Como era de se esperar, a ação dos trados que sobem e descem no buraco para remover o solo causam perturbações consideráveis ao longo das paredes do poço e amolga o solo, especialmente a argila. Sabemos pela Seção 9.12 que as argilas podem perder resistência ao cisalhamento como resultado do amolgamento, e isto pode, por sua vez, levar à perda de capacidade de suporte de carga. No entanto, as estacas escavadas com furo aberto são relativamente baratas e podem ser construídas rapidamente, por isso são, com frequência, consideradas uma opção em trabalhos de fundações.

Estacas moldadas no local com trado (ACIP) – Tradicionalmente chamadas de estacas de "intrusão de argamassa", as **ACIP** são uma alternativa às estacas escavadas com furo aberto, o que elimina o problema de desmoronamentos de solos. Os cascalhos ainda chegam à superfície do terreno natural, mas à medida que os trados inseridos são girados lentamente para trás para serem extraídos, a argamassa de cimento é bombeada através do centro dos trados ocos para substituir imediatamente o vazio criado pelo trado. Isto minimiza qualquer desmoronamento lateral e cria uma estaca moldada no lugar do trado – a qual tem capacidade de ação de ponta e de atrito lateral. Essas estacas são muito úteis em areias e particularmente onde ocorrem depósitos espessos de areia.

Estacas de deslocamento moldadas no local com trato (ACIPD) – Uma variação relativamente recente de estacas moldadas no local com trado é conhecida como estacas de deslocamento moldadas no local (**ACIPD**). Ao contrário das estacas **ACIP** tradicionais, as estacas **ACIPD** não trazem fragmentos de solo para a superfície do terreno natural. Elas são construídas usando uma seção especial de trado de chumbo presa a um conjunto de hastes de perfuração de aço. O trado apresenta cerca de 1,8 a 3 metros de comprimento e consiste em uma seção curta de um trado simples seguida por uma seção com um trado de rotação reversa (como um parafuso com um conjunto de roscas em uma direção, seguido por uma seção com roscas na outra). À medida que a perfuração prossegue, a seção do trado de rotação reversa empurra o solo lateralmente para longe do furo aberto, para que nenhum resíduo de solo chegue à superfície. A argamassa é bombeada através do centro das hastes de perfuração e da cabeça do trado à medida que as seções de perfuração são extraídas do furo (Figura 12.4).

O método **ACIPD** foi desenvolvido na Bélgica na década de 1980 para que os solos contaminados não fossem carreados à superfície e tivessem de ser posteriormente descartados. Essas estacas atualmente são muito usadas em todo o mundo, incluindo os Estados Unidos da América. Outro benefício desse método é que a ação de empurrar o solo lateralmente em vez de trazê-lo para a superfície leva ao adensamento do solo ao redor do perímetro do furo (principalmente no caso de instalação em areias mais soltas), aumentando, assim, a resistência lateral da estaca. Cargas muito grandes podem ser desenvolvidas usando estacas **ACIPD**.

Fustes perfurados – Estacas de concreto moldadas no local de grande diâmetro (historicamente chamadas de "tubulões") também são comumente usadas e apresentam uma série de vantagens em relação às estacas de aço ou pré-moldadas. Na maioria dos casos, a abertura é perfurada com um trado grande, com diâmetros que podem chegar a 10 pés ou mais. Como aludimos antes,

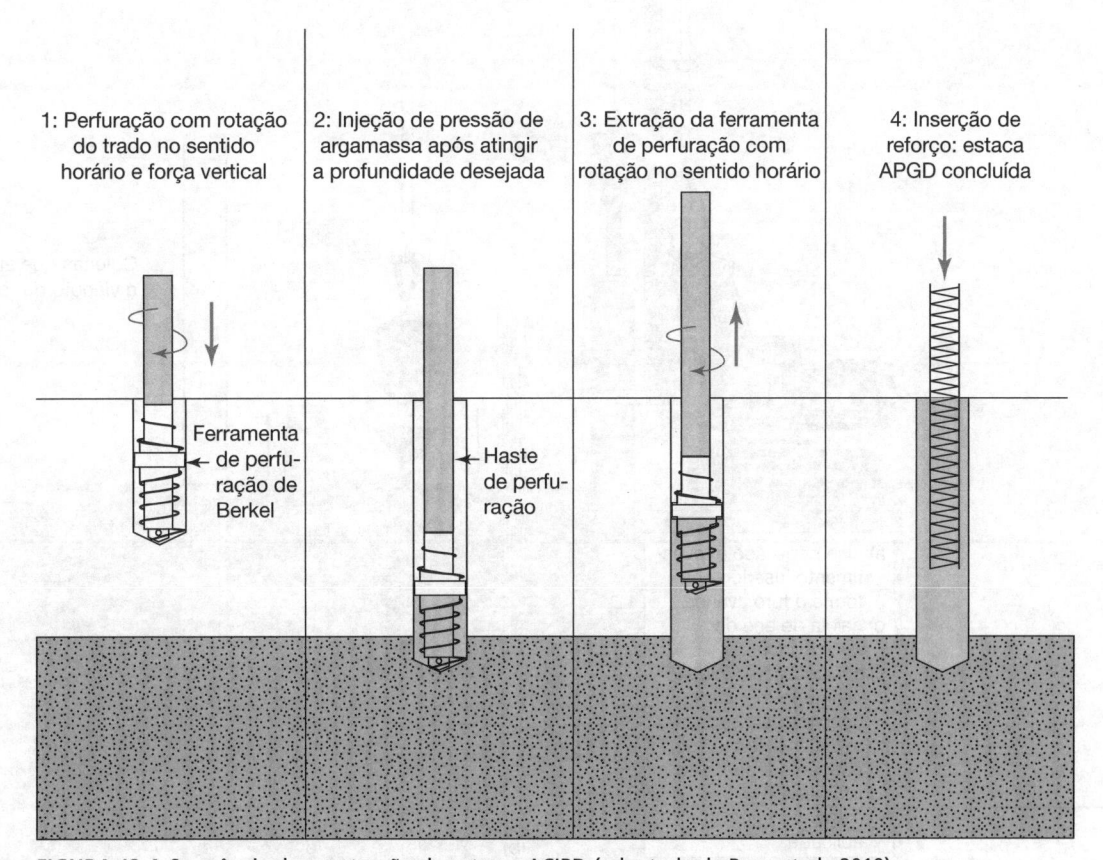

FIGURA 12.4 Sequência de construção de estacas ACIPD (adaptada de Basu et al., 2010).

embora alguns solos possam ter propriedades de resistência que permitem que tais buracos sejam perfurados sem suportar as laterais da escavação (p. ex., em argilas muito rígidas), a probabilidade de as laterais desmoronarem torna mais necessário o suporte a esses furos. Na verdade, muitos códigos de construção não permitem estacas moldadas no local com furos abertos para evitar a incerteza apresentada pelo potencial de tais desmoronamentos laterais. Em consequência, a maioria dos fustes perfurados utiliza revestimento ou lama para manter o furo aberto. Antes de as plataformas de perfuração montadas em caminhões se tornarem disponíveis no final da década de 1930, os "tubulões" de grande diâmetro eram inicialmente escavados pelos trabalhadores de forma manual, com picaretas e pás, e os cortes de solo eram trazidos para a superfície em cestos ou baldes.

Para o método de revestimento, normalmente um tubo de aço de parede relativamente fina e com diâmetro ligeiramente maior que o do trado é avançado à medida que o furo é perfurado. A Figura 12.5 mostra a sequência de construção desse método. À medida que o furo é feito, o revestimento é colocado e normalmente empurrado conforme o furo se aprofunda. Em algumas aplicações de profundidade relativamente rasa, uma escavação pode criar uma abertura quadrada ou retangular que é mantida aberta por outros meios de suporte de escavação. Depois que a abertura for perfurada ou escavada até a profundidade desejada, barras de aço de reforços

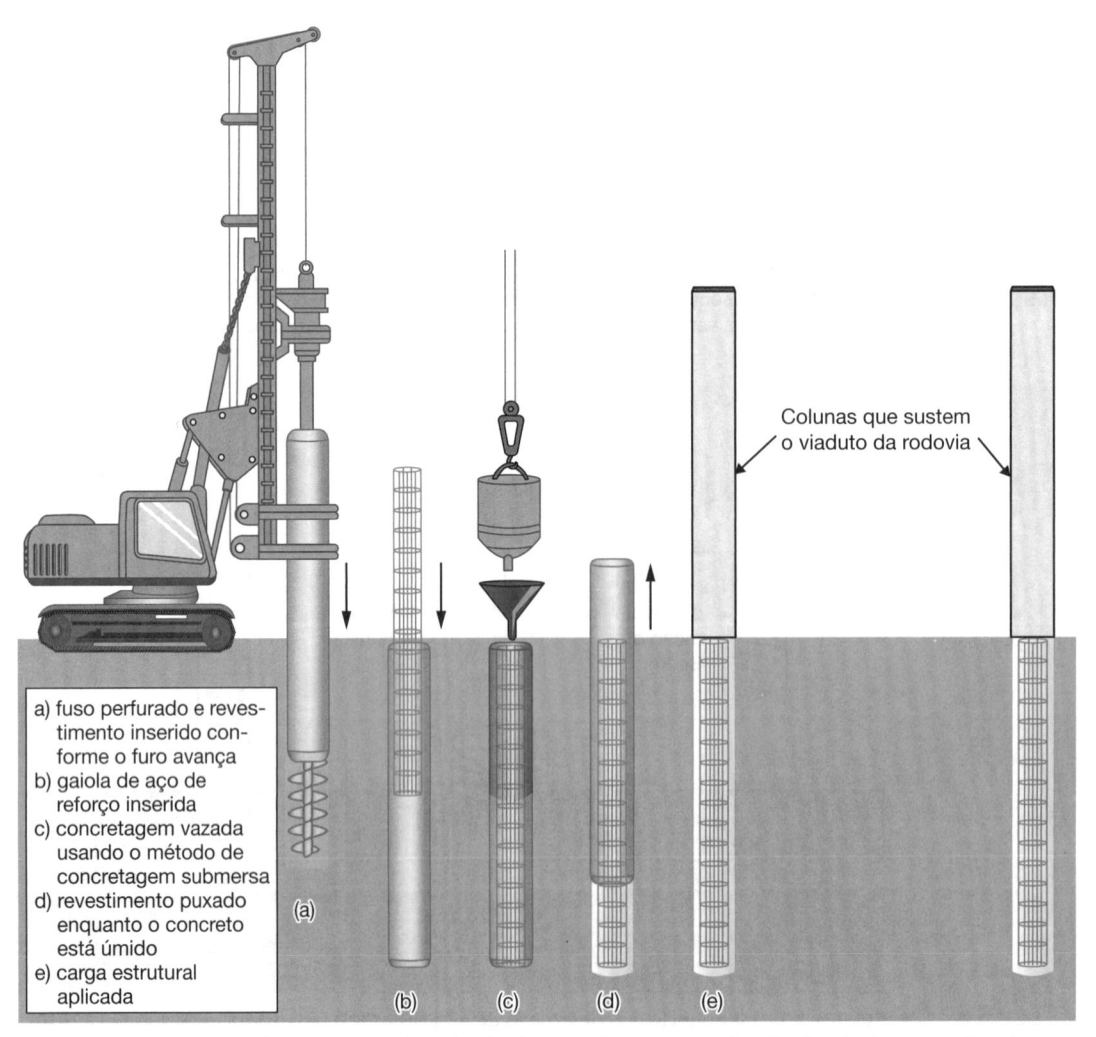

FIGURA 12.5 Sequência de construção do método de revestimento para fundações de fustes perfurados.

individuais ou uma gaiola de reforço de aço pré-montada podem ser baixadas no furo, e o concreto fresco vazado para criar a fundação.

Ocasionalmente, o revestimento é apenas colocado em uma camada de solo que espera-se que se desfaça no buraco, e o revestimento não é necessário em toda a extensão do mesmo. Após a retirada do trado, o concreto é vazado pelo chamado **método de concretagem submersa**, no qual o concreto é colocado em uma tremonha de boca larga com uma saída de tubo que se estende até o fundo do furo. A tremonha e o tubo são extraídos à medida que o nível do concreto aumenta. O concreto não pode ser simplesmente despejado no buraco, pois a queda livre separaria a mistura em porções de agregados e cimento. Normalmente, o revestimento é "puxado" ou removido para reutilização quando o furo é preenchido com concreto ainda úmido.

Uma lama espessa e de alta densidade também pode ser usada para manter o buraco aberto, aplicando pressão hidrostática nas laterais da escavação. A lama consiste em uma "pasta" fluida que utiliza partículas naturais ou quimicamente projetadas com altas propriedades de adsorção de água (semelhantes à montmorillonita (Seção 3.7) para criar um fluido de densidade relativamente alta que pode suportar as laterais do buraco antes de o concreto ser vazado. A Figura 12.6 mostra a sequência desse método. À medida que o buraco é escavado, lama é adicionada; embora ocorra alguma percolação inicial da lama no solo circundante (o que poderia resultar na redução da pressão hidrostática), após um tempo relativamente curto, uma **torta de filtro** se forma na superfície da escavação, criando um limite de permeabilidade muito baixo contra o qual a pressão hidrostática total da lama pode atuar. Para escavações mais profundas, o peso da lama também pode evitar que o fundo do buraco empole para dentro dele; pode ocorrer empolamento, uma vez que a pressão em profundidade empurra para cima no buraco recém-aberto, e a lama neutraliza isso. A gaiola de vergalhões de aço é inserida no buraco escavado preenchido com lama. À medida que o concreto é vazado no buraco, a lama é deslocada e bombeada para fora.

Existem algumas variações populares nas fundações básicas moldadas no local. Em alguns casos, a base de um furo cilíndrico é expandida como mostrado na seção transversal esquemática da Figura 12.7a usando um trado em forma de sino provido abas acionadas hidraulicamente para criar um cone truncado (Figura 12.7b).

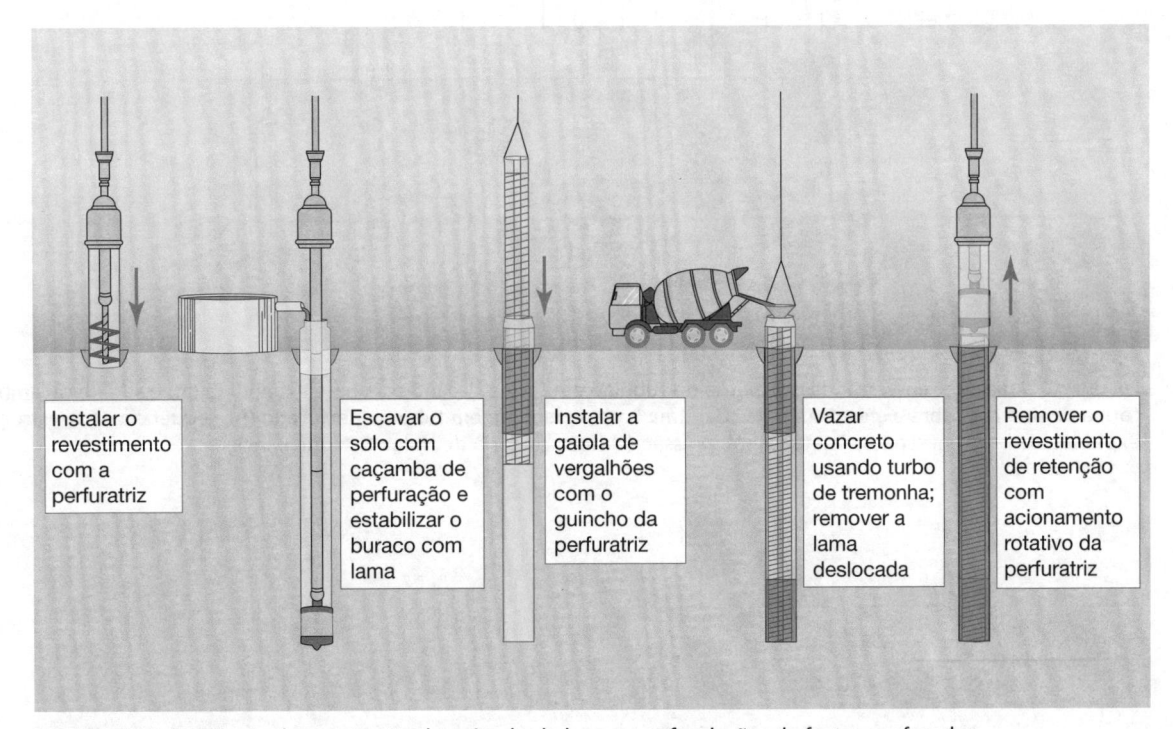

FIGURA 12.6 Sequência de construção do método de lama para fundações de fustes perfurados.

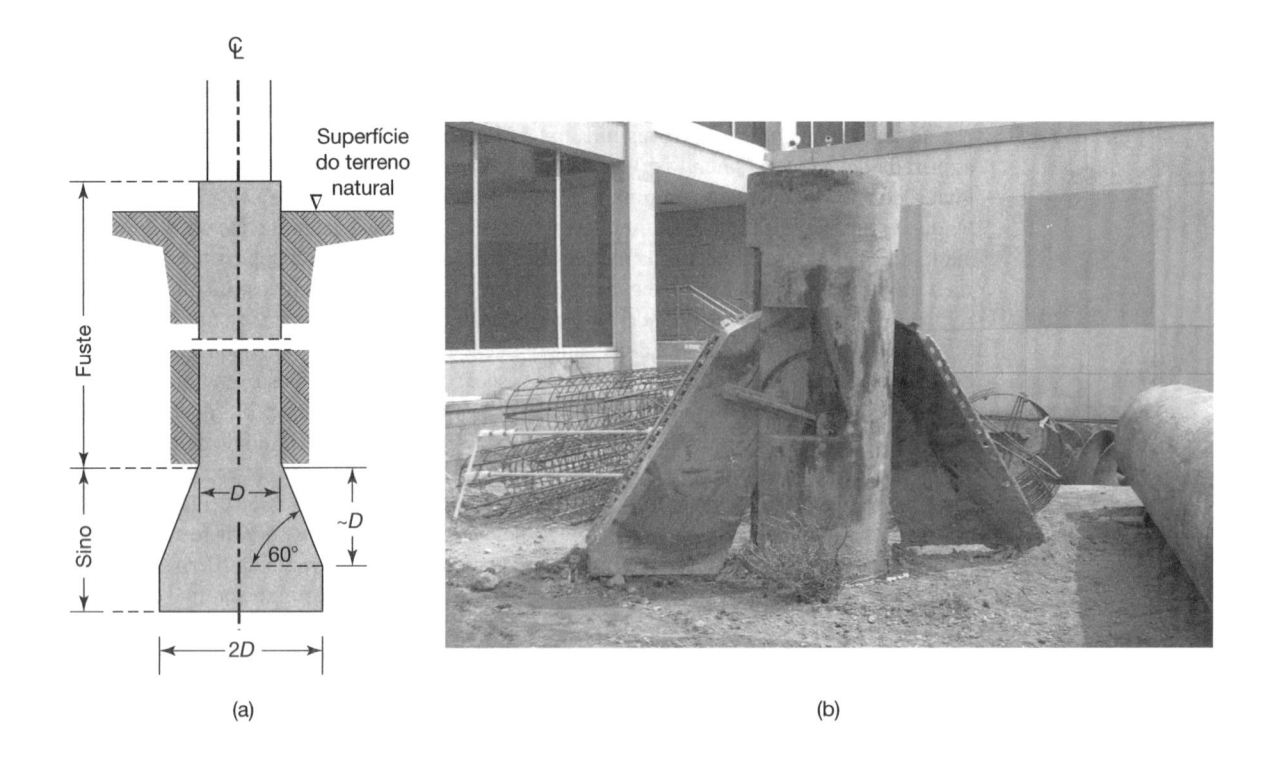

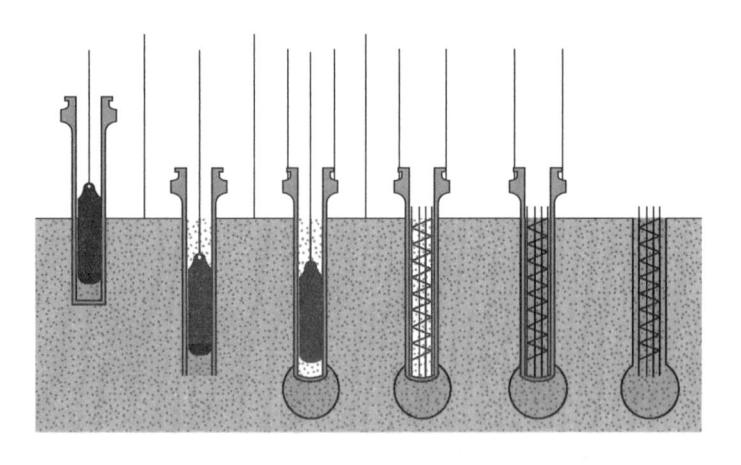

FIGURA 12.7 Seção transversal da geometria do tubulão em forma de sino com base expandida (a); trado de caçamba em forma de sino com abas expansíveis para criar uma base expandida em tubulão perfurado (b); sequência de construção para expansão da base em sapatas injetadas sob pressão (c) (foto cortesia de Haley & Aldrich, Inc).

O resto da estaca é reforçado e vazado conforme descrito. A vantagem desse método é que uma ação de ponta muito ampla pode ser desenvolvida com um fuste de menor diâmetro. Isto é especialmente útil se você quiser aproveitar uma camada de solo com maior capacidade de carga localizada em uma profundidade relativamente rasa. Um sino também pode fornecer capacidade de subpressão adicional se tais condições de carga existirem (mais detalhes disponíveis na Seção 12.4.1.)

Outro método para expandir a base da estaca é por meio do uso de uma sapata ou fundação injetada por pressão (**PIF**), também historicamente conhecido como estaca Franki (homenagem ao engenheiro belga Edgard Frankignoul, que originalmente desenvolveu este método em 1909). Um furo é perfurado, em geral revestido com um tubo de aço corrugado ou outro revestimento, e então uma quantidade predeterminada ou "carga" de concreto muito rígido (conhecido como concreto com "abatimento zero") é lançada no furo. Esse concreto é compactado por queda ou cravando um mandril de aço no furo (Figura 12.7c), fazendo o concreto se densificar e se espalhar em uma base maior. Barras ou gaiola de reforço são inseridas no furo e, posteriormente, o furo é preenchido com concreto de consistência normal para formar o restante da estaca.

As vantagens das estacas moldadas no local são que elas produzem vibração de cravação mínima e as peças dos trados podem ser montadas no local. Estacas mais profundas podem ser perfuradas simplesmente adicionando seções de trado (incluindo o aumento da profundidade com base em observações de campo durante a perfuração), e o método pode ser usado em áreas com espaço aéreo limitado. O furo pode ser inspecionado após a perfuração e antes da colocação do concreto, reduzindo a incerteza sobre as superfícies de suporte. No entanto, os furos podem sofrer descamação lateral antes que o revestimento possa ser instalado, levando a uma geometria irregular, e o concreto pode apresentar vazios resultantes durante a colocação. Outra vantagem das fundações perfuradas é que o engenheiro tem a oportunidade de inspecionar todo o solo que sai do furo e pode procurar variabilidade ou desvios nas escavações de teste realizadas durante a investigação do local.

Uma variação final em nossos métodos de instalação é o uso de **estacas inclinadas**, que são instaladas em ângulo com a vertical, normalmente a fim de fornecer capacidade adicional de carga horizontal para uma fundação. As estacas inclinadas podem ser usadas, por exemplo, na construção naval para resistir às cargas das ondas.

12.3 DETERMINAÇÃO DA CAPACIDADE DE CARGA E DO RECALQUE DE ESTACAS

A capacidade de carga ou de suporte da estaca é composta pela capacidade da ponta da estaca ou da superfície de ação de ponta da estaca; e/ou pela resistência ao atrito ao longo das laterais da estaca que fazem interface com o solo adjacente. Se um ou ambos os mecanismos contribuem para a capacidade da estaca depende das condições do solo e do tipo de estaca. Por exemplo, uma estaca de aço em "H" que penetra a argila e se assenta em um tilito glacial denso desenvolverá pouco de sua capacidade de suporte de carga devido ao atrito entre o aço e a argila em comparação com a contribuição potencialmente ampla da ação da ponta da estaca no tilito. Por outro lado, uma estaca de concreto moldada no local em um depósito de areia grossa pode desenvolver uma grande força de atrito devido à superfície áspera do concreto em interface com um solo de atrito.

Tal como acontece com fundações rasas, a abordagem de projeto mais comum para a capacidade de carga da estaca é o projeto de tensão admissível (**ASD**) com base na capacidade de carga final de uma estaca Q_u:

$$Q_u = \begin{pmatrix} \text{Capacidade de carga} \\ \text{pontual da estaca} \end{pmatrix} + \begin{pmatrix} \text{Resistência lateral} \\ \text{da interface estaca ao} \\ \text{longo do fuste solo} \end{pmatrix} \quad (12.1)$$

$$= Q_p + Q_s$$

Usamos o s subscrito em Q_s para denotar o atrito lateral ao longo da interface lateral da estaca. A Figura 12.8 mostra a geometria básica da estaca e o equilíbrio de forças correspondente à Equação (12.1), presumindo que a carga final está sendo aplicada à estaca. Essa figura mostra o caso mais geral de capacidade de carga em que o estrato de suporte (a camada de solo que

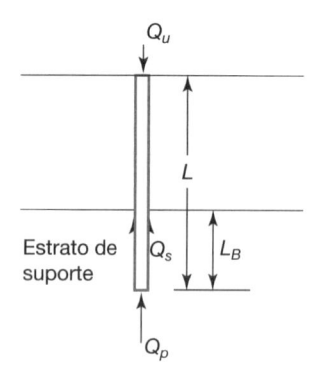

FIGURA 12.8 Geometria básica da estaca e equilíbrio de forças de suporte de carga.

fornece a capacidade de carga) não se estende até a superfície do terreno natural. Portanto, o comprimento total da estaca L, é maior que a porção do comprimento que se estende até o estrato de suporte L_B.

Por exemplo, a camada acima do estrato de suporte pode ser aterrada ou, então, até mesmo uma camada fraca que forneça suporte adicional mínimo.

Em alguns casos, contudo, todo o comprimento da estaca pode estar no estrato de suporte de modo que $L = L_B$.

Precisamos avaliar a contribuição da resistência final e da resistência lateral para a capacidade de carga total de fundações profundas carregadas em compressão. Vamos considerar a capacidade de carga pontual para os casos drenados (areias e argilas sob carregamento relativamente lento) e, posteriormente, examinaremos o caso não drenado para argilas saturadas. Em seguida, consideraremos como a resistência lateral é desenvolvida para os mesmos solos sob as mesmas condições de carregamento. Lembre-se de que no Capítulo 10 discutimos a análise de tensão efetiva ou "drenada" e a análise de tensão total ou condições "não drenadas" para fundações rasas. Aplicaremos esta mesma lógica ao comportamento de fundações profundas.

12.3.1 Resistência de ação de ponta de fundações profundas

A ação de ponta da estaca ou resistência pontual* é calculada multiplicando a área da seção transversal do efeito da estaca A_p, pela tensão de ação de ponta q_p,

$$Q_p = q_p \times A_p \qquad (12.2)$$

A área efetiva normalmente inclui toda a área externa da estaca. A Figura 12.9 mostra as seções transversais de dois tipos de estaca: estaca tubular e estaca em "H". Para uma estaca tubular A_p, será a área externa da estaca (Figura 12.9a). Isto ocorre porque a extremidade aberta da estaca terá uma placa de cobertura fixada a ela ou um **tampão** de solo se formará na estaca aberta. Um tampão de solo normalmente se forma a uma distância relativamente curta da penetração da estaca no solo e fica tão firmemente preso na abertura da estaca que serve como uma cobertura rígida. Da mesma forma, para a estaca em "H", uma placa é fixada na parte inferior da estaca ou presume-se que um tampão de solo se forma, criando uma área efetiva de ação de ponta maior (Figura 12.9b).

Como observamos na introdução deste capítulo, os métodos racionais para projeto e análise de estacas ainda são relativamente incertos ou, pelo menos, menos uniformes do que aqueles para fundações rasas. Para ilustrar este ponto, existem duas técnicas comumente aceitas para calcular a tensão de carga final na ponta da estaca q_p: os métodos de Meyerhof (George Geoffrey Meyerhof, engenheiro civil alemão) e de Vesić (Aleksandar Sedmak Vesić, engenheiro civil iugoslavo), ambos intitulados em homenagem aos pesquisadores profissionais que os desenvolveram. Os dois métodos se baseiam fundamentalmente na mesma forma da equação que usamos para a capacidade de carga de fundações rasas [Equação (10.4)],

$$q_{ult} = cN_c + \tfrac{1}{2}\gamma B N_\gamma + q_s N_q \qquad (12.3)$$

FIGURA 12.9 Dimensões da seção transversal da estaca de ação de ponta com tampões de solo: estaca tubular (a); seção em "H" (b).

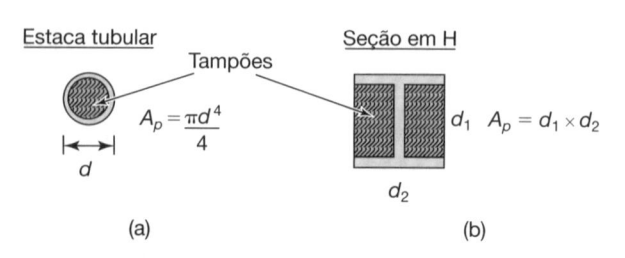

Estaca tubular: $A_p = \dfrac{\pi d^4}{4}$

Seção em H: $A_p = d_1 \times d_2$

---

*Usaremos "ponta" e "extremidade" alternadamente para denotar a parte mais profunda da estaca.

que é composta por três fatores: coesão, atrito e sobrecarga (ou profundidade). Para resistência profunda na ponta de fundação, os termos do primeiro e terceiro fatores (coesão e sobrecarga) ainda são significativos; entretanto, para o termo intermediário, de atrito, como a "largura" de uma fundação profunda B, é tão pequena comparada à sua profundidade, que esse termo pode ser desprezado, sendo considerado portanto irrelevante. Ficamos assim com a seguinte forma conceitual da Equação (10.4) na qual ambos os métodos q_p se baseiam:

$$q_p = c \cdot "N_c" + q_s \cdot "N_q"$$ (12.3)

Colocamos os fatores de capacidade de carga entre aspas porque cada método tem sua própria versão desses fatores. Além disso, tendemos a usar a palavra "estimativa" da capacidade da estaca para refletir o fato de que a capacidade da estaca ainda não é, depois de tantos anos, tão bem compreendida quanto muitos outros aspectos da engenharia de fundações. Em muitos (e mesmo na maioria) dos casos, para as mesmas condições de projeto, os dois métodos podem oferecer resultados muito diferentes. Você verá essas diferenças em problemas de exemplos e, posteriormente, à medida que trabalhar nos problemas de final de capítulo.

Método de Meyerhof para capacidade da ação de ponta em estacas – O professor George Geoffrey Meyerhof (1916-2003) nasceu na Alemanha, e foi filho de um ganhador do Prêmio Nobel de Fisiologia. Sua formação em engenharia foi efetivada na University of London. Mais tarde, emigrou para o Canadá e passou a maior parte de sua carreira acadêmica na Nova Scotia Technical College (mais tarde Technical University of Nova Scotia, que posteriormente se fundiu com a Dalhousie University).

A solução de Meyerhof para capacidade de carga pontual de estaca (Meyerhof, 1976) consistia em dois casos: estacas em areias e argilas drenadas e em argilas para o caso não drenado. Para areias e argilas drenadas, ele determinou que a resistência pontual (tensão na ponta da estaca) q_p, aumentaria com o comprimento de embutimento L_b até que um valor máximo fosse alcançado em alguma razão de profundidade crítica, $(L_b/D)_{cr}$. A adaptação resultante da equação conceitual de capacidade de carga de estaca [Equação (12.3)] fornece uma capacidade de carga pontual da estaca de

$$Q_p = A_p \cdot q_p = A_p \cdot q' \cdot N^*_q$$ (12.4)

onde A_p = área da seção transversal da ponta da estaca, e

q' = tensão vertical efetiva σ'_v, na ponta da estaca (F/L^2).

A Figura 12.10 mostra a variação de N^*_q com o ângulo de atrito efetivo da areia ϕ'. É importante observar dois pontos sobre a Figura 12.10. Primeiro, observe que o eixo vertical N^*_q está em uma escala logarítmica; essa escala se torna particularmente sensível em valores mais altos de ϕ', uma vez que pequenas variações deste fator podem levar a grandes diferenças em N^*_q.

Além disso, observa-se que o valor de N^*_q de Meyerhof é, na verdade, dependente de ϕ' e L_B/D; no entanto, para determinado ϕ', N^*_q atinge um máximo em $(L_b/D)_{cr}$ em quase todos os casos. Portanto, a Figura 12.10 mostra apenas o N^*_q máximo a determinado ϕ'.

Além de um N^*_q máximo para determinado ϕ', Meyerhof adicionou ainda outra limitação, que era que a capacidade de ponta

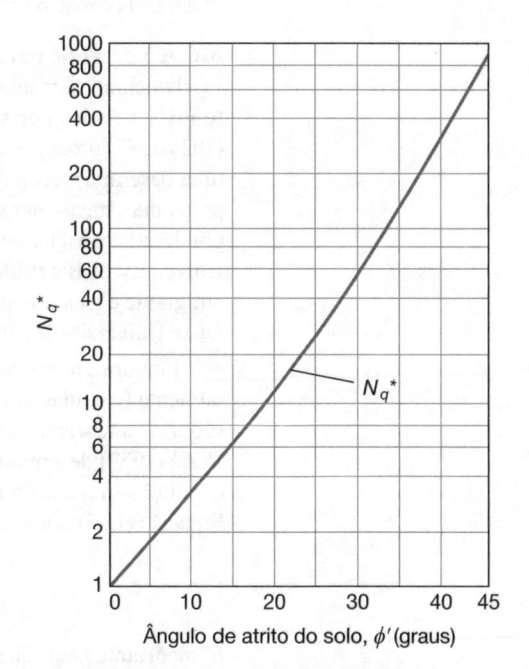

FIGURA 12.10 Variação nos valores máximos de N^*_q com ângulo de atrito efetivo do solo ϕ' (adaptada de Meyerhof, 1976).

da estaca q_p, não aumentaria indefinidamente com a profundidade e, portanto, com σ'_v na ponta da estaca.

Com base nas suas extensas observações de campo, Meyerhof estabeleceu os seguintes pontos limites para q_p, que não devem ser excedidos:

$$q_l = 50\ N^*_q \tan \phi' \text{ [ao trabalhar com kN/m}^2\text{]}$$
$$\text{ou}\quad 1000\ N^*_q \tan \phi' \text{ [ao trabalhar com psf]} \tag{12.5}$$

Portanto, como veremos no Exemplo 12.1, após obter um valor de N^*_q e calcular $q' = \sigma'_v$ na ponta da estaca, o q_p resultante deve ser verificado em relação ao limite, q_l. O menor desses dois valores é usado para a capacidade da ponta de estaca.

Para a capacidade de ação de ponta de argilas, conforme observado antes, Meyerhof sustentou que apenas o caso não drenado deveria ser usado, e a suposição para análises não drenadas de todos os tipos (fundações rasas, empuxos de terra laterais e fundações profundas) é que se presume um valor de $\phi' = $ zero. A Equação (12.3) se desdobra duplamente. Primeiro, o termo de atrito, $q_s \cdot$ "N_q", é eliminado da equação. Embora a Figura 12.10 mostre que o método de Meyerhof fornece um $N^*_q = 1$ quando $\phi' = 0$, a adição resultante à capacidade de carga seria insignificante, e $q' \cdot N_q^* = q' = \sigma'_v$, na ponta da estaca. Como esta é a tensão já naquela profundidade, ela não contribui para a capacidade de carga adicional líquida do solo naquela profundidade para resistir à penetração da estaca. O segundo efeito da análise de $\phi' = 0$ é que o termo $c \cdot$"N_c" na Equação (12.3) se torna $9c_u$. Este é considerado o valor máximo com profundidade para o fator de capacidade de carga de coesão não drenado. Portanto, a equação resultante é:

$$Q_p = A_p \cdot N^*_c\ c_u = A_p \cdot 9c_u \tag{12.6}$$

As soluções de Meyerhof foram amplamente adotadas nos Estados Unidos, inclusive no manual de projeto do U. S. Army Corps of Engineers (U.S. Army Corps of Engineers, 1991) e em outras normas de projeto. Elas são simples de serem aplicadas, e resultam nas estimativas mais conservadoras da capacidade da estaca.

Método de Vesić para capacidade de ação de ponta de estacas – Embora baseados na teoria fundamental da resistência ao cisalhamento do solo, os métodos de Meyerhof foram altamente influenciados por sua extensa experiência prática. O professor Aleksandar Sedmark Vesić (1924-1982) procurou explicar e posteriormente estimar a capacidade de carga da estaca usando uma base mais teórica conhecida como **teoria da expansão da cavidade**, a tensão necessária para uma estaca criar uma cavidade no solo no qual penetra. Essa tensão provavelmente corresponderia à capacidade de carga da estaca. O professor Vesić nasceu na Iugoslávia e estudou na University of Belgrade (Univerzitet u Beogradu). Assim como Meyerhof, ele também era um emigrante e lecionou primeiro no Georgia Institute of Technology em 1958 e, posteriormente, na Duke University em 1964, onde permaneceu pelo resto de sua carreira.

Embora a teoria da fundação rasa e a adaptação dessa teoria por Meyerhof sejam fundamentalmente baseadas em suposições relacionadas ao estado limite bidimensional (o solo atinge a ruptura), a teoria da expansão da cavidade é um modelo tridimensional de deformação elástica. Vesić (1977) desenvolveu soluções de capacidade de carga pontual para areias, siltes e argilas (condição drenada) e apenas argilas (condição não drenada). Sua adaptação da conceitual da Equação (12.3) era

$$q_p = c \cdot N^*_c + \sigma_o \cdot N^*_\sigma \tag{12.7}$$

É importante notar que o N_c^* de Vesić não é o mesmo do método de Meyerhof e será encontrado usando um procedimento separado.

Para areias e argilas drenadas, como no caso da solução de Meyerhof, resta apenas o termo de atrito da Equação (12.7), de modo que a capacidade total da extremidade da estaca seja

$$Q_p = A_p (\sigma'_o N^*_\sigma) \qquad (12.8)$$

onde σ'_o é a tensão efetiva média em repouso (não perturbada) de todas as três dimensões (2 horizontais, 1 vertical) e pode ser calculada como

$$\sigma'_o = 1/3(\sigma'_v + 2\sigma'_h) = \frac{(1 + 2K_o)q'}{3} \qquad (12.9)$$

com o coeficiente normalmente adensado do empuxo de terra lateral, aproximado como $K_o = 1 - \text{sen}\phi'$. O fator de capacidade de carga N_σ^*, depende tanto do ϕ' do solo quanto do chamado "fator de rigidez reduzido" (I_{rr}) do solo, que é basicamente uma forma modificada de um módulo de elasticidade. Lembre-se, a teoria de Vesić está focada em quanta tensão é necessária para a estaca deformar o solo a fim de que possa penetrá-lo. Portanto, um módulo indica quanta tensão é necessária para deformar o solo. Mas é aqui que as coisas ficam um pouco complicadas: como posso determinar o I_{rr}? O fator de rigidez original I_r, é geralmente determinado a partir de ensaios laboratoriais, mas os seguintes valores sugeridos podem ser usados

Tipo de solo	I_r
Areia	70 a 150
Siltes e argilas (condição drenada)	50 a 100
Argilas (condição não drenada)	100 a 200

O índice de rigidez é "reduzido" para obter I_{rr} usando

$$I_{rr} = \frac{I_r}{1 + I_r \Delta} \qquad (12.10)$$

onde Δ é a deformação volumétrica média irrecuperável (ou plástica) que ocorre abaixo da ponta da estaca durante a penetração da estaca. Você pode estar se perguntando como determinamos Δ, e Vesić (1972) discute isso. No entanto, para dois casos específicos: areias densas e argilas não drenadas, $\Delta = 0$, de modo que $I_{rr} = I_r$.

Uma vez obtido o valor de I_{rr}, N_σ^* pode ser determinado a partir da Tabela 12.4 usando a combinação de ϕ' e I_{rr}. Observe que para cada par (I_{rr}, ϕ'), N_σ^* é o menor dos dois valores fornecidos.

Para siltes e argilas drenadas, Vesić usou termos de coesão e atrito,

$$Q_p = A_p (c'N^*_c + \sigma'_o N^*_\sigma) \qquad (12.11)$$

e os fatores N_c^* e N_σ^* são encontrados na Tabela 12.4 – itens superior e inferior, respectivamente, para cada par (I_{rr}, ϕ').

Por fim, para o caso da argila não drenada, a Tabela 12.4 é novamente utilizada, desta vez com $\phi' = 0$ e o valor de I_{rr} apropriado, a partir do qual o N_c^* é utilizado na seguinte Equação:

$$Q_p = A_p c_u N^*_c \qquad (12.12)$$

Observe que, como na solução de Meyerhof, embora um valor de $N_\sigma^* = 1$ seja fornecido na tabela, este deve ser ignorado, uma vez que é irrelevante e ainda não é representativo da capacidade de carga líquida disponível na profundidade da ponta da estaca. Também vale a pena notar que para a faixa média de I_{rr} para argilas não drenadas ($I_{rr} = 100$ a 200), o N_σ^* resultante é de cerca de 10,5, comparado ao valor de Meyerhof de $N_\sigma^* = 9$.

TABELA 12.4 Fatores de capacidade de carga, N_c^* e N_σ^* para cálculos de carga de estacas com teoria de expansão de cavidade

ϕ'	\multicolumn{10}{c}{I_{rr}}									
	10	20	40	60	80	100	200	300	400	500
0	6,97	7,90	8,82	9,36	9,75	10,04	10,97	11,51	11,89	12,19
	1,00	1,00	1,00	1,00	1,00	1,00	1,00	1,00	1,00	1,00
5	8,99	10,56	12,25	13,30	14,07	14,69	16,69	17,94	18,86	19,59
	1,79	1,92	2,07	2,16	2,23	2,28	2,46	2,57	2,65	2,71
10	11,55	14,08	16,97	18,86	20,29	21,46	25,43	28,02	29,99	31,59
	3,04	3,48	3,99	4,32	4,58	4,78	5,48	5,94	6,29	6,57
15	14,79	18,66	23,35	26,53	29,02	31,08	38,37	43,32	47,18	50,39
	4,96	6,00	7,26	8,11	8,78	9,33	11,28	12,61	13,64	14,50
20	18,83	24,56	31,81	36,92	40,99	44,43	56,97	65,79	72,82	78,78
	7,85	9,94	12,58	14,44	15,92	17,17	21,73	24,94	27,51	29,67
25	23,84	32,05	42,85	50,69	57,07	62,54	82,98	97,81	109,88	120,23
	12,12	15,95	20,98	24,64	27,61	30,16	39,70	46,61	52,24	57,06
30	30,03	41,49	57,08	68,69	78,30	86,64	118,53	142,27	161,91	178,98
	18,24	24,95	33,95	40,66	46,21	51,02	69,43	83,14	94,48	104,33
35	37,65	53,30	75,22	91,91	105,92	118,22	166,14	202,64	233,27	260,15
	27,36	38,32	53,67	65,36	75,17	83,78	117,33	142,89	164,33	183,16
40	47,03	68,04	98,21	121,62	141,51	159,13	228,97	283,19	329,24	370,04
	40,47	58,10	83,40	103,05	119,74	134,52	193,13	238,62	277,26	311,50
45	58,66	86,48	127,28	159,48	187,12	211,79	311,04	389,35	456,57	516,58
	59,66	87,48	128,28	160,48	188,12	212,79	312,03	390,35	457,57	517,58
50	73,19	109,70	164,21	207,83	245,60	279,55	417,82	528,46	624,28	710,39
	88,23	131,73	196,70	248,68	293,70	334,15	498,94	630,80	744,99	847,61

Extraído de *Design of Pile Foundations*, de A. S. Vesić, em NCHRP *Synthesis of Highway Practice 42*, Transportation Research Board (1977). Reimpresso com permissão.

Obs.: O número superior para uma combinação específica é N_c^*, e o número inferior é N_σ^*.

12.3.2 Resistência lateral de fundações profundas

Precisamos considerar casos de resistência lateral drenada, para fundações profundas em areias e argilas saturadas que são carregadas lentamente, e de resistência lateral não drenada, para fundações profundas em argilas carregadas rapidamente.

Resistência lateral drenada em areias e argilas – Mecanicamente, a estimativa da capacidade da estaca contribuída pela resistência ao atrito entre a superfície externa da estaca e o solo circundante é uma abordagem muito mais simples e, portanto, indiscutivelmente mais precisa do que os métodos utilizados para a resistência à ação de ponta. No entanto, as estimativas da resistência ao atrito carregam a sua própria incerteza e, como acontece com muitas soluções de engenharia, dependem de uma série de suposições com graus de confiança associados.

A Figura 12.11 mostra a geometria e as tensões do solo atuando nas laterais de uma estaca inserida em um depósito de solo. Para efeitos de desenvolvimento da equação para a capacidade de atrito da estaca, presume-se que todo o comprimento da estaca contribui para essa resistência, de modo que $L = L_B$ (comprimento de suporte). Quando a estaca é inserida no solo, é gerado um empuxo de terra lateral ou horizontal efetivo σ'_h, que atua normal às superfícies verticais da estaca. Assim como acontece com qualquer σ'_h em um depósito de solo, a magnitude depende da tensão vertical efetiva σ'_v, e de um coeficiente presumido de empuxo de terra lateral K (maiores considerações sobre isso serão consideradas adiante). Essa tensão normal σ'_h gera, então, o atrito entre o solo e a estaca, f [F/L^2], que gera a resistência ao atrito total resultante, Q_s como segue,

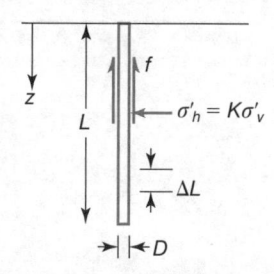

FIGURA 12.11 Geometria e tensões do solo atuando em uma estaca com resistência lateral.

$$Q_s = \sum_0^L p \Delta L f \qquad (12.13)$$

onde p é o perímetro da estaca (p. ex., se circular, seria a circunferência) em unidades de comprimento. A razão para a soma Σ ao longo do comprimento da estaca é com o intuito de permitir, em nossos cálculos, considerar diferentes geometrias de estacas (p. ex., estacas cônicas onde o diâmetro muda ao longo de seu comprimento) e diferentes camadas de solo com valores variados de f. Isto é feito em incrementos do comprimento da estaca ΔL. E, naturalmente, como f depende em última análise de σ'_v, seu valor aumenta naturalmente com a profundidade.

A incerteza quanto à estimativa da capacidade de atrito da estaca está centrada principalmente na determinação de f. Para a capacidade de resistência lateral da estaca em areias, ela é calculada usando uma variação da função de atrito familiar entre dois materiais quaisquer:

$$f = K\sigma'_v \tan \delta \qquad (12.14)$$

onde δ = ângulo de atrito da interface entre o solo e a estaca. Lembre-se de que usamos esse parâmetro no Capítulo 11 na solução de Coulomb para a estabilidade do muro de arrimo. Como naquele caso, δ geralmente varia entre ½ e ⅔ do ângulo de atrito efetivo do solo ϕ'. O valor de K irá depender do método de instalação. Agora que você está familiarizado com os cálculos de empuxo de terra lateral, você pode entender que se inseríssemos a estaca no solo sem qualquer perturbação (mais uma vez, lembre-se do nosso muro de arrimo "ideal"), o estado de tensão *in situ* permaneceria inalterado, e $K = K_o$, que é o empuxo de terra lateral em repouso. No entanto, outro exemplo extremo seria se cravássemos uma estaca no solo, a estaca empurra para baixo, mas também para a lateral no solo circundante a fim de criar um vazio que lhe permita a penetração. Quando pensamos no solo sendo empurrado lateralmente até a ruptura, isso está mais próximo do nosso caso passivo (Seção 11.5), de modo que K na Equação (12.14) provavelmente estará mais próximo do valor passivo de K_p. Assim, a determinação de K para uso na Equação (12.14) irá depender do método de instalação da estaca.

- Para estacas escavadas/cravadas com jato d'água $K = K_o$.
- Para estacas consideradas de baixo deslocamento e estacas cravadas (geralmente estacas de aço em "H"), $K = K_o$ a 1,4 K_o.
- Para estacas cravadas de alto deslocamento (geralmente estacas pré-moldadas de concreto e estacas tubulares), $K = K_o$ a 1,8 K_o.

Outra consideração para determinar f em areias é se este fator simplesmente permanece proporcional a σ'_v ao longo da estaca. Em outras palavras, existe um limite para a quantidade de atrito que pode ser gerado entre o solo e a estaca? Vesić (1977) sustentou conservadoramente que o atrito seria limitado a um máximo alcançado a uma profundidade de $z = 15\,D$ ou 15 diâmetros de estaca ou dimensões laterais. Como será ilustrado nos exemplos seguintes, essa limitação é efetivamente definida quando é determinado o σ'_v ao longo do comprimento da estaca. Contudo, Fellenius e Altaee (1995) e Kulhawy (1984) argumentam que tal limitação não existe. Ilustraremos a seguir, em nossos exemplos, as diferenças nos valores calculados.

Exemplo 12.1

Contexto:

A Figura Ex. 12.1 mostra uma estaca moldada no local com pedestal (sapata injetada por pressão ou **PIF**) em camadas de areia. A estaca apresenta diâmetro de 16 pol., exceto o pedestal, que tem diâmetro de 24 pol. (ignore a espessura vertical do pedestal nos cálculos). Presuma uma estaca escavada (em oposição a uma estaca superficial).

Problema:

a. Determine a resistência pontual da estaca, em toneladas. Use o método de Meyerhof.
b. Determine a resistência ao atrito da estaca, em toneladas.

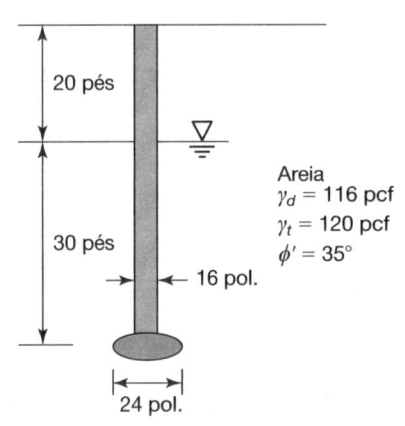

20 pés

Areia
$\gamma_d = 116$ pcf
$\gamma_t = 120$ pcf
$\phi' = 35°$

30 pés

16 pol.

24 pol.

FIGURA Ex. 12.1

Solução:

a. Usamos a solução de Meyerhof para resistência pontual em areias e podemos usar o diâmetro do pedestal. Vamos, então, comparar isso com os valores limites na Equação (12.5)

$$q_p = q'N^*_q$$

onde

$$q' = \sigma'_v \text{ na ponta da estaca} = (20)(116) + (30)(120 - 62{,}4) = 4.048 \text{ psf}$$

e da Figura 12.10

$$N^*_q = 132$$

(um lembrete de que a escala vertical da Figura 12.10 é logarítmica $\log^{10}$ para que a interpolação logarítmica seja mais precisa).
Portanto,

$$\boldsymbol{q_p} = (4048)(132) = 534.336 \text{ psf} = 267 \text{ TSF}$$

Devemos comparar isso com o valor limite

$$q_1 = 1.000 \, N_q^* \tan \phi' = (1000)(132)(\tan 35°) = 92.427 \text{ psf} = 46.2 \text{ TSF}$$

o que é claramente mais conservador, então utilizaremos q_1 para calcular a capacidade de carga.

$$Q = q_1 A_p = (46,2)\frac{\pi(24/12)^2}{4} = 145 \text{ toneladas}$$

b. Para a resistência lateral Q_s, usaremos a Equação (12.13) e precisaremos primeiro calcular a tensão de atrito, f da Equação (12.14)

$$f = K\sigma'_v \tan \delta \qquad (12.14)$$

Trata-se de uma estaca escavada, então usaremos $K = K_o = 1 - \text{sen } \phi' = 1 - \text{sen } 35° = 0,426$, e usaremos dois segmentos da estaca, acima e abaixo do lençol freático, usando o σ'_v nos pontos médios das camadas 20' e 30'.

$$\sigma'_{v,\,20} \text{ médio} = (10)(116) = 1160 \text{ psf}$$

$$\sigma'_{v,\,35} \text{ médio} = (20)(116) + (15)(120 - 62,4) = 3184 \text{ psf}$$

Usaremos $\delta = 2/3\phi'$ para nosso atrito na interface solo-estaca, ou 23,3°, e o perímetro da estaca é πD, onde $D = 16/12 = 1,33$ pés. A resistência ao atrito resultante da Equação (12.13) é

$$Q_s = \sum_0^L p \Delta L f \qquad (12.13)$$

onde o atrito nas zonas 20' e 30' é

$$f_{20} = (0,426)(1.160)\tan 23,3° = 213 \text{ psf}$$

$$f_{30} = (0,426)(3.184)\tan 23,3° = 584 \text{ psf}$$

de modo que o atrito lateral total da Equação (12.13) é

$$Q_s = (1,33 \, \pi)\,[(20)(213) + (30)(584)] = 91.472 \text{ lb} = 45,7 \text{ toneladas}$$

O que aconteceria se limitássemos esse valor restringindo o valor do atrito a $15D = 20$ pés? Isso significa que usaríamos a mesma resistência média ao atrito de 213 psf nos primeiros 20 pés, mas usaríamos um novo valor na interface entre as camadas 20' e 30', onde $\sigma'_v = (20)(116) = 2.320$ psf. Portanto, a resistência ao atrito de $z = 20'$ para baixo seria

$$f_{20} = (0,426)(2.320) \tan 23,3° = 426 \text{ psf}$$

O atrito lateral comparativo torna-se então

$$Q_s = (1,33\pi)[(20)(213) + (30)(426)] = 71.501 \text{ lb} = 35,7 \text{ toneladas}$$

ou cerca de 22% de redução no atrito lateral.

Resistência lateral drenada de fundações profundas em argila – Para estimar o comportamento drenado (carregamento lento a longo prazo) de fundações profundas em argilas, a abordagem é semelhante à utilizada para areias. Burland (1973) sugeriu uma abordagem fundamental baseada em uma análise de tensão efetiva (**ESA**). A tensão de cisalhamento (resistência lateral) que pode ser desenvolvida é um mecanismo básico de

Mohr-Coulomb discutido antes, definido pelo ângulo de atrito da tensão efetiva ϕ' e pela interceptação de coesão efetiva c'. Podemos calcular a resistência lateral específica f, em qualquer ponto ao longo da estaca como:

$$f = \sigma'_h (\tan \delta) \qquad (12.15)$$

O valor de δ é utilizado aqui em vez de ϕ' para designar que é o ângulo de atrito adequado para o tipo de estaca e tipo de comportamento do solo.

A resistência lateral total é, então, a resistência lateral específica da Equação (12.15) vezes a área lateral total da estaca e é definida como:

$$Q_S = f(A_S) \qquad (12.16)$$

Deixamos de fora o termo c' na Equação (12.15) por dois motivos: (1) em argilas normalmente adensadas (i.e., **OCR** = 1), a maioria das argilas não apresenta nenhuma interceptação de coesão no carregamento drenado, portanto $c' = 0$; e (2) tanto para argilas normalmente adensadas como para argilas sobreadensadas, o processo de cravação de uma estaca através de um depósito de argila provavelmente destruiria qualquer coesão natural que possa existir na argila. Poderíamos dizer a mesma coisa para estacas escavadas, ou seja, o processo de cravação provavelmente amolgaria a argila na parede do poço de forma tão significativa que c' seria irrelevante.

O desafio de usar a Equação (12.15) é que precisamos fazer estimativas de σ'_v e δ. O valor de σ'_h pode ser obtido em termos da tensão vertical efetiva como:

$$\sigma'_h = K \sigma'_{vo} \qquad (12.17)$$

Observe que K_o na Equação (5.19) não é utilizado na Equação (12.17) porque a tensão horizontal após a instalação de uma estaca cravada ou escavada pode ser diferente da tensão horizontal efetiva em repouso.

Combinando as Equações (12.15) e (12.17), podemos reescrever a equação para resistência lateral específica como:

$$f = K\sigma'_{vo} (\tan \delta) \qquad (12.18)$$

Agora, se combinarmos alguns termos, podemos simplificar esta equação como:

$$f = \beta \sigma'_{vo} \qquad (12.19)$$

onde $\beta = K \tan \delta$. A Equação (12.19) é a base para esta abordagem, conhecida como **método β**.

Em argilas moles, normalmente adensadas, se cravarmos uma estaca e a deixarmos assentar por um longo período de tempo, a tensão horizontal efetiva provavelmente retornará às condições iniciais de repouso. Ou seja, a estaca mais ou menos nos perdoa, com o tempo, por perturbar o solo e cravá-la. O tempo necessário para retornar às condições originais depende de condutividade hidráulica, plasticidade etc. do solo, mas provavelmente varia de alguns dias a alguns meses. Sabemos que para argilas normalmente adensadas

$$K_o = 1 - \text{sen } \phi'$$

onde ϕ' é o ângulo de atrito efetivo do solo. Podemos também presumir que, para argilas moles, o ângulo de atrito amolgado (residual) é muito semelhante ao ângulo de atrito não perturbado, de modo que neste caso podemos avaliar que $\delta = \phi'$.

Então agora temos:

$$\beta = (1 - \text{sen } \phi')(\tan \phi') \qquad (12.20)$$

Para um grande número de argilas naturais no planeta Terra, o ϕ' normalmente adensado varia apenas entre 20° a 30°. Usando a Equação (12.20), para $\phi' = 20°$, $\beta = 0,24$ e para $\phi' = 30°$, $\beta = 0,29$. Na verdade, esta é uma faixa muito restrita e, portanto, para fins práticos, poderíamos apenas dizer que um valor razoável de β para a maioria das argilas normalmente adensadas será da ordem de $\beta = 0,26$. Portanto,

$$f = 0,26\, \sigma'_{vo} \tag{12.21}$$

Para argilas sobreadensadas, o método β da análise (**ESA**) requer um pouco mais de atenção, especialmente relacionado à seleção de um valor adequado para K. Sabemos que o valor absoluto do limite superior de K seria o coeficiente de empuxo de terra passivo K_p, que é obtido de:

$$K_p = \tan^2(45 + \phi'/2) = \frac{1 + \operatorname{sen}\phi'}{1 - \operatorname{sen}\phi'} \tag{11.23b}$$

No entanto, usar esse valor limite superior para calcular σ'_h pode ser pouco conservador (inseguro) para uso no projeto. Então, precisamos de um valor melhor. Em argilas sobreadensadas, Mayne e Kulhawy (1982) mostraram que uma estimativa muito boa do coeficiente de empuxo de terra lateral em repouso $K_{o(OC)}$, pode ser obtida a partir de:

$$K_{o(OC)} = K_{o(NC)}\, (\mathrm{OCR})^{\operatorname{sen}\phi'} \tag{12.22}$$

onde, $K_{o(NC)}$ é obtido a partir do referido $1 - \operatorname{sen}\phi'$. Para estacas cravadas em argilas sobreadensadas, pode haver alguma tensão excessiva na argila que circunda a estaca, uma vez que a argila dura deve ser movida horizontalmente para permitir que a estaca avance. Isto significa que o valor de K para estacas cravadas em argilas sobreadensadas pode ser um pouco maior que o $K_{o(OC)}$ calculado da Equação (12.22).

Meyerhof (1976) e outros sugeriram que um valor razoável a ser usado para estacas de deslocamento, como concreto pré-moldado, madeira e estacas tubulares fechadas, é cerca de 1,2 a 2 vezes o $K_{o(OC)}$. Um valor conservador seria usar apenas $K_{o(OC)}$ da Equação (12.22) como limite inferior.

Para estacas escavadas em argilas sobreadensadas, geralmente há algum alívio de tensão (em relação à tensão excessiva da estaca cravada) quando o furo é perfurado e, em seguida, alguma tensão horizontal adicional restaurada quando o concreto úmido é colocado no furo. A maioria dos estudos sugere que um valor razoável de K para estacas escavadas em argilas duras é $K_{o(OC)}$.

Ainda podemos usar a Equação (12.18) para calcular o atrito lateral para argilas sobreadensadas, sendo que só precisamos usar um valor apropriado de K. Para ajudar com as diferentes combinações de métodos de instalação e tipos de solo, quatro casos diferentes estão resumidos na Tabela 12.5, apresentando informações para determinar K e β para cada caso. Como β é igual a uma função do histórico de tensões (**OCR** e ϕ') para argilas sobreadensadas, poderíamos resolver a Equação (12.22) para diferentes valores de **OCR** e ϕ'. A Figura 12.12 apresenta esses valores resultantes para $\phi' = 20°$ e 30°, utilizando $K = K_{o(OC)}$. Observe que as duas curvas divergem consideravelmente após **OCR** = 8.

Patrizi e Burland (2001) sugeriram uma ligação entre a resistência ao cisalhamento não drenada normalizada (c_u/σ'_{vo} ou s_u/σ'_{vo}) (Capítulo 9) e o valor de β para um grande número de

TABELA 12.5 Cálculo da resistência lateral usando análise de tensão efetiva para diferentes casos de estacas

Instalação de estaca	Histórico de tensão	K	β
Cravada	NC	$K_{o(NC)}$	0,26
	OC	$1,2 - 2\, K_{o(OC)}$	$f(\mathrm{OCR}; \phi')$
Escavada	NC	$K_{o(NC)}$	0,26
	OC	$K_{o(OC)}$	$f(\mathrm{OCR}; \phi')$

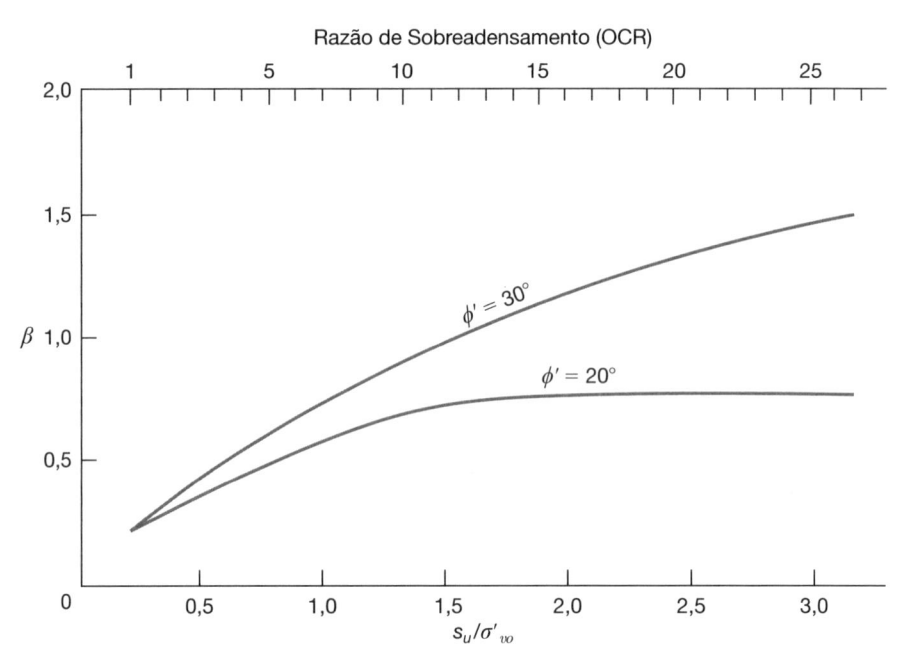

FIGURA 12.12 Variação em β com OCR e ϕ' (adaptada de Coduto et al., 2015).

estacas cravadas em casos incluindo argilas normalmente adensadas e argilas sobreadensadas e argilas sensíveis e insensíveis; eles obtiveram:

$$\beta = 0{,}1 + 0{,}4\,(s_u/\sigma'_{vo}) \tag{12.23}$$

Trata-se de uma abordagem muito simples, mas é baseada na mecânica descrita anteriormente.

Há discussões sobre se o valor de deveria corresponder ao ângulo de atrito na interface entre o solo e o material da estaca, como aço, concreto ou madeira. Observações de estacas extraídas tanto em argilas como em areias mostraram que existe uma fina camada de solo aderida à superfície da estaca. Isto significa que a ruptura pode não ocorrer na interface entre a estaca e o solo, mas sim a uma pequena distância da estaca no solo. Certamente, quando uma estaca está sendo cravada, ela deve superar a resistência ao deslizamento entre a estaca e o solo para avançar; contudo, mesmo depois de alguns dias ou semanas, o solo se acumula na superfície da estaca (se você já teve a experiência de puxar um poste de aço ou madeira do chão, notará que uma quantidade de terra fica grudada nele).

Resistência lateral não drenada em argilas – Para resistência lateral de fundações profundas em argilas, existem vários métodos, e vamos aqui abordar os dois mais comuns, conhecidos como método α (alfa) e método λ (lambda) (Tomlinson, 1957; Vijayvergiya e Focht, 1972). Ambos os métodos levarão em conta a resistência lateral (na verdade, a aderência) ao longo do fuste entre a estaca e o solo, representada pela resistência ao cisalhamento em local não drenado, denotada por $s_u = c_u$. No entanto, no método λ, é também dada alguma consideração à capacidade adicional das tensões ao redor do solo, o que teoricamente não impacta o valor de s_u.

O método α – é provavelmente a metodologia de projeto mais popular utilizada para estimar a resistência lateral axial final de estacas cravadas em argila. Foi desenvolvido por Tomlinson (1957) e baseia-se na avaliação de ensaios de carga em escala real de estacas cravadas em argila. A capacidade de carga final mensurada (interpretada a partir dos ensaios de carga) foi utilizada para calcular novamente a resistência lateral média da unidade ao longo do fuste da estaca. Nesta abordagem, um fator α é usado para relacionar a resistência lateral específica com a resistência

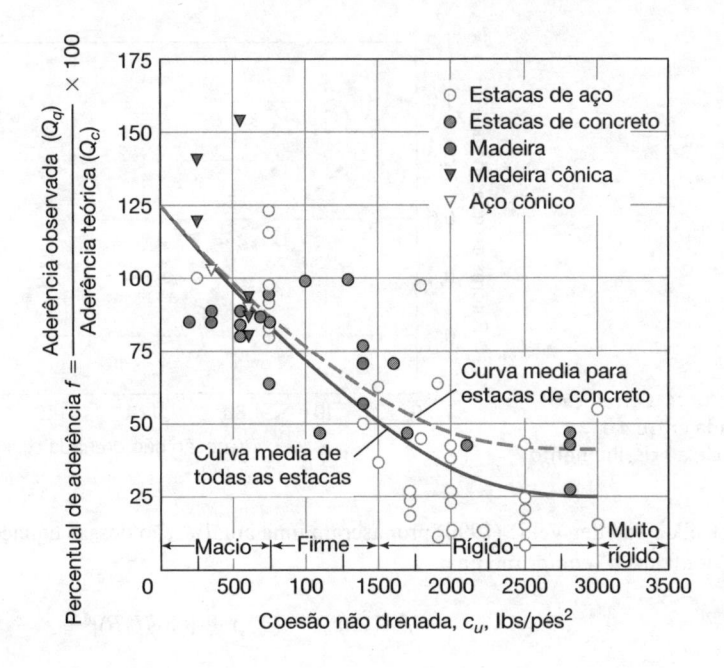

FIGURA 12.13 Fatores de resistência específica para estacas cravadas em argila (de Tomlinson, 1957).

média ao cisalhamento não drenado mensurada ao longo do fuste da estaca. A Figura 12.13 apresenta os dados usados por Tomlinson (retirados diretamente de seu artigo original). Observe que foram utilizados diferentes tipos de estacas, incluindo concreto, madeira e aço. Os dados mostram uma dispersão considerável, mas há uma tendência geral de diminuição de α com o aumento da resistência ao cisalhamento não drenado. A resistência lateral resultante foi então tomada como:

$$f = \alpha c_u \tag{12.24}$$

Várias tentativas para aprimorar esta abordagem foram apresentadas ao longo dos anos para levar em conta outras variáveis, como a relação entre comprimento e diâmetro da estaca, histórico de tensão da argila (razão de sobreadensamento (**OCR**) e o método de ensaio usado para determinar a resistência ao cisalhamento não drenado. Apesar da variabilidade nos dados medidos, o método ainda é de uso comum. A Figura 12.14 apresenta um gráfico atualizado que inclui valores de α para estacas cravadas e estacas escavadas (fustes perfurados).

A edição de 1987 do manual do American Petroleum Institute (API, 1987) para projeto de estacas *offshore* fornece expressões para α com base na resistência ao cisalhamento não drenado normalizada como:

$$\alpha = 0{,}5(c_u/\sigma'_{vo})^{-0{,}5} \text{ para } (s_u/\sigma'_{vo}) \leq 1 \tag{12.25a}$$

$$\alpha = 0{,}5(c_u/\sigma'_{vo})^{-0{,}25} \text{ para } (s_u/\sigma'_{vo}) \geq 1 \tag{12.25b}$$

Isto expressa fundamentalmente α em termos do (**OCR**) do solo, uma vez que a resistência ao cisalhamento não drenado normalizada está relacionada ao (**OCR**).

As Equações (12.25a) e (12.25b) foram refinadas na edição de 1993 da API (API, 1993), onde a resistência lateral específica deve ser considerada como o maior dos dois valores de f a seguir:

$$f = 0{,}5(c_u \cdot \sigma'_{vo})^{0{,}5} \tag{12.26a}$$

$$f = 0{,}5(c_u)^{0{,}75}(\sigma'_{vo})^{0{,}25} \tag{12.26b}$$

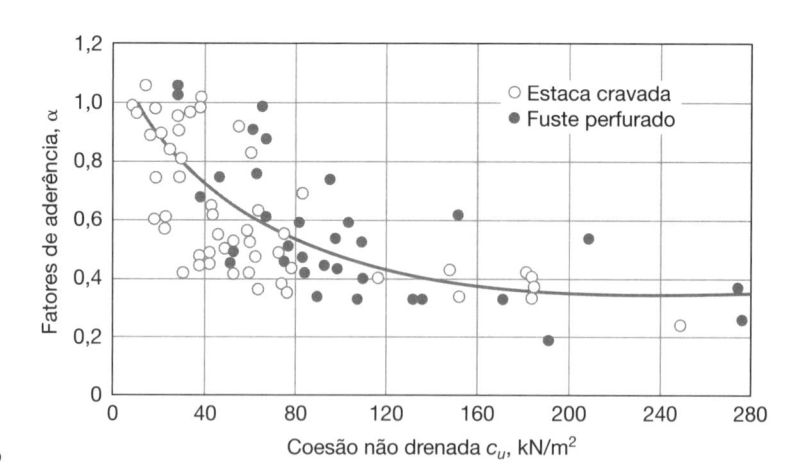

FIGURA 12.14 Correlação atualizada entre α e resistência ao cisalhamento

Kolk e van der Velde (1996) propuseram uma atualização dessas equações para levar em conta os efeitos de comprimento:

$$f = 0{,}5(c_u)^{0{,}70}(\sigma'_{vo})^{0{,}30}[(40/(L/B)]^{0{,}2} \qquad (12.27)$$

Karlsrud et al. (2005) sugeriram que a plasticidade do solo poderia ser incorporada na estimativa, justificando que solos com plasticidades diferentes podem apresentar comportamentos diferentes. Eles elaboraram um gráfico de projeto sugerido para esta abordagem para o Norwegian Geotechnical Institute (**NGI**) para estimar a resistência lateral, em homenagem à entidade que a desenvolveu.

Uma vez determinado α, ele pode ser usado para calcular a resistência total do lado da estaca.

$$Q_s = pLf \qquad (12.28)$$

Onde $f = \alpha c_u$.

Método λ – Este método foi introduzido por Tomlinson (1957) e seguido por Vijayvergiya e Focht (1972), para prever a capacidade de estacas cravadas em argila. Neste método, um valor médio de f é calculado para todo o comprimento da estaca usando tanto a resistência média ao cisalhamento não drenado quanto a tensão vertical efetiva média no ponto médio da estaca, onde λ é um fator obtido na Figura 12.15 e depende apenas do comprimento de embutimento da estaca.

$$f_{\text{avg}} = \lambda(\sigma'_{v,\text{avg}} + 2c_u, \text{avg}) \qquad (12.29)$$

Uma observação interessante sobre a forma dessa relação é que, como presumimos para a capacidade de atrito da estaca na areia, presume-se que o valor de λ se nivele ou atinja um pico. No entanto, isto não acontece até que as estacas tenham um comprimento de embutimento de 165 pés (50 m) ou superior, o que em quase todos os casos é muito maior do que os 15 D que presumimos nas areias. Contudo, permanece o fato de que as observações de campo levam à conclusão de que eventualmente a capacidade de resistência lateral atinge um pico, tanto em areias como em argilas.

Para calcular os valores médios de σ'_v e c_u, é necessário traçar as distribuições de cada um ao longo do comprimento da estaca. Consequentemente, para cada distribuição, a área sob a distribuição é calculada e dividida pelo comprimento de embutimento da estaca.

Uma vez que $f_{\text{médio}}$ é calculado a partir da Equação (12.29), pode ser usado para calcular a resistência total lateral da estaca:

$$Q_s = pLf_{\text{avg}} \qquad (12.30)$$

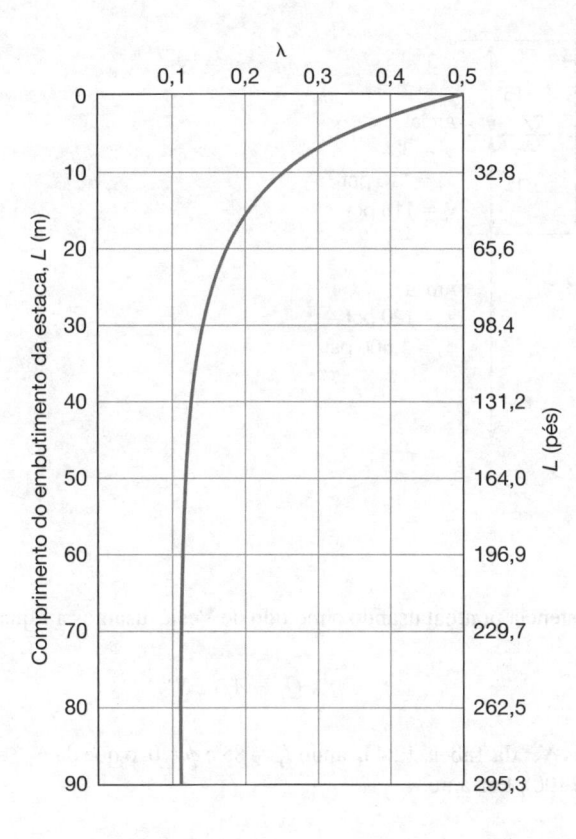

FIGURA 12.15 Variação do fator λ com o comprimento da estaca (adaptada de McClelland, 1974).

onde, p é novamente o perímetro das estacas, e L o comprimento de embutimento. Observe que a soma que usamos para areias desapareceu porque estamos usando $f_{\text{médio}}$ ao longo do comprimento da estaca. Se p variar, como seria o caso de uma estaca cônica, deve-se usar o p médio ao longo do comprimento da estaca.

Exemplo 12.2

Contexto:

A Figura Ex. 12.2 apresenta uma estaca cônica que possui dois diâmetros diferentes ao longo de seu comprimento. A estaca penetra uma camada de areia e uma camada de argila subjacente, cada uma com as propriedades indicadas para aquela camada. Ignore qualquer capacidade de carga devido ao "escalonamento" na seção transversal da estaca.

Problema:

a. Determine a carga pontual final da estaca usando o método de Vesić para argila não drenada (use $I_{rr} = 85$).
b. Determine a resistência ao atrito final da camada de areia. Você deve primeiro desenhar o perfil de σ'_v na areia. Use $K = K_o$ e $\delta = 2/3\phi'$.
c. Determine a resistência ao atrito final da camada de argila. Use o método α.

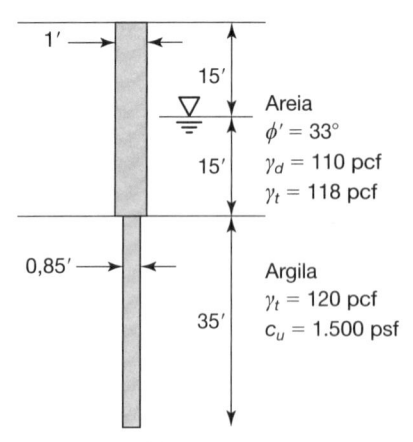

FIGURA Ex. 12.2

Solução:

a. Para resistência pontual usando o método de Vesić, usamos a Equação (12.12),

$$Q_p = A_p c_u N^*_c \qquad (12.12)$$

e obtemos N_c^* da Tabela 12.4 usando $I_{rr} = 85$ e $\phi = 0$, o que dá $N_c^* = 9{,}82$ (interpolando entre $I_{rr} = 80$ e 100). Portanto,

$$Q_p = \pi(0{,}85/2)^2(1.500)(9{,}82) = 8.359 \text{ lb}$$

b. Para obter a resistência ao atrito na areia, como fizemos no Exemplo 12.1, separaremos nossos cálculos para a areia em cada uma das duas camadas e usaremos o σ'_v médio em cada camada para calcular a resistência ao atrito.

$$f = K\sigma'_v \tan \delta \qquad (12.14)$$

Onde $K = 1 - \operatorname{sen} \phi' = 1 - \operatorname{sen} 33° = 0{,}455$, e $\delta = 2/3\phi' = 22°$.
O perfil de σ'_v é calculado no lençol freático, na interface areia-argila e no fundo da camada de argila como segue:

no lençol freático $\sigma'_v = (15)(110) = 1.650$ psf;

na interface areia-argila $\sigma'_v = (15)(110) + (15)(118 - 62{,}4) = 2.484$ psf;

na base da argila $\sigma'_v = (15)(110)+(15)(118-62{,}4)+(35)(120-62{,}4) = 4.500$ psf.

A outra consideração é levar em conta o nivelamento da resistência ao atrito na areia, que presumimos que ocorre em $15D = 15$ pés. Como resultado, nossos cálculos se tornam muito mais simples: usamos o σ'_v no meio da camada de areia seca, $\sigma'_v = 1.650/2 = 825$ psf, e depois usamos o σ'_v no lençol freático, $\sigma'_v = 1.650$ psf, para o resto do nosso cálculo de areia. Agora inserindo os valores na para cada uma das duas camadas,

$$f_{15} = (0{,}455)(825) \tan 22° = 152 \text{ psf}$$

$$f_{15-30} = (0{,}455)(1650) \tan 22° = 303 \text{ psf}$$

Para que a resistência total ao atrito na areia seja

$$Q_s = \sum_{0}^{L} p\,\Delta L\,f \qquad (12.13)$$
$$= \pi(1)[(15)(152) + (15)(303)] = 21.457 \text{ lb} = 10,7 \text{ toneladas}$$

c. Para o método α na argila, neste exemplo usaremos a linha de tendência da Figura 12.14 após converter 1.500 psf em 72 kN/m², resultando em $\alpha = 0,55$. Isto resultaria em uma resistência lateral sob a formulação original de

$$f = \alpha c_u = (0,55)(1.500) = 825 \text{ psf} \qquad (12.24)$$

comparamos os valores da **API** (1993) para determinar o maior dos dois, usando σ'_v no meio da camada de argila, 3492 psf.

$$f = 0,5\,(c_u \cdot \sigma'_{vo})^{0,5} \qquad (12.26a)$$
$$= 0,5\,(1500 \cdot 3.492)^{0,5}$$
$$= 1.144 \text{ psf}$$

$$f = 0,5\,(c_u)^{0,75}\,(\sigma'_{vo})^{0,25} \qquad (12.26b)$$
$$= 0,5\,(1.500)^{0,75}\,(3.492)^{0,25}$$
$$= 926 \text{ psf}$$

Então, usamos $f = 1.144$ psf. Observe que nosso valor de resistência lateral da **API** (1993) de 1.144 psf é ligeiramente superior ao resultado da nossa Equação (12.24). Por consequência, a resistência lateral total na argila é

$$Q_s = pLf \qquad (12.28)$$
$$= (\pi)(0,85)(35)(1.144) = 106.920 \text{ lb} = 53 \text{ toneladas.}$$

Exemplo 12.3

Contexto:

Duas estacas, uma estaca tubular com extremidade fechada de 10 pol. de diâmetro e 40 pés de comprimento e uma estaca tubular com extremidade fechada de 2 pés de diâmetro e 20 pés de comprimento, são cravadas em uma argila uniforme com uma resistência média ao cisalhamento não drenado de 2.000 psf.

Problema:

Use o método de Meyerhof para determinar a resistência da ponta da estaca e o método α para a resistência lateral de cada estaca.

Solução:

Para a resistência pontual, a área da ponta da estaca $A_p = \pi r^2 = \pi(5 \text{ pol.}/12 \text{ pol.})^2 = 0{,}55 \text{ pés}^2$

A área da lateral da estaca $= \pi DL = \pi(10 \text{ pol.}/12 \text{ pol.})(40 \text{ pés}) = 104{,}7 \text{ pés}^2$

Usando a Equação (12.6), a resistência total do ponto é

$$Q_p = 9c_u A_p = 9\ (2.000 \text{ psf})(0{,}55 \text{ pé}^2) = 9900 \text{ lbs.}$$

Para a resistência lateral, podemos usar uma abordagem simplificada, observando que 2.000 psf são aproximadamente 100 kN/m². A partir da Figura 12.14, um valor razoável de α seria cerca de 0,5.

A partir das Equações (12.24) e (12.28),

$$Q_s = (104{,}7 \text{ pés}^2)\ 0{,}5\ (2.000 \text{ psf}) = 104.700 \text{ lbs.}$$

$$Q_{\text{total}} = Q_p + Q_s = 9.900 \text{ lbs} + 104.700 \text{ lbs} = 114.600 \text{ lbs}$$

Portanto, para esta estaca, com $L/B = 40 \text{ pés}/0{,}83 \text{ pés} = 48$, 91% da capacidade total é desenvolvida a partir da resistência lateral e apenas 9% é desenvolvida a partir da ação de ponta. Na verdade, trata-se de uma estaca de "atrito", e a ação de ponta conta muito pouco. Na prática, depois de aplicarmos um fator de segurança (**FS**) para obter uma capacidade admissível, essencialmente toda a capacidade será desenvolvida a partir da resistência lateral.

Para a estaca tubular com extremidade fechada de 2 pés de diâmetro, 20 pés no mesmo solo, seguimos as mesmas etapas:

$$A_p = \pi\ (1 \text{ pé})^2 = 3{,}14 \text{ pés}^2$$

$$A_{\text{lateral}} = \pi\ (2 \text{ pés})(20 \text{ pés}) = 125{,}7 \text{ pés}^2$$

Como antes:

$$Q_p\ (3{,}14 \text{ pés}^2)\ 9\ (2.000 \text{ psf}) = 56.549 \text{ lbs}$$

$$Q_s\ (125{,}7 \text{ pés}^2)\ 0{,}5\ (2.000 \text{ psf}) = 125.700 \text{ lbs}$$

$$Q_{\text{total}} = Q_p + Q_s = 56.549 \text{ lbs} + 125.700 \text{ lbs} = 182.249 \text{ lbs}$$

Então, agora para uma estaca com $L/B = 20 \text{ pés}/2 \text{ pés} = 10$, 69% da capacidade total é desenvolvida a partir da resistência lateral e 31% da capacidade total é desenvolvida a partir da ação de ponta. Agora temos uma estaca combinada de atrito e ação de ponta.

Estes dois exemplos ilustram como a capacidade total e a distribuição da capacidade podem ser influenciadas pela forma da estaca L/B no mesmo solo. Eles também mostram que poderia haver muitas combinações de comprimento e diâmetro que dariam a mesma capacidade total.

Exemplo 12.4

Contexto:

Uma estaca cônica de madeira Douglas Fir de 60 pés de comprimento (13 pol. de diâmetro no topo; 8 pol. de diâmetro na ponta) é cravada no seguinte perfil de solo:

Camada Superior 0 a 30 pés de argila macia, $c_u = 450$ psf

Camada Inferior 30 a 70 pés de argila dura, $c_u = 1620$ psf

Problema:

Calcule a resistência final desta estaca. Use o método α para a resistência lateral e de Meyerhof para a resistência pontual.

Solução:

Para a resistência lateral, utilizamos os valores de α da Figura 12.14, obtendo na camada superior, $\alpha = 1,0$, e na camada inferior, $\alpha = 0,5$.

No ponto médio da estaca, o diâmetro é a média entre 13 pol. e 8 pol. = 10,5 pol. Assim, na camada superior, de 0 a 30 pés, o diâmetro médio da estaca é de 11,75 pol.

A partir das Equações (12.24) e (12.28),

$$Q_s = \pi DL(\alpha)(c_u) = \pi(11,75 \text{ pol.}/12 \text{ pol.})(30 \text{ pés})(1,0)(450 \text{ psf}) = 41.528 \text{ lbs}$$

Na camada inferior, de 30 a 60 pés, o diâmetro médio da estaca é de 9,25 pol.

$$Q_s = \pi (9,25 \text{ pol.}/12 \text{ pol.})(30 \text{ pés})(0,5)(1.620 \text{ psf}) = 58.846 \text{ lbs}$$

Para a ação de ponta, é empregada a solução de argila não drenada de Meyerhof [Equação (12.6)]:

$$Q_p = (\pi)(4 \text{ pol.}/12 \text{ pol.})^2 (9)(1.620 \text{ psf}) = 5.089 \text{ lbs}$$

Portanto, a resistência total da estaca é calculada como:

$$Q_{total} = 41.528 \text{ lbs} + 58.846 \text{ lbs} + 5.089 \text{ lbs} = 105.463 \text{ lbs}$$

Novamente podemos observar que para uma longa e bela estaca em argila, a ação de ponta é muito pequena em relação à capacidade de carga gerada na ponta da estaca.

Uma observação sobre a resistência lateral de fustes perfurados: o manual de projeto da Federal Highway Administration em fustes perfurados (**FHWA**, 2018) sugere que uma redução derivada empiricamente seja aplicada ao calcular a resistência lateral em argilas. Especificamente, para fustes de laterais retas (ou seja, não cônicos), os 5 pés superiores mais um diâmetro de fuste na parte inferior devem ser deduzidos do comprimento real ao calcular a resistência lateral. A recomendação baseou-se em extensos ensaios de carga em fustes instrumentados no Texas, Estados Unidos da América, na década de 1980. O "desconto" de capacidade de ação de ponta na parte inferior está relacionado à forma como a ação de ponta é desenvolvida em torno da extremidade e à incapacidade dessa parte do fuste de desenvolver totalmente resistência lateral. É provável que a redução superior de 1,5 m (5 pés) esteja relacionada à possibilidade de perda de contato entre o solo e o fuste, sobretudo se o nível do lençol freático cair durante a vida útil da estaca e a lateral do fuste perder contato com o solo devido à contração da argila.

Para fustes com sino (alargados na base usando uma broca expansível especial) (Figura 12.7b), a recomendação é deduzir os 5 pés superiores; a seção do sino e um diâmetro do fuste acima do mesmo também são deduzidos do comprimento do fuste.

12.3.3 Comportamento de grupo de fundações profundas

Embora estacas individuais sejam usadas em alguns projetos, também é comum usar várias estacas atuando como um grupo para suportar cargas maiores. Ocasionalmente, é mais fácil e mais econômico para o empreiteiro instalar várias estacas menores em grupo para servirem de suporte da fundação, em vez de uma única estaca grande. As estacas podem ser arranjadas em grupos de duas ou três, no entanto, também é comum usar grupos quadrados de 4, 9, 16 etc., ou grupos de estacas arranjados como retângulo, círculo ou octógono (ao olhar para o grupo de cima no esboço). As estacas arranjadas em grupo são geralmente unidas no topo com uma "capa" de estaca de concreto (uma laje estrutural reforçada) que pode ser independente (i.e., suspensa acima da superfície do terreno natural pelas estacas de suporte) ou pode estar em contato com a superfície do terreno natural (às vezes chamada de "*radier* suportado por estacas").

A capacidade do grupo de estacas, comparada com a soma das capacidades individuais das estacas em grupo, é definida em termos de um **fator de eficiência η_e** como:

$$\eta_e = (Q_{ult})_g / \sum (Q_{ult})_i \qquad (12.31)$$

onde

$(Q_{ult})_g$ = capacidade final do grupo;

$\sum(Q_{ult})_i$ = somatório das capacidades finais das estacas individuais em grupo.

Determinar os fatores de eficiência experimentalmente tem sido difícil, pois os ensaios de carga em campo de um grupo de estacas são relativamente caros. A eficiência depende do tipo de solo e também do espaçamento relativo das estacas *S/B*, onde *S* é o espaçamento centro a centro das estacas e *B* é o diâmetro das estacas. Existem algumas regras gerais que costumam ser adotadas. Para estacas cravadas em areias, η_e é provavelmente maior do que um como resultado da densificação da areia na qual as estacas estão embutidas, portanto, é conservador simplesmente usar $\eta_e = 1$. Para estacas escavadas em areia, $\eta_e = 0{,}7$ (aproximadamente).

Um método muito comum que tem sido usado para determinar a eficiência do grupo para grupos retangulares é a equação de Converse-Labarre. Apesar de seu uso generalizado, há pouca base teórica para a abordagem. A eficiência é calculada a partir de:

$$\eta_e = [1 - (\theta/90)][(n-1)m + (m-1)n]/(m \cdot n)] \qquad (12.32)$$

onde

$\theta = \tan^{-1}(B/S)$, graus;
B = diâmetro da estaca;
S = espaçamento entre estacas centro a centro;
n = número de estacas por linha;
m = número de fileiras de estacas.

Exemplo 12.5

Contexto:

Um grupo quadrado consiste em 4 estacas (2 × 2), cada uma com diâmetro de 1 pé.

Problema:

Determine a eficiência deste grupo usando a equação de Converse-Labarre para dois casos: (a) um espaçamento de 3 pés, ou seja, ***S/B*** = 3 (deixando uma distância livre de 2 pés entre as estacas); e (b) um espaçamento de ***S/B*** = 5.

Solução:

a. Calcule as entradas para a equação de Converse-Labarre, Equação (12.32).

$$\theta = \tan^{-1}(B/S) = \tan^{-1}(1/3) = 18{,}3°$$

A partir da Equação (12.32),

$$\eta_e = 1 - (18{,}3/90)[(2-1)2 + (2-1)2/(2 \times 2)] = 0{,}80$$

b. Para o espaçamento aumentado,

$$\theta = \tan^{-1}(B/S) = \tan^{-1}(1/5) = 11{,}3°$$

$$\eta_e = 1 - (11{,}3/90)[(2-1)2 + (2-1)2/(2 \times 2)] = 0{,}87$$

O aumento em η_e reflete o fato de que, à medida que as estacas de um grupo são mais espaçadas, menos elas tendem a arrastar umas às outras para baixo (essencialmente "usando" porções da capacidade de carga umas das outras) e agem mais como estacas independentes. Contudo, à medida que o espaçamento aumenta, torna-se necessário aumentar a capacidade estrutural da cobertura, o que eleva os custos. Além disso, pode simplesmente não haver espaço suficiente no canteiro de obras para aumentar o espaçamento tanto quanto gostaríamos.

Para grupos de estacas em argila, existe a possibilidade de que o grupo atue como um grande bloco. Em outras palavras, a massa de solo contendo todas as estacas do grupo sofre ruptura ao superar o atrito lateral do perímetro do bloco mais a capacidade de carga da parte inferior do bloco (Figura 12.16). Isso significa que precisamos verificar se ocorrerá uma ruptura de bloco. Isto geralmente é mais crítico para estacas em argilas moles com $S/B \leq 4$. Para a ruptura de um bloco, o solo nos planos verticais ao redor do perímetro das estacas sofreria ruptura, e o bloco também sofreria ruptura na ação de ponta. A capacidade do bloco pode ser determinada a partir de:

$$Q_{gB} = c_u(N_C)(A_G) + (PLc_u) \tag{12.33}$$

onde usamos a capacidade de carga $N_C = 9$ para $\phi = 0$, A_G é a área da base do bloco como mostrado na Figura 12.16, e P é o perímetro do bloco. O próximo exemplo mostra a comparação entre a ruptura do bloco e as capacidades combinadas das estacas.

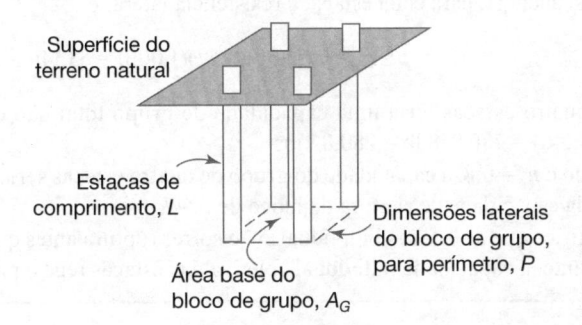

FIGURA 12.16 Dimensões do grupo de estacas para análise de ruptura de blocos.

Exemplo 12.6

Contexto:

Um arranjo quadrado 2×2 de 4 estacas, com $D = 1$ pé, $L = 30$ pés e $S/B = 3$ instalada em argila com $c_u = 1.000$ psf. Presuma a eficiência do grupo de estacas obtido no Exemplo 12,5 a, $\eta_e = 0{,}80$.

Problema:

Determine o que vai reger a capacidade deste grupo: a capacidade do bloco que circunda as estacas ou a capacidade coletiva do grupo de estacas.

Solução:
Podemos determinar a capacidade não drenada de curto prazo deste grupo, presumindo uma ruptura de bloco. Consultando a Figura 12.16, uma vez que B = 1 pé, a distância do bloco fora da estaca é de 4 pés.

$$P = 4 \text{ pés} + 4 \text{ pés} + 4 \text{ pés} + 4 \text{ pés} = 16 \text{ pés}$$

e

$$A_G = 16 \text{ pés}^2$$

Agora, adicionamos as contribuições à capacidade de carga do bloco. A capacidade de carga final da base do bloco pode ser aproximada como $Q_{base} = A_G 9 c_u$ [uma adaptação da Equação (12.6), e a resistência lateral do bloco é a resistência ao cisalhamento não drenado na área superficial do perímetro vertical do bloco $Q_{lateral} = PLc_u$.

$$\begin{aligned} Q_{gB} &= A_G 9 c_u + (PLc_u) \\ &= (16 \text{ pés}^2)(9)(1000 \text{ psf}) + (16 \text{ pés})(30 \text{ pés})(1.000 \text{ psf}) \\ &= 1.104.000 \text{ lbs} \\ &= 1.104 \text{ kips} \end{aligned}$$

Em consequência, usamos a resistência ao cisalhamento não perturbado e não drenado para o cisalhamento perimetral, uma vez que a maior parte da zona entre as estacas não é perturbada.

Para a capacidade do grupo usando um fator de eficiência de η_e = 0,80, primeiro calculamos a capacidade da ação de ponta de cada estaca de 1 pé de diâmetro usando o método de Meyerhof para ϕ = 0 [Equação (12.6)] como

$$Q_p = A_p q_p = (\pi D^2/4)(9 c_u) = [\pi(1)^2/4](9)(1.000) = 7.068,5 \text{ lb}$$

A resistência lateral para cada estaca pode ser determinada usando o método α [Figura 12.14 e Equação (12.24)], simplificada. A partir da Figura 12.14, para c_u = 1.000 psf ≈ 50 kN/m², α = 0,67, em consequência, para cada estaca, a resistência lateral é

$$Q_s = pLac_u = \pi(1)(30)(0,67)(1.000) = 63.146 \text{ lb}$$

o grupo de quatro estacas teria uma capacidade de grupo total não corrigida de $(Q_{ult})_g$ = (4) (7.068,5 + 63.146) = 280.858 lb = 280,8 kips

Aplicando o η_e = 0,8, a capacidade do grupo de quatro estacas seria de 224,7 kips, o que está bem abaixo da capacidade de ruptura do bloco de 624 kips.

Isso significa que as estacas individuais vão sofrer ruptura antes que ocorra uma ruptura do bloco e, portanto, a capacidade individual coletiva das estacas rege o projeto.

12.3.4 Capacidade de suporte de estacas em rochas

Para cargas muito altas, às vezes é mais econômico usar poços perfurados diretamente nas rochas, de grande diâmetro, desde que as mesmas sejam competentes e se localizam a profundidades razoáveis a partir da superfície topográfica

$$\text{Soquete liso } \tau_{máx} = 0,40(\sigma_c)_{0,5} \quad (12.34a)$$

$$\text{Soquete áspero } \tau_{máx} = 0,80(\sigma_c)_{0,5} \quad (12.34b)$$

Por exemplo, em Boston, Massachussets, poços de grande profundidade, embutidos nas rochas, são relativamente comuns, já que o substrato está cerca de 30 m da superfície, na zona central da cidade. Esses encaixes de rocha normalmente têm relação comprimento/diâmetro *L/D* grande, em torno de 3, e podem desenvolver resistência lateral e rolamento final na rocha.

Zhang e Einstein (1998) apresentaram um extenso estudo de testes de carga em alvéolos rochosos em diferentes litótipos. Eles descobriram que tanto a resistência lateral quanto o apoio final podem ser determinados em termos de resistência à compressão uniaxial da rocha (**c**). A resistência lateral unitária está relacionada à rugosidade da parede lateral do furo, que depende das ferramentas de perfuração utilizadas. Eles recomendaram o que segue, onde a existência de interface entre rocha lisa e áspera dependerá do método de perfuração e do tipo de rocha no local.

A ação de ponta específica final de um soquete rochoso também pode ser expressa em termos de resistência à compressão uniaxial usando:

$$q_{máx} = N_C (\sigma_c)^{0,5} \tag{12.35}$$

onde $N_C = 4,83(\sigma_c)^{-0,49}$ com intervalos recomendados de

$$\text{limite inferior } q_{máx} = 3,0(\sigma_c)^{0,5}$$
$$\text{limite superior } q_{máx} = 6,60(\sigma_c)^{0,5}$$

resultando em uma média de $\boldsymbol{q_{máx}} = 4,8(\sigma_c)^{0,5}$.

12.3.5 Recalque de estacas

Uma das razões pelas quais as estacas podem ter sido escolhidas para um projeto específico é aproveitar maiores capacidades de carga do solo ou da rocha em profundidade e, presumivelmente, beneficiar-se de recalques correspondentes baixos. No entanto, isso não impede que ocorram recalques em fundações por estacas. Como se espera que estes sejam mínimos, adotamos a teoria elástica de pequenas deformações para calcular vários componentes do recalque da estaca como uma primeira aproximação. O recalque elástico da estaca consiste em três componentes:

s_1 = deformação do próprio fuste da estaca, o que envolverá as propriedades elásticas do material da estaca (concreto, aço);
s_2 = recalque do solo sob tensões no ponto de estaca;
s_3 = recalque do solo ao redor da estaca devido a tensões de atrito.

As cargas e tensões correspondentes que ativam esses componentes de recalque são aquelas que realmente são aplicadas à estaca, conhecidas em fundações profundas como **cargas de trabalho** ou **tensões de trabalho**.

A carga total aplicada ou de trabalho aplicada a uma fundação $\boldsymbol{Q_w}$, é

$$Q_w = Q_{wp} + Q_{ws} \tag{12.36}$$

onde $\boldsymbol{Q_{wp}}$ e $\boldsymbol{Q_{ws}}$ são as parcelas da carga de trabalho suportadas pela ponta e pelas laterais da estaca, respectivamente. As tensões correspondentes resultantes $\boldsymbol{q_{wp}}$ e $\boldsymbol{q_{ws}}$, são calculadas dividindo-se as mesmas pela área sobre a qual as cargas estão atuando: para a ponta da estaca, esta é a seção transversal da estaca, e para o atrito lateral é a área total das laterais da estaca (p. ex., para uma estaca circular com diâmetro uniforme, esta seria a circunferência da estaca vezes o seu comprimento, ou comprimento sobre o qual o atrito lateral é ativado).

Recalque do fuste da estaca – Você provavelmente já se familiarizou com a equação de deformação de uma coluna em seu curso de análise estrutural, que é comumente escrita como $\boldsymbol{\delta} = \boldsymbol{PL/AE}$. O $\boldsymbol{P}$ é a carga da coluna, $\boldsymbol{L}$ e $\boldsymbol{A}$ o comprimento e a área, respectivamente, da coluna, e $\boldsymbol{E}$ o módulo de elasticidade do material da coluna. Isto é adaptado para calcular s_1 para uma estaca da seguinte forma:

$$s_1 = (Q_{wp} + \xi Q_{ws}) L/(A_p E_p) \tag{12.37}$$

com $\boldsymbol{A_p}$ e $\boldsymbol{E_p}$ sendo, respectivamente, a área da seção transversal da estaca e seu módulo de elasticidade. Observe que $\boldsymbol{A_p}$ é a verdadeira seção transversal da estaca; lembre-se de que na Seção 12.3.1 incluímos um determinado solo "capturado" como parte dessa definição para calcular a capacidade de carga pontual da estaca, contudo, para esta análise de recalque, apenas a área real da seção transversal é usada.

O fator ξ é responsável pela forma da distribuição de atrito lateral ao longo da estaca. Se a distribuição for menos uniforme ao longo do comprimento da estaca, poderá ocorrer maior compressão do fuste da estaca devido a essa distribuição desigual do que se ela fosse distribuída de maneira mais uniforme. Para areias, que provavelmente aplicarão uma distribuição triangular de tensão contra as laterais da estaca (e eventualmente se estabilizarão em $z = 15 \cdot D$, onde $\cdot D$ é o diâmetro ou dimensão lateral da estaca; (Seção 12.3.2), um nível maior de $\xi = 0{,}67$ é usado. Para argilas $\xi = 0{,}5$ é usado, uma vez que a distribuição pode ser presumida como constante (método λ) ou ligeiramente parabólica (método α) ao longo do comprimento da estaca.

Recalque devido à carga pontual da estaca – Você aprendeu na Seção 10.10 como calcular o recalque elástico de uma fundação rasa, e esse método é adaptado para calcular o recalque do solo próximo à ponta da estaca devido a Q_{wp}, ou, mais especificamente, à tensão na ponta q_{wp}.

$$s_2 = \frac{q_{wp}D}{E_s}(1 - \mu_s^2)(0{,}85) \qquad (12.38)$$

onde μ_s e E_s são os parâmetros elásticos – coeficiente de Poisson e módulo, respectivamente, – para o solo na ponta. A Tabela 12.6 fornece valores típicos dessas constantes elásticas para vários solos. O 0,85 é um fator de influência que depende da profundidade em relação à dimensão da seção transversal.

Recalque devido ao atrito lateral – O recalque adicional da estaca ocorre a partir da capacidade de carga da estaca presumida pelo atrito lateral na estaca. Essa análise presume que o solo ao redor da estaca é um material elástico e sem peso que está sendo puxado para baixo pelo atrito na interface solo-estaca. Uma simplificação é feita calculando a tensão de atrito média ao longo de todo o comprimento da estaca,

$$f_{avg} = Q_{ws}/pL$$

onde p e L são o perímetro e o comprimento das estacas, respectivamente, como antes. Essa média é, então, usada na equação elástica, que é fundamentalmente igual à Equação (12.38):

$$s_3 = \frac{f_{avg}D}{E_s}(1 - \mu_s^2)I_{ws} \qquad (12.39)$$

TABELA 12.6 Parâmetros de deformação elástica para vários solos

Tipo de solo	Módulo de elasticidade, E_s		Coeficiente de Poisson, μ_s
	MN/m²	lb/pol.²	
Areia solta	10,5 a 24,0	1.500 a 3.500	0,20 a 0,40
Areia medianamente densa	17,25 a 27,60	2.500 a 4.000	0,25 a 0,40
Areia densa	34,50 a 55,20	5.000 a 8.000	0,30 a 0,45
Areia siltosa	10,35 a 17,25	1.500 a 2.500	0,20 a 0,40
Areia e cascalho	69,00 a 172,50	10.000 a 25.000	0,15 a 0,35
Argila macia	4,1 a 20,7	600 a 3.000	
Argila media	20,7 a 41,4	3.000 a 6.000	0,20 a 0,50
Argila dura	41,4 a 96,6	6.000 a 14.000	

com

$$I_{ws} = 2 + 0,35(L/D)^{1/2} \quad (12.40)$$

O Exemplo 12.7 ilustra o uso dessas equações na prática.

Exemplo 12.7

Contexto:

Uma estaca de aço em "H" ("HP" 12 × 84) é cravada em uma camada de areia densa. O comprimento da estaca é de 85 pés, e as propriedades da seção transversal da estaca são as seguintes:

Profundidade, d_1 (pol.)	Área da seção (pol.²)	Espessura do flange e da alma (pol.)	Largura do flange, (d_2) (pol.)
12,28	24,6	0,685	12,295

O módulo da estaca é 30×10^6 psi. A carga total de trabalho na estaca é de 30 toneladas e é suportada inteiramente pela resistência pontual.

Problema:

Utilizando as propriedades elásticas do solo mais conservadoras, determine o recalque esperado para essa estaca sob essas condições de carregamento. Indique quaisquer suposições feitas em seu processo de solução.

Solução:

Como uma das suposições é que a resistência pontual absorve toda a carga da estaca, use apenas as Equações (12.37) e (12.38) e ignore qualquer contribuição da resistência lateral [Equação (12.39)]. Para o "recalque" devido à compressão do fuste da estaca s_1,

$$s_1 = (Q_{wp} + \xi Q_{ws})L/(A_p E_p) \quad (12.37)$$

que, uma vez que a resistência lateral da estaca é considerada desprezível, reduz-se a

$$s_1 = Q_{wp} L/(A_p E_p)$$

$$= \frac{(30 \text{ tons})(2.000 \text{ lb/ton})(85 \text{ pés})}{(24,6 \text{ pol.}^2)(30 \times 10^6 \text{ lb/pol.}^2)} = 0,007 \text{ pé} = 0,08 \text{ pol.}$$

Isto faz sentido; não esperaríamos um recalque significativo do aço em comparação com o que poderíamos observar no solo. No próximo passo, o recalque do solo devido à carga pontual da estaca é calculado como

$$s_2 = \frac{q_{wp} D}{E_s}(1 - \mu_s^2)(0,85) \quad (12.38)$$

Os parâmetros elásticos mais conservadores (ou seja, aqueles que apresentam o maior recalque) são os limites inferiores das faixas E_s e μ_s. A partir da Tabela 12.6, para areia densa, estes seriam E_s = 5.000 psi e μ_s = 0,30.

Para **D**, usaremos a maior das duas dimensões laterais, 12,295 pol. A tensão de trabalho na ponta será considerada como

$$q_{wp} = Q_{wp}/A_p = (30 \text{ toneladas})(2.000 \text{ lb/toneladas})/24,6 \text{ pol.}^2 = 2.439 \text{ psi} = 351.220 \text{ psf}$$

Portanto

$$s_2 = \frac{q_{wp}D}{E_s}(1 - \mu_s^2)(0,85) = \frac{(2.439 \text{ psi})(12,295 \text{ in})}{5.000 \text{ psi}}[1 - (0,30)^2](0,85)$$
$$= 4,64 \text{ in}$$

Assim, a partir disso, podemos observar que a compressão do material da estaca é relativamente insignificante em comparação com o que observamos no solo sob a ponta da estaca.

12.4 ESTACAS CARREGADAS EM TRAÇÃO E LATERALMENTE

Até agora, a suposição feita em nossos projetos e análises foi que as cargas aplicadas às fundações profundas são verticalmente para baixo, ou seja, sob compressão. No entanto, as fundações profundas apresentam uma vantagem adicional sobre as fundações rasas, pois podem fornecer suporte considerável para cargas aplicadas lateralmente e/ou verticalmente para cima (ou seja, sob tração). Lembre-se de que quando as cargas em fundações rasas atingem uma inclinação de cerca de 20° ou mais, a capacidade de carga resultante diminui de forma significativa (Seção 10.3.3). As fundações rasas praticamente não têm capacidade de suportar forças de subpressão, exceto as forças da gravidade provenientes de seu próprio peso, a menos que sejam fustes rasos em forma de sino instalados para agir como uma fundação rasa (Figura 12.7). Nesta seção, são apresentados métodos para calcular a capacidade de carga de tração de uma estaca e para calcular deflexões em estacas carregadas lateralmente.

12.4.1 Capacidade de carga de estacas carregadas em tração

Conforme observado anteriormente, há uma série de aplicações para as quais as estacas tracionadas são úteis.

As estruturas *offshore*, que têm sido tradicionalmente construídas para apoiar a extração de petróleo e gás no fundo do mar, são cada vez mais utilizadas para turbinas eólicas e outras instalações. As forças sofridas pela estrutura acima da linha d'água expõem as fundações a intensas forças descendentes de longo prazo e forças de tração ascendentes de curto prazo. Em terra, as fundações podem ser construídas abaixo do lençol freático, de modo que as forças hidrostáticas ascendentes podem ter de ser resistidas. Ou, assim como nas estruturas *offshore*, a natureza da estrutura pode levar a forças eólicas ou sísmicas que impõem grandes momentos de tombamento à fundação, e estes devem ser suportados por estacas com capacidade de subpressão suficiente.

Aplicações adicionais para estacas tracionadas ocorrem em solos expansivos (Seção 5.5), que podem se empolar ou expandir com variações no lençol freático, e em latitudes setentrionais onde os solos se empolam à medida que congelam e exercem forças ascendentes sobre as estacas.

Em alguns casos, as estacas tracionadas podem ser utilizadas essencialmente para "amarrar" a estrutura e resistir a essa subpressão, particularmente em aplicações *offshore*.

Os métodos tradicionais para dimensionamento de estacas tracionadas foram retirados de Meyerhof e Adams (1968). Naturalmente, a maior diferença entre estacas carregadas convencionalmente em compressão e estacas carregadas em tração é que a ponta da estaca ou a carga pontual não desempenha nenhum papel. Além do atrito lateral, há duas considerações adicionais que contribuem para a capacidade de subpressão da estaca: o peso da estaca e a geometria na ponta da estaca que, para fustes perfurados, pode ser alargada usando a broca especial mostrada na Figura 12.7b.

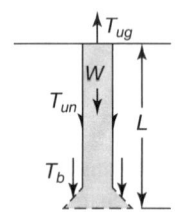

FIGURA 12.17 Forças atuando na estaca carregada sob tração.

A Figura 12.17 mostra as forças que atuam em uma estaca carregada sob tração. A subpressão final bruta ou capacidade de tração da estaca é definida como:

$$T_{ug} = T_{un} + W \, (+T_b) \tag{12.41}$$

onde T_{un} = a contribuição do atrito lateral para a subpressão;
W = peso do fuste da estaca;
T_b = capacidade de subpressão no caso de alargamento do sino da estaca;
L = comprimento da estaca.

Para T_{un}, são apresentadas duas análises, uma para areia e outra para argila, para estacas; excluindo por enquanto o sino. Para estacas tracionadas em areia, a capacidade de subpressão devido ao atrito lateral é dada como a soma do comprimento da estaca, como segue:

$$T_{un} = \sum_0^L A_s f \tag{12.42}$$

onde A_s é a área da superfície da estaca, que normalmente é calculada como o perímetro da estaca vezes seu comprimento, e a função de atrito lateral f, é a mesma que para a carga de compressão das estacas.

$$f = K\sigma'_v \tan \delta \tag{12.14}$$

Quanto às estacas de compressão, a suposição é que a conversão da tensão efetiva vertical para horizontal usando $K\sigma'_v$ gera atrito usando um ângulo de atrito da interface estaca-solo δ, geralmente presumido como sendo ½ a ⅔ o ângulo de atrito efetivo do solo ϕ'. Para o valor de K, costuma-se presumir um valor médio entre os valores de K ativo, em repouso e passivo [Equações (11.2), (11.9) e (11.23)], respectivamente:

$$K = 1/3(K_a + K_o + K_p) \tag{12.43}$$

Quando estacas tracionadas são instaladas em argila, a Equação (12.42) é novamente a equação básica utilizada, mas, para a resistência lateral, ela é obtida utilizando os métodos previamente formulados **α** [Equação (12.24) e Figura 12.14] e **λ** [Equação (12.29) e Figura 12.15].

O efeito do sino pode ser significativo para aumentar a capacidade de subpressão da estaca, embora o método seja restrito a solos onde a geometria do sino possa ser mantida antes do vazamento do concreto no vazio do mesmo criado pela broca de expansão (Figura 12.7b). A analogia sugerida para considerar uma estaca em forma de sino que sofre subpressão é um êmbolo que é enterrado no solo e depois puxado para cima pela alça. Se o êmbolo estiver próximo da superfície e o solo for suficientemente rígido (argila) ou denso (areia), você será capaz de elevá-lo de modo que o "tampão" de solo sobrejacente se levante e saia do solo.

FIGURA 12.18 Esquema da extensão da superfície de ruptura da estaca em forma de sino com força de subpressão T_b aplicada.

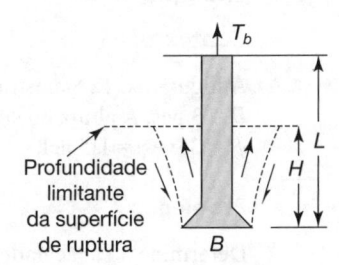

No entanto, se o êmbolo fosse enterrado mais profundamente, ou estivesse em argila macia ou areia menos densa, ele poderia levantar-se até um determinado ponto e depois ficar "preso" no depósito.

Meyerhof e Adams (1968) quantificaram esse problema usando o esquema da Figura 12.18 como referência. Eles caracterizaram o estado final (de ruptura) da estaca como uma zona onde o tampão do solo sobreposto ao sino com diâmetro B deslizaria para cima, sendo a resistência dada pelo atrito lateral na interface solo-solo do tampão. No entanto, conforme observado no parágrafo anterior, a superfície de ruptura do tampão pode ou não atingir a superfície do terreno natural a depender do comprimento da estaca L, do diâmetro do sino B e das propriedades do solo. A altura do tampão ou zona de ruptura é dada como H.

O resultado são duas equações dependendo se a ruptura é profunda (o tampão de ruptura não atinge a superfície do terreno natural) ou rasa (os planos de cisalhamento do tampão de ruptura atingem a superfície).

$$T_b = \begin{cases} \pi c B H + s_f \pi B \gamma (2L - H)(H/2) K_u \tan \phi' & \text{profundo } (L/B > \text{limite}) \quad (12.44a) \\ \underbrace{\pi c B L}_{\text{coesão}} + \underbrace{s_f \pi B \gamma (L^2/2) K_u \tan \phi'}_{\text{componente de atrito lateral}} & \text{raso } (L/B \leq \text{limite}) \quad (12.44b) \end{cases}$$

onde c = coesão do solo, que pode ser s_u não drenado ou c' drenado;

s_f = fator de ajuste de atrito lateral = $1 + mL/B$, onde m depende de ϕ' para não exceder um determinado pico para cada valor de ϕ';

K_u = coeficiente de empuxo de terra lateral para subpressão, normalmente considerado 0,95.

Naturalmente, é importante determinar a altura do tampão de ruptura H, e isto é obtido a partir da Tabela 12.7. Um aspecto relevante do uso dessa tabela é determinar quais valores de parâmetros devem ser usados para o caso não drenado, onde ϕ' é presumido como zero. Em qualquer caso [Equações (12.44a) ou (12.44b)], o segundo termo da equação é eliminado para o caso $\phi' = 0$, mas ainda é necessário um valor de H para resolver a equação. Devido ao formato da relação entre ϕ' e H/B (quando tracejado), pode-se presumir que H/B se aproxima de cerca de 2,0 assintoticamente (todos valores suficientemente grandes) à medida que ϕ' se aproxima de zero. O Exemplo 12.8 ilustra o uso deste método.

TABELA 12.7 Valores de parâmetros para cálculo da capacidade de subpressão do sino em estacas tracionadas

ϕ'	ϕ'	20°	25	30	35	40	45	48
Limite	e H/B	25	3	4	5	7	9	11
	m	0,05	0,10	0,15	0,25	0,35	0,50	0,60
Máximo	s_j	1,12	1,30	1,60	2,25	4,45	5,50	7,60

De Meyerhof e Adams (1968).

Exemplo 12.8

Contexto:

A Figura Ex. 12.8 mostra um fuste perfurado com $L = 35$ pés, $B = 5$ pés e um diâmetro de fuste, $D = 3$ pés. A altura do sino h, é de 3 pés. O fuste perfurado é uma areia homogênea e seca, com $\phi' = 35°$ e $\gamma = 115$ pcf.

Problema:

Determine a capacidade líquida de subpressão do fuste perfurado (ou seja, exclua o peso da estaca).

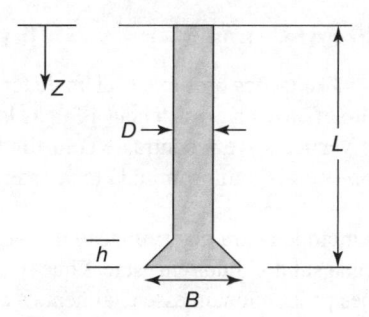

FIGURA Ex. 12.8

Solução:

Precisaremos resolver dois elementos da resistência à subpressão; o atrito lateral na estaca e o efeito do sino. Para o atrito lateral, usaremos a Equação (12.42):

$$T_{un} = \sum_0^L A_s f \qquad (12.42)$$

onde

$$f = K\sigma'_v \tan \delta \qquad (12.14)$$

e podemos calcular K como a média se K_a, K_o e K_p para o $\phi' = 35°$. Na Tabela 11.1, $K_a = 0,27$, $K_p = 3,69$, e podemos calcular $K_o = 1 - \text{sen } \phi' = 0,43$. A média desses três valores é 1,46. O valor de σ'_v é obtido no meio da profundidade da estaca, portanto com $z = 17,5$ pés, onde

$$\sigma'_v = (17,5)(115) = 2.013 \text{ psf}$$

e os ângulos de atrito da interface solo-estaca são: $\delta = 2/3$, $\phi' = 23,3°$. Consequentemente,

$$f = (1,46)(2.013)\tan 23,3° = 1.265 \text{ psf e o } T_{un} \text{ é}$$

$$T_{un} = \pi D L f = \pi(3)(35)1.265 = 417.282 \text{ lb} = 209 \text{ toneladas.}$$

Para a resistência fornecida pelo sino, devemos primeiro determinar se este é considerado um sino raso ou profundo usando a Tabela 12.7. Para $\phi' = 35°$, o valor limite de H/B é dado como 5, e a razão L/B para o nosso problema é 35/5 ou 7. Portanto, este é considerado um sino profundo, uma vez que a zona de ruptura do sino se estenderá apenas $H = 5 \cdot 5$ pés $= 25$ pés acima do sino. Portanto, usamos a Equação (12.44a) para calcular a resistência à subpressão do sino

$$T_b = \pi c B H + s_f \pi B \gamma (2L - H)(H/2)K_u \tan \phi' \qquad (12.44a).$$

O primeiro termo desta equação não é relevante, pois se trata de uma areia seca, e a partir da Tabela 12.7, para $\phi' = 35°$, $s_f = 2,25$. Usaremos $K_u = 0,95$. Portanto,

$$T_b = (2,25)\pi(5 \text{ pés})(115 \text{ pcf})[2(35) - 25](25/2)(0,95)\tan 35° = 1.520.804 \text{ lb} = 760 \text{ toneladas}$$

A capacidade líquida combinada de subpressão da estaca é então $209 + 760 = 969$ toneladas.

Observe que não incluímos o peso da estaca nesta capacidade, daí o termo **líquido**. Quanto acrescentaria, presumindo um peso específico de concreto de 150 lb/pés³? O volume da estaca, presumindo uma seção transversal uniforme ao longo de 35 pés de comprimento, é

$$V = [\pi(3)^2/4](35) = 247,4 \text{ pés}^3$$

Resultando em um peso de estaca $W_r = (247,4 \text{ pés}^3)(150 \text{ lb/pés}^3) = 37.110 \text{ lb} = 18,6$ toneladas, o que é menos de 3% da vida útil do nosso sino e da resistência lateral. Isto não significa que devamos ignorar esse peso em todos os casos, mas é provável que seja insignificante.

12.4.2 Estacas carregadas lateralmente – análise de carga final

Como observado anteriormente, as fundações profundas, além de terem a capacidade de suportar forças de subpressão, são muito eficazes na resistência a forças laterais, quer isoladamente, quer em combinação com forças verticais – em contraste com fundações rasas que têm uma capacidade de resistência a forças laterais muito limitada (e apenas na presença de uma força vertical dominante).

Meyerhof (1995) apresentou métodos para determinação de cargas finais para estacas em areias e argilas; esses casos são ainda subdivididos em estacas que se comportam como membros flexíveis ou rígidos. Essas soluções proporcionam essencialmente a capacidade de carga lateral da estaca à medida que esta aplica tensão ao solo adjacente. Com base na teoria elástica, ele usou um parâmetro K_r, a rigidez relativa da estaca, para determinar se a estaca deveria ser tratada como flexível ou rígida.

$$K_r = \frac{E_p I_p}{E_s L^4} \tag{12.45}$$

Onde E_p e I_p = módulo de elasticidade e momento de inércia da estaca;
E_s = módulo de elasticidade horizontal médio do solo ao redor da estaca;
L = comprimento da estaca.

Se K_r for menor que 1, a estaca é tratada como flexível, uma vez que o solo é rígido apenas o suficiente para conter a base da mesma, permitindo que o material da estaca dobre e cause a ruptura do solo adjacente. Se K_r for maior que 1, a estaca é relativamente mais rígida do que o solo circundante, e as cargas laterais fazem a mesma girar rigidamente em torno de algum ponto, levando o solo circundante a sofrer ruptura ao exceder a capacidade de carga horizontal devido a esse deslocamento rotacional.

Estacas em areias rígidas – A resistência à carga final para este caso é definida como

$$Q_u = 0{,}12\, \gamma D L^2 K_{br} < 0{,}4 p_l D L \tag{12.46}$$

onde γ = peso específico do solo;
D e L = diâmetro (ou dimensão lateral) e comprimento da estaca, respectivamente;
K_{br} = coeficiente de empuxo líquido do solo resultante, obtido a partir da Figura 12.19, em função do ângulo de atrito da areia e da relação L/D.

Como a Equação (12.46) indica, o Q_u calculado não pode exceder um valor limite de $0{,}4\, p_l DL$, onde

p_1 = empuxo limite do solo = $40 - 60 N_q \tan \phi$ (kPa) = $835 - 125 N_q \tan \phi$ (psf)

onde N_q é um dos nossos fatores de capacidade de carga de fundação rasa da Seção 10.3.2.

$$N_q = N_\phi e^{\pi \tan \phi} \tag{10.5c}$$

$$N_\phi = \frac{1 + \operatorname{sen}\phi}{1 - \operatorname{sen}\phi} = \tan^2(45 + \phi/2) \tag{10.5d}$$

Além dessa capacidade real da capacidade de carga estaca-solo, nessas análises devemos determinar se a própria estaca pode suportar estruturalmente o momento aplicado devido a essa tensão de flexão. O momento máximo induzido para esse caso é

$$M_{\text{máx}} = 0{,}35 Q_u L \tag{12.47}$$

e este deve ser menor que o momento de escoamento da estaca:

$$M_y = SF_y \tag{12.48}$$

onde

S = módulo de seção da estaca (fornecido em tabelas de estacas ou calculado usando equações em tabelas padrão na Internet ou em seu livro de estruturas);

F_y = tensão de escoamento para o material da estaca.

Estacas em areias flexíveis – Para este caso, a capacidade de carga final é calculada a partir da Equação (12.46), mas com a substituição de L por um comprimento efetivo L_e (a porção do comprimento da estaca que está realmente flexionada em relação à porção inferior que está fixada no solo, permite que o resto seja dobrado).

$$Q_u = 0{,}12\gamma DL_e^2 K_{br} \tag{12.49}$$

Onde $L_e/L = 1{,}65K^{0,12}$, e a razão de L_e/L não pode nunca exceder a unidade.

Mesmo que este caso presuma uma estaca flexível, o $M_{\text{máx}}$ induzido na estaca deve ser calculado e comparado com o momento de escoamento da mesma como na Equação (12.48). O $M_{\text{máx}}$ calculado é definido como não excedendo $0{,}3Q_gL$, onde K_r é definido pela Equação (12.45), e Q_g é a carga de trabalho ou aplicada no topo da estaca.

$$M_{\text{máx}} = 0{,}3K_r^{0,2} Q_g L$$

Estacas em argilas rígidas – Para estacas carregadas lateralmente em argila, a Equação (12.45) é novamente utilizada para que se determine se as propriedades de estaca-solo resultam em comportamento de estaca rígida ou flexível. Em ambos os casos, a ruptura da capacidade de carga não drenada é presumida, de modo que a resistência do solo depende da coesão não drenada c_u. O cálculo da resistência final à carga para estacas rígidas em argilas é semelhante ao das areias, não excedendo $0{,}4p_l DL$, onde K_{cr} pode ser extraído da Figura 12.20.

$$Q_u = 0{,}4c_u K_{cr} DL, \text{ não exceder } 0{,}4p_\ell DL \tag{12.50}$$

O momento máximo a ser comparado com o momento de escoamento da estaca M_y da Equação (12.48), é definido como

$$M_{\text{máx}} = 0{,}22 Q_u L \tag{12.51}$$

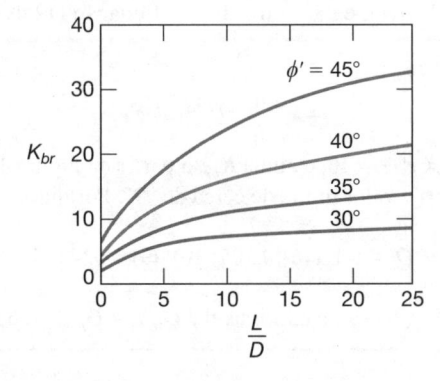

FIGURA 12.19 Coeficiente líquido de empuxo do solo resultante K_{br}, para calcular a capacidade de carga lateral de estacas em areia (adaptada de Meyerhof, 1995).

FIGURA 12.20 Coeficiente líquido de empuxo do solo resultante (K_{cr}), para calcular a capacidade de carga lateral de estacas em argila (adaptada de Meyerhof, 1995).

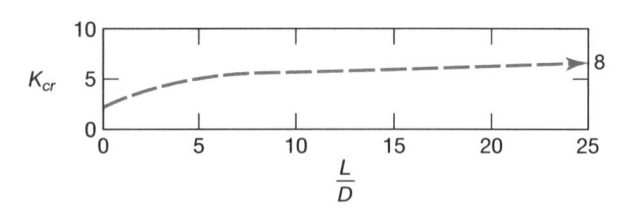

Estacas em argilas flexíveis – A substituição do comprimento efetivo L_e, é usada na Equação (12.50) para calcular a resistência final da carga, onde $L_e/L = 1{,}5K_r^{0{,}12}$, com esta relação não excedendo a unidade. O momento máximo na estaca sob flexão para a carga aplicada ou de trabalho Q_g aplicada no topo da estaca não deve exceder 0,15 $Q_g L$.

$$M_{\text{máx}} = 0{,}3K_r^{0{,}2} Q_g L \text{ não exceder } 0{,}15 Q_g L \tag{12.52}$$

Exemplo 12.9

Contexto:

Uma estaca de concreto com 35 m de comprimento apresenta seção transversal de 305 mm × 305 mm e está totalmente embutida em um depósito de areia ($\phi = 30°$, $\gamma = 16$ kN/m³). O módulo da estaca é 23×10^6 kPa e o limite de escoamento da estaca é $F_Y = 24.000$ kPa.

Problema:

A carga lateral admissível que pode ser aplicada na superfície do terreno natural para um $FS = 2$.

Solução:
O primeiro passo é usar a Equação (12.45) para determinar se a estaca deve ser tratada como rígida ou flexível,

$$K_r = \frac{E_p I_p}{E_s L^4} \tag{12.45}$$

O momento de inércia da área é $I_p = B^4/12 = (0{,}305 \text{ m})^4/12 = 7{,}21 \times 10^{-4}$ m⁴, e a partir da Tabela 12.5, usaremos $E_s = 25$ MN/m².

$$K_r = \frac{(23 \times 10^6 \text{ kPa})(7{,}21 \times 10^{-4} \text{ m}^4)}{(25 \times 10^3 \text{ kPa})(35)^4} = 4{,}4 \times 10^{-7}$$

Isto é obviamente muito flexível, então utilizamos a Equação (12.49) para determinar a carga lateral final na estaca.

$$Q_u = 0{,}12 \gamma D L_e^2 K_{br} \tag{12.49}$$

Precisamos de $L_e = L$ $1{,}65K_r^{0{,}12} = 10$, e ainda K_{br}, a partir da Figura 12.19 para $\phi' = 30$ e $L/D = 35/0{,}305 > 25$, então usamos o valor limite de cerca de "9". Portanto,

$$Q_u = 0{,}12(16)(0{,}305)(10)^2 (9) = 527 \text{ kN}$$

o que significa para um $FS = 2$ a carga admissível é $Q_{\text{todo}} = Q_u/2 = 263{,}5$ kN

12.4.3 Estacas carregadas lateralmente – análise de deflexão

Talvez de forma um tanto estranha, as análises de deflexão em estacas carregadas lateralmente têm sido utilizadas há muito mais tempo do que as análises de carga final que acabamos de abordar na seção anterior. Os métodos de análise de deflexão foram elaborados pela primeira vez na década de 1950 e atualmente são considerados a norma. Ocasionalmente conhecidas como curvas *p-y* (*p* foi usado como a pressão horizontal no solo induzida pela deflexão lateral e *y* como a deflexão horizontal), essas soluções são baseadas na teoria elástica. Uma vantagem dessas soluções padrão é que elas podem levar em conta tanto uma força lateral (Q_g) quanto um momento (M_g) no topo da estaca, como mostrado na Figura 12.21.

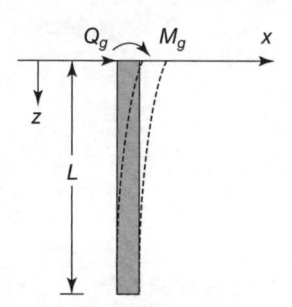

FIGURA 12.21 Geometria e condições de carregamento para análise de deflexão de estacas carregadas lateralmente.

Estacas carregadas lateralmente em solos granulares – A partir da análise de carga final para estacas carregadas lateralmente (Seção 12.4.2), agora você está familiarizado com o conceito de uma estaca "longa" flexível e uma estaca rígida "curta", com base na relação entre as propriedades elásticas da estaca e do solo. No caso de análise de deflexão de estacas carregadas lateralmente, a relação utilizada é conhecida como **comprimento característico** (T), que é calculado como:

$$T = \left(\frac{E_p I_p}{n_h}\right)^{1/5} \quad (12.53)$$

onde

E_p e I_p = módulo de elasticidade e momento de inércia de área da estaca;

n_h = constante do módulo horizontal de reação do subleito (*subgrade*), que é uma medida do módulo do solo na direção horizontal; faixas de valores de n_h para diferentes solos são fornecidas na Tabela 12.8.

Se o comprimento da estaca L for superior a $5T$, trata-se de uma "estaca longa", e presume-se que se comporta como um elemento flexível; se L for menor que $5T$, ela será tratada como uma "estaca curta" e rígida. O que acontece entre esses extremos? A resposta óbvia, mas insatisfatória, é que o modo de deflexão está em transição e, embora existam soluções para esses casos, pode ser necessário fazer análises de estaca longa e curta para podermos determinar qual é a que apresenta o pior caso.

Soluções para estacas longas em areia – As soluções de estacas longas incluem, para qualquer combinação de Q_g e M_g aplicadas no topo da estaca, os seguintes fatores em qualquer ponto ao longo do comprimento da estaca: deslocamento, *x*, distorção angular θ, momento induzido e cisalhamento na estaca *M* e *V*, respectivamente, e empuxo resultante no solo adjacente *p'*.

$$Z = z/T$$

As convenções de sinais para cada parâmetro calculado são indicadas na Figura 12.22, e a profundidade ao longo do comprimento da estaca é apresentada como a profundidade normalizada, que é, portanto, a profundidade do topo da estaca até o ponto de interesse *z*, normalizada em relação ao comprimento característico (enfatizando ainda mais a importância de calcular T com a maior precisão possível com parâmetros de entrada apropriados).

Para soluções de estacas longas em areias, as seguintes equações são usadas e podem ser facilmente colocadas em uma planilha para calcular todos os fatores com profundidade abaixo do topo da estaca. A Tabela 12.9 mostra os valores dos coeficientes, A_i e B_i, para cada profundidade normalizada *Z*.

TABELA 12.8 Valores representativos do módulo horizontal de reação do subgreide, n_h

Tipo de solo	n_h kN/m³	lb/pol.³
Areia seca ou úmida		
Solto	1.800 a 2.200	6,5 a 8,0
Médio	5.500 a 7.000	20 a 25
Denso	15.000 a 18.000	55 a 65
Areia submersa		
Solto	1.000 a 1.400	3,5 a 5,0
Médio	3.500 a 4.500	12–18
Denso	9.000 a 12.000	32 a 45

Adaptada de Das (2004).

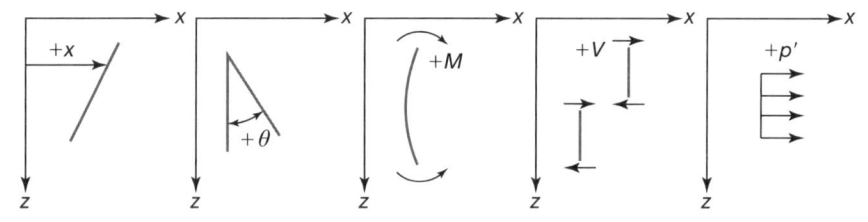

FIGURA 12.22 Convenção de sinais para estacas carregadas lateralmente: deslocamento (a), ângulo de deflexão (b), momento (c), cisalhamento (d) e empuxo na interface do solo (e) (adaptada de Das, 2004).

$$x(Z) = A_x \frac{Q_g T^3}{E_p I_p} + B_x \frac{M_g T^2}{E_p I_p} \quad (12.54a)$$

$$\theta(Z) = A_\theta \frac{Q_g T^2}{E_p I_p} + B_\theta \frac{M_g T}{E_p I_p} \quad (12.54b)$$

$$M(Z) = A_M Q_g T + B_M M_g \quad (12.54c)$$

$$V(Z) = A_v Q_g + \frac{B_v M_g}{T} \quad (12.54d)$$

$$p'(Z) = A_{p'} \frac{Q_g}{T} + \frac{B_{p'} M_g}{T^2} \quad (12.54e)$$

Exemplo 12.10

Contexto:

A mesma estaca usada no Exemplo 12.9 é usada em outro local. As propriedades do solo e da estaca são:

Solo: n_h = 9.200 kN/m³   Estaca: E_p = 23 × 10⁶ kPa
γ = 19,5 kN/m³ I_p = 7,21 × 10⁻⁴ m⁴

No topo da estaca, é aplicada uma carga lateral de 225 kN e um momento de 175 kN-m.

TABELA 12.9 Coeficientes para estacas longas para determinar a resposta ao carregamento lateral

Z	A_x	A_θ	A_m	A_v	$A_{p'}$	B_x	B_θ	B_m	B_v	$B_{p'}$
0,0	2,435	−1,623	0,000	1,000	0,000	1,623	−1,750	1,000	0,000	0,000
0,1	2,273	−1,618	0,100	0,989	−0,227	1,453	−1,650	1,000	−0,007	−0,145
0,2	2,112	−1,603	0,198	0,956	−0,422	1,293	−1,550	0,999	−0,028	−0,259
0,3	1,952	−1,578	0,291	0,906	−0,586	1,143	−1,450	0,994	−0,058	−0,343
0,4	1,796	−1,545	0,379	0,840	−0,718	1,003	−1,351	0,987	−0,095	−0,401
0,5	1,644	−1,503	0,459	0,764	−0,822	0,873	−1,253	0,976	−0,137	−0,436
0,6	1,496	−1,454	0,532	0,677	−0,897	0,752	−1,156	0,960	−0,181	−0,451
0,7	1,353	−1,397	0,595	0,585	−0,947	0,642	−1,061	0,939	−0,226	−0,449
0,8	1,216	−1,335	0,649	0,489	−0,973	0,540	−0,968	0,914	−0,270	−0,432
0,9	1,086	−1,268	0,693	0,392	−0,977	0,448	−0,878	0,885	−0,312	−0,403
1,0	0,962	−1,197	0,727	0,295	−0,962	0,364	−0,792	0,852	−0,350	−0,364
1,2	0,738	−1,047	0,767	0,109	−0,885	0,223	−0,629	0,775	−0,414	−0,268
1,4	0,544	−0,893	0,772	−0,056	−0,761	0,112	−0,482	0,688	−0,456	−0,157
1,6	0,381	−0,741	0,746	−0,193	−0,609	0,029	−0,354	0,594	−0,477	−0,047
1,8	0,247	−0,596	0,696	−0,298	−0,445	−0,030	−0,245	0,498	−0,476	0,054
2,0	0,142	−0,464	0,628	−0,371	−0,283	−0,070	−0,155	0,404	−0,456	0,140
3,0	−0,075	−0,040	0,225	−0,349	0,226	−0,089	0,057	0,059	−0,213	0,268
4,0	−0,050	0,052	0,000	−0,106	0,201	−0,028	0,049	−0,042	0,017	0,112
5,0	−0,009	0,025	−0,033	0,015	0,046	0,000	−0,011	−0,026	0,029	−0,002

Trecho de *Drilled Pier Foundations*, por R. J. Woodward, W. S. Gardner e D. M. Greer. Direitos autorais, 1972, da McGraw-Hill. Adaptada de Das (2004).

Problema:

a. Determine a deflexão lateral máxima da estaca.
b. Determine o empuxo máximo do solo que será aplicado da estaca ao solo circundante e a profundidade em que isso ocorrerá (aviso: não está no topo).

Solução:

a. Assim como acontece com as análises de carga lateral final, primeiro precisamos determinar se esta é uma estaca rígida e curta ou uma estaca longa e flexível, desta vez usando a Equação (12.53):

$$T = \left(\frac{E_p I_p}{n_h}\right)^{1/5} \tag{12.53}$$

$$= \left(\frac{(23 \times 10^6 \text{ kPa})(7,21 \times 10^{-4} \text{ m}^4)}{9.200 \text{ kN/m}^3}\right)^{1/5}$$

$$= 1,12 \text{ m}$$

A estaca é considerada longa e flexível por ser muito mais longa (35 m) que $5T = 5{,}6$ m. Usamos a Equação (12.54a) para calcular a deflexão lateral, e embora pensemos que o máximo ocorrerá no topo da estaca, cabe-nos fazer os cálculos do mesmo até uma profundidade de $5T$ onde o efeito do carregamento essencialmente não impacta mais a estaca. Uma maneira de abordar isso é montar uma planilha para calcular o deslocamento lateral em incrementos de $Z = z/T$ e, usando os valores de A_x e B_x da Tabela 12.9, calcular o deslocamento, $x(Z)$.

$$x(Z) = A_x \frac{Q_g T^3}{E_p I_p} + B_x \frac{M_g T^2}{E_p I_p} \qquad (12.54a)$$

A parte tediosa é colocar a Tabela 12.9 em uma planilha, mas uma vez configurada, você pode resolver qualquer problema de estaca carregada lateralmente usando este mesmo modelo. "Pré-calculamos" $E_p I_p = 16.583$ kN-m² e inserimos outros parâmetros de entrada constantes para a Equação (12.54a). É necessário usar a função "buscar" da planilha para selecionar os parâmetros A_x e B_x corretos da tabela. Os resultados na tabela a seguir são calculados em $x(Z)$ e traçados na Figura Ex. 12.10a. Nossa intuição está correta ao dizer que o deslocamento máximo, 0,679 m, está no topo da estaca.

b. Para o empuxo do solo p', criamos outra coluna com a Equação (12.54e)

$$p'(Z) = \frac{A_{p'} Q_g}{T} + \frac{B_{p'} M_g}{T^2} \qquad (12.54e)$$

Esses resultados são mostrados na tabela adiante e na Figura (12.10b), e vemos que o p' máximo é de cerca de 0,9 m abaixo do topo da estaca. Observe a convenção de sinais: com a deformação da estaca acima de cerca de 3,4 m, mostrada conforme a Figura Ex. 12.10a, o empuxo do solo recua para a esquerda, o que é negativo de acordo com a convenção de sinais da Figura 12.22.

(Z)	z(m)	x(Z),(m)	p'(z), kPa
0,0	0	0,0679	0,00
0,1	0,112	0,0626	−65,83
0,2	0,224	0,0574	−120,91
0,3	0,336	0,0523	−165,57
0,4	0,448	0,0475	−200,18
0,5	0,56	0,0429	−225,96
0,6	0,672	0,0385	−243,12
0,7	0,784	0,0343	−252,89
0,8	0,896	0,0303	−255,74
0,9	1,008	0,0266	−252,49
1,0	1,12	0,0232	−244,04
1,2	1,344	0,0170	−215,18
1,4	1,568	0,0119	−174,78
1,6	1,792	0,0076	−128,90
1,8	2,016	0,0043	−81,86
2,0	2,24	0,0018	−37,32
3,0	3,36	−0,0026	82,79
4,0	4,48	−0,0013	56,00
5,0	5,6	−0,0002	8,96

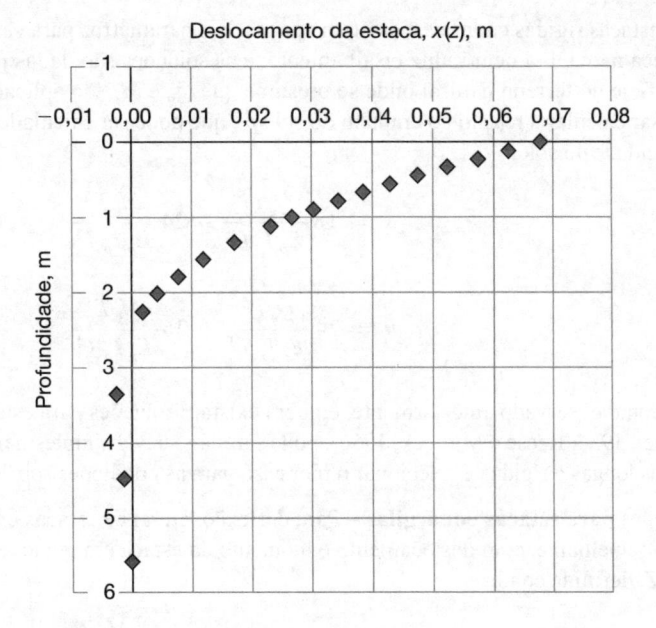

FIGURA Ex. 12.10a

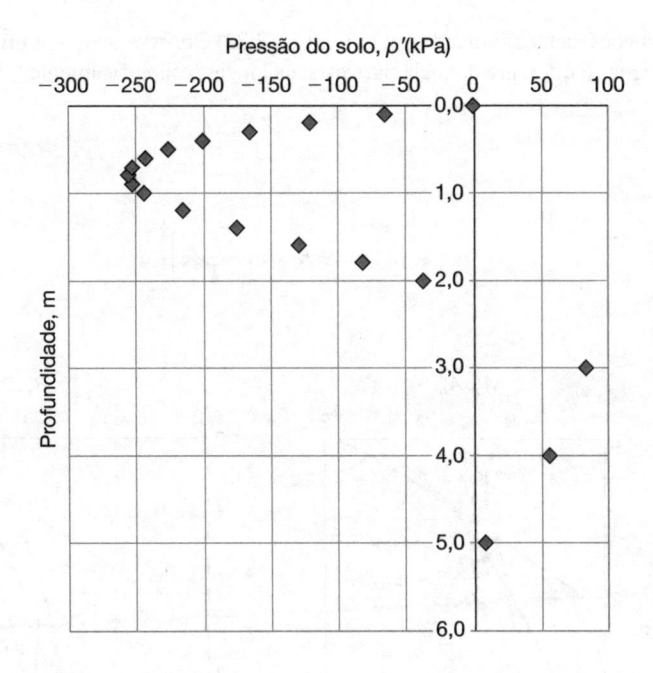

FIGURA Ex. 12.10b

Para estacas rígidas em areias, existem apenas dois parâmetros para calcular x e θ, uma vez que a estaca não dobra nem induz cisalhamento, e as soluções são dadas para esses parâmetros na superfície do terreno natural onde se presume que Q_g e M_g são aplicadas. Além disso, se você precisar calcular a reação ao empuxo do solo p', que pode ser calculado usando x e o módulo de elasticidade do solo.

$$x = 18\frac{Q_g T^5}{E_p I_p L^2} - 24\frac{M_g T^5}{E_p I_p L^3} \quad (12.55a)$$

$$\theta = 24\frac{Q_g T^5}{E_p I_p L^3} + 36\frac{M_g T^5}{E_p I_p L^4} \quad (12.55b)$$

Como observado anteriormente, embora existam soluções para estacas com L entre $2T$ e $5T$ (Barber, 1954; Reese e Matlock, 1956), pode ser mais viável simplesmente realizar cálculos para estacas longas e rígidas e selecionar o pior caso para as condições sob consideração.

Soluções para estacas em argilas – Para deflexão lateral de estacas em argilas, a abordagem é muito semelhante, com deslocamento e momento da estaca em qualquer profundidade normalizada Z, definida como:

$$x(Z) = A'_x \frac{Q_g R^3}{E_p I_p} + B'_x \frac{M_g R^2}{E_p I_p} \quad (12.56a)$$

$$M(Z) = A'_M Q_g R + B'_M M_g \quad (12.56b)$$

com os coeficientes indicados pela Figura 12.23. Observa-se que a profundidade normalizada para argilas é diferente daquela para estacas longas, especificamente

$$Z = z/R$$

onde

$$R = \left(\frac{E_p I_p}{k}\right)^{\frac{1}{4}} \quad (12.57)$$

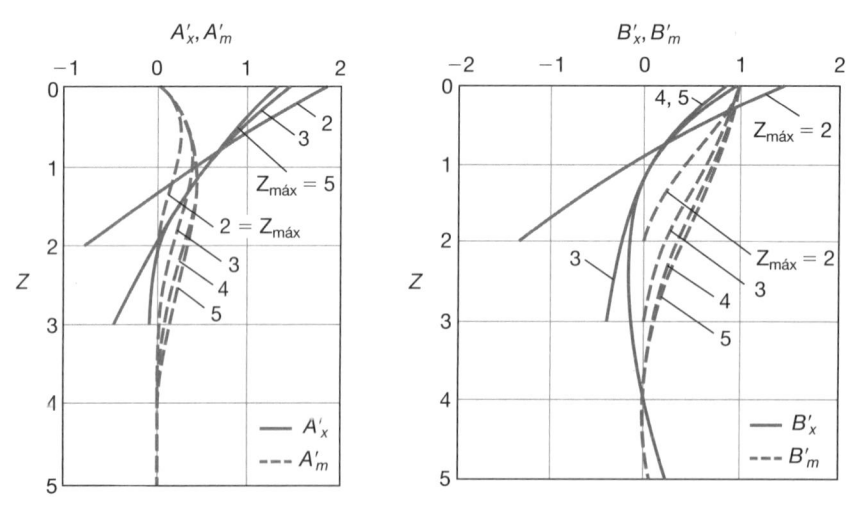

FIGURA 12.23 Variação de parâmetros para estacas rígidas carregadas lateralmente em argila (adaptada de Davisson e Gill, 1963 e Das, 2004).

com **k** conforme indicado por Vesić (1961),

$$k = 0{,}65 \sqrt[12]{\frac{E_s D^4}{E_p I_p}} \frac{E_s}{1 - \mu_s^2} \qquad (12.58)$$

12.5 TÓPICOS ADICIONAIS SOBRE FUNDAÇÕES PROFUNDAS

12.5.1 Atrito lateral negativo de estacas

Um fenômeno que pode surgir sob certas condições para estacas que penetram em solos argilosos é conhecido como **atrito lateral negativo**. Isso ocorre quando o solo ao redor da estaca sofre recalque e, devido ao atrito ou à aderência estaca-solo, causa atrito negativo descendente na estaca. Devido a isso, o solo começa a puxar a estaca com ele à medida em que sofre assentamento. Isto é mais provável quando as estacas penetram em aterros colocados sobre depósitos naturais de solos, ou em casos incomuns onde o lençol freático em um depósito de argila natural é rebaixado, aumentando a tensão vertical efetiva (σ'_v) no depósito, o que novamente leva ao recalque das argilas.

Quando essas condições ocorrem, os efeitos no desempenho da estaca podem ser significativos. Primeiro, reduzem a capacidade disponível da estaca para suportar as cargas estruturais para as quais foi projetada; os princípios da estática dizem-nos que a carga induzida pela força de atrito negativo deve ser compensada por uma força igual e oposta – que é proporcionada pela capacidade de carga da estaca. O segundo efeito é que, como esse atrito negativo descendente é uma força adicional sobre a estaca, o recalque geral da estaca pode aumentar. E, finalmente, se a estaca fizer parte de um grupo de estacas pouco espaçadas que atuam para suportar uma carga estrutural, o atrito lateral negativo pode impactar diferentes estacas nesse grupo de maneira diferente e ter influência no desempenho do grupo projetado.

Observa-se, ainda, que conforme mencionamos anteriormente as estacas instaladas em um ângulo, são conhecidas como **estacas inclinadas**. E o recalque da camada superior do solo em torno dessas estacas pode ter um efeito particularmente agudo, uma vez que faz com que a estaca sofra flexões para as quais provavelmente não foi concebida. Não abordaremos este caso. Existem duas condições comuns do solo que conduzem ao desenvolvimento de atrito lateral negativo nas quais nos concentraremos: quando as estacas penetram na argila com um depósito subjacente sem coesão; e o caso oposto, quando um solo granular ou sem coesão se sobrepõe à argila.

Argila sobre depósito granular – A Figura 12.24 mostra o esquema dessa situação para uma estaca com comprimento total **L**, e espessura da camada de argila H_{argila}. A suposição é que a argila é compressível, uma vez que foi colocada como material de aterro, e a areia ou camada granular é relativamente incompressível. À medida que a argila assenta, o atrito na interface solo-estaca resultará no desenvolvimento de uma força que deve ser suportada pela estaca.

Esse método de análise presume que a argila está se comportando de maneira drenada (em relação a não drenada), uma vez que está ocorrendo recalque por adensamento. O valor de σ'_v é calculado e, por sua vez, é considerado convertido em uma tensão de atrito f, nas laterais da estaca

$$f = K\sigma'_v \tan \delta \qquad (12.18)$$

onde

$K = K_o = 1 - \text{sen } \phi'$

$\sigma' = \sigma'_v$ na profundidade considerada

δ = ângulo de atrito da interface entre estaca e solo

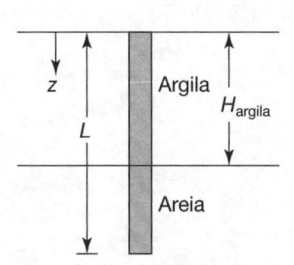

  $= 0{,}5 \to 0{,}7\phi'$ de solo

FIGURA 12.24 Condições para atrito lateral negativo, argila sobre depósito de solo granular.

Como o valor de f irá variar com a profundidade devido à variação de σ'_v, um somatório sobre a H_{argila} deve ser usado para determinar a força adicional resultante na estaca ao longo de incrementos de comprimento Δz, e usando o perímetro da estaca p:

$$Q_n = \sum_0^{H_{argila}} p \Delta L f \qquad (12.13)$$

Este Q_n é, então, adicionado à carga aplicada na estaca, resultando na diminuição do fator de segurança da mesma. Trata-se de uma abordagem conservadora, uma vez que não considera o incremento de σ'_v adicional devido ao recalque, mas sim todo o σ'_v aplicado ao solo em determinadas profundidades.

Aterro granular sobre argilas – A Figura 12.25 mostra o outro caso, no qual o aterro agora é granular e cobre o depósito natural de argila. Nesse caso, o aterro granular faz o depósito argiloso se adensar dentro de uma profundidade abaixo do topo da argila $z = L_1$ (conhecido como "ponto neutro"), e o atrito negativo descendente sobre esse subcomprimento faz a força adicional Q_n, ser aplicada à estaca. Portanto, a tarefa principal é determinar esse comprimento, que é calculado da seguinte forma:

$$L_1 = \frac{(L - H_s)}{L_1}\left(\frac{(L - H_s)}{2} + \frac{q'_o}{\gamma_{c,b}}\right) - \frac{2q'_o}{\gamma_{c,b}} \qquad (12.59)$$

onde $q'_o = \sigma'_v$ no topo da camada de argila $z = 0$, conforme definido na Figura 12.26

$\gamma_{c,b}$ = peso específico submerso da argila.

Uma vez encontrado o valor de L_1, utiliza-se a mesma abordagem de soma do caso anterior, desta vez ao longo do comprimento do topo da argila $z = 0$, até $z = L_1$.

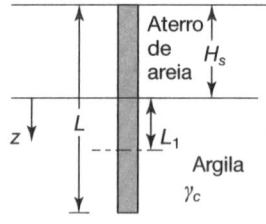

FIGURA 12.25 Condições para atrito lateral negativo, aterro de areia sobre argila natural.

$$Q_n = \sum_0^{L_1} f_n p \Delta z \qquad (12.60)$$

que é novamente adicionado à força aplicada na estaca.

12.5.2 Verificação de capacidade de estacas

Ensaios de carga de estaca – devido às incertezas relacionadas à previsão da capacidade de carga da mesma e a verificação da capacidade real de uma estaca em campo tem sido normalmente necessárias em muitas jurisdições de códigos de construção. Essa verificação tem sido tradicionalmente realizada usando o que é conhecido como ensaio de carga de estaca em uma "estaca de ensaio" designada para tal ensaio de prova. Uma vez que essa estaca tenha sido instalada no local do projeto, as estacas de reação podem ser instaladas adjacentes à estaca (Figura 12.26), e uma viga de reação, colocada através das estacas de reação. Um macaco hidráulico é inserido entre a viga e a estaca de ensaio, e a carga aumenta à medida que o recalque da estaca de ensaio é monitorado. A carga axial na estaca de ensaio costuma ser aumentada para 150 a 200% da carga de projeto, e o código de construção local em geral especifica o recalque admissível durante um período após a aplicação da carga de ensaio.

Analisador de cravação de estacas e equação de onda – Embora muitos códigos de construção ainda exijam o uso de uma estaca de ensaio, o que pode ser demorado e caro (sobretudo se o recalque admissível for excedido), no caso das estacas cravadas, o empreiteiro e o engenheiro podem querer prever a capacidade da estaca durante a cravação. Um método antigo é o uso de um analisador de cravação de estacas, cujos resultados podem ser usados em um modelo computacional que trata a estaca como uma barra elástica com uma onda de tensão viajando através

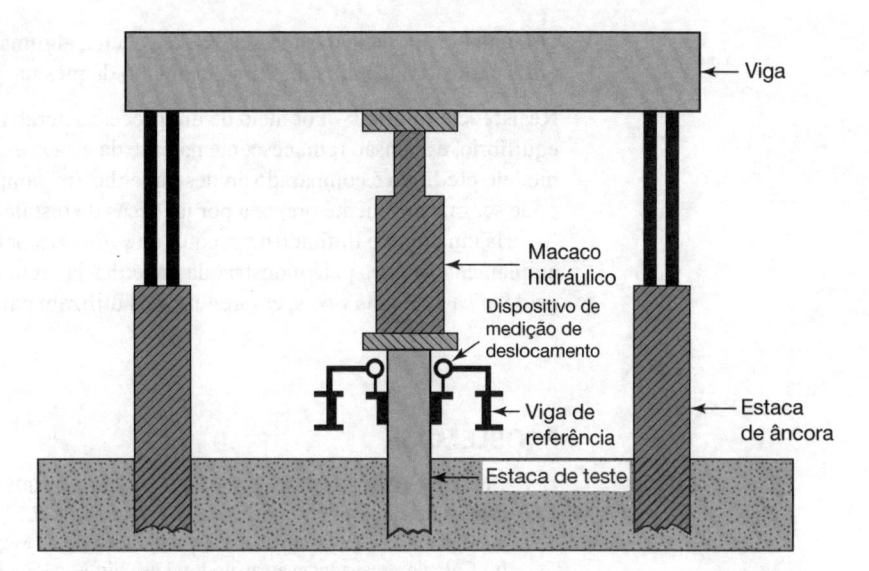

FIGURA 12.26 Esquema da configuração do ensaio de carga da estaca, usando duas estacas de reação para testar a estaca central [adaptada de Das, 2004].

dela (resultante do golpe do martelo). O método de análise utilizado é conhecido como "equação de onda".

Antes da instalação da estaca, a equação de onda pode ser usada como modelo preditivo para a capacidade da ação de ponta, mas também para determinar a adequação do equipamento de cravação proposto e para estimar as tensões de cravação na estaca a fim de garantir que o material da mesma possa suportar essas tensões. Em campo, um sensor é colocado no topo da estaca onde o martelo bate, e, à medida que a cravação ocorre, as leituras do sensor são usadas para comparar com o modelo de cravação da estaca. Como mostrado na Figura 12.27, conforme as tensões percorrem a estaca (que foi dividida em elementos com conexões de mola como mecanismos modelo de transferência de tensão), determinada tensão é transferida para o solo

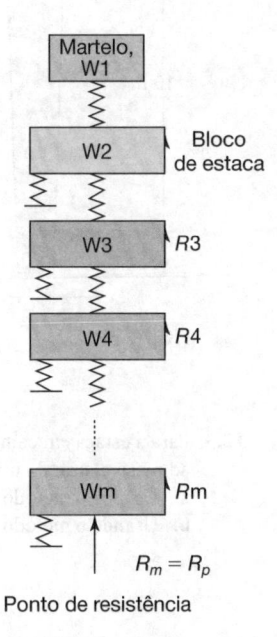

FIGURA 12.27 Representação da estaca como uma série de elementos separados por mola para análise de ondas da estaca durante a cravação.

circundante por meio das reações R_1, R_2, ... etc., alguma tensão é amortecida pela estaca e o restante é transferido para o próximo elemento da mesma.

Resistência pontual – Por meio de um processo iterativo no programa, chega-se a um estado de equilíbrio, e a tensão remanescente na base da estaca é a capacidade da ação de ponta. Quando o modelo preditivo é comparado ao desempenho em campo, a capacidade de carga final da estaca pode ser razoavelmente prevista por métricas de instalação, como golpes por polegada.

Há um número limitado de pacotes de *softwares* para análise de cravação de estacas que são amplamente aceitos pela indústria da engenharia civil, e a maioria das empresas de consultoria geotécnica e, muitas vezes, empreiteiros os utilizam para projeto e análise.

PROBLEMAS

12.1 Uma estaca de concreto tem 25 m de comprimento e 305 mm x 305 mm de seção transversal. A estaca está totalmente embutida em areia, para a qual $\gamma = 17{,}5$ kN/m³ e $\phi' = 35°$.
  a. Calcule a carga pontual final Q_p, pelo método de Meyerhof.
  b. Calcule a resistência ao atrito total usando $K = 1{,}3$ e $\delta = 0{,}8\phi'$.

12.2 Uma estaca cônica foi cravada em uma camada de areia, como mostrado na Figura P12.2. O diâmetro da estaca no topo é de 0,5 m; na parte inferior, é de 0,3 m (a estaca tem o formato de uma cenoura). As propriedades de todas as camadas de areia e a localização do lençol freático são indicadas.
  a. Determine a carga pontual final da estaca usando o método de Vesić (presuma que $I_{rr} = 90$).
  b. Determine a resistência ao atrito final da estaca. Presuma que $K = 0{,}8$ e o ângulo de atrito da interface entre a estaca e o solo $\delta = 0{,}7\,\phi'$.

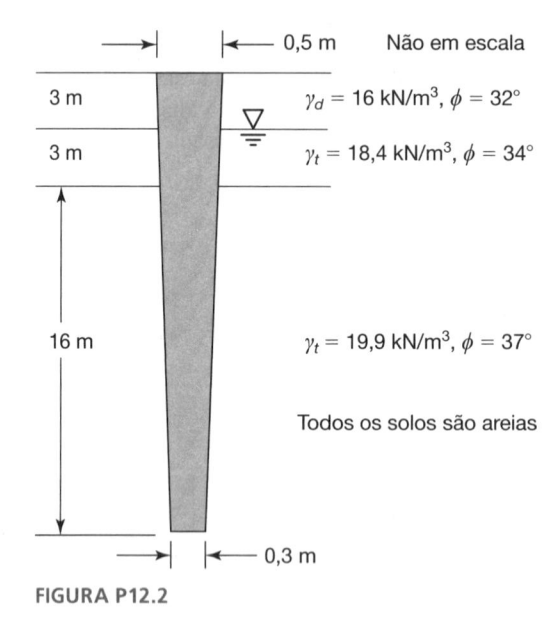

FIGURA P12.2

Camadas (de cima para baixo):
- 3 m: $\gamma_d = 16$ kN/m³, $\phi = 32°$
- 3 m: $\gamma_t = 18{,}4$ kN/m³, $\phi = 34°$
- 16 m: $\gamma_t = 19{,}9$ kN/m³, $\phi = 37°$

Topo: 0,5 m; Base: 0,3 m. Todos os solos são areias. Não em escala.

12.3 Para a estaca em camadas de argilas siltosas mostradas na Figura P12.3, determine sua carga pontual admissível usando um $FS = 3$. Analise este problema de duas maneiras:
  a. Usando o método de caso não drenado de Meyerhof.
  b. Usando o método do caso drenado de Vesić (use $I_{rr} = 100$) (adaptado de Das, 2004).

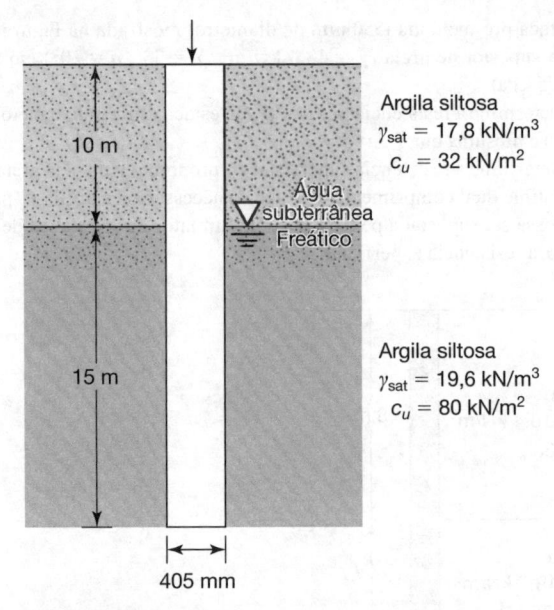

FIGURA P12.3

Argila siltosa
$\gamma_{sat} = 17,8$ kN/m³
$c_u = 32$ kN/m²

10 m

Água subterrânea
Freático

Argila siltosa
$\gamma_{sat} = 19,6$ kN/m³
$c_u = 80$ kN/m²

15 m

405 mm

12.4 Uma estaca tubular de 12 pol. de diâmetro (extremidade fechada) é cravada em uma argila saturada como mostrado na Figura P12.4. A carga de projeto da estaca $Q_{tudo} = 30$ toneladas. Determine o comprimento necessário da estaca se o fator de segurança for dois. Presuma que a capacidade de carga consiste apenas na resistência superficial (sem resistência pontual). Use o método α para calcular f. Presuma que o lençol freático esteja abaixo da ponta da estaca.

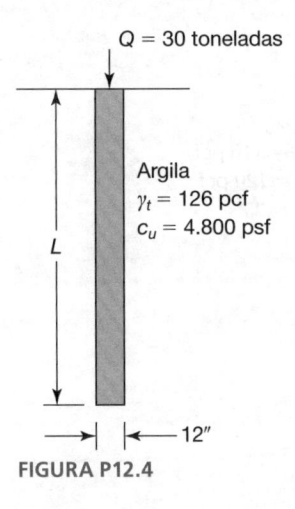

$Q = 30$ toneladas

Argila
$\gamma_t = 126$ pcf
$c_u = 4.800$ psf

L

12″

FIGURA P12.4

12.5 Uma estaca de aço "HP" 10 × 57 com 12 m de comprimento é cravada em argila saturada com $\gamma_t = 17$ kN/m³ e tendo uma coesão não drenada $c_u = 100$ kN/m²; o lençol freático está na superfície do terreno natural. Calcule a capacidade de carga total admissível para essa estaca para um fator de segurança três. Use o método de Meyerhof para resistência pontual e o método λ para resistência superficial.

12.6 A estaca pré-moldada (550 mm de diâmetro) mostrada na Figura P12.6 será cravada através da camada superior de areia (γ_d = 18,4 kN/m³, ϕ' = 33°, δ = 20°) em uma argila dura (γ_t = 19,7 kN/m³, c_u = 75 kPa).
  a. Determine a resistência pontual Q_p da estaca utilizando o método de Vesić. Use o caso não drenado e presuma que I_{rr} = 65.
  b. Determine a resistência superficial Q_s proporcionada pela areia. Use um valor médio para K.
  c. Estime qual comprimento de estaca é necessário na argila L_c para que uma carga total de 420 kN possa ser suportada pela estaca com um fator de segurança de 2,5. Para a argila, use o método α para resistência superficial.

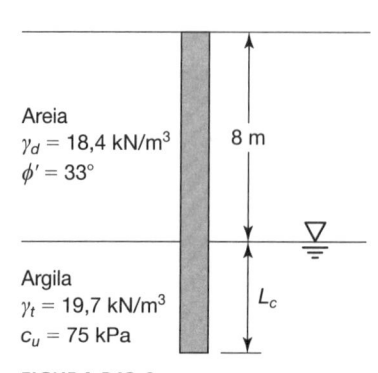

Areia
γ_d = 18,4 kN/m³
ϕ' = 33°

8 m

Argila
γ_t = 19,7 kN/m³
c_u = 75 kPa

L_c

FIGURA P12.6

12.7 A Figura P12.7 mostra uma estaca moldada no local com pedestal (sapata injetada por pressão ou **PIF**) em camadas de areia. A estaca apresenta diâmetro de 16 pol., exceto o pedestal, que tem diâmetro de 24 pol. (ignore a espessura vertical do pedestal em seus cálculos). Presuma uma estaca escavada (em oposição a uma estaca superficial).
  a. Determine a resistência pontual da estaca, em toneladas. Use o método de Meyerhof.
  b. Determine a resistência ao atrito da estaca, em toneladas.

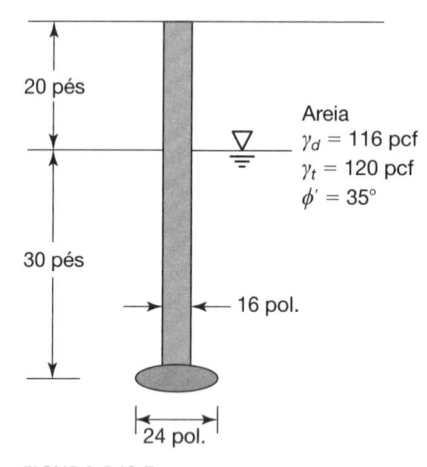

20 pés

Areia
γ_d = 116 pcf
γ_t = 120 pcf
ϕ' = 35°

30 pés

16 pol.

24 pol.

FIGURA P12.7

12.8 A Figura P12.8 mostra uma estaca moldada no local com pedestal em argila estratificada. A estaca apresenta diâmetro de 16 pol., exceto o pedestal, que tem diâmetro de 24 pol. (ignore a espessura do pedestal em seus cálculos).
  a. Determine a capacidade de carga final da estaca. Use o método não drenado de Vesić para resistência pontual (I_{rr} = 75) e o método α para resistência superficial.
  b. Estime o recalque da estaca sob carregamentos que sejam metade daqueles calculados na parte a, ou seja, Q_{wp} = ½Q_p, Q_{ws} = ½Q_s. Use E_s = 2.680 psi, μ = 0,35 e E_p = 3 × 10⁶ psi.

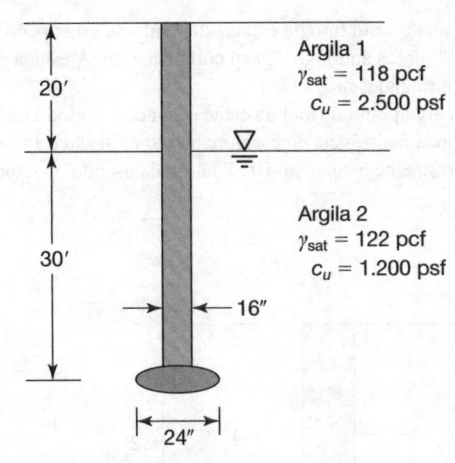

FIGURA P12.8

Argila 1
$\gamma_{sat} = 118$ pcf
$c_u = 2.500$ psf

20′

Argila 2
$\gamma_{sat} = 122$ pcf
$c_u = 1.200$ psf

30′

16″

24″

12.9 A Figura P12.9 apresenta uma estaca cônica que possui dois diâmetros diferentes ao longo de seu comprimento. A estaca penetra uma camada de areia e uma camada de argila subjacente, cada uma com as propriedades indicadas para aquela camada. Ignore qualquer capacidade de carga devido ao "escalonamento" na seção transversal da estaca.
  a. Determine a carga pontual final da estaca usando o método de Vesić para argila não drenada (use $I_{rr} = 85$).
  b. Determine a resistência ao atrito final da camada de areia. Você deve primeiro desenhar o perfil de σ'_v na areia.
  c. Determine a resistência ao atrito final da camada de argila. Use o método α.

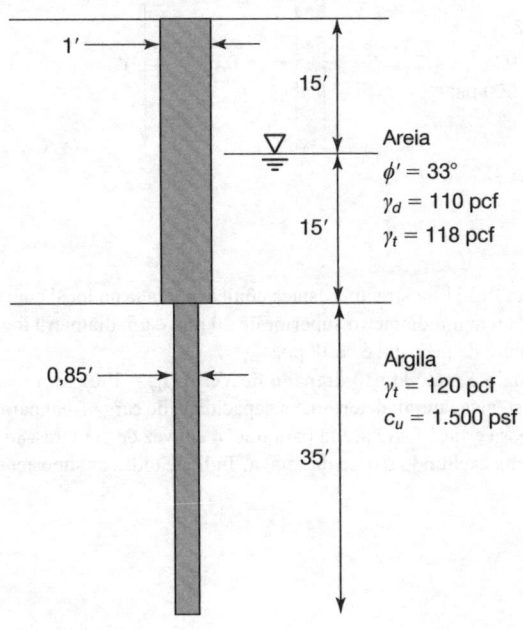

1′

15′

Areia
$\phi' = 33°$
$\gamma_d = 110$ pcf
$\gamma_t = 118$ pcf

15′

0,85′

Argila
$\gamma_t = 120$ pcf
$c_u = 1.500$ psf

35′

FIGURA P12.9

12.10 A Figura P12.10 mostra um tipo de estaca chamado de estaca cônica escalonada Raymond, que tem três diâmetros diferentes ao longo de seu comprimento. A estaca penetra três camadas diferentes de argila com as propriedades mostradas.
   a. Determine a carga pontual final da estaca usando o método de Vesić para argila não drenada (use $I_{rr}= 85$). Ignore a resistência do escalonamento na seção transversal da estaca.
   b. Determine a resistência ao atrito final da estaca usando o método a.

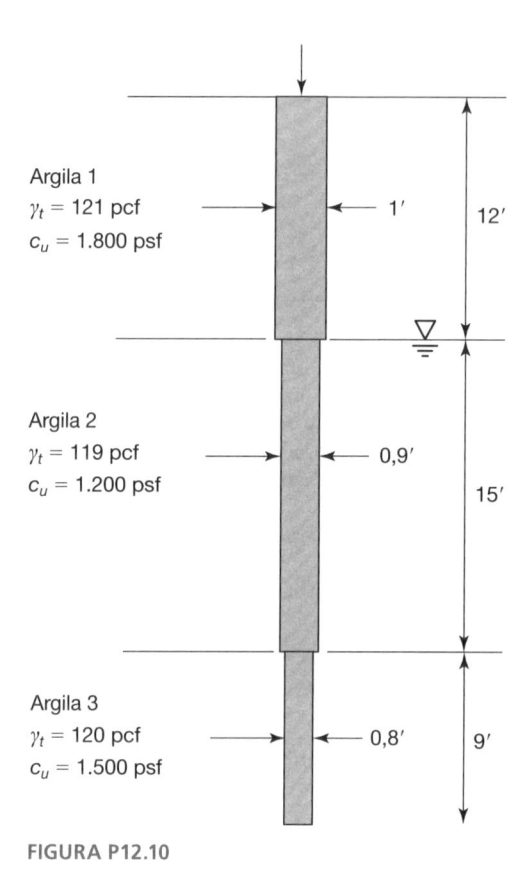

Argila 1
$\gamma_t = 121$ pcf
$c_u = 1.800$ psf
1'
12'

Argila 2
$\gamma_t = 119$ pcf
$c_u = 1.200$ psf
0,9'
15'

Argila 3
$\gamma_t = 120$ pcf
$c_u = 1.500$ psf
0,8'
9'

FIGURA P12.10

12.11 A Figura P12.11 mostra uma estaca cônica moldada no local com um pedestal em argila estratificada. A estaca tem um diâmetro superior de 20 pol. e um diâmetro logo acima do pedestal base de 12 pol. O diâmetro do pedestal é de 18 pol.
   a. Usando o método não drenado de Vesić ($I_{rr} = 100$) para resistência pontual e o método λ para resistência lateral, determine a capacidade de carga final para essa estaca em compressão.
   b. Se essa estaca fosse usada para tração em vez de compressão, qual seria a resistência ao arrancamento, excluindo o peso da estaca? Indique todas as suposições possíveis.

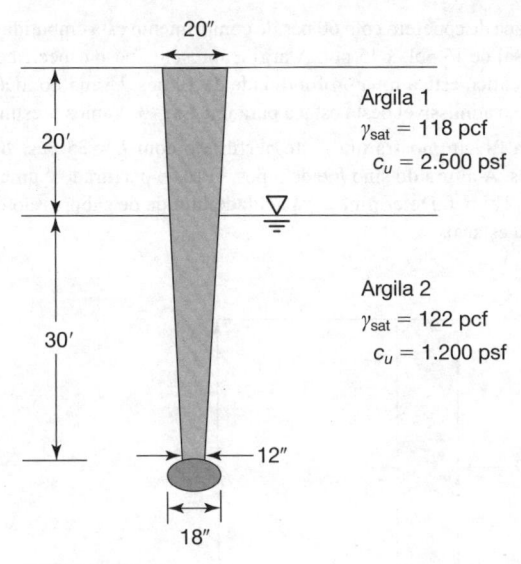

FIGURA P12.11

Argila 1
$\gamma_{sat} = 118$ pcf
$c_u = 2.500$ psf

Argila 2
$\gamma_{sat} = 122$ pcf
$c_u = 1.200$ psf

20'
30'
20"
12"
18"

12.12 Uma estaca de concreto tem 50 pés de comprimento e seção transversal de 16 pol. A estaca está embutida em uma areia com $\gamma = 117$ pcf e $\phi = 37°$. A carga de trabalho admissível é de 170 kips. Se 100 kips são provenientes do atrito superficial e 70 kips da carga pontual, determine o recalque elástico da estaca para $E_p = 3 \times 10^6$ psi, $E_s = 5 \times 10^3$ psi, $\mu_s = 0,35$ e $\xi = 0,62$.

12.13 Uma estaca de concreto protendido foi cravada na areia. Possui 21 m de comprimento, seção transversal quadrada e dimensão lateral de 356 mm. A carga de trabalho total é de 502 kN, e 350 kN da carga de trabalho são suportados pela resistência superficial, o restante pelo carregamento pontual. Determine o recalque elástico dado o seguinte:

Módulo de estaca: $E_p = 21 \times 10^6$ kPa
Propriedades elásticas do solo: $E_s = 25 \times 10^3$ kPa, $v = 0,35$
Fator de distribuição de carga: $\xi = 0,55$

12.14 Uma estaca de concreto de 60 pés de comprimento está embutida em argila (Figura P12.14). A estaca tem diâmetro de 16 pol. e sino de 36 pol. de diâmetro; ignore a altura do sino. A argila apresenta peso específico $\gamma_t = 122$ pcf e $c_u = 1450$ psf, e o lençol freático está a uma profundidade de 10 pés. Determine a capacidade de subpressão admissível desta estaca para um fator de segurança três. Use o método λ para resistência superficial e presuma capilaridade total.

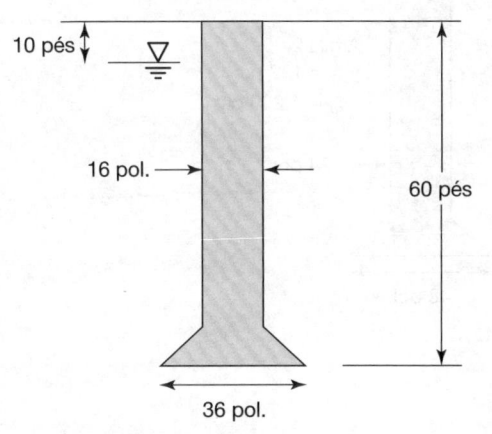

10 pés
16 pol.
60 pés
36 pol.

FIGURA P12.14

12.15 Uma estaca de concreto com 60 pés de comprimento está embutida em argila. A estaca tem uma seção transversal de 15 pol. x 15 pol. A argila apresenta peso específico, $\gamma_t = 122$ pcf e $c_u = 1.450$ psf, e o lençol freático está a uma profundidade de 10 pés. Usando o método λ, determine a capacidade de subpressão admissível desta estaca para um $FS = 3$. Vamos presumir que há capilaridade total.

12.16 A Figura P12.16 mostra um fuste perfurado com $L = 35$ pés, $B = 5$ pés e um diâmetro de fuste $D = 3$ pés. A altura do sino h é de 3 pés. O fuste perfurado é uma areia homogênea e seca, com $\phi = 35°$ e $\gamma = 115$ pcf. Determine a capacidade líquida de subpressão do fuste perfurado (ou seja, exclua o peso da estaca).

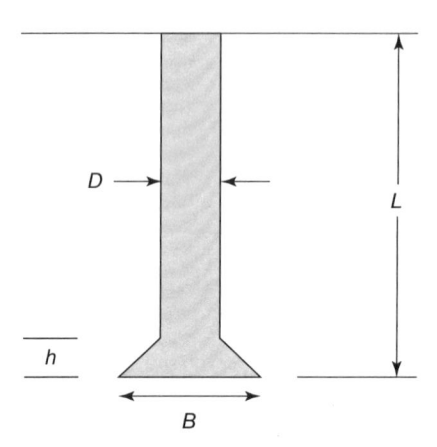

FIGURA P12.16

12.17 A Figura P12.17 mostra um tubulão em forma de sino que resistirá à subpressão. Determine a capacidade da estaca usando um $FS = 3$. Use o método α para o atrito lateral e ignore o efeito do peso da estaca. Presuma que há capilaridade total e indique quaisquer outras suposições feitas em seu processo de solução.

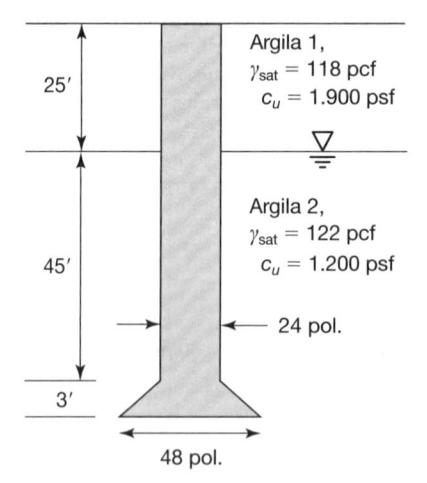

FIGURA P12.17

12.18 A Figura P12.18 mostra uma estaca em forma de sino de concreto moldado no local com $L = 13$ m, $B = 2$ m, e um diâmetro de fuste $D = 1$ m. A altura do sino h é de 1,5 pés. O fuste perfurado está em areia, com o lençol freático e as propriedades indicadas. Determine a capacidade líquida de subpressão do fuste perfurado (ou seja, exclua o peso da estaca). Presuma que o ângulo de interface areia-concreto seja 28° e use $K = K_o$.

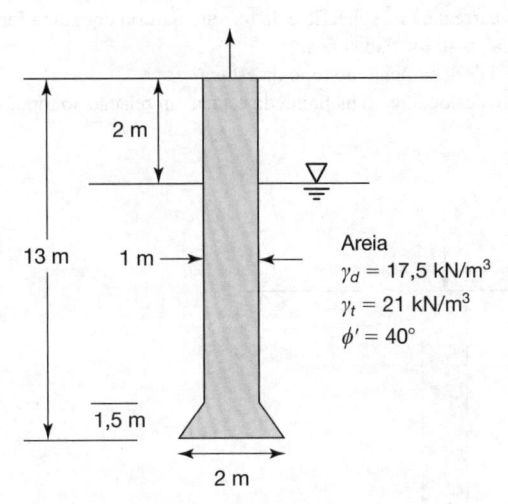

```
            2 m
          ↕
         ─────────── ▽ ───────────
                              Areia
  13 m    1 m                 γ_d = 17,5 kN/m³
                              γ_t = 21 kN/m³
                              φ' = 40°

         1,5 m
          ↕
            2 m
```

FIGURA P12.18

12.19 Desenvolva uma planilha conforme descrito no Exemplo 12.10 para calcular a deformação lateral, $x(Z)$, em relação à profundidade para uma estaca com as seguintes características: $L = 25$ m, $EI = 25.461$ kNm², $n_h = 12.000$ kN/m³, $Q_g = 100$ kN, $M_g = 0$. Você precisará usar a função (buscar) para usar a tabela.

12.20 Uma estaca "HP" 10 × 57 em H, com 75 pés de comprimento, é usada para resistência lateral em um solo granular. O deslocamento admissível no topo da estaca é de 0,35 pol. Presumindo que o módulo do momento no topo da estaca seja 25% do módulo da carga lateral, que carga lateral pode ser aplicada no topo da estaca para esse deslocamento? O momento de inércia da estaca é 294 pol.⁴, e o módulo de elasticidade da estaca é 30 × 10⁶ psi. Para o solo, o módulo de reação do subleito (*subgrade*), $n_h = 19$ lb/pol³.

12.21 Considere uma estaca de aço em "H" ("HP" 360 × 174) com 4 m de comprimento, totalmente embutida na areia. Presuma o seguinte:

$n_h = 3.000$ kN/m³
$E_p = 207 \times 10^3$ kPa
$I_p = 508 \times 10^{-6}$ m⁴

Se o deslocamento admissível no topo da estaca for 8 mm, determine a carga lateral admissível Q_g, presumindo que $M_g = 0$.

12.22 Uma estaca de concreto pré-moldado de 12 m de comprimento (305 mm × 305 mm) está totalmente embutida em argila. Presuma o seguinte:

$k = 15.270$ kPa
$E_p = 21 \times 10^6$ kPa
$I_p = 7,21 \times 10^{-4}$ m⁴
$E_p = 30.000$ kPa
$\mu_s = 0,3$

no topo da estaca, a carga lateral aplicada é de 60 kN, e o momento aplicado é de 30 kN-m. Determine a deflexão e o momento na estaca 2 m abaixo da superfície do terreno natural.

12.23 Uma estaca de concreto pré-moldado, com seção transversal de 18 pol. x 18 pol. e 12 pés de comprimento está embutida na areia, como mostrado na Figura P12.23. As seguintes propriedades são indicadas:

Estaca   Areia
$E_p = 3 \times 10^6$ psi $n_h = 10$ lb/pol.^{3}
$I_p = 8.748$ pol.^{4}

A estaca é carregada na superfície do terreno natural com uma força lateral $Q_g = 5,6$ toneladas, e um momento $M_g = 40$ toneladas-pés.

a. Qual é o deslocamento no topo da estaca?
b. Qual é o deslocamento na ponta da estaca em relação ao topo?

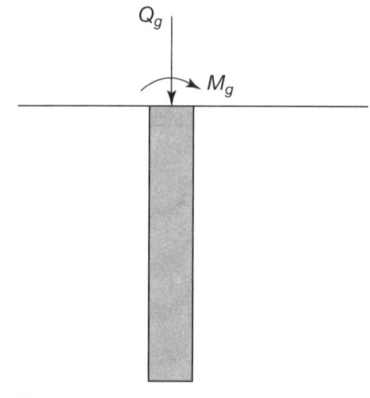

FIGURA P12.23

REFERÊNCIAS

American Petroleum Institute (1987). Recommended Practice for Planning, Designing and Constructing Fixed Offshore Platforms. API RP2A 17th Edition.

American Petroleum Institute (1993). Recommended Practice for Planning, Designing and Constructing Fixed Offshore Platforms. API RP2A 20th Edition.

Barber, E.S. (1954). *Symposium on Lateral Load Tests on Piles*, ASTM Spec. Tech. Publ. No. 154, pp. 96–99.

Basu, P., Prezzi, M., and Basu, D. (2010). Drilled Displacement Piles – Current Practice and Design. *DFI Journal: The Journal of the Deep Foundations Institute*, Vol. 4, No. 1, pp. 3–20.

Burland, J.B. (1973). Shaft Friction of Piles in Clay – A Simple Fundamental Approach. *Ground Engineering*, Vol. 6, No. 3, pp. 30–42.

Coduto, W., Kitch, W., and Yeung, M.R (2015). *Foundation Design: Principles and Practice*, 3rd ed., Pearson, Upper Saddle River, NJ, 984 pp.

Das, B.M. (2004). *Foundation Engineering*, 5th ed., Thomson-Brooks/Cole, Pacific Grove, CA, 743 pp.

Davisson, M.T. and Gill, H.T. (1963). "Laterally Loaded Piles in a Layered Soil System," *Journal of the Soil Mechanics and Foundations Engineering*, ASCE, Vol. 89, No. 3, pp. 63–94.

Fellenius, B.H. and Altaee, A.A. (1995). "Critical Depth: How It Came into Being and Why It Does Not Exist," *Proceedings of the Institution of Civil Engineers–Geotechnical Engineering Journal*, Vol. 113, pp. 107–111.

Karlsrud, K., Clausen, C.J. and Aas, P.M. (2005). "Bearing Capacity of Driven Piles in Clay, the NGI Approach," *Proceedings of the International Symposium on Frontiers in Offshore Geotechnics IS-FOG*, Perth, pp. 775–782.

Kolk, H.J. and van der Velde, E. (1996). "A Reliable Method to Determine the Friction Capacity of Piles Driven into Clays," *Proceedings of the 28th Annual Offshore Technlogy Conference*, Houston, pp. 337–346.

Kulhawy, F.H. (1984). "Limiting Tip and Side Resistance: Fact or Fallacy," *Proceedings of the Symposium on Analysis and Design of Pile Foundations*, ASCE Specialty Conference, San Francisco, pp. 80–98.

Mayne, P.W. and Kulhawy, F.H. (1982). "K_o-OCR Relationships in Soil," *Journal of the Geotechnical Engineering Division*, ASCE, Vol. 108, No. GT6, pp. 851–872.

McClelland, B. (1974). "Design of Deep Penetration Piles for Ocean Structures," ASCE *Journal of the Geotechnical Engineering Division*, Vol. 100, No. GT7, pp. 709–747.

Meyerhof, G.G. (1976). "Bearing Capacity and Settlement of Pile Foundations," *Journal of the Geotechnical Engineering Division, American Society of Civil Engineers*, Vol. 102, No. GT3, pp. 197–228.

Meyerhof, G.G. (1995). "Behavior of Pile Foundations Under Special Loading Conditions: 1994 R.M. Hardy Keynote Address," *Canadian Geotechnical Journal*, Vol. 32, No. 2, pp. 204–222.

Meyerhof, G.G. and Adams, J.I. (1968). "The Ultimate Uplift Capacity of Foundations," *Canadian Geotechnical Journal*, Vol. 5, No. 4, pp. 225–244.

Patrizi, P. and Burland, J.B. (2001). "Developments in the Design of Driven Piles in Clay in Terms of Effective Stress," *Revista Italiana di Geotechnica*, Vol. 35, pp. 35–49.

Reese, L.C. and Matlock, H. (1956). "Non-dimensional Solutions for Laterally Loaded Piles with Soil Modulus Assumed Proportional to Depth," *Proceedings of the 8th Texas Conference on Soil Mechanics and Foundation Engineering*, pp. 1–41.

Tomlinson, M.J. (1957). "The Adhesion of Piles Driven in Clay Soils," *Proceedings of the 4th International Conference on Soil Mechanics and Foundation Engineering*, Vol. 2, pp. 66–71.

U.S. Army Corps of Engineers (1991). *Design of Pile Foundations*, Engineering Manual 1110-22906, 186 pp.

U.S. Federal Highway Administration (2018). *Drilled Shafts: Construction Procedures and Design Methods*, Rpt. No.FHWA-NHI-18-024, 756 pp.

Vesić, A.S. (1961). "Bending of Beams Resting on Isotropic Elastic Solid," *Journal of the Engineering Mechanics Division*, ASCE, Vol. 87, No. EM2, pp. 35–53.

Vesić, A.S. (1972). "Expansion of Cavities in Infinite Soil Mass," *Journal of the Soil Mechanics and Foundations Engineering*, ASCE, Vol. 98, No. SM3, pp. 265–290.

Vesić, A. (1977). Design of Pile Foundations, National Cooperative Highway Research Program Synthesis of Practice No. 42, Transportation Research Board, Washington, D.C., 80 pp.

Vijayvergiya, V.N. and Focht, J.A. (1972). "A New Way to Predict Capacity of Piles in Clays," *Proceedings of the 4th Annual Offshore Technology Conference*, Houston, Texas, paper no. 1718, pp. 269–284.

Woodward, R.J., Gardner, W.S., and Greer, D.M. (1972). *Drill Pier Foundations*, McGraw-Hill, New York,

Zhang, L. and Einstein, H.H. (1998). "End Bearing Capacity of Drilled Shafts in Rock," *Journal of Geotechnical and Geoenvironmental Engineering*, ASCE, Vol. 124, No. 7, pp. 574–584.

CAPÍTULO 13

Tópicos avançados em resistência ao cisalhamento de solos e rochas

13.1 INTRODUÇÃO

Neste capítulo, desenvolveremos os conceitos básicos de resistência ao cisalhamento introduzidos nos Capítulos 8 e 9, apresentando informações adicionais e tópicos avançados sobre as propriedades de tensão-deformação e resistência ao cisalhamento de solos e rochas. Começaremos com uma discussão detalhada das trajetórias de tensão e seu uso na prática da engenharia. Em seguida, apresentaremos uma breve introdução à mecânica dos solos em estado crítico e discutiremos outros aspectos do comportamento constitutivo (tensão-deformação) e do módulo dos solos. Então, examinaremos os fundamentos do comportamento das deformações drenada, não drenada e plana de areias saturadas. Como uma transição para solos de granulação fina, o comportamento dinâmico, incluindo os efeitos da taxa de deformação, bem como a resistência ao cisalhamento residual de areias e argilas serão resumidos. Em seguida, discutiremos alguns tópicos especiais sobre tensão-deformação e resistência ao cisalhamento de solos coesivos, o que abrange parâmetros de resistência de Hvorslev (Mikael Juul Hvoslev, engenheiro civil dinamarquês, especialista em estudos do cisalhamento dos solos coesivos), a razão τ_f/σ'_{vo}, a hipótese de Jürgenson-Rutledge, métodos de adensamento para superar distúrbios de amostragem, anisotropia de resistência e a resistência à deformação plana das argilas. Concluiremos com uma introdução à resistência dos solos não saturados e às teorias de ruptura de rochas.

13.2 TRAJETÓRIAS DE TENSÃO PARA ENSAIOS DE RESISTÊNCIA AO CISALHAMENTO

Recomendamos que você primeiro revise os fundamentos das trajetórias de tensão abordados na Seção 8.5. Em resumo, as trajetórias de tensão são uma representação conveniente de múltiplos estados do círculo de Mohr para um elemento de solo submetido a qualquer número de processos de carga e/ou descarga. As trajetórias de tensão assumem que, como no caso de muitas situações em engenharia geotécnica, σ_1 e σ_3 atuam em planos verticais e horizontais, então as coordenadas do ponto de tensão tornam-se $(\sigma_v - \sigma_h)/2$ e $(\sigma_v + \sigma_h)/2$, ou simplesmente q e p, respectivamente; ou

$$q = \frac{\sigma_v - \sigma_h}{2} \tag{8.17}$$

$$p = \frac{\sigma_v + \sigma_h}{2} \tag{8.18}$$

Tanto q quanto p poderiam ser definidos em termos das tensões principais, e, por convenção, q é considerado positivo quando $\sigma_v > \sigma_h$; caso contrário, é negativo.

Às vezes, na prática da engenharia, uma amostra é readensada em laboratório sob condições K_o, de modo a restabelecer as tensões *in situ* estimadas. Essas condições foram mostradas na Figura 8.17 e no ponto A da Figura 13.1. Após o adensamento, a trajetória de carga (ou descarga) seguida até a ruptura depende das condições de carga em campo que se deseja modelar. Quatro condições de campo comuns e as trajetórias de tensão de laboratório que as modelam são mostradas na Figura 13.1. Note que essas trajetórias de tensão servem para o carregamento **drenado** (discutido no capítulo anterior), no qual **não** há excesso de pressão neutra; portanto, as tensões totais são iguais às tensões efetivas e a trajetória de tensão total **TSP** para uma determinada carga que é idêntica à trajetória de tensão efetiva **ESP**.

Como sugerido na Equação (8.19), estamos, com frequência, interessados nas condições de ruptura, e é útil conhecer a relação entre a linha K_f e a envoltória de ruptura de Mohr-Coulomb. Considere os dois círculos de Mohr mostrados na Figura 13.2. O círculo à esquerda, desenhado apenas para fins ilustrativos, representa a ruptura nos termos do diagrama $p - q$. O círculo idêntico à direita é o mesmo círculo de ruptura no diagrama de Mohr $\tau - \sigma$. Para estabelecer as inclinações e os interceptos das duas linhas, foram utilizados vários círculos de Mohr e trajetórias de tensão, determinados ao longo de uma gama de tensões. A equação da linha K_f é

$$q_f = a + p_f \operatorname{tg} \psi \tag{13.1}$$

onde a = coeficiente linear no eixo q, em unidades de tensão, e

ψ = ângulo da linha K_f em relação à horizontal, em graus.

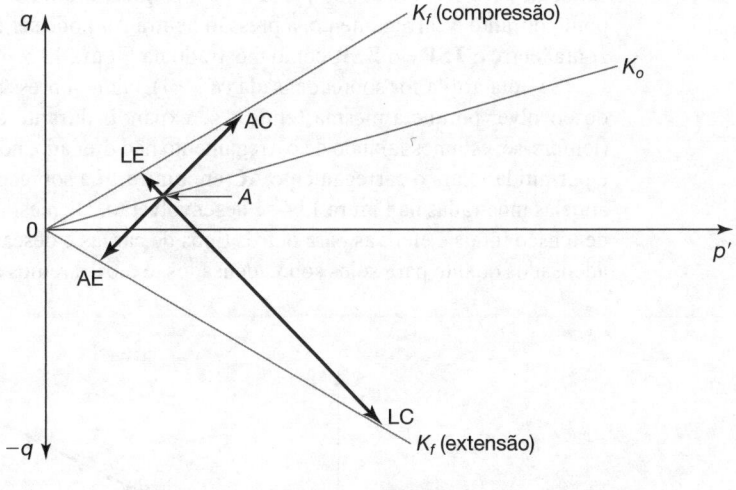

Símbolo	Exemplo de engenharia geotécnica
AC: Compressão axial	Carregamento da fundação – aumento σ_v, σ_h constante
LE: Extensão lateral	Empuxo de terra ativo – diminuição σ_h, σ_v constante
AE: Extensão axial	Descarga (escavação) – diminuição σ_v, σ_h constante
LC: Compressão lateral	Empuxo de terra passivo – aumento σ_h, σ_v constante

FIGURA 13.1 Trajetórias de tensão durante carregamentos drenados em argilas e areias normalmente adensadas (adaptada de Lambe, 1967).

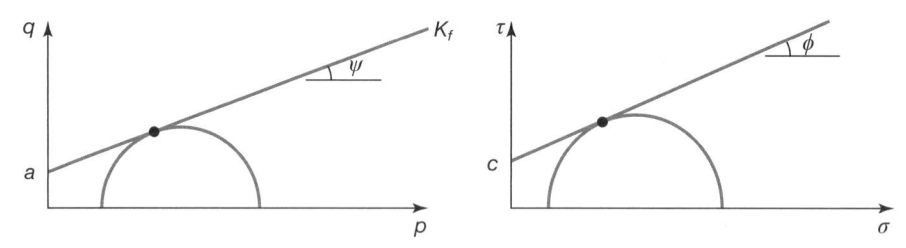

FIGURA 13.2 Relação entre a linha K_f e a envoltória de ruptura Mohr-Coulomb.

A equação da envoltória de ruptura de Mohr-Coulomb é

$$\tau_{ff} = \sigma_{ff} \operatorname{tg} \phi + c \tag{8.9}$$

A partir das geometrias dos dois círculos, pode-se ver que

$$\operatorname{sen} \phi = \operatorname{tg} \psi \tag{13.2}$$

e

$$c = \frac{a}{\cos \phi} \tag{13.3}$$

Assim, a partir de um diagrama $p - q$, os parâmetros de resistência ao cisalhamento ϕ e c podem ser facilmente calculados.

Outro aspecto útil do diagrama $p - q$ é que ele pode ser usado para mostrar as trajetórias de tensão total e efetiva no mesmo diagrama. Dissemos anteriormente que, para o carregamento drenado, o **TSP** e o **ESP** são idênticos (excluindo qualquer contrapressão usada para saturar a amostra de solo; consulte a Seção 9.10). Isso ocorre porque a pressão neutra da água induzida pelo carregamento foi aproximadamente igual a zero em todos os momentos durante o cisalhamento. No entanto, em geral, durante o carregamento **não drenado**, o **TSP** não é igual ao **ESP**, porque um excesso de pressão neutra de água se desenvolve. Para carregamento de compressão axial (**AC**) de uma argila normalmente adensada ($K_o < 1$), um excesso **positivo** de pressão neutra Δu se desenvolve. Portanto, o **ESP** fica à **esquerda** do **TSP** porque $\sigma' = \sigma - \Delta u$. Em qualquer ponto durante o carregamento, a pressão neutra Δu pode ser escalonada em qualquer linha horizontal entre o **TSP** e o **ESP**, como mostrado na Figura 13.3.

Se uma argila for sobreadensada ($K_o > 1$), então a pressão neutra **negativa** $-\Delta u$ costuma se desenvolver porque a mesma **tende** a se expandir durante o cisalhamento, mas não consegue (lembre-se: estamos falando de carregamento não drenado, no qual nenhuma alteração de volume é permitida). Para o carregamento **AC** em uma argila sobreadensada, trajetórias de tensão como aquelas mostradas na Figura 13.4 se desenvolverão. Da mesma forma, podemos traçar trajetórias de tensão totais e efetivas para outros tipos de cargas e descargas, tanto para solos normalmente adensados quanto para solos sobreadensados, e mostraremos alguns deles na Seção 13.6.

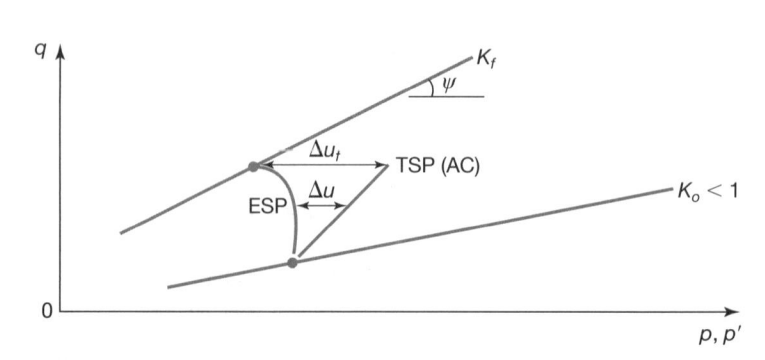

FIGURA 13.3 Trajetórias de tensão durante carregamento de compressão axial não drenado de uma argila normalmente adensada.

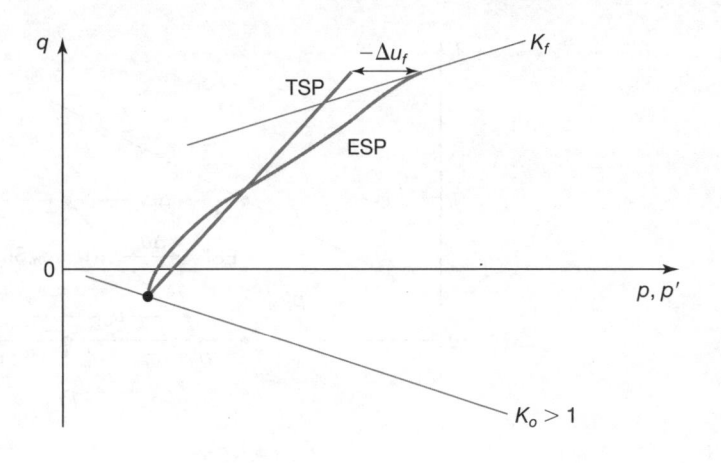

FIGURA 13.4 Trajetórias de tensão durante a compressão axial de uma argila fortemente sobreadensada.

Na maioria das situações práticas da engenharia geotécnica, existe um lençol freático estático; assim, uma pressão neutra inicial u_o, está agindo sobre o elemento em questão. Portanto, existem na verdade três trajetórias de tensão que devemos considerar: o **ESP**, o **TSP** e o $(T - u_o)SP$. Essas três trajetórias são mostradas na Figura 13.5 para uma argila normalmente adensada com uma pressão neutra inicial da u_o submetida ao carregamento **AC**. Note que, desde que o lençol freático permaneça na mesma elevação, u_o não afetará nem o **ESP** nem as condições na ruptura.

No ensaio triaxial **CD**, as trajetórias de tensão são linhas retas, pois normalmente mantemos uma das tensões constante e simplesmente variamos a outra. Trajetórias de tensão drenada típicas foram mostrados na Figura 13.1 para quatro situações comuns de engenharia que podem ser modeladas no ensaio triaxial. A trajetória de tensão para o ensaio de compressão axial ilustrado na Figura 9.22 é a linha reta **AC** na Figura 13.1.

As trajetórias de tensão para os dois ensaios **CU** da Figura 9.31 são mostradas na Figura 13.6. Os ensaios são de compressão axial bastante convencionais, adensados hidrostaticamente. Vejamos primeiro na Figura 13.6a, as trajetórias de tensão para o ensaio em argila normalmente adensada. Três trajetórias de tensão são mostradas: a trajetória de tensão efetiva (**ESP**), a trajetória de tensão total (**TSP**) e a trajetória de tensão total-u_o, $(T - u_o)SP$. Como o ensaio é adensado hidrostaticamente, as trajetórias começam no eixo hidrostático em valores de p iguais às pressões de adensamento total e efetiva, respectivamente. Note que $p = p' + u_o$. A trajetória de tensão total para compressão axial e pressão celular constante é a linha reta inclinada a 45°, conforme mostrado. Como as poropressões positivas se desenvolvem na argila normalmente adensada, o **ESP** fica à **esquerda** do **TSP**, porque $\sigma' = \sigma - \Delta u$. A situação é diretamente análoga àquela mostrada na Figura 13.3. Observe que q_f é o mesmo para todas as três trajetórias de tensão, porque definimos a ruptura no máximo $(\sigma_1 - \sigma_3)$. A Figura 13.6a é semelhante à Figura 13.3, exceto que o adensamento inicial nesse caso foi não hidrostático ($K_o < 1$).

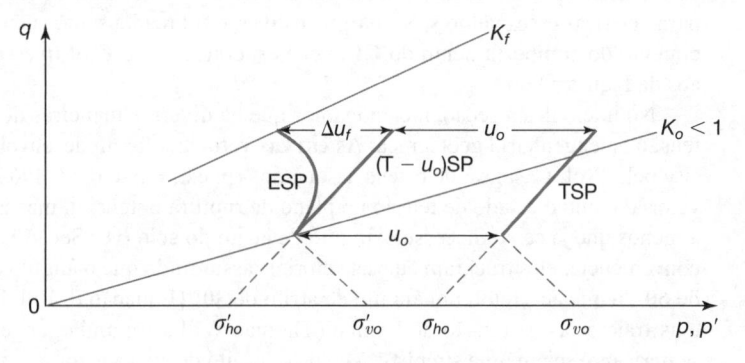

FIGURA 13.5 ESP, TSP e $(T - u_o)SP$ para uma argila normalmente adensada (adaptada de Lambe, 1967).

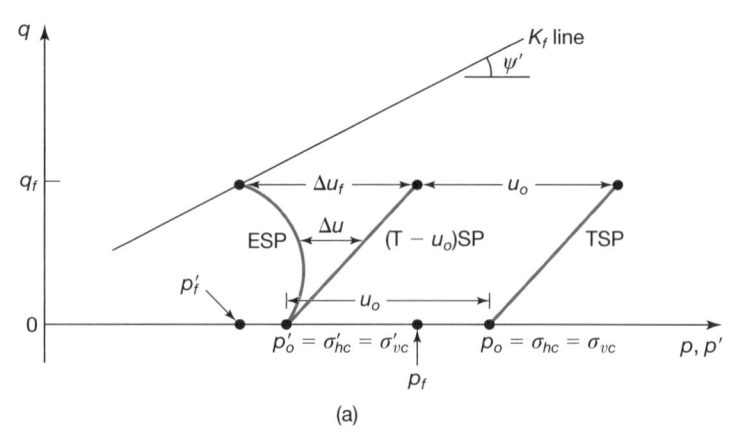

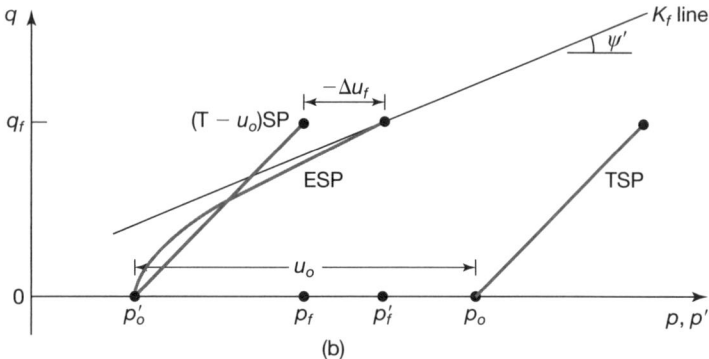

FIGURA 13.6 Trajetórias de tensão para os ensaios de compressão axiais adensados hidrostaticamente em (a) argila normalmente adensada; (b) argila sobreadensada.

Como a argila sobreadensada foi testada em compressão axial com uma pressão hidrostática constante da cela, as duas trajetórias de tensão total da Figura 13.6b são exatamente iguais às da Figura 13.6a – linhas retas inclinadas a 45° em relação ao eixo hidrostático. Mas a forma do **ESP** é significativamente diferente. Veja novamente o desenvolvimento da pressão neutra com deformação axial para este ensaio na Figura 9.30. Veja como começa ligeiramente positiva e depois fica negativa (na verdade, menor que u_o conforme explicado anteriormente). A mesma coisa acontece com o **ESP** na Figura 13.6b. Ele vai ligeiramente para a esquerda (+Δu) do $(T - u_o)SP$ inicialmente; então, à medida que a pressão neutra se torna cada vez mais negativa, o **ESP** cruza o $(T - u_o)SP$ até que o q ou q_f máximo seja alcançado. Novamente, devido à forma como definimos a ruptura, o q_f é o mesmo para todas as três trajetórias de tensão. Você deve se lembrar de que o **ESP** na Figura 13.6b para a argila sobreadensada tem um formato semelhante ao mostrado na Figura 13.4, exceto que a última amostra foi adensada com $K_o < 1$.

As trajetórias de tensão para os ensaios **UU** da Figura 9.39 são mostradas na Figura 13.7. O comportamento se refere a uma argila normalmente adensada, e os valores de p e q para todos os três ensaios estão listados na tabela abaixo da figura. Consulte a Figura 9.39 se necessário para verificar esses valores. Se a argila estivesse sobreadensada, então, com base no seu conhecimento do comportamento do **CU**, você esperaria que o **ESP** tivesse um formato semelhante aos da Figura 13.6b.

No início desta seção, mencionamos que há diversas maneiras de representar trajetórias de tensão na engenharia geotécnica. As **curvas vetoriais** foram desenvolvidas na Harvard University pelo Prof. Casagrande e seus associados (p. ex., Hirschfeld, 1963). Eles definiram a curva vetorial como o estado de tensão no plano de ruptura potencial, mas isso não era muito prático, a menos que já se conhecesse o ângulo de atrito do solo (ver Seção 8.4.2). Depois, para fins de conveniência, eles traçaram curvas vetoriais assumindo que o ângulo do plano de ruptura α_f era de 60°, o que acarretou um ângulo de atrito de 30° [Equação (8.10)]. Embora o ponto de tensão e as trajetórias de tensão de Lambe (Thomas William Lambe, engenheiro geotécnico norte-americano) sejam uma simplificação do conceito de curva vetorial, as **trajetórias de tensão do**

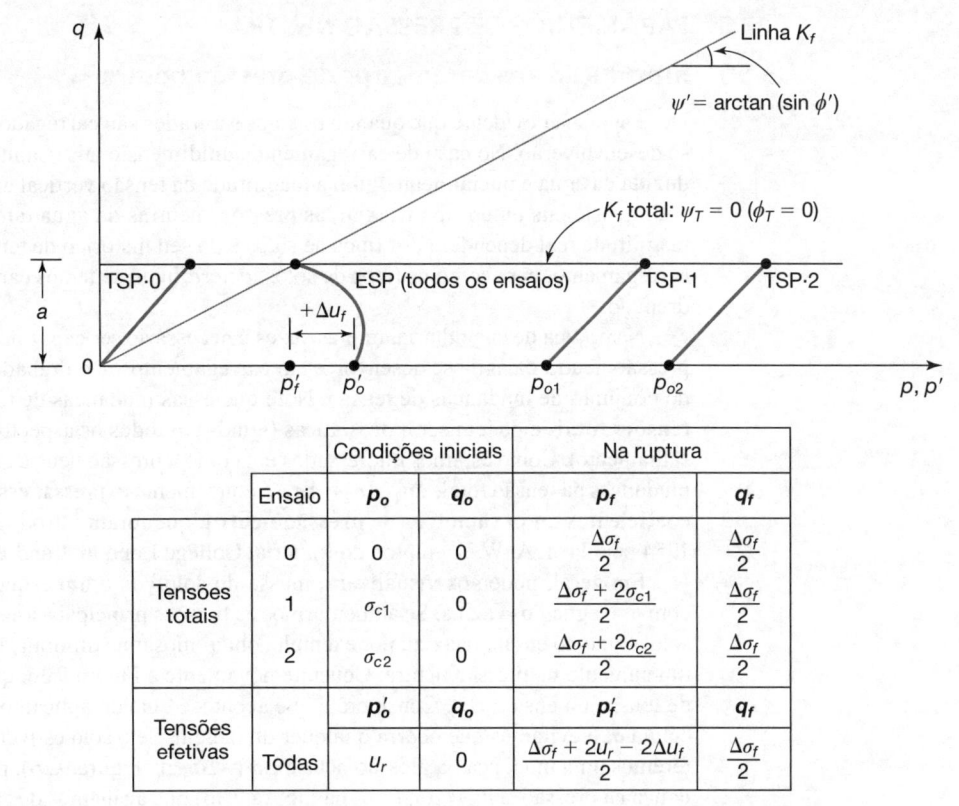

FIGURA 13.7 Trajetórias de tensão para ensaios UU em uma argila normalmente adensada. Mesmos ensaios da Figura 9.39.

	Ensaio	Condições iniciais		Na ruptura	
		p_o	q_o	p_f	q_f
Tensões totais	0	0	0	$\dfrac{\Delta\sigma_f}{2}$	$\dfrac{\Delta\sigma_f}{2}$
	1	σ_{c1}	0	$\dfrac{\Delta\sigma_f + 2\sigma_{c1}}{2}$	$\dfrac{\Delta\sigma_f}{2}$
	2	σ_{c2}	0	$\dfrac{\Delta\sigma_f + 2\sigma_{c2}}{2}$	$\dfrac{\Delta\sigma_f}{2}$
		p'_o	q_o	p'_f	q_f
Tensões efetivas	Todas	u_r	0	$\dfrac{\Delta\sigma_f + 2u_r - 2\Delta u_f}{2}$	$\dfrac{\Delta\sigma_f}{2}$

MIT (Massachussets Institute of Technology, Cambridge, Massachussets, Estados Unidos) com $p' = \frac{1}{2}(\sigma'_v - \sigma'_h)$ são muito úteis na prática, como veremos nas próximas seções.

Outra trajetória de tensão comum na mecânica dos solos em estado crítico (Seção 13.7) é a **trajetória de tensão de Cambridge**. As diferenças são que: q é a principal diferença de tensão, ou $q = (\sigma_1 - \sigma_3)$, em vez de $\frac{1}{2}(\sigma_1 - \sigma_3)$ como no sistema do MIT; e a trajetória de tensão de Cambridge tem uma definição 3-D da tensão efetiva média, ou $p' = (\sigma'_1 + 2\sigma'_3)/3$. As trajetórias de tensão de Cambridge terão um formato diferente das trajetórias do MIT, como demonstrado na Figura 13.8. Por exemplo, a trajetória de tensão total **TSP** para um ensaio triaxial **CU** convencional com a pressão da cela σ'_3 constante tem uma inclinação de 3V:1H em vez de 1:1 como no caso convencional do MIT. O **ESP** é típico de uma argila **NC**, embora não seja tão curvo quanto um gráfico de trajetória de tensão do MIT. Também é vista na Figura 13.8 a trajetória de tensão para um ensaio **LE-CD** com σ_1 constante. Em vez de uma inclinação de 1:1, há uma inclinação negativa de 3V:1H.

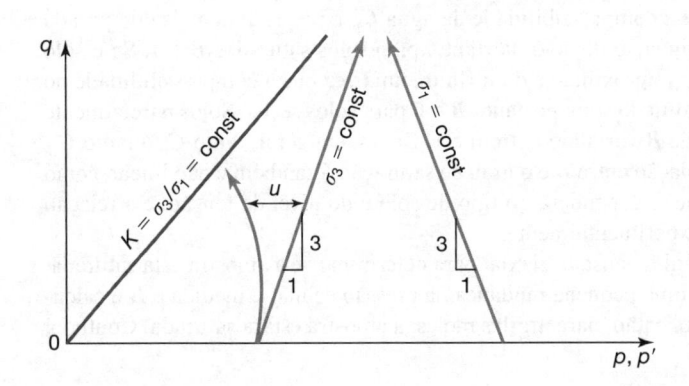

FIGURA 13.8 Trajetórias de tensão de Cambridge para (1) um ensaio triaxial CU convencional com a pressão da célula σ_3 constante e (2) ensaio LE – CD com σ_1 constante.

13.3 PARÂMETROS DE PRESSÃO NEUTRA

13.3.1 Introdução aos parâmetros de pressão neutra

Deve agora ser evidente que quando os solos saturados são carregados, pressões neutras de água se desenvolverão. No caso de carregamentos unidimensionais (Capítulo 7), a pressão neutra induzida da água é inicialmente **igual** à magnitude da tensão vertical aplicada. Em carregamentos tridimensionais ou do tipo triaxial, as pressões neutras da água também são induzidas, mas a magnitude real dependerá dos tipos de solos e do seu histórico de tensões. É claro que a taxa de carregamento, bem como os tipos de solos, determinam se temos carregamento drenado ou não drenado.

Na prática de engenharia, muitas vezes é necessário ser capaz de estimar quanto excesso de pressão neutra da água se desenvolve em carregamentos não drenados devido a um determinado conjunto de mudanças de tensão. Note que essas mudanças de tensão se dão em termos de **tensões totais** e podem ser hidrostáticas (iguais em todos os aspectos) ou não hidrostáticas (cisalhamento). Como estamos interessados em como a pressão neutra da água Δu responde a essas mudanças na tensão total, $\Delta\sigma_1$, $\Delta\sigma_2$ e $\Delta\sigma_3$, é conveniente expressar essas mudanças em termos de **coeficientes ou parâmetros de pressão neutra**, que foram introduzidos pela primeira vez em 1954 pelo Prof. A. W. Skempton do Imperial College London, Londres, na Inglaterra.

Em geral, podemos visualizar a massa do solo como um esqueleto de solo compressível com ar e água nos vazios. Se aumentarmos as tensões principais atuantes sobre um elemento do solo, como no ensaio triaxial, por exemplo, obteremos uma diminuição no volume do elemento e um aumento na pressão neutra. Consulte novamente a Figura 9.36, que representa as condições de tensão no ensaio **UU**. Considere o que acontece quando aplicamos a pressão hidrostática da célula σ_c e evitamos que ocorra qualquer drenagem. Se o solo estiver 100% saturado, então obteremos uma mudança na pressão neutra Δu (= Δu_c na Figura 9.36), numericamente igual à mudança na pressão celular $\Delta\sigma_c$ (= σ_c na Figura 9.36) que acabamos de aplicar. Em outras palavras, a razão $\Delta u/\Delta\sigma_c$ é igual a 1. Se o solo estivesse menos do que 100% saturado, então a razão do Δu induzido devida ao aumento na pressão celular $\Delta\sigma_c$ seria menor que 1. Pode-se mostrar que essa relação para o ensaio triaxial comum é

$$\frac{\Delta u}{\Delta \sigma_3} = \frac{1}{1 + \dfrac{nC_v}{C_{sk}}} = B \tag{13.4}$$

onde $\Delta\sigma_3 = \Delta\sigma_c$;

n = porosidade;

C_v = compressibilidade dos vazios;

C_{sk} = compressibilidade do esqueleto do solo.

Por conveniência, o professor Skempton chamou essa razão de ***B***. O parâmetro de pressão neutra ***B*** expressa o aumento da pressão neutra em carregamento não drenado devido ao aumento da pressão hidrostática ou celular.

Se o solo estiver completamente saturado com água, então $C_v = C_w$, e, para a maioria dos solos $C_w/C_{sk} \to 0$, uma vez que a compressibilidade da água C_w é pequena demais comparada com a compressibilidade do esqueleto do solo. Portanto, para solos saturados ***B*** = 1. Se o solo estiver seco, então a razão C_v/C_{sk} aproxima-se do infinito, uma vez que a compressibilidade do ar é muito maior do que a estrutura do solo; portanto ***B*** = 0 para solos secos. Solos parcialmente saturados apresentam valores de ***B*** variando entre 0 e 1. Como, em geral, tanto C_v quanto C_{sk} são não lineares para solos, a relação entre ***B*** e o grau de saturação ***S*** também é não linear, como mostra a Figura 13.9. Essa relação dependerá do tipo de solo e do nível de tensão, e a relação exata terá de ser determinada experimentalmente.

A Equação (13.4) é muito útil no ensaio triaxial para determinar se a amostra está saturada. A resposta da pressão neutra a uma pequena mudança na pressão celular é medida e ***B*** é calculado. Se ***B*** = 1 ou próximo disso, então, para argilas moles, a amostra estará saturada. Contudo,

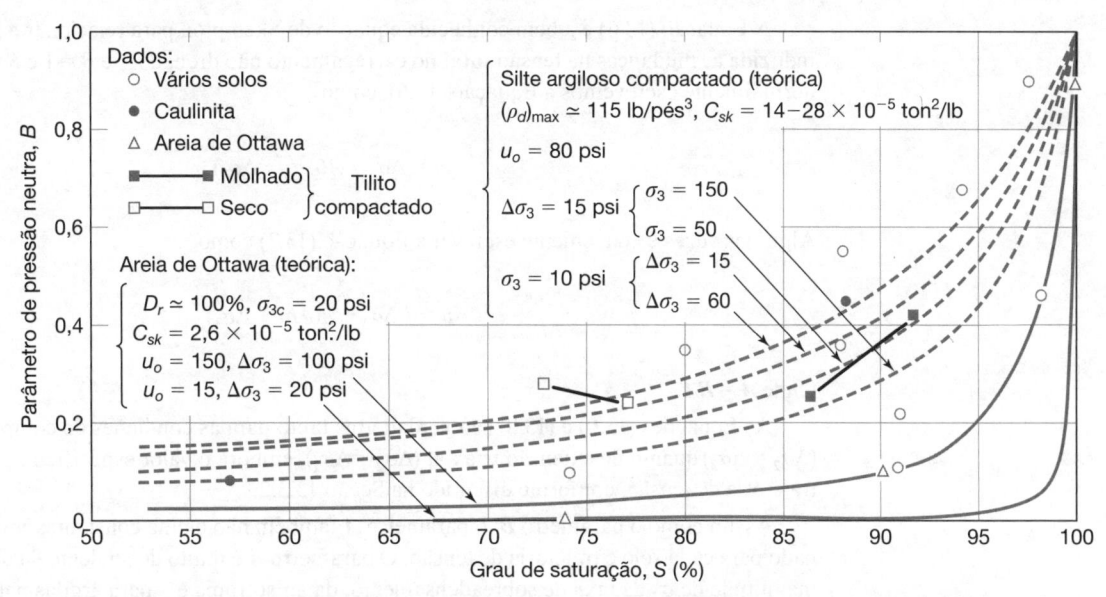

FIGURA 13.9 Parâmetro B de pressão neutra em função do grau de saturação para vários solos (de acordo com Black e Lee, 1973).

TABELA 13.1 Valores de B teóricos para diferentes solos com saturação completa ou quase completa

Tipo de solo	$S = 100\%$	$S = 99\%$
Argilas moles, normalmente adensadas	0,9998	0,986
Siltes e argilas compactadas; argilas levemente sobreadensadas	0,9988	0,930
Argilas duras sobreadensadas; areias na maioria das densidades	0,9877	0,51
Areias muito densas; argilas muito rígidas em altas pressões de confinamento	0,9130	0,10

Adaptada de Black e Lee (1973).

se o esqueleto do solo for relativamente rígido, então é possível ter $B < 1$ e ainda assim ter $S = 100\%$ (ver Tabela 13.1).

Essa condição é possível porque à medida que C_{sk} diminui (um esqueleto de solo mais rígido), a razão C_w/C_{sk} torna-se maior; assim, B diminui. Wissa (1969) e Black e Lee (1973) sugerem procedimentos para aumentar a saturação e, assim, aumentar a confiabilidade das medições de pressão neutra em ensaios não drenados.

Agora, vamos aplicar uma diferença de tensão ou uma tensão de cisalhamento à nossa amostra de solo (ver novamente a Figura 9.36 para o ensaio **UU**). Neste caso, uma pressão neutra Δu é induzida na amostra devido à mudança na diferença de tensão $\Delta \sigma = \Delta \sigma_1 - \Delta \sigma_3$, ou podemos escrever, como o Prof. Skempton fez para condições de compressão triaxial ($\Delta \sigma_2 = \Delta \sigma_3$),

$$\Delta u = B \frac{1}{3}(\Delta \sigma_1 - \Delta \sigma_3) \qquad (13.5)$$

se o esqueleto do solo for **elástico**. Como os solos em geral não são materiais elásticos, o coeficiente para o termo principal de diferença de tensões não é ⅓. Então, em vez disso, Skempton usou o símbolo A para este coeficiente.

Agora podemos combinar as Equações (13.4) e (13.5) para levar em conta os dois componentes da pressão neutra: (1) devido à mudança na tensão média ou mediana e (2) devido à mudança na tensão de cisalhamento, ou

$$\Delta u = B[\Delta \sigma_3 + A(\Delta \sigma_1 - \Delta \sigma_3)] \qquad (13.6)$$

A Equação (13.6) é a bem conhecida equação de Skempton para relacionar a pressão neutra induzida às mudanças na tensão **total** no carregamento não drenado. Se $B = 1$ e $S = 100\%$, então normalmente escrevemos a Equação (13.6), como

$$\Delta u = \Delta\sigma_3 + A(\Delta\sigma_1 - \Delta\sigma_3) \tag{13.7}$$

Algumas vezes é conveniente escrever a Equação (13.7) como

$$\Delta u = B\Delta\sigma_3 + \bar{A}(\Delta\sigma_1 - \Delta\sigma_3) \tag{13.8}$$

Onde $\bar{A} = BA$.

As Equações (13.6) a (13.8) são verdadeiras tanto para as condições de compressão triaxial ($\Delta\sigma_2 = \Delta\sigma_3$) quanto de extensão triaxial ($\Delta\sigma_2 = \Delta\sigma_1$), embora o valor específico de A dependa da trajetória de tensão, conforme discutido na Seção 13.3.2.

Assim como o parâmetro B, o parâmetro A também não é uma constante; deve ser determinado para cada solo e trajetória de tensão. O parâmetro A é muito dependente da deformação, da magnitude de σ_2 da taxa de sobreadensamento, da anisotropia e – para argilas naturais testadas em laboratório – do distúrbio da amostra. A Tabela 13.2 relaciona o tipo de argila com diferentes valores do parâmetro A na ruptura A_f, na compressão triaxial. É claro que A pode ser calculado para as condições de tensão em qualquer deformação até a ruptura, bem como na ruptura.

Os coeficientes de pressão neutra de Skempton são mais úteis na prática de engenharia, pois nos permitem prever a pressão neutra induzida se soubermos ou pudermos estimar a mudança nas tensões totais. No campo, as equações de Skempton são usadas, por exemplo, quando queremos estimar a resposta da pressão neutra durante carregamentos não drenados que podem ser aplicados por um aterro rodoviário construído sobre uma fundação de argila muito macia. Normalmente, o aterro é construído mais rapidamente do que o excesso de pressão neutra da água pode dissipar e, portanto, assumimos que as condições não drenadas se aplicam. O aumento do excesso de pressão neutra pode resultar em instabilidade se a pressão neutra ficar alta demais. Por consequência, é importante ser capaz de estimar quão elevadas serão as pressões neutras e, assim, obter uma ideia de quão perto da ruptura o aterro poderá estar. Se for alta demais, a construção em estágios poderá ser utilizada; assim, seria aconselhável o monitoramento de campo das pressões neutras. Os parâmetros de Skempton também têm sido utilizados para o projeto e o controle de construção de barragens de aterro compactado.

TABELA 13.2   Valores de A_f para vários tipos de solo

Tipo de argila	A_f
Argilas altamente sensíveis	+¾ a + +1 ½
Argilas normalmente adensadas	+ ½ a +1
Argilas arenosas compactadas	+ ¼ a + ¾
Argilas levemente sobreadensadas	0 a + ½
Argilas-cascalhos compactadas	−¼ a +¼
Argilas fortemente sobreadensadas	−½ a 0

Adaptada de Skempton (1954).

Exemplo 13.1

Contexto:

O ensaio **CU** do Exemplo 9.8.

Problema:

A_f

Solução:
Use a Equação (13.6). Uma vez que as pressões neutras foram medidas, a amostra deve estar saturada. Assim, assuma $B = 1$. Então, A na ruptura é:

$$A_f = \frac{\Delta u_f - \Delta \sigma_{3f}}{\Delta \sigma_{1f} - \Delta \sigma_{3f}}$$

Em um ensaio de compressão triaxial comum, $\Delta \sigma_3 = 0$ uma vez que a pressão da célula é mantida constante durante todo o ensaio. Do Exemplo 9.8, $\Delta \sigma_{1f} = (\sigma_1 - \sigma_3)_f = 100$ kPa e $\Delta u_f = 88$ kPa. Portanto

$$A_f = \frac{88}{100} = 0{,}88$$

Na Tabela 13.2 você pode ver que a argila provavelmente era um tanto sensível.

13.3.2 Parâmetros de pressão neutra para diferentes trajetórias de tensão

Conforme mostrado por Law e Holtz (1978), quando ocorre a rotação das tensões principais, é melhor definir o parâmetro de pressão neutra A em termos de incrementos de tensão principal que são independentes do sistema de tensão inicial. Se isso for feito, então as equações de A para cada uma das trajetórias de tensão triaxiais comuns são

$$A_{ac} = \frac{\Delta u}{\Delta \sigma_v} \quad (13.9)$$

$$A_{le} = 1 - \frac{\Delta u}{\Delta \sigma_h} \quad (13.10)$$

$$A_{ae} = 1 - \frac{\Delta u}{\Delta \sigma_v} \quad (13.11)$$

$$A_{lc} = \frac{\Delta u}{\Delta \sigma_h} \quad (13.12)$$

Também pode ser mostrado que

$$A_{ac} = A_{le} \quad (13.13)$$

e

$$A_{ae} = A_{lc} \quad (13.14)$$

Você verá que essas equações são úteis para entender as trajetórias de tensão durante o carregamento não drenado (Seções 13.4 e 13.5) e para os problemas no final deste capítulo.

Uma equação de pressão neutra mais geral foi proposta por Henkel (1960) para levar em conta o efeito da tensão principal intermediária. Trata-se de

$$\Delta u = B(\Delta_{oct} + a\Delta\tau_{oct}) \qquad (13.15)$$

onde

$$\sigma_{oct} = \tfrac{1}{3}(\sigma_1 + \sigma_2 + \sigma_3) \qquad (13.16)$$

$$\tau_{oct} = \tfrac{1}{3}\sqrt{(\sigma_1 - \sigma_2)^2 + (\sigma_2 - \sigma_3)^2 + (\sigma_3 - \sigma_1)^2} \qquad (13.17)$$

e a é o **parâmetro de pressão neutra de Henkel**. Às vezes, o parâmetro Henkel é denotado pelo símbolo α, e, às vezes, $a = 3\alpha$. Conforme apontado por Perloff e Baron (1976), como τ_{oct} não está linearmente relacionado à tensão, em geral não é possível calcular $\Delta\tau_{oct}$ diretamente a partir dos principais incrementos de tensão. Em vez disso, você deve determinar as tensões iniciais e finais e substituí-las na Equação (13.17) para obter os valores inicial e final de τ_{oct}, e então calcular $\Delta\tau_{oct}$.

A equação para obter o Skempton A equivalente do parâmetro a de Henkel para condições de compressão triaxial (**AC** e **LE**) é

$$A = \tfrac{1}{3} + a\tfrac{\sqrt{2}}{3} \qquad (13.18)$$

Para condições de extensão triaxial (**AE** e **LC**)

$$A = \tfrac{2}{3} + a\tfrac{\sqrt{2}}{3} \qquad (13.19)$$

Essas equações significam, é claro, que $a = 0$ para materiais elásticos (uma vez que $A = \tfrac{1}{3}$ na compressão triaxial e $\tfrac{2}{3}$ na extensão triaxial).

Se você tem alguma ideia de qual é a tensão principal intermediária no campo, então provavelmente deveria usar as Equações (13.15) a (13.17) para estimar as pressões neutras *in situ*. Não é fácil prever as pressões neutras de campo a partir de resultados de ensaios de laboratório, principalmente porque os parâmetros de pressão neutra são muito sensíveis aos distúrbios das amostras. Höeg et al. (1969), D'Appolonia et al. (1971) e Leroueil et al. (1978a, b) fornecem métodos para estimar a pressão neutra sob aterros em argilas moles.

13.4 TRAJETÓRIAS DE TENSÃO DURANTE CARREGAMENTO NÃO DRENADO – ARGILAS NORMALMENTE E LEVEMENTE SOBREADENSADAS

Mostramos exemplos de trajetórias de tensão para carregamentos não drenados de argilas normalmente adensadas nas Figuras 13.3, 13.5, 13.6a e 13.7. Essas trajetórias de tensão também se aplicam a solos argilosos que estão levemente sobreadensados, provavelmente com um **OCR** < 2 ou mais. Quando o **OCR** em um depósito natural é maior que 3 ou 4, ele passa a se comportar mais como uma argila sobreadensada. Os depósitos de argila natural, a menos que sejam muito recentes, raramente são de fato adensados normalmente, e, neste capítulo, quando discutimos propriedades e comportamento normalmente adensados, incluímos depósitos levemente sobreadensados nessa categoria.

As trajetórias de tensão não drenadas para argilas sobreadensadas são mostradas nas Figuras 13.4 e 13.6b. A partir dos nossos comentários sobre essas figuras, você deve agora entender por que tais trajetórias de tensão possuem essas formas. As trajetórias de tensão que mostramos para cisalhamento não drenado foram para o tipo mais comum de ensaio triaxial usado na prática de engenharia, o ensaio de compressão axial (**AC**). Na maioria das vezes, as tensões iniciais de adensamento são **hidrostáticas** ($K_o = 1$) porque os procedimentos laboratoriais são mais simples. Contudo, um modelo melhor para condições de tensão *in situ* seria o adensamento **não hidrostático**; isto é, a tensão axial seria diferente da pressão da célula ($K_o \neq 1$). Como mencionamos na Seção 13.2, existem outras trajetórias de tensão além da compressão axial que modelam situações reais de projetos de engenharia. Algumas delas são mostradas na Figura 13.10, juntamente com seu modelo de laboratório.

A compressão axial (**AC**) modela o carregamento da fundação, como de um aterro ou sapata. A extensão lateral (**LE**) modela as condições de empuxo de terra ativo atrás das paredes de contenção. A extensão axial (**AE**) modela situações de descarregamento, como escavações, e a compressão lateral (**LC**) modela condições de empuxo de terra passivo, como aquelas que podem ocorrer em torno de uma âncora de terra ou em aplicações de elevação de tubos.

Se você pensar bem, o ensaio triaxial comum não é o melhor modelo para as condições de projeto ilustradas na Figura 13.10. Não haveria problema nos casos (a) e (c) se a fundação ou escavação fosse circular (p. ex., um tanque de petróleo, um poço subterrâneo ou um poço de reator nuclear). O caso mais comum é quando uma dimensão (perpendicular à página da Figura 13.10) é muito longa comparada às demais. Este é o caso da **deformação plana**. Exemplos disso são aterros e muros de contenção longos, além de sapatas de tiras. Nesses casos, a rigor, as resistências ao cisalhamento devem ser determinadas por meio de ensaios de deformação plana (Figura 13.10b). Os modelos de laboratório no lado direito da Figura 13.10 também podem ser aplicados às condições de tensão neste ensaio tão bem quanto no ensaio triaxial. Como o ensaio de deformação plana é mais complicado em vários aspectos do que o ensaio triaxial, ele raramente é utilizado na prática de engenharia. Resistências triaxiais ainda são comumente obtidas para problemas de projeto que são obviamente deformações planas.

É importante que você saiba como fazer os cálculos necessários para traçar trajetórias de tensão não drenadas; os procedimentos para fazer isso são ilustrados pelos exemplos a seguir.

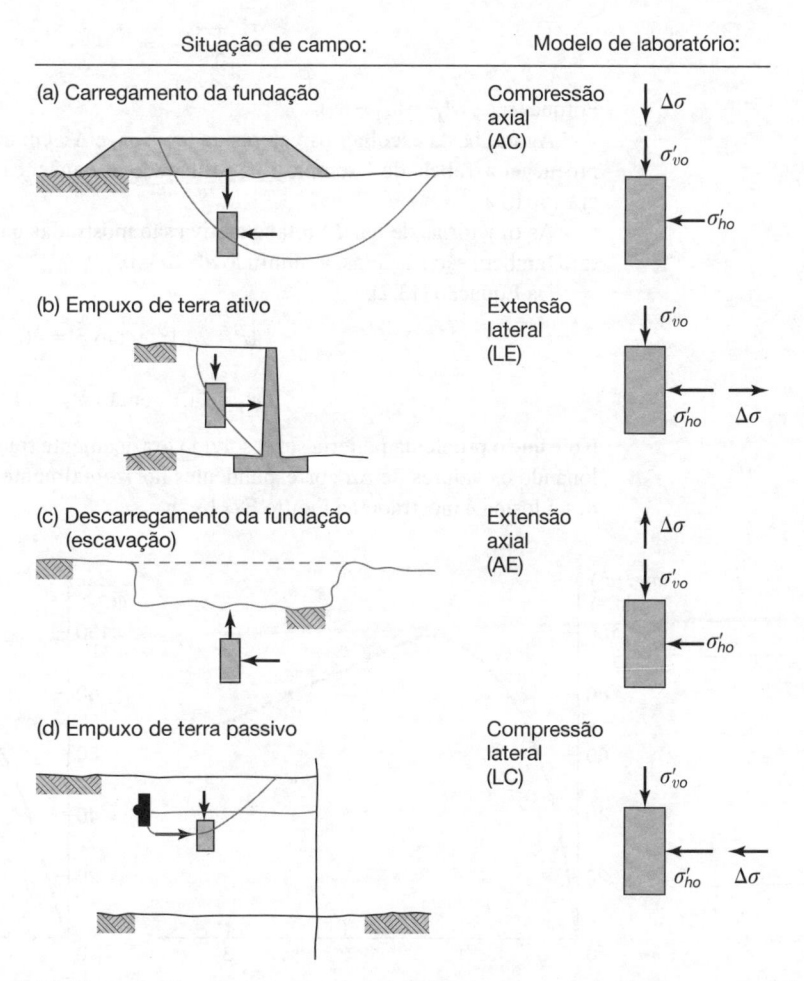

FIGURA 13.10 Algumas situações comuns de estabilidade de campo junto com seu modelo de laboratório.

Exemplo 13.2

Contexto:

Os dados $\sigma - \varepsilon$ e $u - \varepsilon$ da Figura Ex. 13.2a foram registrados quando a argila normalmente adensada do Exemplo 9.8 foi testada em compressão axial.

Problema:

Desenhe as trajetórias de tensão total e efetiva para este ensaio. Determine os parâmetros de resistência de Mohr-Coulomb.

Solução:

Usando as Equações (8.17) e (8.18), temos que determinar p, p' e q para diversas deformações a fim de traçar as trajetórias de tensão. Normalmente cinco ou seis pontos são suficientes. Às vezes, para manter as coisas organizadas, uma tabela pode ser útil. Depois, é só preencher as colunas apropriadas. Também pode ser útil saber que

$$\sigma_1 + \sigma_3 = (\sigma_1 - \sigma_3) + 2\sigma_3 \tag{13.20}$$

e

$$\frac{\sigma_1 + \sigma_3}{2} = \frac{\sigma_1 - \sigma_3}{2} + \sigma_3 \tag{13.21}$$

Além disso, uma vez que $\sigma' = \sigma - u$, $p' = p - u$. E, finalmente

$$\frac{\sigma'_1 + \sigma'_3}{2} = \frac{\sigma_1 - \sigma_3}{2} + \sigma'_3 \tag{13.22}$$

Porque $(\sigma'_1 - \sigma'_3) = (\sigma_1 - \sigma_3)$.

Agora, basta escolher os valores de $(\sigma_1 - \sigma_3)$ e Δu em diversas deformações convenientes e preencher a Tabela do Exemplo 13.2 utilizando as equações acima. Note que σ_3 no Exemplo 9.8 era 150 kPa.

As trajetórias de tensão total e efetiva são mostradas na Figura Ex. 13.2b. As linhas de ruptura também são traçadas, assumindo $a' = a = 0$.

Da Equação (13.2),

$$\psi' = 24{,}1°, \text{ então } \phi' = 26{,}6°;$$

e

$$\psi_T = 14{,}1°, \text{ então } \phi'_T = 14{,}5°.$$

Note que o problema poderia ser resolvido graficamente traçando primeiro o **TSP** e depois escalonando os valores de Δu correspondentes horizontalmente à esquerda do **TSP**; um ponto feito desta forma é mostrado na Figura Ex. 13.2b.

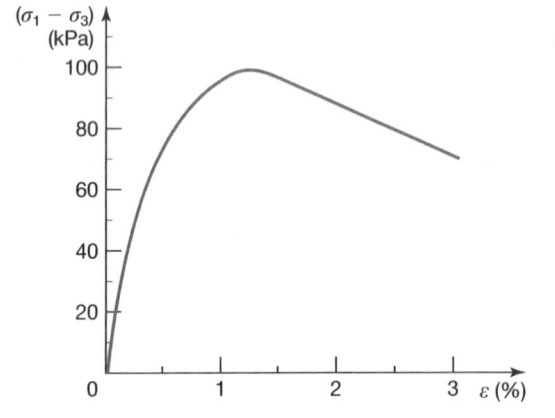

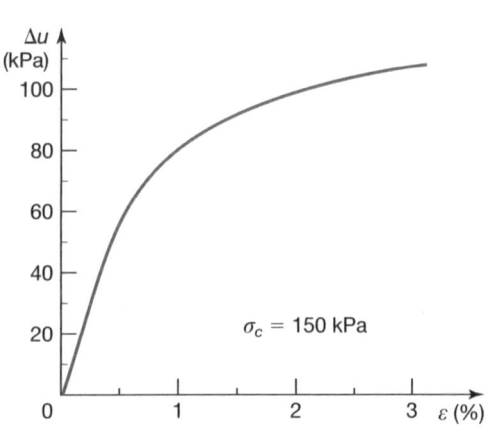

FIGURA Ex. 13.2

Capítulo 13 Tópicos avançados em resistência ao cisalhamento de solos e rochas 717

TABELA Ex. 13.2

	ε (%)	$\sigma_1 - \sigma_3$ (kPa)	Δu (kPa)	σ'_3 (kPa)	$q = \dfrac{\sigma_1 + \sigma_3}{2}$ (kPa)	$p = \dfrac{\sigma_1 + \sigma_3}{2}$ (kPa)	$p' = \dfrac{\sigma'_1 + \sigma'_3}{2}$ (kPa)
	0,25	49	35	115	25	175	140
	0,50	73	57	93	37	187	130
	0,75	86	72	78	43	193	121
	1	94	80	68	47	197	115
Ruptura	1 ¼	100	88	62	50	200	112
	1 ½	96	92	58	48	198	106
	2	89	99	51	45	195	96

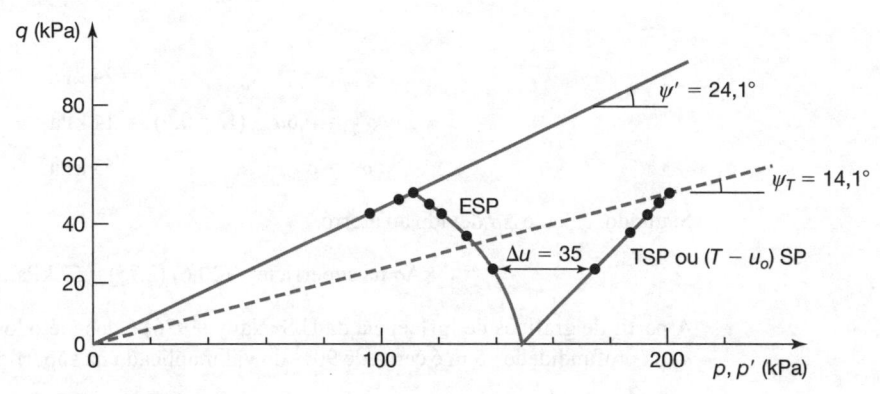

FIGURA Ex. 13.2b

Exemplo 13.3

Contexto:

Um longo aterro mostrado na Figura Ex. 13.3a será construído rapidamente em um depósito de argila siltosa orgânica macia no norte da Suécia. O perfil e as propriedades do solo também são mostrados na Figura Ex. 13.3a. Suponha que $K_o = 0,6$. Suponha também que A antes da ruptura seja cerca de 0,35; na ruptura $A_f = 0,5$ (adaptado de Holtz e Holm, 1979).

Problema:

Determine **TSP**, $(T - u_o)SP$ e **ESP** para um elemento típico 5 m abaixo da linha central do aterro.

Solução:
Primeiro, calcule as condições de tensão iniciais do elemento. Use as Equações (5.15) e (5.16).

$$\sigma_{vo} = 12,2(1) + 12,75(4) = 63 \text{ kPa}$$

$$u_o = 9,81(4) \qquad\qquad = 39 \text{ kPa}$$

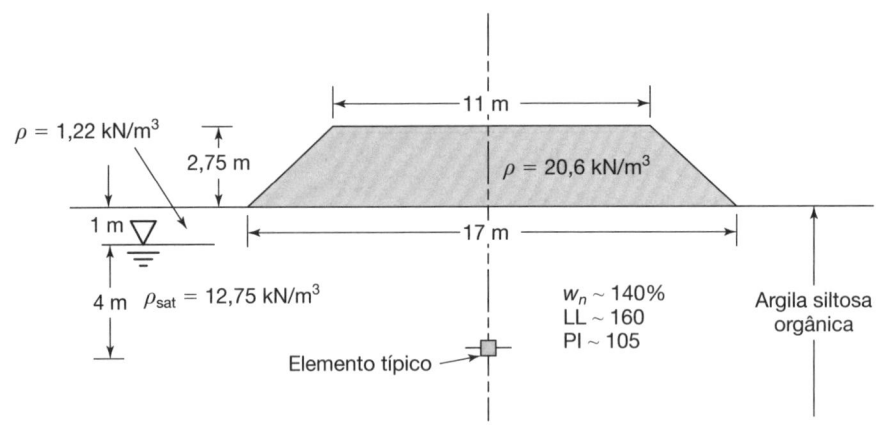

FIGURA Ex. 13.3a

$$\sigma'_{vo} = \sigma_{vo} - u_o \qquad = 24 \text{ kPa}$$
$$\sigma'_{ho} = 0{,}6\sigma'_{vo} \; (K = 0{,}6) = 14 \text{ kPa}$$
$$\sigma_{ho} = \sigma'_{ho} + u_o \qquad = 53 \text{ kPa}$$

Segundo, calcule $\Delta\sigma$ devido ao aterro.

$$\Delta\sigma \text{ na superfície} = (20{,}6)(2{,}75) = 57 \text{ kPa}.$$

A partir de gráficos de influência da U.S. Navy (1986) e dos métodos descritos na Seção 10.12, σ_z na profundidade –5 m é cerca de 90% do valor aplicado na superfície, ou

$$\sigma_z = 0{,}9 \times 57 = 51 \text{ kPa}$$

Este é o $\Delta\sigma_v$ no elemento típico.

Para determinar o aumento da tensão horizontal $\Delta\sigma_h$, equações e alguns gráficos estão disponíveis para um número limitado de geometrias (ver, por exemplo, Poulos e Davis, 1974). Para este exemplo, vamos supor que o aumento na tensão horizontal seja um terço do aumento na tensão vertical.

$$\Delta\sigma_h = 0{,}33(51) = 17 \text{ kPa}$$

Em seguida, use as Equações (8.18) e (8.19) para determinar q, p e p' para condições iniciais e finais. Não se esqueça das condições para. Para obter as tensões efetivas finais, precisamos estimar as pressões neutras induzidas. Use as informações dos parâmetros de pressões neutras fornecidos. Suponha inicialmente que o solo não esteja tensionado até a ruptura, então $A = 0{,}35$ e $B = 1$ abaixo do lençol freático. Então use a Equação (13.8).

$$\Delta u = \Delta\sigma_3 + A(\Delta\sigma_1 - \Delta\sigma_3) = 17 + 0{,}35(51 - 17) = 29 \text{ kPa}$$

Se o aterro estivesse sobrecarregando o solo subjacente, então o (Δu) induzido seria de 34 kPa (porque A_f seria igual a 0,5).

Às vezes é útil, ao calcular trajetórias de tensão, desenhar elementos com o total apropriado, (total − u_o), pressão neutra e tensões efetivas indicadas. Essa técnica é mostrada na Figura Ex. 13.3b, tanto para condições iniciais quanto para após o carregamento. Note que as tensões nos elementos para as condições iniciais são aquelas que calculamos no início deste exemplo. Para as tensões finais, a tensão total vertical aumentou 51 kPa e a tensão total horizontal aumentou 17 kPa, conforme determinamos anteriormente a partir da teoria elástica.

Capítulo 13 Tópicos avançados em resistência ao cisalhamento de solos e rochas

Condições iniciais:

$q_o = \dfrac{63 - 53}{2} = 5$ kPa

$p_o = \dfrac{63 + 53}{2} = 58$ kPa

$p_o - u_o = p'_o = 19$ kPa

Condições finais:

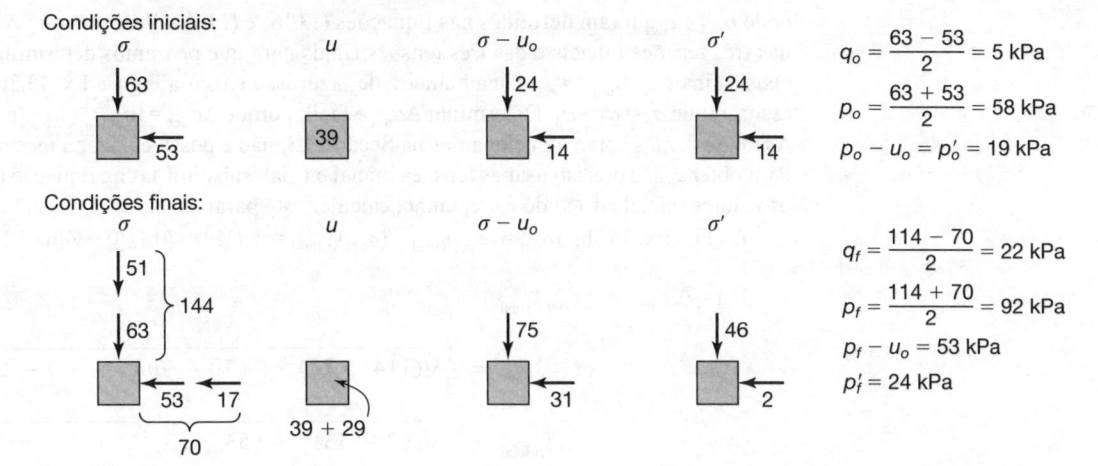

$q_f = \dfrac{114 - 70}{2} = 22$ kPa

$p_f = \dfrac{114 + 70}{2} = 92$ kPa

$p_f - u_o = 53$ kPa

$p'_f = 24$ kPa

FIGURA Ex. 13.3b

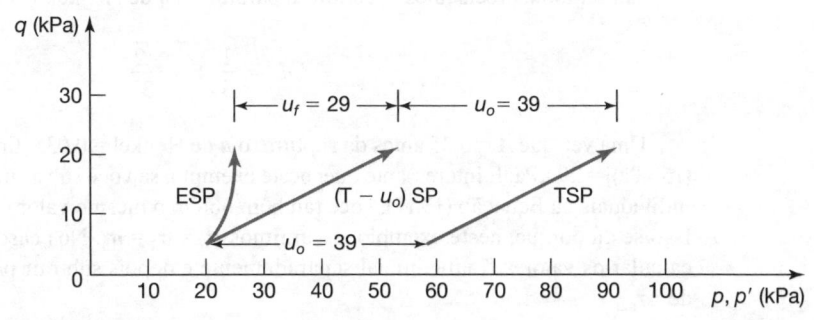

FIGURA Ex. 13.3c

As pressões neutras induzidas mostradas são aquelas que encontramos na equação da pressão neutra. Os cálculos para *p*, *p'* e *q* para as condições iniciais e finais são mostrados abaixo dos elementos.

Finalmente, trace as trajetórias de tensão no diagrama *p − q*, conforme mostrado na Figura Ex. 13.3c. Esboce o **ESP** de forma que ele tenha um formato semelhante aos mostrados anteriormente (p. ex., Figuras 13.6a e 13.7) para argilas normalmente adensadas.

Exemplo 13.4

Contexto:

As condições de tensão iniciais e as alterações de tensão do Exemplo 13.3.

Problema:

Estime a pressão da água dos poros induzida usando os parâmetros de pressão neutra de Henkel.

Solução:

Lembre-se da Seção 13.3 que a equação da pressão neutra de Henkel é

$$\Delta u = B(\Delta\sigma_{oct} + a\Delta\tau_{oct}) \tag{13.15}$$

onde σ_{oct} e τ_{oct} foram definidos nas Equações (13.16) e (13.17). Para obter σ_{oct} e τ_{oct}, precisamos das três tensões iniciais e das três tensões finais para que possamos determinar os valores iniciais e finais de σ_{oct} e τ_{oct}. Uma maneira de fazer isso é usar a Figura Ex. 13.3b e simplesmente assumir que $\sigma_h = \sigma_2 = \sigma_3$. Determinar $\Delta\sigma_{oct}$ é fácil, porque $\Delta\sigma_{oct} = (\sigma_{oct})_{inicial} - (\sigma_{oct})_{final} = {}^1/_3(\Delta\sigma_1 + \Delta\sigma_2 + \Delta\sigma_3)$, mas como mencionamos na Seção 13.3, não é possível fazer a mesma coisa com τ_{oct}. Para obter τ_{oct}, é preciso usar as tensões inicial e final, substituí-las na Equação (13.17) para obter os valores inicial e final de τ_{oct} e, então, calcular este parâmetro.

Da Fig. Ex. 13.3b, $\Delta\sigma_{oct} = (\sigma_{oct})_{final} - (\sigma_{oct})_{inicial} = \frac{1}{3}(114 + 70 + 70 - \frac{1}{3}(63 + 53 + 53) = 28$ kPa.

Para $\Delta\tau_{oct} = (\tau_{oct})_{final} - (\tau_{oct})_{inicial}$

$$(\tau_{oct})_{final} = \frac{1}{3}\sqrt{(114-70)^2 + (70-70)^2 + (70-114)^2} = 21$$

$$(\tau_{oct})_{inicial} = \frac{1}{3}\sqrt{(63-53)^2 + (53-53)^2 + (53-63)^2} = 5$$

Então $\Delta\tau_{oct} = 16$ kPa.

Em seguida, precisamos encontrar o parâmetro *a* de Henkel. Da Equação (13.18),

$$A = \frac{1}{3} + a\frac{\sqrt{2}}{3}$$

Uma vez que A = 0,35 antes da ruptura, o *a* de Henkel = 0,035. Então Δu = [(28 kPa + 0,035)(16 kPa)] = 29 kPa. É interessante que, neste exemplo, se você substituir os incrementos de tensão individuais na Equação (13.17), você também obtém o mesmo valor numérico de $\Delta\tau_{oct}$ = 16 kPa. Isso se dá porque, neste exemplo, assumimos $\sigma_h = \sigma_2 = \sigma_3$. Nos casos em que $\sigma_2 \neq \sigma_3$, deve-se calcular os valores final e inicial separadamente e depois subtrair para obter um valor correto de $\Delta\tau_{oct}$.

É importante observar que os ensaios de compressão axial (**AC**) e de extensão lateral (**LE**) possuem curvas tensão-deformação idênticas e suas resistências à compressão $\Delta\sigma_f$ são iguais. Se as curvas tensão-deformação forem iguais, então elas têm o mesmo módulo *E*. Elas também têm o mesmo **ESP**. No entanto, elas têm **TSP** diferentes e respostas de pressão de poro marcadamente diferentes, mas A_f e (e, portanto, $\overline{A_f}$) são os mesmos para ambos os ensaios. Podemos resumir essas observações da seguinte forma:

Mesmos $\Delta\sigma$ e $\Delta\sigma_f$;
Mesmas curvas $\Delta\sigma - \varepsilon$ e módulo *E*;
Mesmo **ESP**;
Mesmo ϕ'
Mesmos A_f e $\overline{A_f}$;
Diferente **TSP**;
Diferente ϕ_T;
Diferente Δu.

Para os ensaios de extensão axial (**AE**) e compressão lateral (**LC**) (ver Figuras 13.1 e 13.10, para uma revisão desses ensaios), as tensões principais **giram** durante o cisalhamento, e as trajetórias de tensão ficam **abaixo** do eixo horizontal. Neste caso, *q* torna-se negativo. Logo, para os ensaios **AE** e **LC**, chegaríamos às mesmas conclusões que para os ensaios **AC** e **LE**, pois eles têm as mesmas resistências **ESP**, A_f e ϕ', mas **TSP** e Δu diferentes. As condições de tensão para os ensaios **AE** e **LC** são mostradas na Figura 13.11. A Figura 13.12 mostra resultados típicos de ensaios **AE** e **LC**. As trajetórias de tensão para ambos os ensaios são mostradas na Figura 13.13.

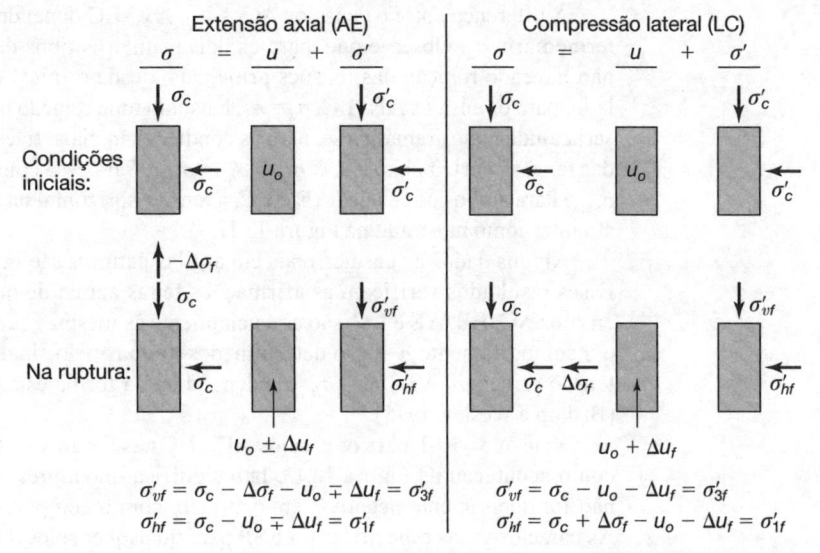

Capítulo 13 Tópicos avançados em resistência ao cisalhamento de solos e rochas

FIGURA 13.11 Condições de tensão para os ensaios de extensão axial AE e compressão lateral LC. Observe que a tensão principal agora é horizontal para ambos os ensaios na ruptura.

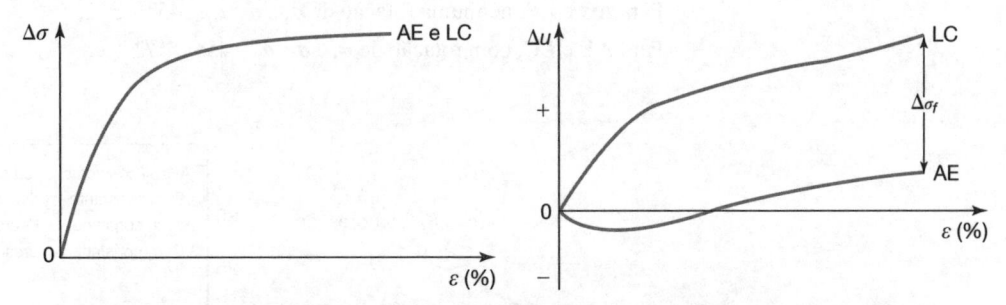

Extensão axial (AE):
$$\sigma'_{vf} = \sigma_c - \Delta\sigma_f - u_o \mp \Delta u_f = \sigma'_{3f}$$
$$\sigma'_{hf} = \sigma_c - u_o \mp \Delta u_f = \sigma'_{1f}$$

Compressão lateral (LC):
$$\sigma'_{vf} = \sigma_c - u_o - \Delta u_f = \sigma'_{3f}$$
$$\sigma'_{hf} = \sigma_c + \Delta\sigma_f - u_o - \Delta u_f = \sigma'_{1f}$$

FIGURA 13.12 Curvas de tensão-deformação e deformação por pressão neutra para ensaios AE e LC em uma argila normalmente adensada (adaptada de Hirschfeld, 1963).

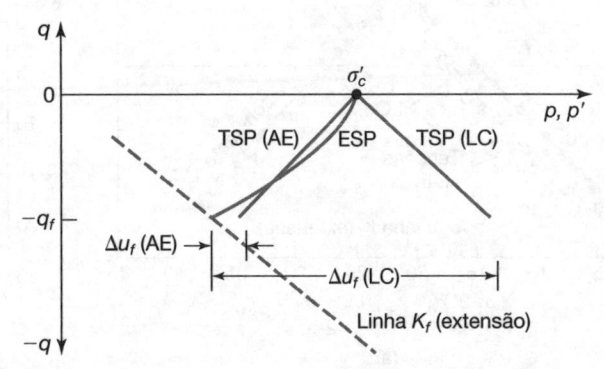

FIGURA 13.13 Trajetórias de tensão para os ensaios AE e LC – argila normalmente adensada.

A diferença entre os ensaios **AC–LE** e **AE–LC** depende realmente da tensão principal intermediária σ_2. Observe que, para os dois primeiros tipos de ensaios, assumimos que $\sigma_2 = \sigma_3$, não havendo rotação das tensões principais, desde o início do ensaio até a ruptura. Por outro lado, para os ensaios **AE–LC**, $\sigma_2 = \sigma_1$, havendo uma rotação das tensões principais. Essa rotação seria ainda mais dramática se, para as condições iniciais, tivéssemos tensões verticais diferentes das tensões horizontais: isto é, $\sigma_{vo} \neq \sigma_{ho} = \sigma_{cela}$. Para essa condição inicial, $\sigma_{vo} = \sigma_{1o}$ e $\sigma_{ho} = \sigma_{3o} = \sigma_{cela}$. Para ambos os ensaios **AE** e **LC**, a tensão horizontal na ruptura torna-se a principal tensão atuante, como mostrado na Figura 13.11.

Alguns dados de ensaios reais em argilas naturais são mostrados nas Figuras 13.14 e 13.15. Esses resultados verificam as afirmações feitas acima de que as respostas **ESP**, $\sigma-\varepsilon$ e A_f dos ensaios **AC**, **LE**, **AE** e **LC**, são essencialmente as mesmas para solos saturados. A tensão efetiva e o comportamento $\sigma-\varepsilon$ são determinados **apenas** pelo sinal e pela magnitude da diferença de tensão principal, $\Delta\sigma = \sigma_v - \sigma_h$, e independem da forma específica da trajetória de tensão total (Bishop e Wesley, 1975).

Note que o **ESP** para os ensaios **AE** e **LC** nas Figuras 13.14 e 13.15 não cruzaram o **AE-TSP** como aconteceu na Figura 13.13. Isto significa que a pressão neutra induzida nesses ensaios não foi ligeiramente negativa, em contraste com o comportamento mostrado na Figura 13.13. As características específicas do **ESP** para quaisquer solos devem ser determinadas por ensaios de laboratório.

O ângulo de inclinação dos planos de ruptura determinado de acordo com a hipótese de ruptura de Mohr (discutida na Seção 8.4 é diferente para os ensaios **AE** e **LC** devido à rotação das tensões principais. Podemos determinar esse ângulo usando o método do polo. Esse procedimento é mostrado na Figura 13.16 para os ensaios **AC** e **AE**; resultados semelhantes seriam encontrados para os ensaios **LE** e **LC**. Em resumo, então:

Para **AC** e **LE**, nenhuma rotação de σ_1 e σ_3: $\alpha_f = 45° + \phi'/2$;

Para **AE** e **LC**, com rotação de σ_1 e σ_3: $\alpha_f = 45° - \phi'/2$

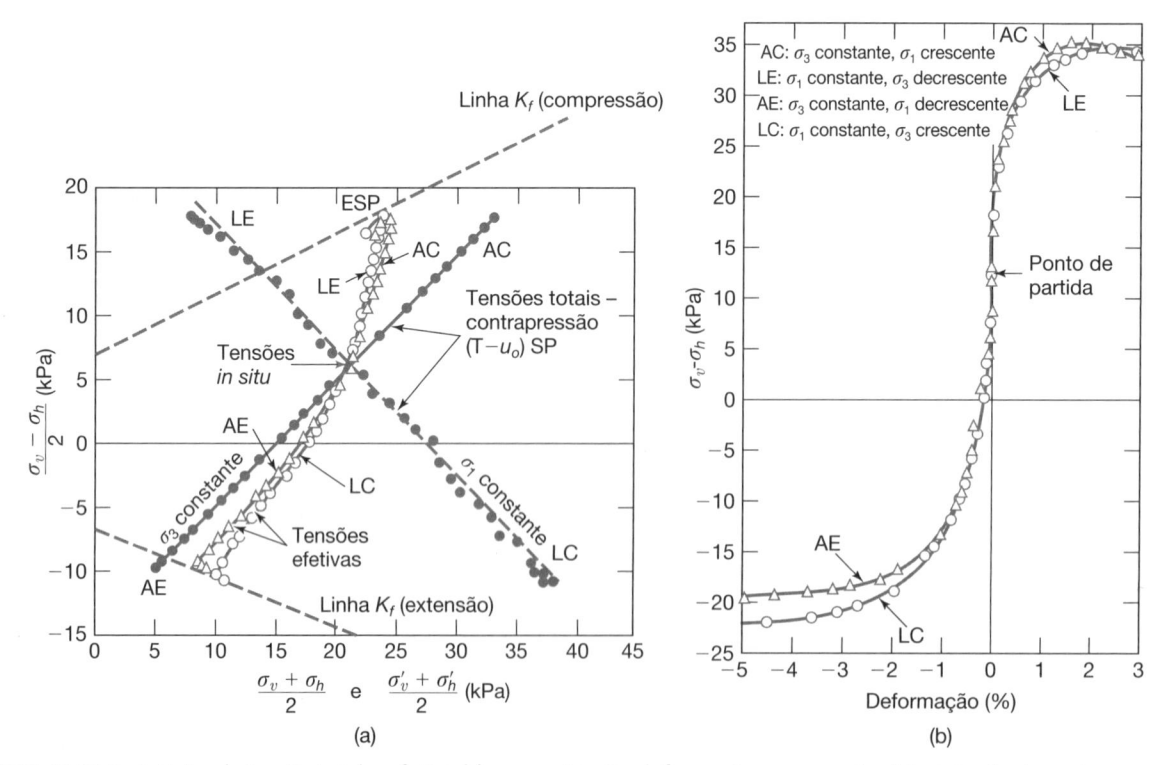

FIGURA 13.14 Trajetórias de tensão total e efetiva (a); curvas tensão-deformação para ensaios triaxiais não drenados K_o-adensados em uma argila normalmente adensada (b) (adaptada de Bishop e Wesley, 1975).

Capítulo 13 Tópicos avançados em resistência ao cisalhamento de solos e rochas

(a)

(b)

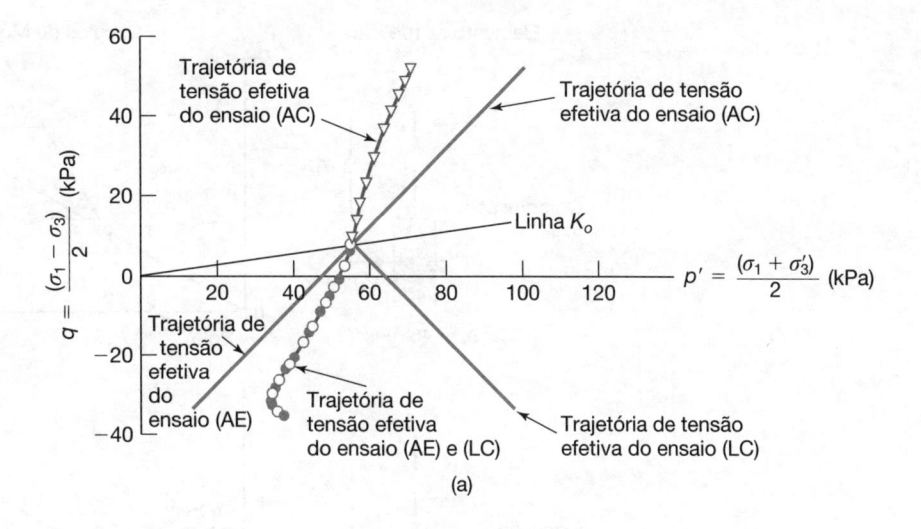

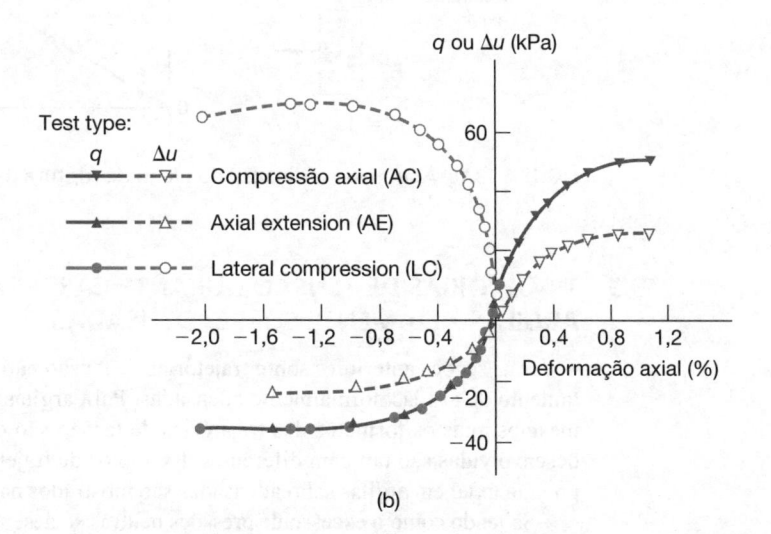

Amostra	K_o	Tipo de ensaio	w_n (%)	w_f (%)	$\left(\dfrac{\sigma_1 - \sigma_3}{2}\right)_{max}$ (kPa)	A_f
Argila Leda de Kars:						
195-22-5	0,75	AC	71,5	70,4	51,2	0,32
195-22-7	0,75	LC	73,5	72,0	34,9	0,73
195-22-3	0,75	AE	71,5	70,3	34,5	0,73

A_f é o parâmetro de pressão neutra na ruptura.

FIGURA 13.15 Trajetórias de tensão total e efetiva (a); resposta tensão-deformação e pressão neutra-deformação de ensaios triaxiais não drenados K_o-adensados em amostras não perturbadas de argila Leda de Kars, Ontário, Canadá (b) (adaptada de Law e Holtz, 1978).

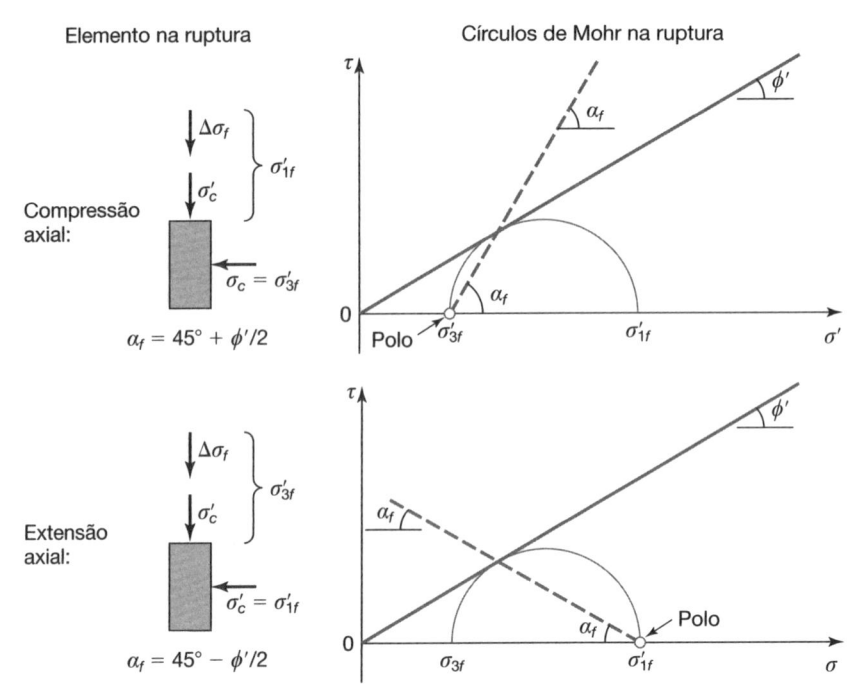

FIGURA 13.16 Ângulo de inclinação do plano de ruptura para ensaios AC e AE.

13.5 TRAJETÓRIAS DE TENSÃO DURANTE CARREGAMENTO NÃO DRENADO – ARGILAS ALTAMENTE SOBREADENSADAS

Todas as seções anteriores sobre trajetórias de tensão não drenadas diziam respeito ao comportamento de argilas normalmente adensadas. Para argilas sobreadensadas, os princípios são os mesmos, mas os formatos das trajetórias de tensão são diferentes porque as pressões neutras desenvolvidas são também diferentes. Exemplos de trajetórias de tensão para ensaios de compressão axial em argilas sobreadensadas são mostrados nas Figuras 13.14 e 13.6b.

Sabendo como o excesso de pressões neutras se desenvolve junto com os formatos das trajetórias de tensão total, para os vários tipos de ensaios, você pode facilmente construir **ESP** para argilas sobreadensadas.

Conforme discutido na Seção 9.13, argilas sobreadensadas podem ter um K_o maior que um. Portanto, as trajetórias de tensão para argilas sobreadensadas *in situ* (ou para amostras readensadas para tensões *in situ* em laboratório) podem começar abaixo do eixo hidrostático ($K_o = 1$), como mostrado na Figura 13.4.

A Figura. 13.17 mostra como podem aparecer as trajetórias de tensão para ensaios **AE** e **LC** em uma argila sobreadensada.

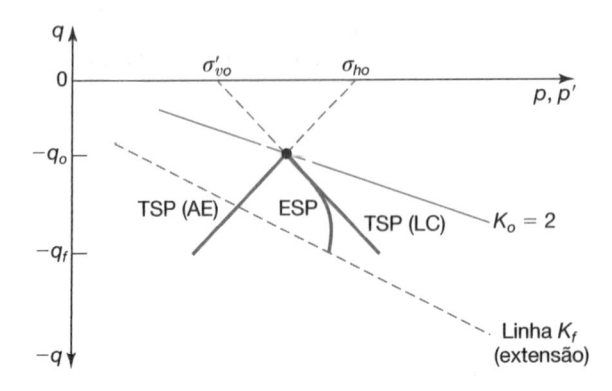

FIGURA 13.17 Trajetórias de tensão AE e LC para uma argila sobreadensada.

Exemplo 13.5

(Adaptado de C. W. Lovell.)

Contexto:

Os ensaios de compressão triaxial não drenados adensados são realizados em uma argila sobreadensada com tensão de pré-adensamento σ'_p de 800 kPa, o que equivale a um **OCR** de 10. Os resultados são mostrados na Figura Ex. 13.5a. Outro ensaio **CU** é realizado na mesma argila, no mesmo **OCR** e, portanto, no mesmo σ'_c. Neste último ensaio, a tensão lateral não é mantida constante, mas é aumentada ao mesmo tempo em que a tensão axial é aumentada, de modo que $\Delta\sigma_3 = 0,2\Delta\sigma_1$ (Ver Figura Ex. 13.5b.)

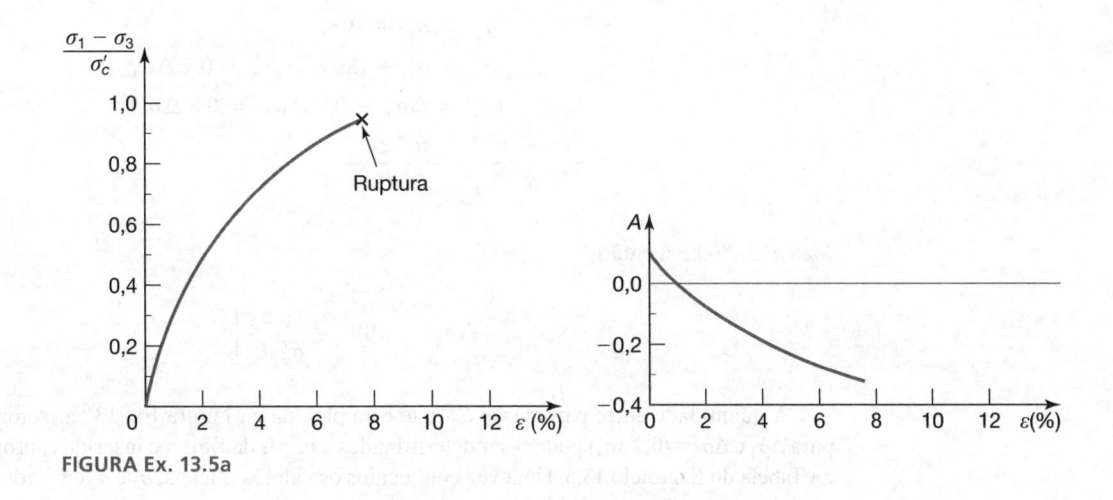

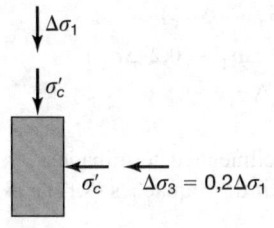

Suponha que os resultados do ensaio nesta argila mostrados na Figura Ex. 13.5a sejam válidos para todos os métodos para alterar as tensões de limite na compressão – isto é, tanto σ_1 quanto σ_3 aumentando durante o ensaio.

Problema:

Preveja o comportamento do segundo ensaio **CU**.

a. Calcule as quantidades e preencha as colunas da Tabela Ex. 13.5 para deformação de 0, 0,5, 2,5, 5 e 7,5%.

b. Desenhe o **TSP** e o **ESP** para este ensaio.

FIGURA Ex. 13.5a

FIGURA Ex. 13.5b

TABELA Ex. 13.5

ε(%)	$\Delta\sigma_1$	$\Delta\sigma_3$	σ_1	σ_3	A	Δu
0	0	0	80	80	+0,1	0
0,5	16	3	96	83	+0,05	4
2,5	58	12	138	92	−0,11	7
5,0	80	16	160	96	−0,23	1
7,5	94	19	174	99	−0,32	−5

Solução:
a. Tabela Ex. 13.5, preenchida.
b. Figura Ex. 13.5c. Note que $\sigma'_c = \sigma'_p/(\mathbf{OCR})$ da Equação (7.2). Assim,

$$\sigma'_c = \frac{800}{10} = 80\,\text{kPa}$$

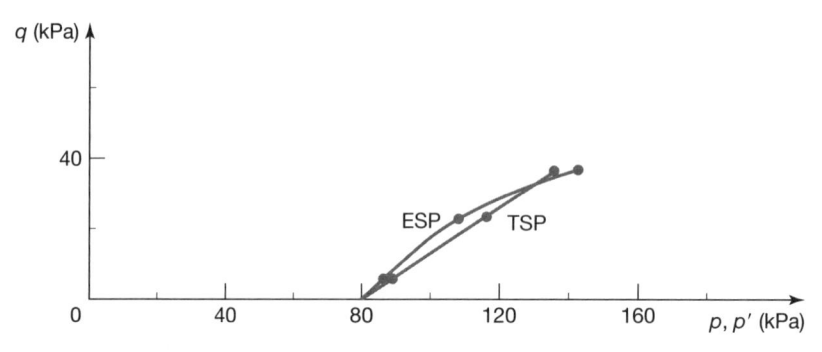

FIGURA Ex. 13.5c

Além disso,

$$\sigma_1 = \sigma'_c + \Delta\sigma_1$$
$$\sigma_3 = \sigma'_c + \Delta\sigma_3 = \sigma'_c + 0{,}2\,\Delta\sigma_1$$
$$(\sigma_1 - \sigma_3) = \Delta\sigma_1 - 0{,}2\,\Delta\sigma_1 = 0{,}8\,\Delta\sigma_1$$
$$\frac{(\sigma_1 - \sigma_3)}{\sigma'_c} = \frac{0{,}8\,\Delta\sigma_1}{\sigma'_c}$$

Mas $\sigma'_c = 80$ kPa, então

$$\Delta\sigma_1 = 100\left(\frac{\sigma_1 - \sigma_3}{\sigma'_c}\right)$$

A quantidade entre parênteses é a que está plotada na Figura Ex. 13.5a. Agora os valores para $\Delta\sigma_1$ e $\Delta\sigma_3 = (0{,}2\Delta\sigma_1)$ podem ser determinados a partir da figura e inseridos apropriadamente na Tabela do Exercício 13.5. Uma vez conhecidos os valores iniciais, σ_1 e σ_3 em cada deformação também são facilmente obtidos.

Para o cálculo de Δu use a Equação (13.7) (se $S = 100\%$, então $B = 1{,}0$, para um ensaio triaxial com pressões neutras medidas) ou

$$\Delta u = \Delta\sigma_3 + A\,(\Delta\sigma_1 - \Delta\sigma_3)$$
$$= 0{,}2\,\Delta\sigma_1 + A\,(\Delta\sigma_1 - 0{,}2\,\Delta\sigma_1)$$
$$= (0{,}2 + 0{,}8A)\Delta\sigma_1$$

Assim, os valores de Δu na Tabela Ex. 13.5 são facilmente determinados.
As trajetórias de tensão são calculadas a partir das Equações (8.17) e (8.18) ou construídas graficamente (Figura Ex. 13.5c).

O Exemplo 13.5 ilustra dois pontos importantes. Primeiro, o **ESP** tem a forma típica de uma argila sobreadensada (compare com as Figuras 13.4 e 13.6b). Segundo, você pode usar os princípios desenvolvidos anteriormente para ensaios triaxiais comuns simples (pressão constante da cela) para representar graficamente os resultados de ensaios de trajetória de tensão mais complexos.

13.6 APLICAÇÕES DE TRAJETÓRIAS DE TENSÃO NA PRÁTICA DE ENGENHARIA

Nesta seção, ofereceremos alguns exemplos de como o conhecimento das trajetórias de tensão ajudam a explicar o que acontece com as tensões no solo durante determinada situação de carga ou descarga de engenharia. Se você puder desenhar a trajetória completa das tensões para alguns elementos críticos do seu problema de engenharia, terá uma compreensão muito melhor do problema como um todo. Esse conhecimento permitirá projetar um programa de ensaios de laboratório apropriado, estimar a resposta carga-deformação *in situ* do solo e da estrutura e, finalmente, planejar um programa adequado de observação e instrumentação para monitorar as operações de construção e o desempenho final da estrutura.

Vejamos primeiro o que acontece quando retiramos uma amostra de argila normalmente adensada de um depósito de argila mole. Mostramos a trajetória de tensão durante a sedimentação e adensamento, de A a B na Figura 8.19, e o ponto B corresponde ao ponto 1 na Figura 13.18. Esta figura é um quadro mais completo de todas as operações necessárias antes que uma amostra retirada de um tubo esteja pronta para ensaios laboratoriais. Como veremos, não é surpreendente que, se as amostras forem perturbadas – e sempre o são até certo ponto –, as resistências ao cisalhamento não drenadas medidas são, muitas vezes, muito menores do que as resistências *in situ*.

Ladd e DeGroot (2003) explicam as várias trajetórias e eventos na Figura 13.18 e forneceram recomendações detalhadas para minimizar os efeitos do distúrbio das amostras que ocorrem com frequência durante cada um dos seis eventos. Essas recomendações não são dispendiosas ou complicadas, mas, quando implementadas, podem resultar em estimativas muito mais confiáveis da resistência ao cisalhamento *in situ* em solos especialmente moles e sensíveis.

Quando os solos *in situ* no ponto 1 são carregados por uma fundação, a trajetória das tensões *in situ* segue a curva tracejada até a linha de ruptura. Esta também seria a trajetória de tensão não drenada seguida em um ensaio de laboratório em uma amostra ideal. No entanto, mesmo a chamada **amostragem perfeita** resulta em perda de resistência ao cisalhamento de até 10%

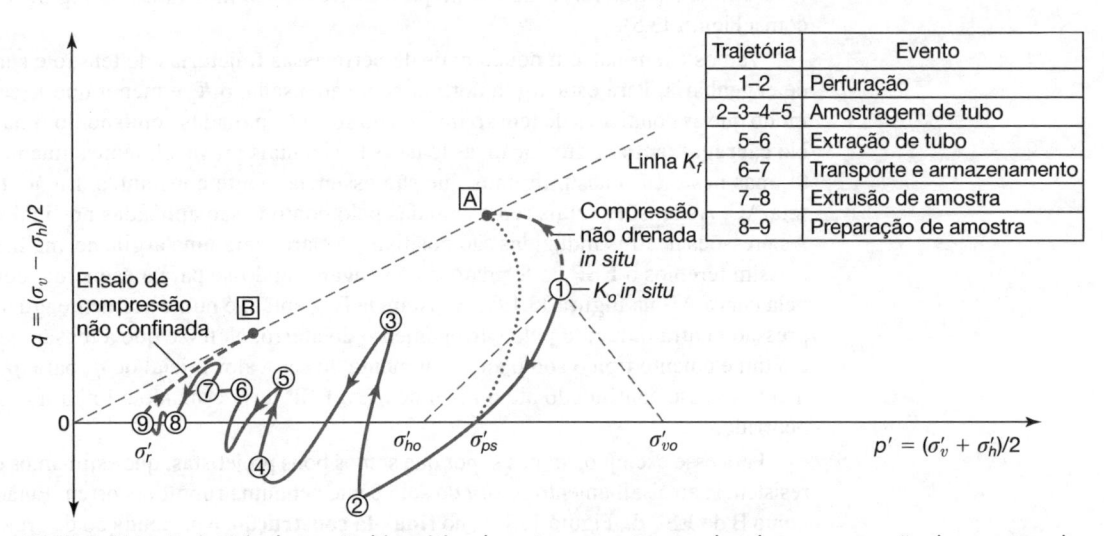

Trajetória	Evento
1–2	Perfuração
2–3–4–5	Amostragem de tubo
5–6	Extração de tubo
6–7	Transporte e armazenamento
7–8	Extrusão de amostra
8–9	Preparação de amostra

FIGURA 13.18 Trajetória de tensão hipotética durante a amostragem de tubos e preparação de amostras de uma argila macia, quase normalmente adensada (de Ladd e DeGroot, 2003).

(Skempton e Sowa, 1963; Ladd e Lambe, 1963; e Noorany e Seed, 1965), e podemos ver o porquê na Figura 13.18.

A amostragem perfeita é a amostragem sem perturbação mecânica adicional e com a amostra no aparelho de ensaio pronta para ser cisalhada. Se você voltar e olhar a Figura 9.36, verá as condições na amostra imediatamente após a amostragem, mas antes da aplicação da pressão na cela e na carga axial. Nesse caso, chamamos a pressão neutra de "pressão residual (capilar), após a amostragem" – u_r (Seção 9.11.1), e a tensão efetiva correspondente é (σ'_r). Para uma amostragem perfeita, as condições de tensão efetiva seriam σ'_{ps}, conforme mostrado na Figura 13.18, onde a curva do ponto 1 ao 2 cruza o eixo p'. Agora, se você carregasse a amostra perfeita naquele ponto, seu **ESP** teria formato semelhante às trajetórias de tensão para os solos **NC** nas Figuras 13.3 e 13.5 e como mostrado com a curva pontilhada na Figura 13.18. Assim, a perda na resistência ao cisalhamento mesmo com amostragem perfeita é significativa.

Usando as condições de tensão da Figura 9.36, as definições dos incrementos de tensão descritas na Seção 13.3, é possível derivar a equação para σ'_{ps}, ou para $K_o < 1$.

$$\sigma'_{ps} = \sigma'_{vo}[K_o + A_u(1 - K_o)] \tag{13.23}$$

Como, mesmo com os melhores equipamentos e técnicas não podemos obter amostras perfeitas, na realidade a perda de resistência devido a todas as etapas adicionais mostradas na Figura 13.18 é muito maior do que 10%.

Observe a trajetória de tensão do ensaio de compressão não confinado do ponto 9 até a linha de ruptura. Você pode ver que a resistência ao cisalhamento medida é muito menor do que a resistência *in situ*. Os cálculos da estabilidade de uma fundação com base na resistência ao cisalhamento medida a partir de amostras perturbadas resultarão em fundações excessivamente caras e projetos muito conservadores. Procedimentos para avaliar a perturbação da amostra e corrigir as resistências ao cisalhamento medidas foram sugeridos por Ladd e Lambe (1963), Ladd et al. (1977) e Ladd e DeGroot (2003).

Em seguida, vejamos o que acontece com a trajetória de tensão *in situ* para o carregamento da fundação, do ponto 1 na Figura 13.18 até a linha de ruptura. Vamos considerar o caso, por exemplo, de um aterro rodoviário construído sobre uma fundação de argila mole, na qual a argila está 100% saturada e essencialmente adensada normalmente. Esse caso, mostrado na Figura 13.19a, pode ser modelado por condições de tensão de compressão axial. Estritamente falando, como mencionado antes, o carregamento deve ser de deformação plana ($\varepsilon_2 = 0$) para um aterro longo, mas usaremos o ensaio triaxial comum, com o qual você está familiarizado, para fins ilustrativos. As trajetórias de tensão para esse caso são mostradas na Figura 13.19a (compare com a Figura 13.5).

Vamos examinar um pouco mais de perto essas trajetórias de tensão e suas implicações de engenharia. Para esta argila normalmente adensada, o K_o é menor que 1 (cerca de 0,6), de modo que as condições de tensão iniciais no solo são plotadas como ponto A na Figura 13.19a. No **carregamento** da fundação, as tensões horizontais provavelmente aumentam ligeiramente, mas neste caso assumiremos que são essencialmente constantes. Então, $(T - u_o)SP$ é a reta AC. As tensões totais representadas pelo ponto C são aplicadas no final da construção. As pressões neutras induzidas são positivas, é claro, para uma argila normalmente adensada, e assim teremos o **ESP** de formato típico enganchando-se para a esquerda, como é ilustrado pela curva AB na Figura 13.19a. A distância BC, então, é numericamente igual ao excesso de pressão neutra induzido pelo carregamento do aterro. Note-se que a tensão de cisalhamento em um elemento típico sob o aterro aumenta do seu valor inicial de q_o para q_1. Se o carregamento tivesse continuado até o nível de q_f, o **ESP** teria cruzado a linha K_f e a ruptura teria ocorrido.

Para esse exemplo, vamos supor que somos bons projetistas, que estimamos corretamente a resistência ao cisalhamento *in situ* do solo e que nenhuma ruptura ocorreu. Então estaremos no ponto B do **ESP** da Figura 13.19a, no **final da construção**, e na condição de projeto mais crítica para carregamentos de fundação em argilas normalmente adensadas. Por que esta é a condição

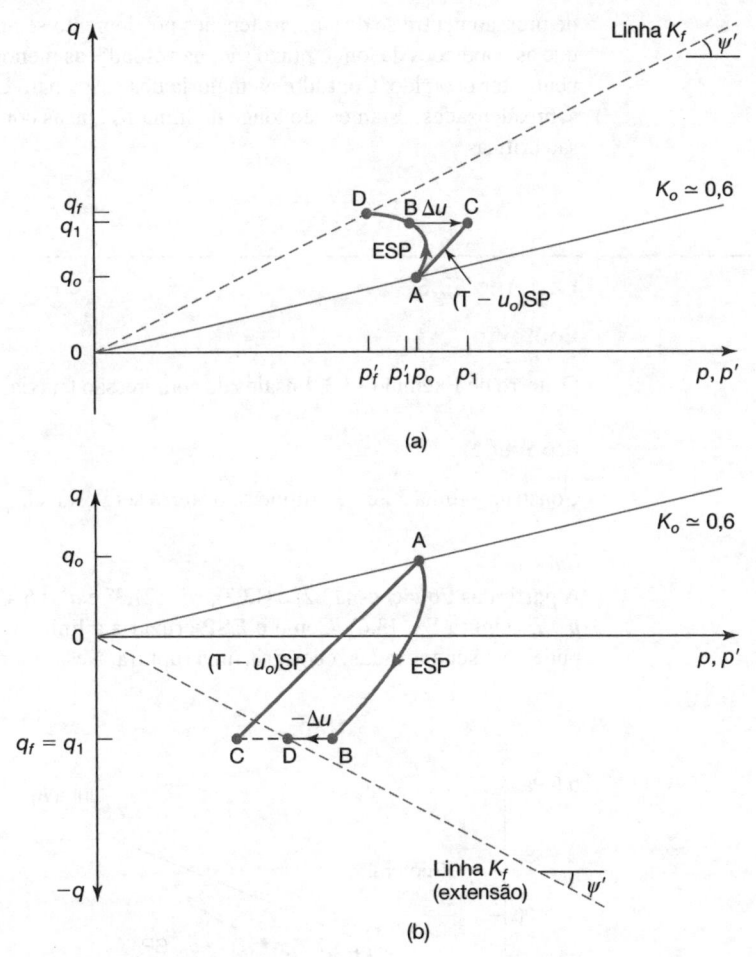

FIGURA 13.19 Trajetórias de tensão para carregamento de fundação (a); escavação de fundação de argila normalmente adensada (b).

"mais crítica"? Bem, veja o que acontece depois que chegamos ao ponto B. A carga aplicada é constante a partir de então (assumindo que nenhuma carga adicional de construção ocorre), a argila começa a se adensar e o excesso de pressão neutra da água causado pela carga se dissipa. Esse excesso de pressão neutra é representado pela distância BC. Assim, o **ESP** prossegue ao longo da linha BC.

Em última análise, em $U = 100\%$, todo o excesso de pressão neutra será dissipado e nosso elemento estará no ponto C em equilíbrio sob a carga do aterro. Ele ainda terá uma tensão de cisalhamento q_1, atuando sobre ele, e $p = p' = p_1$. Como não há excesso de pressão de água nos poros remanescente no elemento, as tensões totais serão iguais às tensões efetivas no ponto C. Agora você pode ver por que o ponto B no final da construção é o mais crítico para este caso. O ponto B é o ponto mais próximo da linha de ruptura K_f. Depois disso, devido ao adensamento, o solo de fundação torna-se mais forte (mais seguro) com o tempo, até que no ponto C estamos no ponto mais distante da linha K_f para essa situação de carregamento particular. É por isso que o final da construção (em relação ao longo prazo) é o mais crítico para o carregamento da fundação de argilas normalmente adensadas. A lição de engenharia aqui é que, se você chegar ao final do período de construção para esse tipo de carregamento, as condições se tornarão **mais seguras** com o tempo.

Para o carregamento de fundação de uma argila sobreadensada, o **TSP** e o **ESP** seriam parecidos com as trajetórias mostradas nas Figuras 13.4 e 13.6b. À medida que o excesso negativo de pressão neutra se dissipa, as tensões no elemento se aproximam da linha K_f, o que significa que as condições de longo prazo são, na verdade, as menos seguras após a dissipação da pressão neutra ter ocorrido. Contudo, na maioria dos casos para carregamento de fundações em argilas sobreadensadas, estamos tão longe da linha K_f que as condições de longo prazo geralmente não são críticas.

Exemplo 13.6

Contexto:

O aterro do Exemplo 13.3. Ensaios de compressão triaxial indicam $\phi' = 23°$ e $c' = 7$ kPa.

Problema:

Construa a linha K_f e determine se o aterro será estável.

Solução:

A partir das Equações (13.2) e (13.3), $\psi' = 21,3°$ e $a' = 6,4$ kPa. Desenhe a linha K_f no diagrama $p - q$ (Figura Ex. 13.6). Como o **ESP** cruzaria a linha K_f antes que as cargas finais de projeto pudessem ser aplicadas, ocorreria uma ruptura. Nesse momento, q seria de aproximadamente 15 kPa.

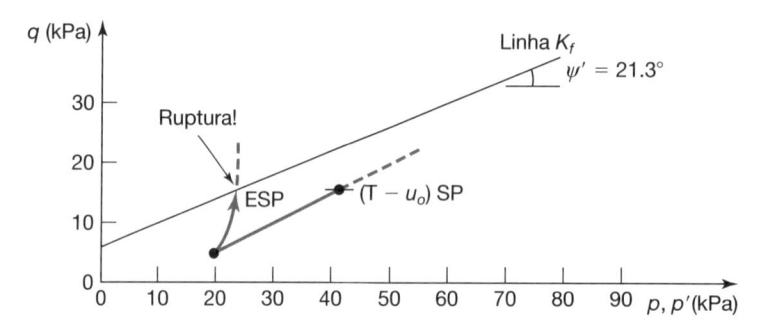

FIGURA Ex. 13.6

Na Seção 9.11.5 sobre o uso da resistência **UU** na prática, mencionamos o caso de carregamento de fundação de argilas levemente sobreadensadas que apresentam comportamento dilatante quando cisalhadas. Esse comportamento foi observado tanto em ensaios de laboratório como em campo sob estruturas *offshore* no Mar de Beaufort, no Canadá. Crooks e Becker (1988) estimaram as mudanças totais de tensão a partir da teoria elástica na localização de um piezômetro sob uma ilha *offshore* e construíram o campo $(T - u_o)SP$ causado pela construção da ilha (Figura 13.20b). Em seguida, o excesso de pressão neutra medido em vários estágios durante a construção foi subtraído das tensões totais calculadas para construir o **ESP** no local do piezômetro, também mostrado na Figura 13.20b. A forma desse **ESP** indicou comportamento dilatante (comparar com as Figuras 13.4 e 13.6b). O mesmo comportamento foi observado também em ensaios de cisalhamento de laboratório no mesmo material na Figura 13.20a.

As trajetórias de tensão também indicaram que quando as tensões de cisalhamento atingiram o ponto A no $(T - u_o)SP$, correspondente à resistência ao cisalhamento do material no ponto A' no **ESP**, nenhum aumento adicional na tensão de cisalhamento foi possível. Para manter a

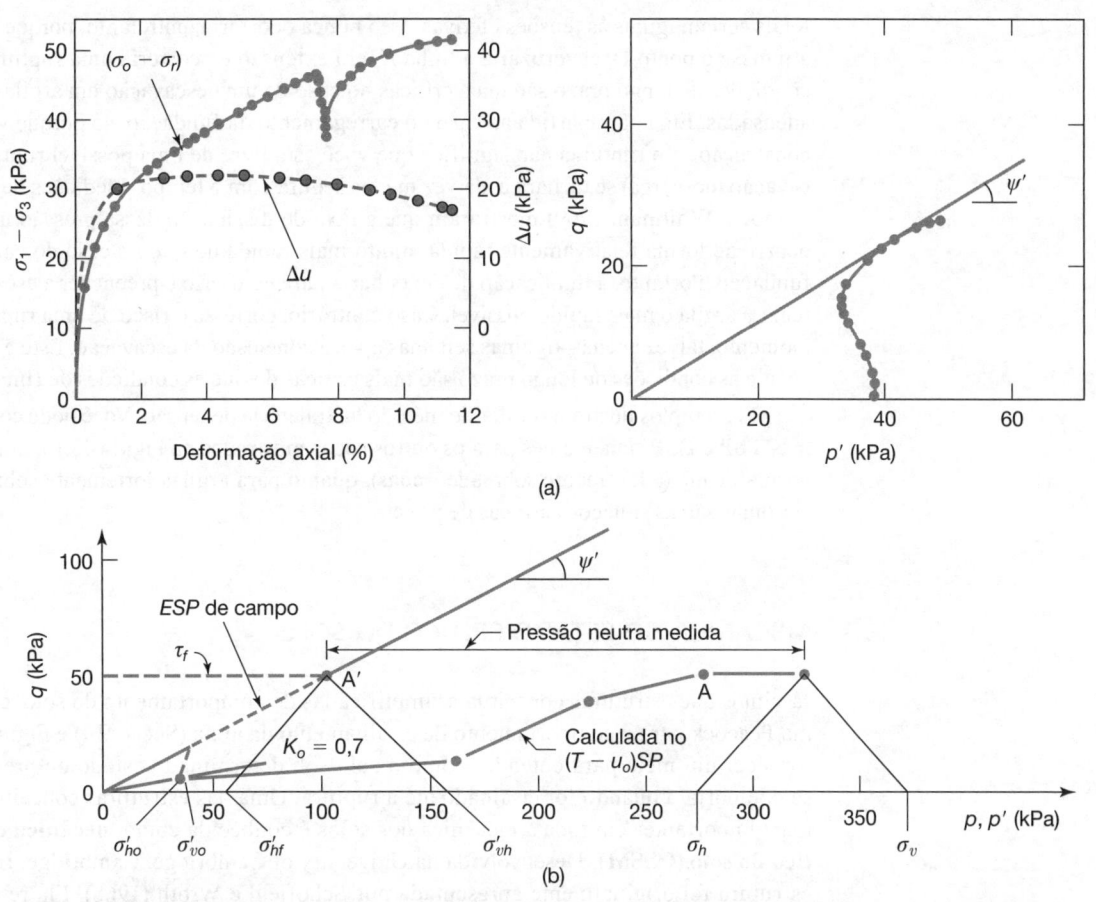

FIGURA 13.20 Respostas tensão-deformação e pressão neutra-deformação e trajetória de tensão efetiva de um ensaio triaxial CU em argila da ilha de Tarslut, Mar de Beaufort, Canadá (a); trajetórias de tensão em argila sob a Ilha Tarslut (b) (adaptada de Crooks e Becker, 1988).

tensão de cisalhamento imposta em um valor constante, a tensão horizontal na argila da fundação teve que aumentar.

Uma vez que nos pontos A e A' a argila da fundação estava em estado de ruptura, desenvolveram-se deformações plásticas significativas sob a ilha de Tarslut. No entanto, devido ao grande diâmetro da ilha e às encostas laterais planas, a zona de sobrecarga foi confinada. Também ajudou o fato de a camada macia ser fina em comparação com o diâmetro da ilha. Este exemplo mostra como os trajetórias de tensão podem ser valiosas na prática.

Outra importante situação de engenharia diz respeito à escavação de uma fundação em argila normalmente adensada. Essa situação é ilustrada na Figura 13.10 como exemplo de extensão axial. Já sabemos pela Figura 13.13 como são o **TSP** e o **ESP** nesse caso; eles também estão na Figura 13.19b. Como a tensão vertical diminui durante uma escavação, a trajetória da tensão total vai das condições iniciais no ponto A até o ponto C. Assim como acontece com o carregamento da fundação, as tensões horizontais também podem diminuir ligeiramente, mas, para fins de ilustração, assumiremos que elas permanecem essencialmente inalteradas. Como ocorrem poropressões negativas devido ao descarregamento, o **ESP** deve estar à direita do $(T - u_o)SP$. Para o caso mostrado com descarga de q_0 até q_1, o **ESP** segue então a curva AB, e o ponto B representa as condições no final da construção. Para esse caso, a ruptura não ocorreu e estamos seguros no final da construção. Agora, o excesso de pressão neutra começa a se dissipar – neste caso é negativo, e agora começa a ficar cada vez mais positivo, seguindo a linha BDC. No ponto C, é claro, todo o excesso de pressão neutra negativa seria dissipado e as tensões totais seriam iguais às tensões efetivas. Isso nunca ocorreria, entretanto, porque quando o **ESP** atingisse o ponto D, ele cruzaria a linha K_f em extensão e ocorreria uma ruptura. Portanto, as condições de longo prazo são mais críticas no caso de uma escavação em argilas normalmente adensadas. Em contrapartida ao caso do carregamento da fundação, só porque você passa pela construção sem rupturas não significa que você está livre de uma possível ruptura. Não, a escavação (descarga) se tornará cada vez menos segura com o tempo. Medições de campo (p. ex., Lambe e Whitman, 1969) mostraram que a taxa de dissipação dessa pressão neutra negativa ocorre de forma relativamente rápida, muito mais rápida do que no caso do carregamento da fundação. Portanto, a implicação de engenharia para esse caso é preencher a escavação e recarregar a argila o mais rápido possível. Caso contrário, corre-se o risco de uma ruptura em algum momento, talvez apenas algumas semanas após a conclusão da escavação. Este é outro exemplo de que as condições de longo prazo são mais críticas do que as condições de fim de construção.

Os exemplos ilustram o valor do método da trajetória de tensão. Você pode construir diagramas **TSP** e **ESP** semelhantes para os outros casos mostrados na Figura 13.10, tanto para argilas normalmente (e levemente sobreadensadas), quanto para argilas fortemente sobreadensadas, e ver quais são as situações críticas de projeto.

13.7 MECÂNICA DO ESTADO CRÍTICO DO SOLO

Já vimos que estruturas conceituais simplificadas do comportamento do solo, como o diagrama Peacock para o comportamento de cisalhamento da areia (Seção 9.4) e Figura 9.11, podem fornecer um meio para entender como o solo sob determinado estado de pré-cisalhamento se comportará quando for cisalhado até a ruptura. Uma das estruturas conceituais e teóricas mais importantes em toda a mecânica dos solos é conhecida como **mecânica do estado crítico do solo (CSSM)**. Desenvolvida na University of Cambridge, Cambridge, Inglaterra, essa estrutura foi originalmente apresentada por Schofield e Wroth (1968). Ela reuniu conceitos anteriores bem conhecidos, como o critério de ruptura de Mohr-Coulomb e os parâmetros de Hvorslev (Seção 13.13.2). No entanto, também proporcionou novos níveis de sofisticação em termos de nossa capacidade de modelar o comportamento do solo, incluindo o comportamento pré-ruptura (embora usando um modelo elástico-plástico simples, Figura 8.4d), o efeito do histórico de tensões na produção generalizada do solo, e o comportamento drenado *versus* não drenado em argilas. O desenvolvimento dessa estrutura serviu de base para os modelos constitutivos de solo mais sofisticados de hoje, que por sua vez são utilizados em análises numéricas para simular problemas geotécnicos altamente complexos. Esses modelos constitutivos incluem argila Cam modificada (Roscoe e Burland, 1968), modelos de tampa (p. ex., Drucker et al., 1957), modelos aninhados (p. ex., Prevost, 1977) e modelos de superfície delimitadora (p. ex., Dafalias, 1986; Whittle, 1987 e Pestana, 1994), entre outros. Os modelos constitutivos são revistos na Seção 13.8.

É importante mencionar que a estrutura do **CSSM** foi originalmente desenvolvida para argilas saturadas e reconstituídas – isto é, argilas completamente remodeladas e depois readensadas para um estado normalmente adensado. Este readensamento também pode ser seguido por sobreadensamento mecânico até alguma taxa de sobreadensamento (**OCR**). Em sua forma mais fundamental, a estrutura do **CSSM** liga um par de "espaços" mecânicos do solo bidimensionais (2-***D***) bem conhecidos, espaços de tensão efetiva de índice de vazios e de tensão de cisalhamento. Ela combina esses espaços 2-***D*** em um espaço tridimensional (3-***D***) que descreve como uma argila, com um histórico de tensão específico, se comportará quando cisalhada até a ruptura, incluindo mudança de volume, se for um ensaio drenado; e pressão neutra induzida por cisalhamento, se for um ensaio não drenado.

Vamos primeiro reintroduzir os espaços 2-***D*** com os quais você já está familiarizado. A Figura 13.21a mostra um gráfico típico do índice de vazios (***e***) *versus* o logaritmo (base 10) da

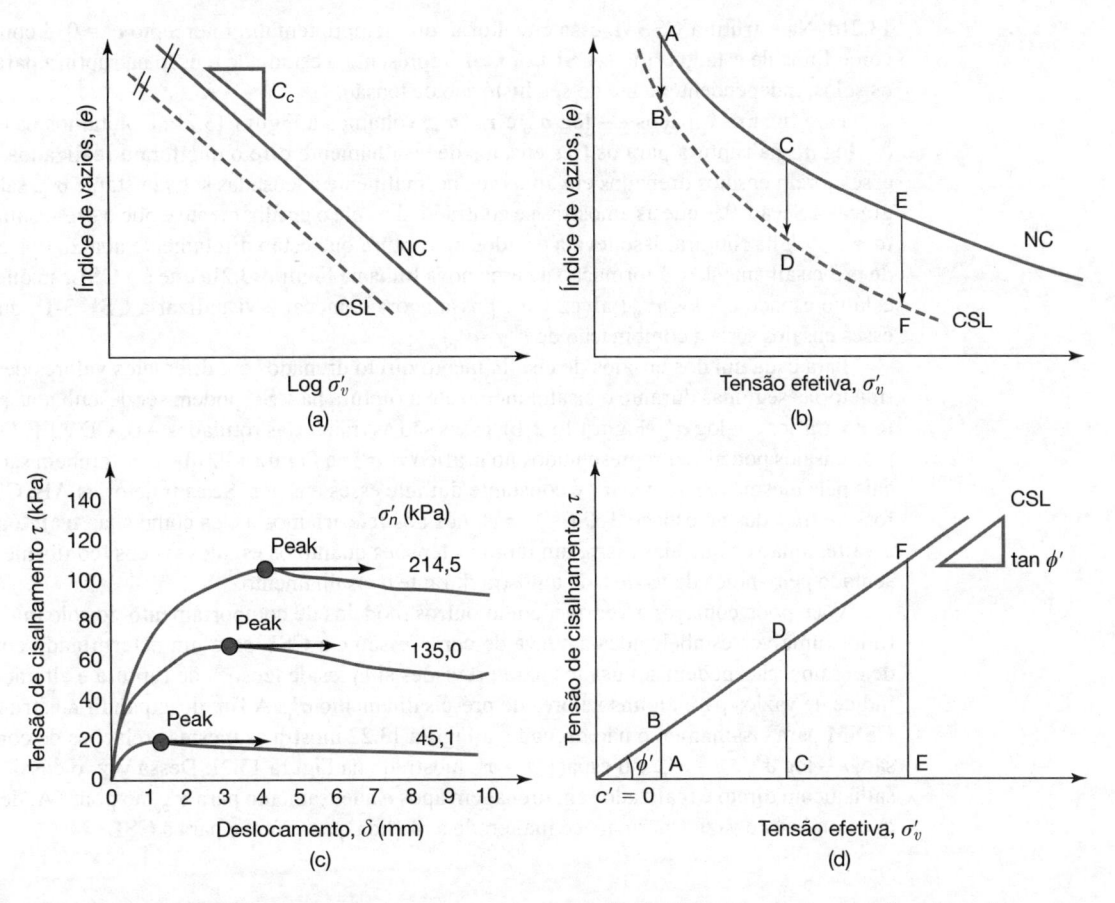

FIGURA 13.21 Estrutura simplificada de estado crítico para ensaios de cisalhamento direto que são adensados unidimensionalmente e depois cisalhados até a ruptura: relações $e - \log \sigma'_v$ para adensamento e estados críticos (a); relações $e - \sigma'_v$ para adensamento e estados críticos (b); tensão de cisalhamento *versus* deslocamento para ensaios de cisalhamento direto em três valores de σ'_{vi}; e (d) tensão de cisalhamento *versus* σ'_v para os três ensaios de cisalhamento direto (c) (adaptada de Mayne, 2006).

tensão efetiva vertical σ'_v, tal como aquele apresentado no Capítulo 7.* Neste caso, a inclinação na faixa normalmente adensada é o índice de compressão, C_c [Equação (7.7)]. A Figura 13.21b mostra esse mesmo gráfico, exceto que σ'_v é plotado em uma escala linear, resultando na forma curva da relação de adensamento.

A seguir, como mostrado na Figura 13.21c, realizamos ensaios de cisalhamento direto **CD** em três amostras de argila adensadas em três valores diferentes de σ'_v. Embora o **CSSM** possa representar resultados de outros ensaios mais complexos, como o ensaio triaxial (discutido posteriormente), o uso de resultados de cisalhamento direto fornece uma maneira simples de entender os princípios do **CSSM**. Os estados de pré-cisalhamento σ'_v são mostrados nas curvas de compressão das Figuras 13.21a e 13.21b, sendo os picos plotados no espaço da tensão de cisalhamento τ *versus* tensão normal de σ'_v na Figura 13.21c. Esses estados de ruptura $\tau - \sigma'_v$ formam a familiar envoltória de ruptura de Mohr-Coulomb definida pelo ângulo de atrito efetivo ϕ' na Figura

---

*Schofield e Wroth (1968) usaram originalmente o **volume específico** (v) no lugar do índice de vazios, onde $v = 1 + e$, ou seja, v é o volume de solo para o qual existe um volume unitário de sólidos. Eles também usaram o logaritmo natural (base **e**) em vez do log base10, e usaram a definição 3-*D* da tensão efetiva média, ou $p' = (\sigma_1 + 2\sigma_3)/3$, que mencionamos anteriormente. Para ilustrar os princípios do **CSSM** em termos familiares, usaremos e e log σ'_v e depois usaremos nossa definição familiar do MIT de $p' = \frac{1}{2}(\sigma'_v + \sigma_h)$ para ilustrar a utilidade do conceito de estado crítico.

13.21d. Na estrutura **CSSM**, essa envoltória, que sempre tem um intercepto $c' = 0$, é conhecida como linha de estado crítico (**CSL**). A **CSL** representa o estado de tensão na ruptura para todos os solos, independentemente do seu histórico de tensão.

Para ligar os espaços $e - \log \sigma'_v$ e $\tau - \sigma'_v$, voltamos à Figura 13.21a e plotamos os estados $e - \log \sigma'_v$ na ruptura para os três ensaios de cisalhamento direto que foram realizados. Como esses foram ensaios drenados em amostras normalmente adensadas sob constante σ'_v, sabemos, graças à Seção. 9.9, que as amostras se contraem durante o cisalhamento e que o pré-cisalhamento $\sigma'_v = \sigma'_c$ na ruptura. Isso leva a estados de ruptura que estão diretamente abaixo dos estados de pré-cisalhamento e à formação de uma nova linha na Figura 13.21a que é a **CSL**, só que agora está no espaço $e - \log \sigma'_v$ (talvez você possa agora começar a visualizar a **CSL** 3-**D**, que para esses ensaios seria a combinação de $e-\tau-\sigma'_v$).

Para cada um dos ensaios de cisalhamento direto drenados em diferentes valores de σ'_v, as trajetórias seguidas durante o cisalhamento até a ruptura na **CSL** podem ser desenhadas primeiro no gráfico $e - \log \sigma'_v$ (Figura 13.21b); essas são as trajetórias rotuladas AB, CD e EF. Os mesmos ensaios podem ser representados no gráfico $\tau-\sigma'_v$ na Figura 13.21d – eles também são verticais pela mesma razão, que σ'_v é constante durante esses ensaios. Se as trajetórias AB, CD e EF fossem traçadas no espaço 3-**D** ($e-\tau-\sigma'_v$), nós nos referiríamos a elas como suas **trajetórias de estado**, uma vez que elas rastreiam tanto as tensões quanto os estados físicos (conforme representado pelo índice de vazios) da amostra durante o cisalhamento.

Você pode começar a ver que, como outros modelos de comportamento do solo que discutimos, uma vez estabelecidas a curva de compressão e a **CSL** para um determinado conjunto de ensaios, eles podem ser usados para previsões simples de tensões de ruptura e alterações no índice de vazios para alguns valores de pré-cisalhamento σ'_v. A fim de expandir a estrutura do **CSSM** para cisalhamento não drenado, a Figura 13.22 mostra as mesmas relações de compressão, $e - \log \sigma'_v$ e $e - \sigma'_v$, e o espaço $\tau - \sigma'_v$ mostrado na Figura 13.21. Dessa vez, o ensaio de cisalhamento direto é realizado sem drenagem após o adensamento para σ'_{vo} no ponto A, de modo que o índice de vazios permanece inalterado à medida que se move para a **CSL**.

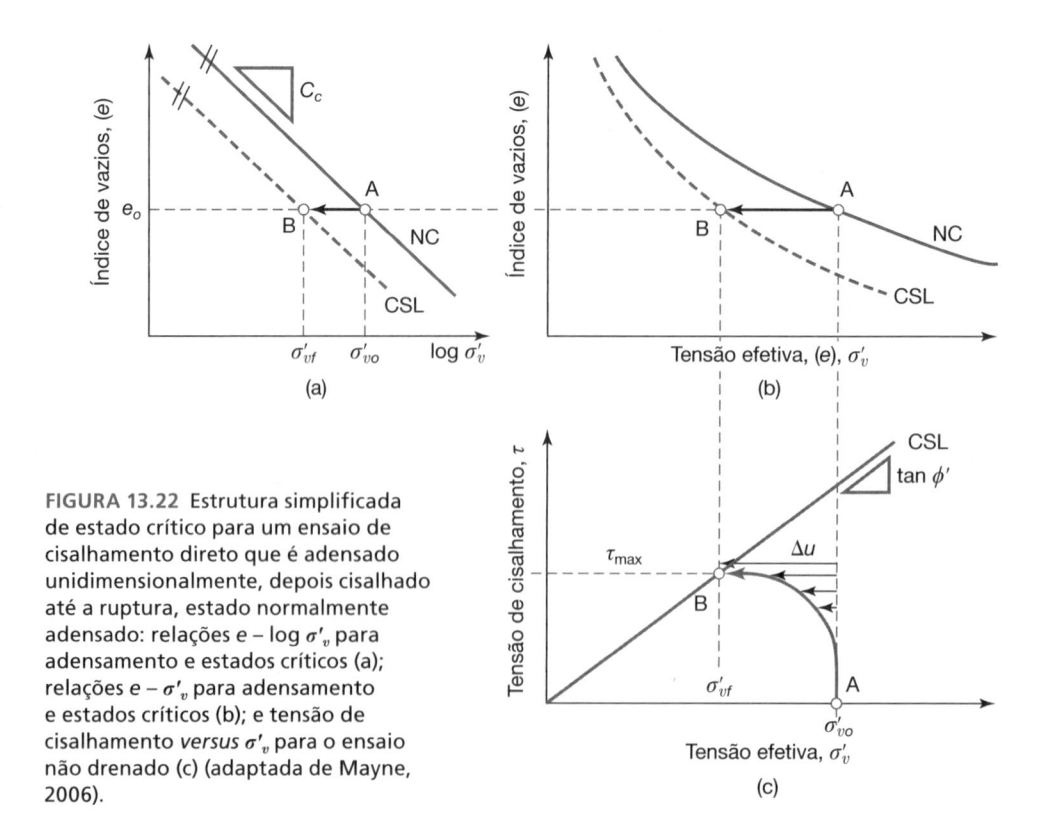

FIGURA 13.22 Estrutura simplificada de estado crítico para um ensaio de cisalhamento direto que é adensado unidimensionalmente, depois cisalhado até a ruptura, estado normalmente adensado: relações $e - \log \sigma'_v$ para adensamento e estados críticos (a); relações $e - \sigma'_v$ para adensamento e estados críticos (b); e tensão de cisalhamento versus σ'_v para o ensaio não drenado (c) (adaptada de Mayne, 2006).

O resultado é que o σ'_v na ruptura (ponto B) é menor que o pré-cisalhamento σ'_v, resultado do excesso de pressão neutra positiva Δu, sendo gerado durante o cisalhamento. Na verdade, $\Delta u = \sigma'_{v(\text{pré-cisalhamento})} - \sigma'_{v(\text{ruptura})}$.

Mencionamos que o **CSSM** também pode ser usado para modelar o comportamento de solos mecanicamente sobreadensados – ou seja, aqueles que foram carregados com alguma tensão máxima ($\sigma'_{v\text{máx}}$) e depois descarregados até uma tensão final (σ'_{vf}), o que produz um **OCR** = $\sigma'_{v\text{máx}}/\sigma'_{vf}$. Na Figura 13.23, uma linha de expansão com inclinação C_s foi adicionada às curvas de compressão, $e - \log \sigma'_v$ e $e - \sigma'_v$, e a **CSL** permanece a mesma em todos os três espaços como era para as amostras normalmente adensadas. A inclinação dessa parte de descarga ou expansão da trajetória $e - \log \sigma'_v$ é C_s, que é definida pela mesma equação do índice de compressão, C_c [Equação (7.7)]. A estrutura pode mais uma vez ser usada para prever resultados de ensaios drenados e não drenados, conforme indicado pelas trajetórias AB e AC, respectivamente.

A trajetória não drenada AC indica que, como $\sigma'_{v(\text{pré-cisalhamento})}$ é menor do que $\sigma'_{v(\text{ruptura})}$ a amostra passou por pressão neutra excessiva durante o cisalhamento $\Delta u < 0$, resultando em uma trajetória $\tau - \sigma'_v$ que se enrola para cima e à direita para chegar à **CSL** na Figura 13.23c. Uma pergunta a ser feita é a seguinte: em um ensaio não drenado, existe um valor de pré-cisalhamento σ'_v que levaria a uma trajetória vertical $\tau - \sigma'_v$ durante o cisalhamento (em outras palavras, $\Delta u = 0$ durante o cisalhamento)? Esse é o caso quando $\sigma'_{v(\text{pré-cisalhamento})}$ está na interseção da linha de expansão e a **CSL** nas Figuras 13.23a e 13.23b, ponto D. Assim, a **CSL** nessas duas figuras pode ser tratada como uma espécie de linha divisória: quando $\sigma'_{v(\text{pré-cisalhamento})}$ está à direita deste ponto de cruzamento, a argila está normalmente ou levemente sobreadensada e se contrairá durante o cisalhamento drenado, ou desenvolverá $\Delta u > 0$ durante o cisalhamento não drenado. Quando $\sigma'_{v(\text{pré-cisalhamento})}$ fica à esquerda do ponto de cruzamento, a argila está fortemente sobreadensada e se dilatará ou produzirá $\Delta u < 0$.

Nosso uso de ensaios de cisalhamento direto na discussão nos permitiu aprender alguns princípios básicos da estrutura do estado crítico, ou seja, a relação entre os estados de pré-cisalhamento na curva de compressão e os estados de ruptura na **CSL**. No entanto, isto por si só não

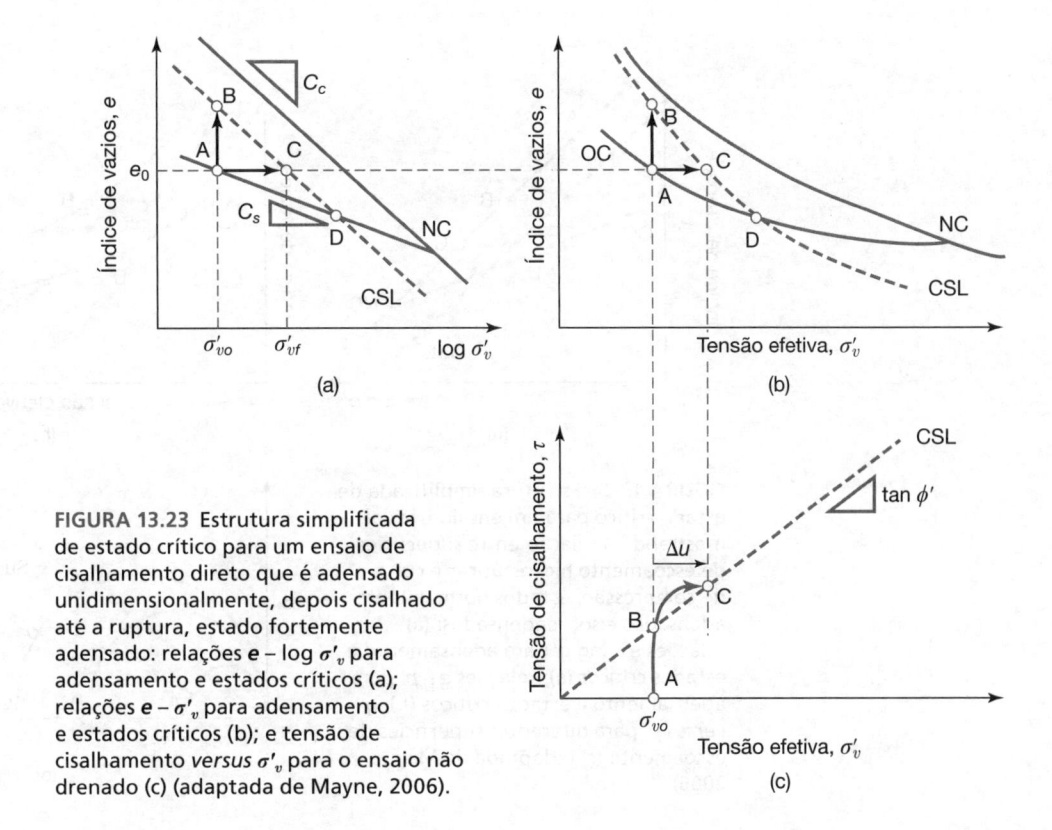

FIGURA 13.23 Estrutura simplificada de estado crítico para um ensaio de cisalhamento direto que é adensado unidimensionalmente, depois cisalhado até a ruptura, estado fortemente adensado: relações $e - \log \sigma'_v$ para adensamento e estados críticos (a); relações $e - \sigma'_v$ para adensamento e estados críticos (b); e tensão de cisalhamento versus σ'_v para o ensaio não drenado (c) (adaptada de Mayne, 2006).

o tornaria muito mais vantajoso do que o critério de ruptura de Mohr-Coulomb. A outra peça significativa da estrutura de estado crítico é o conceito de **superfície de escoamento**. Para entender o que essa superfície representa, veremos agora o espaço de tensões q *versus* p' de uma amostra de solo triaxial que é adensada hidrostaticamente. Como mostra a Figura 13.24, ainda existe uma curva de compressão para essa situação, exceto que agora a plotamos como $e - \log p'$ e $e - p'$, em vez de usar σ'_v, que era para condições unidimensionais usadas no ensaio de cisalhamento direto. Ainda existe uma **CSL** plotada nesses dois espaços, bem como no espaço $q - p'$ (Figura 13.24c). **A superfície de escoamento no espaço $q-p'$ é a linha divisória entre o comportamento elástico e o comportamento plástico ou inelástico**, e seu tamanho é determinado pelo valor máximo de p' ao qual o solo está adensado. As Figuras 13.24a e 13.24b mostram três níveis p' normalmente adensados para os solos A, B e C. À medida que p' aumenta, o tamanho da superfície de escoamento na Figura 13.24c também aumenta, definido pelas interseções das superfícies com o eixo p' nos pontos A, B e C.

Um caso muito simples de utilização da superfície de escoamento é durante o adensamento hidrostático. Nas Figuras 13.24a e 13.24b, o solo está sobreadensado mecanicamente até o ponto D; isso também é mostrado no eixo p' da Figura 13.24c. Quando o solo é readensado até o ponto B, a porção de recompressão DB é elástica, pois fica dentro da superfície de escoamento, e a porção além desta (trajetória BC) é plástica, o que também aumenta o tamanho da superfície de escoamento devido ao adensamento.

Vamos considerar um ensaio triaxial drenado e adensado hidrostaticamente em um solo levemente sobreadensado. Como mostrado nas Figuras 13.25a e 13.25b, o solo foi adensado do ponto A ao ponto B e descarregado até o ponto C. Esses pontos de adensamento também são mostrados no espaço da trajetória de tensão da Figura 13.25c. Durante a porção de cisalhamento drenada do ensaio, conforme mostrado pela trajetória CD na Figura 13.25c, a parte inicial desse carregamento, dentro da superfície de escoamento existente, será elástica. O solo então cede e começa a se deformar plasticamente, expandindo a superfície de escoamento até falhar na **CSL** no ponto D. É possível ver a diminuição subsequente no índice de vazios na curva de compressão. Para um ensaio triaxial drenado e adensado hidrostaticamente em um solo normalmente adensado, a trajetória de tensão começaria onde a superfície de escoamento cruza o eixo p', e a superfície de escoamento se expandiria progressivamente até a ruptura.

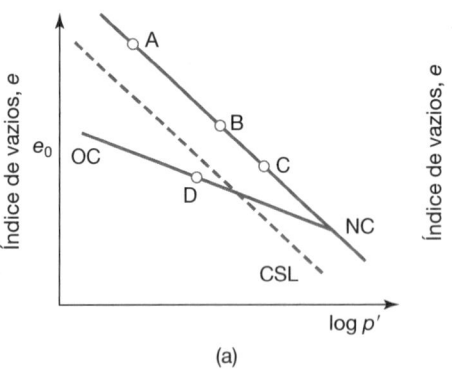

FIGURA 13.24 Estrutura simplificada de estado crítico para um ensaio triaxial mostrando a relação entre superfícies de escoamento hidrostáticas e curva de compressão, estados normalmente adensados e sobreadensados: (a) relações $e - \log p'$ para adensamento e estados críticos (a); relações $e - p'$ para adensamento e estados críticos (b); q versus p' para diferentes superfícies de escoamento (c) (adaptada de Mayne, 2006).

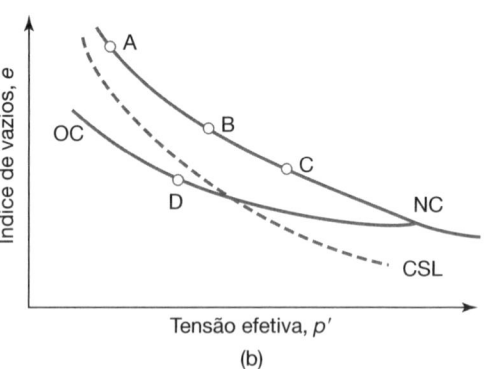

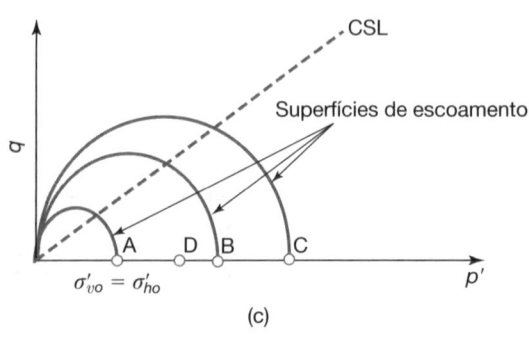

FIGURA 13.25 Estrutura simplificada de estado crítico para um ensaio triaxial drenado hidrostaticamente adensado mostrando a relação entre superfícies de escoamento hidrostático e curva de compressão, solo levemente adensado: relações $e - \log p'$ para adensamento e estados críticos (a); relações $e - p'$ para adensamento e estados críticos (b); q versus p' para diferentes superfícies de escoamento (c) (adaptada de Mayne, 2006).

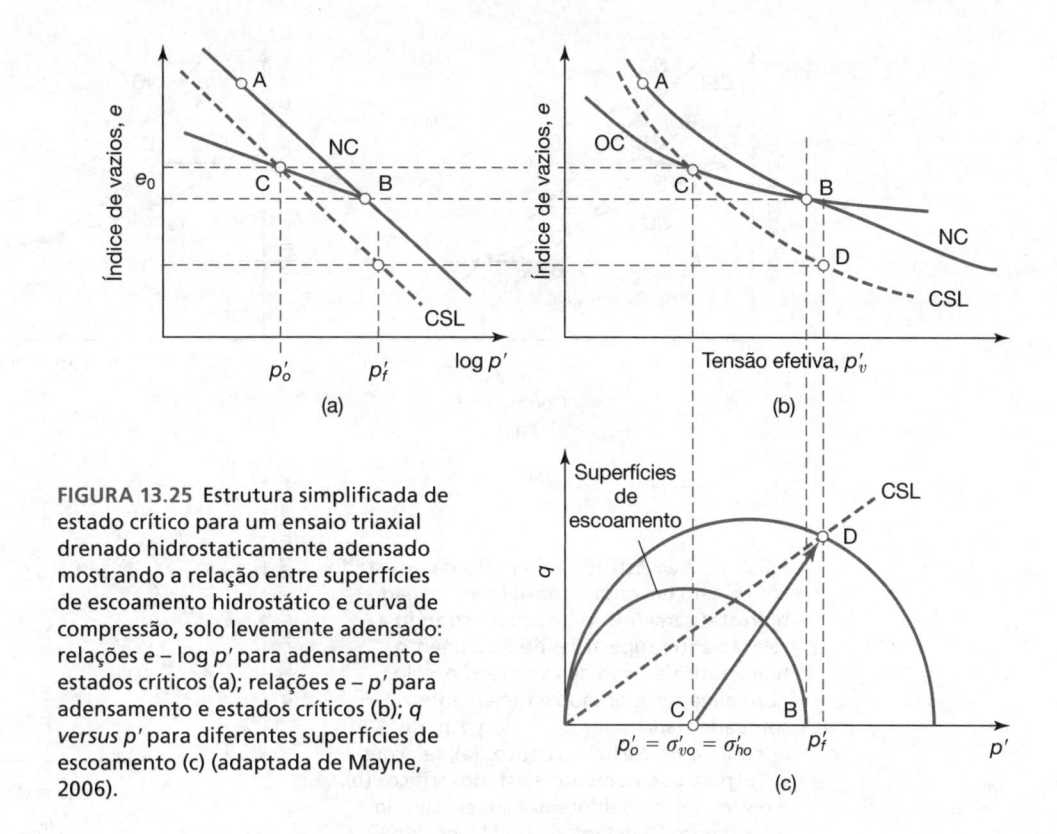

Ensaios não drenados obviamente se comportarão de maneira muito diferente, uma vez que suas superfícies de escoamento são fixadas pelo seu p' pré-cisalhamento. Considere dois ensaios triaxiais não drenados e adensados hidrostaticamente, um normalmente adensado e outro fortemente sobreadensado, mostrados na Figura 13.26. O solo normalmente adensado começa em um estado de pré-cisalhamento, ponto A. Como toda a sua deformação será plástica, ele seguirá a superfície de escoamento para cima e para a esquerda até o ponto B na **CSL**; isso é consistente com a ideia de que solos normalmente adensados se contraem ou produzem $\Delta u > 0$ durante o cisalhamento, e isso também é visto nos espaços $e - \log p'$ e $e-p'$. Além disso, uma argila normalmente adensada tende a endurecer por deformação, subindo monotonicamente até a ruptura à medida que escala a superfície de escoamento. Para a argila fortemente sobreadensada começando no ponto C na Figura 13.26, o solo subiria através da superfície de escoamento com deformações elásticas resultantes e depois cairia para a **CSL**, onde sofreria ruptura no ponto D. Isto é consistente com o $\Delta u < 0$ esperado durante o cisalhamento e o comportamento de deformação por amolecimento após o pico da tensão de cisalhamento ser atingido.

Então, como determinamos as superfícies de escoamento (ou curvas de escoamento em 2-***D***) para um solo específico? Podemos executar ensaios seguindo diferentes trajetórias de tensão, como mostrado na Figura 13.27a ou, como mostrado na Figura 13.27b, podemos usar diferentes taxas de tensão. Ambas as abordagens resultarão na mesma curva de escoamento – ou seja, a curva de escoamento é independente da trajetória de tensão utilizada para estabelecê-la (Leroueil et al., 1990).

Um exemplo da segunda abordagem (Figura 13.27b) é ilustrado por alguns dados obtidos por Tavenas (François Tavenas, engenheiro civil francês), Leroueil (Serge Leroueil, engenheiro geotécnico canadense) e seus colegas de trabalho na Université Laval (Quebec, Canadá), usando ensaios triaxiais em amostras de argilas laurentianas de Saint-Alban, Quebec, Canadá. Dados de tensão-deformação e deformação por pressão neutra em três diferentes pressões de adensamento em amostras sobreadensadas a partir de 3 m de profundidade são mostrados na Figura 13.28. Note que a deformação na ruptura (na diferença máxima de tensão principal) é de apenas cerca de 1%, sugerindo que esse solo é altamente estruturado, o que é típico das argilas laurentianas de Quebec.

FIGURA 13.26 Estrutura simplificada de estado crítico para um ensaio triaxial não drenado hidrostaticamente adensado mostrando a relação entre superfícies de escoamento hidrostático e curva de compressão, solo normalmente adensado e fortemente sobreadensado: relações $e - \log p'$ para adensamento e estados críticos (a); relações $e - p'$ para adensamento e estados críticos (b); e q versus p' para diferentes superfícies de escoamento (c) (adaptada de Mayne, 2006).

⟶ Diferentes valores de K durante o adensamento
---▸ Diferentes trajetórias de tensão durante ensaios drenados, ensaios de compressão

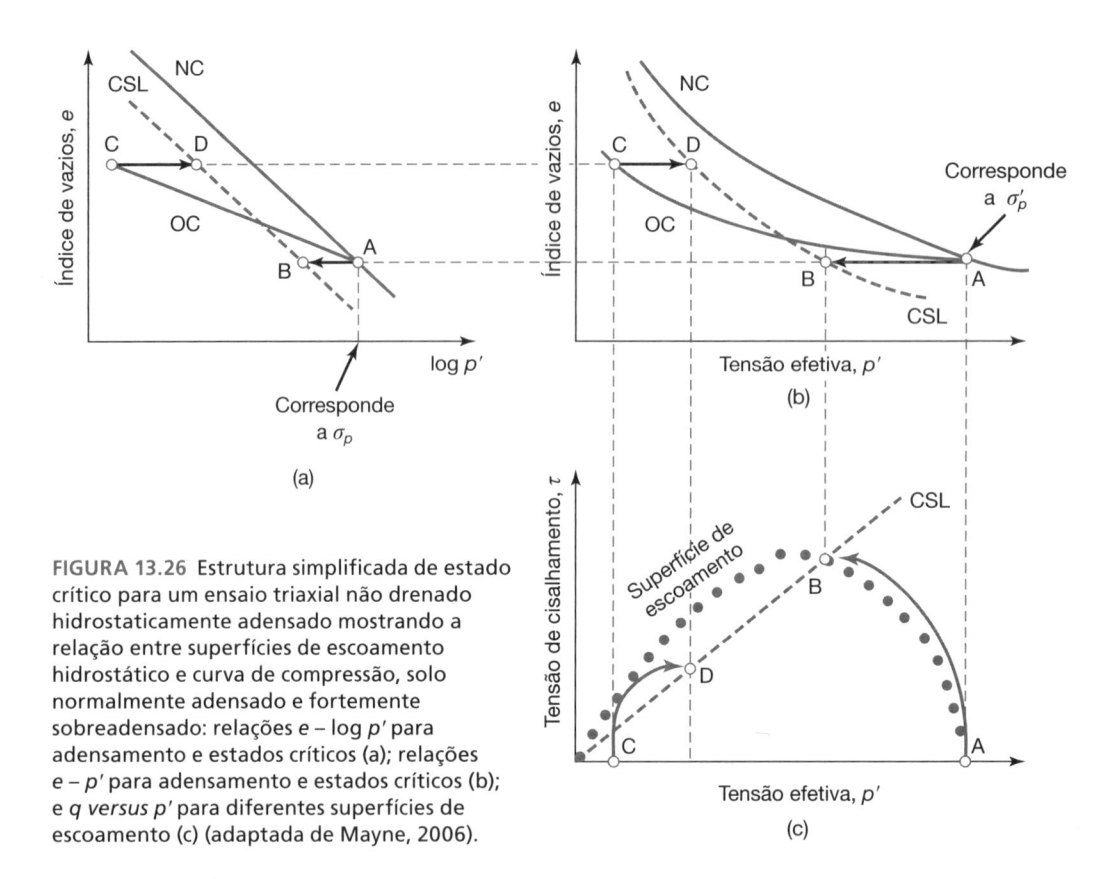

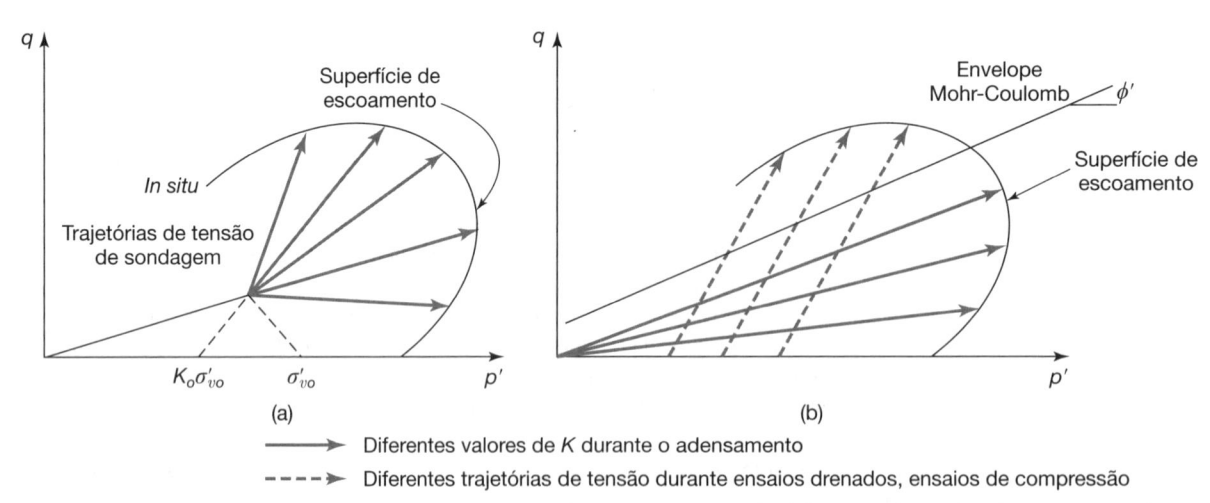

FIGURA 13.27 Determinação das curvas de adensamento por diferentes trajetórias de tensão (a); diferentes taxas de tensão (b) (Leroueil et al., 1990).

As trajetórias de tensão para os três ensaios triaxiais na Figura 13.28 são mostradas na Figura 13.29. Os dados são plotados com a definição de p' do MIT (Seção 8.5). Os ensaios 1, 2 e 3 foram ensaios triaxiais **CU** convencionais, adensados hidrostaticamente – isto é, com a pressão confinante mantida constante. Pelas formas das trajetórias de tensão, é possível saber que a argila estava sobreadensada.

A curva de escoamento na Figura 13.29 foi determinada a partir dos picos das três curvas tensão-deformação na Figura 13.28 e dos pontos de escoamento de quatro ensaios de adensamento não hidrostáticos – isto é, com a razão $K = \sigma'_3/\sigma'_1$ mantida constante durante o adensamento, como mostrado na Figura 13.30. A superfície de escoamento parece estar centrada em torno da linha K_{o-nc}, com $K_o \approx 1 - \text{sen } \phi'$ [Equação (9.8)], em vez de da linha **CSL** como seria previsto pelo modelo de argila Cam mostrado na Figura 13.26. Observe que, no ponto A, a tensão efetiva principal maior $\sigma'_1 \approx \sigma'_p$ conforme determinado a partir de ensaios de adensamento 1-**D**.

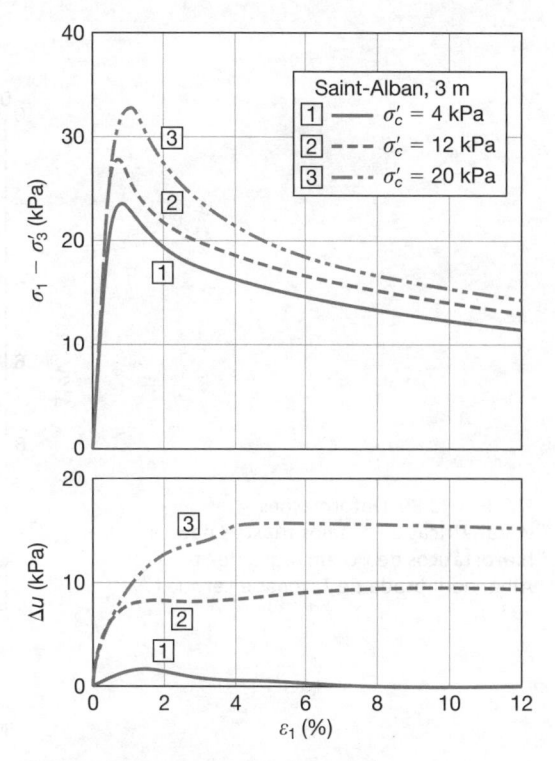

FIGURA 13.28 Curvas de tensão-deformação e deformação por pressão neutra (de acordo com Tavenas e Leroueil, 1977).

Isto sugere que uma boa estimativa da curva de escoamento pode ser feita a partir de ensaios normais de adensamento 1-**D** realizados em amostras de alta qualidade.

As curvas de escoamento obtidas a partir de amostras de três profundidades diferentes da argila de Saint-Alban mostradas na Figura 13.31 têm uma forma semelhante; assim, podemos normalizar os resultados do ensaio do mesmo depósito em relação à pressão de pré-adensamento σ'_p. Na verdade, como demonstrado por Leroueil et al. (1990), amostras retiradas de diferentes profundidades e adensadas sob uma pressão de célula σ'_c, de modo que a razão σ'_c/σ'_p seja constante, terão exatamente as mesmas relações $(\sigma'_1 - \sigma'_3)/\sigma'_p$ e $\Delta u/\sigma'_p$ em relação à deformação axial.

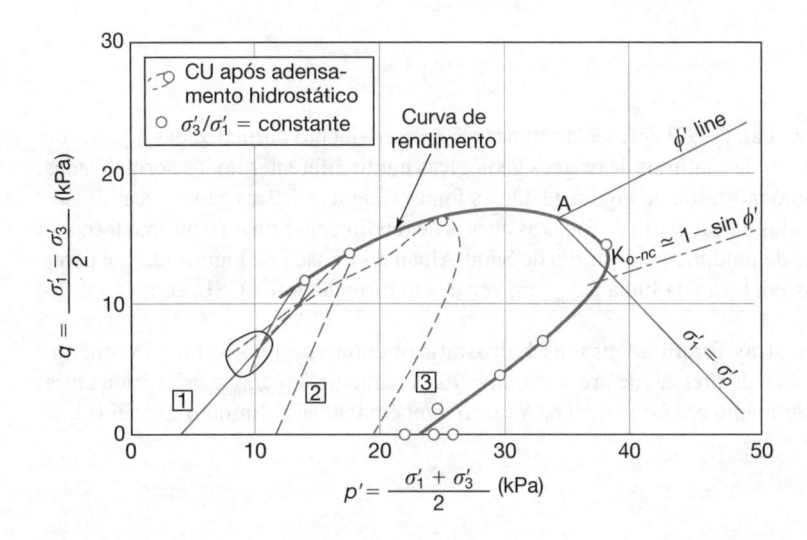

FIGURA 13.29 Curva de escoamento para argila de Saint-Alban a 3 m; ver texto para descrição dos tipos de ensaios (adaptada de Tavenas e Leroueil, 1977).

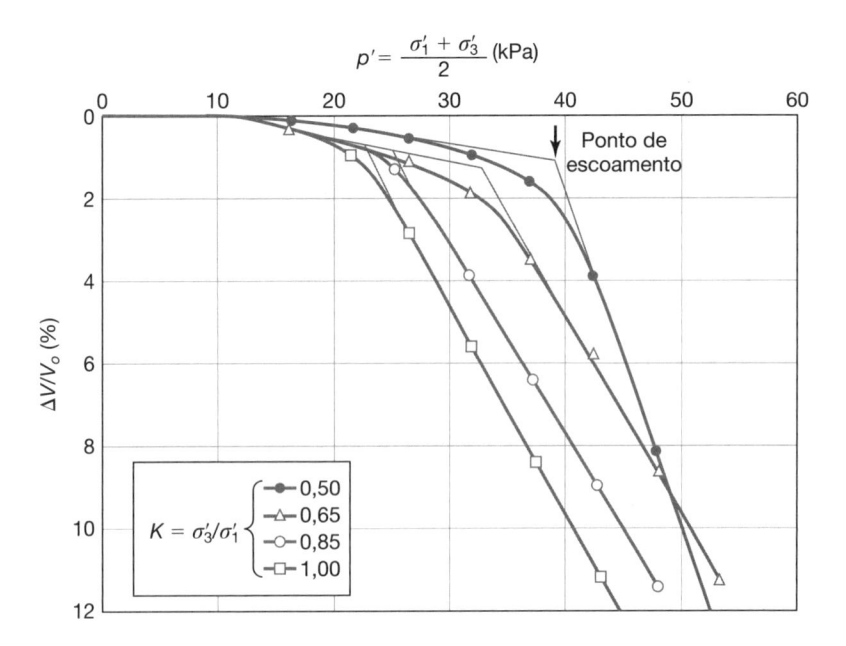

FIGURA 13.30 Deformações volumétricas de ensaios triaxiais não hidrostáticos de CU em argila de St.-Alban (adaptada de Tavenas e Leroueil, 1977).

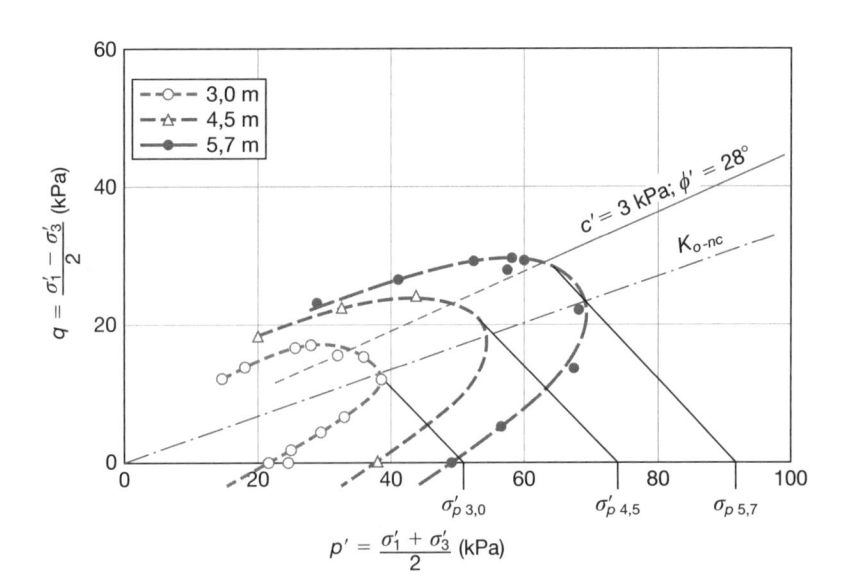

FIGURA 13.31 Curvas de rendimento para exemplares de argila Saint-Alban obtido em diferentes profundidades (de Tavenas e Leroueil, 1979).

Diaz-Rodríguez et al. (1992) apresentaram curvas de escoamento normalizadas a partir de ensaios em 17 argilas moles naturais de origens geológicas muito diferentes, todas normalizadas em relação a σ'_p, como mostrado na Figura 13.32. As fontes e características geotécnicas dessas argilas são apresentadas na Tabela 13.3. Todas as curvas de rendimento tinham o mesmo formato geral das superfícies de rendimento da argila de Saint-Alban do Canadá na Figura 13.31, e pareciam estar centradas em torno da linha K_{o-nc}, em vez de em torno da linha **CSL**, como previsto pela argila Cam.

Quando as amostras foram adensadas hidrostaticamente, sua tensão de escoamento $(\sigma_Y')_{hidrostática}$ dependeu da pressão de pré-adensamento. A razão $(\sigma_Y')_{hidrostática}/\sigma'_p$ variou entre 0,44 e 0,73 com valor médio em torno de 0,6. A razão também tendeu a diminuir à medida que ϕ' aumentava.

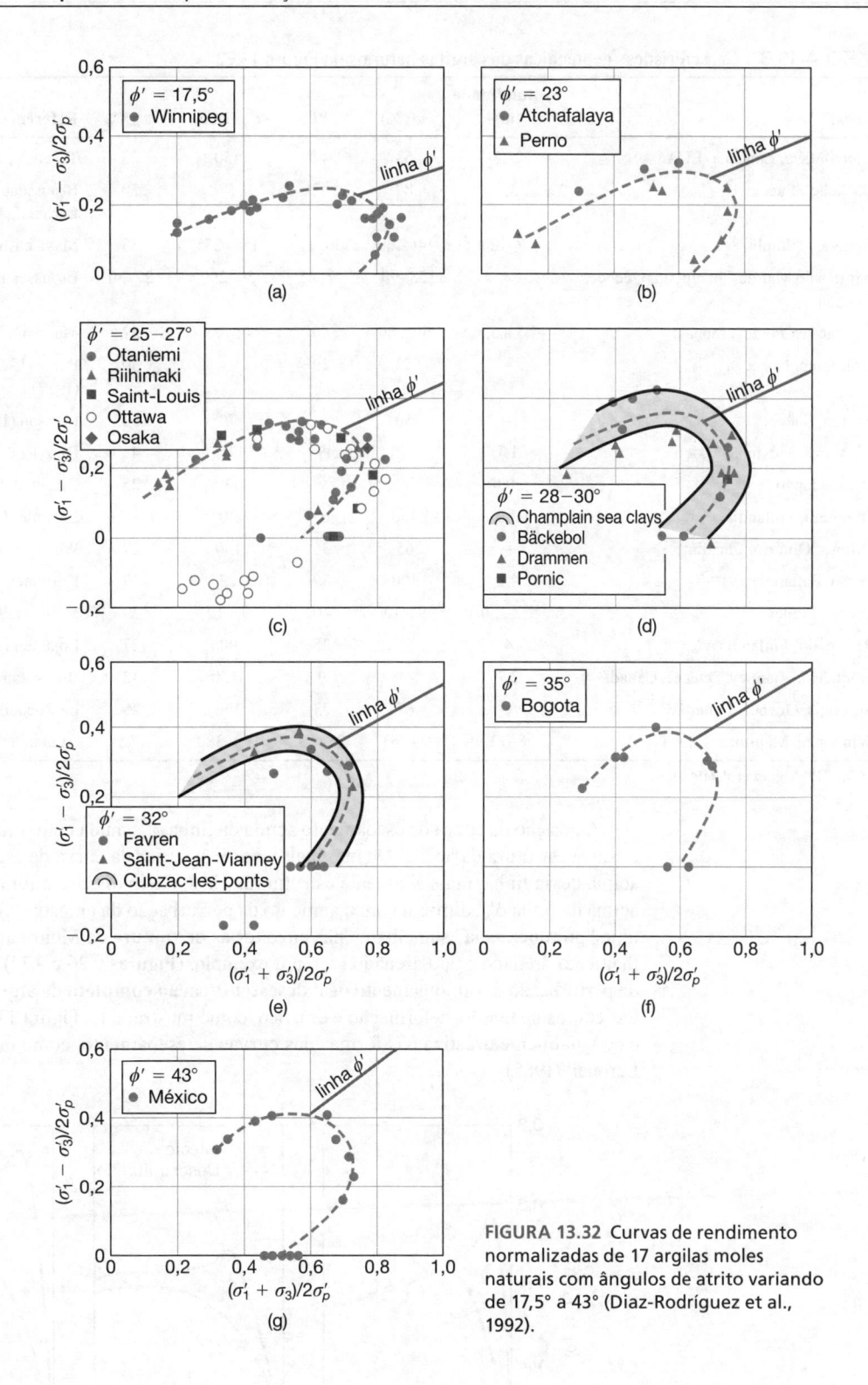

FIGURA 13.32 Curvas de rendimento normalizadas de 17 argilas moles naturais com ângulos de atrito variando de 17,5° a 43° (Diaz-Rodríguez et al., 1992).

TABELA 13.3 Características geotécnicas das argilas naturais da Figura 13.32

Local	Profundidade (m)	w (%)	PI	σ'_p (kPa)	ϕ'_{nc} (°)	Referência
Atchafalaya, Luisiana, EUA	21.3	58	44	150	23	Tavenas e Leroueil (1985)
Bäckebol, Suécia	3,4	87	42	57	30	Brousseau (1983), Tavenas e Leroueil (1985)
Bogotá, Colômbia	7–12	90–160	100–170	150–255	35	Maya e Rodriguez (1987)
Argilas do Mar de Champlain, Quebec, Canadá	–	58–90	17–45	50–290	27–30	Brousseau (1983)
Cubzac-lès-Ponts, França	4,5 a 5,5	60 a 80	40	46–75	32	Magnan et al. (1982)
Drammen, Noruega	–	52	29	–	30	Berre (1972), adaptado de Larsson (1977)
Fävren, Suécia	–	60	–	70	32	Larsson (1977)
Cidade do México, México	1,7	460	493	71	43	Diaz-Rodriguez et al. (1992)
Osaka, Japão	30.0	63	–	330	25	Oka et al. (1988)
Otaniemi, Finlândia	2,0	130	63	20	25	Lojander (1988)
Ottawa, Ontário, Canadá	–	65	36	150	27	Wong e Mitchell (1975)
Perno, Finlândia	4.2	100	39	22	23	Korhonen e Lojander (1987)
Pornic, França	1,2–2,0	9 a 10	40	9 a 10	29	Moulin (1988, 1989)
Riihimaki, Finlândia	4	55	25	90	27	Lojander (1988)
Saint-Jean-Vianney, Quebec, Canadá	3,7	41	9	1150	32	Brousseau (1983)
St. Louis, Quebec, Canadá	–	67	23	190	25	La Rochelle et al. (1981)
Winnepeg, Manitoba, Canadá	8–12	54–63	35–60	190–380	17.5	Graham et al. (1983)

De Diaz-Rodriguez et al. (1992).

A posição da curva de escoamento acima da linha ϕ'_{nc} muda com o valor do ângulo de atrito e com a estrutura da argila. Quanto mais a parte superior da curva de escoamento tende a estar acima dessa linha, mais altamente estruturada ela é. Além disso, a altura desta "protuberância" acima da linha ϕ'_{nc} diminui com o aumento da perturbação da amostra. Você deve se lembrar de uma "protuberância" semelhante nas envoltórias de ruptura de Mohr para argilas **OC** em cisalhamento drenado e não drenado (ver, por exemplo, (Figuras 9.26 e 9.34). Um exemplo extremo de perturbação é o amolgamento ou a **desestruturação completa** da argila. O efeito nas formas das curvas de tensão-deformação é drástico, como mostrado na Figura 13.33, e, claro, a mudança é igualmente drástica nas formas das curvas de escoamento, como mostrado por Tavenas e Leroueil (1985).

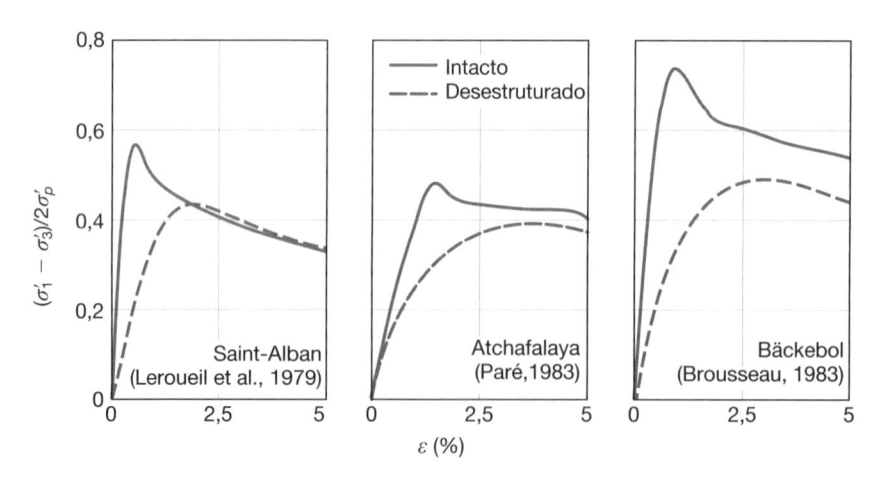

FIGURA 13.33 Curvas tensão-deformação de ensaios de CU adensados hidrostaticamente em argilas moles intactas e desestruturadas (Tavenas e Leroueil, 1985).

A partir desta breve introdução, podemos ver que a mecânica do estado crítico do solo é uma estrutura poderosa para descrever o comportamento do solo e prever sua resposta sob uma variedade de estados de pré-cisalhamento e de ruptura. Contudo, nos últimos anos, surgiram vários livros didáticos, feitos principalmente por autores britânicos, que fornecem informações adicionais e aplicações da mecânica do estado crítico dos solos a problemas geotécnicos. Recomenda-se as obras de Atkinson e Bransby (1978), Bolton (1979), Muir Wood (1990), Aziz (2000), Powrie (2004), Atkinson (2007) e Budhu (2007).

13.8 MÓDULOS E MODELOS CONSTITUTIVOS PARA SOLOS

Mencionamos várias vezes nos Capítulos 8, 9 e 10 que, com frequência, assumiu-se que os solos e as rochas atuavam no campo elástico, e que essa suposição era importante para análises de recalque (distribuições de tensão e recalque imediato no Capítulo 10) e em nossa discussão sobre características de tensão-deformação de geomateriais (Capítulos 8 e 9). Também mencionamos ocasionalmente o módulo de um solo, seja um módulo de compressão ou um módulo de Young. Você deve ter aprendido em seus cursos de resistência de materiais que o módulo é a inclinação da curva tensão-deformação. Às vezes, o módulo de um material é chamado de **rigidez**. Mostramos vários tipos diferentes de curvas tensão-deformação na Figura 8.4. Se a curva tensão-deformação for linear, é fácil obter o módulo ou a rigidez, mas como podemos determinar o módulo em uma curva não linear?

Começamos com uma discussão detalhada sobre o módulo do solo, suas definições e como ele é medido ou estimado. O módulo do solo faz parte do que é chamado de relações constitutivas na mecânica dos sólidos. A modelagem constitutiva de solos e rochas tem se tornado cada vez mais importante nos últimos anos, porque muitos projetos geotécnicos exigem previsões de deformação, além de análises convencionais de ruptura potencial e fatores de segurança. Modelos constitutivos de solo bem calibrados são necessários para fazer previsões confiáveis de deformações. Terminaremos esta seção com uma breve descrição do modelo de solo não linear hiperbólico (Duncan e Chang, 1970), uma vez que costuma ser usado na prática geotécnica.

13.8.1 Módulo dos solos

Embora existam várias maneiras de descrever o módulo de um material, todas são basicamente definidas como a razão entre o incremento de tensão e o incremento de deformação (ou inclinação) em uma faixa específica da relação tensão-deformação para aquele material. A Figura 13.34 mostra algumas definições de módulo que incluem:

- **Módulo tangente**: inclinação da tangente à curva tensão-deformação em qualquer ponto; um módulo importante mostrado na Figura 13.34a é o **módulo tangente inicial** (E_i ou E_t).
- **Módulo secante**: inclinação de uma reta traçada desde a origem até algum nível de tensão predeterminado, como 50% da tensão máxima; um módulo de corda é a inclinação de uma reta entre quaisquer dois pontos da curva. A Figura 13.34a mostra exemplos de módulos tangentes e secantes.
- **Módulos relacionados ao carregamento cíclico**: quando há um ciclo de descarga-recarga, o módulo pode ser definido traçando uma tangente da tensão limite inferior na porção de descarga ou recarga, ou conectando os pontos finais do circuito de histerese, como mostrado na Figura 13.34b. O módulo do círculo de histerese é às vezes chamado de **módulo de descarga-recarga** E_{ur}.

Além da condição de carregamento, outros fatores que influenciam o módulo incluem: (1) **para materiais granulares**: empacotamento de partículas (medido por densidade seca, índice de vazios e/ou densidade relativa, e pode incluir a influência da compactação); (2) **para solos coesos**: teor de água, índice de plasticidade, histórico de tensões e cimentação (Briaud, 2001). Às vezes é difícil generalizar o efeito que cada um desses fatores tem no módulo. Por exemplo, embora a densidade seca nos diga algo sobre o empacotamento das partículas, não se pode presumir que solos com a mesma densidade seca terão o mesmo módulo. Os dois solos podem ter estruturas ou tecidos muito diferentes (p. ex., floculados *versus* dispersos – Capítulo 3) e, portanto,

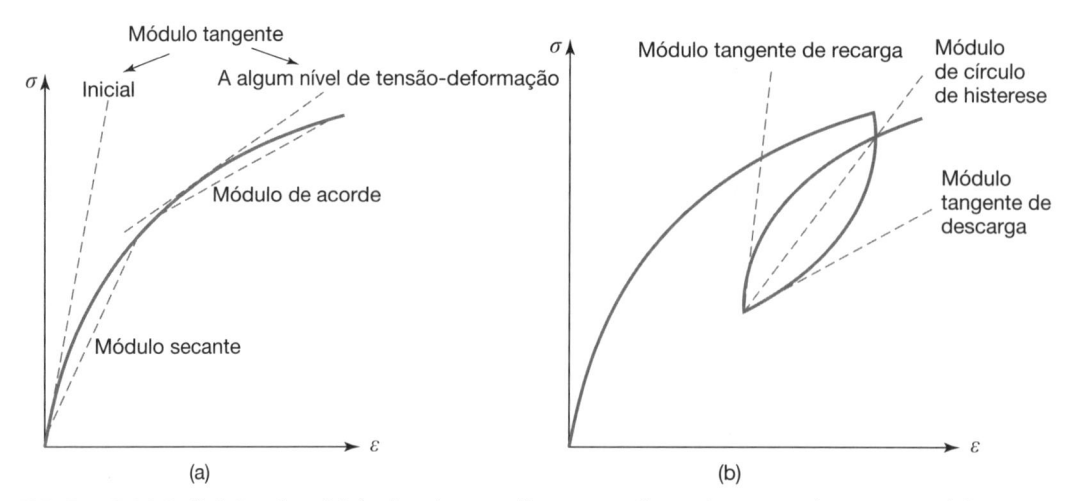

FIGURA 13.34 Definições do módulo do solo para diversas condições de carga e descarga: módulo tangente, secante e acorde (a); módulos de carregamento cíclicos (b) (adaptada de Briaud, 2001).

terão valores de módulo muito diferentes. Outro exemplo é o efeito do teor de água. Embora um maior teor de água tenda a indicar um módulo mais baixo, esta suposição seria inválida para alguns solos compactados, bem como para argilas com alto teor de água que são cimentadas ou altamente estruturadas.

Note também que todos os módulos mostrados na Figura 13.34 podem ser drenados ou não drenados, dependendo das condições de drenagem no campo ou no laboratório. Ao especificar ou comunicar valores de módulo na prática, é importante indicar claramente quais as condições de drenagem aplicáveis. Por exemplo, ao usar a teoria elástica para estimar o recalque imediato (Seção 10.10) de solos de granulação fina, uma vez que o recalque imediato acontece antes que qualquer adensamento possa ocorrer, o módulo apropriado é o **módulo não drenado E_u**. Para solos granulares, o módulo apropriado para análises de recalque é, obviamente, um **módulo drenado E_d**.

Medição do módulo – Poderíamos pensar que um módulo específico pode ser facilmente determinado a partir da curva tensão-deformação obtida por um ensaio triaxial ou outro tipo de ensaio de cisalhamento. No entanto, como mencionado na Seção 8.7, a obtenção de amostras não perturbadas de solos granulares não é fácil e nem barata. Por consequência, os módulos granulares do solo são mais comumente determinados a partir de correlações empíricas com resultados de ensaios *in situ*.

Quanto aos solos coesos, muitos pesquisadores demonstraram que o módulo não drenado é significativamente afetado pela perturbação da amostra. Em grande medida, a perturbação tende a reduzir o módulo não drenado E_u, e assim haveria uma tendência a superestimarmos os recalques imediatos no campo. Como outros fatores também afetam o módulo não drenado em ensaios de laboratório (D'Appolonia et al., 1971; Simons, 1974), ensaios de carga em campo são algumas vezes utilizados para projetos importantes. A partir das medições de recalque, o módulo é calculado retroativamente usando a teoria elástica (Capítulo 10). Os ensaios de carga mostraram que o nível de tensão é um fator muito importante que afeta fortemente o E_u. Por exemplo, ensaios de carga em larga escala realizados na Noruega, Canadá e Suécia (Höeg et al., 1969; Tavenas et al., 1974; e Holtz e Holm, 1979) mostraram muito pouco recalque, uma vez que a carga foi aplicada rapidamente. No entanto, quando cerca de metade da carga de ruptura foi atingida, os recalques começaram a acelerar rapidamente à medida que a carga aumentava. Assim, os valores de E_u calculados retroativamente eram muito dependentes do nível de tensão de cisalhamento aplicado pela carga superficial.

Devido às dificuldades mencionadas, outras técnicas e procedimentos foram desenvolvidos para estimar o módulo dos solos.

A rigidez de pequenas deformações – (Burland, 1989) mostrou que, sob condições de carregamento de serviço, as deformações sofridas pelo material de fundação podem ser muito pequenas.

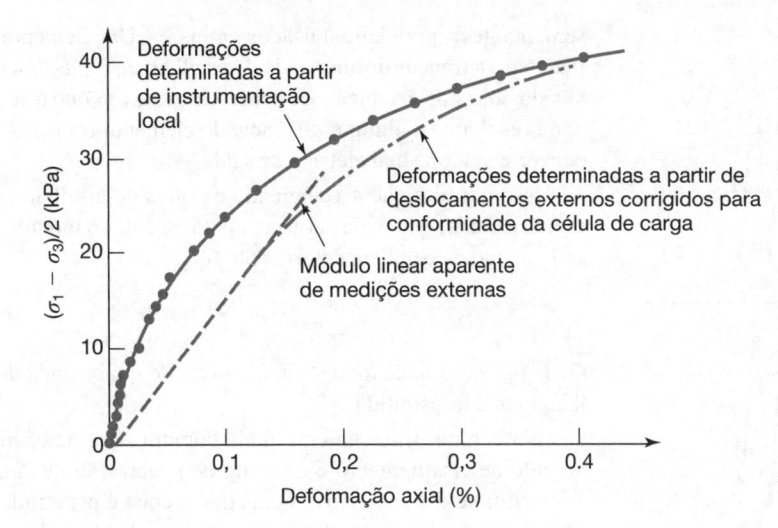

FIGURA 13.35 Comportamento tensão-deformação inicial do ensaio triaxial não adensado e não drenado em argila de Londres – medições de deformação interna *versus* externa (Jardine et al., 1985).

Medições em fundações em escala real indicaram que as deformações são inferiores a 0,01% e o comportamento tensão-deformação é notavelmente linear e recuperável (ou seja, elástico) com apenas uma pequena quantidade de histerese.

Infelizmente, a medição de pequenas deformações e, portanto, da rigidez do solo em amostras de laboratório é impossível em ensaios triaxiais convencionais com medições de deformações axiais (indicadores comparadores ou transdutores diferenciais variáveis lineares – LVDTs) que determinam a deformação geral da amostra. A Figura 13.35 mostra as diferenças drásticas no comportamento tensão-deformação entre medições de deformação de instrumentos montados internamente na amostra de solo e aquelas de sensores de deslocamento externos no mesmo ensaio triaxial. As deformações devem ser medidas localmente, e ignorar os erros causados pela medição de deformações externas pode levar a uma subestimação significativa do módulo e da rigidez do solo.

As técnicas de medição de deformação local em ensaios de cilindros triaxiais e ocos incluem o uso de **LVDTs** em miniatura, transdutores de proximidade sem contato, sensores de efeito Hall e feixes flexíveis com extensômetros (Scholey et al., 1995). Santagata et al. (2005) ligaram transdutores de deslocamento em miniatura à amostra, enquanto O'Kelly e Naughton (2008) usaram sensores de proximidade sem contato que detectam a posição dos alvos na amostra. Transdutores de efeito Hall que medem mudanças no campo magnético foram usados por Clayton e Khatrush (1986); já Rechenmacher e Finno (2004), obtiveram sucesso nas técnicas de análise de imagem para medições de deformação local.

Independentemente do método utilizado, o dispositivo de detecção de deformação local deve ser montado diretamente na amostra de solo dentro da cela triaxial, mas dispositivos elétricos submersos e o risco de vazamento representam grandes desafios técnicos. Contudo, com técnicas especiais e equipamentos de ensaio de precisão, é possível fazer medições de deformação bem pequenas e precisas. Por exemplo, a Figura 13.36 mostra o histórico temporal da variação de tensão, deformação e excesso de pressão dos poros de um ensaio triaxial cíclico controlado por deformação na areia de Ottawa, Canadá, com uma amplitude de deformação inferior a 0,001%. Os ensaios foram realizados em um aparelho desenvolvido por Huang et al. (1994) que possui um motor de passo de resolução extremamente alta e um parafuso de esfera pré-carregado para fornecer a força motriz e usa transdutores de proximidade sem contato para medições de deformação local.

Devido ao forte interesse internacional na rigidez de pequenas deformações, pelo menos cinco conferências internacionais sobre deformação pré-ruptura de geomateriais foram realizadas desde 1994 (p. ex., Burns et al., 2008). Sua ênfase tem sido em medições de módulo de campo e de laboratório de pequenas deformações, e seu uso em métodos analíticos.

Um método para fazer medições laboratoriais de módulo de pequenas deformações que ganhou popularidade nos últimos anos é o uso de **elementos flexíveis**. Os elementos flexíveis são elementos piezocerâmicos polarizados que são essencialmente cantiléveres (estruturas metálicas

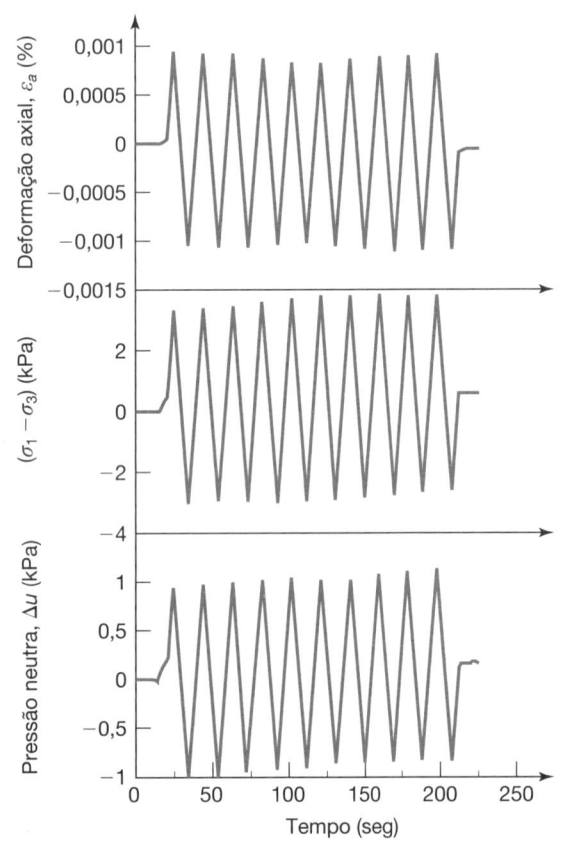

FIGURA 13.36 Um histórico temporal de tensão, deformação e excesso de pressão neutra de um ensaio triaxial cíclico na areia de Ottawa (AB Huang, comunicação pessoal, 2008).

semelhantes a prateleiras) usados em pares. Um elemento é utilizado para transmitir uma onda de cisalhamento mecânico através do solo por excitação de carga elétrica, e o outro recebe a onda resultante a alguma distância do elemento transmissor e a converte em um sinal elétrico de saída.

Isso permite que a velocidade da onda de cisalhamento V_s seja calculada, que pode ser usada para calcular o módulo de cisalhamento de pequena deformação $G_{máx}$, ou

$$G_{máx} = \rho_t V_s^2 \qquad (13.24)$$

Onde p_t = densidade total so solo através do qual a onda de cisalhamento é transmitida.

No campo, a ferramenta mais comum para determinar o módulo de cisalhamento é o ensaio de penetração de cone sísmico (Lunne et al., 1997). Depois que o cone é penetrado até a profundidade de ensaio desejada, o tempo de chegada de uma onda de cisalhamento gerada na superfície é detectado naquela profundidade. Esta informação pode ser usada para calcular V_s e $G_{máx}$.

A velocidade da onda de cisalhamento e o módulo de cisalhamento são discutidos com mais detalhes na Seção 13.15.

Estimativas do Módulo Baseadas em Outras Propriedades – Devido a todos os problemas com medições de módulo em laboratório e *in situ*, foram desenvolvidas correlações do módulo com uma classificação ou outra propriedade que é mais facilmente medida para solos coesivos e granulares.

Solos coesivos – É bastante comum na prática assumir que E_u está de alguma forma relacionado com a resistência ao cisalhamento não drenado. Por exemplo, Bjerrum (1972) disse que a razão E_u/τ_f varia de 500 a 1.500, com τ_f determinado pelo ensaio de cisalhamento de palheta de campo. O valor mais baixo é para argilas altamente plásticas, enquanto o valor mais alto é para argilas de menor plasticidade. D'Appolonia et al. (1971) relataram uma média de E_u/τ_f de 1.200 para ensaios de carga em dez locais, mas, para as argilas de maior plasticidade, a faixa foi de (80 a 400). Simons (1974) descobriu que os valores publicados variavam de 40 a 3.000! Esses casos, além de alguns outros que extraímos da literatura, são plotados *versus* índice de plasticidade **PI** na Figura 13.37 para argilas mais moles – solos rígidos e fissurados e lavouras glaciais não estão incluídos. Há muita dispersão para **PI** < 50 e poucos dados para **PI** > 50. Parece razoável simplesmente usar a recomendação de Bjerrum (E_u/τ_f = 500 a 1.500) especialmente para estimativas preliminares de E_u. Se você precisar de uma boa estimativa do módulo não drenado, consulte D'Appolonia et al. (1971) e Holtz (1991).

Ladd et al. (1977) também mostraram como E_u/τ_f varia com o **OCR**, mas a relação não é tão simples porque, como mencionamos anteriormente, E_u/τ_f depende muito fortemente do nível de tensão de cisalhamento. Em geral, porém, diminui com o aumento do **OCR** para um determinado nível de tensão (Figura 13.38).

Kulhawy e Mayne (1990) recomendaram um modelo hiperbólico de tensão-deformação (Seção 13.8.6) para projeto de fundações e para estimativa de valores de módulo tangente para solos coesivos. Eles forneceram uma faixa de valores de módulo não drenado para argila, conforme mostrado na Tabela 13.4, normalizados pela pressão atmosférica (ou seja, multiplique esses valores adimensionais por 14,7 psi ou 101,3 kPa).

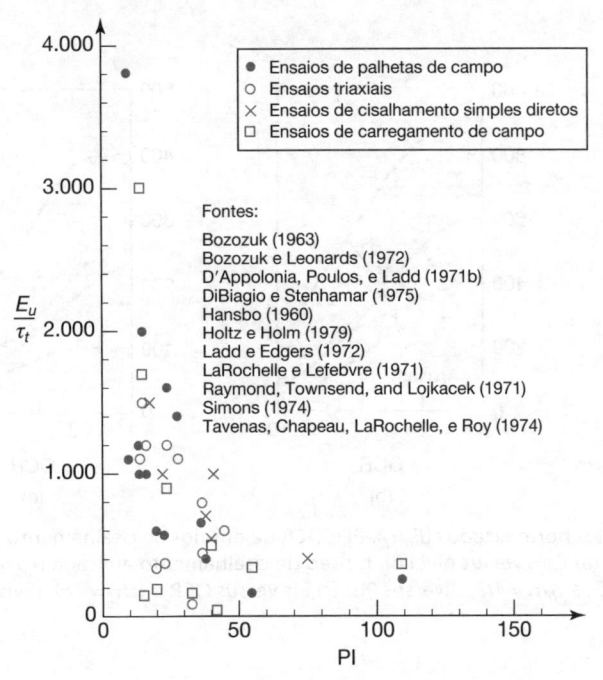

FIGURA 13.37 A razão E_u/τ_f versus índice de plasticidade, conforme relatado por vários autores.

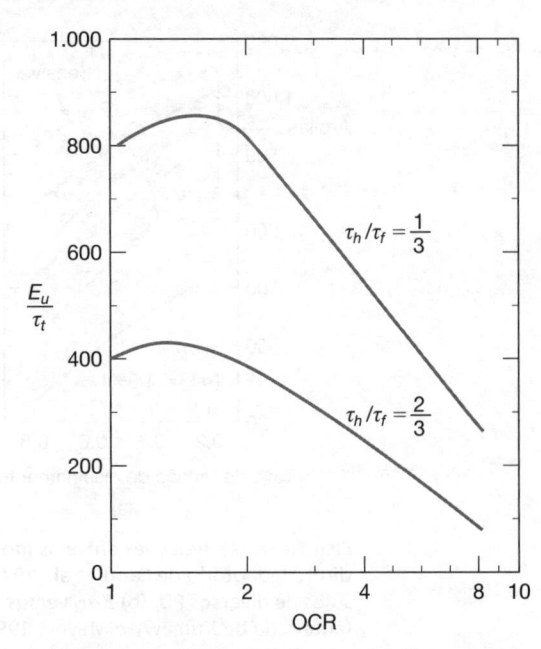

FIGURA 13.38 Efeito do OCR em E_u/τ_f de ensaios de cisalhamento simples diretos em argila de Bangkok, Tailândia (adaptada de Ladd e Edgers, 1972, e Ladd et al., 1977).

TABELA 13.4 Faixas típicas de módulo não drenado para argila

Consistência	Módulo não drenado normalizado, E_u/P_a
Macio	15 a 40
Médio	40 a 80
Rígido	80 a 200

Adaptada de Kulhawy e Mayne (1990).

Ladd et al. (1977) mostraram valores de E_u de ensaios de cisalhamento simples para solos coesos com **PI** variáveis a diferentes níveis de tensão de cisalhamento (τ_h) em relação à resistência ao cisalhamento não drenado (τ_f) (Figura 13.39a), e em relação à taxa de sobreadensamento **OCR** conforme dado nas Figuras 13.39b; c. Duncan e Buchignani (1976) sugeriram o gráfico mostrado na Figura 13.40 para unificar E_u/τ_f, **PI** e **OCR** em um gráfico generalizado.

Materiais granulares – Como as condições não drenadas existem apenas por períodos muito curtos em depósitos granulares, o módulo drenado (E_d) é apropriado. A Tabela 13.5 mostra a relação entre a classificação da densidade e a faixa de E_d, novamente normalizada pela pressão atmosférica.

Conforme observado nas Seções 8.7 e 9.11.4, os ensaios *in situ* são provavelmente melhores para depósitos arenosos, embora forneçam apenas uma medição indireta do módulo. É provável que os métodos mais comuns para determinar E_d no campo sejam o número de golpes do **SPT** e a resistência à penetração do **CPT**, embora, como concluído por Kulhawy e Mayne (1990), as correlações entre o número de golpes do **SPT** e E_d mostrem uma "dispersão considerável".

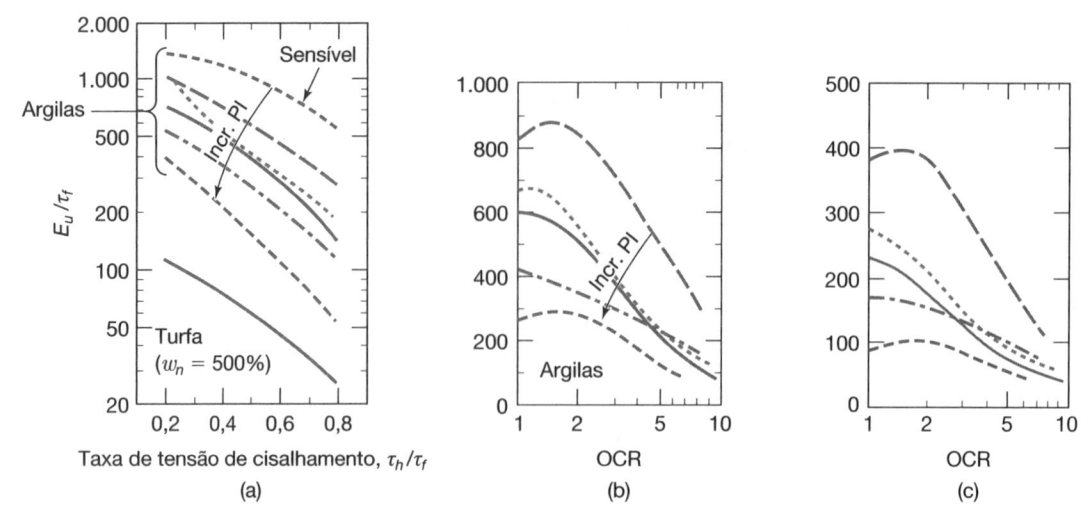

FIGURA 13.39 Relações entre os módulos normalizados (E_u/τ_f), PI e OCR de ensaios de cisalhamento simples direto (adaptado de Ladd et al., 1977): (a) E_u/τ_f versus nível de tensão de cisalhamento aplicada (τ_h/τ_f) para solos de diversos PIs; (b) E_u/τ_f versus OCR a $\tau_h/\tau_f = 1/3$, diversos PIs; (c) PIs versus OCR a $\tau_h/\tau_f = 2/3$, diversos PIs (adaptada de Kulhawy e Mayne, 1990).

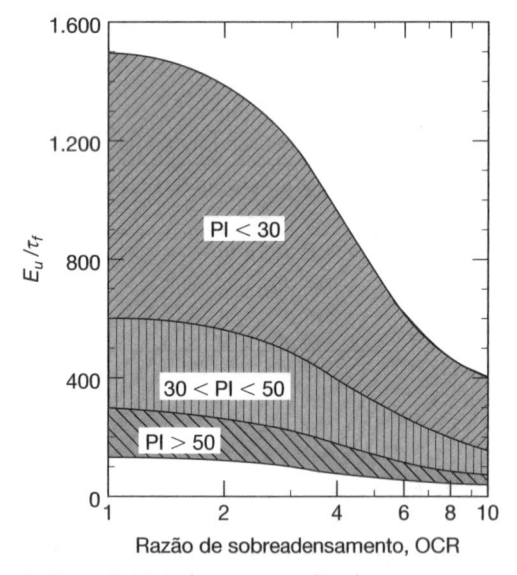

FIGURA 13.40 Relação generalizada entre módulo normalizado (E_u/τ_f), PI e OCR (adaptada de Duncan e Buchignani, 1976).

TABELA 13.5 Faixas típicas de módulo drenado para areia

Classificação de Densidade	Módulo Drenado Normalizado, E_d/p_a
Solto	100 a 200
Médio	200 a 500
Denso	500 a 1.000

Adaptada de de Kulhawy e Mayne (1990).

13.8.2 Relações constitutivas

Embora o processo não seja normalmente mencionado em cursos de graduação em mecânica, basicamente todos os problemas em mecânica sólida ou contínua são resolvidos começando com as forças do corpo (em geral a gravidade) e as forças superficiais e trações que atuam sobre o corpo, que são conectadas pelas equações de equilíbrio. Em seguida, consideramos os deslocamentos e deformações no corpo.

Eles estão conectados por relações geométricas ou de compatibilidade que asseguram que o corpo permaneça contínuo. Tudo isto é válido para todos os materiais, sejam eles elásticos ou plásticos, incluindo solos, desde que se comportem como um contínuo. Na Seção 5.9, sobre tensão efetiva, mencionamos que, embora sejam meios particulados, solos de granulação mais fina, em particular, são frequentemente considerados como um contínuo e, portanto, podem ser tratados como um corpo sólido.

Para prever desgastes (e, portanto, deformações) a partir das tensões (e forças) aplicadas, precisamos de algum tipo de conexão ou associação entre elas que represente o comportamento mecânico do material. Como os constituintes do material afetam o seu comportamento, as equações matemáticas que expressam a conexão entre tensão e deformação são chamadas de **relações constitutivas**.

Como determinamos as relações constitutivas para materiais reais? Como você deve imaginar, o comportamento real é muito complexo e é quase impossível considerar todos os fatores que podem influenciar o seu comportamento mecânico. Podemos imaginar que a resposta de um material às tensões aplicadas depende da sua magnitude, do tempo durante o qual atuam, da temperatura do corpo, do histórico de tensões e deformações e talvez até da resposta do material a diferentes campos elétricos ou ambientes químicos. As tentativas de determinar as relações constitutivas de um material com base na mecânica estatística de suas partículas elementares ou na micromecânica dos componentes constituintes ainda não tiveram sucesso.

Assim, resta-nos determinar experimentalmente essas relações e depois desenvolver modelos matemáticos simples, mas razoáveis de comportamento mecânico que possam ser usados para resolver problemas de engenharia. Esse tipo de modelo constitutivo é denominado **modelo fenomenológico**. Os modelos fenomenológicos são consistentes com os fundamentos da mecânica dos sólidos e do comportamento do solo, mas situam-se em algum lugar entre o teórico e o empírico. Eles são o tipo mais comum de modelo constitutivo, embora devam ser calibrados e ajustados pelo ajuste de curva do comportamento observado experimentalmente. A **modelagem constitutiva** refere-se à expressão matemática da relação tensão-deformação assumida ou calibrada usada para descrever o comportamento dos solos.

13.8.3 Modelagem constitutiva do solo

A complexidade do comportamento material real significa que devemos usar aproximações ou idealizações para formular as expressões matemáticas para relações constitutivas. Mencionamos diversas vezes nos Capítulos 8, 9 e 10 que muitas vezes os solos e as rochas são simplesmente considerados linearmente elásticos, embora saibamos que, na verdade, não são nem lineares, nem elásticos. Outros exemplos de comportamento de material ideal incluem elasticidade não linear, viscoelasticidade linear, elastoplasticidade e outros modelos de materiais compostos.

Conforme observado por Muir Wood (2004), a chave para uma modelagem constitutiva bem-sucedida é identificar as características importantes do comportamento do solo para uma aplicação específica. Se o modelo for simples demais, perderá características importantes de comportamento, mas se for complexo demais, com muitos parâmetros, serão necessários muitos ensaios laboratoriais ou *in situ* para definir esses parâmetros do material. Para praticamente todos os modelos constitutivos de solo úteis, soluções de forma fechada para desgastes e deformações são impossíveis, exceto para carregamentos e condições de contorno muito simples. Portanto, para a grande maioria dos problemas geotécnicos, a análise numérica, como o método dos elementos finitos, é necessária para obter soluções aproximadamente corretas.

A estrutura da mecânica de estado crítico do solo (**CSSM**) apresentada na Seção 13.7 foi um desenvolvimento muito importante na modelagem de solos, pois descreveu a relação entre índice de vazios (e), tensão de cisalhamento (q) e tensão nominal efetiva (p') para várias trajetórias de carregamento, incluindo condições drenadas (e variante) e não drenadas (e constante). Podemos traçar as ideias do **CSSM** até raízes conceituais comuns com o diagrama Peacock, mais simplista, mas prático, descrito na Seção 9.4 (Figura 9.11) e Seção 13.10. O **CSSM** iniciou cerca de trinta anos de desenvolvimento de modelos constitutivos para solos, incluindo o modelo de argila Cam e seu descendente, a argila Cam modificada (na qual a superfície de escoamento em forma de bala da argila Cam foi substituída por uma superfície de escoamento elíptica; Roscoe e Burland, 1968), que levaram a modelagem do solo para além dos critérios de ruptura relativamente simples e do comportamento tensão-deformação linearmente elástico. No entanto, como os modelos **CSSM** são elastoplásticos, eles ainda carecem de muitas das características cruciais de tensão de cisalhamento-deformação-resistência dos solos reais, como mostramos com os dados reais do solo no final da Seção 13.7.

Desde o início da década de 1970, foram desenvolvidos modelos constitutivos do solo que se tornaram cada vez mais sofisticados e complexos. Juntamente com os aumentos drásticos e simultâneos no poder de computação prontamente disponível, eles foram cada vez mais incorporados em análises numéricas de problemas geotécnicos de grande escala. Talvez o desenvolvimento mais importante em alguns dos modelos mais recentes seja a sua capacidade de integrar transições mais sutis do comportamento elástico para o plástico do solo, bem como componentes viscosos (i.e., dependentes do tempo) desse comportamento. Alguns modelos também incluíram características comuns de comportamento dos solos, como anisotropia e direção de carregamento, o que, por sua vez, permitiu seu uso na modelagem de comportamento medido em dispositivos de ensaio mais avançados e situações de campo mais complexas. No entanto, considerar características comportamentais mais complexas requer que mais propriedades dos materiais sejam determinadas por ensaios laboratoriais ou *in situ*, e estes são bastante dispendiosos. Assim, na prática, quando técnicas mais avançadas de modelagem de solo são empregadas, as análises paramétricas costumam ser realizadas usando-se uma gama de propriedades de materiais determinadas a partir de correlações com classificação e dados de ensaios *in situ*, em vez de amostragens e ensaios laboratoriais dispendiosos.

Para se obter mais informações sobre modelagem constitutiva, consulte Perloff e Baron (1976) para uma introdução simples aos modelos de elasticidade linear e viscoelasticidade linear, enquanto Muir Wood (2004) apresenta uma introdução à modelagem constitutiva com uma descrição de modelos elásticos, plásticos perfeitamente elásticos e modelos de plasticidade de endurecimento elástico que incluem argila estendida de Mohr-Coulomb e Cam. Ver Aziz (2000) para obter detalhes sobre argila Cam e argila Cam modificada, e uma análise breve, mas útil, das deficiências desses modelos de solo populares.

Outras referências úteis incluem Fung (1965), Yong e Ko (1980), Chen e Saleeb (1982), Chen e Baladi (1985) e Chen (1994).

Esta seção explorará primeiro os diferentes critérios de ruptura para solos, um dos quais você já conhece bem, o **critério de Mohr-Coulomb**. Em seguida, serão descritas diferentes classes de modelos para dar uma ideia de como esta área evoluiu desde que o **CSSM** entrou em cena.

13.8.4 Critérios de ruptura para solos

Um requisito comum a todos os modelos de solos é a existência de um critério de ruptura. Tais critérios são geralmente divididos em tipos de um e dois parâmetros, dependendo do número de parâmetros utilizados na sua definição. Para a suposição mais simples de um solo isotrópico com apenas tensões principais atuando no elemento do solo, esses critérios são normalmente definidos para um estado tridimensional de tensão que consiste nas tensões fundamentalmente principais, intermediárias e secundárias no solo (σ_1, σ_2 e σ_3, respectivamente). A ruptura ocorre quando, para determinada tensão normal, a tensão desviante ou de cisalhamento em um elemento do solo aumenta para algum estado definido como ruptura para aquele elemento. Acontece que os critérios de ruptura para solos, incluindo o critério de Mohr-Coulomb (Seções 8.4 e 13.14), podem ser definidos em termos de sua **tensão normal octaédrica** (a tensão hidrostática média ou mediana)

$$\sigma_{oct} = \tfrac{1}{3}(\sigma_1 + \sigma_2 + \sigma_3) \qquad (13.16)$$

e a **tensão de cisalhamento octaédrica** (uma média das possíveis tensões de cisalhamento no elemento).

$$\tau_{oct} = \tfrac{1}{3}\left[(\sigma_1 - \sigma_2)^2 + (\sigma_2 - \sigma_3)^2 + (\sigma_3 - \sigma_1)^2\right]^{1/2} \qquad (13.17)$$

Como mostra a Figura 13.41, o estado de tensões P (σ_1, σ_2, σ_3) para um elemento de solo com apenas tensões principais atuando sobre ele (como é o caso, digamos, do ensaio triaxial) pode ser

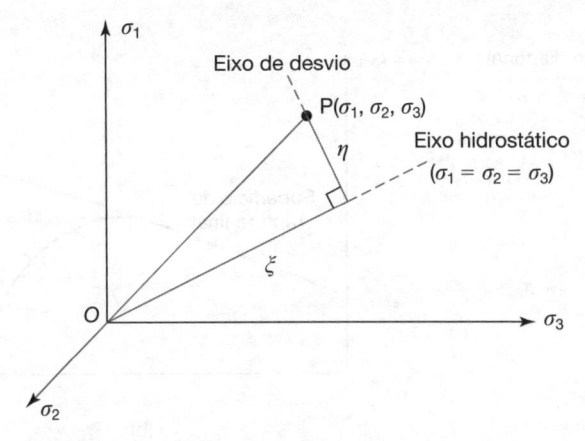

FIGURA 13.41 Representação tridimensional do estado de tensão no espaço de tensão principal (de acordo com McCarron e Chen, 1994).

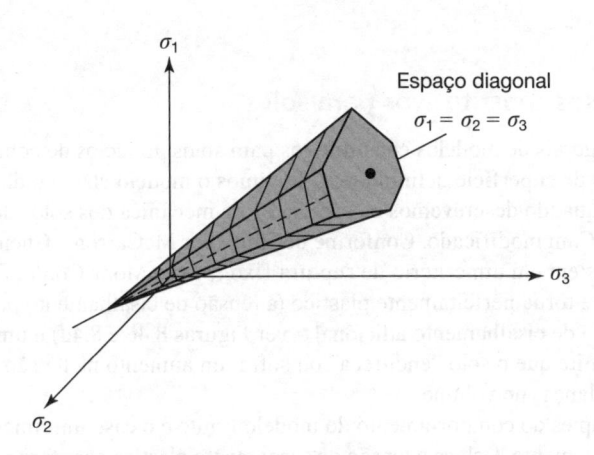

FIGURA 13.42 Critério de Mohr-Coulomb no espaço de tensões principais tridimensional (McCarron and Chen, 1994).

representado usando uma representação vetorial que traz esse estado de tensão para uma representação bidimensional com um vetor de posição OP que possui um critério de componente hidrostático $\xi = \sqrt{3}\sigma_{oct}$ e um eixo de desvio normal (90°) ao eixo hidrostático $\eta = \sqrt{3}\tau_{oct}$ (McCarron e Chen, 1994).

Os critérios de ruptura de um parâmetro incluem modelos de tensão de cisalhamento máximo, o critério de Tresca (Henri Tresca, engenheiro francês) e o critério de von Mises (Richard von Misses, engenheiro e matemático austríaco), que são independentes da tensão hidrostática e, portanto, são simétricos em relação ao eixo hidrostático. A envoltória de ruptura de Tresca é um prisma de seis lados, enquanto a envoltória de von Mises é um cilindro.

Sabemos que a resistência ao cisalhamento dos solos depende fortemente da tensão normal aplicada, portanto esses critérios de ruptura não são particularmente úteis para solos, mas nos introduzem à ideia de critérios de ruptura tridimensionais. O outro critério de ruptura de um parâmetro é o modelo Lade-Duncan (Lade e Duncan, 1975), que tem sido usado para descrever a resistência de solos sem coesão ($c = 0$). Como a resistência é definida pela utilização de uma dependência linear de η (McCarron e Chen, 1994), ela é útil para representar o comportamento da areia que depende do ângulo de atrito (ϕ').

Critérios de ruptura de dois parâmetros são mais comuns para uma representação geral da resistência ao cisalhamento em materiais geológicos, e o mais comum entre eles é o critério de Mohr-Coulomb. Mostramos isso até agora apenas no espaço bidimensional $\tau - \sigma$.

Uma visão tridimensional mais genérica é dada na Figura 13.42, a qual mostra que a superfície real de Mohr-Coulomb é um prisma cônico de seis lados que se expande com o aumento da tensão hidrostática. O prisma atinge um vértice na origem (no caso de materiais sem coesão) ou em algum ponto ao longo do eixo hidrostático onde ($\sigma_1 = \sigma_2 = \sigma_3 < 0$) para solos coesos. O critério de Drucker e Prager (1952), também conhecido como critério de von Mises estendido, tem formato cônico verdadeiro; isto é, se você cortar essa superfície normal ao eixo hidrostático em um determinado valor η (consulte a Figura 13.43a para a representação 3-*D* e a Figura 13.43b para a representação 2-*D*), uma forma circular é obtida.

Um terceiro critério comum de dois parâmetros usado para materiais geológicos é o critério de dois parâmetros de Lade (Lade, 1977). Isto foi fundamentalmente uma extensão do critério de um parâmetro de Lade-Duncan, usado principalmente para areias, mas introduziu uma curvatura na superfície de ruptura à medida que a tensão hidrostática aumenta, sendo responsável pela relação não linear entre a tensão normal e de cisalhamento em níveis de tensão mais elevados em solos sem coesão.

Outro critério de ruptura é o critério Matsuoka-Nakai (Matsuoka e Nakai, 1977). Este é um modelo perfeitamente plástico, de modo que a superfície de escoamento fixa é igual à superfície de ruptura. Corresponde ao modelo de Mohr-Coulomb para tensões axissimétricas e em problemas 3-*D* possui superfície lisa, o que é vantajoso do ponto de vista computacional.

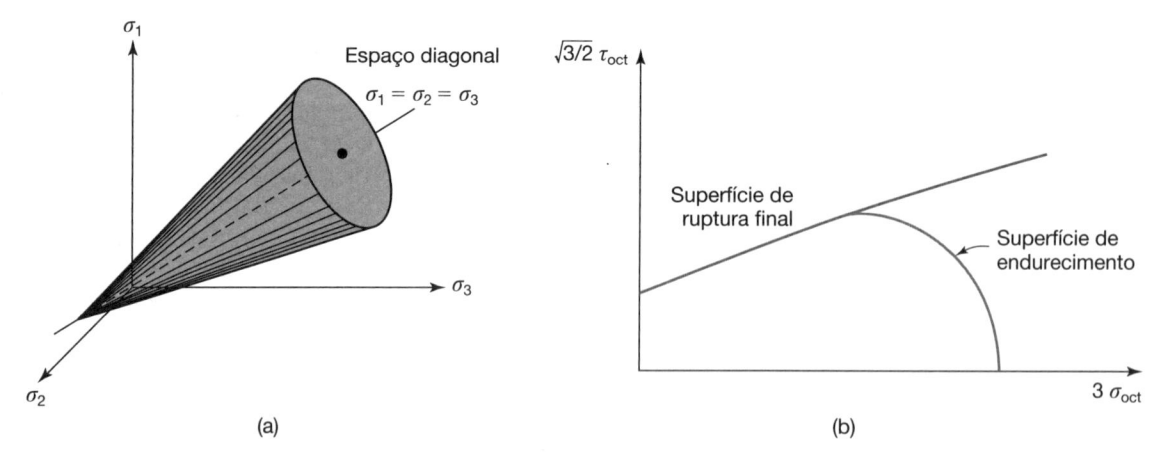

FIGURA 13.43 (a) Representação tridimensional do critério de ruptura de Drucker-Prager (Chen e Saleeb, 1994); (b) representação bidimensional do modelo de limite Drucker-Prager (McCarron e Chen, 1994).

13.8.5 Classes de modelos constitutivos para solos

Existem três classes gerais de modelos constitutivos para solos: modelos de cobertura, modelos aninhados e modelos de superfície delimitadora. Já vimos o modelo clássico de cobertura para solos na Seção 13.7, quando descrevemos os princípios da mecânica dos solos do estado crítico e o modelo de argila Cam modificado. Conforme definido por McCarron e Chen (1994), os modelos de limite consistem em um critério de ruptura fixo (p. ex., Mohr-Coulomb) que descreve o ponto onde o solo se torna perfeitamente plástico (a tensão de cisalhamento permanece constante com deformação de cisalhamento adicional – ver Figuras 8.4c e 8.4d) e uma superfície de sub-ruptura que permite que o solo "endureça" ou sofra um aumento na tensão de escoamento plástica devido a mudanças no volume.

Um exemplo simples do comportamento do modelo limite é o caso unidimensional (K_o), no qual a tensão de adensamento desloca a tensão de escoamento plástica para fora na forma de uma tensão de pré-adensamento crescente, σ'_p. A Figura 13.44 mostra, no espaço $q - p'$ [Equações (8.17) e (8.18), respectivamente] como essa carga expande o limite enquanto a superfície de ruptura perfeitamente plástica permanece a mesma. O método ou regra computacional pelo qual o limite se expande é claramente importante, e você deverá consultar Aziz (2000) para obter mais informações sobre tais regras de fluxo.

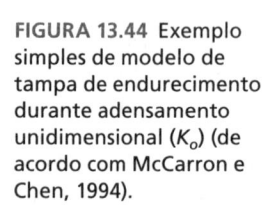

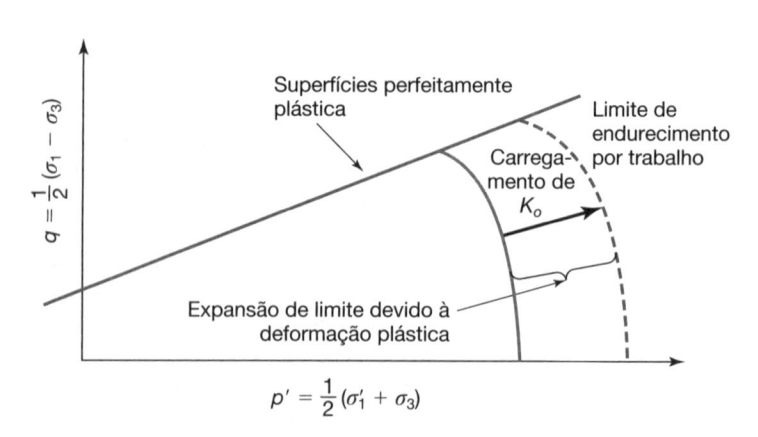

FIGURA 13.44 Exemplo simples de modelo de tampa de endurecimento durante adensamento unidimensional (K_o) (de acordo com McCarron e Chen, 1994).

Capítulo 13 Tópicos avançados em resistência ao cisalhamento de solos e rochas

A segunda principal classe de modelos constitutivos para solos é o modelo aninhado (Mroz, 1967; Iwan, 1967; Prevost 1977; Lacy e Prevost, 1987; Prevost e Popescu, 1996), que se tornou muito útil tanto para caracterizar a anisotropia dos solos quanto para modelar o carregamento cíclico. Esses modelos são baseados em superfícies de escoamento cilíndricas ou cônicas em nosso espaço de tensão tridimensional da Figura 13.41, e podem tanto se deslocar quanto expandir/contrair com carga e descarga. Embora tenham sido inovadores na sua abordagem à modelação de aspectos mais complexos do comportamento do solo sob cargas não monotônicas, como sugerem McCarron e Chen (1994), o número potencialmente grande de parâmetros de entrada é um obstáculo significativo à sua implementação.

Por serem definidos por superfícies que separam explicitamente o comportamento elástico e plástico, tanto os modelos de limite quanto os aninhados têm uma desvantagem inerente e importante na modelagem de materiais geológicos. Como veremos na Seção 13.16, a faixa de tensão na qual os solos e as rochas se comportam de modo puramente elástico é muito pequena, e as deformações plásticas começam a surgir em níveis de tensão/deformação muito baixos. A terceira classe principal de modelos constitutivos consiste nos modelos de superfície delimitadora (p. ex., Dafalias e Popov, 1975, Dafalias e Herrmann 1982, Kaliakin e Dafalias 1990a) que permitem que deformações plásticas ocorram dentro de uma nova superfície de escoamento conhecida como superfície delimitadora, com a magnitude da deformação plástica determinada pela proximidade do estado de tensão com a superfície (McCarron e Chen, 1994). Este é, sem dúvida, um método mais sofisticado para atingir o objetivo do modelo aninhado, mas sem ter os muitos parâmetros exigidos pelo modelo aninhado para manter múltiplas formas e localizações de superfície. Esta classe de modelos tem sido especialmente útil para solos coesivos sob carregamento cíclico (Whittle, 1987) e foi ampliada para utilização também na modelação de solos sem coesão (Bardet, 1986; Pestana, 1994). Um aspecto final desses modelos é a sua capacidade de incorporar efeitos viscosos (ou dependentes da taxa) baseados no trabalho original de Perzyna (1963) e na posterior implementação e verificação por Kaliakin e Dafalias [1990(a, b)]. Sheahan e Kaliakin (1996) fornecem uma série de artigos adicionais sobre o tema da modelagem do comportamento do solo dependente da taxa.

Para que os modelos constitutivos possam prever com precisão tensões e deformações, eles devem ser devidamente calibrados. As propriedades do material devem ser determinadas em amostras de solo de alta qualidade utilizando os melhores equipamentos e técnicas de ensaio, e a caracterização também deve considerar o efeito de carga e descarga, dilatância e anisotropia do tecido. As limitações, simplificações e capacidades do modelo devem ser bem compreendidas. A experiência tem demonstrado que previsões precisas são possíveis com modelos constitutivos bem calibrados e parâmetros de entrada válidos.

13.8.6 O modelo hiperbólico (Duncan–Chang)

Mencionamos anteriormente que a maioria dos problemas geotécnicos que envolvem modelagem constitutiva requerem análise numérica, como o método dos elementos finitos, para obter uma solução. Um dos modelos de solo mais comuns usados para análises de elementos finitos na prática é um modelo simples de tensão-deformação elástica não linear incremental, popularmente conhecido como modelo hiperbólico de Duncan-Chang (Duncan e Chang, 1970). Baseia-se na transformação de uma hipérbole em linha reta, conforme mostrado na Figura 13.45.

Kondner (1963) reconheceu que a forma das curvas tensão-deformação para muitos solos poderia ser aproximada por uma hipérbole. A equação para uma hipérbole é $x^2 - y_2 = 1$, pode ser transformada em uma linha reta traçando y/x versus x. Como mostrado na Figura 13.45a, a equação para uma curva tensão-deformação com formato hiperbólico é:

$$(\sigma_1 - \sigma_3) = \frac{\varepsilon}{\dfrac{1}{E_i} + \dfrac{\varepsilon}{(\sigma_1 - \sigma_3)_{ult}}} \tag{13.25}$$

onde E_i = módulo tangente inicial; e

$(\sigma_1 - \sigma_3)_{ult}$ = assíntota para a diferença de tensão principal última ou de pico.

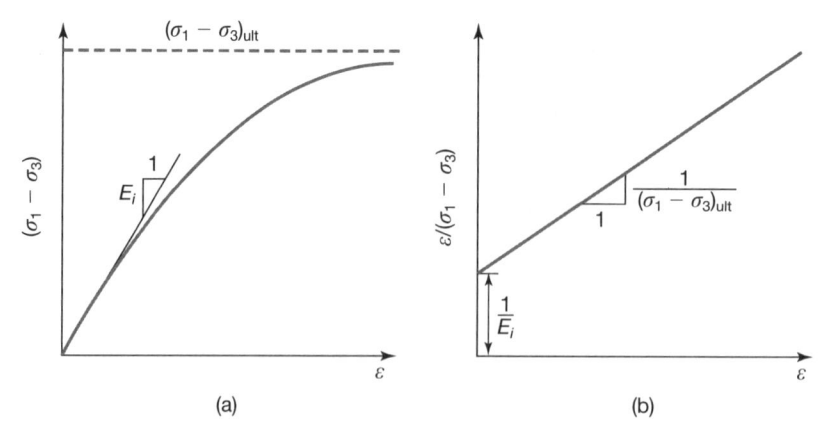

FIGURA 13.45 Representação hiperbólica de uma curva tensão-deformação: solo real (a); transformado (b) (Duncan et al., 1980).

A Equação (13.25) pode ser transformada em uma reta:

$$\frac{\varepsilon}{(\sigma_1 - \sigma_3)} = \frac{1}{E_i} + \frac{\varepsilon}{(\sigma_1 - \sigma_3)_{ult}} \quad (13.26)$$

Como mostrado na Figura 13.45b, a inclinação da reta é $1/(\sigma_1 - \sigma_3)_{ult}$ e o intercepto é $1/E_i$. Conforme explicado na Seção 13.8.1, determinar o módulo tangente inicial E_i é, com frequência, problemático para relações σ–ε especialmente não lineares. Portanto, esta transformação pode fornecer uma boa estimativa de E_i.

Para muitos geomateriais, a rigidez e o módulo aumentam com o aumento da pressão confinante. Assim, uma relação de potência é apropriada tanto para o módulo de descarga-recarga E_{ur} quanto para o módulo de volume B. Para o E_{ur},

$$E_{ur} = K_{ur} p_a \left(\frac{\sigma_3}{p_a}\right)^n \quad (13.27)$$

onde K_{ur} = o número do módulo de descarga-recarga, uma constante adimensional, e p_a é a pressão atmosférica. Para o módulo em massa, a relação é

$$B = K_b p_a \left(\frac{\sigma_3}{p_a}\right)^m \quad (13.28)$$

onde K_b = número do módulo de volume; e

m = expoente do módulo de volume adimensional; $0 < m < 1,0$.

Quando o critério de ruptura de Mohr-Coulomb é incluído no modelo hiperbólico, a expressão matemática para o módulo tangente E_t é (Duncan et al., 1980):

$$E_t = \left[1 - \frac{R_f(1 - \operatorname{sen}\phi)(\sigma_1 - \sigma_3)}{2c \cos\phi + 2\sigma_3 \operatorname{sen}\phi}\right]^2 K p_a \left(\frac{\sigma_3}{p_a}\right)^n \quad (13.29)$$

onde R_f, K e n são parâmetros do modelo; os demais parâmetros foram definidos anteriormente. O parâmetro do modelo R_f é a taxa de ruptura, ou $(\sigma_1 - \sigma_3) = R_f(\sigma_1 - \sigma_3)_{ult}$.

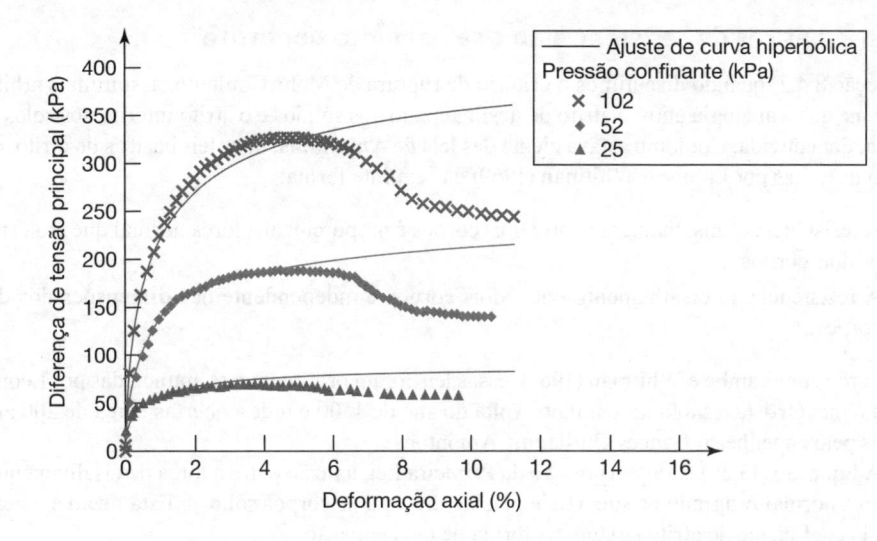

FIGURA 13.46 Ajuste de curva hiperbólica de dados de ensaios triaxiais em uma curva subangular mal graduada. Areia RMC, $K = 850$, $R_f = 0{,}73$, $n = 0.5$ (Lee, 2000).

O número do módulo K determina a escala do módulo do solo, e o expoente do módulo n define a relação hiperbólica entre o módulo do solo e a pressão confinante. Os valores de R_f, K e n podem ser determinados a partir de seus próprios ensaios ou do banco de dados de Duncan et al. (1980).

Para condições de carregamento de deformação plana, as relações tensão-deformação são diferentes das condições triaxiais (Seção 13.11). Portanto, são necessários diferentes parâmetros do modelo hiperbólico. Lee (2000) ajustou os parâmetros do modelo de ensaios triaxiais para condições de carga de deformação plana, e alguns de seus resultados são mostrados na Figura 13.46.

Os parâmetros hiperbólicos de Duncan-Chang não são fundamentais, mas são coeficientes empíricos que representam o comportamento do solo sob uma gama limitada de condições. Os valores dos parâmetros dependem da densidade do solo, do teor de água, da faixa de pressões de ensaio e das condições de drenagem. As condições dos ensaios laboratoriais devem ser representativas do comportamento do solo no campo.

Uma grande vantagem do modelo hiperbólico de Duncan-Chang é a sua versatilidade e generalidade. Pode ser usado para todos os solos – areias, argilas, cascalhos, enrocamentos, solos saturados e insaturados e compactados ou naturais. Mas há algumas limitações. O comportamento pós-pico não é modelado, como mostra a Figura 13.46. Como observou Duncan (1980), ele não leva em conta alterações de volume ou dilatância, portanto sua precisão para prever deformações em areias densas sob baixas pressões confinantes é limitada.

Apesar das suas limitações, o modelo hiperbólico de Duncan-Chang é um modelo constitutivo muito prático (Yong e Ko, 1980).

13.9 BASE FUNDAMENTAL DA RESISTÊNCIA DRENADA DE AREIAS

No Capítulo 9, descrevemos o comportamento tensão-deformação e a mudança de volume das areias durante o cisalhamento drenado. Também discutimos o efeito do índice de vazios e da pressão confinante, bem como os vários fatores que afetam a resistência **CD** das areias. Nesta seção, veremos os fundamentos da resistência ao atrito dos solos granulares, bem como a importante característica da dilatância das areias densas. Terminaremos esta seção com uma discussão sobre envoltórias curvas de Mohr, porque, embora sejam, em geral, consideradas retas, elas são, na verdade, curvas, especialmente em uma gama de tensões confinantes.

13.9.1 Noções básicas de resistência ao cisalhamento por atrito

Na Seção 8.4.2, quando discutimos o critério de ruptura de Mohr-Coulomb, assumimos arbitrariamente que a analogia entre o atrito de deslizamento dos sólidos e o atrito interno nos solos era válida. Sem dúvida, Coulomb estava ciente das **leis de Amontons**, duas leis básicas do atrito, que foram descritas por Lambe e Whitman (1969) da seguinte forma:

1. A resistência ao cisalhamento entre dois corpos é proporcional à força normal que atua entre os dois corpos.
2. A resistência ao cisalhamento entre dois corpos é independente das dimensões dos dois corpos.

De acordo com Lambe e Whitman (1969), essas leis foram originalmente enunciadas por Leonardo da Vinci (artista e sábio italiano) por volta do ano de 1500 e redescobertas cerca de 200 anos depois pelo engenheiro francês Guillaume Amontons.

A Equação (13.30) é uma expressão da Primeira Lei, a razão entre a força de cisalhamento T e a força normal N agindo na superfície plana entre os dois corpos sólidos. Esta razão é o denominado coeficiente de atrito (μ), ou, na forma de uma equação,

$$\mu = \frac{T}{N} \qquad (13.30)$$

O coeficiente de atrito μ também pode ser expresso como a tangente do ângulo ϕ_μ entre o vetor de força N e a resultante dos vetores N e T assim que o bloco começa a deslizar. Quando isso acontece, $T = T_{máx}$. Assim, $\mu = $ tg ϕ_μ Volte e veja a Figura 8.11 para uma explicação do atrito de deslizamento e o que acontece com aquele ângulo antes do deslizamento.

Os próximos desenvolvimentos importantes em nossa compreensão da resistência ao atrito entre sólidos são atribuídos a Terzaghi (1920 e 1925, pp. 50-52), que postulou que o atrito sólido era causado por pequenas imperfeições ou asperezas mesmo em superfícies sólidas lisas. A área de contato nessas asperezas muda devido ao fluxo plástico que ocorre em razão das tensões normais e de cisalhamento. Conforme observado por Mitchell e Soga (2005), esses conceitos foram desenvolvidos por Bowden e Tabor (1950, 1964), e a hipótese de Terzaghi-Boden e Tabor é agora conhecida como teoria de adesão do atrito. Essa teoria sugere que duas características importantes da superfície de contato afetam a resistência ao atrito: rugosidade superficial e adsorção superficial. As influências de ambas as características são descritas com algum detalhe por Mitchell e Soga (2005). Quando pensamos em solos, tanto a rugosidade superficial como a presença de contaminantes ou mesmo água nas superfícies minerais podem influenciar a sua resistência ao atrito.

A resistência ao atrito entre superfícies minerais para alguns minerais comuns encontrados em solos foi tabulada por Mitchell e Soga (2005) sob uma variedade de ensaios e condições. É interessante que se descobriu que a água aumenta o ângulo de atrito, especialmente para superfícies muito lisas, mas este efeito diminui à medida que a rugosidade da superfície aumenta. Como todas as superfícies minerais do solo que ocorrem naturalmente são, sem dúvida, ásperas e não quimicamente limpas, relatamos apenas os valores do ângulo de atrito que parecem relevantes na prática ou estão disponíveis na Tabela 13.6. Uma exceção são os minerais filitosos (silicatos em camadas – Capítulo 3), como as micas e as cloritas, que apresentam clivagem excelente; para esses minerais, a água aparentemente atua como um lubrificante para reduzir o atrito.

Outros modelos de comportamento de solos granulares – Outras abordagens para explicar o comportamento de solos granulares foram descritas por Scott (1963). Sua análise começou com modelos simplificados de solos sem coesão, a aplicação da teoria da ruptura, a influência da tensão principal intermediária na ruptura, os efeitos do histórico de tensões e da taxa de deformação na ruptura e, finalmente, considerações sobre a água dos poros e os efeitos da drenagem.

Mitchell e Soga (2005) fornecem detalhes consideráveis sobre as interações físicas entre partículas granulares. Eles discutem os efeitos de flambagem, deslizamento e rolamento de partículas, anisotropia do tecido, mudanças no número de contatos com cisalhamento e efeitos do formato e angularidade das partículas.

Finalmente, Harr (1977) adota uma abordagem diferente para a mecânica dos meios particulados usando os métodos da estatística e da teoria das probabilidades.

TABELA 13.6 Valores do ângulo de atrito (ϕ_μ) entre superfícies minerais

Mineral	Tipo de Ensaio	Condições	ϕ_μ (graus)
Quartzo	Partícula a partícula	Saturado	26
Feldspato	Partícula a plano	Saturado	29
Calcita	Bloco a bloco	Saturado	34
Mica–Moscovita	Ao longo das faces de clivagem	Seco	23
		Saturado	13
Mica–Biotita	Ao longo das faces de clivagem	Seco	17
		Saturado	7
Clorito clivagem	Ao longo das faces de	Seco	28
		Saturado	12

Adaptada de Mitchell e Soga (2005).

13.9.2 Tensão-dilatação e correções de energia

Há muito tempo já se reconhece que as areias densas se expandem quando cisalhadas. Osborne Reynolds, do famoso Número de Reynolds, tentou explicar o fenômeno e primeiro o chamou de **dilatância** (Reynolds, 1885). Embora seja frequentemente assumido que o comportamento do material granular é relativamente simples em comparação com o dos solos de granulação fina, isso não é necessariamente verdade, como podemos ver nesta seção.

A Figura 13.47 mostra esquematicamente o que acontece com um volume de solos granulares densos e soltos quando são cisalhados. Ambos os volumes estão sujeitos à mesma tensão normal σ_n (Figura 13.47a e 13.47c). Então a tensão de cisalhamento τ é aplicada, como mostrado na Figura 13.47b e 13.47d; nessa figura, a variação de volume é indicada pelo símbolo ΔH. A areia densa se expande e ΔH é positivo; a areia solta se contrai, então ΔH é negativo.

Começamos esta seção com tentativas de explicar a dilatação pela energia mecânica necessária para superar a resistência ao cisalhamento durante ensaios diretos e triaxiais em areia. Embora simples, estas análises consideraram apenas a energia externa necessária para o cisalhamento.

Para explicar a energia interna despendida durante o cisalhamento, precisamos da elegante teoria da tensão-dilatância de Rowe.

Em seguida, mostraremos como os componentes de dilatação ou contração, esmagamento de grãos e atrito mineral grão a grão contribuíram para a envoltória de ruptura de Mohr (MFE) das areias. Então, descreveremos as importantes contribuições de Bolton (1979 e 1986) sobre dilatação, contrações e estados críticos. Finalmente, forneceremos alguns dados sobre a magnitude dos ângulos de dilatação em níveis de confinamento alto e baixo.

Correções de Energia – Taylor (1948, pp. 345–346) explicou a expansão ou dilatação devido ao entrelaçamento dos grãos em uma areia densa pela energia mecânica despendida em um ensaio de

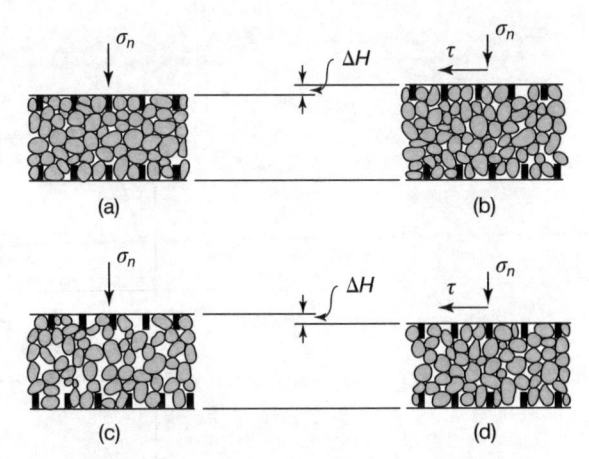

FIGURA 13.47 Efeitos do cisalhamento em volumes de solos granulares densos e soltos: (a) denso antes do cisalhamento; (b) denso após cisalhamento; (c) solto antes do cisalhamento; e (d) solto após cisalhamento (Leonards, 1962).

cisalhamento direto. A Figura 13.48 mostra resultados típicos de cisalhamento direto para areia densa e areia solta.

Para encontrar a parte da energia de cisalhamento total τ necessária para expansão, τ_e, igualamos a energia de cisalhamento de expansão $\tau_e A\delta$ à energia de expansão vertical $\sigma_N A \Delta H$, ou

$$\tau_e A \delta = \sigma_N A \; \Delta H$$

$$\tau_e = \sigma_N \left(\frac{\Delta H}{\delta}\right)$$

onde a quantidade ($\Delta H/\delta$) equivale à inclinação da curva ΔH-*versus*-δ. Esta inclinação é definida como o **ângulo de dilatação** v. Para uma areia densa, temos atrito mais intertravamento, enquanto para uma areia solta, temos apenas atrito (com nenhum ou negativo ΔH). O ângulo de dilatação v pode ser encontrado geometricamente como mostrado na Figura 13.48a. Um ângulo de dilatação positivo, $+v$, indica expansão ou dilatação, enquanto um ângulo de dilatação negativo, $-v$, indica contração, como mostrado na Figura 13.48b.

Bishop (1954) realizou uma análise semelhante para um ensaio de compressão triaxial comum. Não o incluímos aqui porque, como Rowe (1962) e Rowe et al. (1964) mostraram, ambas as análises anteriores são tecnicamente incorretas, pois consideram apenas o trabalho externo causado pela dilatação e negligenciam o trabalho interno adicional exigido pela dilatação. A **teoria da tensão-dilatância** de Rowe (1962) explica corretamente esse trabalho interno, e a equação básica de tensão-dilatância é:

$$\frac{\sigma'_1}{\sigma'_3} = \left(1 + \frac{dv}{d\varepsilon_1}\right) \tan^2\left(\frac{\pi}{4} + \frac{\phi_\mu}{2}\right) \tag{13.31}$$

onde $v = dV/V_o$ = tensão volumétrica diferencial,

$\varepsilon = \Delta H / H_o$

$\dfrac{dv}{d\varepsilon_1}$ = inclinação da curva dV/V_o-*versus*-ε_1,

ϕ_μ = atrito mineral básico – por exemplo, conforme mostrado na Tabela 13.6.

A Figura 13.49 mostra os vários componentes do ângulo de atrito total no cisalhamento drenado, ϕ_d. Segundo Rowe (1962), existem três componentes do ângulo de atrito total: (1) atrito mineral, (2) reorientação de partículas e (3) expansão (dilatação).

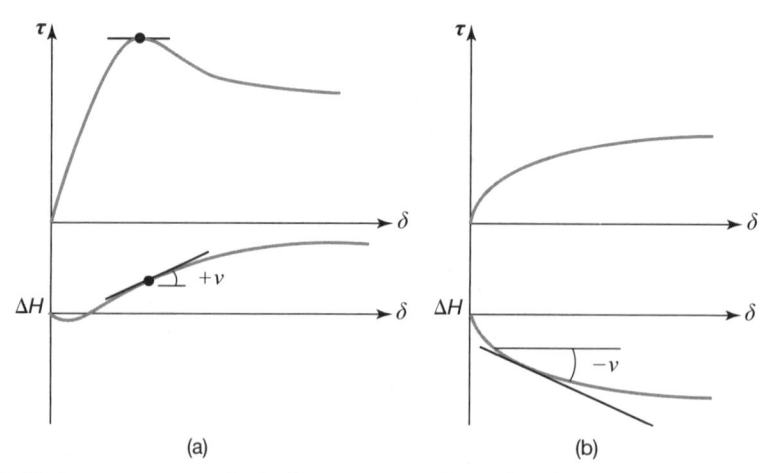

FIGURA 13.48 Comportamento de cisalhamento e mudança de volume em um ensaio de cisalhamento direto em (a) areia densa e (b) areia solta.

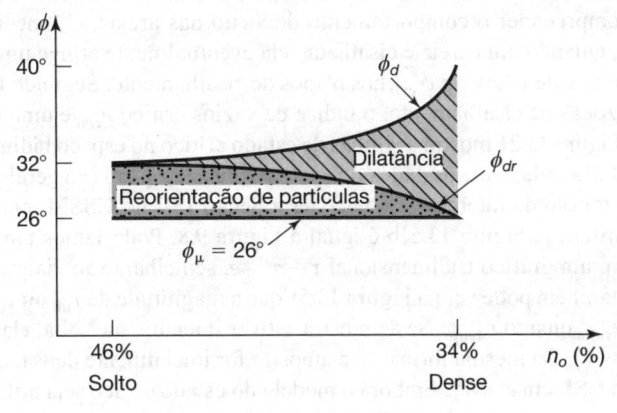

FIGURE 13.49 Componentes do ângulo de atrito em função da porosidade; n_o = porosidade inicial, ϕ_μ = atrito mineral já definido, ϕ_d = ângulo de fricção CD 34% medido, e $\phi_{dr} = \phi_d$ – efeito de dilatância.

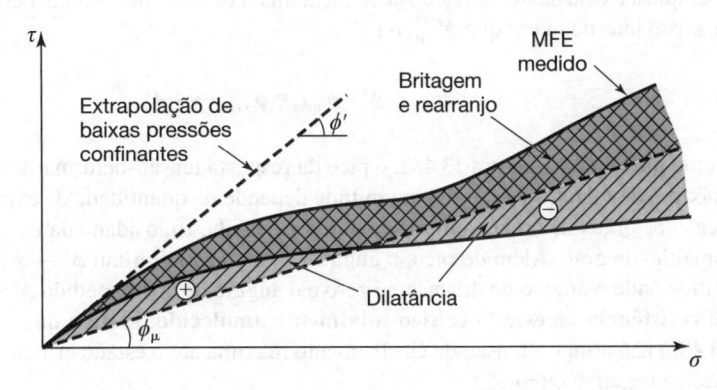

FIGURA 13.50 Componentes da envoltória de ruptura de Mohr para um solo granular em uma ampla faixa de pressões confinantes (adaptada de Lees e Seed, 1967).

Em altas pressões confinantes, temos um quarto componente, a britagem de partículas, refletindo o fato de que, após uma diminuição inicial ou achatamento da inclinação da envoltória de ruptura de Mohr (MFE), a inclinação tende a aumentar à medida que a pressão aumenta. Note que a britagem requer energia considerável. Conforme apontado por Lee e Seed (1967), a resistência medida = atrito de deslizamento ± dilatância + reorganização das partículas + esmagamento das partículas, como mostrado na Figura 13.50.

Dilatação, Contração e Estados Críticos – Podemos resumir o comportamento dos ensaios **CD DS** em areias da seguinte forma (Bolton, 1979, 1986):

1. Uma determinada areia possui um valor aproximadamente único ϕ'_{ult}, ou seja, é independente do índice de vazios inicial e da densidade (e_o e ρ_o). Além disso, ϕ'_{ult} é essencialmente independente da tensão normal efetiva σ'_n em um ensaio **DS** (e a pressão confinante efetiva σ'_c em um ensaio triaxial **CD**).

2. Para areias densas, ϕ'_{pico} e $\tau_{pico} \gg \phi'_{ult}$ e τ_{ult}.
   - Além do pico, desenvolvem-se finas zonas de ruptura ou luxações e, às vezes, à medida que o cisalhamento continua, essas luxações se dividem em ramos chamados **bifurcações**.
   - O índice de vazios inicial e a densidade inicial aproximam-se do índice de vazios crítico e_{crit} ou da densidade crítica ρ_{crit} devido à dilatância; à medida que o volume aumenta, a densidade diminui.

3. As areias soltas se deformam para atingir a resistência final ou máxima e não há pico na curva. Este fenômeno é mostrado na Figura 13.48b acima. Neste caso, à medida que o volume diminui, o índice de vazios diminui e a densidade aumenta até que o índice de vazios crítico e_{crit} e a densidade crítica ρ_{crit} são atingidos.

4. A magnitude do pico da tensão de cisalhamento é uma função da taxa de dilatação.

Para compreender o comportamento de atrito das areias, o conceito de **estado crítico** é importante. Quando uma areia é cisalhada, ela eventualmente atinge um estado crítico que tem uma razão única de $\tau/\sigma' = \text{tg}\ \phi'_{\text{crit}}$ nos planos de cisalhamento. Segundo Bolton (1979) no estado crítico nas zonas de cisalhamento, o índice de vazios crítico e_{crit} é uma função logarítmica das tensões. A Figura 13.21 mostra as linhas de estado crítico no espaço bidimensional $\tau - \sigma'$ e $e - \sigma'$. A Figura 13.21a indica que os dados de $e - \ln \sigma'$ (ou $e - \log \sigma'$) são geralmente lineares ao longo da faixa de tensão de interesse. Se você ler a Seção 13.7 no **CSSM**, então a Figura 13.51 deve parecer familiar. A Figura 13.51b é igual à Figura 9.8. Poderíamos também representar esses conceitos em um gráfico tridimensional $\tau - \sigma' - e$, semelhante ao diagrama de Peacock (Figura 9.11). Você também pode ver na Figura 13.51 que a magnitude de τ_{ult} **ou** τ_{crit} é independente de e_o tanto para e_{solto} quanto e_{denso}. Se a amostra estiver inicialmente solta, ela se contrai até atingir a **CSL** em e_c e σ'_c. Da mesma forma, se a amostra for inicialmente densa, ela se expande ou dilata até atingir o **CSL** em e_c e σ'_c. Embora o modelo do estado crítico seja útil, ele não explica a resistência máxima das areias densas. Para isso precisamos de um modelo de tensão-dilatância, por exemplo a teoria de Rowe (1962) descrita acima. Por se dilatar, a areia densa mobiliza um ângulo de atrito interno maior que ϕ'_{crit}, ou

$$\phi' = \phi_{\text{máx}} = \phi_{\text{crit}} + \nu \geq \phi'_{\text{crit}} \tag{13.32}$$

Como mostrado na Figura 13.48a, o pico da resposta tensão-deformação corresponde ao ângulo máximo de dilatação $+\nu$, e sua magnitude depende da quantidade de expansão e das características dos grãos de areia, como formato da partícula, rugosidade da partícula e distribuição de tamanho de grão. Além do pico, o ângulo de dilatação diminui $\phi' \to \phi'_{\text{crit}}$ no estado último ou crítico onde o ângulo de dilatação é zero e o ângulo de atrito medido $\phi' = \phi'_{\text{crit}}$. Isso é chamado de **resistência ao estado crítico totalmente amolecido**. É claro que a amostra solta (Figura 13.48b) não atinge a tensão de cisalhamento máxima até o estado crítico, onde o ângulo de dilatação é negativo ou $-\nu$.

Na Seção 9.3, mencionamos que amostras triaxiais **CD** de areia densa geralmente falham ao longo de planos distintos. Isso ocorre porque quando uma areia densa é cisalhada além do pico, a deformação tende a se concentrar em uma zona de ruptura fina chamada **localização de**

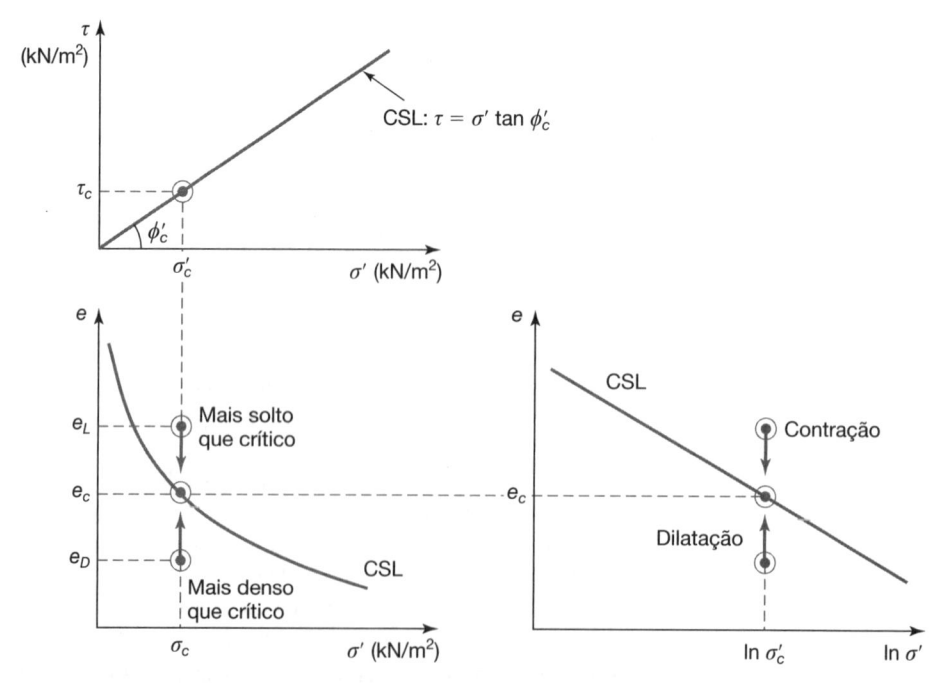

FIGURA 13.51 Linhas de estado crítico (CSL) em $\tau - \sigma' - e$ espaço: (a) τ versus σ'; (b) e versus σ'; e (c) e versus $\ln \sigma'$ (adaptada de Bolton, 1979).

Capítulo 13 Tópicos avançados em resistência ao cisalhamento de solos e rochas

deformação. Às vezes, a localização se **bifurca** em dois ou mais ramos. Localização e bifurcações são características de areia densa em grandes deformações. Isto não é verdade para areias soltas, que sofrem uma distorção mais geral e deformações de cisalhamento até a tensão de cisalhamento final no estado crítico.

Magnitude do ângulo de dilatação – De acordo com Bolton (1979 e 1986), os valores típicos dos ângulos de dilatação são de 10° a 20° para solos granulares testados em pressões confinantes superiores a 100 kPa. O que acontece se as pressões confinantes forem menores – uma situação bastante comum na prática? Lee (2000) encontrou ângulos de dilatação muito maiores, alguns tão altos quanto 25° a 40°, em ensaios triaxiais e de deformação plana realizados em areias densas ($I_D \approx 90\%$) em pressões confinantes entre 25 e 100 kPa. Mesmo para materiais preparados em estado solto ($I_D \approx 50\%$), o ângulo de dilatação medido foi de 26° nessas mesmas pressões confinantes. Em alguns trabalhos de modelagem numérica (por exemplo, Lee, 2000), o ângulo de dilatação tem um efeito enorme nas deformações previstas. Portanto, se você estiver trabalhando com tensões confinantes mais baixas e a previsão de deformações for importante para o seu problema, será necessário medir com precisão o ângulo de dilatação nos ensaios de solos apropriados.

13.9.3 Curvatura da envoltória de ruptura de Mohr

Na Seção 8.4.2, demos a seguinte equação para a teoria de ruptura de Mohr-Columb:

$$\tau_{ff} = \sigma_{ff} \tan \phi + c \tag{8.9}$$

Mencionamos que esta equação é uma aproximação em linha reta de uma envoltória curva de ruptura de Mohr (**MFE**) ao longo de uma determinada faixa de tensão, geralmente aquela prevista em campo.

Mais tarde, na Seção 9.5, quando introduzimos as propriedades de resistência ao cisalhamento das areias, mencionamos que as envoltórias de ruptura de Mohr-Coulomb eram curvas, especialmente em uma ampla faixa de tensões confinantes. Isso também é mostrado na Figura 9.12. Acredita-se que a origem da curvatura seja devida ao rearranjo e esmagamento das partículas, como mostrado na Figura 13.50. Mesmo com uma curvatura modesta da envoltória, uma aproximação em linha reta muitas vezes mostrará um intercepto no eixo τ em $\sigma = 0$. Esse intercepto é um artefato da geometria da envoltória, e a resistência ao cisalhamento do solo com tensão confinante zero é zero. Uma envoltória curva de ruptura começando na origem de um diagrama de Mohr também significa que em pequenas tensões confinantes, a envoltória de ruptura secante de Mohr é muito íngreme e, portanto, o ângulo de atrito interno pode ser bastante grande (ver, por exemplo, Fannin et al., 2005).

É claro que, com um **MFE** curvo, a sua inclinação reduz constantemente de um valor tangente inicial muito acentuado para o que poderia ser uma inclinação bastante modesta se a pressão confinante fosse grande. Portanto, precisamos de alguma expressão que leve em conta esta redução no ângulo de atrito à medida que a pressão confinante aumenta. Provavelmente a maneira mais simples de fazer isso é usar a expressão desenvolvida por Duncan e Wright (2005). Considere primeiro a inclinação do ângulo de atrito **secante** que é definido pela inclinação de uma linha reta traçada a partir da origem e tangente ao círculo de Mohr no momento da ruptura. Duncan e Wright (2005) usam esta expressão para reduzir o ângulo de atrito secante:

$$\phi'_{sec} = \phi_o - \Delta\phi \log \frac{\sigma'_3}{p_a} \tag{13.33}$$

onde ϕ'_{sec} = ângulo secante de atrito interno,

ϕ_o = valor de ϕ quando $\sigma'_3 = 1$ atm ≈ 100 kPa,

$\Delta\phi$ = a redução em ϕ' para um aumento de 10 vezes na pressão confinante,

σ'_3 = pressão confinante, e

p_a = pressão atmosférica, 1 atm ≈ 100 kPa.

A Figura 13.52 mostra a relação entre ϕ' e σ'_3, que é um gráfico do ângulo de atrito secante para uma série de ensaios triaxiais *versus* a pressão confinante efetiva de cada ensaio. A inclinação da linha indica a redução do ângulo de atrito $\Delta\phi$ com a pressão confinante para aquela série de ensaios.

Baligh (1976) desenvolveu uma expressão um pouco mais complexa para a redução do ângulo de atrito secante devido à curvatura da envoltória de ruptura de Mohr, que é

$$\tau = \sigma\left[\tan\phi_{ref} + \tan\alpha\left(\frac{1}{2,3} - \log\frac{\sigma}{\sigma_{ref}}\right)\right] \quad (13.34)$$

onde ϕ_{ref} e α são ângulos constantes definindo MFE ($\alpha \geq 0$ e $\phi > 0$), e σ ref é uma tensão de referência arbitrária. Observe que quando $\alpha = 0$, ϕ_{ref} = o ângulo secante de atrito ϕ_{sec}.

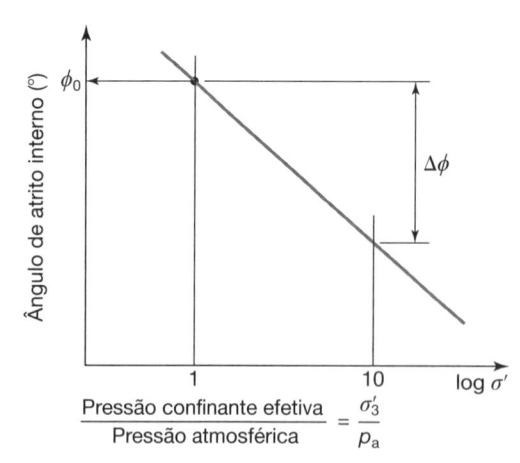

FIGURA 13.52 Relação entre ϕ' e σ'_3 (Duncan e Wright, 2005).

13.10 COMPORTAMENTO DE AREIAS SATURADAS EM CISALHAMENTO NÃO DRENADO

Na introdução à Seção 9.8, mencionamos que quando as areias são carregadas estaticamente, por terem uma condutividade hidráulica tão alta em comparação com siltes e argilas, elas drenam tão rapidamente quanto a carga é aplicada. Assim, o carregamento não drenado de areias sob condições estáticas ocorre apenas em laboratório e é de grande interesse acadêmico. O carregamento dinâmico é, obviamente, outro assunto, e discutiremos o comportamento de areias saturadas sob cargas dinâmicas – por exemplo, devido a detonações, cravação de estacas ou terremotos – mais adiante neste capítulo.

Nesta seção, descrevemos e explicamos os resultados dos ensaios **CU** e **UU** em areias. Esta seção termina com uma breve discussão sobre os efeitos da taxa de deformação em areias, porque a taxa de aplicação da tensão de cisalhamento determina se é provável que ocorra drenagem durante o cisalhamento.

13.10.1 Comportamento Adensado-Não Drenado

A principal diferença entre cisalhamento triaxial drenado e não drenado é que em um ensaio não drenado nenhuma alteração de volume é permitida durante o carregamento axial; portanto, e_c é o mesmo no final do ensaio e no início. No entanto, a menos que a pressão confinante esteja em σ'_{3crit}, o solo **tenderá a mudar de volume** durante o carregamento. Para entender o que acontece com o carregamento não drenado, podemos consultar novamente o diagrama Peacock da Figura 9.11. Como no carregamento não drenado não há alteração de volume, toda a ação ocorre no plano WOP.

Primeiro, vejamos uma amostra de solo preparada com um índice de vazios e_c e testada sem drenagem a uma pressão confinante σ'_3. Este ensaio corresponde ao ponto **C** no diagrama Peacock. Porque $\sigma'_{3c} > \sigma'_{3crit}$, conforme explicado na Seção 9.4, a amostra de areia se comportaria como se estivesse solta. Assim, tende a diminuir de volume, mas não consegue. Como resultado, uma pressão neutra positiva é induzida, o que causa uma redução na tensão efetiva. A pressão limite ou mínima efetiva na ruptura σ'_{3crit}, porque a essa pressão $\Delta V/V_o$ é zero. Se não ocorrer nenhuma tendência à mudança de volume, então nenhum excesso de pressão neutra será induzido. Portanto, a pressão neutra máxima possível neste exemplo é igual $\sigma'_{3c} - \sigma'_{3crit}$, ou a distância $\overline{BH}$ na Figura 9.11. Os círculos de Mohr na ruptura para este caso são mostrados na Figura 13.53.

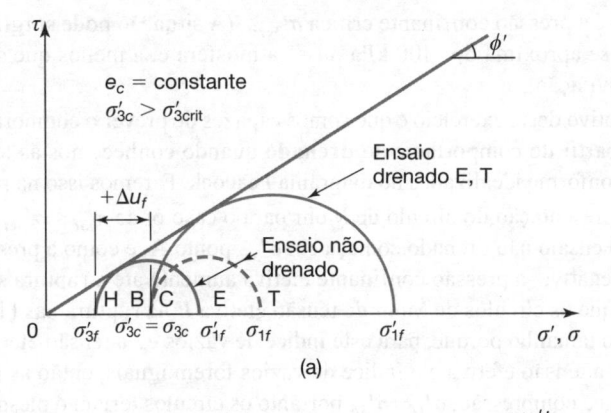

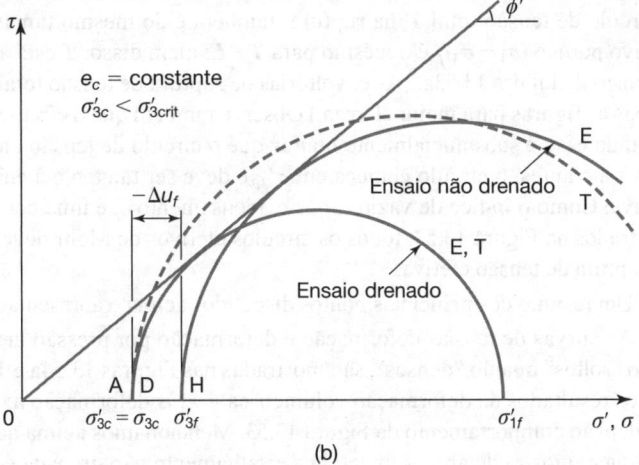

FIGURA 13.53 Os círculos de Mohr para ensaios de compressão triaxial drenados e não drenados: (a) caso onde $\sigma'_{3c} > \sigma'_{3crit}$ ou comportamento "solto"; (b) caso onde $\sigma'_{3c} < \sigma'_{3crit}$ ou comportamento "denso".

Os círculos sólidos **E** representam as condições de tensão efetiva, enquanto o círculo tracejado **T** representa as tensões totais. Como a equação de tensão efetiva [Equação (5.8)] sempre é válida, os dois círculos são separados pelo valor de Δu induzido a qualquer momento durante o ensaio.

Como a tendência de mudança de volume é de redução, uma mudança positiva (aumento) é causada na pressão neutra, o que por sua vez resulta em uma redução na tensão efetiva. Assim, na ruptura, por exemplo, $\Delta u_f = \mathbf{B} - \mathbf{H} = \sigma'_{3c} - \sigma'_{3f} = \sigma'_{3c} - \sigma'_{3crit}$. $(\sigma_1 - \sigma_3)_f$ é dado pela Equação (9.3) quando a pressão confinante na ruptura é σ'_{3crit}.

$$(\sigma_1 - \sigma_3)_f = \sigma'_{3crit}\left[\left(\frac{\sigma'_1}{\sigma'_3}\right)_f - 1\right]$$

Além disso, se realizássemos um ensaio **drenado** com a pressão confinante igual a σ'_{3c} no ponto C(B), a resistência drenada seria muito maior do que a resistência não drenada, uma vez que seu círculo de Mohr deve ser tangente à envoltória de ruptura de Mohr efetiva. Basta observar os tamanhos relativos dos dois círculos efetivos de Mohr na Figura 13.53.

Uma resposta diferente ocorre quando executamos um ensaio com a pressão confinante efetiva menor que σ'_{3crit}, como o ponto A na Figura 9.11. A partir do diagrama Peacock, esperaríamos que a amostra **tendesse** a dilatar (ordenada **RD**). Como a amostra é impedida de realmente se expandir, uma pressão neutra **negativa** é desenvolvida que **aumenta** a tensão efetiva de D (A) em direção a H (σ'_{3crit}). Assim, como no exemplo anterior, a tensão efetiva limitante é a pressão confinante crítica σ'_{3crit}. (A situação pode surgir quando a pressão neutra negativa se aproxima de –100 kPa ou –1 atmosfera e, a menos que seja usada contrapressão, ocorre cavitação).

O motivo deste exercício é que somos capazes de prever o comportamento **não drenado** das areias a partir do comportamento **drenado** quando conhecemos as tendências de mudança de volume conforme idealizadas no diagrama Peacock. Faremos isso na próxima seção.

A representação do círculo de Mohr para o caso onde $\sigma'_{3c} < \sigma'_{3crit}$ é apresentada na Figura 13.53b. O ensaio não drenado começa em σ'_{3c}, ponto A, e como a pressão induzida da água nos poros é negativa, a pressão confinante efetiva aumenta até a ruptura ser alcançada no ponto H. Observe que os círculos de Mohr de tensão efetiva E na ruptura nas Figuras 13.53a e 13.53b são do mesmo tamanho porque, para este índice de vazios e_c, a tensão efetiva na ruptura é a mesma, σ'_{3crit}. Se a tensão efetiva e o índice de vazios forem iguais, então as amostras teriam a mesma resistência à compressão, $\sigma'_{1f} - \sigma'_{3f}$, portanto os círculos teriam o mesmo diâmetro. Observe que o círculo de tensão total T, na ruptura, também é do mesmo tamanho que o círculo de tensão efetivo porque $(\sigma_1 - \sigma_3)_f$ é o mesmo para T e E; além disso, T está à **esquerda** de E. Este caso é o oposto da Figura 13.53a. (As envoltórias de ruptura de tensão total de Mohr foram omitidas de ambas as figuras para maior clareza.) Observe também que o círculo de Mohr **drenado** para este segundo caso é substancialmente **menor** que o círculo de tensão efetiva para o caso não drenado. Como antes, o círculo começa em σ'_{3c} e deve ser tangente à envoltória de ruptura de Mohr efetiva. Como o índice de vazios após o adensamento e_c é uma constante para todos os ensaios mostrados na Figura 13.53, todos os círculos efetivos de Mohr devem ser tangentes à envoltória de ruptura de tensão efetiva.

Um resumo dos principais pontos discutidos acima é apresentado na Tabela 13.7.

As curvas de tensão-deformação e deformação por pressão neutra para ensaios **CU** e **CD**, tanto "soltos" quanto "densos", são mostradas nas Figuras 13.54a e 13.54b. Também são mostrados os resultados da deformação volumétrica *versus* deformação axial. Esses resultados correspondem ao comportamento da Figura 13.53. Mencionamos acima que a tensão efetiva limite em qualquer amostra de areia submetida a cisalhamento não drenada é a pressão confinante crítica σ'_{3crit}. Em uma areia densa, a limitação de quão negativa pode ser a pressão neutra é a pressão de vapor d'água, –1 atm ou cerca de –100 kPa (Seção. 5.2). Nesse ponto, ocorrerá cavitação, a menos que seja usada contrapressão (Figura 13.54b). Se ocorrer cavitação, o volume da amostra aumenta, a tensão de confinamento efetiva diminui e a resistência da amostra não será tão grande. No entanto, se a contrapressão for usada, a pressão dos poros pode continuar negativa enquanto a pressão total da célula for menor que $(\sigma'_{3crit} - 1 \text{ atm})$. Assim, significa que a resistência

TABELA 13.7 Um resumo dos conceitos mostrados na Figura 13.53

Pressão de adensamento efetiva	Círculos de Mohr		
	Drenado, Efetivo = Total	Não drenado, Efetivo	Não drenado, Total
$\sigma'_{3c} > \sigma'_{3crit}$	Maior que não drenado	Menor que drenado: À esquerda do círculo de tensão total $\sigma'_{3f} < \sigma'_{3c}$	Menor que drenado: À direita do círculo de tensão efetiva
$\sigma'_{3c} < \sigma'_{3crit}$	Menor que não drenado	Maior que drenado: À direita do círculo de tensão σ total $'_{3f} > \sigma'_{3c}$	Maior que drenado: À esquerda do círculo de tensão efetiva
$\sigma'_{3f} = \sigma'_{3crit}$	Todos os círculos seriam iguais; pois não existem tendências de mudança de volume, $\Delta u = 0$ durante o ensaio		

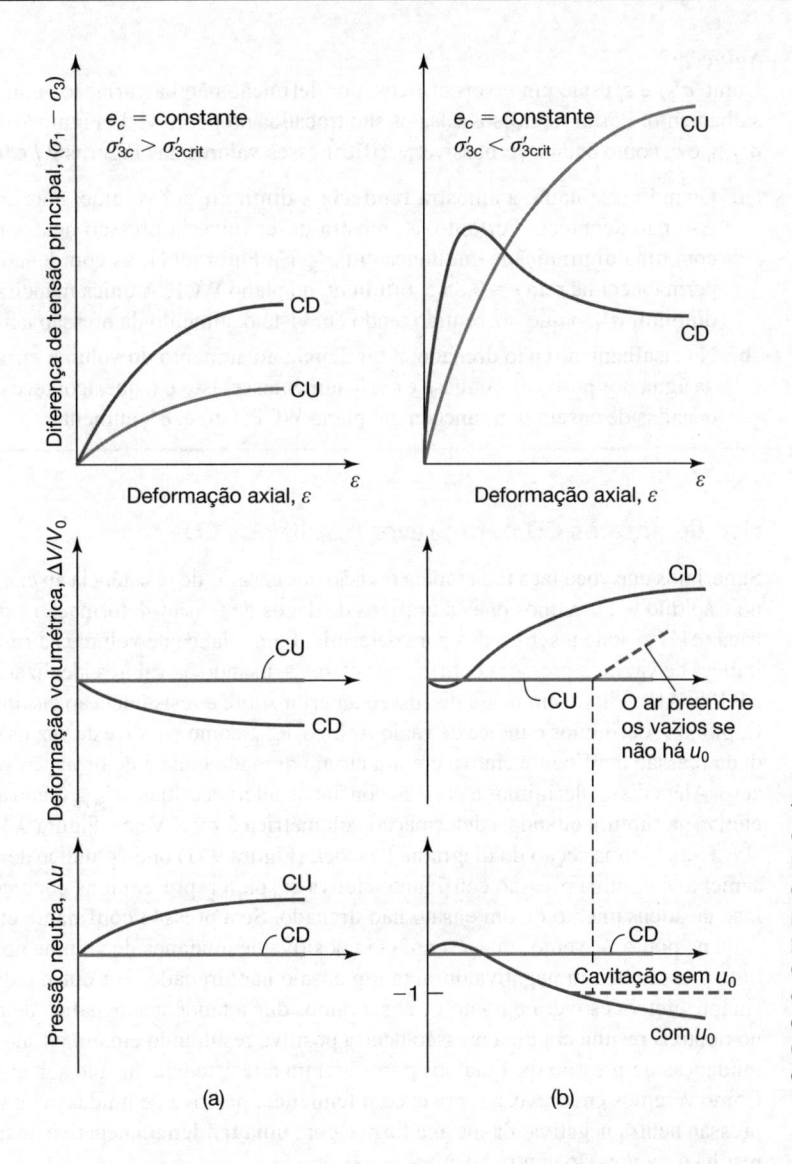

FIGURA 13.54 As curvas tensão-deformação, deformação volumétrica *versus* deformação axial e curvas de deformação por pressão de poros para ensaios CU e CD em areias: (a) caso onde $\sigma'_{3c} > \sigma'_{3crit}$ ou comportamento "solto"; (b) caso onde $\sigma'_{3c} < \sigma'_{3crit}$ ou comportamento "denso".

da amostra é basicamente controlada pela quantidade de contrapressão usada e pela capacidade máxima de pressão da célula triaxial.

Para um tratamento mais abrangente das características de resistência não drenadas das areias, ver Seed e Lee (1967).

Exemplo 13.7

Contexto:

Figura 9.11, mas dimensionada para o comportamento idealizado da areia do Rio Sacramento (uma combinação das Figuras 9.7 e 9.9); $\sigma'_{3crit} = 0{,}4$ MPa e $e_c = e_{crit} = 0{,}8$.

Problema:

Descreva o comportamento não drenado desta areia se os índices de vazios de ensaio após o adensamento em $\sigma'_{3c} = 0.4$ MPa fossem (a) 0.85 e (b) 0.75.

Solução:
Como σ'_{3c} e e_c estão em níveis críticos, por definição não há variação volumétrica durante o cisalhamento. Portanto, nossos ensaios são traçados no ponto H da Figura 9.11, com os valores de σ'_{3crit} e e_c como dados. (É possível verificar esses valores nas Figuras 9.7 e 9.8.)

a. Quando cisalhada, a amostra **tenderia** a diminuir em volume, mas como não é drenada, isso não acontece. Portanto, a amostra desenvolveria pressão neutra positiva juntamente com uma diminuição simultânea em σ'_3. Na Figura 9.11, as coordenadas de ensaio devem permanecer na reta $e = 0,85$ e, **também**, no plano WOP. A única maneira de isso acontecer é diminuir σ'_3, o que faz sentido tendo em vista o aumento da pressão neutra.

b. No cisalhamento não drenado, a **tendência** ao aumento do volume faria com que a pressão da água nos poros diminuísse e o σ'_3 aumentasse. Isto é o que acontece quando nossas coordenadas de ensaio permanecem no plano WOP; isto é, σ'_3 aumenta.

13.10.2 Uso de ensaios CD para prever resultados CU

Sugerimos que você faça uma rápida revisão dos ensaios de resistência ao cisalhamento **drenados** no Capítulo 9. Lá, vimos que os gráficos de dados de tensão-deformação e deformação volumétrica ($\Delta V/V_o$) podem ser usados para determinar a mudança de volume na ruptura para diferentes índices de vazios e pressões confinantes efetivas, usando os valores idealizados nas Figuras 9.10a e 9.10b. Além disso, em nossa discussão anterior sobre a resistência ao cisalhamento de areias no Capítulo 9, definimos o índice de vazios crítico, e_{crit}, como o índice de vazios na ruptura para uma dada pressão confinante efetiva em um ensaio drenado onde a deformação volumétrica é igual a zero. Além disso, definimos a pressão confinante efetiva crítica, σ'_{3crit} como a pressão confinante efetiva na ruptura quando a deformação volumétrica é zero. Veja a Figura 9.4.

Usando uma seção do diagrama Peacock (Figura 9.11) onde o índice de vazios após o adensamento é e_c, uma pressão confinante efetiva σ'_c para representar as condições no momento da fase de adensamento de um ensaio não drenado. Se a pressão confinante efetiva estiver localizada no ponto A, vemos que a **tendência** positiva de mudança de volume no ponto D resulta em uma pressão neutra negativa durante um ensaio não drenado. Por outro lado, se a pressão confinante efetiva estiver no ponto C, observamos que a tendência negativa de mudança de volume no ponto B resulta em uma pressão neutra positiva resultando em um ensaio não drenado. Essas mudanças na pressão da água nos poros afetam a resistência do solo sob ensaios não drenados. Como veremos em breve, a regra é: com **tendência** positiva de mudança de volume, resulta uma pressão neutra negativa; da mesma forma, com uma **tendência** negativa de mudança de volume, resulta uma pressão neutra positiva.

Suponhamos que o índice de vazios no momento do adensamento seja e_c e seja uma constante. (É claro que sempre que adensamos um material granular com índice de vazios *in situ* de e_o, em diferentes pressões de confinamento no ensaio triaxial, por exemplo, o índice de vazios **após** o adensamento será diferente para cada pressão de confinamento. Quanto maior a pressão confinante, menor será o índice de vazios após o adensamento. Ignoraremos esse fato em nossa discussão atual.)

Muito depende do índice de vazios. Para solos soltos a medianamente densos, a pressão neutra será positiva. Por outro lado, solos médios a densos tenderão a dilatar-se, resultando em pressão neutra negativa. Outra análise do Diagrama Peacock mostrará isso para condições (e_c e σ'_c) à esquerda da linha de estado crítico, WHP (onde, para qualquer índice de vazios, a alteração de volume resultante para ensaios drenados seria positiva). Para aqueles solos nos estados não drenados com tendências positivas de mudança de volume, as pressões neutras induzidas resultantes serão negativas. Assim, para condições de solo deste tipo, a pressão da água nos poros aumentaria ligeiramente inicialmente e depois se tornaria negativa. No ponto em que a pressão negativa dos poros atinge –1 atm, a amostra cavita (a água vaporiza e formam-se bolhas) e a deformação volumétrica aumenta, como mostrado na Figura 13.55! (Compare esta figura com a parte **CU** da Figura 13.54.)

Revise a Figura 9.29 para obter informações sobre o uso de **contrapressão** ao realizar ensaios não drenados adensados (**CU**) em solos. A contrapressão é o uso de uma pressão neutra artificial positiva u_o, para garantir que o solo esteja saturado antes das fases de adensamento e cisalhamento. Aumentar a contrapressão e ao mesmo tempo aumentar a pressão da célula σ_3 na mesma quantidade, mantém a pressão de confinamento efetiva desejada.

Consideraremos cinco casos possíveis (resumidos na Figura 13.56) de como a resistência ao cisalhamento não drenado irá variar dependendo do índice de vazios após o adensamento, da pressão de adensamento σ'_{3c} e da pressão confinante crítica. Em cada caso, usaremos uma "fatia" do diagrama Peacock (Figura 9.11), especificamente deformação volumétrica *versus* pressão confinante efetiva, para ilustrar o efeito na resistência não drenada. Após a descrição desses casos, mostramos um exemplo numérico para um desses casos.

No **Caso I**, σ'_{3c} é muito menor do que σ'_{3crit} e a pressão neutra torna-se negativa até que ocorra cavitação (neste caso com contrapressão zero). Como resultado, a resistência da amostra é controlada por cavitação com $u_f = -1$ atm. Assim, a faixa deste tipo de ruptura é regida por

$$0 < \sigma'_{3cell} = \sigma'_{3c} < (\sigma'_{3crit} - 1)$$

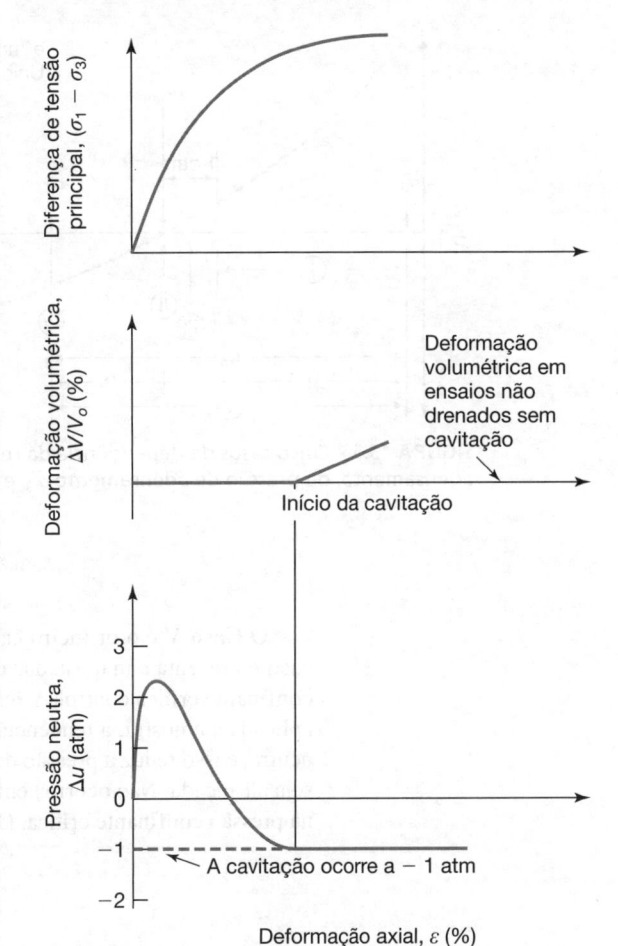

FIGURA 13.55 Tensão típica, deformação volumétrica e deformação axial para uma areia de densidade média durante carregamento não drenado.

O **Caso II**, novamente com contrapressão = 0, é muito simples. Como a tensão efetiva durante o adensamento é a mesma que a pressão confinante crítica, não há tendência de mudança de volume e, portanto, não há desenvolvimento de pressão neutra. A pressão confinante efetiva na ruptura equivale à pressão confinante crítica, ou

$$\sigma'_{3f} = \sigma'_{3crit}$$

O **Caso III** envolve uma situação na qual a pressão de célula fica entre $(\sigma'_{3crit} - 1)$ e σ'_{3crit}. Como esperamos para qualquer areia com uma pressão confinante menor que a pressão confinante crítica, a tendência de mudança de volume resulta em uma pressão neutra negativa e um aumento na tensão efetiva. Neste caso, a tensão confinante efetiva é igual à pressão confinante crítica (σ'_{3crit}) antes da cavitação da amostra. A faixa de tensões confinantes para este caso é

$$(\sigma'_{3crit} - 1) < \sigma'_{3c} < \sigma'_{3crit} \ (u_o = 0)$$

No **Caso IV**, quando uma amostra de areia é adensada com contrapressão zero a uma pressão maior que a pressão confinante crítica, a pressão neutra resultante é positiva, causando uma diminuição gradual na tensão efetiva. Quando a tensão efetiva diminui para a pressão confinante crítica, a tendência de mudança de volume torna-se zero e a pressão confinante na ruptura σ'_{3f} é igual à pressão confinante crítica.

$$\sigma'_{3crit} < \sigma'_{3c} < \infty \ (u_o = 0)$$

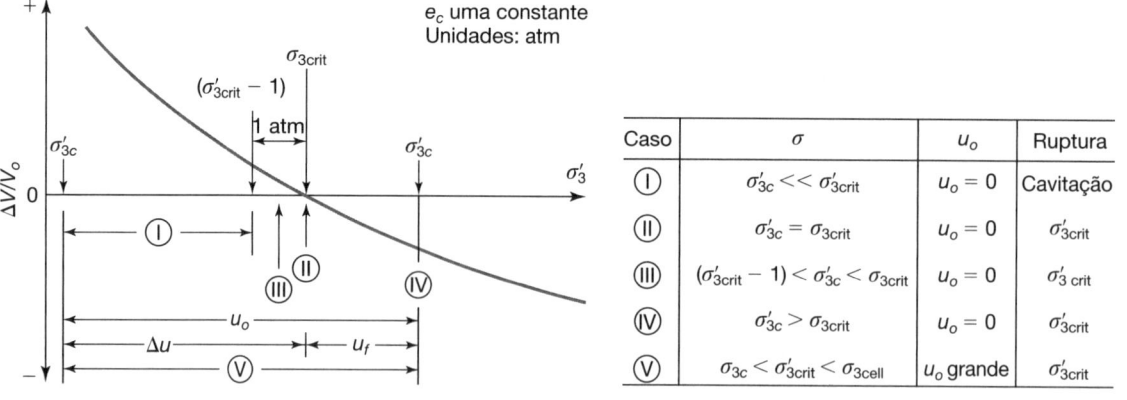

FIGURA 13.56 Cinco casos de dependência da resistência ao cisalhamento não drenado do índice de vazios após o adensamento, da pressão de adensamento σ'_{3c} e da pressão confinante crítica. *Nota:* e_c é uma constante.

Caso	σ	u_o	Ruptura
(I)	$\sigma'_{3c} \ll \sigma'_{3crit}$	$u_o = 0$	Cavitação
(II)	$\sigma'_{3c} = \sigma_{3crit}$	$u_o = 0$	σ'_{3crit}
(III)	$(\sigma'_{3crit} - 1) < \sigma'_{3c} < \sigma'_{3crit}$	$u_o = 0$	$\sigma'_{3\,crit}$
(IV)	$\sigma'_{3c} > \sigma_{3crit}$	$u_o = 0$	σ'_{3crit}
(V)	$\sigma_{3c} < \sigma'_{3crit} < \sigma_{3cell}$	u_o grande	σ'_{3crit}

O **Caso V** é o primeiro caso que discutimos com uma contrapressão maior que zero. Tal caso representa a maioria das condições de campo com lençol freático subterrâneo. A pressão confinante crítica controla a resistência ao cisalhamento não drenado. À medida que a tensão é aplicada à amostra, a tendência negativa de mudança de volume causa um aumento na pressão neutra, e isso reduz a pressão de confinamento efetiva até que a pressão de confinamento crítica seja alcançada. Não ocorre nenhuma tendência adicional de alteração de volume e o ensaio para na pressão confinante crítica. Os limites para este caso são

$$\sigma'_{3c} < \sigma'_{3crit} < \sigma'_{3cell}; u_o > \sigma'_{3crit}$$

Exemplo 13.8

Contexto:

As condições de tensão inicial para o Caso I. Considerando que $\sigma'_{3crit} = 10$ atm, ponto H, e $\sigma'_{3c} = 4$ atm, ponto D na Figura 9.11.

Problema:

Avalie a tensão total, a tensão de água dos poros e as tensões efetivas no final do adensamento, durante o cisalhamento e na ruptura para um ensaio de compressão não drenado. Mostre essas tensões na amostra para os planos vertical e horizontal para esses estágios.

Solução:
A Figura Ex. 13.8a mostra as condições iniciais e finais. O ensaio começa no ponto D e à medida que a diferença de tensão principal é aplicada, a tendência positiva de mudança de volume causa uma pressão neutra negativa. A pressão dos poros no Caso I continua negativa até que a cavitação ocorra a –1 atm. A ruptura ocorre no ponto D' onde $u_f = -1$ atm e $\sigma'_{3f} = \sigma_{3c} - (-1) = \sigma'_{3c} + 1 = 5$ atm. As condições iniciais e finais são mostradas na Figura 13.8b. Para traçar os círculos de Mohr para este caso, a razão de tensão principal $(\sigma'_1/\sigma'_3)_f = K_f$ teria que ser conhecida para o índice de vazios após o adensamento. Note que $\Delta\sigma_f = (\sigma_1 - \sigma_3)_f = \Delta\sigma'_f = \sigma'_{3f}(K_f - 1)$; $\sigma'_{3crit} = 10$ atm.

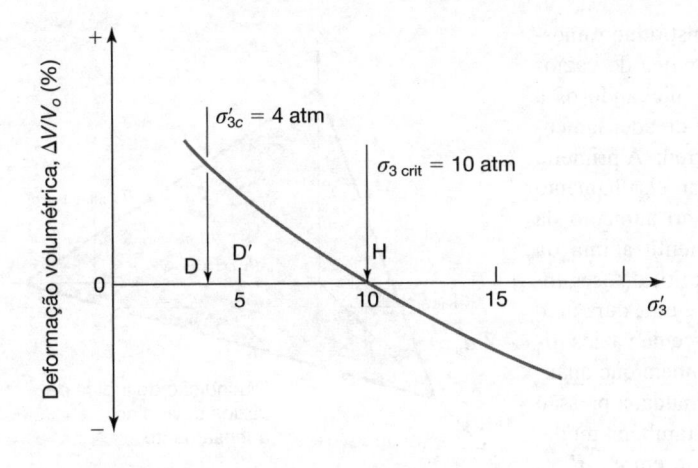

FIGURA Ex. 13.8a Caso I. Deformação volumétrica *versus* pressão confinante efetiva para uma pressão de adensamento de σ'_{3c} e constante e_c. O ensaio começa com $\sigma'_{3c} = 4$ atm (Ponto D) e termina em σ'_{3f} a 5 atm no Ponto D'.

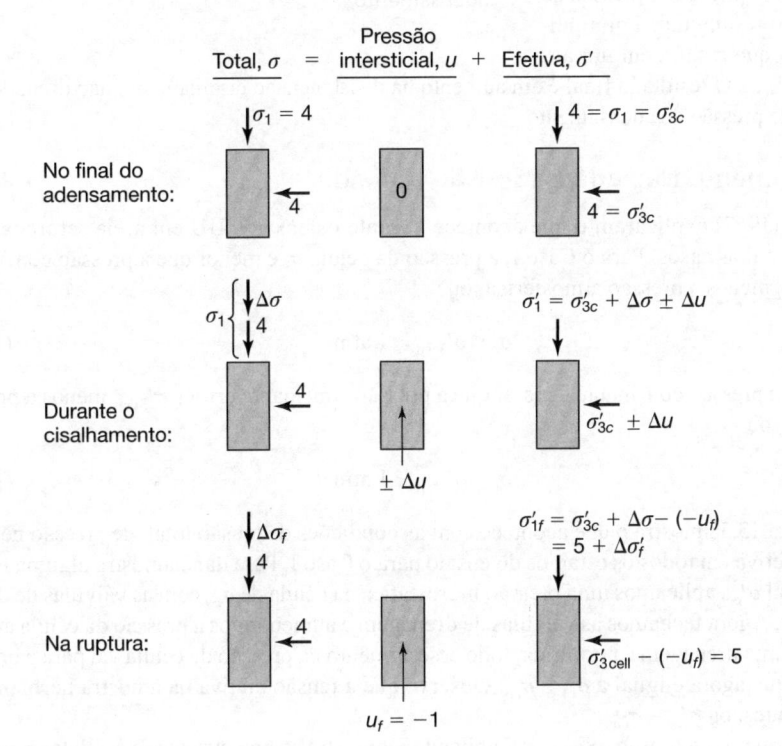

FIGURA Ex. 13.8b Caso I. Condições na amostra durante um ensaio de compressão triaxial (CU) adensado e não drenado. Índice de vazios após o adensamento = e_c = a constante.

Um último ponto. Existem duas maneiras diferentes de testar solos no aparelho triaxial de laboratório. A maneira usual é configurar amostras com o mesmo índice de vazios inicial com pressões de confinamento crescentes. A segunda maneira é compactar com algum índice de vazios inicial e depois adensar com alguma pressão para obter o mesmo índice de vazios após o adensamento. Esta abordagem é muito demorada e, portanto, muito cara.

Acabamos reconstituindo amostras de areia com índice de vazios *in situ* estimado e sujeitando-os a pressões crescentes de adensamento. Duas coisas ocorrem. A primeira é que a resistência ao cisalhamento será maior devido ao aumento da tensão de adensamento acima da pressão confinante crítica. A segunda coisa que ocorre é que, durante o adensamento, o índice de vazios **diminui**. Sabemos também que quando a taxa de vazios muda, a pressão confinante crítica também muda. Com uma diminuição em e_c, σ'_{3crit} aumenta. Basta olhar para a Figura 13.57, na qual há uma mudança exagerada em σ'_{3crit}. A maior pressão de adensamento resulta numa diminuição de e_c, o que resulta em um aumento em σ'_{3crit}. O resultado final é um aumento na resistência ao cisalhamento não drenado com o aumento da pressão de adensamento.

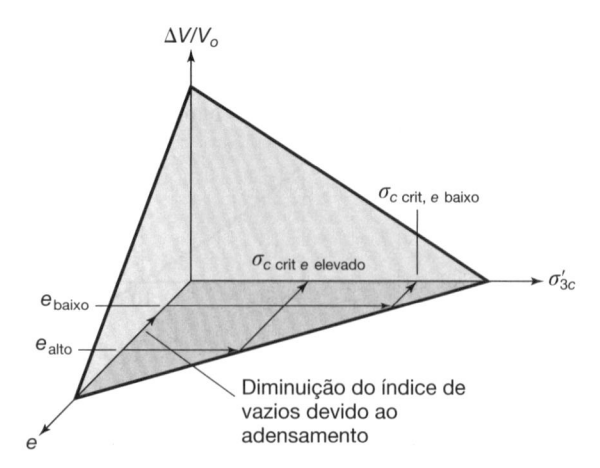

FIGURA 13.57 Diagrama Peacock mostrando uma mudança exagerada na pressão confinante crítica e uma diminuição no índice de vazios após o adensamento.

13.10.3 Comportamento Não adensado-Não drenado

Seed e Lee (1967) explicaram o que acontece durante os ensaios **UU** em areia saturada. Eles consideraram dois casos. Para o Caso I, a pressão da célula σ_c é menor que a pressão confinante crítica σ'_{3crit} menos a pressão atmosférica, ou

$$\sigma_c < \sigma'_{3crit} - 1 \text{ atm} \qquad (13.35)$$

No Caso II, a pressão confinante é maior que a pressão confinante crítica σ'_{3crit} menos a pressão atmosférica, ou

$$\sigma_c > \sigma'_{3crit} - 1 \text{ atm} \qquad (13.36)$$

A Figura 13.58 mostra o que acontece com as condições de tensão total, de pressão neutra e de tensão efetiva em todos os estágios do ensaio para o Caso I. Para dar à amostra alguma tensão efetiva inicial σ'_{co}, aplicamos uma pressão hidrostática na célula de σ_{co} com as válvulas de drenagem abertas. Agora fechamos as válvulas de drenagem e aumentamos a pressão da célula até σ_{c1}. Como nenhuma drenagem é permitida, todo esse aumento na pressão da célula vai para a pressão neutra Δu, que agora é igual a $\sigma_{c1} - \sigma_{co}$. Observe que a tensão efetiva na amostra permanece a mesma de antes, ou $\sigma'_{co} = \sigma_{co}$.

Agora, quando a tensão axial $\Delta\sigma$ é aplicada à amostra, a amostra tende a dilatar porque a pressão total da célula σ_c é menor que a pressão confinante crítica $\sigma'_{3crit} - 1$ atm. Ao mesmo tempo, a pressão neutra diminui, mas não pode cair abaixo de cerca de 1 atm porque, a essa pressão, a água dos poros cavita. Assim, na ruptura do Caso I, $\Delta u_f = -1$ atm, $\sigma'_{1f} = \Delta\sigma_f + \sigma_{c1} + 1$, e $\Delta\sigma'_{3f} = \sigma_{c1} + 1$.

Para o Caso II, onde a pressão confinante é maior que $\sigma'_{3crit} - 1$ atm, as condições iniciais são as mesmas do Caso I, ou seja, $\sigma_{co} < \sigma'_{3crit}$ (ver Figura 13.59). Quando a pressão da célula é aumentada para $\sigma_{c2} > \sigma_{co}$ com as válvulas de drenagem fechadas, todo o aumento na pressão da célula vai para a pressão neutra Δu, e $\Delta u = \sigma_{c2} - \sigma_{co}$. Como no Caso I, a tensão efetiva na amostra permanece a mesma de antes, ou $\sigma'_{co} = \sigma_{co}$. Agora, quando a tensão axial $\Delta\sigma$ é aplicada à amostra, a amostra ainda tende a dilatar porque $\sigma'_{co} < \sigma'_{3crit}$ e Δu tende a diminuir. Mas antes que a pressão dos poros possa atingir -1 atm, a tensão confinante efetiva σ'_c aumenta de σ'_{co} até σ'_{c2} até σ'_{3crit}. É claro que

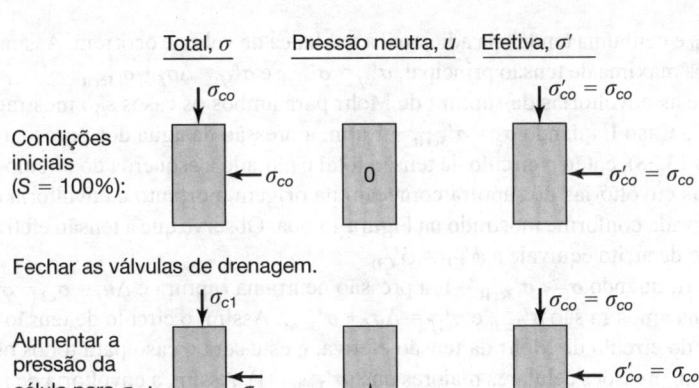

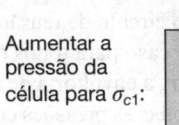

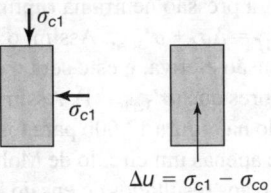

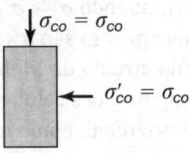

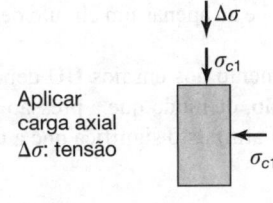

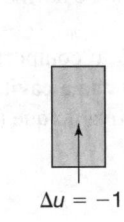

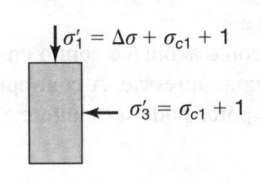

Capítulo 13 Tópicos avançados em resistência ao cisalhamento de solos e rochas

FIGURA 13.58 Condições de total, de pressão neutra e de tensão efetiva em uma amostra UU de areia saturada; Caso I com $\sigma_c < \sigma'_{3crit} - 1$.

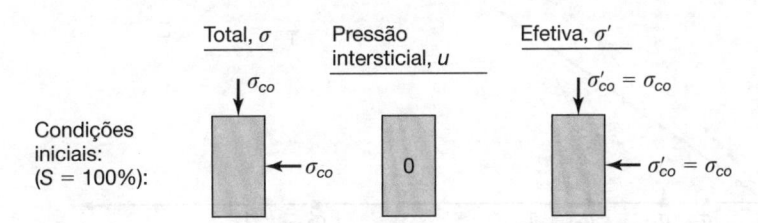

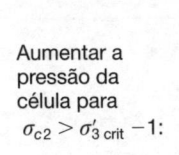

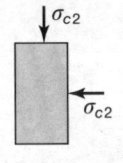

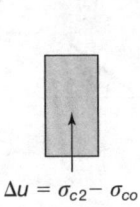

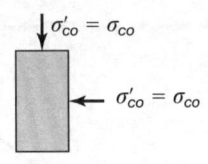

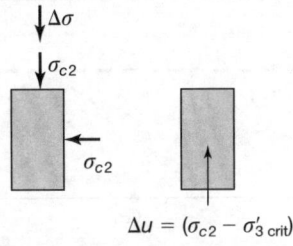

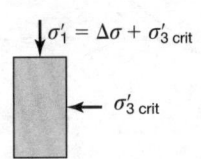

FIGURA 13.59 Condições de tensão total, de pressão neutra e de tensão efetiva em uma amostra de areia UU; Caso II com $\sigma_c > \sigma'_{3crit} - 1\text{atm}$.

em σ'_{3crit}, $e = e_{crit}$ e nenhuma tendência adicional à mudança de volume ocorrerá. Assim, na "ruptura" ou diferença máxima de tensão principal, $\sigma'_{3f} = \sigma'_{3crit}$ e $\sigma'_{1f} = \Delta\sigma_f + \sigma'_{3crit}$.

Os círculos e as envoltórias da ruptura de Mohr para ambos os casos são mostrados na Figura 13.58. Para o Caso I, quando $\sigma_c < \sigma'_{3crit} - 1$ atm, a pressão da água dos poros na ruptura é (-1 atm) (Figura 13.58), então o círculo de tensão total é plotado à esquerda do círculo de tensão efetiva. Ambas as envoltórias de ruptura começam na origem, portanto a envoltória de tensão total deve ser curvada conforme mostrado na Figura 13.60a. Observe que a tensão efetiva UU em relação ao ângulo de atrito equivale a $\phi'_{UU} \approx \phi'_{CD}$.

Para o Caso II, quando $\sigma_c > \sigma'_{3crit} - 1$, a pressão neutra na ruptura é $\Delta u_f = \sigma_{c2} - \sigma'_{3crit}$, e as tensões efetivas na amostra são σ'_{3crit} e $\sigma'_{1f} = \Delta\sigma_f + \sigma'_{3crit}$. Assim, o círculo de tensão total será plotado à direita do círculo de Mohr da tensão efetiva, e este será o caso para todos os círculos de tensão total com pressões celulares maiores que $(\sigma'_{3crit} - 1)$. Assim, a envoltória de ruptura de tensão total será horizontal, como mostrado na Figura 13.60b para todas as pressões confinantes maiores que este valor. Observe que existe apenas um círculo de Mohr de tensão efetiva quando $\sigma'_3 > \sigma'_{3crit}$. O Caso II é obviamente análogo aos resultados do ensaio UU em solos coesivos mostrados na Figura 9.39 a envoltória de tensão total é horizontal e há apenas um círculo de Mohr de tensão efetiva.

Assim como acontece com o ensaio CU, o comportamento nos ensaios UU depende fortemente da contrapressão. A contrapressão evita a cavitação, de modo que a pressão induzida da água nos poros pode ser muito mais negativa do que $(-1$ atm$)$. Isto significa que a tensão de

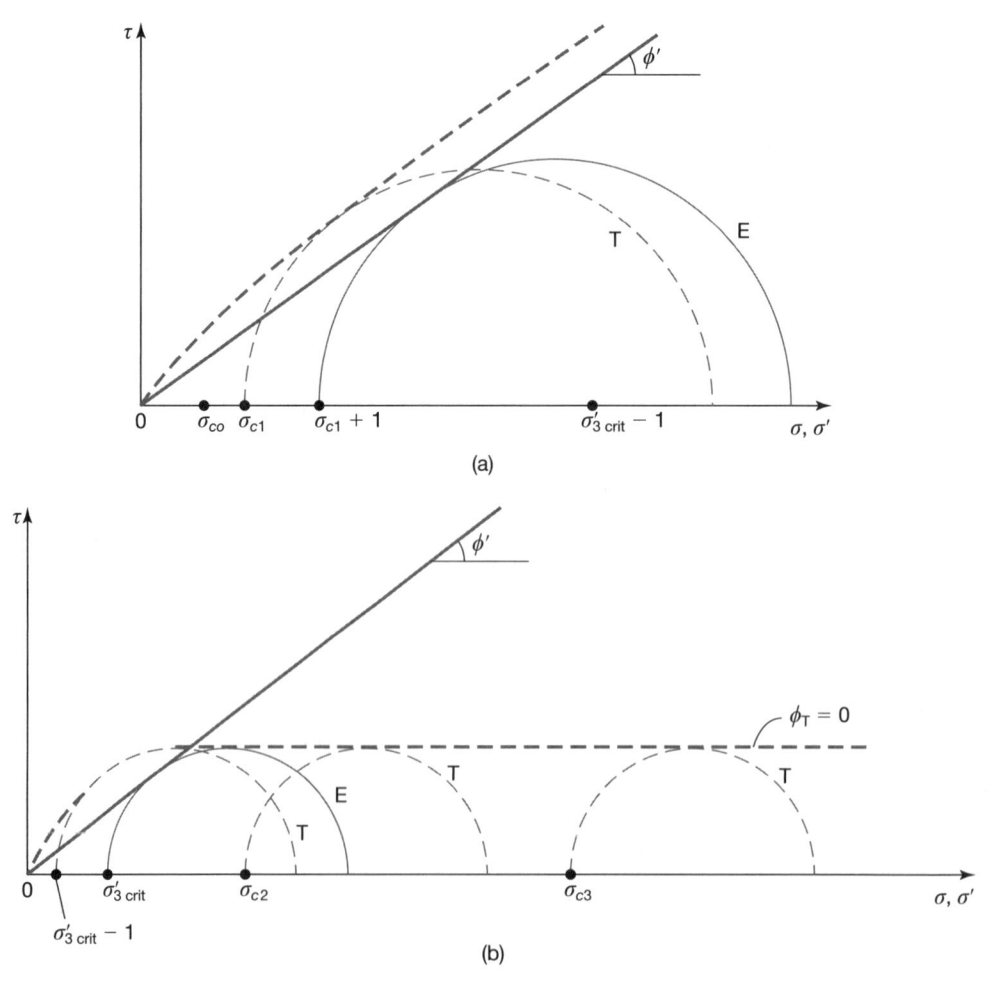

FIGURA 13.60 Envoltórias de ruptura de Mohr para ensaios UU em areias saturadas: Caso I, $\sigma_c < \sigma'_{3crit} - 1$ atm (a); Caso II, $\sigma_c > \sigma'_{3crit} - 1$ atm (b). O Caso I é uma visão ampliada do Caso II próximo à origem.

confinamento efetiva pode aumentar muito mais do que sem contrapressão, e que a amostra pode ser muito mais forte do que sem contrapressão.

13.10.4 Efeitos de taxa de deformação em areias

Para as areias, os efeitos da taxa de cisalhamento nas propriedades de tensão-deformação-resistência não se tornam significativos até que taxas extremamente altas sejam impostas – por exemplo, por terremotos (abalos sísmicos), cargas de rodas de veículos, detonações, cravações de estacas e projéteis entre outros objetos de penetração rápida. Destes, apenas o exemplo de objetos e projéteis de penetração rápida é monótono; todos demais são de carregamento cíclico e, além de aperiódicos e aleatórios. Nesta seção, descrevemos os resultados de pesquisas sobre altas taxas de carga monotônica. As propriedades dos solos sujeitos a cargas vibratórias e cíclicas são discutidas na Seção 13.15.

As taxas usadas em experimentos de compressão triaxial não drenados relatadas por Whitman e Healy (1962) resultaram em tempos até a ruptura de 5 min (aproximadamente 0,03% de deformação por segundo) a 5 ms (aproximadamente 2.650% de deformação por segundo), e eles não encontraram nenhuma dependência do atrito na taxa de deformação. O outro componente que contribui para a resistência ao cisalhamento é o desenvolvimento excessivo de pressão neutra, e descobriu-se que isso é independente da taxa de deformação em areias secas (obviamente, uma vez que não há pressão neutra) e areias densas saturadas (que têm excesso de pressão neutra que leva à cavitação). Para ensaios em areia solta (tipo Ottawa), a dependência da taxa de excesso de pressão neutra levou a um aumento de 40% na resistência quando o tempo até a ruptura passou de 5 segundos a 0,025 segundos, e um aumento de 100% na resistência para a areia (tipo Camp Cooke) num tempo de ruptura variável de 3 min a 0,2 seg.

No entanto, como Whitman e Healy (1962) apontaram, esses ensaios estão repletos de erros potenciais, incluindo efeitos de penetração na membrana que levam a alterações localizadas de volume, efeitos inerciais à medida que a amostra se expande radialmente e a influência de condições de deformação não uniformes dentro da amostra resultantes de restrições da extremidade. Yamamuro e Abrantes (2005) abordaram essas questões em ensaios de compressão triaxial drenados em coral esmagado (D_r = 58%). Ao manter um vácuo de 98 kPa (1 atm) no sistema de água dos poros, nenhuma pressão neutra excessiva poderia ser sustentada mesmo na taxa de deformação mais alta usada, 1.764% de deformação por segundo. As condições de drenagem eliminaram os problemas de penetração da membrana, e os pesquisadores usaram fotografia de alta velocidade e análise de imagens digitais para examinar os padrões de deformação por meio da altura da amostra. Assim, qualquer deformação não uniforme observada poderia ser caracterizada, embora placas terminais lubrificadas fossem utilizadas para reduzir a não uniformidade. Por fim, os seus resultados mostraram que os efeitos inerciais não foram significativos além de deformações relativamente pequenas. Na tensão de confinamento mais baixa testada (98 kPa), a resistência ao cisalhamento aumentou cerca de 25% de uma taxa de deformação de 0,23 a 1.764% de deformação por segundo, com uma diminuição correspondente na deformação até a ruptura. Na tensão confinante mais alta de 350 kPa, a resistência aumentou cerca de 50% quando a taxa de deformação aumentou de 0,23 para 1495% de deformação por segundo.

Quando comparado com os efeitos da taxa de deformação em argilas (Seção 13.13.7), um efeito significativo da taxa de deformação na resistência ao cisalhamento da areia requer taxas de carregamento muito mais altas para uma grande mudança na resistência ao cisalhamento.

13.11 COMPORTAMENTO DE DEFORMAÇÃO PLANA DE AREIAS

Na Seção 8.6.2, descrevemos que o que comumente chamamos de ensaios triaxiais são, na verdade, ensaios de compressão cilíndrica, nos quais as condições de ensaio e tensão foram mostradas na Figura 8.21. Chamamos essas condições de tensão **axialmente simétricas**, porque as tensões que atuam na direção horizontal (a pressão da célula) são iguais em todas as direções. Também já mencionamos anteriormente (Seções 8.6.2 e 9.8) que os ensaios de resistência em laboratório são tentativas de modelar as condições de drenagem que se acredita que existam no campo, e isso também se aplica às condições de tensão no campo. E quanto às condições de tensão axissimétricas? Elas existem no campo? Sim, e alguns exemplos são sapatas circulares, tanques em fundações rasas, estacas e poços perfurados e escavações cilíndricas.

Por outro lado, para muitas aplicações geotécnicas importantes, as condições bidimensionais ou de **deformação plana** modelam de forma mais confiável as condições de tensão do campo. Essas aplicações incluem fundações de faixas, aterros de rodovias e ferrovias, muitas barragens de terra, taludes, muros de contenção e algumas escavações – todos os quais têm em comum o fato de serem longos em relação à sua largura. Condições de deformação plana significa que a deformação na direção longa das fundações, estruturas de terra, taludes ou escavações em geral são muito pequenas em comparação com as outras direções. Portanto, podemos assumir no nosso ensaio de resistência que $\varepsilon_2 = 0$. Mesmo assim, a tensão principal intermediária σ_2 é sem dúvida maior que zero, especialmente em situações de campo.

Para investigar a influência da tensão principal intermediária, ensaios especiais, como deformação plana ou ensaios de cisalhamento cuboidal, devem ser utilizados. Mostramos diagramas esquemáticos desses ensaios na Figura 8.22. Em ensaios de compressão de deformação plana, por exemplo, as tensões principais são $\sigma_1 > \sigma_2 > \sigma_3$. Se a deformação plana é mais indicativa de certas condições de campo, por que os ensaios de deformação plana não são usados com mais frequência na prática? Por um lado, muito poucos dispositivos de deformação plana foram construídos, e a maioria deles está em laboratórios de pesquisa. O desenvolvimento do equipamento é consideravelmente mais caro e é necessário mais experiência para operá-lo do que para ensaios triaxiais e diretos.

Nesta seção, resumimos os resultados de alguns ensaios de deformação plana em diferentes areias para que você possa ter uma ideia da diferença no ângulo e no módulo de atrito em comparação com os resultados de ensaios triaxiais convencionais nas mesmas. Usamos o símbolo **PS** para deformação simples e **TC** para compressão triaxial.

Cornforth (1964) conduziu um programa abrangente de ensaios de **PS** e **TC** em areia tipo Brasted, uma areia média bastante uniforme ($C_u = 2,1$) ($D_{50} = 0,25$ mm) ao longo de uma ampla faixa de densidades. Os resultados são mostrados nas Figuras 13.61 e 13.62. O ângulo de atrito interno na deformação plana é um pouco maior do que na compressão triaxial, sobretudo em densidades mais altas (menores índices de vazios e porosidades). O fato de a deformação axial na ruptura ser significativamente menor na deformação plana (Figura 13.61) indica que o módulo **PS** é provavelmente muito maior do que o módulo **TC**, e este é, de fato, o caso, como indicado pelos resultados do ensaio mostrados na Figura 13.62.

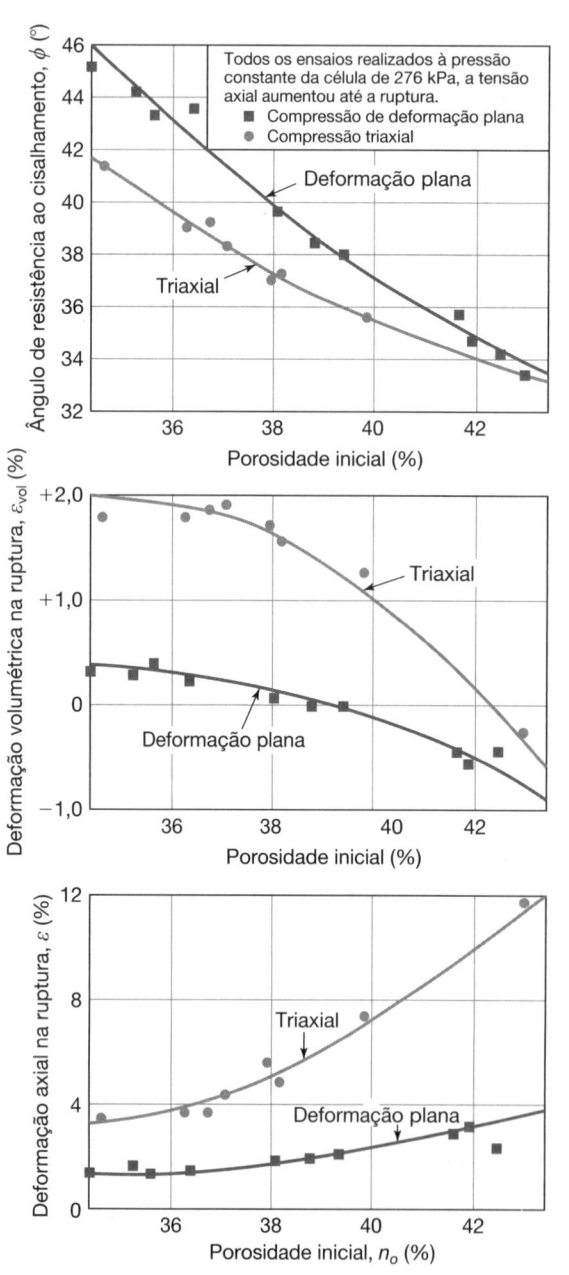

FIGURA 13.61 Comparação entre ensaios de deformação plana e compressão triaxial em areia reforçada no momento da ruptura (Cornforth, 1964).

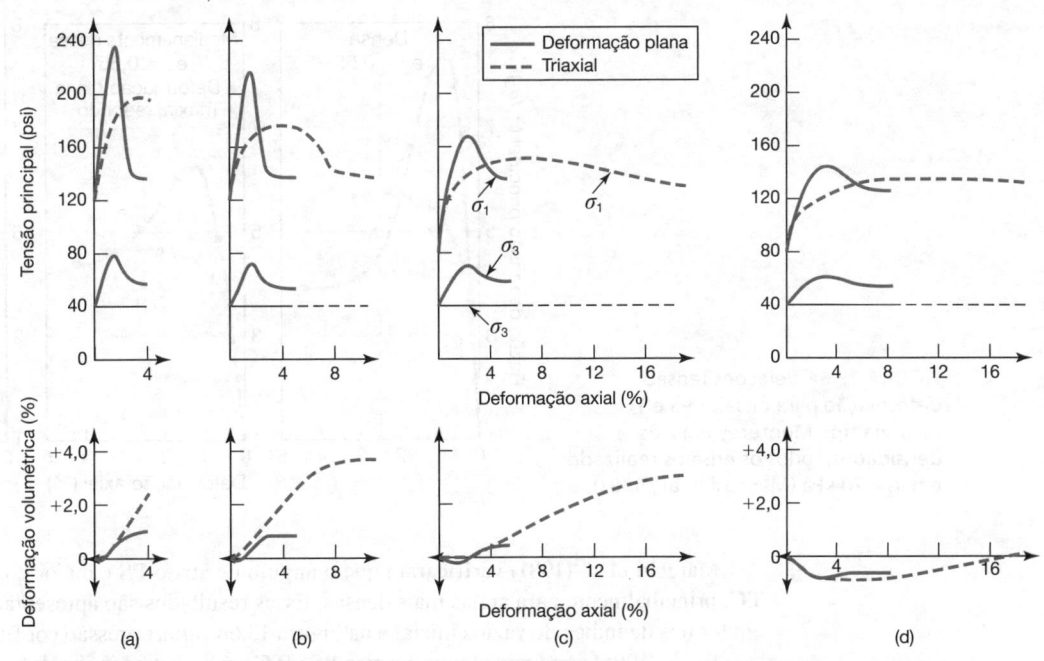

FIGURA 13.62 Comparação entre ensaios de deformação plana e compressão triaxial em diferentes densidades: densa, D_r = 80% (a); média densa, D_r = 65% (b) solta, D_r = 40% (c); muito solta, D_r = 15% (d) (Cornforth, 1964).

Além disso, as intensidades de pico são marcadamente maiores, sobretudo em densidades mais elevadas. As estimativas dos módulos secantes de pico escalonados a partir das figuras da Figura 13.62 indicaram que as razões desse módulo na deformação plana para o módulo triaxial correspondente estavam entre 3 e 4,6; os valores mais baixos foram para as densidades mais altas.

Sultan e Seed (1967) em um estudo sobre a estabilidade de barragens de terra com núcleos inclinados relataram resultados de ensaios de compressão **PS** e **TC** em areia tipo Monterey uniforme média a grossa (C_u = 1,25 e C_c = 1,0) e areia tipo Ottawa ao longo de uma faixa de índices de vazios, conforme mostrado na Figura 13.63.

Marachi et al. (1981) conduziram uma série abrangente de experimentos, também na areia tipo Monterey, para examinar os efeitos de variáveis do solo e das amostras nos resultados dos ensaios de **PS**. Nosso interesse aqui se refere aos resultados mostrados na Figura 13.64, que são muito semelhantes em aparência aos de Cornforth (1964) mostrados na Figura 13.62. Tanto a resistência de pico quanto os módulos tangentes iniciais são maiores na deformação plana. Os módulos secantes de pico foram escalonados a partir dessas figuras, e as proporções dos módulos **PS** para **TC** variaram de 3,7 a 1,9. Nesse caso, contudo, as amostras mais densas aparentemente tinham as maiores razões de módulo – o oposto do que os dados de Cornforth (1964) mostraram.

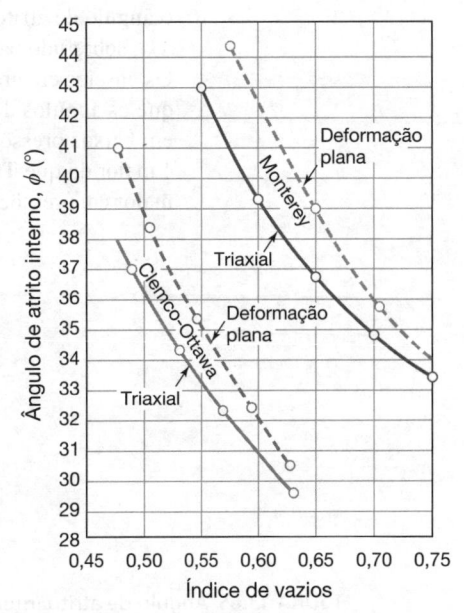

FIGURA 13.63 Ângulo de atrito interno para areias tipo Monterey e Ottawa conforme determinado por ensaios PS e TC (Sultan e Seed, 1967).

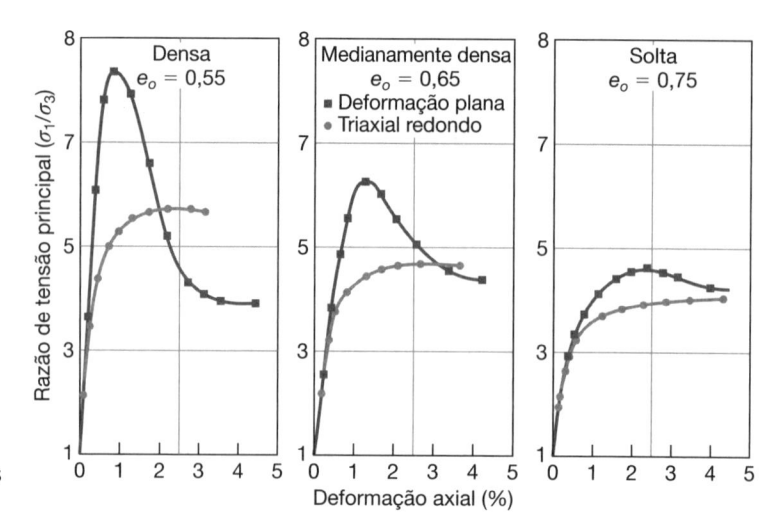

FIGURA 13.64 Relações tensão-deformação para ensaios PS e TC na areia tipo Monterey em três densidades; todos os ensaios realizados em $\sigma_3 = 70$ kPa (Marachi et al., 1981).

Marachi et al. (1981) verificaram que o ângulo de atrito **PS** é maior que o ângulo de atrito **TC**, principalmente para areias mais densas. Esses resultados são apresentados na Figura 13.65 em termos de índice de vazios inicial e na Figura 13.66 *versus* pressão confinante.

Boyle (1995) conduziu alguns ensaios **PS** e **TC** em amostras muito densas (D_r = 96%–101%) de areia tipo Ottawa uniforme (C_u = 1,7) e com grãos redondos e uma areia tipo Rainier de graduação um pouco melhor (C_u = 2,9), mais áspera, e muito angular. Os ensaios **TC** foram controlados pela taxa de deformação convencional, enquanto os ensaios **PS** foram conduzidos em um dispositivo **PS** especial que utilizou carga incremental (controlada por tensão). Os resultados dos ensaios para as duas areias são mostrados nas Figuras 13.67 e 13.68. A relação entre o módulo secante **PS** e **TC** variou de 0,9 a 2,1 para a areia tipo Ottawa e de 2,9 a 4,2 para a areia tipo Rainier.

Um resumo dos resultados do ensaio para ambas as areias é mostrado na Figura 13.69. A diferença no ângulo de atrito **PS** *versus* **TC** é significativa para a areia tipo Rainier angular, especialmente em baixas pressões confinantes.

Em resumo, com base em evidências experimentais consideráveis, em geral é aceito que o ângulo de atrito **PS** é significativamente maior do que o ângulo de atrito medido em ensaios **TC**, sobretudo para areias mais densas e areias com ângulos de atrito maiores que cerca de 35°. Os ensaios em areias uniformes com grãos arredondados, como a areia tipo Ottawa, indicaram que os ângulos de atrito **PS** eram apenas ligeiramente superiores aos ângulos de atrito triaxial em baixas pressões confinantes. Pesquisa resumida por Ladd et al. (1977) indicou que o **PS** ϕ é maior do que **TC** ϕ em 4° a 9° em areias densas e 2° a 4° em areias soltas. Este efeito é ainda maior em pressões confinantes muito baixas (Lee, 2000 e Fannin et al., 2005).

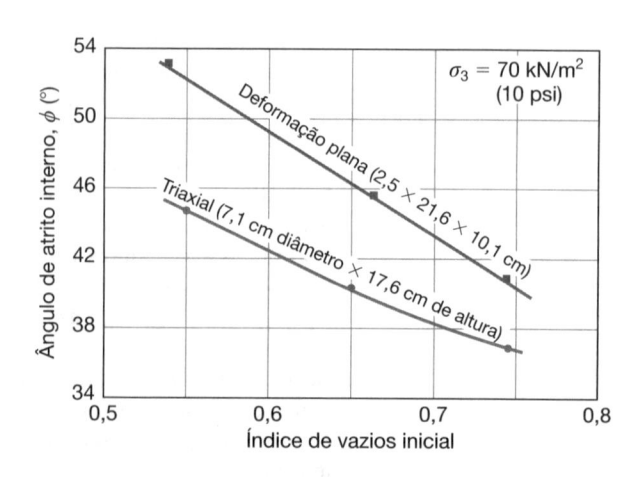

FIGURA 13.65 Ângulo de atrito interno *versus* índice de vazios para ensaios PS e TC na areia tipo Monterey; todos os ensaios realizados em $\sigma_3 = 70$ kN/m² (Marachi et al., 1981).

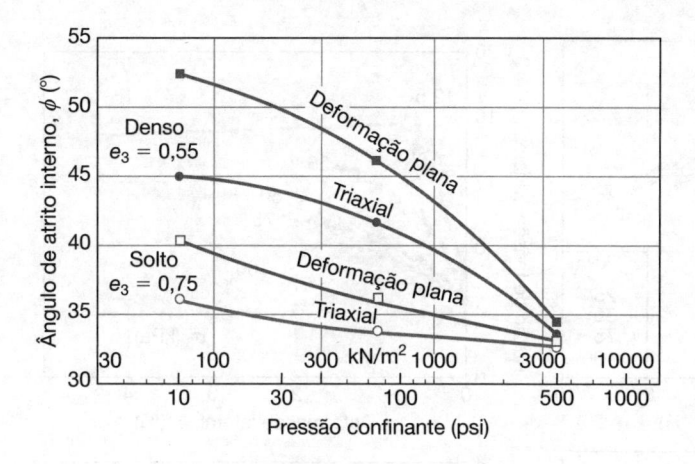

FIGURA 13.66 Relação entre ângulo de atrito e pressão confinante para ensaios PS e TC em areia solta e densa tipo Monterey (Marachi et al., 1981).

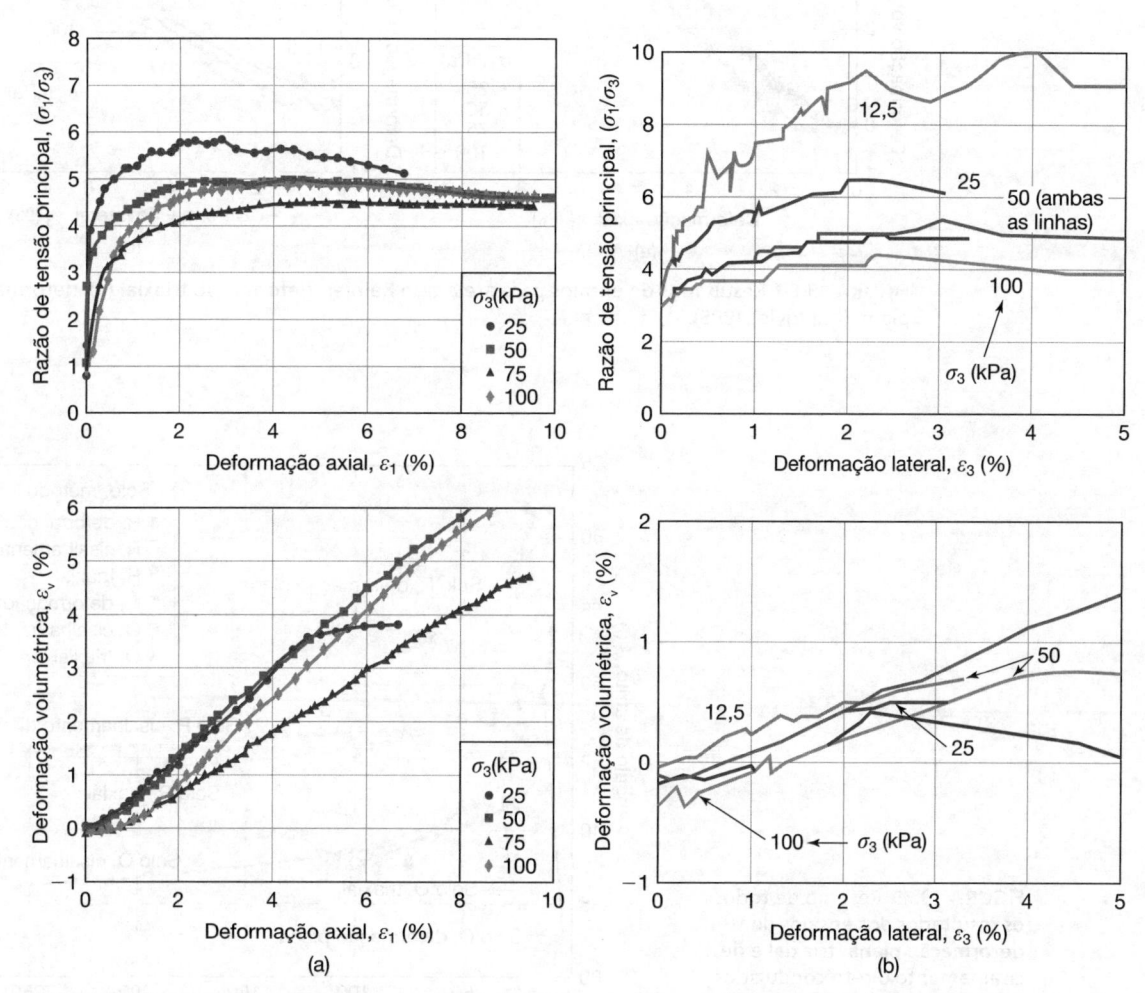

FIGURA 13.67 Resultados de ensaios para areia tipo Ottawa: deformação triaxial (a); deformação plana (b) (Boyle, 1995).

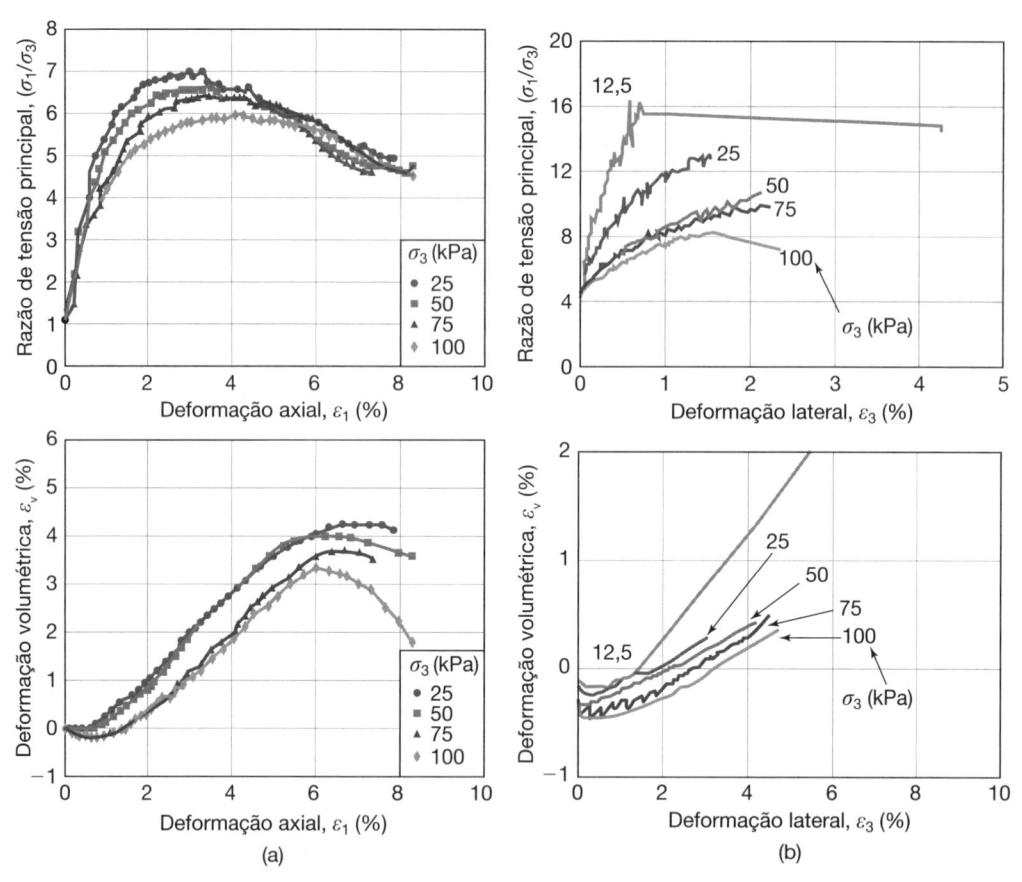

FIGURA 13.68 Resultados de ensaios para areia tipo Rainier: deformação triaxial (a); deformação plana (b) (Boyle, 1995).

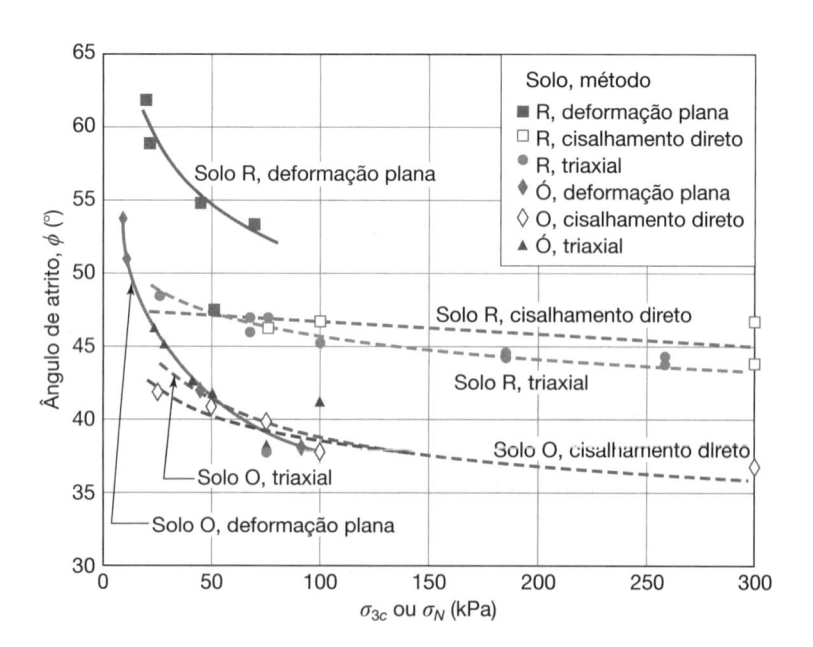

FIGURA 13.69 Resumo de todos os resultados dos ensaios de deformação plana, triaxial e de cisalhamento direto conduzidos por Boyle (1995) nas areias tipo Ottawa O e Rainier R.

Capítulo 13 Tópicos avançados em resistência ao cisalhamento de solos e rochas

Lade e Lee (1976) propuseram as seguintes equações empíricas para converter ângulos de atrito triaxial ϕ_{tx} em ângulos de atrito de deformação plana ϕ_{ps}

$$\phi_{ps} = 1{,}5\phi_{tx} - 17° \qquad (\phi_{tx} > 34°) \qquad (13.37a)$$

$$\phi_{ps} = \phi_{tx} \qquad (\phi_{tx} \leq 34°) \qquad (13.37b)$$

Lee (2000) descobriu que essas equações foram capazes de prever os ângulos de atrito do solo **PS** dentro de um grau ou dois para areias com grãos angulares em baixas pressões de confinamento, mas superestimaram significativamente os ângulos de atrito **PS** da areia tipo Ottawa de grãos arredondados em baixas pressões de confinamento. Então, use as Equações (13.37a) e (13.37b) com certa cautela.

Embora os resultados dos ensaios publicados sejam um tanto inconsistentes, parece que o módulo **PS** em densidades mais altas está entre duas e quatro vezes o módulo **TC** para a maioria das areias uniformes médias a grosseiras. Há alguma evidência de que os módulos tangentes iniciais são ainda maiores, por um fator de sete, do que esses valores, especialmente para areias angulares densas, mas apenas cerca de duas vezes maiores para materiais angulares soltos. As diferenças nos módulos secantes podem ser um pouco menores, dependendo da porcentagem de deformação usada para determiná-la (Lee, 2000).

13.12 RESISTÊNCIA RESIDUAL DOS SOLOS

Até agora neste capítulo e no Capítulo 9, o foco principal tem sido o pico de resistência ao cisalhamento do solo, uma vez que é normalmente usado para fins de projeto, em geral após a aplicação de um fator de segurança apropriado ou outro tipo de fator de resistência. No entanto, em algumas aplicações importantes, é necessária a resistência ao cisalhamento do solo após ter sofrido uma deformação significativa além daquela no pico da resistência ao cisalhamento. A resistência ao cisalhamento mínima de um solo alcançada em grandes deformações ou desgastes é chamada de **resistência residual**. Em particular, isto é utilizado para analisar a estabilidade de taludes que sofreram movimentos anteriores e, no caso de areias, para análises pós-liquefação de barragens de terra e aterros. Assim, como em muitas áreas da engenharia geotécnica, as abordagens para analisar as duas classes de solos são muito diferentes, e tem havido um progresso considerável na compreensão desses conceitos ao longo dos últimos 40 anos ou mais.

13.12.1 Resistência ao cisalhamento residual drenado de argilas

A principal aplicação da resistência ao cisalhamento residual em argilas é a análise de taludes que já sofreram movimentos significativos devido a deslizamentos de terra, deslizamentos entre camadas ou deslizamentos em juntas ou falhas. Se tais movimentos preexistentes existirem em um local, a superfície de deslizamento pode representar a superfície crítica ao longo da qual movimentos futuros podem ocorrer. Argilas sobreadensadas são particularmente suscetíveis a rupturas de resistência residual, uma vez que tendem a amolecer drasticamente com deformação adicional após o pico de resistência ao cisalhamento, o que está relacionado à sua dilatação e ao subsequente aumento no teor de água. Normalmente, as argilas adensadas tendem a sofrer muito menos amolecimento, em alguns casos tendo uma resistência residual bastante próxima dos seus valores de resistência máxima.

Como resultado dessas características de comportamento de amolecimento, a resistência residual das argilas foi analisada por meio de ensaios drenados para dar conta do caso mais crítico de argilas sobreadensadas. O ensaio de torção ou cisalhamento em anel (Figura 8.23a) é usado para medir a grande resistência à deformação drenada das argilas. O solo é aparado em uma amostra anular, uma tensão normal é aplicada à superfície plana e um torque é aplicado para cisalhar a porção superior do solo sobre a porção inferior estacionária. A rotação permite essencialmente que deformação ilimitada seja aplicada ao solo.

Após realizar ensaios de cisalhamento do anel, Lupini et al. (1981) examinaram os tecidos do solo da amostra usando luz polarizada em seções finas (30 μm) e imagens de microscopia eletrônica de varredura (**MEV**). Eles identificaram três modos de comportamento de cisalhamento residual em argilas. O modo turbulento ocorre em solos com partículas redondas (p. ex.,

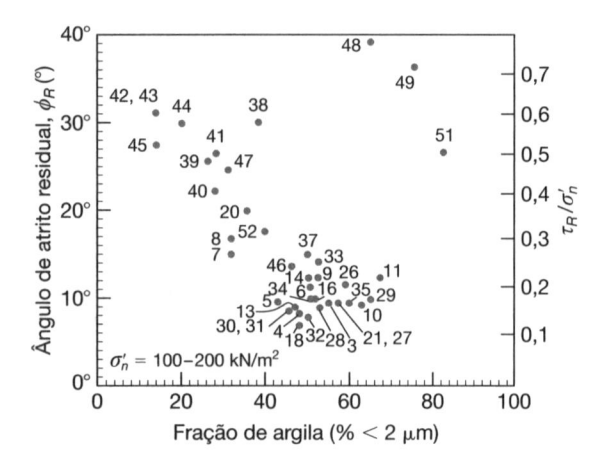

FIGURA 13.70 Ângulo de atrito residual versus fração de argila (apud Lupini et al., 1981).

TABELA 13.8 Resultados do ensaio de cisalhamento do anel para diversas argilas mostradas na Figura 13.70

N.º	Local e tipo de solo	Líquido Limite, LL	Índice de plasticidade, PI	Fração de argila % < 2 μm	Envoltória de melhor encaixe	
					c'_R, kPa	ϕ'_R,°
3	Marga de Bury Hill-Etruria	71	43	55	3,4	7,1
5	Argila Mam Tor-Carbonífera	59	31	43	1,9	8,1
6	Holme Hse. Argila W.-Carboniferous	57	33	50	2,9	9,4
7	Taren slip-Argila carbonífera	26	6	32	8,1	10,1
8	Taren slip-Argila carbonífera	31	12	32	7.4	12,1
9	Argila Arlington-Weald	65	33	51	6.1	8,7
11	Argila Barnsdale-Lias	82	49	67–74	3.6	11,1
14	Argila Empinham-Lias	59	29	50	5.2	9,2
15	Argila Empinham-Lias	59	31	—	5.4	8,6
16	Argila Wansford-Lias	63	37	51	3.8	7,3
26	Argila Herne Bay-Londres	95	61	59	3.1	9,4
27	Argila Hadleigh-London (marrom)	82	54	57	1,2	8,4
28	Argila Walthamstow-London (marrom)	66	42	53	1,4	8,0
30	Argila Swindon-Gault	62	36	46	1,4	8,2
31	Argila Swindon-Gault	62	36	46	1,2	7,8
32	Argila Folkestone-Gault (montmorilonítica)	85	58	50	1,4	6,6
33	Argila Folkestone-Gault (caulinítica)	58	32	52	6.2	10,7
34	Argila Amuay-Venezuela	59	36	51	4.9	7,1
35	Argila Cotsgrave-Rhaética	93	61	60	4,0	7,0
37	Aluvião de Kent	94	60	50	2,7	12,6
38	Argila Oslo-Studenterlunden	41	20	38	3.3	28,7
39	Tilito Bingley	29	13	26	1,5	25,3
41	Tilito Cowden	34	18	28	5.8	23,8
45	Tilito Penwortham	42	23	14	3,9	24,4
48	Java-alofano	165	46	65	0,0	39,0
49	Java-haloysite	95	30	76	3,9	35,0
51	Java-haloysite	101	57	83	4.9	24,5

argilas com conteúdo significativo de areia), ou aqueles com partículas planas que têm alto atrito interpartículas (eles analisaram especificamente halloysita e alofano de Java, Indonésia). Como esses solos não tendem a desenvolver qualquer orientação preferencial de partículas, sua resistência residual τ_R e o ângulo de atrito residual ϕ_R' permanecem relativamente altos. O modo de deslizamento ocorre em argilas com partículas planas e de baixo atrito (a maioria das argilas), com uma estrutura fortemente orientada desenvolvendo-se em deformações maiores, levando a baixos valores de τ_R e ϕ_R'. Entre esses dois extremos está o que eles denominaram modo transicional, para solos que não possuem uma forma de partícula predominante; os valores de ϕ_R' para esses solos são altamente dependentes da gradação do solo. A Figura 13.70 mostra ϕ_R' = tg-1 (τ_R/σ'_n), onde σ'_n é a tensão normal aplicada, *versus* fração de argila (porcentagem menor que 2 µm de tamanho de partícula) para os ensaios de cisalhamento do anel realizados, onde os números individuais referem-se a solos específicos testados, apresentados na Tabela 13.8. Com exceção dos solos numerados 48, 49 e 51 (as argilas tipo Java acima mencionadas), é claro que, à medida que a fração de argila aumenta, o comportamento de deslizamento predomina e ϕ_R' cai abaixo de 10°. A Tabela 13.8 fornece os resultados de regressão linear de melhor ajuste (intercepto residual c'_R e ângulo de fricção ϕ_R' para os solos mostrados na Figura 13.70 que foram relatados com um registro completo de resultados (presume-se que outros solos mostrados na Figura 13.70 devem ter tido seus valores inferidos).

Embora os valores de ϕ_R' relatados sejam baseados na suposição de uma envoltória de ruptura linear com um $c'_R = 0$ assumido ou um intercepto de regressão linear), descobriu-se que as resistências residuais tendem a residir em uma envoltória não linear, de modo que a relação entre τ_R e σ'_n dependerá do solo e do nível de σ'_n.

13.12.2 Resistência ao cisalhamento residual de areias

O comportamento em estado estacionário das areias ocorre quando uma amostra continua a se deformar sob alguma tensão efetiva constante e índice de vazios também constante (Poulos, 1981). Estas foram anteriormente referidas como tensão confinante crítica σ'_{3crit}, e razão crítica de vazios, e_{crit}, respectivamente, e a estrutura do diagrama de Peacock (Figura 9.11) foi apresentada para resumir o comportamento sob qualquer combinação de σ'_3 e condições e. Assim, para todos os efeitos práticos, a resistência ao cisalhamento em estado estacionário e a resistência residual para areias são essencialmente a mesma coisa (Sladen et al., 1986). A principal aplicação da resistência residual da areia é na análise de aterros, taludes e barragens de terra que possuem uma porcentagem significativa de areia em sua composição. O caso mais crítico para areias é o caso não drenado, e ensaios **CU** foram realizados para avaliar a resistência residual nessas condições. Além disso, os resultados do ensaio de penetração padrão **SPT** foram correlacionados aos ensaios de resistência residual **CU** por Seed (1987), e isso é mostrado na Figura 13.71, onde $(N_1)_{60}$ é a contagem de golpes do **SPT** normalizada para uma tensão vertical efetiva de 1 tonelada/pé² e 60% da energia teórica aplicada ao martelo. Como muitas dessas correlações na engenharia geotécnica, pode-se argumentar que a correlação é um tanto especulativa; contudo, ela oferece algumas orientações sobre como deduzir as forças necessárias para análises de estabilidade a partir de um ensaio de campo comum que pode ser realizado em espaçamentos relativamente próximos em um local de campo.

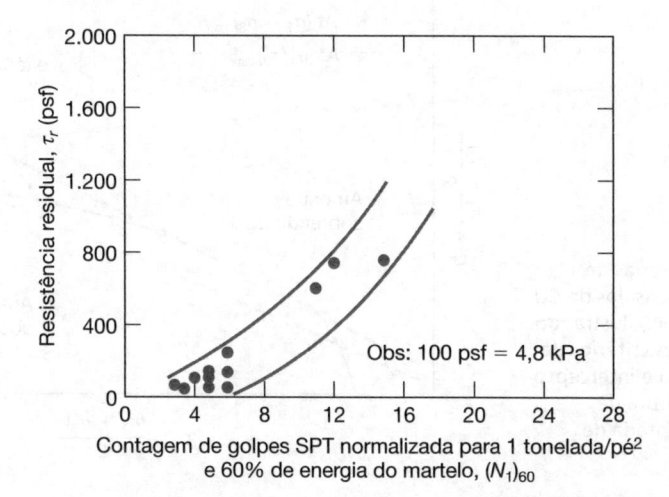

FIGURA 13.71 Relação provisória entre a resistência residual da areia e os valores N de SPT para areias (Seed, 1987).

13.13 DEFORMAÇÃO SOB TENSÃO E RESISTÊNCIA AO CISALHAMENTO DE ARGILAS: TÓPICOS ESPECIAIS

Nesta seção discutimos alguns tópicos especiais sobre as propriedades de tensão-deformação e resistência ao cisalhamento de solos argilosos. Começamos com uma breve discussão sobre as diferentes definições de ruptura em ensaios de **CU**. Em seguida, discutimos os parâmetros de resistência de Hvorslev (Mikael Juul Hvorslev, engenheiro civil dinamarquês) que foram considerados por muitos anos os "verdadeiros" parâmetros de resistência. O trabalho de Hvorslev foi a base para a mecânica dos solos do estado crítico (Seção 13.7). A seguir, discutiremos a razão τ_f/σ'_{vo} uma relação prática muito útil, com certo detalhe. Estão incluídos o efeito do histórico de tensões na resistência ao cisalhamento e a hipótese de Jürgenson-Rutledge, outra aplicação prática da razão τ_f/σ'_{vo}.

Como a amostragem não perturbada é tão importante para boas estimativas da resistência ao cisalhamento de depósitos coesivos de solo, descrevemos duas abordagens para superar a perturbação da amostragem. Finalmente, a seção termina com discussões sobre anisotropia, a resistência à deformação plana das argilas e os efeitos da taxa de deformação nas argilas.

13.13.1 Definição de ruptura em ensaios de tensão efetiva

No Capítulo 9, fornecemos alguns valores típicos para c' e ϕ' determinados por ensaios triaxiais **CD**. A faixa de valores indicada também é típica para tensões efetivas determinadas em ensaios **CU** com medições de pressão de poros. No entanto, o problema é complicado por definições alternativas de ruptura. Usamos a diferença máxima de tensão principal $(\sigma_1 - \sigma_3)_{máx}$ para definir a ruptura ao longo deste capítulo, mas frequentemente na literatura e, às vezes, na prática, podemos encontrar a ruptura definida em termos da razão máxima de tensão efetiva principal $(\sigma'_1/\sigma'_3)_{máx}$, que é igual à obliquidade máxima Equações (8.13) a (8.16). Dependendo de como a diferença de tensões e as pressões neutras realmente se desenvolvem com a deformação, essas duas definições podem indicar diferentes $c's$ e $\phi's$. Isto é especialmente verdadeiro para argilas sensíveis, como mostrado na Figura 13.72.

Bjerrum e Simons (1960) estudaram esse problema com algum detalhe, e seus resultados estão resumidos na Figura 13.73. Aqui, ϕ' conforme definido em $(\sigma'_1/\sigma'_3)_{máx}$ e $(\sigma_1 - \sigma_3)_{máx}$ são plotados *versus* ϕ'_d, o parâmetro de tensão efetiva determinado em ensaios drenados. Note que ϕ' da razão máxima de tensão efetiva principal (os pontos) é de 0° a 3° maior do que ϕ'_d. Observe também que ϕ' na diferença máxima de tensão principal (os quadrados) é menor que ϕ'_d e ϕ' na razão máxima de tensão efetiva principal. Em um caso, a diferença é de cerca de 7°. Outro fator a ser considerado na tentativa de determinar os parâmetros de resistência ao cisalhamento é a influência da estrutura do solo e da produção de argilas especialmente sensíveis nos parâmetros de resistência ao cisalhamento c' e ϕ'. Em vista de nossa discussão anterior sobre a mecânica

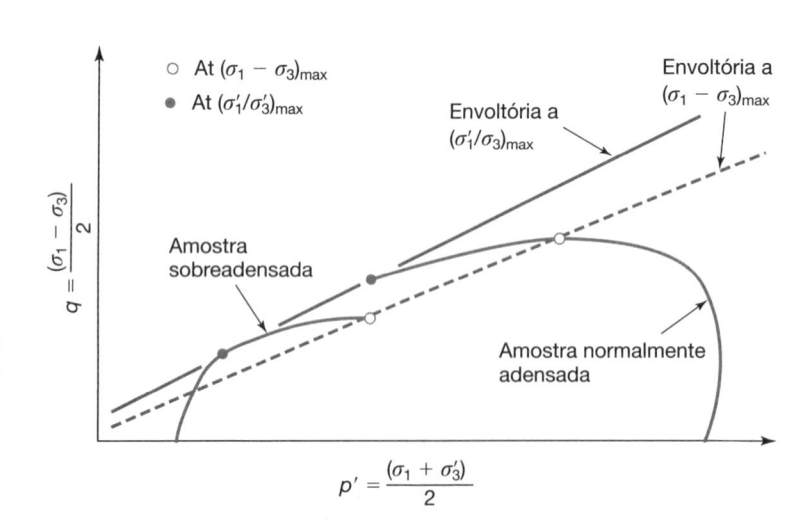

FIGURA 13.72 Envoltórias de ruptura típicas para ensaios de CU em uma argila sensível, ilustrando o efeito de diferentes critérios de ruptura na inclinação e intercepto da envoltória de ruptura de Mohr-Coulomb (adaptada de Ladd, 1971).

dos solos em estado crítico (Seção 13.7), são obtidos diferentes valores desses parâmetros, dependendo da superfície de escoamento utilizada para defini-los. Para muitos depósitos de argila que são quase normalmente ou apenas ligeiramente sobreadensados, o c' e ϕ' no escoamento são maiores do que esses parâmetros no estado crítico ou no estado de grande deformação. Outra consideração é como expressar a resistência ao cisalhamento não drenado – por exemplo, conforme determinado pelo ensaio de cisalhamento de palheta de campo (Seção 9.11.4) – em termos de tensões efetivas, algo que você pode querer fazer para uma análise de estabilidade em termos de tensões efetivas. Terzaghi et al. (1996) fornecem uma excelente discussão de todos esses fatores e suas implicações práticas de engenharia.

De qualquer forma, você deve ter muito cuidado ao estudar dados publicados ou relatórios de ensaios de engenharia para determinar exatamente como os ensaios de resistência foram conduzidos, como a ruptura foi definida e como quaisquer parâmetros de Mohr-Coulomb relatados foram determinados. A má interpretação dos ensaios de resistência e o uso incorreto dos parâmetros de resistência ao cisalhamento resultaram ocasionalmente em rupturas de estabilidade e processos judiciais dispendiosos.

13.13.2 Parâmetros de resistência de Hvorslev

Devido à sua variabilidade e heterogeneidade, é praticamente impossível realizar um número suficiente

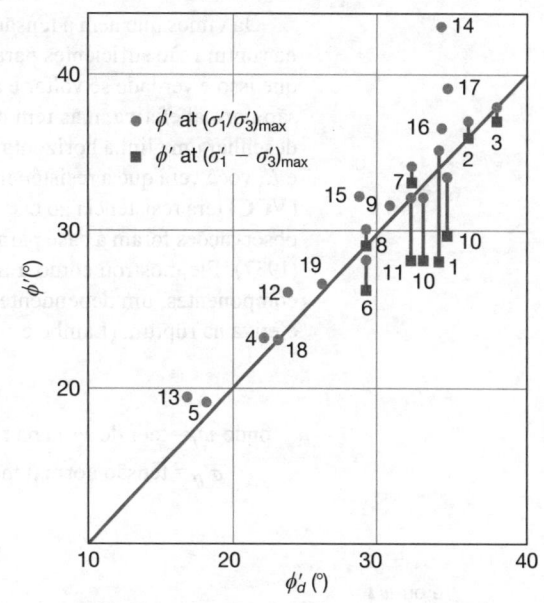

Argila	Estado	Referência
1 Cornualha	U	Kenney (1959)
2 Cornualha	R	"
3 Bersimis	R	"
4 Weald	R	Henkel (1956)
5 London	R	"
6 Oslo	U	Dados internos do Norwegian Geotechnical Institute
7 Fredrikstad	U	"
8 Lodalen	U	"
9 Fornebu	U	"
10 Drammen	U	"
11 Ökernbråten	U	"
12 Seven Sisters	U	Casagrande e Rivard (1959)
13 North Ridge	U	"
14 Organic	U	Casagrande e Wilson (1953)
15 Boston blue	U	"
16 Weymouth	U	Hirschfeld (1959)
17 New Haven	U	"
18 Haslemere	R	Skempton e Bishop (1954)
19 Wiener Tegel	R	Hvorslev (não citado)

U = não perturbada
R = amolgada

FIGURA 13.73 Relação entre ϕ'_d determinado a partir de ensaios ϕ' determinado a partir de ensaios CU com pressão neutra medida. Dois critérios de ruptura são indicados para os ensaios não drenados (de acordo com Bjerrum e Simons, 1960).

de ensaios de resistência e com variáveis controladas em amostras de depósitos de argila. Por consequência, grande parte da nossa compreensão básica do comportamento de cisalhamento de solos coesivos saturados foi desenvolvida a partir de ensaios em argilas amolgadas suficientemente homogêneas.

Este foi o caso de Hvorlsev (1937), que trabalhou no laboratório de solos da Technische Hochschule em Viena com o Prof. Terzaghi. Como este trabalho foi publicado em alemão antes da Segunda Guerra Mundial, o trabalho pioneiro de Hvorslev sobre resistência ao cisalhamento foi, com poucas exceções, ignorado até que ele resumiu sua pesquisa de tese em inglês (Hvorslev, 1960). De acordo com Bjerrum (1954a), podemos atribuir a Hvorslev a confirmação de que a lei de atrito de Coulomb é válida para solos.

Já vimos que nem a tensão efetiva de adensamento, nem o índice de vazios ou o teor de água na ruptura são suficientes para determinar a resistência ao cisalhamento não drenado. Você verá que isso é verdade se voltar e observar a Figura 9.26. As amostras **B** e **E** estão sob a mesma tensão normal efetiva, mas têm diferentes resistências ao cisalhamento. Da mesma forma, se você desenhar uma linha horizontal em qualquer teor de água conveniente ou razão de vazios entre **D** e **E**, você verá que a resistência ao cisalhamento da amostra **NC** na curva de compressão virgem (**VCC**) terá resistência ao cisalhamento diferente da amostra **OC** ao mesmo tempo w ou e. Essas observações foram a base para a teoria da resistência ao cisalhamento desenvolvida por Hvorslev (1937). Ele mostrou como a resistência ao cisalhamento medida poderia ser separada em dois componentes, um dependente do teor de água na ruptura e outro dependente da tensão normal efetiva na ruptura (Lambe e Whitman, 1969), ou

$$\tau_{ff} = f(w_f) + f(\sigma'_{ff}) \tag{13.38}$$

onde w_f = teor de água na ruptura;

σ'_{ff} = tensão normal média na ruptura.

O que se segue é apenas um breve resumo das importantes contribuições de Hvorslev.

Primeiro, definimos a pressão de adensamento equivalente σ'_e. Ver Figura 13.74. Trata-se da pressão efetiva que corresponde ao índice de vazios e, na curva de adensamento virgem, ou **VCC**. Isto é importante para normalizar os resultados dos ensaios em amostras sobreadensadas.

Como o ensaio triaxial foi inventado apenas no início da década de 1930 e não estava disponível universalmente, Hvorslev usou ensaios de cisalhamento direto e os conduziu lentamente o suficiente para considerá-los totalmente drenados. Os resultados de uma série de ensaios de cisalhamento direto **CD** em argilas amolgadas perto de seu **LL** e depois adensadas são mostrados na Figura 13.75. Observe que esta figura é semelhante à Figura 9.26.

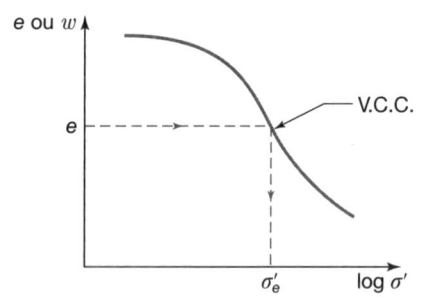

FIGURA 13.74 Definição de pressão de adensamento equivalente σ'_e.

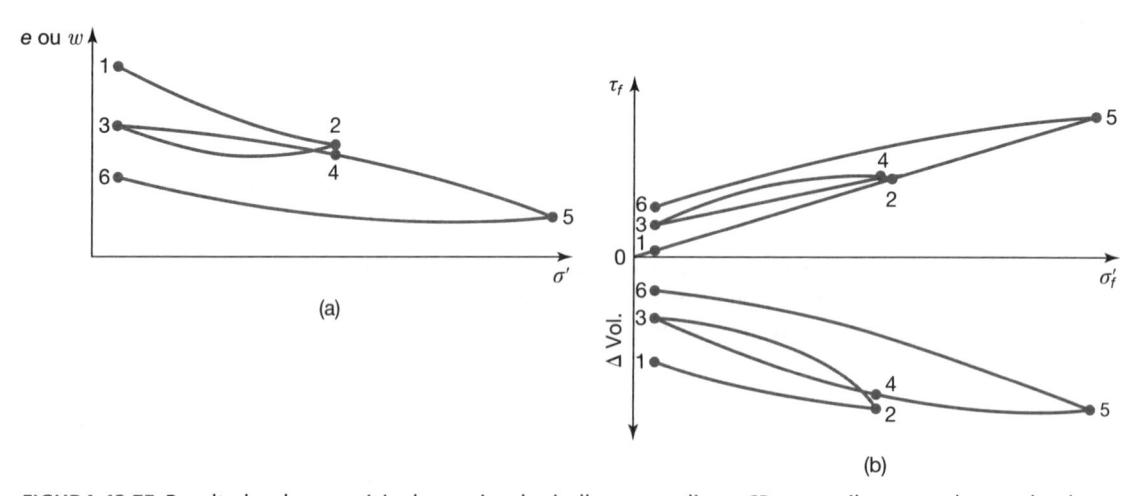

FIGURA 13.75 Resultados de uma série de ensaios de cisalhamento direto CD em argilas saturadas amolgadas: índice de vazios ou teor de água no final do adensamento (a); tensão de cisalhamento e mudança de volume na ruptura por cisalhamento (b).

A partir desses resultados, Hvorslev mostrou que a resistência ao cisalhamento no plano de ruptura na ruptura era uma função da tensão normal efetiva e do índice de vazios, ambos na ruptura, ou, $\tau_{ff} = f(\sigma'_f, e_f)$. Esta função é quase única e independente do histórico de tensão. Quando Hvorslev traçou os resultados de muitos ensaios e os normalizou com a pressão de adensamento equivalente para seus índices de vazios, ele obteve resultados semelhantes aos mostrados na Figura 13.76.

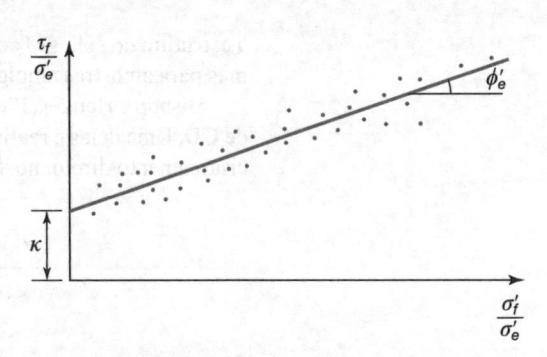

FIGURA 13.76 Resultados de muitos ensaios de cisalhamento direto CD normalizados com sua pressão de adensamento equivalente.

Como a linha reta que passa por todos os pontos de dados na Figura 13.76 lembrou Hvorslev da relação típica de Mohr-Coulomb, ele então derivou uma expressão para a resistência ao cisalhamento no plano de ruptura na ruptura como uma função do intercepto κ e do ângulo de inclinação ϕ_e' (Hvorslev, 1960); ou

$$\tau_{ff} = f(\phi'_e, c_e) \tag{13.39}$$

onde ϕ_e' = parâmetro de atrito efetivo de Hvorslev;

c_e = parâmetro de *coesão* efetiva de Hvorslev = $\kappa\sigma'_e$.

Terzaghi (1938) mostrou que é possível obter os parâmetros de resistência de Hvorslev, ϕ_e' e c_e, diretamente dos resultados dos ensaios de cisalhamento direto **CD**, conforme mostrado na Figura 13.77. A suposição básica é que para um teor de água constante, o c_{ew}, o índice de vazios e

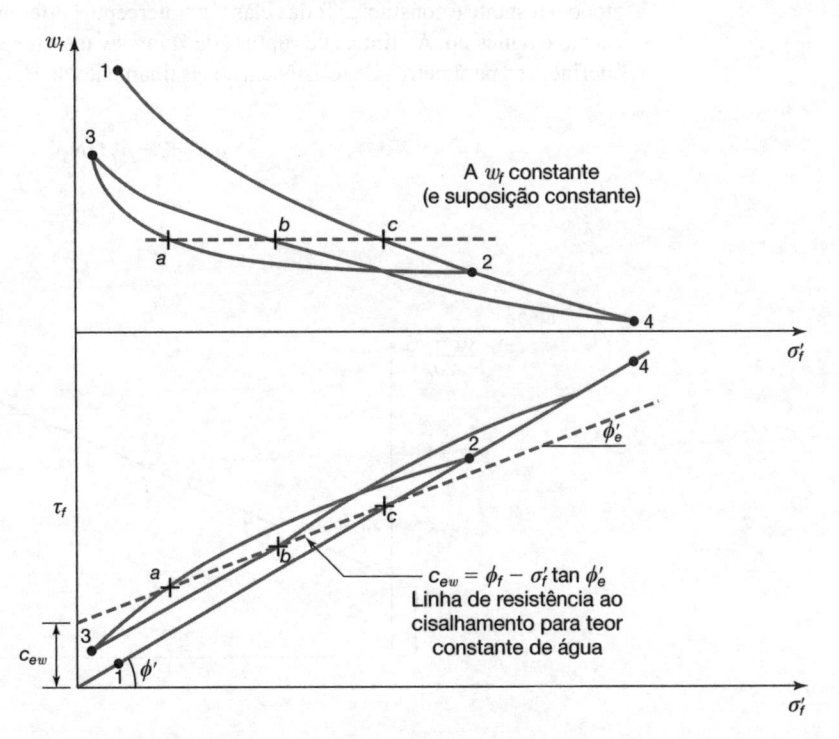

FIGURA 13.77 Determinação dos parâmetros de Hvorslev de resistência ao cisalhamento a partir dos resultados do ensaio de cisalhamento direto CD em uma argila amolgada saturada com um teor de água constante.

a estrutura do solo são constantes. É claro que é duvidoso que a estrutura do solo seja constante, mas para amostras amolgadas, a suposição é aproximadamente correta.

Bishop e Henkel (1962) sugeriram duas maneiras de obter ϕ'_e e c_e a partir de ensaios triaxiais de **CD**. Uma delas é realizar uma série de ensaios triaxiais de maneira semelhante aos ensaios de cisalhamento direto mostrados anteriormente. Outra forma é usar a seguinte equação:

$$\frac{(\sigma'_1 - \sigma'_3)_f}{2\sigma'_e} = \frac{c'_e}{\sigma'_e} \frac{\cos \phi'_e}{(1 - \operatorname{sen} \phi'_e)} + \frac{\sigma'_{3f}}{\sigma'_e}\left(\frac{\operatorname{sen} \phi'_e}{1 + \operatorname{sen} \phi'_e}\right) \tag{13.40}$$

Se traçarmos $(\sigma'_1 - \sigma'_3)/2\sigma'_e$ *versus* σ'_3/σ'_e como mostrado na Figura 13.78, obteremos quase uma linha reta com inclinação β_3, como demonstrado. Então, os parâmetros de Hvorslev, ϕ_e' e c_e, podem ser determinados.

$$\operatorname{sen} \phi'_e = \frac{\tan \beta_3}{1 + \tan \beta_3}, \text{ e} \tag{13.41}$$

$$c'_e = \sigma'_e \frac{c_3(1 - \operatorname{sen} \phi'_e)}{\cos \phi'_e} \tag{13.42}$$

onde β_3 e c_3 são definidos como na Figura 13.78.

Lambe e Whitman (1969) redistribuíram alguns dados de ensaio em amostras **NC** e **OC** de argila tipo Weald, provavelmente de Henkel (1958), no espaço da trajetória de tensão convencional $q - p'$ (Figura 13.79). As linhas tracejadas na figura foram determinadas a partir de dados semelhantes aos da parte superior da Figura 13.77 e indicam valores constantes de teor de água w_f. Essas linhas são chamadas de linhas de ruptura de Hvorslev, e apenas p'_f varia ao longo delas; todo o restante é constante. Todas elas têm interceptos diferentes, mas a inclinação ou ângulo de atrito é o mesmo. As linhas de ruptura de Hvorslev (as linhas tracejadas curtas na Figura 13.79 definem os parâmetros de resistência ao cisalhamento de Hvorslev c'_e e ϕ'_e, ou

$$q_f = c'_e + p'_f \tan \phi'_e \tag{13.43}$$

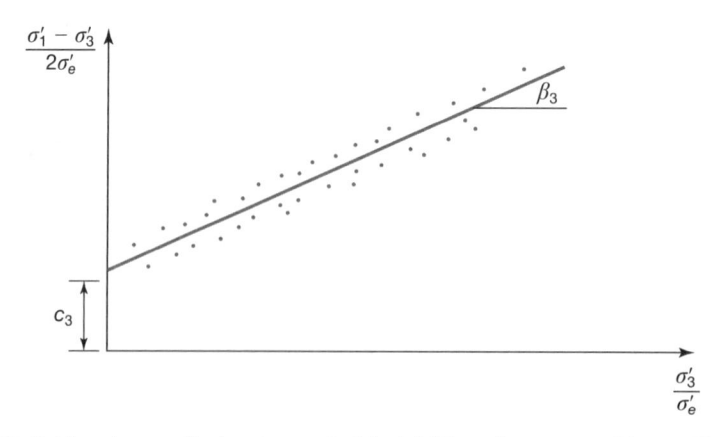

FIGURA 13.78 Gráfico dos resultados do ensaio triaxial CD conforme sugerido por Bishop e Henkel (1962).

Por exemplo, na Figura 13.79, observe a linha tracejada curta para $w_f = 23,5\%$ e os dois pontos de dados representados por pontos sólidos. Por terem o mesmo teor de água, índice de vazios e densidade, a única diferença de resistência para aquele com $p' \approx 9$ psi ($q_f \approx 4$ psi) e o outro a $p' \approx 20$ psi ($q_f \approx 7,5$ psi) deve ser devido a graus diferentes de atrito interno mobilizado nos valores diferentes de p'. Não pode ser devido a quaisquer alterações de volume ou diferenças na proporção de vazios ou densidade. O parâmetro de atrito de Hvorslev ϕ_e' é 18° para ambos os teores de água mostrados na Figura 13.79.

Outros, assim como Hvorslev, descobriram que para muitos solos argilosos, ϕ_e' é essencialmente independente do teor de água; além disso, c_e versus $\log w_f$ é uma linha reta. Definições como essas levaram os pesquisadores a considerarem os parâmetros de resistência de Hvorslev mais fundamentais do que os parâmetros tradicionais de Mohr-Coulomb. Assim, o ϕ_e' representa o atrito real entre as partículas, dependente apenas da tensão normal efetiva entre as mesmas, e a "coesão" da argila depende principalmente do índice de vazios ou do teor de água.

Validade dos parâmetros de Hvorslev – Durante grande parte de meados do século passado, os parâmetros de resistência de Hvorslev foram chamados de "verdadeiros" parâmetros de resistência ao cisalhamento. Como a maioria dos ensaios de verificação foi realizada em argilas homogêneas saturadas e amolgadas, os resultados tendiam a confirmar essa suposição. No entanto, quando os pesquisadores tentaram determinar os parâmetros de Hvorslev em argilas naturais não perturbadas, especialmente se fossem sensíveis, estruturadas ou fortemente sobreadensadas, os resultados foram menos encorajadores. Conclusões semelhantes foram encontradas para ensaios realizados em argilas com teores naturais de água próximos ao **PL** – ou seja, argilas duras com **LI** ≈ 0. Ver, por exemplo, Brink (1967), Chandler (1967) e Karlsson e Pusch (1967).

Concluindo, a resistência ao cisalhamento não é definida apenas em função de σ'_f e e_f. Os solos naturais, em especial, são muito complexos, e o índice de vazios não é uma medida suficiente da estrutura e da composição de um solo. Os parâmetros de Hvorslev não são os parâmetros "verdadeiros" de resistência ao cisalhamento. De fato, não sabemos quais são esses parâmetros, mas sabemos que são parâmetros de resistência ao cisalhamento e não propriedades fundamentais. Este ponto também foi abordado na seção anterior.

Embora o uso prático dos parâmetros de Hvorslev seja limitado, eles levaram a novos desenvolvimentos em relação à inter-relação entre índice de vazios, tensão efetiva e resistência ao cisalhamento. É justo dizer que o trabalho de Hvorslev formou, em última análise, a base para a mecânica dos solos em estado crítico (Seção 13.7) e o desenvolvimento de outros modelos constitutivos de solos.

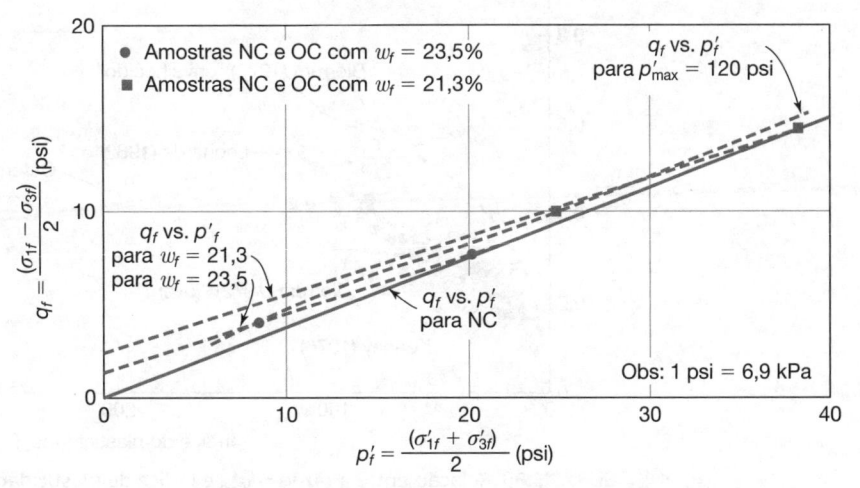

FIGURA 13.79 Construção para obter parâmetros de Hvorslev para argila tipo Weald (adaptada de Lambe e Whitman, 1969).

13.13.3 A razão τ_f/σ'_{vo}, histórico de tensão e hipótese de Jürgenson-Rutledge

Nesta seção, discutiremos uma relação prática muito útil, a razão τ_f/σ'_{vo}, e como ela pode ser obtida teoricamente como função das propriedades básicas do solo K_o, A_f e ϕ'. Em seguida, consideramos o efeito do histórico de tensões na resistência ao cisalhamento e a hipótese de Jürgenson-Rutledge, outra aplicação prática da razão τ_f/σ'_{vo}.

A razão τ_f/σ'_{vo} – Uma das formas mais úteis de expressar a resistência ao cisalhamento não drenado é normalizá-la pela pressão de sobrecarga vertical efetiva σ'_{vo}. Às vezes, essa proporção é chamada de **razão c/p**. Em depósitos naturais de argilas sedimentares, descobriu-se que a resistência ao cisalhamento não drenado aumenta com a profundidade e, portanto, é proporcional ao aumento da tensão efetiva de sobrecarga com a profundidade.

Isso foi observado pela primeira vez por Skempton e Henkel (1953) e confirmado, mais tarde, por Bjerrum (1954b) em que a razão τ_f/σ'_{vo} tendia a aumentar com o aumento do índice de plasticidade. Os resultados de Bjerrum (1954b) são mostrados na Figura 13.80, juntamente com os de vários outros pesquisadores, bem como diversas correlações de melhor ajuste. Há muita dispersão, então a Figura 13.80 só deve ser usada com cautela. Contudo, tais correlações são úteis para estimativas preliminares e para verificação de dados laboratoriais.

Kenney (1959) e Bjerrum e Simons (1960) apresentaram algumas razões teóricas τ_f/σ'_{vo} versus **PI** com base nas correlações da Figura 9.27, K_o e o parâmetro de pressão neutra de Skempton A (Seção 13.3). Essas relações teóricas tenderam a diminuir em vez de aumentar com o **PI**, mas a concordância foi satisfatória para **PI** > 30. Kenney (1959) concluiu que τ_f/σ'_{vo} era essencialmente independente de **PI**, no final das contas; em vez disso, provavelmente dependia mais do histórico geológico da argila do que de sua plasticidade.

Bjerrum e Simons (1960) também apresentaram a relação entre τ_f/σ'_{vo} e o índice de liquidez **LI** para algumas argilas marítimas norueguesas, conforme mostrado na Figura 13.81. Como você sabe pela Figura 9.48, as argilas rápidas são aquelas com **LIs** muito altos. Portanto, parece que as argilas rápidas norueguesas têm uma razão τ_f/σ'_{vo} de cerca de 0,1 a 0,15.

Você deve saber que a razão τ_f/σ'_{vo} depende fortemente da trajetória de tensão total. Este ponto de vista é discutido por Bjerrum (1972) e Ladd et al. (1977), entre outros. Em outras palavras, você provavelmente obterá valores diferentes de τ_f/σ'_{vo}, dependendo se você executa

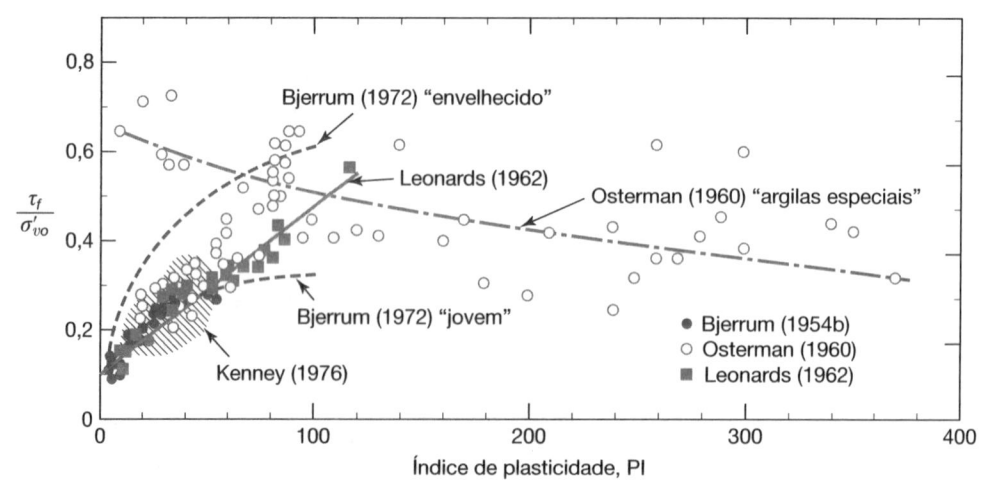

FIGURA 13.80 Relação entre a razão τ_f/σ'_{vo} e índice de plasticidade para argilas normalmente adensadas.

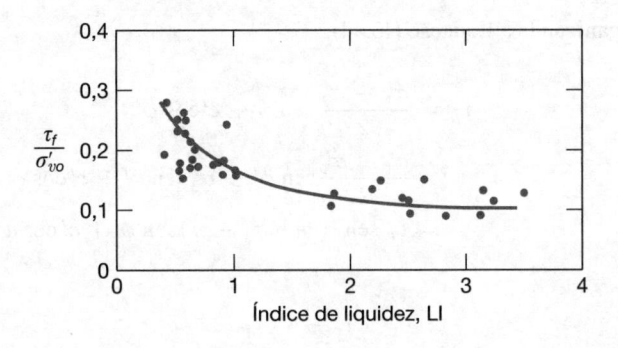

FIGURA 13.81 Relação entre (τ_f/σ'_{vo}) e índice de liquidez para argilas norueguesas (adaptada de Bjerrum e Simons, 1960).

ensaios de palhetas de campo, ensaios triaxiais de compressão axial ou extensão axial, ou ensaios diretos de cisalhamento simples.

É possível derivar uma equação teórica para τ_f/σ'_{vo} em termos de K_o, A_f e ϕ' (Leonards, 1962). Primeiro, considere as relações de obliquidade de Mohr-Coulomb (Seção 8.4.3 e Figura 8.10) em termos de tensões efetivas:

$$\operatorname{sen} \phi' = \frac{\dfrac{\sigma'_{1f} - \sigma'_{3f}}{2}}{\dfrac{\sigma'_{1f} + \sigma'_{3f}}{2} + c\dfrac{\cos \phi'}{\operatorname{sen} \phi'}} \qquad (13.44)$$

Assumindo que $\tau_f = \dfrac{(\sigma'_1 - \sigma'_3)_f}{2}$, você pode ver como esta equação é obtida a partir do cálculo de tensão efetiva mostrada na Figura 13.82.

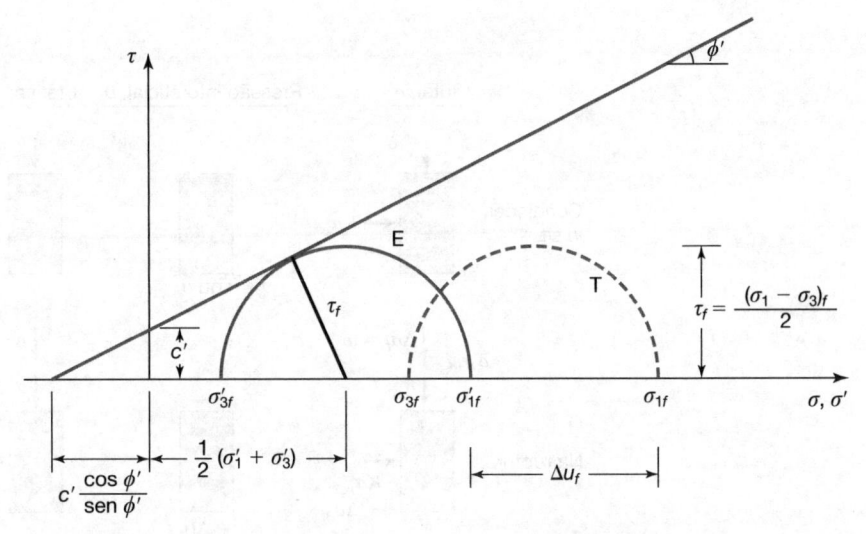

FIGURA 13.82 Círculos de Mohr na ruptura para uma argila normalmente adensada.

Reorganizando a Equação (13.44),

$$\tau_f = \frac{\sigma_1' + \sigma_3'}{2} \operatorname{sen} \phi' + c' \cos \phi'$$

$$= \frac{\sigma_1' - \sigma_3'}{2} \operatorname{sen} \phi' + \sigma_3' \operatorname{sen} \phi' + c' \cos \phi'$$

$$= \tau_f \operatorname{sen} \phi' + (\sigma_3 - u) \operatorname{sen} \phi' + c' \cos \phi'$$

Assim,

$$\tau_f = \frac{c' \cos \phi' + (\sigma_3 - u) \operatorname{sen} \phi'}{1 - \operatorname{sen} \phi'} \quad (13.45)$$

A partir das condições de tensão inicial e de ruptura *in situ* mostradas na Figura 13.83, semelhantes àquelas mostradas na Figura 9.29, obtemos:

$$\sigma_3 - u = K_o \sigma_{vo}' + \Delta\sigma_3 - u_f$$
$$= K_o \sigma_{vo}' + \Delta\sigma_3 - [\Delta\sigma_3 + A_f(\Delta\sigma_1 - \Delta\sigma_3)]$$
$$= K_o \sigma_{vo}' - A_f(\Delta\sigma_1 - \Delta\sigma_3) \quad (13.46)$$

Também sabemos, graças à Figura 13.83, que

$$\tau_f = \tfrac{1}{2}(\sigma_1 - \sigma_3)_f = \tfrac{1}{2}(\Delta\sigma_1 - \Delta\sigma_3) + \tfrac{1}{2}(1 - K_o)\sigma_{vo}'$$

então,

$$\Delta\sigma_1 - \Delta\sigma_3 = 2\tau_f - (1 - K_o)\sigma_{vo}' \quad (13.47)$$

Combinando as Equações (13.46) e (13.47), obtemos:

$$\sigma_3 - u = \sigma_{vo}'[K_o + A_f(1 - K_o)] - 2 A_f \tau_f$$

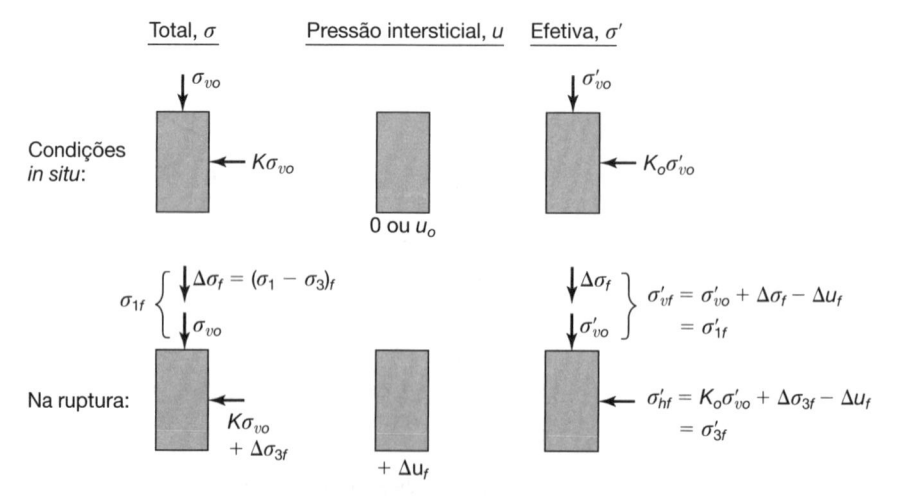

FIGURA 13.83 Condições de tensão inicial e final *in situ* para uma argila normalmente adensada.

Agora podemos colocar essa expressão na Equação (13.45), ou

$$\tau_f = \frac{c' \cos \phi' + \sigma'_{vo} \operatorname{sen} \phi'[K_o + A_f (1 - K_o)]}{1 - (2A_f - 1) \operatorname{sen} \phi'} \quad (13.48)$$

Para argilas normalmente adensadas, em geral assumimos que $c' \approx 0$, portanto a Equação (13.48) torna-se:

$$\frac{\tau_f}{\sigma'_{vo}} = \frac{\operatorname{sen} \phi'[K_o + A_f (1 - K_o)]}{1 + (2A_f - 1) \operatorname{sen} \phi'} \quad (13.49)$$

A partir dessa equação, vemos que a razão τ_f/σ'_{vo} é uma constante. Lembre-se de que isto se dá para argilas normalmente ou quase normalmente adensadas com $K_o < 1$ e um c' insignificante. Assim, teoricamente é possível determinar a razão τ_f/σ'_{vo} no campo com o conhecimento de K_o, A_f e ϕ' do depósito de argila. No entanto, quão fácil é obter estimativas razoáveis dessas propriedades a partir de ensaios de laboratório ou de campo? Com a exceção de ϕ', não é muito fácil obter as demais. Mencionamos as dificuldades de obter uma boa estimativa de K_o na Seção 9.13, mesmo em depósitos naturais relativamente homogêneos de argilas moles. Assim, depender de correlações simples com propriedades de classificação, como o **PI**, é a única abordagem viável, e já mencionamos a dispersão nesses dados. Por fim, obter boas estimativas do parâmetro A_f de Skempton costuma ser difícil, pois ele é muito sensível à perturbação da amostra. Além disso, você deve usar a definição correta de A_f para a trajetória da tensão no campo (ver Law e Holtz, 1978).

O que fazemos com solos sobreadensados quando $K_o > 1$ e $c' \neq 0$? Como é a Equação (13.49) para argilas **OC**? Obter essa equação para argilas sobreadensadas requer um bom entendimento dos fundamentos das propriedades de resistência ao cisalhamento de solos argilosos, tratando-se de um dos problemas no final do capítulo.

Em estudos laboratoriais de argilas, os pesquisadores frequentemente normalizam a resistência ao cisalhamento não drenado em relação à pressão efetiva de **adensamento** σ'_{vc}. Assim, a razão torna-se τ_f/σ'_{vc}. Fizemos isso no Exemplo 13.5. Mas o que devemos fazer ao testar amostras de argilas naturais sobreadensadas? Neste caso, é melhor normalizar a resistência ao cisalhamento não drenado em relação à tensão de pré-adensamento σ'_p, em vez de usar a tensão efetiva de sobrecarga. Para essas amostras, a resistência não drenada é de fato controlada pela pressão de adensamento efetiva (ou histórico de tensão) e não pela tensão de sobrecarga efetiva existente. Assim, a razão torna-se τ_f/σ'_p.

Bjerrum (1972) em um estudo sobre rupturas em aterros construídos em solos de fundações moles, levantou a hipótese de que a razão entre σ'_p e σ'_{vo} variaria com o **PI**, conforme mostrado na Figura 13.84a. As chamadas argilas "jovens" geralmente são sedimentos recentes adensados e que, portanto, não tiveram tempo de serem sobreadensadas por nenhum dos fatores listados na Tabela 7.1. Por outro lado, as argilas "envelhecidas" são ligeiramente sobreadensadas, e Bjerrum (op. cit.) descobriu que a quantidade de sobreadensamento aumentou um pouco com o **PI** (Figura 13.84b). O efeito resultante na resistência foi indicado pelas curvas tracejadas denominadas Bjerrum (1972) na Figura 13.80.

Bjerrum (1972) também descobriu que o ensaio de cisalhamento de palhetas de campo (**VST**), em muitos casos, tendia a superestimar intensamente a resistência ao cisalhamento não drenado calculada de modo retroativo na ruptura. (Ver Seções 8.7.1 e 9.11.4 para uma discussão do **VST**.) O grau de excesso na predição pareceu ser maior com argilas de maior plasticidade. O fator de correção empírico μ de Bjerrum em função do **PI** foi mostrado na Figura 9.45 e deve ser aplicado à resistência ao cisalhamento não drenado conforme determinado pelo **VST**. Por motivos de conveniência, esta figura é reproduzida sem todos os pontos de dados, como na Figura 13.84c.

Mesri (1975) descobriu uma relação muito interessante entre todas essas observações. Combinando as Figuras 13.84a e 13.84b, ele obteve a Figura 13.84d, τ_f/σ'_p *versus* **PI**, que mostra essencialmente o mesmo comportamento para argilas "envelhecidas" e "jovens". Agora aplique

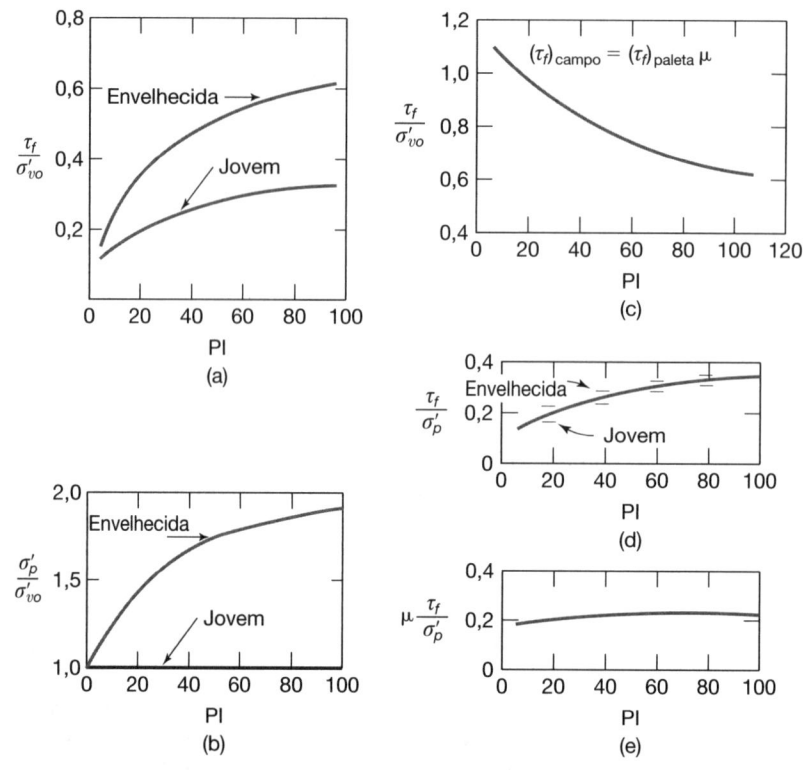

FIGURA 13.84 τ_f/σ'_{vo} (a); σ'_p/σ'_{vo} (b) para argilas glaciais tardias normalmente adensadas (adaptada de Bjerrum, 1972); fator de correção de Bjerrum (1972) para o ensaio de cisalhamento de paleta (Figura 8.19) (c); τ_f/σ'_p de (a) e (b) (d); $\mu(\tau_f/\sigma'_p)$ (e) (adaptada de Mesri, 1975).

o fator de correção μ de Bjerrum ao ensaio de cisalhamento de palheta de campo para obter as resistências *in situ*; o resultado é a Figura 13.84e. Em outras palavras, o campo τ_f/σ'_{vc}, é quase uma constante igual a 0,22 e independente do **PI**!

$$\frac{\tau_f}{\sigma'_-} = 0{,}22\sigma'_p \tag{13.50}$$

Há grande incerteza em tal conclusão devido à dispersão nas relações empíricas nas quais ela se baseia, e as relações mostradas nas Figuras 13.84d e 13.84e podem ser apenas uma coincidência. No entanto, a possibilidade de que o τ_f/σ'_p *in situ* possa existir dentro de uma faixa bastante estreita para argilas sedimentares moles tem tremendas implicações práticas (Ladd et al., 1977).

Histórico de tensões – Outro fator que afeta fortemente a resistência ao cisalhamento não drenado das argilas é o histórico de tensões. Mencionamos esse fator quando apontamos a diferença de comportamento entre argilas normalmente adensadas e sobreadensadas (ver, por exemplo, Figuras 9.30, 9.31 e 9.34). Vamos primeiro considerar alguns dados que mostram como a resistência não drenada normalizada τ_f/σ'_p varia com a taxa de sobreadensamento **OCR**. Esses dados são mostrados para seis argilas na Figura 13.85. Se tomarmos a **razão** das razões τ_f/σ'_{vc}, como mostrado na Figura 13.86, todos esses solos irão cair em uma faixa bastante estreita, com apenas

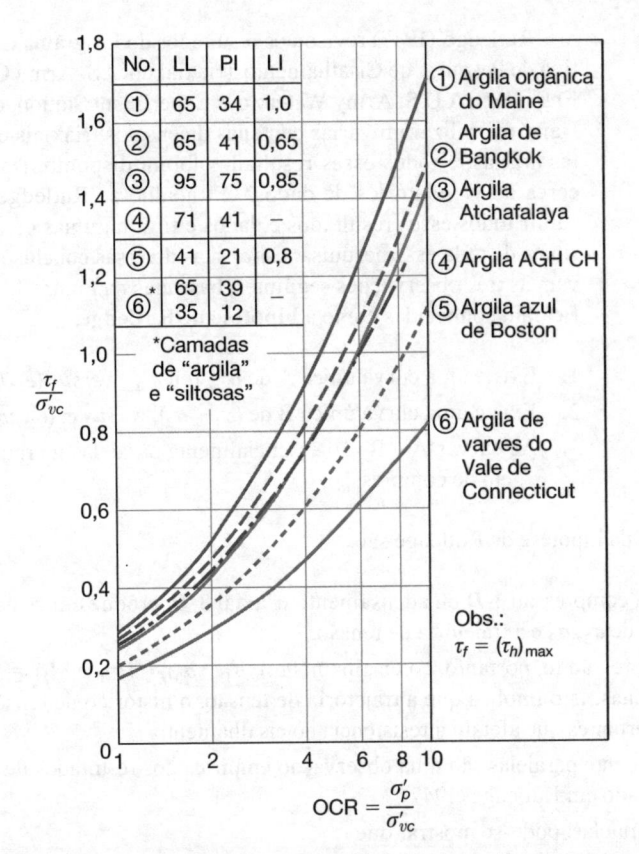

FIGURA 13.85 Razão de resistência não drenada *versus* razão de sobreadensamento em ensaios de cisalhamento simples diretos em seis argilas (*apud* Ladd e Edgers, 1972, e Ladd et al., 1977).

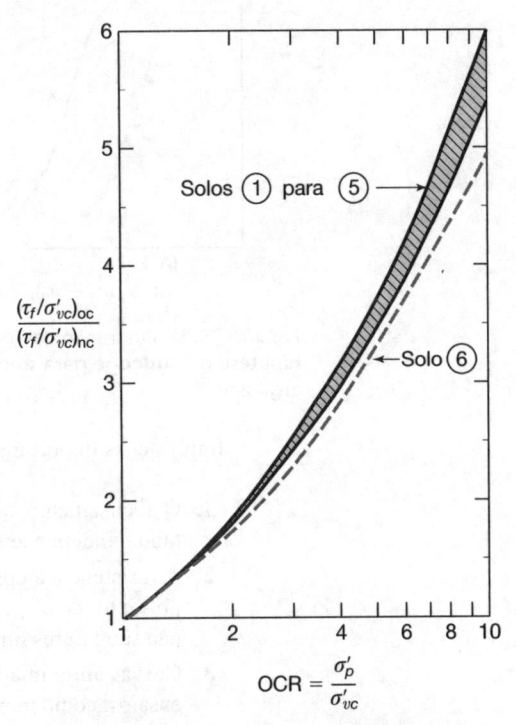

FIGURA 13.86 Aumento relativo na razão de resistência não drenada com OCR de ensaios de cisalhamento simples diretos (solos 1 a 6 são identificados na Figura 13.85 (adaptada de Ladd et al., 1977).

a argila em varves um pouco mais baixas. Ladd et al. (1977) mostraram que esta proporção é próxima ou ao **OCR** elevado à potência de 0,8, ou

$$\frac{\left(\tau_f/\sigma'_{vc}\right)_o}{\left(\tau_f/\sigma'_{vc}\right)_{nc}} \approx (\text{OCR})^{0,8} \qquad (13.51)$$

Relações como essa podem ser úteis para comparar dados de resistência de locais diferentes ou até mesmo do mesmo local.

Hipótese de Jürgenson-Rutledge – Rendulic (1936; 1937) postulou pela primeira vez que, para argila saturada normalmente adensada, o teor de água (e, portanto, o índice de vazios) durante o cisalhamento era uma função única das tensões principais σ'_1, σ'_2 e σ'_3. Henkel (1958) verificou esta hipótese de unicidade com seus ensaios triaxiais em argila tipo Weald amolgada saturada (ver Leonards, 1962, e Lambe e Whitman, 1969). No entanto, Skempton e Sowa (1963) mostraram que a relação não era estritamente única, mas dependia um pouco da trajetória de tensão.

Rutledge*(1947) revisou os resultados do Programa Cooperativo de Pesquisa de Cisalhamento Triaxial do U.S. Army Corps of Engineers. A U.S. Army Waterways Experiment Station, o MIT e Harvard realizaram várias centenas de ensaios triaxiais em muitas argilas, e todos esses resultados foram disponibilizados em cerca de 17 relatórios de dados. O trabalho de Rutledge foi resumir todos esses resultados e dados e tirar algumas conclusões finais de toda essa pesquisa. Entre suas diversas conclusões estavam as três observações seguintes, baseadas na Figura 13.87, que ficaram conhecidas como a **hipótese de Rutledge**:

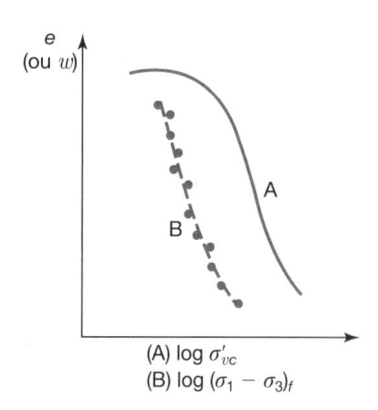

FIGURA 13.87 Ilustração da hipótese de Rutledge para solos argilosos.

(A) log σ'_{vc}
(B) log $(\sigma_1 - \sigma_3)_f$

1. Existe uma curva única A de σ'_{vc} (ou σ'_{1c}) *versus* (e_f) (ou w_f).
2. Existe uma curva única B de $(\sigma_1 - \sigma_3)_f$ *versus* e_f (ou w_f).
3. As curvas A e B são essencialmente paralelas na região virgem de compressão.

Implicações importantes da hipótese de Rutledge são:

1. O adensamento, seja compressão 1-***D*** ou adensamento triaxial 3-***D***, produz o mesmo resultado – independente de σ_2, σ_3 e a trajetória de tensão.
2. A resistência à compressão (e, portanto, ao cisalhamento) $(\sigma_1 - \sigma_3)_f \equiv (\sigma'_1 - \sigma'_3)_f = \mathbf{f}(e_f)$ e, portanto, de σ'_{vc} apenas. Isto implica que a trajetória de tensão, o histórico de tensões etc. não são fatores importantes que afetam a resistência ao cisalhamento.
3. Curvas aproximadamente paralelas são uma observação empírica dos resultados de muitos ensaios, como mostrado em Rutledge (1947).
4. A partir de linhas paralelas, pode-se mostrar que

$$\frac{\tau_f}{\sigma'_{vc}} = \frac{\tau_f}{\sigma'_{1c}} = \text{const.} \tag{13.52}$$

A relação na Equação (13.52) foi notada pela primeira vez por Jürgenson (1934). Portanto, um nome melhor para esta hipótese é **hipótese de Jürgenson-Rutledge**.

Quão válidas são as observações 1 a 3?

1. A observação número 1 não é estritamente válida; σ'_{vc} também é uma função de σ'_{hc} (ou σ'_{2c} e σ'_{3c}), mas é razoável para argilas **NC** e levemente **OC**.
2. A partir da análise de diversos resultados de ensaios feita por Rutledge, a Curva B parecia ser independente de como o solo chega à ruptura; portanto, ele concluiu que a resistência ao cisalhamento se dava apenas em função de e_f e não dependia da trajetória. Novamente, porém, isso não é estritamente verdade, pois a resistência ao cisalhamento também pode envolver algum efeito da tensão principal intermediária σ'_{2c}, do histórico de tensões e da estrutura do solo. Mas é aproximadamente razoável para argilas **NC** e ligeiramente **OC**.
3. Satisfatório por observação empírica, embora haja alguma dispersão.

Três exemplos de dados fornecidos por Osterberg (1967) do Programa Cooperativo de Pesquisa de Cisalhamento Triaxial realizado em Harvard e Northwestern são mostrados nas Figuras 13.88, 13.89 e 13.90. A argila Massena (New York) é do vale do rio São Lourenço

---

*Nota histórica: P. C. Rutledge obteve seu PhD da Harvard University em 1936, como o primeiro aluno de doutorado do Prof. Arthur Casagrande. Ele ensinou mecânica dos solos na Purdue University de 1937 a 1943, quando se tornou presidente do Departamento de Engenharia Civil da Northwestern University. Em 1952, ele passou a trabalhar com consultoria em tempo integral na Mueser – Rutledge em Nova York Aposentou-se em 1977 e faleceu em 1986.

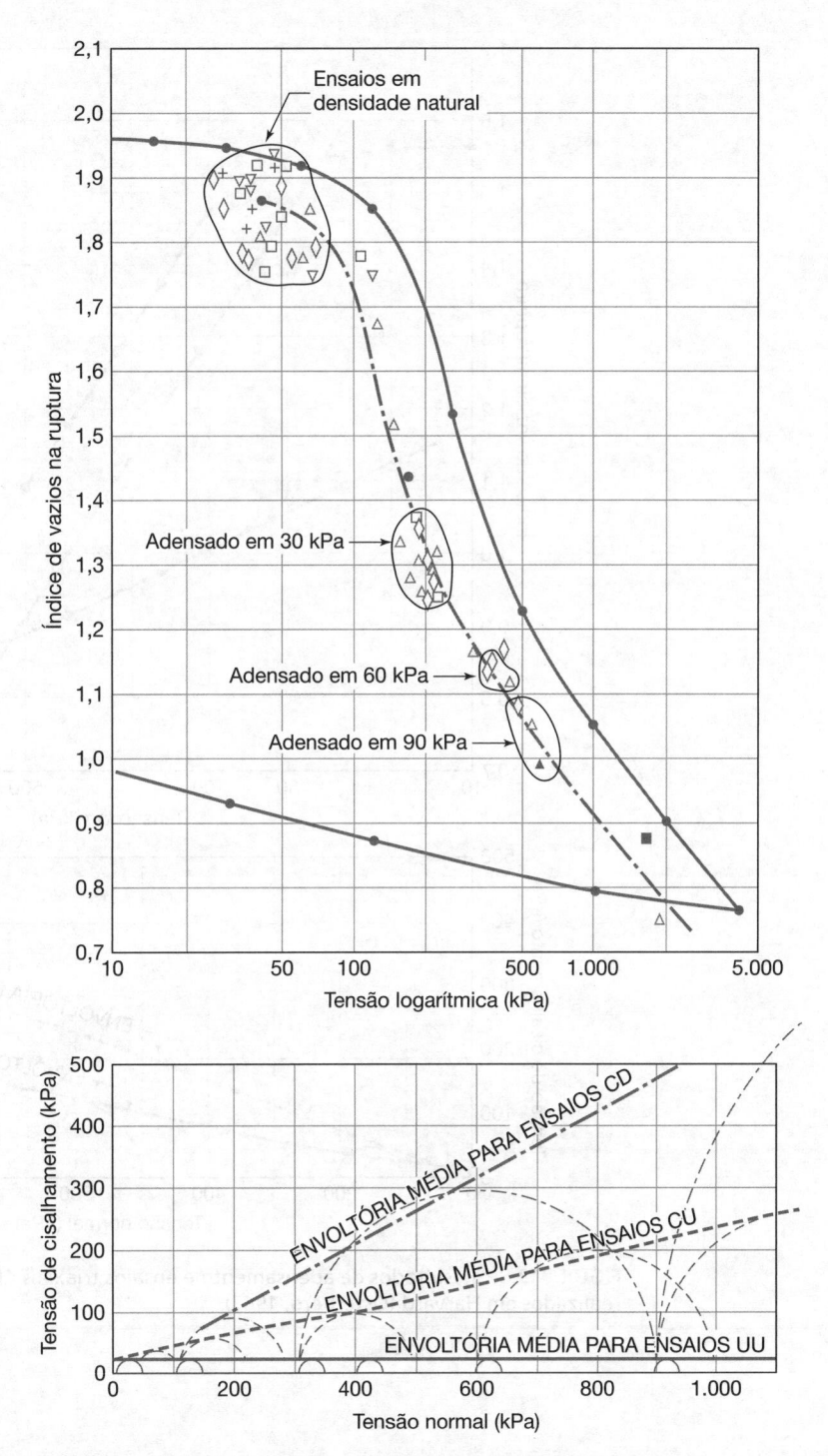

FIGURA 13.88 Resultados de adensamento e ensaios triaxiais CD, CU e UU em argila de Massena (Nova York) realizados em Harvard, EUA (Osterberg, 1967).

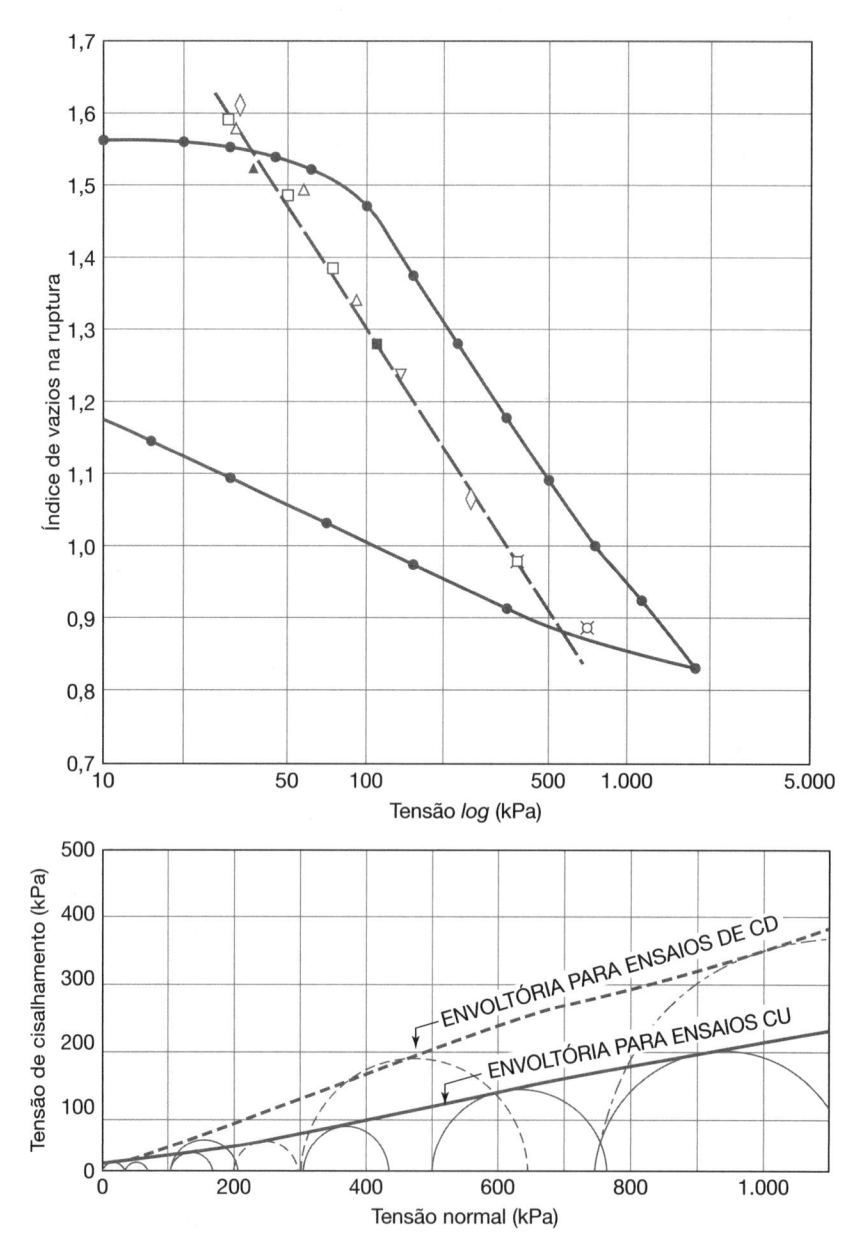

FIGURA 13.89 Resultados de adensamento e ensaios triaxiais CD, CU e UU em argila tipo Chicago realizados em Harvard (Osterberg, 1967).

(Canadá/EUA) e é representativa das sensíveis argilas laurentianas ou Leda de Ontário e Quebec, Canadá. Acredita-se que a argila macia tipo Chicago seja uma argila lacustre retrabalhada glacialmente que é bastante sedimentada. A argila do Lago Glacial Agassiz é típica das argilas do rio Vermelho do vale Norte do norte de Minnesota, leste de Dakota do Norte e sul de Manitoba, EUA/Canadá. Todos os três ensaios tendem a verificar a hipótese de Rutledge.

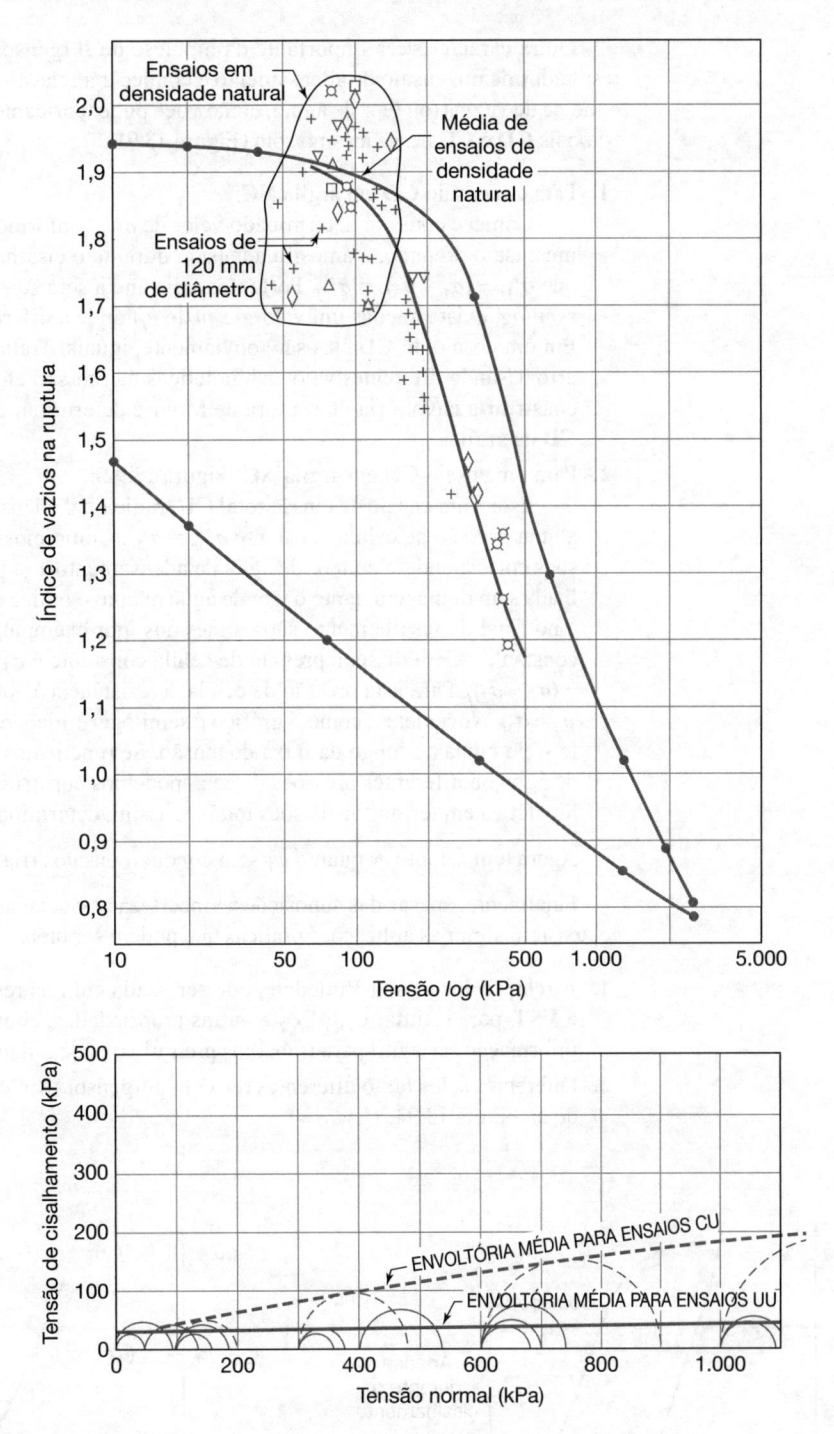

FIGURA 13.90 Resultados de adensamento e ensaios triaxiais CU e UU na argila do Lago Glacial Agassiz realizados em Northwestern (Osterberg, 1967).

Outra característica importante da hipótese de Jürgenson-Rutledge é que se você tiver os resultados de um ensaio de adensamento e conhecer a relação entre a resistência à compressão e o índice de vazios (ou teor de água), então você pode teoricamente obter os resultados de ensaios triaxiais **CD** e **CU** nesse mesmo solo (Figura 13.91).

1. Para um ensaio **CD** em argila **NC**:

    Comece com um determinado valor de σ'_{1c} conforme indicado na Figura 13.91. Por ser um ensaio drenado, a amostra adensará durante o cisalhamento e terminará em σ'_{1f}. Note que $\sigma'_{1f} - (\sigma_1 - \sigma_3)_f = \sigma'_{3f}$. Portanto, a distância será $\Delta = \sigma'_{3f}$. Por se tratar de um gráfico *semilog*, existe apenas um valor de w_f (e e_f) onde a diferença Δ entre as curvas é $\sigma'_3 = \sigma_3$. Em um ensaio de **CD** eles são, obviamente, iguais. Trata-se de uma solução de tentativa e erro. Usando diferentes valores hipotéticos da pressão efetiva de adensamento σ'_3, pode-se construir a envoltória de ruptura de Mohr e determinar o ϕ' para um ensaio hipotético de **CD** na argila.

2. Para um ensaio **CU** em argila **NC** (Figura 13.92):

    Este é um ensaio de tensão total **CU** tradicional adensado hidrostaticamente, conduzido a uma pressão de célula constante $\sigma'_{3c} = \sigma'_{1c}$. Como mostrado na Figura 13.92, essas pressões correspondem ao teor de água de adensamento w_c. Como a amostra hipotética é cisalhada sem drenagem, tanto o teor de água quanto o índice de vazios no final do adensamento e no final do cisalhamento são os mesmos; por exemplo, $w_c = w_f$ = constante e $e_c = e_f$ = constante. Além disso, a pressão de célula constante é $\sigma_{3c} = \sigma'_{3c} = \sigma_3$, e a distância $\Delta = \sigma_{3f} - (\sigma_1 - \sigma_3)_f$. Para esta pressão de célula, a resistência à compressão na ruptura é $(\sigma_1 - \sigma_3)_f$ a w_f e σ_{3f}. Novamente, como o gráfico é semilogarítmico, esse valor de Δ não é uma constante – ele muda ao longo da faixa de tensão. Se repetirmos o processo com diferentes teores de água ou diferentes pressões de cela, podemos construir a envoltória de ruptura de Mohr hipotética em termos de tensões totais e, assim, determinar o hipotético ϕ_T.

Agora temos tanto ϕ' quanto ϕ_T sem conduzir ensaios triaxiais!

Finalmente, apesar das suposições e incertezas associadas à hipótese de Jürgenson-Rutledge, existem algumas aplicações práticas que podem ser úteis.

1. A relação Jürgenson-Rutledge pode ser usada com os resultados de ensaios *in situ*, como o **VST**, para estimar C_c, ϕ', ϕ_T e outras propriedades, como mostrado na Figura 13.93. Esta informação seria útil para trabalhos preliminares de um projeto em um novo local.
2. Diferentes solos terão diferentes relações Jürgenson-Rutledge – por exemplo, como mostrado na Figura 13.94.

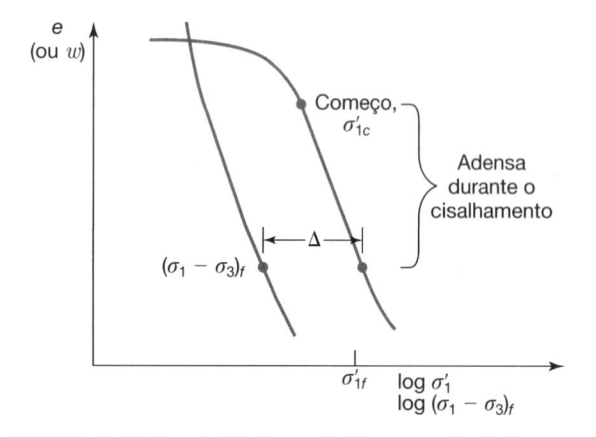

FIGURA 13.91 Uso da hipótese de Jürgenson-Rutledge para determinar os resultados de um ensaio triaxial CD.

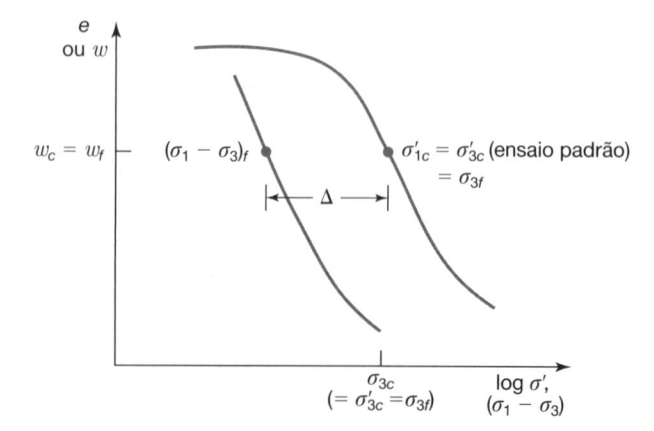

FIGURA 13.92 Uso da hipótese de Jürgenson-Rutledge para determinar os resultados de um ensaio triaxial CU.

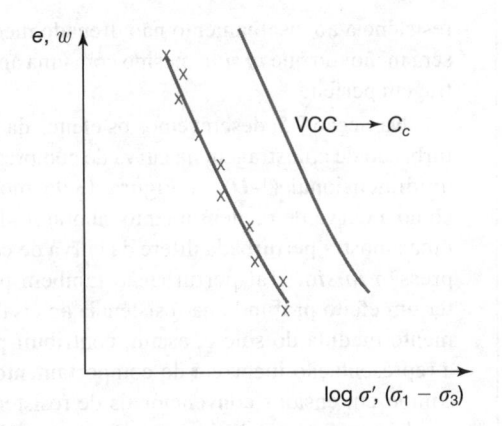

FIGURA 13.93 Usando o VST ou outras estimativas da resistência ao cisalhamento não drenado *in situ* e o VCC para estabelecer a relação de Jürgenson- Rutledge para um depósito de argila.

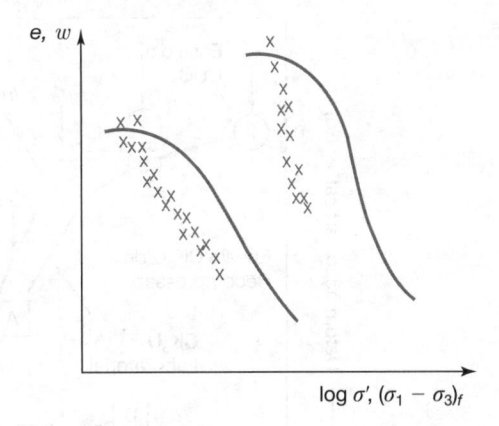

FIGURA 13.94 Diferentes relações Jürgenson-Rutledge para diferentes depósitos de solo.

3. Se o depósito for sedimentado, muitas vezes há uma grande dispersão nos resultados $(\sigma_1 - \sigma_3)_f$; ou seja, eles não seguem a hipótese de Jürgenson-Rutledge (desenvolvida para solos argilosos). Isto significa que basicamente se comportam como solos granulares e, por exemplo, uma análise de estabilidade em termos de tensões totais não seria adequada para este local.

Lembre-se de que você ainda tem problemas de perturbação e qualidade da amostra, especialmente em depósitos de argilas sensíveis e moles, mas, para esses locais, as suposições de Jürgenson-Rutledge não são basicamente piores do que normalmente fazemos para ensaios de resistência e adensamento na prática geotécnica.

13.13.4 Métodos de adensamento para superar a perturbação de amostras

Mencionamos várias vezes anteriormente que amostras de solo são retiradas do subsolo para um ensaio em laboratório posterior a fim de obter suas propriedades de engenharia. Como essas propriedades *in situ* dependem de teor de água, densidade e estrutura do solo, bem como do histórico de tensões do depósito, em geral tentamos coletar amostras de solo que estejam tão intactas quanto possível. A investigação subterrânea e a amostragem de solo não perturbado são discutidas, por exemplo, em Hvorslev (1949), Lowe e Zaccheo (1991) e Becker (2001). Existem também vários recursos na Internet disponíveis, incluindo vídeos, que abordam este tópico.

Os três fatores principais que fazem a resistência ao cisalhamento medida ser menor do que *in situ* são: efeitos da taxa de deformação (descritos nas Seções 13.10.4 e 13.13.7; anisotropia (comportamento diferente em diferentes direções e medido sob diferentes sistemas de tensão – discutido na Seção 13.13.5; e perturbação da amostra. A perturbação da amostra resulta de distorção de cisalhamento, mudanças no conteúdo e densidade da água e outros efeitos no solo à medida que a amostra é extraída.

As amostras de solo são mais comumente obtidas em tubos de aço de paredes finas ou algum outro tipo de recipiente cilíndrico. As amostras são extrusadas dos tubos, e as amostras individuais são aparadas adequadamente e colocadas no aparelho de ensaio. Todo esse processo de amostragem e ensaio apresenta diversas oportunidades para perturbações mecânicas e alterações no teor de água e no índice de vazios que farão o comportamento medido ser muito diferente do comportamento que ocorrerá no campo. Na Seção 13.6, descrevemos brevemente a trajetória das tensões quando coletamos amostras de argila normalmente adensadas de um depósito de argila mole; elas estão sempre perturbadas até certo ponto. Mencionamos que a

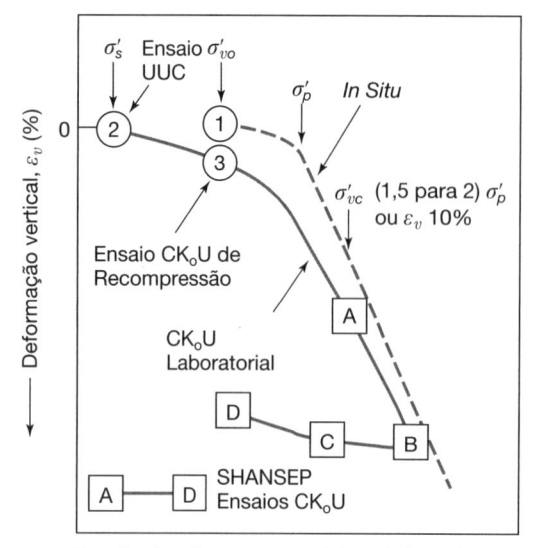

FIGURA 13.95 Esquema dos procedimentos de readensamento laboratorial para superar os efeitos de perturbação da amostragem (adaptada de Ladd e DeGroot, 2003).

resistência ao cisalhamento não drenado medida será menor do que *in situ*, mesmo com uma amostragem perfeita.

Na Seção 7.5, descrevemos os efeitos da perturbação de amostragem na curva de compressão unidimensional (1-*D*). A Figura 13.95 mostra como a curva de readensamento laboratorial em uma amostra perturbada difere da curva de compressão *in situ*. Tal perturbação também pode ter um efeito profundo na resistência ao cisalhamento medida do solo e, assim, contribuir para a representação incorreta do comportamento de campo em ensaios convencionais de resistência em laboratório. A designação de ensaio **UUC** representa um ensaio de compressão não confinado, e CK_oU indica um ensaio triaxial que é adensado unidimensionalmente (CK_o) antes de ser cisalhado e não drenado (**U**).

A fim de minimizar os efeitos da perturbação da amostragem no comportamento de cisalhamento medido, dois métodos foram desenvolvidos nos quais as amostras são readensadas antes da aplicação das tensões de cisalhamento até a ruptura. Estas são as técnicas de (1) **Recompressão** e (2) técnica **SHANSEP** (SHANSEP significa histórico de tensão e propriedades normalizadas de engenharia do solo). Embora ambos os métodos envolvam readensamento, os princípios são bastante diferentes em termos de fundamentos.

No método de recompressão, desenvolvido no Norwegian Geotechnical Institute (**NGI**) por Bjerrum (1973) e colaboradores, σ'_{vo} e σ'_{ho} são reaplicados para recuperar deformações impostas ao solo durante a amostragem e para expulsar qualquer água que pode ter sido absorvida devido ao inchaço do solo induzido pela amostragem. O método de recompressão reaplica tensões da tensão efetiva de amostragem (σ'_s no Ponto 1 na Figura 13.95) ao σ'_{vo} e ao σ'_{ho} no Ponto 2. Uma vez alcançado este estado de tensão, ocorre o ensaio de cisalhamento usual do solo.

O método **SHANSEP** (Ladd e Foott, 1974) assume que, para muitas argilas, o comportamento em um determinado modo de cisalhamento (p. ex., compressão ou extensão) é determinado pela taxa de sobreadensamento **OCR** da argila. Amostras de argila podem ser carregadas em compressão 1-*D* além de sua pressão de pré-adensamento σ'_p até um estado normalmente adensado (pontos A e B na Figura 13.95) ou descarregadas até um **OCR** específico que corresponde àquele no campo (pontos C e D na Figura 13.95). Ao normalizar as tensões medidas durante o cisalhamento (normalmente dividindo pela pressão de adensamento final σ'_{vc}), podemos então estimar o comportamento no mesmo **OCR**, mas a valores de adensamento σ'_{vc} diferentes (p. ex., no σ'_{vo} *in situ* na Figura 13.95). Na verdade, uma equação generalizada pode ser desenvolvida para prever a resistência ao cisalhamento não drenado τf para qualquer **OCR** para determinado solo cisalhado em determinado modo:

$$\frac{\tau_f}{\sigma'_{vc}} = S(\mathrm{OCR})^m \qquad (13.53)$$

onde S = ao valor de τ_f/σ'_{vo} para **OCR** = 1; e

m = uma constante determinada a partir dos dados de ensaio.

Então, qual método é o melhor ou o mais válido? O método de recompressão foi originalmente desenvolvido para argilas mais estruturadas e sensíveis, e como este método readensa até

Capítulo 13 Tópicos avançados em resistência ao cisalhamento de solos e rochas

σ'_{vo}, que é menos do que σ'_p, ele não desestrutura a argila antes do cisalhamento. Contudo, o método requer amostras de alta qualidade, de modo que os pontos 1 e 3 da Figura 13.95 não sejam significativamente diferentes. Se esses pontos tiverem níveis de deformação ou índices de vazios significativamente diferentes (devido à perturbação da amostragem), isso poderá resultar um comportamento laboratorial enganosamente diferente. Em comparação, o método **SHANSEP**, ao adensar argilas muito além de σ'_p, desestrutura o solo de forma significativa, de modo a impor um novo histórico de tensões. Como resultado, o **SHANSEP** tende a ser mais adequado para argilas moles ou mesmo duras que foram sobreadensadas mecanicamente (ao contrário daquelas que foram afetadas pelo sal ou por outros efeitos de cimentação) e fornece uma estimativa conservadora de resistência para solos mais estruturados.

13.13.5 Anisotropia

Você provavelmente se lembra de aprender no curso de mecânica básica que um material **isotrópico** tem as mesmas propriedades mecânicas em todas as direções, enquanto as propriedades de um material **anisotrópico** dependem da direção. Em geral, assumimos que os depósitos de argila são isotrópicos, mas na verdade o comportamento mecânico da maioria das argilas depende da direção – ou seja, a resistência ao cisalhamento e a compressibilidade dependem da direção do carregamento em relação à direção da deposição (comumente assumida como sendo vertical). Essa característica é fundamentalmente o resultado da chamada **anisotropia inerente ou intrínseca**, resultante da orientação preferida das partículas que se desenvolveu durante a deposição no histórico de tensão subsequente. Tanto características do microtecido quanto do macrotecido como varves e emendas (ver Seção 3.10) contribuem com a anisotropia inerente do depósito de argila.

A anisotropia inerente leva a variações na resistência ao cisalhamento não drenado, no módulo, na resposta da pressão neutra durante o carregamento não drenado e nos parâmetros de Mohr-Coulomb c' e ϕ' (Hvorslev, 1960; Saada e Bianchini, 1975; Ladd et al., 1977). Para a resistência ao cisalhamento, o ângulo δ entre a direção da tensão principal maior σ_1 e a vertical é usado para indicar a direção do carregamento. Assim, para ensaios de compressão tradicionais $\delta = 0°$, e para ensaios de extensão $\delta = 90°$. Os ensaios de cisalhamento direto e de cisalhamento direto simples impõem ângulos δ na ruptura que estão em algum lugar nessa faixa, embora não se saiba exatamente onde.

A medição da anisotropia em argilas é confusa em razão de outro tipo de anisotropia, chamada por vários autores de **sistema de tensão, anisotropia induzida, aparente ou evolutiva**. Isso ocorre quando um solo é adensado sob condições K_o e então cisalhado de tal forma que as tensões principais giram e o ângulo δ muda durante o cisalhamento. Por exemplo, uma amostra adensada K_o, em uma cela triaxial a um estado normalmente adensado ($\sigma'_{3c}/\sigma'_{1c}$ e $K_o < 1$) e então cisalhado na extensão axial que começa em um estado $\delta = 0°$ (σ'_{1c} é vertical durante o adensamento), e então as principais tensões giram à medida que a trajetória de tensão se move na faixa de tensão de cisalhamento de extensão. Então $\delta = 90°$ e $q = \frac{1}{2}(\sigma_v - \sigma_h) < 0$ (ver Figura 13.17). Esta rotação de 90° na direção de σ_1 resulta em uma mudança significativa na anisotropia aparente do solo. Se o carregamento em extensão fosse interrompido antes da ruptura e então fossem aplicadas tensões de compressão axiais, isso resultaria em resistência à compressão muito menor do que se a rotação da tensão principal não tivesse ocorrido em primeiro lugar. Assim, o cisalhamento de extensão axial altera a anisotropia preferida do solo de sua orientação de compressão original para um estado mais neutro, levando a uma menor resistência à compressão. Um tipo semelhante de experimento poderia ser feito em um solo que é K_o–adensados, descarregado até um estado fortemente sobreadensado ($K_o > 1$) e então cisalhado em compressão axial.

Para estudar ambos os tipos de anisotropia, dispositivos de ensaio especializados, como celas de cisalhamento direcionais (Arthur et al., 1980), celas cuboidais ou triaxiais verdadeiras e dispositivos de cilindro oco de cisalhamento torcional (Seção 8.6.3) foram usados. Conforme observado por Ladd et al. (1977), muitas vezes, para fins práticos, basta caracterizar o efeito combinado da anisotropia inerente e induzida, e isso é feito da melhor forma usando ensaios nos quais as amostras são K_o–adensados ao seu estado de tensão *in situ* antes do cisalhamento.

A anisotropia é importante na prática porque afeta fatores como o módulo e a superfície de escoamento e, portanto, a resistência ao cisalhamento das argilas, como acabamos de explicar. Uma ilustração importante da importância da anisotropia está na escolha da resistência ao cisalhamento para análises de estabilidade. Por exemplo, considere o aterro em solo macio mostrado na Figura 13.96. A variação da resistência ao cisalhamento ao longo de uma superfície de deslizamento potencial pode variar significativamente e, para medir a resistência ao cisalhamento correta, um tipo diferente de ensaio seria apropriado para diferentes porções da superfície de deslizamento potencial.

Bjerrum (1972, 1973) sugeriu que a melhor maneira de estimar a estabilidade de aterros em argilas moles era usar ensaios triaxiais **AC**, de cisalhamento simples direto (**DSS**) e ensaios triaxiais **AE**, todos readensados ao seu estado de tensão *in situ* (o método de recompressão descrito na Seção 13.13.4), conforme mostrado na Figura 13.96. Diferentes resistências ao cisalhamento seriam apropriadas para diferentes segmentos da superfície de deslizamento, normalmente ⅓ – ⅓ – ⅓ cada, para o caso de aterro.

Um resumo dos dados de τ_f/σ'_{vo} medidos em ensaios triaxiais **TC**, **AC** e K_o–adensados, de cisalhamento simples direto (**DSS**) e ensaios triaxiais **AE** e **TE** em diversas argilas **NC** é mostrado na Figura 13.97. Você pode ver que a resistência não drenada pode variar significativamente dependendo do tipo de ensaio. Jamiolkowski et al. (1985) concluíram que: (1) argilas menos plásticas e mais sensíveis têm mais anisotropia em comparação com argilas altamente plásticas; (2) o uso apenas de ensaios de compressão triaxial não drenados hidrostaticamente adensados ou mesmo ensaios de compressão triaxial não drenados K_o–adensados para obter a resistência ao

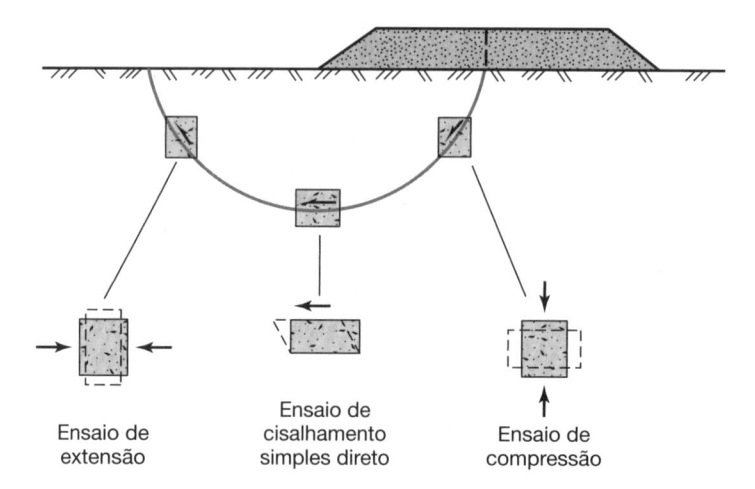

FIGURA 13.96 Relevância dos ensaios de cisalhamento de laboratório para a resistência ao cisalhamento necessária para análises de estabilidade (Bjerrum, 1972; 1973).

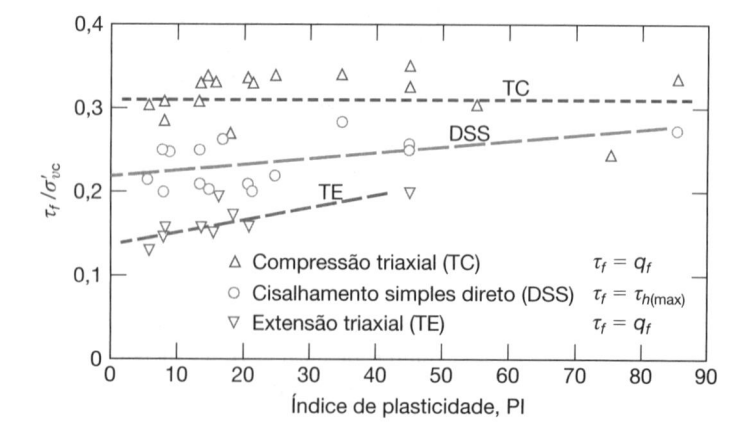

FIGURA 13.97 Anisotropia de resistência ao cisalhamento não drenado de ensaios triaxiais não drenados K_o–adensados em argilas NC, com dados da University of British Columbia, Sherbrooke e Laval Universities, no Canadá, MIT nos Estados Unidos, e do Norwegian Geotechnical Institute, na Noruega (adaptada de Jamiolkowski et al., 1985).

cisalhamento não drenado τ_f para análise de estabilidade não costuma ser seguro para argilas de **OCR** baixo a moderado. Isso ocorre porque a resistência ao cisalhamento medida na compressão triaxial é maior do que a medida pelos outros dois tipos de ensaios. Usar apenas a resistência **CA** superestimaria gravemente o fator de segurança calculado e poderia resultar em um projeto inseguro.

Então... o que você deveria fazer? Como Bjerrum (1972 e 1973) e Jamiolkowski et al. (1985) recomendam, se possível, a realização de ensaios **DSS**, extensão triaxial e ensaios de compressão triaxial em amostras não perturbadas de alta qualidade. Se tal programa de ensaios não for possível, então realize ensaios de adensamento em amostras de alta qualidade (Holtz et al., 1986) para obter o σ'_p e o **OCR**; então, use a Equação (13.54) para estimar τ_f/σ'_{vo}.

$$\frac{\tau_f}{\sigma'_{vc}} = (0{,}23 \pm 0{,}04)(\text{OCR})^{0,8} \tag{13.54}$$

Eles sugerem fortemente que o uso dessa equação empírica será mais confiável do que a realização apenas de ensaios de compressão triaxial não drenada adensados hidrostaticamente para determinar a resistência ao cisalhamento não drenado para a análise de estabilidade!

Na Seção 13.13.3, quando discutimos o índice τ_f/σ'_{vo}, mencionamos a descoberta interessante de Mesri (1975) de que a resistência ao cisalhamento mobilizada não drenada no campo era quase igual a 0,22 σ'_p e independente da plasticidade de uma argila mole (Figura 13.84e), ou:

$$\frac{\tau_f}{\sigma'_p} = 0{,}22\sigma'_p \tag{13.55}$$

Mesri (1989) em uma reavaliação, mostrou que essencialmente a mesma relação pode ser obtida a partir de ensaios de cisalhamento em laboratório, desde que a anisotropia e a taxa de deformação sejam contabilizadas corretamente. Discutimos os ensaios de cisalhamento das palhetas nas Seções 8.7.1 e 9.11.4, quando mencionamos que o **VST** é um ensaio *in situ* comum para determinar a resistência ao cisalhamento não drenado de argilas moles. O fator de correção de Bjerrum μ (Figuras 9.45 e 13.84c) foi utilizado provavelmente devido a efeitos de anisotropia e taxa de deformação não contabilizados pelo **VST**. Embora, como mencionamos, Bjerrum (1973) tenha recomendado o uso de ensaios triaxiais **AC**, **DSS** e **AE** após a recompressão para tensões *in situ*, ele reconheceu que tal abordagem pode não ser prática para a maioria dos projetos. Portanto, ele sugeriu que a resistência corrigida do **VST** não drenado pudesse ser usada. Em outras palavras, $\tau_{f(\text{mob})}$ determinado a partir de um programa de ensaios de resistência laboratoriais caros e de alta qualidade pode não ser significativamente diferente do τ_f corrigido determinado pelo **VST**.

Mesri adicionou aos resultados de ensaios laboratoriais da Figura 13.97 alguns dados de **VST** (curva **FV** = "palheta de campo"), conforme mostrado na Figura 13.98, e então assumiu que $\tau_f/\sigma'_p \approx \tau_f/\sigma'_{vc}$.

Apesar da dispersão, os resultados foram encorajadores. Em seguida, Mesri aplicou o fator de correção μ ao **VST** (Figuras 9.45 e 13.84c), bem como correções para a taxa de deformação derivadas de diversos estudos de Chandler (1987). Esses resultados são mostrados na Figura 13.99. As duas curvas são (1) μ_{R100} para t_f = 100 min, um tempo típico até a ruptura para ensaios de resistência em laboratório, e (2) μ_{R10000} para t_f = 10.000 min ou cerca de uma semana, um tempo típico até a ruptura para um aterro. Também são mostrados nesta figura os fatores de correção μ e μ_R; o primeiro é das Figuras 9.45 e 13.84c e o segundo é da modificação de Bjerrum (1973) para efeitos de taxa de deformação. É notável que ele corresponda tão bem aos dados de μ_{R10000} de Chandler.

Mesri aplicou então a razão de μ_{R10000} e μ_{R100} ao τ_f/σ'_p dos ensaios **AC**, **DSS** e **AE** a um terço da superfície de ruptura na Figura 13.97 para obter a razão $\tau_{f(\text{mob})}/\sigma'_p$, ou

$$\frac{\tau_{f(\text{mob})}}{\sigma'_p} = \frac{1}{3}\left[\left(\frac{\tau_f}{\sigma'_p}\right)_{TC} + \left(\frac{\tau_f}{\sigma'_p}\right)_{DSS} + \left(\frac{\tau_f}{\sigma'_p}\right)_{TE}\right]\frac{\mu_{R\ 10.000}}{\mu_{R\ 100}} \tag{13.56}$$

Quando isso é plotado na Figura 13.100, vemos que $\tau_{f(\text{mob})}/\sigma'_p$ de fato é independente de **PI**; ou

$$\tau_{f(\text{mob})} = 0{,}22\sigma'_p \tag{13.57}$$

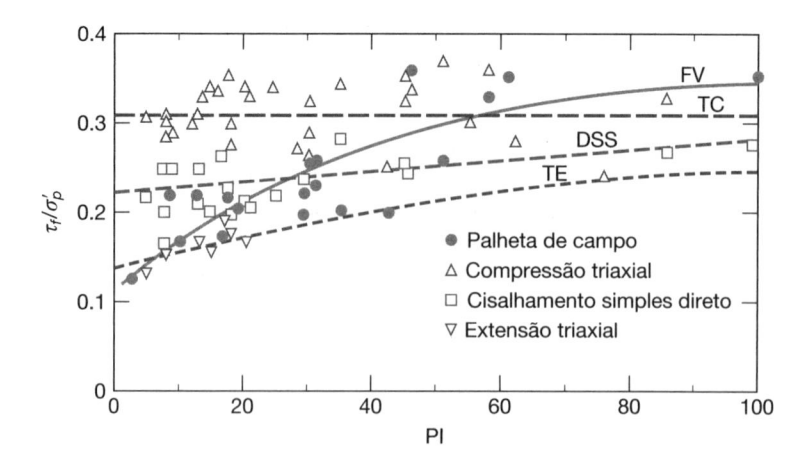

FIGURA 13.98 Valores de τ_f/σ'_p de Jamiolkowski et al. (1985) e Chandler (1987), compilados por Mesri (1989).

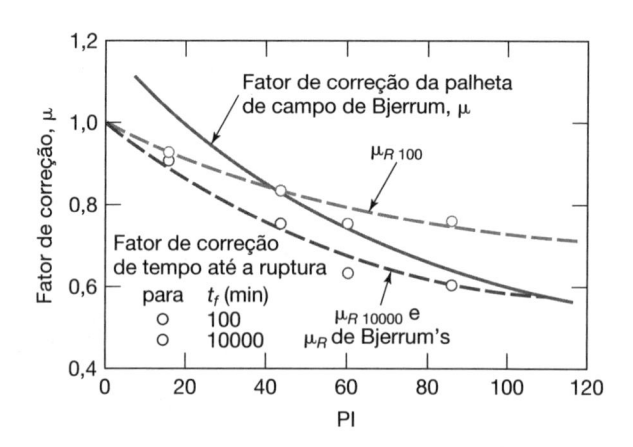

FIGURA 13.99 Fatores de correção para o ensaio VST (Bjerrum, 1973; Chandler, 1987).

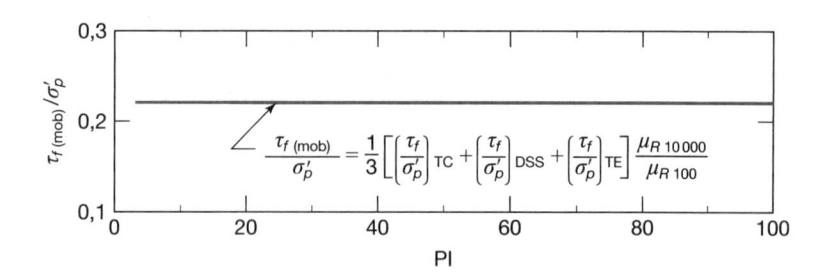

FIGURA 13.100 Resistência ao cisalhamento não drenado em campo mobilizada em ensaios de laboratório (Mesri, 1989).

$$\frac{\tau_{f\,(mob)}}{\sigma'_p} = \frac{1}{3}\left[\left[\frac{\tau_f}{\sigma'_p}\right]_{TC} + \left[\frac{\tau_f}{\sigma'_p}\right]_{DSS} + \left[\frac{\tau_f}{\sigma'_p}\right]_{TE}\right]\frac{\mu_{R\,10000}}{\mu_{R\,100}}$$

Exemplo 13.9

Contexto:

Os dados da Figura 13.99.

Problema:

Se o **PI** for 40, mostre que a Equação (13.57) é satisfatória.

Capítulo 13 Tópicos avançados em resistência ao cisalhamento de solos e rochas

Solução:
Com as Figuras 13.98 e 13.99, e usando a Equação (13.56), obtemos:

$$\frac{\tau_f}{\sigma'_p} = \tfrac{1}{3}[TC + DSS + TE]\frac{\mu_{R\,10.000}}{\mu_{R\,100}} = \tfrac{1}{3}[0,310 + 0,245 + 0,195]\frac{0,76}{0,85} = 0,244$$

Portanto, a Equação (13.57) é bastante satisfatória.

Como observa Mesri (1989), como as Equações (13.50) e (13.57) foram obtidas a partir de diferentes conjuntos de análise de dados de campo e de laboratório, é surpreendente que elas concordem tão bem, apesar da dispersão dos dados e das suposições simplistas usadas na análise de 1989. A conclusão prática, conforme observado antes, é que o uso do programa de amostragem e de ensaios laboratoriais mais demorado e, portanto, mais caro, fornece, na melhor das hipóteses, resultados comparáveis aos dos ensaios **VST** corrigidos para análises de estabilidade não drenada de argilas moles.

13.13.6 Resistência à deformação plana de argilas

Na Seção 13.4, descrevemos situações de campo nas quais existem condições de deformação plana e que são, portanto, mais apropriadamente modeladas usando ensaios de laboratório de deformação plana, nos quais são evitadas deformações em um eixo (Figura 8.22b). Condições de deformação plana podem existir para todos os tipos de materiais geotécnicos. Discutimos suas propriedades nas areias na Seção 13.11, mas, por outro lado, tem havido poucos estudos sobre as propriedades de deformação plana de solos de granulação fina e coesivos. Talvez o conjunto de dados mais completo tenha sido apresentado por Vaid e Campanella (1974), que compararam os resultados dos ensaios de deformação plana com os dos ensaios triaxiais em amostras não perturbadas de argila tipo Haney normalmente adensada (**LL** = 44, **PI** = 18 e sensibilidade 6–10). As amostras foram K_o-adensadas antes do cisalhamento e depois carregadas em condições de tensão **AC** e **AE**, tanto não drenadas quanto drenadas.

Os resultados são mostrados na Tabela 13.9 em termos de diferença máxima de tensão principal e obliquidade máxima. Também são fornecidas a deformação axial, a deformação volumétrica (para ensaios drenados), a resistência não drenada τ_f normalizada por σ'_1 (para ensaios não drenados), o valor de obliquidade, σ'_1/σ'_3, e o ângulo de atrito efetivo ϕ'. As amostras drenadas não amoleceram durante o ensaio, portanto seus estados de ruptura são definidos pela condição em $(\sigma'_1/\sigma'_3)_{máx}$. A partir desses resultados, as seguintes conclusões podem ser tiradas:

- Em comparação com os resultados dos ensaios triaxiais, os ensaios de deformação plana forneceram resistências não drenadas que foram cerca de 10% maiores na compressão e cerca de 25% maiores na extensão; os aumentos nos valores máximos de ϕ' foram 2° e 0,5°, respectivamente. As pressões neutras induzidas por cisalhamento foram aproximadamente as mesmas para compressão e ligeiramente maiores nos ensaios de extensão de deformação plana do que aqueles de extensão triaxial.
- Para os ensaios drenados, tanto os ensaios de compressão quanto os de deformação no plano de extensão apresentaram valores mais elevados de $(\sigma'_1/\sigma'_3)_{máx}$. Os aumentos de ϕ' foram apenas 0,4° a 0,8° para ensaios de descarregamento (compressão e extensão), mas essa diferença foi de 3,2° para ensaios **AC**.

Ladd et al. (1977) incorporaram esses resultados da argila tipo Haney aos de outras argilas e descobriram que, para a resistência não drenada da argila à compressão (com base em seis argilas, incluindo a argila tipo Haney)

$$\tau_{f(\text{deformação plana})}/\tau_{f(\text{triaxial})} = 1{,}03 \text{ a } 1{,}15 \tag{13.58}$$

e para extensão (com base em três argilas, incluindo a argila tipo Haney)

$$\tau_{f(\text{deformação plana})}/\tau_{f(\text{triaxial})} = 1{,}19 \text{ a } 1{,}25 \tag{13.59}$$

TABELA 13.9 Comparação dos resultados de deformação triaxial e plana em argila tipo Haney normalmente adensada*

Condições de teste	Na diferença máxima de tensão principal, $(\sigma'_1 - \sigma'_3)_{máx}$					Na obliquidade máxima, $(\sigma'_1/\sigma'_3)_{máx}$			
	Deformação axial (%)	Tensão volumétrica (%)	τ_f/σ'_1	σ'_1/σ'_3	$\phi'(°)$	Deformação axial (%)	Tensão volumétrica (%)	σ'_1/σ'_3	$\phi'(°)$
Compressão não drenada									
Deformação plana	0,4	–	0,296	2,48	25,2	4,5	–	3,20	31,6
Triaxial	0,35	–	0,268	2,15	21,4	12	–	2,98	29,8
Extensão não drenada									
Deformação plana	–10,5	–	0,211	3,57	34,3	–10,5	–	3,57	34,3
Triaxial	–13	–	0,168	3,49	33,8	–13	–	3,49	33,8
Compressão de carregamento drenada									
Deformação plana	4,5	0,9	–	2,93	29,4	4,5	0,9	2,93	29,4
Triaxial	15	3,2	–	2,84	28,6	15	3,2	2,84	28,6
Compressão de descarregamento drenada									
Deformação plana	–9	–0,8	–	3,65	34,7	–9	–0,8	3,65	34,7
Triaxial	–14	0,7	–	3,60	34,3	–14	0,7	3,60	34,3

*Todas as amostras inicialmente K_o-adensadas.
Adaptada de Vaid e Campanella (1974).

13.13.7 Efeitos de taxa de deformação

Discutimos os efeitos da taxa de deformação em areias na Seção 13.10.4, concluindo que os efeitos são mais relevantes em taxas de deformação relativamente altas. Devido à natureza viscosa das argilas, o seu comportamento mecânico tende a ser altamente dependente da escala de tempo em que são carregadas e em uma faixa muito mais ampla de taxas de deformação do que as areias. Dois aspectos dessa dependência afetam a prática de engenharia. Discutimos o primeiro na Seção 7.20, o recalque de longo prazo devido à compressão secundária em depósitos de argila. O segundo é o efeito da taxa de deformação na resistência não drenada. Até certo ponto, todas as argilas dependem da taxa de deformação de sua resistência não drenada e, em geral, quanto mais rápido se carrega um solo argiloso, mais resistente ele se torna.

Mencionamos na Seção 13.13.5 que os efeitos da taxa de deformação faziam parte do fator de correção de Bjerrum para o **VST** conduzido em depósitos de argila mole. Taylor (1948) mostrou que a resistência não drenada de uma argila azul tipo Boston amolgada aumentou cerca de 10% por ciclo logarítmico de aumento de tempo na velocidade de cisalhamento (Figura 13.101a). Bjerrum (1972) mostrou aproximadamente o mesmo aumento nos ensaios de **CU** em uma argila plástica norueguesa (Figura 13.101b). As diferenças entre a taxa de carregamento no laboratório e no campo podem afetar de forma significativa a resistência ao cisalhamento não drenado. Ladd et al. (1977) também discutiram esse ponto.

Uma maneira de expressar a dependência da resistência não drenada na taxa de deformação **SR**, é pelo parâmetro de resistência do efeito de taxa,

$$\rho_{SRo} = (\Delta\tau_f/\tau_{fo})/\Delta \log SR \tag{13.60}$$

onde τ_{fo} é a resistência não drenada em alguma taxa de deformação axial de referência, SR_o uma porcentagem e representa a mudança em τ_f ao longo de um ciclo logarítmico de mudança na taxa de deformação.

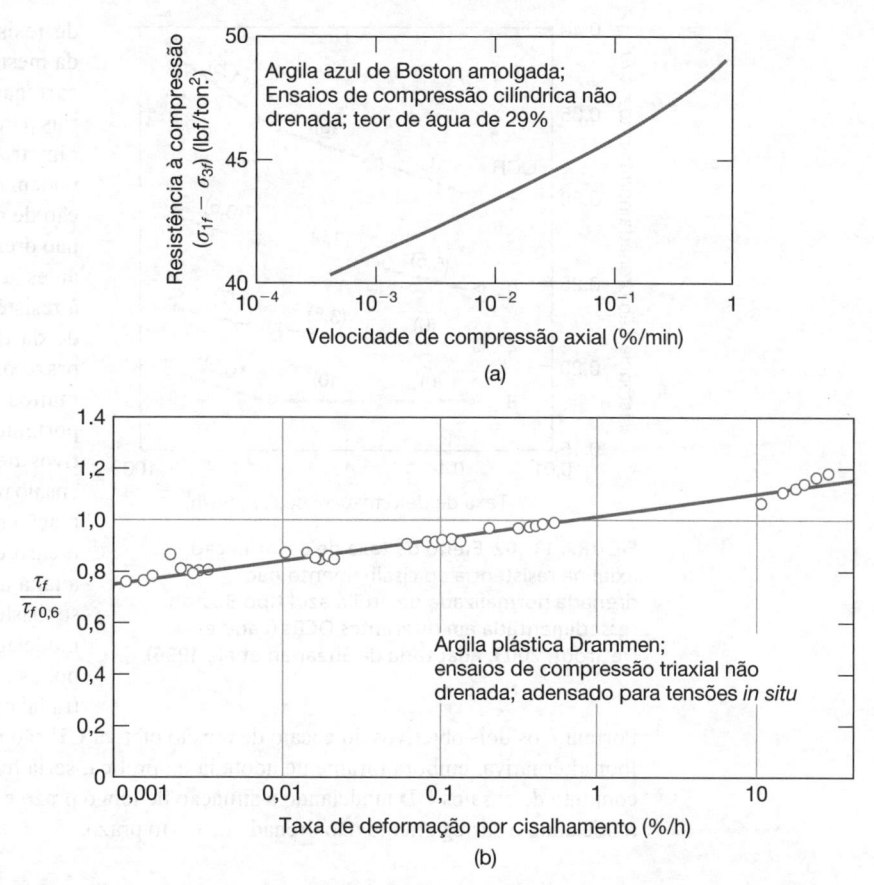

FIGURA 13.101 Efeito da taxa de carregamento na resistência não drenada de argila azul tipo Boston, EUA (a) (*apud* Taylor, 1948); tipo Drammen, Noruega, argila plástica. A relação de resistência nesses últimos ensaios é relativa à resistência à taxa padrão NGI de 0,6%/h (b) (de acordo com Bjerrum, 1972).

Sheahan et al. (1996) apresentam dados de um conjunto abrangente de ensaios **CU** K_o-adensados em amostras de argila azul tipo Boston ressedimentadas (**LL** = 45; **PI** = 24) adensados com **OCRs** de (1, 2, 4 e 8), então cisalhados em taxas de deformação variando de 0,05 a 50%/h. A Figura 13.102 mostra o resumo de τ_f normalizado pela tensão efetiva vertical máxima σ'_{vm} versus taxa de deformação. O valor de ρ_{SR_0} é relativamente independente do **OCR**, com média de cerca de 9,5%, nas taxas mais rápidas de 5 a 50%/h, mas em taxas de deformação mais baixas a dependência da taxa diminui com o aumento do **OCR**. Pode-se esperar que solos mais estruturados do que a argila azul tipo Boston ressedimentada exibam ainda mais dependência da taxa, seja qual for seu histórico de tensão.

A dependência da taxa do comportamento não drenado, se não for devidamente considerada, pode levar a superestimações da resistência não drenada, o que pode resultar em projetos menos seguros. Ladd e DeGroot (2003) estimam que, quando comparados aos valores de τ_f de ensaios de laboratório de **CU** adensados por K_o (normalmente realizados de 0,5 a 1,0%/h), os valores de τ_f não corrigidos derivados de ensaios de penetração de cone são 50% maiores, os valores τ_f de ensaios de compressão não confinados de laboratório são 15% maiores e as intensidades de campo podem ser 10% menores.

Outro problema, não mencionado com frequência, resulta da tentativa de determinar os parâmetros de resistência à tensão efetiva ou de longo prazo e os parâmetros de resistência à tensão total ou de curto prazo da mesma série de ensaios triaxiais **CU**. É prática comum, ao testar amostras compactadas de materiais de núcleo para o projeto de aterros, determinar os parâmetros

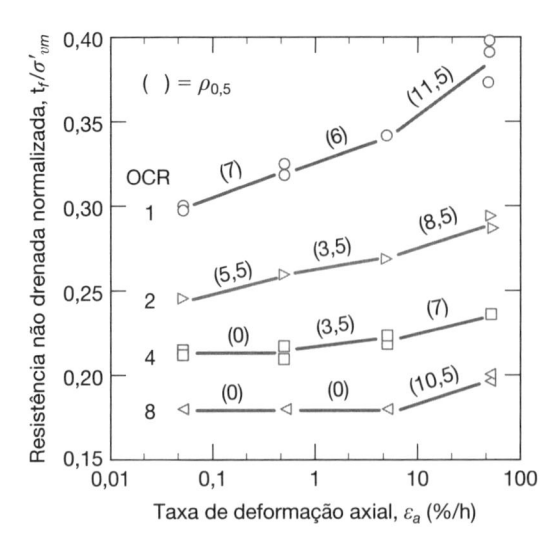

FIGURA 13.102 Efeito da taxa de deformação axial na resistência ao cisalhamento não drenada normalizada da argila azul tipo Boston ressedimentada em diferentes OCRs (Ladd e DeGroot, 2003, adaptada de Sheahan et al., 1996).

de resistência à tensão efetiva e total da mesma série de ensaios. As taxas de carregamento ou deformação necessárias para a determinação correta dos parâmetros efetivos de resistência à tensão podem não ser apropriadas para a situação de carregamento de curto prazo ou não drenado, porque, como mencionado antes, a resposta à tensão-deformação e à resistência dos solos argilosos depende da taxa. O carregamento de longo prazo ou drenado no campo pode levar muitos dias ou até semanas e meses; portanto, os parâmetros de tensão efetivos devem ser determinados em um ensaio realizado com uma taxa de deformação muito lenta. Por outro lado, para o caso de curto prazo ou não drenado, a taxa de carregamento no campo pode ser bastante rápida e, portanto, para uma modelagem correta da situação de campo, as taxas de carregamento na amostra laboratorial devem ser comparáveis.

Portanto, os dois objetivos do ensaio de tensão efetiva **CU** são realmente incompatíveis. A melhor alternativa, embora raramente adotada na prática, seria ter dois conjuntos de ensaios, um conjunto de ensaios **CD** modelando a situação de longo prazo e o outro conjunto de ensaios **CU** modelando o carregamento não drenado de curto prazo.

13.14 RESISTÊNCIA DE SOLOS NÃO SATURADOS

Praticamente toda a apresentação da resistência ao cisalhamento do solo neste livro assumiu que o solo está completamente seco ou completamente saturado ($S = 100\%$). Isto é o resultado das origens da mecânica de solos moderna e representa suposições simplistas, apesar do fato bem conhecido de que muitas aplicações geotécnicas importantes envolvem condições de saturação em algum lugar entre esses dois estados extremos. Isso inclui problemas de percolação, solos compactados para uma infinidade de aplicações (isolamento de resíduos e contaminantes, aterros construídos, solos de fundações de estradas e edifícios, e assim por diante) e solos propensos à expansão e contração severas associadas à flutuação das águas subterrâneas (Fredlund, 1997). Além disso, quaisquer aplicações de resistência ao cisalhamento para solos acima do lençol freático deveriam, idealmente, incluir a consideração da mecânica do solo não saturado. Grande parte desta seção é baseada em Fredlund e Rahardjo (1993) e Lu e Likos (2004). Recomendamos a consulta a esses livros para compreender melhor todas as complexidades envolvidas na mecânica de solos não saturados.

13.14.1 Sucção matricial em solos não saturados

O diferencial mais importante da tensão efetiva do solo não saturado e da correspondente resistência ao cisalhamento é a existência de sucção do solo, em geral denominada **sucção matricial**. Já vimos um exemplo simples de sucção matricial em nossa discussão sobre os efeitos capilares (Capítulo 5). Embora outros fatores, como interações elétricas solo-água, forças de atração de van der Waals entre partículas e solutos de água nos poros dissolvidos, possam contribuir para a sucção do solo (Lu e Likos, 2004), consideraremos apenas os efeitos capilares para compreender os fundamentos do comportamento do solo não saturado.

Como vimos no Capítulo 5, para um tubo capilar (Figura 5.2), a tensão superficial está relacionada à curvatura do menisco capilar, à altura da ascensão capilar e à pressão capilar neutra.

À medida que o solo passa de um estado saturado para um estado insaturado, a água nos poros deixa de ser contínua, mas começa a formar esses meniscos, levando a mudanças no estado de tensão efetivo. Na verdade, uma versão mais genérica da Figura 5.6b inclui a consideração da pressão do ar u_a na interface do menisco:

$$u_a - u_w = -2T/r_m \tag{13.61}$$

onde T é a tensão superficial e r_m é o raio da curvatura do menisco. Essa diferença $u_a - u_w$ é a sucção matricial.

Assim, como nos ensaios de laboratório de solos saturados é desejável controlar a pressão neutra, nos ensaios de solos não saturados é necessário controlar as pressões do ar e da água. Em todos os casos $u_a > u_w$, uma vez que esta é a condição sob a qual existem solos não saturados. Isso é feito usando-se o que é conhecido como pedra porosa de **alta entrada de ar** (**HAE**) (ou, mais provavelmente, cerâmica). Para entender como funciona o disco cerâmico **HAE**, um experimento simples pode ser realizado usando-se a configuração mostrada na Figura 13.103, na qual u_a e u_w podem ser controlados separadamente, com as fases de ar e água separadas por uma interface cerâmica **HAE**. A cerâmica **HAE** é especificada pelo seu valor de entrada de ar u_{wa}, o diferencial de pressão máximo que pode ser sustentado através do material cerâmico, que funciona essencialmente como uma membrana entre o ar e a água. Assim, um material poroso com "alto valor de entrada de ar" gera certa confusão: isso não significa que permite a entrada ou passagem de muito ar, mas significa que a água que o satura forma uma membrana que pode manter um alto nível de sucção do solo ou da matriz sem que o ar entre no sistema de medição de pressão da água. A classificação de sucção matricial para um material poroso é, portanto, inversamente proporcional ao diâmetro dos poros, com 15 bar (15 atmosferas de sucção ou cerca de –1.500 kPa) sendo a classificação mais alta citada.

Fazendo referência mais uma vez à (Figura 13.103), contanto que o valor de u_{wa} da cerâmica **HAE** seja maior do que o u_a sendo aplicado, a cerâmica **HAE** será capaz de manter o ar e a água separados devido à tensão superficial na interface cerâmica-ar-água.

Esse experimento simples pode agora ser estendido para uma configuração de ensaio de **tensão variável controlada** que pode aplicar uma tensão hidrostática total a uma amostra de solo enquanto controla as pressões intersticiais de ar e de água, como mostrado na Figura 13.104. É fácil ver que essa configuração poderia ser adaptada aos dispositivos de ensaio de adensamento triaxial, de cisalhamento direto e unidimensional. Assim como no experimento simples mostrado na Figura 13.103, o disco cerâmico **HAE** impede a entrada de ar no sistema de controle da pressão neutra, e um disco de **baixa entrada de ar** (uma pedra porosa grosseira) permite a livre troca de ar.

É importante lembrar que em tais ensaios, uma hierarquia de tensões deve ser mantida de modo que a tensão total seja $\sigma > u_a > u_w$. Quando as magnitudes desses componentes de tensão são alteradas em incrementos iguais e na mesma direção (todas aumentadas ou todas diminuídas), a sucção matricial e a **tensão normal líquida** $\sigma - u_a$, permanecem constantes. Isso é conhecido como **ensaio nulo** (Fredlund, 1973).

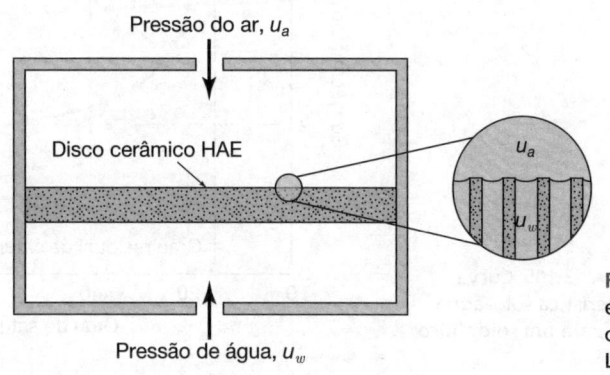

FIGURA 13.103 Posição de equilíbrio para interface ar-água-cerâmica HAE (adaptada de Lu e Likos, 2004).

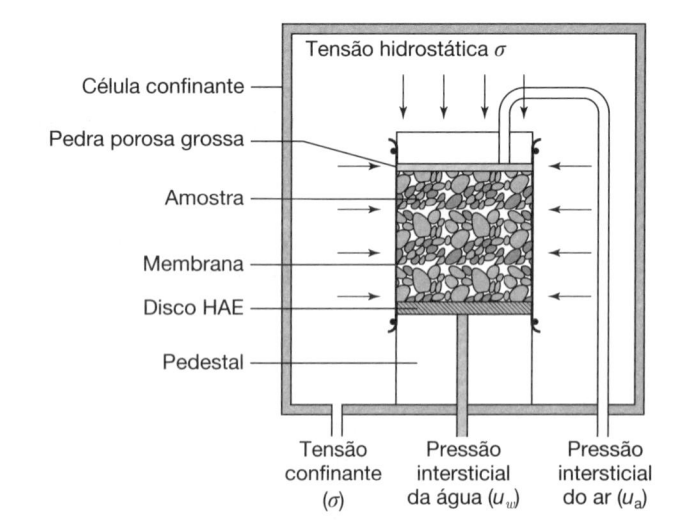

FIGURA 13.104 Exemplo de ensaio de variável de tensão controlada usando uma célula de tensão hidrostática (adaptada de Lu e Likos, 2004).

13.14.2 A curva característica solo-água

Graças à Seção 5.2.2, sabemos que a curva característica solo-água (**SWCC**) relaciona o grau de saturação do solo com sua sucção matricial e é fundamental para o estado de tensão e o correspondente comportamento de cisalhamento. A Figura 13.105 mostra a forma típica dessa relação. Vale ressaltar que o valor de entrada de ar no solo ocorre em um grau de saturação relativamente alto, normalmente superior a 90%. Isso ocorre porque a ação capilar que determina o comportamento da entrada de ar requer "colunas" de água mais ou menos contínuas através do espaço vazio do solo. À medida que o nível de saturação diminui ao longo da porção plana do **SWCC**, o regime de água nos poros permanece contínuo, até que o nível de saturação residual seja alcançado, quando a água forma meniscos interpartículas distintos.

O **SWCC**, embora seja uma relação relativamente simples, é importante enquanto estrutura para a compreensão de como o estado físico do solo (grau de saturação) impacta diretamente um fator primário no seu comportamento mecânico (via sucção matricial).

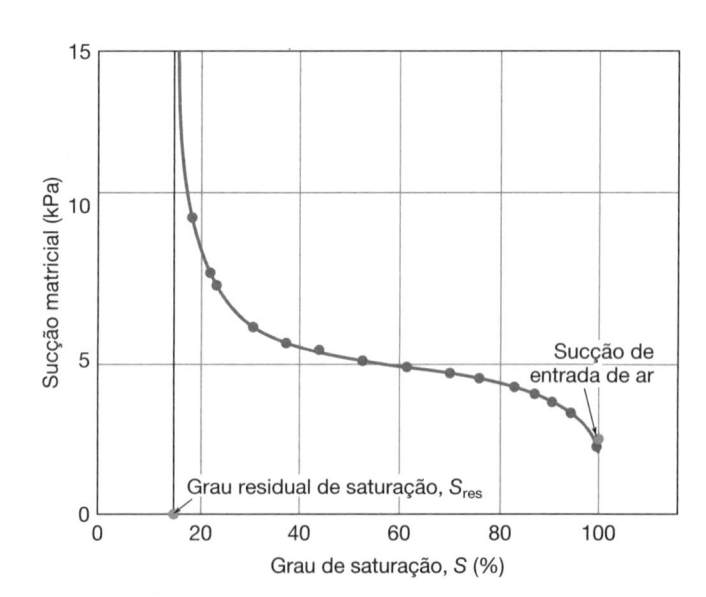

FIGURA 13.105 Curva característica solo-água SWCC para um solo típico.

13.14.3 A envoltória de ruptura de Mohr-Coulomb para solos não saturados

Bishop et al. (1960) conduziram um extenso programa experimental em solos não saturados e introduziram o parâmetro χ para caracterizar a contribuição da sucção matricial para a tensão efetiva. A equação resultante para um solo não saturado foi a seguinte:

$$\sigma' = (\sigma - u_a) + \chi(u_a - u_w) \tag{13.62}$$

Até meados da década de 1970, contudo, não existia uma estrutura sistemática para considerar a resistência ao cisalhamento de solos não saturados. Fredlund e Morgenstern (1977) apresentaram uma estrutura mecanicista para descrever a resistência ao cisalhamento que foi baseada em um princípio de estado de tensão e um critério de Mohr-Coulomb modificado que considera tanto a pressão intersticial da água u_w, quanto a pressão intersticial nos poros, u_a. O estado de tensão em qualquer plano normal para solo não saturado é dado por uma combinação de $(\sigma - u_a)$ e $(u_a - u_w)$, onde σ é a tensão normal naquele plano. Quando u_w e u_a são iguais (a sucção do solo chega a zero), a segunda parte deste estado de tensão é eliminada e ficamos com o princípio original da tensão efetiva, $\sigma' = (\sigma - u_w)$.

A partir deste conceito de estado de tensão, foi desenvolvida uma equação de Mohr-Coulomb modificada, onde a resistência ao cisalhamento τ_{ff}, é dada por:

$$\tau_{ff} = c' + (\sigma_f - u_a)\operatorname{tg}\phi' + (u_a - u_w)_f \operatorname{tg}\phi^b \tag{13.63}$$

onde ϕ^b = ângulo que representa o aumento na resistência ao cisalhamento em relação a uma mudança na sucção do solo.

Como vimos na Seção 8.4, o envelope de Mohr-Coulomb para um solo saturado (ou seco) pode ser obtido traçando os círculos de Mohr de tensão efetiva na ruptura, no espaço τ *versus* $(\sigma - u_w)$, e traçando uma linha tangente comum para esses círculos, definindo c' e ϕ'. Para solos não saturados, os círculos de Mohr são plotados em τ *versus* tensão normal líquida, $(\sigma - u_a)$, espaço para determinar c' e ϕ', mas uma terceira dimensão é adicionada ao gráfico, a sucção matricial $(u_a - u_w)$, para determinar o ângulo ϕ^b. Fazendo referência à Figura 13.106, um conjunto de três ensaios em diferentes pressões confinantes efetivas é mostrado para um solo

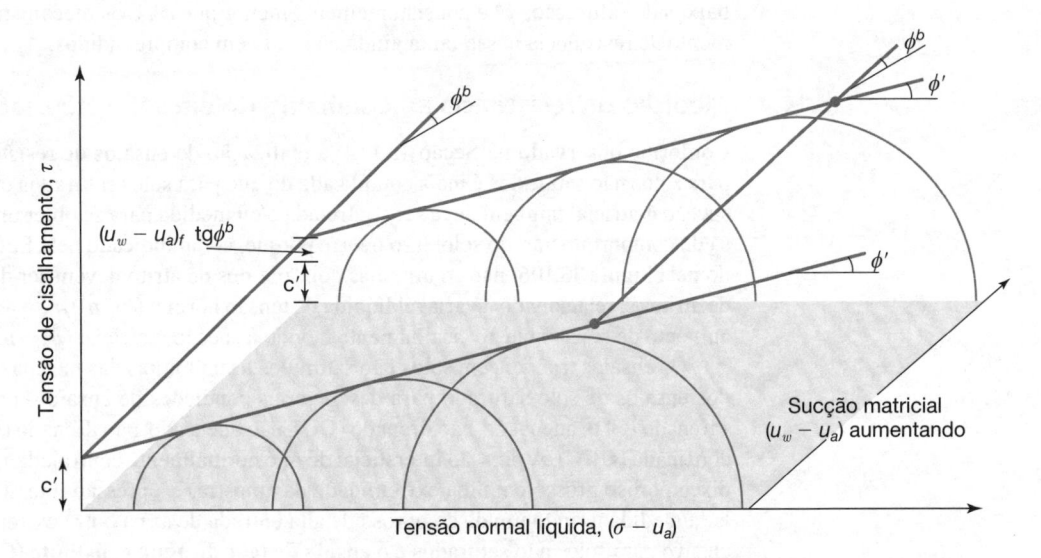

FIGURA 13.106 Conceito de envoltória de ruptura de Mohr-Coulomb estendido para solos não saturados (adaptada de Fredlund e Rajardjo, 1993).

saturado ($u_a - u_w = 0$), e um segundo conjunto é mostrado para três ensaios a alguma sucção matricial diferente de zero. Isso resulta em um conjunto de círculos de Mohr maiores (porque a sucção matricial contribui para maiores resistências ao cisalhamento em um dado $\sigma - u_a$) que são compensados pela sucção matricial, e ainda estão conectados por uma linha tangente comum no mesmo ϕ', mas com uma interceptação de coesão mais alta. A inclinação da linha que liga os respectivos envelopes é ϕ^b, o aumento da resistência ao cisalhamento devido à sucção matricial. Referindo-se ao **SWCC** na Figura 13.105, em níveis de saturação mais altos correspondentes à sucção matricial abaixo do valor de entrada de ar, a envoltória de Mohr-Coulomb permanece linear, ϕ^b está próximo de ϕ', e assim a relação convencional de Mohr-Coulomb pode ser usada. Para valores de sucção matricial além do valor de entrada de ar, a relação entre a resistência ao cisalhamento e a sucção matricial mostrou-se muito mais não linear, o que denota o regime de umidade mais complexo que é introduzido à medida que a saturação diminui (Figura 13.107). Em outras palavras, em níveis mais baixos de saturação, ϕ^b é consistentemente menor que ϕ', e os mecanismos para o desenvolvimento de resistência nessa faixa ainda não são bem compreendidos.

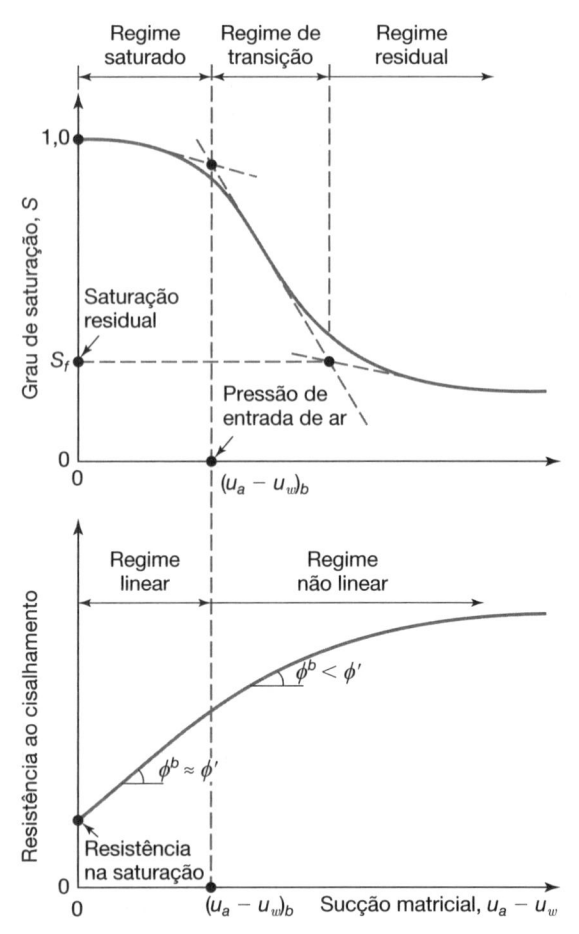

FIGURA 13.107 Relação conceitual entre curva característica solo-água e envelope de resistência ao cisalhamento não saturado (após Lu e Likos, 2004).

13.14.4 Medição da resistência ao cisalhamento em solos não saturados

Conforme observado na Seção 13.14.1, a realização de ensaios de resistência ao cisalhamento para solos não saturados é mais complicada do que para solos saturados ou secos, uma vez que a sucção matricial também deve ser controlada e/ou medida para se obter uma compreensão precisa do comportamento do solo. Isso ocorre porque, como indicado pela Equação (13.63) e mostrado pela Figura 13.106, não só um, mas dois ângulos de atrito devem ser determinados: o ângulo de atrito ϕ', relacionado à variável líquida de tensão normal $(\sigma - u_a)_f$; e o ângulo, ϕ^b, associado ao aumento da resistência ao cisalhamento devido à sucção matricial $(u_a - u_w)_f$.

Os ensaios triaxiais em solos não saturados usam muitas das mesmas designações de ensaio dos ensaios de solo saturado para descrever as condições de ensaio – por exemplo, adensado-drenado (**CD**), adensado-não drenado (**CU**), não adensado-não drenado (**UU**) e compressão não confinada (**UCC**). A pressão intersticial do ar é normalmente controlada/medida por meio de um disco poroso grosso em uma extremidade da amostra, e a pressão intersticial da água é controlada/medida usando um disco poroso de alta entrada de ar na outra extremidade. Um ensaio exclusivo para solos não saturados é o **ensaio de teor de água constante** (**CW**), no qual a amostra é adensada e depois cisalhada de tal modo que a pressão intersticial do ar é mantida constante, mas a linha de água nos poros é mantida fechada como em um ensaio não drenado. Para um ensaio **CD**, tanto a tensão confinante líquida ($\sigma_3 - u_a$) e a sucção matricial ($u_a - u_w$) continuam constantes durante o cisalhamento. Em um ensaio **CU**, **UU** e **UCC**, tanto o ar quanto a água são impedidos de sair ou entrar na amostra durante o cisalhamento. Vale ressaltar que, para ensaios não drenados em amostras com determinado grau inicial de saturação, quanto maior a tensão confinante total, maior se torna o nível de saturação, levando a condições que se aproximam de 100% de saturação. Isso resulta em um envelope de Mohr-Coulomb de tensão total mais plano em tensões confinantes mais altas, consistente com envelopes de tensão total para ensaios não drenados em solos saturados (Figura 9.38).

Para ensaios de cisalhamento direto em solos não saturados, as mesmas capacidades de controle/medição de pressão intersticial de água e ar devem estar bem estabelecidas como para o ensaio triaxial nesses solos. Valores típicos para c', ϕ' e ϕ^b para vários solos não saturados em ensaios triaxiais e de cisalhamento direto são fornecidos na Tabela 13.10.

Para solos não saturados, uma série de ensaios **UU** definirá uma envoltória de ruptura inicialmente curva (Figura 9.38b) até que a argila fique essencialmente 100% saturada devido simplesmente à pressão da cela. Mesmo que as válvulas de drenagem estejam fechadas, a pressão confinante comprimirá o ar nos vazios e diminuirá o índice de vazios. À medida que a pressão da cela aumenta, ocorre cada vez mais compressão e, então, quando uma pressão suficiente é aplicada, é alcançada essencialmente uma saturação de 100%. Portanto, como para argilas inicialmente 100% saturadas, a envoltória de ruptura de Mohr torna-se horizontal, como mostrado no lado direito da Figura 9.38b.

Outra maneira de observar a compressão de argilas não saturadas é mostrada na Figura 13.108. À medida que a pressão da célula aumenta gradativamente, o incremento medido da pressão neutra aumenta de forma gradual, até que em algum ponto, para cada incremento de pressão da célula adicionado, um incremento igual da pressão intersticial de água é observado. Neste ponto, o solo está 100% saturado e a curva sólida (experimental) fica paralela à linha de 45° mostrada na figura.

TABELA 13.10 Valores experimentais dos parâmetros de envoltórias de Mohr-Coulomb para solos não saturados

Tipo de solo	Teor de umidade (%)	Densidade seca (kg/m³)	c' (kPa)	ϕ' (deg)	ϕ^b (deg)	Procedimento de ensaio	Referência
Xisto compactado	18,6	—	15,8	24,8	18,1	Triaxial não drenado	Bishop et al. (1960)
Argila de matacão	11,6	—	9,6	27,3	21,7	Triaxial não drenado	Bishop et al. (1960)
Argila Dhanauri	22,2	1.580	37,3	28,5	16,2	CD triaxial	Satija (1978)
Argila Dhanauri	22,2	1.478	20,3	29,0	12,6	CW triaxial	Satija (1978)
Argila Dhanauri	22,2	1.580	15,5	28,5	22,6	CW triaxial	Satija (1978)
Argila Dhanauri	22,2	1.478	11,3	29,0	16,5	Triaxial não drenado	Satija (1978)
Argila cinza de Madrid	29	—	23,7	22,5[a]	16,1	CD cisalhamento direto	Escario (1980)
Granito não perturbado e decomposto, Hong Kong	—	—	28,9	33,4	15,3	CD multiestágio triaxial	Ho e Fredlund (1982)
Riolito não perturbado e decomposto, Hong Kong	—	—	7,4	35,3	13,8	CD multiestágio triaxial	Ho e Fredlund (1982)
Silte de Tappen-Notch Hill	21,5	1.590	0,0	35,0	16,0	CD multiestágio triaxial	Krahn et al. (1989)
Tilito glacial compactado	12,2	1.810	10	25,3	7–25,5	CD multiestágio cisalhamento direto	Gan et al. (1988)

[a]Valor médio.
Adaptada de Fredlund e Rahardjo (1993).

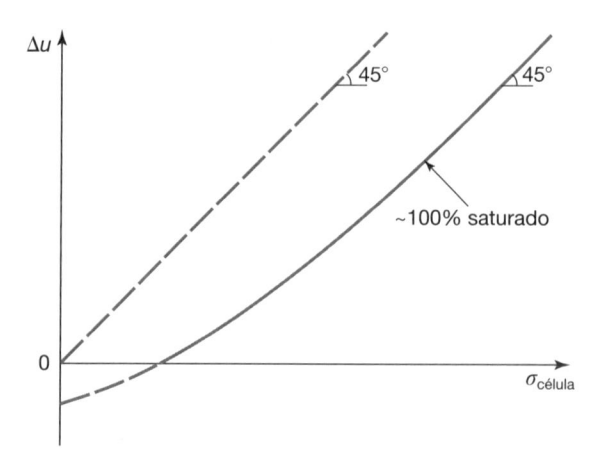

FIGURA 13.108 Resultados obtidos de um ensaio de PH em uma argila compactada não saturada (adaptada de Skempton, 1954, e Hirschfeld, 1963).

13.15 PROPRIEDADES DE SOLOS SOB CARREGAMENTO DINÂMICO

A maior parte da discussão sobre solos e rochas neste livro tratou de suas propriedades estáticas (ou quase estáticas), uma vez que, para muitos problemas geotécnicos importantes, o carregamento ou cisalhamento dos geomateriais ocorre tão lentamente que a taxa de carregamento não influencia seu comportamento. Por outro lado, a taxa de deformação influencia algumas propriedades do solo, conforme descrito na Seção 13.10.4 e 13.13.7 para areias e solos de granulação fina, respectivamente. Mencionamos também o exemplo dramático da liquefação de areias soltas saturadas (ver Seção 6.6.3). Nesta seção, descrevemos as propriedades dos solos quando são submetidos a condições de carregamento **dinâmico, vibratório** ou **cíclico**.

As condições que causam carregamento dinâmico incluem forças do vento, ação das ondas, cravação de estacas, terremotos, detonação e vibrações transitórias e de estado estacionário devido ao tráfego, equipamentos de compactação e máquinas rotativas. As vibrações podem ser de baixa ou alta frequência, periódicas (cíclicas) ou aperiódicas. As formas de onda dessas cargas dinâmicas podem ser de estado estacionário (periódicas; sinusoidais), aleatórias ou transitórias. A Figura 13.109 mostra algumas formas de onda típicas.

Como as cargas vibratórias e dinâmicas podem causar deformações excessivas ou mesmo rupturas em fundações, inclinações de terra e outras estruturas, foram desenvolvidos procedimentos de projeto especializados para a análise e projeto de fundações sujeitas a vibrações (McNeill, 1969; Richart et al., 1970), vibrações de detonação e construção (Dowding, 1985; 1996) e engenharia geotécnica de terremotos (Kramer, 1996). O Manual do Department of Defense (1997) é um resumo muito útil e prático dos problemas geotécnicos devido a cargas dinâmicas, incluindo fundações de máquinas, cargas de impacto e o efeito de movimentos sísmicos do solo na estabilidade de taludes, paredes de estacas e fundações de estacas.

13.15.1 Resposta de tensão-deformação de solos carregados ciclicamente

A teoria de mecânica das partículas, vibrações mecânicas e movimento vibratório, dinâmica de sistemas discretos e propagação de ondas em sólidos está bem desenvolvida e é a base tanto para as referências de projeto fornecidas quanto para nossa compreensão do comportamento dinâmico dos geomateriais. A partir dessa base teórica, bem como dos resultados de experimentos de laboratório, sabemos que as características de um solo que mais influenciam seu comportamento dinâmico são seu módulo de cisalhamento ou rigidez, amortecimento, coeficiente de Poisson e densidade. Destes quatro, os mais importantes são o **módulo de cisalhamento** G e a **taxa de amortecimento** λ. Tanto G quanto λ variam com a deformação por cisalhamento.

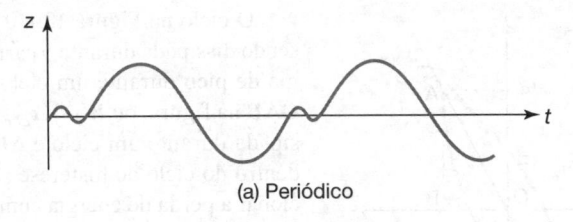

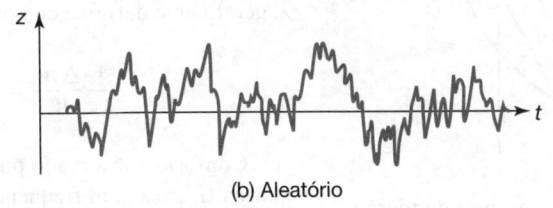

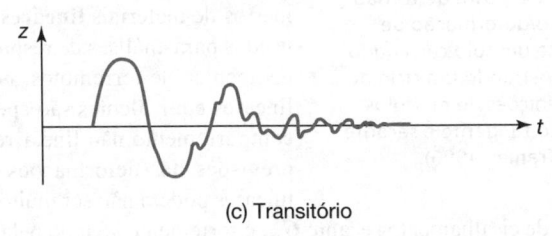

FIGURA 13.109 Formas de onda típicas: (a) periódico (a); aleatório (b); movimentos transitórios (c) (adaptada de Richart et al., 1970).

Na Seção 13.8.1, discutimos a pequena rigidez de deformação dos solos. Mencionamos que o módulo de cisalhamento para pequenas deformações G ou $G_{máx}$ é dado por:

$$G_{máx} = \rho_t V_s^2 \tag{13.24}$$

onde ρ_t = densidade total;

V_s = velocidade da onda de cisalhamento.

Por que a velocidade da onda de cisalhamento? Porque quando as ondas se propagam através dos geomateriais, são as ondas de distorção ou cisalhamento e não as ondas de compressão que causam a maior deformação da fundação ou da estrutura. É por isso que usamos o módulo de cisalhamento e não o módulo de Young (Seção 13.8.1) na dinâmica do solo. A partir da teoria da elasticidade, o módulo de cisalhamento pode ser relacionado ao módulo de Young E por

$$G = \frac{E}{2(1+\nu)} \tag{13.64}$$

onde ν = razão de Poisson. Note que tanto G quanto E são dependentes da deformação.

Quando uma carga cíclica simétrica é aplicada a um solo, sua relação tensão de cisalhamento- deformação de cisalhamento normalmente tem um ciclo de histerese semelhante ao mostrado na Figura 13.110. O ciclo possui uma inclinação que depende da rigidez ou do módulo do solo. Como mostrado na Figura 13.110, o módulo pode ser um módulo de cisalhamento **tangente** G_{tg}, que varia continuamente, ou um módulo de cisalhamento secante G_{sec}, que é a inclinação média de todo o ciclo de histerese.

$$G_{sec} = \frac{\tau_c}{\gamma_c} \tag{13.65}$$

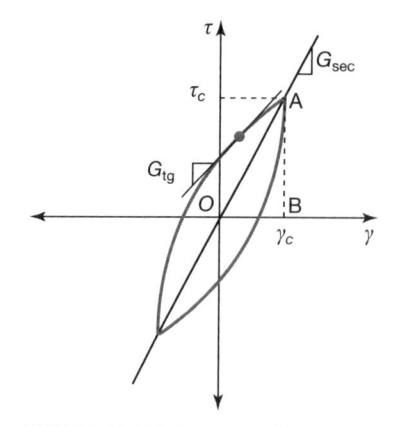

FIGURA 13.110 Resposta de tensão de cisalhamento/deformação de cisalhamento de um solo carregado ciclicamente mostrando um ciclo de histerese e definições de módulos de cisalhamento tangente e secante (adaptada de Kramer, 1996).

O ciclo na Figura 13.110 indica que a energia está sendo dissipada durante o carregamento cíclico. A energia de pico durante um ciclo W é a área do triângulo **OAB** na figura, ou $W = \frac{1}{2}\tau_c \gamma_c = \frac{1}{2}G_{sec}\gamma_c^2$. A energia dissipada durante um ciclo é ΔW, e é mostrada pela área dentro do ciclo de histerese A_{ciclo}. É conveniente relacionar a perda de energia com a taxa de amortecimento λ, geralmente definida como:

$$\lambda = \frac{1}{4\pi}\frac{\Delta W}{W} = \frac{1}{2\pi}\frac{A_{ciclo}}{G_{sec}\gamma_c^2} \qquad (13.66)$$

Conforme observado por Kramer (1996), os parâmetros G_{sec} e λ com frequência são chamados de parâmetros de materiais **lineares equivalentes** quando são usados para análises de resposta do solo em engenharia geotécnica de terremotos. No entanto, os parâmetros lineares equivalentes são apenas uma aproximação do comportamento não linear real do solo e, portanto, as previsões das deformações do solo com parâmetros lineares podem não ser muito precisas.

O módulo de cisalhamento secante G_{sec} é fortemente afetado pela amplitude de deformação cíclica, pela tensão principal média, pela razão de vazios (e, portanto, pela densidade), pelo **PI** (em solos de granulação fina) e pelo **OCR**. O módulo de cisalhamento também varia com o número de ciclos de carregamento, o que significa que, em amplitudes de deformação baixas, o módulo é alto, mas diminui à medida que o número de ciclos de carregamento aumenta. Se traçarmos o local das pontas dos ciclos de histerese com a deformação de cisalhamento cíclica, a curva resultante é chamada de **curva da espinha dorsal** como mostrado na Figura 13.111a. Esta curva também mostra que o módulo de cisalhamento na deformação zero é $G_{máx}$ e que o G_{sec} diminui à medida que a amplitude de deformação aumenta.

A diminuição no módulo de cisalhamento com o aumento na deformação é mostrada na Figura 13.111b, onde a **razão do módulo $G/G_{máx}$** é plotada contra o log da deformação de cisalhamento γ. O $G/G_{máx}$ é 1,0 com deformação zero e diminui à medida que a deformação aumenta; também é mostrada a razão correspondente γ_c. Quando a razão do módulo é mencionada na prática geotécnica, o G na razão é geralmente entendido como significando G_{seg}.

A razão pela qual a Equação (13.24) foi definida para $G_{máx}$ é que, quando G é determinado usando ensaios geofísicos que aplicam ondas de cisalhamento, as deformações são extremamente pequenas, em geral menores que 0,001%. É por isso que a curva de redução do módulo na Figura 13.111b é inicialmente plana antes de começar a diminuir com o aumento da

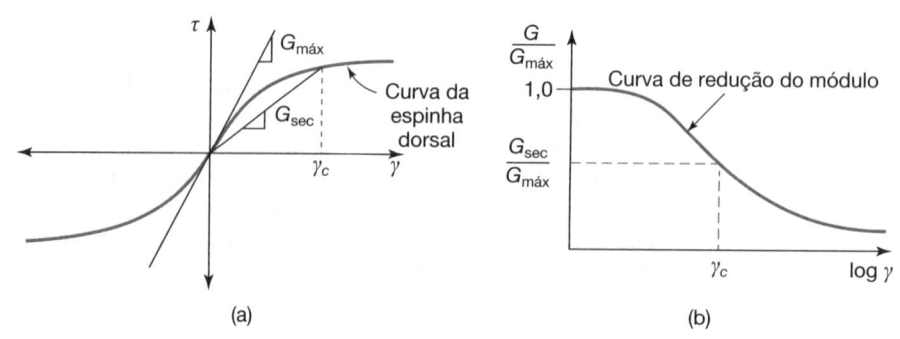

FIGURA 13.111 Curva principal mostrando a redução em $G_{máx}$ com deformação de cisalhamento (a); curva de redução do módulo com deformação por cisalhamento (b) (Kramer, 1996).

deformação de cisalhamento. O ponto em que a curva linear começa a se tornar não linear é chamado de deformação de cisalhamento limiar cíclico linear γ_{tl} (Kramer, 1996).

13.15.2 Medição de propriedades dinâmicas do solo

As propriedades dinâmicas do solo podem ser medidas em laboratório ou em campo. Os ensaios de laboratório são realizados em amostras não perturbadas ou reconstituídas e podem ser de baixa ou alta tensão. Os ensaios laboratoriais de baixa tensão incluem ensaios de coluna ressonante (**ASTM D 4015**), pulso ultrassônico e elemento dobrador. Os ensaios de laboratório de alta deformação incluem ensaios cíclicos triaxiais, cisalhamento simples direto cíclico e ensaios cíclicos de cisalhamento torcional.

Os ensaios *in situ* ou de campo também podem ser classificados como de baixa tensão ou de alta tensão. Os ensaios de baixa deformação incluem vários ensaios do tipo geofísico, como reflexão sísmica, refração sísmica (**ASTM D 5777**), perfilagem de suspensão, análise espectral de ondas de superfície (**SASW**), furo cruzado sísmico (**ASTM D 4428**), furo sísmico (**ASTM D 7400**) e ensaios de cone sísmico (**CPT**). Os ensaios de alta deformação são basicamente ensaios *in situ* convencionais (Capítulo 8) com correlações para propriedades dinâmicas. O **SPT** e seus primos **BPT**, **CPT**, **DMT** e **PMT** estão nesta categoria.

Coleta de dados dinâmicos – A maneira básica pela qual os dados dinâmicos são coletados é mostrada na Figura 13.112. Vemos o histórico de tempo durante um ensaio de cisalhamento simples direto cíclico com tensão de cisalhamento e deformação de cisalhamento sob um deslocamento senoidal (calibrado em termos de deformação de cisalhamento) a uma frequência de 1 Hz. Para cada 0,05 s, o gráfico seria lido e a tensão de cisalhamento e a deformação de cisalhamento correspondentes seriam plotadas na Figura 13.113 para formar um ciclo de histerese. O módulo de cisalhamento seria encontrado como a inclinação da linha CA, mostrada tracejada. O módulo do acorde G_{sec} para este ensaio é de 2.000 psf. A porcentagem de amortecimento crítico (histerético) é dada pela Equação (13.66) expressa como porcentagem. Para a Figura 13.113, o valor resultante de λ_h é 8,8%. O *h* subscrito denota amortecimento histerético.

Além de obter dados de ensaios cíclicos, os módulos e amortecimentos também podem ser obtidos a partir de **ensaios de vibração livre**. Basicamente, você "puxa a corda do violino" – ou seja, desloca a amostra de solo (ou outra estrutura) e a solta antes que a amostra possa reagir.

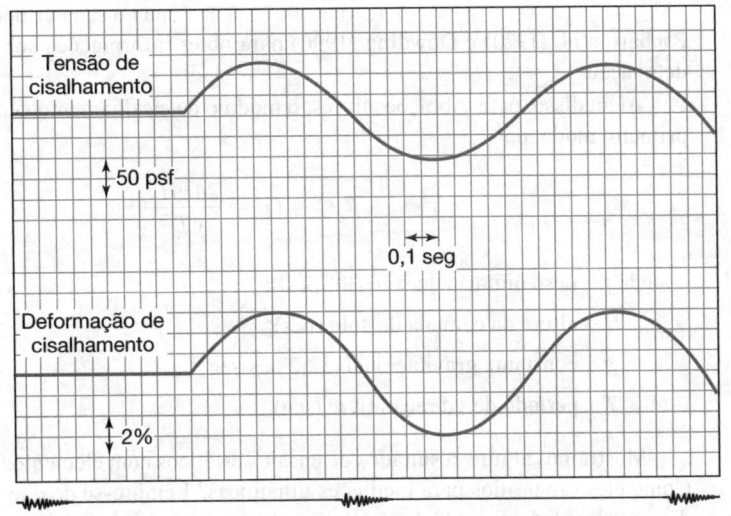

FIGURA 13.112 Dados típicos de ensaios de cisalhamento simples cíclicos em argila mole amolgada $w = 88\%$.

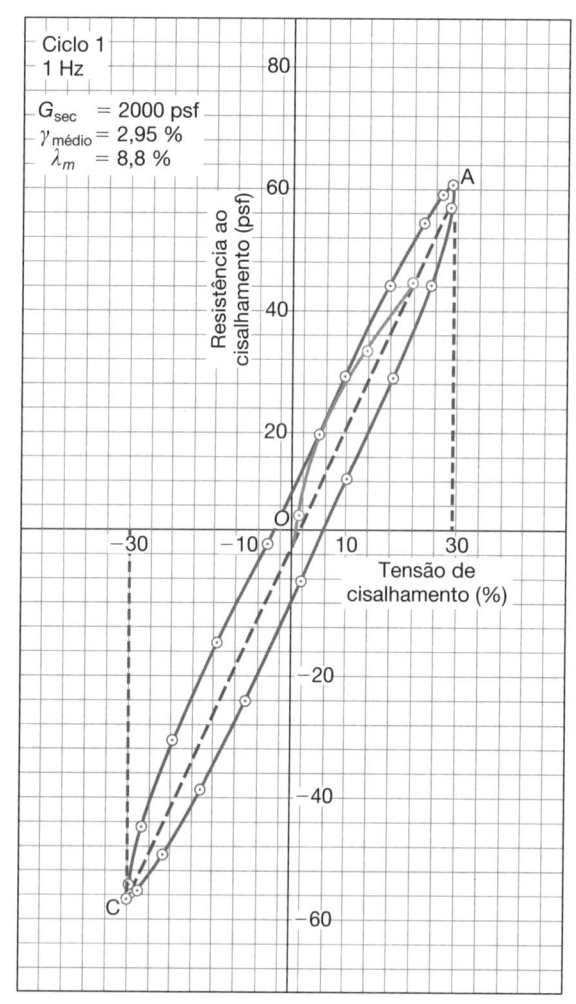

FIGURA 13.113 Curva típica de histerese de tensão de cisalhamento-deformação de cisalhamento dos dados da Figura 13.112 (unidades: psf = lbf/pés²).

(Parâmetros do gráfico: Ciclo 1, 1 Hz, G_{sec} = 2000 psf, $\gamma_{médio}$ = 2,95 %, λ_m = 8,8 %)

A Figura 13.114 mostra os resultados de um ensaio de vibração livre em uma amostra de bloco não perturbada. Em t_1 a amostra é carregada (empurrada) horizontalmente e então imediatamente liberada e deixada vibrar em sua própria frequência natural. Para pequenos valores de amortecimento, pode-se mostrar que:

$$\lambda_T = \frac{1}{2\pi} \ln \frac{x_n}{x_{n+1}} \quad (13.67)$$

onde λ_T = porcentagem de amortecimento crítico **total**;

x_n = a ordenada do enésimo ciclo;

x_{n+1} = a ordenada do $(n + 1)$ enésimo ciclo.

No exemplo mostrado na Figura 13.114, λ_T = 6,25%, e o período médio de vibração livre é de 0,080 segundos. (Para essas condições físicas, 0,080 segundos é o **período natural de vibração**.) Usamos o T subscrito para indicar que esse amortecimento não é o resultado de um estado cíclico estacionário ou de carregamento, mas de um ensaio de vibração livre. Kovacs et al. (1971) mostraram que para uma dada deformação de cisalhamento, o amortecimento de um ensaio de vibração livre é maior do que o de um ensaio de cisalhamento cíclico.

Em fundações dinâmicas e projetos de detonação, o projetista garante que a fundação que está sendo projetada nunca seja excitada por uma frequência igual ou próxima ao seu período natural de vibração. Veja Richart et al. (1970) e Dowding (1996) para obter informações sobre fundações e projetos de detonação.

Além disso, para vibrações livres, o módulo de cisalhamento G pode ser encontrado, para o primeiro modo, por:

$$G = \frac{24\gamma H^2}{gT^2} \quad (13.68)$$

onde γ = peso unitário do solo (lbf/pés³);

H = altura da camada do solo (pés);

g = constante gravitacional (32,2 pés-seg⁻²);

T = período de vibração livre (seg).

Mostramos alguns resultados de ensaios estáticos com elementos dobráveis na Seção 13.8.1. Como eles são usados para medições dinâmicas? Lembre-se de que os elementos flexores medem a velocidade da onda de cisalhamento, proporcionando, assim, uma determinação rápida e econômica do $G_{máx}$ das amostras de solo (Dyvik e Madshus, 1985).

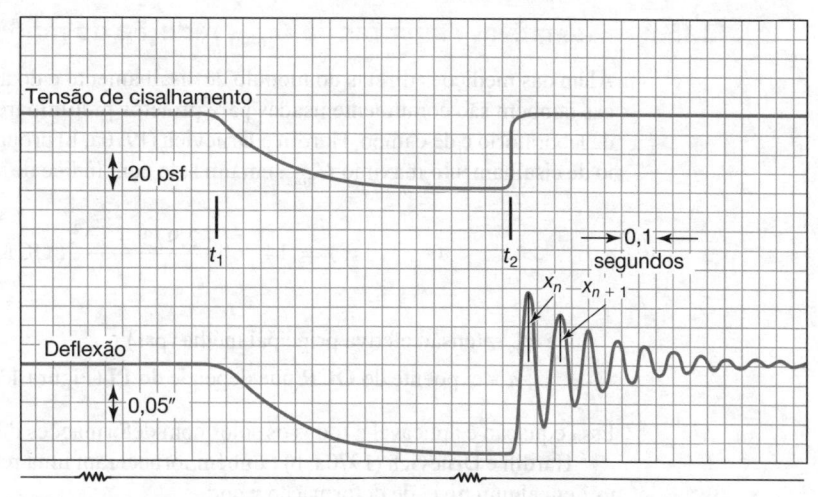

Capítulo 13 Tópicos avançados em resistência ao cisalhamento de solos e rochas 819

FIGURA 13.114 Dados típicos de ensaio de vibração livre de uma amostra de cisalhamento simples $w = 110\%$.

Devido às deformações muito pequenas, a velocidade da onda de cisalhamento V_s, está relacionada a $G_{máx}$ pela Equação (13.24). A Figura 13.115 mostra um histórico temporal da tensão de saída do receptor em um ensaio de elemento dobrador na areia tipo Mai Liao, Taiwan (Huang et al., 2004). O ponto C na Figura 13.115 é considerado o tempo de chegada da onda de cisalhamento de acordo com Kawaguchi et al. (2001). Então a velocidade da onda de cisalhamento é determinada a partir desse tempo e da distância entre o transmissor e o receptor.

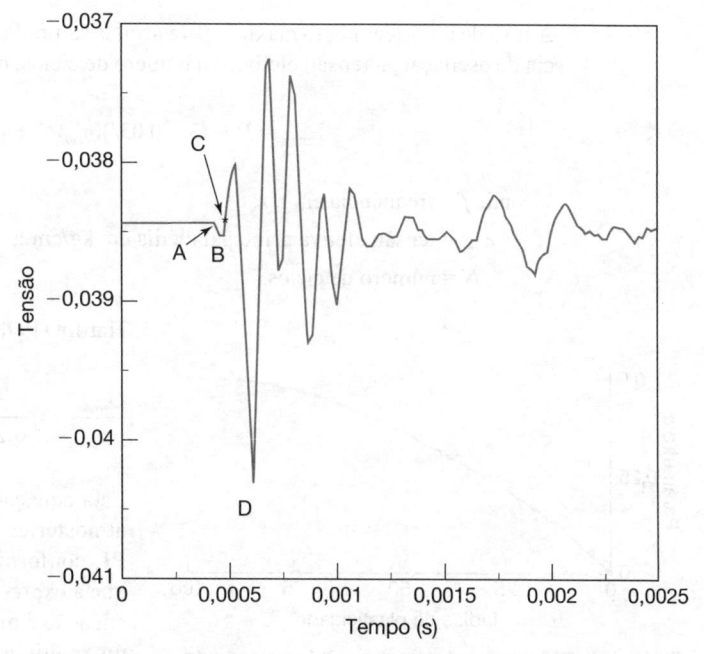

FIGURA 13.115 Histórico temporal da tensão de saída do receptor do elemento dobrador (Huang et al., 2004).

13.15.3 Estimativas empíricas de $G_{máx}$, redução do módulo e amortecimento

Além das medições diretas do módulo de cisalhamento e do amortecimento, as relações empíricas também são comumente usadas para projetos preliminares e para verificação de resultados de laboratório e de campo. Hardin e Drnevich (1970a, b) propuseram uma equação para o módulo de cisalhamento máximo $G_{máx}$, em um solo com índice de vazios (*e*), como:

$$G_{máx}(\text{psf}) = 14.760 \frac{(2{,}973 - e)^2}{1 + e}(\text{OCR})^a (\sigma'_m (\text{psf}))^{0.5} \tag{13.69}$$

onde σ'_m = tensão efetiva principal média (psf);

a = expoente do **OCR** que depende do **PI** (Figura 13.116).

Essa equação é aplicável a todos os solos com deformações de cisalhamento muito baixas.

Hardin e Drnevich (1970a, b) também forneceram uma relação para a taxa de amortecimento λ em algum nível de deformação γ por:

$$\lambda = \frac{\lambda_{máx} \frac{\gamma}{\gamma_r}}{1 + \frac{\gamma}{\gamma_r}} \tag{13.70}$$

onde $\lambda_{máx}$ = a razão de amortecimento máximo em deformações de cisalhamento muito grandes;
γ_r = uma deformação de cisalhamento de referência.

O valor máximo da taxa de amortecimento para areias é dado por:

$$\lambda_{máx} = D - 1{,}5 \log N \tag{13.71}$$

onde, *D* = 33% para areias limpas e secas;

D = 28% para areias saturadas limpas; e

N = número de ciclos.

A taxa de amortecimento máxima para argilas saturadas é mais complicada e envolve a frequência de oscilação, a tensão efetiva e o número de ciclos, ou:

$$\lambda_{máx} = 31 - (3 - 0{,}03f)(\sigma'_m)^{0.5} + 1{,}5f^{0.5} - 1{,}5 \log N \tag{13.72}$$

onde *f* = frequência em Hz;

σ'_m = tensão efetiva principal média em kg/cm²;

N = número de ciclos.

Hardin (1978) atualizou a Equação (13.70) como:

$$\frac{G_{máx}}{p_a} = \frac{625}{0{,}3 + 0{,}7e^2}(\text{OCR})^a \left(\frac{\sigma'_m}{p_a}\right)^{0.5} \tag{13.73}$$

Esta equação foi normalizada em relação à pressão atmosférica p_a. O expoente *a* do **OCR** depende do **PI**, conforme mostrado na Figura 13.116. Observe que a expressão contendo o índice de vazios *e*, nesta equação é diferente da Equação (13.70), e resulta em um multiplicador menor para todos os valores de *e*.

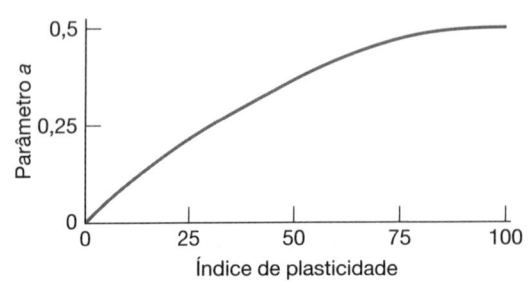

FIGURA 13.116 Parâmetro *a versus* PI (adaptada de Hardin e Drnevich, 1970b).

Seed e Idriss (1970) aproveitaram as equações desenvolvidas por Hardin e Drnevich (1970a, b) e mostraram os resultados graficamente usando valores típicos de propriedades do solo. Sua equação para o módulo de cisalhamento das areias é:

$$G_{máx} = 1.000 K_2 (\sigma'_m)^{0,5} \tag{13.74}$$

onde K_2 = função do índice de vazios, da densidade relativa e da amplitude de deformação por cisalhamento.

A Figura 13.117 mostra os efeitos do ângulo de atrito interno, da pressão confinante, do índice de vazios e de K_o na magnitude de K_2 para uma dada deformação de cisalhamento. A qualquer deformação de cisalhamento (usaremos 10^{-2} por cento, por exemplo), o valor de K_2 é **mais alto** para um ϕ' mais alto, uma pressão confinante mais alta e um K_o mais alto. Todos os quatro gráficos da Figura 13.117 têm as mesmas condições iniciais.

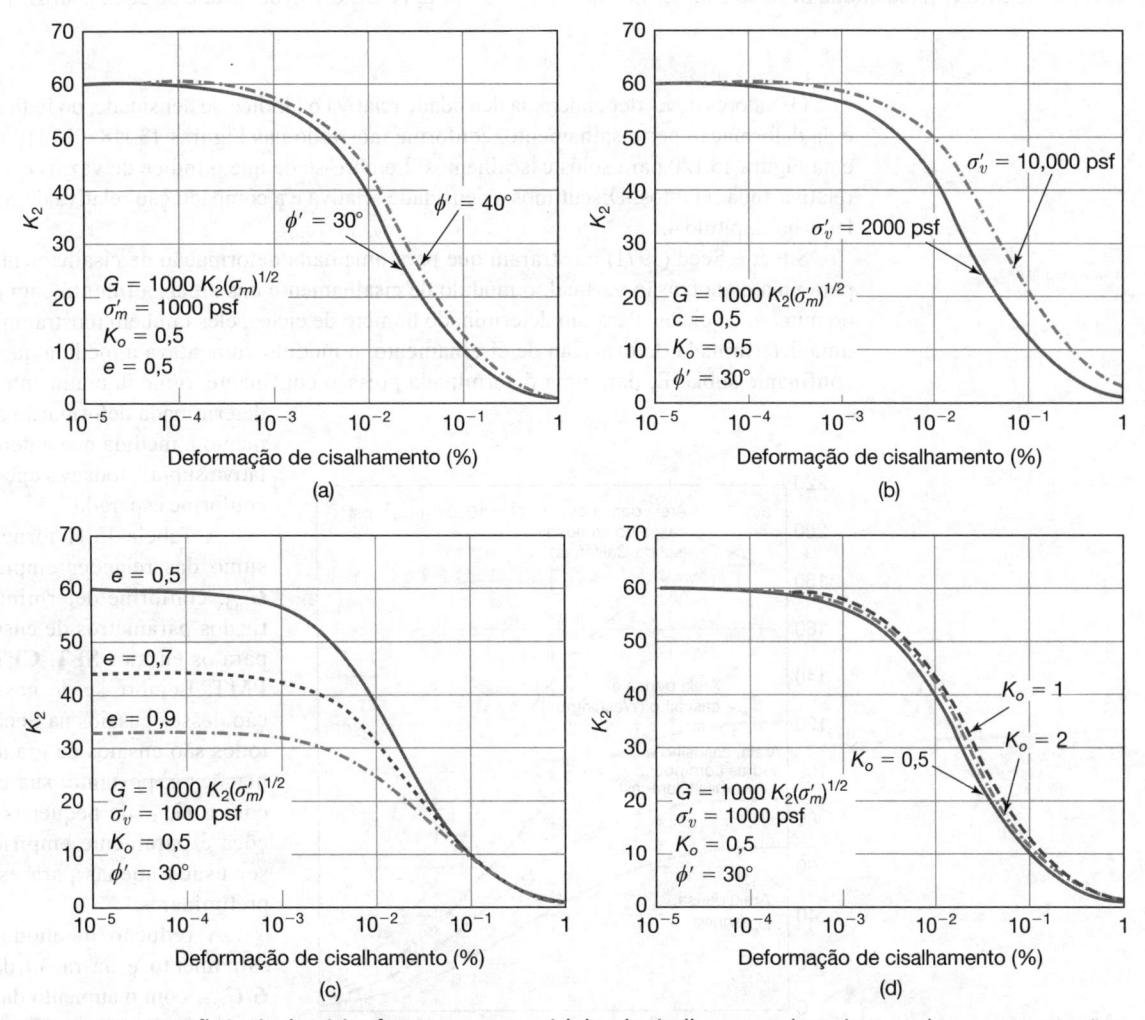

FIGURA 13.117 Influência de vários fatores para os módulos de cisalhamento de areias, com base nas expressões de Hardin e Drnevich (adaptada de Seed e Idriss, 1970): efeito do ângulo de atrito ϕ' (a); efeito da deformação vertical efetiva σ'_v (b); efeito do índice de vazios e (c); efeito de K_o (d).

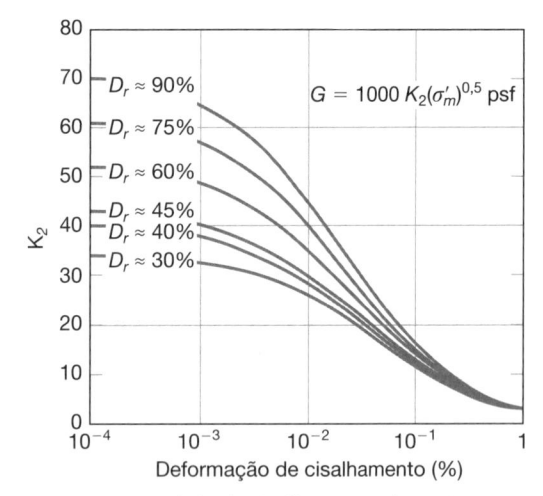

FIGURA 13.118 Módulo de cisalhamento de areias em diferentes densidades relativas, com base nas expressões de Hardin e Drnevich (adaptada de Seed e Idriss, 1970).

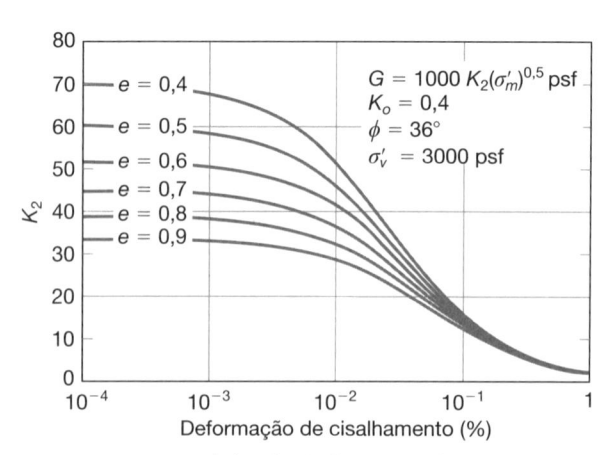

FIGURA 13.119 Módulos de cisalhamento de areias em diferentes índices de vazios, com base nas expressões de Hardin e Drnevich (adaptada de Seed e Idriss, 1970).

Os valores de K_2 dependem da densidade relativa ou índice de densidade, do índice de vazios e da deformação por cisalhamento, conforme mostrado nas Figuras 13.118 e 13.119 para areias e na Figura 13.120 para solos cascalhentos. Lembre-se de que o índice de vazios e a densidade relativa andam juntos. Discutimos a densidade relativa e a compactação relativa de solos granulares no Capítulo 4.

Silver e Seed (1971) mostraram que para uma dada deformação de cisalhamento cíclica e para uma dada tensão vertical, o módulo de cisalhamento das areias **aumenta** com o aumento do número de ciclos. Para um determinado número de ciclos, eles também mostraram que, para uma determinada deformação de cisalhamento, o módulo aumentava à medida que a pressão confinante subia. E, para uma determinada pressão confinante, o módulo aumentou em uma determinada deformação de cisalhamento à medida que a densidade relativa subiu – todas as opções acima, conforme esperado.

A Tabela 13.11 fornece um resumo das relações empíricas para $G_{máx}$ conforme determinado a partir dos parâmetros de ensaio *in situ* para os ensaios **SPT**, **CPT**, **DMT** e **PMT**. Lembre-se de nossa descrição desses ensaios na Seção 8.7 que todos são ensaios de grandes deformações e, portanto, sua correlação com o $G_{máx}$ de pequenas deformações é puramente empírica e deve ser usada apenas para estimativas preliminares.

A redução no módulo de cisalhamento e na razão de módulo $G/G_{máx}$ com o aumento da deformação de cisalhamento (Figura 13.111b) é mostrada para solos granulares na Figura 13.120 e para solos de granulação fina normal e moderadamente

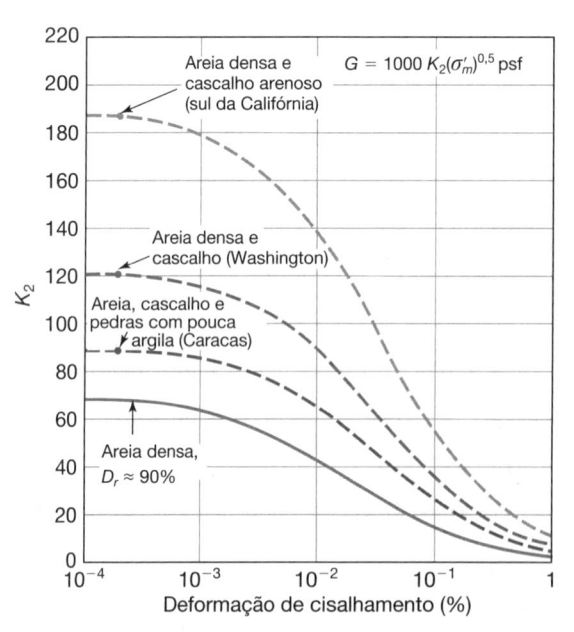

FIGURA 13.120 Determinação de módulos para solos cascalhosos (adaptada de Seed e Idriss, 1970).

TABELA 13.11 Relações empíricas entre $G_{máx}$ e parâmetros de ensaio *in situ*

Ensaio in situ	Relação	Tipo de solo	Referência(s)	Comentários
SPT	$G_{máx} = 20.000[(N_1)60]^{0,333}(\sigma'_m)^{0,5}$	Areia	Ohta e Goto (1976) Seed et al. (1986)	$G_{máx}$ e σ'_m em lb/pés²
	$G_{máx} = 325(N_{60})^{0,68}$	Areia	Imai e Tonouchi (1982)	$G_{máx}$ em kips/pés²
CPT	$G_{máx} = 1.634(q_c)^{0,250}(\sigma'_v)^{0,375}$	Areia de quartzo	Rix e Stokoe (1991)	$G_{máx}$, q_c e σ'_p em kPa; com base nos ensaios de campo na Itália e em ensaios de câmara de calibração
	Figura 13.123	Areia de sílica	Baldi et al. (1986)	$G_{máx}$, q_c e σ'_p em kPa; com base em ensaios de campo na Itália
	$G_{máx} = 406(q_c)^{0,695}e^{-1,130}$	Argila	Mayne e Rix (1993)	$G_{máx}$, q_c e σ'_p em kPa; com base em ensaios de campo em locais em todo o mundo
DMT	$G_{máx}/E_d = 2,72 \pm 0,59$	Areia	Baldi et al. (1986)	Com base em ensaios de câmara de calibração
	$G_{máx}/E_d = 2,2 \pm 0,7$	Areia	Bellotti et al. (1986)	Com base em ensaios de campo
	$G_{máx} = \dfrac{530}{(\sigma'_v/p_a)^{0,25}} \dfrac{\gamma_D/\gamma_w - 1}{2,7 - \gamma_D/\gamma_w} K_D^{0,25}(p_a\sigma'_v)^{0,5}$	Areia, silte, argila	Hryciw (1990)	$G_{máx}$, p_a, σ'_p nas mesmas unidades; γ_D é a unidade baseada no dilatômetro de peso do solo; com base em ensaios de campo
PMT	$3,6 \leq G_{máx}/G_{ur,c} \leq 4,8$	Areia	Bellotti et al. (1986)	$G_{ur,c}$ é o módulo corrigido de descarga-recarga do PMT cíclico
	$G_{máx} = (1,68/\alpha_p)G_{ur}$	Areia	Byrne et al. (1991)	G_{ur} é o módulo secante da porção de descarga-recarga do PMT; α_p é o fator que depende das condições de tensão de descarga-recarga; com base na teoria e em dados de ensaios de campo

Adaptada de Kramer (1996).

sobreadensados na Figura 13.121a. Observe que a curva para **PI** = 0 na Figura 13.121a é semelhante àquela para materiais granulares. Além disso, o limite linear da deformação cisalhante γ_{tl}, definido na Seção 13.15.1, aumenta com o aumento do **PI**. A Figura 13.122 mostra o efeito da tensão confinante na redução do módulo de solos granulares e de alto **PI**, e a Figura 13.123 mostra como $G_{máx}$ pode ser determinado a partir da resistência da ponta do **CPT**.

As taxas de amortecimento são mostradas na Figura 13.124 para solos granulares e para solos de granulação fina nas Figuras 13.121b e 13.124. Para uma dada deformação de cisalhamento, a magnitude do amortecimento **diminui** com o número de ciclos. Seed et al. (1986) descobriram que os valores para cascalhos e solos pedregosos se ajustam bem dentro dos limites do gráfico para areias, como mostrado na Figura 13.124, e um gráfico semelhante para argilas é mostrado na Figura 13.125.

Borden et al. (1996) realizaram ensaios de coluna ressonante e cisalhamento torcional em solos residuais tipo Piemonte, classificados como **MH**, **ML**, **SM-ML** e **SM**. Suas relações entre o módulo de cisalhamento normalizado $G/G_{máx}$ e a taxa de amortecimento λ, estão relacionadas às relações de deformação por cisalhamento, então eles desenvolveram as relações conforme mostrado na Figura 13.126a. Observe que as relações de Borden et al. (1996) se ajustam entre as

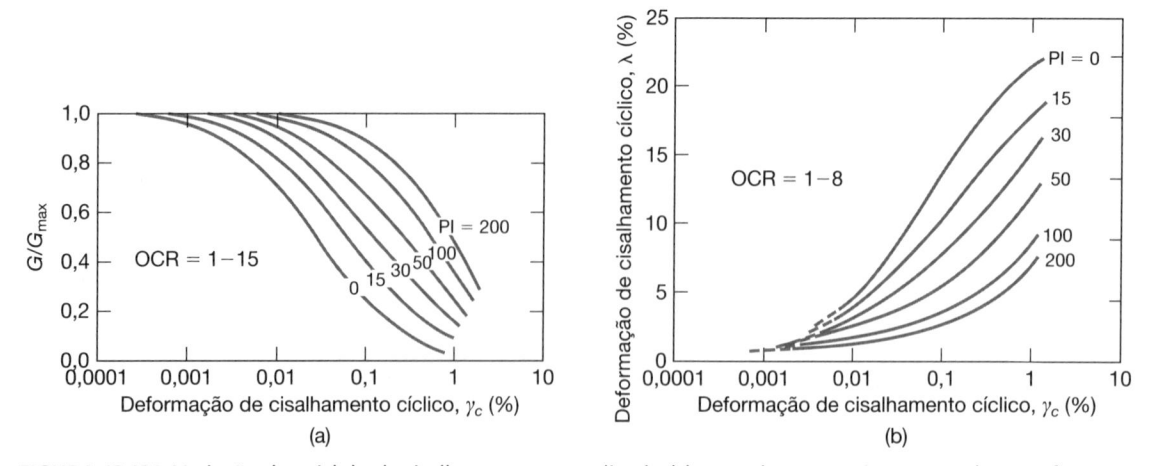

FIGURA 13.121 Variação de módulo de cisalhamento normalizado (a); taxa de amortecimento, ambos em função da deformação de cisalhamento cíclica para solos de granulação fina normal e moderadamente sobreadensados (b) (Vucetic e Dobry, 1991).

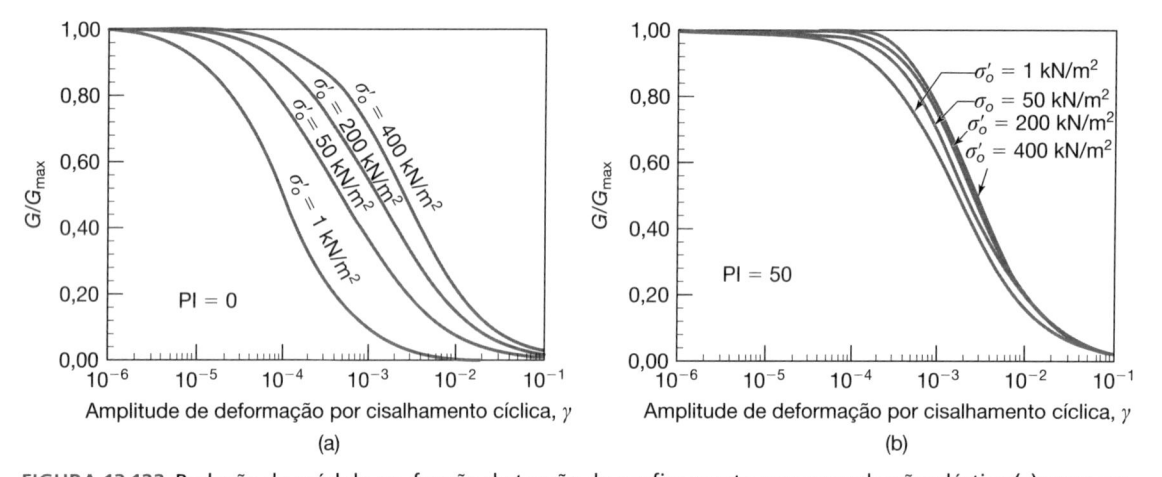

FIGURA 13.122 Redução do módulo em função da tensão de confinamento para um solo não plástico (a); para um solo altamente plástico (b) (Ishibashi, 1992).

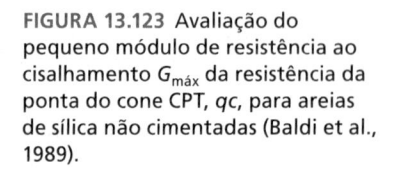

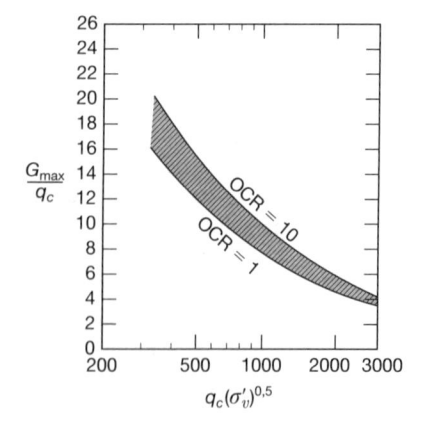

FIGURA 13.123 Avaliação do pequeno módulo de resistência ao cisalhamento $G_{máx}$ da resistência da ponta do cone CPT, q_c, para areias de sílica não cimentadas (Baldi et al., 1989).

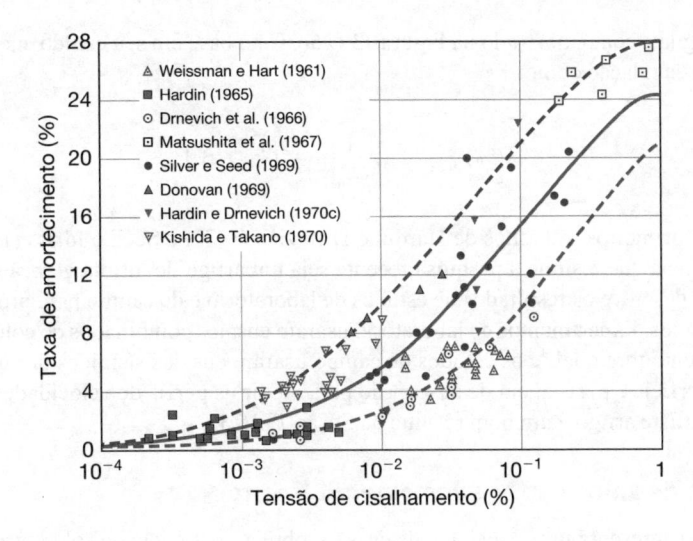

FIGURA 13.124 Razões de amortecimento *versus* deformação de cisalhamento (%) para materiais granulares (adaptada de Seed e Idriss, 1970).

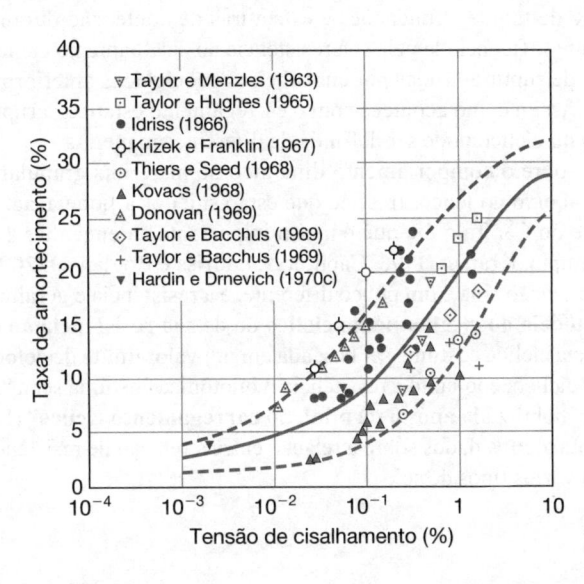

FIGURA 13.125 Taxas de amortecimento para argilas saturadas (adaptada de Seed e Idriss, 1970).

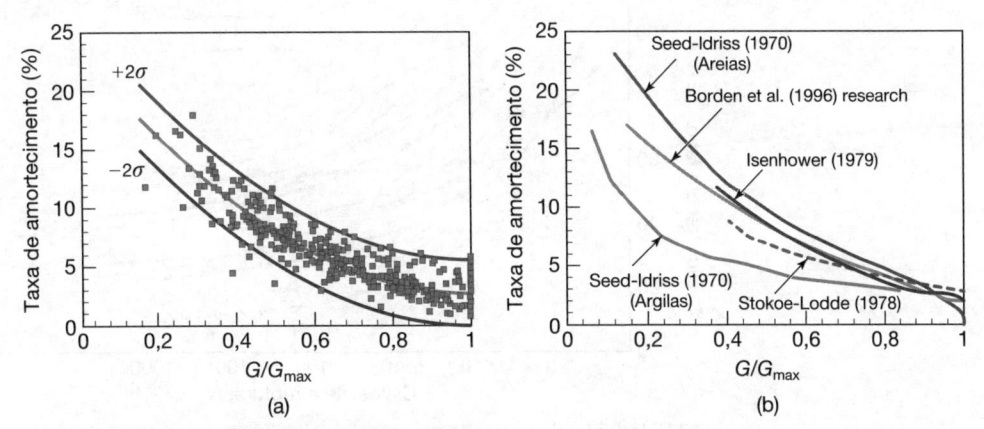

FIGURA 13.126 Razão de amortecimento em função do módulo de cisalhamento normalizado para solos siltosos (a); comparação dos dados do NCSU com outros resultados experimentais da literatura (b) (adaptada de Borden et al., 1996).

de areias e argilas, como mostrado na Figura 13.126b. Com base em seu estudo, eles formularam uma equação da relação como:

$$\lambda(\%) = 20{,}4\left(\frac{G}{G_{\text{máx}}} - 1\right)^2 + 3{,}1 \qquad (13.75)$$

Desde os primeiros trabalhos de Hardin e Drnevich (1970) e Seed e Idriss (1970), talvez a melhor referência que resume a pesquisa recente seja um artigo de última geração de Stokoe et al. (1999) que descreve os resultados de estudos de laboratório e de campo para propriedades dinâmicas dos solos. Experimentos de laboratório usaram ensaios combinados de coluna ressonante e cisalhamento torcional, e os estudos de campo usaram ensaios sísmicos de fundo de poço, ondas de superfície e perfilagem de suspensão para medir os perfis de velocidade das ondas de cisalhamento. Este artigo é um bom resumo da Seção 13.15.3.

13.15.4 Resistência de solos carregados dinamicamente

Kramer (1996) apresenta uma excelente discussão sobre a resistência de solos carregados ciclicamente. A estabilidade de taludes, fundações e estruturas de contenção durante terremotos, por exemplo, é fortemente influenciada pela sua resistência ao cisalhamento cíclico. Discutimos algumas das definições de ruptura usadas por engenheiros geotécnicos anteriormente neste capítulo e no Capítulo 9 e, assim como acontece com o carregamento estático, a ruptura devido ao carregamento dinâmico ou cíclico pode ser definida de diferentes maneiras.

Quando pensamos sobre o comportamento dinâmico de materiais granulares, são os depósitos de areias soltas abaixo do lençol freático que estão sujeitos à liquefação, um fenômeno mencionado brevemente no Capítulo 6 e que é muito importante na engenharia geotécnica de terremotos (ver, por exemplo, Kramer, 1996, Capítulo 9, e Idriss e Boulanger, 2008). O comportamento de solos de granulação fina é um pouco diferente, e a resistência é geralmente discutida em termos de sua **resistência ao cisalhamento cíclico** ou de sua **resistência ao cisalhamento monotônico**. A resistência cíclica costuma ser baseada em um valor limite de deformação cíclica durante o carregamento cíclico, enquanto a resistência monotônica costuma ser a "resistência estática final que pode ser mobilizada **após o término do carregamento cíclico**" (Kramer, 1996). A Figura 13.127 apresenta alguns dados sobre a relação entre a relação de resistência cíclica e os ciclos até a ruptura para vários tipos de solo.

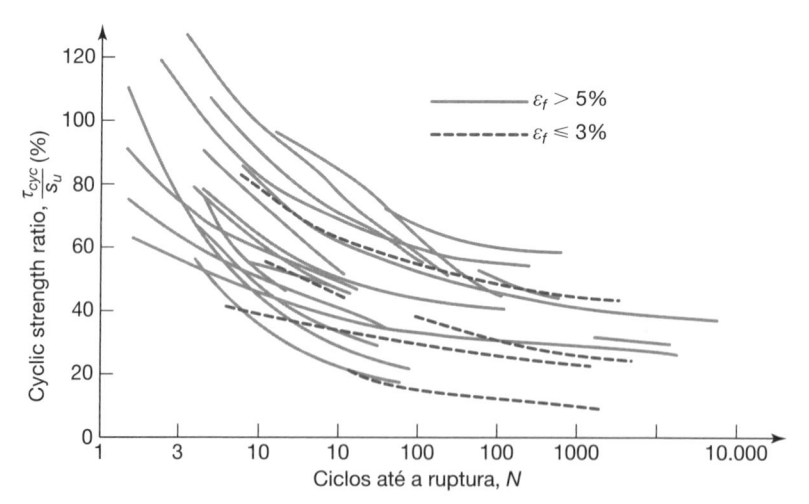

FIGURA 13.127 Variação da razão de resistência cíclica *versus* o número de ciclos para obter a ruptura (determinada como < 3% de deformação de ruptura e > 5% de deformação de ruptura) com número de ciclos para vários tipos de solo (*apud* Lee e Focht, 1976, conforme citado por Kramer, 1996).

13.16 TEORIAS DE RUPTURA PARA ROCHAS

Em nossa breve discussão sobre critérios de ruptura para rochas na Seção 8.4.4, mencionamos três teorias de ruptura: a teoria da trinca de Griffith, Mohr-Coulomb e o critério de ruptura de Hoek-Brown. O critério de ruptura de Mohr-Coulomb com corte de tensão foi mostrado na Figura 8.13. Devido à nossa extensa discussão sobre a teoria da ruptura de Mohr-Coulomb para solos no Capítulo 8, você deve estar bastante familiarizado com ela. Ver Goodman (1989) para mais informações sobre a teoria da ruptura de Mohr-Coulomb aplicada à rocha.

De acordo com Lo e Hefny (2001), a teoria da fratura de Griffith (1924) foi originalmente desenvolvida para explicar por que a resistência à tração medida era menor do que a resistência de ligação teórica de materiais frágeis como o vidro. O autor ainda postulou que essa diferença se devia a microfissuras ou falhas no que, de outra forma, poderia parecer um material intacto e sólido. A Figura 13.128 mostra o critério de ruptura de Griffith em (a) espaço $\sigma_1 - \sigma_3$ (a); espaço $\tau_n - \sigma$ (b) No espaço $\tau_n - \sigma$, o critério de Griffith é:

$$\tau^2 + 4\sigma_t \sigma'_n = 4\sigma_t^2 \tag{13.76}$$

onde σ_t = resistência à tração;

σ_n = tensão normal efetiva.

Note que a $(\sigma_3 = 0)$, σ_1 é a resistência compressiva uniaxial, σ_c. Assim, a razão entre σ_1 e σ_t é uma constante igual a oito. Na realidade, essa relação varia entre 6 e 12, longe das medições de campo (Lo e Hefny, 2001). Essa teoria não foi realmente desenvolvida como um critério de ruptura, sendo, em vez disso, uma tentativa de prever o estado de tensão necessário para a propagação de fissuras em materiais frágeis sob tensões de tração. No entanto, em materiais frágeis, as tensões necessárias para iniciar fissuras são muito próximas das tensões de ruptura, e a teoria de Griffith, com algumas modificações empíricas para tensões de compressão, foi um ponto de partida útil para outras teorias de ruptura, como o critério de Hoek e Brown.

Além da teoria de Mohr-Coulomb, provavelmente a teoria de ruptura mais comumente usada na prática de engenharia de rochas é o critério de ruptura de Hoek-Brown (1980). Esse critério foi originalmente desenvolvido para projetar escavações subterrâneas, como túneis e poços, e foi atualizado diversas vezes (Hoek e Brown, 1988; Hoek et al., 1995). Para uma história do desenvolvimento original do critério, ver Hoek (1983).

Em termos de tensões principais, o critério de Hoek-Brown é

$$\sigma'_1 = \sigma'_3 + (m\sigma_c \sigma'_3 + s\sigma_c^2)^{\frac{1}{2}} \tag{13.77}$$

onde, σ'_1 e σ'_3 = tensões efetivas principais maiores e menores, respectivamente;

m e s = constantes empíricas adimensionais;

σ_c = resistência à compressão uniaxial da rocha.

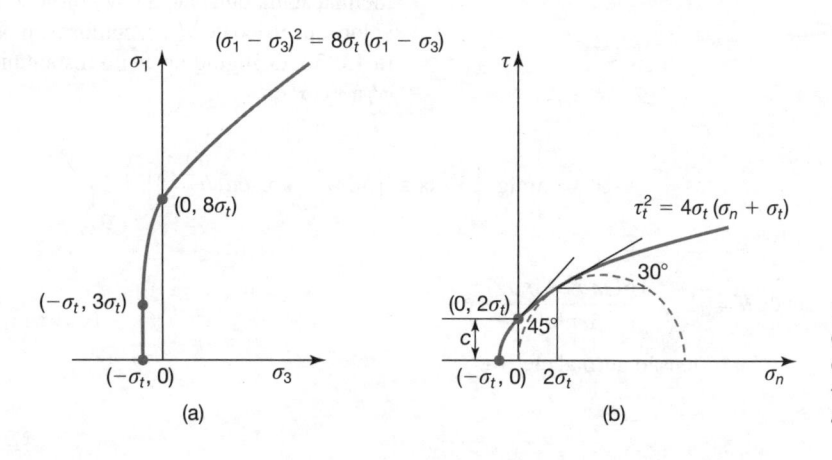

FIGURA 13.128 Critério de ruptura de Grifith em espaço $\sigma_1 - \sigma_3$ (a); espaço $\tau_n - \sigma$ (b) (adaptada de Lo and Hefny, 2001).

Quando o critério Hoek-Brown é expresso em termos de tensões principais, ele é mais útil para projetar túneis e outras escavações subterrâneas. Note que quando $\sigma'_3 = $ zero, de acordo com a Equação (13.77), a resistência à compressão livre de um maciço rochoso é:

$$\sigma'_1 = \sigma'_c = (s\sigma_c^2)^{1/2} \qquad (13.78)$$

A substituição de $\sigma'_1 = 0$ na Equação (13.77) resulta em uma equação quadrática, e quando é resolvida para σ'_3 proporciona a resistência de tração uniaxial da rocha a σ_t, ou:

$$\sigma'_3 = \sigma_t = \frac{1}{2}\sigma_c\left(m - (m^2 + 4s)^{1/2}\right) \qquad (13.79)$$

Uma maneira de entender a importância física das Equações (13.77), (13.78) e (13.79) é traçar σ' versus σ'_3, conforme mostrado na Figura 13.129. Esta figura mostra o critério Hoek-Brown para as três configurações de ensaio diferentes: compressão triaxial, compressão uniaxial e tensão uniaxial. Para descrições desses ensaios, consulte a Seção 8.6.4.

Para cálculos de estabilidade de taludes, precisamos da resistência ao cisalhamento em uma tensão normal efetiva específica em determinada superfície de ruptura. Assim, vamos entender o critério de Hoek-Brown nos termos de um diagrama de Mohr de tensão de cisalhamento-tensão normal, como mostrado na Figura 13.130.

A equação para a envoltória de ruptura da curva de Mohr é:

$$\tau = (\cot \phi'_i - \cos \phi'_i)\frac{m\sigma_c}{8} \qquad (13.80)$$

onde τ = tensão de cisalhamento na ruptura;

ϕ'_i = o ângulo de atrito "instantâneo".

Observe que o ângulo de atrito "instantâneo" é a inclinação da tangente à envoltória de ruptura em um valor específico de σ' e τ, conforme mostrado na Figura 13.130. O ângulo de atrito instantâneo ou tangente ϕ'_i a τ e σ' é:

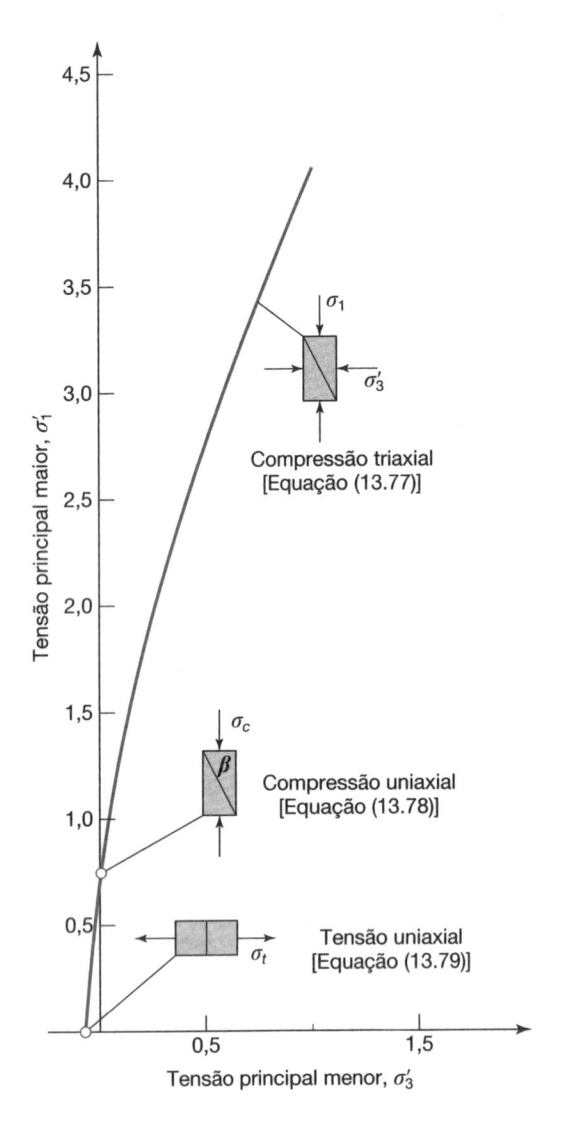

$$\phi'_i = \text{arctg}\left\{4h\cos^2\left[30 + \frac{1}{3}\text{arcsen}(h^{-3/2})\right] - 1\right\}^{-1/2} \qquad (13.81)$$

FIGURA 13.129 Resistência da rocha fraturada de acordo com o critério Hoek-Brown; equações são fornecidas para três configurações de ensaio diferentes: compressão triaxial, compressão uniaxial e tensão uniaxial (adaptada de Hoek, 1983).

onde $h = 1 + \dfrac{16(m\sigma' + s\sigma_c)}{3m^2\sigma_c}$, e

σ' = tensão normal efetiva.

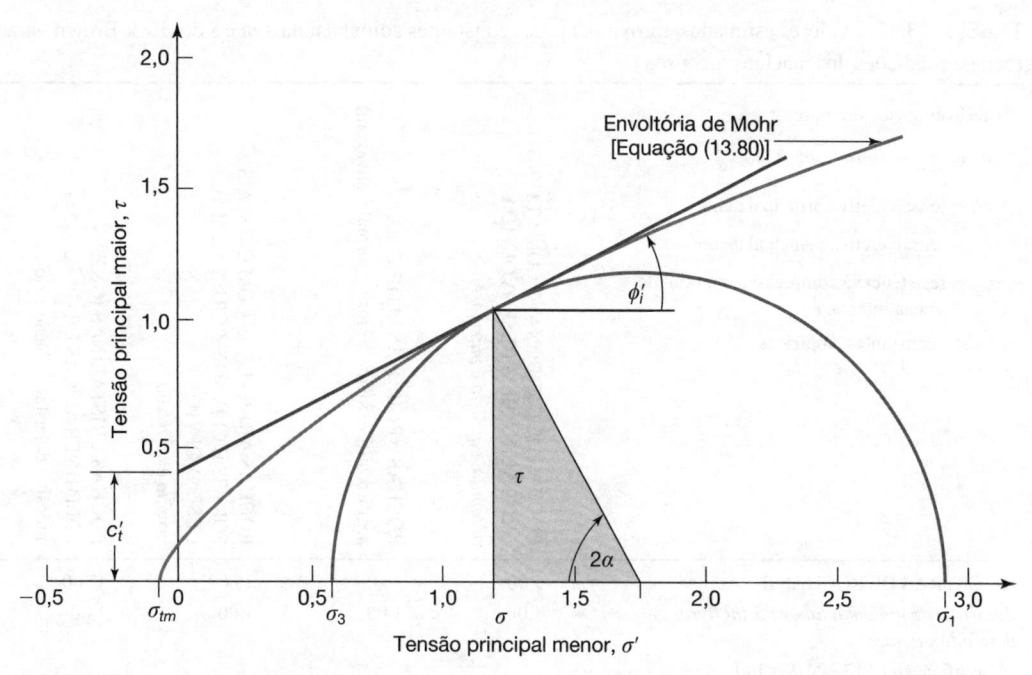

FIGURA 13.130 Envoltória de Mohr de acordo com a teoria de ruptura de Hoek e Brown para maciços rochosos (adaptada de Hoek, 1983).

A interceptação c "instantânea" é c'_i é a interceptação da linha tangente estendida ao eixo da tensão de cisalhamento; seu valor é

$$c'_i = \tau - \sigma' \operatorname{tg} \phi'_i$$

A partir do círculo de Mohr, conforme mostrado na Figura 13.130, a inclinação do plano de ruptura é

$$\alpha_f = 45° + \frac{\phi}{2} \tag{8.10}$$

Em termos de tensões principais σ'_1 e σ'_3,

$$\alpha_f = \frac{1}{2}\arcsin \frac{\tau_m}{\tau_m + m\sigma_c/8}(1 + m\sigma_c/4\tau_m)^{1/2} \tag{13.82}$$

onde $\tau_m = \frac{1}{2}(\sigma'_1 - \sigma'_3)$

As constantes adimensionais **m** e **s** de Hoek-Brown dependem dos tipos de rocha e das descontinuidades ou do grau de fraturamento dos maciços rochosos, conforme definido na Tabela 13.12. Os sistemas de classificação **RMR** e **Q** foram brevemente mencionados na Seção 3.5. Existem seis categorias de qualidade de maciços rochosos que variam de intacta a muito fraca, e as constantes **m** e **s** são fornecidas para cinco tipos diferentes de rochas descritos no topo da tabela. Observe que esses valores de **m** e **s** são para rochas que foram perturbadas por explosões e afrouxamentos que ocorrem durante as escavações.

TABELA 13.12 Valores estimados/aproximados das constantes adimensionais *m* e *s* de Hoek-Brown para diferentes tipos de rocha e condições dos maciços rochosos

Critério empírico de ruptura:

$$\sigma'_1 = \sigma'_3 + \sqrt{m\sigma_{u(r)}\sigma'_3 + s\sigma^2_{u(r)}}$$

σ'_1 = tensão efetiva principal maior
σ'_3 = tensão efetiva principal menor
$\sigma_{u(r)}$ = resistência à compressão uniaxial de rocha intacta, e
m e *s* são constantes empíricas.

		ROCHAS DE CARBONATO COM CLIVAGEM CRISTALINA BEM DESENVOLVIDA *dolomita, calcário e mármore*	ROCHAS ARGILOSAS LITIFICADAS *argilito, siltito, xisto e ardósia (normal à clivagem)*	ROCHAS ARENÁCEAS COM CRISTAIS FORTES E CLIVAGEM CRISTAL MAL DESENVOLVIDA *arenito e quartzito*	ROCHAS CRISTALINAS ÍGNEAS POLIMINERÁLICAS DE GRÃO FINO *andesita, dolerita, diabásio e riolito*	ROCHAS CRISTALINAS POLIMINERÁLICAS ÍGNEAS E METAMÓRFICAS DE GRÃO GROSSO *anfibolito, gabro gnaisse, granito, norita, quartzo-diorito*
AMOSTRAS DE ROCHAS INTACTAS *Amostras de tamanho laboratorial livres de descontinuidades* *Classificação CSIR: RMR = 100 †Classificação NGI: Q = 500	*m*	7,00	10,00	15,00	17,00	25,00
	s	1,00	1,00	1,00	1,00	1,00
MACIÇO ROCHOSO DE EXCELENTE QUALIDADE *Rocha não perturbada firmemente interligada com juntas não intemperizadas a 1-3 m* Classificação CSIR: RMR = 85 Classificação NGI: Q = 100	*m*	2,40	3,43	5,14	5,82	8,56
	s	0,082	0,082	0,082	0,082	0,082
MACIÇO ROCHOSO DE BOA QUALIDADE *Rocha fresca a ligeiramente desgastada, ligeiramente perturbada com juntas a 1-3 m* Classificação CSIR: RMR = 65 Classificação NGI: Q = 10	*m*	0,575	0,821	1,231	1,395	2,052
	s	0,00293	0,00293	0,00293	0,00293	0,00293
MACIÇO ROCHOSO DE QUALIDADE RAZOÁVEL *Vários conjuntos de juntas moderadamente desgastadas espaçadas de 0,3 a 1 m* Classificação CSIR: RMR = 44 Classificação NGI: Q = 1	*m*	0,128	0,183	0,275	0,311	0,458
	s	0,00009	0,00009	0,00009	0,00009	0,00009
MACIÇO ROCHOSO DE MÁ QUALIDADE *Várias juntas desgastadas em 30-500 mm, algumas ranhuras. Classificação CSIR de rocha residual compactada limpa: RMR = 23* Classificação NGI: Q = 0,1	*m*	0,029	0,041	0,061	0,069	0,102
	s	0,000003	0,000003	0,000003	0,000003	0,000003
MACIÇO ROCHOSO DE PÉSSIMA QUALIDADE *Numerosas juntas fortemente desgastadas com espaçamento > 50 mm com goivagem.* *Resíduos de rocha com finos* Classificação CSIR: RMS = 3 Classificação NGI: Q = 0,01	*m*	0,007	0,010	0,015	0,017	0,025
	s	0,0000001	0,0000001	0,0000001	0,0000001	0,0000001

*CSIR: Council of Scientific and Industrial Research (Bieniawski, 1974).
†NGI Norwegian Geotechnical Institute (Barton et al., 1974).
De Hoek e Brown (1988); Wyllie (1999).

PROBLEMAS

13.1 Repita o Problema 9.16, mas para cisalhamento não drenado. Uma amostra de areia do rio Sacramento tem uma pressão confinante crítica de 1.000 kPa. Se a amostra for testada a uma pressão confinante efetiva de 1.500 kPa, descreva seu comportamento em cisalhamento não drenado. Mostre os resultados na forma de círculos de Mohr sem escala.

13.2 Para a areia do Problema 9.16, descreva o comportamento em cisalhamento não drenado em um ensaio triaxial se a pressão confinante efetiva for 750 kPa.

13.3 Se o ensaio do Problema 9.18 tiver sido realizado sem drenagem, determine $(\sigma_1 - \sigma_3)_f$, ϕ', ϕ_{total} e o ângulo do plano de ruptura na amostra. $\Delta u_f = 100$ kPa.

13.4 Se o ensaio do Problema 13.3 foi conduzido a uma pressão confinante inicial de 1.000 kPa, estime a diferença de tensão principal e a pressão neutra induzida na ruptura.

13.5 Uma areia siltosa é testada-drenada-adensada em uma cela triaxial onde ambas as tensões principais no início do ensaio eram de 500 kPa. Se a tensão axial total na ruptura for 1,63 MPa enquanto a pressão horizontal permanecer constante, calcule o ângulo de resistência ao cisalhamento e a orientação teórica do plano de ruptura em relação à horizontal. A areia siltosa do Problema 8.28 foi inadvertidamente testada adensada-não drenada, mas o técnico do laboratório notou que a pressão neutra na ruptura era de 290 kPa. Qual foi a principal diferença de tensão na ruptura?

13.6 Se a pressão de adensamento no ensaio **CU** do Problema 13.5 fosse 1.000 kPa em vez de 500 kPa, estime a pressão neutra na ruptura.

13.7 Se a amostra do Problema 13.6 foi cisalhada sem drenagem e a pressão neutra induzida na ruptura foi de 200 kPa, estime a principal diferença de tensão na ruptura. Qual seria o ângulo de resistência ao cisalhamento em termos de tensões totais?

13.8 O diagrama Peacock (Figura 9.11) foi usado para prever a resposta da pressão neutra de ensaios não drenados em areias, com base nas mudanças de volume observadas na ruptura em ensaios drenados. A um determinado índice de vazios, seria esperado que uma amostra adensada a uma pressão confinante efetiva inferior a σ'_{3crit} oferecesse **mais** resistência à liquefação (uma vez que deveria ter uma tendência dilatativa e, portanto, desenvolver pressão neutra negativa) do que uma amostra adensada a uma pressão confinante superior a σ'_{3crit} (já que esta deve tender a diminuir de volume durante o cisalhamento). Isto é diferente do que foi encontrado em laboratório em ensaios triaxiais cíclicos. Explique a aparente contradição.

13.9 Durante um ensaio triaxial cíclico não drenado em uma areia solta, no décimo ciclo, a mudança na pressão neutra é de cerca de 66 kPa logo no início da aplicação da diferença de tensão principal. No entanto, um quarto de ciclo depois (bem como um pouco antes), a pressão intersticial da água é quase igual à pressão confinante efetiva. Neste momento, a principal diferença de tensão é **zero**! Explique esta observação. (Será útil que você entenda a resposta do Problema 13.8.)

13.10 Uma grande usina de energia será construída em um local imediatamente adjacente ao rio Ohio, EUA. Os solos no local consistem em 50 m de materiais granulares soltos a medianamente densos, e o lençol freático está próximo da superfície do solo. Dado que existem várias áreas potenciais de origem sísmica que podem influenciar o local, liste algumas medidas que poderiam ser adotadas para proteger a fundação desta importante estrutura da liquefação e/ou mobilidade cíclica.

13.11 Suponha que uma amostra idêntica da mesma argila do Problema 9.30 tenha sido cisalhada sem drenagem, e a pressão neutra induzida na ruptura foi de 85 kPa. Determine a diferença de tensão principal, as razões de tensão principal total e efetiva ϕ, ϕ_{total}, A_f e α_f para este ensaio.

13.12 Uma série de ensaios de cisalhamento direto **drenados** foi realizada em argila saturada. Os resultados, quando plotados em um diagrama de Mohr, foram $c' = 10$ kPa e tg $\phi' = 0,5$. Outra amostra desta argila foi adensado a uma pressão efetiva de 100 kPa. Foi realizado um ensaio de cisalhamento direto **não drenado** e o valor medido de τ_{ff} foi 60 kPa. Qual foi a pressão neutra no momento da ruptura? A amostra foi normalmente adensada? Por quê?

13.13 As seguintes informações foram obtidas a partir de ensaios de laboratório em porções de uma amostra de argila completamente saturada:
   a. A amostra foi pré-comprimida no passado a ao menos 200 kPa.
   b. Uma amostra testada em cisalhamento direto sob tensão normal de 600 kPa, com drenagem completa permitida, apresentou resistência ao cisalhamento de 350 kPa.
   c. Uma amostra que foi primeiro adensada a 600 kPa e depois submetida a um ensaio de cisalhamento direto no qual não ocorreu drenagem apresentou uma resistência ao cisalhamento de 175 kPa.

   Calcule ϕ' e ϕ_{total} para o caso não drenado. Esboce os envelopes de Mohr que você esperaria obter a partir de uma série de ensaios não drenados e drenados nesta argila (adaptado de Taylor, 1948).

13.14 Ensaios triaxiais foram realizados em amostras não perturbadas da mesma profundidade de argila orgânica cuja carga de pré-adensamento, determinada a partir de ensaios de adensamento, ficou na faixa de 90 a 160 kPa. As principais tensões na ruptura de dois ensaios de **CD** foram

Ensaio n° 1: $\sigma_3 = 200$ kPa, $\sigma_1 = 704$ kPa
Ensaio n° 2: $\sigma_3 = 278$ kPa, $\sigma_1 = 979$ kPa

Os dados de um ensaio **CU** na mesma argila são mostrados abaixo. A pressão efetiva de adensamento foi de 330 kPa e a amostra foi carregada em compressão axial.

Diferença de tensão (kPa)	Deformação (%)	Pressão neutra (kPa)
0	0	0
30	0,06	15
60	0,15	32
90	0,30	49
120	0,53	73
150	0,90	105
180	1,68	144
210	4,40	187
240	15,50	238

a. Trace os círculos de Mohr na ruptura e determine ϕ' a partir dos ensaios **CD** para a porção normalmente adensada da envoltória de ruptura.
b. Para o ensaio **CU**, trace curvas de diferença de tensão principal e pressão neutra *versus* deformação.
c. Supondo que o único ensaio **CU** para o qual os dados são fornecidos é representativo para ensaios **CU** executados em pressões bem acima da tensão de pré-adensamento: (a) Qual é ϕ' em termos de tensões totais acima dos efeitos do pré-adensamento? (b) Qual é ϕ' determinado pelo ensaio **CU** acima dos efeitos do pré-adensamento? (Adaptado de A. Casagrande, 1936.)

13.15 Um ensaio de compressão triaxial não drenado foi realizado em uma amostra saturada de argila normalmente adensada. A pressão de adensamento foi de 100 kPa. A amostra falhou quando a principal diferença de tensão foi de 85 kPa e a pressão neutra induzida foi de 67 kPa. Um ensaio complementar não drenado foi realizado em uma amostra idêntica da mesma argila, mas a uma pressão de adensamento de 250 kPa. Qual diferença máxima de tensão principal você esperaria na ruptura desta segunda amostra? O que são ϕ' e ϕ_{total}? Preveja o ângulo dos planos de ruptura para os dois ensaios não drenados.

13.16 Ensaios de compressão triaxial foram executados em amostras de uma grande amostra de blocos não perturbados de argila. Os dados são fornecidos a seguir. Os ensaios 1 a 4 foram executados tão lentamente que se pode presumir uma drenagem completa. Nos ensaios 5 a 8, nenhuma drenagem foi permitida. Trace as envoltórias de ruptura de Mohr para este solo. Determine os parâmetros de resistência de Mohr-Coulomb em termos de tensões totais e efetivas. (Adaptado de Taylor, 1948.)

N° do ensaio:	1	2	3	4	5	6	7	8
$(\sigma_1 - \sigma_3)_f$, kPa	447	167	95	37	331	155	133	119
σ'_{3f}, kPa	246	89	36	6				
σ_c, kPa					481	231	131	53

O que você pode dizer sobre os prováveis **OCR** e K_o *in situ* desta argila? É possível estimar os E_u e τ_f deste solo?

13.17 Um ensaio triaxial **CU** é realizado em um solo coesivo. A tensão efetiva de adensamento foi de 750 kPa. Na ruptura, a diferença de tensão principal foi de 1.250 kPa, e a principal tensão principal efetiva foi de 1.800 kPa. Calcule o coeficiente de pressão neutra de Skempton A na ruptura.

13.18 Suponha que outra amostra de solo no problema anterior tenha desenvolvido uma tensão principal efetiva maior de 2.200 kPa na ruptura. Qual seria o coeficiente de pressão neutra A de Skempton na ruptura, se $\sigma'_c = 900$ kPa?

13.19 Duas amostras de argila ligeiramente sobreadensada foram testadas em compressão triaxial e os seguintes dados de ruptura foram obtidos. A tensão de pré-adensamento para a argila foi estimada a partir de ensaios de edômetro em cerca de 400 kPa.

Amostra	X(kPa)	Y(kPa)
σ'_c	75	750
$(\sigma_1 - \sigma_3)f$	265	620
Δu_f	−5	+450

a. Determine o parâmetro de pressão neutra de Skempton A na ruptura para ambos os ensaios.
b. Trace os círculos de Mohr na ruptura para tensões totais e efetivas.
c. Estime ϕ' na faixa normalmente adensada, e c' e ϕ' para a faixa sobreadensada de tensões.

13.20 Duas amostras idênticas de argila mole saturada normalmente adensada foram adensadas a 150 kPa em um aparelho triaxial. Uma amostra foi drenada por cisalhamento, e a principal diferença de tensão na ruptura foi de 300 kPa. A outra amostra foi cisalhada sem drenagem, e a principal diferença de tensão na ruptura foi de 200 kPa. (a) Determine ϕ' e ϕ_{total}; (b) u_f na amostra não drenada; (c) A_f na amostra não drenada; e (d) o ângulo teórico de planos de falha para ambas as amostras.

13.21 Uma amostra de argila é adensada hidrostaticamente até 1,0 MPa e depois cisalhada sem drenagem. O $\sigma_1 - \sigma_3$ na ruptura também foi igual a 1 MPa. Se ensaios drenados em amostras idênticas deram $\phi' = 22°$, avalie a pressão neutra na ruptura no ensaio não drenado e calcule o parâmetro A de Skempton.

13.22 Os dados a seguir foram obtidos de um ensaio de **CU** com pressões neutras medidas em uma amostra não perturbada de silte arenoso. A pressão de adensamento foi de 850 kPa e a amostra foi cisalhada em compressão axial.

Diferença principal de tensão (kPa)	Deformação (%)	Pressão neutra induzida (kPa)
0	0	0
226	0,11	81
415	0,25	187
697	0,54	323
968	0,99	400
1.470	2,20	360
2.060	3,74	219
2.820	5,78	−009
3.590	8,41	−281
4.160	11,18	−530
4.430	13,93	−703
4.310	16,82	−767
4.210	19,71	−789

a. Trace curvas de diferença de tensão principal e pressões neutras *versus* deformação. Trace o gráfico em uma folha.
b. Trace as trajetórias de tensão no diagrama $p - q$.
c. Qual é a razão de tensão principal efetiva máxima desenvolvida neste ensaio? Ela é igual à obliquidade máxima para esta amostra?
d. Existe alguma diferença em ϕ' conforme determinado quando a diferença de tensão principal ou a razão de tensão efetiva principal é máxima? (Adaptado de A. Casagrande, 1936.)

13.23 O comportamento típico de drenagem adensada de amostras saturadas normalmente adensadas de argila simples de Ladd (1964) é mostrado na Figura P13.23. Você deve realizar outro ensaio triaxial de compressão axial **CD** na mesma argila com a tensão efetiva de adensamento igual a 100 kPa. Para este ensaio, estime (a) o teor de água e (b) a principal diferença de tensão a uma deformação axial de 5% (adaptado de C. W. Lovell).

13.24 O comportamento de adensamento da argila simples do Problema 13.23 é mostrado na Figura P13.23. Estime o teor de água de uma amostra desta argila com um **OCR** de 10, se a tensão máxima de adensamento for 500 kPa em vez de 800 kPa (adaptado de C. W. Lovell).

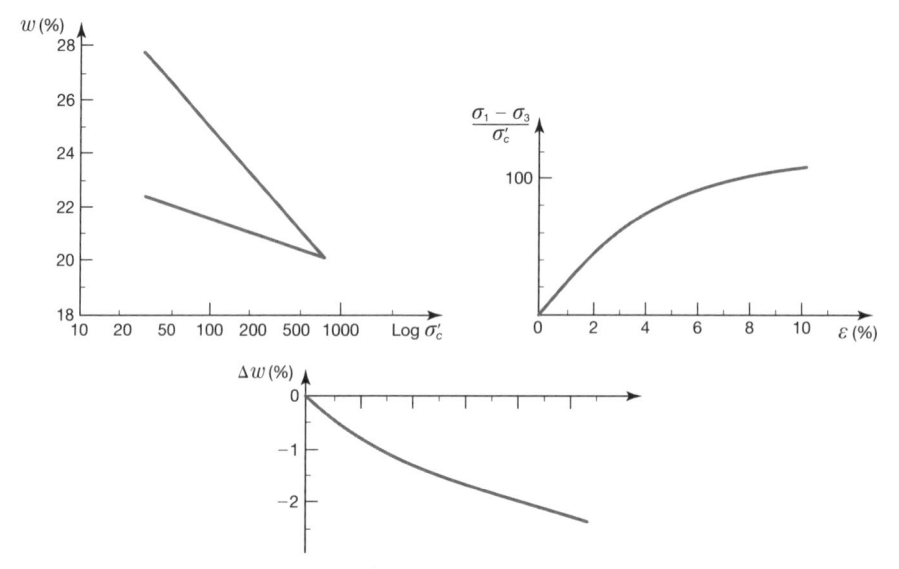

FIGURA P13.23

13.25 Em cada um dos casos a seguir, indique qual ensaio, X ou Y, deve mostrar a maior resistência ao cisalhamento. Exceto pela diferença indicada abaixo, os dois ensaios são do mesmo tipo em cada caso (triaxial, cisalhamento direto etc.) e para amostras de argila idênticas.
  a. Os ensaios são executados sem drenagem permitida e o ensaio Y é executado muito mais rapidamente do que o ensaio X.
  b. A amostra Y é pré-adensada a uma pressão maior que a amostra X; as pressões durante os ensaios são iguais para os dois casos.
  c. Nenhuma das amostras é pré-adensada; o ensaio X pode drenar durante o cisalhamento e o ensaio Y não pode drenar.
  d. Ambas as amostras são altamente adensadas; o ensaio X não pode drenar e o ensaio Y pode drenar.
  e. O ensaio Y é feito em uma amostra que está essencialmente no estado não perturbado, e o ensaio X é feito em uma amostra com estrutura sensivelmente perturbada, mas com o mesmo índice de vazios de Y (adaptado de Taylor, 1948).

13.26 Estime o valor máximo esperado do parâmetro B de pressão neutra para os seguintes solos.
  a. Derivado de tilito compactado a $S = 90\%$.
  b. Argila azul tipo Boston normalmente adensada, saturada e macia.
  c. Solo (a) a $S = 100\%$
  d. Argila sobreadensada rígida a $S = 99\%$.
  e. Areia solta tipo Ottawa a $S = 95$ e 100%.
  f. Silte argiloso compactado a $S = 90\%$ e submetido a altas pressões de confinamento.
  g. Areia densa tipo Ottawa a $S = 99$ e 100%.

13.27 Um aterro com 2 m de espessura é construído na superfície do perfil de solo do Exemplo 5.8. Se a argila estiver ligeiramente sobreadensada, estime a mudança na pressão neutra no ponto A da Figura 5.8.

13.28 Uma amostra de argila normalmente adensada é removida a (–10) m abaixo da superfície do solo. A tensão vertical efetiva da sobrecarga é 250 kPa e K_o é 0,8. Se o parâmetro de pressão neutra devido à amostragem for 0,7, estime a mudança na pressão neutra na amostra quando ela é removida da camada de argila. Quais tensões efetivas atuam na amostra após a extrusão do tubo de amostra? Suponha que o lençol freático esteja na superfície.

13.29 Uma argila normalmente adensada tem um ϕ' de 30°. Duas amostras idênticas desta argila são adensadas a 200 kPa em uma célula triaxial. Preveja as tensões axiais máximas e mínimas possíveis nas amostras para uma pressão de célula constante. (**Dica:** o primeiro ensaio é um ensaio de compressão axial e o segundo ensaio é um ensaio de extensão axial.) Quais suposições são necessárias para resolver este problema?

13.30 As tensões efetivas de ruptura para três amostras triaxiais idênticas de uma argila sobreadensada são mostradas na Figura P13.30. Trace os círculos de Mohr na ruptura e determine ϕ' e c'. Determine o ângulo teórico de inclinação dos planos de ruptura em cada amostra e mostre-os em um pequeno esboço. Esboce também as trajetórias de tensão efetiva para os três ensaios (adaptado de C. W. Lovell).

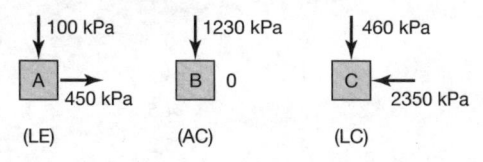

```
      ↓100 kPa         ↓1230 kPa        ↓460 kPa
    ┌─────┐          ┌─────┐          ┌─────┐
    │  A  │→         │  B  │ 0        │  C  │
    └─────┘450 kPa   └─────┘          └─────┘2350 kPa
      (LE)             (AC)             (LC)
```

FIGURA P13.30

13.31 Três amostras idênticas (mesmo e, w) de uma argila são normalmente adensadas e cisalhadas adensadas-drenadas **CD** tanto na compressão quanto na extensão. As tensões de ruptura para as três amostras são mostradas na Figura P13.31.
  a. Trace os círculos de Mohr na ruptura e determine ϕ' e ϕ'_{total}.
  b. Determine a inclinação dos planos de ruptura previstos (a partir da hipótese de ruptura de Mohr). Esboce as amostras que falharam, mostrando seus planos de ruptura.
  c. Esboce as três trajetórias de tensão (adaptado de C. W. Lovell.)

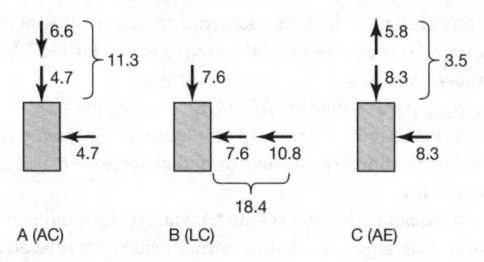

```
    ↓6.6              ↓7.6             ↑5.8
    ↓4.7  }11.3                        ↓8.3  }3.5
  ┌─────┐           ┌─────┐           ┌─────┐
  │     │←4.7       │     │←7.6  10.8 │     │←8.3
  └─────┘           └─────┘           └─────┘
                         }18.4
   A (AC)            B (LC)            C (AE)
```

FIGURA P13.31

13.32 Uma série de ensaios convencionais de compressão triaxial foi conduzida em três amostras idênticas de um solo argiloso saturado. Os resultados dos ensaios estão tabelados abaixo.

Amostra	σ_c (kPa)	$(\sigma_1 - \sigma_3)_f$ (kPa)	Δu_f (kPa)
A	100	170	40
B	200	260	95
C	300	360	135

(a) Esboce as trajetórias de tensão total e efetiva para cada ensaio e determine os parâmetros de resistência de Mohr-Coulomb em termos de tensões totais e efetivas. (b) Estime o ângulo teórico dos planos de ruptura para cada amostra. (c) Você acredita que essa argila está normalmente ou sobreadensada? Por quê?

13.33 Suponha que as pressões neutras induzidas na ruptura para o Problema 13.32 foram: amostra A, -15 kPa; amostra B, -40 kPa; e amostra C, -80 kPa; e que todo o resto era igual. Agora faça as partes (a) e (b) acima e depois responda a parte (c).

13.34 Um ensaio de compressão axial **CU** foi realizado em uma amostra não perturbada de argila orgânica 100% saturada. Os dados para o ensaio são fornecidos no Problema 13.14. Um ensaio de extensão lateral deve ser realizado em uma amostra idêntica com a mesma pressão de adensamento e com o mesmo tempo de adensamento e tempo de carga que no ensaio de compressão axial.
  a. Trace as trajetórias de tensão total e efetiva. Determine a curva de pressão neutra *versus* (1) diferença de tensão principal e (2) deformação axial que você preveria teoricamente para o ensaio de extensão lateral.
  b. No diagrama $p - q$, desenhe a linha correspondente à pressão neutra induzida zero e a linha ao longo da qual a magnitude da pressão neutra negativa induzida é igual à diferença de tensão principal.
  c. Qual é A_f tanto para os ensaios **AC** e **LE**?
  (Adaptado de A. Casagrande e R. C. Hirschfeld.)

13.35 Os seguintes dados foram obtidos de um ensaio de compressão triaxial convencional em uma argila simples saturada ($B = 1$), normalmente adensada (Ladd, 1964). A pressão da célula foi mantida constante em 10 kPa, enquanto a tensão axial foi **aumentada** até a ruptura (ensaio de compressão axial).

ε_{axial} (%)	$\Delta\sigma_{axial}$ (kPa)	Δu (kPa)
0	0	0
1	3,5	1,9
2	4,5	2,8
4	5,2	3,5
6	5,4	3,9
8	5,6	4,1
10	5,7	4,3
12	5,8 ruptura	4,4

a. Trace as curvas $\Delta\sigma$ e Δu versus as curvas de deformação axial. Determine A_f.
b. Trace as trajetórias de tensão total e efetiva para o ensaio **AC**.
c. Qual é ϕ'? (Suponha que $c' = 0$ para argila normalmente adensada.)
Um ensaio de extensão lateral **LE** foi realizado em uma amostra idêntica da mesma argila (mesmo e, w). Neste ensaio, a tensão axial ou vertical foi mantida constante em 10 kPa, enquanto a pressão da célula foi **diminuída** para 4,2 kPa, momento em que a amostra falhou.
d. Trace as trajetórias de tensão total e efetiva para o ensaio **LE**.
e. Determine u_f, σ'_{1f}, σ'_{3f} e A_f para esse ensaio.
f. Encontre ϕ_{total} para os ensaios **AC** e **LE**.
g. Encontre as inclinações teóricas (da hipótese de ruptura de Mohr) dos planos de ruptura em cada ensaio. Esboce a amostra na ruptura, indicando as tensões efetivas na ruptura e a inclinação do plano de ruptura.

13.36 Um ensaio convencional de compressão triaxial **AC** foi conduzido em uma amostra saturada de argila sobreadensada, e os seguintes dados, normalizados em relação à pressão confinante efetiva, foram obtidos.

ε_{axial} (%)	$\Delta\sigma/\sigma'_c$	$\Delta u/\sigma'_c$
0	0	0
0,5	0,57	+0,07
1	0,92	+0,05
2	1,36	−0,03
4	1,77	−0,22
6	1,97	−0,35
8	2,10	−0,46
10	2,17	−0,52
12	2,23	−0,58
14	2,28	−0,62
16	2,33 ruptura	−0,67

Um ensaio de extensão lateral **LE** foi realizado em uma amostra idêntica da mesma argila. Enquanto a tensão vertical foi mantida constante, a pressão da célula foi diminuída até que a ruptura ocorresse na mesma diferença de tensão principal da amostra AC $\Delta\sigma/\sigma'_c = 2,33$. A partir do seu conhecimento das trajetórias de tensão e do comportamento do solo, determine:
(a) as trajetórias de tensão efetiva e total para ambos os ensaios e (b) a pressão neutra versus resposta de deformação do ensaio **LE**. (c) Os parâmetros de resistência de Mohr-Coulomb podem ser determinados? Por quê? (Adaptado de C. W. Lovell.)

13.37 Um ensaio de compressão triaxial não drenado K_o-adensado ($\sigma_{célula}$ = constante) foi conduzido em uma amostra não perturbada de argila sueca sensível. As condições iniciais foram mostradas na Figura P13.37a. As respostas tensão-deformação e pressão neutra da amostra são mostradas na Figura P13.37b.
a. Encontre as condições de tensão na ruptura e mostre simbolicamente as tensões total, neutra e efetiva (como as "condições iniciais" mostradas acima).

b. Esboce as trajetórias de tensão totais e efetivas.
c. Trace A versus ε. Qual é A_f? Quais são ϕ' e ϕ_T?

Total = neutra + efetiva

↓ 400 kPa   ↓ 400
                                            $K_o = 0,7$
← 280 kPa   0   ← 280

(a)

(b)

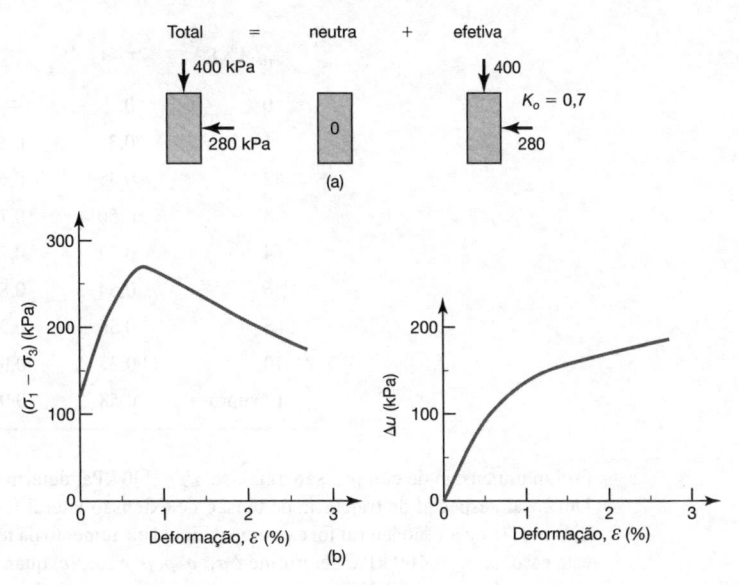

FIGURA P13.37

13.38 Se um ensaio **LE** fosse realizado em uma amostra de argila sueca idêntica àquela testada no Problema 13.37, preveja a pressão neutra *versus* a resposta de deformação da argila. Quais são u_f e A_f? Qual é ϕ_T?

13.39 Os dados mostrados na Figura P13.39 são obtidos de vários ensaios de **CU** em uma argila saturada que tem um **OCR** de 10 e uma tensão de pré-adensamento de 800 kPa. Supõe-se que esses resultados são válidos para todas as trajetórias de tensão de compressão nesta argila. Você fará um ensaio especial de trajetória de tensão nesta argila. Após o adensamento a σ'_{vo} a pressão da célula aumentará de modo que $\Delta\sigma_3 = 0,2\,\Delta\sigma_1$ até que a ruptura ocorra. Para este ensaio especial de trajetória de tensão, preencha a tabela abaixo e represente graficamente as trajetórias de tensão total e efetiva (adaptado de C. W. Lovell).

ε(%)	$\Delta\sigma_1$ (kPa)	$\Delta\sigma_3$ (kPa)	σ_1 (kPa)	σ_3 (kPa)	Δu (kPa)	A
0						
0,5						
2,5						
5,0						
7,5						

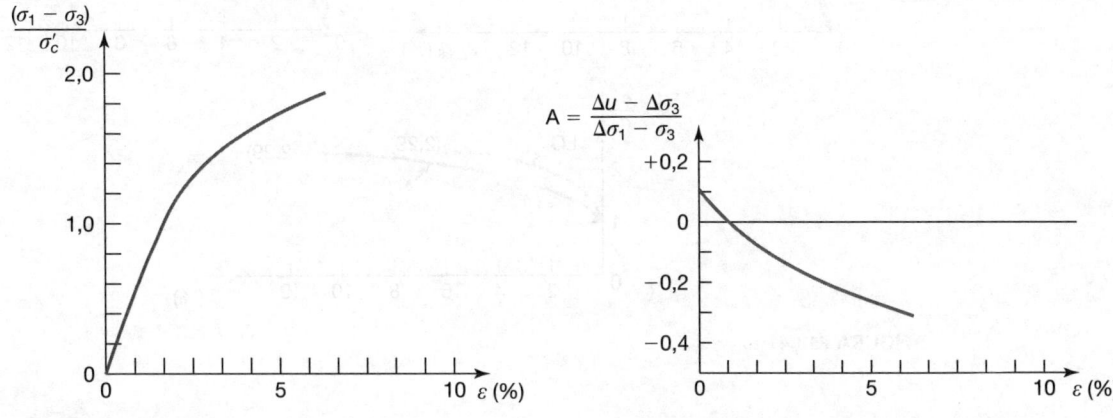

$A = \dfrac{\Delta u - \Delta\sigma_3}{\Delta\sigma_1 - \Delta\sigma_3}$

FIGURA P13.39

13.40 Uma série de ensaios de compressão de **CU** em uma argila simples (Ladd, 1964) forneceu os seguintes resultados de ensaio:

ε_{axial} (%)	$2\tau_f/\sigma'_c$	A
0	0	—
1	0,35	0,53
2	0,45	0,64
3	0,50	0,72
4	0,52	0,76
6	0,54	0,88
8	0,56	0,92
10	0,57	0,93
12 ruptura	0,58	0,945

(a) Em um ensaio de compressão axial, se σ'_c = 200 kPa, determine q_f, p_f e p'_f; (b) Encontre ϕ' e c'. Um ensaio especial de trajetória de tensão de extensão lateral foi conduzido nesta argila, no qual a diminuição da tensão lateral foi exatamente igual ao aumento da tensão axial; isto é, $-\Delta\sigma_3 = \Delta\sigma_1$. Para este caso, se σ'_c = 400 kPa, determine $\Delta\sigma_1$, q, p, p' e Δu; (c) quando a deformação axial é 4%; (d) na ruptura (adaptado de C. W. Lovell).

13.41 A Figura P13.41 mostra dados normalizados de um ensaio triaxial de compressão axial **AC** e um ensaio triaxial de compressão lateral **LC** em argila simples saturada (Ladd, 1964). Faça os cálculos apropriados e trace as trajetórias completas de tensão total e efetiva para ambos os ensaios. Quais são os parâmetros de resistência de Mohr-Coulomb? Determine A_f para cada ensaio.

13.42 Duas amostras de argila mole do campo de ensaio de Skå-Edeby, na Suécia, foram readensadas às suas condições iniciais de tensão efetiva *in situ* e depois cisalhadas até a ruptura. Uma amostra foi carregada em compressão axial **AC**, enquanto a outra falhou por extensão axial **AE**. Os dados normalizados de tensão-deformação e deformação por pressão neutra para ambos os ensaios são mostrados na Figura P13.42 (adaptado de Zimmie, 1973). Os dados pertinentes da amostra são fornecidos na tabela anexa. (a) No diagrama $p - q$, esboce as trajetórias de tensão total, total $- u_o$ e efetiva para ambos os ensaios. (b) Determine ϕ' e ϕ_{total} tanto na compressão quanto na extensão. (c) Calcule o parâmetro (A) de pressão neutra de Skempton na ruptura para ambos os ensaios. (d) Mostre em um esboço os ângulos teóricos previstos dos planos de ruptura para as duas amostras.

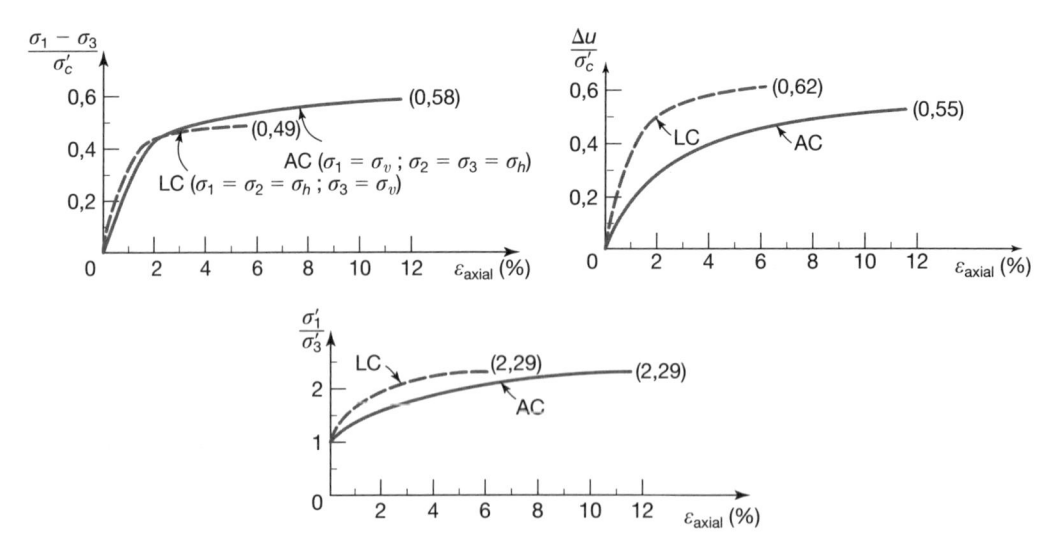

FIGURA P13.41

Capítulo 13 Tópicos avançados em resistência ao cisalhamento de solos e rochas

Ensaio	Tipo	Profundidade (m)	σ'_{vo} (kPa)	LL	PL	w_n (%)	K_o^a	OCR
3A1	AC	4,87	30,2	93	29	103,0	0,65	1,07
3A2	AE	5,02	31,0	87	29	84,2	0,65	1,07

[a]Presumido.

Obs.: Os ensaios foram realizados com uma contrapressão de 20 kPa. A pressão neutra *in situ* é de aproximadamente 40 kPa.

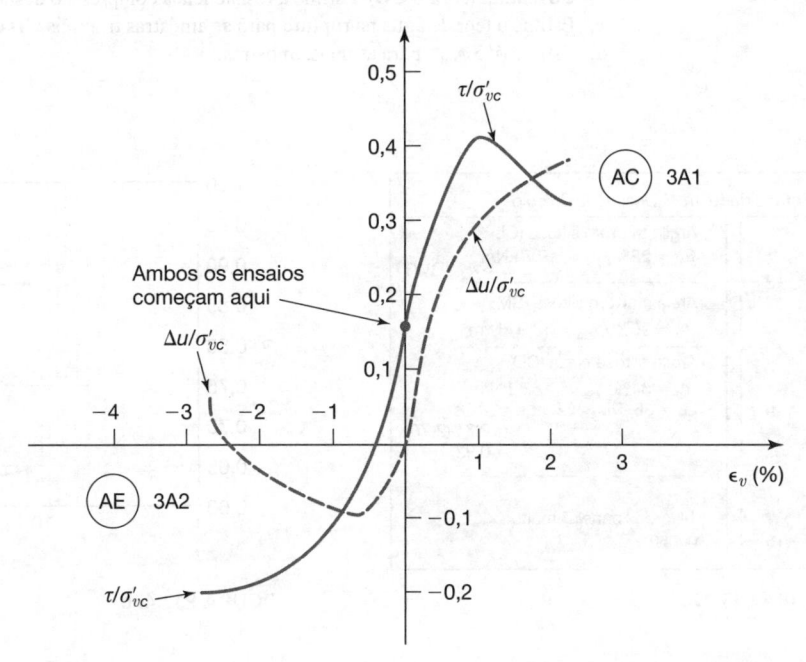

FIGURA P13.42

13.43 Os valores dados e calculados para K_o, τ_f/σ'_{vo}, ϕ e assim por diante para a argila tipo Skå-Edeby do Problema 13.42 são razoáveis em termos das correlações simples com **PI**, **LI** etc., dadas neste capítulo?

13.44 Dois ensaios são conduzidos em amostras de argila rígida e sobreadensada, um ensaio **CD** e um ensaio **CU**, ambos cisalhados em compressão axial. O ensaio drenado resultou em resistência menor do que o ensaio não drenado. Explique como isso poderia ocorrer, incluindo um esboço das trajetórias de tensão para os dois ensaios.

13.45 Um ensaio de extensão **CU** foi realizado em uma amostra normalmente adensada usando extensão axial. O índice de resistência foi de (−0,280), e o ângulo de ruptura efetivo $\alpha' = 26,5°$. Encontre A_f.

13.46 Os seguintes dados foram obtidos a partir de ensaios de cisalhamento direto **CD** em amostras **NC** e **OC** de uma argila de baixa plasticidade. As amostras **OC** foram originalmente adensadas a 600 kPa e depois recuperadas para obter os **OCRs** mostrados abaixo.

Normalmente adensada			Sobreadensado		
Tensão de adensamento, σ'_c (kPa)	Tensão de cisalhamento na ruptura, τ_f (kPa)	Índice de vazios na ruptura, e_f	OCR	Tensão de cisalhamento na ruptura, τ_f (kPa)	Índice de vazios na ruptura, e_f
200	100	1,07	3	165	0,923
400	200	0,935	6	115	0,965
600	300	0,855	2	200	0,900

Determine os parâmetros de resistência ao cisalhamento de Hvorslev ϕ'_e, c_e e o coeficiente de Hvorslev k. (Adaptada de Perloff e Baron, 1976.)

13.47 Amostras de pistão não perturbadas de argila cinzenta e siltosa tipo Chicago foram obtidas de uma profundidade de −9 m, como mostrado no perfil do solo na Figura P13.47a, para ensaios de laboratório. Foram realizados diferentes tipos de ensaios de resistência, bem como um ensaio de adensamento, e os resultados do ensaio de adensamento são mostrados na Figura P13.47b. Os ensaios de compressão não confinada **UCC** em amostras adjacentes daquela profundidade tiveram uma resistência média à compressão não confinada de cerca de 100 kPa.

  a. Uma amostra adicional foi ajustada e adensada hidrostaticamente em célula triaxial a 300 kPa; em seguida foi cisalhada **sem drenagem** (ensaio **CU**). Estime a resistência à compressão desta amostra.

  b. Uma amostra auxiliar da mesma argila também foi adensada a 300 kPa, mas depois foi cisalhada e **drenada** (ensaio **CD**). Estime a resistência à compressão desta amostra.

  c. Estime o teor de água na ruptura para as amostras triaxiais **CD** e **CU**.

  d. Estime ϕ' e ϕ_{total} para as duas amostras.

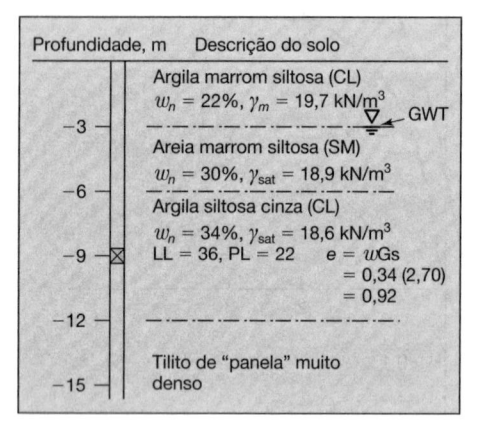

FIGURA P13.47a

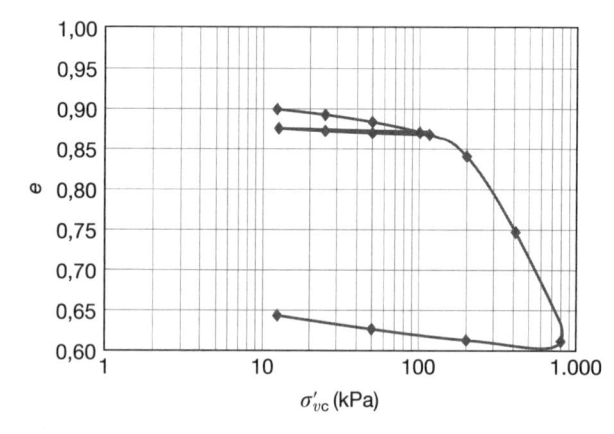

FIGURA P13.47b

REFERÊNCIAS

Arthur, J.R.F., Bekenstein, S., Germaine, J.T., and Ladd, C.C. (1980). "Stress Path Tests with Controlled Rotation of Principal Stress Directions," *Laboratory Shear Strength of Soil*, ASTM Special Technical Publication 740, R.N. Yong and F.C. Townsend (Eds.), American Society for Testing and Materials, pp. 516–540.

Atkinson, J.H. (2007). *The Mechanics of Soils and Foundations*, 2nd ed., E & FN Spon, London, 480 p.

Atkinson, J.H. and Bransby, P.L. (1978). *The Mechanics of Soils (An Introduction to Critical State Soil Mechanics)*, McGraw-Hill, 375 p.

Aziz, F. (2000). *Applied Analysis in Geotechnics*, E & FN Spon, London, 753 p.

Baldi, G., Bellotti, R., Ghionna, V., Jamiolkowski, M., Marchetti, S., and Pasquelini, E. (1986). "Flat Dilatometer Tests in Calibration Chambers," *Proceedings of the In Situ '86*, Geotechnical Special Publication 6, ASCE, New York, pp. 431–446.

Baldi, G., Bellotti, R., Ghionna, V.N., Jamiolkowski, M., Lo Presti, D.C. (1989). "Modulus of Sands from CPT's and CMT's," *Proceedings of the Twelfth International Conference on Soil Mechanics and Foundation Engineering*, Rio de Janeiro, Vol. 1, pp. 165–170.

Baligh, M.M. (1976). "Cavity Expansion in Sands with Curved Envelopes," *Journal of Geotechnical Engineering Division*, Vol. 111, No. GT9, pp. 1108–1136.

Bardet, J.P. (1986). "Bounding Surface Plasticity Model for Sands," *Journal of Engineering Mechanics*, ASCE, Vol. 112, No. 11, pp. 1198–1217.

Barton, N., Lien, R., and Lunde, J. (1974). "Engineering Classification of Rock Masses for the Design of Tunnel Support," *Rock Mechanics*, Vol. 6, No. 4, pp. 189–236.

BECKER, D.E. (2001). "Site Characterization," Chapter 4 in *Geotechnical and Geoenvironmental Handbook*, R.K. Rowe (Ed.), Kluwer Academic Publishers, pp. 69–105.

BELLOTTI, R., GHIONNA, V., JAMIOLKOWSKI, M., LANCELLOTTA, R., AND MANFREDINI, G. (1986). "Deformation Characteristics of Cohesionless Soil in In Situ Tests," *Proceedings of the In Situ '86*, Geotechnical Special Publication No. 6, ASCE, New York, pp. 47–73.

BERRE, T. (1972). "Sammenheng Mellon Tid, Deformasjoner og Spenninger før Normalkonsolidarde Marine Leirer," *Foredrager av den Sjätte Nordiska Geoteknikermøtet*, Trondheim, Norway; Norwegian Geotechnical Institute.

BIENIAWSKI, Z.T. (1974). "Geomechanics Classification of Rock Masses and Its Application in Tunneling," *Proceedings of the Third International Congress on Rock Mechanics*, International Society of Rock Mechanics, Denver, 11A, pp. 27–32.

BISHOP, A.W., ALPAN, I., BLIGHT, G.E., AND DONALD, I.B. (1960). "Factors Controlling the Shear Strength of Partly Saturated Cohesive Soils," *Proceedings of the ASCE Research Conference on Shear Strength of Cohesive Soils*, Boulder, pp. 503–532.

BISHOP, A.W. (1954). "Correspondence," *Géotechnique*, Vol. IV, No. 1, pp. 43–45.

BISHOP, A.W. AND HENKEL, D.J. (1962). *The Measurement of Soil Properties in the Triaxial Test*, 2nd ed., Edward Arnold Ltd., London, 228 p.

BISHOP, A.W. AND WESLEY, L.D. (1975). "Triaxial Apparatus for Controlled Stress Path Testing," *Géotechnique*, Vol. XXV, No. 4, pp. 657–670.

BJERRUM, L. (1954a). "*Theoretical and Experimental Investigations on the Shear Strength of Soils*," Norwegian Geotechnical Institute, No. 5, 118 p.

BJERRUM, L. (1954b). "Geotechnical Properties of Norwegian Marine Clays," *Géotechnique*, Vol. IV, No. 2, pp. 49–69.

BJERRUM, L. (1972). "Embankments on Soft Ground," *Proceedings of the ASCE Specialty Conference on Performance of Earth and Earth-Supported Structures*, Purdue University, Vol. II, pp. 1–54.

BJERRUM, L. (1973). "Problems of Soil Mechanics and Construction on Soft Clays," *Proceedings of the Eighth International Conference on Soil Mechanics and Foundation Engineering*, Moscow, Vol. 3, pp. 111–159.

BJERRUM, L. AND SIMONS, N.E. (1960). "Comparison of Shear Strength Characteristics of Normally Consolidated Clays," *Proceedings of the ASCE Research Conference on the Shear Strength of Cohesive Soils, Boulder*, pp. 711–726.

BLACK, D.K. AND LEE, K.L. (1973). "Saturating Laboratory Samples by Back Pressure," *Journal of the Soil Mechanics and Foundations Division*, ASCE, Vol. 99, No. SM1, pp. 75–93.

BOLTON, M.D. (1979). *A Guide to Soil Mechanics*, Macmillan, London, 456 p.

BOLTON, M.D. (1986). "The Strength and Dilatancy of Sands," *Géotechnique*, Vol. XXXVI, No. 1, pp. 65–78.

BORDEN, R.H., SHAO, L., AND GUPTA, A. (1996). "Dynamic Properties of Piedmont Residual Soils," *Journal of Geotechnical Engineering*, Vol. 122. No. 10, pp. 813–821.

BOWDEN, F.P. AND TABOR, D. (1950). *The Friction and Lubrication of Solids*, Part I, Oxford University Press, London, 337 p.

BOWDEN, F.P. AND TABOR, D. (1964). *The Friction and Lubrication of Solids*, Part II, Oxford University Press, London, 544 p.

BOYLE, S.R. (1995). "Deformation Prediction of Geosynthetic Reinforced Soil Retaining Walls," Ph.D. dissertation, University of Washington, 391 p.

BOZOZUK, M. (1963). "The Modulus of Elasticity of Leda Clay from Field Measurements," *Canadian Geotechnical Journal*, Vol. I, No. 1, pp. 43–51.

BOZOZUK, M. AND LEONARDS, G.A. (1972). "The Gloucester Test Fill," *Proceedings of the ASCE Specialty Conference on Performance of Earth and Earth-Supported Structures*," Purdue University, Vol. I, Part 1, pp. 299–317.

BRIAUD, J.L. (2001). "Introduction to Soil Moduli," *Geotechnical News*, June 2001, BiTech Publishers Ltd., Richmond, British Columbia (geotechnicalnews@bitech.ca).

BRINK, R. (1967). "Effective Angle of Friction for a Normally Consolidated Clay," *Proceedings of the Geotechnical Conference Oslo on the Shear Strength Properties of Natural Soils and Rocks*, Vol. I, Published by the Norwegian Geotechnical Institute, Olso, pp. 13–17.

BROUSSEAU, P. (1983). "Généralisation des États Limites et de la Déstructuration des Argile Naturelles," M.S. thesis, Laval University, Quebec City, Quebec, Canada.

BUDHU, M. (2007). *Soil Mechanics and Foundations*, 2nd ed., Wiley, New York, 634 p.

BURLAND, J.B. (1989). "Small is Beautiful—The Stiffness of Soils at Small Strains" (9th Laurits Bjerrum Memorial Lecture), *Canadian Geotechnical Journal*, Vol. 26, pp. 499–516.

BURNS, S.E., SANTAMARINA, J.C., AND MAYNE, P.W. (EDS.) (2008). *Deformational Characteristics of Geomaterials*, Rotterdam, Millpress–IOS Press, 1111 p.

BYRNE, P.M., SALGADO, F., AND HOWIE, J.A. (1991). "G_{max} from Pressuremeter Test: Theory, Chamber Tests, and Field Measurements," *Proceedings of the Second International Conference on Recent Advances in Geotechnical Earthquake Engineering and Soil Dynamics*, St. Louis, Mo, Vol. 1, pp. 57–63.

CASAGRANDE, A. AND RIVARD, P.J. (1959). "Strength of Highly Plastic Clays," Oslo: Norwegian Geotechnical Institute, Publ. 31.

CASAGRANDE, A. AND WILSON, S.D. (1953). "Prestress Induced in Consolidated-Quick Triaxial Tests," *Proceedings, Intl. Conf. on Soil Mehanics and Foundation Engineering*, Zürich, Vol. 1, pp. 106–110.

CHANDLER, R.J. (1967). "The Strength of a Stiff Silty Clay," *Proceedings of the Geotechnical Conference Oslo on the Shear Strength Properties of Natural Soils and Rocks*, Vol. I, Published by the Norwegian Geotechnical Institute, Olso, pp. 103–108.

CHANDLER, R.J. (1987). "The In Situ Measurement of the Undrained Shear Strength of Clays Using the Field Vane," *Vane Shear Strength Testing in Soils: Field and Laboratory Studies*, A.F. Richards (Ed.), ASTM Special Technical Publication 1014, Philadelphia, pp. 13–44.

CHEN, W.F. (1994). *Constitutive Equations for Engineering Materials, Vol. 2 – Plasticity and Modeling*, Elsevier, Amsterdam, 1096 p.

CHEN, W.F. AND BALADI, G.Y. (1985). *Soil Plasticity: Theory and Implementation*, Elsevier, Amsterdam, 231 p.

CHEN, W.F. AND SALEEB, A.F. (1982). *Constitutive Equations for Engineering Materials*, Vol. 1, Elasticity and Modeling, Wiley, New York, 580 p.

CHEN, W.F. AND SALEEB, A.F. (1994). *Constitutive Equations for Engineering Materials*, Vol. 1, Elasticity and Modeling, Wiley, Amsterdam, New York, 580 p.

CLAYTON, C.R.I. AND KHATRUSH, S.A. (1986). "A New Device for Measuring Local Strains on Triaxial Specimens," *Géotechnique*, Vol. XXXIV, No. 4, pp. 593–597.

CORNFORTH, D.H. (1964). "Some Experiments on the Influence of Strain Conditions on the Strength of Sand," *Géotechnique*, Vol. XIV, No. 2, pp. 143–167.

CROOKS, J.H.A. AND BECKER, D.E. (1988). Discussion of "Slide in Upstream Slope of Lake Shelbyville Dam" by D.N. Humphrey and G.A. Leonards, *Journal of Geotechnical Engineering*, ASCE, Vol. 114, No. 4, pp. 506–508.

D'APPOLONIA, D.J., POULOS, H.G., AND LADD, C.C. (1971). "Initial Settlement of Structures on Clay," *Journal of the Soil Mechanics and Foundations Division*, ASCE, Vol. 97, No. SM10, pp. 1359–1377.

DAFALIAS, Y.F. (1986). "Bounding Surface Plasticity I: Mathematical Foundations and Hypo-Elasticity," *Journal of Engineering Mechanics*, ASCE, Vol. 112, No. 9, pp. 966–987.

DAFALIAS, Y.F. AND HERRMANN, L.R. (1982). "Bounding Surface Formulations of Soil Plasticity," in *Soil Mechanics: Transient and Cyclic Loads – Constitutive Relations and Numerical Treatment*, G.N. Pande and O.C. Zienkiewicz (Eds.), Wiley, New York, pp. 253–282.

DAFALIAS, Y.F. AND POPOV, E.P. (1975). "A Model for Nonlinearly Hardening Materials for Complex Loading," *Acta Mechanica*, Vol. 21, pp. 173–192.

DIAZ-RODRÍQUEZ, J.A., LEROUEIL, S., AND ALEMÁN, J.D. (1992). "Yielding of Mexico City Clay and Other Natural Clays," *Journal of Geotechnical Engineering*, ASCE, Vol. 118, No. 7, pp. 981–995.

DIBIAGIO, E. AND STENHAMAR, P. (1975). "Prøvefylling til Brudd på Bløt Leire," *Proceedings of the Seventh Scandinavian Geotechnical Meeting*, Copenhagen, Polyteknisk Forlag, pp. 173–185.

DONOVAN, N.C. (1969). "Research Brief–Soil Dynamics Specialty Session," *Seventh International Conference on Soil Mechanics and Foundation Engineering*, Mexico City, 154 p.

DOWDING, C.H. (1985). *Blast Vibration Monitoring and Control*, Prentice-Hall, Upper Saddle River, NJ, 297 p.

DOWDING, C.H. (1996). *Construction Vibrations*, Prentice-Hall, Upper Saddle River, NJ, 610 p.

DRNEVICH, V.P., HALL, J.R., JR., AND RICHART, F.E., JR. (1966). "Large Amplitude Vibration Effects on the Shear Modulus of Sand," *University of Michigan Report to Waterways Experiment Station, U.S. Army Corps of Engineers, Contract DA-22-079-Eng-340*, Oct. 1966.

DRUCKER, D.C. AND PRAGER, W. (1952). *Soil mechanics and plastic analysis for limit design*. Quarterly of Applied Mathematics, vol. 10, no. 2, pp. 157–165.

DRUCKER, D.C., GIBSON, R.E., AND HENKEL, D.J. (1957). "Soil Mechanics and Work-Hardening Theories of Plasticity," *Transactions*, ASCE, Vol. 112, pp. 338–346.

DUNCAN, J.M. (1980). "Hyperbolic Stress-Strain Relationships," *Limit Equilibrium, Plasticity and Generalized Stress-Strain in Geotechnical Engineering*, Proceedings of the workshop sponsored by NSF and Nserc, McGill University, Montreal, R.N. Yong and H.Y. Ko (Eds.), ASCE, pp. 443–460.

DUNCAN, J.M. AND BUCHIGNANI, A.L. (1976). "An Engineering Manual for Settlement Studies," *Geotechnical Engineering Report*, University of California, Berkeley, 94 p.

DUNCAN, J.M. AND CHANG, C.Y. (1970). "Nonlinear Analysis of Stress and Strain in Soil," *Journal of Soil Mechanics and Foundations Division*, ASCE, Vol. 96, No. SM5, pp. 1629–1653.

DUNCAN, J.M. AND WRIGHT, S.G. (2005). *Soil Strength and Slope Stability*, Wiley, New York, 297 p.

DUNCAN, J.M., BYRNE, P., WONG, K.S., AND MABRY, P. (1980). "Strength, Stress-Strain and Bulk Modulus Parameters for Finite Element Analyses of Stresses and Movements in Soil Masses," *Geotechnical Engineering Report No. UCB/GT/80–01*, University of California, Berkeley, 70 p.

DYVIK, R. AND MADSHUS, C. (1985). "Lab Measurements of Using Bender Elements," in V. Khosla (Ed.), *Advances in the Art of Testing Soils Under Cyclic Conditions*, ASCE, pp. 186–196.

ESCARIO, V. (1980). "Suction Controlled Penetration and Shear Tests," *Proceedings of the Fourth International Conference on Expansive Soils*, Denver, CO, Vol. 2, pp. 781–797.

FANNIN, R.J., ELIADORANI, A., AND WILKINSON, M.T. (2005). "Shear Strength of Cohesionless Soils at Low Stress," *Géotechnique*, Vol. LV, No. 6, pp. 467–478.

FREDLUND, D.G. (1973). "Volume Change Behavior of Unsaturated Soils," Ph.D. thesis, University of Alberta, Edmonton, Canada.

FREDLUND, D.G. (1997). "An Introduction to Unsaturated Soil Mechanics," in *Unsaturated Soil Engineering Practice*, S.L. Houston and D.G. Fredlund (Eds.), Geotechnical Special Publication No. 68, ASCE, New York, pp. 1–37.

FREDLUND, D.G. AND MORGENSTERN, N.R. (1977). "Stress State Variables for Unsaturated Soils," *Journal of the Geotechnical Engineering Division*, ASCE, Vol. 103, No. 5, pp. 447–466.

FREDLUND, D.G. AND RAHARDJO, H. (1993). *Soil Mechanics for Unsaturated Soils*, Wiley, New York, 517 p. Fung, Y.C. (1965). *Solid Mechanics*, Prentice-Hall, Upper Saddle River, NJ, 525 p.

GAN, J.K.M., FREDLUND, D.G., AND RAHARDJO, H. (1988). "Determination of the Shear Strength Parameters of an Unsaturated Soil Using the Direct Shear Test," *Canadian Geotechnical Journal*, Vol. 25, No. 3, pp. 500–510.

GOODMAN, R.E. (1989). *Introduction to Rock Mechanics*, 2nd ed., Wiley, New York, 562 p.

GRAHAM, J., CROOKS, J.H.A., AND LAU, S.L.K. (1983). "Yield States and Stress-strain Relationships in a Natural Plastic Clay," *Canadian Geotechnical Journal*, Vol. 20, No. 3, pp. 502–516.

GRIFFITH, A.A. (1924). "Theory of Rupture," *Proceedings of the First International Congress on Applied Mechanics*, Delft, pp. 55–63.

HANSBO, S. (1960). "Consolidation of Clay with Special Reference to Influence of Vertical Sand Drains," *Proceedings No. 18*, Swedish Geotechnical Institute, pp. 45–50.

HARDIN, B.O. (1965). "The Nature of Damping in Sands," *Journal of the Soils Mechanics and Foundations Division*, ASCE, Vol. 91, No. SM1, Jan. 1965, pp. 63–67.

HARDIN, B.O. (1978). "The Nature of Stress-strain Behavior for Soils." *Proceedings of the Conference on Earthquake Engineering and Soil Dynamics*, ASCE, pp. 3–90.

HARDIN, B.O. AND DRNEVICH, V.P. (1970a). "Shear Modulus and Damping in Soils: I. Measurement and Parameter Effects," *University of Kentucky, College of Engineering, Technical Report UKY 6–70-CE2*, Soil Mechanics Series No. 1, July, 45 p.

HARDIN, B.O. AND DRNEVICH, V.P. (1970b). "Shear Modulus and Damping in Soils: II. Design Equations and Curves," *Technical Report UKY 26–70-CE3*, Soil Mechanics Series No. 2, University of Kentucky, College of Engineering, July, 49 p.

HARDIN, B.O. AND DRNEVICH, V.P. (1970c). "Shear Modulus and Damping in Soils; Design Equations and Curves," *Journal of the Soil Mechanics and Foundations Division*, ASCE, Vol. 98, No. SM7, Proceedings Paper 9006, July, pp. 667–692.

HARR, M.E. (1977). *Mechanics of Particulate Media*, McGraw-Hill, New York, 543 p.

HENKEL, D.W. (1956). "The Effect of Overconsolidation on the Behaviour of Clays During Shear," *Géotechnique*, Vol. XI, No. 4, pp. 139–150.

HENKEL D.J. (1958). "Correlation Between Deformation, Pore Water Pressure, and Strength Characteristics of Saturated Clays," Ph.D. thesis in Engineering, Imperial College of Science and Technology, London.

HENKEL, D.J. (1960). "The Shear Strength of Saturated Remoulded Clays," *Proceedings of the ASCE Research Conference on Shear Strength of Cohesive Soils*, Boulder, pp. 533–554.

HIRSCHFELD, R.C. (1959). "The Relation between Shear Strength and Effective Stress," Proceedings, Panamerican Conf. on Soil Mehanics and Foundation Engineering, Mexico.

HIRSCHFELD, R.C. (1963). "Stress-Deformation and Strength Characteristics of Soils," Harvard University (unpublished), 87 p.

HO, D.Y.F. AND FREDLUND, D.G. (1989). "Laboratory Measurements of the Volumetric Deformation Moduli for Two Unsaturated Soils," *Proceedings of the Forty-Second Canadian Geotechnical Conference*, Winnipeg, pp. 50–60.

HÖEG, K., ANDERSLAND, O.B., AND ROLFSEN, E.N. (1969). "Undrained Behaviour of Quick Clay Under Load Tests at Åsrum," *Géotechnique*, Vol. XIX, No. 1, pp. 101–115.

Hoek, E. (1983). "Strength of Jointed Rock Masses," 23rd Rankine Lecture, *Géotechnique*, Vol. XXXIII, No. 3, pp. 187–223.

Hoek, E. and Brown, E.T. (1980). "Empirical Strength Criteria for Rock Masses," *Journal of the Geotechnical Engineering Division*, ASCE, Vol. 106, No. GT9, pp. 1013–1035.

Hoek, E. and Brown, E.T. (1988). "The Hoek–Brown Failure Criterion—A 1988 Update," *Rock Engineering for Underground Excavations*, Proceedings of the Fifteenth Canadian Rock Mechanics Symposium, J.C. Curran (Ed.), Toronto, pp. 31–38.

Hoek, E., Kaiser, P.K., and Bawden, W.F. (1995). *Support for Underground Excavations in Hard Rock*, Balkema, Rotterdam, 300 p.

Holtz, R.D. (1991). "Pressure Distribution and Settlement," Chapter 5, *Foundation Engineering Handbook*, 2nd ed., H.Y. Fang (Ed.),Van Nostrand Reinhold, New York, pp. 166–222.

Holtz, R.D. and Holm, G. (1979). "Test Embankment on an Organic Silty Clay," *Proceedings of the Seventh European Conference on Soil Mechanics and Foundation Engineering*, Brighton, England, Vol. 3, pp. 79–86.

Holtz, R.D., Jamiolkowski, M.B., and Lancellotta, R. (1986). "Lessons from Oedometer Tests on High-Quality Samples," *Journal of Geotechnical Engineering*, ASCE, Vol. 112, No. 8, pp. 768–776.

Hryciw, R.D. (1990). "Small-strain-shear Modulus of Soil by Dilatometer," *Journal of Geotechnical Engineering*, ASCE, Vol. 116, No. 11, pp. 1700–1716.

Huang, A. B. (2008). Personal communication.

Huang, A.B., Hsu, S.P., and Kuhn, H.R. (1994). "A Multiple Purpose Soil Testing Apparatus," *Geotechnical Testing Journal*, Astm, Vol. 17, No. 2, pp. 227–232.

Huang, Y.T, Huang, A.B., Kuo, Y.C., and Tsai, M.D. (2004). "A Laboratory Study on the Undrained Strength of a Silty Sand from Central Western Taiwan," *Soil Dynamics and Earthquake Engineering*, Vol. 24, No. 9/10, pp. 733–743.

Hvorslev, M.J. (1937). "Über die Festigkeitseigenshaften Gestörter Bindiger Böden" ("On the Strength Properties of Remolded Cohesive Soils"), thesis, published by Danmarks Naturvidenskablige Samfund, *Ingeniørvidenskabelige Skrifter*, Series A, No. 35, København, 159 p.

Hvorslev, M.J. (1949). *Subsurface Exploration and Sampling of Soils for Civil Engineering Purposes*, U.S. Army Engineer Waterways Experiment Station, Vicksburg, Ms, 521 p.; reprinted by the Engineering Foundation, 1962.

Hvorslev, M.J. (1960). "Physical Components of the Shear Strength of Saturated Clays," *Proceedings of the ASCE Research Conference on the Shear Strength of Cohesive Soils*, Boulder, pp. 169–273.

Idriss, I.M. (1966). "The Response of Earth Banks During Earthquakes," Ph.D. dissertation, University of California, Berkeley, 208 p.

Idriss, I.M. and Boulanger, R.W. (2008). "Soil Liquefaction During Earthquakes," Earthquake Engineering Research Institute, Report No. MNO-12, 243 p.

Imai, T. and Tonouchi, K. (1982). "Correlation of N-value with S-wave Velocity and Shear Modulus," *Proceedings of the Second European Symposium on Penetration Testing*, Amsterdam, pp. 57–72.

Isenhower, W.M. (1979). "Torsional Simple Shear/Resonant Column Properties of San Francisco Bay Mud," M.S. thesis, Department of Civil Engineering University of Texas at Austin, 306 p.

Ishibashi, I. (1992). Discussion of "Effect of Soil Plasticity on Cyclic Response" by M. Vucetic and R. Dobry, *Journal of Geotechnical Engineering*, ASCE, Vol. 118, No. 5, pp. 830–832.

Iwan, W.D. (1967). "On a Class of Models for the Yielding Behavior of Continuous and Composite Systems," *Journal of Applied Mechanics*, Asme, Vol. 34, pp. 612–617.

Jamiolkowski, M., Ladd, C.C., Germaine, J.T., and Lancellota, R. (1985). "New Developments in Field and Laboratory Testing of Soils," *Proceedings of the Eleventh International Conference on Soil Mechanics and Foundation Engineering*, San Francisco, Vol. 1, pp. 57–154.

Jardine, R.J., Fourie, A., Maswoswe, J., and Burland, J.B. (1985). "Field and Laboratory Measurements of Soil Stiffness," *Proceedings of the Eleventh International Conference on Soil Mechanics and Foundation Engineering*, San Francisco, Vol. 2, pp. 511–514.

Jürgenson, L. (1934). "The Shearing Resistance of Soils," *Journal of the Boston Society of Civil Engineers*, July, reprinted in *Contributions to Soil Mechanics, 1925–1940*, Bsce, pp. 184–217.

Kaliakin, V.N. and Dafalias, Y.F. (1990a). "Theoretical Aspects of the Elastoplastic-Viscoplastic Bounding Surface Model for Cohesive Soils," *Soils and Foundations*, Japanese Society of Soil Mechanics and Foundation Engineering, Vol. 30, No. 3, pp. 11–24.

Kaliakin, V.N. and Dafalias, Y.F. (1990b). "Verification of the Elastoplastic-Viscoplastic Bounding Surface Model for Cohesive Soils," *Soils and Foundations*, Japanese Society of Soil Mechanics and Foundation Engineering, Vol. 30, No. 3, pp. 25–36.

Karlsson, R. and Pusch, R. (1967). "Shear Strength Parameters and Microstructure Characteristics of a Quick Clay of Extremely High Water Content," *Proceedings of the Geotechnical Conference Oslo on* the *Shear Strength Properties of Natural Soils and Rocks*, Vol. I, Published by the Norwegian Geotechnical Institute, Olso, pp. 35–42.

KAWAGUCHI, T., MITACHI, T., AND SHIBUYA, S. (2001). "Evaluation of Shear Wave Travel Time in Laboratory Bender Element Test," *Proceedings of the Fifteenth International Conference on Soil Mechanics and Geotechnical Engineering*, Istanbul, Vol. 1, pp. 155–158.

KENNEY, T.C. (1959). Discussion of "Geotechnical Properties of Glacial Lake Clays," by T.H. Wu, *Journal of the Soil Mechanics and Foundations Division*, ASCE, Vol. 85, No. SM3, pp. 67–79.

KENNEY, T.C. (1976). "Formation and Geotechnical Characteristics of Glacial-Lake Varved Soils," *Laurits Bjerrum Memorial Volume—Contributions to Soil Mechanics*, Norwegian Geotechnical Institute, Oslo, pp. 15–39.

KISHIDA, H. AND TAKANO A. (1970). "The Damping in the Dry Sand," *Proceedings of the Third Japan Earthquake Engineering Symposium*, Tokyo, pp. 159–166.

KONDNER, R.L. (1963). "Hyperbolic Stress-Strain Response: Cohesive Soils," *Journal of the Soil Mechanics and Foundation Division*, ASCE, Vol. 89, No. SM1, pp. 115–143.

KORHONEN, K.H. AND LOJANDER, M. (1987). "Yielding of Perno Clay," *Constitutive Laws for Engineering Materials: Theory and Applications*, Elsevier, Vol. 2, pp. 1249–1255.

KOVACS, W.D. (1968). "An Experimental Study of the Response of Clay Embankments to Base Excitation," Ph.D. dissertation, University of California, Berkeley, 126 p.

KOVACS, W.D., SEED, H.B., AND CHAN, C.K. (1971). "Dynamic Moduli and Damping Ratios for a Soft Clay," *Journal of the Soil Mechanics and Foundations Division*, ASCE, Vol. 97, No. SM1, pp. 59–75.

KRAHN, J., FREDLUND, D.G., AND KLASSEN, M.J. (1989). "Effect of Soil Suction on Slope Stability at Notch Hill," *Canadian Geotechnical Journal*, Vol. 26, No. 2, pp. 269–278.

KRAMER, S.L. (1996). *Geotechnical Earthquake Engineering*, Prentice Hall, Upper Saddle River, NJ, 653 p.

KRIZEK, R.J. AND FRANKLIN, A.G. (1967). "Energy Dissipation in a Soft Clay," *Proceedings of the Symposium on Wave Propagation and Dynamic Properties of Earth Materials*, University of New Mexico, Albuquerque.

KULHAWY, F.H. AND MAYNE, P.W. (1990). *Manual on Estimating Soil Properties for Foundation Design, Final Report*, Report No. EL-6800, Research Project 1493-6, Electric Power Research Institute, Palo Alto, 308 p.

LACY, S.J. AND PREVOST, J.H. (1987)."Constitutive Model for Geomaterials," in *Proceedings of the Second International Conference on Constitutive Laws for Engineering Materials*, C.S. Desai, E. Krempl, P.D. Kiousis, and T. Kundu (Eds.), Elsevier, New York, pp. 149–160.

LADD, C.C. (1964). "Stress-Strain Behavior of Saturated Clay and Basic Strength Principles," *Research Report R64–17*, Department of Civil Engineering, Massachusetts Institute of Technology, 67 p.

LADD, C.C. (1971). "Strength Parameters and Stress-Strain Behavior of Saturated Clays," *Research Report R71–23*, Soils Publication 278, Department of Civil Engineering, Massachusetts Institute of Technology, 280 p.

LADD, C.C. AND DEGROOT, D.J. (2003). "Recommended Practice for Soft Ground Site Characterization: The Arthur Casagrande Lecture," *Proceedings of the Twelfth Panamerican Conference on Soil Mechanics and Foundation Engineering*, Cambridge, MA, Vol. 1, pp. 3–57.

LADD, C.C. AND EDGERS, L. (1972). "Consolidated-Undrained Direct-Simple Shear Tests on Saturated Clays," *Research Report R72–92*, Soils Publication 284, Department of Civil Engineering, Massachusetts Institute of Technology, 245 p.

LADD, C.C. AND FOOTT, R. (1974). "A New Design Procedure for Stability of Soft Clays," *Journal of the Geotechnical Engineering Division*, ASCE, Vol. 100, No. GT7, pp. 763–786.

LADD, C.C. AND LAMBE, T.W. (1963). "The Strength of Undisturbed Clay Determined from Undrained Tests," *Laboratory Shear Testing of Soils*, Special Technical Publication No. 361, Astm, pp. 342–371.

LADD, C.C., FOOTE, R., ISHIHARA, K., SCHLOSSER, F., AND POULOS, H.G. (1977). "Stress-Deformation and Strength Characteristics," State-of-the-Art Report, *Proceedings of the Ninth International Conference on Soil Mechanics and Foundation Engineering*, Tokyo, Vol. 2, pp. 421–494.

LADE, P.V. (1977). "Elasto-Plastic Stress-Strain Theory for Cohesionless Soil with Curved Yield Surfaces," *International Journal of Solids and Structures*, ASCE, Vol. 13, pp. 1019–1035.

LADE, P.V. AND DUNCAN, J.M. (1975). "Elastoplastic Stress-Strain Theory for Cohesionless Soil," *Journal of the Geotechnical Engineering Division*, ASCE, Vol. 101, No. 10, pp. 1037–1053.

LADE, P.V. AND LEE, K.L. (1976). "Engineering Properties of Soils," University of California, Los Angeles, Report No. UCLA-ENG-7652, 145 p.

LAMBE, T.W. (1967). "Stress Path Method," *Journal of the Soil Mechanics and Foundations Division*, ASCE, Vol. 93, No. SM6, pp. 309–331.

LAMBE, T.W. AND WHITMAN, R.V. (1969). *Soil Mechanics*, Wiley, New York, 553 p.

LAROCHELLE, P. AND LEFEBVRE, G. (1971). "Sampling Disturbance in Champlain Clays," *Sampling of Soil and Rock*, Special Technical Publication No. 483, ASTM, pp. 143–163.

LAROCHELLE, P., SARRAILH, J., TAVENAS, F., ROY, M., AND LEROUEIL, S. (1981). "Causes of Sampling Disturbance and Design of a New Sampler for Sensitive Soils," *Canadian Geotechnical Journal*, Vol. 18, No. 1, pp. 52–66.

LARSSON, R. (1977). "Basic Behavior of Scandinavian Soft Clays," *Report No. 4*, Swedish Geotechnical Institute, 138 p.

LAW, K.T. AND HOLTZ, R.D. (1978). "A Note on Skempton's A Parameter with Rotation of Principal Stresses," *Géotechnique*, Vol. XXVIII, No. 1, pp. 57–64.

LEE, K.L. AND FOCHT, J.A. (1976). "Strength of Clay Subjected to Cyclic Loading," *Marine Geotechnology*, Vol. 1, No. 3, pp. 165–185.

LEE, K.L. AND SEED, H.B. (1967). "Drained Strength Characteristics of Sands," *Journal of the Soil Mechanics and Foundations Division*, ASCE, Vol. 93, No. SM6, pp. 117–141.

LEE, W.F. (2000). "Internal Stability Analyses of Geosynthetic Reinforced Retaining Walls," Ph.D. thesis/dissertation, Doctor of Philosophy, University of Washington, 380 p.

LEONARDS, G.A. (ED.) (1962). *Foundation Engineering*, McGraw-Hill, New York, 1136 p.

LEROUEIL, S., MAGNAN, J.P., AND TAVENAS, F. (1990). *Embankments on Soft Clays*, a translation by D. Muir Wood of *Remblais sur Argiles Molles*, 1985, Ellis Horwood, 360 p.

LEROUEIL, S., TAVENAS, F., MIEUSSENS, C., AND PEIGNAUD, M. (1978b). "Construction Pore Pressures in Clay Foundations Under Embankments. Part II: Generalized Behaviour," *Canadian Geotechnical Journal*, Vol. 15, No. 1, pp. 66–82.

LEROUEIL, S., TAVENAS, F., TRAK, B., LAROCHELLE, P., AND ROY, M. (1978a). "Construction Pore Pressure in Clay Foundations Under Embankments. Part I: The Saint-Alban Test Fills," *Canadian Geotechnical Journal*, Vol. 15, No. 1, pp. 54–65.

LO, K.Y. AND HEFNY, A.M. (2001). "Basic Rock Mechanics and Testing," Chapter 6 in *Geotechnical and Geoenvironmental Handbook*, R.K. Rowe (Ed.), Kluwer Academic Publishers, pp. 147–172.

LOJANDER, M. (1988). "The Parameters of the Mechanical Model of Anisotropic Clay," *Proceedings of the Nordiska Geoteknikermote*, Oslo, Norway.

LOWE, J., III. AND ZACCHEO, P.F. (1991). "Subsurface Explorations and Sampling," Chapter 1 in *Foundation Engineering Handbook*, 2nd ed., H.Y. Fang (Ed.), Van Nostrand Reinhold, New York, pp. 1–71.

LU, N. AND LIKOS, W.J. (2004). *Unsaturated Soil Mechanics*, Wiley, Hoboken, 556 p.

LUNNE, T., ROBERTSON, P.K., AND POWELL, J.J.M. (1997). *Cone Penetration Testing in Geotechnical Practice*, Chapman & Hall, London.

LUPINI, J.F., SKINNER, A.E., AND VAUGHN, P.R. (1981). "The Drained Residual Strength of Cohesive Soils," *Géotechnique*, Vol. XXXI, No. 2, pp. 181–213.

MAGNAN, J.P., SHAHANGUIAN, S., AND JOSSEAUME, H. (1982). "Étude en Laboratoire des États Limites d'une Argile Molle Organique," *Revue Française de Géotechnique*, Vol. XX, No. 1, pp. 13–19.

MARACHI, N.D., DUNCAN, J.M., CHAN, C.K., AND SEED, H.B. (1981). "Plane-strain Testing of Sand," *Laboratory Shear Strength of Soil*, R.N.Yong and F.C. Townsend (Eds.), ASTM Special Technical Publication 740, pp. 294–302.

MATSUOKA, H. AND NAKAI, T. (1977). "Stress-strain Relationship of Soil Based on the 'SMP'," *Proceedings of Specialty Session 9, Ninth International Conference Soil Mechanics and Foundation Engineering*, Tokyo, pp. 153–162.

MATSUSHITA, K., KISHIDA, H., AND KYO, K. (1967). "Experiments on Damping of Sands," Transactions of the Architectural Institute of Japan, Summaries of Technical Papers (Annual Meeting of AIJ, 1967), 166 p.

MAYA, J. AND RODRIGUEZ, J. (1987). "El Subsuelo de Bogotá y los Problemas de Cimentaciones," *Proceedings of the Eighth Panamerican Conference on Soil Mechanics and Foundation Engineering*, Colombia, pp. 197–264.

MAYNE, P.W. (2006). "Critical State Soil Mechanics for Dummies," http://geosystems.ce.gatech.edu/Faculty/Mayne/ papers/index.html, last accessed August 2006.

MAYNE, P.W. AND RIX, G.J. (1993). "G_{max}-q_c Relationship for Clays," *Geotechnical Testing Journal*, Astm, Vol. 16, No. 1, pp. 54–60.

MCCARRON, W.O. AND CHEN, W.F. (1994). "Soil Plasticity and Implementation," Chapter 8 in *Constitutive Equations for Engineering Materials, Vol. 2: Plasticity and Modeling*, W.F. Chen and A.F. Saleeb (Eds.), pp. 991–1059.

MCNEILL, R.L. (1969). "Machine Foundations—The State-of-the-Art," *Proceedings of the Specialty Session 2, Seventh International Conference of Soil Mechanics and Foundation Engineering*, Mexico City, Mexico, pp. 67–100.

MESRI, G. (1975). Discussion of "New Design Procedures for Stability of Soft Clays," *Journal of the Geotechnical Engineering Division*, ASCE, Vol. 101, No. GT4, pp. 409–412.

MESRI, G. (1989). "A Reevaluation of $s_{u(mob)} = 0.22\sigma'_p$ Using Laboratory Shear Tests," *Canadian Geotechnical Journal*, Vol. 26, No. 1, pp. 162–164.

MITCHELL, J.K. AND SOGA, K. (2005). *Fundamentals of Soil Behavior*, 3rd ed., Wiley, 577 p.

MOULIN, G. (1988). "Etat limite d'une Argile Naturelle—L'argile de Pornic," Ph.D. thesis, Ecole National Superieure de Mecanique, Nantes, France.

MOULIN, G. (1989). "Caractérisation de l'État Limite de l'Argile de Pornic," *Canadian Geotechnical Journal*, Vol. 26, No. 4, pp. 705–717.

MROZ, Z. (1967). "On the Description of Anisotropic Hardening," *Journal of Mechanics and Physics of Solids*, Vol. 15, pp. 163–175.

MUIRWOOD, D. (1990). *Soil Behaviour and Critical State Soil Mechanics*, Cambridge University Press, 462 p. Muirwood, D. (2004). *Geotechnical Modelling*, E & FN Spon, London, 488 p.

NOORANY, I. AND SEED, H.B. (1965). "In-Situ Strength Characteristics of Soft Clays," *Journal of Soil Mechanics and Foundations Division*, ASCE, Vol. 91, No. SM2, pp. 49–80.

OHTA, Y. AND GOTO, N. (1976). "Estimation of S-wave Velocity in Terms of Characteristic Indices of Soil," *Butsuri-Tanko*, Vol. 29, No. 4, pp. 34–41.

O'KELLY, B.C. AND NAUGHTON, P.J. (2008). "Use of Proximity Transducers for Local Radial Strain Measurements in a Hollow Cylinder Apparatus," *Proceedings of the Fourth International Symposium on Deformation Characteristics of Geomaterials*, Atlanta, GA, Vol. 2, pp. 793–800.

OKA, F., ADACHI, T., AND MIMURA, M. (1988). "Elasto-visco Plastic onstitutive Models for Clays," *International Conference on Rheology and Soil Mechanics*, Coventry, UK, Vol. 1, pp. 12–28.

OSTERBERG, J.O. (1967). Lecture Notes, CE D-50, Soil Mechanics, Northwestern University (recorded by R.D. Holtz, February 7).

OSTERMAN, J. (1960). "Notes on the Shearing Resistance of Soft Clays," *Acta Polytechnica Scandinavica*, Series CI-2 (AP 263 1959), pp. 1–22.

PERLOFF, W.H. AND BARON, W. (1976). *Soil Mechanics—Principles and Applications*, The Ronald Press Company, New York, pp. 359–361.

PERZYNA, P. (1963). "The Constitutive Equations for Rate Sensitive Plastic Materials," *The Quarterly of Applied Mathematics*, Vol. 20, No. 4, pp. 321–332.

PESTANA, J.M. (1994). "A Unified Constitutive Model for Clays and Sands" MIT Sc.D. thesis, 473 p.

POULOS, H.G. AND DAVIS, E.H. (1974). *Elastic Solutions for Soil and Rock Mechanics*, Wiley, New York, 411 p.

POULOS, S.J. (1981). "The Steady State of Deformation," *Journal of the Geotechnical Engineering Division*, ASCE, Vol. 107, No. 5, pp. 553–562.

POWRIE, W. (2004). *Soil Mechanics: Concepts and Applications*, 2nd ed., E & FN Spon, London, 704 p.

PREVOST, J.H. (1977). "Mathematical Modeling of Monotonic and Cyclic Undrained Clay Behavior," *International Journal for Numerical and Analytical Methods in Geomechanics*, Vol. 1, No. 2, pp. 195–216.

PREVOST, J.H. AND POPESCU, R. (1996). "Constitutive Relations for Soil Materials," *Electronic Journal of Geotechnical Engineering*, 43 p.

RAYMOND, G.P., TOWNSEND, D.L., AND LOJKACEK, M.J. (1971). "The Effects of Sampling on the Undrained Soil Properties of the Leda Soil," *Canadian Geotechnical Journal*, Vol. 8, No. 4, pp. 546–557.

RECHENMACHER, A.L. AND FINNO, R.J. (2004). "Digital Image Correlation to Evaluate Shear Banding in Dilative Sands," *Geotechnical Testing Journal*, Astm, Vol. 27, No. 1, pp. 13–22.

RENDULIC, L. (1936). "The Relation Between Void Ratio and Effective Stresses for a Remoulded Silty Clay," Discussion D-27, *Proceedings of the First International Conference on Soil Mechanics and Foundation Engineering*, Cambridge, MA, Vol. III, pp. 48–51.

RENDULIC, L. (1937). "Ein Grundesetz der Tonmechanik und Sein Experimenteller Beweiss" ("A Fundamental Principal of Soil Mechanics and Its Experimental Verification"), *Der Bauingenieur*, Vol. 18, pp. 459–467.

REYNOLDS, O. (1885). "On the Dilatancy of Media Composed of Rigid Particles in Contact, with Experimental Illustrations," *Philophical Magazine, Series 5*, Vol. 20, 469 p. (as referenced/quoted in Scott, 1963).

RICHART, F.E., JR., H A L L, J.R., ANDWOODS, R.D. (1970). *Vibrations of Soils and Foundations*, Prentice-Hall, Englewood Cliffs, NJ, 414 p.

RIX, G.J. AND STOKE, K.H. (1991). "Correlation of Initial Tangent Modulus and Cone Penetration Resistance," *Calibration Chamber Testing*, International Symposium on Calibration Chamber Testing, A.B. Huang (Ed.), Elsevier Publishing, New York, pp. 351–362.

ROSCOE, K.H. AND BURLAND, J.B. (1968). "On the Generalized Stress-Strain Behaviour of Wet Clays," in Heyman and F.A. Leckie (Eds.), *Engineering Plasticity*, Cambridge University Press, pp. 535–609.

Rowe, P.W. (1962). "The Stress-Dilatancy Relation for Static Equilibrium of an Assembly of Particles in Contact," *Proceedings of the Royal Society A*, Vol. 269, pp. 500–527.

Rowe, P.W., Barden, L., and Lee, I.K. (1964). "Energy Components During the Triaxial Cell and Direct Shear Tests," *Géotechnique*, Vol. XIV, No. 3, pp. 247–261.

Rutledge, P.C. (1947). Review of "Cooperative Triaxial Shear Research Program of the Corps of Engineers," USAE Waterways Experiment Station, Vicksburg, MS, 178 p.

Saada, A.S. and Bianchini, G.F. (1975). "Strength of One Dimensionally Consolidated Clays," *Journal of the Geotechnical Engineering Division*, ASCE, Vol. 101, No. GT11, pp. 1151–1164.

Santagata, M.C., Germaine, J.T., and Ladd, C.C. (2005). "Factors Affecting the Initial Stiffness of Cohesive Soils," *Journal of Geotechnical and Geoenvironmental Engineering*, ASCE, Vol. 131, No. 4, pp. 430–441.

Satija, B.S. (1978). "Shear Behaviour of Partly Saturated Soils," Ph.D. thesis, Indian Institute of Technology, Delhi, 327 p.

Schofield, A. and Wroth, P. (1968). *Critical State Soil Mechanics*, McGraw-Hill, London.

Scholey, G.K., Frost, J.D., Lopresti, D.C.F., and Jamiolkowski, M. (1995). "A Review of Instrumentation for Measuring Small Strains during Triaxial Testing of Soil Specimens," *Geotechnical Testing Journal*, ASTM, Vol. 18, No. 2, pp. 137–156.

Scott, R.F. (1963). *Principles of Soil Mechanics*, Addison-Wesley, Reading, MA, pp. 267–275.

Seed, H.B. (1987). "Design Problems in Soil Liquefaction," *Journal of Geotechnical Engineering*, ASCE, Vol. 113, No. 8, pp. 827–845.

Seed, H.B. and Idriss, I.M. (1970). "Soil Moduli and Damping Factors for Dynamic Response Analyses," *Report No. EERC 70–10*, Earthquake Engineering Research Center, Berkeley, CA, 40 p.

Seed, H.B. and Lee, K.L. (1967). "Undrained Strength Characteristics of Cohesionless Soils," *Journal of the Soil Mechanics and Foundations Division*, ASCE, Vol. 93, No. SM6, pp. 333–360.

Seed, H.B., Wong, R.T., Idriss, I.M., and Tokimatsu, K. (1986). "Moduli and Damping Factors for Dynamic Analysis of Cohesionless Soils," *Journal of Geotechnical Engineering*, ASCE, Vol. 112. No. 11, pp. 1016–1032.

Sheahan, T.C. and Kaliakin, V.N. (Eds.) (1996). *Measuring and Modeling Time Dependent Soil Behavior*, Geotechnical Special Publication No. 61, ASCE, New York, 273 p.

Sheahan, T.C., Ladd, C.C., and Germaine, J.T. (1996). "Rate-dependent Undrained Shear Behavior of Saturated Clay," *Journal of Geotechnical Engineering*, ASCE, Vol. 122, No. 2, pp. 99–108.

Silver, M.L. and Seed, H.B. (1971). "Volume Changes in Sands Due to Cyclic Loading," *Journal of the Soil Mechanics and Foundations Division*, ASCE, Vol. 97, No. 9, pp. 1171–1182.

Simons, N.E. (1974). "Normally Consolidated and Lightly Overconsolidated Cohesive Materials," General Report, *Proceedings of the Conference on Settlement of Structures*, Cambridge University, British Geotechnical Society, pp. 500–530.

Skempton, A.W. (1954). "The Pore-Pressure Coefficients *A* and *B*," *Géotechnique*, Vol. IV, pp. 143–147.

Skempton, A.W. and Bishop, A.W. (1954). "Soils," in *Building Materials: Their Elasticity and Inelasticity*, M. Reiner (ed.), Amsterdam: North-Holland Publ. Co., Chapter X, pp. 417–482.

Skempton, A.W. and Henkel, D.J. (1953). "The Post-Glacial Clays of the Thames Estuary at Tillbury and Shellhaven," *Proceedings of the Third International Conference on Soil Mechanics and Foundation Engineering*, Zurich, Vol. I, pp. 302–308.

Skempton, A.W. and Sowa, V.A. (1963). "The Behaviour of Saturated Clays During Sampling and Testing," *Géotechnique*, Vol. XIV, No. 4, pp. 269–290.

Sladen, J.A., Krahn, J., and Hollander, R.D. (1986). Discussion of "A State Parameter for Sands," by K. Been and M.G. Jefferies, Vol. XXXV, No. 2, pp. 99–112; *Géotechnique*, Vol. XXXIV, No. 1, pp. 123–124.

Stokoe, K.H., II and Lodde, P.F. (1978). "Dynamic Response of San Francisco Bay Mud," *Proceedings of the Earthquake Engineering and Soil Dynamics Conference*, Los Angeles, ASCE, Vol. II, pp. 940–959.

Stokoe, K.H., II, Darendeli, M.B., Andrus, R.D., and Brown, L.T. (1999). "Dynamic Soil Properties: Laboratory, Field and Correlation Studies," *Proceedings of the Second International Conference on Earthquake Geotechnical Engineering*, Lisbon, Portugal, June, pp. 811–845.

Sultan, H.A. and Seed, H.B. (1967). "Stability of Sloping Core Earth Dams," *Journal of the Soil Mechanics and Foundation Division*, ASCE, Vol. 93, No. SM4, pp. 45–67.

Tavenas, F.A., Chapeau, C., Larochelle, P., and Roy, M. (1974). "Immediate Settlements of Three Test Embankments on Champlain Clay," *Canadian Geotechnical Journal*, Vol. 11, No. 1, pp. 109–141.

Tavenas, F. and Leroueil, S. (1977). "Effects of Stresses and Time on Yielding of Clays," *Proceedings of the Ninth International Conference on Soil Mechanics and Foundation Engineering*, Tokyo, Vol. 1, pp. 319–326.

TAVENAS, F. AND LEROUEIL, S. (1979). "Les Concepts d'Étude Limite et l'État Critique et Leurs Application Pratiques à l'Étude des Argiles," *Revue Française de Géotechnique*, Vol. VI, pp. 27–49.

TAVENAS, F. AND LEROUEIL, S. (1985). "Structural Effects on the Behaviour of Natural Clays," Discussion on Session 2B on Laboratory Testing, *Proceedings of the Eleventh International Conference Soil Mechanics and Foundation Engineering*, Vol. 5, pp. 2693–2694.

TAYLOR, D.W. (1948). *Fundamentals of Soil Mechanics*, Wiley, New York, 712 p.

TAYLOR, P.W. AND BACCHUS, D.R. (1948). "Dynamic Cyclic Strain Test on a Clay," *Proceedings of the Seventh International Conference on Soil Mechanics and Foundation Engineering*, Mexico City, Vol 1, pp. 401–409.

TAYLOR, P.W. AND HUGHES, J.M. (1965). "Dynamic Properties of Foundation Subsoil as Determined from Laboratory Tests," *Proceedings of the Third World Conference on Earthquake Engineering*, New Zealand, Vol. 1, pp. 196–209.

TAYLOR, P.W. AND MENZIES, B.K. (1963). "Damping Characteristics of Dynamically Loaded Clay," *Proceedings of the Fourth Australian–New Zealand Conference on Earthquake Engineering*, New Zealand, Vol. 1, pp. 196–211.

TERZAGHI, CH. (1920). "New Facts about Surface Friction," *The Physical Review, N.S.*, Vol. XVI, No. 1, pp. 54–61.

TERZAGHI, K. (1925). *Erdbaumechanik auf Bodenphysikalischer Grundlage*, Franz Deuticke, Leipzig und Wein, 399 p.

TERZAGHI, K. (1938). "Die Coulombsche Gleichung für den Scherwiderstand bindiger Boden" ("The Coulomb Equation for the Shearing Resistance of Cohesive Soils"), *Die Bautechnik*, Vol. 16, No. 26, pp. 343–346.

TERZAGHI, K., PECK, R.B., AND MESRI, G. (1996). *Soil Mechanics in Engineering Practice*, 3rd ed., Wiley, New York, 549 p.

THIERS, G.R. AND SEED, H.B. (1968). "Cyclic Stress-Strain Characteristics of Clay," *Journal of the Soil Mechanics and Foundation Division*, ASCE, Vol. 94, No. SM2, pp. 555–569.

U.S. DEPARTMENT OF DEFENSE (1997). Soil Dynamics and Special Design Aspects, Publ. MIL-HDBK-1007/3, 145 p.

U.S. NAVY (1986). "Soil Mechanics, Foundations, and Earth Structures," *NAVFAC Design Manual DM-7.2*, Washington, D.C.

VAID, Y.P. AND CAMPANELLA, R.G. (1974). "Triaxial and Plane Strain Behavior of Natural Clay," *Journal of the Geotechnical Engineering Division*, ASCE, Vol. 100, No. 3, pp. 207–224.

VUCETIC, M. AND DOBRY, R. (1991). "Effect of Soil Plasticity on Cyclic Response," *Journal of Geotechnical Engineering*, Vol. 117, No. 1, pp. 89–107.

WEISSMAN, G.F. AND HART, R.R. (1961). "The Damping Capacity of Some Granular Soils," Symposium on Soil Dynamics, *ASTM Special Technical Publication No. 305*, June 1961, pp. 45–54.

WHITMAN, R.V. AND HEALY, K.A. (1962). "Shear Strength Testing of Sands During Rapid Loading," *Journal of the Soil Mechanics and Foundations Division*, ASCE, Vol. 88, No. 2, pp. 99–132.

WHITTLE, A.J. (1987). "A Constitutive Model for Overconsolidated Clays with Application to the Cyclic Loading of Friction Piles," MIT Sc.D. thesis, 641 p.

WISSA, A.E.Z. (1969). "Pore Pressure Measurement in Saturated Stiff Soils," *Journal of the Soil Mechanics and Foundations Division*, ASCE, Vol. 95, No. SM4, pp. 1063–1073.

WONG, P.K.K. AND MITCHELL, R.J. (1975). "Yielding and Plastic Flow of Sensitive Cemented Clay," *Géotechnique*, Vol. XXV, No. 4, pp. 763–782.

WYLLIE, D.C. (1999). *Foundations on Rock*, 2nd ed., E & FN Spon, London, 432 p.

YAMAMURO, J.A. AND ABRANTES, A.E. (2005). "Behavior of Medium Sand Under Very High Strain Rates," in J.A. Yamamuro and J. Koseki (Eds.), *Geomechanics: Testing, Modeling, and Simulation*, Geotechnical Special Publication 143, ASCE, pp. 61–70.

YONG, R.N. AND KO, H.Y. (EDS.) (1980). Limit Equilibrium, Plasticity and Generalized Stress-Strain in Geotechnical Engineering, *Proceedings of the Workshop Sponsored by NSF and NSERC*, McGill University, Montreal, ASCE, 871 p.

ZIMMIE, T.F. (1973). "Soil Tests on a Clay from Skå-Edeby, Sweden," Norwegian Geotechnical Institute, Internal Report No. 5030633, 21 p.

Índice

(*n* após o número da página indica nota, *t* indica tabela, *f* indica figura)

A

Abordagem de tensão total, 467
Ação do gelo, 225–233
    classificação de solo, 231*t*
    condições para, 226–227
    definido, 225–226
    pergelissolo, 227
    solos suscetíveis ao gelo, 230–233
Adensamento, 320, 353
    analogia de mola e pistão, 321, 322*f*, 354*f*
    coeficiente de, 356, 375
        determinação de, 368–374
    coeficiente horizontal de, 376
    determinação *in situ* de propriedades, 376
    grau ou percentual, 359
    hidrostático, 714
    não hidrostático, 714
    primário, 353
    processo, 354–355
    progresso, 360
    teoria de adensamento unidimensional de Terzaghi, 355–357
        derivação, 356
        pressupostos, 355–356
        solução para a equação, 357–368
Adensamento anisotrópico, 468
Adensamento hidrostático, 468. *Ver também* Permeabilidade
Adensamento isotrópico, 468
Adensamento não hidrostática, 468
Adensamento percentual, 359, 362
Adensamento primário, 353. *Ver também* Adensamento
Agentes de ligação. *Ver* Argilominerais
Água:
    interação entre argilominerais e, 128–132
    molécula dipolar, 129
Água adsorvida, 129
Água hidrostática, 193–246
    ação do gelo, 225–233
    capilaridade, 193–204
    contração, 208–213, 222–223
    lençol freático, 205–207
    rochas em expansão e, 222–223
    solos e rochas expansíveis, 213–221
    tensão horizontal, 233–238, 241–242
    tensão intergranular ou efetiva, 233–238
    tensão vertical, 238–242
    zona de aeração, 205–207
Alofana, 127
Alteração hidrotermal, 111
Altura inclinada, 605
Aluvião, 82
Amostragem perfeita, 727–732
Analisador de cravação de estacas, 692–693
Análise de tamanho de partículas, 29. *Ver também* Distribuição de dimensão de grãos

Análise de tensão efetiva (ESA), 468, 522
Análise de tensão total (TSA), 467, 522, 535
Análise mecânica, 29
Análise por hidrômetro, 30
Análise por peneiramento, 29
Analogia de mola e pistão, 321, 322*f*
Âncoras, 627
Ângulo de atrito, 757*t*
Ângulo de atrito interno, 409, 412, 446–447, 457, 459–461, 459*t*, 465*f*, 514, 526*f*, 774, 775*f*, 776*f*, 821. *Ver também* Resistência ao cisalhamento
Ângulo de dilatação, 758, 761
Ângulo de obliquidade máxima, 412
Ângulo de repouso, 446–449
Anidrita, 219
Anisotropia, 801–805
Anisotropia aparente, 801
Anisotropia do sistema de tensão, 801
Anisotropia evolutiva, 801
Anisotropia induzida, 801
Anisotropia inerente, 801
Anisotropia intrínseca, 801
Anisotrópico, 3
Anticlinais, 69*f*, 109
Aquicludo, 282
Aquíferos, 282
    confinado, 296
    não confinado, 294
Aquitardo, 282
Arcos, 68, 109
Área de empréstimo, 161
Áreas desérticas, 91–92
Areia cascalhosa, 305
Areia movediça, 137, 271–278
Areias, 3, 305
    ângulo de repouso, 446–449
    camada de areia sobre argila, 538–539
    capacidade de carga, 522–532
    coeficiente de pressão em repouso do solo, 464–466
    comportamento de tensão de corte de plano, 773–779
    comportamento saturado, durante cisalhamento drenado, 447–449
    efeitos da taxa de deformação em, 773
    ensaio sísmico de cone, 434–435
    ensaios de resistência ao cisalhamento:
        ensaio de dilatômetro (DMT), 464
        ensaio de penetração padrão (SPT), 462–463
        ensaio de penetrômetro de cone holandês (CPT), 463
    estacas em:
        flexível, 683
        rígido, 682–683
    pressão ativa do solo de Coulomb para:
        método da cunha, 604–605
        método simplificado, 605–608

    pressão ativa do solo de Rankine para:
        areia com água, 593
        areias secas, 590
    pressão passiva do solo de Rankine para, 608–611
    recalque:
        ensaio de penetrômetro de cone holandês (CPT), 560
        método de influência de deformação de Schmertmann, 557–560
    resistência à drenagem, 755–762
    resistência ao cisalhamento, 454–455
        ângulo de atrito interno, 459–461
        distribuição da dimensão dos grãos, 457
        fator que afeta, 454–455
        fatores que afetam, 457–462
        forma das partículas, 457
        índice de vazios, 457–459
        pré-tensão, 457
        rugosidade da superfície das partículas, 457
        rugosidade superficial, 461
        sobreadensamento, 457
        tamanho das partículas, 457
        tensão principal intermediária, 457
        teor de umidade, 457
    resistência lateral drenada em, 658–661
    resistência residual ao cisalhamento de, 781
    textura, 28*t*
Areias argilosas, 305
Areias saturadas:
    comportamento adensado-drenado, 762–766
    comportamento não adensado-drenado, 770–773
    em cisalhamento drenado, 447–449
    em cisalhamento não drenado, 762–767
    ensaio adensado-drenado (CU), 766–770
Areias secas, pressão ativa do solo de Rankine para, 593
Areias siltosas, 305
Argila azul de Boston, 806–807
Argila de Leda, 329, 495
Argila laurenciana, 329
Argila mole, 537
Argila orgânica, 44, 48
Argila rígida, 537
Argilas, 3, 44, 45*t*, 47, 306. *Ver também* Argilominerais; Resistência ao cisalhamento
    capacidade de carga:
        camada de areia sobre argila macia, 538–539
        não drenado, 535–536
    características geotécnicas, 742*t*
    coeficiente de pressão em repouso do solo, 495–499

    compactado, 211–213
    deformação de tensão de, 782–808
        anisotropia, 801–805
        efeitos da taxa de deformação, 806–808
        hipótese de Jürgenson-Rutledge, 793–799
        histórico de tensões, 792–793
        métodos de adensamento para superar perturbação de amostras, 799–801
        parâmetros de resistência de Hvorlsev, 783–787
        razão c/p, 788–799
        resistência à deformação plana de argilas, 805, 806*t*
        ruptura em ensaios de tensão efetiva CU, 782–783
    ensaio de cisalhamento anelar, 780*t*
    estacas em:
        flexível, 684
        rígido, 683
    fundações rasas sobre, 560–564
    macio, 537
    pressão ativa do solo de Rankine para, 596–602
    pressão passiva do solo de Rankine para:
        caso drenado, 612–613
        caso não drenado, 613
    recalque sobre, 560–564
    resistência à deformação plana de, 805, 806*t*
    resistência ao cisalhamento de, 782–808
        anisotropia, 801–805
        efeitos da taxa de deformação, 806–808
        hipótese de Jürgenson-Rutledge, 793–799
        histórico de tensões, 792–793
        métodos de adensamento para superar perturbação de amostras, 799–801
        parâmetros de resistência de Hvorlsev, 783–787
        razão c/p, 788–799
        resistência à deformação plana de argilas, 805, 806*t*
        ruptura em ensaios de tensão efetiva CU, 782–783
    resistência ao cisalhamento residual drenado, 779–781
    resistência lateral drenada em, 658–661, 662–664
    resistência lateral não drenada em, 664–671
    rígido, 537
    sobreadensado, 222, 714–724
    textura, 28*t*
Argilas compactadas:
    comportamento de adensamento, 329
    compressibilidade, 329
    propriedades contrativas, 211–213
    propriedades expansivas de, 218
    resistência de, 499–503

Índice

Argilas sobreadensadas, 714–724
Argilominerais, 120–127, 127, 129–131
  atapulgita, 127
  bentonita, 126
  brucita, 122
  camada de areia sobre, 538-539
  caulinita, 122-123
  clorita, 127
  dupla camada difusa, 129–131
  esmectitas, 124
  filossilicatos, 120
  folha octaédrica (alumina), 120–122
  folha tetraédrica (sílica), 120-121
  gibbsita, 122
  haloisita, 123–124
  hidratação de, 129–131
  interação entre a água e, 128-132
  minerais 1:1, 122-124
  minerais 2:1, 124-127
  minerais de camadas mistas, 127
  montmorillonita, 124
  silicatos de alumínio hidratados, 120
  superfície específica, 128
  vermiculita, 127
Armazenabilidade, 297
ASTM (American Society for Testing and Materials), 6–7, 44
Atapulgita, 127
Aterros, percolação, 298–300
Atrito lateral negativo, 691–692
  argila sobre depósito granular, 691–692
  preenchimento granular sobre argila, 692
Atterberg, Albert, 5, 35–36
Aumento de volume, 137, 202–204
Avalanches de detritos, 77

B

Bacias, 68, 109
Bagacina, 107
Bajada, 92f, 93
Barcanas, 104, 106f
Barragens, percolação, 298–300
Barras de canal, 82
Bentonita, 126
Bifurcações, 759
Biotita, 123, 757t
Bombas vulcânicas, 107
Boolabong, 85
Brucita, 122

C

Caissons, 649
Calcita, 757t
Caldeira, 108
Caliche, 93
Calotas de gelo, 94
Caminhos de drenagem, 355
Caminhos de estado, 734
Caminhos de tensão, 414–420
  aplicações, prática de engenharia, 727–732
  argilas sobreadensadas:
    altamente, 724–727
    normalmente e levemente, 714–724
  Cambridge, 709, 709f
  curvas vetoriais, 708
  durante o carregamento axial não drenado, 706f, 707f
  durante o carregamento não drenado:
    argilas altamente sobreadensadas, 724–727
    argilas normalmente e levemente sobreadensadas, 714–724
  efetiva, 705–707
  ensaio triaxial, 424
  MIT (Massachusetts Institute of Technology), 709
  para carregamento de fundação, 728, 729f
  para compressão axial adensada hidrostaticamente, 708f
  para ensaios de resistência ao cisalhamento, 704–709
  para escavação de fundação, 729f, 731
  parâmetros de pressão neutra para, 713–714
  total, 705–707
Caminhos de tensão de Cambridge, 709, 709f
Caminhos de tensão do MIT, 708
Canais de escoamento, 286
Capacidade de carga, 514
  admissível, 539
  argila dura sobre argila branda, 537
  cálculo, 521–522
  camada de areia sobre argila, 538–539
  capacidade de carga, 514–539
  correção de carga bidirecional, 521
  efeito do lençol freático em, 525–532
  em areias, 522–532
  em argilas, 532–539
  em solos estratificados, 536–539
    argila dura sobre argila branda, 537
    camada de areia sobre argila, 538–539
  equação:
    correção de carga bidirecional, 521
    fatores de carga inclinada, 519–520
    fatores de profundidade, 519
    modificações, 517–521
  limite, 515
  parâmetros de entrada, 523–525
  teoria geral de capacidade de carga de Terzaghi, 516–517
  tipos de ruptura, 515–516
Capacidade de carga final, 515
Capacidade de troca catiônica (CTC), 131–132
Capilaridade, 193–204
  altura de ascensão, 194–195
  aumento de volume, 202–204
  curva característica solo-água, 202, 203f
  desagregação, 204
  em tubos pequenos, 197
  medição de, 202
  pressões capilares, 198–201
Capilarímetro, 202
Carbonatos, 66
Carga calculada, 514
Carga de posição, 251
Carga de potencial, 251
Carga de pressão, 251
Carga de velocidade, 251
Carga fatorada, 514
Carga linear, 544
Carga piezométrica, 262
Cargas de trabalho, 675
Carregamento controlado pela tensão, 468
Carregamento não drenado, caminhos de tensão, 714–724
Carste, 73–75
Casagrande, Arthur, 5
Cascalhos, 3, 27–28
  textura, 28t
Caso ativo, 584
Caso passivo, 584
Cátions trocáveis, 131–132
Caulinita, 122–123, 129
Cerâmica de alta entrada de ar (HAE), 808–809
Chaleiras, 96
Cinzas vulcânicas, 107
Círculo de Mohr, 399–400, 399f
  critério de ruptura, 409–411
  método do polo, 400–405
  origem dos planos, 400–405
  para ensaios de compressão triaxial drenados e não drenados, 763f
  plano de falha, 407–409
  pressão ativa do solo e, 588–589
  relações de obliquidade, 411–412
Cisalhamento, 68
Classificação geomecânica, 118
Classificação visual-manual, 51–54
Clorita, 127
Clusters, 135. *Ver também* Fábricas do solo
Coeficiente de adensamento, 356, 368–374, 375
  horizontal, 376
Coeficiente de extensibilidade linear (COLE), 218
Coeficiente de permeabilidade, 252
Coeficiente de permeabilidade de Darcy, 252
Coeficiente de pressão em repouso do solo:
  areias, 464–466
  argilas, 495–499
Coeficiente de pressão passiva do solo, 496
Coeficiente de uniformidade, 31
Coeficiente horizontal de adensamento, 376
Coeficientes de pressão neutra de Skempton, 710–712
Coesividade, 28
Collin, Alexandre, 5
Colunas de pedra, 160
Coluvião, 80
Comboios de vale, 98
Compactação:
  amassamento, 147, 148
  condições mais eficientes, 180–181
  controle de qualidade, 169–170
  controle estatístico de qualidade, 176
  curva de saturação, 152–153
  curvas, 150
    densidade seca máxima, 150–151
    linha de valores ótimos, 151, 152
    teor de umidade ótimo, 150–151
  de enrocamento, 168
  de materiais granulares, 165–167
  de solos de grão fino, 161–164
  de solos granulares, 156
  definido, 146–147
  dinâmico, 147, 157–159
  ensaios de controle, 169, 171–180
    destrutivo, 171–174
    não destrutivo, 174–176
    problemas com, 176–180
  especificações, 169–171
    método, 170
    produto final, 170–171
  estático, 147, 150
  estimativa de desempenho, 183–186
  garantia de qualidade, 169–170
  impacto, 147
  objetivo de, 147
  processo, 150–151
  relativo, 170–171
  supercompactação, 181–182
  teoria, 147–154
  tipos de solo e método de, 153–154
  vibratório, 147
    variáveis que afetam, 167
  vibrocompactação, 159
  vibroflotação, 159
  vibrossubstituição, 160
Compactação dinâmica, 147, 157–159
Compactação estática, 147, 150
Compactação por amassamento, 147, 148
Compactação por impacto, 147
Compactação relativa, 170–171
Compactação vibratória, 147
Compactadores vibratórios:
  aplicações, 166t
  tipos, 166t
Comportamento adensado-não drenado (CU), 762–766
Comportamento plástico, 318
Compressão secundária, 353, 376
Compressão virgem, 325
Compressibilidade, 318
  cálculos de recalque, 329–338
  coeficiente de, 374–375
  compressão secundária, 353
  curvas de adensamento em campo, 346–351
  de materiais transicionais, 353
  de rochas, 353
  de solos e rochas, 318–384
  ensaio de adensamento unidimensional, 322–325
  índice de recompressão (C_r), 342–344
  índice de recompressão modificado (C_{re}), 344–346
  razão de incremento de carga, 344–346
Comprimento característico, 685
Comprimento da subida, 89
Condição artesiana, 241
Condição de tensão de ruptura ativa, 589
Condições de escoamento dinâmico, 306
Condições limítrofes, 286
Condutividade hidráulica, 252
  ensaio em laboratório, 257
  ensaios em campo, 257
  medição de, 254–261
Cone de escórias, 108
Cones compostos, 108
Constante de Avogadro, 131–132
Contração, 759–761
Contração:
  analogia do tubo, 208–209
  argilas compactadas, 211–213
  ensaio de limite, 209–211

Índice

significado em termos de engenharia de, 222–223
Contrapressão, 476, 766–768
Corrida de lama, 77
Coulomb, Charles-Augustin de, 5, 602
Critério de construtibilidade, 304
Critério de durabilidade, 304, 308–310
Critério de Hoek–Brown, 414
Critério de Mohr-Coulomb, 407–411, 750, 751, 754
Critério de permeabilidade, 304, 306–307
Critério de resistência de Mohr-Coulomb, 407–414, 409–411
Critério de retenção, 304, 305–306
Critério de sobrevivência, 304, 308–310
Critérios de ruptura, 749–751
  critério de dois parâmetros de Lade, 751
  critério de Drucker-Prager, 751
  critério de Matsuoka-Nakai, 751
  critério de Mohr-Coulomb, 407–411, 751
  critério de Tresca, 751
  critério de von Mises, 751
  critério estendido de von Mises, 751
  dois parâmetros, 751
  modelo de Lade-Duncan, 751
  para rochas, 413–414
  parâmetro único, 750–751
  relações entre resistência e tensão e, 405–407
Crosta, 66
Crosta de secagem, 499
Cunhas de gelo, 102
Cúpulas, 68, 109
Curva característica solo-água (SWCC), 202, 203f, 810–811
Curva de compressão virgem em campo, 346–351
Curva de escoamento, 37
Curva de saturação, 152–153
Curva tensão x deformação geral, 816
Curvas de adensamento em campo, 346–351
Curvas vetoriais, 70–78, 708

D

Darcy, Henry, 251n
Deformação cíclica de cisalhamento, 816, 822, 824f
Deformação de tensão adensado-drenado, 468–474
Deformação de tensão adensado-não drenado, 474–482, 782–783
Deformação de tensão das argilas, 782–808
  anisotropia, 801–805
  efeitos da taxa de deformação, 806–808
  hipótese de Jürgenson-Rutledge, 793–799
  histórico de tensões, 792–793
  métodos de adensamento para superar perturbação de amostras, 799–801
  parâmetros de resistência de Hvorlsev, 783–787
  razão c/p, 788–799
  resistência à deformação plana de argilas, 805, 806t
  ruptura em ensaios de tensão efetiva CU, 782–783

Deformação plana, 715
  comportamento de areia, 773–779
  ensaio, 427
  resistência de argilas, 805
Deformação vertical, 323
Deformação volumétrica, 450–451
Deltas, 82, 85–88, 88f
Densidade:
  definida, 12-13
  relativa ou de índice, 156-157
  saturada, 13
  seca, 13
  submersa ou flutuante, 13, 22–25
  valores típicos, 13t
Densidade seca máxima, 150–151
Densidade total, 171
Densificação, 147
  de depósitos granulares, 157–160
Depósitos de pântano de represamento, 85
Depósitos de transbordo da margem, 82
Depósitos glaciofluviais, 95, 96f
Depósitos glaciolacustres, 95
Deriva, 101
Desagregação, 204
Descontinuidades, 113, 115t
Desgaste de massa, 77
Deslizamento, 621
Deslizamentos de lama, 77
Deslizamentos de terra, 77–78, 78f, 79t
Despejo lateral, 161
Despejo pelo fundo, 161
Despejo pelo topo, 161
Detonação, 118, 157, 160, 467, 762, 773, 814, 829. *Ver também* Compactação
Detritos piroclásticos, 107
Diagrama de fase:
  definido, 9
  desenho, 14
Diagrama de Peacock, 454
Diagrama p-q, 415, 706
Diastrofismo, 109
Diferença de tensão principal, 425
Diferença de tensão principal máxima, 447, 476, 772, 782, 805, 806t. *Ver também* Resistência ao cisalhamento
Diferença de tensões, 425
Dilatação, 759–761
Dilatância, 53t, 757
Dilatômetro, 434–435
Dilatômetro de Marchetti, 376
Dilatômetro de placa plana, 432t, 437f
Dimensão dos grãos, 28–34
  classificação, 29t
  dimensão efetiva, 31
  tamanhos de peneira, 30t
Dimensão efetiva de grão, 258
Diques, 82, 85
Diques naturais, 82, 85f
Direção, 70f
Disco de entrada baixa, 809
Distorção, 318
Distorção angular, 541
Distribuição da dimensão dos grãos, 28–34, 457
  análise de tamanho de partículas, 29
  análise mecânica, 29
  análise por hidrômetro, 30
  análise por peneiramento, 29
  bem graduado, 31
  ensaio de graduação, 29

  graduado por lacunas, 31
  graduado por saltos, 31
  histograma e acumulado, 32f
  mal graduado, 31
  típico, 33f
Distribuição graduada por lacunas, 31
Distribuição graduada por saltos, 31
Dobras, 68, 69f, 109
Dois parâmetros, 751
Domínios, 135
Drumlins, 96, 98f
Dunas, 104
  estacionárias, 446
  longitudinais, 104, 106f
  migratórias, 446
  parabólicas, 104, 106f
  transversais, 104, 106f
Dupla camada difusa, 129–131

E

Ebulição, 300. *Ver também* Areia movediça
Efeitos da taxa de deformação, 773, 806–808
Elasticidade, teoria da, 544
Elementos de flexão, 745–746
Empolamento. *Ver* Expansão
Energia total, 251
Engenharia de fundações, 2, 512
Engenharia de rochas, 2
Engenharia geoambiental, 2, 65
Engenharia geotécnica, 65
  definido, 1
  desenvolvimento histórico, 5–6
Engenharia sísmica, 66
Enrocamentos, 160–161
  compactação de, 168
  garantia de qualidade/controle de qualidade, 182
Ensaio adensado-drenado (CD), 468
  uso na prática de engenharia, 472–474
Ensaio adensado-não drenado (CU), 474–479, 767–770, 782–783
Ensaio axial, 430
Ensaio de adensamento de carga incremental, 323
Ensaio de adensamento unidimensional, 322–325
Ensaio de anel fixo, 322, 323f
Ensaio de anel flutuante, 322, 323f
Ensaio de bloco, 430
Ensaio de bomba irregular, 430
Ensaio de carga cônica (CTL), 376
Ensaio de carga constante, 254
Ensaio de carga de estaca, 641, 692
Ensaio de carga variável, 254
Ensaio de cisalhamento cuboidal, 425, 427
Ensaio de cisalhamento de palhetas (VST), 431t, 433, 489, 489t, 490–491, 490f
Ensaio de cisalhamento direto, 420–424
Ensaio de cisalhamento simples cíclico, 428
Ensaio de cisalhamento simples direto, 428
Ensaio de compressão axial (CA), 720–722, 723f, 723t, 724f
Ensaio de compressão lateral (LC), 720–722, 721t, 723f, 723t
Ensaio de compressão não confinada, 485–488
Ensaio de compressão uniaxial, 437
Ensaio de dilatômetro (DMT), 464

Ensaio de extensão axial (EA), 720–722, 721t, 722f, 723f, 724f
Ensaio de extensão lateral (LE), 720–722, 723f, 723t
Ensaio de limite de líquido de ponto único, 40–41
Ensaio de nulidade, 809
Ensaio de penetração de Becker, 434–435
Ensaio de penetração padrão (SPT), 431t, 432–433, 462–463, 555–557
Ensaio de piezômetro de pressão, 432t, 434, 491
Ensaio de tensão total, 482
Ensaio de teor de umidade constante, 812
Ensaio de Torvane, 489t
Ensaio de variável de tensão controlado, 809
Ensaio diametral, 430
Ensaio do cilindro oco, 427
Ensaio do cone em queda, 39
Ensaio do penetrômetro de cone holandês (CPT), 432t, 433–434, 463, 491, 560
Ensaio sísmico de cone, 434–435
Ensaio sueco do cone em queda, 489, 489t, 490f
Ensaio triaxial, 424–427
  diagrama, 424f
Ensaio ultrassônico, 430
Ensaios de cisalhamento de torção ou em anel, 427
Ensaios de cisalhamento em anel, 427, 780t
Ensaios de compactação:
  curvas, 150–153
  destrutivo, 171–174
  ensaio de Proctor:
    modificado, 147, 149t, 150
    normal, 147, 148f, 149t
    ponto único, 177
  método de ponto de verificação em campo, 177–178
  método rápido, 178
  não destrutivo, 174–176
  problemas com, 176–180
  resumo, 168f
Ensaios de controle de compactação, 171–180
  controle estatístico de qualidade, 176
  destrutivo, 171–174
  não destrutivo, 174–176
  problemas com, 176–180
  tempo necessário para determinação do teor de umidade, 178–180
  volume do buraco escavado, 180
Ensaios de densidade em campo. *Ver* Ensaios de compactação:
Ensaios de placas planas, 437–438
Ensaios de resistência ao cisalhamento:
  caminhos de tensão, 704–709
  dilatômetro, 434–435
  dilatômetro de placa plana, 432t, 437f
  ensaio de cisalhamento de palhetas (VST), 431t, 433
  ensaio de cisalhamento direto, 420–424
  ensaio de cisalhamento simples cíclico, 428
  ensaio de cisalhamento simples direto, 428
  ensaio de dilatômetro (DMT), 464

ensaio de penetração de Becker, 434–435
ensaio de penetração padrão (SPT), 431*t*, 432–433, 462–463
ensaio de penetrômetro de cone holandês (CPT), 463
ensaio de piezômetro de pressão, 432*t*, 434
ensaio de tensão de plano, 427
ensaio do cilindro oco, 427
ensaio triaxial, 424–427
ensaios de cisalhamento de torção ou em anel, 427
ensaios de resistência residual ou final ao cisalhamento, 427–428
ensaios *in situ*, 430–438
ensaios verdadeiramente triaxiais ou cuboidais, 427
mecânica do estado crítico do solo, 732–743
para solos, 431–437
parâmetros de pressão neutra, 710–714
penetrômetro de cone holandês, 432*t*, 433–434
penetrômetro piezocone, 432*t*, 434
piezômetro de pressão autoperfurante, 434
Ensaios de resistência residual ou final ao cisalhamento, 427–428
Ensaios de vibração livre, 817
Ensaios *in situ*:
 dilatômetro de placa plana, 432*t*
 ensaio de cisalhamento de palhetas (VST), 431*t*, 433
 ensaio de dilatômetro (DMT), 464
 ensaio de penetração padrão (SPT), 431*t*, 432–433, 462–463
 ensaio de penetrômetro de cone holandês (CPT), 433–434, 463
 ensaio de piezômetro de pressão, 432*t*, 434
 para resistência ao cisalhamento de solos, 430–438
 penetrômetro de cone holandês, 432*t*
 penetrômetro piezocone, 432*t*, 434
 piezômetro de pressão autoperfurante, 434
Ensaios triaxiais, 353
Ensaios verdadeiramente triaxiais ou cuboidais, 425, 427
Envoltória de ruptura de Mohr-Coulomb, 589, 709, 761–762
 para solos não saturados, 811–812, 813*t*
Envoltórias de falha de Mohr, 408, 457, 470, 484. *Ver também* Resistência ao cisalhamento
Equação de Bernoulli, 251
Equação de continuidade, 250
Equação de energia unidimensional, 251
Equação de Laplace, 285–286
Equação de onda, 692–693
Equações de ângulo duplo, 400
Equilíbrio delimitador, 445
Equipamento de compactação, 161–168
 aplicações e tipos de, 168*t*
 compactadores vibratórios:
  aplicações, 166*t*
  tipos, 166*t*
 escavadeiras de arrasto, 161
 motoniveladoras, 162
 pás mecânicas, 161
 raspadores, 161

resumo, 168*f*
resumo de regras para, 149*t*
rolo pé de carneiro, 164
rolos com pneus de borracha, 164
rolos compactadores, 163–164
rolos de apiloamento, 164
rolos de malha, 164
rolos de roda lisa, 163–164
rolos pneumáticos, 164
tratores de esteira, 162
Equivalente, 131–132
Erosão, 289
Erupção fissural, 107
Escarpa, 77
Escarpa de falha, 109, 110*f*
Escavadeiras de arrasto, 161
Escoada lávica, 107
Escoamento, 80–82
Escoamento ascendente, 281
Escoamento bidimensional, 249, 281–294
Escoamento confinado, 282
Escoamento de água. *Ver* Escoamento
Escoamento de fluidos, 249–316
 areia movediça, 271–280
 cargas, 262–271
 escoamento bidimensional, 281–294
 escoamento unidimensional, 262–271
 filtros, 300–310
 forças de percolação, 271–278
 fundamentos de, 249–251
 gradiente de saída, 289–293
 lei de Darcy, 251–254
 liquefação, 271
 percolação:
  através de barragens e aterros, 289–300
  controle, 300–310
  em direção a poços, 294–297
  soluções, 293
 permeabilidade ou condutividade hidráulica, 254–262
 quantidade, 289–293
 rede de escoamento, 284–293
 subpressões, 289–293
Escoamento em estado estacionário, 305
Escoamento não confinado, 282
Escoamento tridimensional, 249
Escoamento turbulento, 249
Escoamento unidimensional, 249, 262–271
Escoamento. *Ver também* Percolação:
 ascendente, 281
 bidimensional, 249, 281–294
 cargas, 262–271
 classificação, 249
 lamelar, 249
 Lei de Darcy, 251–254
 quantidade de, 289–293
 tridimensional, 249
 turbulento, 249
 unidimensional, 249, 262–271
Escoamentos de detritos, 82
Escórias, 107
Escorregamentos de fluxo, 281. *Ver também* Liquefação
Escorrência, 98
Esforço de compactação, 147
Eskers, 98, 99*f*
Esmectitas, 124
Especificações do método, 170
Especificações do produto final, 170–171
Estabilização mecânica, 146

Estabilização química, 146
Estaca Franki, 651
Estaca instalada por vibração, 646
Estacas:
 aço, 642–643, 643*t*, 644*t*
 capacidade de carga, em rocha, 674–675
 carga pontual, 676
 carregadas em tração, 678–681
 carregadas lateralmente:
  análise de carga de deflexão, 685–690
  análise de carga final, 682–684
  em solos granulares, 685
  soluções para estacas em argila, 690
  soluções para estacas longas em areia, 685–690
 concreto pré-moldado, 643–645, 645*f*, 645*t*
 cravadas com jato d'água, 647
 de rosca, 647
 em areia:
  flexível, 683
  rígido, 682–683
 em argila:
  flexível, 684
  rígido, 683
 madeira, 642
 perfuradas:
  aberto, 647–648
  eixo perfurado, 649–653
  estacas de deslocamento moldadas no local com trado (ACIPD), 648–649
  estacas moldadas no local com trado (ACIP), 648
 recalque, 675–678
 verificação de capacidade, 692–694
  ensaio de carga de estacas, 692
  equação de onda, 692–693
 verificação de capacidade de estaca:
  analisador de cravação de estacas, 692–693
  ensaio de carga de estacas, 692
  equação de onda, 692–693
Estacas cravadas com jato d'água, 647
Estacas cravadas em furos abertos, 647–648
Estacas de aço, 642–643, 643*t*, 644*t*
Estacas de concreto pré-moldado, 643–645, 645*f*, 645*t*
Estacas de impacto rápido, 647
Estacas de madeira, 642
Estacas de perfil H, 643, 644*t*
Estacas de rosca, 647
Estacas escavadas:
 aberto, 647–648
 eixo perfurado, 649–653
 estacas de deslocamento moldadas no local com trado (ACIPD), 648–649
 estacas moldadas no local com trado (ACIP), 648
Estacas inclinadas, 691–692
Estacas moldadas no furo perfurado (CIDH), 647
Estacas moldadas no local, 647
Estacas prensadas, 646, 646*f*
Estado final, 445
Estado passivo da ruptura, 496
Estados críticos, 759–761
Estratocones, 108
Estrutura, 118

Estrutura das rochas 68
Estrutura do solo:
 de grão único, 137*f*
 solos de grãos finos, 132–135
Estruturas terrosas, 146
Etringita, 223
Eutrofização, 91
Excentricidade bidirecional, 521
Expansão, 319
 pressão, 218
 rochas, 213, 218–221
 significado em termos de engenharia de, 222–223
Expansão livre, 217

F

Fábricas de grão único, 135
Fábricas do solo:
 de grão único, 135
 granulares, 135–139
 macrofábricas, 135
 solos de grãos finos, 132–135
Falhas, 68, 70*f*, 109
Falhas em bloco, 110–111
Fator de capacidade de carga modificado, 537
Fator de forma, 286
Fatores de carga inclinada, 519–520
Fatores de forma, 518
Fatores de profundidade, 519
Feldspato, 757*t*
Fervuras de areia, 281
Filossilicatos, 120
Filtros:
 critérios, 301
 dimensão efetiva, 301
 geotêxtil, 304–305
 granular graduado, 302–304
 princípios básicos, 301
 procedimento de projeto da FHWA, 305–310
Filtros geotêxteis, 304–305
 critério de durabilidade, 308–310
 critério de permeabilidade, 306–307
 critério de retenção, 305–306
 critério de sobrevivência, 308–310
 procedimento de projeto da FHWA, 305–310
 resistência à obstrução, 307–308
Filtros granulares graduados, 302–304
Fluxo laminar, 249
Forças compressivas, 398
Forma de partículas, 34–35, 457. *Ver também* Forma do grão
Forma do grão. *Ver também* Forma da partícula:
 angular, 35
 arredondado, 35
 escamoso, 34–35
 subangular, 35
 subarredondado, 35
 volumoso, 34–35
Formação Weald Clay, 470, 476
Formas de ravina, 82, 83*f*
Formas de relevo costeiro, 88–91
Formas de relevo de contato com gelo, 98, 100*f*
Formas de relevo eólico, 104–105
Formas de relevo fluvial, 82
Formas de relevo glaciofluvial, 98
Formas de relevo lacustre, 91
Formas de relevo marinho, 88–91
Formas de relevo periglacial, 102–103
Forno de micro-ondas, 178–179

Fossas tectônicas, 110, 111f
Franja capilar, 205
Frankignoul, Edgard, 651
Fundação de ação de ponta, 641
Fundação de estacas cravadas, 642
  aço, 642–643, 643t, 644t
  concreto pré-moldado, 643–645
  madeira, 642
Fundações:
  ação de ponta, 641
  atrito, 641
  comprimento de, 516
  condições do solo e, 516–517
  distribuição de tensão sob, 542–551
  em areias, parâmetros de entrada para, 523–525
  estacas cravadas, 642
    aço, 642–643, 643t, 644t
    concreto pré-moldado, 643–645
    madeira, 642
  parâmetros de entrada, 523–525
  projeto, 513–514
Fundações combinadas, 564–567
  fundações de *radier*, 566–567
  sapatas combinadas, 565
Fundações de atrito, 641
Fundações profundas, 640–702
  atrito lateral negativo da estaca, 691–692
    argila sobre depósito granular, 691–692
    preenchimento granular sobre argila, 692
  capacidade de carga:
    de estacas carregadas em tração, 678–681
    de estacas em rocha, 674–675
  capacidade de carga de estaca, 653–678
  comportamento em grupo, 671–674
  em relação a fundações rasas, 640–641
  ensaio de carga de estaca, 641
  estaca instalada por vibração, 646
  estaca prensada, 646, 646f
  estacas cravadas:
    aço, 642–643, 643t, 644t
    concreto pré-moldado, 643–645, 645f, 645t
    madeira, 642
  estacas cravadas com jato d'água, 647
  estacas de impacto rápido, 647
  estacas de rosca, 647
  estacas perfuradas:
    aberto, 647–648
    eixo perfurado, 649–653
    estacas de deslocamento moldadas no local com trado (ACIPD), 648–649
    estacas moldadas no local com trado (ACIP), 648
  razões para uso, 640–641
  recalque, 653–678
    das estacas, 675–678
    devido à carga pontual da estaca, 676
    devido ao atrito lateral, 676–678
    do eixo da estaca, 675–676
  resistência de ação de ponta, 654–657
    método de Meyerhof para capacidade de carga de ponta de estacas, 655–656

método de Vesic para capacidade de carga de ponta de estacas, 656–657
resistência lateral de, 658–671
  método α, 664–666
  método λ, 666
  resistência lateral drenada em areias e argilas, 658–661
  resistência lateral drenada em argila, 662–664
  resistência lateral não drenada em argila, 664–671
verificação de capacidade de estaca, 692–694
  analisador de cravação de estacas, 692–693
  ensaio de carga de estacas, 692
  equação de onda, 692–693
Fundações rasas, 512–580
  capacidade de carga, 514, 514–539
    admissível, 539
    argila dura sobre argila branda, 537
    cálculo, 521–522
    camada de areia sobre argila, 538–539
    correção de carga bidirecional, 521
    efeito do lençol freático em, 525–532
    em areias, 522–532
    em argilas, 532–539
    em solos estratificados, 536–539
    fatores de carga inclinada, 519–520
    fatores de profundidade, 519
    limite, 515
    modificações nas equações, 517–521
    teoria geral de capacidade de carga de Terzaghi, 516–517
    tipos de ruptura, 515–516
    verificações de análise de estabilidade para, 622–626
  comprimento de, 516
  engenharia de fundações, 512
  fundações combinadas, 564–567
    fundações de *radier*, 566–567
    sapatas combinadas, 565
  projeto de fundação e, 513–514
  recalque, 540–551
    componentes de, 541
    distribuição de tensões sob a fundação, 542–551
    em areias, 554–560
    em argila, 560–564
    imediato, 551–554

G

Geleira de pé de monte, 94
Geleira de vale, 94
Geleiras:
  definido, 93
  origens/características, 93–94
  pé de monte, 94
  tipos de, 95f
  vale, 94
Geleiras das marés, 94
Geleiras de anfiteatro, 94
Geleiras rochosas, 77
Geologia, 64
Geologia antropogênica, 112–113
Geologia de engenharia, 65
Geomorfologia, 65
Geotécnica ambiental, 2
Giacomo, 194n

Gibbsita, 122
Glaciação, 93–103
Glacial:
  deriva, 95
  erráticos, 101
  formas de relevo, 94–102
  lagos, 101
  till, 101
Gradiente crítico, 271–278
Gradiente hidráulico, 250
Gradiente hidráulico crítico, 273
Gradientes de saída, 289–293
Graduação. *Ver também* Distribuição de dimensão de grão:
  curva, 31
  ensaio, 29
Gráfico de Newmark, 548–551
Gráficos de influência, 548–551
Granito decomposto, 75
Grau de adensamento, 359, 362
Grau de saturação, 11
Gravidade específica, 25–27

H

Haloisita, 123–124
Hipótese de falha de Mohr, 408
Hipótese de Jürgenson-Rutledge, 793–799
Hipótese de Rutledge, 794
Histórico de tensão, 318, 327–329, 792–793
Horst, 110, 111f

I

Ilitas, 126
Índice de compressão, 351–352
Índice de compressão secundária, 377
Índice de compressão secundária modificado, 377
Índice de congelamento, 227
Índice de expansão, 217
Índice de liquidez, 42, 495f
Índice de plasticidade, 36, 42
Índice de qualidade da rocha (RQD), 115–117
Índice de recompressão (C_r), 340, 342–344
Índice de recompressão modificado (C_{re}), 340, 342–344
Índice de Resistência Geológica (GSI) para rochas fraturadas, 119t
Índice de vazios, 10, 324
  crítico, 448
  diagrama de Peacock, 454–455
  máximo, 137
  mecânica do estado crítico do solo, 732–733
  mínimo, 137
  mudança volumétrica e, 449–457
Índice de vazios crítico, 448, 452, 453f, 759–760, 766, 781
Índice de vazios máximo ($e_{máx}$), 137
Índice de vazios mínimo ($e_{mín}$), 137
Índice de velocidade, 118
Infiltração, 80–82
Inselbergue, 93
Instabilidade global, 626–627
Instrumentos de ensaio nuclear, 174
Intemperismo, 71–77
  definido, 71, 120
  físico, 71–72
  produtos de, 120
  químico, 72
Isóbaras, 355
Isócronas, 355, 360
Isotacas, 355
Isotrópico, 3

J

Juntas, 68

K

Kames, 98

L

Lago em ferradura, 85
Lagos secos, 92f, 93
Lahares, 77, 108
Lâminas, 162
Lateritas, 75
Laterização, 75
Lava, 67, 107
Lei da conservação de massas, 250
Lei de Coulomb, 602
Lei de Darcy, 250, 251–254, 286, 356
Lei de Hooke, 318
Leis de Amontons, 756
Leitos, 161
Lençol freático:
  definido, 205
  determinação em campo, 205–207
Leques aluviais, 87, 88f
Ligação de hidrogênio, 129
Limite de aderência, 36
Limite de coesão, 36
Limite de contração (SL), 36, 209–211. *Ver também* Limites de Atterberg
Limite de liquidez (LL), 36–39. *Ver também* Limites de Atterberg
  curva de escoamento, 37
  definido, 36
  dispositivo, 38f
  ponto único, 40–41
Limite plástico, 36. *Ver também* Limites de Atterberg
  descrição do ensaio, 37–39
Limites de Atterberg, 35–43
  índice de plasticidade, 37, 42
  limiar, 36
  limite de aderência, 36
  limite de coesão, 36
  limite de contração, 36
  limite de liquidez, 36–39
    curva de escoamento, 37
    dispositivo, 38f
    ponto único, 40–41
  limite de plasticidade, 36
    descrição do ensaio, 37–39
Linha A, 47. *Ver também* Limites de Atterberg
Linha de estado crítico (CSL), 760f
Linha de estado estacionário. *Ver* Liquefação
Linha dos valores ótimos (LOO), 151, 152
Linha U, 47. *Ver também* Limites de Atterberg
Linhas de escoamento, 284
Linhas de mergulho, 590
Linhas equipotenciais, 284
Liquefação, 137, 271, 281
  estática, 281
Litosfera, 66
Localização da deformação, 761
Loesse, 81, 105–106

M

Macaco de furo de sondagem, 438
Macaco Goodman, 438
Maciços rochosos:
  descontinuidades em, 115t
  propriedades de, 113
  sistemas de classificação, 115–119
Macrofábricas, 135

Magma, 106
Malhos, 165
Manto, 66
Manto de *till*, 96
Massa seca, 11
Matacão, 45
Materiais amolecidos por deformação, 406
Materiais elastoplásticos, 405
Materiais endurecidos por deformação, 406
Materiais heterogêneos, 3
Materiais homogêneos, 3
Materiais não conservadores, 318
Materiais perfeitamente plásticos, 405
Materiais quebradiços, 406
Materiais rígido-plásticos, 405
Materiais transicionais:
    compressibilidade de, 353
    resistência de, 503–504
Materiais viscoelásticos, 318, 405
Material elástico, 318
Material linearmente elástico, 405
Meandros, 82, 84*f*
Mecânica das rochas, 1–2
Mecânica do estado crítico do solo (CSSM), 732–743
    caminhos de estado, 734
    curvas de escoamento, 739–740, 741*f*
    índice de vazios, 732–733
    modelos constitutivos do solo, 749–750
        classes, 752–753
        modelo aninhado, 753
        modelo cap, 752
        modelo de superfície delimitante, 753
    razão de sobreadensamento, 732
    superfície de escoamento, 736
Mecânica dos solos, 1–2
Medidor de adensamento, 322
Medidor de adensamento de taxa de deformação constante, 323
Medidor de pressão de gás de carbeto de cálcio, 178
Menisco, 194
Mergulho, 70*f*
Método da cunha, 604–605
Método de ajuste de tempo:
    logaritmo de, 368–372
    raízes quadradas de, 372–374
Método de aquecimento direto, 178
Método de ar-volume, 174, 175*f*
Método de betão submerso, 651
método de influência de deformação de Schmertmann, 557–560
Método de ponto de verificação em campo, 177–178
Método de recompressão, 800–801
Método de solução externa, 276
Método de solução interna, 276
Método de transmissão direta, 174, 175*f*
Método rápido, 178
Métodos de adensamento, 799–801
Métodos de ajuste de curvas, 368
Métodos de estabilização, 146
Meyerhof, George, 6, 655–656
Mica, 757*t*
Minerais 66
Minerais de camadas mistas, 127
Mineralogia, 64
Mobilidade cíclica, 281
Modelo de Lade-Duncan, 751

Modelo Hiperbólico de Duncan-Chang, 753–755
Modelos constitutivos, 749–750
    classes, 752–753
    modelo aninhado, 753
    modelo cap, 752
Módulo:
    cisalhamento, 814–818
    descarregar-recarregar, 743
    dos solos, 743–748
    drenado, 744
    estimativas de:
        materiais granulares, 747
        solos coesos, 746–747
    medição de, 744
    não drenado, 744
    razão, 816
    relacionado ao carregamento cíclico, 743
    rigidez de pequenas deformações, 744–746
    secante, 743
    tangente, 743
Módulo de cisalhamento de pequena deformação, 815
Módulo de cisalhamento secante, 815
Módulo tangente de cisalhamento, 815–816
Montmorillonita, 124, 124*f*, 125*f*, 129, 219
Moraina terminal, 96
Morainas, 96
Morainas de chaleira, 98
Morainas de fundo, 96
Morainas laterais, 96
Morainas marginais, 96
Morainas recessivas, 96
Morainas terminais, 96
Moscovita, 757*t*
Motoniveladoras, 162
Movimento de massa, 77
Mudança volumétrica, 449–457
    deformação e, 450
    diagrama de Peacock, 454–455
    diferença de tensão principal e, 449–450
    índice de vazios e, 449–457, 452
    pressão confinante e, 449–457
Muros de arrimo, 583–584
    ajustes de projeto:
        altura, 627
        chave na base do muro, 627
        comprimento, 627
        comprimento da base da fundação, 627
        pressão da água, 627
        tirantes ancorados ou ancoragens, 627, 628*f*
    caso ativo, 584
    caso passivo, 584
    dimensionamento inicial:
        para a base, 616
        para o estreitamento, 616
    drenagem, 617–618
    em balanço, 617*f*
    idealizado, 584–588
    projeto, 615–628
        teoria de Coulomb, 619
        teoria de Rankine, 619
    verificações de análise de estabilidade:
        contra capacidade de carga de fundação rasa, 622–626
        contra deslizamento, 621
        contra tombamento, 620–621

        para instabilidade geral ou global, 626–627
        para recalque, 626

N

Não adensado–não drenado (UU):
    comportamento, 770–773
    deformação de tensão, 482–494
    ensaio, 482–485
        ensaio de compressão não confinada, 485–488
        envoltória de ruptura de Mohr, 484
        resistência ao cisalhamento não drenado, 489–491
        uso na prática de engenharia, 491–494
        valores típicos de resistência, 488
Níveis freáticos, 525–532
Normas, 6–7

O

Obliquidade máxima, 412, 782, 805, 806*t*
Origem dos planos, 400
Óxidos, 66

P

Padrões de drenagem, 82, 83*f*
Paleontologia, 64
Parâmetro de pressão neutra de Henkel, 714
Parâmetro único, 750–751
Parâmetros de material linear equivalentes, 816
Parâmetros de pressão neutra, 710–714
    coeficientes de pressão neutra de Skempton, 710–712
    como função do grau de saturação para vários solos, 711*f*
    ensaio de compressão axial (AC), 720–722, 723*f*, 723*t*, 724*f*
    ensaio de compressão lateral (LC), 720–722, 721*t*, 723*f*, 723*t*
    ensaio de extensão axial (AE), 720–722, 721*t*, 722*f*, 723*f*, 724*f*
    ensaio de extensão lateral (LE), 720–722, 721*t*, 723*f*, 723*t*
    Henkel, 714
    para caminhos de tensão, 713–714
    pressão residual após amostragem, 728
Parâmetros de resistência de Hvorlsev, 783–787
Parâmetros de resistência não drenada, 479–480
Pás mecânicas, 161
Pavimento do deserto, 104
Pedimento, 92*f*, 93
Pedra-pomes, 107
Peds, 135
Penetrômetro de bolso, 489, 489*t*
Penetrômetro piezocone, 432*t*, 434
Percolação, 281–294. *Ver também* Escoamento
    através de barragens e aterros, 298–300
    controle de, 300–301
    em direção a poços, 294–297
    forças, 271–278
    linha superior de, 298
    velocidade, 253
Perda de carga, 250
Pergelissolo, 93, 102–103

Pergelissolo contínuo, 102, 227
Pergelissolo descontínuo, 102, 227
Período natural de vibração, 818
Permeabilidade, 252
    coeficiente de, 252, 254*f*, 374–375
    fórmulas empíricas, 258–261
    intrínseca, 252
    medição de, 254–261
    valor típico de, 258–261
    valores referenciais de Casagrande, 259
Permeabilidade intrínseca, 252
Permeâmetro, 254
Permissividade, 307
Peso específico, 22–25
Peso específico de índice, 156
Petrologia, 64
Piezômetro de pressão autoperfurante, 434
Pingos, 102
Piping, 108–109, 259, 289, 300
Placas vibratórias, 165
Planície deltaica, 86
Planície de pé de monte, 92*f*, 93
Planícies alcalinas, 93
Planícies aluvionares, 98, 100*f*
Planícies de inundação, 82, 84*f*
Planícies de *till*, 96
Plano de ruptura, 407
Planos de mergulho, 590
Planos principais, 399
Plasticidade, 28, 53*t*, 405
Plutonismo, 111, 112*f*
Poço de observação, 205
Poços, percolação, 297
Polo, 400. *Ver também* Círculo de Mohr
Ponte filtrante, 301
Ponto de tensão, 414
Porosidade:
    como percentual, 10
    definida, 10
Pré-carregamento, 353
Precipitados, 68
Pressão ativa do solo:
    Coulomb, 602–608
        método da cunha, 604–605
        método simplificado, 605–608
        para areias, 604–608
        projeto de muro de arrimo e, 619
    Rankine, 588–602
        areia com água, 593
        areias secas, 590
        caso drenado, 596–600
        caso não drenado, 600–602
        para argilas, 596–600
        para reaterros inclinados, 593–595
        projeto de muro de arrimo e, 619
Pressão confinante, 449–457
Pressão da água intersticial limítrofe total, 273
Pressão de pré-adensamento, 325–329
    determinação, 326
    histórico de tensão e, 327–329
    mecanismos causadores, 326*t*
    solos normalmente adensados, 325
    solos sobreadensados, 325
Pressão neutra excessiva, 321
Pressão neutra residual, 483
Pressão passiva do solo de Rankine, 608–615
    para areias, 608–611

para argilas:
    caso drenado, 612–613
    caso não drenado, 613
    para reaterros inclinados, 613–615
Pressões capilares, nos solos, 198–201
Pressões laterais do solo, 583–584
    em repouso, 584–588
Pré-tensão, 457
Problemas de fase, solução de, 14–22
Procedimento de projeto da FHWA:
    critério de durabilidade, 308–310
    critério de permeabilidade, 306–307
    critério de retenção, 305–306
    critério de sobrevivência, 308–310
    resistência à obstrução, 307–308
Processos das águas subterrâneas, 108–109
Processos de águas superficiais, 80–93
Processos de gravidade, 77–80
Processos do vento, 104–106
Processos geológicos, 71
Processos glaciais, 93–103
Processos tectônicos, 109–111
Projeto de tensão admissível (ASD), 513, 653
Projeto fator de carga e resistência (LRFD), 513
Propagações, 77
Próximo ou no ótimo, 155

Q

Quartzo, 757t
Quedas equipotenciais, 286

R

Rankine, William, 5, 588
Raspadores, 161
Rastejo, 77, 353. *Ver também*
    Compressão secundária
Razão B, 710. *Ver também*
    Parâmetros de pressão neutra
Razão c/p, 788–799
Razão de adensamento, 358
Razão de amortecimento, 814, 820–826
Razão de compressão, 336. *Ver também* Índice de compressão secundária modificada
Razão de sobreadensamento (OCR), 325, 732
Razão de tensão, 418
Razão de tensão principal, 449
Readensamento, 325
Reaterro inclinado:
    pressão ativa do solo de Rankine para, 593–595
    pressão passiva do solo de Rankine para, 613–615
Recalque:
    adensamento, 320
    cálculos, 329–338
    componentes de, 319–320
    de fundações rasas, 540–551
        componentes de, 541
        distribuição de tensões sob a fundação, 542–551
        em areias, 557–560
        em argila, 560–564
    definido, 319–320
    devido à carga pontual da estaca, 676
    distorção, 319
    do eixo da estaca, 675–676

em areias:
    ensaio de penetração padrão (SPT), 555–557
    ensaio de penetrômetro de cone holandês (CPT), 560
    método de influência de deformação de Schmertmann, 557–560
estacas, 675–678
fundações profundas, 653–678
imediato, 319
secundário, 376–384
total, 319, 362
verificações de análise de estabilidade, 626
Recalque de adensamento, 320
    de solos normalmente adensados, 338–340
    de solos sobreadensados, 340–342
Recalque imediato, 319, 551–554
Redes de escoamento, 284–288
    condições limítrofes, 286
    equação de Laplace, 285–286
    fator de forma, 287
    Lei de Darcy, 287
    linhas equipotenciais, 284
    quedas equipotenciais, 286
Redução do módulo $G_{máx}$, 820–826
Reflectometria no domínio do tempo (TDR), 175
Relações constitutivas, 748–749
Relações de obliquidade, 411–412
Relações tensão-deformação, 318, 405–407
Reservatório de areia movediça, 276–280
Resíduo, 71, 120
Resistência, 397
    adensado-drenado (CD), 472–474
    cisalhamento não drenado, 489–491
    de argilas compactadas, 499–503
    de rochas e materiais transicionais, 353
    não adensado-não drenado (UU), 488, 491–494
    parâmetros, 409
Resistência à compressão, 447, 476
Resistência à drenagem, 755–762
    correções de energia, 757–759
    de argilas, 779–781
    envoltória de ruptura de Mohr-Coulomb, 761–762
    resistência ao cisalhamento por atrito, 755–757
    tensão-dilatância, 757–761
Resistência à obstrução, 304, 307–308
Resistência à tração direta, 430
Resistência ao cisalhamento, 407, 418
    areias, 454–455
        distribuição da dimensão dos grãos, 457
        fatores que afetam, 457–462
        forma das partículas, 457
        índice de vazios, 457–459
        pré-tensão, 457
        rugosidade da superfície das partículas, 457
        sobreadensamento, 457
        tamanho das partículas, 457
        tensão principal intermediária, 457
        teor de umidade, 457
    de argilas, 782–808
        anisotropia, 801–805

efeitos da taxa de deformação, 806–808
hipótese de Jürgenson-Rutledge, 793–799
histórico de tensões, 792–793
métodos de adensamento para superar perturbação de amostras, 799–801
parâmetros de resistência de Hvorlsev, 783–787
razão c/p, 788–799
resistência à deformação plana de argilas, 805, 806t
ruptura em ensaios de tensão efetiva CU, 782–783
efeitos da taxa de deformação em, 773
em um ponto, 397–405
ensaios *in situ* para, 431–438
por atrito, 755–757
solos não saturados, 812–813
Resistência ao cisalhamento não drenado, 467. *Ver também* Resistência ao cisalhamento areias saturadas, 762–767
Resistência ao cisalhamento total, 467
Resistência ao estado crítico totalmente amolecido, 759
Resistência calculada, 514
Resistência de ação de ponta, 654–657
    método de Meyerhof para capacidade de carga de ponta de estacas, 655–656
    método de Vesic para capacidade de carga de ponta de estacas, 656–657
Resistência do material seco, 53t
Resistência, fatorada, 514
Resistência lateral, 658–671
    método α, 664–666
    método λ, 666
    resistência lateral drenada em areias e argilas, 658–661
    resistência lateral drenada em argila, 662–664
    resistência lateral não drenada em argila, 664–671
Resistência passiva, 608
Resistência residual, 779–781
    de areias, 781
    de argilas, 779–781
    definida, 779
Reynolds, Osborne, 757
Rigidez de pequenas deformações, 744–746
Rios entrelaçados, 85
Rochas, 67–68
    compressibilidade de, 353
    critérios de ruptura, 413–414
    definido, 1
    descontinuidades em, 113–115
    dilatômetro de placa plana, 437f
    estrutura, 68
    expansão, 218–221
    ígneas, 67
    materiais, 3
    metamórficas, 67
    resistência, 503–504
        compressão não confinada, 504t
        ensaio de compressão uniaxial ou não confinada, 430
        ensaios de compressão triaxial, 430
        ensaios em campo para, 437–438

ensaios em laboratório para, 429–430
resistência à tração direta, 430
sedimentares, 67
teorias de ruptura para, 827–830
tipos de, 67
Rochas clásticas, 67
Rochas ígneas, 67
Rochas intactas, 113
    resistência de, 114t
Rochas metamórficas, 67
Rochas metamórficas foliadas, 68
Rochas sedimentares, 67
Rochas vulcanoclásticas, 67
Rolo em padrão de grade, 164
Rolo pé de carneiro, 148, 164
Rolos com pneus de borracha, 164
Rolos compactadores, 163–164
Rolos de apiloamento, 164
Rolos de malha, 164
Rolos de roda lisa, 163–164
Rolos pneumáticos, 164
Rugosidade da superfície das partículas, 457
Rugosidade superficial, 461
Ruptura por cisalhamento geral, 515

S

Sapata ou fundação injetada sob pressão (PIF), 651
Sapatas combinadas, 565
Sapos, 165
Sapping, 108–109
Saprólitos, 75
Saturação:
    curva de saturação, 152–153
    grau de, 10
Secagem em estufa, 178
Seco em relação ao ótimo, 155
Seixos, 45
Sensibilidade, 494–495
Shrinkit, 210
Silicatos, 66
Silicatos de alumínio hidratados, 120
Silte orgânico, 44, 48
Siltes, 3, 44, 45t, 47, 306
    textura, 28t
Símbolos, 6–7
Sinclinais, 69f, 109
Sistema de avaliação de maciços rochosos (RMR), 118
Sistema de classificação de solo da American Association of State Highway and Transportation Officials (AASHTO), 29t, 55
Sistema GSI, 118
Sistema NGI, 118
Sistema Q, 118
Sistema Unificado de Classificação de Rochas (URCS), 118
Sistema Unificado de Classificação de Solos (USCS), 44–54
    classificação visual-manual, 51–52
    dimensões de grãos, 29t
    histórico de, 44
    limitações de, 54
    lista de verificação para descrição de solos, 54t
    procedimentos de identificação em campo, 53t
Sistemas de classificação de solo:
    AASHTO, 55
    definido, 43
    papel de, 43f
    Sistema Unificado de Classificação de Solos (USCS), 44–54
    USCS e AASHTO comparados, 44

Sistemas de suporte à escavação, 583–584
Sobreadensamento, 457
Sobrecarga de terra, 321
Solifluxão, 77
Solo residual, 75, 76f, 120
Solo tropical, 75, 76f
Solos:
  bem-graduado, 31
  carregados ciclicamente, 814–816
  colapsíveis, 223–226
  comportamento de adensamento, 329
  compressibilidade, 320–322
  critérios de ruptura para, 749–751
    critério de dois parâmetros de Lade, 751
    critério de Drucker-Prager, 751
    critério de Matsuoka-Nakai, 751
    critério de Mohr-Coulomb, 751
    critério de von Mises, 751
    critério estendido de von Mises, 751
    dois parâmetros, 751
    modelo de Lade-Duncan, 751
    parâmetro único, 750–751
  definido, 1
  ensaios de resistência ao cisalhamento, 431–437
  mal graduado, 31
  materiais, 3
  modelos constitutivos, 749–750
    classes, 752–753
    modelo aninhado, 753
    modelo cap, 752
  módulo de, 743–748
  pressões capilares, 198–201
  residual, 75, 76f
  resistência residual, 779–781
  respostas de tensão-deformação de solos carregados ciclicamente, 814–816
  sob carregamento dinâmico, 814–826
    estimativas empíricas de $G_{máx}$ redução do módulo, e amortecimento, 820–826
    propriedades dinâmicas do solo, medição, 817–819
    solos carregados dinamicamente, resistência de, 826
  susceptíveis ao gelo, 230–233
  textura, 27–28
  tropical, 75
Solos altamente orgânicos, 45
Solos carregados ciclicamente, 814–816
Solos carregados dinamicamente, 814–826
  estimativas empíricas de $G_{máx}$ redução do módulo e amortecimento 820, 820–826
  propriedades, medição, 817–819
  resistência de, 826

Solos coesivos, módulo de, 746–747
Solos coesivos saturados:
  comportamento durante o cisalhamento, 467–468
  parâmetros de resistência à drenagem, 472
Solos compactados:
  comportamento de adensamento, 329
  estimativa de desempenho de, 183–186
Solos de grãos finos, 45, 45t, 46t
  compactação de, 155, 161–164
  contração de, 222
  fábrica de, 132–135
Solos de grãos grossos, 44, 45t, 46t
Solos e rochas expansíveis, 213–221
  argilas compactadas, 218
  aspectos físico-químicos, 215
  definido, 213
  expansão livre, 217
  identificação de, 215–218
  índice de expansão, 217
  ocorrência e distribuição de, 214f
  potencial de expansão, 216t
  previsão, 215–218, 216f
  rochas em expansão, 218–221
Solos granulares:
  compactação de, 156–161, 165–167
  comportamento, 756
  densidade de índice, 156–157
  densidade relativa, 156–157
  densificação de, 157–160
  estacas carregadas lateralmente em, 685
  fábricas, 135–139
  módulo de, 746–747
Solos não saturados:
  curva característica solo-água (SWCC), 810–811
  envoltória de ruptura de Mohr-Coulomb para, 811–812, 813t
  medição de resistência ao cisalhamento, 812–813
  resistência, 808–814
  sucção matricial, 808–809
Solos normalmente adensados, 325
  recalque por adensamento, 338–340
Solos sobreadensados, 325
  recalque por adensamento, 340–342
Solos suscetíveis ao gelo, 230–233
Subadensamento, 325
Subpressões, 289–293
Subsidência, 223–226
Substituição isomorfa, 121
Sucção matricial, 202, 808–809
Sumidouros, 80
Supercompactação, 181–182, 499
Superfície de escoamento, 736
Superfície específica, 128
Superfície livre da água, 195

T
Tálus, 79
Tamanho das partículas, 457
Taxa de deformação constante, 468
Taxa de incremento de carga (LIR), 344–346
Taxa de recompressão, 340
Técnica de retrodifusão, 174, 175f
Técnicas SHANSEP, 800–801
Tectônica de placas, 66
Tectonismo, 109
Tefra, 107
Tempo geológico, 71, 72t
Tenacidade, 53t
Tensão:
  adensamento efetiva, 323, 324
  axissimétrica, 773
  círculo de Mohr, 399, 399f
  cisalhamento octaédrico, 750
  corporal, 233
  de trabalho, 675
  distribuição sob a fundação, 542–551
  efetiva, 200, 233–238, 272, 323, 467
  efetiva constante, 376
  horizontal, 241–242
  intergranular, 198, 200, 233–238
  neutra, 233
  normal octaédrica, 750
  principal, 399
  principal intermediária, 399, 457
  principal maior, 399
  vertical, 238–242
Tensão de cisalhamento, positiva, 398
Tensão principal menor, 399
Tensões de trabalho, 675
Teor de umidade, 457
  continuum, 36, 36f
  definido, 11
  determinação, 11–12
  limiar, 36
  limites de Atterberg, 35–36
Teor de umidade em campo, 171, 178
Teor de umidade ótimo, 150–151
Teor de umidade volumétrico, 202
Teor gravimétrico, 202
Teoria da expansão de cavidades, 656
Teoria das fissuras de Griffith, 413, 827
Teoria de adensamento de Terzaghi, 355–357. Ver também Adensamento
  derivação, 356
  pressupostos, 355–356
  solução, 357–368
Teoria de adensamento unidimensional de Terzaghi, 355–357. Ver também Adensamento
  derivação, 356
  pressupostos, 355–356
  solução, 357–368
Teoria de Boussinesq, 544–545
Teoria de falha de Mohr, 407–409
Teoria de Hock-Brown, 827–829, 830t
Teoria de Mohr-Coulomb, 827

Teoria de pequena deformação, 356
Teoria de tensão-dilatação, 757–761
Teoria elástica, 551–554
Teorias de ruptura, 827–830
  teoria de fissuras de Griffith, 827
  teoria de Hock-Brown, 827–829, 830t
  teoria de Mohr-Coulomb, 827
Termocársico, 103
Terra, 66
Terraço de Kame, 98
Terraços fluviais, 85, 87f
Terras recuperadas, 641
Terzaghi, Karl, 5
Textura, 27–28
  argilas, 27–28
  cascalhos, 27–28
  de grãos finos, 27–28
  de grãos grossos, 27–28
  siltes, 27–28
Till, 95, 96f
Till basal, 95
Till de ablação, 95, 96f
Till de alojamento, 95, 96f
Tirantes ancorados, 627, 628f
Tombamento, 620–621
Torta de filtro, 651
Tortuosidade, 253
Tração superficial, 193–195
Trajetória de tensão efetiva (ESP), 705–707
Trajetória de tensão total (TSP), 705–707
Transdutores diferenciais variáveis lineares (LVDTs), 745
Transmissibilidade, 297
Transmissividade, 297
Tratores de esteira, 162
Tsunâmi, 88–91
Tubos capilares, 193–201
  analogia, 208–209
Turfa, 3, 44, 45t, 48

U
Úmido em relação ao ótimo, 155
Unidades, 6–7

V
Vales suspensos, 95
Velocidade da onda de cisalhamento, 815
Velocidade superficial, 253
Vermiculita, 127, 219
Vesic, Aleksandar, 6, 656–657
Vibrocompactação, 159. Ver também Compactação
Vibroflotação, 159
Vibrossubstituição, 160
Vulcanismo, 106–108
Vulcões, 106–108
Vulcões escudo, 108

Z
Zona capilar, 205
Zona de aeração, 205
Zona de falha, 68